Springer-Lehrbuch

Robert F. Schmidt Gerhard Thews
(Hrsg.)

Physiologie des Menschen

Fünfundzwanzigste, korrigierte Auflage

Mit 643 zum größten Teil farbigen Abbildungen in 902 Einzeldarstellungen und 94 Tabellen

Band I

Springer-Verlag Berlin Heidelberg GmbH

Professor Dr. Robert F. Schmidt
Physiologisches Institut der Universität Würzburg
Röntgenring 9, D-97070 Würzburg

Professor Dr. Dr. Gerhard Thews
Institut für Physiologie und Pathophysiologie
der Universität Mainz
Saarstraße 21, D-55099 Mainz

ISBN 978-3-540-99558-6 ISBN 978-3-642-87854-1 (eBook)
DOI 10.1007/978-3-642-87854-1

Ursprünglich erschienen bei Springer-Verlag Berlin Heidelberg New York in 1993.
Softcover reprint of the hardcover 25th edition 1993

Umschlaggestaltung: W. Eisenschink, Heddesheim

15/3120 - 5 4 3 2 1 0 – Gedruckt auf chlorfreiem Papier

Vorwort zur fünfundzwanzigsten Auflage

Die weiterhin starke Nachfrage machte es erforderlich, in relativ kurzem zeitlichem Abstand eine Neuauflage unseres Lehrbuches „Physiologie des Menschen" herauszugeben. Wir haben uns dabei auf Korrekturen beschränkt und nur an wenigen Stellen textliche Veränderungen vorgenommen. Soweit dies in diesem Rahmen möglich war, wurden die Anregungen aus dem Kreis der Leser berücksichtigt. Den Dank an den Verlag für gute Zusammenarbeit verbinden wir mit dem Wunsch, daß das von kompetenten Autoren verfaßte Lehrbuch weiterhin seinen Platz als Standardwerk der Physiologie behaupten möge.

Im Juli 1993

R.F. Schmidt
G. Thews

Aus dem Vorwort zur dreiundzwanzigsten Auflage

Zum zweiten Mal seit der 17. Auflage von 1976 legen Verlag, Herausgeber und Autoren eine völlige Neubearbeitung dieses traditionsreichen Lehrbuches vor. Die überarbeitete Fassung von 1980 (20. Auflage) wurde diesmal einer noch gründlicheren „Verjüngung" unterzogen, um einerseits den aktuellen Stand des raschen Erkenntnisfortschritts in vielen Teilgebieten der Physiologie in das Lehrbuch einzubinden und um andererseits die vielen Anregungen aus Leser- und Kollegenkreisen angemessen zu berücksichtigen. Unverändert blieben dabei die inhaltlichen und didaktischen Ziele des Buches, die wir im Vorwort zur 17. Auflage, das anschließend nochmals abgedruckt ist, niedergelegt hatten.

In der Reihenfolge ihrer Anordnung wurden in das Buch neu aufgenommen: eine eigenständige Darstellung von „Nociception und Schmerz" (Kap. 10), die Physiologie der „Sexualfunktionen" (Kap. 32), von „Fortpflanzung und Schwangerschaft" (Kap. 33) und von „Alter und Altern" (Kap. 34). Andere Kapitel wurden von Grund auf neu verfaßt, wie die „Allgemeine Sinnesphysiologie" (Kap. 8), das „Somatoviscerale sensorische System" (Kap. 9), die „Endokrinologie" (Kap. 17), die „Funktionen des Magen-Darm-Kanals" (Kap. 29), die „Nierenfunktion" (Kap. 30) und der „Wasser- und Elektrolythaushalt" (Kap. 31). Alle anderen Kapitel wurden inhaltlich und didaktisch einer sorgfältigen Revision unterzogen.

Zum ersten Mal seit 1976 sind einige Autoren ausgeschieden. Wir danken ihnen sehr für ihre bisherige Mitarbeit. Außerdem haben sich einige Autoren in ihrer wissenschaftlichen Arbeit in neue Gebiete entwickelt und ihre alten eher zurückgestellt. Konsequenterweise ist es auch innerhalb der bisherigen Autorenschaft zu einigen Verschiebungen der Verantwortlichkeit gekommen. Schließlich und nicht zuletzt konnte eine Reihe von Kollegen neu gewonnen werden. Neben Frau Prof. GRÜSSER-CORNEHLS begrüßen wir (in der Reihenfolge ihrer Beiträge) die Herren Kollegen WIESENDANGER, HANDWERKER, WUTTKE, JELKMANN, EWE, KARBACH, DEETJEN und ZAHN in unserem Kreis. Wir danken ihnen für das Einbringen ihrer Kompetenz ebenso wie für ihre Bereitschaft, auf die zeitlichen und sachlichen Zwänge unseres Vorhabens bereitwilligst einzugehen.

Von den vielen hundert Abbildungen dieses Lehrbuches wurden zahlreiche neu geschaffen, andere verbessert oder ausgetauscht. Wir sind Herrn Jörg KÜHN und den Mitarbeitern seines graphischen Ateliers in Heidelberg für die Übernahme dieser Aufgabe und ihre excellente Ausführung zu großem Dank verpflichtet. Die Synthese des alten Bildmaterials, das wir überwiegend dem Atelier GAY+BENZ in Stuttgart verdanken, mit den neuen Abbildungen und die Umsetzung der oft sehr unterschiedlichen Vorstellungen der Autoren in ein graphisch einheitliches und anspruchsvolles Konzept mußte, wie eigentlich immer bei der Herstellung von Büchern, unter großem Zeitdruck geleistet werden. Diese Aufgabe wurde in herausragender Weise gelöst, so daß auch in dieser Auflage dem Leser der Einstieg in die oft komplexe Materie durch das Bildmaterial wesentlich erleichtert werden sollte.

Im Namen aller Autoren ist es uns wieder eine Freude, allen, die bei der Abfassung und Herstellung dieser Neuauflage mitgeholfen haben, herzlich zu danken. Besonderer Dank gilt unseren technischen und sekretariellen Mitarbeitern für ihren unermüdlichen Einsatz, ohne den es jedem einzelnen Autor kaum möglich gewesen wäre, seinen Beitrag zur rechten Zeit fertigzustellen. Ebenso großen Dank schulden wir aber auch dem Springer-Verlag, insbesondere der zuständigen Herstellungsabteilung unter Herrn R. FISCHER, für die excellente Zusammenarbeit und die sorgfältige und sachgerechte Ausstattung des Buches.

Im Mai 1987

R.F. SCHMIDT
G. THEWS

Vorwort zur siebzehnten Auflage

Mit der 17. Auflage des von HERMANN REIN begründeten und von MAX SCHNEIDER weiter betreuten Lehrbuches hat uns der Verlag die Herausgabe der „Einführung in die Physiologie des Menschen" übertragen. Wir waren dabei vor die Alternative gestellt, entweder die in 40 Jahren bewährte Form der Darstellung zu übernehmen und der wissenschaftlichen Entwicklung entsprechend fortzuschreiben oder ein vollkommen neues Lehrbuch unter dem geistigen Patronat von REIN und SCHNEIDER zu konzipieren. Nach Prüfung aller Gesichtspunkte haben wir uns für den zweiten Weg entschieden. Dieser Schritt verlangt eine besondere Begründung.

Der erste Grund ist der gleiche, der auch HERMANN REIN 1932 veranlaßte, nicht das Buch seines Lehrers v. FREY weiterzuführen, sondern ein neues Konzept vorzulegen. Er begründet dies so: „Grundauffassung, Form und Umriß des Buches waren so sehr durch die Persönlichkeit VON FREY's bestimmt, daß eine Neubearbeitung selbst durch einen seiner Schüler unmöglich erschien." Wir befanden uns in einer ähnlichen Lage. Das zuletzt durch die Persönlichkeit von MAX SCHNEIDER geprägte Lehrbuch hätte nur unter Substanzverlust weitergeführt werden können.

Der zweite Grund betrifft die veränderte Situation, die durch die neue Approbationsordnung für Ärzte entstanden ist: Wie bei den vorhergehenden Auflagen soll der Inhalt des Lehrbuches auf die Bedürfnisse des zukünftigen Arztes zugeschnitten sein. Allerdings ist heute die Entscheidung darüber, welches diese Bedürfnisse sind, nicht mehr allein dem einzelnen Autor oder Herausgeber eines Lehrbuches überlassen, sondern wird durch den von einem Expertengremium festgelegten Gegenstandskatalog des Zentralen Prüfungsinstitutes mitbestimmt. Die Forderungen dieses Gegenstandskataloges ließen sich in die bisherige Form des Lehrbuches nicht ohne Zwang integrieren.

Wir mußten daher die Neufassung so gestalten, daß die vorgegebenen Lernziele aus dem Gebiet der Physiologie in vollem Umfang durch das Lehrbuch abgedeckt sind. Dabei waren selbstverständlich die Lernziele nach didaktischen Gesichtspunkten zu ordnen. Der Leser wird also Abweichungen in den Schwerpunkten und in der Reihenfolge der behandelten Gegenstände im Vergleich zu den Forderungen des Katalogs feststellen. Wir sind aber der Meinung, daß auch diese Forderungen einer ständigen Überprüfung bedürfen, und würden es begrüßen, wenn das vorliegende Lehrbuch hierzu einen Beitrag leisten könnte.

Die bei der Planung eines Lehrbuches stets gestellte Frage, ob es zweckmäßiger sei, die Darstellung des Gesamtgebietes einem oder mehreren Autoren zu übertragen, läßt sich nur von der Zielsetzung her beantworten. Der Vorteil einer einheitlichen und geschlossenen Darstellung durch einen einzigen Autor wird oft durch den Nachteil erkauft, daß viele Teilgebiete ohne Kenntnis der auf eigener wissenschaftlichen Erfahrung beruhenden Grundlagen abgehandelt werden. Andererseits besteht bei Beteiligung mehrerer Autoren stets die Gefahr, daß die einzelnen Kapitel in Duktus und Inhalt nicht genügend aufeinander abgestimmt sind.

Wir sind der Meinung, daß der Leser ein Anrecht auf eine gleichermaßen fundierte wie auch koordinierte Darstellung hat. Daher haben wir eine Reihe von Kollegen um Mitarbeit bei der Gestaltung des Buches gebeten, die nicht nur als Hochschullehrer und als Fachleute für bestimmte Gebiete besonders kompetent sind, sondern auch in hohem Maße bereit waren, ihre Vorstellungen mit den Wünschen der Herausgeber abzustimmen. Durch eine straffe Koordinierung und eine begleitende Mitwirkung bei der Abfassung der Manuskripte haben wir versucht, dem Buch eine klare Gliederung, einen einheitlichen Duktus und eine Ausgewogenheit im Detail zu geben. Ob uns dieser Versuch gelungen ist, möge der Leser beurteilen. Unseren Mitautoren möchten wir an dieser Stelle unseren Dank dafür sagen, daß sie die mit der wechselseitigen Abstimmung verbundene zusätzliche Mühe in äußerst kollegialer Weise auf sich genommen haben.

Die Anordnung des Stoffes weicht im neuen Lehrbuch von der Reihenfolge in den vorhergehenden Auflagen ab. Die Darstellung der elementaren Erregungsprozesse ist an den Anfang gestellt und damit die Physiologie des Nervensystems und der Sinnesorgane vor der Physiologie der sogenannten „vegetativen" Organfunktionen abgehandelt. Diese neue Anordnung, die der in vielen angelsächsischen Lehrbüchern der Physiologie entspricht, hat ausschließlich didaktische Gründe. Für das Verständnis verschiedener Organfunktionen ist die Kenntnis des elementaren Erregungsprozesses eine wichtige Voraussetzung, wie etwa bei der Deutung des Elektrokardiogramms. Ebenso benötigt man einen Überblick über die Leistungen des Zentralnervensystems, wenn die Regulationen von Kreislauf, Atmung und Wärmehaushalt verständlich werden sollen. Die neue Anordnung ergibt sich also einfach aus Zweckmäßigkeitsgründen und soll keine neue Gewichtung der einzelnen Teilgebiete ausdrücken.

Das vorliegende Lehrbuch wendet sich zunächst an den Medizin-Studenten. Es soll ihn einerseits in die Lage versetzen, die Lebensvorgänge im menschlichen Organismus zu verstehen und damit die Basis für die naturwissenschaftliche Interpretation pathologischer Funktionsabläufe zu gewinnen. Andererseits sollen im Zusammenhang damit die Kenntnisse vermittelt werden, die für die Ärztliche Vorprüfung gefordert werden und im Idealfall während der weiteren klinischen Ausbildung sowie in der späteren Berufspraxis auch verwertet werden können. Beide Ziele, Verdeutlichung der Zusammenhänge und Vermittlung von Faktenwissen haben wir versucht, in ein ausgewogenes Verhältnis zueinander zu setzen.

Um dem Leser die Übersicht zu erleichtern, haben wir uns um eine klare Gliederung, um eine präzise Sprache, um eine drucktechnische Hervorhebung wichtiger Begriffe und um einprägsame Abbildungen bemüht. Aus Gründen der Platzersparnis wurde auf historische Einführungen, auf die Darstellung noch ungesicherter Hypothesen und auf die Beschreibung sehr spezieller Meßverfahren verzichtet. So reizvoll diese Aspekte für den Fachmann auch sein mögen, im Hinblick auf die didaktischen Hauptziele konnten wir sie nicht in das Buch aufnehmen.

Die Literaturzitate wurden unter zwei Gesichtspunkten ausgewählt. Die zitierten Monographien und zusammenfassenden Darstellungen sollen dem interessierten Leser Hinweise für weiterführende Studien geben. Daneben sind einige Originalarbeiten zitiert mit dem Ziel, neuere noch nicht allgemein bekannte oder anerkannte Fakten und Zusammenhänge zu belegen. Im Rahmen eines Lehrbuches mußte dabei naturgemäß eine eng begrenzte Auswahl getroffen werden. Für die freundliche Überlassung von zahlreichen Abbildungen aus anderen Publikationen sind wir vielen Kollegen und Verlagen zu Dank verpflichtet.

Wir hoffen, daß das Buch über den Kreis der Medizin-Studenten hinaus auch für die in der Klinik und der Praxis tätigen Ärzte eine nützliche Orientierungshilfe über den gegenwärtigen Stand der Physiologie bietet. Dies gilt um so mehr, als die pathophysiologischen Grundlagen jeweils bei der Darstellung der normalen Funktionen mit erwähnt sind. Auch für den Biologen, Biochemiker, Pharmakologen, Pharmazeuten und Psychologen könnte das Buch als zusätzliche Information über die humanphysiologischen Grundlagen seines Faches hilfreich sein.

Allen, die bei der Vorbereitung und Herstellung des Lehrbuches mitgewirkt haben, möchten wir hiermit unseren Dank sagen. Neben vielen ungenannten Helfern, Kollegen und Sekretärinnen, danken wir Herrn BIRKER für die Ausführung der Abbildungen und Herrn Dr. K. BRODDA für die Aufstellung eines Computer-Programms zum Sachverzeichnis. Mit besonderem Dank an den Verlag für seine stets verständnisvolle Unterstützung übergeben wir die neu verfaßte Einführung in die Physiologie des Menschen dem Kreis unserer — wie wir hoffen — kritischen Leser.

Im Januar 1976

R.F. SCHMIDT
G. THEWS

Inhaltsverzeichnis

I. Allgemeine Physiologie der Zelle und der interzellulären Kommunikation

II. Motorische und integrative Leistungen des Nervensystems; Muskelphysiologie

IV. Neuronale und hormonelle Steuerungs- und Regelprozesse

V. Blut und Blutkreislauf

VI. Atmung

VII. Energiewechsel, Arbeit und Umwelt

VIII. Stoffaufnahme und -ausscheidung

IX. Fortpflanzung, Schwangerschaft und Altern

X. Anhang

Autorenverzeichnis

Professor Dr. H. Altner
Fachbereich Biologie der Universität,
Universitätsstraße 31
93053 Regensburg

Professor Dr. H. Antoni
Physiologisches Institut der Universität,
Hermann-Herder-Straße 7
79104 Freiburg i.Br.

Professor Dr. J. Boeckh
Fachbereich Biologie der Universität,
Universitätsstraße 31
93053 Regensburg

Professor Dr. K. Brück†
Zentrum für Physiologie am Klinikum
der Justus-Liebig-Universität,
Aulweg 129
35392 Gießen

Professor Dr. P. Deetjen
Physiologisches Institut der Universität,
Fritz-Pegl-Straße 3
A-6010 Innsbruck

Professor Dr. J. Dudel
Physiologisches Institut der
Technischen Universität,
Biedersteiner Straße 29
80802 München

Professor Dr. K. Ewe
1. Medizinische Klinik und Poliklinik,
Langenbeckstraße 1
55131 Mainz

Professor Dr. Dr. J. Grete
Physiologisches Institut I der Universität,
Nußallee 11
53115 Bonn

Professor Dr. O.-J. Grüsser
Physiologisches Institut
der Freien Universität, Arnimallee 22
14195 Berlin

Professor Dr. Ursula Grüsser-Cornehls
Physiologisches Institut
der Freien Universität, Arnimallee 22
14195 Berlin

Professor Dr. H. Handwerker
Physiologisches Institut der Universität,
Universitätsstraße 17
91054 Erlangen

Professor Dr. W. Jänig
Physiologisches Institut der Universität,
Olshausenstraße 40–60
24118 Kiel

Professor Dr. W. Jelkman
Physiologisches Institut I der Universität,
Nußallee 11
53115 Bonn

Priv.-Doz. Dr. U. Karbach
Medizinische Universitätsklinik
Innenstadt, Ziemssenstraße 1
80336 München

Professor Dr. R. Klinke
Zentrum der Physiologie,
Theodor-Stern-Kai 7
60596 Frankfurt

Professor Dr. J.C. Rüegg
II. Physiologisches Institut
der Universität,
Im Neuenheimer Feld 326
69120 Heidelberg

Professor Dr. R.F. Schmidt
Physiologisches Institut der Universität,
Röntgenring 9
97070 Würzburg

Professor Dr. Dr. G. Thews
Institut für Physiologie
und Pathophysiologie der Universität,
Saarstraße 21
55099 Mainz

Professor Dr. H.-V. Ulmer
Sportphysiologische Abteilung
am Fachbereich 26 der Universität,
Saarstraße 21
55099 Mainz

Professor Dr. C. Weiss
Physiologisches Institut
der Medizinischen Hochschule,
Ratzeburger Allee 160
23562 Lübeck

Professor Dr. M. Wiesendanger
Physiologisches Institut der Universität,
Rue du Musée 5
CH-1700 Fribourg

Professor Dr. E. Witzleb†
Institut für Angewandte Physiologie
und medizinische Klimatologie
der Universität,
Olshausenstraße 40/60
24118 Kiel

Professor Dr. W. Wuttke
Zentrum für Frauenheilkunde
der Universität
Abteilung für Klinische und
Experimentelle Endokrinologie,
Humboldt-Allee 19
37073 Göttingen

Professor Dr. R.K. Zahn
Institut für Physiologische Chemie
der Universität,
Saarstraße 21
55099 Mainz

Professor Dr. M. Zimmermann
II. Physiologisches Institut
der Universität,
Im Neuenheimer Feld 326
69120 Heidelberg

I

Allgemeine Physiologie der Zelle und der interzellulären Kommunikation

1 Grundlagen der Zellphysiologie

J. Dudel

Gegenstand der Physiologie. Die Physiologie ist die Wissenschaft von der Funktionsweise der lebenden Organismen. Sie gründet sich, auch historisch, auf die Anatomie, die Lehre vom Grob- und Feinbau der Lebewesen. Erst in diesem Jahrhundert hat sich von der Physiologie die Biochemie („Physiologische Chemie") als neues Fach abgespalten, und die Physiologie hat ihren Gegenstand auf die physikalischen Vorgänge in den Organismen eingeengt. Die Physiologie untersucht etwa die Prozesse, die den lebenden Körper im Austausch mit der Umgebung in seiner Identität erhalten und seine Reproduktion für folgende Generationen sichern, oder sie beschreibt die Aufnahme von Informationen aus der Umwelt und deren Umsetzung in geeignete Reaktionen, mit denen das Lebewesen auf die Umwelt zurückwirkt.

Die Kenntnis der Strukturen, von deren Funktion die Physiologie handelt, muß in einem Lehrbuch der Physiologie weitgehend vorausgesetzt werden; die strukturellen Vorbedingungen für die jeweilige Funktion werden deshalb hier nur angedeutet, um den Text im Zusammenhang lesbarer zu halten. Ähnlich müssen Details chemischer Vorgänge, die mit den „physiologischen" vielfältig verknüpft sind, den Lehrbüchern der Biochemie überlassen werden. Es gelingt allerdings zunehmend, makroskopisch sichtbare Funktionsabläufe bis auf die molekulare Ebene zu verfolgen. Damit wird die Unterscheidung von Physiologie und Biochemie nur noch eine Frage des Aspektes — die Physiologie interessiert sich vornehmlich für den funktionellen Zusammenhang mit den Leistungen des Organismus.

Diese „Physiologie des Menschen" beginnt mit der Besprechung von **Funktionen von Zellen.** Diese Bausteine der Lebewesen sind bei den verschiedenen Tieren sehr ähnlich, und ihre Funktionen werden selten an menschlichen Zellen, sondern an Amöben, Geweben von Wirbellosen, Fröschen, Ratten und anderen Tieren erforscht. Die Physiologie der Zellen kann hier bei weitem nicht in ihrem ganzen Umfang dargestellt werden, sondern nur so weit, wie dies für die Grundlegung der Physiologie des Menschen notwendig erscheint. Hauptthema werden die Mechanismen und die Steuerung der Stoffaustauschvorgänge innerhalb von Zellen und zwischen Zellen und deren Umgebung sein.

1.1 Die Zelle als Raum für physiologische Austauschprozesse

Plasmamembran. Tierische Zellen sind von einer Plasmamembran umschlossen (Abb. 1-1). Ihr Aufbau ist sehr ähnlich dem der vielen intracellulären Membranen, und er soll etwas ausführlicher besprochen werden. Die Grundsubstanz der Membranen bilden *Lipide,* unter denen Phosphatidylcholin am häufigsten vorkommt. Diese Lipide bestehen aus einer hydrophilen Kopfgruppe, an die sich 2 lange, hydrophobe Kohlenwasserstoffketten anschließen. Solche Lipide bilden im Wasser spontan 4–5 nm dicke Doppelschichten, in denen sich die hydrophilen Kopfgruppen außen, dem Wasser zugewandt, anordnen, während sich die hydrophoben Kohlenwasserstoffketten aneinander lagern und eine nicht-wäßrige „Ölphase" bilden. Auch die Zellmembranen sind solche Lipiddoppelschichten (Abb. 1-2). Neben den Phospholipiden liegen in der Lipiddoppelschicht auch Glykolipide und

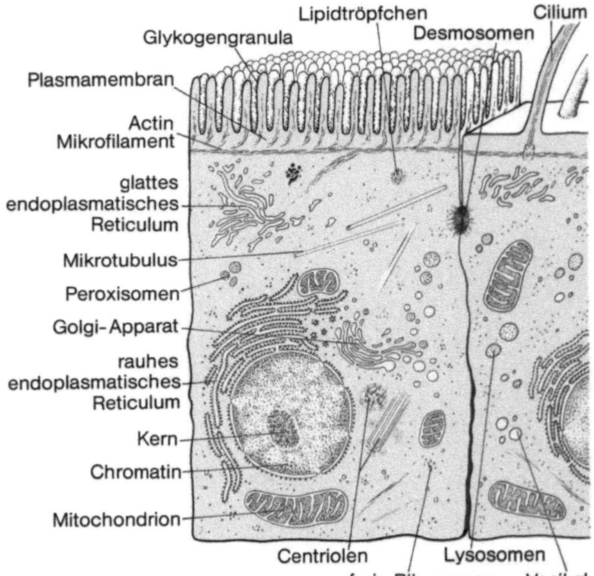

Abb. 1-1. Schematisches Bild einer Zelle mit den wichtigeren Organellen

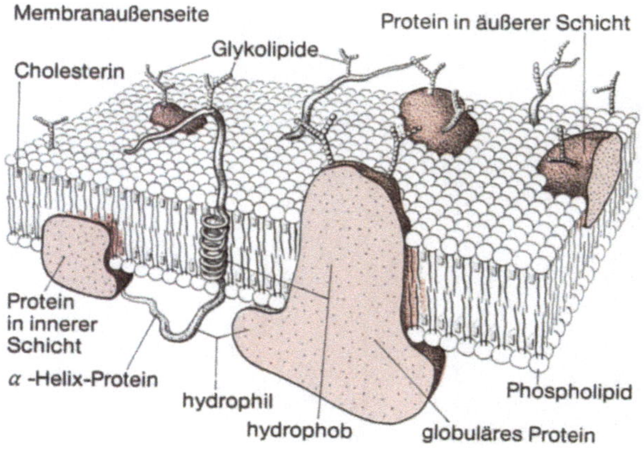

Abb. 1-2. Schema der Plasmamembran. In eine Phospholipiddoppelschicht sind Proteine eingelagert, die teils die Lipiddoppelschicht ganz durchqueren, teils nur in der Außen- oder Innenschicht verankert sind. [1, 10]

Cholesterin (Abb. 1-2). Die Glykolipide enthalten in der hydrophilen Kopfgruppe einen Zukker, ein Oligosaccharid. Sie liegen immer an der Außenseite der Plasmamembran, und der Zukker erstreckt sich haarförmig in die Umgebung der Zelle. Zwischen den Phospholipiden liegen in etwa gleicher Zahl Cholesterinmoleküle, die die Lipidmembran stabilisieren. Die verschiedenen Lipide finden sich nicht gleichmäßig über die Membran verstreut, sondern ihre Verteilung ist in der äußeren und der inneren Schicht verschieden, und auch innerhalb der Schichten gibt es Anhäufungen bestimmter Lipide. Diese Ungleichverteilung hat wohl eine funktionelle Bedeutung, die jedoch noch unbekannt ist.
Eingebettet in die relativ inerte Lipidgrundsubstanz der Membran liegen als Hauptfunktionsträger **Proteine** (Abb. 1-2). In verschiedenen Membranen haben Proteine Gewichtsanteile von 25–75%; da sie jedoch viel größer sind als die Lipide, kommt bei 50% Gewichtsanteil ein Proteinmolekül auf 50 Lipidmoleküle. Manche Proteine erstrecken sich von der Außen- zur Innenseite durch die ganze Membran, andere sind nur in der äußeren oder der inneren Schicht verankert. Dabei sind die Anteile der Proteine innerhalb der Lipidmembran regelmäßig hydrophob, während sich polare, hydrophile Gruppen an den Außenseiten der Proteine der wäßrigen Phase zuwenden. Viele Proteine der Außenseite der Plasmamembran sind Glykoproteine; sie tragen hydrophile Zuckergruppen, die in die Umgebung der Zelle hinausragen.

Membransysteme intracellulärer Organellen. Etwa die Hälfte des Zellvolumens wird von Organellen eingenommen, die von Membranen umschlossen sind. Die Fläche der Membranen der intracellulären Organellen ist wenigstens 10mal größer als die Fläche der Plasmamembran. Das ausgedehnteste Membransystem ist das **endoplasmatische Reticulum,** ein vielgelappter Raum, der in großen Bereichen mit Ribosomen besetzt ist und dann als rauhes endoplasmatisches Reticulum erscheint (Abb. 1-1). Auch der GOLGI-Apparat besteht aus membranbegrenzten Lamellen, von denen sich Vesikel abspalten (Abb. 1-1). Kleinere spezialisierte Vesikel sind die **Lysosomen** und die **Peroxisomen.** Bei diesen verschiedenen Zellorganellen hat die Membran und der eingeschlossene Raum eine spezifische Ausstattung von Enzymen, und im Innenraum reichern sich bestimmte Stoffwechselprodukte an, die für die jeweilige Funktion bereitgestellt werden [1, 2, 5].
Der *Zellkern* und die *Mitochondrien* sind dadurch ausgezeichnet, daß sie beide von 2 Membranen umschlossen sind. Während dem Kern die kinetische Kontrolle des Stoffwechsels obliegt, läuft an den stark gefalteten inneren Membranen der Mitochondrien der oxydative Stoffwechsel ab: die Erzeugung von energiereichem Adenosintriphosphat (ATP) aus der Oxydation von Brenztraubensäure oder Fettsäuren.

Cytoskelet. Das Cytoplasma zwischen den Organellen ist keineswegs amorph. Es wird durchzogen vom Maschenwerk des Cytoskelets. Das Cytoskelet besteht aus Mikrotubuli, Actinfilamenten und den intermediären Filamenten (Abb. 1-1). Die **Mikrotubuli** sind Röhrchen mit etwa 25 nm Außendurchmesser, die als wohlgeordnetes Polymerisat aus Molekülen des Eiweißes Tubulin aggregieren. Die **Actinfilamente** liegen als Zugfasern unter der Membran und im Zellinnern und sind häufig an Bewegungsvorgängen beteiligt. Die **intermediären Filamente** haben in verschiedenen Zelltypen verschiedene chemische Bausteine, sie verbinden vielfältig die beiden anderen Elemente des Cytoskelets. Die Zellorganellen und die Plasmamembran sind ebenfalls mit dem Cytoskelet verbunden. Dieses fixiert nicht nur die Form der Zelle und die Lage der Organellen, sondern ist auch Grundlage für Formänderungen und Bewegung.

Cytosol. Etwa die Hälfte des Zellvolumens nimmt das Cytosol ein. Es besteht zu etwa 20 Gewichtsprozent aus Eiweiß, stellt also eher eine Gelatine als eine wäßrige Lösung dar. In der wäßrigen Phase sind kleine Moleküle gelöst, darunter anorganische und organische *Ionen.*

Tabelle 1-1. Intra- und extracelluläre Ionenkonzentrationen bei einer Muskelzelle eines Warmblüters. A^- steht für „große intracelluläre Anionen"

Intracellulär		Extracellulär	
Na^+	12 mmol/l	Na^+	145 mmol/l
K^+	155 mmol/l	K^+	4 mmol/l
Ca^{2+}	10^{-8}–10^{-7} mol/l	Ca^{2+}	2 mmol/l
Cl^-	4 mmol/l	Andere Kationen	5 mmol/l
HCO_3^-	8 mmol/l	Cl^-	120 mmol/l
A^-	155 mmol/l	HCO_3^-	27 mmol/l
Ruhepotential	−90 mV		

Diese Ionen stehen im Austausch mit der die Zelle umgebenden Phase, dem Extracellulärraum; diese Austauschprozesse werden uns im nächsten Abschnitt beschäftigen. Im Extracellulärraum haben die Ionen recht präzis konstant gehaltene Konzentrationen, und auch die intracellulären Konzentrationen haben jeweils spezifische, aber von den Außenkonzentrationen verschiedene Werte (Tabelle 1-1). Das häufigste Kation in der Außenlösung ist Na^+; in der Zelle ist seine Konzentration mehr als 10mal geringer. Das Umgekehrte gilt für die K^+: sie sind intracellulär das verbreiteste Kation, haben aber außen eine mehr als 10mal geringere Konzentration. Den größten extra- bzw. intracellulären Gradienten finden wir für die Ca^{2+}-Ionen, deren freie Konzentration in der Zelle wenigstens 10 000mal kleiner ist als extracellulär. Neben den im Cytosol gelösten Ionen sind solche auch an Eiweiße adsorbiert oder in Organellen eingeschlossen. Diese gebundenen Ionen überwiegen z.B. im Fall der Ca^{2+} die freien bei weitem. Die meisten Eiweiße im Cytosol sind Enzyme, und mit ihrer Hilfe läuft dort der größte Teil des Intermediärstoffwechsels ab: Glykolyse und Glukoneogenese, oder Auf- und Abbau von Aminosäuren, oder Synthese von Proteinen an Ribosomen (Abb. 1-1). Als Speicherform wichtiger Moleküle enthält das Cytosol auch Lipidtröpfchen oder Glykogengranula.

1.2 Stoffaustausch der Zelle mit ihrer Umgebung

Wir haben kurz den Aufbau der Zelle vorgestellt, um einen Ausgangspunkt für die Physiologie der Zelle zu gewinnen. Die Zelle ist nun keineswegs ein statisches Gebilde, vielmehr stehen die verschiedenen Räume in der Zelle und die Zelle mit ihrer Umgebung in ständigem

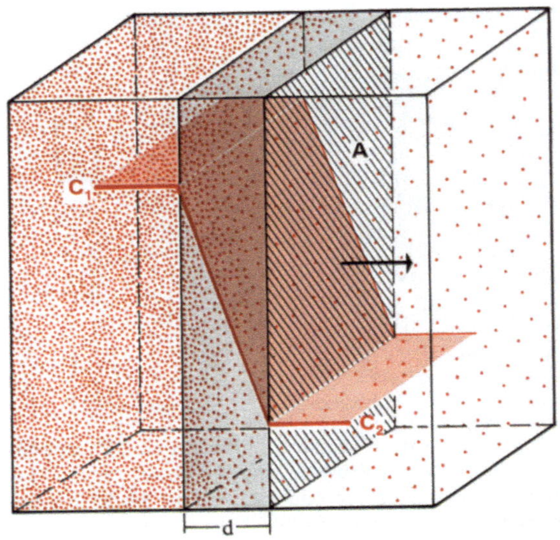

Abb. 1-3. Schema der die Diffusion bestimmenden Größen. Zwei Räume sind durch eine Schicht der Dicke d und der Fläche A voneinander getrennt. c_1 hohe Teilchenkonzentration im linken, c_2 niedrige Teilchenkonzentration im rechten Raum; *rote Fläche* Konzentrationsabfall in der Diffusionsschicht. Diffusionsstrom dm/dt s. Gl. (1)

Stoffaustausch. Die Strukturen der Zelle befinden sich in einem dynamischen Gleichgewicht, und erst die Interaktionen der Zellen mit der Umgebung und untereinander stellen Leben, einen funktionierenden Organismus dar. Die Mechanismen des Austausches sollen hier grundsätzlich beschrieben werden. Sie werden in den folgenden Kapiteln unmittelbar auf die Nervenzelle und ihre Leistungen angewandt werden, sind aber auch Grundlage der Funktion aller anderen Organe.

Diffusion. Der einfachste Stoffaustauschprozeß ist die Diffusion. In Lösungen (oder Gasen) sind Atome und Moleküle frei beweglich und Konzentrationsunterschiede gleichen sich durch Diffusion aus. Betrachtet man 2 flüssigkeits- oder gasgefüllte Räume (Abb. 1-3), in denen ein Stoff die Konzentrationen c_1 und c_2 hat, und die durch eine Schicht mit der Fläche A und der Dicke d getrennt sind, so ist der Fluß des Stoffes m in der Zeit t nach dem *ersten Fickschen Diffusionsgesetz:*

$$\mathrm{dm/dt} = -\mathrm{D}\,\frac{\mathrm{A}}{\mathrm{d}}\,(\mathrm{c_1} - \mathrm{c_2}) = -\mathrm{D}\,\frac{\mathrm{A}}{\mathrm{d}}\,\Delta\mathrm{c}, \qquad (1)$$

wobei D der Diffusionskoeffizient ist, der für den jeweiligen Stoff, das Lösungsmittel und eine bestimmte Temperatur einen konstanten Wert hat. Allgemeiner gilt für einen Konzentrationsunterschied *dc* über die Strecke *dx*:

$$dm/dt = -D \cdot A \cdot dc/dx, \qquad (2)$$

d.h. der Fluß über den Querschnitt *A* ist proportional dem Konzentrationsgradienten *dc/dx*. Das Vorzeichen ist negativ, weil die Konzentrationsänderung in der x-Richtung negativ ist.

Die Diffusion ist für die meisten Moleküle in wäßrigen Lösungen der wichtigste Austauschprozeß über kleine Entfernungen. Dies gilt auch für die Zelle, soweit die Diffusion nicht durch Membranen behindert wird. Viele Stoffe können allerdings frei durch die Lipidmembran diffundieren, vor allem Wasser und gelöste Gase wie O_2 und CO_2. Ebenfalls gut diffundieren durch die Membran lipidlösliche Stoffe, aber auch kleine polare Moleküle wie Äthanol und Harnstoff, während schon Zucker kaum die Lipidschichten passieren können. Für geladene Moleküle, selbst für kleine anorganische Ionen, sind dagegen die Lipidschichten praktisch impermeabel. Für Nicht-Elektrolyte ist es üblich, in der Diffusionsgleichung (1) die Charakteristika der Membran und des diffundierenden Stoffes durch die *Permeabilität* P zusammenzufassen und zu schreiben:

$$dm/dt = P \cdot A \cdot \Delta c. \qquad (3)$$

Die *Permeabilitäten P verschiedener Moleküle* durch eine *Lipidmembran* werden in Abb. 1-4 verglichen.

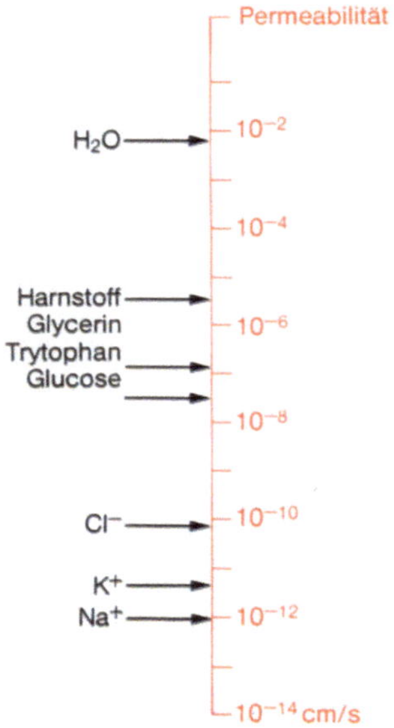

Abb. 1-4. Permeabilitäten verschiedener Substanzen durch künstliche Lipiddoppelschichten

Diffusion durch Poren der Membran. Die Plasmamembran (und andere Zellmembranen) sind nicht nur durchlässig für Stoffe, die durch die Lipidmembran diffundieren, sondern auch für viele Ionen, Zucker, Aminosäuren und Nucleotide. Diese Stoffe kreuzen die Membran durch Poren, die von in die Membran eingelagerten *Transportproteinen* gebildet werden. Ein solches Membranprotein wird durchzogen von einem wassergefüllten Kanal mit weniger als 1 nm Durchmesser, durch den kleine Moleküle diffundieren können. Die diffundierenden Substanzen bewegen sich durch den Kanal entsprechend ihrem Konzentrationsgradienten, und, falls sie geladen sind, auch unter dem Einfluß des Membranpotentials (s. unten). Die Membrankanäle sind dabei relativ selektiv hinsichtlich der durchfließenden Molekülspecies. Es gibt z.B. Kalium-, Natrium- und Calciumkanäle, die weitgehend jeweils nur diese spezifischen Ionen durchtreten lassen. Um diese *Selektivität* zu erreichen, sind die Wände der Kanäle mit Ladungen oder Bindungsstellen besetzt, die den Durchtritt für die permeierenden Moleküle erleichtern und andere Stoffe von der Permeation ausschließen (Abb. 1-5A) [1, 3].

Das Verhalten der *Membrankanäle für Ionen* läßt sich besonders gut studieren, da bei der Permeation von Ionen Ströme fließen, die für einzelne Kanäle gemessen werden können. Es zeigt sich, daß diese Kanäle spontan und hochfrequent zwischen offenen und geschlossenen Zuständen hin und her schalten, so daß z.B. durch einen K^+-Kanal Stromstöße von etwa 2 pA (10^{-12} A) Amplitude und einer mittleren Dauer von einigen Millisekunden gemessen werden (s. Abb. 2–12, S. 30) [3]. Während einer solchen „Kanalöffnung" fließen damit einige 10000 Ionen. Rasche Formänderungen von Proteinen, die dabei verschiedene Unterzustände ihrer Konformation einnehmen, werden auch mit RÖNTGEN- und MÖSSBAUER-Strahlungsmessungen sowie mit Kernspinresonanzmessungen (NMR) gefunden. Proteine sind demnach hochdynamische, pulsierende Gebilde, und ein Kanal durch das Protein ist keine starre wassergefüllte Röhre (Abb. 1-5A), sondern ein wassergefülltes Labyrinth von sich schnell bewegenden Molekülgruppen und Ladungen. Diesem dynamischen Charakter des Kanals nähert sich das Bild des **Energieprofils eines Kanals** in Abb. 1-5B. Die Abszisse dieses Diagramms ist der Weg durch den Kanal von einer Außenlösung mit der Ionenkonzentration c_a und dem Potential 0, zu der Innenlösung mit der Konzentration c_i und dem Potential E. Die Ordinate gibt das

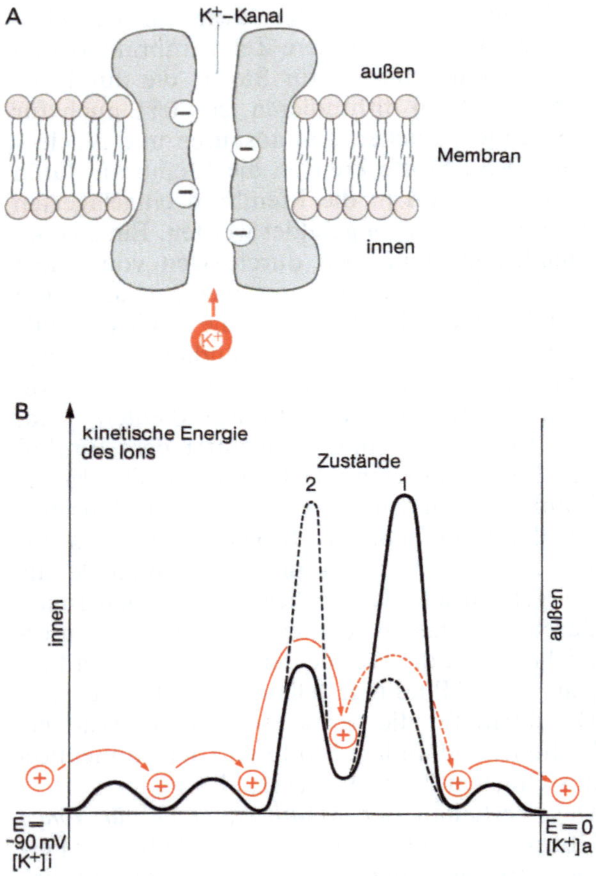

Abb. 1-5. A Schema eines K-Kanal-Proteins, das in die Lipiddoppelschicht der Plasmamembran eingelagert ist. In der „Wand" des Kanals sind 4 negative Ladungen fixiert. **B** Schematisches Energieprofil eines Kanals wie in **A**. Die *Ordinate* gibt die für eine Passage notwendige kinetische Energie eines Ions an, die *Abszisse* den Weg von der Innenseite zur Außenseite der Membran. Energieminima entsprechen Bindungsstellen des positiven Ions an die negativen „Festladungen" der Kanalwand. Die Energiemaxima entsprechen Diffusionshindernissen innerhalb des Kanals. Es wird angenommen, daß die Konformation des Kanalproteins spontan oscilliert und das Energieprofil abwechselnd die *ausgezogenen* und die *gestrichelten Profile* einnehmen kann, was die Überwindung der Energiebarriere für vor der Barriere gebundene Ionen sehr erleichtert. [Nach 14]

Energieniveau des Ions an der betreffenden Stelle des Kanals an, ein Gipfel bedeutet eine Permeationsschranke, die ein Ion nur mit viel Energie überwinden kann, und eine Senke einen relativ stabilen Zustand, eine Bindung. Trotz der hindernden Energiegipfel kann ein Ion passieren, wenn sich das Energieprofil innerhalb des Kanals spontan und cyclisch verschiebt, das Ion kann plötzlich auf der anderen Seite des Gipfels liegen und permeieren. Je nach Ladung, Größe und Wasserhülle des Ions und möglichen Bindungen an Wandstrukturen wird das Energieprofil durch den Kanal für verschiedene Ionen unterschiedlich sein, wodurch die Selektivität der einzelnen Kanaltypen erklärt werden könnte.

Diffusionsgleichgewicht für Ionen. Es können also verschiedene Ionen durch Membrankanäle diffundieren, was zum Ausgleich der Konzentrationsdifferenzen zwischen innen und außen führen sollte. Wie Tabelle 1-1 ausweist, bleiben jedoch die Konzentrationen innen und außen bestehen, es muß also ein **Gleichgewicht** zwischen Diffusions- und anderen Transportprozessen über die Membran bestehen. Die Einstellung dieses Gleichgewichts wird in den nächsten beiden Abschnitten besprochen. Zunächst das Diffusionsgleichgewicht für Ionen: Bei ungeladenen Molekülen wird die Diffusion durch die Konzentrationsdifferenz dc angetrieben, und bei Konzentrationsausgleich erfolgt kein Nettotransport. Auf geladene Teilchen wirkt zusätzlich ein elektrisches Feld. Fließt z.B. ein K^+-Ion entlang seines Konzentrationsgefälles aus der Zelle aus, so nimmt es eine positive Elementarladung mit. Das Zellinnere wird dadurch um eine Ladung negativer und es entsteht eine elektrische Spannung über der Membran. Diese innen negative Spannung bremst nun weiteren Ausstrom weiterer K^+-Ionen, die ihrerseits, wenn ihnen der Ausstrom gelingt, die Aufladung der Membran vergrößern. Der Nettostrom von K^+ kommt zum Stillstand, sobald die Wirkung des aufgebauten elektrischen Feldes von den von Konzentrationsdifferenz erzeugten Diffusionsdruck kompensiert. Dabei bewegen sich freilich immer noch Ionen durch den Kanal, jedoch in beiden Richtungen in gleicher Anzahl. Es entspricht also einer Konzentrationsdifferenz für ein Ion über die Zellmembran ein **Gleichgewichtspotential** E_{ion}, bei dem der Nettostrom über die Membran für dieses Ion verschwindet. Dieses Gleichgewichtspotential läßt sich relativ leicht berechnen und wird durch die **Nernst-Gleichung** angegeben:

$$E_{ion} = \frac{R \cdot T}{z \cdot F} \cdot \ln \frac{\text{extracelluläre Konzentration des Ions}}{\text{intracelluläre Konzentration des Ions}}. \qquad (4)$$

Dabei ist R die Gaskonstante, T die absolute Temperatur, z die Wertigkeit des Ions (negativ für Anion) und F die Faraday-Konstante. Unter Zusammenfassung der Konstanten und bei

Körpertemperatur (T=310 K) wird daraus für E_K:

$$E_K = -61 \text{ mV} \log \frac{[K^+]_i}{[K^+]_a}. \quad (5)$$

Ist $\frac{[K^+]_i}{[K^+]_a} = 39$ wie in Tabelle 1-1, so ist

$$E_K = -61 \text{ mV} \cdot \log 39 = -61 \text{ mV} \cdot 1{,}59$$
$$= -97 \text{ mV}.$$

Tatsächlich wird an allen Zellen ein *Membranpotential* gefunden, das im Falle einer Warmblütermuskelzelle einen Wert von etwa −90 mV hat. Je nach den Bedingungen und Ionenkonzentrationsverhältnissen kommen an Zellen Membranpotentiale von −120 bis −40 mV vor. Für die Zelle des obigen Beispiels (Tabelle 1-1) bedeutet das **Ruhepotential** von −90 mV, daß für K^+-Ionen der Fluß durch die Membrankanäle annähernd im Gleichgewicht ist. Dies ist nicht erstaunlich, da in der ruhenden Membran geöffnete K^+-Kanäle weitaus am häufigsten sind, d.h. sie ist für K^+ am durchlässigsten. Das Membranpotential wird jedoch auch von den Flüssen anderer Ionen mitbestimmt.

Quantitativ wurde die Leichtigkeit, mit der die Teilchen durch die Membran diffundieren können, in Gl. (3) für ungeladene Teilchen als Permeabilität *P* definiert. Diese **Permeabilität** muß **bei geladenen Teilchen** etwas komplizierter bestimmt werden:

$$P = \frac{\mu \cdot R \cdot T}{d \cdot F}, \quad (6)$$

wobei μ die Membranbeweglichkeit des Ions ist, *d* die Dicke der Membran sowie *R, T* und *F* die bekannten thermodynamischen Konstanten sind. Mit Hilfe der so definierten Permeabilitäten kann das Membranpotential E_m berechnet werden, wenn gleichzeitig K^+, Na^+ und Cl^--Ionen fließen, wobei die Membran für diese die Durchlässigkeit P_K, P_{Na} und P_{Cl} hat. Es muß dazu freilich die Annahme gemacht werden, daß innerhalb der Membran das Potential gleichmäßig abfällt, d.h. eine konstante Feldstärke herrscht. Es gilt dann die *„constant-field" oder Goldmann-Gleichung* [6, 12]:

$$E_m = \frac{RT}{F} \cdot \ln \frac{P_K[K^+]_a + P_{Na}[Na^+]_a + P_{Cl}[Cl^-]_i}{P_K[K^+]_i + P_{Na}[Na^+]_i + P_{Cl}[Cl^-]_a}. \quad (7)$$

An den meisten Zellmembranen ist P_K etwa 30mal höher als P_{Na} (s. auch 1.3). Die relative Größe von P_{Cl} ist recht unterschiedlich, an vielen Membranen ist P_{Cl} klein gegenüber P_K, an anderen, z.B. des Skeletmuskels, ist P_{Cl} sogar größer als P_K.

Aktiver Transport, Na-Pumpe. Im vorhergehenden Abschnitt wurden die passiven Diffusionsprozesse und das Membranpotential beschrieben, das sich bei den in der Zelle und der Außenlösung herrschenden Ionenkonzentrationen einstellt. Die intracellulären Ionenkonzentrationen bleiben jedoch nicht ohne weiteres stabil, denn das Membranpotential ist etwas weniger negativ als E_K und weit negativer als E_{Na} (etwa +60 mV). Durch Diffusion würden sich letztlich die intracellulären Konzentrationen zumindest für K^+ und Na^+ den extracellulären angleichen. Die Stabilität der natürlichen Ionengradienten wird durch aktive Transportprozesse erreicht: Membranproteine transportieren Ionen über die Membran entgegen dem Konzentrations- und/oder dem elektrischen Gradienten, wobei sie Stoffwechselenergie verbrauchen. Der wichtigste aktive Transportprozeß ist die **Na-K-Pumpe,** die praktisch an allen Plasmamembranen der Zellen Na^+ aus der Zelle und K^+ in die Zelle schafft. Sie stellt damit intracellulär die niedrige Na^+- und die hohe K^+-Konzentration sicher (Tabelle 1-1). Der so erzielte Na-Konzentrationsgradient an der Membran wird funktionell für die elektrische Informationsfortleitung (s. Abschn. 2.2), aber auch zum Antrieb anderer aktiver Transportmechanismen und die Einstellung des Zellvolumens eingesetzt (s. unten). Es überrascht deshalb nicht, daß mehr als $^1/_3$ des Energieverbrauchs der Zellen für die Na-K-Pumpe aufgewendet wird, und bei manchen sehr aktiven Zellen erreicht der Energieanteil dieser Pumpe 70% [1, 11].

Das Na-K-Transportprotein ist eine ATPase, die an der Innenseite der Zellmembran ATP in ADP und Phosphat spaltet (Abb. 1-6). Mit Hilfe der von einem ATP übernommenen Energie transportiert es netto 3 Na^+ aus der Zelle und gleichzeitig 2 K^+ in die Zelle, entfernt also in jedem Pumpcyclus eine Ladung aus der Zelle. Die Na-K-Pumpe ist damit **elektrogen,** sie treibt einen elektrischen Strom über die Membran aus der Zelle, der das Membranpotential um etwa 10 mV negativer macht. Das Protein leistet den Transport mit hoher Geschwindigkeit: 150 bis 600 Na^+ werden pro Sekunde umgesetzt. Obwohl die Aminosäuresequenz des Transportproteins bekannt ist, kann heute nicht deutlich ge-

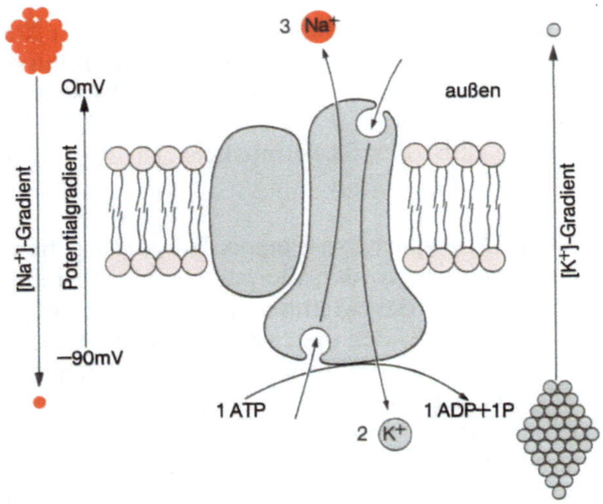

Abb. 1-6. Schema der Na-K-Pumpe, einer ATPase in der Lipiddoppelschicht der Plasmamembran, die in einem Pumpcyclus 3 Na^+ gegen den Konzentrationsgradienten und Potentialgradienten aus der Zelle entfernt und 2 K^+ aufnimmt. Dabei wird ein ATP in ADP und Phosphat P gespalten. Die ATPase ist als Dimer aus einer großen (Funktions-)Einheit und einer kleinen Einheit gezeichnet, sie liegt in der Membran als Tetramer aus 2 großen und 2 kleinen Einheiten vor

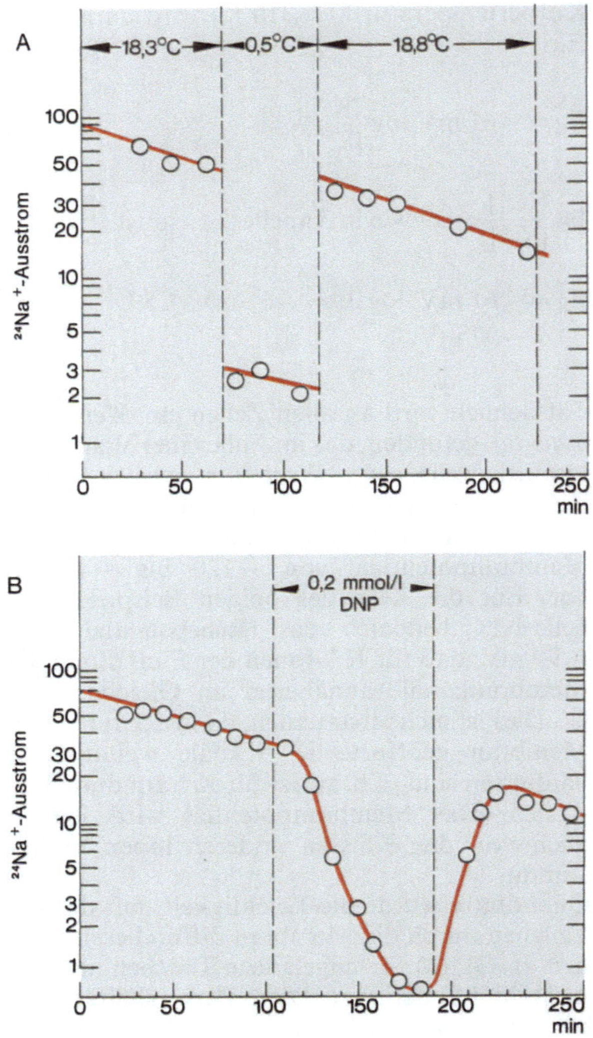

Abb. 1-7 A u. B. Nachweis des aktiven Na^+-Transports. *Ordinaten:* Ausstrom von aktiven $^{24}Na^+$ aus der Zelle. *Abszisse:* Zeit nach Beginn des Experiments. **A** Die Zelle wird von 18,3 °C auf 0,5 °C abgekühlt, während der Kälteperiode ist der Na^+-Ausstrom gehemmt. **B** Hemmung des Na^+-Ausstroms durch 0,2 mmol/l Dinitrophenol (DNP). [Nach 13]

macht werden, wie es den komplizierten Austauschtransport bewerkstelligt. Am ehesten kann man den Prozeß mit cyclisch sich ändernden, von der Besetzung mit Na^+ und K^+ abhängigen Energieprofilen durch das ständig seine Konformation ändernde Transportprotein (Abb. 1-5B) beschreiben, wobei ein stöchiometrischer 2 K^+- zu 3 Na^+-Austausch resultiert und Energie eingekoppelt wird.

Die Na-K-Pumpe, wie auch die isolierte Na^+- und K^+-abhängige Membran-ATPase, lassen sich durch das Herzglykosid Ouabain (Strophantin) spezifisch hemmen. Als mehrstufige chemische Reaktion ist die Na-K-Pumpe stark temperaturabhängig. Dies zeigt das Experiment der Abb. 1-7: Es wird der Na^+-Ausstrom aus Muskelzellen gemessen, der praktisch dem durch die Na-K-Pumpe vermittelten Na^+-Ausstrom entspricht, denn die Chance, daß ein Na^+-Ion passiv gegen einen hohen Konzentrations- und Potentialgradienten aus der Zelle fließt, ist äußerst gering. Wird das Präparat um etwa 18° C abgekühlt, so nimmt der Na-Ausstrom schnell um einen Faktor 15 ab, und kehrt nach Wiedererwärmen sofort auf den Ausgangswert zurück. Diese Abnahme des Na^+-Ausstroms ist ein Vielfaches dessen, was für einen Diffusionsprozeß oder eine einfache chemische Reaktion als Temperaturabhängigkeit erwartet wird. Einen ähnlichen Effekt hat die Unterbrechung der Nachlieferung von Stoffwechselenergie durch Vergiftung mit Dinitrophenol (DNP) (Abb. 1-7B). Dies zeigt, daß der Na-Ausstrom durch energieabhängige Reaktionen, eine aktive Pumpe getrieben wird. Neben der starken Temperatur- und Energieabhängigkeit ist für Pumpen charakteristisch, daß sie, wie jede chemische Reaktion, mit steigender Konzentration der zu transportierenden Moleküle die Pumprate nicht beliebig erhöhen können, sondern daß diese einen Sättigungswert erreicht (Abb. 1-8). Im Gegensatz zu chemischen Reaktionen bei Transport durch Pumpen wie der Na-K-Pumpe steigt der Fluß der passiv diffundierenden Stoffe ge-

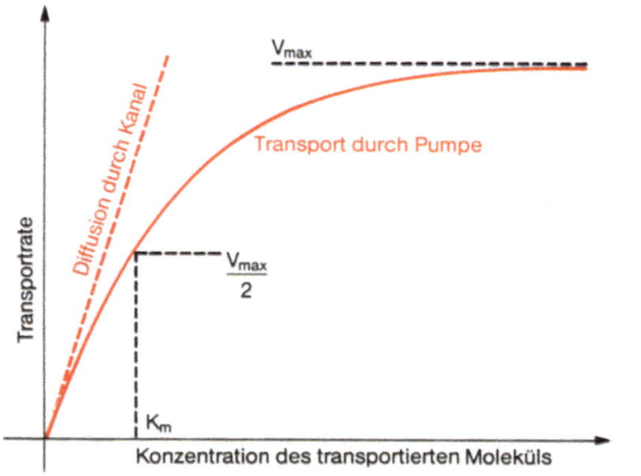

Abb. 1-8. Abhängigkeit der Transportrate von Molekülen von deren Konzentration (am Kanaleingang bzw. an der Bindungsstelle der Pumpe) bei Diffusion durch einen Membrankanal und bei Transport durch eine Pumpe. Letztere erreicht bei hohen Konzentrationen Sättigung, eine maximale Pumprate V_{max}, und für die halbmaximale Pumprate $V_{max}/2$ kann eine scheinbare Gleichgewichtskonzentration K_m abgelesen werden

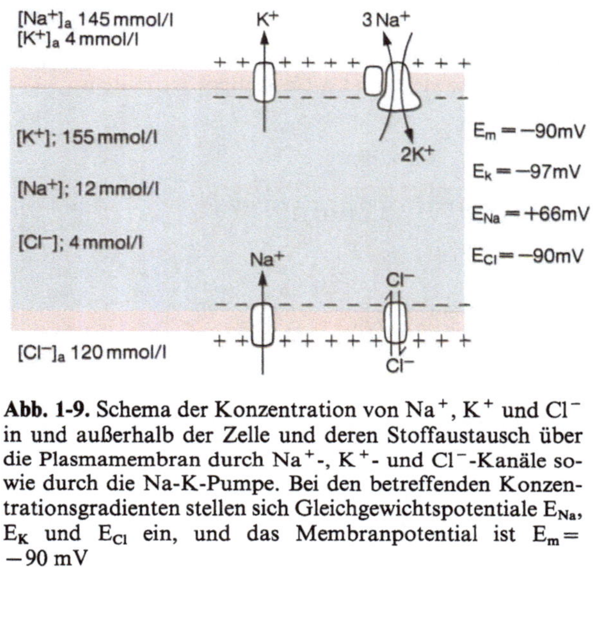

Abb. 1-9. Schema der Konzentration von Na^+, K^+ und Cl^- in und außerhalb der Zelle und deren Stoffaustausch über die Plasmamembran durch Na^+-, K^+- und Cl^--Kanäle sowie durch die Na-K-Pumpe. Bei den betreffenden Konzentrationsgradienten stellen sich Gleichgewichtspotentiale E_{Na}, E_K und E_{Cl} ein, und das Membranpotential ist $E_m = -90$ mV

mäß dem Diffusionsgesetz (Gl. 1 und 2) proportional zur Konzentrationsdifferenz.

Neben der Na-K-Pumpe kommt in der Plasmamembran zumindest noch eine *Ca-Pumpe* vor, die Ca^{2+} aus der Zelle pumpt und daran beteiligt ist, die extrem niedrige Ca^{2+}-Konzentrationen in der Zelle herzustellen (Tabelle 1-1). Diese Pumpe ist besonders dicht auch im sarkoplasmatischen Reticulum der Muskelzelle vorhanden, das mit Hilfe der Spaltung von ATP Ca^{2+} konzentriert (s. Kap. 4).

Folgen der Na-K-Pumpe für Membranpotential und Zellvolumen. In Abb. 1-9 sind verschiedene Stromkomponenten durch die Membran und die Einstellung der intracellulären Ionenkonzentrationen noch einmal im Zusammenhang dargestellt. Durch die K^+-Kanäle fließt ein K^+-Nettostrom aus der Zelle, weil das Membranpotential etwas positiver ist als das K^+-Gleichgewichtspotential. Obwohl die Gesamtpermeabilität der Na^+-Kanäle sehr viel geringer ist als die der K^+-Kanäle, bzw. die Na^+-Kanäle sich beim Ruhepotential sehr viel seltener öffnen als die K^+-Kanäle, fließt ähnlich viel Na^+ in die Zelle ein, wie K^+ aus der Zelle ausfließt, da die Eindiffusion von Na^+ sowohl durch den großen Konzentrationsgradienten wie auch das Potential angetrieben wird. Die Na-K-Pumpe kompensiert ideal die passiven Diffusionsströme, da sie Na^+ aus der Zelle und K^+ in die Zelle schafft. Sie ist dabei elektrogen wegen der Nettoladungsverschiebung und macht bei normaler Pumprate das Membranpotential etwa 10 mV negativer als es sich aufgrund der passiven Ionenflüsse (s. Gl. 7) einstellen würde. Diese Negativierung des Potentials nähert dieses dem K^+-Gleichgewichtspotential und verkleinert damit den K^+-Nettostrom. Reguliert wird die Aktivität der Na^+-K^+-Pumpe durch die intracelluläre Na^+-Konzentration. Die Pumprate verlangsamt sich, wenn die Konzentration der zu transportierenden Na^+ abnimmt (Abb. 1-8), und es stellt sich so als Gleichgewicht zwischen Pumprate und Na^+-Einstrom eine Na^+-Innenkonzentration um 10 mmol/l ein.

Zahlenmäßig benötigt das Gleichgewicht von Pumpströmen und passiven Membranströmen weit mehr Na-K-Pumpmoleküle als Kanalproteine für K^+ und Na^+. Durch einen solchen Kanal laufen bei jeder Öffnung während weniger Millisekunden zehntausende von Ionen (s. oben), und bei gewöhnlich mehrfacher Öffnung in der Sekunde insgesamt mehr als 10^5 Ionen/s. Durch ein Pumpprotein werden einige 100 Na^+/s befördert. Es muß also in der Plasmamembran etwa 1000mal mehr Pumpmoleküle geben als Membrankanalproteine. Auf 1 μm^2 der Membran findet man bei Messung der Kanalströme in Ruhe etwa 1 K^+- und 1 Na^+-Kanal offen, und folglich müssen dort etwa 1000 Na^+-K^+-Pumpproteine liegen. Diese hätten dann einen mittleren Abstand von 34 nm, und haben selbst, wie die Kanalproteine, Durchmesser von 8–10 nm. Die Membran ist also ziemlich mit Pumpmolekülen besetzt [11].

Die Kompensation des Na^+-Einstroms und des K^+-Ausstroms durch die Pumpe hat auch zur Folge, daß der osmotische Druck in der Zelle stabil und das **Zellvolumen konstant** bleiben. In der Zelle befinden sich in hoher Konzentration große Anionen, meist Proteine (in Tabelle 1-1 als A^- bezeichnet). Diese können die Membran nicht (oder nur sehr langsam) passieren, stellen also einen festen Bestand des Zellinnern dar. Diesen Anionen müssen zum Ladungsausgleich in gleicher Anzahl Kationen gegenüberstehen, die aufgrund der Leistung der Na-K-Pumpe im wesentlichen durch K^+ repräsentiert sind. Die Gesamtionenkonzentration in der Zelle könnte nur dann beträchtlich ansteigen, wenn die Anionenkonzentration vergrößert würde. Dies könnte durch Einstrom von Cl^- entlang dessen Konzentrationsgradienten geschehen (s. Tabelle 1-1). Das Membranpotential wirkt jedoch dem Cl^--Einstrom entgegen; der Cl^--Nettoeinstrom läuft nur so lange, bis das Cl^--Gleichgewichtspotential erreicht wird, und dies ist bei etwa dem reziproken K^+-Gradienten der Fall, da Cl negativ geladen ist (s. Gl. 4). Es stellt sich also entsprechend der niedrigen K^+-Außenkonzentration eine niedrige Cl^--Innenkonzentration ein. Damit ist die Gesamtionenmenge in der Zelle beschränkt. Fällt das Membranpotential nach Blockade der Na-K-Pumpe, z.B. bei Sauerstoffmangel, so erhöht sich entsprechend zum so erniedrigten Cl^--Gleichgewichtspotential die intracelluläre Cl^--Konzentration, zum Ladungsausgleich strömen auch K^+ ein, die Gesamtionenkonzentration in der Zelle steigt an und folglich auch der osmotische Druck, und es muß Wasser einströmen. Die Zelle schwillt folglich an, wie dies auch in vivo bei Energiemangelzuständen beobachtet wird.

Der Na-Konzentrationsgradient als Antrieb von Membrantransporten. Die Bedeutung der Na-K-Pumpe für die Zelle erschöpft sich nicht in der Stabilisierung der normalen Na- und K-Gradienten über die Membran. Die im Membrangradienten für Na^+ gespeicherte Energie wird vielfach auch zum Antrieb von Membrantransporten von anderen Stoffen verwendet. Die Abb. 1-10 zeigt als Beispiel einen **„Symport“** von Na^+ und einem Zuckermolekül in die Zelle. Das Transportprotein der Membran schafft ein Zuckermolekül, selbst gegen einen Konzentrationsgradienten, in die Zelle, wobei gleichzeitig ein Na^+ entlang seines Konzentrations- und Potentialgradienten einströmt und die Energie für den **Zuckertransport** liefert. Dieser Zuckertransport hängt unbedingt vom Bestehen des hohen Na^+-Gradienten ab; steigt die Na^+-Innenkonzentration beträchtlich, so kommt der Zuckertransport zum Erliegen. Für verschiedene Zukker gibt es mehrere solche Symportsysteme. Ähnlich wie der Zuckertransport in Abb. 1-10 wird auch der **Transport von Aminosäuren** in die Zelle von Na^+-Gradienten angetrieben: Es gibt dafür wenigstens 5 verschiedene Symportsysteme, die auf verwandte Gruppen von Aminosäuren spezialisiert sind.

Neben den Symportsystemen gibt es auch **„Antiporte“.** Ein wichtiges Transportsystem der Zellmembran befördert z.B. in einem Pumpcyclus jeweils 1 Ca^{2+} aus der Zelle und läßt 3 Na^+ einfließen (Abb. 1-10). Die Energie für diesen **Ca^{2+}-Transport** stammt aus dem Einstrom der

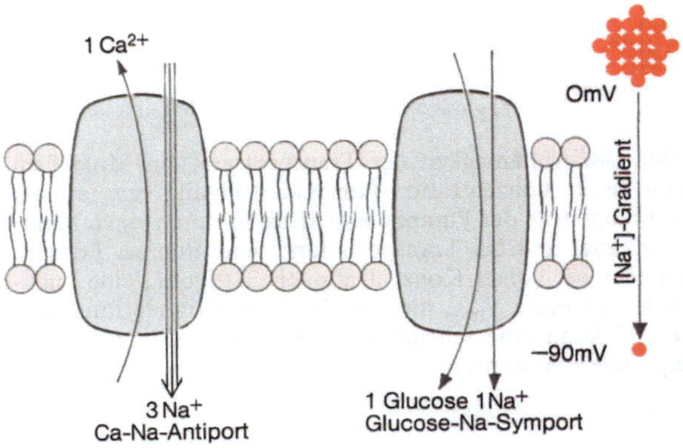

Abb. 1-10. Membranproteine eingelagert in die Lipiddoppelschicht der Membran, die angetrieben durch den extra- bzw. intracellulären Na^+-Gradienten einen Glucose-Na-Symport in die Zelle, sowie einen Ca-Na-Antiport vermitteln

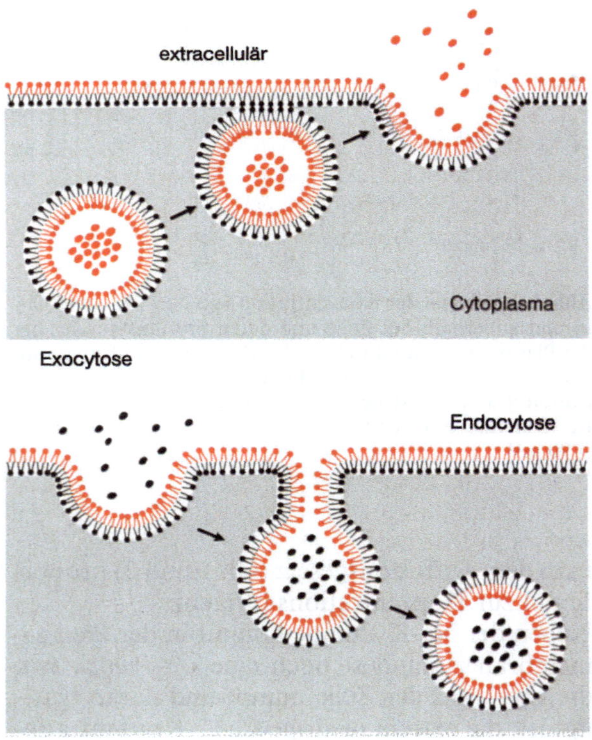

Abb. 1-11. Exocytose und Endocytose. *Oben:* Ein intrazelluläres Vesikel verschmilzt mit der Lipiddoppelschicht der Plasmamembran und entleert sich zum Extracellulärraum: Exocytose. *Unten:* Die Plasmamembran stülpt sich lokal ein, und ein Vesikel gefüllt mit extracellulärer Materie schnürt sich ab: Endocytose

$3 Na^+$ entlang ihres Konzentrations- und Potentialgradienten. Diese Energie reicht gerade aus, beim Membranruhepotential den hohen Calciumkonzentrationsgradienten von $< 10^{-7}$ mol/l intracellulär zu etwa 2 mmol/l extracellulär zu erhalten.

Endo- und Exocytose. Für manche Stoffe, die in die Zelle gelangen oder aus ihr entfernt werden müssen, gibt es keine Transportkanäle, beispielsweise für Proteine oder für Cholesterin. Solche Stoffe können die Plasmamembran als Inhalt von **Vesikeln,** durch Endo- oder Exocytose kreuzen. Die Abb. 1-11 zeigt die prinzipiellen Mechanismen. Bei der Exocytose werden an Zellorganellen Vesikel gebildet (s. unten), die mit dem auszuscheidenden Stoff, z.B. einem Hormon oder einem extracellulär wirkenden Enzym, beladen sind. Wenn solche Vesikel die Plasmamembran erreichen, kann ihre Lipidmembran mit der der Plasmamembran verschmelzen, und der Inhalt des Vesikels entleert sich in das Außenmedium. Beim umgekehrten Vorgang, der Endocytose, stülpt sich die Plasmamembran ein und bildet eine Grube. Diese vertieft sich, schnürt sich ab und es entsteht ein intracelluläres Vesikel, das extracelluläre Flüssigkeit und etwas Makromoleküle enthält. Bei diesen Membranverschmelzungen und -abschnürungen müssen neben den Membranen auch kontraktile Anteile des Cytoskelets mitwirken (s. unten). Bei Endocytose wird auch nicht immer einfach Außenmedium aufgenommen. In der Membran liegen, oft in spezialisierten Gruppen angeordnet, spezifische Receptoren. z.B. für Makromoleküle wie Insulin oder für Antigene. Nach Bindungen solcher Moleküle an ihre Receptoren wird im betreffenden Membranbezirk Endocytose ausgelöst und somit selektiv die betreffenden Makromoleküle transportiert (Abb. 1-12B).

An allen Zellen laufen dauernd Endo- und Exocytosen ab. Dabei wird im beträchtlichen Umfang Zellmembran umgesetzt: Ein Makrophage nimmt in 1 h 2mal seine ganze Plasmamembranoberfläche als Vesikel auf. Bei den meisten Zellen ist der Umsatz geringer, es muß jedoch ein beträchtliches „Recycling“ der Membranen stattfinden.

1.3 Stoffaustausch innerhalb der Zelle

Mit Endo- und Exocytose haben wir Vorgänge behandelt, bei denen nicht nur Stoffe über die Plasmamembran transportiert werden, sondern auch Zellbestandteile, Membranen, umgesetzt werden können. Weitere derartige Transporte innerhalb der Zelle und an ihren Organellen sollen jetzt besprochen werden.

Diffusion. Innerhalb des Cytosols werden selbstverständlich Konzentrationsdifferenzen durch Diffusion ausgeglichen, und das gleiche gilt für die in Organellen eingeschlossenen Flüssigkeitsräume. Wegen der hohen Konzentration an gelöstem Eiweiß verläuft freilich die Diffusion viel langsamer als im Wasser. Auch die Lipidmembranen um die Zelle und in ihren Organellen sind 2dimensionale Flüssigkeiten, in denen Diffusion stattfindet. Die Membranlipide selber diffundieren innerhalb ihrer Schicht, aber selten zwischen den beiden Schichten der Doppelschicht. Auch die in die Membran eingelagerten Proteine sind durchaus beweglich. Sie rotieren um eine Achse vertikal zur Membran, und sie diffundieren lateral mit sehr verschiedenen Diffusionskonstanten 2- bis 10000mal langsamer als die Phospholipide. Während also einige Proteine ziemlich frei in der Lipidschicht schwimmen und sich fast so schnell bewegen wie die Lipidmoleküle selbst, sind andere fester verankert, wahrscheinlich durch Bindungen an das Cytoskelet. Es gibt „dauerhafte“ Anhäufungen von speziellen Proteinen in den Membranen, z.B. an den prae- und postsynaptischen Strukturen der Nervenzellen (s.S. 56). Andererseits kann man die frei beweglichen Proteine mit einem fluorescierenden Farbstoff koppeln und in einem kleinen Membranbezirk durch einen Lichtblitz zur Fluorescenz anregen. Diese fluorescierenden Proteine verteilen sich innerhalb von weniger als 1 min gleichmäßig über einen etwa 10 µm ausgedehnten Membranbereich.

Aktiver Transport an Membranen von Organellen. Die für die Plasmamembran so wichtigen aktiven Transporte finden ebenfalls in den Membranen der Zellorganellen statt. Die spezifischen Inhalte von Zellorganellen entstehen z.T. durch Synthese von Stoffen im Innenraum, z.T. durch aktiven Transport aus dem Cytosol. Das Beispiel der Ca^{2+}-Pumpe in das sarkoplasmatische Reticulum der Muskelzellen wurde schon erwähnt. Besonders interessant ist die Umkehrung des Prinzips der ATP-getriebenen Pumpen der Plasmamembran (s. Abb. 1-6) im Falle der ATP-Synthese in den Mitochondrien. In diesen entsteht als Resultat des oxydativen Stoffwechsels ein hoher H^+-Gradient an den inneren Membranen. Dieser H^+-Gradient treibt den Pumpcyclus eines aktiven Transportmoleküls rückwärts: H^+ fließt entlang des Gradienten durch die Membran, und mit der dabei freigesetzten Energie wird aus ADP und Phosphat ATP aufgebaut. Dieses ATP liefert dann seinerseits an vielen Stellen der Zelle Energie, z.B. für aktive Transporte.

Transport in Vesikeln. Die schematische Darstellung der Zelle in Abb. 1-1 zeigt eine große Zahl intracellulärer Organellen und ihnen assoziierte Vesikel. Diese Organellen und besonders die Vesikel bewegen sich ständig und transportieren ihren Inhalt zu anderen Organellen oder zur Plasmamembran, oder Vesikel wandern von der Plasmamembran zu den Organellen, wie schon bei Endo- und Exocytose besprochen.
Abbildung 1-12A beschreibt den Ablauf der **Sekretion eines Proteins.** Es wird in der Nähe des Zellkerns an Ribosomen synthetisiert, die dem rauhen endoplasmatischen Reticulum angelagert sind, und gelangt in dessen Innenraum. Vom endoplasmatischen Reticulum trennen sich Transportvesikel ab, die zum GOLGI-Komplex wandern. Sie verschmelzen mit den Zisternen des GOLGI-Apparates, und das Eiweiß wird dort modifiziert, z.B. glykosuriert. An den Rändern der Zisternen des GOLGI-Apparates spalten sich wiederum Transportvesikel ab, die das nun modifizierte Protein enthalten. Sie bewegen sich als sekretorische Vesikel zur Plasmamembran und ihr Inhalt wird durch Exocytose freigesetzt.
Ein weiteres Beispiel für einen Transportweg innerhalb der Zelle gibt Abb. 1-12B. Es handelt sich um die **Aufnahme von Cholesterin** in die Zelle. Cholesterin wird im Blut zum größten Teil an Protein gebunden transportiert, als **„LDL-Lipoprotein“**-Partikel. Solche Partikel binden an spezifische Membranbezirke, die Receptoren für LDL enthalten. Nach der Bindung tritt Endocytose ein, und die LDL werden in „Coated“-Vesikeln ins Zellinnere befördert. Diese Vesikel verschmelzen miteinander zu Endosomen, wobei sie ihren „Coat“ verlieren. Die Endosomen vereinigen sich ihrerseits mit primären Lysosomen, die vor allem hydrolytische Enzyme enthalten, und bilden sekundäre, größere Lysosome. In diesen wird das Cholesterin aus den LDL-Partikeln freigesetzt, es diffundiert in das Cytosol und steht dort u.a. für die Synthese von Lipidmembran zur Verfügung. Von den Endosomen spalten sich auf einem Nebenweg auch LDL-freie Vesikel ab, die zur Plasmamembran zurückkehren, mit ihr verschmelzen und damit Membranmaterial und wahrscheinlich auch LDL-Receptoren zurückführen. Der Weg von der Bindung des LDL-Partikels bis zur Cholesterinfreisetzung aus dem sekundären Lysosomen benötigt 10–15 min. Störungen in der Bindung und Aufnahme von LDL-Lipoprotein, d.h. im Zellhaushalt für Cholesterin, sind ein wichtiger Faktor in der Pathogenese der klinisch ungemein bedeutsamen Atherosklerose („Arterienverkalkung“).

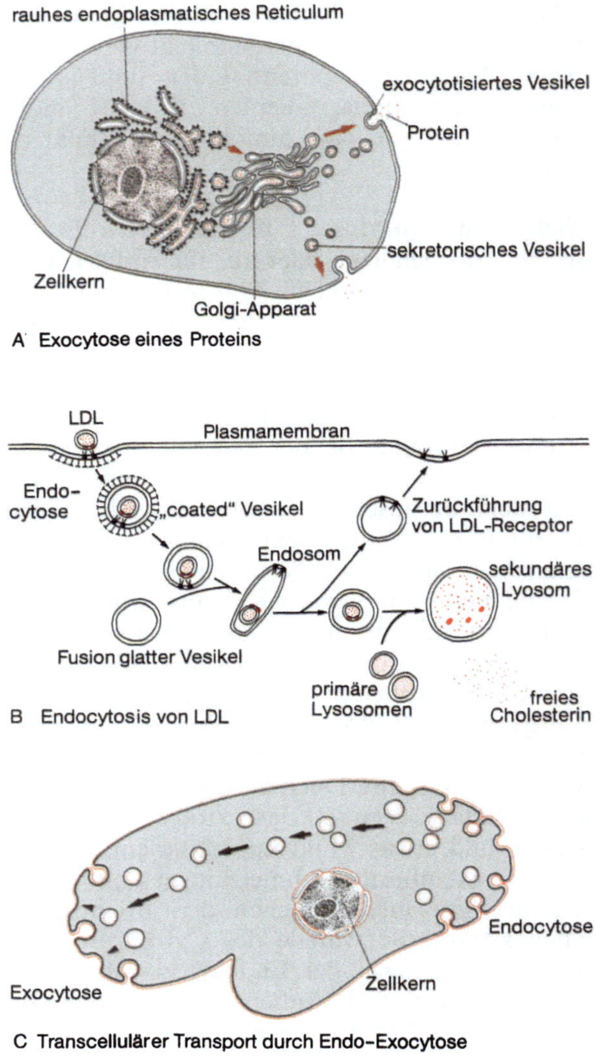

Abb. 1-12A–C. Schemata von Exo- und Endocytoseprozessen. **A** Ein Protein wird am rauhen endoplasmatischen Reticulum synthetisiert und in Vesikeln über den Golgi-Apparat zur Plasmamembran transportiert, wo es durch Exocytose sezerniert wird. **B** An LDL-(low density lipoprotein-)Partikel gebundenes Cholesterin bindet sich an die Plasmamembran, löst Endocytose des betreffenden Membranabschnitts aus und wird in Vesikeln zu Lysosomen transportiert, wo es freigesetzt wird. **C** Am rechten Zellpol wird extracelluläres Material durch Endocytose aufgenommen, wird in Vesikeln durch die Zelle transportiert und am linken Zellpol durch Exocytose wieder ausgeschieden

Ähnlich wie die in Abb. 1-11 und 1-12A beschriebenen Transportwege laufen viele andere Bahnen von spezifischen Vesikeln durch die Zelle. Es ist unbekannt, wie die Vesikel bewegt werden, wahrscheinlich sind Elemente des Cytoskelets beteiligt. Die Vesikel könnten an Mikrotubuli entlanggleiten, wobei ein assoziiertes Protein, eine ATPase, die Bewegungsenergie vermitteln müßte (s. unten). Ganz unklar ist, wie wunderbarerweise die vielen verschiedenen durcheinanderlaufenden Vesikel zu ihrem jeweiligen Bestimmungsort geleitet werden. Sie müssen Markierungen tragen, die vom bewegenden System erkannt und in zielgerichtete Bewegung umgesetzt werden.

Transport durch Auf- und Abbau von Organellen. Endo- und Exocytose von Vesikeln wurde bisher vom Gesichtspunkt des Transports des Vesikelinhalts betrachtet. Mit Hilfe eines geordneten Abbaus von Plasmamembran an einem Zellende durch Endocytose, und das Zufügen von Membranen an einem anderen Zellende durch Exocytose kann jedoch auch die Plasmamembran in größeren Bereichen verlagert werden (Abb. 1-12C) und die Zelle z.B. einen neuen Fortsatz bilden, sich bewegen.

Ähnliche Umlagerungsprozesse sind auch für das Zellskelet typisch, insbesondere für Mikrofilamente und Mikrotubuli (Abb. 1-1). Die **Mikrofilamente** bestehen hauptsächlich aus dem **Protein-F-Actin.** Dieses kann aus dem Cytosol in Faserbündel polymerisieren. Die Bündel sind polarisiert, sie wachsen oft nur an einem Ende durch Anlagerung weiterer Actinmoleküle, während das andere Ende inert bleibt oder abgebaut wird. Durch derartige Verlagerungen können sich Mikrofilamente verschieben und Formänderungen des Maschenwerkes von Mikrofilamenten stattfinden. Der Übergang vom ungeordneten Zustand, dem Sol, in den geordneten Gelzustand der Actinbündel kann sehr schnell erfolgen, er wird dann gesteuert von Begleitproteinen oder von Ionenkonzentrationsänderungen (s. nächster Abschnitt). Es gibt auch Proteine, die Actinfilamente in kurze Fragmente zerlegen. Die feinen Fortsätze vieler Zellen, die Filopodien, enthalten ein zentrales Actinbündel (s. Abb. 1-1), und die vielfältigen Bewegungen dieser Filopodien kommen wahrscheinlich durch Gel-Sol-Transformationen am Actinbündel zustande.

Ähnliche Umlagerungen sind für die **Mikrotubuli** typisch. Diese Tubuli entstehen ebenfalls durch Polymerisation von Tubulin aus dem Cytosol, wobei ein Ende wächst und das andere sich nicht ändert oder abgebaut wird. Ein solcher Mikrotubulus kann sich also durch gerichteten An- und Abbau durch das Cytosol bewegen.

Aktive Bewegungen im Cytoskelet. Neben den Umlagerungen ist das Cytoskelet auch an aktiven Bewegungen beteiligt. Bei vielen Bewegungsvorgängen an Mikrotubuli und Actinfilamenten wirken Proteine mit, die solche Filamente oder Tubuli miteinander vernetzen und sie gegeneinander verschieben können. Im Cytosol aller Zellen kommen in relativ hoher Konzentration die Eiweiße **Myosin** und **Dynein** vor, die in speziellen Zellen und Organellen, den Muskeln bzw. Cilien, die energiewandelnden Elemente für Bewegungen sind. Myosin bildet in Muskelzellen dicke Filamente, die geordnet neben Actinfilamenten liegen. Myosin bindet sich mit Kopfteilen des Moleküls an die Actinfilamente, spaltet ATP und setzt die freiwerdende Energie in eine **Verschiebung von Myosin gegen Actin** um. Danach löst sich die Bindung wieder. Aus einer Vielzahl solcher Bindungs-Verschiebungs-Lösungscyclen zwischen Myosin und Actin wird die makroskopische **Verkürzung der Muskelfibrillen** erzeugt (s. Kap. 4). Eine ganz entsprechende Rolle spielt Dynein für die Verschiebung von Mikrotubuli bei der Bewegung von Cilien (Abb. 1-1). Myosin und Dynein liegen im Plasma der nicht-spezialisierten Zellen nicht als geordnete Fasern, sondern höchstens in kleinen Molekülgruppen. Sie können jedoch auch als solche kleine Aggregate Actinfilamente oder Tubuli gegeneinander verschieben. Die Abb. 1-13 macht dies für die Anordnung von

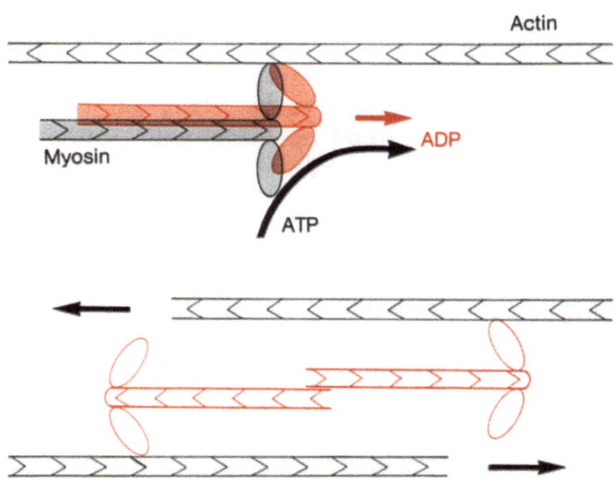

Abb. 1-13. Nichtmusculäre Myosinmolekülaggregate können sich bei geeigneter Ausrichtung mit verschieden polarisierten Actinfilamenten verbinden und unter Spaltung von ATP die Actinfilamente gegeneinander verschieben

2 in verschiedener Richtung polarisierten Actinfilamenten deutlich, an die sich 2 verknüpfte, gegenläufig polarisierte Myosinmoleküle binden. Die Kopfgruppen der Myosine knicken dann unter ATP-Spaltung zum Myosinschwanz hin ab, verschieben dabei Actinfilamente gegeneinander und die Bindung löst sich wieder. Derartige Verschiebungen, in denen der Energieinhalt von ATP in mechanische Arbeit umgesetzt wird, können Formänderungen des Cytoskelets und damit auch der Zelle, und ferner den Transport von assoziierten Organellen bewirken.

Axonaler Transport

Intracelluläre Transportvorgänge lassen sich am eindrucksvollsten in den Axonen von Nervenzellen zeigen. Dieser **axonale Transport** soll hier zur Demonstration von wahrscheinlich ähnlichen in den meisten Zellen ablaufenden Vorgängen ausführlicher behandelt werden. Die Axone können bei wenigen Mikrometer Durchmesser meterlang sein, und die Diffusion eines Proteins vom Zellkern bis zum Ende des Axons würde Jahre dauern. Seit langem ist bekannt, daß wenn man ein solches Axon an einer Stelle stark einengt, das Axon sich nach einigen Stunden auf der zentralen Seite vor der Einengung aufweitet; es sieht so aus, als ob ein zentrifugaler Fluß im Axon aufgestaut wird. Diesen Fluß kann man als **schnellen axonalen Transport** durch die Bewegung von radioaktiven Markierungen nachweisen, wie das in Abb. 1-14 dargestellte Experiment zeigt. Radioaktiv markiertes Leucin wurde in ein Hinterwurzelganglion gespritzt, und 2–10 h die Radioaktivität im N. ischiadicus über bis zu 166 mm peripher von den Zellkörpern gemessen. Es zeigt sich ein Gipfel von Radioaktivität an der Stelle der Injektion, der sich während der 10 h kaum ändert. Dagegen rückt im Axon peripherwärts eine Welle von Aktivität vor, und zwar mit einer gleichmäßigen Geschwindigkeit von etwa 34 mm in 2 h oder 410 mm/d. Diese Geschwindigkeit des schnellen axonalen Transports wurde an allen Warmblüterneuronen gefunden. Zwischen dünnen, marklosen Nervenfasern und den dicksten Axonen sowie zwischen motorischen und sensorischen Fasern gibt es keine meßbaren Unterschiede. Auch die Träger der injizierten Radioaktivität beeinflussen die Transportgeschwindigkeit nicht wesentlich. Verschiedene radioaktive Moleküle, z.B. verschiedene Aminosäuren, die im Zellsoma in Eiweiße einge-

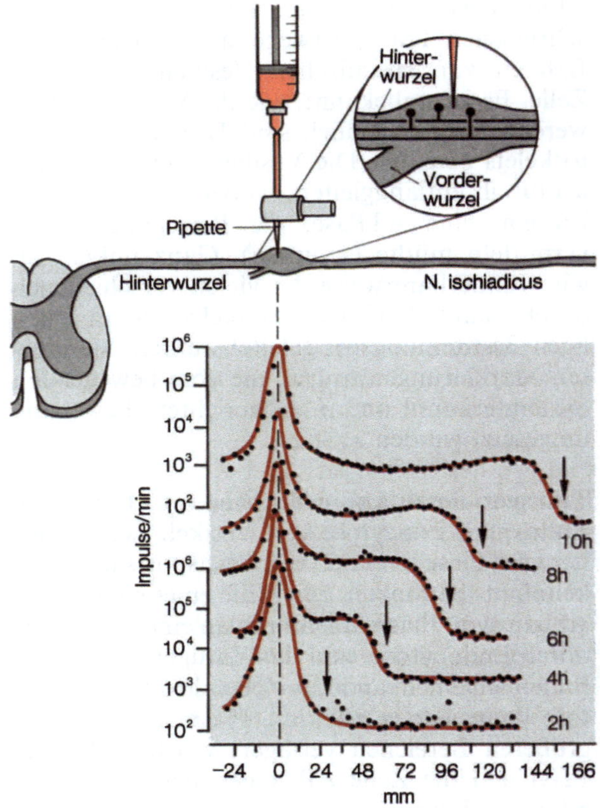

Abb. 1-14. Nachweis schnellen axonalen Transports in sensorischen Fasern des N. ischiadicus der Katze. Tritiummarkiertes Leucin wurde in ein Hinterwurzelganglion injiziert und die Radioaktivität im Ganglion und den sensorischen Fasern 2, 4, 6, 8 und 10 h später gemessen (*unten*). Die *Abszisse* gibt den Abstand der Meßpunkte vom Hinterwurzelganglion entlang des N. ischiadicus wieder. Die Radioaktivität ist im logarithmischen Maßstab in Impulsen pro Minute aufgetragen, wobei nur für die oberste und die unterste Kurve die Maßstäbe angegeben wurden. Die „Welle" erhöhter Radioaktivität (*Pfeile*) bewegt sich mit einer Geschwindigkeit von 410 mm/d vor. [15]

baut werden, können diese markieren. Wird die transportierte Radioaktivität peripher auf ihre Träger analysiert, so findet sie sich hauptsächlich in Eiweißfraktionen, aber auch in Überträgerstoffen und in freien Aminosäuren. Bei den verschiedenen Eigenschaften dieser Stoffe und vor allem den großen Unterschieden in der Molekülgröße kann die konstante gemeinsame Transportgeschwindigkeit nur durch einen gemeinsamen Trägermechanismus erklärt werden.

Der beschriebene **schnelle axonale Transport ist anterograd**, vom Zellkörper weg, gerichtet. Für einige Stoffe wurde auch ein **retrograder Transport**, von der Peripherie zum Zellkörper, gefunden. So wird z.B. Acetylcholinesterase mit etwa der halben Geschwindigkeit des schnellen axonalen Transports retrograd transportiert.

Ebenso wird eine in der Neuroanatomie häufig benutzte Markierungssubstanz, die Meerrettichperoxydase, retrograd transportiert. Der retrograde Transport scheint für die Regulation der Eiweißsynthese im Zellkörper eine wichtige Rolle zu spielen. Nach Durchtrennung des Axons tritt im Zellkörper nach einigen Tagen Chromatolyse ein, dies zeigt eine Störung der Eiweißsynthese an. Die Zeit bis zum Auftreten der Chromatolyse korreliert mit der Dauer des retrograden Transports zurück von der Schnittstelle zum Zellkörper. Die Störung der Eiweißsynthese kann somit als Folge des Ausbleibens einer „Signalsubstanz" aus der Peripherie erklärt werden, die die Geschwindigkeit der Eiweißsynthese reguliert.

Der schnelle axonale Transport benutzt als „Träger" offenbar hauptsächlich **Vesikel** und **Organellen** wie Mitochondrien, die die zu transportierenden Stoffe enthalten. An größeren Vesikeln oder Mitochondrien kann dieser Transport gerade noch intravital mikroskopisch beobachtet werden. Ein solches Teilchen bewegt sich kurzzeitig schnell in eine Richtung, hält an, läuft oft ein Stück zurück oder seitwärts, hält wieder an und schießt ein Stück in der Vorzugsrichtung weiter. 410 mm/d entsprechen etwa 5 µm/s Durchschnittsgeschwindigkeit in anterograder Richtung; die Einzelbewegungen müssen dann noch schneller sein, und relativ zu den Abmessungen der Organellen, der Filamente und der Tubuli ist die Bewegung wirklich sehr schnell. Der schnelle axonale Transport braucht eine ausreichende ATP-Konzentration. Gifte wie Colchicin, die den Aufbau der Mikrotubuli stören, blockieren auch den schnellen axonalen Transport. Es werden demnach beim schnellen axonalen Transport Vesikel und andere Organellen entlang von Mikrotubuli und Actinfilamenten transportiert, wobei wahrscheinlich kleine Dynein- und Myosinaggregate etwa mit dem Mechanismus der Abb. 1-13 unter Spaltung von ATP die Verschiebungen bewirken.

Der schnelle axonale Transport kann sich auch an **pathologischen Prozessen** beteiligen. Einige neurotrope Viren, z.B. die Herpes- und die Poliomyelitisviren, dringen peripher in Axone ein und werden retrograd zum Zellkörper transportiert, wo sie sich vermehren und ihre toxischen Wirkungen entwickeln können. Auch z.B. das Tetanustoxin, ein Eiweiß, das von Bakterien in Hautwunden gebildet werden kann, wird von Nervenenden aufgenommen und zum Zellkörper transportiert, wo es die Erscheinungen des Wundstarrkrampfes auslöst.

Toxische Einwirkungen auf den axonalen Transport selbst sind ebenfalls bekannt geworden, z.B. Vergiftungen durch das industrielle Lösungsmittel Acrylamid. Auch für die Pathogenese der Vitaminmangelkrankheit Beriberi und der Alkoholpolyneuropathie werden Einwirkungen auf den schnellen axonalen Transport diskutiert.

Neben dem schnellen axonalen Transport laufen noch wesentlich **langsamere Transportprozesse** ab. Tubulin bewegt sich im Axon mit einer Geschwindigkeit von etwa 1 mm/d, Actin etwas schneller mit bis zu 5 mm/d. Mit diesen Komponenten des Zellskelets wandern auch andere Proteine, z.B. Enzyme, die offenbar an Actin oder Tubulin assoziiert sind. Die Verschiebungsgeschwindigkeit von Tubulin und Actin stimmt etwa mit der überein, die sich durch den oben beschriebenen Mechanismus des Anbaus von Molekülen am aktiven Ende des Mikrotubulus bzw. des Mikrofilaments ergibt. Dieser Mechanismus könnte somit dem langsamen axonalen Transport zugrunde liegen. Die Geschwindigkeit des langsamen axonalen Transports stimmt auch etwa mit der des Wachstums von Axonen überein. Dies mag darauf hinweisen, daß der Aufbau des Zellskelets die Geschwindigkeit des Wachsens begrenzt.

Am Ende dieses Abschnitts soll als Summe hervorgehoben werden, daß Zellen keineswegs die statischen Gebilde sind, als die sie notwendig z.B. im elektronenmikroskopischen Schnitt erscheinen. Die **Plasmamembran** und erst recht die **Organellen sind ständig in rascher Bewegung und Umbau** und erfüllen erst so ihre Funktionen. Sie sind auch nicht schlichte Reagenzgefäße für chemische Reaktionen, sondern **hochorganisierte Konglomerate von Membranen und Fibrillen,** an denen Reaktionen in optimal geordneter Form ablaufen können.

1.4 Steuerung von Zellfunktionen

Die Erhaltung der einzelnen Zelle als Funktionseinheit wird weitgehend durch den Zellkern reguliert; dies ist ein spezifischer Gegenstand der Zellbiologie und der Biochemie. Zellen müssen jedoch ihre Funktionen auf Umweltbedingungen und auf die Bedürfnisse anderer Zellen des Organismus ausrichten, sie müssen funktionell gesteuert werden. Es soll hier kurz besprochen werden, wie solche steuernden Einflüsse auf die Plasmamembran einwirken, und wie sie intracellulären Organellen vermittelt werden können.

Steuernde Wirkungen auf die Zellmembran

Membranpotential. Vielfach werden Änderungen des Membranpotentials zur Steuerung von Zellfunktionen eingesetzt. Das Potential kann sich lokal ändern, wenn Strom aus benachbarten Zellbezirken oder von einer anderen Zelle erzeugt durch die Membran fließt, wenn sich extracelluläre Ionenkonzentrationen (nicht selten $[K^+]_a$) ändern, oder wenn Ionenkanäle durch die Membran geöffnet werden. Verschiebungen des Membranpotentials können die Konformation von Membranproteinen beeinflussen, und sie können insbesondere das Öffnen oder Schließen von Kanälen erreichen. Wie oben erwähnt hängen auch manche Membranpumpen vom Membranpotential ab. Nervenzellen sind darauf spezialisiert, Änderungen des Membranpotentials als Information zu verarbeiten und weiterzugeben (s. Kap. 2).

Extracelluläre Steuerstoffe. Die wichtigsten Steuermechanismen, die von außen Zellen beeinflussen, sind Reaktionen von extracellulären Substanzen mit spezifischen Receptoren der Plasmamembran oder innerhalb der Zelle. Dazu zählen synaptische Überträgerstoffe zur Vermittlung von Information zwischen Nervenzellen, lokale Wirkstoffe sowie Hormone und Antigene in Immunreaktionen, die im Blutstrom zirkulieren und alle Körperzellen erreichen. **Synaptische Überträgerstoffe** sind kleine Moleküle, die von Nervenendigungen an Synapsen freigesetzt werden und in der Plasmamembran der unmittelbar benachbarten postsynaptischen Zelle elektrische Signale oder andere Steuermechanismen auslösen. Über diese wird in Kap. 3 eingehend berichtet werden.

Lokale chemische Wirkstoffe werden oft durch spezialisierte Zellen freigesetzt. Sie diffundieren frei im Extracellulärraum, ihre Wirkung ist jedoch auf kleine Zellgruppen beschränkt, da sie spontan oder durch Enzymwirkung schnell zerfallen. Ein Beispiel ist die Ausschüttung von **Histamin** durch Mastzellen, wenn diese durch Verletzung oder Immunreaktionen gereizt werden. Das Histamin bringt glatte Muskelzellen der Gefäße zur Erschlaffung, macht das Endothel der Gefäße durchlässiger und reizt sensorische Nervenendigungen, die die Empfindung „Jucken" vermitteln. Andere lokale chemische Wirkstoffe werden an vielen Zellen freigesetzt. Typische lokale Wirkstoffe sind die **Prostaglandine**, eine Gruppe von etwa 20 Fettsäurederivaten. Diese werden kontinuierlich von vielen Zellen freigesetzt, wirken jedoch nur lokal, weil sie von Phospholipasen der Membran schnell gespalten werden. Die verschiedenen Prostaglandine haben ein breites Wirkungsspektrum: sie können Kontraktion glatter Muskelzellen auslösen, Blutplättchen (Thrombocyten) zur Aggregation bringen oder den Gelbkörper des Ovars hemmen.
Andere lokale Wirkstoffe dienen als **Wachstumsfaktoren.** Der bekannteste, der Wachstumsfaktor sympathischer Neuronen (nerve growth factor, NGF), ist für das Wachstum und das Überleben solcher Neurone während der Entwicklung, aber auch z.B. in Zellkultur, notwendig. Offenbar schütten die Zielzellen dieser Neuronenklasse NGF aus und sichern damit ihre Innervation durch den richtigen Neuronentyp. Bei der Entstehung der Körperorgane müssen häufig über beträchtliche Entfernungen die richtigen Zelltypen zueinander finden. Dementsprechend muß es eine große Zahl von spezialisierten Wachstumsfaktoren wie NGF geben. **Hormone** und **Antigene** kreisen im Blut und erreichen alle Zellen. Die Antigene lösen in den Zellen, die den spezifischen Antikörper tragen, Immunreaktionen aus. Die Antigene sind jedoch in der Regel Fremdstoffe, stammen nicht aus dem eigenen Körper und sollen hier nicht weiter behandelt werden (s. Kap. 18). Manche Hormone wie Insulin oder Thyroxin wirken auf die meisten Zellen, andere wie z.B. Sexualhormone nur auf bestimmte Zelltypen. Die Hormone sind entweder Peptide, die an Receptoren der Zellmembran binden und so ihre Wirkung einleiten, oder Steroide und Thyroxin, die durch die Lipidmembran diffundieren und an intracelluläre Receptoren binden. Steroidhormone binden an Chromatin des Zellkerns und lösen dort die Transkription einiger Gene aus. Die dadurch erzeugten Proteine verursachen Änderungen der Zellfunktion, die den spezifischen Hormoneffekt darstellen. Die Freisetzung und Wirkung der Hormone wird im einzelnen im Kap. 17 behandelt.

Intracelluläre Botenstoffe, „second messengers"

Die eben besprochenen Steuerfunktionen wirken auf die Zellmembran. Die dort eintreffenden Informationen müssen meist in Reaktionen von Zellorganellen umgesetzt werden. Dazu bedient sich die Zelle verschiedener Botenstoffe, meist „second messengers" genannt (im Vergleich zu den von außen an die Zelle kommenden „ersten" Botschaften). Das Wissen um die

„second messengers“ ist in schneller Entwicklung, und man kann nicht sicher sein, daß der heutige Stand einigermaßen vollständig ist. Es sollen die gesicherten Botenstoffe Ca^{2+}, cAMP und IP_3 kurz besprochen werden.

Calcium. Der einfachste intracelluläre Botenstoff ist das Ca^{2+}-Ion. Es hat in der ruhenden Zelle die sehr niedrige freie Konzentration von 10^{-8} bis 10^{-7} mol/l. Wenn es z.B. nach Membranpotentialänderungen durch Öffnung spezifischer Membrankanäle in die Zelle eindringt (s. Kap. 2), erhöht sich die Ca^{2+}-Konzentration. Die so erhöhte Ca^{2+}-Konzentration ermöglicht wichtige Reaktionen in der Zelle wie die Kontraktion der Myofibrillen, die der Muskelkontraktion zugrundeliegt (s. Kap. 4), oder die Freisetzung von Überträgerstoffvesikeln aus Nervenendigungen (s. Kap. 3). Beide erfordern eine Ca^{2+}-Konzentration von etwa 10^{-5} mol/l. Ca^{2+} können jedoch auch aus intracellulären Speichern wie dem endoplasmatischen Reticulum freigesetzt werden und danach ihre Steuerfunktion ausüben. Die Ca^{2+}-Freisetzung aus Speichern benötigt dann allerdings einen weiteren Botenstoff (z.B. s. Abb. 1-16).

Cyclisches Adenosinmonophosphat, cAMP. In den letzten Jahren hat sich cyclisches Adenosinmonophosphat (cAMP), ein Derivat des allgemeinen Energielieferanten ATP, als wichtiger intracellulärer Botenstoff, als Second messenger, erwiesen. Am Anfang der komplizierten Reaktionskette in Abb. 1-15 liegt ein Receptor R_s an der Außenseite der Plasmamembran, der für verschiedene Überträgerstoffe und Hormone eine spezifische Bindungsstelle sein kann. R_s ändert nach Bindung des „Reiz“-Moleküls seine Konformation und gibt dies an ein an der Innenseite der Membran liegendes Protein G_s weiter, das daraufhin durch intracelluläres Guanosintriphosphat (GTP) aktiviert werden kann. Das aktivierte Protein G_s stimuliert seinerseits die ebenfalls an der Innenseite der Membran liegende Adenylatcyclase AC, die die Umwandlung von intracellulärem ATP in cAMP katalysiert. Das wasserlösliche cAMP ist der eigentliche Botenstoff, der den Effekt der Stimulation des extracellulären Receptors R_s an das Zellinnere weiterleitet.
Parallel zu diesem Stimulationsweg über R_s kann über einen hemmenden extracellulären Überträgerstoff oder ein solches Hormon ein hemmender Receptor R_i stimuliert werden, der analog über ein GTP aktiviertes Protein G_i die Adenylatcyclase AC hemmt und damit die Entstehung von cAMP hindert. Der in die Zelle diffundierende Botenstoff cAMP reagiert dort mit einer Adenylatkinase (A-Kinase), wobei daraus eine katalytische Untereinheit C frei wird, und diese *katalysiert die Phosphorylierung von Proteinen P*. Diese Phosphorylierung macht das Protein funktionsfähig, und dieses kann dann den spezifischen Effekt der Steuerung, z.B. Glykogenzerfall auslösen. Dieses komplizierte Übermittlungssystem ist außerordentlich wirkungsvoll, da letztlich ein Enzym aktiviert wird, das eine große Zahl von Proteinen phosphorylieren kann. Die Regulation wird also mit einem hohen Verstärkungsfaktor weitergegeben. Die externen Überträgerstoffe, die an die Receptoren R_s bzw. R_i binden können, sind für den jeweiligen Receptor spezifisch, aber sehr vielfältig. Adrenalin löst an R_s- oder R_i-Receptoren eine Vielzahl von Steuerungen des Glykogen- und Lipidstoffwechsels, aber auch verstärkte Kontraktion des Herzmuskels und anderes mehr aus (s. Kap. 19). Über die Aktivierung von R_s stimuliert Thyreotropin in der Schilddrüse die Freisetzung des Hormons Thyroxin, und Prostaglandin I hemmt die Aggregation von

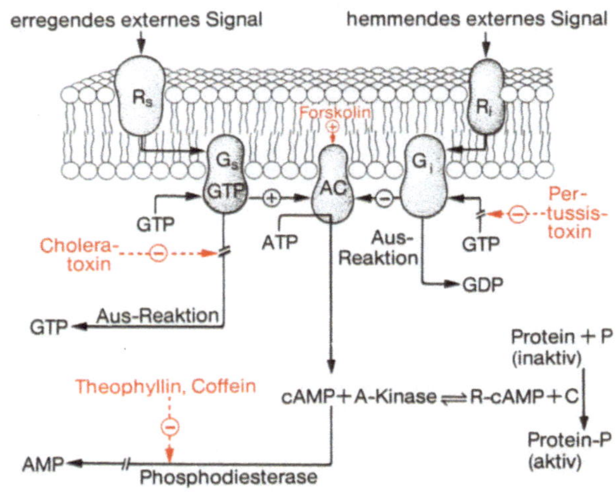

Abb. 1-15. Reaktionskette des intracellulären Botenstoffes cAMP (cyclisches Adenosinmonophosphat). Erregende oder hemmende externe Signale aktivieren Membranreceptoren R_s bzw. R_i. Diese steuern G-Proteine, die mit intracellulärem GTP (Guanosintriphosphat) reagieren können und intracelluläre Adenylatcyclase (AC) stimulieren oder hemmen. Das Verstärkerenzym AC konvertiert Adenosintriphosphat (ATP) in cAMP. cAMP wird durch Phosphodiesterase zu AMP abgebaut. Freies cAMP diffundiert in der Zelle und aktiviert Adenylatkinase (A-Kinase) und setzt daraus die katalytische Untereinheit C frei, die die Phosphorylierung von intracellulären Proteinen katalysiert und damit die „Wirkungen“ der extracellulären Reize auslöst. An den verschiedenen Reaktionen sind Pharmaka bzw. Toxine vermerkt, die diese fördern (+) oder hemmen (−). [Nach 8]

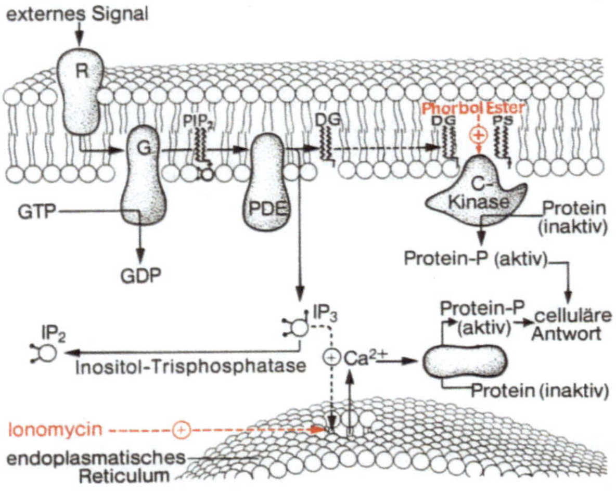

Abb. 1-16. Reaktionskette des intracellulären Botenstoffes IP_3 (Inositoltrisphosphat). Das extracelluläre Signal wird wie beim cAMP-System über ein G-Protein vermittelt, das Phosphodiesterase (PDE) aktiviert. Diese spaltet Phosphadityliositobisphosphat (PIP_2) der Plasmamembran in IP_3 und Diacylglycerin (DG), wobei IP_3 ins Cytoplasma diffundiert. Dort setzt es Ca^{2+} aus dem endoplasmatischen Reticulum frei, und die Erhöhung von $[Ca^{2+}]_i$ aktiviert eine Proteinkinase, die ein Funktionsprotein phosphoryliert und damit aktiviert. Das Spaltprodukt DG bleibt in der Membran und aktiviert eine C-Kinase (Cofaktor Phosphatidyl-Serin, PS). Auch diese C-Kinase phosphoryliert Funktionsproteine und vermittelt ebenfalls die spezifische Wirkung der Stimulation des externen Receptors R. Die Reaktionszweige über IP_3 und DG können getrennt durch Ionomycin bzw. Phorbolester aktiviert werden. [Nach 8, 9]

Blutplättchen. Hemmende Effekte an R_i werden z.B. auch durch Adrenalin ausgelöst, worauf der Abbau von Lipiden vermindert wird. Das **cAMP-System** ist somit ein **multifunktionales intracelluläres Steuersystem,** das über verstärkende und hemmende extracelluläre Signalstoffe fein reguliert werden kann.

Phosphoinositol, IP_3. Ein ähnliches intracelluläres Second-messenger-System wie das cAMP-System ist erst kürzlich aufgeklärt worden, das Phosphoinositolsystem (Abb. 1-16). Es fehlt hier das Hemmsystem, doch ebenso wie im cAMP-System wird der Effekt der Reizung des Receptors R auf ein GTP-aktiviertes Protein G übertragen, das an der Innenseite der Membran liegt. Im nächsten Schritt wird nun ein gewöhnliches Lipid der Membran, Phosphaditylinositol (PI), das zuvor 2 zusätzliche Phosphatgruppen erhalten hatte und so zu PIP_2 wurde, von der aktivierten Phosphodiesterase PDE (oder auch Phospholipase C) in **Inositoltrisphosphat** (IP_3) und das Lipid **Diacylglycerin** (DG) gespalten. Inositoltrisphosphat, IP_3, ist der wasserlösliche Second messenger, der in das Cytosol diffundiert. Er wirkt hauptsächlich, indem er aus dem endoplasmatischen Reticulum Ca^{2+} freisetzt. Dieses spielt seine oben beschriebene Rolle als weiterer Botenstoff, der z.B. eine Ca-abhängige Phosphokinase aktiviert, die Funktionsproteine phosphoryliert. Auch das Lipidspaltprodukt DG (Abb. 1-16) dient weiter als Signalträger. Es diffundiert innerhalb der Lipidphase der Plasmamembran zu einer membranständigen C-Kinase, die es mit dem Cofaktor Phosphaditylserin aktiviert. Die C-Kinase fördert wiederum die Phosphorylierung von Proteinen, die damit in eine aktive Form übergehen.

Auch dieses Second-messenger-System IP_3 kann von einer Vielzahl von externen Überträgerstoffen und Hormonen angesteuert werden, u.a. von Acetylcholin, Serotonin, Vasopressin und Thyreotropin, und hat intracellulär ähnlich vielfältige Wirkungen wie das cAMP. Es scheint auch durch Licht in Sehreceptoren des Auges aktiviert werden zu können und eine wesentliche Rolle bei der Phototransduktion zu spielen (s. Kap. 11). Die erste Aktivierung des Receptors in diesem System in einem Lebewesen ist die durch Spermatozoen bei der Befruchtung des Eies, wobei IP_3 an der Kontrolle der Begleitreaktionen mitwirkt.

Beide Second-messenger-Systeme, cAMP und IP_3-DG, sind höchst wirkungsvolle **biologische Verstärker.** Sie wandeln die Reaktion eines Überträgerstoffs mit dem externen Membranreceptor in die Phosphorylierung vieler intracellulärer Proteine, die dann die Änderung der Zellfunktion bewirken. Bemerkenswert ist einerseits, daß nach heutiger Kenntnis nur 2 nahe verwandte Kontrollsysteme dieser Art existieren, die von vielen verschiedenen externen Steuerstoffen für die Kontrolle ganz unterschiedlicher intracellulärer Prozesse benutzt werden. Andererseits sind die verschiedenen Steuersysteme, eingeschlossen das Ca^{2+}, eng miteinander vermascht, was eine fein graduierte Kontrolle der Zellfunktionen erlaubt.

1.5 Literatur

Weiterführende Lehr- und Handbücher

1. Alberts, B., Bray, D., Lewis, J., Raff, M., Roberts, K., Watson, J.D.: Molecular Biology of the Cell. New York and London: Garland Publishing Inc. 1983
2. Czihak, G., Langer, H., Ziegler, H. (Hrsg.): Biologie. Berlin, Heidelberg, New York: Springer 1983
3. Hille, B.: Ionic channels of excitable membranes. Sunderland, Mass.: Sinauer Assoc., 1984

4. Hoppe, W., Lohmann, W., Markl, H., Ziegler, H. (Hrsg.): Biophysik. Berlin, Heidelberg, New York: Springer 1984
5. Jungermann, K., Möhler, H.: Biochemie. Berlin, Heidelberg, New York, Springer 1980
6. Kandel, E.R., Schwartz, J.H. (Herausgeber): Principles of neural science. New York, Amsterdam, Oxford: Elsevier 1985
7. Schiebler, T.H., Schmidt, W.: Anatomie des Menschen. Berlin, Heidelberg, New York, Tokyo, Springer 1983

Einzel- und Übersichtsarbeiten

8. Berridge, M.J.: The molecular basis of communication within the cell. Sci. Amer. *253*, 124–134 (1985)
9. Berridge, M.J., Irvine, R.F.: Inositol triphosphate, a novel second messenger in cellular signal transduction. Nature *312*, 315–321 (1984)
10. Bretscher, M.S.: The molecules of the cell membrane. Sci. Amer. *253*, 124–134 (1985)
11. Daut, J.: The effects of the electrogenic sodium pump on the electrical and mechanical activity of mammalian cardiac muscle. Physiol. Rev. 1987
12. Hodgkin, A.L., Katz, B.: The effect of sodium ions on the electrical activity of the giant axon of the squid. J. Physiol. (Lond.) *108*, 37–77 (1949)
13. Hodgkin, A.L., Keynes, R.D.: Active transport of cations in giant axons from Sepia and Loligo. J. Physiol. (Lond.) *128*, 28–42 (1955)
14. Läuger, P.: Ionic channels with conformational substates. Biophys. J. *47*, 581–590 (1985)
15. Ochs, S., Worth, R.M.: Exoplasmic transport in normal and pathologic systems. In: Physiology and Pathobiology of axons. S.G. Waxmann, Ed. New York: Raven Press 1978

2 Informationsvermittlung durch elektrische Erregung

J. Dudel

Zwei Systeme vermitteln Information im Organismus über größere Entfernungen: Hormone und Nerven. Das Prinzip der Freisetzung, der Verbreitung und der Wirkung von Hormonen ist oben angesprochen worden; es wird im Kap. 17 ausführlich dargestellt. Das schnellere und „individuellere" System sind die Nerven. Deren Leistungen werden in den folgenden Kapiteln detailliert behandelt. Zunächst sollen hier die Reaktionsweisen der einzelnen Nervenzellen oder Neurone, dann die Prinzipien ihrer Interaktionen (Kap. 3) besprochen werden. Kennzeichnend für Nervenzellen ist, daß sie ihre Funktionen mit Hilfe von Änderungen des Membranpotentials bewerkstelligen, und wir müssen deshalb detaillierter auf die Zellpotentiale eingehen.

2.1 Ruhepotential

Messung. Wie alle Körperzellen haben Nervenzellen ein Membranpotential (s. S. 7). Eine Meßanordnung dafür zeigt Abb. 2-1. Als Meßfühler für das Zellpotential dient eine Mikroelektrode, eine zu einer sehr feinen Spitze (dünner als 1 µm) ausgezogene Glascapillare, die mit einer leitenden Lösung gefüllt ist. Die Bezugselektrode im Extracellulärraum ist ein chloriertes Silberplättchen. Zu Beginn der Messung (Abb. 2-1 B, links) liegen beide Elektroden im Extracellulärraum, und zwischen den Elektroden wird keine Potentialdifferenz gemessen. Die Potentialregistrierung in Abb. 2-1 C zeigt folglich als „extracelluläres Potential" den Wert Null an. Wird nun die Meßelektrode durch die Zellmembran in das Zellinnere vorgeschoben (Abb. 2-1 B, rechts), so zeigt der Spannungsmesser eine sprunghafte Änderung des Potentials auf einen Wert um −80 mV an. Diese Spannung ist das **Membranpotential.**

Das Membranpotential bleibt an Nerven- und Muskelzellen über längere Zeit auf einem konstanten Wert stehen, falls die Zellen nicht aufgrund besonderer Einflüsse aktiv werden. Das Membranpotential solcher ruhender Zellen wird deshalb **Ruhepotential** (Abb. 2-1 C) genannt. Bei Nerven- und Muskelzellen ist das Ruhepotential immer negativ und hat bei den einzelnen Zelltypen eine charakteristische, konstante Größe. Die Werte liegen bei Warmblütern zwischen

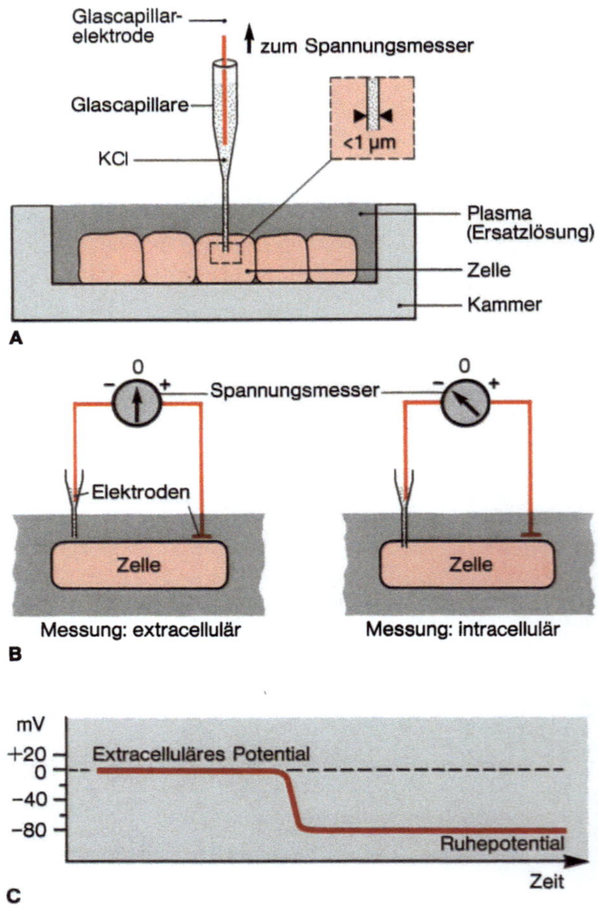

Abb. 2-1. Intracelluläre Membranpotentialmessung. **A** Meßanordnung. Die Zelle liegt in dem mit Plasma (oder Ersatzlösung) gefüllten Extracellulärraum. **B** *Links:* Meß- und Referenzelektrode extracellulär, der Spannungsmesser zwischen den beiden Elektroden zeigt die Spannung Null. *Rechts* liegt die Meßelektrode intracellulär und die Referenzelektrode extracellulär, der Spannungsmesser zeigt das Ruhepotential. **C** Das Potential vor und nach dem Einstich der Meßelektrode in die Zelle

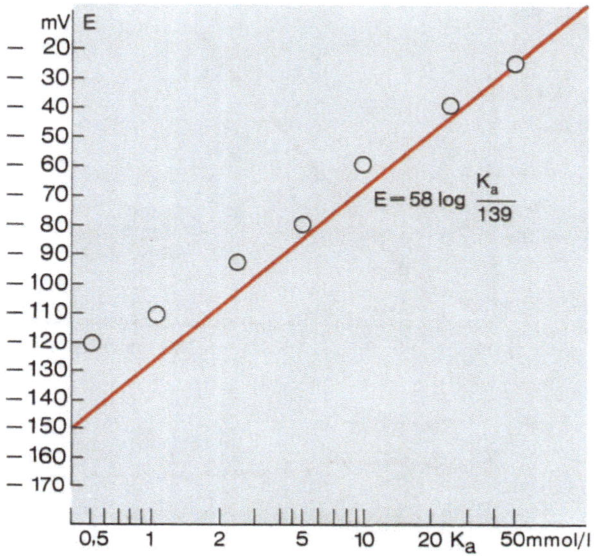

Abb. 2-2. Abhängigkeit des Ruhepotentials von der extracellulären K^+-Konzentration bei einer Froschmuskelfaser. In der *Abscisse* die extracelluläre K^+-Konzentration K_a^+ im logarithmischen Maßstab, in der *Ordinate* das intracelluläre Membranpotential. Die *Kreise* zeigen die bei den verschiedenen K_a^+ gemessenen Membranpotentiale, die *Gerade* entspricht den durch die Nernst-Gleichung bei verschiedenen K_a^+ berechneten Kaliumgleichgewichtspotentialen. Der Faktor 58 entspricht der beim Frosch niedrigeren Temperatur. Nach [7]

−55 und −100 mV, nur bei glatten Muskelzellen kommen kleinere Ruhepotentiale bis −30 mV vor.

Diffusionspotential. Das Ruhepotential ist, wie auf S. 6–7 ausführlich besprochen, ein Diffusionspotential für die durch Membrankanäle permeablen Ionen (Kap. 1, Gl. 7, S. 7). Da in Ruhe vorwiegend die Membrankanäle für K^+ offen sind, ist das *Ruhepotential in erster Näherung von dem Konzentrationsgradienten für K^+ über die Membran bestimmt.* Die Abb. 2-2 zeigt die Abhängigkeit des gemessenen Potentials von der K^+-Außenkonzentration $[K^+]_a$. Für kurze Zeit nach der willkürlichen Änderung der Außenkonzentration bleibt die Innenkonzentration unverändert, und das **K-Potential** müßte sich nach der Nernst-Gleichung (S. 6) proportional zum Logarithmus von $[K^+]_a$ ändern. Dieses K^+-Potential, E_K, ist rot in Abb. 2-2 eingetragen. Die gemessenen Ruhepotentiale stimmen im oberen Bereich gut mit E_K überein. Bei niedriger $[K^+]_a$ weichen sie jedoch zunehmend nach oben von E_K ab, was auf die bei niedriger $[K^+]_a$ relativ wichtiger werdende Natriumpermeabilität P_{Na} zurückzuführen ist (Kap. 1, Gl. 7, S. 7). Die Abweichung der gemessenen Ruhepotentiale von $[K^+]_a$ verschwindet entsprechend, wenn das Fließen von Na^+ verhindert wird, z.B. bei Ersatz der extracellulären Na^+ durch ein impermeables Kation wie Cholin. Das normale Ruhepotential ist demnach etwa 10 mV positiver als E_K.

Änderungen der extracellulären K-Konzentration. Die K^+-Konzentration wird zwar im Blutplasma normalerweise gut auf ihrem normalen Wert von 4 mmol/l (s. Tabelle 1-1, S. 4) konstant gehalten. Viele Nervenzellen stehen jedoch nicht in schnellem Austausch mit dem Plasma, und bei diesen kann $[K^+]_a$ beträchtlich vom Normwert abweichen. Die Abb. 2-3 zeigt schematisch ein Neuron im ZNS, das immer durch zwischengeschaltete **Gliazellen** von der nächsten Blutcapillare getrennt ist. Der Extracellulärraum ist dann auf etwa 15 nm breite Spalten beschränkt. Ähnlich ist die Situation für die peripheren Axone, die eng von Schwann-Zellen umhüllt werden. Diese intercellulären Spalträume reichen langfristig zwar für die Versorgung der Zellen durch Diffusion völlig aus, bei starker Aktivität der Nervenzellen können sich die Ionenkonzentrationen im Extracellulärraum für kurze Zeit jedoch beträchtlich ändern. Während starker elektrischer Aktivität fließen Na^+ in die Zelle und K^+ aus der Zelle aus (Aktionspotential, S. 26, erregende postsynaptische Potentiale, S. 46).
Die hohe extracelluläre Na^+-Konzentration wird durch diese Ionenbewegungen nur unwesentlich verändert, die *K^+-Konzentration* kann jedoch beträchtlich *ansteigen.* Die extracellulären K^+-Konzentrationen können mit Hilfe von Mikroelektroden, die mit selektiven Ionenaustauschern für K^+-gefüllt sind, gemessen werden. Es werden bei starker Aktivität der Nervenzellen Erhöhungen der extracellulären K^+-Konzentration von normal 3–4 mmol/l auf bis zu 10 mmol/l festgestellt [13]. Diese erhöhten extracellulären K^+-Konzentrationen führen entsprechend der Nernst-Gleichung (s. Abb. 2-2) zu beträchtlichen Depolarisationen der Nervenzellen. Möglicherweise sind derartige Depolarisationen aufgrund von extracellulären K^+-Konzentrationserhöhungen ursächlich an der Auslösung von krampfartigen Entladungen im Gehirn, z.B. bei epileptischen Anfällen, beteiligt [13]. Nach starker Aktivität kann durch aktiven Transport auch die extracelluläre K^+-Konzentration unter den Normalwert fallen, was zu Hyperpolarisationen der Nervenzellen führt.
Neben der K^+-Konzentration kann sich extracellulär im ZNS bei Aktivität auch die Ca^{2+}-

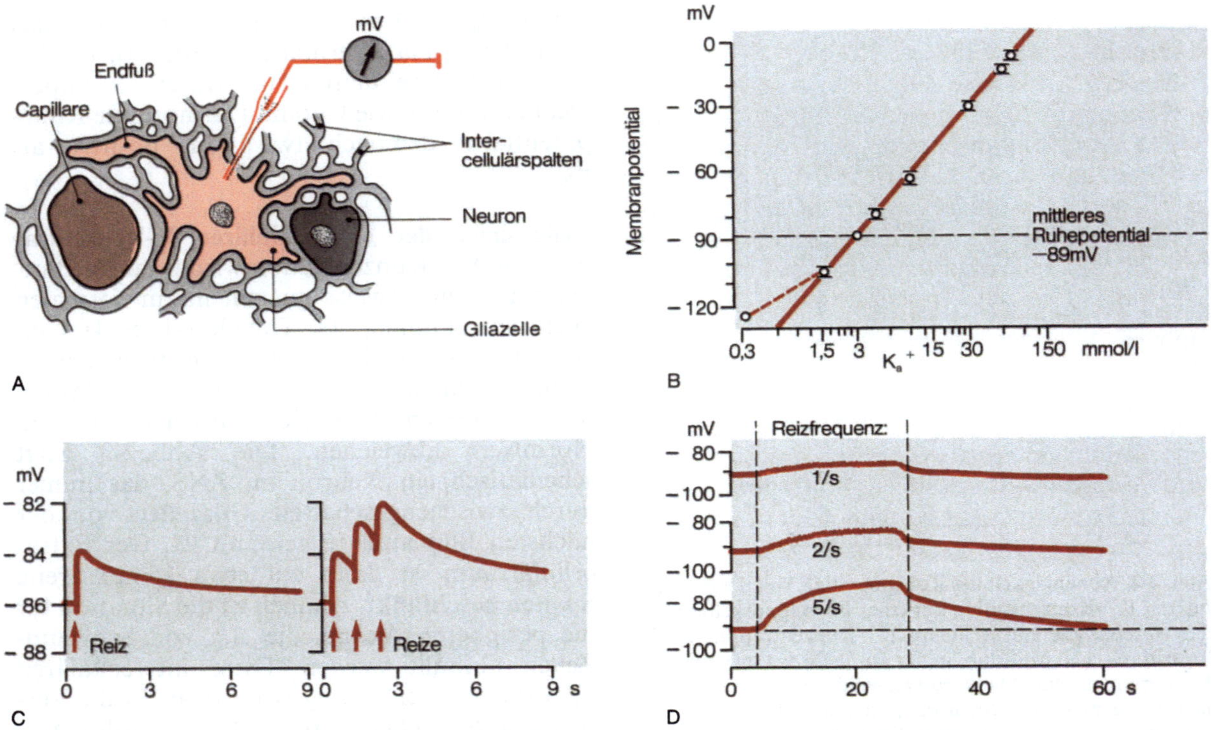

Abb. 2-3 A–D. Eigenschaften der Gliazellen. **A** Schematische Darstellung der Neuron-Glia-Capillar-Beziehungen auf elektronenmikroskopischer Ebene. Ein Astrocyt (*rot aufgerastert*) liegt zwischen Capillare und Neuron. Eine Mikroelektrode ist zur Messung des Membranpotentials in ihn eingestochen. Alle Zellelemente sind durch etwa 15 nm breite Intercellulärspalten voneinander getrennt, die in der Abb. übertrieben *breit gezeichnet* sind. **B** Abhängigkeit des gliären Membranpotentials (*Ordinate*) von der extracellulären K^+-Konzentration, K_a^+. Das mittlere Ruhepotential (RP) beträgt −89 mV. Die Meßwerte weichen nur bei 0,3 mmol/l K_a^+ von den nach der Nernst-Gleichung zu erwartenden Werten ab. **C** Depolarisation von Gliazellen durch benachbarte neuronale Aktivität im N. opticus eines Molches (Necturus). Es wurden 1 bzw. 3 Reize (↑) im Abstand von 1 s gegeben. **D** Depolarisation von Gliazellen am gleichen Präparat während 20 s langer Reizserien mit den Frequenzen 1/s, 2/s und 5/s. Die Depolarisationen erreichen fast 20 mV. Beachte in C und D die im Vergleich zum Aktionspotential langsamen Zeitverläufe der Depolarisationen (Sekunden!). Nach [6]

Konzentration ändern. Ähnlich wie die K^+-Konzentration kann die für Ca^{2+} mit Mikroelektroden gemessen werden, die mit einem Ca^{2+}-selektiven Ionenaustauscher gefüllt sind. Bei Aktivierung von synaptischen Nervenendigungen strömt Ca^{2+} in diese ein (s. Abb. 3-15, S. 57), und entsprechend wird bei hochfrequenter Erregung solcher Nervenendigungen ein Absinken der extracellulären Ca^{2+}-Konzentration gefunden. Bei niedriger Ca^{2+}-Konzentration steigt die Erregbarkeit der Neurone (s. unten, Abb. 2-10), was Anlaß zu pathologischem Verhalten der betroffenen Neurone sein kann [13].

Rolle der Glia für das intercelluläre Milieu. Wie reagieren die Gliazellen auf Änderungen der intercellulären Ionenkonzentrationen? Die Abb. 2-3 A zeigt die Messung des Membranpotentials an einer Gliazelle, und in B sind bei verschiedenen extracellulären K^+-Konzentrationen bestimmte Membranpotentiale aufgetragen. Besser noch als im Falle der Muskelzelle (Abb. 2-2) entsprechen die Meßwerte den nach der Nernst-Gleichung zu berechnenden Sollwerten für eine K^+-Elektrode. Demnach ist die Membran der Gliazellen ganz vorwiegend permeabel für K^+-Ionen. Entsprechend reagiert auch die Gliazelle mit Depolarisation, wenn durch Aktivität benachbarter Neurone die extracelluläre K^+-Konzentration ansteigt (Abb. 2-3 C u. D). Mit dem folgenden Abfall der K^+-Konzentration nimmt auch die Depolarisation mit Zeitkonstanten von mehreren Sekunden ab. An dieser Abnahme der extracellulären K^+-Konzentration sind die Gliazellen ursächlich beteiligt. Die Gliazellen sind nämlich untereinander über Kontaktverbindungen („gap junctions") elektrisch verbunden, ebenso wie z.B. Epithelien oder glatte Muskelzellen. Werden lokal durch Erhöhung der extracellulären K^+-Konzentration Gliazellen depolarisiert, so fließt Strom zwischen den depolarisierten

und den nicht-depolarisierten Zellen. Dieser elektrische Strom führt zu einem K^+-Einstrom in die depolarisierten Gliazellen, wodurch die extracelluläre K^+-Konzentration wieder abnimmt. Aufgrund ihrer guten K^+-Membranleitfähigkeit und ihrer elektrischen Verbindungen wirken somit die Gliazellen als Puffer gegenüber erhöhten extracellulären K^+-Konzentrationen. Für eine aktive Aufnahme von K^+ in die Gliazellen mit Hilfe einer Ionenpumpe gibt es keine Hinweise. Wahrscheinlich nehmen jedoch Gliazellen bei manchen Synapsen aktiv Überträgerstoff auf und begrenzen somit seine Wirkungsdauer [6].
Im Unterschied zu Nervenzellen sind Gliazellen nicht erregbar. Sie besitzen zwar potentialabhängige Na- und Ca-Kanäle, jedoch nicht in ausreichender Dichte, um Erregungen (s. S. 24) zu ermöglichen. Manche Gliazellen haben auch durch synaptische Überträgerstoffe gesteuerte Ionenkanäle (s. S. 60), ihre mögliche Funktion ist jedoch unklar.
Die Gliazellen liegen auf dem Weg zwischen Capillaren und Nervenzellen (Abb. 2-3), und es wurde angenommen, daß sie für die Nervenzellen ernährende, trophische Funktionen haben. Transport von Nährstoffen durch die Glia scheint jedoch für die Nervenzelle nicht notwendig. Die Diffusion solcher Stoffe durch die Intercellulärspalten reicht völlig aus. Die meisten Neurone sind weniger als 50 µm von der nächsten Capillare entfernt. Trotzdem werden die Intercellulärspalten und damit die Neurone von vielen Stoffen im Blutplasma nicht erreicht: Es besteht eine **Blut-Hirn-Schranke.** Dies liegt einerseits daran, daß den Blutcapillaren des Gehirns die Fenster im Endothel, die in anderen Capillargebieten den Durchtritt größerer Moleküle erlauben, weitgehend fehlen. Die aus der Capillare austretenden Stoffe müssen folglich durch die Endothelzellen diffundieren oder transportiert werden. Weiterhin müssen die Stoffe nach Überwindung des Endothels auf einer relativ langen Strecke an den Ausläufern der Glia entlang diffundieren. Die Glia kann dabei auszuschließende Stoffe aufnehmen und unschädlich machen. Die Glia scheint für die Nervenzellen damit weniger eine Versorgungs-, als eine Schutz- und Stützfunktion zu haben.

Na-K-Pumpe. Wie im Kap. 1.2 (S. 7–10) ausführlich besprochen, ist zwar das Ruhepotential weitgehend ein Diffusionspotential vorwiegend für K^+, die zugrundeliegenden Konzentrationsgradienten über der Membran sind jedoch nicht ohne weiteres stabil. Sie werden durch die Na-K-Pumpe unter Energieaufwand hergestellt (Abb. 1-9). Die Pumpe verschiebt dabei Nettoladungen, der Pumpstrom ist **elektrogen** und macht das Membranpotential um 5 bis 10 mV negativer. Bei Schwankungen der Aktivität der Pumpe kann somit das Ruhepotential um einige mV verschoben werden. Wird die Pumpe durch Gifte oder Energiemangel blockiert, so fällt diese elektrogene Komponente des Membranpotentials fort, die Zelle nimmt ferner langsam Na^+ auf und verliert K^+, und das Ruhepotential wird zunehmend positiver (s. S. 9).

2.2 Aktionspotentiale

Nervenzellen haben im Organismus die Funktion, Informationen aufzunehmen, sie innerhalb des Systems weiterzuleiten, mit anderen Informationen zu vergleichen und schließlich die Funktionen anderer Zellen zu steuern. Muskelzellen sollen sich, gesteuert von Nerven, kontrahieren. Wenn diese Zellen derart „aktiv" sind, so treten kurze positive Änderungen des Membranpotentials auf, die **Aktionspotentiale.**

Zeitverlauf der Aktionspotentiale

Aktionspotentiale können an Nerven- und Muskelzellen mit Hilfe von intracellulären Elektroden gemessen werden (s. Abb. 2-1). Typische Beispiele von Aktionspotentialen von verschiedenen Warmblütergeweben zeigt Abb. 2-4. Bei all diesen Aktionspotentialen springt das Potential, ausgehend vom negativen Ruhepotential,

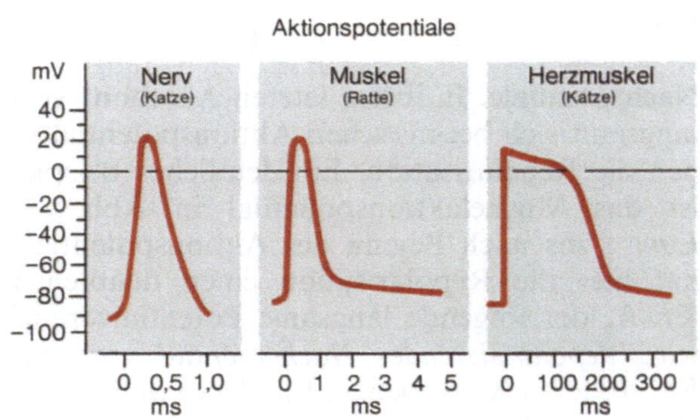

Abb. 2-4. Aktionspotentiale verschiedener Warmblütergewebe, schematisiert. *Ordinate:* intracelluläres Membranpotential; *Abscisse:* Zeit nach Beginn des Aktionspotentials. Die Zeitmaßstäbe sind für die verschiedenen Aktionspotentiale sehr verschieden

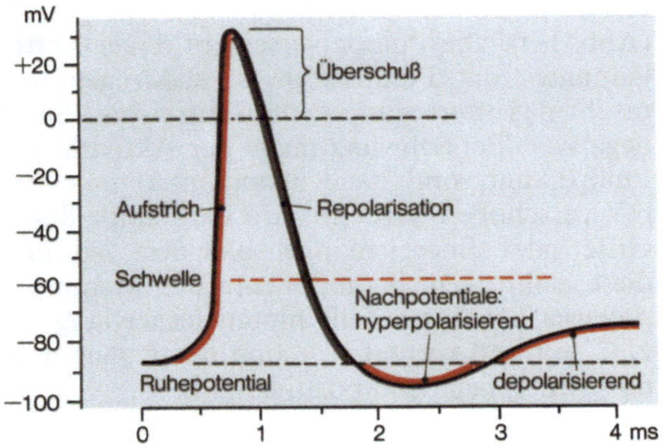

Abb. 2-5. Phasen des Aktionspotentials. Zeitverlauf eines Nervenaktionspotentials. Die eingetragenen Bezeichnungen sind im Text näher besprochen

sehr schnell auf einen positiven Spitzenwert nahe +30 mV. Danach kehrt es mit verschiedener Geschwindigkeit zum Ruhewert zurück: Das Aktionspotential dauert am Nerv etwa 1 ms, am Muskel etwa 10 ms und am Herzmuskel mehr als 200 ms.

Am Zeitverlauf des Aktionspotentials unterscheidet man verschiedene Phasen, die in Abb. 2-5 eingetragen sind. Das Aktionspotential beginnt mit einer sehr schnellen positiven Potentialänderung, dem **Aufstrich.** Er dauert nur 0,2–0,5 ms. Während des Aufstrichs verliert die Zellmembran ihre normale Aufladung oder „Polarisation", der Aufstrich wird deshalb auch *Depolarisationsphase* genannt. Die Depolarisation überschreitet in der Regel die Nullinie, und das Membranpotential wird positiv. Dieser positive Anteil des Aktionspotentials wird **Überschuß** genannt. Nach der Spitze stellt sich wieder die alte Membranruheladung her, diese Phase des Aktionspotentials heißt deshalb **Repolarisation.**

Nachpotentiale. In ihrem letzten Abschnitt verlangsamt sich bei manchen Aktionspotentialtypen die Repolarisation. Ein deutliches Beispiel ist das Muskelaktionspotential in Abb. 2-4. Etwa 1 ms nach Beginn des Aktionspotentials hat hier die Repolarisation einen deutlichen Knick, der folgende langsame Potentialverlauf wird *depolarisierendes Nachpotential* genannt. Bei anderen Geweben, z.B. Nervenzellen des Rückenmarkes, überschreitet die Repolarisation relativ schnell das Ruhepotential, und das Potential ist für gewisse Zeiten negativer als das Ruhepotential; es wird dann *hyperpolarisierendes Nachpotential* genannt (s. Abb. 2-5).

Auslösung des Aktionspotentials

Schwelle und Erregbarkeit. Wie wird das nach der bisherigen Darstellung so konstante Ruhepotential so weit gestört, daß ein Aktionspotential abläuft? Aktionspotentiale werden immer dann ausgelöst, wenn die Membran, vom Ruhepotential ausgehend, auf etwa −50 mV *depolarisiert* wird. Die Mechanismen, die diese anfängliche Depolarisation bewirken, sollen später besprochen werden (s. S. 34–38). Das Potential, an dem Depolarisation ein Aktionspotential auslöst, wird **Schwelle** genannt (s. Abb. 2-5).

An diesem Schwellenpotential wird die Membranladung instabil, sie baut sich selbsttätig schnell ab und kehrt ihre Polarität um: Es erfolgt der schnelle Aufstrich des Aktionspotentials zur Spitze. Dieser an der Schwelle erzeugte Zustand des selbsttätigen, fortschreitenden Ladungsabbaus wird auch **Erregung** genannt. Die Erregung dauert meist nur weniger als 1 ms an. Sie ist damit einer Explosion vergleichbar, die schnell verpufft. Die Depolarisationsphase des Aktionspotentials setzt weiterhin selbst Prozesse in Gang, die die Ruhemembranladung wiederherstellen.

Zellen, an denen Aktionspotentiale ausgelöst werden können, nennt man *erregbar*. Erregbarkeit ist eine typische Eigenschaft von Nerven- und Muskelzellen. Aktionspotentiale an einer bestimmten Zelle haben einen kostanten Ablauf. Die Art oder Häufigkeit der Auslösung der Erregung hat geringen Einfluß auf diesen Ablauf. Diese Tatsache der Konstanz des Aktionspotentials wird auch als *„Alles-oder-Nichts"-Gesetz der Erregung* bezeichnet.

Membranleitfähigkeit. Während des Aktionspotentials sind offenbar die Permeabilitäten der Membran für Ionen, die das Ruhepotential bedingten (Gl. 7, S. 7), kurzzeitig verändert. Als Maß für die Permeabilität der Membran für ein Ion wird bei elektrischen Messungen zweckmäßigerweise die elektrische Membranleitfähigkeit g_{ion} gebraucht. Eine Leitfähigkeit wird bestimmt durch den fließenden Strom I_{ion} geteilt durch die treibende Spannung. Da die treibende Spannung und der Nettostrom am Gleichgewichtspotential E_{ion} für das betreffende Ion (s. Nernstgleichung 4, S. 6) Null werden, ist E_{ion} das Bezugspotential, und die Abweichung des Membranpotentials E von E_{ion} ist die den Strom I_{ion} treibende Potentialdifferenz. Die Leitfähigkeit g_{ion} wird dann

$$g_{ion} = I_{ion}/(E - E_{ion}). \quad (1)$$

Mit der so definierten Leitfähigkeit für einzelne Ionen können nun die Ionenströme während des Aktionspotentials beschrieben werden.

Leitfähigkeiten während des Aktionspotentials. Das Ruhepotential ist, wie im Abschn. 2.1 besprochen, weitgehend das Gleichgewichtspotential der K^+-Ionen, für die in Ruhe die Membran am besten leitfähig ist. Wenn während des Aktionspotentials das Zellinnere positiver wird als der Extracellulärraum, so kann dies nur auf einer erhöhten Leitfähigkeit der Membran für Na^+ beruhen, denn nur für Na^+ ergibt sich ein positives Gleichgewichtspotential, das mit mehr als +60 mV positiver ist als die Spitze des Aktionspotentials. Diese Überlegung wird bestätigt durch den experimentellen Befund, daß Aktionspotentiale nur ausgelöst werden können, wenn die extracelluläre Na^+-Konzentration hoch ist. Fehlen diese extracellulären Na^+, so können sie auch bei erhöhter g_{Na} nicht in die Zelle einströmen und so die Depolarisationsphase des Aktionspotentials erzeugen. Basis der Erregung ist also eine Erhöhung der *Membranleitfähigkeit für Na^+*, die durch die Depolarisation zur Schwelle ausgelöst wird. Aber auch die K^+-Leitfähigkeit der Membran ist am Aktionspotential beteiligt. Verhindert man nämlich durch bestimmte Pharmaka, z.B. Tetraäthylammonium, eine Erhöhung der K^+-Leitfähigkeit, so wird die Repolarisation des Aktionspotentials stark verlangsamt. Dies weist darauf hin, daß eine Erhöhung der *K^+-Leitfähigkeit* der Membran für die Repolarisation wichtig ist. Dem Aktionspotential liegt also ein Cyclus von Na^+-Einstrom in die Zelle und darauf folgendem K^+-Ausstrom zugrunde.

Kinetik der Ionenströme während der Erregung

Membranstrommessung. Während einer Erregung bewirkt die Depolarisation Änderungen der Membranleitfähigkeiten für verschiedene Ionen, und diese Leitfähigkeitsänderungen haben wiederum Potentialveränderungen zur Folge. Diesen komplexen Vorgang analysiert man, indem man die Abhängigkeit der verschiedenen Membranleitfähigkeiten vom Membranpotential mißt. Dazu ändert man sprunghaft das Potential vom Ausgangswert zu einem Testpotential, das man durch Stromeinspeisung in die Zelle mit einem Regelverstärker einstellt. Der zur Potentialeinstellung benötigte Strom wird in dieser **Spannungsklemme** („voltage clamp") gemessen; er entspricht spiegelbildlich dem Strom, der von der Zellmembran nach dem Spannungssprung erzeugt wird [23, 24]. Solche Membranstromverläufe nach Spannungssprüngen sind für 2 Ranvier-Knoten (s. S. 42) vom Froschnerven in Abb. 2-6 dargestellt. Spannungssprünge vom Ausgangspotential auf −60, −30, 0, +30 und +60 mV lösen komplexe Stromverläufe aus, die die Summe aus Na- und K-Stromkomponenten darstellen. Man kann die Komponenten elegant trennen, wenn man jeweils eine davon durch einen spezifischen Hemmstoff ausschaltet.

In Abb. 2-6B sind durch Tetraäthylammonium (TEA) die Kaliumströme blockiert worden [33], die gemessenen Stromverläufe sind folglich die **Na-Ströme.** Diese Na-Ströme sind bei Testpotentialen unter +40 mV negativ, die Na^+ strömen in den Nerven. Bei +30 mV ist der Na-Strom noch negativ und klein, und bei +60 mV, jenseits des Na-Gleichgewichtspotentials, hat er seine Richtung umgekehrt. Die Na-Ströme erreichen nach den Depolarisationssprüngen jeweils sehr schnell ihren Maximalwert, gehen aber dann, bei bestehender Depolarisation, wieder auf Null zurück. Diese **Inaktivation** der Na-Ströme ist bei kleinen Depolarisationen am langsamsten und beschleunigt sich mit zunehmender Depolarisationsamplitude: bei +30 mV fließt der Na-Strom praktisch nur für 1 ms.

Komplementär zur Abb. 2-6B sind in D die Na-Ströme durch Tetrodotoxin (TTX) [35] blokkiert worden, und die Zeitverläufe der **K-Ströme** werden damit deutlich. Diese K-Ströme sind im ganzen Testpotentialbereich positiv: Das Kaliumgleichgewichtspotential liegt bei etwa −100 mV, und bei −60 mV bis +60 mV fließen folglich K^+ aus dem Nerv. Die K^+-Ströme wachsen etwa proportional zur Größe der Depolarisation. Auch bei der größten Depolarisation beginnen sie mit etwa 0,5 ms Verzögerung und steigen innerhalb von etwa 5 ms auf einen Endwert, den sie halten, solange die Depolarisation bestehen bleibt. Im Gegensatz zum Na-Strom zeigen also die K-Ströme am Nerven **keine Inaktivation.** Der andere wichtige Unterschied zwischen K- und Na-Strömen ist, daß letztere sehr schnell nach der Depolarisation ihren Maximalwert erreichen, während die **K-Ströme verzögert** und dann relativ langsam ansteigen.

Na- und K-Leitfähigkeiten während des Aktionspotentials. Aus den Na- und K-Strömen der Abb. 2-6 kann man mittels Division durch den Abstand des Testpotentials vom jeweiligen Gleichgewichtspotential die Zeitverläufe der

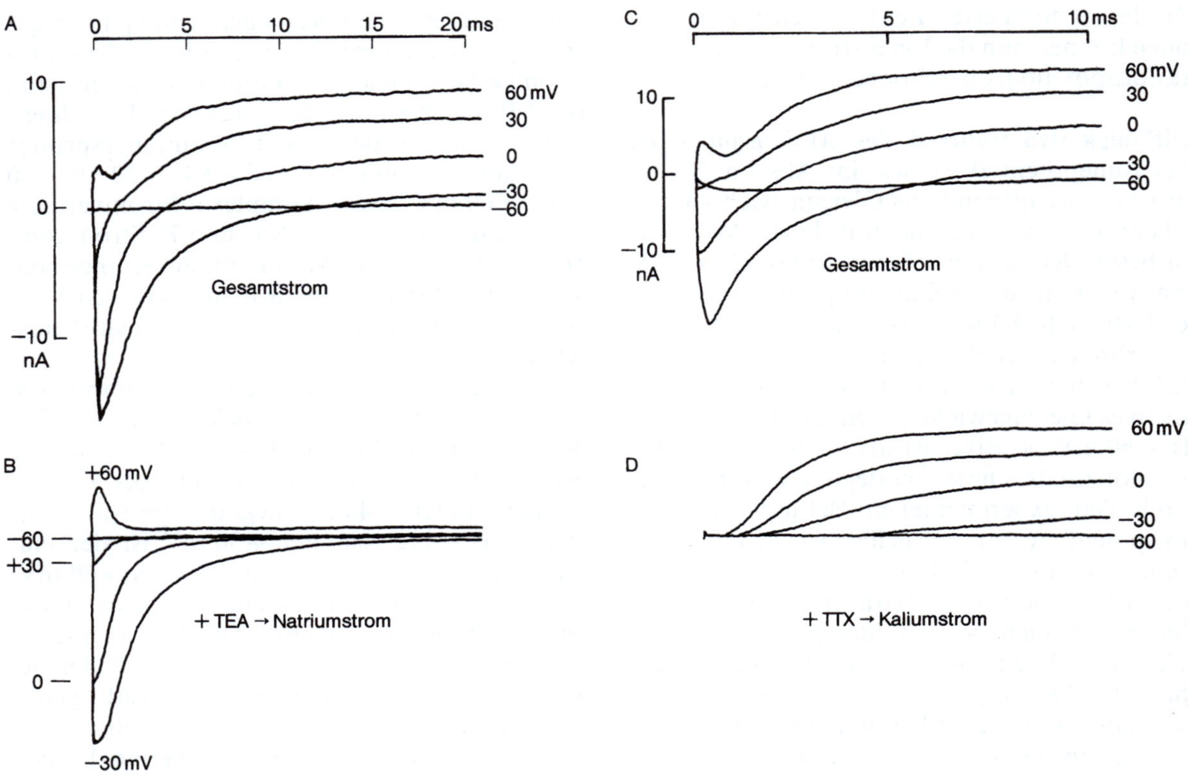

Abb. 2-6 A u. C. Membranströme an markhaltigen Axonen (Ranvier-Knoten des Frosches, 11–13 °C) nach sprunghafter Änderung des Membranpotentials. Das Membranpotential wurde in der Spannungsklemme als „Ruhepotential" bei −95 mV gehalten und zum Zeitpunkt 0 ms auf die rechts neben den Membranstromregistrierungen angegebenen Werte −60 bis +60 mV verschoben. Die beim Spannungssprung auftretenden kurzen kapazitiven Ströme wurden abgezogen; die gemessenen Ströme sind also Ionenströme. Bei −60 mV ist der Spannungssprung unterschwellig, und es werden keine wesentlichen Ionenstromänderungen ausgelöst. Bei größeren Spannungssprüngen treten zuerst negative Ströme auf, die in positive umschlagen. In **B** wurden für das in **A** gezeigte Präparat (bei gleichen Spannungssprüngen) die Kaliumströme durch 6 mmol/l Tetraäthylammonium (TEA) blockiert, es verbleibt folglich im wesentlichen der Natriumstrom, der zwischen +30 und +60 mV seine Polarität von Negativ nach Positiv wechselt und mit zunehmender Depolarisation immer kürzer fließt. In **D** wurde für das in **C** gezeigte Präparat der Natriumstrom durch 0,3 µmol/l Tetrodotoxin (TTX) blockiert, und es verbleiben die Kaliumströme. Diese steigen nach der Depolarisation weit langsamer als die Natriumströme und halten während der ganzen Depolarisation an. Nach [3]

Membranleitfähigkeit bestimmen. Sind diese auch für kleine Potentialschritte bekannt, so kennt man z.B. für einen kleinen Spannungsschritt in der Nähe der Schwelle den hervorgerufenen Strom. Dieser fließt in die Membrankapazität und über den Membranwiderstand, deren Werte bekannt sind (s. Abb. 2-16 und 2-17), und erzeugt damit eine kleine Depolarisation. Diese wiederum verursacht einen berechenbaren zusätzlichen Strom, der zu weiterer Depolarisation führt. So läßt sich in kleinen Spannungs- und Zeitschritten aus den gemessenen Spannungsabhängigkeiten der Amplituden und Zeitverläufe von g_{Na} und g_K der *Ablauf des Aktionspotentials resynthetisieren:* Die Abb. 2-7 zeigt das so erhaltene Aktionspotential zusammen mit den Zeitverläufen von g_{Na} und g_K. An der Schwelle steigt g_{Na} steil an, erreicht ihr Maximum schon vor der Spitze des Aktionspotentials, weil die Inaktivation des Na-Stroms beginnt, und fällt innerhalb von 1 ms auf den Ruhewert zurück. Dagegen steigt g_K nach der Depolarisation verzögert

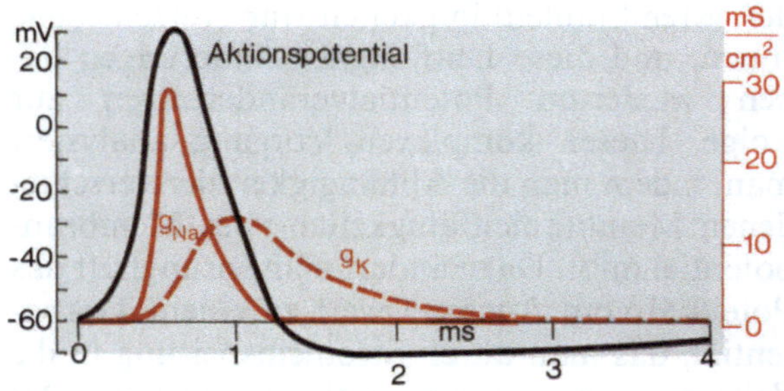

Abb. 2-7. Membranleitfähigkeiten während des Aktionspotentials am Tintenfischriesenaxon. g_{Na} und g_K sind aus Serien von Depolarisationsschritten, wie in Abb. 2-6 gezeigt, berechnet. Nach [16]

und langsam an. Sie erreicht ihr Maximum erst in der Mitte der Repolarisation und fällt dann wieder, weil die Depolarisation geringer wird. Der Anstieg von g_K beschleunigt also die 2. Phase der Repolarisation und erzeugt beim Aktionspotential der Abb. 2-7 ein hyperpolarisierendes Nachpotential: Bei gegenüber dem Ruhewert noch erhöhter g_K nähert sich das Potential mehr als beim Ruhepotential dem negativen Kaliumgleichgewichtspotential E_K an.

Die Inaktivation des Na-Stroms

Abbildung 2-6B zeigte, daß der Na-Strom der Froschnervenfaser bei anhaltender Depolarisation nach etwa 0,5 ms abfällt. Diese Zeit ist bei höherer Temperatur beim Warmblüter noch kürzer. Die für den Na-Strom typische Inaktivation wird mit steigender Depolarisation schneller, der Strom fällt immer steiler auf den Wert Null zurück. Damit ist aber keineswegs der Ruhezustand wieder hergestellt: Wird nach einer solchen vollständigen Inaktivation die Membran kurz repolarisiert und wieder depolarisiert, so läßt sich kaum neuer Na-Strom auslösen, in diesem Zustand der Membran ist das Na-System **nicht aktivierbar.** Selbst bei länger eingestelltem Ruhepotential ist der Na-Strom nur teilweise aktivierbar, die Axonmembran muß 20–40 mV hyperpolarisiert werden, damit durch Depolarisation von diesem Ausgangspotential der maximale Na-Strom, $I_{Na\ max}$ (Abb. 2-8) ausgelöst werden kann. Wird für 10 ms oder länger das Potential 20 mV positiver gemacht als das Ruhepotential, so läßt sich von diesem Ausgangspotential nur noch minimaler Na-Strom auslösen. Durch langdauernde Depolarisation kann also Erregung verhindert werden; Zellen, deren Potential positiver wird als −60 bis −50 mV, werden unerregbar [3, 23]. Solche Dauerpolarisationen kommen durch Stoffwechselstörungen, z.B. Sauerstoffmangel, oder durch pharmakologische Einflüsse zustande und können die Ausbildung von Erregung blockieren.

Refraktärität. Eine weitere wichtige Folge der Inaktivation des Na^+-Systems ist die **Refraktärität.** Die Abb. 2-9 erläutert dieses Phänomen: Depolarisiert man unmittelbar nach einem Aktionspotential die Membran bis zur Schwelle für das vorhergehende Aktionspotential, so tritt keine Erregung auf, und auch durch beliebig hohe Depolarisation ist die Zelle nicht erregbar. Dieser Zustand, der bei Nervenzellen etwa 2 ms andauert, wird **absolute Refraktärphase** genannt. Nach der absoluten Refraktärphase können in einer **relativen Refraktärphase** durch große Depolarisationen Aktionspotentiale ausgelöst werden, diese Aktionspotentiale haben allerdings gegenüber dem normalen Aktionspotential eine verkleinerte Amplitude. Erst mehrere ms nach einem Aktionspotential kann mit normaler Schwellendepolarisation ein Aktionspotential mit normaler Amplitude ausgelöst werden, und es endet damit die *relative Refrak-*

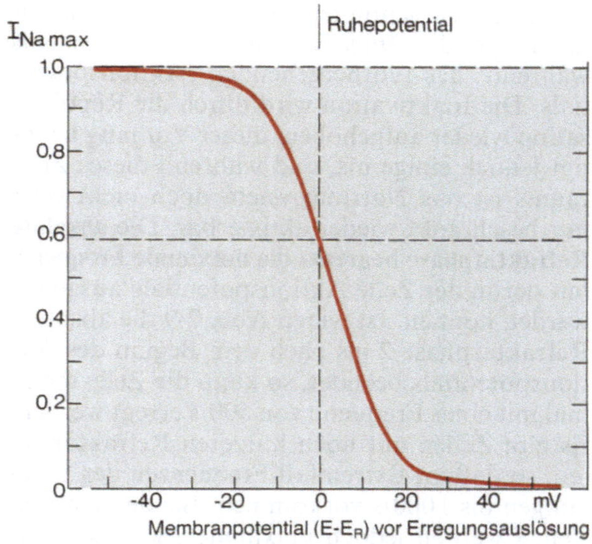

Abb. 2-8. Potentialabhängigkeit der Inaktivation des Natriumsystems. *Abscisse* ($E-E_R$): Abweichung des Membranpotentials vom Ruhepotential (bei −60 mV). Von diesem Potential ausgehend wurde die Membran jeweils auf −16 mV depolarisiert, der ausgelöste maximale Natriumstrom ist in der *Ordinate* als $I_{Na\ max}$ eingetragen. Bei den *Ordinatenwerten* wurde der bei voller Aktivierbarkeit des Na^+-Systems erreichte $I_{Na\ max}$ als 1,0 gesetzt. Nach [15]

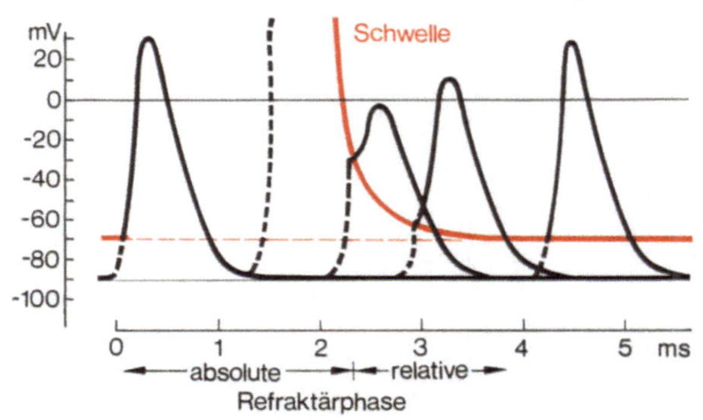

Abb. 2-9. Refraktärität nach einer Erregung. Aktionspotential eines Warmblüternervs, nach dem zu verschiedenen Zeiten weitere Erregungen ausgelöst wurden. *Rot ausgezogen* das Schwellenpotential. Die Depolarisation der Faser bis zur Schwelle ist jeweils *schwarz gestrichelt* dargestellt. Die Faser ist in der absoluten Refraktärphase unerregbar, in der relativen Refraktärphase mit erhöhter Schwelle erregbar

tärphase. Wie schon bemerkt, ist die Refraktärität Folge der Inaktivation des Na^+-Systems während des vorhergehenden Aktionspotentials. Die Inaktivation wird durch die Repolarisation wieder aufgehoben, dieser Vorgang benötigt jedoch einige ms, und während dieses Zeitraums ist das Natriumsystem noch nicht oder nur beschränkt wieder aktivierbar. Die **absolute Refraktärphase begrenzt die maximale Frequenz,** mit der in der Zelle Aktionspotentiale ausgelöst werden können. Ist wie in Abb. 2-9 die absolute Refraktärphase 2 ms nach dem Beginn des Aktionspotentials beendet, so kann die Zelle maximal mit einer Frequenz von 500/s erregt werden. Es gibt Zellen mit noch kürzeren Refraktärzeiten, so daß im Extremfall Frequenzen der Erregungen bis 1000/s vorkommen. Bei den meisten Zellen werden jedoch maximale Aktionspotentialfrequenzen unter 500/s gemessen.

Ionenströme während der Nachpotentiale. Bei vielen Zellen schließen sich an die schnelle Repolarisation des Aktionspotentials depolarisierende oder hyperpolarisierende Nachpotentiale an (Abb. 2-4 und 2-5). Die Ursachen für die Nachpotentiale sind verschiedenartig, 2 wichtigere Typen sollen hier kurz besprochen werden.
Ein **kurzes hyperpolarisierendes Nachpotential,** das sich unmittelbar an die Repolarisation anschließt, zeigen viele Nervenzellen und ein Teil der Herzmuskelzellen, ein Beispiel gibt Abb. 2-5. Dieses Nachpotential stellt eine überschießende Repolarisation dar: g_K ist, wenn die Repolarisationsphase das Ruhepotential erreicht, noch nicht ganz auf den Ruhewert zurückgegangen (Abb. 2-7), g_k ist also zu diesem Zeitpunkt relativ zu g_{Na} höher als in Ruhe, und damit muß sich das Membranpotential näher an E_K einstellen, als dies in Ruhe der Fall ist. Die Folge ist eine Hyperpolarisation, die mit der erhöhten g_K abklingt. Dieser Mechanismus des kurzen hyperpolarisierenden Nachpotentials ist wichtig für die Ausbildung von repetitiven Erregungen und wird bei diesem Thema noch einmal aufgenommen (s. S. 43).
Lang dauernde **hyperpolarisierende Nachpotentiale,** die sich bei hoher Frequenz der Erregungen auch summieren, treten besonders deutlich an sehr dünnen Nervenfasern von Wirbeltieren, den Gruppe-IV-Fasern auf. Diese lang dauernden hyperpolarisierenden Nachpotentiale werden erzeugt durch eine **elektrogene Na^+-Pumpe** (s. S. 7–9), die während der Erregung in die Zelle eingeströmte Na^+ wieder aus der Zelle entfernt [28]. Diese Nachpotentiale verschwinden, wenn die Pumpaktivität durch Stoffwechselblocker wie DNP (s. Abb. 1-7) verhindert wird.

„Stabilisierung“ des Ruhepotentials durch $[Ca^{2+}]_o$. Die in Abb. 2-6 gezeigte Abhängigkeit der Na-Ströme vom Testpotential kann in vielfacher Weise beeinflußt werden. Blockade eines Teils der Na-Kanäle durch Tetrodotoxin oder ähnliche Stoffe, oder verschiedene Dichten von Na-Kanälen in den Membranen ändern nur die Amplitude, nicht aber die Potentialabhängigkeit und den Zeitverlauf der Na-Ströme. Die Potentialabhängigkeit der Membranströme wird in charakteristischer Weise durch Konzentrationsänderungen von extracellulärem Ca^{2+}, $[Ca^{2+}]_a$, verschoben. In Abb. 2-10 ist die bei einem Testpotential (Abscisse) jeweils erzielte maximale Na-Permeabilität, P_{Na}, für verschiedene $[Ca^{2+}]_a$ aufgetragen. P_{Na} hat hier einen logarithmischen Maßstab, und in diesem Maßstab steigen die P_{Na} mit dem Potential in einem weiten Bereich linear an, bis sie in einen Sättigungswert einmünden. In dieser Darstellung wird deutlich, daß die Potentialabhängigkeit von P_{Na} durch

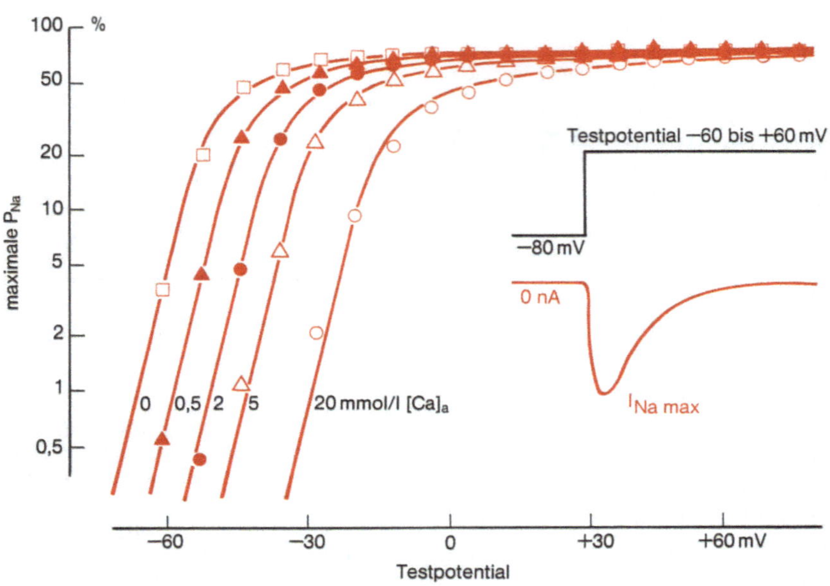

Abb. 2-10. Abhängigkeit der maximalen Na^+-Permeabilität, P_{Na}, die sich nach einer sprunghaften Depolarisation von einem Ausgangswert von −80 mV einstellt, vom Testpotential (*Abscisse*), auf das der Ranvier-Knoten depolarisiert wurde. Die *Einsatzfigur* deutet die Depolarisation auf das Testpotential sowie den ausgelösten Natriumstrom I_{Na} an. Sein Maximum, $I_{Na\,max}$, bestimmt (neben den intra- und extracellulären Na-Konzentrationen und den Membranpotentialen) gemäß Gl. (7) (Kap. 1) die maximale P_{Na}. Die Potentialabhängigkeit von P_{Na} wird bei Ca-Außenkonzentrationen $[Ca]_a$ zwischen 0 und 20 mmol/l parallel zur Spannungsachse verschoben. Mit abnehmender $[Ca]_a$ nimmt die Schwellendepolarisation zur Auslösung einer Steigerung von P_{Na} ab, bzw. die Erregbarkeit des Ranvier-Knotens steigt. Nach [3]

$[Ca^{2+}]_a$-Änderungen parallel verschoben wird: Bei $[Ca^{2+}]_a = 0$ werden große Erhöhungen von P_{Na} schon bei geringen Depolarisationen erzielt, während bei hohen $[Ca^{2+}]_a$ um 35 mV mehr depolarisiert werden muß, um die gleichen Na-Ströme auszulösen. Erniedrigung der $[Ca^{2+}]_a$ fördert also die Auslösung von Aktionspotentialen durch Depolarisation. Der Effekt von $[Ca^{2+}]_a$ auf P_{Na} in Abb. 2-10 wird kompliziert durch einen gleichgerichteten auf die Potentialabhängigkeit der Inaktivation: Auch die Abhängigkeit von $I_{Na\ max}$ vom Ausgangspotential in Abb. 2-8 wird genau wie in Abb. 2-10 durch $[Ca^{2+}]_a$ verschoben. Bei erniedrigter $[Ca^{2+}]_a$ wird damit nicht nur bei einer bestimmten Depolarisation P_{Na} stärker erhöht (Abb. 2-10), sondern die maximale erzielbare Erhöhung von I_{Na} (Abb. 2-8) nimmt absolut ab. Insgesamt kommt jedoch durch *Erniedrigung von $[Ca^{2+}]_a$* eine Absenkung der Schwelle für die Erregungsauflösung, eine *Steigerung der Erregbarkeit* zustande, während Erhöhung von $[Ca^{2+}]_a$ das Membranpotential „stabilisiert". Deutliche lokale Änderungen von $[Ca^{2+}]_a$ kommen im Organismus durchaus vor; z.B. im ZNS sinkt bei steigender Aktivität besonders der Synapsen (s. S. 57) durch Ca-Einstrom in die Zellen die $[Ca^{2+}]_a$ in den engen Intercellulärspalten (Abb. 2-3); damit erhöht sich die Erregbarkeit der Zellen, was bis zur Auslösung von krampfartigen Entladungen führen kann [13]. Generelle Senkungen von $[Ca^{2+}]_a$ im Blutplasma sind Grundlage des Krankheitsbildes der **Tetanie,** dabei treten unkontrollierbare Muskelerregungen und Krämpfe auf.

Die auffallenden Parallelverschiebungen der Potentialabhängigkeit der Na-Ströme (und auch anderer Membranströme) durch $[Ca^{2+}]_a$ haben eine interessante physikalische Grundlage. Wie auch in das Modellschema eines Na-Kanals in Abb. 2-15 eingezeichnet, liegen an der Außenseite der Membran fixierte, vorwiegend negative Ladungen. Sie sind Teile der Phospho- und Glykolipide, aber auch der Fortsätze der Glykoproteine (Abb. 1-2, S. 3). Diese bilden eine Ionenladungswolke um die Zellmembran, in der größenordnungsmäßig die Hälfte des Membranpotentials abfällt, und die Kanalproteine „fühlen" damit nur etwa die Hälfte des zwischen Innen und Außen gemessenen Membranpotentials [3, 26]. Ca^{2+}-Ionen reagieren nun mit den fixierten Ladungen der Plasmamembranoberfläche und neutralisieren sie. Bei hohem $[Ca^{2+}]_a$ wird damit die externe negative Aufladung vermindert, und die Negativität des an den Ionenkanälen wirksamen Potentials nimmt zu. Es muß deshalb z.B. in Abb. 2-10 bei 20 mmol/l $[Ca^{2+}]_a$ um 20 mV mehr depolarisiert werden als bei 2 mmol/l $[Ca^{2+}]_a$, um die gleiche Zunahme von P_{Na} zu erzielen. Umgekehrt verstärkt Abnahme von $[Ca^{2+}]_a$ die negative Oberflächenaufladung und verschiebt die Potentialabhängigkeiten in Richtung auf verminderte Depolarisation.

Die Effekte auf die oberflächliche negative Raumladung wurden hier nicht nur zur Erklärung von Änderungen von $[Ca^{2+}]_a$ angesprochen. Ganz ähnliche Verschiebungen der Potentialabhängigkeit wie in Abb. 2-10 werden auch durch Änderungen des **extracellulären pH** erzeugt. Erniedrigung des pH bedeutet Erhöhung von $[H^+]_a$ und vermindert die negative Ladung der Membranoberfläche, wirkt also analog zur Erhöhung von $[Ca^{2+}]_a$. So kann man durch Absenken des pH auf 4,5 ebenso wie durch Erhöhung von $[Ca^{2+}]_a$ in Abb. 2-10 die Aktivierung von P_{Na} um 25 mV verschieben. pH-Änderungen kommen in den Geweben des Körpers abhängig von der Stoffwechselsituation durchaus vor. Die Verhältnisse in den Oberflächenladungen der Membran beeinflussen im übrigen auch Bindung und Wirkung von ionisierten Pharmaka, die entsprechend vom pH und von $[Ca^{2+}]_a$ betroffen werden [3, 26, 33].

2.3 Ströme durch potentialabhängige Membrankanäle

Membranfleckklemme. Wir haben bisher die durch Depolarisation ausgelösten Ströme und Leitfähigkeitsänderungen der Gesamtmembran betrachtet. Seit es vor einigen Jahren gelungen ist, Membranströme von etwa 1 μm² großen Membranflecken zu messen, kann man die molekularen Reaktionen der Einzelkanäle als Grundlage für die Potential- und Zeitabhängigkeit der Ionenströme erkennen. Die Abb. 2-11

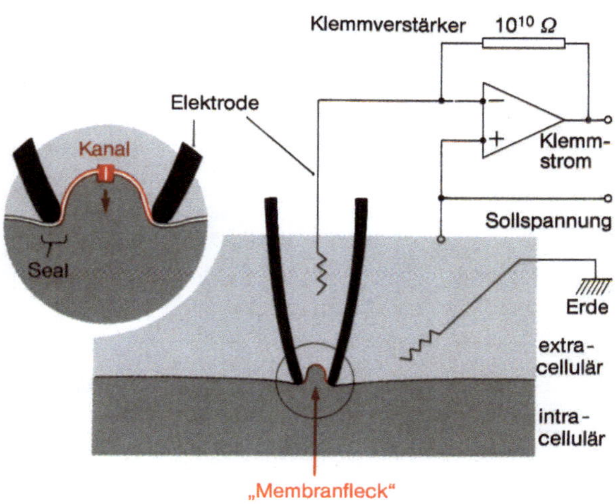

Abb. 2-11. Schema der „Membranfleck-Klemme" (patch clamp). *Schwarz* ein Schnitt durch die Meßpipette, die mit ihrer Öffnung von etwa 1 μm Durchmesser auf der Membran sitzt. Wenn die Elektrodenspitze absolut staubfrei und die Zelloberfläche von Bindegewebefibrillen und ähnlichem frei ist, kann sich beim Anlegen von Unterdruck eine Dichtung (seal) bilden, die auf dem Membranfleck in der Elektrodenspitze liegende Kanäle elektrisch vom Rest der Zellmembran isoliert (*Einsatzfigur*). Die Kanalströme können dann mit einem „Klemmverstärker" gemessen werden, der an die Salzlösung in der Pipette angeschlossen wird. Nach [12, 24]

zeigt das Prinzip einer Membranfleckklemme oder **„patch-clamp"** [12, 24]. Eine Glaspipette mit einer Öffnung kleiner als 1 μm Durchmesser wird auf eine Zellmembran gesetzt. Wird nun an diese Pipette Unterdruck angelegt, so bildet sich häufig eine Dichtung („seal"): Der elektrische Widerstand zwischen Pipette und Außenlösung springt auf über 1 GΩ (10^9 Ω). Damit wird elektrisch der Membranfleck von seiner Umgebung isoliert. An das Innere der Pipette wird ein Klemmverstärker angeschlossen, der mit einer Regelschaltung die elektrische Spannung in der Pipette auf der gewählten „Sollspannung" hält. Die zur Regelung benötigten Ströme, der „Klemmstrom", entsprechen genau den durch den Membranfleck fließenden Strömen. Die Sollspannung des Verstärkers kann willkürlich verstellt werden, und damit können die Ströme durch den Membranfleck bei verschiedenen Membranpotentialen oder nach Spannungssprüngen gemessen werden.

Die GΩ-Dichtung zwischen Pipette und Membran ist so stabil, daß wenn die Pipette zurückgezogen wird, häufig der Membranfleck von der Zelle abreißt, aber an der Pipettenöffnung haften bleibt. Dann kann an einem zellfreien Membranfleck gemessen werden und dessen ehemalige Innenseite mit beliebigen Lösungen bespült werden. Mit geeigneten Manipulationen gelingt es sogar, den Membranfleck an der Pipettenspitze umzudrehen, so daß die Außenseite der Membran nach außen schaut. Die Innenseite des Membranflecks wird dann von der Lösung in der Pipette bespült, und diese muß dann etwa einem intracellulären Milieu entsprechen. An der Außenseite der Pipette können wechselnde Lösungen vorbeiströmen, und man kann bei dieser „Außenseite-Außen"-Konfiguration sehr gut die Reaktionen von Membrankanälen auf Änderungen des extracellulären Milieus bzw. extracellulär wirkender Überträgerstoffe oder Pharmaka testen. Voraussetzung für die gute Dichtung des Membranflecks an der Membranspitze ist die absolute Sauberkeit des Glases wie auch der Zellmembran. Letztere muß meist durch Behandlung mit Enzymen wie Kollagenase von störenden Bindegewebefibrillen befreit werden [12].

Ströme durch Na-Einzelkanäle. Messungen von Strömen an einem Membranfleck mit dem Verfahren der Abb. 2-11 zeigt schematisiert Abb. 2-12. Die Membran wurde jeweils für 14 ms depolarisiert. Links sind 10 Wiederholungen derselben Messung der Na-Ströme aufgezeichnet, in diesen sieht man jeweils höchstens einen −1,6 pA großen, kurzen Stromstoß. Dieser fließt durch ein einzelnes Na-Kanalprotein. Die Dauer der Stromstöße, der Kanalöffnungen, schwankt beträchtlich gemäß einer Wahrscheinlichkeitsverteilung um einen Mittelwert von 0,7 ms. Auch der Zeitpunkt der Kanalöffnungen schwankt; summiert man jedoch viele Ein-

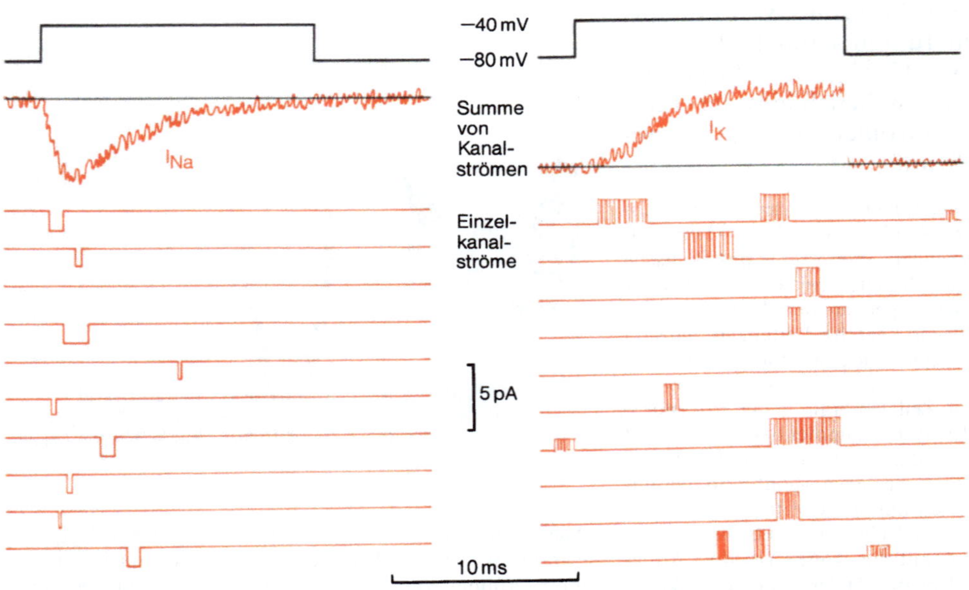

Abb. 2-12. Ströme durch Natrium- (*links*) und Kaliumkanäle (*rechts*), schematisiert. Das Membranpotential wird in einer Membranfleckklemme für 14 ms von −80 mV auf −40 mV verstellt (*oben*), und dieser Spannungssprung häufig wiederholt. Dabei werden die *unten* dargestellten Membranströme gemessen. Diese Einzelkanalströme erscheinen irgendwann während der Depolarisation und haben verschiedene Dauer. Summiert man, synchron zum Spannungssprung, viele der gemessenen Einzelkanalströme, so ergeben sich die oben (*rot*) gezeichneten Summenströme I_{Na} bzw. I_K. Ihr Zeitverlauf zeigt, daß bei den Na-Kanälen die Öffnung kurz nach dem Spannungssprung am wahrscheinlichsten ist und daß nach etwa 1 ms die Öffnungen seltener werden und schließlich ganz ausbleiben (Inaktivation). Die Kaliumkanäle öffnen sich dagegen im Mittel mit Verzögerung nach dem Spannungssprung, dann stellt sich jedoch eine mittlere Häufigkeit von Öffnungen ein, die konstant bleibt, solange die Depolarisation anhält.

zelregistrierungen, so entsteht der unter dem Spannungssprung eingezeichnete Stromverlauf. Er zeigt, daß **die Wahrscheinlichkeit zur Öffnung von Kanälen** nach der Depolarisation steil ansteigt, nach 1,5 ms maximal ist und dann wieder abfällt. 10 ms nach dem Depolarisationssprung ist die Wahrscheinlichkeit der Kanalöffnung minimal. Diese Abnahme der Wahrscheinlichkeit der Kanalöffnung nach der Depolarisation entspricht der **Inaktivation** des Na-Stroms [8, 31]. Der Na-Kanal wird somit durch die Depolarisation nicht streng determiniert geöffnet, sondern es wächst nur die Wahrscheinlichkeit des offenen Zustandes, und wenn ein Kanal einmal offen ist, schließt er mit einer gewissen Wahrscheinlichkeit. Ebenso „stochastisch" verhalten sich reagierende Moleküle, und die verschiedenen **Kanalzustände** „geschlossen aber aktivierbar", „offen", und „geschlossen-inaktiviert" und nicht aktivierbar lassen sich durch Geschwindigkeitskonstanten wie bei chemischen Reaktionen verknüpfen. Das einfachste Modell, das das Verhalten des Na-Kanals beschreibt, umfaßt diese 3 Zustände (Abb. 2-13). Der Übergang von **geschlossen-aktivierbar zu offen** wird durch **Depolarisation** gefördert. Depolarisation beschleunigt jedoch auch den Übergang in den **inaktivierten Zustand,** deshalb wird nach Öffnung des Kanals dieser schnell inaktiviert und bleibt dies, wenn er nicht durch Re- oder Hyperpolarisation der Membran in den **geschlossen-aktivierbaren Zustand** zurückkehren kann. Auch das Gleichgewicht zwischen den geschlossen-aktivierbaren und geschlossen-inaktivierten Zuständen wird durch das Membranpotential eingestellt, was sich als Abhängigkeit der Aktivierbarkeit des Na-Stroms vom Ausgangspotential manifestiert (Abb. 2-8) [8].

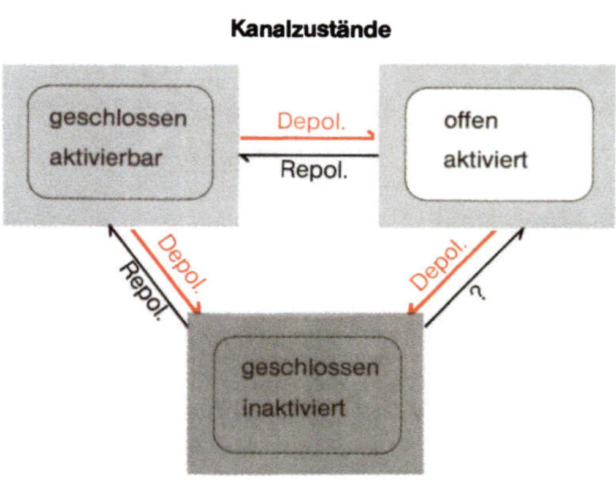

Abb. 2-13. Schema der Zustände der Na-Kanäle. Der Zustand „geschlossen-aktivierbar" kann bei Depolarisation in die Zustände „offen-aktiviert" oder „geschlossen-inaktiviert" übergehen. Auch aus dem „offen-aktivierten" Zustand fördert anhaltende Depolarisation den Übergang in den „geschlossen-inaktivierten" Zustand. Nur durch Repolarisation kann der Kanal schließlich in den „geschlossen-aktivierbaren" Zustand zurückkehren. (Realistischere Modelle enthalten 3 „geschlossen-aktivierbare" und 4 „geschlossen-inaktivierte" Zustände in Serie [8])

Ströme durch K-Einzelkanäle

Im rechten Teil der Abb. 2-12 wurde analog zum Na das Verhalten der K-Einzelkanalströme aufgezeichnet. Es gibt wiederum während der Depolarisation nur eine Kanalamplitude von +2 pA, und die Kanalöffnungsdauer schwankt um einen Mittelwert von 5 ms. Während der Kanalöffnungen treten allerdings häufig kurze Zwischenschließungen auf, der Kanal oscilliert schnell zwischen dem offenen und einem geschlossenen Zustand. Diese Gruppenentladungen („bursts") von Kanalöffnungen kommen bei vielen Kanaltypen vor (s. S. 32 u. 60). Im Gegensatz zum Na-Kanal wird während der Depolarisation der **K-Kanal nicht inaktiviert:** während der Depolarisation öffnen sich die ganze Zeit Kanäle und schließen sich wieder. Entsprechend zeigt die Summenkurve nach dem anfänglichen Stromanstieg einen konstanten K-Strom. Die Beschreibung des Verhaltens der K-Kanalströme nach dem Schema der Abb. 2-13 benötigt also den inaktivierten Zustand nicht, jedoch 2 geschlossene Zustände in Serie, die die Unterbrechungen in den Gruppenentladungen bewirken [34] (s. Ca-Kanal).

In Abb. 2-12 wurde das Verhalten des für Nervenfasern typischen K-Kanals dargestellt, der durch verzögerten Stromanstieg nach Depolarisation, eine starke Leitfähigkeitszunahme bei Depolarisation vom Ruhepotential aus und fehlende Inaktivation gekennzeichnet ist (vgl. Abb. 2-6). Es wurden daneben **mindestens 5 andere Typen von K-Kanälen gefunden,** deren Öffnung z.B. eine andere Potentialabhängigkeit hat, oder die inaktiviert werden (s. Abb. 2-25, S. 43), oder die neben der Depolarisation durch die intracelluläre Ca-Konzentration gesteuert werden. Diese K-Kanaltypen kommen in verschiedenen Zelltypen oder Zellabschnitten allein oder in charakteristischer Mischung vor. Sie bedingen weitgehend die verschiedenen Formen der Aktionspotentiale in Repolarisationsgeschwindigkeit und Nachpotentialen (s. Abb. 2-4). Im Gegensatz zur Vielfalt der K-Kanäle sind sich die durch Depolarisation schnell aktivierbaren, dann aber schnell inaktivierenden Na-Kanäle bei allen erregbaren Zellen im Tierreich sehr ähnlich.

Ströme durch Ca-Einzelkanäle. Wir haben bisher nicht erwähnt, daß bei Depolarisation sich neben Na-Kanälen auch solche für Ca öffnen. Der resultierende **Ca-Einwärtsstrom** depolarisiert ebenso wie Na-Strom die Zellmembran. Die Konzentration von freien Ca^{2+} in der Zelle ist sehr niedrig (Tabelle 1-1), und das Ca-Gleichgewichtspotential ist folglich positiver als E_{Na} (Kap. 1, Gl. 4, S. 6). In der Membran des Axons der Nervenfasern ist g_{Ca} klein relativ zu g_{Na} und konnte deshalb z.B. bei der Analyse des Aktionspotentials (Abb. 2-7) vernachlässigt werden. Dagegen kann in Dendriten von Neuronen oder in den Endigungen von Axonen (s. S. 57) die Erhöhung von g_{Ca} bei Depolarisation die g_{Na} übertreffen. Beim Herzmuskel und noch mehr bei der glatten Muskulatur sind Steigerungen von g_{Ca} ähnlich groß oder größer als die von g_{Na}. Diese durch Depolarisation ausgelösten Ca-Einströme sind besonders interessant, weil die resultierende Erhöhung der Ca-Innenkonzentration, $[Ca^{2+}]_i$, z.B. von 10^{-7} mol/l auf 10^{-6} mol/l gehen kann, und diese Erhöhung von $[Ca^{2+}]_i$ oft intracelluläre Steuerfunktion hat (s. S. 17 und Abb. 1-16). Die Öffnung von Ca-Kanälen auf Depolarisation und die intracellulären Folgereaktionen sind entwicklungsgeschichtlich sehr alt; sie kommen schon bei Einzellern vor.

Ca-Einzelkanalströme von Herzmuskelzellen (Abb. 2-14) sind noch etwas komplizierter als die Na- und K-Kanalströme von Abb. 2-12. Nach etwa 70% der Depolarisationen werden relativ langdauernde Gruppen („bursts“) von Stromstößen mit jeweils etwa 1 pA Amplitude ausgelöst, während bei 30% der Depolarisationen der Kanal geschlossen bleibt. Die Einzelöffnungen innerhalb der Gruppenentladungen dauern im Mittel etwa 1 ms, die Schließungen dazwischen nur 0,2 ms. Der mittlere Ca-Strom nach Depolarisation (Abb. 2-14 unten) steigt schnell an und wird mit einer Zeitkonstante von etwa 130 ms inaktiviert. Das Zeitverhalten des

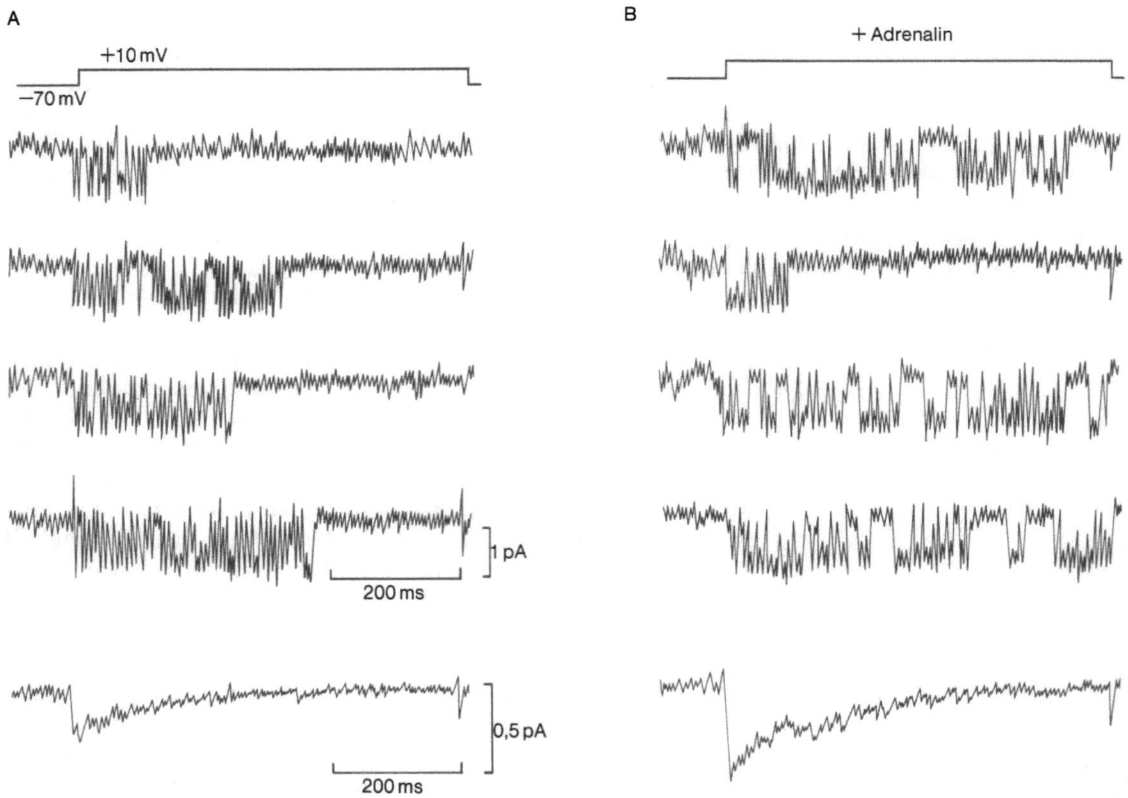

Abb. 2-14 A u. B. Calciumeinzelkanalströme an Herzmuskelzellen. Oben die von der Membranfleckklemme erzeugte, 600 ms lange Depolarisation von −70 auf +10 mV. Darunter 4 Einzelregistrierungen von Kanalströmen. Unter Normalbedingungen (**A**) treten bei 30% der Depolarisationen keine Kanalströme auf (hier nicht gezeigt). Unter den Einzelkanalströmen der aus vielen solchen Registrierungen gemittelte Summenstrom, der die Inaktivation des Ca-Stroms nach Depolarisation anzeigt. (**B**) Wirkung von 1 µmol/l Adrenalin: Die Gruppen von Einzelkanalöffnungen dauern länger an, und die Depolarisationen ohne Kanalöffnungen gehen auf 20% zurück. Die Amplitude der Einzelkanalströme bleibt dabei unverändert. Der Summenstrom (*unten*) steigt unter Adrenalin kräftig an. Nach [32]

Gesamtstroms wird somit von der Dauer und Häufigkeit der Gruppenentladungen bestimmt. Die Kinetik des Kanals kann am einfachsten beschrieben werden (entsprechend Abb. 2-13) mit dem Reaktionsschema:

$$\text{geschlossen 1} \underset{}{\overset{\text{depol.}}{\rightleftharpoons}} \text{geschlossen 2} \underset{}{\overset{\text{depol.}}{\rightleftharpoons}} \text{offen.} \qquad (2)$$

Dabei bestimmen die Übergänge zwischen „geschlossen 2" und „offen" die Dauer und Häufigkeit der Einzelöffnungen, während die Übergänge zwischen „geschlossen 1" und „geschlossen 2" für die Häufigkeit und Dauer der Gruppenentladungen verantwortlich sind. Das Reaktionsschema (Gl. 2) müßte noch um einen Inaktiviertzustand entsprechend Abb. 2-13 ergänzt werden [32].

Die Messungen der Aktivität eines Ca-Kanals in Abb. 2-14 wurde hier auch deshalb vorgestellt, weil an diesem Beispiel die **Modulation der Kanalaktivität** durch ein Hormon oder einen Überträgerstoff (s. S. 60) gezeigt werden kann. **Adrenalin** wird als „ergotropes Hormon" von der Nebennierenrinde ausgeschieden, erreicht das Herz auf dem Blutwege und steigert u.a. seine Kontraktion. Es wird ebenfalls (mit Noradrenalin) von sympathischen Herznerven als Überträgerstoff ausgeschüttet und hat die gleichen Wirkungen (s. S. 470). Im Experiment der Abb. 2-14B wurde die Herzmuskelzelle mit 10^{-6} mol/l Adrenalin überspült. Daraufhin trat nach etwa 80% der Depolarisationen Einzelkanalaktivität auf, und die Häufigkeit von Gruppenentladungen stieg an. Die kurzen Einzelöffnungen und Schließungen der Kanäle blieben unverändert. In der Summenaktivität (Abb. 2-14B, unten) ist die **durch Adrenalin erzielte Steigerung des Ca-Einstroms** deutlich. Die gleichen Effekte auf den Ca-Kanal wie durch Adrenalin können auch durch Perfusion der Herzmuskelzelle mit **cyclischem Adenosinmonophosphat** (cAMP) oder mit katalytischer Untereinheit C der Adenylatkinase erzielt werden. Dies demonstriert, daß Adrenalin hier über den Botenstoff („second messenger") cAMP wirkt und über die katalytische Untereinheit C Funktionsproteine phosphoryliert, wie dies in Zusammenhang mit Abb. 1-15 (S. 17) ausführlich besprochen wurde [19]. Der Vergrößerung des Ca-Stroms durch Adrenalin liegt also wohl eine Phosphorylierung des Ca-Kanals zugrunde, die die Übergänge vom Zustand „geschlossen 1" zu „geschlossen 2" begünstigt. Der in Abb. 2-14 gezeigte Adrenalineffekt ist damit ein Prototyp für die Modulation von Zellaktivität durch Hormone oder Überträgerstoffe.

Selbstverständlich gibt es auch **Cl-Kanäle** durch die Membran. Diese sind wenig untersucht und sollen hier nicht behandelt werden.

Molekül des Na-Kanals. Die Struktur und die Funktionsweise der verschiedenen Kanalproteine sind recht ähnlich; es wird spekuliert, daß sie alle vom Ca-Kanal abstammen. Unter ihnen ist das Na-Kanalmolekül am eingehendsten erforscht worden, und dieses soll hier noch etwas erörtert werden. Das Na-Kanalmolekül ist ein **Glykoprotein** mit einem Molekulargewicht von etwa 300000. Seine Aminosäuresequenz ist kürzlich aufgeklärt worden. Isolierte Moleküle können in künstlichen Lipidmembranen eingebaut werden und sind dort funktionsfähig [8]. Die Zahl der Na-Kanäle kann durch „Titrierung" mit Tetrodotoxin, das sich an die Na-Kanäle bindet, oder durch Division des Na-Stroms/μm^2 der Membran durch die Amplitude der Einzelkanalströme bestimmt werden. Es ergeben sich an verschiedenen Membranen **1–50 Na-Kanäle/μm^2.** Bei 50 Kanälen/μm^2 ist der mittlere Kanalabstand etwa 140 nm. Das ist angesichts eines Durchmessers des Kanalmoleküls von etwa 8 nm und einer Kanalöffnung von etwa 0,5 nm ein recht großer Abstand.

Durch einen solchen Kanal fließt etwa 1 pA Strom während einer 1 ms langen Öffnung, d.h. eine Ladung von 10^{-15} As. Die Membrankapazität liegt allgemein bei 1 $\mu F/cm^2$, das sind 10^{-14} $F/\mu m^2$. Da 1 F = 1 As/V, kann die bei **einer** Kanalöffnung pro μm^2 einfließende Ladung von 10^{-15} $As/\mu m^2$ das Membranpotential gerade um 100 mV verschieben, d.h. schon den Aufstrich eines Aktionspotentials erzeugen. Die Ladung von 10^{-15} As wird von 6000 Na^+ getragen. 6000 Na^+ erhöhen die intracelluläre Konzentration im anliegenden 1 $(\mu m)^3$ um 10^{-5} mol/l, also unmerklich. Die Kanalströme sind somit groß genug, um Aktionspotentiale zu ermöglichen, ändern jedoch die Ionenkonzentrationen nur unwesentlich (Ausnahme: $[Ca^{2+}]_i$). Die Wiederherstellung der Ionengradienten über die Membran durch die Na-K-Pumpe (s. S. 7) ist also für das einzelne Aktionspotential unerheblich.

Das Na-Kanalprotein muß schnell einen hohen Na-Ionenfluß einschalten können, muß aber den Fluß anderer Ionen, v.a. des fast gleich großen K^+, verhindern. Die **Na-Kanäle** müssen also **selektiv** sein. Anionen werden durch negative Ladungen am Kanaleingang ausgeschlossen, wie dies das Schema in Abb. 2-15 andeutet. An kleinen Kationen geht L_i^+ recht gut durch den Na-Kanal, aber die K^+ werden fast voll-

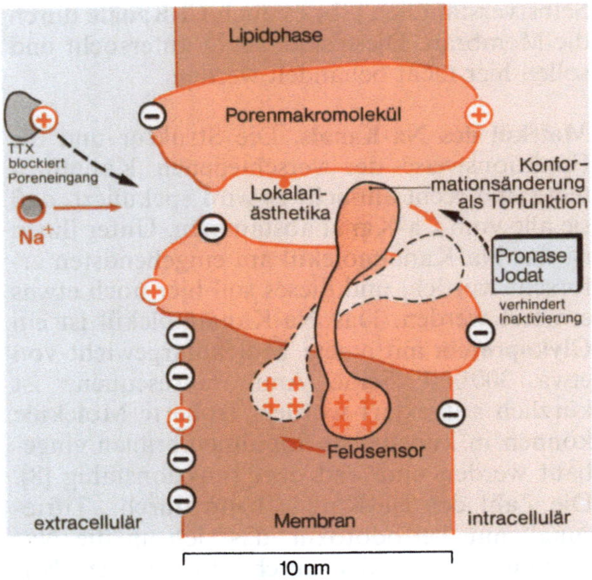

Abb. 2-15. Modell-Schema eines Na^+-Kanals der Membran. Die Größenverhältnisse der Membrankomponenten und der Ionen sind etwa maßstabsgerecht. Neben den die Pore permeierenden Na^+-Ionen sind mit *gestrichelten Pfeilen* die Hemmstoffe Tetrodotoxin (TTX, blockiert Poreneingang) und Pronase bzw. Jodat (verhindert Inaktivierung) eingezeichnet. Nach [9, 14]

kommen ausgeschlossen. Die Selektivität kann nur durch spezifische Bindungen während des Durchtritts durch den Kanal erklärt werden, wie dies anhand der Energieniveaus der Bindung entlang eines Kanals in Abb. 1-5B (s. S. 6) diskutiert wurde [21].

Zusätzlich zur Selektivität für Na^+ muß die Durchlässigkeit des Na-Kanals bei Potentialänderungen schnell umgeschaltet werden können. Das Na-Kanalmolekül muß deshalb Ladungen enthalten, die durch Änderungen der Feldstärke über der Membran verschoben werden. Die Verschiebung dieser Ladungen kann man als **Torstrom** („gating current") [3, 9, 23] nach voller Blockade der Ionenkanäle messen, er entspricht der Verschiebung von wenigstens 4 Ladungen pro Kanal. Diese 4 Ladungen sind im Schema der Abbildung 2-15 als „Feldsensor" eingetragen, der eine Änderung der Konformation des Moleküls begünstigt, die den Kanal öffnet. Der offene Zustand ist freilich instabil, er geht spontan in den geschlossen-inaktivierten Zustand über. Für die **Inaktivation** sind Anteile des Kanalproteins an der Innenseite der Membran verantwortlich. Intracellulär angreifende Stoffe wie Jodat oder Pronase, aber auch spezifische Gifte und Pharmaka können die Inaktivation blockieren.

Eine andere Form von Blockade des Na-Kanals ist von medizinischem Interesse. **Lokalanaesthetica** werden dazu benutzt, die Erregung und ihre Fortleitung in Nerven zu unterbrechen und damit die Weiterleitung von Aktionspotentialen aus „Schmerzreceptoren" zu unterdrücken. Sie werden meist in die Umgebung des zu blockierenden Nervs injiziert. Die Moleküle der Lokalanaesthetica binden nur an den offenen Kanal, und zwar an eine Bindungsstelle zwischen dem selektiven Poreneingang und dem „Tor" (Abb. 2-15) [25, 30]. Die Moleküle der Lokalanaesthetica sind zu groß, um den Kanaleingang an der Außenseite der Membran zu passieren. Sie können nur in den offenen Kanal von Innen oder wenn lipidlöslich durch die Lipidmembran eindringen. Die verursachten Kanalschließungen sind oft nur wenige µs lang, aber hochfrequent, sie zerhacken damit den Einzelkanalstrom in viele sehr kurze Abschnitte und machen damit den Na-Durchstrom ineffektiv.

2.4 Elektrotonus und Reiz

Nach der Besprechung der molekularen Grundlagen der Erregung kehren wir jetzt zum makroskopischen Verhalten der Nervenzellen zurück.

Erregung wird ausgelöst, wenn die Membran zur Schwelle depolarisiert wird. Eine Depolarisation zu der oder über die Schwelle wird auch **Reiz** genannt. Der Reiz wird in der Regel erzeugt durch einen elektrischen Strom, der durch die Membran fließt und diese depolarisiert. Wenn also in diesem Abschnitt die Erregungsauslösung durch Reize näher besprochen werden soll, so muß zuerst auf die Membrandepolarisation durch elektrischen Strom eingegangen werden. Dabei sollen vorerst nur kleine Spannungsänderungen behandelt werden, bei denen sich die Membranleitfähigkeit nicht ändert.

Elektrotonus bei homogener Stromverteilung

Die klarsten Bedingungen für das Studium der Reaktionen der Membran auf einen Stromfluß herrschen, wenn, wie in Abb. 2-16A dargestellt, Strom durch eine intracelluläre Elektrode in die Mitte einer kugelförmigen Zelle appliziert wird. Wird ein konstanter positiver Strom eingeschaltet (Abb. 2-16B), so werden die einströmenden positiven Ladungen den Membrankondensator

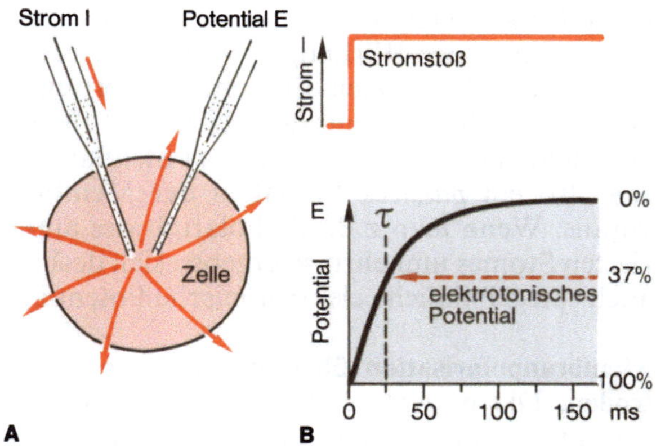

Abb. 2-16A u. B. Elektrotonisches Potential einer kugelförmigen Zelle. **A** Messung des Potentials E und Zuführung des Stromes I durch intracelluläre Elektroden. Die *roten Linien* deuten die Stromverteilung an. **B** Zeitverlauf eines Stromstoßes und des gleichzeitig in der Zelle gemessenen elektrotonischen Potentials. Die Zeitkonstante τ des elektrotonischen Potentials wird abgelesen, wenn sich das elektrotonische Potential seinem Endwert bis auf 37% (1/e) der Gesamtamplitude genähert hat

mehr und mehr entladen und die Membran depolarisieren. Entsprechend mißt die Potentialelektrode zu Beginn des Stromstoßes eine schnelle Depolarisation. Diese Depolarisation verlangsamt sich jedoch sehr bald, denn wenn das Membranpotential vom Ruhepotential entfernt wird, so wird das Gleichgewicht der Ionenströme gestört, und bei Depolarisation fließen vermehrt K^+-Ionen aus der Zelle aus. Dieser Gegenstrom von positiven Ionen durch die Membran kompensiert einen Teil der durch den elektrischen Strom zugeführten Ladungen, und die Entladung des Membrankondensators muß sich verlangsamen. So erreicht die Depolarisation, ständig langsamer werdend, schließlich einen Endwert, bei dem der Ionenstrom durch die Membran gleich groß ist wie der durch die Elektrode applizierte elektrische Strom, der Membrankondensator also nicht mehr weiter entladen wird (Abb. 2-16). Der durch den Stromstoß ausgelöste Potentialverlauf wird **elektrotonisches Potential** oder *Elektrotonus* genannt. Der Endwert oder die Amplitude des elektrotonischen Potentials ist proportional dem *Membranwiderstand* für die Ionenströme. Die Steilheit des Ansteigens des elektrotonischen Potentials wird ganz zu Anfang nur bestimmt durch die Membrankapazität, es fließt nur *kapazitiver Strom*. Wenn dann der Gegenstrom der Ionen durch die Membran einsetzt, wird der Potentialverlauf exponentiell mit dem Exponenten $-t/\tau$. Die *Membranzeitkonstante* τ ist das Produkt von Membranwiderstand und Membrankapazität. τ hat an verschiedenen Zellen Werte von 5–50 ms.

Ein exponentieller Zeitverlauf wie der des Elektrotonus (oder z.B. der Abnahme der Aktivität eines radioaktiven Stoffes) folgt der Funktion $e^{-t/\tau}$. τ heißt Zeitkonstante, weil für die Zeit $t=\tau$ der Exponent -1 wird. τ läßt sich also an einer solchen Kurve als der Zeitpunkt ablesen, an dem die Amplitude auf $e^{-1}=1/e=37\%$ des Ausgangswertes abgefallen ist.

Elektrotonus an langgestreckten Zellen

Fast alle Nerven- und Muskelzellen sind sehr lang relativ zu ihrem Durchmesser, eine Nervenfaser kann z.B. 1 m lang sein bei einem Durchmesser von nur 1 µm. In solchen Zellen wird applizierter Strom sehr inhomogen durch die Membran abfließen, wodurch die in Abb. 2-16 dargestellten Verhältnisse stark modifiziert werden. Elektrotonische Potentiale an einer langgestreckten Muskelfaser zeigt Abb. 2-17, es wurde der Potentialverlauf am Orte der Stromapplikation (E_0), sowie in 2,5 mm und 5 mm Entfernung ($E_{2,5}$ bzw. E_5) ausgewählt. Die Form der elektrotonischen Potentiale ist gegenüber Abb. 2-16 verändert, sie ist nicht mehr einfach exponentiell und hängt von der Entfernung ab. Am Orte der Stromapplikation steigt E_0 sehr schnell an, sichtbar daran, daß es zum Zeitpunkt der Membranzeitkonstante τ schon bis auf 16% (statt 37% in Abb. 2-16) an den Endwert angenähert ist. Dieser steilere Anstieg wird durch die inhomogene Stromverteilung verursacht: Zuerst wird der Membrankondensator in einem kleinen Bezirk nahe der Stromzufuhr entladen, und erst dann fließt Strom über das Zellinnere, das einen beträchtlichen Längswiderstand hat, zu entfernteren Membranbezirken. Dort wieder muß zuerst der Membrankondensator entladen werden, und mit wachsender Entfernung vom Orte der Stromzufuhr wird also der Zeitverlauf des elektrotonischen Potentials zunehmend langsamer. In Abb. 2-17 beginnt deshalb das elektrotonische Potential in 5 mm Entfernung von der Stromelektrode (E_5) mit deutlicher Verzögerung und hat nach 120 ms seinen Endwert E_{max} noch nicht erreicht [17].
Auch wenn der zugeführte Strom längere Zeit geflossen ist und eine neue Ladungsverteilung sich eingestellt hat, fließt immer noch mehr Strom durch die Membran nahe der Stromzuführung als durch entferntere Membranbezirke, denn bei entfernteren Membranbezirken muß der Strom ja zusätzlich zum Membranwiderstand auch noch den Längswiderstand in der

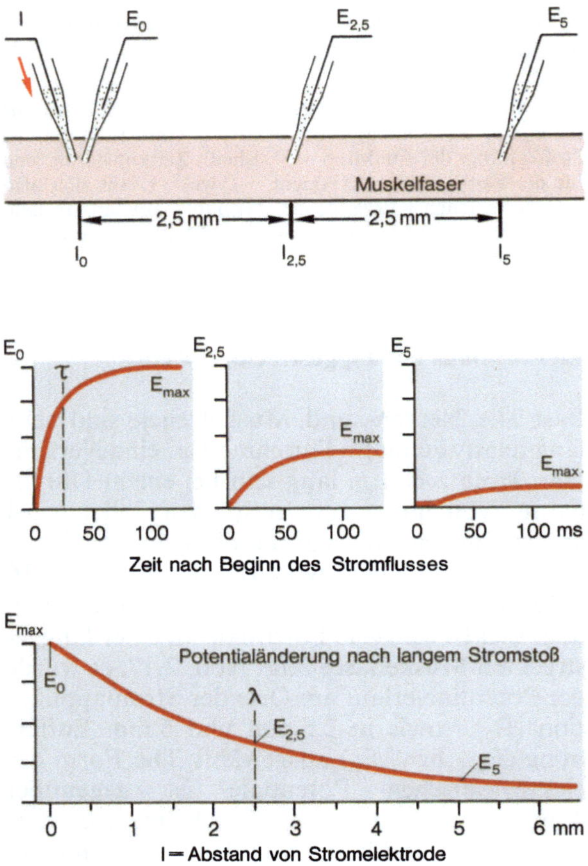

Abb. 2-17. Elektrotonische Potentiale in einer langgestreckten Zelle. *Oben:* Applikation des Stromes I in einer Muskelzelle und Messung der elektrotonischen Potentiale im Abstand 0 mm (E_0), 2,5 mm und 5 mm ($E_{2,5}$ und E_5). *Darunter:* Zeitverlauf der elektrotonischen Potentiale E_0, $E_{2,5}$ und E_5, die jeweils einen Endwert E_{max} erreichen. *Unten:* Abhängigkeit der E_{max} von der Entfernung vom Ort der Stromzuführung. Die Membranlängskonstante λ bezeichnet die Entfernung, in der E_{max} bis auf 37% (1/e) der Amplitude am Ort der Stromzuführung abgefallen ist

Zelle überwinden. Die Endwerte E_{max} der elektrotonischen Potentiale sind in Abb. 2-17 unten gegen den Abstand von der Stromelektrode aufgetragen. E_{max} fällt exponentiell mit dem Abstand x, der Exponent ist $-x/\lambda$. Die Größe λ wird **Membranlängskonstante** genannt, in Abb. 2-17 ist ihr Wert 2,5 mm, und an verschiedenen Zellen hat λ Werte zwischen 0,1 und 5 mm. Die Längskonstante λ gibt an, über wie große Entfernungen sich elektrotonische Potentiale an langgestreckten Zellen ausbreiten. In der Entfernung 4 λ ist beispielsweise die Amplitude des elektrotonischen Potentials nur noch 2% der nahe der Stromzuführung; elektrotonische Potentiale sind also im Nerv bestenfalls Zentimeter von ihrem Ursprungsort entfernt meßbar.

Es soll noch einmal betont werden, daß diese Besprechung der Wirkungen von appliziertem Strom nur gilt für kleine Potentialänderungen, bei denen sich die Membranleitfähigkeit für Ionen nicht ändert. Elektrotonische Potentiale setzen also ein *passives* Verhalten der Membran voraus. Wenn man z.B. die Polarität des applizierten Stomes umkehrt, so ergeben sich deshalb auch spiegelbildliche elektrotonische Potentiale.

Membranpolarisation über extracelluläre Elektroden. Die in Abb. 2-16 und 2-17 illustrierte Zuführung von Strom mit Hilfe einer intracellulären Elektrode schafft zwar die übersichtlichsten Verhältnisse für das Verständnis des Elektrotonus, in der medizinischen Forschung und in der Neurologie wird jedoch die Zellpolarisation meistens mit Hilfe von Strom durch extracelluläre Elektroden erreicht. Dies gelingt am besten, wenn man eine Nervenfaser auf 2 Metallelektroden legt, die mit einer Spannungsquelle verbunden sind. Die fließenden Ströme zeigt Abb. 2-18. Die positive Elektrode heißt *Anode,* die negative *Kathode.* Zwischen den beiden Elektroden fließt Strom durch den Flüssigkeitsfilm, der dem Nerv anhaftet. Aber auch das Innere der Nervenfaser bietet dem Strom relativ geringen Widerstand, deshalb kreuzt ein Teil des Stromes an der Anode die Membran, fließt durch das Zellinnere zur Kathode und kreuzt wiederum die Membran. Diese Ströme durch die Membran werden von Änderungen des Membranpotentials begleitet: An der Anode erhöhen die außen an die Membran

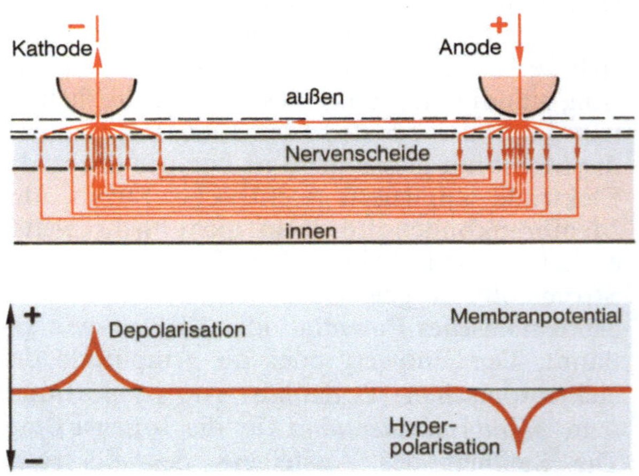

Abb. 2-18. Extracelluläre Stromapplikation. Strom fließt von der Anode zur Kathode, die außen auf einen Nerven gelegt sind. Der Strom fließt teils außen durch den Flüssigkeitsfilm auf der Nervenoberfläche, teils tritt er durch die Nervenscheide und fließt innen entlang der Nervenfasern. Die *Kurve unten* zeigt die durch den Strom hervorgerufenen Änderungen des Membranpotentials in einer Nervenfaser. Nach [20]

zugeführten positiven Ladungen die Ladung des Membrankondensators und damit das Membranpotential. Bei dem erhöhten Membranpotential strömen K^+ in die Zelle und tragen so den Strom durch die Membran. An der Anode tritt also eine erhöhte Polarisation der Membran, eine Hyperpolarisation ein. Spiegelbildlich ergibt sich an der Kathode eine Depolarisation. Die Spannungsänderung entlang der Nervenfaser zeigt Abb. 2-18 unten. Jeweils am Orte der Elektroden und der größten Stromdichte ändert sich die Spannung am stärksten.

Meist ist man daran interessiert, den Nerv oder Muskel nur zu depolarisieren und schließlich zu reizen, d.h. die Hyperpolarisation an der Anode ist nicht so erwünscht. Es ist dann günstiger, die Anode großflächig oder weit entfernt vom Nerv anzulegen, denn dadurch wird die Stromdichte unter der Anode geringer und der Nerv wird zwar über eine größere Strecke, dafür aber nur geringfügig hyperpolarisiert. Man nennt die kleinflächige Elektrode, an der die Stromlinien und die Polarisation konzentriert sind, die *differente Elektrode* und die großflächige Gegenelektrode die *indifferente Elektrode*.

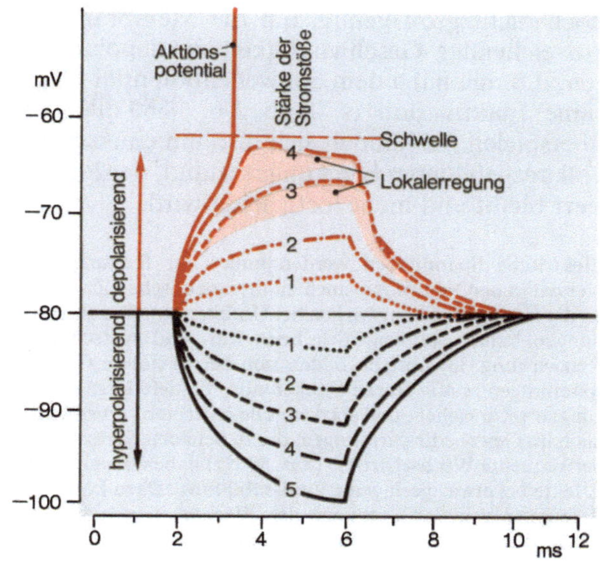

Abb. 2-19. Elektrotonische Potentiale und lokale Antworten. Stromstöße (von 4 ms Dauer) der Stärke *1, 2, 3, 4* und *5* erzeugen in hyperpolarisierender Richtung gleichmäßig ansteigende elektrotonische Potentiale. In depolarisierender Richtung verlaufen die elektrotonischen Potentiale *1* und *2* spiegelbildlich zu den hyperpolarisierenden. Die depolarisierenden Stromstöße *3* und *4* erzeugen Depolarisation, die bei Überschreiten von −70 mV vom Verlauf der elektrotonischen Potentiale nach oben abweichen, das Ausmaß dieser Abweichung wird durch die *roten Flächen* unter den Kurven angedeutet. Die über den Elektrotonus hinaus selbsttätig erzeugte Depolarisation wird als Lokalerregung bezeichnet. Der depolarisierende Stromstoß der Stärke *5* erzeugt eine Depolarisation, die die Schwelle überschreitet und ein Aktionspotential auslöst

Reiz und Reizschwelle

Überschreitet ein depolarisierendes elektrotonisches Potential die Schwelle, so wird eine Erregung ausgelöst; der Stromstoß, der eine solche Potentialänderung hervorruft, heißt *Reiz*. Da aufgrund der Membrankapazität das Membranpotential nach einem Stromstoß sich verzögert ändert (Abb. 2-17), wird die Reizschwelle meist erst einige ms nach Einschalten des Reizstroms erreicht. Der Reizstrom muß mindestens bis zum Erreichen des Schwellenpotentials andauern, es ist also neben einer ausreichenden Amplitude eine ausreichende Dauer des Reizstroms notwendig. In gewissen Grenzen kann eine sehr hohe Amplitude des Reizstroms eine kurze Reizdauer ausgleichen.

Schwellennahe Reize. An den Dendriten und Somata von Nervenzellen kommen häufig auch Depolarisationen vor, die den Schwellenbereich eben erreichen, wobei es von geringen Intensitätsunterschieden abhängt, ob die Information als Aktionspotential weitergegeben wird oder nicht.

Das Aktionspotential wird an der Schwelle ausgelöst, weil durch die Depolarisation die Natriumleitfähigkeit g_{Na} steigt und dadurch der Na^+-Einstrom so groß wird, daß die Membran selbsttätig weiter depolarisiert wird. Der durch die Depolarisation ausgelöste Na^+-Einstrom setzt nun nicht abrupt am *Schwellenpotential* ein, sondern schon bei Potentialen einige mV niedriger als die Schwelle. Dies ist an der Serie der elektrotonischen Potentiale in Abb. 2-19 sichtbar, die durch jeweils um den gleichen Betrag anwachsende hyperpolarisierende und depolarisierende Stromstöße ausgelöst werden. Nur die beiden kleinsten depolarisierenden elektrotonischen Potentiale verlaufen spiegelbildlich zu den hyperpolarisierenden. Die dritte und die vierte Depolarisation steigen schneller an und sind größer als die entsprechenden Hyperpolarisationen, und die fünfte Depolarisation ist überschwellig. Der Überschuß an Depolarisation bei den nahe unterschwelligen Potentialverläufen ist als rote Fläche eingezeichnet, er wird als **lokale Antwort** bezeichnet und hervorgerufen durch die in diesem Potentialbereich schon erhöhte Na^+-Leitfähigkeit. Während solcher lokaler Antworten kann der Na^+-Einstrom durchaus den K^+-Ausstrom überwiegen, der Na^+-Strom ist jedoch nicht groß genug, um die Membran mit ausreichender Geschwindigkeit zu depolarisieren, d.h. die nahe dem Schwellenpotential langsame Inaktivation (s. Abb. 2-6, -60 mV) zu überspielen. Es handelt sich also um einen nicht voll ausgebildeten Erregungszustand, der lokalisiert bleibt und nicht fortgeleitet wird.

Elektrische Spannungen werden außer zur Reizung von Nerven in der Neurologie auch zu therapeutischen Zwecken an die Haut gelegt oder wirken bei Unfällen ein. Gleichspannungen haben hauptsächlich beim Ein- und Ausschalten Reizwirkung, im übrigen bilden sich bei zu hohen Gleichspannungen relativ starke Funken aus, die tiefe Hautverletzungen verursachen, und stärkere Gleichströme verursachen auch im Gewebe Erwärmungen, die zu Schäden führen. Niederfrequente Wechselströme (z.B. 50 Hz) haben die gleichen Effekte bei etwas geringerer Funkenbildung. Dazu kommen Reizungen mit der Frequenz des Wechselstroms, die vor allem, wenn sie in die relative Refraktärphase (vulnerable Phase) des Herzmuskelaktionspotentials treffen, leicht das tödliche Herzflimmern auslösen können. Niederfrequenter Wechselstrom ist also besonders gefährlich. Höherfrequente Wechselströme (mehr als 10 kHz) können während einer Halbwelle die Membran nicht bis zur Schwelle depolarisieren, und die nächste Halbwelle hebt die Depolarisation auf. Sie haben folglich keine Reizwirkung und erwärmen lediglich das Gewebe. Frequenzen von 0,5 bis 1 MHz können deshalb therapeutisch bei der **Diathermie** zur kontrollierten und lokalisierten Erwärmung des Gewebes eingesetzt werden.

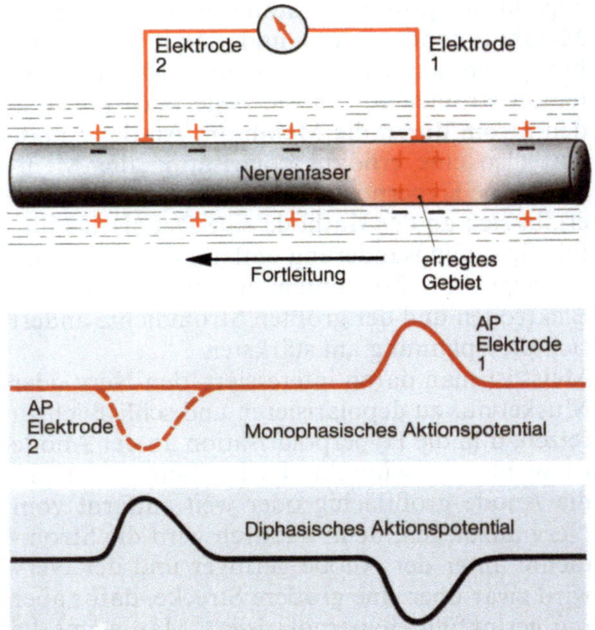

Abb. 2-20. Ableitung von einer Nervenfaser mit 2 extracellulären Elektroden. Ein Aktionspotential läuft von rechts nach links über die Nervenfaser (*oben*), das erregte Gebiet hat soeben Elektrode 1 erreicht. An Elektrode 1 wird der *rot* ausgezogene Potentialverlauf gemessen (*mittlere Zeile*). Wenn das Aktionspotential schließlich Elektrode 2 erreicht, so wird dort der *rot gestrichelte* Potentialverlauf gemessen. Die einzelnen Potentialverläufe der mittleren Zeile sind jeweils monophasische Aktionspotentiale. Als Gesamtpotentialverlauf wird zwischen den Elektroden 1 und 2 das diphasische Aktionspotential (*unten*) gemessen

2.5 Fortleitung des Aktionspotentials

Die Aufgabe der Nervenfaser und der Membran der Muskelfaser ist es, Informationen oder Steuerimpulse zu verbreiten, Erregungen fortzuleiten. Um den Mechanismus der Fortleitung der Erregung zu verstehen, muß die in 2.2 besprochene Erregungsphysiologie mit den Gesetzen der Längsausbreitung von Strömen und Potentialen (2.3) kombiniert werden. Ausgehen soll unsere Darstellung von dem Befund der Fortleitung der Erregung in einem Nerven.

Messung der Leitungsgeschwindigkeit

Wird ein Nerv, z.B. durch einen elektrischen Stromstoß, erregt, so können von ihm mit extracellulären Elektroden (s. Abb. 2-20) Aktionspotentiale abgeleitet werden. Diese Aktionspotentiale treten nicht nur am Reizort auf, sondern auch in beträchtlicher Entfernung. Die Amplitude des Aktionspotentials ist dabei an allen Stellen *gleich groß,* das Aktionspotential erscheint jedoch gegenüber dem Reiz mit *Verzögerung,* die proportional zum Abstand wächst. An einem motorischen Nerven trifft z.B. ein Aktionspotential in 1 m Entfernung vom Reizort in 10 ms ein, daraus muß gefolgert werden, daß das Aktionspotential mit einer Geschwindigkeit von 100 m/s entlang dem Nerven *fortgeleitet* wurde. Die Abb. 2-20 zeigt das Meßverfahren mit extracellulären Elektroden im einzelnen. Der Nervenfaser sind 2 Elektroden aufgesetzt. Die Faser ist zumindest teilweise freipräpariert, d.h. sie liegt in der abgeleiteten Strecke in einem elektrisch isolierenden Medium wie Paraffinöl oder Luft. Läuft nun eine Erregung von rechts nach links über die Faser und erreicht Elektrode 1, so verliert unter dieser Elektrode die Oberfläche der Nervenfaser ihre positive Ladung, diese Stelle wird relativ zu der Membran unter Elektrode 2 negativ, und das Instrument zeigt eine positive Spannungsänderung an, die etwa dem Zeitverlauf des intracellulären Aktionspotentials entspricht. Erreicht dann die Erregung Elektrode 2, so ist für das Meßinstrument die Polarität der Spannungsänderung umgekehrt, und es wird ein negatives Aktionspotential gemessen. Den Gesamtpotentialverlauf eines solchen zwischen 2 Elektroden gemessenen Aktionspotentials nennt man *diphasisch*. Aus der Latenz zwischen der positiven und der negativen Spitze sowie dem Abstand der Ableiteelektroden kann die Fortleitungsgeschwindigkeit berechnet werden. Meist sind die beiden Phasen des Aktionspotentials nicht so gut getrennt wie in Abb. 2-20. Bei einer Leitungsgeschwindigkeit von 100 m/s und 1 ms Aktionspotentialdauer nimmt z.B. das Aktionspotential eine $100\ \text{m/s} \cdot 1\ \text{ms} = 100\ \text{mm}$ lange Nervenstrecke ein, und für eine volle Trennung der Phasen des diphasischen Aktionspotentials wäre folglich ein isolierter Nerv von 20 cm Länge notwendig. Dies ist meist nicht realisierbar, und deshalb verschmelzen bei diphasischen Aktionspotentialen gewöhnlich Abstrich und Aufstrich der aufeinanderfolgenden Phasen.

Mit extracellulären Elektroden sind jedoch auch *monophasische* Ableitungen möglich. Wird durch Schädigung des Nervs oder durch Depolarisation mit Hilfe einer erhöhten K^+-Konzentration verhindert, daß das Aktionspotential in Abb. 2-20 von Elektrode 1 zu Elektrode 2 weitergeleitet wird, so wird nur der rot ausgezogene Potentialverlauf, ein monophasisches Aktionspotential abgeleitet. Mittels nur einer dem erregten Nerven oder einer Nervenzelle anliegenden Mikroelektrode lassen sich ebenfalls gut definierte, kurz dauernde, aber sehr kleine Potentialverläufe ableiten; die Gegenelektrode muß dann fern vom erregten Gebiet in der Badelösung oder im Tier liegen. Diese *„unipolaren Ableitungen"* messen den Spannungsabfall in der extracellulären Lösung relativ zur „fernen Erde", der durch die lokalen Ströme in die Nervenfaser hervorgerufen wird. Die gemessenen Potentialverläufe entsprechen deshalb dem Zeitverlauf des Membranstroms während der Erregung (Abb. 2-22). Für diese unipolaren extracellulären Ableitungen ist es nicht notwendig, daß die erregte Struktur isoliert wird, sie werden deshalb besonders in der Physiologie des ZNS verwendet.

Summenaktionspotential des gemischten Nervs. Ein Extremitätennerv enthält Nervenfasern sehr verschiedener Funktion und Dicke, und diese haben auch verschiedene Leitungsgeschwindigkeiten. Bei einer Registrierung vom gesamten Nerven erscheinen deshalb nach einer gewissen Leitungsstrecke zuerst Aktionspotentiale der schnellstleitenden Fasern und danach verschiedene Gruppen von Aktionspotentialen anderer, langsamer leitender Fasern. Das Summenaktionspotential an einem solchen Nerven weist also ein Spektrum von Fasergruppen und Leitungsgeschwindigkeiten auf (Abb. 2-21). Die verschiedenen Zacken dieses Summenaktionspotentials können verschiedenen Fasergruppen zugeordnet werden, die in Tabelle 2-1a mit den betreffenden Funktionen aufgeführt sind. Außer dieser Klassifikation von ERLANGER und GASSER [11] ist für sensorische Nerven auch noch die nach LLOYD-HUNT [22] gebräuchlich, die in Tabelle 2-1b enthalten ist.

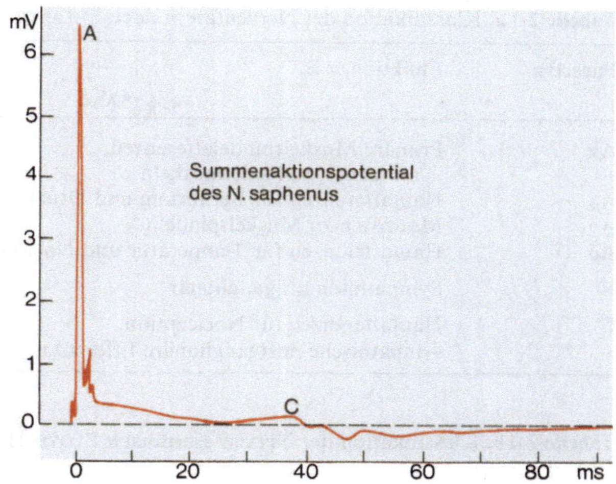

Abb. 2-21. Summenaktionspotential eines Warmblüternervs, gemessen mit einer extracellulären Elektrode. Alle Fasern des Nervs wurden in einiger Entfernung vom Ableiteort gereizt. Zuerst erscheinen die Aktionspotentiale der am schnellsten leitenden A-Fasern, etwa 38 ms später die der langsamen C-Fasern. Nach dem C-Faseraktionspotential ist ein langdauerndes Nachpotential sichtbar. Innerhalb der A-Faser-Gruppe sind verschiedene „Zacken" deutlich, die den α-, β-, γ- und δ-Untergruppen entsprechen. Nach [29]

Mechanismus der Fortleitung

Kennzeichnend für das fortgeleitete Aktionspotential ist, daß an jeder Stelle der Nervenfaser eine vollständige Erregung, ein Aktionspotential gleicher Amplitude abläuft. Diese Alles-oder-Nichts-Erregungen der einzelnen Membranstellen sind aneinander gekoppelt über den Mechanismus der elektrotonischen Ausbreitung von Reizströmen entlang der Faser. Die an einer erregten Membranstelle einströmenden Na^+-Ionen wirken für eine benachbarte, noch nicht erregte Membranstelle als Stromquelle für ein depolarisierendes elektrotonisches Potential, das überschwellig wird und auch dort eine Erregung auslöst. So pflanzt sich der Erregungszustand durch elektrotonische Koppelung von erregter

Tabelle 2-1 a. Klassifikation der Nervenfasern nach ERLANGER/GASSER

Fasertyp	Funktion, z.B.	Mittlerer Faserdurchmesser	Mittlere Leitungsgeschwindigkeit
Aα	Primäre Muskelspindelafferenzen, motorisch zu Skeletmuskeln	15 µm	100 m/s (70–120 m/s)
Aβ	Hautafferenzen für Berührung und Druck	8 µm	50 m/s (30–70 m/s)
Aγ	Motorisch zu Muskelspindeln	5 µm	20 m/s (15–30 m/s)
Aδ	Hautafferenzen für Temperatur und Nociception	<3 µm	15 m/s (12–30 m/s)
B	Sympathisch präganglionär	3 µm	7 m/s (3–15 m/s)
C	Hautafferenzen für Nociception, sympathische postganglionäre Efferenzen	1 µm marklos!	1 m/s (0,5–2 m/s)

Tabelle 2-1 b. Klassifikation der Nervenfasern nach LLOYD/HUNT

Gruppen	Funktion, z.B.	Mittlerer Faserdurchmesser	Mittlere Leitungsgeschwindigkeit
I	Primäre Muskelspindelafferenzen und Sehnenorganafferenzen	13 µm	75 m/s (70–120 m/s)
II	Mechanoreceptoren der Haut	9 µm	55 m/s (25–70 m/s)
III	Tiefe Drucksensibilität des Muskels	3 µm	11 m/s (10–25 m/s)
IV	Marklose nociceptive Fasern	1 µm	1 m/s

zu noch nicht erregter benachbarter Membran fort.

Es sei auf den grundsätzlichen Unterschied zwischen der Fortleitung des Aktionspotentials und der Leitung von Spannungsimpulsen in einem Telegrafenkabel hingewiesen. Im Telegrafenkabel fließt Strom von dem einen Pol einer Spannungsquelle an dem einen Kabelende entlang des Kabels zum anderen Pol der Spannungsquelle am anderen Kabelende. Die Amplitude des Spannungsimpulses fällt deshalb auch mit der Entfernung. Elektrophysiologisch ausgedrückt ist die Leitung im Telegrafenkabel rein elektrotonisch. Beim fortgeleiteten Aktionspotential liegen die Pole der Spannungsquellen in jedem Membranbezirk zwischen der Innen- und der Außenseite der Faser, und der Strom fließt als Membranstrom im wesentlichen quer zur Fortleitungsrichtung.

Membranströme während des fortgeleiteten Aktionspotentials. Die Abb. 2-22 zeigt eine Momentaufnahme des Spannungs- und Stromverlaufs entlang einer Nervenfaser bei einem von rechts nach links fortgeleiteten Aktionspotential. Die Faserstrecke, auf der das Aktionspotential Platz hat, hängt von der Leitungsgeschwindigkeit ab: Bei einer Leitungsgeschwindigkeit von 100 m/s und einer Aktionspotentialdauer von 1 ms müßte in Abb. 2-22 die Abscisse 10 cm entsprechen. Das Faserstück zwischen den Hinweislinien A und C ist voll erregt, die Membrankapazität wird durch Na^+-Einstrom bei kräftig erhöhter g_{Na} schnell entladen, und nach der Spitze wird durch die angestiegene g_K und dem daraus folgenden K^+-Ausstrom die Repolarisation eingeleitet. Zwischen A und C

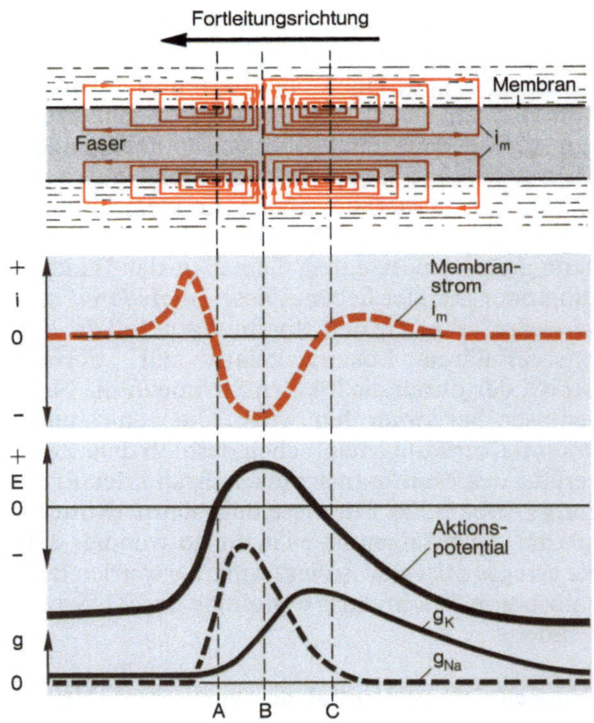

Abb. 2-22. Fortleitung des Aktionspotentials. *Unten:* Zeitverlauf oder örtliche Änderung längs der Faser des Aktionspotentials, darunter die Membranleitfähigkeiten g_{Na} und g_K. Die *rote Kurve* darüber zeigt den Membranstrom i_m. *Oben* die Stromlinien durch die Zellmembran und innerhalb und außerhalb der Faser. Die *vertikalen Hilfslinien* zeigen den Zeitpunkt der maximalen Anstiegssteilheit (*A*), der Spitze (*B*) und der maximalen Repolarisationsgeschwindigkeit (*C*) an. Nach [27]

überwiegt in dem Strom i_m durch die Membran der Einstrom positiver Ladungen, und der Überschuß dieser Ladungen fließt, wie in Abb. 2-22 oben gezeigt, nach beiden Seiten durch das Faserinnere ab. Dieser Stromüberschuß ist kennzeichnend für das *fortgeleitete* Aktionspotential: Bei einem nicht fortgeleiteten Aktionspotential an einer isolierten Membranstelle fließt auf der Spitze des Aktionspotentials kein Nettoeinwärtsstrom mehr, der Natriumeinstrom ist gleich dem Kaliumausstrom. Beim fortgeleiteten Aktionspotential dagegen fließt zum Zeitpunkt der Spitze noch etwa 80% des maximalen Nettoioneneinwärtsstroms, und dieser Strom wird für die **elektrotonische Ausbreitung** entlang der Faser benötigt.

Der für die Fortleitung bestimmende Abschnitt des Aktionspotentials in Abb. 2-22 liegt links von der Hinweislinie A. In diesem Membranbezirk fließt der Membranstrom i_m auswärts und depolarisiert **elektrotonisch** die Membran. Die Stromquelle für die elektrotonische Depolarisation liegt im erregten Membranbezirk um B. Die elektrotonische Depolarisation zu Beginn des Aktionspotentials erreicht kurz vor der Hinweislinie A den Schwellenbereich, g_{Na} erhöht sich, und der Natriumeinwärtsstrom steigt an und leitet eine Erregung ein. Die Anfangsphase des Aktionspotentials ist also elektrotonisch bestimmt, und seine Fortleitungsgeschwindigkeit hängt deshalb auch wesentlich von den Faserkonstanten τ und λ ab, die die Ausbreitung elektrotonischer Potentiale beschreiben.

Auch am Ende des Aktionspotentials, rechts von C in Abb. 2-22, strömt ein Membranstrom i_m aus der Faser und sucht sie zu depolarisieren. Diese Tendenz wird beim über die Faser fortgeleiteten Aktionspotential durch die hohe g_K in diesem Membranbezirk verhindert. Ist jedoch g_K relativ niedrig oder kommen andere depolarisierende Einflüsse hinzu, so können aufgrund der elektrotonischen Membranströme am Ende des Aktionspotentials neue, sog. **repetitive Erregungen** entstehen (s. Abb. 2-24).

Der Membranstrom i_m ist Grundlage für die Möglichkeit, Aktionspotentiale mit extracellulären Elektroden zu messen, denn solche Elektroden messen die Stromdichte in der extracellulären Lösung. Bei extracellulären Mikroelektrodenableitungen aus dem ZNS werden deshalb von Nervenzellen und -fasern dem Membranstrom i_m in Abb. 2-22 proportionale triphasische „Spikes“ gemessen. i_m ist im übrigen beim fortgeleiteten Aktionspotential proportional der zweiten Ableitung des intracellulären Potentialverlaufs nach der Zeit [16].

Höhe der Leitungsgeschwindigkeit. Die Leitungsgeschwindigkeit einer Nervenfaser läßt sich mit großem Aufwand aus den Potential- und Zeitabhängigkeiten der Ionenströme sowie aus den die elektrotonische Ausbreitung bestimmenden Bedingungen: Faserdurchmesser, Membranwiderstand und Membrankapazität, berechnen. Das Ergebnis dieser Rechnung stimmt gut mit den Meßwerten überein [16], was die Anwendbarkeit der Ionentheorie der Erregung und des Elektrotonus bestätigt. Hier sollen nur qualitativ Faktoren diskutiert werden, die die Leitungsgeschwindigkeit beeinflussen.

Die Leitungsgeschwindigkeit hängt ab einmal von der *Amplitude des Na^+-Einstroms,* denn je mehr Strom nach der Umladung der Membran in der Erregung noch zur Verfügung steht, desto mehr Strom kann in anliegende, noch nicht erregte Bezirke fließen und ihre Depolarisation beschleunigen. Der Na^+-Einstrom kann erniedrigt werden durch Reduktion der Na^+-Konzentration oder durch verstärkte Inaktivation des Na^+-Systems bei herabgesetztem Ruhepotential oder unter dem Einfluß von Lokalanaesthetica (s. S. 34). Unter allen diesen Bedingungen ist die Leitungsgeschwindigkeit des Aktionspotentials *erniedrigt,* im Extremfall tritt „Block“ der Fortleitung ein.

Wesentlichen Einfluß auf die Fortleitungsgeschwindigkeit hat außerdem die elektrotonische Ausbreitung der Membranströme. Da der Widerstand und die Kapazität von 1 cm^2 Membran bei den meisten erregbaren Zellen sehr ähnlich ist, wird die elektrotonische Ausbreitung hauptsächlich vom **Faserdurchmesser** bestimmt. Die Membranfläche des Nervs ist dem Durchmesser proportional, während der Querschnitt mit dem Quadrat des Durchmessers zunimmt. Bei einer Vergrößerung des Faserdurchmessers nimmt also relativ zum Membranwiderstand der durch den Faserquerschnitt bestimmte Längswiderstand des Faserinneren ab. Daraus folgt ein weiteres Ausgreifen der elektrotonischen Ströme (eine Verlängerung der Faserlängskonstante λ) und eine Beschleunigung der Fortleitung. Mit der Vergrößerung des Faserdurchmessers und proportional der Membranfläche steigt zwar auch die Membrankapazität, was die Fortleitung verlangsamt, der Effekt des verkleinerten Längswiderstandes überwiegt jedoch und die Leitungsgeschwindigkeit steigt insgesamt etwa mit der Quadratwurzel des Faserdurchmessers an. Diese Abhängigkeit ist auch in den Meßwerten der Tabelle 2-1 deutlich.

Fortleitung im markhaltigen Nerven. Aufgrund seines speziellen anatomischen Baues ist die Fortleitung im markhaltigen Nerven besonders

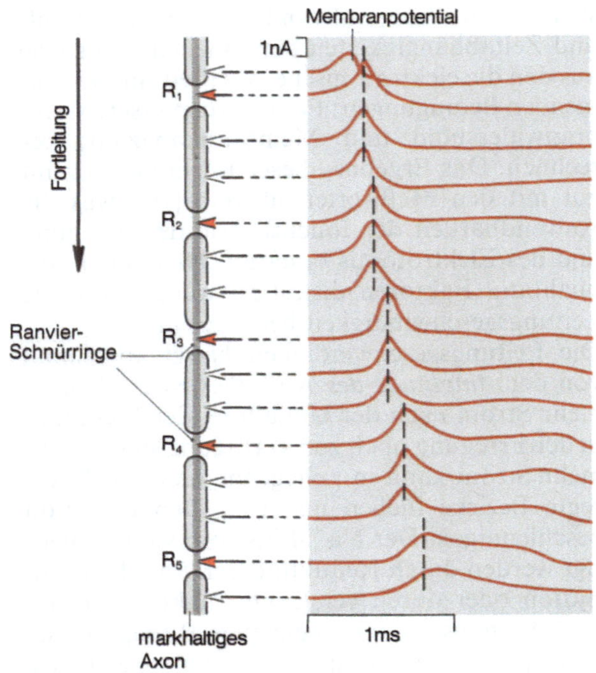

Abb. 2-23. Saltatorische Erregungsleitung. *Rechts:* Zeitverlauf des Membranpotentials, gemessen an den *links* durch *Pfeile* bezeichneten Stellen eines markhaltigen Axons. R_1, R_2, R_3... sind Ranvier-Schnürringe. Die Fortleitung des Aktionspotentials (*von oben nach unten*) erfährt nur an den Schnürringen eine Verzögerung. Nach [18]

schnell. Diese Nervenfasern zeigen nur für sehr kurze Abschnitte, die Ranvier-Schnürringe, eine normale Zellmembran. In den dazwischen liegenden Internodien sind Membranen in vielen Schichten um die Zelle „gewickelt", was den Membranwiderstand kräftig erhöht. In den Internodien fließt folglich bei einer Potentialänderung praktisch kein Strom durch die Membran, und ein Aktionspotential an einem Ranvier-Schnürring breitet sich fast verlustlos elektrotonisch über das Internodium auf benachbarte Schnürringe aus. So wird die Leitungszeit über die Internodien eingespart, die Erregung springt von Schnürring zu Schnürring. Diese **saltatorische Fortleitung** ohne Zeitverluste in Internodien ist gut in den Meßergebnissen der Abb. 2-23 sichtbar. Verzögerungen entstehen nur an den Schnürringen, an denen das elektrotonische Potential die Schwelle erreichen und eine Erregung einleiten muß. Die Membran des Schnürrings ist auf Erregung besonders spezialisiert; die Dichte der Na^+-Kanäle ist hier etwa 100mal größer als bei marklosen Nervenfasern. Die Beschleunigung der Fortleitung durch die markhaltigen Faserstrecken ist beträchtlich und die Voraussetzung für die vielen parallelen schnellleitenden Nervenbahnen der Wirbeltiere. Bei diesen sind alle Fasern, die schneller als 3 m/s leiten, markhaltig, nur die sehr langsamen C-Fasern oder Gruppe-IV-Fasern sind marklos. Invertebraten können hohe Leitungsgeschwindigkeiten von 20 m/s nur mit wenigen marklosen „Riesenaxonen" von fast 1 mm Durchmesser erreichen.

2.6 Auslösung von Impulsserien durch langdauernde Depolarisation

In den Nervenfasern werden nur Aktionspotentiale fortgeleitet: alle Information, die in Nerven über größere Entfernung vermittelt werden soll, muß als Frequenz von Aktionspotentialen „codiert" werden. An Receptoren, die Sinnesreize aufnehmen, kommt es zu langsamen, anhaltenden Potentialänderungen (Receptorpotentiale: s. S. 189), und auch an Nervenzellen summieren sich synaptische Potentiale (s. S. 52) zu langsamen Änderungen des Membranpotentials auf. Solche langsame Potentialänderungen müssen zur Informationsvermittlung in Nerven in Aktionspotentialfrequenzen umgesetzt, codiert werden.

Rhythmische Impulsbildung. Die Abb. 2-24 zeigt, wie eine Nervenzelle auf das Einschalten eines Reizstroms von 1 nA und von 4 nA antwortet. Der kleine Strom von 1 nA führt zu einer langsam ansteigenden, elektrotonischen Depolarisation, die in Fortsetzung der gestrichelten Kurve ihren Endwert finden würde. Vor dem Einstellen des Endwertes erreicht jedoch die Depolarisation die Schwelle und löst ein Aktionspotential aus. Dieses hyperpolarisiert nach der Repolarisation über das Ruhepotential hinaus, dann folgt eine langsame Depolarisation, nach etwa 0,5 s wird die Schwelle erreicht und ein weiteres Aktionspotential ausgelöst. Dieser Cyclus kann sich wiederholen, solange der depolarisierende Strom fließt: Die Dauerdepolarisation wird somit in eine rhythmische Aktionspotentialauslösung mit etwa 2 Hz umgesetzt. Beim größeren Stromstoß von etwa 4 nA erfolgt grundsätzlich das gleiche wie bei 1 nA, nur die Steilheit und die Amplitude der (gestrichelten) Dauerdepolarisation sind größer, und entsprechend die Frequenz der erzeugten Aktionspotentiale höher: sie liegt anfänglich bei 7 Hz und nimmt auf 4 Hz ab. Diese langsame Abnahme einer Frequenz bei gleichbleibendem Reizstrom ist typisch und

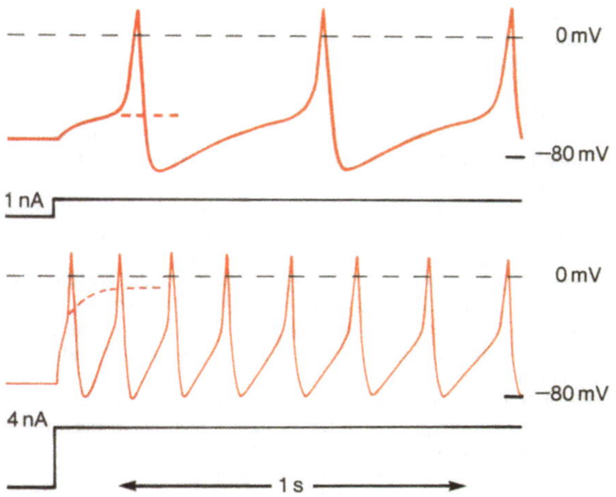

Abb. 2-24. Rhythmische Impulsbildung ausgelöst durch einen andauernden Reizstrom. *Oben:* Ein depolarisierender Strom von 1 nA in ein Neuron erzeugt ein elektrotonisches Potential, das in eine Dauerdepolarisation von etwa 20 mV ausmünden würde (*gestrichelt*), wenn nicht die Schwelle zur Auslösung eines Aktionspotentials überschritten würde. Die Aktionspotentiale wiederholen sich rhythmisch, solange der Stromfluß anhält. *Unten:* Ein größerer Strom erzeugt ein elektrotonisches Potential, das fast 0 mV erreichen würde (*gestrichelt*). Es wird jedoch eine hochfrequente Serie von Aktionspotentialen ausgelöst

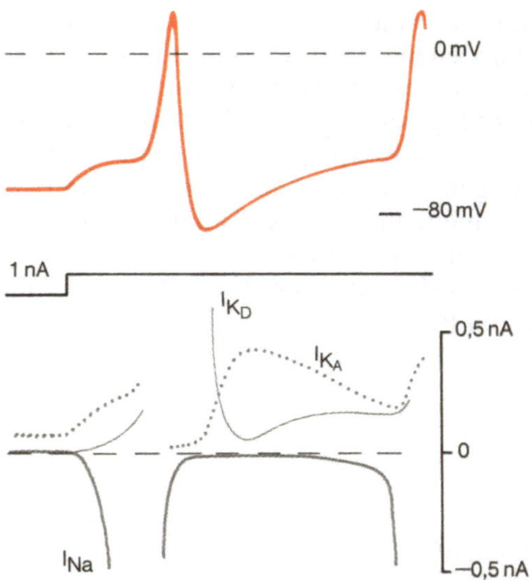

Abb. 2-25. Kaliumstromkomponenten als Ursache der rhythmischen Impulsbildung. *Oben:* Durch einen Strom von 1 nA wie in Abb. 2-24 ausgelöste Aktionspotentiale. Darunter die fließenden Stromkomponenten: Der durch die Depolarisation ausgelöste Natriumeinwärtsstrom I_{Na} (---), der verzögerte, nicht inaktivierende Kaliumauswärtsstrom I_{KD} (---), sowie der schnell inaktivierende Kaliumstrom I_{KA}. Nach [10]

wird „Adaptation" (s. S. 192) genannt. Insgesamt sind also die Amplitude des Reizstroms bzw. der Dauerdepolarisation in entsprechende Aktionspotentialfrequenzen umcodiert worden.

Mechanismus der Auslösung von Aktionspotentialserien. Fast alle erregbaren Zellen antworten auf Dauerdepolarisation in einem gewissen Bereich mit Aktionspotentialserien. Die Frequenz wird bestimmt durch die Steilheit der Depolarisation, die sich an den tiefsten Punkt der Repolarisation des Aktionspotentials anschließt. Die steile Repolarisation wird durch den verzögert bei Depolarisation ansteigenden K-Strom (s. Abb. 2-7 u. 2-12) bewirkt: Das verzögerte Abschalten dieses Stroms nach der Repolarisation des Aktionspotentials verursacht einen Potentialanstieg zum Endwert der Depolarisation (gestricheltes Niveau) hin. Mit Hilfe dieses verzögerten K-Stroms, I_{KD}, können jedoch nur in einem relativ kleinen Depolarisationsbereich rhythmisch Aktionspotentiale gebildet werden, und die Frequenz dieser Aktionspotentiale kann sich nur in einem geringen Umfang ändern. An den Zellanteilen, an denen eine effektive Umcodierung von Depolarisation in Aktionspotentialfrequenz geleistet werden muß, ist gewöhnlich noch ein anderer K-Kanaltyp eingebaut, der den I_{KA}-Strom leitet. In Abb. 2-25 sind die Zeitverläufe beider K-Stromkomponenten eingezeichnet. I_{KD} folgt verzögert der De- und Repolarisation im Aktionspotential. I_{KA} hat die besondere Eigenschaft, daß er nach Depolarisation ausgelöst wird, aber ähnlich wie Na-Strom schnell inaktiviert. I_{KA} kann erst wieder aktiviert werden, wenn die Membran kurz hyperpolarisiert wurde. I_{KA} wird somit eingeschaltet, wenn nach der maximalen Repolarisation I_{KD} schnell zurückgeht, und I_{KA} verzögert dann eine zu schnelle Depolarisation, erniedrigt also die Frequenz der Impulsserien [10]. Damit kann die Frequenz der Aktionspotentiale über einen weiten Bereich durch verschiedene Dauerdepolarisationen eingestellt werden.

Häufig wird auch beobachtet, daß Aktionspotentialserien hoher Frequenz unter Frequenzminderung bei anhaltendem Reiz abbrechen und nach gewisser Zeit wieder einsetzen; es kommt zu Gruppenentladungen (Bursts von Aktionspotentialen). Bei der Erzeugung solcher Gruppenentladungen wirkt ein weiterer K-Kanaltyp mit. Während des Aktionspotentials fließt Ca^{2+} in die Zelle ein (s. S. 32) und erhöht etwas die Ca-Innenkonzentration, $[Ca^{2+}]_i$. Dieser Anstieg von $[Ca^{2+}]_i$ aktiviert einen Typ von K-Kanälen, es fließt ein zunehmender, dauernder K-Strom und verstärkt die Repolarisation, so daß die Aktionspotentialserie schließlich abbricht. Dann normalisiert sich $[Ca^{2+}]_i$ mit Hilfe der verschiedenen Transportprozesse (s.S. 10), und die Impulsserie startet wiederum.

Die Mitwirkung verschiedener K-Kanaltypen in dem angeführten Beispiel zeigt, wie die speziellen Leistungen gewisser Zellen und Zellanteile durch Verschiedenheit der K-Kanäle ermöglicht werden. Ähnlich wie diese tragen auch unterschiedliche Ca-Kanäle zur Vielfalt der Erregungsformen bei.

2.7 Literatur

Weiterführende Lehr- und Handbücher

1. ALBERTS, B., BRAY, D., LEWIS, J., RAFF, M., ROBERTS, K., WATSON, J.D.: Molecular Biology of the cell. New York and London: Garland Publishing Inc. 1983
2. COOKE, I., LIPKIN, M.: Cellular Neurophysiology, a source book. New York: Holt, Rinehart and Winston 1972 (Sammlung wichtiger Originalarbeiten)
3. HILLE, B.: Ionic channels of excitable membranes. Sunderland, Mass.: Sinauer Assoc., 1984
4. HOPPE, W., LOHMANN, W., MARKL, H., ZIEGLER, H. (Hrsg.): Biophysik. Berlin, Heidelberg, New York: Springer 1984
5. KANDEL, E.R., SCHWARTZ, J.H. (Hrsg.): Principles of neural science. New York, Amsterdam, Oxford: Elsevier 1985
6. KUFFLER, S.W., NICHOLLS, J.G., MARTIN, A.R.: From neuron to brain, Second Edition Sunderland, Mass., Sinauer Associates (1984)

Einzel- und Übersichtsarbeiten

7. ADRIAN, R.H.: The effect of internal and external potassium concentration on the membrane potential of frog muscle. J. Physiol. (Lond.) 133, 631 (1956)
8. ALDRICH, R.W.: Voltage dependent gating of sodium channels: towards an integrating approach. Trends Neurosci. 9, 82–86 (1986)
9. ARMSTRONG, C.M.: Sodium channels und gating currents. Physiol. Rev. 61, 644–683 (1981)
10. CONNOR, J.A., STEVENS, C.F.: Inward and delayed outward membrane currents in isolated neural somata under voltage clamp. J. Physiol. (Lond.) 213, 1–19 (1971)
11. GASSER, H.S., GRUNDFEST, H.: Axon diameters in relation to the spike dimension and the conduction velocity in mammalian A-fibers. Amer. J. Physiol. 127, 393 (1939)
12. HAMILL, O.P., MARTY, A., NEHER, E., SAKMANN, B., SIGWORTH, F.J.: Improved patch clamp techniques for high resolution current recording from cells and cell-free membrane patches. Pflügers Arch. 391, 85–100 (1981)
13. HEINEMANN, U., LUX, D.: Ionic changes during experimentally induced epilepsies. In: Progress in Epilepsy, R.C. Rose, Ed.. London: Pitman Medical, p. 87–102 (1983)
14. HILLE, B.: Ionic channels in excitable membranes. Biophys. J. 22, 283–294 (1978)
15. HODGKIN, A.L., HUXLEY, A.F.: The dual effect of membrane potential on sodium conductance in the giant axon of Loligo. J. Physiol. (Lond.) 116, 497 (1952)
16. HODGKIN, A.L., HUXLEY, A.F.: Quantitative description of membrane current and its application to conduction and excitation in nerve. J. Physiol. (Lond.) 117, 500 (1952)
17. HODGKIN, A.L., RUSHTON, W.A.H.: The electrical constants of crustacean nerve fibre. Proc. roy. Soc. B 133, 444 (1946)
18. HUXLEY, A.F., STÄMPFLI, R.: Evidence for saltatory conduction in peripheral myelinated nerve fibres. J. Physiol. (Lond.) 108, 315 (1949)
19. KAMEYAMA, M., HOFMANN, F., TRAUTWEIN, W.: On the mechanism of β-adrenergic regulation of the Ca channel in the guinea-pig heart. Pflügers Arch. 405, 285–293 (1985)
20. KATZ, B.: Electrical properties of the muscle fibre membrane. Proc. roy. Soc. B. 135, 506 (1948)
21. LÄUGER, P.: Ionic channels with conformational substates. Biophys. J. 47, 581–590 (1985)
22. LLOYD, D.P.C., CHANG, H.T.: Afferent fibres in muscle nerves. J. Neurophysiol. 11, 199 (1948)
23. MEVES, H.: Inactivation of the sodium permeability in squid giant nerve fibres. Prog. Biophys. Mol. Biol. 33, 207–230 (1978)
24. NEHER, E., SAKMANN, B., STEINBACH, J.H.: The extracellular patch clamp: A method for resolving currents through individual open channels in biological membranes. Pflügers Arch. 375, 219–228 (1978)
25. NEUMCKE, B., SCHWARZ, W., STÄMPFLI, R.: Block of Na channels in the membrane of myelinated nerve by benzocaine. Pflügers Arch. 390, 230–236 (1981)
26. NEUMCKE, B., STÄMPFLI, R.: Heterogeneity of external surface charges near sodium channels in the nodal membrane of frog nerve. Pflügers Arch. 401, 125–131 (1984)
27. NOBLE, D.: Applications of Hodgkin-Huxley equations to excitable tissues. Physiol. Rev. 46, 1 (1966)
28. RANG, H.P., RITCHIE, J.M.: Electrogenic sodium pump in mammalian non-myelinated nerve fibres and its activation by various external cations. J. Physiol. (Lond.) 196, 183 (1968)
29. RUCH, T.C., PATTON, H.D.: Physiology and Biophysics. Philadelphia: Saunders 1966
30. SCHWARZ, W., PALLADE, P.T., HILLE, B.: Local anesthetics: Effect of pH on use-dependent block of sodium channels in frog muscle. Biophys. J. 20, 343–368 (1977)
31. SIGWORTH, F.J., NEHER, E.: Single Na^+ channel currents observed in cultured red muscle cells. Nature (Lond.) 287, 447–449 (1980)
32. TRAUTWEIN, W., PELZER, D.: Voltage dependent gating of single calcium channels in cardiac cell membranes and its modulation by drugs. In: Calcium physiology, D. Marmé, Editor. Berlin, Heidelberg, New York, Toronto. Springer (im Druck) (1986)
33. ULBRICHT, W.: Kinetics of drug action and equilibrium results at the node of Ranvier. Physiol. Rev. 61, 785–828 (1981)
34. WHITE, M.W., BEZANILLA, B.: Activation of squid axon K^+ channel. Ionic and gating current studies. J. Gen. Physiol. 85, 539–554, (1985)
35. QUANDT, F.N., YEH, J.Z., NARAHASHI, T.: All or none block of single Na^+ channels by tetrodotoxin. Neurosci. Lett. 54, 77–83 (1985)

3 Erregungsübertragung von Zelle zu Zelle

J. Dudel

Innerhalb der Nervenzellen wird Information durch Aktionspotentiale fortgeleitet. Ihre Weitergabe von einer Zelle zur nächsten geschieht an morphologisch speziell ausgestalteten Kontaktstellen, den Synapsen. Da, außer bei vielen Syncytien, die Plasmamembranen und v.a. auch die Innenräume der aneinanderstoßenden Zellen nicht unmittelbar ineinander übergehen, wird ein Aktionspotential nicht ohne weiteres über eine Synapse geleitet. Es werden vielmehr spezielle Mechanismen der synaptischen Übertragung zwischengeschaltet, die an **chemischen Synapsen** einen Überträgerstoff, bei **elektrischen Synapsen** eine besondere Stromverteilung ausnutzen. Die chemischen Synapsen sind, auch medizinisch, von besonderem Interesse, weil sie sehr komplexe Interaktionen zwischen den Zellen ermöglichen, und weil einerseits an ihnen spezifische pathologische Prozesse ablaufen können und andererseits Pharmaka bevorzugt an ihnen angreifen. Die chemischen Synapsen sollen deshalb relativ ausführlich besprochen werden.

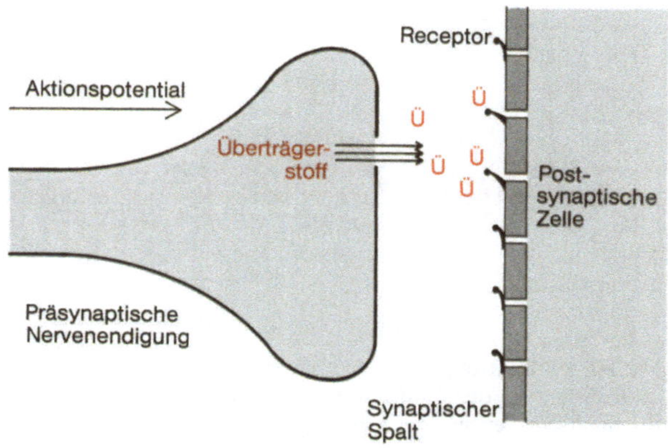

Abb. 3-1. Schema der chemischen synaptischen Übertragung. Das Aktionspotential in der Nervenfaser depolarisiert die präsynaptischen Nervenendigungen. Dadurch wird die Freisetzung eines Überträgerstoffs, *Ü*, ausgelöst, der durch den synaptischen Spalt diffundiert und sich an Receptoren in der Membran der postsynaptischen Zelle binden kann. Die Bindung veranlaßt die Öffnung von Membrankanälen, durch die spezifisch Ionen fließen können und eine postsynaptische Potentialänderung veranlassen

3.1 Chemische synaptische Übertragung

Ein Schema der wichtigsten Aspekte der chemischen Synapse zeigt Abb. 3-1. Ein Aktionspotential depolarisiert die *„präsynaptische"* Endigung einer Nervenzelle. Daraufhin schüttet die Endigung lokalisiert einen **„Überträgerstoff"** in den **synaptischen Spalt** zwischen der präsynaptischen und der postsynaptischen Zelle aus. Der Überträgerstoff diffundiert zur Plasmamembran der postsynaptischen Zelle und findet dort spezifische Receptoren, an die er sich binden kann, worauf sich Membrankanäle öffnen. Durch diese fließen dann Ionenströme, die das *Membranpotential* der postsynaptischen Zelle beeinflussen, z.B. sie zur Schwelle depolarisieren und damit ein Aktionspotential auslösen.

Diese schematische Beschreibung der chemischen synaptischen Übertragung muß mit sehr viel mehr Detail ausgefüllt werden. Wir wenden uns zunächst der bestbekannten Synapse zu, der motorischen Endplatte.

Motorische Endplatte des Muskels

Die Endigungsbereiche der motorischen Nervenfasern auf den Muskelfasern sind mit Lupenvergrößerung sichtbar und als **„Endplatten"** bekannt. Auf Details der Morphologie der Nervenendigung und des postsynaptischen Bezirks der Muskelfaser soll hier noch nicht eingegangen werden (s. Abb. 3-13). Wird in der Abb. 3-2 der motorische Nerv gereizt, so mißt man mit einer in „0 mm Entfernung" von der Endplatte in die Muskelfaser eingestochenen Mikroelektrode ein **Endplattenpotential**[1], eine schnell an-

[1] Beim Erscheinen dieses Bandes ist es genau 50 Jahre her, daß die inzwischen emeritierten Professoren Hans Schaefer, jetzt bei Heidelberg, und Herbert Göpfert, jetzt bei Freiburg, das Endplattenpotential entdeckten [s. Pflügers Arch 239:597–619 (1938), 242:364–381 (1939)].

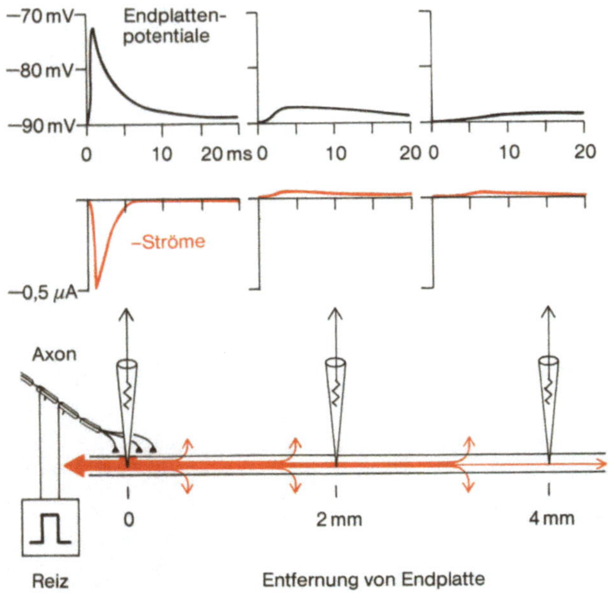

Abb. 3-2. Endplattenpotentiale und -ströme in verschiedener Entfernung von der Endplatte. Im Bereich der Endplatte wird nach Nervenreiz ein schnell ansteigendes Endplattenpotential und ein noch kürzerer, negativer (Einstrom positiver Ionen in die Faser) Endplattenstrom registriert, in 2 bzw. 4 mm Entfernung von der Endplatte sind die Endplattenpotentiale zunehmend verkleinert und verzögert, und die Ströme sind positiv. Dies zeigt, daß der Endplattenstrom nur im Endplattenbereich in die Faser fließt, und daß sich die Potentialänderung elektrotonisch über einige Millimeter um die Endplatte ausbreitet

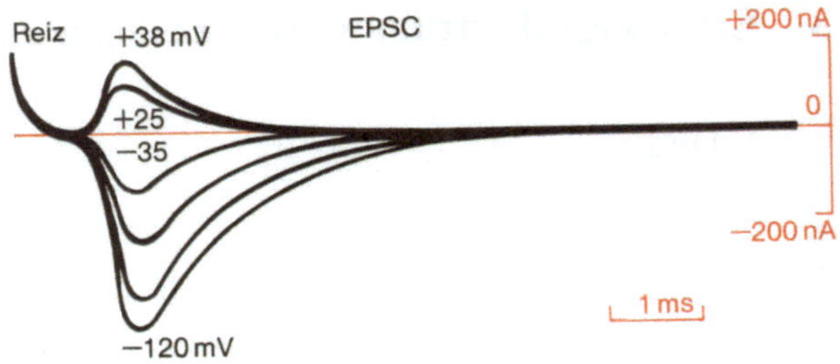

Abb. 3-3. Abhängigkeit des Endplattenstroms, oder des „erregenden postsynaptischen Stroms", EPSC, vom Membranpotential. Das Membranpotential wurde mit einer Spannungsklemme, durch Regelung des über eine Mikroelektrode in die Zelle injizierten elektrischen Stroms, auf jeweils ein konstantes Potential eingestellt. Das EPSC ist bei −120 mV Klemmspannung stark negativ, verkleinert sich bei Klemmspannungen von −90, −65 und −35 mV, und wird bei +25 bzw. +38 mV zunehmend positiver. [3, 26]

steigende Depolarisation, die mit einer Zeitkonstante von etwa 5 ms zum Ruhepotential zurückkehrt. Diese Zeitkonstante entspricht etwa der der Entladung der Membrankapazität (s. Abb. 2-16, S. 35). Sticht man die Meßelektrode in 1, 2 oder 4 mm Entfernung von der Endplatte ein (Abb. 3-2), so wird ein zunehmend kleineres Endplattenpotential gemessen, dessen Zeitverlauf sich mehr und mehr verlangsamt. Das Endplattenpotential verhält sich damit wie ein *elektrotonisches Potential,* das durch einen Strompuls an der Endplatte erzeugt wird (s. Abb. 2-17).

Der während des Endplattenpotentials in die Muskelfaser fließende Strompuls, der **Endplattenstrom,** ist mit einer Spannungsklemme (s. S. 25) meßbar. In Abb. 3-2 fließt dieser Strompuls als **Endplattenstrom** nur im Endplattenbereich in die Faser ein. Der Strom fließt dann längs der Faser in ihrem Inneren weiter und außerhalb der Endplatte wieder aus der Faser heraus. Will man erfahren, welche Ionen während eines Membranstroms fließen, so muß man seine Spannungsabhängigkeit messen. Um die Spannungsabhängigkeit des Endplattenstroms zu ermitteln, wurde im Experiment der Abb. 3-3 mit einer Spannungsklemme das Membranpotential auf Werte zwischen −120 mV und +38 mV eingestellt. Der Endplattenstrom kehrt bei etwa −10 mV seine Richtung um. Durch Variation der Innenkonzentration kann gezeigt werden, daß dieser Strom durch eine relativ unspezifische *Erhöhung der Membranleitfähigkeit für* Na^+ *und* K^+ entsteht, so daß sich ein Gleichgewichtspotential von etwa −10 mV einstellt (Kap. 1, Gl. 7, S. 7). Der Endplattenstrom ist viel kürzer als das Endplattenpotential (Abb. 3-2): Er klingt innerhalb von wenigen Millisekunden ab, wobei die Endplattenströme mit wachsender Depolarisation kürzer werden (Abb. 3-3).

Die Endplattenpotentiale sind in Abb. 3-2 aufgrund einer erniedrigten extracellulären Ca-Konzentration (s. S. 57) verkleinert, damit sie unterschwellig bleiben. Normalerweise depolarisiert das einzelne Endplattenpotential um 30 mV und mehr und ist sicher überschwellig, d.h. es löst ein Aktionspotential aus, das über die Muskelfaser geleitet wird und die Kontraktion der Muskelfibrillen veranlaßt (s. S. 70). Mit der Auslösung des Aktionspotentials ist an dieser Synapse *Erregung vom motorischen Axon auf die Muskelfaser übertragen* worden.

Synaptischer Überträgerstoff Acetylcholin. Nach dem Schema der Abb. 3-1 erfolgt die Erregungsübertragung an den chemischen Synapsen durch einen Überträgerstoff. Dieser ist an der Endplatte Acetylcholin, das hier und als „Vagusstoff" am Herzen als einer der ersten Überträgerstoffe bekannt wurde. Acetylcholin lokal an der Endplatte appliziert verursacht dort eine Depolarisation, die Empfindlichkeit für Acetylcholin beschränkt sich jedoch auf die unmittelbare Umgebung der Nervenendigungen [32].

Synaptische Hemmung

Die motorische Endplatte ist der Prototyp einer Synapse mit Übertragung von Erregung. An anderen erregenden Synapsen wird das Korrelat des Endplattenpotentials „erregendes postsynaptisches Potential, EPSP", genannt. Im Organismus gibt es im Vergleich zu den erregenden Synapsen zumindest ebenso häufig Synapsen, an denen Hemmung übertragen wird. Das Prinzip zeigt Abb. 3-4. Links wird ein erregendes synaptisches Potential (EPSP) und der entsprechende Strom („exciting postsynaptic current": EPSC) gezeigt (vgl. Abb. 3-2). Wird eine hemmende Nervenfaser erregt, die an der gleichen postsynaptischen Zelle angreift wie die erregende, so ergibt sich ein **hemmendes postsynaptisches Potential,** meist eine kleine Hyperpolarisation (IPSP; I: „inhibitorisch"), und ein entsprechender Auswärtsstrom (IPSC). Werden nun Erregung und Hemmung annähernd gleichzeitig aktiviert, so summieren sich die Ströme EPSC und IPSC, die resultierende Spannungsänderung ist jedoch viel kleiner als die Summe EPSP + IPSP. Die Hemmung hat jedenfalls die Depolarisation im EPSP kräftig verkleinert und dadurch die Übertragung der Erregung an der Synapse vermindert oder verhindert. *Hemmung wird somit definiert als Minderung oder Blockade von Erregung.*

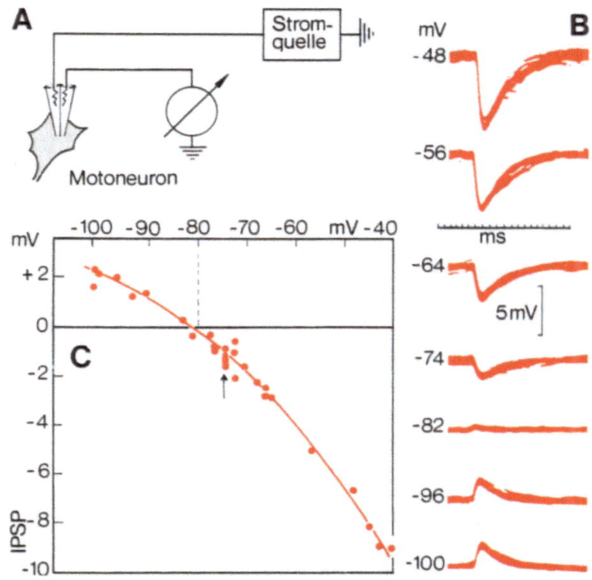

Abb. 3-5 A–C. Bestimmung des Gleichgewichtspotentials der hemmenden postsynaptischen Potentiale. **A** Über den einen Lauf einer doppelläufigen intracellulären Mikroelektrode kann das Membranpotential des Motoneurons mit Hilfe einer regelbaren Stromquelle variiert werden. **B** Hemmende postsynaptische Potentiale eines Motoneurons des M. semitendinosus nach Reizung des N. quadriceps mit konstanter Reizstärke. Amplitude und Polarität der resultierenden IPSP hängen vom Membranpotential ab. **C** Graphische Auswertung der kompletten Meßserie, die in **B** teilweise abgebildet wurde. *Abscisse:* Membranpotential; *Ordinate:* maximale Amplitude des IPSP. Hyperpolarisierende IPSP sind nach unten, depolarisierende nach oben aufgetragen. Das Gleichgewichtspotential liegt bei etwa −80 mV. Das Ruhepotential der Zelle betrug −74 mV (*Pfeil* in **C**). Aus [2]

Gleichgewichtspotential für die Hemmung. Die Ionenströme, die während der Hemmung fließen, lassen sich identifizieren, indem wiederum durch injizierten Strom das Membranpotential

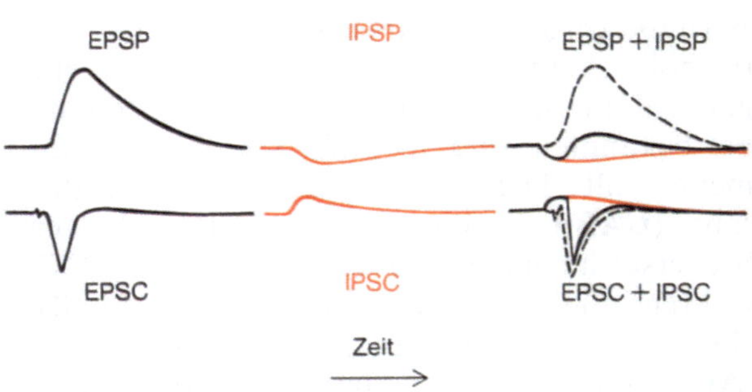

Abb. 3-4. Erregende und hemmende postsynaptische Potentiale (EPSP bzw. IPSP) und Ströme (EPSC und IPSC), sowie deren Überlagerung, bei denen sich EPSC und IPSC summieren, EPSP und IPSP zusammen jedoch eine kleinere Depolarisation, als ihrer Summe entspräche, erzeugen. (Dudel in [4])

verschoben wird. Abbildung 3-5 zeigt dies für ein Motoneuron des Rückenmarks. Beim Ruhepotential von −74 mV hat das hemmende Potential, das IPSP, hyperpolarisierende Richtung. Wird jedoch die Membran durch Stromfluß selbst hyperpolarisiert, kehrt sich die Polarität des IPSP bei etwa −82 mV um. Dieses Umkehrpotential wird von den Konzentrationsgradienten von K^+ und Cl^- beeinflußt, und das IPSC entsteht folglich durch Erhöhung der Membranleitfähigkeit für K^+ und Cl^-.

Wie diese Erhöhung der Leitfähigkeit der Membran die Hemmung von Erregung bewerkstelligt, kann man am einfachsten an elektrotonischen Potentialen darlegen. Im Experiment der Abb. 3-6 A wird ein Strompuls in die Zelle gegeben und damit ein elektrotonisches Potential erzeugt (s. S. 35). Seine Amplitude ist proportional dem Membranwiderstand. Wird nun an dieser Zelle eine hemmende Synapse aktiviert, so erscheint ein wenige mV hyperpolarisie-

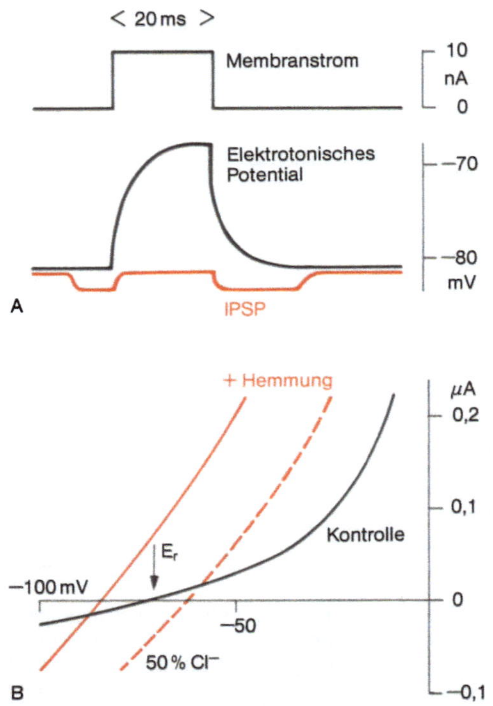

Abb. 3-6 A u. B. Wirkung von Hemmung auf Membranströme. **A** Ein Strompuls in eine Zelle injiziert erzeugt ein elektrotonisches Potential. Wird der hemmende Nerv in einer Reizserie von 40 ms Dauer aktiviert, so zeigt sich ein hyperpolarisierendes IPSP. Das darauf gesetzte elektrotonische Potential ist während der Hemmung stark verkleinert. **B** Die Abhängigkeit des Membranstroms (*Ordinate*) von der Membranspannung (*Abscisse*) in Ruhe (Kontrolle); der Schnittpunkt mit der Abscisse ist das Ruhepotential E_r. Während Hemmung (*rot*, durch Superfusion von GABA in der Badelösung) hyperpolarisiert die Membran, und die Stromspannungskennlinie (*ausgezogene Kurve*) wird steiler (Widerstandsabnahme). Vermindert man die Chloridkonzentration in der Badelösung auf die Hälfte, so ändert das die Kontrollkurve unmerklich; Hemmung jedoch depolarisiert (*gestrichelte Kurve*). Messungen am Krebsmuskel, der hemmende GABAerge Synapsen besitzt. (Dudel in [4])

rendes IPSP. Trifft das IPSP mit dem elektrotonischen Potential zusammen, so wird dieses kräftig verkleinert, weil der Membranwiderstand abgenommen hat. Die Hemmung hat damit aber auch das depolarisierende elektrotonische Potential praktisch ausgelöscht. Für einen weiteren Potentialbereich zeigt Abb. 3-6 B den Effekt der Hemmung an Stromspannungskurven einer Zelle. Das Membranpotential wurde in Abhängigkeit vom injizierten Strom aufgezeichnet. Die Kontrollkurve kreuzt die Abscisse bei −70 mV, dem Ruhepotential, und positive Ströme machen eine zunehmende Depolarisation. Wird nun die hemmende Synapse mit hoher Frequenz aktiviert, so verschiebt sich die Stromspannungskurve beim Ruhepotential etwas in Richtung Hyperpolarisation, und sie wird steiler und zeigt damit eine Abnahme des Membranwiderstandes (Spannungsänderung/Stromänderung) an. Diese Änderung des Membranwiderstandes ist der wichtigste Effekt der Hemmung. Würde z.B. bei Kontrollbedingungen ein EPSP oder ein Aktionspotential 0,1 μA in die Zelle einspeisen, so wird dies die Membran auf −25 mV depolarisieren. Der gleiche erregende Strom von 0,1 μA würde dagegen während der Hemmung nur auf −60 mV depolarisieren und damit keine Erregung auslösen können, wie dies in Abb. 3-4 an der Interaktion von einzelnen EPSP und IPSP gezeigt wurde. Die *Widerstandabnahme schließt* damit *erregende Ströme* kurz und verhindert dadurch Erregung. Dazu kommt der Effekt der Hyperpolarisation.

Die Abb. 3-6 B demonstriert ferner den Effekt einer Herabsetzung der extracellulären Cl-Konzentration. Die Kontrollkurve wird kaum betroffen. Dagegen ist die Stromspannungskurve während Hemmung um fast 20 mV nach rechts verschoben. Eine solche Verschiebung von 18 mV läßt sich aufgrund der Nernst-Gleichung (s. S. 6) erwarten, wenn die Hemmung nur die Cl^--Leitfähigkeit der Membran erhöht.

Während der Hemmung erhöhen sich an verschiedenen Synapsen die Membranleitfähigkeiten von Cl^- (z.B. am Krebsmuskel, Abb. 3-6), K^+ (z.B. Vagushemmung des Herzens, s. S. 492) oder von beiden (Motoneuron, Abb. 3-5). Diese Ionen haben ihr Gleichgewichtspotential in der Nähe des Ruhepotentials: Erhöhung der Leitfähigkeiten für diese Ionen stabilisiert das Ruhepotential und vermindert erregende Depolarisation.

Synaptische Überträgerstoffe

Als Überträgerstoff haben wir bisher das Acetylcholin kennengelernt. Es gibt jedoch eine ganze Reihe solcher Stoffe. Die wichtigsten und bestbekannten sind in Abb. 3-7 oben zusammengestellt. Die Aminosäure γ-amino-Buttersäure (**GABA,** γ-amino-butyric acid) ist der verbreitetste hemmende Überträgerstoff im ZNS, während die noch einfachere Aminosäure **Glycin** z.B. die Hemmung des Motoneurons (Abb. 3-5) vermittelt. Die saure Aminosäure **Glutamat** ist wohl der verbreitetste erregende Überträgerstoff im ZNS. **Adrenalin, Noradrenalin** und **Dopamin** bilden eine Familie von Überträgerstoffen, die zentral und peripher Erregung oder Hemmung vermitteln; man faßt sie unter

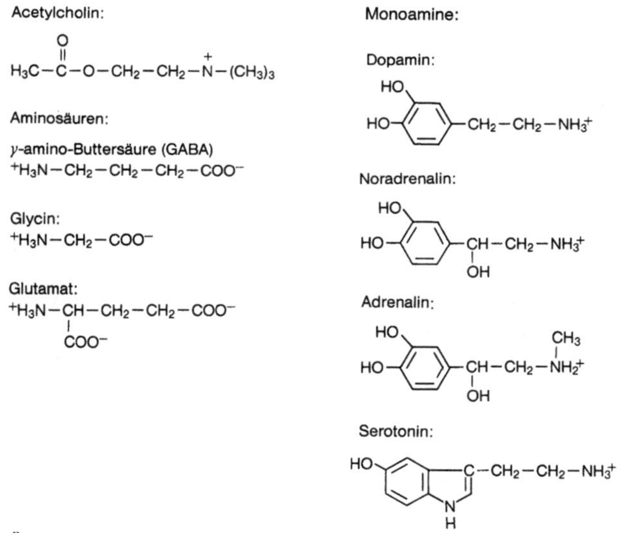

Abb. 3-7. Die wichtigeren synaptischen Überträgerstoffe. *Oben:* „klassische" Überträgerstoffe: Acetylcholin, Aminosäuren und Monoamine. *Unten:* Peptide

Überträgerstoffe

Peptide:

Met-Enkephalin

Tyr–Gly–Gly–Phe–Met

Substanz P

Arg–Pro–Lys–Pro–Gln–Gln–Phe–Phe–Gly–Leu–Met –NH_2

Leu-Enkephalin

Tyr–Gly–Gly–Phe–Leu

Angiotensin II

Asp–Arg–Val–Tyr–Ile–His–Pro–Phe –NH_2

Vasoaktives intestinales Peptid

His–Ser–Asp–Ala–Val–Phe–Thr–Asp–Asn–Tyr–Thr–Arg–Leu–Arg–Lys–Gln–Met–Ala–Val–Lys–Lys–Tyr–Leu–Asn–Ser–Ile–Leu–Asn –NH_2

Somatostatin

H– Ala–Gly–Cys–Lys–Asn–Phe–Phe–Trp–Lys–Thr–Phe–Thr–Ser–Cys –OH
(S—S-Brücke zwischen Cys und Cys)

Luteinisierendes Hormon Releasing Hormon (LHRH)

pyroGlu–His–Trp–Ser–Tyr–Gly–Leu–Arg–Pro–Gly –NH_2

der Bezeichnung „Catecholamine" zusammen. Ähnliche Wirkungen hat auch **Serotonin** (5-hydroxy-Tryptamin, 5 HT), das zusammen mit den Catecholaminen die Gruppe der „Monoamine" bildet. Alle diese „klassischen" Überträgerstoffe sind kleine Moleküle, die im Intermediärstoffwechsel häufig vorkommen. Sie binden jeweils an einen spezifischen Receptor in der postsynaptischen Membran, woraufhin sich die Leitfähigkeit für Na^+ (mit K^+) erhöht und Erregung übertragen wird, oder die Leitfähigkeit für K^+ oder Cl^- ansteigt und Hemmung erfolgt. Spezifisch ist dabei nur die Reaktion des Überträgerstoffs mit dem Receptor; ob danach Erregung oder Hemmung eintritt, hängt nur von den Ionenkanaleigenschaften des Receptors ab (s. Abb. 3-18), und nicht vom Überträgerstoff selbst.

Neben den klassischen Überträgerstoffen sind in der Abb. 3-7 unten auch eine Reihe von **Peptidüberträgerstoffen** aufgeführt. Diese Stoffe wirken im ZNS oder im vegetativen Nervensystem, wobei der Wirkungsmechanismus noch weitgehend unklar ist. Häufig sind sie wohl synaptische **Modulatoren:** sie bewirken unmittelbar keine Leitfähigkeitsänderungen in den synaptischen Membranen, sondern beeinflussen Intensität und Dauer der Wirkung der klassischen Überträgerstoffe, und sie scheinen manchmal auch zusammen mit anderen Überträgerstoffen freigesetzt zu werden. In Abb. 3-7 sind aus einer größeren Zahl von in Frage kommenden Peptiden charakteristische Vertreter ausgewählt. Die Enkephaline binden an Morphinreceptoren und spielen u.a. eine Rolle bei der Vermittlung der Schmerzempfindung; auch die Substanz P ist ein Überträger in diesem Bereich, sie bringt jedoch auch glatte Muskulatur zur Kontraktion. Angiotensin II ist ein Lokalhormon, das stark auf Blutgefäße, aber auch im ZNS wirkt, ähnlich auch „vasoaktives intestinales Peptid". Somatostatin und LHRH (Luteotropes-Hormon-Releasing-Hormon) sind an der Regulation der Hormonfreisetzung in der Hypophyse (s. Kap. 17) beteiligt, wirken aber auch an Synapsen [36].

Lange Zeit hat man geglaubt, daß eine Nervenzelle an ihren Endigungen nur jeweils einen Überträgerstoff ausschüttet (Dale-Prinzip). Es gibt jedoch im vegetativen Nervensystem, zumindest bei embryonalen Zellen, Freisetzung von sowohl Acetylcholin wie auch Adrenalin aus derselben Zelle. An der motorischen Endplatte wird zusammen mit Acetylcholin auch Adenosintriphosphat freigesetzt, das wahrscheinlich ebenfalls ein Überträgerstoff ist. Häufig wird auch an synaptischen Nervenendigungen neben einem klassischen Überträgerstoff wie Noradrenalin ein Peptid ausgeschüttet, das an der Übertragung mitwirkt. Die Einzelheiten des Zusammenwirkens von Überträgerstoffen, von **Cotransmittern,** sind noch weitgehend unklar, sie lassen sich wohl meist als **Modulation** auffassen.

Langsame vegetative Synapse. Ein synaptisches Potential an einer peptidergen Synapse in einem Sympathicusganglion zeigt Abb. 3-8. In diesen Ganglien gibt es schnelle, erregende Synapsen, die Acetylcholin als Überträgerstoff haben. Dazu erzeugen wiederholte Reizungen von Fasern aus Spinalnerven, z.B. im Experiment der Abb. 3-8 100 Reize in 5 s, minutenlange erregende postsynaptische Potentiale, die von keinem der klassischen Überträgerstoffe in Abb. 3-7 oben vermittelt werden. Dagegen verursacht ganz spezifisch eines der Peptide, **LHRH,** ein

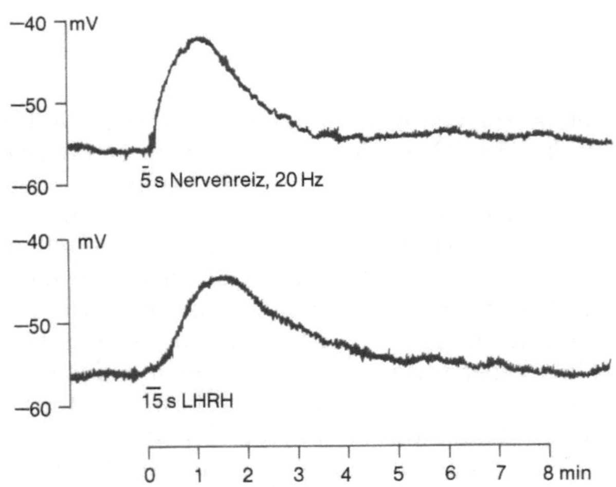

Abb. 3-8. *Oben:* Langsames erregendes postsynaptisches Potential (ssEPSP) an einer sympathischen Ganglienzelle des Frosches. Das ssEPSP wurde durch eine 5 s lange Reizserie mit 20 Reizen/s ausgelöst und dauerte mehr als 8 min. *Unten:* Eine ganz ähnliche Depolarisation wird durch Applikation eines Peptids für 15 s ausgelöst. Das Peptid ist LHRH, und es wurde ursprünglich im Hypothalamus als Steuerhormon entdeckt. Es scheint in der Ganglienzelle als Überträgerstoff zu fungieren. (Nach [6, 22])

praktisch identisches postsynaptisches Potential. Verschiedene Tests zeigen, daß wirklich dieses Peptid oder ein naher Verwandter hier der Überträgerstoff ist. Die Funktion der langsamen synaptischen Potentiale im Spinalganglion ist nicht näher bekannt; derartige langdauernde Depolarisationen sind gut geeignet, die Erregungsübertragung durch schnelle Synapsen zu verstärken und damit ihre Effektivität längerfristig zu erhöhen. Als weiteres Beispiel einer **Modulation** zeigte die Abb. 2-14 eine über Adrenalin vermittelte verlängerte Öffnung eines potentialabhängigen Ca-Kanals.

Agonisten und Antagonisten der synaptischen Übertragung. Die Receptoren in der postsynaptischen Membran reagieren mit dem für sie spezifischen Überträgerstoff und erhöhen daraufhin die entsprechende Ionenleitfähigkeit. Die Spezifität für den Überträgerstoff ist jedoch nicht absolut, es gibt für praktisch alle Receptoren auch noch weitere Substanzen, die an sie binden. Folgt auf die Bindung auch die entsprechende Leitfähigkeitsänderung, so ersetzt die Substanz den Überträgerstoff völlig, solche Substanzen nennt man **Agonisten.** Agonisten für Acetylcholin an der Endplatte sind z.B. Carbamylcholin oder Suberyldicholin [32]. Andere Stoffe binden, aber sind nicht so effektiv im Herbeiführen der Leitfähigkeitsänderung, dies sind dann **partielle Agonisten** [11]. Es gibt schließlich Substanzen, die an den synaptischen Receptor binden, aber keine Leitfähigkeitsänderung verursachen. Diese besetzen den Receptor und verhindern, daß Agonisten wirken können. Solche Stoffe heißen synaptische **Antagonisten.** Die Bindung des Antagonisten kann reversibel sein, d.h. sie kann sich nach einer mittleren Bindungszeit wieder lösen. Dann findet ein Wettbewerb um die Bindungsstelle zwischen Agonisten und Antagonisten statt, und man nennt letztere dann **competitive Antagonisten.** Ein gut bekannter competitiver Antagonist des Acetylcholins an der Endplatte ist **Curare** (d-tubo-Curarin), das indianische Pfeilgift. Curare blockiert mit steigender Konzentration einen immer größeren Anteil der Receptoren, so daß durch Bindung an die verbleibenden Receptoren Acetylcholin nur noch eine abgeschwächte Wirkung hat [10]. Unter Curare wird damit das Endplattenpotential verkleinert (Abb. 3-9) und erreicht bei genügend hoher Dosis die Schwelle zur Auslösung von Aktionspotentialen nicht mehr: der Muskel wird gelähmt. Curare und analoge Stoffe werden häufig in der Anaesthesie zur **Muskelrelaxation** eingesetzt. Bei voller Relaxation muß der

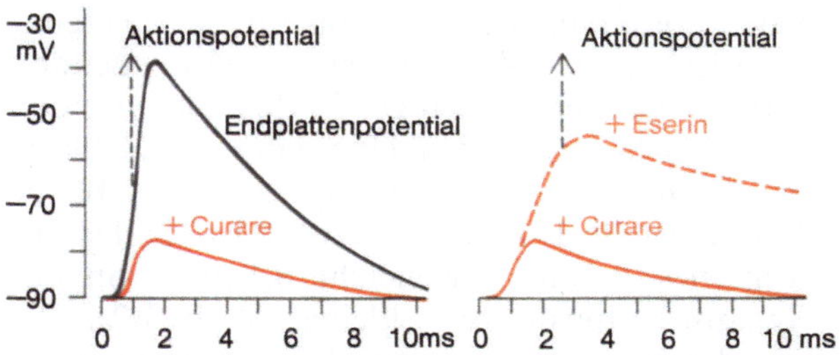

Abb. 3-9. Wirkung von Curare und Eserin auf das Endplattenpotential, Schema. Das Endplattenpotential löst bei Depolarisation auf −60 mV ein Aktionspotential (*gestrichelt*) aus. In Gegenwart von Curare wird das Endplattenpotential verkleinert und erreicht die Schwelle für die Auslösung von Aktionspotentialen nicht mehr; der Muskel ist gelähmt. Wird zusätzlich zum Curare der Cholinesterasehemmer Eserin gegeben, so wird das Endplattenpotential vergrößert und verlängert und erreicht wieder die Schwelle zur Auslösung von Aktionspotentialen

Patient allerdings beatmet werden. Eine andere Form von Muskelrelaxation benutzt einen Acetylcholinagonisten, der langdauernd wirkt und an der Endplatte eine Dauerdepolarisation hervorruft. Dieses *depolarisierende Muskelrelaxans* inaktiviert die Na-Kanäle der Muskelmembran (s. S. 27) und verhindert damit die Erregung des Muskels.

Synaptische Agonisten und Antagonisten werden in der Physiologie vielfach gebraucht, um die Übertragungsmechanismen zu studieren. Sie sind jedoch eigentlich Thema der **Pharmakologie;** die Interaktionen der verschiedenen Agonisten und Antagonisten werden dort ausführlich behandelt. Viele wichtige Pharmaka sind Agonisten oder Antagonisten für synaptische Receptoren, und die physiologische Aufklärung der Überträgerstoffmechanismen für bestimmte Funktionen war häufig Grundlage für die Entwicklung neuer Pharmaka. Agonisten und Antagonisten werden auch zur Charakterisierung der Bindungsstellen an den Receptoren herangezogen: Aus der Effektivität gezielt veränderter Analoge zu den Überträgerstoffen kann man auf Strukturmerkmale der Bindungsstellen schließen. Durch Bestimmung der Effektivität verschiedener Agonisten und Antagonisten kann man auch unterschiedliche Typen von z.B. Acetylcholin- oder Adrenalinreceptoren klassifizieren (s. Kap. 16).

Begrenzung der Wirkungsdauer der Überträgerstoffe. Wenn der Überträgerstoff über den synaptischen Spalt diffundiert ist (s. Abb. 3-1), so würde seine Konzentration durch Diffusion aus dem engen Spalt nur langsam abfallen. Die meisten Überträgerstoffe wirken jedoch sehr kurz, höchstens so lange, wie die synaptischen Ströme andauern, d.h. an der Endplatte etwa 1 ms. Die Wirkungsdauer des Überträgerstoffs muß also beschränkt werden. Dies geschieht im wesentlichen mit 2 Mechanismen: *Abbau und Abtransport des Überträgerstoffs.* An der Endplatte ist ein sehr effektives Abbausystem für Acetylcholin eingebaut; an die postsynaptische Membran assoziiert findet sich in hoher Konzentration **Cholinesterase,** ein Enzym, das Acetylcholin in Acetyl und Cholin spaltet (s. auch Abb. 3-13). Ein beträchtlicher Teil des nach der Freisetzung über den synaptischen Spalt diffundierenden Acetylcholins wird schon gespalten, bevor es die Receptoren erreicht, und innerhalb von wenigen ms wird praktisch alles ACh von der Cholinesterase zerlegt. Damit wird die Synapse schnell wieder für eine neue Übertragung einsetzbar.

Die Bedeutung der Cholinesterase für die Übertragung an der Endplatte wird sichtbar, wenn man diese durch einen **Cholinesterasehemmer** ausschaltet. Abbildung 3-9 zeigt die Wirkung eines solchen, des **Eserins:** Das Endplattenpotential steigt länger an als normal und wird vergrößert, weil Acetylcholin in höherer Konzentration und für längere Zeit mit den Receptoren reagieren kann [6]. Im Falle der Abb. 3-9 ist dies ein „therapeutischer Effekt", denn das Eserin wurde auf den curaregelähmten Muskel appliziert. Die resultierende Vergrößerung des Endplattenpotentials ließ dieses die Erregungsschwelle wieder erreichen und hob damit die Lähmung auf. Entsprechend werden Cholinesterasehemmer zur Aufhebung der Muskelrelaxation in der Anaesthesie eingesetzt, aber auch bei Krankheitsbildern wie *Myasthenie* (s. unten). Cholinesterasehemmer werden jedoch auch vielfach als Insecticide verwendet und geben Anlaß zu Vergiftungen; auch einige für militärische Zwecke entwickelte Kampfstoffe sind Cholinesterasehemmer. Die Vergiftung mit diesen führt zu krampfartig verlängerten cholinergen synaptischen Übertragungen, v.a. im vegetativen Bereich.

An allen näher untersuchten Synapsen wird der Überträgerstoff entweder schnell chemisch abgebaut oder durch Transportmechanismen in den Membranen der umliegenden Zellen aus dem synaptischen Spalt entfernt. **Transportmechanismen** sind besonders wichtig bei Adrenalin, Noradrenalin, GABA und Glutamat. An acetylcholinergen Synapsen wird zwar nicht das Acetylcholin transportiert, aber das Abbauprodukt Cholin. Diese Transportprozesse gehen z.T. zurück in die Nervenendigung und verringern den Bedarf an Resynthese des Überträgerstoffs. Wie das abbauende Enzym Cholinesterase sind die Aufnahmemechanismen für Überträgerstoffe in die Zellen Angriffspunkte für viele wichtige pharmakologische Beeinflussungen der synaptischen Übertragung.

Myasthenia gravis. Eine relativ gut verstandene globale Störung der Funktion der neuromuskulären Endplatten ist die Myasthenia gravis [19]. Tonus und Kontraktionen der Skeletmuskulatur sind schwach: Den Patienten sinken z.B. die Augenlider herab oder sie können kaum gehen. Zugrunde liegt eine Abnahme der Dichte der subsynaptischen Acetylcholinreceptoren. Der in normaler Menge freigesetzte Überträgerstoff Acetylcholin kann sich darum nur an wenige Receptoren binden und das Endplattenpotential folglich so verkleinert sein, daß es die Schwelle nicht erreicht. Die Verminderung der Zahl der funktionsfähigen Receptoren wird durch eine Autoimmunreaktion verursacht: Die Patienten entwickeln Antikörper gegen die eigenen Acetylcholinreceptoren, die diese zerstören oder ihre Lebensdauer vermindern. Diesen Patienten helfen sehr wirkungsvoll Cholinesterasehemmer (Ambenonium, Neostigmin, Pyridostigmin), die die Wirkungsdauer des synaptisch freigesetzten Acetylcholins verlängern (Abb. 3-9, Eserin) und damit eine ausreichende Depolarisation während des Endplattenpotentials ermöglichen können.

3.2 Interaktionen von Synapsen

Die motorische Endplatte ist ein extremer Synapsentyp: Die Muskelfaser hat in der Regel nur eine Endplatte, und die Erregung des motorischen Axons erzeugt jeweils ein überschwelliges Endplattenpotential, so daß auf jedes Aktionspotential im motorischen Axon eine Muskelzuckung folgt. An den meisten Synapsen, v.a. des ZNS, sind dagegen die einzelnen synaptischen Potentiale weit unterschwellig, oft kleiner als 1 mV. Dafür haben die postsynaptischen Zellen viele Synapsen, deren Effekte sich summieren, und auch hemmende Synapsen, die der Erregung entgegenwirken. Diese Synapsen stammen meist von einer Vielzahl von anderen Zellen, deren Axone auf die betrachtete Zelle konvergieren. Die Prinzipien dieser Interaktion zwischen den Synapsen einer Zelle sollen hier kurz besprochen werden.

Synaptische Summation. In der Abb. 3-10 (oben) sind aus Tausenden von erregenden Synapsen auf einer Nervenzelle 2 herausgezeichnet worden, um ihr Zusammenwirken zu demonstrieren. An den beiden Synapsen fließt kurz Strom in die Zelle ein, das EPSC, was eine lokale Potentialänderung, das EPSP, erzeugt (s. Abb. 3-2 u. 3-4). Ein Teil des einfließenden Stroms fließt erst in einiger Entfernung von den Synapsen aus, z.B. am Übergang des Zellkörpers zum Axon, am Axonhügel, wie in Abb. 3-10 dargestellt. Das einzelne EPSP ist als elektrotonisches Potential vielleicht 0,1 mm von der Synapse entfernt etwas kleiner (Abb. 3-2). Die von den beiden gleichzeitig aktivierten Synapsen ausgehenden **Ströme** summieren sich jedoch und erzeugen zusammen ein vergrößertes EPSP. Weil sich hier die gleichzeitige Aktivierung von räumlich getrennten Synapsen addiert, wird der Vorgang auch als **räumliche Summation** bezeichnet.

Die Summation von EPSP findet natürlich an jeder Stelle der Zelle nach den Gesetzen der elektrotonischen Ausbreitung von Potentialänderungen statt. Der Beginn des efferenten Axons wurde in Abb. 3-10 (oben) als Summationsort jedoch nicht willkürlich ausgewählt. Bei den meisten Nervenzellen sind nämlich Zellkör-

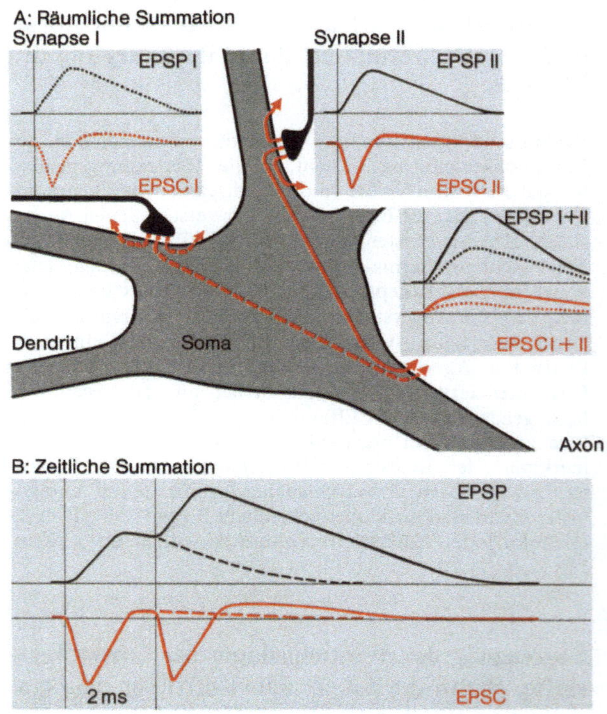

Abb. 3-10 A u. B. Räumliche und zeitliche Summation von synaptischen Potentialen. **A** Räumliche Summation. An 2 Dendriten einer Nervenzelle werden durch gleichzeitige Aktivierung von Nervenendigungen an Synapse I und II erregende synaptische Ströme bzw. Potentiale, EPSC bzw. EPSP, ausgelöst. Die Ströme breiten sich elektrotonisch aus, sie treten u.a. am Axonhügel aus und summieren sich, und bilden ein Summen-EPSP. **B** Zeitliche Summation: An einer Synapse folgen EPSC mit kurzem, 2 ms, Abstand. Die ausgelösten EPSP summieren sich teilweise

per und Dendriten unerregbar, oder sie haben eine hohe Erregungsschwelle z.B. für Ca-Ströme (s. Abb. 2-14). Das Axon ist dagegen gut erregbar, so daß am Eingang des Axons in der Regel zuerst Aktionspotentiale ausgelöst werden. Es entscheidet also die Summation von Potentialänderungen an dieser Stelle, ob aus den lokalen synaptischen Potentialen eine fortgeleitete Erregung wird.
Eine weitere Form der synaptischen Summation ist in Abb. 3-10 (unten) verdeutlicht. Hier handelt es sich um Aktivität von räumlich beieinander liegenden Synapsen oder auch der gleichen Synapse, wenn diese mit einem geringen zeitlichen Abstand, bis zu einigen ms, erregt werden. In diesem Falle sind die synaptischen Ströme praktisch abgelaufen, bis die 2. Erregung beginnt. Die synaptischen Potentiale haben jedoch einen langsameren Verlauf, nach der Aufladung durch den synaptischen Strom wird die Membrankapazität mit der Zeitkonstante des Elektrotonus (s.S. 35, Abb. 2-16 u. 2-17) entladen. Beginnt vor voller Entladung ein neuer synaptischer Strom, so addiert sich die durch ihn verursachte Depolarisation auf die noch bestehende auf. Dies wird **zeitliche Summation** genannt. An einer realen Nervenzelle mit vielen Synapsen und hochfrequenter Aktivierung werden selbstverständlich beide Prozesse, räumliche und zeitliche Summation, gleichzeitig ablaufen und ein schwankendes Depolarisationsniveau aufbauen, das die Frequenz der Bildung von Aktionspotentialen im Axon bestimmt (s. Abb. 2-24).
Summierte synaptische Potentiale können am Axonhügel überschwellig werden und Aktionspotentiale auslösen. Oft ist Aktivierung eines „synaptischen Eingangs“, d.h. einer Gruppe von funktionell gleichartigen Synapsen, allein nicht imstande, ein Aktionspotential auszulösen. Tritt jedoch in räumlicher oder zeitlicher Summation eine weitere synaptische Aktivierung hinzu, so werden die summierten EPSP überschwellig. Man sagt dann, der eine synaptische Eingang habe den anderen gebahnt. Bei *räumlicher oder zeitlicher* **Bahnung** wird also mehr als die Summe der Aktivierungen ausgelöst. Von dieser Bahnung als Spezialfall der Summation muß die echte synaptische Bahnung unterschieden werden, die ein präsynaptischer Vorgang ist und die weiter unten (Abb. 3-16) dargestellt werden soll.

Postsynaptische Hemmung. Die Besprechung der Interaktionen von Synapsen an einer Zelle muß ergänzt werden durch die Diskussion der synaptischen Hemmung. Die Abb. 3-4 und 3-6 zeigten, daß während der Hemmung erregende synaptische Potentiale kurzgeschlossen werden. Die hemmenden synaptischen Potentiale (IPSP) hyperpolarisieren häufig zusätzlich die Membran und behindern damit eine Depolarisation zur Erregungsschwelle. Auch die IPSP und die IPSC an einer Nervenzelle summieren sich untereinander und mit den EPSP räumlich und zeitlich, und die komplexe Summe aus vielen EPSP und IPSP bestimmt schließlich die Frequenz der Aktionspotentiale im Axon. Dabei kann auch die räumliche Verteilung der erregenden und hemmenden Synapsen wichtig sein. Häufig liegen in hoher Dichte hemmende Synapsen am Zellkörper, nahe dem Ausgang des Axons und können dort kontrollieren, wieviel von den hauptsächlich an den Dendriten lokalisierten EPSP depolarisierend auf das Axon einwirken kann.

Präsynaptische Hemmung. Die Besprechung der Interaktion verschiedener Synapsen an einer Zelle kann erweitert werden auf Hemmung des Freisetzungsprozesses der Nervenendigung durch eine axo-axonale Synapse, d.h. auf *präsynaptische Hemmung*. Die Abb. 3-11 zeigt eine solche Hemmung am Motoneuron. Das Motoneuron bekommt einen wichtigen synaptischen erregenden Zufluß von den Muskelspindeln über Ia-Fasern (s. Tabelle 2-1, S. 40, und Kap. 5). An den Endigungen der Ia-Fasern liegen axo-axonale Synapsen mit den Endigungen von Interneuronen. Werden diese Interneurone einige ms vor den Ia-Fasern erregt, so wird das von den Ia-Fasern im Motoneuron ausgelöste EPSP gehemmt (Abb. 3-11 A u. B). Wie man durch Auslösung von Ia-Faser-EPSP mit wachsendem zeitlichen Abstand von der Erregung der hemmenden Interneurone erfährt, dauert diese präsynaptische Hemmung einige 100 ms. Der Hemmeffekt und sein zeitlicher Verlauf wird noch deutlicher, wenn statt der EPSP die durch sie in den motorischen Axonen ausgelösten Summenaktionspotentiale als Indikatoren für die Hemmung gemessen werden (Abb. 3-11 D). Diese präsynaptische Hemmung ist also für die Motorik des Rückenmarks ein wirkungsvoller Kontrollmechanismus. Sie hat den besonderen Vorteil, daß gezielt einzelne synaptische Eingänge gehemmt werden können, ohne daß die Gesamterregbarkeit der Zelle beeinflußt wird. Damit können „unerwünschte“ Informationen schon vor Erreichen des Integrationsortes „Nervenzellkörper“ unterdrückt werden.

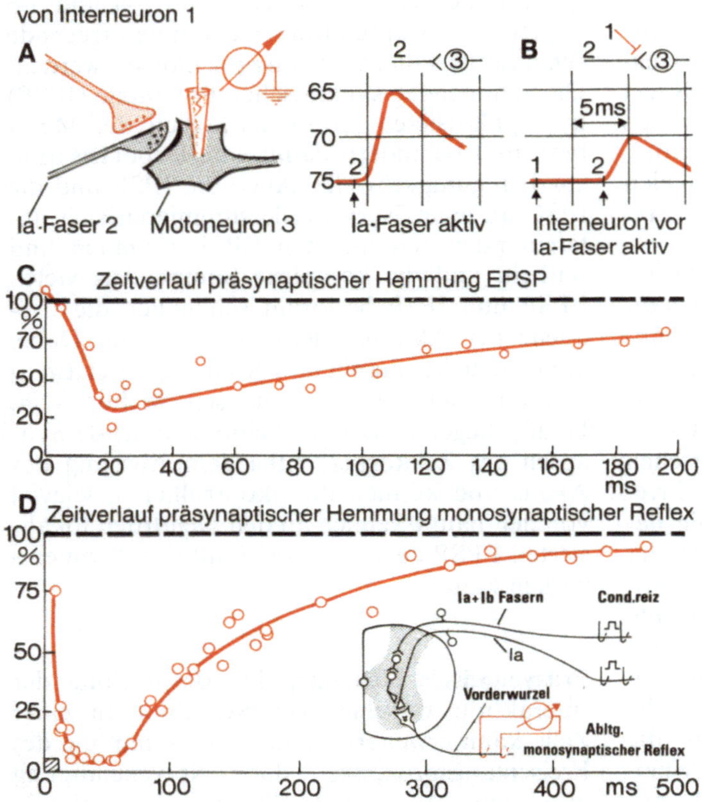

Abb. 3-11 A–D. Präsynaptische Hemmung. **A** Versuchsanordnung zum Nachweis präsynaptischer Hemmung eines monosynaptischen EPSP eines Motoneurons (s. auch *Einsatzfigur* in **D**). **B** EPSP nach Reizung der homonymen Ia-Fasern ohne (*links*) und mit vorhergehender Aktivierung präsynaptisch hemmender Interneurone. **C** Zeitverlauf der präsynaptischen Hemmung des monosynaptischen EPSP eines Plantarismotoneurons durch vorhergehende (conditionierende) afferente Salven in den Gruppe-I-Fasern der Nerven zu den Knieflexoren der Katze. **D** Zeitverlauf der präsynaptischen Hemmung eines monosynaptischen Reflexes. Die *Einsatzfigur* zeigt den Versuchsaufbau und den Reflexweg der präsynaptischen Hemmung, der mindestens 2 Interneurone besitzt. (Versuche von ECCLES et al. zitiert nach [2] und [35])

Als Ursache für die Hemmung der Endigungen der Ia-Fasern hat man in ihnen beträchtliche Depolarisationen gemessen, die durch eine chemische GABAerge Synapse mit der Endigung der Interneuronen erzeugt werden. Diese wird primäre afferente Depolarisation (PAD) genannt. Die Depolarisation inaktiviert die erregenden Na-Kanäle in den Endigungen der Ia-Fasern (s. Abb. 2-8, S. 27) und blockiert damit dort die Fortleitung der Aktionspotentiale. Die funktionelle Bedeutung der präsynaptischen Hemmung im Rückenmark wird deutlich, wenn man die GABAergen Synapsen durch den GABA-Antagonisten Bicucullin hemmt: In der Muskulatur treten Krämpfe auf.

Die präsynaptische Hemmung an einem einfachen System, bei der nur eine erregende und eine hemmende Nervenfaser Synapsen an der postsynaptischen Zelle bilden, ist in Abb. 3-12 dargestellt. Abbildung 3-12A zeigt oben das EPSP, unten den Strom, das EPSC. Dabei wird dieser Strom von einem kleinen synaptischen Bereich abgeleitet, seine Schwankungen sollen noch (S. 56) erklärt werden. Wird in Abb. 3-12B die hemmende Nervenfaser 2 ms vor der erregenden gereizt, so sind EPSP und EPSC verkleinert. In Abb. 3-12C u. D werden mit hoher Meßempfindlichkeit auch die Potentialschwankungen der Nervenendigungen (extracellulär) gemessen. Bei Reizung des erregenden Nervs allein in Abb. 3-12D wird das triphasische Nervenpotential (ENTP) vom viel größeren EPSC gefolgt. Wird zuvor der hemmende Nerv gereizt, so erscheint von der Endigung der hemmenden Faser ein INTP, das ENTP ist danach jedoch stark verkleinert und das EPSC fast völlig gehemmt. Die Hemmung erfolgt durch Ausschüttung von GABA (s. Abb. 3-7), welches mit Receptoren in der erregenden Nervenendigung reagiert und dort die Chloridleitfähigkeit erhöht. Diese präsynaptische Hemmung benutzt also an der axo-axonalen Synapse den klassischen postsynaptischen Hemmechanismus, der in Abb. 3-4 bis 3-6 dargelegt wurde.

Heterosynaptische Bahnungen. Eine wichtige Leistung des Nervensystems, die in ihrem cellulären Mechanismus noch weitgehend ungeklärt ist, ist das **Lernen** (s. S. 163). Am Lernen sind sicher synaptische Mechanismen beteiligt: Für kurzzeitige Lernprozesse kommen präsynaptische Bahnungen durch Serien von Aktionspotentialen (s. Abschn. 3.3) in Frage. Es ist ferner sehr wahrscheinlich, daß mittelfristige Lern-

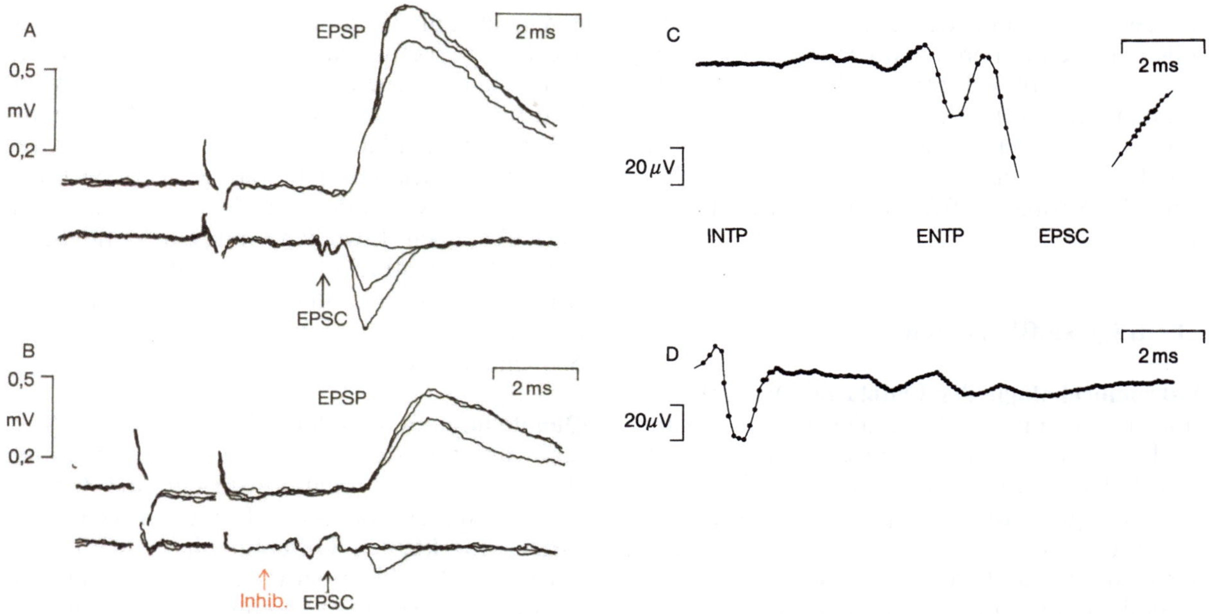

Abb. 3-12 A–D. Präsynaptische Hemmung am Krebsmuskel, der nur von einer erregenden und einer hemmenden Nervenfaser innerviert wird. **A** Überlagert und durch den Reiz synchronisiert 3 intracellulär abgeleitete EPSP und darunter die an einer synaptischen Endigung gemessenen lokalen Ströme, EPSC. Diese sind aus Quanten (s. unten) zusammengesetzt und zeigen die Werte 0, 1 und 2 Quanten. **B** Registrierung an der gleichen Synapse wie in A, jedoch wird 2 ms vor dem erregenden Axon das hemmende gereizt und dadurch die EPSP und EPSC gehemmt. *Weiße Pfeile:* extracelluläre Ableitungen des Aktionspotentials der erregenden Nervenendigung (ENTP), *roter Pfeil:* extracelluläre Ableitungen des Aktionspotentials in der hemmenden Nervenendigung (INTP). **C** An einem anderen Präparat das Aktionspotential in der erregenden Nervenendigung, ENTP, gefolgt vom EPSC (unten abgeschnitten), mit hoher Meßauflösung (digitalisiert). **D** Wird das hemmende Axon vor dem erregenden gereizt, so erscheint ein INTP, und die Amplitude des folgenden ENTP ist stark reduziert. Das EPSC wird durch diese präsynaptische Hemmung fast vollständig blockiert. (Nach [13, 15])

prozesse durch Coaktivierung von 2 synaptischen Eingängen in eine Zelle ausgelöst werden, wobei der eine die Effektivität des anderen für längere Zeit *moduliert,* z.B. bahnt. Zwei Typen solcher *heterosynaptischer Bahnungen* sollen hier kurz dargestellt werden.

Der erste Typ ist eine *postsynaptische Bahnung* an Neuronen aus sympathischen Ganglien. Es gibt dort unter anderen synaptischen Potentialen langsame EPSP, die durch Acetylcholin vermittelt werden. Diese s-EPSP (s: slow) können selbst 5–100 ms lang sein. (Die peptidergen ss-EPSP der Abb. 3-8 am gleichen Neuronentyp sind noch länger, sie dauern mehrere Minuten.) Die Ganglienzelle empfängt nun weiter Synapsen von einem dopaminergen Neuron. Das freigesetzte Dopamin hat selbst keinen Effekt auf Ionenleitfähigkeiten der postsynaptischen Membran. Es verursacht jedoch *für mehrere Stunden eine vergrößerte Amplitude der sEPSP.* Dabei wird postsynaptisch die Reaktion auf Acetylcholin verstärkt [23].

Ein anderer Typ der heterosynaptischen Bahnung ist an Mollusken und Insekten aufgefunden worden. Dabei wirkt Aktivierung von serotoninausschüttenden Nervenfasern auf präsynaptische Nervenendigungen, indem dort ein K^+-Kanal der Membran blockiert wird. Die Ausschaltung der K^+-Kanäle verzögert die Repolarisation der Aktionspotentiale (s. Kap. 2) und verlängert sie damit. Die so verlängerten Depolarisationen der Nervenendigungen führen zu vermehrter Überträgerstoffausschüttung und damit zu einer präsynaptischen Bahnung. Auch hier wird also durch Coaktivierung zweier Synapsen die Effektivität eines synaptischen Übertragungsweges erhöht [5].

3.3 Mikrophysiologie der chemischen synaptischen Übertragung

Bisher sind die wichtigsten makroskopischen Vorgänge an chemischen Synapsen angesprochen worden, die man jeweils als Summe vieler molekularer Prozesse ansehen muß. Ebenso wie in dem vorausgehenden Kapitel sind viele Details der chemischen synaptischen Übertragung bis in das Molekularniveau bekannt, und wir können auf diesem molekularen Niveau die Einsicht in die synaptischen Mechanismen vertiefen. Dazu soll zunächst die bisher vernachlässigte Überträgerstofffreisetzung erörtert werden.

Überträgerstofffreisetzung

Mikromorphologie der Endplatte. Die Abb. 3-13 gibt in zunehmender Vergrößerung die bekannten Details der Morphologie der Endplatte wieder. Auf der präsynaptischen Seite imponieren Anhäufungen von „synaptischen" **Vesikeln** in der Endigung. Diesen liegen Spezialisierungen der postsynaptischen Membranen, tiefe Falten, gegenüber. Den Falten entsprechen in der präsynaptischen Membran aktive Zonen: leistenförmige Eindellungen, an die in Doppelreihe Vesikel assoziiert sind. Manche dieser Vesikel werden nach außen, zum synaptischen Spalt hin, geöffnet vorgefunden. Es muß sich danach bei den aktiven Zonen und den assoziierten Vesikeln um einen für Exocytose (s. S. 11) spezialisierten Apparat handeln, der den Inhalt der Vesikel in den synaptischen Spalt entleert. Mit biochemischen Methoden wurde gezeigt, daß die Vesikel, neben Eiweißen und Nucleotiden, in hoher Konzentration Acetylcholin enthalten. Das Acetylcholin kann demnach an den aktiven Zonen in Vesikelportionen von der motorischen Nervenendigung freigesetzt werden.

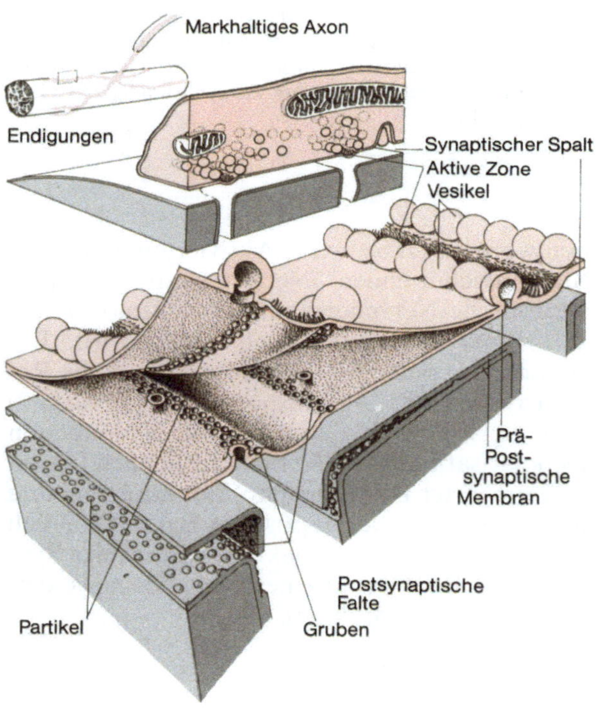

Abb. 3-13. Feinstruktur der neuromusculären Synapse. *Oben links:* Endigungen auf einer Muskelfaser, daneben vergrößert der Bereich des Nervenendes (*rot*) mit der darunterliegenden gefalteten Muskelfasermembran. Darunter, weiter vergrößert, die präsynaptische Nervenmembran (*rot*) mit den auseinander gefalteten inneren und äußeren Membranschichten, und darunter (*schwarz*) die entsprechenden Schichten der darunterliegenden, subsynaptischen Muskelmembran. Die Partikel in der Membran entsprechen Acetylcholinreceptoren und Cholinesterasemolekülen. (Nach [6])

Quantelung des Endplattenpotentials. Der Ausschüttung von Acetylcholin in Vesikelportionen etwa gleichen Volumens entspricht eine Zusammensetzung des postsynaptischen Stroms, des EPSC, aus kleinen Untereinheiten. Mißt man mit einer Fleckklemmethode (s. Abb. 2-11) die synaptischen Ströme von einigen μm Länge der Nervenendigung der Endplatte, so erscheinen auf Nervenreiz in Abb. 3-14 die EPSC deutlich als *Vielfache einer Untereinheit,* nacheinander als 2, 1, 3, 0 ... *„Quant".* Auch ohne Nervenreiz treten *spontan* solche *Quanten* auf. Die Zahl der Quanten pro Reiz schwankt nach einem statistischen Verteilungsgesetz (Binominalverteilung) um einen Mittelwert. Es ist praktisch sicher, daß ein solches Stromquant dem Acetylcholininhalt eines Vesikels entspricht, der die postsynaptischen Receptoren durch Diffusion erreicht und in der Folge Ionenkanäle öffnet. Ein Vesikel enthält dabei einige 10000 Acetylcholinmoleküle.

Die Nervenendigungen der Endplatte sind mehr als 1 mm lang, und die gesamte Endplatte schüttet auf ein Aktionspotential im motorischen

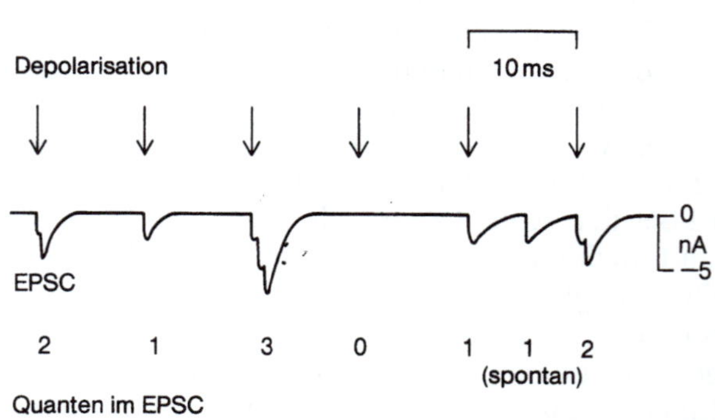

Abb. 3-14. Freisetzung von Quanten von Überträgerstoff, sichtbar als „Quantelung" der EPSC. Bei den *Pfeilen* wurde jeweils kurz die Nervenendigung depolarisiert. Postsynaptisch werden daraufhin EPSC gemessen, die aus 2, 1, 3... Quanten, wie unter dem EPSC angegeben, bestehen. Zwischen den durch Depolarisation „evocierten" EPSP erscheint ein spontanes, das die gleiche Quantengröße hat

Axon einige 100 Quanten aus, die in der Summe als solche nicht zu erkennen sind. Man sieht jedoch zwischen den etwa 40 mV großen Endplattenpotentialen (Abb. 3-2) spontane, weniger als 1 mV große Potentialänderungen, die durch spontane Quantenfreisetzung, durch Öffnung eines Vesikels, erzeugt werden.
Die für die Endplatte dargestellte Bereitstellung und Freisetzung von Überträgerstoff in Vesikeln gilt für alle bekannten chemischen Synapsen. Die Quantenströme in Abb. 3-12 werden z.B. durch glutamatenthaltende Vesikel erzeugt. Die Vesikel können also die verschiedenen Überträgerstoffe der Abb. 3-7 enthalten, wobei meist nur jeweils ein Überträgerstoff an einer Synapse vorliegt. Es ist allerdings möglich, daß Vesikel neben einem der klassischen Überträgerstoffe, wie z.B. GABA, auch ein Peptid enthalten, das modulierend wirkt (s.S. 49).

Freisetzung von Überträgerstoffquanten. Ein Aktionspotential in der präsynaptischen Nervenendigung verursacht mit einer kleinen synaptischen Verzögerung die fast synchrone Ausschüttung von Überträgerstoffquanten, die in der postsynaptischen Membran z.B. ein EPSP erzeugen. Die Zeitverhältnisse sind in Abb. 3-15 dargestellt, und zwar für eine Tintenfischriesensynapse, an der man sowohl prä- wie postsynaptisch die Potentialänderungen und die Ströme messen kann. In Abb. 3-15 ist neben den Aktionspotentialen und den synaptischen Strömen und Potentialen auch der Ca-Einstrom in die präsynaptische Nervenendigung eingetragen (Abb. 3-15A), der bei Depolarisation neben Na- und K-Strömen fließt (s.S. 32). Dieser **Ca-Einstrom** spielt eine Schlüsselrolle bei der Quantenfreisetzung. Es ist schon lange bekannt, daß *bei starker Erniedrigung der extracellulären Ca-Konzentration,* $[Ca^{2+}]_a$, *die chemische synaptische Übertragung unterbrochen wird,* und sie hängt bei der Endplatte etwa von der 4. Potenz von $[Ca^{2+}]_a$ ab [12]. Diese Abhängigkeit wird mit einer Reaktionskinetik beschrieben, bei der die Kombination von 4 Ca^{2+} mit einem Aktivator an der Innenseite der Membran die Quantenfreisetzung auslöst. Der Aktivator scheint allerdings auch noch potentialabhängig zu sein, d.h. auch bei ausreichend hoher intracellulärer Ca-Konzentration muß zur synchronen Überträgerstoffausschüttung die Membran depolarisiert werden [31]. Die Wirkung der Depolarisation auf den Aktivator könnte man sich ähnlich wie die auf ein Kanalmolekül (Abb. 2-12 bis 2-15) vorstellen. Die präsynaptischen aktiven Zonen mit ihren Vesikelbindungsstellen

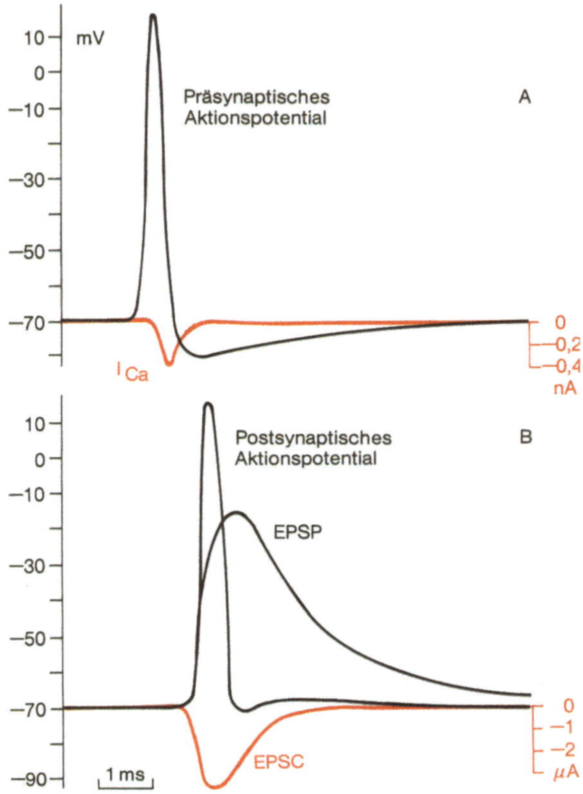

Abb. 3-15A u. B. Synaptische Übertragung an einer Riesensynapse des Tintenfisches. **A** Präsynaptisch: Zeitverlauf des Aktionspotentials und des ausgelösten Ca-Einstroms in die Nervenendigung, I_{Ca}. **B** Postsynaptisch: Der postsynaptische Strom (EPSC, *rot*), das postsynaptische Potential (EPSP) und das durch dieses ausgelöste Aktionspotential. (Nach [24])

und Membranproteinen („Partikeln") (Abb. 3-13) wären damit ein Apparat zur schnellen Steuerung von Exocytose durch Depolarisation und Erhöhung von $[Ca^{2+}]_i$. Die Erhöhung von $[Ca^{2+}]_i$ könnte dabei kontraktile Elemente des Cytoskelets (s.S. 13, Abb. 1-13) steuern oder Phosphorylierung von Funktionsproteinen auslösen (Abb. 1-16).

Synaptische Bahnung. Im Zusammenhang der Quantenausschüttung können wir jetzt einen ähnlich wichtigen synaptischen Mechanismus wie *Summation und Hemmung* besprechen: die synaptische **Bahnung.** Dieser Vorgang wird in Abb. 3-16A, oben, dargestellt. Beginnt man eine Nervenendigung mit einer Frequenz von 20/s zu reizen, so ist an der betreffenden Synapse auf den ersten Reiz fast kein EPSP sichtbar, im Fortgang der Reizserie werden jedoch die EPSP immer größer. Wiederholte Aktivierung erhöht also die Effektivität der synap-

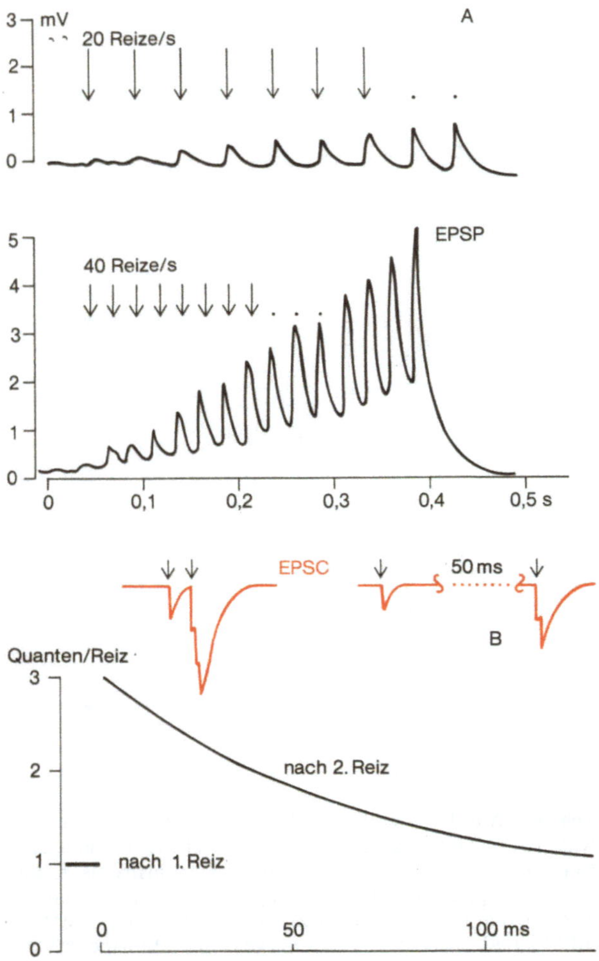

Abb. 3-16 A u. B. Synaptische Bahnung. **A** Aktivierung einer präsynaptischen Nervenfaser mit 20 bzw. 40 Reizen/s führt zu zunehmend vergrößerten EPSP, die sich bei 40/s auch teilweise zeitlich summieren. Die Bahnung innerhalb von Reizserien wird auch „tetanische Potenzierung" genannt. **B** Doppelreize mit verschiedenen Intervallen (*Abscisse*) führen zur Bahnung des zweiten EPSC. Während das erste EPSC im Durchschnitt ein Quant enthält, enthält das zweite bei kurzem Abstand 3 Quanten (s. auch *oben links, rot*), und bei längerem Abstand weniger Quanten (z.B. *oben rechts, rot*, 50 ms Reizintervall)

tischen Übertragung. Wird die Reizfrequenz verdoppelt (Abb. 3-16A unten), so ist der Bahnungseffekt noch stärker. Wegen des geringen Abstandes der EPSP tritt jedoch zusätzlich Summation (Abb. 3-10) auf, sichtbar am Ansteigen der Fußpunkte der EPSP.

Mißt man die synaptischen Ströme, so sind diese bei den gebahnten EPSC größer als bei den ungebahnten. Wie das Schema der Abb. 3-16B zeigt, steigt bei der Bahnung die durchschnittliche Zahl der Quanten, die je Reiz freigesetzt werden. Dabei ist der Bahnungseffekt am größten, wenn der zweite Reiz wenige ms auf den ersten folgt, und schwächt sich mit Zeitkonstanten in der Größenordnung 50 ms ab.

Da die *Bahnung* die Wahrscheinlichkeit der Ausschüttung von Überträgerstoffquanten erhöht, ist sie ein *präsynaptischer Prozeß*. Nach fast allgemeiner Ansicht wird sie durch **„Restcalcium"** erzeugt: Während einer Depolarisation der Endigung strömt Ca^{2+} ein und erhöht die Innenkonzentration $[Ca^{2+}]_i$ (Abb. 3-15). Das erhöhte $[Ca^{2+}]_i$ bildet sich danach durch Transport und Austauschprozesse zum Ruhewert zurück. Solange $[Ca^{2+}]_i$ jedoch noch über dem Ruhewert liegt, startet bei einer neuen Depolarisation die Zunahme der $[Ca^{2+}]_i$ von einem erhöhten Ausgangswert und wird damit größer als nach der ersten Depolarisation. Wegen der Abhängigkeit der Überträgerstoffausschüttung von z.B. der 4. Potenz von $[Ca^{2+}]_i$ erbringen schon sehr kleine relative Erhöhungen von $[Ca^{2+}]_i$ eine beträchtliche Bahnung [20, 30].

Verschiedene Synapsen zeigen unterschiedlich stark ausgeprägte Bahnungen. Kräftige Bahnungen wie in Abb. 3-16 kommen gerade an zentralen Synapsen häufig vor; bei diesen löst ein einzelnes Aktionspotential in der präsynaptischen Endigung kaum eine Quantenausschüttung aus, während mehrere kurz aufeinander folgende Impulse sehr viel effektiver sind. Bei der Bahnung hat die Nervenendigung eine Form von „Gedächtnis": Für einige 100 ms wird sie vom vorhergehenden Ereignis beeinflußt. Es gibt auch Synapsen, bei denen die Bahnung Minuten fortdauert. Es ist sehr wahrscheinlich, daß die synaptische Bahnung der Mechanismus für eine erste Stufe des Kurzzeitgedächtnisses ist, aus der dann langfristigere Gedächtnisprozesse entstehen können (s. Kap. 6).

Bahnungen, die durch längere Serien von Aktionspotentialen zustande kommen, werden auch synaptische **Potenzierungen** genannt. Das Anwachsen der EPSP in den Reizserien der Abb. 3-16A wird als **tetanische Potenzierung** bezeichnet, und der kräftige Bahnungszustand danach, der bei langen Reizserien mehrere Stunden anhalten kann, wird **posttetanische Potenzierung** genannt. Wahrscheinlich erhöht sich bei solchen langen Reizserien in den Nervenendigungen nicht nur $[Ca^{2+}]_i$, sondern auch andere Ionenkonzentrationen, z.B. die von Na^+. Es kann auch die Bereitstellung von Vesikeln für die Freisetzung über einen intracellulären Botenstoff angeregt werden, d.h. die *Vesikel können mobilisiert* werden [27].

Lange Serien hochfrequenter Erregungen der Nervenendigungen können schließlich das Gegenteil von Bahnung, eine **Depression** hervorrufen. Bei einer solchen Depression ist die Zahl der pro Aktionspotential ausgeschütteten Überträgerstoffquanten vermindert. Die Ursachen sind im einzelnen unklar. Erschöpfung des Vorrats an Überträgerstoffvesikeln ist eine Möglichkeit. Die Verzweigungen der Nervenendigungen, die meist vor den Synapsen liegen, sind im übrigen Schwachstellen für die Fortleitung des Aktionspotentials: Der vor der Verzweigung während der Erregung in die Faser einströmende Strom muß nach der Verzweigung 2 Fasern depolarisieren. *Bei hoher Frequenz* der Aktionspotentiale wird häufig an den *Verzweigungen* deshalb die *Erregungsfortleitung blockiert.* Diese Leitungsblocks erscheinen ebenfalls als Depression der synaptischen Übertragung. Auch die durch wiederholte Aktivierungen eines synaptischen Übertragungsweges ausgelöste Depression könnte als **„Habituation"** (Gewöhnung, ein aus der Verhaltensforschung entlehnter Begriff) Grundlage für Lern- und Gedächtnisprozesse sein.

Reaktion der Überträgerstoffe mit den postsynaptischen Receptoren

Wie schon zu Beginn dieses Kapitels (Abb. 3-1) ausgeführt, reagiert ein Überträgerstoff oder ein Agonist, A, mit einem Receptor, R, in der postsynaptischen Membran und verursacht damit eine spezifische Leitfähigkeitsänderung. Diese Reaktion wird in einfachster Form beschrieben durch das Schema

$$R + nA \leftrightarrows RA_n \rightleftharpoons (RA_n)^*. \quad (1)$$

Dabei ist n die Zahl der Agonistenmoleküle, die an einen Receptor binden, und der Übergang von RA_n zu $(RA_n)^*$ bezeichnet die nachgeschaltete Leitfähigkeitsänderung bzw. die *Öffnung eines postsynaptischen Ionenkanals.* n ist an vielen Receptortypen größer als 1, z.B. an der Endplatte etwa 2 [32], und an den Glutamatsynapsen der Abb. 3-16A sogar 4 oder höher. Mit $n > 1$ ist die Bindung des Agonisten an den Receptor **kooperativ.** Dies drückt sich in einer sehr steilen Abhängigkeit des synaptischen Stroms i_s (Abb. 3-17) von der Agonistenkonzentration aus. Oberhalb einer „Schwellenkonzentration" des Agonisten, hier Glutamat, steigt der synaptische Strom sehr schnell an und erreicht so etwa beim 3fachen Schwellenwert einen Sättigungsbereich. Die steile Konzentrationsabhängigkeit des synaptischen Stroms ist notwendig, weil die

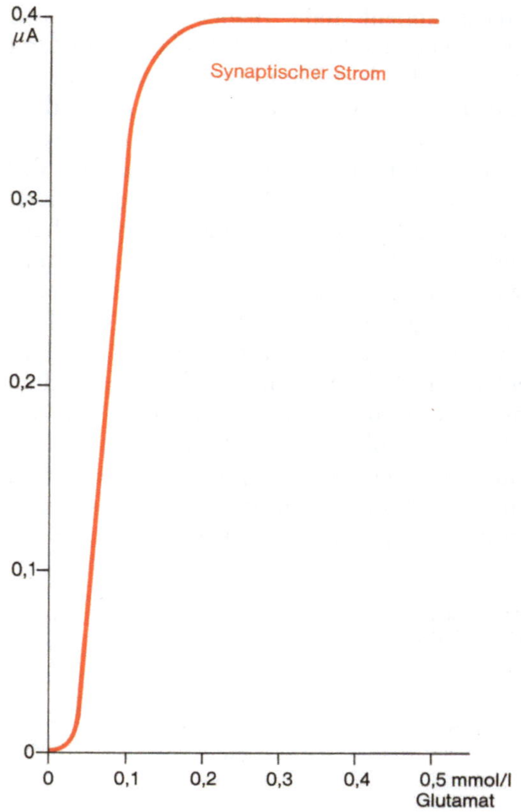

Abb. 3-17. Steile Abhängigkeit des postsynaptischen Stroms von der an den postsynaptischen Receptoren wirkenden Überträgerstoffkonzentration, hier von Glutamat. (Nach [14])

Überträgerstoffe und manche Agonisten auch im normalen Zellstoffwechsel vorkommen und nicht selten in geringen Konzentrationen in der Intercellulärflüssigkeit zu finden sind. Die steile Abhängigkeit von der Agonistenkonzentration verhindert, daß geringe „Störpegel" der Agonisten synaptisch wirksam werden – die Konzentrationen im synaptischen Spalt bei der Quantenausschüttung erreichen kurz den Sättigungsbereich der Abb. 3-17.

Viele Überträgerstoffreceptorreaktionen zeigen auch das Phänomen der **Desensitisierung,** das der Inaktivation der Na-Kanäle (s. S. 27) entspricht. Wirkt der Überträgerstoff, besonders bei hoher Konzentration, für einige Zeit ein, so wird die postsynaptische Zelle zunehmend unempfindlicher, sie desensitisiert. Um die Desensitisierung zu beschreiben, müßte in das Reaktionsschema der Gl. (1) ein inaktiver Zustand, ganz entsprechend dem „geschlossen-inaktivierten" Zustand der Abb. 2-13 (S. 31) aufgenommen werden. Bei den an den meisten Synapsen nur sehr kurzzeitig hohen Überträgerstoffkonzentrationen (s. Abb. 3-18B) spielt die Desensitisierung für die Übertragung keine Rolle, wohl aber bei der längerfristigen Überträgerstoff- oder Agonistenapplikation bei therapeutischen Eingriffen [21, 32].

Synaptische Ionenkanäle. Bisher haben wir nur von einer spezifischen Leitfähigkeitsänderung der postsynaptischen Membran gesprochen, die bei Reaktion von Membranreceptoren mit dem Überträgerstoff eintritt. Wie schon in Kap. 1 und 2 ausgeführt, ist die Ionenleitfähigkeit der Plasmamembran in Kanalproteinen lokalisiert, die bestimmte Ionen durch eine wäßrige Phase innerhalb des Proteins fließen lassen. Schematisch wurde als ein solches Kanalprotein das des Na-Kanals dargestellt (Abb. 2-15). Der Torfunktion der Potentialabhängigkeit des Na-Kanals entspricht bei den Kanälen der chemischen Synapsen die Bindung des Agonisten an den Receptorkanalkomplex. Dieses Makroprotein läßt sich für verschiedene Receptortypen isolieren, und für den Acetylcholinreceptor ist die volle Aminosäurensequenz bekannt. Er hat ein Molekulargewicht von 268000 und besteht aus 5 etwa gleich großen und weitgehend analogen Untereinheiten, die sich um den zentralen Kanal lagern [29, 33]. Bei diesem Kanal sind schon detaillierte Diskussionen der Struktur der „Kanalwand" und der Agonistenbindungsstelle(n) an den Untereinheiten möglich [34].

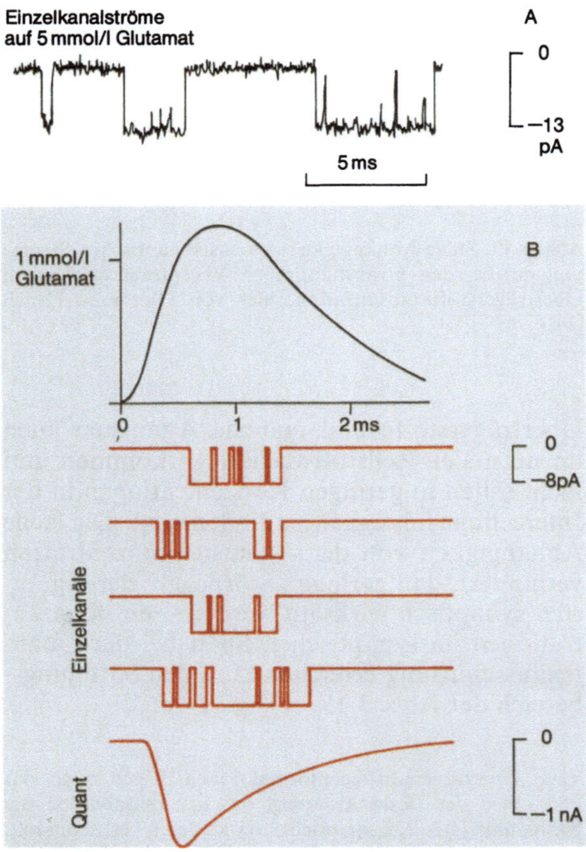

Abb. 3-18 A u. B. Einzelkanalströme von Überträgerstoff-aktivierten Receptoren. **A** Originalregistrierung mit Membranfleckklemme, die Pipette enthält 5 mmol/l Glutamat. (Nach [16]). **B** Schema der Übertragung an einer glutamatergen Synapse. *Oben:* Zeitverlauf der Glutamatkonzentration nach Ausschüttung eines „Quants" Glutamat aus der Nervenendigung (hypothetisch). *Darunter:* Beispiele von nach einem solchen Glutamatpuls gemessenen Einzelkanalströmen. *Unten:* Summe der Einzelkanalströme: EPSC (ein Quant)

Auch die synaptischen Ströme lassen sich mit der Membranfleckklemme in Einzelkanalströme auflösen (Abb. 3-18 A), dabei enthält die Meßelektrode jeweils den Agonisten. Die Einzelkanalströme haben einen ähnlichen Charakter wie die Ca-Einzelkanalströme der Abb. 2-14 (S. 32): die Kanalöffnungen sind in Gruppen angeordnet, und zwischen diesen „bursts" liegen längere Pausen. Dieser Gruppierung entsprechen die verschiedenen Reaktionsstufen in Gl. (1); die kurzen Einzelöffnungen entsprechen der Reaktion $RA_n \rightleftharpoons RA_n^*$, während die Gruppen von der Reaktion $R + nA \leftrightharpoons RA_n$ kontrolliert werden [11]. Der Einzelkanalstrom ist bei den synaptischen Kanälen eher größer als bei den potentialgesteuerten Kanälen; im Falle des glutamatgesteuerten Kanals ist der Kanalstrom beim Ruhepotential −8 pA, und der Strom wächst proportional zum Potentialabstand vom Gleichgewichtspotential nahe 0 mV.

An einigen näher untersuchten synaptischen Kanälen, insbesondere dem acetylcholin- und dem glutamatgesteuerten (Abb. 3-18) Kanal, ist das Verhalten der Kanäle noch komplexer als bisher beschrieben [11, 16]. So konnten nicht nur ein Offenzustand mit einer bestimmten Leitfähigkeit, sondern 2–4 solche Zustände mit verschiedenen Leitfähigkeiten identifiziert werden. Ebenso ist auch die Gruppierung der Offen- und Geschlossenzeiten der Kanäle noch weitgehender als beschrieben und aus dem Schema der Gl. (1) ableitbar. In das Reaktionsschema wäre somit noch eine Reihe weiterer Zustände und Reaktionsschritte aufzunehmen. Möglicherweise hängt diese Komplexität mit der Bindung mehrerer Agonistenmoleküle an Untereinheiten des Receptorkanalmoleküls zusammen.

Das Schema der Abb. 3-18 B faßt zusammen, wie der *Zeitverlauf einer synaptischen Übertragung auf Einzelkanalniveau* vorzustellen ist. Ein Quantum Überträgerstoff (bestehend aus einigen 10000 Molekülen) erzeugt an den Receptoren für einige ms eine hohe Überträgerstoffkonzentration, die schnell abfällt. Mit der ansteigenden Überträgerstoffkonzentration erhöht sich die Wahrscheinlichkeit, daß sich Kanäle öffnen, wobei die Öffnungen durch kurze Schließungen unterbrochen werden. Wenn sich nach einer Gruppe von Öffnungen der Kanal schließt, kommt es meist nicht mehr zu einer weiteren Öffnung, weil nach der mittleren Schließdauer die Überträgerstoffkonzentration schon wieder zu weit abgefallen ist. Die Gruppen

von Kanalöffnungen summieren sich zu einem Stromquant, das einige 100 Einzelkanalströme enthält. Weil an einem Kanal fast immer nur *eine* Gruppe, ein „burst" von Öffnungen pro Überträgerstoff ausgelöst wird, entspricht die Zeitkonstante des Abfalls des synaptischen Stroms auch fast der mittleren Dauer einer Gruppe von Kanalöffnungen.
Mit dieser molekularen Beschreibung des Überträgermechanismus soll die Behandlung der chemischen synaptischen Übertragung abgeschlossen werden. Es folgt nun noch eine kurze Besprechung der elektrischen synaptischen Koppelung von Zellen. Diese hat nicht den engen Bezug zu pharmakologischen und damit therapeutischen, differenzierten Eingriffsmöglichkeiten in die Funktion des Nervensystems und in die Steuerung anderer Organe; die elektrischen Synapsen sind jedoch möglicherweise ähnlich häufig wie die chemischen.

3.4 Elektrische synaptische Übertragung

Nachdem sich etwa zwischen 1930 und 1950 das Konzept der chemischen synaptischen Übertragung durchgesetzt hatte, war es eine große Überraschung, daß es auch elektrische synaptische Übertragung gibt [17]. Das Prinzip zeigt Abb. 3-19A. Zwei Zellen grenzen mit ihren Membranen aneinander und haben so engen Kontakt, daß der Widerstand für elektrischen Strom über diese Membranen in der gleichen Größenordnung liegt wie der für Stromfluß

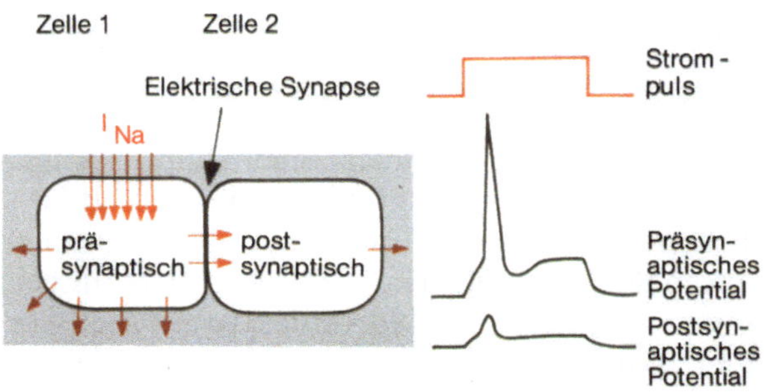

Abb. 3-19 A u. B. Elektrische Synapse zwischen Zelle *1* und Zelle *2*. **A** Stromverteilung; *Zelle 1* wird erregt und Natriumstrom, I_{Na}, fließt ein. Zwischen Zelle *1* und *2* ein Nexus (gap junction). Der in Zelle *1* eingeflossene Strom fließt z.T. über den Nexus in Zelle *2* und depolarisiert diese. **B** Ein Strompuls (*rot*) in die präsynaptische Zelle erzeugt in dieser ein elektrotonisches Potential, das ein Aktionspotential auslöst. In der postsynaptischen Zelle erscheint als postsynaptisches Potential, über dem Nexus fortgeleitet, ein verkleinertes Abbild des präsynaptischen Potentials

über die restliche, freie Membranfläche. Wird Zelle 1 erregt, so fließt Natriumstrom I_{Na} durch die geöffnete Natriumkanäle in Zelle 1 ein. Dieser Strom fließt durch noch unerregte Membranbereiche aus, ein Teil jedoch kreuzt die Membrankontakte und fließt in Zelle 2 ein. Letztere wird damit depolarisiert, die Depolarisation ist freilich viel geringer, z.B. 10% der Depolarisation von Zelle 1 (Abb. 3-19B). Eine solche elektrisch übertragene Depolarisation kann überschwellig sein und auch in Zelle 2 ein Aktionspotential auslösen. Häufig ist die elektrisch übertragene Depolarisation unterschwellig, und Zelle 2 kann dann nur durch Summation von synaptischen Potentialen, die mit chemischer oder elektrischer Übertragung von weiteren Zellen vermittelt werden, erregt werden [8].
Die wesentlichen Unterscheidungsmerkmale chemischer und elektrischer synaptischer Übertragung sollen noch einmal betont werden:
1) Bei der *chemischen synaptischen Übertragung* wird der postsynaptische Strom durch das Öffnen von Kanälen in der *postsynaptischen* Membran erzeugt, und der Strom wird durch die Ionengradienten der *postsynaptischen Zelle* angetrieben. 2) Dagegen liegt bei der *elektrischen synaptischen Übertragung* die *Stromquelle* für den postsynaptischen Strom in der Membran der *präsynaptischen Zelle*. Der elektrischen synaptischen Übertragung fehlt ein Überträgerstoff, und alle Maßnahmen, die die Ausschüttung und die Wirkung des chemischen Überträgerstoffs beeinflussen, z.B. Erniedrigung der extracellulären Ca-Konzentration oder der abbauenden Enzyme, beeinflussen die elektrische Übertragung nicht.

„Gap junctions". Elektrische Ionenströme fließen nicht durch Lipidmembranen (s. S. 5), und es muß deshalb an den „Membrankontakten" zwischen elektrisch gekoppelten Zellen Kanalproteine geben, durch die der Strom fließen kann. Diese engen Verbindungen zwischen den Zellen sind die **Nexus** oder „Gap junctions" (Abb. 3-20). In ihnen liegen mit geringem Abstand und regelmäßiger Anordnung **Connexone,** von denen jedes eine der Membranen durchsetzt; zwei solcher Connexone liegen jeweils einander gegenüber, und ihre Lumina stoßen aneinander. Die Kanäle durch die Connexone haben große Öffnungen, also hohe Einzelkanalleitfähigkeiten für kleine Ionen, und lassen auch relativ große Moleküle bis etwa zu einem Molekulargewicht von 1000 (Durchmesser etwa 1,5 nm) passieren. Jedes der Connexone ist im übrigen aus 6 Untereinheiten mit jeweils einem

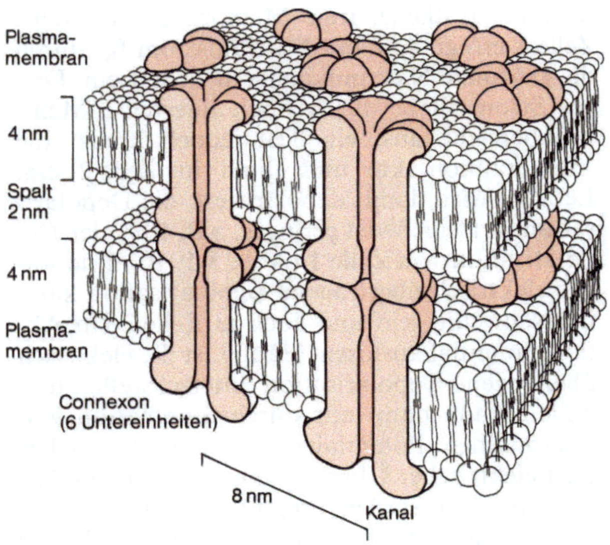

Abb. 3-20. Feinstruktur eines Nexus (gap junction). In die Membran der prä- und der postsynaptischen Zelle sind regelmäßig „Connexone" eingelagert, die sich genau gegenüberstehen. Die Connexone enthalten einen Kanal, und über jeweils 2 verbundene Connexone stehen die Zellen über einen Kanal in Verbindung. (Nach [28])

Molekulargewicht von etwa 25000 aufgebaut. Gap junctions kommen im ZNS von Wirbeltieren häufig vor und verbinden meist funktionell zusammenarbeitende Gruppen von Zellen. Gap junctions sind auch bei den Invertebraten weit verbreitet.

Funktionelle Syncytien. Außerhalb des Nervensystems sind Zellkopplungen über Gap junctions im übrigen sehr häufig [25]. Im Rahmen der Erregungsübertragung ist hier v.a. der **Herzmuskel** und die **glatte Muskulatur** anzusprechen, die durch Gap junctions zu funktionellen Syncytien verknüpft sind. In diesen Zellverbänden läuft die Erregung von Zelle zu Zelle, ohne daß an den Zellgrenzen ein Aufenthalt oder eine Verkleinerung des Aktionspotentials sichtbar wäre (s. Kap. 4 und 19). Für diese Organe ist eine Steuerungsmöglichkeit für die Gap junctions wichtig: *Die Kanäle schließen, wenn der pH abfällt oder die Ca-Konzentration ansteigt.* Dies geschieht immer dann, wenn Zellen verletzt werden oder starke Stoffwechselmängel eintreten. An solchen Stellen kann sich also das funktionelle Syncytium vom beschädigten Bezirk abtrennen, wodurch z.B. bei einem Herzinfarkt die Ausbreitung des Schadens begrenzt wird. Neben diesen erregbaren Zellen sind auch viele andere Zellverbände durch Gap junctions verknüpft, so alle Epithelien oder z.B. die Leberzellen. Die Verknüpfung der Zellen ist eigentlich der ursprüngliche Zustand; in kleinen Embryonen sind alle Zellen durch Gap junctions verbunden, und erst wenn sich Organverbände differenzieren, gehen die Verbindungen zwischen diesen verloren.

Es ist unklar, welche Rolle die Gap junctions bei den nichterregbaren Zellen spielen. Sie erlauben den Austausch vieler kleiner Moleküle, und dies könnte für den Stoffwechsel von Bedeutung sein. Auch intracelluläre Botenstoffe, Second messengers (s.S. 16) könnten durch die Gap junctions diffundieren und die Steuerung von Zellprozessen der Zellen des Verbandes verknüpfen.
Unter dem Gesichtspunkt der weiten Verbreitung der Gap junctions ist es eigentlich eher verwunderlich, daß sie nicht auch im Nervensystem viel weitgehender für die synaptische Übertragung eingesetzt werden. Offenbar bringt der Aufwand für die chemischen Synapsen so viel spezifischere und besser regulierbare synaptische Verknüpfungen, daß die chemischen Synapsen die elektrischen weitgehend verdrängt haben.

Hemmende elektrische Synapsen. Die elektrische Synapse über die Gap junction ist die bei weitem häufigste. Es gibt jedoch auch Beispiele für andere Mechanismen, z.B. auch eine elektrisch übertragene Hemmung, bei der das Aktionspotential in speziell angeordneten präsynaptischen Fasern das Potential im Extracellulärraum um ein postsynaptisches Axon lokal so weit positiv macht, daß das Aktionspotential im Axon die Schwelle nicht mehr erreicht und seine Fortleitung blockiert wird [18].

Ephaptische Übertragung. Axone können bei verschiedenen Krankheiten geschädigt sein. Bei Durchtrennung von Axonen wird nicht nur das periphere Stück des Axons aufgelöst, sondern auch der proximale Axonstumpf bildet sich zurück, er *degeneriert.* Nach Wochen regeneriert dann im peripheren Nervensystem das Axon wieder, es sproßt als zunächst markloses Axon aus. Axone verlieren auch bei **Neuropathien** verschiedenen Ursprungs ihre Markscheide, sie *demyelisieren.* Außerdem gibt es *axonale Neuropathien,* bei denen wahrscheinlich hauptsächlich der axonale Transport (s.S. 14) geschädigt ist.
Besonders bei demyelisierten Axonen kommen anomale Wechselwirkungen vor. Erregungen, die in Gruppen von Nervenfasern geleitet werden, induzieren Erregungen auch in parallel verlaufenden Axonen. Dieses *Übersprechen* zwischen benachbarten Axonen wird als **ephaptische Übertragung** bezeichnet [9]. Sie führt in sensorischen Nervenfasern zu anomalen Erregungen, die den Patienten als anomale Empfindungen bemerkbar werden. Solche **Paraesthesien** können sehr quälend sein, besonders wenn sie nociceptive Fasern (s.S. 243) betreffen und Schmerzzustände (Neuralgie, Kausalgie, Neu-

romschmerz) hervorrufen. Das Überspringen zwischen den Axonen kann auf mangelnde Isolation, d.h. Myelinscheiden, zwischen den Axonen sowie auf eine Übererregbarkeit der Axone zurückgeführt werden.

3.5 Literatur

Weiterführende Lehr- und Handbücher

1. COOKE, I., LIPKIN, M.: Cellular Neurophysiology, a source book. New York: HOLT, RINEHART and WINSTON (1972) (Sammlung wichtiger Originalarbeiten)
2. ECCLES, J.C.: The physiology of synapses. Berlin-Göttingen-Heidelberg-New York: Springer (1964)
3. HILLE, B.: Ionic channels of excitable membranes. Sunderland, Mass.: Sinauer Assoc., (1984)
4. HOPPE, W., LOHMANN, W., MARKL, H., ZIEGLER, H. (Hrsg.): Biophysik. Berlin, Heidelberg, New York: Springer (1984)
5. KANDEL, E.R., SCHWARTZ, J.H. (Herausgeber): Principles of neural science. New York, Amsterdam, Oxford: Elsevier (1985)
6. KUFFLER, S.W., NICHOLLS, J.G., MARTIN, A.R.: From neuron to brain, Second Edition Sunderland, Mass., Sinauer Associates (1984)
7. SCHIEBLER, T.H., SCHMIDT, W.: Lehrbuch der gesamten Anatomie des Menschen, 3. Auflage, Berlin-Heidelberg-New York-Tokyo, Springer Verlag (1983)

Einzel- und Übersichtsarbeiten

8. BENNETT, M.L.V.: Electrical transmission: a functional analysis and comparison with chemical transmission. In: Cellular biology of neurons, Vol. 1, Sect. 1, Handbook of Physiology: The Nervous System. E.R. KANDEL ed., 357–416. Baltimore: Williams and Wilkins (1977)
9. BLUMBERG, H., JÄNIG, W.: Activation of fibers via experimentally produced stump neuromas of skin nerves: ephaptic transmission or retrograde sprouting? Experimental Neurology **76**, 468–482 (1982)
10. COLQUHOUN, D., DREYER, F., SHERIDAN, R.E.: The actions of tubocurarine at the frog neuromuscular junction. J Physiol. (Lond.), **293**, 247–284 (1979)
11. COLQUHOUN, D., SAKMANN, B.: Fast events in single-channel currents activated by acetylcholine and its analogues at the frog muscle end-plate. J. Physiol. (Lond.), **369**, 501–557 (1985)
12. DODGE, F.A., RAHAMIMOFF, R.: Co-operative action of calcium ions in transmitter release at the neuromuscular junction. J. Physiol. (Lond.), **193**, 419–432 (1967)
13. DUDEL, J.: The mechanism of presynaptic inhibition at the crayfish neuromuscular junction. Pflügers Arch. **248**, 66–80 (1965)
14. DUDEL, J.: Dose-response curve of glutamate applied by superfusion to crayfish muscle synapses. Pflügers Arch. **368**, 49–54 (1977)
15. DUDEL, J. KUFFLER, S.W.: Presynaptic inhibition at the crayfish neuromuscular junction. J. Physiol. (Lond.), **155**, 543–562 (1961)
16. FRANKE, C., DUDEL, J.: High-resolution measurements of single-channel currents activated by glutamate in crayfish muscle. Neurosci. Lett., **59**, 241–246 (1985)
17. FURSHPAN, E.J., POTTER, D.: Transmission at the giant motor synapses of the crayfish. J. Physiol. (Lond.) **145**:289–325 (1959)
18. FURUKAWA, T., FURSHPAN, E.J.: Two inhibitory mechanisms in the Mauthner neurons of goldfish. J. Neurophysiol. **26**:140–176 (1963)
19. ITO, Y., MILEDI, R., VINCENT A., NEWSOM-DAVIS J.: Acetylcholine receptors and end-plate electrophysiology in myasthenia gravis. Brain, **101**, 345–368 (1978)
20. KATZ, B., MILEDI, R.: The role of calcium in neuromuscular facilitation. J. Physiol. (Lond.), **195**, 481–492 (1968)
21. KATZ, B., THESLEFF, S.: A study of the 'desensitization' produced by acetylcholine at the motor end-plate. J. Physiol. (Lond.), **138**, 63–80 (1957)
22. KUFFLER, S.W.: Slow synaptic responses in autonomic ganglia and the pursuit of a peptidergic transmitter. J. Exp. Biol. **89**, 257–286 (1980)
23. LIBET, B.: Heterosynaptic interaction at a sympathetic neuron as a model for induction and storage of a postsynaptic memory trace. Neurobiology of Learning and Memory, G. LYNCH, J.L. MCGAUGH, N.M. WEINBERGER, editors, 405–430. New York, The Guilford Press (1984)
24. LLINÁS, R.R.: Calcium in synaptic transmission. Sci. Amer. **10**, 38–48 (1982)
25. LOEWENSTEIN, W.R.: Junctional intercellular communication: the cell-to-cell membrane channel. Physiological Reviews, **61**, 829–913 (1981)
26. MAGLEBY, K.L., STEVENS, C.F.: The effect of voltage on the time course of end-plate currents. J. Physiol. (Lond.), **223**, 151–171 (1972)
27. MAGLEBY, K.L., ZENGEL, J.E.: A quantitative description of stimulation-induced changes in transmitter release at the frog neuromuscular junction. J. Gen. Physiol. **80**, 613–638 (1982)
28. MAKOWSKI, L., CASPAR, D.L.D., PHILLIPS, W.C., GOODENOUGH, D.A.: Gap junction structures. II. Analysis of the X-ray diffraction data. J. Cell. Biol. **84**:629–645 (1977)
29. NUMA, S., NODA, M., TAKAHASHI, H., TANABE, T., TOYOSATO, M., FURUTANI, Y., KIKYOTONI, S.: Molecular structure of the nicotinic acetylcholine receptor. Cold Spring Harbor Symposia Quant. Biol. XLVIII, 57–69 (1983)
30. PARNAS, H., DUDEL, J., PARNAS, I.: Neurotransmitter release and its facilitation in crayfish. 1. Saturation kinetics of release, and of entry and removal of calcium. Pflügers Arch. **393**:1–14 (1982)
31. PARNAS, H., DUDEL, J., PARNAS, I.: Neurotransmitter release and its facilitation in crayfish. VII. Another voltage dependent process beside Ca entry controls the time course of phasic release. Pflügers Arch. **406**:121–130 (1986)
32. PEPER, K., BRADLEY, R.J., DREYER, F.: The acetylcholine receptor at the neuromuscular junction. Physiol. Rev. **62**, 1271–1340 (1982)
33. POPOT, J.L., CHANGEUX, J.P.: Nicotinic receptor of acetylcholine: structure of an oligomeric integral membrane protein. Physiol. Rev. **64**, 1162–1239 (1984)
34. SAKMANN, B., METHFESSEL, C., MISHINA, M., TAKAHASHI, T., TAKAI, T., KURASAKI, M., FUKUDA, K., NUMA, S.: Role of acetylcholine receptor subunits in gating of the channel. Nature **318**:538–543 (1985)
35. SCHMIDT, R.F.: Presynaptic Inhibition in the vertebrate central nervous system. Ergebn. Physiol., 63, Springer Verlag, Berlin-Heidelberg-New York (1971)
36. WHITE, J.D., STEWART, K.D., KRAUSE, J.E., MCKELVY, J.F.: Biochemistry of peptide-secreting neurons. Physiol. Rev. **65**, 553–606 (1985)

II

Motorische und integrative Leistungen des Nervensystems; Muskelphysiologie

4 Muskel

J.C. Rüegg

Nur über Bewegungen kann der Mensch auf seine Umwelt einwirken und sich mit ihr auseinandersetzen. Dies gilt für die einfachsten Handarbeiten wie für die Übermittlung der subtilsten Gedanken und Gefühle, z.B. durch Sprechen oder Schreiben, durch Mimik oder Gestik. Um uns zu bewegen, müssen wir unsere Skeletmuskeln kontrahieren. Diese Muskeln sind das weitaus am stärksten ausgebildete Organ des Menschen, mit einem Anteil am Gesamtkörpergewicht von 40–50%. Muskeln sind „Maschinen", die während einer Kontraktion chemische Energie direkt in mechanische Energie (Arbeit) und Wärme umwandeln. Die Funktionsweise der Muskelmaschine, insbesondere der Mechanismus der Muskelverkürzung und Kraftentwicklung, kann heute weitgehend auf molekularer Ebene und auf der Basis physikalischer und chemischer Gesetzmäßigkeiten erklärt werden.

4.1 Molekularer Mechanismus der Kontraktion

Skeletmuskeln enthalten pro Gramm Gewicht etwa 100 mg „kontraktile Proteine". In welcher Weise diese Eiweißkörper, nämlich **Actin** (Molekulargewicht 42000) und **Myosin** (Molekulargewicht 500000) während des Elementarvorgangs der Muskelkontraktion zusammenwirken, wird durch die Gleitfilamenttheorie von Huxley und Hanson beschrieben [10–14].

Gleitfilamenttheorie

Die kontraktilen Proteine Actin und Myosin bilden die dünnen und dicken Myofilamente der Myofibrillen, deren achsenparallele Anordnung innerhalb der Muskelzelle in Abb. 4-1 dargestellt wird. Sie erkennen in diesem winzigen Ausschnitt aus einer menschlichen Muskelfaser zwischen den schlauchförmigen Myofibrillen Mitochondrien oder Sarkosomen sowie das Kanalsystem transversaler und longitudinaler Tubuli (dessen Funktion eingehender in 4.2 beschrieben wird).

Myofibrillen sind kontraktile, etwa 1 µm dicke Schläuche, die durch Trennwände, die sog. Z-Scheiben, in zahlreiche, etwa 2,5 µm lange Fächer, die Sarkomere, unterteilt sind.

Die Struktur der Sarkomere ist in der Abb. 4-1 stark schematisiert dargestellt. Der lichtmikroskopische Eindruck einer Hell-dunkel-Bänderung der Sarkomere und damit der **Querstreifung** der Myofibrillen entsteht nach Huxley und Hanson [11] aufgrund einer besonders regelmäßigen Anordnung der Actin- und Myosinfilamente. In der Mitte jedes Sarkomers liegen an die tausend *„dicke" Filamente* aus Myosin mit einem Durchmesser von etwa 10 nm. Dem Bündel stehen zu beiden Seiten des Sarkomers je etwa 2000 *„dünne" (5 nm dicke) Filamente* aus Actin gegenüber, die wie die Borsten einer

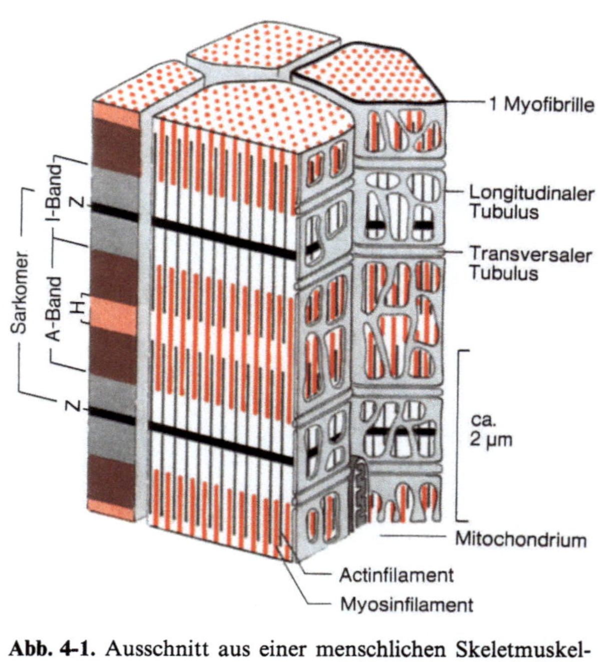

Abb. 4-1. Ausschnitt aus einer menschlichen Skeletmuskelfaser, schematisch nach Garamvölgyi

Bürste an den *Z-Scheiben* befestigt sind. Die Bündel der regelmäßig ausgerichteten 1,6 µm langen Myosinfilamente in der Mitte des Sarkomers erscheinen im Lichtmikroskop als 1,6 µm breite, dunkle, im polarisierten Licht doppelbrechende, d.h. anisotrope *A-Banden*. Diese grenzen zu beiden Seiten an die nur dünne Filamente enthaltenden und deshalb hell erscheinenden isotropen *I-Banden*, die bis zu den Z-Scheiben reichen. Nur durch die regelmäßige periodische Hell-dunkel-Bänderung ihrer unzähligen Sarkomere erscheinen die Myofibrillen von Herz- und Skeletmuskelfasern quergestreift.

Im ruhenden Muskel überlappen sich die Enden der dicken und dünnen Filamente an der Grenze zwischen A-Band und I-Band meist nur wenig. Die Überlappungszone des A-Bandes erscheint dann im Lichtmikroskop deutlich dunkler als die von Actinfilamenten freie Mittelzone des A-Bandes, die sog. *H-Zone*. In vielen elektronenmikroskopischen Aufnahmen dieser Zone läßt sich in der Sarkomermitte manchmal die sehr schmale dunkle *M-Linie* erkennen, ein Maschwerk von Gerüsteiweißen, die offenbar das Bündel der dicken Filamente im Zentrum zusammenhalten.

Verkürzung der Sarkomere. Die Muskelverkürzung resultiert aus der Verkürzung unzähliger Sarkomere, die in den Myofibrillen „in Serie" hintereinandergeschaltet sind. Der Vergleich der schematischen Struktur eines Sarkomers in 2 verschiedenen Funktionszuständen (Abb. 4-2) zeigt, in welcher Weise sich die Querstreifung und die Anordnung der Myofilamente während einer Muskelkontraktion verändern. Bei der Verkürzung gleiten die dünnen Filamente aus Actin über die dicken Filamente aus Myosin, zwischen welchen sie sich hindurchschieben, und so tief in das Bündel der dicken Myosinfilamente hineinstoßen, bis sie schließlich die Sarkomermitte erreichen.

Die Abb. 4-2 macht auch deutlich, daß bei der Verkürzung eines Sarkomers Myosin- und Actinfilamente übereinandergleiten, ohne sich selbst zu verkürzen (*Gleitfilamenttheorie!*). So erklärt sich die lichtmikroskopische Beobachtung, daß die Breite der A-Banden (1,6 µm) bei der Kontraktion konstant bleibt, während I-Banden und H-Banden schmäler werden.

Auch bei Dehnung des Muskels ändert sich die Filamentlänge nicht. Vielmehr wird das Bündel der dünnen Filamente aus der Anordnung der dicken Filamente mehr oder weniger herausgezogen, wodurch der Grad der Filamentüberlappung abnimmt.

Wodurch kommt es nun zum beschriebenen „gegensinnigen Gleiten" der Actinfilamente benachbarter Halbsarkomere?

Funktionsweise der Querbrücken. Die Querfortsätze eines Myosinfilaments werden aus den etwa 20 nm langen Köpfen von etwa 150 Myosinmolekülen gebildet, die in einer bipolaren Anordnung so zum Filament zusammengelagert sind, wie Abb. 4-3A zeigt. Ein jeder Myosinkopf oder Querfortsatz kann als **Querbrücke** (cross bridge) im Kontraktionsprozeß ein Myosinfilament mit einem benachbarten Actinfilament verbinden, wie Abb. 4-3A zeigt. Durch

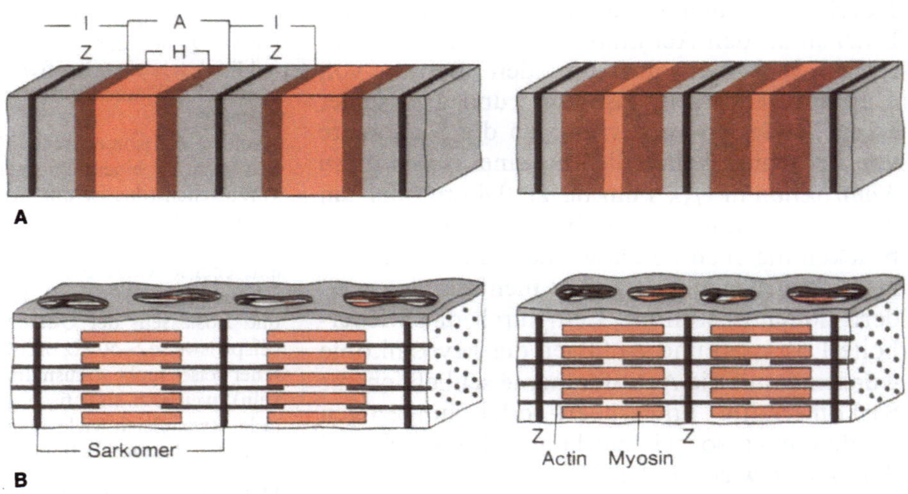

Abb. 4-2. A Bandstruktur der Myofibrillen. *Links* im erschlafften, *rechts* im kontrahierten Zustand. **B** Anordnung der Myosin- und Actinfilamente im erschlafften und kontrahierten Sarkomer. Beachte additive Verkürzungswirkung der hintereinander geschalteten Sarkomere. Nach [11]

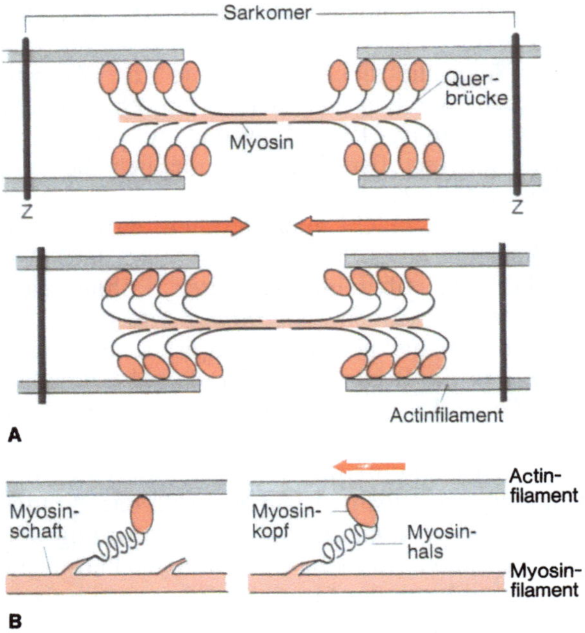

Abb. 4-3A u. B. Funktionsweise der Querbrücken. **A** Modellvorstellung zur Entstehung der Bewegung: Myosinfilament mit Querbrücken an benachbarten Actinfilamenten; *oben* vor, *unten* nach den (in Wirklichkeit asynchronen) „Ruderschlägen" der Brücken [2]. **B** Modell [10] für Kraftentstehung in einer Querbrücke; *links* vor, *rechts* nach „Ruderschlag" einer Brücke

eine „Kippbewegung" der Köpfe rudern diese mit vereinten Kräften die Actinfilamente in Richtung zur Sarkomermitte. Allein die bipolare Anordnung der Myosinmoleküle in den beiden Hälften eines Sarkomers ermöglicht das gegensinnige Gleiten (in Pfeilrichtung) der Actinfilamente der linken und rechten Sarkomerhälfte.

Durch eine einmalige Drehbewegung der Querbrücken an den Actinfäden würde sich ein einzelnes Sarkomer nur um den Betrag von 2·10 nm verkürzen, also um rund 1% seiner Länge. Indessen verkürzen sich die Sarkomere von Froschmuskelfibrillen bei einer *isotonischen Kontraktion* in $^1/_{10}$ s um bis zu 0,4 µm oder um 20% ihrer Länge. Dann aber müßten die Querbrücken die eben beschriebene Ruderbewegung in der gegebenen Zeitspanne nicht einmal, sondern 20mal ausführen. Erst durch das wiederholte Loslassen und Anfassen der Myosinköpfe würden damit die Actinfilamente schließlich zur Sarkomermitte hingerudert oder hingezogen werden, etwa so, wie ein langes Stück Seil erst durch das wiederholte Nachgreifen von einer Seilmannschaft zu sich herangezogen werden kann. Da sich die minimalen Verkürzungen der einzelnen hintereinandergeschalteten Sarkomere einer Myofibrille addieren, so würde im schon erwähnten Beispiel einer isotonischen Kontraktion ein 2 cm langer Froschmuskel in $^1/_{10}$ s ein sehr leichtes Gewicht gerade 0,4 cm hochheben können. Wir erkennen, wie durch die Verwirklichung des *Tauziehprinzips* in unzähligen in Serie geschalteten Sarkomeren die wiederholten molekularen Bewegungen der Querbrücken in eine makroskopische Bewegungen umgesetzt werden. Bei der *Muskelerschlaffung* lösen sich die Myosinköpfchen vom Actinfaden. Weil die Actin- und Myosinfilamente dann leicht gegeneinander verschieblich sind, ist der Dehnungswiderstand erschlaffter Muskeln sehr gering. Der verkürzte Muskel wird schon durch ein leichtes Gewicht wieder auf seine Ruhelänge gedehnt. Querbrückenbewegungen während der Kontraktion konnten durch Röntgenkleinwinkeluntersuchungen nachgewiesen werden [14], doch liegen die Natur der Bewegungen und die Art der involvierten molekularen Konformationsänderungen noch weitgehend im Dunkeln.

Die Entstehung der Muskelkraft. Dank der Elastizität der Querbrücken kann ein Sarkomer auch ohne Übereinandergleiten der Filamente, d.h. unter ganz streng isometrischen Versuchsbedingungen Kraft entwickeln [10]. Abbildung 4-3B veranschaulicht die *isometrische Kraftentwicklung* durch eine Querbrücke. Zunächst haftet der Kopf des Myosinmoleküls (Querbrücke) in senkrechter Position an dem Actinfaden. Danach dreht er sich um einen Winkel von etwa 45°, vielleicht wegen der Anziehung eng benachbarter Haftpunkte am Myosinkopf und am Actinfaden. Er spannt dabei wie ein winziger Hebel die innere elastische Struktur der Querbrücke, die möglicherweise den „Halsteil" zwischen Myosinkopf und Myosinschaft ausmacht. Diese elastische Dehnung durch die Dreh- oder Runderbewegung des Kopfes beträgt nur etwa 10 nm. Die elastische Zugkraft einer einzelnen Querbrücke ist so gering, daß mindestens 1 Milliarde Querbrücken in „Parallelschaltung" ihre Federkräfte addieren müssen, um 1 mN Muskelkraft zu entwickeln. Hierbei ziehen die Querfortsätze der Myosinfilamente mit (additiv) vereinten Kräften an den benachbarten Actinfilamenten in ähnlicher Weise wie eine Seilmannschaft am Tau.

Auch bei der isometrischen Kontraktion sind die Querbrücken nicht in einem ununterbrochenen Spannungszustand vorzustellen (das ist nur in der Totenstarre der Fall, s.u.). Vielmehr läßt ein einzelner Myosinkopf den Actinfaden schon nach $^1/_{100}$ s oder $^1/_{10}$ s wieder los, allerdings nur für eine ebenso kurze Erholungspause, worauf er dann erneut an den Actinfaden greift. Trotz des rhythmischen Anfassens und Loslassens der Querbrücken mit einer Frequenz von beispielsweise 5–50 Hz oscilliert die Muskelkraft physiologischerweise nicht (Ausnahme: oscillierende Insektenmuskeln), weil sich statistisch gesehen zu jedem Zeitpunkt gerade etwa gleich viele Querbrücken im angehefteten, gespannten Zustand befinden.

Haltearbeit. Anders als bei der Muskelverkürzung in einer isotonischen Kontraktion leistet ein Muskel *während* der isometrischen Aufrechterhaltung einer Kontraktionsspannung keine äußere Arbeit (denn das Produkt Hubhöhe ×

Last ist Null). In jedem „Anfaß-Loslaß"-Cyclus der Querbrücken wird jedoch zum Dehnen der elastischen Querbrückenstrukturen innere Arbeit geleistet, die beim Loslassen in Wärme degradiert wird. Die *Haltewärme* bzw. Haltearbeit während einer bestimmten Zeitperiode ist um so größer, je größer die Zahl und je höher die Frequenz der unter ständigem Verbrauch von ATP rudernden Querbrücken sind.

Die chemomechanische Energietransformation

Wie kann die Muskelmaschine chemische Energie mit großem Nutzeffekt direkt in mechanische Energie umwandeln? Dies ist die heute wohl brennendste Frage der molekularen Muskelforschung.

ATP, unmittelbare Energiequelle der Kontraktion. Die Richtigkeit dieser Feststellung wird nicht mehr bezweifelt, seit die hydrolytische Spaltung von ATP in Adenosindiphosphat und Phosphat bei der Kontraktion eines Muskels direkt nachgewiesen werden konnte [15]. Alle anderen energieliefernden Reaktionen im Muskel, z.B. der aerobe und anaerobe Abbau von Kohlenhydraten und der Zerfall von Kreatinphosphat kommen nicht als direkte Energielieferanten der Muskelmaschine in Frage; sie dienen offenbar nur dazu, den eigentlichen Kraftstoff der Maschine – der ATP – immer wieder neu zu bilden. Diese Stoffwechselprozesse sind ausführlich in den Lehrbüchern der Biochemie dargestellt, so daß an dieser Stelle ein kurzer Hinweis (Tabelle 4-1) genügen mag. Nur wenn die ATP-Neubildung durch geeignete Stoffwechselgifte verhindert wird, kann jedoch der ATP-Verbrauch bei einer Kontraktion direkt nachgewiesen werden [15]: Isolierte Froschmuskeln, die nach Reizung auf der Höhe einer isotonischen Einzelzuckung mit flüssigem Stickstoff sehr rasch eingefroren wurden, enthielten im Mittel nur 2,6 μMol ATP pro Gramm Feuchtgewicht, nicht stimulierte Kontrollmuskeln jedoch 2,9 μMol. Anstelle des verbrauchten ATP fand sich im kontrahierten Muskel eine entsprechende Menge (0,3 μMol) der Reaktionsprodukte Adenosindiphosphat und Phosphat. Die in einer Zuckung gespaltenen 0,3 μMol ATP lieferten also die Energie für die isotonische Kontraktion und die entstehende Muskelwärme.

ATP wird im Muskel durch eine *ATPase*, das Enzym *Myosin*, hydrolytisch gespalten und damit energetisch verwertet, ein Prozeß, der durch das *Actin* aktiviert wird. Actin und Myosin sind ja die unmittelbar am Kontraktionsprozeß beteiligten Proteinstrukturen, und ATP ist mit einer einzigen Ausnahme (seltene Nucleosidtriphosphate) die einzige Substanz im Muskel, welche von den kontraktilen Proteinen direkt verwertet werden kann. Weber und Portzehl konnten aus Actin und Myosin gelartige kontraktile Eiweißfäden (*Actomyosinfäden*) spinnen, die mit ATP und nur mit ATP als Energiequelle in ähnlicher Weise kontrahieren wie lebende Muskeln [19]. Auch dies ist ein Beweis, daß ATP die unmittelbare Energiequelle der Muskelkontraktion ist.

Tabelle 4-1. Die unmittelbare und die mittelbaren Energiequellen im Skeletmuskel (Mensch). [2]

Energiequelle	Gehalt (μMol/g Muskel)	Energieliefernde Reaktion
Adenosintriphosphat (ATP)	5	$ATP \rightarrow ADP + P_i$
Kreatinphosphat (PC)	11	$PC + ADP \leftrightharpoons ATP + C$
Glucose-Einheiten im Glykogen	84	Anaerob: Abbau über Pyruvat zu Lactat (Glycolyse) aerob: Abbau über Pyruvat zu CO_2 und H_2O
Triglyceride	10	Oxydation zu CO_2 und H_2O

ADP = Adenosindiphosphat, C = Kreatin, Pi = anorganisches Phosphat

ATP-Verbrauch bei der Kontraktion. Wir wissen heute, daß die mit Actin reagierenden Myosinköpfe selbst die katalytisch aktiven Zentren für die ATP-Spaltung enthalten. Die ATPase des Myosins wird durch Actin in Gegenwart von Magnesiumionen aktiviert. (In Abwesenheit von Actin wird das durch ATP-Hydrolyse gebildete ADP nicht sofort freigesetzt, sondern blockiert das katalytische Zentrum des Myosins.) Daher wird unter physiologischen ionalen Bedingungen, d.h. in Anwesenheit von **Magnesiumionen,** ATP immer nur dann unter *Freisetzung* von ADP und Phosphat gespalten, wenn der Myosinkopf sich an seinen Aktivator Actin anheftet. In jedem Arbeitscyclus einer Querbrücke wird dann einmal und nur einmal ATP gespalten (wahrscheinlich ein Molekül ATP pro Querbrücke), was bedeutet: je mehr Querbrücken aktiviert und tätig sind, um so größer ist die ATP-Spaltung pro Zeiteinheit und die Muskelkraft, und deshalb sind die ATP-Spaltungsrate bzw. Energieumsatzrate und die Kraft eines Muskels einander meist proportional. Muskeln können um so schneller kontrahieren, je schneller sich ihre Querbrücken bewegen, d.h. je öfter pro Zeiteinheit sie rudern. Infolgedessen verbrauchen schnelle Muskeln pro Zeiteinheit mehr ATP bzw. mehr Energie als langsame Muskeln, und sie sind bei tonischen Halteleistungen weniger energiesparend als diese. Zur „Haltearbeit" verwenden wir deshalb v.a. die langsamen, an Myoglobin reichen **„roten" Muskeln,** während die an Myoglobin armen **„weißen" Muskeln** der raschen Bewegung dienen.

Wirkungsweise von ATP. In welcher Weise der Energiedonator ATP die rudernden Querbrücken antreibt, ist Gegenstand intensiver Forschung [10, 13, 17]. Wahrscheinlich wird ein Molekül ATP nach erfolgtem „Ruderschlag“ an die Querbrücken gebunden und liefert so die Energie für die Trennung der Reaktionspartner Actin und Myosin. Fast unmittelbar danach lösen sich die Myosinköpfchen vom Actin, und das ATP wird daraufhin in ADP und Phosphat gespalten. Diese Enzymprodukte bleiben nach der ATP-Hydrolyse noch für kurze Zeit ans katalytische Zentrum gebunden. Dies ist die Voraussetzung für das erneute Wiederanfassen der Querbrücke am Actin und den Querbrückenruderschlag, bei dem die Produkte ADP und Phosphat freigesetzt werden. Erst wenn erneut ein ATP-Molekül von der Querbrücke gebunden wird, beginnt mit der Ablösung der Brücke und der erneuten ATP-Hydrolyse ein neuer Querbrückencyclus. Nur solange ATP hydrolytisch gespalten wird, d.h. bei aktiver ATPase-Aktivität, ist die cyclische Querbrückentätigkeit, das wiederholte Anfassen und Loslassen der Brücken und damit die Muskelkontraktion möglich. Wird die ATP-Spaltung gehemmt, so ist das Wiederanheften der Brücken unmöglich, der Dehnungswiderstand und die Kraft der Muskelfasern sinken auf Null, der Muskel **erschlafft.** Sinkt nach Eintritt des Todes der ATP-Spiegel der Muskelzellen unter eine gewisse kritische Grenze, so haften die Querbrücken permanent (bis zur Autolyse) am Actinfaden. Actin und Myosinfilamente sind dadurch unverschieblich und starr miteinander verbunden: der Muskel verfällt in **Totenstarre.** Die Analyse der Bedingungen für die Zustände Kontraktion, Starre und Erschlaffung (Tabelle 4-2) verdanken wir Untersuchungen an „isolierten kontraktilen Systemen“ [19].

Tabelle 4-2. Wirkung von ATP auf die kontraktilen Strukturen in Muskelfasern und die *Actin-Myosin-Interaktion*

ATP	Fehlt	Anwesend, aber nicht gespalten	Anwesend, durch ATPase gespalten
Zustand der Muskelfaser	Starr	Erschlafft	Kontrahiert
Myosin-querbrücken	Fest am Actin	Vom Actin gelöst	Alternierend am Actin und gelöst
ATPase	—	Gehemmt [a]	Aktiv [b]

[a] Ca^{++} unter 10^{-7} molar [b] Ca^{++} $\sim 10^{-6}$–10^{-5} molar

Um die Rolle von ATP bei Kontraktion und Erschlaffung zu analysieren, haben Weber u. Mitarb. [19] einzelnen Muskelfasern zunächst das muskeleigene ATP entzogen, z.B. durch Extraktion mit wäßrigen Glycerinlösungen, welche die Zellmembran durchlässig machen. Solche glycerinextrahierten ATP-freien Fasern sind *totenstarr*, werden aber wieder weich und dehnbar, wenn sie in eine ATP-haltige Lösung getaucht werden. Bei gehemmter ATPase-Aktivität sind extrahierte ATP-haltige Muskelfasern jedoch immer erschlafft: sie kontrahieren erst, ebenso wie die schon erwähnten künstlichen Actomyosinfäden, sobald die ATPase aktiviert wird. ATPase-Hemmung bewirkt wieder Erschlaffung der „Fasermodelle“.

4.2 Regulation der Muskelkontraktion

Muskeln werden gewöhnlich durch die Aktionspotentiale der innervierenden Motoneurone erregt, die — via neuromusculäre Übertragung an den Endplatten (s.S. 45) — Muskelaktionspotentiale auslösen (indirekte Muskelreizung). Nur unter experimentellen Bedingungen können Muskelfasern auch *direkt stimuliert* werden: wenn beispielsweise ein isolierter Froschmuskel durch einen etwa 1 ms dauernden elektrischen Einzelreiz stimuliert wird, so läuft nach etwa 1–2 ms ein (fortgeleitetes) *Aktionspotential* von der Reizstelle mit einer Geschwindigkeit von ca. 2 m/s über die Muskelfaser hinweg, die wenige Millisekunden später **zuckt** (Abb. 4-8). Das Aktionspotential bzw. die Erregung der Fasermembran löst also die Kontraktion aus.

Elektromechanische Koppelung

Die Übermittlung des Kontraktionssignals von der erregten Zellmembran zu den in der Tiefe der Zelle liegenden Myofibrillen (*elektromechanische Koppelung*) erfolgt in mehreren Prozessen (Tabelle 4-3), wobei Ca-Ionen eine Schlüsselrolle spielen [2a].

Tabelle 4-3. Sequenz der Vorgänge bei der Auslösung einer Muskelzuckung

1. Reizung der Muskelfaser
2. Aktionspotential (Membranerregung)
3. Elektromechanische Kopplung
   a) Erregungsleitung im T-System
   b) Calciumfreisetzung aus dem Longitudinalsystem (Abb. 4-5)
   c) Calciumwirkung auf Myofibrillen (Abb. 4-4)
4. Kontraktion der Myofibrillen: cyclische Querbrückentätigkeit

Angriffspunkt- und Wirkungsweisen der Calciumionen. Intracelluläre Injektion von Calciumionen bewirkt eine Kontraktion der Muskelfasern. Besser noch als an intakten und überlebenden Muskelfasern läßt sich aber die direkte Calciumwirkung auf die Myofibrillen an Fasern nachweisen, deren äußere Zellmembran entfernt oder zerstört worden ist, sei es mechanisch durch „Häuten", sei es mit Hilfe von Detergentia oder durch das schon erwähnte Verfahren der Glycerinextraktion von Muskelfasern. *Gehäutete oder extrahierte Fasern* kontrahieren nur dann, wenn sie in ein ATP-haltiges Bad getaucht werden, welches zur Aktivierung der ATPase mindestens 10^{-6} *molar ionisiertes Calcium* enthält. Denn unter diesen Bedingungen können die Querbrücken der Myosinfilamente unter fortwährender ATP-Spaltung cyclisch mit dem Actinfilament reagieren. Wird jedoch das aktivierende ionisierte Calcium entzogen — beispielsweise mit Calciumchelatbildnern —, so **erschlaffen** die Myofibrillen, weil dann die Wechselwirkung der Querbrücken mit Actin verhindert und dadurch die ATPase-Aktivität gehemmt wird (vgl. Tabelle 4-2). Dieser Erschlaffungseffekt ist auch im Versuch mit extrahierten Fasern voll reversibel. Wird die Konzentration im Bereich von 10^{-7} molar bis 10^{-5} molar stufenweise erhöht, so antworten die extrahierten Fasern mit einer abgestuften Zunahme der Kontraktionskraft und der ATPase-Aktivität, die beide bei Konzentrationen von 10^{-6} bis 10^{-5} molar maximal sind.

Zum besseren Verständnis des **Aktivierungsmechanismus** der Calciumionen sollten wir uns die Struktur der Actinfilamente vor Augen halten (Abb. 4-4). Das etwa 1 µm lange und 5–7 nm dicke Actinfilament besteht aus 2 umeinander gewundenen Ketten von perlförmigen 5 nm dikken Actinmonomeren. Sie können eine anschauliche Vorstellung dieser Struktur erhalten, wenn Sie 2 Perlenketten nebeneinander legen und dann „spiralig" so umeinander winden, daß auf jede Windung der Spirale 14 Perlen zu liegen kommen (Abb. 4-4A). In regelmäßigen Abständen von etwa 40 nm sind die Actinketten mit kugeligen *Troponinmolekülen* besetzt, während in den Längsrinnen zwischen den Ketten Fäden aus *Tropomyosin* laufen. Letzere sind nach Untersuchungen mit der Methode der Röntgenkleinwinkelstreuung [13] bei Abwesenheit von Calciumionen, d.h. im erschlafften Zustand der Myofibrillen so gelagert, daß die Myosinquerbrücken nur „lose" am Actinfaden binden können. Erst die Bindung von Calciumionen an Troponin begünstigt die Bildung stark gebunde-

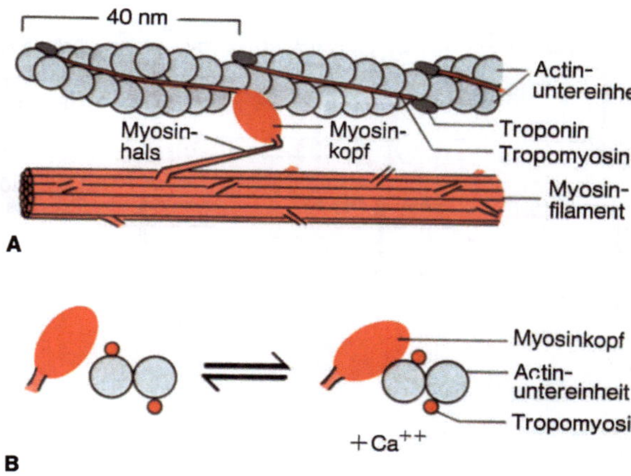

Abb. 4-4 A u. B. Wirkungsweise der Calciumionen bei der Aktivierung. **A** Actinfilament und Myosinfilament im Längsschnitt, **B** im Querschnitt. Calciumionen werden vom Troponin gebunden, worauf Tropomyosin in die Rinne zwischen den beiden Actinsträngen des Filaments gleitet. Nach [13]. Troponin besteht aus 3 Untereinheiten: TnC (calciumbindend, TnI (inhibitorisch) und TnT (an Tropomyosin bindend). Diese Untereinheiten interagieren miteinander calciumabhängig

ner kraftgenerierender Querbrücken, die dann unter fortwährender ATP-Spaltung repetitiv den Querbrückencyclus durchlaufen [5a].

Diese Aktivierungseffekte werden durch eine Calciumwirkung auf das Troponin ausgelöst, das gewissermaßen als *„Calciumschalter"* der Myofibrille fungiert. Durch die Bindung von Calciumionen wird nämlich das Troponinmolekül so deformiert, daß es seinerseits das Tropomyosin in die Längsrinne im Actindoppelstrang, d.h. in die „aktivierte Position" drückt.

Speicherung und Freisetzung der Calciumionen. Erschlaffte Muskeln enthalten über 1 µMol Calcium pro Gramm Frischgewicht. Könnten die Calciumsalze nicht in besonderen intracellulären Calciumspeichern unter Verschluß gehalten werden, so müßten die calciumreichen Muskelfasern andauernd kontrahieren.

Die Struktur der calciumspeichernden intracellulären Systeme ist bei verschiedenen Muskeln etwas unterschiedlich (menschlicher Skeletmuskel, Abb. 4-1, Froschmuskel, Abb. 4-5). Indem sich die Außenmembran der Muskelzelle an unzähligen Punkten in das Faserinnere einstülpt, entsteht senkrecht zur Faserachse ein mit dem extracellulären Raum kommunizierendes *transversales Röhrensystem (T-System)*. Dessen Schläuche (Durchmesser von 50 nm) umgeben die einzelnen Myofibrillen meist auf der Höhe der Z-Scheiben (Froschmuskel) oder im Bereich der I-Banden (Muskeln höherer Vertebraten).

Senkrecht zum Transversalsystem, also parallel zu den Myofibrillen, schließt sich ein *longitudi-*

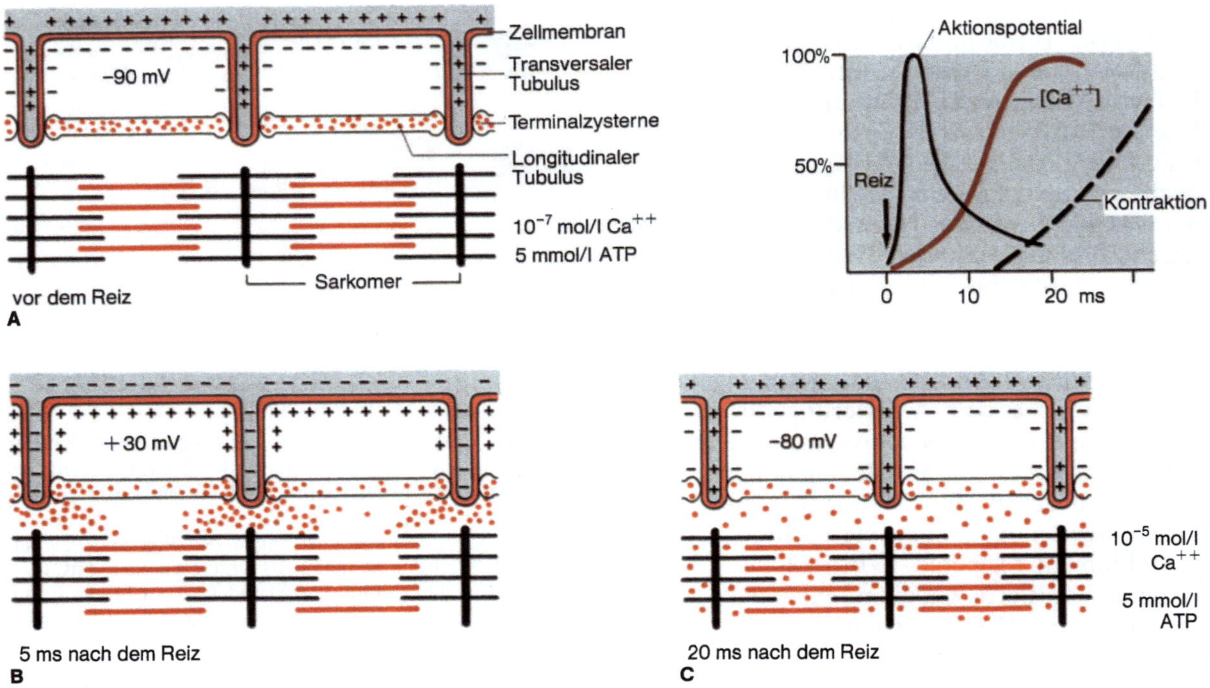

Abb. 4-5A–C. Schema der elektromechanischen Kopplung. **A** Erschlaffte Muskelfaser mit polarisierter Zellmembran. Die Ca^{++}-Ionenkonzentration liegt intracellulär unter 10^{-7} molar. **B** Während des Aktionspotentials ist die Zellmembran und die Membran der Transversaltubuli umpolarisiert. Beginn der Ca-Ionenausschüttung aus den Terminalzysternen. **C** Die intracelluläre Ca-Ionenkonzentration hat am Ende des Aktionspotentials etwa 10^{-5} molar erreicht; die Sarkomere der Myofibrillen kontrahieren sich. Einsatzbild: Die zeitliche Abfolge der Vorgänge bei der elektromechanischen Kopplung während der „Latenzzeit" und zu Beginn der Kontraktion, beim Frosch-Sartorius (0° C)

nales System von Schläuchen an (das eigentliche *sarkoplasmatische Reticulum*). Dieses liegt mit seinen terminalen Bläschen — *den Terminalzisternen* — den Membranen des Transversalsystems eng an und bildet so eine Triadenstruktur. Im Gegensatz zum Transversalsystem kommuniziert das Longitudinalsystem nicht mit dem Extracellulärraum. Die Membranen des sarkoplasmatischen Reticulums enthalten eine ATP-getriebene Calciumpumpe, welche Calciumionen aus dem Myoplasma aktiv ins Innere des longitudinalen Systems transportiert und dadurch den myoplasmatischen Calciumionenspiegel auf etwa 10^{-7} mol/l senkt.

Bei der **elektromechanischen Koppelung** breitet sich das Aktionspotential entlang den Membranen des Transversalsystems in das Innere der Zellen aus. Dadurch dringt die Erregung rasch in die Tiefe der Muskelfaser, springt auf das Longitudinalsystem über und bewirkt schließlich die Freisetzung der in den Terminalzisternen gespeicherten Calciumionen in die Zellflüssigkeit um die Myofibrillen und dadurch eine cyclische Querbrückentätigkeit, die Kontraktion des Muskels (Abb. 4-5). Bei der Einzelzuckung (Abb. 4-8) folgt auf die Kontraktionsphase die Erschlaffung (Relaxation).

Muskelrelaxation setzt ein, sobald die aktivierenden Calciumionen durch die Calciumpumpe wieder ins sarkoplasmatische Reticulum zurückgepumpt werden [8]. Wenn die intracelluläre Calciumionenkonzentration auf etwa 10^{-8} M absinkt, wird die Actin-Myosin-Interaktion und die Actomyosin-ATPase gehemmt, so daß sich die Querbrücken vom Actin ablösen (Tabelle 4-2).

Ausbreitung der Erregung ins Faserinnere. Dieser Prozeß ist der erste Schritt der elektromechanischen Koppelung, wie Huxley und Taylor [9] bewiesen (Abb 4-6). Mit Hilfe einer Mikroelektrode depolarisierten sie durch schwache Stromstöße ein winziges Areal der Membran einer Froschmuskelfaser lokal. Bei diesem Vorgehen löst nur die genau gezielte Stimulierung der Membran über einem Transversaltubulus (auf der Höhe der Z-Scheiben) eine lokale Kontraktion (Kontraktur) aus, und zwar nur in den beiden, dem T-System benachbarten Halbsarkomeren der oberflächlichen Myofibrillen. Bei

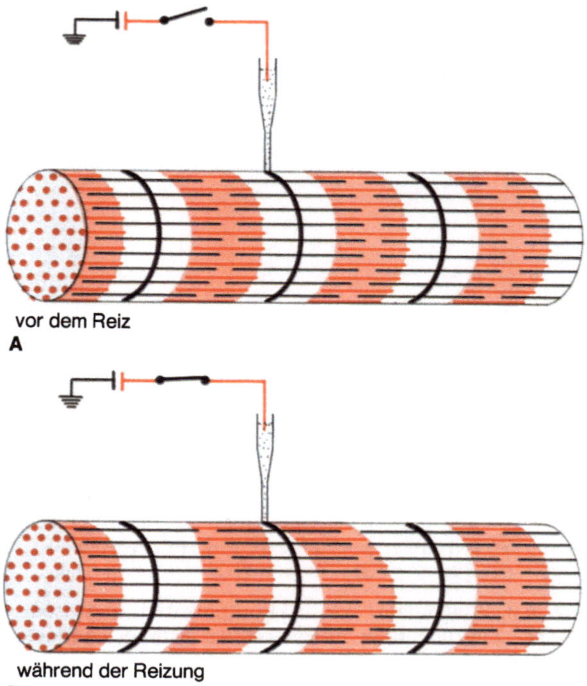

Abb. 4-6A u. B. Nachweis der lokalen Aktivierbarkeit des T-Systems. Nach [9]. Quergestreifte Muskelfaser bei schwacher lokaler Reizung (in der Gegend der Z-Scheibe, genau über einem T-Tubulus): Verkürzung der benachbarten I-Banden unter der Mikrokathode. **A** Vor, **B** während der Reizung

stärker werdenden Reizen wurden auch die tiefer liegenden Myofibrillen der Muskelfaser erfaßt. Offenbar sind die Membranen des transversalen Röhrensystems elektrisch besonders erregbar, erregungsleitend und ein wichtiges Bindeglied im Prozeß der Signalübermittlung zwischen Zellmembran und den Calciumspeichern.
Wie wird das Kontraktionssignal von den T-Tubuli zum sarkoplasmatischen Retikulum geleitet? Die Depolarisation der Membran der Tubuli beeinflußt die Konformation eines modifizierten Calciumkanals, des Dihydropyridin-Rezeptors, der als Sensor für die elektrische Spannung fungiert. Durch die Konformationsänderung wird – vielleicht mechanisch – direkt ein anderer Calciumkanal, der Ryanodinrezeptor, geöffnet, der in nächster Nachbarschaft in der Membran des sarkoplasmatischen Retikulum sitzt. Die Öffnung dieses Kanals bewirkt in 1-2 ms eine Freisetzung von über 250 nMol Calcium je Gramm Muskel (2a).

Calciumfreisetzung bei der Einzelzuckung. Welche Beweise gibt es dafür? Rüdel und Mitarbeiter [4] isolierten aus gewissen Leuchtquallen das Protein *Aequorin*, welches bei Reaktion mit Calciumionen Licht emittiert, und injizierten es in eine isolierte Skeletmuskelfaser. Diese wurde sodann in eine „isometrische" Versuchsanordnung eingespannt und in Abständen von 100 bzw. 200 ms elektrisch gereizt. Mit Hilfe eines hochempfindlichen Photometers (Photomultiplier) konnte die Luminescenz (Lichtemission) von Aequorin bei der intracellulären Freisetzung von Calciumionen direkt registriert werden (Abb. 4-7). Bei einer Reizfrequenz von 5 Hz sind die Lichtemissionen flüchtig, weil das freigesetzte Calcium alsbald in das sarkoplasmatische Reticulum zurückgepumpt wird: der Muskel zuckt. Bei einer Reizfrequenz von 10 Hz hingegen erfolgt der zweite Reiz schon 100 ms nach dem ersten, d.h. bevor die Faser vollständig erschlafft. Auf den Kontraktionsrückstand nach

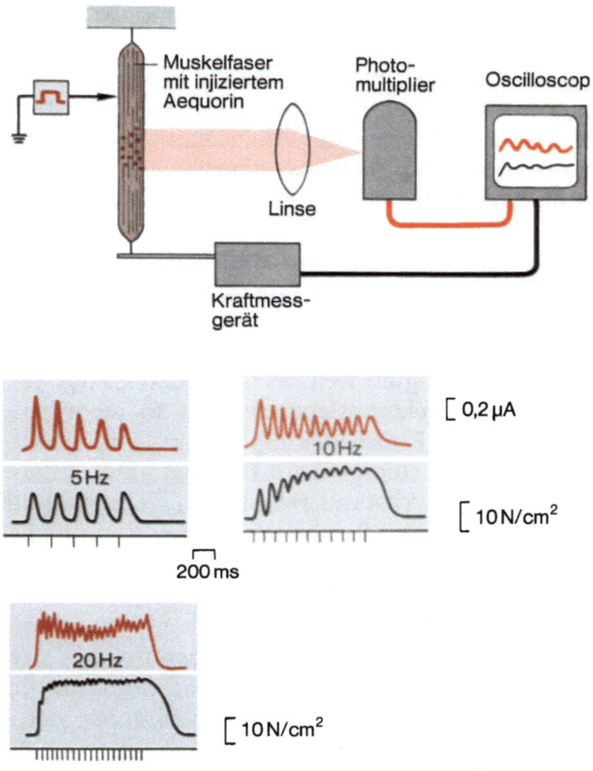

Abb. 4-7. Nachweis der intracellulären Calciumfreisetzung in Muskelfasern. Lichtemission (*rote Kurven*) und isometrische Kraftentwicklung einer isolierten, mit Aequorin injizierten Muskelfaser des Krallenfrosches bei direkter Reizung mit 0,5 ms dauernden Stromimpulsen von 5, 10 bzw. 20 Hz Reizfrequenz (Reizmarkierung unten). Beachte die Summation und Verschmelzung der *Einzelzuckungen* zum (unvollständigen) *Tetanus* bei Erhöhung der Reizfrequenz. Eichung der isometrischen Kraftentwicklung in kp/cm² Muskelquerschnitt, Eichung der Lichtemission nach Calciumeinwirkung in Stromstärkeeinheiten des Photomultiplier-Anodenstroms. Inset: Versuchsanordnung nach Blinks et al. [4]

der ersten Zuckung überlagert sich dann die zweite Zuckung, auf diese die dritte und so fort. Durch diese **Summation** der Einzelzuckung nehmen sowohl die Spannungsmaxima der Kontraktionscyclen als auch die Kontraktionsrückstände in den aufeinanderfolgenden Zuckungen zu; obgleich — wie die Lichtemission anzeigt — der intracelluläre Calciumspiegel nach jeder Zuckung fast wieder auf den Ruhewert abfällt. Der abgebildete Versuch macht auch eindrücklich klar, daß die Zunahme der Gesamtspannung durch Superposition von Einzelzuckungen **nicht** auf eine Erhöhung des intracellulären Calciumionenspiegels zurückgeführt werden kann.

Calciumfreisetzung im Tetanus. Wird die Reizfolge sehr schnell, z.B. 20 Hz oder mehr, so bleibt der Calciumionenspiegel auch zwischen den Reizen erhöht, weil die Calciumpumpe im kurzen Reizintervall die Calciumionen nicht vollständig ins Longitudinalsystem des sarkoplasmatischen Reticulums zurückpumpen kann. Dann aber verschmelzen — wie unser Beispiel zeigt (Abb. 4-7) — die Einzelzuckungen (fast) vollständig zum **Tetanus,** einer Dauerkontraktion, die durch eine Sequenz von relativ frequenten Reizen resp. Erregungen der Zellmembran (Aktionspotentiale!) aufrecht erhalten wird. Einzelzuckungen verschmelzen immer dann zum vollständigen Tetanus, wenn das Reizintervall weniger als etwa $^1/_3$ der für die Einzelzukkungen benötigten Zeit beträgt. Also ist die Tetanusverschmelzungsfrequenz um so niedriger, je länger die Einzelzuckung dauert, und sie ist deshalb auch temperaturabhängig. Der minimale zeitliche Abstand zwischen aufeinanderfolgenden effektiven Reizen im Tetanus kann nicht kleiner als die **Refraktärzeit** sein, die etwa der Dauer eines Aktionspotentials entspricht.

Alles-oder-Nichts-Regel. Ihr gehorchen die schnellen Zuckungsfasern der Skeletmuskeln: unterschwellige Reize lösen kein Aktionspotential aus und bewirken keine Calciumfreisetzung. Sobald aber eine bestimmte *Reizschwelle* überschritten ist, resultiert ein voll ausgebildetes Aktionspotential und eine maximale Freisetzung von Calciumionen; diese lösen eine maximal starke Zuckung aus, die durch Reizverstärkung nicht mehr gesteigert werden kann (Abb. 4-8).
Anders als bei Einzelfasern hängt die Kontraktionskraft elektrisch stimulierter ganzer Muskeln von der Stärke des Reizes ab. Beispielsweise wird ein gerade noch überschwelliger Reiz nur die Fasern in der Nähe der Elektroden, wo

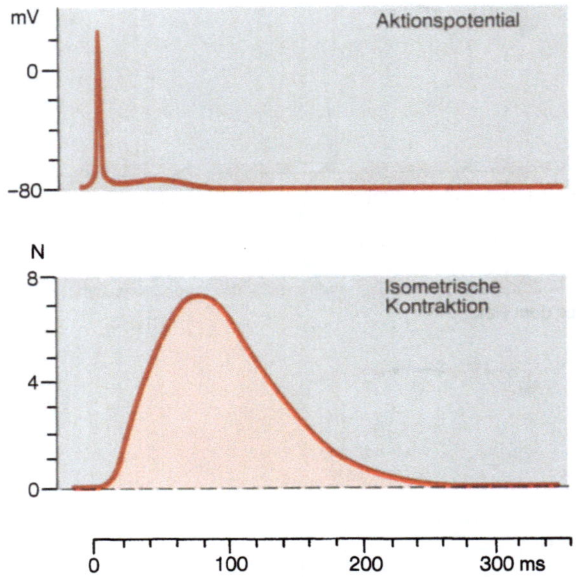

Abb. 4-8. Zeitverlauf von Aktionspotential und isometrischer Zuckung beim quergestreiften Muskel (Adductor pollicis)

die Stromdichte am größten ist, zur Alles-oder-Nichts-Antwort stimulieren, während ein übermaximaler Reiz in allen Fasern eine Kontraktion auslöst. Nur durch übermaximale Stimulierung kann deshalb der isolierte ganze Muskel gleichmäßig und reproduzierbar aktiviert werden.

Das „Alles-oder-Nichts"-Gesetz besagt jedoch **nicht,** daß die „Alles-oder-Nichts"-Antwort einer gereizten Muskelfaser reproduzierbar gleich groß sei. Beispielsweise bewirkt ein Einzelreiz kurz nach dem Abklingen eines Tetanus oftmals eine sehr viel stärkere Einzelzuckung als ohne „Konditionierung" durch den Tetanus. Die Ursache dieser **„posttetanischen Potenzierung"** ist ebensowenig geklärt wie die Mechanismen der **Muskelermüdung,** einer Abnahme der Kontraktionsstärke bei wiederholter Reizung. In beiden Fällen sind die Aktionspotentiale normal ausgebildet. Bei Sauerstoffmangel, insbesondere aber nach Vergiftung des Stoffwechsels mit Jodacetat, wird bei wiederholter Reizung nicht nur eine Abnahme der Kontraktionsstärke, sondern auch eine Verlangsamung der Erschlaffung beobachtet, und bei Erschöpfung der ATP-Vorräte wird schließlich die Erschlaffung des vergifteten Muskels ganz unmöglich; er **erstarrt.** Von der **irreversiblen Starre** (*Rigor*) und dem *Tetanus* streng zu unterscheiden, ist eine anders geartete Dauerspannung:

Die Kontraktur. Die Kontraktur ist eine nicht fortgeleitete, aber reversible Dauerkontraktion. Bei dieser Form einer Dauerkontraktion werden im Gegensatz zum Tetanus keine fortgeleiteten Aktionspotentiale beobachtet. Das Membranpotential ist vielmehr *lokal* (nicht fortgeleitet) mehr oder weniger stark *dauerdepolarisiert,* wie etwa bei der Kaliumkontraktur, oder es ist ähnlich dem Ruhepotential wie im Fall der *Coffein-*

kontraktur. In unphysiologisch hoher Konzentration (etwa millimolar) dringt Coffein in die Muskelfasern ein und bewirkt ohne Membranerregung eine Kontraktur durch intracelluläre Freisetzung von Calciumionen aus dem sarkoplasmatischen Reticulum. Bei der *Kaliumkontraktur* hängt der Grad der Dauerdepolarisation und das Ausmaß der Kontraktionsspannung einer Muskelfaser von der Kaliumionenkonzentration in der Badeflüssigkeit ab, solange diese auch Calciumionen enthält. Entzug des extracellulären Calciums würde zur intracellulären Calciumverarmung und schließlich zur *elektromechanischen Entkoppelung* führen. Ein entkoppelter Muskel kontrahiert trotz depolarisierter Membran nicht.

Die Kontraktion der „Tonusfasern" ist immer eine Kontraktur. Denn die direkte oder indirekte elektrische Reizung der tonischen quergestreiften Muskelfasern (langsame Fasern der Augenmuskeln, Teil der intrafusalen Fasern) löst kein fortgeleitetes Aktionspotential aus, sondern eine Depolarisation der Membran. Nach Überschreiten der Reizschwelle wird mit zunehmender Stärke oder Frequenz des Reizes die tonische Dauerdepolarisation der Membran ausgeprägter und das Ausmaß der intracellulären Calciumfreisetzung sowie die Kontraktionsstärke größer. Anders als Zuckungsfasern gehorchen die tonischen Fasern dem Alles-oder-Nichts-Gesetz nicht, sie regeln vielmehr ihre Kraftentwicklung durch Variation der intracellulären Calciumkonzentration, wie mit der beschriebenen Aequorinmethode von ASHLEY erstmals an den tonischen Muskelfasern der Seepocke *Balanus* bewiesen wurde.

Regulierung der Muskelkraft im menschlichen Körper

Eine motorische Einheit wird gebildet aus **einem** motorischen Neuron **und** dem von ihm innervierten Kollektiv von Muskelfasern. Motorische Einheiten sind ganz verschieden groß. Bei den äußeren Augenmuskeln beispielsweise versorgt ein Motoneuron jeweils nur etwa ein halbes Dutzend Muskelfasern; in anderen Muskeln ist die von einem Neuron versorgte Fasergruppe einer motorischen Einheit aber sehr viel größer; sie beträgt oft über 500 bis zu 1 000 Fasern (Tabelle 4-4). Infolge des für die Einzelfasern gültigen Alles-oder-Nichts-Gesetzes variiert die Kraft einer motorischen Einheit bei einer Einzelzuckung nur wenig, weil in der Einheit alle Fasern entweder gereizt und kontrahiert oder aber erschlafft sind. Die Änderung der *Stimulierungsfrequenz* beeinflußt jedoch die Kraft: wegen der schon erwähnten Überlagerung und Summationseffekte der Einzelzuckungen ist die Kraft im vollständigen Tetanus, d.h. bei hoher Impulsrate der α-Motoneuronen, etwa doppelt so groß wie in einem unvollständig verschmolzenen Tetanus bei niedriger Frequenz der Stimulierung. Auch bei ganz niedriger Impulsrate, z.B. bei 5 bis 10/s, unduliert die niedrige Gesamtspannung (*Tonus*) des Muskels jedoch nicht, weil nämlich die verschiedenen asynchron tätigen motorischen Einheiten die Maxima von Zuckungen oder unvollständigen Tetani asynchron, d.h. zu verschiedenen Zeiten produzieren.

Tabelle 4-4. Große und kleine motorische Einheiten

Muskel	Rectus oc. lat.	Biceps brachii
Motorische Einheiten/Muskel	1 740	774
Muskelfasern/Einheit	13	750
Maximalkraft/Einheit (N)	0,001	0,5

Korrelation von Kontraktionskraft und Frequenz der Aktionspotentiale. Durch Steigerung der Impulsrate der Motoneuronen von 5 auf 50/s wird aus Zuckungen bzw. einem unvollständig verschmolzenen Tetanus der motorischen Einheiten ein verschmolzener glatter Tetanus, wodurch sich die Kontraktionskraft auf mindestens den 2fachen Wert erhöht. Mit Hilfe von Nadelelektroden in den motorischen Einheiten [3] kann dabei die Frequenz der Muskelaktionspotentiale extracellulär abgeleitet und registriert werden (Abb. 4-9). Solche **elektromyographischen Untersuchungen** zeigten die Korrelationen der willkürlichen Muskelkraft mit der Frequenz der Aktionspotentiale in den motorischen Einheiten und bewiesen, daß die Kontraktionskraft durch Erhöhung der Frequenz der Reizung gesteigert werden kann [3].

Rekrutierung motorischer Einheiten. Die Muskelkraft und die Kontraktionsgeschwindigkeit (s. S. 81) können auch durch Aktivierung von mehr und mehr motorischen Einheiten (Rekrutierung) gesteigert werden. Dabei ist die Feinregulierung der Kraft um so besser abstufbar, je geringer die Größe und damit die Kraft einer motorischen Einheit ist. Bei geringer Willküranspannung eines Muskels können elektromyographisch (extracelluläre Ableitung mit Nadelelektroden) nur von wenigen motorischen Einheiten Aktionspotentiale abgeleitet werden, bei starker willkürlicher Anspannung — nach der Rekrutierung — feuern sehr viele Einheiten. Infolgedessen nimmt auch die mittels *Oberflächenelektroden* von der Haut abgeleitete integrierte elektrische Aktivität um so mehr zu, je kraftvol-

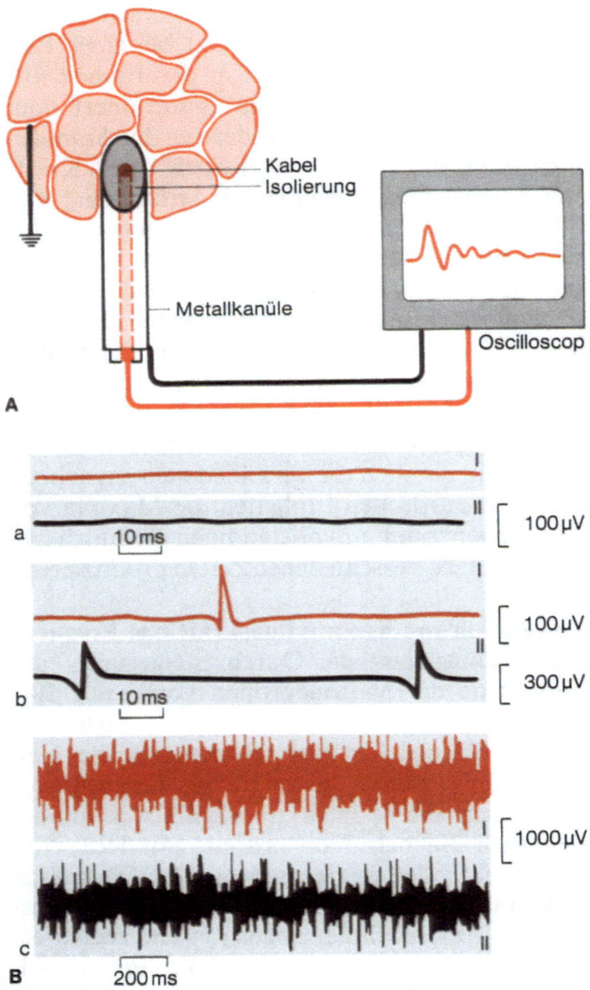

Abb. 4–9 A u. B. Elektromyographie. **A** Extracelluläre Ableittechnik mittels konzentrischer Nadelelektrode, die zwischen die Fasern einer motorischen Einheit des Muskels (extracellulär) gestochen wird. **B** Extracelluläre Aktionspotentiale werden mit 2 Elektroden gleichzeitig von 2 verschiedenen motorischen Einheiten (I und II) eines Muskels abgeleitet. a. Erschlaffter Muskel, b. schwache willkürliche Kontraktion (beachte die asynchrone Aktivität der beiden motorischen Einheiten), c. maximale willkürliche Kontraktion. Nach [3]

ler die darunter liegenden Muskelpartien kontrahieren.

Reflextonus. Selbst bei scheinbarer Ruhe ist in manchen Muskeln die elektromyographisch feststellbare Aktivität nicht immer ganz erloschen. Infolge niederfrequenter reflexogener periodischer Anspannung nur weniger motorischer Einheiten befinden sich manche (nicht alle) Haltemuskeln oft in einem unwillkürlichen Spannungszustand, der bei asynchroner Arbeitsweise der Funktionseinheiten stetig ist. Dieser *neurogene,* über das γ-Fasersystem der Muskelspindeln (S. 96) beeinflußbare *„Tonus“* wird durch geistige Anspannung oder Erregung unwillkürlich oft noch verstärkt und erlischt nur bei tiefer Entspannung vollständig.

Klinische Elektromyographie. Bei gewissen Störungen der Innervation (S. 104, 119) bewirkt passive Bewegung bzw. Dehnung der Muskeln einen reflektorisch erhöhten Tonus und dadurch einen Widerstand gegen die Dehnung. Dementsprechend ist auch die elektromyographisch erfaßbare Muskelaktivität bei passiver Bewegung erhöht (*Spastizität* bzw. *Rigidität*). Bei einer *Myotonie*erkrankung sind die Zellmembranen der Muskulatur so erregbar, daß schon das für die Elektromyographie notwendige Einstechen der Nadelelektroden starke spontane Entladungssalven auslöst. Bei der willkürlichen Anspannung eines Muskels nach einer Ruhepause kommt es zu langdauernden Nachentladungen in den übererregbaren Zellmembranen (Aktionspotentialsalven), so daß der Muskel länger als gewollt kontrahiert und versteift. Im Gegensatz zu degenerativen Muskelerkrankungen (Dystrophien) sind die kontraktilen Strukturen bei der Myotonie nicht verändert. Spontane Aktionspotentiale (Fibrillationspotentiale) finden sich auch im ersten Stadium nach der Denervierung noch vor der Inaktivitätsatrophie des denervierten Muskels. Nach langdauernder Denervierung, etwa bei Poliomyelitis oder bei amyotroper Lateralsklerose, werden atrophierte Muskelfasern durch Bindegewebe ersetzt, doch nach nur partiellen Nervenläsionen können intakte Motoneurone in die denervierten Muskelpartien einsprießen und deren Innervation mitübernehmen. Dadurch werden die motorischen Einheiten und die elektromyographisch abgeleiteten Aktionspotentiale größer.

4.3 Muskelmechanik

Die *Kraft* eines Muskels bzw. eines Muskelfaserbündels entspricht jeweils der Summe der Zugkräfte seiner Fasern. Je dicker ein Muskel und je größer sein („physiologischer“) Querschnitt (die Summe der Querschnitte der einzelnen Muskelfasern), um so stärker ist er; z.B. nimmt im Falle einer Muskel*hypertrophie* Muskelkraft und Dicke der Muskelfasern gleichermaßen zu. Bezogen auf die Einheit des Querschnitts (cm^2) entwickeln quergestreifte Säugermuskeln im Maximum meist über 4 kp (40 N), Kaltblütermuskeln dagegen nur etwa 30 N.

Die Muskelkraft hängt nicht nur — wie besprochen (S. 75) — von der zentralnervös gesteuerten Muskelaktivierung ab, sondern auch ganz wesentlich von den äußeren mechanischen Bedingungen, unter denen ein Muskel arbeitet.

Auxotonische und isometrische Kontraktionen. Im menschlichen Körper übertragen die Skeletmuskeln ihre Kraft über elastische, etwas dehnbare Strukturen, die Sehnen, auf das Skelet. Infolgedessen wird sich der Muskel bei der *Kraftentwicklung etwas verkürzen* und dabei die zwischen Muskel und Skelet geschalteten elastischen Strukturen dehnen und anspannen. Eine solche Muskelkontraktion, bei welcher die Muskellänge abnimmt, während gleichzeitig die vom Muskel entwickelte Kraft zunimmt, nennen wir **auxotonische Kontraktion.** Die unter auxotonen Versuchsbedingungen (Verbindung zwischen Muskel und Kraftfühler dehnbar-elastisch) gemessene maximale Muskelkraft heißt *auxotones Kontraktionsmaximum.* Sie ist wesentlich kleiner als die Kontraktionskraft, die der Muskel bei konstant gehaltener Muskellänge — d.h. *isometrisch* — entwickelt. Zur Erzeugung **isometrischer Kontraktionen** wird der erschlaffte, ruhende Muskel an seinen beiden Enden so festgeklemmt, daß er sich bei der Aktivierung zwar unter Kraftentwicklung anspannen, jedoch nicht verkürzen kann.

Selbst dann jedoch können die kontraktilen Elemente der Muskelfasern (Myosinköpfchen) die von ihnen entwickelte Kraft nur über intramusculäre elastische Strukturen auf Sehnen oder Meßvorrichtungen übertragen. Die elastischen Strukturen sind z.T. in den Querbrücken selbst lokalisiert [10] (vgl. auch Abb. 4-3), teilweise aber auch in den Actinfilamenten, den Z-Scheiben und in den Sehnenansätzen. Man denke sich also den Muskel modellmäßig vereinfacht als ein System kontraktionsfähiger Elemente (CE) und elastischer Elemente (SE), die in Serie zueinander geschaltet sind, wie ein mechanisches Analogmodell (Abb. 4-10) veranschaulicht. Indem bei der Aktivierung die kontraktilen Elemente (auxotonisch) um etwa 1% kontrahieren, spannen sie die *serienelastischen Elemente,* und dadurch erst entsteht die meßbare Muskelkraft.

Einzelzuckung, Superposition von Zuckungen, Tetanus. Unter isometrischen Bedingungen bewirkt eine einmalige Reizung eine rasche Zunahme der Kontraktionsspannung, die alsbald wieder abfällt (isometrische Einzelzuckung, Abb. 4-10, vgl. auch S. 73 und Abb. 4–8). Wird der Muskel vor Aufhören der Zuckung ein zweites Mal gereizt, so überlagert sich die zweite Zuckung der ersten (Superposition), und die erzielte Gesamtspannung ist dann größer als bei der Einzelzuckung (*mechanische Summation*). Bei rasch aufeinander folgenden Reizen verschmelzen die Zuckungen zum Tetanus (Abb. 4-10, vgl. S. 74). Noch besteht keine Übereinstimmung darüber, wieso die im Tetanus oder bei Superposition von Einzelzuckungen erreichte Kontraktionsspannung viel größer ist als die Kraft einer Einzelzuckung. Während der kurzen Aktivierung des Muskels zu Beginn einer Einzelzuckung bilden sich zwischen den Actin- und Myosinfilamenten elastisch angespannte Querbrücken. Die Aktivierungszeit reicht jedoch nach neueren Forschungsergebnissen nicht zur Ausbildung aller Kontraktionsbindungen. Zusätzliche Kontraktionsbindungen entstehen aber bei länger dauernder Aktivierung, die durch wiederholte Reizung (z.B. im Tetanus) ermöglicht wird. Die Zahl der im Tetanus möglichen Actin-Myosin-Querverbindungen und damit die Muskelkraft sollte nach der Gleitfilamenttheorie vom Grad der Überlappung dicker und dünner Filamente abhängen und somit natürlich von der Länge der Sarkomere bzw. des Muskels.

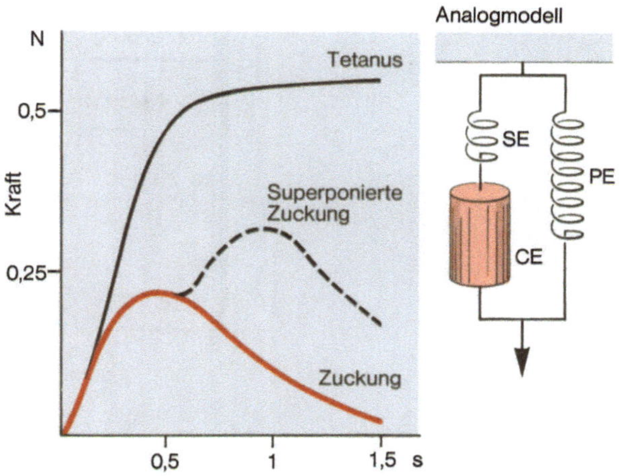

Abb. 4–10. Summation und Verschmelzung von Einzelzuckungen bei wiederholter Reizung (Reizintervall 500 ms. Superposition der Zuckungen: 50 ms, glatter Tetanus, Froschmuskel 0° C). Nach [3]: Analogmodell des Muskels CE kontraktiles Element; SE serienelastische Elemente; PE parallelelastische Elemente

Isometrische Kontraktionskraft und Muskellänge

Im erschlafften Zustand übt der bei „Ruhelänge“ an beiden Enden festgehaltene Muskel keine Zugkraft auf die Haltevorrichtung aus.

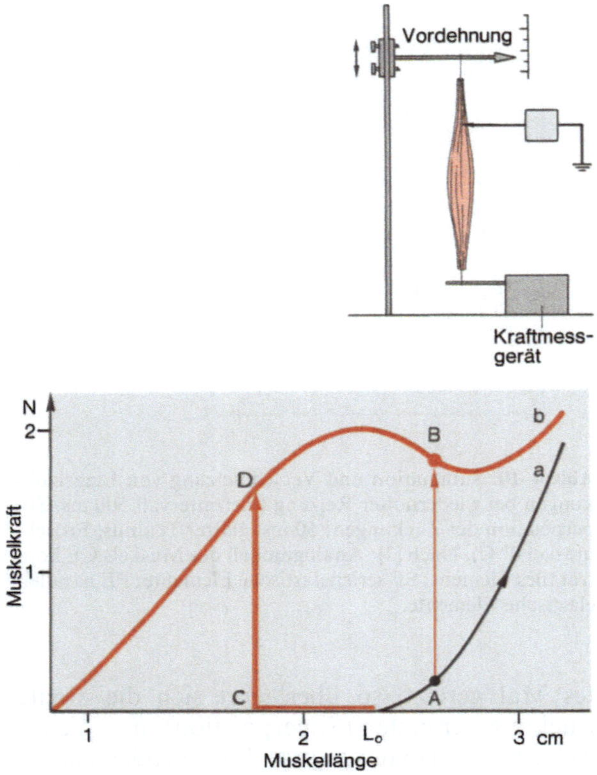

Abb. 4–11. Beziehung zwischen Kraft und Muskellänge. *a.* Ruhedehnungskurve; *b.* Kurve der isometrischen Maxima. Die totale Kraft bei einer bestimmten Vordehnung (z.B. bei *B*) setzt sich aus der passiven Spannung *A* und der aktiven Kontraktionskraft (*B-A*) zusammen. *Oben:* Isometrische Versuchsanordnung. Froschmuskel bei Ruhelänge ($l_0 \sim 2{,}3$ cm) eingespannt zwischen Kraftfühler (*unten*) und Fixpunkt, der zur Vordehnung des Muskels nach oben, zur Entdehnung (unter l_0) nach unten verstellt werden kann. In diesem Fall verkürzt sich ein Muskel auf eine vorbestimmte Länge, bevor er sich isometrisch anspannt (Anschlagkontraktion!)

Wenn man jedoch am einen Ende des Muskels zieht (Abb. 4-11) und dadurch die Fasern dehnt, so wird der Muskel passiv angespannt. Der ruhende Muskel verhält sich also elastisch; doch anders als bei einer Feder nimmt die Spannung nicht linear mit der Dehnung zu: trägt man die gemessene Kraft gegen die jeweilige Muskellänge in ein rechtwinkliges Koordinatensystem ein, so erhält man ein Längenspannungsdiagramm des ruhenden Muskels, die **Ruhedehnungskurve,** deren gekrümmter Verlauf um so steiler ist, je stärker der Muskel gedehnt wird (Kurve a in Abb. 4-11). Der Elastizitätsmodul des ruhenden Muskels nimmt also mit der Dehnung zu. Diese Elastizität kommt größtenteils durch dehnbare Strukturen zustande, die den kontraktilen Fibrillen parallel geschaltet sind (daher: *Parallelelastizität*), etwa das Sarkolemm um die Muskelfaser, das longitudinale System des sarkoplasmatischen Reticulums, oder bindegewebige Strukturen zwischen den Fasern. Die Myofibrillen hingegen sind im erschlafften Zustand fast widerstandslos dehnbar, weil dann die leicht gegeneinander verschieblichen Actin- und Myosinfilamente nicht durch Querbrücken „vernetzt" sind.

Die Vordehnung bestimmt nicht nur die Größe der passiv elastischen Anspannung des ruhenden Muskels, sondern auch das Ausmaß an Kraft, welches der Muskel bei der jeweiligen Länge zusätzlich entwickeln kann, wenn er aktiviert wird. Der isometrische Kraftzuwachs während der Kontraktion überlagert sich (additiv) der passiven Anspannung des ruhenden Muskels und erreicht schließlich auf dem Gipfel der Kontraktion das **isometrische Kontraktionsmaximum.** Die passiven elastischen Kräfte der gedehnten longitudinalen Tubuli und des Sarkolemms und die aktiv kontraktilen Kräfte in den Myofibrillen wirken additiv, weil diese Strukturen parallelgeschaltet sind, wie ein mechanisches Analogmodell (Abb. 4-10, Einsatzfigur) veranschaulicht. Wenn wir die bei verschiedenen Muskel- bzw. Sarkomerlängen gemessenen isometrischen Kontraktionsmaxima gegen die jeweilige Muskellänge in ein Koordinatensystem eintragen, so erhalten wir ein Kraft-Längen-Diagramm, die **Kurve der isometrischen Maxima** (Kurve b in Abb. 4-11). Von dieser Kurve müssen wir die Ruhedehnungskurve wieder subtrahieren, um die Abhängigkeit der aktiven Kontraktionskraft von der jeweiligen Muskel- oder Sarkomerlänge zu erhalten (Abb. 4-12). Die Kurve zeigt ein charakteristisches Optimum bei etwa der Muskelruhelänge bzw. bei einer Sarkomerlänge zwischen 2,0 und 2,2 μm. Bei kleineren Muskel- oder Sarkomerlängen ist die Kraft geringer, weil sich in diesem Längenbereich die Actin- und Myosinfilamente gegenseitig behindern und weil in verkürzten Muskeln die elektromechanische Koppelung beeinträchtigt ist. Wegen dieser Störfaktoren können sich die meisten Muskeln nur etwa auf 50–70% ihrer Ruhelänge verkürzen (vgl. Abszissenschnittpunkt der Kurve der isometrischen Maxima in Abb. 4-11). Werden Muskelfasern über ihre Ruhelänge hinaus gedehnt, so fällt die Kontraktionskraft ab, weil dann die Actinfilamente aus der Anordnung der Myosinfilamente herausrutschen. Bei einer Sarkomerlänge von 2,9 μm beispielsweise beträgt die Kraft der Myofibrillen nur noch etwa 50% der Maximalkraft, weil dann jedes Myosinfilament nur noch zur Hälfte mit Actinfilamenten überlappt und nur noch die Hälfte der Myosinköpfchen mit Actin Querbrücken

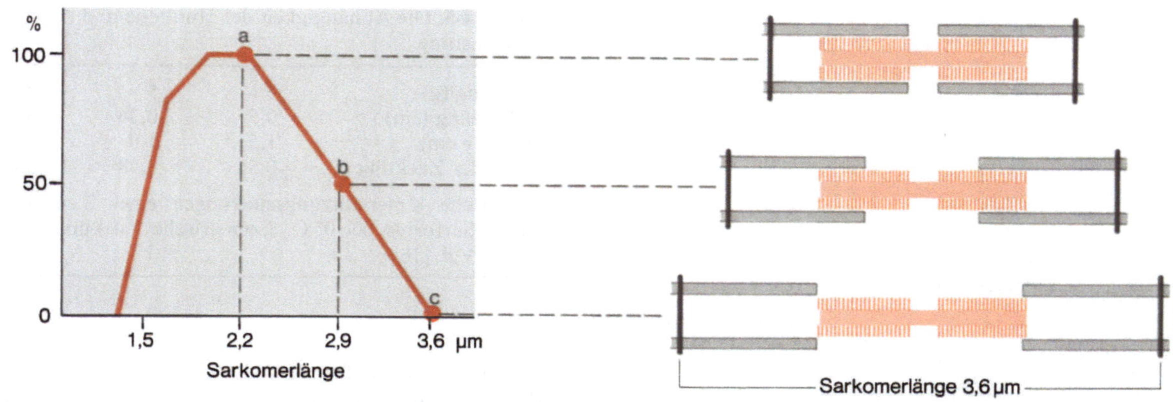

Abb. 4–12. Beziehung zwischen Kontraktionskraft, Sarkomerlänge und Filamentüberlappung. *Links:* Die im Tetanus entwickelte isometrische Maximalkraft bei verschiedener Länge einer einzelnen Muskelfaser und ihrer Sarkomere. *Abscisse:* Sarkomerlänge; *Ordinate:* Kraft in Prozent der Maximalkraft bei Ruhelänge der Muskelfaser bzw. bei einer Sarkomerweite von 2,2 µm. *Rechts:* Überlappung von Myosin- und Actinfilamenten eines Sarkomers bei einer Sarkomerweite von 2,2, 2,9 und 3,6 µm. Nach [7]

bilden können. Auch der durch die Elastizität der Querbrücken bedingte dynamische Dehnungswiderstand (Huxley's „immediate stiffness" [9]) ist dann zur Hälfte reduziert. Bei Sarkomerlängen über 3,6 µm laufen Ruhedehnungskurve und Kurve der isometrischen Maxima zusammen (Abb. 4-11): die Myofibrillen können keine aktive Kraft mehr entwickeln, weil sich bei dieser Länge Actin- und Myosinfilamente überhaupt nicht mehr berühren. Durch diese mechanischen Experimente wurde die zunächst rein theoretische Aussage verifiziert, daß nur durch Zusammenwirken von Actin- und Myosinfilamenten (im Sinne der Querbrückenbildung) Muskelkraft entstehen kann [7].

Beziehung zwischen Last und Verkürzung des Muskels

Isotonische Kontraktion nennen wir eine Muskelverkürzung bei konstanter Muskelspannung bzw. Belastung. Zur Registrierung der Verkürzung wird ein isolierter ruhender Muskel zunächst am einen Ende an einer Halterung aufgehängt. Dann wird er am anderen Ende mit einem belasteten Hebel verbunden (Abb. 4-13, Einsatzfigur), durch dessen Ausschläge die Muskelbewegung gemessen werden kann. Durch das Gewicht des belasteten Hebels wird der ruhende Muskel passiv gedehnt. Die Beziehung zwischen der wirkenden Zugkraft (Last) und der Muskeldehnung kann in einem Längenspannungsdiagramm in Form der *Ruhedehnungskurve* dargestellt werden (a in Abb. 4-13, vgl. auch S. 78 und Abb. 4-11). Wenn wir einen belasteten und vorgedehnten Muskel in der in Abb. 4-13 (Einsatzfigur) gezeigten Versuchsanordnung „tetanisch" stimulieren, kontrahiert er **isotonisch:** er verkürzt sich unter konstanter Spannung, indem er die Last hebt und dabei mechanische Arbeit leistet (Hubhöhe mal Last). Die Muskelverkürzung (Hubhöhe) ist um so geringer, je größer die Last ist. Daraus resultiert eine charakteristische Abhängigkeit der im Kontraktionsmaximum erreichten Muskellänge von der Vorbelastung: die Kurve der isotonischen Maxima (e in Abb. 4-13); um den Einfluß der Last auf die Hubhöhe, unabhängig von Veränderungen der Vordehnung zu untersuchen, verwenden wir eine andere Kontraktionsform:

Die Unterstützungskontraktion. Die Vordehnung des Muskels durch seine Belastung kann durch Unterstützung der Last bzw. durch einen geeigneten Anschlag (Stellschraube in Abb. 4-13) am Muskelhebel verhindert werden. Dann kontrahiert der tetanisch stimulierte Muskel bei Ausgangslänge zunächst isometrisch; er spannt sich an, bis die entwickelte Muskelkraft der Last ebenbürtig ist. Erst dann kann das unterstützte Gewicht durch eine isotonische Kontraktion in die Höhe gehoben werden, und zwar mit einer Kraft, die der Gegenkraft des belastenden Gewichts entspricht. Die Hubhöhe ist bei Unterstützungskontraktionen um so größer, je geringer die wirkende Kraft oder die Belastung ist. Infolgedessen erreicht ein wenig belasteter Muskel auf dem Höhepunkt der Kontraktion eine geringere Länge als bei größerer Belastung. Wenn wir diese Endlängen auf der Abscisse

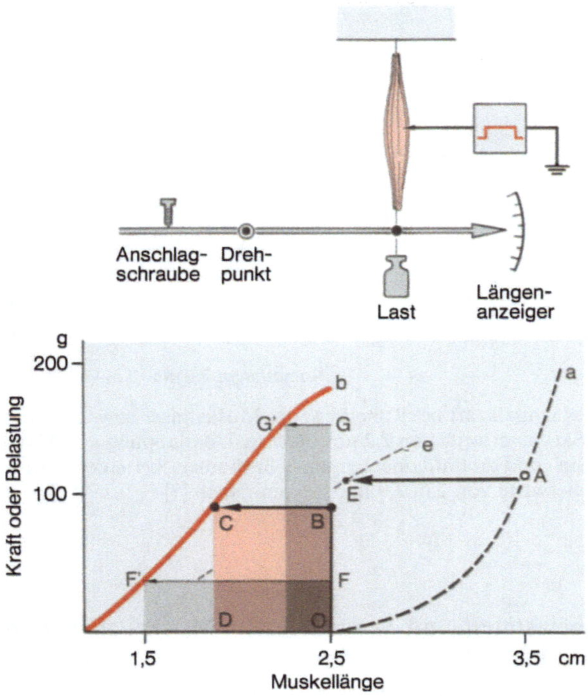

Abb. 4–13. Beziehung zwischen Belastung und Verkürzung. *Abscisse:* Muskellänge; *Ordinate:* Muskelkraft bzw. Muskelbelastung (100 g Belastung entspricht einer Kraft von 1 N). Passive Verlängerung eines ruhenden Froschmuskels (Ausgangslänge $l_0 = 2{,}5$ cm) bei zunehmender Belastung (Ruhedehnungskurve a). *OA:* Dehnung bei 120 g Belastung; *AE:* isotonische Kontraktion bei tetanischer Reizung des mit 120 g belasteten Muskels bis zur Kurve der isotonischen Maxima (*e*). *OBC:* isotonische Unterstützungskontraktion im Tetanus bei 90 g Belastung setzt sich zusammen aus isometrischen Anspannungsphase (*OB*) und der isotonischen Verkürzungsphase (Hubhöhe *BC* = 0,6 cm), bei der eine der Fläche OBCD entsprechende Arbeit vollbracht wird. Die *grau schraffierten* Flächen entsprechen den Muskelarbeiten bei 160 bzw. 30 g Belastung. Hubhöhen bei 30 g Belastung (*F-F'*) und bei 160 g Belastung (*G-G'*). *b* Kurve der isotonischen Unterstützungsmaxima. *Oben:* Vorrichtung für Unterstützungskontraktion oder (ohne Anschlagsschraube) für isotonische Kontraktion

eines rechtwinkligen Koordinatensystems gegen die Last Muskelspannung oder Kraft (auf der Ordinate) auftragen, so erhalten wir ein „Längenspannungsdiagramm", die Kurve der Unterstützungsmaxima (Kurve b in Abb. 4-13, die deutlich über der Kurve e der isotonischen Maxima liegt und sich mit der Kurve der isometrischen Maxima — b in Abb. 4-11 — beinahe deckt).

Die Muskelarbeit bei einer tetanischen Unterstützungskontraktion ist das Produkt von Hubhöhe (Muskelverkürzung) und Last und entspricht deshalb im Längenspannungsdiagramm der Abb. 4-13 der Fläche eines Rechtecks, dessen Seiten aus der Kraftkomponente und dem Verkürzungsweg (Hubhöhe) gebildet werden. Die Abb. 4-13 macht deutlich, daß die Arbeit (Fläche OBCD) bei mittlerer Belastung größer ist als bei sehr großer oder kleiner Belastung (graue Flächen); sie ist Null, wenn die Last gleich der isometrischen Maximalkraft ist oder wenn sich der Muskel unbelastet verkürzt.
Ganz ähnlich ist der Zusammenhang von Belastung und Arbeit bei Einzelzuckungen (Tabelle 4-5). Bei Unterstützungseinzelzuckungen sind Hubhöhe und Hubarbeit jedoch geringer als bei Unterstützungstetani, weil wegen der kurzen Aktivierungszeit im Verlauf einer Einzelzuckung ein Muskel sich nicht so stark verkürzen kann wie im Tetanus.

Tabelle 4-5. Die Abhängigkeit der Hubhöhe und Arbeit von der Belastung

Belastung (g)	3	5	9
Verkürzung (cm)	0,5	0,36	0,12
Arbeit (g cm)	1,5	1,8	1,1
Dauer der Zuckung (s)	0,55	0,48	0,4

Isotonische Unterstützungszuckungen eines 3 cm langen Frosch-Sartorius bei 0° C. Isometrische Zuckung: 0,12 N Kraft. (Vgl. [16])

Beziehung von Geschwindigkeit und Kraft (Belastung)

Bei tetanischer Aktivierung eines Muskels hängt nicht nur die Hubhöhe, sondern auch die Geschwindigkeit einer isotonischen Kontraktion von der Belastung ab: je geringer die Belastung, um so größer ist die in der Zeiteinheit erfolgte Verkürzung (Abb. 4-14, Einsatzfigur). Unbelastet verkürzt sich ein Muskel mit seiner maximalen Geschwindigkeit.

Die **maximale (lastfreie) Verkürzungsgeschwindigkeit** eines jeden Sarkomers entspricht der maximalen Geschwindigkeit des Übereinandergleitens der Actin- und Myosinfilamente. Je schneller die Myosinquerbrücken ATP spalten und mit Actin in Wechselwirkung treten, um so höher ist die Geschwindigkeit des elementaren Gleitprozesses. Die langsamen tonischen Fasern unserer „Haltemuskeln" enthalten ein Myosin mit nur geringer ATPase-Aktivität, das sich in seiner Zusammensetzung von Myosin hoher ATPase-Aktivität der raschen Muskelfasern unserer Bewegungsmuskeln unterscheidet. Neuere Untersuchungen haben gezeigt, daß der schnelle Fasertyp in den langsamen Fasertyp transformiert werden kann: Buller und Eccles durchtrennten die motorischen Nervenfasern eines langsamen und eines schnellen Muskels und vertauschten die beiden Nervenenden bei der Wiedereinpflanzung in die Muskeln. Wenige Wochen nach dieser Kreuzinnervation wurde der reinnervierte, ursprünglich schnelle Muskel langsam und der ur-

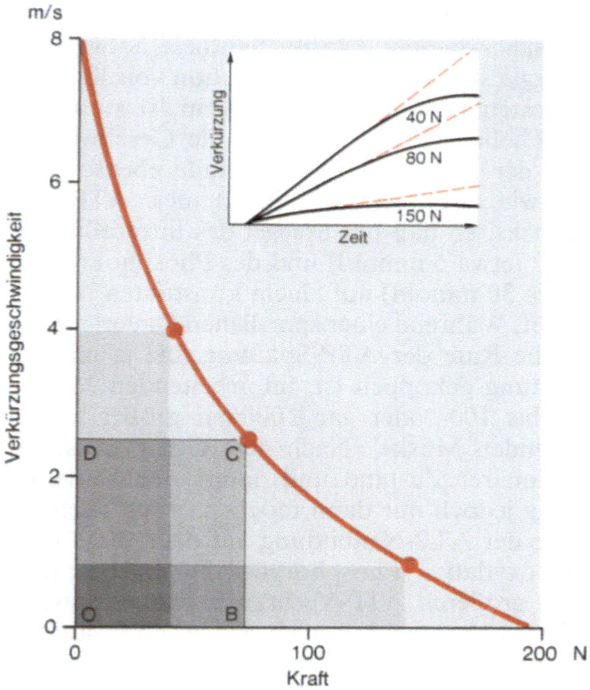

Abb. 4-14. Beziehung zwischen Kraft und Kontraktionsgeschwindigkeit. *Ordinate:* Verkürzungsgeschwindigkeit eines menschlichen Armmuskels in m/s. *Abscisse:* Muskelbelastung bzw. wirkende Gegenkraft des Muskels in *N*. Die Fläche *OBCD* bedeutet die optimale mechanische Muskelleistung bei einer Kontraktionsgeschwindigkeit von 2,5 m/s. *Rechteckflächen:* Muskelleistung bei 14 bzw. 4 kg Belastung. Nach [20] modifiziert. *Einsatzfigur:* Zeitlicher Verlauf der isotonischen Unterstützungskontraktion bei Belastung mit 4 oder 8 oder 15 kg. *Gestrichelte Geraden:* Kurvensteigung = Verkürzungsgeschwindigkeit

sprünglich langsame Muskel schnell. Da sich die Verkürzungen der in den Myofibrillen hintereinander geschalteten Sarkomere addieren, werden bei gleicher Verkürzungsgeschwindigkeit einzelner Sarkomere lange Muskeln schneller kontrahieren als kurze Muskeln. Beispielsweise verkürzt sich der Sartorius eines Frosches mit 0,2 m/s (etwa 10 Muskellängen pro Sekunde), indem sich jedes der etwa 2 µm langen Sarkomere in 20 ms auf eine Länge von 1,6 µm verkürzt. Die viel längeren menschlichen Armmuskeln hingegen verkürzen sich mit 8 m/s.

Wie Abb. 4-14 zeigt, nimmt die Kontraktionsgeschwindigkeit mit zunehmender Belastung in hyperbolischer Weise ab (**Hill-Kraft-Geschwindigkeitsrelation**), und sie erreicht etwa $^1/_5$ des (bei lastfreier Verkürzung erzielten) Maximalwertes, wenn die relative Muskelbelastung halb so groß ist wie die maximal mögliche Kraft unter isometrischen Versuchsbedingungen. Ist die Belastung gerade so groß wie die isometrisch mögliche Kraft, so verkürzt sich der Muskel nicht. Bei noch größerer Belastung wird er gedehnt (Bremswirkung der Muskeln beim Bergabgehen!).

Die vom Muskel während der Verkürzung aufzubringende Kontraktionskraft entspricht der Belastung.
Aus der von HILL beschriebenen Last-Geschwindigkeits-Relation muß deshalb auch eine entsprechende Abhängigkeit von Kontraktionskraft und Verkürzungsgeschwindigkeit gefolgert werden: Während einer schnellen Verkürzung entwickelt ein Muskel weniger kontraktile Kräfte als bei langsamer Verkürzung oder gar bei Dehnung des Muskels. Damit erklärt sich die alltägliche Erfahrung, daß wir sehr schnelle „leichte“ Bewegungen nur bei geringer Kraftaufwendung ausführen können, wenn die Muskeln entspannt (nicht verkrampft) sind, und daß umgekehrt die größte Muskelkraft bei langsamen Bewegungen, etwa beim „Stemmen“, erreicht wird. Schwere Gegenstände können deshalb — wenn überhaupt — nur sehr langsam gehoben oder fortbewegt werden. Damit steht nicht in Widerspruch, daß wir die Kontraktionsgeschwindigkeit unserer Muskeln auch willkürlich variieren können. Wenn beispielsweise ein Muskel mit *allen* Fasern eine gegebene Last hebt, ist die *relative* Belastung der *einzelnen* tätigen Muskelfasern kleiner und deshalb deren Kontraktionsgeschwindigkeit größer als dann, wenn nur ein *Teil* der Muskelfasern tätig sind. Infolgedessen können wir durch Rekrutierung zusätzlicher motorischer Einheiten bei gleichbleibender Muskelbelastung die Verkürzungsgeschwindigkeit des Muskels steigern.

Die Muskelleistung ist das Produkt von Muskelkraft und Verkürzungsgeschwindigkeit; im gezeigten Beispiel eines menschlichen Armmuskels (Abb. 4-14) beträgt sie maximal 200 W bei einer Kontraktionsgeschwindigkeit von 2,5 m/s. Im Diagramm der Abb. 4-14 entspricht die Leistung der Fläche eines Rechtecks, dessen Seiten aus der Kraft- und Geschwindigkeitskomponente gebildet werden. Es ist dann „graphisch“ leicht einzusehen, daß die Leistung bei einer mittleren Belastung (Fläche OBCD), bzw. bei einer mittleren Kontraktionsgeschwindigkeit größer ist als unter extremen Verhältnissen (hellgraue Rechtecke). Fahrradübersetzung und Zickzackweg beim Bergsteigen sind Beispiele einer Nutzanwendung.

4.4 Muskelenergetik

Muskelwärme und Energieumsatz. Bei der Aktivierung des Muskels führt die Erhöhung der intracellulären freien Calciumionenkonzentration zur Auslösung der Kontraktion und zur vermehrten ATP-Spaltung und dadurch zur 100- bis 1000fachen Erhöhung des Muskelenergieumsatzes. Nach dem 1. Hauptsatz der Thermodynamik (Energiesatz) muß die im Muskel umgesetzte chemische Energie gleich der Summe von mechanischer Energie (Muskelarbeit) und Wärmeproduktion sein. Auch wenn keine physikalisch meßbare Muskelarbeit geleistet wird, etwa während der Aufrechterhaltung einer isometrischen tetanischen Kontraktion, wird im Muskel fortwährend chemische Energie in Wärme **(Erhaltungswärme)** transformiert; sie ist der „Haltezeit" und der aufrechterhaltenen Muskelspannung proportional. Auch bei isometrischer Kontraktion sind nämlich die Myosinquerbrücken in dauernder cyclischer Rudertätigkeit, wobei sie unter ATP-Spaltung und Wärmeproduktion eine beträchtliche „innere" Haltearbeit verrichten. Halteleistungen (z.B. langes Stehen) sind deshalb ermüdend. Eine zusätzliche Menge ATP wird dann umgesetzt, wenn ein Muskel eine Last hebt und dabei arbeitet und Verkürzungswärme produziert. Der Extraenergieumsatz ist dann der Arbeit proportional (FENN-Effekt).

Wirkungsgrad. Ein Mol ATP liefert bei seiner Hydrolyse etwa 48 kJ Energie. Diese Energie wird jedoch nur zu etwa 40–50% in mechanische Energie oder Arbeit umgewandelt; die restlichen 50–60% verpuffen als Wärme **(initiale Wärme)** zu Beginn und während der Kontraktion eines Muskels, der sich dabei etwas erwärmt. Die elementare Energietransformation in den Myofibrillen erfolgt also mit einem Wirkungsgrad von über 40–50%. Bei der natürlichen Muskeltätigkeit liegt der mechanische Nutzeffekt jedoch meist nur bei 20–30%, weil während und nach der Kontraktion außerhalb der Myofibrillen „energieverschleißende" Erholungsprozesse ablaufen, die — wie etwa die Tätigkeit von Ionenpumpen oder die oxydative Regeneration des ATP — mit beträchtlicher Wärmebildung **(Erholungswärme)** einhergehen. Je höher die Arbeitsleistung, um so höher ist die Wärmeproduktion und mithin auch der Verbrauch an Energiequellen (Kohlenhydrat und Fett) einerseits und Sauerstoff andererseits. Dies ist übrigens auch der Grund dafür, daß wir beim Bergaufgehen, nicht aber beim Bergabgehen ermüden, ins Schwitzen kommen und in Atemnot geraten.

Energiestoffwechsel. Bei andauernder stetiger Muskeltätigkeit erfolgt die Regeneration des ATP **aerob** v.a. auf dem Weg über die **oxidative Phosphorylierung.** Die zur Synthese notwendige Energie stammt aus der Oxidation von Kohlenhydraten oder Fett. Das System ist stationär, im Fließgleichgewicht, wenn die Geschwindigkeit der ATP-Neubildung gerade ebenso groß ist wie die Geschwindigkeit des ATP-Verbrauchs, so daß der Spiegel des intracellulären ATP (etwa 5 mmol/l) und des Phosphokreatins (etwa 30 mmol/l) auf einem konstanten Niveau bleibt. Während einer sportlichen Dauerleistung ist die Rate der ATP-Spaltung, die ja mit der Leistung gekoppelt ist, im arbeitenden Muskel oft bis 100- oder gar 1000mal größer als im ruhenden Muskel. Nach dem Gesagten ist ein stationärer Zustand und damit eine Dauerleistung jedoch nur dann möglich, wenn auch die Rate der ATP-Neubildung auf dem Wege über die oxydative Phosphorylierung entsprechend dem größeren ATP-Verbrauch gesteigert wird. Der O_2-Verbrauch des Muskelgewebes ist dann bis zu 50- bis 100mal so hoch wie bei Ruhe, weil für die Bildung von einem Mol ATP etwa $^1/_6$ Mol O_2 benötigt wird. Entsprechend erhöht ist auch die Abbaurate von Glykogen im Muskel.

Leistungsbegrenzend ist möglicherweise die für die Geschwindigkeit des oxidativen Glucoseabbaus maßgebende Enzymkapazität in den Mitochondrien, die beispielsweise bei einem gut trainierten Dauerläufer im Langstreckenlauf bei einer Laufgeschwindigkeit von 6 m/s ausgeschöpft wird [3].

Die Dauerleistungsgrenze kann jedoch kurzfristig durchbrochen werden — z.B. im Endspurt —, wenn *zusätzlich* Glykogen **anaerob** abgebaut wird: **Glykolyse** (Tabelle 4-1). Hier erfolgt die ATP-Bildung 2- bis 3mal so schnell wie durch oxydative Phosphorylierung. Dies ermöglicht eine 2- bis 3mal so hohe ATP-Spaltungsrate und damit auch eine 2- bis 3mal so hohe mechanische Leistung der Muskeln wie im Falle einer (nur aerob erbrachten) Dauerleistung. Deshalb erreicht der Sprinter im Kurzstreckenlauf eine beinahe doppelt so hohe Geschwindigkeit (etwa 10 m/s) wie der Langstreckenläufer. Allerdings kann diese hohe Rate der ATP-Bildung und damit die große mechanische Leistung nur für kurze Zeit (etwa 30 s) erbracht werden, weil die anaerob verfügbaren Energiereserven beschränkt sind und weil sich infolge der Glykolyse in der Zellflüssigkeit und im Blut Milchsäure anhäuft, die schließlich zur metabolischen Acidose und damit zur Einschränkung der Leistungsfähigkeit, zur **Ermüdung** führt (s. S. 74). Die ermüdungsbedingte intracelluläre pH-Änderung und die Anhäufung von Metaboliten wie Phosphat und Adenosindiphosphat können heute im Herz- und Skeletmuskel durch die Kernresonanztechnik (NMR-Spektroskopie) in situ nachgewiesen werden.

Anaerob energieliefernde Prozesse sind nicht nur bei körperlichen Spitzenleistungen, sondern sie sind oft zu *Beginn* einer sogar unter der Dauerleistungsgrenze liegenden Muskeltätigkeit deshalb kurzfristig nötig, weil die Anpassung des oxydativen Stoffwechsels (und übrigens auch der Glykolyse) an den erhöhten Tätigkeitsstoffwechsel eine gewisse Anlaufzeit braucht. Infolgedessen wird sich erst in etwa $^1/_2$–2 min — nach Überwindung des „toten Punktes" — ein stationärer Zustand einstellen, in welchem pro Zeiteinheit ebenso viel ATP durch oxydative Phosphorylierung gebildet wird, wie durch die ATPase gespalten wird. Bis dieses Fließgleichgewicht (stationärer Zustand) erreicht ist, wird jedoch ATP aus ADP und Kreatinphosphat über die Lohmann-Reaktion (Tabelle 4-1) so schnell regeneriert, daß sein intracellulärer Spiegel praktisch konstant bleibt:

$$\text{ADP} + \text{Kreatinphosphat} = \text{ATP} + \text{Kreatin}.$$

Aufgrund dieser Reaktion fällt der intracelluläre Spiegel von *Phosphokreatin* so lange, bis die aerobe ATP-Bildung schnell genug ist, um den laufenden ATP-Verbrauch zu decken. Der Pool von Kreatinphosphat wird meist erst nach Aufhören der Kontraktion durch Umkehr der Lohmann-Reaktion wieder aufgefüllt. Das hierfür benötigte ATP wird in den ersten Minuten der Erholung durch oxydative Phosphorylierung, also unter Verbrauch von Sauerstoff gebildet. Der dafür benötigte Sauerstoff ist (nach Hill) gewissermaßen eine zurückbezahlte **Sauerstoffschuld**; sie entspricht nach Wilkie etwa der Energiemenge, die der Muskel zu Beginn oder während seiner Tätigkeit anaerob umgesetzt hat, und für die er im Moment nicht durch aerobe energieliefernde Prozesse bezahlt hat [3]. Die allein durch (anaerobe) Hydrolyse von Kreatinphosphat verursachte Sauerstoffschuld beträgt bis zu 4 l; glykolytische Energiegewinnung bei sehr großer körperlicher Anstrengung (s.o.) steigert die Schuld auf bis zu 20 l, da das gebildete und in die Blutbahn abgegebene Lactat (bis zu 1,5 g/l) nur unter Sauerstoffverbrauch eliminiert werden kann. Zum Teil wird Lactat im Herzmuskel oxydiert, zum anderen Teil (vorwiegend in der Leber) für die Neosynthese von Glykogen verwendet (s. dazu die Lehrbücher der Biochemie).

4.5 Glatte Muskulatur

Glatte Muskelzellen sind spindelförmig, etwa 50–400 µm lang und 2–10 µm dick. Verknüpft durch besondere Zellkontakte (Desmosomen) bilden sie ein mit Collagenfasern durchsetztes Netzwerk. Da die Myosinfilamente und Actinfilamente nicht regelmäßig angeordnet sind, fehlt den glatten Muskelzellen die für Herz- und Skeletmuskel so typische Querstreifung. Glatte Muskelzellen verkürzen sich durch ein Gegeneinander- und Übereinandergleiten ihrer Myofilamente; die Filamentverschiebung und die Spaltung des Adenosintriphosphats erfolgt jedoch 100- bis 1 000mal langsamer als bei quergestreiften Muskeln. Infolgedessen sind glatte Muskeln besonders geeignet für unermüdliche, energiesparende Halteleistungen. Bezogen auf einen einheitlichen Muskelquerschnitt entwikkeln sie ebensoviel Kontraktionsspannung (30–40 N/cm^2) und sie widerstehen bei der Haltearbeit einer ebenso großen Gegenkraft wie Skeletmuskeln. Der durch den Verbrauch von Sauerstoff gemessene Energieaufwand ist dabei jedoch 100- bis 500mal kleiner [18].

Myogene Aktivität spontanaktiver Muskeln. Bei vielen glatten Muskeln, beispielsweise bei der Taenia coli, dauert die durch ein Aktionspotential ausgelöste Einzelzuckung mehrere Sekunden (Abb. 4-15). Wegen ihres trägen Verlaufs überlagern sich 2 im Abstand von weniger als 2 s aufeinander folgende Einzelzuckungen, und sie verschmelzen schon bei Frequenzen unter 1 Hz zu einem mehr oder weniger vollständigen Tetanus (tetaniformer „Tonus"), der sich vom

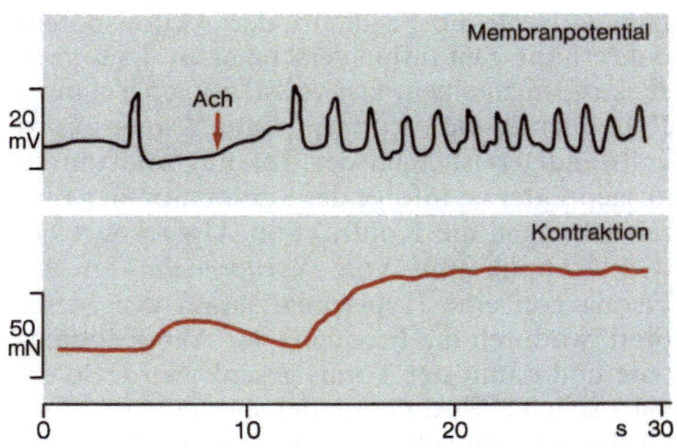

Abb. 4-15. Ein spontanes Aktionspotential (*obere Spur*) löst eine Einzelzuckung der isolierten Taenia coli aus. Zugabe von Acetylcholin (*Pfeil*) erhöht die Frequenz der Aktionspotentiale; die Einzelzuckungen verschmelzen zum Tetanus. *Untere Spur* (*rot*): Verlauf der Muskelspannung. Vgl. [5]

Tetanus quergestreiften Muskel nur durch die niedrige Verschmelzungsfrequenz und die niedrige Frequenz der begleitenden Aktionspotentiale unterscheidet. Der „Tonus" ist *myogen,* denn anders als bei Skeletmuskeln kann sich der glatte Muskel des Darmes, des Ureters, des Magens und des Uterus auch nach seiner Isolierung und Denervierung, ja selbst nach Blockierung intramuraler Ganglienzellen, spontan tetaniform kontrahieren.

Die Aktionspotentiale werden demnach nicht durch Nervenimpulse ausgelöst. Sie entstehen mit anderen Worten nicht neurogen, sondern — ähnlich wie im Herzen — myogen.

Die myogene Erregung entsteht in Schrittmacherzellen, die sich von anderen Muskelzellen nicht strukturell, aber durch elektrophysiologisch erkennbare Merkmale unterscheiden: Präpotentiale oder Schrittmacherpotentiale depolarisieren die Membran bis zur Schwelle und lösen damit Aktionspotentiale aus. Durch den Einstrom positiver Ionen (vor allem Ca^{++}) wird die Membran erst depolarisiert und dann für wenige Millisekunden bis zu 20 mV umpolarisiert. Auf die Repolarisation folgt wiederum ein Präpotential, das erneut ein Aktionspotential auslöst. Die Größe des Intervalls zwischen den Aktionspotentialen des Schrittmachers hängt einerseits von der Depolarisationsgeschwindigkeit der Präpotentiale ab, andererseits aber auch davon, wie nah das Membranpotential bereits dem Schwellenpotential ist. In dem in Abb. 4-15 gezeigten Versuch „feuern" die Schrittmacher bei hohem Membranpotential (etwa 50–60 mV) nur wenig. Durch Zugabe von *Acetylcholin* zu einem Präparat der Taenia coli (Dickdarmmuskulatur, s. auch S. 362) werden die Schrittmacherzellen bis nahe zur Schwelle depolarisiert und dadurch die Frequenz der Aktionspotentiale erhöht. Daraufhin verschmelzen die Einzelzuckungen zu einem fast vollständigen Tetanus. Je frequenter die Aktionspotentiale sind, um so vollständiger ist auch der Tetanus und um so ausgeprägter ist infolge der Summation der Einzelzuckungen die Kontraktion. Umgekehrt bewirkt Applikation von *Noradrenalin* an der Taenia coli eine Hyperpolarisation der Membran, wodurch die Frequenz der Aktionspotentiale und damit der Tonus gesenkt wird. So erklärt sich die Modulation der spontanen Aktivität der Schrittmacher durch das vegetative Nervensystem und seine Überträgerstoffe (vgl. S. 353).

Die Ausbreitung der Erregung erfolgt über besondere Nahtstellen zwischen den Zellmembranen aneinandergrenzender Muskelzellen. Über diese „Nexus" (Gap-junctions) genannten niederohmigen Zellkontakte kann sich die Depolarisation einer bereits erregten Zelle elektrotonisch auf benachbarte Zellen übertragen. Sobald deren Membran durch den lokal über den „Nexus" fließenden Strom bis zur Schwelle depolarisiert ist, erfolgt ein Aktionspotential, das daraufhin weitere elektrotonisch gekoppelte Muskelzellen erregt. So breiten sich Aktionspotentiale mit einer Geschwindigkeit von etwa 5–10 cm/s über den ganzen Muskel aus, der infolgedessen wie eine einzige funktionelle Einheit („single unit") beinahe synchron der Aktivität seines Schrittmachers folgt.

Myogene Rhythmen. Sekunden- bzw. minutenperiodische Schwankungen des myogenen Tonus sind durch spontane Aktivitätsänderungen der Schrittmacherzellen bedingt. Eine viele Sekunden oder Minuten dauernde Periode der Membrandepolarisierung der Schrittmacherzellen löst nämlich Salven von Aktionspotentialen aus, die eine tetanische Kontraktion zur Folge haben.

GOLENHOFEN [6] unterscheidet kürzer dauernde, organspezifische Rhythmenbildungen von den langsameren *Minutenrhythmen.* In den glatten Muskeln des Magenantrums (Abb. 4-16 A) ist

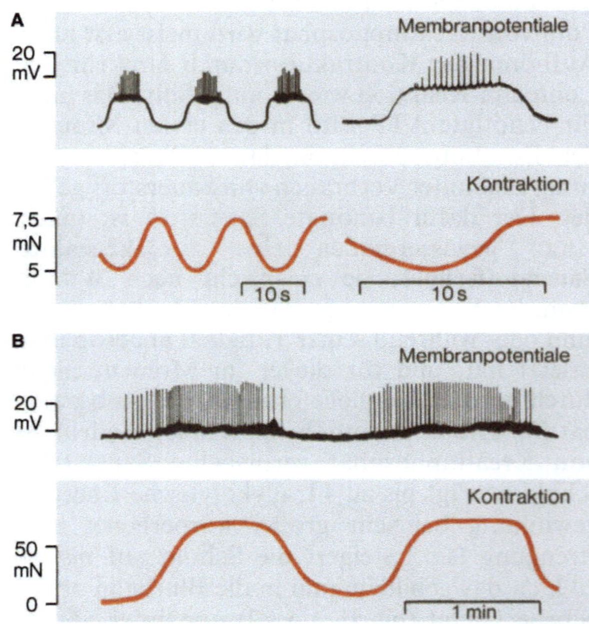

Abb. 4-16 A u. B. Phasisch rhythmische Aktivität beim glatten Muskel. **A** Magen-Antrum-Muskulatur. Rhythmische Depolarisationen des Membranpotentials mit überlagerten „Spike-Salven" (*obere Spur*); Tonusschwankungen (*untere Spur*). **B** Taenia coli. Elektrische Aktivität (*oben*) und rhythmische Kontraktionen (*unten*). Nach GOLGENHOFEN [6]

die Depolarisationswelle (englisch: slow wave) kürzer und ausgeprägter als bei der Taenia des Colons (Abb. 4-16B). Noch immer ist ungeklärt, ob die langsamen Oscillationen des Membranpotentials (Depolarisationswellen) durch eine rhythmische Aktivität einer elektrogenen Natriumpumpe zustande kommen.

Dehnungsverhalten glatter Muskeln. Im Gegensatz zu den Skeletmuskeln verhalten sich die meisten glatten Muskeln im Dehnungsversuch oft nicht wie mehr oder weniger elastische, sondern wie ausgeprägt plastische oder viscoelastische Körper; nach einem initialen elastischen Spannungsanstieg gibt der glatte Muskel nämlich plastisch nach, so daß in einer Nachdehnungsphase die Spannung wieder abnimmt, und zwar zunächst rasch und dann zunehmend langsamer (Abb. 4-17). Wegen seiner *Plastizität* kann der glatte Muskel sowohl im verkürzten als auch im gedehnten Zustand vollkommen entspannt sein. Man denke an die Harnblase, deren plastische Nachgiebigkeit beim Füllen einen übermäßigen Anstieg des Binnendruckes verhindert.

In vielen Fällen wird bei stärkerer Dehnung das beschriebene passive Verhalten durch eine *dehnungsreaktive Kontraktion* (Abb. 4-17) überlagert. Durch zunehmende Dehnung werden die Schrittmacherzellen nämlich zunehmend depolarisiert und dadurch die Frequenz der Aktionspotentiale erhöht. Wie oben schon dargelegt (S. 84), bedingt eine erhöhte Erregungsfrequenz eine stärkere Kontraktion. Die dehnungsreaktive Kontraktion ist von Bedeutung für die *Autoregulation* der Arteriolen (S. 534). Hier aber bewirkt die Dehnung eine leichte Dauerdepolarisation, wodurch potentialabhängige Calciumkanäle geöffnet werden.

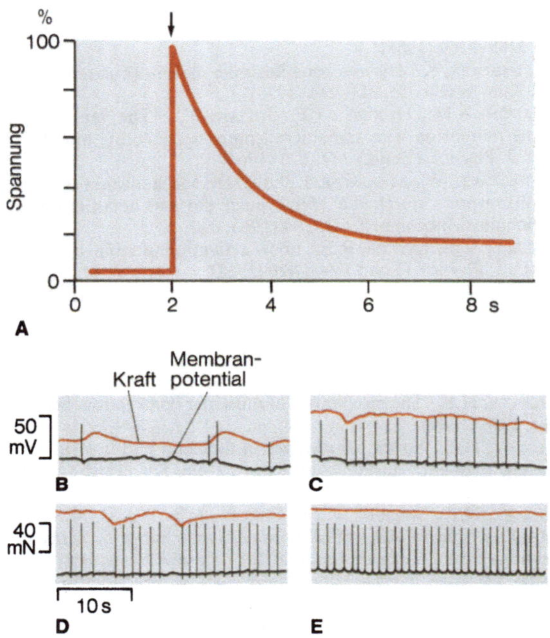

Abb. 4-17A. Viscoelastisches Verhalten eines glatten Muskels. Beim Dehnen des Muskels (*Pfeil*) steigt die Muskelspannung plötzlich an. Infolge eines plastischen bzw. viscoelastischen Nachgebens der Muskulatur fällt in der darauffolgenden Phase der „Nachdehnung" die Muskelspannung quasi exponentiell wieder ab. **B–E** Dehnungsreaktive Kontraktion eines glatten Muskels. Die Registrierung vom Membranpotential einer Einzelzelle (*schwarze Spur*) und Kraftentwicklung eines Taenia-coli-Streifens (*rote Spur*) vor (**B**) und nach zunehmender passiver Dehnung (**C–E**) [4]. **B** Ungedehntes Präparat: niederfrequente Aktionspotentiale, gefolgt von Einzelzuckungen. **C–E** Gedehnte Präparate. Salven von Aktionspotentialen. Einzelzuckungen verschmelzen zum unvollständigen Tetanus (**C, D**) bzw. vollständigen Tetanus (**E**)

Nicht-spontanaktive glatte Muskeln. Die glatten Muskeln der Arterien sind — ebenso wie die Muskeln von Samenleitern, Iris und Ciliarmuskeln — meist nur wenig oder nicht spontanaktiv. Im Gegensatz zu den Muskeln des Intestinums wird ihre Aktivität nicht myogen ausgelöst, sondern neurogen durch die Impulse der innervierenden vegetativen Nervenfasern. Die Unterschiede erklären sich durch strukturelle Besonderheiten: Die Muskelzellen sind zwar miteinander durch Nexus elektrotonisch gekoppelt. Viele Muskelzellen haben aber einen direkten neuromusculären Kontakt zu den innervierenden Nervenfasern (s. S. 357), so daß die bei Nervenimpulsen freigesetzten Überträgerstoffe „per diffusionem" die Effectorzellen erreichen und aktivieren können. So entstehen beispielsweise in den Muskelzellen von Samenleiter oder Arteriolen neurogen Präpotentiale, gefolgt von Aktionspotentialen, die eine tetaniforme Kontraktion auslösen. Noradrenalin bewirkt bei direkter Applikation am isolierten Gefäßmuskel eine Dauerkontraktion (*Kontraktur*) wobei, mit Ausnahme der glatten Muskeln der Pulmonal- und Ohrarterie, die Zellmembran während der Noradrenalineinwirkung dauerdepolarisiert ist.

Kopplung von Erregung und Kontraktion. Erregung der glatten Muskelzellen bewirkt entweder einen erhöhten Calciumioneneinstrom durch potentialabhängige Calciumkanäle der Zellmembran, oder — vermittelt durch den intracellulären Botenstoff Inositoltrisphosphat — eine Freisetzung von Calciumionen aus dem sarkoplasmatischen Reticulum. In beiden Fällen erhöht sich die Calciumionenkonzentration im

Sarkoplasma, wodurch die kontraktilen Strukturen aktiviert werden. Wie Herz- und Skeletmuskeln erschlaffen auch die glatten Muskeln immer dann, wenn die Calciumionenkonzentration intracellulär unter etwa 10^{-7} mol/l gesenkt wird, nur sehr viel langsamer. Denn die Calciumionen werden vom spärlich entwickelten *sarkoplasmatischen Reticulum* nur langsam aufgenommen oder durch die Zellmembran ausgeschleust. Der Entzug der Calciumionen bewirkt, daß durch eine Phosphatase eine funktionell wichtige Phosphatgruppe von einer Peptidkette des Myosins abgespalten wird. Die dephosphorylierten Myosinköpfchen sind unfähig, mit dem Actin Querbrücken zu bilden. Zu Beginn einer Kontraktion aktivieren die aus dem sarkoplasmatischen Reticulum freigesetzten Calciumionen unter Mitwirkung von **Calmodulin** eine Myosinkinase, welche vom ATP eine Phosphatgruppe aufs Myosin überträgt und damit die Actin-Myosin-Wechselwirkung und die Kontraktion ermöglichen.

Calmodulin ist das calciumbindende Regulatorprotein des glatten Muskels, der kein Troponin-C enthält. Daneben scheinen im glatten Muskel noch andere Regulatorproteine an der Calciumsteuerung beteiligt zu sein, z.B. **Caldesmon** und **Calponin.** Weiterhin hat sich gezeigt, daß im glatten Muskel durch *pharmakomechanische* Kopplung selbst ohne Membrandepolarisation, sogar ohne Erhöhung der intrazellulären Calciumionenkonzentration eine Kontraktion ausgelöst werden kann. Offenbar kommt es nach pharmakologischer bzw. neurohumorale Stimulierung dazu, daß die kontraktilen Proteine gegenüber Calcium reaktionsfähiger werden (*Calciumsensitivierung*). Die Mechanismen dieser Sensitivierung sind unklar. Proteinkinase C, zytosolische G-Proteine und auch Tyrosinkinase sind möglicherweise involviert. Die neurohumoral ausgelösten tonischen Kontraktionen sind meist träge, aber sie benötigen nur wenig chemische Energie, weil die Querbrücken viel langsamer „rudern" als bei phasischen Kontraktionen. Man spricht vom „*Latch*-Zustand".

Eine weitere ungelöste Frage ist die Wirkungsweise des zyklischen Guanosinmonophosphats (*cGMP*) und des zyklischen Adenosinmonophosphats (*cAMP*), die als „second messengers" in den Zellen fungieren und den Tonus glatter Muskulatur hemmen. Möglicherweise inhibiert sowohl cAMP als auch cGMP die Myosinkinase oder sie verstärken die Calciumaufnahme ins sarkoplasmatische Retikulum (2a). *cAMP* reichert sich immer dann an, wenn β-adrenerge Rezeptoren aktiviert werden. Die cGMP-Bildung durch die Guanylatzyklase wird durch Pharmaka, z.B. Nitroglycerin und andere Nitrate, stimuliert. Ähnlich wirkt aber auch NO, ein muskelrelaxierender Faktor, der sowohl vom Endothelium, als auch von manchen Nervenfasern als Transmitter freigesetzt wird. Möglicherweise werden bei der Relaxation auch Kaliumkanäle aktiviert. Dadurch entsteht dann eine Hyperpolarisation der Membran, die ihrerseits zum Schließen der Calciumkanäle der Zellmembran und damit zur Reduktion der kontraktilen Aktivität führt. K-Agonisten (K-Kanalöffner) ebenso wie Calciumkanalblocker (Calciumantagonisten) wirken deshalb relaxierend auf glatte Muskulatur.

4.6 Literatur

Weiterführende Lehr- und Handbücher

1. Hasselbach, W.: Muskel. In: Gauer, O.H., Kramer, K., Jung, R. (Hrsg.): Physiologie des Menschen. Bd. 4: Muskel. München-Berlin-Wien: Urban u. Schwarzenberg 1975
2. Peachey, L.D., Adrian, R.H. und Geiger S.R.: Editors Handbook of Physiology, Section 10: Skeletal Muscle, American Physiol. Soc. Bethesda 1983

2a. Rüegg, J.C.: Calcium in Muscle Contraction. Berlin-Heidelberg-New York: Springer 1992

3. Wilkie, D.R.: Muskel: Structur und Funktion, Stuttgart, B.G. Teubner 1983

Einzel- und Übersichtsarbeiten

4. Blinks, J.R., Rüdel, R., Taylor, S.R.: Calcium transients in isolated amphibian skeletal muscle fibres: Detection with aequorin. J. Physiol. *277*, 291–323 (1978)
5. Bülbring, E., Brading, A.F., Jones, A.W., Tomita, T.: Smooth Muscle, London: Edward Arnold 1970

5a. Brenner, B.: Effect of Ca^{2+} on cross-bridge turnover kinetics in skinned single rabbit psoas fibers. Proc. Natl. Acad. Sci. USA *85*, 3265–3269 (1988)

6. Golenhofen, K.: Die myogene Basis der glattmuskulären Motorik. Klin. Wschr. *56*, 211–244 (1978)
7. Gordon, A.M., Huxley, A.F., Julian, F.J.: The variation in isometric tension with sarcomere length in vertebrate muscle fibres. J. Physiol. (Lond.) *184*, 170 (1966)
8. Hasselbach, W., Makinose, J.: Über den Mechanismus des Calciumtransports durch die Membranen des sarkoplasmatischen Reticulums. Biochem. Z. *339*, 94 (1963)
9. Huxley, A.F., Taylor, R.E.: Local activation of striated muscle fibres. J. Physiol. (Lond.) *144*, 426 (1958)
10. Huxley, A.F.: Muscular contraction. J. Physiol. *243*, 1–43 (1974)
11. Huxley, H.E., Hanson, J.: Changes in the cross-striation of muscle during contraction and stretch and their structural interpretation. Nature *173*, 973 (1954)
12. Huxley, H.E.: The mechanism of muscular contraction. Science *164*, 1356 (1969)
13. Huxley, H.E.: Structural changes in the actin and myosin containing filaments during contraction. Cold Spr. Harb. Symp. quant. Biol. *37*, 361 (1973)
14. Huxley, H.E., Simmons, R.M., Faruki, A.R., Kress, M., Bordas, J., Koch, M.H.J.: Msec time resolved change in X-ray reflections from contracting muscle during rapid mechanical transients, recorded using synchrotron radiation. Proc. Natl. Acad. Sci., USA 78, 2297 (1981)
15. Infante, A.A., Davies, R.E.: Adenosintriphosphate breakdown during a single isotonic twitch of frog sartorious muscle. Biochem. biophys. Res. Commun. *9*, 410 (1962)
16. Jewell, B.R., Wilkie, D.R.: The mechanical properties of relaxing muscle. J. Physiol. (Lond.) 152:30–47, 1960
17. Mannherz, H.G. Schirmer, R.H.: Die Molekularbiologie der Bewegung. Chemie in unserer Zeit *6*, 165–202 (1970)
18. Rüegg, J.C.: Smooth muscle tone. Physiol. Rev. *51*, 201 (1971)
19. Weber, H.H., Portzehl, H.: The transference of the muscle energy in the contraction cycle. Progr. Biophys. mol. Biol. *4*, 61 (1954)
20. Wilkie, D.R.: The relation between Force and Velocity in human muscle. J. Physiol. *110*, 249–280 (1950)

5 Motorische Systeme

R.F. Schmidt und M. Wiesendanger

5.1 Nervöse Kontrolle von Haltung und Bewegung im Überblick

Die nervöse Kontrolle der in Kapt. 4 dargestellten Skeletmuskulatur und damit die Einleitung und Durchführung jeglicher Bewegung obliegt den **motorischen Zentren** des ZNS. Ihre Aufgabe ist es, die Motoneurone der Muskulatur so dosiert zu erregen, daß die resultierenden Muskelkontraktionen exakt zur gewünschten Bewegung führen – zu nicht mehr und zu nicht weniger. Solche Bewegungen können aber nur perfekt ausgeführt werden, wenn durch eine angemessene Haltung des Körpers und der Gliedmaßen die für diese Tätigkeiten notwendigen Ausgangspositionen eingenommen werden. Die *nervöse Kontrolle des Zusammenspiels von Haltung und Bewegung und deren adäquate Kopplung* gehören daher zu den wichtigsten Aufgaben des ZNS.

Phänomenologie motorischer Akte

Reflexgesteuerte Bewegung [9]. Bei einem großhirnlosen Frosch mit intaktem Rückenmark führt schmerzhaftes Kneifen eines Hinterfußes zum Wegziehen des Beines. Legt man ein säuregetränktes Stückchen Filterpapier auf die Rükkenhaut, so wird es kurz darauf mit dem nächstgelegenen Hinterbein zielsicher weggewischt. Für solche *automatischen, beliebig wiederholbaren und zweckgerichteten Antworten des Organismus auf Reize* wurde 1771 von UNZER der Begriff **Reflex** in die Physiologie eingeführt. Zerstören des Rückenmarks läßt alle Reflexe verschwinden. Sie sind also auf die Tätigkeit zentralnervöser Strukturen zurückzuführen.
Auch am intakten Tier und beim Menschen lösen Reize aus der Umwelt (oder in uns selbst) häufig stereotype Reaktionen aus, die sich im Laufe der stammesgeschichtlichen oder der individuellen Entwicklung als besonders zweckmäßige Antworten auf diese Reize herausgestellt haben. Eine Vielzahl von Beispielen von solchen **angeborenen** oder **erlernten Reflexen** ist aus dem Alltag geläufig (Corneal-, Husten-, Schluck-, Wegziehreflexe etc.). Die meisten Reflexe laufen aber ab, ohne daß wir bewußt von ihnen Notiz nehmen. Zum Beispiel diejenigen Reflexe, die für die Passage oder Aufbereitung der Nahrungsmittel in Magen und Darm sorgen, oder die, welche Kreislauf und Atmung kontinuierlich an die jeweiligen Erfordernisse des Organismus anpassen.

Programmgesteuerte (automatische) Bewegung. Großhirnlose (decerebrierte) Hunde können auch nach Ausschalten aller Reizzuflüsse zum Rückenmark (durch Durchschneiden der betreffenden Nerven bzw. Hinterwurzeln) rhythmische Bewegungen, wie Kratzen mit der Hinterpfote auf dem Rücken oder Laufbewegungen, ausführen – was sich mit einer reinen Reflexorganisation von Bewegungen nicht vereinbaren läßt. Auch die Atmung ist ein rhythmischer Vorgang, der nach Abkoppeln aller äußeren Reize nervös gesteuert weiterläuft. Wir bezeichnen solche Bewegungsfolgen, die vom ZNS ohne das Zutun äußerer Reize unterhalten werden, als **„programmgesteuert"** oder **automatisch.** Schon aus den neuronalen Netzwerken des Rückenmarks (seinem *propriospinalen System*) sind, wie am Beispiel des Rückenmarkfrosches zu erkennen war, zahlreiche Bewegungsprogramme abrufbar, die auf einen entsprechenden Anstoß hin völlig automatisch ablaufen.
Die Entdeckung von reizunabhängigen Aktivitäten des ZNS ließ die Hypothese rasch an Boden gewinnen, daß Bewegungen im wesentlichen durch Programme und nicht durch Reflexe gesteuert werden, das **ZNS also vorwiegend „programmorganisiert"** sei. Atmen, Laufen oder Kratzen sind dabei Beispiele angeborener, also ererbter Programme, die im Laufe des Lebens durch zahlreiche erlernte Programme ergänzt werden. Man denke nur an sportliche und berufliche Handfertigkeiten, wie z.B. Geräteturnen oder Schreibmaschineschreiben, die alle nach einiger Übung nahezu automatisch ablaufen.

Die Reflextheorie der Bewegung mündet im psychologischen Bereich in die verschiedenen Formen der Reizreaktionstheorien des Verhaltens, während die Programmtheorie denjenigen Unterstützung gibt, die das reizunabhängige (spontane, freiwillige, willkürliche) Handeln des Menschen betonen. Mit einem Beharren auf oder Überbetonen der einen oder anderen Theorie ist aber wenig gedient. Vielmehr erscheint eine Kombination der beiden Theorien, nämlich die **Annahme zentraler Programme, die über Reflexe beeinflußt werden können,** am ehesten geeignet, den gegenwärtig bekannten Befunden einen konzeptuellen Rahmen zu geben und gleichzeitig den Weg für weitere Experimente freizuhalten.

Willkürliche und unwillkürliche Bewegungen. Vor allem in der Klinik wird häufig von „willkürlichen" und „unwillkürlichen" Bewegungen gesprochen. Gemeint ist dabei, daß diese nach Auffassung des Beobachters und der Aussage des Patienten „gewollt" bzw. „ungewollt" ausgeführt werden. Der Beobachter stützt sich dabei auf Verhaltensmerkmale, der Patient auf sein subjektives Erleben. Bleibt man sich der Grenzen dieser Positionen eingedenk, ist es aus praktischen Gründen vertretbar, diese Begriffe im klinischen Alltag und bei der Besprechung der motorischen Systeme beizubehalten. Sie sind aber im Grunde aus der Sicht des Arztes oder Psychologen nicht zulässig, denn die naturwissenschaftliche Beobachtung erlaubt über diese nur introspektiv zu erfahrenden Kategorien keine Aussagen, unabhängig davon, wann eine Handlung als bewußt anzusehen ist und ob der Mensch über einen freien Willen verfügt.

Mehr oder weniger automatische Bewegungen. Aus dem klinischen Denken kommend, hatte der Neurologe Hughlings Jackson um die Jahrhundertwende vorgeschlagen, alle Bewegungen (performances) auf einer hierarchischen Skala zwischen den Endpunkten **„am wenigsten automatisch"** und **„am meisten automatisch"** anzuordnen. Diese Einteilung erscheint heute nur **noch bedingt brauchbar.** Denn bei näherer Betrachtung zeigt sich, daß die im Jacksonschen Sinne „mehr automatischen" Bewegungen weitgehend auf *angeborenen, zentralen Verhaltensmustern* (Programmen) beruhen (z.B. Atmen oder Schlucken), die „weniger" oder „am wenigsten automatischen" dagegen vorzugsweise *im Laufe des Lebens erlernt werden* (z.B. Sprechen oder Singen). Aber auch diese Bewegungen werden nach dem Lernen weitgehend automatisch durchgeführt. Der klinische Nutzen der Jackson-Einteilung liegt aber immer noch darin, daß die unterschiedlich „automatischen" Bewegungen durch unterschiedlich lokalisierte Schädigungen im Großhirn in oft charakteristischer Weise gestört werden, so daß aus der Art der beobachteten Bewegungsstörung Rückschlüsse auf den Ort und die Art der zentralen Störung gemacht werden können.

Stützmotorik und Zielmotorik. Ein weiterer wichtiger Aspekt unserer Motorik ist der, daß ein Großteil unserer Muskeltätigkeit sich nicht in erster Linie als Bewegung nach außen, in die Umwelt hinein richtet, sondern dazu dient, **Haltung und Stellung des Körpers im Raum** zu bewerkstelligen und aufrechtzuerhalten. Diesen Anteil der Motorik bezeichnen wir als **Stützmotorik.** Ohne diese wären wir nichts anderes als ein hilflos am Boden liegender Klumpen Mensch, wie der Anblick k.o.-geschlagener Boxer immer wieder deutlich vor Augen führt.
Der Stützmotorik kann man als **Zielmotorik** all die motorischen Funktionen gegenüberstellen, die sich als nach außen gerichtete Bewegung äußern. Zielmotorik wird dabei immer auch von Aktionen und Reaktionen der Stützmotorik begleitet sein, sei es zur Vorbereitung der Bewegung, sei es zur Korrektur der Haltung während und nach der Bewegung. Trotz dieser engen Verknüpfung von Stütz- und Zielmotorik, die kaum genug betont werden kann, ist deren getrennte Betrachtung von didaktischem Vorteil: Es wird sich bei der Besprechung der Aufgaben und der zentralen Organisation der verschiedenen „motorischen Zentren" nämlich zeigen, daß ihnen teils vorwiegend stützmotorische, teils vorwiegend zielmotorische Funktionen übertragen sind (s. dazu S. 103 und 123).

Lage und Funktion motorischer Zentren

Hierarchie und Partnerschaft. Diejenigen Strukturen, die für die nervöse Kontrolle von Haltung und Bewegung verantwortlich sind **(„motorische Zentren"),** erstrecken sich über die verschiedensten Abschnitte des ZNS von der Hirnrinde bis zum Rückenmark. Dabei zeigt sich eine auf den ersten Blick ausgeprägte **hierarchische Ordnung,** die aus der fortschreitenden entwicklungsgeschichtlichen Anpassung der Motorik an komplexere Aufgaben zu verstehen ist. Es erfolgte phylogenetisch anscheinend weniger ein Umbau der vorhandenen motorischen Systeme als vielmehr ein Überbau mit zusätzlichen leistungsfähigen Steuersystemen. Parallel dazu entwickelte sich aber eine ausgeprägte Spezialisierung einzelner motorischen Zentren, so daß bei der Bewältigung der motorischen Aufgaben neben der hierarchischen zunehmend eine **partnerschaftliche Zusammenarbeit** zwischen den einzelnen Zentren zu beobachten ist.
Die Abb. 5-1 gibt einen schematischen Überblick über den **zentralnervösen Erregungsfluß bei Haltung und Bewegung.** In der linken Säule sind

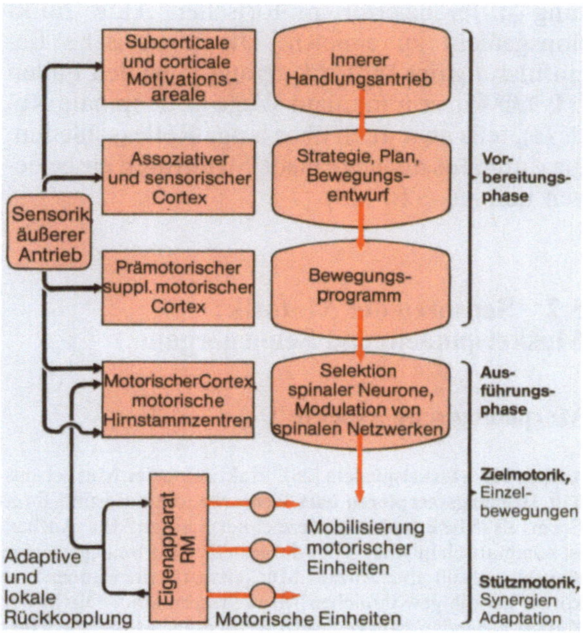

Abb. 5-1. Motorische Systeme im Überblick. Hierarchische Darstellung des zentralnervösen Erregungsflusses bei Haltung und Bewegung. Zur Vereinfachung sind einige höhere motorische Zentren (Kleinhirn, Stammganglien, motorischer Thalamus) weggelassen. Ihre Einbindung in das motorische System ist in Abb 5-2 im Überblick dargestellt. (Ausführliche Erläuterung im Text)

die dabei beteiligten motorischen Zentren angeordnet, in der rechten die diesen Zentren zugeschriebenen motorischen Leistungen. Um der Übersichtlichkeit willen und zur ersten Orientierung ist hier eine überwiegend hierarchische Darstellung gewählt, wobei einige höhere motorische Zentren (Kleinhirn, Stammganglien, motorischer Thalamus) zur Vereinfachung weggelassen wurden (ihre Einbindung in das motorische System wird weiter unten im Zusammenhang mit Abb. 5-2 erläutert). Ganz rechts ist gezeigt, daß sich in der Regel bei motorischen Akten eine Vorbereitungs- von einer Ausführungsphase abgrenzen läßt, und ganz links ist daran erinnert, daß sensorische Zuflüsse für alle Phasen der Motorik Bedeutung haben (s.u.).

Spinalmotorik. Im Rückenmark existiert zwischen den sensorischen Afferenzen und den Motoneuronen eine Vielzahl von meist multineuronalen Verschaltungen, bei deren Aktivierung es entweder zur Förderung und Auslösung von Bewegungen oder zu ihrer Hemmung kommt. Diese Schaltwege *(Reflexbögen)*, die die Grundlage für die **spinalen Reflexe** bilden, sind zwar jeweils anatomisch festgelegt, ihre Funktion läßt sich aber von anderen spinalen oder auch höheren Zentren weitgehend steuern, indem die Durchgängigkeit der verschiedenen Reflexwege unterschiedlich verändert werden kann.

Die ursprünglich für den **Reflex** namengebende Definition, die davon ausging, daß jede Reflexbewegung eine stereotype, vom Rückenmark wie von einem Spiegel *reflektierte* Äußerung auf einen bestimmten sensorischen Zustrom sei (s.o.), läßt sich also nicht mehr halten. Eine auch die hemmenden Reflexe einbeziehende Definition muß sehr viel weiter gefaßt werden. Danach wäre ein spinaler motorischer Reflex eine von sensorischen Afferenzen auf der Rückenmarkebene ausgelöste Aktivitätsänderung von Neuronen, die zu einer Förderung oder Hemmung von Bewegungen führt. Die spinalen Reflexe und Automatismen stellen so gesehen einen **Vorrat elementarer Haltungs- und Bewegungsabläufe** dar, die in weitem Maße an die Bewegungsintention angepaßt werden können. Der Organismus kann sich ihrer nach Bedarf bedienen, ohne daß sich die höheren Abschnitte des ZNS im einzelnen um die Ausführung der Bewegungen bemühen müssen.

Höhere Motorik. Der Spinalmotorik wird die motorische Kontrolle durch supraspinale Zentren als *höhere Motorik* gegenübergestellt. Während die Stützmotorik und ihre Koordination mit der Zielmotorik vorwiegend über Strukturen des Hirnstammes kontrolliert wird, ist für die Durchführung zielgerichteter Bewegungen eine Beteiligung noch höherer Zentren erforderlich. Wie Abb. 5-1 bereits zeigte, werden die in den subcorticalen Motivationsarealen und im assoziativen Cortex entstehenden **Handlungsantriebe** und **Bewegungsentwürfe** anschließend in *Bewegungsprogramme* umgesetzt, die wiederum zur Bewegungsausführung an das Rückenmark und von dort zur Skeletmuskulatur weitergereicht werden.

Die Abb. 5-2 erweitert die Abb. 5-1, indem sie die dort weggelassenen motorischen Zentren in den Erregungsfluß einbezieht und gleichzeitig verdeutlicht, daß neben der hierarchischen auf eine **partnerschaftliche Betrachtung der Motorik** nicht verzichtet werden kann. Die in der linken Säule der Abb. 5-1 von oben nach unten gezeichneten assoziativen, prämotorischen und motorischen Cortexareale sind jetzt von rechts nach links horizontal angeordnet, wechselseitig miteinander verknüpft und links durch den sensorischen Cortex ergänzt. Zusätzlich ist gezeigt, daß parallel zur corticocorticalen Informationsverarbeitung mächtige Verbindungsschleifen von den corticalen Arealen einerseits über die

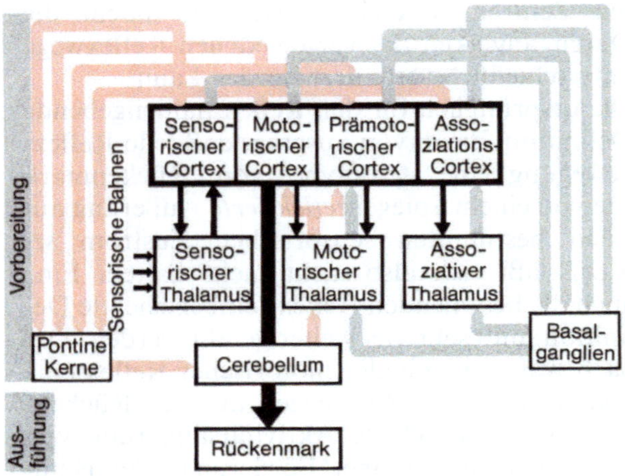

Abb. 5-2. Überblick über die Erregungsflüsse im motorischen System unter Einschluß der in Abb. 5-1 nicht eingezeichneten Zentren. In dieser Darstellung wird die partnerschaftliche Zusammenarbeit der verschiedenen höheren motorischen Zentren durch ihre horizontale Anordnung ausgedrückt (vgl. dazu Abb. 5-1) und die Bedeutung der internen Funktionsschleifen, v.a. derjenigen über die Basalganglien und das Cerebellum, bei der Vorbereitung einer Bewegung hervorgehoben

pontinen Kerne und das Cerebellum und andererseits über die Basalganglien zurück zum Cortex ziehen. Die cerebelläre Schleife und eine der beiden Schleifen von den Basalganglien (die „*motorische*") ziehen dabei über motorische Kerne des Thalamus, während die zweite Schleife (die „*komplexe*") von den Basalganglien zum assoziativen Cortex läuft (Einzelheiten dazu werden in den Abb. 5-20, 5-22 und 5-23 und den zugehörigen Textabschnitten erläutert).

Mitbewegungen, wie das Pendeln der Arme beim Gehen oder die Mimik und Gestik beim Sprechen, sind in vielen Fällen von tieferen Hirnstrukturen kontrollierte Vorgänge, zu deren Durchführung eine Einbeziehung des Motorcortex nicht unbedingt erforderlich ist. Für bestimmte Krankheitsbilder, wie z.B. das Parkinson-Syndrom (S. 118) ist ein Ausfall derartiger Mitbewegungen charakteristisch. – Die **Blickmotorik** wird ab S. 249 gesondert besprochen.

Verknüpfung von Sensorik und Motorik. Die Abb. 5-1 und 5-2 machen bereits deutlich, daß sensorische Information und motorische Aktion sehr stark miteinander verwoben sind. Für die funktionsgerechte Ausführung von Bewegungen benötigen und erhalten alle an der Motorik beteiligten Strukturen Informationen aus der Peripherie, die ihnen über die jeweilige Körperstellung und über die Ausführung der angestrebten Bewegungen Auskunft geben. Außerdem sind die meisten Sinnesinformationen, z.B. vom Gesichtssinn oder vom Getast, nur unter Einschaltung differenzierter motorischer Akte funktionsgerecht zu erzielen. Die sensorische Beeinflussung der Motorik erfolgt in beiden Fällen z.T. auf kurzem lokalem Wege (z.B. spinale Reflexe), teils aber auch über lange Reflexschleifen, die durchaus auch corticale Strukturen einbeziehen können (s.S. 124).

5.2 Sensoren der Motorik: Muskelspindeln und Sehnenorgane

Morphologische Aspekte

Aufbau der Muskelspindeln [25]. Praktisch jeder Muskel enthält **Dehnungsreceptoren oder -sensoren,** die aufgrund ihrer Form als **Muskelspindeln** bezeichnet werden. Ihr Aufbau ist schematisch in Abb. 5-3 A dargestellt. Eine bindegewebige Kapsel umhüllt eine Anzahl Muskelfasern, die dünner und kürzer als die gewöhnlichen Muskelfasern sind. Die in der Kapsel liegenden Muskelfasern werden als **intrafusale Muskelfasern** bezeichnet, während die gewöhnlichen Muskelfasern, die als die eigentliche Arbeitsmuskulatur den Großteil des Muskels ausmachen, **extrafusale Muskelfasern** genannt werden. Zur Veranschaulichung sei angeführt, daß der Durchmesser der intrafusalen Muskelfasern bei etwa 15–30 μm, ihre Länge bei 4–7 mm liegt. Die extrafusalen Muskelfasern haben dagegen einen Durchmesser in der Größenordnung von 50–100 μm, und ihre Länge schwankt von einigen Millimetern bis zu vielen Zentimetern und Dezimetern (s. dazu auch S. 66ff.). Die Muskelspindeln setzen an beiden Enden über 0,5–1 mm lange, sehnenartige Bindegewebezüge an den bindegewebigen Hüllen (Perimysium) extrafusaler Faserbündel an.

Afferente Innervation. Die **sensible Innervation** des Dehnungsreceptors Muskelspindel wird durch afferente Nervenfasern gebildet, die sich mehrmals um das Zentrum der intrafusalen Muskelfasern herumschlingen (Abb. 5-3 A). Diese Endformation wird daher als **annulospirale Endigung** bezeichnet. Die afferenten Fasern sind dicke markhaltige Nervenfasern (Durchmesser um 13 μm), denen man den Terminus technicus **Ia-Fasern** gegeben hat (vgl. auch Tabelle 2-1, S. 40). In jede Spindel zieht immer nur eine Ia-Faser zur Versorgung der annulospiralen Endigungen. Diese werden auch als **primäre Muskelspindelendigungen** bezeichnet.
Viele, wenn auch nicht alle Muskelspindeln besitzen eine **zweite sensible Innervation.** Auch diese sensiblen Endigungen sind dehnungsempfindlich. Ihre afferenten Fasern sind aber dünner als die der annulospiralen Endigungen (Gruppe-II-Fasern, Durchmesser um 9 μm, vgl. Tabelle 2-1, S. 40). Wie man letztere wegen der Ia-Innervation auch primäre Muskelspindelendigungen nennt, so bezeichnet man die von **Gruppe-II-Fasern** innervierten Receptorstrukturen als **sekundäre Muskelspindelendigungen.** Ihre Form ähnelt der der primären Endigungen, ist aber bei weitem nicht so regelmäßig. Sie werden oft als spiralig, manchmal auch als blütendoldenartig beschrieben.

Efferente Innervation. Außer der sensiblen besitzen die intrafusalen Muskelfasern genau wie die extrafusalen eine **motorische Innervation.** Die Motoaxone der intrafusalen Muskelfasern sind dünner als normale Motoaxone. Letztere werden

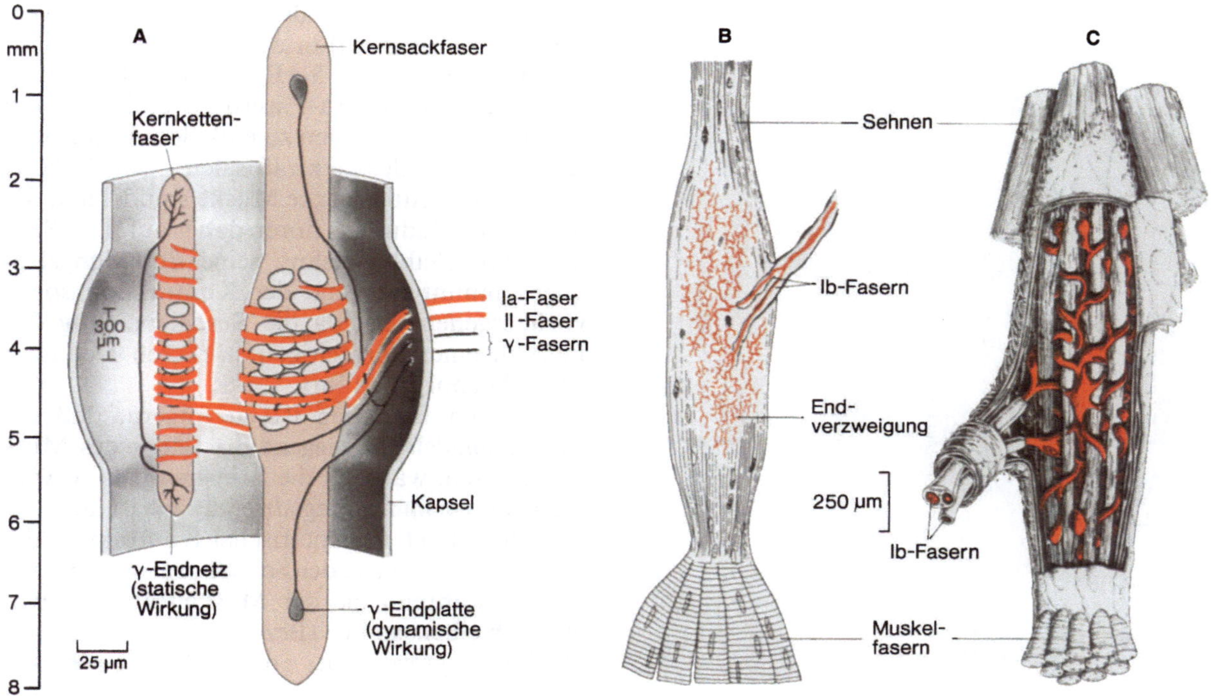

Abb. 5-3A–C. Aufbau von Muskelspindeln und Sehnenorganen. **A** Schematischer Überblick über den Aufbau einer Muskelspindel. Zusammengestellt nach zahlreichen histologischen und physiologischen Daten, insbesondere von BARKER, BOYD, MATTHEWS und ihren Mitarbeitern [15, 25]. Die unterschiedlichen Maßstäbe in Längs- und Querrichtung geben einen ungefähren Anhalt über die Größenverhältnisse. **B** Lichtmikroskopische Zeichnung eines Golgi-Sehnenorgans durch RAMON Y CAJAL (1906). **C** Rekonstruktion der Endverzweigung (*rot*) einer Ib-Faser im Inneren einer Sehnenspindel (Aus R.V. KRISTIC: Die Gewebe des Menschen und der Säugetiere. Berlin-Heidelberg-New York: Springer 1978)

meist als Aα-Fasern, abgekürzt α-Fasern (α = alpha) bezeichnet, während man die Motoaxone der intrafusalen Muskulatur Aγ-Fasern, abgekürzt γ-Fasern (γ = gamma) nennt. (α-Fasern haben einen Durchmesser von 9–21 µm, γ-Fasern von 2–8 µm, vgl. Tabelle 2-1, S. 40. Sowohl bei den α- wie bei den γ-Fasern sind die Durchmesser der Muskelfasern proportional den Durchmessern der Nervenfasern. Die Ursache für diese Gesetzmäßigkeit ist nicht bekannt.) Die γ-Motoaxone bilden Endplatten-ähnliche synaptische Verbindungen auf den intrafusalen Muskelfasern, die, wie Abb. 5-3A zeigt, meist in den lateralen Dritteln der Muskelfasern liegen. Morphologisch lassen sich die 2 Typen von intrafusalen Fasern (Kernsack- und Kernkettenfasern, Abb. 5-3A), von γ-Motoaxonen und von intrafusalen Endplattenformationen (γ-Endplatten und γ-Endnetze, Abb. 5-3A) unterscheiden. Die physiologische Bedeutung dieser Unterschiede wird zunehmend deutlicher. Es wird hier nicht näher darauf eingegangen (s. dazu [25]).

Aufbau der Sehnenorgane. In den Sehnen aller Landvertebratenmuskeln kommen nahe dem musculären Ursprung der Sehnen Sensoren vor, die aus den Sehnenfaszikeln von etwa 10 extrafusalen Muskelfasern bestehen, von einer bindegewebigen Kapsel umhüllt sind und von 1–2 dicken myelinisierten Nervenfasern (Durchmesser 10–20 µm) versorgt werden, die **Sehnenorgane** (syn. *Golgi-Sehnenorgane,* Abb. 5-3B, C). Die afferenten Nervenfasern werden als **Ib-Fasern** bezeichnet. Diese teilen sich nach Eintritt in die Kapsel in dünnere Äste auf, werden schließlich marklos und enden reich verzweigt zwischen den Sehnenfaszikeln (Abb. 5-3B, C, Einzelheiten [15]).

Verteilung von Muskelspindeln und Sehnenorganen. In nahezu allen quergestreiften Skeletmuskeln der Säugetiere kommen **Muskelspindeln** vor. Ausnahmen bilden die äußeren Augenmuskeln einiger Tiere, wie des Kaninchens, der Katze, des Hundes und des Pferdes. Menschen und viele andere Säugetiere besitzen aber auch in diesen Muskeln zahlreiche, typische Muskelspindeln. Die Anzahl der Muskelspindeln pro Muskel hängt von seiner Größe und seiner Funktion ab. Sie schwankt beim Menschen zwischen etwa 40 Spindeln in den kleinen Handmuskeln bis zu 500 Spindeln im M. triceps brachii. Der Mensch besitzt insgesamt etwa 20000 Muskelspindeln. Die **Spindeldichte,** d.h. die Anzahl der Muskelspindeln pro Gramm Muskelgewebe, ist besonders hoch in kleinen Muskeln, die an Feinbewegungen beteiligt sind, wie den kleinen Handmuskeln (bis zu 130 Spindeln/g), während große, rumpfnahe Muskeln weniger als 1 Spindel/g aufweisen. Die **Zahl der Sehnenorgane** pro Muskel ist bisher nur wenig untersucht worden. Als Richtwert kann angenommen werden, daß auf je 100 Muskelspindeln 50–80 Sehnenorgane vorkommen [1, 15, 25].

Receptorfunktion der Muskelspindeln und Sehnenorgane

Lage und Entladungsmuster. Muskelspindeln und Sehnenorgane sind nach ihrem adäquaten Reiz **Dehnungsreceptoren.** Ihre Anordnung im Muskel ist jedoch unterschiedlich (Abb. 5-4): Die

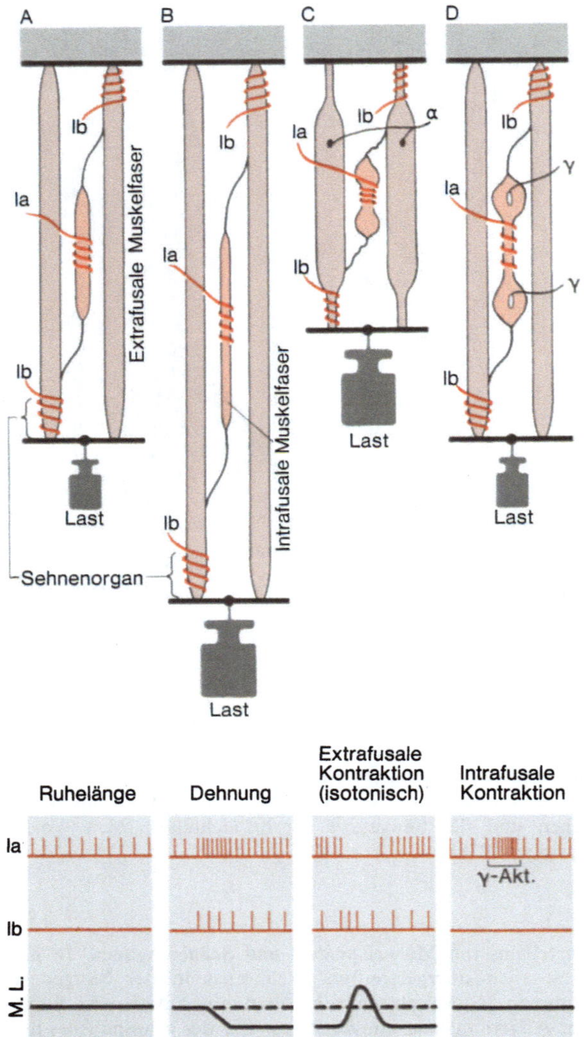

Abb. 5-4. Schematische Zeichnung der Lage und der Entladungsmuster der Muskelspindeln und der Golgi-Sehnenorgane im Muskel in Ruhe (**A**) und ihre Formveränderungen bei passiver Dehnung (**B**), bei isotonischer Kontraktion der extrafusalen Muskelfasern (**C**) und bei alleiniger Kontraktion der intrafusalen Muskelfasern (**D**, γ-Akt). Kombination von (B) mit (D) führt zu besonders starker Aktivierung der Muskelspindelafferenzen. *Ia* Entladungsmuster der primären Muskelspindelafferenzen über ihre Ia-Fasern. *Ib* Entladungsmuster der Sehnenorgane über Ib-Fasern. *M.L.* Muskellänge

Muskelspindeln liegen **parallel,** die Sehnenorgane **in Serie** zur extrafusalen Muskulatur. Daraus ergeben sich charakteristische Unterschiede der Entlastungsmuster v.a. bei Kontraktion des Muskels, die bei einem Vergleich der beiden Receptoren in der Abb. 5-4 verständlich werden.

Ist ein Muskel etwa auf seine Ruhelänge gedehnt (Abb. 5-4A), so entladen die meisten primären Muskelspindelendigungen (versorgt von Ia-Fasern), während die Sehnenorgane (versorgt von Ib-Fasern) in der Regel stumm sind. Bei **Dehnung** (Abb. 5-4B) nimmt die Entladungsfrequenz der Ia-Fasern zu und auch die Sehnenorgane beginnen zu entladen. **Isotonische Kontraktion** der extrafusalen Muskulatur (Abb. 5-4C) entlastet die Muskelspindel und die Receptorentladungen hören daher auf. Das Sehnenorgan bleibt gedehnt, seine Entladungsfrequenz nimmt während der Kontraktion sogar vorübergehend zu, da die Beschleunigung der Last zu einer kurzzeitigen stärkeren Dehnung des Sehnenorgans führt.

Aus diesen Befunden ist zu folgern, daß die **Muskelspindeln vorwiegend die Länge** des Muskels messen, während die **Sehnenorgane vorwiegend die Spannung** registrieren. Es ist also zu erwarten, daß bei isometrischer Kontraktion die Entladungsfrequenz der Sehnenorgane stark zunimmt, während die der Muskelspindeln etwa gleich bleiben sollte. (Bezüglich der Rolle der Muskelreceptoren bei der Tiefensensibilität s.S. 218).

Wirkung der fusimotorischen Nervenfasern. Die eine Möglichkeit, den Dehnungsreceptor Muskelspindel zu erregen, ist nach dem eben Gesagten die Dehnung des Muskels, also Dehnung der extrafusalen und der ihnen parallel liegenden intrafusalen Muskelfasern (vgl. Abb. 5-4A, B). Es gibt eine zweite Möglichkeit, die primären Muskelspindelendigungen zu erregen, nämlich die Erregung und damit Kontraktion der intrafusalen Muskelfasern, die über die γ-Motoneurone ausgelöst wird (Abb. 5-4D).

Die Erregung der intrafusalen Muskelfasern allein ändert Länge und Spannung des gesamten Muskels nicht, denn dafür ist die resultierende Kontraktionskraft zu gering, auch wenn sich alle intrafusalen Muskelfasern eines Muskels gleichzeitig kontrahieren. Die intrafusale Kontraktion reicht aber aus, den **zentralen Anteil der intrafusalen Fasern zu dehnen** (Abb. 5-4D) und damit Erregungen in den primär sensiblen Endigungen zu induzieren. Dies führt dann, ebenso wie Dehnung des gesamten Muskels, zu afferenten Aktionspotentialen in Ia-Fasern.

Die beiden Wege der Spindelaktivierung, nämlich *Dehnung des Muskels* und *intrafusale Kontraktion,* können sich auch in ihrer Wirkung unterstützen. Andererseits kann durch intrafusale Kontraktion die Wirkung extrafusaler Kontraktion mehr oder weniger kompensiert werden, so daß die Muskelspindeln auch bei extrafusaler Kontraktion ihre Meßfunktion erhalten können. Mit anderen Worten: Über die *in-*

trafusale Vorspannung des Dehnungsreceptors kann seine **Schwelle** und sein **Empfindlichkeitsbereich** verstellt werden.

Eigenschaften sekundärer Muskelspindelendigungen. Auch die sekundären Endigungen der Muskelspindeln mit Gruppe-II-afferenten Fasern sind **Dehnungsreceptoren.** Sie haben allerdings eine höhere Schwelle als die primär sensiblen Endigungen. Diese Schwelle kann ebenso wie bei den primären Endigungen durch Kontraktion der intrafusalen Muskelfasern verstellt werden.

5.3 Spinale motorische Reflexe

Anteile eines Reflexbogens, Reflexzeit. Auf die allgemeine Definition von Reflexen wurde bereits eingegangen (s.S. 87, 89). Die sensorischen, neuronalen und effectorischen Stationen, die beim Ablauf eines Reflexes nacheinander aktiviert werden, bezeichnet man als seinen **Reflexbogen.** Im einzelnen hat ein Reflexbogen neben dem peripheren Receptor einen afferenten Schenkel, einen oder meistens mehrere zentrale Neurone, einen efferenten Schenkel und einen Effector.

Alle **Sensoren** sind an Reflexen der einen oder anderen Art beteiligt, und dementsprechend dienen ihre afferenten Fasern als **afferente Schenkel** in diesen jeweiligen Reflexbögen. Die Zahl der **zentralen Neurone** (Interneurone) eines Reflexbogens ist, mit Ausnahme des monosynaptischen Dehnungsreflexes (s. unten), immer größer als eins. Als **efferente Schenkel** dienen entweder die Motoaxone oder die postganglionären Fasern des autonomen Nervensystems, als **Effectoren** die Skeletmuskulatur bzw. die glatte Muskulatur, das Herz oder die Drüsen.

Die Zeit zwischen Beginn des Reizes und Aktion des Effectors bezeichnen wir als **Reflexzeit.** In den meisten Fällen ist sie vorwiegend bedingt durch die Leitungszeit in den afferenten und efferenten Schenkeln und in den zentralen Teilen des Reflexbogens (die Leitungsgeschwindigkeiten menschlicher Nervenfasern sind durchweg etwas geringer als die, die in Tabelle 2-1, S. 40, für die Katze angegeben werden [18]). Dazu kommen noch Zeiten a) für die Umwandlung eines Reizes in eine fortgeleitete Erregung im Receptor, b) für die Übertragung in den Synapsen an den zentralen Interneuronen (Synapsenzeit) c) für die Übertragung vom efferenten Schenkel auf den Effector (z.B. Endplattenpotential) und d) für die Aktivierung des Effectors durch die Membranerregung (z.B. elektromechanische Kopplung).

Reflexbögen mit primären Muskelspindelafferenzen

Dehnungsreflex durch Muskeldehnung. Die *Ia-Fasern* der Muskelspindeln bilden erregende Synapsen auf homonymen α-Motoneuronen (also den Motoneuronen ihres eigenen Muskels). **Aktivierung der primären Muskelspindelendigungen** durch Dehnung muß daher zu einer **Erregung der homonymen Motoneurone** führen. Ein entsprechender Versuch ist in Abb. 5-5 aufgezeichnet. Kurzfristige Dehnung des Muskels durch einen leichten Hammerschlag auf den Registrierhebel führt, wie die Registrierkurve links unten im Bild zeigt, nach einer kurzen Latenz zu einer Kontraktion des Muskels. Diesen Reflex, der nur eine zentrale Synapse besitzt, nämlich die der Ia-Fasern auf die homonymen Motoneurone, nennt man den **monosynaptischen Dehnungsreflex** der Muskulatur. Er ist das einfachste Beispiel eines kompletten Reflexbogens (s. auch die weiteren Beispiele in Abb. 5-7 und 5-8).

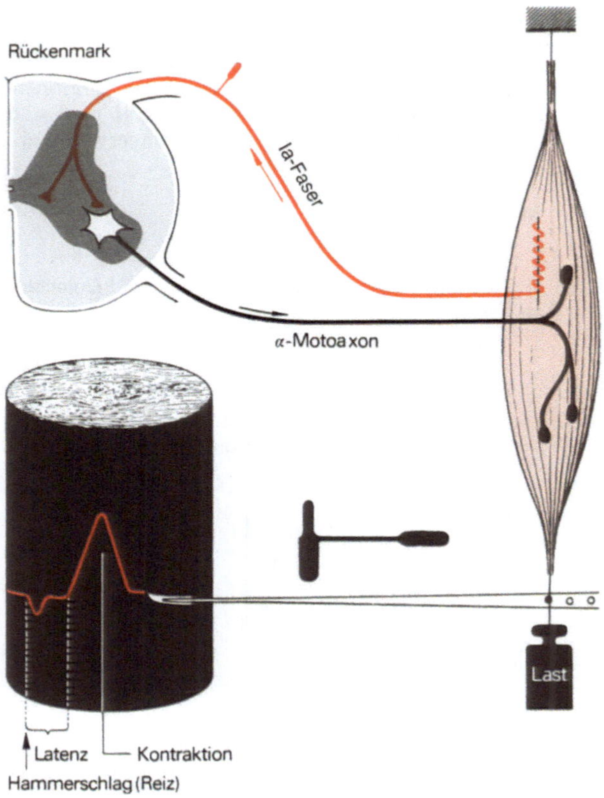

Abb. 5-5. Reflexbogen des monosynaptischen Dehnungsreflexes. Ein leichter Hammerschlag auf den Zeiger des Meßinstruments, der mit dem Muskel verbunden ist (Ausschlag nach unten auf dem Registrierpapier), führt nach kurzer Latenz zu einer Kontraktion des Muskels. Der Reflexbogen dieses Reflexes von den Muskelspindeln über die Ia-Fasern zu den Motoneuronen und zurück zum Muskel ist angegeben

Da beim monosynaptischen Dehnungsreflex die Receptoren (Muskelspindeln) und die Effectoren (extrafusale Muskelfasern) im gleichen Organ (Muskel) liegen, wird er oft auch als monosynaptischer **Eigenreflex** bezeichnet. Der Ausdruck *Dehnungsreflex* ist ihm aber angemessener. Daneben wird v.a. im englischen und französischen Sprachraum auch häufig der Ausdruck **myotatischer Reflex** benutzt.

Das bekannteste Beispiel eines monosynaptischen Dehnungsreflexes ist der **Patellarsehnenreflex:** Der M. quadriceps femoris wird durch einen leichten Schlag auf seine Sehne unterhalb der Patella kurzfristig gedehnt. Nach kurzer Latenz kommt es zu einer leichten Zuckung des Muskels, wodurch bei freihängendem Unterschenkel dieser leicht angehoben wird. Der Ausdruck „Sehnenreflex" ist also irreführend. Es handelt sich hier wie bei den anderen „Sehnenreflexen" um monosynaptische Dehnungsreflexe. Klinisch wichtige Beispiele solcher Reflexprüfungen sind: *am Kopf* Dehnung der Mundschließer durch Beklopfen des Kinns (Masseterreflex); *am Oberarm* Dehnung des M. biceps durch Beklopfen seiner Sehne in der Ellenbeuge (Bicepssehnenreflex); *am Unterschenkel* Dehnung des Triceps surae durch Beklopfen der Achillessehne (Achillessehnenreflex). Monosynaptische Dehnungsreflexe, die durch Beklopfen einer Sehne ausgelöst werden, werden in der Klinik auch als **T-Reflexe** (engl. Tendon-Reflex = Sehnenreflex) bezeichnet.

Die systematische Prüfung der Dehnungsreflexe erhält dadurch eine besondere Bedeutung, daß die Reflexbahnen über verschiedene Rückenmarksegmente verlaufen und damit Störungen beim Auftreten einzelner Reflexe möglicherweise Hinweise auf die Höhe eines krankhaften Rückenmarkprozesses geben können. Insgesamt ist die Normbreite für die **Lebhaftigkeit der Dehnungsreflexe** sehr groß und stark von einer möglichen Mit- oder Gegeninnervation abhängig (s.u.). Klinisch ist daher, abgesehen von Extremfällen, weniger die Lebhaftigkeit dieser Reflexe von Bedeutung als vielmehr die Frage, ob Seitenunterschiede bestehen oder ob einzelne Reflexe in ihrem Verhalten gegenüber dem Gesamtreflexverhalten besonders verändert sind.

Bahnung von T-Reflexen. Schwache Patellarsehnen- und andere T-Reflexe der unteren Extremität lassen sich häufig dann besser auslösen, wenn der Patient aufgefordert wird, seine vor der Brust ineinandergehackten Hände auseinanderzuziehen oder einer dritten Person die Hand zu drücken **(Jendrassikscher Handgriff).** Es kommt bei dieser Anstrengung zu einer bahnenden Mitinnervation der Motoneurone des Lumbalmarks. Entsprechend diesem Mechanismus lassen sich auch durch eine leichte Grundinnervation (Anspannung des zu testenden Muskels) T-Reflexe bahnen.

Auslösung von H-Reflexen. Im Labor und in der neurologischen Praxis kann der monosynaptische Dehnungsreflex am Menschen auch durch elektrische Reizung der Ia-Afferenzen eines Muskelnerven induziert werden. Diese Form des monosynaptischen Dehnungsreflexes bezeichnet man als **H-Reflex** (nach Paul Hoffmann). Gewöhnlich wird der H-Reflex durch elektrische Reizung des N. tibialis in der Kniekehle ausgelöst und der Reizerfolg elektromyographisch von der Oberfläche (Hautelektroden) oder dem Innern (Nadelelektroden) des M. triceps surae, insbesondere des M. soleus, regi-

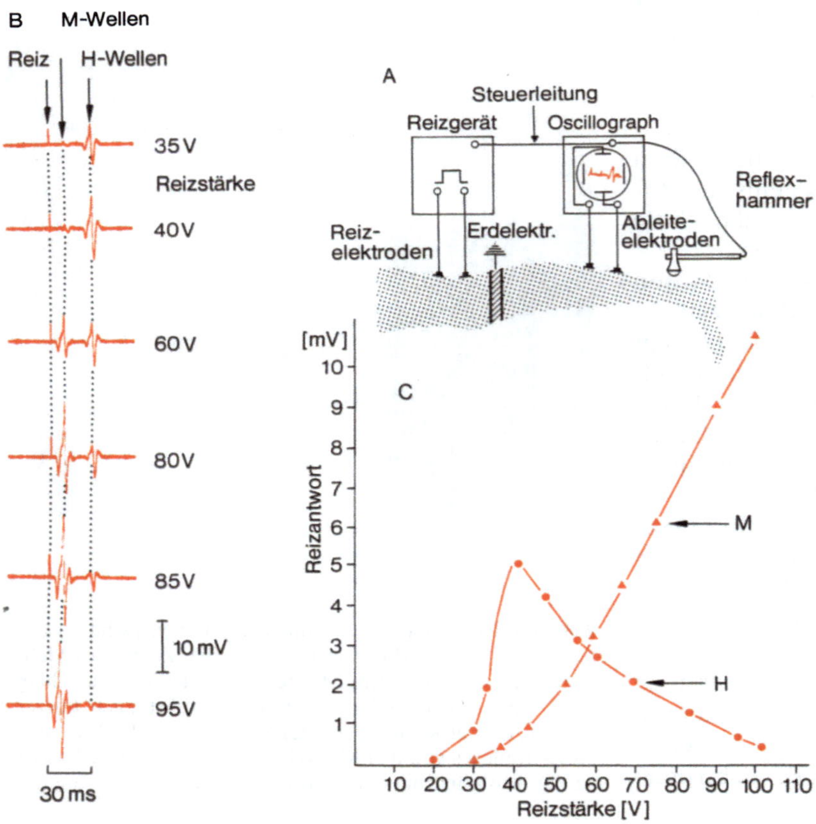

Abb. 5-6 A–C. Auslösung und Registrierung von H- und T-Reflexen am Menschen. **A** Versuchsanordnung. Zum Auslösen eines T-Reflexes des M. triceps surae wird ein Reflexhammer mit Kontaktschalter benutzt. Durch diesen Schalter wird bei Beklopfen der Sehne die Ablenkung des Elektronenstrahls des Oscillographen ausgelöst. Die Reflexantwort kann auf diese Weise elektromyographisch sichtbar gemacht werden. Für die Auslösung der H-Reflexe wird der N. tibialis mit 1 ms langen Rechteckimpulsen durch die Haut gereizt. Reiz und Ablenkung des Oscillographenstrahls sind miteinander synchronisiert. **B** H- und M-Antworten bei zunehmender Reizstärke. **C** Amplituden der H- und M-Antworten (*Ordinate*) in Abhängigkeit von der Reizstärke (*Abscisse*). Gesunde Versuchsperson. (B, C aus Hopf u. Struppler: Elektromyographie, Stuttgart: Thieme 1974)

striert (Abb. 5-6). Da die Ia-Fasern die niedrigste Schwelle aller Nervenfasern haben, tritt bei schwachen Reizen (20–30 V in Abb. 5-6C) zunächst nur die Reflexantwort (H-Welle) nach einer Latenz von 30–35 ms auf. Bei stärkeren Reizen (ab 35 V in Abb. 5-6B, C) werden zunehmend auch α-Motoaxone erregt, die den Muskel mit einer Latenz von 5–10 ms aktivieren (M-Wellen oder -Zacken in Abb. 5-6B, C). Bei zunehmenden Reizstärken werden zunächst beide Antworten größer; während dann die M-Antwort bis zur maximalen Größe ansteigt, wird die H-Antwort immer kleiner. Bei maximaler M-Antwort ist sie praktisch völlig unterdrückt (Reizstärke ≧95 V in Abb. 5-6B, C).

Drei Faktoren sind für die *Abnahme der H-Antwort bei zunehmender Reizstärke* verantwortlich: a) Neben Ia-Fasern werden immer mehr Ib-Fasern von den Golgi-Sehnenorganen erregt. Diese wirken hemmend auf die zugehörigen (homonymen) Motoneurone (vgl. Abb. 5-10, S. 98). b) Die Erregung der α-Motoaxone führt nicht nur zu orthodromen Aktionspotentialen und damit zur M-Antwort, sondern auch zu antidromen Impulsen, die den Reflexweg der Renshaw-Hemmung aktivieren (vgl. 101). c) Die antidromen Aktionspotentiale in den α-Motoaxonen greifen auch auf Soma und Dendriten der Motoneurone über, wodurch es zu Kollisionen mit den von den Ia-Fasern ausgelösten Erregungsvorgängen kommt. Dabei kann es sein, daß ein über die (schnelleren) Ia-Fasern ausgelöster motoneuronaler Impuls auf einen antidromen Impuls trifft und sich beide gegenseitig auslöschen, oder das Motoneuron ist durch den antidromen Impuls gerade während der Ia-Erregung refraktär. Von diesen Faktoren ist (c) der bei weitem wichtigste.

Innervationsstille (silent period). Nach einem T- oder H-Reflex sinkt der Muskeltonus für kurze Zeit (100–500 ms) stark ab. Zu dieser **postreflektorischen Innervationsstille** (silent period) tragen, je nach Ausgangslage in wechselndem Umfang, mindestens 4 Faktoren bei: 1. Die synchrone Reflexkontraktion führt zu einer Entlastung der Muskelspindeln und damit zu einer Unterbrechung oder Reduktion des tonischen, erregenden afferenten Zuflusses aus den primären Muskelspindelendigungen (vgl. Abb. 5-4C). 2. Die Reflexkontraktion aktiviert Golgi-Sehnenorgane, die hemmend auf die zugehörigen Motoneurone wirken (Abb. 5-10). 3. Die synchrone Erregung der Motoneurone führt zu einer vorübergehenden verstärkten Aktivierung der Renshaw-Hemmung (vgl. Abb. 5-12). 4. Die im Anschluß an die Aktionspotentiale auftretenden hyperpolarisierenden Nachpotentiale der an der Reflexauslösung beteiligten Motoneurone machen diese vorübergehend weniger erregbar.

Dehnungsreflex zur Kontrolle der Muskellänge. Die *physiologische Bedeutung des monosynaptischen Dehnungsreflexes* geht über seine diagnostische Aussagekraft weit hinaus. Er kann in erster Linie als ein Regelmechanismus zur Kontrolle der Muskellänge aufgefaßt werden: Dehnung des Muskels führt über die Aktivierung der Muskelspindeln und eine monosynaptische Erregung der Motoneurone zu einer Kontraktion, also einer der Dehnung entgegenwirkenden Verkürzung des Muskels. Diese *reflektorische Konstanthaltung der Muskellänge* ist von besonderer Bedeutung für die Aufrechterhaltung eines **Haltetonus** in der Stützmotorik. So wird z.B. jedes leichte, noch nicht sicht- und merkbare Einknicken der Kniegelenke zu einer Dehnung des M. quadriceps und damit zu einer verstärkten Aktivierung seiner primären Muskelspindelendigungen führen. Dadurch kommt es zu einer zusätzlichen Erregung der α-Motoneurone des M. quadriceps (also einem „Patellarsehnenreflex", vgl. Abb. 5-7) und damit zu einem erhöhten Muskeltonus, der das beginnende Einknicken sofort wieder ausgleicht. Umgekehrt führt eine zu starke Kontraktion des Muskels zu einer Entlastung der Dehnungsreceptoren. Ihre Impulsrate vermindert sich und damit auch der erregende Zufluß zu den Motoneuronen: der Muskeltonus läßt nach. Über diesen Regelkreis wird also die **Länge des Muskels konstant** gehalten.

Reziproke antagonistische Hemmung durch Ia-Afferenzen. Die Ia-Fasern bilden nicht nur monosynaptische erregende Verbindungen mit homonymen Motoneuronen (Reflexbogen des Dehnungsreflexes), sondern auch **disynaptische hemmende** Verbindungen zu den antagoni-

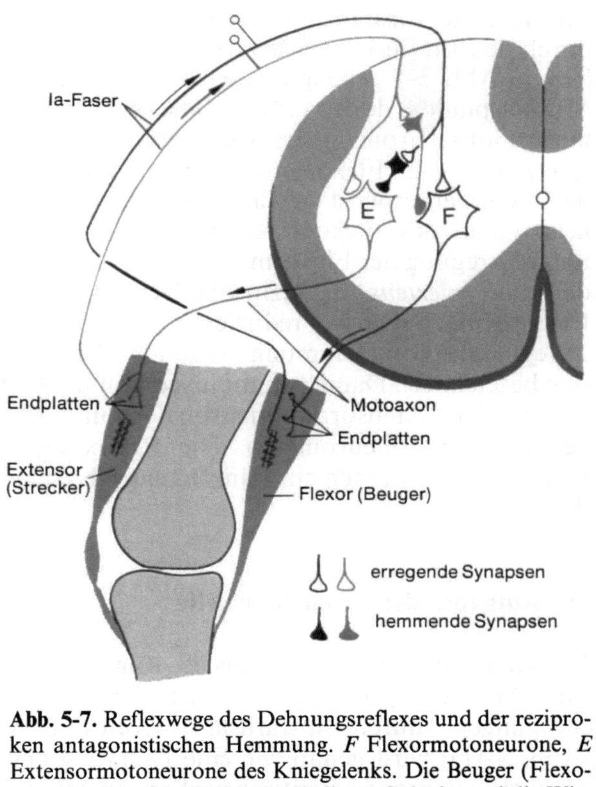

Abb. 5-7. Reflexwege des Dehnungsreflexes und der reziproken antagonistischen Hemmung. *F* Flexormotoneurone, *E* Extensormotoneurone des Kniegelenks. Die Beuger (Flexoren) und Strecker (Extensoren) dieses Gelenks und die Wirkung der Synapsen sind angegeben

stischen Motoneuronen (Abb. 5-7). Dieser Reflexbogen enthält also ein zentrales Interneuron. Die hemmenden Reflexbögen der Ia-Fasern auf antagonistische Motoneurone haben also 2 zentrale Synapsen, einmal von den Ia-Fasern auf die Interneurone (erregende Synapsen), und zum zweiten von den Axonen der Interneurone auf die Motoneurone (hemmende Synapsen). Es sind die kürzesten hemmenden Reflexbögen, die wir kennen. Man nennt diese Hemmung daher auch **direkte Hemmung.** Besser ist die Bezeichnung **reziproke antagonistische Hemmung,** die beinhaltet, daß die Motoneurone antagonistischer Muskeln (z.B. Beuge- und Streckmuskeln am selben Gelenk) wechselseitig über diesen Reflexbogen gehemmt werden können [6].

Funktionell gesehen unterstützt die reziproke antagonistische Hemmung die durch die Ia-Faseraktivität hervorgerufene oder geförderte Kontraktion homonymer und agonistischer Muskeln durch gleichzeitige Hemmung der am selben Gelenk angreifenden Antagonisten. Da die Ia-Fasern des antagonistischen Muskels entsprechende Verknüpfungen besitzen (Abb. 5-7), werden durch passive, d.h. von außen erzwungene Änderungen der Gelenkstellung **4 Reflexbögen aktiviert,** die insgesamt dazu dienen, die Änderungen der Gelenkstellung weitgehend rückgängig zu machen, also die **vorgegebene Muskellänge konstant** zu halten. Wird nämlich durch den Einfluß der Schwerkraft das Kniegelenk in Abb. 5-7 gebeugt, so wird Dehnung der Muskelspindeln des Extensors *(erstens)* die Extensormotoneurone verstärkt erregen und *(zweitens)* die Flexormotoneurone verstärkt hemmen. Ferner wird die Entdehnung der Muskelspindeln des Flexors *(drittens)* die homonyme Erregung der Flexormotoneurone vermindern und *(viertens)* die reziproke Hemmung der Extensormotoneurone reduzieren (eine solche „Wegnahme von Hemmung" wird als **Disinhibition** bezeichnet). Damit nimmt insgesamt die Erregung der Extensormotoneurone zu und die der Flexormotoneurone ab. Die Reflexbögen bilden also zusammen ein **Längenkontrollsystem** des Muskels.

Die Aufgaben der γ-Spindelschleife

Dehnungsreflex durch intrafusale Kontraktion. Eine Aktivierung der primären Muskelspindelendigungen durch intrafusale Kontraktion (Abb. 5-4D) wird genau wie eine Dehnung des Muskels zu monosynaptischen Erregungen in den Motoneuronen des zugehörigen Muskels führen, also zu einem monosynaptischen Dehnungsreflex. Eine Reflexkontraktion der extrafusalen Muskulatur kann also von den Muskelspindeln ausgelöst werden, (a) wenn der Muskel gedehnt wird oder (b) wenn die intrafusalen Muskelfasern sich durch Aktivierung über die γ-Motoaxone kontrahieren.

Die supraspinalen motorischen Zentren haben also 2 Möglichkeiten, eine Kontraktion der extrafusalen Muskulatur auszulösen: *erstens* durch **direkte Erregung der α-Motoneurone,** und *zweitens* über eine **Erregung der γ-Motoneurone,** die ihrerseits über eine intrafusale Kontraktion eine Aktivierung des Dehnungsreflexbogens bewirken und dadurch die extrafusale Muskulatur zur Kontraktion bringen. Die letzte Möglichkeit wird als **γ-Spindelschleife** bezeichnet (Abb. 5-8A). Die *direkte Aktivation der α-Motoneurone von supraspinalen Zentren* hat den Vorteil der kurzen Latenz, aber den Nachteil, daß das sorgfältige Gleichgewicht des über den Dehnungsreflex arbeitenden Längenkontrollsystems zunächst empfindlich gestört wird, wobei die be-

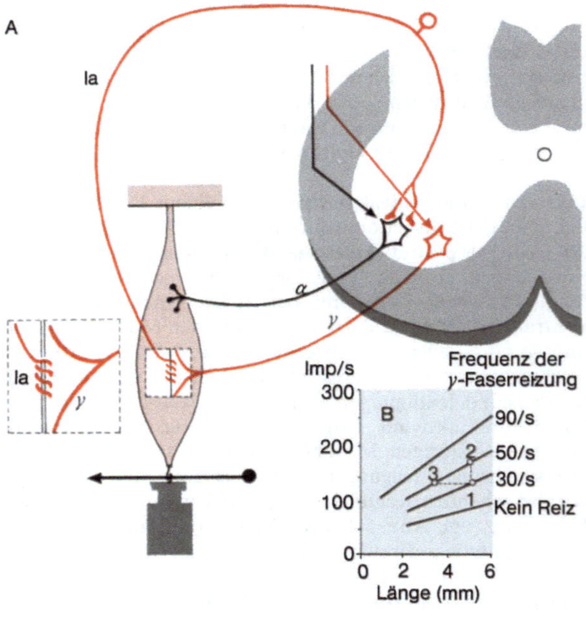

Abb. 5-8A u. B. Reflexweg der γ-Spindelschleife (*rot* in **A**) und der Einfluß der fusimotorischen Aktivität auf die Entladungsrate einer primären Muskelspindelendigung (*Ordinate* in **B**). Bei supraspinaler Aktivierung der γ-Schleife kommt es meist zu einer gleichzeitigen descendierenden Aktivierung der zugehörigen (homonymen) α-Motoneurone (α-γ-Koaktivierung, durch die *rote* und *schwarze* absteigende Bahn angedeutet). Die Muskelspindel von **B** stammte aus dem M. soleus der Katze. Es wurde wie in der Abscisse angegeben, die Ruhelänge variiert und die Frequenz der fusimotorischen Reizung wie rechts angegeben geändert. [B nach A. Crowe und P.B.C. Matthews, J. Physiol. (Lond.) 174, 109 (1964)]

troffenen Muskelspindeln evtl. nicht mehr ausreichend (unterschwellig) oder zu sehr (Sättigung) gedehnt werden. Dagegen bewirkt *Aktivierung der γ-Schleife* eine Verkürzung des Muskels ohne oder mit geringer Veränderung der Entladungsfrequenz der Muskelspindelafferenzen.

In Abb. 5-8B ist der Zusammenhang zwischen Muskellänge (Abscisse) und Entladungsfrequenz (Ordinate) einer primären Spindelafferenz bei unterschiedlichen Reizfrequenzen (0, 30, 50, 90 Hz) der zugehörigen γ-Faser graphisch dargestellt. Ändert sich z.B. in Punkt 1 die Frequenz der γ-Entladungen von 30 auf 50 Hz, so wird die afferente Entladung nach Punkt 2 zunehmen. Die ursprüngliche afferente Entladungsrate wird dann durch Verkürzung des Muskels auf Punkt 3 wieder hergestellt. Über die γ-Efferenzen läßt sich also die Muskellänge verstellen, ohne daß sich die Impulsaktivität der Muskelspindelreceptoren dauernd ändert. In diesem Beispiel folgt also einer Kontraktion der intrafusalen Muskulatur eine verstärkte Kontraktion der extrafusalen Muskulatur, bis die ursprüngliche Entladungsrate der primären Spindelafferenz wieder erreicht ist. Die γ-Spindelschleife mit dem in ihr eingeschlossenen Dehnungsreflexbogen bildet also in diesem Fall einen **Folgeservomechanismus**, bei dem die *Muskellänge der Muskelspindellänge folgt*.

α-γ-Koaktivierung bei Bewegungen. Ursprünglich wurde angenommen, daß bei zielmotorischen Bewegungen die **direkte Erregung der α-Motoneurone** (Abb. 5-8A) v.a. dann benutzt würde, wenn es auf Schnelligkeit ankommt, die **Aktivierung der γ-Spindelschleife** dagegen für besonders gleichmäßige und fein abgestufte Bewegungen. Unterdessen hat sich aber gezeigt, daß es zwar in der Regel bei der extrafusalen Kontraktion zu einer Zunahme der Spindelentladungen, also zur intrafusalen Kontraktion, kommt, daß diese aber der Bewegung *nicht vorausgeht*, wie es bei einer Auslösung der Bewegung durch die γ-Motoneurone zu fordern wäre, sondern ihr *mit einer geringen Latenz folgt* (Abb. 5-9). Die α- und γ-Motoneurone werden unter diesen Bedingungen offenbar gleichzeitig aktiviert; die Aktivität in den Spindelafferenzen tritt jedoch wegen der langsamen Leitungsgeschwindigkeit der γ-Fasern und des Zeitbedarfs der intrafusalen Kontraktion gegenüber der elektromyographisch (EMG) registrierten Aktivität verzögert auf [52]. Man bezeichnet die α-γ-Koaktivierung auch als **α-γ-Kopplung.** Die *Aufgabe der γ-Innervation* liegt also wahrscheinlich im wesentlichen darin, ein Erschlaffen der Muskelspindel während der extrafusalen Kontraktion zu verhindern, um die Meßfähigkeit der Muskelspindel und damit die stabilisierende Wirkung der Dehnungsreflexe auch während einer Bewegung zu gewährleisten. Darüber hinaus bewirkt die durch die Tätigkeit der γ-Motoneurone vermehrte Spindelaktivität eine Unterstützung der ablaufenden Bewegung [4, 15, 52]. Diese Unterstützung wirkt ähnlich wie eine Lenk- oder Bremshilfe in einem Automobil, wobei gleichzeitig der Meßfühler, also die primäre Muskelspindelendigung, in einem günstigen Meßbereich gehalten wird. Die **Aufgabe der γ-Schleife** kann daher am besten als die der **Servounterstützung von Bewegungen** beschrieben werden.

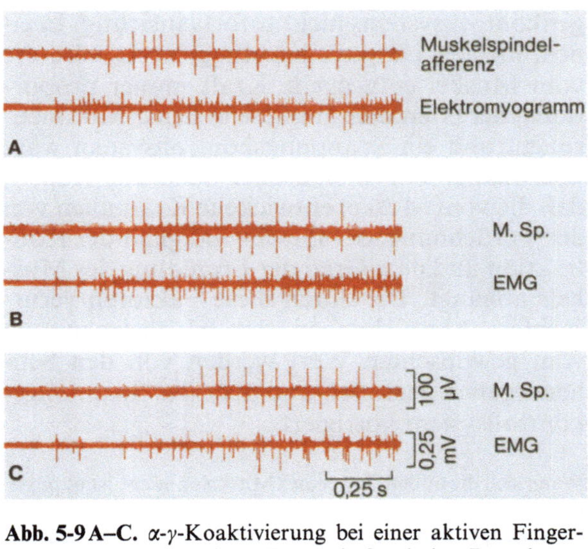

Abb. 5-9A–C. α-γ-Koaktivierung bei einer aktiven Fingerbewegung des Menschen. Es wurde 3mal eine Beugebewegung eines Fingers durchgeführt (**A, B, C**). Auf dem oberen Strahl des Oscillographen ist jeweils die Aktivität einer Muskelspindelafferenz (*M.Sp.*) aus dem M. flexor digitorum longus wiedergegeben und auf dem unteren Strahl als Ausdruck der α-motorischen Aktivität das mit Nadelelektroden abgeleitete Elektromyogramm (*EMG*) desselben Muskels. Aus [52]

Reflexbögen sekundärer Muskelspindelafferenzen

Die zentrale Verschaltung der Gruppe-II-Afferenzen von Muskelspindeln unterscheidet sich wesentlich von der der Ia-Afferenzen. Abgesehen von einer inzwischen als gesichert geltenden monosynaptischen Erregung homonymer Motoneurone, deren Umfang und funktionelle Bedeutung bisher noch nicht abzuschätzen ist, ähnelt die segmentale Reflexverschaltung der sekundären Spindelafferenzen weitgehend der Verschaltung jener Afferenzen, die den Flexorreflex hervorrufen können (s.S. 100). Dies bedeutet, daß sie unabhängig von ihrem Ursprungsmuskel unter bestimmten Bedingungen auf alle Flexoren der entsprechenden Extremität fördernd und auf die Extensoren hemmend wirken. Die Wirkung beschränkt sich also nicht, wie es bei Ia-Afferenzen vorwiegend der Fall ist, auf die Synergisten und Antagonisten, die am selben Gelenk angreifen, sondern sie beinhaltet eine Steuerung der Bewegung der ganzen Extremität [36].

Motorische Reflexbögen mit Sehnenorganafferenzen

Segmentale Verschaltung der I b-Fasern. In funktioneller Hinsicht ist die segmentale Verschaltung der I b-Fasern auf den ersten Blick spiegelbildlich der der I a-Fasern. Wie Abb. 5-10 zeigt, haben die Sehnenorgane *di- oder trisynaptische hemmende Verbindungen* zu ihren homonymen und agonistischen Motoneuronen (diese Hemmung wird **autogene Hemmung** = Selbsthemmung genannt) und *disynaptische erregende Verbindungen* zu antagonistischen Motoneuronen [6]. Einschränkend muß gesagt werden, daß diese Verschaltung nicht generell beobachtet wurde. Insbesondere die erregenden Wirkungen der Flexor-I b-Fasern auf Extensormotoneurone waren häufig nicht oder nur unter bestimmten Bedingungen zu beobachten, wobei offenbar die supraspinale Kontrolle eine große Rolle spielt. Darüber hinaus erfaßt der Ausdruck *autogene Hemmung* nur einen Teil der Wirkungen der I b-Afferenzen, denn außer den Motoneuronen synergistischer und antagonistischer Muskeln werden auch Motoneurone beeinflußt, deren Muskeln an anderen Gelenken angreifen [6].

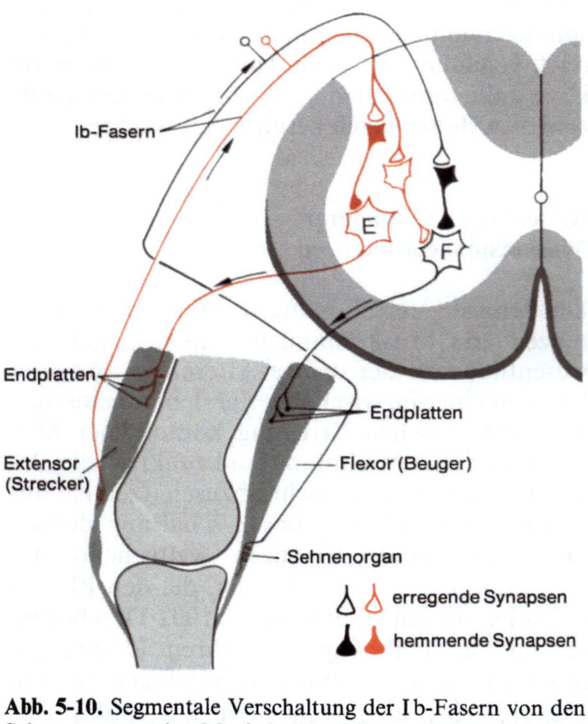

Abb. 5-10. Segmentale Verschaltung der I b-Fasern von den Sehnenorganen im Muskel. Darstellung analog Abb. 5-7. Die erregende Verbindung der Flexor-I b-Faser zum Streckermotoneuron *E* ist weggelassen, da eine entsprechende Reflexwirkung nicht regelmäßig beobachtet wird

Aufgaben der Sehnenorgane. Da die Sehnenorgane die Spannung des Muskels messen (S. 92), wird eine Zunahme der Muskelspannung durch extrafusale Kontraktion über die Aktivierung von I b-Afferenzen zu einer Hemmung der homonymen Motoneurone führen. Umgekehrt wird eine Abnahme des Muskeltonus eine *Disinhibition* (Abnahme von Hemmung) und damit eine Aktivierung homonymer Motoneurone bewirken. Mit anderen Worten: Der Reflexbogen der Sehnenorgane ist so verschaltet, daß er dazu dienen kann, die **Spannung des Muskels konstant** zu halten.
Jeder Muskel besitzt also 2 Rückkopplungs-(Feedback-)systeme (Regelkreise): ein **Längenkontrollsystem** mit den Muskelspindeln als Fühlern und ein **Spannungskontrollsystem** mit den Sehnenorganen als Fühlern. Das Längenkontrollsystem beschränkt sich dabei in seinen Auswirkungen im wesentlichen auf den eigenen Muskel und seinen Antagonisten, während durch das Spannungskontrollsystem der I b-Afferenzen der musculäre Tonus der gesamten Extremität mitgesteuert wird. Vom **regeltechnischen Standpunkt** ist die Notwendigkeit des Spannungskontrollsystems neben dem des Längenkontrollsystems nicht sofort einsichtig. In einem idealen Längenkontrollregelkreis wäre die vom Muskel entwickelte Kraft immer proportional der efferenten Impulse in den α-Motoneuronen, und ein Spannungskontrollsystem wäre überflüssig. Wir wissen aber auch aus Kap. 4, daß die vom Muskel entwickelte Kraft auch von der Vordehnung, der Geschwindigkeit der Kontraktion und dem Grad der Ermüdung des Muskels abhängt. Die durch diese Faktoren verursachten Abweichungen der Muskelspannung vom gewünschten Wert werden von den Sehnenorganen gemessen und über das Spannungskontrollsystem korrigiert.

Wenn sich die äußere Last eines Muskels ändert, ist es physikalisch unmöglich, sowohl die Muskellänge als auch die Muskelspannung konstant zu halten. Nimmt die Last zu, wird der Muskel entweder länger oder er muß seine Spannung erhöhen, um seine Länge konstant zu halten. In dieser (häufigen) Situation arbeiten also Längenkontrollsystem und Spannungskontrollsystem gegen- und nicht miteinander. Die Auflösung dieses Zielkonfliktes sieht HOUK [33] darin, daß möglicherweise weder die Muskellänge noch die Muskelspannung als individuelle Variablen konstant gehalten werden, sondern die **Muskelsteifheit,** definiert als das

Verhältnis von Spannungsänderung zu Längenänderung. Die experimentelle Analyse dieses Vorschlages ist im Gange.
Bei decerebrierten Tieren und bei **Patienten mit spastisch erhöhtem Muskeltonus** ist beobachtet worden, daß eine rasche passive Muskeldehnung zunächst (über den Dehnungsreflex) zu zunehmender Muskelspannung führt, bis plötzlich bei sehr starker Dehnung der Muskeltonus nachläßt. Dieses als **Taschenmesserklappphänomen** bezeichnete abrupte Nachlassen der Muskelspannung ist auf die hemmende Wirkung der Golgi-Sehnenorgane zurückgeführt worden [15]. Man hatte daraus gefolgert, daß die Aufgabe der autogenen Hemmung in einem Schutz vor zu starkem Anwachsen der Muskelspannung, mit der Gefahr eines Muskel- oder Sehnenrisses, bestehe. Da die Sehnenorgane jedoch bereits bei minimalem, durch Muskelkontraktion bedingten Anstieg der Muskelspannung entladen und ihre Wirkung entfalten, muß bezweifelt werden, ob in dem genannten „Schutzreflex" eine wesentliche funktionelle Bedeutung der Sehnenorgane zu sehen ist.

Polysynaptische motorische Reflexe

Außer beim monosynaptischen Dehnungsreflex und beim disynaptischen hemmenden Reflexbogen der Ib-Fasern sind bei allen anderen Reflexen mehrere zentrale Neurone im Reflexbogen hintereinander geschaltet. Diese Reflexe sind also **polysynaptisch.** Ferner sind bei den polysynaptischen Reflexen häufig Sensor und Effector im Organismus räumlich getrennt, so daß sie auch als **Fremdreflexe** bezeichnet werden. Man unterscheidet bei den Fremdreflexen **vegetative Reflexe** [45] mit Reflexbögen, die in den Effectoren des autonomen Nervensystems enden (s.S. 363), von **polysynaptischen motorischen Reflexen,** deren Effectoren die Skeletmuskeln sind. Letztere spielen in der gesamten Motorik eine große Rolle, so z.B. bei der Fortbewegung, bei der Nahrungsaufnahme und bei der Abwehr schädigender Einflüsse *(Schutzreflexe).*

Eigenschaften polysynaptischer Reflexe. Als Beispiel zur Diskussion der Eigenschaften polysynaptischer Reflexe sei der Hustenreflex gewählt, ein typischer Schutzreflex. Von diesem wissen wir, daß ein leichtes „Kitzeln" oder „Kratzen" im Hals nicht sofort, wohl aber nach einer Weile zum Husten führt. Bei polysynaptischen Reflexen können sich also unterschwellige Reize zu einem überschwelligen Reiz summieren. Diese **Summation** ist ein zentrales Phänomen, d.h. sie findet an den Interneuronen und Motoneuronen des Reflexbogens statt, nicht an den peripheren Sensoren. Die subjektiven Mißempfindungen (Kitzeln, Kratzen) vor der Reflexauslösung sind nämlich ein klares Zeichen, daß die für den Reflex verantwortlichen Sensoren schon erregt sind.

Bei zunehmender Reizintensität wird die Zeit zwischen Reizbeginn (Kitzeln) und Reflexauslösung (Husten), also die **Reflexzeit,** kürzer. Dies zeigt, daß beim polysynaptischen Reflex die **Reflexzeit von der Reizintensität abhängig** ist: je stärker der Reiz, desto früher beginnt der Reflex. Die Verkürzung der Reflexzeit ist eine Folge der schnelleren, überschwelligen Erregung der zentralen Neurone des Reflexbogens durch die zahlreicher und intensiver aktivierten Sensoren: sie ist also hauptsächlich durch zeitliche und räumliche Bahnung verursacht.
Husten kann in seiner Intensität vom leichten Räuspern bis zum langanhaltenden Würgehusten reichen, wiederum in Abhängigkeit von der Reizintensität. Auch diese Zunahme des Reflexerfolges bei steigender Reizintensität ist eine typische Eigenschaft polysynaptischer motorischer Reflexe. Dabei greift der Reflex auch auf bisher unbeteiligte Muskelgruppen über, ein Phänomen, das als **Ausbreitung** oder **Irradiation** bezeichnet wird.

Eine Reihe weiterer Eigenschaften polysynaptischer motorischer Reflexe wie *Lokalzeichen, Habituation, Sensitivierung und Konditionierung* spiegeln besonders die **Plastizität der Fremdreflexantwort** wider. Unter **Lokalzeichen** versteht man, daß z.B bei schmerzhafter Reizung des Beines die Beugemuskeln der Hüft-, Knie- und Fußgelenke *abhängig vom Reizort* verschieden stark kontrahiert werden. Als **Habituation** („Gewöhnung") bezeichnet man die Beobachtung, daß die häufige, gleichmäßige Wiederholung eines nicht schmerzhaften und nicht schädlichen Reizes (z.B. Bestreichen der Bauchdecken) am *selben Ort* und mit der *gleichen Intensität* zu einem *Nachlassen* des Reflexerfolges führt, wobei die Erregbarkeit der beteiligten Sensoren, Motoneurone und Skeletmuskeln unverändert bleibt [24, 41]. Ein Wechsel des Reizortes oder der Reizparameter (v.a. größere Reizstärken) lösen wieder eine normale Reizantwort aus. Dies wird als **Dishabituation** bezeichnet. Ein längeres reizfreies Intervall führt ebenfalls zu einer Rückkehr der ursprünglichen Reflexantwort. Der Habituation polysynaptischer Reflexe liegt wahrscheinlich, zumindest bei Invertebraten, eine synaptische Depression (S. 59) zugrunde.
Wiederholte *schmerzhafte Reize* können zu **Sensitivierung** führen. Die Reflexschwelle ist gesenkt, die Reflexzeit ist verkürzt, das receptive Feld vergrößert und der Reflex irradiiert [31]. Als **Konditionierung** faßt man die durch die Anpassungs- und Lernfähigkeit der polysynaptischen Reflexe bewirkten *Langzeitänderungen der Reflexantwort* zusammen. Beispielsweise gelang es durch eine entsprechende Versuchsanordnung, bei der zur Beendigung des schmerzhaften Reizes die Bewegung *auf den Reiz zu* erfolgen mußte, eine Umkehr des Bewegungsablaufes des Flexorreflexes herbeizuführen [30]. Die Ausdrücke **Konditionierung** und **Konditionieren** werden aber auch in einem etwas anderen Sinne zur Bezeichnung von Verfahren genutzt, mit denen Verhaltensänderungen erzielt werden (S. 164).

Flexorreflex und gekreuzter Extensorreflex. Wird am spinalisierten Tier eine Hinterpfote schmerzhaft gereizt (durch Kneifen, starke elektrische Reize, Hitze), so beobachtet man ein

Wegziehen der gereizten Extremität, also eine Beugung (Flexion) im Sprung-, Knie- und Hüftgelenk. Dieses Phänomen bezeichnet man als den **Flexorreflex.** Schmerzhafte Reizung der Vorderpfote führt zu einem entsprechenden *Flexorreflex* der Vorderextremität. Die für diesen Reflex verantwortlichen Receptoren liegen in der Haut. Es handelt sich also um einen Fremdreflex. Er dient offensichtlich dazu, die Extremität aus dem Bereich des schmerzhaften, d.h. schädlichen Reizes wegzuziehen. Er ist also ein typischer *Schutzreflex*. Sein Auftreten im spinalisierten Tier und seine Eigenschaften zeigen, daß er einen spinalen, polysynaptischen Reflexbogen besitzt (Abb. 5-11).

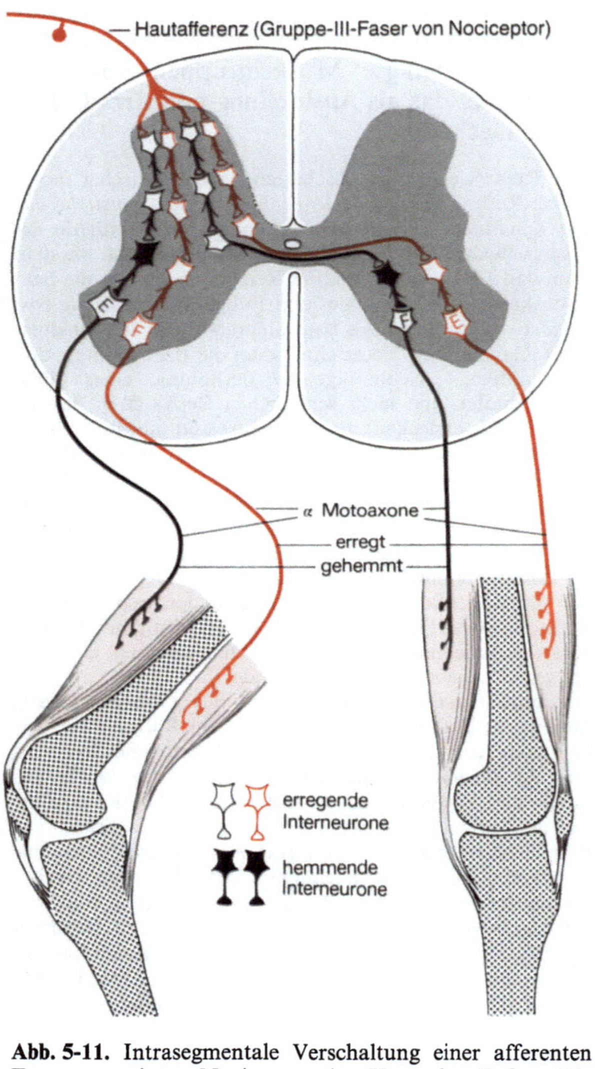

Abb. 5-11. Intrasegmentale Verschaltung einer afferenten Faser von einem Nociceptor der Haut des Fußes. Die Gruppe-III-Afferenz und die Reflexwege des ipsilateralen Beuge-(Flexor-)Reflexes und des kontralateralen Streck-(Extensor-)Reflexes sind *rot* eingetragen. *E* Extensormotoneurone, *F* Flexormotoneurone

Der Flexorreflex einer Hinter- oder Vorderextremität ist immer von einer Streckung (Extension) der gegenüberliegenden (kontralateralen) Extremität begleitet. Schmerzhafte Reizung einer Extremität hat also ipsilateral einen Flexorreflex und kontralateral einen Extensor- oder Streckreflex zur Folge. Der kontralaterale Streckreflex wird auch als **gekreuzter Streckreflex** bezeichnet, da die afferente Aktivität in den nociceptiven Fasern auf die kontralaterale Seite des Rückenmarks kreuzt, um dort den Streckreflex zu induzieren. Insgesamt werden also, wie Abb. 5-11 verdeutlicht, auf segmentaler Ebene durch schmerzhafte Reizung einer Extremität 4 motorische Reflexbögen aktiviert: Ipsilateral werden die Flexoren erregt und die Extensoren gehemmt. Kontralateral ist es umgekehrt.

Nicht jeder hat die Möglichkeit, im Labor den Flexorreflex, den gekreuzten Extensorreflex und die dazu reziproken Hemmungen am spinalisierten Tier kennenzulernen. Der Flexorreflex kann aber auch ohne Spinalisierung bei neugeborenen oder wenige Tage alten Haustieren (Hunden, Katzen etc.) oder beim menschlichen Säugling gut beobachtet werden, da in dieser Zeit die übergeordneten Hirnabschnitte noch nicht voll ausgereift sind und daher die einfachen spinalen Reflexmuster noch nicht durch kompliziertere überdeckt werden. Ausgeprägte Flexorreflexe sind auch beim Erwachsenen häufig zu sehen (Wegziehen der Hand von heißem Gegenstand, Anziehen des unbeschuhten Fußes bei Tritt auf spitzen Stein usw.).

Flexorreflexafferenzen. Flexorreflexe verschiedenster Ausprägung lassen sich durch elektrische Reizung praktisch aller somatosensorischen Nerven auslösen, insbesondere wenn die Reizstärken so gewählt werden, daß Gruppe-III- und -IV-Afferenzen erregt werden. Man hat daher diese Afferenzen als **Flexorreflexafferenzen** zusammengefaßt [27]. Dieser Begriff hat weite Verbreitung gefunden. Es existieren aber von den vorgenannten Receptorafferenzen auch *reziproke* Verschaltungen auf die gleichen Motoneurone der gleichen Extremität, d.h. erregend zu Extensor- und hemmend zu Flexormotoneuronen. Damit haben diese Afferenzen jeweils einen erregenden und einen hemmenden Reflexweg zu jedem Motoneuronenverband. Welcher der beiden Reflexwege benutzt wird, hängt von der Steuerung durch höhere motorische Zentren und wahrscheinlich auch von der jeweiligen Position und dem Bewegungszustand der Extremität ab [12].

Rolle der Gruppe-III- und -IV-Afferenzen der Muskeln. Anders als die Gruppe-I- und -II-Muskelafferenzen, deren Hauptaufgaben im Bereich der motorischen Kontrolle liegen, haben die Gruppe-III- und-IV-Muskelafferenzen (die weit mehr als die Hälfte aller afferenten Fasern in Muskelnerven ausmachen) wesentliche, darüber hinausgehende Funktionen. Ein Teil von ihnen ist für den Muskelschmerz verantwortlich [15]. Andere wirken auf das autonome Nervensystem ein, wo sie an der Regelung der Muskeldurchblutung teilnehmen.

Rolle der Gelenkafferenzen. Auch die Gelenknerven enthalten neben einer kleineren Zahl von Gruppe-II-Afferenzen v.a. feine afferente Nervenfasern der Gruppen III und IV. Alle diese Afferenzen scheinen nur einen geringen Beitrag zur bewußten Wahrnehmung der Gelenkstellung und Gelenkbewegung zu liefern. Möglicherweise sind ihre Hauptaufgaben zum einen die Nociception (also die Übermittlung von Gelenkschmerzen) und zum anderen die reflektorische Hemmung von Bewegungen, die aus dem normalen Arbeitsbereich des Gelenks herauszuführen drohen.

Recurrente Hemmung und präsynaptische Hemmung in der Spinalmotorik. Wie Abb. 5-12 zeigt, geben die Motoneurone (schon im Rückenmark) Collateralen zu Interneuronen ab, deren Axone wiederum hemmende Synapsen auf Motoneuronen bilden. Nach seinem Entdecker wird der hemmende Schaltkreis als **Renshaw-Hemmung** bezeichnet, und die hemmenden Interneurone werden **Renshaw-Zellen** genannt. Es handelt sich um ein typisches Beispiel einer **Rückwärtshemmung** oder **Feedbackhemmung,** denn die hemmenden Interneurone wirken auf diejenigen Zellen zurück, von denen sie selbst aktiviert wurden. Über die Renshaw-Hemmung soll offenbar ein unkontrolliertes Aufschaukeln (Schwingen) der Motoneuronenaktivität verhindert werden. Insbesondere scheint die Renshaw-Hemmung die *Entladungsfrequenz statischer, an der Haltefunktion beteiligter Motoneurone zu begrenzen.* Eine Verminderung dieser frequenzlimitierenden Funktion der Renshaw-Zellen ist als Ursache für einen pathologisch gesteigerten Muskeltonus *(Spastizität)* diskutiert worden.
Auf den synaptischen Mechanismus der **präsynaptischen Hemmung** und ihre prinzipiellen Wirkmöglichkeiten wurde bereits im Kap. 3 (S. 53) eingegangen. In Abb. 5-12 ist zusätzlich gezeigt, daß insbesondere primäre Afferenzen unter präsynaptischer Kontrolle stehen, wobei diese teils als **Rückwärtshemmung,** teils aber auch als **Vorwärtshemmung (Feedforwardhemmung)** ausgeführt ist, d.h. im letzteren Falle wird eine primär afferente Faser gehemmt (in der Abb. 5-12 die Flexor-Ia-Afferenz), ohne vorher selbst erregt worden zu sein. Die Hautafferenzen scheinen insgesamt unter einer stärkeren spinalen und descendierenden präsynaptischen Kontrolle zu stehen als die Muskelafferenzen. Es ist aber einzuräumen, daß innerhalb des spinalen Reflexgeschehens die Rolle der präsynaptischen Hemmung im einzelnen noch kaum abzugrenzen ist [46, 47].

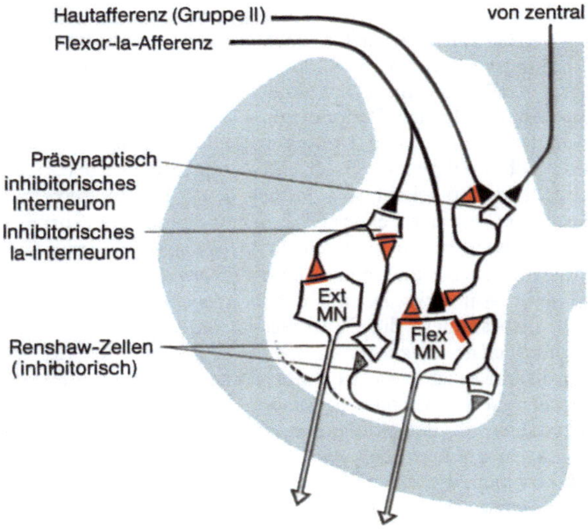

Abb. 5-12. Recurrente Renshaw-Hemmung und präsynaptische Hemmung spinaler motorischer Reflexbögen

Querverbindungen zwischen segmentalen Reflexbögen. Die bisher beschriebenen Reflexverschaltungen laufen nicht streng voneinander getrennt. Bereits auf segmentaler Ebene erfolgt eine *ausgedehnte Konvergenz* auf die Interneurone der Reflexwege von anderen Quellen. So werden, wie ebenfalls in Abb. 5-12 gezeigt, die Interneurone der reziproken antagonistischen Hemmung (Ia-inhibitorische Interneurone) durch Renshaw-Zellen gehemmt. Daneben erhalten diese Neurone teils hemmende, teils erregende Zuflüsse von anderen (Flexorreflex-)Afferenzen und höheren motorischen Zentren. Die volle funktionelle Bedeutung dieser Zuflüsse läßt sich im einzelnen noch nicht abschätzen. Jedoch erscheint es z.B. durchaus sinnvoll, wenn die Antagonistenhemmung bei Bedarf unterdrückt werden kann, beispielsweise bei der gleichzeitigen Kontraktion von Agonist und Antagonist zur Fixation eines Gelenks in einer bestimmten Stellung.

Das propriospinale System und die Leistungen des isolierten Rückenmarks

Intersegmentale Reflexverbindungen. Neben den segmentalen Reflexbögen verfügt das Rückenmark über auf- oder absteigende *intersegmentale Reflexverschaltungen.* Die Interneurone der intersegmentalen Reflexbögen liegen als **propriospinale Neurone** in der grauen Substanz des Rückenmarks. Ihre Axone ziehen in der weißen Substanz als **propriospinale Bahnen** mehr oder weniger weit auf und ab, ohne das Rückenmark zu verlassen. Degenerationsversuche (Herstellen völlig isolierter Rückenmarkabschnitte) haben gezeigt, daß die Mehrzahl der spinalen Nervenzellen zu den propriospinalen Neuronen zählt. Zu ihnen gehören auch die **eigenständigen Neuronenverbände** des Rückenmarks, die für die eingangs erwähnten automatischen Bewegungen **(Rückenmarkautomatismen)** verantwortlich sind.
Die intersegmentalen Reflexe und die Rückenmarkautomatismen dienen der **Koordination von Bewegungen,** die von verschiedenen Abschnitten des Rückenmarks ausgehen, insbesondere der Koordination zwischen Vorder- und Hinterex-

tremität sowie von Nacken- zu Extremitätenbewegungen [12, 50]. Die afferenten Impulse für diese Vorgänge scheinen hauptsächlich von den sekundären Muskelspindelafferenzen, den Hautreceptoren sowie anderen Flexorreflexafferenzen, nicht jedoch von den Ia- und Ib-Afferenzen zu stammen.

Über diese Reflexe und Automatismen ist das Rückenmark in der Lage, auf entsprechenden Anstoß aus der Peripherie oder von höheren Abschnitten des ZNS *komplexe motorische Bewegungen auszuführen und aufeinander abzustimmen.* Wir bezeichnen dies als die **integrative Funktion des Rückenmarks,** wobei wir uns bewußt bleiben, daß bei den höheren Wirbeltieren, insbesondere bei den Säugern, die höheren Abschnitte des ZNS mehr und mehr die Kontrolle der Rückenmarkfunktionen übernommen haben (Prozeß der **Encephalisation**).

Spinale Lokomotion. Wie wir einleitend bemerkt haben, wird die Lokomotion, d.h. die Fortbewegung eines Menschen oder Tieres mittels koordinierter Extremitätenbewegungen, in ihrem Grundmuster bereits auf der Ebene des Rückenmarks ausgearbeitet [12, 50]. So führt an spinalisierten Tieren schmerzhafte Reizung zu Reflexbewegungen aller 4 Extremitäten, die bei anhaltender Reizung in eine rhythmische Beugung und Streckung aller 3 nicht gereizten Extremitäten übergehen können. Stellt man ein spinalisiertes Tier unterstützt auf ein Laufband, so kann es unter bestimmten Bedingungen koordinierte Laufbewegungen ausführen, die den Bewegungen eines freilaufenden Tieres weitgehend ähneln. Diese Laufbewegungen können vom Rückenmark eigenständig unterhalten werden. Sie bedürfen also nicht der Rückinformation von Sensoren, die durch die Bewegung aktiviert werden.

An einem spinalisierten, narkotisierten und durch Curare gelähmten Tier lassen sich unter bestimmten Bedingungen von Extensor- und Flexormotoneuronen rhythmisch abwechselnde Entladungssalven ableiten, die etwa den Entladungssalven frei laufender Tiere entsprechen. Da sie ohne Bewegung ablaufen, werden sie als **fiktive Lokomotion** bezeichnet. Die fiktive Lokomotion wird von noch nicht näher bekannten **lokomotorischen Zentren** des Rückenmarks unterhalten. Jede Extremität scheint ein solches Zentrum zu besitzen. Die Koordinierung der Zentren untereinander erfolgt über die propriospinalen Systeme und über Bahnen, die auf segmentaler Ebene kreuzen.

Für den Menschen werden ebenfalls spinale lokomotorische Zentren angenommen. So wird der **Schreitreflex des Neugeborenen** als ein Ausdruck der durch Hautreize aktivierten lokomotorischen Zentren angesehen. Im Laufe der Ausreifung des ZNS kommen diese Zentren jedoch offenbar unter eine so starke supraspinale Kontrolle, daß sie bei älteren Menschen keine eigenständige Aktivität mehr entwickeln können. Darauf läßt es sich wahrscheinlich zurückführen, daß die Auslösung einer koordinierten Lokomotion nach einer *Querschnittslähmung* beim Menschen bisher nicht gelungen ist (s.u.)

Es gibt also schon auf spinaler Ebene Bewegungsfolgen, die nicht durch äußere Reize ausgelöst, also *reflexgesteuert* sind, sondern die ohne Zutun äußerer Reize **programmgesteuert (automatisch)** unterhalten werden. In den höheren motorischen Zentren sind solche *reizunabhängigen Bewegungsprogramme* noch viel zahlreicher niedergelegt. Sie sind teils angeboren, wie das Atmen, teils im Laufe des Lebens erlernt. Man denke nur an sportliche und berufliche Handfertigkeiten, wie z.B. Geräteturnen oder Maschineschreiben, die alle nach einiger Übung nahezu automatisch ablaufen. Die zentralen spinalen und supraspinalen Bewegungsprogramme sind nicht nur reizunabhängig, sie können auch weitgehend *ohne jede sensorische Rückmeldung* ablaufen (s.S. 87).

Querschnittslähmung. Die Frage, zu welchen reflektorischen Leistungen das isolierte menschliche Rückenmark fähig ist, ist von großer praktischer Bedeutung, nachdem *Rückenmarkdurchtrennungen* bei Unfällen immer häufiger auftreten, und nachdem es heute durch sorgfältige Intensivpflege immer besser gelingt, diese Patienten über das akute Stadium hinaus zu einem erträglichen Leben zu rehabilitieren.

Bei der **kompletten Durchtrennung** des Rückenmarks (meist im Thorakalbereich, Th2 bis Th12) kommt es a) zu einer sofortigen und permanenten *Lähmung aller Willkürbewegungen* derjenigen Muskeln, die von den caudal der Verletzung gelegenen Rückenmarksegmenten versorgt werden („Querschnittslähmung"); b) sind *bewußte Empfindungen* aus dem Versorgungsgebiet der abgetrennten Rückenmarksegmente ebenfalls *für immer unmöglich geworden:* und c) sind alle motorischen und vegetativen (autonomen) Reflexe zunächst erloschen *(komplette „Areflexie")*.

Die **motorischen Reflexe** erholen sich in den nächsten Wochen und Monaten. Korrekte Pflege vorausgesetzt, läßt sich trotz vieler individueller Unterschiede ein Grundmuster des Erholungsverlaufes von 4 Stadien erkennen: a) Die **komplette Areflexie** dauert gewöhnlich 4–6 Wochen. Sie wird abgelöst durch eine Periode von 2 Wochen bis mehreren Monaten, in der b) **kleine reflektorische Bewegungen** der Zehen, insbesondere der Großzehe beobachtet werden. Anschließend entwickeln sich immer deutlicher c) **Flexorreflexe,** zunächst der Zehen- (Babinski-Zeichen) und Sprunggelenke, während später auch Flexorbewegungen der Knie- und Hüftgelenke auftreten. Diese *Flexormassenreflexe* sind teilweise von *gekreuzten Extensorreflexen* begleitet. Der Fuß, insbesondere die Fußsohle, ist dafür die bei weitem empfindlichste *reflexogene Zone.* Hier genügen leichte Berührungsreize, um ausgedehnte Flexorreflexe auszulösen. Im *chronischen Stadium* d), also frühestens nach $^1/_2$ Jahr, überwiegen die Beugereflexe in der Regel ebenfalls. Jedoch kann es hier gelegentlich auch zu gesteigerten **Extensorreflexen** kommen, die in langdauernde *Extensorspasmen* übergehen können. Diese können so stark werden, daß selbst ein kurzfristiges, nichtunterstütztes Stehen des Patienten **(„spinales Stehen")** möglich wird. Die Extensorreflexe sind am besten durch plötzliche, kurze Dehnungen der Flexoren, besonders der Hüftflexoren, auszulösen. Es kann also in diesem Stadium eine Zunahme der Erregbarkeit aller Reflexbögen angenommen werden. Abweichungen von diesem klinischen Bild, v.a. starke Extensorreflexe und erhöhter Muskeltonus kurz nach der Verletzung, sind meist ein Zeichen für eine unvollständige Durchtrennung des Rückenmarks mit entsprechend günstigeren Besserungsaussichten für Motorik und Sensibilität [18, 34, 41]. — Das Verhalten und die Erholung der autonomen Reflexe, insbesondere zur Blasen- und Mastdarmentleerung, wird auf S. 364 besprochen, weitere Aspekte der motorischen Rehabilitation s. Abschn. 5.8.

Spinaler Schock. Die reversible motorische und autonome Areflexie nach Rückenmarkdurchtrennung wird als **spinaler Schock** bezeichnet. Im Tierexperiment läßt sich zeigen, daß auch eine funktionelle Durchtrennung durch lokale Abkühlung oder Lokalanästhesie einen spinalen Schock hervorruft. Nach einer ersten Durchtrennung und einer Rückkehr der Reflexe löste eine weitere Durchtrennung unterhalb der ersten Schnittstelle keinen spinalen Schock mehr aus. Entscheidend für sein Auftreten ist also der Verlust der Verbindung zum übrigen ZNS. Über die **Ursachen des spinalen Schocks** und über die Mechanismen, die zur Rückkehr der Reflexe führen, besitzen wir kaum Kenntnisse. Durch die Durchtrennung der absteigenden Bahnen fallen zahlreiche erregende Antriebe auf spinale Neurone aus. Daneben kommt es möglicherweise zu einer Enthemmung hemmender spinaler Interneurone. Beides zusammen führt zu einer starken Reflexunterdrückung, die sich klinisch als Areflexie zeigt. Es ist derzeit offen, welche Mechanismen für die Rückkehr einiger Rückenmarkfunktionen verantwortlich sind, und warum die Erholungsperiode beim Menschen viele Monate dauert (bei Fröschen dauert der spinale Schock nur wenige Minuten, bei Fleischfressern Stunden, bei Affen Tage oder Wochen, bei Menschenaffen Wochen bis Monate).

5.4 Motorische Zentren im Hirnstamm

Hierarchische Stellung der Hirnstammzentren und methodische Ansätze. Einleitend zu diesem Kapitel wurde darauf hingewiesen, daß die motorischen Zentren der Hirnrinde und des Hirnstammes die Aufgabe haben, ein fein abgestuftes räumliches und zeitliches Erregungsmuster in Populationen von Motoneuronen zu erzeugen, das zu einer sinnvollen Bewegung mit gleichzeitiger Anpassung der Stützmotorik führt (Abb. 5-1). Die **Hirnrinde** hat bei den Säugetieren und besonders beim Primaten eine überragende Stellung bei der Steuerung der Motorik, und die Frage stellt sich, inwieweit den **Hirnstammzentren** überhaupt eine eigenständige Rolle zugeschrieben werden kann und ob diese Zentren isoliert von der Hirnrinde betrachtet werden können.

Diese Frage läßt sich aus phylogenetischer Sicht beantworten. Bei den niedrigen Wirbeltieren läßt sich tatsächlich eine bemerkenswerte Eigenständigkeit der Hirnstammzentren nachweisen, indem Vorderhirnläsionen relativ geringe motorische Störungen nach sich ziehen. Dies ändert sich mit zunehmender Evolution des Großhirns. Bei den Säugetieren, und ganz besonders bei den Primaten, sind die motorischen Hirnstammzentren in harmonischer Unterordnung zu den Großhirnzentren am Selektionsprozeß der Motorik beteiligt. Dementsprechend führen Großhirnläsionen zu schwerwiegenden motorischen Ausfällen.

Die klassische Methode, um die Funktion der Hirnstammzentren zu erforschen, besteht darin, *übergeordnete Hirnteile abzutragen.* Dies geschieht mit dem Ziel, die mögliche Eigenständigkeit der motorischen Hirnstammzentren und insbesondere deren **Rolle bei der Regulierung der Stützmotorik und des Muskeltonus** zu analysieren. Die Ergebnisse solcher Untersuchungen an Präparaten mit Läsionen auf verschiedenen Ebenen des Hirnstammes, die zu Beginn dieses Jahrhunderts beschrieben wurden, sind bedeutsam für das Verständnis der in der Humanpathologie häufigen Störungen der *Stützmotorik* und des *Muskeltonus* [14, 19, 20, 21].

Einschränkend sei bemerkt, daß die Interpretation der Aufgaben eines Hirnteiles aufgrund der motorischen Ausfälle problematisch ist, v.a. aus zwei Gründen: Erstens sind *die motorischen Zentren Teile eines Systems, das durch die Teilläsion als ganzes gestört werden kann:* die Funktion kommt nämlich durch die Interaktion und Koordination vieler parallel und hierarchisch geordneter Zentren zustande. Zweitens muß berücksichtigt werden, daß nach einer akuten Läsion *langfristige Reorganisationsprozesse im ZNS* stattfinden (s. Abschn. 5.8). Unter Berücksichtigung dieser Einschränkungen können sorgfältige und quantitative Beobachtungen von Läsionsausfällen trotzdem sehr wertvolle Hinweise über eine mögliche Beteiligung eines gegebenen Hirnstammzentrums an einer motorischen Funktion liefern.

Im folgenden soll gezeigt werden, daß die Hirnstammzentren tatsächlich an der **Kontrolle der Stützmotorik** wesentlich beteiligt sind. Beim großhirnlosen Organismus verliert diese Kontrolle allerdings ihren sinnvollen Einbau in die Willkürmotorik. Die Hirnstammzentren üben ihre Kontrolle über **absteigende Faserverbindungen zum Rückenmark** aus, deren Charakterisierung durch anatomische und reizphysiologische

Untersuchungen weit gefördert wurden. In neuerer Zeit steht die Erforschung des komplexen Vorganges des **aufrechten Stehens und Gehens** beim Menschen sowie die Kontrolle von anderen **programmgesteuerten Automatismen** durch den Hirnstamm im Vordergrund des Interesses.

Der großhirnlose Organismus und die Decerebrierungsstarre

Das Großhirn, insbesondere die Hirnrinde, aber auch die Basalganglien und der Thalamus haben einen höheren metabolischen Bedarf als die tieferen Hirnstammzentren. Daher kann schon eine kurzzeitige Anoxie (z.B. infolge eines vorübergehenden Herzstillstandes) die höheren Abschnitte des Gehirns selektiv und irreversibel schädigen. Dabei bleiben die lebenswichtigen Kreislauf- und Atemzentren des Hirnstammes häufig intakt und ermöglichen ein rein **„vegetatives" Überleben** des Patienten. Alle intellektuellen Fähigkeiten, einschließlich der Sprache und der Willkürmotorik, gehen verloren — man spricht von **Hirntod** (korrekter wäre *Großhirntod*). Oft treten unmittelbar nach der Schädigung schwere Muskelversteifungen, insbesondere der Extensoren und der Nackenmuskeln, mit einem Verlust der willkürlichen Zielmotorik auf. Dieser aus der Humanpathologie bekannte Zustand war Ausgangspunkt für eingehende Untersuchungen am Tiermodell.

Enthirnungsstarre. Bei der klassischen **Decerebrierung** (Schnittführung 1 in Abb. 5-13) werden die rostrale Hälfte des Mittelhirns und die rostral gelegenen Hirnabschnitte entfernt. Unmittelbar nach der Schädigung tritt eine massive muskuläre Versteifung auf, insbesondere in den Muskeln, die gegen die Schwerkraft wirken. Dieser gesteigerte Muskeltonus wird als **Enthirnungs-** oder **Decerebrierungsstarre** bezeichnet. Der gesteigerte Tonus manifestiert sich im starken Dehnungswiderstand. Die *reflektorische Natur der Starre* zeigt sich daran, daß sie sich vermindert oder sogar ganz verschwindet, wenn die Hinterwurzeln durchtrennt werden (damit wird der Dehnungsreflexbogen geöffnet). Das unmittelbare Auftreten der Starre interpretiert man als Enthemmungsphänomen. Demnach hätten normalerweise die übergeordneten motorischen Zentren im Kleinhirn und im Großhirn eine Bremswirkung auf die Hirnstammzentren. Die Stützmotorik manifestiert sich in karikaturisierter Weise: Die starke Tonussteigerung in den Extensormuskeln ermöglicht zwar ein Stehen; es fehlt jedoch jegliche Feinregulation, das Tier ist wie eine aufgestellte Puppe, die bei der kleinsten Störung umfällt.

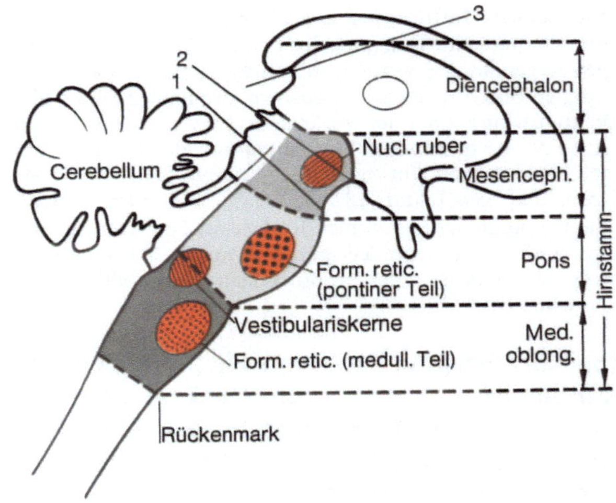

Abb. 5-13. Schematischer Überblick über die Lage der motorischen Zentren des Hirnstammes in Medulla oblongata (verlängertem Mark), Pons (Brücke) und Mesencephalon (Mittelhirn). Ausschaltung der Gehirnteile oberhalb der angegebenen 3 Schnittebenen führt zu einem decerebrierten Tier (*1*), einem Mittelhirntier (*2*) und einem Thalamustier (*3*) (nähere Erläuterung im Text)

Motorik bei anderen Großhirnläsionen. Beim **Mittelhirntier** ist das gesamte Mittelhirn noch intakt (Schnittführung 2 in Abb. 5-13). Die motorischen Leistungen sind weniger beeinträchtigt als beim decerebrierten Tier; es kann sich von selbst aufrichten und die Starre ist deutlich weniger ausgeprägt. Diese zusätzlichen Leistungen erklärt man sich mit dem noch intakten *Nucleus ruber*. Beim **Thalamustier** (Schnittführung 3 in Abb. 5-13) ist zusätzlich das Zwischenhirn erhalten. Dieses Präparat kann v.a. für Lokomotionsstudien eingesetzt werden, da in diesem Präparat rhythmische Schreitbewegungen spontan auftreten oder leicht ausgelöst werden können. Die Lokomotionsmuster sind jedoch automatenhaft, es fehlt die Eleganz des normalen Ganges. Schließlich ist das Bewegungsrepertoire bei ausgedehnter **Decorticierung** mit intakt gebliebenen Basalganglien erstaunlich gut erhalten, jedenfalls bei Nagetieren und Carnivoren. Die Bewegungssequenzen sind allerdings automatenhaft. Häufig beobachtet man eine gesteigerte Lokomotion, wobei das Tier auch stur gegen Hindernisse anrennt.

Sind im Diencephalon höhere motorische Leistungen lokalisiert? Wie im Abschn. 16.5 erwähnt wird, können beim wachen Tier durch repetitive elektrische Reize im Zwischenhirn komplexe Bewegungssequenzen ausgelöst werden. Es sind typisch ablaufende Verhaltensformen, die vom angeborenen (instinktiven) Verhalten nicht zu unterscheiden sind. So kann z.B. ohne äußeren Grund bei Reizung eines kleinen Areals des Hypothalamus eine **Angriffsreaktion mit allen vegetativen Begleiterscheinungen** ausgelöst werden (Pupillenerweiterung, Haarsträuben, Blutdruck- und Pulserhöhung). Die neuralen Mechanismen solcher Reaktionen sind nicht bekannt. Es ist jedoch eher unwahrscheinlich, daß ein „Angriffsprogramm" im betreffenden „Angriffszentrum" lokalisiert und abgerufen wird. Man könnte sich vorstellen, daß die künstliche Reizung beim Erreichen einer gewissen Erregungsschwelle Transmittersysteme aktiviert, die ihrerseits subcorticale oder corticale Mechanismen „anstoßen".

Statische und statokinetische Reflexe [14, 19]. An Tieren mit Großhirnläsionen, insbesondere an Thalamustieren, läßt sich eine Reihe von **Halte-** und **Stellreflexen** beobachten, mit denen die Tiere nach entsprechender sensorischer Reizung entweder *Korrekturen der Tonusverteilung der Muskulatur* vornehmen (Haltereflexe) oder sich *in die normale Körperstellung* aufrichten (Stellreflexe). **Statische Reflexe** manifestieren sich in Ruhelage, **statokinetische Reflexe** bei Lageänderungen. Die ersteren gewähren eine Stabilität bei der Haltung (z.B. des Kopfes), die anderen eine Anpassung der Gliederposition bei Lageänderung.

Die Haltereflexe manifestieren sich vorwiegend an der Muskulatur des Rumpfes und der proximalen Extremitäten. Sie werden durch Meldungen von den *Afferenzen der Nackenmuskulatur und des Labyrinthes* über oligo- und polysynaptische Verschaltungen ausgelöst; man bezeichnet sie deshalb auch als **tonische Hals- und Labyrinthreflexe**. Die beiden Klassen von Afferenzen arbeiten dabei eng zusammen. Neuere elektrophysiologische Untersuchungen haben gezeigt, daß die reflektorische Anpassung der Stütz- und Haltemotorik durch eine sich ergänzende **multisensorische Konvergenz** mit Einschluß auch der *cutanen und visuellen Afferenzen* zustandekommt.

In der Abb. 5-14 erkennt man die Anpassung der Körperstellung in Abhängigkeit der Kopf- und Rumpflage bei der Katze. Solche Anpassungen sind automatische Reaktionen und laufen auch beim Menschen in ähnlicher Weise und völlig unbewußt ab, wobei sie aber sinnvoll in die Willkürmotorik eingebaut sind. War es zunächst wichtig, die grundlegenden Reflexabläufe am „reduzierten Präparat" zu verstehen, so steht heute vielmehr der *Einbezug von Halte- und Stützmotorik in die zweckgerichtete Zielmotorik* im Vordergrund des Interesses ([23] sowie Nashner in [22]).

Der Reflexbegriff muß besonders bei diesen tonischen Haltereflexen nicht zu eng als starre Automatie gesehen werden, wonach ein sensorischer Eingang zwangsläufig zu einer motorischen Reaktion führt. Vielmehr handelt es sich um einen subtilen Regelvorgang, der weitgehend von höheren motorischen Zentren der Willkürmotorik eingestellt und kontrolliert werden kann. Deshalb kommt das Automatenhafte der tonischen Haltereflexe nur unter besonderen Umständen zum Ausdruck, z.B. beim Kleinkind mit noch unreifem Großhirn oder bei Patienten mit Großhirnerkrankungen.

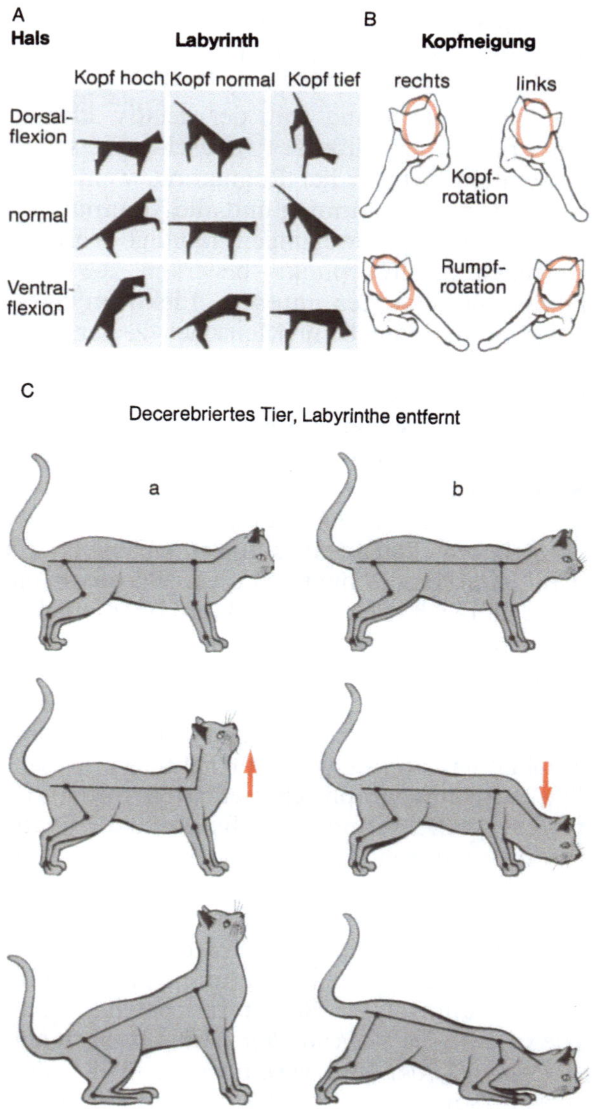

Abb. 5-14. A Tonische Hals- und Labyrinthreflexe und kombinierte Effekte: Körperhauptachsen eines Vierbeiners in seitlicher Sicht. Aus [20]. **B** Vergleich der Effekte einer Kopfrotation (*oben*) und einer Rumpfrotation (bei stabiler Kopflage) auf die Extremitäten. Aus [20]. Stellung des Rumpfes in *rot*. **C** Tonische Halsreflexe bei einer Katze ohne Vestibularapparat. Passive Beugung des Kopfes nach oben (*roter Pfeil* in a) führt zu einer Verminderung des Strecktonus in den Hinterextremitäten und zu einer Erhöhung des Strecktonus in den Vorderextremitäten. Passive Beugung des Kopfes nach unten (*roter Pfeil* in b) hat den umgekehrten Effekt

Probleme des Stehens und der Anpassung der Haltung an Bewegungen beim Menschen

Der aufrechte Gang mit der relativ kleinen Standfläche der Füße des Menschen ist schon an sich ein Wunder der Regulation, wenn man bedenkt, daß die Atmung und alle Manipulationen und Rumpfbewegungen ständige Verlagerungen des Schwerpunkts bewirken, die aktiv kompensiert werden müssen. Elektromyographische Analysen beim Menschen zeigen, daß tatsächlich jede „Störgröße" (wie z.B. das Anheben des Brustkorbes bei der Atmung) eine Kette von musculären Reaktionen, in Rumpf- und Beinmuskeln zur Folge hat, die als **posturale Synergien** bezeichnet werden. Zur Analyse dieser Synergien wird häufig das Stehen auf einer bewegbaren Plattform studiert. Ähnlich wie beim Skifahren, können auf dieser Plattform die Füße plötzlich nach unten gekippt oder angehoben werden. Die Einführung dieses „Plattform-paradigmas" in der klinischen Untersuchung von neurologischen Patienten zur quantitativen Analyse der gestörten Stützmotorik (**Posturographie**) hat sich als äußerst fruchtbar erwiesen. Die elektromyographisch meßbaren Aktivitätsmuster der Bein- und Rumpfmuskeln auf Plattformbewegungen haben reflektorischen Charakter. Die größten und funktionell wichtigsten Komponenten treten nach einer Latenzzeit von 100–150 ms auf. Diese langen Reflexzeiten deuten auf eine komplexe Verrechnung im ZNS hin, an der supraspinale Strukturen beteiligt sind. *Die synergische Reaktion hat immer einen stabilisierenden Effekt* und verhindert, daß die Versuchsperson nach vorn oder nach hinten fällt.

Die Größe der einzelnen Reflexantworten ändert sich bei mehrmaliger Wiederholung des gleichen Versuches und erreicht erst allmählich eine optimal stabilisierende Wirkung. Diese *„kontextabhängige" Adaptation* ist von höheren motorischen Zentren, wie dem Kleinhirn, abhängig und beruht auf einer komplexen, im einzelnen noch nicht bekannten Verrechnung von Meldungen proprioceptiver, vestibulärer und visueller Afferenzen. Es scheint jedenfalls klar zu sein, daß auch für die Stützmotorik eine hierarchische Ordnung gilt, wie das im Schema der Abb. 5-1 angedeutet ist: den **lokalen Reflexmechanismen** sind **lange Funktionsschleifen** übergeordnet, die supraspinale Zentren einschließen. Die supraspinalen Reflexe (*long loop reflexes* im englischen Sprachraum) laufen ebenfalls automatisch ab, aber sie adaptieren sich in ihrer Stärke und Auswirkung an die aktuellen Gegebenheiten.

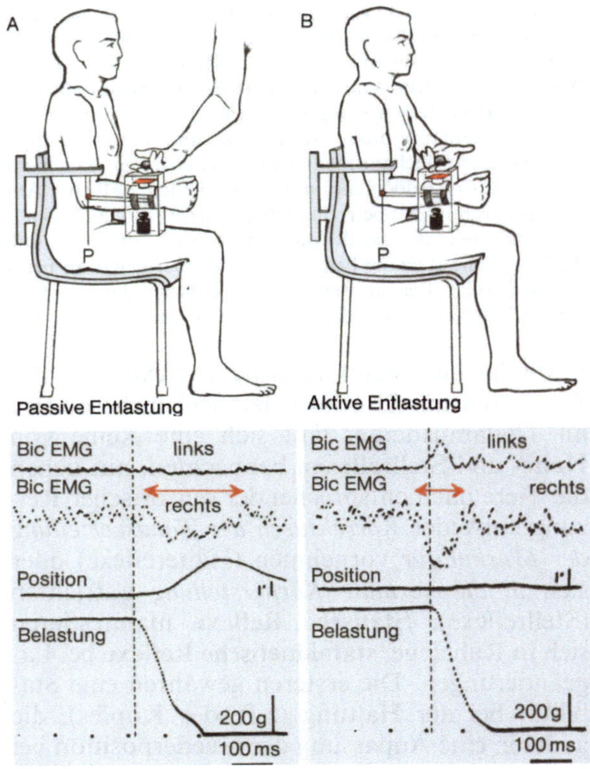

Abb. 5-15. Vergleich einer passiven (**A**) und einer aktiven (**B**) Entlastungsreaktion. *Oben*: Versuchsituation mit Belastung des Unterarms. *P* = Potentiometer für Messung des Ellbogenwinkels. Die Belastung wird mit einem Kraftwandler gemessen. *Unten*: Von oben nach unten werden registriert: das gleichgerichtete Bicepselektromyogramm (*Bic EMG*) links und rechts, die Position des Unterarmes (in Winkelgraden) sowie die Last, die auf den Unterarm wirkt. Die Entlastungen werden 10mal wiederholt und die Registriergrößen durch den Computer gemittelt. Die *roten Pfeile* markieren das Intervall mit verminderter EMG-Aktivität. Diese erfolgt bei der passiven Entlastung in A reflektorisch, während sie bei der aktiven Entlastung in B antizipatorisch erfolgt (etwa gleichzeitig mit dem Biceps links). Aus Hugon, Massion und Wiesendanger (1982): Pflügers Arch. *393*, 292

Das Beispiel der Atmung zeigt, daß **posturale Kompensationen** nicht nur bei äußeren Störungen, sondern **auch bei Eigenbewegungen** auftreten müssen. Die posturographische Analyse dieser Kompensationen bei Zielbewegungen ergaben das interessante Resultat, daß diese nicht wie bei äußeren Störungen mit einer reflektorischen Verzögerung, sondern gleichzeitig oder sogar **antizipatorisch zur Zielbewegung** erfolgen. Ein eindrückliches Beispiel (das sich einfach demonstrieren läßt) ist in Abb. 5-15 illustriert: eine Versuchsperson wird aufgefordert, bei geschlossenen Augen ein Gewicht zu halten. Wenn in der Versuchssituation A der Arm vom Versuchsleiter plötzlich entlastet wird, beobachtet man eine willkürlich nicht unterdrückbare Aufwärtsbewegung des Vorderarmes. Elektromyographisch stellt man eine Abnahme der Bicepsaktivität fest, die sich aber erst nach etwa 60 ms einstellt. Die **externe** Störung hat in diesem Fall zum klassischen **„Entlastungsreflex"** geführt. Wegen der reflektorischen Verzögerung der verminderten Bicepsaktivität kommt es zu einer kleinen Destabilisierung des Unterarmes. Wenn nun in der Versuchsanordnung B die Entlastung durch die Versuchsperson selbst erfolgt, bleibt der Unterarm stabil. Wie das Elektromyogramm zeigt, ist dies möglich, weil schon **vor** der Entlastung und etwa gleichzeitig mit der Greifbewegung die Halteinnervation im Biceps vermindert wird.

Solche **antizipatorischen posturalen Synergien** sind in vielen Versuchen bestätigt worden. Die Ergebnisse elektromyographischer Analysen der Halte- und Stützmotorik beim Menschen führen somit zur allgemeinen Schlußfolgerung, daß *Kompensationsmechanismen sowohl reflex- als auch programmgesteuert* sein können.

Hierarchische Kontrolle von programmgesteuerten Automatismen: Lokomotion und Kauen

Automatismen sind Bausteine (Unterprogramme) der Motorik, die unter dem Einfluß höherer motorischer Zentren stehen. Dies soll an 2 Beispielen erläutert werden ([50, 12] sowie Beitrag von Luschei & Goldberg in [2]). Wie bereits im Abschn. 5.3 erwähnt, gibt es bei den Säugetieren und sehr wahrscheinlich auch beim Menschen **„Schreitgeneratoren"**, die im Rükkenmark lokalisiert sind. Diese spinalen Netzwerke liefern jedoch nur **stereotype Schreitrhythmen,** die in mannigfaltiger Weise von supraspinalen Zentren modifiziert werden können, so wie es die momentanen Geländeverhältnisse erfordern. Eine Katze im offenen Feld muß ihre **zielgerichtete Lokomotion** ständig an die taktilen, olfactorischen, visuellen und akustischen Verhältnisse anpassen, ein **„Anschleichprogramm"** muß in kürzester Frist durch ein **„Sprungprogramm"** abgelöst werden können. Beim Menschen muß der supraspinale Antrieb der spinalen Schreitgeneratoren und die Kontrolle durch das Großhirn besonders stark ausgeprägt sein. Wenn die supraspinalen Einflüsse wie beim Paraplegiker mit vollständiger Durchtrennung des Rückenmarks fehlen, können keine Schreitbewegungen mehr ausgeführt werden (was bei niedrigeren Säugetieren noch möglich ist). Über die Rolle der Großhirnrinde bei der Lokomotion gibt es noch sehr wenige experimentelle Daten. Besser untersucht ist ein **Lokomotionszentrum im Hirnstamm,** das sich vom Zwischenhirn bis zum Mittelhirn erstreckt („locomotor strip"). Dies scheint ein allgemein förderndes System zu sein, das bei minimaler elektrischer Reizung entweder Laufrhythmen induziert oder eine vorbestehende Lokomotion verstärkt und beschleunigt. Gleiche Effekte lassen sich mit systemischer Applikation von Catecholaminen erzeugen, was eine noradrenerge Übertragung von den Hirnstammzentren vermuten läßt.

Proprioceptive und cutane Reize beeinflussen ebenfalls die Lokomotion und können sogar **Schreitrhythmen induzieren und unterhalten.** Eine peripher-sensorische Rückkopplung ist jedoch nicht Bedingung für die Lokomotion, denn diese wurde auch bei vollständiger Unterbrechung des somatosensorischen Zustromes (Deafferenzierung) beobachtet. Die rhythmische sensorische Rückmeldung beim Gehen kann auch dadurch unterbrochen werden, daß die **Bewegungsausführung durch Curarelähmung verhindert** wird. In dieser Situation können bei elektrischer Reizung im Mittelhirn (locomotor strip) trotzdem rhythmische Entladungsmuster im Neurogramm peripherer Nerven registriert werden. Man spricht in diesem Fall von **„fiktiver" Lokomotion** (s. auch Abschn. 5.3).

Das **Kauen** ist ein weiterer rhythmischer Automatismus, der normalerweise durch die orale Einnahme fester Speisen ausgelöst wird, aber wie die Lokomotion willkürlich initialisiert werden kann. **Rhythmische Kaubewegungen** bei Futtereinnahme können durchaus auch **beim großhirnlosen Tier** beobachtet werden. Durch elektrische Reizung in einer diskreten Region des Hirnstammes (*„Kauzentrum"*) können besonders bei Nagetieren Kaurhythmen ausgelöst werden. Beim Menschen scheinen die Hirnstammzentren für Kaubewegungen besonders unter Kontrolle der frontalen und temporalen Hirnrinde zu sein. Bei Patienten mit ausgedehnten Läsionen dieser Rindenabschnitte können nicht selten Kauautomatismen unkontrolliert, d.h. spontan und nicht im richtigen Kontext auftreten. Beim normalen Menschen können **Schmatzautomatismen** gelegentlich im Schlaf auftreten, möglicherweise, weil sich im Schlaf die untergeordneten Mustergeneratoren der Großhirnkontrolle entziehen.

Die motorischen Hirnstammzentren als Ursprungskerne absteigender Bahnen und ihre Beeinflussung vom Cortex

Der großzellige Teil des Nucleus ruber, die Vestibulariskerne, die medianen Abschnitte der Formatio reticularis und das Tectum im Mittelhirn üben als **motorische Hirnstammzentren** über absteigende Fasersysteme eine *Kontrollfunktion auf die spinale Motorik* aus (s. besonders Kuypers in [2]). Während bei vielen Säugetieren die rubrospinale Bahn noch eine wichtige und der Pyramidenbahn ähnliche Funktion hat, ist dieses System beim Menschen nur noch in rudimentärer Form erhalten und von untergeordneter Bedeutung. Die übrigen Bahnsysteme haben eine wichtige Aufgabe bei der **Kontrolle der Stützmotorik**. Der stets vorhandene (d.h. tonische) supraspinale Antrieb muß demnach insbesondere diejenigen Muskelgruppen fördern, die gegen die Schwerkraft wirken, also die Extensoren und die Rumpfmuskeln. Ein Teil der absteigenden Fasern, insbesondere die mediale vestibulospinale Bahn, zieht nur bis ins Halsmark. Diese Fasern wirken auf die Nackenmuskeln und verändern damit die Kopfstellung aufgrund von Meldungen aus dem Vestibularapparat.

Die **„tonisierende" Wirkung der motorischen Hirnstammzentren** zeigt sich auch im Hirnreizversuch: Wenn bei Tieren mit Decerebrierungsstarre die lateralen Anteile des Hirnstammes elektrisch gereizt werden, steigert sich der Muskeltonus; bei Reizung der medialen Anteile verschwindet die Starre während der Reizung. Eine Zuordnung des excitatorischen und des inhibitorischen Zentrums zu Bahnsystemen ist allerdings noch unklar. Neuere mikroelektrophysiologische Untersuchungen haben ergeben, daß Erregungsmuster von vestibulo- und reticulospinalen Fasern sich über mehrere Segmente ausbreiten. Man kann vermuten, daß über die weitverzweigten Verknüpfungen dieser absteigenden Fasern **posturale Synergien** aufgerufen werden können. Die Zielneurone der absteigenden Bahnen sind zum überwiegenden Teil Interneurone; direkte, d.h. monosynaptische Verbindungen zu α- und γ-Motoneuronen wurden aber ebenfalls nachgewiesen.

Die oben genannten Hirnstammzentren sind ihrerseits ebenfalls **hierarchisch dem Großhirn untergeordnet**. Tatsächlich kann beim Vergleich der direkten Verbindung von der Hirnrinde zum Rückenmark über die Pyramidenbahn (s. Abschn. 5.7) und der indirekten Kontrolle der Hirnrinde über die Hirnstammzentren eine Parallelität gesehen werden. Die Hirnstammzentren sind demnach nicht selbständige Kontrollinstanz für die Stützmotorik. Die Hirnrinde wird ihren Einfluß auf das Rückenmark zu einem wesentlichen Teil über motorische Hirnstammzentren ausüben, und damit stehen diese tiefen Zentren auch im Dienste der Zielmotorik. Dies zeigt sich jedenfalls deutlich bei Tieren mit einer Unterbrechung der Pyramidenbahn [53], deren Zielmotorik in einem erstaunlichen Maß erhalten bleibt (s. auch Abschn. 5.7).

Früher wurden die indirekten Systeme, z.B. das corticorubrospinale System und auch die Basalganglien, kollektiv als **„extrapyramidales System"** bezeichnet. Dieser **Begriff sollte heute vermieden werden,** weil er zu Konfusionen Anlaß gibt. Man hat nämlich lange geglaubt, daß die Basalganglien, ähnlich wie die oben besprochenen Hirnstammzentren, ein zwischengeschaltetes Relais für die vom Cortex zum Rückenmark projizierenden Systeme darstellen. Deshalb sind im klinischen Sprachgebrauch auch heute noch „extrapyramidale Erkrankungen" ein Synonym für Erkrankungen der Basalganglien. Wie wir im Abschn. 5.6 sehen werden, hat sich aber die Meinung über die Stellung der Basalganglien in der Motorik stark geändert. Trotzdem behauptet sich das „Etikett" extrapyramidales System für die Basalganglien hartnäckig. Deshalb ist es empfehlenswert, für die indirekten Bahnsysteme von der Hirnrinde über die motorischen Hirnstammzentren zum Rückenmark den Terminus **nicht-pyramidales System** zu verwenden.

Die Entdeckung von neuen absteigenden Bahnsystemen. Mit den in den letzten Jahren intensiv verwendeten modernen Methoden der Neuroanatomie, namentlich der Darstellung von Verbindungen mit Axoplasmaflußmethoden und dem Nachweis von spezifischen Transmittersystemen mit Hilfe der Histochemie und Immunofluorescenz, ist es gelungen, eine ganze Anzahl zusätzlicher absteigender Systeme zu identifizieren. Es gibt heute bereits wichtige Hinweise dafür, daß das **absteigende noradrenerge System** aus dem *Locus coeruleus* (möglicherweise auch eine geringe Anzahl von dopaminergen Fasern) bei der Kontrolle von spinalen motorischen Mechanismen eine **modulierende Rolle** ausüben. Wie schon erwähnt, können durch künstliche Zufuhr von Catecholaminen Lokomotionsmuster und auch Kaustereotypien ausgelöst werden. Elektrische Reizung im Locus coeruleus oder lokale Applikationen von kleinsten Mengen von Nordadrenalin können spinale Reflexe stark modulieren. Ähnliches wird von **absteigenden serotonergen Fasern** berichtet, die in den *Raphekernen* des caudalen Hirnstammes entspringen.

Weitere **Neurone mit absteigenden Verbindungen zum Rückenmark** sind in den folgenden Kerngebieten entdeckt worden: Hinterstrangkerne, Nucleus interstitialis von Cajal, Kerne des Hypothalamus. Die funktionelle Bedeutung all dieser nicht-klassischen absteigenden Fasersysteme ist noch keineswegs klar. Neben der direkten Einflußnahme auf spinalmotorische Mechanismen muß auch an die Möglichkeit der *Kontrolle vegetativer Mechanismen* und der zentrifugalen *Kontrolle der somatosensorischen Übertragung* gedacht werden (s. Kap. 9.12).

5.5 Kleinhirn (Cerebellum)

Übersicht über die Stellung des Kleinhirns in der Motorik. Viele Erkenntnisse über die Kleinhirnfunktion gründen sich auf klinisch-neurologische Beobachtungen. Patienten mit cerebellären Läsionen (z.B. Tumoren oder entzündlichen Herden bei multipler Sklerose) zeigen weder Lähmungen noch Sensibilitätsstörungen, obwohl das Kleinhirn vorwiegend sensorische Signale verarbeitet und mit motorischen Zentren in Verbindung steht. Die cerebelläre Symptomatik ist vielmehr durch Störungen im Bewegungsablauf und durch Störungen in der normalerweise perfekten Kopplung von Bewegung und Haltung charakterisiert. Durch seine Rolle bei der sensomotorischen Integration übernimmt somit das Kleinhirn eine wesentliche **Funktion bei der motorischen Koordination**.

Im weiteren hängt die Kleinhirnsymptomatik von der **Lokalisation** der Krankheitsherde ab: Bei *mittelständigen* Läsionen kommt es zu Störungen der Halte- und Stützmotorik sowie der Oculomotorik, bei *lateralen* Läsionen sind hingegen v.a. die Zielmotorik und die Sprache betroffen.

Der *klinisch-funktionellen Dualität* entspricht auch eine *strukturelle und entwicklungsgeschichtliche Dualität*. Vereinfachend kann man sagen, daß die phylogenetisch älteren, mittelständigen Anteile spinale, vestibuläre und visuelle Signale erhalten und in enger Beziehung zum motorischen Apparat (motorische Rückenmark- und Hirnstammzentren) stehen, während die phylogenetisch jüngeren, lateralen Anteile (Hemisphären) v.a. Information aus der Großhirnrinde empfangen und über aufsteigende Verbindungen wieder mit der Hirnrinde in Beziehung stehen. Aufgrund dieser neurologischen und anatomischen Verhältnisse wurde geschlossen, daß die **medialen** Kleinhirnanteile v.a. eine **Kontroll- und Korrekturfunktion** bei der Ausführung laufender Bewegungen ausüben. Demgegenüber sind die **Hemisphären** mehr in der Vorbereitungsphase, d.h. bei der **Programmierung** der Bewegungen beteiligt. In neuerer Zeit sind auch langfristige Änderungen in der cerebellären Signalübermittlung entdeckt worden. Es wird vermutet, daß diese Plastizität des Cerebellums bei langfristigen **motorischen Adaptationen** und beim **motorischen Lernen** eine Rolle spielt.

Mikroverschaltung und neuronale Operationen

„Kristallartiger" Feinbau der Kleinhirnrinde. Die experimentelle Erforschung des Kleinhirns hat eine große Menge neuer Kenntnisse über die funktionellen und strukturellen Verknüpfungen im Feinbau der Kleinhirnrinde und der Kleinhirnkerne erbracht. Die Kleinhirnrinde bildet durch die umfangreichen Falten (**Folia**, Abb. 5-16) eine sehr große Oberfläche; aufgefaltet würde sie 17 cm × 120 cm betragen. Der Feinbau jedes einzelnen Foliums ist jedoch identisch und zeigt eine kristallartige Regelmäßigkeit seiner neuralen Elemente. Diese Tatsache erleichtert die physiologische Untersuchung, indem sich Funktionsprinzipien für das ganze Cerebellum generalisieren lassen.

In einer einzigartigen, konzentrierten Zusammenarbeit haben in den 60er Jahren Eccles, Ito und Szentágothai [7] und ihre Mitarbeiter die wesentlichen Daten über die funktionellen Verknüpfungen und die Natur der Überträgersubstanzen des cerebellären Netzwerkes ausgearbeitet. Die Abb. 5-17 zeigt in vereinfachter Form

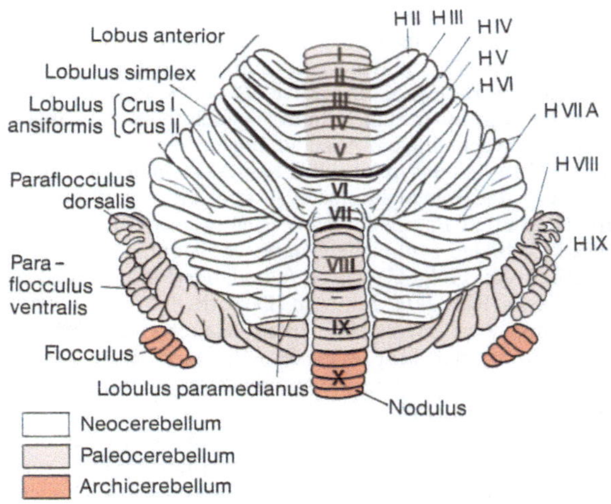

Abb. 5-16. Darstellung der Cortexoberfläche des Primatenkleinhirns (Affe). Der Vorderlappen (Lobus anterior) ist „aufgeklappt" und in einer Ebene mit dem Hinterlappen gezeichnet. Die Läppchen (Lobuli) sind mit römischen Zahlen (*I–IX*) bezeichnet, die entsprechenden Hemisphärenanteile mit *HII–HIX*. Die phylogenetische Unterteilung ist durch Farben hervorgehoben. Die Kleinhirnrinde hat eine charakteristische Fältelung mit Bildung von zahlreichen Folia. Aus [10]

die laminäre Struktur des Foliums, die regelmäßige palisadenförmige Anordnung der Dendritenbäume von Purkinje-Zellen, die orthogonal

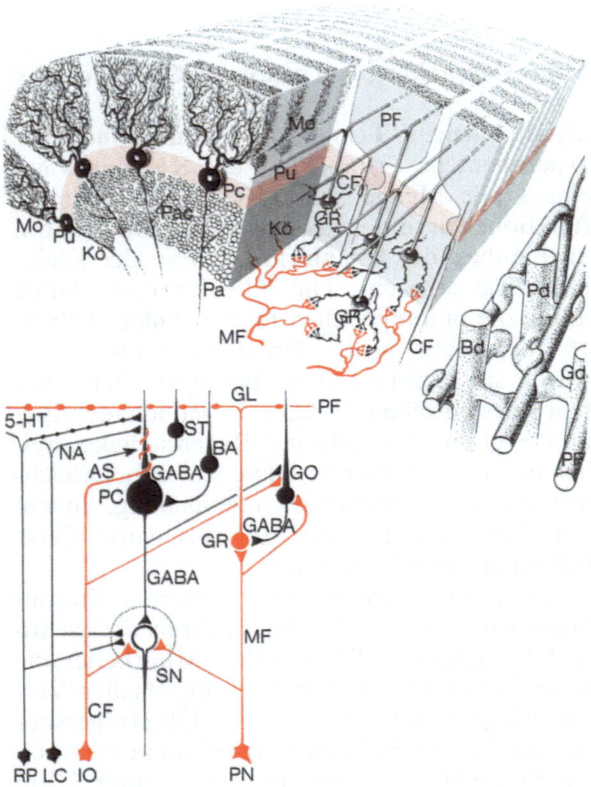

Abb. 5-17. Neuronale Organisation der Kleinhirnrinde. Oben links: Folium mit der Molekularschicht (*Mo*), der Purkinje-Zellschicht (*Pu*) und der Körnerzellschicht (*Kö*). Die Flächen der sehr markanten Purkinje-Dendriten sind quer zum Folium angeordnet. Die Purkinje-Zelle (*Pc*) sendet ein Axon (*Pa*) in die weiße Substanz des Kleinhirns und bildet rückläufige Collateralen (*Pac*). Die Purkinje-Zellen sind sowohl quer zum Folium als auch in seiner Längsrichtung in regelmäßigem Abstand angeordnet. Die Körnerzellen (*GR*) erhalten synaptischen Kontakt von den Moosfasern (*MF*) und bilden ihrerseits Axone, die sich T-förmig aufteilen und als Parallelfasern (*PF*) längs des Foliums verlaufen. Sie bilden zahlreiche synaptische Kontakte mit den Dendriten der Golgi-Zellen (*Gd*) und der Purkinje-Zellen (*Pd*). Diese Kontakte mit den Dendritendörnchen sind rechts vergrößert dargestellt. Unten: Hauptverschaltungen im Folium mit den Eingängen über die Moosfasern (*MF*), deren Axone aus pontinen Neuronen (*PN*) stammen, und die Parallelfasern (*PF*), über die Kletterfasern (*CF*) aus der unteren Olive (*IO*), über die serotonergen Fasern aus den Raphekernen (*RP*) sowie über die noradrenergen Fasern aus dem Locus coeruleus (*LC*). Die Purkinje-Zellen (*PC*) bilden die einzigen Ausgangselemente der Kleinhirnrinde. Die Sternzellen (*ST*), Korbzellen (*BA*) und Golgi-Zellen (*GO*) sind lokale Interneurone. Alle *schwarz* eingezeichneten Zellen sind GABAerg und üben eine inhibitorische Wirkung aus. Excitatorische Transmitter sind Aspartat (*AS*) und wahrscheinlich auch Glutamat (*GL*). In der Kleinhirnrinde findet sich auch reichlich Serotonin (*5-HT*) und Noradrenalin (*NA*). Zielneurone der Purkinje-Zellen sind die intracerebellären Kerne und der Vestibulariskernkomplex (*SN*). Modifiziert aus [7, 13]

von Parallelfasern durchstoßen werden sowie die Mikroverschaltung mit Angabe der Transmitter. Über der **Schicht der einzelnen Purkinje-Zellkörper** (beim Menschen etwa 15 Millionen) liegt die **Molekularschicht**, die aus einem dichten Fasergeflecht von Dendriten der Purkinje-Zellen und der Golgi-Zellen sowie von Axonen der Parallelfasern besteht. In diesem Neuropil verstreut sind zusätzlich die Zellkörper von Interneuronen (Sternzellen, Korbzellen). Unterhalb der Purkinje-Zellschicht liegt die **Körnerschicht**, die durch die sehr zahlreichen Körnerzellen (über 2 Millionen pro mm^3!) charakterisiert ist. In dieser Schicht findet man auch die Zellkörper der Golgi-Interneurone.

Jede einzelne Purkinje-Zelle wird von einer **Kletterfaser**, erreicht, wobei deren Stammfaser über 10–15 Collateralen ebenso viele Purkinje-Zellen versorgt. Die Kletterfaser rankt sich um den Dendritenbaum der Purkinje-Zelle und bildet an diesem zahlreiche erregende Synapsen. Dadurch erfolgt die synaptische Übertragung mit außerordentlicher Sicherheit. Die *Moosfasern* treten in synaptischen Kontakt mit Dendriten der *Körnerzellen.* Die Moosfaser weist viele Endverzweigungen auf und kann somit über diese **Divergenzschaltung** zahlreiche Kleinhirnrindenzellen erregen.

Die Axone der Körnerzellen teilen sich ihrerseits T-förmig in 2 *Parallelfasern* auf, die in entgegengesetzter Richtung längs des Foliums verlaufen. Man hat berechnet, daß jeder Dendritenbaum einer Purkinje-Zelle orthogonal von über 200000 Parallelfasern durchstoßen wird. Somit ergibt sich für jede Zelle der Kleinhirnrinde auch eine ausgeprägte **Konvergenz** von vielen Moosfasern. Schließlich erhält die Kleinhirnrinde auch Zuflüsse aus *noradrenergen* Fasern aus dem Locus coeruleus und *serotonergen Fasern* aus den Raphekernen des Hirnstammes, deren Bedeutung aber noch unklar ist.

Die *Purkinje-Neurone* bilden die *Ausgangskanäle* der Kleinhirnrinde und wirken hemmend auf die Kleinhirn- und Vestibulariskerne. Die Übertragung in dieser grundlegenden Eingangs-Ausgangsverschaltung kann von einer Reihe von *Interneuronen* (Golgi-, Korb- und Sternzellen) gehemmt werden. Die Purkinje-Zellen haben eine Ruheentladung, die eine tonische Hemmung der Zielneurone in den Kleinhirnkernen und Vestibulariskernen bewirkt. Auf diesem Hintergrund wird vermehrte Tätigkeit der Purkinje-Zellen bei erregenden Zuflüssen aus dem Moosfaser- und dem Kletterfasersystem zu einer **Vertiefung der Hemmung führen,** während andererseits Hemmung der Purkinje-Zellen durch die hemmenden Interneurone eine **Disinhibition** der Zielneurone bewirkt. Die stets vorhandene, ausgeprägte Ruheaktivität der Neurone in den Ausgangsstrukturen des Kleinhirnes einerseits und die zahlreichen Hemmphänomene in der Kleinhirnrinde andererseits erlauben eine fein abgestimmte, zeitliche und örtliche Strukturierung mit Kontrastbildung im Erregungsmuster der Ausgangsneurone.

Moduläre Fraktionierung der Kleinhirnrinde in longitudinale Mikrostreifen. Trotz der Einheitlichkeit im Feinbau ergeben sich aus den **spezifischen Eingangs- und Ausgangsbeziehungen der Kleinhirnrinde** moduläre Funktionseinheiten, die longitudinal organisiert sind. So konnte man insbesondere anatomisch und mikroelektrophysiologisch nachweisen, daß die Kletterfasern aus den **einzelnen Abschnitten der unteren Olive** streng topologisch **in Längsstreifen** zur Kleinhirnrinde projizieren [13]. Die Längsstreifen projizieren ihrerseits wieder topologisch zu **longitudinalen Säulen der darunterliegenden Kleinhirnkerne**. Das Moosfasersystem hat demgegenüber übergreifende Projektionen und kann mehrere Mikrozonen der Kleinhirnrinde kontrollieren.

Nach einer neueren Hypothese sollen die Einzeloperationen des Kleinhirns in den eben beschriebenen Mikrozonen ablaufen [13]. Die Hypothese gründet sich auf die Beobachtung, daß eine **Mikrozone im Flocculus** für die langfristige Einstellung der Übertragungsfunktion (engl: „adaptive gain control") im **vestibulooculären Reflex** verantwortlich ist. Wie in den Kap. 11.7 und 12.1 näher erläutert ist, erfolgt bei Kopfdrehungen eine automatische Gegendrehung der Augen. Dieser vestibuläre Reflex dient der *fovealen Bildstabilisierung* auf der Retina. Das heißt also, daß der Reflex äußerst präzise mit dem Sehvorgang gekoppelt sein muß. Die Adaptation könnte tatsächlich von der Mikrozone im Flocculus übernommen werden, denn diese erhält sowohl Informationen von den vestibulären Afferenzen über das Moosfasersystem als auch visuelle Informationen über Kletterfasern, und andererseits hemmt dieser Mikrostreifen über seine Projektion zum Vestibulariskern den vestibulooculären Reflex [13].

Cerebelläre Plastizität, motorische Adaptation und motorisches Lernen. Die Rolle des Cerebellums bei der motorischen Adaptation konnte man experimentell nachweisen. Wenn der Sehvorgang (z.B. durch Vorsetzen von Prismengläser) gestört wird, ist die oben erwähnte reflektorische und kompensatorische Augenbewegung bei Kopfdrehung nicht mehr im Einklang mit der eintreffenden Bildinformation. Die Folge davon ist, daß die Versuchsperson zunächst große Mühe hat, sich mit diesen Gläsern korrekt zu bewegen. Erstaunlicherweise erlernt sie aber innerhalb weniger Tage, sich an diese abnorme visuelle Information anzupassen. Quantitative Messungen zeigten in der Tat eine deutliche *Änderung in der Übertragungsfunktion des vestibulooculären Reflexes*, d.h. eine **langfristige Adaptation**. Abtragungsversuche zeigten, daß die motorische Adaptation im vestibulooculären Reflex kritisch vom Cerebellum abhängig ist.

Ein derartiger adaptiver Vorgang ist allerdings in seinem neuralen Mechanismus noch nicht geklärt. Beobachtungen über langfristige Änderungen der Entladungsrate von Purkinje-Zellen nach einer Unterbrechung des erregenden Zuflusses aus dem Kletterfasersystem [39] zeigen jedoch, daß langfristig wirksame Interaktionen zwischen Kletterfasersystem und Moosfasersystem möglich sind. Die Idee wurde erstmals von D. Marr und von J.S. Albus vorgeschlagen. Nach anfänglichen Mißerfolgen hat die experimentelle Stütze des Marr-Albus-Modells vielversprechende Fortschritte gemacht [13].

Die cerebelläre Plastizität und die longitudinalen Mikrozonen könnten auch im Dienste des **motorischen Lernens** stehen. Zwei Beispiele mögen dies beleuchten. Bei operanter Konditionierung von Affen in einer Reaktionszeitsituation wurde die cerebellocerebrale Signalübermittlung im Laufe des Lernens der motorischen Aufgabe gemessen. Es zeigte sich, daß parallel mit der Verbesserung der Reaktionszeiten das durch das visuelle Startsignal ausgelöste und vom Kleinhirn zur Großhirnrinde übermittelte Summenpotential progressiv zunahm. Andererseits zeigten Affen in der gleichen Versuchssituation mit vorgängiger cerebellärer Läsion nur ein rudimentäres motorisches Lernen, und zwar auch bei lange fortgesetztem Training [43].

Das zweite Beispiel betrifft Kaninchen, deren Lidschlußreflex getestet wurde. Dieser wird durch einen leichten Berührungsreiz der Cornea ausgelöst, kann aber leicht durch eine gleichzeitige Reizung mit einem akustischen Signal konditioniert werden, so daß der Ton schließlich allein den Lidschluß als bedingten Reflex auslöst. Dieses *Paradigma der klassischen Konditionierung nach Pavlov* (s. Kap. 6.5, S. 164) kann *als einfaches Modell des motorischen Lernens* aufgefaßt werden. Es zeigte sich, daß sowohl für die Etablierung als auch für die Retention des bedingten Reflexes umschriebene Teile des Cerebellums und der unteren Olive notwendig sind [38].

Somatotopie im Cerebellum [13]. Das Cerebellum erhält massive Zuflüsse von *aufsteigenden Rückenmarkbahnen* und von *trigeminalen Afferenzen*. Eine grobe somatotope Gliederung dieser somatosensorischen Projektionen wurde bereits mit der Methode der evocierten Potentiale nachgewiesen. Erst in jüngerer Zeit wurde jedoch die **komplexe Mikroorganisation** mittels Einzelzellableitungen erarbeitet. Bei der Untersuchung der somatosensorischen **Moosfaserprojektionen** auf Stufe der **Körnerschicht** fand man **diskrete, scharf abgegrenzte Projektionsherde** mit Repräsentation kleiner Abschnitte der ipsilateralen Körperoberfläche. Auffallend ist das Vorhandensein multipler, z.T. weit verstreuter Herde mit identischer oder ähnlicher Repräsen-

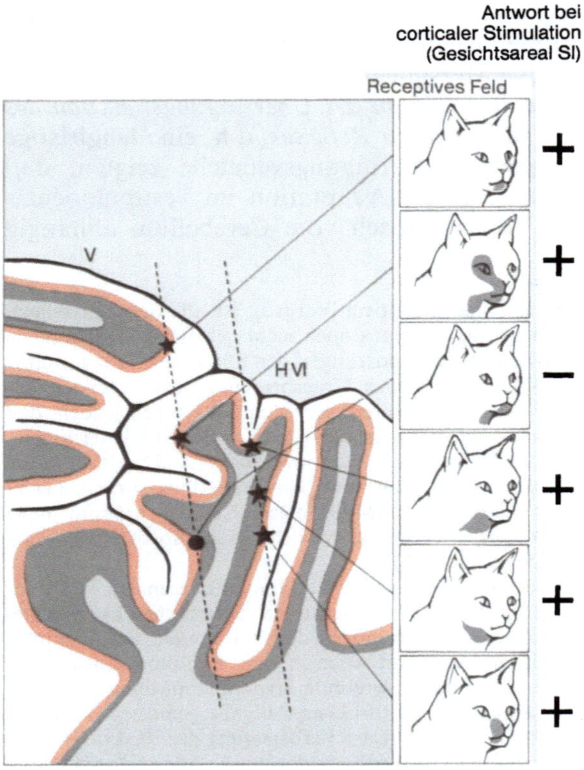

Abb. 5-18. Kleine receptive Felder von 6 Purkinje-Zellen, deren Aktivität in 2 Mikroelektrodenpenetrationen registriert wurde (Lobuli V und HVI). Aufgrund des charakteristischen Antwortmusters konnte eine Aktivierung über das Kletterfasersystem angenommen werden. Mit Ausnahme einer Zelle antworteten alle auch auf elektrische Reizung der kontralateralen Hirnrinde (Gesichtsareal SI). Aus T.S. MILES und M. WIESENDANGER: J. Physiol. (Lond.) *245*:425 (1975)

tation. Die Abb. 5-18 zeigt Beispiele **diskreter receptiver Felder von Purkinje-Zellen**, die nahe beieinander in einem Folium liegen und **über Kletterfasern** erregt werden. In der Regel werden die Purkinje-Zellen auch von den entsprechenden somatotopischen Arealen der kontralateralen Hirnrinde beeinflußt.

Von der motorischen Seite aus gesehen ist die Somatotopie jedoch nicht nachweisbar. Bei focalen Läsionen manifestieren sich **motorische Ausfälle** v.a. auf der **ipsilateralen Körperseite**; sie sind aber in der Regel nicht auf einzelne Körperabschnitte begrenzt, sondern scheinen je nach Lokalisation besondere Kontrollsysteme zu erfassen, z.B. die Steuerung der Oculomotorik, des Körpergleichgewichtes, der Sprache etc., wie das im nächsten Abschnitt näher erläutert wird.

Viele neue experimentelle Befunde, die hier nur andeutungsweise zur Sprache kommen konnten, sind zwar von erheblichem theoretischen Interesse, für medizinische Belange soll jedoch im folgenden die Kleinhirnfunktion noch eingehender aus der Sicht der Läsionsbefunde besprochen werden.

Funktion der medianen Anteile des Cerebellums

Als Arbeitshypothese soll im Schema der Abb. 5-19 das **allgemeine Funktionsprinzip der medianen Anteile** des Kleinhirns verdeutlicht werden, ein Schema, das sich auf die neuralen Verbindungen einerseits und die klinischen Ausfälle andererseits abstützt [10]. Die Grundidee ist, daß *das Kleinhirn im Nebenschluß zur Hauptachse Cortex-Rückenmark steht.* Es erhält einerseits sensorische Rückmeldungen, eine **Afferenzkopie**, andererseits aus den motorischen Zentren auch eine **Efferenzkopie**, technisch gesprochen eine Rückmeldung des Istwertes und eine Vorgabe des Sollwertes. Aus dem Vergleich (*Comparatorfunktion*) kann die Kleinhirnrinde ein *Fehlersignal* berechnen, das über die Ausgangskerne zu den motorischen Zentren übermittelt wird. Dadurch kann das Kleinhirn Abweichungen von Intentionsbewegungen und von Automatismen laufend korrigieren.

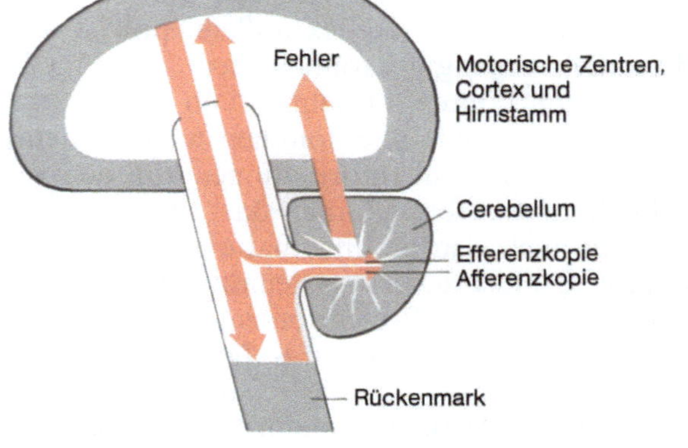

Abb. 5-19. Vereinfachtes Funktionsschema der mittelständigen Anteile des Kleinhirns. Diese erhalten über collaterale Verschaltungen eine Efferenzkopie von Kommandosignalen, die von den motorischen Zentren über absteigende motorische Bahnen zum Rückenmark übermittelt werden. Anderseits erhält das Cerebellum auch eine sensorische Afferenzkopie über Collateralen von aufsteigenden Bahnen. Die Hypothese besagt, daß das Kleinhirn aus dem Vergleich der 2 Eingänge Abweichungen vom Sollwert (Fehler) berechnen kann. Über rückläufige Verbindungen zu den motorischen Zentren können somit laufend Korrekturen am motorischen Programm vorgenommen werden, wenn eine Bewegung einmal in Gang gesetzt wird.

Anteile und Verbindungen. Die verschiedenen Abschnitte, die hier zusammengefaßt werden, sind in der Abb. 5-20 links hervorgehoben (s. auch Abb. 5-16). Der phylogenetisch älteste Teil (*Archicerebellum*) setzt sich aus Flocculus und Nodulus zusammen; er wird dominiert von vestibulären Zuflüssen (*Vestibulocerebellum*). Ebenfalls alt sind die vermalen Anteile des Lobus anterior, die Pyramide, die Uvula und der Paraflocculus (*Palaeocerebellum*). Zu den medianen Anteilen kann auch die lateral vom Vermis gelegene Pars intermedia gezählt werden, die ihre Zuflüsse besonders aus dem Rückenmark bezieht (*Spinocerebellum*).
Die medianen Kleinhirnabschnitte projizieren zum Nucleus fastigii sowie zum Nucleus globosus und Nucleus emboliformis (bei der Katze Nucleus interpositus), die ihrerseits hauptsächlich mit motorischen Hirnstammzentren in Verbindung stehen. Der Nucleus Deiters, ein Vestibulariskern und selbst auch ein motorisches Zentrum, erhält zudem einen direkten Eingang vom Vermis und vom Lobus flocculonodularis.

Läsionsfolgen. Bei Läsionen des **Vestibulocerebellums und des Vermis** sind v.a. *Gleichgewichtsstörungen* charakteristisch, wie sie in ähnlicher Weise auch bei Schädigungen des Vestibularapparates auftreten. Die Patienten leiden häufig an Schwindel und Übelkeit mit Erbrechen. Typisch sind auch die objektiven *Störungen der Oculomotorik* mit spontanen Pendelbewegungen der Bulbi (Pendelnystagmus). Bei Schädigungen des **Vermis und der paravermalen Anteile** treten Schwierigkeiten beim Stehen und Gehen auf. Besonders in der Dunkelheit können sich diese Symptome manifestieren (d.h. also wenn die visuell unterstützten Korrekturen ausfallen). Die Patienten müssen sich beim Stehen und Gehen mit den Händen abstützen. Der Gang wird wie bei einem Betrunkenen torkelnd. Die mangelnde Koordination von Rumpf- und Beinmuskeln wird als **Rumpf- und Gangataxie** bezeichnet. Der italienische Physiologe L. Luciani hat Ende des letzten Jahrhunderts erstmals sorgfältige Untersuchungen der Gangstörung beim Hund mit experimentellen Kleinhirnläsionen durchgeführt und die Gangspuren von ataktischen Hunden graphisch aufgezeichnet.

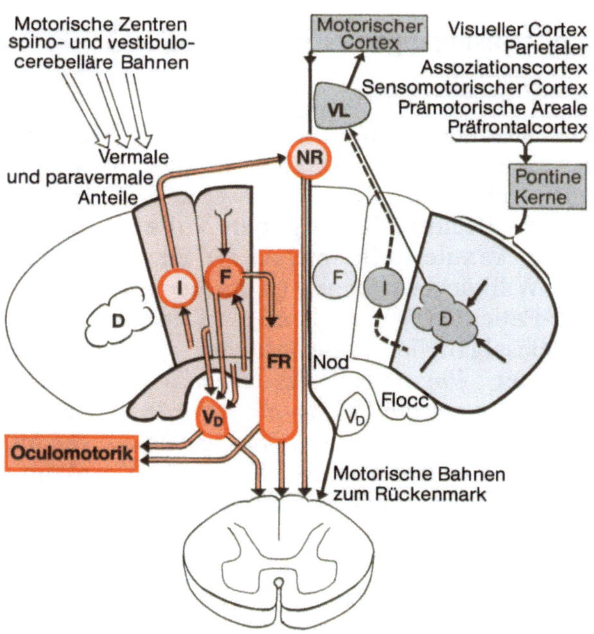

Abb. 5-20. Hauptverbindungen der mittelständigen Anteile (links) und der lateralen Anteile (rechts) des Cerebellums. Die ersteren projizieren vorwiegend zu den motorischen Hirnstammzentren, die letzteren über den Thalamus (VL) zum motorischen Cortex. Weitere Erklärungen im Text. *Flocc-Nod* Flocculus und Nodulus; *F* Nucleus fastigii; *I* Nucleus interpositus; *D* Nucleus dentatus; *NR* Nucleus ruber; *FR* Formatio reticularis; V_D Nucleus Deiters

Funktion der Kleinhirnhemisphären

Anteile und Verbindungen (Abb. 5-20, rechte Bildhälfte). Die lateralen Anteile des Kleinhirns erhalten ihre **Zuflüsse** vorwiegend aus der **Großhirnrinde**, und zwar über die **Ponskerne** und die **unteren Olivenkerne**. Die Neurone der ersten Kerngruppe endigen als **Moosfasern**, diejenigen der zweiten Kerngruppe als **Kletterfasern** in der Kleinhirnrinde beider Hemisphären. Der sehr starken Entwicklung der Hirnrinde entsprechend entwickeln sich beim Menschen auch die genannten Kerngruppen beträchtlich. Die *pontinen Kerne* erhalten ihre wichtigsten Eingänge aus dem visuellen Cortex, den parietalen Assoziationsarealen, dem sensomotorischen Cortex, dem prämotorischen und dem präfrontalen Assoziationscortex. Wegen der dominierenden Rolle der pontinen Kerne für die Kleinhirnhemisphäre prägte man für diese auch den Begriff **Pontocerebellum**. *Die untere Olive* erhält Projektionen aus motorischen und prämotorischen Cortexarealen (beim Menschen möglicherweise auch aus weiteren Rindenanteilen) sowie (über die zentrale Haubenbahn) Afferenzen aus subcorticalen motorischen Zentren.
Die Purkinje-Zellen der Hemisphären projizieren über die lateral gelegenen *Dentatuskerne* zu *motorischen Thalamuskernen* und von dort weiter zu den *motorischen Rindenarealen*. Auffallend ist, daß die Hemisphären offenbar Infor-

mation von denjenigen corticalen Arealen erhalten, die in der *Vorbereitungsphase*, d.h. bei der **„Programmierung" der Bewegungen**, aktiviert werden (s. auch Abb. 5-2).

Läsionsfolgen. Bei Hemisphärenläsionen stehen v.a. Behinderungen bei der *Initialisierung von Bewegungen und Koordinationsstörungen beim Bewegungsablauf* im Vordergrund. Diese Störungen können durch den Wegfall des Informationszuflusses aus der Großhirnrinde erklärt werden (s.o.). Dramatische Symptome treten beim Ergreifen eines Glases ein, nämlich ein crescendoartiges grobes Zittern. Klinisch prüft man diesen **Intentionstremor**, indem der Patient aufgefordert wird, mit geschlossenen Augen auf die Nase zu zeigen.
Neben dem Zittern ist zusätzlich auch ein markantes Danebengreifen, eine **Dysmetrie** zu sehen, d.h. die Distanz wird falsch programmiert. Komplexe Bewegungsabläufe, bei denen normalerweise weit auseinander liegende Muskelgruppen in einer bestimmten zeitlichen Folge aktiviert werden (*Synergien*), erfolgen beim Kleinhirnkranken nicht mehr ordnungsgemäß. Wird z.B. der Patient aufgefordert, beim Stehen den Kopf nach hinten zu beugen, läuft er Gefahr nach hinten zu stürzen, weil er das Gleichgewicht nicht wie beim Normalen durch Kniebeugen wieder auffangen kann. Patienten haben auch *Schwierigkeiten, Bewegungen rasch abzubremsen.* Wenn auf den in einer horizontalen Lage gehaltenen Arm unerwartet ein Belastungsimpuls (Störgröße) auftrifft, wird der Arm erst nach überschießenden Oscillationen

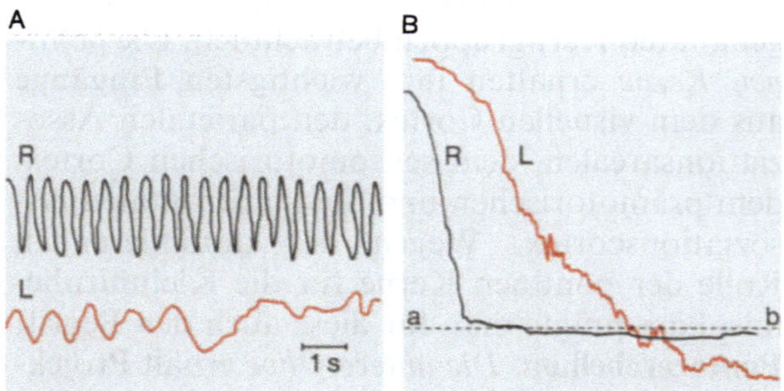

Abb. 5-21. A Darstellung der Adiadochokinese bei einem Patienten mit halbseitiger Kleinhirnläsion links. Die alternierende Handbewegung wird rechts (*R*) regelmäßig und schnell durchgeführt. Links (*L*) ist die Leuchtspur viel unregelmäßiger und verlangsamt. **B** Der Patient wird aufgefordert, auf ein Startsignal gleichzeitig mit den beiden Armen eine kraftvolle Zugbewegung (Feder) durchzuführen und bei Erreichen der Position *a–b* diese konstant zu halten. Die Bewegung mit dem linken Arm beginnt mit einer Verzögerung, sie ist unregelmäßig und überschießt das Ziel. Modifiziert nach G. Holmes [32]

wieder eine stabile Lage einnehmen. Diese Unstabilität nennt man das **Rückschlagphänomen**. Auch ohne externe Störung wird der Patient Mühe haben, den ausgestreckten Arm in einer stabilen Lage zu halten, bei geschlossenen Augen sinkt er allmählich ab.
Auffallende Schwierigkeiten hat der Patient bei raschem „Programmwechsel", d.h. wenn er z.B. die Hand in rascher Folge pronieren und supinieren soll. Die Bewegungen werden unregelmäßig und verlangsamt ausgeführt (**Adiadochokinese**). Auch die für die Sprachartikulation so wichtige Koordination der Sprechmuskeln ist gestört (sog. **Dysarthrie**). Die Sprache wird langsam, verwaschen, monoton. Es ist das große Verdienst des britischen Neurologen Gordon Holmes [32], Kriegsverletzte aus dem Ersten Weltkrieg mit umschriebenen, meist einseitigen Kleinhirnläsionen genau untersucht zu haben. Es gelang ihm, die Verlangsamung in der Initialisierung und im Ablauf der Bewegungen mittels Reaktionszeitmessungen und die Koordinationsstörungen durch eindrückliche photographische Registrierung von bewegten Leuchtspuren zu objektivieren (Abb. 5-21).

5.6 Basalganglien (Stammganglien)

Die Stellung der Basalganglien in der Motorik. Krankhafte Veränderungen in den Basalganglien führen i. allg. zu schwerer und dramatischer Beeinträchtigung der Willkürmotorik. Das bekannteste Beispiel ist die Einschränkung der Willkürbewegungen (Akinese) von Parkinson-Patienten. Unsere heutigen Kenntnisse über die Basalganglien weisen auf eine wichtige Rolle bei der *Umsetzung des Handlungsentwurfes (Vorbereitungsphase) in die erforderlichen Selektionsprogramme (Ausführungsphase)* gemäß dem Schema der Abb. 5-1. Der große Kernkomplex der Basalganglien befindet sich, überdeckt von der Hirnrinde, in der Tiefe des Großhirns und ist charakterisiert durch die sehr große Zahl der corticalen Zuflüsse. Dadurch werden die Basalganglien zu Integrationszentren einer Vielzahl corticofugaler Erregungsmuster. Andererseits sind die Basalganglien über thalamische Kerne mit dem frontalen Cortex zurückgekoppelt. Diese Schleife vom Cortex über die Basalganglien und zurück zum Cortex ist (neben einer ähnlichen Schleife über das Kleinhirn) in der Abb. 5-2 in ihren Grundzügen zu erkennen.

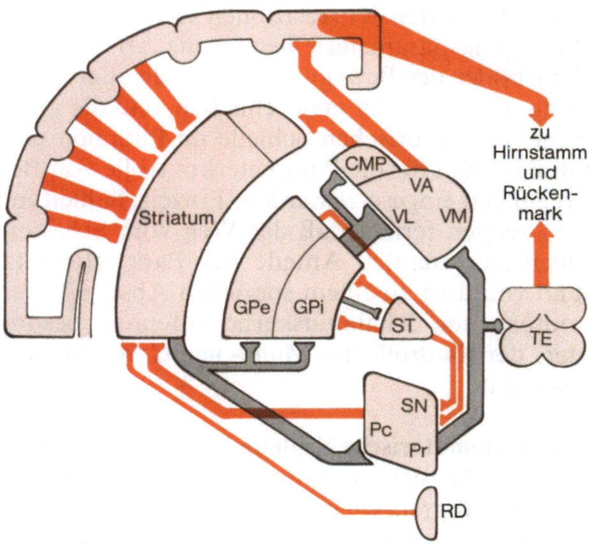

Abb. 5-22. Hauptverbindungen der Basalganglien. Excitatorische Wirkungen sind *rot*, inhibitorische *schwarz* eingezeichnet. *GP* Globus pallidus; *e* Pars externa; *i* Pars interna; *SN* Substantia nigra; *Pc* Pars compacta; *Pr* Pars reticulata; *ST* Nucleus subthalamicus; *TE* Tectum des Mittelhirns; *VA* Nucleus ventralis anterior thalami; *VL* Nucleus ventralis lateralis thalami; *VM* Nucleus ventralis medialis thalami; *CMP* Nuclei centralis medialis und parafascicularis thalami; *RD* Nucleus raphe dorsalis. Nach S. Kitai in [2]

Die Komponenten der Basalganglien und ihre Verbindungen (Abb. 5-22). Das **Corpus striatum** ist die Eingangsstruktur der Basalganglien. Es wird von den durchziehenden Fasern der inneren Kapsel in das *Putamen* und den *Nucleus caudatus* unterteilt (in Abb. 5-22 nicht eingezeichnet). Der Informationsfluß vom Corpus striatum erfolgt einerseits über das **Pallidum** und andererseits über die **Pars reticulata der Substantia nigra** zu thalamischen Kernen (und über eine kleinere collaterale Verbindung auch zum Tectum). Die Entdeckung, daß der Parkinson-Krankheit ein Defizit des Dopaminsystems zugrunde liegt, hat zum Nachweis der Dopamin-produzierenden Neurone der **Pars compacta** in der **Substantia nigra** geführt, deren Axone zum Striatum projizieren und wesentlich für die normale Funktion der Basalganglien verantwortlich sind. Schließlich ist im Schema der Abb. 5-22 die Tatsache hervorgehoben, daß viele der Verbindungen inhibitorischer Natur sind. Im folgenden sollen einige Schleifenkomponenten, die besonders erforscht worden sind, näher besprochen werden. Man vermutet, daß sich in Zukunft noch weitere funktionelle Schleifen herauskristallisieren werden [24]. Tatsächlich sind in der folgenden Darstellung eine Reihe von bekannten anatomischen Verbindungen nicht berücksichtigt worden, so z.B. die mächtigen Verbindungen zum medialen Thalamus (CMP in Abb. 5-22), die reziproken Verbindungen zum Nucleus subthalamicus sowie die (wahrscheinlich geringen und indirekten) absteigenden Verbindungen zum Rückenmark. Es läßt sich zur Zeit noch zu wenig Bestimmtes über deren funktionelle Bedeutung sagen. Trotz bemerkenswerter und faszinierender Fortschritte in der Erforschung der Basalganglien stehen wir eben immer noch am Anfang des Verständnisses dieses hochkomplexen Systems, in dem sich in hohem Maß auch die Komplexität der Hirnrinde widerspiegelt.

Informationsfluß in parallelen Funktionsschleifen; Transmittersysteme der Basalganglien

Der **wichtigste Informationszufluß** zu den Basalganglien erfolgt von der Hirnrinde. Wahrscheinlich beteiligen sich alle Cortexanteile an der **corticostriatalen Projektion,** wobei diejenige vom Frontallappen besonders mächtig ist. Die Verbindungen sind streng topologisch organisiert. Der Transmitter der corticostriatalen Neurone scheint die Aminosäure **Glutamat** zu sein. Wie die Abb. 5-22 zeigt, erfolgt die Verbindung der Basalganglien zum Thalamus über 2 hintereinander geschaltete inhibitorische Neurone, deren Transmitter **GABA** ist. Dies gilt sowohl für den Ausgang via Pallidum als auch den Ausgang via Pars reticulata der Substantia nigra. Es ist bekannt, daß die Neurone dieser Ausgangsstrukturen eine hohe Grundaktivität aufweisen. Man muß sich deshalb vorstellen, daß sich die cortical induzierten Erregungsmuster im Thalamus als **Disinhibition** abbilden, ein häufig anzutreffender Mechanismus im ZNS. Detaillierte Untersuchungen über die Lokalisation der corticofugalen Neurone und deren Verknüpfungen im Neuronenkreis der Basalganglien führten zum *Konzept von multiplen, von einander getrennten, parallelen Funktionsschleifen* (Abb. 5-23, s. Carpenter in [2], Kitai in [2] und [24]).

Die skeletomotorische Schleife. Diese Schleife wird von den prämotorischen, motorischen und somatosensorischen corticalen Arealen gespeist. Der Informationsfluß erfolgt vorwiegend über das Putamen, das innere Pallidumglied oder den caudolateralen Teil der Reticulata der Substantia nigra, über motorische Kerne des Thalamus und zurück zur Area 6 der Hirnrinde (Abb. 5-23, links). Einzelableitungen von entsprechenden Neuronen im Putamen und im Pallidum von Affen, die gelernt hatten, standardisierte Bewegungen auszuführen, ließen eindeutige

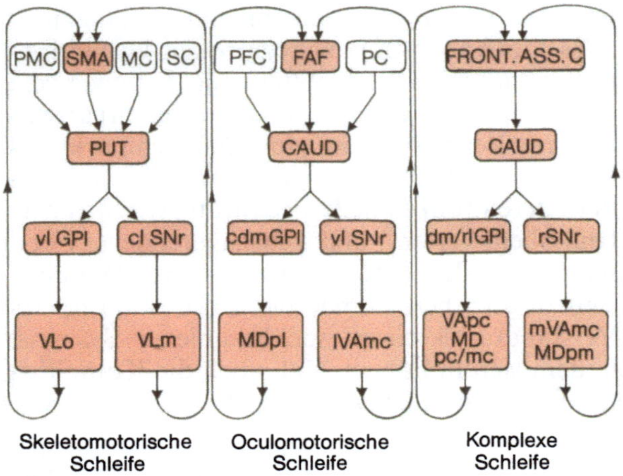

Abb. 5-23. Funktionsschleifen der Basalganglien (s. Text). *PMC* Prämotorischer Cortex. *SMA* Supplementärmotorische Area. *MC* Motorischer Cortex. *SC* Somatosensorischer Cortex. *PUT* Putamen. *GPI* Inneres Glied des Globus pallidus. *SNr* Substantia nigra, Pars reticulata. *VLo* Oraler Teil des ventrolateralen Kerns (Thalamus). *VLm* Medialer Teil des ventrolateralen Kerns (Thalamus). *PFC* Präfrontaler Assoziationscortex. *FAF* Frontales Augenfeld (Area 8). *PC* Parietaler Assoziationscortex (Area 7). *CAUD* Nucleus caudatus. *MD* Nucleus medialis dorsalis (Thalamus). *VA* Nucleus ventralis anterior. *mc* Pars magnocellularis. *pc* Pars parvocellularis. *cdm* caudal-dorsomedial. *cl* caudal-lateral. *dm* dorsomedial. *l* lateral. *m* medial. *pl* paralamellär. *pm* posteromedial. *r* rostral. *rl* rostrolateral. *vl* ventrolateral. Modifiziert nach [24]

Korrelationen der Zellaktivität mit diesen Bewegungen erkennen. Die Korrelationen waren zudem auch streng somatotopisch organisiert, d.h. sie ließen sich immer nur für ganz bestimmte Bewegungen von einzelnen Körperteilen nachweisen (Abb. 5-24). Häufig ließen sich

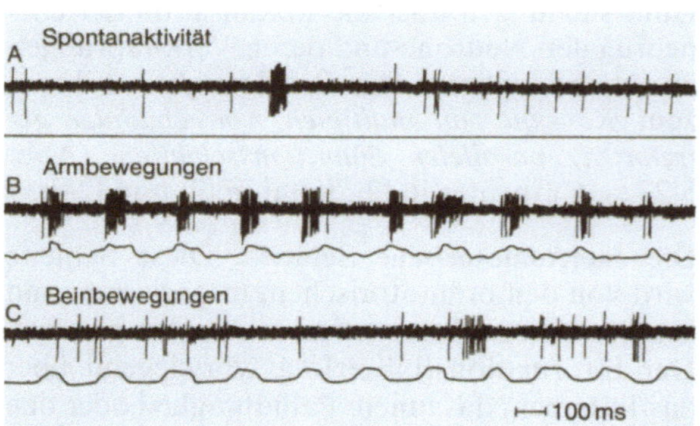

Abb. 5-24 A–C. Aktivität einer Zelle im inneren Glied des Globus pallidus, die bei einem Affen im motorischen Verhaltenstest registriert wurde. Es ist deutlich zu sehen, daß die Aktivität mit Armbewegungen (**B**) und nicht mit Beinbewegungen (**C**) korreliert. Die Spontanaktivität im Pallidum ist auch ohne Bewegungen (**A**) relativ hoch. Nach DeLong und Georgopoulos in [2]

auch die besten Korrelationen mit bestimmten Bewegungsparametern herstellen, z.B. mit der Kraft oder der Bewegungsamplitude oder -richtung. Daraus kann man schließen, daß die Neurone der motorischen Schleife im Putamen und im Pallidum für die Parameterkontrolle von Bewegungen eingesetzt werden. Einzelzellableitungen zeigten ferner, daß der Weg vom Striatum über die lateralen Anteile der Pars reticulata und von dort zu einem speziellen Abschnitt der motorischen Thalamuskerne offenbar besonders der **Kontrolle der Mund- und Gesichtsmotorik** dient.

Die oculomotorische Schleife (Abb. 5-23, Mitte). Diese läßt sich anatomisch von der obigen Schleife abgrenzen und scheint speziell für die Kontrolle von Augenbewegungen eingesetzt zu werden. Sie wird von corticalen Arealen gespeist, die bekanntermaßen die **Blickmotorik** steuern, nämlich dem *frontalen Augenfeld* (Area 8 von Brodmann) und dem caudalen Anteilen der *Area 7 im Parietalcortex* (s.a. Abb. 5-26). Der Informationsfluß erfolgt über den Nucleus caudatus und einen dorsomedialen Sektor des inneren Pallidumgliedes oder über die ventrolateralen Teile der Pars reticulata der Substantia nigra. Die weitere Station wird von thalamischen Kernanteilen gebildet, die schließlich wieder zum frontalen Augenfeld zurückprojizieren. Zu erwähnen ist noch, daß die Axone der Reticulataneurone über eine Bifurkation auch den Colliculus superior ansteuern, der bekannterweise ebenfalls zur Oculomotorik beiträgt. Die Abb. 5-25 zeigt eine positive Korrelation zwischen der Aktivität einer Reticulatazelle und einer Blicksakkade. Die Entladungsrate vermindert sich mit phasischem Verlauf **vor** der Sakkade als Ausdruck der hemmenden striatonigralen Verbindung. Dadurch wird im Thalamus oder im Colliculus superior wieder eine phasische Aktivierung erzeugt. Die strenge räumliche Trennung der skeletomotorischen und der oculomotorischen Schleife zeigte sich z.B. daran, daß die Aktivität eines Neurons der Pars reticulata entweder mit Augenbewegungen oder mit orofacialen Bewegungen, aber nicht mit beiden Bewegungsarten korreliert war.

Komplexe Schleifen (Abb. 5-23, rechts). Es gibt bereits anatomische Hinweise für eine Reihe von „komplexen“ Schleifen, die von Assoziationsarealen ihren Ursprung nehmen und, über thalamische Assoziationskerne, wieder mit frontalen Assoziationsarealen rückgekoppelt sind (dorsolateraler Präfrontalcortex, lateraler orbitofrontaler Cortex, vorderes Cingulum). Die entsprechenden corticalen, striatalen und thalamischen Strukturen nehmen in ihrer Größe und Bedeutung in der Phylogenese stark zu und überflügeln beim Menschen in ihrer Mächtigkeit die motorischen Schleifen. Allerdings ist die Funktion dieser Schleifen experimentell noch kaum erforscht. Wir wissen aber von Einzelzelluntersuchungen in den entsprechenden corticalen Arealen und von Abtragungsversuchen sowie von klinischen Befunden bei Patienten mit Läsionen im Stirnhirn und im limbischen System, daß diese Rindenabschnitte für „höhere" (komplexe) Hirnleistungen zuständig sind. Wie in Kap. 6 und 17 weiter ausgeführt wird, spielen diese assoziativen Systeme eine Rolle für den *generellen Antrieb* und ebenso für die Kontrolle von *Einzeltrieben* wie Hunger und Sexualität; ferner sind sie beteiligt an der Kontrolle der *Motivation,* der *Wahl von Strategien* und an *cognitiven Leistungen.* Andererseits ist bekannt, daß Patienten bei Erkrankungen der Basalganglien Störungen all dieser komplexen Funktionen aufweisen können. Man kann daraus folgern, daß die Manifestation dieser komplexen Funktionen und deren Einbau in die normale Motorik wesentlich von den Basalganglien abhängig ist.

Die Verknüpfung motorischer und komplexer Funktionsschleifen der Basalganglien. Im Hinblick auf den getrennten Verlauf der einzelnen Funktionsschleifen in den Basalganglien stellt sich die Frage, wie und wo die Synthese der neuralen Substrate für die cognitiven und triebhaften Komponenten der Motorik mit den Details der motorischen Befehlsausgabe erfolgt — eine schwierige Frage, über die sich zur Zeit nur spekulieren läßt. Immerhin können wir im Hinblick auf die Trennung in den Basalganglien sagen, daß die Synthese nicht in den Basalganglien selbst, sondern eher auf corticaler Stufe erfolgt. Die **Area 6** scheint dafür ein guter Kandidat zu sein, weil sie die wichtigste Zielstruktur der motorischen Schleife ist und zugleich auch Eingänge aus dem frontalen Assoziationsfeld erhält.

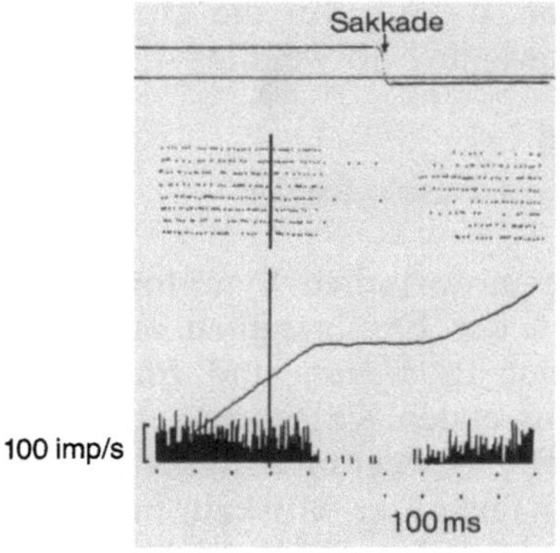

Abb. 5-25. Aktivität einer Zelle der Substantia nigra, Pars reticulata (Affe), deren Aktivität mit Augensakkaden korreliert. Beim vertikalen Strich leuchtet ein Lichtpunkt auf. Der Affe ist trainiert, eine Sakkade zu diesem neuen Fixierpunkt durchzuführen. Etwa 100 ms nach Erscheinen des Lichtreizes und knapp 200 ms vor Sakkadenbeginn wird die Zellaktivität fast vollständig unterdrückt (zu sehen, von oben nach unten, im Punkteraster, in der kumulativen Verteilungskurve und im Zeithistogramm). Diese Unterdrükkung der Zellaktivität wird in den Zielneuronen im Thalamus und Tectum eine Enthemmung (Aktivierung) bewirken. Nach O. Hikosaka und R.H. Wurtz: J. Neurophysiol. *49* (1983)

Modulation der Informationsübertragung in den Funktionsschleifen der Basalganglien. Der oben beschriebene Hauptinformationsfluß in multiplen, parallelen transstriatalen Funktionsschleifen kann von Modulationssystemen gefördert oder gehemmt werden. Diese Modulationsmechanismen sind von beträchtlichem klinischem Interesse, da offensichtlich die Gesamtfunktion der Basalganglien von einer ausgewogenen Abstimmung der bahnenden und hemmenden Modulationssysteme abhängt (s.u. Pathophysiologie der Basalganglien). Man kennt eine Reihe von sicheren oder potentiellen Modulationssystemen; das **Dopaminsystem** ist wegen seiner Rolle bei der Parkinson-Krankheit besonders intensiv untersucht worden. Die dopaminerge **nigrostriatale Bahn** entspringt aus der **Pars compacta** der Substantia nigra. Weitere Dopaminzellen finden sich vereinzelt oder in Aggregaten auch außerhalb der Substantia nigra, jedoch in deren Nähe.

Die sehr feinen Axone haben zahlreiche Verzweigungen und versorgen das gesamte Striatum in relativ diffuser Weise, d.h. ohne klare topologische Organisation. Entlang der weit divergierenden Verästelung kann man lichtmikroskopisch zahlreiche winzige Anschwellungen erkennen, die sog. Varikositäten, die sich bei elektronenoptischer Betrachtung als präsynaptische Elemente erweisen. Die Compactaneurone haben einen ziemlich regelmäßigen Entladungsrhythmus von etwa 1 Hz. Man muß sich vorstellen, daß mit jedem Impuls an unzähligen Synapsen einer einzelnen Dopaminzelle über ein großes Gebiet des Striatums Dopamin freigesetzt wird.

Diese Tatsache weist darauf hin, daß dieses System keine detaillierte, topologisch organisierte Information übermittelt. Vielmehr kann man es sich als eine Art „Berieselungssystem" vorstellen, das *modulierend* in der Hauptübertragungsachse eingreift. Tatsächlich zeigen neuere Resultate, daß das im Striatum ausgeschüttete **Dopamin die glutamaterge corticostriatale Übertragung moduliert,** wobei nicht eindeutig geklärt ist, ob das Dopamin eine Hemmung, eine Bahnung oder beides ausübt. Die aufsteigenden Dopaminprojektionen des Mesencephalons projizieren nicht nur zum Corpus striatum, sondern auch zu limbischen Strukturen und zum Präfrontalcortex.

Möglicherweise haben **serotoninerge Fasern aus den Raphekernen, noradrenerge Fasern aus dem Locus coeruleus** sowie die mit unbekanntem Transmitter operierenden Fasern aus den **intralaminaren Kernen** des Thalamus und die Fasern aus der **Amygdala,** die alle auch zum Corpus striatum projizieren, eine ähnliche modulierende Wirkung in den Basalganglien. Schließlich muß erwähnt werden, daß es in den Basalganglien eine große Zahl von **lokalen Neuronen** (Interneurone) gibt, die ebenfalls eine modulierende Funktion auf den Informationsfluß in den transstriatalen Schleifen ausüben. Dazu gehören die **cholinergen Neurone** des Corpus striatum und die Vielfalt von erst in jüngster Zeit entdeckten **peptidergen Neuronen.**

Moduläre und longitudinale Organisation im Corpus striatum

Transmitterkompartimente. Während langer Zeit erschien das Corpus striatum als eine große, homogene Zellmasse. Erst in letzter Zeit entdeckte man die moduläre Natur des Corpus striatum ([49, 29] sowie Beitrag von DeLong & Georgopoulos in [2]). Die 2 großen afferenten Fasersysteme aus dem Cortex und den intralaminaren Kernen des Thalamus projizieren in Form von kleinen, scharf begrenzten Herden zum Striatum. In anatomischen Untersuchungen mit differentieller Anfärbung von verschiedenen Fasersystemen hat man ferner festgestellt, daß Agglomerationen von Endigungen aus dem frontalen Assoziationscortex mit solchen aus dem temporalen Assoziationscortex im Nucleus caudatus wie in einem Puzzle ineinander verschachtelt sind. Im histochemischen Bild imponieren die Transmitter (Glutamat, GABA, Acetylcholin, verschiedene Peptide) ebenfalls als kleine, scharf begrenzte Herde. Sie werden heute als eigenständige **Kompartimente** oder **Mikromodule** aufgefaßt. Schließlich zeigt schon die gewöhnliche Anfärbung der Zellkörper (Nissl-Färbung) kleine, längliche **Inseln** mit hoher Zelldichte, die von einer **Matrix** lockerer Zelldichte umschlossen sind.

Der Versuch einer *Zuordnung dieser zellulären Kompartimente zu den verschiedenen Transmittersystemen* ist zur Zeit im vollen Gang. Es kann aber heute schon gesagt werden, daß die Kompartimentalisierung in funktionell unterschiedliche Neuronengruppen ein *allgemeines Organisationsprinzip des Corpus striatum* ist. Eine einzige Ausnahme scheint nur das Dopaminsystem zu sein, dessen Fasern sich mit ihren Varikositäten diffus auf das ganze Striatum verzweigen. Allerdings sind zunächst beim *jungen* Tier die ankommenden dopaminergen Fasern ebenfalls in Dopamininseln oder **Striosomen** konzentriert.

Topologische Beziehungen zwischen der Hirnrinde und dem Corpus striatum. Klare Ergebnisse datieren ebenfalls aus jüngster Zeit; sie lassen ein topographisches Ordnungsprinzip in **longitudinalen Säulen** erkennen, die durch das ganze Striatum ziehen. Dies gilt z.B. für die Projektionsweise des frontalen und temporalen Assoziationscortex. Mikroelektrophysiologisch wurden innerhalb der skeletomotorischen Funktionsschleife mit noch feinerer Auflösung somatotopisch gegliederte Längssäulen entdeckt. Es scheint, daß z.B. in einer *Armsäule* Signale aus den prämotorischen, motorischen und somatosensorischen Cortexarealen zusammengeführt werden. Die Neurone in einer solchen Längssäule haben als gemeinsamen Nenner ähnliche somatotope Eigenschaften.

Funktionelle Interpretation der mikromodulären Organisation der Basalganglien. Es besteht kein Zweifel, daß die außerordentlich komplexe Parzellierung der Basalganglien nach Kriterien der Transmitter und der Topographie von wichtiger funktioneller Bedeutung ist und zu neuen Arbeitshypothesen führen wird. Die oben beschriebene Konvergenz von verschiedenen corticalen Feldern zu einer „Armsäule" innerhalb der motorischen Schleife bildet offensichtlich ein strukturelles Korrelat für den Prozeß der sensomotorischen Integration, die z.B. für die Durchführung einer Armbewegung notwendig ist.

Pathophysiologie der Basalganglien

Die gravierenden motorischen Symptome, die bei Erkrankungen der Basalganglien auftreten können, lassen sich in *Minus-* und *Plussymptome* einteilen. Zur ersten Kategorie gehört die **Akinese** (wörtlich Bewegungslosigkeit); zur zweiten der **Rigor** (erhöhter Muskeltonus), der **Ballismus** (unwillkürliche Schleuderbewegungen), die **Athetose** (wurmförmige Bewegungen), die **Chorea** (ticartige Zuckungen) und der **Tremor** (Zittern). Die Symptome der zweiten Kategorie sind Anzeichen einer Systemübererregbarkeit, die als Folge einer Enthemmung interpretiert wird. Man versucht heute die Symptome im Sinne einer Unter- oder Überfunktion von Transmittersystemen zu verstehen.

Die Unterfunktion des Dopaminsystems und die Parkinson-Krankheit [37]. Die Parkinson-Krankheit, die häufigste Erkrankung der Basalganglien, äußert sich in der **Symptomtrias Rigor, Tremor und Akinese.** Die musculäre Hypertonie ist charakterisiert durch eine Erhöhung der tonischen (und nicht der phasischen) Dehnungsreflexe; entsprechend findet man auch bei langsamer Dehnung einen wächsernen Widerstand, der oft periodisch etwas nachgibt (*Zahnradphänomen*). Auffallend sind die groben Zitterbewegungen der Finger, manchmal auch der Lippen und anderer Körperteile.

Die Akinese äußert sich in einer Reihe von Symptomen: Der Patient hat Schwierigkeiten, eine Bewegung in Gang zu bringen und zu Ende zu führen. Gelegentlich kann die Willkürmotorik regelrecht „einfrieren". Dem Patienten fällt es äußerst schwer, zwei Dinge gleichzeitig zu tun. Das Gesicht ist maskenhaft ausdruckslos, die Sprache wenig moduliert, es fehlen die natürlichen Schwingbewegungen der Arme beim Gehen und der Patient macht kleine Schritte, gewöhnlich in nach vorne gebückter Stellung.

Die **motorischen Defekte bei Parkinson-Patienten** lassen sich mittels elektromyographischer Analyse und elektronischer Mittelungsverfahren **quantitativ analysieren,** womit es gelingt, pathophysiologische Mechanismen präziser zu erfassen und auch Therapieerfolge quantitativ zu werten. Wie zu erwarten sind *Reaktionszeiten* häufig verlängert, was v.a. auf das Konto der verlangsamten Ausführung der Bewegung geht. Störungen in der *antizipatorischen Haltungsadaptation* bei Bewegungen wurden ebenfalls festgestellt. Der Parkinson-Patient hat große Mühe, eine vorgegebene Lichtmarke mit dem Finger zu verfolgen (sog. *Tracking*), insbesondere wenn die Richtungsänderungen nicht voraussagbar sind. Bei regelmäßigen (z.B. sinusförmigen) Richtungsänderungen verfolgt der Parkinson-Patient die Lichtmarke mit Verzögerung, während der Gesunde seine Folgebewegungen schon vorausplant. Für den Parkinson-Patienten ist es oft unmöglich, zwei oder mehr Bewegungen (z.B. Faustschluß und Beugen des Armes) *gleichzeitig* durchzuführen. Es scheint, daß jede Einzelbewegung zuerst beendet wird, bevor die nächste Komponente initialisiert wird. Generalisierend kann die **mangelnde Bewegungsplanung** als grundlegender Defekt des Parkinson-Patienten angesehen werden.

Im Jahre 1919 wurde erstmals in einer Doktorarbeit (Tretiakof) darauf hingewiesen, daß die Substantia nigra im frischen Hirnschnitt von verstorbenen Parkinson-Patienten ihre normale schwärzliche Färbung verloren hatte. Dies führte auf die richtige Fährte und zum späteren Nachweis, daß die **Dopaminzellen der Substantia nigra** bei dieser Krankheit **zugrunde gehen.** (Die schwärzliche Färbung der Substantia nigra kommt durch das Melaninpigment zustande; Melanin ist ein Nebenprodukt der Dopaminsynthese und wird in den Dopaminzellen der Pars compacta gespeichert.) Der Tod der Dopaminzellen hat zur Folge, daß der *Dopamingehalt des Corpus striatum markant abfällt.* Die Konsequenzen dieser Entdeckung und die Erkenntnis, daß der Ausfall der dopaminergen Innervation des Corpus striatum kausal mit den Krankheitssymptomen der Parkinson-Krankheit im Zusammenhang steht, waren weitreichend und führten zum spektakulären **Therapieerfolg durch Substitution.** Dopamin konnte allerdings nicht direkt dem Patienten verabreicht werden, weil es die Blut-Hirn-Schranke nicht durchdringt. Den Ausweg aus dieser Schwierigkeit fand man mit der Vorstufe im Syntheseweg, dem **L-DOPA**, welches die Blut-Hirn-Schranke passieren kann. Gewöhnlich wird gleichzeitig ein Decarboxylasehemmer verabreicht. Da dieser Hemmer die Blut-Hirn-Schranke nicht überwindet, verhindert er, daß das DOPA bereits in den peripheren Geweben zu Dopamin decarboxyliert wird. Dadurch bleibt die volle Dosis von DOPA dem Gehirn erhalten, wo es dann in Dopamin umgewandelt wird. Glücklicherweise bessert sich v.a. die früher kaum zu beherrschende Akinese, während der Rigor und der Tremor sich durch Dopamin weniger beeinflussen lassen. Das spricht für den *kausalen Zusammenhang zwischen Dopaminunterfunktion und der Akinese.* Leider vermindert sich nach jahrelanger Behandlung die Effizienz der DOPA-Behandlung (wahrscheinlich durch sekundäre Veränderungen an den Dopaminreceptoren). Es ist deshalb wichtig, daß noch ungelöste Probleme der Parkinson-Krankheit im Tiermodell studiert werden können.

Bei Drogen-Konsumenten sind vereinzelt schwere Parkinson-Symptome aufgetreten, die man auf eine Verunreinigung der Drogen mit einem Pyridinderivat (N-methyl-4-phenyl-1, 2, 3, 6-tetrahydropyridin = **MPTP**) zurückführen konnte [35]. Ein Metabolit dieser Substanz scheint eine bevorzugte *Neurotoxizität auf die Dopaminneurone* der Substantia nigra zu haben. Tierexperimentell gelingt es z.B. bei Mäusen Parkinson-ähnliche Symptome zu erzeugen. Mit Dopaminantagonisten wie Phenothiazinderivaten und Haloperidol (Substanzen, die in der Psychopharmakologie eine Rolle spielen) können ebenfalls unerwünschte Parkinson-ähnliche Symptome auftreten.

Interessanterweise hat man vor der DOPA-Aera mit **Acetylcholinantagonisten** (mit Derivaten des Atropins) auch gewisse Therapieerfolge gehabt. Man vermutet heute, daß durch Wegfall des Dopaminsystems die cholinergen Neurone enthemmt werden. Nach dieser Theorie besteht normalerweise ein genau abgestimmtes Gleichgewicht zwischen den beiden Transmittersystemen.

Unterfunktion GABAerger und cholinerger Systeme; Chorea und Ballismus. Die **Chorea,** von Huntington erstmals beschrieben, ist eine vererbte degenerative Erkrankung der Basalganglien, die durch unwillkürliche ticartige Zuckungen charakterisiert ist. Bei verstorbenen Patienten hat man einen schweren *Verlust von Zellen im Striatum* gefunden. Es scheint, daß v.a. die *GABA-produzierenden* striatopallidalen und striatonigralen Zellen sowie die lokalen *cholinergen* Zellen zugrundegehen. Durch die fehlende Hemmung der striatonigralen Neurone kann es zu einer überschießenden Aktivität der Dopaminzellen kommen. Jedenfalls ist auch in diesem Fall das Gleichgewicht zwischen Dopamin, Acetylcholin und GABA gestört.

Beim **Hemiballismus** treten unwillkürliche Schleuderbewegungen auf, die meist auf einer einseitigen vasculären Schädigung des Nucleus subthalamicus beruhen. Eine Substitutionstherapie ist bei diesen Krankheiten bisher nicht gelungen.

5.7 Motorische Rindenfelder

Historische Vorbemerkungen. Im Altertum wußte man bereits, daß Krankheitsherde in einer Hirnhälfte Störungen der Willkürmotorik auf der Gegenseite zur Folge haben können. Die Entdeckung der Pyramidenkreuzung am Übergang zum Rückenmark im 18. Jahrhundert und der Nachweis durchgehender Faserverbindungen vom Cortex über die Pyramiden bis zum Rückenmark führten im 19. Jahrhundert zum Konzept des Pyramidenbahnsystems als morphologischem Korrelat der Willkürmotorik. Der häufig bei älteren Menschen auftretende *Hirnschlag* (*apoplektischer Insult*) als Folge einer plötzlichen Hirnzirkulationsstörung mit der typischen Halbseitenlähmung führt tatsächlich in den meisten Fällen zu einer Degeneration der Pyramidenbahn, wie sich bei der Autopsie feststellen läßt.
Im weiteren erbrachten klinische Beobachtungen des großen englischen Neurologen Hughlings Jackson das wichtige Konzept der **Somatotopie**, wonach eine topologische Beziehung zwischen der Hirnrinde und den einzelnen Gruppen der Skeletmuskeln besteht. Jackson beschrieb als erster, daß ein epileptischer Anfall häufig mit isolierten Zuckungen, z.B. des Daumens, beginnt. Nach einigen Sekunden breitet sich der Krampfanfall auf die Hand, dann auf den Arm und schließlich auf die ganze Körperseite aus. Seine Interpretation war, daß der Krampfanfall von einer focalen Irritation ausgeht, und daß die von dieser Rindenregion kontrollierte Muskulatur als erste zu krampfen beginnt, bevor sich die pathologische Erregung allmählich über ein weites Gebiet der Hirnrinde ausbreitet mit entsprechender Generalisierung der Krämpfe. Diese sinnvolle Interpretation hat sich seither voll bestätigt, indem bei solchen Patienten tatsächlich krankhafte Herde in der kontralateralen Zentralregion der Hirnrinde gefunden wurden. In unserem Beispiel müßte man eine focale Veränderung, z.B. einen Hirntumor, im Daumenareal der Präzentralregion annehmen.
Kurze Zeit nach Jackson konnte in vielen klinischen Laboratorien nachgewiesen werden, daß die Präzentralregion der Hirnrinde „elektrisch erregbar" ist und daß den Reizorten bestimmte Muskelgruppen auf der Gegenseite topologisch zugeordnet werden können. Wir wissen heute natürlich, daß das ganze Gehirn elektrisch erregbar ist; Ende des 19. Jahrhunderts waren die ausgelösten Muskelzuckungen jedoch die einzigen direkt sichtbaren Zeichen eines Reizerfolges. Statt des Begriffes „erregbare Hirnrinde" braucht man deshalb heute den Begriff des **motorischen Rindenfeldes** oder **motorischen Cortex**, ein Begriff, der ursprünglich weitgehend durch den Hirnreizversuch und die Läsionsfolgen (Lähmungen der Willkürmotorik) definiert war. In der Folge haben dann auch anatomische Kriterien zur Definition beigetragen, v.a. die *Cytoarchitektonik* (die Architektur der Zellschichten) und die Faserverbindungen aus den motorischen Thalamuskernen.
Der Hirnreizversuch markierte den eigentlichen Beginn der modernen Hirnforschung. Die gemeinsamen Anstrengungen von Forschern verschiedener Disziplinen mit den klinischen Neurologen führten im ersten Viertel des 20. Jahrhunderts zur Gründung interdisziplinärer Hirnforschungsinstitute, in denen mit verfeinerten Methoden der Hirnreizung, der Läsionstechnik und der Strukturforschung die motorischen **Hirnrindenkarten** verschiedener Säugetiere erarbeitet wurden. Die Karten von Brodmann und des Ehepaares Vogt mit der bezifferten cytoarchitektonischen und reizphysiologischen Felderung gelten auch heute noch als vielbenützte Referenz für die funktionelle Gliederung der Hirnrinde (s. Abb. 6-3 bis 6-5, ab S. 135, und Abb. 5-26). Ausführliche Literaturhinweise finden sich bei Creutzfeldt [3] und Wiesendanger [53].

Die reizphysiologische Rindenkarte und die Definition des motorischen Cortex

Wie das Beispiel der Abb. 5-26 zeigt, kann man von großen Teilen der Hirnrinde motorische Reizeffekte auslösen; es bestehen aber große Unterschiede in der mittleren Reizschwelle und im Muster der Reizantwort. Vom motorischen Cortex im engeren Sinn, dem **primären motorischen Areal**, können Muskelzuckungen von kleinen Muskelgruppen ausgelöst werden (z.B. reizsynchrone Zuckungen des Daumens), und zwar mit niedrigster Schwellenintensität. Dieses Areal fällt etwa mit der vorderen Zentralwindung (einschließlich der Vorderwand der Zentralfurche) zusammen, cytoarchitektonisch mit der Area 4 von Brodmann. Der Cortex ist an dieser Stelle besonders dick, es fehlt die innere Körnerschicht und es fallen die besonders großen Pyramidenzellen der 5. Schicht auf, die Betz-Riesenzellen (deshalb auch die Bezeichnung *Area agranularis gigantopyramidalis* für das primäre motorische Areal).
Von den postzentralen Arealen 1, 2, 3 und 5 sowie vom frontalen Areal 6 können bei sekundenlanger, repetitiver Reizung der Cortexoberfläche ebenfalls motorische Effekte ausgelöst werden, allerdings nur mit höherer Reizintensität, wobei die Reizantworten meist komplexer Natur sind. Drehungen des Rumpfes, des Kopfes und der Augen sowie Hochheben des kontralateralen Armes sind z.B. typische Reizantwor-

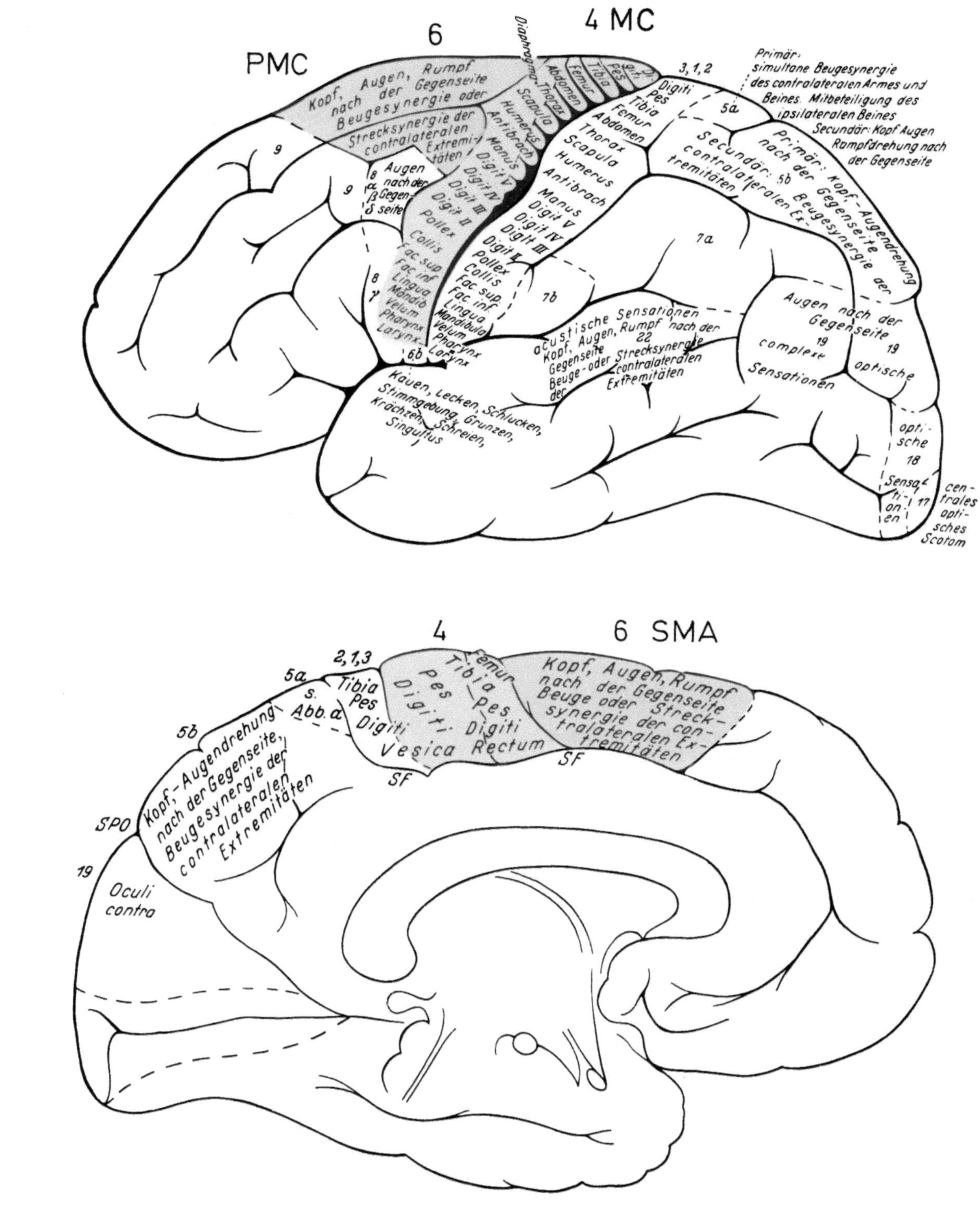

Abb. 5-26. Reizphysiologische Karte des menschlichen Gehirns. Repetitive elektrische Stimulation (50 Hz) der Gehirnoberfläche bei Patienten anläßlich von neurochirurgischen Operationen. Die Reizeffekte wurden auf die entsprechenden Reizorte im Schema der Gehirnoberfläche eingetragen. *PMC* Prämotorischer Cortex oder laterale Area 6. *MC* Motorischer Cortex oder Area 4 (entspricht etwa der vorderen Zentralwindung). *SMA* Supplementärmotorische Area oder mediale Area 6. Während die Reizeffekte vom motorischen Cortex mit niedriger Schwelle erzeugt werden und diskret sind, werden von der Area 6 und auch von den mehr posterioren Cortexarealen nur komplexe Bewegungseffekte mit hoher Reizintensität ausgelöst. Nach Foerster [28]

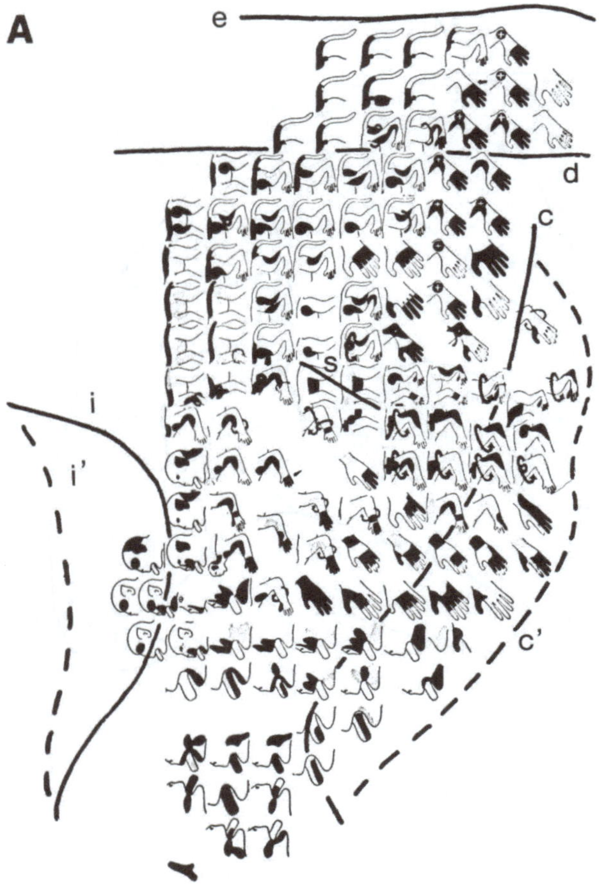

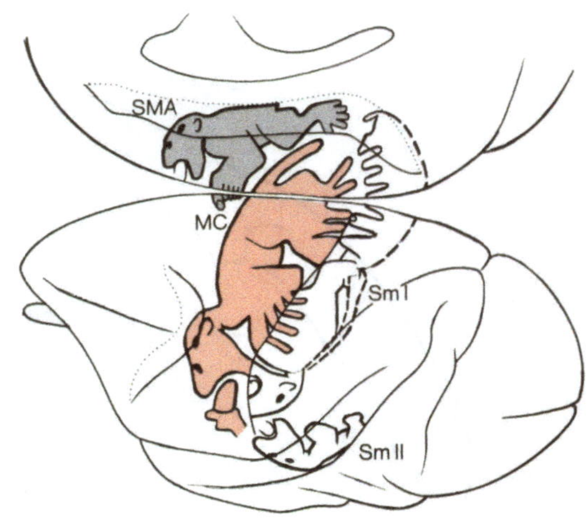

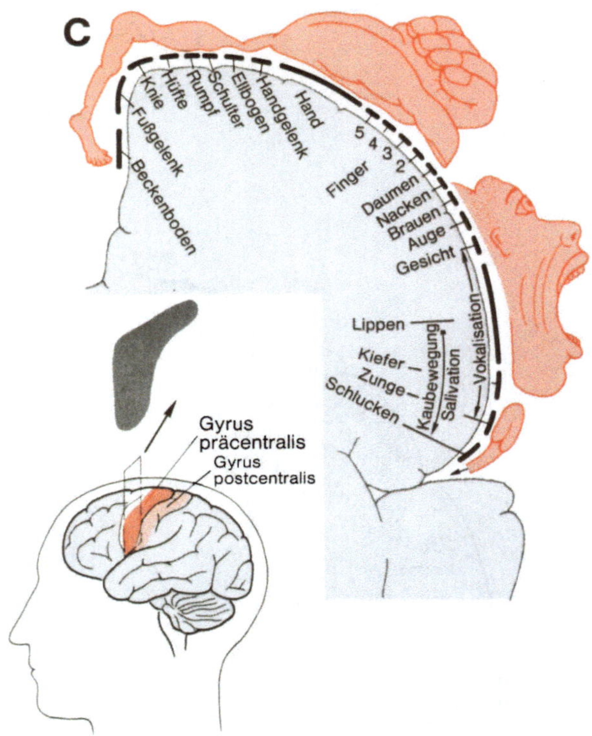

Abb. 5-27. Verschiedene Darstellungsarten der motorischen Karten. **A** Details der motorischen Effekte werden in den Körperteilfiguren auf den Umrissen der Hirnkarte eingetragen. Die mediale Fläche des Cortex sowie der Cortex in der Zentralfurche (C) und im Sulcus arcuatus des Affengehirns sind aufgeklappt dargestellt. In **B** sind die Körperumrisse des Äffchens (Simiusculus) entsprechend der motorischen Repräsentation eingezeichnet. *MC* Motorischer Cortex. *SMA* Supplementär-motorische Area. *Sm I* und *Sm II* Simiusculi der postzentralen somatosensorischen Areale, von denen bei hoher Reizstärke auch motorische Effekte ausgelöst werden können. **C** Motorischer Homunculus mit verzerrter Darstellung der Körperteile entsprechend der ungleichen corticalen motorischen Repräsentation. *A* und *B* nach C. Woolsey u.Mitarb. (57); *C* nach W. Penfield u.Mitarb. [16]

ten, die der Area 6 zugeordnet werden können und die in ähnlicher Weise beim Menschen als epileptischer Anfall beim Vorliegen eines krankhaften Herdes in der Area 6 auftreten können. Die komplexen Reizeffekte der Area 6 kommen offensichtlich nur durch massive räumliche und zeitliche Summation der Erregung zustande und beruhen auf einer Aktivierung von komplexen multisynaptischen Neuronenketten. Die Area 6 ist ein **sekundäres motorisches Feld** und besteht aus einem medialen Anteil, dem **supplementär-motorischen Areal**, und einem lateralen Anteil, dem **prämotorischen Cortex** (s. Abb. 5-26).

Statt der früheren verbalen Bezeichnung der Reizeffekte hat Woolsey versucht, diese anhand von **Körperteilfiguren** („*figurines*") darzustellen [57]. Wie in der Abb. 5-27 A ersichtlich ist, werden die zuckenden Körperteile am corticalen Reizort eingezeichnet (man beachte die überlappende motorische Repräsentation). Eine weitere Vereinfachung ist die Aufzeichnung des Umrisses des ganzen Körpers auf der entsprechenden

Cortexoberfläche (Abb. 5-27 B). Diese populäre Darstellung der Somatotopie in der Form eines kleinen Affen, genannt **Simiusculus**, vermittelt in einprägsamer, wenn auch stark vereinfachter Form, die Somatotopie. Im weiteren wird auch zum Ausdruck gebracht, daß die verschiedenen Körperteile in den Proportionen ungleich groß repräsentiert sind. Auffallend ist v.a. die große Beanspruchung von Cortexvolumen für die Repräsentation von Gesicht-, Hand- und Fußmuskeln.

Dieses Resultat der Hirnreizung zeigt in eindrücklicher Weise, daß *diejenigen Körperteile, die in ihrer Bewegungsfähigkeit die größten Freiheitsgrade haben, auch eine überproportionale corticale Kontrolle benötigen.* Motorische Rindenkarten des menschlichen Gehirns, wie sie anläßlich von neurochirurgischen Operationen ausgearbeitet wurden [16], zeigen in besonders drastischer Weise die karikaturisierten Riesenhände des **motorischen Homunculus**, (Abb. 5-27 C), dies als Ausdruck der besonderen Handgeschicklichkeit des Menschen (s.a. die Darstellung des *sensorischen Homunculus*, Abb. 9-24, S. 228).

Motorischer Cortex und motorisches Verhalten

Aktivierung von Neuronen des motorischen Cortex bei angelernten Bewegungen [8]. Die anatomischen, reizphysiologischen und Läsionsexperimente haben äußerst wichtige, jedoch immer nur indirekte Hinweise über die funktionelle Implikation der motorischen Hirnrinde für die Bewegungskontrolle erbracht. Ein neuer Durchbruch gelang mit den experimentell-psychologischen Methoden, die mit schmerzloser, mikroelektrophysiologischer Registrierung der Aktivität von einzelnen Neuronen kombiniert werden. Auf diese Weise können natürliche, angelernte Bewegungen mit der Aktivität des ZNS direkt korreliert werden. Eine klassische Versuchsanordnung besteht darin, die Impulse von Neuronen des motorischen Cortex zu registrieren, während der Affe gegen Futterbelohnung Armbewegungen in reproduzierbarer Form ausführt (Abb. 5-28).

Inwieweit codiert eine Einzelzelle eine bestimmte Bewegung? Welche zeitliche Staffelung besteht zwischen corticaler Aktivität, elektromyographischer Aktivität und Bewegungsbeginn? Abb. 5-28 zeigt, daß solche Fragen experimentell beantwortet werden können (wobei sich die Aussagen immer auf die Resultate von einem Neuronenkollektiv abstützen müssen). Im wesentlichen zeigen solche Experimente, daß die Neuronenaktivität im motorischen „Armareal" der Präzentralwindung der *Armbewegung vorausgeht* (50-100 ms) und daß die phasische Aktivierung kurz nach Bewegungsbeginn wieder abklingt. Sehr häufig sind solche Korrelationen *richtungsspezifisch.*

Das lange Zeitintervall zwischen Beginn der Zellaktivierung im Cortex und Bewegungsbeginn zeigt, daß *bei Willkürbewegungen eine erhebliche zeitliche Summation auf spinaler Ebene für die Rekrutierung der motorischen Einheiten nötig ist.* Man kann auch beim Menschen mit dem H-Reflex (s. 5.2) indirekt nachweisen, daß sich die Erregbarkeit der spinalen Motoneurone *vor* Bewegungsbeginn erhöht: Die Amplitude des H-Reflexes, der unmittelbar vor Bewegungsbeginn geprüft wird, ist gegenüber einer Testantwort ohne Willkürbewegung deutlich erhöht. Die Bahnung beginnt ebenfalls etwa 100 ms vor Bewegungsbeginn.

Schließlich sei erwähnt, daß es mit den modernen elektronischen Mittelungsverfahren gelingt, beim Menschen mit epicutanen Elektroden über der Zentralregion ein **Motorpotential** abzuleiten, das einer Willkürbewegung unmittelbar vorausgeht. Es entspricht der Summierung der Neuronenaktivität im motorischen Cortex (s. auch Abb. 5-30 und zugehöriger Text).

Zentrales Bewegungskommando und somatosensorische Rückkopplung. Zwischen dem motorischen Cortex und dem unmittelbar caudal anschließenden somatosensorischen Rindenfeld bestehen intensive Verbindungen. Tatsächlich ist die Beeinflussung von Neuronen des motorischen Cortex durch sensorische Signale vielfach bestätigt worden (deshalb auch die häufige Bezeichnung *„sensomotorischer Cortex"*). Was mag die funktionelle Bedeutung dieser sensorischen Rückkopplung zum motorischen Cortex sein? Das in der Abb. 5-26 illustrierte Experiment zeigt, wie bei der Ausführung von Willkürbewegungen äußere Störungen zum motorischen Cortex gemeldet werden. Im gewählten Paradigma wurden einige der trainierten Bewegungen in zufälliger Folge durch einen kurzen Belastungsimpuls gestört. Dies führt zu einer *kurz-latenten, reflexartigen Entladungssalve* der corticalen Zelle, die sich auf das *„zentrale Befehlssignal"* aufsummiert. Bei den untersuchten Zellen handelt es sich z.T. um identifizierte corticospinale Neurone, deren Aktivität also wieder auf die spinalen Neurone zurückwirkt. Es ergibt sich die zwingende Schlußfolgerung, daß die spinalen Neurone durch externe Störungen

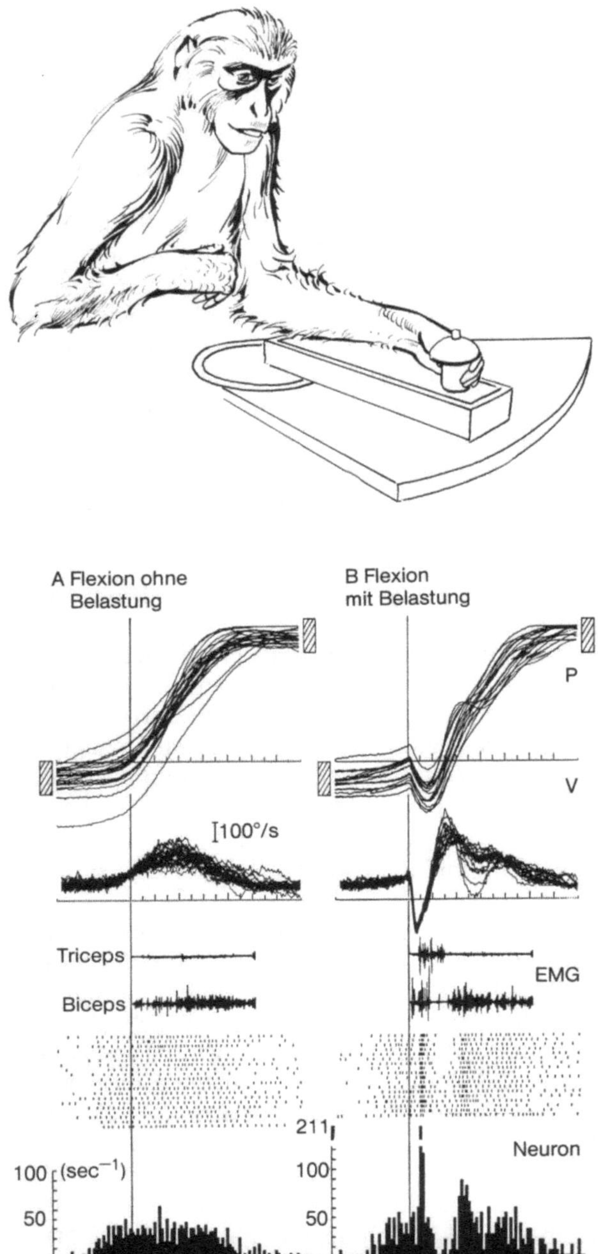

Abb. 5-28 A u. B. Aktivitätsmuster einer Zelle der motorischen Hirnrinde, die während der Durchführung einer motorischen Aufgabe registriert wurde. *Oben*: Versuchsparadigma mit Affen, der gelernt hat, auf Futterbelohnung Flexions- und Extensionsbewegungen durchzuführen. Gelegentlich werden über einen Torque-Motor die gelernten Bewegungen bei Bewegungsbeginn mit einem kurzen Belastungsimpuls gestört. Die Computerauswertung erfolgt gesondert für ungestörte Flexionsbewegungen (**A**) und für gestörte Flexionsbewegungen (**B**). Von oben nach unten sind dargestellt: Bewegungsverlauf (*P*), Geschwindigkeitsverlauf (*V*), Elektromyogramm (*EMG*), Punkteraster (in dem für jede Bewegung die Entladungsfolge mit Punkten markiert ist), Zeithistogramm mit Aufsummierung der Entladungen. Als Zeit 0 wurde der Beginn der selbstinitierten Bewegung gewählt. Das Neuron erhöhte die Entladungsrate in diesem Fall schon etwa 150 ms vor Bewegungsbeginn. Die gestörten Bewegungen (*B*) werden rasch korrigiert (s. mechanische und EMG-Signale); im Zeithistogramm und im Punkteraster ist deutlich zu sehen, wie die Zellaktivität zusätzlich auf die Störgröße reagiert (es sind 2 Gipfel bei etwa 40 ms und 220 ms zu sehen). Diese transcorticale Reaktion wird sich über corticospinale Neurone wieder auf spinaler Ebene auswirken („Long-loop"-Reflexe). Nach B. Conrad, K. Matsunami, J. Meyer-Lohmann, M. Wiesendanger und V.B. Brooks: Brain Res. *71*:507 (1974)

nicht nur über segmentale Reflexbögen, sondern auch durch eine lange, **transcorticale Funktionsschleife** beeinflußt werden. Ob die transcorticale Schleife ebenso wie die segmentale dazu dient, die Störung „aufzufangen" und zu kompensieren, ist zur Zeit allerdings noch umstritten [56].

Corticofugale Kontrolle

Die Pyramidenbahn [53, 17]. Die Motoneurone der Hirnnervenkerne und des Rückenmarks erhalten ihre Zuflüsse über die corticobulbären und corticospinalen Fasern der Pyramidenbahn. Zusätzlich sind die spinalen Neurone auch indirekt über die motorischen Zentren des Hirnstammes mit dem motorischen Cortex verbunden (s. Abschn. 5.4). Eine *experimentelle Durchtrennung der Pyramidenbahn* beim Affen verunmöglicht keineswegs die gesamte Willkürmotorik. Im Gegenteil, die allgemeine Beweglichkeit des Affen scheint bei oberflächlicher Prüfung sogar nur unwesentlich gestört: Der Affe klettert im Käfig herum und greift nach Futterstükken. Erst die detaillierten Aufzeichnungen der Bewegungen lassen erkennen, daß die **Feinmotorik, v.a. der Hand, gestört** ist (Abb. 5-29). Die Bewegungen sind *verlangsamt*, die Hand greift nur mit *gemeinsamem Fingerschluß*, und es bereitet dem Tier große Mühe, Rosinen mit Daumen und Zeigefinger, d.h. mit dem *Präzisionsgriff*, aus einer kleinen Vertiefung im Futterbrett herauszunehmen und in den Mund zu stecken. Man vermutet, daß diese digitale Feinmotorik an die direkten Verbindungen zwischen Cortex und Motoneuronen gebunden ist. Dieses **monosynaptische corticomotoneuronale System**, eine Komponente der Pyramidenbahn, entwickelt sich erst bei den Primaten und erhält seine volle Ausprägung beim Menschen; zudem betrifft es v.a. die distalen Muskeln, was wohl deren Bedeutung für die außerordentliche Handgeschicklichkeit des Menschen unterstreicht.

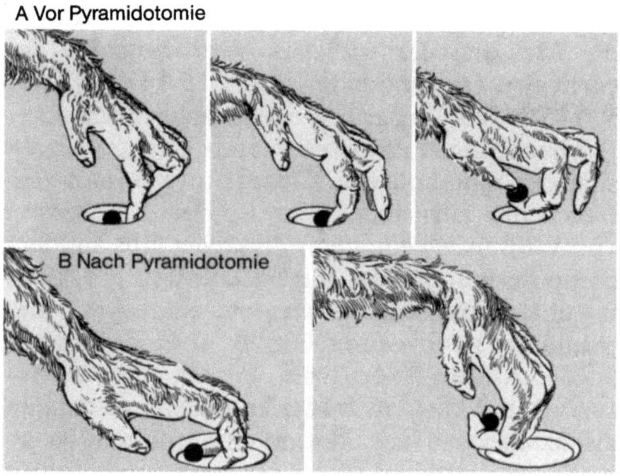

Abb. 5-29. A Präzisionsgriff mit Opposition von Daumen und Zeigefinger eines normalen Affen. **B** Nach Durchtrennung der Pyramidenbahn in der Medulla oblongata erfolgt das Greifen nach Futter nur noch mit dem Massengriff. (Daten von E. CHAPMAN UND M. WIESENDANGER)

Mittels intracorticaler Mikrostimulation wird bei Stromstärke von weniger als 10 μA ein Cortexvolumen von etwa 90 μm Radius mit etwa 30 Zellen erregt. Solche minimalen Erregungszonen im Cortex können wenige motorische Einheiten eines Einzelmuskels oder von eng benachbarten Muskeln aktivieren. Man hat nun entdeckt, daß mehrere **efferente Mikrozonen** mit gleichen Zielneuronen über ein größeres Gebiet des motorischen Cortex verstreut sind, und zwar vermischt mit efferenten Mikrozonen, die andere Motoneurone ansteuern. Man muß sich vorstellen, daß, je nach Bewegung, eine Vielzahl von Mikrozonen in stets wechselnder Kombination durch das motorische Programm aufgerufen werden.

Die **Pyramidenbahn kontrolliert** zu einem großen Teil (und beim Nichtprimaten sogar ausschließlich) die **Motoneurone über andere spinale Neurone.** Experimentell kann man nachweisen, daß Impulse aus einer Vielzahl von segmentalen Afferenzen, cutanen und proprioceptiven, zusammen mit Impulsen absteigender Bahnsysteme auf einzelne lokale Interneurone konvergieren. Daraus kann man schließen, daß die corticale Kontrolle teilweise über eine *Mobilisierung von segmentalen Reflexkreisen* erfolgt. Von erheblicher theoretischer Bedeutung war die Entdekkung, daß *propriospinale Neurone* im oberen Halsmark monosynaptisch von der Pyramidenbahn und von anderen absteigenden Bahnen beeinflußt werden können. Die propriospinalen Neurone bilden ein komplexes Netzwerk, das sich über mehrere Segmente erstreckt. Wie bereits im Abschn. 5.4 besprochen, ergibt sich damit die Möglichkeit einer corticalen Ansteuerung von *spinal organisierten Bewegungssynergien.*

Es gibt auch viele Pyramidenbahnneurone in den postzentralen somatosensorischen Arealen, deren Fasern vorwiegend im Dorsalhorn endigen. Diese Komponente der Pyramidenbahn ist wahrscheinlich für die nachgewiesene corticofugale Modulierung der somatosensorischen Übertragung verantwortlich (s.a. Kap. 9.12, S. 231).

Supraspinale Rückkopplungskreise. Absteigende Verbindungen zu supraspinalen Zentren sind beim Primaten sehr zahlreich und übertreffen bei weitem die spinale Projektion. Die Hauptziele sind der motorische Thalamus (der ventrolaterale Kernkomplex), das Putamen, die pontinen Kerne sowie weitere Kerne im caudalen Hirnstamm. Funktionell kann man diese absteigenden Projektionen als Komponenten von internen Rückkopplungskreisen betrachten, über die **Efferenzkopien** der motorischen Befehlssignale übermittelt werden können. Obwohl noch relativ wenig über diese Funktionsschleifen bekannt ist, kann man vermuten, daß mit zunehmender phylogenetischer Entwicklung der corticalen Kontrolle die Motorik auch zunehmend von internen Rückkopplungsschleifen abhängig ist (s.a. 5.5 und 5.6).

Höhere motorische Funktionen der Area 6

Rostral anschließend an die Area 4 liegt die Brodmann-Area 6 mit dem **medialen supplementär-motorischen Cortex** und dem **lateralen prämotorischen Cortex** (Abb. 5-26). Die frühere Ansicht, daß diese als zusätzliche motorische Felder oder als Teil des primären motorischen Cortex mit Repräsentation der Stammuskulatur zu verstehen sind, hat sich in den letzten Jahren geändert. Auch wenn eine parallele Stellung der Area 6 zur Area 4 nicht gänzlich von der Hand zu weisen ist, ergeben neuere Befunde (die besonders am Menschen erhoben wurden) deutliche Hinweise für eine *hierarchisch übergeordnete Stellung der Area 6.* Diese Ansicht stützt sich auf die Analyse von Ausfällen bei Area-6-Läsionen, auf die Registrierung der Bereitschaftspotentiale (Abb. 5-30) und der lokalen Änderungen des Hirnmetabolismus während der Ausführung von Bewegungen (Abb. 5-31). Im weiteren bekräftigen z.T. auch direkte Zellableitungen von der Area 6 deren übergeordnete Rolle im Sinne eines motorischen Assoziationsfeldes [8, 54, 55].

Bereitschaftspotential [26]. Wenn eine Versuchsperson, unabhängig von einem sensorischen Reiz, also aus freiem Antrieb, eine Fingerbewe-

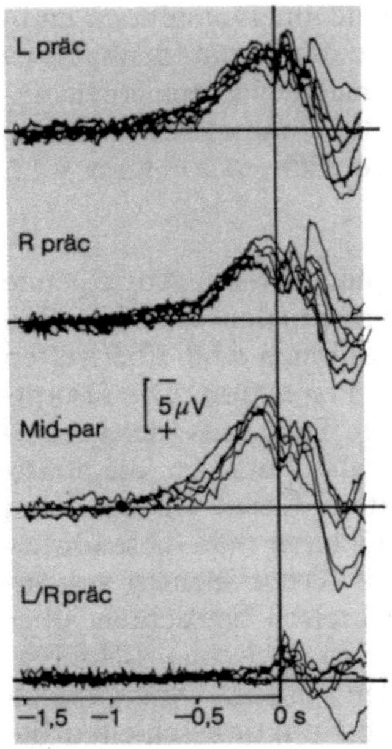

Abb. 5-30. Bereitschaftspotentiale des Menschen bei Willkürbewegungen des Zeigefingers. Jede Einzelkurve stellt eine Mittelwertkurve dar, die bei derselben Person an verschiedenen Tagen aufgenommen wurde (je 1000 Bewegungen). Der erste erfaßbare Bewegungsbeginn wird als Zeit 0 gewählt. Das Bereitschaftspotential beginnt etwa 800 ms vor der Bewegung. Es ist bilateral und weit ausgedehnt über präzentralen und parietalen Regionen. Ca. 90 ms vor der Bewegung beginnt die sog. prämotorische Positivierung und gleich daran anschließend das Motorpotential, das nur deutlich in der untersten bipolaren Ableitung erscheint. Dieses Motorpotential ist beschränkt auf die der Bewegung entgegengesetzte Präzentralwindung und beginnt 50–100 ms vor der Bewegung. Die Potentiale, die während der Bewegung auftreten, sind sensorisch hervorgerufene (reafferente) Potentiale. Nach [26]

gung vielfach wiederholt, läßt sich bei elektronischer Mittelung ein langsam ansteigendes, oberflächennegatives Potential registrieren, das sich etwa 1 s **vor** Bewegungsbeginn entwickelt. Dieses **Bereitschaftspotential** (Abb. 5-30) erscheint beidseits über weiten Gebieten der Schädelkonvexität, zeigt aber ein Maximum über dem Vertex, d.h. etwa über dem supplementär-motorischen Cortex. Daraus hat man den Schluß gezogen, daß dem supplementär-motorischen Cortex eine besonders wichtige Rolle bei der neuralen Organisation der **Bewegungsplanung** zukommt. Ähnliche Untersuchungen beim Affen zeigten allerdings, daß solche Potentiale, die der Bewegung vorausgehen, auch im frontalen, parietalen und limbischen Assoziationscortex entstehen.

Stoffwechselmessungen. Ein weiterer funktioneller Ansatz zur Lokalisierung von Gehirnvorgängen bei Willkürbewegungen ergibt sich durch die **Messung der örtlichen Veränderungen der corticalen Durchblutung** (s. Abb. 6-14 und Text, S. 145). Wie aufgrund elektrophysiologischer Beobachtungen erwartet werden konnte, erhöht sich der metabolische Umsatz in gewissen Gebieten der Hirnrinde während der Ausführung von Willkürbewegungen. Zunächst fällt auf dem computergesteuerten Farbbildschirm ein Herd im entsprechenden somatotopischen Areal des primären motorischen Cortex auf. Zusätzliche Aktivierungen findet man, je nach Art des motorischen Aktes, im frontalen und im parietalen Assoziationscortex. Besonders auffallend ist jedoch ein bilateraler Herd, der medial und rostral vom motorischen Cortex lokalisiert ist, d.h. also im **supplementär-motorischen Cortex** (Abb. 5-31). Aufschlußreich war die Beobachtung, daß sich diese frontomediale Aktivierung am besten bei genau überlegten Bewegungen (Fingerbewegungen in einer ganz bestimmten Sequenz) darstellen läßt und sogar dann, wenn die Versuchsperson aufgefordert wird, sich die Bewegungsfolge nur geistig vorzustellen (in diesem letzteren Fall wird der primär-motorische Cortex nicht aktiviert). Dies ist wiederum ein Hinweis dafür, daß der supplementär-motorische Cortex **mehr die Planung als die Durchführung** der Bewegung kontrolliert [42].

Aufschlüsse durch Läsionen. Ähnliche Schlußfolgerungen lassen sich aus den motorischen Störungen bei Area-6-Läsionen ziehen. **Läsionen des prämotorischen Cortex** führen zu fehlerhaften posturalen Adaptationen. Nach experimenteller Abtragung haben Affen Schwierigkeiten, einen komplexen Bewegungsakt in korrekter zeitlicher Folge durchzuführen, insbesondere bei visueller Führung der Bewegungen. **Mediale Läsionen, die die supplementär-motorische Region einschließen,** führen beim Menschen zu einer auffallenden Bewegungsarmut. Auf eine höhere Funktion weist auch die auftretende Verarmung der spontanen Sprache (mit normalem Nachsprechvermögen). Im Abtragungsversuch beim Affen hat man Störungen in der bimanuellen Koordination festgestellt. Der anatomische Befund, wonach die Basalganglien via Thalamus besonders die supplementär-motorische Region beeinflußen, ist im Hinblick auf die allgemeine Verarmung der Willkürmotorik bei gewissen Erkrankungen der Basalganglien von besonderem Interesse (s. auch 5.6).

Entladungsverhalten von Einzelneuronen der Area 6 (s. dazu Beiträge von Brinkman und Por-

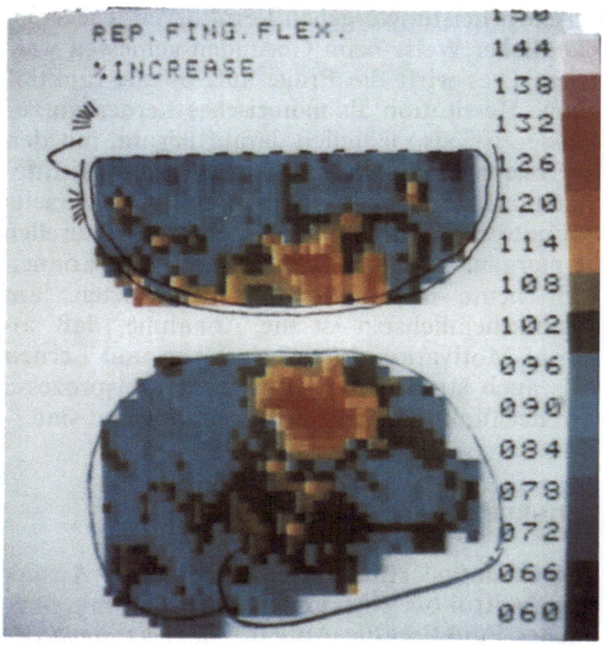

A

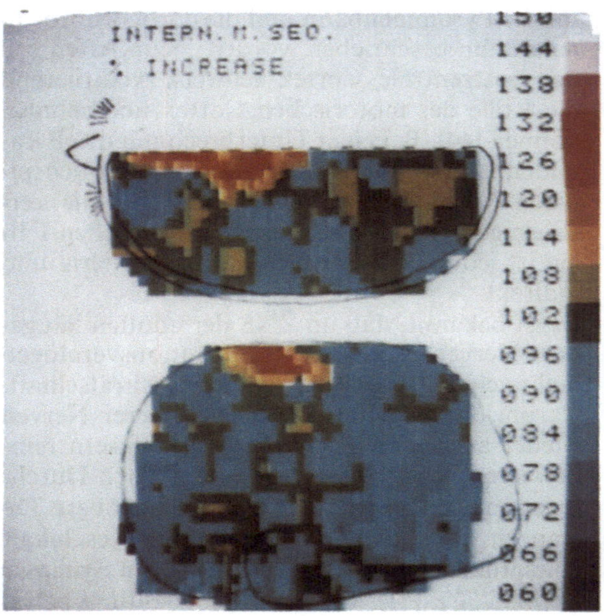

B

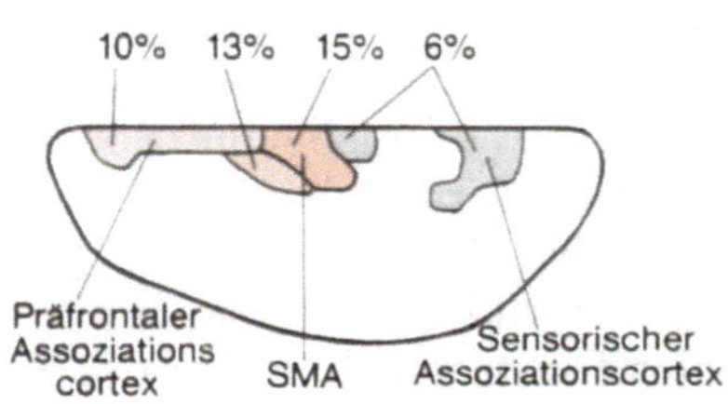

C

◁ **Abb. 5-31.** Messungen der regionalen Hirndurchblutung beim Menschen während verschiedenen motorischen Aufgaben. Dargestellt ist die linke Hemisphäre von lateral und von oben. Die prozentualen Änderungen der Durchblutung vom Ruhemuster werden mit dem Farbcode (*rechts*) angegeben. In **A** wird eine schnelle und repetitive Fingerbewegung ausgeführt. Entsprechend ist eine metabolische Aktivierung im kontralateralen motorischen Cortexareal der Handrepräsentation zu sehen. Diese relativ einfache und stereotype Bewegung führt nicht zu einer Aktivierung der SMA. Im Gegensatz dazu führt die alleinige Vorstellung einer komplexen Fingerbewegung in **B** zu einer Aktivierung der SMA beidseits (hier nur kontralaterale Seite gezeigt). In **C** Angabe der prozentualen Änderungen. Nach Roland u.Mitarb. [42]

ter sowie von Tanji und Kurata in [5]). Wie im motorischen Cortex geht die Aktivierung der Area-6-Neurone der Bewegung voraus. Ob im Durchschnitt die Neurone der Area 6 zeitlich führend sind, ist noch nicht eindeutig geklärt. Fest steht jedoch, daß die Korrelationen der Entladungen von Area-6-Neuronen mit der Bewegung vielfältiger sind als diejenige der Area 4. So wurden Korrelationen sowohl mit Bewegungen der kontralateralen als auch der ipsilateralen Hand beobachtet. Auffallend ist, daß die Area-6-Neurone häufig sensorische „Instruktionssignale" codieren. Dies wurde in einer Reaktionszeitsituation geprüft, wobei in einer zeitlich definierten Vorbereitungsphase sensorische Signale dem Versuchstier als Instruktion für die durchzuführende nachfolgende Bewegung dienten (z.B. grüne Lampe heißt Bewegung nach rechts, rote Lampe Bewegung nach links). Häufig war die Aktivität der Area-6-Neurone besser mit dem Instruktionssignal als mit dem Bewegungsbeginn korreliert.

5.8 Funktionelle Restitution nach Läsionen im motorischen System

Erholung nach akuten Läsionen

Plötzlich einsetzende Läsionen motorischer Strukturen des Gehirns und des Rückenmarks treten häufig als Folge von Verkehrsunfällen und bei akuten Zirkulationsstörungen auf. Typische und dramatische Beispiele sind beidseitige Lähmungen der Beine *(Paraplegie)* oder sogar der vier Extremitäten *(Quadriplegie)* bei Rückenmarkverletzung, ferner Halbseitenlähmungen *(Hemiplegie)* bei zirkulatorisch bedingten Schädigungen in der Capsula interna. In beiden Fällen sind die Verbindungswege von den supraspinalen motorischen Zentren zum Rükkenmark betroffen. Zum Abschluß des Kapitels über die Motorik soll der Prozeß der Erholung, der sich glücklicherweise bei vielen Patienten beobachten läßt, hinsichtlich der möglichen Mechanismen kurz besprochen werden. Zweifelsohne wären deren genaue Kenntis von großer klinischer Bedeutung; leider ist der Prozeß der Restitution aber sehr komplex und in mancher Beziehung noch unklar [53].

Gewöhnlich stellen sich unmittelbar nach der Läsion schlaffe Lähmungen und eine Hyporeflexie ein. Auch die visceralen Reflexe sind meist zunächst erloschen. Dieses Zustandsbild ist bei Querschnittslähmungen obligatorisch **(spinaler Schock)**, kann aber auch in ähnlicher Weise bei supraspinalen Läsionen auftreten. Nach mehreren Wochen erst lassen sich wieder spinale Reflexe auslösen. Falls die absteigenden Bahnen nicht vollständig unterbrochen sind, setzt meist auch die Willkürmotorik wieder ein. Zunächst können nur mit größter Willensanstrengung die proximalen Muskelgruppen schwach bewegt werden. Graduell werden die Reflexe lebhafter und parallel damit verbessert sich auch die Kraft und das Ausmaß der möglichen Willkürbewegungen. Über Monate und sogar über Jahre kann sich die Motilität weiter verbessern, wobei die Feinmotorik der Hand sich meistens am schlechtesten erholt. Die Reflexe werden im chronischen Stadium überaktiv. Als Ausdruck einer **Spastizität** ist besonders der phasische Dehnungsreflex oft massiv erhöht. Bei der Auslösung des Fußsohlenreflexes sieht man eine Spreizung der Zehen und eine Dorsalflexion der Großzehe als Zeichen einer Pyramidenbahnläsion („Babinski positiv").

FOERSTER, ein Neurochirurg, hat einen außergewöhnlichen Fall einer funktionellen Restitution beschrieben, der deshalb von besonderem Interesse ist, weil später bei der Autopsie eine totale Degeneration der Pyramidenbahn gefunden wurde. Trotzdem soll dieser Patient wieder gelernt haben, perfekt zu schreiben und die Feder mit Präzisionsgriff korrekt zu führen [28]. Eine erstaunliche Restitution ist auch bei Affen beobachtet worden, bei denen der motorische Cortex abgetragen wurde oder die Pyramidenbahn im Hirnstamm durchtrennt wurde. Innerhalb von 1–3 Monaten scheinen sich die Tiere fast normal zu bewegen. Nur bei genauer Beobachtung und Messung kann man eine Ungeschicklichkeit der Hände beim Ergreifen von kleinen Gegenständen und eine allgemeine Verlangsamung der Bewegungen beobachten [53, 17].

Erholung durch Lernen oder strukturelle Umorganisation? Verlaufsuntersuchungen mit regelmäßigem Training und Messung der motorischen Leistung ergeben Lernkurven, wie sie in ähnlicher Weise beim Gesunden gemessen werden. Dies wirft die Frage auf, ob die funktionelle Restitution als **motorisches Lernen** aufzufassen ist, also lediglich darauf beruht, mit den verbliebenen Strukturen neue Bewegungsstrategien oder „Tricks" zu erarbeiten. Anderseits könnte die Erholung Folge einer **strukturellen Umorganisation** sein (s.u.). Diese Frage können wir heute nicht eindeutig beantworten; am wahrscheinlichsten ist die Annahme, daß sowohl Motivation, intensives Üben und Lernen als auch strukturelle Umorganisationsprozesse an der funktionellen Restitution beteiligt sind.

Strukturelle Aspekte der Restitution

Eine häufige Annahme ist, daß beim Ausfall einer Struktur eine andere Struktur mit ähnlicher Funktion die Aufgabe *stellvertretend* **(vikariierend)** übernehmen kann. Diese Annahme setzt eine **Redundanz** der Strukturen voraus. Bei der Katze sind z.B. vikariierende Funktionen für die Pyramidenbahn und die corticorubrospinale Bahn beschrieben worden; beim Affen soll der postzentrale Cortex teilweise vikariierend die Rolle des motorischen Cortex übernehmen können [44]. Bei einer Unterbrechung der Pyramidenbahn könnten die ipsilateralen corticospinalen Verbindungen vikariierend für die zerstörte gekreuzte Bahn einspringen. In allen Fällen ist jedoch die Beweisführung schwierig und indirekt.

Es ist bekannt, daß im ZNS der adulten Säugetiere Nervenzellen kein Regenerationsvermögen mehr zeigen. Es ist auch immer noch rätselhaft, warum durchtrennte Axone peripherer Nerven wieder auswachsen und die Muskelfasern reinnervieren können, zentrale Axone nach Durchtrennung jedoch nicht mehr über größere Distanzen auswachsen. Allerdings gibt es **lokale Aussprossungen** und **Neubildungen von Synapsen** (Abb. 5-32); [51]. Die erste Beobachtung betraf die Neubildung von Terminalen bei partieller Durchtrennung der Dorsalwurzeln, proximal der Ganglien. Diese neuen Endigungen scheinen von intakten Fasern auszugehen, die leer gewordene Membranstellen neu besetzen. Nach Deafferenzierung soll es auch eine Sprossung von absteigenden Fasern geben, wobei allerdings den segmentalen Afferenzen bei der Neubesetzung hohe Priorität zukomme. Ein vermehrter segmentaler Einstrom als Folge des Sproßphänomens könnte bei der sich ebenfalls langsam einstellenden Hyperreflexie eine gewisse Rolle

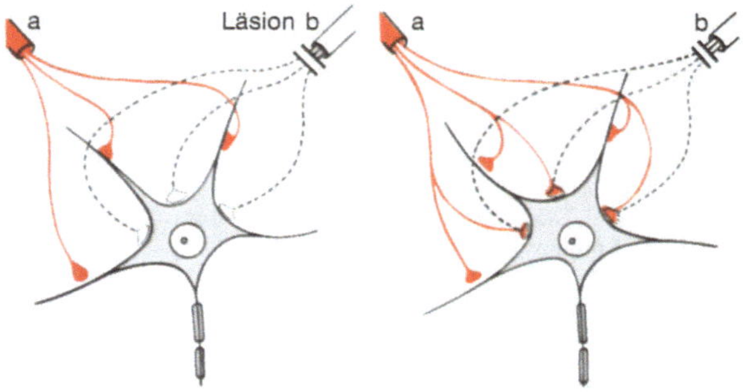

Abb. 5-32 A u. B. Lokale Aussprossung nach partieller Deafferenzierung. Von den intakt gebliebenen Fasern (**a**) sprossen in der chronischen Phase (**B**), d.h. mehrere Wochen nach **A**, neue Terminalen aus und besetzen die freigewordenen synaptischen Kontaktstellen

spielen. Der Vorgang der Sprossung ist allerdings ungeordnet, und es ist deshalb anzunehmen, daß er nicht unbedingt zu einer funktionellen Verbesserung führt. Vorsicht in der Beurteilung der Sprossung als wesentlicher Faktor für die funktionelle Restitution ist auch deshalb geboten, weil nicht alle Berichte über Sprossung nach der Verwendung neuerer anatomischer Methoden unwidersprochen blieben.

Ein interessantes **Modell für Sprossungsvorgänge** ist der Nucleus ruber mit seinen zwei Hauptzuflüssen aus dem Cortex und dem Cerebellum (Nucleus interpositus). Auf Grund intracellulärer Ableitungen der synaptischen Potentiale läßt sich zeigen, daß die corticalen Afferenzen somafern, die cerebellären Afferenzen somanah endigen. Nach irreversibler Unterbrechung der cerebellären Afferenzen findet man, daß die corticalen Afferenzen zunehmend somanah endigen, d.h. es erfolgt eine Umlagerung der Synapsen, wobei die freiwerdenden Stellen der degenerierten cerebellären Synapsen von den aussprossenden corticorubralen Endigungen besetzt werden. Es ist, wie wenn die degenerierenden Synapsen die Neubildung von Terminalen stimulieren und die leeren Membranstellen die aussprossenden Fasern herbeilocken (Abb. 5-32).

Restitutionsvorgänge im unreifen Gehirn. Frühkindliche Schädigungen des Gehirns, insbesondere der Hirnrinde, haben i.allg. weniger schlimme Folgen als vergleichbare Schädigungen des adulten Gehirns; dies gilt auch für die Motorik und die Sprache (vgl. S. 162). Neugeborene Äffchen mit Läsionen des motorischen Cortex unterscheiden sich während des 1. Lebensjahres kaum von nichtoperierten Äffchen. Der Präzisionsgriff entwickelt sich beim Affen erst nach 6–9 Monaten; bei den operierten Tieren entwickelt sich diese spezifische Leistung des motorischen Cortex und der Pyramidenbahn jedoch nicht mehr [40]. Wird die Pyramidenbahn beim Hamster kurz nach der Geburt durchtrennt, entwickelt sich die gesamte Motilität dieses Tieres anscheinend völlig normal. Die histologische Untersuchung des Gehirnes der frühoperierten Tiere ergab den interessanten Befund eines neuen, „aberrierenden" Bündels der Pyramidenbahn, das sich rostral von der alten Läsion formiert und einen anomalen Verlauf zum Rückenmark einnimmt.

Es konnte sogar nachgewiesen werden, daß die absteigenden Fasern in synaptischen Kontakt mit den spinalen Neuronen treten. Ist das junge Gehirn demnach imstande, auch auf lange Distanzen neue Verbindungen herzustellen? Die Befunde beim Hamster sprechen tatsächlich dafür; allerdings ist auch eine andere Interpretation möglich. Wir wissen, daß beim unreifen Gehirn zahlreiche Verbindungen angelegt werden, die sich im Reifungsprozeß wieder zurückziehen. Zum Beispiel gibt es *„exuberierende" callosale Verbindungen*, die in einem erheblichen Maß wieder eliminiert werden; beim unreifen Nagergehirn gibt es Neurone im visuellen Cortex, die bis zum Rückenmark projizieren, später aber wieder eliminiert werden. Es könnte deshalb sein, daß bei Läsionen die **Rückbildungsprozesse gehemmt** sind, und daß die normalerweise eliminierten Fasern vikariierend die Funktion der zerstörten Fasern übernehmen können. Es bleibt aber auch bei dieser Interpretation der Grundsatz, daß das unreife Gehirn eine höhere **Plastizität** d.h. größere Möglichkeiten in der Umorganisation des „Schaltplanes" besitzt.

Molekulare Aspekte. Ein denervierter Muskel entwickelt nach wenigen Tagen eine auffallende Spontanaktivität der einzelnen Muskelfasern, die sich als *Fibrillationen* manifestiert. Die Membran der Muskelfasern wird übererregbar und die Ansprechbarkeit der Membran auf Acetylcholin weitet sich progressiv von der Endplatte auf die gesamte Länge der Faser aus. Ähnliche Vorgänge spielen sich auch im ZNS ab. Es scheint, daß die **Supersensitivität denervierter Strukturen** ein allgemeines Prinzip ist. Von großer klinischer Bedeutung ist der Nachweis, daß Neurone des Corpus striatum nach Verlust der dopaminergen Innervation (bei Parkinson-Patienten) verstärkt auf Dopamin reagieren [48]. Den Prozeß der Supersensitivität kann man auf die molekulare Stufe des Receptors zurückführen (Abb. 5-33). Neuerdings werden Abnormalitäten der Receptoren für aminerge Transmitter als mögliche Faktoren disku-

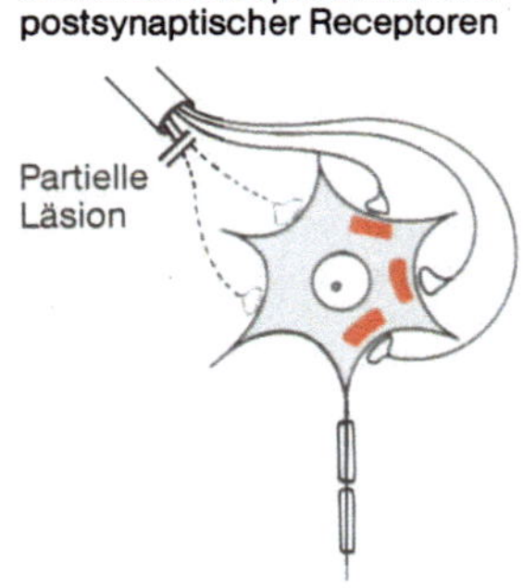

Abb. 5-33. Nach Degeneration von präsynaptischen Terminalen entwickelt sich eine Supersensitivität der postsynaptischen Receptoren (*rot*), die bei Transmittereinwirkung übermäßig reagieren. Dies führt zu einer kompensatorischen Verstärkung in der synaptischen Übertragung

tiert, die bei gewissen neurologischen und psychiatrischen Erkrankungen eine Rolle spielen könnten.

Ausblick. Es ist zur Zeit ein Hauptanliegen der Grundlagenforschung, die genauen **Milieubedingungen** zu erfassen, die für **Regenerationsprozesse** wichtig sind. Dazu gehört das Phänomen der Supersensitivität der Receptoren, des Auf- und Abbaus von Synapsen, die gliale Beteiligung bei der Regeneration und die Suche nach Substanzen, die das Wachstum von Neuronen steuern.

Von großer Aktualität sind Versuche mit **Transplantaten in das Corpus striatum** von Gewebe mit Zellen, die Catecholamine produzieren. Dieser Ansatz wird es vielleicht ermöglichen, die pharmakologische Substitution mit DOPA beim Parkinson-Patienten zu ersetzen. Ein weiterer, erfolgversprechender experimenteller Weg ergibt sich durch die Möglichkeit, Regeneration im ZNS mit Hilfe von implantierten peripheren Nervenstücken als Leitstrukturen zu erleichtern.

5.9 Literatur

Weiterführende Lehr- und Handbücher

1. Boyd, J.A., Davey, M.R.: Composition of Peripheral Nerves. Edinburgh, London: Livingstone 1968
2. Brooks, V.B. (Hrs.): Handbook of Physiology, Section I, The Nervous System, Vol. 2, Parts 1 and 2: Motor Control. Bethesda: Amer. Physiol. Soc. 1981
3. Creutzfeldt, O.D.: Cortex cerebri, Leistung, strukturelle und funktionelle Organisation der Hirnrinde. Heidelberg: Springer 1983
4. Desmedt, J.E. (Hrs.): Cerebral Motor Control in Man: Long Loop Mechanisms. Basel: Karger 1978
5. Desmedt, J.E. (Hrs.): Motor Control Mechanisms in Health and Disease. Adv. Neurol. Vol. 39, New York: Raven Press 1983
6. Eccles, J.C.: The Inhibitory Pathways of the Central Nervous System. The Sherrington Lectures IX. Springfield/III.: Ch.C. Thomas 1969
7. Eccles, J.C., Ito, M., Szentágothai, J.: The Cerebellum as a Neuronal Machine. Heidelberg: Springer 1967
8. Evarts, E.V., Shinoda, U., Wise, S.P.: Neurophysiological Approaches to Higher Brain Functions. New York: Wiley 1984
9. Fearing, F.: Reflex Action. A study in the History of Physiological Psychology. Baltimore: William & Wilkins 1930
10. Gilman, S., Bloedel, J.R., Lechtenberg, R.: Disorders of the Cerebellum, Contemporary Neurology Series, Vol. 21, Philadelphia: Davis 1981
11. Granit, R.: The Basis of Motor Control. New York: Academic Press 1970
12. Herman, R.M., Grillner, S., Stein, P.S.G., Stuart, D.G. (Hrs.): Neural Control of Locomotion. New York: Plenum Press 1976
13. Ito, M.: The Cerebellum and Neural Control. New York: Raven Press 1984
14. Magnus, R.: Körperstellung. Berlin: Springer 1924
15. Matthews, P.B.C.: Mammalian Muscle Receptors and their Central Actions. London: Arnold 1972
16. Penfield, W., Rasmussen, T.: The Cerebral Cortex of Man. New York: McMillan 1950
17. Phillips, C.G., Porter, R.: Corticospinal Neurones. Their Role in Movement. Monographs of the Physiol. Soc. No. 34, London: Academic Press 1977
18. Poeck, K.: Neurologie, 6. Aufl. Heidelberg: Springer 1982
19. Rademaker, G.G.J.: Das Stehen. Berlin: Springer 1931
20. Roberts, T.D.M.: Neurophysiology of Postural Mechanisms, 2. Aufl. London: Butterworth 1978
21. Sherrington, C.S.: The Integrative Action of the Nervous System. New Haven: Yale University Press, 2. Aufl. 1947. Nachdruck 1961 (1906)
22. Towe, A.L. and Luschei, E. (Hrs.): Handbook of Behavioral Neurobiology, Vol. 5: Motor Coordination. New York: Plenum 1981
23. Whiting, H.T.A. (Hrs.): Human Motor Actions. Amsterdam: North Holland 1984

Einzel- und Übersichtsarbeiten

24. Alexander, G.E., DeLong, M.R., Strick, P.L.: Parallel organization of functionally segregated circuits linking basal ganglia and cortex. Ann. Rev. Neurosci. *9*, 357 (1986)
25. Boyd, J.A.: Muscle spindles and stretch reflexes. In Scientific Basis of Clinical Neurology (Hrs. M. Swash, C. Kennard) S. 74–97. London: Churchill Livingstone 1985
26. Deecke, L., Grözinger, B., Kornhuber, H.H.: Voluntary finger movement in man: cerebral potentials and theory. Biol. Cybernetics *23*, 99 (1976)
27. Eccles, R.M., Lundberg, A.: Synaptic actions in motoneurones by afferents which may evoke the flexion reflex. Arch. ital. Biol. *97*, 199 (1959)
28. Foerster, O.: Motorische Felder und Bahnen. In: Bumke, O., Foerster O. (Hrs.) Handbuch der Neurologie, Band 6, Berlin: Springer 1936
29. Graybiel, A.M.: Neurochemically specified subsystems in the basal ganglia. In: Evered, D., O'Connor, M. (Hrs.) Functions of the basal ganglia. CIBA Foundation Symp. 107, London: Pitman 1984
30. Hagbarth, K.E., Finer, B.L.: The plasticity of human withdrawal reflexes to noxious stimuli in lower limbs. Progr. Brain Res. I, 65–78 (1963)
31. Hagbarth, K.E., Kugelberg, E.: Plasticity of human abdominal skin reflex. Brain *81*, 305–319 (1958)
32. Holmes, G.: Selected Papers (Hrs. C.G. Phillips) London: Oxford University Press 1979
33. Houk, J.C.: Regulation of stiffness by skeletomotor reflexes. Ann. Rev. Physiol. *41*, 99 (1979)
34. Kuhn, R.A.: Functional capacity of the isolated human spinal cord. Brain *73*, 1 (1950)
35. Langston, J.W.: MPTP and Parkinson's disease. Trends Neurosci. *8*, 79 (1985)
36. Lundberg, A., Malmgren, K., Schomburg, E.D.: Comments on reflex actions evoked by electrical stimulation of group II muscle afferents. Brain Res. *122*, 551 (1977)
37. Marsden, C.D.: Which motor disorder in Parkinson's disease indicates the true motor function of the basal ganglia? In: Evered, D., O'Connor, M. (Eds.) Functions of the basal ganglia. CIBA Foundation Symp. 107, London: Pitman p. 225, 1984
38. McCormick, D.A., Steinmetz, J.E., Thompson, R.F.: Lesions of the inferior olivary complex cause extinction of the classically conditioned eyeblink response. Brain Res. *359*, 120 (1985)
39. Montarolo, P.G., Palestini, M., Strata, P.: The inhibitory effect of the olivo-cerebellar input to the cerebellar Purkinje cells in the rat. J. Physiol (Lond.) *332*, 187 (1982)
40. Passingham, R.E., Perry, V.H., Wilkinson, F.: The long-term effects of removal of sensorimotor cortex in infant and adult Rhesus monkeys. Brain *106*, 675 (1983)
41. Puchala, E., Windle, W.F.: The possibility of structural and functional restitution after spinal cord injury. A review. Experimental Neurology *55*, 1 (1977)
42. Roland, P.E., Larsen, B., Lassen, N.A., Skinhøj, J.E.: Supplementary motor area and other cortical areas in organization of voluntary movements in man. J. Neurophysiol. *43*, 118 (1980)

43. SASAKI, K., GEMBA, H.: Development and change of cortical field potentials during learning processes of visually initiated movements in the monkey. Exp. Brain Res. *48*, 429 (1982)
44. SASAKI, K., GEMBA, H.: Compensatory motor function of the somatosensory cortex for the motor cortex temporarily impaired by cooling in the monkey. Exp. Brain Res. *55*, 60 (1984)
45. SATO, A., SCHMIDT, R.F.: Somatosympathetic reflexes: afferent fibers, central pathways, discharge characteristics. Physiol. Rev. *53*, 916 (1973)
46. SCHMIDT, R.F.: Presynaptic inhibition in the vertebrate central nervous system. Ergebn. Physiol. *63*, 20 (1971)
47. SCHMIDT, R.F.: Control of the access of afferent activity to somatosensory pathways. In: Handb. of Sensory Physiology. Vol. II, Somatosensory System (Hrs. A. IGGO), p. 151. Heidelberg: Springer 1973
48. SCHULTZ, W.: Depletion of dopamine in the striatum as an experimental model of parkinsonism: direct effects and adaptive mechanisms. Progr. Neurobiol. *18*, 121 (1982)
49. SELEMON, L.D., GOLDMAN-RAKIC, P.S.: Longitudinal topography and interdigitation of cortico-striatal projections in the Rhesus monkey. J. Neurosci. *5*, 776 (1985)
50. SHIK, M.L., ORLOVSKY, G.N.: Neurophysiology of locomotor automatism. Physiol. Rev. *56*, 465 (1976)
51. TSUKAHARA, N.: Synaptic plasticity in the mammalian nervous system. Ann. Rev. Neurosci. *4*, 351 (1981)
52. VALLBO, A.B.: Muscle spindle response at the onset of isometric voluntary contractions in man. Time difference between fusimotor and skeletomotor effects. J. Physiol. (Lond.) *218*, 405 (1971)
53. WIESENDANGER, M.: The pyramidal tract: its structure and function. In: Handbook Behav. Neurobiol. Vol. 5. Motor Coordination (Hrs. A.L. TOWE, E.S. LUSCHEI) New York: Plenum 1981
54. WIESENDANGER, M.: Organization of secondary motor areas of cerebral cortex. In: Handbook of Physiology, Section 1. The Nervous System, Vol. II, Motor Control, Part 2 (Hrs. V.B. BROOKS) Bethesda, Md.: Amer. Physiol. Soc. 1981
55. WIESENDANGER, M.: Recent developments in studies of the supplementary motor area of primates. Rev. Physiol. Biochem. Pharmacol. *103*, 1 (1986)
56. WIESENDANGER, M., MILES, T.S.: Ascending Pathways of low-threshold muscle afferents to the cerebral cortex and its possible role in motor control. Physiol. Rev. *62*, 1234 (1982)
57. WOOLSEY, C.N., SETTLAGE, P.H., MEYER, D.R., SENCER, W., PINTO-HAMUY, T., TRAVIS, H.M.: Patterns of localization in precentral and "supplementary" motor areas and their relation to the concept of a premotor area. Proc. Assoc. Res. nerv. Ment. Dis. Vol. 30 (1950)

6 Integrative Leistungen des Zentralnervensystems

R.F. Schmidt

6.1 Definition und Lokalisation integrativer Leistungen

Als integrative Leistungen des ZNS werden diejenigen Prozesse zusammengefaßt, die nicht unmittelbar der Verarbeitung der sensorischen Zuflüsse oder der Tätigkeit der motorischen und vegetativen Zentren zugeordnet werden können. Es sind dies im wesentlichen diejenigen neuronalen Mechanismen, die dem Schlaf-Wach-Cyclus, dem Bewußtsein, der Sprache, dem Denken (Verstand, Vernunft), dem Gedächtnis samt Lernen und Erinnerung, und der Motivation (Trieb) und Emotion (Gefühl) zugrunde liegen. An diesen integrativen Leistungen sind wesentlich, aber nicht ausschließlich, zwei große Teile des Endhirns (Telencephalon) beteiligt, nämlich das **limbische System** einerseits und der **Neocortex** andererseits. Bei der Besprechung des ersteren werden auch die neurophysiologischen Grundlagen von Motivation und Emotion erläutert (Abschn. 16.6 Limbisches System und Verhalten, ab S. 380). Hier soll vom Neocortex und den neurophysiologischen Mechanismen der übrigen, eben erwähnten integrativen Funktionen die Rede sein.

Funktionelle Topographie des Neocortex

Lokalisatorische versus holistische Auffassungen. Die systematische Zuordnung corticaler Areale zu sensorischen, motorischen und höheren psychischen Leistungen begann bereits im vorigen Jahrhundert. Der **Phrenologie** von F.J. Gall zu Beginn des 19. Jahrhunderts lag schon die Ansicht zugrunde, daß psychische und moralische Fähigkeiten aus einer sorgfältigen Vermessung des Schädels geschlossen werden könnten, da sie in bestimmten Regionen der Hirnoberfläche lokalisiert seien; aber seine Thesen waren ohne ausreichendes wissenschaftliches Fundament. Später kam es dann in rascher Folge zu einer Fülle von Beobachtungen, die für eine **spezifische Funktion bestimmter Cortexareale** sprachen. Als Beispiele seien erwähnt (a) 1865 der Nachweis des motorischen Sprachzentrums durch Pierre Broca, (b) 1870 die Entdeckung des primär motorischen Cortex durch G.T. Fritsch und E. Hitzig, und (c) 1874 die Beschreibung des sensorischen Sprachzentrums durch C. Wernicke (Lit. in [10]). In der ersten Hälfte unseres Jahrhunderts führte das genaue Studium der neurologischen und psychologischen Störungen nach umschriebenen Läsionen der menschlichen Hirnrinde (durch Krankheiten oder Schußverletzungen) zu detaillierten funktionellen Aufgliederungen der menschlichen Hirnrinde, von denen als historisch bemerkenswertes Beispiel eine Karte von K. KLEIST [24, 52] gezeigt sei (Abb. 6-1).
Eine solche Feinlokalisation einzelner psychischer Funktionen blieb von Anfang an nicht unwidersprochen. Zum Beispiel fand LASHLEY [54] bei Abtragung verschiedenster Cortexareale der Ratte, daß die Ausfälle mehr von der Größe als dem Ort der Läsion bestimmt waren, und er postulierte aufgrund dieser Ergebnisse eine **„Equipotentialität“** aller Hirnabschnitte, was bedeuten würde, daß praktisch jeder Hirnabschnitt die Aufgaben eines anderen übernehmen kann. Diese holistische und ihr verwandte Ansichten müssen heute ebenso als obsolet gelten wie die einer streng lokalisierten funktionellen Spezialisierung [4, 10, 12, 21].

Abgrenzung des assoziativen Cortex. Die heute übliche *Einteilung der Hirnrinde in sensorische, motorische und assoziative Areale* zeigt Abb. 6-2. Als **unspezifische** oder **assoziative Areale** werden dort diejenigen Abschnitte bezeichnet, denen keine überwiegend sensorische oder motorische Funktion zugeordnet werden kann (für eine Besprechung der letzteren Areale s. die entsprechenden Abschnitte in den Kap. 5 u. 8–12). Die unspezifischen Areale nehmen beim Menschen einen großen Teil der Hirnrinde ein. Sie werden von alters her auch mit den Ausdrücken *assoziativer Cortex* oder *Assoziationsfelder* belegt, da früher die Ansicht verbreitet war, sie würden über corticocorticale Verbindungen die sensorischen mit den motorischen Arealen verknüp-

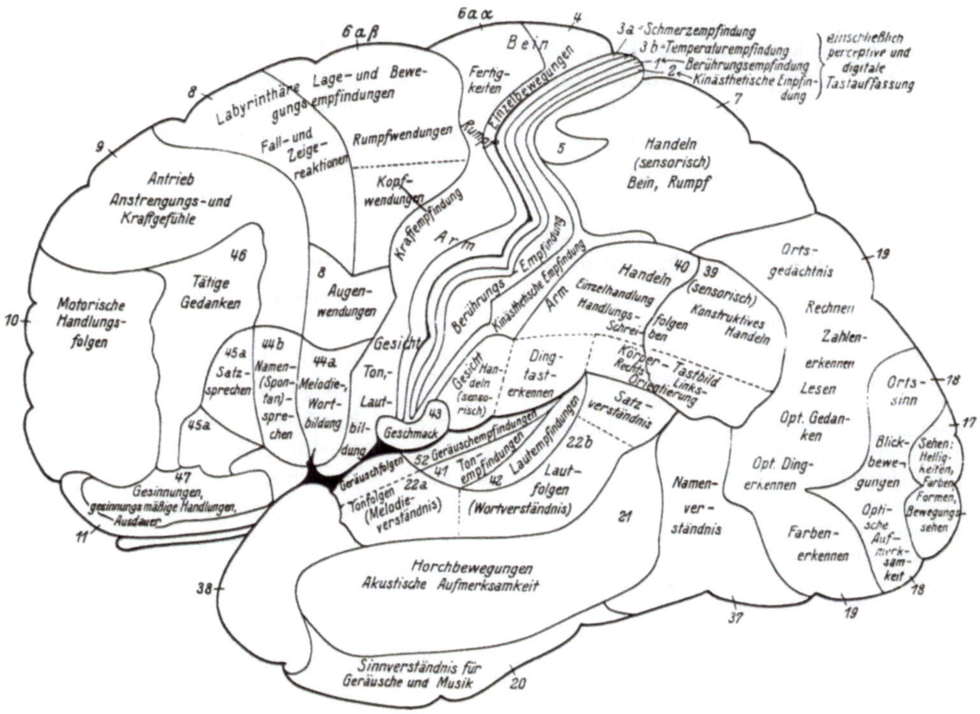

Abb. 6-1. Aufgliederung der lateralen Hirnrinde in Funktionsfelder nach den Vorstellungen von Kleist [24, 52]. Die *Nummern* bezeichnen die cytoarchitektonischen Felder nach Brodmann (s. Abb. 6-4). Die Funktionskarte trifft in ihren Grundzügen noch zu. Sie vereinfacht aber in heute nicht mehr zulässiger Weise die eng umschriebene Lokalisation komplexer integrativer Funktionen

fen und gleichzeitig als Sitz der höchsten geistigen Funktionen dienen (vgl. Abb. 6-1).

Die ursprüngliche Zusammenfassung aller nicht primär motorischen und sensorischen Rindenfelder als unspezifisch oder assoziativ erwies sich als zu undifferenziert. Mittlerweile wurden, wie auch in Abb. 6-2 zu sehen, sekundäre und noch höhere sensorische und motorische Felder aus dem unspezifischen Cortex ausgegrenzt. Heute werden als **unspezifischer oder assoziativer Cortex im engeren Sinne** nur noch angesehen a) der parietal-temporal-occipitale assoziative Cortex, b) der präfrontale assoziative Cortex und c) der limbische assoziative Cortex. Vereinfacht zusammengefaßt ist jeder von ihnen für bestimmte integrative Leistungen von besonderer Bedeutung, der erste für höhere sensorische Aufgaben und Sprache (s. S. 160), der zweite für höhere motorische Aufgaben (s. S. 172) und der dritte für Gedächtnisleistungen und emotional-affektive Aspekte des Verhaltens (s. S. 381).

Grenzen lokalisatorischer Zuordnung, Zentrendefinition. Die Zuordnung umschriebener integrativer Leistungen zu bestimmten Hirnregionen ist (nicht nur innerhalb des Neocortex) sowohl didaktisch, wie teilweise klinisch-diagnostisch und nicht zuletzt zur Theorienbildung in der Hirnforschung hilfreich. Sie darf aber nicht zu eng gesehen werden. An solchen integrativen Leistungen und an der Entstehung zielgerichteten (nicht-reflektorischen) Verhaltens sind nämlich in der Regel mehrere Hirnabschnitte betei-

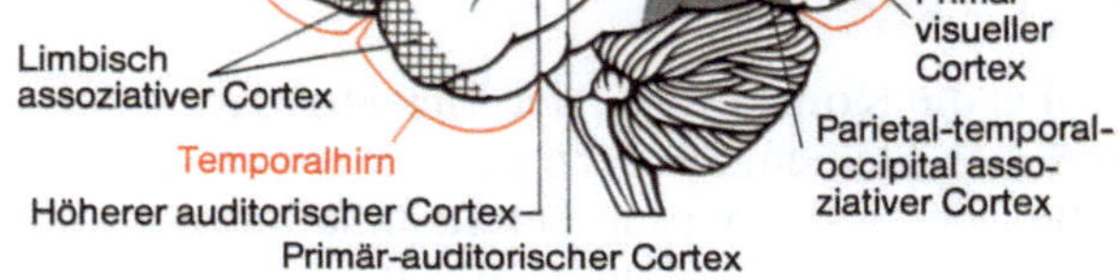

Abb. 6-2. Die 4 Anteile der Hirnrinde (frontaler, temporaler, parietaler und occipitaler Cortex) aus lateraler Sicht. Eingetragen sind die primär motorischen und sensorischen Regionen, die motorischen und sensorischen Regionen höherer (zweiter, dritter, etc.) Ordnung und die assoziativen (unspezifischen) Cortexregionen. Besprechung im Text

ligt, die sogar räumlich weit voneinander getrennt liegen können. So kann z.B. Sprache ohne Beteiligung des Zwischenhirns, v.a. des Thalamus, nicht geordnet ablaufen. Von einer **Lokalisation der Sprachfunktion** oder einem **Sprachzentrum** kann also hier *wie bei jeder anderen integrativen Leistung des Gehirns* nur insofern die Rede sein, als das betroffene Areal **vorwiegend mit dieser Aufgabe befaßt** ist.

Von tierexperimenteller Seite ist die klassische Einteilung in sensorischen, motorischen und assoziativen Cortex in den letzten Jahren wieder zunehmend in Frage gestellt worden. Zumindest an der Ratte zeigte sich mit der Meerrettichperoxidasetechnik (retrograder axonaler Transport eines Farbstoffes vom Ort der Einspritzung), daß *alle* untersuchten Areale der Hirnrinde entweder optische oder akustische oder somatoviscerale Afferenzen vom Thalamus erhalten und wieder dorthin abgeben [47]. Platz für Assoziationsfelder zwischen den sensorischen Arealen fand sich nicht. Unterstützt werden diese anatomischen Studien durch Untersuchungen, die zeigten, daß Tiere nach Zerstörung der entsprechenden primären Projektionsareale weder blind noch taub sind und daß auch Fälle von Agnosien (räumliche oder visuelle Orientierungsstörungen) durch *ausschließliche* Läsionen der Assoziationsfelder nicht existieren. Auch in bezug auf das primäre motorische Areal muß man kritisch einwenden, daß nahezu vom gesamten Cortex descendierende Axone zu den Vorderhörnern des Rückenmarks ziehen (was den gesamten Cortex als „motorisch" erscheinen läßt) und daß eine Läsion der primär motorischen Areale kaum zu motorischen Ausfällen führt, ausgenommen die Feinmotorik der Hände (s.S. 124).
So nützlich also die klassische funktionelle Gliederung der Hirnrinde derzeit noch scheint, so würde es nicht überraschen, wenn sie in nicht zu ferner Zeit einer besseren Platz machen müßte. Diese könnte beispielsweise in einer **chemischen Abgrenzung** einzelner Hirngebiete bestehen, bei der schon heute sich ein deutlich übergreifendes Strukturprinzip des ZNS abzeichnet, das sich nicht an die phylogenetisch vorgegebenen Grenzen hält, sondern ältere und jüngere Hirnabschnitte zu funktionell einheitlichen und klar abgrenzbaren Systemen verbindet; weitere Diskussion bei [4].

Rolle der Encephalisation für höhere Hirnleistungen

Die Beziehung zwischen Hirngewicht **E** und Körpergewicht **P** ist bei Vertebraten in etwa eine Potenzfunktion der Form

$$E = K \cdot P^{2/3},$$

wobei die Konstante **K**, der **Encephalisationsfaktor**, bei kleinen Säugern sehr klein ist (Maus 0,06), bei Schimpansen bereits 0,30 beträgt und beim Menschen auf nahezu 1,00 ansteigt. Dadurch ist das Verhältnis zwischen Hirn- und Körpergewicht beim Homo sapiens ein ungleich günstigeres als bei den übrigen Vertebraten. Daraus und aus der anscheinend überproportionalen Zunahme des Neocortex beim Menschen ist geschlossen worden, daß erst dadurch die Voraussetzungen für die Entwicklung spezifisch menschlicher Leistungen des Gehirns (sprachlicher, geistiger, moralischer, ästhetischer) geschaffen worden seien (s. z.B. [10]).
Diese Annahme hält einer kritischen Würdigung nicht stand. Die Größenzunahme des Neocortex beim Menschen liegt ziemlich genau bei dem Erwartungswert, den innerhalb der Säugetierreihe ein Vergleich der relativen Zunahme des Neocortex zum Gesamthirngewicht erbringt. Die Zunahme des menschlichen Neocortex geht auch nicht über diejenige hinaus, die auch das limbische System erfährt. Evolutionsbiologisch ist die starke Zunahme des Neocortex beim Primaten und insbesondere beim Menschen vielleicht eher als eine Folge der abnehmenden Spezialisierung der Sensorik (s. z. B. das Verkümmern des Geruchssinnes) und als eine Antwort auf die Reduktion der Motorik auf wenige Reaktionsmuster aufzufassen, während gleichzeitig der **Neocortex als System zur multisensorischen Repräsentation der Umwelt** entwickelt wurde. Die Sprache erscheint dabei als Spezialfall sensorischer Integration, die ein System zur exakten zeitlichen Steuerung und Speicherung von Tönen benötigt, wie es der Neocortex bietet (Lit. bei [4]).
Die zunehmende **Encephalisation** besonders bei den fleischfressenden Wirbeltieren wird von der Evolutionsbiologie auf die Interaktion zwischen Jäger und Beute zurückgeführt: Unter dem Selektionsdruck benötigen Fleischfresser effiziente Strategien, zeitlich und örtlich schwer auffindbare Beute zu lokalisieren. Entsprechend entwickeln sich die Sinnessysteme und ihre neuronalen Analysatoren. Die Entwicklung von Sprache hat möglicherweise mit der starken Encephalisation wenig zu tun, da Sprache erst vor kurzem, nämlich vor ca. 40000 Jahren, beim Homo sapiens auftrat (das heutige Hirngewicht von rund 1400 g war schon vor rund 200000 Jahren erreicht). Sprache ist also möglicherweise nur eine „Spätfolge" der Encephalisation. Die Sprachentwicklung hat aber wahrscheinlich zur starken Lateralisation corticaler Funktionen beigetragen (s.S. 156).
Die überlegenen Denk- und Lernleistungen des Menschen im Vergleich zu allen anderen Lebewesen beruhen auch nicht auf der Entwicklung spezieller Nervenzellen, wie z.B. von „Sprachneuronen" oder „Gedächtnisneuronen". Sie sind vielmehr mit großer Wahrscheinlichkeit ausschließlich auf die **quantitative Zunahme von informationsverarbeitenden Neuronenverbänden** rückführbar. Der Neocortex hat daran erheb-

lichen Anteil, wobei er *insbesondere für die Erhöhung der Geschwindigkeit der Informationsverarbeitung*, z.B. beim Lernen und Erinnern und bei der Aufnahme und Wiedergabe von Sprache, verantwortlich zu sein scheint. Aus dieser Sicht verdienen die neuronalen Schaltkreise der Hirnrinde und die Art ihrer Verknüpfung mit anderen corticalen und tieferen Hirnarealen unsere besondere Aufmerksamkeit.

6.2 Allgemeine Physiologie der Großhirnrinde

Funktionelle Histologie der Großhirnrinde

Aufbau der Großhirnrinde, Schichtenanordnung. Die Großhirnrinde ist ein mehrschichtiges, vielfach gefaltetes neuronales Gewebe, dessen *Gesamtoberfläche* (beide Hemisphären) etwa 2200 cm^2 beträgt (das entspricht einem Quadrat von 47 cm × 47 cm) und dessen *Dicke* in den verschiedenen Hirnabschnitten zwischen 1,3 und 4,5 mm schwankt. Ihr Volumen liegt bei 600 cm^3. Sie enthält **10^9 bis 10^{10} Neurone** und eine große, aber unbekannte Zahl von Gliazellen [6, 58]. In der Rinde wechseln sich Schichten, die vorwiegend Zellkörper enthalten, mit solchen ab, in denen vorwiegend Axone verlaufen, so daß die frisch angeschnittene Rinde ein streifiges Aussehen zeigt. Typischerweise werden aufgrund der Zellformen und ihrer Anordnungen **6 Schichten** unterschieden, wobei manche in 2 und mehr Unterschichten aufgeteilt werden (Abb. 6-3, 6-5).

Mehr als 90% der Großhirnrinde gehören zu diesem *6schichtigen Grundtypus,* der phylogenetisch erst bei Säugern auftritt und daher als **Neocortex,** wegen seines Aufbaues auch als **Isocortex** bezeichnet wird. Der phylogenetisch ältere **Allocortex** hat einen im wesentlichen 3schichtigen Aufbau. Er liegt, von außen nicht sichtbar, in der Tiefe des Temporallappens. Zu ihm zählen das *Archipallium* (Fascia dentata, Cornu ammonis, Subiculum), das *Palaeopallium* (Regio praepiriformis, Regio periamygdalearis, Regio entorhinalis) und die *Rindenabkömmlinge* Claustrum und Corpus amygdaloideum [6, 10, 21].

Beim **Isocortex** handelt es sich, von der Oberfläche nach der Tiefe gezählt, um folgende Schichten (Abb. 6-3, 6-5).

I. Molekularschicht (Lamina molecularis). Sie ist reich an Fasern, aber arm an Zellen. Die Fasern bilden einen dichten, tangential zur Oberfläche verlaufenden Plexus.

II. Äußere Körnerschicht (Lamina granularis externa). Hier liegen eng gepackt kleine Neurone unterschiedlichster Form, darunter kleine Pyramidenzellen (Benennung nach ihrer Form). Die Nervenfasern laufen überwiegend tangential zur Oberfläche.

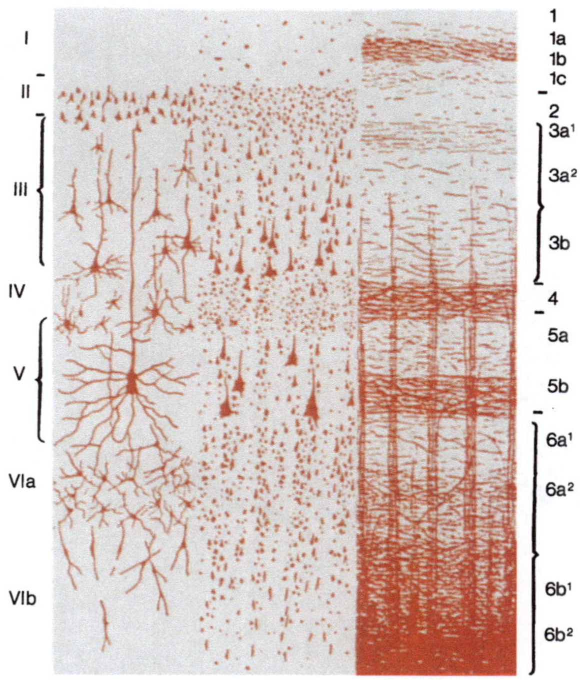

Abb. 6-3. Halbschematische Darstellung der Schichtenstruktur der Großhirnrinde. *Links* die wesentlichen Nervenzelltypen in den verschiedenen Schichten (Golgi-Imprägnation), in der *Mitte* Nervenzellkörper (Nissl-Färbung) und *rechts* die Hauptfaserstruktur nach einem Markscheidenpräparat. Die Numerierung der Schichten erfolgt von der Oberfläche nach der Tiefe. Zwei gebräuchliche Numerierungen sind angegeben. Beschreibung der Schichten im Text. (Nach BRODMANN und VOGT)

III. Äußere Pyramidenschicht (Lamina pyramidalis externa). Hier finden sich überwiegend Pyramidenzellen mittlerer Größe. Die größeren davon liegen in den tieferen Bereichen der Schicht.

IV. Innere Körnerschicht (Lamina granularis interna). Lose angeordnete kleine Neurone (Sternzellen) unterschiedlicher Größe sind hier durchzogen von dicht gepackten, tangential zur Oberfläche verlaufenden Fasern.

V. Innere Pyramidenschicht (Lamina pyramidalis interna). Im wesentlichen mittlere und große Pyramidenzellen. Besonders groß im Gyrus praecentralis (Betzsche-Riesenpyramidenzellen). Wie bei allen Pyramidenzellen ziehen lange apicale Dendriten bis zur Molekularschicht, während sich die basalen Dendriten mehr oder weniger tangential zur Oberfläche ausbreiten.

VI. Spindelzellschicht (Lamina multiformis). Vorwiegend spindelförmige Neurone. Der innere Anteil dieser Schicht (VIb) geht in die weiße Substanz über.

Hirnkarten. Trotz ihres einheitlichen Grundmusters ist die Struktur der isocorticalen Rinde erheblichen örtlichen Variationen unterworfen. Schon aufgrund der Dichte, der Anordnung und der Form der Neurone, der **Cytoarchitektonik** also, hat BRODMANN die Großhirnrinde in etwa 50 Felder eingeteilt (Abb. 6-4). Andere Karten sind noch detaillierter (von ECONOMO und VOGT

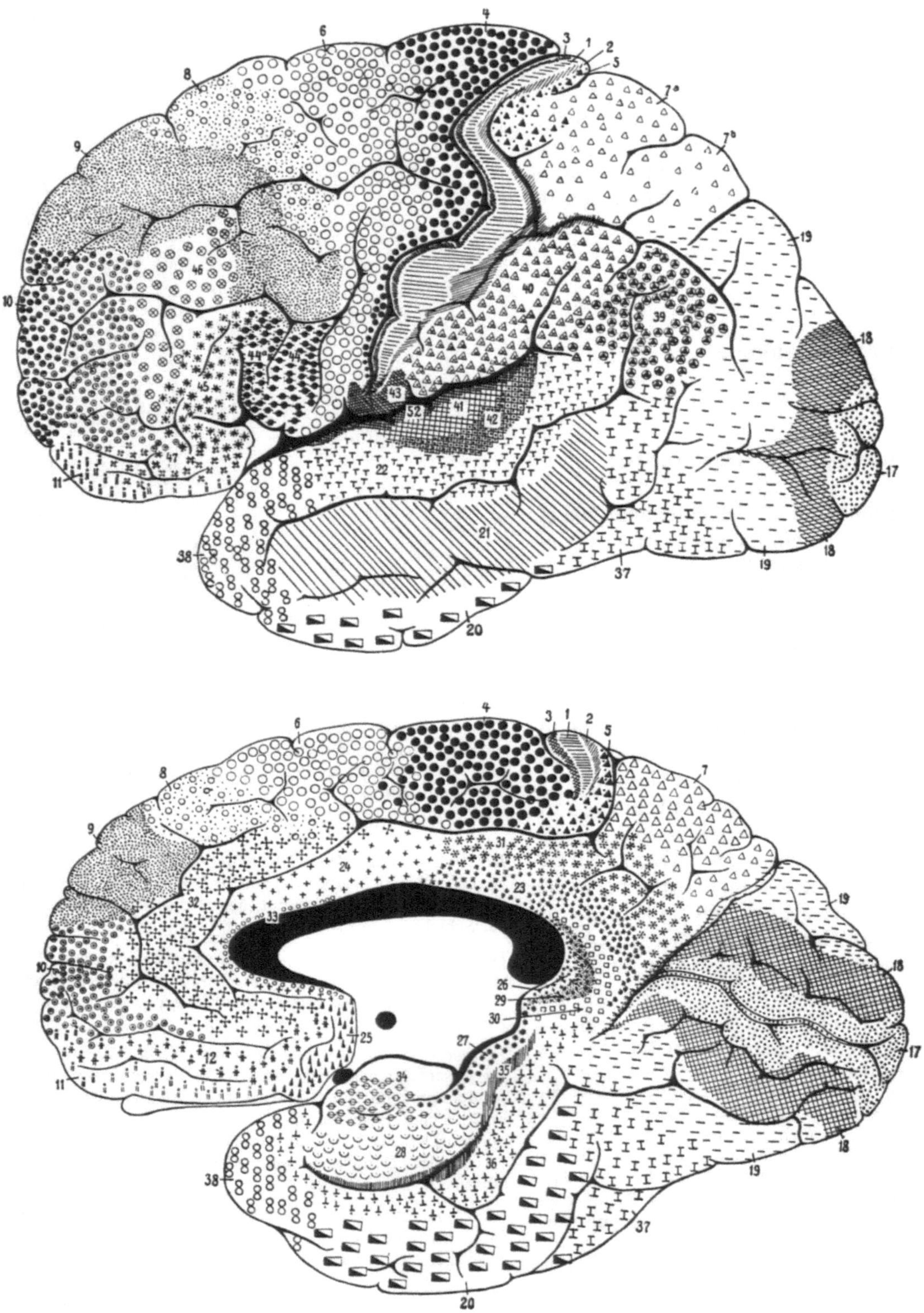

Abb. 6-4. Karte der cytoarchitektonischen Felder des menschlichen Cortex nach Brodmann. Die verschiedenen Felder (Areale) sind durch unterschiedliche Symbole gekennzeichnet. Die Numerierung ist angegeben. Die Karte wurde 1909 erstmals veröffentlicht

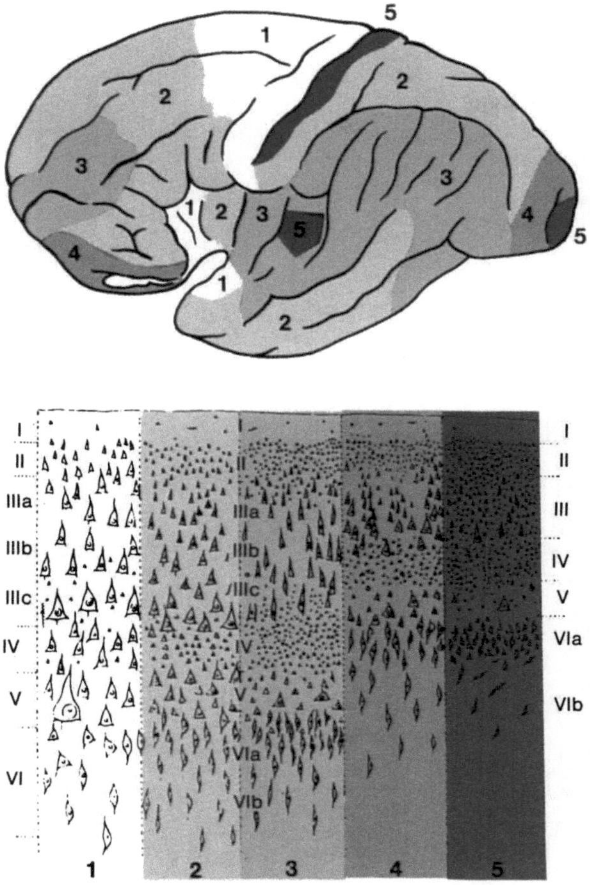

Abb. 6-5. Grundtypen neocorticaler Cytoarchitektonik *(unten)* und deren Vorkommen auf der Großhirnrinde *(oben)*. *2, 3, 4* homotyper Cortex: *1, 5* heterotyper Cortex, und zwar *1* agranulärer und *5* granulärer Cortex. Die Daten wurden 1927 erstmals durch VON ECONOMO veröffentlicht. Er wies ausdrücklich darauf hin, daß die Übergänge von einem in den anderen Cortextyp graduell sind. Die mit *2* bezeichneten Abschnitte des Frontalcortex und die (hier nicht sichtbare) vordere Hälfte des Gyrus cinguli werden heute als dysgranulär bezeichnet

[6]). In gewissem Umfang decken sich diese histologischen Hirnfelder mit denjenigen Arealen, denen aufgrund physiologischer Untersuchungen und klinischer Befunde bestimmte Funktionen zugeschrieben werden (s. Abschnitt 6.1). Beispiele werden im Zusammenhang mit der Abb. 6-5 gegeben.

Unterschiede in der Anordnung der Nervenfasern, also der **Myeloarchitektonik,** sind ebenfalls in Hirnkarten festgehalten worden. Diese decken sich insgesamt gut mit den cytoarchitektonischen Karten. Auch im Aufbau des Gefäßsystems, der **Angioarchitektonik,** der Anordnung, Art und Form der Gliazellen, **Gliaarchitektonik,** und der in den Zellen vorhandenen chemischen Substanzen, wie Enzyme und Überträgerstoffe, also der **Chemoarchitektonik,** finden sich Differenzen, die zur Charakterisierung der einzelnen Cortexareale herangezogen werden [6, 10].

Homotyper und heterotyper Neocortex. Von ECONOMO faßte die cytoarchitektonischen Hirnfelder in *5 Grundtypen* zusammen (Abb. 6-5). Die Typen 2, 3 und 4 im unteren Diagramm der Abb. 6-5 enthalten, wenn auch in unterschiedlichem Ausmaß, alle 6 Schichten und werden daher **homotyp** genannt. Dagegen sind bei den Typen 1 und 5 nach Ausreifung des Cortex nicht alle Schichten klar nachweisbar, der Cortex ist **heterotyp.** Beim *heterotypen Cortex* von Typ 1 fehlen deutliche granuläre Schichten, also die II. und die IV. Schicht, beim Typ 5 sind gerade diese Schichten stark ausgeprägt, die Pyramidenzellschichten III und V aber kaum entwickelt. Typ 1 wird daher als **agranulärer Cortex,** Typ 5 als **granulärer Cortex** oder **Koniocortex** bezeichnet *(konios* = Staub, von dem dunklen Band von granulären Zellen in Schicht IV).

Der **agranuläre Cortex** kommt besonders in Bereichen vor, von denen *corticale Efferenzen* ihren Ausgang nehmen, also z.B. im Gyrus praecentalis und rostral davon (Abb. 6-5). Er kann daher als **Prototyp des motorischen Cortex** angesprochen werden. Umgekehrt findet sich der **granuläre** oder Koniocortex besonders in Arealen, in denen die großen sensorischen Bahnen enden. Man kann ihn daher als **Prototyp des sensorischen Cortex** klassifizieren. Der *unspezifische Cortex* ist aus den verschiedenen Formen des **homotypen Cortex** aufgebaut. Die Übergänge zwischen den einzelnen Cortextypen sind fließend. Die in Abb. 6-5 mit 2 bezeichneten Anteile des Frontalcortex und die vordere Hälfte des Gyrus cinguli werden heute eher dem heterotypen Cortex zugerechnet und als **dysgranulär** bezeichnet.

Faserverbindungen des Neocortex. Die afferenten und efferenten Verbindungen der Großhirnrinde können in wenige Grundtypen eingeteilt werden: Die **corticalen Efferenzen** (corticofugalen Fasern) ziehen a) als **Projektionsfasern** zu subcorticalen Strukturen (Beispiele: Tractus corticospinalis, corticopontine Bahnen, corticothalamische Bahnen, b) als **Assoziationsfasern** zu benachbarten und weiter entfernten corticalen Arealen *derselben Hemisphäre* und c) als **Commissurenfasern** zu corticalen Arealen der *kontralateralen Hemisphäre*. Die weit überwiegende Mehrzahl der Commissurenfasern kreuzt im *Balken* (Corpus callosum, s. auch S. 157). Ihre Anzahl ist groß. Beim Menschen wird sie auf 200 Millionen (100 Millionen in jeder Richtung) geschätzt.

Die **corticalen Afferenzen** (corticopetale Fasern) sind einmal die eben erwähnten *Assoziations- und Commissurenfasern* aus anderen Rindengebieten und dazu die **thalamocorticalen Fasern,** die die überwiegende, wenn nicht **ausschließliche Afferenz aus subcorticalen Strukturen** bilden.

Corticale Neurone und ihre Schaltkreise. Der Cortex enthält eine große Anzahl unterschiedlichster Neurone (vgl. Abb. 6-3, 6-5 unten), die sich aber *2 Haupttypen* zuordnen lassen, nämlich den **Pyramidenzellen** und den **Sternzellen.** Erstere tragen ihren Namen wegen der pyramidalen Form ihres Zellkörpers (Abb. 6-6). Sie zeichnen sich dadurch aus, daß ihre Axone den Cortex verlassen und zu anderen corticalen oder nicht corticalen Strukturen ziehen (s. u.). Die

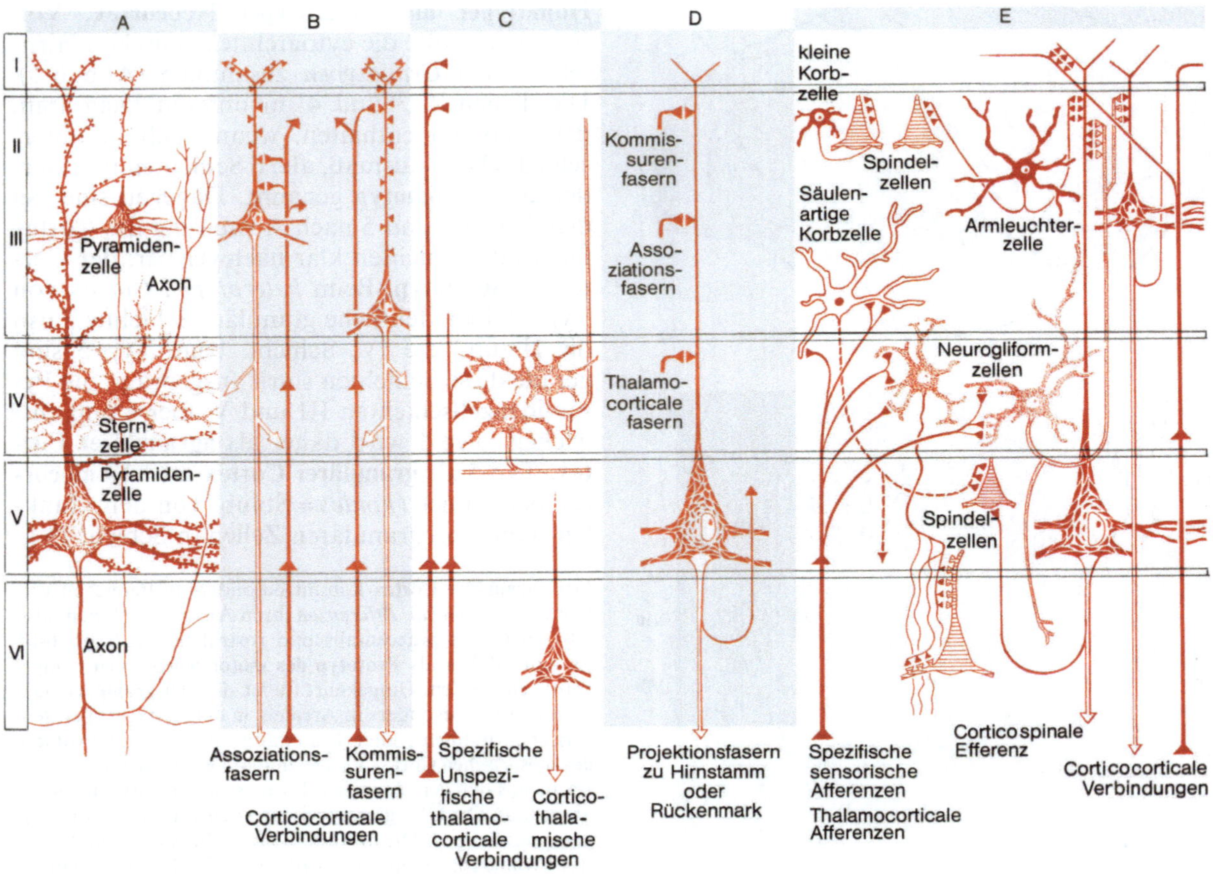

Abb. 6-6. Corticale Neurone, ihre Schaltkreise und ihre afferenten und efferenten Verbindungen. Stark vereinfachte und schematisierte Darstellung auf dem Hintergrund der Schichtenstruktur der Hirnrinde. **A** Lage und Aussehen der 2 Haupttypen corticaler Neurone. **B** Eingangs-Ausgangs-Beziehungen cortico-corticaler Verbindungen (Assoziations- und Commissurenfasern). **C** Charakteristika thalamo-corticaler (unspezifischer und spezifischer) und cortico-thalamischer Verbindungen. **D** Synaptische Eingangszonen einer Pyramidenzelle, deren Axon zu subthalamischen Hirnregionen projiziert (Hirnstamm, Rückenmark). **E** Zusammenschau der Verknüpfung corticaler Neurone (J. Szentágothai, umgezeichnet und stark vereinfacht nach mehreren seiner Veröffentlichungen; **B-D** nach den Untersuchungsergebnissen zahlreicher Autoren)

Sternzellen sind ebenfalls nach ihrer Form benannt (Abb. 6-6A, C). Ihre Axone enden innerhalb des Cortex, sie sind also *corticale Interneurone*.

Die **Verschaltung der corticalen Neurone** untereinander und mit den in den Cortex eintretenden Afferenzen erfolgt nach einem zwar je nach Cortexareal abgewandelten, aber doch einheitlichen Muster, das an Hand der Abb. 6-6 erläutert sei [12, 21]. *Schicht I* enthält vorwiegend die apicalen Dendriten der Pyramidenzellen und tangential zur Oberfläche ziehende Axone von Sternzellen. Diese Axone dienen der **lokalen, intracorticalen Verknüpfung** corticaler Neurone in der jeweils unmittelbaren Nachbarschaft. Die *Schichten II und III* (Abb. 6-6B) enthalten kleine Pyramidenzellen, deren Axone zu anderen corticalen Arealen ziehen. In dieselben Schichten treten außerdem die Axone von anderen Cortexarealen als Afferenzen ein. Die Schichten II und III dienen also der **intercorticalen Informationsvermittlung.** In die *Schicht IV* (Abb. 6-6C) treten insbesondere die spezifischen thalamischen Afferenzen ein, um dort an zahlreichen Sternzellen, aber auch direkt an Pyramidenzellen (Abb. 6-6D) zu enden. Von dort wird die aus dem Thalamus kommende Information an die anderen Schichten verteilt. Der Thalamus wiederum erhält seinen corticalen Zustrom im wesentlichen von Neuronen der *Schicht VI* (Abb. 6-6C). Die Schichten IV und VI sorgen also für den **thalamocorticalen und corticothalamischen Informationsaustausch.** Zusätzlich enden die unspezifischen thalamocorticalen Fasern in den Schichten I und II (links in Abb. 6-6C; zur Definition von spezifisch und unspezifisch s. Abb. 9-22 und zugehöriger Text ab S. 226). Schließlich enthält die *Schicht V* be-

sonders große Pyramidenzellen (im Motorcortex Betzsche Riesenzellen genannt, Abb. 6-6D), deren Axone zu tiefer liegenden Hirngebieten, wie den Basalganglien, dem Hirnstamm und dem Rückenmark ziehen. Diese langen, descendierenden Bahnen, deren typischster Vertreter die corticospinale Bahn (Pyramidenbahn, s. S. 124) ist, dienen also der **Informationsübermittlung zu den subthalamischen Hirngebieten.**
In bezug auf die **Richtung der Informationsverarbeitung** im Cortex kann man bei Betrachtung der afferenten und efferenten neuronalen Anteile in Abb. 6-6A-D und ihrer Verknüpfung zu lokalen Schaltkreisen in E vereinfachend sagen, daß diese im wesentlichen **senkrecht zur Cortexoberfläche** erfolgt. Diese Erkenntnis spiegelt sich auch in den *Konzepten der histologischen und funktionellen corticalen Säulen oder Modulen* wider, die wir im vorigen Kapitel an Hand des motorischen Cortex bereits kennengelernt haben (Mikrozone, S. 125) und die bei der Besprechung des somatosensorischen Cortex (Kolumne, S. 228) ebenfalls vorgestellt werden [12, 21].

Die senkrecht zur Cortexoberfläche verlaufenden, langen **apicalen Dendriten** der Pyramidenzellen sind besonders geeignet, Information von den verschiedensten Afferenzen und Interneuronen aufzunehmen. Bei diesen axodendritischen Synapsen scheint es sich im wesentlichen um *erregende Synapsen* zu handeln. An den **basalen Dendriten** in der Nähe des Axons setzen dagegen auch zahlreiche *hemmende Synapsen* an, die damit an einer strategisch wichtigen Stelle den Erregungsausfluß aus dem Cortex unter Kontrolle halten können.
Was die Sternzellen (Abb. 6-6A, C) betrifft, haben diese teils erregende, teils hemmende Funktion. Die Axone der **erregenden Sternzellen** verlaufen i. allg. **senkrecht** zur Cortexoberfläche, also parallel den apicalen Dendriten der Pyramidenzellen, mit denen sie zahlreiche synaptische Kontakte eingehen. Die Axone der **hemmenden Sternzellen** verlaufen dagegen **horizontal** zur Cortexoberfläche. Ihre hemmenden Synapsen hüllen die axonnahen Abschnitte der Pyramidenzellen „korbförmig" ein, deshalb werden diese Sternzellen auch *Korbzellen* genannt. Ihre Aufgabe könnte u. a. darin liegen, eine aktive corticale Säule durch **pericolumnare Hemmung** von ihrer Umgebung abzuschirmen.
Die **Transmittersubstanzen der corticalen Neurone** sind noch nicht vollständig bekannt. Die Pyramidenzellen benutzen anscheinend eine (erregende) Aminosäure, möglicherweise Glutamat oder Aspartat. Einige der erregenden Sternzellen enthalten Neuropeptide (CCK, VIP s. S. 49), die Korbzellen machen möglicherweise von GABA als Transmitter Gebrauch. Bei der Vielzahl der Sternzellen muß mit dem Vorkommen weiterer Transmitter gerechnet werden. Viele der afferenten Fasern benutzen die Monoamine Noradrenalin Dopamin, andere Acetylcholin.

Elektrophysiologische Korrelate corticaler Aktivität

Biophysikalische Eigenschaften corticaler Neurone. Die corticalen Neurone ähneln in ihren biophysikalischen Eigenschaften denen anderer Neurone. So liegen die **Ruhepotentiale** von Pyramidenzellen bei −50 bis −80 mV und die Amplitude der **Aktionspotentiale** beträgt, bei einer Dauer von 0,5–2 ms, 60–100 mV. Die Aktionspotentiale starten am *Axonhügel* der Zellen und breiten sich von dort sowohl nach peripher als auch über das Soma und zumindest die proximalen Dendriten aus. Es fehlen beim Aktionspotential ausgeprägte Nachpotentiale, so daß die *Pyramidenzellen mit Frequenzen bis zu 100 Hz entladen können.*

Zusätzlich zum Hauptauslöseort der pyramidalen Aktionspotentiale am Axonhügel wurden in den Dendritenbäumen weitere Auslöseorte nachgewiesen, von denen **„schnelle Vorpotentiale"** (fast prepotentials) und **langsame dendritische Aktionspotentiale** ihren Ausgang nehmen können. Erstere können durch Tetrodotoxin („Na-Kanal-Hemmer") geblockt werden, letztere durch Mg („Ca-Kanal-Hemmer"). Solche **dendritischen Auslöseorte** finden sich auch in den Dendritenbäumen der cerebellären Purkinje-Zellen, nicht aber in denen spinaler Motoneurone. An den Purkinje-Zellen wie an den Pyramidenzellen des Neo- und Allocortex haben sie die Aufgabe, die erregende synaptische Aktivität an den Dendriten zu verstärken und zum Hauptauslöseort am Axonhügel aktiv weiterzuleiten (10, 21).

Synaptische Aktivität corticaler Neurone. Verglichen mit den motoneuronalen postsynaptischen Potentialen (s. Abb. 3-10, 3-11, S. 52, 54) sind die corticalen Potentiale durchweg länger. **Erregende postsynaptische Potentiale** haben oft eine Anstiegszeit von mehreren Millisekunden und eine Abfallzeit von 10–30 ms, während **hemmende postsynaptische Potentiale** meist noch länger, nämlich 70–150 ms dauern. Vom selben Neuron können häufig erregende postsynaptische Potentiale unterschiedlicher Anstiegssteilheit registriert werden, die wahrscheinlich an synaptischen Strukturen entstehen, die verschieden weit von der Ableitelektrode entfernt sind. Hemmende postsynaptische Potentiale sind im spontan aktiven Cortex seltener als erregende und dann von kleiner Amplitude. Dagegen können nach Aktivierung corticopetaler sensorischer Bahnen häufig große und langdauernde hemmende postsynaptische Potentiale entweder isoliert oder im Anschluß an erregende synaptische Potentiale registriert werden. Die Frequenz der durch **postsynaptische Potentiale ausgelösten corticalen Impulsaktivität** ist niedrig, auch an wachen Tieren. Sie liegt meist unter 10 Hz und nicht selten unter 1 Hz: Das Ruhepotential corticaler Zellen schwankt meist 3–10 mV unterhalb der Schwelle [45].

Elektrocorticogramme. Leitet man zwischen 2 auf die Oberfläche der Hirnrinde aufgelegten

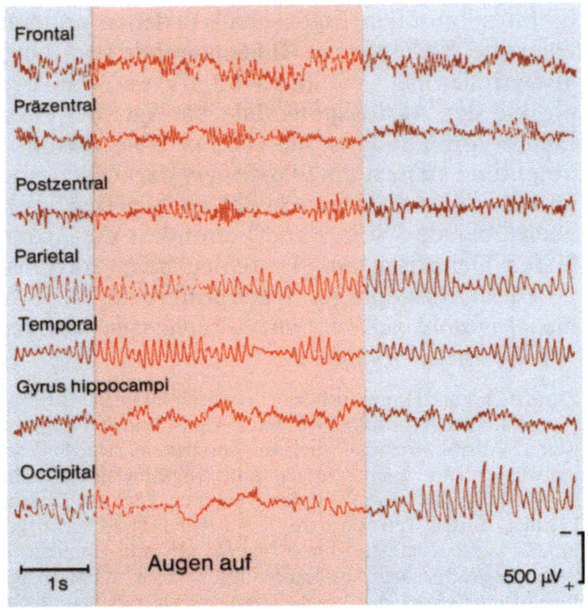

Abb. 6-7. Elektrocorticogramme des ruhenden, wachen Menschen, abgeleitet von den angegebenen Cortexarealen mit bipolaren Silberchlorid-Pinsel-Elektroden. Der α-Grundrhythmus überwiegt im occipitalen, temporalen und gesamten parietalen Cortex mit Ausnahme der Gyrus postcentralis. Schnellere Aktivität findet sich in den mehr frontalen Regionen, mit einem relativ reinen β-Rhythmus im Gyrus praecentralis. Der occipitale α-Rhythmus wird durch Öffnen der Augen blockiert (vgl. auch Abb. 6-11). (Aus PENFIELD und JASPER [28])

Elektroden oder zwischen einer solchen und einer indifferenten, entfernteren Elektrode (etwa am Ohrläppchen) ab, so lassen sich beim Menschen (Abb. 6-7) und anderen Vertebraten kontinuierliche *Potentialschwankungen* ableiten, die als **Elektrocorticogramme, ECoG,** bezeichnet werden. Ihre Frequenzen liegen zwischen 1 und 50 Hz und die Amplituden in der Größenordnung von 100 µV und mehr (Abb. 6-7).

Unter normalen Bedingungen hängen **Frequenz und Amplitude des ECoG** im wesentlichen ab von der Tierart, dem Ableiteort (Abb. 6-7) und dem Wachheitsgrad. **Beim Menschen** herrschen im wachen, aber entspannten Zustand langsame Wellen von 8–13 Hz vor, die besonders über dem Occipitalhirn deutlich ausgeprägt sind und als **α-Wellen** bezeichnet werden. Öffnen der Augen (s. unterste Ableitung in Abb. 6-7) bringt die α-Wellen für kurze Zeit zum Verschwinden **(α-Blockade)** und es treten hochfrequentere **β-Wellen** (14-30 Hz) niedrigerer Amplitude auf. (Für weitere Einzelheiten der Phänomenologie s. S. 144).

Entstehung des ECoG. Im ECoG spiegelt sich im wesentlichen die **postsynaptische Aktivität der corticalen Neurone** wider, nicht die fortgeleitete Impulsaktivität dieser Zellen und auch nicht Aktivitäten corticaler Gliazellen. Dies ist das Ergebnis zahlreicher Experimente, bei denen das ECoG simultan mit intra- und extracellulären Ableitungen corticaler Neurone registriert wurde.

Vereinfachend kann gesagt werden, daß eine *positive Potentialschwankung* auf der Cortexober-

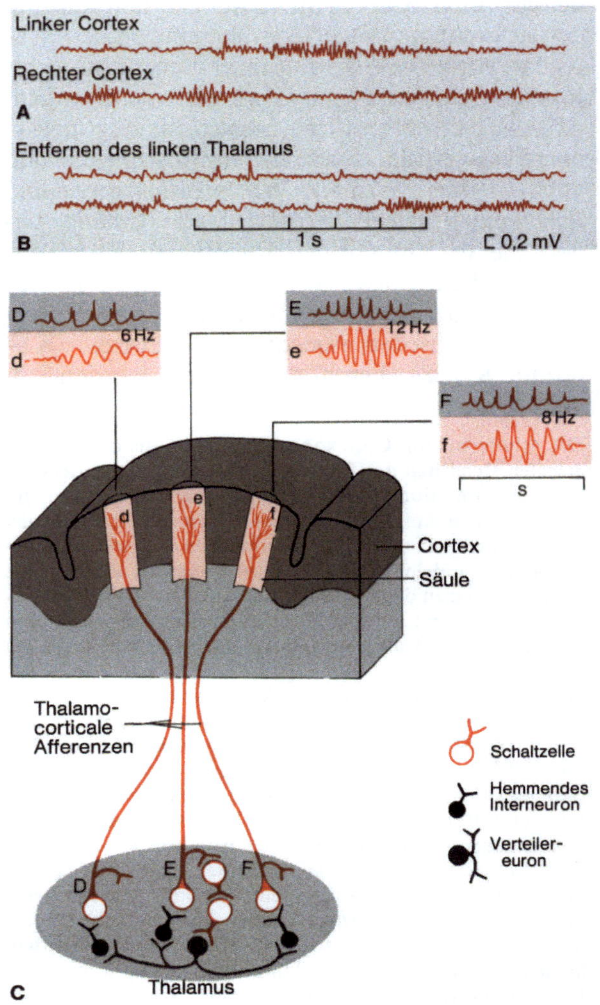

Abb. 6-8. Thalamischer Ursprung des α-Grundrhythmus. **A** Ableitung der Elektrocorticogramme vom linken und rechten motorischen Cortex der Katze. **B** Wie A, jedoch nach Absaugen des linken Thalamus. Die rhythmische Grundaktivität (α-Spindeln in Barbituratnarkose) ist *links* verschwunden, *rechts* unverändert. **C** Modell der Verschaltung thalamischer Schrittmacherareale mit dem Cortex (Projektion von **D, E, F** nach *d, e, f*) und untereinander. Die einzelnen Areale sind über „Verteilerneurone" miteinander verknüpft. Die Dauer und Intensität der hemmenden Rückkopplung innerhalb der einzelnen Schrittmachergruppen bestimmt den Grundrhythmus der thalamischen Entladungen (**D, E, F,** obere Ableitung) und der dadurch induzierten Elektrocorticogramme *d, e, f* (untere Ableitung). (Nach ANDERSEN und ANDERSSON [1])

fläche entweder durch erregende postsynaptische Potentiale in den tieferen Schichten des Cortex oder durch hemmende postsynaptische Potentiale in den oberflächlichen Schichten verursacht wird, während umgekehrt eine *negative Potentialschwankung* durch die jeweils entgegengesetzte synaptische Aktivität in den betreffenden corticalen Schichten ausgelöst wird [10, 25, 45].

Die *rhythmische Aktivität des Cortex,* insbesondere der α-Rhythmus, ist weitgehend durch die Tätigkeit tiefer liegender Strukturen, insbesondere des **Thalamus** induziert (Abb. 6-8). Einseitige Ausschaltung des Thalamus oder Deafferenzierung des Cortex (isoliertes Cortexareal) bringt ipsilateral die α-Wellen zum Verschwinden (Abb. 6-8 A, B), während umgekehrt Decortizierung die rhythmische Aktivität des Thalamus praktisch unverändert läßt. Intrathalamische Ableitungen weisen auf die Existenz multipler **thalamischer Schrittmacher** hin (Abb. 6-8C), die durch entsprechende erregende und hemmende Verknüpfungen in der Lage sind, rhythmische Aktivität zu induzieren und zu unterhalten. Sie werden ihrerseits durch thalamopetale Einflüsse in ihrer Tätigkeit modifiziert. Insbesondere **reticuläre Strukturen** wirken *rhythmusbildend (synchronisierend)* und *rhythmushemmend (desynchronisierend)* auf den Thalamus ein, wie im Abschn. 6.3 bei der Besprechung des Schlaf-Wach-Cyclus näher ausgeführt wird [1, 10].

Ereigniskorrelierte Potentiale, EKP. Neben der Spontanaktivität des Cortex treten v.a. nach psychologischen, motorischen und sensorischen Ereignissen charakteristische Potentialveränderungen auf, die in der Regel nur eine kleine Amplitude haben und deswegen mit Summationstechniken sichtbar gemacht werden müssen. Sie werden als **ereigniskorrelierte Potentiale, EKP** *(event related potentials, ERP)* bezeichnet [25]. Von diesen EKP haben wir in Kap. 5 bereits das *Erwartungspotential,* das *Bereitschaftspotential* und die *prämotorische Positivierung* als Beispiele von EKP bei Vorbereitungssituationen und Zielmotorik kennengelernt (Abb. 5-30). Diejenigen elektrischen Potentialschwankungen, die sich im ZNS als Antwort auf eine Reizung von Receptoren (Sensoren), von peripheren Nerven, von sensorischen Bahnen oder Kernen oder von anderen sensorischen Strukturen (z.B. Kernen, Bahnen, corticalen Arealen) registrieren lassen, werden als **evocierte Potentiale, EP** bezeichnet [40].

Nach Reizung peripherer somatischer Nerven oder Sensoren können von den sensomotorischen Rindenarealen (SI, SII) langsame, positiv-negative Potentialschwankungen registriert werden (Abb. 6-9), die als **somatisch evocierte Potentiale, SEP,** bezeichnet werden. Die erste, positive Potentialänderung wird **primäres evociertes Potential** genannt. Sie ist nur in einem streng umschriebenen Cortexbereich zu finden, dem corticalen Projektionsfeld des betreffenden Reizpunktes (bei Reizung eines Hautnerven also das somatotopisch zugehörige Areal des Gyrus postcentralis). Die späte Antwort, die anschließend folgt und deutlich länger andauert (Abb. 6-9C, D), wird **sekundäres evociertes Potential**

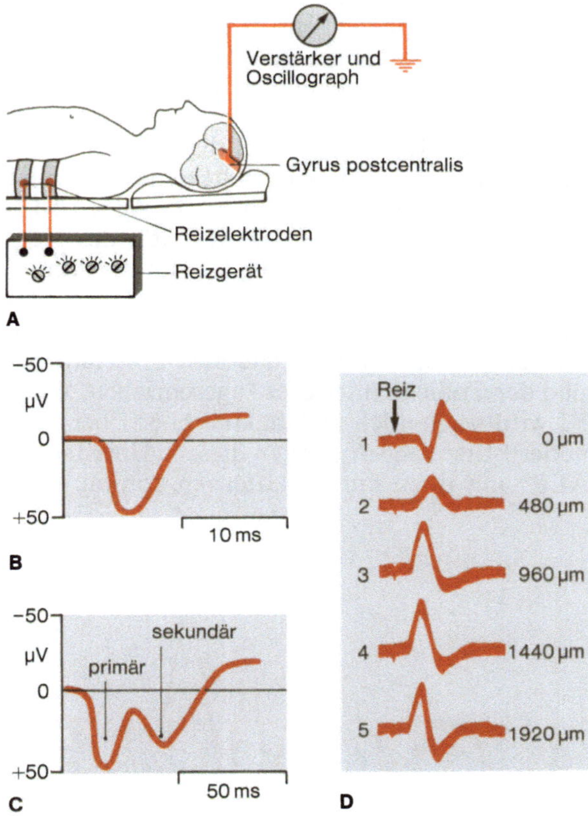

Abb. 6-9. Auslösung und Ableitung somatisch evocierter Potentiale beim Menschen **(A–C)** und bei der Katze **(D)**. **A** Versuchsanordnung. Statt der hier gewählten elektrischen Hautreizung können auch andere Reize (mechanische, thermische) gegeben werden. Die Ableitung erfolgt über eine EEG-Elektrode auf der Haut der Schädeldecke. **B** Primär evociertes Potential vom zugehörigen Projektionsfeld im Gyrus postcentralis. **C** Primäres und sekundäres evociertes Potential. Beachten Sie die unterschiedliche Zeitschreibung in B und C. **D** Corticales evociertes Potential, abgeleitet über eine Mikroelektrode. Beim Einführen der Mikroelektrode in die angegebenen Tiefen von der Cortexoberfläche (Ableitung 1, 0 µm) in Schritten von 480 µm (Ableitungen 2–5) ändert das Potential Polarität und Latenz. (B–D nach Th. Ruch et al.: Neurophysiology, 2. Aufl., W.B. Saunders, Philadelphia and London, 1965)

tential genannt. Dieses Potential wird in einem ausgedehnten Cortexgebiet gefunden.

Bezüglich des **Mechanismus der Entstehung evocierter Potentiale** herrscht weitgehend Einigkeit, daß sie, ähnlich wie die Wellen des Elektrocorticogramms, im wesentlichen die *synaptische Aktivität,* nicht die Impulsaktivität der Neurone widerspiegeln. So zeigt beispielsweise die Änderung der evocierten Potentiale bei Vordringen einer Mikroelektrode von der Cortexoberfläche in tiefere Rindenschichten (Abb. 6-9D), nämlich das Verschwinden der initialen positiven Komponente zugunsten einer initial negativen mit kürzerer Latenz, daß insbesondere die Neurone der inneren Körnerschicht (Schicht IV) während dieser Zeit depolarisiert, d.h. durch den afferenten Zustrom erregt werden, wie dies nach dem auf S. 138 Gesagten auch zu erwarten ist.

Die **diagnostisch-klinische Bedeutung der Messung von EP** liegt v.a. in der Überprüfung der Intaktheit peripherer sensorischer und subcorticaler Leitungssysteme. Als Beispiel diene das *akustisch-evocierte Potential,* **AEP,** in Abb. 6-10. In diesem summierten Potential sind 6 distinkte positive Gipfel sichtbar. Jeder wird durch aufeinanderfolgende Aktivität in einer Schaltstation der Hörbahn (vgl. Abb. 12-13) ausgelöst. Welle I wird der Aktivität des Hörnerven zugeschrieben; Welle II zeigt die Aktivität des Nucleus cochlearis, Welle III die des oberen Olivenkerns an. Die Wellen IV und V werden der Aktivität der lateralen Linsenkörper und der Colliculi inferiores zugeschrieben, Welle VI wird vermutlich auf thalamischer Ebene generiert. Erst nach Auftreten dieser **„Hirnstamm-AEP“** mit ihren kurzen Latenzen kommt es zu den späteren, dem Cortex zugehörigen EP (hier nicht im einzelnen erläutert).

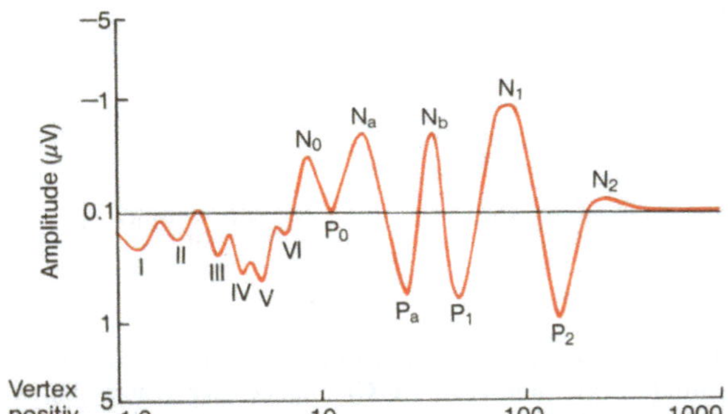

Abb. 6-10. Schematische Darstellung eines akustisch evozierten Potentials (AEP) (logarithmischer Maßstab der Zeitachse). Die Gipfel (Peaks) **I–VI** werden zwischen akustischem Nerv und lateralem Kniekörper (Corpus geniculatum laterale) generiert, also relativ weit entfernt von dem Ableitungsort und der Schädeloberfläche. Diese Gipfel werden daher auch „far field potentials“ genannt. Gipfel VI tritt in der Vertexableitung nicht hervor. Die mit *N* (negativ) und *P* (positiv) bezeichneten Gipfel repräsentieren wahrscheinlich Aktivität aus Thalamuskernen, dem akustischen Cortex und Assoziationsarealen. (Aus [25] nach Picton et al., J. Electroenc. Clin. Neurophysiol. *36*, 179, 1974)

Ähnlich wie das SEP (Abb. 6-9) und das AEP (Abb. 6-10) können auch *visuell evocierte Potentiale,* **VEP,** registriert und diagnostisch verwertet werden. Ihre Struktur ist gegenüber SEP und AEP komplexer und variabler, da das Auge mehr Information (Leuchtdichte, Farbe, Muster, Kontrast etc.) aufnimmt und zu den primären und sekundären Projektionsarealen weiterleitet. Zur Auslösung werden in der Neurologie, Ophthalmologie und Psychophysiologie v.a. einerseits Lichtblitze, zum anderen Schachbrett- und Streifenmuster eingesetzt [4, 25, 40].

Corticale Gleichspannungspotentiale. Normalerweise kann zwischen der corticalen Oberfläche und der darunterliegenden weißen Substanz oder einer entfernt liegenden Referenzelektrode eine Gleichspannungsdifferenz von mehreren Millivolt (Oberfläche negativ) abgeleitet werden. Dieses **corticale Gleichspannungs- oder Bestandspotential** weist aber ebenfalls *Schwankungen,* wenn auch von wesentlich geringerer Frequenz als der des ECoG, auf. So wird z.B. die Cortexoberfläche beim Übergang in den Schlaf positiver, während umgekehrt Weckreaktionen ebenso wie Aktivitätssteigerungen des wachen Tieres mit einer Negativierung der Oberfläche einhergehen. Auch führen lokalisierte oder generalisierte Krampfentladungen und Störungen der Atemgasversorgung (O_2-Mangel, CO_2-Überschuß) zu charakteristischen, negativen Gleichspannungsänderungen, aus deren Zeitverlauf und Polarität auch prognostische Schlüsse über die Reversibilität der corticalen Schädigung möglich sind. Leider ist die **klinisch-diagnostische Nutzung** dieser Erkenntnisse nur selten möglich, da eine routinemäßige Ableitung von Gleichspannungspotentialen wegen der zahlreichen Störmöglichkeiten (v.a. Elektrodenpotentiale unbekannter Herkunft) technisch schwer zu realisieren ist [10, 35, 45].

Über den **Ursprung der corticalen Gleichspannungspotentiale** gibt es noch keine einheitliche Vorstellung. Gesichert scheint, daß die negativen Gleichspannungsverschiebungen primär auf Depolarisationen der apicalen Dendriten in Schichten I und II zurückzuführen sind, die von unspezifischen thalamischen Afferenzen ausgelöst werden. Gliazellen tragen indirekt zur Dauer und Amplitude dieser Potentiale bei, weisen aber selbst keine postsynaptische Potentiale auf. Potentialdifferenzen an der Blut-Hirn-Schranke und an den Meningen kommen als Generatoren nicht in Betracht.

Das Elektroencephalogramm (EEG)

Definition, Entstehungsmechanismus. Nicht nur von der Oberfläche des freigelegten Cortex (Elektrocorticogramm, s.o.), sondern auch von der *unverletzten Kopfhaut der Schädeldecke* lassen sich kontinuierliche Potentialschwankungen ableiten, die als **Elektroencephalogramm** (synonym: Elektrencephalogramm), abgekürzt **EEG,** bezeichnet werden. Diese Möglichkeit, die elektrische Hirnaktivität des Menschen zu registrieren, wurde von Hans Berger entdeckt, der zwischen 1929 und 1938 die Grundlagen für die klinischen und experimentellen Anwendungen dieser Methode legte. Die **Bedingungen bei der Ableitung** entsprechen im wesentlichen denen bei der Ableitung des Elektrocorticogramms. Es kommt allerdings durch den elektrischen Widerstand der zwischen Gehirnoberfläche und Elektroden liegenden Gewebe zu einer Verkleinerung der Amplitude der Potentialschwankungen und durch die größere Entfernung der Ableitelektroden von den Potentialgeneratoren (und damit der Ableitung von einem etwas größeren corticalen Areal) zu einem „Ausmitteln" der schnelleren Potentialschwankungen. Das EEG ist also gegenüber dem ECoG von kleinerer Amplitude und etwas niederfrequenter. Ansonsten sei für den **Entstehungsmechanismus des EEG** auf die entsprechenden Ausführungen über die Entstehung des ECoG (s. S. 140) verwiesen.

Ableitung und Auswertung des EEG. Das Registrieren des EEG ist ein international angewandtes Routineverfahren in der neurologischen Diagnostik. Um Vergleiche zu ermöglichen, sind daher die Lage der Ableitelektroden

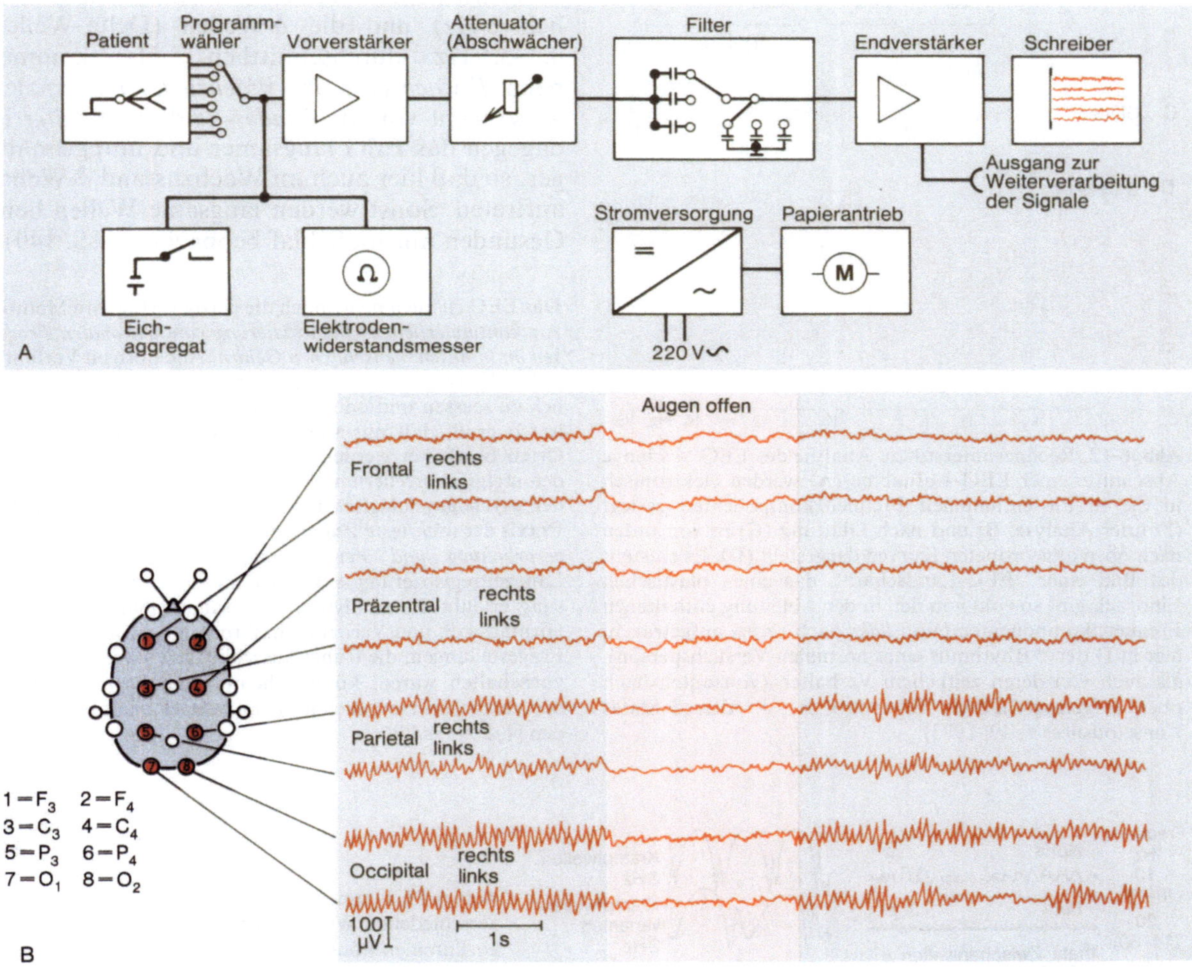

Abb. 6-11. A Blockschaltbild eines EEG-Gerätes. Ein Gerät hat bis zu 16 parallele Registrierkanäle, von denen hier nur einer gezeigt ist. **B** Normales EEG eines ruhenden, wachen Menschen. Simultane, achtkanalige, unipolare Ableitung von den angegebenen Orten auf der Schädeldecke. Öffnen der Augen blockiert den α-Rhythmus. Vergleiche mit Abb. 6-7. (Nach Richard Jung)

(Abb. 6-11 B, links) und die Ableitbedingungen (Schreibgeschwindigkeiten, Zeitkonstanten und Filter des Verstärkersystems) **weitgehend standardisiert** worden. Das EEG wird dabei entweder **bipolar,** d.h. zwischen 2 auf dem Schädeldach aufgebrachten Elektroden, oder **unipolar** zwischen einer *differenten* Elektrode auf der Kopfschwarte und einer entfernt liegenden *indifferenten* Elektrode (z.B. Ohrläppchen) abgeleitet (Abb. 6-11). Die **Auswertung** konzentriert sich v.a. auf Frequenz, Amplitude, Form, Verteilung und Häufigkeit der im EEG enthaltenen Wellen. Sie kann „von Hand" oder auch mit Hilfe analog und digital arbeitender Analysatoren erfolgen. Ein Beispiel zeigt Abb. 6-12. Für Einzelheiten wird auf die Literatur verwiesen [10, 25].

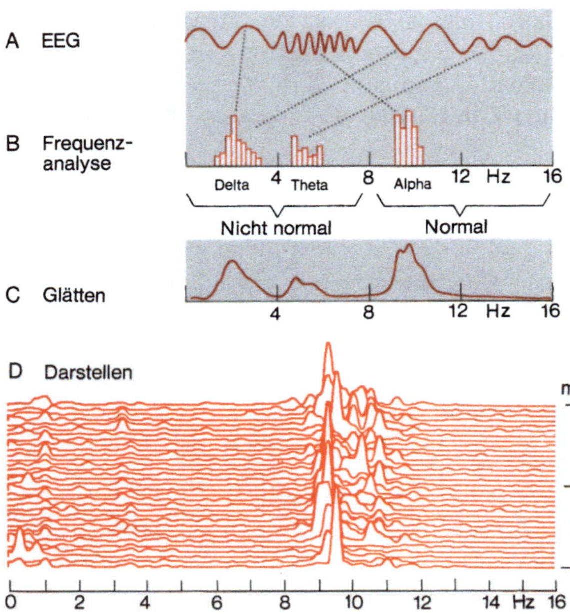

Abb. 6-12. Rechnerunterstützte Analyse des EEG. 4 s lange Abschnitte einer EEG-Aufnahme (**A**) werden elektronisch in die in ihr enthaltenen Frequenzkomponenten zerlegt (Fourier-Analyse, **B**) und nach Glättung (**C**) in von unten nach oben angeordneten Kurven dargestellt (**D**). Es entsteht das Bild einer „EEG-Landschaft", das einen plastischen Eindruck gibt sowohl von den in der Ableitung enthaltenen Frequenzkomponenten (Von *links* nach *rechts* aufgetragen, hier in D der α-Rhythmus einer normalen Versuchsperson), als auch von deren zeitlichem Verhalten (von unten nach oben aufgetragen). (Aus Bickford, R.: J. Altered States Consciousness *1*, 49, 1973)

Formen des EEG; diagnostische Bedeutung. Bei der Besprechung des ECoG (Abb. 6-7) wurde schon erwähnt, daß beim *gesunden Erwachsenen* in Ruhe und bei geschlossenen Augen der **α-Grundrhythmus** (α-Wellen, 8-13 Hz, durchschnittlich 10 Hz) vorherrscht, der occipital besonders stark ausgeprägt ist (*synchronisiertes EEG,* Abb. 6-11). Beim Öffnen der Augen und bei anderen Sinnesreizen verschwinden die α-Wellen **(Alpha-Blockade)** und es treten hochfrequentere **β-Wellen** (Beta-Wellen, 14–30 Hz, durchschnittlich 20 Hz) kleinerer Amplitude auf: das EEG wird *desynchronisiert* (Abb. 6-11). Andere, d.h. deutlich langsamere Wellenformen größerer Amplitude (Abb. 6-13, links), wie die **ϑ-Wellen** (Theta-Wellen, 4–7 Hz, durchschnittlich 6 Hz) und die **δ-Wellen** (Delta-Wellen, 0,3–3,5 Hz, durchschnittlich 3 Hz) kommen beim *Erwachsenen im Wachzustand* normalerweise nicht vor. Im *Kindes- und Jugendalter* ist dagegen das EEG langsamer und unregelmäßiger, so daß hier auch im Wachzustand δ-Wellen auftreten. Sonst werden langsame Wellen beim Gesunden nur im Schlaf beobachtet (s. S. 149).

Das EEG ist auch heute noch die einzig verfügbare Methode zur *kontinuierlichen Quantifizierung von neuronalen Prozessen im intakten menschlichen Gehirn.* Alle übrigen Verfahren (s. S. 145–147) sind entweder nicht in der Lage, kontinuierlich zu messen und/oder der finanziell-technische Aufwand ist so groß, daß nur wenige Fragestellungen an wenigen Orten bearbeitet werden können. Das EEG einschließlich der ereigniskorrelierten Potentiale bleibt daher sowohl in der **psychophysiologischen Forschung** wie in der **klinischen Praxis** der *wichtigste Zugang zur menschlichen Informationsverarbeitung und Verhaltenssteuerung* Die problemlose Langzeitregistrierung verbunden mit hoher zeitlicher Auflösung erlaubt die Analyse von Zusammenhängen zwischen Hirntätigkeit und Verhalten in ihrem dynamischen Verlauf. Fragestellungen, die früher ausschließlich Tierexperimenten vorbehalten waren, können heute ohne Beeinträchtigung der Versuchsperson auch im Humanbereich untersucht werden [4, 25, 35, 40].

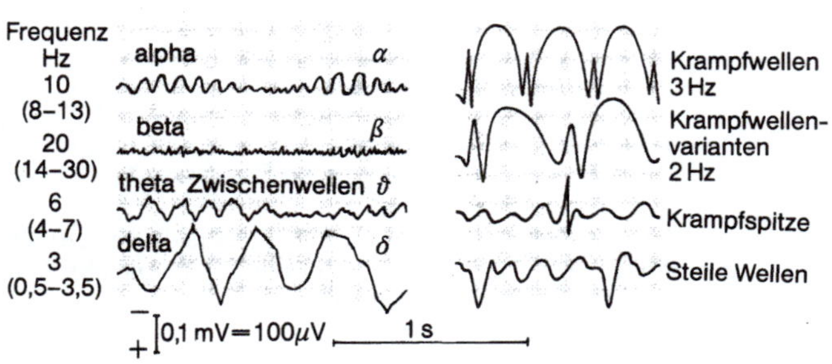

Abb. 6-13. Hauptformen des EEG. *Links* die verschiedenen Wellenarten, die bei Gesunden vorkommen können. Besprechung im Text. *Rechts* Beispiele für Krampfpotentiale, wie sie v.a. bei Epilepsie abgeleitet werden. Die charakteristische Abfolge spitzer und langsamer Krampfwellen wird als „Spike-and-wave"-Komplex bezeichnet. (Nach Richard Jung)

Für die **klinische Bedeutung des EEG** werden hier nur einige Beispiele angeführt [30]. So zeigt Abb. 6-13 rechts eine Reihe von **Krampfpotentialen,** wie sie v.a. bei Epilepsie vorkommen. Andere Allgemeinveränderungen, wie *Verlangsamungen und Unregelmäßigkeiten des Kurvenbildes,* treten bei diffusen organischen Hirnkrankheiten, nach Hirntraumen und bei Stoffwechselintoxikationen (Koma) auf. Auch Tumoren führen häufig zu (umschriebenen) EEG-Veränderungen. Daneben ist zu beachten, daß viele Medikamente, besonders Psychopharmaka, das EEG beeinflussen. Ein generalisiertes Erlöschen des EEG **(isoelektrisches oder Nullinien-EEG)** wird in Zweifelsfällen immer mehr als *Kriterium des Todes* benutzt. Wird nämlich durch die Anwendung moderner Wiederbelebungs- (Reanimations-)Methoden ein Kreislauf- und Atemstillstand unterbrochen, aber der Patient erwacht weder aus seiner Bewußtlosigkeit, noch kehrt seine Spontanatmung zurück, liegt der Verdacht nahe, daß Hirnrinde und Hirnstamm durch die Ischämie (fehlende Durchblutung) irreversibel geschädigt wurden. Ein solcher **Hirntod** zeichnet sich nicht nur durch die bisher beschriebenen Symptome (Nullinien-EEG, Bewußtlosigkeit, keine Spontanatmung), sondern auch durch fehlende Lichtreaktion und Mydriasis (Weitstellung) der Pupillen, sowie durch Areflexie, Atonie und Reaktionslosigkeit aus.

Hirnrinde und Hirnstamm haben eine *geringe Ischämietoleranz.* Die zeitliche Grenze, innerhalb deren eine Ischämie überlebt werden kann, die **Wiederbelebungs-** oder **Strukturerhaltungszeit,** beträgt bei ihnen nur 3–8 min (Hirnrinde) bzw. 7–10 min (Hirnstamm). Bei anderen Organen ist die Wiederbelebungszeit beträchtlich länger. Sie liegt bei normaler Körpertemperatur beispielsweise für das Myokard bei 20 min und für die Niere bei 150 min. Daher können diese Organe, auch bei einem schon eingetretenen Hirntod, durch Reanimation am Leben gehalten und evtl., v.a. wenn der Hirntod bei einem jungen gesunden Menschen als Folge eines Unfalls auftrat, zur **Organtransplantation** herangezogen werden.

Magnetencephalographie, MEG. Neben den im EEG registrierten elektrischen Feldern ruft jede Bewegung elektrischer Ladungen ein Magnetfeld hervor. Dementsprechend generiert auch das Gehirn schwache magnetische Felder (Flußdichte weniger als der 10millionste Teil des Erdmagnetfeldes), die mit hochempfindlichen, mit flüssigem Helium gekühlten Detektoren (SQUID: superconducting quantum interference devices) nachgewiesen werden können. Der Vorteil dieses aufwendigen Verfahrens gegenüber dem EEG liegt in seiner wesentlich **besseren räumlichen Auflösung der Entstehungsorte corticaler Aktivität** (bedingt durch die fehlende Einstreuung von benachbarten Regionen). Es wird derzeit nur zu Forschungszwecken eingesetzt.

Hirnaktivität, Hirnstoffwechsel und Hirndurchblutung

Das Gehirn verbraucht rund 50 ml O_2/min, also etwa 20% des Gesamtbedarfs an O_2 eines ruhenden Menschen. Entsprechend beansprucht

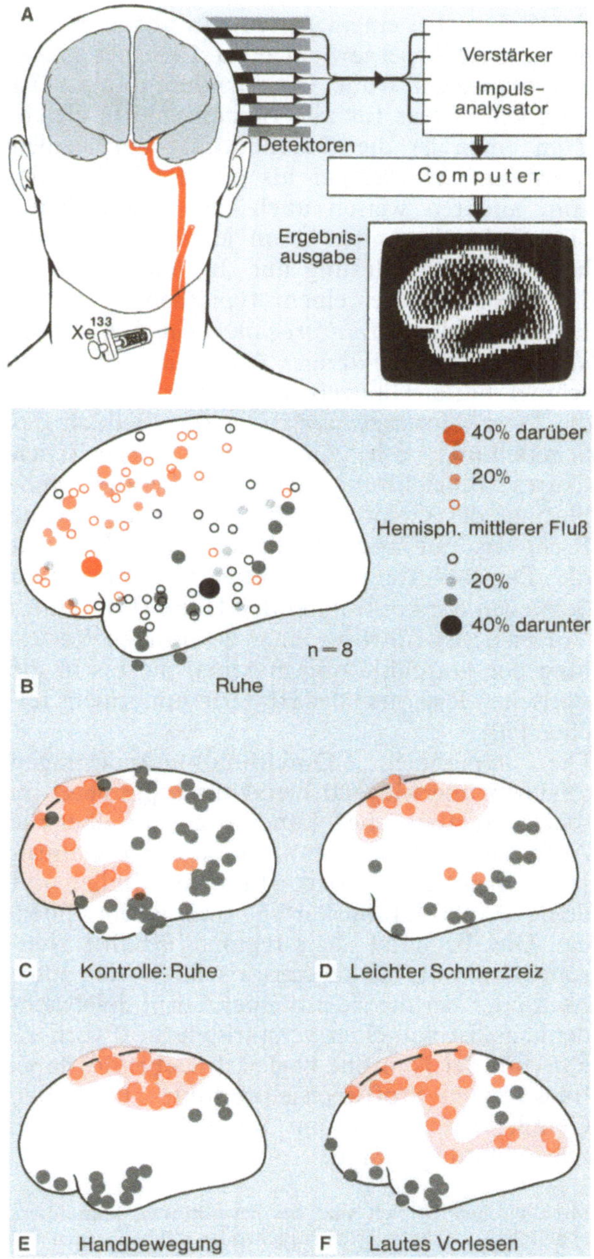

Abb. 6-14. Messung der regionalen Hirndurchblutung mittels intraarterieller Injektion von ^{133}Xe in die Carotis interna (N.A. LASSEN und D.H. INGVAR). Aufnahme und Wiederausschwemmung dieses Gases in den verschiedenen Hirnregionen wird mit seitlich am Kopf angebrachten Geigerzählern (bis zu 245 Stück) gemessen. Mit Hilfe eines Computers wird die zugehörige Hirndurchblutung errechnet und numerisch oder graphisch angegeben. **A** Überblick über die Methodik. **B** Durchblutung der dominanten Hemisphäre in entspannter Ruhe. Mittelwerte von 8 Versuchspersonen. Abweichungen der Durchblutung vom Mittelwert sind entsprechend dem rechts gezeigten Schlüssel angegeben. **C** entspricht B: es sind aber nur diejenigen Areale angegeben, deren Durchblutung mindestens 20% über oder unter dem Mittelwert liegt. **D–F** Veränderung der regionalen Hirndurchblutung bei den angegebenen Hirnaktivitäten, Darstellung wie in C. Messungen von D.H. INVAR u. Mitarb. (Aus [50])

das Gehirn bei einem Anteil von nur 2,5% am gesamten Körpergewicht etwa 15% des Herzzeitvolumens in Ruhe. Die Hirndurchblutung ist aber keineswegs für alle Hirnabschnitte gleich. Zum einen ist die Durchblutung der weißen Substanz viel geringer als die der Hirnrinde, zum anderen weisen auch die verschiedenen Hirnrindenabschnitte kaum je eine völlig einheitliche Durchblutung auf. In *Ruhe* (Abb. 6-14A, B), also bei einem typischen α-Wellen-EEG, sind die *Stirnhirnregionen deutlich stärker durchblutet als die übrigen Hirnareale*. Bei leicht schmerzhafter Hautreizung (C) verschieben sich die Durchblutungsmaxima in den Bereich des Scheitelhirns, d.h. zum primär sensorischen Cortex. (Gleichzeitig steigt die Gesamtdurchblutung des Gehirns leicht an.) In die gleiche Richtung, nur noch deutlicher, verändert sich die Durchblutung bei aktivem Öffnen und Schließen der kontralateralen Hand (D). Lautes Vorlesen (E) führt zu einer z-förmigen Verteilung der Durchblutungsmaxima, die bis in die optischen Regionen des Hinterhauptlappens reichen [50].

Die regionalen Durchblutungsänderungen scheinen überwiegend **metabolisch gesteuert** zu sein. „Metabolische" Landkarten, die über die Aufnahme radioaktiver Glucose in die Gehirnzellen ermittelt wurden, stimmen nämlich mit den „Durchblutungskarten" weitgehend überein. Dies bedeutet: Jede regional erhöhte Neuronenaktivität, sei sie sensorisch, sei sie motorisch oder beruhe sie auf einer Form des Nachdenkens, ist von einer verstärkten Stoffwechselaktivität der Neurone begleitet, wobei die dabei freigesetzten Stoffwechselprodukte zu lokalen Gefäßerweiterungen und damit zur verstärkten Durchblutung führen.

Im klinischen Bereich sind bei bewußtlosen, komatösen, apallischen, hochgradig dementen oder schizophrenen Patienten die jeweils zu beobachtenden Ausfälle sensorischer, motorischer und geistiger Leistungen immer von entsprechenden Abnahmen der Gesamt- und der jeweiligen Regionaldurchblutung begleitet [50]. Die Methode wird daher zunehmend klinisch Bedeutung gewinnen, besonders wenn es gelingt, ihr Auflösungsvermögen zu verfeinern und auch die unter der Oberfläche liegenden Hirnregionen in die Messung einzubeziehen.

Bildgebende Verfahren zur Darstellung von Hirnstrukturen und -aktivitäten

Neben den bisher genannten Verfahren zur Darstellung der Hirnaktivität (EEG, Durchblutungsmessung mit der Xenon-Methode) ist, v.a. durch die Einführung des Computers zur Verarbeitung großer Datenmengen, in den letzten Jahren eine Reihe von bildgebenden Verfahren entwickelt bzw. weiterentwickelt worden, die in Forschung und Klinik jetzt schon große Bedeutung erlangt haben und dies noch zunehmend tun werden. Es handelt sich einmal um die **Röntgencomputertomographie, CT,** zum zweiten um die **Positronemissionstomographie, PET** und zum dritten um die **Kernspintomographie, NMR** (NMR: nuclear magnetic resonance). Ohne auf ihre methodischen Grundlagen im einzelnen einzugehen, sollen ihre jeweiligen Vorteile bei der Darstellung des lebenden Gehirns im folgenden kurz dargestellt werden. Im Gegensatz zu anderen Körperregionen ist dagegen die **Ultraschalluntersuchung im Schädelbereich** wegen der großen Knochenmassen nur eingeschränkt einsetzbar.

CT. Da Hirngewebe die Röntgenstrahlen überall etwa gleich stark absorbiert, mußte bis vor wenigen Jahren zur neuroradiologischen Untersuchung entweder Luft in die Liquorräume *(Pneumencephalographie)* oder ein Kontrastmittel in eine der großen Kopfarterien *(Angiographie)* eingespritzt und danach Röntgenaufnahmen gemacht werden. Beide Methoden sind nicht ungefährlich und belasten den Patienten. Beim CT wird dagegen ein feiner Röntgenstrahl in der gewünschten Ebene kreisförmig um den Kopf geführt und die auf der gegenüberliegenden Seite des Kopfes ankommende Strahlung mit einem Szintillationszähler gemessen. Es werden also von jeder Geweberegion Röntgenbilder aus mehreren Richtungen aufgenommen. Mit Hilfe aufwendiger Computerprogramme wird dann aus diesen zahlreichen Registrierungen für jeden Punkt in der Meßebene die Strahlungsdichte des Gewebes errechnet. Es resultiert ein **kontrastreiches Schnittbild** der ausgemessenen Hirnebene, das eine räumliche Auflösung von 0,5–1 mm bei einer Schichtdicke von 2–13 mm hat. Die Strahlenbelastung ist dabei nicht größer als bei einer konventionellen Röntgenaufnahme.

PET. Zur PET werden Radioisotope biologisch wichtiger Atome (^{18}F, ^{15}O, ^{13}N, ^{11}C) verwendet, die Positrone freisetzen. Die Positrone kollidieren nach kurzer Wegstrecke (2–8 mm) mit einem Elektron. Diese Reaktion führt zum Untergang der beiden Teilchen unter Aussendung von 2 γ-Strahlen unter einem Winkel von genau 180°. Diese γ-Strahlen werden von rund um den Kopf angeordneten Photodetektoren aufgefangen, wobei nur dann ein Meßpunkt registriert wird, wenn 2 genau gegenüberliegende Detektoren gleichzeitig getroffen werden. Aus diesen Daten wird wiederum ein Schnittbild errechnet, dessen Bildinhalt (also die elementare Meßgröße) die Zerfallsdichte des jeweiligen Isotops ist. Es werden also die unterschiedlichen Aktivitätskonzentrationen in dem untersuchten Volumen erfaßt. Baut man die oben genannten Isotope in Substanzen wie Wasser, Glucose, Aminosäuren oder andere biologisch interessante Moleküle ein, so kann man damit die **Verteilung der jeweiligen Substanzen im Gehirn** messen (s. die oben erwähnte „metabolische Landkarte" des Glucoseverbrauchs der Hirnzellen). Das Auflösungsvermögen des PET liegt bei 4–8 mm, die Zeitauflösung bei 1 s. Da die benötigten Isotope eine kurze Halbwertszeit haben, muß das zur Herstellung der Isotopen benötigte Cyclotron in unmittelbarer Nähe liegen. Das Verfahren ist aus dem gleichen Grund sehr teuer.

NMR. Die Kernspinresonanz ist in Physik und Chemie seit langem ein gängiges spektroskopisches Analyseverfahren zur Strukturaufklärung von Molekülen. Ihr Einsatz in der medizinischen Diagnostik verlangt zur Rekonstruktion eines Schnittbildes zusätzliche, räumliche Information, da nicht nur das Vorhandensein, sondern auch der Ursprung des Antwortsignals erfaßt werden muß. Entsprechende Techniken konnten erst in den letzten Jahren entwickelt werden. Die physikalischen Grundlagen der NMR sind komplex. Sie beruhen auf der Tatsache, daß Atomkerne rotieren (also einen Drehimpuls oder Spin aufweisen) und dabei wegen der in ihnen eingelagerten Protonen ein Magnetfeld erzeugen, dessen beide Pole auf der Drehachse des Kerns liegen. Ähnlich wie bei Kompaßnadeln kann man daher die Drehachsen, die normalerweise völlig zufällig in sämtliche Raumrichtungen zeigen, durch ein von außen angelegtes Magnetfeld beeinflussen und ausrichten. Unter günstigen Umständen kommt es dabei zu „Anregungen" oder Resonanzen der Atomkerne, die zur Aussendung einer elektromagnetischen Strahlung führen. **Auftreten und Abklingen dieser Resonanzstrahlung** werden registriert, sie stellen also **das eigentliche Meßsignal** dar. Ein besonders guter Resonator ist der Kern des im Körperwasser und vielen anderen Molekülen enthaltenen Wasserstoffatoms. Seine Resonanz wird daher in der medizinischen NMR gemessen. Es können Bilder in jeder beliebigen Schnittrichtung erzeugt werden. Die Schichtdicke beträgt derzeit zwischen 5 und 10 mm, und innerhalb eines Bildes werden noch Details von etwa 1 mm erkennbar. Die Zeitauflösung ist dagegen mit 10–20 s noch schlecht. Die Kontrastauflösung entspricht der des CT und ist sicher noch steigerungsfähig. Unsicher ist derzeit noch, ob die angelegten Magnetfelder ab einer bestimmten Stärke gesundheitsgefährdend sein könnten. Diagnostisch eingesetzte Geräte verwenden derzeit Feldstärken von 0,2 Tesla, experimentelle Geräte bis zu 2,3 Tesla (50000fache Stärke des Erdmagnetfeldes) und mehr. Magnetfelder <2 Tesla werden derzeit für unbedenklich gehalten.

6.3 Wachen und Schlafen

Circadiane Periodik als Grundlage des Wach-Schlaf-Rhythmus

Der circadiane Oscillator. Nahezu alle Lebewesen, vom Einzeller bis zum Menschen, weisen rhythmische Zustandsänderungen ihrer Organe und Funktionen auf. Diese sind häufig an die mit der Erddrehung verbundene 24-h-Periodik gekoppelt (aber auch an die Gezeiten, die Mondphasen und den Jahreslauf), so daß häufig der Schluß gezogen wurde, die tierische und menschliche Tagesperiodik sei eine passive Reaktion des Organismus auf die Periodik der Umwelt. Zahlreiche Experimente haben aber eindeutig gezeigt, daß diese Periodik auch *nach Ausschalten aller Umweltfaktoren* weiterläuft. Allerdings ist bei dieser **freilaufenden Periodik** die Periodendauer häufig kürzer oder länger als 24 h. Dies zeigt an, daß die Ursache der Periodik nicht in der Umwelt, sondern in endogenen Prozessen (noch unbekannter Natur) zu suchen ist (biologische Uhr). Die endogene Periodik entspricht also nur ungefähr (circa) der natürlichen Dauer des Tages (dies), weshalb sie als **circadian** bezeichnet wird. Die freilaufende ciradiane Periodik klingt über lange Zeit (Wochen, Monate) nicht ab, verhält sich also wie ein **selbsterregter Oscillator.** Normalerweise wird die Periodik dieses Oscillators durch **äußere Zeitgeber,** z.B. den Hell-Dunkel-Wechsel oder soziale Faktoren auf die 24-h-Tages-Periodik **synchronisiert** [3, 7, 38, 42].

Ciradiane Periodik beim Menschen. Tagesperiodische Verläufe sind am Menschen für mehr als 100 Meßgrößen von Organen und Funktionen nachgewiesen [42]. Bekannt ist z.B. die tägliche Schwankung der Körpertemperatur mit einem Minimum am frühen Morgen und einem um etwa 1–1,5° C höheren Maximum am Abend. Die eindrucksvollste tagesperiodische Schwankung ist jedoch der **Wach-Schlaf-Cyclus.** Daher überrascht es nicht, daß die zahlreichen, normalerweise mit dem Eintritt des Schlafes verbundenen Umstellungen im Organismus, wie der Abfall der Körpertemperatur, der Herzfrequenz und der Atemfrequenz (Abb. 6-17), *ursächlich* auf den Schlaf zurückgeführt wurden. Zahlreiche Versuche haben jedoch gezeigt, daß die Tagesperiodik dieser und vieler anderer vegetativer und psychischer Meßgrößen auch *bei Schlafentzug* bestehen bleibt. Daraus und aus anderen Versuchen wurde gefolgert, daß der Mensch (und andere hochorganisierte Vielzeller) **eine ganze Reihe circadianer Oscillatoren** mit etwas unterschiedlicher Periodendauer besitzt. Diese werden teils untereinander, teils durch äußere **Zeitgeber** synchronisiert.

Einen deutlichen Hinweis für die **eigenständige Periodik vegetativer Rhythmen** geben *Untersuchungen an Schichtarbeitern,* bei denen z.B. sich die Rhythmen der Körpertemperatur und anderer Meßgrößen auch bei längerer Nachtarbeit in ihrer Phasenlage nur wenig ändern, wenn auch der normale Kurvenverlauf durch die Nachtarbeit *verformt* wird. Offensichtlich sind die **sozialen Kontakte** und die **Kenntnis der Tages- und Uhrzeit** als **Zeitgeber** für die Phasenlage der circadianen Oscillatoren entscheidender als der Tätigkeitsrhythmus und das dadurch bedingte Wach-Schlaf-Verhalten. Eine der Folgen dieser Konfliktsituation sind Minima der Leistungsfähigkeit in den Stunden nach Mitternacht, was zur Häufung von Fehlhandlungen und Unfällen in dieser Zeit führt (s. auch S. 697).

Unter **Abschluß von der Umwelt** (Versuche in unterirdischen Bunkern und Höhlen) stellt sich auch beim **Menschen eine circadiane Periodik**

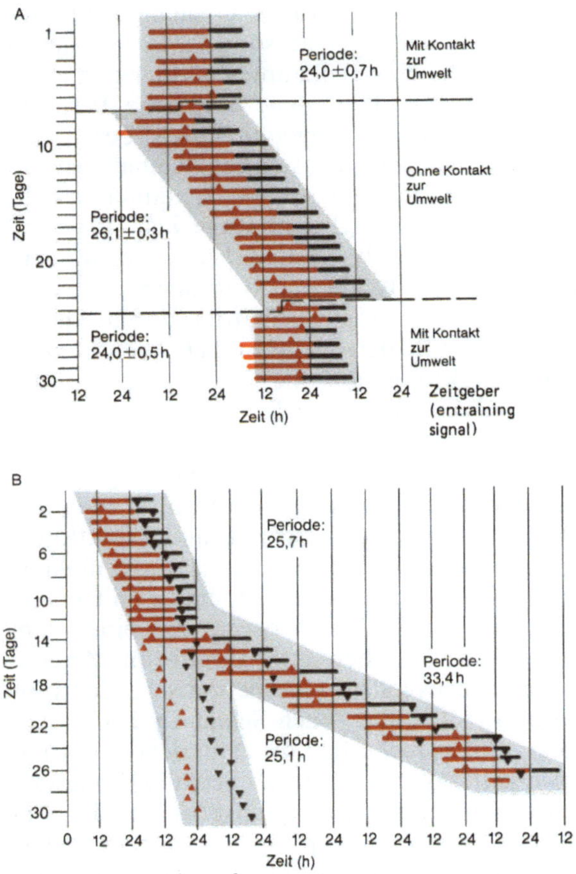

Abb. 6-15. Circadiane Periodik des Menschen. **A** Rhythmus des Wachens (*rote Balkenabschnitte*) und Schlafens (*schwarze Balkenabschnitte*) einer Versuchsperson in der Isolierkammer bei offener Tür (also mit sozialem Zeitgeber) und in Isolation (ohne Zeitgeber). Die *Dreiecke* geben den Zeitpunkt der höchsten Körpertemperatur an. Bei offener Tür betrug die Periodendauer jeweils genau 24 h (mittlere tägliche Abweichungen ±0,7 bzw. ±0,5 h), in der Isolation aber 26,1±0,3 h. **B** Aktivitätsrhythmus einer im Bunker isolierten Versuchsperson, bei der sich am 15. Tag der Temperaturrhythmus (Maxima = *rote Dreiecke nach oben.* Minima = *graue Dreiecke nach unten*) vom Wach-Schlaf-Rhythmus abkoppelt und mit einer Periode von 25,1 h weiterläuft. Der Wach-Schlaf-Rhythmus (Aktivitätsrhythmus) sprang zu dieser Zeit aus unbekannten Gründen auf eine Periode von 33,4 h (Messungen von Prof. J. Aschoff, Seewiesen, u. Mitarb.)

ein, deren Dauer bei der Mehrzahl der Versuchspersonen etwas über 24 h liegt (Abb. 6-15A). Auch hier läßt sich die unterschiedliche Periodendauer und relative Unabhängigkeit einzelner Oscillatoren nachweisen. So verschieben sich in Abb. 6-15A die Maxima der Körpertemperatur (Dreiecke nach oben) in den ersten Tagen der freilaufenden circadianen Periodik deutlich gegenüber ihren Positionen im synchronisierten Wach-Schlaf-Rhythmus, die noch in den ersten beiden Tagen zu sehen sind. Dies spricht dafür, daß diese beiden Oscillatoren miteinander gekoppelt sind, wobei ihre Phasenverschiebung von den jeweiligen Umständen, besonders der Periodenlänge des ganzen Systems abhängt. Wenn im Extremfall der Wach-Schlaf-Rhythmus in der Isolation besonders lange Werte annimmt (Abb. 6-15B, in einzelnen Fällen sind 48-h-Perioden, also *bicircadiane Rhythmen* beobachtet worden [38, 42]), werden die vegetativen Funktionen völlig abgekoppelt **(interne Desynchronisation)** und laufen mit der ursprünglichen Periodendauer von etwa 25 h weiter. Mit anderen Worten, die offenbar weniger flexible „Temperaturuhr" kann der neuen, extrem langen Periode der „Aktivitätsuhr" nicht folgen und löst sich daher vom Schlaf-Wach-Rhythmus.

Wird der **äußere Zeitgeber einmalig in seinem Rhythmus verschoben,** z.B. verkürzt durch Flug nach Osten oder verlängert durch Flug nach Westen, so brauchen die circadianen Systeme etwa 1 Tag pro Zeitzone (1 h), um ihre normale Phasenlage zum Zeitgeber zurückzugewinnen („jet-lag"). Die Resynchronisation erfolgt bei Flügen nach Westen deutlich schneller als bei Flügen nach Osten (Phasenverlängerungen resynchronisieren leichter als Phasenverkürzungen). Auch die einzelnen Systeme unterscheiden sich in den zur Resynchronisation notwendigen Zeiten. Die soziale und berufliche Aktivität läßt sich dem verschobenen Zeitgeber schnell anpassen, Körpertemperatur und andere vegetative Funktionen folgen langsamer. Diese Dissoziation trägt zur vorübergehenden Leistungsminderung nach Langstreckenflügen bei.

Das Verhältnis der Aktivitäts- zu den Ruhezeiten innerhalb einer circadianen Periodik ist nicht konstant. Auffällig ist, daß Verlängerung der Aktivitätsphase zu einer Verkürzung der anschließenden Ruhephase führt, d.h. die mittlere circadiane Periodendauer nach Möglichkeit konstant gehalten wird (s.a. Abb. 6-15). Dieser Befund steht im Gegensatz zu den Erwartungen, die man aufgrund einer Ermüdungshypothese (Schlaf als Erholung) hegen könnte und ist ein Anzeichen dafür, daß die **circadiane Periodik der Primärprozeß** ist, dem Schlafen und Wachen untergeordnet sind [14].

Die **biologische Bedeutung der circadianen Rhythmen** bei Mensch und Tier ist bisher eher unterschätzt worden. So sollten z.B. in der Medizin vermehrt die tageszeitlichen Schwankungen nahezu aller Organfunktionen bei Diagnose und Therapie berücksichtigt werden. Die circadiane Periodik wird offensichtlich vererbt und ist aufzufassen als phylogenetische Anpassung an die Zeitstruktur unserer Umwelt. Ihre **interne Kopie des Zeitprogramms der Umwelt** versetzt den Organismus in die Lage, sich **im voraus** auf die jeweils zu erwartenden Änderungen der Umweltbedingungen einzustellen. Die resultierenden Vorteile reichen vom einfachen Ausnutzen bestimmter Tageszeiten für bestimmte Handlungen bis zur Verwendung als „innere Uhr" zur echten Zeitmessung, wie sie z.B. jene Tiere brauchen, die sich bei ihrer Orientierung der Sonne als Kompaß bedienen. So gesehen ist der **Wach-Schlaf-Rhythmus** nicht die Ursache, sondern eine der *Begleiterscheinungen der endogenen circadianen Periodik*. Eine Aufklärung der Natur dieser endogenen Oscillatoren, die sich gerade abzuzeichnen beginnt [3, 7, 33, 38, 42], wird auch die Mechanismen des Wach-Schlaf-Verhaltens einem Verständnis näherbringen.

Die Schrittmacher der circadianen Periodik liegen im ZNS. Zwei Kernregionen konnten bisher als vermutlich wichtigste Oscillatoren identifiziert werden, nämlich der **N. suprachiasmaticus, NSC,** im ventralen Hypothalamus und eine Region im **Ventromedialkern des Hypothalamus, VMH.** Der erste scheint mehr für die Regulation des Aktivitätscyclus (Schlaf-Wach-Rhythmus), letzterer für die Temperaturperiodik und Nahrungsaufnahmerhythmen (einschließlich des Glucosespiegels und der Corticoidspiegel im Plasma) verantwortlich. Der NSC erhält zahlreiche Zuflüsse aus dem visuellen System, die Synchronisation des NSC mit dem VMH erfolgt über enge reziproke Verbindungen [3, 5, 33, s. auch S. 375].

Phänomenologie von Wachen und Schlafen

Wach-Schlaf-Verhalten des Menschen. Während der Mensch im Wachzustand aktiv mit seiner Umwelt in Kontakt tritt, z.B. auf Reize mit adäquaten Handlungen antwortet, ist im Schlaf der Kontakt mit der Umwelt weitgehend aufgehoben. Er ist allerdings nicht völlig eingeschränkt, denn Reize, insbesondere wenn sie eine Bedeutung haben, können aufwecken. So weckt das Wimmern des Säuglings die Mutter, nicht aber erheblich lauterer Straßenlärm. Letzterer jedoch beeinträchtigt, wie aller Lärm, den Schlafverlauf (Schlaftiefe, Ablauf der einzelnen Schlafstadien) und damit das Wohlbefinden. Von Schlafzimmern sollten daher alle störenden Umweltreize ferngehalten werden.

Wachen und Schlafen sind keine in sich einheitlichen Bewußtseinszustände. Ebenso wie im Wachzustand die nach außen gerichtete Aufmerksamkeit erheblich schwanken kann, lassen sich auch unterschiedliche **Schlafstadien** voneinander abgrenzen. Als einfachstes und ältestes Maß für die Schlaftiefe dient die *Intensität eines*

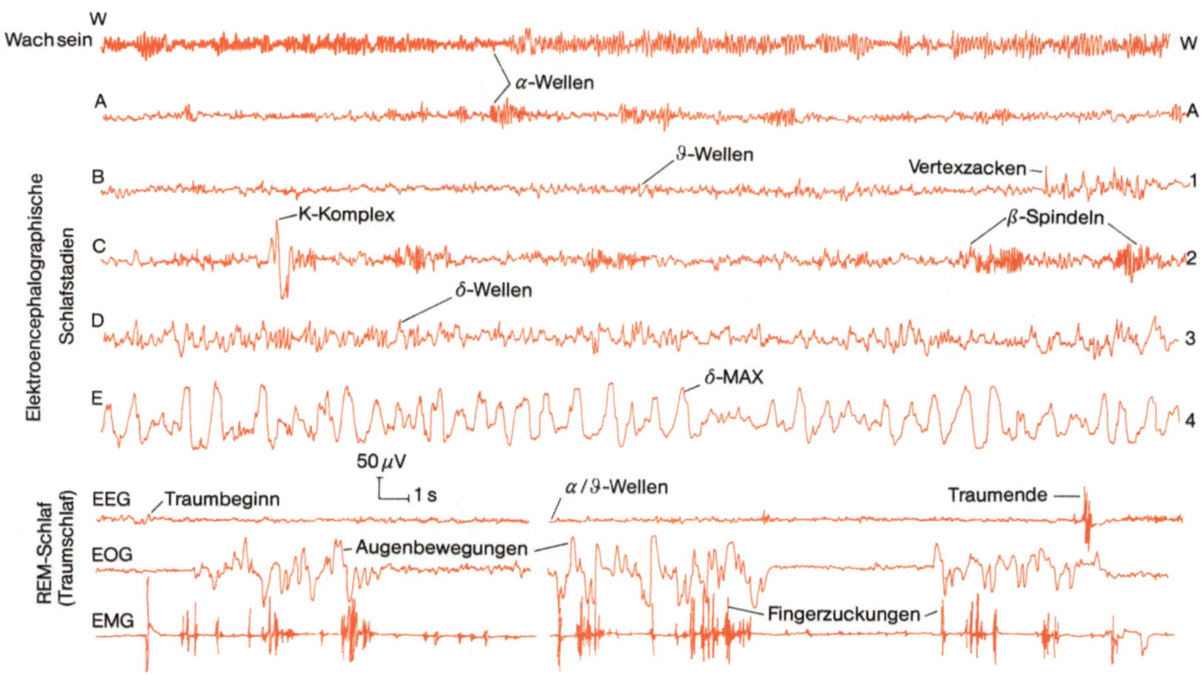

Abb. 6-16. Einteilung der Schlafstadien beim Menschen aufgrund des EEG. In den ersten 6 Ableitungen sind *links* die Schlafstadien nach Loomis et al. [55], *rechts* die nach Kleitman u. Mitarb. [23] angegeben, s. dazu auch [32]. *Stadium W:* Entspanntes Wachsein. *Stadium A:* Übergang vom Wachsein zum Einschlafen. Dieses Stadium wird von vielen Autoren dem Stadium W zugerechnet. *Stadium B bzw. 1:* Einschlafstadium und leichtester Schlaf. Die am Ende der Ableitung auftretenden Vertexzacken werden auch als „physiologisches Einschlafmoment" bezeichnet. *Stadium C bzw. 2:* Leichter Schlaf. *Stadium D bzw. 3:* Mittlerer Schlaf. *Stadium E bzw. 4:* Tiefschlaf. In den nächsten 3 Ableitungen sind synchron das EEG, das Electrooculogramm (EOG) und das Elektromyogramm eines Zeigefingers (EMG) während des REM-Schlafes (Traumschlafes) aufgezeichnet. Die REM-Phasen stehen typischerweise am Ende jeder Schlafperiode (s. Abb. 6-17). Sie können keinem der „klassischen" Schlafstadien zugeordnet werden, sondern stellen ein eigenständiges Stadium dar. Nähere Besprechung im Text. (Aus: U.J. Jovanović: Methodik und Theorie der Hypnose. Stuttgart: Fischer 1986)

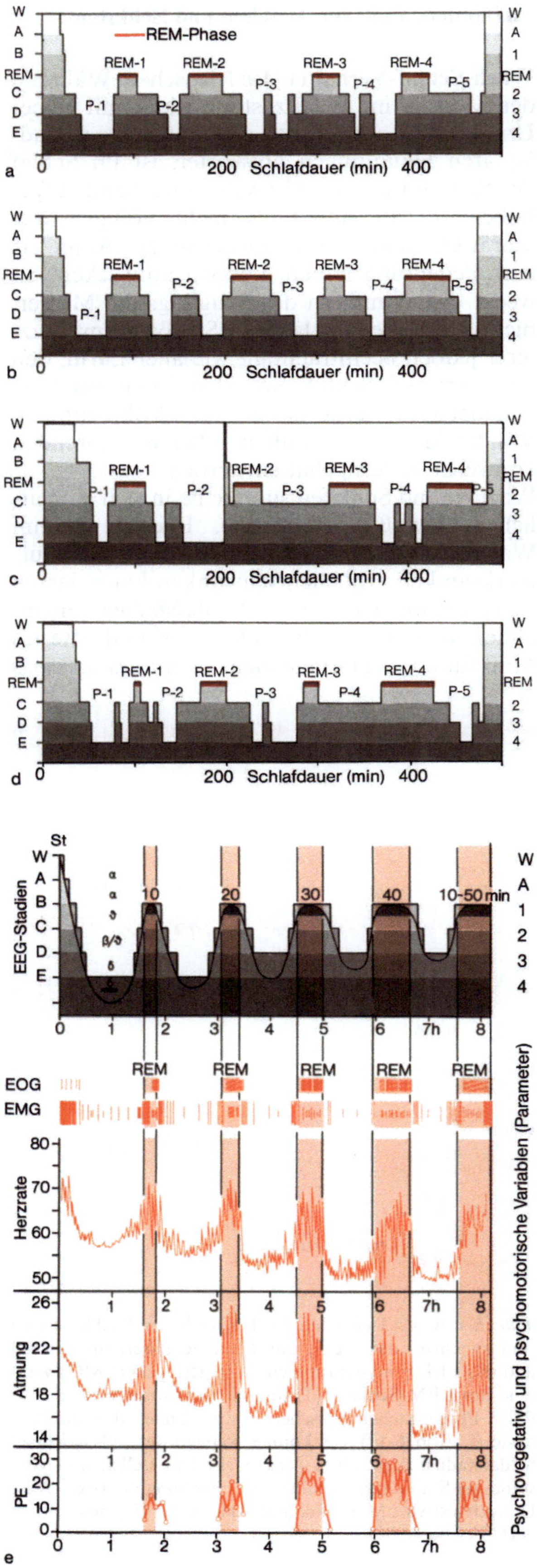

Weckreizes, welche in der Lage ist, den Schlaf zu unterbrechen. Je tiefer der Schlaf, desto höher die Weckschwelle.

Heute wird praktisch ausschließlich das **EEG** zur Bestimmung der Schlaftiefe herangezogen. Es können mit seiner Hilfe 4-5 Schlafstadien voneinander abgegrenzt werden, deren Kriterien heute vereinbarungsgemäß weitgehend standardisiert angewendet werden [25, 32, 46, 55]. Wie Abb. 6-16 zeigt, herrscht im Zustand des **entspannten Wachseins** ein α-Wellenrhythmus mit an- und abschwellender Amplitudenhöhe vor. Im **Stadium A** beginnen sich die α-Wellen aufzulösen und es tritt immer mehr eine Grundlinie mit sehr kleinen ϑ-Wellen in Erscheinung. In diesem Stadium erfolgt der *Übergang vom Wachsein zum Einschlafen.* Es wird von vielen Autoren dem Wachsein zugerechnet und nicht besonders berücksichtigt. Das **Stadium B** (Einschlafstadium und leichtester Schlaf) ist durch ϑ-Wellen gekennzeichnet. Am Ende des Stadiums B sind hohe und scharfe, über der präzentralen Hirnregion auftretende Vertexzacken zu registrieren (Dauer 3–5 s), die das **Stadium C** (leichter Schlaf) ankündigen. Nach diesen Vertexzacken kann der Schläfer kleine Reize von außen nicht mehr differenzieren. Im leichten Schlaf sind β-Spindeln („Schlafspindeln") und K-Komplexe charakteristische Zeichen der bioelektrischen Hirnaktivität. Im **Stadium D** (mittlerer Schlaf) werden rasche δ-Wellen (3,0–3,5 Hz) angetroffen. Im **Stadium E,** dem

◁

Abb. 6-17. Verlauf der Schlafstadien und Verhalten einiger vegetativer Variablen während einer Nacht beim Menschen. **a–d** Schlafperiodik bei einem gesunden Mann von 28 Jahren in 4 aufeinanderfolgenden Nächten analysiert aufgrund kontinuierlicher EEG-Ableitungen. Einteilung der Schlafstadien wie in Abb. 6-16. Im Verlauf jeder Nacht werden 4–5 Schlafperioden (P-1 bis P-5) durchlaufen (normal sind 3–5 Perioden). Jede Schlafperiode beginnt mit dem Ende der vorausgehenden REM-Phase und endet mit dem Ende der darauffolgenden, mit Ausnahme von P-1, die mit dem Einschlafen beginnt, und P-5, die mit dem Aufwachen endet. (Aus: U.J. Jovanović: Methodik und Theorie der Hypnose. Stuttgart: Fischer 1986). **e** Schematisierte Durchschnittswerte des Verhaltens einiger psychovegetativer und psychomotorischer Variablen (Parameter) bei der Schlafperiodik. Einteilung der Schlafstadien wie in a–d und Abb. 6-16. Die REM-Stadien sind aus technischen Gründen in der Höhe des Stadiums B bzw. 1 eingezeichnet, stellen jedoch ein Stadium für sich dar (s. Text). *EOG:* Elektrooculogramm. *REM:* Beim Einschlafen einige langsame Bewegungen. *EMG:* Elektromyogramm der Nackenmuskeln. Aktivität durch senkrechte Striche angezeigt. *Herzrate:* Pulsschläge pro min. *Atmung:* Atemzüge pro min. *PE:* Peniserektionen (relative Stärke). (Aus: Jovanović [20])

Tiefschlafstadium, ist das EEG langsam (synchronisiert), d.h. es treten dann fast nur maximal verlangsamte δ-Wellen (0,7–1,2 Hz) auf. Hin und wieder sind die δ-Wellen von kleinen α-Wellen überlagert.

Vor dem Aufwachen tritt meistens ein weiteres, besonderes Schlafstadium auf, das im EEG durch desynchronisierte Wellen (ähnlich dem Stadium B) gekennzeichnet ist. In diesem Stadium lassen sich durch die geschlossenen Lider des Schläfers *Salven schneller Augenbewegungen* beobachten, die auch elektrooculographisch dokumentiert werden können (s. EOG in Abb. 6-16). Sie sind für dieses Stadium so charakteristisch, daß es als **REM-Stadium** (rapid eye movements) bezeichnet wird [23, 46]. Ähnlich wie im Tiefschlaf ist die übrige Muskulatur während des REM-Schlafes praktisch atonisch. Lediglich während der REM-Salven können kurze Zuckungen, z.B. der Gesichts- oder Fingermuskeln (EMG in Abb. 6-16) auftreten.

Die *Weckschwelle* während des REM-Schlafes ist etwa so hoch wie im Tiefschlaf, während das EEG einem *Einschlaf- oder Wach-EEG* gleicht. Daher die zum REM-Schlaf synonymen Bezeichnungen **paradoxer Schlaf** und **desynchronisierter Schlaf.** Dem REM-Schlaf werden häufig alle übrigen Schlafstadien als **NREM-Schlaf** (Non-REM Schlaf, synonym *synchronisierter Schlaf, SW-Schlaf* = Slow-wave-Schlaf) gegenübergestellt. Diese Unterscheidung ist auch insoweit gerechtfertigt, als Träume anscheinend überwiegend während des REM-Schlafes auftreten (s.u.).

Im Verlauf einer Nacht werden die einzelnen **Schlafstadien mehrfach durchlaufen,** im Durchschnitt 3–5mal (Abb. 6-17). Dabei nimmt i.allg. die maximal in jedem Cyclus erreichte Schlaftiefe gegen Morgen ab, so daß zu dieser Zeit Stadium E nicht mehr oder nur noch für kurze Zeit erreicht wird. REM-Stadien treten im normalen Schlaf etwa alle 1,5 h auf. Ihre Dauer beträgt im Schnitt 20 min und nimmt im Verlauf der Nacht zu (Abb. 6-17).

Die zahlreichen **vegetativen Funktionen mit circadianer Periodik** (s.S. 147) bleiben von diesen rhythmischen Schwankungen der Schlaftiefe entweder unbeeinflußt (z.B. Körpertemperatur) oder ihre langsame Periodik wird von phasischen Schwankungen überlagert (z.B. Herzfrequenz und Atmung in Abb. 6-17e). Diese phasischen Überlagerungen treten besonders auf, sobald im Verlauf der Nacht ein REM-Stadium durchlaufen wird. Manche Reaktionen sind sogar nur während der REM-Stadien zu beobachten (z.B. Peniserektionen in Abb. 6-17e).

Die relativen Anteile von Wachen und Schlafen, ebenso wie die Anteile von REM- und NREM-Schlaf an der Gesamtschlafzeit machen eine charakeristische **Altersentwicklung** durch. Insgesamt *sinkt im Laufe des Lebens nicht nur die Gesamtschlafzeit* ab, sondern es wird auch der *relative Anteil des REM-Schlafes erheblich kürzer*. Die Werte können aus Abb. 6-18 entnommen werden. Auch die Abfolge und Länge der einzelnen Schlafstadien (nicht ersichtlich aus Abb. 6-18) ist bei Säugling und Kleinkind deutlich anders als beim Erwachsenen. Der hohe Anteil des REM-Schlafes bei Säugling und Kleinkind hat zu der Vermutung geführt, daß diese Perioden erhöhter neuronaler Aktivität (desynchronisiertes EEG ähnlich dem bei Auf-

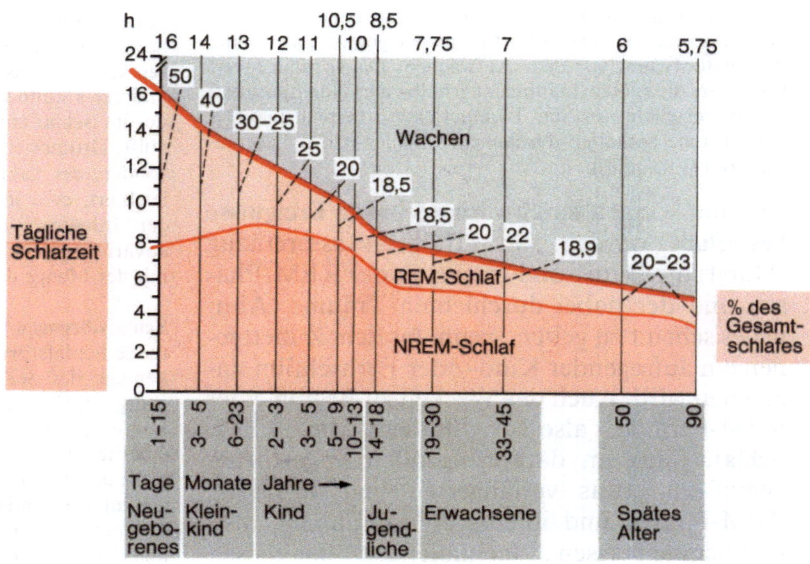

Abb. 6-18. Wach- und Schlafzeiten und der Anteil von NREM- und REM-Schlaf im Verlauf des menschlichen Lebens. Neben dem Rückgang der Gesamtschlafzeit ist v.a. die starke Abnahme der REM-Schlafdauer nach den frühen Lebensjahren bemerkenswert. (Nach ROFFWARG et al. [60])

merksamkeit, s. z.B. α-Blockade in Abb. 6-7 und 6-11) für die ontogenetische Entwicklung des ZNS wichtig sind, da bei diesen Individuen äußere Reize noch weitgehend fehlen: das „Träumen“ ersetzt als innere Reizung den mangelnden externen Einstrom.

Schlaf und Traum [2, 9, 20, 23, 61]. Werden Kinder und Erwachsene während oder direkt nach einem REM-Stadium geweckt, so berichten sie wesentlich häufiger als nach Wecken aus dem NREM-Schlaf, daß sie gerade geträumt haben. Alle Untersucher fanden einen hohen Prozentsatz (60-90%) von **Traumberichten bei Erwachen aus dem REM-Schlaf,** während die Prozentsätze der Traumberichte bei Erwachen aus dem NREM-Schlaf in den verschiedenen Untersuchungen insgesamt deutlich niedriger waren und eine noch größere Streubreite (1–74%) aufwiesen. Damit scheint gesichert, daß Träume sehr häufig oder meistens im REM-Schlaf auftreten. Im NREM-Schlaf treten andere Zeichen psychischer Aktivität auf, wie *Sprechen im Schlaf, Schlafwandeln* und der *Pavor nocturnus* der Kinder [27].

Die **Traumberichte** nach Aufwachen aus dem REM-Schlaf sind deutlich lebendiger, visueller und emotionaler als nach NREM-Schlaf. Der Inhalt von NREM-Träumen ist dagegen eher abstrakt, „gedankenartig“ (cognitiv). Nach REM-Schlaf fehlen die gedanklichen Ausarbeitungen, die Verbalisierung fällt schwerer, aber der berichtete Trauminhalt ist „sensorischer“ (Bilder, Gerüche, Töne). Der Traum erscheint realer und zieht den Schläfer eher in seinen Bann [4].

Zwischen **erster und zweiter Nachthälfte** bestehen erhebliche **Unterschiede in den Trauminhalten:** Während die frühen Träume mehr realitätsbezogen sind und Ereignisse des vergangenen Tages zum Inhalt haben, sind die Träume der zweiten Nachthälfte weniger auf das Tageserleben bezogen. Sie werden gegen Morgen zunehmend bizarr und emotional intensiv. Erinnert werden nur jene Träume, bei denen innerhalb von 5 min nach einer REM-Episode geweckt wird, oder der letzte Traum vor dem Aufwachen. Da normalerweise besonders die späten Träume innerhalb einer Nacht erinnert werden, erscheint uns das Traumerleben so irreal. Die frühen Träume enthalten durchaus sinnvolles und cohärentes Material (Lit. in [4]).

Träume können **durch vorhergehende Ereignisse beeinflußt** werden. So erhöht Wasserentzug (Durst) die Dauer und Intensität der REM-Phasen und der dabei durchlebten Träume. Ähnliches scheint zu gelten, wenn vor dem Zubettgehen ein aufregender Kino- oder Fernsehfilm angesehen wird. Auch das Wecken zu Beginn einer REM-Periode, also der **Entzug von REM-Schlaf,** führt im darauffolgenden ungestörten Schlaf zu etwas verlängerten und vertieften REM-Phasen und intensiveren Träumen, also zu einem teilweisen „Nachholeffekt“. Bei diesen Versuchen fiel auf, daß selbst bei längerem REM-Schlafentzug bei Mensch und Tier **keine überdauernden physischen oder psychischen Folgen** des REM-Schlaf- und damit des Traumentzuges auftraten, wie dies von verschiedener Seite zunächst vermutet wurde [2, 27, 60, 61].

Äußere Reize während des REM-Schlafes, besonders akustische, werden gelegentlich in die Träume aufgenommen und eingebaut. Sie können dann im Schlaflabor als **Zeitmarken der Traumberichte** dienen. Ihr Einbau in die Träume ist eine besonders gute Stütze der Annahme, daß die Träume sich tatsächlich während der REM-Perioden ereignen.

Der **REM-Schlaf** scheint für das Träumen besonders günstige Voraussetzungen zu schaffen. Er ist **keinesfalls Folge des visuellen Träumens.** Typische REM-Augenbewegungen treten nämlich auch unter Umständen auf, bei denen keine komplexen, visuellen Erfahrungen vorausgegangen sind, beispielsweise beim Ungeborenen und, wie schon erwähnt, beim Neugeborenen (einschließlich neugeborener Tiere vor dem Öffnen der Augenlider).

Schlaf, Traum und Gedächtnis. Immer wieder werden Geräte oder Techniken angeboten, die das „Lernen im Schlaf“ zu einer angenehmen Form des Wissenserwerbs machen sollen. Leider führt aber die **Darbietung von Lernmaterial während des Schlafs nicht zu Behalten,** es sei denn, es tritt im EEG während oder nach der Darbietung zumindest α-Aktivität, d.h. Wachen auf. Ebenso wird von der vielfältigen geistigen Aktivität des Gehirns während des Schlafes höchstens der letzte Traum vor dem Aufwachen erinnert (s.o.), was ebenfalls darauf hinweist, daß das schlafende Gehirn deutlich schlechtere Lernleistungen als das wache zeigt.

Andererseits ist richtig, daß **Schlafen die Konsolidierung von Lernmaterial erleichtert.** Was also kurz vor dem Einschlafen gelernt wurde, wird 8 h später besser erinnert, als das, was am Morgen gelernt wurde. Dafür kann es mehrere Gründe geben, zwischen denen bisher nicht entschieden werden konnte: Einer ist, daß tagsüber zwischen Lernen und Erinnern viele andere Ereignisse den Konsolidierungsprozeß stören können, was während der Nacht nicht der Fall ist. Ein anderer könnte sein, daß Vergessen ein passiver Prozeß ist, der im Schlaf einfach langsamer als im wachen Gehirn abläuft. Drittens ist aber auch denkbar, daß der Schlaf, insbesondere der „aktive“ REM-Schlaf, die Konsolidierung erleichtert, evtl. lediglich durch die Entfernung „überflüssiger“ Inhalte aus dem Gedächtnis. Zumindest im Tierversuch covariiert der relative REM-Anteil am Gesamtschlaf gut mit der Menge des behaltenen Materials (Lit. in [4]).

Schlafstörungen [2, 20, 27]. Eine häufig die Umgebung störende Schlafstörung ist das **Schnarchen.** Besonders in Rükkenlage des Schläfers sinken der Kiefer nach unten, die Zunge nach hinten, und es entstehen die eigentümlichen Laute. Gelegentlich ist Schnarchen von einer **Schlafapnoe** (spontaner Atemstillstand) gefolgt, die auch zum Tode führen kann. Das nächtliche **Zähneknirschen** ist oft für die Umgebung des Schläfers störender als für ihn selbst, auch wenn es langfristig zu Abnützungserscheinungen an den Zähnen und Schädigungen des Stützgewebes kommen kann. Die Ursache ist unbekannt. Vielleicht handelt es sich um ein stammesgeschichtlich altes Verhaltensmuster, nämlich um das Schärfen der Zähne, wie man es bei Tieren beobachtet. Auch das **Sprechen im Schlaf** wird von mancher Seite als Schlafstörung angesehen. Es ist aber, wie bereits erwähnt, eher als Ausdruck bestimmter Hirnaktivität im Schlaf zu sehen und harmlos. Auch das **Schlafwandeln** ist weder krankhaft noch — von gelegentlichen Unfällen abgesehen — schädlich. Es kommt in allen Lebensaltern, aber besonders bei Kindern und Jugendlichen vor. Die Augen des Schlafwandelnden sind offen. Der Blick ist starr geradeaus gerichtet und scheint ins Leere zu gehen. Von der Umgebung wird keine Notiz genommen. Die Bewegungen sind steif und ungeschickt. Schlafwandeln tritt meist, wie schon erwähnt, aus dem Tiefschlaf auf. Es ist also nicht die motorische Ausführung eines Traumes. Es scheint vielmehr eine besondere Form des Wachseins vorzuliegen, bei der die Umsetzung sensorischer Reize in motorische Aktivität im wesentlichen intakt ist, das Bewußtsein aber ausgeschaltet bleibt.

Das **Bettnässen,** das bei rund 10% aller Kinder nach dem 2. Lebensjahr vorkommt, tritt praktisch immer aus dem NREM-Schlaf heraus auf. Entsprechend sind die Kinder, wenn sie im Anschluß an das Bettnässen geweckt werden, verwirrt, desorientiert und können nichts über Träume berichten. Die Ursachen des Bettnässens sind nicht bekannt. Es werden sowohl physiologische als auch psychologische Ursachen diskutiert.

Vergleichbares gilt auch für den **Pavor nocturnus** der Kinder, der vorwiegend zwischen dem 3. und 8. Lebensjahr, selten nach der Pubertät vorkommt. Plötzlich, während des Schlafes, setzt sich das Kind auf und fängt an zu schreien. Dabei scheint es mit weit aufgerissenen Augen irgend jemand oder irgend etwas anzustarren. Das Gesicht ist bleich und schweißbedeckt, der Atem geht schwer. Nach kurzer Zeit wacht das Kind auf, erkennt seine Umwelt und schläft oft wieder ein. Ähnliches gibt es auch in Form von **Alpträumen** bei Erwachsenen. Eine besondere Spielart davon ist die beim Aufwachen oder Einschlafen gelegentlich erlebte **Schlaflähmung,** bei der es einem für kurze Zeit absolut unmöglich ist, eine Bewegung auszuführen. Oft geschieht dies bei klarem Bewußtsein und ist eher überraschend als erschreckend. Es kommen aber auch schreck- und angsterregende Halluzinationen dabei vor, wie der Eindruck, ein Felsbrocken liege oder eine Person hocke einem auf der Brust. Spricht man den „Gelähmten" an oder berührt man ihn, verschwinden alle Symptome.

Rund 15% aller Erwachsenen klagen über **Schlafstörungen,** d.h. sie haben den Eindruck, daß sie keinen oder nicht genügend Schlaf finden. Dieser subjektive Mangel an Schlaf muß nicht notwendigerweise bedeuten, daß die Betroffenen auch objektiv zu wenig schlafen und als Folge der Schlaflosigkeit an der Gesundheit Schaden nehmen. Es hat sich nämlich im Schlaflabor bei solchen Patienten gezeigt, daß viele von ihnen mehr schlafen als sie glauben. Außerdem hat sich in Versuchen zur **Wirkung von Schlafentzug** herausgestellt, daß zwar bei völligem Schlafentzug, wie nicht anders zu erwarten, vorübergehend sowohl körperliche als auch psychische Veränderungen auftreten, daß aber bei Teilentzug, beispielsweise wenn über viele Wochen nur 5,5 h Schlaf täglich zugestanden wird, es nur zu geringen, wenn überhaupt meßbaren Änderungen der Leistungsfähigkeit und des Wohlbefindens der Versuchsperson kommt. Mit anderen Worten: Solange bei Schlaflosigkeit nicht über längere Zeit deutliche Verkürzungen der Gesamtschlafdauer auftreten, darf man bei unserem heutigen Erkenntnisstand davon ausgehen, daß nicht ohne weiteres ein gesundheitsschädigender Schlafmangel vorliegt. Entsprechende **Zurückhaltung** ist bei der **medikamentösen Therapie der Schlaflosigkeit** geboten.

Wach-Schlaf-Verhalten bei Tieren. Außer dem Menschen zeigen auch alle anderen **Säugetiere** ein Schlafverhalten, bei dem sich *NREM-Stadien* deutlich von *REM-Stadien* abgrenzen lassen. In der **Phylogenese** tritt der *REM-Schlaf relativ spät auf.* Fische und Reptilien haben keinen REM-Schlaf. Bei Vögeln sind nur kurze Phasen (Sekunden) von REM-Schlaf zu beobachten, so daß er weniger als 1% der Gesamtschlafzeit ausmacht. Dagegen entfällt bei den Säugetieren immer ein beträchtlicher Teil der Gesamtschlafzeit auf den REM-Schlaf. Es fällt auf, daß jagende Tiere (Mensch, Katze, Hund) deutlich mehr REM-Schlaf haben (im Mittel etwa 20% der Gesamtschlafzeit) als gejagte Tiere (Kaninchen, Wiederkäuer, durchschnittlich 5–10%). Das phylogenetisch späte Auftreten des REM-Schlafes spiegelt sich aber nicht in der **Ontogenese** wider. Im Gegenteil, ebenso wie beim Menschen (Abb. 6-18) ist auch bei anderen neugeborenen Säugern der Anteil des REM-Schlafes an der Gesamtschlafdauer höher als in späteren Lebensabschnitten. Während also einerseits REM-Schlaf nur in hochentwickelten Gehirnen auftritt, ist andererseits, wie im Zusammenhang mit Abb. 6-18 schon angesprochen, der REM-Schlaf möglicherweise für die ontogenetische Entwicklung dieser Gehirne von (noch unbekannter) Bedeutung.

Mechanismen von Wachen und Schlafen

Im vorigen Abschnitt haben wir den Schlaf-Wach-Rhythmus als einen Teilaspekt der circadianen Periodik kennengelernt. Der Schlaf ist außerdem, wie wir in diesem Abschnitt schon gesehen haben, ein in sich vielfach strukturiertes Geschehen, dessen Hauptkomponenten, NREM-Schlaf und REM-Schlaf, sich rhythmisch mehrfach im Verlauf einer Nacht abwechseln (Abb. 6-16, 6-17). Eine Theorie des Schlaf-Wach-Geschehens muß also auf einer Theorie der circadianen Periodik aufbauen (oder aus ihr hervorgehen) und in bezug auf den Schlaf mindestens die folgenden Fragen befriedigend beantworten: a) Warum müssen wir schlafen? b) Wie beginnt der Schlaf? c) Warum und wie endet er? d) Welche Mechanismen sind für die verschiedenen Schlafstadien und den periodischen Übergang von einem zum anderen Stadium verantwortlich?

Auf zwei Wegen könnte der Übergang vom Wachen zum Schlafen erfolgen: Erstens könnten diejenigen Mechanismen, die für das Wachsein verantwortlich sind, im Laufe der Zeit „ermüden". Aus dieser Sicht träte der Schlaf als Folge abnehmenden Wachseins, also passiv ein. Zweitens könnten die für das Wachsein verantwortlichen Mechanismen aktiv gehemmt werden. Aus dieser Sicht würden sich im Verlauf des Wachseins schlaffördernde Mechanismen im Nervensystem aufbauen und schließlich das Wachsein aktiv beenden. Beiden Überlegungen wurde in der Schlafforschung dieses Jahrhunderts intensiv nachgegangen, wobei bis vor kur-

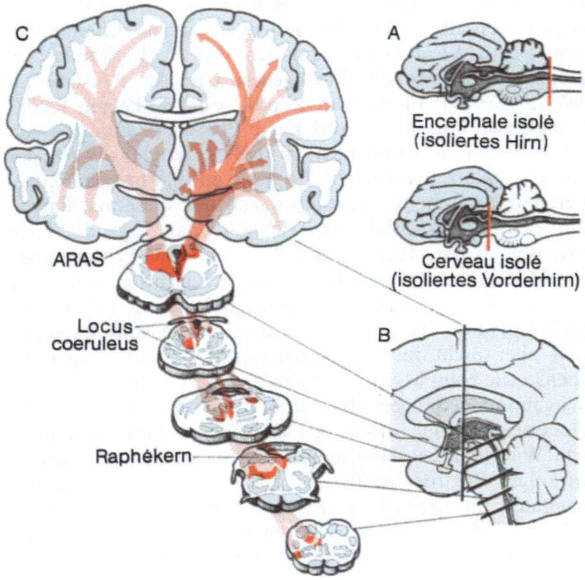

Abb. 6-19. Verlauf und Ausbreitungsgebiete von 3 wichtigen (unspezifischen) Projektionen des Hirnstammes. **A** Schnittebenen des Encephale isolé (isoliertes Hirn) und des Cerveau isolé (isoliertes Vorderhirn). **B** Schnittebenen der in **C** dargestellten Hirnstammquerschnitte und des Frontalschnitts durch die Hemisphären. In diese Schnitte sind *links* Ursprung und Verlauf des aufsteigenden reticulären aktivierenden Systems (ARAS), *rechts* die Lage des Raphékernes und des Locus coeruleus samt den Ausbreitungsgebieten der von ihnen ausgehenden Faserprojektionen eingetragen. (In Anlehnung an [37])

zem die Ansicht vorherrschte, daß der Schlaf passiv eingeleitet werde. Eine endgültige Entscheidung ist noch nicht in Sicht. Der Stand der Forschung sei im folgenden kurz skizziert.

Deafferenzierungstheorie des Schlafs. In den späten 30er Jahren beobachtete F. Bremer, daß ein Katzengehirn, dessen Medulla abgetrennt worden war (Encephale isolé = isoliertes Hirn, Abb. 6-19A, oben), nach Abklingen des Operationsschocks in rhythmischem Wechsel typische synchronisierte Schlaf- und desynchronisierte Wach-EEG zeigte. Während der Wach-EEG waren die Pupillen weit und die Augen folgten bewegten Objekten. Während der Schlaf-EEG verengten sich die Pupillen. Wurde die Katze dagegen auf Höhe der Vierhügelplatte decerebriert (Cerveau isolé = isoliertes Vorderhirn, Abb. 6-19A, unten), so daß alle sensorischen Reize außer Sehen und Riechen ausgeschaltet wurden, so war nur ein synchronisiertes Schlaf-EEG nachweisbar. Diese Befunde stützten die alte Vorstellung, daß die Aktivität des ZNS v.a. durch Sinnesreize induziert und gesteuert werde (einfaches Reflexkonzept). Sie führten Bremer zu der Folgerung, daß Wachsein von einer Mindestaktivität des Cortex abhängt, die durch den sensorischen Zustrom aufrechterhalten wird, während Schlaf im wesentlichen durch das Abklingen oder die nachlassende Wirkung sensorischen Zustroms, also eine Art **Deafferenzierung,** eingeleitet und erhalten wird. Diese Versuche wurden daher zur entscheidenden experimentellen Stütze der Auffassung, daß **Schlaf im wesentlichen passiv induziert** werde (s.o.).

Die Deafferenzierungstheorie hatte von Anfang an mit Einwänden zu kämpfen. So bildet sich im chronischen Cerveau-isolé-Präparat doch wieder ein Schlaf-Wach-Rhythmus aus. Dazu kommt, daß bei konsequenter sensorischer Deprivation des Menschen (in Schlafkammern mit völliger Ausschaltung aller akustischen, visuellen und proprioceptiven Reize) die Schlafdauer im Verlauf der Isolation abnimmt und daß Menschen mit traumatischer hoher Querschnittslähmung ebenfalls unterschiedlich lang schlafen. Schließlich erscheint auch das Konzept des descendierenden, wachhaltenden corticalen Tonus irrig, denn ein Schlaf-Wach-Rhythmus findet sich auch bei *Wesen ohne End- und Zwischenhirn,* wie z.B. anencephalen menschlichen Mißbildungen oder chronisch decerebrierten Säugetieren.

Reticularistheorie von Wachen und Schlafen. Die Formatio reticularis des Hirnstamms besteht aus einer großen Zahl weiträumig angeordneter Neurone, deren Axone nahezu alle Gebiete des Großhirns mit Ausnahme des Neocortex erreichen (Abb. 6-19C, linke Hirnhälfte). Ihre Rolle für das Wach-Schlaf-Verhalten wurde in den späten 40er Jahren von G. Moruzzi und H.W. Magoun untersucht. Sie fanden, daß hochfrequente elektrische Reizung der Formatio reticularis bei schlafenden Katzen eine sofortige **Weckreaktion (Arousal)** auslöst. Umgekehrt bewirkten Läsionen in diesem Bereich einen (komaähnlichen) Dauerschlaf, während das alleinige Durchschneiden der den Hirnstamm durchlaufenden sensorischen Bahnen ohne Einfluß blieb. Diese Befunde führten zu einer Reinterpretation der Bremerschen Versuche. Es wurde der Formatio reticularis eine einheitliche Funktion zugesprochen, nämlich durch aufsteigende aktivierende Impulse das für den Wachzustand notwendige Erregungsniveau zu erzeugen. Man spricht deshalb von einem *aufsteigenden, reticulären, aktivierenden System,* abgekürzt **ARAS.** Dieses System bleibt im Encephale-isolé-Präparat intakt, wird aber im Cerveau-isolé-Präparat vom Vorderhirn getrennt. Wachsein ist also eine Folge der Aktivität des ARAS, Schlaf tritt ein, wenn das ARAS passiv oder durch andere Einflüsse in seiner Aktivität nachläßt.

Die zum ARAS gehörenden ascendierenden Bahnen werden als **unspezifische Projektionen** bezeichnet und so von den klassischen sensorischen **spezifischen Projektionen** abgegrenzt. *Größere Fluktuationen* in der Intensität der aufsteigenden reticulären Aktivierung werden für den Übergang vom Schlaf- zum Wachzustand und umgekehrt verantwortlich gemacht. Diese Fluktuationen wiederum sind abhängig vom sensorischen Zustrom in die Formatio reticularis (über Collateralen der spezifischen Bahnen auf ihrem Weg durch den Hirnstamm; hier zeigt sich eine Verwandtschaft zur Deafferenzierungstheorie) und von der Aktivität descendierender Bahnen aus Cortex und subcorticalen Strukturen, wodurch eine reziproke Verbindung zwischen Gehirn und Hirnstamm geschlossen wird. Innerhalb des Wachzustandes werden *kleinere Fluktuationen* der Aktivität im ARAS für subtile Verhaltensänderungen (z.B. Grad der Aufmerksamkeit) verantwortlich gemacht.

Der Auffassung von der Formatio reticularis als dem entscheidenden Wachzentrum widerspricht eine Reihe von Befunden. Erstens können bei elektrischer Reizung der Formatio reticularis durch Änderung der Reizfrequenz und in Abhängigkeit vom Ausgangszustand und Reizort nicht nur Weck-, sondern auch Schlafreaktionen ausgelöst werden. Es müßten also Schlaf- und Wachzentren angenommen werden, wobei die mehr caudalen Anteile der Formatio reticularis anscheinend einen hemmenden Einfluß auf die rostralen Anteile haben. Zweitens ist die neuronale Aktivität der Formatio reticularis während des Schlafes, insbesondere während des REM-Schlafes, nicht geringer als im Wachzustand (wie von der Reticularistheorie postuliert), sie ist nur anders organisiert. Drittens besitzt auch das Cerveau isolé, dem die Formatio reticularis fehlt, wie oben bereits berichtet, einen Schlaf-Wach-Rhythmus, für den insbesondere Strukturen im Zwischenhirn (Teile des medialen Thalamus und des anterioren Hypothalamus) verantwortlich zu sein scheinen. Die Formatio reticularis ist also für Wachen und Schlafen nicht allein verantwortlich.

Serotonerge Schlaftheorie. Im oberen Teil des Hirnstammes liegen 2 Kerngebiete, die **Raphékerne** und der **Locus coeruleus,** deren Neurone, ähnlich wie die der Formatio reticularis, weite Teile des ZNS erreichen (Abb. 6-19C, rechts). Der Transmitter der Raphéneurone ist das **Serotonin (5-HT),** der der Coeruleusneurone das **Noradrenalin** (Biochemie s. S. 48). Eine Reihe von Beobachtungen führten in den späten 60er Jahren Jouvet [51] zu der Annahme, daß diese beiden Neuronensysteme, insbesondere die Raphékerne, eine wesentliche Rolle bei der Schlafeinleitung spielen. So führt bei der Katze Zerstörung der Raphékerne für mehrere Tage zu völliger Schlaflosigkeit. Anschließend normalisiert sich das Schlafverhalten im Verlauf einiger Wochen wieder. Vergiftung der 5-HT-Synthese (mit p-Chlorophenyl-alanin) führt ebenfalls zu teilweiser Schlaflosigkeit. Diese Schlaflosigkeit kann durch Gabe von 5-Hydroxytryptophan, der Vorstufe des Serotonins (dieses selbst kreuzt nicht die Blut-Hirn-Schranke), unterbrochen werden. Beidseitige Zerstörung der Loci coerulei verursacht eine völligen Ausfall des REM-Schlafes, hat aber keinen Einfluß auf den NREM-Schlaf. Werden die Serotonin- und die Noradrenalinvorräte gemeinsam durch Gabe von Reserpin erschöpft, resultiert wiederum, wie zu erwarten, Schlaflosigkeit. Diesmal bringt aber die anschließende Gabe von 5-Hydroxytryptophan nur den NREM-Schlaf, nicht den REM-Schlaf zurück.

Aus diesen Befunden wurde gefolgert, daß die **Freisetzung von Serotonin** zu einer aktiven Hemmung der Arousalsysteme und damit **zur Schlafeinleitung führt,** wobei zunächst immer NREM-Schlaf auftritt. Dieser geht später in REM-Schlaf über, der wiederum nur unter Beteiligung des Locus coeruleus ablaufen kann (seine Aktivität ist für die komplette musculäre Atonie und für die schnellen Augenbewegungen verantwortlich). Parallel dazu hemmt die Aktivität des Locus coeruleus die Aktivität der Raphékerne und leitet damit das Aufwachen ein.

Leider läßt sich auch diese Theorie in ihrer ursprünglichen Form nicht mehr aufrecht erhalten. Die **Raphéneurone** scheinen nämlich nicht im Schlaf, sondern **im Arousal am aktivsten** zu sein und das meiste Serotonin auszuschütten. Und für die REM-Aktivierung scheinen weniger die Neurone des Nucleus coeruleus, sondern eher die des diffuser verteilten **Nucleus subcoeruleus** verantwortlich zu sein. Die Rolle des Serotonins für den Schlaf ist damit aber nicht ausgespielt. Vielmehr deuten neuere Versuche (auf die hier nicht eingegangen wird) darauf hin, daß das Serotonin einerseits als Neurotransmitter am Arousal beteiligt ist und andererseits als **„Schlafhormon"** während des Wachseins die Synthese oder Freisetzung von „Schlafsubstanzen" oder „Schlaffaktoren" fördert, die dann Schlaf einleiten [5, 14].

Endogene Schlaffaktoren. Da wir nach längerem Wachsein ein unabweisbares Schlafbedürfnis haben, ist schon sehr früh der Vorstellung nachgegangen worden, Müdigkeit und Schlaf würden in erster Linie durch die periodische Anreicherung, Erschöpfung oder spezifische Produktion von Stoffwechselsubstanzen (Schlaffaktoren) ausgelöst, die auch im Blut zirkulieren und die während des Schlafs eliminiert oder abgebaut werden müßten. Die Entwicklung der Neurochemie [19], insbesondere der Neuropeptide, hat in den beiden letzten Jahrzehnten zu einer Wiederbelebung dieser Vorstellungen geführt. Experimentell wird dabei versucht, solche Faktoren entweder besonders nach Schlafentzug oder während des Schlafes aufzuspüren. Der erste Ansatz geht von der Vorstellung aus, daß der oder die **Schlaffaktoren während des Wachseins kumulieren** und bei genügend hoher Kon-

zentration Schlaf einleiten; der zweite, daß **während des Schlafes** solche **schlaffördernden Substanzen produziert oder freigesetzt** werden.
Beide Ansätze haben experimentelle Erfolge vorzuweisen. Mit Ansatz 1 wurde z.B. aus dem Urin oder der Cerebrospinalflüssigkeit von Mensch und Tier ein kleines Glucopeptid **(Faktor S)** isoliert, dessen Injektion in andere Tiere NREM-Schlaf auslöst. Auch ein **REM-Schlaffaktor** scheint zu existieren. Mit Ansatz 2 wurde ein inzwischen synthetisiertes Nona-Peptid gefunden, das Tiefschlaf induziert (**DSIP**: delta sleep inducing peptide). Bei den hier genannten wie bei einer Reihe anderer mit beiden Ansätzen gefundenen „Schlafsubstanzen" ist aber nach wie vor unklar, welche Rolle sie in der physiologischen Schlafkontrolle spielen [5, 14, 59]. Hinzu kommt, daß diese Peptide ihre schlafanregende Wirkung oft nur bei einigen Arten entwickeln und Schlaf auch durch viele andere Substanzen gefördert werden kann.

Biologische Funktionen des Schlafes. Noch immer gibt es keine befriedigende Antwort darauf, warum wir schlafen müssen. Die bisher vorgelegten Begründungen, die sich nicht unbedingt gegenseitig ausschließen, sind nach wie vor unbewiesen. Jedenfalls läßt sich die populärste Vorstellung von der Rolle des Schlafes, daß er nämlich **der Erholung diene,** experimentell kaum stützen (z.B. führt starke körperliche Anstrengung zu rascherem Einschlafen, ändert aber die Schlafdauer nicht). Offen bleibt auch, warum manche Menschen mit extrem wenig Schlaf auskommen, während andere lange schlafen müssen, um sich wohl zu fühlen. Schließlich bleibt auch ungeklärt, warum 2 so unterschiedliche Schlafstadien wie der REM- und der NREM-Schlaf existieren und im Verlauf der Nacht mehrfach durchlaufen werden (s.o.)

6.4 Neurophysiologische Korrelate des Bewußtseins und der Sprache

Die eindrucksvollste Zustandsänderung unseres Körpers, die wir täglich erleben, ist das Wiedereinsetzen des **Bewußtseins** beim Erwachen aus dem Schlaf (ähnlich bei Erwachen aus Narkose, Koma, schwerer Gehirnerschütterung). Für diesen, nur introspektiv erlebbaren Zustand *Bewußtsein* mit all seinen Schattierungen, gibt es von physiologischer wie psychologischer Seite zahlreiche, z.T. sehr widersprüchliche und immer noch im Fluß befindliche Deutungsversuche [11, 15, 31, 36, 41, 62]. Die Physiologie kann zu dieser Diskussion beitragen, indem sie aus *naturwissenschaftlicher Sicht* Randbedingungen angibt, unter denen Bewußtsein möglich oder unmöglich erscheint.

Phylogenese des Bewußtseins. Während sich kaum bezweifeln läßt, daß höhere Wirbeltiere (Vögel, Säuger) mit einem *stark differenzierten Nervensystem* einige oder mehrere Merkmale bewußten Verhaltens zeigen, kommen bei Tieren mit *sehr einfachem Nervensystem* solche Verhaltensweisen nicht oder nur vereinzelt und in angedeuteter Form vor. Bewußtsein ist also an *komplexe neuronale Strukturen gebunden* und **existiert außerhalb dieser Strukturen nicht.** Allerdings läßt sich keine scharfe Trennlinie zwischen Tieren mit und ohne Bewußtsein ziehen. Vielmehr scheint sich Bewußtsein in etwa parallel mit der phylogenetischen Entwicklung des Nervensystems herauszubilden. Mit anderen Worten, es gibt **zahlreiche Abstufungen und sehr unterschiedliche Formen von Bewußtsein,** wobei das menschliche Bewußtsein ohne Zweifel die bei weitem differenzierteste Form bildet.
Diese Auffassung, daß nämlich **Bewußtsein ein entsprechend differenziertes Nervensystem voraussetzt,** legt den Gedanken nahe, daß in der Phylogenese Bewußtsein in der einen oder anderen Form sich immer dann entwickelt hat, wenn einfachere Formen neuronaler Aktivität (z.B. Reflexe) zur Steuerung und Kontrolle des Organismus nicht mehr ausreichten. Trifft dies zu, dann ist das Auftreten von Bewußtsein ein *wichtiger entwicklungsgeschichtlicher Schritt,* der für die höheren Lebewesen zur optimalen Anpassung an die Umwelt unbedingt erforderlich ist [8, 31].

Funktionelle und strukturelle Voraussetzungen des Bewußtseins; Rolle der Hemisphären

Für das *menschliche Bewußtsein* lassen sich bisher über die **funktionellen Voraussetzungen,** d.h. über die zugehörige neuronale Aktivität, nur sehr einfache und insgesamt noch *völlig ungenügende Aussagen* machen. So setzt Bewußtsein offensichtlich ein **mittleres Aktivitätsniveau** der beteiligten zentralnervösen Strukturen voraus, wie es sich z.B. in einem desynchronisierten Wach-EEG darstellt. Zu geringe neuronale Aktivität, wie beispielsweise in Narkose oder im Koma, ebenso wie übersteigerte neuronale Aktivität, wie z.B. beim epileptischen Anfall (EEG mit spikes and waves, s. Abb. 6-13) oder im Elektroschock, sind mit dem Auftreten von Bewußtsein nicht vereinbar. Auch scheint sicher, daß Bewußtsein nur im **Zusammenspiel von corticalen und subcorticalen Strukturen** möglich wird; jede dieser Strukturen alleine ist nicht zur Ausbildung von Bewußtsein fähig. Das ascendierende, reticuläre, aktivierende System (ARAS) nimmt in diesem Zusammenhang, wie aus seiner Rolle beim Schlaf-Wach-Verhalten zu erwarten (s.S. 154), wahrscheinlich eine Schlüsselstellung ein [8, 15].

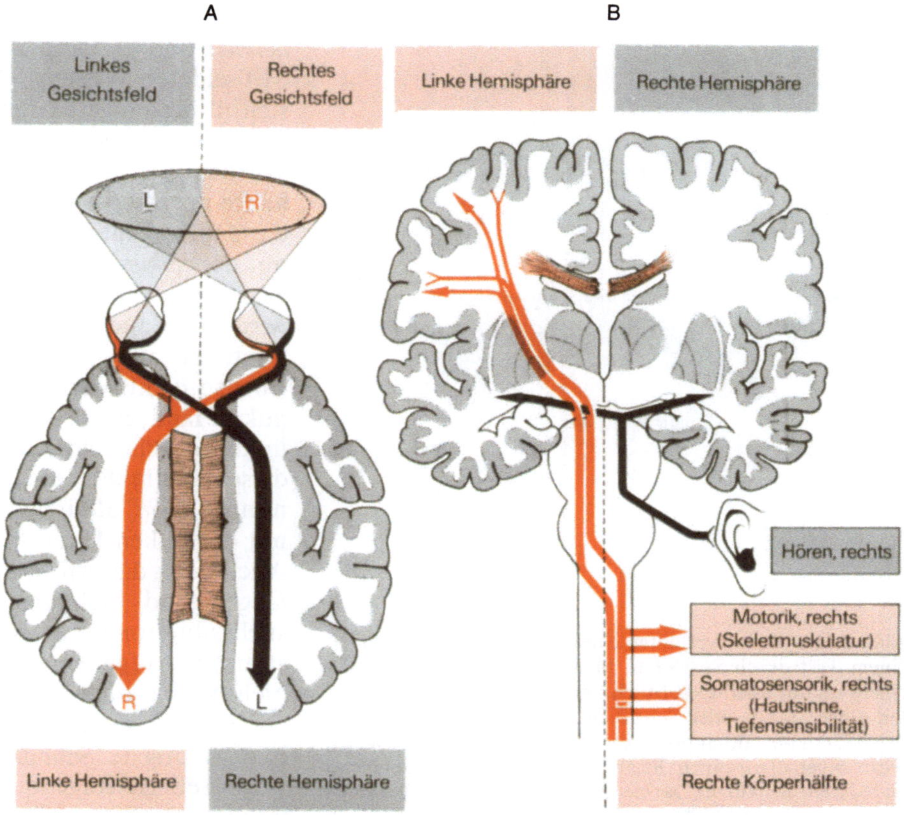

Abb. 6-20. Somatosensorische, motorische, visuelle und auditorische Verbindungen bei Split-brain-Patienten. **A** Aufsicht, **B** Frontalansicht. Die linke Hemisphäre ist somatosensorisch (afferent) und motorisch (efferent) nur mit der rechten Körperhälfte verbunden und umgekehrt. Die rechte Gesichtshälfte (jedes Auges!) wird zur Sehrinde der linken Hemisphäre projiziert und umgekehrt. Jedes Ohr erreicht dagegen auch beim Split-brain-Patienten die Hörrinde beider Hemisphären

Wichtige Einsichten in die **strukturellen Voraussetzungen** des Bewußtseins haben Untersuchungen an Patienten ergeben, denen Balken (Corpus callosum) und Commissura anterior chirurgisch durchtrennt wurden, um anders nicht zu beherrschende epileptische Anfälle zu bessern oder sie zumindest auf eine Hirnhälfte zu beschränken. Die Durchtrennung der *Commissurenfasern* unterbricht bei diesen **Split-brain-Patienten** jegliche Verbindung zwischen den beiden Großhirnhälften, so daß dann jede sozusagen auf sich alleine gestellt ist. Postoperativ liegt bei diesen Patienten durch die Kreuzung zahlreicher auf- und absteigender Bahnen folgende Situation vor (Abb. 6-20): Die linke Großhirnhälfte versorgt motorisch und somatisch die rechte Körperhälfte, während die rechte Großhirnhälfte für die linke Körperhälfte zuständig ist. Ferner wird durch die spezielle Form der Kreuzung der Sehnerven im Chiasma opticum die rechte Hälfte des Gesichtsfeldes zur linken Hemisphäre projiziert und umgekehrt. Dagegen verlaufen die zentralen Hörbahnen teils gekreuzt, teils ungekreuzt, so daß jede Hemisphäre sowohl vom ipsilateralen als auch vom kontralateralen Ohr erreicht wird. (Die komplette Durchtrennung des Balkens wird heute nicht mehr durchgeführt, da sich das Operationsziel auch mit partiellen Durchschneidungen erreichen läßt).

Im Alltagsleben sind **Split-brain-Patienten** unauffällig, auch ihr Intellekt erscheint unverändert. Es läßt sich höchstens eine reduzierte Spontanaktivität in der linken Körperhälfte (bei Rechtshändern) und eine fehlende oder geringe Reaktion auf Reize links (z.B. Anstoßen) beobachten. Durch psychologische Tests konnten SPERRY und seine Mitarbeiter aber **erhebliche Unterschiede in derArbeitsweise** der beiden Gehirnhälften herausarbeiten, für deren Existenz auch zahlreiche andere klinische und experimentelle Befunde sprechen [11, 15, 16, 17, 39, 62].

Mit der in Abb. 6-21 gezeigten Versuchsanordnung können den beiden Gesichtsfeldhälften getrennt visuelle Signale (Lichtblitze, Gegenstände, Schrift) dargeboten werden. Ferner

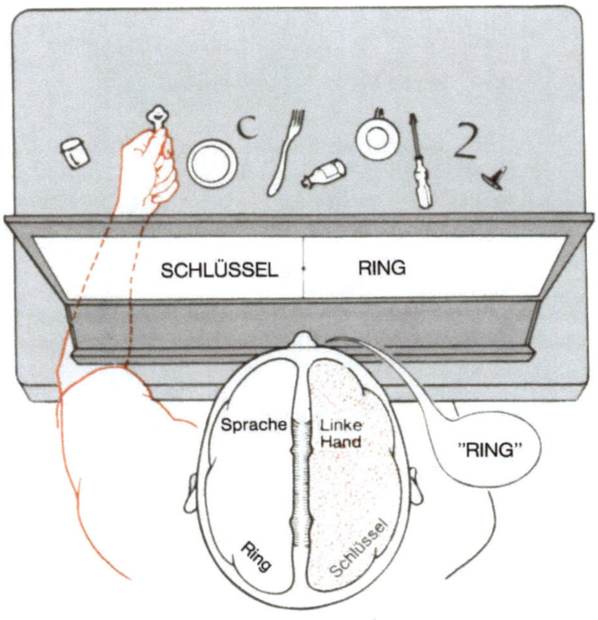

Abb. 6-21. Antwortverhalten eines Split-brain-Patienten bei einem Test durch SPERRY u. Mitarb. Der Patient sitzt vor einem undurchsichtigen Milchglasschirm, auf dem von hinten Gegenstände oder Schrift in die linke, die rechte oder beide Gesichtshälften projiziert werden können. Der Patient wird angehalten, einen Punkt in der Mitte des Schirmes zu fixieren. Bei kurzer Darbietungsdauer (0,1 s) der visuellen Reize wird so eine Änderung der Blickrichtung und dadurch eine Reizaufnahme durch das andere Gesichtsfeld verhindert. Im obigen Test berichtet der Patient (über seine linke, sprechende Hemisphäre), daß er im rechten Gesichtsfeld das Wort RING gelesen hat. Er verneint, das Wort SCHLÜSSEL im linken Gesichtsfeld gesehen zu haben und kann auch keine Objekte benennen, die ihm in die linke Hand gelegt werden. Gleichzeitig sucht er jedoch mit der linken Hand den korrekten Gegenstand heraus, von dem er nach seiner Aussage keine Kenntnis hat. Wird er aufgefordert, den ausgesuchten Gegenstand zu benennen, bezeichnet ihn die sprechende Hemisphäre als „RING" (Nach SPERRY aus [38])

kann die rechte oder linke Hand ohne visuelle Kontrolle zum taktilen Erkennen oder zum Schreiben benutzt werden. Visuelle und taktile sensorische Reize rechts werden aufgrund dieser Versuchsanordnung *nur der linken Gehirnhälfte* (linken Hemisphäre) zugeleitet und umgekehrt. Die wichtigsten Resultate dieser Versuche sind:

Werden Gegenstände (z.B. Schlüssel, Bleistift) in die **rechte Gesichtsfeldhälfte** projiziert, so kann der Split-brain-Patient diese *benennen* oder durch die *rechte Hand* aus anderen Gegenständen *heraussuchen*. Werden Worte in diese Gesichtsfeldhälfte projiziert, so kann er diese laut *lesen, aufschreiben* und wiederum mit der rechten Hand den zugehörigen Gegenstand heraussuchen. Werden ihm Gegenstände in die *rechte Hand* gelegt, so sind die Ergebnisse entsprechend: Der Patient kann die Gegenstände *benennen* und er kann ihre Namen *aufschreiben*. Mit anderen Worten: Der Patient unterscheidet sich in diesen Situationen nicht von einer normalen Versuchsperson.

Werden Gegenstände in die **linke Gesichtsfeldhälfte** projiziert, so kann der Split-brain-Patient diese **nicht benennen.** Es gelingt ihm aber, diese mit der *linken Hand* aus anderen Gegenständen herauszusuchen, sobald er dazu aufgefordert wird. Aber auch dann, nach erfolgreicher Suche, kann er den Gegenstand nicht benennen. Ebenso nicht, wenn ihm der Gegenstand in die **linke Hand** gelegt wird. Werden Worte in die linke Gesichtsfeldhälfte projiziert, so kann er diese nicht laut lesen. Er kann aber, bei Bezeichnungen von alltäglichen Gegenständen, diese mit der linken Hand heraussuchen (Abb. 6-21). Auch nach der erfolgreichen Suche kann er den Gegenstand nicht benennen. In diesen Versuchssituationen kann der Patient also bestimmte Aufgaben durchführen, aber er kann nicht verbal oder schriftlich äußern, was er tut, auch wenn man ihn dazu auffordert.

Die wichtigste **Schlußfolgerung** aus diesen Ergebnissen ist folgende: Bezüglich der *Sprache* ist die **linke Hemisphäre allein** in ihren Leistungen weder aus der subjektiven Sicht des Patienten noch nach dem objektiv beobachtbaren Verhalten von den Leistungen der beiden miteinander verbundenen Hemisphären zu unterscheiden. Sie (oder Teile von ihr, s.u.) ist daher *auch im normalen Gehirn* als das neuronale Substrat für Sprache anzusehen [11, 17, 39]. Die **rechte Hemisphäre allein** kann sich nicht verbal oder schriftlich äußern. Ihre Leistungen sind dennoch bemerkenswert: sie ermöglicht z.B. visuelle und taktile Formerkennung, Abstraktionsvermögen und ein gewisses Sprachverständnis (akustisch gegebene Befehle werden ausgeführt, einfache Worte gelesen (Abb. 6-21). Manche Patienten können sogar einfache kurze Worte schreiben oder abschreiben. (Offen ist, ob dieses Sprachverständnis präoperativ vorhanden war oder postoperativ erlernt wurde). In mancher Hinsicht, so bei dem Erkennen von Gesichtern (Abb. 6-22) und in bezug auf das räumliche Vorstellungsvermögen oder manche musikalische Aufgaben scheint die rechte Hemisphäre der linken sogar überlegen zu sein. (Auf die Bedeutung dieser Ergebnisse für das Leib-Seele-Problem, insbesondere für die philosophischen Positionen der monistischen Identitätstheorien und des dualistischen Interaktionismus wird von uns an anderer Stelle ausführlich eingegangen [4]).

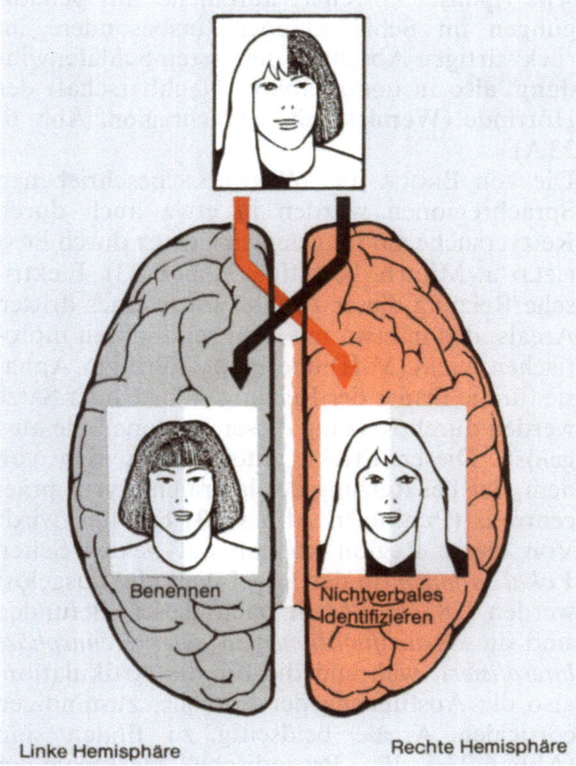

Abb. 6-22. Erkennen von Gesichtern durch die linke und rechte Hemisphäre eines Split-brain-Patienten. Werden mit der Anordnung der Abb. 6-21 als visuelle Reize „zusammengesetzte Portraits“ angeboten, so ergänzt jede Hemisphäre die ihr angebotene Gesichtshälfte zu einem kompletten Gesicht, über das die andere Hemisphäre nichts weiß. Wird verbal nach diesen Gesichtern gefragt, dominiert erwartungsgemäß die linke Hemisphäre. Bei allen anderen, nicht verbalen Tests ist die rechte Hemisphäre der linken weit überlegen. Dies gilt auch für den Umgang mit komplexen, verbal nicht zu beschreibenden geometrischen Figuren. (Nach SPERRY u. Mitarb. aus [38])

Anzumerken bleibt, daß normalerweise ein kontinuierlicher Informationsaustausch zwischen rechter und linker Hemisphäre erfolgt, wobei anscheinend die linke v.a. die Rolle eines **„Ursacheninterpreten“** spielt: Erregungskonstellationen aus allen Teilen des Neocortex und subcorticaler Regionen werden von ihr mit dem Ziel einer *cognitiven Dissonanzreduktion* auf ihre Ursache untersucht. Mit anderen Worten, die linke Hemisphäre konstruiert Theorien über die Ursachen des Auftretens von sichtbaren motorischen und unsichtbaren emotional-vegetativen Reaktionen, bis eine *Konsonanz,* also eine widerspruchsfreie Einordnung oder Änderung der Erwartungs-(Glaubens-)haltung der Inhalte erfolgen kann [16].

Hemisphärische Dysfunktionen. Bei Läsionen der *rechten* Hemisphäre beobachtet man klinisch häufig emotional indifferente oder euphorisch disinhibierte Zustände, bei Läsionen der *linken* — auch wenn Sprachfunktionen nicht betroffen sind (s.u.) — *„Katastrophenreaktionen“* mit tiefen Depressionen. Dabei ist neurophysiologisch zu beachten, daß bei Läsionen einer Seite eine Übererregung der anderen durch Disinhibition resultiert. Emotionaler Ausdruck wird von anterioren corticalen Läsionen, emotionales Erkennen und Diskrimination von posterioren Läsionen beeinträchtigt. Bei rechter parietaler Läsion werden die Existenz und Folgen der Krankheit und/oder emotionaler Inhalte häufig geleugnet **(sensorischer und emotionaler Neglect),** der emotionale Ausdruck verarmt oder ist unangepaßt enthemmt. Bei **depressiven Störungen** wird eine stärkere EEG-Aktivierung rechts frontal gefunden, bei **Manien** eine erhöhte linksfrontale Aktivierung [4].

Neurophysiologische Aspekte der Sprache

Lateralisation der Sprache. Die meisten unserer Kenntnisse über die Neurophysiologie der Sprache gehen auf *klinische Beobachtungen* zurück. Viele Aufschlüsse kamen von Studien, bei denen Sprachstörungen mit dem postmortalen neuropathologischen Befund der zugrunde liegenden Hirnschädigung korreliert wurden. Aber auch die Hirnchirurgie, v.a. verbunden mit elektrischer Reizung des freigelegten Gehirns am wachen Patienten, sowie andere Untersuchungsmethoden haben wertvolle Beiträge gebracht. So hat die therapeutisch induzierte Durchtrennung der Commissurenfasern (Split-brain-Operation, s.o.) gezeigt, daß in der Regel nur die **linke Hemisphäre** die für die Sprache notwendigen Regionen enthält. Auch aus klinisch-neuropathologischen Befunden wurde dies gefolgert und deswegen diese Hemisphäre auch als **dominante Hemisphäre** bezeichnet. Die Dominanz der linken über die rechte Hemisphäre wurde auch für andere Funktionen angenommen, da auch für die motorische Geschicklichkeit eine deutliche Lateralisation besteht und die meisten Menschen *Rechtshänder* sind. Umgekehrt wurde ferner gefolgert, daß bei *Linkshändern* auch die Sprachregionen in der Regel rechts zu finden seien.

Beide Generalisationen treffen nicht zu. Es stimmt zwar, daß bei Rechtshändern die Sprachregionen praktisch immer links ausgebildet sind, aber Linkshänder haben sie z.T. links (meistens), z.T. rechts, z.T. bilateral [17, 29, 34, 39, 44]. Da sich außerdem, v.a. durch die Untersuchungen an Split-brain-Patienten, immer mehr herausstellt, daß in mancher Hinsicht die rechte Hemisphäre der linken überlegen ist, ist es zutreffender, von einer sich *gegenseitig ergänzenden* **Spezialisation der beiden Hemisphären** zu sprechen, wobei die linke in der Regel **sprachdominant** ist.

Sprachregionen. Als erster beobachtete BROCA vor mehr als 100 Jahren, daß Läsionen des unteren Abschnittes der dritten Stirnwindung links zu einem *Sprachversagen* (Aphasie) führen, bei dem das Sprachverständnis noch intakt ist, die Kranken aber spontan fast nichts sprechen. Nach Aufforderung bringen sie zögernd mit großer Anstrengung kurze Sätze hervor, die auf die nötigsten Substantive, Verben und Adjektive reduziert sind (Telegrammstil). Diese Form der Aphasie wird als **motorische Aphasie** bezeichnet und das zugehörige Hirnareal **Brocasche Sprachregion** genannt. Wie Abb. 6-23A zeigt, liegt dieses Areal unmittelbar vor denjenigen Abschnitten des motorischen Cortex, die die Muskeln des Gesichts, des Kiefers, der Zunge, des Gaumens und des Rachens kontrollieren, also derjenigen Muskeln, die zur *Artikulation* notwendig sind. Die motorische Aphasie durch Schädigung der *Broca*-Region ist aber nicht auf eine Lähmung dieser Muskeln zurückzuführen. Selbst direkte Schädigung der Gesichtsregion des Gyrus praecentralis (Abb. 6-23A, B, vgl. auch Abb. 5-26) führt nur zu geringen kontralateralen Ausfallserscheinungen, da die Gesichtsmuskulatur beidseitig im Cortex repräsentiert ist und ein unilateraler Ausfall durch die Gegenseite kompensiert werden kann.

Kurz nach der *Brocaschen* Entdeckung beschrieb WERNICKE einen anderen Typ der Aphasie, bei der das *Sprachverständnis* extrem gestört, das spontane Sprechen der Patienten aber flüssig, wenn auch entstellt war. Diese **sensorische Aphasie** korreliert auffallend mit Schädigungen im Schläfenlappen, insbesondere im rückwärtigen Abschnitt der ersten Schläfenwindung, also in unmittelbarer Nachbarschaft der Hörrinde (**Wernickesche Sprachregion,** Abb. 6-23A).

Die von BROCA und WERNICKE beschriebenen Sprachregionen wurden in etwa auch durch Reizversuche am freigelegten Cortex durch PENFIELD u. Mitarb. bestätigt (Abb. 6-23). Elektrische Reizung dieser Areale, sowie eines dritten Areals, das in etwa mit dem sekundären motorischen Areal (M II) überlappt, führt zur Aphasie für die Dauer der Reizung. Worte oder Sätze werden durch Reizung dieser Regionen nie ausgelöst. Dieser Effekt unterscheidet sich von dem, der bei Reizung des lateralen Gyrus praecentralis (Punkte in Abb. 6-23) erhalten wird: Von dieser Region können auf beiden Seiten *Vokalisationen* (in der Regel Ausrufe) ausgelöst werden [28, 29]. Auch nach diesen Befunden sind die *Sprachfunktionen in einer Hemisphäre lateralisiert,* während die für die Artikulation, also die Ausführung der Sprache, zuständigen corticalen Areale beidseitig zu finden sind (Abb. 6-23A, B). „Prosodische" Merkmale der Sprache (Betonung, Sprechklang) scheinen sogar primär von rechtshemisphärischen Prozessen abhängig zu sein.

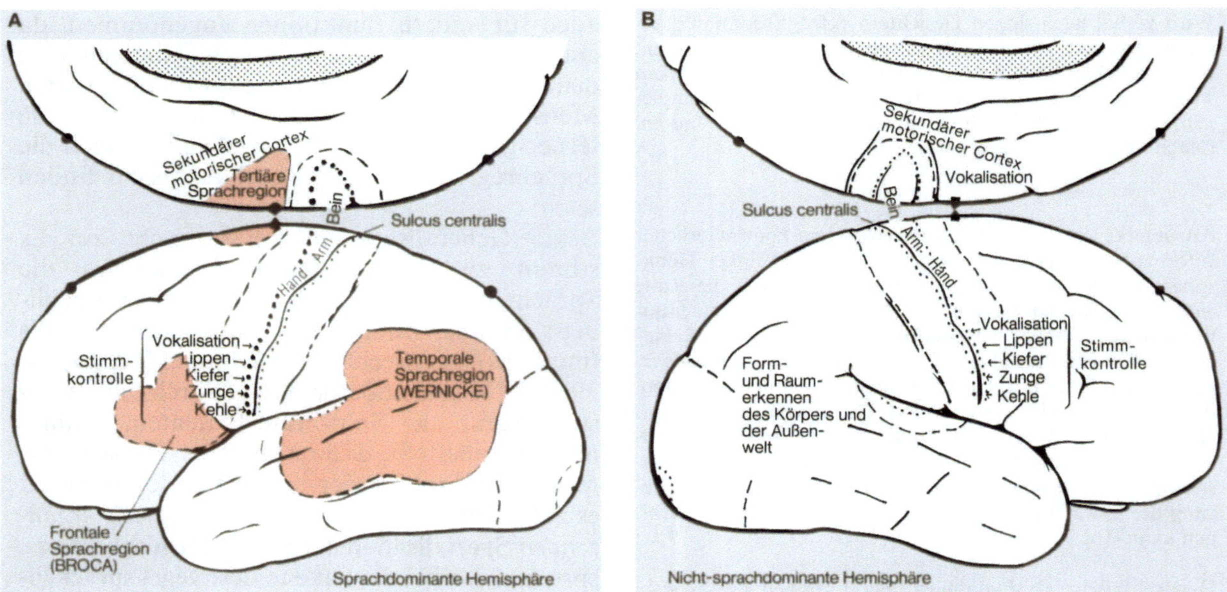

Abb. 6-23. Sprachregionen (*rot*) in der sprachdominanten (*linken*) Hemisphäre (**A**) und korrespondierende Areale der nicht-sprachdominanten (*rechten*) Hemisphäre (**B**) nach Ergebnissen bei elektrischer Reizung des freigelegten Cortex von Erwachsenen durch PENFIELD u. Mitarb. Die Stimmkontrolle ist beidseitig im Gyrus praecentralis angelegt. Jede Gesichtshälfte ist, anders als der übrige Körper, bilateral repräsentiert. Die temporale Sprachregion ist v.a. im Schläfenlappen wahrscheinlich weniger weit ausgedehnt als in A gezeigt. Wernicke-Region und Broca-Region sind durch den Fasciculus arcuatus miteinander verbunden (s. Abb. 6-24). (Nach PENFIELD und ROBERTS [29])

Entsprechend diesen Befunden zeigen neurochirurgische Beobachtungen, daß einseitiges **Entfernen der „Sprechregionen"** des Gyrus praecentralis nie zur Aphasie, sondern, wie eben schon erwähnt, nur zu oft erstaunlich geringfügigen Sprechstörungen führt. Bei **Ausschalten der Sprachregionen** kommt es dagegen zu Aphasien unterschiedlicher Dauer: Nach Entfernen der dritten, mit M II überlappenden Sprachregion bestehen aphasische Störungen für einige Wochen. Entfernen des Broca-Areals bewirkt länger anhaltende Aphasie, die sich aber, auch beim Erwachsenen, nach Monaten bis Jahren deutlich bessert. Eine Entfernung der temporalen Sprachregion hat dagegen eine permanente Aphasie im Gefolge. Die *temporale Sprachregion* ist, so gesehen, als die *primäre* anzusehen [15, 17, 28, 29].

Wernicke-Geschwind-Modell der Sprachverarbeitung. Die bereits von Wernicke entwickelten und von Geschwind (s. [4, 17, 21]) präzisierten Modellvorstellungen über die Zusammenarbeit der verschiedenen Cortexareale der dominanten Hemisphäre erlauben einige wichtige Zuordnungen zwischen den klinisch-psychologischen Befunden der verschiedenen Aphasieformen und der Lokalisation der zugehörigen neuronalen Störung im Gehirn. So ist in Abb. 6-24A der Ablauf der neuronalen Informationsverarbeitung beim Benennen eines gesehenen Gegenstandes dargestellt. Die **visuelle Information** wird zunächst von der Retina über die Sehbahn (Abb. 11-27, S. 271) in die primäre Sehrinde (Area 17, vgl. Abb. 6-4), von dort in höhere Sehareale (Area 18) und schließlich in den benachbarten assoziativen Cortex (Area 39, vgl. Abb. 6-2 und 6-4) übertragen, wo die **Gestalterkennung** erfolgt. Diese Information wird dann zur (receptiven) **Wortfindung** in die Wernicke-Sprachregion (Area 22) weitergegeben. Von dort wird sie über den *Fasciculus arcuatus* zur Broca-Sprachregion geleitet, damit dort die (expressive) **Sprachgestaltung** erfolgt. Der letzte Schritt ist dann die Weitergabe dieser Information zur **Artikulation** an die für die Vokalisation verantwortlichen Areale des motorischen Cortex. Einen vergleichbaren Weg würde eine akustisch gegebene Anordnung zur Aussprache eines Satzes nehmen, nur daß die Wernicke-Region von den Hör- statt von den Sehzentren aktiviert würde (vgl. Abb. 6-24B, C).

Dieses Modell macht die oben geschilderten Sprachstörungen bei der **sensorischen** und **motorischen Aphasie** sofort verständlich. Wenn im ersteren Fall die receptive Wortfindung in der Wernicke-Region versagt, kann auch keine Sprachgestaltung erfolgen. Und bei einer Läsion

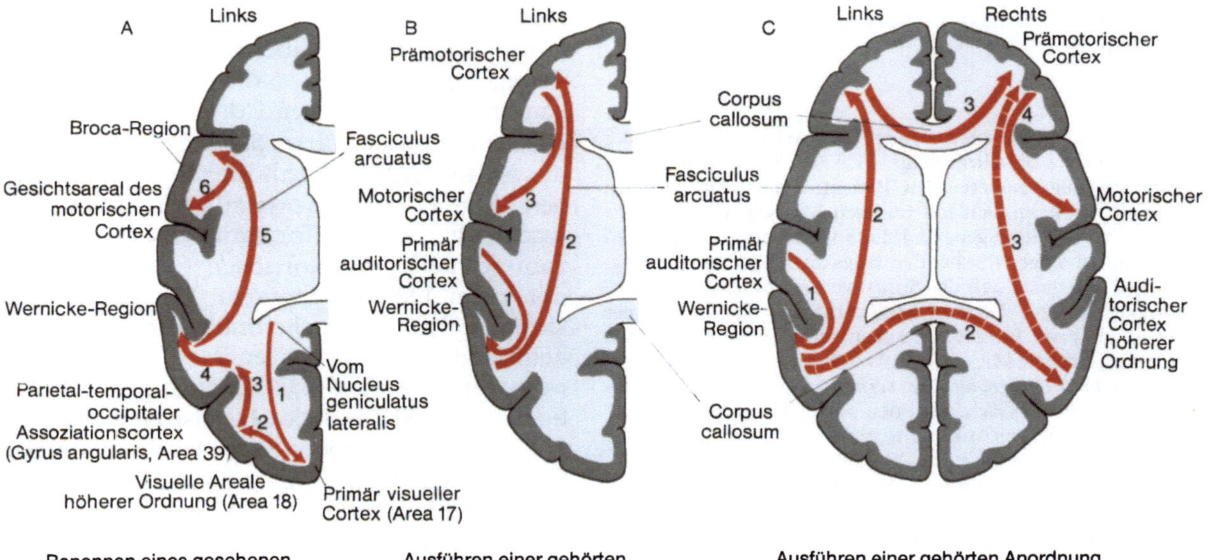

Abb. 6-24. Ablauf der neuronalen Informationsverarbeitung bei visuell und akustisch übermittelten Sprachaufgaben nach den Modellvorstellungen von Wernicke und Geschwind (s. Text). Schematische Horizontalschnitte durch ein menschliches Gehirn auf der Höhe des Corpus callosum. **A** Ablauf der Informationsverarbeitung (*Pfeile 1–6*) beim visuellen Erkennen und anschließenden Benennen eines Gegenstandes. **B** Informationsablauf bei der akustischen Aufforderung, die *rechte* Hand zu heben. **C** Informationsablauf bei der akustischen Aufforderung, die *linke* Hand zu heben. Die Übertragung von links nach rechts erfolgt zwischen den prämotorischen Cortexarealen über den Balken (*Pfeil 3*). Eine weitere transcallosale Verbindung besteht möglicherweise zwischen der linken Wernicke-Region und dem rechten höheren auditorischen Cortex, von dem die Information zum prämotorischen Cortex geleitet wird (*gestrichelte Pfeile 2 und 3*). Bei visuell gestellten Aufgaben würden in B und C die *Pfeile 1–4* aus Abb. A an die Stelle der „akustischen" *Pfeile 1* treten. (Modifiziert nach Mayeus u. Kandel in [21])

im Broca-Areal bleibt diese aus. Ist der Fasciculus arcuatus unterbrochen, kommt es zu einer **Leitungsaphasie,** die einer sensorischen Aphasie ähnelt. Sind beide Areale geschädigt (beide gehören zum Versorgungsgebiet der A. cerebri media), kommt es zur **globalen Aphasie,** bei der die expressiven wie receptiven Leistungen schwer gestört sind. Und Störungen im temporal-parietalen Assoziationscortex können die Ursache einer **amnestischen Aphasie** sein, bei der *Wortfindungsstörungen* im Vordergrund stehen. Der Patient ersetzt das gesuchte Wort durch ein Füllwort („das Dingsda") oder durch eine allgemeinere Kategorie („Vogel" statt Taube) oder durch eine Umschreibung („zum Schreiben" statt Bleistift). Für eine detaillierte Beschreibung der bei den einzelnen Aphasien auftretenden Symptomatik und für weitere Ansätze, Aphasien näher zu charakterisieren und zu klassifizieren, sei auf die Literatur verwiesen [30, 34, 38].

Störungen der sprachverwandten Leistungen, also des *Lesens, Schreibens* und *Rechnens,* treten als Begleitsymptome der Aphasie auf und können gelegentlich als **Alexie, Agraphie** oder **Acalculie** auch im Vordergrund des Krankheitsbildes stehen. Während die Alexie mehr der sensorischen Aphasie zuzurechnen ist, weist Agraphie auf eine Störung der expressiven Sprachleistungen hin.

Aphasien als Folge schleichender (z.B. Arteriosklerose) oder plötzlicher (z.B. Hirnschlag, S. 127) **Schädigungen der Sprachregionen isolieren den Patienten von seiner sozialen Umwelt.** Er kann sich mit anderen Menschen nicht mehr wie früher verständigen, und diese wiederum sind meistens nicht in der Lage, v.a. bei den langsam einsetzenden Aphasien, zu erkennen, daß das Sprachversagen nicht eine Folge einer gestörten Persönlichkeitsstruktur, sondern einer Schädigung der für die Sprachleistungen verantwortlichen Hirnregionen ist. Mit anderen Worten, *viele Aphasiker werden von ihrer Umgebung als verhaltensgestört bzw. schizophren angesehen.* Gerade bei den sensorischen Aphasien ist es für den Laien nicht ohne weiteres zu erkennen, daß das offensichtliche Versagen des Sprachverständnisses, zusammen mit der ungehemmten, aber mehr oder weniger unzusammenhängenden Spontansprache nicht auf einer Geistesstörung beruht. Diese Patienten leiden doppelt und dreifach: an ihrer Aphasie, an der Fehleinschätzung ihres Krankheitszustandes und an der ausbleibenden (oder falschen) Behandlung.

Ontogenetische Aspekte der Sprache. Hat ein Kind sprechen gelernt, führt Zerstörung der Sprachregion in der linken Hemisphäre zu einer vollkommenen Aphasie. Etwa nach 1 Jahr beginnt das Kind wieder zu sprechen. Die Sprache ist dann in den korrespondierenden Regionen der rechten Hemisphäre repräsentiert (vgl. Abb. 6-23). Diese **Übertragung der Sprachdominanz** von der linken in die rechte Hemisphäre ist aber spätestens nach dem 10. Lebensjahr nicht mehr möglich [38]. Die ursprüngliche Fähigkeit, Sprache in der rechten oder in der linken Hemisphäre anzulegen, geht in diesem Lebensalter wahrscheinlich aus zwei Gründen verloren: Einmal ist die Ausbildung der für die Sprache notwendigen *neuronalen Grundmuster* (die auch bei Erlernen einer Zweitsprache später mitbenutzt werden) danach nicht länger möglich; zum zweiten haben die entsprechenden Regionen der *nicht-sprachdominanten Hemisphäre* zu dieser Zeit schon andere Aufgaben übernommen, v.a. die der räumlichen Orientierung und der räumlichen Bewußtheit des eigenen Körpers und seiner Einordnung in die Umgebung (Abb. 6-23B). Die Plastizität des Gehirns hat jedoch ihren Preis: Patienten, bei denen in der Kindheit durch Schädigung der linken Hemisphäre die rechte Hemisphäre zusätzlich zu den eben genannten nicht-verbalen Funktionen auch Sprachaufgaben übernehmen mußte, haben durchweg eine geringere allgemeine Intelligenz und auch geringere sprachliche Fähigkeiten als ein vergleichbares Normalkollektiv [38].

Sprache und Handeln. Die enge Verknüpfung zwischen Sprache und motorischem Handeln ist ebenfalls aus dem Wernicke-Geschwind-Modell ersichtlich. So zeigt z.B. Abb. 6-24B den Ablauf der neuronalen Informationsverarbeitung, sobald eine Person verbal aufgefordert wird, die *rechte* Hand zu heben. Nach der **Aufnahme des verbalen Kommandos** in den akustischen Zentren wird die Information zur **Interpretation** in die Wernicke-Region weitergeleitet, von dort über den Fasciculus arcuatus zur Ausarbeitung des **Handlungsentwurfs** zum linken assoziativen prämotorischen Cortex übertragen und dann zur **Bewegungsausführung** an die Armregion des linken primär motorischen Cortex übergeben.

Eine völlig vergleichbare Sequenz läuft ab, wenn die Aufforderung ergeht, die *linke* Hand zu heben (Abb. 6-24C). Hier ist es aber zusätzlich erforderlich, daß die Information über den Balken zum rechten prämotorischen Cortex und von dort zum rechten Armareal des motorischen Cortex gelangt. Sprache und motorisches Handeln sind also auf das engste verknüpft, und nach den in Abb. 6-24B, C gezeigten Informationswegen ist die **linke Hemisphäre** nicht nur für die Sprache, sondern **auch für das motorische Handeln dominant** (an jedem Bewegungsentwurf, ob für die linke oder die rechte Körperseite, ist der linke prämotorische Cortex beteiligt).

Motorische Apraxie. Bei dem in Abb. 6-24 gezeigten Ablauf der Informationsverarbeitung ist es nicht unerwartet, daß Aphasien häufig auch von Störungen des motorischen Handelns begleitet sind. Zum einen resultieren diese Störungen aus mangelndem Verständnis gegebener Anordnungen (v.a. bei sensorischen Aphasien), teils sind sie aber auch dadurch bedingt, daß die **Ausformung eines Handlungsentwurfs** durch eine Läsion der linken oder rechten prämotorisch-assoziativen Cortices oder ihrer Verbindungen unvollkommen ist.

Die resultierenden Störungen in der sequentiellen Anordnung von Einzelbewegungen zu Bewegungs- und Handlungsfolgen bei Erhalt der elementaren Beweglichkeit werden **motorische Apraxien** genannt. Art und Ausprägung der verschiedenen Apraxieformen hängt, wie ebenfalls aus Abb. 6-24 verständlich, stark von Lokalisation und Ausmaß der cerebralen Läsion ab. Für Einzelheiten sei auf die Literatur verwiesen [21, 30].

6.5 Plastizität, Lernen, Gedächtnis

Formen von Lernen und Gedächtnis

Biologische Bedeutung und Ausmaß der Informationsspeicherung. Aufnahme, Speicherung und Abgabe von Information sind allgemeine Eigenschaften neuronaler Netzwerke. Ihre *biologische Bedeutung* als Grundlage der **Anpassung des individuellen Verhaltens an die Umwelt** kann kaum überschätzt werden. Ohne Lernen, Gedächtnis und Erinnerung wäre weder das Überleben des Einzelnen noch seiner Art möglich, denn es könnten weder Erfolge planvoll wiederholt noch Mißerfolge gezielt vermieden werden. Entsprechend viel Aufmerksamkeit ist daher in den letzten Jahrzehnten von seiten der Neurobiologie diesen Phänomenen entgegengebracht worden. Dabei hat sich gezeigt, daß wir nur einen *sehr geringen Teil* der uns bewußt werdenden Vorgänge speichern, die ja selbst nur einen kleinen Ausschnitt aus allen sensorischen Zuflüssen darstellen. Sicher ist auch, daß wir einen Großteil der einmal gespeicherten Information wieder vergessen. Beide Mechanismen, *Auswahl* und *Vergessen,* schützen uns vor einer Überflutung mit Daten, die ebenso schädlich wäre wie das Fehlen von Lernen und Gedächtnis.

Die **Speicherkapazität des menschlichen Gedächtnisses** kann bisher nur grob abgeschätzt werden. So zeigen Vergleiche der für das Lernen von Sprachen notwendigen Speicherkapazität ($4–5 \cdot 10^7$ bit) mit der Anzahl der in den entsprechenden temporalen Arealen vorhandenen Neurone ($3 \cdot 10^8$), daß etwa *10 Neurone* notwendig sind, um *ein bit Information* zu speichern. Extrapoliert man diese Werte auf den gesamten menschlichen Cortex, so beträgt seine Speicherkapazität etwa $3 \cdot 10^8$ bit. Diese Speicherkapazität reicht aus, um etwa 1% der durch unser Bewußtsein fließenden Information permanent zu speichern, wie kybernetische Betrachtungen zeigen [53]: Danach beträgt der **Informationsfluß durch das Bewußtsein** aus der gesamten Sensorik jeweils unter 50 bit $\cdot$ s^{-1}. Er liegt beispielsweise für ruhiges Lesen bei 40 bit $\cdot s^{-1}$, für Kopfrechnen bei 12 bit $\cdot s^{-1}$ und für Zählen bei 3 bit $\cdot s^{-1}$. Nimmt man also einen Durchschnittswert von 20 bit $\cdot$ s^{-1} an, so beträgt der gesamte Informationsfluß bei einem 16-h-Tag im Laufe eines 70jährigen Lebens rund $3 \cdot 10^{10}$ bit, also 100mal mehr, als nach dem oben Gesagten an Speicherkapazität zur Verfügung steht. Aus diesem Material muß also **1% für die Langzeitspeicherung** ausgewählt werden. Es liegt auf der Hand, daß dies v.a. diejenige Information ist, die für das Individuum aus dem einen oder anderen Grunde besonders wichtig ist.

Aufnahme (Lernen) und Speicherung (Gedächtnis) von Information durch das Nervensystem sind in den letzten Jahrzehnten gründlicher bearbeitet worden als das Problem des Rückrufs aus dem Speicher (Erinnerung). Für die beiden ersten Vorgänge zeichnen sich daher einige Umrisse der zugrunde liegenden Mechanismen ab, während die Vorgänge beim Rückruf noch weitgehend dunkel sind. Entsprechend wenig wird daher hier über sie berichtet.

Habituation und Sensitivierung (nicht-assoziatives Lernen). Bei Tier und Mensch führt ein neuer Reiz, z.B. ein lautes und unerwartetes Geräusch, zu einer Reihe von somatischen und vegetativen Reaktionen, wie z.B. Hinblicken zur Reizquelle, Erhöhung des Muskeltonus, Änderungen der Herzfrequenz, Desynchronisation des EEG, die als **Orientierungsreaktion** zusammengefaßt werden. Hat der Reiz keine Bedeutung für den Organismus, z.B. bei wiederholter Darbietung, so verschwindet alsbald die Orientierungsreaktion. Wer z.B. in einer lauten Großstadtstraße lebt, „gewöhnt" sich alsbald an den ständigen nächtlichen Verkehrslärm und wird durch ihn nicht mehr aufgeweckt. Diese Form der Anpassung an einen wiederholten, für den Organismus aber als unwichtig erkannten Reiz wird **Habituation** genannt.

Bei der **Habituation** handelt es sich nicht nur um die einfachste, sondern wahrscheinlich auch um die bei Tier und Mensch **verbreitetste Form des Lernens.** Durch Habituation lernen wir es, Reize zu ignorieren, die keinen Neuigkeitswert oder keine Bedeutung mehr haben, so daß wir unsere Aufmerksamkeit wichtigeren Ereignissen zuwenden können. Die Habituation ist jeweils reizspezifisch (ein ungewohnter Lärm oder auch eine ungewohnte Stille wecken auf), sie ist also keine Ermüdung, sondern ein eigenständiger Anpassungsprozeß des Nervensystems. Die Habituation darf auch nicht mit der *Adaptation* verwechselt werden, bei der es sich um eine Erhöhung der Reizschwelle eines Sinnesorgans bei kontinuierlicher Reizung handelt.

Auch der umgekehrte Lernvorgang, also eine **Zunahme einer physiologischen Reaktion oder eines Verhaltens** auf Reize nach Darbietung eines besonders intensiven oder noxischen Reizes ist bei Tier und Mensch nachweisbar und wird als **Sensitivierung** bezeichnet. Tritt z.B. bei der oben erwähnten Verkehrslärmsituation ein ungewohntes Geräusch auf (Reifenquietschen bei Notbremsung mit anschließendem Krach beim Zusammenstoß zweier Fahrzeuge), so werden wir für einige Zeit auch den normalen Straßengeräuschen eine erhöhte Aufmerksamkeit widmen. Auch die Sensitivierung ist ein reiz- und situationsspezifischer, einfacher, aber eigenständiger Lernprozeß des Nervensystems, der in seinen Eigenschaften in vieler Hinsicht der Habituation spiegelbildlich ist (s. auch S. 99, weitere Einzelheiten u. Lit. in [4]).

Verhaltensgedächtnis und Wissensgedächtnis. Sieht man einmal von den einfachen Prozessen der Habituation und Sensitivierung ab, so wird in der Gedächtnisforschung das Lernen und Behalten mit zwei unterschiedlichen Ansätzen studiert, nämlich einmal als **Konditionierung** (klassisch und instrumentell) und zum anderen als **cognitiver Prozeß.** Ersteres führt zu einem **Verhaltensgedächtnis,** letzteres zu einem **Wissensgedächtnis** [36]. Diese Unterscheidung ist zunächst einmal methodisch begründet: Während Lernen und Behalten im Tierversuch einfacher mit Konditionierungsprinzipien voraussagbar sind, wird im Humanversuch der Erwerb, das Behalten und das Wiedererkennen von Wissen und Fertigkeiten präziser nach cognitiven Prinzipien erklärt. Die unterschiedlichen methodischen Vorgehensweisen münden aber auch in divergente theoretische Positionen: während die behavioristisch orientierten Konditionierungsforscher auch komplexe Lernprozesse (z.B. Spracherwerb) auf der Grundlage von Konditionierungsregeln erklären wollen, glauben cognitive Gedächtnisforscher, daß zusätzliche Prinzipien zum Verständnis von Wissenserwerb notwendig sind (Lit. in [4]).

Assoziatives und nicht-assoziatives Lernen. Die eben erwähnten und unten näher charakterisierten Konditionierungsvorgänge werden häufig als **assoziatives Lernen** bezeichnet, da der zentrale Prozeß in der Herstellung einer Assoziation zwischen Reizen (S) und Reaktionen (R) besteht und damit vom (cognitiven) Wissenserwerb abgegrenzt wird. Diese Unterscheidung ist insoweit wahrscheinlich irreführend, als auch beim cognitiven Wissenserwerb Assoziationen möglicherweise eine große Rolle spielen. Dagegen sind Habituation und Sensitivierung eindeutig „nicht-assoziativ“, da sie lediglich eine Funktion der Reizstärke und der zeitlichen Darbietungsfolge, nicht der *engen zeitlichen Paarung* (= Assoziation) von Reizen sind.

Verhaltensgedächtnis (Lernen durch Konditionierung)

Klassische Konditionierung. Schmerzhafte Reizung des Fußes führt zu einem Anziehen des Beines durch Beugung in allen Gelenken. Dieser *Flexorreflex* ist angeboren und tritt bei allen Tieren unabhängig von ihrer Vorgeschichte auf. Solche *unbedingten Reflexe* beruhen auf starren neuronalen Verschaltungen zwischen den Receptoren (Sensoren) und dem Erfolgsorgan. Im täglichen Leben sind die *erworbenen* oder *bedingten Reflexe* jedoch von eher noch größerem Interesse. Bei diesen wird die funktionelle Verbindung zwischen erregten Sensoren und Aktivitätsabläufen in Erfolgsorganen erst durch Lernvorgänge erworben.
Der Erwerb bedingter Reflexe kann bei vielen Tierarten leicht im Labor kontrolliert werden. Das erste dieser Verfahren ist die von PAVLOV entwickelte **klassische Konditionierung:** Es wird zuerst ein *unbedingter* Reflex (UR) ausgelöst, z.B. bei einem Hund der Speichelfluß nach Anbieten von Nahrung (US). Kurz vor dem Reiz für den unbedingten Reflex wird dann jeweils ein ursprünglich neutraler, weiterer Reiz gesetzt — es ertönt z.B. kurz vor dem Anbieten von Nahrung eine Glocke (CS). Wird diese Assoziation von unbedingtem (US) und bedingtem Reiz (CS) wiederholt, so löst bald auch der CS alleine den Reflexerfolg aus — der Hund wird auch ohne Anbieten von Nahrung nach Läuten der Glocke mit Speichelfluß reagieren (vgl. Abb. 29–23). Beim klassischen Konditionieren wird also durch Assoziation des adäquaten Reizes (US) eines unbedingten Reflexes (UR) mit einem neutralen Testreiz (CS) der letztere zum Auslöser eines *bedingten Reflexes (CR),* oder in Kurzform geschrieben: aus der Sequenz **CS → US → UR** wird durch das Üben die Folge **CS → CR** (Einzelheiten in [4]).

Prägung ist eine spezielle Form von assoziativem Lernen auf der Grundlage einer angeborenen Sensibilität für bestimmte Reiz-Reaktions-Verkettungen an einem bestimmten Abschnitt der Entwicklung eines Lebewesens. Populärstes Beispiel sind Konrad LORENZ' junge Graugänse, die innerhalb eines eng umschriebenen Zeitabschnittes ihrer Entwicklung lernten, auch dem Menschen zu folgen, wenn der natürliche konditionierende Reiz, nämlich die Gänsemutter, nicht vorhanden war.

Instrumentelle Konditionierung. Bei der klassischen Konditionierung wird der bedingte Reflex passiv gelernt. *Aktiv* erwirbt das Tier neues Verhalten durch die **instrumentelle** oder **operante Konditionierung.** Beim operanten Konditionieren folgt unmittelbar auf die zu lernende *Reaktion* ein belohnender oder bestrafender Reiz (Abb. 6-25). Dies führt zu positiver oder negativer **Verstärkung** des Verhaltens. Das Verhalten selbst wirkt also *„operativ“* auf einen fördernden oder hemmenden Reiz, daher die Bezeichnung **operantes** oder **instrumentelles Lernen** (Lit. s. [4, 37]).
Die Konditionierung erfolgt im Tierversuch häufig durch *Geräte,* die automatisch den Reiz

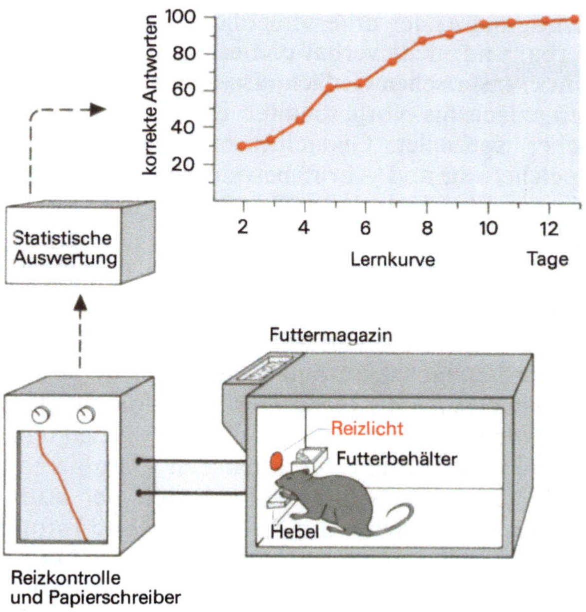

Abb. 6-25. Operante Konditionierung in der „Skinner-Box". Das Versuchstier kann auf einen durch die Reizkontrolle angebotenen Reiz, hier Licht, den Hebel drücken und wird dann automatisch durch Futter belohnt. Die Reaktionen werden durch den Schreiber als Lernkurve kumulativ aufgezeichnet. *Abscisse:* Versuchstage ab Lernbeginn: *Ordinate:* Prozentsatz der korrekten Antworten auf den Testreiz

setzen, die Antwort registrieren und entsprechend den eingegebenen Kriterien die Belohnung anbieten. Nach ihrem Konstrukteur und dem Pionier der operanten Konditionierung werden diese Geräte als **Skinner-Boxen** bezeichnet (Abb. 6-25).

Viele menschliche und tierische Verhaltensweisen werden nach den Prinzipien des operanten Konditionierens erworben, aufrecht erhalten und gehemmt. Klassische Konditionierung spielt dagegen weniger eine Rolle beim Erwerb **motorischer Reaktionen,** sondern mehr bei der Ausbildung **vegetativer (autonomer)** bedingter Reaktionen.

Instrumentelles und klassisches Konditionieren weisen Ähnlichkeiten auf, wie z.B. die Zeitintervalle zwischen den kritischen Ereignissen (optimal 500 ms). Es gibt aber auch Unterschiede, die eine **gemeinsame physiologische Basis beider Prozesse fragwürdig erscheinen lassen:** operantes Konditionieren ist an höher entwickelte Organismen gebunden (z.B. Bestrafungslernen ist bei Fischen nur schwer zu erzielen) und benötigt komplexere Nervennetze als klassisches Konditionieren; vermutlich benötigt es beim Säuger einen intakten Neocortex.

Lernen im autonomen Nervensystem. Seit Pavlov ist bekannt, daß über **klassisches Konditionieren** auch Verhaltensänderungen an den Effectoren des autonomen Nervensystems (Herz, glatte Muskulatur, Drüsen) auslösbar sind. Für lange Zeit wurde geglaubt, daß diese sehr eingeschränkte Form des Lernens die einzige sei, zu der das autonome Nervensystem fähig ist. Anwendung der Technik des **instrumentellen Konditionierens** hat aber gezeigt, daß auch im autonomen Nervensystem Lernen in einem weit größeren Umfang möglich ist. So gelang es z.B. im Tierversuch, die Herzfrequenz, den Tonus der Darmmuskulatur, die Urinsekretion und die Durchblutung der Magenwand dauerhaft zu verändern.

Die größte Schwierigkeit beim Studium der durch operantes Lernen im autonomen Nervensystem ausgelösten Verhaltensänderungen besteht darin, daß die am leichtesten meßbaren Antworten (z.B. Herzfrequenz) auch **indirekt über die Skeletmuskulatur,** also durch Änderungen der Muskelarbeit, des Muskeltonus oder durch Änderungen der Zwerchfellkontraktion beeinflußbar sind. Das gleiche gilt für noch subtilere indirekte Einflüsse, wie sie z.B. der allgemeine Wachheits- und Aufmerksamkeitsgrad der Versuchstiere darstellen. Der Ausschluß solcher indirekter Faktoren ist bisher nicht eindeutig geglückt: zwar sind zahlreiche Versuchsergebnisse bekannt, bei denen *auch nach Lähmung der Skeletmuskulatur durch Curare* Lernen im autonomen Nervensystem erfolgte, doch blieben die Ergebnisse nicht unwidersprochen [4].

Unterdessen wird auch *am Menschen* versucht, über die Technik des operanten Konditionierens autonome Vorgänge zu beeinflussen. Wird beispielsweise einer Versuchsperson ihr Herzschlag bzw. ihre Herzfrequenz sicht- oder hörbar gemacht, so genügen i.allg. kleine Änderungen der Herzfrequenz in der gewünschten Richtung als Belohnung und als Antrieb, noch größere Änderungen zu erreichen. Solche **Biofeedbackanordnungen** werden als vielversprechender therapeutischer Ansatz angesehen, auf nicht-medikamentösem Wege krankhafte Prozesse im Organismus zu bessern. Beispiele, bei denen über Erfolge berichtet wird, sind Herzrhythmusstörungen, Muskelverspannungen, Migräne und Einschlafstörungen (über Kontrolle der EEG-Frequenz, s.S. 144). Noch mehr als im Tierversuch ist aber hier daran zu denken, daß zahlreiche indirekte, v.a. musculäre Einflüsse an der Veränderung der untersuchten autonomen Parameter beteiligt sein können. Dafür spricht auch die Tatsache, daß der therapeutische Einsatz von Biofeedback v.a. bei Erkrankungen und Lähmungen von Muskeln erfolgversprechend erscheint („neuromusculäre Re-edukation").

Wissensgedächtnis (cognitives Lernen)

Der deutsche Psychologe H. Ebbinghaus begründete 1885 die Gedächtnisforschung mit sei-

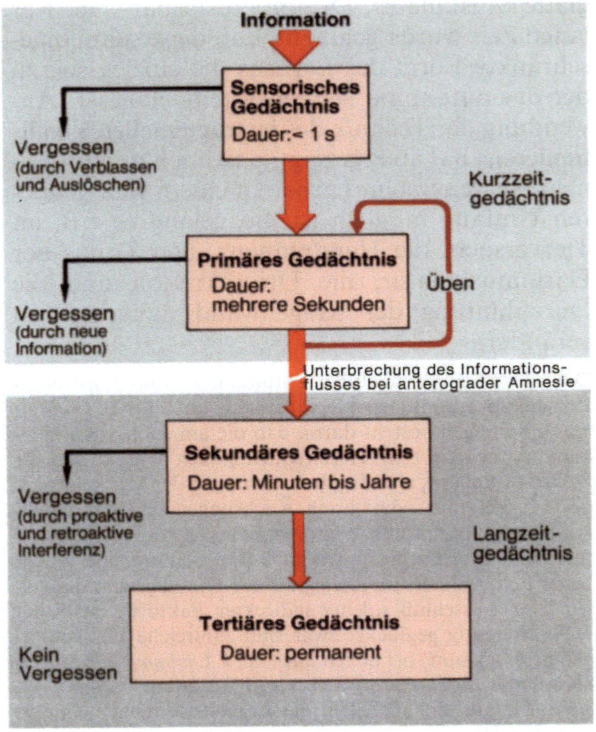

Abb. 6-26. Diagramm des Informationsflusses vom sensorischen über das primäre in das sekundäre Gedächtnis. Gedächtnismaterial wird in das primäre Gedächtnis überführt, wo es entweder wiederholt (geübt) oder vergessen wird. Ein Teil des geübten Materials gelangt in das sekundäre Gedächtnis. Üben ist aber weder eine unabdingbare Voraussetzung dazu, noch garantiert es die Überführung. (Modifiziert nach WAUGH u. NORMAN [38])

nen Reproduktionsversuchen an sinnlosen Silben. Seine Ergebnisse blieben über 100 Jahre unangefochten, auch wenn die theoretische Interpretation sich verändert hat. EBBINGHAUS unterschied bereits zwischen *Gedächtnisspanne* und *natürlichem Gedächtnis,* heute **Kurzzeitgedächtnis** und **Langzeitgedächtnis** genannt (Abb. 6-26). Information im Kurzzeitgedächtnis, z.B. eine Telefonnummer, die man gerade nachgesehen hat, wird schnell wieder vergessen, wenn sie nicht durch **Üben** in das Langzeitgedächtnis übertragen wird. Dort steht sie auch nach längerer Zeit immer wieder zur Verfügung und die von ihr geformte, in ihrem Mechanismus unbekannte Gedächtnisspur, das **Engramm,** verstärkt sich mit jeder Benutzung. Diese Verfestigung des Engramms, die zu einem immer weniger störbaren Gedächtnisinhalt führt, wird **Konsolidierung** genannt.

Die nachfolgende Beschreibung der menschlichen Gedächtnisprozesse berücksichtigt das Konzept des Kurz- und Langzeitgedächtnisses und ergänzt es entsprechend dem heutigen Stand der Erkenntnis. Dazu gehört die Berücksichtigung a) der unterschiedlichen Behandlung verbal und nicht verbal codierten Materials, b) eines **sensorischen Gedächtnisses,** das dem Kurzzeitgedächtnis vorgeschaltet ist, und c) möglicher spezieller Gedächtnismechanismen für Speicherung und Abruf besonders gut konsolidierten Materials [18, 22, 43, 48, 63]. Einen Überblick gibt Tabelle 6-1.

Sensorisches Gedächtnis. Sensorische Reize werden für die Dauer von wenigen hundert Millisekunden zunächst automatisch in einem *sensorischen Gedächtnis* gespeichert, um dort für den oder die Kurzzeitspeicher codiert zu werden und um die wichtigsten Merkmale zu extrahieren. Das Vergessen beginnt sofort nach der Aufnahme. Zusätzlich kann die gespeicherte Information auch aktiv ausgelöscht, bzw. durch kurz danach aufgenommene Information überschrieben werden (Tabelle 6-1, Abb. 6-26).

Die experimentellen Befunde, die zur Annahme eines sensorischen (im akustischen Bereich *echoischen,* im optischen *iconischen)* Gedächtnisses geführt haben, stammen überwiegend aus dem visuellen Bereich. Wenn eine große Zahl von Reizen (z.B. 12 Buchstaben) extrem kurz dargeboten werden (z.B. für 50 ms), so können 0,5–1 s danach oft bis zu 80% wiedergegeben werden, ähnlich wie optische Nachbilder. Nach wenigen Sekunden sinkt die Wiedergabe auf bis zu 20% ab. Tests mit aufeinanderfolgenden Reizen ergaben, daß neben passivem „Verblassen" der Information auch ein aktives „Überschreiben" durch neue Information möglich ist. Aus solchen und anderen Tatsachen schließt man auf die Existenz eines sensorischen Speichers in den primären Sinnessystemen (einschließlich der primären corticalen Projektionsareale) mit großer Speicherkapazität, der die sensorischen Reize für Sekunden stabil hält, um die Codierung und Merkmalsextraktion sowie die Anregung von Aufmerksamkeitssystemen zu ermöglichen.

Die Übertragung der Information aus dem kurzlebigen sensorischen in ein dauerhafteres Gedächtnis kann auf zwei Wegen erfolgen: der eine ist die verbale Codierung der sensorischen Daten. Der andere ist ein nicht-verbaler Weg, über den wenig bekannt ist, der aber von kleinen Kindern und Tieren eingeschlagen werden muß und der auch zur Aufnahme verbal nicht oder nur schwer zu fassender Erinnerungen dient.

Primäres Gedächtnis (Tabelle 6-1). Dieses Gedächtnis dient zur vorübergehenden **Aufnahme verbal codierten Materials.** Seine Kapazität ist viel kleiner als die des sensorischen Gedächtnisses. Die Information ist in zeitlicher Ordnung gespeichert. Vergessen erfolgt durch Ersetzen der eingespeicherten Information durch neue. Da der Organismus dauernd Informationen ver-

Tabelle 6-1. Überblick über menschliche Gedächtnisprozesse. (Nach ERVIN und ANDERS [48])

	Sensorisches Gedächtnis	Primäres Gedächtnis	Sekundäres Gedächtnis	Tertiäres Gedächtnis
Kapazität	Begrenzt durch die vom Receptor übertragene Information	Gering	Sehr groß	Sehr groß
Dauer	Bruchteile einer Sekunde	Mehrere Sekunden	Mehrere Minuten bis mehrere Jahre	Dauernd
Aufnahme in den Speicher	Automatisch bei Wahrnehmung	Verbalisierung	Üben	Sehr häufiges Üben
Organisation	Abbild des physikalischen Reizes	Zeitliche Ordnung	Semantisch und nach zeitlich-räumlichen Zusammenhängen (Gestalt-Lernen)	?
Zugriff zum Speicher	Nur begrenzt durch Geschwindigkeit der Ausgabe	Sehr schneller Zugriff	Langsamer Zugriff	Sehr schneller Zugriff
Art der Information	Sensorisch	Verbal (unter anderem?)	Alle Formen	Alle Formen
Art des Vergessens	Verblassen und Auslöschen	Neue Information ersetzt alte	Interferenz, proaktiv und retroaktiv	Möglicherweise kein Vergessen

arbeitet, ist die mittlere Verweildauer im primären Gedächtnis kurz. Sie beträgt einige Sekunden. Das **primäre Gedächtnis** entspricht in etwa dem oben angesprochenen *Kurzzeitgedächtnis*. *Nicht-verbal codiertes Material* wird vom primären Gedächtnis nicht gespeichert. Es wird entweder über einen eigenen Zwischenspeicher oder direkt vom sensorischen Gedächtnis in das sekundäre Gedächtnis (s.u.) übertragen.

Übertragung aus dem *primären Gedächtnis* in das dauerhaftere *sekundäre Gedächtnis* wird durch **Üben** erleichert, und zwar durch aufmerksames Wiederholen und damit korrespondierendes Zirkulieren der Information im primären Gedächtnis (Abb. 6-26).

Sekundäres Gedächtnis (Tabelle 6-1). Dieses Gedächtnis ist ein großes und dauerhaftes Speichersystem. Nur dort gespeicherte Information steht auch nach längerer Zeit zur Erinnerung zur Verfügung. Bisher gibt es keine gut fundierten Abschätzungen seiner Kapazität und der Verweildauer des gespeicherten Materials. Die Information ist nach ihrer „Bedeutung" gespeichert. Der *Organisationsunterschied* zum primären Gedächtnis wird durch die Art der Fehler deutlich, die beim Rückruf aus den Speichern auftreten können: beim primären Gedächtnis handelt es sich meist um die Verwechslung phonetisch ähnlicher Laute, wie p oder b, beim sekundären Gedächtnis um die Verwechslung von Wörtern ähnlicher Bedeutung. Die beiden Speicher unterscheiden sich auch in der *Geschwindigkeit des Zugriffs*: sie ist schnell im primären, langsam im sekundären Gedächtnis (das Suchen in einem großen Speicher benötigt mehr Zeit).

Vergessen im sekundären Gedächtnis scheint weitgehend auf Störung (Interferenz) des zu lernenden Materials durch vorher oder anschließend Gelerntes zu beruhen. Im ersteren Fall spricht man von **proaktiver,** im letzteren von **retroaktiver Hemmung.** Proaktive Hemmung mag der wichtigere Faktor sein, da wir über einen großen Vorrat von bereits Gelerntem verfügen.

So gesehen wäre an einem Großteil unseres Vergessens das bereits vorher Gelernte schuld [48].

Tertiäres Gedächtnis (Tabelle 6-1 und Abb. 6-26). Es gibt Engramme, z.B. den eigenen Namen, die Fähigkeit zu lesen und zu schreiben, oder andere täglich praktizierte Handfertigkeiten, die durch jahrelanges Üben praktisch *nie mehr vergessen* werden, auch nicht, wenn aus klinischen Gründen alle anderen Gedächtnisinhalte mehr oder weniger verloren gehen. Diese Engramme zeichnen sich außerdem durch *extrem kurze Zugriffszeiten* aus. Sie sind möglicherweise in einer besonderen Gedächtnisform, dem **tertiären Gedächtnis** gespeichert [48]; es kann sich aber auch um lediglich besonders gut konsolidierte Engramme im sekundären Gedächtnis handeln. Das oben angesprochene **Langzeitgedächtnis** entspricht in diesem Konzept dem sekundären plus dem tertiären Gedächtnis.

Procedurales und declaratives Langzeitgedächtnis. Neurobiologische Theorien, die auf Tierexperimenten basieren, gehen in der Regel von einem einheitlichen Langzeitgedächtnis aus. Untersuchungen aus der cognitiven Psychologie legen dagegen nahe, daß (abgesehen von der eben erwähnten möglichen Unterscheidung eines sekundären von einem tertiären Gedächtnis) mindestens zwei grundlegend verschiedene Formen des Langzeitgedächtnisses existieren. Wir müssen nämlich unterscheiden zwischen der Tatsache, daß wir „etwas wissen" (procedural), und der Tatsache, daß „wir wissen, daß wir es wissen" (declarativ). Procedural ist die Modifikation von Verhalten beim Erlernen einer Fertigkeit, declarativ ist die Fähigkeit wiederzugeben, wann und wie die Information erworben wurde. Procedurales Gedächtnis „enthält" also in detaillierter Form die Aktionen, declaratives Gedächtnis die sprachlich codierten Regeln ihrer Ausführung.

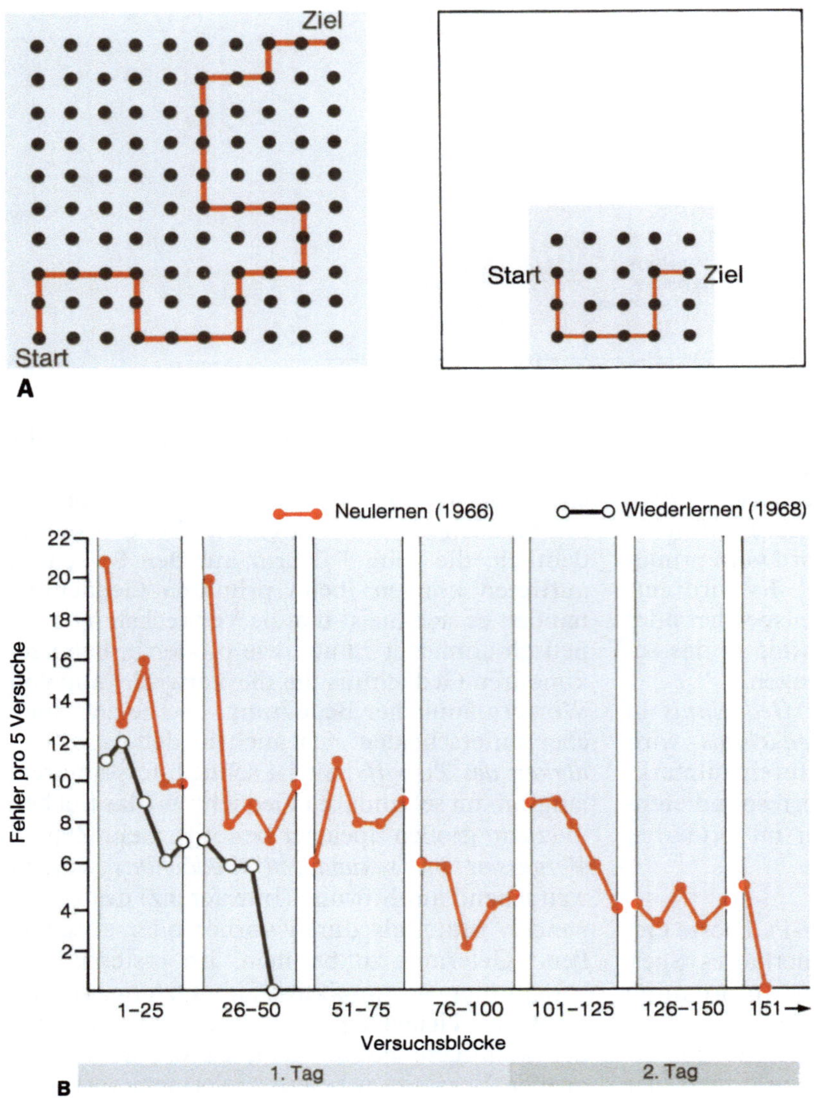

Abb. 6-27. Lernen am Bolzenlabyrinth. **A** Die *schwarzen Kreise* symbolisieren Metallbolzen auf einem Holzbrett. Links das normale, rechts ein verkürztes Bolzenlabyrinth. Die Versuchsperson muß den korrekten Weg vom Start zum Ziel (*rot eingezeichnet*) entdecken und behalten. Berühren eines falschen Bolzens löst einen Klick aus. Eine normale Versuchsperson kann in 20 oder weniger Versuchen lernen, die Aufgabe am normalen Brett 3mal hintereinander ohne Fehler auszuführen. Bei Patienten mit anterograder Amnesie ist auch bei hoher Intelligenz die Aufgabe nicht lösbar. **B** Lernen eines Patienten mit anterograder Amnesie am verkürzten Bolzenbrett. Selbst diese einfache Aufgabe konnte erst nach 155 Versuchen (*rote Linie*), gelernt werden. Wiederholen des Tests (*schwarze Linie*) 2 Jahre später zeigte ein gewisses Behalten. Der Patient konnte sich jedoch nicht erinnern, die Aufgabe je durchgeführt zu haben. (Aus MILNER [57])

Innerhalb des declarativen Gedächtnisses scheint auch ein **episodisches** von einem **semantischen Gedächtnis** abgrenzbar zu sein: Wann man etwas gelernt hat (episodisch) vergißt man sehr viel häufiger als sprachlich oder bildlich codiertes Wissen (4).

Gedächtnisstörungen

Anterograde Amnesie. Die Unfähigkeit, neu aufgenommene Information zu lernen, d.h. dauerhaft zu speichern und zugriffsbereit zu haben, wird als **anterograde Amnesie** bezeichnet. Dieses Krankheitsbild ist in der Klinik als *amnestisches Syndrom* bekannt. Die Patienten (häufig chronische Alkoholiker) besitzen ein weitgehend normales sekundäres und tertiäres Gedächtnis für die Zeit vor der Erkrankung und auch ihr primäres Gedächtnis ist intakt. Sie können jedoch *keine Information aus dem primären in das sekundäre Gedächtnis übertragen.* Klinisch spricht man etwas ungenau vom Verlust des **„Neugedächtnisses"** bei erhaltenem **„Altgedächtnis"**.
Pathologisch-anatomische und neurochirurgische Beobachtungen zeigen, daß insbesondere beidseitige Schädigung bzw. Entfernung des *Hippocampus und der mit ihm verbundenen Strukturen* zu anterograder Amnesie führen. Diese Strukturen spielen anscheinend für die *Umcodierung und Übertragung* von Information aus dem primären in das sekundäre Gedächtnis eine Schlüsselrolle. Da mit diesem Prozeß auch die *Selektion* der für dauerhafte Speicherung vorgesehenen Information verbunden ist, muß angenommen werden, daß der Hippocampus und andere limbische Strukturen dabei besonders beteiligt sind [57].

Die gründliche, sich über 2 Jahrzehnte ersteckende Untersuchung des intelligenten Patienten H.M. mit **anterograder Amnesie** nach beidseitiger Entfernung der medialen Anteile der Temporallappen zeigte [57], daß er **einfaches Material,** z.B. die Zahl 584, **durch ständiges Wiederholen** (in seinem primären Gedächtnis) für mindestens 15 min behalten konnte. Wurde jedoch seine Aufmerksamkeit nur kurz abgelenkt, war die Information sofort für immer verloren. Testaufgaben, wie z.B. das Suchen und Behalten des Weges durch ein Bolzenlabyrinth mit 28 Schritten vom Start zum Ziel (Abb. 6-27A), die die Kapazität des primären Gedächtnisses überforderten, konnten auch nach vielhundertfachem Üben nicht gelöst werden. Erst wenn die Aufgabe erheblich vereinfacht wurde (Abb. 6-27B), war sie erlernbar, allerdings ohne daß sich der Patient an das jeweils vorhergehende Üben oder die Aufgabe erinnern konnte.
Die *anterograde Amnesie* scheint besonders schwer für declaratives (d.h. meist verbales), **weniger ausgeprägt für procedurales Lernen** (meist nicht verbal) zu sein. Beispielsweise erzielte der Patient H.M. praktisch normale Ergebnisse beim Erlernen bestimmter, kontinuierlicher motorischer Aufgaben (Abb. 6-28). Auch hier konnte er sich beim *Wiederholen der Aufgabe nie daran erinnern,* sie vorher schon geübt zu haben. Es handelt sich also hier um ein procedurales Lernen, bei dem sich kein Gefühl der Vertrautheit mit dem gelernten Stoff herausbildet. Die Annahme einer **überwiegenden Störung des declarativen Gedächtnisses bei anterograder Amnesie** wird unterstützt durch die Ergebnisse von Versuchen mit klassischem und operantem Konditionieren, sowie von Versuchen zur Gestalterkennung. Solange bei diesen Versuchen kein intentionaler Akt des Suchens (ein aktiver Suchprozeß im declarativen Gedächtnis) erforderlich war, verliefen sie normal oder nahezu normal, wiederum *ohne Erinnerung der Patienten an ihren Lernerfolg* [48].
Bisher ist es *im Tierversuch leider nicht geglückt,* durch Läsionen ein der anterograden Amnesie beim Menschen entsprechendes Syndrom auszulösen. Drei Ursachen müssen dafür in Betracht gezogen werden: a) Die Störung beim Menschen ist begrenzt auf verbales oder verbalisierbares Material, so daß sie beim Tier nicht in Erscheinung treten kann; b) die bisherigen Tierversuche haben Tests benutzt, bei denen die Übertragung vom primären in das sekundäre Gedächtnis nicht genau genug gemessen werden konnte; c) die Rolle des Hippocampus und der ihm zugeordneten Strukturen hat sich in der Phylogenese (zusammen mit der Entwicklung der Sprache?) geändert.

Retrograde Amnesie. Verlust von Erinnerung an die Zeit vor einer Störung der normalen Hirnfunktionen wird **retrograde Amnesie** genannt. Bekannte Beispiele für ihre Auslösung sind mechanische Erschütterung (Gehirnerschütterung, Commotio cerebri), Hirnschlag (Apoplex), Elektroschock (therapeutisch oder bei Unfall) und Anaesthesie. Sie sind alle ziemlich unspezifische Affektionen des Gehirns, so daß bisher nicht bekannt ist, auf welchen strukturellen oder funktionellen Störungen die retrograde Amnesie im einzelnen beruht.
Der Inhalt des *primären Gedächtnisses* wird durch das die retrograde Amnesie auslösende Ereignis in jedem Fall ausgelöscht. Auch gehen zunächst mehr oder weniger große Anteile des sekundären Gedächtnisses verloren, und zwar um so weiter rückwärts in die Vergangenheit, je schwerer die Schädigung war. Auffallend ist aber, daß der Zeitraum des Vergessens später wieder schrumpft, sich manchmal sogar völlig zurückbildet. Auch kann mit speziellen Techniken, z.B. Hypnose, vergessenes Material wieder in Erinnerung gerufen werden. Diese und weitere Befunde machen wahrscheinlich, daß es sich bei der **retrograden Amnesie** im wesentlichen um eine **Störung des Zugriffs zum sekundären Gedächtnis** handelt, weniger um einen Verlust von Gedächtnisinhalt. Das *tertiäre Gedächtnis* ist in der Regel auch bei schweren retrograden Amnesien nicht betroffen [48].

Tierversuche zum Problem der retrograden Amnesie sind bisher insgesamt genauso unbefriedigend verlaufen wie die zur Frage der anterograden Amnesie. Diese Versuche benutzen unter anderem generellen Elektroschock, lokale elektrische Reizung (z.B. des Nucleus amygdala), rasche Narkose, teilweise bis vollständige *funktionelle Decortication* durch vorübergehendes Aufbringen isotonischer KCl-Lösung auf die

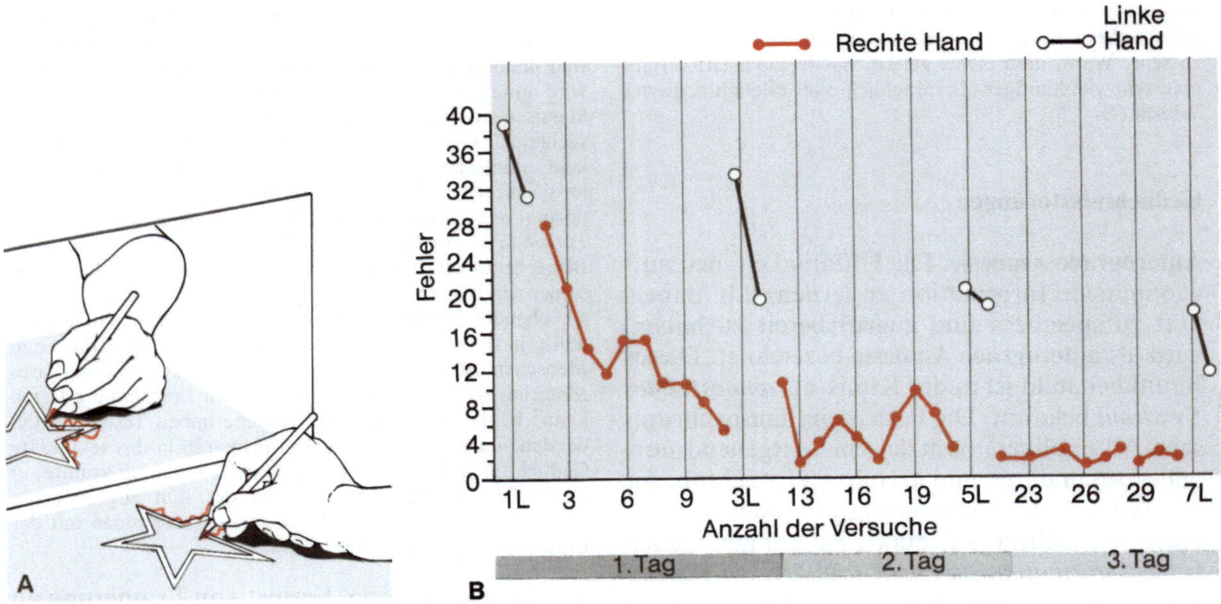

Abb. 6-28 A u. B. Lernen eines motorischen Programms. Die Versuchsperson sieht den Stern in **A** und den von ihr gehaltenen Bleistift in einem Spiegel. Sie muß den Stern zwischen den beiden Umrißlinien nachzeichnen (bitte selbst versuchen!). Kreuzen der Umrißlinien gilt als Fehler. Die Lernkurven in **B** stammen vom selben Patienten wie die in

Abb. 6-27. Der Patient mit ausgeprägter anterograder Amnesie lernte diese Aufgabe genau so schnell wie normale Versuchspersonen. Auch hier konnte sich der Patient nicht erinnern, diese Aufgabe je durchgeführt zu haben. (Aus MILNER [57])

Hirnrinde (führt zur lokalen, sich in die Nachbarschaft ausbreitenden massiven Depolarisation und damit zur Unerregbarkeit der Cortexneurone, genannt *„spreading depression"*), starkes Abkühlen von Cortexarealen, sowie Applikation von Cholinesterase- und Proteinsynthesehemmstoffen, um eine retrograde Amnesie auszulösen, bzw. den Prozeß der Konsolidierung zu stören. Die Ergebnisse sind außerordentlich uneinheitlich.

Hysterische Amnesie. Sehr selten werden Patienten mit einem kompletten Gedächtnisverlust angetroffen, die sich nicht erinnern können, wer sie sind und was sie bis zu diesem Augenblick ihres Lebens getan haben. Es handelt sich in diesen Fällen im Gegensatz zu den bisher besprochenen Amnesien um eine *ausschließlich funktionelle,* psychische Störung. Man spricht von einer **hysterischen Amnesie.** Sie unterscheidet sich von den vorwiegend organisch, also durch Schädigung des Gehirns verursachten Amnesien durch 3 Merkmale: 1. durch das Vergessen aller persönlicher Daten, v.a. auch des eigenen Namens; 2. durch die alles umfassende, globale Natur der Amnesie und ihre völlige Unbeeinflußbarkeit durch Schlüsselreize (wie z.B. ein Zusammenführen mit der früheren Umgebung oder mit Angehörigen); 3. durch das Fortbestehen des Erinnerungsdefektes für Vergangenes, auch wenn Neues gut behalten wird.

Neuronale Mechanismen der Plastizität und des Engramms

Lernen und Gedächtnis sind die augenscheinlichsten Zeichen der lebenslänglichen **Modifizierbarkeit und Plastizität** des Nervensystems. Die Frage nach den strukturellen, physiologischen und biochemischen Grundlagen dieser Plastizität ist daher eines der Kernprobleme der Neurobiologie. Die verschiedenen Formen neuronaler Plastizität sind aber nicht gleichzusetzen mit den verschiedenen Formen des Gedächtnisses, denn die **Plastizität ist lediglich Voraussetzung** für Lernen, Behalten und Erinnern. Ihre verschiedenen Formen werden beim Lernen und bei der Bildung eines Engramms in unterschiedlichster Weise eingesetzt. Leider sind wir über diese Prozesse bisher nur sehr unvollkommen unterrichtet. Die nachfolgende Schilderung dieser Vorgänge ist entsprechend kurz gefaßt. Auf die umfangreiche Literatur sei verwiesen [4, 21, 26, 43, 49, 64].

Habituation und Sensitivierung. Für diese beiden Mechanismen konnte mittlerweile nachgewiesen werden, daß sie wahrscheinlich auf einer **Depression bzw. Bahnung der synaptischen Übertragung** beruhen [21]. Kurzfristiger Habituation und Sensitivierung liegen dabei funktionelle Änderungen an den Synapsen, nämlich eine reduzierte bzw. gesteigerte präsynaptische Transmitterfreisetzung zugrunde. Für die dabei ablaufenden Vorgänge sei auf die entsprechenden Ausführungen zur synaptischen Potenzierung und Depression in Kap. 3 (S. 58) verwiesen. Bei Langzeithabituation und -sensitivierung (ebenso wie bei anderen Lernprozessen, s.u.) sind die funktionellen möglicherweise von strukturellen Veränderungen an den Synpasen gefolgt, wie z.B. einer *Ab- bzw. Zunahme der Zahl und der Größe der präsynaptischen aktiven Zonen* [21].

Änderungen der synaptischen Effizienz durch Gebrauch und Nichtgebrauch werden seit langem als eine der wesentlichen **Grundlagen neuronaler Plastizität** angesehen. Vor allem von den *posttetanischen Potenzierungen,* die an bestimmten *erregenden* Synapsen, z.B. im Hippocampus, für viele Stunden beobachtet wurden und wahrscheinlich noch wesentlich länger anhalten können, wird schon lange angenommen, daß sie die bei der Bildung des strukturellen Engramms auftretenden Änderungen im Nervensystem widerspiegeln [11, 31]. Dem entspricht, daß im Rückenmark, wo nur relativ kurze posttetanische Potenzierungen vorkommen, kein überdauerndes Lernen zu beobachten ist. Für dieses Konzept spricht auch, daß Nichtgebrauch von Synapsen zu einem Abnehmen ihrer Funktionsfähigkeit führt. So ist z.B. im visuellen Cortex von Mäusen nachgewiesen worden, daß dendritische Synapsen bei von Geburt an ausbleibender Benutzung (durch Entfernen des Auges oder Aufzucht in Dunkelheit) histologische und funktionelle Zeichen der Degeneration zeigen.
Der Zusammenhang von Gebrauch und Nichtgebrauch von Synapsen und ihrer Effizienz darf jedoch nicht zu einfach gesehen werden. Da das Nervensystem während des gesamten Lebens in kontinuierlicher Aktivität ist, würde daraus schließlich eine beträchtliche Hypertrophie aller Synapsen resultieren. Für die Plastizität zentraler Synapsen in hochentwickelten Nervensystemen sind daher unterdessen Hypothesen vorgeschlagen worden, die diese Schwierigkeit umgehen. So soll z.B. im Kleinhirn nur die **gleichzeitige Aktivierung von Moos- und Kletterfasersynapsen** einer Purkinje-Zelle einen synaptischen Lernprozeß in ersteren induzieren.

Engramme des Verhaltensgedächtnisses. Die neuronalen Mechanismen der Lernvorgänge beim **klassischen und instrumentellen Konditionieren** sind derzeit wahrscheinlich am besten als eine Mischung der eben erwähnten Vorgänge an einzelnen Neuronen bzw. Synapsen und der im nachfolgenden geschilderten Vorgänge an größeren Neuronenverbänden zu verstehen. Für klassisches Konditionieren in einfachen Nervensystemen (z.B. bei der Meeresschnecke *Aplysia*) konnte nachgewiesen werden, daß präsynaptische Bahnungsvorgänge am Lernvorgang beteiligt sind [21]. Allerdings ist dabei notwendig, daß der bedingte Reiz eine Reaktion auslöst, sonst ist keine Konditionierung möglich (im Verhaltensversuch löst dagegen der konditionierende Reiz per definitionem keine Reaktion aus). Diese Beobachtung zeigt einerseits, daß assoziatives Lernen auf die Aktivität einiger weniger Neurone rückführbar sein kann, sie macht andererseits aber auch die Grenzen rein cellulärer Lernmodelle sichtbar. Viele Lernvorgänge, die zu Engrammen im Verhaltensgedächtnis führen, lassen sich jedenfalls ohne die Beteiligung komplexer neuronaler Netzwerke nicht erklären [4].

Engramme des Wissensgedächtnisses. Die einfachste und einleuchtendste Annahme über die **neuronale Grundlage des cognitiven Lernens** ist die, daß eine Information zunächst in Form **kreisender Erregung** in einem räumlich-zeitlich geordneten Muster gespeichert wird *(dynamisches Engramm).* Diese *reverberatorische Erregung* führt anschließend zu **strukturellen Veränderungen an den beteiligten Synapsen** (Konsolidierung zu einem *strukturellen Engramm*). Der Gedächtnisinhalt kann dann über eine entsprechende Aktivierung dieser Synapsen wieder abgerufen werden.
Dem *Konzept der kreisenden Erregung* entspricht die subjektive Erfahrung, daß wir einen Lernstoff *üben,* d.h. wiederholt durch unser Bewußtsein passieren lassen müssen, um ihn schließlich zu behalten. Morphologische und v.a. elektrophysiologische Befunde, daß ein solches Kreisen von Erregung möglich ist, liegen vor. So läßt sich beim instrumentellen Konditionieren zeigen, daß mit dem Lernerfolg Änderungen im EEG, z.B. in der Amplitudenhöhe evocierter Potentiale, in gesetzmäßiger Weise auftreten [4].

Die Suche nach der **Lokalisation des Engramms** im Gehirn von Säugetieren hat zwei wesentliche Befunde erbracht, die nur scheinbar widersprüchlich zu sein scheinen. Zum einen zeigte sich, daß im Säugetiergehirn fast *alle Hirnregionen,* subcortical und cortical, eine *potentielle Gedächtnisfunktion* besitzen, und daß die Gedächtnisspur nicht eng umschrieben niedergelegt ist. Dies wird v.a. daran deutlich, daß bei Mensch und Tier selbst bei ausgedehnten Läsionen des Großhirns überraschende Lern- und Gedächtnisleistungen erhalten bleiben können (Beispiele in [64]). Zum anderen wird immer klarer, daß *unterschiedliche Gedächtnisvorgänge* verschiedene, voneinander *klar abgrenzbare Hirnregionen* benötigen (s. die obige Schilderung des Patienten H.M.), und daß ein bestimmter Lernvorgang nur eine endliche und spezifische Neuronenpopulation involviert, eng benachbarte Neuronen aber unbeeinflußt läßt (Beispiele in [64]). Die möglicherweise breite Ausbreitung einer Gedächtnisspur ist also allem Anschein nach von dennoch hoher Spezifität.

Neurochemische Mechanismen der Plastizität und des Engramms

Die erfolgreiche Aufklärung der Verschlüsselung des **genetischen Gedächtnisses** in den Desoxyribonucleinsäuren (DNA) und vergleichbare Resultate beim Studium des **immunologischen Gedächtnisses** haben nahegelegt, auch für das **neuronale Gedächtnis** nach molekularen Veränderungen zu suchen, die als Basis für das Engramm angesehen werden könnten. Die oben berichteten strukturellen Veränderungen an Neuronen bei der Ausbildung von Engrammen legen es insbesondere nahe, daß die **Proteinbiosynthese für die Konsolidierung,** d.h. die Überführung einer flüchtigen Gedächtnisspur im Kurzzeitgedächtnis in das Langzeitgedächtnis, eine entscheidende Rolle spielt. Die Evidenz für diese Hypothese ist mittlerweile überzeugend. Unklar sind aber noch die genauen Mechanismen und die biologischen Grundlagen des *langzeitigen Behaltens über Jahre* einer Gedächtnisspur.

Zunächst wurden zahlreiche Versuche mit der Frage durchgeführt, ob durch Lernen **Veränderungen der Ribonucleinsäuren** (RNA) der Neurone und Gliazellen ausgelöst werden können. Tatsächlich fanden sich Änderungen in den Sequenzen der 4 Basen der RNA. Doch diese Änderungen stellten sich weitgehend als *unspezifische Folgen von Aktivität und Versuchsstreß* heraus. Auch ließen sich die **Kannibalismusversuche,** bei denen „gelernte" Tiere oder deren ZNS an „ungelernte" verfüttert wurden, weder bei Plattwürmern *(Planarien),* noch bei Fischen und Säugern reproduzieren (Lit. in [4]).

Erfolgreicher blieb der zweite Ansatz, nämlich durch **Hemmung der Proteinbiosynthese** (mit Hilfe der Antibiotica Puromycin, Cycloheximid oder Anisomycin) mit der Bildung eines strukturellen Engramms in der Zelle oder Zellmembran zu interferieren. Auf diese Weise kann z.B. bei der Maus die wenige Minuten nach Trainingsbeginn einsetzende und für viele Stunden erhöhte Proteinbiosynthese des Gehirns geblockt und gleichzeitig ein dauerhafter Lerneffekt verhindert werden.

Die Ergebnisse mehrerer hundert Arbeiten auf diesem Gebiet haben ein relativ einheitliches Ergebnis erbracht (Lit. in [4]): 80–90% der cerebralen Proteinsynthese kann vorübergehend blockiert werden, ohne daß es zu groben Verhaltensausfällen in andereren Bereichen als dem Gedächtnis kommt. Encodierung und Aufnahme der Information wird nicht gestört, sofern die Trainingszeiten sich nicht zu lange mit den Wirkungszeiten des Antibioticums überlagern. Auch Wochen nach Abschluß des Trainings bleibt die Wiedergabe beeinträchtigt. Die stärkste Amnesie wird erzielt, wenn die Proteinsynthese kurz vor Trainingsbeginn gehemmt wird, die **Proteinsynthese also während des Trainings** ausfällt. Die Wiedergabe wird durch Block der Proteinsynthese nicht beeinflußt, da dies keinen Effekt auf bereits gelerntes Material hat. Dies heißt aber auch, daß die *Proteinsynthese nur für eine kritische Konsolidierungsphase während und kurz nach dem Training notwendig ist.* Mit Verstreichen der Zeit ist keine neue Proteinsynthese notwendig, um Langzeitspeicherung (im sekundären und tertiären Gedächtnis, s.o.) zu gewährleisten.

Die Hemmung der Proteinsynthese interferiert nicht mit dem Kurzzeitgedächtnis, jedenfalls nicht im Tierversuch. Dies stellt ein weiteres wichtiges Argument für die **unterschiedliche Arbeitsweise von Kurzzeit- und Langzeitgedächtnis** dar. Unklar bleibt derzeit der Mechanismus des Übergangs von der einen in die andere Gedächtnisform.

Gegen Spezifität der obigen Effekte wurde angeführt, daß die Antibiotica auch die Corticosteroidproduktion der Nebennierenrinde hemmen und damit eine Aktivierungsreduktion des Gehirns und Gedächtnisprobleme verursachen. Ähnlich wurde eine Störung des ZNS-Catecholaminniveaus für die Gedächtnisstörung verantwortlich gemacht. Beide Einwände konnten experimentell weitgehend ausgeräumt werden (Lit. in [4]). Trotz der Bedeutung, die die Catecholamine für Arousal, Motivation und Emotion haben, wird ihre Rolle für Lernen und Gedächtnis als vernachlässigbar angesehen.

Abschließend sei festgehalten, daß es entgegen allen Anpreisungen auch heute noch nicht möglich ist, eine direkte und spezifische **Verbesserung der Intelligenz und der Lern- und Gedächtnisleistungen durch pharmakologische Maßnahmen** zu erreichen. Vor allem Substanzen wie Glutaminsäure (Glutamat), cholinerge und anticholinerge Substanzen, Strychnin, Picrotoxin, Tetrazol, Coffein und Ribonucleinsäure wurden und werden neben vielen anderen immer wieder zu diesem Zwecke angeboten, ohne daß ein Nachweis ihrer Wirksamkeit erbracht wäre.

6.6 Funktionen des Stirnhirns

In Abschn. 6.1 wurde anhand der Abb. 6-2 erläutert, daß der **präfrontale assoziative Cortex** des Stirnhirns *(Lobus frontalis)* zusammen mit dem ebenfalls teilweise im Stirnhirn lokalisierten **limbisch assoziativen Cortex** als assoziativer Cortex im engeren Sinne angesehen werden muß, zu dem außerdem nur noch der *parietal-temporal-occipitale assoziative Cortex* zählt (vgl. Abb. 6-2). Den beiden ersten werden besondere Aufgaben in der Motorik, bei Gedächtnisleistungen und bei emotional-affektiven Aspekten des Verhaltens zugeschrieben. Die diesen Annahmen zugrunde liegenden klinisch-pathologischen und tierexperimentellen Befunde sollen zum Abschluß dieses Kapitels hier etwas näher beleuchtet werden (s. dazu auch S. 380).

Verbindungen des Stirnhirns [13]. Zum präfrontalen Cortex im engeren Sinne zählen die Areale 9 bis 12 auf der dorsalen und lateralen Seite des Frontallappens (s. Abb. 6-4, S. 136), sowie die Areale 13 und 14 auf der orbitalen Seite. Der präfrontale Cortex erhält seine Afferenz im wesentlichen vom **Nucleus medialis dorsalis,** einem der *unspezifischen* Thalamuskerne (s. Abb. 9-22, S. 226). Er hat außerdem ausgedehnte reziproke Verbindungen mit verschiedenen Anteilen des limbischen Systems, wie dem Gyrus cinguli, dem Hippocampus, dem Nucleus amygdala und dem Hypothalamus.

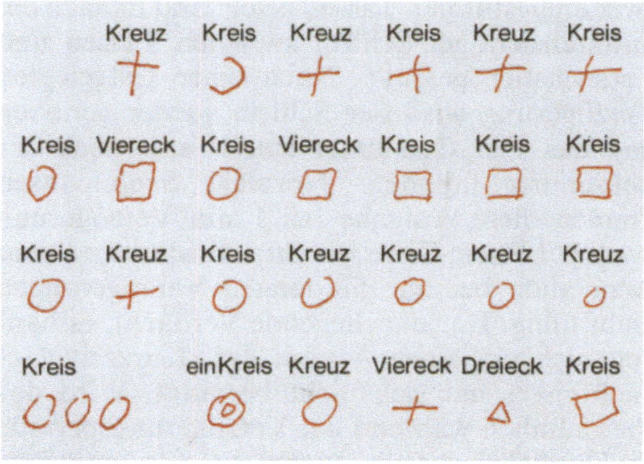

Abb. 6-29. Perseveration bei der Durchführung motorischer Aufgaben durch 4 Patienten mit Schädigungen des Stirnhirns. Jede Zeile zeigt die Zeichnungen der Patienten in Farbe, darüber die vom Untersucher gegebene Anweisung. Der erste, zweite und vierte Patient hatten eine Geschwulst im linken Stirnhirn, der dritte einen Absceß im rechten Stirnhirn. (Aus LURIA [56])

Der präfrontale Cortex ist daher auch zusammen mit dem limbisch assoziativen Cortex als **neocorticaler Anteil des limbischen Systems** angesehen worden, wobei deren dorsale Anteile mehr mit dem Hippocampus, die ventralen mehr mit dem N. amygdala verbunden sind. Wenn man davon ausgeht, daß das limbische System für das artspezifische Verhalten (Triebe, Motivationen) eines Organismus eine besondere Rolle spielt (vgl. S. 382), dann läßt sich vielleicht schon aus diesen anatomischen Verbindungen postulieren, daß eine der Aufgaben des präfrontalen Cortex die *erlernte Kontrolle* angeborener Verhaltensweisen ist.

Aufschlüsse von Läsionen des Stirnhirns beim Menschen

Patienten mit Stirnhirnläsionen erreichen häufig bei den üblichen *Intelligenztests* völlig normale Werte. Oft zeigen sie aber subtile, relativ schwer qualifizierbare Persönlichkeitsveränderungen wie *Antriebslosigkeit* und das *Fehlen von festen Absichten und planender Vorausschau.* Daneben sind sie oft unzuverlässig, grob oder taktlos, frivol oder jähzornig, so daß sie, trotz ihrer normalen „Intelligenz", häufig in soziale Konflikte, z.B. am Arbeitsplatz, verwickelt sind [13, 15, 30].

In *Tests mit Bewegungsaufgaben* neigen die Patienten dazu, an einem einmal begonnenen motorischen Akt festzuhalten, auch wenn die Spielregeln längst eine Änderung verlangen. So wurde bei der in Abb. 6-29 gezeigten Aufgabe den Patienten jeweils gesagt, welche geometrische Figur sie als nächstes zeichnen sollten. Obwohl sie diese Aufforderung verstanden (und auf Wunsch auch wiederholen konnten), fuhren sie häufig fort, die vorher schon ein- oder mehrmals gezeichnete Figur wieder zu skizzieren [56]. Dieses Beharren auf einmal Begonnenem wird **Perseveration** genannt.

Bei Perseverationen sieht man häufig auch eine *Dissoziation zwischen den verbalen und anderen motorischen Reaktionen.* Wird beispielsweise ein solcher Stirnhirnpatient aufgefordert, bei einem grünen Signal mit der linken Hand einen Knopf zu drücken, bei einem roten mit der rechten, dann wird er dieser Instruktion einige Male folgen, um dann auf beide Signale nur noch mit einer Hand oder in einem regellosen Wechsel zu drücken. Auf Nachfrage kann er seine Instruktion richtig wiederholen, ohne aber seine Fehler zu korrigieren. Es sieht so aus, als ob die verbale Instruktion nicht zu denjenigen motorischen Arealen vordringt, die für den Bewegungsentwurf der Hände zuständig sind. (Ähnliches kann man gelegentlich im Alltag sehen, wenn jemand beispielsweise „links" sagt, sich aber nach rechts wendet.) Die Tendenz zur Perseveration spiegelt sich auch in Lernversuchen wider, bei denen der Patient Schwierigkeiten hat, die nachfolgenden Reize von den vorangegangenen zu unterscheiden. Es entsteht der Eindruck, daß die vorhergehende Gedächtnisspur nicht schnell genug der nachfolgenden Platz machen kann, daß also eine *verstärkte proaktive Hemmung* (vgl. S. 167 und Tabelle 6-1) vorliegt.

Auch am Bolzenlabyrinth (s. Abb. 6-27) machen diese Patienten, verglichen mit Normalpersonen und mit Patienten mit anderen Hirnverletzungen, weit überdurchschnittlich viele Fehler. Vor allem neigen sie dazu, ohne Rücksicht auf Fehler weiterzugehen oder entgegen den Regeln diagonal von Bolzen zu Bolzen zu springen. Auch hier sind sie sich ihrer Fehler bewußt, aber nicht in der Lage, ihre impulsiven Handlungen unter Kontrolle zu bringen.

Stirnhirnpatienten haben also Schwierigkeiten, ihr Verhalten dann zu ändern, wenn es von den Umständen her notwendig wäre. Die Wirksamkeit externer Motivationen scheint abgeschwächt, und wenn mehrere externe und interne Motivationen miteinander konkurrieren, fällt es dem Patienten schwer, rasch und angemessen von einer zur anderen zu wechseln. Diese Schlußfolgerung aus den Verhaltensbeobachtungen entspricht der, die schon aus der Betrachtung der anatomischen Verbindungen gezogen wurde, daß nämlich der präfrontale Cortex an der **erlernten Kontrolle angeborener Verhaltensweisen** und an der **Abstimmung der externen mit den internen Motivationen** beteiligt ist.

Psychochirurgie. Bei Verhaltensversuchen an Schimpansen (s. anschließend) fand sich als Nebenbefund, daß Tiere, die auf ihre Fehler mit Wutanfällen reagierten, nach Durchtrennung der Verbindungen zwischen Stirnhirn und Thalamus diese Fehler gelassen hinnahmen. Eine etwas voreilige Übertragung dieser Befunde auf den Menschen durch MONIZ führte um 1940–1950 zu entsprechenden Eingriffen an neuropsychiatrischen Patienten. Diese **präfrontalen Lobotomien** oder **Leukotomien** dienten zur Behandlung psychischer Erkrankungen und unstillbarer Schmerzen, wobei bei letzteren angenommen wurde, daß die Schmerzen weiterhin empfunden, die affektive Anteilnahme an ihnen aber erheblich reduziert war.

Die präfrontale Leukotomie blieb umstritten und wurde durch die Einführung wirkungsvoller Psychopharmaka obsolet, d.h. überflüssig und nicht mehr verantwortbar. Ihre Einführung in die Therapie markiert aber den Beginn der **Psychochirurgie,** d.h. der planmäßigen Versuche, *durch die Zerstörung oder Entfernung von Hirngewebe menschliches Verhalten zu beeinflussen.* In einem weiteren Sinne müssen auch Elektroschockbehandlungen, Langzeittherapien mit Psychopharmaka, oder die Einführung von Elektroden in das Gehirn als Psychochirurgie betrachtet werden, da auch sie dauernde Veränderungen im Hirngewebe hervorrufen können.

Angesichts unserer noch sehr weitreichenden Unkenntnis über die Arbeitsweise des Gehirns und die Aufgaben seiner einzelnen Anteile, sind psychochirurgische Eingriffe heute mehr empirisch als theoretisch begründbar. So wird die **Amygdalatomie** zur Ausschaltung anderweitig nicht beeinflußbaren aggressiven Verhaltens eingesetzt, nicht ohne daß gegen solche tiefen Eingriffe in die Persönlichkeit erhebliche Bedenken laut werden. Eine sorgfältige Prüfung jedes Einzelfalles ist jedenfalls unabdingbar. Es muß feststehen, daß bei dem evtl. zu operierenden Patienten trotz bestem Bemühen alle konventionellen psychiatrischen Maßnahmen versagt haben und daß beim gegenwärtigen Stand der Erkenntis eine faire Chance besteht, daß ein umschriebener psychochirurgischer Eingriff sein Leiden bessert, ohne seine Persönlichkeit einschneidend zu verändern.

Stirnhirnsymptome im Tierversuch

Die systematische Untersuchung der Effekte von Stirnhirnläsionen auf das Verhalten von Schimpansen und anderen Säugetieren erbrachte bisher zwei wesentliche Ergebnisse [13]: a) Die Tiere zeigen, ähnlich wie beim Menschen, eine starke Tendenz zur **Perseveration.** b) Es findet sich ein erheblicher *Leistungsabfall bei Aufgaben mit verzögerter Verstärkung* (s.u.).

Zahlreiche Testanordnungen haben die *Tendenz zur Perseveration* sichtbar gemacht, z.B. Anordnungen, bei denen auf Lichtsignale wechselnde Schalter zu drücken waren. Statt dessen wurde, ähnlich wie bei den oben beschriebenen Versuchen an Menschen (Abb. 6-29), ein einmal angenommenes Antwortverhalten für lange Zeit beibehalten. Die *Deutung dieser Befunde* ist analog der beim Menschen (s. oben).

Bei **Aufgaben mit verzögerter Verstärkung** wird im einfachsten Fall vor den Augen des Tieres eine Belohnung, z.B. eine Nuß, unter eine von zwei umgestülpten Tassen gelegt und danach ein undurchsichtiger Schirm zwischen Tassen und Versuchstier gesenkt. Nach einer festgelegten Verzögerung wird der Schirm wieder gehoben und das Tier darf unter einer Tasse nach der Belohnung fahnden. Normale Schimpansen können diese Aufgabe bei 1 min Verzögerung noch gut lösen, Tiere mit Stirnhirnläsionen sind dazu auch bei nur 5 s langen Verzögerungen nicht fähig. Der naheliegende Verdacht, es handele sich um einen Ausfall des (Kurzzeit-)Gedächtnisses hat sich nicht bestätigt. Wird das Tier nämlich während der Verzögerungsperiode im Dunkeln gehalten, verbessert sich seine Leistung wieder. Dies deutet darauf hin, daß die im Hellen während der Verzögerung einfallenden Reize die ursprüngliche Information über die Lage der Belohnung verdrängen, die Tiere also unter **verstärkter retroaktiver Hemmung** (vgl. S. 167 und Tabelle 6-1) leiden und es ihnen schwerfällt, den entscheidenden Reizen genügend Aufmerksamkeit zuzuwenden. Für diese These einer **verstärkten Ablenkbarkeit** präfrontal lobektomierter Tiere gibt es noch weitere Hinweise: diese Tiere sind meist hyperaktiv und hyperreaktiv; kleine Gaben von Beruhigungsmitteln, wie Barbituraten, haben ähnlich positive Effekte wie die Verdunklung während der Verzögerungsperiode; und bei Tests mit zahlreichen Reizen oder Auswahlsituationen sind die Ergebnisse besonders schlecht.

Allgemein lassen sich diese Befunde insgesamt in der Hypothese zusammenfassen, daß dem präfrontalen Cortex eine große Bedeutung bei der **Entwicklung von Verhaltensstrategien** zukommt. Ein Versagen bei der Ausarbeitung solcher Strategien wird besonders deutlich, sobald rasches Wechseln des Verhaltens notwendig wird und wenn bei Verzögerungen zwischen Problemstellung und Problemlösung die zwischenzeitlich einströmende Information angemessen in die Verhaltensstrategie mit einbezogen werden muß.

6.7 Literatur

Weiterführende Lehr- und Handbücher

1. ANDERSEN, P., ANDERSSON, S.A.: Physiological basis of the alpha rhythm. New York: Appleton-Century-Crofts 1968
2. ARKIN, A.M., ANTROBUS, J.S., ELLMANN, S.J. (Eds.): The Mind in Sleep. Psychology and Psychophysiology. Hillsdahle, New Jersey: Lawrence Erlbaum Assoc. 1978
3. ASCHOFF, J., DAAN, S., GROOS, G.A.: Vertebrate Circadian Systems. Structure and Physiology. Berlin: Springer 1982
4. BIRBAUMER, N., SCHMIDT, R.F.: Physiologische Psychologie. Berlin-Heidelberg-New York: Springer (in Vorbereitung)

5. BORBÉLY, A., VALATX, J.L. (Ed.): Sleep Mechanisms. Berlin: Springer 1984
6. BRODAL, A.: Neurological anatomy in relation to clinical medicine, 3. Aufl. New York, London, Toronto: Oxford University Press 1981
7. BÜNNING, E.: Die physiologische Uhr. Circadiane Rhythmik und Biochronometrie. 3. Aufl. Berlin-Heidelberg-New York: Springer 1977
8. BUSER, P.A., ROUGEUL-BUSER, A. (Eds.): Cerebral Correlates of Conscious Experience. Amsterdam, New York, Oxford: Elsevier 1978
9. COHEN, D.B.: Sleep and Dreaming: Origins, Nature and Functions. Oxford: Pergamon Press 1979
10. CREUTZFELDT, O.D.: Cortex Cerebri. Leistung, strukturelle und funktionelle Organisation der Hirnrinde. Berlin: Springer 1983
11. ECCLES, J.C.: The Understanding of the Brain. New York, St. Louis, San Francisco, Düsseldorf: McGraw-Hill 1973. Deutsche Ausgabe: Das Gehirn des Menschen, München, Zürich: Piper 1975 und 1979
12. EVARTS, E.V., SHINODA, Y., WISE, S.P.: Neurophysiological Approaches to Higher Brain Functions. New York: J. Wiley 1984
13 FUSTER, J.M.: The Prefrontal Cortex. New York: Raven Press 1982
14. GANTEN, D., PFAFF, D. (Ed.): Sleep. Clinical and Experimental Aspects. Berlin: Springer 1982
15. GAZZANIGA, M.S. (Ed.): Neuropsychology. Handbook of Behavioral Neurobiology, Volume 2. New York, London: Plenum Press 1979
16. GAZZANIGA, M.S.: The Social Brain. New York: Basic Books 1985
17. GESCHWIND, N., GALABARDA, A. (Eds.): Cerebral Dominance: The Biological Foundations. Harvard: Harvard Univ. Press 1984
18. HOFFMANN, J.: Das aktive Gedächtnis. Berlin-Heidelberg-New York: Springer 1983
19. HUCHO, F.: Einführung in die Neurochemie. Weinheim: Verlag Chemie 1982
20. JOVANOVIĆ, U.J.: Normal Sleep in Man. Stuttgart: Hippokrates 1971
21. KANDEL, E.R., SCHWARTZ, J.H. (Eds.): Principles of Neural Science. 2nd Ed. New York: Elsevier 1985
22. KINTSCH, W.: Gedächtnis und Kognition. Berlin-Heidelberg-New York: Springer 1982
23. KLEITMAN, N.: Sleep and Wakefulness. Chicago: University Press 1963, revidierte Auflage 1972
24. KLEIST, K.: Gehirnpathologie. Leipzig: J.A. Barth 1934
25. LUTZENBERGER, W., ELBERT, TH., ROCKSTROH, B., BIRBAUMER, N.: Das EEG. Psychophysiologie und Methodik von Spontan-EEG und ereigniskorrelierten Potentialen. Berlin: Springer 1985
26. MARLER, P., TERRACE, H.S. (Ed.): The Biology of Learning. Berlin: Springer 1984
27. MENDELSON, W.B., GILLIN, J.CH., WYATT, R.J.: Human Sleep and its Disorders. New York and London: Plenum Press 1977
28. PENFIELD, W., JASPER, H.: Epilepsy and the Functional Anatomy of the Human Brain. Boston: Little, Brown and Company 1954
29. PENFIELD, W., ROBERTS, L.: Speech and Brain Mechanisms. Princeton/N.J.: Princeton University Press 1959
30. POECK, K.: Neurologie, 6. Aufl. Berlin-Heidelberg-New York: Springer 1982
31. POPPER, K., ECCLES, J.C.: The Self and its Brain. Berlin-Heidelberg-New York: Springer 1978. Deutsche Ausgabe: Das Ich und sein Gehirn. München: Piper 1980
32. RECHTSCHAFFEN, A., KALES, A. (Eds.): A Manual of Standardized Terminology. Techniques and Scoring System for Sleep Stages of Human Subjects. Washington (D.C.).: Publ. Health Service, U.S. Government Printing Office 1968
33. REDFERN, P.H., CAMPBELL, I.C., DAVIES, J.A., MARTIN, K.F. (Eds.): Circadian Rhythms in the Central Nervous System. Weinheim: VCH 1985
34. REINVANG, I.: Aphasia and Brain Organization. New York: Plenum Press 1985
35. ROCKSTROH, B., ELBERT, TH., BIRBAUMER, N., LUTZENBERGER, W.: Slow Brain Potentials and Behavior. München: Urban & Schwarzenberg 1982
36. ROHRACHER, H.: Die Arbeitsweise des Gehirns und die psychischen Vorgänge. München: Barth 1967
37. ROSENZWEIG, M.R., LEIMANN, A.L.: Physiological Psychology. Lexington, Mass.: D.C. Heath 1982
38. SCHMITT, F.O., WORDEN, F.G. (Eds.): The Neurosciences, Third Study Program. Cambridge/Mass. and London: The MIT press 1974
39. SPRINGER, S.P., DEUTSCH, G.: Left Brain, Right Brain, 2nd Ed. New York: Freeman 1985
40. STÖHR, M., DICHGANS, J., DIENER, H.C., BÜTTNER, U.W.: Evozierte Potentiale. Berlin: Springer 1982
41. WERTH, R.: Bewußtsein. Psychologische, neurobiologische und wissenschaftstheoretische Aspekte. Berlin: Springer 1983
42. WEVER, R.A.: The Circadian System of Man. Berlin-Heidelberg-New York: Springer 1979
43. WOODY, C.D.: Memory, Learning, and Higher Function. A Cellular View. Berlin: Springer 1982
44. ZÜLCH, K.J., CREUTZFELD, O., GALBRAITH, G.C. (Eds.): Cerebral Localization. Berlin-Heidelberg-New York: Springer 1975

Einzel- und Übersichtsarbeiten

45. CREUTZFELDT, O.: The neuronal generation of the EEG. In: Handbook of Electroencephalography and Clinical Neurophysiology, 2/C. (Hrsg. A. REMOND). Amsterdam. Elsevier Scientific Publishing 1974
46. DEMENT, W., KLEITMAN, N.: Cyclic variations in EEG during sleep and their relation to eye movements, body mobility and dreaming. Electroencephalogr. Clin. Neurophysiol. *9*, 673–690, 1957
47. DIAMOND, I.T.: The subdivisions of neocortex: A proposal to revise the traditional view of sensory, motor and association areas. In: Progress in Psychobiology and Physiological Psychology, ed. J. Sprague and A.N. Epstein, Vol. 8, pp. 1–44. New York: Academic Press 1979
48. ERVIN, F.R., ANDERS, T.R.: Normal and pathological memory: data and a conceptual scheme. In: The Neurosciences, Second Study Program (Hrsg. F.O. Schmitt), p. 163. New York: Rockefeller University Press 1970
49. GOULD, J.L.: The biology of learning. Ann. Rev. Psychol. *37*, 163–193 (1986)
50. INGVAR, D.H.: Functional landscapes of the dominant hemisphere. Brain Research *107*, 181 (1976)
51. JOUVET, M.: The role of monoamines and acetylcholine-containing neurons in the regulation of the sleep-waking cycle. Ergebn. Physiol. *64*, 166 (1972)
52. KLEIST, K.: Die Lokalisation im Großhirn und ihre Entwicklung. Psychiat. Neurol. *137*, 289–309 (1959)
53. KÜPFMÜLLER, K.: Grundlagen der Informationstheorie und Kybernetik. In: Physiologie des Menschen (Hrsg. O.H. GAUER, K. KRAMER, R. JUNG), 2. Aufl. Band 10, S. 209. München, Berlin, Wien: Urban & Schwarzenberg 1974
54. LASHLEY, K.S.: In search of the engram. Symp. Soc. Exp. Biol. *4*, 454–482, 1950
55. LOOMIS, A.L., HARVEY, E.N., HOBART, G.: Electrical potentials of the human brain. J. exp. Psychol. *19*, 249–279 (1936)
56. LURIA, A.R.: The functional organization of the brain. In: Physiological Psychology. Readings from SCIENTIFIC AMERICAN, p. 406. San Francisco: Freeman 1971
57. MILNER, B.: Memory and the medial temporal regions of the brain. In: Biology of Memory (Hrsg. K.H. PRIBRAM, D.E. BROADBENT), p. 29, New York and London: Academic Press 1970
58. PAKKENBERG, H.: The number of nerve cells in the cerebral cortex of man. J. comp. Neurol. *128*, 17 (1966)
59. PAPPENHEIMER, J.R., KOSKI, G., FENCL, V., KARNOVSKY, M.L., KRUEGER, J.: Extraction of Sleep-Promoting Factor S From Cerebrospinal Fluid and From Brains of Sleep-Deprived Animals. J. Neurophysiol. *38*, 1299 (1975)
60. ROFFWARG, H.P., MUZIO, J.N., DEMENT, W.C.: Ontogenetic development of the human sleep-dream cycle. Science *152*, 604 (1966)
61. SNYDER, F., SCOTT, J.: The psychophysiology of sleep. In: Handbook of Psychophysiology (Hrsg. N.S. GREENFIELD, R.A. STERNBACH). New York: Holt 1972
62. SPERRY, R.: A modified concept of consciousness. Physiol. Rev. *76*, 532 (1969)
63. WAUGH, N.C., NORMAN, D.A.: Primary memory. Psychol. Rev. *72*, 89–104 (1965)
64. WOODY, C.D.: Understanding the cellular basis of memory and learning. Ann. Rev. Psychol. *37*, 433–493 (1986)

7 Das Nervensystem — nachrichtentechnisch gesehen

M. Zimmermann

Die Nervenfaser kann man mit einem Kabel vergleichen, über das Nachrichten laufen. Schon allein wegen dieser Analogie wurde versucht, auch auf das Nervensystem die Betrachtungsweisen des Nachrichteningenieurs anzuwenden, v.a. die Informationstheorie [6, 7, 8, 10]. Diese bildet mit der Regelungstheorie (Kap. 15) zusammen den Wissenschaftszweig der Kybernetik [1, 2, 3, 5, 9]. In diesem Kapitel wird eine Einführung in die Grundlagen der Informationstheorie gegeben. Die Möglichkeit, Information zu messen, wird dann auf Beispiele aus der Neurophysiologie und der Psychophysik angewandt. So lassen sich Leistungsfähigkeit und Grenzen der biologischen Informationsübertragung quantitativ ermitteln.

7.1 Einführung in die Informationstheorie

Aufgaben der Informationstheorie sind z.B., den **Informationsgehalt** von Nachrichten quantitativ zu messen und informationsübertragende Systeme nach ihren Eigenschaften zu charakterisieren [5, 11, 14, 15]. Bei jeder Informationsübertragung sind folgende Komponenten beteiligt (Abb. 7-1): Informationsquelle, Sender, Übertragungskanal, Empfänger, Verbraucher sowie eine z.B. auf den Übertragungskanal einwirkende Störquelle. Dieses grundlegende Konzept der Informationstheorie kann man auf alle Arten der **Nachrichtenübertragung** anwenden, im technischen und biologischen Bereich. Zur Erläuterung dieses Schemas sind in Abb. 7-1 Beispiele aus der Sprachübertragung (Fernschreiber, Telefon) und aus der Neurophysiologie angegeben.

Die Nachrichten in der Neurophysiologie betreffen z.B. Art, Intensität, Ort, räumliche Form und Zeitdauer eines Reizes, der auf ein Sinnesorgan auftrifft. In den Nervenfasern werden sie als Entladungsfolgen von Aktionspotentialen (Nervenimpulsen) übertragen.

Information: Zeichen und Codierung. Zur Bildung und Übertragung von Nachrichten benötigt man Zeichen (z.B. Buchstaben, Ziffern, Morsezeichen), aus denen die Informationsquelle (Abb. 7-1) auswählt. So können aus nur wenigen Buchstaben viele Wörter und Sätze ge-

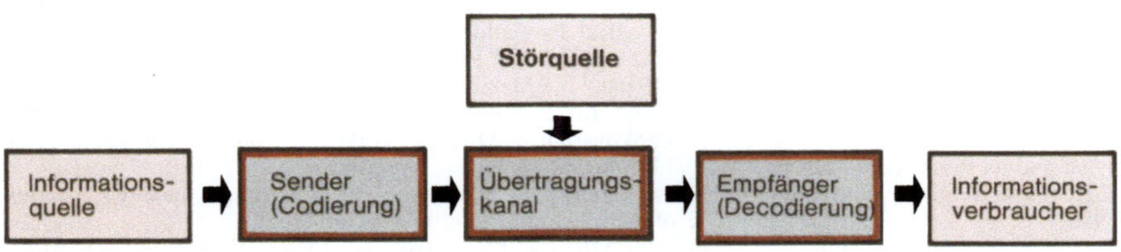

Schrifttext	Fernschreiber Tastatur erzeugt Binärzeichen	ASCII-Zeichen, elektrisch, im Kabel	Fernschreiber, Drucker erzeugt Buchstaben	Leser
Sprache	Telefon Sprechkapsel	Elektrische Spannungen, Kabel oder Wellen	Telefon, Lautsprecher erzeugt Sprachlaute	Hörer
Sinnesreize	Sensoren Muster von Aktionspotentialen	Nervenfasern	Synapsen auf Neurone im ZNS	Zentrales sensorisches System

Abb. 7-1. Grundlegendes Konzept der Informationstheorie (*oben*), mit Beispielen für die Bestandteile dieser Informationskette aus der Technik und Biologie (*unten*)

Morsealphabet

A	.–	S	...
B	–...	O	–––
C	–.–.	S	...
D	–..		
E	.		
F	..–.		
G	––.		
H	....		

Abb. 7-2. Morsealphabet als Beispiel für die Codierung des Alphabets in Morsezeichen, als Kombinationen eines kurzen (.) und eines längeren (–) Zeichens, die in Form von Licht, Ton oder elektrischen Signalen unterschiedlicher Dauer übertragen werden können. *Rechts* ist das Seenotzeichen **SOS** angegeben

bildet werden, mit denen wir Sprachinformationen übermitteln. Meistens werden die Zeichen der Informationsquelle im Sender in andere Zeichen übersetzt oder verschlüsselt, die sich zur Übertragung im jeweiligen Übertragungskanal eignen (z.B. frequenzmodulierte elektromagnetische Wellen beim UKW-Rundfunk, Folgen von Aktionspotentialen im Nervensystem). Eine solche Verschlüsselung oder eindeutige Zuordnung zweier Zeichenmengen wird **Codierung** genannt. Beispiele dafür sind die Zuordnung des Alphabets zu Morsezeichen (Abb. 7-2) oder die Transformation von Druck auf die Haut in die Entladungsfrequenz eines Mechanoreceptors (SA-Receptor, s. Abb. 7-5). Im Empfänger wird die übertragene Information wieder entschlüsselt oder **decodiert** und in der ursprünglichen Form an den Verbraucher weitergegeben. Es ist eine der Aufgaben der Informationstheorie, Codierungsverfahren zu bestimmen, die die Nachrichtenübermittlung optimal an einen vorgegebenen Übertragungskanal anpassen und Nachrichten vor Verlust durch Störung schützen.

Messung der Informationsmenge

In der Informationstheorie ist mit dem Begriff **Information** nur der **meßbare,** mathematisch formulierbare Anteil einer Nachricht gemeint [6, 7, 8]. Ein Beispiel soll den Weg zu einem solchen Informationsbegriff veranschaulichen.

Beim Würfelspiel wird jeweils eine von 6 möglichen Zahlen gewürfelt. Jede der 6 Zahlen besitzt vor einem Wurf die gleiche Wahrscheinlichkeit $p = 1/6$, gewürfelt zu werden. Beim Spieler wird deshalb jedesmal die gleiche **Ungewißheit** beseitigt, jeder Wurf hat also den gleichen Informationsgehalt. Dies läßt sich verallgemeinern: *Information ist die meßbare Beseitigung von Unsicherheit über einen beliebigen Sachverhalt.*

Es ist leicht einzusehen, daß diese Beseitigung von Unsicherheit über ein Ereignis um so erheblicher ist, je kleiner die **Wahrscheinlichkeit p** für das Eintreten des Ereignisses ist. Deshalb ist es naheliegend, das Maß des Informationsgehaltes I aus dem Kehrwert der Wahrscheinlichkeit, also $1/p$, herzuleiten. Eine sinnvolle Zusatzbedingung ist, daß bei einem mit Sicherheit eintretenden Ereignis, bei dem also die Wahrscheinlichkeit $p = 1$ ist, der Informationsgehalt $I = 0$ sein soll. Diese Bedingung wird erfüllt durch Anwendung der Logarithmusfunktion, denn $\log 1 = 0$. Entsprechend diesen Überlegungen wurde der **meßbare Informationsgehalt I** einer Nachricht folgendermaßen definiert:

$$I = \log_2 \frac{1}{p} = \mathrm{ld}\, \frac{1}{p}. \tag{1}$$

Bei der Definition wählte man den Logarithmus zur Basis 2, den **dualen Logarithmus, $\mathbf{ld = \log_2}$** (ld = logarithmus dualis).

Beim Würfelspiel läßt sich der Informationsgehalt jedes Wurfes jetzt zahlenmäßig berechnen: $I = \mathrm{ld}\, 1/1/6 = \mathrm{ld}\, 6 = 2{,}58$ bit. Die **Maßeinheit bit** werden wir im nächsten Abschnitt kennenlernen.

Da Taschenrechner meistens kein Programm für den dualen Logarithmus haben, benutzen wir eine Umrechnungsformel:

$\mathrm{ld}\, n = \log_{10} n / \log_{10} 2 = 3{,}32 \cdot \log_{10} n.$

Allgemein ist die Auftretenswahrscheinlichkeit jedes Zeichens aus einer Gesamtheit von n möglichen Zeichen (oder Zuständen) der Nachrichtenquelle $p = 1/n$. Damit kann Gl. (1) umgeformt werden

$$I = \mathrm{ld}\, n, \tag{2}$$

d.h. der Informationsgehalt I einer Nachricht ist der duale Logarithmus der Anzahl n aller Zeichen oder möglichen Zustände der Nachrichtenquelle. Wir werden diese Beziehung weiter unten auf die Neurophysiologie anwenden (s.S. 179f.).

Ungleich wahrscheinliche Zeichen. Bei der Definition des Informationsmaßes sind wir von der vereinfachenden Annahme ausgegangen, daß alle n Zustände der Nachrichtenquelle mit gleicher Wahrscheinlichkeit $p = 1/n$ auftreten, wie z.B. im Falle eines regelmäßigen Würfels. Meistens treten die einzelnen Zeichen oder Zustände einer Nachrichtenquelle mit ungleichen Wahrscheinlichkeiten auf, wie z.B. Buchstaben des Alphabets: in einem deutschen Text ist z.B. „E" der häufigste Buchstabe, „Y" kommt dagegen sehr sel-

ten vor. Der allgemeine Fall unterschiedlicher Wahrscheinlichkeit soll bei dieser einführenden Darstellung des Informationsmaßes nicht berücksichtigt werden.
Die **Bedeutung einer Nachricht** für einen Verbraucher ist bei diesem quantitativen Informationsbegriff unerheblich. Beim Würfelspiel z.B. ist die subjektive Bewertung der Zahlen für die Spieler unterschiedlich, sie ist von einer Vielfalt von Faktoren abhängig (Art des Spieles, Spielregeln, frühere Erfahrung, Mitspieler). Diese in der Informationstheorie nicht berücksichtigten Aspekte werden mit dem Begriff **semantische Information** gekennzeichnet.

Binäre und nichtbinäre Zeichen; das bit. Im einfachsten Falle besteht der Zeichenvorrat zur Informationsübertragung aus 2 Zeichen, **Binärzeichen** genannt (z.B. 0 und 1). Damit kann die Informationsquelle über eine *Entscheidung zwischen 2 Möglichkeiten* Auskunft geben (z.B. ja — nein). Binärzeichen lassen sich technisch leicht realisieren, z.B. hell — dunkel, Schalterstellungen ein — aus, Magnetisierung groß — klein. Der Informationsgehalt des Binärzeichens, $I = \mathrm{ld}\,2 = 1$, wurde als Maßeinheit der Information gewählt: man bezeichnet die **elementare Informationsmenge,** die von einem einzelnen Binärzeichen übertragen wird, als **ein Bit.**

Das Bit ist eine ziemlich kleine Nachrichtenmenge. Sollen mit Binärzeichen größere Nachrichten übertragen werden, dann muß man **Worte** aus Binärzeichen bilden. Die Wortlänge, d.h. die Zahl der Binärzeichen, gibt direkt die Information in bit. Die Anzahl verschiedener Worte aus 2 Binärzeichen ist $2^2 = 4$, nämlich: 00, 01, 10, 11. Mit 3 Zeichen sind $2^3 = 8$ Wortkombinationen möglich: 000, 001, 010, 011, 100, 101, 110, 111. Mit m Binärzeichen pro Wort gibt es $n = 2^m$ Möglichkeiten für Wortanordnungen, wir können damit $n = 2^m$ verschiedene Nachrichten bilden, die jeweils eine Information von m bit enthalten.

Die vorstehend erläuterte Bestimmung des Informationsgehaltes läßt sich auch in Fällen anwenden, in denen **beliebige Zeichen** als Informationsträger dienen. Jeder beliebige Zeichenvorrat kann nämlich durch Worte aus Binärzeichen dargestellt werden. Zur eindeutigen Zuordnung (Codierung) einer Zeichenmenge mit n Zeichen zu Binärworten müssen diese eine Wortlänge von durchschnittlich $m = \mathrm{ld}\,n$ Binärzeichen haben. Bitte veranschaulichen Sie sich diesen Sachverhalt an Beispielen, z.B. der Codierung der Buchstaben A bis H oder der Zahlen 1 bis 16 in Binärworte.
Wenn aber ein beliebiges Zeichen durch ein Binärwort ersetzt werden kann, dann darf man auch sagen, daß es denselben Informationsgehalt (in bit) hat wie das zugeordnete Binärwort. Der durchschnittliche Informationsgehalt I eines Zeichens einer Menge von n Zeichen ist also $I = \mathrm{ld}\,n$. Dies ist Gl. (2), die wir weiter oben aus der Definition des Informationsgehaltes hergeleitet haben.

Unsere Einführung in die informationstheoretischen Grundbegriffe enthält erhebliche Vereinfachungen, v.a. wegen der Annahme gleicher Wahrscheinlichkeit für alle Zeichen einer Menge. Genauere und weiterführende Darstellungen der Informationstheorie finden sich in der Spezialliteratur.

Die Redundanz. Bei der Codierung, Übertragung und Decodierung können **Störungen** der Informationsübertragung auftreten (Abb. 7-1). Beispiele sind Einstreuungen des 220 V-Netzes (50 Hz-Brumm) bei einem Tonbandgerät, Abschwächung der Telefonsignale durch schlechte Kabelisolation, Bildstörungen beim Fernsehen durch zu schwache Signale eines fernen Senders. Dabei geht ein meßbarer Teil der Information verloren. In der Nachrichtentechnik werden Maßnahmen zur Sicherung von Information gegen Störungen unter dem Begriff **Redundanz** zusammengefaßt. Zur Veranschaulichung dieses Begriffs diene das folgende Beispiel aus dem Bereich der Sprachwissenschaft. Bitte versuchen Sie, den nachfolgenden unvollständigen Text zu entziffern (fehlende Buchstaben durch Punkte ersetzt):

D.r I..orm.t..ns.eh.lt
..ner .ac.ri.ht ist m.s.b.r

Man kann die Aussage dieses Satzes erkennen, obwohl hier 38% der Buchstaben fehlen; die geschriebene Sprache enthält also **mehr Zeichen,** als zur Spracherkennung notwendig sind. Dieses Zuviel an Zeichen ist Redundanz (Weitschweifigkeit), sie ist in bit meßbar.

Untersuchungen mit verstümmelten Texten haben ergeben, daß die geschriebene deutsche Sprache durchschnittlich nur 1,5 bit pro Buchstabe ausnützt. Theoretisch ist der mittlere Informationsgehalt jedes der 26 Buchstaben unseres Alphabets jedoch $\mathrm{ld}\,26 = 4{,}7$ bit; die Redundanz deutscher Texte ist damit durchschnittlich $4{,}7\,\mathrm{bit} - 1{,}5\,\mathrm{bit} = 3{,}2$ bit pro Buchstabe.

Die Vorteile dieser Zeichenverschwendung zeigen sich bei **gestörtem Übertragungskanal,** z.B. bei schlechter Telefonverbindung, verrauschtem Rundfunkempfang, unleserlicher Handschrift. Hier sorgt die Redundanz der Sprache dafür, daß schon mit einem Bruchteil identifizierbarer Zeichen ein Text erkannt werden kann. *Die Informationstheorie zeigt generell, daß eine Nachrichtenübertragung um so störsicherer ist, je mehr Redundanz bei der Codierung eingebaut wird.* Einfache Möglichkeiten sind, die Nachricht über mehrere Kanäle parallel zu übertragen, jedes Zeichen mehrfach nacheinander zu senden oder bei der Binärcodierung eines Zeichens noch zusätzliche „Sicherungsbits" einzubauen. Das Prinzip der Redundanzcodierung ist auch im Nervensystem verwirklicht.

7.2 Informationstheorie in der Sinnesphysiologie

Wir wollen das bisher allgemein beschriebene Konzept der Abb. 7-1 auf die Informationsübertragung im Nervensystem anwenden [5, 11, 14, 15]. Als Beispiel eignet sich ein Receptor (Sensor) mit seiner afferenten Nervenfaser. Information wird hier in eine **Nervenimpulsfolge** codiert und in dieser Form übertragen. Die Informationsquelle (s. Abb. 7-1) besteht aus den Umweltreizen, Sender sind die Sensoren (Receptoren) eines Sinnesorgans, Übertragungskanal sind die Nervenfasern, Empfänger die zentralnervösen Neurone, der Verbraucher ist das Zentralnervensystem.

Die physikalisch meßbaren Parameter von Reizen (z.B. Intensität des Drucks auf die Haut, Ort eines Reizes auf der peripheren Sinnesfläche, Wellenlänge von Licht- und Schallreizen) sind Nachrichten. In vielen Sensoren wird die Information „Reizstärke" codiert in die Information „mittlere Frequenz der Nervenimpulse". Diese Codierungsart, die mit der **Frequenzmodulation** der Nachrichtentechnik vergleichbar ist, findet sich bei Sensoren aller Modalitäten: Muskelspindeln, Druckreceptoren der Haut, Chemoreceptoren der Zunge, Photoreceptoren der Retina, alle codieren die Intensität ihres adäquaten Reizes in die mittlere Frequenz einer Impulsfolge um. *Die Nervenimpulsfrequenz ist ein universeller Informationsträger.*

Da die afferenten Fasern bestimmter Sensoren jeweils mit zugehörigen Neuronensystemen im ZNS in Verbindung stehen, wird die Nachricht der Impulsfolge jeweils eindeutig und sinnvoll ausgewertet, z.B.: Ia-Afferenzen enden auf homonymen Motoneuronen, mechanosensitive Hautafferenzen projizieren zum Gyrus postcentralis und bilden dort eine „Landkarte" der Körperoberfläche, Thermoreceptoren geben ihre Meldungen zum Temperaturregler im Hypothalamus.

Informationsübertragung im idealen Sensor (Receptor). Wie lassen sich in der Impulsfolge eines Receptors Zustände unterscheiden, über die wir den Informationsgehalt ermitteln können? Wir betrachten dazu die **Codierung der Reizintensität.** Antwortet der Receptor bei Reizung z.B. nur entweder mit keinem oder mit einem Impuls, dann kann er über 2 Stufen der Reizintensität informieren, nämlich: kein Aktionspotential = Reizintensität kleiner als Reizschwelle, ein Aktionspotential = Reizintensität größer als Schwelle. Löst ein Reiz maximal N Impulse in der afferenten Faser aus, dann kann der Receptor theoretisch N + 1 **verschiedene Intensitätsstufen** zum ZNS melden.

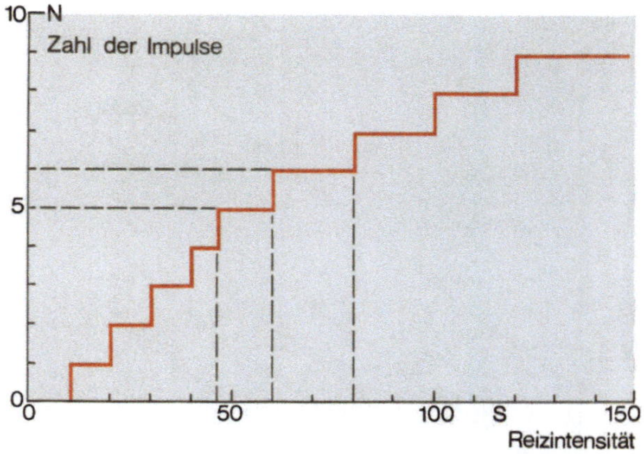

Abb. 7-3. Codierung der Intensität *S* eines adäquaten Reizes in einem Receptor (Sensor) in Nervenimpulse. Bei einem Reiz bestimmter Dauer können in der afferenten Faser des Sensors nur ganzzahlige Anzahlen *N* von Aktionspotentialen entstehen (*Ordinate*), die Codierungskennlinie bei Variation der Reizintensität (*Abscisse*) ist deshalb eine Treppenfunktion

Dieser Sachverhalt ist in Abb. 7-3 veranschaulicht. Die Entladungszahl N in der afferenten Faser kann nur ganzzahlige Werte annehmen. Dadurch hat der Zusammenhang mit der Reizintensität die Form einer Treppenkurve. Bei einem **idealen Receptor,** der einen Dauerreiz mit einer Entladung konstanter Frequenz beantwortet, ist die Impulszahl N das Produkt aus Entladungsfrequenz f und Beobachtungszeit t, also $N = f \cdot t$. Die Zahl der in der Nervenentladung unterscheidbaren Intensitätsstufen des Reizes ergibt sich somit zu

$$N + 1 = f_m \cdot t + 1, \qquad (3)$$

wobei f_m der maximale Wert der Entladungsfrequenz des Receptors ist. Im Falle eines Receptors mit einer spontanen Entladung (ohne erkennbaren äußeren Reiz) der Frequenz f_0 ist in Gl. (3) und allen nachfolgenden Beziehungen f_m zu ersetzen durch $f_m - f_0$.

Dem Zeichenvorrat entspricht also die Anzahl der unterscheidbaren Zustände der Entladungsantwort im afferenten Nerven. Der Informationsgehalt über die Reizintensität im Beispiel der Abb. 7-3 ist somit $I = \text{ld}\,(N+1) = \text{ld}\,10 = 3{,}3$ bit. Allgemein ist bei einem Receptor mit einer reizbedingten Entladung der maximalen Frequenz f_m der **Informationsgehalt über die Reizintensität** [11]

$$I = \text{ld}\,(f_m \cdot t + 1). \qquad (4)$$

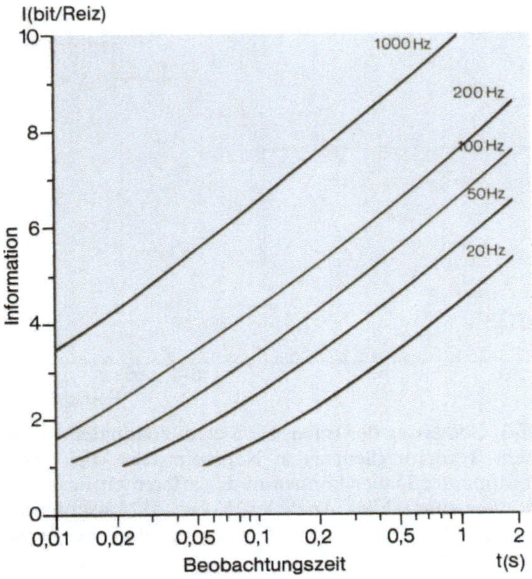

Abb. 7-4. Informationsgehalt *I* in bit/Reiz (*Ordinate*) eines idealen Receptors (Sensors) in Abhängigkeit von der Beobachtungszeit *t* (*Abscisse*), gemessen in Sekunden. Parameter der Kurven ist die maximale Entladungsfrequenz f_m des Sensors, berechnet nach Gl. (4). Der *rot schattierte* Bereich gibt Werte des Informationsgehaltes mechanosensitiver Hautsensoren in Abhängigkeit von t an. (Nach eigenen Beobachtungen an SA-Sensoren der Katze sowie [14, 15])

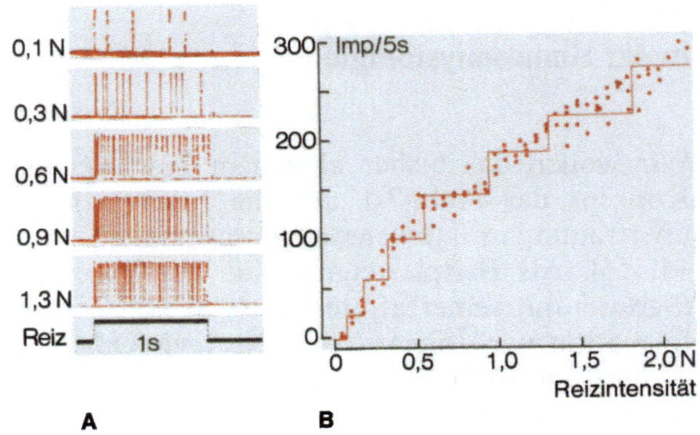

Abb. 7-5 A u. B. Rauschen bei der Codierung in einem realen Sensor. **A** Originalregistrierung der Entladung eines SA-Sensors der Katzenfußsohle bei Druckreizen von 1 s, Reizintensität in Newton (*N*). **B** Meßwerte der Entladungsfrequenz (Impulse/5 s, *Ordinate*) von vielen Einzelexperimenten wie in **A** sind in Abhängigkeit von der Reizintensität (*Abscisse*) aufgetragen. Die in den Streubereich der Meßwerte eingezeichnete Stufenkurve gibt näherungsweise an, wie viele Stufen der Reizintensität in der Entladung des Sensors unterschieden werden können

Die Beziehung ist in Abb. 7-4 dargestellt. Es ist ersichtlich, daß der Informationsgehalt I gleichsinnig mit f_m und t größer wird. Die maximale Frequenz f_m ist als unveränderliche Eigenschaft eines Receptors vorgegeben. Durch Verlängerung der Beobachtungs- oder Auswertungszeit t läßt sich dagegen der Informationsgehalt über die Intensität eines langdauernden konstanten Reizes erhöhen. Die tatsächliche Auswertungszeit einer afferenten Entladung scheint durch zentralnervöse „Zeitkonstanten" limitiert zu sein. Aus Untersuchungen an realen Receptoren [15] und aus psychophysischen Experimenten [13] lassen sich Anhaltspunkte dafür gewinnen, wie weit eine Steigerung der Beobachtungsdauer t den Informationsgehalt über die Reizintensität erhöht (s. unten).

Die Informationsübertragung im realen Sensor (Receptor). Unsere Betrachtung bezog sich bisher auf den idealen Receptor, der bei einem Reiz gleichbleibender Intensität mit einer regelmäßigen Entladung konstanter Frequenz antwortet. Diese Bedingung wird von biologischen Receptoren nicht erfüllt.

Experimentell wird nämlich gefunden, daß bei gleicher Reizintensität die Entladungsfrequenzen eines Receptors bei aufeinanderfolgenden Messungen unterschiedlich sind. In Abb. 7-5 fällt auf, daß die Entladungsfrequenz des SA-Sensors, hier Träger für die Information „Reizintensität", ohne ersichtlichen Grund stochastisch (zufällig) schwankt. Schwankungen des Informationsträgers werden in der Nachrichtentechnik allgemein als **Rauschen** bezeichnet. Sie bedeuten immer eine Verminderung der Leistungsfähigkeit eines Nachrichtenkanals, somit eine **Störung** der Nachrichtenübertragung (Störquelle, s. Abb. 7-1).

Um abzuschätzen, wieviel Information durch das Rauschen bei der Codierung im Sensor verlorengeht, betrachten wir den experimentell gemessenen Codierungszusammenhang in Abb. 7-5B. Jeder Punkt ist die Antwort auf einen einzelnen Reiz mit einer Reizdauer von 5 s. Die Anzahl der unterscheidbaren Zustände dieser Codierung läßt sich durch Einzeichnen einer Treppenkurve in das Punktefeld abschätzen: es ergeben sich 8 Stufen (1. Stufe bei 0 Impulsen), also eine mögliche Information über die Reizintensität von ld 8 = 3 bit/Reiz.

Die graphische Ermittlung des Informationsgehaltes läßt sich so begründen: 2 Reizintensitäten sind sicher dann unterscheidbar, wenn alle zu einer Intensität gehörigen Impulszahlen (Ordinate in Abb. 7-5B) von denen einer anderen Intensität verschieden sind. Der Grenzfall für eine gerade noch mögliche völlige Unterscheidbarkeit ist durch die Treppenkurve gegeben, die sich mit maximaler Stufenhöhe in das Punktefeld des experimentell gemessenen Codierungszusammenhangs einzeichnen läßt.

Würde sich unser Sensor wie ein **idealer Frequenzmodulator** (ohne Rauschen, idealer Receptor) verhalten, dann müßten unter den Versuchsbedingungen der Abb. 7-5B etwa 300 Stufen der Reizintensität unterscheidbar sein, der Informationsgehalt wäre dann 8,2 bit/Reiz (Gl. 4). Somit gehen in diesem Beispiel pro Reiz 8,2 bit − 3 bit = 5,2 bit durch Rauschen verloren!

Die bisher höchsten Werte für den Informationsgehalt pro Reiz wurden an Muskelspindeln ermittelt: primäre (Ia) Endigungen können pro Reiz mit 1 s Dauer 4,8 bit übertragen, sekundäre (II) Endigungen sogar 6,3 bit.

Abweichungen vom idealen Receptor (Sensor) zeigen sich auch, wenn die Beobachtungszeit t variiert wird. Bei Verlängerung von t steigt nämlich der Informationsgehalt des idealen Receptors (Sensors) kontinuierlich an, wie entsprechend Gl. (4) die Kurven in Abb. 7-4 zeigen. Der Informationsgehalt realer Sensoren läßt sich durch Verlängerung der Beobachtungszeit dagegen nicht beliebig steigern [15]. In Abb. 7-4 ist der Bereich angegeben (schattiert), in dem sich der experimentell gemessene Informationsgehalt pro Reiz von langsam adaptierenden Mechanosensoren in Abhängigkeit von der Beobachtungszeit t bewegt. So haben z.B. SA-Sensoren der Haut bereits nach etwa 1 s praktisch den Höchstwert (3 bit/Reiz) erreicht.
Obwohl viele Sensoren Entladungsfrequenzen von mehreren 100 Hz erzeugen können, sind sie offensichtlich nicht leistungsfähiger als ein idealer Sensor mit einer maximalen Entladungsfrequenz um 10 Hz.

Redundanz im Nervensystem. Eine wirkungsvolle Art der Störsicherung durch Redundanz besteht darin, die Nachricht **parallel** über 2 oder mehr Kanäle zu übertragen. Dieser Fall ist im Nervensystem verwirklicht. In der Peripherie ist die Dichte der Sensoren (Receptoren) nämlich meistens so hoch, daß selbst durch punktförmige Reize mehrere Nervenfasern erregt werden. Der Informationsgehalt der Summenentladung aller aktivierten Sensoren ist dabei größer als der eines einzelnen Sensors [12, 13]. Allgemein läßt sich feststellen: *Redundanz durch Parallelfaserübertragung kompensiert die Störung der Codierung im Sensor.*

Was vom Informationsgehalt einer solchen Parallelübertragung tatsächlich ausgenutzt wird, hängt von der Art der zentralnervösen Verarbeitung ab. Nimmt man z.B. an, daß zur Auswertung der Reizintensität aller durch einen Reiz erregten afferenten Fasern einfach addiert werden, dann ergibt sich die verfügbare Information aus der **Variabilität der Summenentladung,** entsprechend der mit Abb. 7-5B erläuterten Methode. Bei dieser Summenbildung steigt die Gesamtzahl der Impulse etwa linear mit der Anzahl der beteiligten afferenten Fasern an. Die Variabilität der Entladung (Rauschen), d.h. die Breite des Unbestimmtheitsbandes wie in Abb. 7-5B, zeigt dagegen bei Aufsummierung mehrerer Fasern eine geringere Zunahme. Entsprechend steigt die Anzahl der Stufen an, die in den experimentellen Codierungszusammenhang (wie Abb. 7-5B) eines Kollektivs von afferenten Fasern eingezeichnet werden kann, der Informationsgehalt ist somit größer als der einzelner Receptoren.

Parallelfaserübertragung ist auch im ZNS verwirklicht. Hier kommt jedoch ein neuer Gesichtspunkt hinzu: Infolge der Konvergenz und Divergenz bei den synaptischen Umschaltungen entsteht eine Vernetzung der parallelen Kanäle untereinander, wodurch zusätzliche Redundanz erzeugt wird, wie informationstheoretische Betrachtungen ergeben haben.

Durch diese Bedingungen müßte es aber zu einer enormen räumlichen Ausbreitung der Erregung im ZNS kommen, und damit zu einem Verlust der Information über den Reizort. Die laterale Inhibition (s. Kap. 8, Abb. 8-7) kann als eine Maßnahme angesehen werden, die der räumlichen Unschärfe bei der zentralen Abbildung eines Reizes entgegenwirkt. Wir können die laterale Inhibition in einer allgemeineren Interpretation als zentralnervösen Anpassungsmechanismus an unterschiedliche Aufgaben sehen: Je nach dem Ausmaß der lateralen Hemmung wird bei der Abbildung der Peripherie im ZNS entweder mehr die Information über die Reizintensität oder mehr die über den Reizort ausgenutzt.

7.3 Informationsmessung in der Psychologie

Auch in der experimentellen Psychologie, besonders in der Psychophysik (s. Kap. 8), wird der quantitative Informationsbegriff verwendet [4, 12, 13]. Wir nennen hier einige Beispiele für solche Anwendungen, unter Hervorhebung der Zusammenhänge zwischen der neurophysiologischen und der psychophysischen Informationsmessung. Versuchspersonen können die Intensität eines Reizes (z.B. Licht, Druck auf die Haut) **subjektiv schätzen** und darüber eine Aussage machen, z.B. in Zahlenform (s. Kap. 8, Abb. 8-14). Trägt man diese Angaben graphisch gegen die Reizintensität auf, dann erhält man ein Bild, das der Abb. 7-5B entspricht; anstelle der Sensorentladung ist hierbei auf der Ordinate jedoch die Zahl für die subjektive Intensitätsschätzung aufgetragen. Aus der Streuung der Meßpunkte können wir ganz entsprechend den Informationsgehalt ermitteln, der in diesem psychophysischen Experiment auf der Ebene der **bewußten Wahrnehmung** verfügbar ist. So ergaben sich z.B. bei der subjektiven Messung der Intensität eines Hautdruckreizes Werte um 3 bit pro Reiz, also etwa gleich große Werte wie bei einem einzelnen Drucksensor (s. Abb. 7-5B).

Ist die Reizfläche 1 cm^2, dann werden an der Hand etwa 20 afferente Fasern mit langsam adaptierenden SA-Sensoren erregt. Für die subjektive Intensitätswahrnehmung in diesem psychophysischen Experiment wird offensichtlich nur ein geringer Teil der Information in den afferenten Nervenfasern ausgewertet, der darüber hinausgehende Beitrag wäre dann, zumindest für die sehr spezielle psychophysische Frage nach der Intensität eines Reizes, als Redundanz anzusehen.

Man darf bei dieser Betrachtung jedoch nicht übersehen, daß die Entladung in der Population von SA-Fasern auch Informationen über Größe, Gestalt, Ort und Oberflächenbeschaffenheit des Druckreizes übermittelt, die bewußt oder unbewußt ausgewertet und in psychophysischen Experimenten untersucht werden können. Bei der Untersuchung der **Lokalisation** von Berührungsreizen irgendwo an der Körperoberfläche können schätzungsweise mehr als 200 verschiedene Hautareale unterschieden werden, die psychophysisch gemessene Information des Reizortes ist somit etwa 8 bit (= ld 256) pro Reiz.

Bei einer anderen experimentellen Aufgabe gehe es darum, 2 aufeinanderfolgende Reize zu vergleichen und möglichst geringe **Intensitätsunterschiede** festzustellen. Im psychophysischen Experiment konnten bei Kaltreizen auf die Haut Temperaturunterschiede von 0,05° C wahrgenommen werden [13]. Durch Vergleich psychophysischer und neurophysiologischer Informationswerte konnte so ermittelt werden, daß zur psychophysischen Unterscheidung dieser Kaltreize die Information in der summierten Entladung aller Afferenzen von Kaltsensoren (s. Abb. 9–13) des gereizten Hautareals benötigt wird, die gesamte verfügbare neuronale Information wird also bei dieser Aufgabenstellung für die Wahrnehmung ausgewertet.

Neuronale und psychophysische Informationsflüsse. In der nachfolgenden Überlegung soll ein Vergleich der gesamten sensorisch-neurophysiologischen mit der psychologischen Information angestellt werden. Zur Charakterisierung der Leistungsfähigkeit unserer informationsübertragenden Systeme ziehen wir jetzt den **maximalen Informationsfluß** in bit/s heran, auch Kanalkapazität genannt.

Die **Kanalkapazität** z.B. eines Mechanosensors (s. Abb. 7-5) wird experimentell so ermittelt, daß man die Aufeinanderfolge der Reize immer schneller macht, bei gleichzeitiger Verkürzung der Einzelreize. Bei Reizdauern unterhalb 1 s nimmt dann der Informationsgehalt des Einzelreizes zwar ab (s. Abb. 7-4), wegen der Zunahme der Reizzahl pro Zeiteinheit steigt der Informationsfluß jedoch meistens an. In Tabelle 7-1 sind die Kanalkapazitäten aller Sensoren der Sinnesorgane zusammengestellt, geschätzt aus der Gesamtzahl der afferenten Fasern und der Kanalkapazität jeder Faser. Sie sind der **psychophysischen Kanalkapazität** gegenübergestellt, d.h. dem maximalen Informationsfluß auf der Ebene der bewußten Wahrnehmung. Für das visuelle System ist dabei die im psychophysischen Experiment ermittelte Kapazität beim Lesen, für das auditorische System die für Hören von Sprache angegeben.

Tabelle 7-1. Vergleich von neuronalem Informationsfluß mit dem Informationsfluß der bewußten Wahrnehmung. Für 5 Sinnessysteme sind *links* Schätzwerte für die Gesamtzahl der Sensoren, der Afferenzen sowie des maximalen Informationsflusses (Kanalkapazität) angegeben. Auf der *rechten* Seite sind die auf der Ebene des Bewußtseins verfügbaren maximalen Informationsflüsse angegeben, ermittelt als Kanalkapazität in psychophysischen Experimenten. Schätzwerte sind mit (?) gekennzeichnet

Sinnessystem	Anzahl Sensoren	Anzahl Afferenzen	Gesamte Kanalkapazität (bit/s)	ZNS	Psychophysische Kanalkapazität (bit/s)
Augen	$2 \cdot 10^8$	$2 \cdot 10^6$	10^7		40
Ohren	$3 \cdot 10^4$	$2 \cdot 10^4$	10^5		30
Haut	10^7	10^6	10^6		5
Geschmack	$3 \cdot 10^7$	10^3	10^3		1 (?)
Geruch	$7 \cdot 10^7$	10^5	10^5		1 (?)

Wie wir aus der eigenen Erfahrung wissen, können wir unsere **bewußte Aufmerksamkeit** voll nur jeweils einem Sinnesorgan zuwenden. Deshalb ist es nicht möglich, mehrere der in Tabelle 7-1 (rechts) angegebenen maximalen psychophysischen Informationsflüsse gleichzeitig umzusetzen. Daraus läßt sich schließen, daß der maximale Informationsfluß einer bewußten Sinneswahrnehmung bei 40 bit/s liegt, also viele Größenordnungen unter dem, was die Sensoren aufnehmen (links in Tabelle 7-1). *Unsere bewußte Wahrnehmung beschränkt sich also auf einen winzigen Ausschnitt der über die Sinnesorgane aufgenommenen Informationsfülle aus der Umwelt.*

7.4 Literatur

Weiterführende Lehr- und Handbücher

1. Erismann, T.H.: Grundprobleme der Kybernetik. Berlin-Heidelberg-New York: Springer 1972
2. Flechtner, H.-J.: Grundbegriffe der Kybernetik. Eine Einführung. Stuttgart: Wissenschaftl. Verl. Ges. 1966

3. Frank, H.: Kybernetik, Brücke zwischen den Wissenschaften. Frankfurt: Umschau-Verlag 1970
4. Garner, V.R.: Uncertainty and structure as psychological concepts. New York: John Wiley 1962
5. Keidel, W.D.: Einführung in die biologische Kybernetik. Darmstadt: Wissenschaftliche Buchgesellschaft 1985
6. Meyer-Eppler, W.: Grundlagen und Anwendungen der Informationstheorie. Berlin-Heidelberg-New York: Springer 1969
7. Shannon, C.E., Weaver, W.: The Mathematical Theory of Communication. Urbana: The University of Illinois Press 1949
8. Steinbuch, K., Weber, W.: Informatik. Band II. Berlin-Heidelberg-New York: Springer 1974
9. Wiener, N.: Kybernetik. Düsseldorf: Econ-Verlag 1963 (Deutsche Übersetzung, Originalausgabe in Englisch 1948)
10. Zemanek, H.: Elementare Informationstheorie. Wien-München: Oldenbourg 1959

Einzel- und Übersichtsarbeiten

11. Grüsser, O.-J.: Informationstheorie und die Signalverarbeitung in den Sinnesorganen und im Nervensystem. Naturwissenschaften *59*, 436 (1972)
12. Darian-Smith, I.: The sense of touch: performance and peripheral neural processes. In: Handbook of Physiology, Sect. 1: The Nervous System (Eds. Brookhart, J.D., Mountcastle, V.B.), p. 739. Baltimore: William & Wilkins 1984
13. Darian-Smith, I.: Thermal sensibility. In: Handbook of Physiology, Sect. 1: The Nervous System (Eds. Brookhart, J.D., Mountcastle, V.B.), p. 879. Baltimore: William & Wilkins 1984
14. Walloe, L.: On the transmission of information through sensory neurons. Biophys. J. *10*, 745 (1970)
15. Werner, G., Mountcastle, V.B.: Neural activity in mechanoreceptive cutaneous afferents: stimulus-response relations, Weber functions and information transmission. J. Neurophysiol. *28* 359 (1965)

III

Allgemeine und spezielle Sinnesphysiologie

8 Allgemeine Sinnesphysiologie

H. Handwerker

8.1 Gegenstand der allgemeinen Sinnesphysiologie

Die allgemeine Sinnesphysiologie befaßt sich mit den grundlegenden Prinzipien, die den Sinnesleistungen zugrunde liegen. Mit dem Begriff „Sinnesleistung“ werden verschiedene Bereiche angesprochen, das Funktionieren von **Sinnessystemen** und die subjektiven **Wahrnehmungen.** Wird die Funktion von Sinnessystemen mit physikalisch-chemischen Meßmethoden untersucht, sprechen wir von objektiver, werden die subjektiven Wahrnehmungen mit psychologischen Methoden erfaßt und zur Analyse von Sinnesfunktionen herangezogen, von subjektiver Sinnesphysiologie.

Objektive und subjektive Sinnesphysiologie

Aus der Mannigfaltigkeit der Umwelteinflüsse, die unseren Organismus treffen, vermögen einige (bei weitem nicht alle) unsere Sinnesorgane zu beeinflussen. Sie werden unter diesem Aspekt als **Sinnesreize** bezeichnet. Diese Reize lösen in Sinnesreceptoren Potentiale aus, die zur Erregung afferenter sensorischer Nervenfasern führen. Die Erregungen vieler solcher afferenten Nervenfasern gelangen in sensorische Gehirnzentren und werden dort verarbeitet. Bis dahin können wir die Kette physikochemischer Ereignisse beobachten und analysieren, so wie wir andere physiologische Vorgänge erforschen. Wir bezeichnen dieses Gebiet als **objektive Sinnesphysiologie.** Da Sinnesorgane bei Mensch und Tier nach einheitlichen Grundprinzipien aufgebaut sind, lassen sich Gesetzmäßigkeiten einer allgemeinen objektiven Sinnesphysiologie formulieren.

Auf einen Sinnesreiz folgt subjektiv ein Sinneseindruck. Sinneseindrücke sind die Elemente der **Empfindungen.** Ein Beispiel: Elektromagnetische Schwingungen der Wellenlänge 400 nm lösen den Sinneseindruck „blau“ aus. Die Aussage: „Ich sehe eine blaue Fläche, in die runde weiße Flächen verschiedener Größe eingelagert sind“, beschreibt eine solche Empfindung. Normalerweise nehmen wir unmittelbar eine Deutung der Sinnesempfindungen vor, wir ordnen sie in Erfahrenes und Erlerntes ein, aus der Empfindung wird eine **Wahrnehmung.** Der oben geschilderten Empfindung: „Ich sehe eine blaue Fläche...“, entspricht die Wahrnehmung: „Am Himmel stehen Wolken.“ Die Wahrnehmungen sind, wie gesagt, erfahrungsgeprägt. Ein Meteorologe sieht Stratocumuli, ein Kinderbuchillustrator Schäfchenwolken. Wahrnehmungen werden von vielen psychischen Faktoren beeinflußt, z.B. der Gemütslage. Wahrnehmungen – die uns unmittelbar bewußt sind und nicht durch Meßinstrumente erfaßt werden müssen – erscheinen uns als etwas völlig anderes als die Receptorpotentiale und Aktionspotentiale, welche wir in der objektiven Sinnesphysiologie registrieren können. Wenn wir nun subjektive Empfindungen und Wahrnehmungen heranziehen, um die Leistungen unserer Sinnesorgane zu bestimmen, dann sprechen wir von **subjektiver Sinnesphysiologie.**

Die Abb. 8-1 zeigt ein sog. Vexierbild. Anhand solcher Abbildungen kann man sich besonders anschaulich klarmachen, daß die Wahrnehmung nicht einfach ein gleichsam photographisches Abbild der Umwelt ist, das uns die Sinnesorgane vermitteln. Man kann den Kopf in Abb. 8-1 entweder als Hasen- oder als Entenkopf sehen. Betrachtet man das Bild länger,

Abb. 8-1. Die „Hasenente“, ein Vexierbild von Jastrow, erstmals um 1900 veröffentlicht. (Aus [6])

dann kippt man oft von einer in die andere Wahrnehmung, anscheinend ohne daß sich die von den Augen vermittelte Information verändert hat. Es fällt ferner auf, daß wir den Hasen und die Ente nicht gleichzeitig sehen können, obwohl wir wissen, daß das Bild ambivalent ist. Die Wahrnehmung wird offenbar durch aktive, integrative Prozesse des Gehirns strukturiert und eindeutig gemacht [6].

Seit dem vorigen Jahrhundert haben sich Sinnesphysiologen v.a. mit der quantitativen Beziehung zwischen Reizgröße und subjektiver Empfindungsgröße befaßt. Dieses Gebiet wird als **Psychophysik** (s. S. 197 ff.) bezeichnet und gehört gleichermaßen der Sinnesphysiologie und der experimentellen Psychologie, genauer der **Wahrnehmungspsychologie** an. In neuerer Zeit gelang es aber auch, bei vielen Sinnessystemen physiologische Messungen an Sinnesorganen mit der Erfassung der Empfindungen zu vereinen und beide Bereiche direkt miteinander zu vergleichen. Solche Untersuchungen werden der **Psychophysiologie** zugeordnet. In diesem Buch werden sie unter **integrierende Sinnesphysiologie** besprochen.

Die Abb. 8-2 zeigt ein grobes Schema der Abbildungsverhältnisse in der Sinnesphysiologie. Die schwarzen Pfeile haben dabei die Bedeutung „induziert" oder „führt zu". Der Pfeil am Übergang von der physischen zur psychischen Dimension ist gestrichelt. Kann man an dieser Stelle das „führt zu" als kausale Verknüpfung deuten?

Leib-Seele-Problem. Im Laufe der Jahrhunderte wurden von Philosophen verschiedene Theorien zu diesem Problem entwickelt. Heute trifft man v.a. 2 Grundpositionen an: Nach der einen sind die komplexen Hirnprozesse, die einem Sinnesreiz folgen, und die subjektiven Empfindungen ein und dasselbe, sie stellen nur 2 verschiedene Dimensionen oder 2 Betrachtungsebenen einer Sache dar, nämlich der Hirnfunktion. Man nennt diese Anschauung **monistisch.** Folgt man ihr, dann drückt der gestrichelte Pfeil in Abb. 8-2 keine kausale Verknüpfung aus, er sollte durch ein Gleichheitszeichen ersetzt werden.

Nach einer anderen, der **dualistischen** Anschauung, ist das Hirn das komplizierte Instrument einer unabhängigen Seele. Der gestrichelte Pfeil in Abb. 8-2 deutet dann kausale Verknüpfungen an: Hirnprozesse wirken auf die Seele ein – und umgekehrt.

Wie solche kausalen Wechselbeziehungen zwischen Hirn und Seele ablaufen können, entzieht sich unserer Kenntnis. Das Leib-Seele-Problem ist ein philosophisches, kein mit naturwissenschaftlichen Methoden lösbares Problem. Das läßt sich daraus ersehen, daß wir uns keine Experimente ausdenken können, mit denen die monistische oder die dualistische Ansicht widerlegt („falsifiziert", nach Popper [21]) werden kann. Mit philosophischen Überlegungen zur Leib-Seele-Interaktion haben sich neben Philosophen [10a] auch Neurophysiologen und Psychologen befaßt [11, 22].

Parapsychologie. Kann die Parapsychologie das Leib-Seele-Problem empirisch lösen? Parapsychologen beschäftigen sich mit dem empirischen Nachweis von Phänomenen wie Gedankenlesen (Telepathie) und Hellsehen (Präkognition). Diese Phänomene wurden unter dem Begriff **ESP** (extra sensory perception: außersinnliche Wahrnehmung) zusammengefaßt, und Versuchsanordnungen wurden erdacht, um sie nachzuweisen. Wenn es ESP gäbe, dann wäre das natürlich ein starkes Argument für eine leibunabhängige Seele, die außersinnliche Information enthält. Trotzdem glauben nicht alle Anhänger einer dualistischen Anschauung an ESP.

Parapsychologische Untersuchungen haben bisher nicht zu einem auch für Skeptiker überzeugenden Beleg der Existenz von ESP-Phänomenen geführt [13]. Das hängt wohl nicht damit zusammen, daß die Parapsychologen als Außenseiter

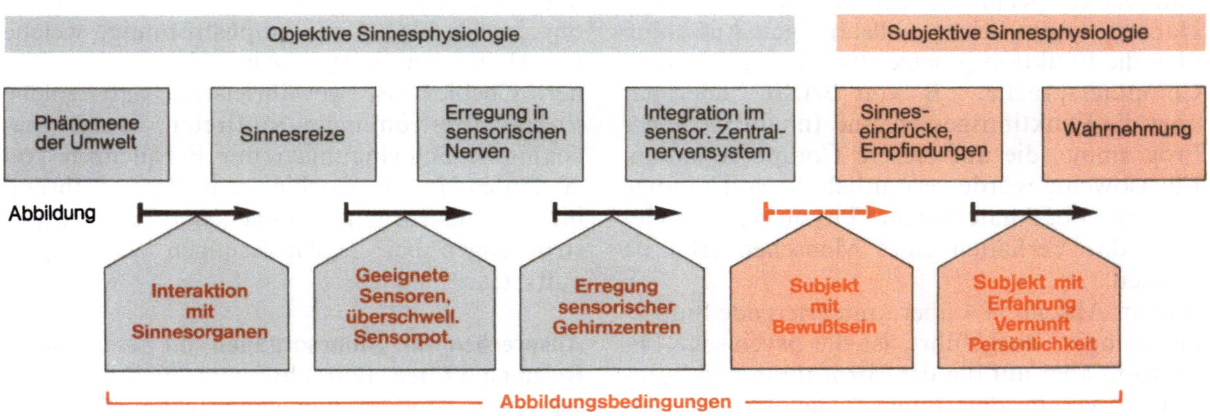

Abb. 8-2. Schema der Abbildungsverhältnisse in der Sinnesphysiologie. In den *Kästchen* Grundphänomene der Sinnesphysiologie, die *Pfeile* dazwischen bedeuten „führt zu" oder „induziert". *Gestrichelter Pfeil* am Übergang von physiologischen zu psychischen Prozessen

vom „wissenschaftlichen Establishment" verfolgt würden (wie sie manchmal selbst glauben), sondern eher damit, daß ESP-Phänomene deren wissenschaftliche Methodik überfordern. Das hat v.a. 2 Gründe: a) Sollte es ESP-Phänomene geben, treten sie offenbar nur selten, unter schlecht kontrollierten Bedingungen auf und sind nicht reproduzierbar. Häufig werden hier Gedankenfehler mit der Statistik gemacht. Ein Beispiel: Wenn es einem Würfelspieler gelingt, 3mal nacheinander „6" zu würfeln, dann hat er vermutlich Glück gehabt und keine ESP-Fähigkeiten bewiesen. Es hat wenig Sinn, nachträglich auszurechnen, daß dieses Ereignis nur eine Wahrscheinlichkeit von $1/6 \cdot 1/6 \cdot 1/6$, also weniger als 0,5% hat, denn nach Eintritt eines Ereignisses kann man nicht mehr von seiner Wahrscheinlichkeit sprechen, es ist ja eingetreten. Ein Beweis für außerordentliche Fähigkeiten des Würfelspielers wäre dieses Ergebnis nur, wenn der Würfler voraussagen könnte, daß er die „6er" Serie erzielen wird. Sollte er dazu in der Lage sein, muß man natürlich zunächst nach einem Trick suchen. b) Hier liegt der Grund für die Schwierigkeit der Parapsychologie, die eine faszinierende Geschichte der Täuschungen darbietet, denen auch scheinbar kritische Wissenschaftler zum Opfer gefallen sind [13, 20]. „ESP-Begabte" entziehen sich gern strengen experimentellen Kontrollen mit dem Hinweis, daß diese ihre „übersinnlichen" Kräfte mindern. Experimente auf diesem Gebiet erfordern daher sehr genaue Kontrollen, kriminalistischen Spürsinn und gute Kenntnisse der Techniken professioneller Zauber-(trick-)Künstler, die Wissenschaftlern meist fehlen.

Eigenständigkeit physiologischer und psychologischer Gesetzmäßigkeiten. Man könnte annehmen, daß ein monistischer Standpunkt zum Leib-Seele-Problem die Einteilung in subjektive und objektive Sinnesphysiologie überflüssig machte. Das ist aber nicht der Fall. Unabhängig davon, ob die seelischen Vorgänge und die Hirnfunktionen im Grunde „identisch" sind oder nicht, haben beide Dimensionen, die körperliche und die psychische, ihre eigenen Gesetzmäßigkeiten und brauchen daher jeweils eigene Konzepte. Man kann sich diese Eigenständigkeit verschiedener Dimensionen am Beispiel eines Computers klarmachen. Eine komplette und exakte Kenntnis der Konstruktion, der Hardware, gibt keinen vollständigen Aufschluß über die Funktionsgesetze etwa einer „höheren" Computersprache, z.B. von BASIC, oder gar über die Funktionsgesetze und Inhalte einzelner Programme, die auf diesem Computer laufen. Ebensowenig würde vermutlich die vollständige Kenntnis der Anatomie und Physiologie des Gehirns das Verhalten eines Menschen erklären können.

Wie im Abschn. 8.4 über „integrierende Sinnesphysiologie" ausgeführt, ist die psychische Dimension aber auf die der Hirnfunktionen bezogen und von ihr determiniert. Die objektive Sinnesphysiologie liefert daher die Kenntnis der Randbedingungen der Wahrnehmung. Ebenso ist die Kenntnis der Computerkonstruktion nötig, um zu wissen, wie groß die Programme sein können, wie schnell sie laufen, auf welche Eingangsgrößen sie zurückgreifen und welche Peripheriegeräte sie ansteuern können.

8.2 Allgemeine objektive Sinnesphysiologie

Spezifität der Sinnesorgane

Im Laufe der Evolution haben sich in allen tierischen Organismen spezialisierte Sinnesorgane herausgebildet, die daraufhin angelegt sind, auf bestimmte Reize optimal zu reagieren. Durch Beobachtung der Funktion des Organismus können wir meist leicht herausfinden, welches der optimale Reiz für ein Sinnesorgan ist. Meist ist das der Reiz, der die minimale Energie benötigt, um das betreffende Organ zu erregen. Wir nennen die Reizformen, auf die ein Sinnesorgan optimal reagiert, **adäquate Reize.** Ein Beispiel: Stäbchen und Zapfen der Retina lassen sich zwar auch erregen, wenn man den Bulbus kräftig mit dem Finger massiert, was daraus hervorgeht, daß eine solche Bulbusmassage zu visuellen Eindrücken führt. Optimale und damit adäquate Reize sind aber elektromagnetische Schwingungen mit Wellenlängen zwischen 400 und 800 nm. Ein Sinnesorgan ist um so spezifischer, je wahrscheinlicher es unter physiologischen Bedingungen nur von adäquaten Reizen erregt wird.

Aufbau von Sinnesorganen als Ursache der Spezifität. Bei vielen Sinnesorganen hängt es nicht nur von den Eigenschaften der receptiven Sinneszellen ab, welches der adäquate Reiz ist, sondern auch vom makroskopischen Bau des Sinnesorgans. So ist der adäquate Reiz für die Sinneszellen im Vestibularorgan und im Innenohr jeweils eine Endolymphströmung, welche die Haarzellen erregt. Aber durch den Bau der Cochlea ist gewährleistet, daß solche Endolymphströmungen auftreten, wenn mechanische Schwingungen mit Frequenzen von 20–20000 Hz die Cochlea erreichen, während im Vestibularorgan entsprechende Endolymphströmungen bei Lageänderungen des Kopfes auftreten.

Ansprechen von Sinnesorganen auf verschiedene Reizmodalitäten. Betrachtet man nicht nur physikalische, sondern auch chemische und thermische Reize, dann ist es nicht immer einfach, aus einer rein formalen Betrachtung des Energiebedarfs den adäquaten Reiz für ein Sinnesorgan zu erschließen. So reagieren z.B. die Kaltreceptoren in der Schleimhaut von Mund und Nase nicht nur auf Abkühlung, sondern auch recht empfindlich auf einen chemischen Reiz, auf Menthol. Die Erregung der Kaltreceptoren durch diese chemische Substanz beim Rauchen einer Mentholzigarette führt daher zur Empfindung eines kühlen Rauches. Warmreceptoren der Haut, die durch Temperaturerhöhungen erregt werden, sind auch recht empfindlich für die Zunahme des extracellulären Ca^{++}-Spiegels, die z.B. nach einer intraarteriellen Injektion einer calciumhaltigen Lösung im betreffenden Körperabschnitt auftritt. Solche Injektionen führen daher zu Warmempfindungen.

Das Gesetz der „spezifischen Sinnesenergien“ wurde bereits vor 150 Jahren durch JOHANNES MÜLLER aufgestellt. Es besagt, daß die Art einer Empfindung nicht durch den Reiz, sondern durch das gereizte Sinnesorgan bestimmt wird. Das zeigen auch die Beispiele im vorhergehenden Abschnitt. Dieses Gesetz ist eine wichtige Regel der subjektiven Sinnesphysiologie.
Für die objektive Sinnesphysiologie ist zu folgern, daß die zentrale Verarbeitung der von einem Sinnesorgan ausgehenden Erregungen entscheidend für dessen Spezifität ist. Warmreceptoren der Haut z.B. sind v.a. auch wegen ihrer zentralen Verschaltung für Thermoreception und Thermoregulation zuständig.

Einteilung der Sinne. Sucht man die mannigfaltigen Sinnesorgane unseres Organismus zu klassifizieren, dann lassen sich 3 große Gruppen abgrenzen: a) Wenn wir von „Sinnen“ sprechen, denken wir zunächst an Sinnesorgane und Sinnesfühler, die der Aufnahme von Reizen aus der Außenwelt dienen. Diese Sinnesfühler (Receptoren, Sensoren, s. unten) werden zusammenfassend als **Exteroceptoren** bezeichnet. b) Daneben gibt es Sinnesorgane für Muskellänge, Sehnendehnung, Gelenkstellungen und andere Parameter der Lage und Bewegung unseres Körpers, die **Proprioceptoren.** Dieser Gruppe von Sinnesorganen wird auch das Vestibularorgan zugeordnet. c) Schließlich vermitteln die visceralen Nerven Sinnesinformationen aus dem Bereich der inneren Organe. Man nennt diese Afferenzen **Enteroceptoren.** Viel – vielleicht die meiste – Information, die dem ZNS von Enteroceptoren und Proprioceptoren zugeleitet wird, erreicht selten oder nie unser Bewußtsein. So sind uns z.B. die Informationen der *Barorezeptoren* aus dem Carotissinus, die kontinuierlich den arteriellen Blutdruck registrieren, nicht bewußt. Es war lange umstritten, ob die Impulse aus den Muskelspindeln unser Bewußtsein erreichen. Erst durch einen Selbstversuch von MCCLOSKEY [18], bei dem ein Muskel chirurgisch freigelegt und adäquat für *primäre (Ia-) Muskelspindelafferenzen* gereizt wurde, konnte schlüssig nachgewiesen werden, daß eine isolierte Zunahme von Impulsen aus Muskelspindelafferenzen zu einer veränderten Lageempfindung in der betreffenden Extremität führt.

Der Transduktionsprozeß

In jedem Sinnesorgan gibt es „Receptoren“, deren Erregung den sensorischen Prozeß auslöst. Der Begriff „Receptor“ ist heute leider nicht mehr eindeutig. Ursprünglich verstand man darunter eine Sinneszelle. Heute wird dieser Begriff von den Molekularbiologen in Anspruch genommen, die darunter Molekülkomplexe in Zellmembranen verstehen, die mit anderen Molekülen (z.B. Hormonen) spezifisch reagieren. Aber selbst im engeren Rahmen der Sinnesphysiologie wird der Receptorbegriff nicht eindeutig verwendet: Anatomen und Physiologen haben etwas unterschiedliche Receptorbegriffe. So verstehen Anatomen unter einem Receptor eine morphologisch charakterisierbare Sinneszelle, während Sinnesphysiologen als Receptor einen Membranabschnitt einer Sinneszelle oder einer receptiven Nervenendigung ansehen, der darauf spezialisiert ist, Reize aufzunehmen. Wir werden diesen „sinnesphysiologischen Receptor“ als **Sensor** bezeichnen. Wir verstehen darunter die Zelle oder den Teil einer Zelle, der für die Transduktion von Reizen in nervöse Erregung verantwortlich ist. Sensoren sind oft die peripheren Axon- oder Dendritenendigungen afferenter Nervenfasern. In einigen Sinnesorganen sind die afferenten Nervenendigungen hingegen mit spezialisierten, nicht neuralen Sinneszellen verbunden, z.B. in der Cochlea mit den Haarzellen. In der Retina gibt es schließlich Sinneszellen neuralen Ursprungs, die Stäbchen und Zapfen, auf welche die hier verwendete Definition des Sensors ebenfalls zutrifft.

Das Sensorpotential. In den Sensoren findet die „Übersetzung“, die *Transduktion*, der Reizenergie in eine Permeabilitätsänderung der Sensormembran statt. Diese Permeabilitätsänderung führt zu einer Potentialänderung, die als „Receptorpotential“ bezeichnet wird. Da Receptorpotentiale in ihren afferenten Nervenfasern Aktionspotentiale generieren, hat man sie auch als **Generatorpotentiale** bezeichnet. Wir werden diese Potentiale **Sensorpotentiale** nennen.

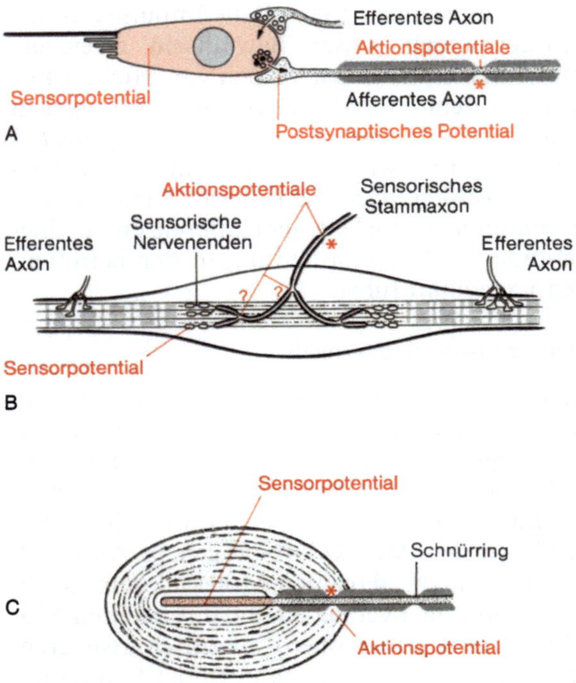

Abb. 8-3 A–C. Verschiedene Sensortypen. **A** Haarzelle aus der Cochlea oder dem Vestibularorgan. **B** Muskelspindel des Frosches. **C** VATER-PACINI-Körperchen. Die *Sterne* markieren die Stelle, an der vermutlich die Transformation von Generatorpotentialen zu Aktionspotentialen erfolgt. (A nach FLOCK in [2])

Definition des Sensors. Man kann den Sensor definieren als die Zelle bzw. den Membranabschnitt einer Zelle, der Sensorpotentiale ausbildet, welche in zugehörigen Afferenzen in Aktionspotentialsequenzen umcodiert werden. Bei den Sensoren von Haut, Viscera und Muskeln, deren Funktion bisher aufgeklärt werden konnte, findet man die Sensorpotentiale in den Endigungen der afferenten Nervenfasern. Diese sind somit selbst die Orte der Transduktion. Solche Endigungen können als nackte Nervenendigungen frei im Gewebe liegen oder in spezialisierte Strukturen, z.B. in Korpuskeln oder in Muskelspindeln, eingebettet sein.

Man kann die Potentialänderungen bei Reizung verschiedener Sensoren mit intracellulären Mikroelektrodenableitungen erfassen. Die Abb. 8-3 zeigt 3 Beispiele von Sensoren, deren Generatorpotentiale gemessen werden konnten. Es geht aus dieser Abbildung hervor, daß der Sensor im Falle der Muskelspindel und des Vater-Pacini-Körperchens (PC-Sensor) jeweils das Axonterminale ist, während bei den Haarzellen eine Sinneszelle als Sensor fungiert. Man muß in diesem letzten Fall annehmen, daß das Sensorpotential, über einen synaptischen Mechanismus, dessen Transmitter noch unbekannt ist, das afferente Axon erregt (s. auch Kap. 12).

Bei der Transduktion des Reizes in ein Sensorpotential ist die Natur der molekularen Mechanismen in der Membran der Sensoren in den meisten Fällen noch nicht völlig aufgeklärt. Das hängt damit zusammen, daß die receptiven Orte an den Zellmembranen meist sehr klein und häufig schlecht zugänglich sind. Im Prinzip läuft die Transduktion so ab, daß Membrankanäle sich öffnen und Ionenströme durch die Membran entstehen. Angetrieben werden diese Ionenströme durch extra-/intracelluläre Konzentrationsdifferenzen. Die Membrankanäle werden kontrolliert durch spezielle Molekülkomplexe, die auf den Reiz ansprechen. Bei den Chemoreceptoren führt die Verbindung receptiver Membranmoleküle mit dem Reizstoff zur Beeinflussung eines Moleküls, das Ionenkanäle freigibt. Bei Mechanoreceptoren könnte eine Dehnung der Membran die Kanalgröße beeinflussen und damit Ionenströme zulassen. Die Sensorpotentiale sind bei allen diesen Sensoren depolarisierend. Bei den Photoreceptoren in der Retina, den Stäbchen und Zapfen, findet ein Ionenstrom vorwiegend im Dunkeln statt. Dieser Ionenstrom wird blockiert, wenn Licht auf die Scheibenmembranen der Sensorendglieder einwirkt. Hier findet man ein hyperpolarisierendes Sensorpotential.

Eigenschaften von Sensorpotentialen, die in afferenten Nervenendigungen entstehen:

1. Sie werden *in der Nervenendigung selbst* erzeugt, nicht in den Zellen, welche die Nervenendigung umgeben und die zum Aufbau des Sinnesorgans beitragen. Das läßt sich gut am PC-Sensor zeigen (Abb. 8-4). Sein Axonterminale bleibt auch dann durch mechanische Reize erregbar, wenn man die umgebende Zwiebelstruktur abträgt. Weiter proximal, dort wo die Aktionspotentiale gebildet und fortgeleitet werden, ist die Axonmembran mechanisch hingegen viel unempfindlicher.

Das Gleichgewichtspotential des Sensorpotentials eines PC-Sensors liegt bei etwa 0 mV. Das deutet darauf hin, daß die Permeabilitätsänderung, die durch einen mechanischen Reiz induziert wurde, nicht auf die Na^+-Kanäle beschränkt ist. Untersucht man Vater-Pacini-Körperchen in vitro und entfernt alles Na^+ aus der Badlösung, dann wird das Sensorpotential auf etwa 1/3 der Kontrollgröße reduziert, aber nicht ausgeschaltet. Es gibt ferner den Hinweis, daß die Na^+-Kanäle, die am Sensorpotential beteiligt sind, recht unempfindlich für Textrodotoxin

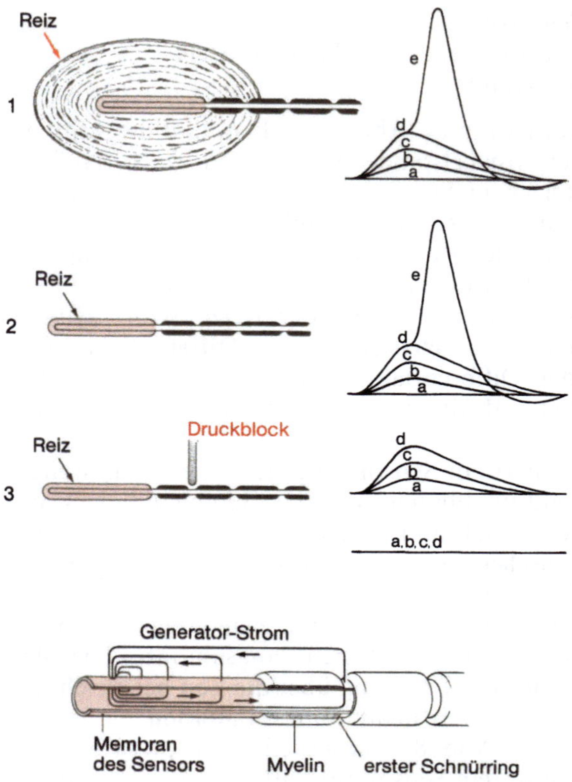

Abb. 8-4. Generatorpotentiale und Aktionspotentiale eines PC-Sensors (VATER-PACINI-Körperchen). **1** Reizung eines isolierten PC-Sensors an der mit einem *Pfeil* markierten Stelle führt bei schwachen Reizen zu Sensorpotentialen (Generatorpotentialen), deren Amplitude die Reizstärke codiert (*a–d*). Überschwellige Sensorpotentiale lösen Aktionspotentiale (*e*) aus. **2** Auch nach Abtragen der umgebenden Hüllzelle lassen sich Sensorpotentiale durch mechanische Reizung erzeugen. **3** Ein Druckblock am 1. Schnürring des afferenten Axons blockiert die Aktionspotentialentstehung, beeinflußt aber das Sensorpotential nicht. Unten: Auslösung von Aktionspotentialen durch das elektrotonisch ausgebreitete Generatorpotential am ersten Schnürring. Nach LOEWENSTEIN, Scientific American *203*, 98 (1960)

(TTX) sind, ganz im Gegensatz zu den Na^+-Kanälen an den Schnürringen des Stammaxons, die für die Aktionspotentialbildung verantwortlich sind. Man kann daher mit TTX bei einer afferenten Nervenfaser von einem PC-Sensor die fortgeleiteten Aktionspotentiale ausschalten, während das Sensorpotential erhalten bleibt.

2. Das Sensorpotential ist eine *abgestufte Antwort*. Die meisten Sensoren antworten mit einer unterschiedlich starken Depolarisation auf unterschiedlich starke Reize, Stäbchen und Zapfen mit einer entsprechend abgestuften Hyperpolarisation. Sensorpotentiale bilden zwar mit ihrer Amplitude die Größe des Reizes ab, aber der Reiz ist nicht die Energiequelle dieser Potentialänderung. Er steuert nur – wie bereits dargestellt – Ionenströme durch die Membran. Die receptiven Membranen vieler Sensoren sind extrem empfindlich für die Entdeckung ihres adäquaten Reizes. In einigen Fällen scheint ihre Empfindlichkeit die theoretische Grenze zu erreichen. So können z.B. die Haarzellen der Cochlea bereits durch eine Bewegung erregt werden, die nicht größer ist als der Durchmesser eines Wasserstoffatoms. Schon ein einziges Lichtquant kann so große Membranströme an einzelnen Stäbchen der Netzhaut auslösen, daß das entstehende Generatorpotential die Aktivität der nachgeschalteten Ganglienzellen der Retina meßbar beeinflußt. Mit der Transduktion ist also ein Verstärkungsprozeß verbunden.

3. Das Sensorpotential ist ein *lokales Potential*, das sich elektrotonisch über die Membran ausbreitet und nicht aktiv fortgeleitet wird.

4. Sensorpotentiale können sich *zeitlich und räumlich aufsummieren*. So kann am PC-Sensor durch 2 simultan applizierte schwache Reize eine überschwellige Depolarisation ausgelöst werden. Auch wenn 2 schwache Reize so rasch aufeinanderfolgen, daß das zweite Sensorpotential sich über dem ersten aufsummiert, kann eine überschwellige Depolarisation erzielt werden. Sensorpotentiale haben somit viele Eigenschaften gemeinsam mit den lokalen synaptischen Strömen zentraler Neurone.

Transformation von Generatorpotentialen zu Aktionspotentialfolgen

Der nächste Schritt im Erregungsprozeß der Sensoren ist die Auslösung einer Sequenz von Aktionspotentialen durch das Generator- oder Sensorpotential. Üblicherweise findet diese **Transformation** am ersten Schnürring der afferenten Nervenfaser statt. Bei unmyelinisierten afferenten Fasern (z.B. Nociceptoren und Warmfasern) ist der genaue Ort der Transformation nicht bekannt. Das Generatorpotential muß sich zu diesem Ort der Aktionspotentialauslösung hin elektrotonisch ausbreiten, ganz ähnlich wie die synaptischen Potentiale am Motoneuron zum Axonhügel (s.S. 52). Bei einigen Sinneszellen, wie bei den Haarzellen des Innenohrs und bei den Photoreceptoren der Retina, sind wahrscheinlich noch synaptische Prozesse zwischen das Sensorpotential und die Aktionspotentiale geschaltet. „Generatorpotentiale" im strengen Wortsinn sind hier wahrscheinlich die postsynaptischen Potentiale in den Ganglienzellen der Retina.

Die Abb. 8-5 zeigt Aktionspotentiale und Generatorpotentiale am Beispiel der Muskelspindel des Frosches. Während beim Generatorpoten-

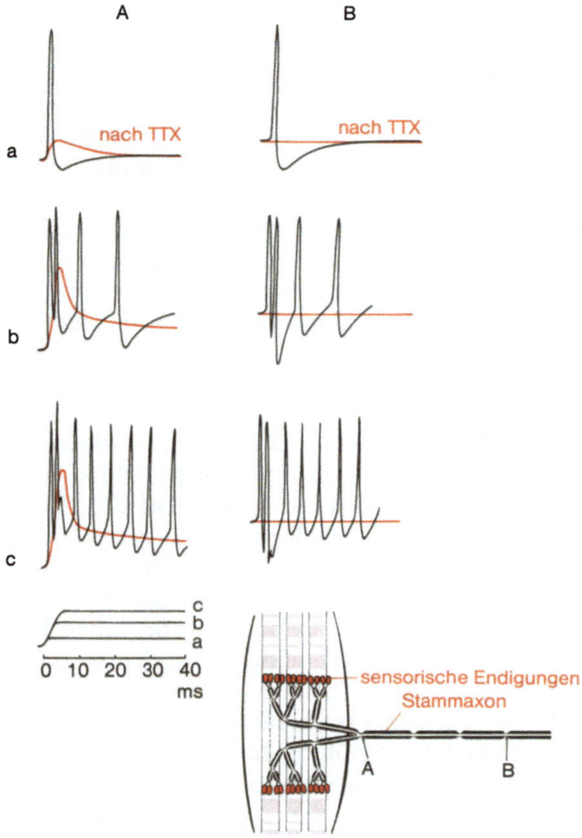

Abb. 8-5 A u. B. Generatorpotentiale und Aktionspotentialsequenzen einer Froschmuskelspindel und ihre Beeinflussung durch Tetrodotoxin. Oben: Ableitungen aus dem afferenten Stammaxon nahe den sensorischen Nervenendigungen (*A*) und weiter proximal (*B*) bei verschieden starken Muskeldehnungen (*a, b, c,* Reizverlauf am Fuß der Abbildung). Die *schwarzen Kurven* zeigen in **A** Aktionspotentiale superponiert auf Sensorpotentiale, bei der von den Sensoren entfernteren Ableitung in **B** ist kein Sensorpotential mehr zu registrieren. *Schwarze* Ableitungen unter Normalbedingungen, *rote* nach Block der Aktionspotentiale mit Tetrodotoxin (TTX). Die Depolarisationsgeschwindigkeit und die Aktionspotentialfrequenz sind eine Funktion der Amplitude der Depolarisation des Sensorpotentials. Unten: Skizze der Mittelregion einer Froschmuskelspindel mit den Ableitorten *A* und *B*. (nach Ottoson und Shepherd in [2])

tial die Größe der Depolarisation (bzw. der Hyperpolarisation bei Photoreceptoren) den Reiz abbildet, folgen die Amplituden der fortgeleiteten Aktionspotentiale dem Alles-oder-Nichts-Gesetz. In diesem Fall erfolgt die Abbildung der Reizgröße durch die Frequenz. Impulsfrequenzen der afferenten Nervenfasern folgen kontinuierlich der Amplitude der Generatorpotentiale (s. auch Abb. 8-2). Eine ähnliche **Umcodierung** von einem lokalen Potential, dessen **Amplitude** variiert, zu einem fortgeleiteten Signal, dessen **Frequenz** sich ändert, findet wieder an zentralnervösen Synapsen statt.

Der zeitliche Aspekt der Sinneserregung: Phasische und tonische Antworten, Adaptation

Man kann an Abb. 8-5 sehen, daß die Antwort der Muskelspindelafferenz den Zeitverlauf des Reizes nicht exakt wiedergibt. Dieser Sensor und diese Afferenz reagieren überproportional, wenn der Reiz rasch zunimmt, sie signalisieren die Geschwindigkeit der Reizänderung. Man nennt diesen Aspekt der Reizantwort **dynamische** oder **phasische** oder **Differential**antwort (der Differentialquotient Längenänderung pro Zeit, $dL/dt = v$, entspricht der Geschwindigkeit).

Codiert ein Sensor hingegen einen Reiz weitgehend unabhängig von der Geschwindigkeit, mit der er sich ändert, dann spricht man von einer **tonischen** oder **statischen** oder **proportionalen** Antwort. Bei den meisten Sensoren nimmt auch eine tonische Antwort bei längerdauernden gleichförmigen Reizen langsam ab. Die Abnahme der Erregung über die Zeit bei gleichbleibendem Reiz nennt man **Adaptation.**

Der in Abb. 8-5 dargestellte Sensor ist ein **PD-Sensor** (ein Sensor mit Differential- und Proportionalempfindlichkeit). Verschiedene Sensoren und verschiedene Afferenzen unterschieden sich sehr stark in ihrer phasischen und tonischen Empfindlichkeit.

Die Ursachen unterschiedlicher Adaptationsraten verschiedener Sensoren. Beim PC-Sensor ist eine wichtige Ursache der extrem raschen Adaptation, die diesen Sensor zu einem Beschleunigungsdetektor macht, in der Zwiebelstruktur zu sehen, die den Sensor umgibt. Diese Struktur ist außerordentlich derb und wirkt als mechanischer Hochpaß, der die receptive Endigung, den Sensor, gegen kontinuierliche Drücke abschirmt und nur hochfrequente Erschütterungen überträgt.

Die Ursache unterschiedlicher Adaptationsgeschwindigkeiten verschiedener Sensoren sind allerdings nicht einheitlich. Sie ist auch nicht nur im Bau der Sensoren begründet, sondern wird auch durch den Transformationsprozeß vom Generatorpotential zu Aktionspotentialsequenzen bestimmt. Depolarisiert man z.B. den ersten Schnürring einer PC-Afferenz mit einem langdauernden Strompuls, dann löst das nur eine kurze Antwort von 1–2 Aktionspotentialen aus. Führt man dasselbe Experiment am ersten Schnürring einer Muskelspindelafferenz des Frosches durch, dann löst eine solche Dauerdepolarisation einen langdauernden Strom von

Aktionspotentialen aus. Die endgültige Festlegung der Adaptationsrate einer afferenten Nervenfaser erfolgt also erst in der konduktilen Membran bei der Umcodierung in Aktionspotentialfolgen.

Die Häufigkeit verschiedener Typen von Adaptation. Vom Standpunkt der Informationsübermittlung in Sinnessystemen ist festzuhalten, daß es zwar Afferenzen mit extrem rascher Adaptation (z.B. PC-Afferenzen) und solche mit extrem langsamer Adaptation (z.B. sekundäre Muskelspindelafferenzen) gibt. Die meisten Afferenzen haben aber die in Abb. 8-5 gezeigte **PD-Charakteristik.** Sie geben dem Nervensystem Informationen über die Reizgröße (Proportionalantwort), heben aber die für Regelvorgänge (Reflexe) besonders wichtigen raschen Reizänderungen durch höhere Impulsraten hervor (Differentialantwort). Diese bevorzugte Übermittlung der Information über rasche Reizänderungen wird in den meisten Sinneskanälen bei der Übertragung auf höhere Neurone im ZNS noch verstärkt.

Der räumliche Aspekt der Sinneserregung. Receptive Felder

Ein Sensor in der Haut wird durch solche Reize erregt, welche die Haut unmittelbar über ihm treffen. Die afferente Nervenfaser, die von diesem Sensor ausgeht, kann sich verzweigen und mehrere Sensoren innervieren. Betrachtet man nun die Erregbarkeit einer einzelnen afferenten Nervenfaser, dann finden wir je nach Stärke der Verzweigung unterschiedlich große **receptive Felder.** Zur Unterscheidung von den receptiven Feldern zentraler Neurone nennen wir sie **primäre receptive Felder** (s. Abb. 8-6).

Es konvergieren unterschiedlich viele primär afferente Nervenfasern synaptisch auf einzelne zentrale sensorische Neurone. Die receptiven Felder dieser zentralen Neurone können daher größer sein als die primären Felder afferenter Nervenfasern.

Die Größe der receptiven Felder primärer und höherer sensorischer Neurone ist bei den meisten Sinnesorganen in charakteristischer Weise verteilt. So sind die receptiven Felder vieler Hautafferenzen in der Fingerspitze kleiner als solche in der Haut des Unterarms oder gar des Rumpfes. Bei höheren Neuronen vergrößert sich dieser Unterschied: Im somatosensorischen Projektionsfeld des Cortex haben die „Fingerspitzen"-Neurone viel kleinere receptive Felder als die „Rumpf"-Neurone. Entsprechendes gilt von der Retina: Receptive Felder von Ganglienzellen, die mit fovealen Sensoren verbunden sind, sind kleiner als solche, die von Sensoren der Retinaperipherie innerviert werden. Gebiete hoher **Innervationsdichte** zeichnen sich durch ein feineres räumliches Auflösungsvermögen für Reize aus (s. auch Kap. 9 und 11).

Sensorische Systeme im ZNS: Spezifische und unspezifische Bahnen

Die primär afferenten Nervenfasern bilden nach ihrem Eintritt ins Rückenmark oder ins Hirn synaptische Kontakte an sekundären sensorischen Neuronen. Deren Axone sammeln sich zu **sensorischen Bahnen,** die an höheren Kerngebieten enden. Charakteristischerweise sind mehrere solche sensorischen Zentren für ein Sinnessystem hintereinander geschaltet. Alle Sinne (außer dem Geruch) besitzen als höchste Zentren ein thalamisches Kerngebiet und von diesem innerviert ein corticales Projektionsfeld. Eine sensorische Bahn besteht somit aus einer Serie von zentralen Neuronen, die durch Impulse der betreffenden Sensoren erregt werden und die durch Synapsen miteinander verbunden sind. Alle neuralen Verschaltungen innerhalb einer solchen sensorischen Bahn und die Hemmsysteme, die mit ihr verbunden sind, bilden gemeinsam ein **Sinnessystem.**

Die Abb. 8-6 zeigt schematisch einige charakteristische Züge eines sensorischen Systems. Die primären Afferenzen verzweigen sich üblicherweise in ihren peripheren Ausläufern im Zielorgan zu verschiedenen Sensoren und bilden so ein **primäres receptives Feld.** Sie verzweigen sich

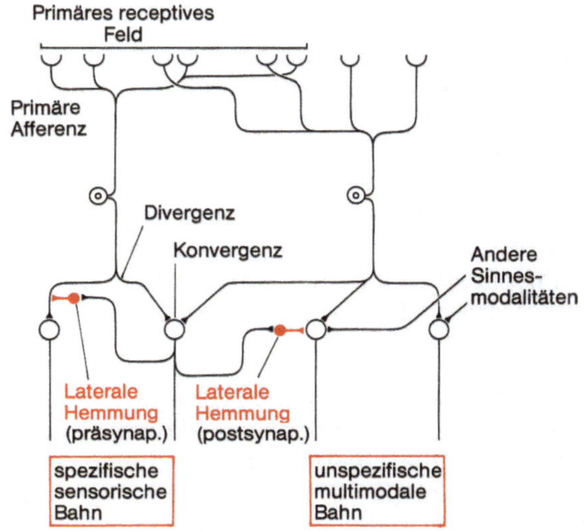

Abb. 8-6. Schematische Darstellung eines Sinnessystems. (Modifiziert nach [5])

aber auch an ihren zentralen Enden und bilden synaptische Kontakte an verschiedenen sekundären Neuronen. Man nennt diese Verzweigung **Divergenz.** An jedem sekundären sensorischen Neuron bilden andererseits mehrere primäre Afferenzen synaptische Kontakte. Das wird als **Konvergenz** bezeichnet. In den höheren sensorischen Zentren liegt dieselbe Vernetzung vor. Eine Sinnesbahn kann einerseits als Kette hintereinandergeschalteter (*in Serie* liegender) Neurone verstanden werden, durch Konvergenz und Divergenz wird die Sinnesinformation aber andererseits gleichzeitig über viele parallele Kanäle übermittelt. Diese *parallele Übermittlung* ist wahrscheinlich die wichtigste Ursache für die außerordentliche „Betriebssicherheit" sensorischer Systeme. Ausfall einzelner Neurone durch Erkrankung oder Altern beeinträchtigt die Funktion dieser Systeme erst, wenn sie eine große Zahl neuraler Elemente erfaßt hat.

Die Bedeutung hemmender Synapsen. Die Vernetzung in Sinnesbahnen erstreckt sich nicht nur auf erregende synaptische Kontakte. Verschiedene Formen der **Hemmung** treten gesetzmäßig in sensorischen Systemen auf. Im nächsten Abschnitt wird die Funktion von Hemmung zur Informationsextraktion beschrieben. Sie dient aber auch anderen Zwecken:

1. Sie wird benötigt, um eine ungehemmte Ausbreitung der Erregung durch das neurale Netzwerk zu verhindern. Die Ausschaltung der Hemmung durch die glycinergen Synapsen mit dem Glycinantagonisten Strychnin führt zu einem Zusammenbruch jeder geordneten Informationsvermittlung im ZNS, zu Krämpfen und zum Tod.
2. Sehr häufig geben höhere sensorische Neuronen Collaterale ab, welche Interneurone innervieren, die rückläufig vorgeschaltete sensorische Neurone derselben Bahn hemmen. Diese **Rückkopplungshemmung** dient der Einstellung der Verstärkung in der betreffenden sensorischen Bahn. Diesem Zweck dient wahrscheinlich u.a. die „primär afferente Depolarisation" (PAD) im somatosensorischen System (s.S. 54).
3. Schließlich können höhere Hirnzentren durch absteigende Hemmbahnen **(descendierende Hemmung)** die Übermittlung in Sinnessystemen hemmen (S. 231). Diese Hemmechanismen dienen u.a. der Ausblendung von Sinnesinformationen bei der Focussierung der Aufmerksamkeit.

Unspezifische Systeme. Die Übermittlung der Information eines Sinnessystems ist nicht auf spezifische Neuronengruppen beschränkt. Alle Sinnessysteme haben auch Verbindung zu Neuronengruppen und -bahnen, die ihre Impulse von mehreren Sinnessystemen erhalten, zu **multimodalen** oder **unspezifischen Neuronengruppen** und Bahnen. Ein wichtiges unspezifisches System erstreckt sich über das reticuläre Kerngebiet des Hirnstamms und des Thalamus. Wahrscheinlich übermitteln die spezifischen (unimodalen) Sinnesbahnen die präzise Information über Sinnesreize (sie teilen mit, was geschieht), während die unspezifischen zuständig sind für die sensorische Integration und für die Verhaltensanpassung, welche diese Reize erfordern (sie teilen mit, wie wichtig das ist, was geschieht). Häufig besteht diese Verhaltensanpassung in einer Verhaltensaktivierung und in einer Ausrichtung der Aufmerksamkeit. Dies scheint eine wichtige Aufgabe des *a*ufsteigenden *r*eticulären *A*ktivierungssystems (ARAS) zu sein (s. auch S. 221).

Extraktion charakteristischer Merkmale der Sinnesinformation

Receptive Felder von primär afferenten Neuronen sind bestimmt durch die Endverzweigung des Axons bzw. durch Verteilung und Zahl der Sensoren an dem betreffenden Axon. Aus dem gesamten receptiven Feld wird die afferente Nervenfaser erregt. Die *receptiven Felder zentraler Neurone* sind hingegen in der Regel komplexer. Viele dieser Neurone werden vom Zentrum ihres receptiven Feldes her erregt, von einem mehr oder minder großen und mehr oder minder regelmäßig geformten Umfeld hingegen gehemmt. Hemmende receptive Umfelder kommen dadurch zustande, daß die primären Afferenzen mit Interneuronen verbunden sind, die an den betreffenden zentralen sensorischen Neuronen hemmende Synapsen bilden. Da die Hemmung von sozusagen „seitwärts" liegenden Neuronen derselben Sinnesbahn ausgeht, sprechen wir von **lateraler Hemmung.**

Die komplexen receptiven Felder zentraler sensorischer Neurone dienen dazu, bestimmte Züge der Sinnesinformation herauszuheben (Eigenschaftsextraktion, feature extraction). Eine wichtige Aufgabe ist die **Kontrastverschärfung.** Sie läßt sich v.a. im visuellen System und an der Mechanoreception der Haut demonstrieren. Letztlich führt diese Hervorhebung der Kontraste dazu, daß die Augen uns weniger Informa-

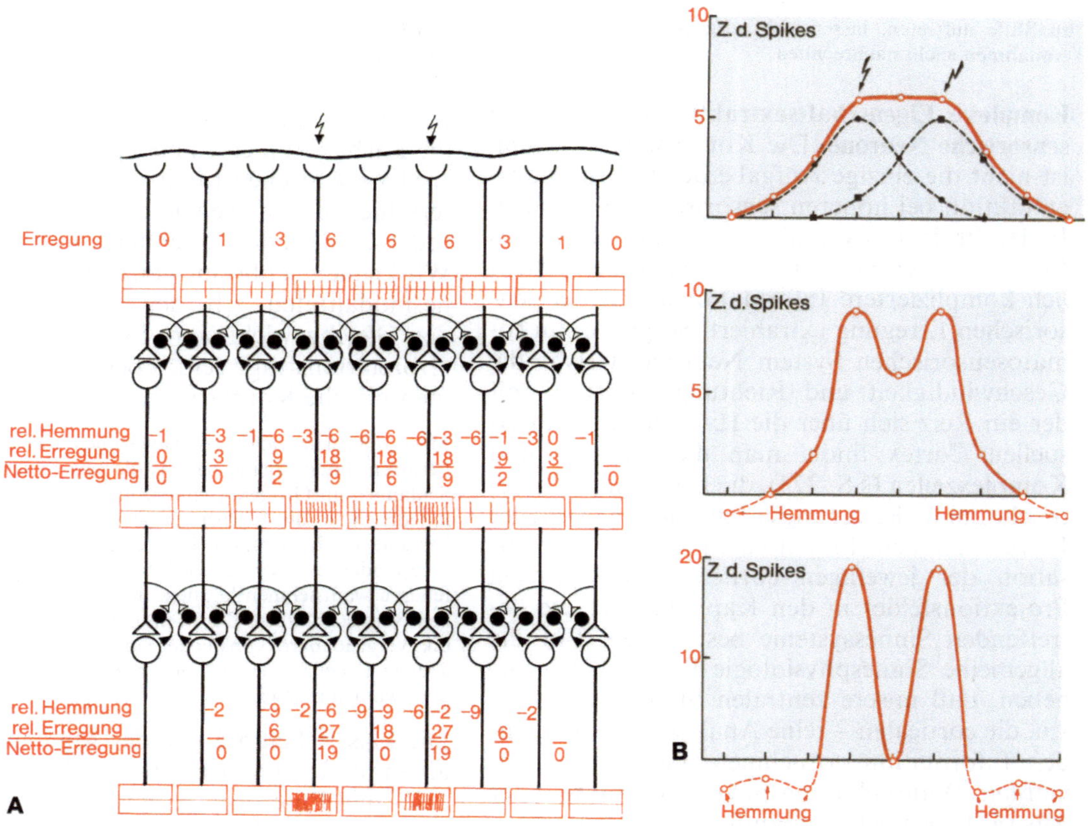

Abb. 8-7 A u. B. Erläuterung der lateralen Hemmung an einem einfachen Modell eines Sinnessystems. **A** Die beiden Pfeile deuten 2 eng benachbarte simultan erfolgende Reize an, die *schwarzen* Strukturen geben die Matrix des Sinnessystems wieder. Die *Zahlenangaben* und die *Kästchen* mit den Aktionspotentialfolgen in rot erläutern die Erregungsverhältnisse. Es wird angenommen, daß auf jeder Stufe synaptischer Verschaltung die Erregungen 3fach verstärkt werden, während die Hemmungen mit einfacher Verstärkung übertragen werden. Die resultierenden Nettoerregungen ergeben sich aus Subtraktion der Hemmwerte von den Erregungswerten (s. auch Text). **B** Darstellung der Nettoerregung auf verschiedenen Ebenen der Matrix sensorischer Zellen in Form von Kurven

tion über absolute Helligkeiten, dafür aber um so genauere über Helligkeitsunterschiede im Bild, also über Begrenzungen einzelner Bildelemente liefern.

Kontrastverschärfung durch laterale Hemmung. Die Abb. 8-7 zeigt ein stark vereinfachtes Sinnessystem ohne die im letzten Abschnitt besprochene Konvergenz und Divergenz. Es wird angenommen, daß auf die Sensoren dieses Systems in enger Nachbarschaft gleichzeitig 2 punktförmige Reize treffen. Die resultierenden Erregungen der Sensoren überlagern sich, die beiden Reize können nicht getrennt rezipiert werden. Mit den im Modell angenommenen Parametern der lateralen Hemmung läßt sich in 2 Stufen synaptischer Übertragung eine vollständige Trennung der beiden simultan erfolgten Reize erzielen.

Um die laterale Hemmung zu simulieren, sind die Afferenzen in Abb. 8-7 so verschaltet, daß jede von ihnen durch Axoncollaterale Interneurone (schwarze Zellkörper in Abb. 8-7) erregt, welche die jeweils benachbarten sekundären sensorischen Neurone (weiße Zellkörper in Abb. 8-7) hemmen. Die Größe der Hemmung hängt natürlich von der Stärke der Erregung der Interneurone durch die jeweiligen primären Afferenzen ab. Im Modell ist angenommen, daß bei jeder synaptischen Übertragung zwischen primären Afferenzen und ihren sekundären Neuronen eine synaptische Verstärkung mit dem Faktor 3 erfolgt, die Hemmung über die Interneurone (2 erregende und 1 hemmende Synapse in Serie) soll eine synaptische Gesamtverstärkung mit dem Faktor -1 haben. Die hemmenden Einflüsse (IPSPs) werden von den erregenden (EPSPs) subtrahiert. Bei der nächsten Stufe der synaptischen Übertragung wiederholt sich dieser Prozeß mit den gleichen Übertragungsfaktoren. In Abb. 8-7 sind die resultierenden Erregungen und Hemmungen im Modell als Zahlenwerte angegeben. Die jeweils resultierenden Nettoerregungen können z.B. als „Zahl der Aktionspotentiale" interpretiert werden. In den roten Kästchen sieht man die entsprechenden Ableitungen der einzelnen Axone. Die Änderungen, die in dieser Matrix von Stufe zu Stufe auftreten, lassen sich aufgrund der getroffenen Annahmen leicht nachrechnen.

Komplexe Eigenschaftsextraktion durch höhere sensorische Neurone. Die Kontrastverschärfung ist nicht die einzige Aufgabe der Informationsextraktion bei höheren sensorischen Neuronen. In den Projektions- und Assoziationsfeldern des Cortex werden von einzelnen Neuronen erheblich kompliziertere Informationen aus der sensorischen Erregung extrahiert. So gibt es im somatosensorischen System Neurone, welche die Geschwindigkeit und Richtung codieren, mit der ein Reiz sich über die Haut bewegt. Im visuellen Cortex findet man die Einfach- und Komplexzellen (s.S. 273), die bestimmte geometrische und Bewegungseigenschaften visueller Reize darstellen. Im einzelnen wird die Organisation der jeweiligen corticalen sensorischen Projektionsfelder in den Kapiteln über die betreffenden Sinnessysteme besprochen. Für die allgemeine Sinnesphysiologie läßt sich hervorheben, daß unsere zentralen Sinnessysteme — v.a. die corticalen — eine Analyse der einlaufenden Information vornehmen und für den bewußten Wahrnehmungsprozeß **Extrakte** oder **Abstraktionen** der Sinnesinformation liefern.

8.3 Allgemeine subjektive Sinnesphysiologie

Grunddimensionen der Empfindungen

Eingangs wurde die subjektive Sinnesphysiologie als der wissenschaftliche Ansatz definiert, bei dem die physikalisch-chemische Welt der *Reize* mit der subjektiven Welt der *Empfindungen* und *Wahrnehmungen* in Beziehung gesetzt wird.
Traditionellerweise spricht man den Empfindungen 4 Grunddimensionen zu, nämlich die *Intensitätsdimension,* die *Qualitätsdimension,* die *zeitliche Dimension* und die der *Ausdehnung*. Letztere ist bei einigen Sinnen eher eine *Ortsdimension.* Bei Gehör und Geruch spricht sie die Lokalisierbarkeit von Tönen bzw. Gerüchen an. Bei anderen Sinnen, wie beim Geschmack, kann man nicht von einer räumlichen Dimension reden.
Wir werden v.a. die beiden zuerst genannten Dimensionen diskutieren und uns zunächst der *Qualitätsdimension* zuwenden: Diese Dimension beschreibt die Tatsache, daß Empfindungen in ihrer Art grundsätzlich unterschiedlich sind. „Sehen" ist etwas ganz anderes als „Hören". Komplexe wie Sehen, Hören, Riechen und Schmecken werden als **Sinnesmodalitäten** bezeichnet. Innerhalb einer Sinnesmodalität gibt es wiederum verschiedene **Qualitäten.** So ist die Farbe Rot eine Qualität der Modalität Sehen, die Farbe Grün eine andere.
In der klassischen Medizin wurden 5 Sinne unterschieden: Das Sehen, das Gehör, das Gefühl (oder Getast), der Geschmack und das Riechen. Wir kennen heute eine ganze Reihe weiterer Sinnesmodalitäten, z.B. den Temperatursinn und den Gleichgewichtssinn. Es wird immer eine Interpretationsfrage sein, über wieviele Sinne der menschliche Körper verfügt.

Man sollte sich auch vergegenwärtigen, daß andere Wirbeltierarten Sinnesorgane haben, die uns fehlen. So besitzen Schlangen im Grubenorgan empfindliche Infrarotsensoren, mit denen sie die Körperwärme von Beutetieren erfühlen. Manche Fische verfügen über ein Sinnesorgan für elektrische Felder, mit dem sie die Muskelaktionsströme von Beutetieren wahrnehmen können, die sich im Sand des Seebodens versteckt haben. Der Mensch baut sich mit seiner Technik vergleichbare künstliche Sinnesorgane, deren Signale aber in visuelle (oder seltener in akustische) Signale umgesetzt werden müssen.

Die klassischen 5 Sinne des Menschen gehören allesamt der Exteroception (s.S. 189) an. Proprio- und Enteroceptoren wurden erst durch die Physiologie als Sinne entdeckt.
Besondere Schwierigkeiten bei der Einordnung machen der Schmerz und andere Dysaesthesien (Mißempfindungen), wie das Jucken. Der Schmerz ist eine Sinnesmodalität, der vielleicht das Jucken als Qualität zugeordnet werden kann. Anders als andere Sinne gehört der Schmerz allen Sinnesbereichen an: Enteroception, Proprioception und Exteroception. Nociceptoren, die Sensoren des Schmerzsinns, haben eine Sonderstellung unter den Hautreceptoren, die ja Exteroceptoren sind, da sie keine Information über die Außenwelt vermitteln, sondern Informationen über Verletzungen unseres Körpers. Schmerz ist eine körperbezogene Sinnesmodalität. Eine eingehende Darstellung der Schmerzphysiologie findet sich an anderer Stelle dieses Buches (Kap. 10, ab S. 234).
Für die Qualitätsdimension hat JOHANNES MÜLLER (1837) das bereits erwähnte **Gesetz der spezifischen Sinnesenergien** aufgestellt: Eine Sinnesmodalität wird nicht durch den Reiz bestimmt, sondern durch das gereizte Sinnesorgan (s.S. 189).
Sinnesmodalitäten lassen sich direkt messend nicht miteinander vergleichen. Im Bereich der Qualitäten kann man hingegen messen: Verändert man die Frequenz eines Tones langsam, dann läßt sich eine **Schwelle** angeben, von der ab wir einen höheren, also qualitativ anderen

Ton hören. In gleicher Weise kann man durch Veränderung der Frequenz elektromagnetischer Schwingungen die Farbe eines Lichts ändern. Wieder läßt sich eine Schwelle bestimmen, von der ab man eine andere Farbe sieht.

Die Intensitätsdimension: Absolutschwellen und Unterschiedsschwellen

Die **Intensitätsdimension** der Empfindungen wurde am eingehendsten mit den Methoden der **Psychophysik** untersucht. Die Beschäftigung mit der Frage, ob man die Intensität von Empfindungen quantifizieren kann, führte G.T. FECHNER um 1850 zur Einführung einer Methode, mit der man subjektive Erlebnisse quantitativ erfassen kann, und zu einem psychophysischen Gesetz, das die quantitativen Beziehungen zwischen der physischen Intensitätsdimension (ϕ) und der subjektiven Dimension der Empfindungsstärken (ψ) zu beschreiben versucht. Vorher galt die Doktrin DESCARTES (1596–1650), daß in der subjektiven Sphäre („res cogitans") Messungen nicht möglich seien. Ein zentrales Konzept der Psychophysik ist das der sensorischen **Schwelle.**

Die Absolutschwelle oder **Reizschwelle** (abgekürzt **RL** für „Reizlimen") wurde definiert als der kleinste Reiz, der gerade noch eine bestimmte Empfindung hervorrufen kann. Von manchen Autoren wird nur der kleinstmögliche Wert der Reizschwelle bei optimaler Reizkonfiguration und Adaptation als Absolutschwelle bezeichnet. An anderer Stelle dieses Lehrbuchs sind die Reizschwellen für das Hören in Abhängigkeit von der Frequenz des Reizes (s.S. 300) und für das Sehen in Abhängigkeit von der Adaptationszeit (s.S. 268) dargestellt.

Die Unterschiedsschwelle. Untersucht man überschwellige Reize, dann läßt sich eine weitere Schwelle definieren, die Unterschiedsschwelle (**DL:** Differenzlimen, oder **jnd:** just noticable difference). Wie die englische Abkürzung sagt, versteht man darunter den Betrag, um den ein Reiz größer sein muß als ein Vergleichsreiz, damit er gerade eben merklich als stärker empfunden wird. Als erster hat E. H. WEBER (1834) beim Vergleich von Gewichten (Kraftsinn) nachgewiesen, daß 2 schwere Gewichte sich um einen größeren Betrag unterscheiden müssen als 2 leichte, damit sie unterschieden werden können. Die Abb. 8-8A zeigt die Beziehung zwischen den Ausgangsgewichten und dem zum Erreichen von DL benötigten Reizzuwachs. Diese Beziehung ist im Bereich mittlerer Reizstärken linear, d.h. es muß immer der gleiche Bruchteil des Ausgangsgewichtes dazugetan werden, damit DL überschritten wird. Die Änderung der Reizintensität, die gerade eben wahrgenommen werden kann ($\Delta\phi$), ist ein konstanter Bruchteil (c) der Ausgangsreizintensität (ϕ). Als Formel lautet WEBERS Gesetz:

$$\frac{\Delta\phi}{\phi} = c; \qquad \Delta\phi = c \cdot \phi. \tag{1}$$

Nach diesem Gesetz ist $(\Delta\phi)/(\phi)$ konstant über alle Reizstärken. Diese Voraussage trifft bei vielen Sinnesmodalitäten für eine weiten Bereich von Reizintensitäten zu. Nähert man sich allerdings der Absolutschwelle, dann tendiert der **Weber-Quotient** ($\Delta\phi/\phi$) dazu, zuzunehmen. Die Abb. 8-8B zeigt die Abhängigkeit des Weber-

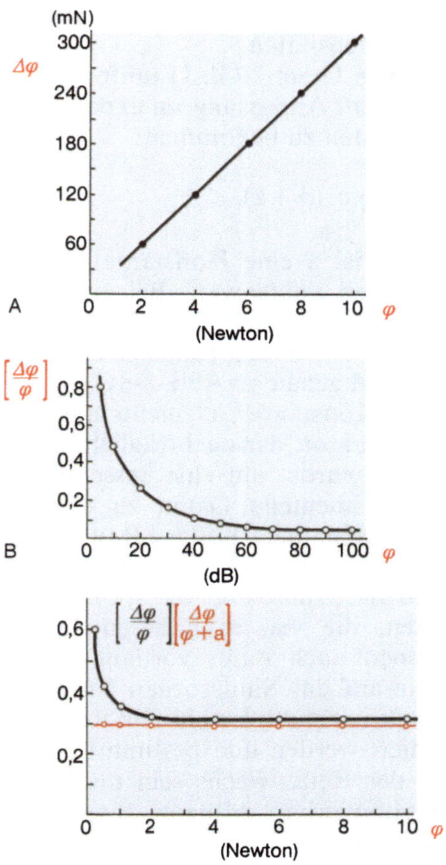

Abb. 8-8A–C. Der Weber-Quotient und Webers Gesetz. **A** Beziehung zwischen Ausgangsreizgröße (φ) und Reizzuwachs, der zur Überschreitung der Unterschiedsschwelle beim Kraftsinn benötigt wird ($\Delta\varphi$). **B** Abhängigkeit des Weber-Quotienten ($\Delta\varphi/\varphi$) von der Reizstärke des Ausgangsreizes am Beispiel akustischer Reize. Nur bei Reizen, die mehr als 40 dB über der Absolutschwelle liegen, ist der Weber-Quotient eine Konstante. **C** Korrektur des Weber-Quotienten durch die Konstante „a". Das korrigierte Gesetz (Formel 2) gilt auch für schwellennahe Reize. (A und B nach [1])

Quotienten von der Reizstärke am Beispiel der Lautstärke von Tönen. Wie man sieht, läßt sich in diesem Fall Webers Gesetz erst bei Reizen anwenden, die 40 dB über der Absolutschwelle liegen, da erst von dieser Reizstärke an der Weber-Quotient konstant bleibt. Ähnliche Kurven erhält man bei der Untersuchung der Weber-Quotienten in anderen Sinnesmodalitäten.

Der Weber-Quotient ist eine nützliche Meßgröße, um die relative Empfindlichkeit von Sinnessystemen zu untersuchen. Es ist zwar nicht möglich, in physikalischen Dimensionen die Empfindlichkeit des Auges für Lichtintensitäten mit der des Ohres für Schallpegel zu vergleichen, man kann aber die Weber-Quotienten beider Sinnesmodalitäten miteinander vergleichen, die ja dimensionslos sind. Dabei findet man, daß die Unterscheidungsfähigkeit unseres Sehorgans für Lichtstärken etwas besser ist als die unseres Ohres für Schallintensitäten.

Man kann Webers Gesetz (Gl. 1) umformulieren, um eine bessere Anpassung an experimentell gewonnene Daten zu bekommen:

$$\frac{\Delta\phi}{(\phi+\mathrm{a})}=\mathrm{c}; \qquad \Delta\phi=\mathrm{c}\cdot(\phi+\mathrm{a}). \tag{2}$$

In dieser Formel ist a eine Konstante – mit einem meist kleinen Zahlenwert. Bei größeren Reizstärken (ϕ) ist ihr Einfluß vernachlässigbar, Webers Gesetz in seiner ursprünglichen Form ist dann zureichend genau (s. Abb. 8-8C).

Zunächst ist die Konstante „a" nichts anderes als ein Korrekturfaktor, der nachträglich in die Formel eingefügt wurde, um eine bessere Anpassung an experimentelle Daten zu ermöglichen. „a" wurde aber auch als das „Rauschen" im Sinneskanal interpretiert. Neurophysiologisch kann man als „Rauschen" die Spontanaktivität auffassen, die v.a. in höheren sensorischen Neuronen auch dann vorhanden ist, wenn kein Reiz auf das Sinnesorgan einwirkt. Diese Spontanaktivität muß wohl zur Reizantwort hinzuaddiert werden und bestimmt daher mit, wie groß der Reizzuwachs sein muß, der ein eben diskriminierbar größeres Signal im ZNS hervorruft. Die Spontanaktivität ist klein im Vergleich zur Reizantwort auf kräftige Reize, sie beeinflußt aber ($\Delta\phi/\phi$) bei kleinen Reizstärken.

Folgt man dieser Interpretation, dann kann man auch die Absolutschwelle neurophysiologisch interpretieren, nämlich als den Reiz, der gerade stark genug ist, Erregung in einem Sinnessystem hervorzurufen, die unterscheidbar größer ist als die Spontanaktivität in diesem System. Diese Interpretation wird in bestimmten psychophysischen Theorien benutzt, z.B. in der später besprochenen „sensorischen Entscheidungstheorie". Im Abschn. „Integrierende Sinnesphysiologie" wird diskutiert, ob die Spontanaktivität die Schwelle tatsächlich entscheidend beeinflußt.

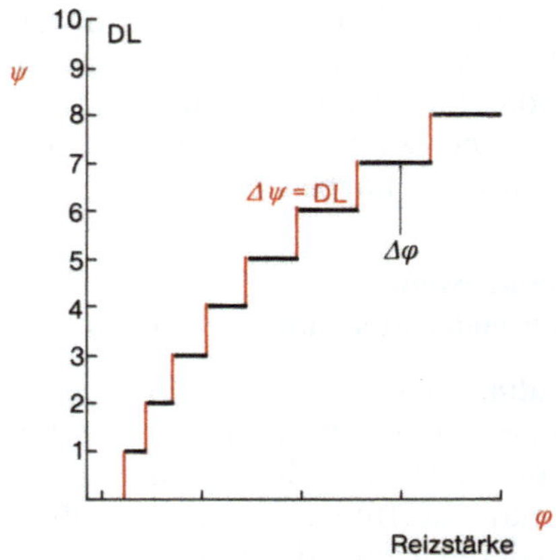

Abb. 8-9. Schematische Darstellung von Fechners Gesetz. *Abscisse* Reizstärke, *Ordinate* kumulierte Unterschiedsschwellen

FECHNERS Psychophysik

Kann man über die Bestimmung von Schwellen hinaus auch in der subjektiven Dimension der Empfindungen messen? FECHNER hatte die Idee, die Unterschiedsschwellen zur Definition einer **Skala der Empfindungsstärke** (ψ) zu benutzen. Der Nullpunkt einer solchen Empfindungsstärkeskala ist die Absolutschwelle, die nächst stärkere Empfindung ist gerade um eine Unterschiedsschwelle (DL) entfernt, die nächste wieder um eine DL usw. Eine DL ist der kleinst mögliche Empfindungszuwachs. Daher sind die DL die Grundeinheiten der Empfindungsstärke. Die Abb. 8-9 zeigt die FECHNERsche Zuordnung von Empfindungsstärken zu Reizstärken. Diese Zuordnung von „ψ" zu „ϕ" wird in einer Formel beschrieben, die als **FECHNERS psychophysisches Gesetz** bekannt ist. Da das Kumulieren über ($\Delta\phi/\phi$) zu einer logarithmischen Reizzunahme führt (s. Abb. 8-9), besagt das Gesetz, daß einem linearen Zuwachs der Empfindungsstärke (ψ) ein logarithmischer Zuwachs der Reizstärke (ϕ) entspricht. Trägt man die in Abb. 8-9 gezeigte psychophysische Funktion in linear-logarithmische Koordinaten ein, dann erhält man eine lineare Beziehung (s. Abb. 8-13). Als Formel lautet das Gesetz:

$$\psi=\mathrm{k}\cdot\log(\phi/\phi_0), \tag{3}$$

wobei ψ die Empfindungsstärke, k eine Konstante, ϕ die Reizstärke und ϕ_0 die Reizstärke an der Absolutschwelle ist.
Bei der Betrachtung dieses psychophysischen Gesetzes muß man die beiden wichtigsten Annahmen FECHNERS beachten:

a) Das Gesetz gilt nur so weit, als WEBERS Gesetz korrekt ist. Es wurde im vorigen Abschnitt bereits gezeigt, daß der Weber-Quotient bei sehr kleinen Reizstärken nicht konstant ist. Die Gültigkeit des Fechnerschen Gesetzes ist notwendigerweise auf Reizintensitäten beschränkt, über die Webers Gesetz gilt.
b) Fechners Gesetz beruht auf der Annahme, daß die Unterschiedsschwellen jeweils gleiche Grundeinheiten der Zunahme der Empfindungsstärke darstellen. Eine Unterschiedsschwelle bei schwachen Reizen bedeutet denselben Empfindungszuwachs wie eine entsprechende Unterschiedsschwelle bei starken Reizen. Wir werden bei der Betrachtung des STEVENSschen Gesetzes sehen, daß diese Annahme FECHNERS nicht zutrifft. Dadurch ist die Gültigkeit seines „Gesetzes" stark eingeschränkt. Man sollte heute daher besser von Fechners **psychophysischer Beziehung** sprechen.

Es war das große Verdients FECHNERS, die erste brauchbare Skala der „Empfindungsstärke" zu definieren. Er ist damit der Stammvater der experimentellen Psychologie. Heute wissen wir, daß die „ψ"-Ordinate in FECHNERS Gesetz eher die *Unterscheidbarkeit* als die Empfindungsstärke ausdrückt. Die Grenzen dieser Skala werden in einem späteren Abschnitt diskutiert.
Aus der Fechnerschen Beziehung sind logarithmische Meßsysteme der Sinnesphysiologie abgeleitet, z.B. die *Dezibel- und Phonskala* (s.S. 301). Im mittleren Frequenz- und Lautstärkebereich entspricht ein Reizzuwachs von 1 dB etwa einer DL.

Methoden der Schwellenbestimmung

Im vorigen Abschnitt wurde gezeigt, daß Schwellen (RL und DL) wesentliche Konzepte der Psychophysik sind. In diesem Abschnitt soll die Frage behandelt werden, wie Schwellenwerte gemessen werden. Das wird anhand der Absolutschwelle (RL) diskutiert, entsprechende Überlegungen gelten aber auch für Unterschiedsschwellen (DL).
Da biologische Systeme in ihren Reaktionen variabel sind, wird ein Proband schwache Reize wahrscheinlich manchmal wahrnehmen und machmal nicht. Die Schwelle kann daher nicht definiert werden als die Reizintensität, unterhalb deren ein Reiz nie wahrgenommen wird oder oberhalb deren er immer wahrgenommen wird. Der Reiz muß vielmehr dem Probanden mehrmals dargeboten und die „wahre", mittlere Schwelle mit einem statistischen Verfahren abgeschätzt werden. Es gibt mehrere Techniken der Schwellenbestimmung, die teilweise bereits auf FECHNER zurückgehen.
Eine klassische Methode ist die **Grenzmethode.** Bei dieser Methode beginnt man entweder mit einem intensiven Reiz, der vom Probanden leicht wahrgenommen wird, und verringert die Intensität so lange, bis der Reiz unterschwellig wird. Danach beginnt man mit einem sehr schwachen Reiz, der so lange gesteigert wird, bis die Schwelle erreicht ist. Diese auf- und absteigenden Reizserien werden mehrmals wiederholt, der Mittelwert der so bestimmten Schwellenwerte wird als Schätzung der wahren Schwelle genommen. Man kann bei diesem Verfahren die Reizstärke auf einem Schreiber aufzeichnen. Die Verbindung der Umkehrpunkte der dabei entstehenden Kurve zeigt die momentanen Fluktuationen der Schwelle.

Subjektive Sinnesphysiologie und Tierverhaltensexperiment. Die Grenzmethode läßt sich — wie andere Schwellenbestimmungsverfahren — auch im Tierverhaltensexperiment einsetzen. Abbildung 8-10 zeigt ein Beispiel. Hier wurde eine Taube konditioniert (s. Kap. 6), für eine Futterbelohnung bei sichtbarem Licht auf eine Taste A zu picken, bei nicht sichtbarem Licht auf Taste B. Taste A verringert die Reizintensität, Taste B erhöht sie. Auf diese Weise entstehen aufsteigende und absteigende Serien zur Bestimmung der visuellen Wahrnehmungsschwelle nach der Grenzmethode. Mißt man auf diese Weise die Schwelle fortlaufend nach Abdunklung des Testkäfigs, entsteht eine Dunkeladaptationskurve (s.S. 268), die der beim Menschen gemessenen ähnelt. Dieses Beispiel zeigt sehr anschaulich, daß die Methoden der subjektiven Sinnesphysiologie auf das Tierverhaltensexperiment übertragen werden können.

Tierverhaltensexperimente zur Messung von Sinnesleistungen werden hier der subjektiven Sinnesphysiologie zugeordnet, da ähnliche Methoden eingesetzt werden wie im psychophysischen Experiment beim Menschen. Man kann natürlich auch davon ausgehen, daß das gemessene Verhalten Ausdruck subjektiver Empfindungen der Tiere ist. Das impliziert nicht notwendig, daß das Tiererleben dem menschlichen vergleichbar ist.

Eine Abwandlung der Grenzmethode ist die **Herstellungsmethode,** bei der der Proband die

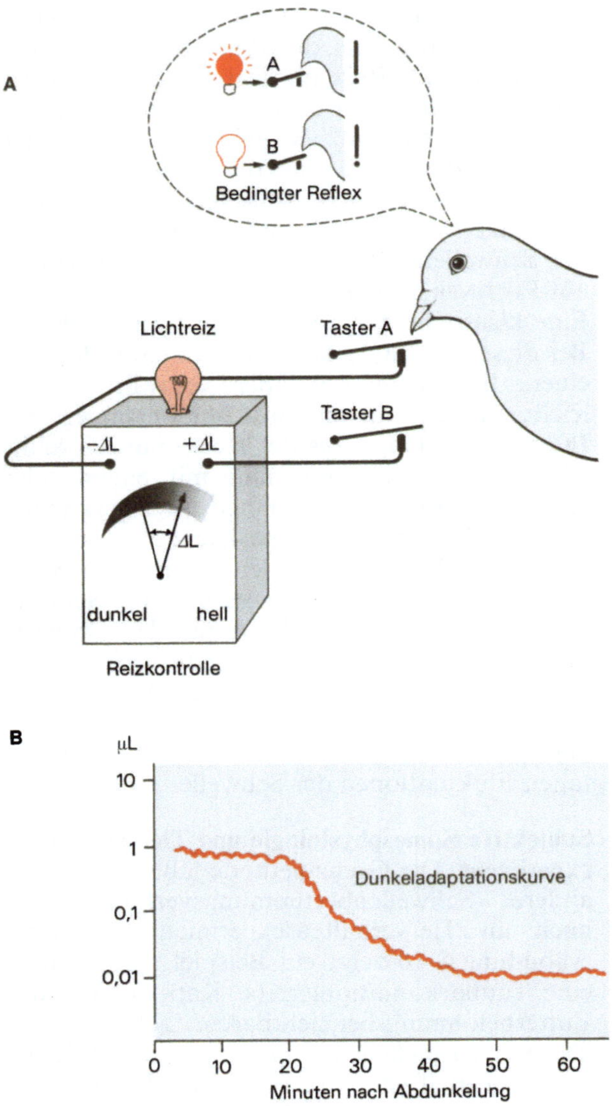

Abb. 8-10 A u. B. Schwellenbestimmung im Verhaltensversuch bei einer Taube. **A** Schema der Versuchsanordnung: Die Taube pickt Taste *A*, wenn sie Licht sieht, dadurch wird der nächste Lichtreiz verkleinert. Picken von Taste *B*, wenn kein Licht sichtbar ist, vergrößert den nächsten Lichtreiz. **B** Verlauf der von der Taube eingestellten Schwellenreizstärke nach Abschalten einer hellen Hintergrundbeleuchtung. Die *Kurve* zeigt die Dunkeladaptationskurve der Taube. (Nach [8, 9])

Reizstärke selbst z.B. durch Betätigen eines Drehknopfes erhöht, bis er den Reiz wahrnimmt, oder erniedrigt, bis er ihn nicht mehr wahrnimmt. Der Vorteil dieser Methode besteht darin, daß sie dem Probanden eine aktivere Rolle erlaubt als andere psychophysische Verfahren und damit der Ermüdung durch Langeweile entgegenwirkt. Ihr Nachteil besteht darin, daß der zeitliche Reizverlauf nicht konstant gehalten werden kann.

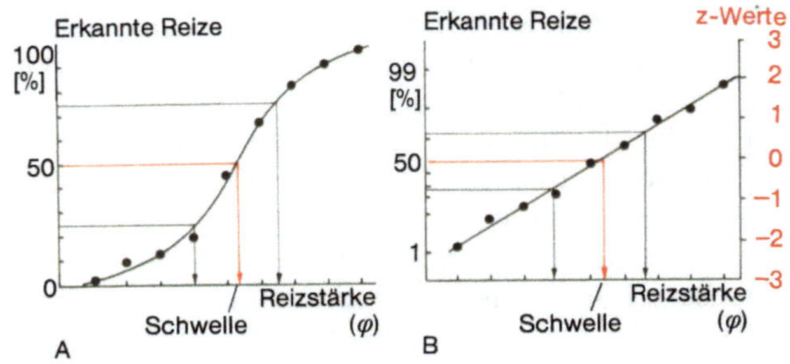

Abb. 8-11 A u. B. Psychometrische Funktion, wie sie sich bei Bestimmung der Schwellenreizstärke mit dem Konstanzverfahren ergibt. Die Schwelle ist definiert als der *Punkt* auf der Kurve, der 50% erkannten Reizen entspricht. **A** Darstellung der relativen Trefferhäufigkeit (*Ordinate*) in Abhängigkeit von der Reizstärke (*Abscisse*). **B** Häufig entsprechen die S-förmigen psychometrischen Funktionen dem Integral einer Normalverteilungskurve (Ogive). Transformiert man die relativen Trefferhäufigkeiten in Z-Werte (z.B. auf Wahrscheinlichkeitspapier), wird die psychometrische Funktion zur Geraden. (Nach [1])

Die psychometrische Funktion. Das bei weitem aufwendigste, aber auch sauberste Verfahren zur Schwellenbestimmung ist das **Konstanzverfahren.** Bei diesem Verfahren werden den Probanden verschiedene Reize in randomisierter Reihenfolge immer wieder dargeboten. Der Proband gibt an, ob er den Reiz wahrnimmt oder nicht. Dabei sollte der schwächste der ausgewählten Reize so klein sein, daß er fast nie wahrgenommen wird, der stärkste so groß, daß er fast immer wahrgenommen wird. Gemessen wird der Prozentsatz der wahrgenommenen Reize verschiedener Reizstärken. Die Abb. 8-11 zeigt ein Beispiel einer solchen Messung. Verbindet man die gemessenen relativen Wahrnehmungshäufigkeiten für Reize verschiedener Intensität untereinander, dann erhält man in den meisten Fällen eine S-förmige Kurve, die **psychometrische Funktion** genannt wird. Als Schwelle wird die Reizgröße definiert, bei der 50% der Reize erkannt werden. In dem Beispiel von Abb. 8-11 ist das keiner der gewählten Reize, sondern ein auf der Kurve interpolierter Punkt.

Häufig ist die S-förmige psychometrische Funktion gut an die kumulierte Form der Normalverteilung (das Integral der Gaussschen Verteilung) anzupassen. Man nennt diese Funktion **Ogive.** Trägt man die mit dem Konstanzverfahren gewonnenen relativen Häufigkeiten in einem solchen Fall auf der Ordinate als Wahrscheinlichkeitswerte (Z-Werte) auf, dann ordnen sie sich zu einer Geraden an (Abb. 8-11 B). Man kann diese Achsentransformation bequem auf „Wahrscheinlichkeitspapier" vornehmen. Die Tatsache, daß die psychometrische Funktion häufig einer Ogive folgt, ist auch von theoretischem Interesse. Sie belegt, daß ein statistischer Prozeß die Schwankungen der Wahrnehmung bedingt (s. auch nächsten Abschnitt).

Statistische Schwellenbetrachtung, sensorische Entscheidungstheorie (SDT)

In einem früheren Abschnitt haben wir hypothetisch die Absolutschwelle als den Reiz definiert, der eine neurale Erregung in einem Sinnessystem hervorruft, die gerade diskriminierbar größer ist als die Spontanaktivität in dem betreffenden Sinneskanal. Nimmt man an, daß die Fluktuationen dieser Spontanaktivität sich mit einer Normalverteilung beschreiben lassen und daß auch die Variationen der Reizantwort auf einen schwachen (konstanten, wiederholt einwirkenden) Reiz normal verteilt sind, dann erhält man Häufigkeitsverteilungen, wie in Abb. 8-12A schematisch dargestellt. Aus dieser Darstellung ist erkennbar, daß ein Beobachter, bei dem z.B. die mit „a" markierte neurale Erregung auftritt, nicht eindeutig entscheiden kann, ob es sich um Spontanaktivität oder um den Effekt des hier angenommenen schwachen Reizes handelt. Bei starken Reizen tritt das Problem natürlich nicht auf, ihre Antwortverteilung liegt weit getrennt von der Verteilung der Spontanaktivität.

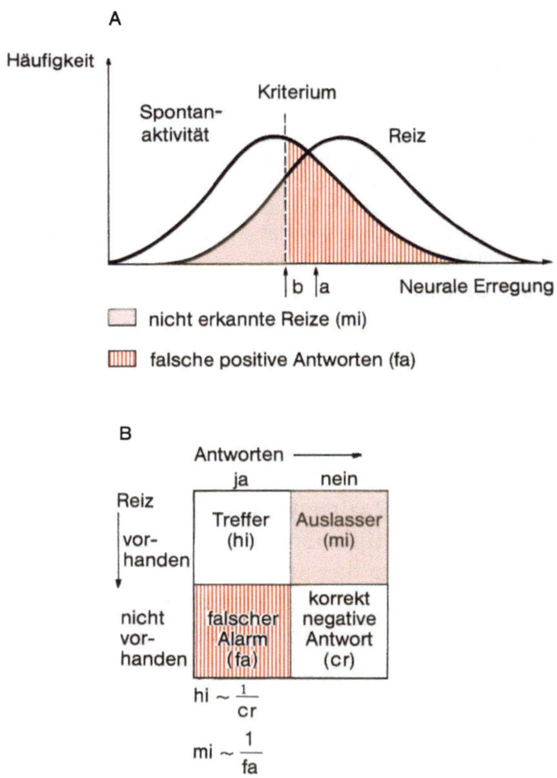

Abb. 8-12A u. B. Darstellung schwellennaher Reizsituationen in der sensorischen Entscheidungstheorie. **A** Schematische Darstellung der Verteilung von Spontanaktivität („Rauschen") in einem Sinnessystem und von Reizeffekten bei wiederholtem Einwirken eines konstanten schwellennahen Reizes. **B** Mögliche Treffer- und Fehlerkombinationen. Nähere Erläuterungen s. Text

Mit den Problemen der Schwellenerkennung im Rauschen befaßt sich die „**Sensorische Entscheidungstheorie**" (engl.: *sensory decision theory*, oder *signal detection theory; SDT*) [14, 19]. Nach dieser Theorie muß ein Beobachter, der ein schwaches Signal von Rauschen trennen will, eine Entscheidung treffen. Diese *Entscheidung* könnte etwa darin bestehen, daß er alle neuralen Erregungszustände in diesem System, die größer als „b" sind, als reizbedingt ansieht, Erregungen, die kleiner sind, als Spontanaktivität. Man nennt eine solche durch Entscheidung festgelegte Trennlinie „*Kriterium*" (engl. criterion oder *bias*). Die Entscheidung wird in dem in Abb. 8-12A angenommenen Fall notwendigerweise fehlerbehaftet sein: In den Fällen, die der (gleichmäßig) rot getönten Fläche im Diagramm entsprechen, bleiben Reize unerkannt, in den Fällen, die der schraffierten Fläche rechts des Kriteriums entsprechen, wird Spontanaktivität fälschlich für Reizeffekt gehalten.

In Abb. 8-12B sind die möglichen Kombinationen in einem Vierfelderschema dargestellt. Es gibt in der vorliegenden Situation 2 richtige Antwortkombinationen: „*Treffer*" (engl.: *hit*) und „*korrekt negative Antworten*": *correct rejection*. Es gibt auch 2 fehlerhafte Kombinationen: „*falschen Alarm*" und „*Auslasser*" (*miss*). Die Wahrscheinlichkeiten des Vorkommens dieser Antworttypen bei schwachen Reizen sind nicht unabhängig voneinander. Das Vorkommen beider Arten richtiger Antworten ist umgekehrt proportional: je mehr Treffer, um so weniger korrekt negative Antworten. Dasselbe gilt für die Fehlertypen: je mehr übersehene Reize, um so seltener falscher Alarm. Man kann sich das leicht vergegenwärtigen, wenn man das Kriterium in Abb. 8-12A verschiebt. Die Größen der beiden herausgehobenen Flächen verhalten sich umgekehrt proportional.

Die sensorische Entscheidungstheorie (SDT) hat das Schwellenkonzept abgewandelt. Sie zeigt, daß Schwellenmessungen durch 2 Faktoren bestimmt werden, die **sensorische Trennschärfe** und das durch einen Entscheidungsprozeß festgelegte **Kriterium.** Die Angabe der Trennschärfe [Maße dafür sind d′ und P(A)] entspricht am ehesten einer Schwellenangabe. Über die Möglichkeiten, in der Sinnesphysiologie Trennschärfe eines Sinnessystems und Entscheidungsprozesse des Probanden oder Versuchstieres unabhängig voneinander zu bestimmen, orientiert die weiterführende Literatur [14, 19].

Die Erkenntnis, daß in unsicheren Reizsituationen Entscheidungskriterien Sinnesantworten bestimmen, hat eine Bedeutung, die weit über die Sinnesphysiologie hinausgeht. Das Rauschen wird bei solchen generelleren Betrachtungen als die Summe der Unsicherheitsfaktoren definiert. Ein Beispiel ist die medizinische Diagnostik: Der unsichere, visuelle Eindruck, daß die Hautfarbe eines Patienten einen gelblichen Ton hat, wird den Arzt zur Annahme eines „Icterus" führen oder nicht, je nachdem bei welchem Grad gelblicher Verfärbung er sein Entscheidungskriterium gesetzt hat. Das Kriterium ist natürlich von der Erfahrung des Arztes bestimmt, also von einer intuitiven Wahrscheinlichkeitsabschätzung. Es sollte aber auch je nach den Konsequenzen hoch oder niedrig gesetzt werden: Besteht der Verdacht auf eine gefährliche Erkrankung und sind die Folgeuntersuchungen für den Patienten wenig eingreifend, dann wird das Kriterium niedrig gesetzt, der Arzt nimmt zunächst lieber „falschen Alarm" als „Auslasser" in Kauf. Sind die immateriellen und materiellen Kosten der Entscheidung anders verteilt, sollte auch das Kriterium anders gelegt werden. In die ärztliche Entscheidung gehen also nicht nur Wahrscheinlichkeitsüberlegungen, sondern auch Betrachtungen der Konsequenzen und ethische Urteile ein.

STEVENS Psychophysik

Hundert Jahre lang blieb die Annahme FECHNERS fast unbestritten, daß man mit Unterschiedsschwellen (DL) Empfindungsstärken skalieren könne. Dann wies STEVENS nach, daß z.B. ein Ton, der 20 DL über der Absolutschwelle liegt, mehr als doppelt so laut geschätzt wird als ein entsprechender Ton 10 DL über der Absolutschwelle. Daraus folgt, daß das Überschreiten einer DL nicht bei allen Ausgangsreizstärken den gleichen Zuwachs an Empfindungsstärke bringt. STEVENS schloß daraus, daß man eine andere Art von Empfindungsskala konstruieren muß, um „das" psychophysische Gesetz zu finden. Bei diesen Versuchen, die Empfindung direkt zu skalieren, spielt das Konzept der Schwelle keine bedeutende Rolle mehr.

Bevor wir das STEVENSsche psychophysische Gesetz betrachten, soll aber noch ein Fall beschrieben werden, der FECHNER eindrucksvoll zu bestätigen scheint. Seit mehr als 2000 Jahren haben Astronomen die Sterne betrachtet und klassifiziert. Etwa 150 v. Chr. führte der griechische Astronom HIPPARCHOS eine quantitative Skala der Sternhelligkeit ein, die noch heute verwendet wird. Die hellsten Sterne gehören der ersten Klasse an, die nächst helleren der zweiten usw. bis zur sechsten Sternklasse, die man gerade noch mit bloßem Auge sehen kann. Die Helligkeitsschätzung von Sternen auf dieser Sechspunkteskala wurde von Astronomen für viele Jahrhunderte verwendet, bis die photometrische Helligkeitsbestimmung möglich wurde. Die Sternklassifizierung ist somit ein riesiges psychophysisches Experiment, das über Jahrhunderte durchgeführt wurde. Als gegen Ende des vorigen Jahrhunderts Wissenschaftler die alte Skala mit der gemessenen Helligkeit verglichen, fanden sie ungefähr eine logarithmische Beziehung, die man aus dem Fechnerschen Gesetz voraussagen konnte. Diese Beziehung ist in Abb. 8-13 dargestellt. Heute werden in der Astronomie die photo-

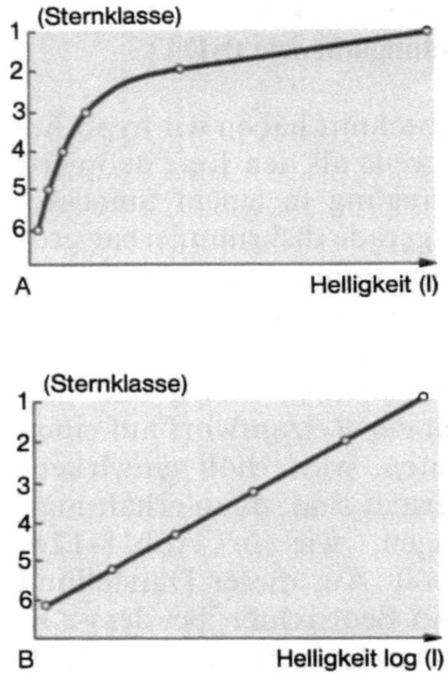

Abb. 8-13. Mittlere Helligkeit der Sterne verschiedener Klassen bei linearer (**A**) und logarithmischer (**B**) Auftragung der Helligkeit auf die *Abscisse*. (Daten von JASTROW, nach [23])

metrisch gemessenen Helligkeiten der Sterne für Klassifikationen verwendet, die aber meist in logarithmischer Skala angegeben werden.

FECHNERS Gesetz ist in diesem Fall anwendbar, da die Astronomen keine Schätzung ihrer **Empfindungsstärken** vornahmen, sondern mit ihrer Sechspunkteskala ausschließlich das Kriterium der **Unterscheidbarkeit** erfüllen wollten. Entscheidend ist, daß ein Stern erster Klasse unterscheidbar heller ist als ein Stern zweiter Klasse usw. Es ist dabei gleichgültig, um wieviel heller uns der Stern erscheint als einer aus einer niedrigeren Klasse.

Das FECHNERsche Gesetz läßt sich also anwenden, wenn man die subjektive Skala als eine *Skala der Unterscheidbarkeit* definiert. Man muß dabei beachten, daß diese Skala nur den Rang einer **Ordinalskala** besitzt, Multiplikationen (also Aussagen wie „doppelt so hell") sind in ihr nicht möglich. Die STEVENSsche Skala soll hingegen eine **Rationalskala** sein, mit deren Werten sich multiplizieren läßt, wodurch statistische Maße, wie das arithmetische Mittel und die Standardabweichung, erst möglich werden. Tabelle 8-1 stellt die verschiedenen Skalenarten zusammen und vergleicht die in ihnen möglichen Rechenoperationen. Die Skalentypen sind in aufsteigender Reihenfolge geordnet. Die statistischen Operationen, die in den niedrigeren Skalenarten erlaubt sind, können auch in den höheren angewandt werden, aber nicht umgekehrt.

In der STEVENSschen Psychophysik soll der Proband seine Empfindungsstärke direkt schätzen, sie wird nicht wie bei FECHNER indirekt über die Zahl der überschrittenen Unterschieds-

Tabelle 8-1. Skalenarten und die mit ihnen erlaubten Operationen. (Modifiziert nach [23])

Skala	Operationen	Transformationen	Statistik	Beispiel
Nominal	Identifizieren, Klassifizieren	Ersetzen einer Klassenbezeichnung durch eine andere	Zahl der Fälle, Modalwert	Nummern einer Fußballmannschaft
Ordinal	Rangordnung	Manipulationen, welche die Rangordnung erhalten	Median, Percentil, Rangkorrelation	Schulnoten, Ranglisten im Sport
Intervall	Distanzen oder Differenzen messen	Multiplikation oder Addition von Konstanten	Arithmetisches Mittel, Standardabweichung	Temperatur °Celsius
Rational	Verhältnisse, Brüche, Vielfache	Multiplikation von Konstanten	Geometrisches Mittel	Temperatur °Kelvin

schwellen ermittelt. Für diese **direkte Psychophysik** wurden verschiedene Skalierungsmethoden entwickelt. Nach einer Methode wird die Empfindungsstärke als Zahlenwert geschätzt, wobei „0" der Absolutschwelle und eine andere vereinbarte Zahl der Empfindung bei einem Standardvergleichsreiz (modulus) entspricht. Wichtig ist, daß die Skala eine kontinuierliche, nicht eine in Stufen aufgeteilte Zuordnung ermöglicht. Der Proband verwendet dabei Konzepte wie „halb oder doppelt so intensiv" usw. und ordnet entsprechende Zahlenwerte zu. Das Grundprinzip dieser Messung der Empfindungsstärke ist das der proportionalen Zuordnung. Messungen mit solchen Rationalskalen führten STEVENS zur Annahme, daß die Beziehung zwischen der Empfindungsstärke (ψ) und der Reizintensität (ϕ) die Form einer Potenzfunktion besitzt. Das STEVENSsche Gesetz besagt

$$\psi = k \cdot (\phi - \phi_0)^a. \quad (4)$$

Dabei ist ψ wieder die Empfindungsstärke, k eine Konstante, die von der Skalierung des Reizes abhängt, ϕ die Reizintensität und ϕ_0 die Reizintensität an der Absolutschwelle. a schließlich ist der Exponent, der von der Sinnesmodalität und den Reizbedingungen abhängt. Der Exponent bestimmt, welche Form die Kurve in einer graphischen Darstellung annimmt, bei der ψ als Funktion von φ aufgetragen wird. Ist z.B. der Exponent 1, dann ist die Beziehung eine Gerade. Ist der Exponent hingegen größer als 1, dann steigt die Empfindungsstärke schneller an als die Reizstärke, ist er kleiner als 1, verhält es sich umgekehrt.

Potenzfunktionen haben die Eigenschaft, sich in lineare Beziehungen zu verwandeln, wenn man sie in ein logarithmisches Koordinatensystem einträgt.

$$\log \psi = \log k + a \cdot \log(\phi - \phi_0). \quad (5)$$

An Gl. (5) ist erkennbar, daß beim Vorliegen einer Potenzfunktion eine Gerade entstehen muß, wenn man die Daten in den Koordinaten $\log(\varphi - \varphi_0)$ und $\log(\psi)$ aufträgt. Die Steigung dieser Geraden (der Tangens des Steigungswinkels) entspricht dabei dem Exponenten „a". Die Abb. 8-14 zeigt Potenzfunktionen, die STEVENS für verschiedene Sinnesmodalitäten und Qualitäten bestimmt hat. Zweifellos sind diese Koeffizienten von den Reizbedingungen abhängig. Sie streuen zudem beträchtlich zwischen verschiedenen Probanden. Trotz ihrer Abhängigkeit von Reizkonfiguration und Kontext des Reizes sind diese Exponenten aber bis zu einem gewissen Grad auch charakteristisch für den jeweiligen Sinneskanal. Ihre unterschiedliche Größe läßt sich damit erklären, daß sich Reizin-

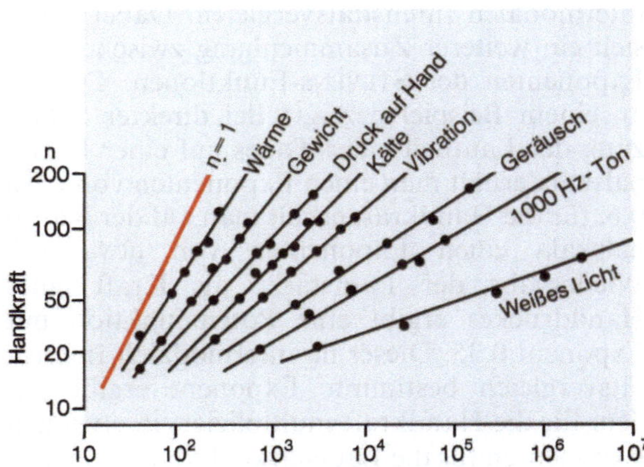

Abb. 8-14. Einschätzung der Empfindungsintensität auf einer STEVENSschen Skala in Abhängigkeit von der Reizstärke. Die Empfindungsintensität wurde durch intermodalen Intensitätsvergleich über die auf ein Handdynamometer ausgeübte Kraft (*Ordinate*) gemessen. Zu den Exponenten der gefundenen Potenzfunktionen s. auch Tabelle 8-2. (Nach [23])

Tabelle 8-2. Die Exponenten von STEVENSschen Potenzfunktionen, die sich bei verschiedenen Reizen im intermodalen Intensitätsvergleich (a_i) und bei der Schätzung auf Rationalskalen a_r ergeben. (Nach [23])

Reizform	Reizbereich	Gemessener Exponent		a_r/a_i
		Rational-skala a_r	Kraft-vergleich a_i	
Temperatur (warm)	2–14,5° C über Indifferenztemperatur	1,6	0,96	1,67
Schwere von Gewichten	0,28–4,8 N	1,45	0,79	1,83
Druck auf Handfläche	2,5–25 N	1,1	0,67	1,64
Temperatur (kalt)	3,3–30,6° C unter Indifferenztemperatur	1,0	0,6	1,67
Vibration 60 Hz	17–47 dB relativ zur Schwelle	0,95	0,56	1,70
Lautheit von Rauschen	55–95 dB relativ zu 0,0002 dyn/cm^2	0,6	0,41	1,46
Lautheit 1000-Hz-Ton	47–87 dB relativ zu 0,0002 dyn/cm^2	0,6	0,35	1,71
Helligkeit (weißes Licht)	56–96 dB relativ zu 10^{-10} Lambert	0,33	0,21	1,57
Handkraft am Dynamometer		1,7		

tensitäten in verschiedenen Sinnessystemen über verschieden große Bereiche erstrecken können – bei der Lichtintensität über 4 Dekaden, beim Warmsinn höchstens über eine. Die Empfindungsintensitäten sind hingegen vermutlich nicht so unterschiedlich gespreizt, vielleicht werden alle Sinnesmodalitäten in ähnlich großen „Empfindungsstärkedimensionen" abgebildet. Das muß bei der Helligkeitswahrnehmung zu einem kleineren Exponenten führen als beim Temperatursinn.

Intermodaler Intensitätsvergleich. In der direkten Psychophysik kann man die Intensität eines Reizes in einer Sinnesmodalität auf einer anderen abbilden. So läßt sich z.B. die Helligkeit eines Lichtes oder die Lautheit eines Tones als Kraft eines Handdruckes auf ein Dynamometer ausdrücken. Man nennt dieses Verfahren den intermodalen Intensitätsvergleich. Dabei ergibt sich ein weiterer Zusammenhang zwischen den Exponenten der STEVENS-Funktionen. Das sei an einem Beispiel gezeigt: Bei direkter Schätzung der Lautheit eines Tones auf einer Rationalskala erhält man einen Exponenten von etwa 0,6, für die Handkraft erhält man auf der Rationalskala einen Exponenten von etwa 1,7. Wiedergabe der Lautstärke als Kraft eines Handdruckes ergibt eine Potenzfunktion mit Exponent 0,35. Dieser im intermodalen Intensitätsvergleich bestimmte Exponent ergibt mit dem für die Handkraft multipliziert in etwa den Exponenten für die Lautstärke. Exponenten aus intermodalen Vergleichen sind also ungefähr gleich dem Verhältnis von Exponent der dargestellten und der darstellenden Modalität.

$$a_o/a_p = a_i\,; \quad a_o = a_p \cdot a_i\,, \tag{6}$$

wobei a_o der Exponent der zu untersuchenden Sinnesmodalität ist, a_p der Exponent der Modalität, in der die Einschätzung erfolgen soll. Beide Exponenten werden mit einer Rationalskala gemessen. a_i ist der Exponent, der sich im intermodalen Intensitätsvergleich ergibt.

Die Tabelle 8-2 faßt die Exponenten aus Abb. 8-14 mit den entsprechenden Exponenten aus der Einschätzung auf Rationalskalen zusammen. Ihr Produkt ergibt einen mittleren Exponenten für den Handdruck von 1,65, ein Wert, der nahe an den mit direkter Einschätzung gemessenen Werten liegt. Die Präzision derartiger Messungen ist allerdings nicht sehr groß. Interindividuelle Streuungen sind beträchtlich.

Visuelle Analogskala. Eine Art von intermodalem Intensitätsvergleich hat sich bei der Bestimmung von STEVENS-Funktionen v.a. durchgesetzt: die Einschätzung von Reizintensitäten als Länge von Strecken. Aus diesem Vergleich hat sich die visuelle Analogskala entwickelt. Bei diesem Verfahren wird die Reizintensität als Strecke auf einer (meist 10 cm langen) Linie angegeben. Da die Streckenschätzung selbst ungefähr den Exponenten 1 hat, ergeben Schätzungen auf visuellen Analogskalen etwa die gleichen Exponenten wie die am Beginn dieses Absatzes geschilderte Methode der Schätzung als Zahlenangabe.

8.4 Integrierende Sinnesphysiologie

Bisher wurde in diesem Kapitel die Sinnesphysiologie in 2 Bereichen getrennt diskutiert als „objektive" und als „subjektive" Sinnesphysiologie. Beide haben es mit unterschiedlichen Gegenständen zu tun, einerseits der *Funktion von Sinnessystemen,* andererseits den *subjektiven*

Wahrnehmungen. Nun wurde eingangs festgestellt, daß diese beiden Bereiche entweder miteinander interagieren (dualistischer Standpunkt) oder 2 verschiedene Äußerungsformen desselben empfindenden Gehirns sind (monistischer Standpunkt). Die Aufgabe der Sinnesphysiologie kann sich daher nicht innerhalb eines der beiden Bereiche erschöpfen, beide müssen aufeinander bezogen werden.

Integrierende Fragestellungen der Sinnesphysiologie können von verschiedenen Ausgangspunkten ausgehen: a) Von **Konzepten,** die beiden Forschungsbereichen gemeinsam sind, b) von **Phänomenen der Wahrnehmung,** für die neurophysiologische Korrelate gesucht werden, und schließlich c) von **neurophysiologischen Funktionszusammenhängen,** bei denen gefragt wird, wie sie sich auf die Wahrnehmung auswirken.

Im Rahmen dieses Kapitels kann nur ein Beispiel für diese wichtige integrierende Funktion der Sinnesphysiologie gebracht werden. Es wird nochmals ein Konzept betrachtet, das in den objektiven und subjektiven Bereich hineinwirkt, das Konzept der **Schwelle.** Im Abschnitt „Subjektive Sinnesphysiologie" wurde eine Hypothese für die Absolutschwelle (RL) eingeführt, die aus dem Bereich der Neurophysiologie, also der objektiven Sinnesphysiologie stammt. Nach dieser Hypothese ist die Schwelle dann überschritten, wenn in einem Sinneskanal eine Erregung auftritt, die unterscheidbar größer ist als die Spontanaktivität in diesem Kanal (s.S. 201). Die Prüfung dieser Hypothese ist eine typische Fragestellung der integrierenden Sinnesphysiologie. Die Ogivenform der psychometrischen Funktion (Abb. 8-11) zeigt, daß tatsächlich ein statistischer Prozeß bei der Wahrnehmung schwacher Reize im Spiel ist. Ist die Spontanaktivität von Neuronen im ZNS die Ursache oder eher die Variabilität der Funktion der Sensoren in der Körperperipherie?

Eine Möglichkeit, zwischen diesen beiden Hypothesen zu unterscheiden, bietet die Methode der **Mikroneurographie,** d.h. die Ableitung von primären Afferenzen aus peripheren Nerven menschlicher Probanden [16, 17]. Untersucht man z.B. die Antworten von rasch adaptierenden Mechanoreceptoren der Haut der Handfläche (RA-Sensoren, s.S. 210) auf einen schwachen kontrollierten Berührungsreiz, dann erhält man eine S-förmige Schwellenkurve, die der „psychometrischen Funktion" der Empfindung ähnelt (Abb. 8-15). Man kann aus dieser Ogive eine Schwelle (RL) dieses Sensortyps ableiten. Außerdem beweist die S-förmige Schwellenfunktion des Sensors, daß zumindest ein Teil der Streuung bei Schwellenmessungen den Sensoren selbst zuzuschreiben ist. Die Mikroneurographie gibt die Möglichkeit, gleichzeitig die subjektive psychometrische Funktion des Probanden zu bestimmen. Führt man ein solches Experiment bei einem RA-Sensor an der Fingerspitze durch, dann decken sich die beiden Funktionen weitgehend. Zentralnervöse Spontanaktivität scheint also in diesem Fall nicht zur Variabilität der Empfindungsschwelle beizutragen. Ganz anders ist das Ergebnis, wenn man RA-Sensoren aus der Handfläche, die etwa ebenso empfindlich sind wie die der Fingerspitzen, mit den entsprechenden Empfindungsschwellen vergleicht. Hier ist die psychometrische Funktion der Empfindungsschwelle nach rechts verschoben, was darauf hindeutet, daß im ZNS ein weiterer Informationsverlust eintritt, entweder bei der synaptischen Übertragung oder durch die hinzukommende Spontanaktivität.

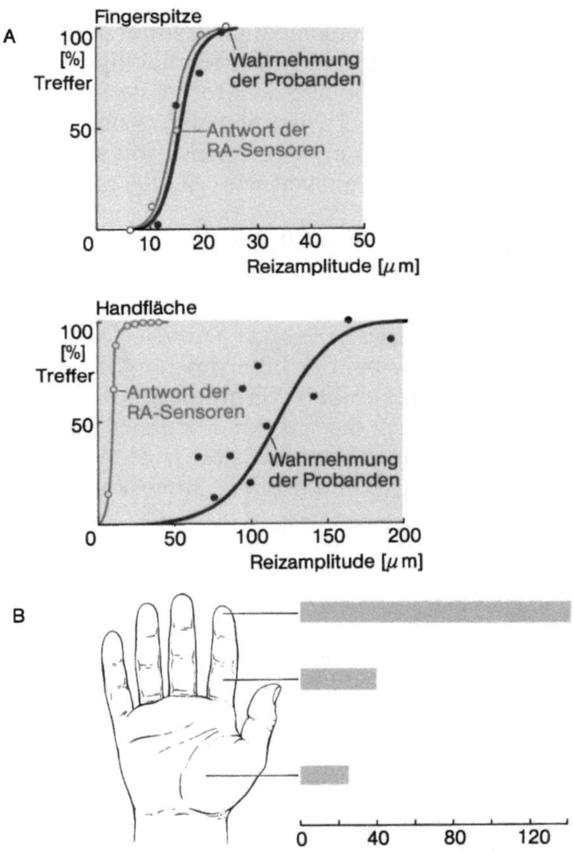

Abb. 8-15 A u. B. Schwellenfunktionen rasch adaptierender Mechanoreceptoren in der Haut (RA-Sensoren) und psychometrische Funktionen. **A** Psychophysische Schwellenmessungen und Ableitungen der Hautafferenzen wurden gleichzeitig im mikroneurographischen Experiment vorgenommen. **B** Innervationsdichte der RA-Sensoren an verschiedenen Stellen der Handfläche. (Daten von Vallbo und Johansson. Nach [17])

Auch ein kleinflächiger mechanischer Reiz, der die Sensoren in Fingerspitze und Handfläche erregt, wird immer mehrere RA-Sensoren erregen. Nun gehören die Fingerspitzen zu den wichtigsten Tastorganen, die Handfläche hingegen nicht. Die Dichte dieser Sensoren ist entsprechend in der Fingerspitze größer als in der Handfläche (Abb. 8-15). Auch im somatosensorischen Projektionsfeld des Cortex sind die Fingerspitzen durch größere Neuronengruppen repräsentiert. Folglich wird die Information aus dieser Körperregion durch mehr parallele Kanäle übermittelt und das kann den Informationsverlust bei den zentralnervösen synaptischen Übertragungen kompensieren.

Bei mikroneurographischen Untersuchungen von Nociceptoren mit unmyelinisierten Afferenzen in der Haut des Menschen konnte gezeigt werden, daß bei großflächigen Reizen ihre Fähigkeit, Hitzereize zu diskriminieren, etwa so groß ist wie die Fähigkeit eines Probanden, diese Reize als unterschiedlich schmerzhaft zu empfinden [15], während bei kleinflächigen Laserbestrahlungen die Nociceptoren besser diskriminierten als die Probanden [10]. Auch diese Befunde deuten auf eine Kompensation zentralnervöser Informationsverluste durch parallele Übertragung hin.

Ein Vergleich der Schwellen afferenter Nervenfasern mit Empfindungsschwellen zeigt also, daß bei den *sensorischen Systemen mit dem besten Diskriminationsvermögen praktisch kein Informationsverlust* bei der Übermittlung im ZNS auftritt. Wahrscheinlich vermindern auch die neuralen Prozesse, die mit der Focussierung der Aufmerksamkeit verbunden sind (s.S. 194), Informationsverluste in einzelnen Sinneskanälen.

8.5 Literatur

Weiterführende Lehr- und Handbücher

1. GESCHEIDER, G.A.: Psychophysics: method and theory. New York: John Wiley & Sons 1976
2. Handbook of Sensory Physiology, Vol. I: Principles of Receptor Physiology (Ed. W.R. LOEWENSTEIN). Berlin-Heidelberg-New York: Springer 1971
3. HENSEL, H.: Allgemeine Sinnesphysiologie, Hautsinne, Geschmack, Geruch. Berlin-Heidelberg-New York: Springer 1966
4. KEIDEL, W.D.: Sinnesphysiologie, Teil I: Allgemeine Sinnesphysiologie, Visuelles System. Berlin-Heidelberg-New York: Springer 1971
5. SHEPHERD, G.M.: Neurobiology. New York-Oxford: Oxford University Press 1983

Einzel- und Übersichtsarbeiten

6. ATTNEAVE, F.: Multistability in perception, Scientific American, Dec. 1971, S. 63–71
7. V. BEKESY, G.: Mach band type lateral inhibition in different sense organs. J. gen. Physiol. *50*, 519 (1967)
8. BLOUGH, D.S.: Dark adaptation in the pigeon. J. comp. Physiol. Psychol. *49*, 425 (1956)
9. BLOUGH, D.S., YAGER, D.: Visual psychophysics in animals. In: Handbook of Sensory Physiology, Vol. VII/4: Visual Psychophysics (Eds. D. JAMESON, L.M., HURVICH). Berlin-Heidelberg-New York: Springer 1972
10. BROMM, B., JAHNKE, M.T., TREEDE, R.-D.: Response of human cutaneous afferents to CO_2 laser stimuli causing pain. Exp. Brain Res. *55*, 158–167 (1984)

10a. CHURCHLAND, P.S.: Neurophilosophy. Toward unified science of the mind-brain., The MIT Press, Cambridge, Massachusetts, 1986

11. ECCLES, J.C., ROBINSON, D.N.: Das Wunder des Menschseins – Gehirn und Geist. München: Piper 1985
12. FIORENTINI, A.: Mach-band phenomena. In: Handbook of Sensory Physiology. Vol. VII/4: Visual Psychophysics (Eds. D. JAMESON, L.M. HURVICH). Berlin-Heidelberg-New York: Springer 1972
13. GARDNER, M.: Science good, bad and bogus. Oxford University Press, Oxford, 1983
14. GREEN, D.M., SWETS, J.A.: Signal detection theory and psychophysics. New York: John Wiley & Sons (Pb.) 1966
15. GYBELS, J., HANDWERKER, H.O., VAN HEES, J.: A comparison between the discharges of human nociceptive nerve fibres and the subject's ratings of his sensations. J. Physiol. *292*, 193–206 (1979)
16. HAGBARTH, K.E., VALLBO, A.B.: Mechanoreceptor activity recorded percutaneously with semimicroelectrodes in human peripheral nerves. Acta Physiol. Scand. *69*, 121–122 (1967)
17. HANDWERKER, H.O. (Ed.): Nerve fiber discharges and sensations. Hum. Neurobiol. *3* (1984)
18. MCCLOSKEY, D.I., CROSS, M.J., HONNER, R., POTTER, E.K.: Sensory effects of pulling or vibrating exposed tendons in man. Brain *106*, 21–38 (1983)
19. MCNICOL, D.: A primer of signal detection theory. London: George Allen & Unwin. Pb. 1972
20. MÜLLER, L.: Para, psi und pseudo. Ullstein, 1980
21. POPPER, K.R.: Logik der Forschung, 5. Aufl., Tübingen: J.C.B. Mohr 1973
22. POPPER, K.R., ECCLES, J.C.: Das Ich und sein Gehirn. München: Piper 1980
23. STEVENS, S.S.: Psychophysics. New York-London-Sydney-Toronto: John Wiley 1975

9 Das somatoviscerale sensorische System

M. Zimmermann

Das in diesem Kapitel erörterte Sinnessystem umfaßt die Hautsensibilität, die Sensibilität der inneren Organe (Visceroception) und die Tiefensensibilität (Proprioception) der Muskeln und Gelenke. Über den **Hautsinn** stehen wir mit der Außenwelt in Verbindung. Mit dem *Tastsinn* haben wir gelernt, unsere räumliche Umgebung zu „begreifen", der Blinde liest mit seinen Fingerspitzen die Blindenschrift; mit dem *Temperatursinn* nehmen wir Wärme und Kälte wahr; mit dem *Schmerzsinn* (Kap. 10, ab S. 234) erkennen wir potentiell gefährliche Reizeinflüsse. Über die **Visceroception** erhalten wir Wahrnehmungen aus dem Körperinneren, wie z.B. Völlegefühl, Atemnot, Herzschmerz. Die **Proprioception** vermittelt uns Wahrnehmungen über Stellung und Bewegung unserer Gelenke. Diese Sinnesinformationen werden aber nicht nur bewußt wahrgenommen, sondern auch bei vielen unbewußt ablaufenden Regelungsvorgängen eingesetzt: Proprioception und Tastsinn sind bei Aufgaben der *motorischen Koordination* beteiligt (s. Kap. 5), Temperaturinformationen werden bei der *automatischen Regelung der Körpertemperatur* verwendet (s. Kap. 25), Meldungen über den Blutgasgehalt bei der *Atmungsregulation,* schmerzhafte Reize führen zu *Schutzreaktionen* (s. Kap. 5). Die Integration der Vielzahl sensorischer Informationen aus Hautsinn und Proprioception führt zu dem subjektiven Gesamteindruck unseres Körpers, dem **Körperbild.** Die Visceroception scheint dabei eine geringe Rolle zu spielen.

Die Leistungsfähigkeit der somatovisceralen Sensibilität ist mit der jeder anderen Sinnesmodalität vergleichbar. Die früher benutzte Bezeichnung „niedere Sinne" für die somatoviscerale Sensibilität, die das Fehlen komplizierter spezieller Sinnesorgane andeuten sollte, ist daher mißverständlich und nicht länger brauchbar.

9.1 Psychophysik der Mechanoreception der Haut

Die Empfindlichkeit oder Sensibilität der Haut für mechanische Reize läßt sich an Versuchspersonen messen [21, 23, 25, 27]. Mit den Methoden der Psychophysik (s. Kap. 8) können z.B. die absolute Schwelle, die subjektive Intensität und das räumliche Auflösungsvermögen für Tastwahrnehmungen bestimmt werden. Diese Ergebnisse können mit den neurophysiologisch erforschten Vorgängen im Nervensystem in Beziehung gesetzt werden [36, 38]. Die Messungen haben jedoch auch klinische Bedeutung, da Abweichungen von den Normwerten neurologische Störungen dokumentieren können [20].

Schwellen und subjektive Intensität von Berührungsreizen

Die **absolute Schwelle** für Berührungsreize kann mit Tasthaaren nach v. FREY bestimmt werden (Abb. 9-1 A). Bei modernen Reizgeräten werden elektromagnetisch präzise Bewegungen eines Reizstößels erzeugt (Abb. 9-1 B). Damit lassen sich Hautdeformationen abgestufter Intensität mit unterschiedlichen Zeitverläufen erzeugen, z.B. kurzdauernde Einzelimpulse oder periodische Bewegungen mit sinusförmigem Zeitverlauf (Vibrationsreizung).
Die mit FREY-Haaren und mit einem elektromagnetischen Reizgerät unter Verwendung von Vibrationsreizen (200 Hz) gewonnenen Wahrnehmungsschwellen für verschiedene Körperregionen sind in Tabelle 9-1 zusammengestellt. Vibrationsreize an den Fingerspitzen von weniger als 1 µm werden also wahrgenommen. Auffällig sind die unterschiedlichen Relationen der Werte verschiedener Körperregionen, die mit beiden Reizarten gewonnen wurden (Tabelle 9-1). Sie lassen sich dadurch erklären, daß mit den schwellennahen Vibrationsreizen andere Arten von Mechanosensoren (-receptoren) gereizt werden als mit den Tasthaaren (s. S. 211 f.).

Psychophysische Intensitätsfunktion. Bei überschwelligen mechanischen Hautreizen läßt sich die Abhängigkeit der **Empfindungsintensität** von der Reizstärke mit den in Kap. 8 beschriebenen eigenmetrischen Methoden ermitteln. Als Bei-

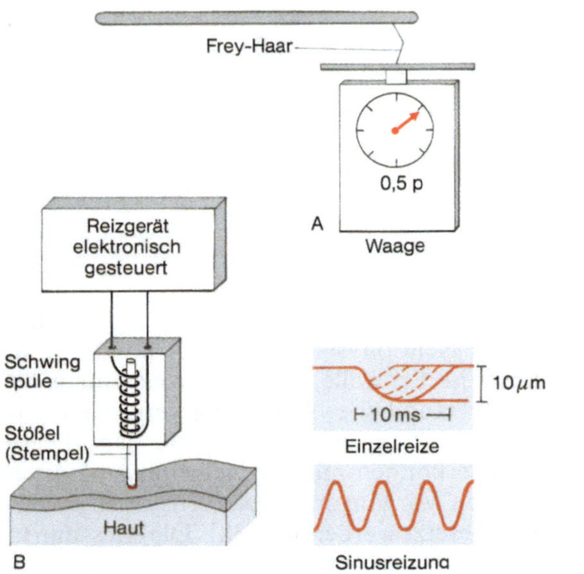

Abb. 9-1 A u. B. Messung der Hautsensibilität. **A** Mit einem Satz von unterschiedlich starken Tasthaaren nach v. FREY läßt sich die Berührungsschwelle der Haut bestimmen. Um quantitative Zahlenwerte zu erhalten, wird die Kraft des Frey-Haares mit einer empfindlichen Waage (z.B. Briefwaage) geeicht. **B** Elektromechanisches Gerät zur Erzeugung genauer mechanischer Hautreize. Eine stromdurchflossene Spule führt in einem Magnetfeld eine bestimmte Bewegung aus (z.B. Schwingspule eines Lautsprechers). Beliebig vorgegebene elektrische Funktionen werden in Bewegungen des Reizstempels umgesetzt

Tabelle 9-1. Wahrnehmungsschwellen für mechanische Stimulation der Haut des Menschen

Körperstelle	Punktreizung[a] mit Tasthaaren (mg)	Flächenreizung (1 cm²) mit Vibrator[b] 200 Hz (µm)
Nase	5,3	4,7
Stirn	7,8	4,2
Fingerkuppe	36	0,07
Hand (palmar)	77	0,07
Oberarm	34	2,2
Fußsohle	164	0,45
Wade	112	5,6
Hüfte (ventral)	66	2,8
Brust	42	1,7
Bauch	21	5,2
Schulter	26	1,4

[a] Daten der Punktreizung nach WEINSTEIN [11]
[b] Daten der Vibrationsreizung nach WILSKA, Acta Physiol. Scand. *31*, 285, 1954

spiel für eine solche Untersuchung dient Abb. 9-2. Sie zeigt für 2 Versuchspersonen (A, B) den Zusammenhang zwischen der Amplitude eines Druckreizes und der subjektiv empfundenen (geschätzten) Reizintensität. Offensichtlich beruht diese Fähigkeit, unterschiedliche Reizintensitäten wahrzunehmen, auf den Übertragungseigenschaften des afferenten Systems. Interindividuell ergeben sich beträchtliche Unterschiede bei der psychophysischen Intensitätsschätzung, was sich in den Exponenten der an die Meßpunkte angepaßten Potenzfunktionen (s. S. 202) ausdrückt.

Auch die Versuchsbedingungen sowie die Instruktionen, die die Versuchsperson erhält, können das Ergebnis beeinflussen. Vergleiche mit neurophysiologischen Untersuchungen geben keine Hinweise dafür, daß diese Unterschiede durch interindividuelle Verschiedenheiten der afferenten Systeme bedingt sind.

Das räumliche Auflösungsvermögen des Tastsinnes

Verschiedene Aufgaben des Erkennens räumlicher Details von Tastreizen können als *Maß für das räumliche Auflösungsvermögen* herangezogen werden. Viel benutzt ist die Messung der **Zweipunktschwelle** [11] durch gleichzeitiges (simultanes) Aufsetzen der Spitzen eines Tastzirkels auf die Haut (Abb. 9-3 A). Die Versuchsperson muß blind entscheiden, ob sie 1 oder 2 Punkte wahrgenommen hat. Sie können diesen Versuch mit einem Helfer leicht an sich selbst durchführen lassen und so feststellen, welchen Abstand 2 Reizpunkte mindestens haben

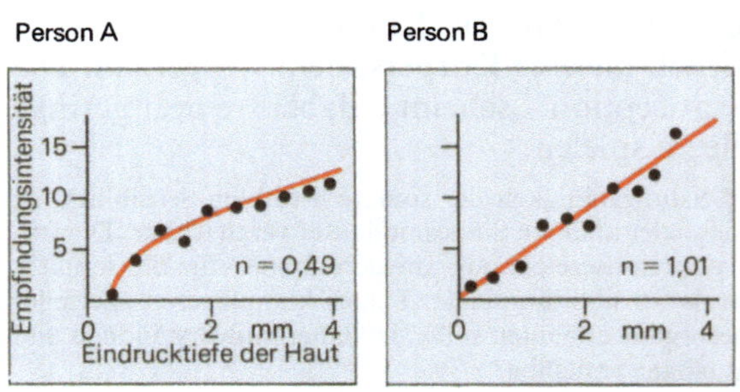

Abb. 9-2. Psychophysische Schätzung der Reizintensität. Die Versuchsperson gibt in willkürlichen Zahleneinheiten *(Ordinate)* an, wie stark sie die Intensität von Druckreizen auf die Handinnenfläche von 1 s Dauer empfindet. Die Stärke der Reize *(Abscisse)* wurde in stochastischer Abfolge variiert. Die Kurven *(rot)* sind an die Meßwerte angepaßte Potenzfunktionen, die daraus bestimmten Exponenten *n* sind jeweils angegeben. (Nach KNIBESTÖL und VALLBO, aus [25])

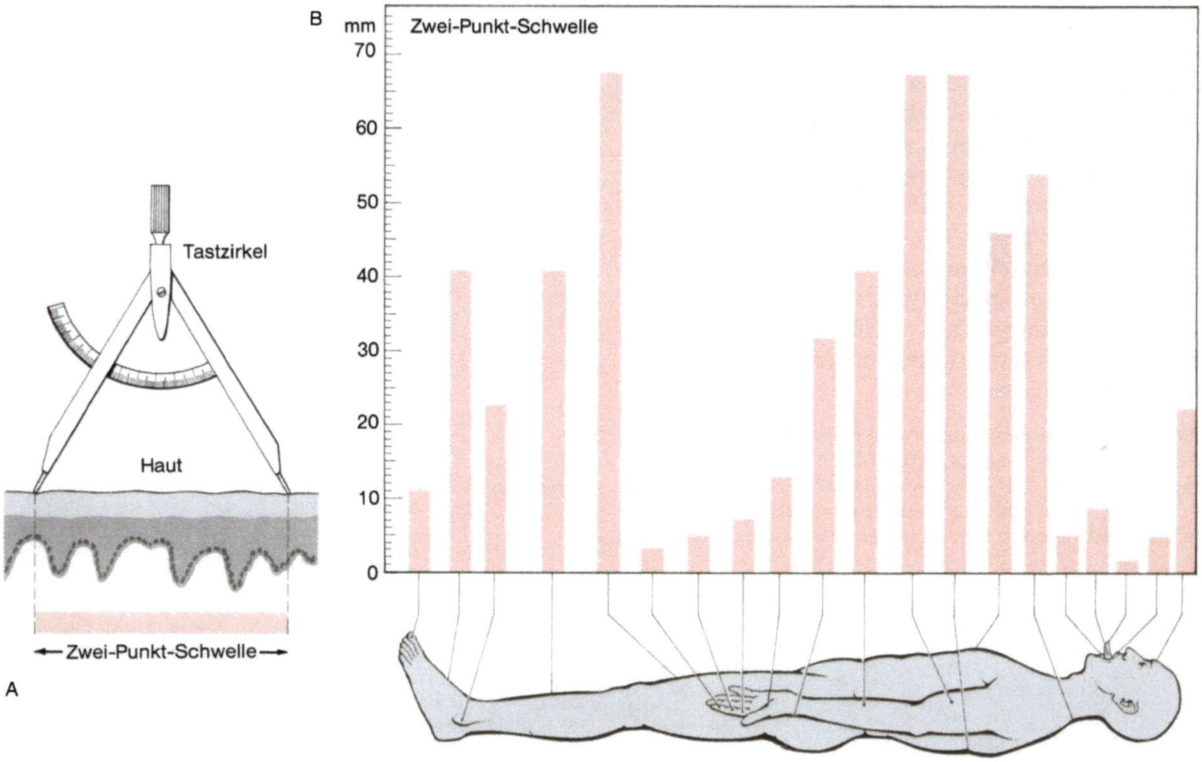

Abb. 9-3 A u. B. Zweipunktschwelle der Haut. **A** Die Spitzen eines Tastzirkels werden mehrmals mit unterschiedlichem Abstand auf die Haut aufgesetzt. Die Zweipunktschwelle ist der Abstand, bei dem von einer Versuchsperson gerade 2 Reizpunkte getrennt wahrgenommen werden. **B** Verteilung der Zweipunktschwelle der Haut an verschiedenen Körperstellen des Menschen. (Darstellung nach [22], Meßwerte von E.H. WEBER, Archiv für Anatomie, Physiologie und wissenschaftliche Medizin, 1835, S. 152)

müssen, damit sie gerade noch als räumlich getrennte Reize wahrgenommen werden können. Sind die Abstände des Tastzirkels z.B. kleiner als 5 cm, dann nehmen Sie am Rücken die beiden Zirkelspitzen meistens nur als einen einzigen Reiz wahr. Sie werden feststellen, daß die Zweipunktschwelle der Haut nicht überall gleich ist (Abb. 9-3 B). Die Gründe für diesen Unterschied liegen in der Art der Innervation der Hautareale und der zugehörigen zentralnervösen Verschaltung der afferenten Nervenfasern (s. S. 222).

Klinische Prüfung des Tastsinnes [20]. Bei der klinischen Routineprüfung wird die Haut z.B. mit einem Wattebausch berührt. Der Patient wird nach der Art seiner Empfindung sowie nach der Lokalisation des Reizes befragt. Das räumliche Auflösungsvermögen wird über das Erkennen von Zahlen oder Buchstaben getestet, die mit einem stumpfen Griffel in unterschiedlicher Größe auf die Haut geschrieben werden.
Die genaue Prüfung der Vibrationsempfindung erfolgt mit einem elektromagnetischen Vibrator, der nach der Art des in Abb. 9-1 B gezeigten Gerätes arbeitet. Getestet wird die absolute Schwelle für eine Vibrationsempfindung (s. Tabelle 9-1) sowie die Unterschiedsschwelle für Änderungen der Vibrationsfrequenz. Die Wahrnehmung von Vibrationsreizen ist z.B. bei Polyneuropathien gestört.

9.2 Mechanosensoren der Haut

Physiologische Funktion und histologische Struktur von mechanosensitiven Hautreceptoren oder Mechanosensoren konnten bei Mensch und Tier aufgeklärt und miteinander korreliert werden. In der Haut von Säugetieren gibt es nur wenige Typen von empfindlichen Mechanosensoren, die im folgenden erläutert werden [2, 9, 16, 25, 27, 36, 38].

Typen von niederschwelligen Mechanosensoren der Haut

Bei neurophysiologischen Experimenten wurden in der unbehaarten Haut bei Ratte, Katze, Affe und Mensch 3 Grundtypen empfindlicher Mechanosensoren mit Gruppe-II-(A-β)Afferenzen gefunden. Sie werden bezeichnet als SA-, RA- und PC-Receptoren oder -Sensoren. **SA** ist die Abkürzung für „slowly adapting", es handelt sich funktionell um einen **langsam adaptierenden** Mechanosensor, der z.B. bei einem langdauernden mechanischen Hautreiz (Druck, z.B. durch Körpergewicht auf Fußsohle) ständig Aktionspotentiale in seiner afferenten Faser erzeugt. Entsprechend bedeutet **RA** (rapidly adapting) einen **schnell adaptierenden** Mechanosensor, der nur bei bewegten mechanischen Hautreizen antwortet. **PC** ist die Abkürzung für „Pacinian corpuscle", es handelt sich hier um einen **sehr schnell adaptierenden** Mechanosensor, der histologisch durch das Vater-Pacini-Körperchen dargestellt wird. Diese Abkürzungen werden international in der wissenschaftlichen Literatur benutzt.

Die Sensoren wurden neurophysiologisch an narkotisierten Tieren oder an wachen, freiwilligen Versuchspersonen untersucht (Abb. 9-4). Dazu wurden die Entladungen in der afferenten Faser registriert und zu vorgegebenen mechanischen Hautreizen in Beziehung gesetzt. Bei Tierexperimenten legt man dazu einen Hautnerv frei, z.B. den N. plantaris der Hinterpfote, und teilt ihn unter dem Präpariermikroskop in zunehmend feinere Filamente auf, bis man durch elektrische Nervenreizung Einzelfasern identifizieren kann. Sie sind durch ihre „Alles-oder-Nichts"-Aktionspotentiale erkennbar. Bei menschlichen Versuchspersonen sticht man eine Mikroelektrode aus Metall mit einem Spitzendurchmesser um 1 µm durch die Haut (percutan) in einen Nerven ein, z.B. in den N. radialis nahe beim Handgelenk (Abb. 9-4A). Alles-oder-Nichts-Aktionspotentiale bei elektrischer oder natürlicher Reizung der Haut zeigen die Registrierung von einzelnen Fasern an.

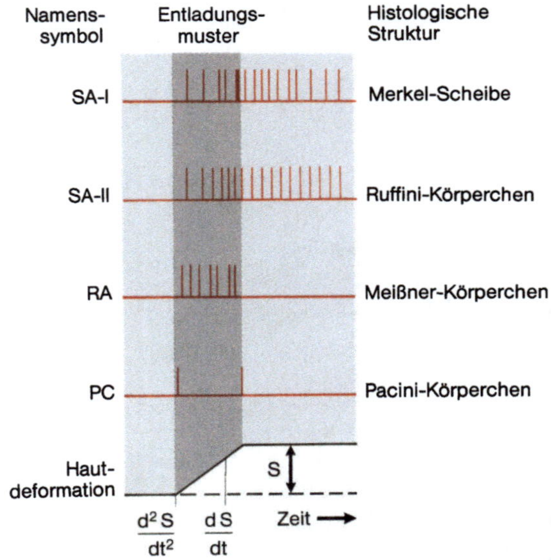

Abb. 9-5. Reiz-Antwort-Verhalten von Mechanosensoren der haarlosen Haut von Primaten. Die charakteristischen Entladungsmuster der 4 Typen empfindlicher Mechanosensoren bei einer rampenförmigen Hautdeformation sind einander gegenübergestellt. Die histologische Struktur ist jeweils angegeben (s. Abb. 9-6). Der Zeitverlauf der mit einem elektromechanischen Hautreizgerät (s. Abb. 9-1B) erzeugten rampenförmigen Hautdeformation mit der Eindrucktiefe *S* ist unter den Entladungsmustern angegeben

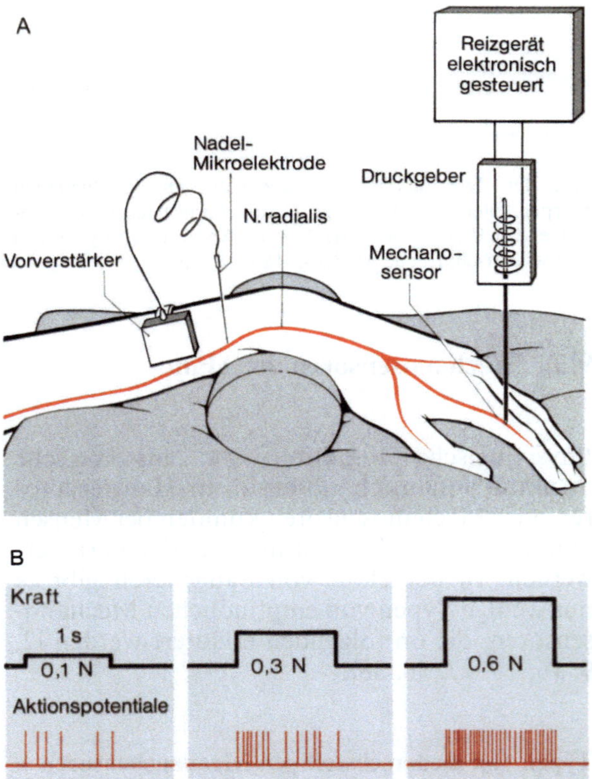

Abb. 9-4A u. B. Mikroneurographie von menschlichen Nerven. **A** Bei einer wachen Versuchsperson wird die Spitze einer Mikroelektrode (z.B. aus Wolfram) percutan in einen Hautnerven (z.B. N. radialis) eingeführt. Über einen Verstärker können Aktionspotentiale einzelner Nervenfasern registriert werden. Mechanosensitive Hautsensoren können durch Reizung mit einem elektromechanischen Stimulator (s. Abb. 9-1B) über ihre Entladungen quantitativ charakterisiert werden. **B** Antworten eines SA-Sensors der Haut bei verschieden starken Hautreizen von 1 s Dauer (Reizstärke in Newton). (A nach HANDWERKER in [39])

Sensoren für Weg, Geschwindigkeit und Beschleunigung. Zur funktionellen Charakterisierung der aufgeführten Sensor- oder Receptortypen kann man rampenförmige mechanische Reize verwenden (Abb. 9-5), die mit einem elektromagnetischen Reizgerät (Abb. 9-1B) erzeugt werden können [38]: Der Reizstempel bewegt sich aus seiner Ausgangsposition mit konstanter Geschwindigkeit in die Haut hinein und bleibt in der Endposition stehen. Dieser Reizverlauf enthält eine Phase konstanter Geschwindigkeit (dS/dt, die erste Ableitung des Weges S nach der Zeit), gefolgt von einem Dauerreiz mit einer konstanten Hautdeformation (S). An den Übergängen des ruhenden Stößels zur Bewegung und umgekehrt ändert sich die Geschwindigkeit,

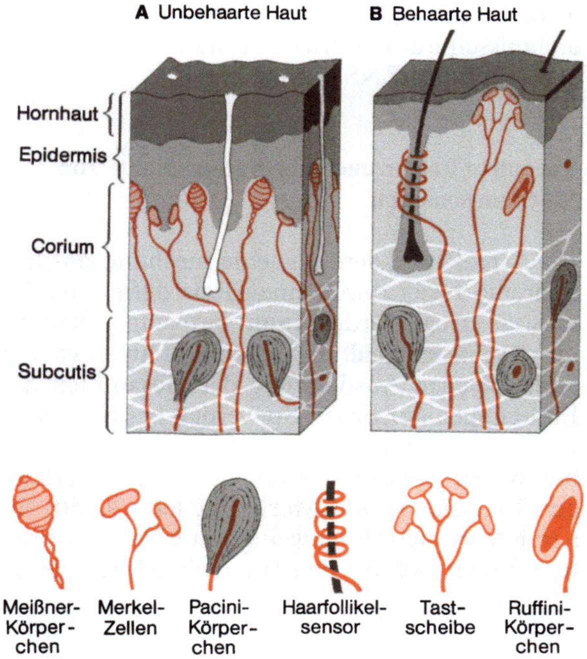

Abb. 9-6 A u. B. Histologie der Mechanosensoren der Haut. Lage und Struktur der verschiedenen Typen von Mechanosensoren der unbehaarten **(A)** und der behaarten **(B)** Haut sind schematisiert dargestellt. Ausführliche Erläuterung s. Text

dort treten also Beschleunigungen auf (d^2S/dt^2, die zweite Ableitung des Weges S nach der Zeit).

Die SA-Sensoren sind die einzigen, die während des konstanten Reizplateaus antworten, sie zeigen die Größe des Weges (oder des Drucks) des Hautreizes an. Die RA-Sensoren feuern dagegen nur, wenn sich der Reizstempel bewegt, sie sprechen auf die Geschwindigkeit der Hautdeformation an. Die PC-Sensoren zeigen meistens nur dann Entladungen, wenn sich die Geschwindigkeit einer Hautdeformation ändert — sie können deshalb, in erster Näherung, als Beschleunigungssensoren angesehen werden.

Histologie der cutanen Mechanosensoren. In vielen Fällen konnte bei Tieren nach der neurophysiologischen Messung auch das morphologische Substrat des untersuchten Sensors histologisch bestimmt werden (Abb. 9-6). Daraus ergab sich für die unbehaarte Haut des Primaten, daß der SA-I-Sensor den **Merkel**-Zellen entspricht, der SA-II-Sensor dem **Ruffini**-Körperchen, der RA-Sensor dem **Meißner**-Körperchen und der PC-Sensor, wie schon gesagt, dem **Vater-Pacini**-Körperchen. In der behaarten Haut (Abb. 9-6B) sind die SA-I-Sensoren ebenfalls Merkel-Zellen, angehäuft unter charakteristischen warzenähnlichen Hauterhebungen von etwa 0,5 mm Durchmesser, den Pinkus-Tastscheiben. Die SA-II-Sensoren werden auch hier durch die Ruffini-Körperchen gebildet. In der Haarhaut fehlen die Meißner-Körperchen, stattdessen gibt es eine auffällige sensorische Innervation der Haarwurzeln, die **Haarfollikel**sensoren.

Codierung von Reizinformation in Mechanosensoren

Mit zunehmender Intensität der Hautdeformation steigt die Entladungsfrequenz der SA-Sensoren an (Abb. 9-4B), sie sind also Sensoren für Druckreizung der Haut, oder **Intensitätssensoren.** In einem doppelt-logarithmischen Koordinatensystem (als Beispiel s. Abb. 9-7C) läßt sich die Beziehung zwischen Reizintensität I und Entladungsrate E generell oft durch Geraden darstellen, was darauf hinweist, daß diese Beziehung einer **Potenzfunktion** der Formel $\mathbf{E = I^n}$ folgt. Da sie während der ganzen Zeit eines mechanischen Reizes antworten (Abb. 9-4B), geben die SA-Sensoren auch die **Dauer** eines Druckreizes an. In genaueren Untersuchungen konnten die SA-Sensoren in 2 Klassen unterteilt werden, SA-I und SA-II [2, 9]. Die SA-I-Sensoren antworten am besten auf Hautdeformationen senkrecht zur Hautoberfläche, während die SA-II-Sensoren besser auf Dehnung der Haut in Richtung der Hautoberfläche reagieren.

Die RA- und Haarfollikelsensoren antworten nur bei Bewegung der Haut bzw. des Haares, nicht bei festgehaltenem Reizstößel (Abb. 9-5 und 9-7). Ihre Entladungsfrequenz steigt mit der Geschwindigkeit (dS/dt) der Reizbewegung an (Abb. 9-7B), sie können deshalb als **Geschwindigkeitssensoren** bezeichnet werden. In einem doppelt-logarithmischen Koordinatensystem ist dieser Zusammenhang meistens linear (Abb. 9-7C), d.h. die Beziehung zwischen Entladungs-

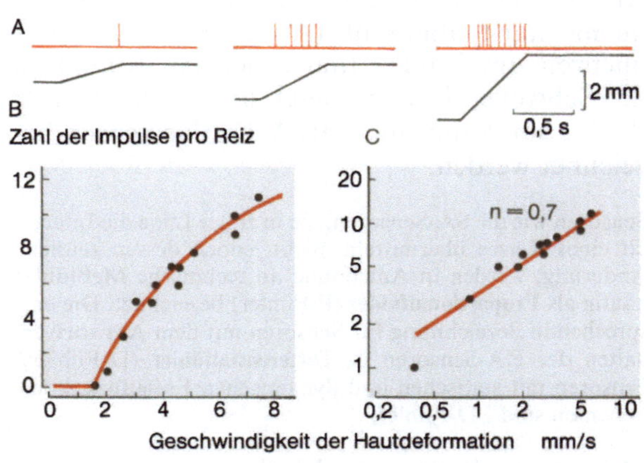

Abb. 9-7 A–C. Der RA-Sensor, ein Geschwindigkeitssensor. **A** Entladungsmuster eines RA-Sensors der Katzenhaut *(oben)* bei verschieden schnell ansteigenden Hautdeformationen *(unten)*, mit einem elektromechanischen Stimulator erzeugt (s. Abb. 9-1B). **B** Zahl der Aktionspotentiale in Abhängigkeit von der Geschwindigkeit der Hautdeformation. **C** Wie B, jedoch doppelt-logarithmisches Koordinatensystem. Aus der Steigung der eingezeichneten Geraden wurde der angegebene Exponent *n* der Potenzfunktion bestimmt. (Aus [38])

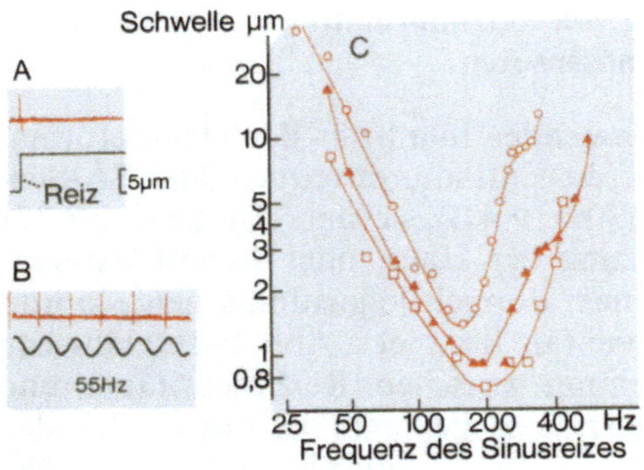

Abb. 9-8 A–C. Antwortverhalten von PC-Sensoren bei mechanischen Hautreizen. **A** Einzelimpuls als Antwort auf einen mechanischen Stufenreiz. **B** Repetitive Antwort bei jeder Periode eines sinusförmigen Hautreizes. **C** Schwellenreizstärken *(Ordinate)* von 3 PC-Sensoren der Katzenfußsohle in Abhängigkeit von der Frequenz des sinusförmigen mechanischen Hautreizes *(Abscisse)*. (Nach JÄNIG, SCHMIDT and ZIMMERMANN, Exp. Brain Res. *6*, 100, 1968)

rate des Sensors und Eindrucksgeschwindigkeit wird durch eine Potenzfunktion beschrieben. Bei Dauerreizen (Rechteckreizen) adaptieren diese Sensoren innerhalb von 50–500 ms.

Der PC-Sensor antwortet meistens nur dann, wenn sich die Geschwindigkeit eines mechanischen Hautreizes ändert (Abb. 9-5), also bei Beschleunigungen (d^2S/dt^2). Deshalb ist die Bezeichnung **Beschleunigungssensor** gerechtfertigt. Bei sinusförmiger Reizung (Abb. 9-8) werden synchron mit jeder Sinusperiode Aktionspotentiale ausgelöst, wobei die minimal notwendige Amplitude der Sinusschwingung für ein 1:1-Antwortverhalten beim Ansteigen der Reizfrequenz stark abnimmt (Abb. 9-8 C). Bei Frequenzen um 200 Hz findet sich ein Minimum der Schwelle, darüber steigt sie wieder an. Der PC-Sensor kann auch als **Vibrationssensor** bezeichnet werden.

Sensoren wie die SA-Sensoren, die in erster Linie die Intensität eines Reizes übermitteln, nicht jedoch dessen zeitliche Änderung, werden in Anlehnung an technische Meßfühler häufig als **Proportionalfühler** (P-Fühler) bezeichnet. Die entsprechende Bezeichnung für Sensoren mit dem Antwortverhalten der RA-Sensoren ist **Differentialfühler** (D-Fühler), Sensoren mit statischen und dynamischen Entladungskomponenten sind PD-Fühler.

Mit 3 Grundtypen von Mechanosensoren werden also unterschiedliche Aspekte eines Hautreizes codiert und an das ZNS übertragen: *Intensität* oder *Amplitude* (S), *Geschwindigkeit* (dS/dt) und *Beschleunigung* (d^2S/dt^2) einer Hautdeformation. Es ist wahrscheinlich, daß bei komplexen Reizen, wie sie z.B. beim **Tastvorgang** mit aktiv bewegten Fingern entstehen [2, 5, 27], alle 3 Arten von Mechanosensoren der Haut erregt werden, und daß die Wahrnehmung von Tastereignissen auf der Auswertung aller Entladungen durch das ZNS beruht.

Receptive Felder und Innervationsdichte von Mechanosensoren

Das Areal, von dem aus eine mechanosensitive afferente Faser durch einen Reiz definierter Intensität erregt werden kann, bezeichnet man als ihr **receptives Feld.** Es entspricht in etwa der anatomischen Ausdehnung der Gesamtheit der Endigungen der Faser. So werden beispielsweise von einer afferenten Nervenfaser 2–3 Tastscheiben in der Haarhaut erreicht, wobei innerhalb der Tastscheibe alle Merkel-Zellen (30–50) innerviert werden. Eine weitaus stärkere Ausbreitung findet sich bei den Haarfollikelreceptoren,

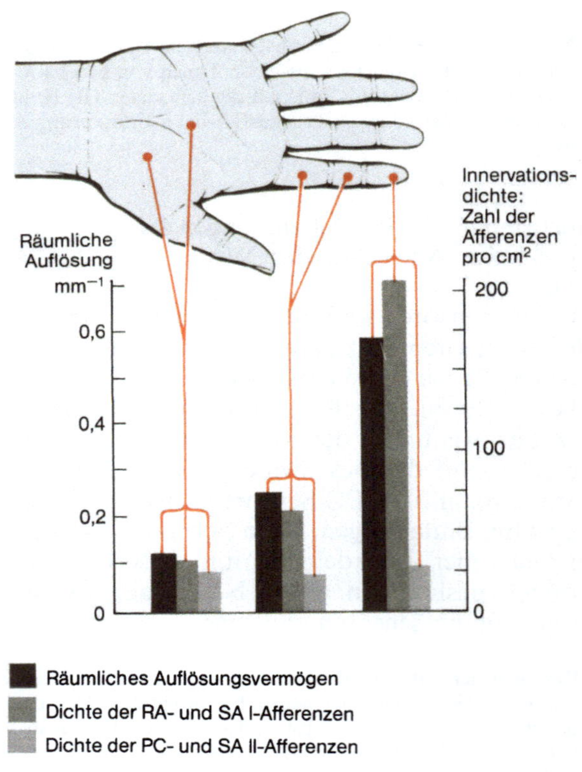

Abb. 9-9. Innervationsdichte der Mechanosensoren und räumliches Auflösungsvermögen des Tastsinns. Für verschiedene Bereiche der menschlichen Hand sind die Innervationsdichten *(rechte Ordinate)* der afferenten Fasern mit RA- und SA-I-Sensoren sowie der PC- und SA-II-Sensoren dem räumlichen Auflösungsvermögen *(linke Ordinate)* gegenübergestellt. Die Innervationsdichte wurde aus einer großen Zahl von mikroneurographischen Experimenten am Menschen bestimmt (s. Abb. 9-4 A). Das räumliche Auflösungsvermögen wurde als reziproker Wert der Zweipunktschwelle (in mm, s. Abb. 9-3) errechnet. (aus [36])

wo jede afferente Faser zahlreiche Haarfollikel versorgen kann und jeder Follikel von mehreren afferenten Fasern innerviert wird. Beim Menschen sind die receptiven Felder der RA- und SA-I-Afferenzen in der unbehaarten Haut mit durchschnittlich 12 mm^2 am kleinsten, mit nur geringen Unterschieden zwischen Fingerspitzen und Handfläche [36]. Die receptiven Felder der SA-II- und PC-Afferenzen sind etwa um den Faktor 10 größer.

Welche Eigenschaften der Receptoren bestimmen das **räumliche Auflösungsvermögen,** das über die **Zweipunktschwelle** gemessen werden kann? Wie aus verschiedenen Untersuchungen gefolgert wurde, ist nicht die Größe der receptiven Felder für die Zweipunktschwelle entscheidend, sondern die **Innervationsdichte,** also die Zahl der afferenten Fasern pro cm^2 der Hautfläche. VALLBO u. Mitarbeiter konnten aus ihren mikroneurographischen Messungen an Menschen folgern, daß nur die Dichte der RA- und SA-I-Afferenzen an verschiedenen Stellen der Hand dem jeweiligen räumlichen Auflösungsvermögen entspricht (Abb. 9-9). Daraus und aus der Zusatzbeobachtung, daß wir zur maximalen Leistung beim räumlichen Erkennungsvermögen des Tastsinns die Finger aktiv bewegen müssen, wurde gefolgert, daß die RA-Sensoren (Meißner-Körperchen) die entscheidend beteiligten Sensoren sind [2, 25, 36].

9.3 Psychophysik der Thermoreception

Die **Thermoreception** oder der Temperatursinn der Haut hat 2 Qualitäten, den **Kaltsinn** und den **Warmsinn** [6, 11, 12, 25]. Es ist seit langem bekannt, daß es auf der Haut *spezifische Kalt- und Warmpunkte* gibt, von denen sich jeweils nur Kalt- oder Warmempfindungen auslösen lassen. *Kaltpunkte* gibt es in größerer Anzahl als *Warmpunkte*. Zum Beispiel weisen die Handflächen pro cm^2 1–5 Kaltpunkte, aber nur 0,4 Warmpunkte auf. Die größten Dichten finden sich im temperaturempfindlichsten Gebiet, nämlich im Gesicht: hier haben wir 16–19 Kaltpunkte pro cm^2, während die Warmempfindlichkeit sich nicht mehr in einzelne Sinnespunkte auflösen läßt. Zusätzlich zur bewußten Wahrnehmung ist die Temperaturempfindlichkeit der Haut auch bei der unbewußt ablaufenden **Regulation der Körpertemperatur** des Warmblüters beteiligt (s. Kap. 25). Die Wahrnehmungen von thermischen Reizen, einschließlich der begleitenden vegetativen Reaktionen, haben **affektive** Wirkungen, sie können angenehm oder unlustbetont sein (z.B. wohlige Wärme, Frieren, Schwitzen, Schwüle).

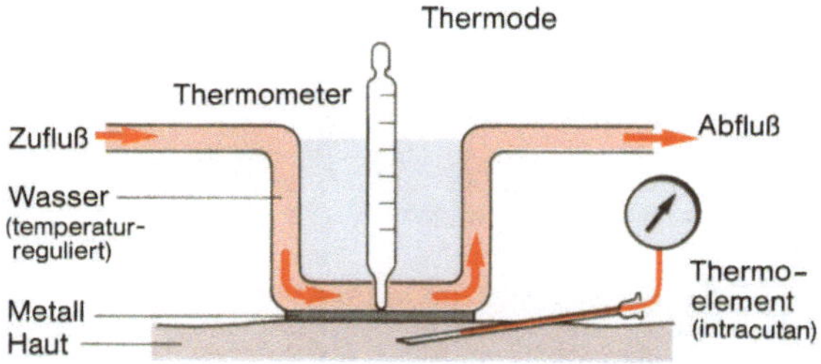

Abb. 9-10. Thermode zur psychophysichen Untersuchung des Temperatursinnes. Die metallische Kontaktfläche unterschiedlicher Größe (z.B. 2 cm^2) zur Haut kann durch Umlauf der Flüssigkeit eines Thermostaten auf einer bestimmten Temperatur gehalten werden. Durch Umschaltung der Thermode auf einen zweiten Thermostaten kann die Temperatur verändert werden. Die Temperaturverteilung und deren Zeitverlauf innerhalb der Haut können durch ein intracutanes Thermoelement registriert werden

Beim Einstieg in ein warmes (ca. 33° C) Bad kommt es zunächst zu einer deutlichen Warmempfindung. Die Stärke dieser Warmempfindung läßt bald nach. Umgekehrt empfinden wir an einem heißen Sommertag Wasser von etwa 28° C in einem Schwimmbecken zunächst als kühl. Nach kurzer Zeit weicht aber die Kaltempfindung einer Neutralempfindung. In einem mittleren Temperaturbereich führen also Erwärmung oder Abkühlung nur vorübergehend zu einer Warm- bzw. Kaltempfindung, es kommt offensichtlich zu einer praktisch vollständigen **Adaptation** der Temperaturempfindung auf die neue Hauttemperatur.

Psychophysische Untersuchung des Temperatursinns. Dazu verwenden wir eine Thermode (Abb. 9-10), eine metallische Kontaktfläche zur Haut, die z.B. durch Kühl- und Heizflüssigkeit schnell auf unterschiedliche Temperatur gebracht werden kann. Neuerdings werden zum Heizen und Kühlen elektrisch durchströmte Peltier-Elemente verwendet, mit denen eine elektronische Regelung der Thermodentemperatur möglich ist.

Den Temperaturbereich, in dem wir bei längerdauerndem Reiz keine Warm- oder Kaltempfindung haben, in dem also eine Adaptation der Temperaturempfindung eintritt, bezeichnen wir als die **Zone der Indifferenztemperatur.** Oberhalb bzw. unterhalb dieser Indifferenzzone kommt es zu dauernden Warm- bzw. Kaltempfindungen (Beispiel: stundenlange kalte Füße). Die Indifferenzzone liegt zwichen etwa 31° C und 36° C für eine Hautfläche von 15 cm^2 (Abb. 9-11).

Dauernde Warm- und Kaltempfindungen. Die dauernden Warmempfindungen, die bei kon-

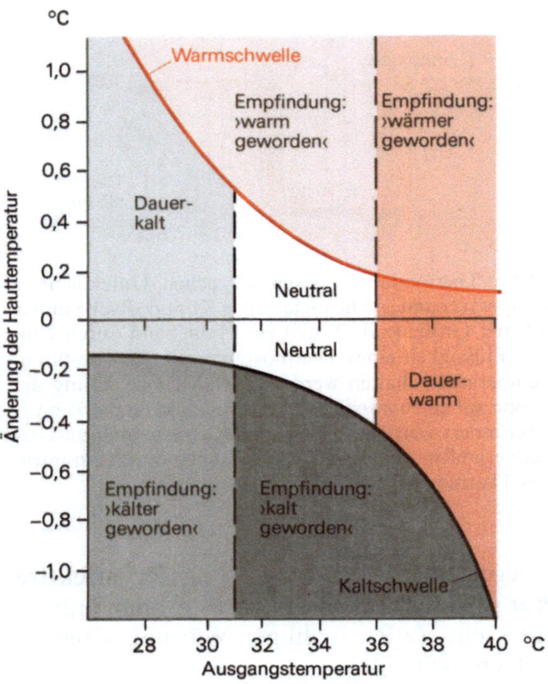

Abb. 9-11. Psychophysik des Temperatursinnes. Die *Kurven* geben die Schwellen für Warm- bzw. Kaltempfindung an. Ausgehend von den in der *Abscisse* angegebenen Temperaturen, auf die die Haut längere Zeit adaptiert wurde, muß die Hauttemperatur um unterschiedliche Beträge geändert werden *(Ordinate)*, um eine Warm- bzw. Kaltempfindung auszulösen. Die Schwellenmessungen wurden mit Änderungsgeschwindigkeiten von mindestens 6° C/min durchgeführt. In den verschiedenen abgegrenzten Feldern sind die Empfindungsqualitäten eingezeichnet. (Nach KENSHALO in [25])

stanten Hauttemperaturen oberhalb 36° C bestehen bleiben, sind um so intensiver, je höher die Hauttemperatur ist. Bei Temperaturen von etwa 45° C macht die Warmempfindung einer schmerzhaften **Hitzeempfindung** Platz. Bei großflächiger Abkühlung auf Temperaturen unterhalb von 30° C kommt es zu einer dauernden Kaltempfindung. Kälteschmerz setzt bei Hauttemperaturen von 17° C und weniger ein.

Dynamische Temperaturempfindungen. Die während **Änderungen der Hauttemperatur** auftretenden Temperaturempfindungen werden von 3 Parametern bestimmt, nämlich der Ausgangstemperatur der Haut, der Geschwindigkeit der Temperaturänderung und der Größe des Hautareals, auf das der Reiz einwirkt.

Den Einfluß der **Ausgangstemperatur** auf die Schwelle für eine Warm- oder Kaltempfindung zeigt Abb. 9-11. Bei niedrigen Hauttemperaturen, also z.B. bei 28° C, ist die Schwelle der Änderung der Hauttemperatur für eine Warmempfindung groß, die für eine Kaltempfindung gering. Liegt die Ausgangstemperatur (Abscisse) bei höheren Werten, so nehmen die Warmschwellen ab und die Kaltschwellen zu.

Mit anderen Worten: Eine kühle Haut von beispielsweise 28° C muß nur um weniger als 0,2° C weiter abgekühlt werden, bis die Dauerkaltempfindung in die Empfindung „kälter geworden“ übergeht. Die gleiche Haut muß aber um nahezu 1° C erwärmt werden, bis eine Warmempfindung auftritt. Entsprechend genügt eine geringe Erwärmung (um weniger als 0,2° C), um bei hoher Ausgangstemperatur (z.B. 38° C, Dauerwarmempfindung) die Empfindung „wärmer geworden“ auszulösen, während die Haut um rund 0,8° C abgekühlt werden muß, bis es zu einer Kaltempfindung kommt.

Aus Abb. 9-11 läßt sich schließlich entnehmen, daß es beim Übergang zu einer bestimmten Hauttemperatur entweder zu einer **Warm-** oder zu einer **Kaltempfindung** kommen kann, je nachdem, von welcher Ausgangstemperatur ausgegangen wurde. Mit dem **Weber-Dreischalenversuch** können Sie sich von diesem Phänomen leicht überzeugen: Füllen Sie je eine Schale mit kaltem, lauwarmem und warmem Wasser und tauchen Sie je eine Hand in das kalte und warme Wasser. Wechseln Sie jetzt mit beiden Händen in die Schale mit lauwarmem Wasser, so haben Sie deutlich an der einen Hand eine Warm-, an der anderen eine Kaltempfindung.

Ist die Geschwindigkeit einer **Temperaturänderung** größer als etwa 5° C/min, dann besteht nur ein geringer Einfluß auf die Größe der Warm- und Kaltschwellen. Bei langsameren Temperaturänderungen nehmen beide Schwellen kontinuierlich zu. Zum Beispiel führt Abkühlen der Haut um 0,4° C/min, ausgehend von 33,5° C, erst nach 11 min zu einer Kaltempfindung, die Temperatur ist dann bereits um 4,4° C gefallen. Bei *sehr langsamer Temperaturabnahme* können also unbemerkt *große Hautgebiete beträchtlich abkühlen,* insbesondere wenn die Aufmerksamkeit abgelenkt ist. Es ist denkbar, daß dieser Faktor auch bei der **Erkältung** eine Rolle spielt.

9.4 Thermosensoren

Bei Säugetieren und vielen anderen Species ist das Vorkommen **spezifischer Thermosensoren** (Thermoreceptoren) gesichert. Wir können **Warm- und Kaltsensoren** unterscheiden, die auf nichtthermische Reize unempfindlich sind [2, 6, 7, 9, 11, 12, 13, 25, 30]. Kaltsensoren werden meistens von Gruppe-III-(A-δ-)Fasern versorgt, Warmsensoren von Gruppe-IV-(C-)Fasern. Für Kaltsensoren konnte histologisch eine besondere Endigungsformation ermittelt werden, während für Warmsensoren noch keine histologische Spezialisierung gefunden wurde — sie müssen unter die freien Nervenendigungen eingereiht werden.

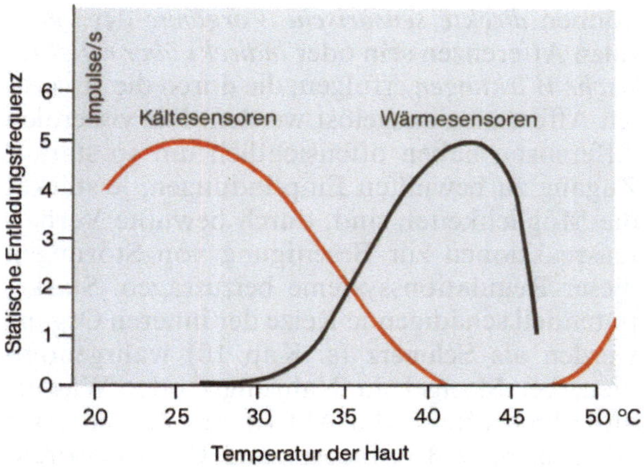

Abb. 9-12. Statische Kennlinien von Kalt- und Warmsensoren der Affenhaut. Die *Kurven* geben die gemittelten Entladungsfrequenzen in mehreren Afferenzen der beiden Populationen von Sensoren an, in Abhängigkeit von der konstant gehaltenen Hauttemperatur. Kältesensoren zeigen oberhalb von 45° C wieder eine zunehmende Entladung. Die Entladungen der Einzelfasern wurden an narkotisierten Tieren gemessen. (Nach KENSHALO in [25])

Antwortverhalten bei konstanter Hauttemperatur. Die Abb. 9-12 zeigt die Entladungsfrequenzen von Thermosensoren bei konstanten Hauttemperaturen. Die **statische** Entladungsfrequenz der **Warmsensoren** nimmt im Bereich von ca. 30° C bis etwa 43° C zu, darüber kommt es zu einem raschen Abfall der Entladungsfrequenz: Im Bereich der Schwelle für Hitzeschmerz (ca. 45° C) sind Warmsensoren meistens unerregbar. **Kaltsensoren** zeigen eine steigende Entladungsfrequenz mit abnehmender Temperatur ab etwa 33° C, bei weiterer Abkühlung wird ein Maximum erreicht, das für individuelle Kaltsensoren zwischen 17° und 36° C liegt. Wegen dieses Maximums gehören zu jedem Wert der Entladungsfrequenz 2 Temperaturen. Es ist nicht bekannt, wie das ZNS trotzdem auch im Bereich unterhalb von 17° C noch Kälte eindeutig erkennen kann [7]. Möglicherweise spielen dabei die dynamischen Antworten der Kaltsensoren eine Rolle: Auch im Temperaturbereich unterhalb des Maximums der statischen Kennlinie kommt es bei Abkühlung vorübergehend zu einer verstärkten Entladung. Eine weitere Möglichkeit, Temperaturen unterhalb des Maximums zu identifizieren, wurde in der Tatsache gesehen, daß bei niedrigen Temperaturen *rhythmisch gruppierte Entladungen* auftreten (Abb. 9-13).

Antwortverhalten während Änderung der Hauttemperatur. Die dynamischen Antworten eines Kaltsensors bei Abkühlung und Wiedererwärmung zeigt Abb. 9-13. Wie der Vergleich der Abb. 9-12 mit Abb. 9-13 zeigt, ist die Entladungsrate eines Thermosensors also nicht nur abhängig von der Temperatur (Proportionalfühler), sondern auch von der **Änderungsgeschwindigkeit** der Temperatur (Differentialfühler), wie wir es auch aus den Ergebnissen der psychophysischen Untersuchungen erwarten müssen. Das Verhalten der Warmsensoren während Temperaturänderung ist praktisch spiegelbildlich zu dem der Kaltsensoren: Sie beantworten Erwärmen der Haut mit einer vorübergehend über die statische Antwort erhöhten Entladungsrate und zeigen während der Abkühlung eine unterschießende Abnahme der Entladungsfrequenz.

Der Temperaturbereich der **dynamischen Empfindlichkeit** der Thermosensoren unterscheidet sich von dem der statischen Empfindlichkeit. So zeigt z.B. ein Kaltsensor auch bei Abkühlung im Temperaturbereich unterhalb des Maximums der statischen Entladung (Abb. 9-12) eine dynamische Frequenzerhöhung, obwohl die statische Entladung abnimmt.

Das Vorkommen von Warm- und Kaltsensoren statt einer einheitlichen Population von Thermosensoren hat insgesamt also Vorteile, da so dem ZNS wesentlich detailliertere Aufschlüsse über das Temperaturgeschehen an der Haut vermittelt werden können.

Unspezifische Thermosensoren. Bei Säugetieren werden manche empfindlichen Mechanosensoren, v.a. die SA-II-Sensoren, zusätzlich auch durch Abkühlung erregt [7, 9, 12]. Vielleicht erklärt ihr Verhalten, daß von 2 identischen Gewichten auf der Handfläche das kältere schwerer als das wärmere erscheint (Weber-Täuschung).

Bei sehr starken Wärmereizen (z.B. zu heißes Badewasser) kommt es häufig zu einer **paradoxen Kaltempfindung.** Sie

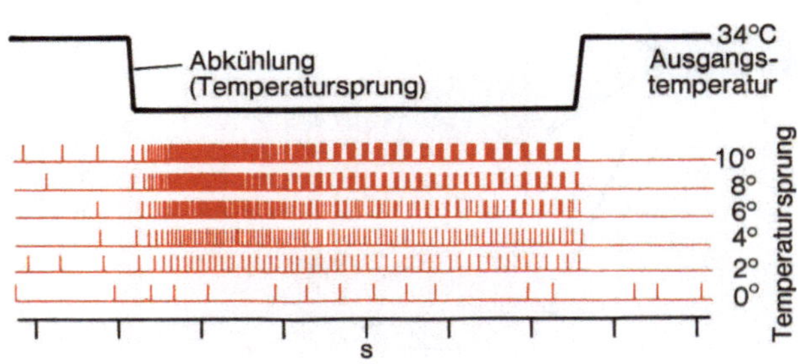

Abb. 9-13. Antwortverhalten eines Kaltsensors der Affenhand bei vorübergehender Verringerung der Hauttemperatur. Die Entladungen der afferenten Fasern sind für verschieden große Abkühlungssprünge gezeigt, jeweils ausgehend von einer Hauttemperatur von 34° C. Registrierungen aus dem N. medianus eines narkotisierten Affen. (Aus DARIAN-SMITH, JOHNSON and DYKES: J. Neurophysiol, *36*, 325, 1973)

beruht wahrscheinlich darauf, daß die Kaltsensoren, die normalerweise oberhalb 40° C stumm sind (Abb. 9-12), bei rascher Erwärmung auf über 45° C vorübergehend wieder entladen — sie verhalten sich dabei also kurzzeitig wie hitzeempfindliche Nosensoren (s. Kap. 10).

9.5 Viscerale Sensibilität

Die Spinalnerven und einige Hirnnerven enthalten auch Afferenzen aus den inneren Organen (s. Abb. 9-19 und 9-20). Peripher verlaufen diese visceralen Afferenzen v.a. im N. vagus, im N. splanchnicus und in den Nn. pelvici. Die efferenten Fasern in diesen Nerven gehören zum parasympathischen und zum sympathischen Nervensystem. Die afferenten Fasern können jedoch nicht diesen Systemen zugeordnet werden.

Die Aktivität der visceralen Afferenzen wird überwiegend bei automatisch ablaufenden **Regelungsvorgängen** in den Systemen des Kreislaufs, der Atmung, der Verdauung sowie des Elektrolyt- und Wasserhaushaltes ausgewertet. Diese weitgehend unbewußt bleibenden Funktionen werden in anderen Kapiteln dieses Lehrbuchs erörtert.

Nur in geringem Umfang löst die Tätigkeit der visceralen Afferenzen auch **bewußte Wahrnehmungen** aus (Abb. 9-14). Die Wahrnehmungen können *direkte sensorische Vorgänge* der visceralen Afferenzen sein oder *indirekt über reflektorische Wirkungen* erfolgen, die durch die visceralen Afferenzen ausgelöst werden. Die visceralen Afferenzen haben offensichtlich um so stärker Zugang zu bewußten Empfindungen, je stärker die Möglichkeiten sind, durch bewußte Verhaltensreaktionen zur Beseitigung von Störungen dieser Regulationssysteme beizutragen. Starke, potentiell schädigende Reize der inneren Organe werden als **Schmerz** (s. Kap. 10) wahrgenommen, bei Mangel an Nahrungs- oder Wasseraufnahme führen die Aktivitäten in visceralen Afferenzen (z.B. Glucose- und Osmosensoren) zu den sog. Allgemeingefühlen **Hunger** und **Durst** (s. Kap. 14), zunehmende Füllung der Harnblase veranlaßt uns zum Wasserlassen. Zwischen diesen konkreten Wahrnehmungen und den unbewußten Regulationswirkungen der Viscerosensoren gibt es auch noch **unbestimmt bleibende** angenehme oder unangenehme **Gefühle,** die auf Erregung von Viscerosensoren zurückzuführen sind. Sie werden allgemein zur **Befindlichkeit** eines Menschen gezählt und wirken sich meist stark auf die emotionale Situation aus.

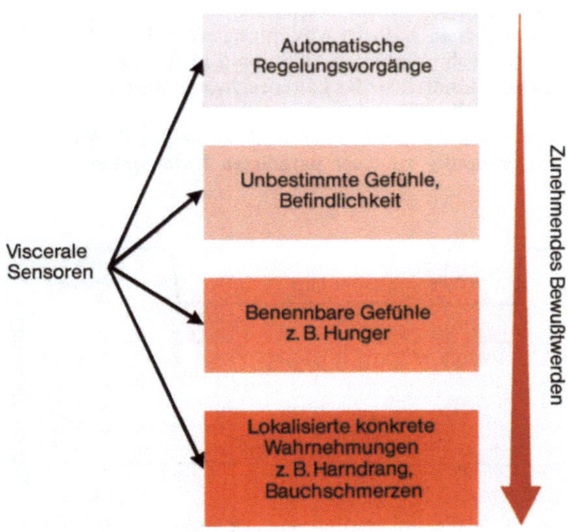

Abb. 9-14. Ebenen der Visceroception. Die Aktivität von Viscerosensoren, also Sensoren der inneren Organe, ist in verschiedene funktionelle Systeme eingebunden. Dabei werden verschiedene Ebenen der bewußten Wahrnehmung erreicht. Bei unbewußt bleibenden Regulationsvorgängen kann die bewußte Wahrnehmung indirekt durch die Regulationswirkung erfolgen

Kardiovasculäres System. Die Fühler bei der Regelung von Blutdruck und Blutvolumen sind Mechanosensoren der Aorta und A. carotis, sowie der Vorhöfe des Herzens (s. Kap. 20). Die dauernde Tätigkeit dieser Sensoren wird uns nicht bewußt. Jedoch können wir in Ausnahmesituationen unsere Herztätigkeit wahrnehmen, z.B. bei starker körperlicher oder psychischer Anspannung. Diese *Wahrnehmung des schlagenden Herzens* wird wahrscheinlich auch über die empfindlichen Mechanosensoren der Haut und Muskeln vermittelt, ausgelöst durch die erheblichen Form- und Lageveränderungen des Herzens und die Pulswellen in den Arterien. Dies wäre ein Beispiel für die *indirekte Wahrnehmung* der Tätigkeit visceraler Afferenzen über ihre reflektorischen Wirkungen.

Pulmonales System. Die Afferenzen, die die Atmungstätigkeit kontrollieren, sind v.a. Chemosensoren im arteriellen System und wahrscheinlich auch im Gehirn, die durch abnehmenden O_2-Partialdruck und zunehmenden CO_2-Partialdruck erregt werden. Auch die Tätigkeit dieser Sensoren wird i. allg. nicht wahrgenommen. Lediglich bei stärkeren Anstiegen des CO_2-Partialdrucks oder/und bei obstruktiven Störungen der Atemwege (z.B. Asthma) kommt es zum Gefühl der **Atemnot.** Die Abnahme des O_2-Partialdrucks, die durch Sauerstoffmangel in der Einatmungsluft (z.B. Aufstieg in große Höhen, Druckabfall in der Flugzeugkabine) ausgelöst werden kann, wird dagegen nicht wahrgenommen, selbst bei Ausmaßen, die zu Bewußtseinstrübungen führen. Es ist deshalb wenig wahrscheinlich, daß die Chemosensoren des Blutes die Gefühle der Atemnot direkt auslösen, sondern daß dabei eher Defizite bei der motorischen Ausführung der Atmungstätigkeit wahrgenommen werden. Die rhythmischen Atmungsbewegungen werden nämlich bewußt wahrgenommen, wahrscheinlich durch die Vielzahl der dabei erregten empfindlichen Mechanosensoren des Bewegungssystems und der Haut im Bereich des Thorax.

Gastrointestinales System. Der Magen-Darm-Kanal gehört embryologisch zur Körperoberfläche. Entsprechendes sehen wir in der Funktion: Durch die Nahrungsaufnahme ist der Magen-Darm-Kanal vielen Reizen ausgesetzt, die letztlich von außen kommen. So ist es nicht verwunderlich, daß mechanische, thermische und chemische Reize im gastrointestinalen System mehr als in anderen inneren Organen wahrgenommen werden [8]. Insbesondere werden Dehnungsreize wahrgenommen, wie experimentell durch Aufblasen eines Ballons über einen Katheter gezeigt werden konnte. Dehnung des Magens führt dabei zu **Sättigungs-** oder **Völlegefühl,** während Dehnung des Darms als Blähungsgefühl (wie durch Darmgase) wahrgenommen wird. Bei solchen Ballonexperimenten wurden auch Fehllokalisationen der Reize in die **Head-Zonen** der Körperoberfläche beschrieben (vgl. Abb. 10-9, S. 223f., 244 u. 364). Starke Reizung im Gastrointestinalsystem durch Dehnung oder Ischämie wird als Schmerz wahrgenommen, besonders wenn durch diese Reizsituationen Kontrakturen der glatten Muskulatur ausgelöst werden (Kolikschmerz).

Thermische und chemische Reize werden besonders im Bereich des Oesophagus und Rectums wahrgenommen. Berührungen und Manipulationen im gastrointestinalen Bereich, wie sie z.B. bei chirurgischen Operationen vorkommen, sollen nicht zu bewußten Wahrnehmungen führen, wie Berichte aus älterer Zeit über Operationen an nicht-narkotisierten Patienten behaupten.

Renales System. Auch aus dem Bereich der Niere und Harnleiter gibt es keine bewußten Wahrnehmungen, außer Schmerz. Wird jedoch die Harnblase durch steigendes Volumen gedehnt, so kommt es zur Wahrnehmung von **Harndrang;** dadurch wird die willkürliche Reaktion des Wasserlassens ausgelöst (s. auch die Darstellung von Miktion und Defäkation in Kap. 16, ab S. 367).

Biofeedback visceraler Funktionen, Emotionstheorien. Viscerale Funktionen, z.B. Blutdruck oder Durchblutung, können von Mensch und Tier willkürlich beeinflußt werden, wenn Meßwerte der jeweiligen Funktion über technische Systeme wahrnehmbar gemacht werden [14]. Wird mit diesem Biofeedback z.B. der arterielle Blutdruck in den Ausschlag eines Zeigerinstruments oder in die Höhe eines Tons umgesetzt, dann gelingt es Versuchspersonen und Tieren (durch Belohnung im Experiment mit operanter Konditionierung, s.S. 164) im Verlauf wiederholter Experimente, den Blutdruck wunschgemäß zu erhöhen oder zu senken. Die Versuchsperson kann meistens nicht beschreiben, wie sie diese Beeinflussung zuwege bringt. Nach längerem Lernen ist es jedoch auch möglich, daß die Versuchspersonen auch dann die vegetativen Parameter verändern können, wenn kein Biofeedback verwendet wird. Daraus kann man vermuten, daß die vegetativen Funktionen doch irgendwie wahrgenommen werden, jedoch ohne deutliches Bewußtseinsniveau von Reizen.

Die Frage der Wahrnehmung vegetativer Funktionen führt uns auch zu einer älteren **psychophysiologischen Emotionstheorie,** nämlich der nach ihren Begründern benannten *James-Lange-Theorie*. Danach sollen die Emotionen dadurch zustande kommen, daß wir die Veränderungen im vegetativen Bereich wahrnehmen, die reflektorisch durch eine äußere Reizsituation ausgelöst werden. So soll z.B. Furcht vor einem Bären dadurch ausgelöst werden, daß der Anblick des wilden Tiers zu Änderungen, z.B. von Blutdruck, Herzfrequenz und Magensaftsekretion, führt und daß die Rückmeldung dieser Änderungen über Viscerosensoren die emotionale Färbung einer Wahrnehmungssituation bedingt. Ähnlich sollen andere Emotionen (Glück, Trauer, Wut) durch die Rückmeldung verschiedener Zustände des „inneren Aufgewühltseins", also der vegetativen Reaktionen, zustande kommen.

Viele Befunde sprechen gegen diesen peripheren Umweg als wesentlichen Mechanismus bei der Entstehung von Emotionen, denn z.B. auch bei hoch Querschnittsgelähmten wird eine normale Emotionalität beschrieben. Das schließt jedoch nicht aus, daß viscerale Afferenzen zu unserer emotionalen Befindlichkeit beitragen können.

9.6 Proprioception

Unter Proprioception, auch Tiefensensibilität oder kinästhetische Sensibilität genannt, verstehen wir die *Wahrnehmung der Stellung und Bewegung unseres Körpers*. Die Körperstellung wird durch die Position der Gelenke bestimmt, deren Bewegungen sowohl passiv, durch von außen einwirkende Kräfte, als auch aktiv, durch Kontraktion unserer Muskeln, ausgeführt werden. Die Sensoren der Propioception liegen jedoch nicht nur in den Gelenken, sondern auch in den Muskeln, Sehnen und in der Haut. Bei der Wahrnehmung der Körperstellung im Feld der Schwerkraft wirkt auch das Vestibularorgan mit. Alle diese Propriosensoren sind auch an den vielfältigen bewußten und unbewußten Aufgaben der Motorik beteiligt (s. Kap. 5). In diesem Abschnitt werden hauptsächlich die zur bewußten Wahrnehmung kommenden Meldungen dieser Sensoren erörtert.

Qualitäten der Tiefensensibilität

Stellungssinn. Auch bei geschlossenen Augen sind wir über die Winkelstellung der Gelenke, und damit auch über die Haltung der Gliedmaßen, genau orientiert. Diese Fähigkeit kann man leicht durch einfache Versuche belegen: Jede Position, z.B. des Ellenbogengelenks, die wir durch eine aktive oder passive Bewegung erreichen, können wir mit großer Genauigkeit durch das Ellenbogengelenk des andern Arms nachvollziehen, und jede vorher bezeichnete Stelle unseres Körpers können wir mit unserem Zeigefinger mit geringem Fehler anpeilen.

Bewegungssinn. Wenn die Stellung eines Gelenks geändert wird, nehmen wir sowohl die Richtung als auch die Geschwindigkeit dieser Bewegung wahr. Die Wahrnehmungsschwelle für Gelenkbewegungen hängt von der Winkelgeschwindigkeit ab.

Mit *proximalen* Gelenken können wir kleinere Winkeländerungen wahrnehmen als mit *distalen* Gelenken. So beträgt die Wahrnehmungsschwelle für eine Bewegung des Schultergelenks, 0,2–0,4°, bei einer Geschwindigkeit von 0,3°/s, während die Schwelle für eine Bewegung eines Fingergelenks 1,0–1,3° ist, bei einer Geschwindigkeit von 12,5°/s. Die Schwellen für aktive und passive Gelenkbewegungen unterscheiden sich praktisch nicht.

Kraftsinn. Über den Kraftsinn nehmen wir das Ausmaß an Muskelkraft wahr, das wir aufwenden müssen, um eine Bewegung durchzuführen oder eine Gelenkstellung einzuhalten, z.B. bei wechselnden Belastungen durch die Schwerkraft. Mit dem Kraftsinn können wir die Schwere von Gewichten ziemlich gut schätzen, wenn wir diese mit der Hand hochheben. Vergleichen wir 2 Gewichte durch gleichzeitiges Hochheben mit den beiden Händen, so können wir Gewichtsunterschiede zwischen 3 und 10% feststellen. Legen wir dagegen die zu schätzenden Gewichte auf die auf einer Unterlage ruhende Hand, dann sind die Gewichtsschätzungen, offensichtlich wegen der Beschränkung der afferenten Information auf die aus Hautsensoren, wesentlich ungenauer.

Sensoren der Proprioception

Bei der bewußten Wahrnehmung von Gelenkpositionen und -bewegungen scheinen verschiedene Arten von empfindlichen Mechanosensoren mitzuwirken: Gelenksensoren, Muskelspindeln, Sehnensensoren und Hautsensoren. Zu dieser Annahme paßt die Beobachtung, daß der somatosensorische Kern des Thalamus (VB) und der somatosensorische Cortex SII (s. Abschn. 9.10 und 9.11) neuronale Informationen aus allen genannten Typen von Sensoren erhalten [15, 31, 32]. Über die Beiträge, die die einzelnen Sensortypen zur Wahrnehmung leisten, gab es in den letzten Jahren kontroverse Ansichten.

Lange Zeit wurde den **Gelenksensoren** eine überragende Bedeutung zugeschrieben. Es handelt sich dabei um empfindliche Mechanosensoren in den Gelenkkapseln, die unterschiedliche Gelenkpositionen oder Gelenkbewegungen codieren. Ein Argument gegen diese besondere Rolle der Gelenksensoren war jedoch die Beobachtung bei Patienten mit künstlichen Gelenken, daß die Wahrnehmung der Gelenkposition kaum gestört ist. Außerdem haben neuere psychophysische Versuche zur Wahrnehmung von Gelenkstellungen und -bewegungen die Hypothese bekräftigt, daß v.a. die **Muskelspindeln** einen wichtigen Beitrag liefern. Mit vibratorischer Reizung von Muskeln und Sehnen, durch die v.a. Muskelspindeln und Sehnensensoren zusätzlich aktiviert werden, lassen sich nämlich

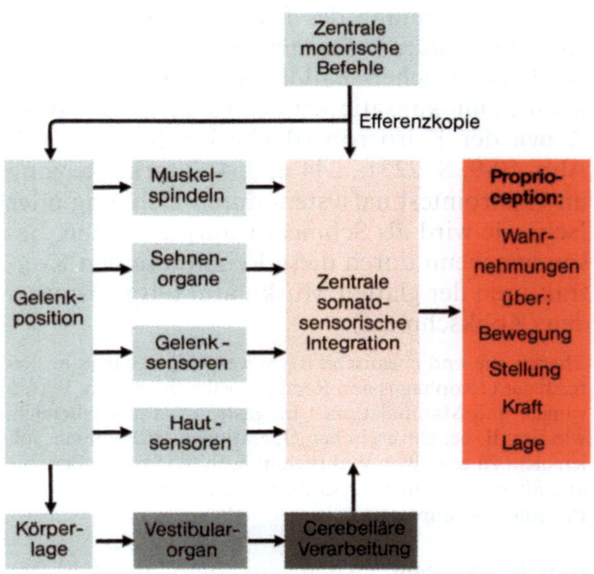

Abb. 9-15. Proprioception. Übersicht über die afferenten und efferenten Systeme, die bei den bewußt werdenden Vorgängen der Proprioception zusammenwirken. Falls bei experimenteller Ausschaltung eines Teilsystems die Wahrnehmung, z.B. einer Gelenkbewegung, bestehen bleibt, darf nicht geschlossen werden, daß dieses System an der bewußten Wahrnehmung nicht beteiligt ist

verblüffende Illusionen von Gelenkbewegungen erzeugen [32, 35].
Aus der Vielzahl der psychophysischen Untersuchungen und klinischen Beobachtungen kann man folgern, daß unser ZNS bei den Leistungen der Proprioception **alle verfügbaren neuralen Informationen** ausnutzt (Abb. 9-15). Die Annahme scheint berechtigt, daß afferente Nachrichten aus Muskelspindeln, Sehnenorganen, Gelenksensoren und Hautsensoren [34] zu den komplexen Wahrnehmungen der Körperstellung und -bewegung integriert werden. Wahrscheinlich wirken auch efferente motorische Informationen, die als Bewegungsbefehle z.B. vom Motorcortex ausgehen, bei dieser Integrationsleistung der Proprioception als **Efferenzkopie** mit.

9.7 Funktionell-anatomische Übersicht des zentralen somatosensorischen Systems

Bei der zentralen Verarbeitung der Meldungen aus den peripheren Sensoren können funktionell 3 Ebenen abgegrenzt werden: die Ebenen der *afferenten*, der *integrativen* und der *efferenten* Systeme. Der zentralnervöse **afferente** oder **sensorische** Anteil des somatovisceralen Systems läßt sich in Rückenmark, Hirnstamm, Thalamus und Cortex lokalisieren. Dabei werden verschiedene Bahnen benutzt, sozusagen als Parallelwege mit unterschiedlichen Funktionen: **Parallelverarbeitung.** Die periphere Sinnesfläche, also die Gesamtheit der Sensoren, projiziert zum Thalamus und zum Cortex, wir können von einer geordneten Abbildung der Peripherie auf zentralnervöse Bereiche sprechen. Diese räumliche Zuordnung wird als **Somatotopie** bezeichnet. Die nachfolgenden Stationen zentralnervöser Verarbeitung sind die integrativen und efferenten Ebenen. Überwiegend **integrative** Funktionen haben das Assoziationssystem und das limbische System. Zu den wichtigsten Leistungen dieser Systeme gehört auch die Zusammenführung von Meldungen aus mehreren Sinnessystemen sowie von gespeicherter Information aus dem Gedächtnis. Das motorische und das vegetative System haben **efferente** Funktionen. Das komplexe Zusammenwirken dieser Funktionsbereiche muß als die Grundlage unseres Verhaltens angesehen werden. Im Hinblick auf Sinnesreize besteht Verhalten aus Wahrnehmungen und Reaktionen mit *kognitiven* (bewußt erkennenden), *affektiven* (gefühlsmäßigen), *motivationalen* (antriebserzeugenden), *motorischen* und *vegetativen* Komponenten.

Zweiteilung des zentralen somatovisceralen Systems. Die afferenten Nervenfasern des Körpers treten über die Spinalnerven ins Rückenmark ein, die des Gesichts über den Trigeminusnerv in den Hirnstamm. Die Nachrichten aus den Sensoren werden einmal im Rückenmark bzw. im Hirnstamm auf vielfältige Art in motorische und vegetative Reflexe einbezogen, zum anderen werden sie über aufsteigende Fasersysteme zum Gehirn weitergegeben. Die Abb. 9-16 gibt eine stark vereinfachte Orientierung.

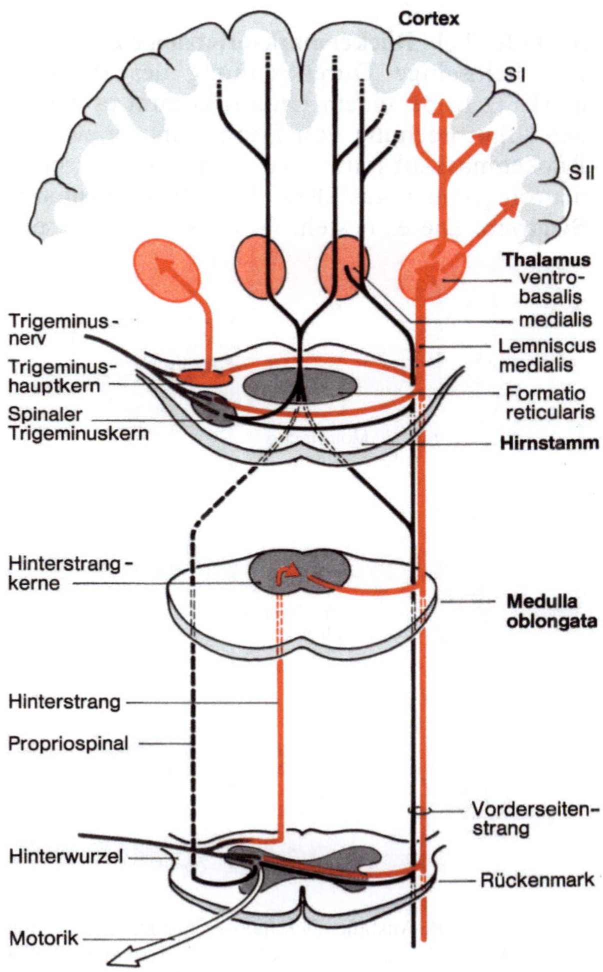

Abb. 9-16. Funktionell-anatomische Übersicht des somatosensorischen Systems (schematisiert). *Rot* Bahnen und Kerne des Hinterstrangsystems. *Schwarz* Bahnen und Kerne des Vorderseitenstrangsystems. Die *roten Pfeile* symbolisieren Somatotopie, das ist die räumlich geordnete Zuordnung zwischen peripherer Sinnesfläche und dem jeweiligen Gebiet im ZNS. *SI, SII* erstes bzw. zweites somatosensorisches Projektionsfeld des Cortex

Die funktionelle Neuroanatomie gibt 2 wichtige und dominierende **aufsteigende Bahnsysteme** für die Somatosensorik an:
- das **Hinterstrang-** oder **Lemniscussystem**
- das **Vorderseitenstrangsystem.**

Beide Bahnen verbinden jede Körperseite im wesentlichen mit der jeweils gegenseitigen (kontralateralen) Hirnhälfte. Das Hinterstrangsystem ist funktionell mit der Mechanoreception der Haut und der Proprioception assoziiert, das Vorderseitenstrangsystem vorwiegend mit Thermoreception und Nociception. Obwohl im Rükkenmark weitere aufsteigende Wege für somatosensorische Informationen identifiziert wurden, ist es nützlich, die Unterteilung entsprechend den beiden dominierenden Bahnensystemen beizubehalten.

Ausfälle bei Rückenmarkverletzungen. Durch eine halbseitige Durchtrennung des Rückenmarks (z.B. bei einem Unfall) kommt es wegen der Unterbrechung von Bahnen in der weißen Rückenmarksubstanz zu charakteristischen neurologischen Ausfällen, dem **Brown-Séquard-Syndrom.** Dieses besteht (Abb. 9-17A) aus sensorischen Störungen auf beiden Körperseiten unterhalb der Läsion sowie aus einer Lähmung der Willkürmotorik auf der Seite der Läsion (ipsilateral). Die **Sensibilitätsstörungen** sind auf beiden Körperhälften ungleich: Ipsilateral treten Störungen des Tastsinns auf, die sich z.B. als Ansteigen der Zweipunktschwelle äußern (s. Abb. 9-3), kontralateral können Schmerz- und Temperaturreize nicht mehr gut wahrgenommen werden. Dagegen sind ipsilateral die Schmerz- und Temperatursensibilität, kontralateral die Tastwahrnehmung normal. Wir sprechen deshalb von einer **dissoziierten Empfindungsstörung** [20].

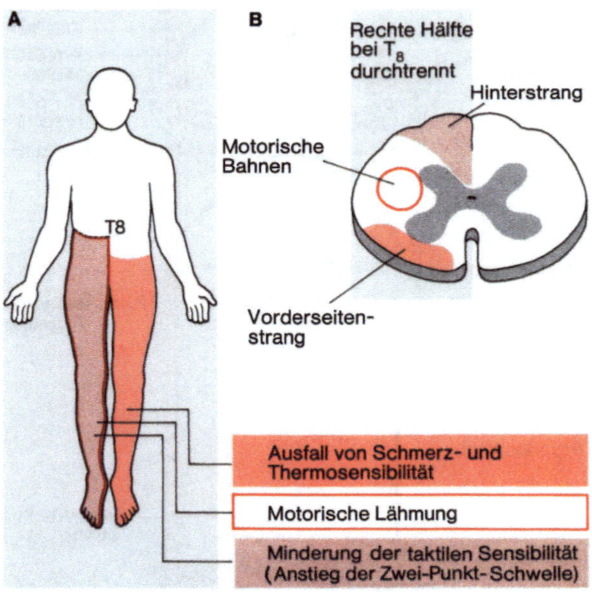

Abb. 9-17A u. B. Ausfälle nach halbseitiger Durchtrennung des Rückenmarks (Syndrom nach Brown-Séquard): **A** Bei halbseitiger Durchtrennung des rechten Rückenmarks auf Höhe des Segments T8 kommt es ipsilateral zu einer motorischen Lähmung und zu einer Beeinträchtigung des Tastsinns (starker Anstieg der Zweipunktschwelle); kontralateral kommt es zu einem Ausfall der Schmerz- und der Thermosensibilität. **B** Rückenmarkquerschnitt in Höhe der Halbseitendurchtrennung bei T8 mit Hervorhebung der 3 spinalen Bahnen, deren Durchtrennung die in A angegebenen Ausfälle bewirkt

Die Störungen beruhen auf der Durchtrennung von Bahnen in der weißen Substanz: Die Unterbrechung der absteigenden motorischen Bahnen (z.B. *Pyramidenbahn*) führt zu Lähmungen der Willkürmotorik (ipsilateral), die des *Hinterstrangs* zur Störung des Tastsinns (ipsilateral) und die des *Vorderseitenstrangs* zu Ausfällen von Schmerz- und Temperatursinn (kontralateral). Hinterstrang und Vorderseitenstrang, die zu einem bestimmten Hautgebiet gehören, verlaufen im Rückenmark auf verschiedenen Seiten, im Gehirn findet sich die Information beider sensorischer Bahnsysteme überwiegend kontralateral zur innervierten Körperseite.

Das Hinterstrangsystem

Das Hinterstrangsystem (in Abb. 9-16 rot gekennzeichnet) führt seinen Namen nach dem Hinterstrang, einem mächtigen Faserzug in der weißen Substanz des dorsalen Rückenmarks. Er besteht aus direkten Collateralen von dicken myelinisierten afferenten Fasern (Gruppen I und II) der Spinalnerven. Er wird auch als **Lemniscussystem** bezeichnet, nach dem *Tractus lemnicus medialis* (mediale Schleifenbahn). Dieses aufsteigende Teilsystem der Somatosensorik enthält eine anatomisch und neurophysiologisch gut abgrenzbare Verbindung von spinalen und trigeminalen mechanoreceptiven Afferenzen zu 2 Cortexgebieten des Scheitellappens (parietaler Cortex), dem ersten somatosensorischen Areal S I und dem zweiten somatosensorischen Areal S II (s. auch Abb. 9-22).

Die **Afferenzen des Hinterstrangsystems** sind die der niederschwelligen Mechanosensoren der Haut (also der SA-, RA- und PC-Sensoren), der Muskelspindeln, Sehnensensoren und Gelenkstellungssensoren. Der aufsteigende Weg ist schnelleitend, er enthält nur 3 synaptische Umschaltungen. Er verläuft v.a. (Abb. 9-16) über die Hinterstränge des Rückenmarks — Hinterstrangkerne der Medulla oblongata (1. Synapse) — Tractus lemniscus medialis — Kreuzung zur Gegenseite — Ventrobasalkern des Thalamus (2. Synapse) — Areale S I und S II des Cortex

(3. Synapse). Die Trigeminuskollateralen werden im Trigeminushauptkern des Hirnstamms synaptisch umgeschaltet, der den Hinterstrangkernen entspricht. Der weitere Verlauf folgt, nach Kreuzung zur Gegenseite, dem Tractus lemnicus medialis zum Thalamus.
Ein besonderes Charakteristikum des Hinterstrangsystems ist die **Somatotopie:** Dieser Begriff bezeichnet die geordnete räumliche (topographische) Zuordnung zwischen der Haut als peripherer Sinnesfläche und allen zentralnervösen Schaltstationen. Wir können dabei auch von einer (geometrisch verzerrten) *Abbildung* oder **Projektion** sprechen, wie sie auch beim visuellen und auditorischen System bekannt ist. Einzelheiten werden später erörtert (s. S. 228).
Das Hinterstrangsystem ist bei Primaten, also Affen und Menschen, besonders hoch entwickelt. Es ist die anatomische Basis der **taktilen Sensibilität** (Tastsinn, Getast) und der **Proprioception,** also aller (bewußten und unbewußten) Fähigkeiten, die eine Unterscheidung (Diskrimination) der räumlichen und zeitlichen Details eines mechanischen Reizes im Bereich des Körpers erfordern.

Eine wichtige Rolle spielen die Informationen aus Haut, Muskeln und Gelenken über den Hinterstrang als Rückmeldungen bei der **Führung von Bewegungen,** besonders von Tastbewegungen.

Das Vorderseitenstrangsystem

Dieses System ist in Abb. 9-16 schwarz gekennzeichnet. Sein Name leitet sich vom Vorderseitenstrang in der ventralen weißen Substanz des Rückenmarks ab, der aufsteigende Fasern von Rückenmarkneuronen enthält, die in der grauen Substanz liegen, v.a. im Hinterhorn. Im Bereich des Trigeminus entstammen die dem Vorderseitenstrang entsprechenden Axone Neuronen des spinalen Trigeminuskerns (Abb. 9-16 und 9-20). Die afferenten Zuflüsse über die *Spinalnerven* bzw. den *Trigeminusnerv* kommen aus **Thermosensoren** und **Nociceptoren,** jedoch auch aus niederschwelligen Mechanosensoren, v.a. solchen der Haut.
Der Vorderseitenstrang verläuft kontralateral, vom Eintritt der Afferenzen ins Rückenmark gesehen. Die Zielgebiete liegen v.a. in der **Formatio reticularis** und anderen Hirnstammarealen, sowie im **Thalamus.** Entsprechend werden der *Tractus spinoreticularis* und der *Tractus spinothalamicus* unterschieden. Von dort aus scheinen die über den Vorderseitenstrang vermittelten Informationen viele Gehirngebiete zu erreichen, überwiegend über **polysynaptische, langsam leitende** Verbindungen. Dabei fehlt jedoch eine ausgeprägte Somatotopie, auch besteht keine deutliche Projektion zum Cortex, vergleichbar mit der des Hinterstrangsystems. Das Vorderseitenstrangsystem gilt als die anatomische Basis von **Thermosensibilität** und **Schmerz.** Darüber hinaus wird es auch als Teil des unspezifischen Systems angesehen, das nachfolgend erörtert wird.

Aus dieser Einordnung des Vorderseitenstrangsystems fällt ein entwicklungsgeschichtlich neuer Anteil heraus, nämlich der **Tractus neospinothalamicus** (hellrot in Abb. 9-16). Dieser ist beim Primaten stark entwickelt. Er führt Informationen aus Mechanosensoren der Haut über den Ventrobasalkern des Thalamus zu den somatosensorischen Cortexarealen SI und SII, weshalb er von einigen Forschern **funktionell zum Lemniscussystem gerechnet** wird.

Andere aufsteigende Bahnen. 3 lange Bahnen (nicht in Abb. 9-16 enthalten) sollen hier nur erwähnt werden, ihre Bedeutung für die Somatosensorik ist nicht geklärt. Die beiden **Tractus spinocerebellares** übertragen mechanosensitive Informationen aus Haut, Muskeln und Gelenken zum Cerebellum. Sie gehören funktionell zum motorischen System (s. S. 109). Der **Tractus spinocervicalis** (dorsolateral verlaufend) kommt v.a. bei Carnivoren vor (z.B. bei Katzen) und soll funktionell die Rolle des hier wenig entwickelten **Tractus neospinothalamicus** (s.o.) haben; aufgrund seiner supraspinalen Verbindungen (z.B. zum somatosensorischen Cortexareal SI) wird er funktionell dem Lemniscussystem zugerechnet [9]. In den Hintersträngen verlaufen zusätzlich zu den Collateralen von myelinisierten Afferenzen auch (postsynaptische) Axone von Neuronen der grauen Rückenmarksubstanz, die größtenteils durch starke, eher noxische Reize erregt werden. Ihre Zielgebiete im Gehirn und ihre Funktionen sind weitgehend unbekannt.
Der bisher am wenigsten untersuchte aufsteigende Weg ist die Leitung im Rückenmark über kurze, in Serie geschaltete **intersegmentale (propriospinale) Verbindungen** (schwarz unterbrochen in Abb. 9-16). Aus gezielten Durchschneidungsversuchen bei Tieren wird gefolgert, daß diese *multisynaptische* Bahn diffus im Rückenmarkquerschnitt verteilt ist, und daß beim Aufsteigen mehrfach Kreuzungen zur Gegenseite und zurück bestehen. Dieser Weg soll v.a. für Nociception und Schmerz von Bedeutung sein; seine Existenz könnte die Beobachtung erklären, daß selbst nach *beidseitiger Chordotomie* (Durchtrennung des Vorderseitenstrangs zur Schmerztherapie) Schmerzempfindungen bestehen bleiben oder wiederkehren.

Das unspezifische System

Etwa ab 1950 hat sich in der Neurophysiologie der Begriff des *unspezifischen Systems* eingebürgert [1, 18, 22, 24]. Dieses wurde den spezifischen Systemen der Sensorik gegenübergestellt, die anatomisch und physiologisch klar abgegrenzt werden konnten — bei der Somatosensorik ist das Hinterstrangsystem das spezifische System. Dem unspezifischen System ordnete

man eine Reihe von **generalisierten Reaktionen** zu, die im Tierexperiment beobachtet wurden, wie z.B.
- Weckreaktion (Arousal),
- Einflüsse auf das EEG,
- Einflüsse auf den Schlaf-Wach-Rhythmus,
- affektive Verhaltensreaktionen,
- Blutdruckreaktionen.

Solche Reaktionen ließen sich sowohl durch Sinnesreize auslösen, v.a. durch Schmerzreize, jedoch auch durch elektrische Stimulation in der *Formatio reticularis* des Hirnstamms und in den *medialen Thalamusregionen* — hier wurde deshalb das unspezifische System auch lokalisiert, mit dem Vorderseitenstrang als hauptsächlichem sensorischem Zubringer.

Die vielen Beobachtungen an dieser entwicklungsgeschichtlich alten Hirnregion zeigen, daß hier zahlreiche lebenswichtige Integrations- und Regulationsvorgänge ablaufen, die sich sowohl bei Funktionen des Rückenmarks (z.B. Sympathicus) als auch solchen des Endhirns (z.B. Wachheit) äußern. Es gibt jedoch nicht genügend Evidenz für die Annahme eines einheitlichen unspezifischen Systems. Im Gegenteil, mit zunehmender physiologischer, anatomischer und biochemischer Differenzierung dieser Hirnregionen [17] wurde das Konzept des unspezifischen Systems mehr und mehr verdrängt. Wir werden später, bei der Erörterung der Formatio reticularis des Hirnstamms, nochmals darauf zurückkommen (s. S. 225).

9.8 Verschaltung und Weiterleitung der somatovisceralen Information im Rückenmark

Das Dermatom. Die Afferenzen von Haut, Muskeln, Gelenken und Viscera treten über die Hinterwurzeln in das Rückenmark ein. Dabei läßt sich eine räumliche *(topologische)* Ordnung erkennen (Abb. 9-18): z.B. die Hautafferenzen jeder Hinterwurzel innervieren jeweils ein umschriebenes Hautgebiet, das **Dermatom** genannt wird. Benachbarte Dermatome überlappen beträchtlich; dies rührt daher, daß die Hinterwurzelfasern sich beim Wachstum in die Peripherie umbündeln (Abb. 9-18A), besonders in den

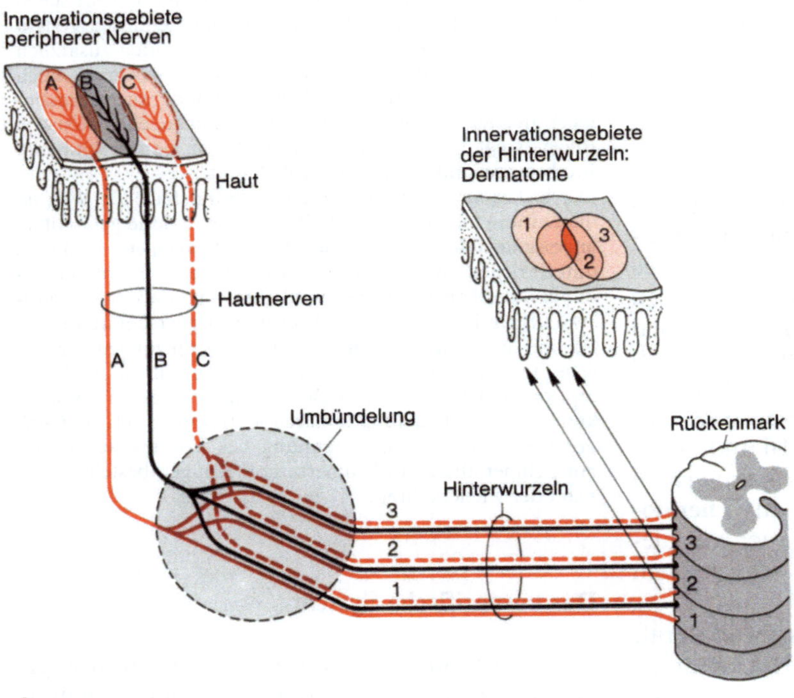

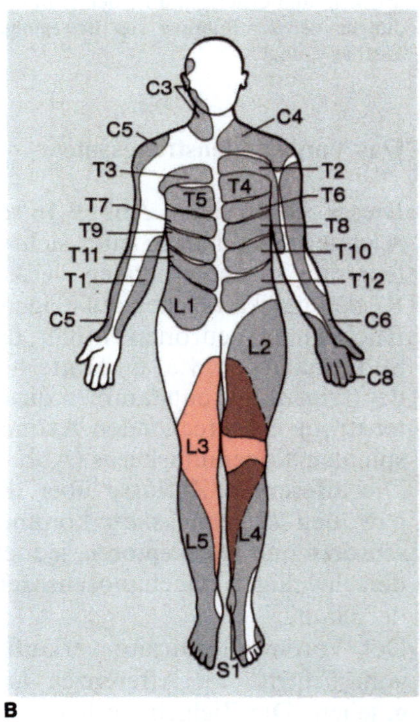

Abb. 9-18A. u. B. Innervationsareale von Hautnerven und Hinterwurzeln. **A** Die Innervationsgebiete von Hautnerven (*A, B, C*) sind scharf begrenzt und zeigen wenig Überlappung. Infolge Umbündelung der peripheren Nerven zu Spinalnerven sind die Innervationsgebiete von Hinterwurzeln, also die Dermatome (*1, 2, 3*), weniger scharf begrenzt und überlappen. **B** Die cutanen Innervationsgebiete der Hinterwurzeln, also die Dermatome, aufeinanderfolgender Rükkenmarksegmente sind alternierend in jeweils einer Körperhälfte angegeben. Zur Verdeutlichung der Überlappung benachbarter Dermatome ist das Dermatom L3 auf beiden Beinen eingezeichnet. (Nach Foerster, O. aus Lewis, T.: Pain. New York, The Macmillan Co., 1942)

Nervengeflechten (z.B. Plexus lumbosacralis). So enthält *ein* peripherer Nerv Fasern aus *mehreren* benachbarten Hinterwurzeln, und jede Hinterwurzel enthält Anteile verschiedener Nerven. Im Gegensatz zur Durchtrennung eines peripheren Nervs, die einen umschriebenen sensorischen Ausfall bewirkt, hat die *Durchtrennung einer Hinterwurzel mehr eine Verdünnung der Innervation* zur Folge, mit nur geringen sensorischen Ausfällen.

Den Dermatomen sind die **Myotome** der Skeletmuskulatur äquivalent. Die **Head-Zone** eines inneren Organs wird von denjenigen Dermatomen gebildet, deren zugehörige Rükkenmarkssegmente das Organ afferent versorgen. Diese Organisation der afferenten Innervation kann zu *übertragenen Schmerzen* führen (S. 244).

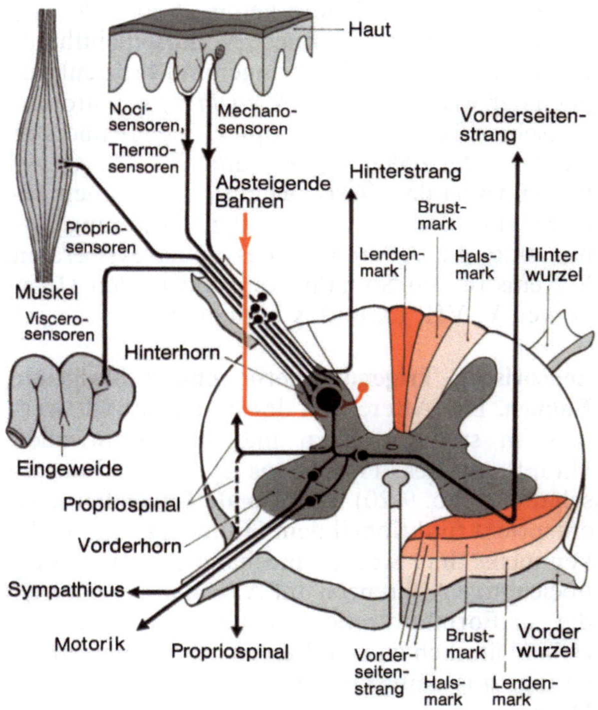

Abb. 9-19. Verschaltung der somatovisceralen Afferenzen im Rückenmark. Die über die Hinterwurzeln eintretenden Afferenzen sind synaptisch auf Hinterhornneurone geschaltet. Von diesen erfolgt die Weiterleitung auf die Efferenzen des Rückenmarks, zu benachbarten Segmenten (propriospinale Fasern) sowie zu aufsteigenden Bahnen (z.B. Vorderseitenstrang). Collaterale der Gruppen I- und II-Afferenzen steigen im Hinterstrang der weißen Substanz direkt zur Medulla oblongata auf. Zwei auf das Hinterhornneuron hemmend wirkende Einflüsse sind eingezeichnet *(rot)*: über absteigende Bahnen vom Gehirn sowie durch spinale hemmende Interneurone. *Rechts* topographische Schichtung der aufsteigenden Bahnen aus den verschiedenen Rückenmarkbereichen, wie sie in der weißen Substanz des Halsmarks erscheint (schematisiert)

Funktionelle Eigenschaften des spinalen somatovisceralen Systems

Die somatovisceralen Afferenzen bilden synaptische Verbindungen mit Neuronen des *Hinterhorns* des Rückenmarks (Abb. 9-19). Ein Teil der dicken myelinisierten (Gruppen I und II) Afferenzen hat außerdem eine Abzweigung, Collaterale genannt, die in den aufsteigenden Hinterstrang eintritt (s. S. 220). Das **Hinterhorn,** als Verarbeitungsstation gesehen, hat 4 **Ausgänge:** lange aufsteigende Bahnen zum Gehirn, v.a. den Vorderseitenstrang (s. S. 221); auf- und absteigende propriospinale Verbindungen zu den Nachbarsegmenten; segmentale Verbindungen zu den Motoneuronen sowie zu sympathischen Neuronen (Einbeziehung in spinale motorische und vegetative Reflexe). Ein individuelles Neuron wird jedoch i. allg. nicht alle 4 efferenten Verbindungen haben.
Innerhalb der aufsteigenden Bahnen bleiben die aus einem bestimmten Segment kommenden Axone benachbart. Dadurch entsteht eine Schichtung, Ausdruck der **Somatotopie** (Abb. 9-19): Die neu hinzukommenden Axone legen sich immer von der Seite der grauen Substanz her an die bereits vorhandene Bahn an. Die Grenzen der einzelnen Bündel sind allerdings nicht so scharf, wie dies Abb. 9-19 erscheinen läßt. Infolge dieser topographischen Anordnung sind z.B. bei einer nur oberflächlichen Schädigung (Verletzung, Tumor) des Vorderseitenstrangs im Bereich des Halsmarks zuerst Ausfälle in der unteren Körperhälfte zu erwarten.

Neurone des Vorderseitenstrangs. Angesichts der aus klinischen Befunden (s. Abb. 9-17) gefolgerten Bedeutung des Vorderseitenstrangs für die Schmerz- und Temperaturwahrnehmung ist es überraschend, daß er nur in geringer Zahl Axone von **spezifisch noci-** bzw. **thermosensitiven Neuronen** enthält. Der überwiegende Teil der Axonen stammt aus Neuronen, die zusätzlich auch durch leichte mechanische Reize erregt werden können: **multireceptive Neurone.** Es ist noch umstritten, ob die wenigen spezifisch noci- oder thermosensitiven Neurone zur Übertragung dieser Qualitäten ausreichen oder ob für Schmerz- und Temperaturwahrnehmung notwendige Information im Gehirn zusätzlich auch aus den Erregungen der multireceptiven Neuronen herausgefiltert wird [13, 23, 39].
Bei der neuronalen Verschaltung im Hinterhorn ist die **Konvergenz** von Afferenzen aus Haut und Viscera auf dieselben Neurone bedeutsam. Afferente Erregungen aus den Viscera, z.B. bei einer

Gallenkolik, werden wegen dieser Konvergenz vom Patienten „falsch" lokalisiert, und zwar in die Körperoberfläche (übertragener Schmerz, s. Kap. 10). Jedem inneren Organ ist dabei ein bestimmtes Hautareal zugeordnet, die **Head-Zone.** Ein anderes Detail der Verschaltung im Hinterhorn sind die **hemmenden Synapsen** (rot in Abb. 9-19). Dadurch kann die afferente Information modifiziert werden, z.B. im Sinne der lateralen Inhibition (s. Kap. 8) oder der Steuerung des sensorischen Einstroms durch das Gehirn über absteigende Bahnen (s. Abb. 9-26 und 9-27). Solche Hemmungsmechanismen sind auch für die Schmerztherapie bedeutsam.

Neurone der Hinterstrangkerne. Die Axone des Hinterstrangs endigen ipsilateral in einem Kerngebiet der Medulla oblongata, den Hinterstrangkernen *(Nuclei cuneatus et gracilis)*. Sie bilden Synapsen auf große Neuronen, deren Axone als **Tractus lemniscus medialis** die Mittelebene des Hirnstamms kreuzen und zum kontralateralen Thalamus ziehen (Abb. 9-20). Diese Neurone werden *Schalt-* oder *Relaisneurone* genannt, im Unterschied zu *Interneuronen,* deren Axone den Hinterstrangkern nicht verlassen. Die Verarbeitung der afferenten Information bei der synaptischen Übertragung auf die **Relaisneurone** hat die folgenden Eigenschaften:

- Bewahrung der Sensorspezifität, es konvergieren nur Afferenzen derselben Sensorart auf ein Neuron.
- Hohe Sicherheit der synaptischen Übertragung; bereits einzelne Impulse in einer afferenten Faser können zur postsynaptischen Impulsauslösung führen.
- Kleine receptive Felder.
- Somatotopische Ordnung, d.h. räumlich geordnete Abbildung der Haut.
- Afferente Hemmung (laterale Inhibition, s.S. 194).
- Descendierende Kontrolle v.a. vom Cortex ausgehend (s. Abb. 9-26).

Diese Eigenschaften sind kennzeichnend auch für die nachfolgenden Umschaltungen im Lemniscussystem, sie gewährleisten dessen sinnesphysiologische Leistungsfähigkeit.

9.9 Somatosensorische Funktionen des Hirnstamms

Der Hirnstamm, der aus *Medulla oblongata, Pons* (Brückenhirn) und *Mittelhirn* besteht (s.a. Abb. 5-13), ist das Ursprungs- bzw. Endigungsgebiet der meisten Hirnnerven. Er enthält eine Fülle von abgrenzbaren Kernen mit überwiegend sensorischen, motorischen oder vegetativen Funktionen. Außerdem führen hier alle auf- und absteigenden Bahnen durch, die Gehirn und Rückenmark sowie Großhirn und Kleinhirn miteinander verbinden. In diesem Abschnitt werden das afferente System für die Somatosensorik des Kopfes, sowie die Formatio reticularis, Zentraleinheit des unspezifischen Systems, erörtert.

Der Trigeminusnerv und seine zentrale Verschaltung

Die nervöse Versorgung des Kopfes geschieht durch 12 Paar **Hirnnerven,** die größtenteils in den Hirnstamm und das Zwischenhirn eintreten. Der V. Hirnnerv, der *N. trigeminus,* führt in seinen 3 Ästen (trigeminus) die Afferenzen der Gesichts- und Mundregion (Abb. 9-20). Er innerviert Haut, Zähne, Mundschleimhaut, Zunge und Cornea. In geringerem Maße enthält auch der VII. Hirnnerv *(N. facialis)* somatosensorische Afferenzen des Kopfes. Die Hirnnerven IX *(N. glossopharyngeus)* und X *(N. vagus)* führen **viscerale Afferenzen** aus den Organen des Kreislaufs, der Atmung und der Verdauung. Somit sind die Afferenzen des somatovisceralen Systems in den Spinalnerven und in den Hirnnerven V, VII, IX und X enthalten.

Sensorische Trigeminuskerne und aufsteigende Bahnen. Die Afferenzen des N. trigeminus werden im spinalen Kern und im sensorischen Hauptkern des Trigeminus synaptisch umgeschaltet (Abb. 9-20). Der **spinale Trigeminuskern** entspricht funktionell dem Hinterhorn des Rükkenmarks, hier werden mechano-, thermo- und nociceptive Afferenzen auf Axone umgeschaltet, die zur Formatio reticularis und zum Thalamus ziehen, ähnlich wie die Fasern des Vorderseitenstrangs aus dem Rückenmark. Im **sensorischen Hauptkern,** der den Hinterstrangkernen entspricht, enden nur Afferenzen von niederschwelligen Mechanoreceptoren. Von dort kreuzen die postsynaptischen Axone zur Gegenseite und gliedern sich dem *Tractus lemniscus medialis* zum Thalamus an.
Im Hirnstamm werden die Informationen der Trigeminusafferenzen in die motorischen Reflexe der Kopfmuskulatur sowie in zahlreiche vegetative Reflexe integriert. Das *Trigeminussystem* hat v.a. bei den Säugern *lebenswichtige Funktionen:* z.B. bei taktiler Umwelterkennung, Nahrungsaufnahme, Lauterzeugung. Es ist bereits beim Neugeborenen weitgehend entwickelt,

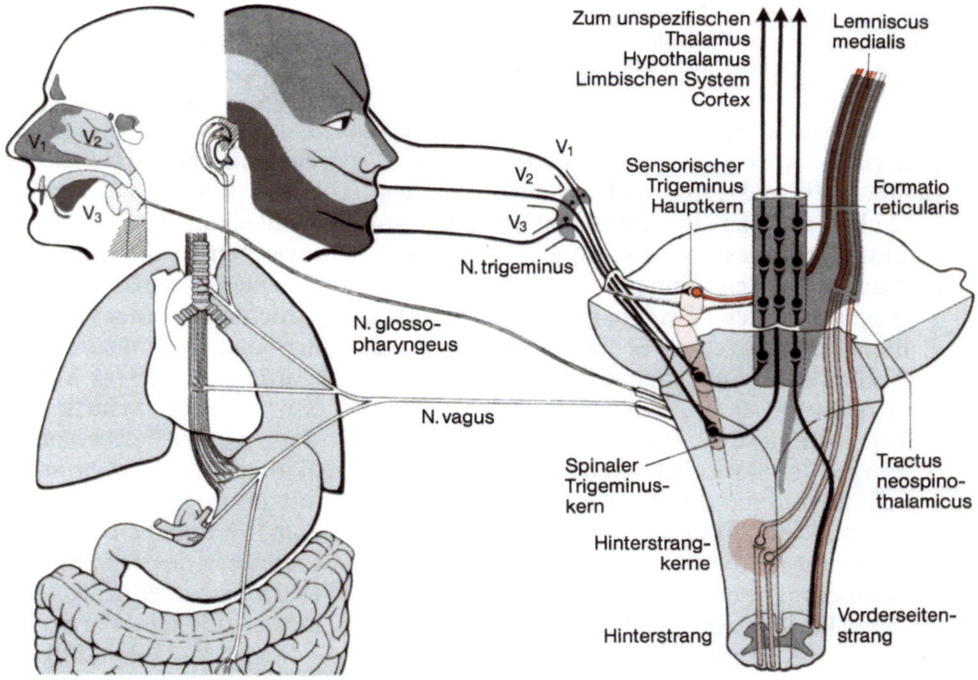

Abb. 9-20. Übersicht über Afferenzen und Strukturen des somatovisceralen Systems im Hirnstamm (*Rechts*, Sicht von dorsal, schematisiert). Es umfaßt das zentrale afferente System des N. trigeminus und seiner aufsteigenden Bahnen, die Formatio reticularis *(grau)* und die vom Rückenmark kommenden Bahnen, die Hinterstränge *(rot)* und den Vorderseitenstrang *(schwarz)*. Der zentrale Verlauf der Afferenzen des N. glossopharyngeus und N. vagus ist nicht eingezeichnet

über seine Afferenzen wird das Nahrungsaufnahmeverhalten ausgelöst. Der Säugling erhält über das Trigeminussystem seine ersten sensorischen Erfahrungen über die räumliche Umwelt.

Die Formatio reticularis

Die den Hirnstamm durchziehende *Formatio reticularis* (Abb. 9-20) ist ein wichtiges **Integrationsgebiet des unspezifischen Systems** (s. S. 221). Sie verfügt über eine Vielfalt von afferenten und efferenten Verbindungen, die summarisch in Abb. 9-21 dargestellt sind. Die somatovisceralen Afferenzen kommen über den Tractus spinoreticularis des Vorderseitenstrangs, wahrscheinlich auch über propriospinale (polysynaptische) Wege, sowie über entsprechende Bahnen aus dem spinalen Trigeminuskern. Darüber hinaus erhält die Formatio reticularis afferente Zuflüsse aus anderen Hirnnerven. Auch die efferenten Verbindungen sind vielfältig: absteigend zum Rückenmark, aufsteigend über die unspezifischen Thalamuskerne zum Cortex, zum Hypothalamus sowie zum limbischen System [1, 9, 16, 18, 24].

Die Mannigfaltigkeit der afferenten Verbindungen und die Unspezifität des Systems zeigen sich charakteristischerweise auch auf der Ebene des einzelnen reticulären Neurons, wie Mikroelektrodenableitungen ergeben haben:

- Polysensorische Konvergenz, es konvergieren mehrere Afferenzen unterschiedlicher Herkunft auf ein Neuron.
- Große receptive Felder, auf der Körperoberfläche oft bilateral.
- Lange Latenz der Antwort bei peripherer Reizung, infolge von multisynaptischer Leitung.
- Unbestimmtheit der Reizantwort, also unvorhersagbare Fluktuationen der Anzahl der Aktionspotentiale bei Reizwiederholung.
- Zeitliche Bahnung bei Mehrfachreizung.

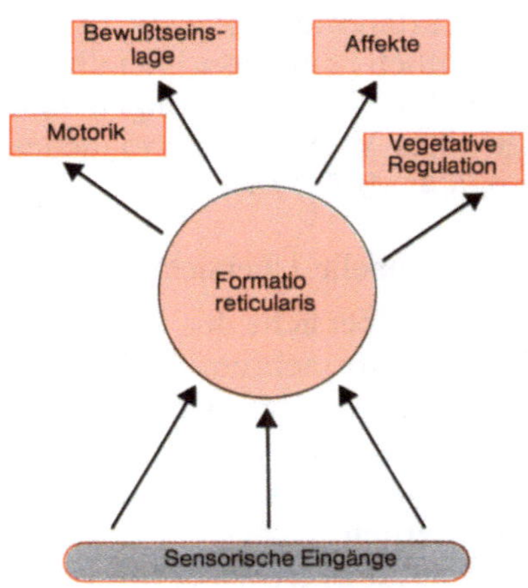

Abb. 9-21. Übersicht über die Beiträge der Formatio reticularis des Hirnstamms zu verschiedenen funktionellen Systemen

Alle diese Eigenschaften sind gegensätzlich zu den Eigenschaften der Neurone spezifischer Kerne, z.B. der Hinterstrangkerne (s.S. 224) oder des ventrobasalen Thalamuskerns (s.S. 227).

Über die vielfältigen **Aufgaben der Formatio reticularis** sind wir bisher nur unvollkommen unterrichtet. Wie die Abb. 9-21 schematisch zeigt, wird ihr eine Mitwirkung an einer Reihe von Funktionen zugesprochen, die wie folgt zusammengefaßt werden können:

- Steuerung der Erregbarkeit des Cortex: Bewußtseinslage, Schlaf-Wach-Rhythmus (Schlagwort: aufsteigendes reticuläres aktivierendes System, ARAS, s.S. 154).
- Vermittlung der affektiv-emotionalen Wirkungen sensorischer Reize, besonders bei Schmerzreizen, durch Weitergabe afferenter Information zum limbischen System.
- Vegetativ-motorische Regulationsaufgaben, besonders bei lebenswichtigen Reflexen (Kreislauf-, Atem-, Schluck-, Husten-, Niesreflexe), bei denen mehrere afferente und efferente Systeme miteinander koordiniert werden müssen.
- Mitwirkung an der Kontrolle der Stütz- und Zielmotorik (s.S. 103f.).

Aus diesen funktionellen Eigenschaften wird deutlich, daß bei der Formatio reticularis eine sichere Abgrenzung im Sinne der Unterteilung in zentrale sensorische und integrative Systeme (s.S. 219) nicht möglich ist. In neuerer Zeit zeichnet sich ab, daß innerhalb der Formatio reticularis mehrere Regionen aufgrund von anatomischen, funktionellen und biochemischen Eigenschaften definiert werden können (z.B. die serotonergen Raphekerne, der noradrenerge Locus caeruleus). Es ist zu erwarten, daß mit der Erweiterung unseres Wissens über die Formatio reticularis das Konzept des unspezifischen Systems revidiert werden kann.

9.10 Thalamus

Der Thalamus wird interpretiert als Tor und Verteilerstation aller afferenten Systeme zu den entwicklungsgeschichtlich jüngeren Endhirnstrukturen, die bewußte Wahrnehmungen und zielgerichtetes bewußtes Verhalten ermöglichen (s. dazu auch Kap. 6.4, ab S. 156).

Anatomische und funktionelle Übersicht

In der schematisierten Übersicht der Abb. 9-22 ist der rechte Thalamus in mehrere funktionell und/oder anatomisch abgrenzbare Kerne unterteilt, die mit Cortexarealen in Verbindung stehen. Zur Orientierung können sie funktionell in 4 Klassen eingeteilt werden:

- Schalt- und Verarbeitungskerne der Sinnesorgane Haut, Auge, Ohr (dunkelrot),
- Kerne mit überwiegend motorischen Funktionen (hellrot),
- Kerne mit Assoziationsfunktionen (verschiedene Graustufen),
- unspezifische Kerne (schwarz), ohne abgrenzbare Cortexzuordnung.

Thalamische Relaiskerne der Sinnesorgane. Diese Umschalt- und Verarbeitungsstationen (dunkelrot in Abb. 9-22) für die jeweiligen sensorischen Informationen projizieren zu den zugeordneten sensorischen Cortexarealen, stehen jedoch auch unter starker rückläufiger (erregender und hemmender) Kontrolle durch diese Cortexregionen (s. Abb. 9-26). Die spezifischen Kerne für das visuelle und das auditorische System, *Corpus geniculatum laterale (CGL)* und *Corpus geniculatum mediale (CGM)*, werden mit ihren zugeordneten Cortexprojektionen in Kap. 11 und 12 behandelt. Der somatosensorische Kern des Thalamus ist der **Ventrobasalkern (VB),** die zugeordneten Cortexareale SI und SII liegen auf dem Parietallappen (Scheitellappen, s.a. Abb. 6-2). Die afferente Bahn ist der Lemniscus medialis.

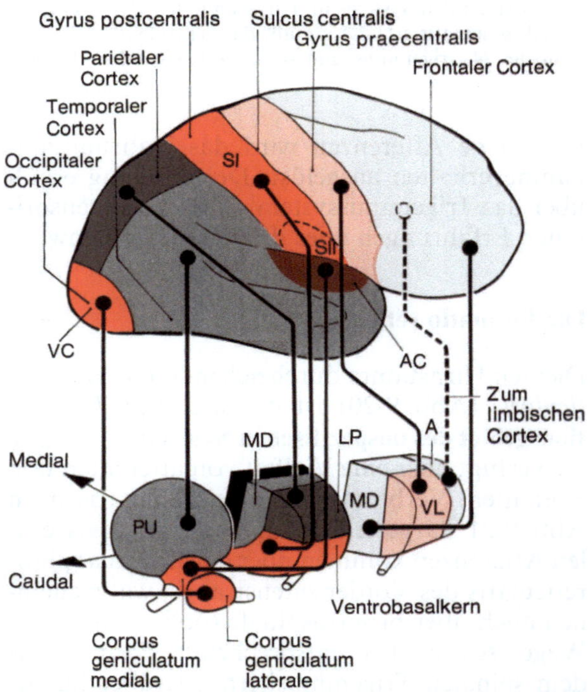

Abb. 9-22. Thalamus der rechten Gehirnhälfte (stark schematisiert). Die anatomische und funktionelle Zuordnung von Thalamuskernen zu Arealen des rechten Cortex ist durch Linien und farbliche Entsprechungen angegeben. Funktionelle Einteilung der Thalamuskerne: spezifische sensorische Kerne *(dunkelrot)*; motorische Kerne *(hellrot)*; Assoziationskerne (verschiedene *Grauschattierungen)*; unspezifische Kerne *(schwarz)*. *PU* Nucleus pulvinaris; *LP* Nucleus lateralis posterior; *MD* Nucleus medialis dorsalis; *VL* Nucleus ventralis lateralis; *A* Nucleus anterior; *VC* Visueller Cortex; *AC* Auditorischer Cortex; *SI, SII* erster, zweiter somatosensorischer Cortex

Unspezifische Kerne. Zu diesen (schwarz in Abb. 9-22) werden die medial an den dritten Ventrikel angrenzenden Gebiete gerechnet sowie die intralaminären Kerne (in Abb. 9-22 nicht bezeichnet). Sie gelten als nachgeschaltete Verarbeitungs- und Verteilerstationen für die auf die Formatio reticularis des Hirnstamms konvergierenden afferenten Informationen (s. Abb. 9-16 und 9-20). Der Zustrom aus dem Rückenmark verläuft direkt über den *Tractus palaeospinothalamicus* sowie indirekt über den *Tractus spinoreticularis* (Abb. 9-20).

Reizung in den unspezifischen Kernen bei Versuchstieren hat modulierende Einflüsse auf praktisch alle Cortexareale sowie Verbindungen mit Hypothalamus und limbischem System aufgezeigt [17, 24]. Diese funktionellen Verbindungen sind diffus, im Unterschied zu den umschriebenen Cortexprojektionen der anderen Thalamuskerne (Abb. 9-22).

Motorische Kerne. Der wichtigste Vertreter (hellrot in Abb. 9-21) ist der *Nucleus ventralis lateralis (VL)*, der das Cerebellum und die Basalganglien mit dem Motorcortex verbindet (s. Kap. 5). Gezielte neurochirurgische Ausschaltungen im VL können motorische Fehlfunktionen mildern (z.B. bei der Parkinson-Krankheit).

Assoziationskerne. Diese Thalamusregionen (verschiedene Grautöne in Abb. 9-22) haben eine Verbindung mit dem Cortex, können jedoch nicht einem Sinnessystem zugeordnet werden. Sie sind bei den **integrativen Funktionen** des Gehirns beteiligt. 3 Vertreter sind angegeben, die jeweils überwiegend zu einem der großen Assoziationsareale des Cortex in enger Beziehung stehen.

Der Thalamuskern des somatosensorischen Systems

Wegen seiner anatomischen Lage (s. Abb. 9-22) wird diese zweite Station des Lemniscussystems als **Ventrobasalkern** oder *Ventrobasalkomplex* bezeichnet. Er wird unterteilt in *VPL (Nucleus ventralis posterolateralis)* und *VPM (Nucleus ventralis posteromedialis)*. Der Körper ist im VPL, das Gesicht im VPM neuronal repräsentiert. Die zuführende Leitungsbahn zum VPL ist v.a. der **Tractus lemniscus medialis,** zum VPM der **Tractus trigeminothalamicus,** aus dem sensorischen Hauptkern des Trigeminus kommend.

An narkotisierten Versuchstieren konnten folgende funktionelle Charakteristika von Neuronen des Ventrobasalkerns ermittelt werden (Abb. 9-23):

- Jedes Neuron zeigt bei mechanischen Hautreizen ein umschriebenes receptives Feld.
- Die receptiven Felder sind um so kleiner, je weiter distal sie auf der Extremität liegen.
- Benachbart liegende Körperregionen projizieren auf benachbart liegende Bereiche im Ventrobasalkern, Ausdruck der Somatotopie.

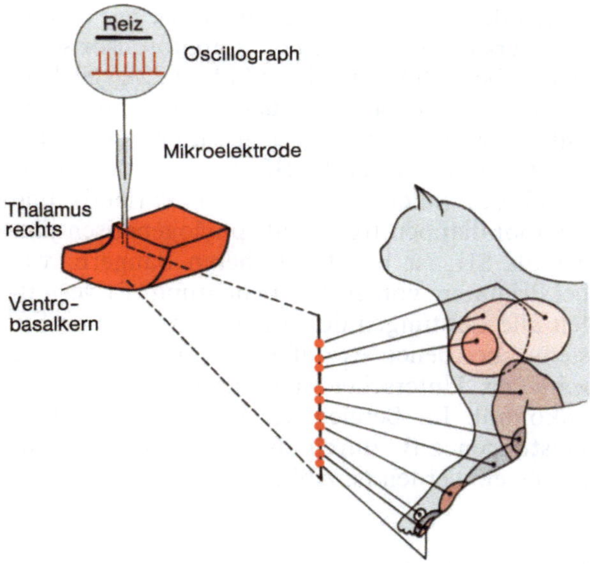

Abb. 9-23. Receptive Felder von Neuronen des Ventrobasalkerns im Thalamus. Im gezeigten Beispiel wurde bei einer narkotisierten Katze der Thalamus mit einer Mikroelektrode durchmessen. Es konnten 8 Neurone durch mechanische Hautreize charakterisiert werden. Die receptiven Felder der Neurone auf der Haut des linken Vorderbeins sind angegeben. (Nach MOUNTCASTLE and POGGIO, Bull. Johns Hopkins Hosp. *106*, 266, 1960)

- Jedes Neuron wird überwiegend durch eine einzige Receptorart erregt, z.B. durch SA-Sensoren oder Haarfollikelsensoren der Haut.
- Mit der Intensität des peripheren Reizes steigt die Entladungsfrequenz des Neurons an, die Intensitätscodierung entspricht der der Mechanosensoren der Haut.

An narkotisierten Tieren findet man also, daß die Neurone des Lemniscussystems weitgehend die Erregungsbedingungen der peripheren Sensoren wiedergeben. Dies entspricht wahrscheinlich nicht der Situation eines wachen Tieres, denn hier sind weitere Zuflüsse aus anderen Hirngebieten aktiv, die durch die Narkose unterdrückt werden. Aus histologischen Untersuchungen ist bekannt, daß nur 8% aller Synapsen an den Schaltneuronen des Ventrobasalkerns von den Endigungen des Lemniscus medialis besetzt sind, in überwiegender Anzahl (92%) dienen die Synapsen offenbar anderen (erregenden und hemmenden) Zuflüssen [37]. Da es bisher nur wenige **Wachtierableitungen** gibt, also neurophysiologische Messungen an einzelnen Neuronen mit (vorher unter Narkose implantierten) Mikroelektroden, ist unser Wissen über die Verarbeitung sensorischer Informationen im Thalamus und anderen somatosensorischen Hirngebieten noch unvollständig.

9.11 Somatosensorische Projektionsareale des Cortex

Der Ventrobasalkomplex des Thalamus ist, durch auf- und absteigende Axonen, mit 2 Gebieten der Hirnrinde verbunden, die mit SI und SII (erstes und zweites somatosensorisches Areal) bezeichnet werden (Abb. 9-22). **SI** liegt auf dem **Gyrus postcentralis,** direkt hinter dem Sulcus centralis, der als tiefe Furche quer über das Großhirn verläuft. **SII** liegt an der Oberwand des Sulcus lateralis, der Parietal- und Temporallappen trennt. SI, phylogenetisch jünger als SII, ist bei den höheren Säugern, v.a. bei Primaten, von großer Bedeutung: Er vermittelt alle Leistungen des somatosensorischen Systems, bei denen es auf gutes räumliches und zeitliches Unterscheidungsvermögen für Reize ankommt. Im Bereich der Haut können diese Leistungen z.B. durch die Zweipunktschwelle gemessen werden (s. Abb. 9-3).

Die Somatotopie des somatosensorischen Cortex

Zwischen Körperperipherie und SI der kontralateralen Hemisphäre besteht eine besonders ausgeprägte und gut untersuchte **Somatotopie.** Hier ist die gesamte Körperoberfläche abgebildet, für die Hand des Primaten konnten sogar **mehrfache Projektionen** festgestellt werden [2, 10, 16, 33]. Auch SII enthält eine (weniger ausgeprägte) somatotopische Gliederung, die z.T. bilateral ist. Es gibt mehrere Methoden, die Somatotopie der sensorischen Cortexareale zu untersuchen: lokale elektrische Cortexreizung beim Menschen [9], Messung der lokalen Cortexdurchblutung mit radioaktivem Xenon beim Menschen [23] sowie Ausmessung evocierter Potentiale und Registrierung von Einzelneuronen bei Tieren.

Elektrische Cortexreizung beim Menschen. Bei manchen neurochirurgischen Operationen mußte bei wachen Patienten (Operationswunde lokalanaesthesiert) der Cortex lokal elektrisch gereizt werden. Die Patienten nahmen die Reize in der Peripherie wahr. Systematische Kartographierung von SI hat die in Abb. 9-24 gezeigte symbolische Darstellung der Somatotopie ergeben. Es fällt auf, daß dieser „somatosensorische Homunculus" ein geometrisch verzerrtes Abbild der Peripherie darstellt. Besonders Finger- und Mundregion sind überproportional vertreten, also die Regionen, die beim Menschen eine hohe periphere Innervationsdichte haben. Sinnesphysiologisch sind diese Stellen durch ein hohes räumliches Unterscheidungsvermögen ausgezeichnet, also niedrige Werte der Zweipunktschwelle (s. Abb. 9-3, S. 209). Hier besteht offensichtlich ein kausaler Zusammenhang, der auch für andere Sinnessysteme gilt: Je größer sowohl die periphere Innervationsdichte als auch die Anzahl zentraler Neurone pro mm² der Sinnesoberfläche sind, desto besser ist das **räumliche Auflösungsvermögen** des Sinnesorgans.

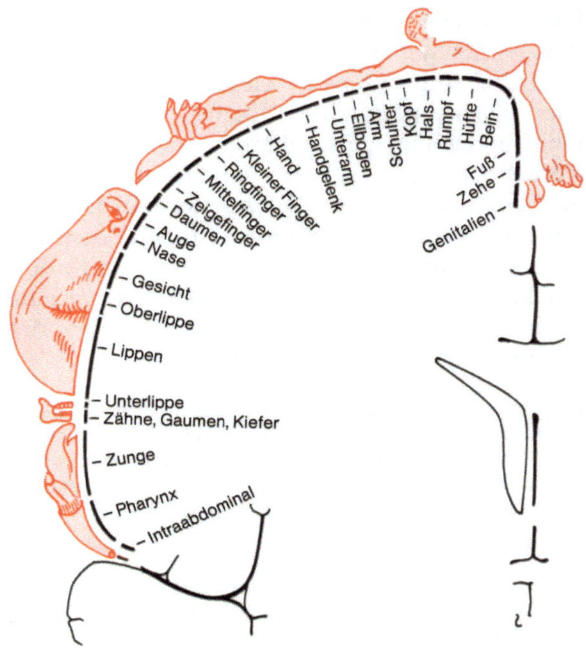

Abb. 9-24. Somatotopie im somatosensorischen Cortex SI. Die über dem Gehirnquerschnitt (in Höhe des Gyrus postcentralis) eingezeichneten Symbole und die Beschriftung sollen die räumliche Zuordnung zwischen Körperoberfläche und Cortex verdeutlichen, wie sie mit lokaler elektrischer Gehirnreizung bei wachen Patienten ermittelt wurde. (Aus [19])

Evocierte Potentiale. Bei narkotisierten Versuchstieren lassen sich vom freigelegten Cortex nach peripherer Reizung evocierte Potentiale ableiten, Summenantworten vieler Neurone (s. Abb. 6-9, S. 141). Nach kurzer Latenz (Leitung über Hinterstrangsystem) erscheint das **primäre evocierte Potential.** Für einen bestimmten peripheren Reizort hat es einen maximalen Wert in einem umschriebenen Areal von SI (und SII). So läßt sich ebenfalls die Somatotopie bestimmen, man erhält Landkarten ähnlich wie bei den Untersuchungen mit lokaler Cortexreizung beim Menschen (Abb. 9-24). Besonders **spezialisierte Sinnesflächen** haben eine große Cortexprojektion: Bei der Ratte z.B. besteht der größte Teil von SI aus der Projektion der Vibrissae (Tasthaare am Maul). Das Vibrissaegetast ist bei der Ratte für die Umwelterkennung wahrscheinlich wichtiger als das visuelle System.

Informationsverarbeitung in den Neuronen des somatosensorischen Cortex

Kolumnen von Cortexneuronen. Beim Vorschub einer Mikroelektrode senkrecht zur Oberfläche

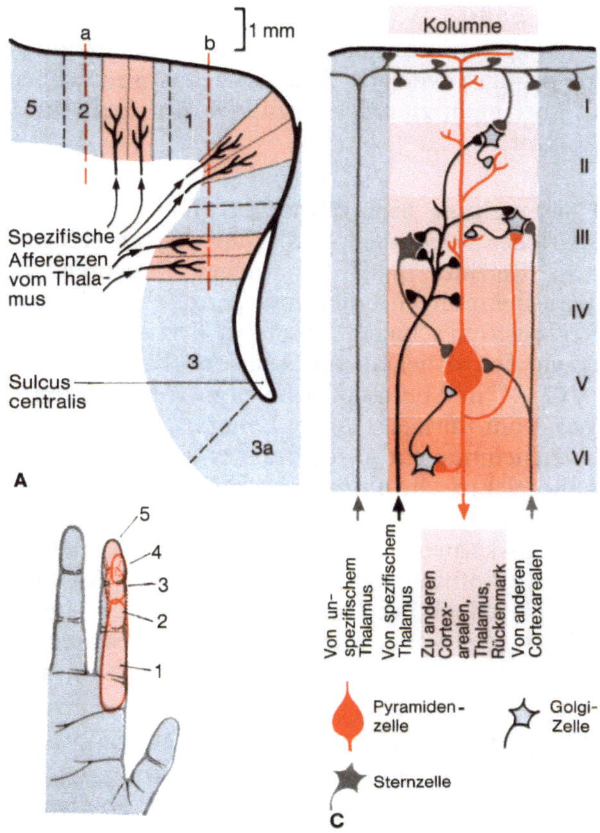

Abb. 9-25 A–C. Kolumnenanordnung von Cortexneuronen. **A** Längsschnitt durch den Gyrus postcentralis. In den cytoarchitektonischen Arealen *1, 2* und *3* (nach Brodmann, s. S. 136) sind jeweils 2 benachbarte Neuronenkolumnen angedeutet. Die Linien *a* und *b* zeigen mögliche Mikroelektrodenpenetrationen bei tierexperimentellen Registrierungen, parallel und quer zu Kolumnen. **B** Receptive Felder (Affenhand) von 5 Neuronen bei einer Penetration wie Linie *a*. **C** Die Kolumne, ein Funktionselement des Cortex. Die funktionelle Zusammengehörigkeit von Neuronen einer Kolumne läßt sich u.a. anatomisch durch die begrenzte Ausbreitung der Dendriten der Pyramidenzellen und der Endigungsgebiete spezifischer thalamocorticaler Afferenzen erklären

des Gyrus postcentralis (Linie a in Abb. 9-25 A) trifft man häufig jeweils auf eine Population von Neuronen, deren receptive Felder weitgehend überlappen oder identisch sind (Abb. 9-25 B). Bei schrägem Einstich (Linie b) findet man dagegen nacheinander Neurone, deren receptive Felder zwar benachbart sind, jedoch (entsprechend der Somatotopie) deutlich auseinanderliegen. Aus diesen und anderen Befunden wurde abgeleitet, daß der somatosensorische Cortex, ähnlich wie der visuelle Cortex (s. Abb. 11–28, S. 272f.), in Einheiten von vertikal zur Oberfläche angeordneten Neuronensäulen oder **Neuronenkolumnen** gegliedert ist (6 Kolumnen in Abb. 9-25 A angedeutet). Die anatomische Basis dieser Säulen (0,2–0,5 mm Durchmesser) ist die begrenzte horizontale Ausbreitung der Endigungsgebiete der Afferenzen aus dem ventrobasalen Thalamuskern sowie die vertikale Vorzugsrichtung des Dendritenbaums der Pyramidenzellen (Abb. 9-25 C). Bei Mäusen sind die zu den Tasthaaren am Maul gehörenden Kolumnenaggregate besonders ausgeprägt, sie konnten direkt mit histochemischen Methoden als „*Barrels*" (Tönnchen) sichtbar gemacht werden.

Receptorspezifität der Kolumnen. Durch selektive adäquate Reizung, z.B. von 3 verschiedenen Typen der Hautreceptoren (SA-, RA-, PC-Sensoren, s. Abschn. 9.2), konnte nachgewiesen werden, daß häufig die Neurone einer Kolumne jeweils nur durch Sensoren eines Typs erregt werden können. Die Kolumnen sind offenbar funktionelle Einheiten für Lokalisation und Art der peripheren sensorischen Nervenendigungen.

Auch **thermosensitive** Neurone und **nociceptive** Neurone wurden in SI und SII gefunden, allerdings um 1 bis 2 Größenordnungen seltener als mechanoreceptive Neurone. Es ist nicht klar, ob sie ebenfalls in Kolumnen angeordnet sind.
Es besteht die Vorstellung, daß die Informationsverarbeitung in und zwischen den Kolumnen in der Art einer **Hierarchie** funktioniert. Dazu passen experimentelle Beobachtungen, die eine Einteilung der Cortexneurone in einfache (d.h. „unten in der Hierarchie") und komplexe Neurone („oben in der Hierarchie") nahelegen. Dieses Konzept wurde besonders im visuellen System entwickelt (s. Kap. 11).

Einfache und komplexe Neurone. Einfache Neurone sind solche, deren Entladungscharakteristika weitgehend die der entsprechenden Sensortypen widerspiegeln. So wurden z.B. in SI einfache Neurone identifiziert, die sich wie RA-Sensoren verhalten. Cortexneurone, deren Entladungen bei peripheren Reizen nicht unmittelbar denjenigen der dazugehörigen Sensoren ähnlich sind, werden als **komplexe Neurone** bezeichnet. Unter dieser Bezeichnung wird also eine Vielfalt verschiedener Neurone zusammengefaßt. Dazu gehören z.B. Neurone, die auf linear über die Hautoberfläche bewegte Reize ansprechen und eine maximale Antwort bei einer bestimmten Vorzugsrichtung der Bewegung haben. Solche Neurone wurden in SI und SII sowie in den Assoziationsfeldern des parietalen Cortex (Areae 5 und 7 nach Brodmann) gefunden [3].

Auch die bisher beim Affen gefundenen **thermosensitiven Cortexneurone** sind komplexe Neurone. Sie sind, anders als periphere Thermosensoren (s. Abschn. 9.4), jeweils spezialisiert, entweder nur auf Änderungen der Hauttemperatur anzusprechen oder nur den stationären Temperaturwert anzuzeigen. Auch das Entladungsmaximum der Kaltsensoren bei Temperaturen um 26° C (Abb. 9-12) ist bei thermosensitiven Cortexneuronen nicht vorhanden. Bei komplexen thermosensitiven Neuronen im Rattencortex ändert sich die Entladungsfrequenz sprunghaft zwischen einem maximalen und einem minimalen Wert, wenn die Temperatur der Haut um etwa 2° C geändert wird (Schwellendetektoren) [7].

Diese Beispiele einfacher und komplexer Neurone zeigen, daß im Cortex die Information über verschiedene Parameter peripherer Reize neuronal dargestellt oder herausgefiltert wird: Man spricht von der **Eigenschaftsextraktion** [2, 23]. Im visuellen Cortex ist diese Abstraktionsleistung besonders gut untersucht (s. Kap. 11, S. 273).

Efferente Verbindungen von SI. Von SI gehen, wie von allen Cortexbereichen, zahlreiche efferente Axone aus (Abb. 9-25C). Es wird angenommen, daß die Efferenzen Information über die peripheren Reize in verarbeiteter Form zu anderen Teilen des Zentralnervensystems übermitteln. Verbindungen von SI bestehen zu folgenden Gebieten (die hauptsächliche Funktion der Verbindung ist angegeben):
- *Motorcortex:* Rückkopplungskontrolle von Bewegungen
- *Parietale Assoziationsfelder:* Integration von visueller Information und Tastinformation
- *Kontralaterale SI und SII:* Integration von bilateralen Tastinformationen
- *Thalamus, Hinterstrangkerne, Rückenmark:* Efferente Steuerung des afferenten Informationsflusses (s. Abschn. 9.12, S. 231).

Das Cortexareal SII. Es ist wesentlich kleiner als SI und liegt am lateralen Ende des Gyrus postcentralis in der Oberwand der sylvischen Furche. Hier ist die Körperoberfläche bilateral somatotopisch abgebildet. Die Neuronenkolumnen haben meistens receptive Felder auf beiden Körperhälften, die oft symmetrisch liegen. Es wird vermutet, daß SII besonders an der sensorischen und motorischen Koordination der beiden Körperseiten (z.B. beidhändiges Greifen oder Tasten) mitwirkt [2].

Der somatosensorische Cortex und die Wahrnehmung

Zahlreiche Befunde zeigen, daß die Mitwirkung von SI eine notwendige Voraussetzung für präzise taktile Diskrimination und bewußte Wahrnehmung des räumlich-zeitlichen Geschehens auf der Hautoberfläche ist. Umgekehrt führt dagegen Erregung von SI nicht notwendigerweise zu bewußten Wahrnehmungen: z.B. lassen sich auch in Narkose durch Reizung in der Peripherie primäre evocierte Potentiale auslösen, wobei es aber nicht zu einer bewußten Wahrnehmung kommt.

Cortexreizung beim Menschen. Wie bereits beschrieben wurde (s. S. 228), führte lokale elektrische Reizung in SI bei wachen Patienten zu Wahrnehmungen, die von peripheren Reizen herzurühren schienen. Auch bei Reizung von SII sowie der visuellen und auditorischen Cortices (VC, AC in Abb. 9-22) kam es zu Wahrnehmungen, vom übrigen Cortex konnten jedoch keine Wahrnehmungen ausgelöst werden. Schwellennahe elektrische Punktreize auf SI wurden als „ähnlich wie bei natürlicher Reizung" beschrieben. Es kamen sowohl einfache receptorspezifische Empfindungen vor (Vibration, Wärme, Kälte), jedoch auch solche von bewegten Hautreizen oder von Gelenkbewegungen. Schmerzempfindungen wurden nur selten berichtet [9].

Cortexabtragung. Beim Menschen führen Verletzungen und neurochirurgische Abtragungen in SI zu Wahrnehmungsdefiziten. Hautreize können dann zwar noch wahrgenommen werden, jedoch ist die Erkennbarkeit von **räumlichen Feinheiten** reduziert. Die Schwere der Defizite hängt vom Ausmaß der Cortexläsion ab. Nach längerer Zeit bilden sich die Defizite wieder zurück. Dies soll darauf beruhen, daß andere Cortexbereiche (z.B. die zu SI benachbarte Area 5 des parietalen Cortex) die Funktionen von SI übernehmen können [2, 9].

Vergleichende Neurophysiologie und Psychophysik der Somatosensorik. Einige neuere Forschungsprojekte haben zum Ziel, die Erregungsbedingungen von einzelnen Neuronen oder Neuronenkollektiven mit unseren Wahrnehmungen quantitativ in Beziehung zu setzen. Daraus lassen sich Rückschlüsse über **neuronale Grundlagen der Wahrnehmung** ziehen. So wurde z.B. mit einem elektrisch angetriebenen Vibrator (s. Abb. 9-1) die Affenhand mit mechanischen Hautdeformationen gereizt, die Frequenz des Sinusreizes war variabel.
Durch operante Konditionierung der Tiere (s. Abb. 6-25) wurde die Schwelle für Detektion (Wahrnehmung) dieser mechanischen Hautreize ermittelt. Gleichzeitig wurden mit einer vorher in Narkose implantierten Mikroelektrodenapparatur Neurone in SI registriert und deren Charakteristika, z.B. die Schwellen bei sinusför-

miger Hautreizung, bestimmt. Aus der quantitativen Übereinstimmung von Neuronenschwelle und Wahrnehmungsschwelle läßt sich u.a. folgern, daß diese SI-Neurone Glieder des Wahrnehmungsprozesses für mechanische Hautreize sind.

9.12 Kontrolle des afferenten Zustroms im somatosensorischen System

Auf allen Ebenen des ZNS kann afferente Information beeinflußt und verändert *(moduliert)* werden. Dies kann einmal geschehen durch wechselseitige Hemmung der Afferenzen untereinander (afferente Hemmung), zum anderen durch **zentrifugale** oder **descendierende Hemmung.** Die afferente Hemmung wurde bereits an mehreren Beispielen erörtert: *autogene Hemmung* und *Antagonistenhemmung* bei der Rükkenmarksmotorik (s. Kap. 5), *laterale Hemmung* bei vielen sensorischen Systemen (s. Kap. 8). Im folgenden Abschnitt werden Funktionen der absteigenden *(descendierenden)* Hemmung im somatosensorischen System erläutert [9, 23].

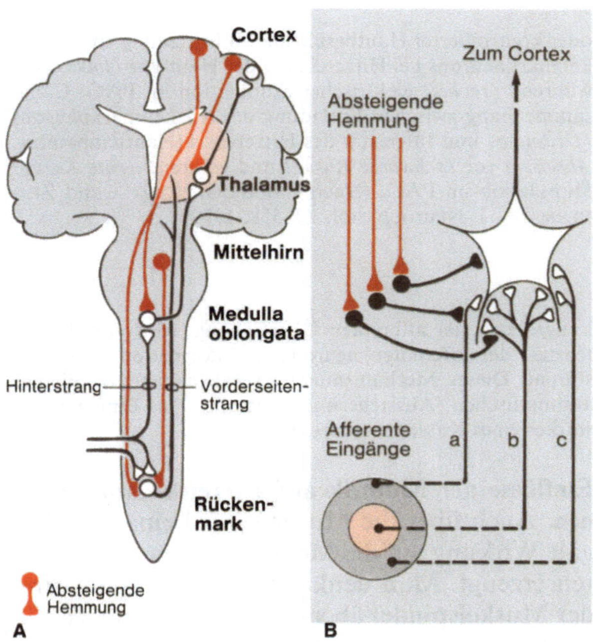

Abb. 9-26 A u. B. Zentrifugale Kontrolle im somatosensorischen System. **A** Die afferente Information kann bei der synaptischen Umschaltung durch absteigende Hemmung (hemmende Bahnen und Synapsen *rot* gekennzeichnet) moduliert werden. **B** Beispiele für Funktionen der absteigenden Hemmung. Bei der synaptischen Erregungsübertragung aus Afferenzen (*a, b, c*) auf ein zentrales somatosensorisches Neuron kann durch absteigende Hemmung die Größe des receptiven Feldes des Neurons verändert werden, z.B. durch eine stärkere Hemmwirkung auf die Afferenzen aus dem Randgebiet des receptiven Felds (a, c)

Zentrifugale Kontrolle afferenter Informationen

Sensorische Systeme sind nicht als Einbahnstraßen für Informationsübertragung von der Peripherie zum Cortex anzusehen, vielmehr wirken zentrifugale (erregende oder hemmende) Wirkungen in umgekehrter Richtung an der Verarbeitung der afferenten Information mit. Die Übersicht in Abb. 9-26 A zeigt **absteigende Hemmungssysteme** des somatosensorischen Systems (rot gekennzeichnet), die vom Cortex und Hirnstamm ausgehen.

Was können diese Systeme absteigender Hemmung leisten? Nachfolgend sind bekannte oder vermutete funktionelle Einflüsse auf den afferenten Informationsfluß zusammengestellt [9, 23]:

- Die Schwelle der synaptischen Übertragung wird durch die absteigende Hemmung angehoben. Dies bewirkt z.B. die *Unterdrückung trivialer Information* (wie etwa Dauerreiz durch Kleidung).
- Die Größe des receptiven Feldes eines zentralen Neurons wird durch zunehmende descendierende Hemmung verkleinert (Abb. 9-26 B).
- Änderung der Modalität eines Neurons, auf das verschiedene Arten von Afferenzen konvergieren (Abb. 9-26 B, a, b).
- Empfindlichkeitskontrolle oder Bereichseinstellung der afferenten Informationsübertragung. Dieser Aspekt wird anschließend an einem Beispiel näher erläutert.

Empfindlichkeitssteuerung der afferenten Übertragung durch absteigende Hemmung

In Abb. 9-27 ist gezeigt, wie die afferente Information aus Hautreceptoren bei der Umschaltung im Rückenmark durch elektrische Reizung im Mittelhirn gehemmt wird. Die Hemmung wird über eine absteigende Bahn vermittelt, sie kann prä- oder postsynaptisch auf die Informationsübertragung aus der Haut angreifen.

Es werden sowohl Nachrichten über noxische als auch über nicht-noxische Reize gehemmt. Die Intensität der Hautreize (hier die Hauttemperatur) wird annähernd linear in die Entladungsfrequenz der spinalen Neurone codiert

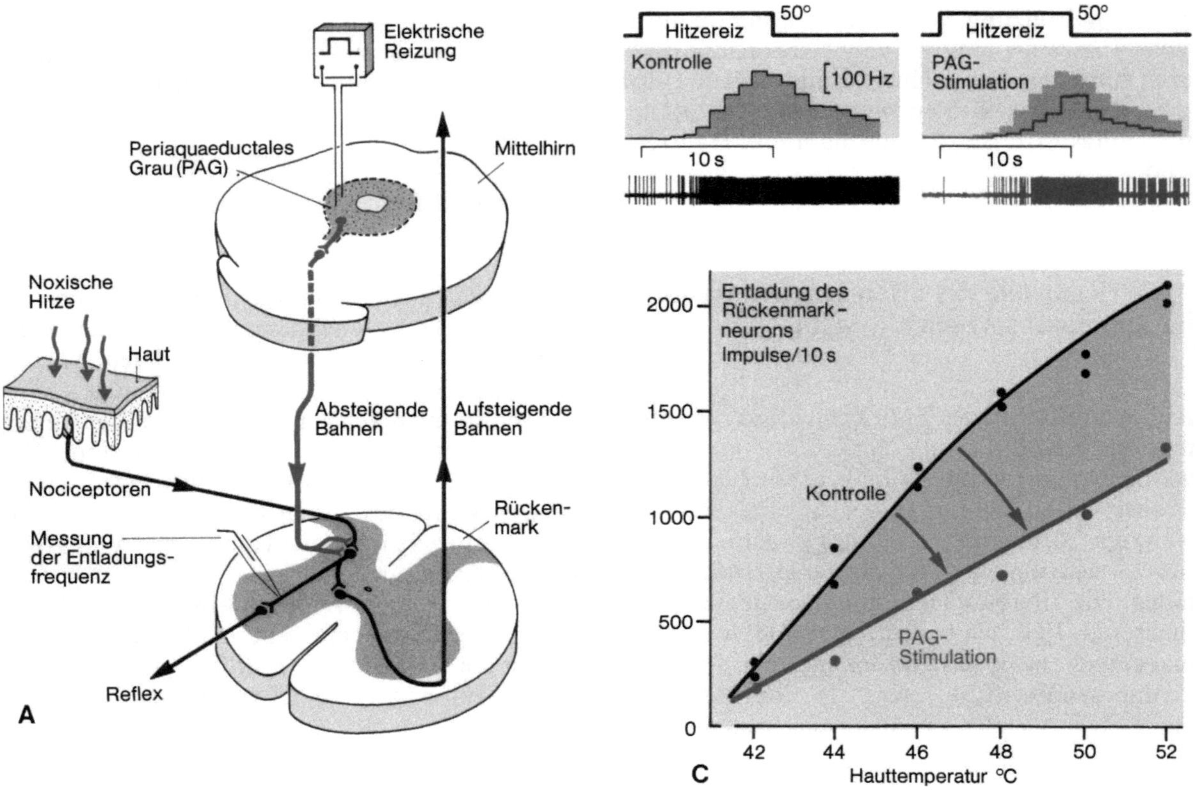

Abb. 9-27 A–C. Vom Mittelhirn absteigende Hemmung somatosensorischer Information im Rückenmark. **A** Übersicht des absteigenden Systems und der Methodik seiner experimentellen Untersuchung. Bei narkotisierten Versuchstieren wird eine Elektrode im periaquaeductalen Grau *(PAG)* des Mittelhirns zur elektrischen Stimulation eingesetzt. Die Entladungen einzelner Rückenmarkneurone werden registriert, z.B. bei Hautreizung mit noxischer Hitze oder kontrollierter Hautberührung. **B** Entladung eines Rückenmarkneurons bei Hitzereizung der Haut vor *(links)* und während *(rechts)* elektrischer Stimulation im PAG. **C** Zusammenhang zwischen Entladung des Rückenmarkneurons *(Ordinate)* und Intensität des Hitzereizes (Hauttemperatur, *Abscisse*) vor *(schwarze Kurve)* und während *(rote Kurve)* Stimulation im PAG. (Nach Carstens, Yokota and Zimmermann, J. Neurophysiol. *42*, 558, 1979)

(Abb. 9-27 C). Bei Stimulation im Mittelhirn ist die Entladung des spinalen Neurons gehemmt (Abb. 9-27 B), die Kennlinie der **Intensitätscodierung** hat dabei eine verringerte Steigung (Abb. 9-27 C). Wir können deshalb die absteigende Hemmung als Mechanismus zur **Empfindlichkeits-** oder **Verstärkungskontrolle** der afferenten Übertragung ansehen, Reizantworten aller Intensitäten werden um denselben Faktor verringert, je nach dem Grad der Hemmung.

Wir wissen noch wenig darüber, wie solche zentrifugalen Hemmungssysteme natürlich aktiviert werden. Sie sollen u.a. bei Aufmerksamkeitsreaktionen eine Rolle spielen. Es wird auch vermutet, daß die vom Rückenmark aufsteigende Information selbst wieder das absteigende Hemmungssystem aktivieren kann. Die Hemmung ist dann vom Typ einer *recurrenten Hemmung (Feedbackhemmung)*, die jedoch, zum Unterschied von der spinalen recurrenten (Renshaw-)Hemmung (s. Abb. 5-12) über eine supraspinale Schleife verläuft. Dieser Sonderfall einer Feedbackhemmung bedeutet eine **automatische Bereichseinstellung:** Die Steigung der Kennlinie (Abb. 9-27 C), bzw. der Verstärkungsfaktor der afferenten Übertragung, wird von der Intensität der afferenten neuronalen Information selbst bestimmt. Dieser Mechanismus ist vergleichbar z.B. mit der automatischen Aussteuerungskontrolle am Eingangsverstärker eines Kassettenrecorders.

Einflüsse der Motorik auf afferente Informationen. Auch über die Motorik wird eine zentrifugale Wirkung auf die Meldungen aus den Sensoren erzeugt. Man denke etwa an die Steuerung der Muskelspindel über die Gammamotorik, die Bewegung der Augen beim Blicken, der Finger beim Tasten, die Tonusänderungen der Muskeln des Mittelohrapparates. Sie sind ebenfalls zu den Mechanismen zentrifugaler Modifikationen im Sinneskanal zu rechnen. Die genannten Beispiele sollten verdeutlichen, daß das ZNS bei der Wahrnehmung die periphere Information nicht nur aufnimmt, sondern in einer aktiven Leistung diese Information auf vielfältige Weise beeinflußt und steuert [5].

9.13 Literatur

Weiterführende und ergänzende Lehr- und Handbücher

1. Brodal, A.: Neurological Anatomy in Relation to Clinical Medicine. 3rd Ed. New York-London-Toronto: Oxford University Press 1981
2. Brookhart, J.D., Mountcastle, V.B. (eds.): The Nervous System. Handbook of Physiology, Sect. 1. Baltimore: Williams & Wilkins 1984
3. Fulton, J.F.: Physiology of the nervous system. London-New York-Toronto: Oxford University Press 1943
4. Gauer, O.H., Kramer, K., Jung, R. (Hrsg.): Physiologie des Menschen, Bd. 11: Somatische Sensibilität, Geruch und Geschmack. München-Berlin-Wien: Urban & Schwarzenberg 1972
5. Gordon, G. (ed.): Active Touch. Oxford-New York-Toronto-Sydney-Paris-Frankfurt: Pergamon Press 1978
6. Hensel, H.: Allgemeine Sinnesphysiologie. Hautsinne, Geschmack, Geruch, pp. 1–345. Berlin-Heidelberg-New York: Springer 1966
7. Hensel, H.: Thermoreception and Temperature Regulation. London-New York-Toronto-Sydney-San Francisco: Academic Press 1981
8. Holzel, R., Whitehead, W.E. (eds.): Psychophysiology of the Gastrointestinal Tract. New York: Plenum Press 1983
9. Iggo, A. (ed.): Somatosensory System. Handbook of Sensory Physiology, Vol. 2. Berlin-Heidelberg-New York: Springer 1973
10. Kandel, E.R., Schwartz, J.H. (eds.): Principles of Neural Science. 2nd Ed. New York-Amsterdam-Oxford: Elsevier 1985
11. Kenshalo, D.R. (ed.): The Skin Senses. Springfield: Thomas 1968
12. Kenshalo, D.R. (ed.): Sensory Functions of the Skin of Humans. New York-London: Plenum Press 1979
13. Kornhuber, H.H. (ed.): The Somatosensory System. Stuttgart: Thieme Verlag 1975
14. Legewie, H., Nusselt, L. (Hrsg.): Biofeedback-Therapie, Fortschritte der Klinischen Psychologie, Bd. 6. München-Berlin-Wien: Urban & Schwarzenberg 1975
15. Matthews, P.B.C.: Mammalian Muscle Receptors and their Central Actions. London: Edward Arnold Publishers Ltd. 1972
16. Mountcastle, V.B. (ed.): Medical Physiology, Vol. 1. 14th Ed. Saint Louis: Mosby 1980
17. Nieuwenhuys, R.: Chemoarchitecture of the Brain. Berlin-Heidelberg-New York-Tokyo: Springer 1985
18. Nieuwenhuys, R., Voogd, J., van Huijzen, C.: The Human Central Nervous System. Berlin-Heidelberg-New York: Springer 1978
19. Penfield, W., Rassmussen, T.: The cerebral cortex of man. New York: Macmillan 1950
20. Poeck, K.: Neurologie. 6. Auflage. Berlin-Heidelberg-New York: Springer 1982
21. Rowe, M., Willis, W.D., Jr. (eds.): Development, Organization, and Processing in Somatosensory Pathways. New York: Alan R. Liss 1985
22. Ruch, T., Patton, H.D. (eds.): Physiology and Biophysics. The brain and neural function. Philadelphia-London-Toronto: W.B. Saunders Co. 1979
23. von Euler, C., Franzen, O., Lindblom, U., Ottoson, D. (eds.): Somatosensory Mechanisms. London: Macmillan Press 1984
24. Williams, P.L., Warwick, R. (eds.): Functional Neuroanatomy of Man. Edinburgh-London-New York: Churchill Livingstone 1975
25. Zotterman, Y. (ed.): Sensory Functions of the Skin in Primates. Oxford: Pergamon Press 1976

Einzel- und Übersichtsarbeiten

26. Boivie, J., Perl, E.R.: Neuronal substrates of somatic sensation. In: International Review of Physiology, Vol. 3. Neurophysiology I (ed. C.C. Hunt). p. 303. London: Butterworths 1975
27. Darian-Smith, I.: Touch in primates. Ann. Rev. Psychol. *33*, 155 (1982)
28. Foerster, O.: Symptomatologie der Erkrankungen des Rückenmarks und seiner Wurzeln. In: Handbuch der Neurologie (Hrsg. O. Bumke, O. Foerster), Bd. 5, S. 1. Berlin: Springer 1936
29. Gordon, G. (ed.): Somatic and Visceral Sensory Mechanism. British Medical Bulletin *33*, 89 (1977)
30. Hensel, H.: Thermoreceptors. Ann. Rev. Physiol. *36*, 233 (1974)
31. Matthews, P.B.C.: Where does Sherrington's „muscular sense" originate? Muscles, joints, corollary discharges? Ann. Rev. Physiol. *5*, 189–218 (1983)
32. McCloskey, D.I.: Kinesthetic sensibility. Physiol. Rev. *58*, 763 (1978)
33. Merzenich, M.M., Kaas, J.H.: Principles of organization of sensory-perceptual systems in mammals. Progr. Psychobiol. Physiol. Psychol. *9*, 1 (1980)
34. Moberg, E.: The role of cutaneous afferents in position sense, kinaesthesia and motor function of the hand. Brain *106*, 1–19 (1983)
35. Roll, J.P., Vedel, J.P.: Kinaesthetic role of muscle afferents in man, studied by tendon vibration and microneurography. Exp. Brain Res. *47*, 177–190 (1982)
36. Vallbo, A.B., Johansson, R.S.: Properties of cutaneous mechanoreceptors in the human hand related to touch sensation. Human Neurobiol. *3*, 3 (1984)
37. Welker, W.I.: Principles of organization of the ventrobasal complex in mammals. Brain Behav. Evol. *7*, 253 (1973)
38. Zimmermann, M.: Mechanoreceptors of the glabrous skin and tactile acuity. In: Studies in Neurophysiology presented to A.K. McIntyre (Ed. R. Porter). pp. 267. Cambridge: Cambridge University Press 1978
39. Zimmermann, M., Handwerker, H.O. (Hrsg.): Schmerz. Konzepte und ärztliches Handeln. Berlin-Heidelberg-New York-Tokyo: Springer 1984

10 Nociception und Schmerz

R.F. Schmidt

Anders als die anderen Sinne trägt der Schmerz nur wenig zum Erkennen unserer Umwelt bei. Er informiert uns vielmehr über Bedrohungen unseres Organismus von außen oder innen. Da er dadurch *vor dauerndem Schaden bewahrt,* ist er für ein normales Leben unentbehrlich. Ohne Schmerzwarnung würden wir uns schon bei den alltäglichsten Verrichtungen häufig verletzen und nach kurzer Zeit verstümmeln.
Der Schmerz erhöht also unsere Überlebenschancen. Dies hat er mit den anderen Sinnen gemeinsam. Auch *sinnesphysiologisch* ist er eine in vieler Hinsicht den anderen Sinnen völlig vergleichbare Empfindung. Daneben bietet er aber auch ein breites Spektrum von Besonderheiten, die ihn deutlich von diesen abheben. Nur wer diese speziellen Eigenschaften des Schmerzsinnes ausreichend kennt, ist in der Lage, dem schmerzleidenden Patienten die optimale Hilfe angedeihen zu lassen.

Schmerzdefinition. Von den zahlreichen Versuchen, Schmerz mit wenigen Worten treffend zu charakterisieren (Übersicht bei [8]), sei hier die vor wenigen Jahren formulierte Auffassung einer internationalen Expertenkommission wiedergegeben (zitiert aus PAIN 6, 248–252, 1979, Übersetzung aus dem Englischen von mir):

„Schmerz ist ein unangenehmes Sinnes- und Gefühlserlebnis, das mit aktueller oder potentieller Gewebeschädigung verknüpft ist oder mit Begriffen einer solchen Schädigung beschrieben wird."

Die Definition hält fest, daß Schmerz in aller Regel *mehr als eine reine Sinnesempfindung* ist, nämlich ein Sinnes- und gleichzeitig ein meist *unlustbetontes Gefühlserlebnis* (s.u. Schmerzkomponenten und Abb. 10-2). Weiter wird festgehalten, daß Schmerzen dann auftreten, wenn Körpergewebe so stark gereizt wird, daß es zerstört zu werden droht. Außerdem sagt der letzte Teil der Definition aus, daß zwar alle Schmerzen so erlebt werden, als ob Gewebe zerstört wird oder zerstört zu werden droht, daß es aber *für das Schmerzerlebnis völlig unwichtig* ist, ob eine solche Gewebeschädigung überhaupt stattfindet. Damit sind in dieser Kurzdefinition tatsächlich einige wichtige, wenn auch längst nicht alle Besonderheiten des Schmerzes angesprochen.
Im folgenden werden wir uns zunächst den verschiedenen Qualitäten und Komponenten des Schmerzes sowie ihrer Bewertung und Messung zuwenden (10.1), dann die Neurophysiologie des Schmerzes besprechen (10.2), darauf einige pathophysiologische Aspekte des Schmerzes erläutern (10.3) und abschließend einen Blick auf die endogenen Schmerzkontrollsysteme und die physiologischen Mechanismen der wichtigsten Verfahren zur Linderung von Schmerzen werfen (10.4).

10.1 Schmerzcharakterisierung

Schmerzqualitäten

Der Schmerz (Synonym: Schmerzsinn) läßt sich im Hinblick auf seinen *Entstehungsort* in eine Reihe von Qualitäten einteilen. In Abb. 10-1 sind diese Qualitäten in den roten Kästchen wiedergegeben. Die *Modalität* **Schmerz** umfaßt zunächst die beiden *Qualitäten* **somatischer** und **visceraler** Schmerz.

Somatischer Schmerz. Kommt der somatische Schmerz von der *Haut*, so wird er als **Oberflächenschmerz** bezeichnet; kommt er aus den Muskeln, Knochen, Gelenken und Bindegeweben, so bezeichnet man ihn als **Tiefenschmerz.** Oberflächen- und Tiefenschmerz sind also (Sub-)Qualitäten des somatischen Schmerzes.
Sticht man zur *Auslösung eines Oberflächenschmerzes* die Haut mit einer Nadel, so empfindet man einen Schmerz von „hellem" Charakter, der gut lokalisierbar ist und der nach Aufhören des Reizes schnell abklingt. Diesem **ersten Schmerz** des Nadelstiches folgt oft mit einer Latenz von 0,5–1,0 s ein **zweiter Schmerz** von

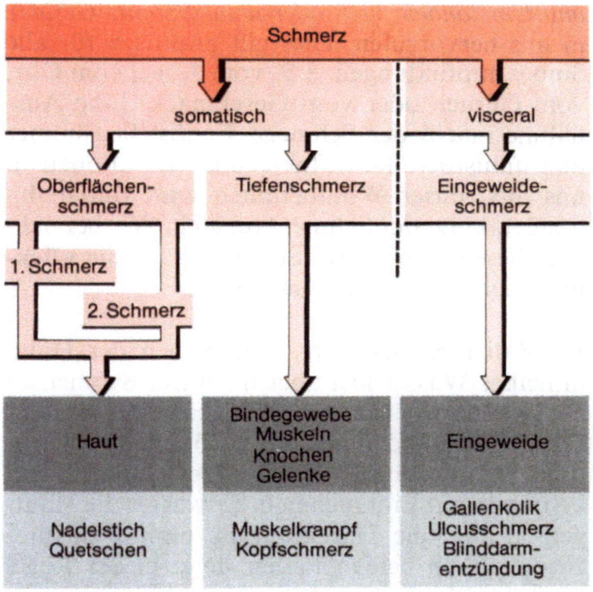

Abb. 10-1. Qualitäten des Schmerzes (*rot unterlegt*) nach ihrem Entstehungsort (*grau unterlegt*). Schmerzbeispiele sind angegeben. Besprechung im Text

dumpfem (brennendem) Charakter, der schwerer zu lokalisieren ist und nur langsam abklingt. Diesen Schmerz kann man auch gut durch Quetschen einer Interdigitalfalte auslösen.

Tiefenschmerz. Schmerzen aus *Skeletmuskeln, Knochen, Gelenken und Bindegewebe* werden als **Tiefenschmerz** bezeichnet. Wie der Oberflächenschmerz ist der Tiefenschmerz Teil des somatischen Schmerzes. Wir kennen solche Schmerzen beispielsweise als akute, subakute oder chronische *Gelenkschmerzen,* die beim Menschen zu den häufigsten Schmerzformen gehören. Der Tiefenschmerz ist von dumpfem Schmerzcharakter, er ist in der Regel schlecht lokalisierbar und er neigt dazu, in die Umgebung auszustrahlen [6].

Visceraler Schmerz. Neben dem somatischen Schmerz und seinen (Sub-)Qualitäten zeigt Abb. 10-1 als weitere wichtige Schmerzqualität den **visceralen** oder **Eingeweideschmerz.** Solche Schmerzen treten beispielsweise bei rascher und starker Dehnung der Hohlorgane der Eingeweide (z.B. der Gallenblase oder des Nierenbekkens) auf. Ferner sind Spasmen oder starke Kontraktionen schmerzhaft, besonders wenn sie mit fehlender Durchblutung (Ischämie) verbunden sind.

Akute und chronische Schmerzen. Neben dem Entstehungsort ist auch die Dauer eines Schmerzes ein für seine Beurteilung wesentlicher Aspekt. Bei **akuten Schmerzen,** z.B. bei einer Hautverbrennung, ist der Schmerz in der Regel auf den Ort der Schädigung begrenzt, dieser Ort ist für uns eindeutig lokalisierbar und das Ausmaß des Schmerzes hängt direkt von der Intensität des Reizes ab. Diese Schmerzen weisen auf eine drohende oder bereits eingetretene Gewebeschädigung hin. Sie haben also eindeutig eine **Signal- und Warnfunktion.** Nach Beseitigung der Schädigung klingen sie rasch wieder ab.
Außer den akuten Schmerzen gibt es aber zahlreiche Schmerzen, die für lange Zeit anhalten (z.B. Rückenschmerzen, Tumorschmerzen) oder in mehr oder weniger regelmäßigen Abständen immer wiederkehren (z.B. Migränekopfschmerzen, Herzschmerzen bei Angina pectoris). Diese Schmerzformen, den **Dauerschmerz** und den **immer wiederkehrenden Schmerz,** faßt man als **chronische Schmerzen** zusammen. Im allgemeinen wird ein Schmerz erst dann als „chronisch" angesehen, wenn die Beschwerden länger als ein halbes Jahr bestehen. Es gibt darüber allerdings keine verbindliche und begründete Übereinkunft.

Sinnesphysiologisch gesehen besteht beim chronischen Schmerz häufig keine eindeutige Beziehung zwischen dem Ausmaß der Organschädigung und der Schmerzintensität. Es kann also beim chronischen Schmerz im Verlauf der Zeit zu einer deutlichen Lösung des Schmerzerlebnisses von der ursprünglich zugrundeliegenden Störung kommen. Diese „*Verselbständigung*" läßt den **chronischen Schmerz** dann als ein **eigenständiges Krankheitssyndrom** erscheinen, das sich deutlich vom akuten Schmerz abhebt [9, 10, 11, 13].
Eine physiologische Aufgabe kann dem chronischen Schmerz meist nicht zugeschrieben werden. So gesehen sind viele chronische Schmerzen sinnlos und sollten daher gelindert werden. Man darf aber nicht übersehen, daß chronische Schmerzen eine klare **soziale Funktion** haben können, die mindestens in einigen Fällen einer Schmerzbeseitigung entgegensteht, z.B. wenn dadurch das soziale Gefüge, in dem der Schmerzkranke lebt, ernsthaft bedroht würde [10, 11, 18].
In manchen Fällen läßt sich für einen chronischen Schmerz überhaupt keine periphere organische Ursache nachweisen. Bei positiven psychiatrischen Kriterien spricht man von einem **psychogenen Schmerz.** In seltenen Fällen handelt es sich beim psychogenen Schmerz um eine **Halluzination,** wie wir sie auch von anderen Sinnen kennen. Häufiger liegt aber eine **Konversionsneurose** vor. Auffällig und typisch für den konversionsneurotischen Schmerz ist es, daß es bei ihm zu keinerlei Funktionsstörungen des betroffenen Organs kommt. Auch dann nicht, wenn der Patient über heftigste Schmerzen klagt. Der Patient durchschaut dabei nicht, daß er einen psychischen Konflikt, den er auf andere Weise nicht verarbeiten oder lösen kann, in einer Körpererscheinung, hier dem Schmerz, zum Ausdruck bringt [11].

Jucken. Ungenügend sind unsere Kenntnisse über eine weitere, *mit dem Schmerz mindestens verwandte* und deswegen hier erwähnte Hautsinnesqualität, nämlich das **Jucken.** Möglicherweise ist es eine besondere Form der Schmerzempfindung, die bei bestimmten Reizzuständen auftritt. Dafür spricht, daß eine Reihe von Juckreizen bei stärkerer Reizintensität zu Schmerzempfindungen führen und daß eine Unterbrechung der nociceptiven Vorderseitenstrangbahnen des Rückenmarks von einem Ausfall der Juckempfindung begleitet ist, während eine Störung des Druck- und Berührungssinnes (Hinterstrang) die Juckempfindung unbeeinflußt läßt. Auch ließ sich nachweisen, daß die Haut nur an bestimmten Punkten juckempfindlich ist und daß diese **Juckpunkte** mit den **Schmerzpunkten** korrespondieren (vgl. Abb. 10-4).

Andere Befunde lassen es aber auch möglich erscheinen, daß das **Jucken eine vom Schmerz unabhängige Empfindung** ist, die evtl. **eigene Sensoren** besitzt. So ist die Juckempfindung nur von den äußersten Schichten der Epidermis auslösbar, während Schmerz auch in den tieferen Hautschichten ausgelöst werden kann. Auch ist es mit entsprechender Technik möglich, alle Grade von Juckreiz ohne Schmerz und umgekehrt zu erzeugen. Schließlich sei erwähnt, daß für das Auftreten der Juckempfindung das Freisetzen einer chemischen Substanz, vielleicht des **Histamins,** notwendig zu sein scheint. Eine intradermale Histamininjektion löst starkes Jucken aus, und bei Hautschäden, die zum Jucken führen, wird in der Haut Histamin freigesetzt.

Schmerzkomponenten

Sensorische Komponente. Beim Eintauchen einer Hand in Wasser über 45° C werden **Nociceptoren der Haut** erregt (zur Definition von Nociceptoren s. 10.2). Ihre afferenten Impulse vermitteln die Information über die *Lokalisation* des Hitzereizes, über seinen *Beginn,* seine *Intensität* (die von der Wassertemperatur abhängt) und über sein *Ende,* sobald die Hand aus dem Wasser gezogen wird. Diese Information wird uns als **Sinnesempfindung** genauso bewußt wie andere Sinneseindrücke auch, beispielsweise wenn wir die Hand in lauwarmes oder kühles Wasser getaucht und damit eine Warm- oder Kaltempfindung ausgelöst hätten. Wir nennen diesen Aspekt des Schmerzes die **sensorische** oder **sensorisch-diskriminative Komponente** des Schmerzes (Abb. 10-2).

Affektive Komponente. Wenn wir, um im Beispiel zu bleiben, an einem sehr heißen Sommertag in ein Bad von 25° C eintauchen, empfinden wir nicht nur einen Kältereiz auf der Haut, sondern die Abkühlung löst in uns gleichzeitig ein angenehmes Gefühl der Erfrischung aus. An einem kalten Wintertag würde das gleiche Bad jedoch als unangenehm kühl empfunden. Ein Sinneseindruck kann also, *je nach Ausgangslage und Umständen, lust- oder unlustbetonte Gefühle* in uns hervorrufen. Dies gilt praktisch für alle Sinnesempfindungen, z.B. vom Auge, vom Ohr, vom Geruch oder vom Geschmack. Eine Ausnahme macht der Schmerz. Er löst fast immer nur unlustbetonte Affekte oder Emotionen in uns aus, unser Wohlbefinden wird durch ihn gestört, kurz, der Schmerz tut weh. Wir bezeichnen diesen Aspekt des Schmerzes als die **affektive** oder **emotionale Komponente.**

Vegetative Komponente. Eintauchen der Hand in heißes Wasser löst aber nicht nur Schmerzen aus, sondern führt auch zur Erweiterung der Hautgefäße und damit zu erhöhter Durchblutung, sichtbar an der Rötung der Haut. Umgekehrt verengt Eintauchen in Eiswasser die Hautgefäße, und die Durchblutung nimmt entsprechend ab. In beiden Fällen steigt in der Regel auch der Blutdruck an, die Herzfrequenz nimmt zu, die Pupillen erweitern und die Atmung verändert sich. Diese Reaktionen auf die schmerzhafte Reizung werden *reflektorisch über das autonome oder vegetative Nervensystem abgewikkelt,* wir sprechen daher von der **vegetativen** oder **autonomen Komponente** des Schmerzgeschehens. Die vegetative Komponente kann besonders bei **visceralen Schmerzen** sehr ausgeprägt sein und sich z.B. bei einer Gallenkolik als Übelkeit mit Erbrechen, Schweißausbruch und Blutdruckabfall äußern.

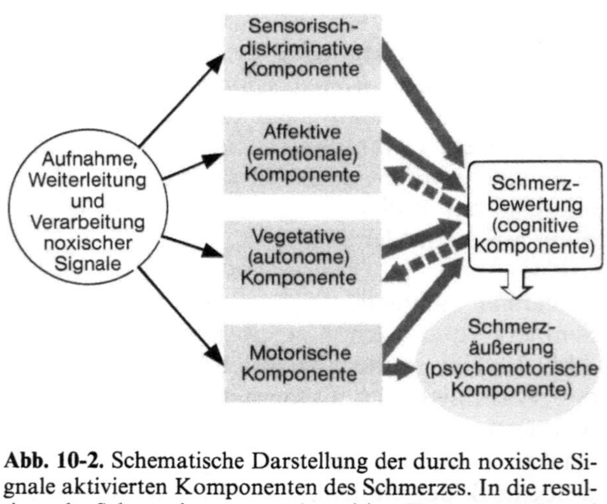

Abb. 10-2. Schematische Darstellung der durch noxische Signale aktivierten Komponenten des Schmerzes. In die resultierende Schmerzbewertung (cognitive Komponente) und Schmerzäußerung (psychomotorische Komponente) gehen die sensorischen, affektiven und vegetativen Komponenten je nach Art des Schmerzes in unterschiedlichem Ausmaß ein. Umgekehrt beeinflußt die Schmerzbewertung ihrerseits die Ausprägung der affektiven und vegetativen Schmerzkomponenten (*gestrichelte Pfeile*). Das Schema gilt auch für Schmerzen, die nicht durch Nociceptoren oder neuralgische Erregungen bedingt sind

Motorische Komponente. Schließlich ist uns gut vertraut, daß beim unabsichtlichen Eintauchen einer Hand in heißes Wasser die Hand schon zurückzuckt, lange bevor uns ein Hitzeschmerz bewußt wurde und wir willkürlich darauf hätten reagieren können. Diese **motorische Komponente** des Schmerzes ist uns als *Flucht- oder Schutzreflex* in einer Vielzahl von Beispielen bekannt. Sie spielen v.a. bei von außen kommenden noxischen Reizen eine wichtige Rolle. Aber auch bei Tiefenschmerzen und visceralen Schmerzen können motorische Komponenten, z.B. in der Form von *Muskelverspannungen*, beobachtet werden. Im weiteren Sinne sind auch andere Verhaltensäußerungen auf den Schmerz, die aus der Schmerzbewertung (s.u.) resultieren, als motorische oder besser **psychomotorische Komponenten** des Schmerzes anzusehen (Abb. 10-2, untere rechte Bildhälfte).

Gewöhnlich treten **alle Schmerzkomponenten** gemeinsam auf, wenn auch in jeweils unterschiedlicher Ausprägung. Sie verfügen aber über z.T. sehr unterschiedliche zentrale Bahnen und an ihrer Entstehung sind die verschiedensten Anteile des Nervensystems beteiligt. So sind für die sensorische Komponente thalamocorticale, für die affektive Komponente überwiegend limbische Strukturen zuständig, dazu kommt die Beteiligung des vegetativen und des motorischen Systems. Deswegen stehen die Schmerzkomponenten **im Grunde nur in loser Beziehung zueinander** und können durchaus **völlig getrennt voneinander** ablaufen. Zum Beispiel ziehen wir auch im Schlaf unsere Hand von einem Schmerzreiz zurück, obwohl keine bewußte Schmerzempfindung auftritt, und an chronisch decerebrierten Tieren können motorische und vegetative Schmerzreaktionen (pseudoaffektive Reaktionen [31]) genau wie an intakten Tieren beobachtet werden, obwohl kein Großhirn mehr vorhanden ist.

Schmerzbewertung und Schmerzäußerung

An der **Bewertung eines Schmerzes,** also ob wir ihn beispielsweise als *mild, unangenehm, beunruhigend, heftig* oder *unerträglich* empfinden, haben die verschiedenen Komponenten des Schmerzes in variierendem Ausmaß ihren Anteil (Abb. 10-2, rechts). Beispielsweise wird bei Oberflächenschmerzen die sensorische Komponente im Vordergrund stehen, bei visceralen Schmerzen wird die vegetative Komponente eine große Rolle spielen, und bei chronischen Schmerzen wird die affektive Komponente für die Schmerzbewertung oft ausschlaggebend sein.

Entscheidend für die Schmerzbewertung ist der **Vergleich der aktuellen Schmerzen mit den Schmerzen der Vergangenheit** und ihren damaligen Folgen. Der aktuelle Schmerz wird also an den im Kurz- und Langzeitgedächtnis gespeicherten Schmerzerfahrungen gemessen und entsprechend diesen Erfahrungen bewertet. Die Schmerzbewertung kann daher als die *erkennende* oder **cognitive Komponente** des Schmerzes bezeichnet werden. Das Ergebnis dieses cognitiven Prozesses führt zu entsprechenden **Schmerzäußerungen** *(psychomotorische Komponente,* z.B. Mimik, Wehklagen, Verlangen nach schmerzstillenden Medikamenten). Es fließt aber wahrscheinlich auch in die Ausprägung der affektiven und vegetativen Komponenten ein (gestrichelte Pfeile von rechts nach links in Abb. 10-2), d.h. diese Komponenten sind nicht nur für die Bewertung des Schmerzes bedeutsam, sondern ihr Ausmaß hängt auch von der Gesamteinschätzung des aktuellen Schmerzes ab: Wir leiden mehr an einem Schmerz, den wir im Hinblick auf unser Wohlergehen als „wichtig" einschätzen als an einem, der uns (bei gleicher Intensität) banal erscheint.

In die Schmerzbewertung und die daraus resultierenden Schmerzäußerungen geht noch eine Reihe anderer Faktoren ein, auf die hier nur kurz hingewiesen wird. So hängt das Ausmaß der vom Patienten geäußerten Schmerzklagen z.B. sehr von der *aktuellen sozialen Situation,* vom *familiären Herkommen,* von der *Erziehung* und auch von der *ethnischen Herkunft* ab. Ein nordamerikanischer Indianer am Marterpfahl verhält sich in bezug auf seine Schmerzäußerungen völlig anders als eine süditalienische Hausfrau mit einer Gallenkolik, auch dann, wenn beide an Schmerzen gleicher Intensität leiden.

Außerdem ist für die Schmerzbewertung oft entscheidend, *unter welchen Umständen ein Schmerzereignis auftritt.* So ist gut bekannt, daß bei Kriegsverwundungen der Bedarf an schmerzstillenden Mitteln weitaus geringer ist, als bei vergleichbaren Verletzungen im Zivilleben. Anscheinend vermindert die Aussicht auf die alsbaldige Heimreise und das Glücksgefühl, die Schlacht überlebt zu haben, Schmerzwahrnehmung und -bewertung in einem erheblichen Ausmaß.

Entgegen den Erwartungen fanden sich aber nur *schwache Zusammenhänge zwischen Schmerzverhalten und überdauernden Persönlichkeitseigenschaften* (wie z.B. bei einem Vergleich zwischen extrovertierten versus introvertierten Personen). Aus einer Analyse der Persönlichkeitsvariablen läßt sich also für das Schmerzverhalten kaum eine brauchbare Voraussage machen [18].

Schließlich soll noch darauf hingewiesen werden, daß zweckmäßiges Verhalten und gefühlsmäßig **normale Reaktionen auf schmerzhafte Reize** anscheinend zum großen Teil nicht angeboren sind, sondern vom jugendlichen Organismus in einer frühen Phase seiner Entwicklung **erlernt werden müssen.** Bleiben diese frühkindlichen Erfahrungen aus, so lassen sie sich später nur sehr schwer erlernen: Junge Hunde, die in den ersten 8 Lebensmonaten vor allen schädigenden Reizen bewahrt wurden, waren unfähig, auf Schmerzen angemessen zu reagieren, und lernten dies nur langsam und unvollkommen. Sie schnupperten immer wieder an offenen Flammen und ließen sich Nadeln tief in die Haut stechen, ohne mehr als lokale reflektorische Zuckungen zu zeigen. Vergleichbare Beobachtungen wurden auch an jungen Rhesusaffen erhoben (Lit. in [8, 11]).

Schmerzmessung

Subjektive Algesimetrie. Die klassischen Methoden der Psychophysik lassen sich beim Menschen auch auf das *experimentelle Studium der Zusammenhänge zwischen noxischem Reiz und Schmerz* anwenden, wobei bei dieser **experimentellen Algesimetrie** sowohl subjektive wie objektive Methoden angewandt werden [3, 20]. Zur Schmerzauslösung kommen thermische, elektrische, mechanische und chemische Reize in Frage. Gemesssen wird in der *subjektiven* Algesimetrie einmal die **Schmerzschwelle,** also diejenige Reizstärke, bei der eben eine Schmerzempfindung auftritt, weiterhin die **Schmerzintensität** (die verbal oder über eine andere Anzeigemethode ausgedrückt wird) und schließlich die **Schmerztoleranzschwelle,** also diejenige Reizintensität, bei der die Versuchsperson den Abbruch des Reizes verlangt.

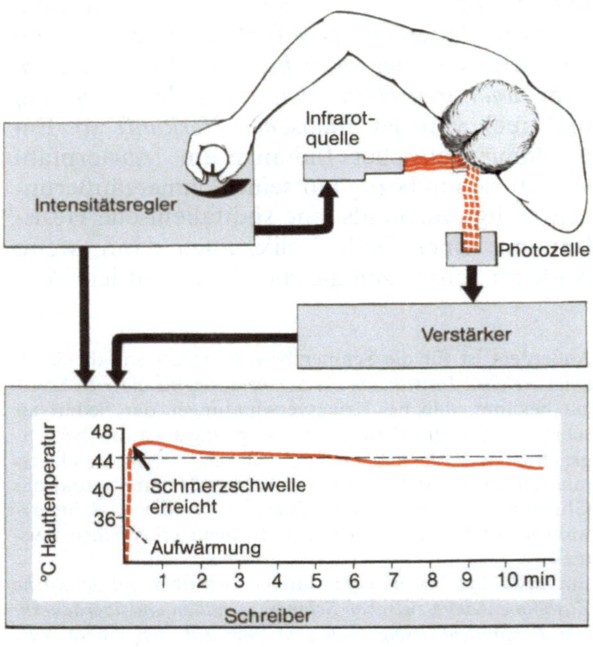

Abb. 10-3. Experimentelle thermische Schmerzreizung. Infrarote Strahlen erwärmen ein geschwärztes Hautfeld auf der Stirn der Versuchsperson. Die Hauttemperatur wird über einen Temperaturfühler (Photozelle) aufgenommen und auf einem Schreiber registriert. (Nach HARDY: J. Appl. Physiol. *5*, 725 (1953). Die *rote Kurve* zeigt die Abhängigkeit der Schmerzschwelle (Mittelwerte) von der Dauer des Hitzereizes. Die Versuchspersonen wurden angehalten, die Strahlungsintensität selbst so zu regulieren, daß die Hauttemperatur für die Dauer des Versuches gerade als schmerzhaft empfunden wurde. Das anfängliche Überschießen der Hauttemperatur über die Schmerzschwelle hinaus ist durch die Trägheit der Versuchsanordnung bedingt. (Nach GREENE und HARDY: J. Appl. Physiol. *17*, 693 (1962)

Schmerzadaptation. Neben der Schmerzintensität ist klinisch v.a. noch wichtig, ob die Schmerzempfindung adaptiert. Die subjektive Erfahrung weist eher auf **fehlende Adaptation** hin (z.B. stundenlange Kopf- oder Zahnschmerzen). Auch bei der experimentellen **Messung der Schmerzadaptation** beim Hitzeschmerz (Abb. 10-3) finden sich keine Anhaltspunkte für eine Schmerzadaptation. Die Abnahme der Schmerzschwellentemperatur im Verlauf der Messung weist sogar eher auf eine **Sensibilisierung** der Nociceptoren im bestrahlten Hautareal durch den andauernden Hitzereiz hin. (Bei wiederholten, alltäglichen nociceptiven Reizen ist allerdings in der Regel eine *Habituation* zu beobachten.)

Objektive Algesimetrie. Die objektive Algesimetrie bedient sich beim Menschen v.a. der Messung motorischer und vegetativer Reaktionen auf den Schmerz und der Registrierung evocierter Hirnrindenpotentiale (der Ausdruck „objektiv" bedeutet lediglich, daß nicht die „subjektiven" Aussagen des Probanden, sondern vom Beobachter registrierte Variablen gemessen werden). Häufig werden verschiedene Methoden gleichzeitig eingesetzt (z.B. Messung evocierter Potentiale bei gleichzeitiger Messung des Pupillendurchmessers als Maß für den Sympathicustonus), oft werden auch subjektive und objektive Methoden miteinander kombiniert (**mehrdimensionale Algesimetrie**). Die experimentelle Algesimetrie ist ein derzeit rasch wachsendes Arbeitsgebiet, von dem noch wesentliche Aufschlüsse über die Natur des Schmerzes erwartet werden können [3, 20].

Klinische Algesimetrie. Die klinische Algesimetrie benutzt auf der subjektiven Ebene einerseits **Verhältnisschätzmethoden,** wie beispielsweise eine einfache visuelle Analogskala, bei der der Patient das Ausmaß seines Schmerzes zwischen zwei Endpunkten (kein Schmerz/unerträglicher Schmerz) zu verschiedenen Zeiten einträgt. Andererseits werden **Fragebögen** eingesetzt, wie der vielfach benutzte McGill-Pain-Questionnaire des kanadischen Psychologen RONALD MELZACK (s. [8]). Schließlich kann die klinische Schmerzstärke auch zu einem experimentellen Schmerz in Bezug gesetzt werden, wie beispielsweise bei der Bestimmung des **Tourniquet-**

schmerzquotienten, bei dem der Patient die Intensität eines experimentellen ischämischen Muskelschmerzes zu seinem klinischen Schmerz abschätzt [10].

10.2 Neurophysiologie des Schmerzes

Schmerztheorien

Spezifitätstheorie des Schmerzes. Unsere heutigen Hypothesen zur *Schmerzentstehung im Gewebe* gehen davon aus, daß **Schmerz eine selbständige Empfindung** mit einem dafür spezialisierten nervösen Apparat von Sensoren, Leitungsbahnen und Zentren ist. Nach dieser experimentell gut abgesicherten Vorstellung verfügen alle Menschen und praktisch alle tierischen Organismen über spezielle Sensoren (Sinnesreceptoren), die eine so hohe Schwelle haben, daß sie nur durch gewebeschädigende oder gewebebedrohende Reize („Noxen", lat. noxa = Schaden) erregt werden. Diese Sensoren werden daher als **Nociceptoren** bezeichnet und die von ihnen aktivierten neuronalen Strukturen als das **nociceptive System.** Entsprechend bezeichnet man die *Aufnahme, Weiterleitung und zentralnervöse Verarbeitung* noxischer Signale als **Nociception,** um diese „objektiven" neuronalen Prozesse von der „subjektiven" Empfindung Schmerz deutlich abzugrenzen.

Aus dieser Sicht ist die „Spezifitätstheorie des Schmerzes" lediglich eine **Spezifitätstheorie der Nociception.** Dies ist nur ein Beispiel dafür, daß auch heute noch die Begriffe *Nociception* und *Schmerz* nicht immer mit der wünschenswerten Genauigkeit getrennt gehandhabt werden, um schon auf diese Weise eine Gleichsetzung der nociceptiven neuronalen Strukturen und der in ihnen ablaufenden elektrischen und chemischen Prozesse mit der subjektiven Welt der Schmerzerlebnisse zu vermeiden.

Eine der ersten experimentellen Stützen der Spezifitätstheorie lieferte der in Abb. 10-4 gezeigte Befund, daß die Haut in Analogie zu den Befunden bei der Mechano- und Thermoperception auch für den Schmerz nicht gleichmäßig empfindlich ist, sondern **Schmerzpunkte** besitzt. Diese sind *deutlich häufiger* als Druckpunkte (Verhältnis 9:1 in Abb. 10-4). Da die Kalt- und Warmpunkte der Haut noch weniger zahlreich als die Druckpunkte sind, ist das Verhältnis der Schmerzpunkte zu diesen noch größer als 9:1. Schon aufgrund dieser Befunde erschien es wahrscheinlich, daß der Schmerz über eigene Sensoren, also spezielle Nociceptoren verfügt, die Nociception also nicht über Mechano- oder

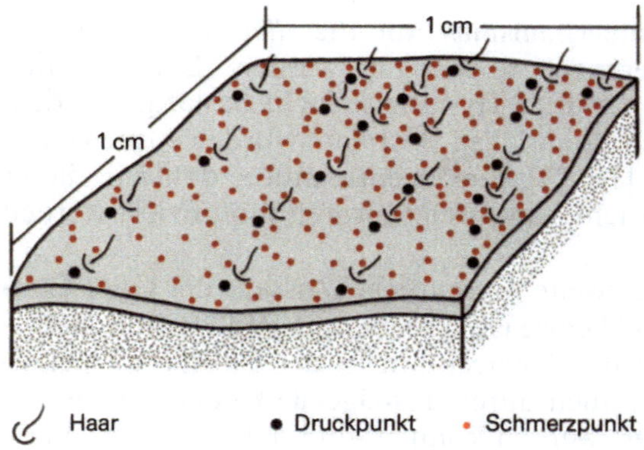

Abb. 10-4. Schmerz- und Druckpunkte auf der menschlichen Haut. Die Bestimmung der Schmerzpunkte erfolgte mit von Freyschen-Stachelborsten. (Aus STRUGHOLD: Z. Biol. *80*, 376 (1924))

Thermoreceptoren vermittelt wird (wie es von der anschließend erwähnten Intensitätstheorie und der Mustertheorie gefordert wurde).

Intensitäts- und Mustertheorien der Nociception. Diese Theorien konkurrierten für lange Zeit mit der Spezifitätstheorie, da die Vielfalt der noxischen Reize (und damit das Fehlen eines einzelnen adäquaten Reizes) zu der Annahme führte, es gebe keine speziellen Nociceptoren, sondern Schmerz trete immer dann auf, wenn die niedrigschwelligen Mechano- und Thermoreceptoren über eine bestimmte Reizintensität hinaus gereizt würden. Nach Ansicht der **Intensitätstheorie** rufen nociceptive Reize besonders **hochfrequente Impulssalven** in den niedrigschwelligen Sensoren hervor, nach der **Mustertheorie** kommt es dabei zu **speziellen Impulsmustern,** die von denen bei unschädlichen Reizen abweichen. Ihre Attraktivität bezogen diese Theorien v.a. aus ihrer scheinbaren Einfachheit, denn es sind nach dieser Auffassung keine speziellen neuronalen Strukturen für die Nociception notwendig. (Die Einfachheit war deswegen scheinbar, weil aus heutiger Sicht die Verschlüsselung verschiedener Sinnesinformation in demselben nervösen Netzwerk wesentlich aufwendiger ist, als ihre Behandlung in getrennten Systemen.)

Gate-Control-Theorie. Die im Jahre 1965 von MELZACK und WALL [22] vorgeschlagene „Gate-Control-Theorie" (Kontrollschrankentheorie) der **spinalen Verarbeitung nociceptiver Information** postulierte als eine ihrer wesentlichen Aussagen, daß die nach zentripetal projizierenden Hinterhornneurone des nociceptiven Systems durch Erregung *dicker nichtnociceptiver* Afferenzen gehemmt (gate closed: Schranke geschlossen) und durch Erregung *dünner nociceptiver* Afferenzen aktiviert würden (Schranke offen). Diese Hemmung sollte in der **Substantia gelatinosa** des Hinterhorns des Rückenmarks generiert und – dies war der kritische Punkt der Theorie — nur über einen **präsynaptischen**

Hemmechanismus auf die *dünnen nociceptiven* Afferenzen übertragen werden. Experimentell konnte diese Hypothese nicht bestätigt werden, ihre wesentlichen Postulate wurden sogar widerlegt [26, 27]. Die Theorie mußte daher in dieser Hinsicht von ihren Autoren modifiziert werden [8].

Eine zweite, wesentliche Aussage der Gate-Control-Theorie ist, daß die spinalen Hemmechanismen der Nociception in der Substantia gelatinosa auch durch **absteigende Hemmsysteme** aktiviert werden können, und daß auf diese Weise die nociceptive Information *bereits auf spinaler Ebene* einer **zentrifugalen Kontrolle** unterliegt. Die Existenz solcher descendierender Hemmsysteme gilt unterdessen als gesichert, und zwar nicht nur im nociceptiven, sondern, wie z.T. schon sehr viel länger bekannt, auch in allen anderen somatosensorischen Systemen (s. Abb. 9-26, S. 231). Es bleibt das wesentliche Verdienst der Gate-Control-Theorie, darauf hingewiesen zu haben, daß auch der *nociceptive* Zustrom in das Rückenmark schon auf der Ebene der ersten zentralen Neurone durch *lokale* und *descendierende* Einflüsse erheblich **moduliert** werden kann [14, 27, 30].

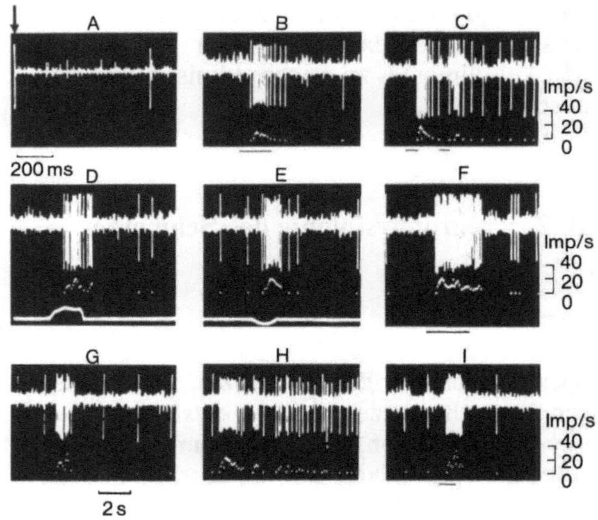

Abb. 10-5. Antwortverhalten eines einzelnen polymodalen Nociceptors. Ableitung am wachen Menschen. Die Impulsaktivität wurde mit einer transcutanen Metallmikroelektrode am N. peronaeus in Höhe des Kniegelenks während Hautreizung des receptiven Feldes auf der großen Zehe abgeleitet. **A** Antwort auf einen einzelnen elektrischen Reiz. **B** Reizung mit einem von Frey-Haar von 2 g. Dieser Reiz wurde 2 s nach Beginn als Kribbeln empfunden. **C** Wiederholtes festes Überstreichen des receptiven Feldes mit einem dünnen Stift führt zu leichtem Schmerz. **D** Reizung mit einem Stab (15 g Gewicht) wird als Druck empfunden. **E** Druck mit einem spitzen Stab von 5 g ruft leichten Schmerz hervor. **F** Ein Nadelstich evociert ersten und zweiten Schmerz. **G** Anwendung von Juckpulver auf das receptive Feld führt zu brennendem Jucken. **H** Brennesselkontakt führt zu Schmerz, gefolgt von Jucken. **I** Eine heiße Thermode führt zu anfänglichem scharfem Schmerz, der später brennend wird. (Aus: Torebjörk, H.E., Acta Physiol. Scand. *92*, 374, 1974)

Transduktion und Transformation in Nociceptoren

Modalität und Struktur der Nociceptoren. In der Haut des Menschen wurden bisher überwiegend Nociceptoren gefunden, die sowohl auf **mechanische** (z.B. Nadelstich, Quetschen), wie auf **thermische** (Hitze, Kälte) und **chemische** Reize (z.B. Bradykinin, Prostaglandin) antworten (Abb. 10-5A–I). Diese Nociceptoren sind also **polymodal.** Auch in der Skeletmuskulatur, ihren Sehnen und im Gelenkgewebe kommen anscheinend vorwiegend polymodale Nociceptoren vor [5, 23]. Diese sind aber bisher fast ausschließlich bei Tieren untersucht worden, bei denen sich häufiger als beim Menschen **unimodale** Nociceptoren, z.B. Hitzereceptoren, fanden. Histologisch handelt es sich bei den Nociceptoren um **freie**, genauer um **nichtcorpusculäre Nervenendigungen,** deren ultrastrukturelle Lokalisation im Gewebe und deren Beziehungen zu den sie umgebenden perineuralen Strukturen bisher kaum erforscht wurden. Die Nociceptoren scheinen vorzugsweise in der Adventitia kleiner Blut-. und Lymphgefäße in unmittelbarer Nachbarschaft zum Gefäßlumen zu enden, daneben auch in den Bindegeweberäumen und überraschenderweise im Endoneurium selbst [17].

Es darf durch diese Bemerkungen *auf keinen Fall der Eindruck entstehen,* als ob alle nichtcorpusculären Nervenendigungen als Nociceptoren dienen. Es gibt vielmehr in allen Geweben, jedenfalls in Haut, Skeletmuskeln, Sehnen, Gelenken, Herzmuskeln und anderen Eingeweiden, zahlreiche **nichtnociceptive** sensorische Einheiten mit **nichtcorpusculären Nervenendigungen,** die spezifisch auf mechanische oder thermische Reize geringer Intensität und auf nichtnoxische chemische Reize empfindlich sind und deren Erregung keine Schmerzen auslöst (z.B. [23, 24]).

Erregung von Nociceptoren. Einen schematischen Überblick über die bei der Erregung von Nociceptoren beteiligten Strukturen und Substrate gibt Abb. 10-6. Am Anfang der gesamten Kette steht immer das Auftauchen einer „Urnoxe", die die normale Gewebefunktion bedroht. Solche Urnoxen können z.B. Bakterien sein, die in ein Gelenk eindringen, aber auch die Mangeldurchblutung von Herzmuskelgewebe oder die Freisetzung eines (hypothetischen) Migränefaktors. Auch mechanische

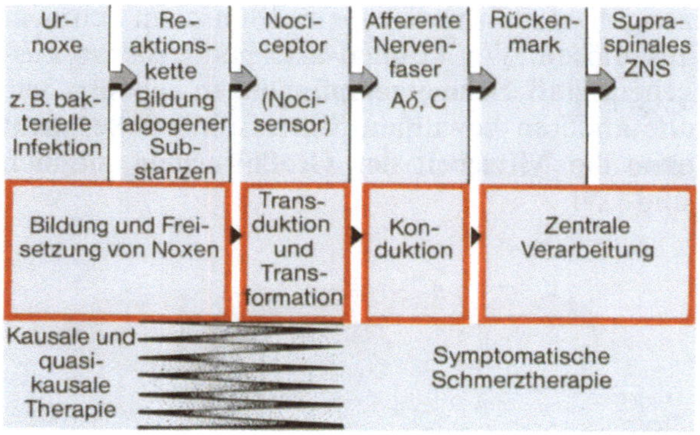

Abb. 10-6. Übersicht über die Strukturen und Substrate bei Nociceptorschmerzen. *Oben* ist der Entstehungsweg der Schmerzen zu sehen, in der *Mitte* die beteiligten Verarbeitungsprozesse. *Unten* ist gezeigt, daß eine kausale und quasikausale Therapie von Schmerzen aus Nociceptorerregung nur im peripheren Gewebe möglich ist

Gewalteinwirkung, Hitze oder große Kälte stellen Urnoxen dar.

Die Urnoxen können zu einer direkten Reizung und eventuellen Erregung von Nociceptoren führen, wie etwa während einer mechanischen Gewalteinwirkung. Viel häufiger ist es aber wahrscheinlich so, daß durch sie eine *Kette von Zell- und Gewebereaktionen* ausgelöst wird, an deren Ende die Freisetzung von einem oder mehreren Stoffen steht, z.B. bei einer Gelenkentzündung von Prostaglandinen, Bradykinin, Serotonin und anderen, die dann als **Noxen im engeren Sinne** erregend und sensibilisierend auf Nociceptoren einwirken. Die in den **Transduktionsarealen** der Nociceptoren durch die Noxen ausgelösten **Generator-** oder **Receptorpotentiale** lassen sich wegen der Feinheit dieser Sensoren nicht unmittelbar elektrophysiologisch beobachten. Die im nachfolgenden Schritt der **Transformation evocierten Aktionspotentiale** lassen sich aber, wie in Abb. 10-5 gezeigt, in den zugehörigen Nervenfasern bei Tier und Mensch ableiten.

Sensibilisierung und Desensibilisierung. Die *Schwelle der Nociceptoren* für noxische Reize ist weder für alle Nociceptoren einheitlich noch für einen gegebenen Nociceptor konstant. In gesundem Gewebe finden sich Nociceptoren mit recht unterschiedlichen Schwellen auf noxische Reize, die z.T. so hoch liegen können, daß die Nociceptoren im Experiment nicht zu erregen sind („schlafende" Nociceptoren). Ist aber das Gewebe pathophysiologisch verändert, z.B. durch eine Entzündung, werden alle **Nociceptoren sensibilisiert,** d.h. ihre Schwellen werden abgesenkt, und zwar z.T. so weit, daß selbst normalerweise nichtnoxische Reize jetzt zur Erregung der Nociceptoren führen. Dabei werden auch die „schlafenden" Nociceptoren „aufgeweckt" [24, 25]. Die Sensibilisierung erfolgt wahrscheinlich durch *algetische Substanzen,* wie die Prostaglandine. Ihr genauer Mechanismus ist aber noch nicht bekannt. Auch Schwellenerhöhungen, also **Desensibilisierungen von Nociceptoren,** lassen sich beobachten. So greifen einige Schmerzmittel anscheinend in der Peripherie an und erhöhen dort die Schwelle der Nociceptoren für noxische Reize.

Periphere Konduktion noxischer Signale

Zwei Typen von Nervenfasern kommen praktisch ausschließlich für die periphere Weiterleitung noxischer Signale in Frage, nämlich **dünne markhaltige** (Gruppe III- oder Aδ-Fasern) und **marklose** Nervenfasern (Gruppe IV- oder C-Fasern). Erstere haben Leistungsgeschwindigkeiten vorwiegend zwischen 2,5 und 20 m/s, letztere unter 2,5 m/s (Durchschnittswert 1 m/s, vgl. Tabelle 2-1, S. 40). Zahlenmäßig sind die *Gruppe IV-Fasern wesentlich häufiger als die Gruppe III-Fasern.*

Beim *Menschen* konnte durch **abgestufte elektrische Reizung von Hautnerven** direkt nachgewiesen werden, daß Erregung der dicken (niederschwelligen) markhaltigen Afferenzen (Gruppe II) nicht zu Schmerzempfindungen führt, während Erregung der (hochschwelligen) Gruppe III- und IV-Afferenzen Schmerz hervorruft. Dabei scheint beim **Oberflächenschmerz der Haut** die Übertragung des ersten Schmerzes (s. S. 234) von *Gruppe III-Fasern,* die des zweiten Schmerzes von *Gruppe IV-Fasern* besorgt zu werden.

Folgende Befunde unterstützen diese Annahme: a) Wird durch **mechanischen Druck** auf einen Nerven eine Nervenblockade gesetzt, so fallen zunächst die dicken und erst später die dünnen Fasern aus. Solange nur die Gruppe II-Fasern geblockt sind, bleiben beide Qualitäten des Oberflächenschmerzes erhalten. Sobald aber die Gruppe III-Fasern geblockt werden, verschwindet der erste Schmerz, und nur der zweite läßt sich noch nachweisen. b) Bei Nervenblokkade mit einem **Lokalanaestheticum** (z.B. Novocain), für das die Gruppe-IV-Fasern empfindlicher als die Gruppe III-Fasern sind, ist das umgekehrte Phänomen zu beobachten: der dumpfe zweite Schmerz verschwindet vor dem hellen ersten. c) **Elektrische Reizung** freigelegter Hautnerven führt bei Gruppe III-Reizstärke zu hellen Schmerzempfindungen. Werden jedoch die **markhaltigen Fasern geblockt** und wird mit Gruppe IV-Stärke gereizt, dann kommt es zu subjektiv sehr unangenehmen, dumpf-brennenden Schmerzen, die von der Versuchsperson als schwer erträglich bezeichnet werden. Die Zeitdifferenz zwischen dem ersten und zweiten Schmerz scheint dabei in erster Linie durch die unterschiedliche Leitungsgeschwindigkeit der beteiligten Nervenfasern verursacht zu sein.

Auch in der **Skeletmuskulatur** und in den **Gelenken** und anderen tiefen Geweben scheinen die *Nociceptoren* praktisch ausschließlich von Gruppe III- und Gruppe IV-Fasern versorgt zu werden [5, 23, 24]. Die afferenten Fasern der Eingeweide sind überwiegend marklos. Welche von ihnen der *visceralen Reflexregulation* dienen und welche am *Eingeweideschmerz* beteiligt sind, ist bisher nicht bekannt.

Zentrale Weiterleitung und Verarbeitung

Im **Rückenmark** enden die nociceptiven Afferenzen an Neuronen des **Hinterhornes.** Diese Nervenzellen sind Ausgangspunkt der im vorhergehenden Kapitel ausführlich dargestellten **Vorderseitenstrangbahnen** (Tractus spinothalamicus u.a.), die in Richtung Hirnstamm aufsteigen, um sich dort mit den nociceptiven, weitgehend aus dem **N. trigeminus** stammenden Afferenzen aus dem Kopfbereich auf dem Weg zum **Thalamus** zu vereinigen (Abb. 10-7, linke Bildhälfte, vgl. auch Abb. 9-20). Wegen der Arbeitsweise dieser aufsteigenden Systeme, ihren weiteren zentripetalen Projektionen und der Beteiligung von Formatio reticularis, Thalamus und Großhirnrinde an der Verarbeitung nociceptiver Signale sei auf die entsprechenden Abschnitte des vorhergehenden Kapitels verwiesen [14, 30].

An dieser Stelle sei in bezug auf die **Beteiligung der Großhirnrinde an Nociception und Schmerz,** besonders der sensorisch-diskriminativen und der cognitiven Komponenten, lediglich erwähnt, daß in der ersten Hälfte dieses Jahrhunderts aufgrund klinischer und experimenteller Befunde die Ansicht vorherrschte, daß der Cortex für das Entstehen bewußter Schmerzempfindungen nicht unbedingt notwendig sei. Vielmehr wurde der *Thalamus als das entscheidende Zentrum für bewußte Schmerzempfindungen* angesehen. Sorgfältige Beobachtungen, v.a. an Hirnverletzten des Zweiten Weltkrieges, haben allerdings zu einer *Revision dieser Auffassung* geführt. Schußverletzungen bestimmter Cortexareale in der Tiefe der Zentralfurche (Sulcus centralis) des Scheitelhirnes führten nämlich zu einer kontralateralen Schmerzunempfindlichkeit, die auch auf Dauer bestehen blieb. In manchen Fällen war nur ein Teil der gegenüberliegenden Körperhälfte betroffen, z.B. ein Arm oder ein Bein, in anderen Fällen blieb die gesamte Körperhälfte schmerzunempfindlich. Entsprechend diesen Befunden ist es unterdessen auch geglückt, durch lokale elektrische Reizung dieser Hirnareale beim Menschen Schmerz auszulösen. Wir können also heute davon ausgehen, daß **Schmerzempfindungen,** ebenso wie alle anderen bewußten Sinneseindrücke, **nicht ohne die Mitarbeit der Großhirnrinde** möglich sind [29].

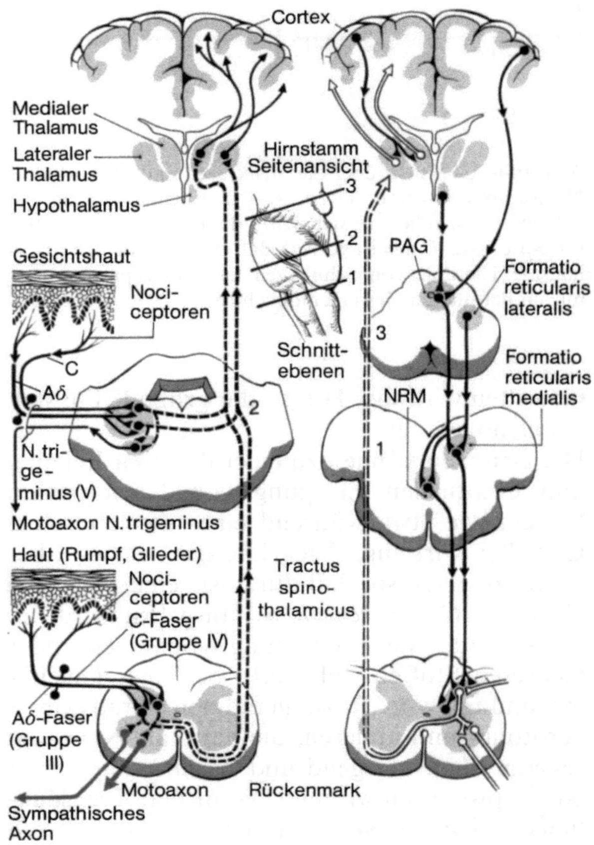

Abb. 10-7. Schematische Übersicht über den Verlauf der aufsteigenden nociceptiven Bahnen (*links*) und der descendierenden Bahnsysteme, die den nociceptiven Zustrom modulieren (*rechts*). Von den aufsteigenden Bahnsystemen sind nur der Tractus spinothalamicus und die sich ihm anschließenden trigeminothalamischen Zuflüsse gezeigt. Andere, an der ascendierenden Konduktion nociceptiver Information beteiligte Bahnen (z.B. Tractus spinoreticularis, Tractus spinocervicalis) sind der Einfachheit halber weggelassen. Vom lateralen Thalamus nehmen die spezifischen thalamocorticalen Bahnen ihren Ursprung; sie enden überwiegend im somatosensorischen Cortex. Die Efferenzen der medialen Thalamuskerne sind diffuser. Sie enden nicht nur in weiten Arealen des frontalen Cortex, sondern ziehen auch zu subcorticalen Strukturen, insbesondere des limbischen Systems (nicht eingezeichnet, ebenso nicht die starken reticulären Zuflüsse dieser Kerne). Die descendierenden Systeme üben ihren Einfluß überwiegend auf spinaler Ebene (bzw. auf die entsprechenden trigeminalen Strukturen, nicht eingezeichnet) aus. Die *Einsatzfigur* gibt in einer Seitenansicht des Hirnstamms die Lage der Hirnstammschnitte an: *1* cranialer Rand der unteren Olive, *2* Mitte des Pons, *3* unteres Mesencephalon. *PAG* periaquäductales Grau (zentrales Höhlengrau); *NRM* Nucleus raphé magnus (nach Untersuchungsergebnissen zahlreicher Autoren)

10.3 Pathophysiologie von Nociception und Schmerz

Schmerzen, die als Folge der Erregung von Nociceptoren auftreten, stellen die normale, also die physiologische Form von Schmerzen dar. Schmerzen können aber auch dadurch entstehen, daß die nociceptiven Systeme an mehr proximalen Orten erregt werden (s. das eingangs erwähnte Beispiel des psychogenen Schmerzes, S. 235). Außerdem ist zu berücksichtigen, daß die Nociceptoren durch Sensibilisierungs- und Desensibilisierungsvorgänge in ihrer Empfindlichkeit über weite Bereiche verstellt werden können (S. 241) und daß dadurch, ebenso wie durch zentrale Empfindlichkeitsverstellungen, das resultierende Schmerzerlebnis erheblich verändert werden kann. Auf diese Vorgänge, ebenso wie auf die Übertragung von Schmerzen in gesunde Körperbereiche, sei im folgenden eingegangen.

Projizierter und neuralgischer Schmerz

Projizierter Schmerz. Dieser Schmerz ist das *einfachste Beispiel* dafür, daß nicht alle Schmerzen von den Nociceptoren ihren Ausgang nehmen. Jeder weiß z.B., daß es bei heftiger mechanischer Reizung des N. ulnaris am Ellenbogen zu Mißempfindungen im Versorgungsgebiet dieses Nervens kommt (Abb. 10-8). Offensichtlich wird die am Ellenbogen in den afferenten Nervenfasern ausgelöste Impulsaktivität von unserem Bewußtsein in das Versorgungsgebiet dieser afferenten Fasern **projiziert,** da normalerweise solche Impulse aus den Sensoren dieses Versorgungsgebietes stammen. Die Interpretation der dabei auftretenden Empfindungen (Kribbeln o.ä.) fällt uns schwer, da das durch direkte mechanische Reizung der Nervenfasern auftretende Impulsmuster normalerweise nicht vorkommt.

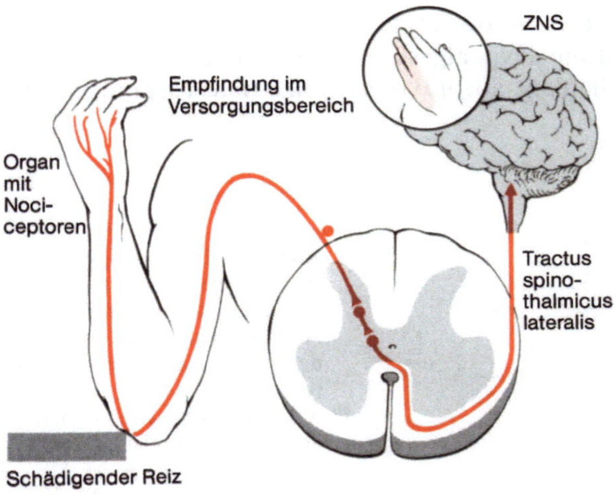

Abb. 10-8. Entstehung des projizierten Schmerzes (schematisch). Besprechung im Text

Projizierte Empfindungen können im Prinzip innerhalb aller Sinnesmodalitäten auftreten, aber nur der **projizierte Schmerz** ist klinisch bedeutungsvoll. Häufig treten beispielsweise solche Schmerzen bei Kompressionen eines Spinalnerven im Rahmen eines akuten Bandscheibensyndroms auf. Die dabei durch die zentripetalen Impulse in nociceptiven Fasern auftretenden Schmerzempfindungen werden in das Versorgungsgebiet des gereizten Spinalnerven projiziert. (Daneben können natürlich auch lokale Schmerzen auftreten.) Beim projizierten Schmerz ist also der Ort der Einwirkung der Noxe nicht identisch mit dem der Schmerzempfindung.

Neuralgie. Weit wichtiger als akute projizierte Schmerzen dieses Typs sind projizierte Schmerzen, die durch *fortgesetzte Reizung eines Nerven oder einer Hinterwurzel* entstehen. Eine solche chronische Nervenschädigung führt zu **„spontanen" Schmerzen,** die häufig wellenförmig oder attackenweise auftreten. Sie bleiben meist, wie vom projizierten Schmerz zu erwarten, auf das Versorgungsgebiet des erkrankten Nerven oder der geschädigten Wurzel begrenzt. Diese und nur diese durch **pathophysiologische Impulsbildung an nociceptiven Fasern** (nicht an den Nociceptoren) entstehenden Schmerzen sollten durch die Begriffe **Neuralgie** oder **neuralgischer Schmerz** gekennzeichnet werden.

Der **Mechanismus der regenerativen Impulsentstehung** in der normalerweise nur konduktilen Membran der nociceptiven Afferenzen durch länger dauernde Einwirkung von Zug und Druck (und möglicherweise auch chemischen Stoffen, wie sie bei Entzündungen und Gewebeschädigungen vermehrt auftreten) ist ungeklärt. Pathophysiologisch könnte es sich um den Einbau regenerativer Membran, die Demaskierung vorhandener regenerativer Membran, einen Umbau im Axoninneren oder auch einen Umbau des perineuralen Gewebes handeln. Möglicherweise ist die regenerative Impulsentstehung auf mehrere Faktoren zurückzuführen.

Kausalgie. Aus unbekannter Ursache kann es bei Nervenverletzungen, insbesondere bei Schußverletzungen, zu einer Sonderform der Neuralgie, nämlich zu chronischen, sehr quälenden *Schmerzen im Versorgungsgebiet des verletzten Nerven* kommen, wobei gleichzeitig *Durchblutungs- und Ernährungsstörungen* des betroffenen Gebietes auftreten. Der Symptomenkomplex wird als **Kausalgie** bezeichnet [7]. Die Durchblutungs- und Ernährungsstörungen weisen auf eine **Beteiligung des sympathischen Nervensystems** hin.

Übertragener Schmerz

Nociceptive Reizung der Eingeweide wird oft nicht oder nicht nur am inneren Organ als Schmerz empfunden, sondern auch an oberflächlichen, entfernten Strukturen des Körpers. Einen solchen Schmerz bezeichnet man als **übertragenen Schmerz.** Die Übertragung erfolgt in aller Regel in diejenigen Körperabschnitte, die vom gleichen Rückenmarkssegment wie das geschädigte Gewebe nervös versorgt werden, also in bezug auf die Hautoberfläche in das zugehörige *Dermatom* (vgl. Abb. 9-18, S. 222). Solche übertragenen Schmerzen sind aufgrund dieses Zusammenhanges oft ein wichtiges diagnostisches Hilfsmittel.

Das **Zustandekommen des übertragenen Schmerzes** beruht wahrscheinlich, wie Abb. 10-9 zeigt, darauf, daß einerseits nociceptive Afferenzen aus der Haut und den tiefen Geweben auf dieselben Ursprungszellen der aufsteigenden nociceptiven Bahnen konvergieren (linke Bildhälfte) und daß andererseits Axoncollateralen solcher primärer nociceptiver Afferenzen sich bereits im Bereich des Spinalnerven in 2 oder mehrere Collateralen aufzweigen, die anschließend oberflächliche und tiefe Strukturen innervieren (rechte Bildhälfte). Erregung der zentralen nociceptiven Neurone wird als Schmerz in der Peripherie interpretiert, wahrscheinlich weil diese Interpretation **dem Organismus aus Erfahrung geläufig** ist.

Als weitere Konsequenz der in Abb. 10-9 gezeigten zentralen Konvergenz und Divergenz nociceptiver Afferenzen kann es zu einer **Hyperpathie** (s.u.) oder zu einer **Hyperästhesie** (s.u.) der Haut im betroffenen Dermatom kommen. Diese beruhen darauf, daß die Erregbarkeit der spinalen Interneurone durch die nociceptiven Impulse aus den tiefen Geweben erhöht ist, so daß ein Hautreiz im Vergleich zum Normalzustand zu einer stärkeren Aktivierung führt. Schließlich sei daran erinnert, daß selbstverständlich auch neuralgische Schmerzen als übertragene Schmerzen imponieren oder zusammen mit einer übertragenenen Komponente auftreten können.

Schmerzüber- und Schmerzunterempfindlichkeit

Das gesamte nociceptive System ist von erheblicher Plastizität. Dies ist teilweise dadurch bedingt, daß die **Nociceptoren** in ihrer Empfindlichkeit in einem weiten Umfang, beispielsweise bei Entzündungsprozessen, verändert werden können (s.o.), teilweise liegt dieser Plastizität aber auch die erhebliche **zentrale Divergenz und Konvergenz des nociceptiven Systems** zugrunde, als deren eine Folge wir den übertragenen Schmerz kennengelernt haben. Je nach ihrer Ursache treten *Steigerungen* und *Abschwächungen der Schmerzempfindlichkeit* alleine oder in Verbindung mit anderen Veränderungen der Sensibilität auf. Dies wird durch eine entsprechende Nomenklatur zum Ausdruck gebracht.

So versteht man unter einer **Allodynie** Schmerzen, die durch *nichtnoxische* Reizung normaler Haut verursacht werden. Mit diesem Ausdruck sollen Zustände bezeichnet werden, bei denen beispielsweise durch die Sensibilisierung von Nociceptoren schon eine normale mechanische oder thermische Reizung der Haut zu Schmerzempfindungen führt. Im Gegensatz dazu bezeichnet man mit **Hyperalgesie** eine erhöhte Empfindlichkeit auf *noxische* Reize. Ist die Haut auch im Bereich der *Mechano- und Thermoperception* auf nichtnoxische Reize überempfindlich, spricht man von einer **Hyperästhesie.** Im Einzelfall sollte angegeben werden, in welchem Bereich und für welche Reizformen eine Hyperästhesie besteht. Bei der **Hyperpathie** handelt es sich um ein Schmerzsyndrom, das sich durch verzögertes Einsetzen, verstärkte Antwort und eine reizüberdauernde Nachantwort auszeichnet. Es tritt besonders deutlich bei repetitiver Reizung auf. Eine Hyperpathie kann mit Hypo-, Hyper- oder Dysästhesie verbunden sein.

Eine **Hypoalgesie** ist eine verringerte Empfindlichkeit auf *noxische* Reize. Die Hypoalgesie ist

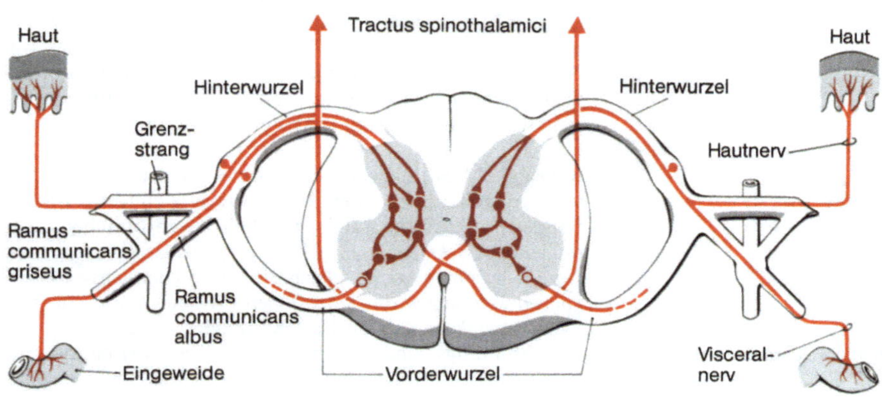

Abb. 10-9. Entstehungswege übertragener Schmerzen. *Links* ist gezeigt, daß nociceptive Afferenzen aus den Eingeweiden zum Teil an denselben Neuronen des Hinterhornes enden wie nociceptive Afferenzen aus der Haut. *Rechts* ist zu sehen, daß dieselbe nociceptive Afferenz gelegentlich sowohl oberflächliches wie tiefes Gewebe versorgen kann

meist Teil einer **Hypoästhesie.** Darunter versteht man eine im Bereich der Somatosensorik verringerte Empfindlichkeit auf Reize. Ein völliges Fehlen von Schmerzen bei noxischer Reizung, eine **Analgesie,** kommt meist nur in Verbindung mit Störungen oder Ausfällen anderer Sinnesmodalitäten vor. Beispielsweise wird im einfachsten Fall die Durchtrennung oder Blockade (z.B. mit Novocain) eines Hautnerven zur Analgesie seines Versorgungsgebietes, aber auch zum Ausfall der anderen Hautsinnesmodalitäten, also zu einer lokalen **Anästhesie** führen.
Gelegentlich werden Menschen mit einer **angeborenen völligen Schmerzunempfindlichkeit** beobachtet. Bei einem Teil dieser Fälle läßt sich kein eindeutiger Defekt des Nervensystems nachweisen, bei anderen fehlen entweder die nociceptiven Afferenzen in den peripheren Nerven oder die ersten weiterführenden Neurone im Hinterhorn des Rückenmarks (LISSAUER-Trakt) sind nicht vorhanden. In allen Fällen ist die Symptomatik gleich: Die Patienten nehmen gewebeschädigende Reize nicht als solche wahr. Es ist für sie daher typisch, daß sie von frühester Kindheit schwere Schäden davontragen oder sich selbst zufügen. Diese Verstümmelungen führen in der Regel zu einem frühen Tod [11].

Zentraler Schmerz. Funktionelle Störungen oder Defekte der spinalen und supraspinalen nociceptiven Systeme können zu Erregbarkeitssteigerungen und zu Spontanaktivität in diesen Strukturen führen, die erhebliche Schmerzen bereiten können. Diese Schmerzen werden als **zentrale Schmerzen** bezeichnet. Bekannte Beispiele sind die Schmerzen der **Anaesthesia dolorosa** nach Ausrissen von Hinterwurzeln, **Phantomschmerzen** nach Amputationen [12] oder der **Thalamusschmerz,** der bei Erkrankungen der sensiblen Ventralkerne des Thalamus beobachtet wird.

10.4 Endogene und exogene Schmerzhemmung

Körpereigene Schmerzkontrollsysteme

Der menschliche Organismus verfügt anscheinend über eine Reihe von Möglichkeiten, die Aktivität seiner zentralnervösen nociceptiven Systeme zu dämpfen. Die Arbeitsweise dieser **endogenen Schmerzkontrollsysteme** ist kürzlich durch zwei wesentliche Entdeckungen deutlicher geworden, nämlich einmal durch das Auffinden von **Opiatreceptoren** und ihnen zugehörigen **körpereigenen Liganden** *(Endorphine, Enkephaline, Dynorphine)* und zum anderen durch die Entdeckung supraspinaler Areale, deren **elektrische Reizung zur Analgesie** führt. Beide Phänomene stehen, wie unten ausgeführt wird, möglicherweise in enger Verbindung miteinander (Lit. bei [11, 13, 16, 21, 30]).

Endorphine, Enkephaline, Dynorphin. Opiate hemmen die Schmerzempfindung, ohne daß sie die anderen Sinnesmodalitäten wesentlich beeinflussen. Diese gezielte Wirkung der Opiate beruht auf der Existenz **spezifischer Opiatreceptoren** an den Neuronen des nociceptiven Systems. Von diesen sind mindestens 4 Untertypen bekannt, die sich in ihrem Empfindlichkeitsprofil für Opiate und für die verschiedenen endogenen Liganden unterscheiden [21].
Die endogenen Liganden, z.B. die Pentapeptide **Methionin-** und **Leucin-Enkephalin,** können durch bestimmte Reizungen des Nervensystems freigesetzt werden, wirken an den Opiatreceptoren und *erzeugen eine Analgesie.* Die Gabe des Opiatantagonisten **Naloxon** hebt ihre Wirkung auf, Peptidasen bauen sie *in vivo* ab. *Methionin-Enkephalin* ist ein Bestandteil des Polypeptids **Beta-Endorphin,** *Leucin-Enkephalin* ist im Polypeptid **Dynorphin** enthalten. Beide Polypeptide wirken ebenfalls analgetisch; v.a. Dynorphin wirkt deutlich stärker als die Enkephaline.

Descendierende Hemmsysteme (Abb. 10-7, rechte Bildhälfte). Eine elektrische Reizung des gesamten Gehirns kann zu Anästhesie und Analgesie führen (**„Elektronarkose“**). Diese scheint aber lediglich von *umschriebenen Stellen des zentralen Höhlengraues* ihren Ausgang zu nehmen, denn lokale elektrische Reizung dieser Areale führt im Tierversuch zu tiefer Analgesie, die als **stimulationsproduzierte Analgesie, SPA,** bezeichnet wird. Besonders wichtige Stellen scheinen der *Nucleus raphé magnus* und der *Nucleus paragigantocellularis* (oder *magnocellularis*) der Formatio reticularis zu sein, denn von diesen Kernregionen führen direkte *absteigende Bahnen in das Rückenmark,* deren Aktivierung möglicherweise die Weiterleitung nociceptiver Information im Hinterhorn hemmt.
Mikroinjektionen von *Morphin in das zentrale Höhlengrau* führen, genau wie elektrische Reizung, zu deutlicher Analgesie. Dies weist auf die **enge Verbindung zwischen SPA und Opiatanalgesie** hin. Auch andere mit der SPA eng korrelierte Strukturen, beispielsweise in der Formatio reti-

cularis (s. oben), weisen eine deutliche Opiatempfindlichkeit auf. Es ist daher wahrscheinlich, daß die analgetischen Effekte der SPA und der exogenen und endogenen Opiate über dieselben neuronalen Systeme vermittelt werden.
Die interessanteste Konsequenz dieser Schlußfolgerung liegt darin, daß einer der wesentlichsten Angriffspunkte zur Hemmung der nociceptiven Signale nicht nur für die SPA, sondern auch für die Opiatanalgesie im **Hinterhorn des Rückenmarks** liegen muß. Anscheinend werden die analgetischen Wirkungen aus dem Hirnstamm über mehrere absteigende Bahnsysteme vermittelt (Abb. 10-7, rechts), wobei **monoaminerge Transmitter,** insbesondere *Serotonin, Noradrenalin und Dopamin,* beteiligt zu sein scheinen.

Angriffspunkte exogener Schmerzhemmung, Schmerztherapie

Schmerzen zu lindern ist eine der wesentlichen ärztlichen Aufgaben. Kann die schmerzauslösende Ursache beseitigt werden, verschwindet damit auch der Schmerz. Ist dies nicht möglich, ist eine symptomatische Schmerzbehandlung angezeigt (vgl. Abb. 10-6). Einen Überblick über die **wesentlichsten Schmerzbehandlungsverfahren** gibt Abb. 10-10. Sie zeigt einmal die pharmakologischen Verfahren (1–4), die entweder dazu dienen, Aufnahme (1) und Weiterleitung (4) noxischer Signale zu verhindern, oder die zentrale Verarbeitung zu hemmen (2) und die affektive Anteilnahme am Schmerzgeschehen abzuschwächen (2, 3). Zweitens zeigt Abb. 10-10 die physikalischen Behandlungsverfahren (5–8), die auf den verschiedensten Wegen und an ganz unterschiedlichen Stellen in den Schmerz eingreifen. Drittens wird auf die psychologischen Verfahren hingewiesen (9–12), die vereinfacht als *Schmerzbewältigungsstrategien* zusammengefaßt werden können. Im folgenden wird auf die *Wirkweise dieser verschiedenen Behandlungsansätze* in der in Abb. 10-10 gegebenen Reihenfolge kurz eingegangen [1, 2, 9, 11, 13, 15, 16].

Pharmakologische Schmerzbehandlung. Unter dem Stichwort **nichtnarkotische Schmerzmittel** (1 in Abb. 10-10) werden Stoffe zusammengefaßt, die **analgetisch** (schmerzhemmend) wirken, deren Einnahme aber nicht zu einer deutlichen Einschränkung oder Ausschaltung (Narkose) des Bewußtseins führen [15, 19]. Die bekanntesten dieser Analgetica sind Abkömmlinge der

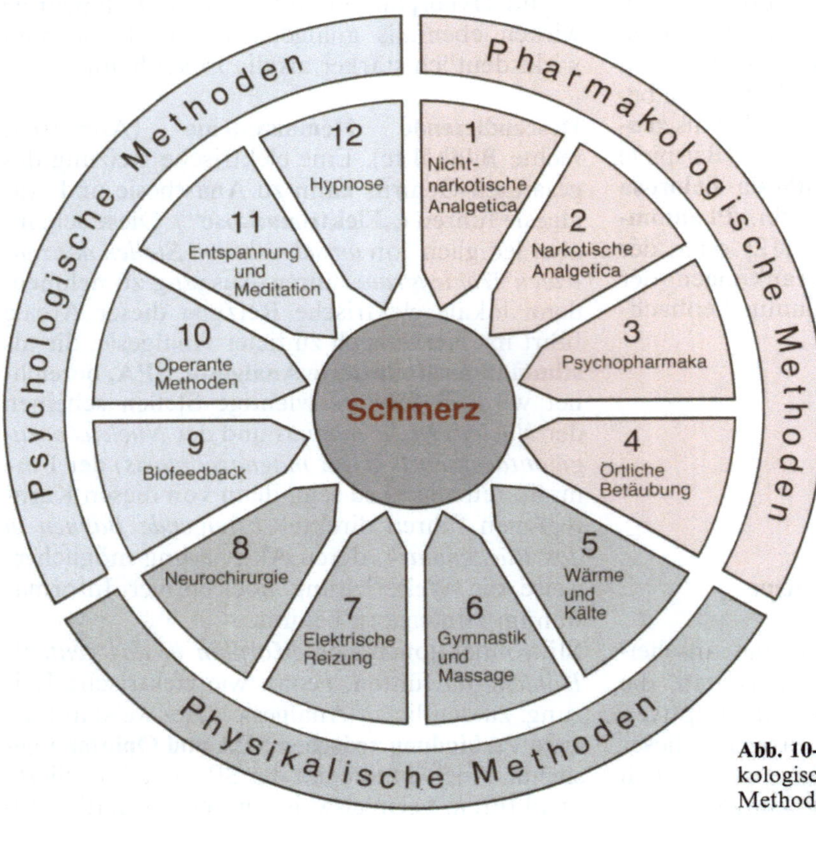

Abb. 10-10. Spektrum der wesentlichen pharmakologischen, physikalischen und psychologischen Methoden zur Behandlung von Schmerzen

Salicylsäure, v.a. die mit Abstand am meisten benutzte *Acetylsalicylsäure*. Als **narkotische Schmerzmittel** (2 in Abb. 10-10) oder *narkotische Analgetica* werden Substanzen zusammengefaßt, die einerseits in der Lage sind, auch stärkste Schmerzen wirkungsvoll zu lindern, die aber andererseits eine so stark beruhigende, ja schläfrig machende Wirkung haben, daß v.a. bei höherer Dosierung narkoseähnliche Zustände auftreten können. Ältester Vertreter ist das **Morphin,** ein Bestandteil des Opiums. Daher die Bezeichnungen **Opiate** oder **Opioide** für alle dem Morphin vergleichbaren Stoffe. Ihre analgetische Wirkung beruht auf deren Bindung an die eingangs dieses Abschnittes beschriebenen **Opiatreceptoren** und der dadurch bewirkten *Aktivierung des endogenen Schmerzkontrollsystems* [15, 21, 32].

Von den Medikamenten, die wegen ihrer starken Wirkung auf das psychische Befinden als **Psychopharmaka** (3 in Abb. 10-10) betrachtet werden, werden die *Tranquillizer* (lateinisch *tranquillus* = ruhig, beruhigt) zur Lösung und Dämpfung von Angst-, Spannungs- und Erregungszuständen nicht nur bei der Schmerzbekämpfung eingesetzt. Die *Antidepressiva* werden in erster Linie bei endogenen Depressionen angewandt. Da bei diesen Erkrankungen häufig über Schmerzen geklagt wird und da umgekehrt chronische Schmerzen zu einer depressiven Stimmungslage führen können, kann der Einsatz von Antidepressiva in diesen Fällen erfolgversprechend sein.

Eine **örtliche Betäubung** mit einem Lokalanaestheticum (4 in Abb. 10-10) kann man mit einem **Nervenblock** oder durch eine **Infiltrationsanaesthesie** erzielen. Auf Schleimhäute kann ein Lokalanaestheticum zur **Oberflächenanaesthesie** auch aufgesprüht oder aufgepinselt werden. Um eine kleine Hautstelle für kurze Zeit zu betäuben, kann man sie durch Aufsprühen von rasch verdampfendem Chloräthyl „vereisen", d.h. so tief abkühlen, daß die Sensoren ihre Arbeit einstellen.

In der Behandlung umschriebener Schmerzzustände kann ein Nervenblock vorübergehend (einige Stunden) eine erhebliche Erleichterung bringen. In seltenen Fällen hält die schmerzlindernde Wirkung länger an, als von der Wirkdauer des Lokalanaestheticums zu erwarten ist. Eine örtliche Betäubung mit dem Ziel, das Krankheitsgeschehen selbst positiv zu beeinflussen, wird **therapeutische Lokalanaesthesie,** in Deutschland teilweise auch *Neuraltherapie* genannt [2, 11, 16].

Physikalische Schmerzbehandlung (5 bis 8 in Abb. 10-10). Hier sind sehr unterschiedliche Einwirkungen zusammengefaßt, die von Wärme- und Kälteanwendungen über Massage und Gymnastik bis zur Anwendung elektrischer Reize und zur Neurochirurgie reichen. Teilweise werden diese Methoden seit Jahrhunderten, oft seit Jahrtausenden zur Bekämpfung von Schmerzen eingesetzt. Dies gilt auch für die einfachsten physikalischen Maßnahmen, nämlich **Ruhe und Ruhigstellung,** die in der Schmerztherapie oft eine große Hilfe sind.

Wärme ist wahrscheinlich die am häufigsten angewandte physikalische Schmerzbehandlung. Bei der lokalen Wärmeanwendung werden nur die oberflächlichen Schichten der Haut erwärmt. Dennoch kann reflektorisch auch die Blutzirkulation tiefer liegender Organe erhöht werden. Eine direkte Wärmezufuhr in tiefere Gewebe ist durch **Diathermie** („Kurzwellenbestrahlung") möglich. Wärmeanwendungen wirken v.a. bei solchen Schmerzen, die durch mangelnde Gewebedurchblutung bedingt sind oder durch diese begünstigt werden. Umgekehrt gibt es Schmerzen, z.B. bei akut entzündlichen Prozessen, die mit einer Weitstellung der Gefäße einhergehen. Dieser muß dann durch die Anwendung von **Kälte** entgegengewirkt werden. Durch Kälte wird auch die Entwicklung einer Entzündung (über eine reduzierte Durchblutung und einen abgesenkten Stoffwechsel) gebremst.
Krankengymnastik und **Bewegungstherapie** werden v.a. eingesetzt, um Heilungsprozesse an Gelenken, Muskeln, Sehnen, Bändern und Knochen zu fördern. Der Beitrag dieser Therapien zur Schmerzbekämpfung ist daher in der Regel indirekt. Ähnliches gilt für die verschiedenen Formen der **Massage** (6 in Abb. 10-10).

Die **elektrische Reizung zur Schmerztherapie** (7 in Abb. 10-10) macht sich die Beobachtung zunutze, daß Schmerzen oft durch andere, gleichzeitige Sinnesreize, wie Reiben, Kratzen, Wärme und Kälte (s. oben) deutlich vermindert werden („*Verdeckung*", „*Gegenirritation*"). In diesen Situationen ist es keineswegs so, daß der Strom von nervösen Impulsen aus den Nociceptoren aufhört. Vielmehr wird seine Weiterleitung an seinen zentralnervösen Schaltstationen gehemmt. Die Hemmung kann bereits im Rückenmark geschehen, sie kann aber auch weiter zentral, etwa im Hirnstamm oder Thalamus, einsetzen. Wie diese **afferente Hemmung** abläuft, ist noch nicht in allen Einzelheiten bekannt [14, 27, 30].

Am meisten wird die elektrische Reizung von Nerven durch die Haut eingesetzt, die als **transcutane elektrische Nervenstimulation, TENS,** bezeichnet wird. Eine Variante dieser Methode ist die **Hinterstrangreizung,** bei der die Elektroden operativ in den Wirbelkanal eingepflanzt werden. Man verspricht sich davon eine besonders intensive Reizung der afferenten Faserbündel im Hinterstrang des Rückenmarks und damit eine besonders starke afferente Hemmung. Drittens versucht man, die afferenten Hemmzentren im Hirnstamm über eingepflanzte Elektroden direkt zu aktivieren. Diese **elektrische Gehirnreizung** ist die gezielte Anwendung der zu Beginn dieses Abschnittes vorgestellten stimulationsproduzierten Analgesie, SPA.
Auch die **Akupunktur** wird von manchen Seiten als eine Methode angesehen, die über *afferente Hemmung* ihre analgetische Wirkung entfaltet. Dies trifft möglicherweise für die intensive **Elektroakupunktur** neuroanatomisch definierter Reizareale zu, die anscheinend eine über Placeboeffekte

hinausgehende analgetische Wirkung hat. Für die **klassische Akupunktur** und ihre Spielarten, z.B. die **Ohrakupunktur,** gibt es aber nach wie vor keine Anhaltspunkte für einen primär neurobiologischen Wirkmechanismus [11, 28].

Alle derzeit bekannten **neurochirurgischen Maßnahmen zur Schmerzbekämpfung** (8 in Abb. 10-10) sind im Grunde nur Notbehelfe [4, 11, 13]. Von praktischer Bedeutung ist v.a. die Durchschneidung des Vorderseitenstrangs des Rükkenmarks **(Chordotomie).** Sie unterbricht die Weiterleitung nociceptiver Signale aus der kontralateralen Körperhälfte. Mit ihr können bei schweren chronischen Schmerzen, z.B. aus dem Bereich des kleinen Beckens, kurz- bis mittelfristig (Wochen bis Monate) gute Erfolge erzielt werden. Eingriffe im Gehirn selbst, z.B. im Thalamus *(Thalamotomie),* im Gyrus cinguli des limbischen Systems *(Cingulotomie)* oder an den Verbindungen zum Stirnhirn *(Leukotomie),* spielen wegen ihrer durchweg unbefriedigenden Ergebnisse heute kaum eine Rolle.

Psychologische Methoden der Schmerzbekämpfung. Psychologische Variablen sind ein zentraler Faktor bei vielen Schmerzen, v.a. bei solchen ohne deutliche periphere Schmerzursache. Entsprechend wichtig ist der Einsatz **psychologischer Therapieverfahren** bei diesen Schmerzzuständen. Aber auch bei Schmerzen mit Organbefund gibt es viele Situationen, in denen eine psychologische Behandlung weiter führt als eine somatische. Wichtige Beispiele solcher Verfahren sind in Abb. 10-10 unter 9 bis 12 genannt [1, 9, 10, 11, 13, 18].

10.5 Literatur

Weiterführende Lehr- und Handbücher

1. Barber, J., Adrian, C. (Hrsg.): Psychological approaches to the management of pain. New York: Brunner/Mazel 1982
2. Bonica, J.J.: The management of pain. Philadelphia: Lea & Febiger 1953, Nachdruck 1980
3. Bromm, B. (Hrsg.): Pain measurement in man. Amsterdam: Elsevier 1984
4. Foerster, O.: Die Leitungsbahnen des Schmerzgefühls und die chirurgische Behandlung der Schmerzzustände. Berlin: Urban & Schwarzenberg 1927
5. Kniffki, K.-D.: Muskuläre Nociception. Weinheim: edition medizin 1986
6. Lewis, Th.: Pain. London: Macmillan 1942, Nachdruck 1981
7. Livingston, W.K.: Pain mechanisms. A physiological interpretation of causalgia and its related states. New York: Plenum Press 1943, Nachdruck 1976
8. Melzack, R., Wall, P.D.: The Challenge of Pain. New York: Basic Books 1983
9. Miltner, W., Birbaumer, N., Gerber, W.-D.: Verhaltensmedizin. Heidelberg: Springer 1986
10. Sternbach, R.A.: Schmerzpatienten. Krankheitsursachen und Behandlung. Heidelberg: Verlag für Medizin 1983
11. Schmidt, R.F., Struppler, A.: Der Schmerz. Ursachen, Diagnose, Therapie. 2. Aufl. München: Piper (Serie Piper Bd 241) 1983
12. Siegfried, J., Zimmermann, M. (Hrsg.): Phantom and stump pain. Heidelberg: Springer 1981
13. Wall, P.D., Melzack, R. (Hrsg.): Textbook of pain. Edinburgh: Churchill Livingstone 1984
14. Willis, W.D.: The pain system. Basel: Karger 1985
15. Wörz, R. (Hrsg.): Pharmakotherapie bei Schmerz. Weinheim: edition medizin 1986
16. Zimmermann, M., Handwerker, H.O.: Schmerz. Konzepte und ärztliches Handeln. Heidelberg: Springer 1984

Einzel- und Übersichtsarbeiten

17. Andres, K.H., Düring, M. v., Schmidt, R.F.: Sensory innervation of the achilles tendon. Anatomy and Embryology *172*, 145 (1985)
18. Birbaumer, N.: Psychologische Analyse und Behandlung von Schmerzzuständen. In: (16)
19. Brune, K., Dietzel, K., Möller, N.: Pharmakologie des Schmerzes. In: (16)
20. Handwerker, H.: Experimentelle Schmerzanalyse beim Menschen. In: (16)
21. Herz, A.: Biochemie und Pharmakologie des Schmerzgeschehens. In: (16)
22. Melzack, R., Wall, P.D.: Pain mechanisms: a new theory. Science *150*, 971 (1965)
23. Mense, S.: Slowly conducting afferent fibers from deep tissue: Neurobiological properties and central nervous actions. Progress in Sensory Physiology *6*, 139 (1986)
24. Schaible, H.-G., Schmidt, R.F.: Mechanosensibility of joint receptors with fine afferent fibers. Exp. Brain Res. Suppl. *9*, 284 (1984)
25. Schaible, H.-G., Schmidt, R.F.: Effects of an experimental arthritis on the sensory properties of fine articular afferent units. J. Neurophysiol. *54*, 1109 (1985)
26. Schmidt, R.F.: Die Gate-Control-Theorie des Schmerzes: eine unwahrscheinliche Hypothese. In: Janzen, R. et al. (Hrsg.): Schmerz. Stuttgart: Thieme (1972)
27. Schmidt, R.F.: Control of the access of afferent acitivity to somatosensory systems. In: Handbook of Sensory Physiology, Vol. 2, Somatosensory Systems. A. Iggo (Hrsg.), pp 151–206. Heidelberg: Springer (1973)
28. Schmidt, R.F.: Neurobiologische Aspekte der Akupunktur und ihre Konsequenzen. Deutsches Ärzteblatt *82*, 413 (1985)
29. Sweet, W.H.: Cerebral localization of pain. In: R.A. Thompson, J.R. Green (Hrsg.): New perspecitves in cerebral localization, pp 205–242. New York: Raven (1982)
30. Willis, W.D.: Control of nociceptive transmission in the spinal cord. Progress in Sensory Physiology *3*, 1–159 (1982)
31. Woodworth, R.S., Sherrington, C.S.: A pseudaffective reflex and its spinal path. J. Physiol. (Lond) *31*, 234 (1904)
32. Zenz, M.: Schmerztherapie mit Opiaten. In: (16)

11 Gesichtssinn

O.-J. Grüsser und U. Grüsser-Cornehls

11.1 Sehen – Schauen – Blicken

Der Jenaer Philosoph und Physiker J.F. Fries, einer der wenigen Kantianer im Zeitalter der Romantik, schrieb 1818 in seinem *Handbuch der psychischen Anthropologie*:
„Für die Kenntnis der Natur ist der Mensch ein Zögling des Auges. Nur das Sehen führt uns über die Oberfläche der Erde hinaus zu den Gestirnen und auch auf der Erde führt dieser Sinn uns die meisten Anschauungen aus den größten Entfernungen mit der größten Leichtigkeit der Auffassung zu... Der Sehende faßt das ganze Leben der Natur um sich her durch Licht und Farbe, das Auge ist unser Weltsinn."
Im folgenden Kapitel werden die physiologischen Grundlagen dieses „*Weltsinnes*" dargestellt.
Beim Sehen entsteht die Wahrnehmung als Ergebnis der Wechselwirkung sensorischer und motorischer Leistungen des Auges und des ZNS, da sich infolge von willkürlichen und unwillkürlichen Augen-, Kopf- und Körperbewegungen die Bilder der visuellen Umwelt alle 200–600 ms auf der Netzhaut beider Augen verschieben. Unser Gehirn erzeugt das *einheitliche* und *kontinuierliche* Bild der stationären Umwelt also aus einer Folge von *diskontinuierlichen* Netzhautbildern, die aus geometrisch-optischen Gründen für die beiden Augen etwas verschieden sind und von Fixationsperiode zu Fixationsperiode wechseln. Trotz dieser Bildverschiebungen auf der Netzhaut sehen wir den uns umgebenden extrapersonalen Raum und die Gegenstände in diesem unbewegt, und seine Richtungen („Koordinaten") bleiben unverändert.
Die Blickbewegungen eines aufmerksamen Beobachters lenken die Stelle des schärfsten Sehens beider Augen auf das jeweils interessierende Objekt. Hat dieses eine hinreichende Ausdehnung, so „tastet" unser Blick das Objekt durch kleine ruckartige Augenbewegungen (**Saccaden**) ab. Für die aktiven motorischen Leistungen des Sehsinnes hat die Sprache eigene Bezeichnungen gebildet: **Schauen, Blicken, Betrachten.** Nur wenn wir in Gedanken versunken sind und die Umwelt uns nicht interessiert, „stiert" der Blick ins Unbestimmte.

Die binoculare Koordination der Augenbewegungen

Das menschliche Auge wird durch 6 äußere Augenmuskeln bewegt, die durch 3 Hirnnerven (**N. oculomotorius, N. trochlearis** und **N. abducens**) innerviert werden (s. Lehrbücher der Anatomie). Um die binoculare Koordination der Blickbewegungen zu untersuchen, hält man den Kopf der Versuchsperson fest und kann dann durch Änderung des Fixationspunktes 2 Klassen motorischer Programme unterscheiden (Abb. 11-1):
a) **Konjugierte Augenbewegungen**, bei denen sich die Augen relativ zu den Koordinaten des extrapersonalen Raumes jeweils zusammen nach oben, unten, links oder rechts bewegen. Blickhebung ist von einer Lidhebung, Blicksenkung von einer Lidsenkung begleitet.
b) **Vergenzbewegungen**, bei denen sich beide Augen relativ zu den *Kopfkoordinaten* näherungsweise spiegelbildlich bewegen. Wird der Blick von einem Punkt in großer Entfernung zu einem Punkt in der Nähe verlagert, so kommt es zu einer **Konvergenzbewegung** beider Augen. Umgekehrt führen die Augen eine **Divergenzbewegung** aus, wenn von einem Gegenstand in der Nähe zu einem Punkt in der Ferne geblickt wird. Dann bewegen sich die Sehachsen beider Augen auseinander, bis sie beim Blick in große Entfernung parallel zueinander stehen.
Neigt die Versuchsperson ihren Kopf zur Seite, so kann man bei genauer Beobachtung die dritte Klasse von Augenbewegungen feststellen:
c) Gleichsinnige **cyclorotatorische Augenbewegungen** in der frontoparallelen Ebene. **Symmetrische** cyclorotatorische Augenbewegungen treten bei stärkeren Konvergenzbewegungen auf. Sie sind in der Regel nicht größer als 10° (s.S. 296 [1, 2]).

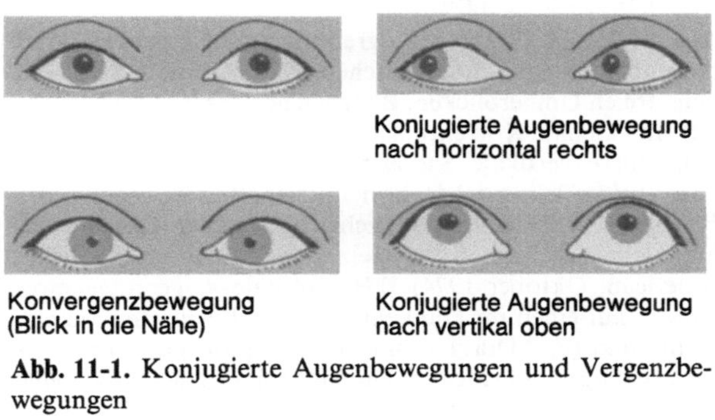

Abb. 11-1. Konjugierte Augenbewegungen und Vergenzbewegungen

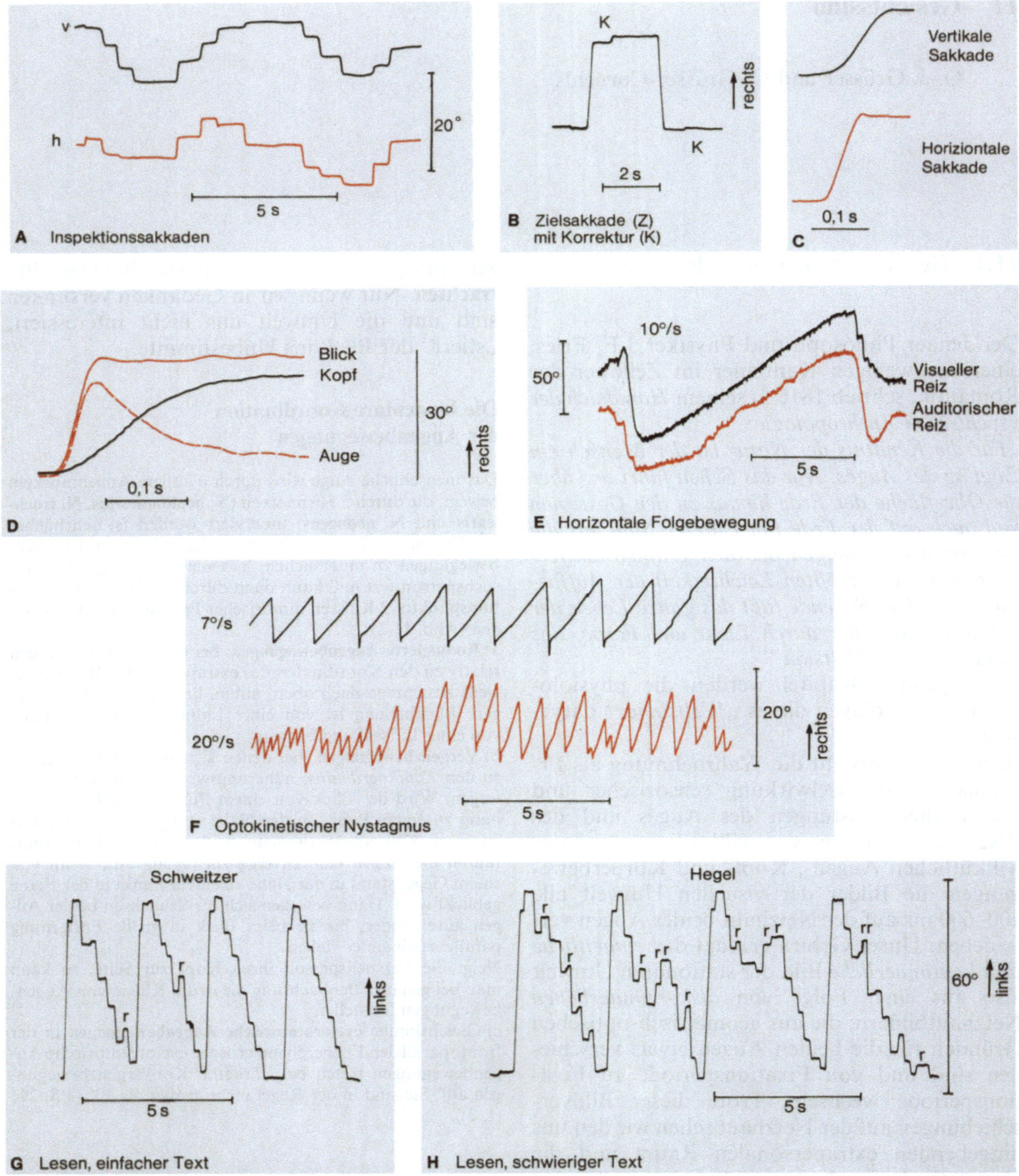

Abb. 11-2 A–H. Elektrooculographische Registrierungen der Augenbewegungen des Menschen. **A** Horizontale Saccaden beim freien Umherblicken. **B** Große horizontale Zielsaccade (*Z*) mit kleiner Korrektursaccade (*K*). **C** Horizontale und langsamere vertikale Saccade. **D** Augen- und Kopfbewegung bei reflektorischer horizontaler Blickbewegung des Rhesusaffen auf einen plötzlichen im rechten Gesichtsfeld auftauchenden kleinen Lichtreiz. (Nach E. Bizzi, Scientific American, Oktober 1974) **E** Horizontale Augenfolgebewegungen auf einen im Dunkeln horizontal bewegten kleinen Lichtpunkt (0,2° Durchmesser) und auditorische Augenfolgebewegungen auf einen im Dunkeln mit gleicher Geschwindigkeit bewegten kleinen Lautsprecher, der weißes Rauschen abgab. **F** Horizontaler optokinetischer Nystagmus, der durch ein bewegtes Streifenmuster ausgelöst wurde. **G** Horizontale Augenbewegungen beim Lesen eines sprachlich einfachen und inhaltlich einfachen Textes (Albert Schweitzer „Aus meiner Kindheit und Jugendzeit“) und (**H**) eines sprachlich einfachen, inhaltlich jedoch schwierigen Textes (G.F. Hegel „Einführung in die Philosophie“). Beim inhaltlich schwierigeren Text treten gehäuft Regressionssaccaden (*r*) von rechts nach links auf. Die Zahl der pro Zeile benötigten Saccaden ist beim schwierigeren Text insgesamt größer, die Lesegeschwindigkeit sinkt ab. (Nach Ghazarian und Grüsser, unveröffentlicht, 1977)

Die zeitlichen Eigenschaften und die Dynamik der Augenbewegungen

Saccaden. Beim freien Umherblicken bewegen sich unsere Augen in raschen Rucken von 10–80 ms Dauer (Saccaden) von einem Fixationspunkt zum nächsten (Abb. 11-2, A–C). Die Saccaden können wenige Winkelminuten groß sein („Mikrosaccaden"), bei entsprechender Willkürinnervation jedoch über 90° betragen. Weicht die Blickverlagerung weniger als 10° von der Grundstellung der Augen im Kopf (Blick horizontal geradeaus) ab, so wird die Blickposition überwiegend durch Augenbewegungen verändert. Geht der Blickwechsel jedoch über größere Bereiche, etwa von 60° von links unten nach 40° rechts oben, so werden die Saccaden des Auges immer von **Kopfbewegungen** begleitet, sofern dieselben nicht aktiv unterdrückt werden. Die Innervation von Augenmuskeln und Halsmuskeln beginnt etwa zur gleichen Zeit, jedoch wird wegen der größeren Masse des Kopfes dieser etwas später und langsamer bewegt als die Augen. Dies hat zur Folge, daß bei einer **zielgerichteten** Kopf- und Augenbewegung zunächst eine saccadische Augenbewegung zum Blickziel ausgeführt wird, auf die der Kopf folgt, wobei gleichzeitig die Augen im Kopf langsam zurückbewegt werden, so daß in dieser Phase der Blick im Raum unbewegt bleibt (Abb. 11-2D). Die Winkelgeschwindigkeit der Augen während der Saccaden nimmt mit der Saccadenamplitude zu und erreicht bei großen Saccaden (>60°) Werte um 500°/s.

Fixationsperioden. Beim freien Umherblicken in einer gut strukturierten visuellen Umwelt treten zwischen den Saccaden Fixationsperioden von 0,2–0,6 s Dauer auf (Abb. 11-2A). Mit einiger Übung und guter willkürlicher Konzentration kann man Saccaden mehrere Sekunden unterdrücken. Ohne diese Anstrengung verschiebt sich jedoch auch während der Fixationsperioden der Fixationspunkt des Auges geringfügig wegen des ständig vorhandenen Augentremors, kurzer langsamer „drifts" und kleiner unwillkürlicher Mikrosaccaden. Die Frequenzkomponenten dieser feinen Augenbewegungen liegen überwiegend zwischen 20 und 150 Hz, die Amplituden im Bereich von Winkelminuten.

Gleitende Augenfolgebewegungen. Wird ein bewegtes Objekt mit den Augen verfolgt, so treten **gleitende Augenfolgebewegungen** auf. Die Winkelgeschwindigkeit dieser Augenfolgebewegungen entspricht näherungsweise der Winkelgeschwindigkeit des verfolgten Objekts, wenn dieses nicht schneller als 60–80°/s ist. Das Bild des fixierten Gegenstandes wird dann innerhalb eines Bereiches von 2° um die Mitte der Fovea centralis „gehalten". Während einer Augenfolgebewegung gleichen kleine Korrektursaccaden die Positionsfehler aus, die zwischen dem Bild des verfolgten Objekts und der Foveamitte entstehen, wenn Objektgeschwindigkeit und Winkelgeschwindigkeit der Augenfolgebewegungen nicht miteinander übereinstimmen. Bei Objektgeschwindigkeiten über 80°/s ist die Winkelgeschwindigkeit der Augenfolgebewegung deutlich langsamer als die des bewegten Objekts. Dieses wird dann durch eine Kombination von Augenfolgebewegungen, größeren Korrektursaccaden und Kopfbewegungen verfolgt. Beachten Sie dazu einmal die Blickbewegungen von Zuschauern eines Tennisspiels oder Automobilrennens.

Gleitende Augenbewegungen entstehen auch, wenn ein ruhender Gegenstand mit den Augen fixiert wird und der Kopf oder der ganze Körper bewegt wird. Beobachten Sie dies an sich selbst im Spiegel: Fixieren Sie die Pupille eines Ihrer Augen und drehen Sie den Kopf langsam nach rechts, links, oben oder unten. Die Augen bewegen sich gleichmäßig in der Orbita und stehen im Raum still.
Augenfolgebewegungen können auch durch auditorische Reize oder taktile Reize im Dunkeln ausgelöst werden (Abb. 11-2E). Sie sind jedoch weniger präzise und häufig von Saccaden unterbrochen, weil die visuelle Rückkopplung fehlt.

Der optokinetische Nystagmus. Ein periodischer Wechsel von langsamen Augenfolgebewegungen und Saccaden wird **Nystagmus** genannt. Er entsteht z.B., wenn man aus dem Seitenfenster eines fahrenden Eisenbahnwagens einen Gegenstand in der Umwelt fixiert. Beide Augen führen dann konjugierte gleitende Augenbewegungen in Richtung der *scheinbewegten* visuellen Umwelt aus, also entgegengesetzt zur Fahrtrichtung, wobei die Winkelgeschwindigkeit der Augenbewegungen von der Fahrtgeschwindigkeit der Eisenbahn und der Distanz des fixierten Gegenstandes abhängt. Verschwindet der Gegenstand aus dem Blickfeld, so wird durch eine **Rückstellsaccade** ein neuer Fixationspunkt eingestellt, der dann während längerer Zeit festgehalten wird und so wieder eine langsame Nystagmusphase bewirkt. Ein solcher **optokinetischer Nystagmus (OKN**, Abb. 11-2F) wird im Laboratorium und bei klinischen Untersuchungen meist mittels eines bewegten Streifenmusters ausgelöst. Variable Parameter bei dieser Untersuchung sind hierbei die Winkelgeschwindigkeit und die Bewegungsrichtung des Streifenmusters. Die Winkelgeschwindigkeit der langsamen Phase des OKN ist höher, wenn die Versuchsperson aufmerksam die Streifen verfolgt („**Schaunystagmus**"), als wenn sie „passiv" auf das Streifenmuster schaut. Dann entsteht auch ohne visuelle Aufmerksamkeit ein reflektorischer OKN („**Stiernystagmus**"). Beim Schaunystagmus erreicht die Winkelgeschwindigkeit der Augen fast jene des Reizmusters, wobei ähnliche Grenzwerte wie für die Augenfolgebewegungen gelten. Beim Stiernystagmus ist die Winkelgeschwindigkeit des Auges deutlich kleiner als jene des Reizmusters. Mittels der quantitativen Untersuchung des OKN können Veränderungen der Blickmotorik in Folge von Störungen im blickmotorischen System des Hirnstammes, Kleinhirnläsionen, Läsionen im Bereich des Parietallappens der Großhirnrinde und Veränderungen im vestibulären System quantitativ erfaßt werden [1, 6, 19, 21, 30, 53, 54].

Augenbewegungen bei Betrachtung komplexer Reizmuster

Beim freien Umherblicken in einem visuell gut strukturierten Raum treten saccadische Augenbewegungen in allen Richtungen auf. Wechselt die Blickdistanz, so sind die Saccaden von Vergenzbewegungen überlagert. Die Abb. 11-3 zeigt die zweidimensionale Aufzeichnung der **Augenposition** einer Versuchsperson während der Betrachtung einer Portraitphotographie. Man erkennt, daß bevorzugt *Konturen*, *Konturunterbrechungen* oder *Konturüberschneidungen* die Fixationsorte des Blicks sind. Darüber hinaus bestimmt das **Interesse** an dem betrachteten Objekt die Häufigkeit, mit der eine visuelle Struktur fixiert wird. Schaut man ein Gesicht an, so werden die Augen und der Mund häufiger fixiert als die anderen Teile. In der Regel wird die rechte Gesichtshälfte fast doppelt so häufig angesehen wie die linke. Die blickmotorische Steuerung ist also nicht nur durch die formalen strukturellen Eigenschaften des Reizmusters bestimmt, sondern auch durch die **Bedeutung** der visuellen Signale für den Beobachter sowie das augenblickliche Interesse an diesen [32].

Augenbewegungen beim Lesen. Eine besonders regelhafte Form der Augenbewegungen tritt beim Lesen auf: Der Fixationspunkt verschiebt sich beim Lesen westlicher Texte in raschen Saccaden von links nach rechts über die Zeile. Zwischen den Saccaden liegen Fixationsperioden von 0,2–0,6 s Dauer (Abb. 11-2G, H). Ist der Fixationspunkt beim Lesen am Zeilenende angelangt, so bewegen sich die Augen meist mit *einer* Saccade wieder nach links zum nächsten Zeilenanfang. Die Amplitude und die Frequenz der Lesesaccaden sind von der formalen Struktur des Textes (Größe, Gliederung, Groß- und Kleinschreibung) abhängig. Sie werden jedoch auch vom *Textverständnis* bestimmt. Ist ein Text unklar geschrieben oder gedanklich schwierig, so treten gehäuft *Regressionssaccaden* auf (Abb. 11-2H). Dies sind Saccaden entgegengesetzt zur „normalen" Leserichtung. Zahlreiche Regressionssaccaden kennzeichnen auch die Augenbewegungen eines gerade lesen lernenden Kindes. Kinder mit einer Lese- und Rechtschreibungsschwäche (*Legasthenie*) zeigen ebenfalls häufige Regressionssaccaden. Natürlich ist die Richtung der Saccaden beim Lesen arabischer oder hebräischer Texte umgekehrt wie beim Lesen westlicher Texte, während die traditionell vertikal geschriebenen japanischen oder chinesischen Texte mit einer Saccadensequenz von oben nach unten gelesen werden.

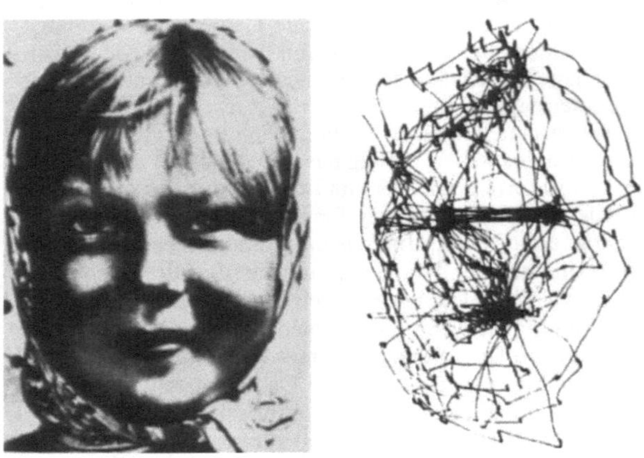

Abb. 11-3A u. B. Zweidimensionale Aufzeichnung der Augenbewegung beim Betrachten eines Gesichtes (**B**). Eine Versuchsperson betrachtete mehrere Minuten die Photographie (**A**). (Nach [32])

Die neuronale Kontrolle der Blickbewegungen

Bei langsamen Augenfolgebewegungen, Saccaden und Fixationsperioden sind normalerweise die motorischen Programme beider Augen gut koordiniert, wofür die blickmotorischen Zentren des Hirnstammes zuständig sind. Für die **horizontalen Blickbewegungen** sind dies vor allem Nervenzellen, die in der **paramedianen pontinen Formatio reticularis** (PPRF) liegen, für die vertikalen Blickbewegungen Nervenzellen der **mesencephalen Formatio reticularis** (MRF). Die Nervenzellen dieser Regionen senden Axone zu den Nervenzellen der Augenmuskelkerne (Abducens-, Oculomotorius-, Trochleariskern) und den Motoneuronen des oberen Halsmarks. Durch diese Verbindungen werden Augen- und Kopfbewegungen aufeinander abgestimmt. Der Erregungszustand der blickmotorischen Zentren wird durch verschiedene visuelle Regionen kontrolliert: Colliculi superiores, sekundärer visueller Cortex, parietaler Integrationscortex (vorwiegend Area 7) und frontales Augenfeld (s. S. 136). Die Nervenzellen der Vestibulariskerne, des Flocculus und des Paraflocculus des Kleinhirns haben ebenfalls Verbindungen mit der PPRF und der MRF. Durch Mikroelektrodenableitungen der Aktivität einzelner Nervenzellen in den Augenmuskelkernen und den blickmotorischen Zentren der PPRF und MRF sind die neuronalen Mechanismen der Steuerung der Blickbewegungen schon recht gut bekannt. Diese Ergebnisse können zur Deutung der Störungen der Blickmotorik und der Oculomotorik bei Hirnstammläsionen herangezogen werden: Läsionen im Bereich der PPRF bewirken eine horizontale Blicklähmung zur Seite der

Läsion, Läsionen im Bereich der MRF eine vertikale Blicklähmung beider Augen (Einzelheiten in der 22. Auflage dieses Lehrbuches; Zusammenfassung bei [53, 54]).

11.2 Licht und Auge

Elektromagnetische Strahlung, deren Wellenlänge zwischen 400 und etwa 750 nm liegt, nehmen wir als **Licht** wahr. Die für uns wichtigste Lichtquelle ist die Sonne. Im bunten Spektrum des Regenbogens ist das gelblich-weiße Licht der Sonne in seine spektralen Teile zerlegt: der langwellige Teil des Lichts erscheint uns rot, der kurzwellige blau-violett (Abb. 11-4). Ein sehr enger Ausschnitt des Spektrums wird **monochromatisches Licht** genannt.

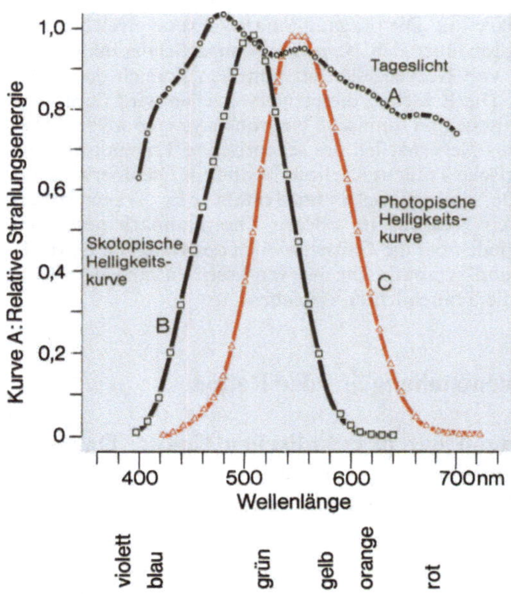

Abb. 11-4. Spektrum des Sonnenlichtes auf der Erdoberfläche (*A*) und spektrale Empfindlichkeit des menschlichen Sehsystems (*B, C*). Für die Kurve *A* wurde die relative Energie des Tageslichtes bei wolkenlosem Himmel im sichtbaren Bereich der elektromagnetischen Strahlung gemessen. Die skotopische (*B*) und photopische Helligkeitskurve (*C*) sind Mittelwerte aus Messungen an vielen normalsichtigen Beobachtern (Standardkurven der Internationalen Farbengesellschaft). Zur Ermittlung der Kurven *B* und *C* wurde zunächst die relative Energie gemessen, die zur Erzeugung der Wahrnehmung „gleich hell" für verschiedene monochromatische Lichtreize notwendig war. Zur Darstellung der Kurven wurde der Energiewert für die effektivste Wellenlänge (500 nm beim skotopischen Sehen, 555 nm beim photopischen Sehen) = 1 gesetzt. Die Kurven *B* und *C* ergaben sich dann aus den Kehrwerten der relativen Strahlungsenergie

Die meisten Dinge unserer Umgebung absorbieren bzw. reflektieren Licht unterschiedlicher Wellenlängen verschieden stark. Ist die **spektrale Reflektanz** ungleichmäßig über das sichtbare Spektrum verteilt, so erscheinen uns die Oberflächen der Sehdinge **bunt**. Der Unterschied der mittleren Leuchtdichte benachbarter Strukturen bestimmt ihren physikalischen Kontrast $C=(I_h-I_d)/(I_h+I_d)$, wobei I_h die Leuchtdichte des helleren, I_d die des dunkleren Gegenstandes ist. Sehen beruht vor allem auf der Wahrnehmung von **Hell-Dunkel-Kontrasten** und für den Fall ungleichförmiger spektraler Reflektanz der Oberflächen auf der Wahrnehmung von **Farbkontrasten**. Mit Hilfe des Farbkontrastes können wir Gegenstände voneinander unterscheiden, deren mittlerer physikalischer Kontrast Null ist.

Die **mittlere Leuchtdichte** der natürlichen Umwelt des Menschen variiert zwischen etwa 10^{-6} cd·m^{-2} (cd = candela) bei bewölktem Nachthimmel über 10^{-3} cd·m^{-2} bei klarem Sternenhimmel, 10^{-1} cd·m^{-2} in einer klaren Vollmondnacht bis 10^{7} cd·m^{-2} bei hellem Sonnenschein und hell reflektierenden Flächen (z.B. Schneefeldern). Das visuelle System paßt sich durch verschiedene auf S. 268 besprochene **Adaptationsprozesse** an diese sehr große Variationsbreite der natürlichen Umweltleuchtdichte an. Sehen ist also in einem relativ großen Energiebereich von etwa $1:10^{11}$ möglich. Bei konstanter Umweltbeleuchtung ist jedoch nur eine Anpassung im Bereich von etwa 1:40 erforderlich; in diesem Bereich variiert die mittlere Reflektanz der Oberflächen der meisten Sehdinge, spiegelnde Flächen ausgenommen [9, 13, 22, 25].

Sehen ohne physikalisches Licht. Licht und visuelle Strukturen sehen wir nicht nur, wenn physikalisches Licht aus unserer Umgebung auf die Netzhaut fällt; Lichterscheinungen werden auch in **völliger Dunkelheit** wahrgenommen. Befindet man sich längere Zeit in einem dunklen Raum, so sieht man das **Eigengrau**: Lichtnebel, rasch aufleuchtende Lichtpünktchen und bewegte undeutliche Strukturen von verschiedenen Graustufen füllen das Gesichtsfeld aus. Eidetisch begabte Menschen sehen alsbald farbige Muster, Gesichter oder Gestalten, manche erkennen bildhafte Szenen. Diese **phantastischen Gesichtserscheinungen** wurden schon durch Aristoteles beschrieben, der auch richtig berichtete, daß sie häufiger bei Jugendlichen und Kindern vorkommen als bei Erwachsenen. Sie sind *keine* pathologischen Symptome, kommen jedoch gehäuft bei hohem Fieber vor. Der berühmte Physiologe Johannes Müller hat ihnen eine eingehende Studie gewidmet (1826).

Licht wird auch wahrgenommen, wenn die Netzhaut oder das afferente visuelle System durch **inadäquate Reize** (s.S. 188) erregt werden. Drückt man z.B. in völliger Dunkelheit mit dem Finger leicht von außen auf das Auge, so sieht man **Druckphosphene** (s.S. 270). **Elektrische Phosphene** entstehen, wenn die Netzhaut, der Sehnerv oder das afferente visuelle System elektrisch gereizt werden. **Migränephosphene**, die meist als zickzackförmige, helle und flakkernde Bänder gesehen werden, entstehen durch eine Erregung der Nervenzellen des primären visuellen Cortex, wenn es dort in einem umschriebenen Gebiet zu einer vorübergehenden Regulationsstörung des Natrium- und Kaliumgehaltes im extracellulären Raum kommt. Meist ist dies ein Zeichen einer lokalen Durchblutungsstörung. Schließlich kennt jeder Leser **szenische visuelle Halluzinationen** aus seinen Träumen. Die Wahrnehmung dieser visuellen Bilder ist durch rasche saccadische Augenbewegungen gekennzeichnet, mit denen wir die Traumbilder anschauen (REM-Phase des Schlafes, s. S. 151). **Pathologische visuelle Halluzinationen** können im Verlauf von endogenen oder exogenen Psychosen auftreten. Szenische visuelle Halluzinationen sind besonders häufig beim alkoholischen Delir (Korsakow-Psychose) zu beobachten, wobei eine enge Verschränkung der Wahrnehmung der „wirklichen" Sehdinge und der halluzinierten Gegenstände und Ereignisse eintritt.

Das Auge und der dioptrische Apparat

Der dioptrische Apparat. Das optische System des Auges ist ein nicht exakt zentriertes, zusammengesetztes Linsensystem, das auf der Netzhaut ein umgekehrtes und verkleinertes Bild der Umwelt entwirft. Der **dioptrische Apparat** besteht aus der durchsichtigen **Cornea** (Hornhaut), den mit **Kammerwasser** gefüllten vorderen und hinteren **Augenkammern**, der die **Pupille** bildenden **Iris**, der **Linse**, die von einer durchsichtigen **Linsenkapsel** umgeben ist, und dem **Glaskörper**, der den größten Raum des Augapfels ausfüllt (Abb. 11-5). Der Glaskörper ist ein wasserklares Gel aus extracellulärer Flüssigkeit, in der Kollagen und Hyaluronsäure kolloidal gelöst sind. Die hintere innere Oberfläche des Auges wird von der **Retina** (Netzhaut) ausgekleidet. Der Raum zwischen Retina und der den Bulbus oculi bildenden festen Sclera wird durch das Gefäßnetz der Chorioidea ausgefüllt. Am hinteren Pol des Auges hat die menschliche Retina eine kleine Grube. Diese **Fovea centralis** ist für das Tageslichtsehen die Stelle des schärfsten Sehens [26].

Tränen. Die äußere Oberfläche der Cornea ist von einem dünnen Tränenfilm überzogen, der die optischen Eigenschaften ihrer Oberflächenstruktur verbessert. Die Tränen werden ständig in kleinen Mengen durch die Tränendrüsen produziert und durch die Lidschläge gleichmäßig auf Cornea und Conjunctiva verteilt. Ein Teil der Tränenflüssigkeit geht durch Verdunsten in die Luft über, der Rest fließt durch den Tränen-Nasen-Gang in die Nasenhöhle ab. Die Tränen schützen die Cornea und die Conjunctiva vor dem Austrocknen und sind gleichzeitig „Schmiermittel" zwischen Augen und Lidern. Ein Fremdkörper zwischen Lidern und Augen reizt die Mechanoreceptoren und Nociceptoren der Cornea und der Conjunctiva (*N. trigeminus*), wodurch reflektorisch die Tränensekretion zunimmt und ein vermehrter Lidschlag eintritt. Die Tränen haben dann die Funktion einer Spülflüssigkeit. Tränen schmecken salzig; ihre Zusammensetzung entspricht etwa einem Ultrafiltrat des Blutplasmas. Sie enthalten gegen Krankheitserreger wirksame Enzyme, die einen gewissen Infektionsschutz für das Auge bilden. Wie jeder weiß, hat die Tränensekretion des Menschen eine Bedeutung als emotionales Ausdrucksmittel beim Weinen.

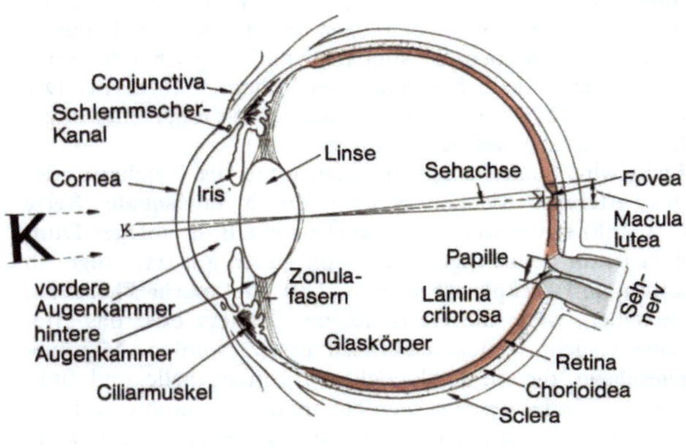

Abb. 11-5. Horizontalschnitt durch das rechte Auge (schematisiert)

Die Tränensekretion wird auch durch Reizung von Mechanoreceptoren und Nociceptoren im Bereich des Nasenepithels, durch starke Geschmacks- oder Geruchsreize, Zahnschmerzen oder zu Husten führenden Reizen im Larynx- und Pharynxbereich vermehrt und durch das efferente vegetative Nervensystem (s. S. 352) kontrolliert. **Parasympathische** Neurone des **Ganglion pterygopalatinum** aktivieren die Tränensekretion. Die präganglionären Axone erreichen dieses Ganglion über den **N. petrosus superficialis major** und stammen von Nervenzellen im pontinen Bereich des Hirnstammes. Die Erregung dieser Nervenzellen wird durch hypothalamische und limbische Neuronensysteme sowie durch Signale aus Nervenzellen des sensorischen Trigeminuskerns (reflektorische Tränensekretion) bestimmt. Die überwiegend hemmende, **sympathische Innervation** der Tränendrüsen wird durch Neurone im oberen Thorakalmark gesteuert, deren Signale über die Ganglienzellen des **Ganglion cervicale superius** und sympathische Nervenfasern entlang der Hirnarterien die Tränendrüsen erreichen.

Die Bildentstehung auf der Retina

Grundlagen der physikalischen Optik. Das einfachste optische System ist die **Camera obscura**, in der durch die Wirkung einer Blende ein umgekehrtes Bild entsteht. Dieses ist nur dann scharf, wenn die Blende sehr klein ist, so daß das Bild sehr lichtschwach wird. Wird vor oder hinter der Blende der Camera obscura zusätzlich eine konvexe Linse angebracht, die auf der „Empfangsfläche" ein umgekehrtes und verkleinertes Bild entwirft, so kann die Blende weiter gestellt werden. Dieses Prinzip ist für die Abbildung der Umwelt auf der Netzhaut durch das zusammengesetzte optische System des Auges verwirklicht: die Übergangsfläche {Luft-Cornea} ist eine Linse vor der Blende (Iris), die bikonvexe Linse hinter der Iris ist eine zweite Linse (Abb. 11-5) [9, 12, 22, 26].

Brechkraft und Brennweite. Eine sphärisch gekrümmte Übergangsfläche zwischen 2 durchsichtigen Medien von verschiedenem optischen Brechungsindex (n) sammelt

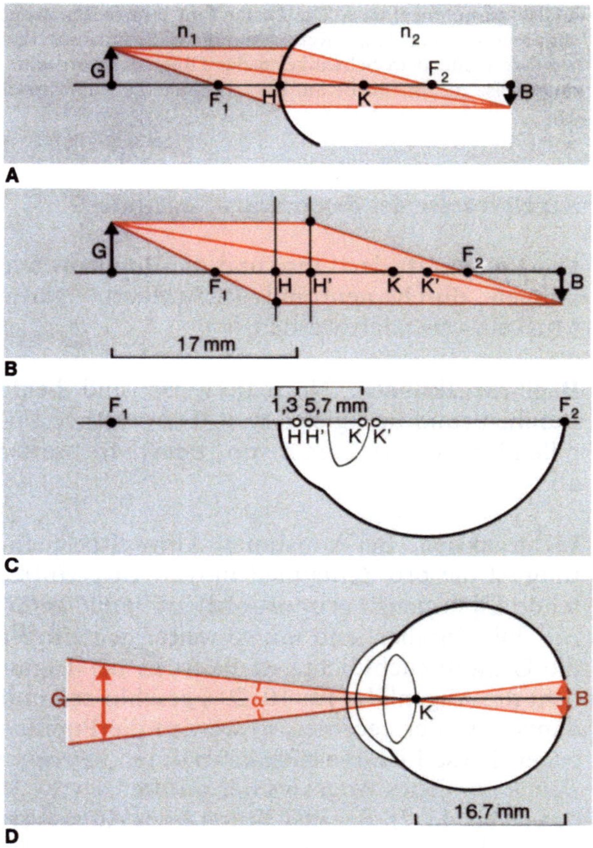

Abb. 11-6 A–D. Abbildung durch ein einfaches optisches System, schematisches und reduziertes Auge. **A** Strahlengang und Abbildung durch ein einfaches optisches System. F_1, F_2 Brennpunkte; *H* Hauptpunkt; *K* Knotenpunkt; *G* Gegenstand; *B* Bild; Brechungsindex $n_2 > n_1$. **B** Vereinfachter Strahlengang in einem zusammengesetzten, zentrierten optischen System, das auf 2 Hauptebenen *H*, *H'* und 2 Knotenpunkte *K*, *K'* reduziert wurde. **C** Schematisches Auge nach GULLSTRAND. **D** Reduziertes Auge. Die Punkte *H* und *H'* bzw. *K* und *K'* des schematischen Auges sind zusammengelegt. Die Strecke (*K–B*) beträgt 16,7 mm. Aus dieser Strecke und dem Winkel α kann die Größe des Bildes (B), den der Gegenstand *G* auf der Netzhaut entwirft, berechnet werden: 1 Winkelgrad ≈ 0,29 mm auf der Retina

Licht, das parallel zur optischen Achse durch die Übergangsfläche (Hauptpunkt H) tritt, in den Brennpunkten (F_1, F_2, Abb. 11-6 A). Die **Brechkraft** D hängt von dem Krümmungsradius r der Übergangsfläche und den optischen Dichten (n_1, n_2) der beiden Medien ab. Fallen Parallelstrahlen aus dem optisch dünneren Medium n_1 durch eine konvex gekrümmte Übergangsfläche, so sammeln sie sich im optisch dichteren Medium im Brennpunkt F_2. Die „hintere" **Brennweite** $f_2 = \{H - F_2\}$ ist dann:

$$f_2 = \frac{n_2 \cdot r}{n_2 - n_1}\,[\text{m}]. \tag{1}$$

Treten Parallelstrahlen dagegen in umgekehrter Richtung durch die Übergangsfläche, so gilt für die „vordere" **Brennweite** $f_1 = \{H - F_1\}$:

$$f_1 = \frac{n_1 \cdot r}{n_2 - n_1}\,[\text{m}]. \tag{2}$$

Diese Gleichungen gelten exakt nur für einen kleinen inneren (Gauss'schen) Bereich um die optische Achse der Übergangsfläche. Die **optische Achse** ist die Verbindungslinie zwischen den Brennpunkten F_1 und F_2. Der Schnittpunkt H der optischen Achse mit der Übergangsfläche ist der Hauptpunkt; der **Knotenpunkt K** ist der Mittelpunkt der sphärischen Übergangsfläche. Die Brechkraft D der Übergangsfläche ist definiert als

$$D = \frac{1}{f}\,[\text{dpt}]. \tag{3}$$

Wird die Brennweite f in Meter angegeben, so erhält man die Brechkraft in **Dioptrien** (dpt).
Die Brechkraft D_1 einer Linse mit 2 Übergangsflächen berechnet man mit der Gullstrand-Formel:

$$D_1 = D_v + D_h - \frac{d}{n} \times D_v \times D_h\,[\text{dpt}], \tag{4}$$

wobei D_v die Brechkraft der Linsenvorderfläche, D_h die Brechkraft der Linsenhinterfläche, d der Abstand der brechenden Flächen in Meter und n der Brechungsindex des Mediums zwischen den brechenden Flächen ist.

Bildentstehung. Eine sphärische Linse der Brennweite f entwirft von einem g Meter entfernten Gegenstand ein Bild, das b Meter hinter der Linse liegt. Ist die Linse allseitig vom gleichen optischen Medium umgeben, so gilt:

$$\frac{1}{f} = \frac{1}{g} + \frac{1}{b}. \tag{5}$$

Ist der Gegenstand in unendlicher oder hinreichend großer Entfernung ($1/g \rightarrow 0$), so ist die Bildweite b gleich der Brennweite f der Linse. Die Brennweite kann also durch Messung der Bildweite für unendlich entfernte Gegenstände bestimmt werden.

Die Abbildung durch den dioptrischen Apparat. Die zur Berechnung der Abbildung im Auge notwendigen Werte sind in Tabelle 11-1 zusammengefaßt. Die Übergangsfläche {Luft-Cornea} hat nach Gl. (2) die **objektseitige Brennweite** f_c:

$$f_c = \frac{n_o \cdot r_c}{n_c - n_o} = \frac{7{,}7}{0{,}376} = 20{,}5\,[\text{mm}]. \tag{6}$$

Die Brechkraft D_c der Corneavorderfläche ist daher $1/0{,}0205 = 48{,}8$ [dpt]. Die Übergangsfläche zwischen Cornea und Kammerwasser hat eine zerstreuende Wirkung, da $n_k < n_c$ ist (Tabelle 11-1). Nach Gl. (1) und (3) ist die Brechkraft D_k dieser Übergangsfläche $= -5{,}9$ dpt. Mit der Gullstrand-Formel (Gl. 4) kann die Gesamtbrechkraft D_{co} des Systems {Luft-Cornea-Kammerwasser} aus D_c, D_k und $d = 0{,}5$ mm errechnet werden: $D_{co} = 43$ dpt. Die *bildseitige Brennweite* f_{co} der Cornea ist nach Gl. (1) und (3):

$$f_{co} = \frac{n_k}{D_{co}} = \frac{1{,}336}{43}\,[\text{m}] \approx 31\,[\text{mm}]. \tag{7}$$

Die Linse. Um eine scharfe Abbildung auf der 24,4 mm vom Corneascheitel entfernten Fovea centralis zu erhalten, ist also die *zusätzliche Brechkraft* der Linse des Auges erforderlich. Die bikonvexe Linse besteht aus mehreren lamellenförmigen Schichten von verschiedenem Krümmungsradius und unterschiedlichem optischen Brechungsindex, der von der

Tabelle 11-1. Schematisches Auge. (Nach GULLSTRAND)

Brechungsindices:	
Luft, n_o	=1,00
Hornhaut, n_c	=1,376
Kammerwasser und Glaskörper, n_k	=1,336
Linse, n_l	=1,414 (Fernakkommodation, FA)
Linse	=1,424 (Nahakkommodation, NA)

	Krümmungsradius (mm)	Distanz vom Hornhautscheitel (mm)
Vordere Hornhautfläche	7,7	0
Hintere Hornhautfläche	6,8	0,5
Vordere Linsenfläche	10,0 (FA)	5,6 (FA)
Vordere Linsenfläche	5,3 (NA, max)	5,2 (NA, max)
Hintere Linsenfläche	−6,0 (FA)	7,2
Hintere Linsenfläche	−5,3 (NA, max)	7,2
Retina		24,4
1. Hauptpunkt H		1,35
2. Hauptpunkt H′		1,60
Vorderer Knotenpunkt K		7,05
Hinterer Knotenpunkt K′		7,30
Hintere Brennweite		22,78 (FA)
Vordere Brennweite		−17,05 (FA)

Linsenrinde zum *Linsenkern* zunimmt. Die Linse ist also optisch inhomogen. Der in Tabelle 11-1 angegebene experimentell bestimmte **Totalindex** ist größer als die Einzelindices der Linsenschichten. Für die Brechkraft D_l der Linse im flachsten Zustand hat GULLSTRAND im Mittel 19,1 dpt gefunden.

Gesamtbrechkraft des Auges. Aus der Brechkraft der Cornea D_{co} und der Brechkraft der Linse D_l kann mit Hilfe der Gullstrand-Formel (Gl. 4) die Gesamtbrechkraft D_A des dioptrischen Apparates des Auges errechnet werden ($d = 5{,}6$ mm, $n = n_k = 1{,}336$). Man erhält $D_A = 58{,}6$ dpt. Die für die Abbildung im Auge wichtige hintere Brennweite (f_h) ist dann:

$$f_h = \frac{n_k}{D_A} = \frac{1{,}336}{58{,}6}\,[\mathrm{m}] = 22{,}8\,[\mathrm{mm}]. \qquad (8)$$

Das schematische Auge. Die Konstruktion der Abbildung durch ein *zusammengesetztes optisches System* wird durch die Bestimmung der **Kardinalpunkte** erleichtert (Einzelheiten s. Lehrbuch der Physik). Bei dieser Reduktion des optischen Systems wird die Wirkung aller optischen Übergangsflächen durch 2 Hauptebenen (H, H′), 2 Knotenpunkte (K und K′) und 2 Brennpunkte (F_1, F_2, Abb. 11-6B) zusammengefaßt. GULLSTRAND hat für das menschliche Auge die in Tabelle 11-1 angegebenen Werte bestimmt (Abb. 11-6C). Die Distanz des hinteren Hauptpunktes vom Corneascheitel (1,60 mm) und die bildseitige Brennweite f_h des Auges (22,8 mm) ergeben zusammen die Distanz vom Hornhautscheitel zur Fovea (24,4 mm).

Das reduzierte Auge. Eine weitere Vereinfachung ist das reduzierte Auge (Abb. 11-6D), in dem H und H′ sowie K und K′ zusammenfallen. Die Distanz im reduzierten Auge vom Knotenpunkt K zur Retina beträgt 16,67 mm. Aus diesem Wert und dem Sehwinkel α des Objektes kann näherungsweise die Bildgröße auf der Netzhaut berechnet werden.

Regelprozesse des dioptrischen Apparates

Die Brechkraft der Linse und die Pupillenweite können durch neuronal kontrollierte glatte Muskeln verändert werden.

Pupillenreaktionen. Normalerweise sind beide Pupillen rund und gleich weit. Der mittlere Pupillendurchmesser nimmt mit dem Lebensalter ab.

Lichtreaktion. Bei konstanter Umweltbeleuchtung ist die pro Zeiteinheit in das Auge eintretende Lichtmenge proportional zur *Pupillenfläche*. Die Pupillen sind um so weiter, je geringer die Umweltleuchtdichte ist. Werden bei Tageslicht die Augenlider für 10–20 s geschlossen und danach wieder geöffnet, so werden die Pupillen enger. Diese **Lichtreaktion** kann durch *getrennte Belichtung* jedes Auges weiter differenziert werden (Abb. 11-7). Bei Belichtung eines Auges verengt sich innerhalb von 0,3–0,8 s nicht nur die Pupille des belichteten Auges (**direkte Lichtreaktion**), sondern auch die des nicht belichteten Auges (**konsensuelle Lichtreaktion**). Die Lichtreaktion ist ein sinnvoller Regelmechanismus, durch den bei hoher Umweltleuchtdichte – z.B. bei hellem Sonnenschein – der Lichteinfall auf die Netzhaut reduziert wird, während bei schwacher Umweltleuchtdichte durch Vergrößerung der Pupille der relative Lichteinfall auf die Netzhaut zunimmt. Fühler in diesem **Regelkreis** sind die Receptoren der Netzhaut, Regelstrecke ist

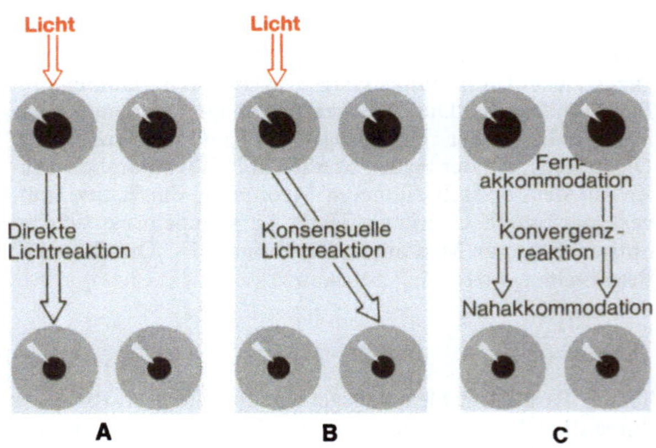

Abb. 11-7. Schema der Pupillenreaktionen (direkte und konsensuelle Lichtreaktion, Naheinstellungsreaktion). Die *Pfeile* symbolisieren die Belichtung eines Auges

die Pupillenweite. Bei Jugendlichen kann die Pupillenweite zwischen 1,5 und etwa 8 mm, der relative Lichteinfall in das Auge also etwa um den Faktor 30 variieren. Im Vergleich zu der auf S. 253 besprochenen Variationsbreite der mittleren Umweltleuchtdichte ist das Ausmaß der Regelung des Lichteinfalls in das Auge durch Änderung der Pupillenweite jedoch gering.

Naheinstellungsreaktion (Konvergenzreaktion). Die Pupillenweite des Menschen hängt auch von der Entfernung des gerade fixierten Gegenstandes ab. Blickt eine Versuchsperson zunächst in die Ferne und danach auf einen Gegenstand in 30 cm Entfernung, so werden die Pupillen enger. Da beim Blick in die Nähe die Sehachsen beider Augen in der Regel konvergieren (s. S. 249), wird diese Pupillenverengung auch **Konvergenzreaktion** genannt. Die Naheinstellung der Pupille geht einher mit der im folgenden besprochenen Zunahme der Brechkraft der Linse. Wie beim Photoapparat durch Abnahme der Blendenweite, so nimmt auch beim Auge die *Tiefenschärfe* zu, wenn die Pupille enger wird.

Funktion und Innervation der pupillomotorischen Muskeln (Abb. 11-8). Die Pupillenreaktionen werden von 2 glatten Muskelsystemen in der Iris bewirkt. Durch Kontraktion des ringförmigen *M. sphincter pupillae* wird die Pupille enger

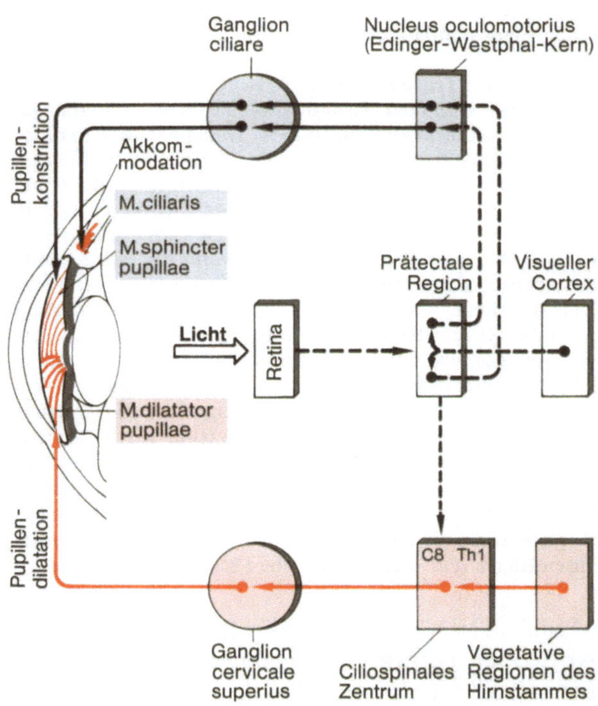

Abb. 11-8. Innervationsschema für die Irismuskulatur und den Ciliarmuskel. Die Neurone des efferenten sympathischen Nervensystems sind *rot*, die des efferenten parasympathischen Nervensystems *schwarz* gezeichnet

(**Miosis**), während die Kontraktion des radial zur Pupille angeordneten *M. dilatator pupillae* die Pupille erweitert (**Mydriasis**). Der M. sphincter pupillae ist durch parasympathische Nervenfasern innerviert, die ihren Ursprung im Ganglion ciliare hinter dem Auge haben. Die präganglionären Fasern stammen von *pupillomotorischen Neuronen* des Edinger-Westphal-Kerns, dem „vegetativen" Teil des Oculomotoriuskerns im Hirnstamm, und ziehen mit den übrigen Fasern des N. oculomotorius in die Orbita. Der Aktivitätszustand der pupillomotorischen Neurone des Edinger-Westphal-Kerns wird durch Nervenzellen der prätectalen Region kontrolliert (Abb. 11-8). Dort endigen Axone aus der Ganglienzellschicht der Retina und aus dem visuellen Cortex (Area 18, 19). Der M. dilatator pupillae wird dagegen durch sympathische Nervenfasern innerviert, deren Erregung von Neuronen im **ciliospinalen Zentrum** des Rückenmarks in Höhe des 8. Cervicalsegmentes und des 1. bis 2. Thorakalsegmentes abhängt. Der Aktivierungszustand des ciliospinalen Zentrums hängt von der allgemeinen vegetativen Tonuslage ab (s. S. 349). Die Axone des ciliospinalen Zentrums ziehen über die Hals-Sympathicus-Kette zum Ganglion cervicale superius. Dort erfolgt die synaptische Umschaltung auf die postganglionären Neurone, deren Axone entlang der *A. carotis interna* und der *A. ophthalmica* in die Orbita ziehen und über die Ciliarnerven das Auge erreichen.

Klinische Bedeutung der Pupillenreaktion. Die Beurteilung der Pupillenweite und der Pupillenreaktionen ist ein wichtiges diagnostisches Mittel, um Läsionen der Netzhaut und des Sehnerven, Läsionen im Hirnstamm (Oculomotoriusbereich), im Halsmark oder im Bereich des Verlaufs der prä- und postganglionären pupillomotorischen Fasern (tiefe Halsregion, Keilbein und Augenhöhle) festzustellen. In Notfällen ergibt die Prüfung der Lichtreaktion der Pupillen Aufschluß über die Tiefe der Bewußtlosigkeit. Die vegetative Innervation der Irismuskeln erklärt auch, warum die Pupillenweite von psychischen Faktoren, von der Aufmerksamkeit und vom Grad der Ermüdung abhängt [12, 30].

Akkommodation. Im menschlichen Auge erfolgt die Anpassung (**Akkommodation**) der Brechkraft des dioptrischen Apparates an die Distanz des jeweils fixierten Gegenstandes durch eine Änderung der Krümmung vorwiegend der *vorderen* Linsenfläche. Die Oberflächenkrümmung der Linse hängt von deren Elastizität und von den auf die Linsenkapsel einwirkenden Kräften ab. Die passiven elastischen Kräfte des Ciliarapparates, der Chorioidea und der Sclera werden durch die Fasern der **Zonula Zinnii** auf die Linsenkapsel übertragen. Die mechanische Spannung der Sclera hängt ihrerseits vom intraoculären Druck ab und wird im wesentlichen durch diesen aufrechterhalten (s. S. 260). Zunahme der Spannung in den Zonulafasern dehnt die Linse und bewirkt daher eine Abflachung. Der Einfluß dieser passiven elastischen Kräfte auf die Linse wird durch den ringförmig um die Linse gelegenen Ciliarmuskel (Abb. 11-5 u. 11-8) modifiziert. Dieser Muskel hat radiäre, zirkuläre und meridional verlaufende glatte Muskelfasern und ist durch vegetative, vorwiegend parasympathische Nervenfasern innerviert. Kontrahiert sich der Ciliarmuskel, so werden die über die Zonulafasern auf die Linse einwirkenden elastischen Kräfte zum Teil aufgehoben. Dadurch nimmt die Spannung der Linsenkapsel ab; besonders die Vorderfläche der Linse krümmt sich stärker und die Brechkraft der Linse nimmt zu (**Nahakkommodation**). Erschlafft der Ciliarmuskel, so wird die Linse flacher und erreicht ihre geringste Brechkraft (**Fernakkommodation**). Im normalen Auge werden dann unendlich weit entfernte Gegenstände scharf auf der Netzhaut abgebildet (Fernpunkt = ∞).

Akkommodationsbreite. Die in dpt gemessene Differenz der Brechkraft bei Einstellung des Nahpunktes und des Fernpunktes heißt **Akkommodationsbreite**. Sie kann im jugendlichen Auge maximal 14 dpt betragen. Entsprechend Gl. (3) und (5) werden vom normalen Auge dann bei maximaler Nahakkommodation Gegenstände auf der Netzhaut scharf abgebildet, die $^1/_{14}$ m = 0,07 m = 7 cm entfernt sind. Mit dem Alter wird die Linse infolge von Wasserverlust immer weniger elastisch, ihre Fähigkeit zur Brechkraftänderung und die Akkommodationsbreite nehmen daher ab. Der Nahpunkt rückt mit dem Alter also immer weiter vom Auge weg, weshalb ältere Menschen mit sonst normalen Augen zum Lesen eine Brille benötigen (Alterssichtigkeit oder **Presbyopie**).

Nervöse Kontrolle der Akkommodation. Die präganglionären parasympathischen Axone (s. S. 349) des Akkommodationssystems haben wie die des pupillomotorischen Systems ihren Ursprung in Zellen des Edinger-Westphal-Kerns und ziehen zum Ganglion ciliare. Der adäquate Reiz zur Änderung der Akkommodation ist eine **unscharfe Abbildung** auf der Netzhaut. Diese Eigenschaft des Reizmusters wird vermutlich von Neuronen im fovealen Projektionsgebiet des visuellen Cortex (Area V2 = 18) ermittelt; aus dieser corticalen Region bestehen Verbindungen zum Edinger-Westphal-Kern (Abb. 11-8).
Die peripheren vegetativen Synapsen am Ciliarmuskel und in der Iris können wie die anderen Synapsen des vegetativen Nervensystems durch Drogen beeinflußt werden. Wird gelöstes **Atropin** in den Bindehautsack eingeträufelt, so erreicht es durch Diffusion die Iris und den Ciliarkörper und blockiert die Signalübertragung der parasympathischen Synapsen (→ Fernakkommodation, Pupillenerweiterung). **Neostigmin** (s. S. 52) bewirkt dagegen eine Pupillenverengung und Nahakkommodation [12, 20, 26, 30].

Optische Fehler des Auges und Refraktionsanomalien

Das Linsensystem eines modernen Photoapparates hat im Vergleich zum dioptrischen Apparat des Auges wesentlich bessere Abbildungsqualitäten. Der Physiker und Physiologe HERMANN V. HELMHOLTZ (1821–1894) schrieb einmal, daß er einem Optiker ein so nachlässig wie das Auge konstruiertes optisches Instrument wieder zurückgeben würde. Die im folgenden besprochenen „physiologischen" Abbildungsfehler des Auges, die Anlaß zu dieser Bemerkung waren, werden jedoch durch neuronale Kontrastmechanismen weitgehend kompensiert (s. S. 267).

Astigmatismus. Die Corneaoberfläche ist nicht ideal rotationssymmetrisch, sondern meist in vertikaler Richtung etwas stärker als in horizontaler Richtung gekrümmt. Nach Gl. (1) entsteht so ein richtungsabhängiger Brechkraftunterschied (*Astigmatismus, Stabsichtigkeit*). Wenn dieser nicht mehr als 0,5 dpt beträgt, bezeichnet man ihn als „physiologischen" Astigmatismus.

Sphärische Aberration. Die Cornea und die Linse des Auges haben wie alle einfachen Linsen im Randbereich eine kürzere Brennweite als im zentralen Bereich um die optische Achse. Die dadurch entstehende *sphärische Aberration* macht die Abbildung unscharf. Je enger die Pupillen sind, um so kleiner wird infolge der Abblendung der Randstrahlen dieser störende Einfluß der sphärischen Aberration.

Chromatische Aberration und Akkommodation. Wie bei allen einfachen Linsen wird auch durch den dioptrischen Apparat kurzwelliges Licht stärker gebrochen als langwelliges Licht (*chromatische Aberration*). Zur scharfen Abbildung der roten Teile eines Gegenstandes muß daher stärker akkommodiert werden als für die Abbildung der blauen Teile. Diese Akkommodationsdifferenz ist die Ursache, warum uns bei gleicher objektiver Entfernung Blau weiter entfernt erscheint als Rot. Die Meister der gotischen Bauhütten haben diese physiologische Täuschung ausgenutzt und bei figürlichen Darstellungen auf den Kirchenfenstern den Hintergrund häufig blau, die Figuren in anderen Farben angefertigt, so daß der Betrachter eine scheinbare räumliche Distanz zwischen Figur und Hintergrund wahrnimmt.

Streulicht und Trübungen im dioptrischen Apparat. Linse und Glaskörper enthalten Strukturproteine bzw. kolloidal gelöste makromolekulare Substanzen. Daher entsteht im dioptrischen Apparat eine geringe *diffuse Dispersion* des Lichtes. Dieses *Streulicht* beeinträchtigt die visuelle Wahrnehmung jedoch nur bei stark blendenden Lichtreizen (s. S. 269). Auch in gesunden Augen kommen kleine *Glaskörpertrübungen* vor. Sie sind gegen eine weiße Wand als kleine runde Scheibchen oder unregelmäßig geformte, kleine graue Flekken zu erkennen. Da sie sich mit jeder Augenbewegung scheinbar gegen den hellen Hintergrund verschieben, werden sie *fliegende Mücken* genannt. Bei älteren Menschen kann der Wassergehalt der Linse sich so verändern, daß es zu „Wasserspalten" und Verdichtungen der Linsenstruktur kommt, wodurch die Linse optisch trübe wird (*Cataracta senilis, grauer Star*). Wird bei diesen Patienten die Linse operativ entfernt („Staroperation") und keine künstliche Linse eingesetzt, so wird normales Sehen nur dann wieder möglich, wenn die Patienten eine Brille mit starken Sammellinsen tragen (ca. +13 dpt für eine Fernbrille)

Myopie. Die Gesamtbrechkraft des dioptrischen Apparates beträgt für das normale Auge bei Fernakkommodation 58,6 dpt (s. S. 256). Bei dieser Brechkraft wird ein unendlich weit entfernter Gegenstand scharf auf der Netzhaut abgebildet, wenn die Distanz zwischen Hornhautscheitel und Fovea centralis 24,4 mm beträgt.

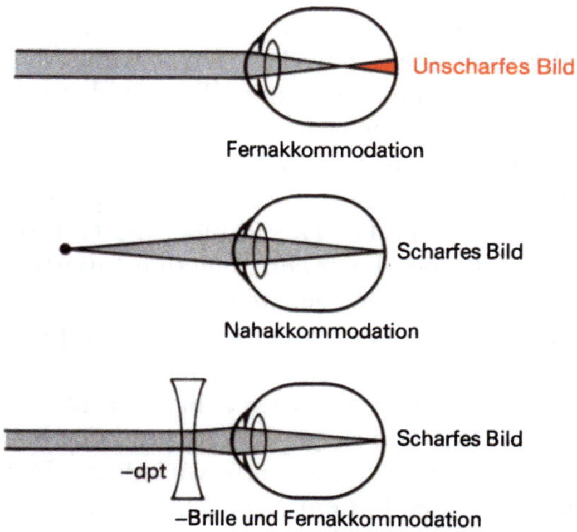

Abb. 11-9. Myopie (Kurzsichtigkeit) und Korrektur durch zerstreuende Linse (–dpt). Der Bulbus ist zur Verdeutlichung übertrieben lang gezeichnet („Achsenmyopie")

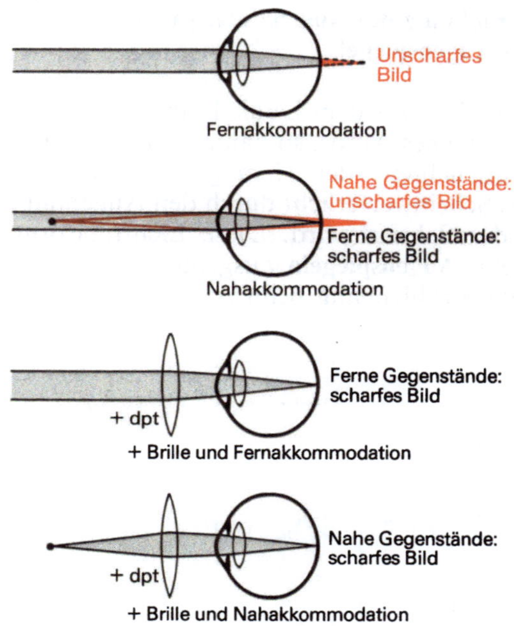

Abb. 11-10. Hypermetropie (Weitsichtigkeit) und Korrektur durch sammelnde Linse (+dpt)

Ist der Bulbus jedoch länger, so können ferne Gegenstände nicht mehr scharf gesehen werden, da die Bildebene *vor* der Fovea centralis liegt (**Kurzsichtigkeit, Myopie**). Der Kurzsichtige muß eine Brille mit zerstreuenden Linsen (–dpt) tragen, wenn er in die Ferne scharf sehen will (Abb. 11-9).

Hypermetropie. Ist der Bulbus im Verhältnis zur Brechkraft des dioptrischen Apparates dagegen zu kurz, so liegt eine **Weitsichtigkeit (Hypermetropie)** vor. Der Hypermetrope kann durch zusätzliche Nahakkommodation Gegenstände im Unendlichen scharf sehen, seine Akkommodation reicht jedoch oft nicht aus, um auch Gegenstände in der Nähe scharf zu sehen. Daher benötigt der Weitsichtige Sammellinsen (+dpt), um seine Fehlsichtigkeit zu kompensieren (Abb. 11-10) [12, 23, 26].

Refraktionsbestimmung und Berechnung von Brillengläsern

Die Bestimmung der Brechkraft des dioptrischen Apparates kann mit *objektiven* oder mit *subjektiven* Verfahren erfolgen. Die objektiven Verfahren (Skiaskopie, Infrarottechnik) werden in der Augenheilkunde besprochen. Hier sollen nur die **subjektiven** Verfahren kurz erwähnt werden.

Subjektive Refraktionsbestimmung. Mit Hilfe der auf S. 279 beschriebenen Sehprobentafel kann eine subjektive Refraktionsbestimmung vorgenommen werden. Der Patient betrachtet monocular die Sehprobentafeln aus 6 m Entfernung. Ein kurzsichtiger Patient bekommt bei monocularer Messung konkave (zerstreuende) Linsen steigender (–) Dioptrienwerte vor das Auge, bis ein optimaler Sehschärfenwert erreicht ist. Die Brechkraft der dafür notwendigen Linse entspricht etwa seinem Refraktionsfehler. Ein weitsichtiger Patient erreicht in der Regel seinen optimalen Sehschärfewert ohne Brille. Ihm werden so lange Sammellinsen vor das Auge gesetzt, bis die Sehschärfe abnimmt. Dann ist aus der Dioptrienzahl der Brillenlinse die Hypermetropie berechenbar.

Brillen. Die Linse der Brille und das Auge bilden ein zusammengesetztes optisches System, für das Gl. (4) gilt. Wird statt einer Brille mit *zerstreuenden* Linsen eine Corneakontaktlinse („Haftschale") getragen, so nimmt d in Gl. (4) ab, d.h. die Brechkraft der *Corneakontaktlinse* kann etwas kleiner sein als die einer Brillenlinse. Beim Anpassen einer Brille muß darauf geachtet werden, daß (beim Blick nach geradeaus vorne) die optischen Achsen von Auge und Brillenlinse übereinstimmen. Um dies zu gewährleisten, muß die Pupillendistanz (56–70 mm) zwischen dem linken und dem rechten Auge gemessen und bei der Herstellung der Brille berücksichtigt werden.
Die *Größe* des Netzhautbildes hängt von der Stärke der Brille ab. Zerstreuende Linsen (–dpt) verkleinern das Netzhautbild. Ist die Refraktion des linken und des rechten Auges ungleich, so entstehen nach vollständiger Korrektur unterschiedlich große Netzhautbilder, wodurch eine Störung des **Binocularsehens** (s.S. 282) zustande kommen kann. Es muß dann ein Kompromiß zwischen optimaler Korrektur und ungestörtem Binocularsehen gefunden werden. Der Unterschied der Brechkraft der Linsen sollte nicht mehr als 3 dpt betragen.
Ein stärkerer „regulärer" **Astigmatismus**, bei dem die Cornea in einer Richtung stärker gekrümmt ist, kann durch **zylinderförmig** geschliffene Linsen korrigiert werden. Ein „irregulärer" Astigmatismus mit unregelmäßiger Deformierung der Cornea wird dagegen besser durch Kontaktlinsen kompensiert.

Die Betrachtung des Augenhintergrundes mit dem Augenspiegel

Blickt ein Tier aus dem Dunkeln in das Scheinwerferlicht eines Autos, so kann der Autofahrer ein „Aufleuchten" der Tieraugen beobachten, weil das Scheinwerferlicht durch den Augenhintergrund reflektiert wird. Diese Lichtreflexion wird beim **Augenspiegeln** ausgenützt. Der vereinfachte Strahlengang beim Augenspiegeln im **aufrechten Bild** ist in Abb. 11-11 gezeigt. Der Arzt akkommodiert bei der Betrachtung des Augenhintergrundes auf unendlich und muß Refraktionsfehler bei sich oder dem Patienten durch Linsen korrigieren. Ein Bild des Augenhintergrundes, das man beim Augenspiegeln sieht, zeigt Abb. 11-12: Die **Papille**, die **Gefäße** der Netzhaut und die innere Netzhautoberfläche erscheinen beim Augenspiegeln im aufrechten Bild etwa 15mal vergrößert, weil der dioptrische Apparat als vergrößernde Linse wirkt.

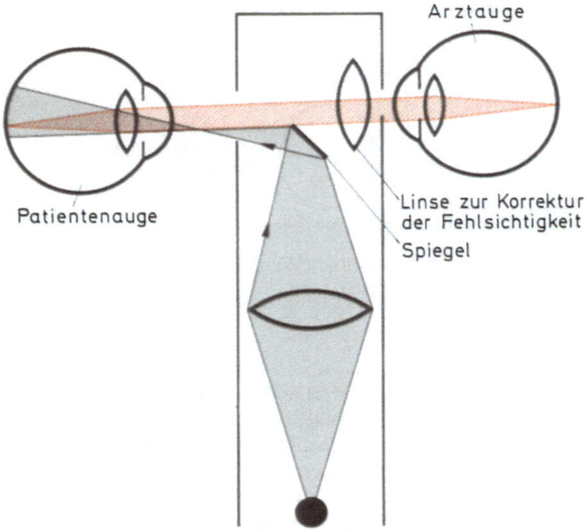

Abb. 11-11. Stark vereinfachtes Schema des Strahlenganges beim Augenspiegeln im aufrechten Bild

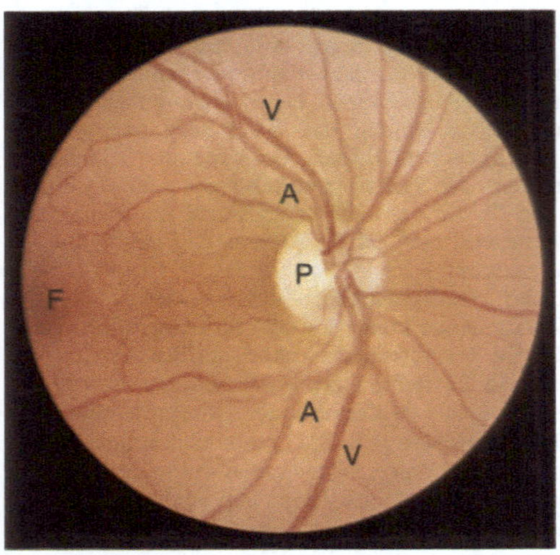

Abb. 11-12. Augenhintergrund (rechtes Auge, Ausschnitt), wie er beim Spiegeln im aufrechten Bild gesehen wird. *A* Äste der A. centralis retinae; *V* Äste der Vv. centrales retinae; *P* Papilla nervi optici; *F* Fovea centralis. (Aus W. Leydhecker, Grundriß der Augenheilkunde, 20. Aufl., 1979)

Beim Augenspiegeln im **umgekehrten Bild** betrachtet der Arzt den Augenhintergrund des Patienten aus einer Distanz von etwa 80 cm. Die aus dem Auge des Patienten parallel austretenden Lichtstrahlen werden durch eine Sammellinse von +13 bis +15 dpt zu einem umgekehrten reellen Bild vor dem Patientenauge vereinigt, das der Arzt betrachtet. Der Augenhintergrund erscheint nur etwa 4fach vergrößert. Der Arzt kann jedoch gleichzeitig größere Teile der Netzhaut sehen und auch leichter als beim Augenspiegeln im aufrechten Bild die peripheren Bereiche der Netzhaut erkennen.

Der Augeninnendruck

Die äußere Form des Auges und die Lage der Teile des dioptrischen Apparates zueinander sind in hohem Maße konstant. Dies wird durch die feste **Sclera** und die Konstanz des **Augeninnendruckes** gewährleistet.

Die Sekretion von Kammerwasser. Der Augeninnendruck hängt v.a. von der Menge des kontinuierlich gebildeten und abfließenden Kammerwassers ab. Durch *Ultrafiltration* (s.S. 783) gelangt Plasmaflüssigkeit aus den Blutcapillaren des Ciliarkörpers in den Extracellulärraum des Ciliarkörpers (Abb. 11-5) und wird von dort von den Epithelzellen des Ciliarkörpers als Kammerwasser in die hintere Augenkammer **secerniert.**

Aus der hinteren Augenkammer fließt das Kammerwasser in die vordere Augenkammer und von dort über das Trabekelwerk im Kammerwinkel durch den Schlemmschen Kanal in das venöse Gefäßsystem ab. Der Augeninnendruck ist konstant, wenn die Menge des durch den Schlemm'schen Kanal abgeleiteten Kammerwassers genau der pro Zeiteinheit produzierten Kammerwassermenge entspricht. Infolge einer Abflußbehinderung bei normaler Kammerwasserproduktion steigt der Augeninnendruck an. Eine pathologische Erhöhung des Augeninnendrucks wird **Glaukom** genannt. Beim chronischen Glaukom (Glaucoma simplex) wölbt sich die mechanisch schwächste Stelle der Augenwand, die Lamina cribrosa, **nach außen** aus, wodurch die Sehnervenfasern geschädigt werden. Beim **akuten Glaukomanfall** („Winkelblockglaukom") entsteht durch Verlegung des Kammerwinkels ein akuter Anstieg des Augeninnendrucks und eine Durchblutungsstörung der Netzhaut. Als Folge der retinalen Durchblutungsstörung kann eine vorübergehende oder bleibende Schädigung der Retina mit Erblindung eintreten.

Die elastischen Kräfte der Iris übertragen sich auf die Zone des Kammerwinkels (Abb. 11-5). Das Trabekelwerk und der

Schlemm'sche Kanal werden erweitert, wenn die Iris gedehnt, d.h. die Pupille eng ist. Daher wird der Kammerwasserabfluß durch pupillenverengende Mittel verbessert, durch pupillenerweiternde Mittel (z.B. Atropin) dagegen verschlechtert. Bei Glaukomverdacht sind daher pupillenerweiternde Medikamente streng zu meiden.

Tonometrie. Der Augeninnendruck kann von außen durch Messung der Corneaeindellung bestimmt werden, die ein Senkstift von definiertem Durchmesser und Gewicht bewirkt (**Impressionstonometrie**), oder durch Messung der Kraft, die notwendig ist, die Cornea über einen kleinen Bereich abzuflachen (**Applanationstonometrie**). Eine pathologische Erhöhung des Augeninnendrucks liegt vor, wenn dieser bei wiederholten Messungen über 20 mm Hg (2,66 KPa) liegt. Beim akuten Glaukomanfall kann der Augeninnendruck bis über 60 mm Hg (8 KPa) ansteigen [30, 37].

11.3 Signalaufnahme und Signalverarbeitung in der Netzhaut

Die Netzhaut entsteht während der Embryonalentwicklung aus einer Ausstülpung des Zwischenhirnbodens; sie ist also **Teil des Gehirns**. Die Schicht der Receptoren (Stäbchen und Zapfen) liegt im Wirbeltierauge von der Glaskörperseite abgewandt in engem mechanischen und funktionellen Kontakt mit den **Pigmentepithelzellen**, die ihrerseits an das Gefäßsystem der Chorioidea angrenzen und für den Stoffwechsel der Receptorzellen wichtig sind. Zwischen Receptoren und Glaskörper liegen die Schichten der Horizontalzellen, Bipolarzellen, Amakrinen und Ganglienzellen (Abb. 11-13). **Der mechanisch schwächste Teil der Netzhaut** ist die Übergangsfläche zwischen Pigmentepithelzellen und den Außengliedern der Photoreceptoren. Dort kann sich die Netzhaut leicht ablösen. *Im abgelösten Netzhautbereich degenerieren die Außenglieder der Receptoren*. Ein Sehen ist mit diesem Teil der Netzhaut dann nicht mehr möglich. Wird die Netzhaut rechtzeitig durch geeignete therapeutische Maßnahmen wieder in bleibenden Kontakt mit der Pigmentepithelschicht gebracht, so **regenerieren** die Außenglieder der Receptoren wieder; eine Wiederherstellung des Sehens ist möglich.

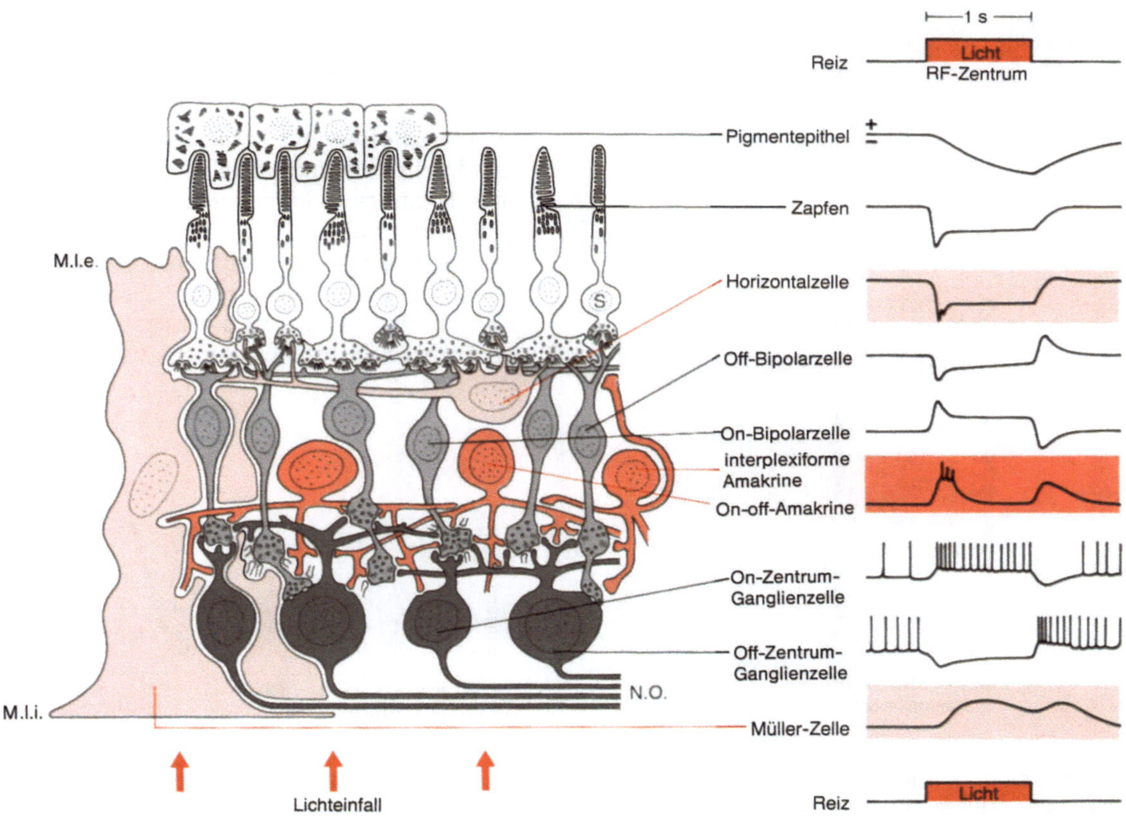

Abb. 11-13. Aufbau der Primatennetzhaut [schematische und ergänzte Umzeichnung nach einer Abbildung von BOYCOTT und DOWLING, Proc. Roy. Soc (Lond.) 166, 80 (1966)] und Schema der Reaktion einzelner Neurone der Netzhaut auf einen Lichtreiz [GRÜSSER, Fortschr. Ophthalmol. 80, 502 (1983)] *M.l.e* Membrana limitans externa, *M.l.i.* Membrana limitans interna. Horizontalzellen haben noch Kontakte an Bipolarzellen (nicht eingezeichnet)

Die Duplizitätstheorie des Sehens

Die Anpassung an die stark unterschiedlichen Beleuchtungsbedingungen der Umwelt wird durch 2 verschiedene retinale Receptorsysteme mit unterschiedlichen Absolutschwellen erleichtert (**Duplizitätstheorie**): Mit den **Stäbchen** der Netzhaut des Auges wird in der Dämmerung und bei Sternenlicht gesehen (**skotopisches** Sehen), mit den **Zapfen** am Tage (**photopisches** Sehen). Beim skotopischen Sehen sieht man keine Farben. Die Gegenstände sehen in einer sternenklaren Nacht farblos, aber verschieden hell aus. Beim photopischen Sehen kann man dagegen Farbe und Helligkeit der Gegenstände unterscheiden. Die spektrale Empfindlichkeit des Auges hat für das skotopische Sehen ein Maximum bei etwa 500 nm, beim photopischen Sehen dagegen bei 555 nm (Abb. 11-4). Der Übergangsbereich zwischen dem skotopischen und dem photopischen Sehen wird mesopisches Sehen genannt. Im mesopischen Bereich ist ein eingeschränktes Farbensehen möglich [12].

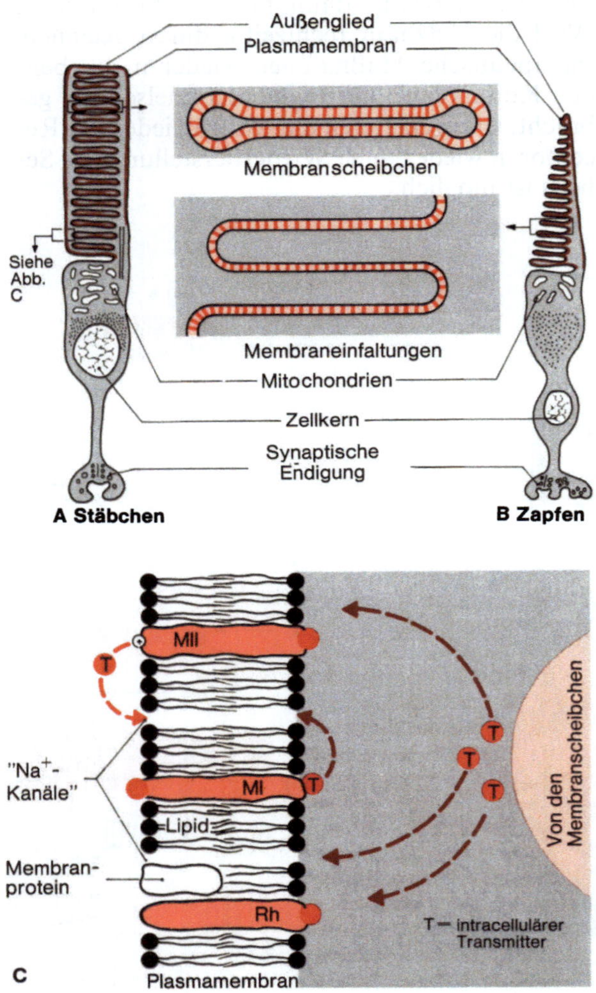

Abb. 11-14 A–C. Schematischer Aufbau eines Stäbchens (**A**) und eines Zapfens (**B**) der Wirbeltiernetzhaut. Schematischer Aufbau der Membran der Scheibchen in den Außengliedern der Stäbchen bzw. der Membraneinfaltungen in den Außengliedern der Zapfen. Schema des Aufbaus der Scheibchen- bzw. Plasmamembran von Photoreceptoren (**C**). *MI*-Metarhodopsin I. *MII* Metarhodopsin II.

Der Transductionsprozeß des Sehens

Der Aufbau der Photoreceptoren. Die Receptorschicht des menschlichen Auges besteht aus etwa 120 Millionen Stäbchen und 6 Millionen Zapfen (Abb. 11-13). Die Receptordichte (Receptoren pro Flächeneinheit) ist für die Zapfen in der Mitte der Fovea, für die Stäbchen dagegen im parafovealen Bereich am höchsten. In der Fovea centralis gibt es keine Stäbchen. Stäbchen und Zapfen sind ähnlich aufgebaut: Das Außenglied der Receptorzelle besteht aus etwa 1000 Membranscheibchen (Stäbchen) bzw. Membraneinfaltungen (Zapfen) und ist durch ein dünnes Cilium mit dem übrigen Zellkörper verbunden (Abb. 11-14 A, B). Die Außenglieder der Photoreceptoren bilden im Querschnitt eine regelmäßige Mosaikstruktur. In der Foveamitte beträgt der Durchmesser der Zapfenaußenglieder etwa 2 µm, was einem Sehwinkel von etwa 0,4 Winkelminuten entspricht. Der Durchmesser der Zapfenaußenglieder nimmt von der Fovea zur Netzhautperipherie zu.

Sehfarbstoffe. Die Moleküle der Sehfarbstoffe sind sehr regelmäßig in die Lipiddoppelschicht der Membranscheibchen der Außenglieder eingelagert (Abb. 11-14). Eine im Dunkeln hergestellte Lösung des Sehfarbstoffs der Stäbchen sieht rot aus (Rhodopsin: „Sehpurpur"), weil Rhodopsin grünes und blaues Licht besonders gut absorbiert. Dies kann durch Bestimmung

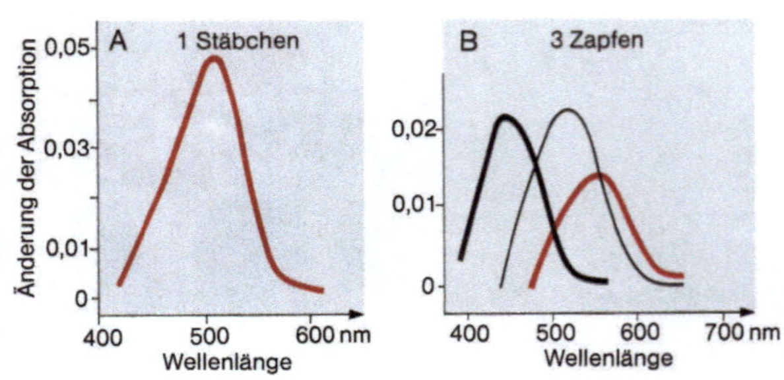

Abb. 11-15. Resultate mikrospektrophotometrischer Messungen der spektralen Absorption einzelner Receptoren der menschlichen Retina (Operationspräparate). Es sind die Differenzspektren (= Differenz der spektralen Absorption vor und nach Bleichung) dargestellt. Bei den Zapfen können 3 Typen unterschieden werden. [Nach Brown und Wald, Science 144, 45 (1964) schematisiert]

der **spektralen Absorptionskurve** exakt gemessen werden. Rhodopsin hat 2 Absorptionsmaxima, im sichtbaren Bereich bei etwa 500 nm und im ultravioletten Bereich bei etwa 350 nm.

Die Absorptionskurven der Sehfarbstoffe einzelner Photoreceptoren wurden durch **Mikrospektrophotometrie** bestimmt: Unter mikroskopischer Kontrolle wird ein sehr kleines Lichtbündel durch die isolierten Außenglieder der Photoreceptoren eines Operationspräparates projiziert und mittels hochempfindlicher Photozellen die spektrale Absorption bestimmt (Abb. 11-15):

a) Die Sehfarbstoffe der Stäbchen und Zapfen haben unterschiedliche spektrale Absorptionskurven.
b) Die Absorptionskurve für die Stäbchen entspricht der des Rhodopsins und stimmt in guter Näherung mit der spektralen Empfindlichkeit des skotopischen Sehens überein (Abb. 11-4). Rhodopsin besteht aus einem Glykoprotein (Opsin) und einer chromophoren Gruppe, dem 11-cis-Retinal, dem Aldehyd des Vitamin A (Retinol).
c) Es gibt **3 verschiedene Zapfentypen** mit unterschiedlichen Sehfarbstoffen (Abb. 11-15).

Zerfall der Sehfarbstoffe nach Lichtabsorption. Der **Transduktionsprozeß** des Sehens beginnt mit der Absorption eines Photons im π-Elektronenbereich der konjugierten Doppelbindungen des Sehfarbstoffmolekül. Dadurch erreicht das Rhodopsinmolekül eine höhere Energiestufe und beginnt stärker zu schwingen. Mit einer Wahrscheinlichkeit („Quantenausbeute") von 0,5–0,65 tritt eine **Stereoisomerisation** des Retinals ein (Übergang von der 11-cis-Form in die All-trans-Form), an die sich ein mehrstufiger Zerfallsprozeß anschließt, der schließlich mit der Bildung von **Retinol** und **Opsin** endet (s. Lehrbücher der Biochemie bzw. 22. Auflage dieses Lehrbuches). Um für die Signalübertragung nützlich zu sein, muß dieser photochemische Primärprozeß in eine Veränderung des Membranpotentials der Photoreceptoren „umgesetzt" werden. Wie diese Umsetzung erfolgt, ist noch umstritten. Eine Hypothese nimmt an, daß während der durch Photonenabsorption bedingten Umwandlung des Rhodopsins Calciumionen „aktiviert" werden, die in den Membranscheibchen gebunden waren. Man nahm bisher an, daß diese Ca^{++}-Ionen von den Membranscheibchen der Stäbchen zur Plasmamembran der Stäbchenaußenglieder bzw. von einer Stelle der Plasmamembran der Zapfen zu einer anderen diffundieren (Abb. 11-14C) und dort eine **Verminderung** des Membranleitwertes für kleine Ionen, insbesondere für Natriumionen, bewirken, wodurch das unten besprochene **sekundäre Receptorpotential** entsteht.

Eine neuere Hypothese geht davon aus, daß der relativ hohe Natriummembranleitwert der Receptoraußenglieder im Dunkeln, der den „Dunkelstrom" durch die Membran verursacht, durch eine Interaktion von cyclischem 3'-5'-Guanidinmonophosphat (cGMP) mit den Proteinmolekülen an den Natriumkanälen der Receptormembran bedingt ist. cGMP bewirkt, daß die Natriumkanäle „offen" bleiben. Der photochemische Primärprozeß soll innerhalb von wenigen Millisekunden über eine Enzymkette eine Reduktion des cGMP bewirken. Dadurch nimmt der Na-Leitwert ab, und das hyperpolarisierende sekundäre Receptorpotential entsteht. Ein durch die Photonenabsorption zu Metarhodopsin II umgewandeltes Rhodopsinmolekül soll bei diesem Prozeß in extrem rascher Folge zahlreiche Enzymmoleküle („Transducin") aktivieren, was eine erste „Verstärkung" des photochemischen Primärprozesses bedeutet [4, 5, 8, 34, 46, 53, 56a].

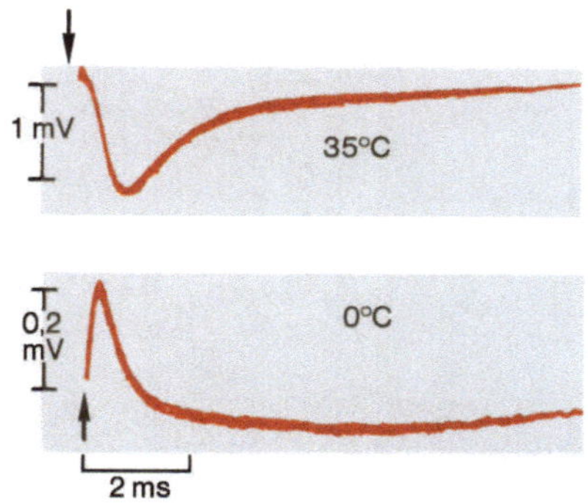

Abb. 11-16. Primäres Receptorpotential (ERP) vom Erdhörnchen, registriert bei 2 verschiedenen Temperaturen (nach Pak und Ebrey: J. Gen. Physiol. 49 (1966). Die Amplitude der verschiedenen Komponenten des ERP steigt über 2–3 $\log_{10}$-Einheiten näherungsweise proportional dem Logarithmus der Lichtblitzintensität an. Die kurzen Lichtblitze sind durch *Pfeile* in der Abbildung markiert

Das primäre Receptorpotential der Photoreceptoren und die photochemischen Komponenten der Hell-Dunkel-Adaptation. Die Konformationsänderung der Sehfarbstoffmoleküle bewirkt ein elektrisches Potential von extrem kurzer Latenzzeit (<1 ms), das **primäre Receptorpotential** (*early receptor potential*, ERP, Abb. 11-16). Es besteht aus verschiedenen Komponenten, die durch unterschiedlich tiefe Temperaturen isolierbar sind. Wenn der Sehfarbstoff zu Retinol und Opsin zerfallen ist, wird er unter Energieverbrauch über eine Enzymkette wieder zu Rhodopsin aufgebaut. Bei konstantem Photoneneinfall auf die Retina stellt sich ein *Gleichgewicht* zwischen dem lichtinduzierten Sehfarbstoffzerfall und der enzymatisch kontrollierten Regeneration des Sehfarbstoffes ein. Die Lage dieses *dynamischen* Gleichgewichtes verschiebt sich zu um so höheren Sehfarbstoffkonzentrationen, je kleiner der Lichteinfall auf die Netzhaut ist. Dies ist der *photochemische Teil* der jedem aus dem Alltag bekannten *Dunkeladaptationsprozesse* des Auges (s. S. 268, 269). Bei konstanter Reizstärke steigt die Amplitude des ERP mit der Dunkeladaptation an, weil die Wahrscheinlichkeit zunimmt, daß die einfallenden Photonen auf unzerfallene Sehfarbstoffmoleküle treffen [8].

Das sekundäre Receptorpotential. Das ERP entsteht durch die synchrone Konformationsänderung der Sehfarbstoffmoleküle, während das mit dem ERP nicht direkt gekoppelte sekundäre Receptorpotential (*late receptor potential, LRP*) eine Änderung des Membranpotentials der Photoreceptoren ist. Durch Belichtung wird eine **Hyperpolarisation** des im Dunkeln -25 bis -40 mV betragenden Membranpotentials der

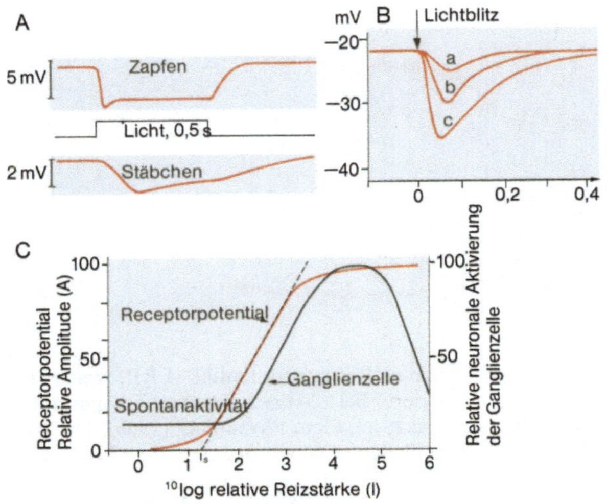

Abb. 11-17 A–C. Sekundäres Receptorpotential der Photoreceptoren der Wirbeltiernetzhaut. **A** Intracelluläre Registrierung des Receptorpotentials eines Zapfens und eines Stäbchens der Wirbeltierretina; schematisiert. **B** Receptorpotential eines Zapfens der Schildkrötenretina auf Lichtblitze (10 ms Dauer) steigender Intensität. Relative Reizstärke $a=1$, $b=4$, $c=16$. **C** Intensitätsfunktion des Receptorpotentials eines einzelnen Zapfens der Schildkrötenretina. Die relative Amplitude (*A*, *Ordinate*) nimmt in einem engen Bereich proportional zum Logarithmus der relativen Reizstärke (*I*, *Abscisse*) zu. **B** und **C** nach BAYLOR und FUORTES: J. Physiol. (Lond.) 207 (1970). In **C** ist schematisiert die Abhängigkeit der Aktivierung eines retinalen On-Zentrum-Ganglienzelle von der Reizstärke eingetragen

Photoreceptoren ausgelöst. Die Amplitude dieses Receptorpotentials nimmt mit der Intensität der Lichtreize zu (Abb. 11-17). Das sekundäre Receptorpotential der Stäbchen verläuft langsamer als jenes der Zapfen; das Stäbchensystem ist also zeitlich träger als das Zapfensystem (S. 270). Die spektrale Empfindlichkeit des sekundären Receptorpotentials verschiedener Zapfen (Abb. 11-18) bestätigt die Ergebnisse der Mikrospektrophotometrie und stützt die

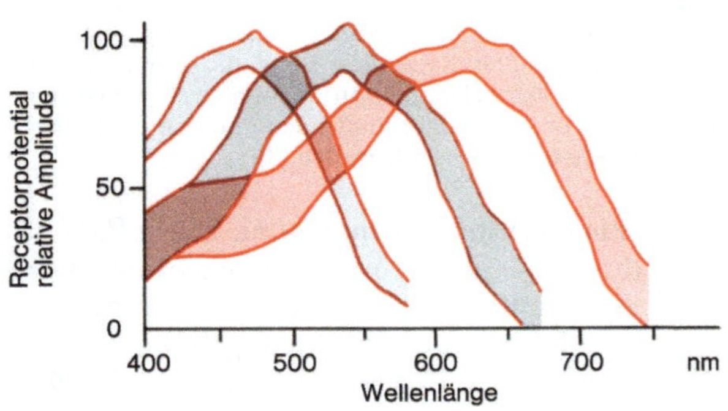

Abb. 11-18. Spektrale Empfindlichkeit der Receptorpotentiale der Fischretina. Mittelwerte mit Standardabweichung der Messung von 3 verschiedenen Klassen von Zapfen sind dargestellt. (Nach [61])

trichromatische Theorie des Farbensehens (S. 282): Es gibt 3 Zapfentypen unterschiedlicher spektraler Empfindlichkeit. Die spektrale Empfindlichkeit der Receptorpotentiale der Stäbchen entspricht näherungsweise der spektralen Absorptionskurve des Rhodopsins mit einem Maximum bei etwa 500 nm.

Das Receptorpotential der Photoreceptoren der Wirbeltiere unterscheidet sich also von den Receptorpotentialen aller anderen Receptoren dadurch, daß der adäquate Reiz (Licht) nicht zu einer Depolarisation, sondern zu einer Hyperpolarisation führt.

Zwischen der Reizstärke I_s (Photoneneinfall pro Zeiteinheit und Retinafläche) und der Amplitude A des sekundären Receptorpotentials gilt folgende Beziehung (Abb. 11-17 B, C):

$$A = \frac{\alpha I_s}{1 + k \cdot I_s} \text{ [mV]}. \qquad (9)$$

Diese Hyperbelgleichung kann für den mittleren Intensitätsbereich durch eine logarithmische Funktion angenähert werden, die in der Sinnesphysiologie auch als **Weber-Fechner-Gesetz** bezeichnet wird (s. S. 197):

$$A = k^* \log I_s/I_o \text{ [mV]}, \qquad (10)$$

wobei I_o eine vom Adaptationszustand abhängige **Schwellenreizstärke** ist. Die Konstanten α, k und k* in Gl. (9) und (10) ändern sich bei monochromatischem Licht nach einer Funktion der Wellenlänge, die näherungsweise der spektralen Empfindlichkeit der Receptorpotentiale entspricht (Abb. 11-18) [8, 36].

Das corneoretinale Bestandspotential und das Elektroretinogramm (ERG)

Mit Makroelektroden kann man vom ganzen Auge 2 funktionell verschiedene elektrische Potentialformen ableiten: das **Bestandspotential** zwischen der Cornea und der dazu elektrisch negativen Retina und das **Elektroretinogramm** (ERG). Das corneoretinale Bestandspotential ist weitgehend durch die elektrische Potentialdifferenz zwischen der Scleraseite der Pigmentzellen und den Innengliedern der Photoreceptoren bedingt. Es entsteht durch die Summe der Ströme, die durch die Zellmembran der Pigmentzellen und der Photoreceptoren fließen und ändert sich mit dem Adaptationszustand der Netzhaut.

Das ERG ist eine durch Belichtung oder Verdunklung der Netzhaut ausgelöste elektrische Spannungsschwankung, die man am ganzen Auge abgreifen kann und die aus mehreren „Wellen" (a, b, c, d) besteht (Abb. 11-19). Die a-Welle entsteht vermutlich durch summierte Receptorpotentiale, die langsamere b-Welle vorwiegend durch Potentialänderungen

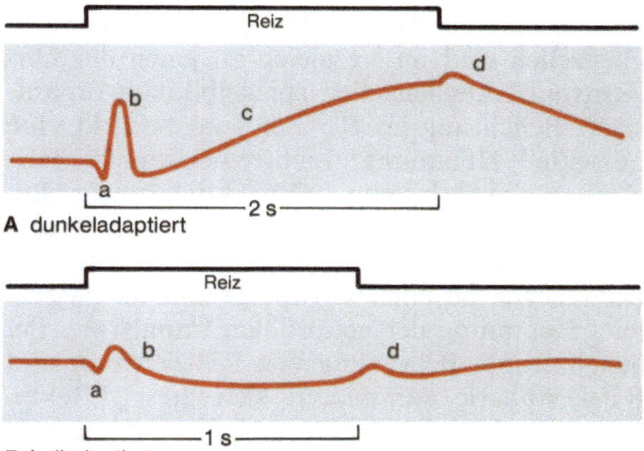

Abb. 11-19. Elektroretinogramme der menschlichen Netzhaut. Schematisiert nach Registrierungen von HANITZSCH u. Mitarb. [Vision Res. *6*, 245 (1966)]

der Bipolaren und der Gliazellen (Müller-Zellen) und die c-Welle durch Potentialänderungen der Pigmentepithelzellen. Die d-Welle ist die Summe der Änderungen des Membranpotentials der Photoreceptoren und der Bipolarzellen bei „Licht aus" (Off-Effekt). Bei Lichtreizen über 0,3 s Dauer beginnt die c-Welle während des Lichtreizes und wird vom Off-Effekt überlagert. In der Antwort auf kurze Lichtblitze fallen b- und d-Welle zusammen [8, 10].

Als **Musterwechsel-ERG** bezeichnet man die Potentialänderung, die man messen kann, wenn das Auge z.B. auf ein elektronisch auf einen Bildschirm generiertes Schachbrettmuster sieht, dessen Hell- und Dunkelquadrate periodisch wechseln. Dann bleibt die mittlere Leuchtdichte des Reizes konstant, weshalb das Musterwechsel-ERG überwiegend von den retinalen Ganglienzellen bestimmt wird, also jenen neuronalen Elementen, die auf *Kontrastwechsel* und *Kontrastgrenzen* besonders stark antworten. Eine Degeneration der Ganglienzellen bringt das Musterwechsel-ERG zum Verschwinden. Dann liegt klinisch meist Erblindung oder eine sehr starke Reduktion der Sehschärfe vor (s. S. 278).

Receptive Felder retinaler Neurone

Das retinale Neuronennetz. Das sekundäre Receptorpotential wird zu den synaptischen Kontakten der Receptoren geleitet. Dort werden die Signale durch einen chemischen Transmitterprozeß (s. S. 45) auf die Bipolarzellen und die Horizontalzellen übertragen. Diese Zellen haben **receptive Felder** (RF, s. S. 193), die sich über mehrere Photoreceptoren ausdehnen. Die Photoreceptoren, die im **RF-Zentrum** der **On-Bipolarzellen** liegen, bewirken bei Belichtung eine *Depolarisation* der Bipolarzellmembran (Abb. 11-13). Um das RF-Zentrum herum befindet sich die **RF-Peripherie**, deren Belichtung an den On-Bipolarzellen eine Hyperpolarisation bewirkt. Diese *Hyperpolarisation* wird indirekt, nämlich durch die Kontakte der Horizontalzellen an den Bipolaren bewirkt.

Horizontalzellen haben in der Regel ein relativ ausgedehntes receptives Feld. Sie sind funktionell miteinander verbunden. Bei den Primaten werden die Horizontalzellen durch Belichtung ihres RF unabhängig von der spektralen Zusammensetzung des Lichtes hyperpolarisiert (*L-Horizontalzellen*). Bei niederen Wirbeltieren antwortet ein Teil der Horizontalzellen auf verschiedene Bereiche des sichtbaren Spektrums unterschiedlich mit Depolarisation oder Hyperpolarisation (farbspezifische *Rot-Grün-Horizontalzellen* oder *Blau-Gelb-Horizontalzellen*, S. 186). Die **Off-Bipolarzellen** werden durch Belichtung ihres RF-Zentrums hyperpolarisiert, durch Belichtung der RF-Peripherie depolarisiert (Abb. 11-13). *In der Netzhaut gibt es etwa gleich viele On- und Off-Bipolarzellen.* An der Organisation der Signalverarbeitung in der Bipolarzellschicht kann man die beiden wichtigsten Grundprinzipien der neuronalen Signalverarbeitung für das Sehen erkennen:

a) Die Erregung der Photosensoren durch Photonen wird durch 2 getrennte neuronale Systeme in das ZNS weitergeleitet: das **On-System**, das durch Lichtsignale erregt wird, die stärker als die Umgebung des jeweiligen RF-Zentrums oder die vorausgehenden Reize im RF-Zentrum sind, und das **Off-System**, das durch eine Verminderung der Leuchtdichte erregt wird.

b) Die receptiven Felder vieler Bipolarzellen sind **antagonistisch** organisiert: Lichtreize in der RF-Peripherie bewirken die **entgegengesetzte Reaktion** wie Lichtreize im RF-Zentrum. Diese räumliche Organisation der RF wird einerseits durch die Signalkonvergenz mehrerer Receptoren auf eine Bipolarzelle bewirkt, andererseits durch die indirekten (inhibitorischen) Signale aus der RF-Peripherie, die über die Horizontalzellen die Bipolarzellen erreichen (laterale Hemmung, S. 195).

Dieses Prinzip von **Signalkonvergenz** und **lateraler Inhibition** wird in der nächsten Schicht der retinalen Signalverarbeitung (Ganglienzellen, Amakrinen, Abb. 11-13) wiederholt. Mehrere On-Bipolarzellen („direkte" Erregung) und Off-Bipolaren („direkte" Hemmung) konvergieren in der Regel auf eine On-Zentrum-Ganglienzelle, während wesentlich mehr Bipolarzellen über Kontakte mit den Amakrinen indirekt mit der nachgeschalteten Ganglienzelle in Verbindung stehen und so die **RF-Peripherie** dieser Ganglienzelle bilden (laterale On-Hemmung, laterale Off-Erregung). Die Off-Zentrum-Ganglienzellen erhalten erregende Kontakte von den

Off-Bipolaren, direkte hemmende Kontakte von den On-Bipolaren (RF-Zentrum) und „lateral“ hemmende Kontakte von den Off-Amakrinen, sowie laterale Erregung von Amakrinen, die durch On-Bipolaren erregt werden [11, 17, 18, 33, 49].

Klassen retinaler Ganglienzellen

In der Säugetiernetzhaut lassen sich mit **unbunten** Lichtreizen 3 große Klassen retinaler Ganglienzellen nachweisen. Zwei von ihnen wurden schon erwähnt, sie haben antagonistisch organisierte receptive Felder: Die **On-Zentrum-Ganglienzellen** reagieren auf Belichtung des RF-Zentrums mit einer Depolarisation des Ruhemembranpotentials, die am Axonhügel in eine Folge von Aktionspotentialen (Alles-oder-nichts-Regel, s. S. 24) umgesetzt wird (Abb. 11-13, 11-20). Die Belichtung der RF-Peripherie löst wie „Licht aus“ im RF-Zentrum dagegen eine **Hyperpolarisation** des Membranpotentials aus und damit eine vorübergehende Hemmung der neuronalen Aktivität. Bei **gleichzeitiger** Belichtung von RF-Zentrum und RF-Peripherie dominiert die Antwort aus dem RF-Zentrum; die Lichtaktivierung ist jedoch schwächer als bei Belichtung des RF-Zentrums allein, da sich die Erregung aus dem RF-Zentrum und die Hemmung aus der RF-Peripherie summieren (Abb. 11-20).

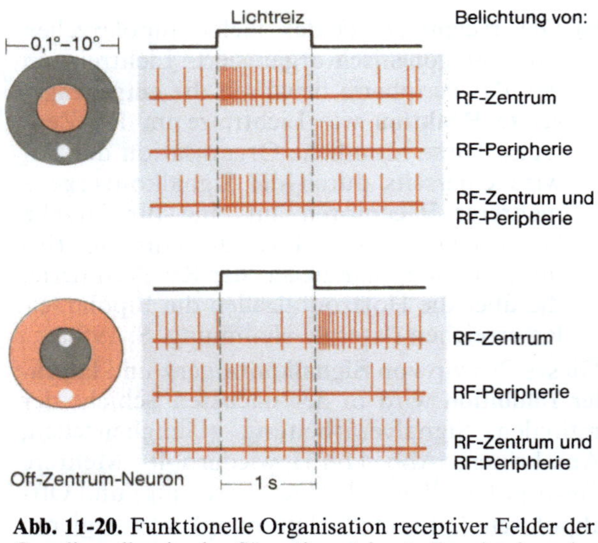

Abb. 11-20. Funktionelle Organisation receptiver Felder der Ganglienzellen in der Säugetiernetzhaut. Zur Analyse der receptiven Felder werden Lichtpunkte (*weiß* gezeichnet) entweder in das RF-Zentrum (C) oder in die RF-Peripherie (P) projiziert. Lichtreizung bewirkt bei den On-Zentrum-Neuronen und den Off-Zentrum-Neuronen verschiedene Reaktionen. Wenn beide Teile des receptiven Feldes gleichzeitig belichtet werden (C+P), summieren sich die durch Belichtung des RF-Zentrums und der RF-Peripherie ausgelösten Erregungs- und Hemmungsprozesse. Es überwiegt jedoch die aus dem RF-Zentrum ausgelöste Antwort

Die receptiven Felder der **Off-Zentrum-Ganglienzellen** sind im Vergleich zu jenen der On-Zentrum-Ganglienzellen spiegelbildlich organisiert: Belichtung im RF-Zentrum bewirkt eine „direkte“ Hemmung, Lichtreduktion im RF-Zentrum jedoch eine „Off-Aktivierung“. Belichtung der RF-Peripherie führt zu einer lateralen Aktivierung, „Licht aus“ in der RF-Peripherie dagegen zu einer vorübergehenden „lateralen“ Hemmung der neuronalen Impulsrate. Bei gleichzeitiger Belichtung von RF-Zentrum und RF-Peripherie summieren sich diese Effekte, wobei die Lichthemmung und die Off-Aktivierung aus dem RF-Zentrum in der Regel dominieren (Abb. 11-20).

Die **On-off-Ganglienzellen** antworten auf stationäre Lichtreize meist mit einer kurzen On-Aktivierung, auf Verdunklung mit einer kurzen Off-Aktivierung. Zu dieser Klasse von Ganglienzellen gehören z. B. die **bewegungsempfindlichen Neurone**, die besonders gut durch einen Hell-Dunkel-Kontrast aktiviert werden, der durch das receptive Feld bewegt wird. Die neuronale Aktivierung hängt u. a. von der Winkelgeschwindigkeit des Reizes ab.

Eine andere Einteilung der Ganglienzellen in Klassen ergibt sich, wenn man die **Leitungsgeschwindigkeit** ihrer Axone mißt. Die größeren Ganglienzellen des „magnocellulären“ Systems, die relativ dicke, markhaltige Axone hoher Leitungsgeschwindigkeit haben (s. S. 40), reagieren auf Belichtung des receptiven Feldes meist mit einer kurzen „*phasischen*“ Antwort (Neurone der Latenzklasse I oder **Y-Neurone**), während die kleineren und sehr viel zahlreicheren Ganglienzellen des „parvocellulären“ Systems, die etwas dünnere markhaltige Axone bilden, meist mit einer „*tonischen*“ Erregung oder Hemmung bei Belichtung des RF-Zentrums antworten (Latenzklasse II oder **X-Neurone**). In beiden Systemen findet man etwa gleich häufig On-Zentrum- und Off-Zentrum-Ganglienzellen. Schließlich gibt es in der Netzhaut Ganglienzellen mit dünnen, markarmen Axonen (Latenzklasse III oder **W-Neurone**). Bewegungsempfindliche Neurone des On-Off-Systems gehören überwiegend zu dieser Klasse.

Hieraus wird erkennbar, daß auch ohne Berücksichtigung der farbspezifischen Antworten der retinalen Ganglienzellen (S. 286) die Netzhaut ein kompliziertes Neuronensystem darstellt. *Das optische Bild, das die Eingangsschicht der Receptoren erregt, wird schon in der Netzhaut in ein mehrfaches Erregungsmuster unterschiedlicher Ganglienzelltypen umgesetzt [10, 49, 52, 61a].*

11.4 Neurophysiologie und Psychophysik der Hell-Dunkel-Wahrnehmung

Wenn sich an einem hellen Sonnentag Wolken vor die Sonne schieben, so bemerken wir eine Abnahme der Helligkeit unserer Umwelt, an die wir jedoch in kurzer Zeit **adaptieren**: Die wahrgenommenen Hell- und Dunkelwerte und die Farben der Objekte der Umwelt ändern sich auch bei 100facher Änderung der Beleuchtungsstärke nur geringfügig. Die relative Unabhängigkeit des Kontrast- und Farbensehens von der mittleren Beleuchtungsstärke zeigt, daß das Aussehen der Objekte durch die Reflektanz ihrer Oberflächen bestimmt wird und nicht durch die physikalische Reizstärke des von den Objekten reflektierten Lichtes. Dies ist ein für die phänomenale Konstanz unserer visuellen Welt wichtiger Mechanismus.

Bei etwa **konstantem** Adaptationszustand und umschriebener Belichtung der Netzhaut gilt zwischen der wahrgenommenen **subjektiven Helligkeit** eines Lichtfleckes und dessen **Leuchtdichte** näherungsweise eine logarithmische Beziehung (Gl. 9, 10). Aus den Resultaten von Mikroelektrodenregistrierungen weiß man, daß die gleiche Gesetzmäßigkeit auch für die Impulsrate der On-Zentrum-Neurone gilt (Abb. 11-17C). Auch die Impulsrate der Off-Zentrum-Neurone ist näherungsweise eine Funktion des Logarithmus des vorausgegangenen negativen Reizsprungs bei „Licht aus". *Allgemein gilt, daß die subjektive Helligkeit mit der mittleren Impulsrate der Neurone des On-Systems, die subjektive Dunkelheit mit der mittleren Impulsrate der Neurone des Off-Systems linear korreliert sind.* Mit dieser einfachen **Korrelationsregel** zwischen der neuronalen Aktivierung und der Wahrnehmung kann eine Reihe elementarer Phänomene des Sehens erklärt werden.

Neurophysiologische Grundlagen des Simultankontrastes

Als erstes Beispiel einer engen Korrelation zwischen der visuellen Wahrnehmung und der Aktivierung der Neurone des On- und des Off-Systems sei der visuelle Simultankontrast besprochen: Ein graues Feld auf weißem Hintergrund erscheint dunkler als auf schwarzem Hintergrund (Abb. 11-21). Entlang der Hell-dunkel-Grenze erscheint der hellere Teil etwas heller, der dunklere dagegen etwas dunkler als die jeweils weitere Umgebung (Grenzkontrast, Mach-Band). Wie diese einfachen Kontrasterscheinungen aus der funktionellen Organisation der receptiven Felder retinaler Ganglienzellen abgeleitet werden können, ist in Abb. 11-22 erläutert. Der Simultankontrast ist ein wichtiger Mechanismus, der die auf S. 258 beschriebenen physiologischen Fehler des dioptrischen Apparates zum Teil funktionell kompensiert und so die Sehschärfe verbessert [35].

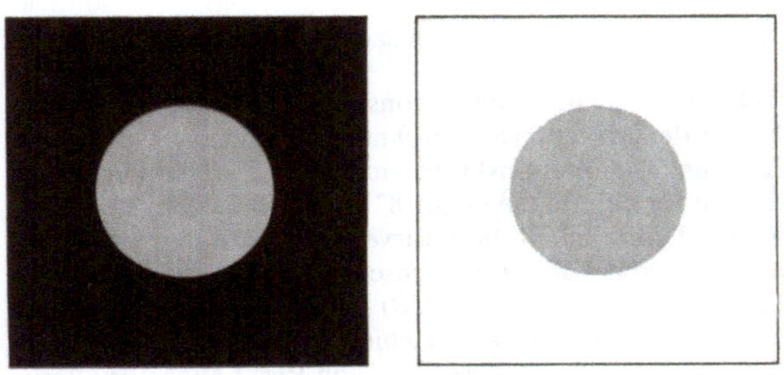

Abb. 11-21. Visueller Simultankontrast

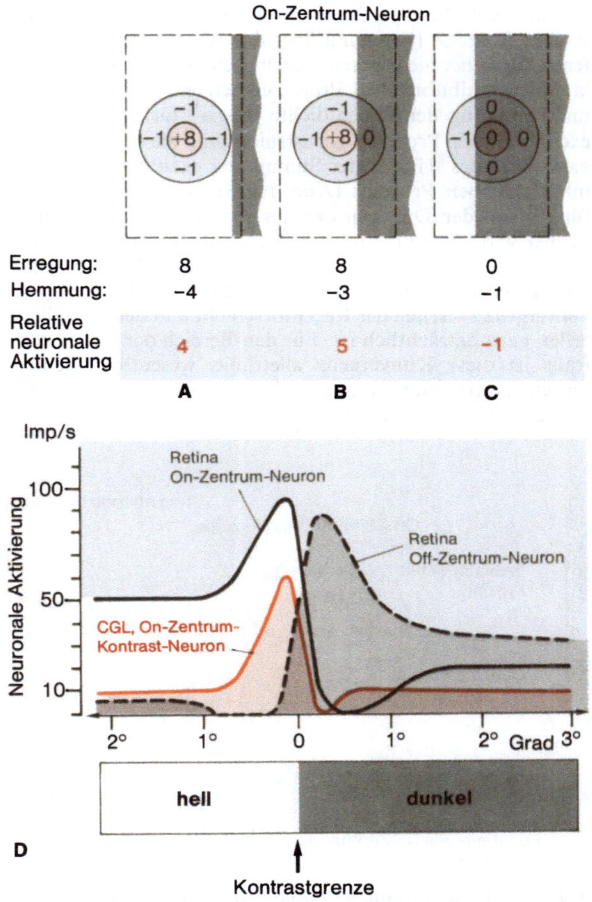

Abb. 11-22A–D. Schema zur Entstehung des Simultankontrastes. **A–C** Die Aktivierung eines On-Zentrum-Neurons hängt von der Position einer Hell-Dunkel-Grenze innerhalb des RF ab. Die maximale Aktivierung wird bei Position **B** erreicht, wenn die Hell-Dunkel-Grenze mit der Grenze zwischen RF-Zentrum und RF-Peripherie zusammenfällt. Die Zahlen geben Relativwerte ohne die spontane Impulsrate an. **D** Abhängigkeit der Aktivierung visueller Neurone von der Position einer Hell-Dunkel-Grenze im receptiven Feld (*Abscisse*). Dargestellt sind schematisierte Resultate von retinalen On-Zentrum- und Off-Zentrum-Neuronen sowie von On-Zentrum-Kontrastneuronen des Corpus geniculatum laterale

Die Änderung der Sehschärfe und der Organisation der receptiven Felder bei Änderung der Umweltleuchtdichte

Jeder weiß aus eigener Erfahrung, daß die Sehschärfe vom Zentrum des Gesichtsfeldes zur Peripherie abnimmt und beim skotopischem Sehen sehr viel schlechter ist als beim photopischen Sehen. *Innerhalb des photopischen Bereichs nimmt die Sehschärfe ab, wenn die mittlere Umweltleuchtdichte sich vermindert:*

Diesen kleingedruckten Text können Sie nur lesen, wenn Sie ihn direkt fixieren und hinreichend viel Licht auf das Buch fällt.

Die Abhängigkeit der Kontrastwahrnehmung und der Sehschärfe von der mittleren Leuchtdichte läßt sich aus der Änderung der RF-Organisation retinaler Ganglienzellen erklären (Abb. 11-23). Die Schwelle der direkten excitatorischen Prozesse (Erregung über das RF-Zentrum) liegt offensichtlich bei niedrigeren Leuchtdichtewerten als jene der lateralen inhibitorischen Prozesse. Letztere nehmen jedoch mit Erhöhung der Leuchtdichte relativ stärker zu als die excitatorischen Prozesse. Konstruiert man die räumliche Organisation des RF aus der Summe der excitatorischen und inhibitorischen Prozesse (Abb. 11-23), so ergibt sich, daß funktionell der Durchmesser des receptiven Feldzentrums kleiner wird, wenn die mittlere Leuchtdichte zunimmt. Aus dem Zahlenverhältnis von Receptoren und Ganglienzellen (im Mittel etwa 125:1) erkennt man, daß die mittlere **Signalkonvergenz** zwischen der Receptorschicht und den Ganglienzellen ganz beträchtlich ist. Für den Bereich der Fovea centralis ist diese Konvergenz allerdings wesentlich kleiner. Durch Anpassung von Signalkonvergenz und lateraler Hemmung wird für den Bereich der Fovea unter optimalen

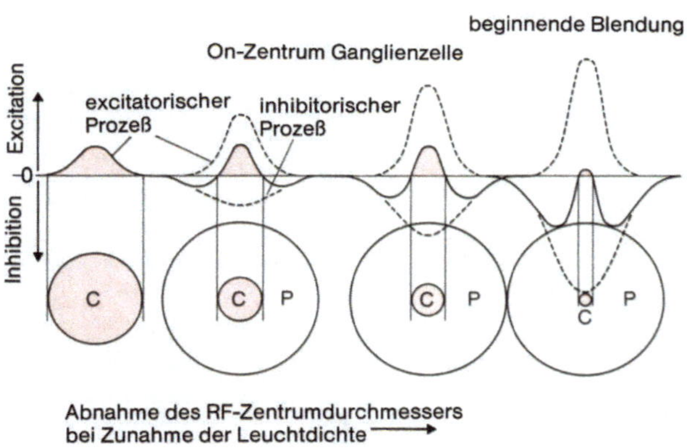

Abb. 11-23. Die räumliche Organisation des receptiven Feldes einer On-Ganglienzelle kann durch Überlagerung eines räumlichen inhibitorischen mit einem excitatorischen Prozeß erklärt werden. Die Excitation hat eine niedrigere Schwelle als die Inhibition. Nimmt oberhalb der jeweiligen Schwelle die Inhibition mit der Leuchtdichte relativ mehr zu als die Excitation, so kommt es zu einer funktionellen Verkleinerung des RF-Zentrums. Bei sehr starken, dann als blendend empfundenen Lichtreizen überwiegt die Inhibition; die Lichtreaktion der On-Ganglienzelle ist gehemmt, eine Störung der visuellen Formenwahrnehmung tritt ein. Bei optimaler Helladaptation ist das RF-Zentrum am kleinsten und daher die Sehschärfe am größten. (Aus Grüsser, Fortschr. Ophthalmol. 80, 502, 1983)

Beleuchtungsbedingungen ein Sehschärfenwert erreicht, der der theoretischen Grenze sehr nahe kommt, die durch das räumliche Mosaik des Zapfenrasters vorgegeben ist: 0,5 Winkelminuten, was etwa dem Durchmesser der Außenglieder der fovealen Zapfen entspricht.

Wenn die Beleuchtung eines Arbeitsplatzes – oder eines Buches beim Lesen – unzureichend ist, nimmt nicht nur die Sehschärfe ab. Wegen der *scheinbaren* unscharfen Abbildung werden reflektorisch vermehrt Akkommodationsprozesse ausgelöst (S. 257), die natürlich nutzlos sind. Bei kontinuierlicher Belastung des Akkommodationssystems können leicht Kopfschmerzen entstehen. Eine angepaßte Arbeitsplatzbeleuchtung ist daher sinnvoll, wobei intermittierende Lichtquellen zu vermeiden sind.

Hell-Dunkel-Adaptation, Nachbilder, Blendung

Ändert sich die Beleuchtungsstärke der Umwelt, so paßt sich die Empfindlichkeit der Augen an die veränderten Bedingungen an. Wer bei Nacht aus einem hell erleuchteten Raum ins Freie tritt, kann zunächst in der nächtlichen Umgebung die Gegenstände nicht sehen, erkennt sie jedoch nach einiger Zeit wenigstens in groben Umrissen. Während der **Dunkeladaptation** nimmt die **absolute Empfindlichkeit** des Sehsystems langsam zu, die Sehschärfe bleibt im dunkeladaptierten Zustand jedoch erheblich unter den Werten des Tageslichtsehens. Durch Messung der **Schwellenreizstärke** kann man den zeitlichen Verlauf der Dunkeladaptation bestimmen (Abb. 11-24). Er ist näherungsweise an den Zeitgang der Umweltleuchtdichte während der Abenddämmerung angepaßt. Bei längerer Dunkeladaptation erreicht das Stäbchensystem eine wesentlich höhere Empfindlichkeit als das Zapfensystem. Nach langem Aufenthalt in völliger Dunkelheit (>45 min) kann die **Absolutschwelle** des Sehens eine Empfindlichkeit von etwa 1 bis 4 Lichtquanten pro Receptor und Sekunde erreichen. Unter skotopischen Adaptationsbedingungen sieht man schwache Lichtreize mit der

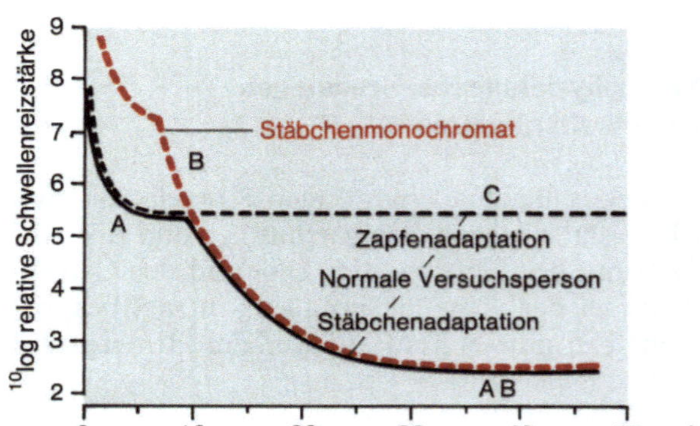

Abb. 11-24. Dunkeladaptationskurve des Menschen. (*A*) Kurve der Mittelwerte von 9 normalen Versuchspersonen. (*B*) Dunkeladaptationskurve eines total Farbenblinden, gemessen für den retinalen Ort 8° oberhalb der Fovea centralis. (*C*) Dunkeladaptationskurve für das Zapfensystem des normal farbentüchtigen Menschen (Fovea centralis, *rote* Lichtreize). Für die Kurve (*B*) ist die Zeitachse (*Abscisse*) um 2 min nach rechts zu verschieben. (*A* und *B* nach Untersuchungen von E. Auerbach, Vision Res. Laboratory, Jerusalem, 1973)

parafovealen Retina besser als mit der Fovea. Ein lichtschwacher Stern ist daher nur zu erkennen, wenn sein Bild auf den parafovealen Bereich der Netzhaut fällt. Er „verschwindet", wenn man ihn zu fixieren versucht.

Tiere, die an nachtaktives Leben gut adaptiert sind, verbessern die Empfindlichkeit ihrer Netzhaut bei Dunkeladaptation um das 5- bis 20fache mittels reflektierender Zellschichten (**Tapetum lucidum**) zwischen den Pigmentzellen und den Blutgefäßen der Chorioidea. Das Tapetum reflektiert die Photonen nach dem Durchtritt durch die Receptorschicht wieder zurück in die Receptoren. Das Tapetum hat ein gelblich-grünes Pigment, weshalb die Augen von Katzen oder Füchsen im Schweinwerferlicht eines Automobils grün aufleuchten.

Der der Dunkeladaptation entgegengesetzte Prozeß der **Helladaptation** verläuft wesentlich schneller. Betritt ein dunkeladaptierter Beobachter einen hell erleuchteten Raum, so paßt sich sein Sehsystem innerhalb einiger Sekunden an die neue Umweltleuchtdichte an. Ist der Leuchtdichtewechsel sehr groß, so können vorübergehend **Blendungseffekte** auftreten, während derer die Formwahrnehmung reduziert ist [8, 13, 16, 25].

Mechanismen der Hell-Dunkel-Adaptation. Neben der Änderung des Gleichgewichts zwischen zerfallenem und unzerfallenem Sehfarbstoff (S. 263) spielen bei der Hell-Dunkel-Adaptation neuronale Mechanismen eine wichtige Rolle. Die Horizontalzellen bewirken eine „Umschaltung" des Sehens vom Zapfensystem zum Stäbchensystem. Darüber hinaus wird die funktionelle Größe der RF-Zentren retinaler Neurone im Laufe der Dunkeladaptation erhöht (Abb. 11-23). Auch die auf S. 256 besprochene Abhängigkeit der **Pupillenweite** von der mittleren Umweltleuchtdichte ist eine neuronale Komponente der Hell-dunkel-Adaptation.

Lokaladaptation und Nachbilder. Eine Lokaladaptation der Netzhaut entsteht, wenn bei konstanter **mittlerer** Leuchtdichte der Umwelt umschriebene Bezirke der Netzhaut verschieden stark belichtet werden. Betrachtet man den Mittelpunkt des geometrischen Musters der Abb. 11-25 für etwa 30 s, so sieht man danach auf einem weißen oder grauen Hintergrund für mehrere Sekunden ein **negatives Nachbild**, in dem dunkel erscheint, was im Originalbild hell war, und hell, was dunkel war. Jene Netzhautstellen, auf die sich die dunklen Teile des fixierten Musters abgebildet haben, sind offensichtlich empfindlicher geworden als jene, auf die sich während der Fixationsperiode der hellere Hintergrund abgebildet hat. Lang anhaltende Nachbilder treten auf, wenn ein Bereich der Netzhaut stark oder hinreichend lange belichtet wurde. Eine Lokaladaptation durch **farbige Reizmuster** löst Nachbilder in der **Gegenfarbe** aus (s. S. 286):

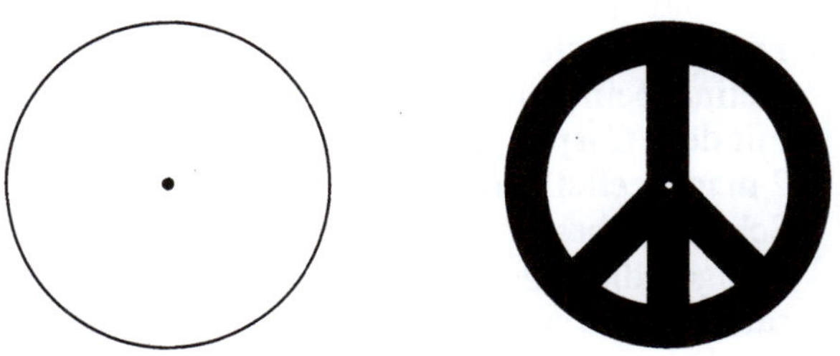

Abb. 11-25. Vorlage zur Beobachtung eines Nachbildes. Fixiert man für etwa 30 s das Zentrum der geometrischen Figur rechts und blickt anschließend auf das Zentrum des Kreises links, so sieht man ein negatives Nachbild der rechten Figur

„Als ich gegen Abend in ein Wirthshaus eintrat und ein wohlgewachsenes Mädchen mit blendend weißem Gesicht, schwarzen Haaren und einem scharlachrothen Mieder zu mir in's Zimmer trat, blickte ich sie, die in einiger Entfernung vor mir stand, in der Halbdämmerung scharf an. Indem sie sich nun daraufhin wegbewegte, sah ich auf der mir entgegenstehenden weißen Wand ein schwarzes Gesicht, mit einem hellen Schein umgeben, und die übrige Bekleidung der völlig deutlichen Figur erschien von einem schönen Meergrün." (Goethe, Zur Farbenlehre, I, 52).

Nach kurzen Lichtblitzen nimmt man eine rasche Folge von positiven (hellen) **periodischen Nachbildern** wahr, die von negativen (dunklen) Perioden unterbrochen sind. Die Nachbildperiodik kann man besonders gut an einem bewegten schmalen Lichtbalken sehen. Die Aktivierung der On-Zentrum- und der Off-Zentrum-Ganglienzellen in der Netzhaut ist sehr gut mit der Nachbildperiodik korreliert (Abb. 11-26). Die periodische Aktivierung ist z. T. durch die Signalrückkopplung innerhalb der Netzhaut durch die **interplexiformen Zellen** (Abb. 11-13) bedingt [51].

Lichtblendung. Bei einer starken Belichtung der Netzhaut, z. B. durch das Scheinwerferlicht eines Autos im nächtlichen Straßenverkehr, tritt **Blendung** ein, eine vorübergehende

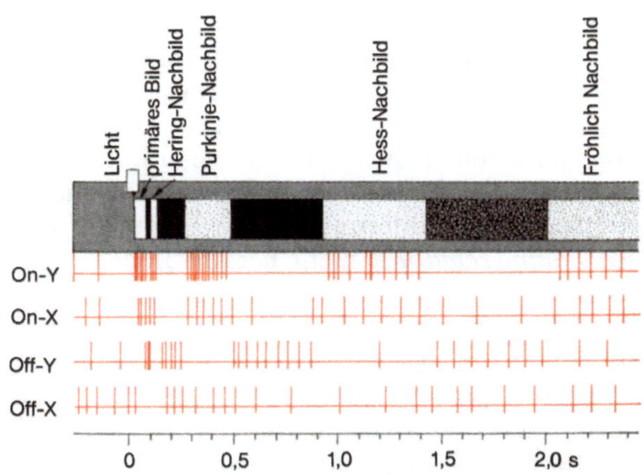

Abb. 11-26. Schema der Korrelation der phasischen Nachbilder nach kurzen Lichtblitzen und der neuronalen Aktivität retinaler Ganglienzellen. Die On-Zentrum-Neurone (On-Y und On-X) sind während des primären Bildes und der periodischen hellen Nachbilder aktiviert, die Off-Ganglienzellen dagegen während der Dunkelphasen zwischen den Nachbildern (modifiziert nach [51])

Aufhebung der Gestaltwahrnehmung während eines starken positiven Nachbildes. Plötzliche Blendung löst über Verbindungen der Netzhaut mit subcorticalen visuellen Zentren und den Neuronen des Facialiskerns einen **reflektorischen Lidschluß** aus. Stärkere Blendung erhöht die Tränensekretion (S. 254).

Deformationsphosphene

Wenn man in völliger Dunkelheit den Augapfel durch Druck mit dem Finger von der Seite deformiert, so sieht man an der der Druckstelle entgegengesetzten Stelle des Gesichtsfeldes mit dem Beginn der Deformierung einen Lichtschein, der sich bei anhaltender Deformierung allmählich über die Netzhaut ausbreitet und von hellen, kleinen stationären Lichtpunkten überstrahlt sich mit bewegtem **Lichtnebel** mischt. Dies ist das monoculare Druckphosphen, das durch Deformierung der Netzhaut zustandekommt. Die Beobachtung dieser Druckphosphene ist das älteste bekannte sinnesphysiologische Experiment. Es wurde von dem vorsokratischen Philosophen und Arzt Alkmaion von Kroton erstmals im 5. Jahrhundert v. Chr. beschrieben. Die Druckphosphene entstehen wahrscheinlich wie folgt: Durch die Deformierung des Augapfels werden die Horizontalzellen der Retina gedehnt. Dies erhöht den Natriumleitwert der Zellmembran, was zu einer Depolarisation der Horizontalzellen führt. Durch die Kontakte zwischen den Horizontal- und Bipolarzellen werden dadurch die On-Bipolaren depolarisiert, die Off-Bipolaren hyperpolarisiert. Daher kommt eine Aktivierung der Ganglienzellen des On-Systems und eine Hemmung der Ganglienzellen des Off-Systems zustande. Entsprechend der oben genannten Korrelationsregel sieht man Licht [49].

Die zeitlichen Übertragungseigenschaften der Netzhaut

Die zeitlichen Übertragungseigenschaften der visuellen Wahrnehmung spielen im Zeitalter des Films, des Fernsehens und der Arbeit an Bildschirmen eine wichtige Rolle, da alle diese visuellen Muster durch rasch intermittierende Bilder bzw. Zeilensequenzen erzeugt werden. Als **Flimmerfusionsfrequenz** (kritische Flimmerfrequenz, CFF) bezeichnet man die Frequenzgrenze, bei der intermittierende Lichtreize *keinen Flimmereindruck* mehr hervorrufen. Im Bereich *skotopischer Reizstärken (Stäbchensehen)* beträgt die maximale CFF 22–25 Lichtreize pro Sekunde. Im *photopischen Bereich* steigt die CFF etwa proportional zum Logarithmus der Leuchtdichte, des Modulationsgrades und der Reizfläche bis maximal 80 Lichtreize pro Sekunde an. Für die Flimmerfusionsfrequenz retinaler Ganglienzellen gelten die gleichen Gesetze wie für die subjektive Flimmerfusionsfrequenz. Intermittierende Lichtreize in einem Frequenzbereich zwischen 5 und 15 Hz lösen eine besonders starke Aktivierung retinaler und corticaler Nervenzellen aus. Bei manchen epileptischen Patienten kann daher durch Flimmerlicht dieser Frequenz ein Krampfanfall ausgelöst werden [10, 17, 18].

Zahlreiche moderne Lichtquellen (Leuchtstofflampen, Fernsehschirme, Bildschirme von Computerterminals) erzeugen intermittierende Lichtreize (50–100 Hz), die eine Flickererregung der Netzhaut bewirken, wenn **gleichzeitig** Augenbewegungen über die Lichtquelle ausgeführt werden. Besonders für die längere Arbeit an Computerbildschirmen ist ein Bildwechsel von erheblich über 100 Bildern pro Sekunde dringend zu fordern, da die intermittierende Belichtung der Netzhaut während der sakkadischen Bildverschiebung eine **scheinbare** Bildunschärfe bewirkt und dadurch eine „Fehlinformation" des Akkommodationssystems verursacht, was bei längerer Arbeit am Bildschirm Kopfschmerzen auslösen kann.

11.5 Signalverarbeitung im zentralen visuellen System

Die zentrale Sehbahn

Die visuelle Information wird durch die den Sehnerv bildenden Axone der retinalen Ganglienzellen in das Gehirn übertragen. Der menschliche Sehnerv besteht aus etwa 1 Million markhaltiger, markarmer und markloser Axone. Die Sehnerven beider Augen vereinigen sich an der Schädelbasis zum **Chiasma nervi optici** (Abb. 11-27), wo die aus der nasalen Retinahälfte stammenden Sehnervenfasern zur Gegenseite kreuzen. Die Sehnervenfasern aus der temporalen Retinahälfte ziehen ipsilateral mit den gekreuzten Axonen des anderen Sehnervs im **Tractus opticus** zu den ersten zentralen Schaltstellen der Sehbahn im Gehirn: **Corpus geniculatum laterale, Colliculi superiores, Kern des optischen Traktes** (NOT), Kerne des **accessorischen optischen Traktes, prätectale Region des Hirnstammes** und **Hypothalamus.** Diese Verbindungen haben unterschiedliche Aufgaben:

a) Die wichtigste und stärkste Projektion der Retina beim Menschen ist ihre Verbindung mit dem **Corpus geniculatum laterale,** das aus 2 **magnocellulären** und 4 **parvocellulären** Schichten besteht. In jeweils 3 der Schichten endigen die **ungekreuzten** Axone des ipsilateralen Sehnervs, in den anderen 3 die **gekreuzten** Axone des kontralateralen Sehnervs. Die Mehrzahl der Axone der Geniculatumzellen zieht über die **Sehstrahlung** (*Radiatio optica*) zu den Nervenzellen des *primären visuellen Cortex* (Area 17 oder V1 der occipitalen

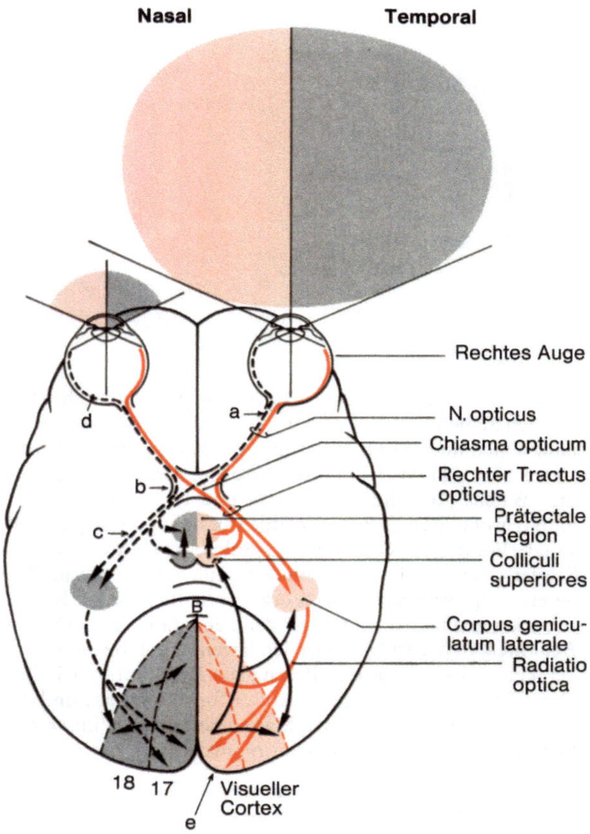

Abb. 11-27. Schema der Sehbahn im Gehirn des Menschen. Die efferenten Verbindungen zwischen dem visuellen Cortex und subcorticalen Strukturen sind auf der rechten Seite zusätzlich eingezeichnet. Der visuelle Cortex der linken und der rechten Hirnhälfte sind durch Axone miteinander verbunden, die durch den Balken (*B*, Corpus callosum) ziehen. Die *Pfeile* und *Buchstaben* verweisen auf mögliche Orte einer Läsion, die zu den in Abb. 11-37 gezeigten Gesichtsfeldausfällen führen

Großhirnrinde). Von dort gehen weitere Verbindungen zum *sekundären visuellen Cortex* (Area V2), zum *tertiären visuellen Cortex* (Area V3, V3a) und zu den später besprochenen *visuellen Integrationsregionen* in der occipitoparietalen oder occipitotemporalen Großhirnrinde. *Die Projektion der Sehbahn in das CGL dient der Objekterkennung, dem Farbensehen, dem Bewegungssehen und dem stereoskopischen Tiefensehen.*

b) Die Verbindung der Netzhaut mit dem **Hypothalamus** dient der Ankopplung des Tageslichtwechsels an den endogenen, *circadianen Rhythmus bzw. den Schlaf-Wach-Rhythmus* (s. S. 147) und der Steuerung eines Teils des endokrinen Systems (s. S. 390). Über Verbindungen vom Hypothalamus zur Epiphyse beeinflußt die Retina auch die Pigmentierung der Haut.

c) Ein Teil der Verbindungen zwischen der Retina und der **Area praetectalis** dient der Regelung der Pupillenweite (s. S. 257).

d) Opticusaxone endigen an Nervenzellen in den *prätectalen Kernen* des *„accessorischen optischen Traktes"*. Von dort bestehen Verbindungen zu den blickmotorischen Zentren des Hirnstamms, über die v. a. die **vertikalen Augenbewegungen** und die **Vergenzbewegungen** gesteuert werden.

e) Die Projektion der Retina in die **Colliculi superiores** dient der Steuerung der reflektorischen Blickmotorik durch Saccaden. Die Axone der Nervenzellen der Colliculi superiores ziehen zu den Blickzentren des Hirnstamms und in den visuellen Teil des Pulvinars. Visuelle Signale erreichen über diese thalamische Schaltstation die *parietalen visuellen Assoziationsregionen* (S. 276).

f) Retinale Ganglienzellen, deren Axone an Nervenzellen in dem **Kern des optischen Traktes** (NOT) endigen, sind überwiegend bewegungsspezifisch (On-Off-Neurone). Von den Nervenzellen des NOT bestehen Verbindungen zu den Vestibulariskernen des Hirnstamms und der unteren Olive. Hierdurch erreichen die visuellen Bewegungssignale das zentrale vestibuläre System und über die olivocerebellären Kletterfasern (s. S. 110) das Kleinhirn. Beide Projektionen haben die Aufgabe der Steuerung der Blickmotorik insbesondere beim horizontalen OKN (S. 251). Die indirekte Projektion der Retina in die Vestibulariskerne dient auch der Wahrnehmung der Eigenbewegung im Raum bei Lokomotion [6, 17–19, 21, 60].

Die retinotope Organisation der Sehbahn

Für das somatosensorische und das motorische System haben Sie schon das Prinzip der topologischen Organisation im ZNS kennengelernt (s. S. 228). Es gilt auch für die neuronale Abbildung der Netzhaut im Gehirn. Das afferente und ein großer Teil des zentralen visuellen Systems ist durch eine **„retinotope" Organisation** gekennzeichnet: Ähnlich der Abbildung eines bestimmten geographischen Gebietes auf einer Landkarte bildet sich die Umwelt bzw. das Bild auf der Netzhaut im räumlichen Erregungsmuster der Neurone der zentralen Sehfelder regelhaft ab. Im Unterschied zu einer Landkarte mit einer Verkleinerung von 1:100000, bei der *1 km Luftlinie* in der Natur 1 cm auf der Landkarte entspricht, ist die retinotope Projektion der

Netzhaut in das zentrale visuelle System jedoch *nicht-linear: Das kleine Gebiet der Fovea centralis projiziert sich in einen sehr viel größeren Bereich der Sehrinde als z.B. ein flächengleiches Areal in der Netzhautperipherie.* Einigermaßen lineare Bedingungen für die topologische Projektion entstehen jedoch, wenn man die *Dichte des Zapfenrasters bzw. der Ganglienzellen der Netzhaut* berücksichtigt, die von der Fovea centralis in die Netzhautperipherie abnimmt: Die Zahl der retinalen Ganglienzellen, die Verbindungen mit einer senkrecht zur Oberfläche des Cortex angeordneten Zellsäule von z.B. 1 mm^2 Querschnitt haben, ist für alle Bereiche der Netzhaut etwa konstant. Da der Bereich der Fovea eine hohe Ganglienzelldichte hat, „belegt" die Projektion aus der Fovea einen relativ großen Teil der Area V1 [17, 18, 54, 56].

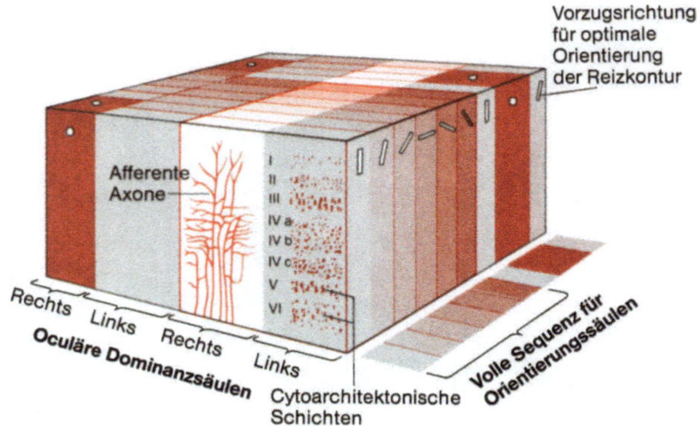

Abb. 11-28. Schema der „horizontalen cytoarchitektonischen Schichten" (*I–VI*), der „vertikalen" ocularen Dominanzsäulen und der Orientierungssäulen im visuellen Cortex (Area 17 = V 1) des Rhesusaffen (schematisiert nach Hubel und Wiesel [56] und Livingston und Hubel [57]). Innerhalb der oculären Dominanzsäulen besteht eine sequentielle Wiederholung der Orientierungssäulen. Es ist nur eine volle Sequenz dargestellt. Zwischen den Säulen mit Nervenzellen, deren receptive Felder einer Vorzugsorientierung für Konturen erkennen lassen, gibt es größere, ebenfalls säulenförmige Regionen, in denen Nervenzellen liegen, deren receptive Felder keine Orientierungspräferenz für Reizkonturen haben. Diese Nervenzellen reagieren auf diffuse Lichtreize und dienen u.a. der farbspezifischen Signalübertragung; ihre receptiven Felder sind konzentrisch organisiert

Die Signalverarbeitung im Corpus geniculatum laterale (CGL)

Die Nervenzellen des CGL haben wie die Ganglienzellen der Retina meist konzentrisch organisierte receptive Felder. Man findet im CGL ähnliche Neuronenklassen wie in der Netzhaut, wobei bei einem Teil der CGL-Neurone die Mechanismen des Simultankontrastes deutlich verstärkt sind („*Kontrastneurone*"). Andere Neurone des CGL übertragen überwiegend die lokalen Hell-Dunkel-Werte („*Hell-Dunkel-Neurone*") des visuellen Reizmusters oder sind durch farbspezifische receptive Felder gekennzeichnet. Die *parvocellulären Geniculatumschichten* bestehen überwiegend aus Neuronen mit *farbspezifischen receptiven Feldern* (s.S. 287), die *magnocellulären* Schichten dagegen aus Neuronen, die kontrast- und bewegungsempfindliche receptive Felder haben. An den Nervenzellen des CGL endigen nicht nur synaptische Kontakte von Axonen des Sehnervs, sondern auch zahlreiche Synapsen von Axonen, deren *Ursprungszellen im Hirnstamm* liegen. Man vermutet, daß durch diese nicht-visuellen Synapsen der *Wachheitsgrad*, die *räumlich gerichtete Aufmerksamkeit* und die damit verknüpften *Augenbewegungen* die visuelle Signalverarbeitung im CGL beeinflussen.

Die Signalverarbeitung im primären visuellen Cortex (V1, Area 17)

Die unterschiedlichen Eigenschaften eines visuellen Reizmusters, wie z.B. *Farbe, Kontrast und Bewegung*, werden *gleichzeitig* durch verschiedene afferente Neuronensysteme in den primären visuellen Cortex (V1) gemeldet. Die Axone der Sehstrahlung bilden überwiegend Synapsen an den Nervenzellen der cytoarchitektonischen Schichten IV a–c, einzelne Axoncollateralen ziehen jedoch auch zu Nervenzellen in den anderen Zellschichten (Abb. 11-28). Durch Mikroelektrodenableitungen aus dem visuellen Cortex von Katzen und Affen weiß man, daß die Nervenzellen der „granulären" Schichten IV a, b und c überwiegend „**einfache**" receptive Felder haben. Sie sind entweder wie die receptiven Felder des CGL konzentrisch organisiert oder bestehen aus parallel angeordneten On- und Off-Zonen (Abb. 11-29 A). In Area V1 des Primaten gibt es darüber hinaus Bereiche, innerhalb derer die Nervenzellen aller Schichten einfache, meist konzentrische receptive Felder haben. Diese Nervenzellen reagieren sehr gut auf großflächige diffuse Lichtreize und sind überwiegend **farbspezifisch** (Abb. 11-28, Rot-Grün-System oder zum Blau-Gelb-System, s.S. 286). Die Nervenzellen der Zellschichten I–III und V reagieren besonders gut auf Konturen bestimmter Orientierung.

Neben der funktionellen Organisation in **oberflächenparallelen Zellschichten** besteht in der visuellen Hirnrinde wie auch für andere Cortexregionen (S. 229) ein zweites *geometrisches Organisationsprinzip senkrecht* zur Hirnoberfläche:

a) Die receptiven Felder von Nervenzellen innerhalb einer „corticalen Säule" liegen im gleichen Bereich der Netzhaut. Die Nervenzellen innerhalb einer corticalen Säule sind durch **Interneurone** miteinander gekoppelt. Neurone in unmittelbar benachbarten Säulen haben receptive Felder, die sich nur teilweise überlappen.

b) Die Nervenzellen in einer etwa 1 mm dicken **Säule** sind entweder überwiegend durch Signale aus dem linken oder überwiegend durch Signale aus dem rechten Auge aktivierbar („**oculäre Dominanzsäulen**"). An den Übergangszonen zwischen benachbarten oculären Dominanzsäulen findet man Nervenzellen, die etwa gleich stark vom linken und vom rechten Auge aktiviert werden (**binoculare Integration**).
c) Die oculären Dominanzsäulen sind in „Orientierungssäulen" unterteilt (Abb. 11-28). Die Nervenzellen, die innerhalb einer solchen Säule liegen, haben eine jeweils ähnliche funktionelle „Achsenorientierung" ihres receptiven Feldes, d.h. sie reagieren am besten auf Hell-Dunkel-Konturen der gleichen räumlichen Orientierung. Die RF von Nervenzellen in benachbarten „Orientierungssäulen" unterscheiden sich in der Vorzugsorientierung meist nur um etwa 30 Winkelgrade.
d) Es gibt Säulen, in denen Nervenzellen liegen, die keine orientierungsspezifischen receptiven Felder haben, jedoch meist farbspezifisch reagieren [11, 54–57].

Beispiele für die „Signalselektion" durch Neurone des visuellen Cortex

Im Vergleich zur Ganglienzellschicht der Netzhaut und den Nervenzellen des CGL sind die receptiven Felder der Nervenzellen in Area V1 und V2 des occipitalen Cortex zum Teil nach anderen Organisationsprinzipien aufgebaut. Nur ein Teil der Nervenzellen hat noch konzentrische receptive Felder und reagiert daher auch auf diffuse Lichtreize. Die RF zahlreicher corticaler visueller Neurone haben jedoch parallel angeordnete **On-** und **Off-Zonen** (Abb. 11-29A). Diffuse Belichtung des ganzen receptiven Feldes ändert die Spontanaktivität dieser Neurone in der Regel nur wenig.
Wird dagegen ein „Lichtbalken" mit „richtiger" Orientierung und Position in das receptive Feld projiziert, so löst dieser Reiz eine starke neuronale Aktivierung aus (Abb. 11-29A). Ist der Lichtbalken senkrecht zu dieser *Optimalrichtung* orientiert, so reagiert in der Regel die Nervenzelle nicht. Weil die funktionelle Organisation des RF aus parallelen On- und Off-Zonen mittels der Projektion kleiner Lichtpunkte relativ einfach ausgemessen werden kann, bezeichnet man diese receptiven Felder als **„einfache" receptive Felder** (*simple fields*). Die Anordnung der On- und Off-Zonen erklärt, daß diese Neurone besonders stark auf Hell-Dunkel-Konturen *bestimmter Orientierung* antworten (Abb. 11-29A).
Andere Neurone der primären und sekundären Sehrinde haben **„komplexe" receptive Felder**: Kleine, in das RF projizierte Lichtpunkte lösen

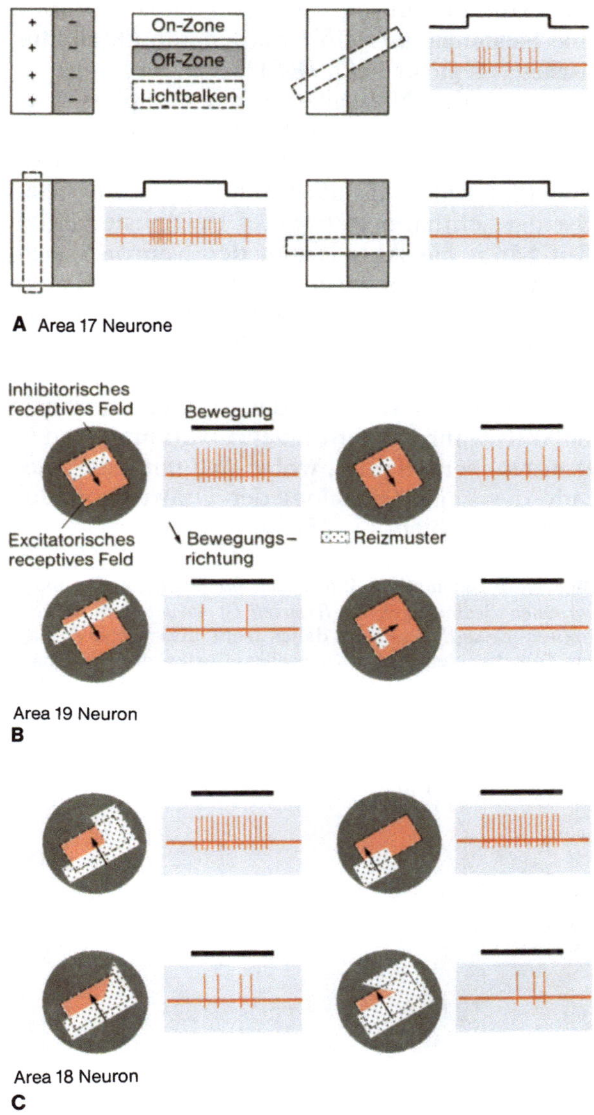

Abb. 11-29 A–C. Entladungsmuster einzelner Neurone des visuellen Cortex. **A** Neuron mit einfachem receptivem Feld, parallel angeordnete On- und Off-Zonen. **B** Neuron mit komplexem receptivem Feld. Die stärkste Aktivierung wird durch einen schräg orientierten Lichtbalken begrenzter Ausdehnung hervorgerufen. **C** Neuron mit hyperkomplexem receptivem Feld. Die maximale Aktivierung wird durch 2 Kontrastgrenzen ausgelöst, die rechtwinklig aufeinanderstoßen. Die Reizmuster sind jeweils *weiß* dargestellt. In **B** und **C** zeigen die *Pfeile* die Bewegungsrichtung des Reizmusters an. (Schematisiert nach Resultaten von Hubel und Wiesel)

in der Regel keine stärkere neuronale Aktivierung mehr aus, während Hell-Dunkel-Konturen bestimmter räumlicher Orientierung und Ausdehnung, Konturunterbrechungen und Ecken besonders effektive Reizmuster sind (Abb. 11-29 B, C). Jener Teil des RF, in dem ein „richtig" gewähltes Reizmuster aktivierend wirkt, wird **excitatorisches receptives Feld (ERF)** genannt. Meist wird das ERF durch eine Region umgeben, von der durch Hell-Dunkel-Muster nur eine **Hemmung** ausgelöst werden kann (**inhibitorisches receptives Feld, IRF**).

Die corticalen Nervenzellen mit komplexen receptiven Feldern werden durch *bewegte Reizmuster* oder einen raschen *Reizmusterwechsel* sehr viel stärker aktiviert als durch ein für einige Sekunden sichtbares stationäres Reizmuster. Zum Teil hängt die Aktivierung der Neurone auch von der *Bewegungsrichtung* des Reizmusters ab. Bewegungs- und Richtungsempfindlichkeit corticaler visueller Neurone stellt eine Anpassung des neuronalen Systems an den Umstand dar, daß das „cerebrale Bild" der stationären visuellen Welt während der kurzen Fixationsperioden ermittelt werden muß, wobei sich mit jeder Saccade die Lage des Bildes der Umwelt auf der Retina verschiebt (S. 251 f.).

Binoculare Summation. *Wir sehen mit beiden Augen unter normalen Bedingungen die fixierten Gegenstände in unserer Umwelt einheitlich.* Es ist daher nicht überraschend, daß ein Teil der Neurone des visuellen Cortex durch Signale aus beiden Augen erregt wird, wobei es unterschiedliche binoculare neuronale Integrationsmechanismen gibt:

a) Die Erregung durch binoculare Reizung kann stärker sein als durch monoculare Reizung (binoculare Summation), wobei ein Teil der Neurone nur dann aktiviert wird, wenn das ERF in der linken und der rechten Netzhaut *gleichzeitig* erregt wird. Wenn die optimale Orientierung der Hell-Dunkel-Konturen im ERF des linken und des rechten Auges etwas unterschiedlich ist, ist bei *binocularer Reizung* die Aktivierung dann am stärksten, wenn eine Kontur schräg zur frontoparallelen Ebene geneigt ist und sich in den receptiven Feldern beider Augen abbildet. Dieser Befund spricht dafür, daß diese Neurone eine Funktion beim **stereoskopischen Tiefensehen** (S. 280) haben.
b) Ein Teil der Nervenzellen in Area V1 wird durch Reizung einer Retina aktiviert, durch Stimulation der anderen dagegen gehemmt („binoculare Hemmung"). Dieser Mechanismus, den man z. T. schon an Nervenzellen des Corpus geniculatum laterale findet (dort wird die binoculare Hemmung durch Interneurone aus einer Geniculatumschicht in die andere übertragen), stellt die neuronale Grundlage der „binocularen Rivalität" dar. Dieser Mechanismus spielt vermutlich für die Feinabstimmung der Augachsenstellung beim Binocularsehen eine wichtige Rolle.

Die visuellen Areale der Großhirnrinde außerhalb des primären visuellen Cortex (extrastriärer visueller Cortex)

Systematische Mikroelektrodenableitungen im occipitalen, occipitoparietalen und temporalen Bereich der Großhirnrinde des Rhesusaffen haben in den letzten Jahren frühere klinische Beobachtungen an Patienten mit Hirnläsionen be-

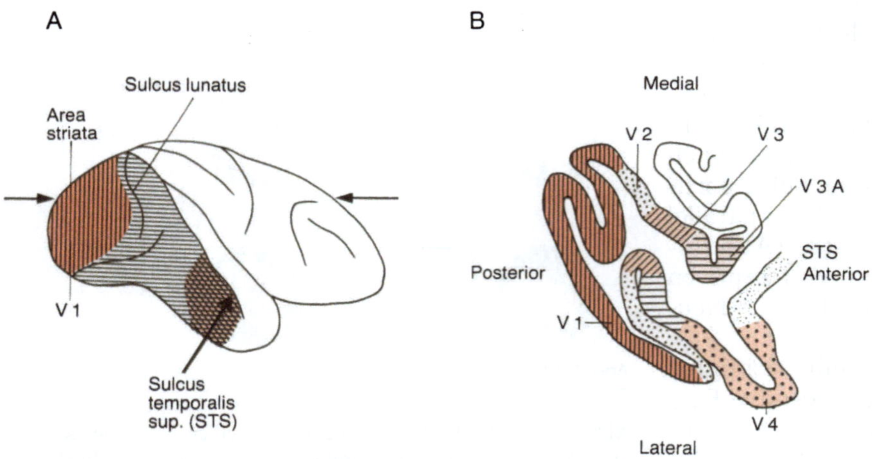

Abb. 11-30. A Die Verteilung der visuellen Areale in der Großhirnrinde eines Rhesusaffen. Die Area V 1 (Area 17) nimmt einen großen Teil der äußeren, occipitalen Oberfläche ein. Die *horizontal gestrichelte* Region umfaßt die an der Oberfläche sichtbaren Teile der visuellen corticalen Areale V 2, V 3, V 4 und STS. Für diese visuellen Regionen gibt es eine regelhafte retinocorticale Projektion („retinotope" Abbildung). Diese besteht nicht mehr für die visuellen Regionen des **Gyrus temporalis inferior** (*gekreuzte Schraffierung*), in denen es Nervenzellen gibt, die nur auf sehr komplexe visuelle Reize antworten. In der Tiefe des Sulcus temporalis superior, in der Gegend der *Pfeilspitze*, findet man z. B. Nervenzellen, die bevorzugt auf Gesichter oder gesichtsähnliche Gestaltkonfigurationen antworten. **B** Horizontaler Querschnitt durch den occipitalen Cortex des Rhesusaffen in Höhe der beiden horizontalen *Pfeile in* **A**. Die verschiedenen corticalen Areale sind mit unterschiedlichen Symbolen gekennzeichnet. (Nach [64]). *STS*: Cortexregion im Bereich des Sulcus temporalis superior

stätigt, nach denen zu vermuten war, daß ausgedehnte Gebiete in diesem Bereich der Großhirnrinde außerhalb der Area V1 ebenfalls der visuellen Signalverarbeitung dienen (Abb. 11-30). Während beim Menschen die **Area striata** (V1) sich überwiegend an der medialen Oberfläche der occipitalen Hirnrinde befindet (Abb. 11-27 und Abb. 6-4, S. 136), nimmt sie beim Affen einen großen Teil der äußeren occipitalen Hirnoberfläche ein. Sie geht in der Nähe des **Sulcus lunatus** nach temporal und parietal in die Area V2 (Area 18) über, an die sich, wie in Abb. 11-30 gezeigt ist, die visuellen Areae V3, V3a und V4 nach temporal und parietal anschließen. In diesen 4 unterschiedlichen „extrastriären" corticalen visuellen Feldern läßt sich eine *Spezialisierung der neuronalen Signalverarbeitung nach unterschiedlichen Qualitäten des Sehens* feststellen. Die Nervenzellen der Area V2 reagieren bevorzugt auf *Konturen bestimmter Orientierung* und *Konturunterbrechungen.* Diese Hirnregion dient offensichtlich der visuellen Mustererkennung. Ein Teil der Nervenzellen der **Area V4** hat dagegen **farbspezifische** receptive Felder. Ein Ausfall dieser Region beim Menschen bewirkt eine *corticale Farbwahrnehmungsstörung,* während eine bilaterale Zerstörung eines größeren Teils der außerhalb der Area V1 liegenden „extrastriären" visuellen Felder eine *Objektagnosie* zur Folge hat. Diese Patienten können Objekte zwar „sehen", visuell jedoch nicht erkennen, was ihnen z.B. durch Betasten noch gelingt. Die RF der Nervenzellen der **Area V3** und dem ebenfalls noch zu den visuellen Integrationsarealen zählenden Bereich STS (Hirnrinde im Verlauf des Sulcus temporalis superioris) haben eine ausgeprägte *Bewegungsempfindlichkeit.* Ein Teil dieser Neurone reagiert nur auf Objektbewegungen in der Z-Achse, also auf Bewegungen im Raum auf die Augen zu oder von diesen weg. Die retinotope Organisation ist in der STS-Region nur noch grob zu erkennen, da zahlreiche Nervenzellen sehr große RF haben (bis 30°). Ein bilateraler Ausfall dieser Hirnrindenregion führt zu einer Störung der visuellen Bewegungswahrnehmung [11a, 42–45].

Für die **visuellen Integrationsregionen** des unteren Temporallappens (**Gyrus temporalis inferior**) läßt sich nur noch eine grobe retinotope Organisation feststellen. In diesen Cortexregionen gibt es Neurone, die nur auf sehr komplexe visuelle Muster reagieren und deren Antwort z.T. von visuellen Lernprozessen und der augenblicklichen Motivation des Versuchstieres abhängig ist.

Eine weitere visuelle Integrationsregion, die beim Affen in der Tiefe des **Sulcus temporalis superior** liegt, besteht aus Nervenzellen, die bevorzugt durch *Gesichter* oder *gesichtsähnliche* visuelle Reizkonfigurationen aktiviert werden (Abb. 11-31). Ein Teil dieser „gesichterspezifischen" visuellen Neurone wird durch ein im *Profil* gezeigtes Gesicht maximal erregt, ein anderer reagiert dagegen auf ein *Gesicht in Frontalansicht.* Die Nervenzellen dieser Region senden ihre Axone u.a. in Teile des **Corpus amygdaloideum** (Mandelkern), wo es ebenfalls gesichterspezifische Neuronenpopulationen gibt. Möglicherweise wertet diese zum limbischen System (S. 382) gehörende Region Informationen über die *emotionalen Komponenten* von Gesichtern und mimischen Ausdrucksbewegungen aus. Beim Menschen liegt die „gesichterspezifische" visuelle Integrationsregion im basalen Übergangsgebiet zwischen Occipital- und Temporallappen. Eine bilaterale Läsion dieser Region, die bei entsprechenden Durchblutungsstörungen von Ästen der *A. cerebri posterior* vorkommen kann, führt zum Symptom der **Prosopagnosie**: Die Patienten können Gesichter und mimische Ausdrucksbewegungen nicht mehr erkennen, während sie keine Störung bei der Wahrnehmung anderer Objekte haben und ihnen bekannte Personen sofort an der Stimme oder einer typischen Bewegung erkennen [11a, 40, 50, 59a].

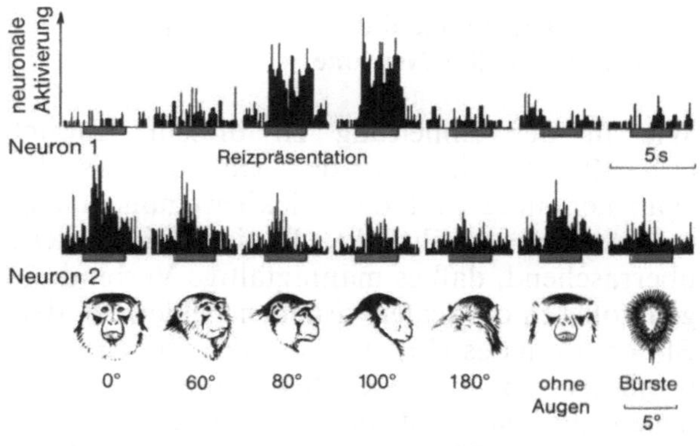

Abb. 11-31. Mittlere Impulsrate (*Ordinate*) von 2 Nervenzellen (Neuron 1, Neuron 2) aus der „gesichterspezifischen" Region in der Hirnrinde in der Tiefe des Sulcus temporalis superior (s. Abb. 11-30). Dem wachen Versuchstier werden für jeweils 2,5 s (*rote Horizontalbalken*) die Bilder präsentiert, die auf der Abbildung zu sehen sind. Das Neuron 1 ist maximal aktiviert, wenn der etwa 5° große Reiz ein Affenprofil ist, das Neuron 2 ist dagegen maximal aktiviert, wenn das Affengesicht in Frontalansicht gesehen wird. Entfernung der Augenpartie aus dem Gesicht führt nur zu einer relativ geringen Änderung. Eine Bürste löst dagegen nur eine schwache neuronale Aktivierung aus. (Nach [40], modifiziert)

Augenbewegungen und die Aktivierung corticaler visueller Neurone

Wie in der Einleitung zu diesem Kapitel (s. S. 249) erwähnt wurde, sind die visuelle Wahrnehmung und die Blickbewegungen eng miteinander verschränkt. Es ist daher nicht überraschend, daß es mannigfaltige Verbindungen von den corticalen visuellen Feldern zu den Blickzentren des Hirnstamms gibt. Die Area V2 projiziert z. B. in die Colliculi superiores, von denen die blickmotorischen Neurone in der PPRF und MRF angesteuert werden (S. 252). Aus den extrastriären visuellen Feldern gibt es Verbindungen zu jenen präfrontalen Hirnrindenregionen, die der willkürlichen Steuerung der Augenbewegungen (Area 8) und der Hand-Mund-Koordination dienen. Von diesen Regionen wie auch von der im folgenden besprochenen **Area 7 der parietalen Hirnrinde** bestehen Verbindungen zu den **Blickzentren des Hirnstamms** und zurück zu den occipitalen visuellen Rindenfeldern. Für die afferenten Projektionen bewegungsspezifischer visueller Signale in Area 7 spielt der Weg von der Netzhaut über die Neurone der Colliculi superiores eine wichtige Rolle (S. 271). Die Neurone der Colliculi superiores haben Verbindungen zum Pulvinar des Thalamus, von wo die Signale die extrastriären visuellen Rindenfelder und die Area 7 des Parietallappens erreichen. Diese Verbindungen dienen ebenfalls der Integration von Blickbewegungen und visueller Wahrnehmung.

Die neuronale Abbildung des extrapersonalen Raumes

Die Koordinaten und die räumliche Ordnung der Gegenstände des extrapersonalen Raums erscheinen uns unverändert, auch wenn sich das Netzhautbild durch aktive Augen-, Kopf- oder Körperbewegung verschiebt. Darüber hinaus haben die Objekte wenigstens in dem uns unmittelbar umgebenden „Greifraum" multimodale Eigenschaften: eine Teetasse nehmen Sie als dieselbe wahr, wenn Sie sie sehen, berühren oder aus ihr trinken. Größere Läsionen im Parietallappen der Großhirnrinde bewirken beim Menschen eine Störung oder einen Ausfall der Objekt- und Raumwahrnehmung, die in der Regel auf jene Hälfte des extrapersonalen Raums beschränkt bleibt, die kontralateral zur Hirnläsion liegt (halbseitiger **visueller Neglect**). Meist sind dann auch die willkürlichen Blickbewegungen zur kontralateralen Seite gestört. Die Funktion der parietalen Felder der Großhirnrinde wurde durch Ableitungen beim Rhesusaffen mittels chronisch implantierter Mikroelektroden näher ermittelt: Es gibt in **Area 7** der parietalen Hirnrinde Nervenzellen, die sowohl durch visuelle als auch durch taktile Reize aktiviert werden können. Die neuronale Aktivierung ist hierbei z. T. *von den Augenbewegungen abhängig*, jedoch auch vom Interesse und der räumlich gerichteten Aufmerksamkeit des Versuchstieres (Abb. 11-32). Offenbar ist in Area 7 der extrapersonale Raum unabhängig von der retinotopen Projektion abgebildet. An dieser Leistung sind auch die visuellen Regionen des Pulvinars mit ihren Projektionen in die Area 7 beteiligt [11 a, 15, 39, 48, 58, 59].

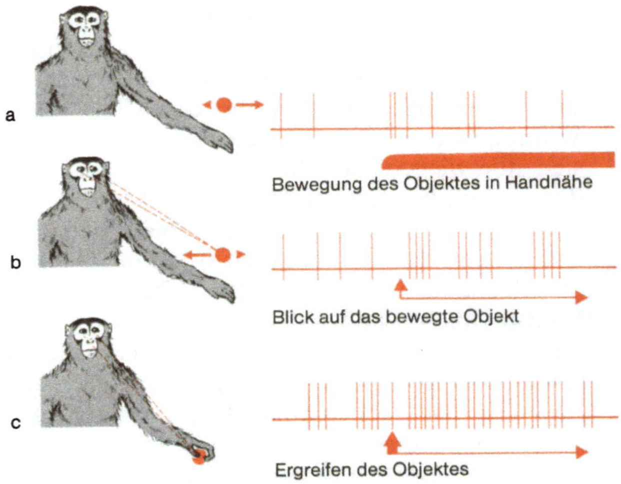

Abb. 11-32. Schema der Reaktion eines Neurons in Area 7 des wachen Rhesusaffen. **A** In der Nähe der Hand, also im Greifraum, wird ein Objekt (z. B. eine Nuß) bewegt. Die Objektbewegung löst eine Aktivierung (Zunahme der Impulsfrequenz) des Neurons aus. **B** Das Tier blickt auf das Objekt, die Impulsfrequenz steigt an. **C** Das Tier greift nach dem Objekt, sehr starke Aktivierung [47]

11.6 Praktische und klinische Anwendungen der Sehphysiologie

Neurophysiologische Grundlagen der Gestaltwahrnehmung

Eine gute Skizze vermittelt mit wenigen Strichen das „Wesentliche" eines komplexen Gegenstandes, weil sie von allen unwesentlichen Details und Binnenstrukturen abstrahiert. Eine solche „abstrahierende" Leistung vollbringen die visuellen Neuronennetze der Großhirnrinde. Man

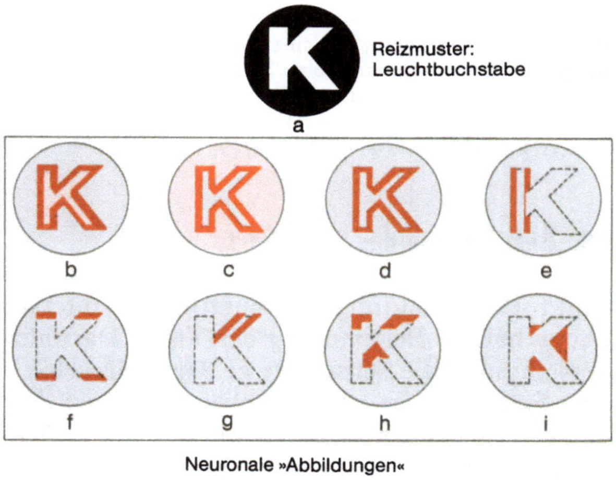

Abb. 11-33a–i. Schema der Erregungsprozesse, die ein Leuchtbuchstabe *K* (s. Abb. 11-5) in verschiedenen neuronalen Schichten der Netzhaut und des zentralen visuellen Systems auslöst. **a** Bild des Leuchtbuchstabens auf der Netzhaut und räumliches Erregungsmuster in der Receptorschicht der Netzhaut. **b** und **c** Erregungsmuster in der Ausgangsschicht der Netzhaut (Ganglienzellen). In **b** bis **i** ist die Erregung durch *rote* Balken charakterisiert. **b** On-Zentrum-Neurone, **c** Off-Zentrum-Neurone. **d** Erregungsmuster in der Neuronenschicht des Corpus geniculatum laterale und den Neuronen der Schicht IV der primären Sehrinde mit konzentrischen RF. Die Konturen des Leuchtbuchstabens lösen eine Erregung der Nervenzellen aus. **e** bis **i** Erregungsmuster in verschiedenen Neuronenschichten von unterschiedlichen Nervenzellklassen in der primären, sekundären und tertiären Sehrinde des Gehirns. Die Nervenzellen werden nur noch durch Konturen bestimmter Orientierung, Winkel- oder Konturunterbrechungen erregt. Die Abbildung vereinfacht die neurobiologischen Verhältnisse stark; die räumliche Verteilung der Erregung in den verschiedenen Nervenzellschichten der Hirnrinde ist im Verhältnis zum Reizmuster nicht linear

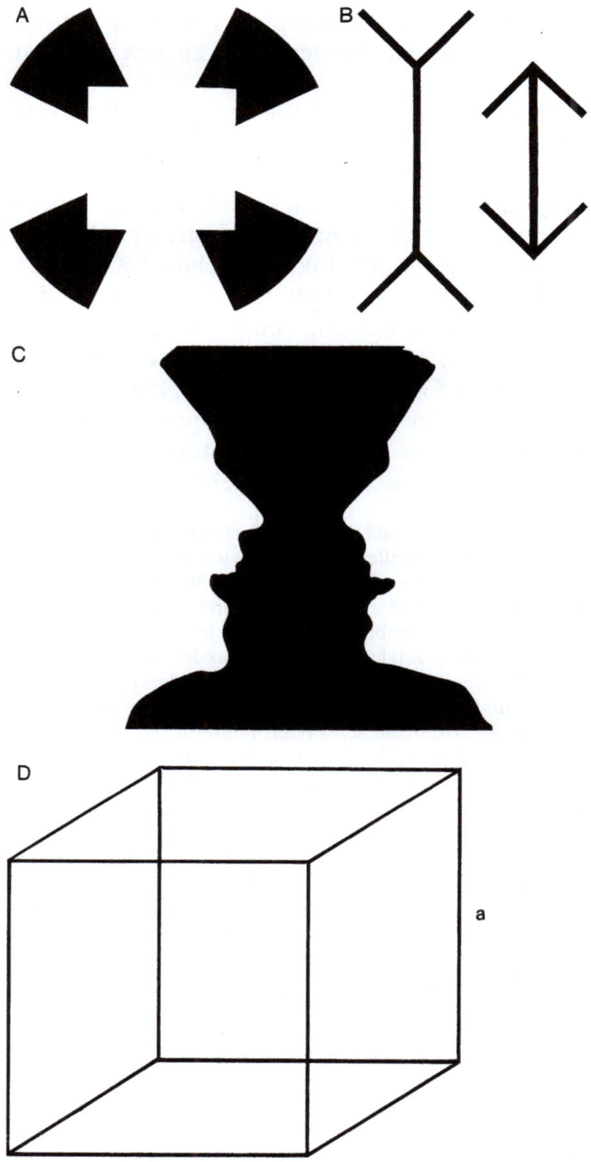

Abb. 11-34. **A** Beispiel für eine visuelle Gestaltergänzung (*weißes Quadrat*). **B** Müller-Lyer-Täuschung; die vertikalen Balken sind objektiv gleich lang. **C** Muster zur Demonstration des Figur-Hintergrund-Wechsels. Man sieht entweder einen schwarzen „Kerzenständer“ auf weißem Hintergrund oder zwei sich zulachende Profile auf schwarzem Hintergrund (Negativ eines Schattenrisses). **D** Necker-Würfel. Bei längerer Betrachtung ändert sich der Tiefeneindruck: Die hinteren Kanten „springen“ nach vorne, die vorderen nach hinten. Dieser Wechsel kann nicht unterdrückt werden

kann die neuronalen Operationen, die Konturen bestimmter Orientierung und Länge, Konturunterbrechungen oder Winkel besonders herausheben, als erste Stufe einer „Signalabstraktion“ deuten. Im räumlichen Erregungsmuster der Neuronennetze jeder Klasse von Neuronen mit komplexen receptiven Feldern werden jeweils andere Gestaltmerkmale des Reizmusters abgebildet. In Abb. 11-33 ist dies vereinfachend am Beispiel des Reizmusters „K“ dargestellt. *Unbekannt ist noch, durch welche neuronalen Mechanismen diese vielfachen neuronalen Abbildungen in der visuellen Großhirnrinde wieder integriert werden, damit ein einheitlicher Gegenstand (oder der Buchstabe „K“) wahrgenommen wird.*

Optische Täuschungen. Aus der Organisation receptiver Felder der Neurone des afferenten visuellen Systems und der Sehrinde lassen sich auch einige bekannte optische Täuschungen erklären: Der unvoreingenommene Beobachter sieht in Abb. 11-34A ein weißes Quadrat. Mikroelektrodenregistrierungen haben ergeben, daß es in Area V1 und V2 Neurone mit komplexen receptiven Feldern gibt, die auf „Scheinkonturen“ reagieren. Man kann also annehmen, daß die Wahrnehmung der Scheinkonturen in

Abb. 11-34A auf die receptive Feldorganisation solcher corticaler Nervenzellen zurückzuführen ist.

Auch die in Abb. 11-35B gezeigte Müller-Lyer-Täuschung dürfte durch die Organisation komplexer receptiver Felder corticaler Neurone bedingt sein: Die Aktivierung eines Teils der corticalen visuellen Nervenzellen hängt, wie oben erwähnt wurde, vom Winkel zwischen 2 Konturen ab. Dieser Winkel spielt für das Ausmaß der Müller-Lyer-Täuschung eine wichtige Rolle. Optische Täuschungen sind meist isolierte Phänomene der Gestaltwahrnehmung, die dem Sinnesphysiologen Hinweise auf operationale Eigenschaften der Signalverarbeitung in den visuellen Zentren des Gehirns geben.

Figur und Hintergrund bei der Gestaltwahrnehmung. Die Wahrnehmung visueller Gestalten wird möglich, weil sich Figuren von einem „Hintergrund" abheben. Diese Trennung von Figur und Hintergrund kann unter bestimmten Reizbedingungen ambivalent werden, wie die Betrachtung der Abb. 11-34C zeigt: Man sieht entweder den Schattenriß eines schwarzen Kelches (oder Kerzenständers) auf weißem Hintergrund oder 2 einander sich zulachende weiße Gesichtsprofile vor einem schwarzen Hintergrund. Es ist nicht möglich, **gleichzeitig** die schwarze Figur **und** die hellen Profile als Gestalten wahrzunehmen. Bei längerer Betrachtung wechseln, ohne daß man dies verhindern kann, Figur und Hintergrund dieses Musters. Dies ist vermutlich durch einen Adaptationsprozeß in visuellen Neuronensystemen außerhalb der Area V1 bedingt. Ähnliches gilt auch für die räumliche Ambivalenz des in Abb. 11-34D dargestellten „Necker-Würfels". Betrachtet man diesen Würfel für längere Zeit monocular oder binocular, so wechselt die räumliche Wahrnehmung des Würfels. Die Kante a kann vorne oder hinten gesehen werden. Man kann das „Springen" des Necker-Würfels willkürlich bahnen, unterdrücken kann man den Wechsel jedoch nur für einige Sekunden.

Form und Größenkonstanz. Wir sehen die Dinge in unserer Umwelt in der Regel nach Form und Größe unverändert, auch wenn sich die Winkelgröße und die Form ihres Bildes auf der Netzhaut verändern: Fährt z.B. ein Radfahrer an uns vorbei, so erscheint er uns immer gleich groß, unabhängig von seiner Distanz. Die Räder sehen wir kreiskörmig, auch wenn ihr Bild auf unserer Netzhaut schmalen Ellipsen entspricht. Bei dieser **Form- und Größenkonstanz** bestimmt sicher z.T. die Erfahrung, **wie** wir unsere Umwelt sehen. Erfahrung beeinflußt auch die Wahrnehmung der Tiefe des extrapersonalen Raums. Der uns unmittelbar umgebende Greifraum und der Nahwirkraum sind „euklidisch", d.h. gleiche metrische Ausdehnungen werden in allen Richtungen auch gleich wahrgenommen. Für den visuellen Fernwirkraum gilt dies jedoch nicht mehr. Die meisten Leser können diese Feststellung aus eigener Erfahrung bestätigen: Blickt man von einem 100–150 m hohen Turm herab, so sieht man Menschen und Automobile am Fuße des Turmes wie kleine Spielzeugfiguren. Die gleichen Gegenstände aus 150 m horizontaler Entfernung betrachtet, behalten jedoch ihre „richtige" Größe. Die nicht-lineare Verzerrung des visuellen Fernwirkraums ist auch die Ursache für die sog. „Mondillusion": Mond oder Sonne erscheinen in der Nähe des Zeniths sehr viel kleiner als am Horizont. Nach längerer Arbeit auf hohen Gerüsten soll die hier geschilderte nicht-euklidische Verzerrung der Wahrnehmung des visuellen Raumes sich verändern. Bei einer Schädigung der parieto-occipitalen Hirnrinde kann eine Störung der Mechanismen der Größenkonstanz eintreten; die Gegenstände können dann abnorm klein (**Mikropsie**), zu groß (**Makropsie**) oder verzerrt erscheinen (**Dysmorphopsie**) [9, 12, 13, 30].

Die Bestimmung der Sehschärfe

Praktische Bedeutung in der ärztlichen Untersuchung hat die Bestimmung des **Visus.** Darunter versteht man die **Sehschärfe an der Stelle schärfsten Sehens**. Beim photopischen Sehen ist dies die Fovea centralis (s.S. 254); die Sehschärfe nimmt von der Fovea centralis zur Netzhautperipherie ab (Abb. 11-35). Beim skotopischen Sehen ist dagegen die Sehschärfe im parafovealen Bereich am größten. An der Stelle des Sehnervenaustritts aus dem Auge ist die Sehschärfe 0 („blinder Fleck", Abb. 11-4). Der Visus V ist durch die folgende Formel definiert:

$$V = \frac{1}{\alpha}\ [\text{Winkelminuten}^{-1}], \qquad (11)$$

wobei α die Lücke in Winkelminuten ist, die von der Versuchsperson in einem Reizmuster gerade noch erkannt wird. Zur quantitativen Bestimmung des Visus werden Landoldt-Ringe benützt, deren innerer Durchmesser 3mal so groß ist wie die Lücke im Ring (Abb. 11-35). Der Patient muß die Richtung der Lücke in den

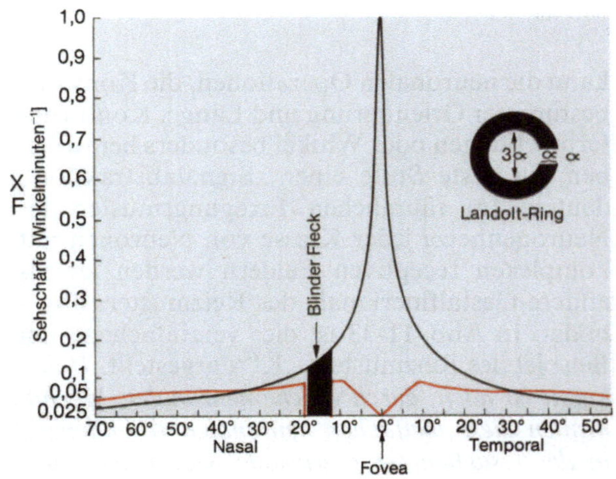

Abb. 11-35. Abhängigkeit der Sehschärfe (*Ordinate*) vom Ort im Gesichtsfeld (*Abscisse*). *Schwarze Kurve:* photopisches Sehen, *rote Kurve:* skotopisches Sehen. Landolt-Ring zur Sehschärfenbestimmung. An dieser Figur kann der Beobachter den blinden Fleck feststellen, wenn er aus etwa 26 cm Entfernung das Kreuz *F* mit dem rechten Auge monocular fixiert. Der Landolt-Ring fällt dann auf den blinden Fleck und wird nicht mehr gesehen

Landoldt-Ringen angeben. Zur Visusbestimmung können auch normierte Schriftprobentafeln oder normierte Tafeln mit Schattenrissen bekannter Gegenstände des Alltags benützt werden (für Vorschulkinder und Analphabeten). Wird der Visus nach Korrektur von Refraktionsfehlern mittels einer Brille oder Corneakontaktlinse gemessen, so bezeichnet man das Resultat als **Visus cum correctione**, ohne optische Korrektur dagegen als **Visus sine correctione** [20, 25, 26].

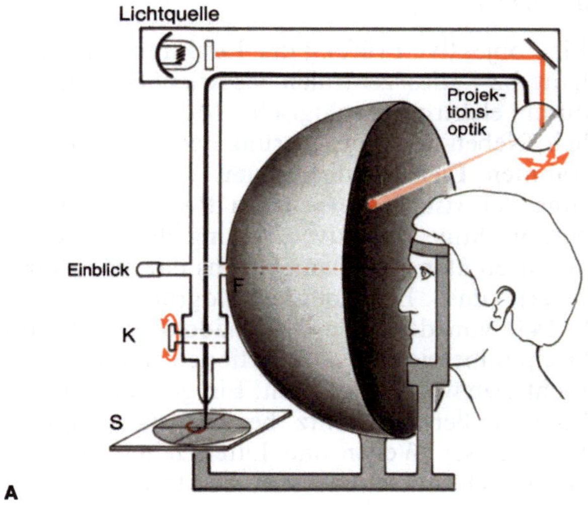

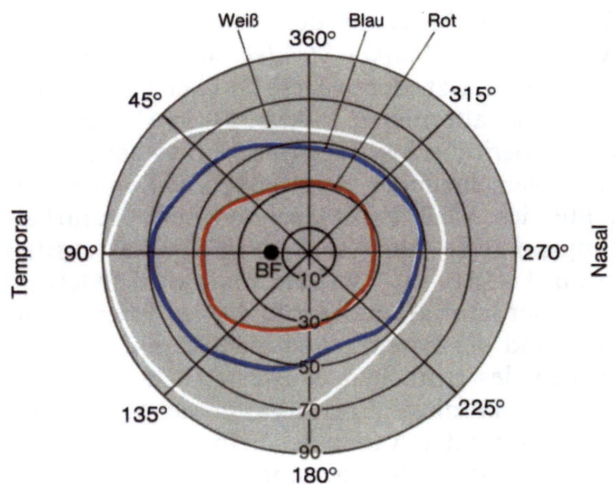

B Gesichtsfeld des linken Auges

Abb. 11-36. A Perimeterapparatur, schematisiert. Die Messung des Gesichtsfeldes **B** wird monocular durchgeführt. Das Auge des Patienten befindet sich im Mittelpunkt der Perimeterhemisphäre. Der Patient fixiert einen Punkt am Pol des Perimeters. Der untersuchende Arzt kontrolliert die Fixation durch den Einblick (*F*) und bewegt eine Lichtmarke (*P*) über die Fernbedienung (*K*) der Projektionsoptik (*O*). Die Lichtmarken können verschiedene Größe, Leuchtdichte oder Farbe haben. Die Versuchsperson gibt ein Zeichen, sobald sie die Reizmarke sieht. Die Position der Reizmarke wird gleichzeitig auf einer Karte (*S*) mitgeschrieben. **B** Resultat einer Bestimmung der normalen Gesichtsfeldgrenzen mit weißem, blauem und rotem Licht. *BF* blinder Fleck. Der Fixationspunkt ist der Mittelpunkt der Kreise, die den Abstand vom Fixationspunkt (in Winkelgraden) des Meßpunktes im Gesichtsfeld angeben

Die Bestimmung des Gesichtsfeldes und von Gesichtsfeldausfällen durch Perimetrie

Unter dem **monocularen Gesichtsfeld** versteht man jenen Teil der visuellen Welt, der mit *einem unbewegten Auge* wahrgenommen wird. Das **binoculare Gesichtsfeld** ist die Summe aller Orte im Sehraum, die mit *beiden unbewegten* Augen wahrgenommen werden können. *Im binocularen Gesichtsfeld gibt es einen Bereich, der mit beiden Augen gesehen wird* (**binoculares Deckfeld**), und je einen seitlichen Bereich, den das linke und das rechte Auge alleine sehen. Das **Blickfeld** der Augen ist jener Bereich der visuellen Umwelt, der bei unbewegtem Kopf, aber frei umherblickenden Augen wahrgenommen werden kann. Es ist natürlich größer als das Gesichtsfeld.

Der Verlust der visuellen Empfindung in einem Teil des Gesichtsfeldes wird **Gesichtsfeldausfall** genannt. Wenn ein Areal mit Gesichtsfeldausfall von normalem Gesichtsfeld umgeben ist, bezeichnet man es als **Skotom**. Gesichtsfeldausfälle sind entweder durch eine Schädigung der Netzhaut oder des zentralen visuellen Systems bedingt. Sie können wie die Grenzen des normalen Gesichtsfeldes quantitativ mit der **Perimetrie** bestimmt werden (Abb. 11-36, 11-37). *Bei einer exakten Perimetrie müssen der Adaptationszustand sowie die Größe, Leuchtdichte und spektrale Zusammensetzung des Reizlichtes genau definiert sein.* Aus der Art der Skotome kann der Arzt auf den **Ort** einer Schädigung im Verlauf der Sehbahn schließen, wobei er die auf S. 271 be-

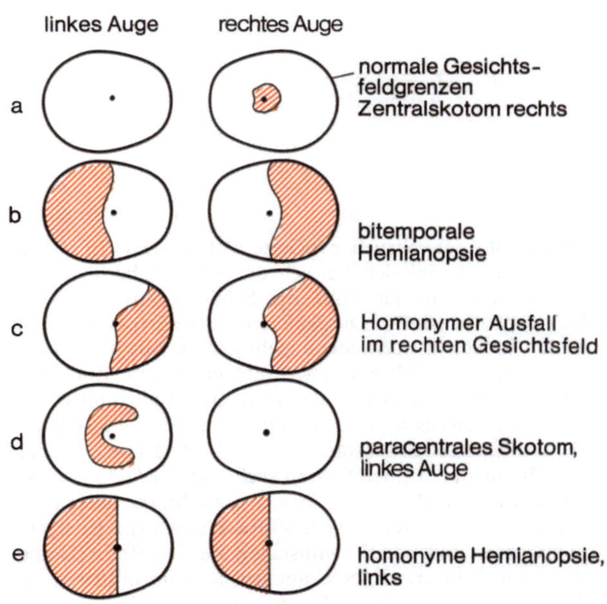

Abb. 11-37 a–e. Typische Gesichtsfeldausfälle, schematisiert. Mögliche Lokalisationen für das Auftreten dieser Gesichtsfeldausfälle sind: **a** rechte Retina (Fovea centralis) oder rechter Sehnerv; **b** Chiasma nervi optici; **c** linker Tractus opticus oder linkes zentrales visuelles System; **d** linke Retina oder linker N. opticus; **e** rechter Tractus opticus oder rechtes zentrales visuelles System. Mögliche Orte der Läsionen s. Abb. 11-27 sprochene Anatomie der zentralen Sehbahn kennen muß. Das Gesichtsfeld wird bei der üblichen Messung (Blick geradeaus nach vorne) nach innen durch die Nase begrenzt.

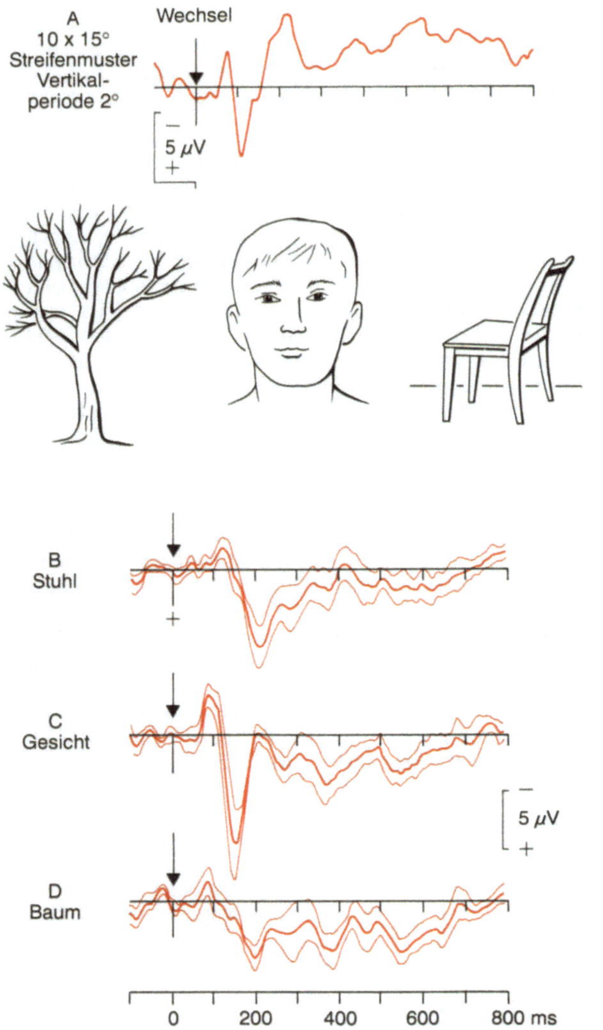

Abb. 11-38 A–D. Visuell evocierte Potentiale (VEP), registriert vom occipitalen Bereich der Schädeloberfläche (**A**) oder über die in der Mitte der Schädelkalotte gelegenen Elektrode Cz (**B–D**). Die Referenzelektroden waren über beiden Processus mastoidei angebracht. **A** Aus 40 Antworten gemitteltes VEP von einer Versuchsperson. Zum Zeitpunkt des Pfeils wechselte das vertikale Streifenmuster von 2° Periode jeweils so, daß alle schwarzen Streifen weiß und alle weißen Streifen schwarz wurden. In **B–D** sind VEP dargestellt, die durch einen Gestaltwechsel (bei *Pfeil*) hervorgerufen wurden. Mittelwerte von 5 erwachsenen weiblichen Versuchspersonen und jeweils 40 Reaktionen von jeder Versuchsperson und jede Stimuluskategorie. Die Reize (Diapositive von Schwarzweißzeichnungen) sind im mittleren Teil dargestellt. Die evocierten Potentiale sind mit der statistisch berechneten Fehlerbreite registriert. Der Reizwechsel (*Pfeil*) erfolgte in weniger als 6 ms. Die gemittelten VEP („Gestaltwechselpotentiale") zeigen deutliche Unterschiede bei den verschiedenen Reizklassen. **B** Stimulus war der gezeichnete Stuhl. **C** Gesicht als Stimulus. **D** Baum als Stimulus. Das durch das Gesicht hervorgerufene VEP enthält „gesichterspezifische" Komponenten im Zeitbereich zwischen 100 und 300 ms nach Reizwechsel (Aus Bötzel u. Grüsser 1989).

Um die nasalen Grenzen des Gesichtsfeldes exakt zu messen, müßte die Versuchsperson den Blick von der Grundposition (geradeaus vorne) nach seitlich außen wenden. Das Gesichtsfeld ist im helladaptierten Zustand für eine Hell-Dunkel-Wahrnehmung größer als für eine Farbwahrnehmung (Abb. 11-36). Die funktionelle „Farbenblindheit" der äußeren Gesichtsfeldperipherie ist durch die geringe Zapfenzahl in diesem Bereich der Netzhaut bedingt [3, 24, 30].

Elektrophysiologische Untersuchungen des visuellen Systems

Eine objektive Prüfung der Funktion der Netzhaut bzw. des zentralen visuellen Systems ist durch elektrophysiologische Messungen möglich. Neben der Registrierung des auf S. 265 erwähnten **Elektroretinogramms** stellt die Messung der **visuellen evocierten Potentiale** (VEP) eine wichtige objektive Prüfung der Funktion des afferenten visuellen Systems dar. Man registriert das Elektroencephalogramm (EEG, S. 143) von der äußeren Schädeloberfläche im Occipitalbereich. Die Reaktionen auf mehrere Lichtreize werden ermittelt. Ein großflächig diffuser weißer Lichtblitz bewirkt das einfache VEP, dessen Wellen und Latenzzeiten sich mit der Leuchtdichte und der spektralen Zusammensetzung des Reizlichtes ändern (Abb. 11-38 A). Zur Messung des **Musterwechsel-VEP** wird mit *Hell-Dunkel-Streifen* oder *Schachbrettmustern* gereizt, deren Hell-Dunkel-Flächen periodisch alternieren (Abb. 11-38 A). Mittels eines aperiodischen Wechsels von visuellen Mustern verschiedener Konfiguration können mit Hilfe des VEP komplexere visuelle Verarbeitungsprozesse im ZNS objektiviert werden (Abb. 11-38 B–D). Bei der multiplen Sklerose, einer der häufigsten neurologischen Erkrankungen, sind die Latenzzeiten und Amplituden der Wellen des einfachen Musterwechsel-VEP verändert, da diese Erkrankung meist zu einer Schädigung der Axone des Sehnerven (Opticusneuritis) führt. Die Messung des VEP hat daher eine wichtige diagnostische Bedeutung in der klinischen Neurologie bzw. Neuroophthalmologie [28].

Die Wahrnehmung räumlicher Tiefe

Wer durch eine gut strukturierte Landschaft geht und über ein normales Binocularsehen verfügt, nimmt die Landschaft nicht nur als ein nach räumlicher Tiefe geordnetes Sehfeld wahr, sondern kann auch recht gut die Entfernungen der Gegenstände zueinander abschätzen. Der räumliche Tiefeneindruck ist einerseits durch das binoculare stereoskopische Sehen bedingt, andererseits spielen jedoch auch *monoculare*

Mechanismen eine Rolle: *Größenunterschiede bekannter Gegenstände, Überdeckungen, Schatten, perspektivische Verkürzungen und vor allem die parallaktischen Verschiebungen der Gegenstände relativ zueinander*, die bei Bewegung des Kopfes im Raum entstehen. Das räumliche Sehen mit Hilfe der **binocularen Stereoskopie** ist besonders für Objekte im Greifraum und in der näheren Umgebung („Nahwirkraum") wichtig. Da sich die Augen an verschiedenen Stellen des Kopfes befinden, ist das Netzhautbild eines Gegenstandes, der nicht allzu weit vom Beobachter entfernt ist, aus geometrisch-optischen Gründen auf jeder Netzhaut unterschiedlich. Diese **Querdisparation** ist um so größer, je größer und näher der Gegenstand ist.

Die unterschiedliche Abbildung eines Gegenstandes auf den beiden Retinae kann aus folgendem Versuch leicht erkannt werden: Betrachten Sie den Daumen Ihres horizontal ausgestreckten Armes abwechselnd monocular mit dem linken und mit dem rechten Auge. Beim Fixationswechsel verschiebt sich der Daumen scheinbar rasch gegen den Hintergrund („Daumensprung"). Die mit dem linken bzw. rechten Auge gesehenen Bilder des Daumens überdecken also andere Gegenstände im Raum. Die relative Verschiebung des Daumens im Verhältnis zu den Gegenständen im Raum ist um so größer, je weiter dieselben vom Daumen entfernt sind. Die Geometrie der Querdisparation ist in Abb. 11-39 erläutert: Fixieren die beiden Augen einen Punkt in endlicher Nähe, so werden alle Gegenstände, die sich auf einem Kreis befinden, auf dem der Knotenpunkt des optischen Systems jedes Auges und der Fixationspunkt liegen, auf **korrespondierenden Netzhautstellen** abgebildet. Alle Gegenstände außerhalb oder innerhalb dieses **Horopterkreises** werden auf nicht-korrespondierenden Netzhautstellen abgebildet, wobei bei hinreichend großer Querdisparation (Summe der Winkel α und β der Abb. 11-39) **Doppelbilder** entstehen. Die räumliche Trennung der Doppelbilder, die aus der Querdisparation folgt, kann am „Cyclopenauge" ermittelt werden.

Querdisparation und binoculare Fusion. Bei normaler Kopfstellung besteht aus geometrisch-optischen Gründen für die Bilder, die ein in endlicher Entfernung vom Auge liegender dreidimensionaler Gegenstand auf der linken und rechten Netzhaut entwirft, eine Differenz, die quantitativ durch die Querdisparation bestimmt ist. Ein binocular gesehener räumlicher Körper „zerfällt" in der Wahrnehmung erst dann in **Doppelbilder**, wenn die Querdisparation ein bestimmtes Ausmaß überschritten hat. Zwischen der Querdisparation 0 (Objekt in unendlicher Entfernung) und der Grenze des binocularen Tiefensehens, an der Doppelbilder auftreten, gibt es eine erhebliche Toleranzbreite. Diese ist durch die Ausdehnung der receptiven Felder corticaler binocular aktivierter Neurone erklärbar: Die räumliche Ausdehnung der ERF solcher Neurone der Area V1 und V2 ist wesentlich größer als die Sehschärfe der jeweiligen Netzhautstelle. Ein Teil der corticalen Neurone hat exakt korrespondierende receptive Felder in jeder Netzhaut und wird daher durch Objekte im Horopterbereich am stärksten aktiviert. Ein Teil der receptiven Felder binocular aktivierter corticaler Neurone liegt dagegen in der linken und der rechten Retina nicht exakt auf geometrisch korrespondierenden Netzhautstellen. Dann kommt es zu einer optimalen Aktivierung, wenn ein Objekt einen bestimmten Betrag außerhalb des Horopters liegt, d.h. einen bestimmten Betrag von Querdisparation erzeugt.

Das stereoskopische Tiefensehen spielt für den ärztlichen Beruf, vor allem in der Chirurgie und besonders in der Mikrochirurgie beim Operieren durch das Binocularmikroskop eine Rolle. Ärzte, die kein normales Binocularsehen haben, sind daher bei der Durchführung mikrochirurgischer Operationen behindert und sollten nach Möglichkeit dieses Gebiet nicht als ihr Wahlfach anstreben. Das stereoskopische Sehen kann leicht durch binocular getrennte Betrachtung von Mustern geprüft werden, die jedem Auge allein wie zufällig erzeugte Punktmuster erscheinen. Erst die binoculare Korrelation der einzelnen Punkte mit entsprechender Querdisparation erzeugt die Gestaltwahrnehmung und eine entsprechende Tiefenwahrnehmung [12, 13, 14, 16, 25].

Visuelle Bewegungswahrnehmung und Eigenbewegung

Außerhalb des Greifraums und des Nahwirkraums ist das räumliche Tiefensehen überwiegend durch die parallaktischen Verschiebungen der Abbildungen der Gegenstände auf der Netzhaut bedingt, wenn ein Beobachter sich durch den Raum bewegt. Bei einer gleichförmigen Bewegung nach geradeaus, wie dies z.B. beim Fahren im Auto oder beim Landen und Starten eines Flugzeuges der Fall ist, sind die Bildverschiebungen auf beiden Netzhäuten einfach geordnet: Die Winkelgeschwindigkeit der Gegenstände des visuellen Raumes ist um so größer, je näher die Gegenstände sind. Man kann diesen visuellen Bewegungsfluß durch entsprechende Filmaufnahmen oder computergenerierte Bilder simulieren. Eine unbewegte Versuchsperson, die einen Breitbandfilm dieser Art anschaut, nimmt eine Eigenbewegung entgegengesetzt zur Richtung des optischen Signalflusses wahr (**Vektion**). Die *scheinbare Eigenbewegung* kann lineare Komponenten haben (**Linearvektion**) oder Drehbewegungen (**Circularvektion**). Die wahrgenommene Eigenbewegung in Flugsimulatoren oder Fahrtsimulatoren beruht ebenso auf Vektion wie die Bewegungswahrnehmung beim Fahren in Fahrzeugen mit konstanter Geschwindigkeit. Die induzierte Scheinbewegung wirkt um so natürlicher, je naturgetreuer in den Bildfolgen die parallaktischen Verschiebungen sind, d.h. je besser in den Bildern die Dreidimensionalität des visuellen Wahrnehmungsraums simuliert wird. Vektion kommt durch die Verbindungen der Netzhaut mit den Vestibulariskernen und die Interaktion des zentralen visuellen Systems mit den vestibulären Regionen der Großhirnrinde zustande.

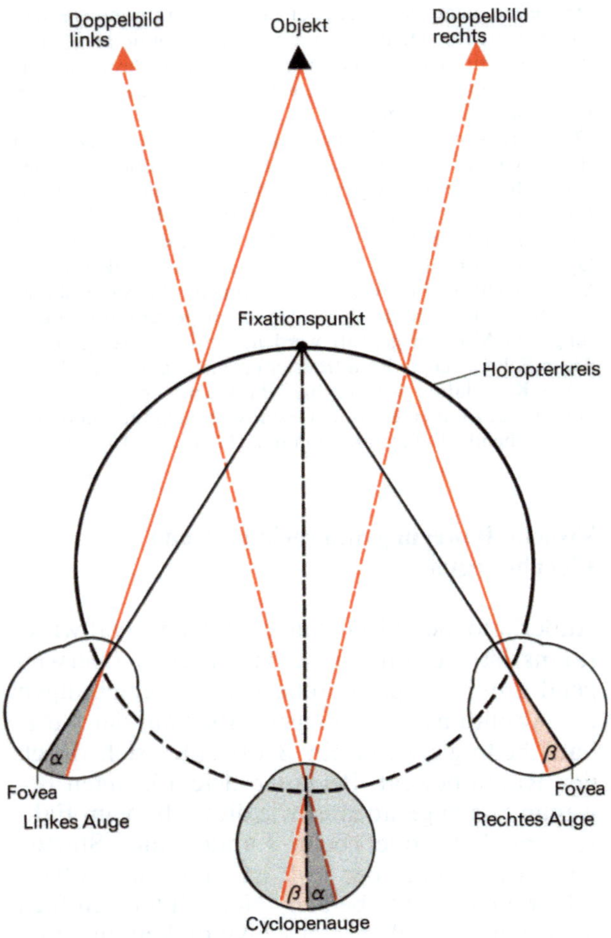

Abb. 11-39. Schema des Binocularsehens und Konstruktion des Cyclopenauges. *Fi* Fixationspunkt. Der Gegenstand befindet sich außerhalb der Horopterebene. Sein Bild projiziert sich im linken Auge rechts von der Fovea centralis, im rechten Auge links von der Fovea. Beim Binocularsehen entsteht für diesen Fall ein ungekreuztes Doppelbild, dessen Lage durch die Projektion der Retina des linken und des rechten Auges auf die gedachte Retina des Cyclopenauges bestimmt werden kann

Schielen

Beim Schielen wird der fixierte Gegenstand nur auf eine der beiden Foveae abgebildet. Ist die Abweichung der beiden Sehachsen voneinander hinreichend groß, so sieht man Doppelbilder. Dies ist z. B. der Fall, wenn die koordinierte Bewegung beider Augen wegen einer Augenmuskellähmung nicht mehr möglich ist. Die Patienten sehen dann Doppelbilder bei allen Blickbewegungen, an denen der gelähmte Muskel beteiligt ist. Die genaue Bestimmung der Doppelbilder, ihre Lage zueinander (gekreuzt oder ungekreuzt, Abb. 11-39) ist ein wichtiges diagnostisches Hilfsmittel für den Augenarzt, um festzustellen, **welcher** äußere Augenmuskel gelähmt ist. *Doppelbilder können Sie einfach beobachten, wenn Sie einen Gegenstand in der Nähe binocular fixieren und dann ein Auge mit dem Finger verschieben.*

Ist die Koordination der binocularen Augenbewegungen schon in der frühen Kindheit gestört (angeborenes **Schielen**), so entwickelt sich meist eine **Schielamblyopie**: Differenzierte visuelle Gestalterkennung ist nur noch mit einem Auge möglich. Dieser Verlust ist nicht durch eine Störung der Netzhautfunktion bedingt, sondern durch eine Änderung der neuronalen Signalverarbeitung im visuellen Cortex. Dort werden von den Neuronen die Signale aus den schielamblyopen Augen nicht mehr oder nur noch reduziert verarbeitet. Eine Amblyopie tritt auch auf, wenn über längere Zeit während der frühen Kindheit nur mit einem Auge gesehen wird (z. B. durch eine angeborene Lidheberschwäche des Oberlides eines Auges: Ptosis).

Die häufigste Ursache der Schielamblyopie der Kinder ist die **Hypermetropie** (s. S. 259). Die kleinen Patienten müssen zur Scharfeinstellung eines Gegenstandes auf der Netzhaut vermehrt akkommodieren (s. S. 259). Wegen der *Kopplung von Akkommodation und Konvergenz* beim Sehen in die Nähe konvergieren die Augen eines hypermetropen Kindes stärker, als es der Objektentfernung entspricht, so daß nur noch die Sehachse eines Auges das Objekt trifft. Durch die oben erwähnten binocularen Hemmungsmechanismen (S. 274), werden die Signale, die aus einem Auge den visuellen Cortex erreichen, unterdrückt. Wird die Hypermetropie nicht durch Brillen korrigiert und die Schielbehandlung nicht rechtzeitig eingeleitet, so entwickelt sich schließlich die nicht mehr therapierbare **Schielamblyopie**: Die synaptischen Kontakte der einem Auge zugeordneten Geniculatumafferenzen werden funktionell von den corticalen binocularen Neuronen abgekoppelt. Schielen als Symptom kann auch durch eine *Störung der blickmotorischen Koordination* im Hirnstamm bedingt sein. Auch dann entwickelt sich eine Schielamblyopie. Brillenkorrektur, Übungsbehandlung und evtl. operative Korrektur des Schielwinkels sollten bei den Kindern spätestens im 2. bis 3. Lebensjahr vorgenommen werden, da danach die „sensitive Phase" der Prägung neuronaler Mechanismen des Binocularsehens im visuellen Cortex abgeschlossen ist und die Schielamblyopie in der Regel nicht mehr therapeutisch beeinflußt werden kann. Spätere Schieloperationen haben lediglich einen kosmetischen Wert.

11.7 Farbensehen

Bunte und unbunte Farben, Farbmetrik

Beim Farbensehen wird besonders deutlich, daß die visuelle Wahrnehmung nicht nur von den physikalischen Signalen der Umwelt abhängig ist, sondern auch von der neuronalen Signalverarbeitung. In der Psychophysik der Farbwahrnehmung unterscheidet man neben den **bunten** Farben (Rot, Orange, Blau usw.) noch die **unbunten** Farben, deren Skala vom tiefsten Schwarz über die verschiedenen Graustufen zum hellsten Weiß reicht. Im sichtbaren **Spektrum** des Sonnenlichtes – z. B. im Regenbogen – erscheinen uns die verschiedenen Teile unterschiedlich bunt, wobei ein kontinuierlicher Übergang der Farbempfindung von Violett über Blau, Grün, Gelb, Orange nach Rot besteht. Man darf daraus nicht schließen, daß die Wellenlänge λ eines monochromatischen Lichtreizes allein die Farbempfindung bestimmt. Einmal gibt es Farbtöne, die im Spektrum des Sonnenlichtes überhaupt nicht vorkommen – nämlich die **Purpurfarben** zwischen Rot und Blau, zum anderen können alle Farbempfindungen des sichtbaren Lichtspektrums durch Mischung entstehen. *Man kann solche spektralen Mischfarben von reinen Spektralfarben dann nicht unterscheiden.*

Die **Gesetze des Farbensehens** beschreiben die **phänomenale Struktur** der Farbenwahrnehmung, den „Farbenraum", innerhalb dessen der normal Farbtüchtige etwa 7 Millionen verschiedener **Farbenvalenzen** wahrnehmen kann, die sich in die kleine Klasse der unbunten und die sehr große Klasse der bunten Farben unterteilen

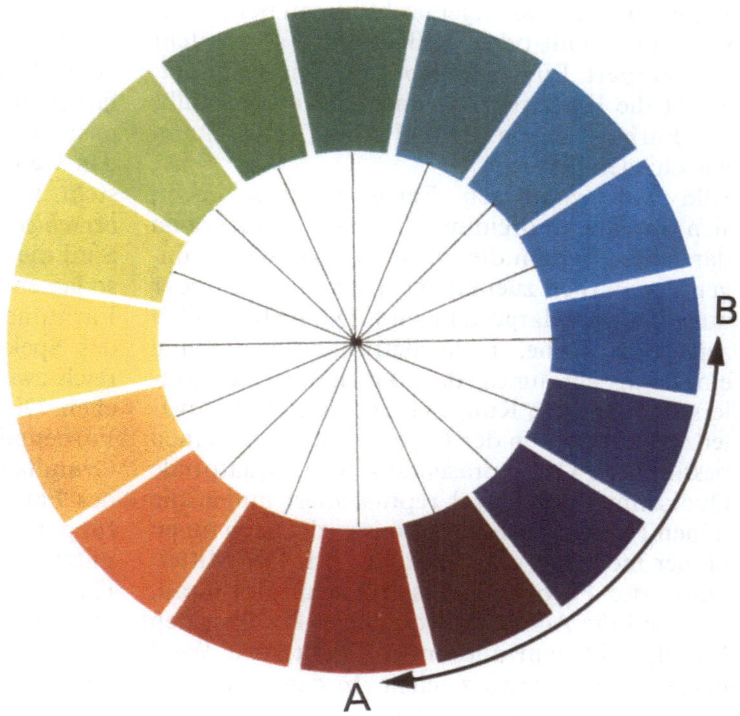

Abb. 11-40 A. Anordnung der Farbtöne in einem Farbenkreis. Die Farbtöne zwischen *A* und *B* (*Pfeil*) sind keine Spektralfarben, sondern als Mischfarben von Rot und Blau entstanden

Abb. 11-40 B. Die Farbenkugel von PH.O. RUNGE (1810), eine nicht-metrische Darstellung des Farbenraumes

läßt. Die bunten Farbenvalenzen der Körperfarben, das sind die Oberflächenfarben der Objekte, lassen sich im Farbenraum durch 3 phänomenal orthogonale Größen kennzeichnen: **Farbton, Sättigung** und **Dunkelstufe**. Bei selbstleuchtenden farbigen Lichtquellen tritt anstelle der Dunkelstufe die Helligkeit.

Die **Farbtöne** bilden ein natürliches, unbegrenztes Kontinuum, den **Farbenkreis**, der von Rot über Gelb, Grün, Blau und Purpur zurück nach Rot reicht (Abb. 11-40A). Die Farbtöne sind im Idealfall „reine" Farben. Ist der Farbton mit Weiß bzw. Schwarz „gemischt" (man nennt dies schwarzverhüllt oder weißverhüllt), so entsteht eine **Farbart**. Ein reines Rot mit Weiß gemischt, ergibt die Farbart Rosa, mit Schwarz verhüllt, die Farbart Braun. Jede Farbart selbst kann verschieden **hell** sein.

Alle wahrnehmbaren Farbenvalenzen lassen sich in einem dreidimensionalen **Farbenraum** darstellen, in dem die Nachbarschaftsbeziehungen der Farben zueinander metrisch exakt oder nur qualitativ dargestellt sind. Die Abb. 11-40B zeigt eine frühe, nicht-metrische Darstellung eines Farbenraumes, die **Farbenkugel** des Malers Philipp Otto Runge (1810). Jede Farbenvalenz ist auf oder in der Farbenkugel durch einen bestimmten Ort repräsentiert. Der äquatoriale Querschnitt der Kugel repräsentiert außen die reinen Farben des Farbenkreises, die nach innen immer mehr mit grau verhüllt sind. Der Mittelpunkt der Farbenkugel ist ein neutrales Grau, während die Achse, die von einem Pol über den Mittelpunkt zum andern Pol zieht, von Weiß bis zu tiefem Schwarz reicht. In den modernen Farbenräumen mit metrischer quantitativer Darstellung der Farbenwahrnehmung ist die einfache Farbenkugel Runges zu einem nichtkugelförmigen Farbenkörper deformiert. Ziel dieser metrischen Farbensysteme ist eine eindeutige **Beschreibung** der Farbenwahrnehmung normaler Beobachter. Eine solche Darstellung stellt keine physiologische **Erklärung** des Farbensehens dar. Man muß jedoch fordern, daß eine umfassende physiologische Theorie des Farbensehens die Struktur metrischer psychophysischer Farbensysteme voraussagen wird.

Farbenkonstanz. Wichtig im Alltag ist der Umstand, daß unter natürlichen Beleuchtungsbedingungen die Wahrnehmung der Oberflächenfarben von der spektralen Zusammensetzung des Lichtes relativ unabhängig ist. Dieser Satz ist nur gültig, wenn die Beleuchtung der Gegenstände spektrale Komponenten aus einem größeren Bereich des sichtbaren Spektrums enthält. Die phänomenale Farbenkonstanz bedeutet nichts anderes, als daß wir die **spektrale Reflektanz** der Objekte wahrnehmen. Sie ist daher zur Wiedererkennung der Objekte in der natürlichen Umwelt unter verschiedenen Beleuchtungsbedingungen außerordentlich wichtig. Farbenkonstanz gilt allerdings nur mit einer gewissen Einschränkung: Wer den Kontrast zwischen dem Braun der Stämme einer Kiefer und dem tiefen Grün ihrer Nadeln an einem grau verhangenen Regentag beachtet und ihn dann später vergleicht mit dem sehr viel stärkeren Farbenkontrast bei Belichtung der Kiefern im rötlichen Licht der untergehenden Sonne eines Sommertages, wird die Grenzen der Farbenkonstanz in der Wahrnehmung erkennen. Bei spektral eingeschränktem Kunstlicht erscheint die Farbigkeit eines Stoffmusters anders als bei Tageslicht. Die Leser sollten sich beim Kleiderkauf an diesen Satz erinnern.

Farbenmischung. Wir wissen aus der alltäglichen Erfahrung, daß die *Mischung von Malerfarben* verschiedener Farbtönung eine Mischfarbe anderer Tönung ergibt. Das Mischen der Malerfarben muß jedoch von den additiven Farbenmischungen der Farbmetrik streng unterschieden werden. Eine **additive Farbenmischung** entsteht, wenn auf die *gleiche Netzhautstelle Licht verschiedener Wellenlänge fällt* (Abb. 11-41). Sind die gemischten Farben monochromatisch, so lassen sich durch additive Farbenmischungen Farbtöne erzeugen, die einem anderen Bereich des Spektrums oder dem nicht-spektralen Bereich zwischen Rot und Blau (Purpur) entsprechen. Die systematische Untersuchung additiver Farbenmischungsgleichungen stellt eine der Grundlagen der phänomenalen Beschreibung des Farbenraumes dar. Sie wird auch zur Prüfung von **Farbsinnesstörungen** (s. S. 287 f.) benützt. Im **Anomaloskop** wird z. B. auf die eine Hälfte eines Kreises spektrales Gelb ($\lambda =$ 589 nm) projiziert, auf die andere Hälfte eine Mischung von spektralem Rot ($\lambda = 671$ nm) und Grün ($\lambda = 546$ nm, Abb. 11-41). Die Versuchs-

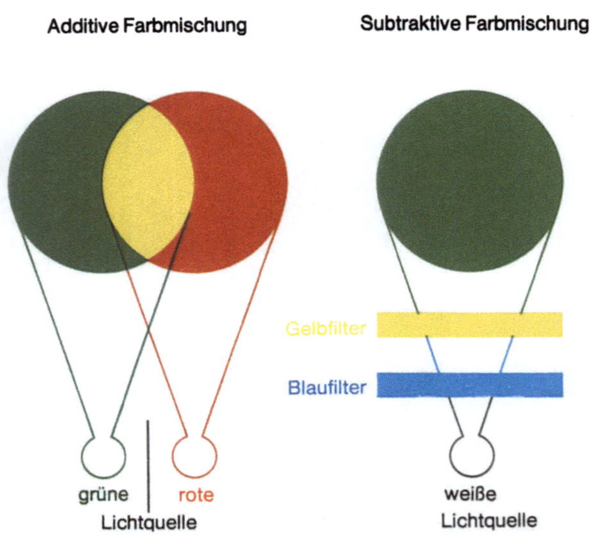

Abb. 11-41. Schema einer additiven und einer subtraktiven Farbmischung

person muß die Mischung aus Rot und Grün gerade so einstellen, daß die **Mischfarbe** Gelb von der **Spektralfarbe** Gelb nicht mehr zu unterscheiden ist. Es gilt dann also die Farbenmischungsgleichung:

$$a(\text{Rot } 671) + b(\text{Grün } 546) \cong c(\text{Gelb } 589). \quad (12)$$

Das Zeichen $\cong$ bedeutet *empfindungsgleich* und hat keine mathematische Bedeutung. Ein normal Farbtüchtiger stellt in dieser Gleichung für den Rotanteil etwa 40, für den Grünanteil etwa 33 relative Einheiten ein.
Werden 2 monochromatische Lichtreize zwischen 430 nm und 555 nm bzw. 660 nm und 492 nm additiv gemischt, so kann bei richtiger Mischung immer der Farbton Weiß erzeugt werden. Werden jedoch je ein monochromatischer Lichtreiz oberhalb von 660 nm und unterhalb von 430 nm gemischt, so kann der Farbton Weiß nicht mehr eingestellt werden, es entstehen Purpurtöne, die im Spektrum nicht vorkommen (Abb. 11–40, 11–42).

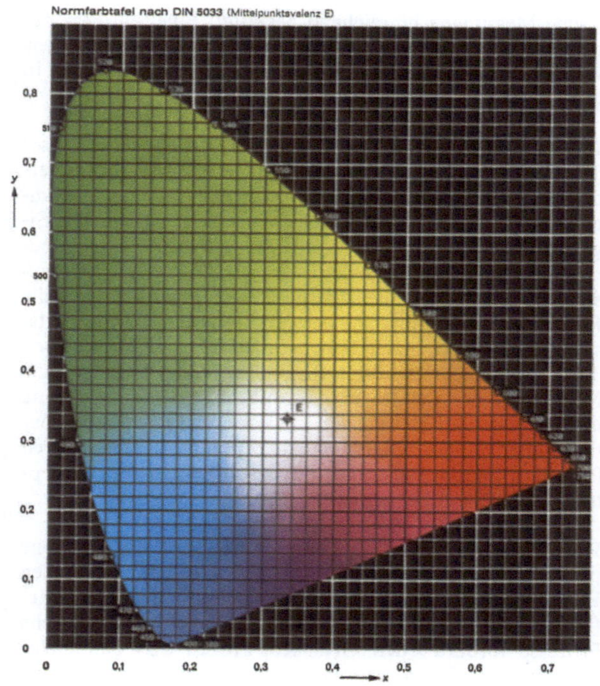

Abb. 11-42. Normfarbtafel nach DIN 5033. Der Weißbereich liegt um den Punkt *E*. Die Basis des „Farbendreiecks" bilden die Purpurtöne. Die additive Mischfarbe *M* zwischen 2 beliebigen Farben *A* und *B* liegt auf der Geraden *AB*. Komplementärfarben liegen jeweils auf Geraden durch den Punkt *E*

Die Farbe Weiß. Zu jedem Farbton des Farbenkreises kann man einen anderen Farbton des Farbenkreises additiv mischen, derart, daß die Farbe Weiß entsteht. Die Konstanten (Gewichtungsfaktoren a und b) dieser Farbenmischungsgleichung

$$a\{F_1\} + b\{F_2\} \cong c(\text{Weiß}) \quad (13)$$

hängen von der Definition von Weiß ab. Die Farbtöne F_1 und F_2 für die jeweils gültige Gl. (13) heißen **Komplementärfarben**.

Subtraktive Farbenmischung. Von der additiven Farbenmischung ist die subtraktive Farbenmischung zu unterscheiden, die ein rein physikalischer Vorgang ist. Fällt weißes Licht durch ein breitbandiges Gelbfilter und danach durch ein breitbandiges Blaufilter, so ergibt sich die subtraktive Mischfarbe **Grün**, da nur der Grünbereich des Spektrums durch **beide** Filter durchgelassen wird (Abb. 11-41). Ein Maler, der Pigmentfarben zusammenmischt, stellt eine subtraktive Farbenmischung her, da die einzelnen Farbkörnchen wie breitbandige Farbfilter wirken.

Das trichromatische Sehen. Für den normal Farbtüchtigen kann jede Farbart (F_4) durch eine additive Farbenmischung von 3 geeignet gewählten Farbtönen F_1–F_3 erzeugt werden, wobei immer eine eindeutige und hinreichende Empfindungsgleichung gilt:

$$a\{F_1\} + b\{F_2\} + c\{F_3\} \cong d\{F_4\}. \quad (14)$$

Aufgrund internationaler Übereinkunft werden für die Konstruktion der modernen metrischen Farbsysteme die monochromatischen Primärfarben F1 = 700 nm (rot), F2 = 546 nm (grün) und F3 = 435 nm (blau) benutzt. Für die additive Mischung der Farbe Weiß gilt für die Gewichtungsfaktoren a, b, c der Gl. (14):

$$a + b + c = d = 1. \quad (15)$$

Zur geometrischen Darstellung der sinnesphysiologischen Resultate, die sich durch systematische Untersuchungen von Farbenmischungsgleichungen ergeben haben, wird die Normfarbtafel (Abb. 11-42, „Farbendreieck") benützt. Im Vergleich zu den **Farbkörpern** vernachlässigt die Normfarbtafel die Dunkelstufen. Dadurch reduziert sich der dreidimensionale Farbenraum auf 2 Dimensionen. Werden 2 Farben aus der Normfarbtafel miteinander additiv gemischt, so liegt das Mischungsresultat auf einer Geraden zwischen den beiden Farben. Mittels der Normfarbtafel können die jeweils einander zugeordneten **Komplementärfarben** ermittelt werden. Sie liegen auf Geraden, die durch den Weißpunkt (E) gehen [9, 12, 13, 16, 31, 33].

Theorien des Farbensehens. Die im folgenden geschilderten wichtigsten Theorien des Farbensehens werden heute als 2 sich ergänzende theoretische Deutungen betrachtet. Jede der beiden Theorien ist auf einer anderen Stufe des afferenten visuellen Systems „richtig", und durch direkte physiologische Messungen hinreichend bestätigt. Eine Synthese der beiden zunächst rivalisierenden Theorien des Farbensehens wurde schon vor 80 Jahren durch JOHANNES VON KRIES in der **Zonentheorie** vorgeschlagen.

Die trichromatische Theorie des Farbensehens. In dieser Theorie von YOUNG, MAXWELL und VON HELMHOLTZ werden 3 verschiedene Zapfentypen als **unabhängige** Empfängersysteme des photopischen Sehens angenommen. Die Signale dieser 3 Zapfentypen werden gemeinsam in einem neuronalen **Helligkeitssystem** und einem **neuronalen Farbensystem** verrechnet. Für die trichromatische Theorie spricht die Farbenwahrnehmung an der unteren Empfindlichkeitsgrenze des photopischen Sehens; man kann dann nur noch 3 Farbtöne unterscheiden: Rot, Grün und Blau. Direkte Messungen der spektralen Absorption der Photopigmente in einzelnen Zapfen und der Reaktion der Receptorpotentiale dieser Zapfen in der Netzhaut von farbtüchtigen Tieren (s. S. 264f.) können als objektive Bestätigung der Dreireceptorhypothese des Farbensehens angesehen werden.

Die Gegenfarbentheorie. Im Farbenkreis sind die Farbtöne polar organisiert. MACH und HERING nahmen für die bunten Farbenvalenzen 4 **Urfarben** an: Rot, Gelb, Grün und Blau, für die HERING 2 antagonistisch organisierte physiologische Prozesse forderte: den Grün-Rot-Prozeß und den Gelb-Blau-Prozeß. Einen dritten antagonistischen neuronalen Prozeß nahm er für die unbunten Gegenfarben Weiß und Schwarz an. Die Bezeichnung „Gegenfarbe" wurde aus der polaren Struktur der Farbenwahrnehmung hergeleitet: Es gibt kein „grünliches Rot" und kein „bläuliches Gelb". Die Gegenfarbentheorie wird durch Beobachtungen des farbigen Simultankontrastes und des farbigen Sukzessivkontrastes gestützt: Umgibt z.B. ein leuchtend grüner Ring eine graue Fläche, so erscheint diese in Folge von farbigem Simultankontrast leicht rot getönt. Verschwindet der Ring, so sieht der Beobachter auf weißem Hintergrund einen leuchtend roten Ring, den eine grünliche Binnenstruktur umgibt (farbiger Sukzessivkontrast, s. S. 269).
HERING forderte in der Gegenfarbentheorie antagonistische farbspezifische neuronale Mechanismen. Auf welcher Stufe des visuellen Systems diese neuronalen Mechanismen verwirklicht sind, scheint für die verschiedenen Wirbeltiere unterschiedlich zu sein [5, 8, 9, 12, 13, 16, 31].

Physiologische Grundlagen des Farbensehens

Mikrospektrophotometrische Messungen der Zapfenpigmente und Mikroelektrodenableitungen des Membranpotentials einzelner Zapfen farbtüchtiger Tiere bestätigen die Voraussagen der trichromatischen Theorie des Farbensehens: es gibt 3 große Zapfengruppen mit unterschiedlichen spektralen Absorptionseigenschaften (s. Abb. 11-15). Durch räumliche Interaktion der Signale aus diesen verschiedenen Zapfentypen in den nachgeschalteten Schichten der Horizontalzellen und der Bipolaren entstehen bei farbtüchtigen niederen Wirbeltieren antagonistische neuronale Reaktionen, wie sie in der Gegenfarbentheorie gefordert wurden. Die Abb. 11-43 A–C zeigt Resultate von Messungen der Reaktion von Horizontalzellen in der Netzhaut von Fischen, die ein gutes Farbensehen haben. Es gibt 3 Klassen von Horizontalzellen. Eine Klasse wird durch Licht aus dem gesamten Bereich des Spektrums hyperpolarisiert (*L-Typ*), 2 andere Klassen zeigen dagegen einen *Rot-Grün-* bzw. *Blau-Gelb-Antagonismus* (Abb. 11-43 B, C). In der Primatennetzhaut fand man bisher nur L-Typ Horizontalzellen. Der Gegenfarben-Antagonismus kommt offenbar durch neuronale Verrechnung des Bipolarzelleinganges an Ganglienzellen zustande. Eine farbspezifische Organisation findet man bei einem Teil der On-Zentrum- und Off-Zentrum-Bipolarzellen, der Ganglienzellen und den Neuronen des Corpus geniculatum laterale farbtüchtiger Säugetiere. In der Netzhaut findet man Neurone, die durch rotes Licht aktiviert, durch grünes Licht im receptiven Feld dagegen gehemmt werden (einfache Gegenfarbenneurone – „**simple opponent cells**"). Die Abb. 11-44 zeigt eine weitere Entwicklung des Gegenfarbenprinzips für die receptive Feldorganisation: sowohl das RF-Zentrum als auch die RF-Peripherie sind gegensätzlich organisiert („**double opponent cells**"). Solche Neurone kommen bei farbtüchtigen Primaten z.T. im Corpus geniculatum laterale, z.T. im primären visuellen Cortex vor. Wird z.B. eine farbenspezifische Nervenzelle dieser Art durch ein rotes Licht im receptiven Feldzentrum aktiviert und durch grünes Licht gehemmt, so ist die RF-Peripherie gegensätzlich organisiert. Ro-

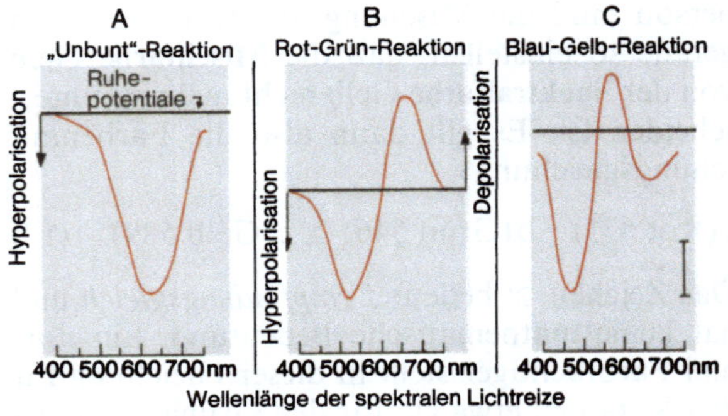

Abb. 11-43 A–C. Abhängigkeit des Membranpotentials dreier verschiedener Horizontalzellen (Fischretina) von der Wellenlänge monochromatischer Lichtreize (*Abscisse*). Die Wellenlänge energiegleicher monochromatischer Lichtreize wurde langsam geändert. **A** Horizontalzelle, die mit Hyperpolarisation in allen Bereichen des Spektrums reagierte. **B** Rot-Grün-Horizontalzelle. Grüne Lichtreize bewirken eine Hyperpolarisation, rote Lichtreize eine Depolarisation. **C** Gelb-Blau-Horizontalzelle. Das Niveau des Ruhemembranpotentials ist jeweils durch eine *schwarze Linie* gekennzeichnet. Hyperpolarisation bewirkt einen Ausschlag unter dieser Linie, Depolarisation einen Ausschlag über diese Linie. (Nach SPEKREIJSE und NORTON: J. Gen. Physiol. 56 (1970)]

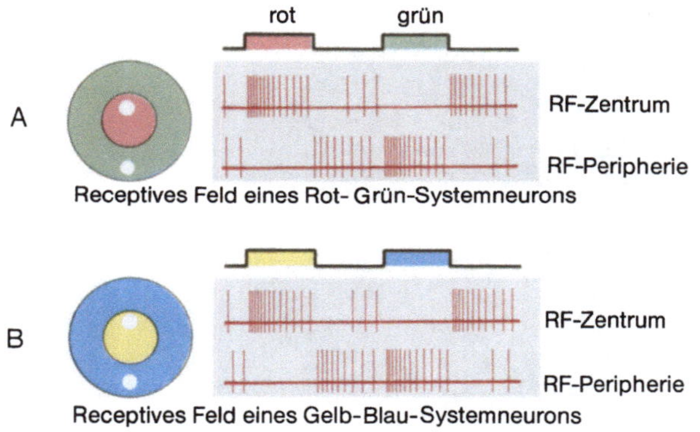

Abb. 11-44 A u. B. Schema der räumlichen Organisation von 2 receptiven Feldern in der Ganglienzellschicht der Netzhaut bzw. dem Corpus geniculatum laterale eines farbtüchtigen Säugetieres. **A** Nervenzelle des Rot-Grün-Systems, **B** Nervenzelle des Gelb-Blau-Systems. In den farbspezifischen receptiven Feldern sind RF-Zentrum und RF-Peripherie antagonistisch organisiert

tes Licht hemmt in der RF-Peripherie, grünes aktiviert dagegen. Diese doppelte Gegenfarbenorganisation der receptiven Felder erklärt den simultanen Farbenkontrast. Farbenspezifische neuronale Signale werden v.a. in jenen Regionen der Area V1 weiter verarbeitet, in denen keine orientierungsspezifischen receptiven Felder vorhanden sind (Abb. 11-28). Die farbenspezifischen Neurone des primären visuellen Cortex antworten besonders empfindlich auf farbige Kontrastgrenzen. Die weitere farbspezifische corticale Verarbeitung erfolgt überwiegend in **Area V4**, die Projektionen der Axone der Nervenzellen aus V1 erhält. In Area V4 wurden Nervenzellen nachgewiesen, die ein hohes Maß von Farbenkonstanz zeigen und von Farbtönen aktiviert werden, die auf einen relativ engen Bereich des Farbenraumes begrenzt sind. Die receptiven Felder dieser Neurone sind z.T. in bandförmige Regionen aufgeteilt, die eine unterschiedliche Farbspezifität haben, so daß Farbenkontraste besonders effektive Reizmuster darstellen. Die Diskussion der Neurophysiologen, die farbspezifische Reaktionen von Neuronen im afferenten und zentralen visuellen System der Primaten untersuchen, ist noch voll im Gange, jedoch zeichnet sich folgendes Schema ab:

a) An der Gültigkeit der trichromatischen Farbentheorie auf der Ebene der Zapfen wird nicht gezweifelt.
b) Ein einfacher Gegenfarbenmechanismus ist bereits in der Netzhaut realisiert.
c) Auf welcher Ebene der farbenspezifischen Signalverarbeitung Neurone mit doppeltem Gegenfarbenmechanismus (Abb. 11-44) vorhanden sind, ist noch umstritten.
d) Für extrastriäre visuelle Regionen, insbesondere für Area V4, scheint gesichert zu sein, daß ein einfaches Gegenfarbensystem durch eine komplexere Verarbeitung der Farbensignale mit relativer Farbenkonstanz abgelöst wird [8, 13, 16].
e) Es gibt Nervenzellen im visuellen Cortex, die bevorzugt auf bestimmte Farbkonturen reagieren.

Störungen des Farbensinnes

Störungen der Farbenwahrnehmung sind entweder durch eine pathologische Veränderung der Sehfarbstoffe, der Signalverarbeitung in den Photoreceptoren und in den nachgeschalteten Nervenzellen oder durch eine Veränderung der spektralen Durchlässigkeit des dioptrischen Apparates bedingt. Sehr selten treten Farbenwahrnehmungsstörungen als Folge von corticalen Läsionen auf. In der Regel sind bei den im folgenden besprochenen genetisch bedingten „peripheren" Störungen des Farbensinnes immer beide Augen betroffen. Es gibt jedoch seltene Fälle von typischen Farbsinnesstörungen, die nur ein Auge betreffen. Diese Menschen können dann ihre subjektiven Wahrnehmungen mit dem linken und rechten Auge miteinander vergleichen. Man unterscheidet zwei große Klassen von peripheren Farbsinnesstörungen, die **trichromatischen** und die **dichromatischen Störungen des Farbensehens.**

Anomalien des trichromatischen Sehens. Die mildeste Form der Farbsinnesstörungen sind die **Farbanomalien**, *die in der Regel X-chromosomal recessiv vererbt werden.* Daher sind farbanomale Männer viel häufiger als Frauen. Die Menge der durch farbanomale Trichromaten unterscheidbaren Farbenvalenzen ist im Vergleich zu normaltüchtigen Menschen reduziert, jedoch sind zur vollständigen Beschreibung des Farbenraumes der anomalen Trichromaten entsprechend Gl. (13) wie für den normal Farbtüchtigen 3 Primärvalenzen notwendig. Die Gewichtungsfaktoren a, b, c der Gl. (13) sind dagegen unterschiedlich. Man unterscheidet 3 große Klassen von Farbanomalien: der **Protanomale** und der **Deuteranomale** verwechseln ungesättigtes Rot und Grün. Um die Empfindungsgleichung im Anomaloskop einzustellen, mischt der Protanomale mehr Rot zur Farbmischung als der normal Farbtüchtige, der Deuteranomale dagegen mehr Grün. Die Tritanomalie ist sehr selten; bei ihr liegt eine Störung des Gelb-Blau-Systems vor.

Dichromaten. Die meisten Formen der Dichromasie werden ebenfalls X-chromosomal recessiv vererbt. Der Farbenraum der Dichromaten kann analog zur Gl. (13) durch die Mischung von **zwei** Primärfarben vollständig beschrieben werden. *Die Zahl der unterscheidbaren Farbenvalenzen ist bei Dichromaten also sehr viel kleiner als bei Trichromaten.* Beim **Protanopen** und beim **Deuteranopen** ist das Rot-Grün-System gestört, wobei anzunehmen ist, daß außer einer Pigmentstörung in den Rot- bzw. Grünzapfen auch eine Störung der neuronalen Verschaltung in den Neuronen der Netzhaut vorliegt. Die photopische spektrale Helligkeitskurve der Protanopen hat ein Maximum bei etwa **520** nm, die der Deuteranopen bei etwa 580 nm. Der Protanope verwechselt bestimmte Rottöne mit Schwarz, Dunkelgrau und Braun und z. T. wie auch der Deuteroanope mit Grün. Der Protanope sieht im Spektrum des Sonnenlichtes unbunte Stellen zwischen 480 und 490 nm, der Deuteroanope zwischen 495 und 500 nm. Die sehr selten vorkommenden Tritanopen verwechseln Gelb und Blau, das blauviolette Ende des Spektrums erscheint ihnen in Schwarz- und Grautönen, auch der Teil des sichtbaren Spektrums zwischen 565 und 575 nm erscheinen ihnen unbunt. Das skotopische Sehen ist bei den genannten Farbsinnesstörungen in der Regel unverändert.

Corticale Farbenwahrnehmungsstörung. Bei einer ausgedehnten Läsion des extrastriären visuellen Cortex (Area V4) kann auch eine Störung der Farbenwahrnehmung auftreten. Man beobachtet an diesen Patienten dann eine Änderung der Zuordnung von Oberflächenfarben in eine Gruppe, d. h. die kategoriale Ordnung ihres Farbenraumes scheint gestört zu sein. Von dieser corticalen Farbenwahrnehmungsstörung ist die Störung der Farbenbenennung (**Farbenanomie**) zu unterscheiden, die bei Läsionen im Bereich des **Gyrus angularis** und **Gyrus circumflexus** der linken Hemisphäre auftreten kann.

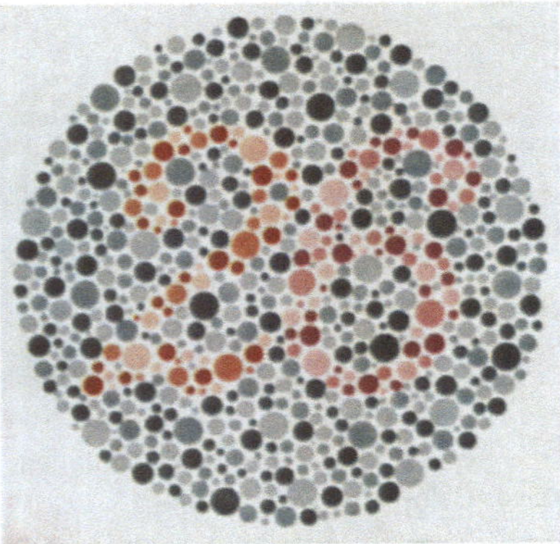

Abb. 11-45. Beispiel aus der Serie „pseudo-isochromatischer“ Tafeln von Ishihara. Der normal Farbtüchtige erkennt „26“, der Protanope „6“, der Deuteranope „2“

Totale Farbenblindheit. Weniger als 0,01% der Bevölkerung sind total farbenblind. Diese Menschen sehen die Welt etwa so, wie ein normal Farbtüchtiger sie in einem Schwarzweißfilm wahrnimmt, nämlich in verschiedenen Graustufen (*Monochromasie*). Total Farbenblinde haben meist eine Störung der Helladaptation im photopischen Bereich. Wegen der sehr niedrigen Blendungsschwelle ist die Formwahrnehmung des Monochromaten beim Tageslichtsehen stark beeinträchtigt, was zum Symptom der *Photophobie* führt. Total Farbenblinde tragen daher schon bei normalem Tageslicht starke Sonnenbrillen. Ihre Sehschärfe ist für den Bereich der Fovea centralis auf unter 0,1 Winkelminuten^{-1} reduziert. Histologisch zeigt die Netzhaut von total Farbenblinden meist keine Veränderung der Zapfen. Da total Farbenblinde die spektrale Helligkeitskurve des Normalen für den skotopischen Bereich haben (Abb. 11-1), ist anzunehmen, daß ihre Zapfen Rhodopsin als Sehfarbstoff enthalten. Darauf weisen auch ihre Dunkeladaptationskurven (Abb. 11-24, S. 268) hin.

Störungen des Stäbchensystems. Menschen mit Störungen des Stäbchensystems haben keine Farbsinnesstörungen, zeigen jedoch eine stark eingeschränkte Dunkeladaptation. Ursache dieser „Nachtblindheit“ oder *Hemeralopie* genannten Störung kann ein Mangel von Vitamin A_1 in der Nahrung sein, das Vorstufe des Retinals ist (s. S. 262f.).

Diagnostik der Farbsinnesstörungen. Wegen des X-chromosomalen Erbganges kommen Störungen des Farbensinnes bei Männern sehr viel häufiger vor als bei Frauen. Etwa 0,9% der männlichen Bevölkerung sind protanomal, 1,1% protanop, 3–4% deuteranomal und 1,5% deuteranop. Die Tritanomalie und die Tritanopie sind sehr selten. Etwa 0,3% der weiblichen Bevölkerung sind deuteranomal, 0,05% protanomal.

Da ein normales trichromatisches Farbensehen für zahlreiche Berufe erforderlich ist (z. B. Piloten, Lokomotivführer, Modedirektricen), sollten alle Kinder vor der Entscheidung ihrer Berufswahl auf Farbtüchtigkeit untersucht werden. Ein einfaches Verfahren dazu ist die Prüfung mit den „pseudoisochromatischen“ Tafeln von Ishihara (Abb. 11-45). Auf diesen Tafeln sind mittels verschieden großer und verschieden farbiger runder Flecken Buchstaben oder Zahlen dargestellt, wobei verschieden farbige Flekken *gleichen Dunkelstufen* des Farbenraumes entsprechen. Daher können Menschen mit Störungen des Farbensinns zum Teil die Zahlen nicht lesen. Durch eine hinreichend große Kombination verschiedener Farbtöne können mit Hilfe mehrerer Ishihara-Tafeln recht zuverlässig Farbsinnesstörungen in Reihenuntersuchungen herausgefunden werden. Eine genaue Diagnostik der Farbsinnesstörungen ist durch Bestimmung der verschiedenen Mischungsgleichungen (12) bis (14) möglich.

11.8 Literatur

Weiterführende Lehr- und Handbücher

1. BAKER, R., BERTHOZ, A. (Hrsg.): Control of gaze by brain stem neurons. Amsterdam-New York: Elsevier (1977)
2. BING, R., BRÜCKNER, R.: Gehirn und Auge. Grundriß der Ophthalmo-Neurologie, 3. Aufl. Basel: Schwabe 1954
3. CAJAL, R.S.: Die Retina der Wirbeltiere. Wiesbaden: Bergmann (1894)
4. DARTNALL, H.J.A. (Hrsg.): Photochemistry of vision. Handbook of Sensory Physiology, Bd. VII/1, Berlin-Heidelberg-New York: Springer 1972
5. DAVSON, V.: The Eye. 4 Bände. London: Academic Press 1962
6. DICHGANS, J., BIZZI, E. (Hrsg.): Cerebral control of eye movements and motion perception. Basel: Karger 1972
7. DRUJAN, B.D.S., LAUFER, M. (Hrsg.): The S-potentials, New York, Liss (1982)
8. FUORTES, M.G.F. (Hrsg.): Physiology of photoreceptor organs. Handbook of Sensory Physiology, Bd. VII/2. Berlin-Heidelberg-New York: Springer 1972
9. GRAHAM, C.H. (Hrsg.): Vision and visual perception. New York–London. Sidney: J. Wiley 1965
10. GRANIT, R.: Receptors and sensory perception. New Haven: Yale University Press 1955
11. GRÜSSER, O.-J., KLLINKE, R. (Hrsg.): Zeichenerkennung durch biologische und technische Systeme. Berlin-Heidelberg-New York: Springer 1971

11a. GRÜSSER, O.-J., LANDIS, TH.: Visual agnosias and other disturbances of visual perception and cognition Bd. XII von CRONLY-DILLON, J. (Hrsg.) Vision and visual dysfunction. London: MacMillan 1991

12. HELMHOLTZ, H. VON: Handbuch der Physiologischen Optik, 2. Aufl. Hamburg, Leipzig: L. Voss 1896
13. HERING, E.: Grundzüge der Lehre vom Lichtsinn. Berlin: Springer 1920
14. HOFMANN, F.B.: Die Lehre vom Raumsinn des Auges (1920). Berlin-Heidelberg-New York: Springer 1970 (Nachdruck)
15. HYVÄRINEN, J.: The parietal cortex of monkey and man. Berlin-Heidelberg-New York: Springer 1982
16. JAMESON, D., HURVICH, L.M. (Hrsg.): Visual Psychophysics. Handbook of Sensory Physiology Bd. VII/4. Berlin-Heidelberg-New York: Springer 1972
17. JUNG, R. (Hrsg.): Central processing of visual information. A: Integrative function and comparative data. Handbook of Sensory Physiology, Bd. VII/3A. Berlin-Heidelberg-New York: Springer 1973
18. JUNG, R. (Hrsg.): Central processing of visual information. B. Visual centers in the brain. Handbook of Sensory Physiology, Bd. VII/3B. Berlin-Heidelberg-New York: Springer 1973
19. KOMMERELL, G. (Hrsg.): Augenbewegungsstörungen. Neurophysiologie und Klinik. München: J.F. Bergmann (1978)
20. LANDOLT, E.: Die Untersuchung der Refraktion und der Akkommodation. In: Graefe-Saemisch's Handbuch der gesamten Augenheilkunde, 3. Aufl., Untersuchungsmethoden, Bd. 1. Berlin: Springer 1930
21. LENNERSTRAND, G., BACH-Y-RITA, P.: Basic mechanisms of ocular motility and their clinical implications. Oxford: Pergamon Press, 1975
22. LINKSZ, A.: Physiology of the eye. Band I: Optics. Band II: Vision. New York: Gruner und Stratton 1950–1952
23. MÜTZE, K., NEHRLING, B., REUTTER, J.: Brillenglasbestimmung. Zürich: Verlag für Augenheilkunde und Optik 1972
24. POLYAK, S.: The vertebrate visual system. Chicago: University of Chicago Press 1957
25. SCHOBER, H.: Das Sehen, Band 2, 2. Aufl. Leipzig-Fachbuchverlag 1958
26. SIEBECK, R.: Optik des menschlichen Auges. Berlin-Göttingen-Heidelberg: Springer 1960
27. SPIEGEL, I.M. (Hrsg.): Readings in the study of visually perceived movement. New York: Harper and Row 1965
28. STÖHR, M., DICHGANS, J., DIENER, H.C., BUETTNER, U.W.: Evozierte Potentiale. Berlin-Heidelberg-New York, Springer 1982
29. WALLS, G.L.: The vertebrate eye and its adaptive radiation. New York, London: Hafner 1963
30. WALSH, F.B., HOYT, W.F.: Clinical neuroophthalmology, 3. Aufl. Baltimore: William and Wilkins 1969
31. WRIGHT, W.D.: The measurement of colour, 3. Aufl. London: Hilger und Watts 1964
32. YARBUS, A.L.: Eye movements and vision. New York: Plenum Press 1967
33. ZRENNER, E.: Neurophysiological aspects of colour vision in primates. Berlin-Heidelberg-New York: Springer 1983

Einzel- und Übersichtsarbeiten

34. ALTMAN, J.: New visions in photoreception. Nature *313*, 264–265 (1985)
35. BAUMGARTNER, G., HAKAS, P.: Die Neurophysiologie des simultanen Helligkeitskontrastes. Pflüg. Arch. ges. Physiol. *274*, 489 (1962)
36. BAYLOR, D.A., FUORTES, M.G.F.: Electrical responses of single cones in the retina of the turtle. J. Physiol. (Lond.) *207*, 77 (1970)
37. BILL, A.: Uveoscleral drainage of aqueous humour in human eyes. Exp. Eye Res. *12*, 275 (1971)

37a. BÖTZEL, K., GRÜSSER, O.-J.: Elektric brain potentials evoked by pictures of faces and nonfaces: a search for face-specific EEG-potentials. Exp. Brain Res., *77*, 349 (1989)

38. BOYCOTT, B.B., WÄSSLE, H.: The morphological types of ganglion cells of the domestic cats' retina. J. Physiol. (Lond.), *240*, 397 (1974)
39. COLLEWIJN, H.M., CURIO, G., GRÜSSER, O.-J.: Spatially selective visual attention and generation of eye pursuit movement. Experiments with Sigma movement. Human Neurobiology *1*, 129 (1982)
40. DESIMONE, R., ALBRIGHT, T.D., GROSS, C., BRUCE, C.: Stimulus selective properties of inferior temporal neurons in the macaque. J. Neurosciences *4*, 2051 (1984)
41. DIE, G. VAN, COLLEWIJN, H.: Optokinetic nystagmus in man. Role of central and peripheral retina and occurance of asymmetries. Human Neurobiol. *1*, 111 (1982)
42. ESSEN, D.C. VAN: Visual areas of the mammalian cerebral cortex. Ann. Rev. Neurosciences *2*, 227 (1979)
43. ESSEN, D.C. VAN, MOUNSELL, J.H.R., BIXBY, J.L.: The middle temporal visual area in the macaque: myeloarchitecture connections, functional properties and topographic organization. J. Comp. Neurol. *199*, 293 (1981)
44. ESSEN, D.C. VAN, NEWSOME, W.T., BIXBY, J.L.: The pattern of intrahemispheric connections and its relationship to extrastriate visual areas in the macaque monkey. J. Neuroscience *2*, 265 (1982)
45. ESSEN, D.C. VAN, ZEKI, S.M.: The topographic organization of Rhesus monkey prestriate cortex. J. Physiol. *277*, 193 (1978)
46. FESENKO, E.E., KOLESNIKOV, S.S., LYBARSKY, A.L.: Induction by cyclic GMP of cationic conductance in plasma membrane of retinal rod outer segment. Nature *313*, 310 (1985)
47. GRÜSSER, O.-J.: Grundlagen der neuronalen Informationsverarbeitung in den Sinnesorganen und im Gehirn. Informatik-Fachberichte Bd. 16, 234. Berlin-Heidelberg-New York: Springer 1978
48. GRÜSSER, O.-J.: Multimodal structure of the extrapersonal space. In: HEIN, A., JEANNEROD, M.: Spatially oriented behaviour. New York-Berlin-Heidelberg-Tokyo: Springer 1982, p. 328
49. GRÜSSER, O.-J.: Die funktionelle Organisation der Säugetiernetzhaut – physiologische und pathophysiologische Aspekte. Fortschr. Ophthalmol. *80*, 502 (1983)
50. GRÜSSER, O.-J.: Face recognition within the region of neurobiology and beyond it. Human Neurobiol. *3*, 183 (1984)
51. GRÜSSER, O.-J., GRÜSSER-CORNEHLS, U.: Periodische Aktivierungsphasen visueller Neurone nach kurzen Lichtreizen verschiedener Dauer. Pflüg. Arch. ges. Physiol. *275*, 292 (1962)
52. GRÜSSER, O.-J., GRÜSSER-CORNEHLS, U.: Neurophysiologie des Bewegungssehens. Bewegungsempfindliche und richtungsspezifische Neurone im visuellen System. Ergebn. Physiol. *61*, 178 (1969)
53. HAGINS, W.A., PENN, R.D., YOSHIKAMI, S.: Dark current and photocurrent in retinal rods. Biophys. J. *10*, 380 (1970)

54a. HENN, V., BÜTTNER-ENNEVER, J.A., HEPP, K.: The primate oculomotor system I. and II. Human Neurobiol. *1*, 77 and 87 (1982)

54. HUBEL, D.H., WIESEL, T.N.: Receptive fields and functional ar-

chitecture of monkey striate cortex. J. Physiol. (Lond.) *195*, 215 (1968)
55. Hubel, D.H., Wiesel, T.N.: Cell sensitive to binocular depth in area 18 of the macaque monkey cortex. Nature *225*, 41 (1970)
56. Hubel, D.H., Wiesel, T.N.: Functional architecture of macaque visual cortex. Proc. Roy. Soc. (Lond.) B *198*, 1 (1977)
56a. Lamb, T.D.: Transduction in vertebrate photoreceptors: the roles of cyclic GMP and calcium. Trends in Neurosciences *9*, 224 (1986)
57. Livingston, M.S., Hubel, D.H.: Anatomy and physiology of a color system in the primate visual cortex. J. Neurosci. *4*, 309 (1984)
58. Lynch, J.C.: The functional organization of posterior parietal association cortex. Behavior and Brain Science *3*, 485 (1980)
59. Lynch, J.C., Mountcastle, V.B., Talbot, W.H., Yin, T.C.T.: Parietal lobe mechanisms for directed visual attention. J. Neurophysiol. *40*, 362 (1977)
59a. Perett, D.I., Rolls, E.T., Kaan, W.: Visual neurons responsive to faces in the monkey temporal cortex. Exp. Brain Res. *47*, 329 (1982)
60. Schiller, P.H.: The role of the monkey superior colliculi in eye movement and vision. Invest. Ophthal. *11*, 451 (1972)
61. Tomita, T.: Electrical activity of vertebrate photoreceptors. Quart. Rev. Biophys. *3*, 179 (1970)
61a. Wässle, H., Boycott, B.B.: Functional architecture of the mammalian retina. Physiol. Rev. *71*, 447–480 (1991)
62. Wild, H.M., Butler, S.R., Carden Kulikowski, J.J.: Primate cortical area V4 important for colour constancy but not wavelength discrimination. Nature *313*, 133 (1985)
63. Wurtz, R.H., Goldberg, M.E.: The primate superior colliculus and the shift of visual attention. Invest. Ophthal. *11*, 441 (1972)
64. Zeki, S.M.: Functional specialization in the visual cortex of Rhesus monkey. Nature *274*, 423 (1978)
65. Zeki, S.M.: Uniformity and diversity of structure and function in Rhesus monkey prestriate visual cortex. J. Physiol. (Lond.) *277*, 273 (1978)

12 Gleichgewichtssinn, Hören, Sprechen

R. Klinke

Im folgenden Kapitel wird die Physiologie zweier entwicklungsgeschichtlich verwandter Sinnesorgane besprochen. **Gleichgewichtsorgan** und **Hörorgan** liegen nicht nur anatomisch benachbart im Felsenbein und bilden das **innere Ohr,** sondern sie entstammen auch der gleichen entwicklungsgeschichtlichen Wurzel. Da andererseits das Hörorgan beim Menschen insbesondere im Dienste des wichtigsten Kommunikationsmittels, nämlich der Sprache, steht, wird die **Physiologie des Sprechens** in diesem Kapitel ebenfalls behandelt.

12.1 Physiologie des Gleichgewichtssinnes

Physiologie des peripheren Sinnesapparates

Anatomische Vorbemerkungen. Das Vestibularorgan gehört zum inneren Ohr und bildet einen Teil des **häutigen Labyrinths,** dessen anderer Teil das Hörorgan ist (s. Abb. 12-1). Das häutige Labyrinth ist mit einer Flüssigkeit angefüllt, der

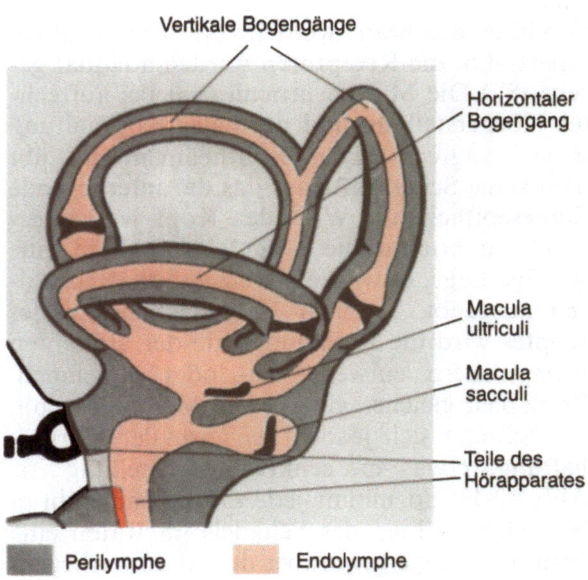

Abb. 12-1. Schema des vestibulären Labyrinths. Die Lymphräume stehen mit den Lymphräumen des cochleären Labyrinths in Verbindung

Endolymphe und von einer anderen Flüssigkeit umgeben, die man als **Perilymphe** bezeichnet (über deren Zusammensetzung s.S. 299). Das Vestibularorgan besitzt 2 morphologische Untereinheiten, erstens die **Maculaorgane** (*Macula utriculi* und *Macula sacculi*), die auch als **Statolithenorgane** bezeichnet werden, und zweitens die sog. **Bogengangsorgane** (*horizontaler* sowie *vorderer* und *hinterer vertikaler Bogengang*). Im Bereich der Maculae und in den Bogengängen im Bereich der Ampullen findet sich ein Sinnesepithel, in das die Receptoren eingebettet sind. Dem Sinnesepithel liegt eine gallertige Masse auf, die reichlich *Mucopolysaccharide* enthält. Im Falle der Maculaorgane bedeckt sie kissenförmig die Sinneszellen und enthält Einlagerungen von Calciumcarbonat in Form winziger **Calcitkristalle,** den sog. Otokonien. Sie wird wegen der eingelagerten Steinchen **Otolithenmembran** genannt. Bei den Bogengängen ähnelt die Gallerte einem fahnenförmigen Gebilde, das als **Cupula** bezeichnet wird. Die Cupula enthält keine Kristalle!

Die Receptoren und der adäquate Reiz. Im Sinnesepithel von Macula- und Bogengangsorganen gibt es morphologisch 2 verschiedene Typen von Receptoren [8], die sich offenbar in ihrer Empfindlichkeit unterscheiden. Beide tragen an der freien Oberfläche mikroskopisch feine Härchen (**Cilien**) und werden deswegen als Haarzellen bezeichnet (Abb. 12-2). Aufgrund elektronenmikroskopischer Kriterien unterscheidet man die **Stereocilien,** von denen jede Receptorzelle etwa 60 bis 80 trägt, vom **Kinocilium.** Hiervon kommt nur eines auf jedem Receptor vor. Die Receptoren sind sekundäre Sinneszellen, d.h. sie besitzen keine eigenen Nervenfortsätze, sondern werden von afferenten Nervenfasern innerviert. Sie stammen von den Nervenzellen des **Ganglion vestibuli** (Scarpae) und bilden den N. vestibularis. Daneben endigen auch noch efferente Nervenfasern an den Receptorzellen. Die afferenten Nervenfasern übertragen die Information über den Erregungszustand der Receptoren zum ZNS. Die efferenten Fasern verändern die Empfindlichkeit der Receptoren, doch

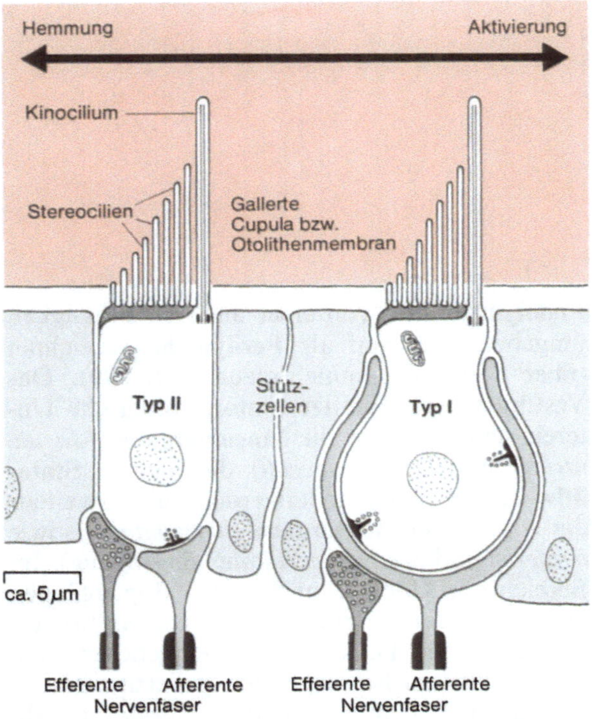

Abb. 12-2. Schematische Darstellung zweier Receptorzellen aus dem Sinnesepithel des Vestibularorgans mit den zugehörigen Nerven. Abbiegung des Cilienbündels in Richtung auf das Kinocilium führt zu Erhöhung der Entladungsrate im afferenten Nerven, Abbiegung vom Konocilium weg zu einer Reduktion

ist über die Bedeutung dieses Einflusses noch nichts Endgültiges bekannt [37].

Afferente Einzelfasern des N. vestibularis besitzen eine relativ hohe regelmäßige **Ruheaktivität** [2]. Diese neuronalen Entladungen treten also auf, ohne daß äußere Reize auf das Sinnesorgan einwirken. Verschiebt man experimentell die Gallerte über dem Sinnesepithel, so wird die vorhandene Aktivität je nach Richtung der Verschiebung erhöht oder reduziert. Dies geschieht auf folgende Weise: Die Cilien ragen tief in die Gallerte, die durch den Reiz gegenüber dem Sinnesepithel verschoben wird. Dabei kommt es zu einer Scherung (Verbiegung) der Cilien. Diese Scherung stellt den adäquaten Reiz für die Receptoren dar. Wird das Cilienbündel in Richtung auf das Kinocilium (Abb. 12-2) hin abgeschert, so wird die zugehörige afferente Nervenfaser aktiviert, d.h. die Entladungsrate nimmt zu. Wird das Cilienbündel in die Gegenrichtung abgebogen, so wird die Entladungsrate reduziert [2, 8]. Abscherungen senkrecht zu dieser Achse sind wirkungslos. Die Informationsübertragung von der Receptorzelle auf die afferente Nervenendigung erfolgt über ein Receptorpotential mit Hilfe eines bisher noch nicht endgültig bekannten Transmitters [37a].

Wir halten fest, daß *Abscherung* (Abbiegung) der Cilien den adäquaten Reiz für die vestibulären Receptoren darstellt, durch den die Aktivität im afferenten Nerven je nach Richtung der Abscherung entweder erhöht oder erniedrigt wird. Die Receptorzellen besitzen also im Hinblick auf die Anordnung der Cilien eine morphologische und im Hinblick auf ihre Aktivierbarkeit eine funktionelle **Orientierung.**

Die natürlichen Reize für die Maculaorgane. Wie bereits gesagt, ragen die Cilien der Receptorzellen in die Otolithenmembran. Wegen der Einlagerung der Calcitkristalle ist die Dichte der Otolithenmembran beträchtlich höher (etwa 2,2 [2, 7]) als die Dichte der Endolymphe (etwa 1), die die verbleibenden Innenräume des Utriculus bzw. Sacculus ausfüllt. Darauf basiert ihr Wirkungsmechanismus. Die allgegenwärtige **Erdbeschleunigung** (Gravitationsbeschleunigung) übt auf die spezifisch dichtere Otolithenmembran stärkere Kräfte aus als auf die Endolymphe. Immer, wenn das Sinnesepithel der Macula utriculi bzw. der Macula sacculi nicht genau horizontal liegt, wird also die **Schwerkraft** dazu führen, daß die gesamte Otolithenmembran ein ganz klein wenig über dem Sinnesepithel abrutscht. (Stellen Sie sich vor, die in Abb. 12-2 rot gezeichnete Gallerte sei schwer und Sie würden das aufrecht stehende Buch zur Seite kippen. Dann würde ebenfalls der rot gezeichnete Bereich über Sinnes- und Stützzellen schräg nach unten rutschen. Durch diese kleine Verschiebung der Otolithenmembran werden die Cilien abgeschert, d.h. die Receptoren werden adäquat gereizt [8].) Die Macula utriculi liegt bei aufrechter Körperstellung und normaler Kopfhaltung etwa waagrecht. Die Otolithenmembran übt also keine Scherkräfte auf das darunterliegende Sinnesepithel aus. Wird der Kopf jedoch geneigt, so kommt die Macula utriculi in eine schräge Lage, es wird ein Reiz auf die Receptoren ausgeübt. Je nach Neigungsrichtung des Kopfes wird die Entladungsrate der afferenten Nervenfasern entweder zu- oder abnehmen. Prinzipiell gleiches gilt für die Macula sacculi. Sie befindet sich jedoch bei normaler Körperhaltung etwa in senkrechter Stellung (s. Abb. 12-1). So nimmt jede Otolithenmembran bei jeder Stellung des Schädels im Raum eine bestimmte Lage gegenüber dem darunterliegenden Sinnesepithel ein. Dies führt zu einer bestimmten Erregungskonstellation in den zugehörigen Nervenfasern. Da im Sinnesepithelverband einer Macula sich 2 Populationen von Sinneszellen gegenüberstehen, deren Cilien entgegengesetzt orientiert sind, kann man nicht allgemein angeben, welche Kopfneigung die Nervenfasern aktiviert [8, 26]. Es ist im Gegenteil so, daß bei jeder Kopfneigung irgendwelche Fasern aktiviert, andere gehemmt werden. Es gibt also keine Stellung, bei der die Aktivität aller Nervenfasern auf Null fallen kann.

Die zentralen Anteile des vestibulären Systems werten die Erregungsmuster des Vestibularnerven aus [1, 21, 26]. Der Organismus gewinnt so die Information über die Stellung des Schädels im Raum. Die Gewinnung dieser Information ist die wichtigste Aufgabe der Maculaorgane. Sie sprechen aber selbstverständlich neben der Gravitationsbeschleunigung auch auf jede andere Translationsbeschleunigung an, denn die Gravitationsbeschleunigung ist nur eine spezielle Form einer Translationsbeschleunigung. Indes spielen in Gegenwart der starken Gravitationsbeschleunigung andere Linearbeschleunigungen (etwa beim Anfahren eines Autos) im täglichen Leben für das vestibuläre System eine untergeordnete Rolle, evtl. werden sie vom ZNS sogar fehlinterpretiert (s.S. 297).

Die natürlichen Reize für die Bogengangsorgane. Die zweite Möglichkeit, vestibuläre Receptoren adäquat zu reizen, ist in den Bogengangsorganen verwirklicht (Abb. 12-3). Wenn auch der tatsächliche Bau der Bogengänge im Organismus von der Idealform eines Kreises abweicht

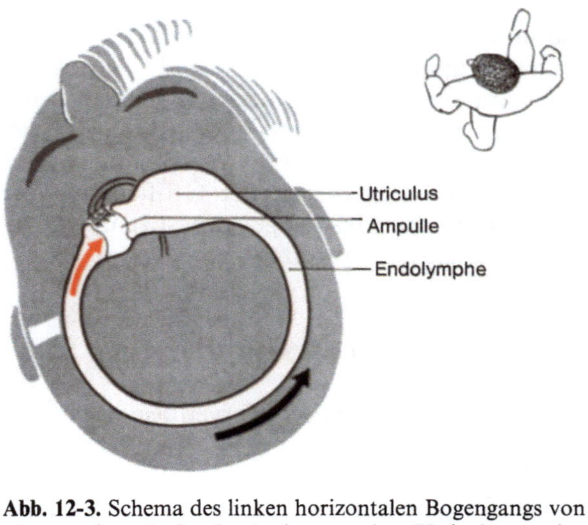

Abb. 12-3. Schema des linken horizontalen Bogengangs von oben gesehen. Außer der Andeutung eines Utriculus wurden andere Teile des Labyrinths nicht dargestellt. Wirkt eine Winkelbeschleunigung in Richtung des schwarzen Pfeils (stellen Sie sich vor, Sie würden das Buch in der angegebenen Weise rotieren), so wird die Cupula durchgebogen, so wie es die Richtung des roten Pfeils angibt

(Abb. 12-1), so handelt es sich im Prinzip doch um kreisförmig geschlossene Kanäle, die mit Endolymphe gefüllt sind. Im Bereich der Ampulle trägt die Kanalwand an der Außenseite ein Sinnesepithel (Abb. 12-3). An dieser Stelle ragt die Cupula in die Endolymphe. Die Cilien der Receptorzellen dringen tief in die Cupula ein. Im Falle der Bogengangsorgane besitzen Cupula und Endolymphe **genau die gleiche Dichte.** Translationsbeschleunigungen bzw. die Erdbeschleunigung beeinflussen daher das Organ nicht, bei geradlinigen Beschleunigungen und bei den verschiedenen Kopfpositionen im Schwerefeld der Erde verweilen Bogengang, Cupula und Cilien in unveränderter Stellung zueinander. Anders ist es bei **Winkelbeschleunigungen** (Drehbeschleunigungen). Wird der Schädel aus einer Ruhelage in Drehung versetzt, so bleibt die Endolymphe in den Bogengängen zunächst wegen ihrer Trägheit in Ruhe, während die Bogengangswände mitgedreht werden. Es entstehen Druckunterschiede auf beiden Seiten der Cupula. Dadurch wird die Cupula, die mit der Kanalwand flüssigkeitsdicht verwachsen ist [34], wie eine locker gespannte Membran in Gegenrichtung ausgelenkt (Abb. 12-3). Dies führt wiederum zur Abscherung der Cilien und damit zu einer Aktivitätsänderung im afferenten Nerv. An den horizontalen Bogengängen sind alle Receptoren so orientiert, daß das Kinocilium zum Utriculus zeigt. Eine Erhöhung der Aktivität im afferenten Nerv tritt also dann ein, wenn die Cupula in Richtung auf den Utriculus (*utriculopetal*) ausgelenkt wird. Dies ist am linken horizontalen Bogengang bei Andrehung nach links der Fall. An den vertikalen Bogengängen führt eine *utriculofugale* Cupulaauslenkung (also vom Utriculus weg) zu einer Aktivierung der Nervenfasern. Die Aktivität dieser Nervenfasern wird wiederum zentral ausgewertet. Der Organismus entnimmt dem Entladungsmuster der afferenten Nerven von den insgesamt zwei mal drei Bogengängen die Information, welche Drehbeschleunigungen auf den Schädel einwirken. Da man den Kopf um die 3 Achsen des Raumes bewegen kann, nämlich nicken nach vorn–hinten, neigen nach rechts–links und Drehen um die Körperlängsachse sind mindestens 3 Bogengänge tatsächlich notwendig. Sie sind, wie erforderlich, ungefähr in senkrecht zueinanderstehenden Ebenen angeordnet. Geht eine Drehbewegung um irgendeine schräge Achse, dann sind mehrere Bogengänge durch den Reiz betroffen. Das Gehirn wertet die Information vektoriell aus und ermittelt so die tatsächliche Drehachse. Es ist für die klinische Untersuchung (s.S. 296)

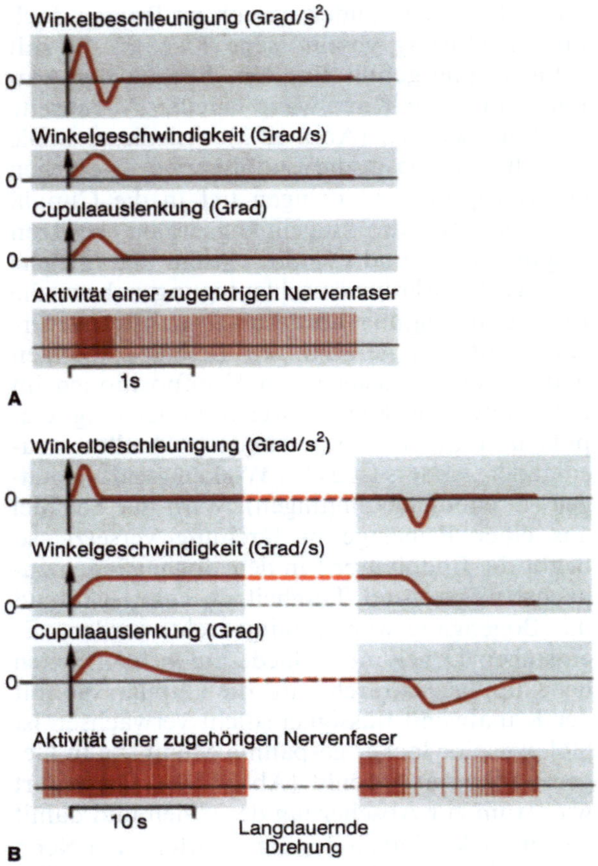

Abb. 12-4 A u. B. Cupulaauslenkung und Aktivität einer afferenten Nervenfaser: **A** bei kurzdauernden Drehbewegungen (z.B. Kopfwendung) und **B** bei langdauernden Drehbewegungen (z.B. Drehstuhl). Unterschiedliche Zeitachsen bei **A** und **B**!

wichtig zu wissen, daß der sog. horizontale Bogengang nicht genau horizontal verläuft, sondern daß sein vorderer Rand um etwa 30 Grad angehoben ist.

Besonderheiten der Cupulamechanik. Die Abb. 12-4 stellt zunächst in (A) die Auslenkung der Cupula bei einer kurzdauernden Winkelbeschleunigung dar, wie sie im täglichen Leben z.B. bei Kopfwendungen vorkommt. Es zeigt sich, daß die Cupulaauslenkung nicht der Winkelbeschleunigung, sondern der momentanen Winkelgeschwindigkeit entspricht. Dementsprechend gibt auch die Änderung der neuronalen Entladungsrate gegenüber der Spontanrate näherungsweise den Verlauf der Winkelgeschwindigkeit und nicht den Verlauf der Winkelbeschleunigung wieder, obwohl die zur Cupulaauslenkung führenden Kräfte Beschleunigungskräfte sind. Nach Beendigung dieser kurzen Bewegungen ist die Cupula wieder in die Ausgangslage zurückgekehrt, und die afferente Nervenfaser feuert wieder mit der Ruheentladungsrate. Die Abb. 12-4 B zeigt das grundsätzlich andere Verhalten bei langdauernden Drehbewegungen (z.B. am Drehstuhl). Die anfängliche Beschleunigung führt zu einer konstanten Winkelgeschwindigkeit, die über lange Zeit beibehalten wird. Die Cupula wird zunächst ausgelenkt und kehrt während der Phase der gleichförmigen Drehbewegung langsam in die Ruhelage zurück. Ein schneller Stop aus der erreichten Drehbewegung führt nun wieder zu einer Cupulaauslenkung, und zwar in die entgegengesetzte Richtung, weil die Endolymphe wegen ihrer Trägheit die Tendenz hätte, in Bewegung zu verharren. Die dabei entstehenden Druckunterschiede zwischen beiden Seiten der Cupula führen zur genannten Auslenkung, die sonst die gleichen Charakteristika wie beim Beginn der Bewegung zeigt. Erst nach relativ langer Zeit (10–30 s) hat die Cupula wieder ihre Ruhelage erreicht.

Das unterschiedliche Verhalten der Cupula bei kurz- bzw. langdauernden Reizen liegt an den mechanischen Eigenschaften des Systems Cupula-Endolymphe, das sich, allerdings nur in erster Näherung, wie ein Torsionspendel mit hoher Dämpfung verhält [8]. Man muß sich jedoch stets vor Augen halten, daß die zur Cupulaauslenkung führenden Kräfte **immer** und **ausschließlich** Beschleunigungskräfte sind, auch wenn bei den physiologischerweise vorkommenden kurzen Winkelbeschleunigungen die Cupulaauslenkung der Winkelgeschwindigkeit und nicht der Winkelbeschleunigung proportional ist.

Die unter physiologischen Bedingungen auftretenden Cupulaauslenkungen sind sehr klein [40]. Andererseits sind die Receptoren sehr empfindlich. Schnelle Körperdrehungen am Versuchstier von nur 0,005 Grad, bei denen die Cupulaauslenkung in gleicher Größenordnung liegt, stellen für das Bogengangsorgan schon stark überschwellige Reize dar [33].

Das zentrale vestibuläre System

Die primären afferenten Nervenfasern des N. vestibularis enden vorwiegend im Gebiet der Vestibulariskerne, die in der Medulla oblongata liegen. Es gibt auf jeder Seite 4 verschiedene Kerne, die sich anatomisch und funktionell voneinander abgrenzen lassen, den *Nucleus superior* (Bechterew), *medialis* (Schwalbe), *lateralis* (Deiters) und *inferior* (Roller). Die Eingänge von den Vestibularisreceptoren in diese Kerne reichen jedoch nicht aus, um dem ZNS eine eindeutige Information über die Stellung des Körpers im Raum zu übermitteln, da der Kopf in den Halsgelenken unabhängig vom Rumpf beweglich ist. Das ZNS muß die Stellung des Kopfes gegenüber dem Rumpf kennen und verrechnen, um über die Körperstellung Klarheit zu gewinnen. Die Vestibulariskerne erhalten dazu weitere neuronale Eingänge *von den Halsreceptoren* (von Muskeln und Gelenken) [1, 2]. Werden diese Verbindungen experimentell ausgeschaltet, so ergeben sich Gleichgewichtsstörungen, ähnlich denen bei Ausfall eines Labyrinths (s.S. 297). Auch somatosensorische Eingänge von anderen Gelenken (Arm, Bein) sind vorhanden.

Von den Vestibulariskernen gibt es zentralnervöse Verschaltungen, die die zur Erhaltung des Gleichgewichts notwendigen Reflexe ermöglichen. Im einzelnen sind es [1, 2, 3a, 21]:

a) der **Tractus vestibulospinalis,** über den schließlich insbesondere γ-Motoneurone der Extensoren beeinflußt werden. Ein Teil der Fasern geht allerdings auch zu den α-Motoneuronen.
b) Verbindungen zu den **Motoneuronen des Halsmarkes,** die im Prinzip dem Tractus vestibulospinalis entsprechen.
c) Verbindungen zu den **Augenmuskelkernen** (s. S. 252), über die die vestibulär auslösbaren Augenbewegungen zustande kommen. Diese Fasern laufen über das mediale Längsbündel.
d) Bahnen zu den **Vestibulariskernen der Gegenseite,** mit deren Hilfe die Eingänge von beiden Seiten gegeneinander verrechnet werden.
e) Verbindungen zum **Kleinhirn,** insbesondere dem Archicerebellum (s. später).
f) Verbindungen zur **Formatio reticularis,** über die der Tractus reticulospinalis beeinflußt wird. Über ihn werden, polysynaptisch, auch wiederum die γ- und α-Motoneurone erreicht.
g) Bahnen, die über den **Thalamus** zur **hinteren Zentralwindung** des Cortex ziehen und die der bewußten Verarbeitung vestibulärer Eingänge und damit der *bewußten Raumorientierung* dienen.
h) Fasern zum **Hypothalamus;** diese Fasern spielen insbesondere für das Zustandekommen von Kinetosen (Bewegungskrankheiten, s.S. 297) eine Rolle.

Die zahlreichen neuronalen Verschaltungen, von denen hier nur die wichtigsten genannt sind, ermöglichen es dem vestibulären System, eine zentrale Rolle für Stütz- und Blickmotorik zu spielen. Dabei garantieren Eingänge von den Maculaorganen in erster Linie den aufrechten **Stand** und **Gang,** während die Bogengangsorgane hauptsächlich der **Blickführung** dienen. Zusammen mit optokinetischen Mechanismen (s.S. 257) bewirken Bogengangsafferenzen, daß bei Kopfbewegungen der Blickkontakt zur Umwelt nicht verlorengeht. Bei Kopfbewegungen gleichgültig ob Dreh- oder Nickbewegungen, wird das Auge dieser Kopfbewegung entgegengeführt, das Bild auf der Retina bleibt damit stabil (s. statokinetische Reflexe). Die horizontalen kompensatorischen Blickbewegungen werden dabei vom horizontalen Bogengang, die vertikalen vom vorderen vertikalen Bogengang gesteuert, wogegen die Augentorsion im wesentlichen vom hinteren vertikalen Bogengang ausgeht.

In die bei Stütz- und Blickmotorik ablaufenden Prozesse greift insbesondere auch das Cerebellum ein, in das neben den bereits angegebenen sekundären Vestibularisneuronen auch einige primäre Vestibularisafferenzen projizieren (sog. direkte sensorische Kleinhirnbahn). Sowohl primäre als auch sekundäre Vestibularisfasern enden (beim Säuger) als Moosfasern (s.S. 110) an den Körnerzellen des Nodulus und Flocculus (Archicerebellum) sowie Teilen der Uvula und des Paraflocculus (Teile des Paläocerebellums). Die Körnerzellen erregen die Purkinje-Zellen in diesen Gebieten, wobei die Axone dieser Purkinje-Zellen wiederum zurück in das Vestibulariskerngebiet projizieren. Der so aufgebaute Regelkreis kontrolliert die Feinabstimmung der Vestibularisreflexe. Beim Ausfall des Kleinhirns infolge einer Erkrankung kommt es zu einer Enthemmung dieser Reflexe, z.B. Verstärkung des Nystagmus bzw. Spontannystagmus (s. später und Abschnitt Oculomotorik, S. 251) und zu Gleichgewichtsstörungen. Sie äußern sich in Fallneigung, breitbeiniger Schrittführung und überschießenden Bewegungen, insbesondere bei Schrittbewegungen. Diese Symptome sind Bestandteil der sog. *cerebellären Ataxie.*

Die Entladungsmuster der Neurone im Gebiet der Vestibulariskerne sind vielfältig wie ihre anatomischen Verknüpfungen, so daß hier auf Einzelheiten nicht eingegangen werden kann [1, 10].

Die Vestibularisreflexe und deren klinische Prüfung

Statische und statokinetische Reflexe. Das Gleichgewicht wird reflektorisch ohne primäre Beteiligung des Bewußtseins aufrechterhalten. Die dazu notwendigen Reflexe werden in 2 Gruppen, die **statischen** und die **statokinetischen** Reflexe, eingeteilt [1, 7, 10], für deren Zustandekommen die Vestibularisreceptoren und somatosensorischen Eingänge, insbesondere von den Proprioceptoren des Halsgebietes verantwortlich sind. Die **statischen Reflexe** bewirken bestimmte Haltungen der einzelnen Glieder zueinander oder bestimmte Stellungen des Körpers im Raum. Dementsprechend werden sie in *Haltungsreflexe* und *Stellreflexe* eingeteilt. Der vestibuläre Eingang für die statischen Reflexe sind die Maculaorgane. Ein an Katzen wegen ihrer senkrechten Pupillen leicht sichtbarer statischer Reflex ist das **Gegenrollen der Augen,** der sich zeigt, wenn man den Kopf um die Körperlängsachse dreht (z.B. linkes Ohr tief). Die Pupillen behalten dabei ihre senkrechte Stellung im Raum fast genau bei, d.h. sie rollen der Drehung entgegen, und zwar so lange, wie der Kopf von der Normalposition abweicht. Dieser Reflex ist auch beim Menschen vorhanden. Die **statokinetischen Reflexe** stellen Antworten auf Bewegungsreize dar, die selbst wieder Form von Bewegungen annehmen. Sie können von den Bogengangsorganen und den Maculaorganen ausgelöst werden. Die genannten Reflexe sind auf S. 105 genauer abgehandelt. Ein Beispiel ist u.a. das Umdrehen (einer Katze) im freien Fall oder etwa Abfangbewegungen beim Stolpern. Ein klinisch besonders wichtiger statokinetischer Reflex muß jedoch noch genauer besprochen werden, nämlich der **vestibuläre Nystagmus.** Es handelt sich um eine spezielle Form der schon besprochenen vestibulär auslösbaren Augenbewegungen. Er läßt sich in der Anfangsphase von Drehbewegungen beobachten, die über die üblichen kurzen Kopfbewegungen hinausgehen. Er dient dazu, die Augen während der Drehbewegung so **gegen** die Drehung zu führen, daß die Augen die ursprüngliche Blickrichtung beibehalten. Bevor die Augen den maximal möglichen Ausschlag erreicht haben, erfolgt eine ruckhafte Augenbewegung **in** Richtung der Drehung, die so schnell ist, daß die Drehbewegung überholt wird. An diese schnelle Phase schließt sich wieder eine **langsame** Bewegung entgegen der Drehrichtung an.

Die langsame Phase des Nystagmus wird durch das vestibuläre System ausgelöst, wogegen die schnelle Rückstellbewegung von der präpontinen Formatio reticularis bewirkt wird (s.S. 252).

Bei einer Drehung des Körpers um die vertikale Achse sind praktisch nur die horizontalen Bogengänge betroffen. Eine Auslenkung der Cupulae der beiden horizontalen Bogengänge ruft daher auch einen **horizontalen Nystagmus** hervor. Die Richtung der beiden Nystagmuskomponenten hängt dabei von der Drehrichtung bzw. der Auslenkrichtung der Cupulae ab. Würde man den Körper um eine horizontale Achse drehen (z.B. um eine Achse durch die beiden Ohren oder sagittal durch die Stirn), dann würden die vertikalen Bogengänge gereizt. Dementsprechend entstünde ein vertikaler oder rotatorischer Nystagmus. Wie gesagt, besteht der Nystagmus aus 2 Komponenten. Verabredungsgemäß wird die Richtung eines Nystagmus **nach der schnellen Phase** bezeichnet. Beim Rechtsnystagmus geht also die schnelle Phase nach rechts.

Bei einer passiven Drehung wird erstens auf den Vestibularisapparat ein Reiz ausgeübt, zweitens wird, bezogen auf die Versuchsperson, das visuelle Umfeld verschoben. Beides löst für sich bereits einen Nystagmus aus, der vestibuläre Reiz einen vestibulären, die Verschiebung des Gesichtsfeldes einen optokinetischen. Beide ergänzen sich synergistisch. Die daran beteiligten neuronalen Verschaltungen werden auf S. 252 besprochen.

Diagnostische Bedeutung des Nystagmus. Der Nystagmus wird zur *klinischen Funktionsprüfung* des Vestibularapparates verwendet, meistens in der Form des sog. **postrotatorischen** Nystagmus. Die Versuchsperson wird dazu auf einen Drehstuhl gesetzt und lange Zeit gleichförmig gedreht. Danach wird die Bewegung plötzlich gestoppt. Die Abb. 12-4 zeigt das Verhalten der Cupula bei einem Stop aus einer langdauernden gleichförmigen Bewegung. Wie man sieht, kommt es beim Stop aus einer solchen Bewegung zu einer Auslenkung der Cupula. Die Richtung der Auslenkung ist der Auslenkungsrichtung beim Andrehen entgegengesetzt. Da die Auslenkung der Cupula einen Nystagmus auslöst, kommt es also beim Stop aus einer langdauernden, gleichförmigen Bewegung zu einem Nystagmus, der als *postrotatorischer Nystagmus* bezeichnet wird. Aus der dabei entstehenden Cupulaauslenkung kann man sich die Richtung des postrotatorischen Nystagmus überlegen: Bezogen auf die vorherige Drehrichtung muß die Richtung des postrotatorischen Nystagmus **entgegengesetzt** gerichtet sein. Registriert man die Augenbewegungen, so erhält man Bilder, die der Registrierung des optokinetischen Nystagmus ähneln (s. Abb. 11-2, S. 250). Derartige Registrierungen nennt man **Nystagmogramme.**

Wichtig ist, daß bei der Prüfung des postrotatorischen Nystagmus die **visuelle Fixation** ausgeschaltet wird. Sonst wird ein Nystagmus u.U. unterdrückt, da für die Optomotorik visuelle Eingänge über die vestibulären dominieren. Aus diesem Grunde setzt man dem Patienten eine Brille auf, die sehr stark konvexe Linsen und eine Beleuchtung enthält (*Frenzel-Brille*). Der Patient wird mit dieser Brille myop und kann nicht mehr fixieren. Andererseits kann der Arzt die Augen des Patienten gut beobachten. Auch wenn man bei der klinischen Untersuchung prüfen will, ob der Patient einen **Spontannystagmus** zeigt, muß man unbedingt mit der

Leuchtbrille die visuelle Fixation ausschalten. Die Prüfung auf Spontannystagmus stellt die erste, einfachste und wichtigste klinische Funktionsprüfung des vestibulären Systems dar [9].
Eine andere Möglichkeit, bei einer klinischen Prüfung einen vestibulären Nystagmus auszulösen, besteht in der **calorischen Reizung** des horizontalen Bogenganges. Hierbei besteht der Vorteil, daß man jede Seite getrennt prüfen kann. Man neigt dazu den Kopf der sitzenden Versuchsperson um etwa 60° nach hinten oder hebt ihn bei einer liegenden Person um 30°. Dann liegt der sog. horizontale Bogengang genau vertikal. Nun wird der **äußere Gehörgang** mit kaltem bzw. mit warmem Wasser gespült. Der äußere Rand des Bogenganges liegt dem Gehörgang sehr nahe. Er wird deswegen abgekühlt bzw. erwärmt. Nach der Theorie von Bárány wird die erwärmte Endolymphe spezifisch leichter und steigt auf, es kommt wieder zu einem Druckunterschied zwischen beiden Seiten der Cupula, zu einer Cupulaauslenkung und schließlich zu einem Nystagmus (s. Abb. 12-3, Erwärmung im angedeuteten äußeren Gehörgang). Wegen dieser Auslösungsform spricht man von einem **calorischen Nystagmus.** Warmspülung ruft einen Nystagmus zur gespülten Seite hervor. Der Nystagmus bei Kaltspülung ist dem bei Warmspülung entgegengesetzt. Im Erkrankungsfalle weicht der Nystagmus qualitativ und quantitativ von der Norm ab. Einzelheiten über Nystagmusprüfungen bei [1]. Es soll aber noch erwähnt werden, daß auch im Weltraum unter Schwerelosigkeit calorischer Nystagmus auslösbar ist [29]. Unter diesen Bedingungen sind Dichteunterschiede der Endolymphe irrelevant. Deswegen muß am Zustandekommen des calorischen Nystagmus zumindest ein weiterer, noch unbekannter Mechanismus beteiligt sein, z.B. ein direkter thermischer Einfluß auf das Vestibularorgan.
Eine Möglichkeit zur Prüfung der Funktion der Maculaorgane besteht in der Prüfung des Gegenrollens der Augen oder durch sinusförmiges Hin- und Herbewegen auf einer Plattform. Weitere Einzelheiten in [20a].

Störungen des vestibulären Systems. Starke Erregung des Vestibularapparates geht häufig mit Unwohlsein, Schwindel, Erbrechen, Schweißausbrüchen, Pulsanstieg etc. einher. Man faßt diese Erscheinungen mit dem Begriff **Kinetosen** (Bewegungskrankheiten) zusammen [22]. Derartige Kinetosen entstehen besonders dann, wenn ungewohnte Reizkonstellationen (z.B. auf See) auf den Organismus einwirken. Hierbei sind als Auslöser insbesondere die Coriolis-Beschleunigungen wirksam. Auch Diskrepanzen zwischen optischen Eindrücken und Meldungen von seiten des Vestibularapparates führen besonders leicht zu Kinetosen. Bei Säuglingen und bei labyrinthlosen Patienten werden Kinetosen nicht beobachtet. Für das Verständnis des Zustandekommens von Kinetosen muß man sich vor Augen halten, daß das Vestibularsystem für die Bedürfnisse eines Fußgängers entwickelt wurde, nicht aber für Beschleunigungskräfte, wie sie in modernen Verkehrsmitteln vorkommen. Deswegen sind Sinnestäuschungen in diesem System leicht möglich. Sie haben auch häufig schon zu Unfällen geführt, etwa beim Fliegen, wo die Beendigung einer nicht mehr wahrgenommenen Drehung als Gegendrehung empfunden werden kann und unzweckmäßige Reaktionen des Piloten auslöst.
Der **akute Ausfall eines Labyrinths** führt zu Übelkeit, Erbrechen, Schweißausbrüchen und ähnlichen Symptomen, zu Drehschwindel zur gesunden Seite und zu einem Nystagmus zur gesunden Seite. Ferner tritt eine Fallneigung zur kranken Seite auf. Das klinische Bild ist im Hinblick auf die Richtung von Drehschwindel, Nystagmus und Fallneigung häufig jedoch nicht so klar. Bei manchen Erkrankungen, z.B. dem Morbus Menière, bei dem es zu einem Überdruck im Endolymphraum einer Seite kommt, ist anfänglich eine Reizung der Receptoren zu beobachten, die natürlich die entgegengesetzten Symptome verursacht wie ein Ausfall. Im Gegensatz zu der dramatischen Symptomatik bei akutem Vestibularisausfall kann der **chronische Ausfall eines Labyrinths** relativ gut kompensiert werden. Das zentrale vestibuläre System kann nämlich die Reaktion auf ungewöhnliche Erregungszustände durch Habituationsvorgänge reduzieren [2, 21, 26]. Dies gelingt insbesondere dann, wenn andere Sinneskanäle zur Korrektur beitragen, z.B. visuelle oder taktile Eingänge. So macht sich beim chronischen Ausfall der Schaden im Dunkeln wieder stärker bemerkbar.
Ein **doppelseitiger akuter** Ausfall kommt beim Menschen selten vor. Im Tierexperiment ergeben sich weit weniger gravierende Symptome als beim einseitigen akuten Ausfall, da in diesem Fall die neuronalen Eingänge in die Vestibulariskerne auf beiden Seiten fehlen, also wieder eine Symmetrie besteht.
Vom schwerelosen Zustand (bei Raumfahrten) sind die Bogengänge nicht betroffen. Die Gravitationskräfte, die auf die Otolithen einwirken, fallen jedoch weg, so daß in allen Maculae die Otolithenmembran diejenige Stellung einnimmt, die durch die elastischen Kräfte der Gallerte bedingt ist. Es entsteht eine Erregungskonstellation, die auf der Erde nicht vorkommen kann und möglicherweise am Zustandekommen der Raumkrankheit beteiligt ist. Im Verlauf der Habituation an den schwerelosen Zustand steigt die Bedeutung visueller Reize, Eingänge vom Otolithenapparat verlieren an Bedeutung [16, 20a].

12.2 Physiologie des Hörens

Zur Nomenklatur sollte vorab bemerkt werden, daß es sich eingebürgert hat, in der Terminologie klar zwischen Physik und Biologie zu unterscheiden. „Akustik" und davon abgeleitete Worte meinen den physikalischen Reiz und sollten dafür reserviert bleiben. Die anatomischen Grundlagen des Hörvorgangs und die physiologischen Prozesse werden als „auditorisch" oder „auditiv" bezeichnet.

Die physikalischen Eigenschaften des Schallreizes (Akustik)

Unter Schall versteht man Schwingungen der Moleküle[1] eines elastischen Stoffes, etwa Luft (Luftschall), die sich wellenförmig ausbreiten. Diese Schwingungen werden i.a. durch schwingende Körper angeregt, z.B. eine Stimmgabel oder eine Lautsprechermembran, wobei Energie an das umgebende Medium dadurch abgegeben wird, daß die Luftmoleküle der unmittelbaren Umgebung beschleunigt werden. Diese geben

[1] Man muß sich natürlich darüber im klaren sein, daß die Moleküle zunächst einer beträchtlichen Brown'schen Molekularbewegung unterliegen, der sich die hier geschilderten Oscillationen überlagern.

die Schwingungsenergie wieder an die weitere Umgebung ab usw. Der Vorgang breitet sich wellenförmig um die Schallquelle aus, in Luft mit einer Geschwindigkeit von ca. 335 m/s. Bei der Schwingung der Moleküle entstehen Zonen, in denen die Moleküle dichter gepackt sind, und solche, in denen weniger Moleküle vorhanden sind. In diesen Zonen ist dementsprechend der Druck erhöht bzw. erniedrigt. Die dabei auftretende Druckamplitude nennt man **Schalldruck.** Man kann den Schalldruck mit geeigneten Meßmikrophonen messen und entweder seinen Effektivwert [4, 27] oder seinen Zeitverlauf aufzeichnen und zur Charakterisierung des Schalles verwenden. Der Schall wird, wie jeder andere Druck, in N/m^2 (= Pa) angegeben. Meist verwendet man in der Akustik jedoch ein anderes Maß, den sog. **Schalldruckpegel.** Er wird in Dezibel (dB) angegeben. Es handelt sich um eine Verhältniszahl, wobei jeder anzugebende Schalldruck p_x mit dem im Grunde willkürlich festgelegten Bezugsschalldruck von $p_0 = 2 \cdot 10^{-5}\ N/m^2$ verglichen wird. Man bildet dazu den Quotienten p_x/p_0. Dieser Quotient wird logarithmiert (dekadischer Logarithmus) und mit 20 multipliziert, so daß der Schalldruckpegel L folgendermaßen definiert ist:

$$L = 20 \cdot \log_{10} \frac{p_x}{p_0}\ [\mathrm{dB}].$$

Diese unübersichtlich erscheinende Definition wurde gewählt, weil in einer logarithmischen Skala der für das Hörsystem interessante Schalldruckbereich sich wesentlich übersichtlicher darstellen läßt. Entsprechende Definitionsgleichungen werden in der Nachrichtentechnik allgemein verwendet. Ein Beispiel soll den Umgang mit der obigen Definitionsgleichung zeigen: Gesucht sei der Schalldruckpegel eines Tones mit dem Schalldruck $p_x = 2 \cdot 10^{-1}\ N/m^2$. Es ist

$$\frac{p_x}{p_0} = \frac{2 \cdot 10^{-1}}{2 \cdot 10^{-5}} = 10^4;$$

$$L = 20 \cdot \log_{10} 10^4 = 20 \cdot 4 = 80\ [\mathrm{dB}].$$

Der Schalldruck von $2 \cdot 10^{-1}\ N/m^2$ entspricht also einem Schalldruckpegel von 80 dB. Ebenso läßt sich z.B. berechnen, daß eine Verdoppelung eines beliebigen Schalldrucks den zugehörigen Schalldruckpegel um 6 dB erhöht, bei einer Verzehnfachung werden 20 dB addiert. Die Ordinaten links in Abb. 12-8 geben eine Gegenüberstellung von Schalldruck und Schalldruckpegel.

Da auch andere Größen, z.B. elektrische Spannungen, in einer dB-Skala angegeben werden können und da andererseits beliebige andere Bezugsgrößen Grundlage einer dB-Skala bilden können, werden in der Akustik die Werte des Schalldruckpegels häufig als „dB SPL" bezeichnet. Der Zusatz SPL bedeutet „**S**ound **P**ressure **L**evel", er soll betonen, daß die Zahlenwerte nach der obigen Definitionsgleichung gewonnen wurden, wobei als Bezugsschalldruck p_0 der Druck von $2 \cdot 10^{-5}\ N/m^2$ verwendet wurde.

Unter **Schallintensität** versteht man die pro Zeiteinheit durch eine Flächeneinheit hindurchtretende Schallenergie. Die Schallintensität I ist proportional dem Quadrat des Schalldrucks, also $I \sim p^2$. Sie wird in W/m^2 angegeben. $10^{-12}\ W/m^2$ entsprechen im ebenen Schallfeld $2 \cdot 10^{-5}\ N/m^2$.

Die Frequenz eines Schalles wird in **Hertz** (Hz) angegeben. Dies sind Anzahl der Schwingungen pro Sekunde. Bei ruhender Schallquelle haben Schall und Schallquelle die gleiche Frequenz.

Wenn ein Schallereignis nur eine einzige Frequenz enthält nennt man es einen **Ton.** Die Abb. 12-5A zeigt den Zeitverlauf des Schalldrucks für diesen Fall. Reine Töne kommen jedoch im täglichen Leben praktisch nicht vor. In den meisten Fällen sind in einem Schall mehrere Frequenzen gleichzeitig enthalten (Abb. 12-5B). Man spricht dann von einem **Klang.** Es handelt sich dabei meist um einen *Grundton* mit mehreren *Obertönen,* die ganzzahlige Vielfache der Grundfrequenz sind. Der Grundton ist in der Periode des Schalldruckverlaufes (T in Abb. 12-5B) zu erkennen. Da verschiedene Schallquellen Obertöne in unterschiedlichem Ausmaß erzeugen, entstehen auch bei gleicher Grundfrequenz verschiedene Klangbilder. So kommt der Klangreichtum eines Orchesters zustande [23, 27]. Ein Schallereignis, das praktisch alle Frequenzen des Hörbereiches enthält, heißt **Geräusch** (Abb. 12-5C). Im zeitlichen Verlauf des Schalldrucks ist hierbei keine Periodizität mehr zu erkennen.

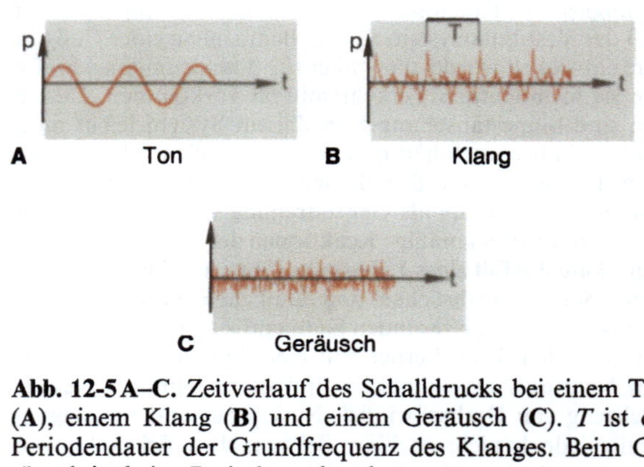

Abb. 12-5 A–C. Zeitverlauf des Schalldrucks bei einem Ton (**A**), einem Klang (**B**) und einem Geräusch (**C**). *T* ist die Periodendauer der Grundfrequenz des Klanges. Beim Geräusch ist keine Periode vorhanden

Anatomische Grundlagen des Hörvorgangs; das periphere Ohr

Der Schall wird vom **äußeren Ohr** aufgefangen und gelangt durch den äußeren Gehörgang an das **Trommelfell** (s. Abb. 12-6). Diese feine, perlmuttfarben glänzende Membran schließt den Gehörgang ab und bildet die Grenze zum ebenfalls luftgefüllten **Mittelohr.** Das Mittelohr besteht aus der **Paukenhöhle** und den **Gehörknöchelchen,** die als *Hammer* (*Malleus*), *Amboß* (*Incus*) und *Steigbügel* (*Stapes*) bezeichnet werden. Sie bilden eine gelenkig verbundene Kette, die **Gehörknöchelchenkette.** Der Hammer ist mit dem sog. Handgriff mit dem Trommelfell fest verwachsen, während der Stapes, der wirklich wie ein Steigbügel aussieht, sich mit seiner Fußplatte einer Öffnung im Felsenbein, dem ovalen Fenster, einpaßt. Dort grenzt der Stapes an das **innere Ohr.** Die Schallenergie wird vom Trommelfell über Hammer, Amboß und Stapes an das Innenohr übertragen, und zwar dadurch, daß diese Gebilde in Schwingungen geraten. Die Paukenhöhle steht durch die Tuba eustachii mit dem Pharynx in Verbindung. Bei jedem Schluckakt öffnet sich die Tube, belüftet so die Paukenhöhle und sorgt damit für gleichen Luftdruck in Mittelohr und atmosphärischer Luft. Schleimhautschwellungen bei einem Katarrh verhindern ein Öffnen der Tube. Bei Schwankungen des äußeren Luftdrucks, z.B. im Flugzeug, oder durch Resorption der Luft aus der Paukenhöhle entstehen dann Druckunterschiede, die sich als „Druck auf den Ohren" bemerkbar machen. Auch beim Tauchen ist dieser Luftraum von Bedeutung. Der Taucher muß versuchen, durch Pressen oder Schlucken den Luftdruck in der Paukenhöhle dem erhöhten Außendruck anzugleichen. Gelingt dies nicht, kann evtl. das Trommelfell rupturieren.

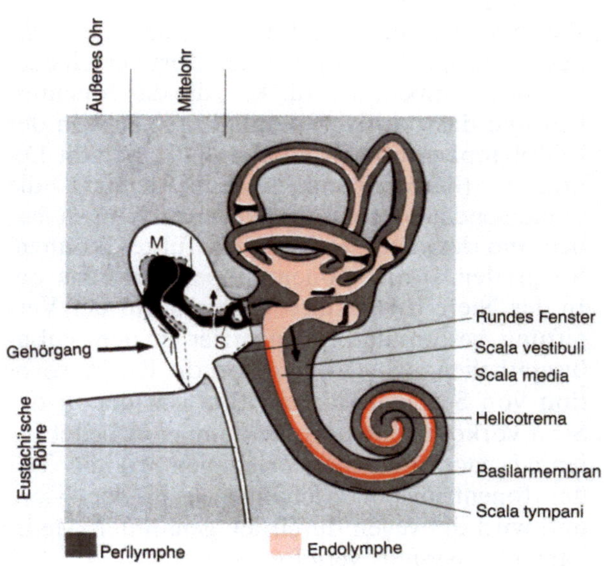

Abb. 12-6. Schematische Darstellung von mittlerem und innerem Ohr. *T* = Trommelfell; *H* = Hammer; *A* = Amboß; *S* = Steigbügel. Die Pfeile deuten die Bewegung von Trommelfell, Amboß-Steigbügelgelenk, Basilarmembran und der Membran des runden Fensters bei einer Einwärtsbewegung des Trommelfells an

Das innere Ohr liegt im Felsenbein. Es enthält das Gleichgewichtsorgan und das Hörorgan. Wegen seiner Form wird das Hörorgan auch als **Schnecke (Cochlea)** bezeichnet. Die Cochlea besteht aus 3 übereinanderliegenden Kanälen (s. Abb. 12-7), die schneckenförmig aufgerollt sind. Sie werden als **Scala tympani, Scala media** und **Scala vestibuli** bezeichnet. *Scala tympani* und *Scala vestibuli* stehen am sog. **Helicotrema** miteinander in Verbindung (s. Abb. 12-6). Sie sind mit **Perilymphe** angefüllt, einer Flüssigkeit, die ähnlich einer extracellulären Flüssigkeit zusammengesetzt ist und dementsprechend viel Na^+ (etwa 140 mmol/l) enthält [7]. Sie entsteht wahrscheinlich als Ultrafiltrat aus der Blutflüssigkeit; inwieweit die vorhandenen Verbindungen der Perilymphräume zu den Liquorräumen von funktioneller Bedeutung sind, ist unbekannt. Die chemische Zusammensetzung von Liquor und Perilymphe ähnelt sich jedoch weitgehend.

Die *Scala media* ist mit **Endolymphe** angefüllt. Diese Flüssigkeit ist K^+-reich (etwa 145 mmol/l) und ähnelt somit einer intracellulären Flüssigkeit [7]. Peri- bzw. endolymphatische Räume der Cochlea stehen mit den peri- bzw. endolymphatischen Räumen des Vestibularorgans in Verbindung (s. Abb. 12-6). Der Stapes grenzt am ovalen Fenster mit seiner Fußplatte an die Perilymphe der Scala vestibuli, das **Ringband** dichtet dort den Perilymphraum gegen die Paukenhöhle ab, so daß keine Perilymphe austreten kann. An der Basis der Scala tympani befindet sich ebenfalls eine Öffnung zur Paukenhöhle, das sog. **runde Fenster.** Es ist durch eine feine Membran abgeschlossen, so daß auch dort keine Perilymphe austritt.

Die Abb. 12-7 stellt einen Querschnitt durch das Innenohr bei verschiedenen Vergrößerungen dar. Sie zeigt, daß die Scala vestibuli und die Scala media durch die **Reißner'sche Membran** voneinander getrennt sind. Zwischen Scala media und Scala tympani liegt die **Basilarmembran.** Auf ihr befindet sich eine wulstförmige Verdikkung, das **Corti'sche Organ.** In ihm liegen, umgeben von Stützzellen, die *Receptoren.* Es sind wiederum Haarzellen, die jedoch hier nur Stereocilien enthalten. Das Kinocilium ist bei den

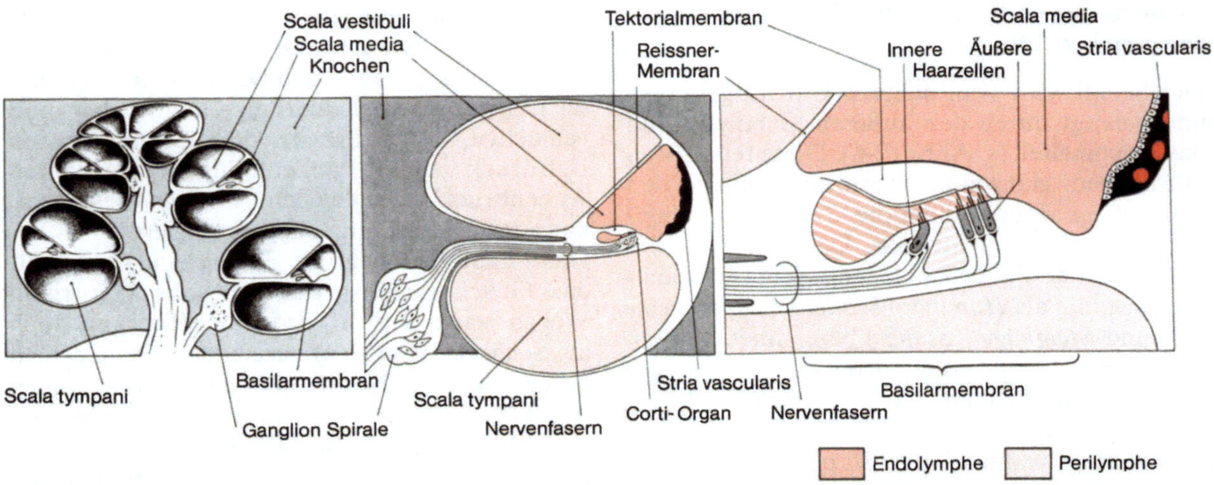

Abb. 12-7. Schematischer Schnitt durch das Innenohr. Der linke Teil der Abbildung gibt einen Eindruck der Lage der einzelnen Teile zueinander, zum Ganglion spirale und zum Hörnerven. Der mittlere und rechte Teil stellt die wichtigsten Elemente einer Windung und die verschiedenen Lymphräume dar. Über die Zusammensetzung der subtektorialen Lymphe besteht noch keine endgültige Klarheit. Der rechte Teil zeigt überdies noch die räumlichen Beziehungen von Tektorialmembran und Sinneszellen innerhalb des Cortischen Organs

Receptoren des Corti'sche Organs zurückgebildet [11, 24]. Man unterscheidet **innere** und **äußere Haarzellen.** Die äußeren Haarzellen sind in 3 Reihen angeordnet, während die inneren Haarzellen nur eine einzige Reihe bilden. Beim Menschen gibt es etwa 3500 innere und 12000 äußere Haarzellen [11].

Auch am Corti'schen Organ sind die Haarzellen sekundäre Sinneszellen. Die afferenten Nervenfasern, die die Haarzellen innervieren, stammen aus den Bipolarzellen des **Ganglion spirale,** das inmitten der Cochlea liegt. Der zentrale Fortsatz dieser Zellen läuft zum ZNS. Etwa 90% der Nervenfasern aus dem Ganglion spirale laufen zu den inneren Haarzellen, an jeder von ihnen endigen viele Nervenfasern. Nur der Rest von 10% geht an die zahlenmäßig weit überlegenen äußeren Haarzellen. Die Fasern für diese Receptoren müssen sich also stark verzweigen, damit alle äußeren Haarzellen nervös versorgt werden können. Eine afferente Faser für die äußeren Haarzellen versorgt viele verschiedene Receptoren, die allerdings in Nachbarschaft zueinander liegen. Insgesamt gibt es im N. acusticus etwa 30000 bis 40000 afferente Fasern [11]. Auch efferente Fasern laufen in das Corti'sche Organ. Über ihre funktionelle Bedeutung ist nichts Sicheres bekannt [37]. Man weiß jedoch, daß sie die Aktivität afferenter Fasern hemmen können.

Über das Corti'sche Organ deckt sich die sog. **Tektorialmembran,** eine gallertige Masse, die an der Innenseite der Schnecke, in der Gegend der Schneckenspindel und an Stützzellen des Corti'schen Organs befestigt ist. Unterhalb der Tektorialmembran befindet sich ein schmaler, flüssigkeitsgefüllter Raum, der durch die Tektorialmembran vom eigentlichen Endolymphraum getrennt ist. Die Stereocilien der äußeren Haarzellen sind mit ihren Enden mit der Unterseite der Tektorialmembran verhaftet. Für die Cilien der inneren Haarzellen ist die Frage noch nicht endgültig geklärt.

An der Außenseite der Scala media befindet sich eine blutgefäßreiche Region, die **Stria vascularis.** Sie stellt ein stoffwechselaktives Gebiet dar, das für die *Energieversorgung* der Cochlea und die Zusammensetzung der Endolymphe eine wichtige Rolle spielt. Es finden sich dort verschiedene Ionenpumpen, u.a. für K^+, die das Ionenmilieu und das positive Potential (s.S. 305) in der Endolymphe aufrecht erhalten [20]. Es gibt Diuretica (harntreibende Medikamente), die schädigende, ototoxische Nebenwirkungen haben und deswegen zu Taubheit führen können. Sie greifen an den Ionenpumpen der Stria an. In der Niere beruht ihre Wirkung auf der Vergiftung bestimmter Ionencarrier in den Tubulusepithelien (s.S. 785), die dort die Rückresorption von Salzen besorgen. Ein Teil der in der Stria vorkommenden Ionenpumpen arbeitet offenbar nach ähnlichen Prinzipien wie ein Teil der Ionentransportmechanismen in der Niere und wird deswegen durch die genannten Medikamente ebenfalls vergiftet.

Psychophysik der Hörempfindungen

Hörschwellen. Ein Schall muß einen bestimmten Schalldruckpegel überschreiten, um gehört wer-

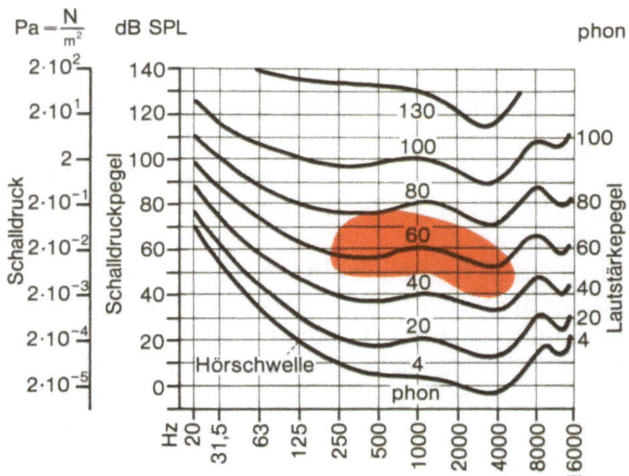

Abb. 12-8. Kurven gleicher Lautstärkepegel (Isophone) nach DIN 45630. Die *Ordinaten* der linken Seite geben eine Gegenüberstellung von Schalldruck und Schalldruckpegel. *Rot unterlegt* ist der Hauptsprachbereich

den zu können. Diesen Schwellenwert nennt man **Hörschwelle.** Die Hörschwelle (Abb. 12-8) ist frequenzabhängig. Im Bereich von 2000–5000 Hz ist das menschliche Ohr am empfindlichsten, während im Bereich hoher und tiefer Frequenzen erheblich höhere Schalldruckpegel nötig sind, um die Schwelle zu überschreiten.

Lautstärke. Ist die Hörschwelle überschritten, so wird, unabhängig von der Frequenz, mit zunehmendem Schalldruck ein Ton immer lauter empfunden. Die Zuordnung von (physikalisch definiertem) Schalldruckpegel zum subjektiv empfundenen **Lautstärkepegel** kann man quantitativ beschreiben. Man kann eine Versuchsperson nämlich nicht nur fragen, ob ein Ton hörbar ist, also die Hörschwelle überschritten hat, sondern auch danach, ob sie 2 sukzessiv dargebotene Töne gleicher oder verschiedener Frequenz als **gleich laut** empfindet. Man bietet dazu der Versuchsperson sukzessiv 2 Töne an, einen Testton und einen Vergleichston von 1000 Hz. Der Versuchsperson wird die Aufgabe gestellt, mit Hilfe eines Potentiometers den Schalldruck des Vergleichstones (1000 Hz) so lange zu verändern, bis ihr Testton und Vergleichston als **gleich laut** erscheinen. Man sagt dann, beide Töne besitzen den gleichen Lautstärkepegel. Der Lautstärkepegel wird in **phon** angegeben. Als Maßzahl wird der Schalldruckpegel des als gleich laut empfundenen 1000-Hz-Tones verwendet. Hat die Versuchsperson z.B. den 1000-Hz-Ton auf 70 dB SPL eingestellt, um subjektiv gleiche Lautstärke zu empfinden, dann besitzt der Testton den Lautstärkepegel von 70 phon. Entsprechend dieser Festlegung sind bei 1000 Hz dB-Werte und Phonwerte *identisch.* Dies ist auch Abb. 12-8 zu entnehmen. Diese Abbildung zeigt ferner neben der Hörschwelle noch die **Kurven gleicher Lautstärkepegel.** Es handelt sich um die international genormten Mittelwerte von Angaben einer großen Zahl gesunder, jugendlicher Versuchspersonen. Alle Töne, unabhängig von ihrer Frequenz, die auf einer dieser Kurven liegen, werden als gleich laut empfunden. Diese Kurven werden daher auch als **Isophone** bezeichnet. Auch die Hörschwellenkurve ist eine Isophone. Alle Töne, die auf ihr liegen, werden als gleich laut, nämlich eben überschwellig, empfunden. Die mittlere Hörschwelle gesunder Versuchspersonen liegt bei 4 phon [7]. Individuelle Werte können davon freilich nach beiden Richtungen abweichen.

Intensitätsunterschiedsschwelle. Da die oben besprochene Phonskala auf subjektiven Angaben von Versuchspersonen aufgebaut ist, stellt sich die Frage, wie genau diese Angaben sind, d.h. ab wann eine Versuchsperson 2 nacheinander dargebotene Töne, die der Einfachheit halber die gleiche Frequenz haben sollen, als unterschiedlich laut beurteilt. Gefragt ist also nach der **Intensitätsunterschiedsschwelle,** und Versuche ergeben, daß diese sehr klein ist. Im Schwellenbereich können 2 Töne gleicher Frequenz bereits dann als unterschiedlich laut empfunden werden, wenn der Schalldruckpegel sich in der Größenordnung von 3–5 dB unterscheidet. Ab etwa 40 dB über Hörschwelle sinkt der Wert dann auf 1 dB [27].

Die Phonskala gibt an sich keine Auskunft über den *Zuwachs* an Lautheitsempfindung mit zunehmendem Schalldruckpegel. Bei der Erstellung der Phonskala wurden Versuchspersonen ja nur danach befragt, wann ein Testton und ein Vergleichston gleich laut erscheinen. Ein Empfindungszuwachs wird hierbei gar nicht berücksichtigt. Doch ist es natürlich interessant zu erfahren, wie die Lautheitsempfindung mit dem Schalldruck anwächst, denn zur Beurteilung störenden Lärms muß man Aussagen über die Lautheitsempfindungen und deren Anwachsen machen können. Um derartige Zusammenhänge aufzudecken, werden Versuchspersonen aufgefordert, einen Testton von 1000 Hz n-mal so laut (also etwa 2mal oder 4mal so laut) einzustellen, wie einen Vergleichston, der definitionsgemäß auf 1000 Hz und 40 dB SPL festgesetzt wurde. Aus den so eingestellten Schalldruckwerten gewinnt man quantitative Aussagen über die Stärke der Empfindungen und verwendet hierfür den Begriff **Lautheit.** Die Lautheit wird in **sone** angebeben. Ein Ton, der 4mal so laut erscheint wie der oben angegebene Vergleichston von 1000 Hz und 40 dB SPL, hat die Lautheit von 4 sone, ein halb so lauter 0,5 sone etc.
Es zeigt sich, daß oberhalb von 30 dB SPL die Lautheitsempfindungen mit dem Schalldruck über eine Potenzfunktion zusammenhängen, deren Exponent für 1000 Hz 0,6 ist (Stevens-Potenzfunktion; s.S. 203 und [27]).

Dies ist gleichbedeutend mit der Aussage, daß für 1000 Hz und oberhalb von 30 dB die Lautheitsempfindung sich verdoppelt, wenn der Schalldruck um 10 dB zunimmt. Man beachte, daß die Verdoppelung des Schalldrucks nur einem Zuwachs von 6 dB entspricht, also nicht zu einer Verdoppelung der Lautheit führt. Vielmehr müßte dazu der Schalldruck etwa verdreifacht werden. Dies wiederum bedeutet, da $I \sim p^2$, daß die Schallintensität verzehnfacht werden muß, wenn der Schall doppelt so laut empfunden werden soll. Zehn Musikinstrumente, die alle den gleichen Ton mit gleichem Pegel spielen, erscheinen also nur doppelt so laut wie eines allein.
Da der Lautstärkepegel (in phon) eines beliebigen Tones definitionsgemäß durch einen Lautstärkevergleich mit einem 1000-Hz-Ton gewonnen wurde, läßt sich die Lautheit (in sone) beliebiger Töne aus deren zugehörigem Lautstärkepegel und der Lautheitsfunktion eines 1000-Hz-Tones berechnen [27]. Auf diese indirekte Weise gibt also auch der Lautstärkepegel eine Auskunft über Lautheitsempfindungen. Insofern ist es vertretbar, bei der technischen Messung von störendem Lärm ein vereinfachtes Verfahren anzuwenden, das näherungsweise den Lautstärkepegel angibt.

Technische Messung von Schalldruckpegel und Lautstärkepegel. Wie aus dem anfangs Gesagten hervorgeht, werden die Isophonen durch eine psychophysische Methode gewonnen. Daraus ergibt sich von selbst, daß die Phonwerte eines Schalles nicht ohne weiteres mit einer physikalischen Methode gemessen werden können, so etwa wie der physikalisch definierte Schalldruck, der über geeignete Meßmikrophone und Verstärker meßbar ist (sog. Schallpegelmesser). Um wenigstens näherungsweise Messungen des Lautstärkepegels durchführen zu können, werden Schallpegelmesser verwendet, in die Frequenzfilter eingebaut sind. Diese Filter haben Filtercharakteristiken, die der Hörschwelle bzw. dem Verlauf anderer Isophonen angenähert ist. Dadurch wird das Meßgerät für verschiedene Frequenzen unterschiedlich empfindlich, ähnlich wie das menschliche Ohr. Es gibt 3 international genormte Filterkurven, die mit A, B und C bezeichnet werden. Werden mit einem derartigen Gerät Messungen durchgeführt, so muß man mit dem Meßwert angeben, welche Filterkurve benutzt wurde. Dies geschieht durch Hinzufügen des Buchstabens an den am Meßgerät abgelesenen dB-Wert. Ein Meßergebnis lautet dann z.B. 30 dB (A). Dieser Wert stimmt näherungsweise mit 30 phon überein. Die Filterkurve A ist dem Verlauf der Hörschwelle angenähert und sollte an sich nur im unteren Intensitätsbereich verwendet werden. Zur Vereinfachung des Meßvorganges werden heute jedoch praktisch alle Meßwerte in dB (A) angegeben, auch wenn dies zusätzliche Fehler verursacht. Ebenfalls aus Gründen der Arbeitsvereinfachung werden Messungen in Hinsicht auf störenden Lärm in dB (A) ausgeführt, obwohl man genaugenommen die Soneskala verwenden sollte. So wird dann z.B. festgelegt, daß der äquivalente Dauerschallpegel in Wohngebieten nachts 35 dB (A) nicht überschreiten darf.

Schalltrauma. Steigt der Schalldruckpegel eines Schalles stark an, so empfindet die Versuchsperson schließlich *Schmerz* im Ohr. Dies ist etwa bei einem Lautstärkepegel von 130 phon der Fall. Derartige Schallbelastungen führen jedoch nicht nur zu Schmerzempfindungen, sondern auch zu reversiblem Hörverlust (TTS = temporary threshold shift) bzw., in Abhängigkeit von der Einwirkungsdauer, auch zu irreversiblen Schädigungen des Ohres (**Schalltrauma**). Dabei kommt es zu Schädigungen der Sinneszellen und der Mikrozirkulation in der Cochlea. Schalltraumata treten, wenn der Schall nur lange genug einwirkt, jedoch auch bei erheblich geringeren Schallintensitäten auf. Bei Dauerbelastungen muß man ab 90 dB (A) mit Hörschäden rechnen [4a, 13].
Wird am Arbeitsplatz ein derartiger Pegel regelmäßig überschritten, ist also das Gehör gefährdet und muß durch Tragen eines Gehörschutzes (Schallschutzkapseln über dem Ohr oder Gehörschutzstöpsel im Gehörgang) geschützt werden. Anderenfalls entsteht im Laufe der Jahre eine Schwerhörigkeit (s. auch S. 312).

Lärmbelästigung. Von den Schalltraumata, die bei hohem Lärmpegel objektiv nachweisbare Innenohrschäden verursachen, muß die subjektive Belästigung durch Lärm unterschieden werden, die freilich auch von objektivierbaren Symptomen wie Blutdruckanstieg oder Schlaflosigkeit begleitet sein kann. So mag sich ein Mieter durch das Klavierspiel eines anderen Hausbewohners beträchtlich belästigt fühlen, obwohl die beiden Parteien 2 Etagen auseinander wohnen, andere Hausbewohner nicht über Störungen klagen und der durch das Klavierspiel in der Wohnung des Klageführers verursachte Lautstärkepegel gering ist. Bei der „Lästigkeit" eines Geräusches kommt es sehr auf die psychische Einstellung gegenüber der Schallquelle an. So lassen sich zur Vermeidung von Lärmbelästigungen nur schwer allgemeine Grundsätze aufstellen, und Richtwerte in Lärmschutzverordnungen stellen oft einen unbefriedigenden Kompromiß dar [13].

Hörfläche und Hauptsprachbereich. Die Hörbarkeit eines Tones hängt, wie Abb. 12-8 zeigt, neben dem Schalldruck auch noch von der Frequenz ab. Der gesunde jugendliche Erwachsene kann Frequenzen von 20 Hz bis 16000 Hz (16 kHz) hören. Höhere Frequenzen als 16 kHz bezeichnet man als **Ultraschall**, tiefere als 20 Hz als **Infraschall.** Der menschliche Hörbereich erstreckt sich also von 20 Hz bis 16 kHz einerseits und 4 phon und 130 phon andererseits. Dieser Bereich des Diagramms der Abb. 12-8 wird daher auch als **Hörfläche** bezeichnet. Im mittleren Bereich dieser Fläche liegen die beim Sprechen erzeugten Frequenzen und Intensitäten. Dieser Bereich, in Abb. 12-8 rot hinterlegt, wird deswegen als **Hauptsprachbereich** bezeichnet. Um eine ausreichende Sprachverständlichkeit zu erreichen, müssen Übertragungssysteme (z.B. Telefon) mindestens den Frequenzbereich von 300 Hz bis 3,5 kHz übertragen. Im Alter nimmt die Empfindlichkeit für hohe Frequenzen regelmäßig ab, was als **Presbyakusis** bezeichnet wird.

Frequenzunterschiedsschwelle. Wie aus der täglichen Erfahrung bekannt, können wir einen Ton nicht nur nach seiner Lautstärke, sondern auch nach seiner **Tonhöhe** beurteilen, die mit der Frequenz des Tones gesetzmäßig verknüpft ist. Wir bezeichnen einen Ton als „hoch", wenn er eine hohe Frequenz besitzt und umgekehrt. Die Fähigkeit, Tonhöhen zu unterscheiden, wenn die Töne sukzessiv angeboten werden, ist erstaunlich gut. Im Optimalbereich bei etwa 1000 Hz beträgt die **Frequenzunterschiedsschwelle** 0,3%, entspricht also hier 3 Hz [18, 27].
Auch Klängen kann man eine Tonhöhe zuordnen; sie werden i.allg. so hoch empfunden wie ein reiner Ton mit der gleichen Frequenz wie die Grundfrequenz des Klanges [23].

In der Musik bildet die Oktave, die einer Verdoppelung der Frequenz entspricht, die Grundlage für eine Tonskala. Die Oktave wird bei der temperierten Stimmung in 12 gleiche Schritte eingeteilt, wobei sich die Frequenz jedes Halbtonschrittes um den Faktor $\sqrt[12]{2}=1{,}0595$ unterscheidet. Dies ist beträchtlich mehr als die obengenannte Unterschiedsschwelle. Dennoch ist es interessant, festzustellen, daß bei gleichzeitiger Darbietung zweier reiner Töne die beiden Teiltöne weit mehr auseinanderliegen müssen, damit man 2 Komponenten erkennen kann [18, 23, 27]. Dies liegt offenbar daran, daß die durch die beiden Teiltöne erregten Bereiche im Innenohr (s.S. 305) einen bestimmten Mindestabstand haben müssen, damit sie aufgelöst werden können.
Dies entspricht der Bildung der sog. *Frequenzgruppen.* Es zeigt sich beispielsweise, daß das auditorische System reine Töne, die innerhalb eines etwa terzbreiten Bereichs, der Frequenzgruppe, liegen, nicht auflösen kann, sondern zu einem einheitlichen Empfindungsbild verschmilzt. Die Lautheit dieser Empfindung nimmt mit der Zahl der Teilkomponenten gesetzmäßig zu, die empfundene Tonhöhe bleibt jedoch erhalten. Die innerhalb einer Frequenzgruppe liegende Schallenergie wird also zu einer einheitlichen Empfindung integriert.
Die Breite einer Frequenzgruppe ist mit etwa einer Terz erstaunlich groß, heißt dies doch, daß man 2 *reine* Töne, die bis zu fast einer Terz auseinanderliegen, nicht auflösen kann. (Zwei nebeneinanderliegende Töne des Klaviers z.B. kann man bei gleichzeitigem Anschlag selbstverständlich auflösen, da die mit den jeweiligen Grundtönen erklingenden Obertöne nicht auch wieder innerhalb einer Frequenzgruppe liegen.)
Der menschliche Hörbereich umfaßt etwa 24 Frequenzgruppen. Näheres ist in [18, 27] zu finden.
Zwei gleichzeitig erklingende Töne beeinflussen auch ihre jeweiligen Hörschwellen. Wird ein fester Ton, z.B. 500 Hz, 80 dB SPL dargeboten, so werden Töne anderer Frequenzen nicht mehr bei den Pegeln gehört, die die Hörschwelle in Abb. 12-8 angibt. Es sind weit höhere Pegel nötig, im angegebenen Beispiel für einen 1000 Hz Ton z.B. etwa 40 dB SPL [18, 27]. Dieses Phänomen nennt man *Maskierung.* Es ist von beträchtlicher praktischer Bedeutung, da im täglichen Leben häufig wichtige akustische Informationen, z.B. ein Gespräch, durch Hintergrundgeräusche maskiert, d.h. unverständlich werden. Weitere Einzelheiten über psychoakustische Phänomene sind in [18, 23, 27] zu finden.

Die Aufgaben des Mittelohres

Wie bereits gesagt, nimmt das Trommelfell den Schall auf und gibt die Schwingungsenergie über die Gehörknöchelchenkette an die Perilymphe der Scala vestibuli weiter. Dieser Weg der Schallübertragung wird als **Luftleitung** bezeichnet.
Bei der Luftleitung muß der Schall von Luft auf die Flüssigkeiten des Innenohres übertreten. Bei einem solchen Übergang von Luft auf Flüssigkeit wird normalerweise der größte Teil der ankommenden Schallenergie *reflektiert,* da die beiden Medien unterschiedliche Schallwellenwiderstände (Schallkennimpedanzen) besitzen. Im Mittelohr werden jedoch durch den **Trommelfell-Gehörknöchelchen-Apparat** die Schallwellenwiderstände von Luft und Innenohr aneinander angepaßt und damit die Reflexionsverluste erheblich geringer. Der Mechanismus entspricht etwa der Vergütung photographischer Objektive, durch die ebenfalls die Reflexion an den Grenzflächen Luft—Glas verringert wird. Die *Impedanzanpassung* wird insbesondere durch 2 Mechanismen erreicht: 1. Die Fläche des Trommelfells ist erheblich größer als die der Stapesfußplatte. Da Druck = Kraft/Fläche, wird der Druck am ovalen Fenster höher als am Trommelfell. 2. Eine weitere Druckerhöhung wird durch die unterschiedliche Länge der Hebelarme in der Gehörknöchelchenkette erreicht. Das System arbeitet also im Prinzip wie ein elektrischer Transformator, doch spielen auch noch andere Faktoren eine Rolle, nämlich Massen und Elastizitäten in der Übertragungskette und Krümmung und Schwingungseigenschaften des Trommelfells. Insgesamt wird durch den Mechanismus der Impedanzanpassung je nach Frequenzbereich eine Verbesserung der Hörleistung um 10–20 dB erreicht, was immerhin eine Verdoppelung bis Vervierfachung der Lautheitsempfindung mit sich bringt. Die Übertragungseigenschaften des Trommelfell-Gehörknöchelchen-Apparates sind frequenzabhängig. Im mittleren Frequenzbereich wird am besten übertragen, was teilweise den Verlauf der Hörschwelle erklärt.
Eine Schallempfindung entsteht aber auch dann, wenn man einen schwingenden Körper,

etwa eine Stimmgabel, direkt auf den Schädel aufsetzt und damit primär die Schädelknochen anregt. Dieser Fall wird als **Knochenleitung** bezeichnet. Wie im nächsten Abschnitt gezeigt werden wird, sind zur Anregung des Innenohres jedoch Flüssigkeitsbewegungen nötig, wie sie bei Luftleitung durch die Stapesbewegung hervorgerufen werden. Bei Anregung des Innenohres durch Knochenleitung entstehen ähnliche Flüssigkeitsbewegungen einmal dadurch, daß in den schwingenden Schädelknochen Zonen von Kompression und Dekompression entstehen. Bei diesen Kompressionsvorgängen wird Flüssigkeit aus dem voluminösen vestibulären Labyrinth in die Cochlea verschoben und umgekehrt (Kompressionstheorie [7]). Zum anderen besitzt der Trommelfell-Gehörknöchelchen-Apparat eine Masse. Infolge deren Trägheit bleiben die Gehörknöchelchen bei Schwingungen zurück, was zu einer Relativbewegung zwischen Stapes und Felsenbein und damit zu einer Anregung des Innenohres führt (Massenträgheitstheorie [7]).

Für das Hören im täglichen Leben spielt die Knochenleitung keine nennenswerte Rolle. Allerdings gelangt beim Sprechen ein Teil der Schallenergie durch Knochenleitung an das Ohr des Sprechers, besonders im tiefen Frequenzbereich. Daher erscheint dann eine Tonbandaufnahme der eigenen Stimme ganz fremd. Als diagnostisches Hilfsmittel für den Arzt ist die Knochenleitung jedoch von großer Bedeutung (s.S. 312).
Am Hammer und am Steigbügel setzen die **Mittelohrmuskeln,** der M. tensor tympani und der M. stapedius an. Diese kontrahieren sich reflektorisch bei Beschallung, was die Schallübertragung verschlechtert, da die Impedanz des Mittelohres verändert wird. Dieser Mechanismus vermag jedoch nicht einen wirksamen Schutz vor überlauten Schallereignissen zu bieten, obwohl dies diskutiert wird. Es besteht somit über die funktionelle Bedeutung der Mittelohrreflexe keine endgültige Klarheit [7].

Die im Innenohr ablaufenden Prozesse

Mechanische Vorgänge. Der Stapes überträgt, wenn er durch Beschallung des Ohres in Schwingungen gerät, Schallenergie auf die Perilymphe der Scala vestibuli (s. Abb. 12-6). Da die Innenohrflüssigkeiten inkompressibel sind, muß an einer Stelle ein Druckausgleich möglich sein. Dies ist am runden Fenster der Fall. Die Membran des runden Fensters bewegt sich dabei nach außen bzw. innen. Bei diesen Bewegungen des Stapes wird gleichzeitig der basale, stapesnahe Anteil der Scala media mit ihren Hüllen, der Reissner'schen Membran und der Basilarmembran, aus seiner Ruhelage ausgelenkt und schwingt auf und ab gegen die Scala vestibuli

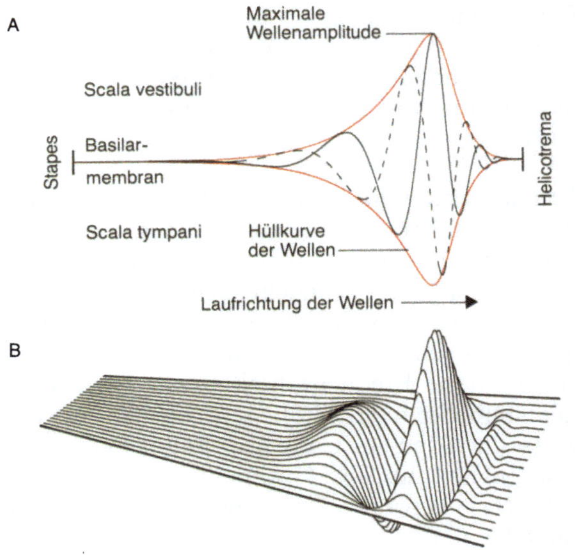

Abb. 12-9. A Schematische Darstellung einer Wanderwelle. Es sind 2 Wellenbilder zu verschiedenen Zeitpunkten eingezeichnet. Die Hüllkurve gibt an, welche Extremwerte die Wellen bei festgehaltener Frequenz an den verschiedenen Orten der Cochlea erreichen können. **B** Räumliches Bild der Welle (Aus [7], verändert)

bzw. die Scala tympani. Wir wollen der Einfachheit halber im folgenden die Scala media mit ihren Hüllen als *„Endolymphschlauch"* bezeichnen. Die soeben beschriebene basale Auslenkung des Endolymphschlauches führt dazu, daß eine Welle den Endolymphschlauch von Stapes zum Helicotrema entlangläuft, ähnlich wie eine Welle an einem horizontal aufgespannten Seil. Die Abb. 12-9 zeigt in ihrem oberen Teil 2 Zustände einer derartigen Welle. Der Endolymphschlauch ist hier als einfacher Strich dargestellt. Da der Stapes bei Beschallung ständig hin und her schwingt, werden also am Endolymphschlauch ständig Wellen angeregt, die in Richtung Helicotrema laufen. Man spricht von **Wanderwellen** (Einzelheiten s. [44]). Die Steife der Basilarmembran nimmt vom Stapes zum Helicotrema hin ab. Aus diesem Grund wird zum Helicotrema hin die Fortpflanzungsgeschwindigkeit der Wellen immer kleiner, und die Wellenlängen nehmen ab. Aus dem gleichen Grund nimmt die Amplitude der gegen das Helicotrema laufenden Wellen zunächst zu (s. Abb. 12-9). Dabei werden die Amplituden erheblich größer als in der Stapesregion, wo sie entstanden. Wegen bestimmter Dämpfungseigenschaften der flüssigkeitsgefüllten Innenohrkanäle werden die Wellen aber bald wieder gedämpft, nehmen sehr schnell an Amplitude ab und verschwinden schließlich völlig, i.allg. bevor sie das Helicotrema wirklich erreicht haben. Notwendigerweise entsteht also zwischen dem Ursprungsort der Wellen am Stapes und dem Ort wo sie durch Dämpfung verschwinden, ein *Amplitudenmaximum* (s. Abb. 12-9). Dieses Maximum bildet sich für **jede Frequenz** an einem **anderen Ort,** je höher die Frequenz, desto näher am Stapes, je tiefer die Frequenz, desto näher am Helicotrema. Durch die Ausbildung dieses Schwingungsmaximums wird also jede Frequenz des Hörbereichs auf **einen** bestimmten **Ort** des Endolymphschlauchs bzw. der Basilarmembran abgebildet. Man spricht von **Frequenzdispersion.** Die Sinneszellen werden in erster Linie am Ort des Schwingungsmaximums erregt, unterschiedliche Frequenzen erregen daher unterschiedliche Sinneszellen **(Ortstheorie).**

Die geschilderten Wellenbewegungen und insbesondere die Ausbildung des Schwingungsmaximums können mit Hilfe der Mössbauer-Technik, der kapazitiven Sonde oder interferometrischer Methoden nachgewiesen werden [44].

Dabei zeigt sich zunächst, daß die Amplituden der geschilderten Wellen selbst am Ort des Schwingungsmaximums außerordentlich klein sind. An der Hörschwelle muß man mit einer Auslenkung von etwa 10^{-10} m rechnen (das ist der mittlere Durchmesser eines Wasserstoffatoms!). Ferner zeigt sich, daß das Schwingungsmaximum örtlich sehr scharf begrenzt ist. Die einzelnen Orte der Basilarmembran sind also sehr scharf auf bestimmte Frequenzen abgestimmt. Dies ist aber nur bei der voll intakten Cochlea der Fall. Wird die Cochlea geschädigt, z.B. nur durch eine leichte Hypoxie, so nehmen die Schwingungsamplituden ab und die scharfe Frequenzabstimmung geht verloren. Die Schwingungseigenschaften der Basilarmembran sind also kein passiver Vorgang. Aktive Prozesse etablieren vielmehr einen frequenzspezifischen Verstärkermechanismus (s.S. 307).

Der Transduktionsprozeß an den Haarzellen. Wie im letzten Abschnitt gezeigt, wird durch mechanische Eigenschaften der Cochlea erreicht, daß bei Beschallung des Ohres mit einer bestimmten Frequenz die Basilarmembran nur an einem einzigen, eng umschriebenen Ort Schwingungen von nennenswerter Amplitude ausführt, nämlich im Bereich des Amplitudenmaximums. An dieser Stelle kommt es unter anderem auch zu **Relativbewegungen** zwischen Basilarmembran und Tektorialmembran. Dies wiederum führt entweder infolge eines direkten Kontakts der Cilien zur Tektorialmembran oder über Flüssigkeitsverschiebungen der subtektorialen Lymphe

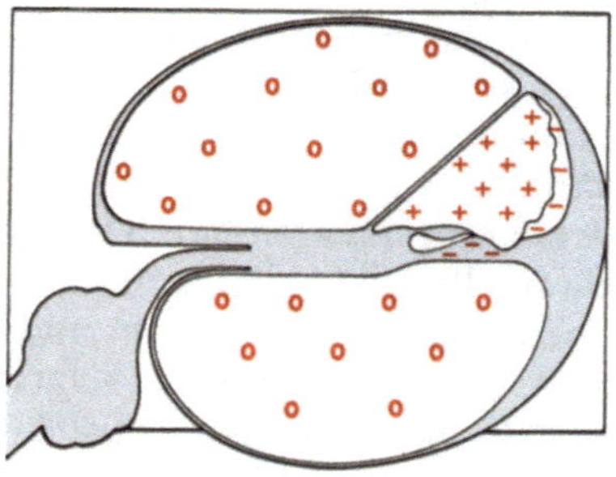

Abb. 12-10. Bestandspotentiale in der Cochlea

zu Abscherung der Cilien, wie bei den Vestibularisreceptoren also zum adäquaten Reiz.

Die Abscherung der Cilien löst den *Transduktionsprozeß* aus, durch den winzige mechanische Verformungen der Cilien zur Öffnung von Ionenkanälen und damit zur Depolarisation der Haarzelle führen. Wichtige Voraussetzung für diesen Prozeß ist zunächst das sog. **cochleäre Bestandspotential.** Messungen mit Mikroelektroden zeigen, daß der Endolymphraum gegenüber der Scala vestibuli bzw. gegenüber den übrigen Extracellulärräumen des Körpers positiv geladen ist (etwa +80 mV). Die Stria vascularis und das Corti'sche Organ zeigen eine negative Ladung von etwa −70 mV (s. Abb. 12-10). Dabei entsprechen die dort meßbaren Potentiale den intracellulären Potentialen der dort befindlichen Zellen. Das positive endocochleäre Potential wird durch energieliefernde Prozesse in der Stria vascularis aufrechterhalten. Man nimmt an, daß die Abscherung der Cilien über die Öffnung von Ionenkanälen zu einer reizsynchronen Änderung des Membranwiderstandes der Haarzellen führt. Da wegen der geschilderten Bestandspotentiale zwischen Endolymphraum und dem Inneren der Haarzelle eine große Potentialdifferenz von mindestens 150 mV besteht, müssen diese *reizsynchronen* Änderungen des Membranwiderstandes zu Ionenströmen führen, die das Membranpotential der Haarzelle ändern, also „Receptorpotentiale" bilden (sog. **Batteriehypothese** [7, 35, 38, 45a]). Diese Receptorpotentiale an den Haarzellen zu registrieren ist schwierig, aber möglich [30, 38, 47]. Einfacher ist es, während einer Beschallung in der Nähe der Receptoren, also etwa in der Scala tympani oder am runden Fenster mit Makroelektroden ein Potential abzuleiten, das **Mikrophonpotential** genannt wird (s. Abb. 12-11). Es verhält sich wie die Ausgangsspannung eines Mikrophons und gibt den Schalldruckverlauf recht genau wieder. So ist z.B. eine Bandaufnahme von Sprache, die statt durch ein Mikrophon über die Mikrophonpotentiale eines Versuchstieres aufgenommen wurde, ohne weiteres verständlich. Die Entstehung der Mikrophonpotentiale ist ungeklärt. Die bisherige Annahme, es handle sich um extracellulär ableitbare Komponenten der Receptorpotentiale der Haarzellen, läßt sich nicht halten. Intracelluläre Ableitungen von inneren und äußeren Haarzellen [6, 35, 38, 48] haben gezeigt, daß diese Zellen zwar Receptorpotentiale ausbilden, bei höheren Reizfrequenzen aber nur ein Gleichspannungsanteil zu registrieren ist. Das heißt, das Membranpotential der Haarzellen kann hohen Schallfrequenzen gar nicht folgen. Das Mikrophonpotential folgt dem Reiz (1), praktisch ohne Latenz, es besitzt (2) keine Refraktärzeit, (3) keine meßbare Schwelle und ist (4) nicht ermüdbar, verhält sich also nicht wie ein Nervenaktionspotential.

Die durch den Schallreiz bewirkte Depolarisation der inneren Haarzellen führt am basalen Teil der Haarzellen zu einer Ausschüttung eines Transmitters, bei dem es sich wahrscheinlich um Glutamat handelt [37a]. Der Transmitter erregt die afferenten Nervenfasern. Wird das Ohr mit einem Klick (ein kurzer Druckpuls) beschallt, so kommt es zu einer synchronen Erregung der Fasern des N. acusticus, und es läßt sich am runden Fenster zusätzlich zum Mikrophonpotential noch ein Summenaktionspotential ableiten. Bei Dauerbeschallung entladen die Fasern nicht mehr synchron, deswegen können dann keine Summenaktionspotentiale mehr nachgewiesen werden. Die Abb. 12-11 zeigt Mikrophonpotential (CM) und Nervenaktionspotential (CAP) bei Beschallung des Ohres mit einem Klick. Die dort gezeigte Registrierung stammt von einer Katze, doch lassen sich derartige Potentiale auch beim Menschen ableiten, wenn man, was zu diagnostischen Zwecken u.U. geschieht, eine Elektrode durch das Trommelfell in die Nähe des runden Fensters schiebt.

Schallcodierung in den Fasern des Hörnerven. 90% der afferenten Nervenfasern des N. cochlearis sind myelinisiert und kommen von den inneren Haarzellen. Jede Nervenfaser kontaktiert dabei eine einzige innere Haarzelle, stammt also aus einem eng umschriebenen Ort der Cochlea. Von diesen dicken Fasern kann man mit Mikroelektroden Aktionspotentiale registrieren und ihr Verhalten gegenüber Schallreizen feststellen. (Dies gelingt dagegen von den dünnen Fasern, die von den äußeren Haarzellen stammen, nicht.) Da bestimmten Orten der Cochlea bestimmte Frequenzen zugeordnet sind, folgt daraus, daß jede von den inneren Haarzellen kommende Nervenfaser durch eine ganz bestimmte Frequenz optimal erregt werden kann. Diese Frequenz nennt man die **charakteristische Frequenz** einer Faser. Eine Einzelfaser des N. cochlearis ist also dann am leichtesten zu erregen, wenn das Ohr mit dieser charakteristischen Frequenz beschallt wird. Wird das Ohr mit anderen Frequenzen erregt, so läßt sich die Faser entweder überhaupt nicht aktivieren oder nur dann, wenn entsprechend höhere Schalldruckpegel verwendet werden. Dies zeigt Abb. 12-12, wo für 2 verschiedene Einzelfasern des Hörnerven die Schwellen in Abhängigkeit von der Reizfrequenz schematisch dargestellt sind. Schwellenkriterium ist die Erhöhung der vorhandenen Spontanaktivität um einen bestimmten Betrag. Jede Faser ist innerhalb des gedeckten Bereichs aktivierbar. Die dargestell-

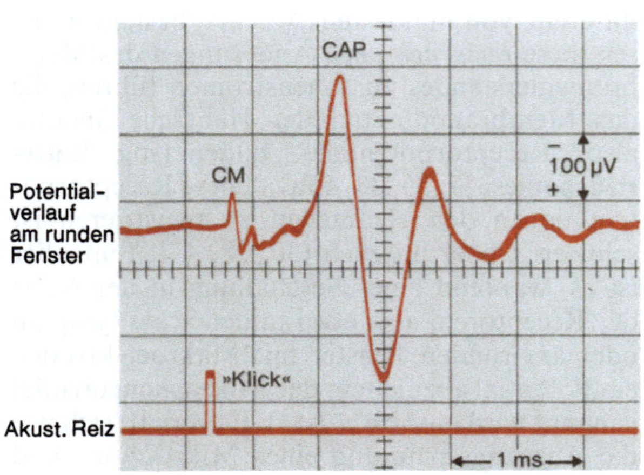

Abb. 12-11. Mikrophonpotential (*CM*) und Summenaktionspotential des N. acusticus (*CAP*) vom runden Fenster bei Beschallung des Ohres mit einem Klick

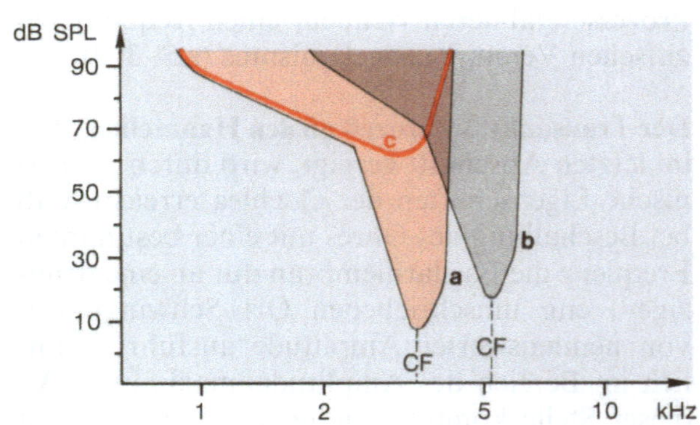

Abb. 12-12. Schematische Darstellung von Tuningkurven (*a*, *b*) afferenter Fasern des Hörnerven mit verschiedenen charakteristischen Frequenzen (*CF*). Die Kurve *c* ist typisch für eine pathologische Faser, wie man sie bei Innenohrschäden findet

ten Schwellenkurven nennt man auch **Tuningkurven** (Abstimmkurven). Sie bestehen aus einem scharf abgestimmten, schmalen Teil mit niedriger Schwelle und einem weniger scharf abgestimmten Teil mit höherer Schwelle.
Die Tuningkurve ist also Ausdruck der örtlichen Frequenzabbildung auf der Basilarmembran. Die Reaktion der Einzelfaser auf einen Schallreiz in Form einer Tuningkurve stellt eine **Spektralanalyse** des Schalles dar.
Enthält ein Schallreiz mehrere Frequenzen, so werden alle zugehörigen Gruppen von Nervenfasern erregt. Die *Dauer* eines Schallreizes wird durch die Dauer der Aktivierung, seine *Intensität* durch den Grad der Aktivierung codiert. Mit zunehmendem Schalldruck nimmt die Entladungsrate zu. Allerdings kann jede Faser nur bis zu einer bestimmten Entladungsrate aktiviert werden und erreicht dann einen Sättigungsbereich. Bei höheren Schalldruckpegeln werden aber nicht nur die betroffenen Fasern stärker erregt, sondern es werden zusätzlich auch noch benachbarte Fasern rekrutiert. Auch dies ist der Abb. 12-12 zu entnehmen. Beide Fasern werden aktiviert, wenn der Schall im doppelt gedeckten Bereich liegt. Zusammenfassend kann man also sagen, daß auf der Ebene der primären afferenten Fasern der Schallreiz in seine Frequenzkomponenten zerlegt ist. Die einzelnen Komponenten erregen die zugehörigen afferenten Fasern. Auf höheren Stationen der Hörbahn verhalten sich die Neurone anders.
Bei geschädigter Cochlea verlieren die afferenten Fasern an Empfindlichkeit und sind weniger frequenzselektiv (Abb. 12-12). Ähnlich verhalten sich auch die Receptorpotentiale der inneren Haarzellen. Gleiches wurde bereits über die mechanischen Schwingungseigenschaften der Basilarmembran gesagt. Man nimmt daher heute an, daß die Eigenschaften der inneren Haarzellen und der von ihnen kommenden afferenten Nervenfasern durch die Schwingungseigenschaften der Basilarmembran bedingt sind. Diese Schwingungseigenschaften sind von einem aktiven mechanischen Verstärkungsprozeß abhängig, der wahrscheinlich von den äußeren Haarzellen ausgeht. Diese Zellen nehmen den Schall als erste auf. Der mechanische Reiz führt bei ihnen über Öffnung und Schließung von Ionenkanälen zu schallsynchronen Verkürzungen bzw. Verlängerungen. Durch diese Oszillationen wird der Schall verstärkt [6, 30, 35, 38, 43, 48]. So werden auch die Basilarmembranbewegungen größer, vor allem wird das Schwingungsmaximum erhöht. Dadurch werden sekundär die weniger empfindlichen inneren Haarzellen erregt, die dann an den afferenten Nervenendigungen Aktionspotentiale auslösen. Der in der Cochlea entstehenden Schall läßt sich vor dem Trommelfell messen [36, 38]. Diese **otoakustischen Emissionen** beweisen das Vorhandensein aktiver Prozesse. Dieser Verstärkungsmechanismus ist gegenüber Schädigungen sehr empfindlich (s.S. 313), das Fehlen otoakustischer Emissionen wird diagnostisch gewertet.
Neben der besprochenen Codierung von Schallfrequenzen nach dem Ortsprinzip ist im Hörnerv aber noch eine **zweite Codierungsmöglichkeit** ausgenutzt: Bis zu Schallfrequenzen von etwa 5 kHz treten die neuronalen Entladungen im Hörnerv bevorzugt zu bestimmten Zeitpunkten innerhalb des Schwingungscyclus auf (sog. frequenzgekoppelte Entladungen). Zeitstrukturen im Schallreiz (etwa die Periode T der Abb. 12-5B) werden so durch zeitgerecht auftretende Aktionspotentiale im Hörnerv abgebildet und an das ZNS weitergegeben. Das Gehirn kann offensichtlich die so im Entladungsmuster entstehende Zeitstruktur auswerten und die zugrundeliegenden Schallfrequenzen berechnen (sog. **Periodizitätsanalyse**). Insbesondere Versuche mit direkter elektrischer Reizung des Hörnervs bei ertaubten Patienten haben gezeigt, daß periodische Reizungen zu einer Tonhöhenempfindung verarbeitet werden und daß die Periodizitätsanalyse in der Tat für das Hören eine wichtige Rolle spielt [31, 38, 45].

Das zentrale auditorische System

Verlauf der Hörbahn. Die Abb. 12-13 zeigt ein stark vereinfachtes Schema der Hörbahn. Der Übersichtlichkeit halber sind nur Bahnen vom linken Ohr eingezeichnet. Eine Pfeilspitze bedeutet jeweils Umschaltung auf ein weiteres Neuron. Um das Bild nicht zu überladen, sind rücklaufende Collateralen und Interneurone nicht eingezeichnet. Derartige neuronale Vernetzungen sind jedoch auch im auditorischen System weit verbreitet.
Die primären afferenten Fasern teilen sich, ein Ast zieht in den **Nucleus cochlearis ventralis,** der andere in den **Nucleus cochlearis dorsalis.** Der anatomische Feinaufbau dieser Kerne, insbesondere des dorsalen, ist bereits sehr kompliziert [5a, 10a, 11, 39]. Vom ventralen Teil geht eine ventrale Bahn aus, die, z.T. über den Kern des Trapezkörpers, zum Olivenkomplex der gleichen und der gegenüberliegenden Seite zieht. Die Nervenzellen des Olivenkomplexes erhalten so Eingänge von beiden Ohren. Auf dieser neu-

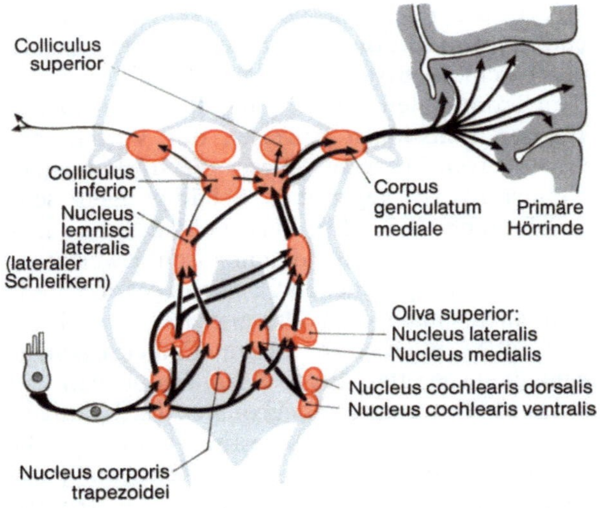

Abb. 12-13. Stark vereinfachtes Schema der Hörbahn. Dargestellt sind nur die von einer Seite ausgehenden Bahnen. Um die binauralen Verschaltungen in der oberen Olive anzudeuten, wurden jedoch vom rechten Nucleus cochlearis ventralis ausgehende Bahnen eingezeichnet. Auf die Darstellung der zentrifugalen Bahnen wurde verzichtet

ronalen Ebene besteht also erstmalig die Möglichkeit, akustische Signale, die auf beide Ohren einwirken, miteinander zu vergleichen. Darauf soll später noch eingegangen werden. Vom Nucleus cochlearis dorsalis entspringt eine dorsale Bahn. Die Fasern kreuzen auf die andere Seite und werden im **lateralen Schleifenkern** der Gegenseite umgeschaltet. Die Zellen des Olivenkomplexes projizieren zum Teil auf der gleichen Seite, zum Teil auf der Gegenseite nach oben. Nach jeweils neuer Umschaltung läuft die Hörbahn über den **Colliculus inferior** und das **Corpus geniculatum mediale** schließlich zur **primären Hörrinde** in den Gyri temporales transversi im oberen Temporallappen (sog. Heschl'sche Windung). Das Gebiet entspricht dem Brodmann-Areal 41. Der größte Teil dieses Areals ist in der Tiefe der Sylvischen Fissur verborgen. Der primären Hörrinde benachbart liegen weitere Projektionsfelder des auditorischen Systems, die als sekundäre Hörrinde bezeichnet werden (Brodmann-Areal 42). Bis zur primären Hörrinde besteht die Bahn somit aus wenigstens 5 bzw. 6 Neuronen, doch kommen auch noch weitere Umschaltungen und rückläufige Collateralen vor, die nicht im Schema der Abb. 12-13 eingezeichnet sind. Deswegen sind auch längere Ketten möglich. Einzelheiten sind in [11, 20] zu finden. Schließlich gibt es im Hörsystem neben den afferenten zentripetalen Fasern noch ein zentrifugales, efferentes System, das ebenfalls in Abb. 12-13 nicht eingezeichnet ist [37].

Erregungsbedingungen zentraler Neurone des Hörsystems. Während die primären afferenten Neurone des Hörnervs durch reine Töne, also sehr einfache akustische Reize erregbar sind, ist dies bei Neuronen der höheren Station der Hörbahn i.a. nicht mehr der Fall. Die Neurone des **ventralen Nucleus cochlearis** verhalten sich zwar noch ähnlich wie die des Hörnervs. Reine Töne führen dort, falls sie überhaupt überschwellig sind, immer zu Aktivierung. Es gibt scharfe Tuningkurven, die Latenzen sind kurz. Deswegen werden diese Fasern oft als „primary like" bezeichnet. Doch bereits im *dorsalen Nucleus cochlearis* hat sich das Bild grundlegend gewandelt [5a, 10a, 11, 46]. Obwohl auch hier die Neurone i.a. noch durch reine Töne erregbar sind, ist das Antwortmuster sehr unterschiedlich. Die Abb. 12-14 gibt ein Beispiel von Fasern, die den dorsalen Nucleus cochlearis verlassen. Als Reiz diente immer ein Ton mit charakteristischer Frequenz des Neurons und 50 ms Dauer. Das Neuron in Abb. 12-14A zeigt ein Verhalten ähnlich einer primären Faser. Die übrigen weichen stark davon ab. Einige Neurone des dorsalen Kerns können durch Beschallung gehemmt werden, andere wieder werden durch bestimmte Frequenzen erregt, durch Nachbarfrequenzen gehemmt. Andere Neurone wiederum lassen sich besonders leicht durch Töne erregen, deren Frequenz sich ändert, sog. frequenzmodulierte Töne, wobei derartige Neurone im Nucleus cochlearis jedoch auch durch reine Töne erregbar sind. Anatomische Grundlage für das Verhalten dieser Neurone sind collaterale Verschaltungen, die teils excitatorisch, teils inhibitorisch wirken.

Die *funktionelle Bedeutung* liegt offenbar darin, daß die Neurone auf bestimmte Eigenschaften des Schallreizes besonders reagieren, d.h. bereits hier Beiträge zur Mustererkennung geliefert werden. Dieses Verhalten wird in höheren Anteilen der Hörbahn immer deutlicher.

Je weiter man sich in der Hörbahn von der Cochlea entfernt, desto komplexere Schallmuster muß man verwenden, um die Neurone aktivieren zu können [20]. Oft reagieren die Zellen überhaupt nicht mehr auf reine Töne. Im *Colliculus inferior* z.B. gibt es Zellen, die nur durch frequenzmodulierte Töne erregbar sind, wobei häufig Richtung und Grad der Modulation von Bedeutung sind. Andere Zellen des Colliculus inferior reagieren zwar auf einen Ton, aber nur, wenn er amplitudenmoduliert ist, d.h. sich seine Intensität ändert. Auch hier muß häufig die Modulation bestimmte Eigenschaften haben, um das Neuron erregen zu können.

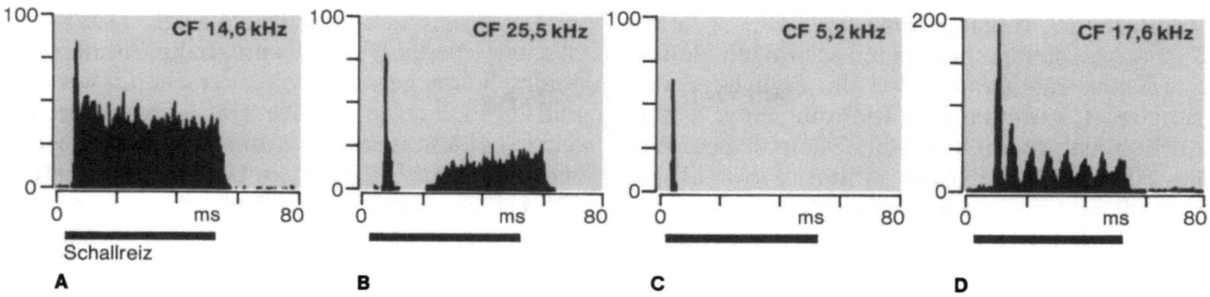

Abb. 12-14. Entladungsmuster von 4 Neuronen des dorsalen Nucleus cochlearis auf einen Ton von CF und 50 ms Dauer, nach [28]. *Abscisse:* Zeit; *Ordinate:* Zahl der Nervenaktionspotentiale

Ganz allgemein kann man sagen, daß die in einem Schallreiz enthaltene Information mehrfach umcodiert wird, während die neuronale Erregung die verschiedenen Stationen der Hörbahn durchläuft. Dabei extrahieren verschiedene Neuronentypen bestimmte Eigenschaften des Schallreizes und sprechen dann mehr oder minder spezifisch nur noch auf diese eine Eigenschaft an.

Wir werden im täglichen Leben fast nie mit reinen Tönen konfrontiert. Die Schallereignisse sind vielmehr aus verschiedenen Frequenzkomponenten zusammengesetzt, die sich ständig und unabhängig voneinander ändern können. Es ändert sich deren Amplitude sowie deren Frequenz, die Dauer ist unterschiedlich, Beginn und Ende sind abrupt oder allmählich, die Reize können repetitiv auftreten oder nur vereinzelt, die Schallquelle kann sich bewegen, nah oder fern sein usw. Zumindest Personen mit einem geschulten Gehör können über diese Eigenschaften eines Schalles Aussagen machen. Neuronale Prozesse, die diese Beurteilung vorbereiten, lassen sich insbesondere im **auditorischen Cortex** nachweisen [5a, 46]. So finden sich in der primären Hörrinde Neurone, die nur auf den Beginn eines Schallreizes reagieren und andere, die nur durch dessen Ende aktiviert werden. Wieder andere feuern nur, wenn der Schall bereits eine gewisse Zeit angedauert hat, andere, wenn er mehrfach wiederholt wird. Manche Neurone lassen sich nur dann aktivieren, wenn der Reiz in bestimmter Weise frequenz- oder amplitudenmoduliert ist. Viele lassen sich durch ein breites Frequenzband, also durch Geräusche, aktivieren, andere wieder haben Tuningkurven mit einem oder mehreren scharfen Minima. Die meisten corticalen Neurone werden vom kontralateralen Ohr aktiviert, manche jedoch vom ipsilateralen, andere wieder nur, wenn beide Ohren gleichzeitig beschallt werden. Ein beträchtlicher Prozentsatz der Neurone in der primären Hörrinde ist unter Laborbedingungen überhaupt nicht aktivierbar, d.h. also, daß diese Neurone vermutlich hochspezifisch auf sehr komplizierte Schallmuster reagieren, die im Verlaufe eines Experimentes nicht bestimmt werden können [46].

Insgesamt reagieren die Zellen des *primären auditorischen Cortex* ähnlich wie die komplexen bzw. hyperkomplexen Neurone des visuellen Cortex (s. S. 273). Sie arbeiten offenbar an der auditorischen Mustererkennung mit. Dies ist z.B. für das Sprachverständnis außerordentlich wichtig, und in der Tat finden sich Zellen im auditorischen Cortex von Affen, die vorwiegend auf bestimmte arteigene Kommunikationslaute reagieren. Doch sind die Eigenschaften dieser Neurone oft noch von unbekannten anderen Parametern abhängig, so daß ihr Verhalten einer gewissen Variabilität unterliegt [41].

Wegen der Lage des auditorischen Cortex führen Hirnläsionen, die den Temporallappen umfassen, zu Schwierigkeiten im Sprachverständnis, in der räumlichen Lokalisation einer Schallquelle (siehe später) und im Erkennen von zeitlichen Mustern des Schallreizes. Das Unterscheidungsvermögen für Frequenzen und Intensitäten bleibt bei derartigen Verletzungen jedoch erhalten. Einzelheiten über die zentrale Informationsverarbeitung beim Hören sind in [5a, 10a, 11, 20, 46] zu finden.

Neuere Untersuchungen zeigen im übrigen, daß die tonotope Organisation, wie sie in der Cochlea vorkommt, sich noch auf allen übrigen Stationen des auditorischen Systems, einschließlich des Cortex nachweisen läßt. Die tonotope Organisation des primären auditorischen Cortex, also seine Gliederung nach Schallfrequenzen, war eine Zeitlang abgelehnt worden.

Entgegen früheren Annahmen findet in den höheren Neuronen der Hörbahn offenbar keine nennenswerte Verschärfung des Frequenzkontrastes statt. Es hat sich gezeigt, daß Tuningkurven der primären Neuronen des Hörnervs bereits außerordentlich scharf sind, wenn die Versuchstiere in optimaler körperlicher Verfassung gehalten werden.

Auditorische Raumorientierung. Das zentrale Hörsystem liefert auch einen wichtigen Beitrag zur *Raumorientierung*. Wie die tägliche Erfahrung zeigt, kann man die Richtung einer Schallquelle recht genau angeben. Dazu ist beidohriges **(binaurales)** Hören nötig. Physikalische Grundlage für das **räumliche Hören** ist der Umstand, daß meist ein Ohr von der Schallquelle weiter entfernt ist als das andere. Da der Schall sich mit endlicher Geschwindigkeit fortpflanzt, trifft er am entfernteren Ohr **später** ein und nimmt außerdem an **Intensität** ab, wobei das auditorische System im Vergleich der Intensität an beiden Ohren bereits Unterschiede von nur 1 dB auswerten kann [3, 10a, 12]. Die Abb. 12-15 zeigt, wie man den Laufzeitunterschied berechnen kann. Der Wegunterschied beträgt $\Delta s = d \cdot \sin\alpha$, wobei d der Abstand der beiden Ohren ist und α der Winkel, unter dem die Schallquelle erscheint. Für die Zeitverspätung Δt ergibt sich dann $\Delta t = \Delta s/c$; c ist die Schallgeschwindigkeit. Schallverspätungen bis hinab zu $3 \cdot 10^{-5}$ s sind sicher zu beurteilen, was einer Abweichung der Schallquelle um ca. 3° von der Mittellinie entspricht. Unter optimalen Bedingungen kann dieser Wert noch um etwa die Hälfte verkleinert werden.

Es läßt sich sowohl im psychophysischen als auch im neurophysiologischen Experiment zeigen, daß zur Bildung eines Raumeindruckes tatsächlich **Laufzeit-** und **Pegeldifferenzen** ausgenutzt werden. Werden beide Ohren mit Kopfhörern unabhängig voneinander akustisch gereizt, so führt eine Verspätung oder eine Abschwächung des Signals auf einem Ohr zu einem Raumeindruck, das Schallereignis wird in das andere Ohr lokalisiert. Man kann aber eine Schallverspätung durch eine gleichzeitige Erhöhung der Intensität am gleichen Ohr wieder wettmachen und so wieder einen Mitteneindruck erzeugen [3]. Ähnliches läßt sich im neurophysiologischen Experiment zeigen: Im Komplex der oberen Olive, wo erstmalig Bahnen von beiden Seiten gegeneinander verschaltet werden, und im Colliculus inferior gibt es Neurone, bei denen ein ähnliches Verhalten hinsichtlich Reizzeitpunkt und Intensität zu beobachten ist [10a, 12, 41]. Sie werden maximal erregt, wenn der Schall auf einem Ohr lauter ist **und** früher eintrifft als auf dem anderen und umgekehrt. Daneben gibt es einen anderen Zelltyp, der maximal aktiv ist, wenn der Schallreiz an den beiden Ohren mit bestimmten Zeit- oder Intensitätsunterschieden dargeboten wird. Der erste Zelltyp reagiert also maximal auf Schallreize, die auf einer Ohrachse liegen, wogegen der andere unter bestimmten Schalleinfallswinkeln maximal reagiert [5a, 10a, 41]. Im Colliculus superior wird dann, zusammen mit visuellen Eingängen, eine Raumkarte aufgebaut. Auch im **auditorischen Cortex** gibt es Zellen, die nur dann aktiviert werden können, wenn sich die Schallquelle an einem bestimmten Ort befindet. Fehlt die Hörrinde, so ist die Raumorientierung gestört. Insgesamt bestehen aber keine klaren Vorstellungen darüber, wie es das Zentralnervensystem schafft, die minimalen Zeitdifferenzen in der Größenordnung von 10^{-4} s auszuwerten.

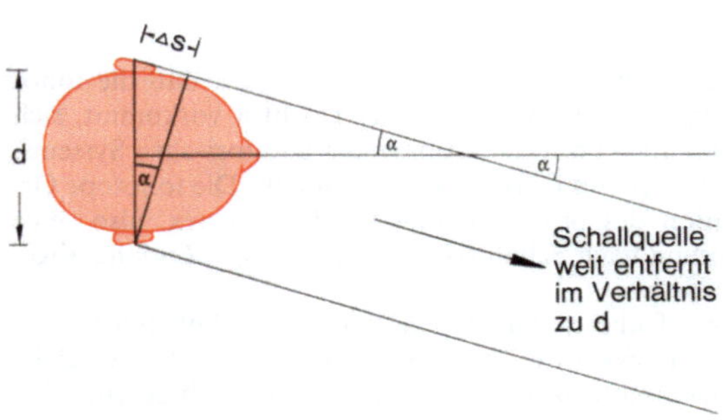

Abb. 12-15. Berechnung der Laufzeitdifferenzen beim räumlichen Hören (s. Text)

Laufzeit- und Pegeldifferenzen reichen aber nicht aus, zu entscheiden, ob sich die Schallquelle vorn oder hinten bzw. oben oder unten befindet. Um dies zu unterscheiden, ist ein weiteres Hilfsmittel nötig, das wir in Form der Ohrmuschel besitzen. Die Ohrmuschel besitzt eine Richtcharakteristik und „verzerrt" ein Schallsignal in bestimmter Weise, abhängig vom Ort der Schallquelle. Der Organismus nützt dies zur Schallokalisation aus. Benützt man dieses Hilfsmittel technisch, so kann man mit Hilfe eines künstlichen Kopfes, der anstelle der Trommelfelle Mikrophone besitzt, hervorragende stereophone Tonaufnahmen machen [3].

Hören in gestörter Umgebung. Wichtiger als für die Raumorientierung ist binaurales Hören jedoch bei der Analyse eines akustischen Signals in Gegenwart von störendem Lärm. Hier werden interaurale Pegel- und Intensitätsdifferenzen vom ZNS dazu ausgenutzt, den Hintergrundlärm zu unterdrücken und das interessante Signal herauszuheben (z.B. Aufmerksamkeitszuwendung auf einen Gesprächspartner auf einer Party). Dieser selektive Filterprozeß verbessert die Hörbarkeit eines Signals um etwa 10 dB [12]. Beim einohrig Schwerhörigen kann dieser Prozeß nicht ablaufen, wovon man sich beim Zuhalten eines Ohres leicht überzeugen kann. Daher ist es wichtig, Hörgeschädigten ein binaurales Hören zu ermöglichen und nötigenfalls beide Ohren mit einem Hörgerät zu versorgen.

Adaptation im Hörsystem. Das Hörsystem zeigt wie andere Sinnessysteme das Phänomen der **Adaptation.** An diesem Vorgang sind sowohl peripheres Ohr als auch zentrale Neurone beteiligt. Ausdruck der Adaptation ist ein Anstieg der Hörschwelle (temporary threshold shift = TTS). Die Adaptation ist nicht ein nutzloser oder unerwünschter Mechanismus. Sie führt vielmehr zu einer Verkleinerung der Unterschiedsschwelle und trägt daher zur Differenzierung unserer Hörerlebnisse bei. Erreicht wird dies dadurch, daß im adaptierten Zustand die Isophonen nach oben verschoben werden, dabei gleichzeitig aber näher zusammenrücken. Näheres s. [13, 27].

Pathophysiologie der Hörstörungen

Schwerhörigkeit und Taubheit beeinflussen das Leben eines Betroffenen erheblich. Sie sind daher von großer klinischer Bedeutung. Die Ursachen für eine Einschränkung des Hörvermögens lassen sich in 3 Gruppen einteilen.

1. Schalleitungsstörungen: Bei diesen liegt eine Schädigung des Mittelohres, also des Schalleitungsapparates vor. Ursache ist z.B. eine Entzündung oder gar das Fehlen der Gehörknöchelchen als Folge einer Mittelohrvereiterung. Der Trommelfell-Gehörknöchelchen-Apparat überträgt dann nicht im üblichen Umfang Schallenergie ans Innenohr. So resultiert auch bei intaktem Innenohr eine Verschlechterung des Hörvermögens. Durch mikrochirurgische Maßnahmen können Mittelohrschäden operativ deutlich gebessert werden.

2. Schallempfindungsstörungen: Hier sind die Haarzellen des Corti'schen Organs geschädigt, wodurch der Transduktionsprozeß an den Sinneszellen oder die Transmitterfreisetzung gestört sind. Eine Störung der Informationsübertragung von der Cochlea ans ZNS, also Schwerhörigkeit ist die Folge.

3. Retrocochleäre Schäden: Bei dieser Gruppe von Erkrankungen sind Mittelohr und Innenohr intakt, jedoch Schäden am zentralen Teil der primären afferenten Nervenfasern oder an anderen Teilen der Hörbahnen vorhanden, z.B. bedingt durch einen Hirntumor.

Die Prüfung des Hörvermögens eines Patienten wird als **Audiometrie** bezeichnet. Mit Hilfe unterschiedlicher Tests kann eine Schädigung nachgewiesen werden und auf deren Sitz rückgeschlossen werden (Einzelheiten in [14]).

Der wichtigste klinische Test ist die **Schwellenaudiometrie.** Dem Patienten werden hierbei über Kopfhörer einohrig verschiedene Töne dargeboten. Der Arzt beginnt im sicher unterschwelligen Bereich und erhöht den Schalldruck langsam, bis der Patient eine Hörempfindung angibt. Der dazu benötigte Wert wird zur Dokumentation in ein Diagramm eingetragen (s. Abb. 12-16), das als *Audiogramm* bezeichnet wird. In diesen Formularvordrucken ist die normale Hörschwelle als gerade Linie dargestellt, die mit „0 dB" bezeichnet wird. Höhere Schwellenwerte sind im Gegensatz zur Abb. 12-8 nach unten

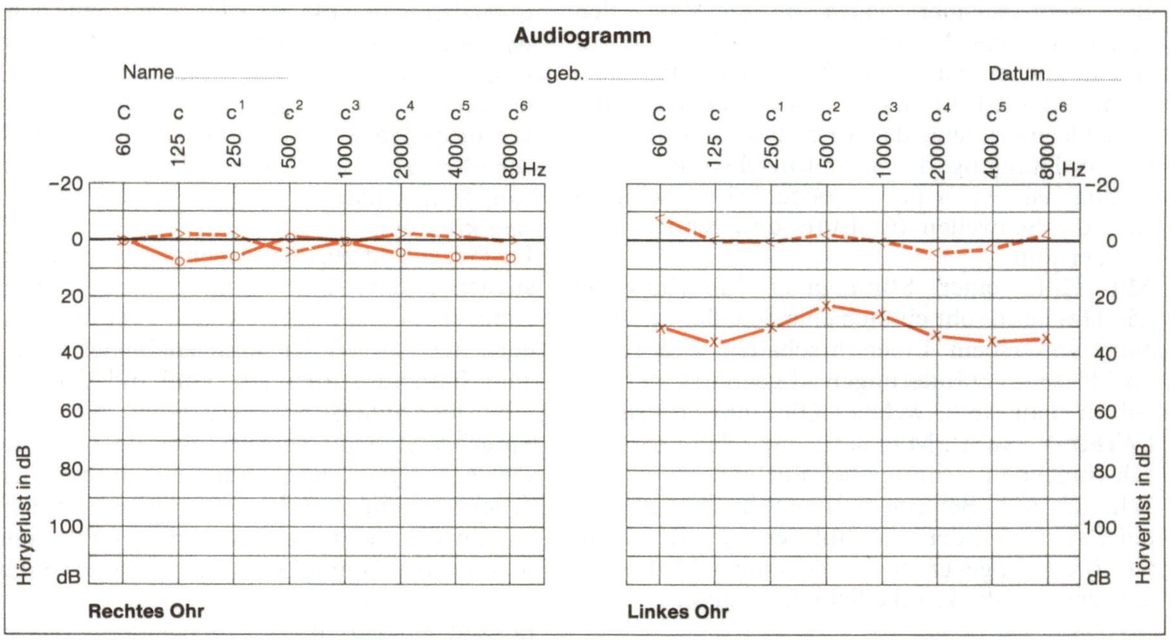

Abb. 12-16. Audiogramm eines Patienten mit einer linksseitigen Schalleitungsstörung. Knochenleitung; Luftleitung

abgetragen. Sie geben an, um wieviel dB die Hörschwelle eines Patienten über der normalen Hörschwelle liegt. Die Werte dürfen nicht mit dem Schalldruckpegel verwechselt werden, der in dB SPL angegeben wird. Liegt die Hörschwelle eines Patienten um soundso viel dB über dem normalen Wert, so spricht man von einem Hörverlust von soundso viel dB. Um eine Vorstellung zu geben: Wenn Sie Ihre beiden Gehörgänge mit den Fingern verschließen, entsteht ein Hörverlust von fast 20 dB (man darf bei diesem Experiment natürlich mit den Fingern nicht allzu viele Störgeräusche erzeugen). Das klinische Verfahren prüft, unter Verwendung von Kopfhörern, die *Luftleitung*. In ähnlicher Weise kann man die *Knochenleitung* prüfen, wenn man statt des Kopfhörers einen Schwingkörper verwendet, der auf den Warzenfortsatz der zu prüfenden Seite aufgesetzt wird und der die Schädelknochen direkt zu Schwingungen anregt. Der Vergleich von Schwellenkurven von Luft- und Knochenleitung erlaubt eine Unterscheidung von Mittelohrschwerhörigkeit und Innenohrschwerhörigkeit.

Die **Mittelohrschwerhörigkeit** stellt eine **Schalleitungsstörung** dar. Das Innenohr selbst ist dabei nicht geschädigt. Bei einem solchen Schaden wird also für Luftleitung ein Hörverlust bestehen (s. Abb. 12-16). Für Knochenleitung werden dagegen normale Schwellenwerte gefunden, denn bei Knochenleitung gelangt ja die Schallenergie ohne Mithilfe des Mittelohres an die Haarzellen.

Bei einem **Innenohrschaden** sind die Haarzellen geschädigt, das Mittelohr ist jedoch intakt. In einem solchen Fall wird also sowohl das Hörvermögen bei Luft- als auch bei Knochenleitung verschlechtert sein, da ja der Hörverlust durch eine Schädigung des receptorischen Prozesses bedingt ist. Auch bei retrocochleären Schäden sind die Schwellen für Luft- und Knochenleitung erhöht.

Mit Hilfe einer Stimmgabel (üblicherweise 256 Hz) kann sehr einfach eine Schalleitungsstörung von einem Innenohrschaden und retrocochleären Veränderungen abgegrenzt werden, sofern man weiß, welches Ohr schwerhörig ist (**Weber-Versuch**). Man setzt dazu den Griff der schwingenden Stimmgabel auf die Mitte des Schädels auf. Bei einem Innenohrschaden gibt der Patient an, den Ton auf der gesunden Seite zu hören, wogegen er ihn bei einem Mittelohrschaden auf die kranke Seite lateralisiert.

Die Erklärung dieses Phänomens für den Fall des Innenohrschadens ist einfach. Die geschädigten Receptoren des kranken Ohres führen zu einer schwächeren Erregung des Hörnerven, also erscheint der Ton am gesunden Ohr lauter, was zu einem Richtungseindruck (s.S. 310) verarbeitet wird. Im Falle des Mittelohrschadens sind 3 Vorgänge gleichzeitig am Zustandekommen beteiligt. Zum ersten beruht die Erkrankung ja auf einer Einschränkung der Schwingungsfähigkeit der Gehörknöchelchen. Es ist daher nicht nur der Schalltransport von außen nach innen, sondern auch umgekehrt der Schallabfluß von innen nach außen reduziert. Aus dem durch Knochenleitung erregten Innenohr geht also weniger Schallenergie nach außen verloren als auf der gesunden Seite (Mach-Schallabflußtheorie). Zweitens ist das erkrankte Mittelohr meistens entzündlich verändert, deswegen werden die Gehörknöchelchen schwerer. Dies verbessert die Anregungsbedingungen für das Innenohr bei Knochenleitung. Zum dritten wird das kranke Ohr auf einen geringen Geräuschpegel adaptiert, da wegen der Schalleitungsstörung weniger Umweltgeräusche an das Innenohr gelangen. Die Receptoren der kranken Seite sind dadurch empfindlicher als auf der gesunden Seite. Am Patienten mit Mittelohrschaden wirken alle 3 Faktoren synergistisch in dem Sinne, daß das kranke Ohr den Ton lauter empfindet. Näheres s. [7].

Der **Rinne-Test** vergleicht Luft- und Knochenleitung am gleichen Ohr. Der Griff der schwingenden Stimmgabel wird auf den Warzenfortsatz aufgesetzt, der Patient hört durch Knochenleitung. Ist der Ton so nicht mehr hörbar, wird die Stimmgabel vor das Ohr gehalten (Luftleitung). Der Ohrgesunde und der Patient mit einer Schallempfindungsstörung hören den Ton dann wieder (Rinne positiv), der Schalleitungsgestörte hört ihn nicht (Rinne negativ).

Eine Abnahme des Hörvermögens bei älteren Menschen kommt in zivilisierten Ländern regelmäßig vor. Dieser als **Presbyakusis** bezeichnete Hörverlust zeigt sich zuerst bei hohen Frequenzen. So hat ein 60jähriger im Mittel bei 8 kHz mit etwa 40 dB, bei 4 kHz mit etwa 30 dB Hörverlust zu rechnen. Der Schaden ist vom cochleären-retrocochleären Typ und erfaßt häufig auch für das Sprachverständnis wichtige Frequenzbereiche [14]. Er stellt somit eine schwerwiegende Behinderung dar. Trotz der Bezeichnung *Presbyakusis* (Altersschwerhörigkeit) ist ein großer Teil dieses Hörverlustes nicht auf Alterungsprozesse sondern auf lärmbedingte Hörschäden zurückzuführen, die durch Zivilisationslärm entstehen und leicht vermieden werden könnten.

Im Gegensatz zur Schwellenaudiometrie untersuchen andere Testverfahren das Differenzierungsvermögen des Hörsystems im überschwelligen Bereich. Bei der **Sprachaudiometrie** werden dem Patienten über ein Tonband Zahlwörter oder genormte Silben dargeboten. So wird das **Sprachverständnis** geprüft. Bei einer Innenohrschwerhörigkeit kann auch bei hohen Schalldrücken kein hundertprozentiges Sprachverständnis erreicht werden, weil beim Innenohrschaden die Tuningkurven der Hörnervenfasern verändert sind (s.u.).

Besteht ein einseitiger Hörschaden, so erlaubt die Messung des sog. **Recruitment** die Entscheidung, ob es sich um eine Schädigung des Corti-

Organs handelt. Dabei werden die Ohren mit Kopfhörern beschallt, und es werden die Schalldruckpegel verglichen, die auf beiden Ohren zu gleicher Lautstärkeempfindung führen. Am kranken Ohr ist die Hörschwelle erhöht, so daß also zunächst ein höherer Schalldruck erforderlich ist. Liegt eine Schädigung des Corti'schen Organs vor, so genügt am kranken Ohr eine geringere Erhöhung des Schalldruckes, um den gleichen Zuwachs in der Lautstärkeempfindung hervorzurufen wie am gesunden Ohr. Schließlich wird bei weiterer Erhöhung ein Wert erreicht, wo auf beiden Ohren bei gleichem Schalldruck die gleiche Lautstärkeempfindung hervorgerufen wird (sog. positives Recruitment). Bei einem Mittelohrschaden oder bei retrocochleären Schäden tritt kein Recruitment auf [14].

Es gibt noch eine ganze Reihe anderer Tests, die mit anderen Methoden den Zuwachs der Lautstärkeempfindung messen, und die ebenso erklärt werden müssen wie das Recruitment. Ein Beispiel ist der **SISI-Test** (**S**hort **I**ncrement **S**ensitivity **I**ndex). Dieser Test wird heute weitgehend verwendet, da jedes Ohr für sich getestet werden kann und ein gesundes Vergleichsohr nicht benötigt wird. Er wird folgendermaßen durchgeführt: Während eines Dauertones, der 20 dB über der Hörschwelle angeboten wird, wird für kurze Zeit die Intensität um 1–5 dB erhöht. Patienten mit Innenohrschaden können ein Inkrement von 1 dB bereits wahrnehmen, wogegen Gesunde bis zu 5 dB benötigen.

Zur Hörprüfung werden schließlich noch durch akustische Reize ausgelöste Reaktionspotentiale des Hirnstammes und der Hirnrinde verwendet. Dabei werden die durch mehrere Einzelreize hervorgerufenen EEG-Änderungen mit Hilfe eines Computers summiert. Dadurch gelangen die einem Schallreiz folgenden Potentialschwankungen des EEG, die sonst in der Ruheaktivität ertrinken, zur Darstellung. Man erhält Mittelwertskurven, die je nach Untersuchungsziel und entsprechend angewandter Technik mehrere Potentiale unterschiedlicher Latenz enthalten (sog. **E**voked **R**esponse **A**udiometrie, **ERA**). die früheren Potentiale haben Latenzen unter 10 ms [19]. Ihre Entstehung wird in den verschiedenen auditorischen Kernen des Hirnstammes vermutet, doch ist dies nicht für alle Komponenten gesichert. Andererseits kann kein Zweifel daran bestehen, daß die Potentiale Ausdruck der spezifischen Verarbeitungsprozesse sind, die in den basalen Hörbahnanteilen ablaufen. Obwohl die Auswertung dieser Potentiale auch zu Hörschwellenbestimmungen herangezogen werden kann, ist die Methode doch wesentlich besser zur neurologischen Feindiagnostik geeignet. Sie erlaubt Rückschlüsse darauf, wie weit die einem akustischen Reiz folgenden neuronalen Prozesse intakt sind. Bei Erkrankungen im Hirnstammbereich sind diese Potentiale verändert.

Die späten Potentiale (Latenzen um 150 ms) sind weniger spezifisch und haben in letzter Zeit wieder an praktischer Bedeutung verloren.

Mechanismus des Innenohrschadens. Bei Innenohrschäden verschiedenster Ursache läßt sich im Tierexperiment nachweisen, daß die Schwelle der Einzelfasern im Hörnerv erhöht und ihre Abstimmschärfe verschlechtert ist [32]. Schuld daran ist eine Schädigung des aktiven Verstärkermechanismus im Innenohr (s.S. 307). Die Tuningkurve einer solchen pathologischen Faser ist in Abb. 12-12 gezeigt. Diese Veränderung umfaßt sehr viele oder gar alle Fasern, zumindest in einem bestimmten Frequenzbereich. So ist der Anstieg der Hörschwelle und auch die Verschlechterung der Frequenzdiskrimination zu erklären, die schließlich zu einer Erschwerung des Sprachverständnisses führt. Die flachen Tuningkurven erlauben auch die Erklärung des Recruitments: Die Fasern werden bei niedrigem Schalldruckpegel überhaupt nicht aktiviert. Ist aber einmal die Schwelle für die Fasern überschritten, und der Schalldruck wird weiter erhöht, so werden schnell sehr viele Fasern aktiviert, da flache Tuningkurven ja geringe Frequenzselektivität bedeuten. So werden dann sehr schnell ebenso viele Fasern aktiviert wie am gesunden Ohr, und ab einem bestimmten Schalldruck wird der Testton auf beiden Ohren gleich laut empfunden.

Schwerhörigkeit und Taubheit stellen ein ernstes Problem für die Betroffenen dar, weil sie den Patienten in die Isolation treiben. Er verliert die wesentlichen Kontakte zu Mitmensch und Umwelt und ändert sein Verhalten beträchtlich. Andere Sinneskanäle können die Aufgaben des Hörsinnes nur ganz unbefriedigend übernehmen. So ist der Hörsinn der wichtigste Sinn des Menschen [7], dessen Verlust nicht ernst genug genommen werden kann. Dabei wird er nicht nur zur Aufnahme und Analyse der Sprache, sondern auch zum Erlernen des Sprechens und zu seiner Kontrolle benötigt. Angeboren gehörlose Kinder lernen nicht sprechen, weil ihnen der auditorische Stimulus fehlt. Eine vor dem Spracherwerb bestehende (prälinguale) Gehörlosigkeit ist daher besonders ernst zu nehmen. Mangelnde Sprachentwicklung reduziert nämlich die Bildungsfähigkeit beträchtlich und führt daher zu Behinderung. Deswegen muß man bei connatal schwerhörigen Kindern schon vor dem 12. Lebensmonat ein Hörgerät verordnen.

Der Verdacht auf connatale Schwerhörigkeit besteht, wenn der Säugling am Ende des 1. Lebenshalbjahres das Babyplappern nicht durch Silben oder einfache Wortgebilde ablöst, statt dessen Lautäußerungen seltener werden oder ganz verstummen. Auch Zuwendungsreaktionen auf Schallreize müssen spätestens im 8.–10. Lebensmonat vorhanden sein [34a].

12.3 Physiologie des Sprechapparates

Dieser Abschnitt soll die Physiologie des peripheren Sprechapparates behandeln. Auf die interessanten zentralnervösen Prozesse, die eigentlich das Fundament der „Sprache" ausmachen, und bei deren Ausfall das Kommunikationssystem weit mehr gestört ist als bei Ausfall des peripheren Sprechapparates, soll hier nicht eingegangen werden, einige Hinweise sind ab S. 159 zu finden.

Grundsätzliche Eigenschaften des beim Sprechen erzeugten akustischen Signals

Die tägliche Erfahrung lehrt, daß Stimmen verschiedener Personen unterschiedlich „hoch" sein können. So unterscheidet sich z.B. die Sprechlage eines Mannes von der einer Frau um etwa eine Oktave. Ferner kann ein Sprecher seine eigene Stimmlage verändern, insbesondere beim Singen. Wenn jemand (z.B. nach der Melodie: „Fuchs Du hast die Gans gestohlen") die Silben la la la... singt, so zeigt sich, daß der Vokal /a/ in jedem Fall eindeutig erkannt werden kann, obwohl die Höhe des gesungenen „Tones" sich ändert. Umgekehrt können wir die Tonhöhe festhalten und die gesungenen Vokale ändern, also /a, e, i. o, u/:. Ein Zuhörer erkennt klar, daß die Tonhöhe gleich bleibt, aber die gesungenen Vokale geändert werden. Das beim Sprechen oder Singen erzeugte und vom Hörsystem analysierte akustische Signal muß also mindestens 2 unabhängig voneinander zu verändernde Parameter enthalten, von denen der eine die Information über die Stimmlage, der andere die Information über den phonemischen Gehalt, also z.B. bestimmte Charakteristika für den Vokal /a/ übermittelt. Dies ist tatsächlich der Fall. Die beiden Parameter werden durch 2 grundsätzlich verschiedene Mechanismen erzeugt. Der Mechanismus, der die Stimmlage kontrolliert, wird **Phonation (Stimmbildung)** genannt und läuft im Kehlkopf ab. Physikalische Grundlage ist eine Oscillation der Stimmbänder. Der Mechanismus, der den phonemischen Aufbau bestimmt, wird **Artikulation** genannt. Er spielt sich im Mund-Rachen-Raum (evtl. auch Nasenraum) ab. Hier ist die physikalische Grundlage eine Resonanz der Hohlräume. Daß beide Mechanismen voneinander zu trennen sind, zeigt das Beispiel der Flüsterstimme (s.S. 316). Der Flüsterstimme kann keine Stimmlage zugeordnet werden, die zur Stimmbildung führenden Prozesse sind ausgeschaltet und nur die Artikulation wird durchgeführt.

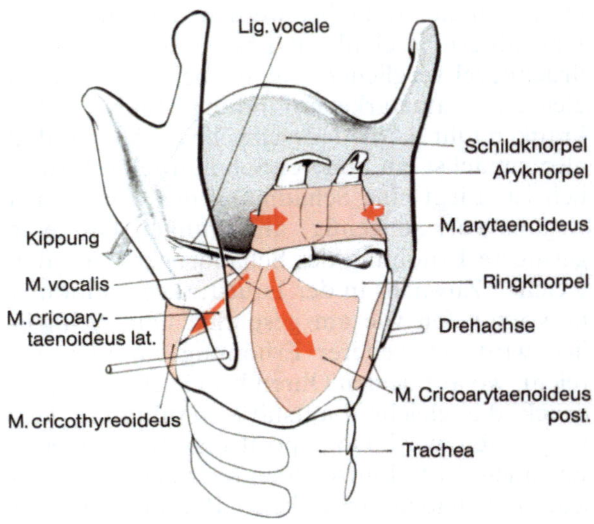

Abb. 12-17. Schematische Darstellung des Kehlkopfes und der Kehlkopfmuskulatur. Der graue Pfeil gibt die Richtung an, in die der Schildknorpel kippen kann

Phonation

Funktionelle Anatomie des Kehlkopfes. Der Kehlkopf (Larynx) bildet das obere Ende der Trachea (s. Abb. 12-17). Er besteht aus dem **Ringknorpel** (Cartilago cricoidea), dem **Schildknorpel** (Cartilago thyreoidea) und den beiden **Stellknorpeln** (Cartilagines arytaenoideae). Der Schildknorpel kann gegenüber dem Ringknorpel 1. nach vorn gleiten und 2. nach vorn unten kippen. Die Stellknorpel sitzen der Platte des Ringknorpels auf und können dort 1. sowohl um ihre Längsachse gedreht werden als auch 2. auf der Platte des Ringknorpels gleitend voneinander weg bzw. aufeinander zu bewegt werden (s. Abb. 12-18). Sie können 3. nach vorne geneigt werden. Zwischen dem Schildknorpel und den Processus vocales der beiden Stellknorpel spannen sich die beiden **Stimmbänder,** die zwischen sich einen Spalt bilden, die **Glottis.** Durch diesen Spalt muß die Luft sowohl beim Atmen als auch beim Sprechen hindurchtreten. Von besonderer funktioneller Bedeutung sind die Kehlkopfmuskeln: Der **M. cricothyreoideus** liegt ventral zwischen Ring- und Schildknorpel. Der **M. cricoarytaenoideus** bildet auf jeder Seite 2 Teile, der M. cricoarytaenoideus lateralis zieht vom Stellknorpel zum lateralen Teil des Ringknorpels, der M. cricoarytaenoideus posterior (Posticus) zum hinteren Teil der Ringknorpelplatte. Die **Mm. arytaenoidei** verbinden beide Stellknorpel auf ihrer Dorsalseite. Die **Mm. vocales** liegen in den Stimmbändern und ziehen also von den Stellknorpeln zum Schildknorpel. Lateral davon gibt es beiderseits noch einen Muskel, den M. thyreoarytaenoideus lateralis.
Die nervöse Versorgung des Kehlkopfes geschieht über 2 Äste des N. vagus. Der N. laryngeus superior versorgt sensibel die Schleimhaut und motorisch den M. cricothyreoideus. Der N. laryngeus inferior ist der Endast des N. recurrens, er versorgt motorisch die übrigen Kehlkopfmuskeln und sensibel den subglottischen Raum.

Aufgabe der Kehlkopfmuskeln ist es, die *Weite der Stimmritze* und die *Spannung der Stimmbänder* den Erfordernissen bei der Stimmbildung anzupassen. Dabei wirken unterstützend auch andere Muskeln mit, die direkt oder indirekt Kräfte auf den Larynx ausüben können, z.B. der M. sternohyoideus. Die Stimmritze wird erweitert durch den M. cricoarytaenoideus posterior (Posticus), der die Stellknorpel auseinanderzieht und die Processus vocales nach lateral dreht (s. Abb. 12-18). Verengt wird die Stimmritze durch die Mm. arytaenoidei, die Mm. cricoarytaenoidei laterales und die Mm. thyreoarytaenoidei laterales. Schließlich wird die **Spannung** der Stimmbänder durch die Mm. cricothyreodei und die Mm. vocales reguliert. Dabei kippt der M. cricothyreoideus den Schildknorpel nach vorn (s. Abb. 12-17) und entfernt ihn so von den Processus vocales der Stellknorpel. Dadurch werden die Stimmbänder gespannt. Die Mm. vocales andererseits erhöhen durch ihre Kontraktion den Elastizitätsmodul und damit die Spannung der Stimmbänder. Während normaler Atmung halten die Mm. cricoarytaenoidei postici die Stimmritze weit offen (s. Abb. 12-18).

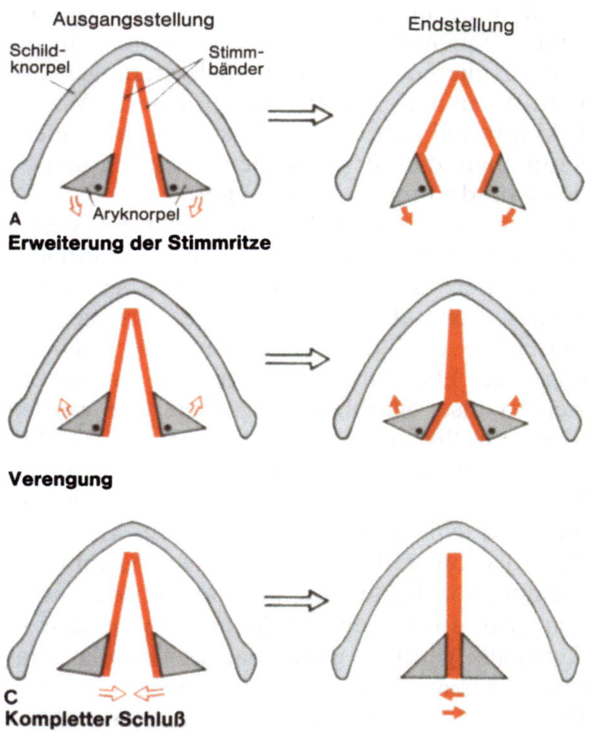

Abb. 12-18A–C. Schematische Darstellung der Wirkungsweise der Kehlkopfmuskulatur. Das Bild entspricht in etwa dem Anblick beim Kehlkopfspiegeln und stellt Schildknorpel, Aryknorpel und Stimmbänder dar. **A** Erweiterung der Stimmritze durch M. cricoarytaenoideus post. (=posticus). **B** Verengung durch den M. cricoarytaenoideus lateralis, das sog. Flüsterdreieck bleibt offen. **C** Kompletter Schluß durch die Mm. arytaenoidei

Mechanismus der Phonation (Stimmbildung). Beim Sprechen und Singen wird zunächst eine Exspiration eingeleitet. Im Gegensatz zu den Verhältnissen bei der normalen Atmung ist jedoch die Glottis geschlossen oder zumindest stark verengt. Dadurch baut sich im Thorax ein höherer Druck auf als bei einer normalen Exspiration (subglottischer Druck). Er überschreitet auf jeden Fall 400–600 Pa ($\approx$4–6 cm H_2O) und kann ohne weiteres 2000 Pa ($\approx$20 cm H_2O) oder mehr erreichen. Ist die Glottis geschlossen, so werden die Stimmbänder durch diesen Druck auseinandergepreßt. In diesem Moment entsteht ein Luftstrom, Luft strömt durch die Glottis in den Mund-Rachen-Raum. Die Glottis bildet einen *Engpaß* im Exspirationstrakt. Dort ist die Strömungsgeschwindigkeit der Exspirationsluft weit höher als in der Trachea. Nach den Bernoulli'schen Gesetzen folgt daraus, daß dort der Luftdruck sehr klein wird; deswegen schließt sich die Glottis wieder, und der Vorgang beginnt von neuem. Sie Stimmbänder führen also **Bernoulli-Schwingungen** aus. Im Rhythmus dieser Schwingungen wird der Luftstrom ständig unterbrochen, es entsteht ein hörbarer Klang, die Stimme, deren Grundfrequenz („Tonhöhe" des allgemeinen Sprachgebrauchs) den Unterbrechungen des Luftstroms entspricht.

Da der Luftstrom durch das Öffnen und Schließen der Stimmbänder nicht sinusförmig moduliert wird, entsteht kein reiner Ton, sondern ein Klanggemisch, das reich an Obertönen ist [5]. Die Häufigkeit, mit der die Glottis pro Zeiteinheit geöffnet bzw. geschlossen wird und damit die Grundfrequenz des erzeugten Klanges, hängt in erster Linie von der Spannung der Stimmbänder und erst in zweiter Linie vom subglottischen Druck ab. Beide Parameter können aber durch die Kehlkopfmuskulatur und die Thoraxmuskulatur verändert werden. Je höher die Spannung der Stimmbänder (bzw. je höher der subglottische Druck), desto höher wird die Grundfrequenz des erzeugten Klanges. Das heißt also, daß die Grundfrequenz des beim Sprechen oder Singen erzeugten Klanges willkürlich verändert werden kann. Es entspricht dies unserem ersten einleitenden Beispiel, in dem der Vokal /a/ in verschiedenen „Tonhöhen" gesungen werden sollte. Bedingt durch die anatomischen Unterschiede des Kehlkopfes, insbesondere in der Länge der Stimmbänder, die unterschiedliches Schwingungsverhalten bedingen, teilt man die Stimmlagen in **Baß, Tenor, Alt** und **Sopran** ein. Innerhalb einer Stimmlage unterscheidet man noch verschiedene **Register.**

Zum Erzeugen und Halten eines „Tones“ müssen beim Singen außerordentlich fein abgestimmte Kontraktionen der beteiligten Muskeln ausgeführt werden. Daran sind u.a. Proprioceptoren in den Kehlkopfmuskeln und der Schleimhaut sowie die Kontrolle durch das Gehör beteiligt. Die Ergebnisse sind erstaunlich gut: Geübte Sänger können dargebotene Töne mit einem Frequenzfehler kleiner als 1% nachsingen. Besonders schwierige Situationen entstehen dann, wenn sich bei festgehaltener Tonhöhe die Intensität ändern soll. Da zunehmender subglottischer Druck, der zu einer Intensitätszunahme führt, gleichzeitig geringfügig die Frequenz anhebt, muß durch entsprechendes Erschlaffen des M. cricothyreoideus die Spannung der Stimmbänder verringert werden. Daß dies tatsächlich der Fall ist, läßt sich durch elektromyographische Registrierung der Aktivität der beteiligten Muskeln beweisen.

Beim Singen können beträchtliche Schallintensitäten entstehen, eine Sopranstimme vermag (in 1 m Entfernung gemessen) den Schalldruck von 100 dB SPL mühelos zu überschreiten.

Die Kontrolle durch das Gehör ist außerordentlich wichtig. Bei Personen, die im Erwachsenenalter ertauben, verschlechtert sich die Sprache beträchtlich.

Beim **Flüstern** geraten die Stimmbänder nicht in Schwingung. Sie liegen eng aneinander, nur im Bereich der Aryknorpel besteht eine dreiekkige Öffnung, das sog. *Flüsterdreieck* (s. Abb. 12-18). Die dort durchtretende Luft erzeugt ein Rauschen, das zur Artikulation ausgenutzt wird und so die Flüsterstimme erzeugt.

Artikulation

Funktionelle Anatomie des Ansatzrohres. Aus der Glottis austretende Luft gelangt zunächst in den Mund-Rachen-Raum, der als **Ansatzrohr** bezeichnet wird. Dieser Raum umfaßt Pharynx-, Nasen- und Mundraum. Seine Form ist aber sehr variabel. Der Nasopharynx und Rachenraum können durch das Gaumensegel (Velum) vom Mund-Rachen-Raum abgetrennt werden. Durch Zungen- und Kieferstellung kann der Mundraum in seiner *Konfiguration* erheblich verändert werden. Auch kann die Zunge durch Bildung eines Buckels den Mundraum in 2 Räume unterteilen (s. Abb. 12-19). Verantwortlich für diese Veränderungen sind die Gaumenmuskulatur, die Kaumuskulatur und insbesondere die Zungenmuskulatur. Die Zunge kann innerhalb des Mundraumes praktisch jede Stellung einnehmen. Dies geschieht unter Zuhilfenahme der Zungenbinnenmuskulatur sowie der Muskeln, die von verschiedenen knöchernen Ansatzpunkten in die Zunge einstrahlen, bzw. solchen, die das Zungenbein in seiner Lage verschieben können.

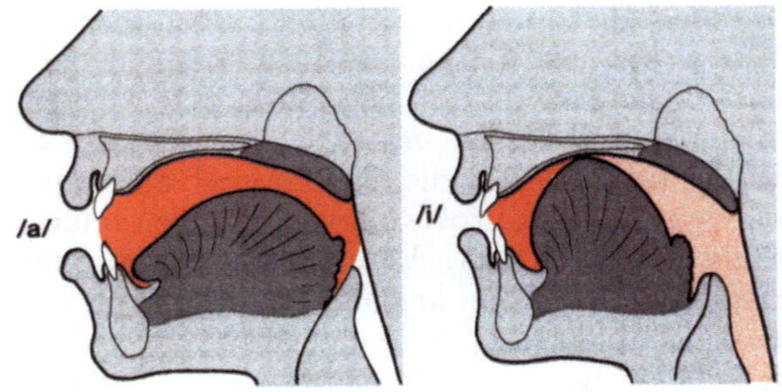

Abb. 12-19. Mund-Rachen-Raum beim Sprechen von /a/ und /i/. (Nach [41], verändert)

Mechanismus der Artikulation. Bei der Phonation entsteht nicht nur die bereits geschilderte periodische Unterbrechung des Luftstroms an der Stimmritze. Auch an anderen Engpässen innerhalb des Respirationstraktes entstehen, sobald die Exspirationsgeschwindigkeit groß genug ist, Wirbel, turbulente Strömungen, die ein akustisches Ereignis darstellen. Es ist ein relativ schwaches Rauschen, das einen breiten Frequenzbereich überstreicht. Die Räume des Ansatzrohres besitzen nun, je nach ihrer jeweiligen Konfiguration, bestimmte **Eigenfrequenzen.** Das sind Frequenzen, die entstehen, wenn man die Luft in diesen Räumen zu Schwingungen anregt. Wenn man z.B. mit dem Finger die Wange beklopft und dabei die Mundstellung verändert, kann man die verschiedenen Eigenfrequenzen des Mundraumes hörbar machen (Versuch im ruhigen Zimmer ausführen!). Das an Engstellen entstehende Rauschen bzw. der obertonreiche Klang der an den Stimmbändern erzeugten Stimme enthalten auch diese Frequenzen. Durch sie wird das Ansatzrohr zur **Resonanz** angeregt. Die Amplituden dieser Frequenzen werden also erheblich vergrößert, sie werden überschwellig und deutlich hörbar. Da das Ansatzrohr seine Konfiguration verändern kann, besitzen die dabei entstehenden Räume auch jeweils verschiedene Eigenfrequenzen. Bei jeder Artikulationsstellung, d.h. jeder bestimmten Stellung von Kiefer, Zunge, Gaumensegel, werden also, sobald die gebildeten Hohlräume in Resonanz geraten, ganz charakteristische Frequenzen bzw. Frequenzbänder hörbar [5, 7, 15]. Diese, für die jeweilige Artikulationsstellung charakteristischen Frequenzbänder werden **Formanten** genannt. Sie hängen praktisch **nur** von der Konfiguration des Ansatzrohres ab und nicht von der im Kehlkopf gebildeten Stimme. Man kann experimentell sehr leicht beweisen, daß für die Artikulation Resonanzerscheinungen die wesentliche Grundlage darstellen: Atmet man nicht Luft, sondern ein anderes Gas, das eine von Luft verschiedene Schalleitungsgeschwindigkeit besitzt (z.B. Helium), so ändern sich dadurch die Resonanzeigenschaften des Ansatzrohres. Sprache wird fast unverständlich, obwohl die Stimmbandschwingungen nicht verändert sind.

Vokale. Beim normalen Sprechen entstehen die Vokale durch eine stimmhafte Anregung des Ansatzrohres. Dabei hat das Ansatzrohr eine relativ stabile Konfiguration, die Schallabstrahlung erfolgt vom Mund [5]. Die dabei durch Resonanz entstehenden **Formanten** sind dafür verantwortlich, daß der Vokal /a/ in unserem einführenden Beispiel unabhängig von der Tonhöhe und dem Sprecher als /a/ erkannt wird, oder, daß trotz festgehaltener Tonhöhe /a, e, i, o, u/ voneinander unterschieden werden. Der Formant oder in Fällen, wo es mehrere gibt, die Formanten sind also das akustische Äquivalent eines bestimmten Vokals oder mancher Konsonanten. Die Abb. 12-19 gibt ein Beispiel für die Konfiguration des Mundraums beim Sprechen der Vokale /a/ und /i/. Bildet der Mund einen großen Raum (z.B. bei /a/), so entsteht ein Hauptformant. Unterteilt die Zunge den Mundraum (z.B. bei /i/), so entstehen 2 voneinander unabhängige Resonanzräume mit eigener Resonanzfrequenz. Also entstehen gleichzeitig auch 2 oder, unter Einbeziehung möglicher Obertöne, mehrere Hauptformanten. Die Tabelle 12-1 gibt die Bereiche der Hauptformanten für die Vokale der deutschen Sprache an.
Man kann leicht selbst ausprobieren, welche Veränderungen in der Konfiguration des Mundraums die Übergänge von einem zum anderen Vokal verursachen.

Konsonanten. Konsonanten werden i.a. in einer weniger stabilen Konfiguration des Ansatzrohres gebildet; sie sind nicht notwendigerweise stimmhaft, noch werden sie ausschließlich vom Mund abgestrahlt. Das Ansatzrohr ist stärker verengt als bei den Vokalen, wobei insbesondere den Lippen und der Zahnreihe eine große Bedeutung beikommt [8, 16]. Die Konsonanten bilden also keine einheitliche Klasse von Lauten. Man unterscheidet **Reibelaute,** die an einer Konstriktion entstehen, **Explosionslaute,** die durch das plötzliche Freigeben eines Verschlusses gebildet werden, und **Nasale,** bei denen das Gaumensegel den Nasenraum freigibt, wodurch sich die Resonanzverhältnisse erheblich ändern. Die Konsonanten können an den 3 Artikulationszonen, den Lippen (*labial*), den Zähnen (*dental*) oder am Gaumen (*guttural*) entstehen. Schwingen gleichzeitig mit dem Erklingen eines Konsonanten auch die Stimmbänder, so spricht man von stimmhaften Konsonanten. In den übrigen Fällen wird von stimmlosen Konsonanten gesprochen. Dabei ist die Stimmritze weit und die Stimmbänder geraten nicht in Schwingung. Tabelle 12-2 gibt einen Überblick über die wichtigsten in der deutschen Sprache benutzten Konsonanten.
Die Konsonanten /r/ und /l/ sind nach den Kriterien der Tabelle nicht einzuordnen. Sie stehen phonetisch Vokalen sehr nahe. Ganz allgemein sind die Konsonanten akustisch durch ebenfalls bestimmte Frequenzanteile oder Zeitmuster charakterisiert. Bei den Reibe- und Explosionslauten wird ein breites Frequenzspektrum erzeugt, das hohe Frequenzanteile enthält, z.B. /t/, /s/, wobei die beiden genannten sich in ihren Frequenzanteilen praktisch nicht unterscheiden, aber aufgrund ihres verschiedenen zeitlichen Verhaltens ohne weiteres unterschieden werden können.
Man kann sich übrigens leicht davon überzeugen, daß bei Nasalen der Luftstrom an der Nasenöffnung austritt: Diese Laute können nämlich nicht über längere Zeit bei zugehaltener Nase gesprochen werden.

Tabelle 12-1. Lage der Formanten der Vokale der deutschen Sprache (angegeben in Hz)

/a/		800–1100	
/e/	400–600	1700–1900	2200–2600
/i/	200–400	1900–2100	3000–3200
/o/	400–700		
/u/	300–500		

Tabelle 12-2. Unterteilung der Konsonanten

	Stimmhaft	Stimmlos
1. Reibelaute		
labiodental	/w/	/f/
dental	/s/	/ss/
guttural	/j/	/sch/ und /ch/
2. Explosionslaute		
labial	/b/	/p/
dental	/d/	/t/
guttural	/g/	/k/
3. Nasale		
labial	/m/	
dental	/n/	
guttural	/ng/	

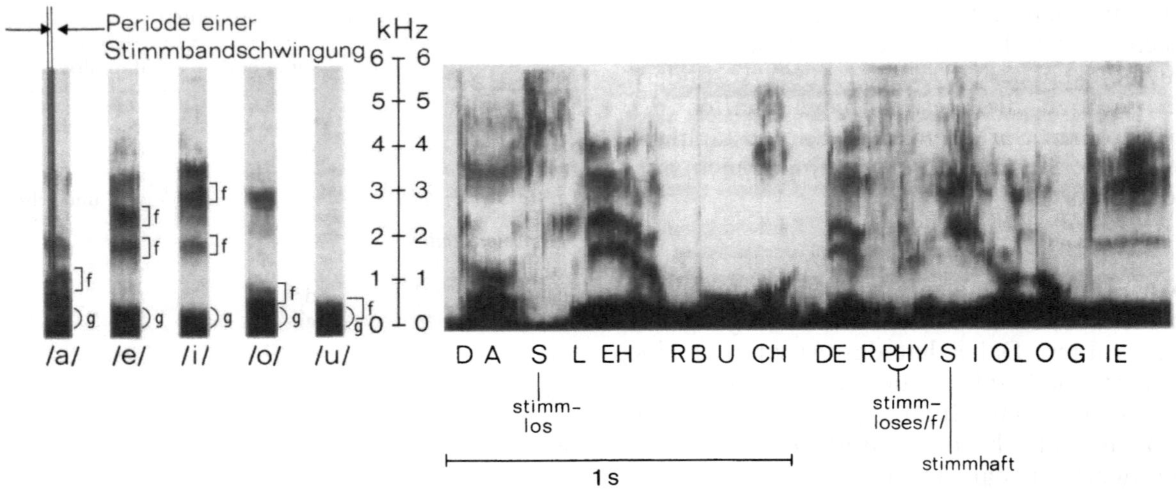

Abb. 12-20. Sonogramm der Vokale /a, e, i, o, u/ sowie der Worte /das Lehrbuch der Physiologie/. Die *Abscisse* stellt die Zeit, die *Ordinate* die im Klangbild enthaltenen Frequenzen von 0 bis 6 kHz dar. Je stärker die Schwärzung, desto größer ist die Schallenergie in einem bestimmten Frequenzband. f = Formant; g = Grundfrequenz

Schallspektrographie

Man kann Sprache über ein Mikrophon aufnehmen und über einen Satz von Bandpaßfiltern in ihre Frequenzkomponenten zerlegen. Damit lassen sich die besprochenen akustischen Charakteristika, insbesondere die Formanten, darstellen. Die Abb. 12-20 gibt ein Beispiel eines derartigen **Schallspektrogramms.** In der Abscisse ist die Zeit, in der Ordinate ist die Frequenz dargestellt. Die Schwärzung zeigt an, zu welchen Zeitpunkten bestimmte Frequenzen im Sprachlaut vorkommen. Je stärker die Schwärzung, desto größer ist die Schallenergie in einem bestimmten Frequenzbereich. Man kann in der Abbildung die Formanten gut erkennen. Ferner sieht man, daß Explosionslaute (/d/) und Reibelaute (/f/, /s/) ein breites Frequenzspektrum haben und hohe Frequenzanteile enthalten.

Sprechstörungen

Der komplizierte Mechanismus des Sprechens kann an vielen Stellen gestört sein, wobei man zwischen *peripheren* und *zentralen* Störungen unterscheiden muß. Häufige Ursache einer **peripheren Störung** ist ein ein- bzw. doppelseitiger Ausfall der Kehlkopfmuskulatur infolge einer Recurrenslähmung. Leichte Schäden führen zu Heiserkeit, wogegen bei komplettem doppelseitigem Ausfall die Phonation nicht mehr möglich ist (**Aphonie**). Da dann die Stimmritze nicht mehr aktiv erweitert werden kann (Posticuslähmung), führt dies zu einer erheblichen Behinderung der Atmung. Jedoch ist eine sprachliche Verständigung mit Hilfe der **Flüsterstimme** nach wie vor möglich, da die Bildung der Formanten nicht gestört ist. Selbst nach operativer Entfernung des Kehlkopfes können Patienten wieder eine Sprache erlernen, die sog. **Oesophagussprache.** Dabei wird Luft in den Oesophagus verschluckt, die bei ihrem Austritt ein Rauschen erzeugt, daß den Mund-Rachen-Raum zu Resonanzschwingungen anregt, die je nach Artikulationsstellung einem bestimmten Formanten entsprechen. Auch *elektronische Sprechhilfen* können bei Kehlkopflosen die Phonation ersetzen. Ein Generator erzeugt dabei ein schnarrendes Grundgeräusch. Durch Andrücken des Gerätes an den Mundboden wird das Ansatzrohr angeregt. Da das Ansatzrohr nach wie vor zu den Artikulationsstellungen konfiguriert werden kann, können also Formanten gebildet werden, und es entsteht eine leidlich verständliche Sprache.

Eine Funktionseinbuße der Zungen- und Rachenmuskulatur führt jedoch oft zu einer erheblichen Beeinträchtigung des Sprechvermögens, da die Formanten nicht gebildet werden können. So kommt z.B. die „kloßige Sprache" bei der *Bulbärparalyse* zustande, einer neurologischen Erkrankung, die u.a. die motorischen Hirnnervenkerne erfaßt. Somit ist auch die nervöse Innervation der Zungenmuskulatur beeinträchtigt.

Auch bei angeborenen Kiefer-Gaumen-Spalten können normale Formanten nicht gebildet werden, da Mund- und Rachenraum über den Spalt kommunizieren. Zur Abhilfe muß der Spalt operativ gedeckt werden.

Unter den **zentralen Sprachstörungen** ist insbesondere der Ausfall des Broca'schen Sprachzentrums zu nennen. Die Fähigkeit zu sprechen geht dabei verloren, obwohl die primäre motorische Rinde für die Sprechmuskulatur bzw. die entsprechenden Hirnnerven und deren Kerne und der periphere Sprechapparat völlig intakt sind. Man spricht von **motorischer Aphasie** (s. auch S. 160). Weitere Einzelheiten über Sprachstörungen sind in [15, 17] zu finden.

12.4 Literatur

Weiterführende Lehr- und Handbücher

1. BALOH, R.W., HONRUBIA, V.: Clinical Neurophysiology of the Vestibular System. Philadelphia. F.A. Davis Company 1979
2. BERENDES, J., LINK, R., ZÖLLNER, F. (Hrsg.): Hals-Nasen-Ohren-

heilkunde in Praxis und Klinik, Bd. 4: Kehlkopf-Sprachstörungen; Bd. 5: Ohr I; Bd. 6: Ohr II. Stuttgart. Thieme Verlag 1980, 1979, 1980
3. Blauert, J.: Spatial Hearing. MIT Press. Cambridge Mass 1983
3a. Brandt, Th.: Vertigo. Berlin-Heidelberg-New York. Springer 1991
4. Cremer, L.: Vorlesungen über Technische Akustik, 3. Aufl. Berlin-Heidelberg-New York. Springer 1985
4a. Dancer, A., Henderson, D., Salvi, R., Hamernik, R.: Noise induced hearing loss. St. Louis, Baltimore, Boston, Mosby-Year Book 1992
5. Flanagan, J.L.: Speech Analysis, Synthesis and Perception. Second Edition. Berlin-Heidelberg-New York. Springer 1972
5a. Fay, R.R,. Popper, A.N.: The mammalian auditory pathway: Neurophysiology. New York, Berlin, Heidelberg, Springer 1992
6. Flock, A., Wersäll, J. (eds.): Cellular Mechanisms in Hearing, Hear. Res. *22*, 1–323 (1986)
7. Gauer, O.-H., Kramer, K., Jung, R. (Hrsg.): Physiologie des Menschen, Bd. 12: Hören, Stimme, Gleichgewicht. München. Urban & Schwarzenberg 1972
8. Gualtierotti, T. (ed.): The vestibular system: Function and Morphology. New York, Heidelberg, Berlin. Springer-Verlag 1981
9. Honrubia, V., Brazier, M.: Nystagmus und Vertigo. Clinical Approaches to the Patient with Dizziness. New York. Academic Press 1982
10. Igarishi, M., Black, F.O.: Vestibular and Visual Control on Posture and Locomotor Equilibrium. Basel, Karger Verlag 1985
10a. Irvine, D.R.F.: The Auditory Brainstem; Sensory Physiology 7, Berlin, Heidelberg: Springer 1986
11. Keidel, W.D., Neff, W.D. (eds.): Handbook of Sensory Physiology. Berlin-Heidelberg-New York. Springer, Vol. V, 1 (1974), Vol. V, 2 (1975), Vol. V, 3 (1976)
12. Klinke, R., Hartmann, R. (eds.): Hearing – Physiological Bases and Psychophysics. Berlin. Springer 1983
13. Kryter, K.D.: The Effects of Noise on Man. 2nd Edition. New York-San Francisco-London. Academic Press 1985
14. Lenhardt, E.: Praktische Audiometrie. 6. Auflage. Stuttgart. Thieme 1986
15. Lenneberg, E.H.: Biologische Grundlagen der Sprache. Frankfurt. Suhrkamp 1973
16. Longdon, N., Melita, O. (eds.): Life Sciences Research in space. Paris. European Space Agency 1984
17. Luchsinger, R., Arnold, G.E. (Hrsg.): Handbuch der Stimm- und Sprachheilkunde. Bd. I: Die Stimme und ihre Störungen. Wien. Springer 1970
18. Moore, B.C.J.: An Introduction to the Psychology of Hearing. London. Academic Press 1982
19. Moore, E.J. (ed.): Bases of Auditory Brain-Stem Evoked Responses. New York. Grune & Stratton Inc. 1983
20. Pickles, J.O.: An Introduction to the Physiology of Hearing. 2nd edn. London. Academic Press 1988
20a. Pirodda, E.: Clinical testing of the vestibular system. Basel, Karger 1988
21. Precht, W.: Neuronal Operations in the Vestibular System. Berlin, Heidelberg, New York: Springer-Verlag 1978
22. Reason, J.T., Brand, J.J.: Motion Sickness. New York. Academic Press 1975
23. Roederer, J.G.: Physikalische und psychoakustische Grundlagen der Musik. Berlin-Heidelberg-New York. Springer 1977
23a. Romand, R.: Development of Auditory and Vestibular Systems 2. Amsterdam 1992
24. van het Ship, E.P. (Hrsg.): Bildatlas Innenohr. Hannover. Duphar Pharma 1983
25. Wängler, H.H.: Atlas deutscher Sprachlaute. Berlin 1958
26. Wilson, V., Jones, G.M.: Mammalian Vestibular Physiology. New York. Plenum Press 1979
27. Zwicker, E.: Psychoakustik. Berlin. Springer 1982

Einzel- und Übersichtsarbeiten

28. Adams, J.C.: Single unit studies on the dorsal and intermediate acoustic striae. J. Comp. Neurol. *170*, 97–106 (1976)
29. Baumgarten, R.V. et al.: Effects of Rectilinear Acceleration and Optokinetic and Caloric Simulations in Space. Science *225*, 208–212 (1984)
30. Dallos, P.: The active cochlea. J. Neurosci *12*, 4575–4585 (1992)
31. Evans, E.F.: Place and Time Coding of Frequency in the Peripheral Auditory System: Some Physiological Pros and Cons. Audiology *17*, 369–420 (1978)
32. Evans, E.F., Klinke, R.: The Effects of Intracochlear and Systemic Furosemide on the Properties of Single Cochlear Nerve Fibres in the Cat. J Physiol. *331*, 409–427 (1982)
33. Hartmann, R., Klinke, R.: Discharge Properties of Afferent Fibres of the Goldfish Semicircular Canal with High Frequency Stimulation. Pflügers Arch. *388*, 111–121 (1980)
34. Hillmann, D.E.: Cupular structure and its receptor relationship. Brain, Behav. Evol. *10*, 52–68 (1974)
34a. Hirsch, A.: Behavioural Tests: Applications and limitations in comparison with brainstem response audiometry. Acta otolaryng. *482*, 118–124 (1991)
35. Hudspeth, A.J.: How the ear's works work. Nature *341*, 397–404 (1989)
36. Kemp, D.T.: Stimulated Acoustic Emissions from within the Human Auditory System. J. Acoust. Soc. Am. *64*, 1386–1391 (1978)
37. Klinke, R., Galley, N.: Efferent innervation of vestibular and auditory receptors. Physiol. Rev. *54*, 316–357 (1974)
37a. Klinke, R.: Neurotransmission in the Inner Ear. Hear. Res. *22*, 235–243 (1986).
38. Klinke, R.: Die Verarbeitung von Schallreizen im Innenohr – eine Übersicht über neuere Forschungsergebnisse. HNO *35*, 139–148 (1987)
39. Moore, J.K., Osen, K.K.: The cochlear nuclei in man. Am. J. Anat. *154*, 393–418 (1979)
40. Oman, C.M., Young, L.R.: The physiological range of pressure difference and cupula deflections in the human semicircular canal. Acta Oto-Laryng. *74*, 324–331 (1972)
41. Pettigrew, J.D.: Mobile Maps in the Brain. Nature *309*, 307–308 (1984)
42. Philipps, D.P., Brugge, J.F.: Progress in Neurophysiology of Sound Localization. Ann. Rev. Psychol. *36*, 245–274 (1985)
43. Pickles, J.O.: Recent Advances in Cochlear Physiology. Progress in Neurobiol. *24*, 1–42 (1985)
44. Rhode, W.S.: Cochlear Mechanics. Ann. Rev. Physiol. *46*, 231–246 (1984)
45. Sachs, M.B.: Neural Coding of Complex Sounds: Speech. Ann. Rev. Physiol. *46*, 261–273 (1984)
45a. Vossieck, Th., Schermuly, L., Klinke, R.: The influence of DC-polarization of the endocochlear potential on single fibre activity in the pigeon cochlear nerve. Hear. Res. *56*, 93–100 (1991)
46. Webster, W.R., Aitkin, L.M.: Central Auditory Processing. In: Handbook of Psychobiology, Gazzaniga, M.S., Blakemore Colin (eds.) p. 325. New York. Academic Press 1975
47. Weiss, T.F.: Relation of Receptor Potentials of Cochlear Hair-Cells to Spike Discharges of Cochlear Neurons. Ann. Rev. Physiol. *46*, 247–259 (1984)
48. Zenner, H.P.: Motility of outer hair cells as an active, actin-mediated process. Acta Otolaryng. *105*, 39–44 (1989)

13 Geschmack und Geruch

H. Altner und J. Boeckh

13.1 Charakterisierung

Geschmack und Geruch beruhen auf einer selektiven und hochempfindlichen Reaktion spezialisierter Sinneszellen auf die Anwesenheit der Moleküle bestimmter Verbindungen. Im weiteren Sinne sind spezifische Reaktionen auf Moleküle, etwa eines Hormons (s. S. 390) oder eines Neurotransmitters (s. S. 45) kennzeichnend für viele Zellen und Gewebe. Geschmacks- und Geruchssinneszellen arbeiten jedoch als Exteroreceptoren, deren Reaktionen auf Moleküle wichtige Information über Außenreize liefern, die in speziell zugeordneten Hirnarealen verarbeitet wird und zu Sinnesempfindungen führt. Andere chemoreceptive Zellen dienen als Enteroreceptoren, z.B. der Messung des CO_2 (s. S. 606).

Geschmack und Geruch lassen sich anhand morphologischer und physiologischer Kriterien charakterisieren und unterscheiden. Eine klare Trennung ist insbesondere anhand der Qualitätsgliederung möglich (Tabelle 13-1). Andere Merkmale, wie Empfindlichkeit oder adäquate Reize, können ebenfalls zur Kennzeichnung dienen, zeigen aber Überlappungen.

Im Vergleich zu anderen Sinnen zeigen Geschmack und Geruch besonders ausgeprägte **Adaptation** (vgl. Abb. 8-5, S. 192). Die Erregung in den afferenten Bahnen sinkt noch während des Reizes stark ab; dementsprechend erlischt z.B. die Geruchswahrnehmung häufig bereits nach kurzem Aufenthalt in einer duftstoffhaltigen Umgebung. Eine ebenso charakteristische Eigenschaft der chemischen Sinne ist eine für bestimme Reize sehr hohe Empfindlichkeit. Der **quantitativ verarbeitbare Bereich** verschiedener Reizintensitäten ist jedoch gering (etwa 1:500), die Unterschiedsschwelle hoch. Der Exponent

Tabelle 13-1. Einteilung und Charakterisierung der chemischen Sinne

	Geschmack	Geruch
Receptoren	Sekundäre Sinneszellen	Primäre Sinneszellen Enden des V. (IX. und X.) Hirnnerven
Lage der Receptoren Afferente Hirnnerven	Auf der Zunge N. VII, N. IX	Im Nasen- und Rachenraum N. I, N. V. (N. IX, N. X)
Stationen im Zentralnervensystem	1. Medulla oblongata 2. Ventraler Thalamus 3. Cortex (Gyrus postcentralis) Verbindungen zum Hypothalamus	1. Bulbus olfactorius 2. Endhirn (Area praepiriformis) Verbindungen zum limbischen System, Hypothalamus und zum orbitofrontalen Cortex
Adäquater Reiz	Moleküle organischer und anorganischer, meist nicht flüchtiger Stoffe. Reizquelle in Nähe oder direktem Kontakt zum Sinnesorgan	Moleküle fast ausschließlich organischer, flüchtiger Verbindungen in Gasform, erst direkt an Receptoren in flüssiger Phase gelöst. Reizquelle meist in größerer Entfernung
Zahl qualitativ unterscheidbarer Reize	Niedrig 4 Grundqualitäten	Sehr hoch (einige Tausend), zahlreiche, schwer abgrenzbare Qualitätsklassen
Absolute Empfindlichkeit	Geringer mindestens 10^{16} und mehr Moleküle/ml Lösung	Für manche Substanzen sehr hoch (10^7 Moleküle pro ml Luft, bei Tieren bis zu 10^2 bis 10^3)
Biologische Charakterisierung	Nahsinn Nahrungskontrolle, Steuerung der Nahrungsaufnahme und -verarbeitung (Speichelreflexe)	Fernsinn und Nahsinn Umweltkontrolle (Hygiene), Nahrungskontrolle Bei Tieren auch Nahrungs- und Futtersuche, Kommunikation, Fortpflanzung Starke emotionale Bewertung

in der Stevensschen Potenzfunktion $E = K \cdot (S - S_o)^n$ liegt für Gerüche bei 0,4–0,6, für Schmeckreize bei 1 (vgl. Abb. 8-14, S. 203).

Primärprozesse und chemische Spezifität. Man nimmt heute allgemein an, daß der erste Reizvorgang an Chemoreceptoren eine Wechselwirkung aufgrund schwacher Bindungskräfte zwischen dem Reizmolekül und einem *Receptorprotein* ist. Aus Geschmacksorganen wurden Proteine mit Enzymcharakter isoliert, deren Stoffspezifität und Umsetzungsdynamik gleiche Werte wie die der Receptoren zeigen. Die weiteren Vorgänge, welche zur Ausbildung der elektrischen Reaktion der Zellmembran führen, sind unbekannt. Die Receptorzellen reagieren jeweils sehr spezifisch und selektiv auf eine ganz bestimmte Auswahl von Stoffen. Leichte Änderungen in der Struktur einer Substanz können zum Wechsel in der Sinnesqualität oder zur Unwirksamkeit führen. Wahrscheinlich spielen für die Wirksamkeit eines Moleküls die Molekülgröße (z.B. die Kettenlänge) und die Verteilung elektrischer Ladungen innerhalb des Moleküls (z.B. die Lage funktioneller Gruppen) eine entscheidende Rolle. Es ist jedoch ungeklärt, weshalb in vielen Fällen chemisch recht verschiedenartige Moleküle dieselben Geruchsempfindungen hervorrufen. So riechen z.B. die 3 folgenden Verbindungen trotz ihrer unterschiedlichen Struktur moschusartig (vgl. BEETS in [1]).

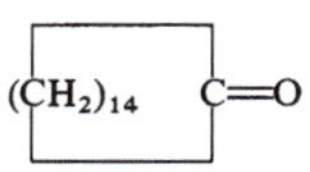

Muscon

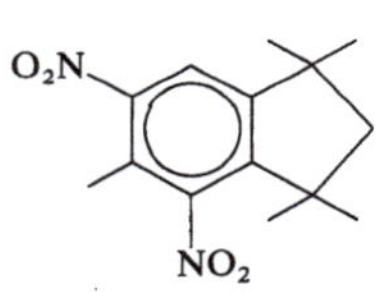

5.7-Dinitro-indan

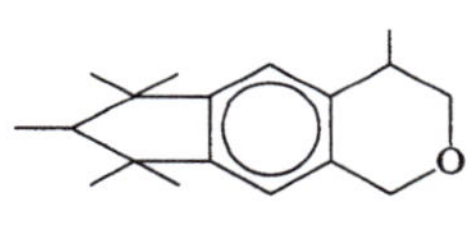

1.3.4.6.7.8-Hexahydro-cyclopenta[f]-2-benzopyran

Für die Existenz diskreter, nur für bestimmte Stoffgruppen spezifischer **Receptionsorte** an Chemoreceptoren sprechen z.B. Fälle von partieller Anosmie. Bei einer solchen partiellen Riechunfähigkeit wird nur eine begrenzte Zahl von chemisch recht nah verwandten Gerüchen selektiv nicht mehr wahrgenommen (vgl. S. 325). Zu ähnlicher Interpretation führt die selektive Wirkung bestimmter Drogen auf Geschmacksorgane. Wird Kaliumgymnemat, ein Stoff aus der indischen Pflanze Gymnema silvestre, auf die Zunge gebracht, erlischt spezifisch nur die Süßwahrnehmung: Zucker „schmeckt wie Sand". Ein in der Frucht der westafrikanischen Pflanze Synsepalium dulcificum enthaltenes Protein verwandelt saueren Geschmack in süßen: Zitrone schmeckt wie Orange (vgl. KURIHARA in [1]). Wird Cocain auf die Zunge gebracht, fallen zu verschiedenen Zeiten nacheinander folgende Empfindungen aus: bitter, süß, salzig, sauer.

13.2 Geschmackssinn

Sensoren und Neurone

Die **Geschmackssinneszellen** (syn. *Schmeckzellen*) finden sich beim Erwachsenen auf der Zungenoberfläche. Sie bilden gemeinsam mit indifferenten Zellen in Gruppen von 40–60 Elementen die **Geschmacksknospen** im Epithel der Zungenpapillen (Abb. 13-1). Große Wallpapillen am Zungengrund enthalten jeweils bis zu 200 Knospen, die kleineren Pilz- und Blätterpapillen in vorderen und seitlichen Zungenabschnitten jeweils nur wenige. Insgesamt besitzt ein Erwachsener einige Tausend Knospen. Zwischen den Papillen liegende **Drüsen** scheiden Sekret aus, welches die Knospen umspült. Die reizempfindlichen distalen Abschnitte der *Schmeckzellen* sind zu *Mikrovilli* aufgefaltet. Sie ragen in einen gemeinsamen Raum hinein, der wiederum durch einen Porus an der Oberfläche der Papille mündet (Abb. 13-1). Die Reizmoleküle gelangen durch Diffusion durch die Pore zu den Sinneszellen (Sensoren).

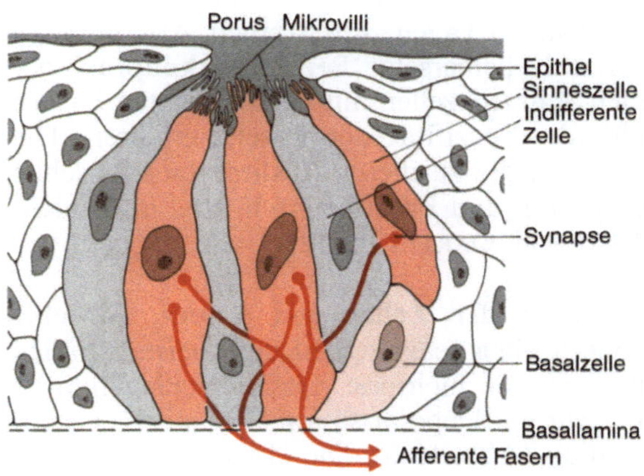

Abb. 13-1. Schemabild einer im Epithel einer Zungenpapille eingesenkten Geschmacksknospe mit Basalzelle, Sinneszellen, indifferenten Zellen und afferenten Fasern des versorgenden Hirnnervs

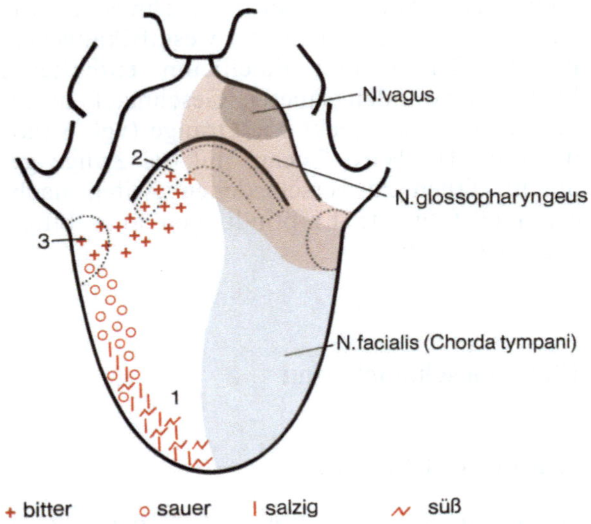

Abb. 13-2. Schemabild der menschlichen Zunge mit der afferenten Innervation durch verschiedene Hirnnerven (*Schattierung*) und den Regionen verschiedenen Papillenbesatzes (1 Pilzpapillen, 2 Wallpapillen, 3 Blätterpapillen). Die regionale Vorzugsempfindlichkeit für verschiedene Geschmacksqualitäten ist durch Symbole angegeben

Wie bei anderen sekundären Sinneszellen bilden die Geschmackssinneszellen bei Reizung ein Receptorpotential. Die Weiterleitung der Erregung in Form von Nervenimpulsen erfolgt durch synaptisch nachgeschaltete **afferente Fasern** von **Hirnnerven.** Im vorderen und seitlichen Zungenabschnitt wird diese Aufgabe von der **Chorda tympani,** einem Ast des **N. facialis** (VII) übernommen, im hinteren Abschnitt durch den **N. glossopharyngeus** (IX) (Abb. 13-2). Dabei erfaßt eine einzelne afferente Faser mit ihren Verzweigungen die Erregungen von Schmeckzellen verschiedener Knospen.

Schmeckzellen unterliegen einer auffälligen **Mauser.** Jede Zelle wird nach einer Lebensdauer von etwa 10 Tagen durch einen Abkömmling der Basalzellen ersetzt. Bei der Verknüpfung der neuen Schmeckzellen mit den afferenten Fasern bleibt die Spezifität der Fasern erhalten. Die Vorgänge, die zu dieser Abstimmung zwischen Receptoren und Fasern führen, sind noch nicht geklärt (vgl. OAKLEY in [12]).

Reaktionen der Zellen und Fasern. Einzelne **Schmeckzellen** reagieren in den meisten Fällen auf Vertreter mehrerer Geschmacksqualitäten und zwar mit Depolarisation oder mit Hyperpolarisation (Abb. 13-3). Die Höhe des Receptorpotentials nimmt mit der Konzentration des Schmeckstoffes zu. Art und Höhe der Antwort werden aber auch vom umgebenden Milieu mitbestimmt (Abb. 13-4).

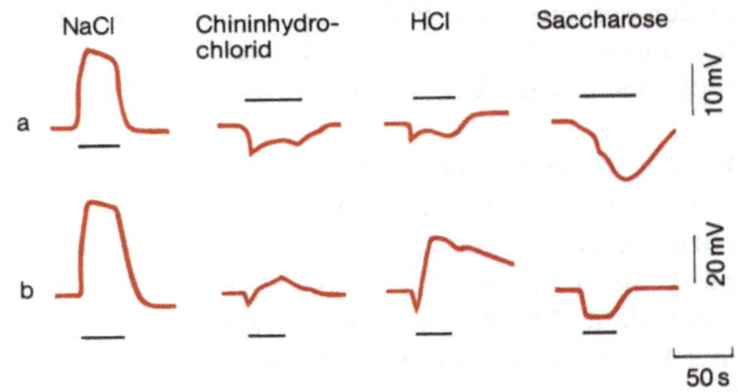

Abb. 13-3. Intracellulär gemessene Receptorpotentiale zweier Geschmackssinneszellen (**a, b**) der Zunge einer Ratte. Reizung mit 0,5 mol/l NaCl, 0,02 mol/l Chininhydrochlorid, 0,01 mol/l HCl und 0,5 mol/l Saccharose. Die Dauer des Reizes ist durch *horizontale Balken* angegeben. (Verändert nach SATO und BEIDLER, aus [11])

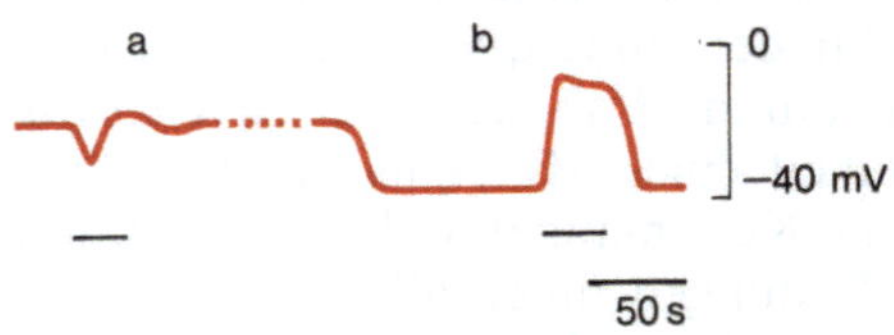

Abb. 13-4. Wirkung des umgebenden Mediums auf Form und Amplitude intracellulär gemessener Receptorpotentiale einzelner Geschmackssinneszellen der Zunge einer Ratte bei Reizung mit 0,02 mol/l Chininhydrochlorid. Umgebende Medien: **a** 41,4 mmol/l NaCl, **b** destilliertes Wasser. (Verändert nach SATO und BEIDLER, aus [11])

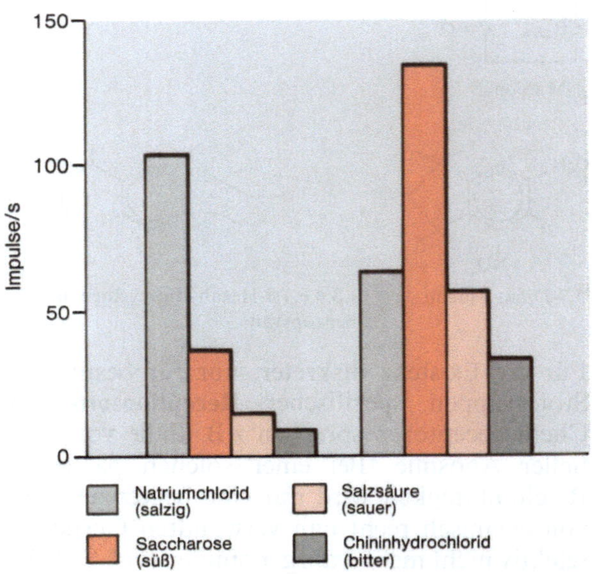

Abb. 13-5. Reaktionen von 2 einzelnen Fasern aus der Chorda tympani einer Ratte auf verschiedene Schmeckstoffe: 0,1 mol/l NaCl, 0,5 mol/l Saccharose, 0,01 n HCl, 0,02 mol/l Chininhydrochlorid. (Verändert nach SATO, aus [12])

Ein entsprechendes Bild der Erregung liefern die ableitenden Fasern (Abb. 13-5). Deren spezifisches Erregungsmuster wird auch als „Geschmacksprofil" bezeichnet. Die Reaktionen der Fasern ergeben sich aus den Reaktionen der Schmeckzellen in der Weise, daß Depolarisation der Sinneszellen erregend und Hyperpolarisation hemmend wirkt.
Unter den Fasern des N. IX finden sich viele mit besonders hoher Erregung bei Reizung mit Bitterstoffen; die Fasern von N. VII reagieren stärker bei Salz-, Zucker- oder Säurereizen (vgl. S. 322). Die Höhe der Erregung der einzelnen Fasern differiert für verschiedene Stoffgruppen. Eine Klasse von Fasern reagiert stärker auf Zucker als auf Salz, eine andere Gruppe stärker auf Salz als auf Zucker usw. Diese geschmacksspezifisch unterschiedliche Erregung in verschiedenen Fasergruppen enthält die Information über die **Geschmacksqualität,** d.h. die Art der Moleküle. Die Gesamterregung aller entsprechenden Fasern enthält die Information über die **Reizintensität,** d.h. die Konzentration der Moleküle.

Zentrale Neurone. Die **Schmeckfasern** der Nn. VII und IX enden in der Nähe oder im **Nucleus solitarius** der *Medulla oblongata.* Von dort ziehen Verbindungen über die mediale Schleife zum **Thalamus** in den Bereich des *Nucleus ventralis posteriomedialis.* Die Neurone dritter Ordnung laufen über die innere Kapsel und enden im Bereich des *Gyrus postcentralis* der **Großhirnrinde.** Im Laufe der Verarbeitung in diesen Stationen finden sich zunehmend mehr Neurone engerer Geschmacksspezifität. Im Cortex tritt eine gewisse Zahl von Zellen auf, die nur auf Stoffe einer einzigen Geschmacksqualität reagieren. Die Lage dieser Neurone zeigt eine gewisse räumliche Anordnung entsprechend der wirksamen Geschmacksqualität. Andere Neurone dieser Zentren reagieren zusätzlich zum Geschmack auch auf thermische oder mechanische Reizung der Zunge.

Die Leistung des Geschmackssinns

Die Qualitäten. Der Mensch unterscheidet hauptsächlich 4 Geschmacksqualitäten: **süß, sauer, bitter, salzig.** Diese sind recht gut durch repräsentative Verbindungen charakterisiert (Tabelle 13-2). Süß schmecken hauptsächlich natürlich vorkommende Zucker wie Saccharose oder Glucose, salzig schmeckt NaCl, andere Salze wie z.B. KCl schmecken salzig, zugleich aber auch bitter. Solche **Mischempfindungen** sind auch charakteristisch für viele natürliche Geschmacksreize entsprechend deren Stoffzusammensetzung. Zum Beispiel schmeckt Orange süß und sauer, Pampelmuse sauer, süß und bitter. Saure Schmeckstoffe sind Säuren, bitter schmecken pflanzliche Alkaloide.

Tabelle 13-2. Charakteristische Geschmacksstoffe und ihre Wirksamkeit auf den Geschmackssinn des Menschen. (Nach PFAFFMANN, aus [1])

Qualität	Substanz	Schwelle (mol/l)
Bitter	Chininsulfat	0,000008
	Nicotin	0,000016
Sauer	Salzsäure	0,0009
	Citronensäure	0,0023
Süß	Saccharose	0,01
	Glucose	0,08
	Saccharin	0,000023
Salzig	NaCl	0,01
	$CaCl_2$	0,01

Auf der Zunge können **spezifisch empfindliche Zonen** gegeneinander abgegrenzt werden. Bitterreize wirken vornehmlich am *Zungengrund,* die anderen Qualitäten *seitlich* und *an der Spitze* in einander überlappenden Bereichen (Abb. 13-2, vgl. S. 322).
Die eindeutige **Zuordnung chemischer Eigenschaften** eines Stoffes zu seiner **Schmeckwirkung** ist unmöglich. So schmecken neben Zuckern auch Bleisalze süß, die wirksamsten Süßreize sind künstliche Süßstoffe wie Saccharin. Die *Empfindungsqualität* eines Stoffes ist zusätzlich von seiner *Konzentration* abhängig. So schmeckt Kochsalz in geringer Konzentration süß und erst in höherer rein salzig. Auffällig ist die hohe Empfindlichkeit des Geschmackssinns für Bitterstoffe. Da diese oft giftig sind, erscheint eine Warnung vor bereits geringen Konzentrationen bei der Wasser- oder Nahrungsaufnahme sinnvoll. Stärkere Bitterreize lösen leicht *Brech-* und *Würgereflexe* aus. Die **emotionalen Komponenten** von Geschmackswahrnehmungen variieren stark mit dem Versorgungsstand des Organismus. So werden bei Salzmangel noch beträchtliche Konzentrationen an Kochsalz in Speisen als akzeptabel empfunden, die normalerweise als versalzen abgelehnt werden.

Der **Geschmackssinn von Säugetieren** ist offensichtlich sehr einheitlich organisiert. Verhaltensversuche zeigen, daß dieselben Qualitäten unterschieden werden wie beim Menschen. Ableitungen von Einzelfasern haben allerdings Leistungen erkennen lassen, die von den Geschmacksorganen des Menschen nicht erbracht werden. So sind z.B. bei

Katzen „*Wasserfasern*" gefunden worden, die auf Wasser allein ansprechen oder ein Geschmacksprofil zeigen, in dem neben anderen Qualitäten auch Wasser als wirksamer Reiz enthalten ist (vgl. SATO in [1]).

Biologische Bedeutung. Die biologische Rolle des Geschmackssinns liegt neben einer *Prüfung der Nahrung* (s.o.) in einer Einwirkung auf den *Verdauungsprozeß*. Verbindungen zu vegetativen Efferenzen ermöglichen reflektorisch die Steuerung der Sekretion von Verdauungsdrüsen. Dabei wird nicht nur die Sekretmenge durch Schmeckreize beeinflußt, sondern auch die Sekretzusammensetzung etwa je nach überwiegend süß oder salzig schmeckender Nahrung.
Mit zunehmendem **Lebensalter** nimmt die Leistungsfähigkeit des Geschmackssinns ab. Einnahme von Drogen wie z.B. Coffein oder starkes Rauchen mindern ebenfalls die Geschmacksleistung.

Funktionsstörungen. Liegen die Wahrnehmungsschwellen über dem Normalbereich, spricht man von **Hypogeusie.** Bei **Ageusien** kommt keine Geschmacksempfindung zustande. Als **Dysgeusien** werden dem Reiz nicht entsprechende oder ohne Reiz auftretende und meist unangenehme Geschmacksempfindungen bezeichnet. Sie werden in verschiedenen Krankheitsbildern beobachtet, insbesondere bei Carcinomen. Da sie sich auf die Nahrungswahl und die Menge der aufgenommenen Nahrung auswirken, kann der Allgemeinzustand eines Patienten beeinflußt werden. Bei einem Teil der Dysgeusien haben sich Zinkgaben als hilfreich erwiesen.

13.3 Geruchssinn

Die Oberfläche der Nasenschleimhaut wird durch von der Seite in die Nasenhöhle vorspringende Conchen vergrößert. Die Sinneszellen enthaltende **Regio olfactoria** ist auf die obere Conche beschränkt, allenfalls liegen noch Inseln von Riechepithel auf der mittleren Conche (Abb. 13-6).

Sensoren

Die **Riechzellen** entsenden als primäre, bipolare Sinneszellen 2 Fortsätze. Apical laufen sie in einen **Cilien** tragenden Dendriten, basal in einen Axon aus. Die Cilien, die im Innenbau gegenüber normalen Kinocilien modifiziert sind, liegen, zu aktiver Bewegung nicht befähigt, in einer Schleimschicht, die das Riechepithel bedeckt. Duftstoffe, die über die Atemluft herangetragen werden, gelangen an die Membran der Cilien, wo die Orte der Wechselwirkung zwischen Reizmolekül und Receptor zu suchen sind. Die Axonen ziehen gebündelt als *Fila olfactoria* zum Bulbus olfactorius. In der gesamten Nasenschleimhaut liegen außerdem freie Endigungen des *N. trigeminus,* die zum Teil ebenfalls auf Geruchsreize antworten. Im Rachenraum sprechen auch Fasern des N. glossopharyngeus und des N. vagus auf Geruchsreize an (Abb. 13-6). Die vor Austrocknung schützende Schleimschicht über dem Riechepithel wird durch fortgesetzte Sekretion und die Tätigkeit von Kinocilien der umliegenden Epithelbereiche laufend erneuert.
Die **Zuführung von Duftstoffen** erfolgt periodisch mit der Inspiration durch die äußere Nasenöffnung. In geringerem Maß gelangen auch Gerüche durch Diffusion aus dem Mundraum durch die Choane zum Riechepithel. Daher überlagern sich bei der Nahrungsaufnahme Geschmacks- und Geruchsempfindungen zu Mischempfindungen. Durch das Schnüffeln, besonders ausgeprägt bei zahlreichen Säugetieren, kann die Luftzufuhr und damit die Anreicherung von Reizstoffmolekülen erheblich verstärkt werden.

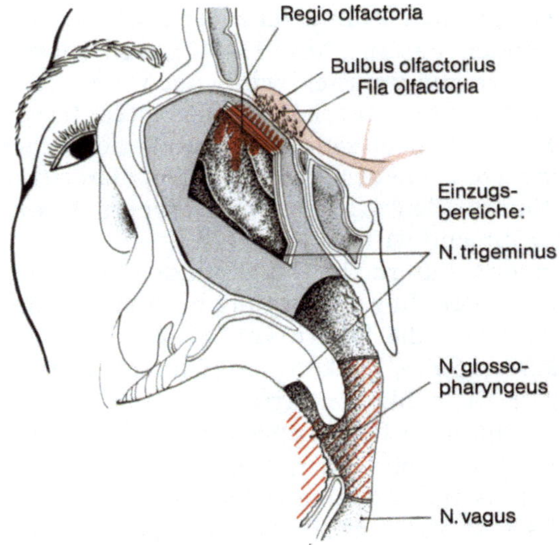

Abb. 13-6. Schematische Darstellung des menschlichen Nasen-Rachenraumes (Sagittalschnitt). Die Regio olfactoria beschränkt sich auf die obere und mittlere Conche. Die Einzugsbereiche von Nervus trigeminus (N. V), Nervus glossopharyngeus (N. IX) und Nervus vagus (N. X) sind eingetragen

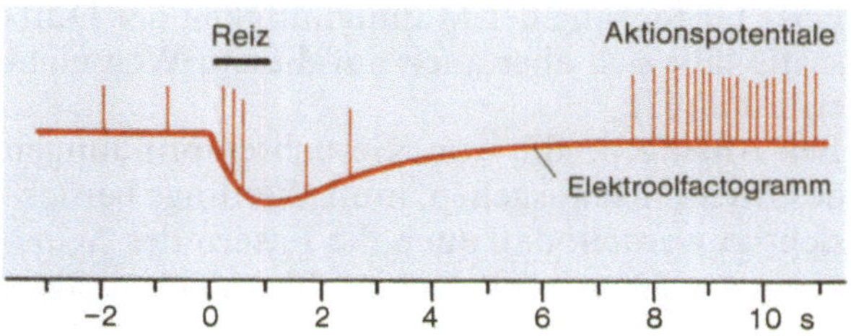

Abb. 13-7. Gleichzeitige Registrierung (*rot*) von Elektroolfactogramm und Aktionspotentialen eines einzelnen Receptors im Riechepithel des Frosches bei Reizung mit Nitrobenzol. Dauer des Reizes (*schwarz*) 1 s. (Nach GESTELAND, aus [1])

Insgesamt enthält die Regio olfactoria des Menschen, die etwa 10 cm^2 umfaßt, rund 10^7 Receptoren. Bei anderen Wirbeltieren ist die Zahl der Receptoren größer (z.B. Schäferhund $2{,}2 \cdot 10^8$ Receptoren). Wie die Geschmackssinneszellen werden auch die Riechzellen stetig erneuert, so daß nicht alle Zellen gleichzeitig funktionstüchtig sein dürften.

Vom Riechepithel von Wirbeltieren können bei Duftreizung langsame Potentiale komplexen Aufbaues von einigen Millivolt Amplitude abgegriffen werden. Diese **Elektroolfactogramme** (EOG, Abb. 13-7, vgl. OTTOSON in [1]) sind wie Elektroretinogramme (ERG) Summenpotentiale. Die Analyse der EOG läßt allerdings keine Aussagen über die Eigenschaften einzelner Receptoren zu. Registrierungen von *Einzelreceptoren* in der Riechschleimhaut von Wirbeltieren (Abb. 13-7) zeigen, daß die spontane Entladungsfrequenz der Riechsinneszellen mit nur einigen Impulsen pro Sekunde sehr niedrig liegt und daß die Receptoren jeweils auf eine größere Zahl von Stoffen ansprechen. Wie beim Registrieren von Geschmacksprofilen (vgl. S. 323) kann man *Reaktionsspektren* einzelner Sinneszellen zusammenstellen (vgl. GESTELAND in [1]).

Geruchsqualitäten

Der Mensch kann tausende verschiedener Duftstoffe geruchlich unterscheiden. Die Geruchsempfindungen lassen sich dabei in Gruppen entsprechend gewisser Ähnlichkeiten ordnen, so daß **Duft-** oder **Qualitätsklassen** abgegrenzt werden können. Diese Einteilung entspricht allerdings in ihrer Schärfe keineswegs der klaren Qualitätsgliederung beim Geschmackssinn. Die Unsicherheit der Abgrenzungen ist schon daraus zu ersehen, daß die Anzahl der Klassen von den verschiedenen Autoren sehr unterschiedlich angegeben wird. Qualitäten und chemisch definierbare Reizmerkmale entsprechen sich noch weniger als beim Geschmackssinn (vgl. S. 323). Die Duftklassen werden, wie Tabelle 13-3 zeigt, in der Regel nach den natürlichen Quellen von Duftstoffen oder nach typischen Vertretern benannt und können durch *„Standarddüfte"* gekennzeichnet werden.

Tabelle 13-3. Merkmale zur Kennzeichnung von Duftklassen. (Nach AMOORE und SKRAMLIK)

Duftklasse	Bekannte, repräsentative Verbindungen	Riecht nach	„Standard"
Blumig	Geraniol	Rosen	d-1-β-Phenyläthylmethylcarbinol
Ätherisch	Benzylacetat	Birnen	1,2-Dichloräthan
Moschusartig	Moschus	Moschus	1,5-Hydroxypentadecansäurelacton
Campherartig	Cineol, Campher	Eukalyptus	1,8-Cineol
Faulig	Schwefelwasserstoff	Faulen Eiern	Dimethylsulfid
Stechend	Ameisensäure, Essigsäure	Essig	Ameisensäure

Eine neurophysiologische Grundlage für eine Aufteilung der Duftstoffe auf Qualitätsklassen ist bisher nicht gegeben. Die Auffassung, daß Gruppen nahe verwandter Duftstoffe gegeneinander abgegrenzt werden können, wird durch die beim Menschen beobachteten Formen partieller Riechunfähigkeit, die **partiellen Anosmien** gestützt (s.S. 321). In solchen Fällen sind die Schwellen für bestimmte Duftstoffe erhöht. Partielle Anosmien haben, wenigstens teilweise, eine genetische Grundlage. Die Schwellenerhöhung betrifft häufig mehrere Duftstoffe und es zeigt sich, daß diese in der Regel derselben Duftklasse angehören. Experimentelle Daten, von denen eine Klassifizierung von Duftstoffen ausgehen kann, lassen sich auch durch Versuche mit *Kreuzadaptation* gewinnen. Die Versuche gehen von der Beobachtung aus, daß die Erhöhung der Wahrnehmungsschwelle, die bei langdauernder Reizung mit einem Duftstoff auftritt, nicht nur für diesen, sondern auch für andere Duftstoffe gilt (Abb. 13-8). Durch wechselseitige Prüfung, inwieweit die Schwelle für einen beliebigen Duftstoff durch andere Substanzen, die vorher als Reiz geboten wurden, angehoben wird, läßt sich ein *Verwandtschaftsschema* erarbeiten (Abb. 13-9). Eine eindeutige und detail-

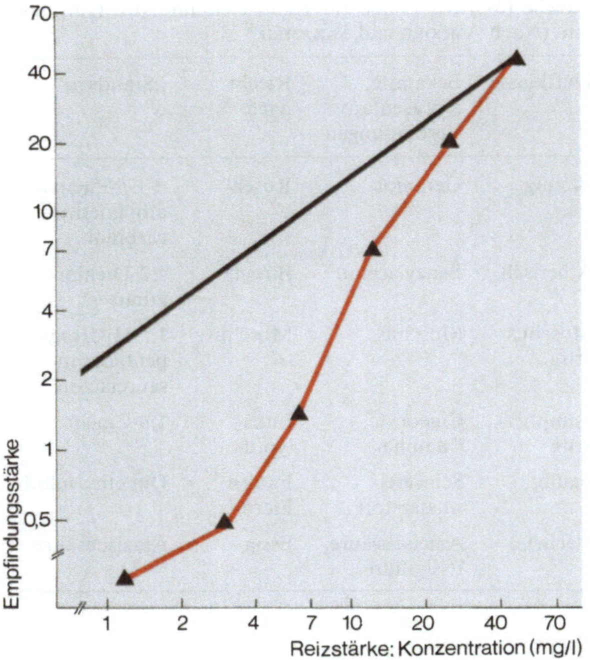

Abb. 13-8. Anstieg der Empfindungsstärke in Abhängigkeit von der Reizstärke (Reiz: Propanol): unadaptiert (*schwarze Gerade*) und nach vorheriger Adaptation auf Pentanol (*schwarze Dreiecke, rote Kurve*). (Verändert nach CAIN und ENGEN, aus [10])

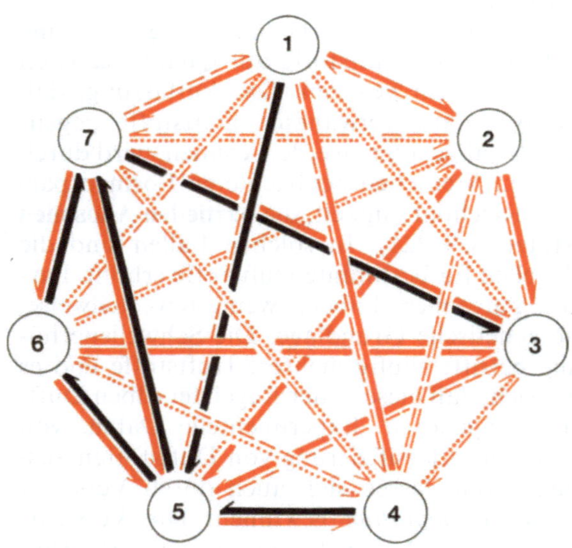

Abb. 13-9. Verwandtschaftsschema zwischen 7 Duftstoffen (1: Citral, 2: Cyclopentanon, 3: Benzylacetat, 4: Safrol, 5: m-Xylol, 6: Methylsalicyclat, 7: Butylacetat) entworfen nach den Ergebnissen von Kreuzadaptationsversuchen. Die gegenseitige Adaptationswirkung ist in der Regel ungleich stark. Das Ausmaß der Erhöhung der Wahrnehmungsschwelle ist durch die Verbindungslinien wiedergegeben. *Schwarze Linien:* sehr starke Erhöhung; *rote durchgezogene Linien:* starke Erhöhung; *rote gestrichelte Linien:* mittlere Erhöhung; *rote punktierte Linien:* schwache Erhöhung der Schwelle. (Verändert nach KÖSTER [7])

lierte Gliederung der Mannigfaltigkeit der Duftstoffe läßt sich aber auch auf diesem Weg nicht ermitteln [7].

Bei Aussagen, die von Geruchsempfindungen des Menschen ausgehen, muß allerdings berücksichtigt werden, daß auch die Fasern des *N. trigeminus,* die in der Nasenschleimhaut enden, auf Duftstoffe reagieren und zur Entstehung von Geruchsempfindungen beitragen, ebenso wie Endigungen des *N. glossopharyngeus* und *N. vagus* im Rachenraum (Abb. 13-6). Diese nicht über den N. olfactorius vermittelten Empfindungen bleiben nach Ausfall des Riechepithels, z.B. infolge von Infektionen (Grippe), Tumoren (Craniotomie) und Schädeltraumata erhalten. In solchen Fällen sind die Schwellen gegenüber dem Normalzustand beträchtlich erhöht. Die Fähigkeit zur Duftunterscheidung ist aber nur geringfügig beeinträchtigt. Auch beim hypogonadotropen Hypogonadismus (Kallmann-Syndrom) ist das Riechvermögen auf die Leistungen der genannten Hirnnerven beschränkt; bei diesem congenitalen Leiden sind die Bulbi olfactorii aplastisch. Erhöhungen der Riechschwelle, **Hyposmien,** oder Anosmien (vgl. S. 328) werden auch durch thermische und chemische Noxen verursacht. Je nach Art und Einwirkung können sie reversibel oder irreversibel, akut oder chronisch sein. Schließlich ergeben sich Empfindlichkeitsminderungen auch mit steigendem Lebensalter.

Empfindlichkeit, Codierung

Die Empfindlichkeit des Geruchssinns des Menschen ist sehr groß, wenn auch von Tieren noch bessere Leistungen der Riechorgane bekannt sind. In Tabelle 13-4 sind für 2 Riechstoffe Konzentrationswerte angegeben, bei denen beim Menschen eine Empfindung ausgelöst wird. Bei sehr niedrigen Konzentrationen kommt zunächst eine unspezifische Empfindung zustande; erst bei höheren Konzentrationen wird die spezifische Geruchsnote eines Duftstoffes deutlich. So wird Scatol bei niedrigen Konzentrationen keineswegs als unangenehm rie-

Tabelle 13-4. Wahrnehmungsschwelle für Buttersäure und Butylmercaptan. (Nach NEUHAUS und STUIVER)

Stoff	Moleküle/ml Luft	Konzentration an der Reizquelle
Buttersäure	$2{,}4 \cdot 10^9$	10^{-10}
Butylmercaptan	10^7	$2{,}7 \cdot 10^{-12}$

chend empfunden, erst ab einer gewissen Grenze manifestiert sich der typische widerwärtige Geruch dieser Substanz. Dementsprechend unterscheidet man zwischen **Wahrnehmungs-** und **Erkennungsschwelle.**
Solche Schwellenwerte, die auf die Entstehung von Empfindungen bzw. Verhaltensreaktionen bei Tieren bezogen sind, geben noch keine Auskunft über die *Empfindlichkeit einzelner Receptoren.* Diese kann aber unter Berücksichtigung der räumlichen Ausdehnung des Riechorgans und der Zahl der Sinneszellen auch für den Menschen ermittelt werden. Demnach dürfte die einzelne Sinneszelle bereits auf den Treffer eines oder weniger Duftstoffmoleküle mit Depolarisation und Bildung eines Aktionspotentials reagieren. Eine Verhaltensantwort kommt allerdings erst dann zustande, wenn durch die Aktivierung einer größeren Zahl von Receptoren das Rausch-Signal-Verhältnis im Sinneseingang einen kritischen Wert übersteigt.

Codierung. Die Frage, wie Duftreize durch die Receptoren codiert werden, kann bislang nur in erster Näherung beantwortet werden. Man hat von der Tatsache auszugehen, daß die einzelnen Receptorzellen auf eine größere Anzahl verschiedener Duftstoffe reagieren. Dementsprechend zeigen die Receptoren, ähnlich wie beim Geschmackssinn, sich überlappende Reaktionsprofile. Jedem Duftstoff entspräche dann ein spezifisches Erregungsmuster, das sich über der Population der Sinneszellen ausbildet. Die Konzentration des Duftstoffes würde sich bei unverändertem Muster aus den jeweiligen Erregungsbeträgen ergeben.

Zentrale Verarbeitung

Bulbus olfactorius. Der Bulbus olfactorius ist histologisch in mehrere Schichten gegliedert, die durch bestimmte Zellformen oder Zellausläufer charakterisiert werden können und typische Verknüpfungen von Zellfortsätzen enthalten. Wesentliche Merkmale der Informationsverarbeitung im Bulbus olfactorius sind 1. eine starke **Konvergenz** der Sinneszellen auf die Mitralzellen als zweites Neuron der Riechbahn, 2. ausgeprägte **Hemmungsmechanismen** und 3. eine **efferente Kontrolle** der einlaufenden Erregungen. In der Schicht der Glomeruli enden jeweils Axonen von etwa 1000 Riechzellen am primären Dendriten einer *Mitralzelle* (Abb. 13-10). An diesen Dendriten bilden die *periglomerulären Zellen* reziproke dendrodendritische Synapsen aus. Die

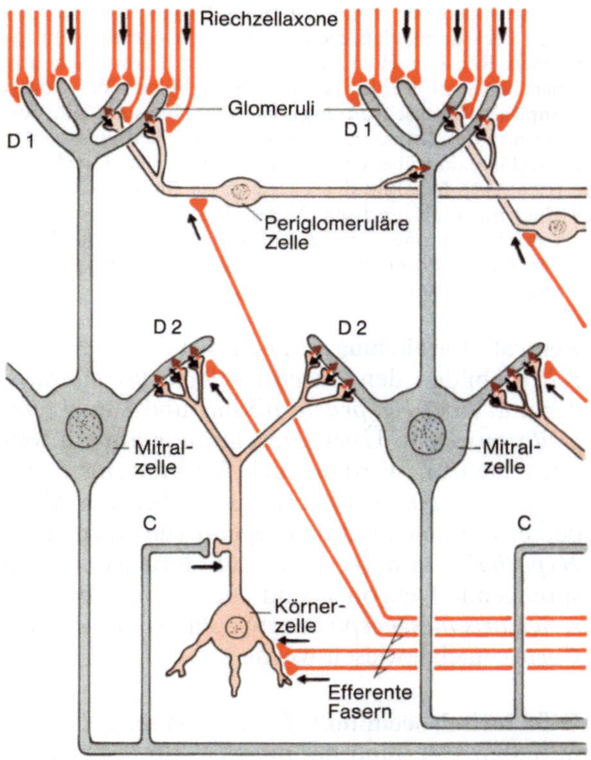

Abb. 13-10. Übersicht über die neuronalen Verbindungen im Bulbus olfactorius. In den Glomeruli enden die Riechzellaxonen an den primären Dendriten (*D 1*) der Mitralzellen. Periglomeruläre Zellen und Körnerzellen bilden reziproke Synapsen an den primären bzw. sekundären (*D 2*) Dendriten der Mitralzellen. *C* Collaterale. Die Richtung der synaptischen Übertragung ist durch *Pfeile* (Erregung: *schwarz,* Hemmung: *rot*) angegeben. (Kombiniert und modifiziert nach SHEPHERD, aus [13])

auf diese Zellen gerichteten Kontakte wirken erregend, die entgegengesetzt auf die Mitralzellen gerichteten hemmend. Die Axonen der periglomerulären Zellen enden an Mitralzelldendriten benachbarter Glomeruli. Durch diese Anordnung ist eine Modulation der lokalen dendritischen Antwort möglich: es wird eine *Selbst-* bzw. *Umfeldhemmung* vermittelt. Über die ebenfalls reziproken dendrodendritischen Synapsen der *Körnerzellen* an den sekundären Dendriten der Mitralzellen wird die Impulsbildung der Mitralzellen kontrolliert. Wieder wirken die auf die Mitralzellen gerichteten Synapsen hemmend. Die reziproken Kontakte sind somit wie bei den periglomerulären Zellen Kanäle einer Selbsthemmung. Außerdem sind die Körnerzellen mit Mitralzellcollateralen sowie mit *efferenten (bulbopetalen) Axonen* verschiedener Herkunft verbunden. Ein Teil der zentrifugalen Fasern kommt über die Commissura anterior vom Bulbus der kontralateralen Seite.

Das Besondere der Hemmung durch die axonlosen Körnerzellen liegt darin, daß diese Zellen im Gegensatz zur typischen Renshaw-Hemmung partiell, d.h. räumlich graduiert aktiviert werden können. Das Muster der höchst komplexen Wechselwirkungen kann durchaus mit den Vorgängen in der Retina verglichen werden; allerdings werden die Abläufe dort über eine andersartige celluläre Gliederung erreicht [13]. Das Bild der Vorgänge im Bulbus olfactorius ist hier nur grob umrissen. Neben den Mitralzellen gibt es als zweite Neurone auch verschiedene Formen von Pinselzellen, die sich hinsichtlich ihrer Projektionen und Transmitter von den Mitralzellen unterscheiden.

Zentrale Verbindungen. Die Axonen der *Mitralzellen* bilden den *Tractus olfactorius lateralis,* der u.a. zur *Area praepiriformis* und zum *Lobus piriformis* zieht. Über Umschaltung auf ein weiteres Neuron werden auch Verbindungen mit der *Hippocampusformation* und über den Mandelkernkomplex mit den vegetativen Kernen des *Hypothalamus* hergestellt. Auf Geruchsreize ansprechende Neuronen sind auch in der *Formatio reticularis mesencephali* sowie im *orbitofrontalen Cortex* nachgewiesen worden.

Olfactorisch beeinflußte Funktionskreise. Die unmittelbare Verbindung mit dem limbischen System (s.S. 383) erklärt die starke **emotionale Komponente** der Geruchswahrnehmungen. Durch Geruchsempfindungen werden leicht Lust- und Unlustgefühle (hedonische Komponente der Empfindung) geweckt, die Affektlage des Organismus wird entsprechend verschoben. Ferner darf die Bedeutung von Geruchsreizen für die *Steuerung des Fortpflanzungsgeschehens* nicht unterschätzt werden, wenn auch die Ergebnisse von Tierversuchen, insbesondere Ausschaltungsexperimenten an Nagetieren, nicht direkt auf den Menschen übertragen werden dürfen. Im Tierversuch wurde auch nachgewiesen, daß die Antworten von Neuronen aus der Riechbahn in Abhängigkeit von Testosterongaben variieren. Der Erregungsfluß steht demnach auch unter dem Einfluß der Sexualhormone.

Funktionsstörungen. Neben den als Hyposmien und Anosmien bezeichneten Störungen der Riechfähigkeit (s.S. 326) kann es auch zu Fehlwahrnehmungen, **Parosmien,** und zu Geruchswahrnehmungen ohne Vorhandensein von Duftstoffen, also Geruchshalluzinationen, **Phantosmien,** kommen. Solche Geruchsstörungen können unterschiedliche Ursachen haben. Sie werden u.a. bei allergischen Rhinitiden und nach Kopftraumata beobachtet. Geruchshalluzinationen von unangenehmem Charakter (Kakosmien) werden insbesondere von schizophren erkrankten Patienten erlebt.

13.4 Literatur

Weiterführende Lehr- und Handbücher

1. Beidler, L.M. (Hrsg.): Chemical Senses, Part 1: Olfaction, Part 2: Taste, Handbook of Sensory Physiology, Vol. IV. Berlin-Heidelberg-New York: Springer 1971
2. Pfaff, D. (Hrsg.): Taste, Olfaction and the Central Nervous System. New York: Rockefeller University Press 1985

Einzel- und Übersichtsarbeiten

3. Breipohl, W. (Hrsg.): Olfaction and Endocrine Regulation. London: IRL Press 1982
4. Denton, D.A., Coghlan, J.P. (Hrsg.): Olfaction and Taste, Vol. V. New York: Academic Press 1975
5. Hayashi, T. (Hrsg.): Olfaction and Taste, Vol. II. Oxford-London-New York-Paris: Pergamon Press 1967
6. Kare, M.R., Maller, O. (Hrsg.): The Chemical Senses and Nutrition. New York-San Francisco-London: Academic Press 1977
7. Köster, E.: Adaptation and Cross-Adaptation in Olfaction. Rotterdam: Bronder 1971
8. Le Magnen, J., Mac Leod, P. (Hrsg.): Olfaction and Taste, Vol. VI. London-Washington DC: IRL Press 1977
9. Norris, D.M. (Hrsg.): Perception of Behavioral Chemicals. Amsterdam-New York-Oxford: Elsevier/North Holland 1981
10. Pfaffmann, C. (Hrsg.): Olfaction and Taste, Vol. III. New York: Rockefeller University Press 1969
11. Sato, T.: Receptor potential in rat taste cells. In: Autrum, H., Ottoson, D., Perl, E.R., Schmidt, R.F., Shimazu, H., Willis, W.D. (Hrsg.): Progress in Sensory Physiology, Vol. 6, p. 1–37, Berlin-Heidelberg-New York-Tokyo: Springer 1986
12. Schneider, D. (Hrsg.): Olfaction and Taste, Vol. IV. Stuttgart: Wiss. Verlagsges. 1972
13. Shepherd, G.M.: Synaptic organization of the mammalian olfactory bulb. Physiol. Rev. **52**, 864 (1972)
14. Van der Starre, H. (Hrsg.): Olfaction and Taste, Vol. VII. London-Washington DC: IRL Press 1980
15. Zotterman, Y. (Hrsg.): Olfaction and Taste, Vol. I. Oxford-London-New York-Paris: Pergamon Press 1963
16. Chemical Senses. London: IRL Press (regelmäßig erscheinende Zeitschrift)

14 Durst und Hunger: Allgemeinempfindungen

R.F. Schmidt

Aus **sinnesphysiologischer Sicht** können die Durstempfindungen bei Flüssigkeitsmangel und die Hungerempfindungen bei Nahrungsmangel weder einem bestimmten Sinnesorgan, noch einer bestimmten Körperstruktur zugeordnet werden. Sie werden deshalb als **Allgemeinempfindungen** (Synonyme: *Allgemeingefühle, Gemeingefühle*) bezeichnet. Als solche lassen sich beispielsweise auch Müdigkeit, Lufthunger (Atemnot) und sexuelle Appetenz auffassen. Ihnen ist gemeinsam, daß sie einen oder mehrere *adäquate Reize besitzen, die ihren Ursprung im Organismus selbst,* nicht in der Umwelt haben. Diese Reize werden von z.T. noch unbekannten Receptoren registriert und führen damit zu den jeweiligen Allgemeinempfindungen (Abb. 14-1 A). So wird unten gezeigt, daß eine intracelluläre osmotische Hypertonizität bei Wassermangel über Osmoreceptoren erfaßt und dadurch eine Durstempfindung (Synonyme: Durst, Durstgefühl) ausgelöst wird (Abb. 14-1 B). Entsprechend läßt sich vorstellen, daß sich im Blut im Laufe des Tages „Abfallstoffe" anhäufen, die uns das Gefühl der Müdigkeit vermitteln, oder daß bestimmte Hormone, sobald sie in genügender Form im Organismus vorliegen, Empfindungen der sexuellen Appetenz auslösen oder deren Auslösung begünstigen.

Aus der **Sicht der Psychologie** sind Hunger und Durst **homöostatische Triebe,** die dafür sorgen, daß der Körper ausreichend Nahrung und Flüssigkeit zu sich nimmt. Aus dieser Sicht wird das Triebgeschehen direkt von den Triebreizen gesteuert (waagrechter schwarzer Pfeil in Abb. 14-1 A), während subjektiv der Eindruck herrscht, daß die Triebreize die Allgemeinempfindung auslösen (z.B. Durst in Abb. 14-1 B), und daß dies wiederum den **Trieb** oder **Antrieb** auslöst, Wasser zu suchen und zu trinken.

Hunger und Durst müssen gestillt werden, um die Homöostase des Körpers aufrecht zu erhalten und damit das **Überleben zu sichern** (zum Begriff der Homöostase s. S. 349). Sie sind angeboren und brauchen nicht erlernt zu werden. Sie werden aber im Laufe des Lebens durch zahlreiche Einflüsse modifiziert, deren Bedeutung mit der phylogenetischen Entwicklung stark zunimmt. Diese Einflüsse greifen an zahlreichen Stellen des Trieb- und Empfindungsgeschehens an (s. Abb. 14-1 A, B). Im folgenden werden weder die Triebe noch ihre Modifikationen geschildert (s. dazu [2, 9, 10, 21]); es wird lediglich auf die sinnesphysiologischen Aspekte des Durstes und des Hungers eingegangen, die als Beispiele für Allgemeingefühle dargestellt werden sollen.

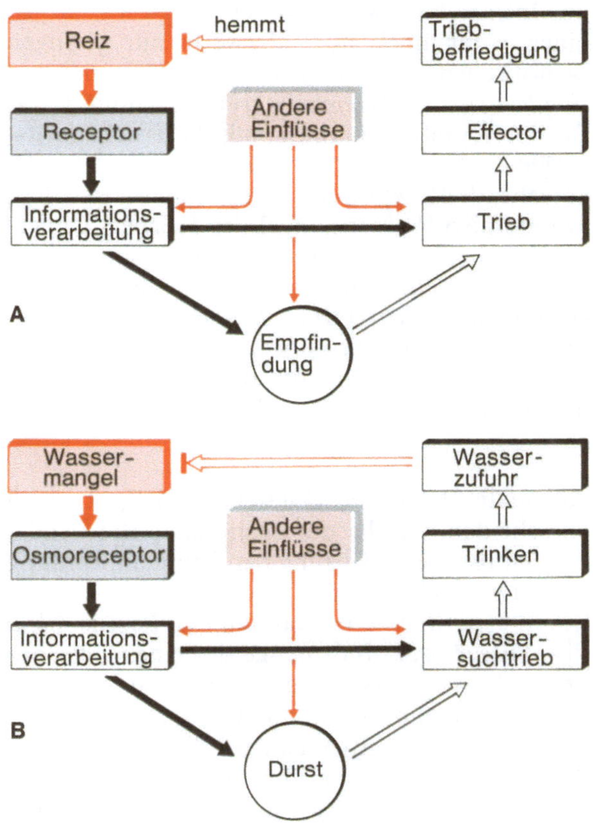

Abb. 14-1. Schematische Darstellung des Zusammenhangs zwischen Allgemeingefühlen und Trieben. **A** Allgemeine Darstellung der Entstehung von Allgemeingefühlen und Trieben. **B** Entstehung des Durstgefühls und Wassersuchtriebes bei Wassermangel. Neben den Osmoreceptoren sind auch andere Receptoren für die Entstehung des Durstgefühls verantwortlich (s. Abb. 14-2). Die *senkrechten roten Minuszeichen* zeigen an, daß die Triebbefriedigung (Wasserzufuhr in B) zum Wegfall des Reizes (Wassermangel in B) führt

14.1 Durst

Entstehung des Durstes

Bedingungen für das Auftreten einer Durstempfindung. Der erwachsene menschliche Körper besteht zu etwa 70–75% seines Gewichtes aus Wasser (Fettdepots unberücksichtigt). Dieser Wassergehalt wird mit großer Genauigkeit konstant gehalten: Er schwankt langfristig normalerweise nur um ±0,22% also nur um rund ±150 ml. Verliert der Körper mehr als 0,5% seines Gewichtes an Wasser (also etwa 350 ml bei 70 kg Körpergewicht), entsteht Durst [3, 7, 11, 16]. (Meistens wird ohne Durst getrunken, s.S. 333).
Die physiologischen Wasserverluste des Körpers (Harn, Schweiß, Atemluftfeuchtigkeit) führen insgesamt zu **Wasserverlusten im Extra- wie im Intracellulärraum,** wobei es zusätzlich zu einer, wenn auch normalerweise nur geringen osmotischen *Hypertonizität* kommt. Ferner *vermindert sich die Speichelsekretion,* wodurch das für den Durst so **charakteristische Trockenheitsgefühl** des Mund-Rachen-Raumes entsteht. Entsprechende Receptoren (Sensoren) vorausgesetzt, könnte also Wassermangel des Körpers gemessen werden a) am Volumen oder osmotischen Druck der *Zellen* (intracellulär), b) am Volumen oder osmotischen Druck des *Extracellulärraumes* und c) indirekt über die Reduktion der *Speichelsekretion* und die daraus resultierende Trockenheit der Mund- und Rachenschleimhaut.

Adäquate Reize der Durstempfindung. Um zu entscheiden, welche der eben genannten Änderungen für die Auslösung der Durstempfindung verantwortlich ist oder sind, ist es notwendig, durch experimentelle Maßnahmen jeweils *allein* die Wasser- oder Salzmenge des einen oder anderen Flüssigkeitsraumes zu ändern oder die Speichelsekretion zu modifizieren. Diese Experimente werden weitgehend an Tieren durchgeführt, wobei die von den Tieren getrunkene Wassermenge als Indiz für das Ausmaß des experimentell erzeugten Durstes gilt [3, 7, 11, 13, 14]. Die wichtigsten Ergebnisse dieser Versuche werden im folgenden geschildert.
Intravenöse Infusion einer hypertonen NaCl-Lösung führt beim Hund zu einer doppelt so großen Wasseraufnahme wie die i.v.-Infusion einer osmotisch äquivalenten Harnstofflösung. Im ersten Fall kommt es wegen der Impermeabilität der Zellmembran für Na^+-Ionen und des daraus resultierenden Konzentrationsgefälles für Na^+-Ionen zwischen Zellinnerem und Extracellulärraum zu einem Wasseraustritt aus den Zellen. Dagegen sind die Zellmembranen für Harnstoff gut permeabel. Im zweiten Fall kommt es daher zu einem Ausgleich der Harnstoffkonzentration von Intra- und Extracellulärraum und damit zu deutlich geringeren Änderungen von Zellvolumen und Tonizität. Dieser Befund, der sich bei zahlreichen Modifikationen und an den verschiedensten Säugetieren insgesamt immer wieder bestätigt hat, läßt den Schluß zu, daß **Abnahme des Zellvolumens** (durch Wasseraustritt und bei konstanter *Salzmenge* der Zellen) Durst auslöst [3, 14]. Dieser Durst wird **osmotischer Durst** genannt.
Wird experimentell die Na^+-Menge des Extracellulärraumes verringert (z.B. durch entsprechende Diät oder durch Peritonealdialyse), so verliert der Extracellulärraum Wasser, teils durch Abgabe nach außen, teils durch Diffusion von Wasser in die Zellen. Trotz dieser Zunahme des Zellvolumens kommt es unter diesen Bedingungen zu Durst. Daneben tritt auch Kochsalzhunger auf. Wird experimentell die Extracellulärflüssigkeit insgesamt, ohne Änderung der NaCl-Konzentration, verändert, tritt ebenfalls Durst auf. Wir können also folgern, daß auch die **Abnahme der Extracellulärflüssigkeit** Durst auslöst. Dieser Durst wird **hypovolämischer Durst** genannt. Experimente haben gezeigt, daß *gleichzeitige Abnahmen des Zellvolumens und der Extracellulärflüssigkeit* **additiv** wirken, also besonders **starken Durst** auslösen [3]. Insgesamt ist aber der osmotische Durst bedeutsamer als der hypovolämische Durst.

Die bei praktisch allen Durstformen auftretende **Trockenheit des Mundes** ist, wie bereits erwähnt, durch die *Abnahme der Speichelsekretion* bedingt. Sie reflektiert den Wassermangel und scheint entgegen früheren Annahmen nur ein **Begleitsymptom des generellen Durstgefühls** zu sein, wie folgende Befunde zeigen: Befeuchten des Mund-Rachen-Raumes stillt den Durst nicht, wenn es ihn auch lindern kann. Auch durch Lokalanaesthesie der Mundschleimhaut oder durch eine komplette Denervierung des Mund-Rachen-Raumes kann Durst weder verhindert noch gestillt werden. Schließlich beeinflußt angeborenes Fehlen der Speicheldrüsen (Mensch) oder deren operative Entfernung (Tier) die normale Wasseraufnahme nicht wesentlich.

Alle Zustände, die *Durst* auslösen, führen gleichzeitig zur **Freisetzung von ADH** (antidiuretisches Hormon, Adiuretin, Einzelheiten s.S. 396). Umgekehrt bewirkt exzessives Trinken eine Hemmung der ADH-Ausschüttung und damit eine Wasserdiurese [14].

Sensoren und zentrale Mechanismen

Intracelluläre Sensoren. Die neuralen Strukturen, die in erster Linie mit der Regelung des Salz-Wasser-Haushaltes befaßt sind, finden sich im Zwischenhirn, besonders im **Hypothalamus** und in seiner **Umgebung.** Vor allem in Arealen *vor* dem Hypothalamus konnten zahlreiche **Osmoreceptoren** nachgewiesen werden, die auf Erhöhung der **intracellulären** Salzkonzentration bei Wasserverlust der Zelle ansprechen. Die Injektion kleinster Mengen (weniger als 0,2 ml) hypertoner Kochsalzlösung in bestimmte Stellen dieser Region führte beispielsweise bei der Ziege nach 30–60 s zum Trinken für 2–5 min, wobei 2–8 l Wasser aufgenommen wurden. Elektrische Reizung der gleichen neuralen Strukturen löst ebenfalls starkes Trinken aus. Bei Ausschaltungen hypothalamischer Strukturen durch Durchschneidung oder Coagulation fanden sich bei zahlreichen Versuchen Konstellationen, bei denen das Trinken, auch bei Wassermangel im Organismus, reduziert oder aufgehoben war **(Adipsie).** Insgesamt können wir daraus folgern, daß **Osmoreceptoren des Zwischenhirns,** v.a. in den vor dem Hypothalamus gelegenen Arealen, als *Meßfühler* des durch **cellulären Wassermangel** induzierten Durstes dienen (Abb. 14-2). Neuronale Strukturen des Hypothalamus sind an der Verarbeitung der von den Osmoreceptoren (Osmosensoren) kommenden Information anscheinend beteiligt [5, 7, 14, 17, 18, 19, 22].

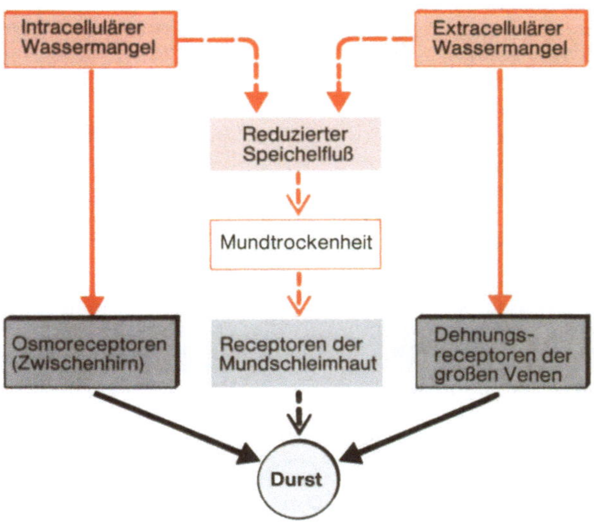

Abb. 14-2. Entstehung des Durstgefühls. Die an der Entstehung des Durstgefühls beteiligten Receptoren (Sensoren) sind *grau* unterlegt. Darüber sind die ihnen adäquaten Reize angeordnet. Die Mundtrockenheit ist eine indirekte Folge des intra- und extracellulären Wassermangels

Extracelluläre Sensoren. In bezug auf die Fühler für den durch *Wassermangel im Extracellulärraum ausgelösten Durst* gibt es nur Vermutungen und indirekte Hinweise. Am wahrscheinlichsten ist derzeit, daß die **Dehnungsreceptoren** in den Wänden der herznahen großen Venen, neben ihren Aufgaben im Kreislaufgeschehen, auch bei der Regulierung des Wasserhaushaltes und beim Entstehen des Durstgefühls beteiligt sind (Abb. 14-2). Der Hypothalamus ist auch für die von ihnen über Vagusafferenzen nach zentral gesandte Information eine wichtige Verarbeitungsstelle. Außerdem gibt es Hinweise, daß neben der neuronalen Komponente auch **hormonale Faktoren** bei der Auslösung des Durstes beteiligt sind. Extracellulärer Wassermangel führt nämlich zur Freisetzung von **Renin** in der Niere und damit zur Bildung von **Angiotensin II** (vgl. S. 545). Intravenöse Gabe von Angiotensin II oder seine direkte Applikation in verschiedene Abschnitte des Hypothalamus, einschließlich dem *Subfornicalorgan,* löst starken Durst aus. Damit scheint sicher, daß Angiotensin II bei hypovolämischen Durst (Volumenmangeldurst) eine Rolle spielt. Aber im Augenblick läßt sich über seine genaue Stellung und Bedeutung im Durstgeschehen noch nichts Näheres sagen [3, 18, 22].

Gleiches gilt für die Rolle anderer Hormone, wie z.B. das eben erwähnte **ADH** oder den kürzlich entdeckten **atrialen natriuretischen Faktor, ANF,** ein Polypeptid, das auch **Atriopeptin** genannt wird, da es zuerst in Muskelzellen des Herzvorhofs nachgewiesen wurde. Es wird durch Dehnung der Vorhöfe, insbesondere des rechten Vorhofes, freigesetzt, löst, wie sein Name sagt, in der Niere eine starke Natrium- und Wasserdiurese aus und hemmt u.a. dort die Freisetzung von Renin. Möglicherweise ist es auch eine Überträgersubstanz im hypothalamisch-hypophysären System und greift dort (*dursthemmend?*) in das Durstgeschehen ein.

Mund- und Rachenreceptoren. Die durch *reduzierten Speichelfluß verursachte Trockenheit des Mundes wird über Sensoren der Mund- und Rachenschleimhaut* vermittelt (Abb. 14-2). In welchem Umfang die einzelnen aus Tierversuchen bekannten Sensortypen (Mechano-, Kälte-, Wärme-, Wasserreceptoren) am Zustandekommen dieses **peripheren Anteils des Durstes** beteiligt sind, ist nicht bekannt. Werden diese Sensoren gereizt, ohne daß ein Wassermangel des Organismus vorliegt, z.B. durch Sprechen, Rauchen, Mundatmung, sehr trockene Kost, so wird bei diesem **falschen Durst** durch Befeuchten der Mundschleimhaut das Durstgefühl beseitigt, während, wie oben schon erwähnt, dies bei echtem Durst höchstens das Durstgefühl lindert, es aber nicht stillt.

Zentrale Integration. Durst ist also eine Allgemeinempfindung, die durch die **Mitwirkung zahlreicher Sensortypen** entsteht, die teils in der Peripherie, teils im ZNS selbst lokalisiert sind. Das **Zwischenhirn,** insbesondere der Hypothalamus, scheint bei der Integration dieser vielfachen afferenten Zuflüsse eine dominierende Rolle zu spielen. Wie weit die im Tierversuch gewonnenen Experimente auf den Menschen übertragen werden können, ist im einzelnen nicht bekannt, auch nicht, welche zentralen Strukturen am Zustandekommen des Durstes beteiligt sind. Es darf aber angenommen werden, daß die in Abb. 14-2 gezeigten Zusammenhänge auch beim Menschen im wesentlichen zutreffen [3, 5, 14, 17].

Die **Durstempfindung adaptiert nicht.** Dies konnte auch im Tierversuch bestätigt werden: Die nach i.v.-Injektion von hypertoner Kochsalzlösung aufgenommene Wassermenge war unabhängig von der Geschwindigkeit der Infusion. Mit anderen Worten, der durch die Kochsalzinfusion ausgelöste Durst war bei sehr langsamem Anstieg der NaCl-Konzentration genauso groß wie bei sehr schnellem. Da der Durst nicht adaptiert, ist eine Durststillung daher in aller Regel nur durch Wasseraufnahme möglich (Abb. 14-1 B).

Durststillung

Präresorptive und resorptive Durststillung. Vom Beginn des Trinkens bis zur Beseitigung eines Wassermangels im Intracellulärraum vergeht geraume Zeit, da das in Magen und Darm aufgenommene Wasser zunächst in den Blutkreislauf überführt (resorbiert) werden muß. Es ist aber eine alltägliche und im Tierexperiment vielfach bestätigte Beobachtung, daß das Durstgefühl erlischt, d.h. das Trinken aufhört, lange bevor der extra- und intracelluläre Wassermangel beseitigt ist. Der **resorptiven** Durststillung geht also eine **präresorptive** voraus, die eine übermäßige Aufnahme von Wasser verhindert und die Zeit bis zur resorptiven Durststillung überbrückt (Abb. 14-3). In Tierversuchen hat sich gezeigt, daß die *präresorptive Durststillung mit großer Präzision* arbeitet: Die getrunkene Wassermenge entspricht in engsten Grenzen der benötigten [1, 3, 7].

Die **Sensoren und Mechanismen der präresorptiven Durststillung** sind nicht bekannt. Ein Hund mit einer Oesophagusfistel trinkt etwa doppelt so viel Wasser wie ein normaler Hund mit dem gleichen Wasserdefizit. Danach unterbricht er das Trinken für 20–60 min. Also bewirkt das Trinken selbst, bzw. die mit ihm verbundenen motorischen und sensiblen Vorgänge, eine gewisse, vorübergehende Durststillung. Auch Sensoren des Magens und des Duodenums scheinen eine Rolle zu spielen: Wird bei Affen nach Beendigung des Trinkens die Flüssigkeit über einen vorher gelegten Magenschlauch abgesaugt, nehmen die Tiere das Trinken alsbald wieder auf.

Umgekehrt hört das Trinken sofort auf, wenn über einen Katheter eine kleine Menge Wasser direkt in das Duodenum appliziert wird. Nimmt man statt Wasser isotonische Kochsalzlösung, geht das Trinken weiter. Das Duodenum scheint also Osmoreceptoren zu enthalten, die die Wasseraufnahme registrieren. Die meisten Fragen sind aber noch offen [3, 16].

Durstschwelle. Ist der Durst endgültig gestillt **(resorptive Durststillung),** das relative (bei Aufnahme von zu viel Kochsalz) oder absolute Wasserdefizit also beseitigt, so vergeht trotz der stetigen, wenn auch langsamen physiologischen Wasserverluste eine gewisse Zeit, bis erneut Durst auftritt. Es gibt also eine *Schwelle* für den Durst. Sie liegt, wie eingangs gesagt, beim Menschen bei einem **Wasserverlust von 0,5%** des Körpergewichts. Durch diese **Durstschwelle** wird verhindert, daß geringgradige Wasserverluste schon zum Auftreten von Durst führen. Physiologischerweise schwankt der Wassergehalt des menschlichen Körpers also zumindest zwischen einem Maximum nach resorptiver Durststillung und einem Minimum, das im Idealfall gerade etwas unterhalb der Durstschwelle liegt. Die normalen Schwankungen des Wassergehaltes des menschlichen Körpers sind jedoch oft größer, weil wir einerseits oft mehr

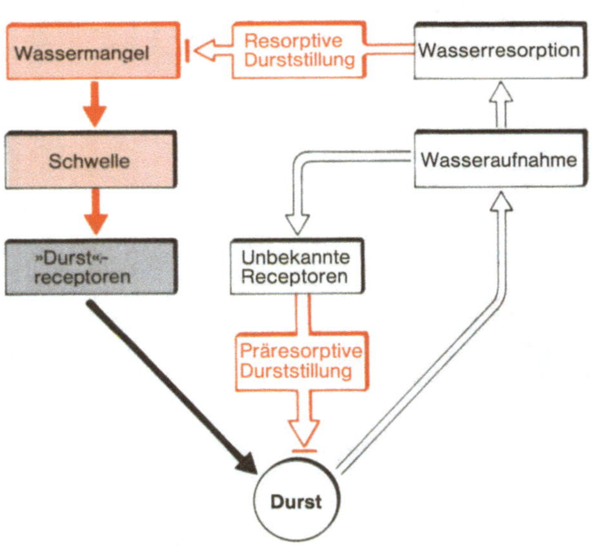

Abb. 14-3. Schema der präresorptiven und resorptiven Durststillung durch Wasseraufnahme. Die in Abb. 14-2 eingetragenen Sensoren sind hier als „Durst"-Receptoren zusammengefaßt

Flüssigkeit als nötig aufnehmen und andererseits den Durst nicht immer unmittelbar bei seinem Auftreten löschen können.

Die jeweils getrunkene Flüssigkeitsmenge hängt auch **von ihrem Geschmack** ab. Zusatz von Zucker führt bei Menschen, Affen und Ratten, aber nicht bei Katzen, zu deutlich größerer Flüssigkeitsaufnahme. Auch eine Auswahl unterschiedlicher Getränke erhöht den Konsum im Vergleich zu einem gleichförmigen Angebot. Umgekehrt wird der **Wohlgeschmack** eines Getränkes, auch von Wasser, **um so positiver** beurteilt, **je größer der Durst** ist. Die niedrigsten Bewertungen finden sich nach Durststillung [15].

Primäres und sekundäres Trinken. Trinken als Folge eines absoluten oder relativen Wassermangels in einem der Flüssigkeitsräume des Körpers bezeichnen wir als **primäres Trinken,** Trinken ohne offensichtliche Notwendigkeit der Wasserzufuhr als **sekundäres Trinken.** Letzteres ist normalerweise die übliche Form der Flüssigkeitszufuhr! Im allgemeinen nehmen wir (das gilt auch für andere Säuger) meist schon im voraus das physiologischerweise benötigte Wasser auf. Zum Beispiel wird mit und nach dem Essen Flüssigkeit aufgenommen, wobei wir anscheinend gelernt haben, die Flüssigkeitsmenge an die Speise anzupassen, bei salzhaltiger Kost also mehr zu trinken, selbst wenn noch kein Durstgefühl aufgetreten ist. Auch Gewohnheiten scheinen eine Rolle zu spielen, doch sind wir über die Mechanismen zur Vorausschätzung unseres Wasserbedarfs noch sehr unvollkommen unterrichtet. Jedenfalls ist *primäres Trinken im Grunde eine Notfallreaktion,* die bei regelmäßiger Lebensweise nur selten auftritt.

Klinischer Durst

Vermehrter Durst im Verlaufe von Erkrankungen kann einmal die Folge eines abnorm hohen Wasserverlustes bei ansonsten normal funktionierenden Durstmechanismen sein, zum anderen kann er Störungen der Durstmechanismen oder, allgemeiner, der Regelung des Salz-Wasser-Haushaltes anzeigen. Eklatante Beispiele für den ersten Fall sind die **Wasserverluste bei anhaltendem Erbrechen oder schweren Durchfällen,** wie z.B. bei der Cholera (der englische Arzt THOMAS LATTA stillte 1832 erstmals den Durst der Cholerakranken durch intravenöse Flüssigkeitszufuhr und konnte dabei schlagartige Besserung der Symptome beobachten). Ein weiteres Beispiel des ersten Falles ist der **Diabetes insipidus,** bei dem der Körper wegen eines Mangels an antidiuretischem Hormon (ADH) täglich viele Liter hypotonen Urins ausscheidet. Ohne Therapie leiden diese Patieten unter unersättlichem Durst, und ihr ganzer Tagesablauf ist durch die ständige Notwendigkeit zu trinken bestimmt.

14.2 Hunger

Entstehen der Hungerempfindung

Kurzzeit- und Langzeitregulierung der Nahrungsaufnahme. Die Energiebilanz des menschlichen und tierischen Körpers bleibt im Gleichgewicht, wenn der Energiegehalt der Nahrung dem Energiebedarf entspricht, der durch Muskelarbeit, chemische Prozesse (Wachstum, Umbau) und Wärmeverluste des Körpers entsteht. Überschüssige Nahrung führt zur Anlage von Fettdepots und damit zur Gewichtszunahme, Nahrungsmangel zum Verbrauch der Fettdepots, zu Gewichtsverlust, evtl. zur Leistungseinschränkung und im Extremfall zum Tode.
Mensch und Tier passen ihre Nahrungsaufnahme normalerweise rasch den wechselnden Bedürfnissen des Alltags (z.B. Art und umfang der Arbeit, Klima) und dem Nährwert (Energiegehalt) der Nahrung an. Diese **Kurzzeitregulierung der Nahrungsaufnahme** wird ergänzt und überlagert durch eine **Langzeitregulierung,** die Diätfehler ausgleicht und für die Wiederherstellung des normalen Körpergewichtes sorgt. Wenn beispielsweise Tiere durch Zwangsfütterung übergewichtig werden, fressen sie anschließend unter Normalbedingungen deutlich weniger als Tiere der Kontrollgruppe. Die Nahrungsaufnahme nimmt langsam wieder zu, sobald die Tiere sich wieder ihrem ursprünglichen Kontrollgewicht nähern. Umgekehrt wird nach einer Fastenzeit das ursprüngliche Kontrollgewicht durch vorübergehend vermehrte Nahrungsaufnahme wieder eingestellt [5, 6, 12].
Nahrungsmangel bewirkt **Hunger** (Synonyme: *Hungerempfindung, Hungergefühl*), und der mit dem Hunger verbundene Nahrungstrieb führt zur Nahrungsaufnahme und evtl. zur **Sättigung** (vgl. Abb. 14-1 A). Es stellt sich die Frage, welche Mechanismen für die Auslösung des Hungers und für den Eintritt der Sättigung verantwortlich sind, wobei zusätzlich zu fragen ist, ob Kurzzeit- und Langzeitregulierung der Nahrungsaufnahme über identische oder verschiedene Mechanismen erfolgen. Trotz umfangreicher wissenschaftlicher Bearbeitung sind diese Mechanismen noch nicht voll geklärt. Die folgende Darstellung muß deshalb ergänzungsbedürftig bleiben. Die Analyse der für die Entstehung des Hungergefühls verantwortlichen Mechanismen hat jedenfalls eindeutig gezeigt, daß mehrere Faktoren beteiligt sind. Die relative Wichtigkeit der einzelnen Faktoren ist jedoch noch keineswegs in allen Einzelheiten geklärt, und es steht

bisher noch nicht fest, ob bereits alle Faktoren erkannt wurden. Dies gilt auch für die Faktoren, die zum Gefühl der Sattheit führen (s. weiter unten).

Auslösung des Hungers. Nach subjektiver Erfahrung ist **Hunger** eine in der Magengegend lokalisierte oder dorthin projizierte **Allgemeinempfindung,** die bei leerem Magen auftritt und nach Füllen des Magens mit Nahrung wieder verschwindet bzw. dem **Gefühl der Sattheit** Platz macht. Entsprechend ist von einigen Seiten schon früh postuliert worden, daß Hunger durch **Leerkontraktionen des Magens** ausgelöst wird. Gestützt wurde diese Ansicht durch Befunde, die zeigten, daß der Magen neben den üblichen Kontraktionen, die dem Transport und der Verarbeitung des Speisebreies dienen, im leeren Zustand besonders kräftige Kontraktionen ausführt, die gut mit dem Auftreten von Hunger korreliert sind. Die Leerkontraktionen werden möglicherweise über **Mechanoreceptoren der Magenwand** registriert (Abb. 14-4). Der von den Leerkontraktionen ausgehende Einfluß auf den Hunger darf jedoch nicht überschätzt werden: Im Tierversuch und beim Menschen lassen *Denervation des Magens* oder seine *operative Entfernung* das Freß- bzw. Eßverhalten im wesentlichen unbeeinflußt. Die Leerkontraktionen des Magens sind also ein allerdings **völlig entbehrlicher Faktor** bei der Entstehung des Hungergefühls [4, 6, 13].

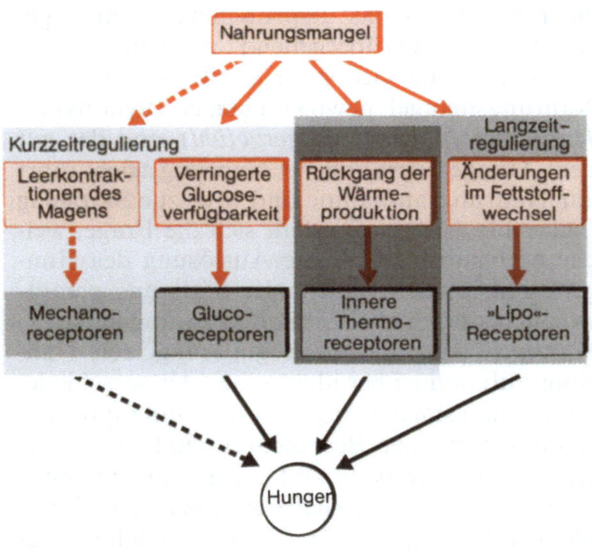

Abb. 14-4. Entstehung des Hungergefühls. Die an der Entstehung des Hungergefühls beteiligten Receptoren (Sensoren) sind unterhalb der ihnen adäquaten Reize angeordnet. Die an der Kurzzeit- bzw. Langzeitregulierung der Nahrungsaufnahme beteiligten Faktoren und Receptoren sind durch *graue Unterlegungen* zusammengefaßt

Glucostatische Hypothese. Eine entscheidende Rolle bei der Auslösung des Hungers scheint die im Blut gelöste Glucose (Traubenzucker, „Blutzucker") zu spielen. (Bezüglich der hormonellen Steuerung des Glucosespiegels und der Verfügbarkeit von Glucose für die Zelle s. S. 412). Es konnte nämlich experimentell gezeigt werden, daß **abnehmende Verfügbarkeit von Glucose** (nicht die Höhe des Blutzuckerspiegels selbst) sehr gut korreliert ist mit Hungergefühlen und Leerkontraktionen des Magens. Daraus wurde geschlossen, daß dieser Faktor „Verfügbarkeit von Glucose" ein entscheidender Parameter für die Entstehung des Hungers ist [5, 6, 13, 18, 20].
Weiter gestützt wird diese **glucostatische Hypothese des Hungers** durch verschiedene experimentelle Befunde, die in Zwischenhirn, Leber, Magen und Dünndarm die Existenz von entsprechenden **Glucoreceptoren** wahrscheinlich machen. So zerstört bei Mäusen die Injektion von Goldthioglucose (Gold ist ein Zellgift) zahlreiche Zellen im Zwischenhirn, die anscheinend Glucose besonders stark aufnehmen, und diese Zerstörungen lösen schwere Störungen der Nahrungsaufnahme aus. Diese zentralen Glucoreceptoren registrieren also eine verringerte Verfügbarkeit von Glucose und tragen damit zur Auslösung von Hungergefühlen bei (Abb. 14-4).

Thermostatische Hypothese. Weniger gut gestützt als die glucostatische Hypothese der Hungerauslösung ist die **thermostatische Hypothese.** Sie geht von der Beobachtung aus, daß die Nahrungsaufnahme von Warmblütern umgekehrt proportional der Umgebungstemperatur ist: Je kälter die Umgebungstemperatur, desto mehr Nahrung wird aufgenommen und umgekehrt. Die inneren (zentralen) Thermoreceptoren des Körpers (s. S. 671) könnten dabei als Fühler (Sensoren) für eine Integration der Gesamtenergiebilanz dienen. **Rückgang der Gesamtwärmeproduktion** würde also über die **inneren Thermoreceptoren** Hungergefühle auslösen (Abb. 14-4). Experimentell läßt sich zeigen, daß durch lokales Kühlen und Erwärmen im Zwischenhirn, dem Sitz zentraler Thermoreceptoren, Änderungen im Freßverhalten entsprechend dieser Hypothese bewirkt werden können, doch sind andere, mehr unspezifische Deutungsmöglichkeiten nicht ausgeschlossen [6].

Lipostatische Hypothese. Überschüssige Nahrungsaufnahme führt zur Anlage von Fettdepots im Organismus, Nahrungsmangel zu deren Auflösung. Entsprechende *Liporeceptoren* vorausgesetzt, könnten solche Abweichungen vom Sollgewicht des Körpers an Hand der jeweils auftretenden Zwischenprodukte des Fettstoffwechsels registriert und als Hunger- bzw. Sättigungssignale verwertet werden (rechts in Abb. 14-4). Es gibt einige gute experimentelle Hinweise für diese **lipostatische Hypothese,** v.a. die bereits oben erwähnte Beobachtung, daß zwangsgemästete Tiere anschließend bis zum Abbau der Fettdepots weniger Nahrung als unter Kontrollbedingungen aufnehmen [6, 18, 20].

Hungerauslösung und Kurzzeit-Langzeit-Regulierung. Der lipostatische Mechanismus dient, wie das eben erwähnte Experiment zeigt, v.a. der Langzeitregulierung der Nahrungsaufnahme, während der glucostatische Mechanismus (und vielleicht in geringem Umfang die Leerkontraktionen des Magens) v.a. der Kurzzeitregulierung dienen. Der thermostatische Mechanismus ist möglicherweise bei beiden beteiligt (s. entsprechende graue Unterlegungen in Abb. 14-4). Insgesamt sorgt die Vielfalt der für den Hunger verantwortlichen physiologischen Mechanismen dafür, daß selbst unter den komplexesten Lebensbedingungen Hungergefühl und Nahrungstrieb eine angemessene Nahrungsaufnahme sicherstellen.

Nahrungsaufnahme ohne Hunger. Nicht nur beim Menschen, sondern auch bei anderen Warmblütern hängt der Umfang der Nahrungsaufnahme nicht nur vom aktuellen Nahrungsbedarf und von psychischen Faktoren (S. 337), sondern auch davon ab, wann voraussichtlich die nächste Mahlzeit stattfindet und wieviel Energie in der Zwischenzeit wahrscheinlich verbraucht wird. Es handelt sich hier also um eine **vorausplanende Nahrungsaufnahme,** bei der nicht (wie oben besprochen) ein bereits entstandenes Defizit ausgeglichen, sondern der **erwartete Energiebedarf vorwegnehmend abgedeckt** wird. Dieses Verhalten entspricht dem beim Trinken, bei dem ebenfalls die vorausplanende Wasseraufnahme (sekundäres Trinken, S. 333) die normale Form der Flüssigkeitszufuhr ist.

Sättigung

Präresorptive und resorptive Sättigung. Ähnlich wie bei der Durststillung wird die Nahrungsaufnahme bei Mensch und Tier in der Regel beendet, lange bevor durch Resorption der Nährstoffe aus dem Verdauungstrakt das Energiedefizit abgedeckt wird, das ursprünglich zum Hunger und damit zur Nahrungsaufnahme führte. Wir bezeichnen die Vorgänge, die den Organismus zum Beenden der Mahlzeit anhalten, insgesamt als **Sättigung.** Das **Gefühl der Sattheit** ist, wie jeder aus Erfahrung weiß, nicht nur ein Verschwinden des Hungergefühls, sondern hat durchaus eigene, teilweise lustbetonte Aspekte („wohlig satt sein"), zu denen bei übermäßiger Nahrungsaufnahme deutliche Gefühle der **Völle** treten. Das Gefühl der Sattheit läßt bei zunehmendem zeitlichem Abstand von der letzten Mahlzeit langsam nach und macht, nach einer mehr oder minder langen neutralen Periode, erneutem Hunger Platz. Wir können demnach davon ausgehen, daß die Sättigung zunächst **präresorptiv** ist, d.h. durch Vorgänge erfolgt, die mit der Nahrungsaufnahme selbst in Verbindung stehen, während anschließend die **resorptive** Sättigung dafür sorgt, daß kein erneuter Hunger auftritt.

Faktoren der präresorptiven Sättigung. Tiere mit einer Fistel der Speiseröhre fressen zwar wesentlich länger als vor der Operation und wiederholen ihre Mahlzeiten in kurzen Abständen, aber es kommt auch bei ihnen regelmäßig zu einer Beendigung des Fressens. Da keine Nahrungsaufnahme in den Magen erfolgt, ist anzunehmen, daß die mit dem Fressen verbundene **Reizung der Geruchs-, Geschmacks- und Mechanoreceptoren** des Nasen-Mund-Rachen-Raumes und der Speiseröhre sowie möglicherweise der Kauakt selbst (links in Abb. 14-5) zur präresorptiven Sättigung beitragen, wenn auch nach den bisher vorliegenden Ergebnissen ihr Einfluß auf Einleitung und Aufrechterhaltung der Sättigung gering ist.
Ein weiterer Faktor scheint die **Dehnung des Magens** und vielleicht auch der anschließenden Darmabschnitte durch die Nahrung zu sein (Mitte in Abb. 14-5): Wird im Tierversuch der Magen vor der Mahlzeit über eine Fistel oder Sonde gefüllt, so wird die Füllung in gewissem Umfang durch eine verminderte Nahrungsaufnahme kompensiert. Das *Ausmaß der Kompensation* hängt dabei nicht vom Nährwert der Nahrung, sondern vom Volumen und Zeitpunkt der Zufuhr ab. Im Extremfall läßt sich über Wochen eine orale Nahrungsaufnahme völlig hemmen, indem regelmäßig kurz vor den Mahlzeiten große Mengen hochcalorischer Nahrung in den Magen gegeben werden.
Ergänzt werden die bisher genannten Faktoren durch die **Effekte von Chemoreceptoren** des Magens und der oberen Dünndarmabschnitte

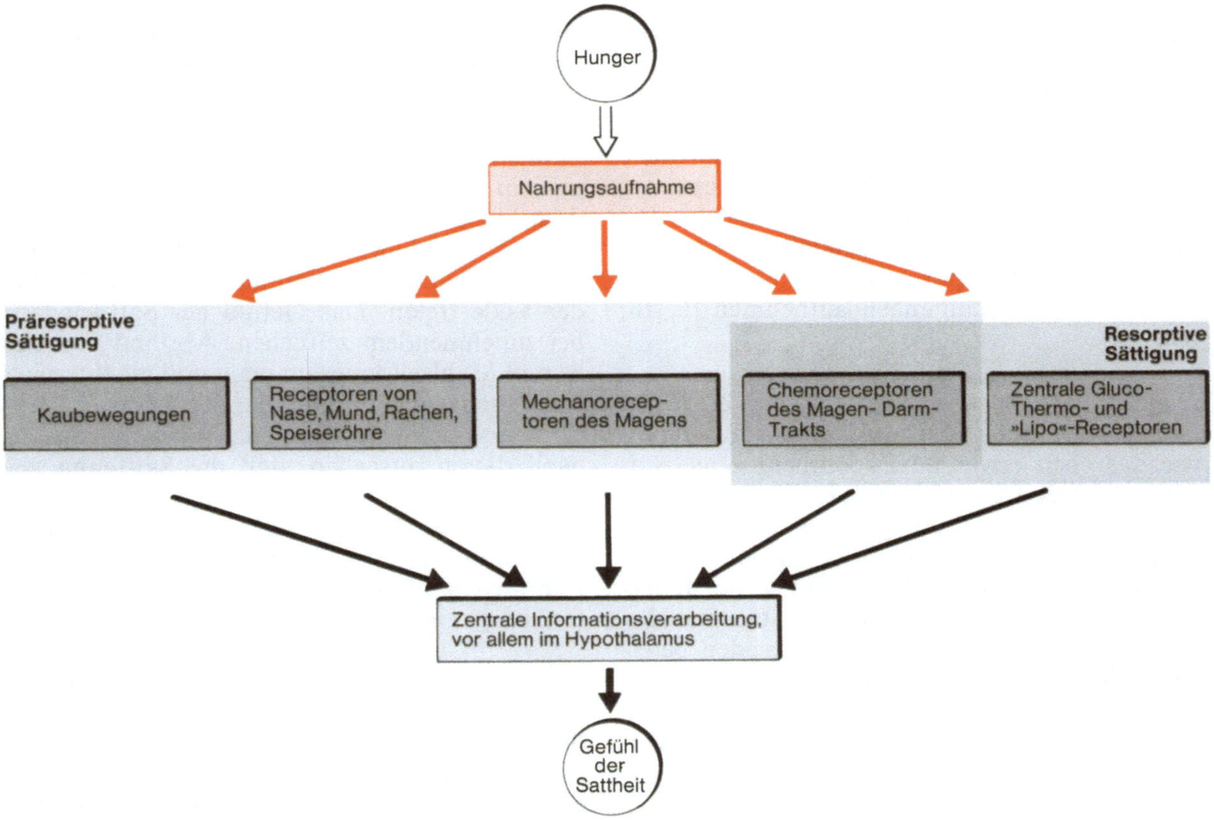

Abb. 14-5. Entstehung des Gefühls der Sattheit bei Nahrungsaufnahme. Die an der präresorptiven bzw. resorptiven Sättigung beteiligten Faktoren und Receptoren (Sensoren) sind durch *graue Unterlegungen* zusammengefaßt. Die Kaubewegungen können entweder über eine direkte zentrale Efferenzkopie der Kaumotorik oder über die beim Kauen aktivierten Sensoren (z.B. Muskelspindeln, Sehnenorgane) oder über beides zur präresorptiven Sättigung beitragen

(rechts in Abb. 14-5), die anscheinend auf den **Glucose- und Aminosäuregehalt der Nahrung** empfindlich sind. So steigt z.B. schon während der Nahrungsaufnahme der Glucosespiegel des Blutes in Abhängigkeit vom Kohlenhydratgehalt der Nahrung. Dies könnte natürlich auch eine humoral ausgelöste Reaktion sein, doch sind elektrophysiologisch *Gluco- und Aminosäurereceptoren* der Darmwand nachgewiesen worden [1, 5, 6, 13].

Von den gastrointestinalen Hormonen (s.S. 734) wird insbesondere dem **Cholecystokinin, CCK,** eine mögliche **Rolle bei der Sättigung** zugeschrieben, da seine intraperitoneale Injektion bei hungrigen Ratten, Katzen und Hunden zur Unterbrechung der Nahrungsaufnahme führt und da dieses Hormon von der Mucosa des Duodenums freigesetzt wird, sobald Nahrung in das Duodenum gelangt. Die sättigende Wirkung intraperitonealer CCK-Injektionen geht nach Durchschneidung der vagalen Versorgung des Magens verloren. Das CCK scheint daher periphere Sensoren zu erregen, entweder direkt oder über seine kontrahierende Wirkung auf die glatte Muskulatur [23].

Faktoren der resorptiven Sättigung. Bei der resorptiven Sättigung sind möglicherweise die letztgenannten **Chemoreceptoren des Verdauungstraktes** ebenfalls beteiligt, da sie den Organismus über die noch im Darm vorhandene Konzentration an verwertbaren Nahrungsstoffen informieren können. Dazu treten aber alle enteroceptiven sensorischen Prozesse, die wir bei der Besprechung des Hungers kennengelernt haben. Die **vermehrte Verfügbarkeit von Glucose,** die **erhöhte Wärmeproduktion** durch die Aufbereitung der Nahrungsmittel und die **Änderungen im Fettstoffwechsel** haben auf die entsprechenden zentralen Receptoren (rechts in Abb. 14-5) den umgekehrten Effekt wie die zugehörigen, in Abb. 14-4 rot unterlegten Vorgänge.

Hunger und **Sattheit** sind also in gewissem Umfang die beiden Seiten derselben Medaille: Das (Kurzzeit-)Hungergefühl regt die Nahrungsaufnahme an („go"-Signal), das Gefühl der (präresorptiven) Sattheit beendet sie („stop"-Signal). Das Ausmaß der Nahrungsaufnahme und die Länge der Pausen zwischen den Mahlzeiten sind dagegen durch die Vorgänge bestimmt, die wir *„Langzeitregulierung der Nahrungsaufnahme“* und *„resorptive Sättigung“* genannt haben und die sich, wie wir jetzt erkennen (vgl. Abb. 14-4 und 14-5), mehr oder weniger weitgehend überlappen.

Psychische Faktoren des Hungers, Appetit

Neben den bisher besprochenen *physiologischen Faktoren* sind an der Regelung der Nahrungsaufnahme zahlreiche **psychische Faktoren** beteiligt. So wird Zeitpunkt und Umfang der Nahrungsaufnahme nicht nur vom Hunger bestimmt, sondern auch von vielen anderen Lebensumständen, wie der Gewöhnung an Mahl**„zeiten“**, der Menge und der Schmackhaftigkeit der angebotenen Nahrungsmittel.

Unser Verlangen nach bestimmten Speisen bezeichnen wir als **Appetit.** Er kann Teil des Hungergefühls sein oder auch unabhängig davon auftreten (z.B. beim Anblick oder der Vorstellung besonders leckerer Speisen). Der Appetit hat oft eine somatische Grundlage, wie beispielsweise das Verlangen nach salzigen Nahrungsmitteln bei Salzverlusten des Körpers, er ist aber häufig davon unabhängig und spiegelt dann die angeborene oder erworbene individuelle Bevorzugung bestimmter Speisen wider. Letztere dagegen ist, ebenso wie die oft sehr konsequente Ablehnung anderer Speisen, geformt von der Art der regional verfügbaren Nahrungsmittel und geprägt von den Normen des jeweiligen Kulturkreises, deren Ursprünge meist religiöser Natur sind, auch wenn sie anschließend rationalisiert wurden. So gesehen hängt die **„Schmackhaftigkeit“** einer Speise, die sich vordergründig zusammensetzt aus Geruch, Geschmack, Konsistenz, Temperatur, Zubereitung, Darbietungsform und anderen Faktoren, v.a. ab von unserer **affektiven Einstellung** zu der Speise. Beispiele lassen sich leicht auf regionaler, nationaler und übernationaler Ebene finden [1, 2, 4].

Unter dem Einfluß starker äußerer Anreize, z.B. bei einem besonders verlockenden, reichhaltigen Nahrungsangebot, kommt es bei praktisch allen Menschen gelegentlich zu einer über dem Energiebedarf liegenden Nahrungsaufnahme, also zu einem **Überspielen der biologischen Mechanismen der Kurzzeitregulierung.** Dies wird oder besser sollte anschließend durch entsprechend verminderte Nahrungszufuhr wieder ausgeglichen werden. Offensichtlich gelingt dies vielen Menschen in Wohlstandsgesellschaften wie der unsrigen nicht. Die Gründe für dieses **Versagen der biologischen Langzeitregulierung** gegenüber den äußeren Anreizen zur Nahrungsaufnahme sind leider noch kaum bekannt. Entsprechend schwierig ist die vorbeugende und therapeutische Bekämpfung der mit großen gesundheitlichen Risiken behafteten **Fettsucht** oder **Adipositas,** die bei uns und in anderen westlichen Ländern mittlerweile epidemische Ausmaße angenommen hat [2, 8, 9, 10, 21].

Hingewiesen werden soll ferner auf den großen Stellenwert der Nahrungsaufnahme bei **Verhaltensstörungen.** Übermäßiges Essen oder Nahrungsverweigerung sind dabei häufig zu beobachten. Das bekannteste Beispiel ist die *Anorexia nervosa* (Magersucht), eine Form der Nahrungsverweigerung, die als psychische Entwicklungsstörung in der Pubertät von Mädchen manchmal zum Hungertode führt.

Zentrale Mechanismen des Hungers und der Sättigung

Der **Hypothalamus** ist, wie für andere vegetative Funktionen auch, anscheinend die wichtigste zentrale *Schalt- und Integrationsstruktur* für Hunger und Sattheit. Beidseitige umschriebene Zerstörungen in bestimmten ventromedialen Regionen des Hypothalamus (VMH) lösen im Tierversuch extreme Fettsucht aus, die durch vermehrte Nahrungsaufnahme **(Hyperphagie)** hervorgerufen wird, während Zerstörung weiter lateral gelegener Stellen (LH) Verweigerung der Nahrungsaufnahme **(Aphagie)** bis zum Tode durch Verhungern hervorrufen kann. Umgekehrt führt elektrische Reizung (mit chronisch eingepflanzten Elektroden) der VMH-Region zur Aphagie und die der LH-Region zur Hyperphagie [17, 18].

Diese eindrucksvollen Befunde haben lange Zeit die Aufmerksamkeit der Forschung so stark auf den Hypothalamus konzentriert, daß über die Bedeutung andere Hirnstrukturen für die Regelung der Nahrungsaufnahme noch sehr wenig bekannt ist. Sicher ist es eine zu starke Vereinfachung, aufgrund der oben geschilderten Versuche die gesamte zentrale Informationsverarbeitung in 2 hypothalamischen „Zentren“ zu lokalisieren, von denen der VMH als **„Sättigungszentrum“** agiert und dessen Zerstörung zu einer Enthemmung des lateralen **„Hungerzentrums“** und damit zur Freßsucht führt, während umgekehrt bei Zerstörung des „Hungerzentrums“ ein permanentes Gefühl der Sattheit auftritt, wodurch jede weitere Nahrungsaufnahme verweigert wird [6, 13, 17, 18]. So erfordert beispiels-

weise die oben angesprochene vorausplanende Nahrungs- und Flüssigkeitsaufnahme die Beteiligung höherer Hirnabschnitte, wie des **limbischen Systems** und der mit ihm assoziierten Hirnrinde (vgl. S. 380).
Schließlich sollte nicht übersehen werden, daß Essen und Trinken komplexe motorische Akte sind, die eine entsprechende Teilnahme des **motorischen Systems** erfordern. Den Anschluß an die motorischen Zentren erhalten die limbischen, insbesondere die hypothalamischen Motivationsareale wahrscheinlich über die zentralen **catecholaminergen Systeme** mit ihren vom Hirnstamm zu Kleinhirn, Basalkernen und Cortex ziehenden Bahnen (S. 386). Diese Bahnen bilden also möglicherweise ein wichtiges Bindeglied zwischen den Trieben und ihrer motorischen Verwirklichung [6].

14.3 Literatur

Weiterführende Lehr- und Handbücher

1. Code, C.F. (Hrsg.): Handbook of Physiology. Section 6: Alimentary Canal. Vol. I: Control of Food and Water Intake. Washington: American Physiology Society 1967
2. Ferstl, R.: Determinanten und Therapie des Eßverhaltens. Berlin: Springer 1980
3. Fitzsimons, J.T.: The Physiology of Thirst and Sodium Appetite (Monographs of the Physiological Society NO 35) Cambridge, England: Cambridge University Presse 1979
4. Glatzel, H.: Verhaltensphysiologie der Ernährung. München, Berlin, Wien: Urban & Schwarzenberg 1973
5. Morgane, P.J. (ed.): Neural Regulation of Food and Water Intake. Ann. N.Y. Acad. Sci. *157*, 531 (1969)
6. Novin, D., Wyrwicka, W., Bray, G.A. (Ed.): Hunger. Basic Mechanism and Clinical Implications. New York: Raven Press 1976
7. Peters, G., Fitzsimons, J.T., Peters-Haefeli, L. (Ed.): Control Mechanisms of Drinking. Berlin, Heidelberg, New York: Springer 1975
8. Pudel, V.: Zur Psychogenese und Therapie der Adipositas. 2. Aufl. Berlin: Springer 1982
9. Stunkard, A.J. (Ed.): Obesity. Philadelphia: Saunders 1980
10. Thompson, C.I.: Controls of eating. Jamaica, New York: Spectrum 1980
11. Wolf, A.V.: Thirst: Physiology of the Urge to Drink and Problems of Water Lack. Springfield/III: Ch. C. Thomas 1958

Einzel- und Übersichtsarbeiten

12. Anand, B.K.: Nervous Regulation of Food Intake. Physiol. Rev. *41*, 677 (1961)
13. Andersson, B.: Receptors Subserving Hunger and Thirst. In: Handbook of Sensory Physiology, Vol. III/1 (Hrsg. E. Neil), Berlin, Heidelberg, New York: Springer 1972
14. Andersson, B.: Regulation of Water Intake. Physiol. Rev. *58*, 582 (1978)
15. Cabanac, M.: Physiological role of pleasure. Science *173*, 1103–1107 (1971)
16. Epstein, A.N.: The physiology of thirst. In: D.W. Pfaff (Ed.): The Physiological Mechanisms of Motivation, pp. 165–214, New York: Springer 1982
17. Hayward, J.N.: Functional and Morphological Aspects of Hypothalamic Neurons. Physiol. Rev. *57*, 574 (1977)
18. Leibowitz, S.F.: Neurochemical systems of the hypothalamus. Control of feeding and drinking behavior and water-electrolyte excretion. In: P.J. Morgane, J. Panksepp (Eds.): Handbook of the Hypothalamus, Vol. 3, Part A, Behavioral Studies of the Hypothalamus. New York, Basel: Marcel Dekker 1980
19. Malmo, R.B., Malmo, H.P.: Experiments on the neuropsychology of thirst. Int. J. Psychophysiol. *1*, 25–48 (1983)
20. Mayer, J.: Regulation of Energy Intake and Body Weight: Glucostatic Theory and Lipostatic Hypothesis. Ann. N.Y. Acad. Sci. *63*, 15 (1955)
21. Rodin, J.: Current status of the internal-external hypothesis for obesity. American Psychologist *36*, 361–372 (1981)
22. Rolls, B.J., Wood, R.J., Rolls, E.T.: The initiation, maintenance, and termination of drinking. In: J.M. Sprague, A.N. Epstein (Eds.): Progress in Psychobiology and Physiological Psychology, Vol. 9. New York: Academic Press 1980
23. Smith, G.P., Jerome, C., Cuslien, B.J., Eterno, R., Simansky, K.J.: Abdominal vagotomy blocks the satiety effect of cholecystokinin in the rat. Science *213*, 1036–1037 (1981)

IV
Neuronale und hormonelle Steuerungs- und Regelprozesse

15 Grundlagen der Regelprozesse

M. Zimmermann

Zahlreiche Funktionen des Organismus sind Regulations- oder Regelungsvorgänge: Ein bestimmter Zustand, der sich durch eine meßbare Größe charakterisieren läßt, wird durch Regelung konstant gehalten oder an geänderte Bedürfnisse angepaßt [1, 4, 5, 8, 14]. Beispiele sind die Regulation der Körpertemperatur, des Blutdrucks und der Körperstellung im Schwerefeld. Auch der in der Medizin benutzte Begriff der **Homöostase** meint Regelungsvorgänge, mit denen der Organismus seine Betriebsbedingungen konstant hält. Bei der Ausführung solcher Regelungsaufgaben sind das Nervensystem oder/und das Hormonsystem wesentlich beteiligt.

Viele biologische Regelungsvorgänge lassen sich vorteilhaft durch die **Regelungslehre** beschreiben, eine Disziplin, die im Bereich der Technik entwickelt worden ist [7, 10, 11]. In vergleichbarer Weise wurde auch die Darstellung der Kommunikation in der Biologie durch die Anwendung der Informationstheorie systematisiert (s. Kap. 7). Die Wissenschaften der Regelung und der Kommunikation bilden zusammen die **Kybernetik,** eine Disziplin, die Technik, Physiologie, Psychologie und Sozialwissenschaften übergreifend verbindet [5, 13].

Zur allgemeinen Einführung in die Grundbegriffe der Regelungslehre werden nachfolgend einige Funktionen der spinalen Motorik in regeltechnischer Sprache dargestellt.

15.1 Grundbegriffe biologischer und technischer Regelkreise

Reflex und Regelkreis

Viele biologische Funktionen, die in der klassischen Physiologie durch einen **Reflex** charakterisiert worden sind, können auch als **Regelungsvorgänge** aufgefaßt werden. So ist der Eigen- oder Dehnungsreflex der Skelettmuskeln (s. Kap. 5) in anderer Interpretation ein Regelsystem für die Länge eines Muskels [3, 6, 9, 22]. Der Baroreceptorreflex ist Bestandteil der Regelung des arteriellen Blutdrucks. Der Henry-Gauer-Reflex ist Ausdruck der Volumenregulation des Körperwassers. Cutane vasomotorische Reflexe bei Hauttemperaturänderungen sind Bestandteil der Temperaturregulation.

Aus der klassischen Beschreibung eines Reflexes ist jedoch die Regelungsfunktion nicht ersichtlich: Ein „Reiz" führt über ein „Reflexzentrum" zu einem „Reflexerfolg", einer meistens stereotypen Reaktion (Abb. 15-1 A). Diese Beschreibung ist unvollständig, da sie 2 Dinge außer acht läßt, nämlich

- daß der Reizerfolg auf den Reiz zurückwirkt, also ein **geschlossener Wirkungskreis** vorliegt (rot in Abb. 15-1 A),
- daß der **Informationsfluß** im geschlossenen Wirkungskreis **kontinuierlich** ist und nicht erst durch plötzliche experimentelle Reize (z.B. Schlag mit dem Reflexhammer auf die Muskelsehne) in Gang kommt.

Beim Dehnungsreflex (oder Eigenreflex) der Skeletmuskulatur z.B. entsteht der geschlossene Wirkungskreis durch die mechanische Kopplung (Parallelschaltung) von extrafusalen Muskelfasern und Muskelspindeln im Muskel (Abb. 15-1 B). Der kontinuierliche Informationsfluß im geschlossenen Wirkungskreis ent-

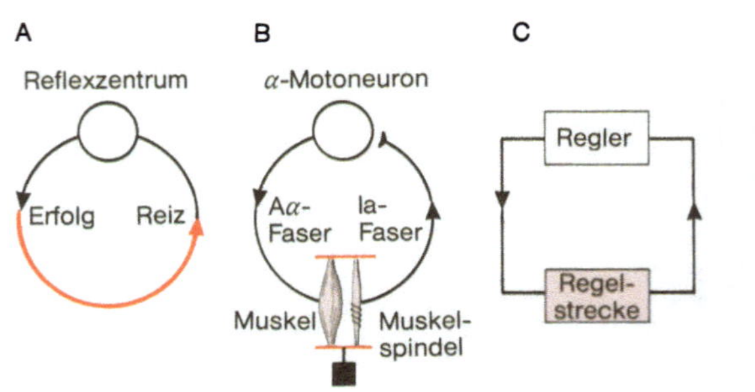

Abb. 15-1 A–C. Geschlossene Wirkungskreise. **A** Allgemeines Schema eines Reflexes, ergänzt durch Rückwirkung des Reizerfolges auf den Reiz (*rot*). **B** Dehnungsreflex (nur monosynaptische Komponente), Rückwirkung entsteht durch Parallelschaltung (*rot*) von extrafusaler Muskulatur und Muskelspindel. **C** Einfachstes Blockschaltbild eines Regelkreises zur Konstanthaltung einer Zustandsgröße

steht dadurch, daß sowohl die Muskelspindeln als auch die α-Motoneurone dauernd entladen, je nach der am Muskel angreifenden Schwerkraft.
In dieser Darstellung wird erkennbar, daß viele Reflexe so arbeiten, daß eine **physiologische Größe konstant** gehalten oder geregelt wird. Nach Störungen, die zu Veränderungen dieser Größe führen, wird sie durch die Tätigkeit des Reflexes bzw. der Regelung wieder auf den Normwert oder Sollwert zurückgebracht. Wir stellen deshalb dem schematisierten anatomischen Bild des Dehnungsreflexes das Blockschaltbild eines **Regelkreises** zur Seite (Abb. 15-1C): Hier sind Regler und Regelstrecke zu einer Kreiswirkung verkettet. Die Regelstrecke umfaßt die Geräte, an denen die Regelung stattfindet.

Der Aufbau eines Regelkreises

Mit dem Blockschaltbild eines einfachen Regelkreises (Abb. 15-2A) sollen zunächst die regelungstechnischen Grundbegriffe [5, 7, 8, 10, 11] eingeführt und am Beispiel einer Raumtemperaturregelung veranschaulicht werden.
Die **Regelgröße** bezeichnet denjenigen Zustand, der konstant gehalten werden soll (in unserem Beispiel: Raumtemperatur). Die gerätetechnische Einrichtung, an der dies geschieht, ist die **Regelstrecke** (Zimmer mit Ofen). Eine Meßeinrichtung, der **Fühler** (Thermometer), mißt den Augenblickswert der Regelgröße, den **Istwert.** Dieser wird im **Regler** (Thermostat) mit der **Führungsgröße** (Einstellung am Temperaturwähler) verglichen, die den **Sollwert** der Regelgröße darstellt (gewünschte Raumtemperatur). Haben Soll- und Istwert unterschiedliche Werte, dann liegt eine **Regelabweichung** vor. Daraus wird vom Regler die **Stellgröße** berechnet, die über das **Stellglied** (Ofen mit veränderlicher Brennstoffzufuhr) so lange korrigierend auf die Regelgröße einwirkt, bis Ist- und Sollwert übereinstimmen. Einflüsse auf die Regelgröße, die die Abweichungen vom Sollwert verursachen, werden unter dem Begriff **Störgröße** zusammengefaßt (z.B. Wärmeverluste des Raumes).
Das wesentliche Merkmal der Regelung ist der geschlossene Wirkungskreis mit einer Polung derart, daß jede Störung der Regelgröße selbsttätig korrigiert wird. Wir sprechen auch von negativer Rückkopplung (negative feedback).

Steuerung. Ordnet man die in einem Regelkreis benutzten Geräte in einer Wirkungskette ohne Rückkopplung an, dann spricht man von Steuerung (z.B. bei fehlender Rückmeldung der Isttemperatur an den Thermostat als Regler). Durch Steuerung kann eine im voraus bekannte Störung ausgeglichen werden (z.B. konstanter Wärmeverlust bei einer bestimmten Außentemperatur), jedoch nicht wechselnde, unvorhersagbare Störungen (z.B. Wärmeverluste bei unterschiedlichen Außentemperaturen und durch verschieden häufig geöffnete Türen und Fenster).

Halteregler und Folgeregler. Bisher haben wir die Fähigkeit des Regelkreises betrachtet, die Regelgröße auf einem konstanten Sollwert zu

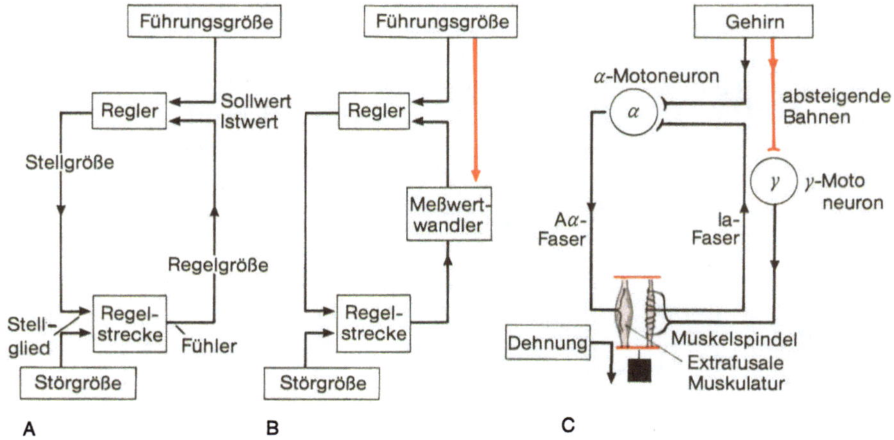

Abb. 15-2 A–C. Schema eines Regelkreises und Anwendung auf den Dehnungsreflex. **A** Blockschaltbild eines einfachen Regelkreises. Die *Linien* mit *Pfeilen* geben die Wirkungsrichtung an, mit der sich die Elemente des Regelkreises: Regler und Regelstrecke, gegenseitig beeinflussen. Die Regelgröße ist ein Zustandswert der Regelstrecke, der konstant zu halten ist. **B** Blockschaltbild eines erweiterten Regelkreises (neue Teile *rot* gekennzeichnet): die Führungsgröße greift hier, im Unterschied zu A, am Regler und am Meßwertwandler für den Istwert an. **C** Schema des spinalen Dehnungsreflexes mit seiner Beeinflussung vom Gehirn. Die Darstellung soll die Entsprechung zum Regelkreis in B aufzeigen

halten. In dieser Funktionsart spricht man von einem Halteregler. Nun wollen wir den Fall einer willkürlich **veränderbaren Führungsgröße** erläutern, wir verstellen dabei also den Sollwert. Im Beispiel unserer Raumtemperaturregelung geben wir einen neuen Sollwert vor, indem wir die Temperaturwählscheibe am Thermostat der Heizanlage drehen. Auch in diesem Falle stellt der Regler die Abweichung zwischen Ist- und Sollwert fest, die jetzt aber von der geänderten Führungsgröße herrührt und nicht von einer Störgröße. Über das Stellglied wird die Regelgröße so lange beeinflußt, bis sie den neuen Sollwert erreicht hat. Weil die Regelgröße der Führungsgröße folgt, wird ein Regelkreis in dieser Betriebsart als **Folgeregler** oder **Servoregler** bezeichnet.

Der Dehnungsreflex – ein Regelkreis für die Muskellänge

Ein isoliertes Muskelpräparat zeigt elastisches Verhalten: Läßt man am Muskel eine Zugkraft einwirken, so wird er gedehnt (Abb. 15-3). Der Zusammenhang zwischen Kraft K und Länge L ist uns als Ruhedehnungskurve bekannt (s. Kap. 4).

Das gleiche Experiment läßt sich an einem Muskel in situ durchführen. Für unsere Fragestellung ist ein Extensormuskel beim decerebrierten Tier besonders geeignet, bei dem also der Hirnstamm in Höhe des Mittelhirns durchtrennt und das Endhirn entfernt wurde (s. Kap. 5). In dieser Situation setzt der Muskel einer von außen einwirkenden Zugkraft mehr Widerstand entgegen, er ist weniger nachgiebig, also „härter“, geworden. Ein Zuwachs der Kraft, ΔK, führt jetzt zu einer wesentlich kleineren Längenänderung, ΔL_m, als beim isolierten Muskel (Abb. 15-3). Durchtrennt man die Hinterwurzeln oder die Vorderwurzeln des Rückenmarksegments, aus dem der Muskel innerviert wird, dann verschwindet der erhöhte Widerstand, wir messen die Ruhedehnungskurve wie beim isolierten Muskel.

Bei intakter Nervenverbindung verhält sich das System Rückenmark mit Muskel offensichtlich so, daß einer Längenänderung des Muskels **entgegengewirkt** wird, und zwar durch die reflektorische Kontraktion des Muskels (Reflextonus). Man kann auch sagen: Die Muskellänge wird, näherungsweise, **konstant** gehalten, der Dehnungsreflex kann somit als **Regelkreis für die Muskellänge** aufgefaßt werden.

Nachfolgend sind die Elemente dieses Regelkreises benannt (Abb. 15-2):

Regelstrecke	Muskel mit Sehnen und Gelenk
Regelgröße	Muskellänge L
Regler	α-Motoneurone
Stellglied	extrafusale Muskulatur
Stellgröße	Frequenz der Aktionspotentiale der Aα-Motoaxone, F_α
Fühler	Muskelspindeln
Istwert (codiert)	Frequenz der Aktionspotentiale der Ia-Fasern, F_{Ia}
Führungsgröße (Sollwert)	Frequenz der Aktionspotentiale in absteigenden Bahnen vom Gehirn, F_D
Störgröße	Schwerkraft, Ermüdung des Muskels, wechselnde Belastung

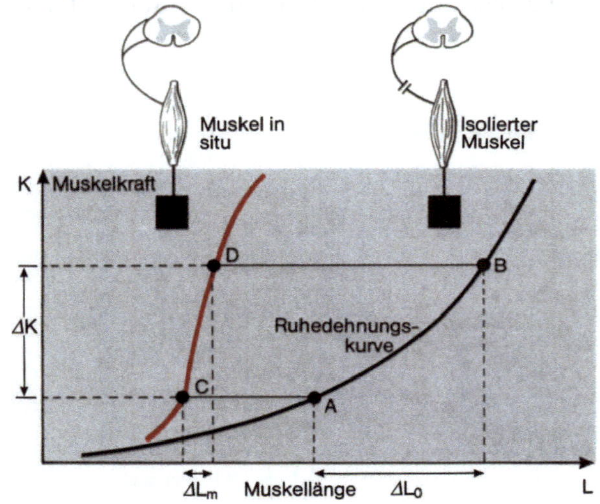

Abb. 15-3. Zusammenhang zwischen Kraft und Länge eines Muskels. Der Kraftzuwachs ΔK (*Ordinate*) bewirkt beim isolierten Muskelpräparat eine große Längenänderung ΔL_0 (*Abscisse*), entsprechend Kurvenabschnitt *AB*. Beim Muskel in situ, mit intakter Nervenverbindung zum Rückenmark (*rote Kurve*), kommt es infolge der Reflexkontraktion bei dem Kraftzuwachs ΔK nur zu einer kleinen Änderung der Muskellänge ΔL_m, entsprechend Kurvenabschnitt *CD*

Bitte versuchen Sie, für andere Regelkreise, z.B. für die Körpertemperatur, den arteriellen Blutdruck, die Atmung, entsprechende Zuordnungen der regelungstechnischen Begriffe zu den anatomischen und physiologischen Gegebenheiten der jeweiligen Regelung zu finden. Bitte beachten Sie dabei, daß biologische Regelkreise meistens mehrere unterschiedliche Stellglieder haben.

Funktionsanalyse des Regelkreises. Um die Übertragungseigenschaften der einzelnen Bestandteile des Regelkreises zu bestimmen, muß man ihn an einer Stelle **auftrennen,** d.h. den Rückwirkungskreis unterbrechen. Dazu werden bei der Analyse des Dehnungsreflexes entweder die Hinterwurzeln oder die Vorderwurzeln durchschnitten, oder die Nervenleitung wird durch Abkühlung vorübergehend unterbrochen. Am aufgetrennten Regelkreis werden die Übertragungseigenschaften von Fühler, Regler und Stellglied gemessen. Die **dynamischen Eigenschaften** des Regelkreises und seiner Elemente, d.h. das Verhalten während und unmittelbar nach Änderung der Regelgröße durch einen Störgrößeneinfluß, werden durch eine **Übergangsfunktion** charakterisiert, wie im nächsten Abschnitt ausführlich erörtert wird. Die **stationären Eigenschaften** des Regelkreises und seiner Bestandteile werden durch **Kennlinien** beschrieben, die jeweils die Beziehung zwischen einer Eingangs- und einer Ausgangsgröße darstellen. Beim Dehnungsreflex ist die Kennlinie des Fühlers der Zusammenhang zwischen Muskellänge L und Entladungsfrequenz der afferenten Fasern der Muskelspindel, F_{Ia}. Die Kennlinie des Stellglieds ist die abgestufte Zunahme der Kontraktionskraft der extrafusalen Muskulatur mit zunehmender Entladungsfrequenz der Aα-Motoaxone, Fα. Aus den Kennlinien der einzelnen Elemente eines Regelkreises ergibt sich durch Zusammenschaltung die gesamte **Regelkennlinie,** etwa in der Form der Abb. 15-3 (rote Kurve). Je steiler diese Regelungskennlinie ist, um so besser wird die Muskellänge konstant gehalten, um so genauer ist also unsere Regelung. Vorweg noch eine qualitative Überlegung zur **Polung des Regelkreises:** Bei der Übertragung am Fühler (Muskelspindel) erfolgen Änderungen gleichsinnig, d.h. eine Zunahme der Länge L führt zu einer Zunahme der Entladungsfrequenz F_{Ia}. Entsprechendes gilt bei der Übertragung am Regler (α-Motoneuron), also bei der Transformation der Frequenz F_{Ia} der Muskelspindelafferenzen in die Frequenz Fα der α-Motoneuronen. Bei der Übertragung am Stellglied (extrafusale Muskulatur) ist jedoch die Änderung **gegensinnig,** eine Zunahme von F führt zu einer Abnahme von L. An dieser Stelle ist somit die Vorzeichenumkehr verwirklicht, die für die negative Rückkopplung eines Regelkreises notwendig ist.

15.2 Dynamisches und statisches Verhalten von Regelkreisen

Die Übergangsfunktion

Als Übergangsfunktion bezeichnet man den Zeitverlauf der Antwort des Regelkreises oder seiner Bestandteile auf eine plötzlich einsetzende Störgröße. Übergangsfunktionen kann man sowohl am geschlossenen, als auch am aufgetrennten Regelkreis messen.
In Abb. 15-4 sind Übergangsfunktionen des Dehnungsreflexes dargestellt. Als Störgröße ist hier eine sprunghafte Erhöhung der Muskellänge L (Sprungfunktion, Abb. 15-4A) durch eine plötzlich von außen einwirkende zusätzliche Kraft angenommen.

Übergangsfunktionen am aufgetrennten Regelkreis. Hier betrachten wir das Verhalten einzelner Bestandteile des Regelkreises bei Einwirkung der Störgrößensprungfunktion. Die Übergangsfunktion der Ia-Afferenz der Muskelspindel (Abb. 15-4B) zeigt eine überschießende Entladung bei der sprunghaften Muskeldehnung, sie ist ein **Proportional-Differential-(PD)-Fühler:** Die Entladungsfrequenz am Beginn des Reizes entspricht etwa dem zeitlichen Differentialquotienten (D-Anteil) des Reizes, also dL/dt, die anschließende stationäre Entladungsfrequenz ist proportional (P-Anteil) zur Länge L. Die veränderte Entladungsfrequenz in den Ia-Fasern führt zu einer entsprechenden Erregung in den zugehörigen α-Motoneuronen (Abb. 15-4C); hier ist das PD-Verhalten noch ausgeprägter, das α-Motoneuron ist nämlich selbst ein **PD-Regler.** Am PD-Verhalten der Motoneurone wirkt auch die recurrente Hemmung über die Renshaw-Neurone mit.
Jeweils gestrichelt eingezeichnet (Kurve 1 in Abb. 15-4B u. C) ist die Übertragungsfunktion für den hypothetischen Fall, daß Muskelspindel und Motoneuron nur P-Verhalten aufweisen würden.

Übergangsfunktion des geschlossenen Regelkreises. In Abb. 15-4D ist die Antwort des geschlossenen Regelkreises des Dehnungsreflexes auf eine Störung gezeigt. Zunächst wird die Regelgröße L unter der Wirkung der Störgröße passiv verändert. Nach Ablauf der **Totzeit** t_0 setzt die Kontraktion des Muskels ein, also die Wirkung des Stellglieds: Die Störgröße wird weitgehend kompensiert, die Regelgröße erreicht fast wieder ihren Sollwert, der vor der Einwirkung der Stör-

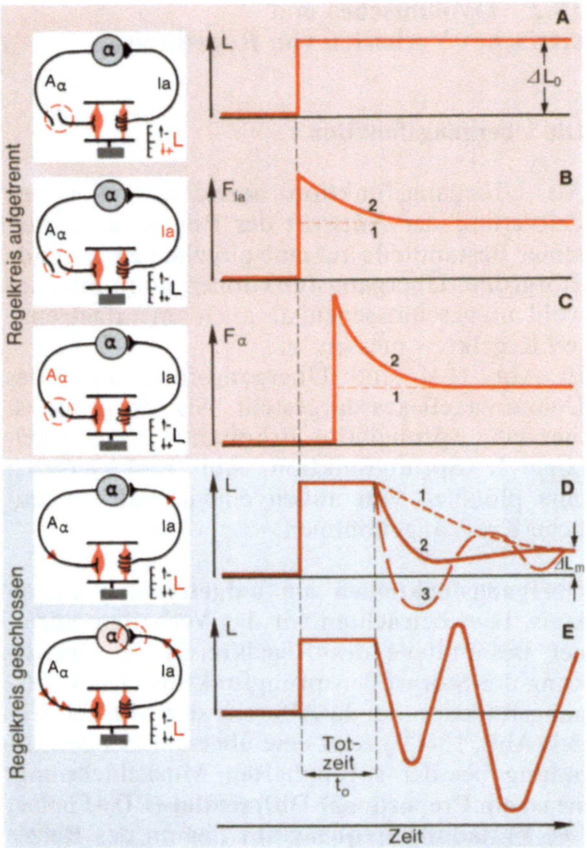

Abb. 15-4 A–E. Übergangsfunktionen im Regelkreis für die Muskellänge. Die der Funktion entsprechenden Teile des Dehnungsreflexes sind im Schema links jeweils hervorgehoben (*rot*). **A** Sprunghafte Änderung der Muskellänge L um ΔL_0 durch plötzliche Erhöhung der Last des Muskels (Störgröße). **B** Entladungsfrequenz F_{Ia} der Muskelspindel (Fühler mit Meßwertwandler) bei Einwirkung der Störgröße. **C** Entladungsfrequenz F_α des α-Motoneurons (Stellgröße, Antwort des Reglers) als Folge der Störgröße. Die Funktionen in A, B und C sind am aufgetrennten Regelkreis gemessen. Kurven *1* zeigen das Verhalten von längenproportionalem Fühler und Regler (P-Elemente), Kurven *2* enthalten zusätzlich eine Antwortkomponente, die dem zeitlichen Differentialquotienten der Muskellänge (d.h. Geschwindigkeit der Längenänderung) entspricht: Proportional-Differential-Fühler und -Regler (PD-Elemente). **D** Übergangsfunktion der Regelgröße L im geschlossenen Regelkreis, bei Annahme von P-Elementen (Kurve *1*) bzw. von PD-Elementen (Kurven *2, 3*) bei geringer (*2*) und größerer (*3*) Regelverstärkung. Nach Abschluß des Regelungsvorgangs bleibt eine Regelabweichung ΔL_m der Regelgröße bestehen. **E** Ungedämpfte Regelschwingung bei Instabilität des Regelkreises, z.B. bei unzulässig hoher Regelverstärkung

größe bestand. Die Totzeit des Regelkreises besteht beim Dehnungsreflex aus der Reflexlatenz, also den Leitungs- und Synapsenzeiten, ca. 30 ms beim Dehnungsreflex des M. triceps surae des Menschen.

Der Zeitverlauf der Übergangsfunktion ist unterschiedlich schnell, je nachdem, ob wir eine reine P-Regelung (Kurve 1 in Abb. 15-4D) oder eine PD-Regelung (Kurve 2) annehmen. Bei großem D-Anteil kann ein **Überschwingen der Regelgröße** auftreten (Kurve 3). Die Regelung kann unter bestimmten Bedingungen sogar instabil werden, es kommt zur ungedämpften **Regelschwingung** (Abb. 15-4E).

Die Totzeit (t_0) limitiert die Schnelligkeit einer Regelung. Beim Dehnungsreflex ist t_0 dadurch minimalisiert, daß die beteiligten Nervenfasern (Ia, Aα) die höchsten Leitungsgeschwindigkeiten der peripheren Nervenfasern haben. Bei der Regelung des arteriellen Blutdrucks durch den Baroreceptorreflex (s.S. 540f., Abb. 20–29) beträgt die Totzeit mehrere Sekunden, die Regelung verläuft deshalb wesentlich langsamer als beim Dehnungsreflex: Nach dem Übergang in die aufrechte Körperstellung dauert es 10–20 s, bis der durch die Schwerkraft bedingte Abfall des arteriellen Blutdrucks ausgeregelt ist. Die Temperaturregulation (s.S. 669f.) ist noch langsamer, die Zeitverläufe liegen in der Größenordnung von Stunden.

Genauigkeit und Stabilität der Regelung. Ohne Regelung kommt es in den Abb. 15-2 und 15-4A zu einer Längenänderung des Muskels um ΔL_0, wenn eine zusätzliche Kraft einwirkt. Nach Beendigung des Einschwingvorgangs der Regelung ist die verbleibende Längenänderung ΔL_m (Abb. 15-4D). Die Genauigkeit oder Güte der Regelung kann durch den **Regelfaktor** R beschrieben werden,

$$R = \frac{\Delta L \text{ mit Regelung}}{\Delta L \text{ ohne Regelung}} = \frac{\Delta L_m}{\Delta L_0}.$$

Ein niedriger Regelfaktor bedeutet also eine gute Regelung. Grundsätzlich läßt sich die Regelungsgüte verbessern durch eine Erhöhung des **Verstärkungsfaktors** des Reglers. Dieser bestimmt nämlich, wie groß die wirksame Stellgröße bei einer bestehenden Abweichung zwischen Sollwert und Istwert der Regelgröße wird. Je weiter die Genauigkeit der Regelung im stationären Fall durch Erhöhung der Regelverstärkung getrieben wird, um so größer wird die Gefahr eines Fehlers in der Übergangsfunktion: Es kann dann zu **überschießenden Regelungen** und Einschwingungsvorgängen kommen (Abb. 15-4D, Kurve 3) oder sogar zur **Instabilität** der Regelung (Abb. 15-4E), wobei sich kein stationärer Zustand einstellt, die Regelgröße vielmehr zwischen Extremwerten hin- und herpendelt.

Das Aufschaukeln der Regelgröße zu einer solchen **ungedämpften Regelschwingung** kann folgendermaßen anschaulich erklärt werden: Die

Störgröße führt zu einer Gegenreaktion des Reglers, die bei hoher Verstärkung stark überschießend sein kann. Der Fühler meldet diese übertriebene Änderung der Regelgröße, was zu einer ebenfalls überschießenden Gegenmaßnahme führt. Der Vorgang wiederholt sich dann beliebig oft, die Frequenz der so entstehenden Regelschwingung hängt von der Geschwindigkeit des Regelvorgangs ab. Es ist leicht einzusehen, daß das Auftreten einer Regelschwingung durch hohe Regelverstärkung und lange Totzeit begünstigt wird.

Bestimmte pathologische Veränderungen des motorischen Systems bewirken u.a. eine Erhöhung der vom Gehirn ausgehenden **Bahnung der spinalen Dehnungsreflexe** [2, 19]. Dadurch kann es zu neurologischen Störungen kommen, wie z.B. dem Clonus (rhythmische Reflexzuckungen bei Auslösung eines Dehnungsreflexes mit dem Reflexhammer) oder dem Tremor einer Extremität bei der Parkinson-Krankheit. In beiden Fällen treten Oscillationen der Muskellänge auf, die als Regelschwingungen interpretiert werden können.

Auch bei anderen biologischen Regulationen können gedämpfte und ungedämpfte Regelschwingungen vorkommen, wie z.B. bei der Blutdruckregulation.

Wir können aus diesen Überlegungen folgendes Fazit ziehen: Die für eine wirksame Regelung wünschenswerte hohe Regelverstärkung wird durch das Auftreten von Instabilität im Regelkreis begrenzt.

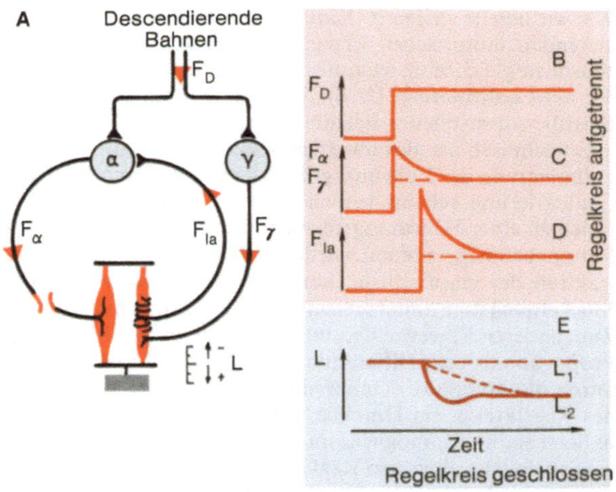

Abb. 15-5 A–E. Supraspinale Kontrolle des Dehnungsreflexes, interpretiert als Folgeregelung des Regelkreises für die Muskellänge. **A** Vereinfachtes Schema des Dehnungsreflexes, mit Beeinflussung vom Gehirn über descendierende Bahnen. **B** Zeitverlauf der Entladungsfrequenz F_D in descendierenden Bahnen am Beginn einer vom Gehirn vorgegebenen Bewegung (Führungsgröße). **C** Antwort von α- und γ-Motoneuronen (Entladungsfrequenzen F_α, F_γ) auf die Änderung der descendierenden Erregung (Führungsgröße wirkt auf Regler). **D** Antwort der Muskelspindel (Entladungsfrequenz F_{Ia}) auf die descendierende Erregung über γ-Motoneuronen (Führungsgröße wirkt auf Meßwertwandler); die Funktionen in C, D sind am aufgetrennten Regelkreis gemessen. **E** Übergangsfunktion der Regelgröße (Muskellänge L) nach sprunghafter Änderung der Führungsgröße (F_D), geschlossener Regelkreis. In C–E sind Zeitfunktionen bei Annahme von P-Gliedern (gestrichelte Kurven) bzw. von PD-Gliedern (ausgezogene Kurven) gezeichnet

Die Sollwertführung

Wir haben den Regelkreis bisher allein in seiner Eigenschaft betrachtet, die Regelgröße konstant zu halten. Jetzt soll die Betriebsart der **Folge-** oder **Servoregelung** näher untersucht werden: Wie wir bereits wissen, wird hierbei eine Regelabweichung durch Änderung der Führungsgröße erzeugt, die Regelgröße wird dann auf einen neuen Sollwert nachgeführt. So muß zur Bewegung eines Gelenks die Muskellänge L gezielt verändert werden. Die Führungsgröße, hier ein Zeitprogramm für den variablen Sollwert, wird durch den Erregungszufluß zu den Motoneuronen vom Gehirn aus repräsentiert, der über descendierende Bahnen zum Rückenmark gelangt [13, 17, 18]. Bei der Temperaturregulation (s. Kap. 25) können die Erhöhung der Körpertemperatur beim **Fieber** und die Erniedrigung während der Nacht oder beim Winterschlaf als Sollwertverstellungen aufgefaßt werden.

Das Zeitverhalten des **Dehnungsreflexes als Folgeregler,** also seine Übergangsfunktion, ist in Abb. 15-5 erläutert. Zum Verständnis der nachfolgenden Betrachtungen sollten Sie in der Lage sein, die Entsprechungen dieses Schemas (Abb. 15-5 A) mit dem Blockschaltbild des Regelkreises (Abb. 15-2) qualitativ zu erkennen. Die **Führungsgröße** besteht dabei aus nervösen Nachrichten, die in den absteigenden motorischen Bahnen vom Gehirn zum Rückenmark gelangen. Formal können wir die Führungsgröße durch eine Änderung der Frequenz F_D in den **absteigenden Axonen** beschreiben (Abb. 15-5 B). Diese erhöhte oder erniedrigte absteigende Erregung führt zu einer entsprechenden Veränderung der Entladungsfrequenz in den α- und γ-Motoneuronen (Abb. 15-5 C) sowie in den Ia-Afferenzen der Muskelspindeln (Abb. 15-5 D). Dadurch kommt es, ähnlich wie bei Einwirkung einer Störgröße (s. Abb. 15-4), zu einer Muskelverkürzung oder -verlängerung (Abb. 15-5 E).

Wie wir bereits wissen (s. Kap. 5), werden durch die descendierenden motorischen Erregungen meist α- und γ-Motoneuronen gleichzeitig synaptisch aktiviert, wir sprechen von der **α-γ-Coaktivierung** [3, 8]. Einzeln sind beide Arten der Eingabe supraspinaler Befehle in den Dehnungsreflex regelungstechnisch als gleichwertige Möglichkeiten für die Programmierung der Führungsgröße zu interpretieren. Die α-γ-Coaktivierung scheint jedoch Vorteile zu haben, im Vergleich zu einer Führungsgrößeneingabe allein am Regler (α-Motoneuronen). Einmal wird durch die intrafusale Kontraktion der empfindliche Bereich oder **Arbeitsbereich der Muskelspindel** an unterschiedliche Muskellängen angepaßt. Zum anderen ist wegen der unabhängigen Beeinflussung von Proportional- und Differentialverhalten der Muskelspindel durch die komplexe γ-Innervation eine bessere Einstellung des Regelkreises im Hinblick auf optimales Übergangsverhalten (Stabilität) möglich, im Vergleich zu einer Führungsgrößeneingabe allein am Regler.

Amphibien haben kein separates γ-System, die intrafusalen Fasern der Muskelspindeln werden hier gemeinsam mit den extrafusalen Muskelfasern efferent innerviert. Wir müssen die Besonderheit der separaten hochdifferenzierten γ-Motorik als entwicklungsgeschichtlichen Fortschritt der Säuger betrachten.

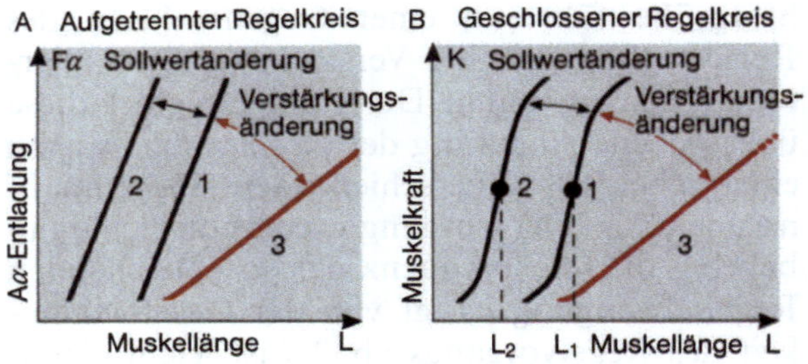

Abb. 15-6 A u. B. Stationäre Kennlinien des Regelkreises für die Muskellänge. **A** Kennlinien des Reglers, am aufgetrennten Regelkreis gemessen: Zusammenhang zwischen Istwert (*L*) und Stellgröße (F_α). Die Parallelverschiebung der Kennlinie (*1* → *2*) bedeutet eine Änderung der Führungsgröße, die Steigungsänderung (*1* → *3*) eine Änderung des Verstärkungsfaktors des Reglers (*rot*). **B** Kennlinien des geschlossenen Regelkreises, dargestellt im Länge-Kraft-Diagramm des unter spinaler Kontrolle stehenden Muskels. Bei Änderung des Sollwerts (*1* → *2*) geht die Muskellänge vom Wert L_1 nach L_2 über. Bei Verringerung der Regelverstärkung (*1* → *3*) wird der Muskel nachgiebiger

Der Regelkreis im stationären Zustand

Bei einer stabilen Regelung mündet der durch die Übergangsfunktion beschriebene Zeitverlauf nach Einwirkung einer Störgröße oder nach Änderung des Sollwerts in einen **stationären Zustand** ein (Abb. 15-4D, 15-5E): Die Regelgröße sowie die anderen Kenngrößen (Istwert, Stellgröße) nehmen konstante, nicht mehr zeitabhängige Werte an. In diesem Zustand lassen sich die Elemente des Regelkreises durch **stationäre Kennlinien** beschreiben. Kennlinien eines Systems geben allgemein den Zusammenhang zwischen Eingangs- und Ausgangsgrößen wieder. Die stationäre **Kennlinie des Fühlers** (Muskelspindel), d.h. der Zusammenhang zwischen der Frequenz der Ia-Faser und der Muskellänge, also $F_{Ia} = f(L)$, haben wir bereits früher kennengelernt (s. Abb. 5-8). Ebenso läßt sich die Kennlinie des Reglers (einer Population von homonymen α-Motoneuronen) als Zusammenhang darstellen, der die Eingangsgröße: Frequenz der Impulse in den Ia-Fasern, F_{Ia}, und die Ausgangsgröße: Frequenz der Impulse in den zugehörigen α-Motoneuronen, F_α, miteinander verknüpft. In Abb. 15-6A ist der Zusammenhang zwischen der experimentell veränderten Muskellänge L und der Entladungsfrequenz der zugehörigen α-Motoneuronen F_α dargestellt, also diejenige Kennlinie, die die Übertragungen an der Muskelspindel und am α-Motoneuron zusammenfaßt.

Zunächst wieder am **aufgetrennten Regelkreis** (Abb. 15-6A) sollen 2 Effekte auf diese Kennlinie erläutert werden, die wichtige Eigenschaften des Regelkreises in der stationären Situation ausdrücken. Durch eine Veränderung der Erregbarkeit der α- und γ-Motoneurone (über absteigende Bahnen aus supraspinalen Zentren) kommt es zu einer **Parallelverschiebung der Kennlinie** (z.B. Übergang von Linie 1 zu Linie 2 in Abb. 15-6A). Prinzipiell könnte jeweils allein eine α-Erregung oder eine γ-Erregung zu einer solchen Verschiebung führen. Aus dem vorliegenden experimentellen Material müssen wir jedoch folgern, daß meistens beide Mechanismen zusammen wirken (α-γ-Coaktivierung, s. oben). Die Parallelverschiebung der Kennlinie bedeutet einen neuen **Arbeitspunkt des Regelkreises,** die Regelgröße wird auf einen neuen Sollwert geführt.

Als **Kennlinie des geschlossenen Regelkreises** (Abb. 15-6B) läßt sich der Zusammenhang zwischen Kraft K und Länge L verwenden, wie er bereits mit Abb. 15-3 eingeführt wurde. Der Effekt der Führungsgröße, also der absteigenden Erregung F_D, äußert sich hier ebenfalls als Verschiebung der Kennlinie entlang der L-Koordinate, z.B. von Kurve 1 nach Kurve 2 bei Zunahme der descendierenden Erregung F_D (Abb. 15-6B). Die Regelgröße (Muskellänge) folgt dabei der Führungsgröße auf den neuen Sollwert L_2 nach, es handelt sich also um eine **Folge-** oder **Servoregelung.** Auch auf dem neuen Sollwert wird die Regelgröße gegen Störungen konstant gehalten, der Regelkreis funktioniert auch am neuen Arbeitspunkt als **Halteregler.**

15.3 Besonderheiten von Regelkreisen

Variable Regelverstärkung. Aus Abb. 15-6B ist leicht einzusehen, daß die Regelgröße um so genauer auf dem Sollwert gehalten wird, je steiler die Kennlinie des Regelkreises ist. In der Technik wird die Steigung eines solchen Zusammenhangs allgemein als **Verstärkungsfaktor** bezeichnet. Je höher also die Regelverstärkung, desto genauer wird die Regelgröße konstant gehalten (s. auch Erörterung des Regelfaktors, S. 344). Im erweiterten Regelkreisschema der Abb. 15-7A ist diese Besonderheit berücksichtigt.
Wir haben bereits früher festgestellt (Abb. 15-4), daß eine hohe Regelverstärkung das Auftreten von Regelschwingungen begünstigt, vor allem dann, wenn die Übergangsfunktion Zeitverzögerungen enthält (z.B. Totzeit, Abb. 15-4E). Um eine **stabile Regelung** zu gewährleisten, ist die Verstärkung also nach oben zu begrenzen durch die Forderung, daß keine ungedämpften Schwingungen der Regelgröße auftreten dürfen. Andererseits ist besonders am Anfang einer erwünschten zeitlichen Veränderung der Regelgröße, also beim Beginn einer Bewegung, eine hohe Regelverstärkung sinnvoll, um Zeitverzögerungen und ballistische Trägheiten des Dehnungsreflexes zu kompensieren. Deshalb wäre eine variable Regelverstärkung sinnvoll, der jeweiligen Situation angepaßt.
Es läßt sich zeigen, daß unser spinales Regelsystem tatsächlich eine variable Verstärkung aufweist. Vor allem durch **Hemmung am α-Motoneuron** wird der Verstärkungsfaktor der Regelung herabgesetzt (Linie 3 in Abb. 15-6). So lassen sich die Renshaw-Hemmung, die autogene Hemmung (durch die Ib-Afferenzen ausgelöst) und die Antagonistenhemmung als Herabsetzung der Regelverstärkung interpretieren. Auch supraspinale Einflüsse verändern die Verstärkung im Regelkreis des Dehnungsreflexes laufend.

Störgrößenaufschaltung. Für die Funktion eines Regelkreises kann es vorteilhaft sein, häufig vorkommende und in ihrer Wirkung vorhersagbare Störgrößen durch geeignete Vorrichtungen direkt an den Regler zu melden (Abb. 15-7B). Diese **Störgrößenaufschaltung** führt besonders bei trägen Regelkreisen zu einer Funktionsverbesserung, da so Störgrößen bereits im voraus kompensiert werden können, ohne daß es zu nennenswerten Änderungen der Regelgröße kommt.
Ein bekanntes Beispiel aus der Technik ist die Verwendung eines **Außenfühlers** bei der Regelung einer Zentralheizung. Der Außenfühler meldet die Temperatur im Freien ständig an den Heizungsregler. Aus der gesetzmäßigen Tatsache, daß die Wärmeverluste eines Hauses proportional mit der Differenz zwischen Innen- und Außentemperatur ansteigen, läßt sich die Meldung des Außenfühlers entsprechend bei der elektronischen Berechnung der Stellgröße im Regler verwenden. So braucht es nicht erst zu Temperaturänderungen im Haus zu kommen, um die Regelung in Gang zu setzen. Durch die sinnreiche Störgrößenaufschaltung über den Außenfühler kann die Raumtemperatur besser auf einem konstanten Niveau gehalten werden.
Dieses Prinzip der Störgrößenaufschaltung gibt es auch bei biologischen Regelkreisen. Ein bekanntes Beispiel ist die **Thermoregulation** (s. Kap. 25). Auch hier wird, wie im Beispiel der Heizungsregelung, eine Art Außenfühler eingesetzt, nämlich die **Thermoreceptoren der Haut.** Wird der Organismus einer kälteren Umgebung ausgesetzt, dann melden die cutanen Kaltreceptoren dies zum Regelzentrum der Körpertemperatur im Hypothalamus. Innerhalb kurzer Zeit kommt es zu thermoregulatorischen Antworten auf den Kaltreiz, z.B. zu einer Verstärkung des Muskeltonus oder sogar zu Kältezittern, sowie zu einer Abnahme der Hautdurchblutung und damit zur Verbesserung der Wärmeisolation. Diese vorbeugenden Regelvorgänge setzen ein, ohne daß es zu Änderungen der Kerntemperatur und entsprechenden Erregungen der Fühler im Hypothalamus gekommen wäre.

Im Bereich der Motorik kann man Einflüsse des Gleichgewichtsorgans und des visuellen Systems auf die spinalen Motoneurone als Störgrößenaufschaltung verstehen. Auch die

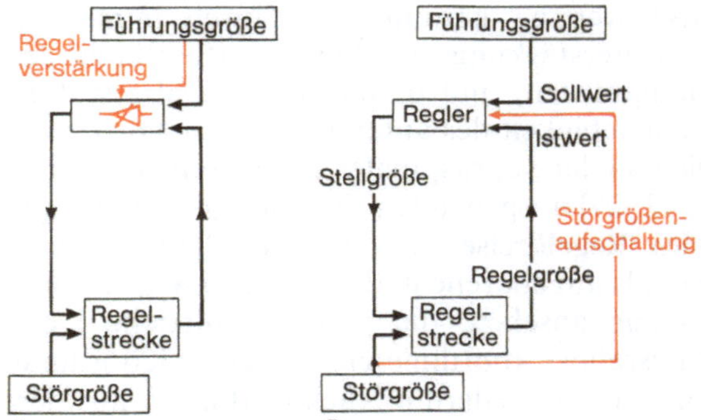

Abb. 15-7A u. B. Varianten von Regelkreisen. **A** Hier ist, gegenüber dem Standardregelkreis der Abb. 15-2A, die veränderliche Regelverstärkung symbolhaft berücksichtigt. **B** Regelkreis mit Störgrößenaufschaltung, also direkte Meldung von Störgrößen an den Regler und damit regelungsmäßige Berücksichtigung, bevor sich die Störgröße auf die Regelgröße auswirkt

Verstärkung (Bahnung) des Dehnungsreflexes der Beinstrecker durch den Jendrassik-Handgriff kann so interpretiert werden: Eine plötzliche Kraftentfaltung mit den Armen, z.B. beim Heben eines Gewichtes oder im Handgemenge mit einem Gegner, hat immer eine erhöhte Dehnungsbelastung der Beinstrecker zur Folge. Deren Längenregelung und damit das Standvermögen des Zweibeiners werden durch diese vorbeugende Störgrößenaufschaltung des Bewegungsbefehls zur Vorderextremität verbessert.

Kopplung von Regelkreisen

Wir können oft die Beobachtung machen, daß verschiedene biologische Regelungsvorgänge in sinnvoller Weise miteinander **gekoppelt** sind. So wirkt sich der Antrieb der Atmungsregulation bei Erregung der Chemoreceptoren im Glomus caroticum auch auf die Blutdruckregulation aus, wodurch es bei Sauerstoffmangel neben der Zunahme der Atmung auch zu einer Erhöhung der Organdurchblutung kommt. Volumen- und Osmoregulation, die sich im Prinzip als unabhängige Regelkreise beschreiben lassen, sind durch die gemeinsame Verwendung beider Hormone als Stellgrößen, nämlich ADH und Aldosteron, und durch das gemeinsame Stellglied Niere gekoppelt.

Auch die Regelkreise der Motorik sind untereinander gekoppelt. Ein Beispiel ist die Wechselwirkung der **Dehnungsreflexe antagonistischer Muskeln.** Sie sind einmal mechanisch gekoppelt, durch den gegensinnigen Ansatz der beiden Muskeln am selben Gelenk. Die andere Wechselwirkung besteht in der gegenseitigen Hemmung der Regelkreise, nämlich der Antagonistenhemmung im Rückenmark (Abb. 5-7, S. 95). Bei der von supraspinal vorgegebenen Verkürzung eines Muskels während einer Gelenkbewegung kommt es dadurch immer zu einer Verstärkungsabnahme im Regelkreis des Antagonisten, und damit zu einer abgestuften Nachgiebigkeit des antagonistischen Muskels.

Die von den supraspinalen motorischen Zentren [2, 12, 21] ausgehenden **Führungsgrößen der spinalen Regelkreise** für die Muskellängen kann man als angeborene und erlernte **Bewegungsprogramme** ansehen, die jeweils zahlreiche Dehnungsreflexe koordinieren. Bei dieser Koordination spielen wiederum Rückmeldungen aus den Muskelreceptoren, jedoch auch aus Gelenk- und Hautafferenzen eine Rolle, die v.a. im Cerebellum und im Motorcortex in den Ablauf eines solchen Bewegungsprogramms im Sinne einer Regelung eingreifen. Die auf- und absteigenden Verbindungen zwischen Rückenmark und motorischen Hirnzentren können wir als Bestandteile von **übergeordneten Regelkreisen** betrachten, die mit den spinalen Längenreglern vermascht sind. Die heute bekannten neurophysiologischen Details der supraspinalen Kontrolle von Bewegungen sind jedoch nicht ausreichend für eine vollständige regelungstechnische Beschreibung des Ablaufs von Bewegungen.

15.4 Literatur

Weiterführende Lehr- und Handbücher

1. Bayliss, L.E.: Living Control Systems. New York: Plenum Press 1966
2. Desmedt, M.E. (ed.): Cerebral Motor Control in Man: Long Loop Mechanisms. Progr. Clin. Neurophysiol. *4*, Basel: Karger 1978
3. Granit, R.: The basis of motor control. London-New York: Academic Press 1970
4. Grodins, F.S.: Control Theory and Biological Systems. New York: Columbia University Press 1963
5. Hassenstein, B.: Biologische Kybernetik. Heidelberg: Quelle & Meyer 1967
6. Homma, S. (ed.): Understanding the Stretch Reflex. Progr. Brain Res. *44*, 1976
7. Leonhard, W.: Einführung in die Regelungstechnik. Lineare und nichtlineare Regelvorgänge. Braunschweig: Vieweg & Sohn 1981
8. Milsum, J.H.: Biological Control Systems Analysis. New York-San Francisco-Toronto-London: McGraw-Hill 1966
9. Mountcastle, V.B. (ed.): Medical Physiology, Vol. 1. Saint Louis: Mosby 1980
10. Oppelt, W.: Kleines Handbuch technischer Regelvorgänge. Weinheim: Verlag Chemie 1953, 4. Aufl. (Nachdruck) 1967
11. Schmidt, G.: Grundlagen der Regelungstechnik. Berlin-Heidelberg-New York: Springer 1982
12. Talbott, R.E., Humphrey, D.R. (eds.): Posture and Movement. New York: Raven Press 1979
13. Varju, D.: Systemtheorie für Biologen und Mediziner. Berlin-Heidelberg-New York: Springer 1977
14. Wagner, R.: Probleme und Beispiele biologischer Regelung. Stuttgart: Thieme 1954

Einzel- und Übersichtsarbeiten

15. Houk, J.C.: On the significance of various command signals during voluntary control. Brain Res. *40*, 49 (1972)
16. Houk, J.C., Singer, J.J., Goldman, M.R.: An evaluation of length and force feedback to soleus muscles of decerebrate cats. J. Neurophysiol. *33*, 784 (1970)
17. Marsden, C.D., Merton, P.A., Morton, H.B.: Servoaction in the human thumb. J. Physiol. *257*, 1 (1976)
18. Merton, P.A.: How we control the contraction of our muscles. Sci. Amer. *226*, 30 (1972)
19. Nelson, P.: Interaction between voluntary contraction and tonic stretch reflex transmission in normal and spastic patients. J. Neurol. Neurosurg. Psychiat. *6*, 853 (1972)
20. Nichols, T.R., Houk, J.C.: Improvement in linearity and regulation of stiffness that results from actions of stretch reflex. J. Neurophysiol. *39*, 119 (1976)
21. Phillips, C.G.: Motor apparatus of the baboon's hand. Proc. Roy. Soc B *173*, 141 (1969)
22. Zimmermann, M., Handwerker, H.O., Paal, G.: Dehnungsreflex. Farbtonfilm (16 mm) zum Physiologieunterricht für Medizinstudenten. Inst. f. d. Wiss. Film, Göttingen 1975

16 Vegetatives Nervensystem

W. Jänig

Das vegetative Nervensystem innerviert hauptsächlich die glatte Muskulatur aller Organe, das Herz und die Drüsen. Die Wirkungen des vegetativen Nervensystems sind auf die neuronale Kontrolle des inneren Milieus gerichtet. Diese Wirkungen sind der direkten willkürlichen Kontrolle weitgehend entzogen; deshalb wird dieses Nervensystem auch als **autonomes Nervensystem** bezeichnet. Diese Charakteristika grenzen das vegetative Nervensystem grob vom somatischen Nervensystem ab, welches die afferente und efferente Kommunikation mit der Umwelt besorgt und zum Teil dem Bewußtsein und der willkürlichen Kontrolle unterliegt.

Vegetatives und somatisches Nervensystem arbeiten Hand in Hand. Ihre neuronalen morphologischen Substrate sind zentral, besonders im oberen Hirnstamm, im Hypothalamus und Großhirn, nicht mehr eindeutig voneinander zu trennen. In der Peripherie kann man dagegen beide Nervensysteme klar voneinander trennen. Die Funktionen des vegetativen Nervensystems dienen der Aufrechterhaltung der Konstanz des inneren Milieus im Körper (Homöostase; s. CANNON [3]) und der Anpassung des inneren Milieus, wenn der Organismus belastet wird (z.B. bei mechanischer Arbeit, Nahrungsaufnahme, Flüssigkeitsbelastung, thermischer Belastung). Darüber hinaus kontrolliert das vegetative Nervensystem auch Organe und Organsysteme, die nur mittelbar mit den homöostatischen Funktionen im Zusammenhang stehen (z.B. neuronale Kontrolle der Sexualorgane und der inneren Augenmuskulatur).

16.1 Peripheres vegetatives Nervensystem

Aufbau des peripheren vegetativen Nervensystems

Das periphere vegetative Nervensystem besteht aus **3 verschiedenen Teilen:** dem **Sympathikus,** dem **Parasympathikus** und dem **Darmnervensystem.** Die terminalen Neurone von *Sympathicus* und *Parasympathicus* liegen außerhalb des ZNS. Die Ansammlung der Zellkörper solcher Neurone nennt man vegetative Ganglien. Ihre Axone projizieren von den Ganglien zu den Erfolgsorganen; man nennt diese Neurone deshalb postganglionäre Neurone. Die Neurone, deren Axone in die Ganglien einstrahlen und auf den Dendriten und Somata der postganglionären Neurone synaptisch endigen, nennt man präganglionäre Neurone. Ihre Somata liegen im Rückenmark und Hirnstamm. Das Grundelement des peripheren sympathischen und parasympathischen Nervensystems besteht also aus 2 Populationen hintereinander geschalteter Neurone (s. Abb. 16-2 und 16-10). Beide vegetativen Systeme haben verschiedene Ursprünge aus der Neuraxis: der Sympathicus entspringt dem Brustmark und den oberen 2 bis 3 Segmenten des Lendenmarks und wird deshalb auch *thoracolumbales System* genannt. Der Parasympathicus entspringt dem Hirnstamm und dem Sacralmark und wird deshalb auch *craniosacrales System* genannt.

Das *Darmnervensystem* ist ein spezielles Nervensystem des Magen-Darm-Traktes und funktioniert auch ohne den extrinsischen Einfluß vom Rückenmark und Hirnstamm (s. S. 359ff.).

Der Begriff Sympathicus bezeichnete ursprünglich das gesamte periphere vegetative Nervensystem. Der Engländer LANGLEY [1, 38, 43] führte um die Jahrhundertwende die heutzutage sich etablierende Dreiteilung des vegetativen Nervensystems und die benutzten Begriffe ein. Die primären Kriterien dieser Einteilung sind *anatomisch;* außerdem beschränkte Langley die Begriffe sympathisch und parasympathisch auf die *efferenten* prä- und postganglionären Neurone. Afferenzen, die die Visceralorgane innervieren, werden neutral als viscerale Afferenzen bezeichnet. Langleys Einteilung und die Begriffsbildung hat sich bis heute als zweckmäßig und nützlich erwiesen. Die Existenz des Darmnervensystems als selbständige Entität wurde erstaunlicherweise bis etwa 1970 nahezu vollkommen ignoriert. Die Begriffe sympathisch und parasympathisch werden *leider* häufig generalisierend im funktionellen Sinne benutzt und auch auf die visceralen Afferenzen ausgedehnt.

Sympathicus. Die Zellkörper der präganglionären Neurone des Sympathicus liegen in der in-

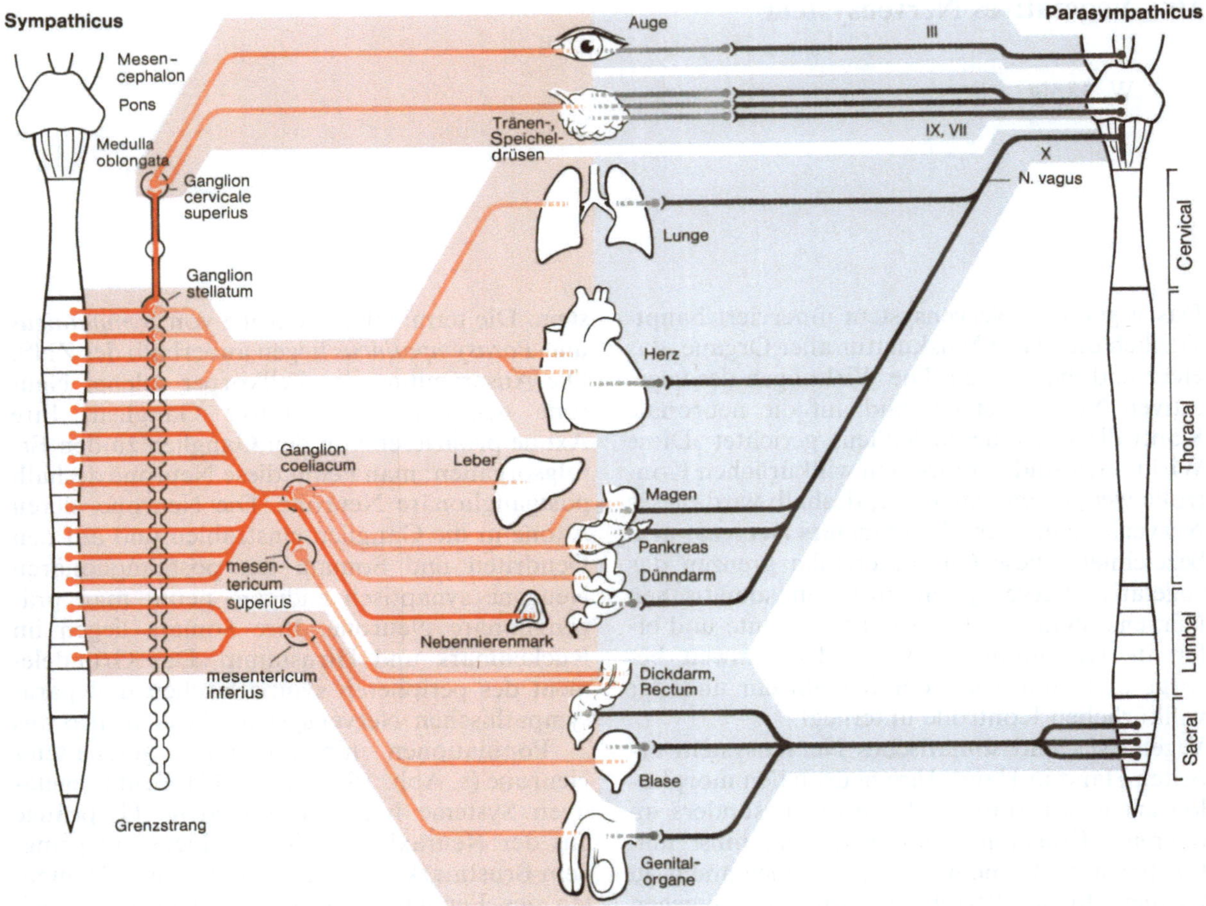

Abb. 16-1. Aufbau des peripheren vegetativen Nervensystems. *Durchgezogene Linien:* präganglionäre Axone. *Am Ende gepunktete Linien:* postganglionäre Axone. Die sympathische Innervation von Gefäßen, Schweißdrüsen und Mm. arrectores pilorum ist nicht aufgeführt

termediären Zone des Brust- und Lendenmarks. Die Axone dieser Neurone sind dünn, aber zum großen Teil myelinisiert. Sie leiten mit Geschwindigkeiten von 1–20 m/s. Sie verlassen das Rückenmark über die Vorderwurzeln und die Rr. communicantes albi (Abb. 16-12). Von dort ziehen sie zu den paaren paravertebralen Ganglien und zu den unpaaren prävertebralen Bauchganglien. Die paravertebralen Ganglien sind in den Grenzsträngen organisiert, die sich links und rechts von der Wirbelsäule von der Hirnbasis bis zum Kreuzbein erstrecken. Von den **Grenzsträngen** ziehen die noch dünneren unmyelinisierten postganglionären Axone einerseits über die Rr. communicantes grisei (Abb. 16-12) zu den Effectoren in der Peripherie des Organismus, andererseits über spezielle Nerven zu den Organen im Kopfbereich, im Brustraum, im Bauchraum und im Beckenraum (Abb. 16-1). Von den Bauchganglien (Ganglion coeliacum, mesentericum superius und inferius) gelangen die postganglionären Fasern über Nervengeflechte oder spezielle Nerven zu den Organen im Bauch- und Beckenraum. Die meisten sympathischen Ganglien liegen organfern; deshalb sind die postganglionären Axone lang. Nur einige kleinere sympathische Ganglien liegen in der Nähe der Beckenorgane. Die Axone dieser sympathischen postganglionären Neurone sind kurz. Die Erfolgsorgane des Sympathicus sind die glatte Muskulatur aller Organe (Gefäße, Eingeweide, Ausscheidungsorgane, Lunge, Haare, Pupillen), das Herz und zum Teil die Drüsen (Schweiß-, Speichel-, Verdauungsdrüsen). Außerdem werden die Fettzellen, die Leberzellen, möglicherweise die Nierentubuli und lymphatische Gewebe (z.B. Thymus, Milz, Peyer-Plaques und Lymphknoten) von sympathischen postganglionären Fasern innerviert.

Parasympathicus. Die Zellkörper der präganglionären parasympathischen Neurone liegen

im Kreuzmark und im Hirnstamm (Abb. 16-1). Ihre Axone sind myelinisiert und unmyelinisiert und im Gegensatz zu den sympathischen präganglionären Axonen sehr lang. Sie ziehen in speziellen Nerven zu den **organnahe** gelegenen parasympathischen postganglionären Neuronen. Die präganglionären parasympathischen Fasern für die inneren Augenmuskeln und für die Drüsen im Kopfbereich treten mit dem III. (N. oculomotorius), VII. (N. facialis) und IX. (N. glossopharyngeus) Hirnnerven aus dem Hirnstamm aus. Die präganglionären parasympathischen Fasern zu den Organen im Brust- und Bauchraum laufen im N. vagus (X. Hirnnerv). Die sacralen parasympathischen Fasern zu den Beckenorganen laufen im N. splanchnicus pelvinus.
Parasympathische Ganglien findet man nur im Kopfbereich und im Becken in der Nähe der Erfolgsorgane, ansonsten sind die postganglionären Zellen in oder auf den Wänden des Magen-Darm-Trakts **(intramurale Ganglien),** des Herzens und der Lunge verstreut. Der Parasympathicus innerviert die **glatte Muskulatur** und die Drüsen des Magen-Darm-Trakts, der Ausscheidungsorgane, der Sexualorgane und der Lunge; er innerviert weiterhin die Vorhöfe des Herzens, die Tränen- und Speicheldrüsen im Kopfbereich und die inneren Augenmuskeln. Mit Ausnahme der Arterien der Geschlechtsorgane (besonders des Penis, der Clitoris und der kleinen Schamlippen), möglicherweise des Gehirns und möglicherweise der Coronarien, innerviert er **nicht** die glatte Gefäßmuskulatur.

Viscerale Afferenzen. Etwa 80% aller Axone in den Nn. vagi und etwa 50% aller Axone in den Nn. splanchnici pelvini, lumbales, minores und majores sind afferent. Diese Afferenzen kommen von Receptoren innerer Organe und werden deshalb **viscerale** Afferenzen genannt. Ihre Zellkörper liegen im Ganglion nodosum und Ganglion jugulare (N. vagus) und in den Spinalganglien (spinale Afferenzen). Afferenzen von den arteriellen Presso- und Chemoreceptoren in der Carotisgabel laufen im N. glossopharyngeus (Zellkörper im Ganglion petrosum). Die visceralen Afferenzen zum Hirnstamm und zum Sacralmark sind in neuronale Regulationen innerer Organe eingebunden (Lunge, Herz, Kreislaufsystem, Magen-Darm-Trakt, Entleerungsorgane, Genitalorgane). Die meisten dieser Afferenzen haben mechanosensitive Eigenschaften und messen bei Dehnung der Wände der Hohlorgane entweder die intraluminalen Drücke (z.B. die arteriellen Pressoreceptoren vom arteriellen System und die sacralen Afferenzen von der Harnblase) oder die Volumina in den Organen (z.B. die Afferenzen aus der Muscularis des Magen-Darm-Trakts, vom rechten Vorhof und von der Lunge). Andere mechanosensible Afferenzen von der Mucosa des Darms werden durch Scherreize adäquat erregt. Einige Afferenzen sind chemosensitiv (z.B. arterielle Chemoreceptoren in der Aorten- und Carotiswand, Osmoreceptoren in der Leber, Glucoreceptoren in der Mucosa des Darms). Reize, die viscerale Schmerzempfindungen auslösen können (z.B. starke Dehnung und Kontraktion des Magen-Darm-Trakts und der Harnblase, Mesenterialzug, ischämische Reize), werden durch die Impulsaktivität in spinalen visceralen Afferenzen, aber nicht in vagalen Afferenzen kodiert. Die Receptoren dieser spinalen Afferenzen liegen in der Serosa, am Mesenterialansatz und möglicherweise auch in den Organwänden [4]. Die Funktionen visceraler Afferenzen werden in den entsprechenden Kapiteln behandelt.

Wirkungen vom Sympathicus und Parasympathicus auf ihre Effectororgane

Die Wirkungen des peripheren vegetativen Nervensystems auf die verschiedenen Organe kann man nach elektrischer Reizung vegetativer Nerven studieren. Das Studium dieser Wirkungen ist notwendig, 1. um die Reaktionen der Organe im Organismus bei vegetativen Regulationen unter physiologischen Bedingungen und das Zusammenspiel zwischen Sympathicus und Parasympathicus in vivo zu verstehen, 2. um die Reaktionen vegetativ innervierter Organe unter pathophysiologischen Bedingungen beurteilen zu können und 3. um die Wirkungen therapeutisch wirkender Pharmaka, die die Effekte von Sympathicus und Parasympathicus auf die Organe simulieren oder blockieren, beurteilen zu können.
Viele inneren Organe werden sowohl durch den Sympathicus als auch durch den Parasympathicus innerviert (s. Tabelle 16-1). Die Effekte der Erregung beider vegetativer Systeme sind weitgehend **antagonistisch.** So führt z.B. die Reizung entsprechender sympathischer Nerven zur Zunahme von Schlagfrequenz und Schlagvolumen des Herzens, zur Abnahme der Darmmotilität, zur Erschlaffung von Gallenblase und Bronchien und zur Kontraktion der Sphincteren des Gastrointestinaltrakts. Erregung der parasympathischen Innervation dieser Organe (z.B. durch elektrische Reizung des N. vagus, s. Abb. 16-1) führt zu entgegengesetzten Effekten: Abnahme der Herzfrequenz und Kontraktionskraft der Vorhöfe, Zunahme der Darmmotilität, Kontraktion von Gallenblase und Bronchien und Erschlaffung der Sphincteren des Gastrointestinaltrakts. Unter physiologischen Bedingungen ist die vegetative Regulation dieser Organe näherungsweise immer als die Summe der antagonistischen Effekte von Sympathicus und Parasympathicus zu verstehen.
Funktionell wirken beide vegetativen Systeme meist synergistisch auf die Organe. Dieser **funktionelle Synergismus** zeigt sich z.B. besonders deutlich in der reflektorischen Beeinflussung des

Tabelle 16-1. Effekte der Aktivierung von Sympathicus und Parasympathicus auf die einzelnen Organe

Organ oder Organsystem	Reizung des Parasympathicus	Reizung des Sympathicus	Adrenerge Receptoren
Herzmuskel	Abnahme der Herzfrequenz	Zunahme der Herzfrequenz	β
	Abnahme der Kontraktionskraft (nur Vorhöfe)	Zunahme der Kontraktionskraft	β
Blutgefäße:			
Arterien in Haut und Mucosa	0	Vasoconstriction	α
... im Abdominalbereich	0	Vasoconstriction	α
... im Skeletmuskel	0	Vasoconstriction	α
		Vasodilatation (nur durch Adrenalin)	β
		Vasodilatation (cholinerg)	
... im Herzen (Coronarien)	Vasodilatation (?)	Vasoconstriction	α
		Vasodilatation (nur durch Adrenalin)	β
... im Penis (Clitoris und Labia minora?)	Vasodilatation	?	
Venen	0	Vasoconstriction	α
Gehirn	Vasodilatation (?)	Vasoconstriction	α
Gastrointestinaltrakt:			
Longitudinale und circuläre Muskulatur	Zunahme der Motilität	Abnahme der Motilität	α und β
Sphincteren	Erschlaffung	Kontraktion	α
Milzkapsel	0	Kontraktion	α
Harnblase:			
Detrusor vesicae	Kontraktion	Erschlaffung	β
Trigonum vesicae (Sphincter internus)	0	Kontraktion	α
Genitalorgane:			
Vesica seminalis	0	Kontraktion	α
Ductus deferens	0	Kontraktion	α
Uterus	0	Kontraktion	α
		Erschlaffung (abhängig von Species und hormonalem Status)	β
Auge:			
M. dilatator pupillae	0	Kontraktion (Mydriasis)	α
M. sphincter pupillae	Kontraktion (Miosis)	0	
M. ciliaris	Kontraktion (Nahakkomodation)	Leichte Erschlaffung (unbedeutend)	β
Tracheal-/Bronchialmuskulatur	Kontraktion	Erschlaffung (vorwiegend durch Adrenalin)	β
Mm. arrectores pilorum	0	Kontraktion	α
Exocrine Drüsen			
Speicheldrüsen	Starke seröse Sekretion	Schwache mucöse Sekretion (Glandula submandibularis)	α
Tränendrüsen	Sekretion	0	
Verdauungsdrüsen	Sekretion	Abnahme der Sekretion oder 0	α
Drüsen im Nasen-Rachen-Raum	Sekretion	0	
Bronchialdrüsen	Sekretion	?	
Schweißdrüsen	0	Sekretion (cholinerg)	
Stoffwechsel:			
Leber	0	Glykogenolyse Gluconeogenese	β
Fettzellen	0	Lipolysis (freie Fettsäuren im Blut erhöht)	β
Insulinsekretion (aus β-Zellen der Langerhans-Inseln)	0	Verminderung	α

Herzens durch die arteriellen Pressoreceptoren (s. Abb. 20-27). Erregung der Pressoreceptoren bei Erhöhung des arteriellen Blutdrucks führt zur Abnahme von Schlagfrequenz und Kontraktilität des Herzens. Diese Abnahme von Frequenz und Kontraktilität wird durch die *Zunahme* der Aktivität in parasympathischen Fasern zum Herzen und durch *Abnahme* der Aktivität in sympathischen Fasern zum Herzen bewirkt (vgl. Angaben in Tabelle 16-1 mit Abb. 20-28).

In vielen Organen, die ebenso durch Sympathicus und Parasympathicus innerviert werden, steht unter physiologischen Bedingungen die parasympathische Regulation im Vordergrund. Hierzu zählen die Harnblase und einige exokrine Drüsen (s. Tabelle 16-1). Weiterhin gibt es Organe, die nur sympathisch oder parasympathisch innerviert werden, wie fast alle Blutgefäße, die Milz, die glatten Augenmuskeln, einige exokrine Drüsen und die glatte Haarbalgmuskulatur (s. Tabelle 16-1).

Auch die Glykogenolyse in der Leber und die Lipolyse in den Fettzellen, die zum Anstieg von Glucose bzw. freien Fettsäuren im Blut führen, können durch Erregung des Sympathicus ausgelöst werden, bleiben aber durch den Parasympathicus unbeeinflußt. Diese Beeinflussung des *Stoffwechsels* durch den Sympathicus wird auf S. 355f. näher besprochen. Die Wirkungen des vegetativen Nervensystems auf die einzelnen Organe werden detailliert in den entsprechenden Kapiteln erläutert.

Neurohumorale Übertragung im peripheren vegetativen Nervensystem

Die Erregungsübertragung vom prä- auf das postganglionäre Neuron und vom postganglionären Neuron auf den Effector ist chemisch. Soweit bekannt, läuft die neurohumorale Übertragung im peripheren vegetativen Nervensystem prinzipiell nach den gleichen Mechanismen ab wie an der neuromusculären Endplatte (s. S. 45ff.) und an den zentralen Synapsen (s. S. 52ff.). Im Gegensatz zur Endplatte sind aber im vegetativen Nervensystem die prä- und postsynaptischen Strukturen sehr variabel (Herzmuskelzellen, glatte Muskelzellen, Drüsenzellen, Neurone). Dichte und Muster der Innervation variieren obendrein sehr stark zwischen den verschiedenen glatten Muskeln (s. S. 83)

Acetylcholin. Acetylcholin wird wahrscheinlich von allen präganglionären autonomen Nervenendigungen und den meisten postganglionären parasympathischen Neuronen ausgeschüttet (Abb. 16-2). Außerdem setzen sympathische postganglionäre Neurone an den Schweißdrüsen und möglicherweise die sympathischen postganglionären Vasodilatatorneurone zu den Widerstandsgefäßen der Skeletmuskulatur Acetylcholin frei.

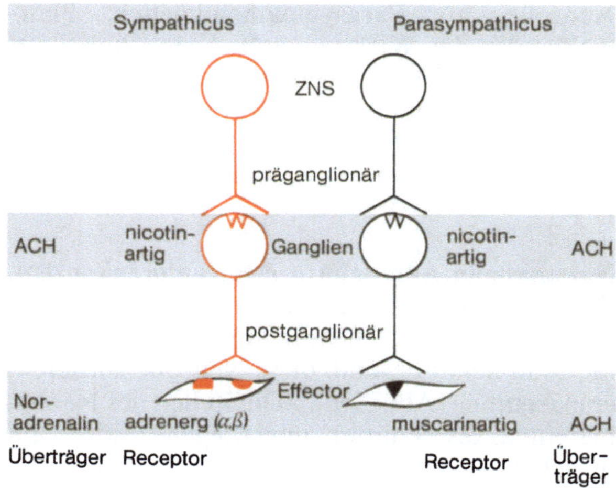

Abb. 16-2. Überträgerstoffe im peripheren vegetativen Nervensystem

Die Wirkungen von Acetylcholin auf die postsynaptischen Membranen der postganglionären Neurone lassen sich durch *Nicotin* simulieren und die Wirkungen von Acetylcholin auf die Effectorzellen durch *Muscarin,* ein Gift des Fliegenpilzes. Deshalb hat man 2 Arten von makromolekularen (pharmakologischen) Receptoren postuliert, mit denen Acetylcholin reagiert, und die entsprechenden Acetylcholinwirkungen als nicotinartig und muscarinartig bezeichnet (Abb. 16-2).

Beide Wirkungen von Acetylcholin können selektiv durch bestimmte Pharmaka blockiert werden. Diese Pharmaka reagieren kompetitiv zu Acetylcholin mit den postsynaptischen cholinergen Receptoren, ohne selbst agonistische (cholinerge) Wirkungen zu haben, und verhindern auf diese Weise die Wirkung von Acetylcholin. Die nicotinartige Wirkung von Acetylcholin auf die postganglionären Neurone kann man durch quaternäre Ammoniumbasen blokkieren. Man nennt diese Substanzen Ganglienblocker. Die muscarinartige Wirkung von Acetylcholin kann selektiv durch *Atropin,* das Gift der Tollkirsche, blockiert werden.

In der Pharmakologie bezeichnet man Pharmaka, die auf Effectorzellen so wirken wie (cholinerge) postganglionäre parasympathische

Neurone, als **Parasympathomimetica.** Pharmaka, die die Wirkung von Acetylcholin auf vegetative Effectorzellen aufheben oder abschwächen, nennt man **Parasympatholytica.** Diese Substanzen sind „antimuscarinerge" Pharmaka; ein typischer Vertreter ist das Atropin.

Noradrenalin, Adrenalin: α-β-Receptorenkonzept. Die Überträgersubstanz in sympathischen postganglionären Nervenendigungen ist **Noradrenalin.** Man nennt deshalb diese Neurone **noradrenerge Neurone** (Abb. 16-2). Die Zellen des Nebennierenmarkes schütten überwiegend Adrenalin in den Kreislauf aus (s. S. 355f.). Noradrenalin und Adrenalin sind Catecholamine (s. S. 48). Ein künstliches, nicht im Körper vorkommendes Catecholamin ist das Isoproterenol (Abb. 16-3, oben).

Pharmaka, die die Wirkung sympathischer adrenerger Neurone auf die vegetativ innervierten Organe nachahmen, nennt man **Sympathomimetica** (Adrenomimetica). Pharmaka, die die Wirkungen von Catecholaminen auf die Organe aufheben, nennt man **Sympatholytica** (Antiadrenergica).

Wie beim Acetylcholin und den anderen Transmittern werden die Reaktionen der Organe auf Noradrenalin und Adrenalin durch die Interaktion der Catecholamine mit spezifischen Strukturen in den Zellmembranen der Organe vermittelt. Diese hypothetischen Membranstrukturen werden **adrenerge Receptoren** genannt. Man unterscheidet nach zwei rein pharmakologischen Kriterien **α- und β-adrenerge Receptoren, meist kurz α und β-Receptoren** genannt. Die Kriterien sind: 1. Die Effektivität äquimolarer Dosen verschiedener Catecholamine (meist Adrenalin, Noradrenalin und Isoproterenol, s. Abb. 16-3 A), α- und β-adrenerge Wirkungen zu erzeugen; und 2. Die Effektivität von Pharmaka (Sympatholytica), diese α- und β-receptorischen Wirkungen zu blockieren. Die molekularen Strukturen der α- und β-Receptoren sind z.T. aufgeklärt.

Man spricht von *α-adrenergen* Wirkungen, wenn a) Noradrenalin, Adrenalin und Isoproterenol in der aufgeführten Reihenfolge abnehmende Wirksamkeiten zeigen (NA ≧ A ≫ I) und wenn b) diese Wirkungen durch spezifische Pharmaka in niedrigen Konzentrationen selektiv blockiert werden. Man nennt diese Pharmaka **α-Blocker** (Abb. 16-3 B).

Die *β*-adrenergen Wirkungen sind dagegen pharmakologisch folgendermaßen charakterisiert: a) Äquimolare Dosen von Isoproterenol,

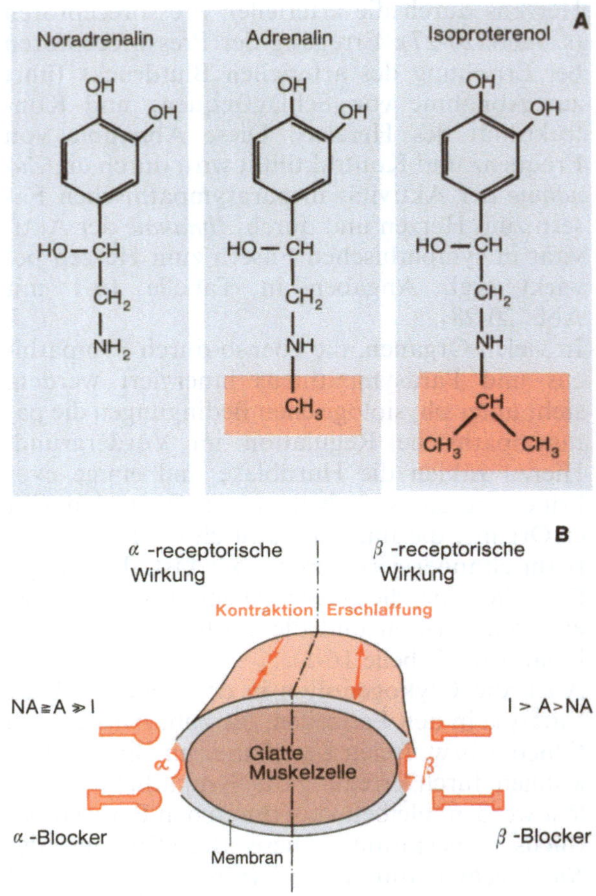

Abb. 16-3 A u. B. Wirkung der Catecholamine Noradrenalin *(NA)*, Adrenalin *(A)* und Isoproterenol *(I)* auf adrenerge Receptoren. „>" und „=" bedeuten stärkere und gleich starke Wirkung

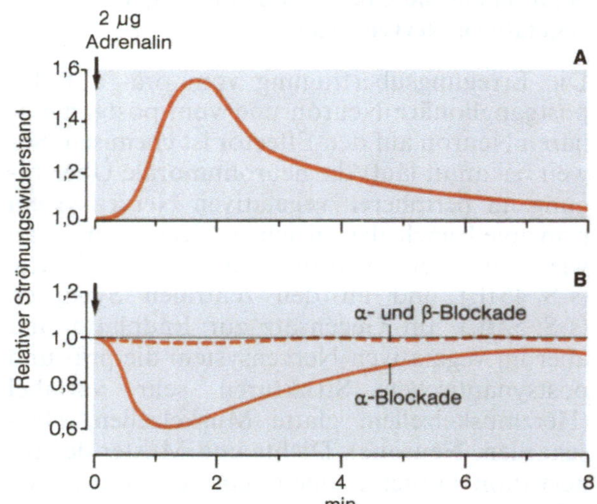

Abb. 16-4 A u. B. Wirkung von α- und β-Blockern auf die Änderung des Strömungswiderstandes *(Ordinaten)* eines isoliert perfundierten Skeletmuskels nach intraarterieller Injektion von Adrenalin. [Nach SCHMIDT-VANDERHEYEN und KOEPCHEN: Pflügers Arch. *298*, 1–11 (1967)]

Adrenalin und Noradrenalin haben in der aufgeführten Reihenfolge abnehmende Wirksamkeiten ($I > A \geqq NA$). Danach ist Isoproterenol wirksamer als Adrenalin und Noradrenalin. b) Die β-receptorischen Wirkungen der Catecholamine können durch spezifische Pharmaka selektiv blockiert werden (**β-Blocker;** Abb. 16-3 B). Eine solche die β-Receptoren blockierende Substanz ist das *Dichlorisoproterenol,* ein Derivat des künstlichen Catecholamins Isoproterenol (s. Abb. 16-3 oben).

In Abb. 16-4 wird das α-β-Receptorenkonzept an Hand der Wirkung von Adrenalin auf die arteriellen Gefäße eines Skeletmuskelstrombettes erläutert. Die glatte Muskulatur dieser Gefäße enthält sowohl α- als auch β-Receptoren (s. Tabelle 16-1). Aktivierung der α-Receptoren führt zur Vasoconstriction, Aktivierung der β-Receptoren zur Vasodilatation (s. auch Abb. 16-3, unten). Ein hoher Adrenalinspiegel im Blut führt zur Vasoconstriction des Muskelstrombettes, weil die α-constrictorische Wirkung überwiegt (Abb. 16-4 A). Nach Blockade der α-Receptoren durch einen α-Blocker führt die Gabe von Adrenalin zur Vasodilatation (Abnahme des peripheren Strömungswiderstandes) im Muskelstrombett (Abb. 16-4 B), weil nur noch die β-Receptoren aktiviert werden *(Adrenalinumkehr)*. Nach zusätzlicher Blockade der β-Receptoren durch einen β-Blocker hat Adrenalin praktisch keinen Effekt mehr auf das Muskelstrombett (Abb. 16-4 B). Adrenalinkonzentrationen im Blut, die unter physiologischen Bedingungen auftreten, haben wahrscheinlich β-receptorisch dilatatorische Wirkungen auf die Arterien des Muskelstrombettes (s. Abb. 16-5).

Die meisten Organe und Gewebe, die durch Catecholamine beeinflußt werden, enthalten sowohl α- als auch β-Receptoren in ihren Zellmembranen. Diese beiden Receptortypen vermitteln in den meisten Organen entgegengesetzte (antagonistische) Effekte. Unter physiologischen Bedingungen hängt die Antwort eines Organs auf die im Blut zirkulierenden Catecholamine Adrenalin und Noradrenalin oder auf Erregung seiner sympathischen Innervation davon ab, ob die α- oder β-adrenergen Wirkungen überwiegen.

Tabelle 16-1 zeigt, welche Receptoren diese **physiologischen Wirkungen** der Catecholamine Adrenalin und Noradrenalin an den wichtigsten Organen vermitteln. Da Noradrenalin die β-Receptoren des Herzmuskels sehr stark aktiviert, aber nur schwach mit den β-Receptoren der glatten Gefäßmuskulatur und der glatten Muskulatur der Bronchien und Trachea reagiert, werden die β-Receptoren des Herzens mit β_1 bezeichnet und die β-Receptoren an Gefäßen und Bronchien mit β_2. Eine durchgehende Klassifizierung der β-Receptorenpopulation in β_1 und β_2 ist zur Zeit noch nicht mit Sicherheit möglich [10, 18, 37, 49].

Andere Transmitter im peripheren Sympathicus und Parasympathicus. Wahrscheinlich sind Noradrenalin und Acetylcholin nicht die einzigen Überträgersubstanzen im peripheren vegetativen Nervensystem. Aus experimentellen Untersuchungen geht hervor, daß in vielen Organen nach Reizung vegetativer Nerven Effekte auslösbar sind, die nicht durch Blockade der adrenergen und cholinergen Übertragung beseitigt werden können. So werden beispielsweise die Hautgefäße von Säugern durch postganglionäre Vasodilatatorneurone innerviert, deren Transmitter weder Noradrenalin noch Acetylcholin ist. Neurale Aktivierung der exokrinen Drüsen (Schweißdrüsen und Speicheldrüsen) wird begleitet von einer Vasodilatation (Erhöhung des Blutflusses) im Bereich der Drüsen. Die Aktivierung der Drüsen geschieht durch Acetylcholin. Die Vasodilatation soll durch das Neuropeptid „vasoactive intestinal polypeptide" (VIP) erzeugt werden. Acetylcholin und VIP wurden in den Varikositäten der postganglionären Neurone, die die Drüsen innervieren, zusammen (kolokalisiert) nachgewiesen und werden bei Erregung freigesetzt. Viele präganglionäre spinale Neurone enthalten neben Acetylcholin zusätzlich ein Neuropeptid (z.B. met-Enkephalin, Neurotensin, VIP, Cholecystokinin, Substanz P). Bei keiner der genannten Substanzen wurde bisher die Funktion als Neurotransmitter oder Neuromodulator im peripheren Nervensystem zweifelsfrei belegt [29, 45].

Das Nebennierenmark. Die systemischen Wirkungen von Adrenalin und Noradrenalin

Das Nebennierenmark (NNM) ist ein umgewandeltes sympathisches Ganglion. Seine Zellen sind entwicklungsgeschichtlich *Homologe* der postganglionären Neurone. Diese Zellen werden cholinerg synaptisch durch präganglionäre Axone aktiviert (s. Abb. 16-1). Die Ausschüttung der Catecholamine aus dem NNM-Zellen wird ausschließlich neuronal reguliert. Erregung der präganglionären Axone führt beim Menschen normalerweise zur Ausschüttung eines Gemisches von etwas mehr als **80% Adrenalin** und knapp **20% Noradrenalin** in die Blutbahn. Das Verhältnis von Adrenalin zu Noradrenalin im NNM schwankt erheblich von Tierart zu Tierart: Das NNM des Wales enthält 70 bis 80% Noradrenalin und das NNM des Kaninchens fast nur Adrenalin. Adrenalin und Noradrenalin werden von verschiedenen NNM-Zellen produziert.

Die aus dem NNM ausgeschütteten Catecholamine wirken auf dieselben Erfolgsorgane wie der postganglionären sympathischen Neurone. Diese Wirkungen der Catecholamine aus dem

NNM auf die Effectororgane ist normalerweise wahrscheinlich nur für Organe oder Organbereiche wichtig, die wenig oder gar nicht durch postganglionäre Neurone innerviert sind (z.B. die Media von Arterien, s. Abb. 16-6A, C). An Organen, die sehr stark innerviert sind (z.B. der Ductus deferens, s. Abb. 16-6B, D), spielt sie kaum eine Rolle. Die aus dem Nebennierenmark ausgeschütteten Catecholamine scheinen überwiegend der **Regulation metabolischer Prozesse** zu dienen. Sie mobilisieren katalytisch *freie Fettsäuren* aus Fettgewebe, ferner *Glucose* und *Lactat* aus Glykogen (s. Tabelle 16-1). Adrenalin und Noradrenalin aus dem Nebennierenmark sind also in erster Linie als **Stoffwechselhormone** zu betrachten (weiteres s.S. 418ff.). Diese metabolischen Wirkungen der Catecholamine werden vorwiegend durch *β-Receptoren* vermittelt (s. Tabelle 16-1).

Die **Ruheausschüttung** von Catecholaminen aus dem Nebennierenmark beträgt etwa 8–10 ng je kg Körpergewicht und Minute. Sie hängt von der Ruheaktivität in den präganglionären Fasern ab, ist also zentralnervös bedingt. In **Notfallsituationen,** wie bei Blutverlust, Unterkühlung, Hypoglykämie, Hypoxie, Verbrennung oder bei extremer körperlicher Belastung, erhöht sich die Ausschüttung von Catecholaminen aus dem Nebennierenmark. So vermittelt das sympathische Nervensystem bei schwerer körperlicher Arbeit über die Catecholamine aus dem Nebennierenmark einerseits und über postganglionäre Neurone andererseits einen vermehrten Transport von Sauerstoff und oxidablen Substraten zur Skeletmuskulatur, zum Herzen und zum Gehirn. Die Catecholamine aus dem Nebennierenmark führen dabei über β-adrenerge Wirkungen zur Erhöhung von freien Fettsäuren, von Glucose und von Lactat im Blut. Außerdem bewirkt Adrenalin über β-Receptoren eine Vasodilatation der Arterien des Skeletmuskels und des Herzens (Abb. 16-5). Gleichzeitig kommt es, vorwiegend durch Erregung postganglionärer Neurone, zur Erhöhung des Herzzeitvolumens, zur allgemeinen Venoconstriction, zur Constriction der Arterien in der Haut und im Visceralbereich und zur Bronchodilatation. Diese Wirkungen werden entweder durch α- oder durch β-Receptoren vermittelt (Abb. 16-5) [13].

Abgesehen von den Notfallsituationen wird das Nebennierenmark ganz besonders bei **emotionaler Belastung** des Organismus aktiviert. Unter emotionalem Streß kann es zu Ausschüttungen

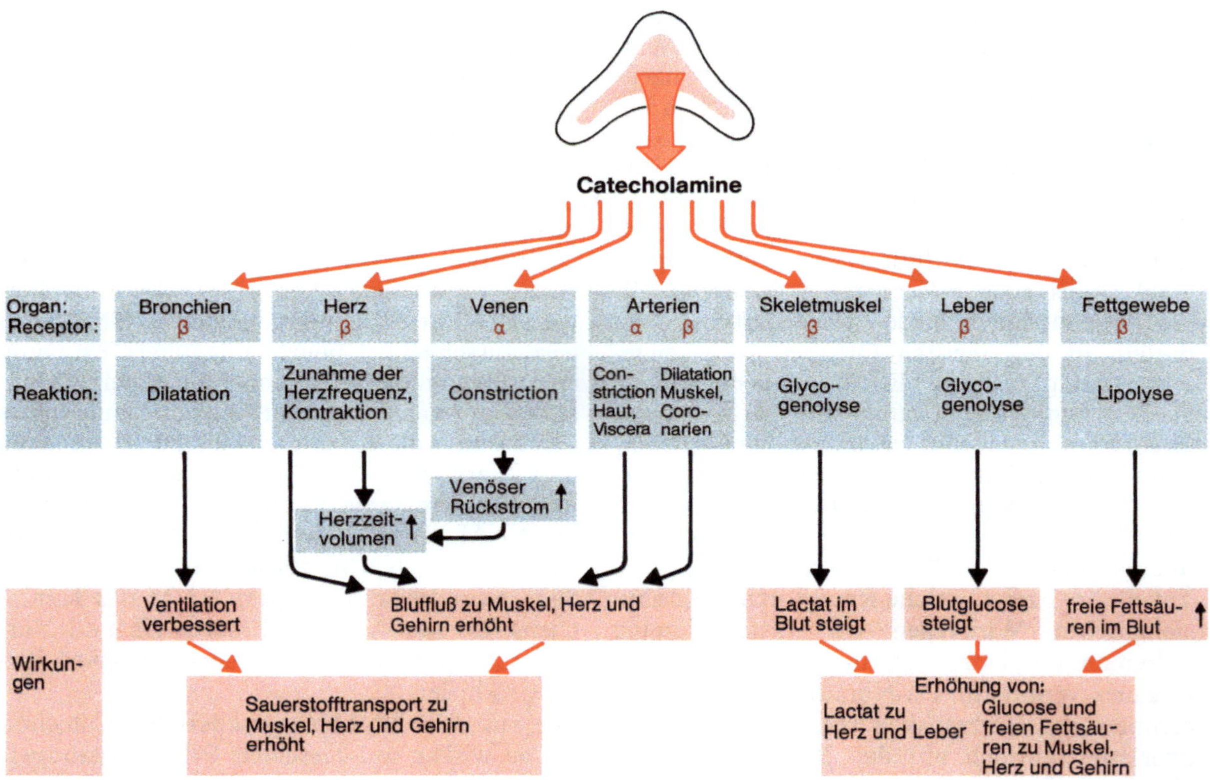

Abb. 16-5. Wirkung von Adrenalin aus dem Nebennierenmark auf verschiedene Organe

von Catecholaminen kommen, die kurzzeitig um mehr als das 10fache über der Ruheausschüttung liegen. Diese Ausschüttungen von Nebennierenmarkhormonen werden durch den Hypothalamus und das limbische System gesteuert. Die zentralnervösen Mechanismen, die zu dieser Aktivierung führen, sind weitgehend unbekannt. Es ist vorstellbar, daß permanent sich wiederholende Streßsituationen, wie sie im modernen Großstadtleben und am Arbeitsplatz an der Tagesordnung sind, über einen erhöhten Catecholaminspiegel im Blut das Entstehen verschiedener Erkrankungen begünstigen können.

Die Reaktionen der Effectororgane, die in Notfallsituationen (s.o.) und bei starkem emotionalem Streß durch die Aktivierung der postganglionären sympathischen Neurone und des Nebennierenmarkes zustande kommen, werden auch **Notfallreaktionen** genannt. Während dieser Reaktionen reagieren nahezu alle Ausgänge des sympathischen Nervensystems *einheitlich*. Deshalb spricht man in diesem Zusammenhang auch vom **sympathicoadrenalen System** [3]. Diese einheitliche Reaktion des sympathischen Nervensystems unter inneren und äußeren Extrembedingungen wird besonders vom Hypothalamus ausgelöst.

Chirurgische Entfernung des peripheren sympathischen Nervensystems bei einem Tier (z.B. Katze oder Hund) führt nicht zu ernsthaften Ausfällen im Organismus, die unter konstanten Umweltbedingungen mit den normalen Lebensfunktionen in Ruhe unvereinbar sind. An Extrembelastungen, wie z.B. thermischen und schweren körperlichen Belastungen, können sich diese Tiere allerdings nicht mehr adaptieren, weil eine genügende und schnelle Mehrversorgung von Gehirn, Herz und Skeletmuskulatur mit Sauerstoff, Glucose und freien Fettsäuren nicht mehr gewährleistet ist (s. Abb. 16-5) [3].

Synaptische Organisation des peripheren vegetativen Nervensystems

Das noradrenerge Neuron. Neuroeffectorische Übertragung. Die meisten noradrenergen Neurone haben lange, dünne Axone (Abb. 16-1), die sich in den Effectororganen vielfach aufteilen und die sog. adrenergen Plexus bilden. Die Länge der Endverzweigungen eines Neurons kann schätzungsweise 10 bis 30 cm erreichen. Im Endorgan bilden die Endverzweigungen **Varikositäten** aus (250 bis 300/mm). In den Varikositäten finden die Synthese, Speicherung und Inaktivierung von Noradrenalin statt. Erregung der adrenergen Neurone führt zur Freisetzung von Noradrenalin aus den Varikositäten in den extracellulären Raum.

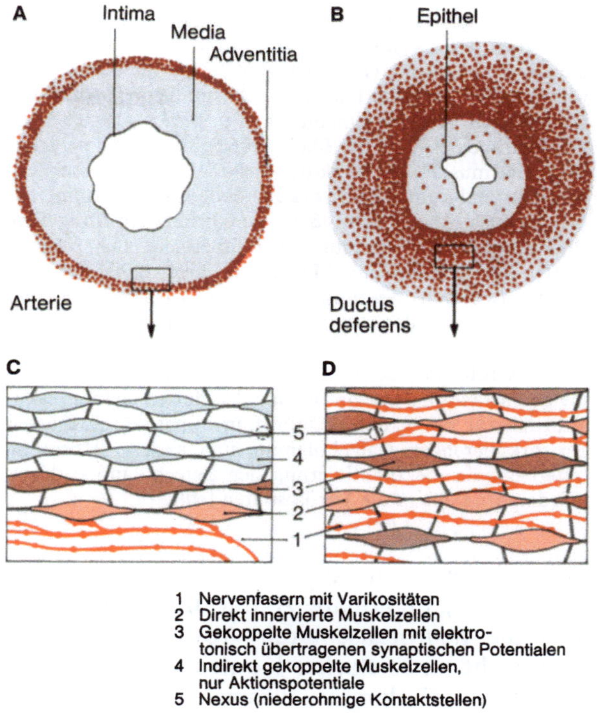

Abb. 16-6 A–D. Neuroeffectorische Übertragungen im peripheren vegetativen Nervensystem. Verteilung der noradrenergen Innervation *(rot)* in der glatten Muskulatur der Ohrarterie des Kaninchens (**A, C**; Widerstandsgefäß) und des Ductus deferens (**B, D**). Nach [2]

Das Noradrenalin wird aus einer Vielzahl von Varikositäten gleichzeitig freigesetzt und wirkt weniger auf die einzelne glatte Muskelzelle als auf den **glatten Muskelzellverband.** Die einzelnen Muskelzellen sind durch Kontakte niedrigen elektrischen Widerstandes (Nexus) miteinander verbunden (Abb. 16-6). Über diese *Nexus* werden postsynaptische Potentiale und Aktionspotentiale *elektrotonisch* auf Nachbarzellen übertragen. In den meisten Organen sind einige, wenn auch nicht alle glatten Muskelzellen direkt innerviert (s. Abb. 16-6C, D). Die postsynaptischen Potentiale in diesen Zellen werden elektrotonisch auf Nachbarzellen übertragen (gekoppelte Muskelzellen in Abb. 16-6C, D). Weiter entfernt liegende Muskelzellen werden nur durch Aktionspotentiale erreicht, die nach überschwelligen postsynaptischen Potentialen in den direkt innervierten Muskelzellen entstehen und sich als fortgeleitete Erregung über den ganzen Muskelzellverband ausbreiten (indirekt gekoppelte Muskelzellen in Abb. 16-6C, D). Auf diese Weise kommt es zur *einheitlichen Kontraktion* aller glatten Muskelzellen eines Muskels nach direkter Depolarisation nur einiger Muskelzellen durch den Transmitter.

Die **Dichte der Innervation** glatter Muskeln variiert außerordentlich von Organ zu Organ. Glatte Muskeln, die sehr dicht innerviert sind, enthalten viele Zellen, die direkte neuromusculäre Kontakte haben. Die Abstände der Varikositäten von den Muskelzellmembranen in diesen glatten Muskeln betragen etwa 20 nm (Abb. 16-6B, D; z.B. Samenleiter und Ciliarmuskel). Diese glatte Muskulatur wird ausschließlich neuronal kontrolliert; zirkulierende Catecholamine haben praktisch keinen Einfluß auf sie. Die meisten Blutgefäße sind nur von der Adventitia her innerviert. Die äußeren glatten Muskelzellen der Media sind direkt innerviert (die neuromusculären Abstände zwischen Varikositäten und glatten Muskelzellen sind etwa 80 nm oder weiter). Der größte Teil der glatten Muskulatur der Media wird nur indirekt elektrotonisch beeinflußt (Abb. 16-6A, C). Diese asymmetrische neuronale Beeinflussung der glatten Gefäßmuskulatur hat zur Folge, daß sie vom Lumen her den Einflüssen der zirkulierenden Catecholamine und anderer Hormone unterliegt, da die Inaktivierung der Catecholamine durch Wiederaufnahme in die Varikositäten fehlt.

Glatte Muskulatur, die wenig oder nicht direkt durch postganglionäre Axone innerviert wird, weil die neuromusculären Abstände zu groß sind, steht unter starker Kontrolle der zirkulierenden Catecholamine. Beispiele solcher glatten Muskeln sind die großen (elastischen) Arterien, die zirkuläre und longitudinale Muskulatur des Darmes und die Uterusmuskulatur [2].

Überempfindlichkeit vegetativer Effectoren nach Denervierung. Vegetative Effectororgane zeigen eine gewisse Inaktivitätsatrophie, degenerieren aber nicht nach Zerstörung ihrer Innervation. Sie entwickeln 2 bis 30 Tage nach ihrer Denervierung oder Dezentralisierung (Durchtrennung präganglionärer Axone) (variierend von Effectororgan zu Effectororgan) eine Überempfindlichkeit **(Supersensibilität)** gegen die Überträgerstoffe des peripheren vegetativen Nervensystems und Pharmaka. Denerviert man beispielsweise bei einem Tier die sympathische Versorgung der Pupille durch Entfernen des Ganglion cervicale superius, so stellt sich zunächst infolge Überwiegen des Parasympathicus eine Pupillenverengung ein (s. Tabelle 16-1). Nach mehreren Wochen jedoch erweitert sich die Pupille wieder. Die Erweiterung nimmt zu, wenn das Tier emotionalen Reizen ausgesetzt wird. Diese Pupillenerweiterung ist auf die *Sensibilisierung* des denervierten M. dilatator pupillae gegenüber Adrenalin und Noradrenalin im Blut, die dem Nebennierenmark entstammen (s. S. 355f.), zurückzuführen. Während emotionaler Reize und in Schrecksituationen steigen die Konzentrationen dieser Substanzen im Blut an. Die Supersensibilität ist nach Denervierung meistens stärker ausgeprägt als nach Dezentralisierung.

Die Mechanismen, die zur Entstehung der Supersensibilität führen können, sind wenig erforscht. Einige Faktoren bestehen wahrscheinlich in der Änderung elektrophysiologischer Eigenschaften der Effectormembranen (Erniedrigung des Membranpotentials und der Schwelle) und im Calciumhaushalt (Erhöhung der Calciumpermeabilität der Effectormembran; erhöhte intracelluläre Verfügbarkeit von Calcium). Diese Änderungen kommen durch den Wegfall der Freisetzung von Transmittern aus den postganglionären Neuronen zustande. Die Denervierungsüberempfindlichkeit läßt sich als *Anpassung der Empfindlichkeit vegetativer Effectororgane an die Aktivität* der sie innervierenden postganglionären Neurone auffassen. Bei chronischer Abnahme der neuronalen Aktivität nimmt die Empfindlichkeit des Effectors zu; bei chronischer Zunahme der neuronalen Aktivität nimmt die Empfindlichkeit des Effectors ab [1, 35].

Sympathische Ganglien. Wie erwähnt, ist in den vegetativen sympathischen Ganglien die Übertragung von prä- nach postganglionär *cholinerg* (Abb. 16-2). Dabei konvergieren einerseits viele präganglionäre Axone auf jedes postganglionäre Neuron, während andererseits die Collateralen jedes präganglionären Axons auf viele postganglionäre Neurone divergieren. Quantitativ variiert der Grad von **Konvergenz** und **Divergenz** außerordentlich von Species zu Species und von Ganglion zu Ganglion je nach Effectororgan. Die Zahl der postganglionären Neurone in einem Ganglion ist meistens erheblich höher als die Zahl der sie innervierenden präganglionären Axone. Beim Menschen werden z.B. eine Million postganglionäre Neurone im Ganglion cervicale superius von 10000 präganglionären Axonen innerviert; d.h. ein präganglionäres Axon divergiert im Mittel auf 100 postganglionäre Neurone. Die divergenten und konvergenten synaptischen Verschaltungen gewährleisten einen hohen Sicherheitsfaktor für die Erregungsübertragung in den Ganglien. Dabei spielen räumliche und zeitliche Summationen postsynaptischer Potentiale eine entscheidende Rolle, weil Einzelimpulse in präganglionären Axonen häufig keine überschwelligen postsynaptischen Potentiale auslösen können.

Außer der *nicotinergen* synaptischen Übertragung in den sympathischen Ganglien gibt es postsynaptische Wirkungen von Acetylcholin und anderen präsynaptisch freigesetzten Substanzen, die langsam ansteigende, lange anhaltende Depolarisationen auslösen. Die *langsamen cholinergen synaptischen Potentiale* werden durch die *muscarinartige Wirkung* von Acetylcholin erzeugt (s. S. 353). Die funktionelle Bedeutung dieser langsamen postsynaptischen Potentiale ist noch unklar. Es wird vermutet, daß sie die Erregbarkeit der postganglionären Neurone und damit die Schwelle zur Erzeugung fortgeleiteter Aktionspotentiale kontrollieren. Die sympathischen Ganglien wären demnach einfache *integrative Zentren* [9, 45].

Präsynaptische Kontrolle der Transmitterfreisetzung. Die Überträgerstoffe im peripheren vegetativen Nervensystem wirken nicht nur postsynaptisch auf die Effectormembranen und — in den vegetativen Ganglien — auf die postganglionären Neurone, sondern sie beeinflussen auch die Transmitterfreisetzung aus den präsynaptischen Strukturen selbst. Diese *präsynaptischen Wirkungen* der Überträgerstoffe werden durch **adrenerge** und **cholinerge Receptoren** in den präsynaptischen Membranen vermittelt.

Reaktion von Noradrenalin und Adrenalin mit präsynaptischen α-adrenergen Receptoren führt zur Abnahme der Transmitterfreisetzung, während Reaktion mit präsynaptischen β-adrenergen Receptoren die Transmitterfreisetzung erhöht (Abb. 16-7A). Unter physiologischen Bedingungen führt eine hohe Konzentration von Noradrenalin im synaptischen Spalt bei starker Erregung der postganglionären Neurone zu einer Begrenzung der Freisetzung von Noradrenalin über die α-adrenergen Receptoren (*negativer* Rückkopplungsmechanismus).

Zirkulierendes Adrenalin aus dem Nebennierenmark mag durch Reaktion mit den präsynaptischen β-Receptoren zu einer Förderung der Noradrenalinfreisetzung (*positiver* Rückkopplungsmechanismus) führen.

In Organen, die sowohl vom Sympathicus als auch vom Parasympathicus innerviert werden (z.B. Herz, Gastrointestinaltrakt), interagieren adrenerge und cholinerge präsynaptische Endigungen miteinander. Es kommt zur wechselseitigen Hemmung der Transmitterfreisetzung (Abb. 16-7B). So kann man am Herzen nachweisen, daß die Freisetzung von Acetylcholin aus erregten parasympathischen Neuronen abnimmt, wenn gleichzeitig die sympathischen Neurone zum Herzen gereizt werden. Diese Wirkung wird durch α-adrenerge Receptoren in den präsynaptischen cholinergen Endigungen vermittelt (Abb. 16-7). Andererseits führt die Erregung parasympathischer Neurone zum Herzen zu einer Erniedrigung der Noradrenalinausschüttung aus postganglionären sympathischen Axonen zum Herzen. Diese hemmende Wirkung wird durch muscarinartige cholinerge Receptoren (s. S. 353) vermittelt (Abb. 16-7). Die hemmende Interaktion zwischen cholinergen und

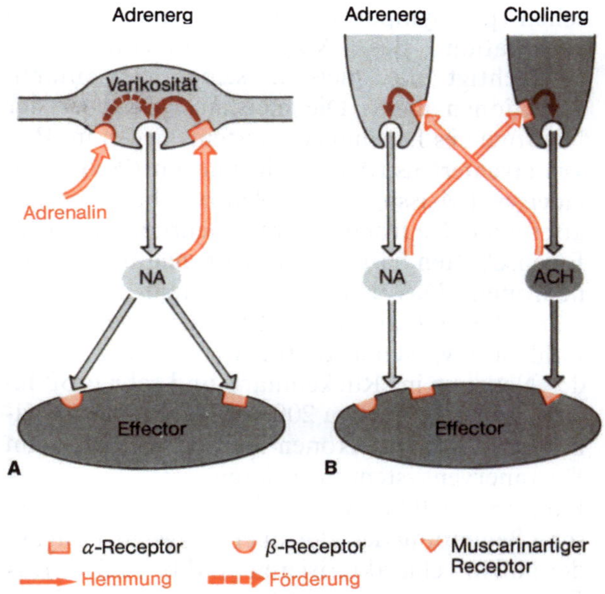

Abb. 16-7. Präsynaptische Kontrolle der Transmitterfreisetzung durch die Transmitter; *NA* Noradrenalin, *ACH* Acetylcholin

adrenergen präsynaptischen Endigungen zeigt, daß der *Antagonismus* zwischen Sympathicus und Parasympathicus auch auf präsynaptischer Ebene existiert [48, 55].

Außer den cholinergen und adrenergen Receptoren haben Pharmakologen auch die Existenz anderer prä- und postsynaptischer Receptortypen im peripheren vegetativen Nervensystem nachgewiesen, wie z.B. Dopamin-, Opiat-, Angiotensin-, sonstige Peptid- und Prostaglandin-E-Receptoren. Diese pharmakologischen Receptoren haben wahrscheinlich keine physiologische, sondern nur pharmakologische Bedeutung in der *therapeutischen Medizin*. Dieselben pharmakologischen Receptoren wie im peripheren vegetativen Nervensystem sind prä- und postsynaptisch auch im ZNS gefunden worden. Diese zentralen Receptoren haben unter physiologischen Bedingungen bei der Regulation zentralnervöser Prozesse möglicherweise Bedeutung (s. S. 384) und sind die Angriffspunkte vieler zentral wirkender Pharmaka.

Das Darmnervensystem

Der Magen-Darm-Trakt besteht aus einer Vielzahl von Effectorsystemen, wie z. B. glatter Darmmuskulatur, sekretorischen und resorptiven Epithelien, endokrinen Zellen und Blutgefäßen (s. S. 733 ff.). Kontrolle und Koordination dieser Effectorsysteme sind die Funktionen des Darmnervensystems, der extrinsischen parasympathischen und sympathischen vegetativen Systeme und der visceralen spinalen und vagalen Afferenzen. Durchtrennung der extrinsischen (parasympathischen und sympathischen) Innervation des Magen-Darm-Trakts beeinträchtigt die meisten seiner elementaren Funktionen nicht. Die meisten Zellkörper der Neurone des Darmnervensystems liegen im **Plexus myentericus** (Auerbach) und im **Plexus submucosus** (Meissner). Die Neurone bestehen aus afferenten Neuronen, deren Neuriten receptive Eigenschaften haben, Interneuronen und Motoneuronen. Das Darmnervensystem des Menschen besteht aus etwa 10^8 Neuronen; diese Zahl ist etwa genauso groß wie die Gesamtzahl der Neurone im Rückenmark und sehr groß im Vergleich zu den etwa 2000 präganglionären parasympathischen Axonen im N. vagus, die zum Darmnervensystem projizieren.

Konzeptionell kann man die allgemeine biologische Bedeutung des Darmnervensystems folgendermaßen charakterisieren (Abb. 16-8): Das Darmnervensystem enthält **sensomotorische Programme** zur Regulation und Koordination der Effectorsysteme. Diese Programme sind repräsentiert in den afferenten Neuronen, Interneuronen und Motoneuronen und ihren erregenden und hemmenden synaptischen Verknüpfungen; die Programme sind Ausdruck für die integrativen Funktionen des Darmnervensystems. Das ZNS greift in dieses lokale neuronale Geschehen über die extrinsische vegetative efferente Innervation weitgehend nur modulatorisch ein. Einige Motoneurone des Darmnervensystems (besonders im Magen und im Enddarm)

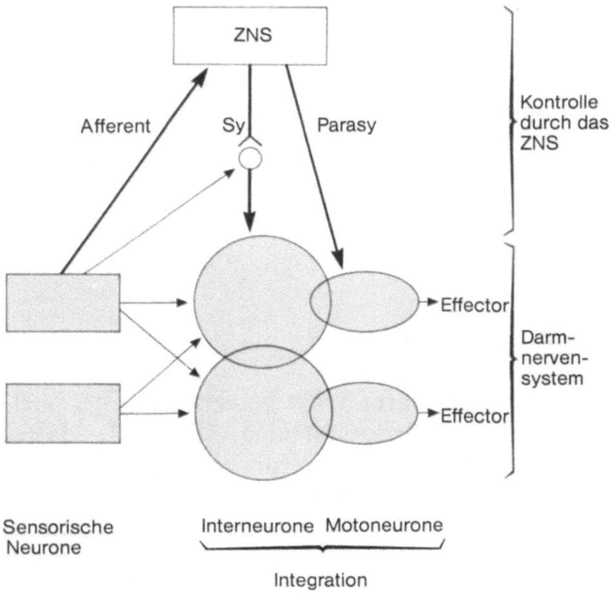

Abb. 16-8. Heuristisches Modell zur Organisation des Darmnervensystems. (Nach Wood: Am. J. Physiol. *247*, G 585–G 598, 1984)

sind formal gleichzeitig postganglionäre parasympathische Neurone (s. Abb. 16-9). Postganglionäre sympathische Neurone, die nicht Blutgefäße innervieren, beeinflussen bis auf die glatte Sphincterenmuskulatur die Effectorzellen nicht direkt (s. Abb. 16-9). Rückmeldungen über die Prozesse im Magen-Darm-Trakt erhält das ZNS über die visceralen Afferenzen zum Rückenmark und zur Medulla oblongata. Dabei mag es auch afferente Rückmeldungen zu den postganglionären sympathischen Neuronen in den prävertebralen Ganglien geben (s. *3* in Abb. 16-9). Bildlich gesprochen arbeitet das Darmnervensystem wie ein **intelligentes Computerterminal.** In der Nähe der Effectororgane liegen Reflexkreise, die das Verhalten der Effectorsysteme fortlaufend an die Bedingungen im Lumen anpassen. Das ZNS (als Hauptcomputer) registriert das Verhalten des Magen-Darm-Trakts über die Impulsaktivität in den visceralen Afferenzen und paßt seinen Funktionszustand an das Verhalten des Organismus an. Dem ZNS kommt somit eine mehr strategische Rolle zu, es steuert weniger individuelle Motoneurone, sondern neuronale Programme und Programmabläufe im Darmnervensystem. Die direkte neuronale Kontrolle durch das ZNS ist besonders ausgeprägt am Anfang und Ende des Magen-Darm-Trakts (Nahrungsaufnahme, Entleerungsfunktion).

Aufgrund von elektrophysiologischen, pharmakologischen, biochemischen, histochemischen und ultrastrukturellen Kriterien kann man mehr als 10 verschiedene Typen von Neuronen im Darmnervensystem unterscheiden. Interneurone und Motoneurone haben sowohl erregende als auch hemmende Wirkungen auf andere Neurone bzw. die Effectorzellen. Neben Acetylcholin gibt es etwa 10 Substanzen in den Neuronen (z.B. Serotonin, ATP, Neuropeptide), die als Neurotransmitter oder Neuromodulatoren wirken können oder parakrine Funktionen haben können. Der Aufbau der Reflexbögen für die einzelnen Funktionen des Magen-Darm-Trakts (z.B. Peristaltik, Segmentation, Pendeln, lokale Kontrolle der Durchblutung) ist bisher wenig untersucht. Die neuronale Grundlage der **propulsiven Mechanik** besteht wahrscheinlich aus 2 oral–aboral organisierten Reflexwegen in der Darmwand, einem hemmenden (*2* in Abb. 16-9) und einem erregenden (*1* in Abb. 16-9). Dehnung der Darmwand erzeugt zuerst reflektorisch eine Hemmung der zirkulären Muskulatur über Reflexweg *2* und damit eine Erschlaffung der Darmwand; diesem hemmenden Reflex folgt eine reflektorische Erregung der zirkulären

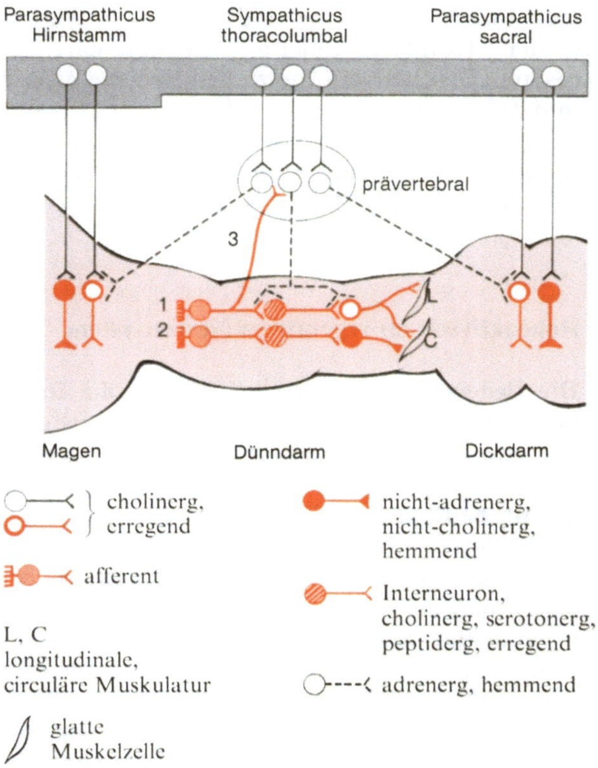

Abb. 16-9. Organisation des Darmnervensystems und seiner extrinsischen Kontrolle durch Parasympathicus und Sympathicus. *1, 2* Erregende und hemmende Reflexbahn als Bestandteil des peristaltischen Reflexes. *3* Kollaterale eines afferenten Neurons zu postganglionären sympathischen Neuronen im prävertebralen Ganglion. (Nach BURNSTOCK: Pharmacol. Rev. *24*, 509–581, 1972 und HOLMAN in [1])

und longitudinalen Muskulatur über Reflexweg *1* und damit eine descendierende Kontraktion der Darmwand. Die hemmend wirkenden Motoneurone sind weder cholinerg noch adrenerg und benutzen möglicherweise ATP, ein Neuropeptid (z.B. VIP, s.S. 49) und/oder Stickstoffmonoxid (NO) als Transmitter. Die afferenten Neurone sind wahrscheinlich peptiderg. Die erregenden Neurone sind einerseits cholinerg, andererseits spielen auch andere Transmitter, wie z.B. Serotonin und Somatostatin, eine Rolle.

Sympathische postganglionäre (adrenerge) Neurone zum Darm beeinflussen die Widerstandsgefäße und Kapazitätsgefäße und die glatte Sphincterenmuskulatur (z.B. M. sphincter ani internus) direkt. Ansonsten haben diese Neurone nur schwache direkte Wirkungen auf die glatte nicht-sphincterische Muskulatur. Sie wirken einerseits hemmend auf die Freisetzung vom Transmitter aus den präsynaptischen Endigungen präganglionärer parasympathischer Axone (s.S. 359) und wahrscheinlich anderer Axone und andererseits auch postsynaptisch hemmend.

In den prävertebralen sympathischen Ganglien erhalten die postganglionären sympathischen Neurone nicht nur synaptische Eingänge von präganglionären Neuronen, sondern auch cholinerge synaptische Eingänge von afferenten Neuronen, deren Zellkörper in der Darmwand liegen (s. *3* in Abb. 16-9), und möglicherweise peptiderge synaptische Eingänge von Collateralen primär afferenter Neurone, deren Zellkörper in den Spinalganglien liegen.

Parasympathische präganglionäre Axone sind nicht nur synaptisch verknüpft mit Motoneuronen des Darmnervensystems, die die Darmmuskulatur erregen, sondern auch mit hemmend wirkenden Motoneuronen (Abb. 16-9). Diese zentral auslösbaren Hemmungen sind besonders am oralen und am analen Ende des Magen-Darm-Trakts ausgeprägt und funktionell wahrscheinlich wichtig bei Erzeugung der reflektorischen Erweiterung des Magens bei Nahrungsaufnahme und bei der Regulation der Kontinenz des Enddarms [1, 29, 38, 56].

16.2 Zentrale Organisation des vegetativen Nervensystems in Rückenmark und Hirnstamm

Die gemeinsame vegetative prä-/postganglionäre Endstrecke. Lage der präganglionären Neurone.

Die Aktivität in den präganglionären sympathischen und parasympathischen Neuronen im Rückenmark und Hirnstamm ist das Ergebnis integrativer Prozesse im ZNS. Diese neuronale Aktivität wird synaptisch auf die postganglionären Neurone übertragen und von hier auf die Effectororgane. Es gibt genügend direkte und indirekte experimentelle Hinweise dafür, daß viele vegetative Effectororgane durch funktionell und wahrscheinlich auch anatomisch getrennte prä-/postganglionäre „Neuronenkanäle“ innerviert werden. So sind z.B. die prä- und postganglionären Neurone, die die Schweißsekretion regulieren, verschieden von den Neuronen, die die Durchblutung durch die Haut regulieren; oder die sympathischen Neurone, die die Motilität im Magen-Darm-Trakt hemmend beeinflussen (s. Abb. 16-9) sind verschieden von den sympathischen Neuronen, die die Weite von Widerstands- und Kapazitätsgefäßen im Visceralbereich regulieren. Nach neueren experimentellen Befunden kann man die prä-/postganglionären Neuronenketten zu den Effectororganen in Analogie zu den Motoneuronen zur Skeletmuskulatur als die gemeinsa-

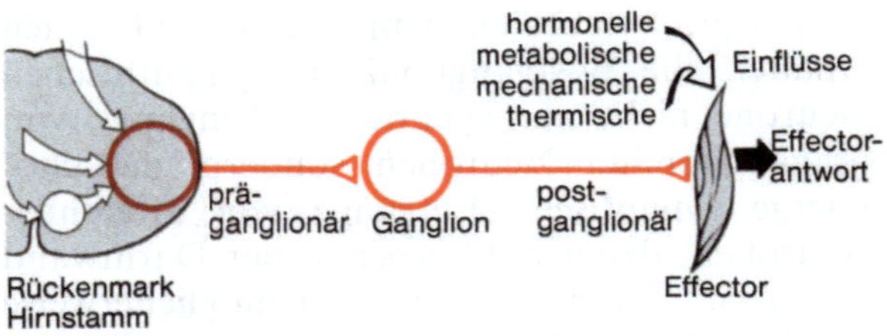

Abb. 16-10. Vegetative neuronale gemeinsame Endstrecke

men vegetativen neuronalen Endstrecken ansehen (Abb. 16-10). Diese Idee schließt integrative Prozesse in den sympathischen Ganglien (s. Abb. 16-9) und in einigen parasympathischen Ganglien (s. S. 358) **nicht** aus. Sie schließt auch nicht aus, daß das Verhalten vieler Effectororgane nicht nur von der Aktivität in den postganglionären Neuronen abhängt, sondern auch von hormonalen und metabolischen Änderungen in der Nähe der Effectorzellen und mechanischen Prozessen und Einflüssen aus der Umwelt (z.B. thermisch) (s. Abb. 16-10). Der Blutflußwiderstand im Muskelstrombett hängt z.B. von der Aktivität in den postganglionären Muskelvasoconstrictorneuronen, von der myogenen Aktivität der glatten Gefäßmuskulatur, vom metabolischen Zustand des Skeletmuskels und von der Konzentration zirkulierender Catecholamine im Blut ab.

Die präganglionären sympathischen und sacralen präganglionären parasympathischen Neurone liegen in der intermediären Zone des thoracolumbalen und sacralen Rückenmarks. Die intermediäre Zone im Thoracolumbalmark besteht aus dem **Nucleus intermediolateralis** (IL), dem Nucleus intercalatus (IC) und dem Nucleus centralis autonomicus (CA in Abb. 16-12). Die meisten präganglionären sympathischen Neurone liegen in der Pars funicularis (weiße Substanz) et principalis des IL (IL_f, Il_p in Abb. 16-12). Es ist wahrscheinlich, daß funktionell verschiedene präganglionäre Neurone an verschiedenen Orten der spinalen intermediären Zone liegen: So findet man z.B. präganglionäre sympathische Neurone, die Effectororgane in Skeletmuskulatur und Haut regulieren, mehr lateral im IL, während präganglionäre sympathische Neurone zum Visceralbereich mehr medial vom IL liegen. Präganglionäre parasympathische Neurone zur Harnblase liegen lateral im Sacralmark an der Grenze zur weißen Substanz und Neurone zum Enddarm mehr medial im Sacralmark.

Präganglionäre parasympathische Neurone zum Herzen, zur Tracheal- und Bronchialmuskulatur und zum Magen-Darm-Trakt liegen im Nucleus dorsalis nervi vagi und Nucleus ambiguus in der Medulla oblongata. Präganglionäre parasympathische Neurone zu den Speicheldrüsen und Tränendrüsen liegen in den Nuclei salivatorii der Medulla oblongata, präganglionäre Neurone zur glatten Augenmuskulatur im Nucleus Edinger-Westphal des Mesencephalons [4, 40, 42, 43].

Ruheaktivität im vegetativen Nervensystem

Die Bedeutung der Ruheaktivität für die Regelung autonomer Organe. Viele prä- und postganglionäre Neurone, besonders zu den Blutgefäßen und zum Herzen, sind spontan aktiv. Diese **neurogene Ruheaktivität** hat funktionell eine außerordentliche Bedeutung für die vegetative Regelung der Organfunktion. In Vasoconstrictorfasern hält sie z.B. die glatte Gefäßmuskulatur im Zustand relativer Kontraktion. Der Kontraktionsgrad bestimmt den Querschnitt der Blutgefäße und damit den peripheren Strömungswiderstand. Die Durchblutung der Organe kann durch Veränderung der neurogenen, vasoconstrictorischen Ruheaktivität erhöht oder erniedrigt werden. Diese Regelung führt deshalb über dieselben postganglionären Neurone zu Vasoconstriction und zur Vasodilatation.

Dieser Sachverhalt wird in Abb. 16-11 näher erläutert. Das Diagramm zeigt, daß der Strömungswiderstand im arteriellen Gefäßgebiet eines Katzenbeines bei elektrischer Reizung des lumbalen Grenzstranges mit der Reizfrequenz ansteigt. Der periphere Widerstand, der in vivo in Ruhe herrscht, kann durch etwa *zwei Reize pro Sekunde* erzeugt werden. Abnahme der Reizfrequenz hat eine Vasodilatation und damit eine Erniedrigung des peripheren Widerstandes zur Folge. Zunahme der Reizfrequenz führt zu einer Vasoconstriction und damit zu einer Erhöhung des peripheren Widerstandes. Beseitigt man chirurgisch oder pharmakologisch die Grundaktivität in den Vasoconstrictorneuronen, wird der periphere Widerstand nur durch die Spontanaktivität der glatten Gefäßmuskulatur **(basale myogene Aktivität)** und die im Blut zirkulierenden Catecholamine Adrenalin und Noradrenalin bestimmt (s. S. 355ff.). Der Bereich, über den der Blutfluß durch Änderung der Aktivität in den Vasoconstrictoren *physiologisch* geregelt werden kann, ist in Abb. 16-11 rot ausgezogen (weiteres s. Abb. 20-24, S. 534).

Die Aktivität vieler vegetativ innervierter Organe wird in der in Abb. 16-11 skizzierten Weise

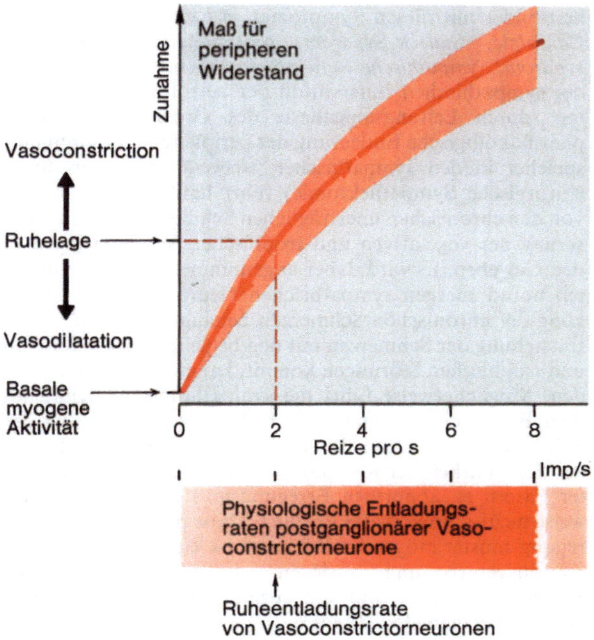

Abb. 16-11. Beziehung zwischen Blutflußwiderstand in der Skeletmuskulatur einer Hinterextremität einer Katze *(Ordinate)* und der Frequenz elektrischer überschwelliger Reizung der präganglionären Axone im lumbalen Grenzstrang. Die *rote Fläche* gibt die Schwankungen der Meßwerte an. [Modifiziert nach MELLANDER: Acta physiol scand. *50*, Suppl. *176*, 1–86 (1960)]

reguliert. Die **Höhe der Ruheaktivität** in peripheren vegetativen Neuronen kann durch indirekte Methoden (z.B. Messen der Antwort des Effectors während elektrischer Reizung vegetativer Nerven) und durch direkte Ableitungen von prä- und postganglionären Neuronen abgeschätzt werden. Sie variiert von etwa 0,1 Hz bis 4 Hz und dürfte in Vasoconstrictorneuronen zu Haut- und Muskelgefäßen unter Ruhebedingungen und bei neutraler Umgebungstemperatur im Durchschnitt etwa 1–2 Hz betragen.

Die Höhe dieser Aktivität in den vegetativen Neuronen ist den Eigenschaften der glatten Muskulatur angepaßt. Wegen der lange andauernden, relativ langsam ansteigenden und abfallenden Kontraktionen dieser Muskulatur wird durch eine niedrige neurogene Ruheaktivität ein gleichmäßiger Kontraktionszustand **(Tonus)** erzeugt [8].

Vegetative Reflexe des Rückenmarks

Segmentale Organisation vegetativer Reflexe. Die synaptische Verschaltung zwischen Afferenzen und vegetativen Efferenzen auf spinaler segmentaler Ebene wird **vegetativer Reflexbogen** genannt. Anders als der monosynaptische Dehnungsreflex haben selbst die einfachsten vegetativen spinalen Reflexbögen wahrscheinlich keine monosynaptischen Verbindungen zwischen den (visceralen und somatischen) Afferenzen und den präganglionären Neuronen, sondern mindestens disynaptische. Der vegetative Reflexbogen hat demnach insgesamt mindestens **3 Synapsen** zwischen afferentem und postganglionärem Neuron (Abb. 16-12), 2 im Rückenmarksgrau und eine Synapse im vegetativen Ganglion.

Eine sehr spezifische segmental-spinale Organisation besteht für die afferente und vegetative Innervation einiger Organe. So sind Afferenzen vom Herzen, von den verschiedenen Abschnitten des Gastrointestinaltrakts und von den Entleerungsorganen auf segmentaler Ebene mit präganglionären sympathischen und sacralen parasympathischen Neuronen, die dieselben Organe innervieren, synaptisch verschaltet (cardio-cardiale Reflexe; intestino-intestinale Reflexe; Entleerungsreflexe, s. S. 367 ff.). Es ist wahrscheinlich, daß auch für andere Organe solche spezifischen spinal-segmentalen Reflexe existieren.

Die segmentale Organisation der vegetativen Innervation der Organe kann auch in der **Klinik** beobachtet werden. Bei krankhaften Prozessen im Eingeweidebereich (z.B. bei Gallenblasen- oder Blinddarmentzündungen) ist die Muskulatur über dem Krankheitsherd gespannt und dasjenige Hautareal (Dermatom), welches durch

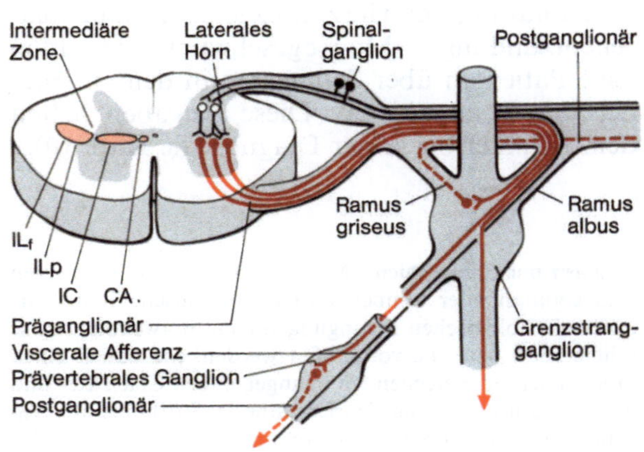

Abb. 16-12. Aufbau des vegetativen spinalen Reflexbogens. *Links:* Kerngebiete der präganglionären sympathischen Neurone in der intermediären Zone: IF_f, *ILp*, Pars funicularis et principalis des Nucleus intermedio-lateralis *(IL)*; *IC* Nucleus intercalatus; *CA* Nucleus centralis autonomicus. (Nach RANSON und CLARK: The Anatomy of the Nervous System, 1959; PETRAS and CUMMINGS, J. Comp. Neurol. *146*, 189–218, 1972)

dieselben Rückenmarksegmente wie das erkrankte innere Organ afferent und efferent innerviert wird, ist gerötet. Diese Befunde sind darauf zurückzuführen, daß die Aktivität in visceralen Afferenzen aus dem erkrankten Eingeweidebereich über die entsprechenden Rückenmarksegmente die vasoconstrictorischen Efferenzen zu Hautgefäßen reflektorisch hemmen (Hautrötung) und Motoneurone reflektorisch erregen (Abwehrspannung der Bauchmuskulatur). Umgekehrt kann man durch Reizung von Thermoreceptoren und Nociceptoren in der Haut die Eingeweide, die durch dieselben Rükkenmarksegmente innerviert werden wie das gereizte Hautdermatom, über sympathische Neurone hemmend-reflektorisch beeinflussen.

Ein wichtiger Befund für den Arzt ist eine gesteigerte Berührungsempfindlichkeit **(Hyperaesthesie)** und eine übermäßige Schmerzempfindsamkeit **(Hyperalgesie)** in umschriebenen Hautarealen bei Erkrankung innerer Organe. Es ist wahrscheinlich, daß cutane nociceptive und nicht-nociceptive Afferenzen und viscerale Afferenzen eines Rückenmarksegments auf dieselben Neurone des Tractus spinothalamicus (s. S. 221) konvergieren. Dadurch geht die Information über die Herkunft der Erregung aus den inneren Organen zum Teil verloren und der Cortex lokalisiert diese Erregung auch in die entsprechenden Hautareale. Man bezeichnet den auf die Hautoberfläche übertragenen Eingeweideschmerz als **übertragenen Schmerz** (s. S. 244) und die Hautareale, in die übertragen wird, als **Headsche Zonen** (vgl. Abb. 9-18). Bei Erkrankungen dieser Organe (z.B. Angina pectoris infolge Minderdurchblutung der Herzkranzgefäße, Gallenblasenentzündung, Magengeschwür) berichten viele Patienten über Schmerzen in den entsprechenden Hautgebieten. Diese Angaben helfen dem Kliniker bei seiner Diagnose (s. Kap. 10).

Schmerz und Sympathicus. Manche chronischen Schmerzen sind spontan oder können durch mechanische Reize, die unter physiologischen Bedingungen nicht notwendigerweise schmerzhaft sind, hervorgerufen werden. Sie haben einen brennenden oder stechenden unangenehmen Charakter und werden häufig von einer Hyperaesthesie, Störungen der Vasomotorik und der Schweißsekretion und besonders trophischen Störungen der betroffenen Gewebe begleitet. So beobachtet man kalte oder warme, feuchte, dünne Haut mit trophischen Veränderungen des Unterhautfettgewebes und Demineralisation der Knochen. Solche Symptome können z.B. posttraumatisch nach Verletzungen des N. medianus, des Plexus cervicobrachialis, des N. ischiadicus und des N. tibialis an den distalen Partien der Extremitäten, aber auch nach Weichteiltraumen ohne offensichtliche Nervenverletzungen auftreten. Der Kliniker und Neurologe bezeichnen Krankheitsbilder mit diesen Symptomen je nach Ausprägung als *Causalgie, Sudeck-Syndrom, postraumatisches Schmerzsyndrom, Sympathische Reflexdystrophie* usw. Die Blockade der sympathischen Innervation der betroffenen Extremitäten (durch Leitungsanästhesie des Grenzstrangs, durch pharmakologische Entleerung der peripheren Noradrenalinspeicher in den sympathischen Nervenfasern oder durch chirurgische Sympathektomie) führt häufig zur Befreiung von den chronischen unerträglichen Schmerzen und zur Besserung der vegetativen und trophischen Veränderungen in den Geweben. Es wird daher angenommen, daß die efferenten noradrenergen sympathischen Neurone an der Erzeugung der chronischen Schmerzen beteiligt sind. Wie es zur Entstehung der Schmerzen mit den begleitenden vegetativen und trophischen Störungen kommt, kann nur vermutet werden. Möglicherweise führt die sympathische Aktivität auf dem Boden einer traumatisch bedingten Veränderung der afferenten Innervation durch Erregung oder Veränderung der Erregbarkeit der Receptoren dicker und dünner afferenter Fasern zu abnormen Erregungsmustern auf normalerweise nicht-schmerzhafte Reizung. Diese pathologischen Erregungsmuster mögen im Rückenmark eine abnorme Informationsverarbeitung auslösen, die die pathologische Schmerzperception und die vegetativen Fehlregulationen nach sich ziehen [15, 41, 44].

Vegetative Reflexe nach Rückenmarkdurchtrennung. Durchtrennung des Rückenmarks (Spinalisation) führt zur **Querschnittslähmung** unterhalb der Unterbrechung (s. S. 102). Die spinalen vegetativen Reflexe, die unterhalb der Unterbrechung organisiert sind, sind beim Menschen für 1–6 Monate erloschen. Während der ersten 1–2 Monate ist die Haut trocken und rosig, weil die Ruheaktivität in den sympathischen Fasern zu Schweißdrüsen und Gefäßen sehr niedrig ist. Die somatosympathischen Reflexe in den Sudomotoren und Vasoconstrictoren nach schmerzhafter und schmerzloser Hautreizung steigen im Laufe der Monate langsam an und können dann in ein Stadium der **Hyperreflexie** übergehen. Ähnlich lange Erholungszeiten nach Durchtrennung des Rückenmarks haben Blasen- und Darmentleerungsreflexe und Genitalreflexe (s. S. 368f. und 371f.) [11, 47]. Das vom Gehirn isolierte Rückenmark ist nach seiner Erholung vom spinalen Schock zu einer Reihe von nützlichen regulativen Leistungen fähig. So führen z.B. das Aufrichten des Körpers aus der Horizontallage oder Blutverlust reflektorisch zu einer allgemeinen Vasoconstriction von Arterien und Venen. Dieser Prozeß verhindert einen allzu gefährlichen Abfall des arteriellen Blutdrucks. Auf der anderen Seite kann die Erregung von tiefen somatischen und visceralen Afferenzen (z.B. bei einem Flexorenspasmus oder bei Kontraktion einer gefüllten Harnblase) reflektorisch eine allgemeine Aktivierung der Vasoconstrictorneurone mit gefährlichen Blut-

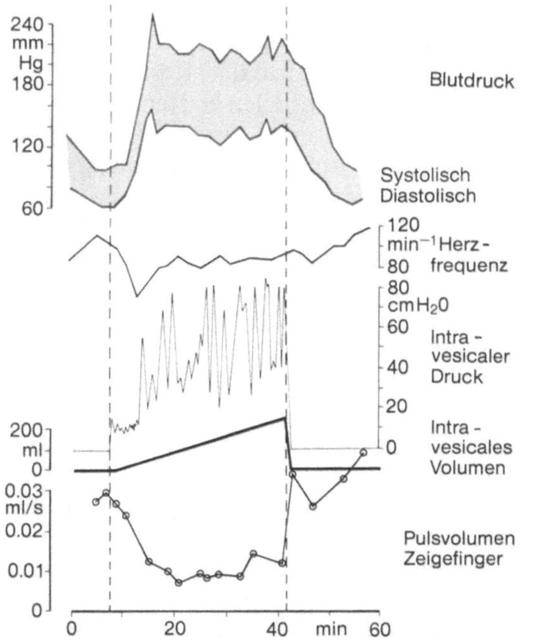

Abb. 16-13. Chronischer querschnittsgelähmter Patient (Rückenmark durchtrennt in Höhe T 2/3). Reaktion von kardiovasculären Parametern (arterieller Blutdruck, Herzfrequenz, Durchblutung der Haut, Pulsvolumen eines Zeigefingers) bei langsamer Füllung der Harnblase. Beachte, daß die Harnblase sich kontrahiert. Modifiziert nach [11]

druckanstiegen, Piloerektion und Schweißsekretion erzeugen. Abb. 16-13 zeigt ein typisches Beispiel bei einem querschnittsgelähmten Patienten (Höhe T 2/3). Eine langsame Füllung führt zu isovolumetrischen Kontraktionen der Harnblase mit Erhöhung des intravesicalen Drucks. Die Erregung visceraler lumbaler und sacraler Afferenzen von der Harnblase erzeugt reflektorisch über das Rückenmark eine Vasoconstriction in der Skeletmuskulatur, im Visceralbereich und in der Haut (Abnahme des Pulsvolumens im Zeigefinger) und eine Ausschüttung von Catecholaminen aus dem Nebennierenmark. Diese Prozesse führen zum Anstieg des systolischen und des diastolischen Blutdrucks. Die Herzfrequenz nimmt ab, weil der arterielle Pressorreceptorenreflex über die Medulla oblongata und die parasympathische (vagale) Herzinnervation noch intakt sind (s. Abb. 16-14 rechts).

Das Verschwinden der spinalen vegetativen Reflexe nach Spinalisation ist ein Teil des **spinalen Schocks** (S. 103). Es ist wahrscheinlich auf die Unterbrechung der descendierenden Bahnen vom Hirnstamm (s. Abb. 16-14, links), über die die vegetativ-spinale Reflexmotorik kontrolliert wird, zurückzuführen. Diese descendierende Kontrolle ist besonders stark bei Primaten in Vergleich zu niederen Vertebraten (z.B. beim Frosch) ausgeprägt. Deshalb sind Dauer und Ausmaß der Unterdrückung spinaler Reflexe nach Rückenmarkdurchtrennung viel stärker bei Primaten entwickelt als bei niederen Vertebraten.

Faktoren, die zur Erholung von spinalem Schock führen, sind vielleicht die Verstärkung postsynaptischer Ereignisse an bestehenden Synapsen und die Neusprossung von Synapsen an Interneuronen, präganglionären Neuronen und Motoneuronen.

Vegetative Leistungen des Hirnstammes

Die Lage der neuronalen **vegetativen „Zentren“** im Hirnstamm (Medulla oblongata, Pons, Mesencephalon, vgl. Abb. 5-13), die über das periphere vegetative Nervensystem die inneren Organe und Organsysteme (Herzkreislauf-System, Verdauungstrakt, Entleerungsmechanismen; s. die entsprechenden Kapitel) beeinflussen, kennt man nur ungefähr durch Experimente, in denen die Leistungen der Organsysteme vor und nach Durchschneidungen des Hirnstammes, nach Ausschaltungen bestimmter Kerngebiete oder Bahnen und während elektrischer Reizung von Neuronenverbänden untersucht wurden. Die zelluläre neuronale Organisation des vegetativen Nervensystems im Hirnstamm ist wenig erforscht.

Diese Unkenntnis hat einerseits technische Ursachen, weil die Neurone und Neuronenverbände im Hirnstamm, die für die vegetative Regelung verantwortlich sind, meistens sehr klein und deshalb neurophysiologisch und neuroanatomisch nur schwer zu identifizieren sind. Andererseits hat diese Unkenntnis konzeptionelle Ursachen: die Vorstellung, daß die vegetative neuronale Regelung bestimmter Organe von funktionell homogenen und histologisch gut lokalisierbaren Neuronenverbänden („Zentren“) ausgeht, ist nur zum Teil richtig. Vielmehr scheinen einzelne Neurone und Neuronenverbände an der vegetativen Regelung und Steuerung verschiedener Organe, die funktionell miteinander verkettet sind, teilzunehmen (z.B. reflektorische Regelung des Schluck- und Brechaktes, Kontrolle der Speicheldrüsen und des Gastrointestinaltraktes; Kontrolle von Atmung und Blutkreislauf). Dies bedeutet aber auch, daß nicht alle Neurone, die auf ein bestimmtes Organ Einfluß nehmen, in unmittelbarer Nachbarschaft zueinander liegen. Deshalb ist der Begriff „Zentrum“ auch nur mit Einschränkung zu gebrauchen.

Kontrolle vegetativer spinaler Systeme durch Hirnstamm und Hypothalamus. Die spinalen parasympathischen und sympathischen Systeme unterliegen den descendierenden hemmenden und erregenden Einflüssen vom Hirnstamm und Hypothalamus. In diesen Hirnbereichen werden die funktionell verschiedenen spinalen Systeme [4, 15, 21, 40, 42, 43] **zu Funktionskomplexen höherer Ordnung** organisiert, wie z.B. das cutane Vasoconstrictorsystem und das Sudomotorsystem im Rahmen der Thermoregulation, die Vasoconstrictionssysteme zu Widerstandsgefäßen (im Skeletmuskel und im Visceralbereich) und die sympathische Innervation zum Herzen im Rahmen der Regulation des arteriellen Systemdrucks, die parasympathischen und sympathischen Systeme zur Harnblase und zum Enddarm im Rahmen der Entleerungsfunktionen und die parasympathischen und symphatischen Systeme zu den Genitalorganen im Rahmen der Regulation der Sexualfunktionen. Der Vielfältigkeit dieser Funktionen und spinaler vegetativer Systeme entspricht eine ebenso große Vielfältigkeit descendierender spinaler Systeme vom Hirnstamm und Hypothalamus, die in die intermediäre Zone präganglionärer Neurone projizieren (Abb. 16-14, links). Wenn auch die Funktionen dieser Systeme im einzelnen nicht bekannt sind, so können sie doch nach ihrer Herkunft und biochemisch charakterisiert werden. So projizieren z.B. serotonerge Neurone aus den Raphekernen, adrenerge Neurone aus der rostralen ventrolateralen Medulla oblongata, noradrenerge Neurone aus der Pons und peptiderge Neurone (vasopressinerg, oxytocinerg) aus dem Nucleus paraventricularis hypothalami zu den präganglionären Neuronen oder entsprechenden Interneuronen. Ob die genannten Substanzen als Neurotransmitter und/oder Neuromodulatoren wirken, ist nicht bekannt, wird aber allgemein angenommen.

Medulla oblongata und Kreislauf. Der Vergleich hochspinalisierter Tiere (Rückenmark in Höhe des oberen Halsmarks durchtrennt) mit decerebrierten Tieren (Decerebrierung, s. S. 104), in denen die Medulla oblongata intakt ist, gibt einen plastischen Eindruck von der Bedeutung der Medulla oblongata für die Regulation des arteriellen Systemblutdrucks. Bei akut spinalisierten Tieren sinkt der Blutdruck auf niedrige Werte, weil die Ruheaktivität in den sympathischen Neuronen zu den Blutgefäßen, zum Herzen und zum Nebennierenmark verschwindet. Nur die Herzfunktion kann noch neuronal von der Medulla oblongata über die Nn. vagi geregelt werden (s. Abb. 16-14). Decerebrierte Tiere haben einen normalen Blutdruck; bei diesen Tieren reagieren die Gefäßbette (Widerstandsgefäße und Kapazitätsgefäße im Visceralbereich) koordiniert auf Lageänderungen des Körpers im Raum, so daß der Perfusionsdruck in den Versorgungsgebieten gleich bleibt. Die Höhe des arteriellen Blutdrucks in decerebrierten Tieren mit intakter Medulla oblongata bleibt auch dann erhalten, wenn alle für die Kreislaufregulation wichtigen Afferenzen in den Nn. vagi und glossopharyngei durchtrennt worden sind. Diese Befunde bedeuten, daß die Medulla oblongata die neuronalen Reflexkreise für die Regulation des arteriellen Systemblutdrucks enthält und daß die Ruheaktivität in den sympathischen Neuronen zu den oben genannten cardiovasculären Effectoren in der Medulla oblongata erzeugt wird. Die Region in der Medulla oblongata, die die wichtigen Neurone für die Aufrechterhaltung und Regelung des arteriellen Blutdrucks enthält, wird global **„Kreislaufzentrum"** genannt.

Ein wichtiges Areal in der Medulla oblongata liegt rostro-ventrolateral (RVL in Abb. 16-14, rechts). Topische Reizung der Neurone in diesem Areal führt zur Erhöhung von Blutdruck, Herzfrequenz und Catecholaminausschüttung aus dem Nebennierenmark. Zerstörung dieses Areals erzeugt einen Blutdruckabfall wie nach hoher Spinalisation. Die Axone der Neurone in **rostralen ventrolateralen Medulla oblongata** projizieren direkt über den spinalen Hinterseitenstrang in die intermediäre Zone der sympathischen präganglionären Neurone (Abb. 16-14). Afferenzen, die für die neuronale Regulation des cardiovasculären Systems wichtig sind (Afferenzen von den arteriellen Baro- und Chemoreceptoren, Afferenzen vom Herzen), projizieren über die Nn. vagi und glossopharyngei zum **Nucleus tractus solitarii** (NTS); von hier

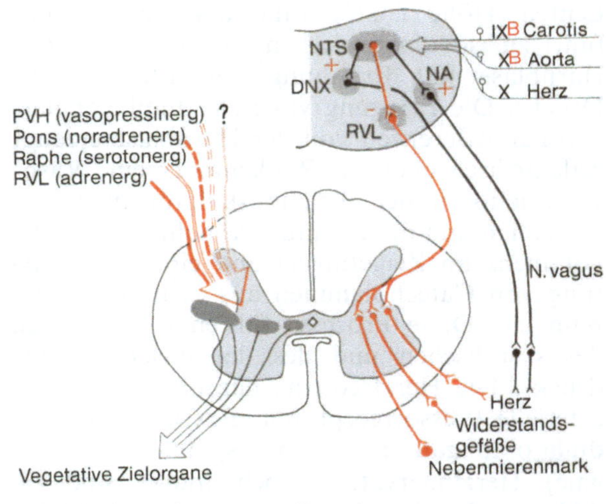

Abb. 16-14. *Links:* Descendierende Systeme vom Hirnstamm und Hypothalamus, die auf Neurone in der intermediären Zone der präganglionären Neurone im thoracolumbalen Rückenmark konvergieren. *Rechts:* Schema zur neuronalen Regulation des arteriellen Systemblutdruckes. +, − Erregung und Hemmung bei Reizung der arteriellen Barorceptoren *(B)*. *NTS* Nucleus tractus solitarii, *DNX* Nucleus dorsalis nervi vagi, *NA* Nucleus ambiguus, *DVH* Nucleus paraventricularis hypothalami, RVL rostro-ventrolaterale Medulla. *X* N. vagus, *IX* N. glossopharyngeus. Nach [21, 34]

projizieren die Sekundärneurone des NTS zu verschiedenen Kerngebieten des Hirnstammes und Hypothalamus, die wiederum mit ihren Axonen in die intermediäre Zone der sympathischen präganglionären Neurone projizieren (Abb. 16-14, rechts), darunter auch das rostrale ventrolaterale Areal der Medulla oblongata. Neurone, die medial im NTS liegen, werden auf natürliche Reizung der **arteriellen Baroreceptorafferenzen** erregt; diese Neurone projizieren über weiter caudal gelegene Interneurone zu den Neuronen in der rostralen ventrolateralen Medulla und wirken auf einen Teil dieser Neurone hemmend. Das heißt, daß die Hemmung der Aktivität in den sympathischen Neuronen zum Herzen und zu den Widerstandsgefäßen auf Reizung der arteriellen Baroreceptoren (s. S. 540) in der Medulla oblongata geschieht. Die Abb. 16-14 rechts zeigt die neuronalen Grundelemente der Regulation des arteriellen Systemblutdrucks, die zwischen den cardiovasculären Afferenzen zum NTS und den Effectoren liegen. Die präganglionären parasympathischen Neurone zum Herzen liegen im Nucleus dorsalis nervi vagi (NDX) und im Nucleus ambiguus (NA). Die verschiedenen Kernbereiche in der Medulla oblongata (NTS, NA, NDX und RVL in Abb. 16-14) stehen natürlich unter neuronaler Kontrolle anderer Neuronenpopulationen im Hirnstamm, Hypothalamus und limbischen System [4, 21, 27, 34].

16.3 Miktion und Defäkation

Neuronale Kontrolle der Harnblasenentleerung

Die Harnblase dient der Speicherung und periodischen, kompletten Entleerung des von der Niere kontinuierlich ausgeschiedenen Urins. An dieser, auch für unser Sozialleben wichtigen Funktion sind myogene Mechanismen der glatten Blasenmuskulatur und neuronale, vegetative und somatische Mechanismen beteiligt. In der nervösen Kontrolle der Harnblase wechseln sich lange Sammelphasen und kurze Entleerungsphasen ab. Während der **Sammelphasen** wird die Entleerung reflektorisch verhindert oder erschwert. Die Blase füllt sich mit etwa 50 ml Urin pro Stunde. Während der Füllungsphasen kommt es infolge der plastischen Eigenschaften des glatten Blasenmuskels (s. S. 85) nur zu geringer Zunahme des Blaseninnendrucks (Abb. 16-15). Hat die Füllung der Harnblase etwa 150–250 ml erreicht, kommt es zu ersten Anzeichen kurzanhaltenden *Harndrangs*. Dieser Harndrang wird durch kurze Druckanstiege des Blaseninnendrucks ausgelöst. Hat die Blase eine Füllung von etwa 250 bis 500 ml erreicht, setzt normalerweise die **Entleerungsphase** ein. Man nennt die Fähigkeit der Blase, den Urin zu speichern, **Kontinenz** und die Fähigkeit der Blase, sich aktiv zu entleeren, **Miktion** (Abb. 16-15).

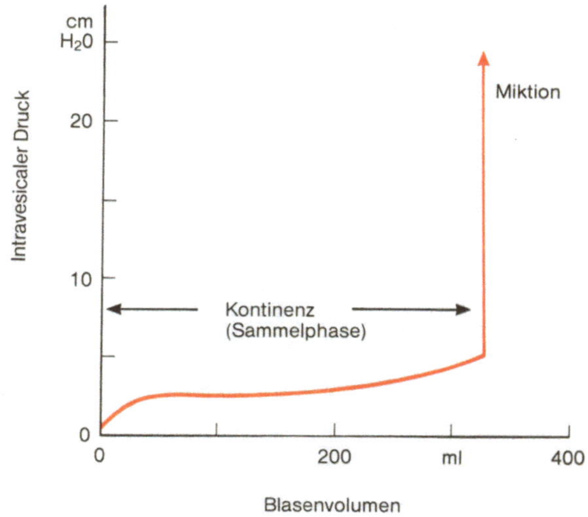

Abb. 16-15. Volumen-Druck-Diagramm (Cystometrogramm) der menschlichen Harnblase bei langsamer (physiologischer) Füllung. Die Blasenkontinenz ist durch den flachen Teil des Diagramms definiert. Die Miktion wird durch einen plötzlichen Anstieg des Blaseninnendrucks angezeigt. Nach Simeone und Lampson: Ann. Surg. *106*, 413, 1937

Aufbau und Innervation der Harnblase (Abb. 16-16). Die Harnblase ist ein Hohlmuskel *(Detrusor vesicae)*. Ihre Wand besteht aus netzförmig angeordneten langen **glatten Muskelzellen.** Am Blasenboden befindet sich das *Trigonum vesicae,* welches aus feinen glatten Muskelfasern besteht. An den oberen äußeren Ecken des Trigonums münden die Ureteren *schräg* ein; auf diese Weise kann bei Erhöhung des Blaseninnendrucks kein Urin rückläufig in die Ureteren geraten. An der Spitze des Trigonums liegt der Ausgang der Blase zur Harnröhre. Durch eine besondere Anordnung der Muskelzellen bildet sich hier funktionell ein Sphincter aus *(M. sphincter vesicae internus)*. Dieser innere Sphincter kann bei der Blasenentleerung nicht unabhängig vom Detrusor vesicae betätigt werden; bei Kontraktion der Blasenmuskulatur kommt es infolge Einstrahlung der Muskelzellen in die Harnröhre zur Verkürzung der Harnröhre und zum automatischen passiven Öffnen des internen Sphincters. Zusätzlich wird die Harnröhre durch den *M. sphincter vesicae externus* verschlossen, der aus quergestreifter Muskulatur des Beckenbodens besteht. Dieser äußere Schließmuskel ist bei Frauen schwach entwickelt.

Die Innervation der Blase samt der Sphincteren zeigt Abb. 16-16. Die Blasenmuskulatur wird erregt durch **parasympathische Fasern,** die im N. splanchnicus pelvinus laufen und den 2.–4. Sacralsegmenten entspringen. Diese Innervation ist Voraussetzung für die normale Kontrolle der Blasenentleerung. Die sympathische Innervation der Blase wirkt hemmend auf den Detrusor und erregend auf die Muskula-

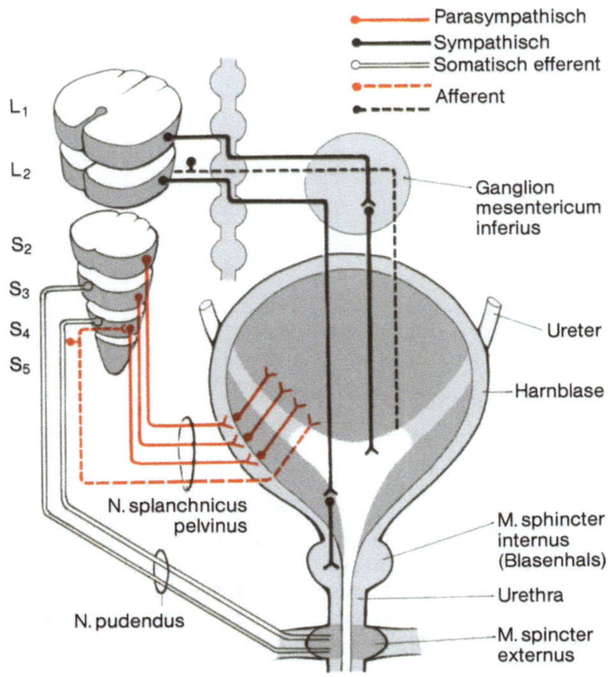

Abb. 16-16. Innervation der Harnblase

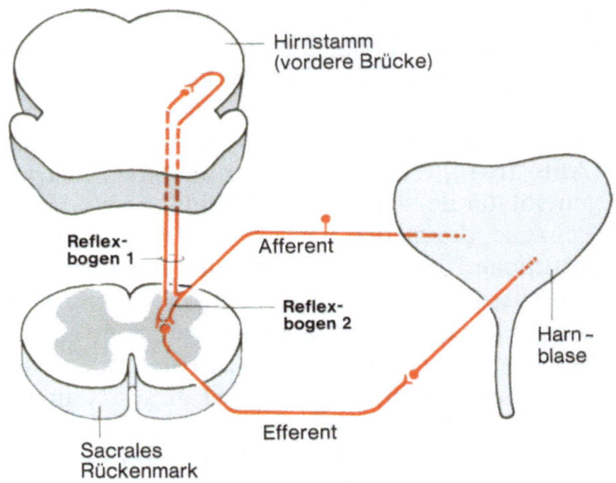

Abb. 16-17. Blasenentleerungsreflexbogen bei der hirnintakten Katze *(1)* und bei der chronisch spinalisierten Katze *(2)*. Reflexweg 2 soll beim hirnintakten Tier nicht funktionieren. Interneurone im Rückenmark und im Hirnstamm sind nicht eingezeichnet. Nach [22]

tur des Trigonum vesicae und des M. sphincter vesicae internus. Sie entstammt dem oberen Lumbalmark. Ihre Aufgabe ist möglicherweise die Verbesserung der Kontinenz der Harnblase. Der Spincter externus ist somatisch durch Axone im N. pudendus, deren Motoneurone im mittleren Sacralmark liegen, innerviert. Der Füllungsgrad der Blase wird dem ZNS von Dehnungsreceptoren der Blasenwand über afferente Axone im N. splanchnicus pelvinus gemeldet. Ereignisse, die zu schmerzhaften und nicht schmerzhaften Empfindungen von Harnblase und Urethra führen, werden wahrscheinlich sowohl durch sacrale als auch durch lumbale viscerale Afferenzen codiert.

Der Blasenentleerungsreflex. Der Urin wird vom Nierenbecken durch peristaltische Wellen der Ureteren in die Harnblase gefördert. Je mehr sich die Blasenwand dehnt, um so stärker werden die dort liegenden Dehnungsreceptoren gereizt. Die Aktivierung dieser Receptoren erregt über Reflexbogen *1* in Abb. 16-17 die parasympathischen Neurone zum Detrusor vesicae. Dies führt schließlich zur Blasenentleerung. Der Reflexbogen ist, wie Abb. 16-17 zeigt, an die Unversehrtheit der **vorderen Brückenregion** im Hirnstamm gebunden. Auch durch elektrische Reizung dieser Hirnstammregion kann man Blasenentleerungen auslösen.

Hat die Blasenentleerung erst einmal eingesetzt, verstärkt sie sich explosionsartig so lange, bis eine völlige Entleerung erreicht ist. Für diesen, sich selbst verstärkenden, also *positiv rückgekoppelten* Vorgang sind wahrscheinlich die folgenden Reflexe hauptsächlich verantwortlich: 1. eine verstärkte Aktivierung der Blasenafferenzen durch die Kontraktionen des Detrusor vesicae, 2. eine reflektorische Aktivierung parasympathischer Blasenefferenzen durch Afferenzen von der Urethra, die durch den *Urinfluß* erregt werden, und 3. eine reflektorische Aufhebung zentraler Hemmprozesse auf spinaler und supraspinaler Ebene. Außerdem kommt es zur reflektorischen **Erschlaffung des äußeren Sphincters** durch Hemmung der Motoneurone im Sacralmark.

Nach Durchtrennung des Rückenmarks oberhalb des Sacralmarks (*Spinalisation,* Querschnittslähmung) kann man bei Tier und Mensch auf Blasenfüllung zunächst keine reflektorische Entleerung mehr beobachten. Erst im chronischen Stadium, 1 bis 5 Wochen nach Durchtrennung, beginnt die Blase sich wieder reflektorisch zu entleeren **(Reflexblase).** Der Reflexbogen verläuft spinal (Reflexweg *2* in Abb. 16-17). Der gleiche spinale Reflexweg funktioniert höchstwahrscheinlich beim Säugling und wird später wahrscheinlich durch hemmende Einflüsse, die entweder auf spinaler Ebene von den Blasenafferenzen oder von supraspinal ausgelöst werden, unterdrückt.

Nach einer **Querschnittslähmung** ist die Blase für Tage bis Wochen *schlaff atonisch.* Sie geht bei adäquater Pflege und Vermeidung von Harnweginfektionen allmählich in die Phase der Reflexblase über, in der geringe Blasenfüllungen reflektorische Kontraktionen des Detrusor vesicae und häufigen Harnabgang verursachen. Durch adäquate Anleitung können Querschnittsgelähmte erlernen, ihre Blasenentleerung zu kontrollieren. Sie können reflektorisch Detrusorkontraktionen durch Beklopfen des Unterbauches selbst einleiten (s. segmentale Reflexe S. 363f.), den dazu geeigneten Zeitpunkt durch Beobachtung der eigenen vegetativen Automatismen abwarten und durch gezielte Bauchpressen unterstützen (dazu auch S. 364f.).

Suprapontine Kontrolle der Blasenfunktion. Die Regelung von Blasenentleerung und Blasenkontinenz ist ein weitgehend automatischer, reflektorischer Prozeß. Diese Regelung unterliegt der modulierenden Kontrolle vom oberen *Hirnstamm,* vom *Hypothalamus* und vom *Großhirn.* Die neuronale Kontrolle ist v.a. *hemmender* aber auch erregender Natur. Die ascendierenden und descendierenden spinalen Bahnen, über welche die Signale von und zu Blase und Urethra geleitet werden, und die Lage der Neuronenpopulationen in Hirnstamm, Hypothalamus und Cortex sind weitgehend unbekannt. Die Aufgaben der „höheren Zentren" sind 1. die Aufrechterhaltung der Blasenkontinenz trotz starker Füllung der Blase (um eine ungelegene Entleerung zu vermeiden) und 2. die ebenso willkürliche Auslösung und Verstärkung der Blasenentleerung, sobald dies erwünscht und möglich ist [7, 11, 22].

Blasenentleerungsstörungen sind sehr häufig und vielfältig. **Harnverhaltung** tritt auf bei Lähmung oder Schädigung des M. detrusor vesicae (z.B. durch Entzündung oder traumatische Nervenschädigung), bei Verlegung der Harnröhre (z.B. durch Prostatatumor) oder durch Schließmuskelkrampf. **Harninkontinenz** ist das Unvermögen, den Harn willkürlich zurückzuhalten. Sie tritt besonders bei Frauen nach der Geburt (z.B. bei Vorfall des Uterus infolge Beckenbodenschwäche), bei hirnorganischen Erkrankungen (z.B. bei multipler Sklerose oder Arteriosklerose der Hirngefäße alter Menschen) und auch rein psychogen auf [16].

Neuronale Kontrolle der Darmentleerung

Darmentleerung **(Defäkation)** und Aufrechterhaltung der **Darmkontinenz** sind die wichtigsten Aufgaben von Rectum und Anus. Diese beiden Funktionen werden durch das intrinsische Darmnervensystem, durch parasympathische sacrale und durch somatomotorische nervöse Mechanismen kontrolliert. Welche Bedeutung dabei der sympathischen Innervation des Enddarmes zukommt, ist wenig erforscht.

Kontinenz. Distal wird das Rectum durch 2 Sphincteren verschlossen. Der *M. sphincter ani internus* besteht aus glatter Muskulatur und unterliegt nicht der willkürlichen Kontrolle. Der *M. sphincter ani externus* ist ein quergestreifter Muskel und wird durch Motoneurone aus dem Sacralmark (S_2–S_4), deren Axone im N. pudendus laufen, innerviert. Normalerweise sind beide Sphincteren geschlossen. Die *tonische Kontraktion* des M. sphincter externus wird spinal-reflektorisch durch afferente Impulse aus dem Muskel und vom umgebenden Gewebe, besonders von der Analhaut, aufrecht erhalten.

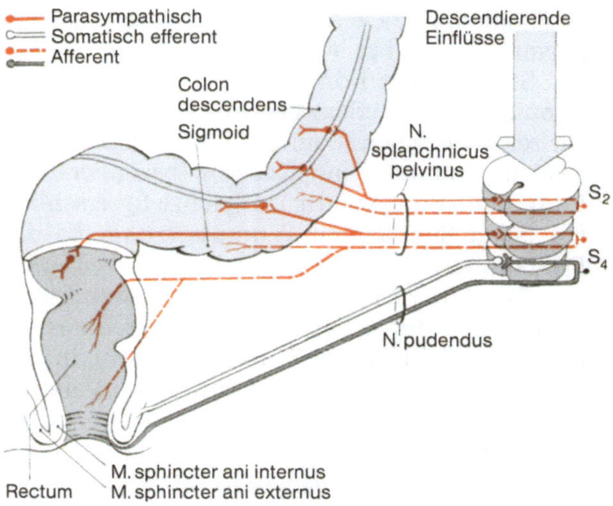

Abb. 16-18. Afferente und efferente Bahnen des spinal organisierten Defäkationsreflexes. Interneurone zwischen Afferenzen und efferenten Neuronen im Rückenmark sind nicht eingezeichnet

Füllung des Rectums mit Darminhalt durch peristaltische Kontraktionen des Colon descendens führt zur Dehnung der Rectumwand und in der Folge zur Erschlaffung des M. sphincter ani internus bei gleichzeitiger verstärkter Kontraktion des M. sphincter ani externus. Die Relaxation des Sphincter internus wird im wesentlichen *reflektorisch über das Darmnervensystem* bewirkt. Die Kontraktion des Sphincter externus wird reflektorisch durch Afferenzen, die im N. splanchnicus pelvinus laufen (Abb. 16-18), über das Sacralmark ausgelöst. Gleichzeitig kommt es zum Stuhldrang, also bewußten Sensationen ausgelöst durch die afferenten Impulse von Receptoren in Colon- und Rectumwand. Nach einigen 10 s nimmt die Relaxation des Sphincter internus wieder ab und das Rectum adaptiert sich infolge der plastischen Eigenschaften seiner Muskulatur an die erhöhte Füllung. Damit nimmt seine Wandspannung ab und als Folge davon auch der Stuhldrang. Aufgrund dieses neuronal kontrollierten Geschehens kann beim Gesunden die Kontinenz des Enddarmes bis zu einer Füllung von etwa 2 l im Rectum gewahrt werden. Supraspinale, insbesondere *corticale, Mechanismen* tragen durch Erregung der Motorneurone zum Sphincter externus und wahrscheinlich durch Hemmung der spinalen parasympathischen Reflexmotorik ganz wesentlich zur Kontinenz bei.

Defäkation. Die Defäkation des Enddarms setzt normalerweise bei *willkürlicher Unterstützung* ein. Supraspinale Förderung der spinalen parasympathischen Reflexwege zum Enddarm führt zur reflektorischen Kontraktion von Colon descendens, Sigmoid und Rectum (besonders der Longitudinalmuskulatur). Gleichzeitig erschlaffen beide Sphincteren. Voraussetzung für die Defäkation ist der *Anstieg des intraabdominalen Druckes* durch Anspannen der Bauchwandmuskulatur und durch Senkung des Zwerchfells infolge Kontraktion der Brustmuskulatur in Inspiration bei geschlossener Glottis. Das Zusammenwirken dieser Mechanismen führt unter Senkung des Beckenbodens zum Ausstoßen der gesamten Kotsäule aus Colon descendens, Sigmoid und Rectum.

Zerstörung des Sacralmarks führt zum vollständigen Ausfall der Defäkationsreflexe. Bei *Durchtrennung des Rückenmarks* oberhalb des Sacralmarks bleiben die spinal organisierten Defäkationsreflexe erhalten. Es fehlt allerdings die unterstützende Willkürmotorik. Diese kann durch geeignete Maßnahmen (z.B. manuelles Spreizen des M. sphincter ani externus) ersetzt werden, so daß auch Querschnittsgelähmte eine *regelmäßige* tägliche Kontrolle der Dickdarmentleerung erreichen können [7, 53].

16.4 Genitalreflexe

Die Genitalreflexe bei Säugern und besonders beim Menschen sind sehr komplexe, zeitlich und räumlich ablaufende Reflexfolgen, an denen *parasympathische, sympathische* und *motorische Efferenzen* sowie *viscerale* und *somatische Afferenzen* teilnehmen. Die Kenntnisse über diese Reflexe beim Manne und besonders bei der Frau sind noch sehr unvollständig. Sie stammen von Experimenten an Tieren, von Untersuchungen gesunder Menschen und aus klinischen Untersuchungen von Patienten mit Schädigungen des Rückenmarks, des sacralen Parasympathicus oder des thoracolumbalen sympathischen Nervensystems [22, 24, 32, 33].

Genitalreflexe beim Mann

Der sexuelle Reaktionscyclus des Mannes besteht aus den aufeinanderfolgenden Phasen der **Erektion** des Gliedes, der **Emission** von Samen- und Drüsensekreten in die Urethra interna und

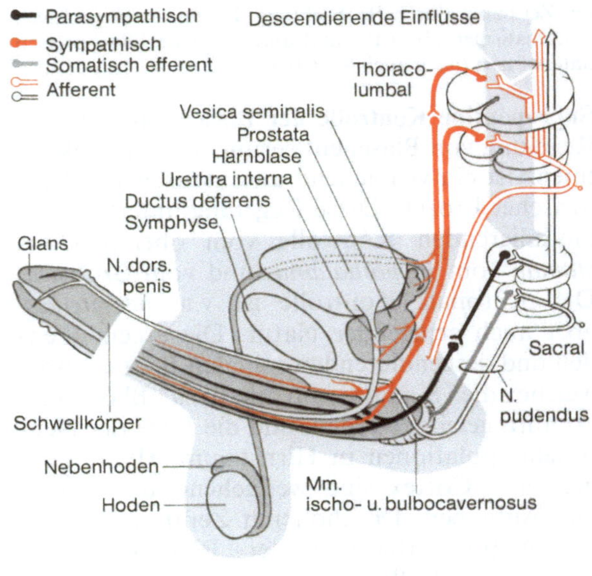

Abb. 16-19. Innervation der männlichen Geschlechtsorgane. Interneurone zwischen Afferenzen und efferenten Neuronen im Rückenmark sind nicht eingezeichnet

der eigentlichen **Ejaculation,** dem Auswurf des Samens aus der Urethra externa. Der **Orgasmus** beginnt mit oder vor der Emission und endet mit dem Ende der Ejaculation.

Erektion. *Dilatation der Arterien* in den Corpora cavernosa und im Corpus spongiosum urethrae führt zur Erektion des Gliedes. Die venösen Sinus des erektilen Gewebes füllen sich und weiten sich infolge des ansteigenden Druckes prall auf. Ob der venöse Abfluß aus den Schwellkörpern dabei passiv durch Zusammenpressen der Venen beim Durchtritt durch die Tunica albuginea erschwert wird, ist umstritten. Die Dilatation der Arterien kommt wahrscheinlich durch Aktivierung *postganglionärer parasympathischer Neurone,* deren Zellkörper in den Beckenganglien liegen (s. Abb. 16-19), zustande. Die Überträgersubstanzen dieser Neurone sind möglicherweise Acetylcholin und kolokalisiert ein Neuropeptid („vasoactive intestinal polypeptide", VIP) und/oder Stickstoffmonoxid (NO). Sie werden einerseits *reflektorisch* durch Afferenzen von den äußeren Genitalorganen und umliegenden Geweben aktiviert, andererseits *psychogen* von supraspinalen, wahrscheinlich corticalen Strukturen. Gleichzeitig kommt es zu sexuellen Empfindungen durch die afferenten Impulse von den Sexualorganen. Dabei ist die **Glans penis** am dichtesten mit Mechanoreceptoren versorgt. Ihre Afferenzen laufen im N. dorsalis penis.

Tabelle 16-2. Zusammenfassung der neuronalen Kontrolle der Genitalreflexe beim Mann. nach [33]

	Erektion	Emission und Ejaculation	Orgasmus
Afferenzen	Von Glans penis und umliegenden Geweben zu Sacralmark (im N. pudendus)	Von äußeren und inneren Geschlechtsorganen zum Sacralmark (N. pudendus und splanchnicus pelvinus) und zum Thoracolumbalmark (Plexus hypogastricus), Afferenzen von Skeletmuskulatur	Vorhanden, wenn mindestens ein afferenter Eingang intakt (von Genitalien zu Sacral- oderThoracolumbalmark, von Skeletmuskulatur zu Sacralmark)
Vegetative Efferenzen	1. Parasympathisch sacral (reflektorisch und psychogen) 2. Sympathisch thoracolumbal (psychogen)	Sympathisch thoracolumbal	
Somatische Efferenzen	∅	Zu Mm. bulbo- und ischiocavernosi; Beckenbodenmuskulatur	
Sacralmark zerstört	Vorhanden bei 25% der Patienten (psychogen), thoracolumbal	Vorhanden, wenn Erektion auslösbar	Vorhanden
Rückenmark im oberen Thoracal- oder Cervicalmark zerstört	Fast immer vorhanden (reflektorisch)	Fast nie vorhanden	Fehlt immer

Die adäquate Reizung der Receptoren dieser Afferenzen geschieht durch gleitende und massierende Scherbewegungen, wie sie beim Geschlechtsverkehr stattfinden. Eine wichtige Komponente zur anhaltenden Erregung der Receptoren in der Glans penis während des Geschlechtsverkehrs ist die Gleitfähigkeit der Oberflächen von Vagina und Penis, die reflektorisch durch die vaginale Transsudation (s. S. 373) und die Aktivierung der bulbo-urethralen Drüsen beim Manne herbeigeführt wird.
Der Erektionsreflex ist im Sacralmark (S_2–S_4) organisiert. Er funktioniert auch bei querschnittsgelähmten Männern, deren Rückenmark oberhalb des Sacralmarks durchtrennt ist. Etwa $^1/_4$ der Männer mit zerstörtem Sacralmark könnten psychogen bei sich eine Peniserektion auslösen. Diese Erektion wird durch *sympathische Neurone im unteren Thoracalmark und oberen Lumbalmark* ausgelöst (vgl. Abb. 16-19). Ihre Axone werden im Ganglion mesentericum inferius oder in der Nähe der Genitalorgane auf die postganglionären sympathischen Neurone umgeschaltet. Ob diese postganglionären Neurone zu den Schwellkörperarterien cholinerg sind, ist unbekannt. Weiterhin ist unbekannt, ob und in welchem Ausmaße der Sympathicus beim Gesunden zur Erektion beiträgt (Tabelle 16-2).

Emission und Ejaculation. Emission und Ejaculation sind der Höhepunkt des männlichen Sexualaktes. Bei starker Erregung der Afferenzen von den Sexualorganen während des Sexualaktes kommt es zur Erregung sympathischer Efferenzen im unteren Thoracal- und oberen Lumbalmark. Die erregten Afferenzen, die die Emission auslösen, verlaufen im N. pudendus und im N. splanchnicus pelvinus zum Sacralmark und mit der sympathischen Innervation zum Thoracolumbalmark (Abb. 16-19). Die Erregung der sympathischen Neurone führt zu Kontraktionen von Epididymis, Ductus deferens, Vesicula seminalis und Prostata. Damit werden Samen und Drüsensekrete in die Urethra interna befördert. Gleichzeitig kontrahiert sich der M. sphincter vesicae internus reflektorisch durch Erregung sympathischer Fasern (s. Abb. 16-16), um einen Rückfluß der Sekrete in die Harnblase zu verhindern.
Nach der Emission setzt die **Ejaculation** ein. Sie wird durch Erregung der Afferenzen von der Prostata und von der Urethra interna in den Beckennerven, aber auch durch Afferenzen von Nebenhoden, Ductus deferens und Samenblase zum Thoracolumbalmark ausgelöst. Die Reizung dieser Afferenzen während der Emission führt reflektorisch über das Sacralmark zu *tonisch-klonischen Kontraktionen* der Mm. bulbo- und ischiocavernosi, die das proximale erektile Gewebe umschließen (Abb. 16-19) und der Beckenbodenmuskulatur. Infolge dieser rhythmischen Kontraktionen werden die Sekrete aus der Urethra interna durch die Urethra externa

herausgeschleudert. Gleichzeitig kontrahieren sich die Muskeln von Rumpf und Beckengürtel rhythmisch. Diese *rhythmischen Kontraktionen* führen zu stoßartigen Bewegungen des Beckens während des Geschlechtsverkehrs und dienen vornehmlich dem Transport des Samens in die proximale Vagina und die Cervix uteri. Während der Ejaculationsphase kommt es zur maximalen Erregung der parasympathischen und sympathischen Innervation der Geschlechtsorgane. Diese maximale Erregung ist zum Teil auf die kontinuierliche afferente Rückmeldung von der Skeletmuskulatur während der rhythmischen Kontraktionen zurückzuführen. Durch die Abnahme der Aktivität in den parasympathischen Vasodilatatorneuronen und den venösen Abfluß des Blutes aus den Schwellkörpern klingt die Erektion nach der Ejaculation allmählich ab.

Männer mit **zerstörtem Sacralmark** haben häufig Emissionen und Ejaculationen, wenn diesen eine Erektion vorausgegangen ist. Ebenso kann bei diesen Patienten ein Orgasmus vorhanden sein. Efferente und afferente Informationen zu und von den Geschlechtsorganen laufen hier über den Sympathicus vom und zum Thoracolumbalmark (Abb. 16-19, Tabelle 16-2). Querschnittsgelähmte Männer, deren *Rückenmark im Cervical- oder oberen Thoracalmark durchtrennt* ist, haben praktisch keine Emissionen, Ejaculationen und Orgasmen mehr (Tabelle 16-2). Man vermutet, daß die sympathischen Neurone im unteren Thoracal- und oberen Lumbalmark einer permanenten Hemmung von sacral unterliegen [16, 33].

Genitalreflexe bei der Frau

Die Reaktionen weiblicher Geschlechtsorgane, die beim sexuellen Reaktionscyclus der Frau ablaufen, sind in letzter Zeit recht gut erforscht worden [24]. Welche Bedeutung dabei der vegetativen, parasympathischen und sympathischen Innervation zukommt, ist zum Teil noch unklar und kann nur abgeschätzt werden [32].

Äußere Geschlechtsorgane. *Sexuelle Stimulation* löst reflektorisch und/oder psychogen in den äußeren Geschlechtsorganen der Frau Veränderungen aus. Die **Labia majora,** die sich normalerweise in der Mittellinie berühren und dadurch Labia minora, Vaginaleingang und Urethraausgang schützen, weichen auseinander, verdünnen sich und verschieben sich in anterolaterale Richtung. Bei fortgesetzter Erregung kommt es zur venösen Blutstauung in ihnen. Die **Labia minora** nehmen durch Blutfüllung um das 2- bis 3fache im Durchmesser zu und schieben sich zwischen die Labia majora. Diese Veränderung der kleinen Schamlippen verlängert den Vaginalzylinder. Die angeschwollenen Labia minora ändern ihre Farbe von rosa zu hellrot. Die Farbveränderungen sind so typisch für die sexuell erregte Frau, daß man die Labia minora auch als *Sexualhaut* („sex skin") bezeichnet. **Glans** und **Corpus clitoridis** schwellen an und nehmen an Länge und Größe zu. Bei zunehmender Erregung wird die Clitoris an den Rand der Symphyse gezogen.

Diese Veränderungen der äußeren Genitalien während der sexuellen Erregung werden einerseits **reflektorisch** durch Reizung von Receptoren in den Genitalorganen, deren Axone im N. pudendus zum Sacralmark (S_2–S_4) laufen, erzeugt (Abb. 16-20). Andererseits können sie auch rein **psychogen** von zentral hervorgerufen werden. Die *Clitoris* spielt wegen ihrer dichten afferenten Innervation eine besondere Rolle. Ihre Mechanoreceptoren werden sowohl durch direkte Berührung als auch indirekt — besonders nach Retraktion der Clitoris an den Rand der Symphyse — durch Zug am Präputium, durch Manipulationen an den äußeren Geschlechtsorganen oder durch die Penisstöße erregt. Die Erregung der Afferenzen vom Mons pubis, vom Vestibulum vaginae, von der

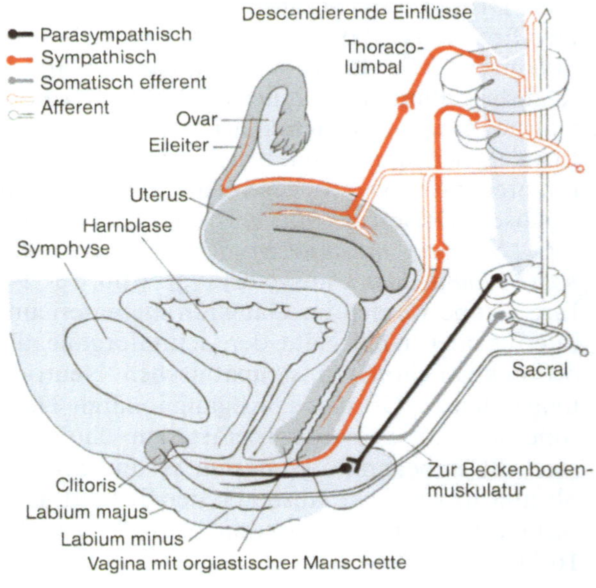

Abb. 16-20. Innervation der weiblichen Genitalorgane. Interneurone zwischen Afferenzen und efferenten Neuronen im Rückenmark sind nicht eingezeichnet

Dammgegend und besonders von den Labia minora können ebenso starke Effekte während der sexuellen Erregung herbeiführen wie die clitoridalen Afferenzen. Die Erregung wird durch das Anschwellen der Organe verstärkt. Ob Afferenzen, die mit dem Sympathicus laufen, ebenso an diesem reflektorischen Geschehen beteiligt sind, ist unbekannt, erscheint aber wahrscheinlich.

Die Vergrößerung der äußeren Genitalien ist auf eine allgemeine **Vasocongestion** zurückzuführen. Diese Vasocongestion wird vermutlich durch vasodilatatorisch wirkende parasympathische Neurone aus dem Sacralmark, deren Axone durch die N. splanchnici pelvini laufen, erzeugt (Abb. 16-20). Die Erektion der Clitoris wird wie beim Penis des Mannes durch die Blutfüllung von Schwellkörpern erzeugt. In Analogie zu den Befunden beim Manne (s. Tabelle 16-2) kann vermutet werden, daß auch die sympathische Innervation aus dem Thoracolumbalmark an der Erzeugung der Vasocongestion beteiligt ist.

Innere Geschlechtsorgane. Bemerkenswerte Veränderungen erfahren die inneren Geschlechtsorgane der Frau im sexuellen Reaktionscyclus. Innerhalb 10 bis 30 s nach afferenter oder psychogener Stimulation setzt eine *Transsudation* mucoider Flüssigkeit durch das Plattenepithel der **Vagina** ein. Dieses Transsudat erzeugt die Gleitfähigkeit in der Vagina und ist die Voraussetzung für die adäquate Stimulation der Afferenzen des Penis beim Geschlechtsakt. Die großen Vorhofdrüsen (Bartholinsche-Drüsen) spielen bei der Erzeugung der Gleitfähigkeit kaum eine Rolle. Die Transsudation entsteht auf dem Boden einer allgemeinen venösen Stauung (Vasocongestion) in der Vaginalwand. Sie wird wahrscheinlich durch parasympathische Neurone aus dem Sacralmark und durch sympathische Neurone aus dem Thoracolumbalmark ausgelöst. Der genaue Mechanismus der Transsudation ist bisher weitgehend unbekannt. Die Transsudation wird von einer reflektorischen Erweiterung und Verlängerung des Vaginalschlauches begleitet. Mit zunehmender Erregung bildet sich im äußeren Drittel der Vagina durch lokale venöse Stauung die **orgastische Manschette** aus (Abb. 16-20). Diese Manschette bildet zusammen mit den angeschwollenen, vergrößerten Labia minora einen langen Kanal, der die optimale anatomische Voraussetzung zur Erzeugung eines *Orgasmus* bei Mann und Frau ist. Während des Orgasmus kontrahiert sich die orgastische Manschette je nach Stärke des Orgasmus 3- bis 15mal. Diese Kontraktionen werden wahrscheinlich neuronal durch den Sympathicus vermittelt und sind mit Emissionen und Ejaculation beim Mann zu vergleichen.

Der **Uterus** richtet sich während der sexuellen Erregung aus seiner antevertierten und anteflektierten Stellung auf und steigt bei voller Erregung im Becken so auf, daß sich die Cervix von der hinteren Vaginalwand entfernt und sich dadurch im letzten Drittel der Vagina ein freier Raum zur Aufnahme des Samens *(Receptaculum seminis)* bildet. Gleichzeitig vergrößert sich der Uterus um bis zu 50%. *Aufrichtung, Elevation und Vergrößerung* des Uterus kommt einerseits durch die Vasocongestion im kleinen Becken, andererseits wahrscheinlich auch durch die neuronal erzeugten Kontraktionen der glatten Muskulatur in den Haltebändern des Uterus zustande. Während des Orgasmus kontrahiert sich der Uterus regelmäßig. Diese Kontraktionen beginnen am Fundus und laufen über das Corpus uteri zum unteren Uterinsegment. Die Kontraktionen des Uterus werden wahrscheinlich neuronal durch den Sympathicus vermittelt.

Nach dem Orgasmus bilden sich die Veränderungen an den äußeren und inneren Geschlechtsorganen meist schnell zurück. Die äußere Cervixöffnung klafft für etwa 20–30 min und taucht in das Receptaculum seminis ein. Kommt es nach starker Erregung *nicht* zum Orgasmus, so laufen die Rückbildungen langsamer ab (s. Abb. 16-21 B).

Extragenitale Reaktionen während des sexuellen Reaktionscyclus

Masters und Johnson [24] haben den Ablauf des **sexuellen Reaktionscyclus** aus praktischen Gründen in 4 Phasen eingeteilt (Abb. 16-21): *Erregungs-, Plateau-, Orgasmus- und Rückbildungsphase.* Der zeitliche Ablauf dieses Reaktionscyclus ist interindividuell sehr verschieden. Erregungs- und Rückbildungsphase dauern am längsten, während Plateauphase und besonders Orgasmusphase meistens schneller ablaufen. Beim **Mann** ist der Reaktionsablauf insgesamt *stereotyp* mit geringen interindividuellen Variationen (Abb. 16-21 A). Auf den Orgasmus folgt in der Rückbildungsphase eine *Refraktärzeit,* in der kein neuer Orgasmus durch sexuelle Stimulation erreicht werden kann. Bei der **Frau** ist der sexuelle Reaktionscyclus dagegen erheblich *variabler* in Dauer und Intensität (Abb. 16-21 B). Sie ist zu multiplen Orgasmen fähig. Wird

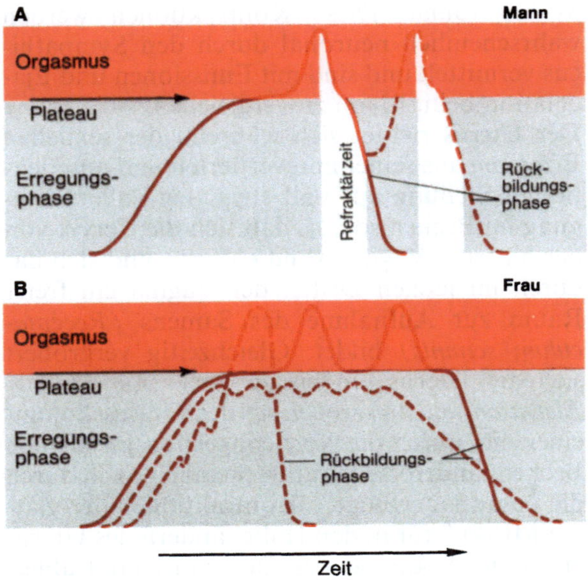

Abb. 16-21. A u. B Sexuelle Reaktionscyclen von Mann und Frau. Dauer *(Abscisse)* und Stärke *(Ordinate)* der verschiedenen Phasen sind interindividuell sehr variabel. Modifiziert nach [24]

kein Orgasmus erreicht, dauert die Rückbildungsphase länger an.

Der **Orgasmus** ist eine Reaktion des ganzen Körpers. Er besteht aus den neurovegetativ hervorgerufenen Reaktionen der Genitalorgane (beim Mann besonders der Ejaculation; bei der Frau besonders der Kontraktion von orgastischer Manschette und Uterus), allgemeinen vegetativen Reaktionen und der meist starken zentralnervösen Erregung, die zu intensiven Empfindungen und — besonders bei der Frau — zu Einengungen der übrigen Sinneswahrnehmungen führt.

Während der sexuellen Reaktionscyclen kann man vielfältige extragenitale Reaktionen beobachten [24]. *Herzfrequenz* und *Blutdruck* nehmen mit dem Erregungsgrad zu. Die Herzfrequenz erreicht Maximalwerte um 100 bis 180/min, der Blutdruck steigt diastolisch um 20 bis 40, systolisch um 30 bis 100 mm Hg an. Die *Atemfrequenz* nimmt auf bis zu 40/min zu. Der *M. sphincter ani externus* kontrakiert sich rhythmisch in der Orgasmusphase. Die **Brust** der Frau zeigt infolge einer Vasocongestion eine Zunahme der Venenzeichnung und der Größe. Die Brustwarzen sind erigiert und die Warzenhöfe angeschwollen. Diese Reaktionen der Brust können auch beim Manne auftreten, sind aber bei weitem nicht so deutlich ausgeprägt. Bei vielen Frauen und manchen Männern kann man die **„Sexualröte" (sexflush)** der Haut beobachten. Sie beginnt typischerweise in der späten Erregungsphase über dem Epigastrium und breitet sich mit zunehmender Erregung über Brüste, Schultern, Abdomen und u.U. den ganzen Körper aus. Die *Skeletmuskulatur* kontrahiert sich willkürlich und unwillkürlich. Es kommt zu nahezu spastischen Kontraktionen von mimischer Muskulatur, Bauch- und Intercostalmuskulatur. Im Orgasmus geht die willkürliche Kontrolle der Skeletmuskulatur häufig weitgehend verloren.

16.5 Aufgaben des Hypothalamus

Bei den Wirbeltieren ist der **Hypothalamus** das wichtigste Hirngebiet für die Regelung des inneren Milieus. Er ist *entwicklungsgeschichtlich* ein *alter Teil des Gehirns* und bei den landlebenden Wirbeltieren in seinem *Aufbau* im Gegensatz zu den neueren Teilen des Gehirns wie Neocortex und limbischem System relativ konstant geblieben [25]. Er ist das Zentrum aller wesentlichen homöostatischen Prozesse im Körper. Ein großhirnloses Tier ist daher nicht besonders schwer am Leben zu erhalten, während ein Tier ohne Hypothalamus äußerster Pflege bedarf, um am Leben zu bleiben, da viele homöostatische Regelmechanismen ausgefallen sind. Die *integrativen Funktionen* des Hypothalamus schließen *vegetative, somatische* und *hormonelle* Funktionen ein. Deshalb werden sie unter verschiedenen Teilgebieten der Physiologie abgehandelt, wie z.B. unter Thermoregulation (s.S. 672), Regelung von Durst und Hunger (s.S. 337), endokrinen Regulationen (s.S. 399), Regulation der sexuellen Reifung (s.S. 829) und Regulation des Schlaf-Wach-Rhythmus (s.S. 153f.).

Funktionelle Anatomie des Hypothalamus

Topographische Lage und Einteilung. Der Hypothalamus ist ein kleiner, etwa nur 5 g schwerer Teil des Gehirns, der keineswegs scharf abgegrenzt ist. Er ist mehr Teil eines *neuronalen Kontinuums,* welches sich vom Mittelhirn über den Hypothalamus zu den basalen Bereichen des Telencephalons, die eng assoziiert sind mit dem phylogenetisch alten Riechsystem, erstreckt. Der Hypothalamus ist als der ventrale Teil des Zwischenhirns *(Diencephalon)* um die ventrale Hälfte des dritten Ventrikels organisiert und liegt unterhalb (ventral) vom Thalamus. Er wird caudal vom Mesencephalon und rostral von der Lamina terminalis, der Commissura anterior und dem Chiasma opticum begrenzt (Abb. 16-22). Lateral von ihm liegen die Tractus optici,

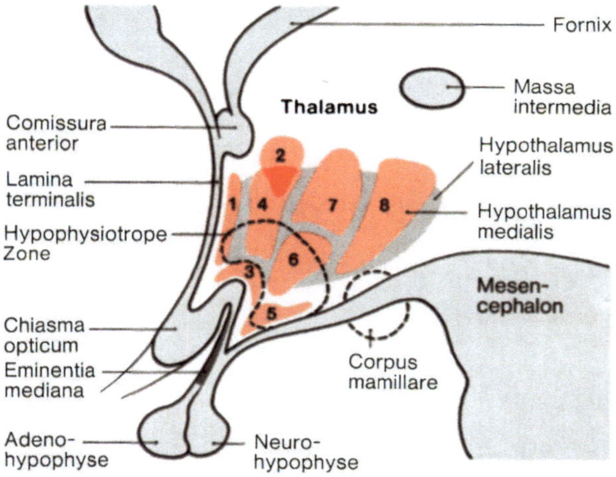

Abb. 16-22. Kerngebiete des Hypothalamus. Sagittalschnitt durch den dritten Ventrikel. Schematische Darstellung. *1.* Nucleus praeopticus (Area praeoptica); *2.* Nucleus paraventricularis; *3.* Nucleus supraopticus; *4.* Nucleus anterior (Area anterior); *5.* Nucleus infundibularis; *6.* Nucleus ventromedialis; *7.* Nucleus dorsomedialis; *8.* Nucleus posterior (Area posterior). Nach BENNINGHOFF-GOERTLER, Lehrbuch der Anatomie des Menschen, Band III, Urban & Schwarzenberg (1977)

die Capsulae internae und subthalamische Strukturen.

Innerhalb des Hypothalamus unterscheidet man drei mediolateral angeordnete Zonen [28]: eine periventriculäre, eine mediale und eine laterale Zone. Die periventriculäre Zone ist dünn und um den 3. Ventrikel organisiert. Im **medialen Hypothalamus** können mehrere Kerngebiete, die vom vorderen bis zum hinteren Hypothalamus angeordnet sind, unterschieden werden (s. rote Konturen in Abb. 16-22). Die Regio praeoptica gehört entwicklungsgeschichtlich zum Endhirn, wird aber meistens zum Hypothalamus gerechnet. Vom ventromedialen Bereich des Hypothalamus entspringt der Hypophysenstiel (Infundibulum) mit Adeno- und Neurohypophyse. Die Vorderseite des Hypophysenstiels wird **Eminentia mediana** genannt. Viele Neurone in der Regio praeoptica, der Regio hypothalamica anterior, in den Nuclei ventromedialis und infundibularis (Kerne 1, 4, 5 und 6 in Abb. 16-22) projizieren in die Eminentia mediana und setzen hier Hormone aus ihren Axonen in den Portalkreislauf zur Adenohypophyse frei. Die Kerngebiete, die die hormonproduzierenden Neurone enthalten, werden unter dem Begriff *hypophysiotrope Zone* (gestrichelt in Abb. 16-22) zusammengefaßt. Neurone in den Nuclei supraoptici und paraventriculares (Kerne 2 und 3 in Abb. 16-22) projizieren in die Neurohypophyse und kontrollieren die Produktion und Ausschüttung von Oxytocin und Adiuretin (Vasopressin, s.S. 396). Bisher ist man mit wenigen Ausnahmen (Nuclei supraoptici und paraventriculares, s.S. 395f.) nicht in der Lage, den einzelnen Kernen bestimmte Funktionen zuzuordnen.

Im **lateralen Hypothalamus** (Abb. 16-22) kann man keine Kerngebiete unterscheiden. Die diffus angeordneten Neurone im lateralen Hypothalamus werden vom *medialen Vorderhirnbündel* durchzogen. Dieses Bündel setzt sich rostral in die basolateralen Strukturen des limbischen Systems und caudal zu rostralen Strukturen des Mittelhirns fort. Es besteht aus langen und kurzen ascendierenden und descendierenden Axonen (s. Abb. 16-29 B).

Afferente und efferente Verbindungen des Hypothalamus [28]. Die afferenten und efferenten Verbindungen des Hypothalamus weisen darauf hin, daß dieses Hirngebiet ein wichtiges Integrationszentrum für somatische, vegetative und endokrine Funktionen ist (Abb. 16-23). Der **laterale Hypothalamus** ist durch mächtige Faserstränge mit dem oberen Hirnstamm, der paramedianen mesencephalen Region (limbisches Mittelhirnareal [27, 28]) und dem übergeordneten limbischen System reziprok verbunden. Afferente Einströme von der Körperoberfläche und aus dem Körperinneren erhält der laterale Hypothalamus über die ascendierenden spinobulboreticulären Bahnen. Diese Bahnen projizieren sowohl über den Thalamus als auch über das limbische Mittelhirnareal in den Hypothalamus. Andere afferente Einströme von den übrigen sensorischen Systemen erhält der Hypothalamus über noch z.T. unbekannte multisynaptische Bahnen. Seine efferenten Verbindungen zu den vegetativen und somatischen Kerngebieten im Hirnstamm und im Rückenmark laufen über multisynaptische Bahnen in der Formatio reticularis.

Der **mediale Hypothalamus** ist reziprok neuronal mit dem lateralen Hypothalamus verknüpft und erhält wenige direkte afferente Einströme von nicht-hypothalamischen Hirngebieten. Zusätzlich messen spezielle Neurone im medialen Hypothalamus wichtige Parameter des Blutes oder

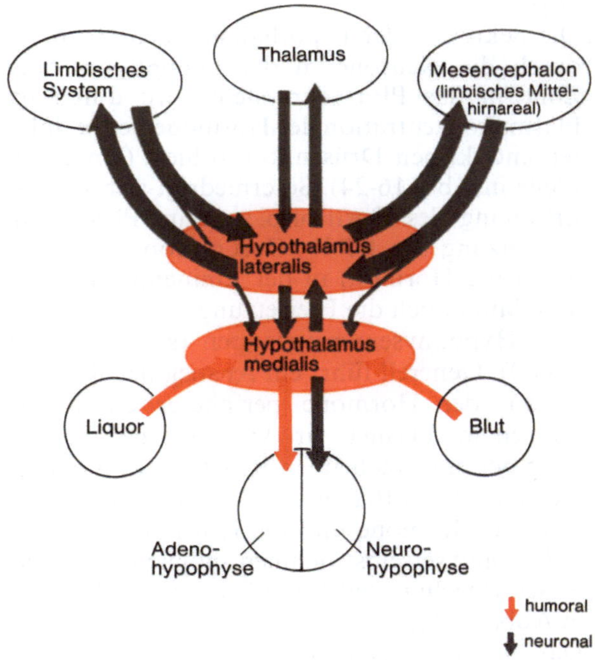

Abb. 16-23. Afferente und efferente Verbindungen des Hypothalamus. Vereinfachte schematische Darstellung

des Liquors (s. rote Pfeile in Abb. 16-23) und damit des **inneren Milieus.** Solche Receptoren registrieren beispielsweise die Temperatur des Blutes (Warmneurone, s. S. 671), die Salzkonzentration im Plasma (Osmoreceptoren, s. S. 331) oder die Konzentrationen von Hormonen im Blut. Die efferenten Verbindungen des medialen Hypothalamus zur Hypophyse sind neuronal zur Neurohypophyse und hormonal zur Adenohypophyse. Damit liegt der mediale Hypothalamus im Grenzbereich zwischen den endokrinen und den neuronalen Systemen: er nimmt die Aufgabe eines **neuroendokrinen Interface** wahr.

Das hypothalamohypophysäre System

Die Tätigkeit der meisten endokrinen Drüsen wird durch Hormone der Adenohypophyse geregelt. Die Ausschüttung dieser Hormone unterliegt wiederum der Kontrolle durch Hormone, die von Neuronen in der hypophysiotropen Zone des medialen Hypothalamus (s. Abb. 16-22) produziert werden. Wir nennen diese hypothalamischen Hormone *stimulierende* und *inhibitorische* **Releasinghormone** (RH, IH, in Abb. 16-24 und s. S. 399). Die Releasinghormone werden aus den Axonen der Neurone in der Eminentia mediana freigesetzt und gelangen auf dem Blutwege über das hypothalamohypophysäre Pfortadersystem zur Adenophypophyse.
Die Sekretion der hypothalamischen Hormone durch die Neurone in der hypophysiotropen Zone in das Pfortadersystem wird durch die Plasmakonzentration der Hormone der peripheren endokrinen Drüsen kontrolliert (lange rote Pfeile in Abb. 16-24). So erniedrigt sich z.B. bei Erhöhung des Cortisolspiegels im Plasma die Freisetzung des CRH (Corticotropin Hormon Releasing Hormon) in der Eminentia mediana und damit auch die Freisetzung von ACTH aus dem Hypophysenvorderlappen (s. Abb. 17-10, S. 400). Generell führt ein Anstieg der Konzentration der Hormone peripherer endokriner Drüsen im Plasma zur Abnahme der Freisetzung der entsprechenden Releasinghormone im medialen Hypothalamus. Auch die hypothalamischen Hormone und die Hormone der Adenohypophyse selbst nehmen möglicherweise an dieser Regelung teil (unterbrochene rote Pfeile in Abb. 16-24).
Das *negative Rückkopplungssystem* (Abb. 16-24) zwischen medialem Hypothalamus, Hypophyse und endokrinen Drüsen funktioniert auch

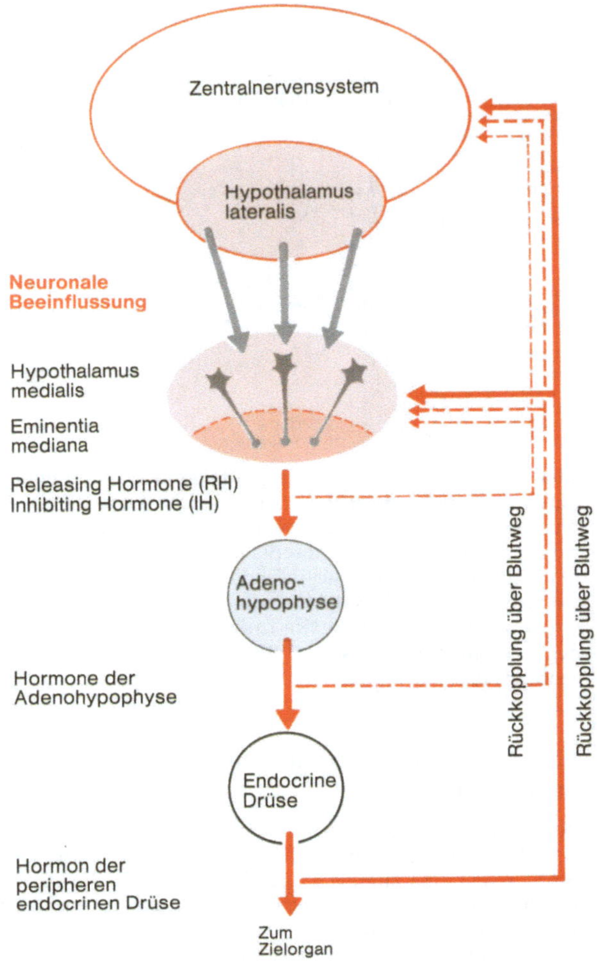

Abb. 16-24. Neuroendokrine Koppelung durch das hypothalamohypophysäre System. *RH* stimulierendes Releasinghormon, *IH* hemmendes Releasinghormon

ohne steuernde Einflüsse des ZNS, so z.B. in Tieren, bei denen der mediale Hypothalamus vom übrigen ZNS in situ isoliert wurde. Die Anpassung dieses Systems an die inneren und äußeren Bedürfnisse des Organismus geschieht durch das ZNS. So erhöht sich z.B. die Cortisolsekretion aus der Nebennierenrinde bei starken Belastungen des Organismus (*Streß*, s. S. 408). Die erhöhte Cortisolsekretion wird durch eine vermehrte Aktivität der CRH-produzierenden Neurone im medialen Hypothalamus und damit eine vermehrte Ausschüttung von CRH in die Eminentia mediana gesteuert. Diese zentralnervöse Steuerung des endokrinen hypothalamohypophysären Systems wird weitgehend über den lateralen Hypothalamus vermittelt und geht v.a. von der Regio praeoptica, Strukturen des limbischen Systems (z.B. Hippocampus und

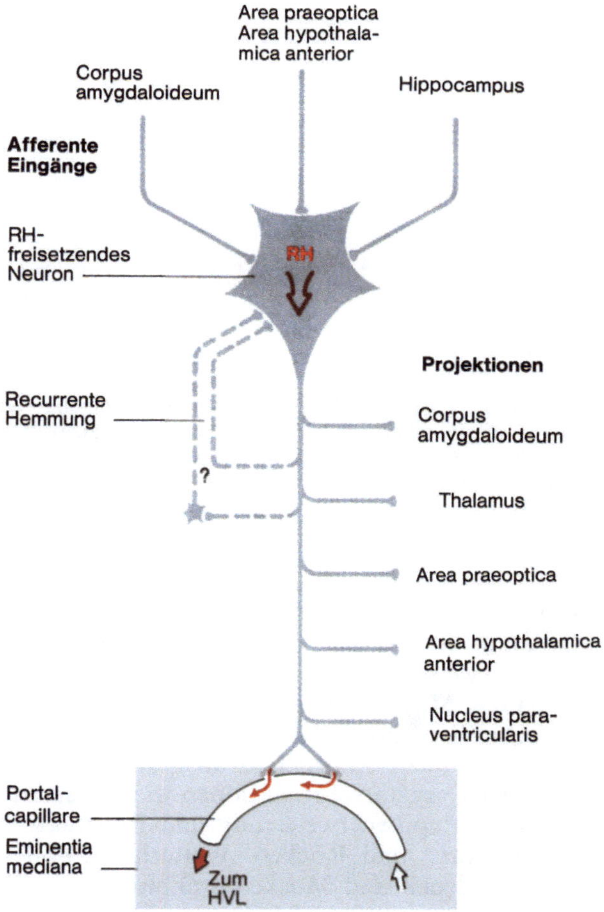

Abb. 16-25. Releasinghormon *(RH)* freisetzendes Neuron aus der hypophysiotropen Zone als Grundelement der neuroendokrinen Koppelung im Hypothalamus. Nach RENAUD [31]

Amygdala) und Strukturen des Mesencephalons aus.

Es ist wahrscheinlich, daß auch diese ZNS-Bereiche über die Hormonkonzentration im Plasma Rückmeldungen von den endokrinen Drüsen erhalten (Abb. 16-24). Man kann zeigen, daß die entsprechenden Neurone sehr spezifisch auf endokrine Hormone reagieren und diese Hormone intracellulär speichern. Als Beispiele für die biologische Bedeutung der steuernden Eingriffe des ZNS in das endokrine System mögen die circadiane Rhythmik der ACTH-Ausschüttung, die Steuerung der Sexualdrüsen bei der Sexualreifung im menstruellen Cyclus (s.S. 829), die Steuerung der Cortisolausschüttung unter Streß (s.S. 408) und die Stoffwechselerhöhung durch erhöhte Thyroxinausschüttung bei langanhaltender Kältebelastung (s.S. 406) gelten.

Die starke Verzahnung zwischen neuronalen und endokrinen Strukturen im Hypothalamus läßt sich an der Verknüpfung der Neurone in der *hypophysiotropen Zone* ablesen. So kann ein Releasinghormon-produzierendes Neuron von Strukturen des limbischen Systems (Corpus amygdaloideum und Hippocampus, s.S. 380) sowie Area praeoptica und hypothalamica anterior afferent neuronal beeinflußt werden (Abb. 16-25, oben). Weiterhin projiziert dieses Neuron mit Axoncollateralen in die verschiedensten Hirnstrukturen (Abb. 16-25, rechts). Außerdem unterliegt es der Selbstregulation durch recurrente Hemmung (Abb. 16-25, links). Der Transmitter, den die verschiedenen Axoncollateralen ausschütten, ist wahrscheinlich das Releasinghormon. Diese Zellen der hypophysiotropen Zone sind demnach einerseits **terminale integrierende Neurone,** andererseits aber auch hormonproduzierende *endokrine Zellen* [31].

Hypothalamus und kardiovasculäres System

Die *einfache Servokontrolle* des kardiovasculären Systems (arterieller Systemblutdruck, Herzzeitvolumen, Blutflußverteilung) findet im unteren Hirnstamm statt (s. Abb. 16-14; Kreislaufzentrum s.S. 549). Die Efferenzen sind sympathische und parasympathische Axone zu den verschiedenen kardiovasuclären Effectoren; die Afferenzen kommen von arteriellen Baro- und Chemoreceptoren und Mechanoreceptoren der Vorhöfe und Kammern des Herzens (s.S. 540ff.). Die *medulläre Selbststeuerung* des kardiovasculären Systems steht wiederum unter der Kontrolle des oberen Hirnstamms und ganz besonders des Hypothalamus. Diese Kontrolle geschieht einerseits durch neuronale Verknüpfungen zwischen Hypothalamus und medullärem Kreislaufzentrum, andererseits aber auch durch direkte neuronale Verbindungen vom Hypothalamus zu den präganglionären Neuronen. Die *übergeordnete neuronale Kontrolle* des kardiovasculären Systems durch den Hypothalamus geschieht bei allen komplexeren vegetativen Funktionen, die über die einfache Servokontrolle hinausgehen, wie z.B. der Thermoregulation, der Kontrolle der Nahrungsaufnahme, dem Abwehrverhalten, körperlicher Arbeit (s. unten), usw.

Anpassung des kardiovasculären Systems während Arbeit. Von ganz besonderer praktischer und theoretischer Bedeutung ist der Mechanismus der Anpassung des Herz-Kreislauf-Systems während körperlicher Arbeit. Bei Muskelarbeit erhöht sich das Herzzeitvolumen (besonders durch Erhöhung der Herzfrequenz), gleichzeitig erhöht sich der Blutfluß durch die Muskelstrombahn, während sich der Blutfluß durch Haut und Eingeweide verringert (weiteres s. Abb. 16-26). Die Anpassung des Kreislaufes geschieht praktisch sofort mit Beginn der Arbeit. Sie wird *zentralnervös über den Hypothalamus* ausgelöst. Elektrische Reizung im lateralen Hypothalamus in Höhe der Corpora mamillaria erzeugt bei Hunden bis ins Detail dieselben vegetativen Reaktionen wie bei Tieren, die auf dem Laufband arbeiten. Am anästhesierten Tier kann man Laufbewegungen und Atembeschleunigungen während elekrischer Hypothalamusreizung beobachten. Bei geringen Änderungen der Lokalisation der Reizelektrode können vegetative und somatische Reaktionen auch unabhängig voneinander hervorgerufen werden. Bilaterale **Läsionen** der Neuronenbereiche, deren Erregung zu den beschriebenen vegetativen Reaktionen führt, hat zur Folge, daß die Hunde ihr kardiovasculäres System bei der Arbeit nicht mehr anpassen können (sie ermüden rasch auf dem Laufband). Dieser Befund bedeutet, daß im lateralen Hypothalamus neuronale Strukturen vorhanden sind, die die Anpassung des Kreislaufes bei Muskelarbeit steuern. Diese Hypothalamusbereiche unterliegen der **neocorticalen Kontrolle.** Ob der Hypothalamus auch allein diese zentralnervöse Anpassung vornehmen kann, wissen wir nicht; es bedürfte dazu eines relativ spezifischen afferenten Einstromes von der Skeletmuskulatur zum Hypothalamus [52].

Hypothalamus und Verhalten

Elektrische Reizung kleiner Areale im Hypothalamus mit Mikroelektroden löst bei Tieren charakteristische Verhaltensweisen aus. Sie ähneln in ihrem Variantenreichtum den natürlichen, artspezifischen Verhaltensweisen der Tiere. Dazu gehören v.a. das *Abwehr- und Fluchtverhalten,* die *Nahrungs- und Flüssigkeitsaufnahme* (nutritives Verhalten), das *reproduktive (Sexual)-Verhalten* und das *thermoregulatorische Verhalten.* Diese Verhaltensweisen dienen der **Selbsterhaltung des Individuums** und der **Art.** Damit können sie im weiteren Sinne auch als homöostatische Prozesse betrachtet werden. Jede dieser Verhaltensweisen besteht aus somatomotorischen, vegetativen und hormonalen Komponenten.

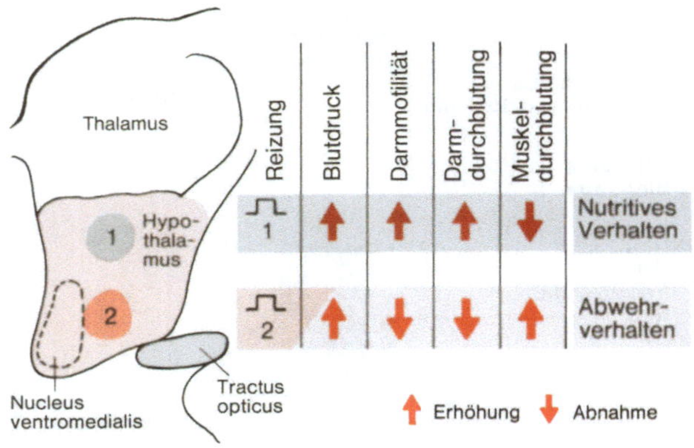

Abb. 16-26. Vegetative Reaktionen bei der Erzeugung von nutritivem Verhalten und Abwehrverhalten der Katze durch elektrische Reizung im Hypothalamus. [Modifiziert nach FOLKOW und RUBINSTEIN: Acta physiol. scand. *65*, 292–299 (1966)]

Lokale elektrische Reizung im caudalen Hypothalamus (s. Reizort *2* in Abb. 16-26) erzeugt beispielsweise bei einer wachen Katze **Abwehrverhalten.** Man beobachtet typische somatomotorische Reaktionen wie Katzenbuckel, Fauchen, gespreizte Zehen und ausgestülpte Krallen, ferner vegetative Reaktionen wie gesteigerte Atmung, Pupillenerweiterung und Piloerektion auf Schwanz und Rücken. Weiterhin erhöhen sich Blutdruck und Muskeldurchblutung, während Darmmotilität und Darmdurchblutung abnehmen (Abb. 16-26). Die meisten vegetativen Reaktionen kommen über die Aktivierung noradrenerger Neurone des Sympathicus zustande. Außer den *vegetativen* und *somatomotorischen* Reaktionen sind auch *hormonale* Faktoren an diesem Verhalten beteiligt. **Catecholamine** werden aus dem Nebennierenmark in den Blutkreislauf ausgeschüttet (s. S. 355ff. und Abb. 16-5). Die Aktivierung des hypothalamohypophysären Systems führt über die Ausschüttung von **ACTH** aus dem Hypophysenvorderlappen zur Freisetzung von **Corticosteroiden** aus der Nebennierenrinde.

Ähnliche Verhaltensweisen kann man an *diencephalen* Katzen mit intaktem Hypothalamus durch natürliche, schmerzhafte und nicht-schmerzhafte Hautreizung erzeugen. Da bei diesen Tieren das ganze Vorderhirn fehlt, hat das ausgelöste Verhalten bei ihnen keinen Bezug mehr zur Umwelt. Bei Zerstörung des caudalen Hypothalamus sind nur noch Fragmente dieses Verhaltens durch schmerzhafte Reize auslösbar. Diese Untersuchungen zeigen, daß das neuronale Substrat, welches dieses Verhalten integriert, im hinteren Hypothalamus vorhanden ist.

Nahezu komplementär zum Abwehrverhalten ist das hypothalamisch erzeugte **nutritive Verhalten.** Dieses Verhalten kann durch lokale elektrische Reizung eines hypothalamischen Areals ausgelöst werden, welches 2–3 mm dorsal vom „Abwehrareal“ liegt (s. Reizort 1 in Abb. 16-26). Ein Tier, bei dem dieses Verhalten erzeugt wird, zeigt alle Merkmale eines auf Nahrungssuche befindlichen Tieres; es beginnt bei Annäherung an einen gefüllten Trog zu fressen, auch wenn es satt ist und benagt ungenießbare Gegenstände. Die experimentellen Untersuchungen der vegetativen Parameter zeigen, daß es zur Erhöhung von Speichelfluß, Darmmotilität und Darmdurchblutung und zur Abnahme der Muskeldurchblutung kommt (Abb. 16-26). Die charakteristischen Änderungen der vegetativen Parameter während des nutritiven Verhaltens führen gewissermaßen zur vegetativen Einstellung auf den Vorgang **Nahrungsaufnahme.** Diese Verhaltensweise ist gekennzeichnet durch die Erregung des Parasympathicus zum Verdauungstrakt.

Organisationsprinzip im Hypothalamus. Die systematische Untersuchung des Hypothalamus mit *lokaler elektrischer Reizung* läßt den Schluß zu, daß die neuronalen Substrate, die verschiedenste Verhaltenweisen regulieren, im Hypothalamus vorhanden sind. Untersuchungen, die mit anderen Methoden vorgenommen worden sind, wie z.B. *Läsionen* oder *chemische Reizung,* ergänzen und unterstützen diesen Schluß.

So bewirkt z.B. die Läsion des Areals im lateralen Hypothalamus, von dem durch elektrische Reizung Freßverhalten induziert werden kann (dem sog. Freß- oder Hungerzentrum; s.S. 337), Aphagie (Nahrungsverweigerung), während die Läsion des Areals im medialen Hypothalamus, von dem man eine Hemmung des Freßverhaltens auslösen kann (dem Sättigungszentrum), Hyperphagie (Freßlust) auslöst. *Chemische Reizung* von Neuronenpopulationen kann mit Substanzen vorgenommen werden, die als synaptische Überträgerstoffe im Hypothalamus in Frage kommen, wie z.B. Noradrenalin, Acetylcholin, Glycin, Gammaaminobuttersäure, Neuropeptide. So führt z.B. die Mikroinjektion von Noradrenalin in den Hypothalamus zur dramatischen Zunahme der Nahrungsaufnahme, während die Mikroinjektion von Acetylcholin selektiv die Aufnahme von Flüssigkeit auslösen kann [30].

Die Bereiche im Hypothalamus, von denen die Verhaltensweisen auslösbar sind, überlappen jedoch sehr stark. Es ist deshalb bisher auch nicht gelungen, die Neuronenpopulationen, die die Verhaltensweisen regulieren, neurophysiologisch und neuroanatomisch zu beschreiben. So stimmt z.B. die Lage der neurohistologisch herausgearbeiteten Kerngebiete im Hypothalamus (s. Abb. 16-22) mit den Arealen, von denen die Verhaltensweisen auslösbar sind, nicht oder nur sehr vage überein. Man darf sich also die neuronalen Strukturen, die die einzelnen Reaktionen zu Verhaltensweisen integrieren, *nicht anatomisch fest umrissen vorstellen,* wie es etwa in den Begriffen „Sättigungszentrum“ oder „Hungerzentrum“ zum Ausdruck kommen mag.

Die neuronale Organisation im Hypothalamus, aufgrund derer dieses kleine Hirngebiet befähigt ist, die Vielzahl lebenswichtiger Verhaltensweisen und neurohumoraler Regulationen zu kontrollieren, ist zur Zeit noch ein großes Rätsel. Vermutlich sind die verschiedenen hypothalamischen Neuronenverbände durch die Spezifität der afferenten und efferenten Verknüpfungen, der synaptischen Überträgerstoffe, der räumlichen Anordnung der Dendriten und andere Parameter charakterisiert. Es muß angenommen werden, daß diese uns bisher nicht zugänglichen hypothalamischen neuronalen Netzwerke eine Vielzahl von **Programmen** enthalten. Diese Programme können durch neuronale Befehle von übergeordneten Hirnstrukturen (z.B. von Strukturen des limbischen Systems) und/oder durch Signale von den Sinnessystemen und aus dem Körperinneren aktiviert werden und führen zur Erzeugung verschiedenster Verhaltensweisen und neurohumoraler Regulationen (Abb. 16-27).

Lange Zeit wurde angenommen, daß die cranialen Anteile des Hypothalamus somatische, vegetative und endokrine Reaktionen im Körper integrieren, die die Erholung des Organismus, die Konservierung der Körperenergien, die

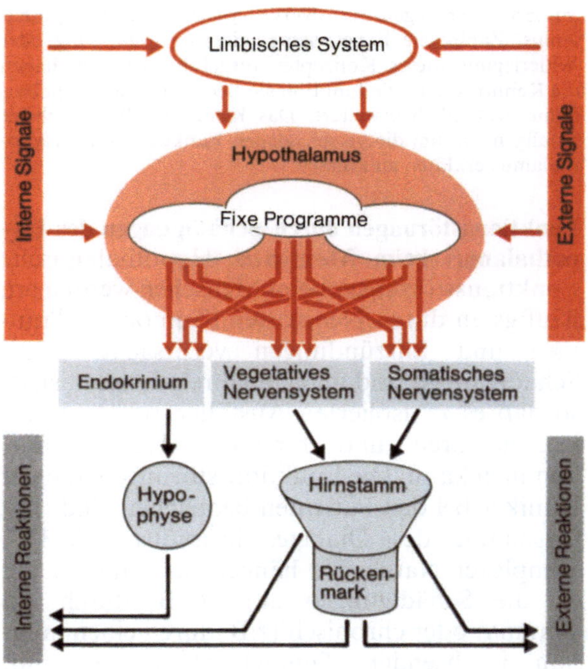

Abb. 16-27. Schema zur funktionellen Organisation hypothalamischer Verhaltensweisen

Tabelle 16-3. Funktionsstörungen durch Schädigungen des Hypothalamus beim Menschen. Nach [31]

	Vorderer Hypothalamus mit Regio praeoptica	Intermediärer Hypothalamus	Hinterer Hypothalamus
Funktion	Schlaf-Wach-Rhythmus, Thermoregulation, Endokrine Regulationen	Wahrnehmung, calorischer Haushalt, Flüssigkeitshaushalt, endokrine Regulationen	Wahrnehmung, Bewußtsein, Thermoregulation, komplexe endokrine Regulationen
Läsionen: Akut	Schlaflosigkeit, Hyperthermie, Diabetes insipidus	Hyperthermie, Diabetes insipidus, endokrine Störungen	Schlafsucht, emotionale Störungen, vegetative Störungen, Poikilothermie
Chronisch	Schlaflosigkeit, komplexe endokrine Störungen (z.B. Pubertas praecox), endokrine Störungen infolge Schädigung der Eminentia mediana, Hypothermie, kein Durstgefühl	*Medial:* Gedächtnisstörungen, emotionale Störungen, Hyperphagie und Fettsucht, endokrine Störungen *Lateral:* emotionale Störungen, Abmagerung und Appetitlosigkeit, kein Durstgefühl	Gedächtnisverlust, emotionale Störungen, Poikilothermie, vegetative Störungen, komplexe endokrine Störungen (z.B. Pubertas praecox)

Verdauung und die Ausscheidung fördern. Dieser Prozeß wurde mit der Erregung des Parasympathicus gekoppelt und in dem Begriff **trophotrope Reaktion** zusammengefaßt. Es wurde weiterhin angenommen, daß Aktivierung der caudalen Anteile des Hypothalamus zur Erregung des adrenergen sympathischen Systems, zur Mobilisierung der Körperenergien und zur Steigerung des Leistungsvermögens führt. Dieser Prozeß wurde in dem Begriff **ergotrope Reaktion** zusammengefaßt. Die von Hess [14] geprägten Begriffe implizieren, daß der Hypothalamus aus *zwei funktionell* und *anatomisch verschiedenen Systemen* besteht, und übertragen den Antagonismus zwischen Sympathicus und Parasympathicus im peripheren vegetativen Nervensystem auf den Hypothalamus. Zahlreiche Experimente, die zur Bestätigung oder Widerlegung dieses Konzeptes ausgeführt wurden, haben die Kenntnis über die funktionelle Bedeutung des Hypothalamus wesentlich erweitert. Das Konzept selbst erscheint zu allgemein, um die verschiedenen Funktionen des Hypothalamus erklären zu können.

Funktionsstörungen durch Schädigungen des Hypothalamus beim Menschen. Hypothalamische Funktionsstörungen beim Menschen werden am häufigsten durch Neoplasien (Tumoren), Traumen und Entzündungen verursacht. Diese Schädigungen sind manchmal relativ lokalisiert, so daß es zu isolierten Ausfällen im vorderen, intermediären und hinteren Hypothalamus kommen kann. Die Funktionsstörungen, die der Kliniker bei den Patienten beobachet, sind (mit Ausnahme des Diabetes insipidus, s.S. 397) komplexer Natur. Sie hängen auch davon ab, ob die Schädigungen akut (z.B. durch ein Trauma) oder chronisch (z.B. durch einen langsam wachsenden Tumor) entstanden sind. Akute kleine Schädigungen können zu bemerkenswerten Funktionsstörungen führen, während Funktionsstörungen durch langsam wachsende Tumoren erst dann auftreten, wenn die Schädigungen erhebliche Ausmaße erreicht haben. Die komplexen Funktionen des Hypothalamus und ihre Störungen sind in Tabelle 16-3 aufgeführt. Die Störungen der Wahrnehmung, des Gedächtnisses und des Schlaf-Wach-Rhythmus kommen z.T. durch Schädigungen ascendierender und descendierender Systeme von und zu Strukturen des limbischen Systems zustande (s. auch Abb. 16-23 und 16-29B) [31].

16.6 Limbisches System und Verhalten

Vereinfachend besteht das Großhirn aus Neocortex und limbischem System. Es erzeugt durch seine integrale Aktivität zielgerichtetes menschliches Verhalten. Dabei reguliert der *Neocortex* eher die präzise räumlich-zeitliche Kommunikation mit der Umwelt und die formal-intellektuellen und stereognostischen Fähigkeiten und das *limbische System* die Stimmungen und Handlungsbereitschaften, d.h. das Motivationsgefüge und die Emotionen des Menschen, sowie die Lern- und Gedächtnisprozesse. Das limbische System prägt die Bedeutung der Informationen aus Innen- und Außenwelt des Menschen und bestimmt damit sein so charakteristisches zweckorientiertes Verhalten.

Als limbisches System faßt man phylogenetisch alte Teile des Telencephalons und die davon ab-

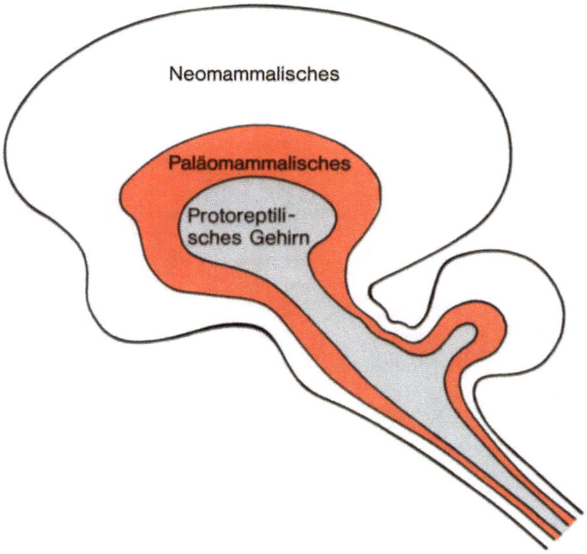

Abb. 16-28. Schematische Darstellung und Einteilung des Gehirns in 3 Gehirntypen. Nach McLean [51]

stammenden subcorticalen Strukturen zusammen. Ursprünglich wurde der Begriff „La grande lobe limbique“ von Broca [50] eingeführt. Dieser Begriff bezeichnete zunächst nur corticale Areale des ZNS, die wie ein Gürtel bilateral *ringförmig* (*Limbus* = Saum) zwischen Hirnstamm und Hypothalamus einerseits und Neocortex andererseits angeordnet sind (Abb. 16-29 A), wie Gyrus cinguli, Gyrus hippocampalis und einige Gyri, die in enger Nachbarschaft zu den Fasern aus dem Bulbus olfactorius stehen. Da angenommen wurde, daß diese Strukturen Riechfunktion haben, wurden sie als *Rhinencephalon* bezeichnet. MacLean [50, 51] hat in neuerer Zeit die von Broca beschriebenen corticalen Strukturen und subcorticale telencephale Strukturen mit dem rein descriptiven Begriff „limbisches System“ bezeichnet. Er sieht diese Hirnstrukturen als eine funktionelle Einheit an, die die neuronalen Substrate der Ausdruckmechanismen und Gestaltung des emotionalen Verhaltens der Säuger enthält [51].

MacLean [51] hat vorgeschlagen, das Gehirn der Säuger nach funktionellen, neuroanatomischen, ethologischen und phylogenetischen Gesichtspunkten in 3 Systeme einzuteilen: *protoreptilisches, paläomammalisches* und *neomammalisches* Gehirn (Abb. 16-28). Das **protoreptilische** Gehirn besteht aus Hirnstamm, Diencephalon und Stammganglien. Es integriert stereotype, weitgehend angeborene Verhaltensweisen (Instinkte), die wichtig zum Überleben sind. Es zeichnet sich durch einen Mangel an Flexibilität aus und ist deshalb an stabile Umwelten gebunden. Das **paläomammalische Gehirn** besteht aus den Strukturen des limbischen Systems. Es ist nach MacLean der erste Versuch in der Natur, Bewußtsein zu entwickeln. Er bezeichnete dieses Gehirn auch als *„viscerales Gehirn“*, da es besonders auch Informationen aus dem Körperinneren erhält und diese Informationen zur Bildung von Gedächtnisinhalten und deren affektiver Tönung wichtig sind. Dieses Gehirn ist fähig, das genetisch fixierte stammesgeschichtliche Verhaltensrepertoire zu überspielen und zu modifizieren. Dieses Gehirn enthält die Strukturen für das artspezifische Verhalten der Säuger. Das **neomammalische Gehirn** besteht aus dem Neocortex. Dieses Gehirn kann weitgehend ungeachtet der Signale aus dem Körperinneren arbeiten. Es analysiert die Signale aus der Umwelt im zeitlich-räumlichen Koordinatensystem und entwirft Handlungsstrategien und Konzepte. Es ist ein Gehirn, welches die Zukunft plant und die „konservativen“, „altbewährten“ Handlungsstrategien, die im paläomammalischen Gehirn niedergelegt sind, modifiziert.

Diese Einteilung ist spekulativ. Es gibt keinen Hinweis, daß je ein Reptil existierte, welches ein Gehirn hatte, das dem protoreptilischen Gehirn entspricht. Soweit bekannt, haben alle lebenden Reptilien auch Hirnteile, die den Strukturen des limbischen Systems und dem Neocortex homolog sind. Das Argument für die Einteilung des Gehirns in 3 Prototypen leitet sich aus der Möglichkeit ab, allgemeine Verhaltensfunktionen der Organismen in anatomischen Strukturen zu identifizieren. Deshalb ist dieses Hirnmodell ein bildlicher Ausdruck des hierarchischen Aufbaus von Gehirn und Verhalten.

Anteile des limbischen Systems

Die **corticalen Anteile** des limbischen Systems sind dreischichtig (Allocortex) und am Übergang zum sechsschichtigen Neocortex (Isocortex, s. S. 135) fünfschichtig (Übergangscortex, Mesocortex). Sie bestehen aus dem *Hippocampus* (Ammonshorn, Gyrus dentatus und Subiculum), *Gyrus parahippocampalis* (Area entorhinalis und Praesubiculum), *Gyrus cinguli* (mit Cortex subcallosus) und alten Anteilen des Riechhirns (Bulbus olfactorius, Tuberculum olfactorium, Rindenanteile über dem Corpus amygdaloideum). Viele Autoren rechnen auch den orbitofrontalen Cortex, den insulären Cortex und Teile des temporalen Cortex zum limbischen System. Zu den *subcorticalen Anteilen* gehören das *Corpus amygdaloideum,* die *Septumkerne* (mit Nucleus accumbens und Brocaschem Diagonalband) und der *Nucleus thalami anterior*. Viele Autoren rechnen auch Regio praeoptica, Hypothalamus und Corpora mamillaria zum limbischen System (Abb. 16-29).

Die afferenten und efferenten Verbindungen der Strukturen des limbischen Systems mit Nachbarstrukturen und untereinander sind sehr vielfältig und erst z.T. bekannt (Abb. 16-29 B). Auffällig sind die mächtigen **reziproken Verbindungen mit dem Hypothalamus.** Der Hippocampus und das Septum kommunizieren über den *Fornix,* das Corpus amygdaloideum über die *Stria terminalis* und das *amygdalafugale Bündel* (nicht

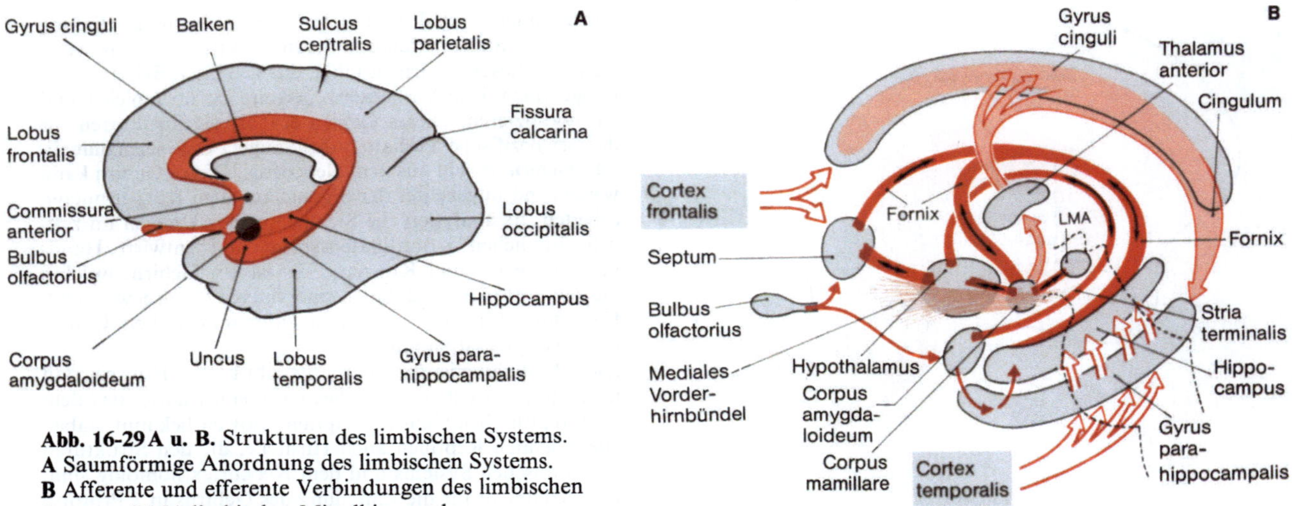

Abb. 16-29 A u. B. Strukturen des limbischen Systems. **A** Saumförmige Anordnung des limbischen Systems. **B** Afferente und efferente Verbindungen des limbischen Systems. **LMA** limbisches Mittelhirnareal

in Abb. 16-29 B) und die frontobasalen Riechhirnanteile über das *mediale Vorderhirnbündel* mit dem Hypothalamus und den Corpora mamillaria. Über Hypothalamus und Corpora mamillaria steht das limbische System mit Strukturen des Mesencephalon (dem limbischen Mittelhirnareal, LMA in Abb. 16-29 B; s. auch Abb. 16-23) in Verbindung [27, 28].

Auffällig ist, daß die Strukturen des limbischen Systems in *multiplen Erregungskreisen* organisiert sind. Der Neuronenkreis, der sich aus Gyrus parahippocampalis, Hippocampus, Fornix, Septum, Corpus mamillare, Thalamus anterior, Gyrus cinguli und Cingulum zusammensetzt, hat wahrscheinlich Bedeutung als neuronales Substrat der Emotionen [51] und der Bildung des Gedächtnisses (s. S. 169) [27, 28].

Das limbische System kommuniziert mit dem Neocortex über das Frontalhirn und das Temporalhirn (Abb. 16-29 B). Das **Temporalhirn** vermittelt besonders Informationen von den visuellen, auditorischen und somatosensorischen Cortices zum Corpus amygdaloideum und zum Hippocampus. Das **Frontalhirn** ist wahrscheinlich die wichtigste neocorticale Kontrollinstanz des limbischen Systems. Es ist außerdem der einzige neocorticale Bereich, der direkte neuronale Verbindungen zum Hypothalamus hat.

Funktionen des limbischen Systems

Das limbische System steuert das emotionale Verhalten und damit das Motivationsgefüge von Tier und Mensch. Es dient *global* der Verbesserung der **Adaptation** an sich ständig wechselnde Umwelten. Störungen dieser Adaptation, die durch krankhafte Veränderungen oder experimentelle Eingriffe am limbischen System erzeugt werden, führen zu fehlangepaßten Verhaltensweisen, d.h. zu Störungen der Funktionskreise, die das limbische System steuert und die ihre neuronalen Substrate im Hypothalamus und oberen Mesencephalon haben: nutritives Verhalten, Verhalten zum Schutze des Individuums und der Art und soziosexuelles Verhalten. Die Regelung dieser Funktionskreise äußert sich beim Tier in seinen **artspezifischen Verhaltensweisen.** Beim Menschen führen Veränderungen am limbischen System zu Störungen seiner **emotionalen Verhaltensweisen,** die dem artspezifischen Verhalten wahrscheinlich homolog sind. Im folgenden werden an Hand klinischer und tierexperimenteller Beispiele die Funktionen einiger Strukturen des limbischen Systems erläutert.

Corpus amygdaloideum. Das Corpus amygdaloideum des Menschen ist ein großes, hochdifferenziertes subcorticales Kerngebiet in der Tiefe des Temporallappens (Abb. 16-29). Elektrische Reizung der verschiedenen Anteile des Corpus amygdaloideum führt bei Katzen und Affen im Prinzip zu denselben Reaktionsmustern wie elektrische Reizung des Hypothalamus (s. S. 378 f.) oder zur Hemmung dieser Muster. Das gilt sowohl für elementare, homöostatische Reaktionsmuster als auch für Verhaltensmuster mit allen vegetativen, endokrinen und somatischen Reaktionen.

Bilaterale Zerstörung des Corpus amygdaloideum beim Tier führt zu keinen ernsthaften Störungen der im Hypothalamus integrierten homöostatischen Funktionen. Im Gegensatz dazu ist aber ein bilateral **amygdalektomiertes Tier** schwer verhaltensgestört. Affen sind nicht mehr in der Lage, als Mitglieder von Sozialgruppen zu funktionieren. Sie sind unfähig, die soziale Bedeutung exteroceptiver (besonders visueller, auditiver und olfactorischer) Signale, die Sozialverhalten regulieren, zu erkennen und in Beziehung zu setzen zu den eigenen affektiven Zuständen (Stimmungen), die die Annäherung und Meidung anderer Mitglieder der Gruppe regulieren und damit die Bausteine sozialer Interaktion sind. Die amygdalektomierten Affen meiden die Mitglieder der Gruppe, wirken ängstlich und unsicher.

Bei Einzelhaltung im Käfig entwickeln dieselben Affen Symptome des klassischen **Klüver-Bucy-Syndroms.** Dieses Syndrom wurde zum ersten Male von KLÜVER und BUCY [46] an Rhesusaffen, denen beide Schläfenlappen mit Uncus, Corpus amygdaloideum und Hippocampusanteilen (Abb. 16-29) entfernt worden waren, beschrieben. Die Affen zeigten schwere Störungen ihres affektiven Verhaltens, die aus folgenden Symptomen bestehen: psychische Blindheit (die Affen können Eßbares von Nichteßbarem nicht mehr unterscheiden); extreme orale Tendenzen (die Affen ergreifen alle Gegenstände mit den Lippen und nehmen sie in den Mund) und abnorme Futtergelüste; Hypersexualität; Zuwendung auf alle in Sicht kommenden Gegenstände; schwere Mängel an Angst und affektiven Reaktionen. Die Verhaltensstörungen, die sich im Klüver-Bucy-Syndrom bei Affen im Käfig und bei amygdalektomierten Affen in der Sozialgruppe zeigen, sind nur scheinbar widersprüchlich. Aus beiden Beobachtungen kann man folgern, daß die Tiere unfähig sind, die Bedeutung sensorischer Reize aus der Umwelt (bei Primaten besonders visuelle und akustische Signale) für ihr eigenes Verhalten zu erkennen und zu den eigenen affektiven Zuständen in Beziehung zu setzen. Damit ist die normale Interaktion zwischen eigenem Verhalten und der Umwelt, besonders im *sozialen Kontext* mit Mitgliedern der eigenen Gruppe und mit Fremden, gestört [20].

Man vermutet, daß die Verhaltensstörungen der Affen durch die bilaterale Unterbrechung zwischen **Temporallappen** und hypothalamischen neuronalen Mechanismen zustande kommt und daß deshalb keine Anpassung zwischen sensorischen Informationen und affektiven Zuständen stattfinden kann. Das Corpus amygdaloideum wäre nach dieser Vorstellung die Hirnstruktur, die diese *Anpassung* vornimmt. Folgende und andere Befunde sprechen für diese Vermutung: 1. In elektrophysiologischen Untersuchungen können die Neurone im Corpus amygdaloideum über den Temporallappen von den primären neocorticalen sensorischen Arealen aktiviert werden. 2. Temporallappenepilepsien beim Menschen sind durch komplexe sensomotorische und vegetative Störungen gekennzeichnet. Bei diesen (focalen) Epilepsien hat die (pathologische) Erregung ihren Ursprung im Temporallappen und führt zur Erregung des Corpus amygdaloideum. Die Patienten haben häufig am Beginn eines Anfalls komplexe differenzierte Halluzinationen über vergangene Erlebnisse, ehe es zur Erregung des Corpus amygdaloideum kommt. Dieselben Halluzinationen können bei den Patienten auch durch topische elektrische Reizung des Temporallappens ausgelöst werden [20, 26, 39].

Die klinischen und experimentellen Beobachtungen bei Mensch und Tier sprechen dafür, daß das temporoamygdaläre System wichtige neuronale Substrate für erlerntes motiviertes Verhalten und für Emotionen enthält. In diesem System werden vermutlich die komplexen sensorischen Informationen mit entsprechenden Informationen (Gedächtnisinhalten), die in der Vergangenheit gespeichert worden sind, verglichen. Damit bekommen die sensorischen Informationen Bedeutung für den Organismus und führen über das Corpus amygdaloideum zur Aktivierung solcher affektiver Verhaltensmuster, die sich in der Vergangenheit bei entsprechender Umweltkonstellation als zweckmäßig herausgebildet haben. Dabei aktiviert oder/und hemmt das Corpus amygdaloideum die entsprechenden hypothalamischen Mechanismen [20, 39].

Wie der Neocortex über den affektiven Zustand informiert wird und es zur Bewußtwerdung der Emotionen kommt, ist unbekannt. Dies geschieht möglicherweise von Hypothalamus, Corpora mamillaria und limbischen Mittelhirnareal über den Thalamus anterior zum Gyrus cinguli (Abb. 16-29B) und über den Thalamus mediodorsalis zum Frontalhirn oder direkt vom Corpus amygdaloideum zum Neocortex [26]. Darüber hinaus weiß man nicht, wie der Organismus erlernt, die für ihn (besonders im sozialen Kontext) wichtigen exteroceptiven Signale mit affektiven Zuständen in Beziehung zu setzen. Man vermutet, daß auf die Neurone des Corpus amygdaloideum Informationen aus der *Umwelt* vom Cortex temporalis und Informationen über die homöostatischen Zustände des *inneren Milieus* vom Hypothalamus konvergieren und zu Änderungen der synaptischen Verbindung führen. Diese Gedächtnisinhalte müssen sehr stabil und dauerhaft sein, so daß dauerhafte Assoziationen zwischen Umweltreizen und motivierten Verhaltensmustern entstehen können [20, 39].

Emotionen und limbisches System

Obwohl der Begriff „Emotion" jedermann verständlich ist, entzieht er sich einer präzisen wissenschaftlichen Definition [19]. Wir verstehen unter Emotionen unsere *Gefühle* und *Stimmungen* und deren *Ausdruck* in unserem motorischen Verhalten, in den Reaktionen des vegetativen Nervensystems und der endokrinen Systeme. So erhöhen sich z.B. Blutdruck, Herzfrequenz, Schweißsekretion und Konzentration der Catecholamine im Blut bei einem Menschen während der Betrachtung eines aufregenden Filmes. Die Emotionen umfassen alle negativen und positiven affektiven Zustände von Angst und Furcht bis zu Liebe und Glück. Gefühle und Stimmungen können nur introspektiv erfahren werden. Sie werden uns bewußt und sind kommunizierbar durch unser Sprachvermögen. Der Ausdruck der Emotionen im motorischen Verhalten, in den vegetativen und in den endokrinen Reaktionen ist dagegen der *objektiven wissenschaftlichen Beobachtung* zugänglich und kann unter verschiedenen emotionalen Zuständen gemessen werden.

Der Versuch, die verschiedenen Emotionen durch die Muster motorischer, vegetativer und endokriner Reaktionen objektiv zu beschreiben und damit zu klassifizieren, mißlang bisher. Es ist nur möglich, die groben Emotionen auf diese Weise zu erfassen. Dieser Mißerfolg machte 2 Ansätze, die wichtige theoretische und praktische Folgen gehabt hätten, zunichte: 1. Eine operationelle Definition von Emotionen an Hand vegetativer Parameter unter Ausschluß von Introspektion und Analogieschluß wurde unmöglich. 2. Die objektive Diagnose der affektiven Störungen bei sog. psychosomatischen Erkrankungen aus den Mustern der peripher zu beobachtenden vegetativen und humoralen Störungen erwies sich als undurchführbar.

Es ist wahrscheinlich, daß der Ausdruck der Emotionen weitgehend auf **ererbten angeborenen Reaktionen** beruht [6]. Diese Reaktionen haben *Signalcharakter* gegenüber Artgenossen und Mitgliedern anderer Species und sind biologisch sicherlich vorteilhaft in der Evolution gewesen. So ist z.B. ein wütender Affe mit gesträubten Haaren ein deutlicheres Signal für seine Artgenossen und andere Tiere als ohne gesträubte Haare. Man kann deshalb die Emotionen biologisch höchstwahrscheinlich dem *‚artspezifischen Verhalten‘* unterordnen. Emotionen haben auch Signalcharakter nach innen, indem sie das Individuum dazu veranlassen, sich an Veränderungen in der Umwelt durch Ausbildung neuer Verhaltensweisen anzupassen.

Die Entstehung der Emotionen ist an die kognitiven Fähigkeiten der Säuger und demnach an *Wahrnehmung* und *Bewertung* von sensorischen Reizen und an *Gedächtnis* gebunden. Dabei sind die motorischen, vegetativen und endokrinen Störungen, die man bei verschiedenen emotionalen Zuständen beobachtet, einerseits Ausdruck solcher kognitiver Prozesse, andererseits können diese Reaktionen die Emotionen über afferente Rückmeldungen auch beeinflussen. Bis heute gibt es weder eine einheitliche wissenschaftliche Theorie der Emotionen, die allgemein akzeptiert wird, noch genügend präzise Vorstellungen, wie und wo die Emotionen entstehen und was ihr neuronales Substrat ist. Wahrscheinlich sind *alle* Strukturen des limbischen Systems, der Hypothalamus, das limbische Mittelhirnareal und das Stirnhirn an der Gestaltung und Differenzierung der Emotionen beteiligt. So führen z.B. *hirnorganische Erkrankungen* (Tumoren, Entzündungen, Systemerkrankungen), die diese Hirnstrukturen befallen, und Verletzungen dieser Hirnstrukturen durch äußere Gewalteinwirkung häufig zu Veränderungen des emotionalen Verhaltens. Umgekehrt wurden und werden bei Menschen, die an unheilbaren, nicht erträglichen, schweren *Verhaltensstörungen* leiden, wie beispielsweise Zwangsneurosen, unstillbarem Sexualtrieb, schweren Angstzuständen und Depressionen, durch stereotaktische Zerstörung kleiner Areale dieser Hirnstrukturen die schweren emotionalen Störungen gelindert oder beseitigt. So entfernt oder durchtrennt man den vorderen Gyrus cinguli, das Cingulum, den Fornix, die Stirnhirnbahnen und Kerne im Thalamus, Hypothalamus oder im Corpus amygdaloideum. Diese chirurgischen Eingriffe am Gehirn sind natürlich wegen ihrer Irreversibilität und ihrer postoperativen unerwünschten, z.T. nicht vorhersagbaren Persönlichkeitsveränderungen nicht unbedenklich (s. Psychochirurgie, S. 174).

Eine sehr häufige emotionale Störung, mit der der praktizierende Arzt konfrontiert wird, ist **Angst.** Sie ist gekennzeichnet durch Unruhe und Aufgeregtheit infolge der Vorstellung der Bedrohung einer wirklichen oder vermeintlichen Gefahr, der man sich nicht gewachsen fühlt. Angstzustände äußern sich in *motorischen Störungen,* wie z.B. der Gestik und des Gesichtsausdruckes, und in *vegetativen Störungen,* wie z.B. Schweißausbrüchen, Tachycardie, Extrasystolen, Bluthochdruck, Störungen des Verdauungstraktes (Magenverstimmung, Diarrhoe), Schlaflosigkeit, trockenem Mund und weiten Pupillen. Angst kann sich auch sehr diskret nur in einzelnen vegetativen Störungen äußern und wird dann meistens sehr ungenau als vegetative Dystonie oder als psychosomatische Erkrankung diagnostiziert [20, 26].

Monoaminerge Systeme und Verhalten

Zentrale Organisation monoaminerger Systeme. Große Bedeutung für die *globale Regulierung* tierischen und menschlichen Verhaltens scheinen die neuronalen monoaminergen Systeme zu haben. Die Systeme sind *dopaminerg, noradrenerg* und *serotoninerg,* haben ihre Ursprünge im Hirnstamm und innervieren praktisch alle Hirnbereiche.

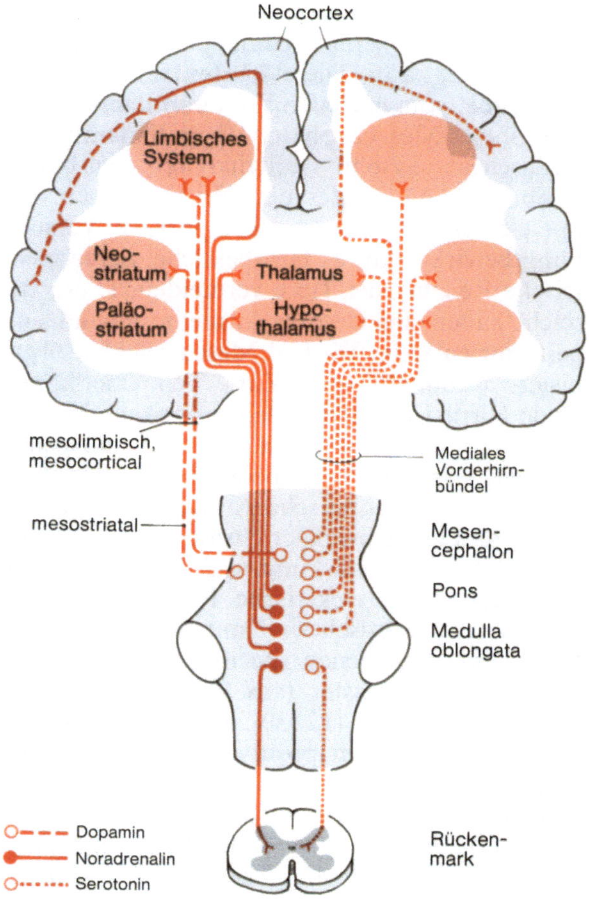

Abb. 16-30. Schematische Darstellung der zentralen monoaminergen Systeme. [Modifiziert nach ANDEN et al.: Acta physiologica scandinavica *67*, 313 (1966)]

Die Monoamine bilden nach Behandlung mit Aldehyden oder Glyoxylsäure sog. Fluophore, die je nach Amin mit charakteristischen Wellenlängen fluoreszieren, wenn sie durch UV-Licht erregt werden. Diese Tatsache macht sich die *Histofluoreszenzmikroskopie* zunutze, um Zellkörper, Axone und Nervenendigungen der monoaminergen Neurone im ZNS selektiv darzustellen.

Noradrenerge Neurone (Abb. 16-30, links) haben ihre Zellkörper in verschiedenen Gruppen in der Medulla oblongata und Pons, besonders im *Locus coeruleus*. Die meisten ascendierenden Axone ziehen durch das *mediale Vorderhirnbündel*. Die im Hirnstamm mehr dorsal gelegenen Axone kommen vorwiegend vom *Locus coeruleus*. Sie innervieren verschiedene Strukturen im Mesencephalon, im Thalamus und Telencephalon, darunter besonders Corpus amygdaloideum, Hippocampus, Gyrus Cinguli, Cortex entorhinalis und Neocortex. Die Innervation des Neocortex ist sehr diffus und gleichmäßig im Vergleich zur dopaminergen Innervation (s.u.). Die im Hirnstamm mehr ventral gelegenen Axone innervieren vorwiegend mesencephale Strukturen, Hypothalamus, Area praeoptica und Bulbus olfactorius. Ein Teil der noradrenergen Neurone projiziert mit seinen Axonen in das ventrale Horn, das laterale Horn und das Hinterhorn (vorwiegend die Substantia gelatinosa) des Rückenmarks und in das Cerebellum. Dabei können einzelne noradrenerge Neurone des Locus coeruleus mit ihren Collateralen gleichzeitig zum Neocortex, Hippocampus, Cerebellum und ins Rückenmark projizieren.

Neuerdings sind auch adrenerge Neurone im unteren Hirnbereich entdeckt worden. Eine besondere Bedeutung haben wahrscheinlich die adrenergen Neurone der rostralen ventrolateralen Medulla in der Kreislaufregulation (Abb. 16-14).

Die *dopaminergen Neurone* (Abb. 16-30, links) haben ihren Ursprung im ventralen Mesencephalon (mesotelencephales dopaminerges System). Die mehr lateral gelegenen Neurone aus der Zona compacta der *Substantia nigra* innervieren das Neostriatum (Putamen und Nucleus caudatus) und den Nucleus accumbens. Die Zerstörung dieser dopaminergen Neurone führt zur *Parkinsonschen Erkrankung* (s. S. 118). Die mehr medial im ventralen Mesencephalon gelegenen Neurone innervieren besonders Kernstrukturen des limbischen Systems (Corpus amygdaloideum, Septum, Tuberculum olfactorium) und allo- und neocorticale Areale (vorwiegend *Cortex frontalis, Gyrus cinguli* und Cortex entorhinalis). Die meisten Axone der dopaminergen Neurone ziehen wie die der noradrenergen Neurone durch das *mediale Vorderhirnbündel*. Weitere dopaminerge Systeme mit kurzen Axonen, die in die Eminentia mediana hineinprojizieren und wahrscheinlich an der Freisetzung der Releasinghormone beteiligt sind, gibt es im Hypothalamus. Darüber hinaus gibt es ein periventriculäres dopaminerges System in der Medulla oblongata, welches vorwiegend in mediale Strukturen des Hirnstamms und ins Diencephalon projiziert.

Serotoninerge Neurone (Abb. 16-30, rechts) haben ihre Zellkörper in den medianen und paramedianen Mittellinienkernen *(Nuclei raphe)* der Medulla oblongata, der Pons und des unteren Mesencephalons. Ihre Axone ziehen einerseits ebenso durch das mediale Vorderhirnbündel und innervieren wie die noradrenergen Neurone praktisch alle diencephalen und telencephalen Hirnregionen. Ein Teil der serotoninergen Neurone projiziert mit seinen Axonen ins Rückenmark und zum Cerebellum [5, 23, 27].

Monoaminerge Systeme und intrakranielle Selbstreizung. Implaniert man einer Ratte eine Reizelektrode in das *mediale Vorderhirnbündel* im lateralen Hypothalamus, über die das Tier sich durch Tastendruck in der Skinnerbox (s. Abb. 6-25, S. 165) selbst reizen kann, so kann man diesen intrakraniellen Reiz als Belohner zur aktiven Einübung operant konditionierter Reaktionen benutzen. In diesem Falle *führt die intrakranielle Reizung zur Verstärkung* des angestrebten Verhaltens. Die verstärkende Wirkung der elektrischen Reizung ist so groß, daß die Tiere sie normalerweise jeder anderen Verstärkung, wie z.B. Futter, vorziehen. Man hat beobachtet, daß sich Ratten und Affen häufig bis zu lebensbedrohlichen Erschöpfungszuständen über Elektroden im medialen Vorderhirnbündel reizen. Die Hebeldruckraten können 7 000/h erreichen.

Systematische Untersuchungen des gesamten Gehirns mit intrakranieller Selbstreizung zeigt, daß diese Reizung praktisch vom gesamten limbischen System, vom Stirnhirn, vom lateralen

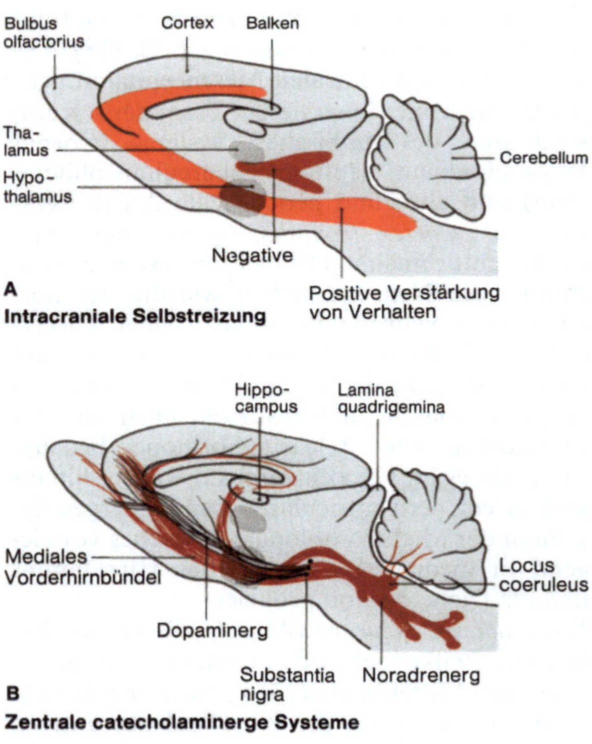

Abb. 16-31 A u. B. Vergleich der Hirnareale, von denen positive Verstärkung und Bestrafung von Verhalten durch intrakranielle Selbstreizung ausgelöst werden können, mit dem Verlauf der zentralen catecholaminergen Systeme. **A** Intrakranielle Selbstreizung. Positive Verstärkung von Verhalten: *hellrot*. Bestrafung: *dunkelrot*. **B** *Rot:* noradrenerges System. *Schwarz:* dopaminerges System. Rattengehirn. Modifiziert nach Olds [30]

Hypothalamus und von Bahnen in Mesencephalon, Pons und oberer Medulla oblongata ausgelöst werden kann. Die stärksten Effekte erhält man dabei vom **medialen Vorderhirnbündel,** welches oberes Mesencephalon, Hypothalamus und limbisches System miteinander verbindet (Abb. 16-31 A). Außer den Hirnbereichen, deren elektrische Reizung eine positive Verstärkung bewirkt, gibt es Hirnbereiche, deren elektrische Reizung die Tiere vermeiden. Diese Bereiche haben eine kleinere Ausdehnung und sind **periventriculär im Di- und Mesencephalon** organisiert (Abb. 16-31 A). Zum Teil überlappen beide Hirnbereiche, von denen positive Verstärkung und Bestrafung von Verhalten ausgelöst werden können. Verschiedene experimentelle Befunde und theoretische Argumente sprechen dafür, daß die neuronalen Substrate, von denen man positive Verstärkung und Bestrafung von Verhalten durch elektrische Reizung auslösen kann, nicht identisch sind mit den neuronalen Substraten, von denen spezifische homöostatische Reaktionsmuster (s. S. 378f.) hervorgerufen werden können [12, 30]. Man hat die beiden Systeme, von denen positive Verstärkung und Bestrafung von Verhalten hervorgerufen werden können, deshalb auch mit verschiedenen Namen bezeichnet: System der *Lust und Unlust, Annäherungs- und Meidesystem, Belohnungs- und Bestrafungssystem.* Die Existenz dieser Systeme spricht dafür, daß Lust und Unlust aktiv durch Erregung entsprechender Hirnstrukturen entstehen.

Die bei Tieren gewonnenen Ergebnisse mit der Technik der intrakraniellen Selbstreizung lassen sich auch auf den **Menschen** übertragen. Selbstreizungen im Gehirn, die Patienten während neurochirurgischer Eingriffe an sich vorgenommen haben, lösen *lust- und unlustbetonte Gefühle* aus. Diese Gefühle lassen sich mit Zufriedenheit, Freude, Entspannung und Behaglichkeit einerseits und Niedergeschlagenheit, Unruhe, Angst und Furcht andererseits beschreiben.

Bei der Suche nach den neuronalen Substraten besonders der positiven Verstärkung fiel sofort auf, daß die Hirnareale, von denen **Selbstreizung** auslösbar ist, nahezu deckungsgleich sind mit den Hirnarealen, die durch **catecholaminerge Neurone** innerviert werden (vgl. Abb. 16-31 A und B). Dabei korreliert die Stärke der intrakraniellen Selbstreizung in etwa mit der Dichte der catecholaminergen Innervation. Diese anatomisch-topographische Ähnlichkeit beider Hirnbereiche ließ vermuten, daß die catecholaminergen Systeme entweder die neuronalen Substrate der positiven Verstärkung von Verhalten sind

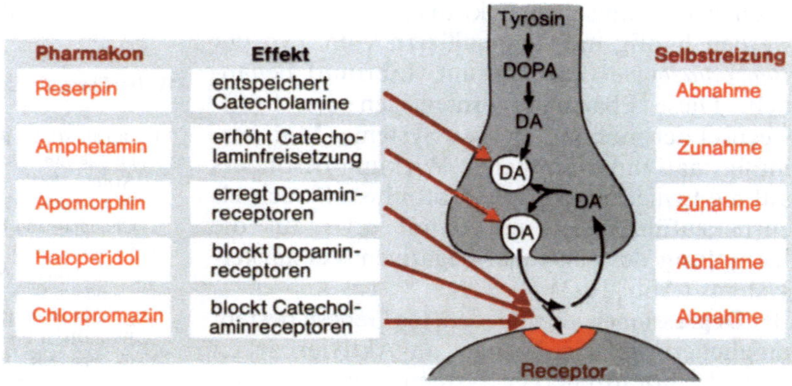

Abb. 16-32. Wirkung von Pharmaka an der zentralen dopaminergen Synapse und ihre Effekte auf die intrakranielle Selbstreizung (s. auch Abb. 16-31)

oder mit diesen Substraten synaptisch verschaltet sind. Diese Hypothese wird durch folgende Befunde gestützt: 1. Durchtrennung des medialen Vorderhirnbündels reduziert oder beseitigt die elektrische intrakranielle Selbstreizung über Elektroden cranial der *Läsionsstelle*. 2. Injektion von 6-Hydroxydopamin, einer Substanz, die zur selektiven *Zerstörung* der catecholaminergen Neurone führt, in die Hirnventrikel oder in zentrale catecholaminerge Strukturen beseitigt die intrakranielle Selbstreizung. 3. *Pharmaka,* die in den Catecholaminstoffwechsel eingreifen, die Speicherung, Freisetzung oder Wiederaufnahme der Catecholamine beeinflussen und die mit den postsynaptischen Catecholaminreceptoren interagieren, beeinflussen die intrakranielle Selbstreizung (Abb. 16-32) [12, 30].

Es ist bisher nicht geklärt, ob mehr die dopaminergen oder die noradrenergen Systeme an der intrakraniellen Selbstreizung und damit an der positiven Verstärkung des Verhaltens beteiligt sind. Viele Argumente sprechen dafür, daß beide Systeme gleichzeitig aktiviert werden. Die neuronalen Mechanismen, aufgrund derer die Verhaltensänderungen bei Aktivierung der catecholaminergen Systeme herbeigeführt werden, sind nahezu unbekannt. Es ist nicht ausgeschlossen, daß die zentralen Catecholamine in vielen Hirnbereichen gar nicht als Transmitter, sondern als Neuromodulatoren wirken (s. S. 49) [23].

Elektrophysiologische Untersuchungen haben gezeigt, daß die noradrenergen Neurone des **Locus coeruleus** (Abb. 16-30, 16-31 B) an fast allen der sie innervierenden ZNS-Bereiche *hemmend* wirken. Da diese Neurone bei jeder Art von **Streß** aktiviert werden, wird vermutet, daß sie einerseits dämpfend auf die ZNS-Strukturen während Streßbelastung wirken und das ZNS vor Übererregung schützen und andererseits die Erregbarkeit der Neurone auf einem mittleren Niveau halten, um auf diese Weise eine optimale Signalübertragung zu gewährleisten. In diesem Zusammenhang ist interessant, daß die Afferenzen zum Locus coeruleus aus Hirnbereichen kommen, die das affektive Verhalten regulieren, besonders von Strukturen des limbischen Systems, vom Hypothalamus und vom Mesencephalon. Die morphologischen, biochemischen und elektrophysiologischen Charakteristika der noradrenergen Neurone des Locus coeruleus sind denen der peripheren noradrenergen Neurone sehr ähnlich. Im Cortex scheinen viele noradrenerge Fasern aus dem unteren Hirnstamm die Arteriolen und Capillaren zu innervieren. Diese noradrenergen Neurone nehmen möglicherweise an der Regulation der Durchblutung des Cortex teil. Man könnte deshalb versucht sein, von einem zentralen sympathischen System zu sprechen [27, 28, 36].

Monoaminerge Systeme und Psychopharmaka. Psychische Erkrankungen der Menschen sind sehr häufig. So leiden z.B. etwa 1% der Bevölkerung an Schizophrenie und etwa 15–30% irgendwann in ihrem Leben an eine der verschiedenen Formen der Depression [24]. Die Genese dieser und anderer psychischer Erkrankungen und die zentralnervösen Störungen, die ihnen zu Grunde liegen, sind weitgehend unbekannt. Die Störungen sind wahrscheinlich den höheren ZNS-Strukturen zuzuordnen, vornehmlich des *limbischen Systems*. Zur medikamentösen Behandlung dieser Erkrankungen wurde in den letzten drei Jahrzehnten eine Vielzahl von *Pharmaka* benutzt. Untersuchungen dieser Pharmaka auf das Verhalten von Mensch und Tier, die im Rahmen der **Psychopharmakologie** durchgeführt werden und auf neuronale Strukturen, die im Rahmen der **Neuropharmakologie** durchgeführt werden, zeigen, daß die meisten Psychopharmaka direkt oder indirekt auf die zentralen monoaminergen Systeme wirken. Man vermutet deshalb, daß bei vielen oder den meisten geistigen Erkrankungen die monoaminergen Systeme entweder gestört sind oder in bisher unbekannter Weise bei der Entstehung und Ausprägung oder bei der pharmakologischen Bekämpfung dieser Erkrankungen eine Rolle spielen.

Angstzustände, Verspannungen und schwere Verstimmungen, die häufig bei Neurosen, aber auch bei organischen Erkrankungen auftreten, werden häufig mit **Tranquilizern** vom Typ der *Benzodiazepine* (z.B. Valium, Librium) behandelt. Diese Pharmaka erniedrigen den Stoffwechsel der monoaminergen Systeme. Man vermutet, daß ihre dämpfende Wirkung besonders auf die Erniedrigung des Serotoninstoffwechsels zurückzuführen ist und damit u.U. auf die Dämpfung des zentralen negativen Verstärkersystems (Abb. 16-31 A).

Bei **Depressionen** verschiedenster Genese besteht möglicherweise ein Mangel an Aktivierbarkeit zentraler noradrenerger Systeme. *Antidepressive* Pharmaka vom Typ der Tricyclide (z.B. Imipramin) potenzieren die Wirkung von Noradrenalin und Serotonin an den Synapsen durch Hemmung der präsynaptischen Wiederaufnahme. Pharmaka, die die zentralen Catecholaminspeicher entleeren, führen häufig zu Depressionen (z.B. Reserpin, s. Abb. 16-32).

Eine der rätselhaftesten und in ihren Ausdrucksformen vielfältigsten und schwersten geistigen Erkrankungen ist die **Schizophrenie.** Diese Erkrankung wird zu den endogenen Psychosen gerechnet und ist grob gekennzeichnet durch folgende Primärsymptome: Störungen des assoziativen Denkens, Störungen des Affektes (der Stimmung), Zurückgezogenheit von der Umwelt, mangelnde Kommunikation und autistisches Verhalten. Zusätzliche für die Differentialdiagnose der Schizophrenie wichtige (Sekundär)Symptome sind akustische Halluzinationen, Größenwahn und sonstige Wahnvorstellungen. Die dieser Erkrankung zugrunde liegenden zentralnervösen Störungen sind unbekannt, sie liegen aber vermutlich im Bereich der komplexen Anpassung von *Perception, Gedächtnis* und *Innenwelt* und damit in einer Störung der Kommunikation zwischen Neocortex und limbischem System. Eine besondere Rolle spielt dabei wahrscheinlich das zentrale, dopaminerge mesolimbische/mesocorticale System (Abb. 16-30, 16-31 B). *Neuroleptische Pharmaka* aus der Gruppe der Phenothiazine (z.B. Chlorpromazin) und der Butyrophenone (z.B. Haloperidol), die weltweit als Psychopharmaka bei der Behandlung der Schizophrenie benutzt werden, blockieren die zentralen Dopaminreceptoren (Abb. 16-32). Pharmaka, die zur Erhöhung der Dopaminausschüttung führen, wie z.B. das Amphetamin aus der Gruppe der Weckamine (Abb. 16-32), können eine Psychose erzeugen, die in ihren Symptomen von der Schizophrenie kaum zu unterscheiden ist, oder sie exacerbieren eine bestehende oder latente Schizophrenie [5, 26, 54].

16.7 Literatur

Weiterführende Lehrbücher und Monographien

1. Bülbring, E., Brading, A.F., Jones, A.W., Tomita, T.: Smooth muscle: an assessment of current knowledge. London: Edward Arnold 1981
2. Burnstock, G., Costa, M.: Adrenergic Neurons. London: Chapman and Hall 1975
3. Cannon, W.B.: The wisdom of the body. 2. Aufl. New York: W.W. Norton & Co., Inc. 1939
4. Cervero, F., Morrison, J.F.B. (Hrsg.): Visceral Sensation. Progress in Brain Res. 67, Amsterdam, New York, Oxford: Elsevier Biomedical Press 1986
5. Cooper, J.R., Bloom, F.E., Roth, R.H.: The biochemical basis of neuropharmacology. 4. Aufl. New York, Oxford: Oxford University Press 1982
6. Darwin, C.: The expression of the emotions in man and animals. London: John Murray 1872
7. Davson, H., Segal, M.B.: Introduction to Physiology, Vol. 3, Chapter 4. „Control Mechanisms in the Alimentary Process" pp. 276–403. London: Academic Press. New York: Grune & Stratton 1976
8. Folkow, B., Neil, E.: Circulation. New York, London, Toronto: Oxford University Press 1971
9. Gabella, G.: Structure of the autonomic nervous system. London: Chapman and Hall 1976
10. Gilman, A.G., Goodman, L.S., Gilman, A.: Pharmacological Basis of Therapeutics. 8. Auflage, New York: Macmillan Publ. Co., Inc. 1991/92
11. Guttmann, L.: Spinal cord injuries. 2. Aufl. Oxford, London, Edinburgh, Melbourne: Blackwell Scientific Publications 1976
12. Hall, R.D., Bloom, F.E., Olds, J.: Neuronal and neurochemical substrates of reinforcement. Neuroscience Research Program Bulletin, Cambridge, Mass.: MIT Press 1977
13. Handbook of Physiology. Section 7: Endokrinology, Volume VI: Adrenal Gland. Americal Physiological Society, Washington, D.C. 1975
14. Hess, W.R.: Die funktionelle Organisation des vegetativen Nervensystems. Basel: Benno Schwabe 1948
15. Jänig, W., Brooks, C.McC. The autonomic nervous system in health and disease: neurobiology and pathophysiology. J. auton. Nerv. Syst. 7, 193–415, 1983
16. Johnson, R.H., Spalding, J.M.K.: Disorders of the autonomic nervous system. Oxford, London, Edinburgh, Melbourne: Blackwell Scientific Publications 1974
17. Kandel, E.R., Schwartz, J.J., Jessel, T.M. (Eds.): Principles of neural science. 3. Aufl. Amsterdam, New York, Oxford: Elsevier Biomedical Press 1991
18. Kuschinsky, G., Lüllmann, H.: Kurzes Lehrbuch der Pharmakologie und Toxikologie. 12. Auflage. Stuttgart: Thieme 1989
19. Levi, L. (Hrsg.): Emotions. Their parameters and measurement. New York: Raven Press 1975
20. Livingstone, K.W. Hornykiewicz (Hrsg.): Limbic mechanisms. New York, London: Plenum Press 1978
21. Loewy, A.D., Spyer, K.M. (Eds.): Central Regulation of Autonomic Functions, New York Oxford: Oxford University Press 1990
22. Maggi, C. (Ed.): Nervous Control of the Urogenital System. Vol. 2: The Autonomic Nervous System (Hrsg. G. Burnstock) Chur Schweiz: Harwood Academic Publishers 1993
23. Mason, S.T. Catecholamines and behaviour. Cambridge: Cambridge University Press 1984
24. Masters, W.H., Johnson, V.E.: Die sexuelle Reaktion. rororo Taschenbuch Nr. 8032/33. Reinbek bei Hamburg: Rowohlt 1970
25. Morgane, P., Panksepp, J. (Hrsg.): Handbook of Hypothalamus. Vol. 1–3 New York: Marcel Dekker 1980/81
26. Nicholi, A.M., jr. (Hrsg.): The Harvard guide to modern psychiatry. Cambridge (Massachusetts), London: The Belknap Press of Harvard University Press 1978
27. Nieuwenhuys, R.: Chemoarchitecture of the brain. Berlin, Heidelberg, New York, Tokyo: Springer Verlag 1985
28. Nieuwenhuys, R., Voogd, J., van Huijzen, Chr.: The human central nervous system. 3. Aufl. Berlin, Heidelberg, New York: Springer Verlag 1988

29. NILSSON, S.,: Autonomic nerve function in the vertebrates. Berlin, Heidelberg, New York: Springer Verlag 1983
30. OLDS, J.: Drives and reinforcements. Behavioral studies of hypothalamic functions. New York: Raven Press 1977
31. REICHLIN, S., BALDESSARINI, R.J., MARTIN, J.B.: The hypothalamus. Research publication: Association for research in nervous and mental desease. Vol. 56. New York: Raven Press 1978

Einzel- und Übersichtsarbeiten

32. BELL, C.: Autonomic nervous control of reproduction: circulatory and other factors. Pharmacol. Rev. *24*, 657–736 (1972)
33. BORS, E., COMARR, A.E.: Neurological disturbances of sexual function with special reference to 529 patients with spinal cord injury. Urol. Survey *10*, 191–222 (1960)
34. CHALMERS, J.P. (Hrsg.): Control of blood pressure. Clinical and Exper. Hyper.- Theory and Practice A6, 1 & 2 (1984)
35. FLEMMING, W.W., WESTFALL, D.P.: Adaptive supersensitivity. In: Trendelenburg, U., Weiner, N. (Hrsg.): Handbook of Experimental Pharmacology, Vol 90/I „Catecholamines I", pp. 509–559. Berlin-Heidelberg-New York: Springer Verlag 1988
36. FOOTE, S.L., BLOOM, F.E., ASTON-JONES, G.: Nucleus locus ceruleus: new evidence of anatomical and physiological specificity. Physiol. Rev. *63*, 844–914 (1983)
37. FURCHTGOTT, R.F.: The classification of adrenoceptors (adrenergic receptors). An evaluation from the standpoint of receptor theory. In Handbook of Experimental Pharmacology Band XXXIII „Catecholamines", Herausgeg. von BLASCHKO, H., MUSCHOLL, E. pp 282–335, Berlin-Heidelberg-New York: Springer Verlag 1972
38. GERSHON, M.D.: The enteric nervous system. Ann. Rev. Neurosci: *4*, 227–272 (1981)
39. GLOOR, P.: Temporal lobe epilepsy: its possible contribution to the understanding of the functional significance of the amygdala and of its interaction with neocortical-temporal mechanisms. In: ELEFTHERIOU, B.E. (Hrsg.): „The Neurobiology of the Amygdala". pp. 423–457. New York: Plenum Press 1972
40. JÄNIG, W.: Organization of the lumbar sympathetic outflow to skeletal muscle and skin of the cat hindlimb and tail. Rev. Physiol. Biochem. Pharmacol. *102*, 119–213 (1985)
41. JÄNIG, W.: Causalgia and reflex sympathetic dystrophy: in which way is the sympathetic nervous system involved? Trends in Neurosciences, *8*, 471–477 (1985)
42. JÄNIG, W., MCLACHLAN, E.M.: Organization of lumbar spinal outflow to the distal colon and pelvic organs. Physiol. Rev. *67*, 1332–1404 (1987)
43. JÄNIG, W., MCLACHLAN, E.M.: Characteristics of function-specific pathways in the sympathetic nervous system. Trends in Neurosciences 15:475–481 (1992)
44. JÄNIG, W., SCHMIDT, R.F. (Hrsg.): Reflex sympathetic dystrophy. Pathophysiological mechanisms and clinical implications. Weinheim New York: VCH Verlagsgesellschaft (1992)
45. KARCZMAR, A.G., KOKETSU, K., NISHI, S. (Hrsg.): Autonomic and Enteric Ganglia. New York, London: Plenum Press 1986
46. KLÜVER, H. BUCY, P.C.: Preliminary analysis of function of the temporal lobe in monkeys. Arch. Neurol. Psychiat. *42*, 979–1000 (1939)
47. KUHN, R.A.: Functional capacity of the isolated human spinal cord. Brain *73*, 1–51 (1950)
48. LANGER, S.Z.: Presynaptic regulation of the release of catecholamines. Pharmacol. Rev. *32*, 337–362 (1981)
49. LEVITZKI, A.: Catecholamine Receptors. Rev. Physiol. Biochem. Pharmacol. 82, 1–26 (1978)
50. MACLEAN, P.D.: Psychosomatic disease and the „visceral brain". Recent developments bearing on the Papez theory of emotion. Psychosom. Med. *11*, 338–353 (1949)
51. MACLEAN, P.D.: The triune brain, emotion and scientific bias. In: Intensive Study Program in the Neurosciences. Neurosciences Research Program. Chapter 23, pp. 336–349, New York: Rockefeller University Press 1970
52. RUSHMER, R.F.: Structure and function of the cardiovascular system. Philadelphia, London, Toronto: Saunders 1972
53. SCHUSTER, M.M., MENDELOFF, A.I.: Motor action of rectum and anal sphincters in continence and defecation. In: Handbook of Physiology Section 6: Alimentary Canal. Volume IV: Motility. American Physiological Society Washington. D.C. pp. 2121–2145 (1968)
54. SNYNDER, S.H.: Neurotransmitters and CNS desease: schizophrenia. Lancet *2*, 970–974 (1982)
55. STARKE, K.: Regulation of noradrenaline release by presynaptic receptor systems. Rev. Physiol. Biochem. Pharmacol. *77*, 1–124 (1977)
56. SZURSZEWSKI, J.H.: Physiology of mammalian prevertebral ganglia. Ann. Rev. Physiol. *43*, 53–68 (1981)

17 Endokrinologie

W. Wuttke

17.1 Allgemeine Aspekte der Endokrinologie

Hormone als Nachrichtenträger

Funktion der Hormone. Die **Endokrinologie** ist die Lehre von den Hormonen. Der klassischen Definition nach sind Hormone chemische Nachrichtenträger, die in spezialisierten Zellen (*inkretorischen Drüsenzellen*) produziert und von diesen in die Blutbahn sezerniert werden. Auf dem Blutwege gelangen die Hormone an die Zielorgane und üben dort eine spezifische Wirkung aus. Nur die Zellen der Zielorgange besitzen *Receptoren* für das entsprechende Hormon. Sie können deshalb die chemisch codierte Nachricht des Hormons „lesen“.
Hormone beeinflussen im Körper Funktionen, deren Initialisierung oder Regelung innerhalb von Minuten oder Stunden erfolgt. Die *hormonelle Nachrichtenübermittlung* ist nämlich um Größenordnungen langsamer als der nervale Informationsfluß, der dem Organismus eine unmittelbare Reaktion auf Umwelteinflüsse und auf endogene Funktionsänderungen ermöglicht.

Hormonproduktion. Hormone werden in Drüsenzellen produziert. Diese Drüsenzellen können ein Organ bilden, sie können aber auch vereinzelt oder in Gruppen zusammengefaßt in nicht hormonproduzierenden Organen liegen. Hormone werden in *granulärer Form* gespeichert. In einem Granulum, das durch eine Membran vom Cytoplasma abgetrennt ist, sind viele Hormonmoleküle in eine Eiweißmatrix eingebunden. Auf den spezifischen Reiz für die Ausschüttung des Hormons hin verbindet sich die Membran des Granulums mit der Plasmazellmembran. An der Verbindungsstelle entsteht eine Öffnung, durch die die Hormonmoleküle in den intercellulären Raum ausgeschieden werden. Diesen Prozeß nennt man **Exocytose** (S. 10f.). Die Granula und der Prozeß der Exocytose sind morphologisch gut darstellbar. Die Exocytose von Hormonen aus Drüsenzellen ist der Ausscheidung von Neurotransmittern aus Nervenzellen analog.

Klassifizierung der Hormone. In der molekularen Struktur der Hormone ist die zu übermittelnde Nachricht chemisch verschlüsselt. Daher ist die Grundkenntnis der Chemie von Hormonen für das Verständnis ihrer Wirkungen notwendig. Detaillierte Informationen sind den Lehrbüchern der physiologischen Chemie zu entnehmen. Alle Hormone sind entweder *Proteine* bzw. *Aminosäurenderivate* oder *Lipide* und

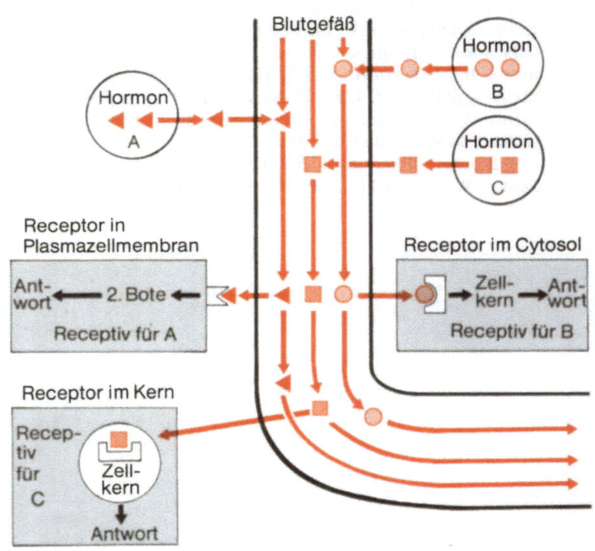

Abb. 17-1. Mechanismen der Hormonwirkungen. 3 hormonproduzierende Zellen schütten ihr Hormon A, B bzw. C in unmittelbarer Nachbarschaft von Capillaren in das interstitielle Gewebe aus. Die Hormonmoleküle diffundieren ins Blutgefäß und gelangen an ihre Zielzellen, die Receptoren für das Hormon besitzen. Hormon A bindet an einen plasmamembranständigen Receptor, welcher über einen zweiten Boten die Zellantwort bewirkt. Hormon B bildet einen cytoplasmatischen Hormonreceptorkomplex, der nach Translokation in den Zellkern genomisch, also durch Veränderung der DNA-Synthese im Zellkern wirkt. Das bewirkt veränderte Proteinsynthese der Zelle. Hormon C bindet an einen Zellkernreceptor. Die Wirkung des Hormons C ist dann analog zu der des Hormons B. Der Unterschied besteht lediglich in der Lokalisation des Receptors

lassen sich je nach Receptorlokalisation in den Zielzellen in 3 Arten einteilen [27, 32]:
Die Hormone aus der **Lipidgruppe** können aufgrund ihrer Fettlöslichkeit durch die Zellmembran diffundieren und binden an Receptoren, die im Zellinneren, in der Regel im Cytoplasma, lokalisiert sind (Abb. 17-1).
Protein- und Peptidhormone bestehen aus Aminosäuren; sie besitzen in der Regel ein größeres Molekulargewicht als die Lipidhormone und sind weniger lipophil. Sie können daher die Lipidbarriere der Plasmazellmembran kaum passieren. Ihre Receptoren sitzen deshalb in der Oberfläche der Plasmazellmembran (Abb. 17-1). Die Protein- oder Peptidhormone dringen also nicht in das Innere der Zelle ein.
Die niedermolekularen **Schilddrüsenhormone** bilden die dritte chemische Hormongruppe. Sie entstehen aus 2 Aminosäuren, die über eine Ätherbrücke verknüpft werden. Sie penetrieren gut in alle Körperzellen und binden hier an Receptoren im Zellkern (Abb. 17-1). Eine Zelle kann gleichzeitig Receptoren aller 3 Typen, also solche im Kern, im Cytosol und in der Plasmazellmembran besitzen. Eine Zelle kann auch über unterschiedliche Receptoren eines Typs verfügen, z.B. über mehrere membranständige Receptoren für verschiedene Eiweiß-/Peptidhormone.

Wirkungsmechanismen der Hormone. Es sei nochmals betont, daß bei hormoneller Nachrichtenübertragung die Zellen des Erfolgsorgans dadurch charakterisiert sind, daß sie *spezifische Receptoren* besitzen und damit die Nachricht des Hormons „lesen“ können. Das Hormon lagert sich also an den cytoplasmatischen oder nucleären Receptor oder an den Receptor in der Plasmazellmembran an und bildet mit ihm den Hormonreceptorkomplex (Abb. 17-1) [27]. Die Tatsache, daß dieser Komplex entweder in der Zelle oder in der Plasmazellmembran entsteht, bedingt 2 völlig unterschiedliche Wirkmechanismen. Der **intracelluläre Hormonreceptorkomplex** kann direkt die Expression genetischer Informationen beeinflussen, d.h. er übt selbst eine direkte *genomische Wirkung* aus. Diese genomischen Effekte beeinflussen wiederum die Syntheseleistung der Zellen (Abb. 17-2). Die Proteinsynthese kann also über Hormonreceptorkomplexe an- bzw. abgeschaltet werden [27].
Anders wirkt der **plasmamembranständige Hormonreceptorkomplex.** Assoziiert sich das Hormon an einen plasmamembranständigen Receptor, so wird über komplizierte biochemische Mechanismen, die in der Regel einen zweiten intracellulären Botenstoff (*second messenger*) beinhalten, die Aktivität der Zelle beeinflußt. Das bekannteste Beispiel für die Aktivierung eines zweiten Botenstoffes ist die Bildung von *cyclischem Adenosinmonophosphat* (*cAMP*) aus Adenosintriphosphat (ATP). Der Hormonre-

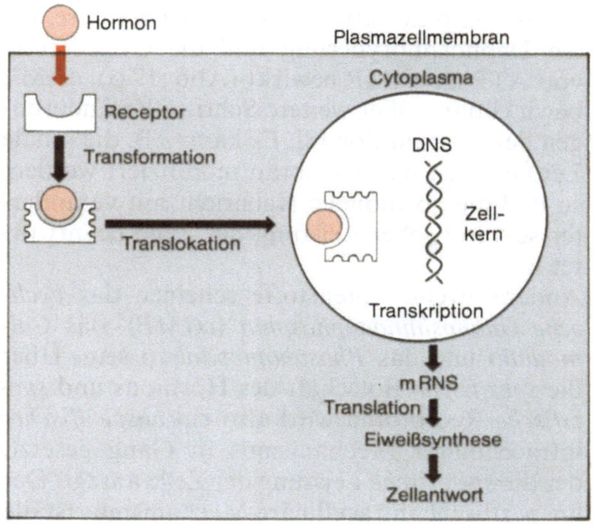

Abb. 17-2. Wirkung eines Hormons mit intracellulärem Receptor. Das Hormon diffundiert durch die Plasmazellmembran und bindet an den Receptor. Der Hormonreceptorkomplex wird dann in den Kern transloziert und beeinflußt die DNA-Synthese des Zellkerns. Damit wird die Transkriptionsrate der genetischen Information zu messenger-RNA (mRNA) verändert. Die Botschaft der so mehr oder weniger gebildeten mRNA bewirkt veränderte Eiweißsynthese über den Prozeß der Translation. Die Folge ist eine veränderte Zellfunktion

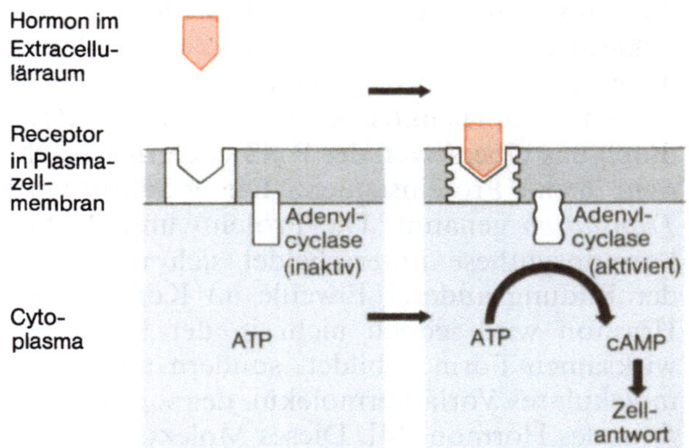

Abb. 17-3. Wirkung eines Hormons über einen Plasmazellmembranreceptor. Das Hormon diffundiert an den Receptor und bewirkt die Transformation des Receptormoleküls. Dadurch wird eine Adenylcyclase aktiviert, die ebenfalls in der Plasmazellmembran sitzt. Dieses Enzym bewirkt nun die Dephosphorylierung von Adenosintriphosphat (ATP) zu cyclischem Adenosinmonophosphat (cAMP). Das cAMP kann intracellulär vielfältige Wirkungen ausüben, die in der Zellantwort kulminieren

ceptorkomplex aktiviert eine *Adenylcyclase*, die die Dephosphorylierung und die Cyclisierung von ATP zu cAMP bewirkt (Abb. 17-3). cAMP bewirkt dann über weitere Schritte Veränderungen der Zellfunktion [8]. Es kann z.B. die ionale Leitfähigkeit der Membran modifiziert werden, so daß die hormonelle Nachricht mit veränderter sekretorischer Leistung der Zelle beantwortet wird.

Andere zweite Botenstoffe scheinen das *cyclische Guanosinmonophosphat (cGMP)*, das *Calmodulin* und das *Phosphoinositol* zu sein. Über die *spezifische* Botschaft des Hormons und *spezifische* Receptoren wird also ein *unspezifischer* intracellulärer Mechanismus in Gang gesetzt, der die *spezifische* Leistung der Zelle anregt. Der unspezifische intracelluläre Mechanismus ist die Produktion eines oder mehrerer second messengers.

Synthese und Abbau von Hormonen

Hormonsynthese. Auf die Synthese der Lipidhormone und der Aminosäurenderivate (Schilddrüsenhormone) wird an entsprechender Stelle hingewiesen (S. 405, S. 411). Hier soll die Synthese und Ausschüttung von **Protein- und Peptidhormonen** vorgestellt werden. Die Bildung dieser Hormone erfolgt in Polyribosomen des rauhen endoplasmatischen Reticulums der Zelle durch das Übersetzen der RNS-codierten Nachricht in eine Proteinsequenz. Dieser Schritt wird *Translation* genannt. Die Protein- und Peptidhormonsynthese unterscheidet sich nicht von der Bildung anderer Eiweiße im Körper. Das Hormon wird jedoch nicht in der biologisch wirksamen Form gebildet, sondern als höhermolekulares Vorläufermolekül, der sog. *Präproform* des Hormons [4]. Dieses Molekül beinhaltet auch die Aminosäurensequenz des endgültigen Hormons. Die eigentliche Hormonsequenz wird dann aus der Präproform enzymatisch abgespalten; dieser Vorgang wird als „*posttranslational processing*" bezeichnet. Das Hormon wird in seiner endgültigen Form im Golgi-Apparat in Granula verpackt und so zur Ausschüttung bereitgestellt. Es entstehen also bei der Hormonsynthese nicht nur die Protein- und Peptidhormone selbst, sondern auch die Stücke, die von der Präproform des Hormons abgespalten werden. Über die biologische Funktion dieser Sequenzen ist noch wenig bekannt. An einigen Systemen ist jedoch schon offenkundig geworden, daß diese „Reste" ebenfalls biologische Bedeutung haben. Das wird am Beispiel der Proopiomelanocortinzelle noch ausführlich diskutiert werden (S. 407) [4, 7, 12].

Hormonabbau. Die *Protein- und Peptidhormone* werden durch den Körper rasch abgebaut. Das geschieht über zwei prinzipiell verschiedene Mechanismen:

1. Viele Hormonmoleküle im Blut binden nie an einen Receptor, ihre Verweildauer im Körper soll jedoch nicht allzulang sein. Deshalb gibt es eine Anzahl von **Enzymsystemen** in verschiedenen Körperorganen (Leber, Lunge, Gehirn, Niere etc.), welche die Protein-/Peptidhormone enzymatisch abbauen [12]. Da die Bindung eines Hormons an den Receptor *reversibel* ist, wird auch ein Teil der gebundenen Hormonmoleküle wieder freigesetzt und über den allgemeinen Abbau unwirksam gemacht.
2. Ein Teil der Hormone wird nach der Bindung an seinen Receptor intracellulär degradiert, entweder als Hormonreceptorkomplex oder als freies Hormon. Dieser Abbau geschieht in den **Lysosomen**.

Neue Aspekte der Endokrinologie

Parakrine Hormonwirkungen. Bevor die einzelnen Hormonsysteme behandelt werden, ist über eine neue Entwicklung zu berichten, die z.Z. viele herkömmliche Denkmodelle in Frage stellt und neue Definitionen erfordert. Es wurde bereits festgestellt, daß Hormone chemische Nachrichtenträger sind, die in inkretorischen Drüsenzellen produziert werden, in die Blutbahn gelangen und auf dem Blutweg ihr Zielorgan erreichen. Das Zielorgan ist charakterisiert durch die Fähigkeit des Lesens der hormonellen Information. Diese Nachricht kann mitunter auch von Zellen gelesen werden, die in unmittelbarer Nachbarschaft der hormonproduzierenden Zelle liegen. Das Hormon diffundiert dann jedoch nur durch das interstitielle Gewebe zu den Zielzellen; damit ist es eigentlich kein Hormon mehr im Sinne der klassischen Definition, denn es wird ja nicht über den Blutweg transportiert. Die Wirkung von Nachrichtenträgern an benachbarten Zellen heißt *parakrine Wirkung*; die Substanzen sind also parakrin wirkende Hormone [2]. Hormone, die nicht in die Blutbahn abgegeben werden, sondern im umliegenden Gewebe wirken, werden gelegentlich als *Gewebehormone* bezeichnet. Dieser Name war jedoch bisher für die schon länger bekannten Prostaglandine reserviert. Wir stellen also fest, daß auch klassische Hormone parakrine Wirkung

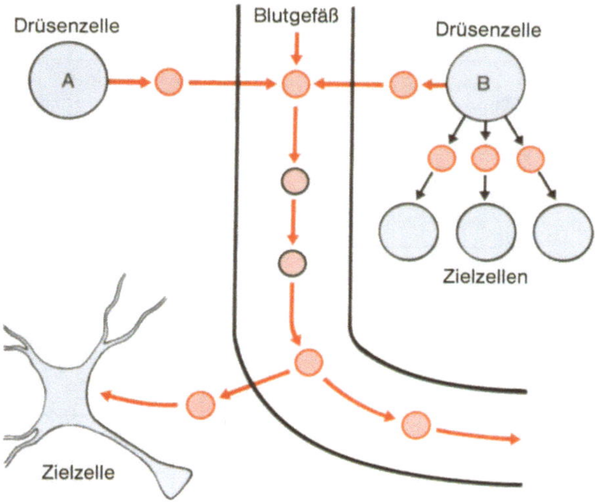

Abb. 17-4. Unterschied zwischen hormoneller und parakriner Regulation. Die Drüsenzelle A produziert ein Hormon, das der klassischen Definition entspricht, also auf dem Blutweg an die Zielzelle gelangt. Die Drüsenzelle B produziert ein parakrin wirkendes Hormon, das umliegende Zellen beeinflußt. Das Hormon der Drüsenzelle B kann aber auch auf dem Blutweg an Zielorgane gebracht werden

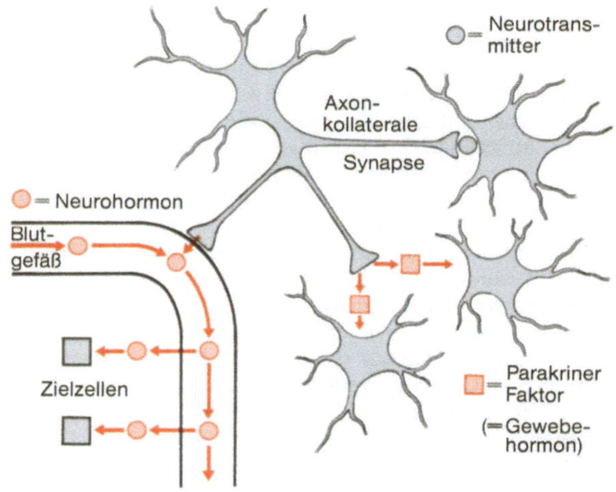

Abb. 17-5. Unterschied zwischen Neurotransmitter, Neurohormon und parakrin wirkendem Neurohormon. Das schematisch dargestellte Neuron produziert eine Substanz. Wird diese Substanz synaptisch ausgeschüttet, so entspricht sie der Definition eines Neurotransmitters. Von der gleichen Nervenzelle können Axoncollateralen an Blutgefäßen enden und die gleiche Substanz in die Blutbahn abgeben. Sie verhält sich dann wie ein Neurohormon. Von einer dritten Axoncollateralen kann die gleiche Substanz in das umliegende Gewebe diffundieren und Zellverbände beeinflussen, also parakrin wirken

haben können und damit der Definition von Gewebehormonen genügen.

In Abb. 17-4 ist dargestellt, wann man von hormoneller und wann man von parakriner Regulation spricht. Wir wissen heute außerdem, daß es auch zahlreiche andere, parakrin wirkende Substanzen gibt. Im Prinzip gilt die Definition der parakrinen Wirkung nämlich auch für die klassischen Neurotransmitter, nur sind hier nicht inkretorische Drüsenzellen, sondern Nervenzellen die Produzenten der chemischen Nachricht. Auch der Neurotransmitter wird nicht über den Blutweg transportiert, sondern diffundiert durch den schmalen synaptischen Spalt zur nachgeschalteten Nervenzelle. An der postsynaptischen Membran findet er, ähnlich wie Hormone, einen spezifischen Receptor.

Neurohormone. In jüngster Zeit wurde gezeigt, daß auch Nervenzellen Peptid- und Proteinhormone produzieren können [7, 12]. Diese Zellen sezernieren ihr Produkt häufig auch in die Blutbahn, sie produzieren also Neurohormone. Große Teile des ZNS müssen deshalb als hormonproduzierend angesehen werden. Was ist dann aber der wesentliche Unterschied zwischen einem Hormon und einem Neurotransmitter? Der Neurotransmitter diffundiert durch den synaptischen Spalt, während das Neurohormon sein Zielorgan auf dem Blutweg erreicht. Es gibt sogar Situationen, in denen Axonterminalien einer individuellen Nervenzelle ihr Produkt als Neurotransmitter ausschütten, während Terminalien von Axoncollateralen derselben Nervenzelle an Gefäßen enden und somit das Produkt als Neurohormon freisetzen (Abb. 17-5).

Da Peptide die neuronale Aktivität benachbarter Zellen beeinflussen, muß auch ihnen Neurotransmitterfunktion zugestanden werden. In der Tat zeigen neurophysiologische Experimente, daß sich Neurone mit klassischen Neurotransmittern in Subpopulationen mit unterschiedlichen Neuropeptiden unterteilen lassen. Über die Funktionen derartiger Subpopulationen ist noch wenig bekannt. Man kann heute davon ausgehen, daß möglicherweise viele Neurone neben einem klassischen Neurotransmitter noch zusätzlich ein oder mehrere Peptide produzieren können.

Methoden des Hormonnachweises

1848 publizierte A.A. Berthold Experimente, die den Beginn der modernen Hormonforschung darstellen. Es war damals bekannt, daß Hähne nach Kastration den geschwollenen Hahnenkamm verlieren und weniger aggressives Verhalten zeigen. Zu Bertholds Zeiten wurde angenommen, daß Hoden und ZNS auf nervalem Wege kommunizieren. Berthold kastrierte Hähne und reimplantierte die Hoden in die Bauchhöhle. Der Hahnenkamm blieb geschwollen, und die Tiere zeigten weiterhin aggressives Dominanzver-

halten. Damit war der Beweis erbracht, daß ein oder mehrere humorale Signale von den Testes zum ZNS gelangen.
Heute noch werden Hormonwirkungen durch ähnliche experimentelle Ansätze getestet. Hormonproduzierende Organe werden entfernt und die Ausfallerscheinungen untersucht. Auf ähnliche Weise lassen sich Hormonwirkungen in vivo nachweisen. Für sog. **Bioassays** von Hormonen werden also die biologischen Wirkungen der Hormone an geeigneten Tiermodellen getestet [3].
Da die Methoden des biologischen Nachweises sehr insensibel sind, werden heute fast nur noch hochempfindliche **immunologische Nachweismethoden** benutzt. Man ist inzwischen in der Lage, gegen jedes Hormon spezifische Antikörper herzustellen, die nur das Hormon binden, nicht jedoch Präkursoren, Abbauprodukte oder andere, ähnliche Moleküle. Der Hormon-Antikörper-Komplex läßt sich präcipitieren und quantifizieren. Einige semiquantitative Tests (z.B. Schwangerschaftstests) werden nach diesem Verfahren durchgeführt.
Eine weitere Empfindlichkeitssteigerung von Hormonnachweisen gelang mit den **Radioimmunoassays** (RIA). Auch hier werden spezifische Antikörper angewandt. Um deren Bindungsstellen, die im Unterschuß vorliegen, konkurriert radioaktiv markiertes Hormon, das dem Testsystem zugesetzt wird, mit nichtradioaktiven Hormonmolekülen aus der biologischen Probe. Nach Trennung des antikörpergebundenen Hormons von dem freien Hormon wird die Aktivitätsmenge gemessen und anhand von Eichkurven die Hormonmenge in der biologischen Probe bestimmt (Einzelheiten s. Lehrbücher der klinischen Chemie). Die radioimmunologische Hormonbestimmung ermöglicht es, kleinste Molekülmengen nachzuweisen. Mit diesen modernen analytischen Methoden lassen sich Hormonkonzentrationen im Femtomolbereich messen.

Endokrine Regelkreise

Rückkopplungssysteme. Endokrine Regulationen lassen sich durch einen *Regelkreis* (S. 341 f.) beschreiben, d.h. der Erfolg der Regelfunktion eines Hormons wird dem regelnden Teil unmittelbar oder mittelbar *zurückgemeldet*. Im Normalfall ist diese Rückkopplung negativ. Ein regelndes Hormon wird also ausgeschüttet, seine Wirkung auf die Zellen der Erfolgsorgane wird an die hormonproduzierenden Zellen rückgemeldet und dadurch deren Hormonausschüttung gebremst (*negativer Feedback*). Ein solches System ist in Abb. 17-6 gezeigt. Die rückkoppelnde Wirkung kann entweder humoral sein oder auf nervalem Wege erfolgen. Ganz selten gibt es auch eine positive Rückkopplung, d.h. ein Hormon löst eine Reaktion an der Zielzelle aus, die verstärkend auf seine eigene Ausschüttung wirkt (*positiver Feedback*).
Bei jeder Art von Rückkopplung muß das rückkoppelnde Signal direkt oder indirekt an die hormonproduzierende Zelle übermittelt werden. Erfolgt der Feedback auf nervalem Wege, dann sind Neurotransmitter die Überträgerstoffe. Die rückkoppelnden Signale können aber auch Hormone sein. Dann muß es Zellen mit Receptoren für die rückkoppelnden Hormone geben, und die *Hormonkonzentration* selbst wird zur *Regelgröße*. Der kürzeste Weg einer Rückkopplung ist die direkte Rückkopplung eines ausgeschütteten Hormons auf seine eigene Ausschüttung. Dieser Effekt wird häufig über sog. *Autoreceptoren* ausgeübt. Man kann ihn in Analogie zur präsynaptischen Inhibition (Autoinhibition) von Neurotransmittern sehen (S. 359). Ein weiteres wichtiges endokrines Regelkreissystem ist folgendes: Das Hormon A stimuliert die Freisetzung des Hormons B, und das Hormon B inhibiert die Sekretion des Hormons A. Meistens sind diese Systeme aber viel komplizierter, und es gibt eine Kette von humoralen und neuronalen Signalen, in die mehr als ein Bote (Neurotransmitter oder Hormon) involviert ist.

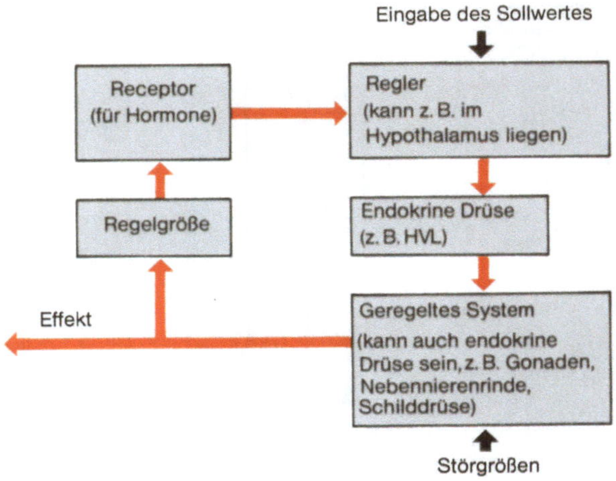

Abb. 17-6. Schematische Darstellung eines Regelkreises für endokrine Regulationen. Die Eingabe eines Sollwertes für die Führungsgröße erfolgt durch einen Regler, der die endokrine Drüse steuert. Die endokrine Drüse sezerniert Hormone. Diese Sekretion kann durch Störgrößen verändert werden. Hormone regeln dann ein System, das auf die hormonelle Nachricht reagiert. Daraus resultiert ein physiologischer Effekt. Gleichzeitig wird die Regelgröße über Receptoren dem Regler mitgeteilt und der Regelkreis so geschlossen

Neuroendokrine Regelkreise. Die *Neuroendokrinologie* ist die Lehre der *Interaktion von Hormonen* aus der Blutbahn mit dem *ZNS* und dessen Reaktion. Das ZNS reagiert auf Hormone mit komplexer Veränderung der Neurotransmitter- bzw. Neurohormonproduktion und -ausschüttung. Dadurch kann die Produktion von anderen Hormonen angeregt bzw. gehemmt werden. Für den Neuroendokrinologen ist nicht nur die Regulation neuroendokriner Regelkreise eine wichtige integrative Funktion des ZNS, sondern auch die Modulation entsprechenden *Verhaltens*

(z.B. Gonadentätigkeit und Sexualverhalten, Glucoseregulation und Hunger, Osmo- und Volumenregulation und Durst).
In neuroendokrinen Regelkreisen koppeln Hormone, die durch die adenohypophysäre Hormonsekretion stimuliert wurden, auf das ZNS zurück. In diesem Falle muß es also rezeptive Neurone für das rückkoppelnde Hormon geben. In der Tat können sowohl Schilddrüsenhormone als auch gonadale und adrenale Steroide die *neuronale Aktivität* in verschiedenen Gehirngebieten beeinflussen. Besonders gut erforscht sind hier die Steroid-„lesenden" Neurone. Wie bei allen Lipidhormonen, sind auch die *Steroidreceptoren* dieser Neurone im Cytoplasma lokalisiert. Nach der Bindung des Liganden wirkt der Hormonreceptorkomplex am Genom. Er stimuliert oder inhibiert die Aktivität im Zellkern und kann daher sehr weitgehend den Metabolismus des steroidrezeptiven Neurons beeinflussen. Aber auch die elektrische Aktivität der Nervenzelle kann durch Steroide beeinflußt werden. Änderungen der Konzentrationen von im Blut zirkulierenden Steroidhormonen können so nicht-steroidrezeptiven Neuronen mitgeteilt werden. Wieder andere Nervenzellen im ZNS regulieren mittelbar, häufig über die *Hypophyse*, die steroidproduzierenden Zellen. Die Nachricht über die Konzentration der im Blut zirkulierenden Steroide wird auch in verhaltensregulierende Zentren weitergeleitet. So ist eine sinnvolle Koordinierung von Hormonen mit entsprechendem Verhalten möglich.

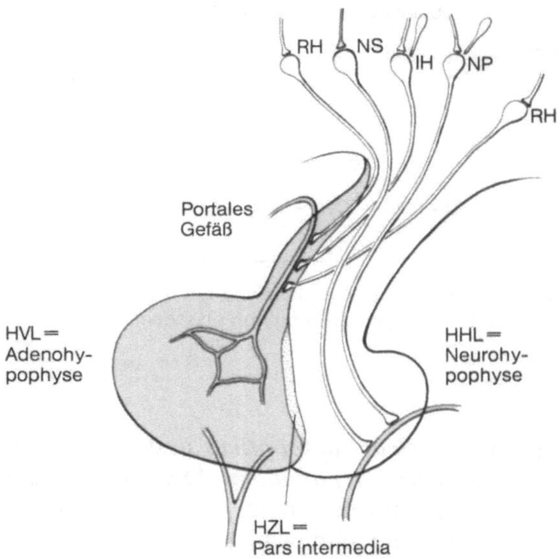

Abb. 17-7. Lagebeziehung von Hypophysenvorderlappen (*HVL*), Hypophysenzwischenlappen (*HZL*) und Hypophysenhinterlappen (*HHL*) zum Hypothalamus und zu den portalen Gefäßen. Der Hypophysenhinterlappen besteht aus Nervenendigungen von Axonen, die von den großen Zellen des Nucleus supraopticus (*NS*) und des Nucleus paraventricularis hypothalami (*NP*) stammen. Der HZL besteht nur aus 1–2 Zellschichten und hat für den Menschen wohl keine Bedeutung mehr. Der HVL hat eine epitheliale Struktur. Zellen des Hypophysenvorderlappens werden durch Neurohormone gesteuert, die von hypothalamischen Zellen in ein spezialisiertes Gefäßsystem, das portale Gefäßsystem, ausgeschüttet werden. Zellen des Hypophysenhinterlappensystems sowie die Releasing- bzw. Inhibitinghormone (RH und IH) produzierenden Neurone des Hypothalamus werden von limbischen und mesencephalen sowie intrahypothalamischen Neuronen innerviert. Dadurch werden den hypothalamischen Zellen Innen- und Umwelteinflüsse mitgeteilt

17.2 Hypophysenhinterlappensystem

Funktionelle Organisation

Beziehungen zwischen Hypothalamus und Hypophyse. Im Sinne der „klassischen" Definition der Endokrinologie haben Teile des ZNS den Charakter endokriner Drüsen; sie produzieren nämlich Neurohormone, die in die Blutbahn abgegeben werden und so ihr Zielorgan erreichen. Die Hypophyse liegt im Schädelinnern in der *Sella turcica* und ist durch diese knöcherne Ummantelung gut vor Traumen geschützt. Sie ist kein homogenes Organ, sondern besteht aus 3 völlig verschiedenen Strukturen (Abb. 17-7). Der *Hypophysenhinterlappen* (HHL), die **Neurohypophyse**, stellt eine Ansammlung von Axonendigungen dar, deren Perikarya (Somata) im Hypothalamus liegen. Der *Hypophysenvorderlappen* (HVL), die **Adenohypophyse**, ist dagegen keine nervale Struktur, sondern ein Konglomerat hormonproduzierender Zellen. Hypophysenhinter- und Hypophysenvorderlappen werden durch eine dünne Schicht von Zellen getrennt. Diese wenigen Zellen bilden den *Hypophysenzwischenlappen* (HZL). Sie werden durch Nervenfasern aus dem Hypothalamus innerviert. Der HZL spielt bei niederen Vertebraten eine wesentliche, bei Säugern jedoch nur noch eine untergeordnete Rolle. Da es keinen bekannten pathologischen Zustand gibt, in den der HZL involviert ist, wird auf eine Besprechung der hier produzierten Hormone weitgehend verzichtet (s. aber auch Proopiomelanocortinsystem, S. 407f.).

Hypophysenhinterlappenhormone. Im Hypothalamus gibt es 2 Nervenzellnester (sog. Kerne), in denen sehr große Zellen liegen. Diese beiden Strukturen sind die magnocellulären Kerngebiete

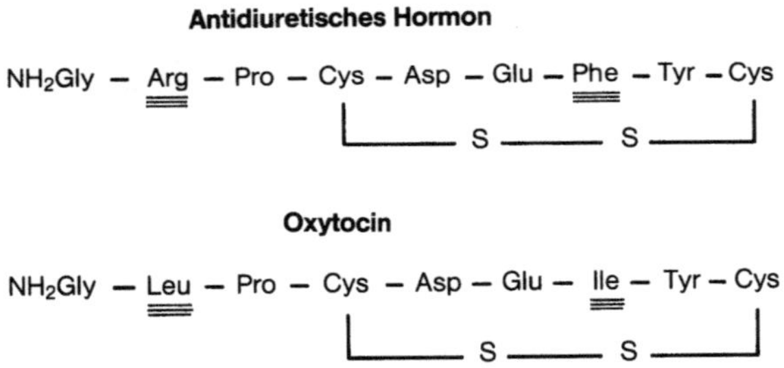

Abb. 17-8. Aminosäurensequenz von antidiuretischem Hormon = ADH (Vasopressin) und von Oxytocin

biete, der *Nucleus supraopticus* und der *Nucleus paraventricularis hypothalami*. Die Axone dieser Zellen ziehen durch den *Hypophysenstiel* in die Sella turcica und bilden hier den Hypophysenhinterlappen (Abb. 17-7). In den kolbig aufgetriebenen Endigungen der Axone werden 2 Hormone gespeichert, das *Oxytocin* und das *antidiuretische Hormon* (*ADH*, Vasopressin). Da der Name antidiuretisches Hormon die Funktion des Hormons beschreibt, sollte dieser Begriff Verwendung finden. Vasopressorische Eigenschaften hat das Hormon beim Menschen wohl nur bei extrem hohen Hormonkonzentrationen (S. 475), wie sie nur unter pathologischen Situationen vorkommen.

Oxytocin und ADH werden aus dem Hypophysenhinterlappen in das systemische Blut sezerniert. Das Molekül beider Hormone besteht aus *9 Aminosäuren*, von denen 2 Cysteine sind. Die beiden Cysteinmoleküle sind durch eine Disulfidbrücke verbunden. Dadurch entsteht ein Ring aus 5 Aminosäuren (Abb. 17-8). Nur in dieser Ringform sind beide Hormone biologisch aktiv. Da 2 Cysteinmoleküle, über eine Disulfidbrücke verbunden, ein Cystinmolekül ergeben, werden das Oxytocin und das ADH i.allg. als Oktapeptide bezeichnet. Wir wissen heute, daß beide Peptide nicht in der Oktapeptidform synthetisiert werden, sondern als wesentlich größere Vorstufen. Die moderne Gentechnologie hat es möglich gemacht, die Aminosäurensequenz der Vorstufenmoleküle zu bestimmen [4, 14]. Die Synthese der *hochmolekularen Vorläuferform* für Oxytocin und ADH (Vasopressin) erfolgt in Zellen der magnocellulären Kerne. Früher hat man angenommen, daß die Synthese des Oxytocins nur im Nucleus paraventricularis, die des antidiuretischen Hormons nur im Nucleus supraopticus erfolgt. Heute wissen wir, daß beide Hormone in beiden Kerngebieten produziert werden. Jedoch kann eine Zelle nur jeweils eines der Hormone synthetisieren.

Axonaler Transport und Hormonausschüttung. Die Vorläufermoleküle werden durch axonalen Transport in den Hypophysenhinterlappen befördert. Im Soma, im Axon und in der Axonendigung wird durch Enzyme in den *Transportgranula* das Oxytocin bzw. ADH abgespalten. Vor nicht allzu langer Zeit ist es gelungen, weitere hochmolekulare Peptide aus den Granula zu analysieren, die *Neurophysine*. Von diesen Neurophysinen glaubte man, daß sie getrennt von Oxytocin bzw. ADH synthetisiert werden und daß sie Träger-(carrier-)proteine für Oxytocin bzw. ADH darstellen. Heute wissen wir, daß diese Neurophysine Bestandteil des größeren Vorläufers sind, aus dem Oxytocin bzw. ADH enzymatisch abgespalten wird. Neben den beiden Neurophysinen (eines aus dem Oxytocin-, eines aus dem ADH-Präkursormolekül) existieren noch andere Peptidbruchstücke, über deren biologische Funktion noch nichts bekannt ist.

Das Oxytocin bzw. das ADH wird in den axonterminalen Strukturen des Hypophysenhinterlappens in Granula gespeichert. Jedes Aktionspotential einer supraoptischen oder paraventriculären Zelle läuft das Axon entlang in die terminale Struktur, also in den HHL. Depolarisierung der Axonendigung bewirkt über den Prozeß der *Elektrosekretionskopplung* die *exocytotische Ausschüttung* aus den Neurosekret-Granula. Auf diese Art gelangen Oxytocin bzw. antidiuretisches Hormon in das systemische Blut.

Antidiuretisches Hormon

ADH-Wirkungen. Unter physiologischen Bedingungen ist die *Niere Zielorgan* des antidiuretischen Hormons. Den bahnbrechenden neurophysiologischen Versuchen von Verney [42] ist die Kenntnis des *osmoregulatorischen Effekts* dieses Hormons zu verdanken. Verney leitete Massenpotentiale aus dem Nucleus supraopticus von Katzen ab und injizierte den Tieren hyper- bzw. hypotone Lösungen in die A. carotis. Die hypertone Kochsalzlösung vermehrte die Nervenzellaktivität aus dem Nucleus supraopticus, während die hypotone Lösung zu einer deutlichen Verminderung führte. Der hyperosmotische Reiz regt also die ADH-produzierenden Neurone zu erhöhter Aktivität an. Dadurch wird vermehrt antidiuretisches Hormon in den Kreislauf geschleust. Es gelangt auf diesem Weg an das Zielorgan, die *Sammelrohre* und *distalen Convolute* der Niere. Ohne Einwirkung von antidiuretischem Hormon ist das *Epithel der Sammelrohre* für Wasser impermeabel. Durch ADH

wird das Epithel für Wasser permeabel, und es kann passiv resorbiert werden (S. 802f.). ADH bewirkt also, daß unter *hyperosmolaren* Bedingungen der Körper einen konzentrierten, hyperosmolaren Urin produziert und so möglichst wenig Wasser verliert. Dadurch wird die *osmotische Last* reduziert. Folgerichtig ist die Ausschüttung von antidiuretischem Hormon unter *hypoosmolaren* Bedingungen gehemmt. Bei der Aufnahme von Alkohol wird die ADH-Abgabe noch zusätzlich inhibiert. Das erklärt die besonders starke Diurese bei Zufuhr hypotoner Flüssigkeit im Zusammenhang mit Alkohol. Als Folge der reduzierten oder fehlenden ADH-Sekretion wird das Epithel der Sammelrohre für Wasser impermeabel, und es findet nur noch eine mäßige Konzentrierung des Tubulusharns statt. Injektion von antidiuretischem Hormon würde prompt zur Erhöhung der Permeabilität der Sammelrohre für Wasser führen, so daß eine Konzentrierung des Urins stattfinden würde.
Werden größere Mengen von ADH injiziert, kommt es zu einer deutlichen Constriction der Arterien und somit zu einer Erhöhung des Blutdrucks (vasopressorische Eigenschaft des Hormons). Dies hat dazu geführt, daß das Hormon im angloamerikanischen Schrifttum ausschließlich Vasopressin (AVP = Arginin-Vasopressin) genannt wird. Tatsächlich führt eine starke *Erniedrigung des Blutdrucks*, etwa durch großen Blutverlust oder im Schock, zu verstärkter Ausschüttung von ADH und somit zur Erhöhung des Blutdrucks. Im *Pfortadersystem* der Leber wirkt ADH dagegen druckerniedrigend.

Osmoreceptoren und Volumenregulation. Aus dem bisher Gesagten folgt, daß es im Körper *osmoreceptive Sensoren* sowie volumenreceptive Strukturen geben muß, die die Information über den jeweiligen osmotischen Druck bzw. den Füllungszustand der Gefäße und damit die Drücke in Hoch- und Niederdrucksystemen an die ADH-produzierenden Zellen des Hypothalamus melden müssen. Die Registrierung des osmotischen Druckes im Blut erfolgt wahrscheinlich hauptsächlich im *Hypothalamus*. Möglicherweise sind die ADH-produzierenden Zellen selber osmoreceptiv. Es gibt Hinweise dafür, daß auch im portalen Gefäßsystem zwischen dem Magen-Darm-Trakt und der Leber Osmoreceptoren existieren. Sie melden den osmotischen Druck an den Hypothalamus weiter. *Baroreceptoren* mit Meldefunktion an die ADH-produzierenden Neurone sitzen im Carotissinus und im Aortensinus, also im arteriellen Hochdruckgebiet (S. 540), *Volumenreceptoren* mit der gleichen Funktion im intrathorakalen Niederdruckgebiet und in den Vorhöfen (S. 543). Eine Feinmodulation der ADH-Sekretion durch diese Volumenreceptoren führt zu vermehrter bzw. verminderter Sekretion von ADH bei Veränderung der Orthostaseverhältnisse (Gauer-Henry-Reflex; S. 548).

Pathophysiologische Aspekte. Ausfall der Produktion von ADH (etwa durch Tumore oder nach Hypophysektomie) führt zu dem Zustandsbild des *Diabetes insipidus* (S. 792) (Diabetes: Harnwasseruhr, insipidus: nichtschmeckend). Es wird also eine große Menge nichtschmeckenden Urins produziert. In der Tat haben die Ärzte früherer Generationen zu differentialdiagnostischen Zwecken den Urin von Patienten geschmeckt, um herauszubekommen, ob er süß oder geschmacklos war. War er süß, so lag das Zustandsbild des Diabetes mellitus (Harnwasseruhr, mel: Honig, also süßer Urin) vor. War der Urin nichtschmeckend, lag eine Minderproduktion von (damals noch nicht bekanntem) antidiuretischem Hormon vor.
Das antidiuretische Hormon ist heute synthetisch herstellbar, so daß das sehr seltene Krankheitsbild des Diabetes insipidus kein größeres therapeutisches Problem mehr darstellt.

Oxytocin

Das *Oxytocin* wird wie das ADH in großen Zellen des Nucleus supraopticus bzw. paraventricularis hypothalami gebildet. Es gelangt ebenfalls über Axone der Neurone in den Hypophysenhinterlappen, wo es gespeichert wird. Zielorgan des Oxytocins ist das *Myometrium*, also die Muskulatur des Uterus, sowie das *Myoepithel der Brustdrüse*.

Milchejektionsreflex. Unter physiologischen Bedingungen produzieren die Brustdrüsen innerhalb von 24 h nach der Entbindung Milch (die Milch schießt ein), das Baby kann also gesäugt werden. Die Saugakte bewirken eine intensive mechanische Reizung der sehr stark innervierten Mamillen der Brustdrüse. Diese Reizung wird auf nervalem Wege den Oxytocin-produzierenden Neuronen des Hypothalamus mitgeteilt, die wiederum vermehrt Oxytocin ausschütten. Dieses Oxytocin bewirkt nun eine *Kontraktion des Myoepithels* der Brustdrüse. Dieses Myoepithel ist im Gegensatz zu anderen kontraktilen Elementen des Körpers (Muskeln) epithelialen Ursprungs. Das Myoepithel der Brustdrüse umspannt die Alveolen so, daß seine Kontraktion zur Ejektion der Milch führt. Der Säugling saugt also die Brustdrüse nicht aktiv leer, sondern der Milchejektionsreflex „hilft" ihm dabei.

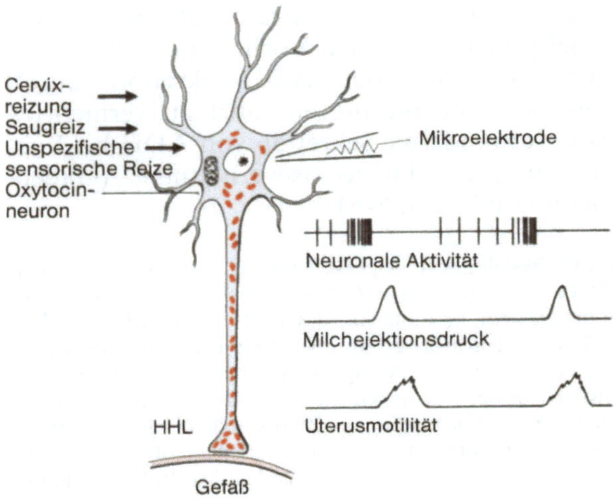

Abb. 17-9. Grundlagen des Milchejektionsreflexes. Durch mechanische Reizung der Cervix uteri oder der Mamillen, mitunter auch durch unspezifische sensorische Reize, können oxytocinproduzierende Neurone im Nucleus supraopticus bzw. paraventricularis phasisch aktiviert werden. Dadurch wird bolusartig Oxytocin in das systemische Blut ausgeschüttet. Es gelangt zu den Mammae und erhöht dort den Milchejektionsdruck. Auch die uterine Muskulatur wird durch den Oxytocinbolus aktiviert

Tierexperimentell konnte gezeigt werden, daß die Oxytocin-produzierenden Neurone unter Saugreizbedingungen alle zur gleichen Zeit aktiviert werden [43], so daß das Oxytocin bolusartig aus dem Hypophysenhinterlappen ausgeschüttet wird (Abb. 17-9). Dadurch kontrahieren sich sämtliche Myoepithelien der Brustdrüse zur gleichen Zeit und erhöhen schlagartig den intramammären Druck. Dieser Milchejektionsreflex ist von einigen Künstlern dargestellt worden. Es gibt Gemälde von Müttern, die allein durch den Anblick des Säuglings Milch ejizieren. In der Tat ist es eine gängige klinische Beobachtung, daß das Abstillen in Gegenwart des Säuglings schwieriger ist als in seiner Abwesenheit.

Wirkung am sensibilisierten Myometrium. Mechanische Reizung der Vagina und der Cervix uteri führen über nervale Afferenzen zum Hypothalamus zu vermehrter Ausschüttung von Oxytocin (*Ferguson-Reflex*). Gegen Ende der Schwangerschaft wird das Myometrium des Uterus durch die Wirkung von Östrogenen besonders sensibel für Oxytocin. Der Hypophysenhinterlappen schüttet nach etwa 280 Schwangerschaftstagen vermehrt Oxytocin aus. Das führt zu leichten *Kontraktionen des östrogensensibilisierten Myometriums*. Dadurch wird die Frucht in Richtung Cervix uteri und Scheide gedrückt. Diese Gewebe sind besonders reichhaltig mit Mechanoreceptoren versehen, die die zunehmende Dehnung an die Oxytocin-produzierenden Zellen des Hypothalamus weitermelden. Daraufhin wird mehr Oxytocin ausgeschüttet, und der Druck auf die Mechanoreceptoren verstärkt sich weiter. Dieser Prozeß schaukelt sich zur **Wehentätigkeit** auf, die schließlich zum Austreiben der Frucht und des Mutterkuchens führt. Damit ist die mechanische Reizung der Cervix uteri und der Vagina beendet, und es wird zunächst kein Oxytocin mehr ausgeschüttet.

Weitere Oxytocinwirkungen. Der Ferguson-Reflex hat bei der nicht schwangeren Frau keine große praktische Bedeutung, evtl. erleichtert coital ausgeschüttetes Oxytocin durch uterine Mikrokontraktionen die Spermienascension. Funktionen von Oxytocin im männlichen Körper sind noch nicht bekannt. Möglicherweise erhöht es die Peristaltik der Cremastermuskulatur bei der Ejaculation des Samens.

17.3 Hypophysenvorderlappensystem

Der Hypophysenvorderlappen entwickelt sich im Verlauf der Embryogenese aus der sog. Rathke-Tasche. Die *Rathke*-Tasche ist eine Abschnürung des Rachendaches. Sie wandert bei der Embryonalentwicklung in das Schädelinnere. Dieser Umstand ist pathophysiologisch wichtig, da es öfter vorkommt, daß auf dem Wege der Wanderung vom Rachendach bis zur endgültigen Lage in der Sella turcica embryonale Gewebetropfen liegenbleiben, die im späteren Leben tumorös entarten können (S. 403). Der HVL ist also nicht neuroektodermalen Ursprungs, sondern hat als Struktur aus dem Ektoderm epithelialen Charakter und wird daher auch als *Adenohypophyse* bezeichnet. Der HVL besitzt keine zentralnervöse Innervation, sondern wird in seiner Funktion ausschließlich über Neurohormone reguliert (S. 400). Durch einfache histologische Färbemethoden lassen sich 3 unterschiedliche HVL-Zellarten typisieren: Mit sauren Farbstoffen färben sich die *acidophilen* (*eosinophilen*) *Zellen* an. Basische Farbstoffe färben die *basophilen Zellen*; schwer anfärbbar sind die *neutrophilen*, *chromophoben Zellen*.

Hormone des Hypophysenvorderlappens

Der Hypophysenvorderlappen produziert nach herkömmlicher Definition 6 Hormone. In Tabelle 17-1 ist die z.T. verwirrende Nomenklatur der Hypophysenhormone angegeben.

Tabelle 17-1. Hypophysenvorderlappenhormone

Kurzbezeichnung	Name	Wirkung auf
Glandotrope Hormone		
ACTH	Adrenocorticotropes Hormon (syn. Corticotropin)	Nebennierenrinde
TSH	Thyreoidea-stimulierendes Hormon (syn. Thyreotropin)	Schilddrüse
FSH	Follikel-stimulierendes Hormon	Gonaden
LH	Luteinisierendes Hormon	Gonaden
(FSH und LH sind die beiden Gonadotropine)		
Nicht-glandotrope Hormone		
GH	Wachstumshormon (engl. Growth Hormone) (syn. Somatotropes Hormon = STH)	Alle Körperzellen
	Prolactin	Viele Körperzellen (Mamma, Gonaden)

Glandotrope Hormone. Vier dieser Hormone haben als Zielorgan jeweils eine Drüse. Deshalb heißen diese Hormone des HVL *glandotrope Hormone*. Generell stimulieren sie die Funktion dieser Drüsen. Eines der Zielorgane ist die *Schilddrüse* (*Thyreoidea*). Das entsprechende stimulierende Hormon heißt ***Thyreoidea-stimulierendes Hormon*** (*TSH*). Für dieses Hormon ist auch die kurze Bezeichnung *Thyreotropin* gebräuchlich. Eine weitere periphere Drüse ist die Nebennierenrinde (Cortex der Glandula adrenalis), demzufolge heißt das hypophysäre Hormon, welches die Nebennierenrindentätigkeit stimuliert, ***Adrenocorticotropes Hormon*** (*ACTH*). In Kurzform wird dieses Hormon auch Corticotropin genannt. Die beiden restlichen glandotropen Hormone stimulieren die Tätigkeit der Gonaden. Es sind daher beides *gonadotrope Hormone*, kurz auch *Gonadotropine* genannt. Eines stimuliert die Reifung der ovariellen Follikel und heißt daher ***Follikel-stimulierendes Hormon*** (*FSH*). Das andere bewirkt die Ruptur des Follikels, den Eisprung, und die Bildung des Gelbkörpers (Corpus luteum). Es heißt daher ***luteinisierendes Hormon*** (*LH*). Beide Hormone wurden nach ihrer Funktion bei der Frau benannt. Sie kommen jedoch auch beide beim Manne vor. Hier erfüllt das FSH eine wichtige Funktion bei der Reifung der Spermien. Das LH stimuliert die Leydig-Zwischenzellen zu vermehrter Testosteronproduktion. Früher glaubte man, daß dieses Leydig-Zwischenzell-stimulierende Hormon sich von dem LH unterscheidet und nannte es daher ***interstitial cell stimulating hormone*** (*ICSH*). Heute ist jedoch klar, daß ICSH und LH das gleiche Hormon darstellen. TSH, LH und FSH sind Glycoproteine, enthalten also Zuckerreste und werden in den basophilen Zellen des HVL gebildet. Das ACTH ist ein Produkt der neutrophilen Zellen.

Nichtglandotrope Hormone. Neben diesen 4 glandotropen Hormonen gibt es noch 2 weitere Hormone, die auf Organsysteme oder den gesamten Organismus wirken. Es sind daher keine glandotropen Hormone. Zu ihnen gehört das *Wachstumshormon* (***human growth hormone***, *HGH, GH*). Die Abkürzung HGH oder GH ist auch im deutschen Schrifttum gebräuchlich. Dieses Hormon heißt außerdem noch ***somatotropes Hormon*** (*STH, Somatotropin*). Das zweite nichtglandotrope Hormon der Hypophyse ist das *Prolactin*. Wie der Name ausdrückt, ist es wichtig für die Lactation. Prolactin hat aber auch an vielen anderen Organen des Körpers spezifische Bindungsstellen. Die Wirkungen des Hormons an diesen anderen Organen sind größtenteils noch unerforscht. Bei der Ratte hat das Prolactin eine luteotrope Funktion; deshalb hieß es früher noch luteotropes Hormon (LTH). Da diese Funktion für das menschliche Ovar nicht zutrifft, sollte dieser Name vermieden und nur der Begriff Prolactin gebraucht werden. STH und Prolactin werden in den eosinophilen Zellen gebildet.

Regulation der Hormonsekretion

Releasing- und Inhibitinghormone. Die Hypophysenvorderlappenzellen werden nicht aus dem ZNS innerviert. Dennoch erfolgt ihre Regulation durch den Hypothalamus, also das ZNS. Hypothalamische Nervenzellen produzieren chemische Nachrichtenträger, die bei Aktivierung der Nervenzellen aus den axonterminalen Strukturen in der Eminentia mediana sezerniert werden. Diese Axonterminalien haben enge Verbindung zu einem spezialisierten Gefäßsystem, dem **Portalsystem**, welches vom Hypothalamus zur Hypophyse zieht. Über diese Gefäßverbindung gelangen die Nachrichtenübermittler von den Nervenzellen zu dem Hypophysenvorderlappen. Hier bewirkt ein solcher Bote entweder die Ausschüttung eines Hypophysenvorderlappenhormons, dann wird er *Re-*

Tabelle 17-2. Releasing- und Inhibitinghormone

Kurzbezeichnung[a]	Name	Wirkung auf
Releasinghormone		
TRH	**T**hyreotropin-**R**eleasing-**H**ormon	TSH
LHRH	**L**uteinisierendes **H**ormon **R**eleasing-**H**ormon (syn. GnRH)	LH und FSH
CRH	**C**orticotropin-**R**eleasing-**H**ormon	ACTH
GHRH	**G**rowth **H**ormone-**R**eleasing **H**ormon	GH
PRH	**P**rolactin **R**eleasing-**H**ormon	PRL
Inhibitinghormone		
GHIH	**G**rowth **H**ormone-**I**nhibiting-**H**ormon (syn. Somatostatin, SS)	GH
PIH	**P**rolactin-**I**nhibiting-**H**ormon	PRL

[a] Es gibt noch keine allgemeinverbindliche Nomenklatur. Die ursprüngliche und unverbindliche Bezeichnung der Hormone mit „Faktor" kommt noch in den alternativ gebrauchten Kurzformen, wie CRF (statt CRH), PIF (statt PIH) zum Ausdruck.

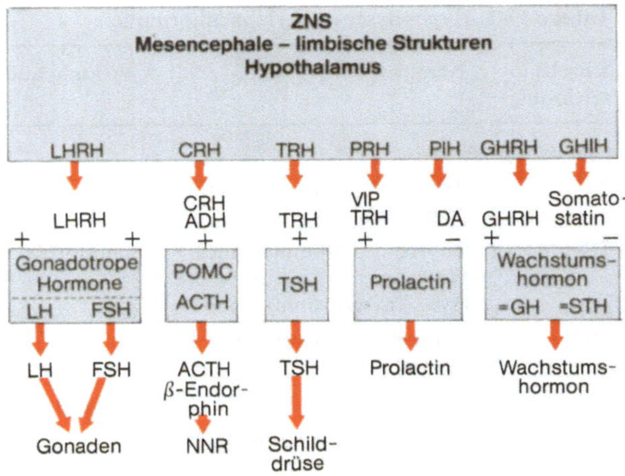

Abb. 17-10. Grundprinzipien der Regulation von Hypophysenvorderlappenhormonen (*untere Kästen*) durch den Hypothalamus (*oberer Kasten*). Zur Nomenklatur s. Tabellen 17-1 und 17-2. Die 4 glandotropen Hormone LH, FSH, ACTH und TSH haben jeweils nur ein Zielorgan im Körper. Dieses ist eine Drüse. Die beiden anderen Hormone (Prolactin und Wachstumshormon) wirken an den Zellen vieler Organe. Zur Bedeutung der *Proopiomelanocortinzelle POMC* im Zusammenhang mit der ACTH-produzierenden Zelle (S. 407). Alle Hormone des Hypophysenvorderlappens werden durch hypothalamische Neurohormone reguliert

leasingfaktor (*RF*) oder *Releasinghormon* (*RH*) genannt, oder er inhibiert die Sekretion eines Hypophysenvorderlappenhormons, dann wird er als *Inhibitingfaktor* (*IF*) oder *Inhibitinghormon* (*IH*) bezeichnet. Tabelle 17-2 zeigt die z.Z. gebräuchlichsten Namen für diese hypothalamischen Neurohormone (s. auch Abb. 17-10). Bis vor kurzem glaubte man, daß jedes glandotrope Hormon über ein spezifisches Releasinghormon stimuliert wird. So erklärt sich auch die Namensgebung: *Thyreotropin-**R**eleasing-**H**ormon* (*TRH*), *Corticotropin-**R**eleasing-**H**ormon* (*CRH*), *Luteinisierendes **H**ormon-**R**eleasing-**H**ormon* (*LHRH*) und ***F**ollikel**s**timulierendes **H**ormon-**R**eleasing-**H**ormon* (*FSHRH*). Es zeigte sich jedoch, daß die Regulation der glandotropen Hormone komplizierter ist. Insbesondere wurde nachgewiesen, daß ein aus dem Hypothalamus isoliertes Dekapeptid sowohl die LH- als auch die FSH-Sekretion stimuliert. Dieses zunächst als *LHRH* bekannt gewordene hypothalamische Hormon wird deshalb heute *Gonadotropin-**R**eleasing-**H**ormon* (*GnRH*) genannt.

Die beiden nichtglandotropen Hormone der Hypophyse, Wachstumshormon und Prolactin, werden multifaktoriell reguliert. Das GH wird durch ein *Wachstumshormon-Releasing-Hormon* (*GHRH*) und durch ein *Wachstumshormon-Inhibiting-Hormon* (*GHIH*) reguliert. Der Erstbeschreiber der Struktur des GHIH zog es vor, es *Somatostatin* zu nennen [20]. Es war schon lange bekannt, daß die Prolactinsekretion durch einen hypothalamischen inhibierenden Faktor (*PIF*) gesteuert wird. Dieser PIF ist interessanterweise kein Peptid, sondern das biogene Amin *Dopamin*. Es wirkt stark inhibierend auf die Prolactinsekretion. Außer Dopamin spielen wahrscheinlich noch Peptide eine wesentliche Rolle bei der Regulation der Prolactinsekretion (S. 403).

Beeinflussung der hypothalamischen Hormonproduktion. Die Releasing- und Inhibitingfaktor-produzierenden Neurone im Hypothalamus werden von zahlreichen intra- und extrahypothalamischen Neuronen innerviert. Besonders reichhaltig sind die Innervationen aus dem *Mittelhirn* durch *noradrenerge*, *adrenerge* und *serotonerge Neurone*, ebenso aus *limbischen Strukturen*, insbesondere den *Nucleus amygdalae* sowie dem *Hippocampus*. Dadurch können *Umwelt- und Innenwelteinflüsse* (in erster Linie über die mesencephalen) sowie *emotionale Regungen* (in erster Linie über die limbischen Strukturen) in die neuroendokrine Regulation integriert werden. Mesencephale und limbische Strukturen erhalten aus dem Hypothalamus Afferenzen, so daß ein reziproker Informationsaustausch stattfindet. Außerdem wird die Produktion der Releasing- und Inhibitinghormone durch Rückmeldungen von den nachgeschalteten Hormonen oder deren Wirkungen gesteuert.

Wachstumshormon

Ausschüttung des Wachstumshormons. Die Produktion und Freisetzung des Wachstumshormons wird durch ein hypothalamisches Releasinghormon (GHRH) und durch ein Inhibitinghormon (GHIH, Somatostatin) reguliert. Es gibt zahlreiche physiologische Reize für die Wachstumshormonausschüttung. Ob sie vorrangig durch vermehrte GHRH oder durch verminderte Somatostatinsekretion zustande kommen, ist noch ungeklärt. *Hungerhypoglykämie, bestimmte Streßbedingungen*, besonders aber starke *körperliche Aktivität* führen zu vermehrter hypophysärer Wachstumshormonsekretion. Ferner wird das Hormon während des *Tiefschlafes* ausgeschüttet. Außerdem sezerniert die Hypophyse auch große Mengen von GH *episodenhaft* ohne erkennbaren Auslöser. Diese Kenntnis der Bedingungen, unter denen das Wachstumshormon ausgeschüttet wird, ist für die Beurteilung von GH-Blutspiegeln wichtig. Wie bei vielen anderen Hormonen auch, kann eine einmalige Messung des Wachstumshormonspiegels aufgrund der episodenhaften Sekretion zur Mißdeutung der tatsächlichen Situation führen.

Wachstumswirkungen. Neben vielen unklaren Wirkungen von Wachstumshormon ist es sicher, daß es zur *normalen körperlichen Entwicklung* des Kindes notwendig ist. Unter physiologischen Bedingungen wird das Wachstumshormon, wie viele andere Hormone auch, in pulsatiler Form ausgeschüttet. Die 3–4 Pulse pro Tag sowie die nächtliche tiefschlafgekoppelte Wachstumshormonausschüttung sind bei Kindern deutlich höher als bei Erwachsenen und nehmen im Senium noch weiter ab.

Die GH-Funktionen im Körper sind vielfältig. Lange Zeit war eine Diskrepanz zwischen in vitro und in vivo erhobenen Befunden nicht erklärlich: In vivo stimuliert Wachstumshormon sowohl die *Chondrogenese* als auch die *Myogenese*. Das bewirkt eine Beschleunigung des somatischen Wachstums. Wenn das Wachstumshormon jedoch in vitro Knorpel- oder Muskelincubaten zugefügt wurde, konnte niemals eine derartige Wirkung gezeigt werden. Es stellte sich

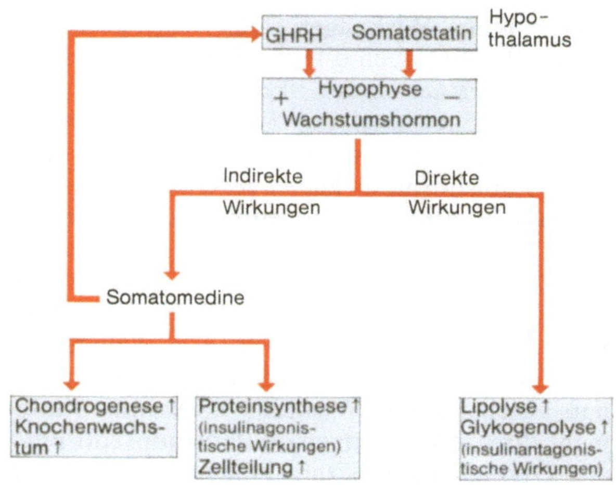

Abb. 17-11. Regulation des Wachstumshormons durch GHRH und Somatostatin und Hormonwirkungen. Das Wachstumshormon wirkt direkt auf die Lipolyse und die Glykogenolyse und stimuliert in der Leber die Bildung von Somatomedinen. Diese Somatomedine koppeln zum Hypothalamus zurück und schließen so einen Regelkreis. Im Körper stimulieren sie die Chondrogenese und das Knochenwachstum sowie die Proteinsynthese und die Zellteilung

heraus, daß es diese Wirkung nicht direkt, sondern über die Stimulation von *hepatischen Faktoren* ausübt. Unter dem Einfluß von Wachstumshormon wird die Leber nämlich zur Produktion von **Somatomedinen** angeregt (Abb. 17-11). Diese Substanzen mediieren die Wirkung von somatotropem Hormon. Das Wachstumshormon bewirkt an den Chondrocyten eine vermehrte Aufnahme von anorganischen Sulfationen in die wachsenden Knorpel- und Knochenzellen. Diese Wirkung übt das GH über die Somatomedine der Leber aus. Der von der Leber produzierte Faktor wurde daher zunächst *sulfation factor* genannt. Wenig später wurde berichtet, daß es eine insulinähnliche Substanz im Blut gibt, die den Blutzucker senkt, deren Sekretion jedoch auch durch extrem niedrige Blutzuckerspiegel nicht supprimiert werden kann. Sie wurde deshalb „non suppressible insulin like activity“ (NILA) genannt. Später stellte sich heraus, daß NILA durch das Wachstumshormon stimuliert wird, und der Name wurde geändert in *Insulin like growth factor* (*IGF*). Heute ist klar, daß der wichtigste IGF, es gibt nämlich deren mehrere, die gleichen Substanzen darstellen wie die *Somatomedine* und daß sie die wichtigen *wachstumsfördernden* Wirkungen des Wachstumshormons mediieren [19, 25, 36]. Das wichtigste Somatomedin ist das *Somatomedin C*: Es bewirkt eine Vermehrung der Proteinsynthese in allen Körperzellen, und diese stimuliert die Zellteilung.

Metabolische Wirkungen. Das Wachstumshormon selbst hat auch direkte Wirkungen. Es *mobilisiert Fettsäuren* aus Fettgeweben, bewirkt also eine Einschmelzung von Fettgewebe, um zusätzliche Energiereserven zu gewinnen. Das Wachstumshormon hat 2 scheinbar konträre Wirkungen auf den Kohlenhydratstoffwechsel. Nach *akuter* Gabe bewirkt es ein *Absinken des Blutglucosespiegels*. Dieser Effekt dauert jedoch nur ca. 1 h und stellt die insulinähnliche Wirkung von Somatomedin C dar [19]. Danach jedoch hat das Wachstumshormon selbst eine genau gegensätzliche Wirkung. Es kommen nunmehr direkte Wirkungen des Hormons auf Fett- und Glykogendepots zum Tragen. Diese werden unter Wachstumshormon eingeschmolzen [3, 11] und zu Glucose umgewandelt. Zusätzlich *inhibiert* es noch die *Glucoseaufnahme* durch die Zellen und führt damit zu einer späten *Erhöhung der Blutglucosespiegel*. Das Wachstumshormon hat dann also eine diabetogene Wirkung. Auf der anderen Seite haben Chondrocyten Receptoren für das Wachstumshormon, so daß davon ausgegangen werden muß, daß neben den Somatomedinen auch das Wachstumshormon direkte Wirkungen an Knorpel und Knochen ausübt [23, 25].

Pathophysiologische Aspekte. Kinder entwickeln sich bei *Wachstumshormonmangel* zu sog. *proportionierten Zwergen*, d.h. das Körperwachstum erfolgt proportioniert, bleibt jedoch zu gering. Gabe von Wachstumshormon, auch von Wachstumshormon-Releasing-Hormon (GHRH), das seit kurzem zur Verfügung steht, führt zur deutlichen Stimulation des somatischen Wachstums. Häufig ist die verminderte Wachstumshormonsekretion mit einer generalisierten Unterfunktion der Hypophyse (*Panhypopituitarismus*) gekoppelt; andere Funktionen der Hypophyse bleiben dann ebenfalls unternormal. Beim Erwachsenen ist ein Krankheitsbild durch zu geringe Wachstumshormonsekretion nicht bekannt.

Auf die wichtige Rolle des Somatomedin C als Mediator der Wachstumshormonwirkung sei nochmals hingewiesen: Pygmäen produzieren völlig normale Wachstumshormonspiegel, können jedoch aufgrund einer genetischen Mutante kein Somatomedin C produzieren. Das ist wahrscheinlich der Grund dafür, daß sie klein bleiben.

Ein nicht ganz seltenes Krankheitsbild ist die tumoröse, gutartige Entartung der wachstumshormonproduzierenden eosinophilen Hypophysenzellen und dadurch bedingt eine *Überproduktion von GH*. Erfolgt die tumoröse Entartung schon im Kindesalter, so wachsen diese Kinder mehr als normal und zwar so lange, bis durch die pubertätsbedingte vermehrte Sekretion von Sexualhormonen (S. 829f.) das epiphysäre Knochenwachstum durch Verknöcherung der knorpeligen Anteile zum Stehen kommt, also der Epiphysenschluß erfolgt. Das daraus resultierende Krankheitsbild heißt **Gigantismus** (*Riesenwuchs*).

Beim Erwachsenen kann ein wachstumshormonproduzierender Tumor das Längenwachstum nicht mehr stimulieren, da die Epiphysen durch die Wirkung gonadaler Steroide geschlossen sind (S. 830). Weiterhin wachsen können jedoch die Akren (Spitzen) des Körpers, in erster Linie also Ohren, Nase, Kinn, Finger und Füße. Es entsteht das Krankheitsbild der **Akromegalie** [33]. Auch das apositionelle Knochenwachstum wird noch stimuliert; die Folge davon sind Knochenauswüchse, sog. *Hyperostosen*, und ein insgesamt plump wirkender Knochenbau. Auch die Organe des Verdauungstraktes (Zunge, Magen, Darm) sind vergrößert. Aufgrund der oben besprochenen insulinantagonistischen Wirkungen des Wachstumshormons neigen die Patienten zur Hyperglykämie und sind in einer latent *diabetischen Stoffwechsellage*. Dadurch werden die B-Zellen in den Langerhans-Inseln zu ständiger Hypersekretion von Insulin angeregt. Das bewirkt in einigen Fällen Erschöpfung der insulinproduzierenden B-Zelle. Dadurch bleibt der Blutzuckerspiegel erhöht, es hat sich also ein Diabetes mellitus entwikkelt. Entfernung des Tumors – z.T. ist auch medikamentöse Behandlung möglich – bringt das Krankheitsbild zum Stillstand. Einmal eingetretene somatische Veränderungen lassen sich damit jedoch nicht mehr rückgängig machen.

Prolactin

Das *Prolactin* hat im Laufe der Phylogenese zahlreiche Funktionen ausgeübt, die alle im Umfeld der Reproduktion anzusiedeln sind. Man kann fast alle Wirkungen des Prolactins dahingehend subsummieren, daß sie biochemische Voraussetzungen für die Brutpflege, also für die Arterhaltung, schaffen. Das Zielorgan für das Prolactin ist bei Säugern in erster Linie die Brustdrüse. Beim Menschen bewirkt das Hormon die Ingangsetzung und Erhaltung der Lactation (*Galactogenese und Galactopoese*). Prolactinreceptoren werden aber auch in fast allen anderen Organen des Körpers gefunden. Die biologischen Wirkungen des Hormons in diesen Organen sind bisher noch unbekannt.

Einflüsse auf die Prolactinsekretion. Prolactin hat einen sehr komplexen Freisetzungsmechanismus. Es wird von den lactotropen Zellen der Hypophyse produziert. Die Prolactinsynthese und -sekretion wird hauptsächlich durch ein inhibierendes Prinzip reguliert. Dieses *Prolactin-Inhibiting-Hormon* (*PIH*) wird in hypothalamischen Neuronen produziert. Es ist heute als das biogene Amin **Dopamin** erkannt [31, 34, 44]. Im basalen Anteil des Hypothalamus aller Säugetiere finden sich dopaminerge Zellen, die zur Eminentia mediana projizieren und hier an portalen Gefäßen enden. Sie schütten ständig Dopamin aus, so daß die hypophysäre Prolactinsekretion tonisch inhibiert wird. Durch Abschalten der hypothalamischen Dopaminsekretion kommt es zur Desinhibition der Prolactinsekretion und damit zum Anstieg von Prolactin im Blut.

Neuerdings wird vermutet, daß die Desinhibition der lactotropen Zellen durch Abschalten hypothalamischer Dopaminneurone nicht der hauptsächliche Mechanismus ist, der für Anstiege der hypophysären Prolactinsekretion verantwortlich ist. Im Hypothalamus sind nämlich zahlreiche Peptide nachgewiesen worden, die auch in das portale Gefäßsystem ausgeschüttet werden und die die hypophysäre Prolactinsekretion stimulieren können. Sie wären also alle Prolactin-Releasing-Faktoren bzw. *Prolactin-Releasing-Hormone* (*PRH*). Zu ihnen gehört das *Thyreotropin-Releasing-Hormon* (TRH), das *vasoactive-intestinale Polypeptid* (VIP) (S. 734f.), *Angiotensin II* (S. 545f.) und möglicherweise das endogene Opiatpeptid *Beta-Endorphin* [44]. Welcher physiologische Stellenwert diesen Prolactin-stimulierenden Peptiden zukommt, ist noch ungewiß. Außerdem wird die Prolactinsynthese und -ausschüttung auch direkt durch zirkulierende *Östrogene* stimuliert. Ständig erhöhte Östrogenspiegel führen über diesen Mechanismus zur Hyperprolactinämie.

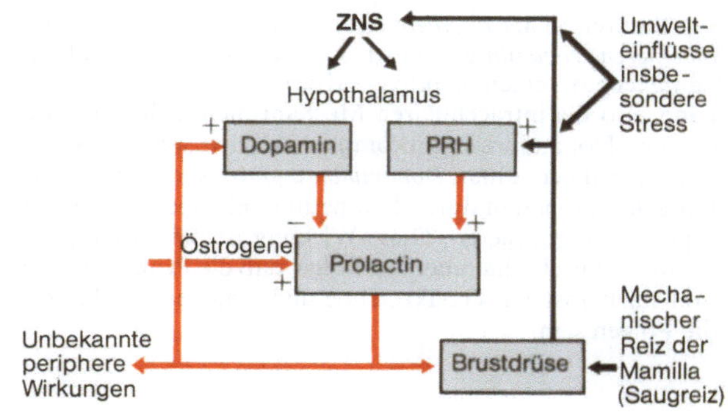

Abb. 17-12. Regulation des Prolactins. Im Hypothalamus liegen die sog. tuberoinfundibulären dopaminergen (TIDA-) Zellen, welche ständig Dopamin als Prolactin-Inhibiting-Hormon ausschütten. Prolactin koppelt autoregulatorisch zu den TIDA-Neuronen zurück. Dieser Regelkreis kann durch zahlreiche Umwelt- und Innenwelteinflüsse, die zur Ausschüttung eines oder mehrerer Prolactin-Releasing-Hormone (PRH) führen, beeinflußt werden. Hohe Östrogenspiegel stellen Innenwelteinflüsse mit prolactinstimulierender Wirkung dar. Das übrige ZNS ist über limbische und mesencephale Einflüsse auf PRH-Neurone und dopaminerge Zellen mit an der Regulation der Prolactinsekretion beteiligt

Prolactinwirkung. Unter optimalen homöostatischen Verhältnissen (normale Cortisol-, Insulin- und Schilddrüsenhormonspiegel) bewirken erhöhte Blutprolactinspiegel die *Ingangsetzung und Aufrechterhaltung der Milchsynthese* in der Brustdrüse der Frau. Aus der Brustdrüse gibt es keinen hormonalen rückkoppelnden Mechanismus, der einen Regelkreis schließen könnte. Aus diesem Grunde koppelt das Prolactin selber zum Hypothalamus zurück. *Erhöhte Prolactinspiegel verstärken hier den Dopaminumsatz*, so daß die erhöhte Prolactinsekretion vermindert wird (negative Rückkopplung). Abb. 17-12 ist der hypothalamo-hypophysio-periphere Regelkreis sehr vereinfacht dargestellt. Reizung der zahlreichen Mechanoreceptoren in den Mamillen führt über eine Kette von nervalen Afferenzen zum Hypothalamus und dort zur Ausschüttung eines oder mehrerer PRH. Dadurch wird die hypophysäre Prolactinsekretion stimuliert. Unklar ist z.Z. noch, ob der gleiche mechanische Reiz der Mamillen auch zu einer Verminderung der hypothalamischen Dopaminausschüttung führt und damit die *autoregulatorisch* rückkoppelnde Wirkung von Prolactin antagonisiert. Normalerweise kommt diesem Mechanismus eine untergeordnete Rolle zu. Wichtig wird er während der Zeit des Stillens (S. 835).

Pathophysiologische Aspekte. Tierexperimentelle Ergebnisse lassen vermuten, daß das hypothalamische Dopamin auch an den LHRH-Zellen inhibitorisch wirkt. Bei erhöhter hypothalamischer Aktivität der dopaminergen Zellen wird also die hypothalamische LHRH-Sekretion vermindert. Deshalb ist die hypophysäre LH- und FSH-Sekretion subnormal, wahrscheinlich wird der pulsatile Sekretionsmodus inhibiert (S. 835f.) und der Menstruationscyclus kann nicht ablaufen. Diesen Zustand nennt man **Lactationsamenorrhoe** (bei Tieren Lactationsanöstrie). Dieser Mechanismus kommt nur bei häufig anlegenden Müttern einigermaßen zuverlässig in Gang, während bei nicht voll stillenden Müttern kein Konzeptionsschutz gegeben ist.

Die *hyperprolactinämische Amenorrhoe* ist in der Pathophysiologie von Bedeutung. Bei nicht wenigen Frauen entwickelt sich spontan ein *gutartiger Hypophysentumor*, dessen Zellen sehr viel Prolactin produzieren. Diese Tumorzellen sind in aller Regel noch dopaminrezeptiv; offensichtlich stehen sie jedoch nicht mehr unter hypothalamischer Kontrolle durch das Portalvenenblut. Ihre nutritive Versorgung erfolgt ausschließlich über die hypophysären Arterien. Die großen Prolactinmengen im Blut bewirken häufig, daß eine Lactation in Gang gesetzt wird. Diesen Zustand nennt man bei der nicht stillenden Frau *Galaktorrhoe*. Die hohen Prolactinspiegel stimulieren auch die hypothalamischen dopaminergen Neurone, um über den autoregulatorischen Rückkopplungsmechanismus von Prolactin die erhöhte Sekretion zu senken. Das hypothalamische Dopamin gelangt zwar zur Hypophyse, nicht jedoch zu den Tumorzellen, so daß diese nicht in ihrer sekretorischen Aktivität inhibiert werden. Das so vermehrt produzierte Dopamin inhibiert jedoch die hypothalamischen LHRH-Neurone und damit die pulsatile LHRH-Sekretion). Die cyclische Aktivität sistiert und die Frau wird *amenorrhoisch*. Dieses Krankheitsbild kann leicht durchbrochen werden durch Applikation von dopaminagonistisch wirkenden Substanzen, die nunmehr über das systemische Blut die hypophysären Prolactin-produzierenden Tumorzellen erreichen und ihre sekretorische Aktivität inhibieren. Nach Normalisierung der Prolactinsekretion kommt dann die Cyclusaktivität in aller Regel auch wieder in Gang. Die tonische Inhibition der Prolactinsekretion durch Dopamin ist auch aus anderen Gründen pharmakologisch wichtig: Zahlreiche *Medikamente* (sehr häufig Psychopharmaka) *blockieren Dopaminreceptoren*, d.h. sie bilden mit dem Dopaminreceptor einen inaktiven Komplex. Dieser Komplex kann also die intracellulären Mechanismen nicht auslösen, die vom Dopaminreceptorkomplex aktiviert werden. Solche Substanzen nennt man *Dopaminantagonisten*, da sie die Wirkung von Dopamin durch kompetitive Blockierung des Receptors antagonisieren. Diese Wirkung ist bei Psychopharmaka erwünscht, hat aber zur Folge, daß die Prolactinsekretion stark ansteigt. Galaktorrhoe und Amenorrhoe können die Folgen sein.

17.4 Schilddrüsensystem

Produktion und Freisetzung der Schilddrüsenhormone

Regulation der Hormonproduktion. Im Jahre 1969 gelang es den Arbeitsgruppen von SCHALLY und GUILLEMIN gleichzeitig, aber unabhängig voneinander, aus dem Hypothalamus von Schafen bzw. Schweinen ein Tripeptid zu analysieren, das die hypophysäre TSH-Sekretion stimuliert [20, 38]. Dieses war das erste analysierte und synthetisch erhältliche *Releasinghormon (TRH)*. Das Peptid wird von hypothalamischen Neuronen produziert und in das portale Gefäßsystem ausgeschüttet (Abb. 17-13). Es gelangt an die TSH-produzierenden Zellen der Hypophyse und stimuliert die Ausschüttung des *Thyreoidea-stimulierenden Hormons (TSH)*. Das TSH stimuliert die Schilddrüse zu vermehrter Synthese und Ausschüttung der Schilddrüsenhormone **Thyroxin** und **Trijodtyronin.** Die Schilddrüsenhormone wirken auch auf den Hypothalamus und die Hypophyse im Sinne einer *negativen Rückkopplung* zurück, so daß bei hohen Schilddrüsenhormonkonzentrationen im Blut die TSH-Sekretion minimal ist. Umgekehrt ist bei niedrigen Schilddrüsenhormonspiegeln im Blut die TSH-Sekretion sehr hoch. Da die Schilddrüsenhormonregulation auch bei Tieren mit lädiertem Hypothalamus, also ohne TRH-Sekretion, noch recht gut funktioniert, ist der hauptsächliche Angriffspunkt der Rückkopplung wohl in der Hypophyse lokalisiert. TRH ist heute synthetisch als Diagnostikum erhältlich und bewirkt nach Injektion eine prompte Vermehrung der hypophysären TSH-Sekretion. Erstaunlicherweise wird jedoch auch die Prolactinsekretion stimuliert (S. 403).

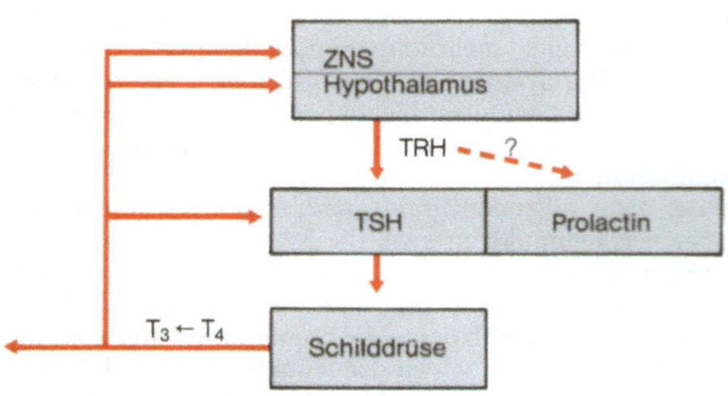

Abb. 17-13. Hypothalamo-hypophysio-thyreoidaler Regelkreis. Hypothalamische Neurone produzieren das Thyreotropin-Releasing-Hormon (TRH). Dieses gelangt über die portalen Gefäße zur Hypophyse und regt dort die Sekretion des Thyreoidea-stimulierenden Hormons (TSH) an. TSH bewirkt in der Schilddrüse die Produktion von Thyroxin und Trijodthyronin. T3 koppelt zur Hypophyse, in untergeordnetem Maße wohl auch zum Hypothalamus zurück, so daß die TSH-Sekretion ausbalanciert ist. Ob das vom Hypothalamus ausgeschüttete TRH auch unter physiologischen Bedingungen die Prolactinsekretion stimuliert, ist unklar (s. auch S. 403)

Synthese und Sekretion der Schilddrüsenhormone. Für die Synthese von Schilddrüsenhormon ist die Aufnahme einer bestimmten Jodmenge erforderlich (ca. 150 µg/Tag). Das Jod muß also mit der Nahrung zugeführt werden, wird im Darm resorbiert und von den Schilddrüsenzellen aufgenommen (Abb. 17-14). Alle im folgenden beschriebenen Vorgänge werden durch TSH stimuliert. Da im Innern der Zellen die Jodkonzentration höher ist als im Blut, kann die Aufnahme nicht durch Diffusion erfolgen, sondern durch einen (energiekonsumierenden) aktiven Transport. Im Innern der Schilddrüsenzellen wird ein hochmolekulares Protein, das **Thyreoglobulin,** gebildet, welches zahlreiche *Tyrosinmoleküle* enthält. Der Einbau des Jods erfolgt in Position 3 und/oder 5 am Benzolring des Tyrosins. Es entsteht also Mono- bzw. Dijodtyrosyl (Abb. 17-14). Die Jodierung kann zwar in vitro spontan erfolgen, in der Schilddrüse oxidiert jedoch eine *Peroxydase* Jodid zu atomarem Jod, das sich dann an die Tyrosinradikale des Thyreoglobulins anlagert. Die *jodierten Tyrosylradikale* kondensieren zu *Thyroxin* (Tetrajodthyronin = T4). Auch eine kleine Menge *Trijodthyronin (T3)* wird gebildet. In das Thyreoglobulin eingelagert, verlassen T3 und T4 schließlich das Innere der Schilddrüsenzellen und gelangen in die *Schilddrüsenfollikel.* Die Follikel sind von den Schilddrüsenzellen umgeben. Hier werden die Schilddrüsenhormone im *Kolloid* gespeichert. *Das Thyreoglobulin ist also der Schilddrüsenhormonspeicher im Kolloid.*
Damit das Schilddrüsenhormon ausgeschüttet werden kann, muß das Kolloid wieder von den Schilddrüsenzellen aufgenommen werden. Das

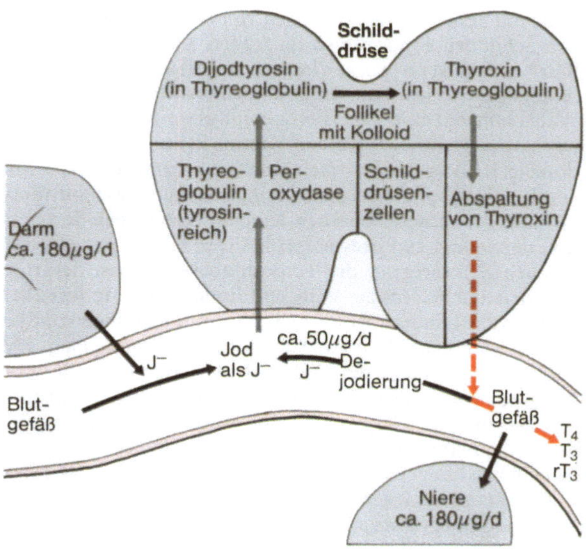

Abb. 17-14. Bildung, Speicherung und Freisetzung der Schilddrüsenhormone. Die Hauptmenge des täglichen Jodbedarfs wird aus dem Darm in Form von Jodid resorbiert. Dieses Jodid wird von den Schilddrüsenzellen aufgenommen und durch Peroxydasen zu atomarem Jod oxidiert. Das ebenfalls in den Schilddrüsenzellen produzierte Thyreoglobulin ist sehr tyrosinreich und lagert das Jod in die Tyrosinmoleküle ein. Durch Kondensation von 2 Molekülen Dijodtyrosin innerhalb des Thyreoglobulinmoleküls entsteht Thyroxin, ebenfalls noch an Thyreoglobulin gebunden. Dieses im Thyreoglobulin gebundene Thyroxin wird wieder von den Schilddrüsenzellen aus dem Kolloid aufgenommen, und es wird enzymatisch Thyroxin abgespalten, das in das Blutgefäßsystem gelangt. Durch Dejodierung im Blut entsteht das eigentlich wirksame Schilddrüsenhormon Trijodthyronin. Nur ein geringer Teil des Trijodthyronins wird direkt in der Schilddrüse gebildet. Ein Teil des durch die Dejodierung entstehenden Jodids gelangt zurück in den Schilddrüsenkreislauf, der größere Teil jedoch wird durch die Niere ausgeschieden

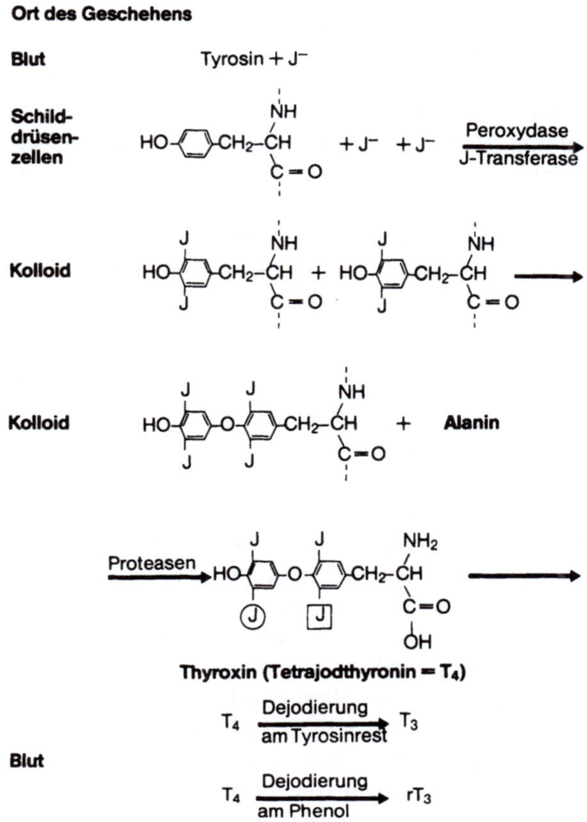

Abb. 17-15. Strukturformeln von Thyroxin (T_4), Trijodthyronin (T_3) und reverse Trijodthyronin (rT_3). Nur das T_3 ist im Körper biologisch wirksam. Die Schilddrüse schüttet jedoch wesentlich größere Mengen T_4 aus, welches durch Dejodierung am Tyrosinring zu T_3 umgewandelt wird. Erfolgt die Dejodierung am Phenolring, so entsteht das biologisch unwirksame rT_3

erfolgt durch Pinocytose. In den Zellen wird das Thyreoglobulin abgebaut, und die so freigesetzten Thyroxin- und Trijodthyroninmoleküle diffundieren ins Blut und werden dort in nichtkovalenter Form von Plasmaproteinen gebunden. Nur ein kleiner Teil des Schildrüsenhormons liegt frei im Blut vor. Die wichtigsten Plasmaproteine, die das Schilddrüsenhormon binden können, sind das *thyroxinbindende Globulin (TBG)*, das *thyroxinbindende Präalbumin (TBPA)* und weitere nicht näher charakterisierte Albumine.

Das gesamte im Blut befindliche Thyroxin wird von der Schilddrüse sezerniert, jedoch nur 10–20% des im Blut zirkulierenden Trijodthyronins. Das bedeutet, daß etwa 80–90% des *Trijodthyronins* extrathyreoidal durch *Dejodierung von Thyroxin* entstehen. Etwa 35% des Thyroxins werden so zu Trijodthyronin umgewandelt (Abb. 17-15). *Das biologisch wirksame Schilddrüsenhormon ist das T3.* T4 ist fast unwirksam. Neben dem normalen T3 wird im Blut ein sog. *reversed T3 (rT3)* gefunden. Dieses rT3 ist ebenfalls biologisch unwirksam und entsteht durch Dejodierung an der „falschen Stelle“, nämlich am Phenolring anstatt am Tyrosinring. Wie das biologisch wirksame Trijodthyronin wird auch das rT3 zum größten Teil extrathyreoidal gebildet.

Thyroxin und Trijodthyronin können in geringer Menge wieder von Leber und Niere dejodiert werden, so daß ein kleiner Anteil (ca. 50 µg) des Jodbedarfs des Körpers aus dieser Quelle wieder gedeckt werden kann (s. Abb. 17-14). Da die Speicherkapazität für Schilddrüsenhormone im Kolloid der Schilddrüse recht hoch ist, kann der Organismus zwar einige Monate ohne Jodzufuhr auskommen, danach werden jedoch die wichtigen Schilddrüsenhormone nicht mehr in ausreichender Menge gebildet.

Funktionen der Schilddrüsenhormone

Die Schilddrüsenhormone haben wesentliche Funktionen zu erfüllen: *Sie stimulieren den gesamten Metabolismus des Körpers.* Die all diesen Effekten zugrunde liegenden Mechanismen sind bisher nicht vollständig geklärt [10, 11]. Wahrscheinlich bindet das Trijodtyronin an ein Receptormolekül im Zellkern. Es stimuliert auf diese Weise über *genomische Effekte* sowohl die *Transkription* als auch die *Translation.* Dadurch wird die **Proteinsynthese** in allen Körperzellen stimuliert. Außerdem scheinen der *Natriumausstrom* und der *Kaliumtransport* zwischen extracellulärer Flüssigkeit und Cytosol durch Schilddrüsenhormone beeinflußt zu werden. Schließlich wird auch die Aktivität von zahlreichen Enzymen erhöht, insbesondere von Kohlenhydrat-degradierenden Enzymen, so daß unter dem Einfluß hoher Spiegel von Schilddrüsenhormonen besonders die **Utilisation von Kohlenhydraten** verstärkt wird.
Da die meisten der oben beschriebenen Prozesse in den *Mitochondrien* der Zellen stattfinden, ist deren Aktivität unter der Wirkung hoher Schilddrüsenhormonspiegel ebenfalls besonders hoch, und sie vergrößern sich. Die Steigerung der enzymatischen Aktivität durch Schilddrüsenhormone bewirkt auch, daß vermehrt Energie vom Körper umgesetzt wird. Der *Grundumsatz* des Körpers korreliert daher direkt mit der Höhe der zirkulierenden Schilddrüsenhormonspiegel.
Schilddrüsenhormone fördern bei Kindern auch das *körperliche Wachstum.* Dieser Effekt ist für die normale *postnatale Hirnentwicklung* ganz besonders wichtig. In Utero wird ein Fetus, dessen Schilddrüse zu wenig Hormone produziert, noch ausreichend von der Mutter versorgt. Nach der Geburt jedoch wird der Schilddrüsenhormonmangel fatal für die kindliche Hirnentwicklung (s.u.).

Pathophysiologische Aspekte

Unter zahlreichen pathophysiologischen Bedingungen wird im Organismus zu wenig oder zu viel Schilddrüsenhormon produziert. Es entstehen die Zustandsbilder der *Hypo- bzw. Hyperthyreose.*

Unterfunktion der Schilddrüse. Beim Erwachsenen ist die Hypothyreose durch Verlangsamung aller Stoffwechselvorgänge gekennzeichnet. Auffällig ist bei diesen Patienten die verzögerte Reaktion auf Umgebungsreize und ihr ständig „müdes Aussehen“, das z.T. durch die teigige Konsistenz der Haut bedingt ist. Dieses Krankheitsbild wird **Myxödem** genannt. Es ist im Erwachsenenalter durch Substitutionstherapie mit Schilddrüsenhormonen voll reversibel. Das Fehlen von Schilddrüsenhormonen im frühen Kindesalter dagegen führt zu schwerer *körperlicher und geistiger Retardierung* **(Kretinismus)**. Da das Schilddrüsenhormon für das vom Wachstumshormon stimulierte epiphysäre Knochenlängenwachstum wichtig ist, bleiben Kretins klein. Da das appositionelle Knochendickenwachstum weniger gestört ist, wirken Kretins plump. Bei sehr geringer Schilddrüsenhormonproduktion im neugeborenen Kind ist eine rasche Substitution notwendig, um irreversiblen Hirnschäden vorzubeugen. Je nach Schweregrad der Hypothyreose können derartige Schäden nämlich bis zur völligen Idiotie führen. In fast allen zivilisierten Ländern ist deshalb die routinemäßige Analyse von Neugeborenenblut auf Schilddrüsenhormone (sog. *Hypothyreosescreening*) eingeführt. Das Schilddrüsenhormon kann nur bei genügender Zufuhr von Jod mit der Nahrung in ausreichender Menge produziert werden. Das Jodangebot durch die Nahrung ist regional sehr unterschiedlich. Im allgemeinen ist in gebirgigen Gebieten das Jodangebot niedrig, in küstennahen Gegenden dagegen hoch. Es gibt also endemisch jodunterversorgte Gebiete, in denen bis vor kurzem das Krankheitsbild des Kretinismus bzw. des Myxödems häufig anzutreffen war. Diesen Krankheitsbildern kann heute durch gezielte *Jodprophylaxe,* z.B. Zuführung von Jod mit dem Kochsalz in Form von geringen Mengen NaJ, begegnet werden.

Überfunktion der Schilddrüse. Eine pathologische Überproduktion von Schilddrüsenhormon *(Hyperthyreose)* ist ein häufiges Krankheitsbild. Der Grundumsatz ist gesteigert, der Auf- und Abbau von Eiweiß, Kohlenhydraten und Fett erfolgt beschleunigt, und die Patienten erscheinen übererregt. Eine Hyperthyreose kann mit *kropfiger Vergrößerung (Struma)* einhergehen. Häufig sind jedoch auch diffuse Vergrößerung oder autonome, sog. „heiße Knoten“. Bei vielen hyperthyreoten Patienten wird ein starkes Hervortreten der Augäpfel *(Exophthalmus)* beobachtet, dessen Pathogenese noch unklar ist. Dann kann im Blut eine bestimmte Substanz, der *Exophthalmus-produzierende Faktor,* der möglicherweise aus der Hypophyse stammt, nachgewiesen werden [26]. Die Hormonproduktion der Schilddrüse kann durch Applikation von Thyreostatica normalisiert werden.
Da bei beiden Krankheitsbildern, der Hyper- wie der Hypothyreose, praktisch alle Zellen des Körpers fundamental beeinflußt werden, ist es nicht verwunderlich, daß viele Funktionen, die zunächst nicht in Zusammenhang mit der Schilddrüsenhormonwirkung gebracht werden, ebenfalls gestört sind. Besonders wichtig ist diese Kenntnis für die Therapie von reproduktionsmedizinischen Störungen bei Mann und Frau. Häufig haben derartige Störungen nicht ihre Ursache im hypothalamo-hypophysio-gonadalen Regelkreissystem, sondern in Unter- oder Überfunktion der Schilddrüsentätigkeit.

17.5 Nebennierenrindensysteme

Die Nebennierenrinde (Cortex glandulae adrenalis) läßt sich morphologisch in 3 Schichten unterteilen: von innen nach außen unterscheidet man die *Zona reticularis, die Zona fasciculata* und die *Zona glomerulosa.* In der Zona reticularis werden überwiegend Androgene, aber auch Glucocorticoide gebildet. Die Zellen der Zona fasciculata produzieren hauptsächlich Glucocorticoide, die der Zona glomerulosa Mineralocorticoide [1, 28].

Glucocorticoidsystem

Regelung der Glucocorticoidsekretion. Im Hypothalamus liegen Neurone, die ein relativ hochmolekulares Peptid (41 Aminosäuren), das *Corticotropin-Releasing-Hormon (CRH)*, produzieren. Dieses Neuropeptidhormon erreicht über das portale Gefäßsystem den Hypophysenvorderlappen und löst dort die Sekretion von *ACTH* aus. Das ACTH gelangt über den allgemeinen Kreislauf an die Nebennierenrinde und stimuliert hier in erster Linie die Sekretion der *Glucocorticoide*. Einzelheiten über die Chemie der Steroidhormone sind biochemischen Lehrbüchern zu entnehmen. Der für den Menschen wichtigste Vertreter der Glucocorticoide ist das **Cortisol.** Es erfüllt im Körper zahlreiche Funktionen (S. 408f.), koppelt u.a. auch zur Hypophyse und zum Hypothalamus zurück und schließt so den Regelkreis für die CRH- und ACTH-Sekretion [28]. Dieses Regelkreissystem ist schematisch in Abb. 17-16 dargestellt.

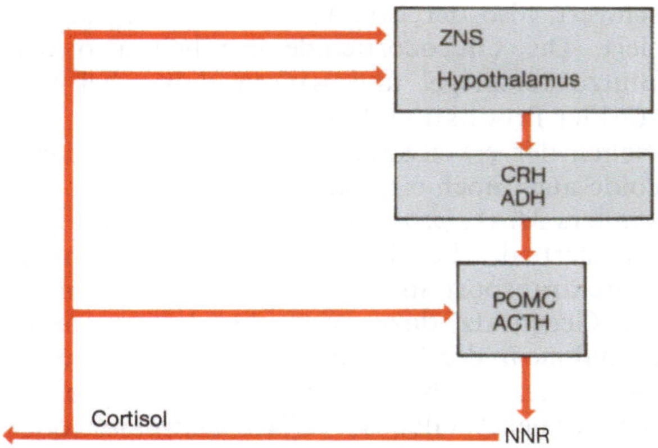

Abb. 17-16. Hypothalamo-hypophysio-adrenaler Regelkreis. Neurone des Hypothalamus produzieren das Corticotropin-Releasing-Hormon (CRH). Dieses gelangt über die portalen Gefäße zur Hypophyse und stimuliert hier die ACTH-Sekretion. ACTH bewirkt an den Nebennieren vermehrte Cortisolsynthese und -ausschüttung. Das Cortisol koppelt sowohl zur Hypophyse als auch zum Hypothalamus zurück. Dieses geregelte System wird leicht durch Umwelteinflüsse (insbesondere diverse Stressoren) aus dem Gleichgewicht gebracht. Ob das antidiuretische Hormon (ADH) unter physiologischen Bedingungen als ein zusätzliches CRH angesehen werden muß, ist z.Z. noch nicht geklärt. Über suprahypothalamische, insbesondere mesencephale und limbische Einflüsse können Informationen über Emotionen, Schmerz etc. an die hypothalamischen ACTH-produzierenden Zellen übertragen werden

Proopiomelanocortinzellen. Die ACTH-produzierende Zelle ist so vorgestellt worden, als würde sie nur ACTH synthetisieren. Diese vereinfachte Darstellung soll nun berichtigt werden. Gleichzeitig soll ein für das Verständnis von Peptid- und Proteohormonen wichtiges Konzept erläutert werden [4, 18, 22, 24]. Es wurde schon erwähnt, daß Peptidhormone nicht in ihrer biologisch aktiven Form synthetisiert, sondern aus höhermolekularen Präkursoren enzymatisch abgespalten werden. Die Sequenzierung der Aminosäuren des ACTH-Präkursors ist kürzlich gelungen [18]. Es stellte sich heraus, daß neben der Sequenz des ACTH aus 39 Aminosäuren auch noch die Sequenz eines endogenen Opiatpeptides, des *β-Endorphins,* enthalten ist. Ferner ist mehrfach die Aminosäurensequenz des α-Melanocyten-stimulierenden Hormons (*α-MSH)* zu finden. Zellen, deren genetische Informationen die Produktion dieses Präkursors erlauben, nennt man daher nicht mehr ACTH-Zellen, sondern *Proopiomelanocortinzellen (POMC-Zellen)*. Es handelt sich also um Zellen, die aus einem höhermolekularen Vorläufer sowohl das β-Endorphin, das Melanocyten-stimulierende Hormon (MSH) und das ACTH produzieren können. Die klassischen ACTH-Zellen im Hypophysenvorderlappen sind POMC-Zellen. Ihr wichtigstes Sekretionsprodukt ist nach unserer heutigen Kenntnis ACTH. β-Endorphin und α-MSH werden jedoch ebenfalls produziert und mit dem ACTH zusammen ausgeschüttet [4, 12, 18]. Die beiden Substanzen spielen wahrscheinlich jedoch als Sekretionsprodukt keine wichtige Rolle. Es gibt allerdings ein Krankheitsbild, bei dem die Nebennieren zu wenig Cortisol und Aldosteron produzieren. Dann ist die ACTH-Sekretion der Hypophyse erhöht. Da MSH äquimolar mit ausgeschüttet wird, sind auch die MSH-Spiegel im Blut zu hoch, und das Hormon bewirkt eine verstärkte Pigmentierung der Haut. Diese Krankheit ist der *Morbus Addison,* seine Hauptsymptome sind durch die zu geringe Mineralocorticoidproduktion erklärbar.

In jüngster Zeit konnte gezeigt werden, daß Proopiomelanocortinzellen nicht nur im HVL, sondern auch im Hypophysenzwischenlappen, im Hypothalamus, im vegetativen Nervensystem, im Nebennierenmark und in den Gonaden gefunden werden [7]. Wahrscheinlich ist hier der ACTH-Anteil des Moleküls physiologisch nicht wirksam. Die hypothalamischen POMC-Zellen werden auch *β-endorphinerge Zellen* genannt, da ihr hauptsächliches Sekretionsprodukt, also der Nachrichtenüberträger, das β-Endorphin ist. Von den wenigen β-endorphinergen Zellen im Hypothalamus projizieren lange Axone über sich verzweigende Collaterale in weite Hirngebiete. Möglicherweise haben sie etwas mit der

Verarbeitung von Streß und Schmerz zu tun, sicher spielen sie eine Rolle bei der Regulation der Hypophysenhormone und möglicherweise bei der Streßamenorrhoe. Die genauen Funktionen dieser β-endorphinergen Neurone sind jedoch noch weitgehend unbekannt. Die Rolle der vom POMC abstammenden Peptidmoleküle, im HZL, im vegetativen Nervensystem, im Nebennierenmark und in den Gonaden ist bisher noch nicht bekannt.

Schwankungen des Cortisolspiegels. Das ACTH ist das regulative Hormon, das die Nebennierenrindenzellen zu vermehrter Cortisolsynthese und -sekretion stimuliert. Die Blutcortisolspiegel unterliegen ausgeprägten endogen fixierten, tageszeitlichen Rhythmen *(circadianen Schwankungen)*. Sie sind morgens deutlich höher als abends (Abb. 17-17). Diese Schwankungen hängen von der Tageszeit und nicht von den Schlafgewohnheiten ab. Hormonmessungen nach Schlafumkehr bzw. bei Schichtarbeitern zeigten, daß der Zeitgeber für diese circadianen Schwankungen den Schlafgewohnheiten nur langsam folgt. Hohe Cortisolspiegel am Morgen sind also physiologisch, die gleichen Werte am Nachmittag oder Abend können jedoch pathologisch sein.

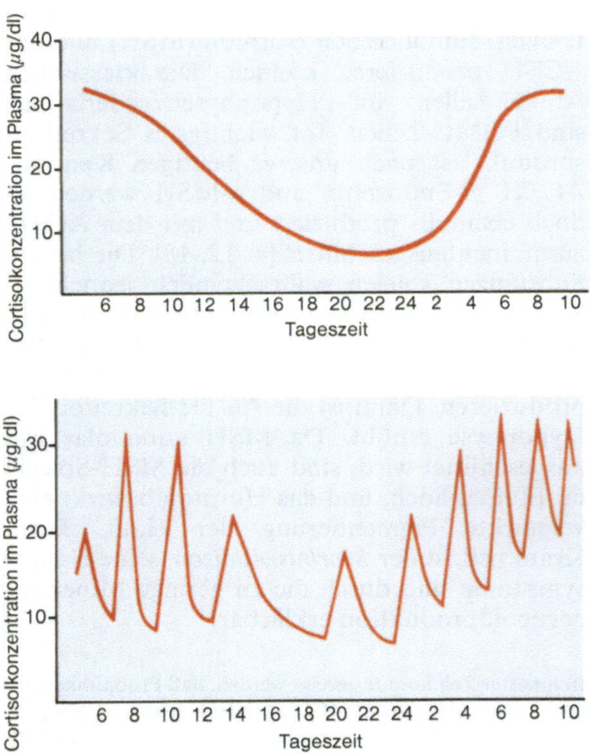

Abb. 17-17. *Unten:* Episodische Cortisolsekretion aus den Nebennierenrindenzellen. In den frühen Morgenstunden nimmt die Anzahl der Cortisolsekretionsepisoden sowie deren Intensität deutlich zu. *Oben:* Tagesgang der Cortisolkonzentration (im Mittel für eine größere Population) mit frühmorgendlich hohen und spätabendlich niedrigen Plasmawerten. Das episodische Cortisolsekretionsmuster ist Folge episodischer ACTH-Sekretion

Die Nebennieren jedes Menschen schütten das Cortisol *episodenhaft* aus, Ursache dafür ist eine ebenfalls episodische ACTH-Ausschüttung. In Abb. 17-17 ist dargestellt, daß die tageszeitlichen Schwankungen in erster Linie durch vermehrte Cortisolepisoden zustande kommen. Die Episoden treten nachts und in den frühen Morgenstunden häufiger auf und führen so zu höheren Cortisolspiegeln [11]. Gelegentlich auftretende nachmittägliche und frühabendliche Cortisolbursts können mitunter hohe Cortisolspiegel im Blut bewirken. Die Kenntnis dieser episodischen Freisetzung ist klinisch wichtig für die Differentialdiagnostik des Hypercortisolismus (Morbus Cushing, S. 409).

Metabolische Wirkungen der Glucocorticoide. Die Glucocorticoide haben ihren Namen nach ihrem wichtigsten *metabolischen Effekt* erhalten. Sie stimulieren die *Gluconeogenese der Leber*. Unter der Einwirkung hoher Cortisolspiegel werden Aminosäuren in Glucose umgewandelt. Sie entstehen in erster Linie durch Abbau von Proteinen aus dem Muskel *(eiweißkatabole Wirkung)*. Die Glucocorticoide vermindern auch die *Glucoseutilisation* in allen Körperzellen. Ferner wird der *Glucosetransport* in die Zellen erschwert, also der Effekt von Insulin antagonisiert. Die Glucocorticoide erhöhen also den Blutzuckerspiegel und wirken daher bei verstärkter Produktion diabetogen.

Neben der eiweißkatabolen haben Glucocorticoide auch noch eine *antianabole* Wirkung. Besonders *Muskelproteine* werden vermindert synthetisiert, da die Glucocorticoide den Aminosäurentransport in die Muskelzellen hemmen. Im Gegensatz dazu wird die Aminosäurenaufnahme in der *Leber* durch Cortisol gefördert. Die Leberzellen bilden dann aus den Aminosäuren vermehrt Glucose *(Gluconeogenese)* oder Lebereiweiße (Einzelheiten s. Lehrbücher der Biochemie) [6].

Ebenso sind die Glucocorticoide am *Fettmetabolismus* beteiligt. Triglyceride werden gespalten, wodurch sich die Fettsäurespiegel im Blut erhöhen. Durch Reduktion der Glucoseaufnahme in Fettzellen werden weniger Triglyceride gebildet, dadurch ist die Bildung der Speicherform von Fetten reduziert.

Streßreaktionen. Unter physiologischen Bedingungen sind diese metabolischen Wirkungen der Glucocorticoide fein ausgewogen und dienen der raschen Bereitstellung von Energieträgern.

Das ist wichtig, weil die hypothalamo-hypophysio-adrenale Achse in erster Linie unter akuten *Streßsituationen* aktiviert wird. Akutes Einwirken von *Stressoren* bewirkt eine rasche **Erhöhung des Cortisolspiegels** im Blut. Die wiederholte oder langanhaltende Applikation des gleichen Stressors bewirkt eine immer schwächere Antwort der hypothalamo-hypophysio-adrenalen Achse *(Habituation)*.

Eine weitere wichtige Funktion von Cortisol bei Streß ist der *permissive Effekt auf die Wirkung von Catecholaminen an der glatten Gefäßmuskulatur:* Unter Streß wird aus dem Nebennierenmark die Ausschüttung von Adrenalin und Noradrenalin stimuliert. Diese Catecholamine bewirken eine Kontraktion der glatten Muskulatur von Haut- und Darmgefäßen, während die Muskelfasern der Gefäße in der Skeletmuskulatur erschlaffen. Das dient der Umverteilung von sauerstoff- und nährstoffhaltigem Blut für eventuelle Muskelanstrengungen im Falle von Kampf oder Flucht. Diese Wirkung der Catecholamine wird nur im Beisein von Cortisol ausgeübt. Cortisol hat also selbst keine Wirkung auf die glatten Muskelfasern, seine Präsenz bewirkt jedoch, daß die Catecholamine wirken können. Diesen Effekt bezeichnet man als **permissive Wirkung.**

Die Glucocorticoide der Nebenniere haben aufgrund ihrer strukturellen Ähnlichkeit mit Mineralocorticoiden auch immer eine geringe Nebenwirkung mineralocorticoider Art (S. 410).

Pharmakologische Aspekte. Glucocorticoidwirksame Substanzen sind heute wichtige Pharmaka. Deshalb ist die Kenntnis der Physiologie und der Pharmakologie von Glucocorticoiden besonders wichtig. Wenn der Körper zuviel Glucocorticoide produziert oder wenn ein solches Hormon in hoher Dosierung appliziert wird, treten die oben beschriebenen Wirkungen in verstärktem Maße auf. Durch den Abbau von Eiweißen kann es zum *Muskelschwund* kommen. Die *Eiweißmatrix des Knochens* kann abgebaut werden und damit das Zustandsbild der *Osteoporose (Knochenschwund)* auftreten. Da diese vermehrt produzierte Glucose zu einer zu hohen Glucosekonzentration im Blut führt, baut die Leber aus Glucose Glykogen auf. Das erfolgt jedoch nur optimal, wenn der Insulinspiegel (S. 413) hoch genug ist. Da jedoch Glucocorticoide die Insulinsekretion leicht inhibieren, gerät der Organismus unter dem Einfluß hoher Glucocorticoidspiegel in eine *prädiabetische Stoffwechsellage.*

Entzündungshemmende Wirkung. Neben den möglichen Stoffwechselentgleisungen haben Glucocorticoide in höheren Konzentrationen noch andere wichtige Effekte. Alle Glucocorticoide *inhibieren Entzündungserscheinungen (antiphlogistische Wirkung)* auf vielfachen Wegen. Jede Entzündung ist gekennzeichnet durch 3 Symptome:

1. Color: Rötung (durch vermehrte Durchblutung des entzündeten Areals);
2. Tumor: Schwellung (durch erhöhte Capillarpermeabilität des entzündeten Gebietes und damit vermehrtem Austritt von Ödemflüssigkeit);
3. Dolor: Schmerz (aufgrund der Gewebereize infolge der Symptome 1 und 2).

Alle 3 Symptome werden durch Glucocorticoide inhibiert.

Glucocorticoide *hemmen* auch die *Produktion von Antikörpern,* wodurch die *Infektabwehr reduziert* wird. Dieser Effekt ist bei kurzzeitigen Streßreaktionen unwesentlich, wird jedoch bei länger andauernder Cortisolproduktion bemerkbar. Diese Wirkung wird therapeutisch ausgenutzt, um allergische Reaktionen des Körpers und immunologische Abwehrreaktionen bei Organtransplantationen zu reduzieren.

Aus der Vielfalt dieser Wirkungen wird es auch verständlich, daß glucocorticoidwirksame Präparate in der Medizin häufig Verwendung finden. Für den Mediziner ist es wichtig, zu wissen, daß Glucocorticoide die Zeichen der Entzündung inhibieren und die immunologische Abwehrreaktion reduzieren. Bakterielle Entzündungen können also maskiert werden, ohne daß sie deshalb ihre Gefährlichkeit verlieren. Die Glucocorticoide können eben nur die Zeichen einer Entzündung verschwinden lassen; sie haben selbst aber keine antibakterielle Funktion. Unter diesem Aspekt dürfen Glucocorticoide daher nur unter ständiger Kontrolle eingesetzt werden. Zu den unerwünschten Nebenwirkungen von Glucocorticoiden gehört auch die Hemmung der Narbenbildung. Besonders gefürchtet ist die Inhibierung der Ausheilung von Magengeschwüren oder anderen inneren Wunden. Da Glucocorticoide noch zusätzlich die Salzsäuresekretion des Magens stimulieren, sind sie an Patienten mit Magengeschwüren kontraindiziert.

Pathophysiologische Aspekte: Aus dem bisher Beschriebenen wird klar, daß ein Zuviel bzw. Zuwenig an Glucocorticoiden die Homöostase des Körpers nachhaltig beeinflußt. Ein Zuviel an Cortisol kann seine Ursache in überhöhter CRH-Produktion haben; das führt zur konstanten Stimulation hypophysärer ACTH-Sekretion. Außerdem können die ACTH-produzierenden Zellen der Hypophyse tumorös entarten. Diese gutartigen Tumoren produzieren autonom zuviel ACTH. Die dadurch pathologisch stimulierte adrenale Cortisolproduktion führt zum Krankheitsbild des **Morbus Cushing.** Beide Nebennieren sind dann vergrößert. Das gleiche Krankheitsbild entsteht, wenn eine Nebennierenrinde tumorös entartet (gutartig oder bösartig) und zuviel Cortisol produziert. Es handelt sich dann um das **Cushing-Syndrom.** Die Kenntnis der Regelkreisphysiologie (s. Abb. 17-16) wird hier differentialdiagnostisch wichtig. Liegt ein cortisolproduzierender Nebennierenrindentumor vor, wird die CRH-

und die ACTH-Sekretion maximal gehemmt, und der ACTH-Spiegel im Blut ist besonders niedrig. Ist der Morbus Cushing bedingt durch zuviel CRH- oder zuviel ACTH-Produktion, so ist der ACTH-Spiegel im Blut selbstverständlich hoch. Durch die ACTH-Bestimmung im Serum kann also festgestellt werden, ob ein zentralnervös-hypophysärer bzw. ein adrenaler Defekt vorliegt. Selten können jedoch auch bösartige Tumoren (z.B. Lungencarcinome) ACTH produzieren.

Adrenale Androgene

Physiologische Androgenproduktion. Die *Zona reticularis* der Nebenniere produziert zeitlebens größere Mengen von *Androgenen* [1, 9, 11, 39] (C-19-Steroide, Syntheseweg adrenaler Steroide s. Abb. 17-18). Das wirksamste physiologische Androgen beim Menschen ist das Testosteron. Es wird von der Nebennierenrinde nur in ganz geringen Mengen produziert. Die Zona reticularis bildet jedoch größere Mengen von C-19-Steroiden mit geringer androgener Wirkung. Das wichtigste adrenale Androgen ist das *Dehydroepiandrosteron (DHEA)*. Unter physiologischen Bedingungen stammt bei der Frau dieses Androgen aus den Nebennieren. Unter bestimmten pathologischen Bedingungen sezerniert zusätzlich noch das Ovar größere Mengen von Androgenen. Beim Manne sind $^2/_3$ aller Androgene testiculären und etwa $^1/_3$ adrenalen Ursprungs. Hohe ACTH-Spiegel vermehren nicht nur die Synthese und Sekretion der Glucocorticoide und (in geringerem Maße) der Mineralocorticoide, sondern auch der adrenalen Androgene.

Pathophysiologische Aspekte. Die genannte ACTH-Wirkung ist wichtig für das Verständnis des **adrenogenitalen Syndroms (AGS-Syndrom).** In diesem Fall ist die *Bildung von Cortisol* aufgrund von *Enzymdefekten reduziert* oder vollständig blockiert. Das wirkt sich innerhalb des hypothalamo-hypophysio-adrenalen Regelkreises des Fetus wie eine Adrenalektomie aus, d.h. die *negativ rückkoppelnde Wirkung des Cortisols fehlt.* Folgerichtig schüttet der Hypothalamus *vermehrt CRH* aus und stimuliert dadurch die Hypophyse zu *verstärkter ACTH-Sekretion.* Die Nebenniere kann aufgrund des Enzymdefektes nicht genügend Cortisol produzieren, sezerniert aber die übrigen Steroide in erhöhter Menge. Es werden also *übermäßig Androgene* produziert. Diese Androgene können dann zur Virilisierung von genetisch weiblich angelegten Feten führen, so daß sie phänotypisch Knaben sind. Das Krankheitsbild des AGS-Syndroms kann mehr oder weniger stark ausgeprägt sein. Varianten dieses Syndroms zeigen bei verminderter Aldosteronproduktion nicht nur Virilisierung, sondern auch Salzverlust. Es gibt auch Enzymdefekte, die sich spät manifestieren. Die Symptome treten dann z.T. erst in der Pubertät oder kurze Zeit danach auf *(late onset AGS).*
Aus ungeklärten Gründen produzieren die NNR manchmal auch vermehrt Androgene (oft DHEA-Sulfat), ohne daß ein Enzymdefekt für die Cortisolbildung vorliegt. Die Patientinnen klagen dann häufig über zunehmende Behaarung vom männlichen Typus (Hirsutismus) und über andere Virilisierungserscheinungen (Clitorisvergrößerung, Ausfall des Kopfhaars, Seborrhoe etc.).

Mineralocorticoidsystem

Die adrenalen Mineralocorticoide werden überwiegend in der Zona glomerulosa gebildet. Der wichtigste Vertreter dieser Gruppe ist das *Aldosteron* (Syntheseweg s. Abb. 17-18).

Wirkungen von Aldosteron. Die Mineralocorticoide, speziell das Aldosteron, sind an der *Regulation des Elektrolyt- und Wasserhaushaltes* beteiligt (S. 791). Aldosteron steigert in den distalen Nierentubuli die *Natriumrückresorption,* womit — osmotisch bedingt — die Rückresorption von Wasser verbunden ist. Außerdem fördert es die *Kalium- und Protonenausscheidung.* Ganz ähnlich sind die Wirkungen auf den Ionen- und Wassertransport im Darm sowie in den Speichel- und Schweißdrüsen.

Regulationsmechanismen. Die Produktion und die Abgabe von Aldosteron werden auf mehrfache Weise geregelt. Erstens wirken *Natriummangel* und *Kaliumanstieg* im Blut *direkt stimulierend* auf die Zellen der Zona glomerulosa und veranlassen diese zu einer verstärkten Aldosteronabgabe. Zweitens wird bei *Abnahme der Natriumkonzentration* und bei Einschränkung der Nierendurchblutung, die z.B. als Folge eines starken Blutverlustes eintreten kann, aus den Epitheloidzellen der Vasa afferentia in der Niere *Renin* freigesetzt (S. 545, 791). Renin ist eine Protease, die aus Angiotensinogen, einem in der Leber gebildeten α_2-Globulin, Angiotensin I abspaltet. Das Dekapeptid *Angiotensin I* wird durch eine im Blut und in der Lunge vorkommende Peptidase, die man als *Convertingenzym* bezeichnet, in das wirksame Oktapeptid *Angiotensin II* umgewandelt. Durch Abspaltung einer weiteren Aminosäure entsteht das Angiotensin III. Angiotensin II hat einerseits einen vasoconstrictorischen Effekt (S. 546) und stimuliert andererseits die Freisetzung von Aldosteron, das die Natriumresorption im distalen Tubulus und Sammelrohrsystem und damit die renale Wasserretention fördert (S. 791). Das *Renin-Angiotensin-System* ist also an der *Kontrolle des Natriumbestandes,* des *extracellulären Flüssigkeitsvolumens* und des *Blutdrucks* beteiligt.
In den renal-adrenalen Regelkreis greifen zahlreiche *extrarenale* und *extraadrenale Mechanismen* ein. So kann z.B. durch vermehrte hypo-

physäre ACTH-Ausschüttung die Aldosteronsekretion der Nebenniere stimuliert werden. Die Zellen der Zona glomerulosa sind durch ACTH jedoch nur einmal akut stimulierbar. Mehrfache ACTH-Expositionen führen zu immer geringer werdender Aldosteronsekretion. Derartige Effekte sind in der Biologie häufiger zu beobachten und werden in ihrer Gesamtheit *Tachyphylaxie* genannt. Sie können durch Desensibilisierung von Receptoren, durch einfache Okkupation von Receptoren oder durch deren zahlenmäßige Verminderung erklärt werden.
Es ist seit langem bekannt, daß elektrische Reizung der renalen Nerven ebenfalls zur Erhöhung der Reninausschüttung führt. β-Receptorblocker können diesen Effekt vermindern. Daraus kann der Schluß gezogen werden, daß die sympathische noradrenerge Innervation der Niere *feinmodulierend* auf die Reninsekretion des juxtaglomerulären Apparates einwirkt. Über direkte Innervation, möglicherweise auch über adrenomedulläre Catecholamin- (und Peptid-)Ausschüttung, sind zahlreiche direkte oder indirekte Effekte auf die Reninsekretion möglich [29]. So können Einflüsse anderer barorezeptiver Strukturen (z.B. des Carotissinus) oder andere Sympathicus-erregende Innenwelt- oder Umwelteinflüsse die Reninsekretion modulieren. Bezüglich weiterer Einzelheiten über die Renin-Angiotensin-Aldosteron-Wirkungen s.S. 548f. und S. 791.

Übersicht über die Steroidhormone

Struktur und Synthese. Die Steroidhormone gehören zu den *Lipiden*. Sie werden aus aktivierter Essigsäure synthetisiert, die gemeinsame Grundsubstanz für alle Steroide ist das *Cholesterin*. Durch ein Enzymsystem (side chain cleaving enzyme) wird die Seitenkette des Cholesterins zwischen C-21 und C-22 abgespalten. Dadurch entstehen die C-21-Steroide (Abb. 17-18, Strukturformeln sind den Lehrbüchern für Biochemie zu entnehmen). Ein gemeinsamer Vorläufer für alle Steroidhormone ist das *Pregnenolon*. Es ist ein mild wirksames *Gestagen*, hat also progesteronähnliche Wirkungen (S. 826). Da es nur als Intermediärprodukt in der Steroidsynthese auftaucht, wird es fast nicht im Kreislauf gefunden. Im Ovar wird aus Pregnenolon Progesteron gebildet. Corpus-luteum-Zellen und auch die Placenta schütten Progesteron in großen Mengen in den Blutkreislauf aus (S. 826). Das Hormon kann aber auch in anderen Zellen als Intermediärprodukt der *Androgen*- und

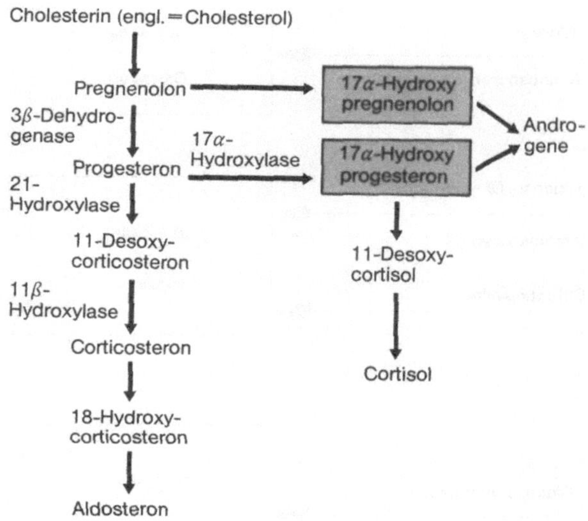

Abb. 17-18. Bildung adrenaler Steroide aus Cholesterin. Gemeinsame Muttersubstanz für alle Nebennierenrindensteroide ist das Pregnenolon. Richtungsbestimmend für die Cortisolsynthese ist das ACTH, während Angiotensin II die Synthese in Richtung Aldosteron stimuliert. Die Kenntnis der wichtigsten steroidbildenden Enzyme ist klinisch wichtig, da bei Enzymdefekten charakteristische Krankheitsbilder entstehen

Östrogensynthese vorkommen. Die Östrogenproduktion verläuft immer über Androgene als Zwischenstufen. In der Nebennierenrinde werden aus dem Pregnenolon wieder andere Steroide gebildet, nämlich *Glucocorticoide, Mineralocorticoide* und *Androgene*. Die Glucocorticoide und Mineralocorticoide sind ebenfalls C-21-Steroide, während die Androgene immer C-19-Steroide sind, unabhängig davon, ob sie in der Nebenniere, den Hoden oder im Ovar gebildet werden. Die Androgene entstehen durch Abspaltung der Seitenkette (2 C-Atome) in C-17-Position aus den C-21-Steroiden. Das Ovar und in geringem Maße die Testes können aus einigen C-19-Steroiden Östrogene produzieren. Das erfolgt durch *Aromatisierung des A-Ringes* und Abspalten einer weiteren CH_3-Gruppe. In Abb. 17-18 und 23-1 sind die Enzyme, die an der Steroidbildung mitwirken, ebenfalls erwähnt. Einige dieser Enzyme sind für das Verständnis von bestimmten Krankheitsbildern wichtig (S. 410).

Ausschüttung, Transport und Wirkungsverlust. Die *Ausschüttung der Steroidhormone* wird durch andere Hormone beeinflußt. An der Nebennierenrinde bewirkt das *ACTH vermehrte Cortisolsynthese* und *-ausschüttung*. In gewissem Maße wird auch die Androgenproduktion und -ausschüttung durch ACTH mitreguliert. *Angio-*

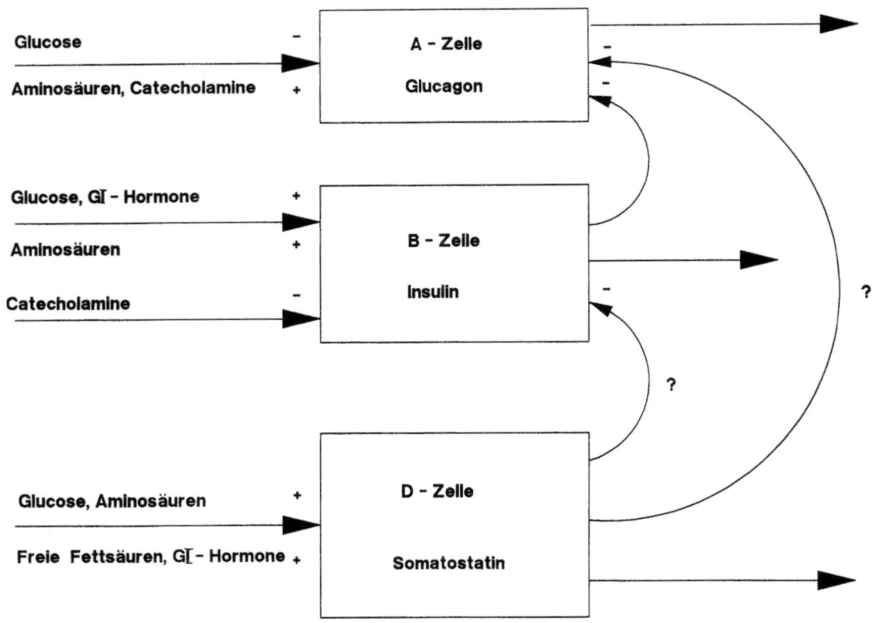

Abb. 17-19. Regulation der Inselzellen. Die Sekretionsprodukte der Langerhans-Inselzellen sind Glucagon aus den A-Zellen, Insulin aus den B-Zellen und Somatostatin aus den D-Zellen. Die Insulinsekretion wird durch hohe Glucosespiegel, Aminosäuren und gastrointestinale (*GI-*) Hormone im Blut stimuliert und durch Noradrenalin und Adrenalin gehemmt. Die glucagonproduzierende A-Zelle wird durch hohe Glucosespiegel im Blut in ihrer sekretorischen Aktivität gehemmt und durch niedrige Glucosespiegel stimuliert. Aminosäuren haben einen umgekehrten Effekt. Ferner wirken die Catecholamine Adrenalin und Noradrenalin stimulierend auf die Glucagonsekretion. Insulin der B-Zelle inhibiert im Sinne parakriner Wirkung die Glucagonsekretion aus der A-Zelle. Die D-Zellen werden durch hohe Glucose- und Aminosäurespiegel sowie durch Fettsäure- und GI-Hormonspiegel zu vermehrter Somatostatinsekretion stimuliert. Ob Somatostatin parakrin inhibierend auf die Insulin- und Glucagonsekretion wirkt oder ausschließlich systemische Effekte ausübt, wird kontrovers diskutiert

tensin II stimuliert Synthese und Ausschüttung von *Aldosteron* aus der Nebennierenrinde. Am Ovar bewirken *FSH und LH* vermehrte *Östrogen-* bzw. *Progesteronsynthese* und -ausschüttung aus Granulosa- bzw. Lutealzellen (S. 825f.). In den Hoden werden die *Leydig-Zwischenzellen* durch *LH* zu vermehrter Testosteronproduktion angeregt (S. 822f.). Ob FSH die Aromatisierung von Testosteron zu Östrogen und dadurch die Spermatogenese beeinflußt, ist noch nicht völlig geklärt.

Steroidhormone sind als Lipide schlecht wasserlöslich und sind deshalb im Blut an *Plasmaeiweiße* nicht kovalent gebunden [40]. Es gibt nur wenig freizirkulierende Steroide, aber allein diese Fraktion gilt als wirksam. Einige Steroidhormone werden erst in den Zielzellen in die eigentlich *wirksame Form* umgewandelt, z.B. ist das Testosteron selbst in den Hautanhangsgebilden (Talgdrüsen, Haarfollikel etc.) unwirksam, es wirkt erst nach Reduzierung zu *5-α-Dihydrotestosteron* (5-α-DHT). Testosteron selbst koppelt zum ZNS zurück, es bindet hier v.a. an Testosteronreceptoren. Ein Teil seiner Effekte wird dort jedoch offensichtlich erst nach Aromatisierung zu Östrogenen möglich. Sowohl im männlichen wie im weiblichen ZNS gibt es tatsächlich Enzyme (Aromatasen), die Testosteron aromatisieren können [32]. Der größte Teil der Steroidhormone tritt nie in Interaktion mit einer Zielzelle und wird abgebaut. Dazu werden die Steroidhormone glucuronidiert. Sie verlieren so ihre biologische Wirksamkeit, werden gut wasserlöslich und können deshalb durch die Niere ausgeschieden werden.

17.6 Hormone des Pankreas

Die hormonelle Regulation der Homöostase des Blutzuckers erfolgt durch die pankreatischen Hormone *Insulin, Glucagon* und *Somatostatin.* Sie werden in den *Langerhans-Inseln* im Pankreas produziert. Diese Strukturen sind Konglomerate von sog. *A-, B- und D-Zellen,* die in Gruppen von einigen tausend zusammenliegen und im Gegensatz zu den übrigen exokrinen Zellen des Pankreas *inkretorische Funktionen* ausüben. Etwa 60% der Inselzellen sind *B-Zellen* und *produzieren Insulin,* 25% sind *Glucagon-*

produzierende A-Zellen, die restlichen 15% sind *D-Zellen* und *produzieren Somatostatin.* Die Regulationsprinzipien dieser Zellen durch nutritive und parakrine Effekte sind in Abb. 17-19 dargestellt. Zusätzlich sind für die normale Funktion der Langerhans-Inselzellen normale Schilddrüsenhormon sowie gonadale und adrenale Steroidhormonspiegel notwendig [30].

Insulin

Aufbau und blutzuckersenkende Wirkung. Insulin, das in den B-Zellen des Pankreas gebildet wird, ist ein aus 2 Peptidketten bestehendes Polypeptid. Die *A-Kette* mit 21 Aminosäuren und die *B-Kette* mit 30 Aminosäuren sind durch Disulfidbrücken verknüpft. Die Insuline verschiedener Tierarten unterscheiden sich nur geringfügig in ihrer Aminosäurensequenz, ihre biologische Wirkung ist identisch.

Die *mannigfachen Stoffwechselwirkungen* des Insulins führen in der Bilanz zu einer *Senkung des Blutzuckerspiegels,* dessen Normwert im Bereich 0,8–1,0 g/l liegt. Wenn unmittelbar nach Aufnahme von Kohlenhydraten die *Glucosekonzentration* im Blutplasma *ansteigt,* wird dadurch die *Insulinsekretion stimuliert.* Unter der *Einwirkung des Insulins* kommt es u.a. zu einer verstärkten *Aufnahme von Glucose* in fast alle Körperzellen, so daß die Plasmaglucosekonzentration wieder absinkt (Abb. 17-20).

Wirkungen auf den Glucosestoffwechsel der Leber. Eines der wichtigsten *glucosespeichernden Organe* ist die *Leber.* Glucose kann frei in Leberzellen diffundieren und diese bei niedrigem Blutglucosespiegel auch wieder verlassen. Unter dem Einfluß der kohlenhydratinduzierten Insulinausschüttung wird von den Leberzellen *Glucose zu Glykogen* umgebaut und damit die Glucosekonzentration im Blut gesenkt. Eine der wichtigsten biochemischen Wirkungen des Insulins ist die Aktivierung des Enzyms *Glucokinase,* das die *Phosphorylierung* der in die Leberzellen diffundierten Glucose aktiviert. Die phosphorylierte Glucose kann *nicht* mehr aus den Leberzellen diffundieren. Das Insulin stimuliert noch andere Enzyme, insbesondere die Phosphofructokinase und die Glykogensynthetase, welche die phosphorylierte Glucose zu Glykogen polymerisieren. Schließlich *inhibiert* das Insulin die *Glykogen-abbauenden Enzyme* (Phosphorylasen). Das Glykogen wird also unter der Wirkung hoher Insulinspiegel konserviert. Durch den raschen *Glykogenaufbau* und die *Hemmung der Glykogenolyse* sinken die postprandial (d.h. nach der Nahrungsaufnahme) erhöhten Glucosekonzentrationen rasch wieder auf den Normwert. Damit fehlt der wichtigste Stimulator für die Insulinsekretion, und der Insulinspiegel im Blut fällt auf den Normwert ab. Wenn der Körper in den nächsten Stunden ohne Nahrungsaufnahme Energie benötigt, wird das Glykogen wieder in Glucose umgewandelt. Als Folge des niedrigen Insulinspiegels werden Phosphorylasen aktiv, die das Glykogen in Glucosephosphat umwandeln. Nach Dephosphorylierung durch eine Glucosephosphatase kann die Glucose die Zelle durch Diffusion wieder verlassen, so daß der Blutglucosespiegel zwischen Mahlzeiten konstant gehalten wird. Bei normaler Ernährung werden über diesen raschen Glykogenauf- und -abbau ca. 60% der mit der Nahrung aufgenommenen Glucose in der Leber gespeichert und später wieder zur Verfügung gestellt [3, 5, 6, 11].

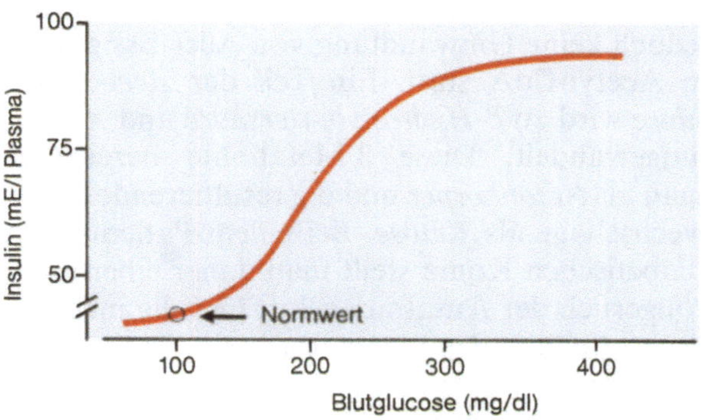

Abb. 17-20. Abhängigkeit des Plasmainsulinspiegels vom Blutzuckerspiegel. Bei normaler Blutglucosekonzentration (etwa 100 mg/dl) sind die Insulinspiegel fast nicht meßbar, steigen aber unter physiologischen Bedingungen bei erhöhtem Blutzuckerspiegel stark an

Wirkungen auf den Glucosestoffwechsel der Muskelzellen. Bei niedrigen Insulinspiegeln ist die Muskelzelle normalerweise *impermeabel* für Glucose. Sie deckt ihren Energiebedarf dann ausschließlich über *Fettsäuremetabolismus.* Durch *hohe Insulinspiegel,* wie sie postprandial als Folge hoher Glucosespiegel zu finden sind, wird die *Muskelzelle* jedoch *permeabel für Glucose* und kann sie dann verbrauchen. Die Zellmembran von *stark beanspruchten Muskelzellen* kann jedoch auch *insulinunabhängig* permeabel für Glucose werden. Der arbeitende Muskel deckt dann bei basalem Insulinspiegel seinen Energiebedarf durch Glucose. Der diesem Phänomen zugrunde liegende Mechanismus ist im einzelnen noch nicht geklärt. In geringem Umfang kann die nichtaktive Muskulatur postpran-

dial (also unter dem Einfluß hoher Insulin- und Glucosespiegel) auch geringe Mengen von *Glykogen* bilden und speichern. Dieses Glykogen wird in Notfallsituationen wieder in Glucosemoleküle zerlegt und von der Muskelzelle metabolisiert (S. 82, S. 693). In der Regel diffundiert es nicht in das Blut zurück, spielt also für die postprandiale Blutzuckerregulation keine Rolle.
Insulin aktiviert in der Muskelzellmembran einen *Transportmechanismus für Glucose*. Dies geschieht durch Bindung des Insulins an seinen membranständigen Receptor. Ob dieser Insulinreceptorkomplex selber das Carrierprotein darstellt oder ob er ein anderes Transportsystem aktiviert, ist noch nicht geklärt.

Glucosestoffwechsel der Nervenzellen. Die Zellen des ZNS decken ihren nicht unerheblichen Energiebedarf *fast ausschließlich durch Glucose*. Dieser Prozeß ist *insulinunabhängig*. Weder die Membranpermeabilität für Glucose noch intracelluläre Enzymsysteme werden durch Insulin wesentlich stimuliert bzw. aktiviert. Die Tatsache, daß das ZNS seinen Energiebedarf ausschließlich durch Glucose abdeckt, erklärt, warum das Absinken von Blutglucosespiegeln unter kritische Werte (0,5–0,2 g/l) zum *hypoglykämischen Schock* mit Bewußtseinstrübung oder Koma führen kann.
Die meisten der übrigen Zellen des Körpers reagieren auf hohe Insulinspiegel ähnlich wie die Muskelzellen.

Wirkung auf den Fettstoffwechsel. Der durch Insulin stimulierte Aufbau von Glykogen in der *Leberzelle* kann ein bestimmtes Maß nicht überschreiten. Die darüber hinaus in die Leberzellen diffundierende Glucose wird ebenfalls phosphoryliert und dadurch in den Leberzellen festgehalten. Statt in Glykogen wird sie jedoch in Fett umgewandelt. Diese *Fettbildung* ist ebenfalls eine direkte Wirkung des Insulins. Die so formierten Fettsäuren gelangen auf dem Blutweg zu Fettzellen, werden hier aufgenommen und gespeichert. Der Transport dieser Fette erfolgt an *Lipoproteinen*. Diese Lipoproteine sind von Bedeutung bei der Entstehung von Arteriosklerose und den damit verbundenen Risiken für Embolien und Infarkte.
Im Prinzip wirkt Insulin an *Fettzellen* ähnlich wie an Leberzellen. Nur ist die Fettsäurenproduktion der Fettzellen wesentlich geringer als die der Leberzellen, so daß die in der Leber produzierten Fettsäuren auf dem oben beschriebenen Weg in die Fettzellen verlagert werden. Die *Speicherform* von Fettsäuren stellen die *Triglyceride* dar. Eine weitere wichtige Wirkung von Insulin auf die Fettzellen ist die Bereitstellung von Glycerin für den Aufbau der Triglyceride. Jedes Glycerinmolekül kann mit 3 Fettsäuremolekülen verestert werden.
Die beschriebenen Effekte von Insulin auf den Fettmetabolismus laufen bei geringer Insulinsekretion in umgekehrter Richtung ab, d.h. Triglyceride werden wieder in Glycerin und freie Fettsäuren gespalten. Besonders wichtig ist hier die *Wirkung von Insulin* auf eine *hormonsensible Lipase*. Diese Lipase wird durch Insulin *gehemmt*. Daher findet die Lipolyse bei niedrigen Insulinspiegeln beschleunigt statt. Die Triglyceride werden gespalten, und die freien Fettsäuren sowie Glycerin gelangen ins Blut. Unter diesen Bedingungen kann der Körper also seinen Energiebedarf durch die *freien Fettsäuren* decken. Das trifft für alle Zellen des Körpers zu, außer für Nervenzellen. Ein großer Teil der unter Insulinmangel aus den Fettdepots freigesetzten Fettsäuren wird von den Leberzellen wieder aufgenommen. Die Leberzellen können auch ohne Insulin Triglyceride aufbauen und deshalb die unter Insulinmangel vermehrt aus den Fettdepots freigesetzten Fettsäuren in Triglyceride umwandeln. Das ist der Grund, warum Patienten bei Insulinmangel (also bei dem Krankheitsbild des Diabetes mellitus) abmagern, aber dennoch eine *Fettleber* entwickeln.
Die Verfügbarkeit großer Mengen von Fettsäuren in der Leber führt zur Bildung von aktivierter Essigsäure *(Acetyl-CoA)*. Die gesamte Menge dieses Acetyl-CoA kann von der Leber nicht als Energiegeber verwertet werden. Die Leber bildet aus dem Acetyl-CoA die *Acet-Essigsäure,* die in das Blut gelangt. Sie kann dann von peripheren Zellen in Anwesenheit genügend hoher Insulinspiegel wieder zu Acetyl-CoA umgewandelt werden und steht bei Energiebedarf zur Verfügung. In *Abwesenheit von Insulin* findet jedoch keine Umwandlung von Acet-Essigsäure in Acetyl-CoA statt. Ein Teil der *Acet-Essigsäure* wird zu *β-Hydroxybuttersäure* und *Aceton* umgewandelt. Diese 3 Metabolite bezeichnet man als *Ketonkörper* und die resultierende Stoffwechsellage als *Ketose*. Bei einem Patienten im diabetischen Koma stellt man daher einen Acetongeruch der Ausatmungsluft und die metabolische Acidose des Blutes fest.

Wirkungen auf den Proteinstoffwechsel. Die Abbauprodukte der mit der Nahrung aufgenommenen Proteine sind Aminosäuren. Diese können für die Neusynthese körpereigener Proteine nur unter Einwirkung von Insulin optimal verwendet werden. *Insulin ermöglicht* den *aktiven Transport* von vielen, jedoch nicht allen, *Aminosäuren* in die Zelle. Eine ähnliche Wirkung hat das *Wachstumshormon*. Insulin und Wachstumshormon fördern jedoch die Aufnahme unterschiedlicher Gruppen von Aminosäuren. Die postprandial intracellulär erhöhten Aminosäurenspiegel führen zu vermehrter ribosomaler *Proteinsynthese*. Dieser Effekt erfolgt recht schnell. Außerdem erhöht Insulin die Transkriptionsrate von DNA im Zellkern. Die damit verbundene Zunahme von RNA dient der *mittelfristigen Steigerung der Proteinsynthese*. Insulin inhibiert auch den Abbau von Proteinen. Summarisch läßt sich also sagen, daß *Insulin den Proteinaufbau fördert*. Die Abwesenheit von Insulin hat dementsprechend umgekehrte Wirkungen: Der Körper kann seine Proteinreservoirs nicht erhalten. Aminosäuren werden entweder direkt zur Energieversorgung verwendet oder in den Prozeß der Gluconeogenese eingeschleust. Da Insulin für die Proteinsynthese fast ebenso wichtig ist wie das Wachstumshormon, kann das Wachstum des kindlichen Körpers nur bei optimaler Sekretion von beiden Hormonen erfolgen [41].

Glucagon

Das in den *A-Zellen der Langerhans-Inseln* produzierte *Glucagon* ist wie Insulin ein Polypeptid aus einer Kette mit 29 Aminosäuren. Es hat verschiedene *insulinantagonistische* Wirkungen. Glucagon *stimuliert den Abbau des Leberglykogens* (die Glykogenolyse). Dadurch wird dem Körper bei zu niedrigen Blutzuckerspiegeln (Hypoglykämie) rasch Glucose zur Verfügung gestellt (Abb. 17-21).

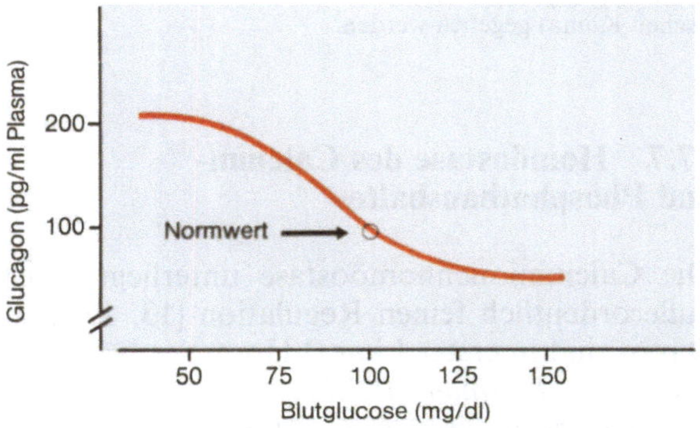

Abb. 17-21. Abhängigkeit des Glucagonspiegels im Blut vom Blutzuckerspiegel. Unter Normalbedingungen und bei Hyperglykämie ist die Glucagonkonzentration im Blut niedrig, sie steigt bei hypoglykämischen Zuständen deutlich an

Glucagon wirkt nach Bildung eines Hormonrezeptorkomplexes in der Plasmazellmembran über die Stimulierung der *Adenylatcyclase* und der dann daraus resultierenden vermehrten Konversion von ATP zu cAMP. Das cAMP ist der intracelluläre second messenger für die Wirkung von Glucagon. Er stimuliert eine Kaskade von biochemischen Prozessen, die schließlich zum Abbau von Glykogen führt. Da die Leber der Hauptspeicher für Glykogen ist, ist sie das wesentliche Zielorgan für Glucagon. Bei *chronischer Hypoglykämie* können die Glykogenspeicher der Leber durch die Glucagonwirkung entleert sein. Dennoch findet eine vermehrte Gluconeogenese in der Leber statt. Das liegt daran, daß Glucagon die Leberzellen aufnahmebereiter für die im Blut zirkulierenden Aminosäuren macht. Diese Aminosäuren dienen dann der Bereitstellung von Glucose.

Somatostatin

Somatostatin ist ein aus 14 Aminosäuren bestehendes Peptid, das ursprünglich aus dem Hypothalamus dargestellt wurde. Im Hypothalamus hat dieses Peptid die Funktion, das hypophysäre Wachstumshormon (Somatotropin) zu inhibieren (S. 401). Daraus erklärt sich auch der Name Somatostatin. Dieses Peptid ist nun in vielen anderen Körperzellen gefunden worden und wirkt hier überwiegend inhibitorisch. In den Langerhans-Inseln wird es von den *D-Zellen* produziert, und hat hier eine *parakrine Wirkung*. Es *inhibiert* nämlich die Sekretion von *Insulin* und *Glucagon*. Ob diese Inhibition physiologisch relevant ist, wird z.Z. kontrovers diskutiert. Das Peptid hat auch extrapankreatische Effekte: Es inhibiert die Motilität des Magen-Darm-Traktes und der Gallenblase und die Sekretion von Verdauungssäften. Dadurch verlangsamt sich die Absorption der Nahrung. Die Summe der Somatostatineffekte führt also zu einer Verminderung der Verdauungsaktivität und verhindert damit zu große Schwankungen des Blutglucosespiegels.

Regulation des Glucosehaushaltes

Erhöhte Blutglucosespiegel stellen den stärksten Reiz für die **Insulinsekretion** aus den B-Zellen dar. Basale Werte liegen bei normalen Blutglucosespiegeln vor. Sinkt die Glucosekonzentration unter 0,9 g/l Blut, ist das Insulin im Blut fast nicht mehr meßbar. Verabfolgt man gesunden Probanden oral Glucose (ca. 100 g), so stei-

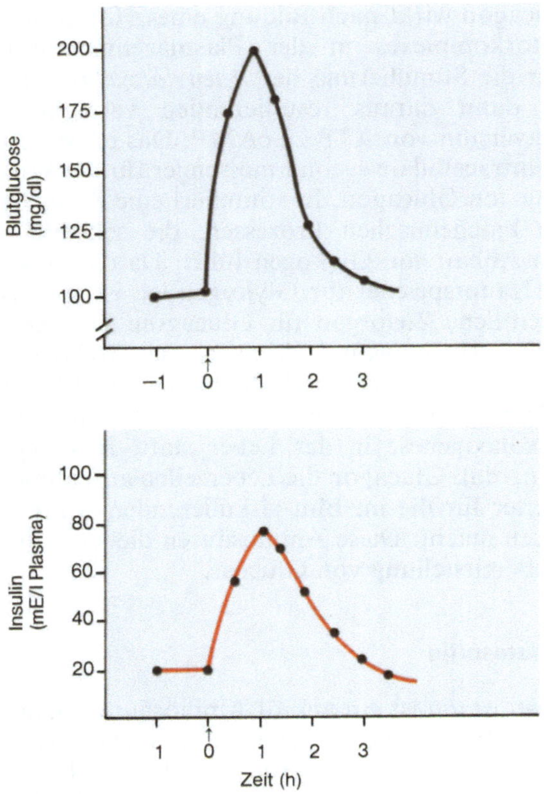

Abb. 17-22. Glucosebelastungstest. Der Blutglucosespiegel liegt unter Normbedingungen etwa um 100 mg/dl Plasma. Unter diesen Bedingungen findet man auch basale Insulinspiegel im Plasma. Wird gesunden Probanden ein Glucosetrunk (100 g Glucose) verabreicht, so steigt die Blutglucose stark an (*oben*). Als Reaktion darauf erhöht sich ebenfalls mit geringer Verzögerung der Insulinspiegel (*unten*)

gen die Blutglucosewerte rasch an. Als Folge wird rasch Insulin ausgeschüttet. Absinken der Glucose- und der Insulinspiegel folgen definierten Verläufen (Abb. 17-22). Bei Insulinmangel würden die Blutglucosespiegel verzögert reduziert. So erlauben diese *Glucosebelastungstests* Aussagen über den globalen Zustand der blutzuckerregulierenden B-Zellen der Langerhans-Inseln im Pankreas. In jüngerer Zeit konnte auch demonstriert werden, daß Aminosäuren und freie Fettsäuren in gleicher Art, jedoch wesentlich weniger wirksam, die Insulinsekretion stimulieren. Neben diesen mit der Nahrung aufgenommenen Substanzen können die B-Zellen noch durch einige *gastrointestinale Peptidhormone* und durch *parasympathische Innervation* aktiviert werden. Die B-Zellen werden auch *sympathisch* innerviert; über einen α-adrenergen Receptor wird die Insulinsekretion inhibiert. Diese Arbeitsteilung des Sympathicus und Parasympathicus ist sinnvoll. Unter Ruhebedingungen überwiegt der Parasympathicus, und es kann die Nahrung verdaut werden. Unter Streßstituationen muß Energie bereitgestellt werden, die Glucose soll nicht zu Glykogen umgebaut werden. Also ist es sinnvoll, daß Catecholamine die Insulinsekretion hemmen. Auf diese Weise kann die Glucose direkt zur Energiebereitstellung dienen.

In fast genau umgekehrter Weise wird die **Sekretion von Glucagon** aus den A-Zellen reguliert. Hypoglykämische Zustände bewirken eine starke Stimulation des Glucagons. Das ist ebenfalls eine sinnvolle Regulation, weil aus Glykogen Glucose gebildet wird und so die Hypoglykämie überwunden wird.

Die **Somatostatinsekretion** aus den Langerhans-D-Zellen wird durch hohe Glucosespiegel, erhöhte Aminosäuren und erhöhte Fettsäuren im Blut stimuliert. Das Somatostatin wirkt damit gegenregulierend auf eine evtl. überschießende Insulinsekretion als Folge einer Hyperglykämie.

Pathophysiologische Aspekte

Auf die pathophysiologischen Zusammenhänge der Insulinregulation kann hier nicht ausführlich eingegangen werden. Wird zu wenig Insulin produziert oder kann das Insulin in den Zielzellen nicht wirken, kommt es zum Krankheitsbild des **Diabetes mellitus** (mel = Honig). Der Blutglucosespiegel steigt an. Ein Teil der Glucose wird mit dem Urin ausgeschieden. Dadurch wird der Urin süßschmeckend, woraus sich der Name Diabetes mellitus erklärt. Bei starkem Insulinmangel kann über den Urin nicht die gesamte nicht verwertete Glucose ausgeschieden werden. Zusätzlich wird durch Insulinmangel die Lipolyse stimuliert und dadurch die Bildung sogenannter *Ketonkörper* (S. 414) ermöglicht. Bei erheblichem Insulinmangel kann der Patient in ein *diabetisches Koma* geraten. Produziert der Körper zuviel Insulin (z.B. bei Inselzelltumoren) oder wird vom Arzt zuviel Insulin injiziert, sinken die Glucosespiegel im Körper ab, das ZNS wird nicht mehr ausreichend nutritiv versorgt, und es kommt zum *hypoglykämischen Schock*. Beide Zustandsbilder, der hypoglykämische Schock und das diabetische Koma können tödlich enden, wenn nicht entweder Glucose (beim hypoglykämischen Schock) oder Insulin (beim diabetischen Koma) gegeben werden.

17.7 Homöostase des Calcium- und Phosphathaushaltes

Die Calciumionenhomöostase unterliegt einer außerordentlich feinen Regulation [13, 15, 35]. Daran sind in erster Linie 3 Hormone beteiligt:

- das *Parathormon (PTH)*; das in den 4 *Glandulae parathyreoideae (Epithelkörperchen)* gebildet wird und aus 84 Aminosäuren besteht,
- das *Calcitonin (Thyreocalcitonin)*, das von *C-*

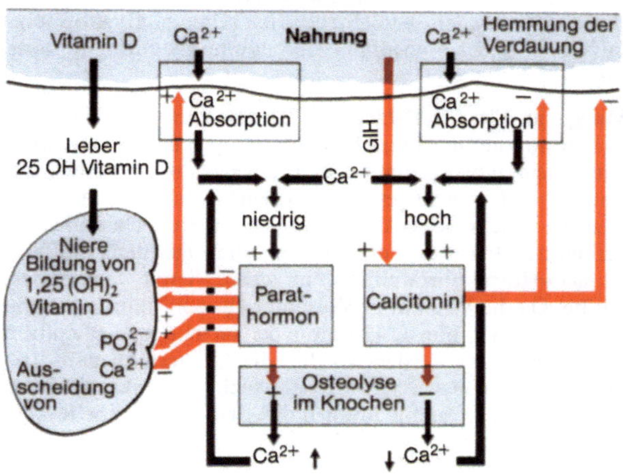

Abb. 17-23. Regulation der Calciumhomöostase durch Parathormon, Calcitonin und Vitamin-D-Hormon. Niedrige Calciumionenkonzentrationen im Blut stimulieren die Sekretion des Parathormons und damit die Osteolyse. Gleichzeitig wird die Bildung des Vitamin-D-Hormons in der Niere und dadurch die Calciumaufnahme aus dem Darm gefördert. Bei hohen Calciumkonzentrationen wird Calcitonin ausgeschüttet, das die Osteolyse und die Calciumresorption aus dem Darm verlangsamt. Gastrointestinale Hormone (GIH) stimulieren die Calcitoninsekretion

Zellen gebildet wird, die diffus verstreut in der Schilddrüse liegen und aus 32 Aminosäuren besteht,
- das *Vitamin-D-Hormon*, welches aus Vitamin D in der *Niere* gebildet wird.

Im folgenden werden die Wirkungen dieser 3 Hormone behandelt, die schematisch in Abb. 17-23 dargestellt sind.

Wirkungen der regulierenden Hormone

Parathormon (PTH). Der physiologische Reiz für die Ausschüttung von Parathormon ist eine *erniedrigte Calciumionenkonzentration* im Blut [21, 35]. Das Parathormon wirkt am Knochen und *aktiviert* hier *Osteoklasten* zu vermehrtem Knochenabbau. Dadurch werden Calcium- und Phosphat-Ionen ins Blut freigesetzt. Die Bindung des Calciums an Phosphationen wird dadurch verhindert, daß das Parathormon gleichzeitig die Ausscheidung von Phosphat in der Niere fördert. Eine weitere wichtige Wirkung von Parathormon erfolgt ebenfalls an der Niere; hier wird ein Enzym stimuliert, das das 25(OH)-Vitamin-D in Position C-1 hydroxyliert, so daß das biologisch wirksame *1,25(OH)$_2$ Vitamin-D-Hormon* vermehrt gebildet wird [17]. Dieses Vitamin-D-Hormon ist ebenfalls wichtig für die Regulation der Calciumhomöostase (s. unten). Ein weiterer, direkt in der Niere ausgeübter Effekt des Parathormons besteht in der Verminderung der Ausscheidung von Calciumionen. Auch diese Wirkung des Hormons hält das Calcium im Körper zurück. Wenn die Calciumionenkonzentration im Blut hoch ist, wird die Parathormonsekretion inhibiert.

Calcitonin. Calcitonin wird von den C-Zellen der Schilddrüse immer vermehrt ausgeschüttet, wenn die Blutcalciumspiegel erhöht sind [15, 35]. Es bewirkt dann eine *verminderte Osteolyse* und *vermehrten Einbau von Calcium* in den Knochen. Dieses ist eine *PTH-antagonistische* Funktion. Ein weiterer physiologischer Reiz für die Calcitoninsekretion ist die Nahrungsaufnahme. Postprandial erhöht sich die Ausschüttung von gastrointestinalen Hormonen, Gastrin, Cholecystokinin — Pankreocymin und Glucagon (s. auch [7]). Diese Peptide stimulieren die C-Zellen zu vermehrter Calcitoninausschüttung. Dadurch wird das mit der Nahrung aufgenommene Calcium rasch in die Knochendepots eingebaut. Gleichzeitig wird der gesamte Prozeß der Verdauung, nämlich Magenentleerung, Sekretion des Magens und des exokrinen Pankreas durch Calcitonin verlangsamt. Dadurch wird eine gleichmäßige zeitliche Verteilung der Calciumaufnahme gewährleistet, und es kommt postprandial nicht zu stark erhöhten Calciumspiegeln. Stark erhöhte Calciumspiegel würden die PTH-Sekretion inhibieren und damit den calciumkonservierenden Effekt des PTH an der Niere aufheben. Dadurch würde dem Körper das gerade eben gewonnene Calcium über die Niere wieder verlorengehen. In der Verlangsamung der Verdauung ist also eine sinnvolle *agonistische, calciumkonservierende Wirkung* von *Calcitonin mit PTH* zu sehen.

Vitamin-D-Hormon. Weitere wichtige Faktoren für die Konstanz des Calciumspiegels im Blut sind die Vitamin-D-Hormone [13]. Definitionsgemäß ist ein Vitamin eine Substanz, die vom Körper nicht gebildet wird. Diese Definition gilt nur mit Einschränkungen auch für D-Vitamine. Das Cholecalciferol ist tierischer Herkunft und kann also auch vom menschlichen Körper produziert werden. Es entsteht aus 7-Dehydrocholesterin, einem Vorläufer der Cholesterinsynthese. Das Ergocalciferol ist pflanzlicher Herkunft und entsteht aus Ergosterol. Sowohl das körpereigene als auch das mit der Nahrung aufgenommene 7-Dehydrocholesterol bzw. Ergosterol werden in der Haut durch UV-Lichteinwirkung durch Öffnung des B-Ringes zu Vitamin D_3 bzw. D_2-Prohormon umgewandelt.

Diese Vitamin-D-Prohormone werden in der Leber in Position C-25 hydroxyliert und gelangen an die Niere. Wie bereits erwähnt, erfolgt unter dem Einfluß des PTH in der Niere die Aktivierung eines Enzyms, das die 25-hydroxylierten D-Prohormone in Position C-1 hydroxyliert. Dadurch entstehen die 1,25-dihydroxylierten Vitamin-D-Hormone. Sie sind die biologisch wirksamen Substanzen und sind ebenfalls für die Homöostase der Calciumionen im Blut wichtig. Die mit der Nahrung aufgenommenen, aber auch körpereigenen D-Vitamine sind also Prohormone. Bei zu niedrigen Calciumionenkonzentrationen im Blut wird nun verstärkt Parathormon ausgeschüttet. Dadurch werden mehr Vitamin-D-Hormone gebildet, die *am Darmepithel die Calciumionenresorption erhöhen*. Die Vitamin-D-Hormone wirken an den Epithelkörperchen der Schilddrüse negativ rückkoppelnd, so daß die Parathormonsekretion durch Vitamin-D-Hormone inhibiert wird. Dadurch ist dieser Regelkreis geschlossen.

Pathophysiologie der Calciumhomöostase

Primärer Hyperparathyreoidismus. In seltenen Fällen gibt es Adenome der Epithelkörperchen, die zuviel Parathormon produzieren. Die dadurch vermehrt stattfindende Osteolyse des Knochens führt zur *Hypercalciämie*. Als renale Symptome stehen Polyurie- und Polydipsie im Vordergrund. Häufig findet man bei den Patienten aber auch neurologische Symptome, nämlich Adynamie, Reflexabschwächung und uncharakteristische EEG-Veränderungen.

Sekundärer Hyperparathyreoidismus. Bei chronischen Nierenerkrankungen ist die Vitamin-D-Hormonproduktion und auch die Calciumresorption gestört. Als Folge der chronischen Hypocalciämie wird laufend Parathormon ausgeschüttet. Das führt zum Zustandsbild des *sekundären Hyperparathyreoidismus* und damit zur *Decalcifizierung des Knochens*. Dadurch kann es zu osteopathischen Veränderungen bis hin zu schweren Skeletschäden kommen.

Hypoparathyreoidismus. Deutlich seltener sind Fälle von Hypoparathyreoidismus. Früher war die Entfernung der Epithelkörperchen nach Thyreoidektomie der häufigste Grund für dieses Krankheitsbild. Heute stellen Autoimmunerkrankungen die wichtigsten Ursachen für die Entwicklung eines Hypoparathyreoidismus dar. Die klinische Symptomatik ist gekennzeichnet durch die *Hypocalciämie* und *Hyperphosphatämie*. Hyperexcitabilität der Muskulatur ist eine häufige Folge. Charakteristisch für einen hypocalciämischen Krampfanfall (*Tetanie*) ist die sog. Pfötchenstellung der Hände. Bei Kindern tritt u.U. ein Laryngospasmus (Stimmritzenkrampf) auf, der zum Erstickungstod führen kann.

Störungen der Calcitoninproduktion. Auch die calcitoninproduzierenden C-Zellen können zuviel oder zuwenig Hormon produzieren. Die bösartige Entartung der thyreoidalen C-Zellen kann zu erhöhter Calcitoninproduktion führen. Dadurch wird die Osteolyse gehemmt, die Calciumionenkonzentration jedoch nicht gesenkt, so daß eine Hypercalciämie entsteht, die allerdings kaum klinische Symptome bewirkt. Die Diagnose dieses Krankheitsbildes ist schwer und eigentlich nur durch die radioimmunologische Bestimmung von Calcitonin möglich. Außerordentlich selten sind ektopische Tumoren, welche ebenfalls Calcitonin produzieren können.

Mangel an Vitamin-D-Hormon. Bei ungenügender Vitamin-D-Hormonbildung entstehen die Symptome der *Rachitis*. Die Calciumabsorption aus dem Darmtrakt ist gestört, die Folgen sind ungenügende Knochencalcifizierung und zu niedrige Calciumionenkonzentration im Blut. Das führt zu vermehrter Parathormonsekretion, die eigentlich die Vitamin-D-Hormonproduktion in den Nieren stimulieren müßte. Da die Vitamin-D-Vorläufer aus der Nahrung stammen, kann Vitamin-D-Hormon bei ungenügender Zufuhr nicht produziert werden, so daß die Calciumionenabsorption aus dem Darm gestört ist. Auch Nierenkrankheiten und genetische Defekte können die Ursache für eine Rachitis sein.

17.8 Die Hormone des Nebennierenmarks

Catecholamine

Vorkommen. Die Catecholamine werden aus der Aminosäure Tyrosin gebildet. Noradrenalin wird von postganglionären Neuronen des sympathischen Nervensystems als Neurotransmitter produziert. Der präganglionäre Überträgerstoff dieses Systems ist Acetylcholin (S. 353). Im Nebennierenmark liegen Zellen, die während der Embryogenese aus der Neuralleiste ausgewandert sind. Sie differenzieren sich jedoch nicht zu Neuronen, sondern zu Zellen ohne Neuropil, d.h. die Dendriten und Axone fehlen. Diese Zellen produzieren **Noradrenalin** oder **Adrenalin.** Sie werden ebenfalls von cholinergen Nervenfasern innerviert. Im ZNS gibt es sowohl noradrenerge als auch adrenerge Neurone. Die Funktionen dieser 3 adrenergen/noradrenergen Systeme ist häufig synergistisch.

Wirkungen in Belastungssituationen. Die adrenomedullären Zellen sezernieren unter Ruhebedingungen immer geringe Mengen von Adrenalin und wohl auch Noradrenalin. Der größte Anteil des im Blut zirkulierenden Noradrenalins ist jedoch nervalen Ursprungs und stammt aus Endigungen des sympathischen Nervengeflechts. Unter dem Einfluß von *Umwelt- oder Innenweltstreß*, z.B. Belastungssituationen, Infektionen, Verletzungen, Hypoglykämie, ist die adrenomedulläre sowie die sympathische Sekretion von Noradrenalin und Adrenalin *stark stimuliert*. Damit werden die beiden Hormone zu wichtigen Regulationsfaktoren in Streßsituationen. Beide Catecholamine steigern die Herzaktivität (S. 356), kontrahieren Gefäße im Splanchnicusgebiet und dilatieren muskelversorgende

Gefäße. Außerdem werden die gastrointestinale Motilität gehemmt und die Bronchien dilatiert. Der physiologische Sinn dieser Gefäßregulation ist folgender: Verdauungsprozesse sollen unter Bedingungen, in denen der Organismus sich in Gefahr befindet, nicht fortgesetzt werden. Die Tätigkeit des Magen-Darm-Traktes kann also reduziert werden. Da für eventuelle Kampf- oder Fluchtsituationen Sauerstoff und Glucose für die Muskulatur bereitgestellt werden muß, erweitern sich die Bronchien und die Gefäße der Muskulatur.

Stoffwechselwirkungen. Die Catecholamine haben Stoffwechselwirkungen [6], die Energie für eventuelle Kampf- bzw. Fluchtsituationen bereitstellen. Energie wird in erster Linie durch Glucose geliefert. Deshalb *bewirken Catecholamine den Glykogenabbau* in Leber und Muskulatur. Außerdem wird in der Leber die Gluconeogenese gefördert. Diese Wirkungen werden in erster Linie von Adrenalin ausgeübt. Beide Catecholamine stimulieren die *Lipolyse im Fettgewebe* und die *Proteolyse im Lebergewebe*. Dadurch wird auch mittelfristig für Energienachschub gesorgt. Diese *metabolischen Wirkungen* von Catecholaminen sind auch wichtig bei der *Hypoglykämie*. Wenn die Blutzuckerspiegel zu rasch absinken, wird die adrenomedulläre Catecholaminsekretion stark stimuliert und die Hypoglykämie antagonisiert. Unter diesen Bedingungen wirken die Catecholamine synergistisch mit Glucagon. Beide Catecholamine inhibieren an den Inselzellen noch zusätzlich die Insulinsekretion, so daß alle insulinabhängigen Mechanismen gehemmt werden. Auch das dient der Erhaltung eines erhöhten Blutglucosespiegels für die Anpassung an eine Notfallsituation (S. 412).

Receptorsysteme. Für Adrenalin und Noradrenalin gibt es unterschiedliche Receptorsysteme. Man unterscheidet mindestens 2: das *α- und β-Receptorsystem* [6]. Beide lassen sich nach ihrer Affinität für pharmakologische Substanzen in α_1 und α_2 bzw. β_1 und β_2-Receptoren unterscheiden. Die verschiedenen Receptortypen können die z.T. hohe Spezifität der Catecholamine an einzelnen Organen erklären. α-Receptor-mediiert ist z.B. die Vasoconstriction im Splanchnicusgebiet, β-Receptoren vermitteln die metabolischen Wirkungen und die Vasodilatation an der Skeletmuskulatur. Die Hemmung der Insulinsekretion wird durch α-Receptoren, die Lipolyse und die Wirkungen am Herzen wiederum werden durch β-Receptoren vermittelt. Die β-Receptor-mediierten Catecholaminwirkungen erfolgen durch Aktivierung einer Adenylcyclase und der Bereitstellung von cAMP als intracellulärem zweitem Boten. Die Existenz der unterschiedlichen Receptortypen ist klinisch wichtig, da es zahlreiche receptorblockierende Substanzen gibt, die bei Herz-Kreislauf-Erkrankungen und Durchblutungsstörungen Anwendung finden.

Peptide des Nebennierenmarks

In jüngerer Zeit konnte gezeigt werden, daß die adrenomedullären Zellen nicht nur Noradrenalin bzw. Adrenalin produzieren, sondern zusätzlich noch *Peptide*, die als regulative Peptide im ZNS und Gastrointestinaltrakt bekannt sind. Bisher konnten Substanz P, VIP, Somatostatin, Met-Enkephalin sowie Cholecystokinin-(CCK-) ähnliche Substanzen nachgewiesen werden. Dadurch lassen sich die beiden catecholaminproduzierenden Zelltypen je nach Peptidgehalt in verschiedene Subklassen einteilen. Ob unterschiedliche Subzelltypen unterschiedlich reguliert werden, ist z.Z. noch nicht bekannt [4].

17.9 Weitere hormonale Systeme

Pinealorgan. Das Corpus pineale (Zirbeldrüse) ist eine Ausstülpung des Daches des dritten Ventrikels. Das Pinealorgan hat im Tierreich zahlreiche Funktionen. Bei phylogenetisch älteren Species ist es *lichtempflindlich* und vermittelt den Einfluß von Lichtsignalen auf Reproduktion und circadiane Rhythmen. Bei Säugetieren ist ein direkter Lichteinfluß auf die Funktion des Pinealorgans wohl nur noch von untergeordneter Bedeutung, er ist jedoch nicht auszuschließen, da Lichtquanten durch die Haut und die Schädeldecke das Pinealorgan vermutlich noch erreichen. Auch bei Säugetieren hat das Pinealorgan mit der *Regelung diurnaler Rhythmen* zu tun [37]. Die Lichtperception erfolgt über die Retina, von wo aus Nervenfasern direkt zum Hypothalamus ziehen (*retinohypothalamischer Trakt*). Von hier aus erfolgt die Informationsübertragung über eine Kette von Neuronen zum sympathischen Halsmark. Ascendierende Fasern des sympathischen Halsmarks ziehen durch das Ganglion cervicale superius zum Schädelinneren und innervieren schließlich das Pinealorgan. Wie bei fast allen sympathicusinnervierten Strukturen ist der Transmitter im Pinealorgan das *Noradrenalin*. Die Pinealocyten werden also auf diesem komplizierten Weg über die Hell-Dunkel-Rhythmik informiert. Ihr vermutlich wichtigstes Sekretionsprodukt ist das biogene Amin *Melatonin*. Die Melatoninsynthese und -ausschüttung wird durch Licht inhibiert und im Dunkeln stimuliert. Messungen von Melatonin im Blut von gesunden Personen zeigen diese diurnale Rhythmik sehr ausgeprägt. Melatonin hat bei Tieren zahlreiche Wirkungen, die im Umfeld der Fortpflanzung anzusiedeln sind. Wie weit derartige Mechanismen für den Menschen relevant sind, bleibt noch abzuklären.

Thymus. Dieses retrosternal gelegene Organ produziert eine Reihe von *Peptiden.* Man nimmt an, daß diese Peptide bei immunologischen Abwehrmechanismen eine Rolle spielen. Einzelheiten sind nicht bekannt.

Niere. Die Niere ist als *Renin-* und *Vitamin-D-Hormon-produzierendes endokrines Organ* bereits behandelt worden (S. 410, S. 416). Auf die renale Produktion des Hormons *Erythropoetin* und dessen Bedeutung für die Erythropoese wird bei den Funktionen des Blutes (S. 431 f.) hingewiesen.

Gewebehormone. Die Schwierigkeiten in der Abgrenzung der Begriffe Hormon vs. Gewebehormon wurde schon in der Einleitung erläutert (S. 392, S. 393). Unter Gewebehormon versteht man heute noch in erster Linie *Prostaglandine, Prostacycline* und *Thromboxane.* Diese Substanzen wirken lokal im Sinne der *Parakrinie* an benachbarten Zellen. Sie spielen bei zahlreichen Körperfunktionen eine wichtige Rolle und verstärken oder inhibieren die Wirkung anderer Hormone. Einzelheiten können den Lehrbüchern der Biochemie entnommen werden.
Neben den bisher besprochenen Hormonen und ihren Produktionsstätten gibt es sicherlich noch eine Reihe unbekannter Hormone. Damit wird es auch wahrscheinlich, daß viele Organe hormonproduzierende Anteile besitzen. So ist in jüngster Zeit das *Herz* ebenfalls als endokrines Organ erkannt worden, denn es produziert ein Peptid, das in der Niere die Natriumausscheidung steigert [16]. Das Hormon heißt *atrialer natriuretischer Faktor (ANF).*

17.10 Literatur

Weiterführende Lehr- und Handbücher

1. Besser, G.M., Rees, L.H.: Clinics in Endocrinology and Metabolism. Vol. 14, No. 4. The Pituitary-Adrenocortical Axis. W.B. Saunders Company 1985
2. Franchimont, P.: Clinics in Endocrinology and Metabolism. Vol. 15, No. 1. Paracrine Contr. W.B. Saunders Company 1986.
3. Guyton, A.C.: Textbook of Medical Physiology. W.B. Saunders Co. 7th Edition 1986
4. Hakanson, R., Thorell, J.: Biogenetics of Neurohormonal Peptides. Academic Press, New York, 1985
5. Johnston, D.G., Alberti, K.G.M.M.: Clinics in Endocrinology and Metabolism. Vol. 11, No. 2. New Aspects of Diabetes. W.B. Saunders Company Ltd. 1982
6. Jungermann, K., Möhler, H.: Biochemie. Springer Berlin Heidelberg New York 1980
7. Krieger, D.T., Brownstein, M.J., Martin, J.B.: Brain Peptides. Wiley and Sons, New York 1983
8. Robinson, G.A., Butcher, R.W., Sutherland, E.W.: Cyclic AMP. Academic Press, New York 1971
9. Shearman, R.P.: Clinical Reproductive Endocrinology. Churchill Livingstone Edinburgh London Melbourne and New York 1985
10. Toft, A.D.: Clinics in Endocrinology and Metabolism. Vol. 14, No. 2. Hyperthyroidism. W.B. Saunders Company 1985
11. Wilson, J.D., Foster, D.W.: William's Textbook of Endocrinology. W.B. Saunders Co. 7th Edition 1985
12. Wuttke, W., Weindl, A., Voigt, K.H., Dries, R.-R.: Brain and Pituitary Peptides. S. Karger 1980

Einzel- und Übersichtsarbeiten

13. Brommage, R., DeLuca, H.F.: Evidence that 1,25-Dihydroxyvitamin D3 is the Physiologically Active Metabolite of Vitamin D3. Endocr. Rev. *6/4*, 491–511 (1985)
14. Brownstein, M.J., Russell, J.T., Gainer, H.: Biosynthesis of Posterior Pituitary Hormones. (Eds.: Ganong, Martini). In: Frontiers in Neuroendocrinology, Vol. 7, pp. 31–43, Raven Press NY 1982
15. Canalis, E.: The Hormonal and Local Regulation of Bone Formation. Endocr. Rev. *4/1*, 62–77 (1983)
16. Cantin, M., Genest, J.: The Heart and the Atrial Natriuretic Factor. Endocr. Rev. *6/2*, 107–127 (1985)
17. DeLuca, H.F.: Recent Advances in the Metabolism of Vitamin D. Ann. Rev. Physiol. *44*, 141–162 (1981)
18. Eipper, B.A., Mains, R.E.: Structure and Biosynthesis of Pro-Adrenocorticotropin/Endorphin and Related Peptides. Endocr. Rev. *1/1*, 1–27 (1980)
19. Froesch, E.R., Schmid, Chr., Schwander, J., Zapf, J.: Actions of Insulin-like Growth Factors. Ann. Rev. Physiol. *47*, 443–467 (1985)
20. Guillemin, R.: Peptides in the Brain: the New Endocrinology of the Neuron (Nobel Lecture). Science *202*, 390–402 (1978)
21. Habener, J.F.: Regulation of Parathyroid Hormone Secretion and Biosynthesis. Ann. Rev. Physiol. *43*, 211–223 (1981)
22. Herbert, E., Roberts, J., Phillips, M., Allen, R., Hinman, M., Budarf, M., Policastro, P., Rosa, P.: Biosynthesis, Processing, and Release of Corticotropin, β-Endorphin, and Melanocyte-Stimulating Hormone in Pituitary Cell Culture Systems. In: Frontiers in Neuroendocrinology, Vol. 6. pp. 67–101. Raven Press NY 1980
23. Hughes, J.P., Friesen, H.G.: The Nature and Regulation of the Receptors for Pituitary Growth Hormone. Ann. Rev. Physiol. *47*, 469–482 (1985)
24. Imura, H., Nakai, Y.: "Endorphins" in Pituitary and Other Tissues. Ann. Rev. Physiol. *43*, 265–278 (1981)
25. Isaksson, O.G.P., Eden, S., Jansson, J.-O.: Mode of Action of Pituitary Growth Hormone on Target Cells. Ann. Rev. Physiol. *47*, 483–499 (1985)
26. Jacobson, D.H., Gorman, C.A.: Endocrine Ophthalmopathy: Current Ideas Concerning Etiology, Pathogenesis, and Treatment. Endocr. Rev. *5/2*, 200–220 (1984)
27. Jensen, E.V., Greene, G.L., Closs, L.E., DeSombre, E.R., Nadji, M.: Receptors Reconsidered: A 20-Year Perspective. Recent Progress in Hormone Research, Vol. *38*, 1–40. Academic Press (1982)
28. Keller-Wood, M.E., Dallman, M.F.: Corticosteroid Inhibition of ACTH Secretion. Endocr. Rev. *5/1*, 1–24 (1984)
29. Kotchen, T.A., Guthrie, G.P.: Renin-Angiotensin-Aldosterone and Hypertension. Endocr. Rev. *1/1*, 78–99 (1980)
30. Lenzen, S., Bailey, C.J.: Thyroid Hormones, Gonadal and Adrenocortical Steroids and the Function of the Islets of Langerhans. Endocr. Rev. *5/3*, 411–434 (1984)
31. Leong, D.A., Frawley, L.S., Neill, J.D.: Neuroendocrine Control of Prolactin Secretion. Ann. Rev. Physiol. *45*, 109–127 (1983)
32. McEwen, B.S., Biegon, A., Davis, P.G. Krey, L.C., Luine, V.N., McGinnis, M.Y., Paden, C.M., Parsons, B., Rainbow, T.C.: Steroid Hormones: Humoral Signals Which Alter Brain Cell Properties and Functions. Rec. Progr. Horm. Res. *38*, 41–92 (1982)
33. Melmed, S., Braunstein, G.D., Horvath, E., Ezrin, C., Kovacs, K.: Pathophysiology of Acromegaly. Endocr. Rev. *4/3*, 271–290 (1983)
34. Neill, J.D.: Neuroendocrine Regulation of Prolactin Secretion. Frontiers in Neuroendocrinology, Vol. 6, pp. 129–155. Raven Press NY 1980
35. Raue, F., Ziegler, R.: Pathophysiologie der Nebenschilddrüsen und der Calciumhomöostase. Endokrinologie der Kindheit und Adoleszenz. Georg Thieme Verlag Stuttgart 1986
36. Rechler, M.M., Missley, S.P.: The Nature and Regulation of the Receptors for Insulin-like Growth Factors. Ann. Rev. Physiol. *47*, 425–442 (1985)
37. Reiter, R.J.: Neuroendocrine Effects of the Pineal Gland and of Melatonin. Frontiers in Neuroendocrinology, *7*, 287–316 NY (1982)
38. Schally, A.V.: Aspects of hypothalamic regulation of the pituitary gland (Nobel Lecture) Science *202*, 18–28 (1978)
39. Ser"n-Ferrù, M., Jaffe, R.B.: The Fetal Adrenal Gland. Ann. Rev. Physiol. *43*, 141–162 (1981)
40. Siiteri, P.K., Murai, J.T., Hammond, G.L., Nisker, J.A., Raymoure, W.J., Kuhn, R.W.: The Serum Transport of Steroid Hormones. Rec. Progr. Horm. Res. *38*, 457–510 (1982)
41. Straus, D.S.: Growth-Stimulatory Actions of Insulin in Vitro and in Vivo. Endocr. Rev. *5/2*, 356–369 (1984)
42. Verney, E.B.: The antidiuretic hormone and the factor which affect its release. Proc. R. Soc. Lond. *135*, 25–106 (1947)
43. Wakerley, J.B., Lincoln, D.W.: The milk-ejection reflex in the rat. A 20 to 40-foldacceleration in the firing of paraventricular neurons during oxytocin release. J. Endocr. *57*, 477–493 (1973)
44. Wuttke, W., Horowski, R.: Gonadal Steroids and Brain Function. Exp. Brain Res. Suppl. *3*, 182–199 (1981)

V

Blut und Blutkreislauf

18 Funktionen des Blutes

C. Weiss und W. Jelkmann

18.1 Grundbegriffe der Blutphysiologie

Blut ist eine undurchsichtige rote Flüssigkeit, die aus dem gelblichen *Plasma* (ohne Fibrinogen = Serum) und den darin suspendierten roten Blutzellen (*Erythrocyten*), den weißen Blutzellen (*Leukocyten*) und den Blutplättchen (*Thrombocyten*) besteht. Das Blut spielt in der klinischen Diagnostik eine wichtige Rolle, da es leicht zu gewinnen ist und sich bei vielen Erkrankungen typische Abweichungen seiner Zusammensetzung und der Eigenschaften seiner Bestandteile ergeben.

Aufgaben des Blutes

Transportfunktion. Blut ist in erster Linie ein Transportmedium. Es transportiert die Atemgase physikalisch gelöst und chemisch gebunden, O_2 von den Lungen zu den atmenden Geweben und CO_2 von dort zu den Lungen. Blut schafft die Nährstoffe von den Orten ihrer Resorption oder Speicherung zu denen des Verbrauchs. Von dort bringt es die Metaboliten zu den Ausscheidungsorganen oder den Stätten ihrer weiteren Verwendung. Blut dient als Vehikel für körpereigene Wirkstoffe, die es an den Orten ihrer Bildung oder Speicherung aufnimmt und — im gesamten Intravasalraum verteilt — an die spezifischen Wirkorte heranbringt. Blut verteilt — dank der großen Wärmekapazität seines Hauptbestandteils Wasser — die im Stoffwechsel gebildete Wärme und sorgt für ihre Abführung über die Atemorgane und die äußere Körperoberfläche.

Milieufunktion. Bei seinem Kreislauf durch den Körper werden die Zusammensetzung und die physikalischen Eigenschaften des Blutes ständig durch bestimmte Organe kontrolliert und — wenn nötig — so korrigiert, daß der Zustand der **Homöostase,** d.h. die weitgehende Konstanz der Konzentration gelöster Stoffe, der Temperatur und des pH gewahrt bleibt. Diese Konstanz des inneren Milieus bildet eine Grundvoraussetzung für die normale Funktion aller Zellen.

Schutz vor Blutverlust. Das Blut besitzt die wichtige Fähigkeit, Blutungen durch den Verschluß kleiner verletzter Gefäße und durch Gerinnung (s.S. 439) entgegenzuwirken.

Abwehrfunktion. Die Fähigkeit des Körpers, eingedrungene Fremdkörper und Krankheitserreger unschädlich zu machen, ist v.a. an phagocytierende und an antikörperbildende Blutzellen gebunden (s.S. 447).

Blutvolumen

Der Anteil des Blutes am Körpergewicht beträgt beim Erwachsenen etwa 6–8%, bei jüngeren Kindern entsprechend deren höherem allgemeinen Wassergehalt 8–9%. Für Erwachsene ergibt sich somit ein Blutvolumen von 4–6 l (**Normovolämie**). Eine Erhöhung des Blutvolumens wird als **Hypervolämie,** eine Erniedrigung als **Hypovolämie** bezeichnet. Zur Bestimmung des Blutvolumens s.S. 571 und zu seiner Verteilung auf die einzelnen Abschnitte des Gefäßsystems s.S. 516.

Hämatokrit

Definition und Normalwerte. *Der Anteil der Erythrocyten am Blutvolumen wird Hämatokrit genannt.* Er beträgt beim gesunden erwachsenen Mann 0,44–0,46, bei der Frau 0,41–0,43. In der Klinik erfolgt die Angabe der Hämatokritwerte gelegentlich noch in Vol.-% (ml Zellen/dl Blut). Stärkere und anhaltende Abweichungen des Hämatokrits findet man beim Gesunden nur bei der Höhenanpassung. Neugeborene haben einen um etwa 20% höheren, Kleinkinder einen um etwa 10% niedrigeren Wert als Frauen [6, 25].

Zur **Hämatokritbestimmung** (nach WINTROBE) werden die spezifisch schwereren Blutzellen (im ungerinnbar gemachten Blut) durch 10 min Zentrifugieren bei etwa 1000 g (g = relative Erdbeschleunigung) in standardisierten (Hämatokrit-) Röhrchen geringen Durchmessers vom Plasma getrennt. Dabei kommt es außerdem zu einer Separation von den spezifisch leichteren Leukocyten, die zwischen den sedimentierten Erythrocyten und dem Plasma eine dünne weißliche Schicht bilden. Aufgrund der besonderen Strömungseigenschaften der Erythrocyten stellen sich in einzelnen Organen voneinander abweichende Hämatokritwerte ein. Daher bestehen Unterschiede zwischen den Hämatokritwerten des venösen, des arteriellen und des capillären Blutes. Die Multiplikation des mit der WINTROBE-Methode im Cubitalvenenblut gemessenen Hämatokrits mit 0,9 ergibt einen Wert, der dem mittleren Hämatokrit des Gesamtblutes entspricht.

Hämatokrit und Blutviscosität. Bezogen auf Wasser (= 1) beträgt die mittlere **relative Blutviscosität** gesunder Erwachsener 4,5 (3,5–5,4), die von Blutplasma 2,2 (1,9–2,6). Die innere Reibung des Blutes, seine Viscosität, nimmt mit steigendem Hämatokrit überproportional zu (s. Abb. 20-3, S. 507). Da der Strömungswiderstand linear mit der Viscosität ansteigt, bedeutet jede krankhafte Steigerung des Hämatokritwertes eine Mehrbelastung des Herzens und kann zur Minderdurchblutung von Organen führen.

18.2 Blutplasma

Menschliches **Blutplasma** enthält pro Liter 900–910 g Wasser, 65–80 g Eiweiß und 20 g kleinmolekulare Substanzen. Plasma hat ein spezifisches Gewicht von 1,025–1,029; sein pH schwankt geringfügig (7,37–7,43) um einen Mittelwert bei 7,40 (arterielles Blut).

In Abb. 18-1 sind die 3 großen Flüssigkeitsräume des Körpers, das **Blutgefäßsystem,** der **interstitielle Raum** (Zwischenzellraum) und der **intracelluläre Raum** schematisch dargestellt. Die interstitielle Flüssigkeit bildet die Umwelt für die Körperzellen. Sie steht über die große Oberfläche der Capillarwände (die für Wasser und Elektrolyte eine sehr hohe Durchlässigkeit besitzen) im Stoffaustausch mit dem Plasma. Da der Austausch von Wasser und kleinmolekularen Substanzen zwischen Plasma und Interstitium sehr rasch erfolgt, ändert sich die Zusammensetzung der Zwischenzellflüssigkeit trotz der wechselnden Intensität der Stoffaufnahme und -abgabe durch die Zellen nur in sehr engen Grenzen. Versuche mit schwerem (mit Deuterium markiertem) Wasser (D_2O) haben z.B. gezeigt, daß über 70% der Plasmaflüssigkeit innerhalb 1 min mit der interstitiellen Flüssigkeit ausgetauscht werden.

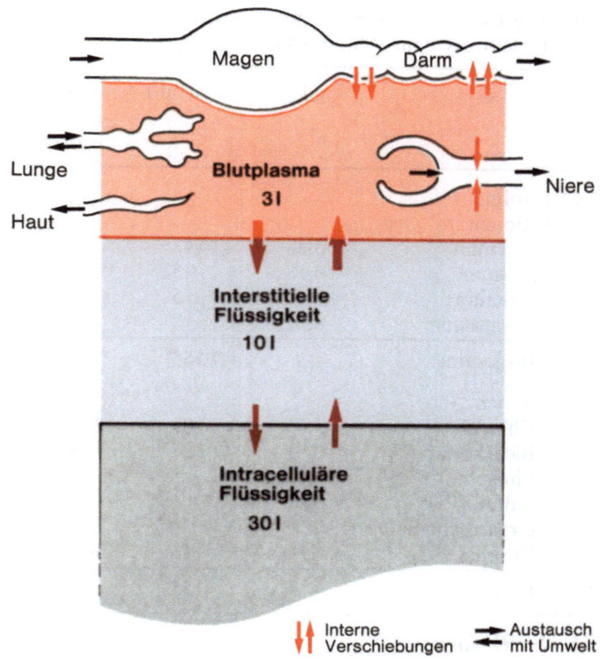

Abb. 18-1. Schematische Darstellung der Flüssigkeitsräume des Organismus. Die abgerundeten Volumina beziehen sich auf ein Körpergewicht von 70 kg. Nach [8]

Nennenswerte *Konzentrationsunterschiede zwischen Plasma und interstitieller Flüssigkeit* bestehen nur für die Eiweißkörper, die wegen ihrer Molekülgröße die Capillarwand nicht ungehindert passieren können.

Plasmaelektrolyte

Elektrolytkonzentrationen. Tabelle 18-1 und Abb. 18-2 geben einen Überblick über die ionale Zusammensetzung des Plasmas. Zu der nicht näher beschriebenen Gruppe der organischen Säuren gehören z.B. Milchsäure, die Aminosäuren, Citronensäure und Brenztraubensäure.

Als Konzentrationsmaße sollte man nicht mehr g-% (g/dl) bzw. mg-% (mg/dl), sondern **Molarität** (mol/l) und **Normalität** oder Äquivalentkonzentration (val/l = mol/(Wertigkeit · l)) verwenden. Um bei großem Raumbedarf der Teilchen in der Lösung Einschränkungen des Lösungsraums berücksichtigen zu können, wird vielfach die **Molalität** (mol/kg Lösungsmittel) als Konzentrationsmaß verwendet (s. Tabelle 18-1).

Osmotischer Druck. Ein Maß für die Konzentration gelöster Stoffe im Plasma ist der *osmotische Druck*. Er beträgt rund 7,3 atm (5600 mm Hg = 745 kPa) und entspricht einer Gefrierpunkterniedrigung um 0,54 °C. Lösungen, die

Tabelle 18-1. Mittlere Konzentrationen der Elektrolyte und Nichtelektrolyte im menschlichen Plasma

	g/l	mval/l	mmol/kg Plasma-wasser
Elektrolyte			
Kationen:			
Natrium	3,28	143	153
Kalium	0,18	5	5
Calcium	0,10	5	3
Magnesium	0,02	2	1
Insgesamt		155	
Anionen:			
Chlorid	3,65	103	110
Bicarbonat	0,61	27	28
Phosphat	0,04	2	1
Sulfat	0,02	1	1
Organische Säuren		6	
Eiweiß	65 bis 80	16	~1
Insgesamt		155	
Nichtelektrolyte			
Glucose	0,9–1,0		5
Harnstoff	0,40		7

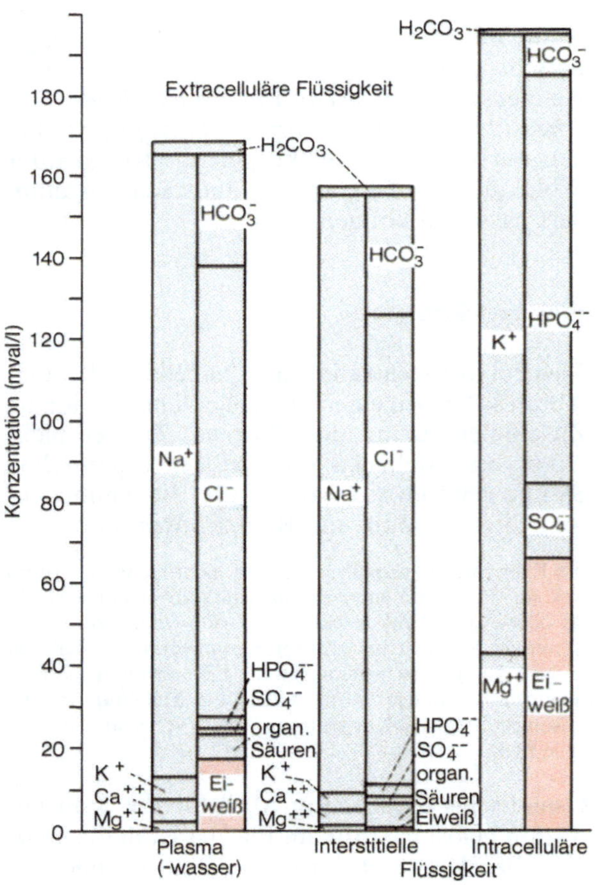

Abb. 18-2. Elektrolytzusammensetzung von Plasma, interstitieller und intracellulärer Flüssigkeit. Nach [8]

den gleichen osmotischen Druck haben wie Plasma, bezeichnet man als *isotonisch;* sinngemäß nennt man Lösungen mit höherem osmotischem Druck *hypertonisch,* solche mit niedrigerem osmotischem Druck *hypotonisch.* Plasma ist einer knapp $^1/_3$ molalen Lösung eines Nichtelektrolyten isotonisch. 96% des osmotischen Drucks des Blutes beruhen auf der Anwesenheit der anorganischen Elektrolyte, hauptsächlich Kochsalz (kristalloidosmotischer Druck). Ihr Molekulargewicht ist niedrig, die Zahl der Moleküle pro Gewichtseinheit infolgedessen hoch. Für die Konstanthaltung des inneren Milieus, die **Homöostase,** spielt die Regulierung des osmotischen Drucks im Plasma eine entscheidende Rolle. Jede Abweichung vom normalen osmotischen Druck in der extracellulären Flüssigkeit, also im Plasma und Interstitium, führt zu Wasserverschiebungen zwischen den Zellen und ihrer Umgebung. *Hypotonie* der extracellulären Flüssigkeit bringt die Zellen durch Wassereinstrom zum Schwellen (*celluläres Ödem*). Durch starke Volumenzunahme kann es dabei zur Zerstörung der Zellmembranen kommen (s. osmotische Hämolyse der Erythrocyten, S. 434). *Hypertonie* andererseits läßt die Zellen durch Wasserausstrom schrumpfen und bewirkt den Verlust des normalen Gewebeturgors. In beiden Fällen ist die Funktionstüchtigkeit der Zellen mehr oder weniger stark beeinträchtigt.

Funktionen der Plasmaelektrolyte. Die Isotonie des Suspensionsmediums bildet eine der Grundvoraussetzungen für die Erhaltung der Funktionstüchtigkeit isolierter Gewebe. Isotonie ist allein jedoch dazu nicht ausreichend. Es bedarf der Anwesenheit bestimmter Ionen in einem ausgewogenen Verhältnis, um den Zustand der **Isoionie** zu erhalten. Tabelle 18-2 zeigt die Zusammensetzung einiger „balancierter" Salzlö-

Tabelle 18-2. Zusammensetzung einiger gebräuchlicher Suspensionsmedien. Die Zahlen geben die jeweilige Konzentration (mval/l) an

Ringer				Tyrode	
Amphibien		Säuger		Säuger	
Na^+	115	Na^+	146	Na^+	149,4
K^+	1	K^+	4	K^+	2,7
Ca^{2+}	2	Ca^{2+}	5,4	Ca^{2+}	3,6
Cl^-	106	Cl^-	155,4	Mg^{2+}	2,1
HCO_3^-	12			Cl^-	145,1
				HCO_3^-	12,0
				$H_2PO_4^-$	0,7
				Glucose	5,5 (mmol/l)

sungen, die sich als *Suspensionsmedium* für überlebende Gewebe bewährt haben. Obwohl die unterschiedlichen Wirkungen der einzelnen Ionenarten schon lange bekannt sind, ist ihr Wirkungsmechanismus nicht in allen Einzelheiten aufgeklärt.

Plasmaproteine

Allgemeine Eigenschaften und Funktionen. Die hohe relative Viscosität des Plasmas von 1,9–2,6 (Wasser = 1) beruht fast ausschließlich auf seinem Eiweißgehalt, der 65–80 $g \cdot l^{-1}$ beträgt. Wegen des hohen Molekulargewichts der Eiweißkörper entspricht dieser beträchtlichen Konzentration, wie Tabelle 18-1 zeigt, eine *molale* Konzentration von nur rund 1 $mmol \cdot kg^{-1}$. Das sog. Plasmaprotein stellt ein Gemisch aus zahlreichen Eiweißkörpern dar, die sich einzeln darstellen lassen. Die **Molekulargewichte** der einzelnen Plasmaproteine liegen zwischen 44000 und 1300000. Teilchen dieser Größenordnung gehören zu den Kolloiden (Abb. 18-3). Die Plasmaeiweißkörper erfüllen eine Reihe von Funktionen:

1. Nährfunktion. In den etwa 3 l Plasma des Erwachsenen sind rund 200 g Protein gelöst. Diese Menge stellt ein schnell verfügbares Eiweißreservoir dar. Während die Körperzellen i.allg. nicht Proteine, sondern nur deren Bausteine, die

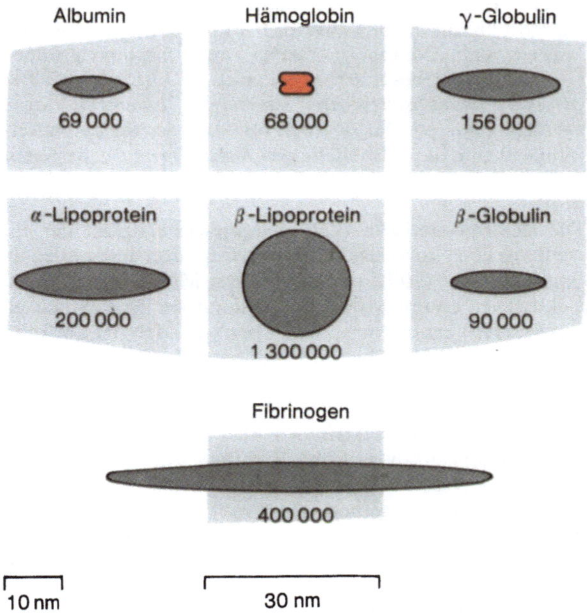

Abb. 18-3. Molekulargewichte und schematisierte Molekularformen einiger Plasmaeiweiße und des Hämoglobins. Nach [28]

Aminosäuren, aufnehmen, sind insbesondere die Zellen des *reticuloendothelialen Systems* (RES) befähigt, Plasmaeiweißkörper im ganzen aufzunehmen und sie mit Hilfe intracellulärer Enzyme in Aminosäuren zu zerlegen, die dann – in das Blut diffundiert – als rasch verfügbarer Bausteinnachschub für die Eiweißsynthese im Körper dienen.

2. Vehikelfunktion. Zahlreiche kleinmolekulare Stoffe (s.S. 429) werden beim Transport vom Darm oder von den Speicherorganen zu den Stätten des Verbrauchs an spezifische Plasmaproteine gebunden. Die große Oberfläche der Proteinmoleküle mit ihren zahlreichen hydrophilen und lipophilen Haftstellen macht sie für diese Vehikelfunktion besonders geeignet. Durch Bindung ihrer lipophilen Gruppen an wasserunlösliche, fettartige Substanzen dienen sie als Lösungsvermittler. Ihre Fähigkeit, eine große Zahl kleinmolekularer Stoffe während des Transports im Blut zu binden, trägt überdies zur Konstanthaltung des osmotischen Drucks bei.

3. Unspezifische Trägerfunktion. Alle Plasmaproteine binden bluteigene Kationen in nichtdiffusibler Form. Zum Beispiel liegen etwa $^2/_3$ des im Plasma vorhandenen Calciums an Eiweißkörper unspezifisch gebunden vor. Zwischen dem physiologisch wirksamen ionisierten, ungebundenen und dem an Eiweiß gebundenen Calcium besteht ein Gleichgewicht. Die Bindung von Calcium ist pH-abhängig. Bei hohem pH (Alkalose, S. 628) ist sie verstärkt.

4. Erzeugung des kolloidosmotischen Drucks. Während Plasmaproteine aufgrund ihrer geringen molaren Konzentration nur unwesentlich zum osmotischen Gesamtdruck des Plasmas beitragen, sind sie wichtig zur Aufrechterhaltung des kolloidosmotischen Drucks (KOD; syn. onkotischer Druck). Der kolloidosmotische Druck ist mitbestimmend für die *Wasserverteilung zwischen Plasma und Interstitium.* Da kleinmolekulare Stoffe durch die Capillarwände praktisch frei permeieren, ist ihre Konzentration und daher der von ihnen verursachte osmotische Druck in Plasma und Interstitium annähernd gleich. Die Plasmaeiweißkörper jedoch können wegen ihrer Molekülgröße die Capillarwand nur gegen einen vergleichsweise großen Widerstand passieren (isotopenmarkiertes Albumin z.B. verläßt die Blutbahn mit einer Halbwertszeit von etwa 14 h). Wegen der Eiweißaufnahme durch die Zellen und des Eiweißtransports durch die

Lymphe besteht daher ein Konzentrationsgradient für Eiweißkörper zwischen Plasma (KOD ca. 25 mm Hg = 3,3 kPa) und Interstitium (KOD ca. 5 mm Hg = 0,7 kPa), der einen kolloidosmotischen Druckunterschied von etwa 20 mm Hg (2,7 kPa) bewirkt.
Jede Änderung der osmotisch wirksamen Konzentration der Plasmaeiweißkörper stört folglich den Stoffaustausch und die Wasserverteilung zwischen Blut und interstitieller Flüssigkeit. Da unter den Plasmaeiweißkörpern das Albumin (s.S. 427) die größte Menge ausmacht (da seine molale Konzentration wegen der geringeren Molekülgröße etwa 3mal höher als die aller anderen Plasmaeiweißkörper ist), wirken sich Veränderungen seiner Konzentration besonders stark auf den kolloidosmotischen Druck aus. Eine Abnahme der Albuminkonzentration im Plasma führt häufig zu einer Wasserretention im Interstitium, zu einem *interstitiellen Ödem*. Daher müssen *Plasmaersatzlösungen* i.allg. denselben kolloidosmotischen (und kristalloidosmotischen) Druck aufweisen wie das Plasma. Als Kolloide werden vorwiegend Polysaccharide (Hydroxyäthylstärke, Dextran) und Polypeptide (Gelatine) verwendet, da die Gewinnung menschlicher Bluteiweiße in reiner Form sehr teuer ist.

5. Pufferfunktion. Da Eiweiße *Ampholyte* sind, die pH-abhängig H^+- und OH^--Ionen binden können, tragen die puffernden Plasmaproteine zur Aufrechterhaltung eines konstanten pH-Wertes bei (s.S. 625f.).

6. Schutz vor Blutverlusten. Die Gerinnungsfähigkeit des Blutes, die dem Schutz vor Blutverlusten dient, beruht u.a. auf dem Gehalt des Plasmas an Fibrinogen (s.S. 428). Am Ende einer Reaktionskette, in deren Verlauf eine Reihe von Bluteiweißkörpern mit Enzymcharakter aufeinander einwirken, steht die Umwandlung des gelösten Fibrinogens in den Faserstoff Fibrin (s.S. 444).

Fraktionierung der Plasmaproteine. Qualitative und quantitative Analysen der Plasmaeiweißkörper werden routinemäßig durchgeführt (Abb. 18-4). Die Eiweißelektrophorese ist ein wichtiges diagnostisches Hilfsmittel, da viele Erkrankungen charakteristische Veränderungen des Plasmaeiweißspektrums hervorrufen [6, 25].

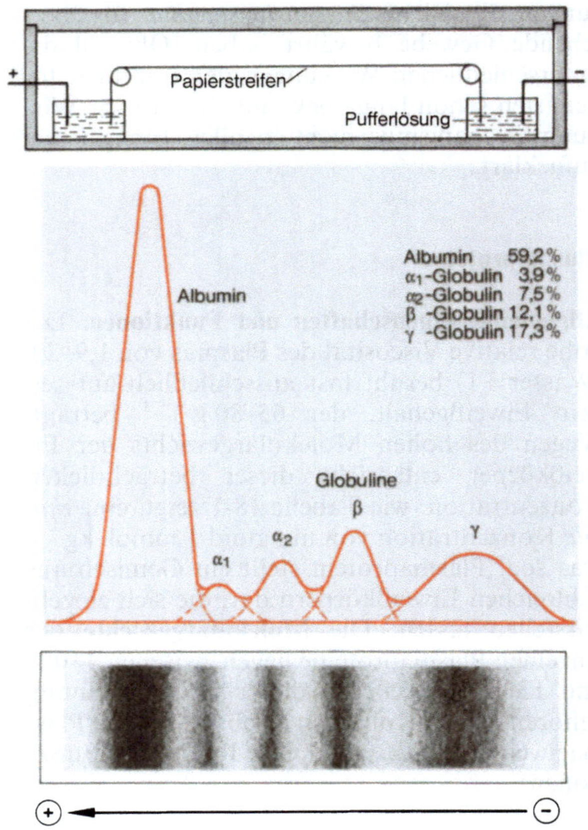

Abb. 18-4. Elektropherogramm eines menschlichen Serums. *Unten* der angefärbte Papierstreifen, *darüber* die Photometerkurven, der prozentuale Anteil der einzelnen Serumeiweißfraktionen und die Apparatur zur Papierelektrophorese

Unter **Elektrophorese** versteht man die Wanderung gelöster oder in einer Flüssigkeit suspendierter elektrisch geladener Teilchen im elektrischen Gleichspannungsfeld. Eiweißmoleküle sind aus einzelnen Aminosäuren aufgebaut, die jeweils durch Peptidbindungen miteinander verknüpft sind. Die Elektrolytnatur dieser Moleküle beruht z.T. auf der Ionisierbarkeit von Amino- ($-NH_2$) und Carboxylgruppen ($-COOH$), die, besonders in Seitenketten, *entsprechend dem pH-Wert des Lösungsmittels elektrische Ladungen tragen* ($-NH_3^+$ bzw. $-COO^-$). Noch bedeutsamer für die Pufferfähigkeit sind die pH-abhängigen *Imidazolgruppen* der Aminosäure Histidin (hohes Vorkommen im Hämoglobinmolekül).
Die **elektrophoretische Wanderungsgeschwindigkeit** der Eiweißkörper ist im wesentlichen eine Funktion der angelegten Spannung, der Größe und Gestalt der Moleküle und deren elektrischer Ladung, die vom Abstand des isoelektrischen Punktes (IP) zum in der Lösung herrschenden pH abhängt. Wie aus Tabelle 18-3 hervorgeht, liegen die IP der einzelnen Plasmaeiweißkörper verschieden weit unterhalb von pH 7. Bei neutraler oder alkalischer Reaktion wandern die Eiweißkörper deshalb im elektrischen Feld mit unterschiedlicher Geschwindigkeit in gleicher Richtung zur Anode (Abb. 18-4).
Bei einer anderen Methode der Fraktionierung, die gleichzeitig die Bestimmung der Molekulargewichte erlaubt, benutzt man Schwerefelder vom 100000- bis 750000fachen der Erdbeschleunigung in der **Ultrazentrifuge** (SVEDBERG). Bei gegebener Beschleunigung (Zentrifugalkraft) hängt die Sedimentationsgeschwindigkeit vom spezifischen Gewicht und der Gestalt der Moleküle (Abb. 18-3) sowie von der Dichte des Suspensionsmediums ab. Bei der **Dichtegradien-**

tenzentrifugation lassen sich die in bestimmten Höhenschichten konzentrierten einzelnen Eiweißkomponenten des Gemisches besonders gut trennen.
Eine noch weitergehende Auftrennung der Plasmaproteine erlaubt die Kombination von Elektrophorese und Immunpräcipitation im Verfahren der **Immunelektrophorese.** Dabei läßt man elektrophoretisch getrennte Eiweißfraktionen einzeln in einem Gel gegen einen Tropfen antikörperhaltiges Serum diffundieren. Beim Zusammentreffen des Eiweißantigens mit der Serumantikörper kommt es zur Präcipitation (Fällung), die als weißliche Trübungszone im Gel erkennbar ist. Auf diese Weise ließ sich zeigen, daß elektrophoretisch einheitliche Eiweißfraktionen u.U. aus mehreren immunologisch unterscheidbaren Eiweißkörpern bestehen (s. Tabelle 18-3).

Eigenschaften und Funktion einzelner Fraktionen. Da die Elektrophorese das am häufigsten benutzte Analyseverfahren ist, wird die Besprechung auf die mit dieser Methode unterscheidbaren Komponenten beschränkt. In Abb. 18-3 sind die Größenverhältnisse und die Gestalt der wichtigsten Eiweißkörper des Blutes schematisch dargestellt.

Plasmaalbumin. Etwa 60% der Plasmaeiweißmenge stellt das Albumin (35–45 $g \cdot l^{-1}$). Mit seinem Molekulargewicht von 69000 gehört es zu den kleinsten Plasmaeiweißkörpern. Wegen seiner relativ großen Konzentration und der Kleinheit seiner Moleküle ist es für fast 80% des kolloidosmotischen Drucks im Plasma verantwortlich. Dank der geringen Molekülgröße besitzen seine Teilchen eine sehr große Gesamtoberfläche. Das befähigt sie in besonderem Maße, Stoffe zu binden und im Blut zu transportieren. Zu den vom Albumin gebundenen Stoffen gehören Bilirubin, Urobilin, Fettsäuren, gallensaure Salze und einige körperfremde Stoffe, wie z.B. Penicillin, Sulfonamide und Quecksilber. Ein einziges Albuminmolekül kann z.B. 25–50 Bilirubinmoleküle (MG 500) gleichzeitig binden. Bei vielen pathologischen Zuständen ist die Albuminmenge verringert, insbesondere bei entzündlichen Erkrankungen und bei *Leber-* und *Nierenschädigungen.*

Plasmaglobuline. Unter dem Namen Globulin wird eine ganze Gruppe von elektrophoretisch trennbaren Proteinkomponenten zusammengefaßt. Nach ihrer Wanderungsgeschwindigkeit

Tabelle 18-3. Proteinfraktionen des menschlichen Blutplasmas. *MG* Molekulargewicht; *IP* Isoelektrischer Punkt. Nach [15, 25, 27]

Proteinfraktion		Mittlere Konzentration		MG	IP	Physiologische Bedeutung
Elektrophoretisch	Immunelektrophoretisch	g/l	µmol/l			
Albumin	Präalbumin	0,3	4,9	61000	4,7	Bindung von Thyroxin;
	Albumin	40,0	579,0	69000	4,9	kolloidosmotischer Druck, Vehikelfunktion; Reserveeiweiß
α_1-Globuline	Saures α_1-Glykoprotein	0,8	18,2	44000	2,7	Gewebeabbauprodukt?;
	α_1-Lipoprotein („high density lipoproteins")	3,5	17,5	200000	5,1	Lipidtransport (bevorzugt Phospholipide)
α_2-Globuline	Coeruloplasmin	0,3	1,9	160000	4,4	Oxydaseaktivität, Bindung von Kupfer;
	α_2-Makroglobulin	2,5	3,1	820000	5,4	Plasmin- und Proteinaseninhibition;
	α_2-Haptoglobin	1,0	11,8	85000	4,1	Nichtharnfähige Hämoglobinbindung
β-Globuline	Transferrin	3,0	33,3	90000	5,8	Eisentransport;
	β-Lipoprotein („low density lipoproteins")	5,5	0,3 bis 1,8	3×10^6 bis 2×10^7	–	Transport von Lipiden (bevorzugt Cholesterin)
	Fibrinogen	3,0	8,8	340000	5,8	Blutgerinnung
						Immunglobuline
γ-Globuline	IgG	12,0	76,9	156000	5,8	Antikörper gegen bakterielle Anti-
	IgA	2,4	16,0	150000	7,3	gene und körperfremdes Protein;
	IgM	1,2	1,3	960000		Isohämagglutinine
	IgE	0,0003	0,002	190000	–	Antikörper (Reagine)

im elektrischen Feld werden α_1-, α_2-, β- und γ-Globuline unterschieden (Abb. 18-4). Doch repräsentieren auch diese Unterfraktionen noch keine einheitlichen Eiweißkörper. Mit feineren Trennverfahren, wie z.B. der Immunelektrophorese, lassen sie sich weiter auftrennen (Tabelle 18-3).

Mit der Untergruppe der **α_1-Globuline** wandert eine Reihe von konjugierten Proteinen, die Kohlenhydrate überwiegend in Form von Hexosen und Hexosamin als prosthetische Gruppen besitzen und unter dem Namen Glykoproteine zusammengefaßt werden. Etwa $^2/_3$ der Glucose des Plasmas ist in Glykoproteinen gebunden. Bei der klinischen Bestimmung des Blutzuckers im enteiweißten Plasma wird diese gebundene Glucose nicht miterfaßt. Sie wird erst durch Säurehydrolyse aus den Glykoproteinen freigesetzt. Ihre Konzentration liegt bei 0,8–1,65 $g \cdot l^{-1}$. Eine andere Gruppe von kohlenhydrathaltigen Proteinen dieser Unterfraktion bilden die *Proteoglykane* (Mucoproteine). Diese enthalten Glykosaminoglykane (Mucopolysaccharide). Ebenfalls mit der α_1-Gruppe wandern das *Thyroxin-bindende Globulin*, das Vitamin-B_{12}-bindende Globulin (*Transcobalamin*), das *Bilirubin-bindende Globulin* und das Cortisol-bindende Globulin (*Transcortin*).

In der Fraktion der **α_2-Globuline** finden sich das *Haptoglobin*, das chemisch zu den Proteoglykanen gehört, und das kupferhaltige *Coeruloplasmin*. Dieses Metallprotein enthält pro Molekül 8 Kupferatome, die für seine Oxydaseeigenschaften verantwortlich sind. Im Coeruloplasmin liegen etwa 90% des gesamten Plasmakupfers gebunden vor. Der Transport des Kupfers auf dem Blutweg zu den Körperzellen findet jedoch nicht mit dem Coeruloplasmin, sondern an Albumin gebunden statt.

Zu den **β-Globulinen** gehören die wichtigsten Trägerproteine für Lipide und Polysaccharide. Von großer funktioneller Bedeutung ist die Fähigkeit der Lipoproteine, für die nicht wasserlöslichen Fette und Lipoide als Lösungsmittler und Vehikel bei ihrem Transport im Blut zu dienen. Etwa 75% aller Fette und Lipoide im Plasma sind als Lipoproteine gebunden. Lipoproteine finden sich in geringer Menge zwar auch in der α_1-Fraktion, ihr Hauptanteil wandert jedoch mit den β-Globulinen. Das wichtigste Lipoprotein ist hier das β_1-Lipoprotein, das bis zu 77% Lipide im Molekül enthalten kann. Die Analyse der Lipoproteingemische des Plasmas mit Hilfe der Ultrazentrifuge und der Elektrophorese – die elektrophoretische Beweglichkeit der Lipoproteine wird durch ihren Proteinanteil verursacht – hat für die Diagnose der verschiedenen Formen der *Hyperlipoproteinämien* Bedeutung gewonnen (s. Lehrbücher der Biochemie). Mit der β-Fraktion wandert außer den Lipoproteinen noch eine Gruppe metallbindender Proteine, unter ihnen das als Träger von Kupfer und v.a. von Eisen dienende *Transferrin*. Dieses Metallprotein kann 2 Eisenatome – in dreiwertiger Form (Fe^{3+}) – pro Molekül binden und stellt die Transportform des Eisens im Blut dar. Normalerweise beträgt die Sättigung des Serumtransferrins mit Eisen nur etwa 30% (1 mg Fe^{3+}/l Serum).

Die heterogene Fraktion der **γ-Globuline** enthält die elektrophoretisch am langsamsten wandernden Proteine, deren isoelektrische Punkte entsprechend näher am Neutralpunkt liegen als die der übrigen Plasmaeiweißkörper (vgl. Tabelle 18-3). Unter den γ-Globulinen finden sich die meisten *Schutz- und Abwehrstoffe des Blutes* (Immunglobuline, s.S. 451). Entsprechend ihrer Funktion zeigt die Fraktion der γ-Globuline ausgeprägte funktionelle Schwankungen in Menge und Zusammensetzung, da es bei fast allen – besonders den entzündlichen – Erkrankungen zu ihrer Vermehrung kommt. Dabei bleibt jedoch i.allg. die Gesamtmenge der Plasmaproteine annähernd unverändert, denn mit der Zunahme der Globulinmenge geht eine etwa gleich große Verringerung der Albuminmenge einher, so daß sich lediglich der sog. *Albumin-Globulin*-(Eiweiß-)*Quotient* erniedrigt. Auch die Erythrocyten-agglutinierenden Substanzen Anti-A und Anti-B gehören zu den γ-Globulinen.

Das **Fibrinogen** findet sich als ein schmales separates Band zwischen der β- und γ-Fraktion der Globuline. Fibrinogen ist die gelöste Vorstufe des bei der Blutgerinnung ausfallenden Faserstoffes Fibrin (s.S. 444). Das Fibrinogen stellt ein langgestrecktes Molekül mit einem Achsenverhältnis (Länge : Breite) von 17 : 1 dar. Die Neigung der Moleküle, sich perlschnurartig aneinanderzureihen, ist der Grund für die hohe Viscosität von Fibrinogenlösungen.

Charakteristische Veränderungen der Fibrinogenfraktion treten nur bei einigen seltenen Erkrankungen auf. Der diagnostische Wert elektrophoretisch nachweisbarer Veränderungen der Fibrinogenfraktion ist deshalb gering. Da zudem die Wanderungsgeschwindigkeit des langgestreckten Fibrinogenmoleküls bei der Papierstreifenelektrophorese stärker als die der anderen Plasmaproteine von der Beschaffenheit des verwendeten Papiers abhängt, benutzt man in der Klinik i.allg. Serum und nicht Plasma zur Papierelektrophorese der Bluteiweißkörper. In dem typischen Elektropherogramm der Abb. 18-4 fehlt daher die Fibrinogenfraktion.

Bildung und Umsatz der Plasmaproteine. Bei normaler Ernährung werden in 24 h etwa 17 g Albumin und 5 g Globulin neugebildet. Die Halbwertszeit für Albumin beträgt beim Menschen 10–15 Tage, die für Globulin etwa 5 Tage. Nach diesen Zeiten sind 50% der Eiweißkörper durch neugebildete ersetzt worden.

Transportierte Plasmabestandteile

Wie in den vorangegangenen Abschnitten gezeigt wurde, stellt das Plasma für die anorganischen Elektrolyte und die Eiweißkörper ein Transportmittel dar, dessen wichtigste funktionelle Eigenschaften von der Anwesenheit dieser Stoffe entscheidend bestimmt werden. In diesem Sinne sind die *anorganischen Elektrolyte und die Eiweißkörper Funktionsbestandteile des Plasmas.*

Anders verhält es sich mit der Gruppe der transportierten Plasmabestandteile. Ihr Einfluß auf die charakteristischen physikochemischen Eigenschaften des Plasmas ist — innerhalb des physiologischen Konzentrationsbereichs — sehr gering. Für diese heterogene Gruppe von Substanzen stellt das Plasma in erster Linie ein Transportmittel dar. Zu den Stoffen dieser Gruppe gehören: a) *Nährstoffe, Vitamine* und *Spurenelemente,* b) *intermediäre Stoffwechselprodukte,* c) *Hormone* und *Enzyme* sowie d) *Ausscheidungsprodukte.*

Transportierte Nährstoffe, Vitamine und Spurenelemente. Die größte Gewichtsmenge unter den im Plasma transportierten Nährstoffen stellen die **Lipide** (alle ätherlöslichen Substanzen, d.h. Fette, Lipoide und Steroide). Ihre Konzentration unterliegt allerdings sehr starken funktionellen Schwankungen (Tabelle 18-4).

Tabelle 18-4. Reststickstoff und Lipide (g/l) im menschlichen Plasma. Ausführliche Angaben in [27]

Substanz	Mittel	Variation
Harnstoff-N	0,14	0,1–0,2
Aminosäuren-N	0,05	0,03–0,07
Harnsäure-N	0,017	0,01–0,023
Kreatinin	0,005	0,004–0,005
Ammoniak-N	0,002	0,001–0,002
Total-Rest-N	0,25	0,22–0,30
Fette, Neutralfett		0–4,5
Fettsäuren		2–4,5
Steroide, Cholesterin		1,2–3,5
Freies Cholesterin		0,4–0,7
Gallensäuren		0,002–0,03
Gallensalze		0,05–0,12
Phosphatide, total		1,5–2,5
Lecithin		1,0–2,0
Cephalin		0–0,3
Sphingomyelin		0,1–0,3
Total ätherlösliche Stoffe		3,8–6,8

Nach reichlichen, fetthaltigen Mahlzeiten kann der Lipidgehalt so weit ansteigen (bis zu $20 \text{ g} \cdot \text{l}^{-1}$), daß das Plasma milchigweiß aussieht (*Lipämie*). Etwa 80% der Fettsäuren liegen als Glyceride, Phospholipide und Cholesterinester an Globulin gebunden vor (Lipoproteine), während die unveresterten Fettsäuren überwiegend Albuminkomplexe bilden.

Im Gegensatz zu den Lipiden des Plasmas, deren Konzentration von der jeweiligen Stoffwechsellage abhängt, wird der Gehalt an freier **Glucose,** dem wichtigsten Kohlenhydrat, trotz wechselnder Aufnahme und stark schwankendem Verbrauch bei $0{,}8\text{–}1{,}2 \text{ g} \cdot \text{l}^{-1}$ ($4\text{–}7 \text{ mmol} \cdot \text{l}^{-1}$) relativ konstant gehalten. Die zu den transportierten Nährstoffen gehörenden **Aminosäuren** sind im Plasma in einer mittleren Konzentration von etwa $0{,}04 \text{ g} \cdot \text{l}^{-1}$ vorhanden. Sie entstammen vornehmlich dem mit der Nahrung aufgenommenen Eiweiß.

Alle **Vitamine** (s.S. 720f.) und die essentiellen Nahrungsstoffe mit Vitamincharakter, wie z.B. das Cholin, sind stets im Plasma vorhanden. Ihre Konzentration schwankt nicht nur mit der in der Nahrung zugeführten oder von der Darmflora synthetisierten Menge; bei einigen Vitaminen hängt sie vom Vorhandensein bestimmter resorptionsfördernder Faktoren ab (z.B. die Resorption des Vitamin B_{12} von der Anwesenheit des CASTLEschen „Intrinsic factor"). Während viele Vitamine in freier Lösung im Plasma transportiert werden, sind andere, insbesondere die fettlöslichen Vitamine und einige wasserlösliche, wie z.B. das Vitamin B_{12}, an Protein gebunden.

Eine wichtige Rolle unter den **Spurenelementen,** die als Bestandteile von Bau- und Wirkstoffen unentbehrlich sind, spielt das Eisen, dessen Resorption aus dem Darm sich nicht nach der Größe des Angebots, sondern nach dem Bedarf des Körpers richtet (normalerweise 1 mg/24 h). Eisen wird als Proteinkomplex — an das *Mucosatransferrin* gebunden — resorbiert [33].

Die anderen zu den Spurenelementen gehörenden Metalle liegen überwiegend als Metallproteine im Serum vor, ähnlich wie das zu 90% an den Eiweißkörper *Coeruloplasmin* (s.S. 428) gebundene Kupfer. Kobalt bildet einen wesentlichen Bestandteil des Vitamin B_{12} (*Cobalamin*). Das Jod liegt fast ausschließlich in Form eines Jodeiweißkomplexes im sog. *Thyroxin-bindenden Protein* vor (s.S. 428).

Transportierte Stoffwechselzwischenprodukte. Unter den Intermediärprodukten des Stoffwechsels steht die **Milchsäure** mengenmäßig an der Spitze. Ihre Konzentration steigt bei Sauerstoffmangel und schwerer Muskelarbeit. Eine andere stets im Plasma vorhandene organische Säure ist die **Brenztraubensäure,** die als gemeinsames Zwischenprodukt des Aminosäure- und Kohlenhydratstoffwechsels eine Schlüsselstellung im Energiestoffwechsel einnimmt.

Transportierte Hormone und Enzyme. Die dritte Gruppe der transportierten Plasmabestandteile umfaßt die zahlreichen Hormone und Enzyme. Diese Substanzen sind Eiweißkörper, Polypeptide, Amine, Amide oder Steroide.

Transportierte Ausscheidungsprodukte. Die Gruppe der Ausscheidungsprodukte setzt sich aus Substanzen zusammen, die im Körper nicht weiterverwendet, sondern als Endprodukte des Stoffwechsels ausgeschieden werden. Als wichtigste Stoffe gehören dazu: *Kohlendioxyd, Harnstoff, Harnsäure, Kreatinin, Bilirubin* und *Ammoniak.* Alle diese Substanzen sind mit Ausnahme des Kohlendioxyds stickstoffhaltig und werden durch die Nieren ausgeschieden. Bei Nierenfunktonsstörungen ist ihre Konzentration im Plasma erhöht. Ihre Bestimmung wird zur Erkennung von Nierenerkrankungen benutzt. Dazu wird nach Fällung der Eiweißkörper der Stickstoff des Plasmas mit der Methode nach KJELDAHL bestimmt. Der so gemessene Gehalt des Plasmas an nicht eiweißgebundenem Stickstoff, der sog. **Rest-N,** entstammt im wesentlichen den obengenannten stickstoffhaltigen Ausscheidungsprodukten. Er enthält allerdings auch noch zu etwa $^1/_5$ Stickstoff aus den – nicht zu den Ausscheidungsprodukten zu rechnenden – Aminosäuren des Plasmas. Tabelle 18-4 gibt einen Überblick über die wichtigsten Komponenten des Rest-N im Plasma des Gesunden.

18.3 Erythrocyten

Zahl, Form und Größe

Den größten Anteil an den rund 44 Vol.-% cellulärer Blutbestandteile stellen die roten Blutkörperchen, von denen sich *beim Mann im Mittel 5,1, bei der Frau 4,6 Mill. im µl Blut* befinden. Neben dem Wasser stellt das Hämoglobin die Hauptmasse des Erythrocyten. 34% ihres Feuchtgewichts, 90% des Trockengewichts entfallen auf den Eiweißkörper Hämoglobin (s.S. 611 f.).

Im Laufe der *Kindheit* ändert sich die Erythrocytenzahl. Beim Neugeborenen ist sie hoch (5,5 Mill. pro µl Blut) infolge des Blutübertritts aus der fetalen Placenta in den kindlichen Kreislauf bei der Geburt und des anschließenden starken Wasserverlustes. In den folgenden Monaten hält die Erythrocytenneubildung mit dem allgemeinen Körperwachstum nicht Schritt, es entwickelt sich die sog. *Trimenonreduktion,* d.h. eine Abnahme der Erythrocytenzahl auf etwa 3,5 Mill. pro µl Blut im 3. Lebensmonat. Bei Klein- und Schulkindern werden etwas niedrigere Erythrocytenzahlen als bei erwachsenen Frauen gefunden [6].

Form und Größe der Erythrocyten. Menschliche Erythrocyten sind flache, runde, in der Mitte eingedellte kernlose Scheiben, deren größte Dicke (am Rande) nur 2 µm beträgt und deren Durchmesser sich beim Gesunden um einen mittleren Wert von 7,5 µm (*Normocyt*) in Form einer Normalverteilung **(Price-Jones-Kurve)** gruppieren (Abb. 18-6). Die physiologische Form des Normocyten führt zu einer Vergrößerung der Oberfläche im Vergleich zur Kugel-

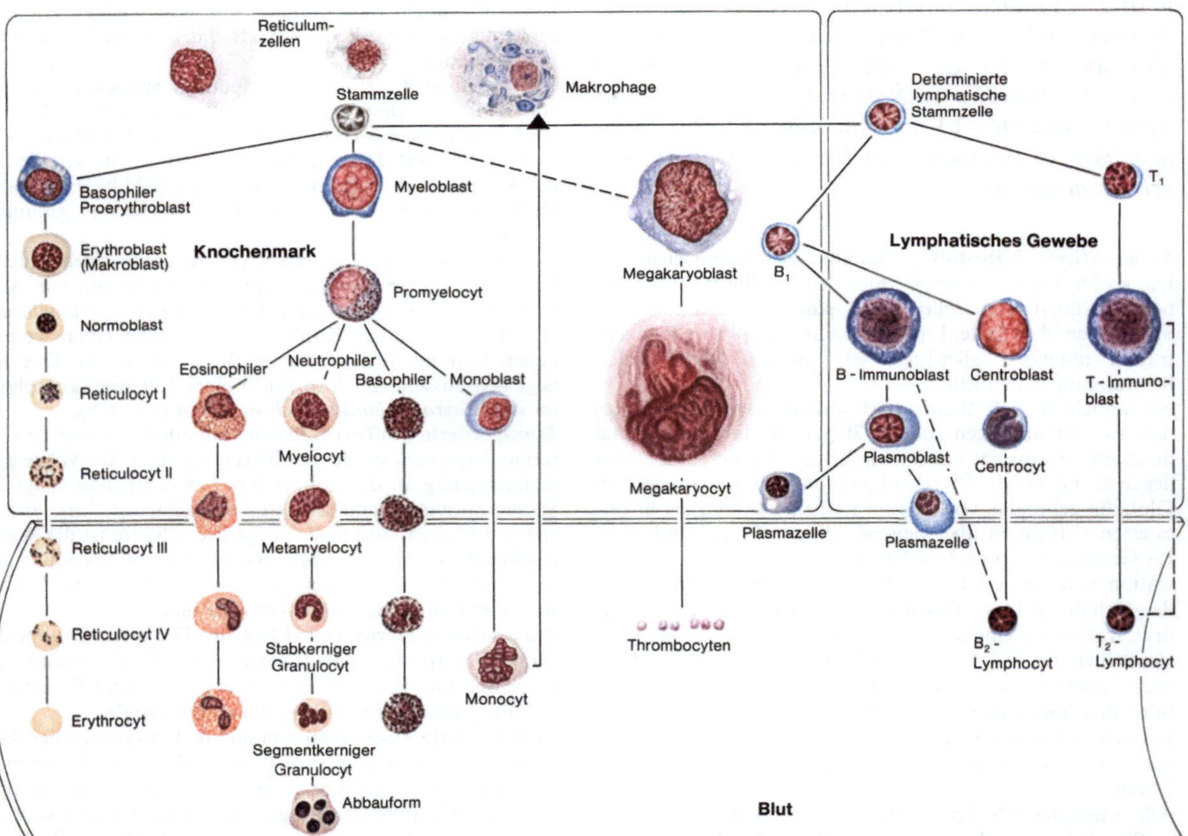

Abb. 18-5. Übersicht der im peripheren Blut vorkommenden Zellen und ihrer Vorläufer in den Bildungsstätten Knochenmark und lymphatisches System. Nach [2]

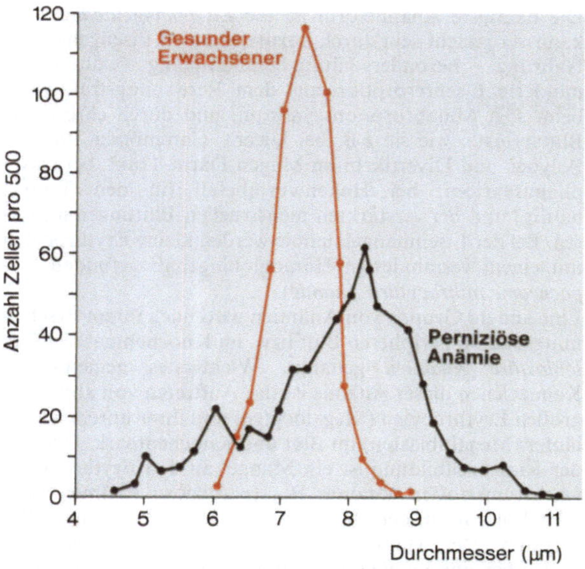

Abb. 18-6. Price-Jones-Kurven. Häufigkeitsverteilung der Erythrocytendurchmesser bei einem Gesunden (*rote* Linie) und bei einem Patienten mit perniziöser Anämie (*schwarze* Linie). Nach [38]

form. Die Gesamtoberfläche der Erythrocyten eines erwachsenen Mannes liegt bei 3800 m^2. Die charakteristische Form der roten Blutkörperchen begünstigt ihre Hauptfunktion, die des *Gastransports* (s.S. 615ff.) durch große Diffusionsflächen bei kurzen Diffusionsstrecken. Außerdem erleichtert die flexible Form den Erythrocyten die Verformung bei der Passage durch enge und gekrümmte Capillarabschnitte. Die *Verformbarkeit* nimmt bei gealterten Erythrocyten ab. Sie ist auch bei abnormalen Erythrocytenformen wie z.B. bei *Sphärocyten* (Kugelzellen) oder bei *Sichelzellen* vermindert, weshalb diese vermehrt im Maschenwerk der Milz hängenbleiben, wo sie dann abgebaut werden.

Erythrocytenzählung (Prinzip). Eine abgemessene Menge Capillarblut wird mit einer Elektrolytlösung 100- oder 200fach verdünnt. Mit dem Mikroskop werden die Zellen in einem vorgegebenen Volumen ausgezählt. Unter Berücksichtigung der Verdünnung wird die Zahl der Zellen pro µl Blut berechnet. In den letzten Jahren werden zunehmend genauere nichtmikroskopische Verfahren zur Erythrocytenzählung benutzt, wobei die Erythrocytenkonzentration in einer verdünnten Suspension entweder aus dem Grad der Streuung durchfallenden Lichtes oder aus elektrischen Leitfähigkeitsänderungen, die bei der Passage der Zellen durch ein dünnes Röhrchen auftreten, bestimmt wird.
Kommt es durch **Erkrankungen des erythropoetischen Systems** zu einer Verschiebung der Price-Jones-Kurve nach rechts, d.h. zu einer Zunahme der Erythrocyten mit Durchmessern >8 µm, so spricht man von einer *Makrocytose*. Bei perniziöser Anämie können sogar Erythrocyten mit einem Durchmesser >12 µm (*Megalocyten*) auftreten. Eine Verschiebung der Price-Jones-Kurve nach links, d.h. eine Vermehrung der Erythrocyten mit Durchmessern <6 µm, bezeichnet man als *Mikrocytose*. Die Durchmesser der kurzlebigen Zwergformen können bis zu 2,2 µm betragen. Bei abgeflachter Price-Jones-Kurve, d.h. bei gleichzeitig vermehrtem Vorkommen von Makro- und Mikrocyten, spricht man von einer *Anisocytose*. Sind die Erythrocyten unregelmäßig gestaltet, spricht man von einer *Poikilocytose* (z.B. perniziöse Anämie, Thalassämie). Charakteristische Sonderfälle einer Formveränderung sind Sphärocyten (Kugelzellanämie) und Sichelzellen (Sichelzellanämie).

Bildung, Lebensdauer und Abbau

Erythropoese. Erythrocyten werden in den hämopoetischen Geweben gebildet, d.h. beim Embryo im Dottersack, beim Feten in Leber und Milz und beim Erwachsenen im roten Mark der platten Knochen. Dort befinden sich die *pluripotenten Stammzellen,* die die einheitlichen Vorfahren aller Sorten von Blutzellen sind. Die nächste Differenzierungsstufe stellen die *determinierten Vorläuferzellen* dar, die nur noch zur Bildung von entweder Erythro-, Mono-/Granulo-, Thrombo- oder Lymphocyten fähig sind. Man unterscheidet mehrere Differenzierungs- und Reifungsstadien, bis die jungen kernlosen Erythrocyten das Knochenmark als *Reticulocyten* verlassen (Abb. 18-5). Erythrocyten kreisen 100–120 Tage im Blut. Dann werden sie von Zellen des reticuloendothelialen Systems im Knochenmark – unter pathologischen Bedingungen auch in Leber und Milz – phagocytiert (Blutmauserung). Wie das Beispiel der Resorption eines Blutergusses, eines „blauen Flecks", zeigt, ist allerdings jedes Gewebe zum Blutkörperchenabbau befähigt. Rund 0,8% der $25 \cdot 10^{12}$ Erythrocyten eines Erwachsenen werden in 24 h erneuert. Das bedeutet eine *Neubildung (Erythropoese) von $160 \cdot 10^6$ Erythrocyten/min.*
Nach Blutverlusten oder bei Krankheiten mit verkürzter Lebensdauer der Erythrocyten kann die Erythropoeserate um das Mehrfache ansteigen. Wirksamer Reiz für die Erythropoese ist das Absinken des O_2-Partialdrucks im atmenden Gewebe (bei einem Mißverhältnis zwischen O_2-Bedarf und -Zufuhr). Unter diesen Umständen läßt sich im Plasma vermehrt **Erythropoetin** nachweisen, ein Hormon, das spezifisch die Erythropoese steigert. Menschliches Erythropoetin ist ein hitzestabiles Glykoprotein (MG ca. 30400; 40% Zucker), dessen Aminosäuresequenz kürzlich aufgeklärt worden ist. Bei der Bildung von Erythropoetin haben die Nieren eine Schlüsselstellung [34]. Nach beidseitiger Nierenexstirpation sinkt die Erythropoetinkonzentration im Blut auf sehr niedrige Werte. Auch bei verschiedenen Nierenerkrankungen ist die Erythropoetinbildung vermindert. Es wurde früher angenommen, daß die Nieren das Ery-

thropoetin nicht selbst bilden, sondern ein Enzym freisetzen, welches das Hormon aus einem Plasmaglobulin abspaltet. Jüngere Untersuchungen haben jedoch gezeigt, daß sich aus der Niere sowohl das aktive Hormon als auch die Messenger-Ribonucleinsäure (m-RNA) gewinnen läßt, die die Synthese von Erythropoetin initiiert. Die Anämie Nierenkranker wird neuerdings mit gentechnisch gewonnenem, sog. *rekombinantem* menschlichen Erythropoetin behandelt. In geringen Mengen wird Erythropoetin auch außerhalb der Niere gebildet, und zwar vor allem in der Leber.

Erythropoetin stimuliert die Differenzierung und die Proliferationsrate der erythroid determinierten Vorläuferzellen im Knochenmark (Abb. 18-5, S. 430) und somit die Zahl der hämoglobinbildenden Erythroblasten. Verschiedene andere Hormone, wie z.B. *Androgene, Thyroxin* und *Wachstumshormon,* verstärken die Wirkung von Erythropoetin. Die Geschlechtsunterschiede von Erythrocytenmasse und Hämoglobinkonzentration im Blut von Männern und Frauen (s.o.) beruhen auf der Steigerung der Erythropoese durch Androgene und auf ihrer Hemmung durch Östrogene.

Reticulocyten. Diagnostisch und therapeutisch wichtige Informationen über die Aktivität der Erythropoese lassen sich durch Zählung der Reticulocyten (Abb. 18-5) im Blut gewinnen. Diese sind die letzte Vorstufe der reifen, lichtmikroskopisch von intracellulären Strukturen freien Erythrocyten. Durch Vitalfärbung (Färbung der lebenden Zellen z.B. mit Brillant-Kresylblau) lassen sich körnige oder netzartige Strukturen (Substantia granulo-reticulo-filamentosa) in diesen jungen Blutzellen erkennen. Reticulocyten finden sich im Knochenmark und im kreisenden Blut. Unter Normalbedingungen beträgt ihr Anteil 5–10‰ der roten Blutzellen. Jede Steigerung der Erythropoese führt zu einer Zunahme, jede Verminderung zu einer Abnahme der Reticulocyten. Bei stark vermehrtem Erythrocytenabbau kann die Zahl der Reticulocyten bis auf 40% der roten Zellen ansteigen, und sogar Normoblasten können vereinzelt im Blut als Zeichen einer extrem gesteigerten, „überstürzten“ Erythropoese gefunden werden.

Anämie bedeutet Blutarmut. Im klinischen Sprachgebrauch versteht man darunter vornehmlich eine verminderte O_2-Transportfähigkeit des Blutes durch Mangel an Hämoglobin. Dabei kann sowohl die Zahl der Erythrocyten gegenüber der Norm vermindert als auch die Beladung der einzelnen Erythrocyten mit Hämoglobin verringert sein. Über die Ursachen der Hämoglobinverminderung sagt der Begriff Anämie nichts.

Die häufigste Anämieform ist die *Eisenmangelanämie.* Sie kann verursacht sein durch unzureichenden Eisengehalt der Nahrung – besonders häufig beim Säugling –, durch verminderte Eisenresorption aus dem Verdauungstrakt, z.B. beim sog. Malabsorptionssyndrom, und durch chronische Blutverluste, wie sie z.B. bei Ulcera, Carcinomen und bei Polypen und Divertikeln im Magen-Darm-Trakt, bei Oesophagusvaricen, bei Hakenwurmbefall (in den Tropen häufig) und bei verstärkten menstruellen Blutungen auftreten. Bei der Eisenmangelanämie werden kleine Erythrocyten mit einem verminderten Hämoglobingehalt gefunden (*hypochrome mikrocytäre Anämie*).

Eine andere Gruppe von Anämien wird nach ihrem Erscheinungsbild im peripheren Blut bzw. im Knochenmark, *megaloblastäre Anämien* genannt. Wichtigstes gemeinsames Kennzeichen dieser Anämie ist das Auftreten von abnormal großen Erythrocyten (Megalocyten) und ihrer unreifen Vorläufer (Megaloblasten) im Blut und Knochenmark. Ursache der Riesenzellbildung ist ein Mangel an den Erythrocytenwachstumsstoffen Vitamin B_{12} (perniziöse Anämie) und/oder Folsäure in der Nahrung oder deren verminderte Resorption. Der Mangel an Erythrocytenwachstumsstoffen führt über eine Verzögerung der Zellteilung bei kaum veränderter Wachstumsgeschwindigkeit zur Entwicklung abnorm großer Zellen. Megalocyten haben gegenüber normalen Erythrocyten eine verkürzte Lebensdauer, was zusammen mit der verzögerten Erythrocytenreifung zu einer Anämie führt.

Krankheiten, die über eine erhöhte Hinfälligkeit der Erythrocyten zu verstärktem Erythrocytenabbau, zur Hämolyse, führen, können eine *hämolytische Anämie* auslösen, wenn die Zellneubildung mit dem gesteigerten Verfall nicht mehr Schritt hält. Hier sind als Beispiele die erbliche Kugelzellanämie, die ebenfalls erblichen Sichelzell- und Thalassämien zu nennen, außerdem die Anämie bei Malaria, die gesteigerte Hämolyse durch Autoimmunreaktionen (s.S. 454) und die infolge einer Incompatibilität der Rhesusfaktoren auftretende Anämie bei der Erythroblastosis fetalis (s.u.).

Die *aplastischen Anämien* und die *Pancytopenien* sind dadurch gekennzeichnet, daß trotz Vorhandensein aller für die Blutbildung notwendigen Stoffe die Zellbildungsaktivität des Knochenmarks vermindert ist. Bei den aplastischen Anämien betrifft die Verminderung nur die Erythrocyten, bei den Pancytopenien alle im Knochenmark gebildeten Blutzellen. Unter den aplastischen Anämien gibt es sowohl erbliche (Diamond-Blackfan, Fanconi) als auch erworbene, idiopathische Formen. Ursachen der Bildungshemmung aller Blutzellen bei den Pancytopenien können Schädigungen des Knochenmarks durch ionisierende Strahlen (Röntgenstrahlen oder Strahlung radioaktiver Stoffe), Zellgifte (Cytostatica, Benzol etc.) oder Verdrängung des normalen Gewebes durch Tumormetastasen sein.

Stoffwechsel und Membraneigenschaften

Der Stoffwechsel der reifen, kernlosen Erythrocyten ist für die Aufgabe des Sauerstofftransports und für die Mittlerrolle beim Transport des Kohlendioxyds spezialisiert. Er weicht von dem der übrigen Körperzellen ab und ist nicht zuletzt auf die Erhaltung der Fähigkeit zur reversiblen Sauerstoffbindung gerichtet. Dazu gehört die Bereitstellung von geeigneten Reduktionsmitteln, die das ständig durch spontane Oxydation vom 2wertigen in den 3wertigen Zustand übergehende Eisen des Häm in die 2wertige Form zurückführen.

Während die kernhaltigen Vorstufen der Erythrocyten über die bekannten Enzyme für die oxydative Energiegewinnung und die Proteinsynthese verfügen, ist der reife Erythrocyt auf die Glykolyse mit vornehmlich Glucose als Substrat angewiesen. Neben dem in der Glykolyse als Hauptenergielieferanten gebildeten ATP (das insbesondere für den aktiven Ionentransport durch die Erythrocytenmembran gebraucht wird und damit der Aufrechterhaltung der intraextracellulären Ionenkonzentrationsgradienten dient) entstehen reduzierende Stoffe wie NADH (reduziertes Nicotinsäureamid-Adenin-Dinucleotid) und im Pentosephosphatcyclus NADPH (reduziertes Nicotinsäureamid-Adenin-Dinucleotidphosphat). NADH wird u.a. für die schon erwähnte Reduktion des ständig entstehenden **Methämoglobins** (*Hämiglobins*) zu O_2-transportfähigem Hämoglobin benötigt, NADPH für die Reduktion des im Erythrocyten vorhandenen Glutathions. Das leicht oxydierbare Glutathion seinerseits schützt eine Reihe wichtiger Enzyme mit SH-Gruppen im Zellinneren, insbesondere am Hämoglobinmolekül und in der Erythrocytenmembran, vor der Oxydation.

Die **Erythrocytenmembran** stellt ein flexibles molekulares Mosaik dar, das aus Eiweiß, Lipo- und Glykoproteinen und – wahrscheinlich – aus Arealen reiner Lipoide besteht. Die Dicke der Membran liegt bei 10 nm. Die Permeabilität der Erythrocytenmembran ist für Anionen rund 1 Million mal größer als für Kationen. Membranpermeierende Stoffe können nach ihrer chemischen Natur entweder *per diffusionem* bzw. hydrodynamisch als Lösung wasserdurchlässige Poren der Membran durchdringen, oder sie können sich – Lipoidlöslichkeit vorausgesetzt – durch die Lipoidareale hindurch lösen. Schließlich können sich bestimmte Stoffe in leicht reversibler Form an in der Membran vorhandene Trägermoleküle binden und von diesen durch die Membran passiv oder in Form des sog. aktiven Transports hindurchgeschleust werden (s.S. 7ff.).

Besondere physikochemische Eigenschaften

Verformbarkeit. Normale Erythrocyten sind durch äußere Kräfte leicht verformbar. Sie können deshalb in Capillargefäße eintreten, deren lichte Weite geringer ist als der freie mittlere Erythrocytendurchmesser (7,5 μm). Diese leichte Verformbarkeit führt u.a. dazu, daß die relative Viscosität des Blutes in Gefäßen kleinen Durchmessers effektiv geringer ist als in Gefäßen mit einem Durchmesser weit oberhalb von 7,5 μm. Die leichte Verformbarkeit ist an das Vorhandensein von Hämoglobin vom Typ A (s.S. 612) gebunden; bei einigen erblichen Hämoglobinopathien ist sie stark herabgesetzt, und es kommt zu Durchblutungsstörungen.

Osmotische Eigenschaften. Die Eiweißkonzentration im Erythrocyten ist höher, die der kleinmolekularen Stoffe niedriger als im Plasma. Die osmotische Wirkung der höheren Eiweißkonzentration im Erythrocyten wird durch die gegenüber dem Plasma niedrigere Konzentration kleinmolekularer Stoffe osmotisch so weit kompensiert, daß ein geringer, eben für den normalen Turgor des Erythrocyten ausreichender Überdruck im Inneren bestehen bleibt (Na^+

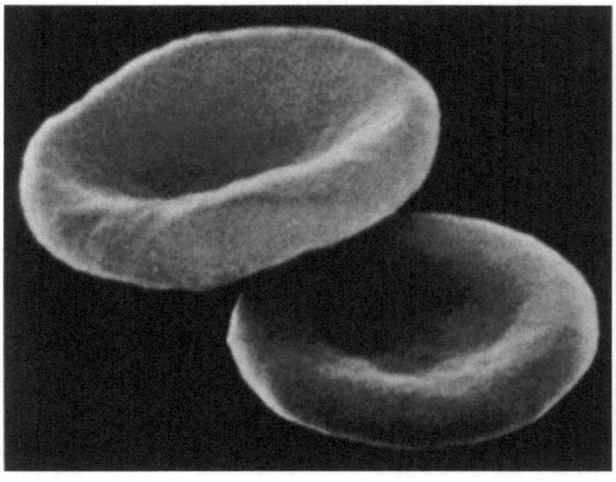

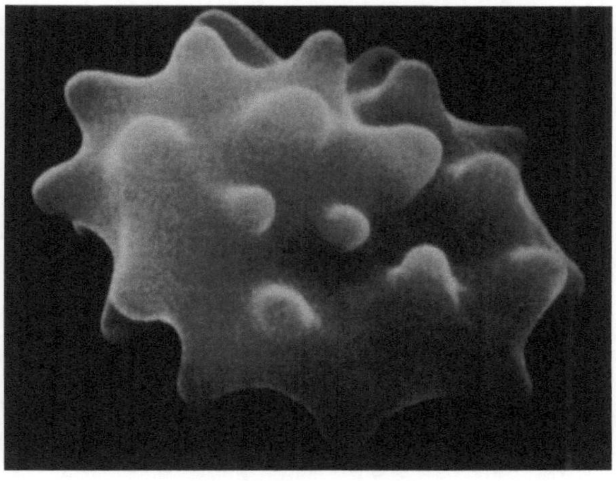

Abb. 18-7. *Links:* Bikonkave Scheibenform normaler Erythrocyten. *Rechts:* Stechapfelform (Echinocyt), die u.a. nach Einbringen von Erythrocyten in hypertone Salzlösungen auftritt. Nach [5]

und K^+ werden aktiv durch die Membran transportiert; Na^+ aus der Zelle hinaus und K^+ in sie hinein, vgl. Abb. 18-2). Wegen der für die einzelnen Ionensorten stark unterschiedlichen, aber prinzipiell bestehenden Durchlässigkeit der Erythrocytenmembran für kleinmolekulare Stoffe führt eine Hemmung des aktiven Ionentransports zum Ausgleich der Konzentrationsunterschiede der Ionen und damit zum Wirksamwerden des vollen kolloidosmotischen Druckgradienten (aufgrund des weiterbestehenden, höheren intracellulären Gehaltes an Eiweißkörpern). Wasser strömt in den Erythrocyten ein, bis die Membran platzt und Hämoglobin in das Plasma übertritt. Dieser Prozeß wird als (kolloid-)**osmotische Hämolyse** bezeichnet. Bei geringer Hypotonie der extracellulären Flüssigkeit schwellen Erythrocyten lediglich an und nähern sich der Kugelform (Sphärocyten). Im hypertonischen Medium verlieren die Zellen Wasser, und es kommt durch Faltungen der Membran zu sog. *Stechapfelformen* (vgl. Abb. 18-7).

Die systematische Untersuchung der **osmotischen Resistenz** von Erythrocyten in Suspensionsmedien mit schrittweise vermindertem osmotischen Druck zeigt, daß bei bestimmten Erkrankungen, insbesondere bei einigen Anämieformen, die osmotische Resistenz verändert ist. Aus der Kurve in Abb. 18-8 geht hervor, daß 50% der Erythrocyten eines Gesunden beim Erreichen der Tonizität einer Lösung mit 4,3 g/l NaCl hämolysiert sind.
Bringt man Erythrocyten in eine osmotische Lösung von gut membrangängigen Stoffen, wie z.B. Harnstoff, dann kommt es ebenfalls zur osmotischen Hämolyse. Der **Harnstoff** verteilt sich gleichmäßig im Erythrocyten und Suspensionsmedium. Da für die physiologischen Inhaltsstoffe der Erythrocyten die Membran den freien Austritt verhindert, nimmt der intracelluläre osmotische Druck um den Betrag des einströmenden Harnstoffs zu. Wasser strömt deshalb nach, erhöht das intracelluläre Volumen und führt schließlich zur mechanischen Zerstörung der Membran. Auch **Lipoidlösungsmittel** wie Chloroform, Äther u.ä. können durch Herauslösen der Lipoidanteile der Membran zu Lecks und damit zur Hämolyse führen. Die hämolysierende Wirkung von Seifen, Saponin und synthetischen Waschmitteln beruht auf der Herabsetzung der Oberflächenspannung zwischen der wäßrigen und der Lipoidphase der Membran. Die Lipoide werden emulgiert und aus der Membran herausgelöst. Infolge der dabei entstehenden Membranlücken hämolysieren die Zellen.

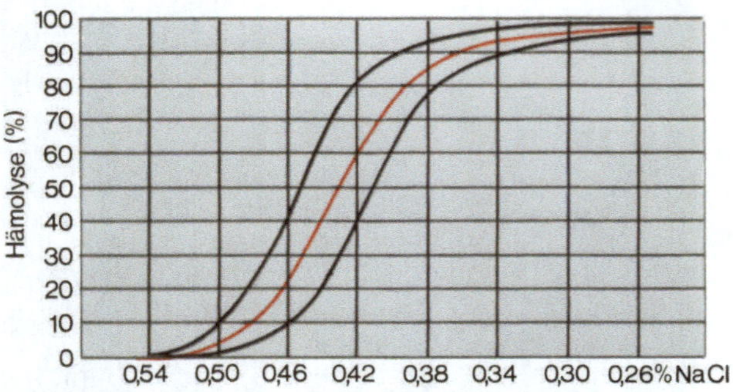

Abb. 18-8. Osmotische Resistenz von Erythrocyten. Normalkurve mit Streuung in einer 1:40 Blutverdünnung. *Ordinate:* Photometrisch gemessener Hämolysegrad in % gegenüber Totalhämolyse. *Abscisse:* % (g/dl) der verwendeten Kochsalzlösung. Nach [16]

Blutkörperchensenkungsgeschwindigkeit. Das spezifische Gewicht von Erythrocyten ist höher (1,096) als das des Plasmas (1,027), deshalb sinken sie im (ungerinnbar gemachten) stehenden Blut langsam ab. Die *Blutkörperchensenkungsgeschwindigkeit* (BSG, BKS) des gesunden Mannes beträgt 3–6 mm in der ersten Stunde, 8–10 mm bei der Frau. Besonders bei Entzündungen und bei vermehrtem Gewebszerfall (Tumoren) ist die Senkungsgeschwindigkeit erhöht. Hauptursache ist die verstärkte Neigung der Erythrocyten, sich zu größeren Aggregaten zusammenzuballen. Der Strömungswiderstand dieser *Agglomerate* ist wegen der pro Volumeneinheit kleineren effektiven Oberfläche geringer, sie sinken daher schneller als eine entsprechende Zahl von Einzelzellen gleichen Gesamtvolumens.
Die BKS wird vor allem von der Zusammensetzung der Plasmaproteine beeinflußt. Erythrocyten eines Kranken mit beschleunigter Senkungsgeschwindigkeit sinken in blutgruppengleichem Plasma eines Gesunden in der Regel mit normaler Geschwindigkeit. Erythrocyten von Gesunden sinken im Patientenplasma beschleunigt. Während ein Anstieg der Plasmakonzentration von Albuminen die BKS vermindert, führt die Zunahme der Konzentration von Fibrinogen, Haptoglobin, Coeruloplasmin, α- und β-Lipoproteinen und von *Paraproteinen* (Paraproteine sind bei bestimmten Krankheiten vom Organismus vermehrt gebildete Immunglobuline; s. Lehrbücher der Biochemie bzw. Immunologie) zu einer Senkungsbeschleunigung. Die Einzelwirkungen der genannten Plasmabestandteile auf die BKS sind dabei additiv. Plasmaproteine mit senkungsbeschleunigenden Eigenschaften werden unter dem Namen *Agglomerine* zusammengefaßt. Die gegensätzliche Wirkung von Albumin und Globulin auf die BKS erklärt den seit langem bekannten Befund, daß Erhöhungen der BKS mit Verschiebungen des Albumin-Globulin-Quotienten zugunsten des Globulins einhergehen.

Starke Verminderungen des Hämatokrits führen über eine Verringerung der Blutviscosität zu einem Anstieg, Vergrößerungen der Zelldichte entsprechend zu einer Abnahme der Senkungsgeschwindigkeit. Formveränderungen der Ery-

throcyten, wie z.B. bei der Sichelzellanämie, und starke Unregelmäßigkeiten der Erythrocytenformen (*Poikilocytose*) (z.B. bei perniziöser Anämie) erschweren die Agglomeration und bewirken so eine Verminderung der Senkungsgeschwindigkeit. Verschiedene Steroidhormone (Östrogene, Glucocorticoide) und Pharmaka (z.B. Salicylate) erhöhen die BKS.
Zur **Messung der Senkungsgeschwindigkeit** wird überwiegend die Methode nach WESTERGREN benutzt. 1,6 ml Blut werden mit einer 2-ml-Spritze, die 0,4 ml einer Natriumcitratlösung enthält, aus der Cubitalvene entnommen. Das durch Citratlösung ungerinnbar gemachte Blut wird in ein mit einer 200-mm-Graduierung versehenes Westergren-Röhrchen von 2,5 mm lichter Weite bis zur Marke 0 gefüllt und das Röhrchen senkrecht fixiert. Es ist üblich, die Höhe des erythrocytenfreien Überstandes nach 1 und nach 2 h abzulesen.

18.4 Leukocyten

Gemeinsame Eigenschaften und Bildung

Leukocytenzahl. Leukocyten oder weiße (farblose) Blutkörperchen sind kernhaltige, hämoglobinfreie Zellen, von denen sich *4000–10000 im µl Blut* des Gesunden befinden. Im Gegensatz zu den relativ konstanten Erythrocytenzahlen des Gesunden ändert sich die Zahl der Leukocyten im Blut in sehr viel weiteren Grenzen in Abhängigkeit von der Tageszeit und dem Funktionszustand des Organismus. Bei mehr als 10000 Leukocyten in µl Blut spricht man von einer **Leukocytose,** bei weniger als 4000 von einer **Leukopenie.** Zu Leukocytosen kommt es besonders bei entzündlichen Erkrankungen und – in schwerster Form – bei Leukämien.
Die Leukocyten sind keine einheitliche Zellgruppe. Nach morphologischen und funktionellen Gesichtspunkten und nach ihrem Bildungsort unterscheidet man folgende 3 große Gruppen (Tabelle 18-5 und Abb. 18-5): **Granulocyten, Monocyten und Lymphocyten.** Alle stammen – gemeinsam mit den Erythrocyten und Thrombocyten – von den *pluripotenten hämopoetischen Stammzellen* ab. Granulocyten und Monocyten entstehen im Knochenmark unter dem Einfluß bestimmter Glykoproteingewebshormone mesenchymalen Ursprungs (*CSF*, „colony stimulating factors"), deren Struktur erst teilweise aufgeklärt ist. Die Vorläufer der Lymphocyten sind die ersten, die sich von der gemeinsamen Stammzellinie abzweigen (Abb. 18-5). Lymphocyten werden in den sekundären lymphatischen Organen (S. 448) gebildet. Der spezifische Wachstumsfaktor für die Lymphocyten ist das *Interleukin-2,* das selbst von antigenstimulierten Lymphocyten gebildet wird.

Tabelle 18-5. Leukocytenzahlen (pro µl) im Blut des Gesunden. Nach [27]

	Mittelwert	(%)	Variation
Granulocyten			
Neutrophile	4150	(59)	712– 7588
Eosinophile	165	(2)	0– 397
Basophile	44	(<1)	0– 112
Monocyten	456	(7)	66– 846
Lymphocyten	2185	(31)	1029– 3341
Leukocyten	7000		2800–11200

Säuglinge und Kleinkinder weisen normalerweise höhere Leukocytenzahlen (etwa 10000 pro µl Blut) auf als Erwachsene. Überdies ist in der frühen Kindheit der relative Anteil der Lymphocyten und Monocyten erhöht.

Zählung der Leukocyten. Sie erfolgt nach dem gleichen Prinzip wie bei den Erythrocyten in der Zählkammer unter dem Mikroskop. Da die Leukocyten wesentlich weniger zahlreich als die Erythrocyten sind, wird die Blutprobe in der kalibrierten Leukocytenpipette nur 1:10 mit 0,3%iger Essigsäure unter Zusatz von Methylenblau verdünnt. Die Erythrocyten werden dabei von der Essigsäure zerstört, die nicht zerstörten Kerne der Leukocyten vom Methylenblau angefärbt. In den üblichen Zählkammern wird die Zahl der Leukocyten in einem Volumen von 0,1 µl bestimmt. Unter Berücksichtigung der Verdünnung und des Kammervolumens wird die Zahl in 1 µl Blut berechnet.

Emigration. Alle Leukocyten sind amöboid beweglich. Sie können die Wände der Blutgefäße im Prozeß der *Leukodiapedese* durchdringen. Leukocyten werden durch Bakterientoxine, Zerfallsstoffe von Bakterien oder von Körperzellen und durch Antigen-Antikörper-Komplexe angelockt (*Chemotaxis*). Leukocyten sind in der Lage, Fremdkörper zu umschließen und in sich aufzunehmen (*Phagocytose*). Sie verfügen – je nach Leukocytentyp – über bestimmte Enzyme, zu denen Proteasen, Peptidasen, Diastasen, Lipasen und Desoxyribonucleasen gehören. Die größte Zahl der Leukocyten (>50%) hält sich im extravasalen, interstitiellen Raum auf, während sich mehr als 30% im Knochenmark befinden. Offenbar stellt das Blut für diese Zellen – mit Ausnahme der basophilen Granulocyten (s.S. 437) – vornehmlich einen Transportweg von den Bildungsstätten im Knochenmark und im lymphatischen Gewebe zu den Einsatzorten dar.

Granulocyten

Die Granulocyten, so genannt wegen der Granula, die sich nach den üblichen Fixations- und

Färbeverfahren in ihrem Protoplasma finden, stammen aus dem Knochenmark (sog. *myeloische Reihe*). Ihre Zelldurchmesser liegen im Ausstrichpräparat zwischen 10 und 17 µm. *Rund 60% der Blutleukocyten sind Granulocyten.* Die Verweildauer der Granulocyten im Blut beträgt maximal 2 Tage, entsprechend der kurzen Lebensdauer dieser Zellen. Nach der Anfärbbarkeit ihrer Granula unterteilt man die Granulocyten in *neutrophile, eosinophile* und *basophile* Zellen. Aus Tabelle 18-5 geht die Verteilung der 3 Typen hervor.

Neutrophile Granulocyten. Etwa 50–70% aller Leukocyten (und die überwiegende Anzahl der Granulocyten) sind Neutrophile (etwa 4500 Zellen pro µl), auch polymorphkernige Leukocyten genannt. Ihre mittlere Zirkulationszeit im Blut beträgt aufgrund der hohen Auswanderungsrate in die Schleimhautoberflächen nur 6–8 h. Etwa 50% der neutrophilen Granulocyten im intravasalen Raum zirkulieren nicht, sondern haften an der Endothelwand insbesondere der Lungen- und Milzgefäße [30]. Diese *ruhenden Zellen* können in Streßsituationen schnell *mobilisiert* werden (Cortisol- und Adrenalinwirkung). Im Beginn akuter Infektionen nimmt die Zahl der neutrophilen Granulocyten im Blut besonders rasch zu.

Die neutrophilen Granulocyten sind die wichtigsten Funktionsträger im unspezifischen Abwehrsystem des Blutes (s. auch S. 455). Sie können glykolytisch Energie gewinnen. Das befähigt sie, auch in sauerstoffarmem, entzündetem, ödematösem, schlecht durchblutetem Gewebe zu leben. Sie bilden dort *cytotoxische Stoffe* mit freien Sauerstoffradikalen, die Zellwände zerstören. Sie phagocytieren Bakterien und Gewebetrümmer, die sie mittels ihrer *lysosomalen Enzyme* abbauen (z.B. Proteasen, Peptidasen, Oxydasen, Desoxyribonucleasen und Lipasen). **Eiter** besteht zum größten Teil aus neutrophilen Granulocyten bzw. aus ihren Trümmern. Die freiwerdenden lysosomalen Enzyme führen zur Erweichung des umgebenden Gewebes (*Absceßdurchbruch*).

In aktivierten neutrophilen Granulocyten wird aus Zellmembranen die ungesättigte Fettsäure Arachidonsäure freigesetzt, die Vorstufe für die Bildung von *Leukotrienen, Thromboxanen* und *Prostaglandinen* ist [29]. Diese, auch *Eicosanoide* genannte Gruppe von Gewebehormonen (s.S. 419) spielt eine wichtige Rolle bei der Regelung der Gefäßweite und -permeabilität, der Entstehung von Entzündungreaktion und Schmerzreiz und der Blutungsstillung (s.u.). Die Abb. 18-9 zeigt schematisch, wie die für die Funktionen des Blutes wichtigsten Eicosanoide gebildet werden.

Neutrophile Granulocyten können zur zellmorphologischen Geschlechtsbestimmung beim Menschen herangezogen werden, denn bei einer genetisch weiblichen Person finden sich an mindestens 7 von 500 Kernen neutrophiler Granulocyten geschlechtsspezifische Anhängsel, sog. **Drumsticks** (1,5–2 µm große „Köpfe“, die durch feine Chromatinbrükken mit einem Segment des Zellkerns verbunden sind, vgl. Abb. 18-10). Solche Bestimmungen sind u.U. für die Wahl der Therapie bei Mißbildungen der primären Geschlechtsorgane, wie z.B. beim Hermaphroditismus, von Bedeutung.

Eosinophile Granulocyten. 2–4% der Blutleukocyten sind Eosinophile (100–350 Zellen pro µl). Ihre Zahl im Blut unterliegt einer ausgeprägten

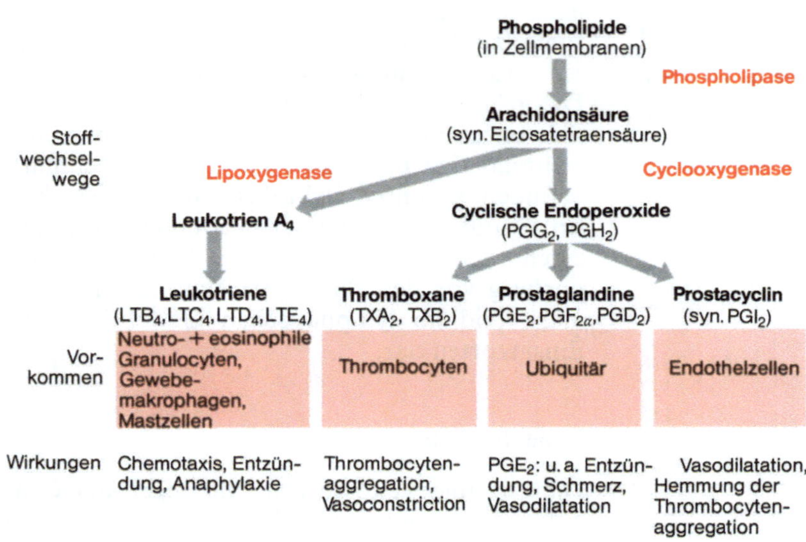

Abb. 18-9. Bildung und Wirkung von Arachidonsäurederivaten (*Eicosanoiden*), die als Gewebehormone die Funktionen des Blutes beeinflussen. Die gezeigten Stoffwechselwege kommen – in quantitativ unterschiedlicher Ausprägung – auch in anderen Körperzellen vor

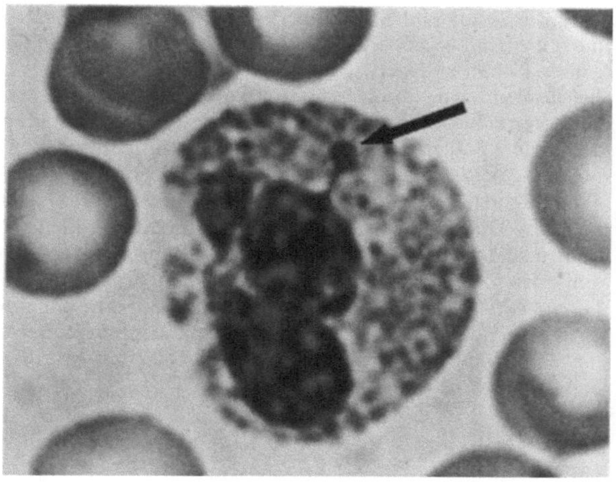

Abb. 18-10. Geschlechtsspezifisches Kernanhängsel („drumstick") bei einem Granulocyten einer genetisch weiblichen Person

24-h-Periodik. Spätnachmittags und frühmorgens liegen die Zahlen um 20% niedriger, um Mitternacht rund 30% höher als der 24-h-Mittelwert. Diese Schwankungen stehen mit der Glucocorticoidausschüttung der Nebennierenrinde im Zusammenhang. Ein Anstieg des Glucocorticoidspiegels im Blut führt zu einer Abnahme der Zahl der Bluteosinophilen, eine Senkung zur Zunahme. Die Zellen können phagocytieren. Sie enthalten große, ovale, acidophile Granula mit Aminosäuren, Eiweißkörpern und Lipiden. Ein über die Tagesschwankungen hinausgehender Anstieg der Eosinophilenzahl, eine *Eosinophilie,* wird insbesondere *bei allergischen Reaktionen,* bei Wurminfektionen und den sog. Autoimmunkrankheiten, bei denen Antikörper gegen körpereigene Zellen gebildet werden, beobachtet.

Basophile Granulocyten. 0,5–1% (etwa 50 Zellen pro µl) der Blutleukocyten sind Basophile. Ihre mittlere Verweildauer im Blut beträgt 12 h. Im Ausstrichpräparat liegen die Zelldurchmesser bei 7–11 µm. Das Protoplasma enthält grobe basophile Granula, die Heparin und Histamin in salzartiger Verbindung enthalten. Neuere Untersuchungen haben gezeigt, daß nach Resorption von Nahrungsfetten die Anzahl basophiler Granulocyten im peripheren Blut erhöht ist. Durch *Freisetzung von Heparin* aktivieren sie die **Serumlipolyse** mit dem sog. *Klärfaktor,* wobei Heparin möglicherweise die prosthetische Gruppe der Serumlipase bildet. Dieses Enzym (oder dieser Enzymkomplex) spaltet die Esterbindungen der in den Chylomikronen des Blutes an Polypeptide gebundenen Triglyceride, wodurch die Fettopalescenz des Plasmas verringert und sein Gehalt an freien Fettsäuren erhöht wird.

Die Blutbasophilen tragen an ihrer Oberfläche IgE-spezifische Receptoren, an die sich – z.B. bei *Heuschnupfen* – IgE-Antikörper (s.S. 452) heften, die sich wiederum – bei Exposition zu Pollen – mit Antigen verbinden. Durch die Bildung dieses Immunkomplexes an der Basophilenoberfläche wird *Histamin* aus den Granula freigesetzt, und es kommt zu **allergischen Symptomen** wie Gefäßerweiterung, Hautrötung, Quaddelbildung und u.U. Bronchospasmen.

Monocyten

Eine zweite Gruppe von Leukocyten mit ungranuliertem Plasma bilden die Monocyten mit Ausstrichdurchmessern von 12–20 µm. Sie stellen *4–8%* (im Mittel 450 Zellen pro µl) *der Blutleukocyten.* Monocyten gelangen in einem noch relativ unreifen Zustand aus dem Knochenmark in das Blut. Sie besitzen im Vergleich zu allen übrigen Leukocyten den höchsten Gehalt an unspezifischer Esterase und *übertreffen die Phagocytosekapazität sämtlicher anderer Blutzellen.* Aus dem Blut wandern die Monocyten nach ca. 2–3 Tagen in das umgebende Gewebe ein. Dort vergrößern sie sich, die Anzahl der Lysosomen und Mitochondrien im Cytoplasma nimmt zu. Die nunmehr ausgereiften Zellen werden als *Histiocyten* bzw. **Gewebemakrophagen** seßhaft. Aktivierte Monocyten und Gewebemakrophagen bilden *cytotoxische Stoffe, Leukotriene* (s. Abb. 18-9), *Interleukin-1* (S. 449), *Interferone* (S. 454) und Faktoren, die das Wachstum von Endothelzellen und glatten Muskelzellen fördern. Im Bereich von Entzündungen können Monocyten sich noch durch Teilung vermehren. Um enzymatisch nicht oder nur langsam abbaubare Fremdkörper bilden die Histiocyten isolierende Zellwälle. In großer Zahl finden sich Histiocyten ständig in den Lymphknoten, in den Alveolarwänden und in den Sinus von Leber, Milz und Knochenmark.

Lymphocyten

25–40% der Blutleukocyten (1000–3600 Zellen pro µl) des Erwachsenen sind Lymphocyten, bei kleinen Kindern sogar über 50%.

Lymphocytenvermehrung auf über 4000 Zellen/µl beim Erwachsenen und entsprechende Erhöhung der Zahl bei Kindern wird als *Lymphocy-*

tose, ein Unterschreiten der Normalwerte als *Lymphopenie* bezeichnet. Bildungsorte der Lymphocyten sind Lymphknoten, lymphatische Organe wie Tonsillen, Peyer-Plaques, Appendix, Adenoide, Milz, Thymus und das Knochenmark. Lymphozyten sind die Funktionsträger des *spezifischen Immunsystems* (s. S. 447).

Durch Zusatz bestimmter pflanzlicher Eiweiße (*Phytohämagglutinine*) zu Kulturen von Blutlymphocyten ließ sich zeigen, daß diese bisher für relativ ausdifferenziert und inaktiv gehaltenen Zellen fähig sind, sich erheblich zu vergrößern, sich mitotisch zu teilen, ihren Bestand an Zellorganellen und ihre Produktion von RNS, DNS, Eiweißkörpern und Enzymen zu steigern. Offenbar dienen diese Veränderungen, die *in situ* durch Antigene ausgelöst werden, der vermehrten Bereitstellung vom Immunglobulinen (spezifische Abwehr).

Bestimmung und Pathophysiologie der Leukocytenzahl

Zur *Bestimmung der Anzahl der einzelnen Leukocytenarten* im Blut färbt man einen luftgetrockneten Objektträgerausstrich von Capillarblut mit standardisierten Gemischen aus sauren und basischen Farbstoffen (z.B. nach Giemsa) und differenziert unter dem Mikroskop bei hoher Vergrößerung die einzelnen Leukocytenarten nach färberischen und strukturellen Kriterien. Man zählt mindestens 100 Leukocyten und gibt die Zahl der Arten in % an.
Im Verlauf von **Infektionskrankheiten** verändert sich die Zahl der einzelnen Leukocytenarten in charakteristischer Weise. Bei akuten bakteriellen Infekten tritt zunächst eine neutrophile Leukocytose bei gleichzeitiger Abnahme der Lymphocyten- und Eosinophilenzahlen auf (sog. *neutrophile Kampfphase*). Im weiteren Verlauf kommt es zu einer Monocytose (*monocytäre Überwindungsphase*). Schließlich klingt der Infekt mit einer Lymphocytose und Eosinophilie ab (*lymphocytär-eosinophile Heilphase*). Bei chronischen Infekten tritt eine Lymphocytose auf.
In den in der Klinik gebräuchlichen Tabellen, die die einzelnen Leukocytenformen des Blutes zeigen, werden üblicherweise auf der linken Seite die mit weniger segmentiertem Kern angegeben. Bei einer relativen Zunahme dieser Formen spricht man daher auch von einer „*Linksverschiebung*".
Neuere autoradiographische Untersuchungen haben ergeben, daß – entgegen früheren Vermutungen – kein Zusammenhang zwischen der Segmentierung der Granulocytenkerne und dem Alter der Zellen besteht. Offenbar ist die Segmentierung von vornherein festgelegt. Bei einer Reihe von Erkrankungen (z.B. perniziöser Anämie) kommt es jedoch zur Bildung von Granulocyten mit ungewöhnlich hoher Kernsegmentierung.
Der krankhafte Mangel an Leukocyten, die *Leukopenie* oder – in schwerster Form – die *Agranulocytose,* führt zu einem Zusammenbruch der Abwehr gegen bakterielle Infektionen. Die Leukopenie betrifft vornehmlich die Neutrophilen. Ursache des Mangels kann eine verminderte Zellproduktion oder ein rascheres Verschwinden der Zellen aus der Blutbahn sein. Wie bei der Entwicklung der Erythrocyten können auch hier physikalische (ionisierende Strahlen) oder chemische (Benzol, Cytostatica etc.) Noxen die Vermehrung und Reifung der Stamm- bzw. determinierten Vorläuferzellen im Knochenmark bremsen. Akute schwerste Infekte (z.B. die Sepsis und Miliartuberkulose) sowie Krankheiten, die mit einer Vergrößerung der Milz (Splenomegalie) einhergehen, führen zu einer Leukopenie.
Bei der *Leukämie* kommt es zur unkontrollierten (krebsartigen) Vermehrung von Leukocyten. Die in zu großer Zahl gebildeten Zellen sind meistens nicht ausdifferenziert und nicht in der Lage, ihre physiologischen Funktionen – insbesondere die bei der Abwehr bakterieller Infektionen – auszufüllen. Die beim Menschen zur Leukämie führenden Ursachen sind nicht geklärt. Nach dem Herkunftsort der leukämischen Zellen unterscheidet man *lymphatische* und *myeloische Leukämien.* Im ersteren Fall handelt es sich um eine entsprechende Vermehrung lymphoider Zellen, im letzteren um Leukocyten der myeloischen Reihe (Abb. 18-5, S. 430).

18.5 Thrombocyten

Mit der in der Klinik üblichen Methode zur Bestimmung der **Thrombocytenzahl** im Blut (nach FONIO) findet man beim gesunden Erwachsenen 150000–350000 Blutplättchen pro µl. Die flachen, unregelmäßig runden, kernlosen Thrombocyten haben Längsdurchmesser von 1–4 µm und eine Dicke von 0,5–0,75 µm. Sie entstehen im Knochenmark (s. Abb. 18-5) als Abschnürung des Cytoplasmas von *Megakaryocyten.* Aus einer Knochenmarksriesenzelle können 1000 Thrombocyten geformt werden. Die Thrombocytenbildung wird – ähnlich wie die Erythropoese – durch ein Glykoproteinhormon renalen Ursprungs geregelt, das **Thrombopoetin.** Die *Verweildauer* der Thrombocyten im Blut beträgt 5–11 Tage. Thrombocyten werden in Leber, Lunge und Milz abgebaut.
Die im Blut zirkulierenden Thrombocyten befinden sich in einem „*Ruhezustand*". Sie können durch *Oberflächenkontakt* und durch bestimmte Blutgerinnungsfaktoren in einen *aktivierten Zustand* überführt werden. Aktivierte Thrombocyten setzen Inhaltsstoffe frei, die für die **Blutungsstillung** notwendig sind.
Im Elektronenmikroskop sieht man unter der die Blutplättchen umgebenden Membran eine Zone scheinbar unstrukturierten Protoplasmas, das *Hyalomer.* Erst nach Aktivierung der Plättchen werden im Protoplasma Mikrofilamente erkennbar, die aus Actin, Myosin und Tropomyosin bestehen. Weiter innen liegt die Organellenzone, das *Granulomer,* das Mitochondrien, Glykogenvesikel und Granula enthält. Thrombocyten verfügen über die Enzyme der Glykolyse, des Pentosephosphatcyclus, des Citronensäurecyclus, der Atmungskette und über ATPase. Ihr Gehalt an *ATP* ist hoch.

Tabelle 18-6. Inhaltsstoffe der Thrombocytengranula. Nach [32]

Elektronendichte Granula	α-Granula	Lysosomen
Anionen	*Plasma(gleiche)-Proteine*	*Saure Hydrolasen*
ATP, ADP, GTP, GDP, anorganische Phosphate	Fibrinogen, Gerinnungsfaktoren V und VIII, Fibronectin, Albumin, Kallikrein, α_2-Antiplasmin, Thrombospondin	β-Hexosaminidase, β-Galaktosidase, β-Glucuronidase, β-Arabinosidase, β-Glycerophosphatase, Arylsulfatase
Kationen Calcium, Serotonin		
	Plättchenspezifische Proteine Plättchenfaktor 4 (Antiheparin), β-Thromboglobulin, Wachstumsfaktor („platelet derived growth factor")	

Unter den morphologisch und in ihrer chemischen Zusammensetzung differenten Granula unterscheidet man sog. *elektronendichte Granula, α-Granula* und *Lysosomen* (Tabelle 18-6). Die Inhaltsstoffe der elektronendichten Granula und der α-Granula werden bei der Plättchenaggregation freigesetzt und spielen eine wichtige Rolle bei der Blutungsstillung (s.u.); die Bedeutung der lysosomalen Enzyme der Thrombocyten ist nicht genau bekannt. Der für die Blutgerinnung besonders wichtige **Plättchenfaktor 3** ist im engeren Sinne kein Inhaltsstoff der Thrombocyten [32, 35]. Als *Phospholipoproteinkomplex* ist er Bestandteil der äußeren Thrombocytenmembran. Außerdem sind Thrombocyten befähigt, aus Zellmembranen Arachidonsäure freizusetzen und in *Thromboxane* umzubauen (Abb. 18-9), die ihrerseits die Aggregationsneigung der Plättchen steigern.

Einige Befunde deuten an, daß Thrombocyten die Fähigkeit zur Aufnahme von gelösten Plasmabestandteilen, möglicherweise sogar zur Phagocytose von unbelebten Fremdstoffen, von Viren und Immunkörpern haben. Die Bedeutung der Thrombocyten im unspezifischen Abwehrsystem des Organismus (s.S. 455) scheint jedoch von geringerer Bedeutung zu sein.
Finden sich weniger als 60000 Blutplättchen pro μl Blut (**Thrombocytopenie**), dann kommt es zur erhöhten Blutungsneigung (*hämorrhagische Diathese*) und u.U. zu kleinen punktförmigen (*petechialen*) Blutaustritten aus den Capillaren aller Organe, zur *thrombocytopenischen Purpura*. Ursachen einer Thrombocytopenie können eine verminderte Bildung von Thrombocyten (*Amegakaryocytose*) aufgrund einer Knochenmarksschädigung (z.B. durch ionisierende Strahlen, durch Mitosegifte oder durch neoplastische oder chronisch entzündliche Prozesse) oder ein gesteigerter Abbau von Thrombocyten sein (z.B. bei Immunreaktionen, Virusinfektionen, Verbrauchscoagulopathie).
Außerdem gibt es angeborene hämorrhagische Diathesen, bei denen die Thrombocytenzahl normal ist, aber die Speicherfähigkeit der α-Granula („*Grey-platelet-Syndrom*") oder der elektronendichten Granula („*Storage pool Disease*") eingeschränkt ist.

18.6 Blutungsstillung und Blutgerinnung

Ablauf der Blutungsstillung

Thrombocytenadhäsion. Nach Verletzungen, bei denen es zur Eröffnung kleiner Blutgefäße gekommen ist, hört die Blutung beim Gesunden nach 1–3 min von selbst auf (*Blutungszeit*). Diese vorläufige, **primäre Hämostase** kommt vornehmlich durch *Vasoconstriction* und den mechanischen Verschluß kleiner Gefäße durch einen *Thrombocytenpfropf* zustande. An den Bindegewebefasern der Wundränder bleiben Blutplättchen haften. Diese *Adhäsion* der Plättchen wird durch den **von-Willebrand-Faktor** (vWF) vermittelt. Er ist ein oligomeres Glykoprotein, das subendothelial und in Blutplättchen vorkommt [40].
Außerdem findet er sich im Plasma, wo er den Gerinnungsfaktor VIII gebunden hält (daher der frühere Name: Faktor VIII assoziiertes Antigen). Der vWF bildet Brücken zwischen den subendothelialen Strukturen und einem spezifischen Receptor (Glykoprotein Ib) der Thrombocytenmembran.

Bei Patienten mit einem ererbten Mangel an Glykoprotein Ib ist die Adhäsionsfähigkeit der Plättchen vermindert (*Bernard-Soulier-Syndrom*).

Bei der Adhäsion *formen die Plättchen sich um.* Sie werden kugelig und bilden stachelartige Fortsätze. Unter der Einwirkung von ADP (z.T. aus verletzten Zellen) und Adrenalin verstärkt sich die Neigung der Thrombocyten zur — zunächst *reversiblen* — *Aggregation.* Der Inhalt der elektronendichten und der α-Granula wird nun freigesetzt (Tabelle 18-6). Unter anderem werden das vasoconstrictorisch wirksame Serotonin, gespeicherte Catecholamine sowie ADP (z.T. aus ATP entstanden) wirksam. Die verletzten Gefäße werden durch die vasoconstrictorischen Substanzen verengt (Reparaturischämie) und durch die an den Kollagenfasern anhaftenden Blutplättchen verstopft.

Irreversible Thrombocytenaggregation. Praktisch gleichzeitig wird die irreversible Thrombocytenaggregation durch **Thrombin** eingeleitet, das in dieser Phase der Gerinnung in geringen Mengen unter der Wirkung von Gewebethromboplastin (s.u.) aus Prothrombin entsteht. Thrombin reagiert mit spezifischen Receptoren der Thrombocytenmembran und bewirkt – verstärkt durch ADP und Kollagen – die *Phosphorylierung intracellulärer Proteine* und die *Freisetzung von Ca^{2+}-Ionen* in den Thrombocyten (Abb. 18-11). Hierdurch wird die Ca^{2+}-abhängige Phospholipase A_2 aktiviert, die die Freisetzung von Arachidonsäure katalysiert. Diese wird durch das Enzym *Cyclooxygenase* in die cyclischen Endoperoxide PGG_2 und PGH_2 und weiter in die Thromboxane A_2 und B_2 (relativ unwirksam) umgewandelt (Abb. 18-9 und 18-11). Die **Endoperoxide** und **Thromboxan A_2** lösen die irreversible Aggregation und Strukturauflösung weiterer Plättchen aus, die daraufhin ihre Inhaltsstoffe freisetzen (*Freisetzungsreaktion*). Überdies steigert Thromboxan A_2 die Gefäßverengung. Infolge der Strukturauflösung der Thrombocyten werden innere Phospholipoproteine der Zellmembran von außen zugänglich [35]. Die wichtige Rolle dieser – als **Plättchenfaktor 3** bezeichneten – Lipoproteine bei der Blutgerinnung wird weiter unten besprochen.

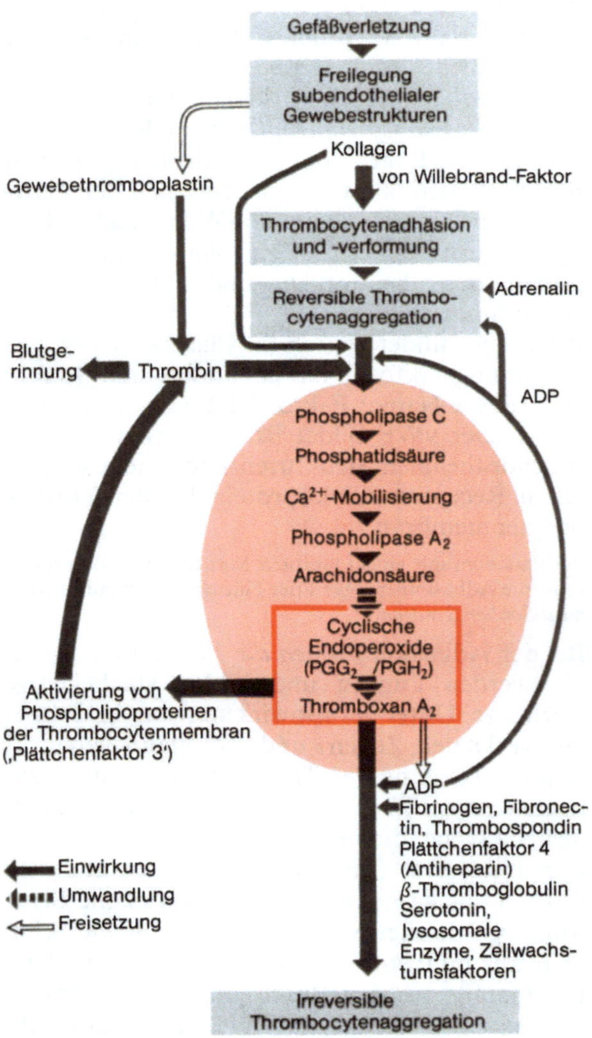

Abb. 18-11. Schema des Ablaufs der Thrombocytenaktivierung und -aggregation

Die *zeitliche Folge* der beschriebenen Ereignisse bei der Thrombocytenaktivierung ist in den Einzelheiten noch nicht sicher bekannt. Dies beruht z.T. darauf, daß bei einigen Reaktionsschritten *positive Rückkoppelung* erfolgt, d.h. aktivierte Plättchen bilden Stoffe, welche ihrerseits neue Plättchen aktivieren. Ein Beispiel hierfür ist die Freisetzung und Wirkung von ADP. Ein anderes Beispiel betrifft die Aktivierung von Plättchenfaktor 3 und die Wirkung von Thrombin (Abb. 18-11). Auf diese Weise werden lawinenartig immer mehr Thrombocyten in die Reaktion einbezogen.

Zur Auslösung der irreversiblen Thrombocytenaggregation ist zudem **Fibrinogen** erforderlich, welches nicht nur bei der Bildung des Fibringerinnsels Thrombocyten einschließt (sekundäre Hämostase, s.u.), sondern spezifisch mit Receptoren (Glykoproteine IIb und IIIa) der aktivierten Plättchenmembran reagiert. Patienten, denen diese Receptoren fehlen, neigen zu Blutungen bei normaler Thrombocytenzahl (*Glanzmann-Naegeli-Thrombasthenie*). Ähnliche Wirkungen wie Fibrinogen sollen die Glykoproteine Fibronectin und Thrombospondin haben, die in den α-Granula der Thrombocyten gespeichert sind (Tabelle 18-6).
Endotheldefekte können auch ohne äußere Verletzung die Thrombocytenaggregation in Gang setzen. In der Klinik wird versucht, das Auftreten von *Thrombosen* durch die Verabreichung von Medikamenten (z.B. Acetylsalicylsäure) zu verhindern, welche die Enzymaktivität der Cyclooxygenase und somit die Thromboxansynthese hemmen (Abb. 18-9). Zudem ist die antiaggregatorische Wirkung von Cyclooxygenasehemmstoffen zu beachten, wenn diese therapeutisch bei entzündlichen oder rheumatischen Erkrankungen gegeben werden.

Blutgerinnung. Nach Abschluß der Bildung des Thrombocytenpfropfes (*weißer Abscheidungsthrombus*) läßt die Vasoconstriction im Verletzungsbereich nach, und es bestände die Gefahr einer erneuten Blutung durch das Herausspülen des Verschlußpfropfes. Inzwischen ist jedoch im Prozeß der **sekundären Hämostase** die *Fibringerinnung* so weit fortgeschritten, daß die verletzten Gefäße durch Blutgerinnsel endgültig verschlossen sind (*roter Abscheidungsthrombus*, der andere Blutzellen wie Erythrocyten mit einschließt).

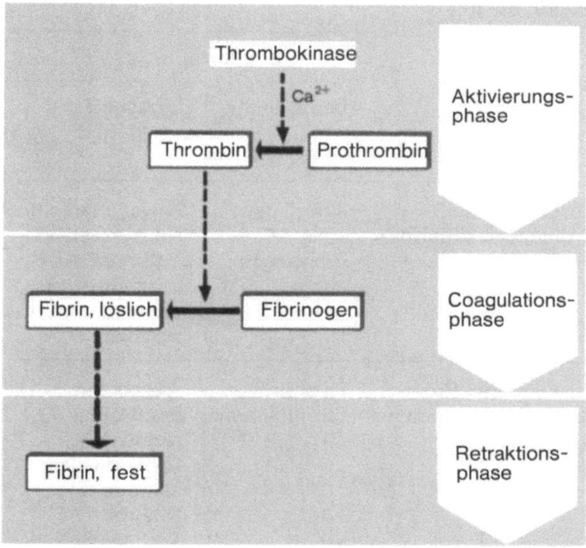

Abb. 18-12. Klassisches Schema der Blutgerinnung nach MORAWITZ

Die zur Blutgerinnung führenden Hauptschritte sind schon lange bekannt. Bereits 1905 hat MORAWITZ das heute noch gültige Grundschema beschrieben (Abb. 18-12). Blut gerinnt außerhalb des Körpers in wenigen Minuten. Beim Zerfall von Thrombocyten entsteht der sog. *Prothrombinaktivator* (syn. Thrombokinase), der den Plasmaeiweißkörper **Prothrombin** in Thrombin umwandelt. Thrombin spaltet aus dem im Plasma gelösten **Fibrinogen** Fibrin ab, welches das fädige Gerüst der Fibringerinnsel bildet. Durch die Umwandlung von Fibrinogen in den Faserstoff Fibrin geht das Blut aus dem flüssigen zunächst in einen gallertartigen Zustand über.

Nachgerinnung. Innerhalb einiger Stunden trennt sich durch *Retraktion* (Zusammenziehung) der Fibrinfäden die gallertartige Masse in den halbfesten roten sog. *Blutkuchen,* der die Blutzellen in den Zwischenräumen eines Maschenwerks aus Fibrinfäden enthält, und eine darüberstehende klare gelbliche Flüssigkeit, das Serum (fibrinogenfreies Plasma). Auch bei diesem Prozeß sind die Thrombocyten beteiligt. Sie enthalten nämlich **Thrombosthenin,** ein actomyosinähnliches Protein, das sich unter ATP-Spaltung kontrahieren kann. Durch die Retraktion wird das Gerinnsel mechanisch verfestigt, die Wundränder werden zusammengezogen und so günstige Bedingungen für das Einsprossen von Bindegewebezellen geschaffen.
Den Blutgerinnungsvorgängen kann später eine Phase der **Fibrinolyse** folgen, in der sich das Gerinnsel auflöst und schließlich das Gefäß wieder durchgängig wird.

Gerinnungsfaktoren und Gerinnungsablauf

Das in Abb. 18-12 gezeigte Grundschema ist durch eine Reihe weiterer Faktoren ergänzt worden, die für einen normalen Ablauf der Gerinnung notwendig sind. Das Fehlen eines einzelnen Faktors kann die Thrombinbildung beeinträchtigen und eine Blutgerinnungsstörung verursachen (Tabelle 18-7). Die verschiedenen Gerinnungsfaktoren kennzeichnet man mit Eigennamen oder – eindeutiger – mit römischen Ziffern. Im allgemeinen handelt es sich um *proteolytische Enzyme* (die Faktoren XII, XI, X, IX, VII, II und Kallikrein sind Serinproteasen), die im Plasma in *inaktiver Form* als Proenzyme vorliegen und sich erst bei Einleitung der Gerinnung in einer *kaskadenartig* ablaufenden Kette von Reaktionen gegenseitig aktivieren. Die aktive Form der Faktoren wird durch ein abgesetztes a gekennzeichnet (z.B. II_a).

Einleitende Schritte der Gerinnung. Bei der Zerstörung von Gewebezellen und der Aktivierung von Thrombocyten werden **Phospholipoproteine** wirksam, die zusammen mit den plasmatischen Faktoren der Gerinnung den *Prothrombinaktivator* bilden. Dieser stellt einen *Enzymkomplex* dar, an dem die Faktoren X_a und V_a, die Phospholipoproteine und ionisiertes Calcium beteiligt sind. Nach der Herkunft der beteiligten Lipoproteine unterscheidet man zwischen dem *Prothrombinaktivator des Gewebes* und dem *des Blutes.* Man spricht vom *extrinsischen System* der Gerinnung, wenn Phospholipoproteine aus verletzten Gefäß- und Bindegewebezellen, und vom *intrinsischen System* der Gerinnung, wenn plasmatische Gerinnungsfaktoren den Prozeß auslösen. Im Organismus ergänzen sich beide Systeme (Abb. 18-13).
Der extrinsische Mechanismus wird dadurch in Gang gesetzt, daß sich die aus Gewebezellen freigesetzten Lipoproteine (**Gewebethromboplastin**) zunächst mit dem *Gerinnungsfaktor VII* verbinden. Dieser kann nun in Anwesenheit von *Ca^{2+}-Ionen* den *Faktor X* aktivieren.
Der intrinsische Mechanismus wird dadurch gestartet, daß der *Faktor XII* mit negativ geladenen Oberflächen wie Kollagen oder – *in vitro* – mit Glas in Berührung kommt. Außerdem sind bei der Aktivierung und Wirkung von Faktor XII hochmolekulares Kininogen und proteolytische Enzyme wie Kallikrein, Thrombin

Tabelle 18-7. Blutgerinnungsfaktoren; *a* aktivierte Formen. Nach [19, 25, 40]

Faktor	Bezeichnung, Synonym	Wichtigster Bildungsort	MG	Konzentration im Plasma, Mittelwert (μmol/l)	Eigenschaft, Funktion	Mangelsyndrom	
						Bezeichnung	Ursache
I	Fibrinogen	Leber	340000	8,8	lösliches Eiweiß, Vorstufe des Fibrins	Afibrinogenämie Fibrinogenmangel	Angeboren (autosomal recessiv); Verbrauchscoagulopathie Leberparenchymschaden
II	Prothrombin	Leber (Vitamin-K-abhängig)	72000	1,4	α_1-Globulin, Proenzym des Thrombins (Protease)	Hypoprothrombinämie	Angeboren (autosomal recessiv); Leberschäden, Vitamin-K-Mangel Verbrauchscoagulopathie
III	Gewebethromboplastin	Gewebezellen			Phospholipoprotein; aktiv im extrinsischen Gerinnungssystem		
IV	Ca^{2+}	–		2500	Notwendig bei der Aktivierung der meisten Gerinnungsfaktoren		
V	Proaccelerin, Acceleratorglobulin	Leber	330000	0,03	lösliches β-Globulin, bindet an Thrombocytenmembran; aktiviert durch Faktor II_a und Ca^{2+}; FV_a ist Bestandteil des Prothrombinaktivators	Parahämophilie, Hypoproaccelerinämie	Angeboren (autosomal recessiv); Lebererkrankungen
VI	Entfällt (aktivierter Faktor V)						
VII	Proconvertin	Leber (Vitamin-K-abhängig)	63000	0,03	α-Globulin, Proenzym (Protease); Faktor VII_a aktiviert mit Faktor III und Ca^{2+} den Faktor X im extrinsischen System	Hypoproconvertinämie	Angeboren (autosomal recessiv); Vitamin-K-Mangel
VIII	Antihämophiles Globulin, AHG	? (vWF: Endothel, Megakaryocyten)	$2{,}6 \times 10^5$ bis 1×10^7 (polymere Komplexe mit vWF)	$<0{,}0004$	β_2-Globulin, bildet Komplex mit *von-Willebrand*-Faktor; aktiviert durch Faktor II_a und Ca^{2+}; Faktor VIII_a ist Cofaktor bei der Umwandlung von Faktor X in Faktor X_a	Hämophilie A (klassische Hämophilie) *von-Willebrand*-Syndrom	Angeboren (x-chromosomal recessiv) Angeboren (meist autosomal dominant)
IX	Christmas-Faktor	Leber (Vitamin-K-abhängig)	57000	0,09	α_1-Globulin, kontaktsensibles Proenzym (Protease); Faktor IX_a aktiviert mit Plättchenfaktor 3, Faktor VIII_a und Ca^{2+} den Faktor X im intrinsischen System	Hämophilie B	Angeboren (x-chromosomal recessiv)

Tabelle 18-7 (Fortsetzung)

Faktor	Bezeichnung, Synonym	Wichtigster Bildungsort	MG	Konzentration im Plasma, Mittelwert (µmol/l)	Eigenschaft, Funktion	Mangelsyndrom	
						Bezeichnung	Ursache
X	Stuart-Prower-Faktor	Leber (Vitamin-K-abhängig)	60000	0,2	α_1-Globulin, Proenzym (Protease); Faktor X_a ist Bestandteil des Prothrombinaktivators	Faktor-X-Mangel	Angeboren (autosomal recessiv)
XI	Plasma-thrombo-plastin-antecedent, PTA	?	160000	0,034	γ-Globulin, kontaktsensibles Proenzym (Protease); Faktor XI_a aktiviert zusammen mit Ca^{2+} den Faktor IX	PTA-Mangel	Angeboren (autosomal recessiv); Verbrauchs-coagulopathie
XII	Hageman-Faktor	?	80000	0,45	β-Globulin, kontaktsensibles Proenzym (Protease) (d.h. Formänderung bei Kontakt mit Oberflächen); aktiviert durch Kallikrein	Hageman-Syndrom (klinisch meist inapparent)	Angeboren (meist autosomal recessiv); Verbrauchs-coagulopathie
XIII	Fibrin-stabilisierender Faktor	Mega-karyocyten	320000	0,1	β-Globulin, Proenzym (Transamidase); Faktor XIII_a bewirkt die Fibrinvernetzung	Faktor-XIII-Mangel	Angeboren (autosomal recessiv); Verbrauchs-coagulopathie
	Präkallikrein, Fletcher-Faktor	?	90000	0,34	β-Globulin, Proenzym (Protease); aktiviert durch Faktor XII_a; Kallikrein unterstützt Aktivierung von Faktor XII und Faktor XI	Mangel klinisch meist inapparent	Angeboren
	Hoch-molekulares Kininogen, Fitzgerald-Faktor	?	160000	0,5	α-Globulin; unterstützt Kontaktaktivierung von Faktor XII und Faktor XI	Mangel klinisch meist inapparent	Angeboren

oder Trypsin beteiligt. In der Folge werden die *Faktoren XI* und *IX* aktiviert. Faktor IX_a bildet gemeinsam mit *Plättchenfaktor 3* und *Ca^{2+}-Ionen* einen Enzymkomplex, der proteolytisch Faktor X aktiviert. Diese Reaktion wird durch *Faktor VIII_a* stark beschleunigt. Faktor VIII wird seinerseits durch Thrombin aktiviert.

Zwischen den extrinsischen und den intrinsischen Prozessen gibt es in mehreren Phasen funktionelle Querverbindungen, sog. *alternative Wege der Gerinnung* [35, 36]. So können der extrinsische Faktor VII_a und Gewebethromboplastin auch den intrinsischen Faktor IX aktivieren. Folglich werden bei einem Mangel an Faktor VIII oder IX ausgeprägtere hämorrhagische Diathesen beobachtet als bei einem Mangel an Faktor XI oder XII, da im letzteren Fall Faktor IX alternativ durch Faktor VII_a aktiviert werden kann. Andererseits kann Faktor VII durch Spaltprodukte von Faktor XII und durch Faktor IX_a aus dem intrinsischen System aktiviert werden. Außerdem kommen einige der „plasmatischen“ Gerinnungsfaktoren auch in Thrombocyten vor (vgl. Tabelle 18-6 und 18-7).

Thrombinbildung. Prothrombinaktivator spaltet proteolytisch aus dem inaktiven Proenzym **Prothrombin** (MG 72000) das enzymatisch aktive **Thrombin** (MG 35000) ab. Im Plasma des Gesunden finden sich 0,10–0,15 $g \cdot l^{-1}$ Prothrombin. Zu seiner Bildung in der Leber muß *Vitamin K* vorhanden sein. Mangel an Vitamin K (z.B. durch Behinderung der Fettresorption

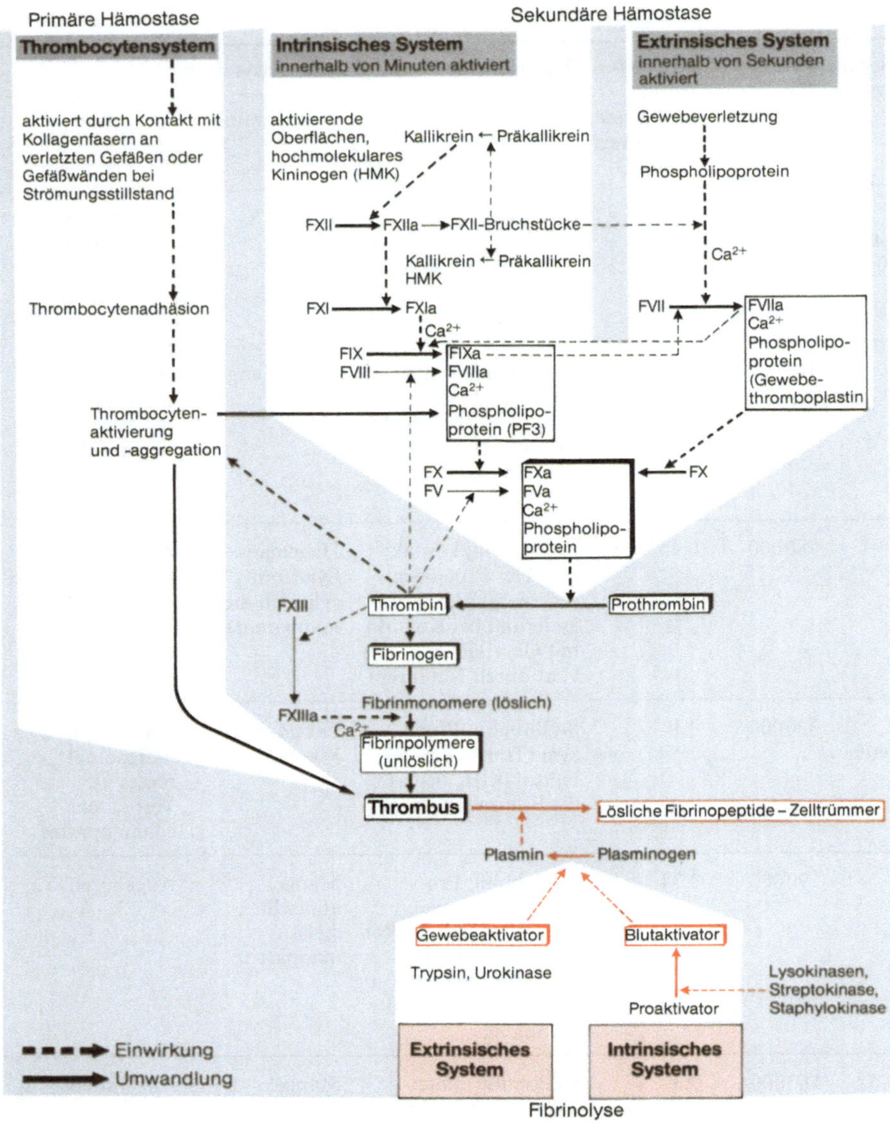

Abb. 18-13. Schema der Blutgerinnung und Fibrinolyse. Gerinnungsfaktoren vgl. Tabelle 18-7 (PF 3 = Plättchenfaktor 3). Nach [14, 26, 35, 36]

im Darm) führt zu Störungen der Blutgerinnung. Die Halbwertszeit von Prothrombin im Plasma beträgt 1,5–3 Tage. Thrombin ist eine Peptidase, die besonders aktiv Arginylbindungen spaltet und zu einer teilweisen Proteolyse des Fibrinogenmoleküls führt.

Fibrinbildung. Das aus 2 gleichen Untereinheiten zusammengesetzte, dimere **Fibrinogen** (MG 340000) wird zunächst in seine beiden Untereinheiten aufgetrennt, die aus je 3 Polypeptidketten (α, β, γ) bestehen. **Thrombin** spaltet dann in den 2 α- und den 2 β-Ketten 4 Arginyl-Glycin-Bindungen und setzt so die Fibrinopeptide A und B frei, die beide vasoconstrictorisch wirken. Die nach der Abspaltung der Fibrinopeptide zurückgebliebenen Fibrinmonomere lagern sich zunächst unter der Wirkung elektrostatischer Kräfte längs-parallel zu Fibrinpolymeren aneinander. Zu dieser **Polymerisation** bedarf es der Anwesenheit von Fibrinopeptid A, eines Plasmafaktors und Calciums. Das entstandene Gel kann durch Zusatz von Reagenzien, die Wasserstoffbrücken lösen (wie z.B. *Harnstoff*), wieder verflüssigt werden. Erst unter der Wirkung des durch Thrombin in Gegenwart von Ca^{2+} aktivierten **fibrinstabilisierenden Faktor XIII$_a$**, einer Transglutaminase, entstehen covalente Bindungen zwischen den Fibrinmonomeren, wodurch sich diese verfestigen. Faktor XIII findet sich im Cytosol der Thrombocyten und im Plasma (Tabelle 18-7). Die endgültige mechanische Struktur des zunächst noch lockeren dreidimensionalen Maschenwerks aus Fibrinfäden, das Zellen und Blutplättchen in großer Zahl gefangen hält, wird erst mit der Retraktion erzielt (s.o.).

Fibrinolyse

Bedeutung der Fibrinolyse. Dem Prozeß der Blutgerinnung steht ein ähnlich komplexer Vorgang gegenüber, der zur Fibrinolyse, zur Auflösung von Fibringerinnseln, führt (Abb. 18-14). Auch im intakten Organismus wird ständig eine gewisse Menge von Fibrinogen in Fibrin umgewandelt. Im funktionellen Gleichgewicht hält jedoch der ebenfalls ständig ablaufende fibrinolytische Prozeß dieser Fibrinbildung die Waage. Erst nach zusätzlicher Aktivierung des Gerinnungssystems durch Verletzungen überwiegt dann am Ort der Verletzung zunächst die Fibrinbildung, und es kommt lokal zur manifesten Gerinnung.

Aktivierung der Fibrinolyse. Unter den Globulinen der Plasmaeiweißkörper findet sich das **Plasminogen** (Profibrinolysin, MG 81000). Dieser Stoff kann, ähnlich wie das Prothrombin, durch Gewebe- oder durch Blutfaktoren (Fibrinolysokinasen) analog dem extrinsischen und dem intrinsischen System bei der Blutgerinnung in seine aktive Form zu **Plasmin** (Fibrinolysin) umgewandelt werden. Plasmin löst das Fibrin der Blutgerinnsel auf. Plasmin ist eine Serinprotease mit besonderer Affinität zu Fibrin, aus dem sie lösliche Peptide abspaltet, die zudem die Thrombinwirkung und somit die weitere Bildung von Fibrin hemmen. Plasmin spaltet au-

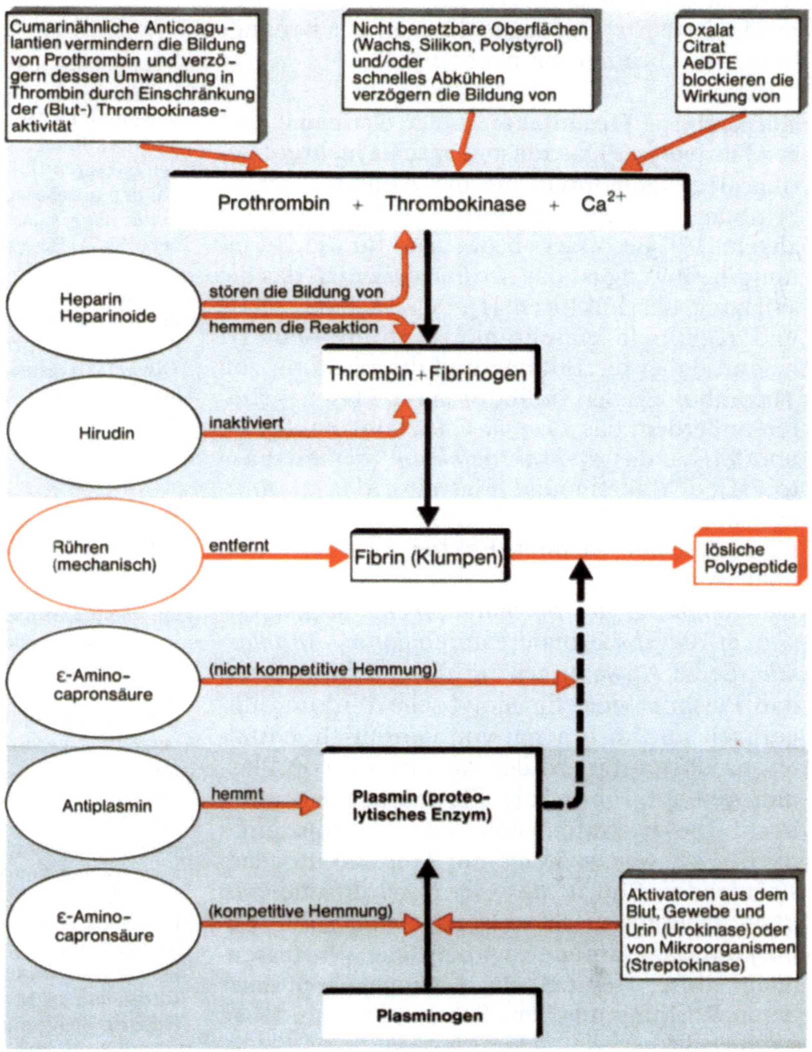

Abb. 18-14. Wirkungsweise einiger Anticoagulanzien und Fibrinolytica. Nach [3]

ßerdem Fibrinogen, Prothrombin und die Gerinnungsfaktoren V, VIII, IX, XI und XII. Plasmin bewirkt daher nicht nur die Auflösung von Blutgerinnseln, sondern auch eine Verminderung der Blutgerinnungsfähigkeit.
Die aus dem Gewebe stammenden **Plasminogenaktivatoren,** von denen sich die höchste Aktivität im Myometrium des Uterus findet, wandeln Plasminogen direkt in Plasmin um (Abb. 18-13 und 18-14). Ein besonders wirksamer Gewebeaktivator, die *Urokinase,* findet sich im Urin. Es ist nicht geklärt, ob sie der Verhinderung der Bildung bzw. der Auflösung von Fibringerinnseln im Harntrakt dient oder ob sie lediglich ausgeschieden wird. Die **Blutaktivatoren** (u.a. Gerinnungsfaktor XII_a) bedürfen zu ihrer Wirksamkeit sog. *Proaktivatoren.* Die wichtigsten Proaktivatoren (u.a. Präkallikrein) sind *Lysokinasen,* die durch traumatische oder entzündliche Gewebeschäden aus Blutzellen freigesetzt werden. Eine therapeutisch wichtige Fremdlysokinase ist die von hämolytischen Streptokokken produzierte *Streptokinase,* die man zur Behandlung von Thrombosen benutzt [14].

Körpereigene Hemmfaktoren der Gerinnung und der Fibrinolyse. Das Plasma enthält mehrere **Serinproteaseinhibitoren,** die die Aktivität der fibrinbildenden und der fibrinolytischen Enzyme zügeln [19]. Besonders bedeutsam für die Gerinnungshemmung ist das *Antithrombin III,* das die Wirkung der Faktoren II_a, X_a, IX_a, XI_a, XII_a und Kallikrein einschränkt. Antithrombin III hemmt daher die Bildung und die Wirkung von Thrombin. Zu den Inhibitoren im Plasma gehören außerdem das *Protein C* (hemmt Faktor V_a und VIII_a), das *α_2-Makroglobulin* (hemmt Faktor II_a, Kallikrein und Plasmin), das *α_1-Antitrypsin* (hemmt Faktor II_a und Plasmin) und der *$C\bar{1}$-Inaktivator* (hemmt Faktor XI_a, XII_a und Kallikrein).
Die *Hemmung der fibrinolytischen Plasminaktivität* erfolgt insbesondere durch das *α_2-Antiplasmin.* Seine Anwesenheit im Plasma führt dazu, daß Plasmin seine fibrinolytische Wirkung ungezügelt nur im Inneren von Gerinnseln entfaltet, da dort aufgrund der Adsorption von Plasminogen an Fibrin die Plasminkonzentration hoch, die α_2-Antiplasminkonzentration indes niedrig ist, weil letzteres nur langsam aus dem strömenden Blut in das Gerinnsel diffundieren kann. Therapeutisch verwendet man zur Fibrinolyseverlangsamung synthetische Proteasenhemmstoffe, wie z.B. die *ε-Aminocapronsäure,* deren Wirkung aus dem Schema in Abb. 18-14 hervorgeht.

Störungen und Hemmung der Blutgerinnung, Gerinnungsaktivitätsprüfungen

Das ausgewogene Gleichgewicht zwischen den gerinnungsfördernden und -hemmenden Faktoren von Plasma, Thrombocyten und Gefäßwand stellt eine Grundvoraussetzung für einen ungestörten Blutfluß und — gegebenenfalls — Gerinnungsablauf dar. Störungen dieses Gleichgewichts können entweder zu einer *verstärkten Blutungsneigung* oder — klinisch häufiger — zu einer *übersteigerten Gerinnungsaktivität* führen.
Gerinnungsstörungen äußern sich klinisch durch gehäuftes *Nachbluten, Blutergüsse* (Hämatome) und *Gelenkblutungen,* d.h. im Gegensatz zu den thrombocytär bedingten Störungen, bei denen es zu spontanen punktförmigen Blutungen aus Capillaren kommt (s.o.), sind hier einzelne größere Gefäße betroffen, und die Blutungen sind meist traumatisch bedingt.
Ein **erworbener Mangel** an — *meist mehreren* — plasmatischen Gerinnungsfaktoren kann nach starken Blutungen (**Verbrauchscoagulopathie**) oder bei Infektionskrankheiten auftreten. Schwere Formen entzündlicher und degenerativer **Lebererkrankungen** können die Synthese der Faktoren II, VII, IX und X so stark beeinträchtigen, daß die Blutgerinnungsfähigkeit herabgesetzt ist. Auch **Vitamin-K-Mangel** führt zu Blutgerinnungsstörungen, ohne daß ein Leberschaden vorliegt. Ein „innerer" Mangel des fettlöslichen, in pflanzlicher Nahrung vorkommenden und von Darmbakterien gebildeten Vitamins tritt bei Störungen der enteralen Fettresorption, insbesondere bei verminderter Galleausscheidung in den Darm, und bei Störungen der Darmflora nach Antibioticagabe auf. Vitamin K ist für die Synthese der Faktoren II, VII, IX und X in der Leber notwendig.
Bei den **angeborenen Mangelzuständen** ist i.allg. nur die Aktivität *eines einzelnen* Gerinnungsfaktors erniedrigt (Tabelle 18-7). Bei der beim männlichen Geschlecht auftretenden, recessiv geschlechtsgebunden vererbten Bluterkrankheit, der *Hämophilie,* besteht in der weit überwiegenden Zahl der Erkrankungen ein *Mangel an Faktor VIII* (**Hämophilie A**). Bei einer kleinen Zahl von Blutern fehlt dagegen der *Faktor IX* (**Hämophilie B**). Im klinischen Erscheinungsbild, im Erbgang und in den pathologischen Ergebnissen bei globalen Gerinnungsprüfungen unterscheiden sich die beiden Hämophilieformen nicht.

Hemmung der Blutgerinnung (Abb. 18-14). **Temperatursenkung** verlangsamt die extravasale Blutgerinnung, macht das Blut jedoch nicht ungerinnbar. Ein ähnlicher Effekt läßt sich durch Gewinnung des Blutes mittels silikonierter Kanülen und paraffinierter oder silikonierter Sammelgefäße erzielen. Die **nicht benetzbaren Oberflächen** bringen — im Gegensatz zu rauhen, benetzbaren Oberflächen — die Thrombocyten kaum zur Aggregation und zum Zerfall. Deshalb ist die Thrombinbildung unter diesen Bedingungen erheblich verzögert. Verhindern läßt sich die extravasale Blutgerinnung durch den Zusatz von Stoffen, die das in mehreren Phasen der Blutgerinnung notwendige *ionisierte Calcium in eine schwer lösliche oder Komplexverbindung* überführen. Dazu eignen sich z.B. Lösungen von **Na-Oxalat, K-Oxalat** oder **Ammoniumoxalat,** von **Na-Citrat** und vom Chelatbildner **EDTA** (AeDTE, Äthylendiamintetraessigsäure). Am häufigsten verwendet wird Na-Citrat, weil es in geringen Mengen ungiftig und deshalb die versehentliche Injektion kleiner Mengen ungefährlich ist.
Intra- und extravasal hemmt **Heparin** die Blutgerinnung. Heparin stellt eine Mischung von Polyschwefelsäureestern eines Glycosaminglycans dar. Besonders reich an Heparin

sind Leber-, Lungen-, Herz- und Muskelgewebe, außerdem Mastzellen und basophile Granulocyten. Heparin bildet einen Komplex (sog. Antithrombin II) mit Antithrombin III, dessen Wirksamkeit dadurch verstärkt wird. Heparin hemmt folglich die Bildung und die Wirkung von Thrombin. Überdies fördert Heparin als Fibrinolyseaktivator die Auflösung von Blutgerinnseln. Bei einer Heparinüberdosierung kann als Gegenmittel das – basische – Protaminchlorid verabreicht werden, das Heparin bindet und so inaktiviert.

Da Heparin parenteral zugeführt werden muß, zudem rasch abgebaut wird und nur 4–6 h wirkt, bevorzugt man zur Dauertherapie von Erkrankungen mit Thromboseneigung **Cumarinderivate,** die bei oraler Gabe wirksam sind. Cumarine wirken als *Vitamin-K-Antagonisten,* die das Vitamin von seinem Apoenzym (γ-Glutamyl-Carboxylase) in der Leber verdrängen. Die Cumarinwirkung kann durch einen Anstieg der Vitamin-K-Konzentration wieder aufgehoben werden (kompetitiver Antagonismus oder konkurrierende Hemmung).

Weitere Anticoagulanzien. Neben den systemisch wirksamen gerinnungshemmenden Substanzen sind einige tierische Stoffe bekannt, die zur lokalen Gerinnungshemmung eingesetzt werden können. Dazu gehört **Hirudin,** ein im Speichel von Blutegeln enthaltenes Antithrombin. Einige Schlangengifte mit blutgerinnungshemmendem Effekt verhindern die Fibrinbildung. Auch der Speichel blutsaugender Insekten hat gerinnungshemmende Wirkung. Aus der Speicheldrüse einer Stechfliege (Tabanus) ließ sich das **Tabanin** isolieren, das als Antithrombin wirkt.

Gerinnungsfunktionsprüfungen. Zur Bestimmung der sog. **Recalcifizierungszeit** wird Blut mit Na-Citrat ungerinnbar gemacht und zusammen mit einer Glasperle in schrägstehende, in einem Wasserbad bei 37 °C langsam rotierende Teströhrchen gefüllt. Nach Temperaturausgleich wird Calciumchlorid im Überschuß zugesetzt und die Zeit vom Calciumzusatz bis zum Mitrotieren der Glasperle gemessen. *Normalwert: 80–130 s.*

Die Bestimmung der **Thromboplastinzeit** oder **Quick-Test** ist die am häufigsten verwendete Methode zur Kontrolle der Wirkung der Cumarintherapie: Zu Oxalat- oder Citratplasma werden im Überschuß Gewebethromboplastin und Calciumchlorid gegeben. Die Zeit bis zum Eintritt der Gerinnung wird gemessen. Unterschiede in der Gerinnungszeit (im Vergleich zu einem Normalplasma mit etwa *14 s = 100%*) beruhen i.allg. auf einem verminderten Gehalt an den Faktoren des extrinsischen Gerinnungssystems, an Prothrombin oder Fibrinogen.

Bei der Bestimmung der **partiellen Thromboplastinzeit** (PTT) werden zu Citratplasma im Überschuß Plättchenfaktor 3 und Calciumchlorid gegeben. Die Zeit bis zum Eintritt der Gerinnung wird gemessen. Mit diesem Test wird die Aktivität des intrinsischen Gerinnungssystems (z.B. Faktor VIII und Faktor IX) und außerdem von Prothrombin und Fibrinogen geprüft. *Normalwert: 40–50 s.*

Bei der Bestimmung der **Thrombinzeit** (TT) wird die Gerinnungszeit nach Zugabe einer Testthrombinlösung zu Citratplasma gemessen. Diese Untersuchung kann zur Überprüfung eines Fibrinogenmangels bzw. einer Fibrinolysetherapie mit Streptokinase dienen. *Normalwert: 17–24 s.*

18.7 Abwehrfunktion des Blutes

Einteilung der Abwehrmechanismen

Dem Organismus stehen zur Abwehr von Krankheitserregern 3 sich einander ergänzende Systeme zur Verfügung:

1. Das spezifische Immunsystem (lat. immunis = frei von etwas). Es ist befähigt, auf celluläre, partikuläre und molekulare Fremdstoffe (*Antigene*) zu reagieren, indem es spezifische Abwehrstoffe bildet, die zellständig (**spezifische celluläre Abwehr**) oder im Plasma gelöst (*Antikörper,* **spezifische humorale Abwehr**) die Fremdkörper angreifen und sich mit ihnen verbinden (Antigen-Antikörper-Reaktion).

2. Die unspezifischen humoralen Systeme. Die Faktoren des *Komplementsystems* und andere Plasmaproteine haben die Fähigkeit, Antigen-Antikörper-Komplexe aufzulösen, körperfremde Zellen abzutöten und körpereigene Zellen zu aktivieren, die bei der Entzündungsreaktion beteiligt sind.

3. Die unspezifischen cellulären Systeme. *Phagocytierende Leukocyten* und *Makrophagen* zerstören Krankheitserreger und Antigen-Antikörper-Komplexe. Zudem spielen Gewebemakrophagen eine wichtige Rolle bei der Erkennung körperfremder Stoffe durch das spezifische Immunsystem.

Die *unspezifischen Abwehrsysteme* sind befähigt, primär (d.h. ohne vorangegangenen Kontakt) Fremdkörper unschädlich zu machen. Die *spezifischen Abwehrsysteme* dagegen gewinnen ihre Wirksamkeit erst durch die Auseinandersetzung mit dem Fremdkörper (erworbene Immunität).

Spezifische Abwehrmechanismen

Aufbau und Funktion des spezifischen Immunsystems. Das spezifische Immunsystem dient dem Organismus zur *Abwehr von Krankheitserregern,* die von außen in ihn eingedrungen sind. Außerdem hat es die Fähigkeit, *entartete körpereigene Zellen* anzugreifen. Die zur Immunreaktion befähigten *immunkompetenten Zellen* erkennen Fremdkörper an deren Oberflächenstruktur (*antigene Determinante*) und bilden gegen diese spezifische **Antikörper.** Überdies besitzt das Immunsystem die Fähigkeit, die antigene Struktur in Erinnerung zu behalten. Bei einem wiederholten Kontakt mit demselben Antigen reagiert es rascher und mit stärkerer Antikörperproduktion als beim Primärkontakt (**immunologisches Gedächtnis**). Die Abwehrfähigkeit des Organismus kann sich derart ändern, daß bei einer wiederholten Infektion mit demselben Erreger keine erneuten Krankheitssymptome auftreten. Daher kommen einige Infektionskrankheiten überwiegend bei Kindern vor („Kinderkrankheiten" wie Masern, Röteln, Mumps, Scharlach), bei einer späteren erneuten Infektion ist der Organismus *immun*. Spezifische Immunität ist folglich *erworben* und nicht ererbt.

Sowohl bei der Antikörperproduktion als auch bei der immunologischen Gedächtnisfunktion spielt das **lymphatische System** eine zentrale Rolle. Obwohl die **Lymphocyten** im Blut sich morphologisch nur durch ihre Größe unterscheiden, können nach ihren chemischen Oberflächenmerkmalen und nach ihrer Funktion *mehrere Typen von lymphocytenartigen Zellen* unterschieden werden. Sie werden in 3 Hauptgruppen eingeteilt: *B-Lymphocyten, T-Lymphocyten* und *Nullzellen*. Lymphozyten entwickeln sich aus **lymphatischen Stammzellen,** die sich von den pluripotenten hämopoetischen Stammzellen ableiten (Abb. 18-5). Lymphatische Stammzellen finden sich in der Fetalzeit in der Leber, später im Knochenmark. Im Verlauf der Ontogenese wandern **Lymphocytenvorläufer** aus den hämopoetischen Organen mit dem Blut in die *primären lymphatischen Organe* **Knochenmark** und **Thymus** (Abb. 18-15). Hier vermehren sie sich. Außerdem machen sie eine morphologische und funktionelle Entwicklung durch, in der sie die für ihre Art typischen Fähigkeiten erwerben. Man bezeichnet diesen Prozeß auch als *Lymphocytenprägung*. Lymphocyten, die im Knochenmark geprägt worden sind, werden *bursaabhängige* oder **B-Lymphocyten** genannt (*B*: *Bursa Fabricii*, ein lymphatisches Organ, das sich bei Vögeln am Darmausgang befindet, aber beim Menschen unbekannt ist; *B* steht neuerdings auch für „bone marrow" in der Annahme, daß das Knochenmark das äquivalente Organ beim Menschen ist). Lymphocyten, die – unter dem Einfluß bestimmter Wachstumsfaktoren (vgl. Tabelle 18-8) – im Thymus geprägt worden sind, werden als *thymusabhängige* oder **T-Lymphocyten** bezeichnet. B- und T-Lymphocyten wandern mit dem Blut von den primären zu den *sekundären lymphatischen Organen* **Lymphknoten** und **Milz.** Beim ersten Kontakt mit einem Antigen proliferieren sie und differenzieren sich zu den eigentlichen immunkompetenten Zellen (Plasmazellen, T-Effectorzellen).

B-Zellsystem. Etwa 15% der Lymphocyten im Blut sind B-Lymphocyten. Sie bewirken die **hu-**

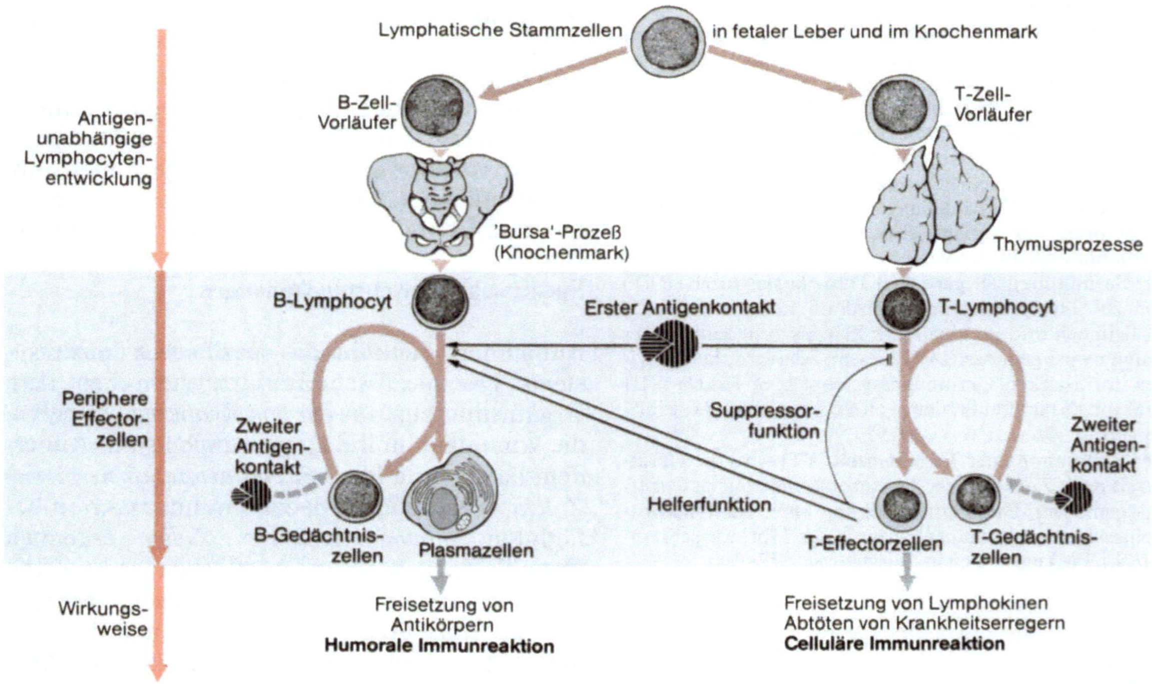

Abb. 18-15. Schema der Entwicklung von B- und T-Lymphocyten sowie des cellulären und humoralen Abwehrsystems des Blutes

Tabelle 18-8. Spezifische hämopoetische Wachstumsfaktoren

Bezeichnung	Herkunft	Zielzellen
Thymosin, Thymopoetin, Splenin	Thymus Thymus Milz	T-Lymphocyten-vorläufer (+) B-Lymphocyten-vorläufer (−)
Interleukin-1	Makrophagen	Lymphocyten und -vorläufer
Interleukin-2	T-Helferzellen	T-Lymphocyten
Interleukin-3	T-Helferzellen (Monocyten?)	Hämopoetische Stammzellen
B-Zellwachstums-faktoren	T-Helferzellen	B-Lymphocyten
CSF („colony stimulating factors")	u.a. Lymphocyten und Makrophagen	Monocyten-Granulocyten-Vorläufer
Erythropoetin	Niere, Leber (Makrophagen?)	Erythrocyten-vorläufer
Thrombopoetin	Niere	Megakaryo-cytenvorläufer

morale Immunreaktion. An der Oberfläche ihrer Zellmembran sind Immunglobuline verankert (vorwiegend IgM-Monomere und IgD), die die spezifischen Receptoren für die Antigene darstellen. Bei der ersten Kontaktaufnahme mit einem Antigen (*Sensibilisierung*) wandelt sich ein Teil der B-Lymphocyten in **Plasmazellen** um und beginnt, Immunglobuline zu bilden, die spezifisch für das Antigen sind und die an die Umgebung abgegeben werden (*humorale Antikörper*). Die antigene Stimulation der B-Lymphocyten erfolgt nur in Anwesenheit bestimmter lymphoregulatorischer Gewebehormone, die einerseits von T-Lymphocyten (*Lymphokine* aus T-Helferzellen, s.u.), andererseits von Makrophagen (*Monokine,* z.B. Interleukin-1) sezerniert werden (Tabelle 18-8). Plasmazellen zirkulieren nicht im Blut, sondern bleiben während ihrer 2- bis 3tägigen Lebensdauer *gewebeständig*.
Andere antigenstimulierte B-Lymphocyten entwickeln sich zu langlebigen **B-Gedächtniszellen.** Im Gegensatz zu den Plasmazellen behalten die – teilungsfähigen – Gedächtniszellen ihre membranständigen Immunglobuline. Alle Nachkommen eines antigenstimulierten Lymphocyten – einschließlich der Nachkommen der B-Gedächtniszellen – synthetisieren Antikörper mit derselben Antigenspezifität (*monoklonale Antikörper*). Die „Gedächtnisfähigkeit des B-Zellsystems" beruht demnach auf der zahlenmäßigen Zunahme antigenspezifischer Gedächtniszellen.

T-Zellsystem. Zu den T-Lymphocyten gehören etwa 70–80% der Lymphocyten im Blut. Sie bewirken die **celluläre Immunreaktion.** T-Lymphocyten befinden sich nicht andauernd in Blut und Lymphe auf Wanderschaft, sondern halten sich zwischenzeitlich in den sekundären lymphatischen Organen auf. Nach antigener Stimulation vermehren sie sich und differenzieren sich entweder zu sog. **T-Effector-** oder zu längerlebigen **T-Gedächtniszellen.**
Anhand bestimmter Oberflächenkennzeichen kann man 2 T-Effectorsubpopulationen unterscheiden, T4- und T8-Zellen, die nach ihren funktionellen Eigenschaften weiter untergliedert werden [37]. Überwiegend zum T4-Typ gehören die *T-Helferzellen*, die Lymphokine freisetzen, hormonartige Stoffe, welche andere Körperzellen wie Makrophagen und hämopoetische Stammzellen aktivieren. Vorwiegend zum T8-Zelltyp gehören die *T-Killerzellen* (die antigentragende Zellen zerstören) und die *T-Suppressorzellen* (die die Aktivitäten von B- und T-Lymphocyten hemmen und somit überschießende Immunreaktionen verhindern). Das T-Zellsystem regelt somit auch die Funktion anderer mit Abwehraufgaben betrauter Zellarten, vor allem die Aktivität der B-Lymphocyten (Abb. 18-15, Tabelle 18-8).

AIDS ("Acquired immune deficiency syndrome") wird durch Retroviren verursacht (HIV, "human immunodeficiency virus"), die spezifisch Zellen infizieren, welche den T4-Rezeptor besitzen (T4-Lymphocyten, außerdem Monocyten und Mikrogliazellen). Aufgrund der verminderten Lymphokin- (u.a. Interleukin 2 und B-Zellwachstumsfaktoren) und Antikörperproduktion leiden AIDS-Patienten unter opportunistischen Infektionen und Tumoren (Kaposi-Sarkom).

Die langlebigen *T-Gedächtniszellen* kreisen im Blut und „erkennen" ein Antigen bei erneuter Exposition u.U. noch nach Jahren wieder. Beim zweiten Antigenkontakt lösen die Gedächtniszellen eine Sekundärreaktion aus. Dabei proliferieren sie noch lebhafter als bei der Primärreaktion und bilden rasch eine große Zahl von T-Effectorzellen.

Im Gegensatz zu B-Lymphocyten besitzen T-Lymphocyten keine membrangebundenen Immunglobuline der üblichen Zusammensetzung. Stattdessen setzt sich ihr *Antigenreceptor* (sog. T3/T-Receptor) aus einem antigenspezifischen dimeren Glykoprotein (T4- bzw. T8-Glykoprotein) und 3 antigenunspezifischen – d.h. bei allen T-Zellen identischen – Proteinen (sog. T3-Proteine) zusammen [39].

T-Zellen können Antigene nur binden, wenn diese mit bestimmten antigenen Strukturen assoziiert sind, die auf der Oberfläche aller körpereigenen kernhaltigen Zellen vorhanden sind [11, 17]. Man nennt diese antigenen Strukturen

Histocompatibilitätsantigene (syn. Transplantationsantigene oder HLA = „human leukocyte antigens"). Wenn z.B. ein Makrophage einem T-Lymphocyten einen Krankheitserreger zuliefert, erkennt der T-Lymphocyt zum einen den körperfremden Krankheitserreger und zum anderen das körpereigene Histocompatibilitätsantigen des Makrophagen. Das jeweils spezifische Muster der Histocompatibilitätsantigene ist genetisch festgelegt und individuell unterschiedlich. Histocompatibilitätsantigene spielen eine wichtige Rolle bei der Ausbildung der Immuntoleranz. Sie sind außerdem bei der Abstoßung transplantierter körperfremder Organe beteiligt.
Da auch die – leicht gewinnbaren – Leukocyten die Histocompatibilitätsantigene besitzen, dient die Untersuchung ihres Antigenmusters vor Transplantationen dazu, die antigene Ähnlichkeit zwischen Organspender und -empfänger zu prüfen.

Nullzellen werden die 10% lymphocytenähnlichen Zellen im Blut genannt, die sich nach ihren Oberflächenmerkmalen eindeutig weder den B- noch den T-Lymphocyten zuordnen lassen. Die Fraktion der Nullzellen beinhaltet z.T. *hämopoetische Vorläuferzellen* (s.S. 431), die sich aus dem Knochenmark in die Blutbahn „verirrt" haben. Zu den Nullzellen zählen auch die sog. K-(Killer-)Zellen. *K-Zellen* besitzen Receptoren für die Fc-Komponente von IgG (s.u.) und zerstören mit IgG beladene Zellen. Dementsprechend erfolgt der Angriff durch die K-Zellen *antigenabhängig*, jedoch *antigenunspezifisch*, und sie gehören im engeren Sinne nicht zum spezifischen Immunsystem. Im Gegensatz zu den T-Killerzellen ist der Histocompatibilitätskomplex bei der Wirkung der K-Zellen nicht beteiligt. Eine andere Gruppe von cytotoxischen Nullzellen wird „natürliche Killerzellen" oder *NK-Zellen* genannt [7]. Aktivierte NK-Zellen haben die Fähigkeit, antigen- und antikörperunabhängig Zellen abzutöten, und zwar insbesondere *Tumorzellen*.

Humorale und celluläre Immunantworten. Bei der immunologischen Abwehr sind i.allg. sowohl die humoralen als auch die cellulären Mechanismen beteiligt. Jedoch überwiegt bei manchen Erkrankungen, wie z.B. Masern, die humorale Immunantwort, dagegen bei anderen die celluläre Reaktion, z.B. bei Kontaktallergien und Transplantatabstoßungen.
Die auf einen zweiten oder weiteren Kontakt mit einem bestimmten Antigen folgende **Sekundärreaktion** verläuft im humoralen wie auch im cellulären Immunsystem rascher und intensiver als beim Primärkontakt. Die Konzentration des gegen das auslösende Antigen gerichteten Immunglobulins steigt im Blut steil an (Abb. 18-16). Da die humorale Immunantwort schneller erfolgt als die zellgebundene, nennt man die erstere auch
Immunreaktion vom Soforttyp. Hierzu gehören viele Überempfindlichkeitsreaktionen, wie z.B. solche gegen Medikamente und gegen Pollen (Heuschnupfen) sowie die allergische Form des Asthma bronchiale und die Transfusionsreaktionen beim Übertragen gruppenungleichen Blutes.

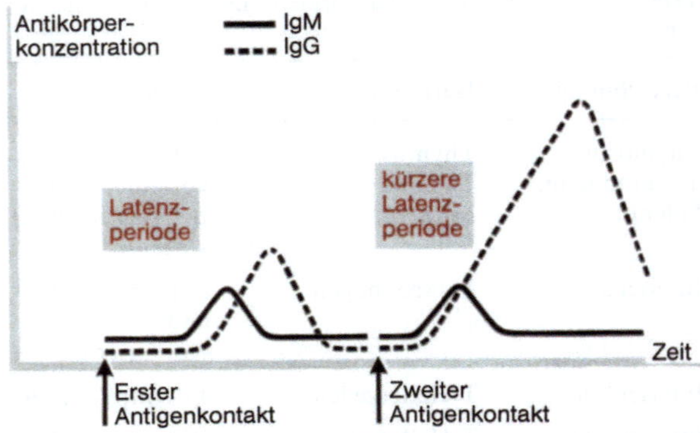

Abb. 18-16. Die Serum-Immunglobulin-Konzentration bei der primären und der sekundären Immunantwort. Nach [11]

Obwohl auch die zellgebundene Immunantwort relativ schnell anläuft und nach etwa 48 h ihren Höhepunkt erreicht, bezeichnet man sie – im Gegensatz zu den noch rascheren Reaktionen bei der humoralen Sekundärantwort – als *Immunreaktion vom verzögerten Typ*. Zu dieser Gruppe gehören viele der sog. Kontaktallergien (z.B. bei Exposition der Haut mancher Menschen zu bestimmten Kunststoffen, zu mit Chromsalzen gegerbtem Leder und zu nickelhaltigem Schmuck), die Hautrötungen, Bläschenbildung und Nässen verursachen.

Beim *Kleinkind* ist der celluläre Mechanismus der Infektionsabwehr bereits von Geburt an entwickelt. Dagegen gewinnen die humoralen Immunmechanismen erst Wochen bis Monate nach der Geburt ihre Wirksamkeit. Beim Neugeborenen vorhandenes IgG ist transplacentar von der Mutter übertragen. Erst mit Beginn des 2. Lebensmonates nimmt mit dem Erscheinen der Plasmazellen die Immunglobulinbildung des Kindes nennenswert zu.

Antigene sind potentiell schädigende Substanzen (Krankheitserreger, artfremdes Eiweiß, inerte Substanzen), deren Eindringen in den Organismus die Bildung spezifischer, gegen sie gerichteter Antikörper auslöst. Antigene setzen sich zusammen aus einem unspezifischen hochmolekularen **Trägermolekül** (Polysaccharide, Proteine, komplexe Lipoide, MG > 10000) und den für die serologische Spezifität maßgeblichen Teilstrukturen (**Determinanten**), die exponiert an der Oberfläche des Antigenmoleküls sitzen. Reine Lipide sind praktisch nicht immunogen und Nucleinsäuren schwach wirksam. Ein makromolekulares Antigen kann mehrere Determinanten haben. Die vom makromolekularen Träger gelöste Determinante wird *Hapten* genannt. Ein Hapten vermag zwar mit dem zu ihm passenden (homologen) Antikörper zu reagieren,

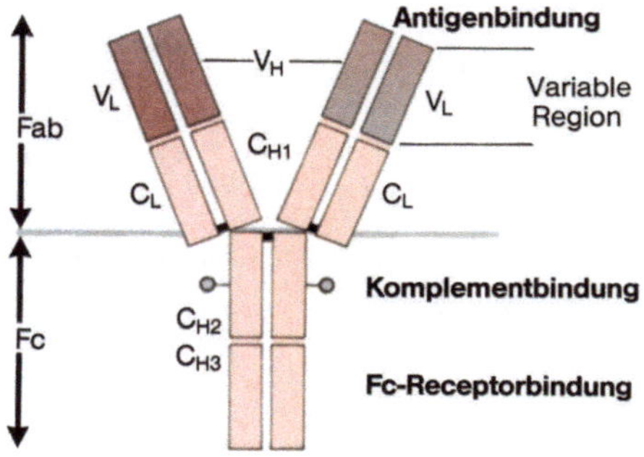

Abb. 18-17. Grundstruktur eines Immunglobulinmoleküls (IgG). Nach [7, 11]

ist jedoch nicht in der Lage, die Bildung von neuen Antikörpern auszulösen.
Antigene können über Häute, Schleimhäute, Atmungs- und Verdauungswege in den Organismus eindringen. Der Primärkontakt mit den Lymphocyten findet in den lymphatischen Organen statt (Lymphknoten, Mandeln, Milz, Knochenmark). Dort vermehren sich die antigenstimulierten Zellen. Alle Nachkommen einer sensibilisierten immunkompetenten Zelle reagieren auf dieselbe antigene Determinante, sie bilden einen **Zellklon.** Man nimmt an, daß im erwachsenen menschlichen Organismus Zellklone gegen mindestens 10^6 verschiedene antigene Determinanten vorhanden sind.

Antikörper sind spezifische Reaktionsprodukte des Organismus gegen eingedrungene Fremdkörper. Antikörpermoleküle besitzen Antigenbindungsstellen mit einer Form, in die die dreidimensionale Antigendeterminante hineinpaßt (wie ein Schlüssel ins Schloß).

Antikörper werden auch als **Immunglobuline (Ig)** bezeichnet. Sie sind Glykoproteine mit einem Molekulargewicht von 150000–1000000. In ihrer einfachsten Form (Abb. 18-17) bestehen sie aus 4 Ketten: 2 identischen schweren (*H*: heavy; MG 50000) und 2 identischen leichten (*L*: light; MG 25000). Jede Kette besteht aus sog. *Domänen* (MG 12500), die durch Disulfidbrücken verbunden sind. Die 4 Ketten sind symmetrisch in einer **Y-Form** angeordnet. Die N-terminalen Arme der H- und L-Ketten bilden die antigenbindenden Fragmente (**Fab**). Diese sind über die sog. *Angel* (engl. „Hinge") mit dem kristallisierbaren Fragment (**Fc**) beweglich verbunden. Das Fc-Fragment ist an der Antigenbindung nicht beteiligt, kann jedoch mit Makrophagen, Lymphocyten und Komplementfaktoren (s.u.) reagieren. Die Aminosäurefrequenz der N-terminalen Domäne des Fab-Fragments ist antigenspezifisch und wird als variable (*V*-) Region bezeichnet. An die V-Region schließt sich die konstante (*C*-) Region an, die bei der L-Kette aus 1 Domäne (C_L) und bei der H-Kette aus 3 oder 4 Domänen (C_{H1-4}) besteht. Bei den C_L-Domänen kommen 2 alternative Typen vor ($\varkappa$ oder λ). Bei den C_H-Domänen gibt es 5 verschiedene Typen (γ, μ, α, ε, δ), die sich in ihrer Aminosäuresequenz und ihrem Kohlenhydratanteil unterscheiden. Ihr Typ bestimmt, zu welcher der 5 Immunglobulinklassen ein Antikörper gehört (Tabelle 18-9).
IgG überwiegen im Plasma („G" bezeichnet hier nicht ein einziges Immunglobulin, sondern eine Vielzahl polyklonaler Antikörper ähnlichen Aufbaus). IgG aktivieren das Komplementsystem (s.u.) und binden celluläre Oberflächenantigene, wodurch die betroffenen Zellen leichter

Tabelle 18-9. Klassifizierung und Struktur der menschlichen Immunglobuline. Nach [7, 11, 17]

Ig-Klasse	Konfiguration	MG	Schwer-ketten-typ	Antikörperfunktion	Komplementaktivierung		Placentargängigkeit
					klassischer Weg	alternativer Weg	
IgG	Monomer	150000	γ	Opsonisierung	+	+	+
IgM	Pentamer	800000	μ	Neutralisation, Agglutination	+	+	–
IgA	Monomer im Plasma Dimer in Sekreten	160000 320000	α	Neutralisation	–	+	–
IgE	Monomer	170000	ε	Bindung an Mastzellen und basophile Granulocyten	–	–	–
IgD	Monomer	160000	δ	Bestandteil der B-Lymphocytenmembran	–	–	–

phagocytiert werden (*Opsonisierung*). Die monomeren IgG stellen relativ kleine Moleküle dar. Deshalb können sie die Placentarschranke passieren und aus dem mütterlichen in das fetale Blut gelangen. Da eine nennenswerte Antikörperproduktion erst nach der Geburt einsetzt (Kontakt mit Fremdstoffen!), gewähren die von der Mutter stammenden IgG einen wichtigen Infektionsschutz für das Neugeborene.

IgM stellen die größten Antikörpermoleküle dar. Sie bestehen aus 5 gleichen Untereinheiten, die über Disulfidbrücken verbunden sind. IgM können Fremdkörper *neutralisieren* und – aufgrund ihrer zahlreichen Bindungsstellen – Zellen *agglutinieren.* Zur IgM-Klasse gehören die Antikörper im Blutgruppen-ABO-System, Kälteagglutinine und Rheumafaktoren.

IgA kommen in monomerer und in polymerer Form vor. IgA wird mit Speichel-, Magen- und Darmsekreten ausgeschieden. Es dient der *lokalen Abwehr* von Fremdkörpern auf Schleimhäuten.

Die – monomeren – **IgD** und **IgE** kommen im Plasma in sehr geringer Konzentration vor. Sie sind wahrscheinlich als zellgebundene Antigenreceptoren wirksam. IgE sind mit ihrem Fc-Fragment an spezielle Oberflächenreceptoren von basophilen Granulocyten und Mastzellen gebunden. Wenn das IgE auf ein passendes Antigen trifft, sezerniert die Trägerzelle Histamin und andere gefäßwirksame Stoffe, die eine *allergische Reaktion* verursachen. IgD werden von *B-Lymphocyten* gebildet und verbleiben auf deren Oberfläche. Über die physiologische Bedeutung von IgD ist relativ wenig bekannt.

Die Frage nach der **genetischen Kontrolle** der Immunglobulinsynthese ist kürzlich teilweise beantwortet worden [31]. Wie bereits erwähnt, produziert jede Plasmazelle lediglich Antikörper einer einzigen Spezifität. Dennoch ist der Organismus in der Lage, Antikörper gegen hunderttausende verschiedene Antigene hervorzubringen. Überdies treten monoklonale Antikörper unterschiedlicher Klassen auf, die gegen dasselbe Antigen gerichtet sind. Entscheidend für ein besseres Verständnis dieser Beobachtungen war der Befund, daß die *Gensegmente für die H- und L-Ketten in den Lymphocytenvorläufern zunächst räumlich voneinander getrennt* vorliegen. Für jede V-Region ist primär eine Vielzahl verschiedener Gensegmente vorhanden (mindestens 10^3). Die Stammzelle ist also zur *vielfältigen Antikörperproduktion* angelegt. Bei der Differenzierung zur *einfältigen B-Zelle* verbindet sich – auf Zufallsbasis, d.h. antigenunabhängig – ein einziges der variablen Gensegmente mit dem konstanten Gensegment für die C-Region. Erst mit der *Fusion der V- und C-Teilgene* erlangt die Zelle die Fähigkeit, Antikörper zu bilden. Da sowohl die H- als auch die L-Kette des Antikörpers eine eigene V-Region besitzt, die an der Antigenbindung beteiligt ist, entstehen durch deren Kombination mindestens 10^6 verschiedene Antikörperspezifitäten. Aus dieser großen Auswahl bringen Antigene die zu ihnen passenden B-Lymphocyten zur Vermehrung (Abb. 18-18).

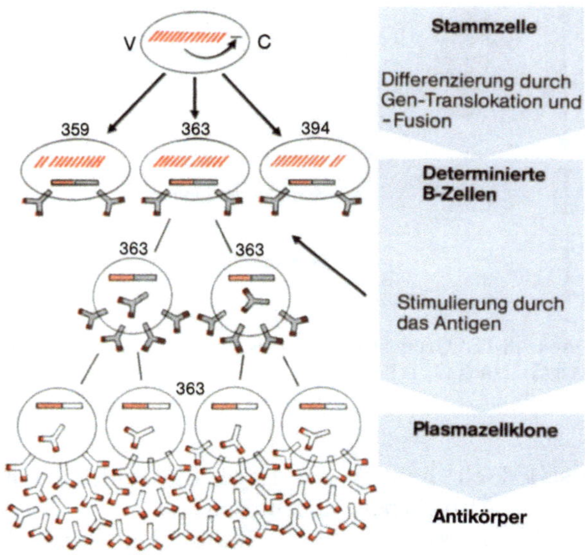

Abb. 18-18. Schema der Differenzierung einer Lymphocytenstammzelle (die die Anlage zur vielfältigen Antikörperproduktion besitzt) zu Plasmazellen (die Antikörper nur *einer* einzigen Spezifität hervorbringen). Bei der Differenzierung der Stammzelle zur B-Zelle wird eines der vielen variablen (V-) Gensegmente auf das konstante (C-) Gensegment übertragen. In der *determinierten* B-Zelle wird der jeweilige Antikörper als Receptor in die Zellmembran eingebaut. Das Antigen regt diejenigen B-Zellen, die den zu ihm passenden Receptor tragen (hier Nr. *363*), zur Vermehrung zu B-Gedächtnis- und zu Plasmazellen an. Durch die spätere Übertragung des V-Gensegments auf ein anderes C-Gensegment kann es zur Bildung von Antikörpern unterschiedlicher Klassen kommen. Nach [31]

Da das Muster der Antikörperspezifitäten antigenunabhängig angelegt ist, kommen unter diesen ursprünglich auch solche vor, die gegen körpereigene Strukturen gerichtet sind. Dennoch erfolgt normalerweise weder eine humorale noch eine celluläre Autoimmunreaktion (*immunologische Toleranz*). Die Fähigkeit, „fremd" und „eigen" zu unterscheiden, bildet sich bereits vor der Geburt aus. Man nimmt an, daß die Aktivität der autoimmunen Zellklone unter dem Einfluß von T-Suppressorzellen unterdrückt wird.

Die Tatsache, daß eine B-Zelle *Antikörper unterschiedlicher Immunglobulinklassen mit identischer Antigenspezifität* synthetisieren kann, wird so erklärt, daß das für die Synthese der H-Ketten zuständige variable Gensegment 2mal übertragen werden kann: zunächst auf ein C_μ-Gensegment (Synthese von IgM) und später auf ein C_γ-Gensegment (Synthese von IgG) bzw. ein C_α-Gensegment (Synthese von IgA).

Antigen-Antikörper-Reaktion. Bei der – prinzipiell reversiblen – Reaktion zwischen Antigen- und Antikörper kommt es zur Bildung von **Antigen-Antikörper-Komplexen.** Ein Antigen verliert u.U. durch die Verbindung mit dem Antikörper bereits seine schädigende Wirkung (**Neutralisation,** z.B. von Tetanustoxin). Die Bindungsfähigkeit oder **Affinität** von Antikörpern für passende Antigene ist unterschiedlich stark ausgeprägt. Antiserum gegen ein bestimmtes Antigen enthält stets eine Mischung von vielen verschiedenen Antikörpermolekülen mit unterschiedlichen Affinitäten für das Antigen. Antigene mit ähnlichen, aber nicht identischen Determinanten können u.U. mit denselben Antikörpermolekülen reagieren, wenn auch mit unterschiedlicher Affinität (**Kreuzreaktion**).

Besitzt ein Antigenmolekül mehr als eine determinante Gruppe mit derselben Antigenspezifität, dann können durch Zugabe des spezifischen Antikörpers so große Molekülaggregate entstehen, daß es zur **Präcipitation,** d.h. zum Ausfällen bzw. zum Niederschlag des Antigen-Antikörper-Komplexes kommt. In der immunologischen Diagnostik wird die Präcipitationsfähigkeit zur Bestimmung der Art der Antigene und der Spezifität der Antikörper benutzt (z.B. Agardiffusionsmethode, radiale Diffusionsmethode, Immunelektrophorese).
Die Reaktion partikulärer oder cellulärer Antigene (Blutkörperchen, Bakterien) mit Antikörpern führt u.U. zur Bildung größerer Aggregate, zur **Agglutination** oder *Verklumpung,* die mit bloßem Auge sichtbar sein kann. Die Agglutinationsreaktion wird zur Blutgruppenbestimmung, zur Identifikation von Bakterienspecies, von Antikörpern gegen bakterielle Proteine (z.B. Tuberkelprotein) und Hormonen in Blut und Urin (z.B. Wachstumshormon) u.a. benutzt.
Nach ihren serologischen Eigenschaften unterteilt man die Gruppe der Antikörper in **komplette** und **inkomplette Antikörper.** Geeignete komplette Antikörper (meist vom IgM-Typ) bringen z.B. Erythrocyten direkt zur Agglutination, während inkomplette Antikörper (meist IgG-Typ) zwar mit dem erythrocytengebundenen Antigen reagieren, doch zur verklumpenden Brückenbildung zwischen den Zellen zu klein sind. Da inkomplette Antikörper die spezifischen Antigenhaftstellen besetzen, und damit u.U. später hinzukommende komplette Antikörper von diesen fernhalten, heißen sie auch *blockierende Antikörper.*
Eine Agglutinationsreaktion läßt sich jedoch auch zwischen Erythrocyten auslösen, deren antigene Determinanten mit inkompletten Antikörpern besetzt sind, wenn zu der Suspension ein zweiter *heterologer Antikörper* hinzugefügt wird, der gegen menschliches Immunglobulin gerichtet ist. Letzterer kann mit den an die Erythrocyten gebundenen inkompletten Antikörpern reagieren, dadurch eine Brücke zwischen den Zellen bilden und so zur Agglutination führen (Abb. 18-19). Diese Reaktion wird für den *Coombs-Test* u.a. in der Blutgruppenserologie zum Nachweis von anderweitig nicht identifizierbaren *Isoantikörpern* benutzt (Isoantikörper reagieren mit einem Antigen, das an Zellen und in Körperflüssigkeiten anderer Individuen derselben Art, nicht jedoch im Individuum selbst vorkommt).

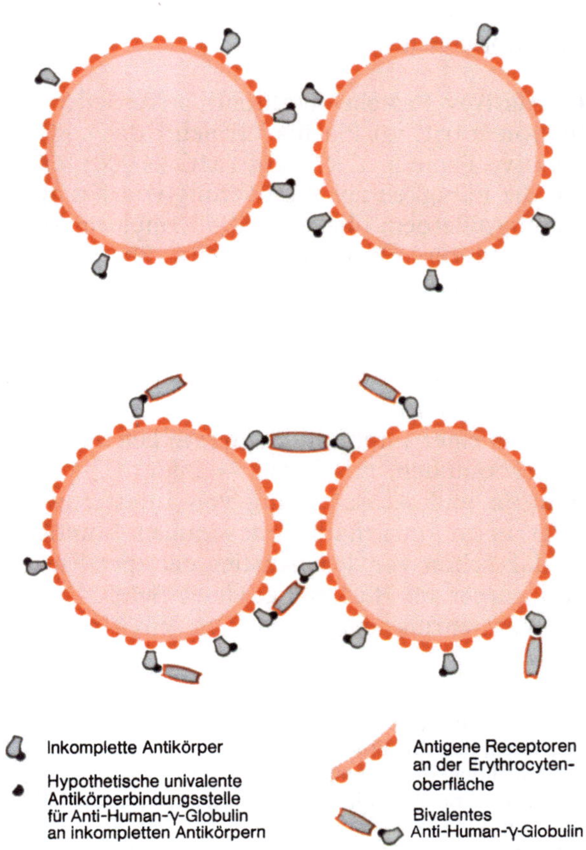

Abb. 18-19. Nachweis von inkompletten, nichtagglutinierenden Antikörpern durch Antihuman-γ-Globulin. Nach [13]

Unspezifische humorale Abwehrmechanismen

Komplement. Für zahlreiche biologische Wirkungen, die im Gefolge einer Immunreaktion auftreten, bedarf es der Mitwirkung einer Gruppe von **9 Plasmafaktoren,** die unter dem Namen Komplement (C1–C9) zusammengefaßt werden. Ähnlich dem Blutgerinnungssystem liegen die Komplementfaktoren als inaktive Proenzyme oder *Zymogene* vor, die sich in einer bestimmten Reihenfolge – überwiegend enzymatisch – gegenseitig aktivieren (Abb. 18-20). Zudem gibt es weitere (mindestens 11) sog. **Regulatorproteine,** die die Aktivität des *Komplementsystems* beeinflussen. Die Komplementfaktoren werden z.T. von Hepatocyten, von Darm-

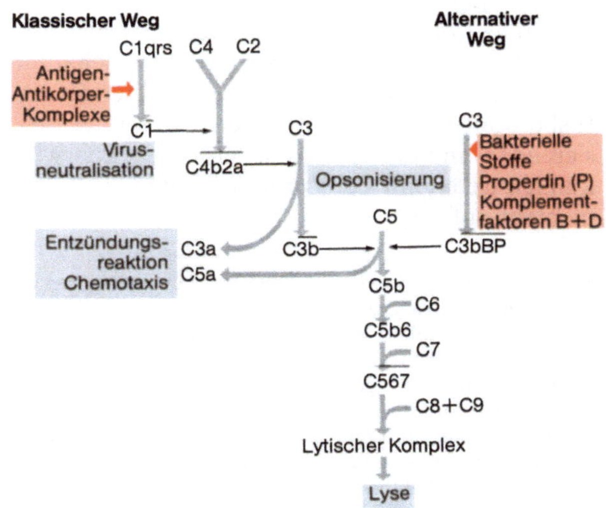

Abb. 18-20. Schematische Darstellung der Komplementaktivierung im klassischen und im alternativen Weg. Nach [7, 11]

epithelzellen und von Makrophagen synthetisiert. Bei Infektionen steigt ihre Bildungsrate innerhalb weniger Tage deutlich an. Die einleitende Aktivierung des Komplementsystems erfolgt v.a. *durch Antigen-Antikörper-Komplexe und durch bakterielle Wirkstoffe.*

Man unterscheidet zwischem dem *klassischen* und dem – später entdeckten – *alternativen Weg der Komplementaktivierung* (Abb. 18-20). Die erste Komponente im klassischen Weg, das *C1*, stellt eine komplexe Struktur aus 3 Proteinen (C1q, C1r, C1s) dar. Die anderen Komplementfaktoren werden ebenfalls mit einem „C" und arabischen Ziffern gekennzeichnet (*C1, C4, C2, C3, C5, C6, C7, C8, C9* in der Reihenfolge ihrer Aktivierung). Aktivierte Faktoren werden mit einem horizontalen Balken über ihrer Nummer gekennzeichnet (z.B. $C\bar{1}$). Zur Komplementaktivierung über den alternativen Weg ist u.a. der Plasmaeiweißkörper **Properdin** notwendig. Bei ihrer Aktivierung werden die Komplementfaktoren in größere und kleinere Bruchstücke gespalten. Die größeren Bruchstücke – i.allg. mit „*b*" bezeichnet – haben vorwiegend 2 Fähigkeiten: sie binden an Zellmembranen, und sie aktivieren die nächste Komponente in der Komplementreaktionskaskade. Die kleinen Peptidbruchstücke – i.allg. mit „*a*" bezeichnet – wirken *chemotaktisch* und *permeabilitätssteigernd*, aktivieren Granulocyten und Makrophagen und verursachen *Entzündungsreaktionen*. Spaltprodukte der intermediären Komplementfaktoren bewirken *Immunadhärenz* (Aggregation von körperfremden Zellen) und *Opsonisierung* (Änderung der Oberflächenbeschaffenheit körperfremder Zellen, wodurch diese leichter phagocytiert werden können) und *Viruslyse* (Zerstörung von Viren). Schließlich wird der *cytolytische Komplex* $\overline{C5b\text{-}9}$ gebildet, der mit Antikörpern beladene körperfremde Zellen schädigt und abtötet (Immunhämolyse, Bakteriolyse). Insbesondere die hämolysierenden, bakteriolysierenden und die cytotoxischen Antikörperwirkungen treten nur bei Vorhandensein von Komplement auf.

In vitro kann die Aktivierung der Komplementfaktoren im Plasma durch den Zusatz von Reagenzien, die mit Ca^{2+} oder Mg^{2+} Komplexe bilden – wie z.B. Citrat oder EDTA – oder durch Erhitzen verhindert werden. Dies ist u.a. bei Zellkulturuntersuchungen wichtig, bei denen die Zugabe von Serum erforderlich ist, um Zellwachstum zu erzielen.

Antigen-Antikörper-Komplexe binden bestimmte Komplementfaktoren fest an sich. Daher kann in geeigneten Testansätzen aus dem Befund einer abnehmenden Konzentration der löslichen Komplementfaktoren im Serum auf den Ablauf einer Antigen-Antikörper-Reaktion geschlossen werden. Diese sog. **Komplementbindungsreaktion** wird zum Nachweis bestimmter Antikörper in Patientenseren (Beispiel: Wassermann-Reaktion zum Nachweis der Syphilis) oder zur Identifizierung von unbekannten Antigenen mit Hilfe bekannter Testseren verwendet.

Es gibt **Erkrankungen** aufgrund eines ererbten Mangels an einzelnen Komplementfaktoren. Die Patienten neigen zu *bakteriellen Infektionen* und leiden vermehrt unter *Autoimmunerkrankungen*, bei denen sich Organschäden aufgrund von Antikörperbildung gegen körpereigene Zellen entwikkeln. Beim erblichen *angioneurotischen Ödem* wird der normalerweise vorhandene $C\bar{1}$-Inhibitor in mangelhafter Form gebildet. Patienten mit der *paroxysmalen nächtlichen Hämoglobinurie* weisen eine verstärkte Bindung der Komponente $\overline{C3b}$ an die Erythrocytenmembran auf. Eine Überfunktion des Komplementsystems kann u.U. zu *Überempfindlichkeitsreaktionen*, wie z.B. Bronchialasthma, führen.

Lysozym. In vielen Geweben und Körperflüssigkeiten werden das Wachstum und die Vermehrung von Bakterien und Viren durch *Lysozym* gehemmt. Dieses mucolytisch wirkende basische Enzym kommt in hoher Konzentration in den Granula der polymorphkernigen Leukocyten und in den Makrophagen des Lungengewebes vor. Beim Zerfall dieser Zellen wird es freigesetzt und gelangt in die extracelluläre Flüssigkeit. Auch im Schleim des Darms, des Nasen-Rachen-Raumes und im Conjunctivalsekret ist Lysozym enthalten. Vermutlich begrenzt es die Vermehrung der dort lebenden saprophytischen Mikroorganismen.

C-reaktives Protein. Während bakterieller Infektionen tritt im Plasma vermehrt das sog. C-reaktive Protein, *CRP*, auf (MG 21000). CRP hat die Fähigkeit zur Aktivierung von Komplement. Außerdem fördert es die Konglutination, Präcipitation, Opsonisation und Phagocytose von Bakterien.

Interferon. So bezeichnet man eine Gruppe speciesspezifischer Glykoproteine (MG 20000–30000), die **antiviral** wirken und die der Organismus bei einer Infektion mit Krankheitserregern – insbesondere mit Viren – bildet. Die Produktion und Ausschüttung von Interferon erfolgt rasch (innerhalb von wenigen Stunden), so daß schon vor dem Anstieg der spezifischen Antikörper im Blut ein gewisser Schutz gegen die Vermehrung eingedrungener Viren gewährleistet ist.

Man unterscheidet *α-Interferone*, die von Leukocyten, *β-Interferon*, das von Fibroblasten, und *γ-Interferon*, das von antigenstimulierten T-Lymphocyten gebildet wird. Interferone üben ihre antivirale Wirkung aus, indem sie die Fähigkeit von Viren zur Proteinsynthese und zur Vermehrung hemmen. Interferone greifen die Viren nicht direkt an, sondern sie reagieren mit deren Wirtszellen. Im Gegensatz zu Immunglobulinen wirken Interferone nicht spezifisch gegen

bestimmte Erreger. Zudem setzen Interferone die Teilungsfähigkeit von körpereigenen Zellen herab. Interferone hemmen die Proliferation von Lymphocyten (daher die Immunsuppression bei Virusinfektionen). Andererseits steigern sie die cytotoxische Aktivität von Makrophagen.
Neuerdings ist es möglich, Interferone gentechnisch in reiner Form zu gewinnen. Erste klinische Ergebnisse haben gezeigt, daß Interferone bei der Behandlung von Virusinfektionen und von Tumorerkrankungen wirksam sind.

„Natürliche Antikörper". Im Plasma kommen Antikörper gegen Fremdstoffe vor, von denen man annimmt, daß der Organismus nie mit ihnen in Berührung gekommen ist (Beispiel: Blutgruppenagglutinine). Man spricht deshalb von „natürlichen Antikörpern". Da bei streng keimfrei aufgezogenen Tieren jedoch keine solchen Antikörper gebildet werden, ist es fraglich, ob es echte „natürliche Antikörper" gibt. Ihr Nachweis läßt sich wahrscheinlich durch frühere, unerkannte Exposition zu dem entsprechenden Antigen oder durch Kreuzreaktionen aufgrund einer geringen Spezifität der Antikörper erklären.

Unspezifische celluläre Abwehr

Grundlage des unspezifischen cellulären Abwehrsystems stellt die Fähigkeit der weißen Blutkörperchen zur **Phagocytose** dar. Sie ist bei den **Monocyten** und den **neutrophilen Granulocyten** besonders ausgeprägt. Diese Zellen sind reichlich mit lysosomalen Enzymen ausgestattet, mit deren Hilfe sie das phagocytierte Material abbauen (Mikroorganismen, Zelltrümmer, Antigen-Antikörper-Komplexe). Neutrophile Granulocyten werden durch **chemotaktische Stoffe** an die Entzündungsorte gelockt. Chemotaktisch wirksam sind u.a. die *Komplementfaktoren C3a und C5a, Kallikrein, Lymphokine und Sekrete aus Mastzellen.* Die angelockten Phagocyten bilden Pseudopodien, welche die Fremdkörper bläschenartig einschließen (*Phagosombildung*). Der Abbau der Fremdkörper setzt ein, wenn das Phagosom mit intracellulären Lysosomen zum *Phagolysosom* verschmilzt.
Blutmonocyten und Gewebemakrophagen spielen zudem eine wichtige Rolle bei der initialen *Erkennung und Präsentation von Antigenen.* Makrophagen besitzen in der Zellmembran Fc-Receptoren. An diese heften sich Immunglobuline, mit deren Hilfe Makrophagen Antigene binden, die sie anschließend durch lysosomale Enzyme in kleine Bruchstücke zerlegen (sog. *Antigenprozessierung*). Hierbei werden u.U. zusätzliche antigene Strukturen freigelegt und für Lymphocyten zugänglich. Überdies produzieren Makrophagen Stoffe (*Monokine*), die das Wachstum von Lymphocyten anregen, wie z.B. das Interleukin-1. Es gibt somit funktionell wichtige *Verbindungen zwischen den spezifischen und den unspezifischen Abwehrmechanismen.*

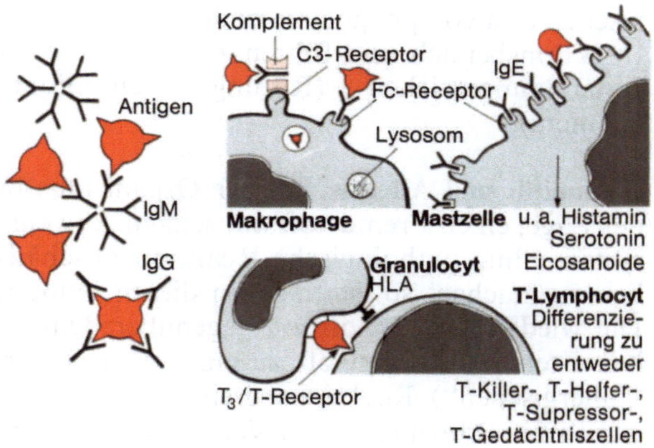

Abb. 18-21. Schematische Darstellung einiger Abwehrleistungen und der kooperativ beteiligten Zellen. *Links:* Neutralisation und Agglutination von Antigenen durch lösliche Antikörper. *Rechts oben:* Opsonisierung und Phagocytose durch Makrophagen, die mit ihren Fc- und C3-Receptoren Antigen-Antikörper-Komplexe binden. Außerdem: Anaphylaktische Reaktion, ausgelöst durch die Bindung von Antigenen an Mastzellreagine (IgE). *Rechts unten:* Sensibilisierung von T-Lymphocyten, die die antigene Determinante und das Histocompatibilitätsantigen (HLA) des antigenprozessierenden Granulocyten erkennen

Verlauf von Immunreaktionen

Übersicht der physiologischen Abwehrleistungen

(Abb. 18-21).
a) Krankheitserregende Fremdstoffe werden u.U. durch lösliche Immunglobuline neutralisiert, agglutiniert oder präcipitiert. Phagocytierende Zellen, v.a. Makrophagen, entfernen die Antigen-Antikörper-Komplexe.
b) Die durch Antikörper und Komplementfaktoren vermittelte Opsonisierung führt dazu, daß körperfremde Zellen leichter phagocytiert werden können. Neutrophile Granulocyten und Makrophagen besitzen Fc-Receptoren zur Bindung von Krankheitserregern mittels IgG und C3-Receptoren zur Bindung von Krankheitserregern mittels Komplementfaktor $\overline{C3b}$.
c) Cytotoxische Zellen zerstören antigenspezifisch (T-Killerzellen) und antigenunspezifisch (K-Zellen, NK-Zellen) die Krankheitserreger. Manche Krankheitserreger werden direkt durch antikörper- und komplementspezifische Mechanismen abgetötet.
d) Interferone hemmen das Wachstum von Viren.
e) Permeabilitätssteigernde und gefäßerweiternde Stoffe (Histamin, Eicosanoide, Komplementfaktoren) und chemotaktische Stoffe (Lymphokine, Komplementfaktoren, Kallikrein) erleichtern die Einwanderung von cytoto-

xischen und von phagocytierenden Zellen in den Infektionsbereich und führen zu den typischen Entzündungszeichen (Rötung, Schwellung, Schmerz).

Immunität und Allergie. Ist der Organismus in der Lage, einen Fremdstoff mit seinem Abwehrsystem ohne pathologische Reaktion unschädlich zu machen, so ist er gegen diesen immun. Die wiederholte Exposition gegenüber demselben Fremdstoff führt oft zu einer veränderten („allergischen“) Reaktionsbereitschaft des Organismus. Prinzipiell kann sich dabei eine verstärkte (*hypererge*), eine abgeschwächte (*hyperge*) oder eine fehlende (*anerge*) Reaktion ergeben. Meistens kennzeichnet der Begriff *Allergie* jedoch eine hypererge (Überempfindlichkeits-)Reaktion.

Bei den *Überempfindlichkeitsreaktionen vom Soforttyp* infolge überschießender Antigen-Antikörper-Reaktionen unterscheidet man zwischen *anaphylaktischen Formen*, die typischerweise mit erhöhter Capillarpermeabilität, vermehrter Durchblutung von Haut und Schleimhäuten, Quaddelbildung, gesteigerter Sekretion exokriner Drüsen und Bronchiospasmen einhergehen, und *cytotoxischen Reaktionen*, wie z.B. die Hämolyse bei der Transfusion gruppenunverträglichen Blutes, und Schädigungen, die durch die *Ablagerung von Immunkomplexen* in Capillarwänden entstehen, wie z.B. bei der „Serumkrankheit“ nach der Verabreichung von Fremdeiweiß in Impfseren. Zu den *Überempfindlichkeitsreaktionen vom verzögerten Typ* gehören u.a. die klinisch wichtigen *Abstoßungsreaktionen* gegen Transplantate und die *Kontaktallergien.*

Immuntoleranz. Findet keine Antikörperbildung nach Zufuhr eines (bei anderen Menschen zur Antikörperbildung führenden) Fremdstoffes statt, dann handelt es sich um den Zustand der *Immuntoleranz* oder Immunparalyse. In diesem Fall ist der Organismus möglichen Schädigungen durch den Fremdstoff schutzlos ausgesetzt. Immuntoleranz ist deshalb gefährlich. Trotzdem wird sie therapeutisch z.B. zur Verhinderung oder Verzögerung der Abstoßung des körperfremden Eiweißes von Transplantaten durch gezielte Ausschaltung des Abwehrsystems (durch selektive Hemmung oder Entfernung von Lymphocyten, durch Gabe von Antimetaboliten oder durch Anwendung ionisierender Strahlen) künstlich herbeigeführt. Immuntoleranz kann auch als Folge vorangegangener Exposition zu übermäßig hohen Dosen eines Antigens auftreten, da sehr große Antigenmengen die Ausbildung einer normalen Immunreaktion unterdrücken können.

Immunisierung. Bei der **Impfung,** der *„aktiven“ Immunisierung,* macht man von der Tatsache Gebrauch, daß vor erneuter Exposition zu einem Antigen bereits eine erhöhte Abwehrbereitschaft vorliegt. Durch Zufuhr unschädlicher Mengen eines Antigens oder Antigenproduzenten (lebende, in ihrer Virulenz abgeschwächte oder tote Bakterien oder Viren) nimmt man die Primärreaktion vorweg. Bei einer zweiten Exposition zum gleichen Antigen sind (oft noch Jahre nach der Impfung) dann schon spezifische Gedächtniszellen vorhanden. Daher steigt nun die zellgebundene und die humorale Abwehrfähigkeit sehr viel rascher an als bei einer Erstexposition. Bei der *„passiven“ Immunisierung* werden dem Patienten Antiseren gegen das jeweilige Antigen zugeführt.

18.8 Blutgruppen des Menschen

Agglutination. Vermischt man das Blut von 2 Personen auf einem Objektträger, so beobachtet man in etwa 70% der Fälle eine Zusammenballung der Erythrocyten, die als Agglutination bezeichnet wird. Gelegentlich ist dieser Vorgang mit einer *Hämolyse* kombiniert. Die gleichen Phänomene würden auftreten, wenn durch eine Bluttransfusion 2 *incompatible* (unverträgliche) Blutsorten innerhalb der Blutbahn in Kontakt kämen. Die Folgen wären Verstopfung der Capillaren durch agglutinierte Erythrocyten, hämolysebedingte Schädigung des Tubulusapparats der Niere und andere Schäden (z.B. Anaphylaxie), die u.U. zum Tod führen können.

Die **Ursache der Agglutination** ist eine Antigen-Antikörper-Reaktion. An der Zellmembran der Erythrocyten befinden sich spezifische Glykolipide mit Antigeneigenschaften, die man als **Agglutinogene** (syn. *Hämagglutinogene, agglutinable Substanzen*) bezeichnet. Die spezifischen Antikörper, die mit den Agglutinogenen körperfremder Erythrocytenmembranen reagieren, sind im Blutplasma gelöst. Sie gehören zur γ-Globulinfraktion und werden als **Agglutinine** (syn. *Isohämagglutinine*) bezeichnet. Bei der Antigen-Antikörper-Reaktion bilden die Antikörper Brücken zwischen mehreren Erythrocyten und bewirken so deren Agglutination.

Tabelle 18-10. Einige wichtige blutgruppenspezifische Antikörper. Nach [27]

Blutgruppensystem	Antikörper	Hämolytische Transfusionsreaktion	Neugeborenenerythroblastose bei Incompatibilität
AB0	Anti-A	Ja	Ja
	Anti-B	Ja	Selten
	Anti-A_1	Sehr selten	Nein
	Anti-H	Nein	Nein
Rh	Anti-C	Ja	Wahrscheinlich
	Anti-c	Ja	Wahrscheinlich
	Anti-C^W	Ja	Selten
	Anti-D	Ja	Ja
	Anti-E	Ja	Wahrscheinlich
	Anti-e	Ja	Wahrscheinlich
MNSs	Anti-M, -N, -S, -s	Sehr selten	Sehr selten
P	Anti-P_1	Nein	Nein
Lutheran	Anti-Lu^b	Ja	Selten
Kell	Anti-K	Ja	Ja
Lewis	Anti-Le^a, -Le^b	Ja	Nein
Duffy	Anti-Fy^a	Ja	Wahrscheinlich
Kidd	Anti-Jk^a	Ja	Selten

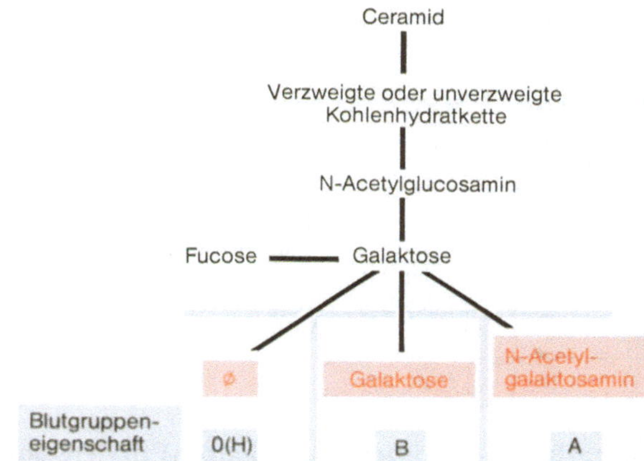

Abb. 18-22. Aufbau der blutgruppenbestimmenden Glykolipide der menschlichen Erythrocytenmembran. Vereinfacht nach [12, 23]

Das Blut jedes Menschen ist durch einen bestimmten Satz spezifischer Erythrocytenantigene charakterisiert. Unter den vielen bisher nachgewiesenen Erythrocytenantigenen lösen rund 30 (weiter als nur in einigen Sippen verbreitete) Antigene heftigere Reaktionen aus. Die wichtigsten 9 Blutgruppensysteme, ihre Antikörper und die Erscheinungen bei Antigen-Antikörper-Reaktion sind in Tabelle 18-10 dargestellt. Man kennt heute etwa 400 Merkmale der Erythrocytenmembran. Allein bei den klassifizierten Gruppen gibt es fast 300 Mill. Kombinationsmöglichkeiten. Nimmt man alle bekannten – auch die nicht klassifizierten – Gruppen zusammen, so ergeben sich mehr als 500 Milliarden mögliche Kombinationen. Glücklicherweise sind die meisten Gruppenmerkmale in ihren Antigeneigenschaften so schwach, daß man sie bei einer Blutübertragung nicht zu berücksichtigen braucht. Das **AB0-System** und das **Rh-System** besitzen eine besondere Bedeutung für die praktische Medizin.

AB0-System

Blutgruppen des AB0-Systems. Die Entdeckung der AB0-Gruppen durch LANDSTEINER stand 1901 am Anfang der systematischen Untersuchung der Blutgruppeneigenschaften. Im **AB0-System** können menschliche Erythrocyten drei verschiedene Antigeneigenschaften haben, die *Eigenschaft A*, die *Eigenschaft B*, die *Eigenschaft AB* (*A* und *B*). Die Antigeneigenschaft 0 gibt es nicht, man spricht allenfalls vom *Merkmal H*. Antikörper der Spezifität Anti-H sind von sehr geringer klinischer Bedeutung. Die Blutgruppenzugehörigkeit richtet sich also nach den Antigeneigenschaften der Erythrocyten des Trägers. Sie ist allein von der Art des endständigen Zuckers bestimmter Glykolipide der Erythrocytenmembran abhängig (Abb. 18-22).
Blut des Neugeborenen enthält in der Regel noch keine Blutgruppenantikörper des AB0-Systems. Erst im Laufe des 1. Lebensjahres werden Antikörper (Isoagglutinine, Anti-A und Anti-B) gegen diejenigen Antigene entwickelt, die die eigenen Erythrocyten *nicht* besitzen. Das Serum der Blutgruppe 0 enthält z.B. Anti-AB (Anti-A und Anti-B), dagegen das der Gruppe AB keinen der genannten. Als Auslöser der Antikörperproduktion gegen Antigene, die nicht im eigenen Blut vorhanden sind, kommen mit der Nahrung aufgenommene und von Darmbakterien gebildete Stoffe in Betracht. Offenbar gibt es Darmbakterien, die die gleichen antigenen Determinanten wie Erythrocyten besitzen (sog. *heterophile Antigene*). Die Antikörper im AB0-System gehören überwiegend zum IgM-Typ. Sie besitzen daher 10 Bindungsstellen für das Antigen und können Erythrocyten durch Vernetzung zur Agglutination bringen (komplette Antikörper).

Vererbung der Blutgruppeneigenschaften. Je 2 der 3 **Allele A, B, 0 (H)** (in den Genen lokali-

Tabelle 18-11. Antigene und Antikörper der Blutgruppen im AB0-System

Blutgruppenbezeichnung (Phänotyp)	Genotyp	Agglutinogene (an den Erythrocyten)	Agglutinine (im Serum)
0	00	H (praktisch unwirksam)	Anti-A Anti-B
A	0A oder AA	A	Anti-B
B	0B oder BB	B	Anti-A
AB	AB	A und B	–

sierte Blutkörpercheneigenschaften) finden sich im diploiden Chromosomensatz eines Individuums und bestimmen den **Blutgruppenphänotypus** (die Antigeneigenschaften der Erythrocyten). Aus der Tabelle 18-11 ist der Phänotypus für jede mögliche Genkombination ersichtlich. Man erkennt, daß die Blutgruppeneigenschaften A und B *dominant* sind, so daß 0 phänotypisch nur in homozygoter Form auftritt. Da sich hinter dem Phänotyp A oder B der Genotyp A0 bzw. B0 verbergen kann, können Eltern mit der Blutgruppe A oder B durchaus Kinder mit der Blutgruppe 0 zeugen. Für A und B gilt das Prinzip der *Codominanz*.

Der Erbgang der Blutgruppeneigenschaften erlaubt Rückschlüsse aus dem Blutgruppenphänotypus eines Kindes auf die biologischen Eltern. Beim gerichtlichen Vaterschaftsverfahren wird z.B. davon ausgegangen, daß ein Mann mit der Blutgruppe AB nicht der Vater eines Kindes mit der Blutgruppe 0 sein kann. Die Sicherheit des Ausschlusses der Vaterschaft nimmt zu, je mehr Blutgruppenfaktoren berücksichtigt werden. Heute liegt sie bei etwa 99%.

Die **Blutgruppe A** läßt sich in die *Untergruppen A_1 und A_2* unterteilen. Der Hauptunterschied zwischen beiden Untergruppen besteht darin, daß die Agglutination von A_1-Erythrocyten bei Kontakt mit Anti-A-Serum wesentlich stärker und rascher verläuft als die von A_2-Blutkörperchen. A_2-Erythrocyten besitzen mehr H-Strukturen als A_1-Erythrocyten. Zum Nachweis der A-Untergruppenzugehörigkeit dienen pflanzliche Hämagglutinine. Rund 80% der Blutgruppenträger A haben Erythrocyten vom Typ A_1, 20% vom Typ A_2. Für die Bluttransfusion ist die Unterteilung ohne praktische Bedeutung, da Antigen-Antikörper-Reaktionen zwischen A_1- und A_2-Blut sehr selten auftreten und nur schwach ausgeprägt sind.

Geographische Verteilung der Blutgruppen. Über 40% der Mitteleuropäer haben die Blutgruppe A, knapp 40% die Gruppe 0, gut 10% die Gruppe B und rund 6% die Gruppe AB. Bei den Ureinwohnern Amerikas kommt die Gruppe 0 in über 90% vor. In der zentralasiatischen Bevölkerung findet sich die Gruppe B in über 20%. Die Anthropologen können aus dem Vorkommen und der Verteilung der Blutgruppen in der Erdbevölkerung bestimmte Schlüsse auf Herkunft und Vermischung von Bevölkerungsgruppen ziehen.

Rh-System

Serum von Kaninchen, die man gegen Erythrocyten von Rhesusaffen durch Injektion von Erythrocyten dieser Tiere immunisiert hat, bringt bei den meisten Europäern die Erythrocyten zur Agglutination (**Rh-positiv**). Sinngemäß werden nicht agglutinierende Blutkörperchen als **Rh-negativ** bezeichnet. Nach der Transfusion Rh-positiven Blutes auf Rh-negative Empfänger bilden diese innerhalb von einigen Wochen Antikörper gegen die Rh-positiven Blutkörperchen.

Rh-Eigenschaft der Erythrocyten. Sie wird durch mehrere Antigene (*Partialantigene*) bestimmt, die auf verschiedenen Oberflächenbezirken der Erythrocyten lokalisiert sind. Die wichtigsten Rh-Antigene heißen **C, D, E, c und e.** Unter diesen hat *D die größte antigene Wirksamkeit.* Blut, das D-Erythrocyten enthält, wird daher vereinfacht als **Rh-positiv** (Rh) bezeichnet; Blut, dessen Erythrocyten die D-Eigenschaft fehlt („d“), charakterisiert man vereinfachend als **Rh-negativ** (rh). In Europa findet man die Rh-positive Eigenschaft bei 85% und Rh-negative Eigenschaften bei 15% der Bevölkerung. Beim Phänotyp Rh können im Genotyp entweder DD oder Dd vorliegen, beim Phänotyp rh ist der Genotyp stets dd.

Ein praktisch wichtiger **Unterschied zwischen dem Rh- und dem AB0-Blutgruppensystem** besteht darin, daß die Agglutinine des AB0-Systems nach Ablauf der ersten postnatalen Lebensmonate immer vorhanden sind, Anti-D-Antikörper dagegen nicht ohne vorangegangene Exposition des Trägers zu Rh-positiven Erythrocyten auftreten (*Sensibilisierung*). Daraus folgt, daß die erste Übertragung Rh-gruppenungleichen Blutes in der Regel keine Transfusionsreaktion auslöst und erst bei weiteren Übertragungen Rh-incompatiblen Blutes Antigen-Antikörper-Reaktionen auftreten.

Ein weiterer Unterschied zwischen dem Rh- und dem AB0-System besteht darin, daß die Antikörper des Rh-Systems überwiegend zu den *inkompletten IgG-Antikörpern* gehören, die – im Gegensatz zu den kompletten AB0-Agglutininen – wegen der Kleinheit der Moleküle die Placentaschranke passieren können.

Rh-Incompatibilität und Schwangerschaft. Während der Schwangerschaft können aus dem Blut eines Rh-positiven (Rh) Feten geringe Mengen von Erythrocyten in den Kreislauf einer Rh-negativen (rh) Mutter gelangen, wo sie die Bildung von Antikörpern gegen Rh-Blutkörperchen anregen. Größere Volumina (10–15 ml) fetaler Erythrocyten treten i.allg. erst beim Geburtsvorgang in den mütterlichen Kreislauf über. Wegen des relativ langsamen, Monate dauernden Anstieges der mütterlichen Antikörperkonzentration verläuft die erste Schwangerschaft daher in der Regel ohne ernstere Störungen. Bei erneuter Schwangerschaft mit einem Rh-Kind kann dann jedoch die Antikörperkonzentration der Mutter so hoch werden, daß der diaplacentare Antikörperübertritt u.U. zur Zerstörung kindlicher Blutkörperchen führt und es zu schweren Schäden des Neugeborenen oder zum intrauterinen Tod kommt (*Morbus haemolyticus neonatorum, Erythroblastosis fetalis*). Es muß deshalb versucht werden, die Antikörperbildung der rh-Mutter durch die sog. **Anti-D-Prophylaxe** zu verhindern. Durch Gabe eines Anti-D-γ-Globulins unmittelbar nach der Geburt (und genauso nach Fehlgeburten) werden die Rh-positiven kindlichen Erythrocyten im mütterlichen Blutkreislauf zerstört, so daß der immunologische Apparat der Mutter nicht zur Antikörperbildung angeregt wird. Blutgruppenungleichheit zwischen Mutter und Fetus innerhalb anderer Gruppensysteme, insbesondere des AB0-Systems, kann zwar auch zu Antigen-Antikörper-Reaktionen führen, meistens sind die Symptome jedoch sehr milde.

Bemerkenswerterweise kann eine Unverträglichkeit im AB0-System bei gleichzeitiger Rh-Incompatibilität die Sensibilisierung im Rh-System verhindern, da in diesem Fall die fetalen Erythrocyten durch die bereits vorhandenen Anti-A- oder Anti-B-Agglutinine aus der Blutbahn entfernt werden, bevor die Rh-Erythrocyten das Immunsystem der Mutter aktivieren.

Bluttransfusion

Blutgruppenuntersuchungen. Zur Blutübertragung verwendet man heute praktisch ausschließlich AB0-gruppengleiches Blut. Hinsichtlich des Rh-Systems wird in der Regel nur das D-Antigen berücksichtigt, also lediglich festgestellt, ob es sich um Rh-positives (D) oder -negatives Blut (kein D) handelt. Jedoch sollte bei Frauen im gebärfähigen Alter oder bei Patienten, die wiederholt transfundiert werden müssen, ausschließlich Rh-untergruppengleiches Blut übertragen werden, um Sensibilisierungen im Rh-System zu vermeiden.

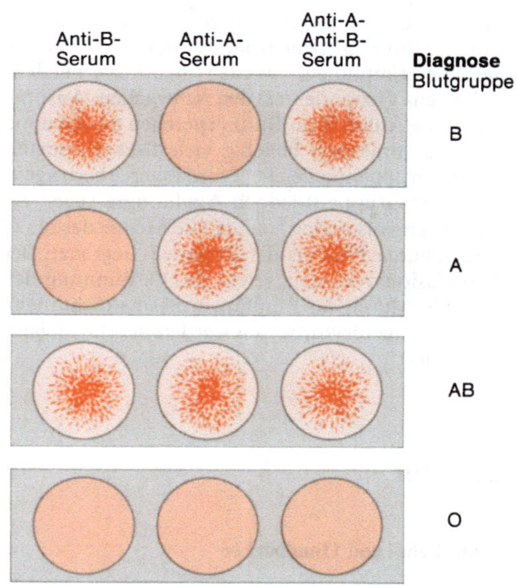

Abb. 18-23. Blutgruppenbestimmung im ABO-System. Je ein Tropfen Blut wird mit Anti-B-Serum, mit Anti-A-Serum und mit Anti-A-Anti-B-Serum vermischt. Aus den Agglutinationsreaktionen (*dunkelrote* Zusammenballung der Erythrocyten) ergibt sich die jeweilige Blutgruppe. Nach [24]

Zur Blutgruppenbestimmung im AB0-System werden einerseits Erythrocyten der Versuchsperson mit käuflichen Antiseren gegen die Agglutinogene A und B auf einem Objektträger gemischt. Dann wird auf Agglutination geprüft (Abb. 18-23). Bei der Gegenprobe wird Serum der Versuchsperson mit Testerythrocyten bekannter Blutgruppenzugehörigkeit zusammengebracht. Zum Ausschluß von Verwechslungen, von Fehlbestimmungen und von – selten vorkommenden – Unverträglichkeiten aufgrund anderer incompatibler Gruppenmerkmale führt man außerdem vor jeder Blutübertragung eine sog. **Kreuzprobe** durch. Dazu werden zunächst Erythrocyten des Spenders auf einem Objektträger mit frischem Serum des Empfängers bei 37 °C vermischt. Die Feststellung, ob das Empfängerserum Antikörper enthält, die gegen Antigene der Spendererythrocyten gerichtet sind, bezeichnet man als *Majortest*. Eine Transfusion darf nur erfolgen, wenn der Test einwandfrei negativ ausfällt, d.h. keine Agglutination oder Hämolyse auftritt. In der Gegenprobe werden Erythrocyten des Empfängers bei 37 °C in Spenderserum suspendiert (*Minortest*) und so das Spenderserum auf Antikörper geprüft, die gegen Antigene der Empfängererythrocyten gerichtet sind.

Problematik des „Universalspenderblutes". Übertragungen des früher sog. „Universalspenderblutes" der *Gruppe 0* auf gruppenungleiche Empfänger werden heute vermieden. Wegen des Fehlens (bzw. der extrem schwachen Ausprägung) der Antigene A und B an Blutkörperchen der Gruppe 0 lassen sich zwar praktisch beliebig viele 0-Erythrocyten reaktionslos auf gruppenungleiche Empfänger übertragen. Da im Plasma der Gruppe 0 jedoch Agglutinine gegen A- und B-Erythrocyten vorhanden sind, ist die Menge des reaktionslos übertragbaren Plasmas der Gruppe 0 begrenzt. Bei größeren Transfusionsvolumina reicht die Verdünnung der Spenderagglutinine durch das Empfängerplasma nicht mehr aus, und die Empfängererythrocyten werden in erheblichem Umfang agglutiniert.

18.9 Literatur

Weiterführende Lehr- und Handbücher

1. ATASSI, M.Z. (Hrsg.): Immunochemistry of Proteins. Vol. 3. New York, London: Plenum Press 1979
2. BEGEMANN, H., RASTETTER, J.: Atlas der klinischen Hämatologie. 3. Auflage. Berlin, Heidelberg, New York: Springer 1978
3. BELL, G., DAVIDSON, J.N., SCARBOROUGH, H. (Eds.): Textbook of Physiology and Biochemistry. Edinburgh, London: Livingstone 1965
4. BESSIS, M. (Ed.): Living Blood Cells and their Ultrastructure. Berlin, Heidelberg, New York: Springer 1973
5. BESSIS, M.: Corpuscles. Atlas of Red Blood Cells. Berlin, Heidelberg, New York: Springer 1974
6. BETKE, K., KÜNZER, W. (Hrsg.): Lehrbuch der Kinderheilkunde. 5. Auflage. Stuttgart: Thieme 1984
7. CHAPEL, H., HAENEY, M. (Eds.): Essentials of Clinical Immunology. Oxford, London, Edinburgh, Boston, Melbourne: Blackwell Scientific Publications 1984
8. GAMBLE, J.L.: Chemical anatomy, physiology and pathology of extracellular fluid, 6. Aufl. Cambridge Mass.: Harvard University Press 1954
9. GUYTON, A.C. (Ed.): Textbook of Medical Physiology. 6. Ed. Philadelphia, London: Saunders 1981
10. Hämatologische Tafeln Sandoz. 2. Aufl. (1972)
11. HARBOE, M., NATVIG, J.B. (Hrsg.): Medizinische Immunologie (Übers. u. bearb. von D. BARON). Stuttgart: Enke 1981
12. HUGHES, R.C.: Glycoproteins. London, New York: Chapman and Hall 1983
13. HUMPHREY, J., WHITE, R.G.: Kurzes Lehrbuch der Immunologie (Hrsg. E. MACHER). Stuttgart: Thieme 1971
14. JAENECKE, J. (Hrsg.): Antikoagulantien- und Fibrinolysetherapie. 3. Auflage. Stuttgart, New York: Thieme 1982
15. KABOTH, W., BEGEMANN, H.: Blut. In: Physiologie des Menschen (Hrsg. GAUER, KRAMER, JUNG), Band 5. München, Berlin, Wien: Urban & Schwarzenberg 1971
16. KEIDEL, W.D. (Hrsg.): Kurzgefaßtes Lehrbuch der Physiologie. 6. Auflage. Stuttgart, New York: Thieme 1985
17. KELLER, R. (Hrsg.): Immunologie und Immunpathologie. Stuttgart, New York: Thieme 1981
18. KLEIHAUER, E. (Hrsg.): Hämatologie. Berlin, Heidelberg, New York: Springer 1978
19. PARVEZ, Z.: Immunoassays in Coagulation Testing. New York, Berlin, Heidelberg, Tokyo: Springer 1984
20. PUTNAM, F.W. (Hrsg.): The Plasma Proteins. New York: Academic Press 1975 (Vol. 1, 2), 1977 (Vol. 3)
21. RIECK, W.: Klinische Chemie und Mikroskopie, 5. Auflage. Berlin, Heidelberg, New York: Springer 1977
22. ROITT, J.M. (Ed.): Essential Immunology. 5. Printing. Oxford: Blackwell Scientific Publications 1971
23. SPIELMANN, W., KÜHNL, P.: Blutgruppenkunde. Stuttgart, New York: Thieme 1982
24. THEWS, G., VAUPEL, P.: Grundriß der vegetativen Physiologie. Berlin, Heidelberg, New York: Springer 1981
25. WINTROBE, M.M. (Ed.): Clinical Hematology, 8. Ed. Philadelphia: Lea & Febiger 1981
26. WINTROBE, M.M. (Ed.): Blood, Pure and Eloquent. New York: McGraw-Hill 1980
27. Wissenschaftliche Tabellen Geigy. Teilband Hämatologie und Humangenetik. 8. Aufl. Basel: 1979

Einzel- und Übersichtsarbeiten

28. COHN, E.J.: Chemical, physiological and immunological properties and clinical uses of blood derivatives. Experientia (Basel) *3*, 125 (1947)
29. HAMMARSTRÖM, S.: Leukotrienes. Annu. Rev. Biochem. *52*, 355 (1983)
30. HARLAN, J.M.: Leukocyte-endothelial interactions. Blood *65*, 513 (1985)
31. HILSCHMANN, N.: Die Immunität – eine vorprogrammierte Reaktion auf das Unerwartete. In: H. v. DITFURTH (Hrsg.): Mannheimer Forum, Studienreihe Boehringer Mannheim, S. 101 (1982/83)
32. HOLMSEN, H.: Platelet metabolism and activation. Semin. Hematol. *22*, 219 (1985)
33. HUEBERS, H.A., FINCH, C.A.: Transferrin: physiologic behavior and clinical implications. Blood *64*, 763 (1984)
34. JELKMANN, W.: Renal erythropoietin: properties and production. Rev. Physiol. Biochem. Pharmacol. *104*, 139 (1986)
35. MARCUS, A.J.: The role of lipids in platelet function: with particular reference to the arachidonic acid pathway. J. Lipid Res. *19*, 793 (1978)
36. MARLAR, R.A., KLEISS, A.J., GRIFFIN, J.H.: An alternative extrinsic pathway of human blood coagulation. Blood *60*, 1353 (1982)
37. MORETTA, A., PANTALEO, G., MAGGI, E., MINGARI, M.C.: Recent advances in the phenotypic and functional analysis of human T lymphocytes. Semin. Hematol. *21*, 257 (1984)
38. PRICE-JONES, C.: The variation in the size of red blood cells. Brit. med. J. II, 1418 (1910)
39. VAN DEN ELSEN, P., SHEPLEY, B.-A., BORST, J., COLIGAN, J.E., MARKHAM, A.F., ORKIN, S., TERHORST, C.: Isolation of cDNA clones encoding the 20K T3 glycoprotein of human T-cell receptor complex. Nature *312*, 413 (1984)
40. WALSH, P.N.: Platelet-mediated coagulant protein interactions in hemostasis. Semin. Hematol. *22*, 178 (1985)

19 Funktionen des Herzens

H. Antoni

19.1 Allgemeine strukturelle und funktionelle Aspekte

Das Blut kann seine Aufgaben im Organismus nur erfüllen, wenn es ständig durch den Körper zirkuliert. Die Umwälzpumpe der Blutbewegung durch die Gefäße ist das Herz. Es setzt sich aus 2 musculären Hohlorganen zusammen, der rechten und der linken Herzhälfte (Abb. 19-1). Die rechte Herzhälfte, bestehend aus Vorhof und Kammer, nimmt das sauerstoffarme (venöse) Blut aus dem gesamten Körper auf und führt es der Lunge zu. Hier wird es wieder mit Sauerstoff angereichert (arterialisiert) und gelangt nun zurück in die linke Herzhälfte, bestehend aus Vorhof und Kammer, von wo aus die Verteilung auf die verschiedenen Organe erfolgt. Die rechte Herzhälfte fördert also immer nur venöses, die linke Hälfte nur arterielles Blut.

Großer und kleiner Kreislauf. Der Teil der Strombahn des Blutes zwischen dem rechten und dem linken Herzen, in dem die Lunge liegt, wird als kleiner oder *Lungenkreislauf* dem großen oder *Körperkreislauf* gegenübergestellt. Strenggenommen existiert jedoch nur *ein* Kreislauf, in den die beiden Herzhälften als Antriebsaggregate eingeschaltet sind (vgl. Abb. 19-1).

Als Entdecker eines in sich geschlossenen Blutkreislaufs gilt der englische Arzt William Harvey (1578–1657), der in seinem 1628 veröffentlichten berühmt gewordenen Traktat „De motu cordis et sanguinis in animalibus" die Lehrmeinung seiner Zeit mit einer beispielhaft klaren Argumentation widerlegte. Bis dahin herrschte die von Galen (120–201 n. Chr.) geprägte Vorstellung, daß das Blut in der Leber aus den Nahrungsstoffen entstehe, über die V. cava zum Herzen gelange und durch die Blutadern (Venen) den Organen zuströme, wo es dann verbraucht würde.

Systole und Diastole. Die Pumpwirkung des Herzens beruht auf der rhythmischen Aufeinanderfolge von Erschlaffung *(Diastole)* und Kontraktion *(Systole)* der Herzkammern (Ventrikel). In der Diastole füllen sich die Kammern mit Blut. In der Systole werfen sie es in die angeschlossenen großen Arterien (A. pulmonalis bzw. Aorta) aus. Ein Rückstrom wird durch die Ventilwirkung der Herzklappen verhindert. Jeder Herzkammer ist ein Vorhof (Atrium) vorgeschaltet, der das Blut aus den großen Venen (Vv. cavae bzw. Vv. pulmonales) aufnimmt. Die Systole der Vorhöfe geht der Ventrikelsystole jeweils zeitlich voraus und unterstützt die Füllung der Kammern.

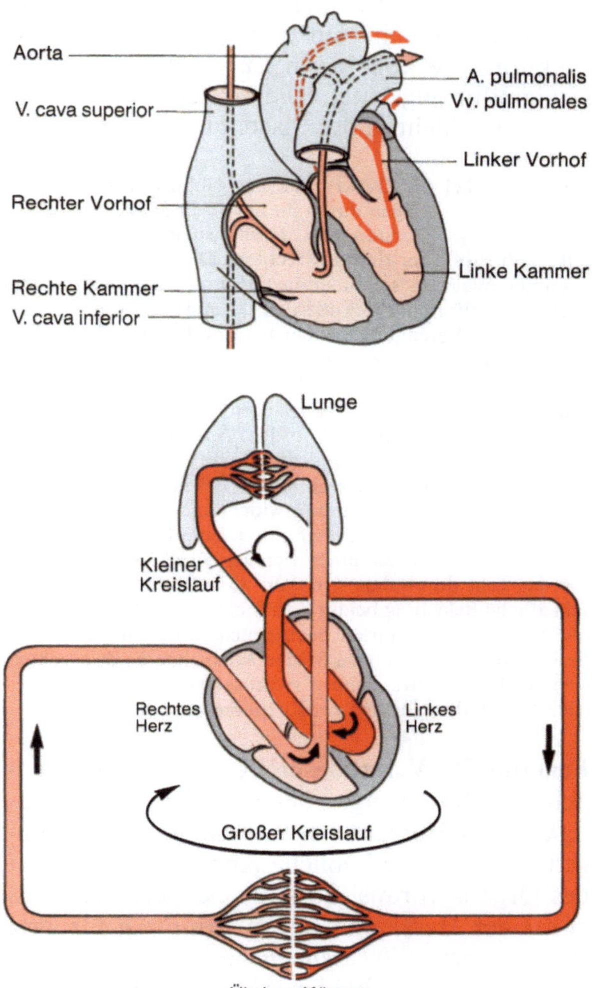

Abb. 19-1. *Oben:* Frontalansicht des eröffneten Herzens und der großen angeschlossenen Gefäße. Die Richtung der Blutströmung ist durch *Pfeile* symbolisiert. *Unten:* Schematische Darstellung der Verbindung der beiden Herzhälften mit dem kleinen und großen Kreislauf

Arterien und Venen. Die Bezeichnung von Blutgefäßen als Arterien bzw. Venen richtet sich nach der Strömungsrichtung — nicht nach der Beschaffenheit des enthaltenen Blutes. Venen führen das Blut dem Herzen zu; Arterien führen es vom Herzen weg. Im großen (Körper-)Kreislauf enthalten die Arterien arterielles und die Venen venöses Blut. Im kleinen (Lungen-)Kreislauf ist es genau umgekehrt.

Embryonales Herz. Die funktionelle Trennung des Herzens in eine rechte venöse und eine linke arterielle Hälfte entwickelt sich erst während der Geburt. Beim Fetus stehen beide Vorhöfe noch durch das *Foramen ovale* in offener Verbindung miteinander. Außerdem sind die A. pulmonalis und Aorta durch den weitlumigen *Ductus arteriosus Botalli* kurzgeschlossen (vgl. Abb. 19-2). Vorhöfe und Ventrikel arbeiten beim Fetus demnach wie ein einziger Hohlmuskel. Die funktionslose kollabierte Lunge bekommt nur wenig Blut zugeleitet. Die Arterialisierung des Blutes geschieht in der Placenta.

Umstellung bei der Geburt. Bei der Geburt sinkt mit der Entfaltung der Lungen durch die erwachende Atemtätigkeit ihr Strömungswiderstand ab. Damit steigt der Druck im linken Vorhof über den des rechten. Die Klappe vor dem Foramen ovale legt sich über die Öffnung und bewirkt einen vorläufigen Verschluß. Außerdem kommt es zu einer fortschreitenden Verengung des Ductus Botalli. Etwa 2 Wochen nach der Geburt ist die Umstellung endgültig, d.h. Foramen ovale und Ductus Botalli sind dicht verschlossen. Die fetale **Parallel**schaltung beider Herzhälften ist durch eine **Serien**schaltung ersetzt worden (Abb. 19-2A u. B). Diese Umstellung des Kreislaufs während der Geburt bedeutet eine wesentliche Entlastung der rechten Herzkammer im Vergleich zur linken. Da der Strömungswiderstand des Gefäßbettes der Lunge nur rund $^1/_8$ dessen im großen Kreislauf beträgt, braucht die rechte Kammer weniger Kraft zu entwickeln, um das Blut durch den Kreislauf zu befördern. Die unterschiedliche Belastung beider Kammern bewirkt ein vermehrtes Wachstum des stärker beanspruchten linken Ventrikels, der schließlich die nahezu 3fache Muskelmasse des rechten Ventrikels erreicht. Beim Erwachsenen beträgt der Gewichtsanteil des Herzens am Körpergewicht etwa 0,5%.

Funktionelle Variationsbreite. Die unterschiedlichen Anforderungen des Kreislaufs an die Tätigkeit des Herzens bei wechselnden Belastungen setzen eine erhebliche Anpassungsfähigkeit des Organs voraus. So kann beispielsweise das von einer Herzkammer pro Minute geförderte Blutvolumen *(Herzzeitvolumen)* von ca. 5 l in Ruhe auf nahezu 30 l bei schwerer Muskelarbeit ansteigen. Eine optimale Anpassung wird allerdings nur erreicht, wenn alle Teilfunktionen des Herzens wie Erregungsablauf, Kontraktilität, Klappenspiel, Durchblutung u.a. in geordneter Weise zusammenwirken. Schon geringfügige Abweichungen von der Norm können zu schweren Störungen der Herztätigkeit führen.

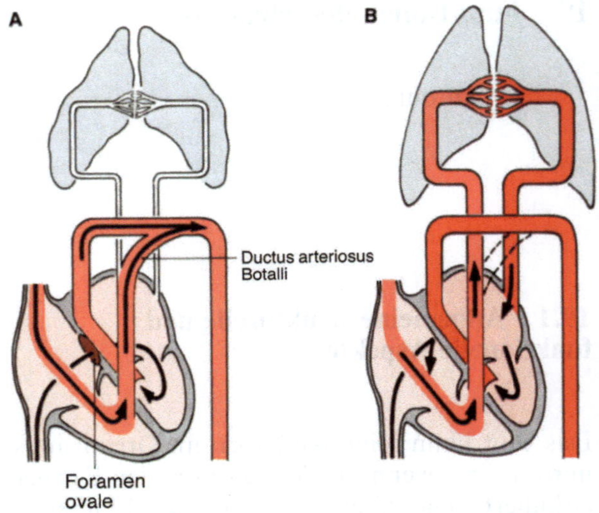

Abb. 19-2. A Fetales Herz vor der Geburt. Beide Herzhälften sind einander parallel geschaltet. Die Lunge liegt im Nebenschluß. **B** Nach der Geburt werden beide Herzhälften hintereinander geschaltet. Die Umstellung geschieht durch Eröffnung der Lungenstrombahn und Verschluß des Foramen ovale zwischen rechtem und linkem Vorhof sowie des Ductus Botalli zwischen Aorta und A. pulmonalis

19.2 Grundprozesse der Erregung und der elektromechanischen Koppelung

Die Funktionselemente des Herzens sind die Herzmuskelfasern. Als *Herzmuskelfaser* bezeichnet man eine Kette von hintereinandergeschalteten Herzmuskelzellen, die von einer gemeinsamen sarkolemmalen Hülle (Perimembran) umgeben sind. Morphologisch und funktionell sind 2 Typen von Herzmuskelfasern zu unterscheiden:

1. die Fasern der **Arbeitsmuskulatur** (Arbeitsmyokard) der Vorhöfe und der Ventrikel, welche die Hauptmasse des Herzens ausmachen und die mechanische Pumparbeit verrichten,
2. die Fasern des spezifischen **Erregungsbildungs- und -leitungssystems,** die — wie der Name besagt — besondere Aufgaben im Dienste der Herzerregung erfüllen.

Ursprung und Ausbreitung der Erregung

Die Herzmuskelfasern sind wie Nerven- oder Skeletmuskelfasern erregbare Strukturen, d.h.

sie haben ein *Ruhepotential*, reagieren auf überschwellige Reizung mit einer Erregung in Gestalt eines *Aktionspotentials* und sind in der Lage, Aktionspotentiale ohne Verminderung (Dekrement) fortzuleiten. Die morphologisch nachweisbaren Zellgrenzen in Form der *Glanzstreifen* bilden kein Hindernis für die Erregungsfortleitung [32, 34]. Die Muskulatur der Vorhöfe und der Ventrikel ist ein *funktionelles Syncytium*. Eine Erregung, die irgendwo in den Vorhöfen oder Ventrikeln entsteht, breitet sich daher über alle unerregten Fasern aus, bis auch die letzte Zelle von der Erregung ergriffen ist. Diese Tatsache liefert u.a. die Erklärung für das sog. **Alles-oder-Nichts-Gesetz.** Das Gesetz besagt, daß das Herz auf Reizung entweder mit der Erregung aller Fasern antwortet oder nicht reagiert, falls der Reiz in keiner Zelle eine überschwellige Stärke erreicht. In einem Nerven oder Skeletmuskel antworten dagegen auf Reizung jeweils nur die überschwellig gereizten Einzelfasern mit einer fortgeleiteten Erregung.

Autorhythmie. Die rhythmischen Pulsationen des Herzens werden durch Erregungen ausgelöst, die im Herzen selbst entstehen. Ein aus dem Körper entnommenes Herz schlägt daher unter geeigneten Bedingungen mit konstanter Frequenz weiter. Man bezeichnet diese Eigenschaft als *Autorhythmie*. Die Fähigkeit zur spontanen rhythmischen Auslösung von Erregungen ist normalerweise auf die Fasern des spezifischen Erregungsbildungs- und -leitungssystems beschränkt. In Abb. 19-3 sind die verschiedenen Anteile dieses Systems schematisch dargestellt.

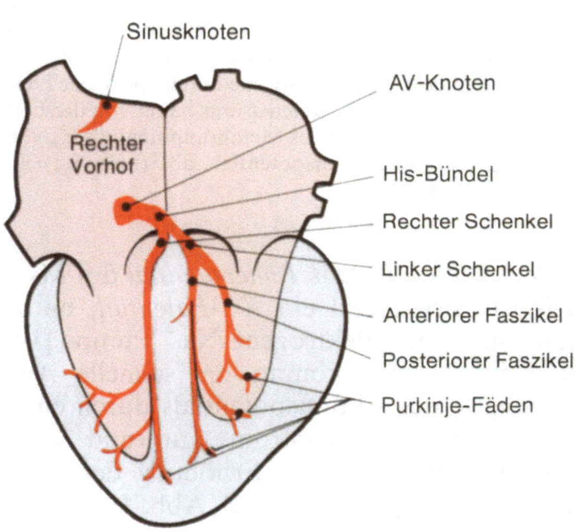

Abb. 19-3. Schema der Anordnung des Erregungsbildungs- und -leitungssystems in einem Frontalschnitt des Herzens

Reihenfolge der Erregungsausbreitung. Normalerweise geht der Anstoß zu einem Herzschlag vom **Sinusknoten** aus, der im rechten Vorhof an der Einmündung der V. cava superior liegt. Er treibt das Herz bei Körperruhe mit einer Frequenz von ca. 70 Impulsen/min an. Vom Sinusknoten breitet sich die Erregung zunächst über die **Arbeitsmuskulatur beider Vorhöfe** aus. Für die Überleitung auf die Kammern steht nur die in Abb. 19-3 rot dargestellte Bahn zur Verfügung. Der übrige Bereich der Vorhof-Kammer-Grenze besteht aus unerregbarem Bindegewebe. Bei der Passage des Erregungsleitungssystems erfolgt im **Atrioventricularknoten (AV-Knoten)** zunächst eine Verzögerung. Das anschließende **His-Bündel,** die **Schenkel** und ihre Endaufzweigungen, die **Purkinje-Fäden,** leiten die Erregung schnell weiter (Leitungsgeschwindigkeit ca. 2 m/s), so daß verschiedene Regionen der Herzkammern rasch nacheinander von der Erregung erfaßt werden. Von den subendocardialen Endigungen der Purkinje-Fäden breitet sich die Erregung dann mit einer Geschwindigkeit von ca. 1 m/s über die **Kammermuskulatur** aus.

Hierarchie der Erregungsbildung. Die Autorhythmie des Herzens steht und fällt nicht mit der Funktionsfähigkeit des Sinusknoten, da — wie bereits erwähnt — auch die übrigen Teile des Erregungsleitungssystems die Fähigkeit zur automatischen Erregungsbildung besitzen. Ihre Erregungsbildungsfrequenz nimmt jedoch mit der Entfernung vom Sinusknoten beträchtlich ab. Sie werden daher unter normalen Bedingungen stets von dem rascher entladenden übergeordneten Erregungsbildungszentrum überspielt, d.h. durch Zuleitung in Erregung versetzt, bevor sie selbst eine Erregung auslösen können. Der Sinusknoten ist der führende **primäre Schrittmacher** des Herzens, weil er die höchste Entladungsfrequenz aufweist.

Ersatzrhythmen. Fällt aus irgendeinem Grund die Erregungsbildung im Sinusknoten aus oder wird die Erregung nicht auf die Vorhöfe weitergeleitet (sinuauriculärer Block), so übernimmt ersatzweise der AV-Knoten als **sekundäres** Erregungsbildungszentrum die Schrittmacherfunktion (*AV-Rhythmus*, Frequenz 40–60/min). Im Falle einer kompletten Unterbrechung der Erregungsüberleitung von den Vorhöfen auf die Herzkammern **(totaler Herzblock)** kann immer noch ein **tertiäres** Zentrum im ventriculären Erregungsleitungssystem als Schrittmacher der Kammerautomatie einspringen. Mit Bezug auf den Ort der Erregungsbildung wird der Sinusknoten auch als **nomotopes** Automatiezentrum den **heterotopen** Zentren des übrigen Erregungsleitungssystems gegenübergestellt.

Bei einem totalen Herzblock schlagen Vorhöfe und Kammern völlig unabhängig voneinander — die Vorhöfe mit der Frequenz des Sinusknotens, die Kammern mit der wesentlich geringeren Frequenz eines tertiären Zentrums (30–40/min). Beim plötzlichen Eintritt eines totalen Herzblocks vergehen mitunter mehrere Sekunden, bis die ventriculäre Automatie „erwacht“. In dieser präautomatischen Pause kann es als Folge mangelnder Durchblutung des Gehirns zu Bewußtlosigkeit und Krämpfen kommen **(Morgagni-Adams-Stokes-Anfall).** Springt die ventriculäre Automatie nicht an, so führt der Stillstand der Kammern zu irreversiblen Schäden des Gehirns und zum Tod.

Künstliche Schrittmacher. Da die Herzkammern bei Ausfall der Automatie zunächst erregbar bleiben, ist es möglich, die Blutzirkulation durch künstliche *elektrische Reizung* der Herzkammern aufrechtzuerhalten. Die elektrischen Impulse werden notfalls durch die intakte Brustwand appliziert. Bei gehäuften Morgagni-Adams-Stokes-Anfällen oder bei Patienten mit totalem Herzblock und sehr niedriger Kammerfrequenz wird die elektrische Reizung des Herzens u.U. über Jahre angewendet. Die Impulse werden hierbei von subcutan implantierten batteriebetriebenen Miniaturreizgeräten (Schrittmacher) geliefert und dem Herzen durch Kabelelektroden zugeleitet.

Schenkelblock. Unterbrechungen der Erregungsleitung in den Schenkeln des spezifischen Systems führen nicht zum totalen Herzblock, solange wenigstens noch ein Schenkel oder Faszikel funktionsfähig bleibt. Die Erregungen breiten sich dann von den Endverzweigungen des noch intakten Leitungssystems über das gesamte Kammermyokard aus. Die Dauer der Erregungsausbreitung ist hierbei allerdings erheblich verlängert.

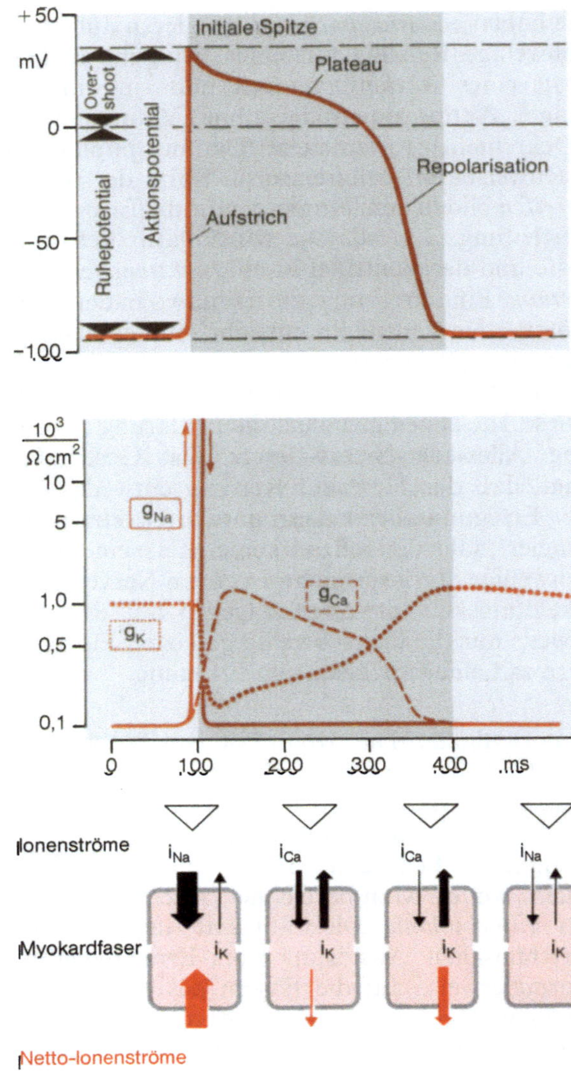

Abb. 19-4. *Oben:* Allgemeine Form des Aktionspotentials einer Herzmuskelzelle. *Mitte:* Schema des Verhaltens der Ionenleitfähigkeiten für Na^+, Ca^{2+} und K^+, die dem Aktionspotential zugrunde liegen. *Unten:* Richtung und Größe der Ionenströme und der Nettoionenströme während des Aktionspotentials (Größe der Ströme durch Dicke der Pfeile markiert). Die Größe eines Ionenstroms hängt von der Leitfähigkeit und vom Abstand des Membranpotentials E_m vom betreffenden Gleichgewichtspotential ab (z.B. $i_{Na} = g_{Na} (E_m - E_{Na})$; vgl. S. 24f.)

Charakteristika des elementaren Erregungsablaufs

Das **Aktionspotential** der Herzmuskelzellen beginnt wie bei Nerven- oder Skeletmuskelfasern mit einer raschen Umladung vom Wert des Ruhepotentials (ca. −90 mV) bis zum Gipfel der *initialen Spitze* (ca. +30 mV; vgl. Abb. 19-4). An diese schnelle Depolarisationsphase, die nur 1–2 ms dauert, schließt sich als besonderes Charakteristikum der Herzmuskulatur ein langdauerndes *Plateau* an, bevor die *Repolarisation* zum Ruhepotential erfolgt. Das Aktionspotential der Herzmuskulatur dauert ca. 200–400 ms, d.h. über 100mal länger als bei einer Skeletmuskel- oder einer Nervenfaser [33]. Dies hat — wie wir sehen werden — erhebliche funktionelle Konsequenzen.

Ionale Mechanismen. Beim Zustandekommen des Aktionspotentials wirken Membranpotentialänderungen, Veränderungen der Ionenleitfähigkeit und Ionenströme in komplizierter kausaler Verknüpfung zusammen. Da die Grundlagen der Ionentheorie der Erregung bereits an anderer Stelle ausführlich erörtert wurden (vgl. S. 20ff.), können wir uns hier mit einer kurzen Rekapitulation und dem Hinweis auf die spezifischen Eigenarten der Herzmuskulatur begnügen [7, 25, 29, 30]: Das *Ruhepotential* des Myokards ist vorwiegend ein *K^+-Potential*, unterstützt durch eine elektrogene Na^+-Pumpe [19]. Wie beim Nerven kommt die schnelle Aufstrichsphase des Aktionspotentials durch einen starken Na^+-Einwärtsstrom aufgrund einer kräftigen, kurzdauernden Erhöhung der Na^+-Leitfähigkeit g_{Na} zustande (vgl. Abb. 19-4). Dieser initiale Na^+-Einwärtsstrom (schneller Einwärtsstrom) wird jedoch in der Myokardfaser ebenso wie beim Nerven rasch inaktiviert. Für

die erhebliche Verzögerung der Repolarisation des Herzmuskelgewebes sind daher spezielle Mechanismen erforderlich, und zwar:
— eine verzögert einsetzende und langsam abklingende *Erhöhung der Ca^{2+}-Leitfähigkeit* (g_{Ca}), die zu einem depolarisierenden Ca^{2+}-Einwärtsstrom führt (*langsamer Einwärtsstrom* [21]).
— eine *Verminderung der K^+-Leitfähigkeit* (g_K) bei Depolarisation, die den repolarisierenden K^+-Auswärtsstrom reduziert [30].
Die Repolarisation kommt beim Myokard dadurch zustande, daß g_{Ca} mit der *Zeit* abnimmt und g_K bei stärker negativem *Membranpotential* wieder ansteigt. Die Abnahme von g_{Ca} vermindert den langsamen Einwärtsstrom; der Anstieg von g_K erhöht den K^+-Auswärtsstrom. Am Ruhepotential halten depolarisierende und repolarisierende Ströme einander die Waage.

Der langsame (Ca^{2+})-Einwärtsstrom unterscheidet sich von dem schnellen (Na^+)-Einwärtsstrom u.a. durch die unterschiedliche Potential- und Zeitabhängigkeit sowie durch das Ansprechen auf blockierende Substanzen. Der schnelle Na^+-Kanal wird durch Tetrodotoxin (TTX) blockiert, der langsame Ca^{2+}-Kanal durch Cd^{2+} sowie durch organische Ca^{2+}-Antagonisten (Verapamil, Nifedipin u.a.). Die Schwelle zur Aktivierung des Na^+-Kanals liegt bei ca. −60 mV, die des Ca^{2+}-Kanals bei ca. −30 mV. Depolarisation der Membran auf etwa −40 mV inaktiviert das Na^+-System. Durch stärkere Reize können unter diesen Bedingungen noch sog. *Ca^{2+}-Aktionspotentiale* ausgelöst werden, bei denen außer dem Plateau auch schon der Aufstrich durch den langsamen Einwärtsstrom erzeugt wird und die infolgedessen eine geringe Aufstrichgeschwindigkeit aufweisen und mit niedriger Geschwindigkeit fortgeleitet werden (langsame Antwort, slow response [3, 9]).

Refraktärperiode. Die Herzmuskulatur hat mit anderen erregbaren Geweben auch die Eigenschaft gemeinsam, daß ihre Ansprechbarkeit auf Reize während bestimmter Phasen des Erregungsablaufs aufgehoben oder vermindert ist. Man spricht von einer **absoluten** und einer **relativen Refraktärperiode.** Die Abb. 19-5 zeigt ihre Zuordnung zum Aktionspotential. Während der absoluten Refraktärperiode ist keine Neuerregung möglich. In der anschließenden relativen Refraktärperiode kehrt die Erregbarkeit allmählich zurück. Dabei kann ein neues Aktionspotential um so früher ausgelöst werden, je stärker der einwirkende Reiz ist. Sehr früh in der relativen Refraktärperiode entstehende Aktionspotentiale zeigen einen trägen Anstieg, eine niedrige Amplitude und eine kurze Dauer (Abb. 19-5).

Die **Ursache des refraktären Verhaltens** liegt v.a. in der Inaktivierung des initialen Na^+-Einwärtsstroms bei andauernder Depolarisation (vgl. S. 27). Erst wenn die Repolarisation des Aktionspotentials wieder einen Wert von ca. −40 mV erreicht hat, setzt die Erholung dieses Systems ein. Die Dauer der Refraktärperiode ist daher in der Regel eng mit der Dauer des Aktionspotentials verknüpft. Verkürzungen oder Verlängerungen des Aktionspotentials führen infolgedessen zu einer entsprechenden Veränderung der Refraktärperiode. Arzneimittel mit lokalanaesthetischer Wirkung, die den initialen Na^+-Einwärtsstrom hemmen oder seine Erholung nach einer Inaktivierung verzögern, können jedoch auch ohne Beeinflussung der Aktionspotentialdauer die Refraktärperiode verlängern [31].

Funktionelle Bedeutung der Refraktärperiode. Durch ihre langdauernde Refraktärzeit wird die Muskulatur des Herzens vor einer zu schnellen Wiedererregung geschützt, die ihre Pumpfunktion beeinträchtigen könnte. Gleichzeitig wird verhindert, daß Erregungen im musculären Netzwerk des Herzens im Kreise laufen und dadurch den rhythmischen Wechsel von Kontraktion und Erschlaffung stören. Weil die Refraktärzeit der erregten Herzmuskelzellen normalerweise länger dauert als die Erregungsausbreitung über die Vorhöfe bzw. die Ventrikel, kann eine vom Sinusknoten oder einem heterotopen Zentrum ausgehende Erregung das Herz jeweils nur einmal durchlaufen und muß dann erlöschen, da sie am Ende allerorts auf refraktäres Gewebe trifft. Ein *Wiedereintritt* (engl. re-entry) findet daher normalerweise nicht statt.

Frequenzabhängigkeit der Aktionspotentialdauer. Ein Aktionspotential, das unmittelbar nach

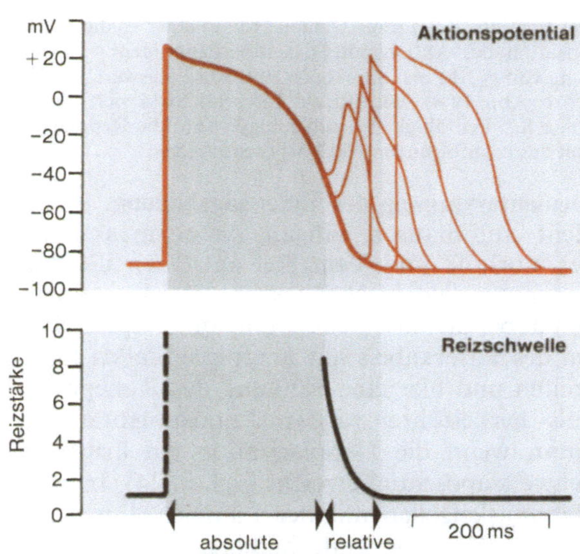

Abb. 19-5. Zuordnung der absoluten und der relativen Refraktärperiode zum Aktionspotential des Herzmuskels. Reizschwelle gemessen in relativen Einheiten der schwellenwirksamen Reizstärke. Während der absoluten Refraktärperiode — vom Aufstrich des Aktionspotentials bis gegen Ende des Plateaus — ist die Reizschwelle unendlich hoch

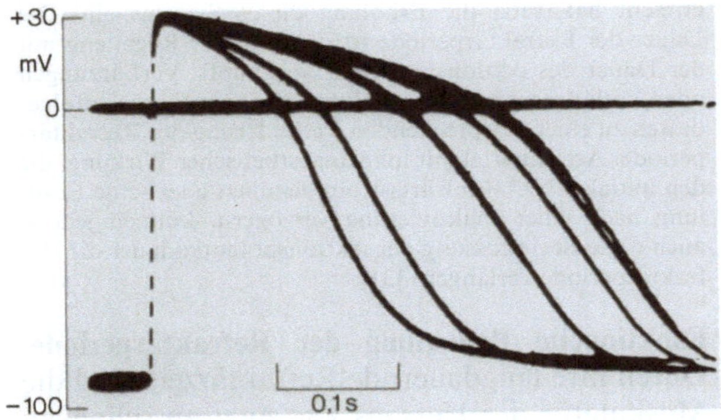

Abb. 19-6. Übereinander photographierte Aktionspotentiale einer Einzelfaser aus einem isolierten Ventrikeltrabekel, Operationspräparat des menschlichen Herzens. Die Registrierung zeigt die Verkürzung der Aktionspotentialdauer bei stufenweiser Erhöhung der Reizfrequenz von 24/min auf 162/min. Aus TRAUTWEIN et. al. Circul. Res. *10*, 306 (1962)

Beendigung der relativen Refraktärperiode einer vorausgehenden Erregung ausgelöst wird, zeigt nach Abb. 19-5 bereits wieder eine normale Aufstrichsgeschwindigkeit und Amplitude. Seine Dauer ist jedoch im Vergleich mit dem vorausgehenden Aktionspotential noch deutlich verkürzt. Tatsächlich besteht eine enge Beziehung zwischen der Aktionspotentialdauer und dem jeweils vorangehenden Intervall und damit zugleich zu der Erregungsfrequenz. Dieser Einfluß ist in Abb. 19-6 anhand einer Originalregistrierung aus einer Faser des Ventrikelmyokards vom Menschen dargestellt.

Das Phänomen hat seine Ursache v.a. in einer — die Repolarisation des Aktionspotentials überdauernden — Erhöhung von g_K, die erst allmählich zum Ausgangswert zurückkehrt (Abb. 19-4). Bei kurzem Intervall wirkt sich die erhöhte K^+-Leitfähigkeit beschleunigend auf die Repolarisation des nachfolgenden Aktionspotentials aus.

Elementarvorgang der Erregungsbildung. In der nicht automatisch tätigen Arbeitsmuskulatur der Vorhöfe und Ventrikel entstehen die Aktionspotentiale durch Zuleitung. Auslösend wirken dabei Stromschleifen, die von erregten Stellen des Faserkabels auf unerregte Stellen übergreifen und hier eine Senkung des Ruhepotentials herbeiführen. Das Aktionspotential beginnt, wenn die Depolarisation ein kritisches Schwellenpotential erreicht (vgl. S. 24). In allen Herzmuskelzellen mit der Fähigkeit zur autorhythmischen Erregungsbildung erfolgt die Depolarisation zur Schwelle dagegegen spontan. Man kann den Elementarvorgang der Erregungsbildung bei intracellulärer Ableitung aus einer Schrittmacherzelle unmittelbar beobachten. Wie Abb. 19-7 zeigt, kommt es im Anschluß an die Repolarisationsphase eines Aktionspotentials — ausgehend vom *maximalen diastolischen Potential* — zu einer *langsamen Depolarisation,* die das Schwellenpotential erreicht und damit eine neue Erregung auslöst. Die **langsame diastolische Depolarisation** *(Schrittmacherpotential, Präpotential)* ist ein lokaler Erregungsvorgang, der nicht wie das Aktionspotential fortgeleitet wird.

Aktuelle und potentielle Schrittmacher. Normalerweise sind nur wenige Zellen im Sinusknoten des Herzens tatsächlich für die Erregungsbildung verantwortlich (*aktuelle* Schrittmacher). Alle übrigen Fasern des spezifischen Systems werden — wie die gewöhnliche Arbeitsmuskulatur — auf dem Weg der Fortleitung erregt, d.h. von ausgreifenden Stromschleifen rasch bis zur Schwelle depolarisiert, bevor ihre langsamen diastolischen Depolarisationen das Schwellenpotential erreichen (*potentielle* Schrittmacher). Die Gegenüberstellung in Abb. 19-7 macht ver-

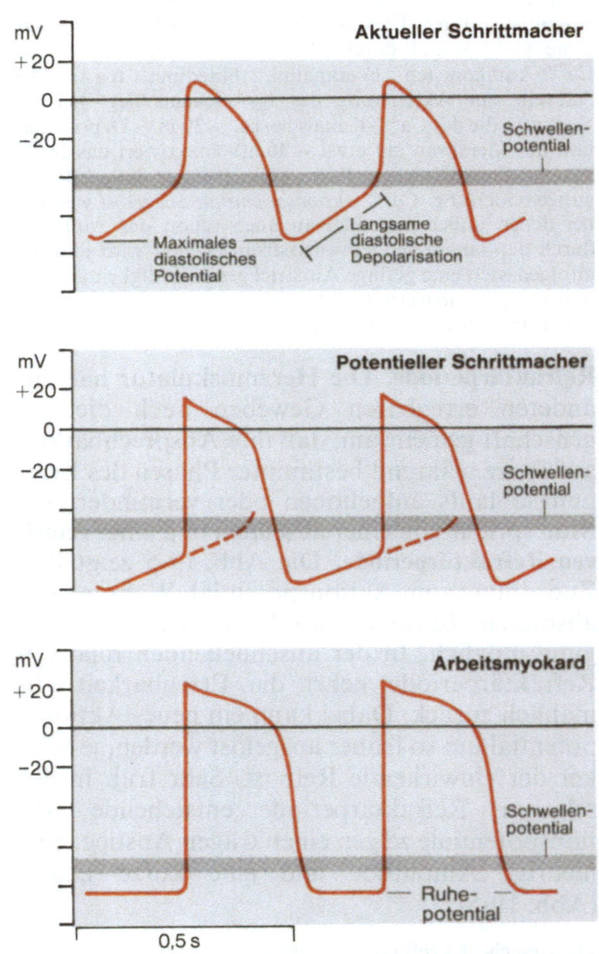

Abb. 19-7. Allgemeine Form des Erregungsablaufs im automatischen Gewebe verglichen mit dem nicht-automatischen Arbeitsmyokard

ständlich, daß bei Ausfall des aktuellen Schrittmachers ein potentieller Schrittmacher die Erregungsbildung übernehmen kann. Wegen der geringeren Steilheit der langsamen diastolischen Depolarisationen dauert es hierbei jedoch länger, bis die Schwelle erreicht wird; infolgedessen ist die Entladungsfrequenz des potentiellen Schrittmachers geringer. Im nicht-automatischen Arbeitsmyokard erfolgt die Depolarisation zur Schwelle durch den ausgreifenden Strom so rasch, daß sich der Aufstrich des Aktionspotentials abrupt vom Ruhepotential absetzt (Abb. 19-7 unten).

Mechanismus des Schrittmacherpotentials. Für die Entstehung der langsamen diastolischen Depolarisationen sind nach heutiger Vorstellung im Sinusknoten andere Mechanismen verantwortlich als im ventriculären Erregungsleitungs system [25]. Zunächst besteht im Sinusknoten ständig eine erhöhte Hintergrundleitfähigkeit für Na^+, die einer Annäherung des Membranpotentials an das K^+-Gleichgewichtspotential E_K entgegenwirkt. Das Membranpotential wird daher auf einem relativ niedrigen Niveau gehalten, und das schnelle Na^+-System bleibt — soweit überhaupt vorhanden — weitgehend inaktiviert. Während der Repolarisation des Aktionspotentials steigt die K^+-Leitfähigkeit g_K der Membran über den Ruhewert hinaus an. Das Membranpotential wird dadurch in Richtung E_K verschoben und erreicht das maximale diastolische Potential (Abb. 19-7). Indem g_K nun wieder langsam zum Ruhewert zurückkehrt, entfernt sich das Membranpotential wieder von E_K und nähert sich dabei der Schwelle zur Aktivierung des langsamen Ca^{2+}-Einwärtsstroms an, der hier auch Na^+ passieren läßt und für den Aufstrich des Aktionspotentials verantwortlich ist. Die Aktionspotentiale des Sinusknotens entsprechen somit in etwa den oben erwähnten Ca-Aktionspotentialen des depolarisierten Arbeitsmyokards. Ähnlich liegen die Verhältnisse im AV-Knoten.

Im ventriculären Erregungsleitungssystem ist die Hintergrund-Na^+-Leitfähigkeit normalerweise gering, so daß das Membranpotential im Anschluß an das Aktionspotential relativ hohe Werte erreicht, die eine weitgehende Erholung des schnellen Na^+-Systems ermöglichen. Für die nun folgenden diastolischen Depolarisationen ist im Unterschied zum Sinusknoten ein spezieller Ionenkanal verantwortlich, der durch die Repolarisation zu hohen Membranpotentialen aktiviert wird und sowohl Na^+ als auch K^+ passieren läßt. Die Auslösung der Aktionspotentiale geschieht durch Aktivierung des schnellen Na^+-Einwärtsstroms, was in der hohen Aufstrichsgeschwindigkeit der Aktionspotentiale zum Ausdruck kommt.

Ektopische Erregungsbildung. Die Fähigkeit zur automatischen Erregungsbildung ist eher eine primitive als eine hochspezialisierte Funktion des Herzmuskelgewebes. Im frühen Embryonalstadium zeigen zunächst alle Zellen der Herzanlage Spontanaktivität. Im Laufe der weiteren Differenzierung geben die Fasern des prospektiven Vorhof- und Kammermyokards ihre Autorhythmizität auf und entwickeln ein stabiles hohes Ruhepotential. Unter Bedingungen, die mit einer teilweisen Depolarisation der Membran einhergehen (Katelektrotonus, Dehnung, Hypokaliämie, Ba^{2+}-Ionen), kann jedoch die Stabilität des Ruhepotentials wieder verloren gehen. Die betroffenen Fasern können dann ähnlich wie natürliche Schrittmacherzellen diastolische Depolarisationen entwickeln und u.U. den Herzrhythmus stören. Depolarisation infolge K^+-Erhöhung führt dagegen nicht zur Automatie, da hierbei gleichzeitig die K^+-Leitfähigkeit ansteigt, was eine Hemmung der Automatie bewirkt. Ein Automatiezentrum außerhalb des regulären Schrittmachergewebes wird als *ektopisches Zentrum* oder *ektopischer Focus* bezeichnet.

Aktionspotentialformen. In ein und demselben Herzen zeigen die Aktionspotentiale verschiedener Regionen charakteristische Unterschiede. Einige typische Formen sind in Abb. 19-8 zusammengefaßt. Die Reihenfolge und Zeitversetzung der Aktionspotentiale entspricht dabei ihrer Entstehung im Erregungscyclus des Herzens. In den Anteilen des Erregungsbildungs- und -leitungssystems nimmt die Steilheit der langsamen diastolischen Depolarisationen mit der Entfernung vom Sinusknoten deutlich ab. Auffallend ist ferner die geringe Aufstrichsgeschwindigkeit und Amplitude der Aktionspotentiale im Sinusknoten und im AV-Knoten. Die Plateaudauer ist im Vorhofmyokard kürzer als in der Kammermuskulatur; entsprechend

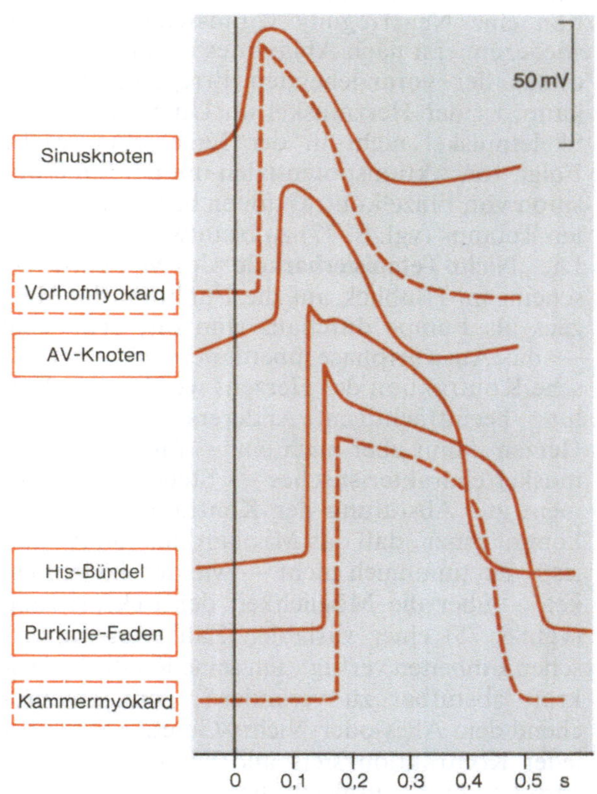

Abb. 19-8. Charakteristische Aktionspotentialformen in verschiedenen Herzregionen. Aktionspotentiale aus dem Erregungsbildungs- bzw. -leitungssystem sind durch *ausgezogene Linien* dargestellt. Die Zeitversetzung entspricht dem Eintreffen der Erregung in der betreffenden Region während der Erregungsausbreitung

verhält sich die Refraktärzeit. Durch ihre besonders lange Aktionspotentialdauer wirken die Endverzweigungen der Purkinje-Fäden wie ein — zwischen Vorhöfe und Kammermuskulatur eingeschaltetes — „Frequenzsieb", das die Kammern vor abnorm hohen Erregungsfrequenzen der Vorhöfe schützt.

Beziehungen zwischen Erregung und Kontraktion — elektromechanische Koppelung

Wie beim Skeletmuskel (S. 70f.) löst auch in der Herzmuskelzelle das Aktionspotential die Kontraktion aus. Ein charakteristischer Unterschied zwischen beiden Muskeltypen besteht jedoch in der zeitlichen Beziehung zwischen Aktionspotential und Kontraktion: Während im Skeletmuskel das Aktionspotential nur wenige Millisekunden dauert und die Kontraktion erst einsetzt, wenn der Erregungsvorgang schon praktisch zu Ende ist, findet sich im Myokard eine weitgehende zeitliche Überlappung beider Vorgänge (vgl. Abb. 19-9 oben). Das Aktionspotential ist hier erst beendet, wenn die Muskulatur bereits wieder erschlafft. Da eine neue Kontraktion eine Neuerregung voraussetzt und diese wiederum erst nach Ablauf des refraktären Stadiums der vorangehenden Erregung erfolgen kann, ist der Herzmuskel im Unterschied zum Skeletmuskel nicht in der Lage, eine rasche Folge von Aktionspotentialen mit der Superposition von Einzelkontraktionen bzw. einem glatten Tetanus (vgl. S. 77) zu beantworten.

Die **„Nicht-Tetanisierbarkeit"** des Myokards erscheint im Hinblick auf die Funktion des Herzens als Pumpe durchaus sinnvoll; denn eine — die Auswurfphase überdauernde — tetanische Kontraktion des Herzens würde seine Füllung beeinträchtigen. Andererseits fehlt dem Herzen damit aber auch ein — für den Skeletmuskel charakteristisches — Steuerungsinstrument zur Abstufung der Kontrationskraft. Es kommt hinzu, daß das Myokard als funktionelles Syncytium auch nicht — wie der Skeletmuskel — über die Möglichkeit der Rekrutierung (vgl. S. 75) einer variablen Zahl von motorischen Einheiten verfügt, um seine Kontraktionskraft abstufbar zu verändern; denn entsprechend dem Alles-oder-Nichts-Gesetz werden bei jeder Kontraktion stets alle Fasern in Aktion versetzt. Zum Ausgleich dieser physiologischen Beschränkungen ist im Herzmuskel die Beeinflußbarkeit der Kontraktion über den Erregungsvorgang bzw. über direkte Eingriffe in die elektromechanischen Koppelungsprozesse wesentlich stärker entwickelt.

Mechanismus der elektromechanischen Koppelung im Myokard. In den Myokardfasern der Säugetiere und des Menschen finden sich im Prinzip die gleichen Strukturelemente, wie sie beim Skeletmuskel als Träger der elektromechanischen Koppelungsprozesse beschrieben wurden (vgl. S. 71 f. u. Abb. 19-9 unten). Das **transversale Tubulussystem (T-System)** ist besonders im Ventrikelmyokard deutlich entwickelt und weist hier auch Verbindungen in der Längsrichtung auf. Das als intracellulärer Ca^{2+}-Speicher fungierende **longitudinale System** ist dagegen — verglichen mit dem Skeletmuskel — schwächer ausgebildet. Sowohl die Strukturbesonderheiten

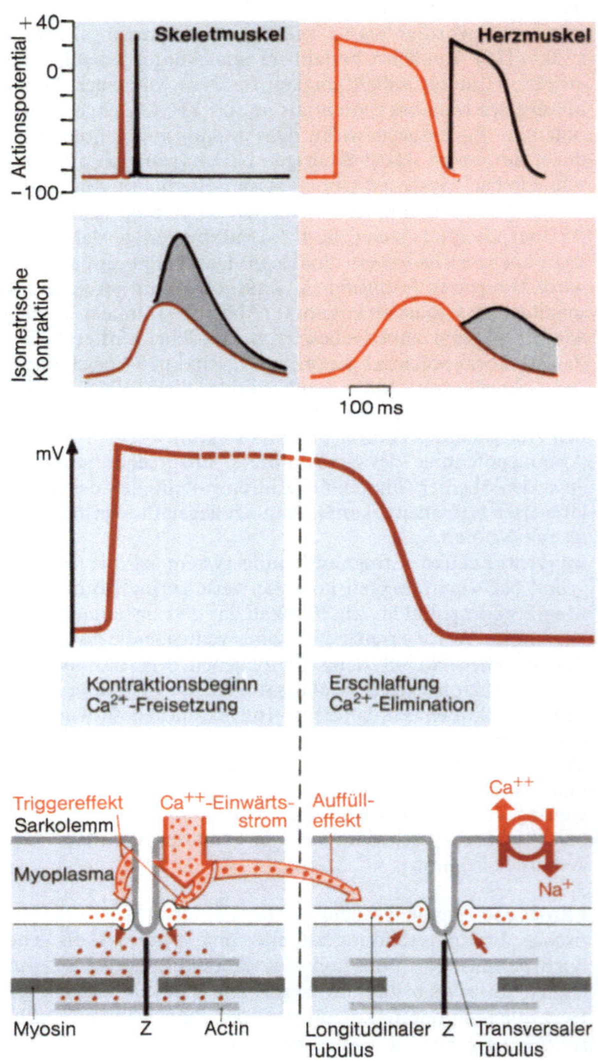

Abb. 19-9. *Oben:* Zeitliche Beziehung zwischen Aktionspotential und Kontraktion beim Skelet- und beim Herzmuskel. *Unten:* Schema des Zusammenspiels von Erregung, Ca^{2+}-Bewegung und Aktivierung des kontraktilen Apparates. *Links* sind die Vorgänge im Kontraktionsbeginn, *rechts* während der Erschlaffung dargestellt

des Myokards als auch sein funktionelles Verhalten weisen auf eine intensive Wechselwirkung zwischen den intracellulären Ca^{2+}-Speichern und dem Außenmedium der Fasern hin. Eine Schlüsselfunktion kommt dabei dem Ca^{2+}-Einwärtsstrom während des Aktionspotentials zu. Dieser Strom dient also nicht allein der oben erwähnten Verlängerung der Aktionspotentialdauer und damit der Refraktärperiode, sondern auch — durch den damit verbundenen Übertritt von Ca^{2+} aus dem Extracellulärraum ins Zellinnere — zur Steuerung der Kontraktionskraft. Die einwärts strömenden Ca^{2+}-Ionen dienen dabei allerdings nur zu einem geringen Teil der direkten Aktivierung des kontraktilen Apparates. Wichtiger erscheint die — durch das einströmende Ca^{2+} ausgelöste — Ca^{2+}-Freisetzung aus den intracellulären Depots [24]. Ferner wird das transmembranär eingeschleuste Ca^{2+} zur Auffüllung der Ca^{2+}-Speicher für die folgenden Kontraktionen verwendet.

Kürzt man z.B. im Experiment die Dauer des einzelnen Aktionspotentials durch einen anodischen Stromstoß ab, so daß der Ca^{2+}-Einstrom vorzeitig unterbrochen wird, so findet man die zugehörige Kontraktion nur wenig abgeschwächt, während die nächste Kontraktion, die wieder durch ein normales Aktionspotential ausgelöst wird, erheblich reduziert ist. Bei künstlicher Verlängerung des Aktionspotentials beobachtet man den umgekehrten Effekt, d.h. eine Verstärkung nachfolgender Kontraktionen. Wiederholt man die Verkürzung bzw. Verlängerung der Aktionspotentiale über mehrere Schläge, so stellt sich nach 5 bis 7 Schlägen ein Gleichgewicht auf u.U. beträchtlich erniedrigtem bzw. erhöhtem Kontraktionsniveau ein [12].

Das Aktionspotential erfüllt demnach mindestens 2 wichtige Aufgaben im Dienste der Kontraktion:

— einen **Triggereffekt,** d.h. die Auslösung der Kontraktion durch (Ca^{2+}-getriggerte) Freisetzung von Ca^{2+} aus intracellulären Depots;

— einen **Auffülleffekt,** d.h. eine mit der Erschlaffung einhergehende Bereitstellung von Ca^{2+} in den intracellulären Speichern für die folgenden Kontraktionen.

Mechanismen der Kontraktionsbeeinflussung. Verschiedene Einflüsse auf die Kontraktionskraft des Myokards kommen indirekt über Veränderungen der **Aktionspotentialdauer** zustande, die mit entsprechenden Modifikationen des Ca^{2+}-Einwärtsstroms einhergehen. Beispiele sind die durch K^{+}-Erhöhung bzw. durch Acetylcholin bewirkten Verkürzungen der Aktionspotentialdauer mit Abschwächung der Kontraktionskraft bzw. die Aktionspotentialverlängerung durch Abkühlung, die zur Kontraktionsverstärkung führt (vgl. Tabelle 19-1). Im gleichen Sinne wie eine Verlängerung der Aktionspotentialdauer wirkt sich eine Vermehrung der Zahl der Erregungen in der Zeiteinheit aus *(Frequenzinotropie,* Kontraktionsverstärkung durch *paarige Stimulation, postextrasystolische Potenzierung).* Das sog. **Treppenphänomen,** d.h. ein stufenweises Ansteigen der Kontraktionsamplitude nach Stillstand, hängt ebenfalls mit der Wiederaufnahme von Ca^{2+} in die Zelle zusammen [10, 24].

Nach diesen Überlegungen ist es nicht erstaunlich, daß sich auch **Veränderungen der extracellulären Ca^{2+}-Konzentration** rasch auf die Kontraktionskraft des Herzens auswirken. Im Experiment läßt sich durch extracellulären Ca^{2+}-Entzug eine komplette **elektromechanische Entkoppelung** erzeugen, d.h. das Myokard zeigt kaum veränderte Aktionspotentiale, die jedoch von keiner mechanischen Antwort mehr begleitet sind.

Nach dem bisher Gesagten würde man erwarten, daß Ca^{2+}-Entzug zu einer **Verkürzung** der Aktionspotentialdauer führt, da der aktionspotentialverlängernde Ca^{2+}-Einwärtsstrom wegfällt. Das Fehlen eines solchen Effekts hat 2 Gründe: Einmal läßt der langsame Kanal außer Ca^{2+} auch Na^{+} passieren. Bei normalem extracellulärem Ca^{2+}-Gehalt ist der Anteil von Na^{+} am langsamen Einwärtsstrom jedoch gering. Bei Ca^{2+}-Entzug wird der langsame Einwärtsstrom dagegen von Na^{+} getragen. Zum anderen besitzt die intracelluläre Ca^{2+}-Konzentration Rückwirkungen auf die K^{+}-Leitfähigkeit, wobei ein Absinken von Ca^{2+}, z.B. als Folge eines extracellulären Ca^{2+}-Entzugs, die K^{+}-Leitfähigkeit vermindert und so die Repolarisation des Aktionspotentials verzögert [25, 30].

Einen ähnlichen Effekt wie durch extracellulären Ca^{2+}-Entzug kann man durch Wirkstoffe erzielen, die den Ca^{2+}-Einwärtsstrom während des Aktionspotentials hemmen, sog. *Ca^{2+}-Antagonisten* (Verapamil, Nifedipin, Diltiazem u.a.) [3, 16].

Umgekehrt ist eine Steigerung der Kontraktionsamplitude sowohl durch extracelluläre Ca^{2+}-Erhöhung als auch durch Wirkstoffe möglich, die den Ca^{2+}-Einwärtsstrom während des Aktionspotentials verstärken (Adrenalin, Noradrenalin, vgl. S. 472). In der Praxis werden zur medikamentösen Verbesserung der Herzkraft **Herzglykoside** (Digitalis, Strophanthin) verwendet.

Die Verstärkung der Herzkraft durch die **Herzglykoside** kommt nach heutiger Auffassung hauptsächlich über eine Hemmung der Na-K-ATPase (Na-Pumpe) und den damit verbundenen Anstieg der intracellulären Na^{+}-Konzentration zustande. Dadurch vermindert sich der Austausch von intracellulärem Ca^{2+} gegen extracelluläres Na^{+}, der vom transmembranären

Na-Gradienten abhängt. Die Folge ist eine Anreicherung von Ca^{2+} im Zellinnern, das nach Aufnahme in die Ca-Speicher für die Aktivierung des kontraktilen Systems zur Verfügung steht.

Vegetative Innervation und Grundwirkungen der vegetativen Überträgerstoffe

Die kreislaufregulatorischen Zentren in der Medulla oblongata bzw. der Pons (vgl. S. 549f.) gewinnen über die vegetativen Herznerven des **Sympathicus** und des **Parasympathicus** unmittelbaren Einfluß auf die Herztätigkeit. Dieser Einfluß erstreckt sich auf die Schlagfrequenz (**chronotrope** Wirkung), auf die systolische Kraftentwicklung (**inotrope** Wirkung) und auf die Geschwindigkeit der atrioventriculären Überleitung (**dromotrope** Wirkung). Wie in allen Organen werden auch im Herzen die Wirkungen der vegetativen Nerven chemisch übertragen, und zwar die des Parasympathicus durch **Acetylcholin,** die des Sympathicus durch **Noradrenalin.**

Parasympathische Innervation. Die das Herz versorgenden parasympathischen Nerven zweigen als präganglionäre *Rr. cardiaci* vom beiderseitigen **N. vagus** ab. Die Fasern der rechten Seite gelangen vorwiegend zum rechten Vorhof und hier speziell zum Sinusknoten. Der AV-Knoten wird dagegen hauptsächlich von den linksseitigen Anteilen erreicht. Dementsprechend beeinflußt z.B. Reizung des **rechten** Herzvagus vorwiegend die *Herzfrequenz,* Reizung des **linken** Herzvagus vorwiegend die *atrioventriculäre Überleitung.* Die parasympathische Innervation der Herzkammern ist spärlich. Ihr Einfluß erfolgt indirekt und zwar über eine Hemmung der Sympathicuswirkung.

Sympathische Innervation. Im Unterschied zum Parasympathicus versorgt der Sympathicus alle Anteile des Herzens nahezu gleichmäßig. Die sympathischen Herznerven beziehen ihre präganglionären Anteile aus den Seitenhörnern der oberen Thorakalsegmente des Rückenmarks. Nach Umschaltung in Ganglien des Grenzstrangs aus dem Hals- bzw. dem oberen Thorakalbereich, besonders dem Ganglion stellatum, ziehen die postganglionären Fasern als *Nn. cardiaci* oder *Nn. accelerantes* zum Herzen. Sympathische Einflüsse können dem Herzen außerdem durch die im Blut zirkulierenden Catecholamine aus dem Nebennierenmark zufließen.

Chronotrope Wirkung. Bei Reizung des rechten Herzvagus oder bei direkter Applikation von Acetylcholin auf den Sinusknoten nimmt die *Herzfrequenz ab* (**negativ chronotrope Wirkung**); im Extremfall kann ein Herzstillstand eintreten. Sympathicusreizung oder Gabe von Noradrenalin erhöht die Herzfrequenz (**positiv chronotrope Wirkung**). Bei gleichzeitiger Reizung von Vagus und Sympathicus überwiegt gewöhnlich die Vaguswirkung. Der modifizierende vegetative Einfluß auf die autorhythmische Aktivität des Sinusknotens kommt hauptsächlich durch Veränderung des Verlaufs der langsamen diastolischen Depolarisationen zustande (Abb. 19-10A): Unter *Vaguseinfluß* nimmt die Steilheit der diastolischen Depolarisationen ab. Infolgedessen wird das Schwellenpotential jeweils erst nach längeren Intervallen erreicht. Im Extremfall bleibt die diastolische Depolarisation vorübergehend aus, und das Membranpotential stellt sich auf stärker negative Werte ein (Hyperpolarisation, Abb. 19-11A). Unter *Sympathicuseinfluß* nimmt die Steilheit der diastolischen Depolarisation zu, so daß das Schwellenpotential jeweils früher erreicht wird. Die Abb. 19-11 zeigt beide Wirkungen anhand von intracellulären Originalregistrierungen aus dem Sinus venosus des Froschherzens.

Da sich die positiv chronotrope Wirkung des Sympathicus auf das gesamte Erregungsleitungssystem erstreckt, kann es bei Ausfall eines führenden Automatiezentrums entscheidend von der Sympathicusaktivität abhängen, wann und in welchem Umfang ein untergeordnetes Zentrum die Schrittmacherfunktion übernimmt. Darüber hinaus besitzt der Sympathicus auch positiv chronotrope Effekte an solchen Schrittmacherzellen, deren Spontanaktivität durch äußere Einflüsse wie K^+-Erhöhung oder Überdosierung von automatielähmenden Arzneimitteln unterdrückt wird. Allerdings kann auf die gleiche Weise auch ein ektopisches Automatiezentrum zu gesteigerter Aktivität angeregt und die Entstehung von Rhythmusstörungen begünstigt werden.

Vagus- und Sympathicustonus. Während bei den meisten Säugern und beim Menschen die Herzkammern hauptsächlich dem Einfluß des Sympathicus unterliegen, läßt sich im Bereich der Vorhöfe, am deutlichsten in der Aktivität des Sinusknotens, eine ständige antagonistische Beeinflussung durch Vagus und Sympathicus nachweisen. Sie kommt z.B. darin zum Ausdruck, daß bei Durchtrennung oder pharmakologischer Blockierung eines Anteils jeweils die Wirkung des Gegenspielers überwiegt. Beim Hundeherzen steigt z.B. nach Vagusausschaltung die Frequenz von ca. 100/min in Ruhe auf 150/min und darüber an; bei Sympathicusausschaltung sinkt sie auf 60/min und weniger ab. Der ständige Erregungszustrom über die vegeta-

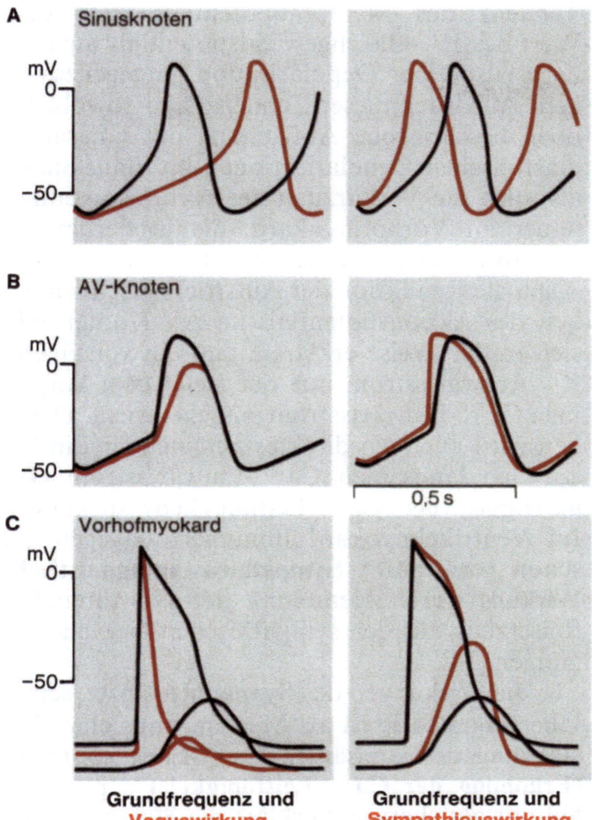

Abb. 19-10 A–C. Charakteristische Wirkung der efferenten vegetativen Herznerven bzw. ihrer Überträgerstoffe auf die Aktionspotentiale von Sinusknoten **(A)**, AV-Knoten **(B)** und Vorhofmyokard **(C)**. Beim Vorhofmyokard ist außerdem noch das Verhalten der isometrischen Kontraktion dargestellt. Die Sympathicuswirkung auf das Ventrikelmyokard gleicht der Wirkung auf den Vorhof. Der Vagus besitzt dagegen keinen oder nur geringen direkten Einfluß auf die Ventrikelmuskulatur

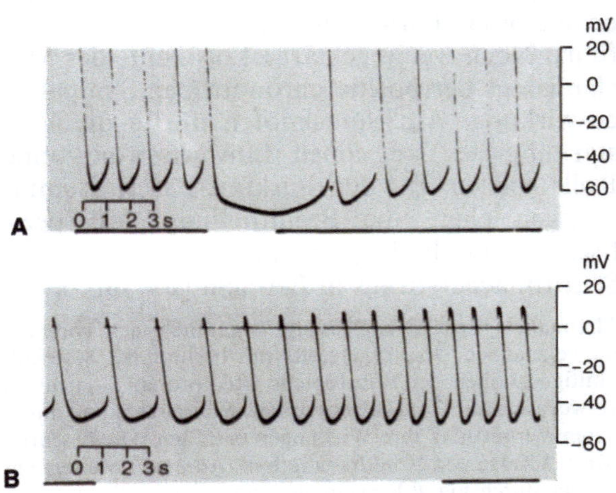

Abb. 19-11 A u. B. Einfluß des Vagus **(A)** bzw. Sympathicus **(B)** auf die Erregungsbildung im primären Automatiezentrum des Froschherzens. Die Unterbrechung der Linie unter der Zeiteichung gibt jeweils die Dauer der Nervenreizung (20 Hz) an. Aus HUTTER O.F. u. W. TRAUTWEIN: J. gen. Physiol. *39*, 715 (1956)

tiven Nerven wird auch als *„Vagustonus“* bzw. *„Sympathicustonus“* bezeichnet. Da die Frequenz des komplett denervierten Herzens *(autonome Frequenz)* deutlich über der normalen Ruhefrequenz liegt, ist anzunehmen, daß in Ruhe der Vagustonus gegenüber dem Sympathicustonus überwiegt.

Inotrope Wirkung. Änderungen der Schlagfrequenz besitzen schon für sich allein einen beträchtlichen Einfluß auf die Kontraktionskraft des Myokards (vgl. S. 469). Darüber hinaus entfalten die vegetativen Herznerven auch unmittelbare Wirkungen auf die mechanische Kraftentwicklung (vgl. Abb. 19-10). Unter *Vaguseinfluß* wird die Kontraktionsstärke des Vorhofmyokards vermindert. Dabei nimmt die Anstiegsdauer des Mechanogramms, d.h. die Zeit vom Fußpunkt der Kontraktionskurve bis zu ihrem Gipfel ab. Diese **negativ inotrope Wirkung** beruht auf einer primären Verkürzung der Aktionspotentialdauer durch den Vagus (vgl. Abb. 19-10C). Der *Sympathicus* erhöht die Kontraktionskraft sowohl im Vorhof- als auch im Kammermyokard **(positiv inotrope Wirkung).** Der Kontraktionsablauf zeigt dabei eine steilere Anstiegsflanke, eine verkürzte Anstiegsdauer und eine beschleunigte Erschlaffung. Die Form des Aktionspotentials ist dagegen kaum verändert (Abb. 19-10C).

Dromotrope Wirkung. Ein vegetativer Einfluß auf die Erregungsleitung ist normalerweise nur im Bereich des *AV-Knotens* nachweisbar (Abb. 19-12). Der *Sympathicus* beschleunigt die atrioventriculäre Überleitung und verkürzt dadurch die Pause zwischen Vorhof- und Kammeraktion **(positiv dromotrope Wirkung).** Der *Vagus* — v.a. sein linksseitiger Ast — verlangsamt die atrioventriculäre Leitung im Extremfall bis zum vorübergehenden totalen AV-Block **(negativ dromotrope Wirkung).** Der bevorzugte Einfluß der vegetativen Überträgerstoffe auf die Erregungsleitung im AV-Knoten hängt mit der spezifischen Eigenart seiner Fasern zusammen. Diese besitzen — wie oben ausgeführt — große Ähnlichkeit mit denen des Sinusknotens. Ihre Aktionspotentiale weisen wegen des fehlenden schnellen Na^{+}-Einwärtsstroms nur eine geringe Aufstrichgeschwindigkeit auf, was wiederum eine geringe Leitungsgeschwindigkeit zur Folge hat. Wie Abb. 19-10B zeigt, bewirkt der Vagus eine weitere Abflachung, der Sympathicus dagegen eine Versteilung der Aufstrichphase mit den entsprechenden Effekten auf die Geschwindigkeit der atrioventriculären Überleitung (vgl. Abb. 19-12).

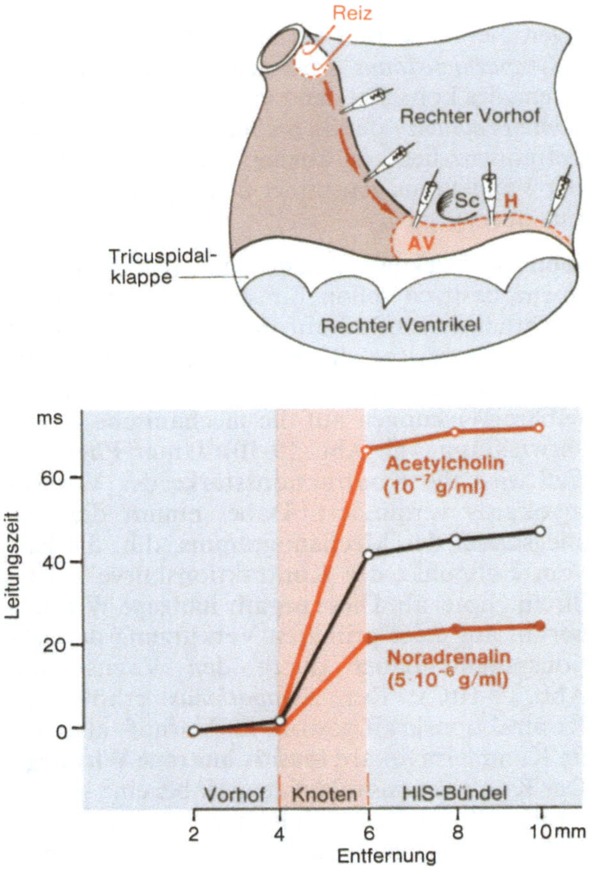

Abb. 19-12. Messung der Leitungszeiten (Zeit vom Reizbeginn bis zum Eintreffen der Erregung an der Ableitelektrode) im isolierten Vorhofpräparat des Kaninchens. *AV* Atrioventricularknoten, *H* HIS-Bündel. *Unten:* Abhängigkeit der Leitungszeit von der Entfernung zwischen Reizort und Ableitelektrode unter Kontrollbedingungen und bei Einwirkung von Acetylcholin bzw. Noradrenalin. Die vegetativen Überträgerstoffe beeinflussen die Leitungszeit nur im Bereich des AV-Knotens. Eine Verlängerung der Leitungszeit ist gleichbedeutend mit einer Verminderung der Leitungsgeschwindigkeit und umgekehrt. Nach B.F. HOFFMAN et al. Circul. Res. *7*, 11 (1959) und eigenen Ergebnissen

Bathmotrope Wirkung. Als bathmotrope Wirkung wird eine Beeinflussung der *Erregbarkeit* im Sinne einer *Senkung* bzw. *Erhöhung* der *Reizschwelle* bezeichnet. Die experimentellen Ergebnisse über bathmotrope Effekte der vegetativen Überträgerstoffe am Herzen sind jedoch nicht einheitlich. Einigermaßen gesichert ist lediglich eine erregbarkeitssteigernde Wirkung des Sympathicus unter Bedingungen einer herabgesetzten Erregbarkeit (niedriges Ruhepotential). Insgesamt hat der Begriff der bathmotropen Wirkung bisher mehr Verwirrung als Klarheit gebracht und sollte daher besser aufgegeben werden [9].

Wirkungsmechanismus der vegetativen Überträgerstoffe. Die Wirkungen des *Vagus* bzw. seines Überträgerstoffes **Acetylcholin** können weitgehend auf eine gemeinsame Grundwirkung zurückgeführt werden — nämlich eine **Erhöhung der K^+-Leitfähigkeit** der erregbaren Membran. Ein solcher Einfluß äußert sich generell in der Tendenz des Membranpotentials, sich dem Wert des K^+-Gleichgewichtspotentials anzunähern, also einer Depolarisation entgegenzuwirken. Ausdruck dieser Tendenz sind sowohl die oben beschriebene Abflachung der langsamen diastolischen Depolarisationen im Sinusknoten als auch die Verkürzung der Aktionspotentialdauer im Vorhofmyokard, die wiederum zur Abschwächung der Kontraktionskraft führt. Auch die Reduktion der Aufstrichsgeschwindigkeit des Aktionspotentials im AV-Knoten läßt sich in der Weise erklären, daß ein verstärkter K^+-Auswärtsstrom aus der Zelle dem langsamen Ca^{2+}-Einwärtsstrom entgegenwirkt. Daneben wird auch ein direkter hemmender Einfluß auf den langsamen Ca^{2+}-Einwärtsstrom **(Erniedrigung der Ca^{2+}-Leitfähigkeit)** diskutiert. Im Ventrikelmyokard dominiert dagegen die schon erwähnte **Sympathicus-antagonistische Wirkung** durch Hemmung der Noradrenalinfreisetzung aus den sympathischen Nervenendigungen [30].

Für die Wirkungen des **Sympathicus** bzw. seiner Überträgerstoffe ist als Mechanismus eine Verstärkung des langsamen Ca^{2+}-Einwärtsstroms **(Erhöhung der Ca^{2+}-Leitfähigkeit)** experimentell gut gesichert. Sie erklärt die Steigerung der Kontraktionskraft (positiv inotrope Wirkung) durch Intensivierung der elektromechanischen Koppelung. Auch die positiv dromotrope Wirkung auf den AV-Knoten dürfte nach den obigen Überlegungen mit der Verstärkung des langsamen Einwärtsstroms zusammenhängen. Die mit der positiv inotropen Wirkung einhergehende Beschleunigung der Erschlaffung wird dagegen auf eine **Stimulation der Ca^{2+}-Aufnahme in die intracellulären Speicher** zurückgeführt. Noch wenig geklärt ist bis heute der Mechanismus der positiv chronotropen Sympathicuswirkung. Am Sinusknoten dürfte die Verstärkung des langsamen Einwärtsstroms eine Rolle spielen. Bei den Purkinje-Fasern kommt dagegen eher eine Beeinflussung des spezifischen, durch Hyperpolarisation aktivierten Schrittmacherstroms in Betracht [25, 30].

Pharmakologische Beeinflussung. Man stellt sich vor, daß die vegetativen Überträgerstoffe mit bestimmten Molekülkonfigurationen der Effectorzelle (Receptoren — nicht zu verwechseln mit Sinneszellen) in Beziehung treten und durch deren Vermittlung ihre Wirkungen entfalten. Die beschriebenen Effekte von Noradrenalin bzw. Adrenalin werden am Herzen durch sog. **β-Receptoren** vermittelt (vgl. S. 345). Zur pharmakologischen Ausschaltung der Sympathicuswirkung dienen **β-Receptorenblocker** wie Dichlorisoproterenol (DCI), Nethalid u.a. (vgl. hierzu auch S. 355). Als Antagonist der parasympathischen Effekte von Acetylcholin wirkt am Herzen ebenso wie in anderen Organen das Tollkirschengift *Atropin*.

Afferente Innervation. Neben den efferenten vegetativen Nerven finden sich im Herzen auch reichlich afferente Nervenfasern, die sich in ihrem Verlauf teils dem Vagus, teils dem Sympathicus anschließen. Bei den *Vagusafferenzen* handelt es sich im wesentlichen um markhaltige Nervenfasern, die von Receptoren der Vorhöfe bzw. des linken Ventrikels ausgehen. Durch Einzelfaserableitung konnten in den Vorhöfen 2 Arten von Mechanoreceptoren ermittelt werden, die passive Dehnung **(B-Receptoren)** bzw. aktive Spannung **(A-Receptoren)** signalisieren.
Außer den markhaltigen afferenten Nervenfasern, die von spezialisierten sensiblen Receptoren ausgehen, finden sich im Herzen v.a. subendokardial dichte Geflechte markloser Fasern mit freien Endigungen, deren afferente Fortsätze im *Sympathicus* verlaufen. Wahrscheinlich vermitteln diese Nerven die starken segmental ausstrahlenden Schmerzen bei Durchblutungsstörungen des Herzens (Angina pectoris, Myokardinfarkt).

Einflüsse des Ionenmilieus. Unter den Einflüssen des extracellulären Ionenmilieus auf die Herztätigkeit kommt v.a. der *K^+-Konzentration* praktische Bedeutung zu. Eine *Erhöhung* des extracellulären K^+ (K_e^+) hat zweierlei Wirkungen auf das Myokard: 1. eine Verminderung des Ruhepotentials infolge Abflachung des Gradienten K_i^+/K_e^+, 2. eine Erhöhung der K^+-Leitfähigkeit der erregbaren Membran — vergleichbar der Wirkung von Acetylcholin am Vorhofmyokard. Bei K^+-Erhöhung von normal 4 auf etwa 8 mmol/l kommt es zu einer geringen Depolarisation mit Zunahme der Erregbarkeit und der Leitungsgeschwindigkeit sowie zur Dämpfung heterotoper Automatiezentren. Stärkere K^+-Erhöhung (über 8 mmol/l) reduziert die Erregbarkeit und die Leitungsgeschwindigkeit, verkürzt die Aktionspotentialdauer, vermindert dadurch die Kontraktionskraft und lähmt schließlich auch die Automatie des Sinusknotens. Bei *Erniedrigung* der extracellulären K^+-Konzentration unter 4 mmol/l dominiert der stimulierende

Tabelle 19-1. Wirkungen verschiedener physikalischer und chemischer Einflüsse auf die elektrische und mechanische Aktivität im Herzen. + Vergrößerung, − Verkleinerung, 0 keine Wirkung, ( ) schwache Wirkung, → Wirkungsänderung bei Intensivierung des betreffenden Einflusses

	Ruhepotential	Aktionspotential			Leitungsgeschwindigkeit	Schrittmacherpotential (Steilheit)	Kontraktionskraft
		Amplitude	Dauer	Anstiegssteilheit			
Frequenzerhöhung	0	0	−	0	0	+	Treppe +
Frequenzerniedrigung	0	0	+	0	0	−	−
Temperaturerhöhung	0	0	−	0	0(+)	+	−
Temperaturerniedrigung	0 → −	0 → −	+	0 → −	−	−	+
Acidose	0	0	+	−	−	−	−
Alkalose	0	0	(−)	(+)	(+)	+	+
O_2-Mangel	−	−	−	−	−	+ → −	−
K_e^+-Erhöhung	−	−	−	−	(+) → −	−	−
K_e^+-Erniedrigung	0 → −	0 → −	+ → −	0	0	+	+
Ca_e^{2+}-Erhöhung	0 → +	0	0 → −	0	0	0	+
Ca_e^{2+}-Erniedrigung	0 → −	0	0 → +	0	0	(+)	−
(Nor-)Adrenalin	0	0 → +	(+)	im AV-Knoten +	im AV-Knoten +	+	+
Acetylcholin (im Bereich der Vorhöfe)	(+)	0	−	im AV-Knoten −	im AV-Knoten −	−	−

Einfluß auf die Automatie im ventriculären Erregungsleitungssystem. Dabei kann es zu Herzrhythmusstörungen kommen.

Von der erregungshemmenden Wirkung erhöhter extracellulärer K^+-Konzentrationen wird in der Herzchirurgie Gebrauch gemacht, um das Herz für operative Eingriffe vorübergehend ruhig zu stellen **(kardioplege Lösungen)**. Der Kreislauf wird hierbei durch eine extracorporale Blutpumpe aufrechterhalten (Herz-Lungen-Maschine). Die Beeinträchtigung der Herzfunktion durch Anstieg des K^+-Gehaltes im Blut, z.B. bei extremer Muskelarbeit oder unter krankhaften Bedingungen, kann durch den Sympathicus weitgehend kompensiert werden.

In Tabelle 19-1 sind die wichtigsten physikalischen und chemischen Einflüsse auf Erregung und Kontraktion des Herzens in einer Übersicht zusammengefaßt. Dabei wurden jeweils nur die vorherrschenden Effekte berücksichtigt.

19.3 Elektrokardiogramm

Bei der Ausbreitung und Rückbildung der Erregung des Herzens entsteht ein elektrisches Feld, das bis an die Körperoberfläche ausgreift. Die zeitlichen Veränderungen der Größe und Richtung dieses Feldes spiegeln sich in den Veränderungen von Potentialdifferenzen wider, die zwischen verschiedenen Stellen der Körperoberfläche gemessen werden können. Das **Elektrokardiogramm (EKG)** stellt die Aufzeichnung solcher Potentialdifferenzen in Abhängigkeit von der Zeit dar. Es ist damit Ausdruck der *Herzerregung* — nicht der *Kontraktion!*

Die beim EKG auftretenden Spannungen von z.T. weniger als 1 mV müssen für die Registrierung verstärkt werden. Dazu dienen elektronische Verstärker, die in die handelsüblichen EKG-Geräte eingebaut sind. Eine spezielle Schaltung (CW-Koppelung) bewirkt, daß Gleichspannungen z.B. in Form galvanischer Potentiale an den metallischen Abgriffselektroden exponentiell (Zeitkonstante 2 s) gegen Null abklingen. Auf diese Weise werden störende Verschiebungen der Grundlinie vermieden. Sämtliche EKG-Geräte besitzen eine Empfindlichkeitskontrolle in Form einer 1-mV-Eichung, die auf einen Ausschlag von 1 cm eingestellt wird.

Form des EKG und Terminologie. Bei Ableitung zwischen dem rechten Arm und dem linken Bein zeigt das normale EKG einen Kurvenverlauf entsprechend der Darstellung in Abb. 19-13. Es finden sich Ausschläge in positiver und negativer Richtung *(Zacken, Wellen)*, die mit P bis T bezeichnet werden. Vereinbarungsgemäß werden innerhalb der QRS-Gruppe **positive** Ausschläge immer mit **R** bezeichnet, **negative** Ausschläge mit **Q,** wenn sie der R-Zacke vorausgehen, mit **S,** wenn sie der R-Zacke nachfolgen. P- und T-Wellen können dagegen positive oder negative Richtung haben. Den Abstand zwischen 2 Zacken nennt man **Strecke** oder auch **Segment** (z.B. PQ-Strecke zwischen Ende P und Beginn Q). Ein **Intervall** umfaßt Zacken und Strecken (z.B. PQ-Intervall von Beginn P bis Beginn Q). Das RR-Intervall zwischen den Gipfeln zweier aufeinanderfolgender R-Zacken entspricht der Dauer einer Herzperiode und ist ein reziprokes Maß der Herzfrequenz (60/RR-Intervall (s) = Schläge/min).

Beziehungen zum Erregungsablauf. Bevor wir uns näher mit der Entstehung der EKG-Kurve befassen, wollen wir uns die allgemeine Bedeutung der einzelnen Abschnitte klarmachen. Man unterscheidet einen **Vorhofteil** und einen **Kammerteil.** Der Vorhofteil beginnt mit der **P-Welle.** Sie ist Ausdruck der Erregungsausbreitung über beide Vorhöfe. Während der anschließenden **PQ-Strecke** sind die Vorhöfe als Ganzes erregt. Die Erregungsrückbildung in den Vorhöfen fällt mit der Anfangsschwankung des Kammerteils zusammen. Der Kammerteil dauert von Beginn Q bis Ende T. Die **QRS-Gruppe** ist Ausdruck der Erregungsausbreitung über beide Ventrikel, die **T-Welle** Ausdruck der ventriculären Erregungsrückbildung. Dazwischen liegt die **ST-**

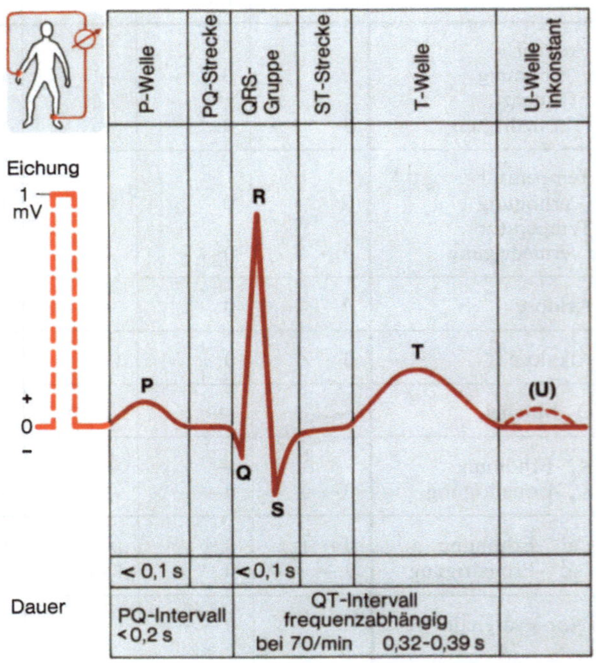

Abb. 19-13. Normalform des EKG bei bipolarer Ableitung von der Körperoberfläche in Richtung der Herzlängsachse. Unter der EKG-Kurve sind wichtige Grenzwerte der Dauer einzelner Abschnitte angegeben

Strecke, die — analog der PQ-Strecke im Vorhofteil — die Totalerregung des Ventrikelmyokards anzeigt. Gelegentlich wird im Anschluß an die T-Welle noch eine sog. *U-Welle* sichtbar. Sie ist wahrscheinlich Ausdruck der Erregungsrückbildung in den Endverzweigungen des Erregungsleitungssystems.

Normwerte. Das **PQ-Intervall,** die sog. *Überleitungszeit,* umfaßt den Zeitraum vom Beginn der Vorhoferregung bis zum Beginn der Kammererregung. Es dauert normalerweise kürzer als 0,2 s. Verlängerungen über 0,2 s deuten auf Störungen der Erregungsleitung im Bereich des AV-Knotens bzw. des His-Bündels hin. Eine Verlängerung der *QRS-Gruppe* über 0,12 s spricht für Störungen der ventriculären Erregungsausbreitung. Die **Gesamtdauer von QT** ist von der Frequenz abhängig. Bei Zunahme der Herzfrequenz von 40 auf 180/min nimmt z.B. die QT-Dauer von etwa 0,5 auf 0,2 s ab. Für die Amplituden der einzelnen Zacken gelten etwa folgende Richtwerte: $P < 0{,}25$ mV; $Q < {}^1/_4$ von R; $R + S > 0{,}6$ mV; T $^1/_6$ bis $^2/_3$ von R.

Entstehung des EKG

Die folgende Erklärung der EKG-Entstehung stützt sich auf eine Reihe von Fakten, die hier zunächst kurz zusammengefaßt und anschließend — soweit erforderlich — näher erläutert werden:

— Das komplexe elektrische Feld des erregten Herzens resultiert aus der **Überlagerung** vieler **elementarer Feldkomponenten (Dipolvektoren),** die in Einzelfasern entstehen , in denen sich die Erregung ausbreitet oder zurückbildet (Definition der Herzmuskelfaser vgl. S. 462). Ruhende oder gleichförmig erregte Herzmuskelfasern wirken nicht als Dipole.

— Zahlreiche Einzelvektoren summieren sich in jedem Zeitpunkt der Herzerregung zu einem Summations- oder **Integralvektor.**

— Die Größe der **quellenfern meßbaren Spannungen** wird hauptsächlich bestimmt von der **Stärke** des Integralvektors sowie von der **Abgriffsrichtung** im Verhältnis zur **Vektorrichtung.**

Erregungswelle und freie Weglänge. Das ventriculäre Erregungsleitungssystem verteilt die Erregung rasch an viele Stellen der Herzkammern. Infolgedessen sind die Abschnitte der Ventrikelmuskulatur, die jeweils von einer Purkinje-Faserendigung aus versorgt werden — über die also eine Erregungswelle kontinuierlich fortschreitet —, verhältnismäßig kurz (Länge ca. 1 cm). Diese Strecke wird als **freie Weglänge** bezeichnet. Für die Erregungswelle errechnet sich dagegen aus dem Produkt von Leitungsgeschwindigkeit (ca. 1 m/s) und Erregungsdauer (ca. 0,3 s) eine Länge von 0,3 m = 30 cm. Daraus folgt, daß in jedem Zeitpunkt des Erregungscyclus jeweils nur kleine Ausschnitte der Erregungswelle tatsächlich existent sind, wie dies in Abb. 19-14 schematisch dargestellt ist.

Die Herzmuskelfaser als Dipol. Bei der Passage einer Erregungswelle über eine Herzmuskelfaser entstehen entlang der freien Weglänge Potentialgradienten-Vektoren, die im Zellinnern und im Außenmedium entgegengesetzte Richtung aufweisen. Ihre Größe hängt von der gerade ablaufenden Erregungsphase ab (Abb. 19-14). An der Erregungsfront herrscht ein steiles Potentialgefälle entsprechend der Amplitude des Aktionspotentials. In der Phase der Repolarisation treten dagegen viel geringere Potentialgradienten in entgegengesetzter Richtung auf. In erster

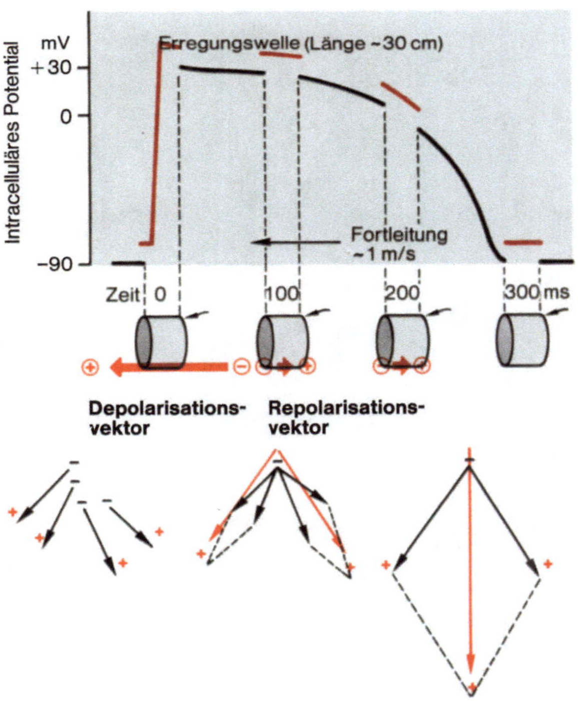

Abb. 19-14. *Oben:* Erregungswelle dargestellt als intracelluläres Potential entlang einer unbegrenzt gedachten Myokardfaser. *Darunter:* Tatsächliche Länge der Myokardfaser (freie Weglänge) dargestellt als ein und derselbe Zylinder in 4 aufeinanderfolgenden Phasen des Erregungsablaufs (0 bis 300 ms). Außerhalb der Myokardfaser entstehen Potentialgradienten-Vektoren mit umgekehrter Polarität wie im Zellinnern. *Unten:* Prinzip der Vektoraddition. 4 Einzelvektoren werden durch 2 Resultanten und schließlich durch eine Resultante, den sog. Integralvektor ersetzt

Annäherung verhält sich die erregte Herzmuskelfaser somit im physikalischen Sinne als ein *variabler Dipol,* dessen jeweilige Größe und Richtung durch einen Pfeil *(Vektor)* symbolisiert wird.
Der **Dipolvektor** zeigt definitionsgemäß **von minus nach plus,** d.h. vom erregten zum unerregten Bezirk; denn eine erregte Stelle verhält sich — von außen betrachtet — elektronegativ gegenüber einer unerregten. Wir können den Dipolvektor an der Erregungsfront als **Depolarisationsvektor,** den — entgegengesetzt gerichteten — Vektor am Ende der Erregungswelle als **Repolarisationsvektor** bezeichnen.

Aus physikalischer Sicht sind die hier betrachteten Vektoren **Potentialgradienten.** Vektoren der elektrischen Feldstärke weisen dagegen von plus nach minus, und elektrische Spannung ist keine gerichtete Größe.

Integralvektor. In jedem Augenblick der Herzerregung summieren sich alle im Herzen vorhandenen Einzelvektoren zu einem Summations- oder Integralvektor. Man kann sich die Entstehung des Integralvektors wie die Bildung einer Resultante im Parallelogramm der Kräfte vorstellen (vgl. Abb. 19-14 unten). Ein großer Teil der Vektoren werden sich dabei in ihrer Wirkung nach außen gegenseitig aufheben, da sie in entgegengesetzte Richtungen weisen. Man hat geschätzt, daß bei der Erregung des Herzens zeitweise 90% der Einzelvektoren einander gegenseitig auslöschen.

Beziehungen des Integralvektors zum Erregungscyclus des Herzens. In Abb. 19-15 sind die momentanen Integralvektoren für aufeinanderfolgende Erregungsphasen des Herzens dargestellt. Während der Erregungsausbreitung über die Vorhöfe **(P-Zacke)** laufen die Erregungswellen überwiegend von oben nach unten; d.h. die einzelnen Depolarisationsvektoren weisen in der Mehrzahl zur Herzspitze und erzeugen dementsprechend einen *herzspitzenwärts gerichteten Integralvektor*. Wenn die Vorhöfe als Ganzes erregt sind, verschwinden für kurze Zeit die Potentialunterschiede, da sich alle Vorhoffasern in

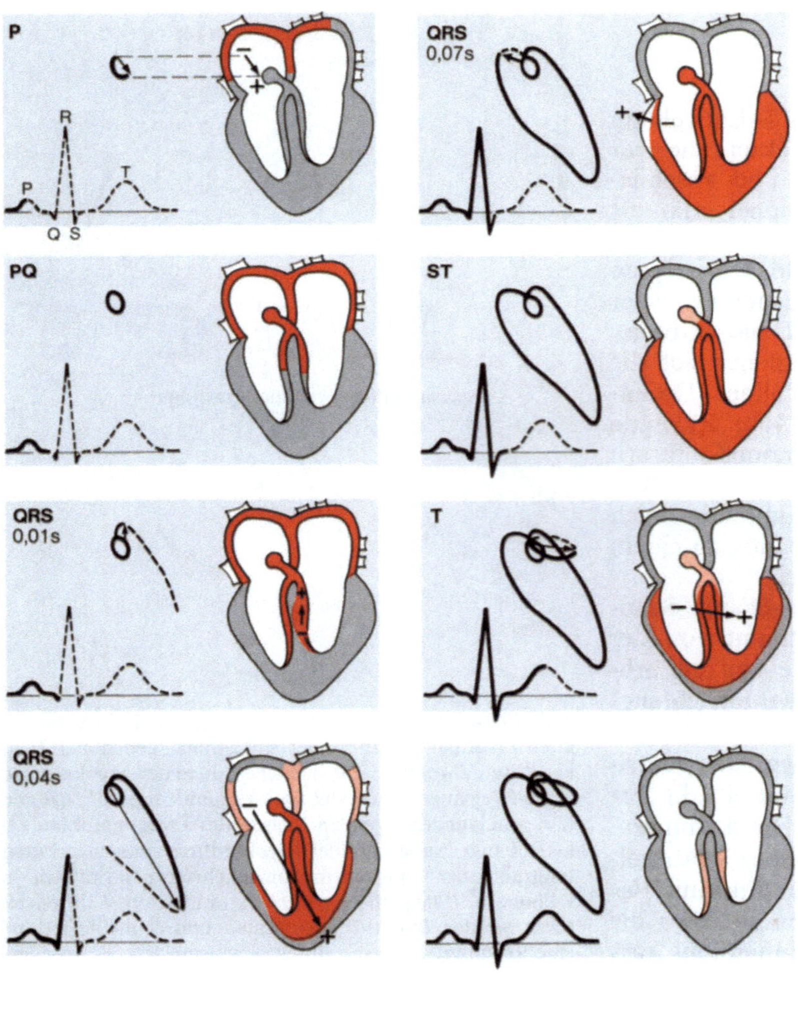

Abb. 19-15. Zuordnung von Erregungsphasen des Herzens zu bestimmten Abschnitten des EKG. Die erregten Bezirke sind *rot* dargestellt. Das Abklingen der Erregung ist durch *rosa Tönung* angedeutet. Die *schwarzen Pfeile* kennzeichnen die Richtung und relative Größe des Integralvektors in dem betreffenden Augenblick. Auf der *linken* Seite ist die Umhüllende der Vektorspitzenbewegung in frontaler Projektion (das frontale Vektorkardiogramm) jeweils vom Erregungsbeginn bis zu dem betreffenden Zeitpunkt dargestellt

der Plateauphase des Aktionspotentials befinden (vgl. Abb. 19-14). Die gleichzeitig beginnende Erregungsausbreitung im ventriculären Erregungsleitungssystem erzeugt wegen der geringen erregten Zellmasse keine nennenswerte Potentialdifferenz **(PQ-Strecke)**. Erst wenn die Erregung auf das Ventrikelmyokard übergreift, treten wieder nachweisbare Potentialgradienten auf. Die ventriculäre Erregungsausbreitung beginnt auf der linken Seite des Kammerseptums und erzeugt einen nach *basiswärts* gerichteten Integralvektor **(Beginn QRS)**. Kurze Zeit später überwiegt die Ausbreitung in Richtung auf die *Herzspitze* **(größter QRS-Vektor)**. In der Wand der Ventrikel laufen die Erregungen dabei jeweils von innen nach außen. Die ventriculäre Erregungsausbreitung endet mit der Erregung eines Saums im Bereich des rechten Ventrikels am Ursprung der A. pulmonalis, wobei der Integralvektor nach rechts oben zeigt **(Ende QRS)**. Während der Erregungsausbreitung über die Herzkammern (QRS) ist gleichzeitig die Vorhoferregung wieder abgeklungen. Im Zustand der Totalerregung der Ventrikel **(ST-Strecke)** verschwinden für kurze Zeit ebenso wie bei der Vorhoferregung (PQ-Strecke) und aus den gleichen Gründen die Potentialunterschiede. Während der folgenden Erregungsrückbildung der Ventrikel **(T-Welle)** ändert sich die Richtung des Integralvektors kaum. Er zeigt während der gesamten Dauer der Erregungsrückbildung nach *links*. Würde die Repolarisation der Ventrikel in der gleichen Reihenfolge ablaufen wie die Depolarisation und ebenso rasch, so müßte man erwarten, daß sich der Integralvektor während der Erregungsrückbildung quasi spiegelbildlich zur Erregungsausbreitung verhält. Daß dies nicht der Fall ist, hat folgende Gründe: Einmal läuft die Repolarisation grundsätzlich langsamer ab als die Depolarisation. Zum anderen sind die *Repolarisationsgeschwindigkeiten* in verschiedenen Ventrikelregionen *nicht gleich*. So repolarisieren die *Spitze früher als die Basis* und die *subepikardialen* Schichten der Ventrikel *früher als* die *subendokardialen* (Abb. 19-15).

Richtung und Größe der EKG-Ausschläge. Um nun auch den Zusammenhang zwischen dem Verhalten des Integralvektors und den EKG-Zacken zu verstehen, betrachten wir das elektrische Feld, das einen Dipol im homogenen, leitenden Medium umgibt (Abb. 19-16). Alle Punkte gleichen Potentials liegen auf den **Isopotentiallinien.** Aus den Teilbildern A und B ist ersichtlich, daß die zwischen den Punkten A und B abgreifbare Potentialdifferenz (Spannung) entscheidend vom Verhältnis der Richtung des Spannungsabgriffs (**Ableitungslinie** A–B) zur Dipolrichtung abhängt. Die Spannung verhält sich so, als ob sich der *Integralvektor auf die* **Ableitungslinie** *projizierte,* d.h. die Spannung ist am größten, wenn beide Richtungen übereinstimmen; sie ist gleich Null, wenn die Richtung des Vektors senkrecht zur Ableitungslinie verläuft. Diese Vorstellungen lassen sich im Prinzip auch auf das menschliche Herz übertragen (Abb. 19-16C).

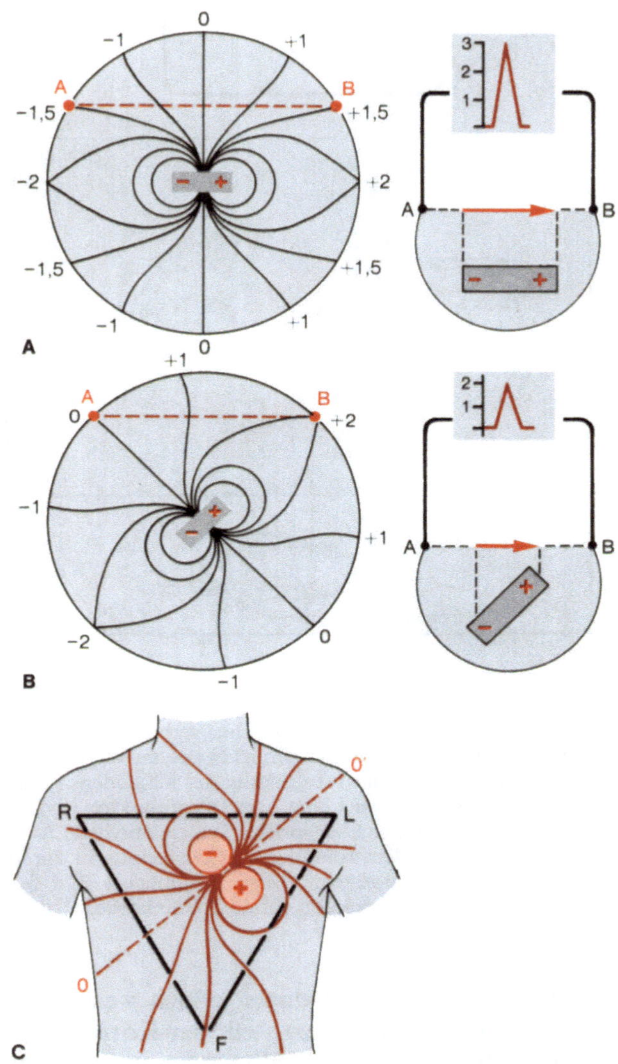

Abb. 19-16. A u. B. Bipolare Ableitung im elektrischen Feld eines Dipols bei kreisförmig begrenztem homogenem Medium. Potential in relativen Einheiten am Rand angegeben. Drehung des Dipols **(B)** führt bei gleichbleibendem Abgriff zur Abnahme der gemessenen Spannung von 3 auf 2. **C** Das vom Dipol Herz in einem bestimmten Zeitpunkt erzeugte elektrische Feld bei Projektion auf die vordere Thoraxwand. *RLF* Einthoven-Dreieck (vgl. S. 479, Darstellung nach M.J. Halhuber, R. Günther, M. Ciresa: EKG-Einführungskurs, Berlin-Heidelberg-New York, Springer — 1978)

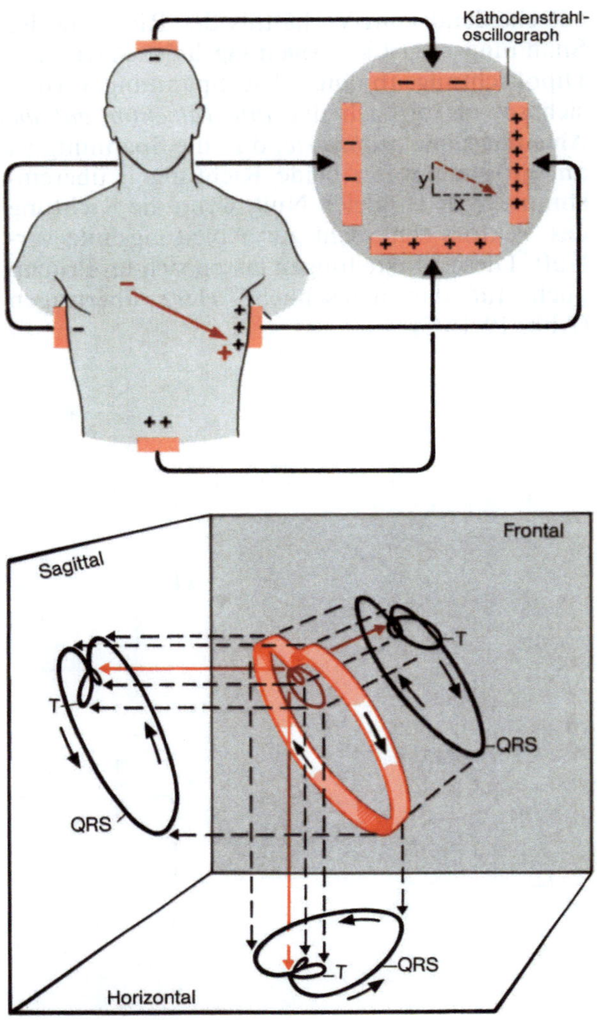

Abb. 19-17. *Oben:* Prinzip der Vektorkardiographie. Paare von Ableitelektroden sind über Verstärker mit entsprechenden Ablenkplatten eines Oscillographen verbunden. Das Potentialfeld des Integralvektors projiziert sich auf die Ablenkplatten und bewirkt eine Auslenkung des Kathodenstrahls, die nach Größe und Richtung dem Integralvektor in dem betreffenden Augenblick entspricht. Die resultierende Auslenkung des Kathodenstrahls aus der Schirmmitte ist durch einen *roten Pfeil* dargestellt. *Unten:* Räumliches Bild der Vektorschleife und Projektion auf die 3 Raumebenen

Die Verhältnisse sind dabei jedoch wesentlich komplizierter. Zum einen stellt der Körper kein elektrisch homogenes Medium dar, zum anderen liegt das Herz auch nicht ideal im Zentrum eines kugelförmigen Leiters. Diese Einflüsse bewirken, daß das elektrische Feld des Herzens nur verzerrt an die Oberfläche gelangt.

Vektorschleife und Vektorkardiographie. Denkt man sich die Integralvektoren während eines Erregungscyclus des Herzens von einem Fußpunkt ausgehend und ihre Spitzen durch einen kontinuierlichen Linienzug verbunden, so entsteht eine dreidimensionale Figur, die **Vektorschleife.** Die Abb. 19-15 zeigt, wie sich die Vektorschleife in der Projektion auf die Frontalebene im Verlauf eines Erregungscyclus entwickelt. Mit der in Abb. 19-17 dargestellten Ableitetechnik gelingt es, den Ablauf der Vektorschleife direkt auf dem Bildschirm eines Kathodenstrahloscillographen sichtbar zu machen. Diese Ableitungsmethode wird als **Vektorkardiographie** bezeichnet. Das Prinzip ist in Abb. 19-17 am Beispiel eines auf die Frontalebene projizierten Integralvektors dargestellt. Ein Elektrodenpaar rechts und links am Brustkorb wird über Verstärker mit den vertikalen Ablenkplatten des Oscillographen verbunden und erzeugt eine Auslenkung x des Kathodenstrahls. Ein gleichzeitig in Längsrichtung des Körpers angelegtes Elektrodenpaar, das mit den horizontalen Ablenkplatten verbunden ist, bewirkt die Auslenkung y. Als Resultante beider Einflüsse entsteht eine Verlagerung des Kathodenstrahls aus der Schirmmitte entsprechend der Richtung des untersuchten Integralvektors (roter Pfeil). Da das gleiche Prinzip auch für alle übrigen Integralvektoren gilt, zeichnet der Kathodenstrahl während eines Erregungscyclus die Hüllkurve um alle Vektorspitzen, d.h. die Vektorschleife. Durch Verlagerung von Elektrodenpaaren in die Sagittal- bzw. Horizontalebene kann man auch die Projektionen der Vektorschleife auf diese Ebenen darstellen. Aus je 2 dieser Projektionen ergibt sich das räumliche Bild der Vektorschleife (vgl. Abb. 19-17 unten).

Ableitungsformen

Die unterschiedlichen Kurvenformen der gebräuchlichen Extremitäten- und Brustwandableitungen stellen letztlich Projektionen der dreidimensionalen Vektorschleife auf verschiedene Abgriffsrichtungen dar. Die Vektorschleife enthält demnach ebensoviel Information wie alle diese Ableitungen zusammen. Aus praktischen Gründen bevorzugt man jedoch die bekannte Art der EKG-Darstellung in Form von Spannungsänderungen als Funktion der Zeit; denn abgesehen von dem geringeren apparativen Aufwand sind in derartigen Registrierungen die praktisch bedeutsamen zeitlichen Veränderungen der Herzerregung und besonders Rhythmusstörungen viel leichter zu erkennen als aus der Analyse von Vektorschleifen. Allerdings werden für eine erschöpfende Beurteilung dann auch mehrere Ableitungen benötigt.

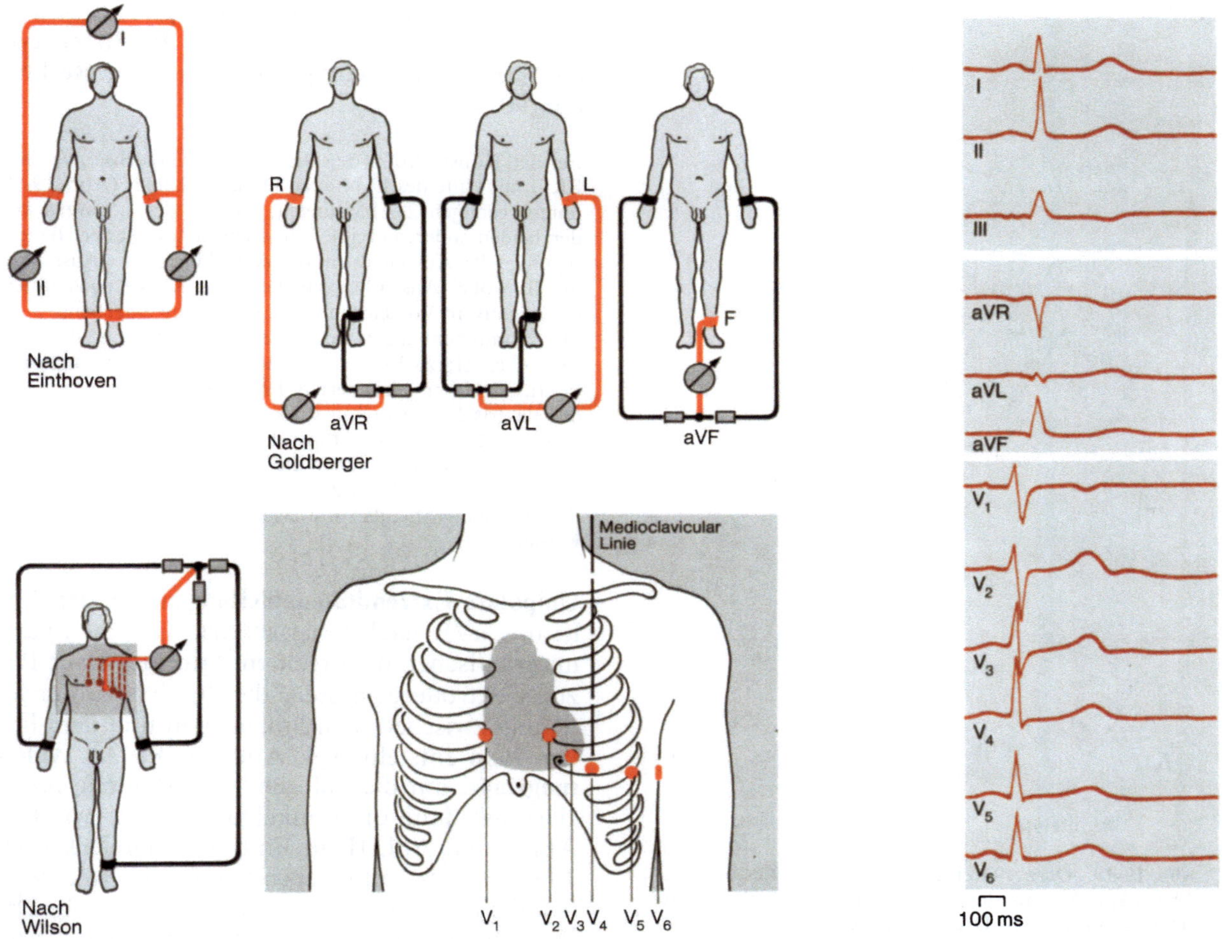

Abb. 19-18. Gebräuchliche Ableitungsformen des EKG, ihre Abgriffsorte und Verschaltungen. Bei den sog. unipolaren Ableitungen (GOLDBERGER, WILSON) ist jeweils die differente Elektrode *rot* gezeichnet. Bei den Wilson-Brustwandableitungen sind *links* die Elektrodenschaltung und *rechts* die Abgriffstellen dargestellt. *Rechts:* Typische Registrierkurven von einem gesunden Probanden

Man unterscheidet **bipolare** Ableitungen und sog. **„unipolare"** Ableitungen. Bei den letzteren wird ein definierter Ort der Körperoberfläche gegen eine *Bezugselektrode* abgeleitet (Sternschaltung, vgl. Abb. 19-18). Diese Elektrode kann man sich im Nullpunkt des Dipols zwischen positiver und negativer Ladung vorstellen. In der Praxis sind heute v.a. folgende Ableitungsformen üblich.

Extremitätenableitungen

bipolar: Standardableitungen nach EINTHOVEN (I, II, III);

unipolar: Ableitungen nach GOLDBERGER (aVR, aVL, aVF).

Brustwandableitungen

bipolar: sog. kleines Brustwanddreieck nach NEHB (D, A, I), in Abb. 19-18 nicht dargestellt;

unipolar: Ableitungen nach WILSON (V1–V6).

Einthoven-Dreieck. Da bei den bipolaren Extremitätenableitungen nach EINTHOVEN Arme und Beine wie verlängerte Elektroden wirken, liegen die eigentlichen Ableitorte am Rumpf und lassen sich angenähert als Eckpunkte eines gleichseitigen Dreiecks auffassen, dessen Seiten die Ableitungslinien darstellen. In Abb. 19-19 ist gezeigt, wie sich die Größenverhältnisse der EKG-Ausschläge in den 3 Ableitungen aus der Projektion der frontalen Vektorschleife auf die entsprechenden Ableitungslinien ergeben. Die zeitlichen Verhältnisse wurden hierbei entsprechend dem normalen EKG-Verlauf angenommen.

Lagetypen. Wie Abb. 19-15 und 19-19 zeigen, besitzt die frontale Vektorschleife eine längliche Form. Die Richtung des größten Integralvektors **(Hauptvektor)** während der Erregungsausbreitung wird nicht sehr treffend als **elektrische**

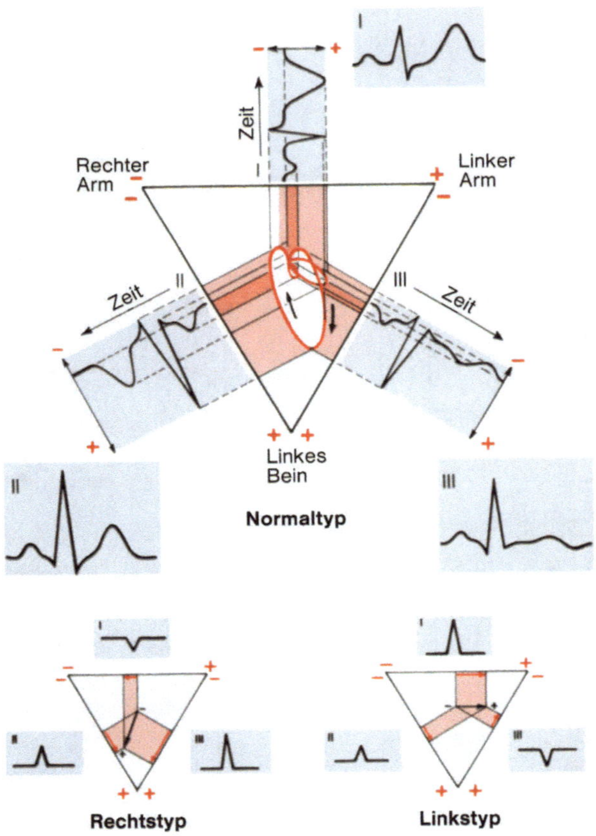

Abb. 19-19. *Oben:* Dreieckschema nach EINTHOVEN. Die Abgriffspunkte an den Extremitäten sind als Eckpunkte eines gleichseitigen Dreiecks dargestellt. Die Seiten des Dreiecks entsprechen den Ableitungslinien. Die Abbildung zeigt die Projektion der frontalen Vektorschleife auf die 3 Ableitungslinien. In den *grauen Feldern* ist das Größenverhältnis der verschiedenen Ausschläge in den 3 Ableitungen bei der üblichen Darstellung wiedergegeben. Zur genauen zeitlichen Auswertung der Vektorschleife müßte der Kurve noch eine Zeitmarkierung aufgeprägt werden. *Unten:* Richtung und Größenverhältnis der Maximalausschläge der QRS-Gruppen beim Rechtstyp und beim Linkstyp. Positive Ausschläge entstehen, wenn die Polung des projizierten Vektors mit der angegebenen Polung übereinstimmt

Herzachse bezeichnet. Bei normaler Erregungsausbreitung stimmt ihre Richtung in der frontalen Projektion weitgehend mit der anatomischen Längsachse des Herzens überein. Aus den Extremitätenableitungen lassen sich demnach auch Rückschlüsse auf die *Herzlage* ziehen. Die Einteilung in verschiedene Lagetypen orientiert sich an dem **Winkel α,** den die elektrische Herzachse mit der Horizontalen einschließt. Beim **Normaltyp (Indifferenztyp)** — wie er in Abb. 19-19 oben dargestellt ist — liegt die elektrische Herzachse etwa parallel zu Abl. II; der Winkel zur Horizontalen beträgt $+60°$. Winkel oberhalb der Horizontalen werden mit negativen Vorzeichen versehen. Allgemein gilt: **Linkstyp** ($-30° < \alpha < 0°$); **Horizontaltyp** ($0° < \alpha < 30°$); **Indifferenztyp** ($30° < \alpha < 60°$); **Steiltyp** ($60° < \alpha < 90°$); **Rechtstyp** ($90° < \alpha < 120°$).

Bei der Konstruktion der elektrischen Herzachse aus dem EKG mit Hilfe des Einthoven-Dreieckschemas (Abb. 19-19 unten) genügen 2 Ableitungen, da sich die 3. jeweils aus den beiden anderen ergibt. Für jeden Zeitpunkt der Herzerregung gilt: Ausschlag in II = Ausschlag in I + Ausschlag in III, wobei Auslenkungen der EKG-Kurve nach unten mit negativem Vorzeichen in die Gleichung eingehen.
Der Zusammenhang zwischen der elektrischen und der anatomischen Herzachse gilt nur bei normaler Erregungsausbreitung. Unter veränderten Erregungsbedingungen kann die elektrische Herzachse stark von der anatomischen abweichen. Die Hauptrichtung der QRS-Schleife gibt dann keine Auskunft mehr über die Herzlage. Sie kann jedoch zusammen mit anderen Zeichen, die auf eine Veränderung des Erregungsablaufs hinweisen, diagnostisch verwertet werden.

Unipolare Extremitätenableitungen. Bei der Ableitung aVR nach GOLDBERGER wird die Spannung zwischen dem rechten Arm und einer Bezugselektrode gemessen, die durch Spannungsteilung zwischen dem linken Arm und dem linken Bein entsteht (vgl. Abb. 19-18). Als **Ableitungslinie,** auf die sich die Vektorschleife projiziert, gilt dann die Winkelhalbierende zwischen Abl. I und Abl. II im Einthoven-Dreieck (vgl. Abb. 19-20A). In entsprechender Weise entstehen die Ableitungslinien für aVL und aVF. Die Bezeichnung aVR bedeutet so viel wie „verstärktes" (augmented) VR, wobei VR eine nicht mehr gebräuchliche Ableitung zwischen dem rechten Arm und einer indifferenten Nullelektrode darstellt. In dem Schema von Abb. 19-20B sind die Linien der bipolaren und der unipolaren Extremitätenableitungen so parallel verschoben, daß sie alle den Ursprung der Vektorschleife schneiden. Man erkennt, daß die einzelnen Ableitungslinien sich jeweils um einen Winkel von 30° unterscheiden. Alle 6 Extremitätenableitungen zusammen liefern daher die wesentlichen Informationen, die in der frontalen Vektorschleife enthalten sind.

Unipolare Brustwandableitungen. Während die beschriebenen Extremitätenableitungen im wesentlichen die frontale Projektion der Vektorschleife erfassen, geben die unipolaren Brustwandableitungen nach WILSON vorrangig Auskunft über die *horizontale* Vektorprojektion. Durch Zusammenschaltung der 3 Extremitätenkabel wird eine indifferente Bezugselelektrode erzeugt, gegen die definierte Orte auf der Brustwand in Herzhöhe abgeleitet werden (vgl. Abb. 19-18). In Abb. 19-20C sind Ableitungsli-

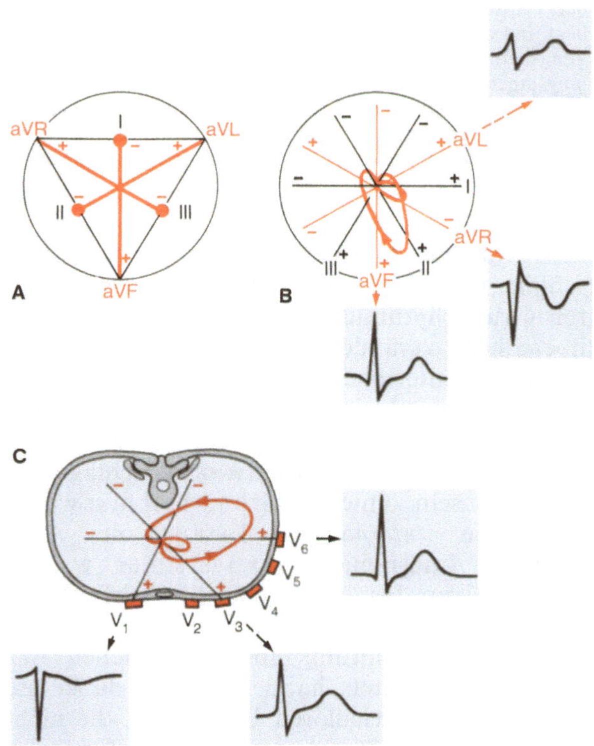

Abb. 19-20. A Ableitungsslinien, auf die sich die frontale Vektorschleife bei den unipolaren Extremitätenableitungen nach GOLDBERGER projiziert. **B** Zusammenfassung der Ableitungslinien bei den unipolaren (GOLDBERGER) und den bipolaren (EINTHOVEN) Extremitätenableitungen. Ableitung aVR bildet hinsichtlich der Polung eine Ausnahme. **C** Thoraxquerschnitt in Herzhöhe. Ableitungslinien, auf die sich die horizontale Vektorschleife bei den Brustwandableitungen nach WILSON projiziert, mit 3 Beispielen (V1, V3, V6)

nien dargestellt, auf die sich die Vektorschleife bei den verschiedenen Abgriffsorten projiziert. Ein positiver Ausschlag entsteht, wenn der — auf die betreffende Ableitungslinie projizierte — Momentanvektor zur Ableitungsstelle hin zeigt. Weist er von der Ableitungsstelle weg, so erfolgt eine Auslenkung in negativer Richtung. Der *Beginn der Negativitätsbewegung* gibt also den Zeitpunkt an, zu dem die Vektorschleife aus einer Bewegung auf die Ableitungsstelle hin in die Gegenrichtung umschwenkt. Dieser Zeitpunkt hat spezielle diagnostische Bedeutung (Erregungsverspätung bei gestörter Erregungsausbreitung in bestimmten Regionen).

Diagnostische Aussagen

In der kardiologischen Diagnostik spielt das EKG eine wichtige Rolle, um Veränderungen der Herzerregung als Ursache oder Folge von Störungen der Herztätigkeit aufzudecken. Grundsätzlich kann der Arzt aus den Routineableitungen des EKG Informationen folgender Art gewinnen:

Frequenz. Differenzierung zwischen normaler Frequenz (60–90/min in Ruhe), Tachykardie (über 90/min) und Bradykardie (unter 60/min).

Ursprung der Erregung. Entscheidung, ob Erregungen im Sinusknoten entstehen oder in den Vorhöfen, im AV-Knoten bzw. im rechten oder linken Ventrikel.

Rhythmusstörungen. Unterscheidung nach Art und Ursprung (Sinusarrhythmie, supraventriculäre oder ventriculäre Extrasystolie, Flattern und Flimmern).

Leitungsstörungen. Differenzierung nach Grad und Lokalisation. Leitungsverzögerung oder Leitungsblock. Sinuatrialer Block, AV-Block, Blockierung einzelner Schenkel oder Faszikel des ventriculären Erregungsleitungssystems sowie kombinierte Störungen.

Herzlage. Hinweise auf die anatomische Herzlage (Normaltyp, Linkstyp, Steiltyp, Rechtstyp). Pathologische Lagetypen, die auf zusätzliche Veränderungen des Erregungsablaufs hinweisen (einseitige Hypertrophie, Schenkelblock u.a.).

Extrakardiale Einflüsse. Anhaltspunkte für Einflüsse vegetativer Art, Stoffwechselstörungen, hormonelle Störungen, Elektrolytveränderungen, Vergiftungen, Arzneimittel (Digitalis) u.a.

Primär kardiale Störungen der Erregung. Hinweise auf ungenügende Coronardurchblutung, O_2-Mangelversorgung des Myokards, Entzündungen, Einflüsse von Allgemeinerkrankungen, Traumen, angeborene oder erworbene Herzfehler u.a.

Myokardinfarkt (gänzliche Unterbrechung der Coronardurchblutung in einem umschriebenen Bezirk). Anhaltspunkte hinsichtlich Lokalisation, Ausdehnung und Verlauf.

Man sollte sich jedoch eindringlich klarmachen, daß EKG-Veränderungen — abgesehen von einigen typischen Rhythmus- bzw. Leitungsstörungen — *in der Regel nur Hinweise auf pathologische Prozesse* liefern. Ob ein EKG als krankhaft zu bewerten ist oder nicht, ergibt sich häufig nur aus dem gesamten klinischen Bild. In keinem Falle erlaubt das EKG allein zwingende Rückschlüsse auf die Ursache der beobachteten Abweichungen.

Beispiele. An einigen charakteristischen Beispielen soll gezeigt werden, wie sich Störungen der Erregungsbildung bzw. -leitung im EKG darstellen können. Als Ableitungsform legen wir — falls nichts anderes angegeben wird — die Extremitätenableitung II nach EINTHOVEN zugrunde (vgl. Abb. 19-13).

Sinusrhythmus. Bei Erregungsursprung im Sinusknoten geht dem Kammerkomplex eine normal geformte P-Welle voraus. In Abb. 19-21 A ist oberhalb der EKG-Kurve ein Schema des Erregungsablaufs eingezeichnet, das sich zur Charakterisierung von Rhythmus- bzw. Leitungsstörungen gut bewährt hat. Es zeigt von oben nach unten die einzelnen Etappen der Erregungsausbreitung und in Abscissenrichtung die absolute Refraktärperiode der Vorhöfe bzw. der Ventrikel.

Erregungsursprung im AV-Knoten (Abb. 19-21 B). Entstehen Erregungen im Bereich des AV-Knotens, so werden die Vorhöfe einschließlich des Sinusknotens rückläufig erregt. Als Ausdruck dieser Richtungsumkehr der Erregungsausbreitung über die Vorhöfe ist die *P-Welle negativ*. Der Kammerkomplex zeigt dabei keine Änderung, da die Kammererregung regulär abläuft. Je nach dem Ausmaß der Verzögerung der retrograden Vorhoferregung gegenüber dem ventriculären Erregungsbeginn kann die negative P-Welle der QRS-Gruppe vorausgehen (Abb. 19-21 B (1)), in ihr verschwinden (2) oder ihr nachfolgen (3). Nicht ganz exakt spricht man von einem oberen, mittleren und unteren AV-Knotenrhythmus.

Erregungsursprung in den Ventrikeln (Abb. 19-21 C). Auf welchen Wegen sich Erregungen ausbreiten, die im Bereich der Ventrikel entstehen, hängt davon ab, wo ihr Ursprung liegt und wann bzw. wo die Erregung Anschluß an das Erregungsleitungssystem gewinnt. Da die myokardiale Leitung langsamer erfolgt als die Fortleitung über das spezifische System, ist die Dauer der Erregungsausbreitung meist erheblich verlängert. Infolge der veränderten Leitungswege erscheint der ganze Ventrikelkomplex außerdem stark deformiert.

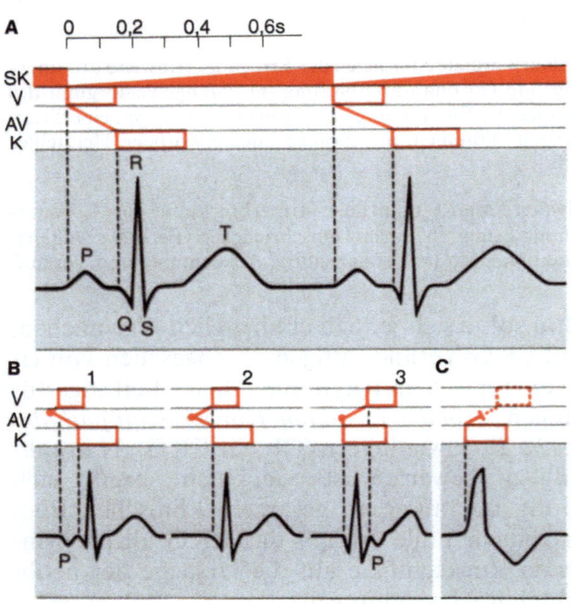

Abb. 19-21. A Schema des normalen Erregungsablaufs im Herzen. Von oben nach unten sind die einzelnen Etappen der Erregungsausbreitung, in Abscissenrichtung die absoluten Refraktärperioden von Vorhöfen *(V)* und Herzkammern *(K)* aufgetragen. In der Spalte *SK* ist die rhythmische Entladung des Sinusknotens symbolisiert; *AV* gesamte atrioventriculäre Überleitung. **B** *(1-3)* Erregungsursprung im Bereich des AV-Knotens mit retrograder Erregung der Vorhöfe (negative P-Welle). In *(2)* fällt die Vorhoferregung mit QRS zusammen. **C** Erregungsursprung in den Ventrikeln. Die Erregungsausbreitung ist verlängert, der Kammerkomplex stark deformiert. Rückleitung der Erregung auf die Vorhöfe ist möglich

Extrasystolen. Als Extrasystolen werden Herzschläge bezeichnet, die außerhalb eines regulären Grundrhythmus auftreten und diesen vorübergehend verändern. Nach ihrem Erregungsursprung unterscheidet man **supraventriculäre** (Sinusknoten, Vorhof, AV-Knoten) und **ventriculäre** *Extrasystolen*. Im einfachsten Fall kann eine Extrasystole zwischen 2 Normalschläge eingeschaltet sein, ohne den Grundrhythmus weiter zu stören (*interponierte* Extrasystole, Abb. 19-22 A). Interponierte Extrasystolen werden praktisch nur bei langsamem Grundrhythmus beobachtet, wo die langen Erregungsintervalle die Zwischenschaltung einer zusätzlichen Aktion erlauben. Stets handelt es sich dabei um Erregungen ventriculären Ursprungs, die nicht über das — von der vorangehenden Erregung noch refraktäre — Erregungsleitungssystem auf die Vorhöfe zurückgeleitet werden und damit auch den Sinusrhythmus nicht stören. Bei höherer Grundfrequenz folgt dagegen auf eine ventriculäre Extrasystole i. allg. eine sog. **kompensatorische Pause.** Wie Abb. 19-22 B zeigt, fällt hierbei eine reguläre Kammererregung aus, weil die vom Sinusknoten ausgehende Erregung die Kammern noch in der absoluten Refraktärzeit der Extrasystole antrifft. Der nächste postextrasystolische Schlag erfolgt daher zum normalen Zeitpunkt. Die Dauer zwischen dem letzten Normalschlag vor der Extrasystole und dem ersten Normalschlag danach entspricht also genau 2 regulären Sinusintervallen. Bei supraventriculären oder ventriculären Extrasystolen, die rückläufig auch den Sinusknoten erfassen, wird dagegen der gesamte Grundrhythmus verschoben (Abb. 19-22 C). Man muß sich vorstellen, daß die zurückgeleitete Erregung die angelaufene diastolische Depolarisation im Sinusknoten unterbricht und einen neuen Erregungscyclus anstößt. Auf diese Weise kommt eine abrupte Phasenverschiebung des Grundrhythmus zustande.

Atrioventriculäre Leitungsstörungen. In Abb. 19-22 D ist das EKG bei einem *totalen Herzblock* dargestellt. Wie auf S. 463 beschrieben, schlagen dabei Vorhöfe und Kammern unabhängig voneinander, und zwar die Vorhöfe mit der Frequenz des Sinusknotens, die Kammern mit der niedrigeren Eigenfrequenz eines tertiären Automatiezentrums. Der Kammer-

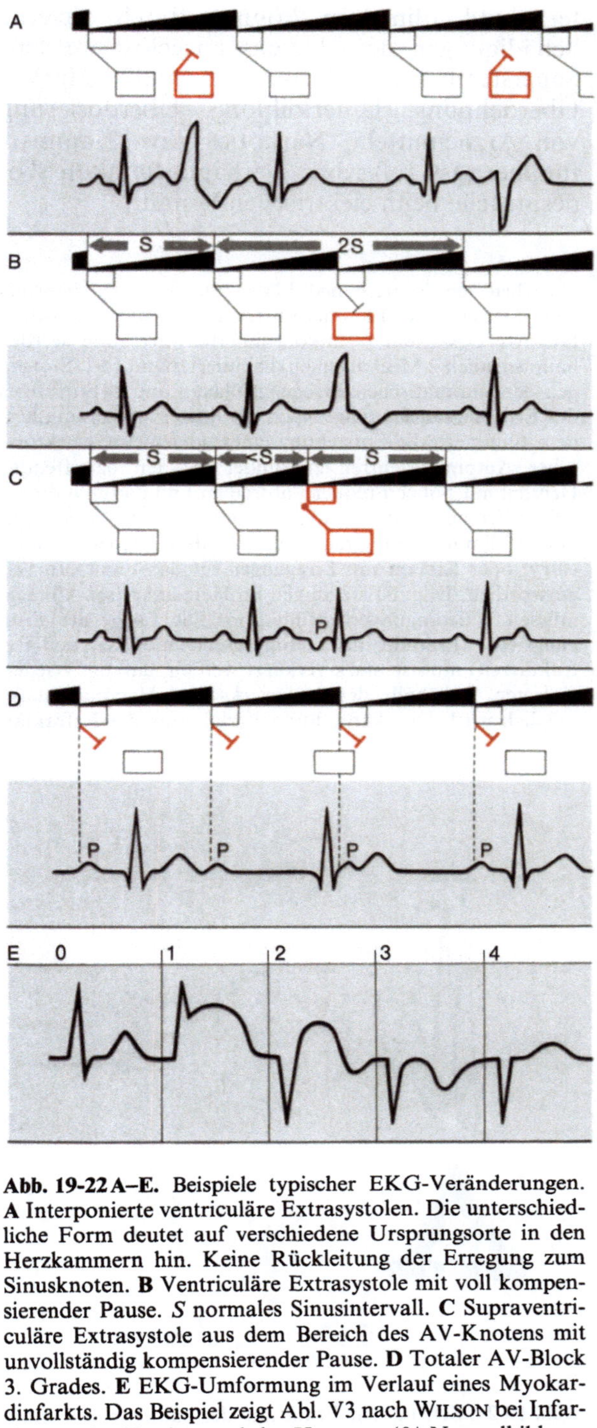

Abb. 19-22 A–E. Beispiele typischer EKG-Veränderungen. **A** Interponierte ventriculäre Extrasystolen. Die unterschiedliche Form deutet auf verschiedene Ursprungsorte in den Herzkammern hin. Keine Rückleitung der Erregung zum Sinusknoten. **B** Ventriculäre Extrasystole mit voll kompensierender Pause. *S* normales Sinusintervall. **C** Supraventriculäre Extrasystole aus dem Bereich des AV-Knotens mit unvollständig kompensierender Pause. **D** Totaler AV-Block 3. Grades. **E** EKG-Umformung im Verlauf eines Myokardinfarkts. Das Beispiel zeigt Abl. V3 nach Wilson bei Infarzierung der Vorderwand des Herzens. *(0)* Normalbild vor dem Infarkt. *(1)* Frisches Stadium wenige Stunden nach Infarktbeginn. *(2)* Zwischenstadium nach mehreren Stunden bis zu einigen Tagen. *(3)* Nach mehreren Tagen bis Wochen. *(4)* Endstadium Monate bis Jahre nach dem Infarkt

teil erscheint normal konfiguriert, wenn das tertiäre Zentrum z.B. im His-Bündel liegt, so daß noch eine normale Erregungsausbreitung über die Kammern erfolgt. Ein *partieller Herzblock* liegt vor, wenn die Leitungsblockierung alternierend erfolgt, so daß z.B. jede 2. oder 3. Vorhoferregung auf die Kammern übergeleitet wird (2:1- bzw. 3:1-Block). Gelegentlich findet man, daß das PQ-Intervall von Schlag zu Schlag zunimmt, bis schließlich ein Kammerkomplex ausfällt und daß sich dieses Geschehen periodisch wiederholt *(Wenckebach-Periode)*. Experimentell lassen sich solche Störungen der atrioventriculären Leitung leicht erzeugen unter Bedingungen, die das Ruhepotential senken (K^+-Erhöhung, O_2-Mangel u.a.).

Veränderungen der ST-Strecke und der T-Welle. Schädigungen des Myokards durch Sauerstoffmangel und andere Einflüsse führen an der Einzelfaser i. allg. schon zu einem „Plateauverlust" des Aktionspotentials, bevor das Ruhepotential merklich abnimmt. Im EKG äußern sich solche Wirkungen im Verlauf der Erregungsrückbildung, d.h. als Abflachung bzw. Negativierung der T-Welle oder als Anhebung bzw. Senkung der ST-Strecke im Verhältnis zur Nullinie. Beim Verschluß von Coronargefäßen *(Infarkt)* kann die Lokalisation meist nur aus der Analyse mehrerer Ableitungen — v.a. auch der Brustwandableitungen — ermittelt werden. Dabei ist noch zu berücksichtigen, daß sich die infarktbedingten EKG-Alterationen mit der Zeit erheblich verändern können (vgl. Abb. 19-22 E). Eine — für das frische Infarktstadium charakteristische — monophasische Form des Kammerteils verschwindet, wenn sich der geschädigte Bezirk durch Ausbildung von isolierenden Grenzschichten von der erregbaren Umgebung demarkiert hat.

Vorhofflattern und Vorhofflimmern. Hierbei handelt es sich um Rhythmusstörungen, bei denen die Erregungsausbreitung über die Vorhöfe unkoordiniert erfolgt, so daß sich einzelne Vorhofbezirke kontrahieren, während andere gleichzeitig erschlaffen *(funktionelle Fragmentation)*. Beim **Vorhofflattern** sind im EKG anstelle der P-Wellen sog. Flatterwellen von sägezahnähnlicher Form mit einer Frequenz von 220 bis 350/min zu sehen (Abb. 19-23 A), denen in periodischen Abständen reguläre Kammerkomplexe folgen. Die partielle AV-Blockierung ist dabei durch die Refraktärzeit des ventriculären Erregungsleitungssystem bedingt. Beim **Vorhofflimmern** (Abb. 19-23 B) zeigt sich die Vorhofaktivität nur noch in frequenten (350–600/min) unregelmäßigen Schwankungen der Grundlinie. Die Kammerkomplexe treten in irregulären Abständen auf **(absolute Arrhythmie)**, sind jedoch, wenn keine zusätzliche Störung vorliegt, normal konfiguriert. Zwischen Vorhofflattern und Vorhofflimmern bestehen fließende Übergänge. Die hämodynamischen Auswirkungen bleiben i. allg. gering. Häufig werden die Rhythmusstörungen subjektiv überhaupt nicht wahrgenommen.

Kammerflattern und Kammerflimmern. Viel gravierender sind die Folgen, wenn die gleichen Störungen die Herzkammern betreffen. Infolge der unkoordinierten elektrischen Aktivität kommt keine hämodynamisch wirksame Fül-

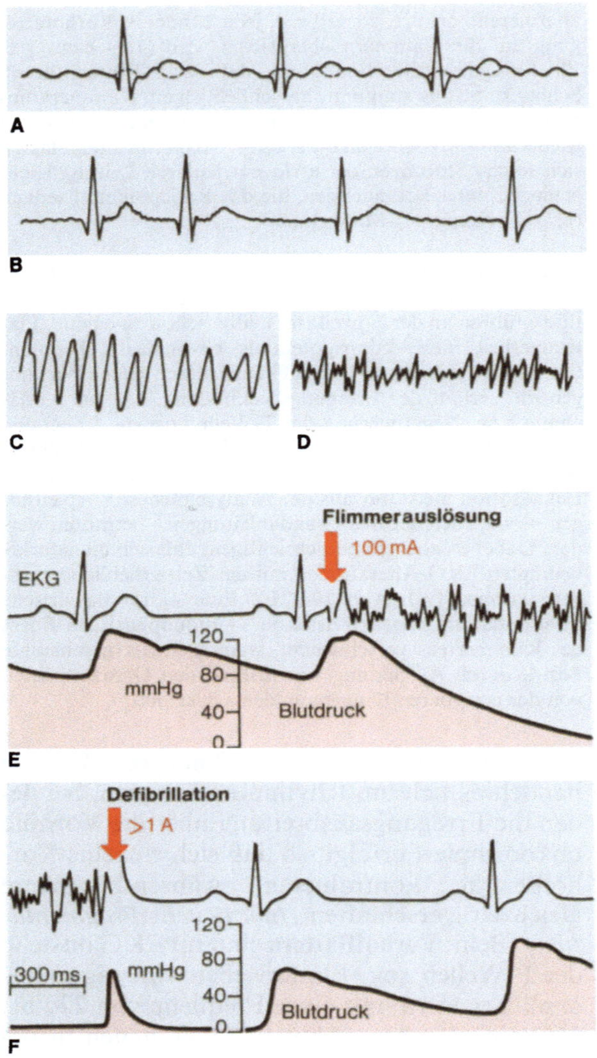

Abb. 19-23 A–F. EKG-Veränderungen beim Flattern und Flimmern. **A** Vorhofflattern. Flatterwellen während der Ventrikelkomplexe sind *punktiert*. Nach jeder 4. Flatterwelle erfolgt hier die Überleitung auf die Kammern. **B** Absolute Kammerarrhythmie bei Vorhofflimmern. **C** Kammerflattern. **D** Kammerflimmern. **E** Auslösung von Kammerflimmern durch einen elektrischen Impuls (100 mA) in der vulnerablen Periode. **F** Unterbrechung des Kammerflimmerns durch einen starken Impuls (>1 A)

lung und Entleerung der Ventrikel zustande. Die Folge ist ein Kreislaufstillstand mit Bewußtlosigkeit, der — wenn er nicht innerhalb von Minuten behoben werden kann — tödlich endet. Im EKG finden sich beim **Kammerflattern** frequente Wellen von hoher Amplitude (Abb. 19-23 C). Das **Kammerflimmern** bietet im EKG ein Bild von sehr unregelmäßigen, in Frequenz, Form und Amplitude rasch wechselnden Potentialschwankungen (Abb. 19-23 D). Flattern und Flimmern können durch vielerlei Schädigungen des Herzens ausgelöst werden: Sauerstoffmangel, Coronarverschluß (Infarkt), Überdehnung, Unterkühlung, Überdosierung von Arzneimitteln, Narkotica usw. Kammerflimmern ist außerdem die häufigste akute Todesursache beim elektrischen Unfall.

Ursachen von Flattern und Flimmern. Die Grundstörung beim Flattern bzw. Flimmern betrifft die elektrische Aktivität. Als Ursache der unkoordinierten Erregung werden hauptsächlich 2 Mechanismen diskutiert, nämlich 1. Störungen der automatischen **Erregungsbildung** und 2. Störungen der **Erregungsausbreitung.** Nach der ersten Auffassung liegt dem Flimmern die Entstehung eines oder mehrerer ektopischer Automatiezentren zugrunde, die den betreffenden Herzteil mit hoher Frequenz antreiben und dadurch die reguläre Erregungsbildung und -ausbreitung überspielen. Die zweite Flimmertheorie macht das **Wiedereintreten** (engl. **reentry**) oder **Kreisen von Erregungen** für das Flimmern verantwortlich. Damit Erregungen im Herzen kreisen können, müssen 2 Bedingungen erfüllt sein: Die **Länge der Erregungswelle** (Produkt aus Leitungsgeschwindigkeit und Refraktärzeit) muß so stark **verkürzt** werden, daß ein Wiedereintreten innerhalb des Netzwerks der Herzmuskulatur möglich wird. Dies kann durch Verkürzung der Refraktär-

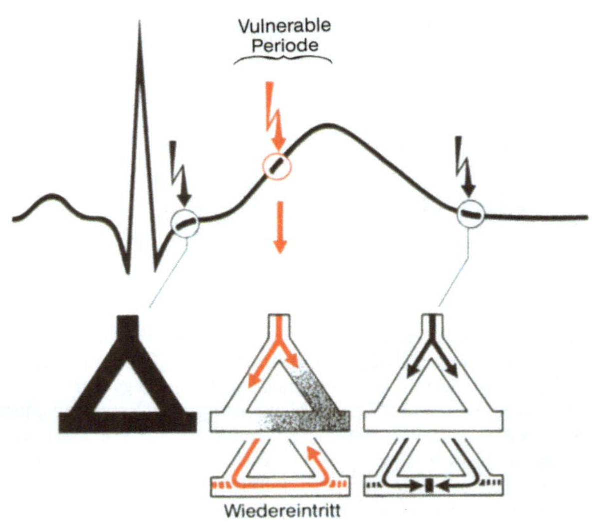

Abb. 19-24. Schema zur Erklärung der vulnerablen Periode der Herzkammern. Die Figuren unter der EKG-Kurve symbolisieren das verzweigte Netzwerk der Herzmuskulatur. In der vulnerablen Periode ist die Leitungsbahn noch teilweise refraktär, so daß die — durch Reizung ausgelöste — Erregungswelle nur in einer Richtung weiterlaufen kann. Nach Abklingen des refraktären Zustandes ist nun Wiedereintritt in der Gegenrichtung möglich, vorausgesetzt, daß die Länge der Erregungswelle nicht größer ist als die Leitungsbahn. Eine frühere Reizung würde die Herzkammern noch unerregbar (absolut refraktär) antreffen. Bei Reizung zu einem späteren Zeitpunkt sind die Bedingungen für den Wiedereintritt nicht mehr erfüllt

zeit und/oder Verminderung der Leitungsgeschwindigkeit geschehen. Weiterhin muß die **Erregungsleitung** vorübergehend **in einer Richtung blockiert** sein. Andernfalls würden die Erregungsfronten aufeinander treffen und sich gegenseitig auslöschen (Abb. 19-24). Nach heutiger Auffassung spielen beide Mechanismen beim Flattern bzw. Flimmern eine Rolle, wobei ektopische Zentren in erster Linie für die Auslösung, kreisende Erregungen für die Fortdauer des Flimmerns verantwortlich sind. Zwischen Flattern und Flimmern bestehen nur graduelle Unterschiede im Ausmaß der funktionellen Fragmentation, d.h. in der Größe der Areale, die unabhängig voneinander aktiviert werden.

Vulnerable Periode. Experimentell, aber auch beim Elektrounfall des Menschen kann Flattern oder Flimmern durch einen einzelnen überschwelligen elektrischen Reiz ausgelöst werden, wenn er das Herz in einer bestimmten Phase der *Erregungsrückbildung* trifft. Diese sog. **vulnerable Periode** der Herzkammern fällt etwa mit der ansteigenden Flanke der T-Welle des EKG zusammen (Abb. 19-23F u. 19-24). Zu diesem Zeitpunkt sind Teile des Herzens noch absolut refraktär, andere relativ. Erregungen, die in der relativen Refraktärperiode ausgelöst werden, weisen, wie auf S. 465 beschrieben, eine kurze Refraktärzeit auf. Außerdem kann es — wie in Abb. 19-24 dargestellt — zu einer unidirektionalen Blockierung der Erregungsleitung kommen. Damit sind die entscheidenden Voraussetzungen für den Wiedereintritt erfüllt. Auch spontane Extrasystolen können so u.U. zum Flimmern führen, wenn sie in der vulnerablen Periode vorausgehender Erregungen auftreten.

Elektrische Defibrillation. Der elektrische Strom kann Flattern und Flimmern des Herzens auslösen. Er kann — in geeigneter Form appliziert — auch ein bestehendes Flattern bzw. Flimmern unterbrechen. Man benötigt dazu einen kurzdauernden Impuls von einigen Ampère Stärke, der mit großflächigen Elektroden durch die intakte Brustwand auf das Herz appliziert wird und die Rhythmusstörungen meist augenblicklich beendet (vgl. Abb. 19-23F). Die elektrische *Defibrillation* stellt bis heute die wirksamste Methode der Flatter- bzw. Flimmerbeseitigung dar.
Der rhythmisierende Effekt kommt wahrscheinlich dadurch zustande, daß der breitflächig einwirkende Strom die — zwischen den kreisenden Erregungen vorhandenen — erregbaren Myokardbezirke synchron in Erregung und damit in einen refraktären Zustand versetzt, so daß den kreisenden Erregungen gewissermaßen der Weg verlegt wird [11]. Der Erfolg einer elektrischen Defibrillation ist allerdings entscheidend davon abhängig, daß in der Zeit zwischen dem Beginn des Kammerflimmerns und der elektrischen Defibrillation keine irreversiblen Organveränderungen als Folge des Kreislaufstillstandes auftreten (Wiederbelebungszeit des Gehirns 8–10 min). Dieser Gefahr kann durch künstliche Aufrechterhaltung eines Minimalkreislaufs durch äußere Herzmassage in Verbindung mit Mund-zu-Mund-Beatmung vorgebeugt werden (vgl. S. 583f.). Diese Methode sollte schon jeder Medizinstudent beherrschen.

19.4 Mechanische Herzaktion

Die beschriebenen Erregungsvorgänge des Herzens stehen letzten Endes im Dienste seiner mechanischen Funktion. Durch die Erregung werden die Herzmuskelzellen zur Kontraktion veranlaßt. Die Transformation von Kontraktion und Erschlaffung des Myokards in einen gerichteten Bluttransport aus dem venösen in das arterielle Gefäßsystem setzt präzis funktionierende Ventileinrichtungen voraus, die einen Rückstrom des Blutes verhindern. Diese Aufgabe wird von den Herzklappen erfüllt.

Ventilwirkung der Herzklappen

Herzklappen finden sich an den Ein- und Auslaßöffnungen beider Ventrikel. Die *Atrioventricularklappen* (AV-Klappen) zwischen Vorhöfen und Kammern (Mitralklappe links, Tricuspidalklappe rechts) dienen zur Abdichtung der Ventrikel gegen die Vorhöfe während der Systole; die *Aorten-* und die *Pulmonalklappen* an der Wurzel der großen Arterien verhindern den Rückstrom von Blut in die Kammern während der Diastole (vgl. Abb. 19-25).
Bei den AV-Klappen handelt es sich um häutige Segel *(Segelklappen)*, die trichterförmig in die Kammern hineinhängen und über Sehnenfäden mit Papillarmuskeln in Verbindung stehen. Diese Zügelung verhindert ein Durchschlagen der Segel in die Vorhöfe. Die Flächen der Segelklappen sind erheblich größer, als es der zu ver-

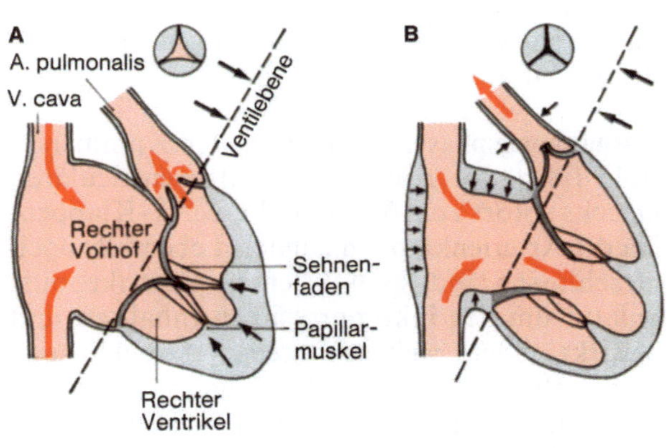

Abb. 19-25A u. B. Halbschematischer Längsschnitt durch die rechte Herzhälfte zur Darstellung des Klappenspiels und des Ventilebenenmechanismus. **A** Diastole des Vorhofs und Systole der Kammer. Tricuspidalklappe geschlossen, Pulmonalklappen geöffnet. **B** Systole des Vorhofs und Diastole der Kammer. Tricuspidalklappe geöffnet. Pulmonalklappen geschlossen. Die *Einsatzfiguren* oben zeigen die Pulmonalklappen in Aufsicht schließenden Öffnung entspricht. Durch breites Aneinanderlegen der Klappenränder wird so auch bei Veränderungen der Ventrikelgröße ein zuverlässiger Verschluß garantiert. Die Aorten- und Pulmonalklappen umgeben die Gefäßöffnung in Gestalt von je 3 halbmondförmigen Taschen — daher auch die Bezeichnung als *Taschen-* oder *Semilunarklappen*. Bei geschlossenen Klappen liegen die Ränder „mercedessternförmig" aneinander (Abb. 19-25). Ein rascher diastolischer Verschluß mit minimalem Rückstrom wird durch das „Stellen" der Klappen erreicht: Aus strömungstechnischen Gründen (Bernoulli-Effekt) nähern sich die Klappenränder im Blutstrom einander an, und zwar um so mehr, je größer die Strömungsgeschwindigkeit ist.

Aktionsphasen

Das Öffnen und Schließen der Herzklappen wird im wesentlichen vom Verhalten des Drucks in den angrenzenden Herzhöhlen bzw. Gefäßen bestimmt. Gleichzeitig wirkt die Bewegung der Klappen auf den Kontraktionsmodus des Myokards zurück. Dementsprechend lassen sich sowohl in der Systole als auch in der Diastole Aktionsphasen gegeneinander abgrenzen, in denen entweder vorwiegend Druckänderungen bei konstantem Volumen oder vorwiegend Volumenverschiebungen bei relativ geringen Änderungen des Drucks erfolgen. In der Systole unterscheidet man eine **Anspannungsphase** und eine **Austreibungsphase,** in der Diastole eine **Entspannungs-** und eine **Füllungsphase.** In Abb. 19-26 sind die zeitlichen Beziehungen der Aktionsphasen zu verschiedenen Vorgängen und Meßgrößen zusammengefaßt.

Anspannungsphase. Im Beginn der Kammersystole führt der Anstieg des intraventriculären Drucks sofort zum Verschluß der AV-Klappen. Da die Arterienklappen zunächst ebenfalls noch verschlossen sind, spannt sich die Ventrikelmuskulatur um den inkompressiblen Inhalt an und bewirkt einen weiteren steilen Druckanstieg (vgl. Abb. 19-26). Obwohl sich das Ventrikelvolumen in dieser Phase noch nicht ändert, liegt keine rein isometrische Kontraktion vor, da eine Umformung der Ventrikel mit Annäherung an die Kugelgestalt erfolgt, wobei praktisch alle Fasern der Kammermuskulatur — teils aktiv, teils passiv — ihre Länge ändern. Man spricht daher besser von einer *isovolumetrischen* Kontraktion. Die Dauer der Anspannungsphase beträgt bei normaler Schlagfrequenz unter Ruhebedingungen im linken Ventrikel etwa 60 ms.

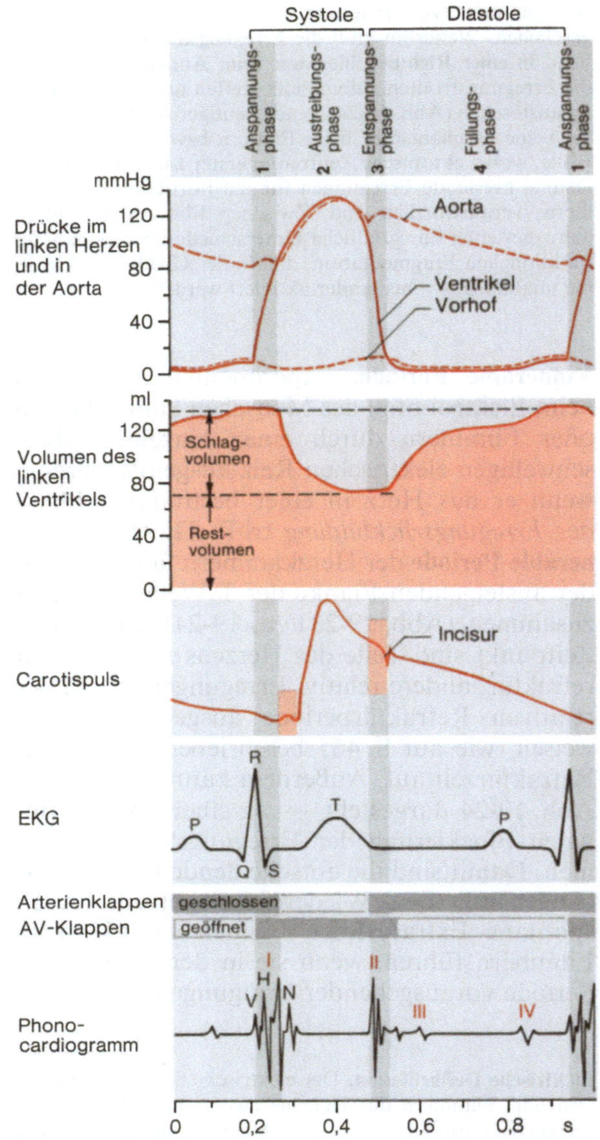

Abb. 19-26. Zeitliche Zuordnung einiger Meßgrößen bzw. Vorgänge zu den Aktionsphasen des Herzens: 1. Anspannungsphase. 2. Austreibungsphase. 3. Entspannungsphase. 4. Füllungsphase. *Rote* römische Zahlen kennzeichnen den 1. bis. 4. Herzton. *V* Vorsegment, *H* Hauptsegment, *N* Nachsegment

In der klinischen Praxis wird unter der Anspannungsphase gewöhnlich die Zeit vom Beginn QRS im EKG bis zum Beginn der Austreibung verstanden und eine **Umformungszeit** (Beginn QRS bis Beginn I. Herzton) gegen eine **Druckanstiegszeit** (Beginn I. Herzton bis Beginn der Austreibung = Anspannungsphase im engeren Sinne) abgegrenzt.

Austreibungsphase. Wenn der linksventriculäre Druck den diastolischen Aortendruck von ca.

80 mm Hg übertrifft, öffnen sich die Taschenklappen und die Austreibung beginnt. Der Ventrikeldruck steigt dabei zunächst noch weiter bis zu einem Maximalwert von ca. 130 mm Hg an und fällt dann gegen Ende der Systole wieder ab. Wie die Volumenkurve in Abb. 19-26 zeigt, wirft der Ventrikel unter Ruhebedingungen in der Austreibungsphase nur etwa die Hälfte seines Inhalts von etwa 130 ml als **Schlagvolumen** (SV) in die Aorta aus. Es bleibt also am Ende der Systole ein **Restvolumen** (RV) von ca. 70 ml in der Herzkammer zurück. Den Anteil des Schlagvolumens am enddiastolischen Füllungsvolumen bezeichnet man als **Auswurffraktion (Ejektionsfraktion).** Sie beträgt im vorliegenden Fall 0,46 (≙46%). Der Verschluß der Aortenklappe, der das Ende der Systole markiert, erfolgt etwas später, als man nach dem Verhalten des Drucks erwarten würde (vgl. Abb. 19-26). Diese Diskrepanz erklärt sich aus der Trägheit des systolisch beschleunigten Blutvolumens, das aufgrund der ihm erteilten kinetischen Energie noch kurze Zeit — sogar entgegen dem herrschenden Druckgefälle — weiterfließt.

Entspannungsphase. Ähnlich wie die Systole beginnt auch die Diastole mit einer kurzen Phase (ca. 50 ms), in der zunächst noch alle Klappen geschlossen sind. Sie verläuft als isovolumetrische Erschlaffung. Der intraventriculäre Druck fällt hierbei rasch auf nahezu 0 ab. Beim Unterschreiten des Vorhofdrucks öffnen sich die AV-Klappen. Dann beginnt die Füllung des Ventrikels für die nächste Systole.

Füllungsphase. In dieser Phase steigt der Ventrikeldruck nur wenig an. Die Volumenvergrößerung geschieht anfangs schnell (*rasche Füllungsperiode*), dann langsamer (*Diastase*). Bei normaler Herzfrequenz ist die Kammerfüllung zur Zeit der Vorhofkontraktion fast völlig abgeschlossen, so daß die Vorhofsystole nur noch einen geringfügigen zusätzlichen Effekt hat (Volumenzunahme um etwa 8%). Anders liegen die Verhältnisse bei höherer Herzfrequenz, bei der sich die Diastole stärker verkürzt als die Systole. Unter diesen Bedingungen kann die Vorhofkontraktion noch wesentlich zur Füllung der Ventrikel beitragen.

Vergleich mit dem rechten Herzen. Die am Beispiel des linken Herzens dargestellten Aktionsphasen können in prinzipiell gleicher Weise auch beim rechten Herzen nachgewiesen werden. Wegen des geringeren Gefäßwiderstands im kleinen Kreislauf kommt das rechte Herz jedoch mit wesentlich kleineren systolischen Drücken aus (vgl. S. 502). Die Schlagvolumina sind bei beiden Ventrikeln etwa gleich groß. Die Aktionsphasen beider Herzhälften stimmen zeitlich nicht exakt überein: So beginnt die Anspannungsphase des rechten Ventrikels nach der des linken, dauert jedoch wegen des geringeren Druckanstiegs kürzer. Dementsprechend setzt die Austreibungsphase im rechten Ventrikel schon früher ein als im linken. Trotzdem wird das Ende der Systole im rechten Ventrikel etwas später erreicht als im linken. Die Zeitversetzungen sind relativ gering (Größenordnung 10–30 ms) und praktisch ohne Einfluß auf die Hämodynamik.

Klappenfehler. Wer Gelegenheit hat, das Öffnen und Schließen der Herzklappen an einem gefensterten Tierherzen zu beobachten, ist überrascht, mit welcher Schnelligkeit und Präzision diese Bewegungen erfolgen. Infolgedessen bedeutet es auch eine schwere Beeinträchtigung der Herztätigkeit,

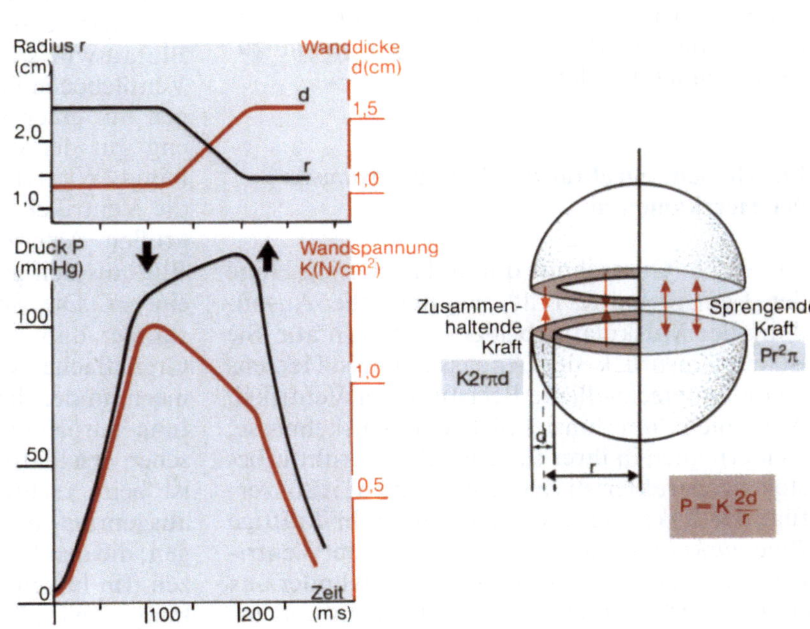

Abb. 19-27. *Rechts:* Beziehung zwischen Innendruck und Wandspannung bei einem kugelförmig gedachten Ventrikel. Zur Veranschaulichung sind die beiden Einflüsse in ihrer Wirkung getrennt dargestellt. Der Innendruck P (Kraft pro Fläche) sucht, die beiden Halbkugeln auseinander zu treiben mit der Gesamtkraft P $r^2\pi$. Dieser Kraft wirkt die Wandspannung entgegen. Wenn die Wanddicke *d* klein ist gegen *r*, errechnet sich die zusammenhaltende Kraft zu K $2r\pi d$, wobei K die Kraft pro Flächeneinheit des Wandquerschnitts bedeutet. Aus der Gleichsetzung der beiden Ausdrücke ergibt sich die Laplace-Beziehung. *Links:* Änderung von Radius, Wanddicke, Innendruck und Wandspannung eines linken Ventrikels während der Austreibungsphase (zwischen den *Pfeilen*)

wenn z.B. durch entzündliche Prozesse Veränderungen der Herzklappen entstehen, die eine ungenügende Öffnung (**Stenose**) oder einen undichten Verschluß (**Insuffizienz**) zur Folge haben. Den betroffenen Herzteilen wird dadurch eine stärkere Druckentwicklung oder die Förderung eines größeren Volumens aufgebürdet — eine Belastung, auf die das Myokard mit Hypertrophie bzw. Dilatation reagiert. Derartige Anpassungsvorgänge können die gestörte Klappenfunktion u.U. über Jahre kompensieren.

Allgemeine Beziehungen zwischen Wandspannung und Druck. Der oben beschriebene Anstieg des Ventrikeldrucks in der Austreibungsphase (Abb. 19-26) ist nicht — wie man leicht meinen könnte — durch eine zusätzliche Kraftentwicklung der Ventrikelmuskulatur bedingt, sondern das physikalisch begründete Ergebnis der Größenänderung des Herzens. **Zur Erklärung:** Zwischen der muskulären Wandspannung K (Kraft pro Querschnitt der Wand) und dem Innendruck P eines kugelförmigen Hohlkörpers vom Radius r und der Wanddicke d gilt nach LAPLACE die Beziehung:

$$K = P\frac{r}{2d} \quad \text{bzw.} \quad P = K\frac{2d}{r}. \quad \text{(vgl. Abb. 19-27)}$$

Wenn man den Ventrikel als eine Hohlkugel betrachtet und berücksichtigt, daß in der Austreibungsphase der Radius abnimmt, während die Wanddicke wächst, so ist nach der obigen Beziehung bei konstanter oder sogar schon abnehmender Wandspannung ein Anstieg des Innendrucks zu erwarten (Abb. 19-27 unten). Umgekehrt ist bei gegebenem Druck die — auf eine Flächeneinheit des Wandquerschnitts wirkende — Kraft proportional dem Radius und umgekehrt proportional der Wanddicke. Diese Beziehung hat wichtige Konsequenzen, auf die wir in verschiedenen Zusammenhängen noch zurückkommen werden.

Funktionelle Struktur und Bewegungsmuster der Herzkammern

Auf einem Querschnitt durch das Herz in Höhe der Ventrikelmitte fällt die ungleiche Ausbildung der Muskulatur beider Kammern auf. Sie ist ein Ausdruck der Anpassung des Herzens an die unterschiedliche Belastung der Ventrikel. Aber nicht nur hinsichtlich der Muskelmasse, sondern auch in ihrer funktionellen Struktur bestehen charakteristische Unterschiede: So verfügt der linke Ventrikel über eine sehr kräftige *Ringmuskulatur,* die den Hauptanteil der Ventrikelwand ausmacht. An diesen Hohlzylinder aus circulär verlaufenden Fasern ist außen und innen eine Schicht von sog. *Spiralmuskeln* angelagert, die von der Basis zur Spitze ziehen. Die Wand des rechten Ventrikels besteht fast nur aus solchen Spiralmuskelzügen; die Ringmuskulatur ist dagegen relativ schwach entwickelt.

Kontraktionsablauf im rechten Ventrikel. Schon allein aus der Anordnung der Muskulatur des rechten Ventrikels lassen sich Schlüsse auf seine Arbeitsweise ziehen: Die rechte Kammer ist wie eine dünnwandige halbmondförmige Schale dem linken Ventrikel angelagert. Die den Hohlraum begrenzende Oberfläche ist daher im Verhältnis zum Volumen groß. Schon eine geringe Verschiebung der Wand gegen das Septum muß infolgedessen eine relativ große Volumenänderung bewirken. Da der Strömungswiderstand im kleinen Kreislauf niedrig ist, bedarf es keines großen Kraftaufwands, um den erforderlichen Druck zur Austreibung des Schlagvolumens zu erzeugen. Die systolische Verkleinerung des rechten Ventrikels wird außerdem noch durch die Vorwölbung des Septums unterstützt.

Kontraktionsablauf im linken Ventrikel. Die kräftige Ringmuskulatur des linken Ventrikels ist sehr gut geeignet, den hohen Druck zu erzeugen, der für den Auswurf des Schlagvolumens in den großen Kreislauf benötigt wird. Bei normaler diastolischer Füllung erfolgt die Austreibung vorwiegend durch Verkürzung dieses Muskelanteils. Nimmt jedoch die Füllung aus irgendeinem Grunde ab, so vermindert sich zwangsläufig der Ventrikelradius und damit auch der Verkürzungsspielraum der Ringmuskulatur. Die mehr in Längsrichtung verlaufenden Spiralmuskeln werden dagegen prozentual weniger stark entdehnt und können daher bei abnehmender Füllung einen wachsenden Anteil der Austreibungsarbeit des linken Ventrikels übernehmen. Anstelle der vorherrschenden Querschnittsverkleinerung bei normaler Füllung erfolgt also bei kleinem enddiastolischem Volumen eine stärkere Verkürzung des Ventrikels in der Längsrichtung, die wiederum für den — gleich zu besprechenden — sog. Ventilebenenmechanismus von entscheidender Bedeutung ist.

Ventilebenenmechanismus. Wir haben die Ventrikelsystole bisher nur unter dem Aspekt des Blutauswurfs aus dem Herzen betrachtet. Beim Ventilebenenmechanismus haben wir es dagegen mit einer Wirkung der Systole zu tun, die eng mit der diastolischen Füllung zusammenhängt. Während der Austreibungsphase pressen die Ventrikel in *einem* Arbeitsgang Blut in die großen Arterien aus und saugen gleichzeitig Blut aus den großen Venen in die Vorhöfe hinein an. Die Sogwirkung kommt dadurch zustande, daß sich die Ventilebene — d.h. die Grenzfläche zwischen Vorhöfen und Herzkammern, in der die Herzklappen liegen — in Richtung zur Herzspitze verschiebt und die inzwischen erschlafften Vorhöfe dehnt. Dieser Effekt ist beim rechten Ventrikel besonders deutlich ausgeprägt, da hier die Spiralmuskeln überwiegen, die den Ventrikel in der Längsachse verkürzen. Im linken Ventrikel verstärkt sich die Wirkung — wie oben beschrieben — mit abnehmendem enddiastolischem Volumen. Am Ende der Austreibungsphase sind die Vorhöfe also prall mit Blut gefüllt (Abb. 19-25A). Sobald nun die Ventrikelmuskulatur erschlafft, kehrt die Ventilebene unter Öffnung der AV-Klappen in ihre Ausgangslage zurück und schiebt sich dabei gewissermaßen über das in den Vorhöfen bereitgestellte Blutvolumen hinweg (Abb. 19-25B). Auf diese Weise wird eine rasche initiale Füllung der Ventrikel garantiert, die besonders bei erhöhter Herzfrequenz mit entsprechend verkürzter Diastolendauer ins Gewicht fällt.

Man kann sich fragen, weshalb eine Verkürzung der Ventrikel in ihrer Längsachse zur Senkung der Ventilebene und nicht etwa zur Anhebung der Herzspitze führt, wie sie beispielsweise bei einem isolierten, an einer Aortenkanüle befestigten Herzen zu beobachten ist. Dafür gibt es mindestens 2 Erklärungen: Eine Anhebung der Herzspitze kann in situ deshalb nicht erfolgen, weil zwischen dem Herzen und dem Herzbeutel ein inkompressibler (und damit auch undehnbarer) Flüssigkeitsspalt besteht und der Herzbeutel selbst am Zwerchfell verankert ist. Außerdem entsteht während der Ventrikelsystole ein Rückstoß auf die Herzkammern in Richtung zur Herzspitze.

Der beschriebene Ventilebenenmechanismus ist nicht allein für die Bereitstellung von Blut zur diastolischen Füllung der Ventrikel verantwortlich. Auch die diastolische Erschlaffung der Ventrikel selbst erzeugt eine gewisse Saugwirkung, die auf dem passiv elastischen Ausgleich von Verformungen beruht, die während der Systole erfolgten. Man kann diese Wirkung mit dem Zurückschnappen des eingedrückten Gummisaugers einer Pipette vergleichen. Auf weitere Triebkräfte des venösen Rückstroms zum Herzen wird bei der Besprechung des Kreislaufs näher eingegangen.

Äußere Signale der Herztätigkeit

Um beim Menschen Aufschlüsse über die Funktionsweise des Herzens zu gewinnen, ist man gewöhnlich auf äußerlich nachweisbare Begleiterscheinungen der Herzaktion angewiesen. Eine Reihe von wichtigen Signalen können mittels geeigneter Registriereinrichtungen ohne nennenswerte Belästigung von der Körperoberfläche abgegriffen werden. Man bezeichnet solche Untersuchungsmethoden als **nicht-invasive Verfahren.** Als Beispiel haben wir bereits das EKG als Indiz der elektrischen Erregungsvorgänge kennengelernt. An mechanischen Äußerungen der Herzaktion können v.a. die folgenden auf nicht-invasive Weise erfaßt werden: der *Herzspitzenstoß,* der *Herzschall,* der *Arterienpuls* und der *Venenpuls.*

Herzspitzenstoß. Bei mageren Menschen kann man den Herzspitzenstoß leicht mit den Fingern fühlen und u.U. auch als schnelle Vorwölbung — gelegentlich auch als Einziehung — im 5. Intercostalraum links medioclaviculär sehen. Die Bezeichnung „Herzspitzenstoß" ist allerdings etwas irreführend, da die Erschütterungen der präcordialen Brustwand nicht einfach durch das Anstoßen der Herzspitze entstehen. Als Ursache wirken vielmehr Form-, Volumen- und Lageänderungen des Herzens in komplizierter Weise zusammen. Aus der Registrierung des Herzspitzenstoßes **(Mechanokardiogramm, Apexkardiogramm)** ergeben sich klinisch bedeutsame Hinweise, die in erster Linie den linken Ventrikel betreffen.

Herzschall. Während der Herzaktion werden auch hörbare Schwingungen (15–400 Hz) auf die Brustwand übertragen, die bei aufgelegtem Ohr oder mit Hilfe eines Hörrohrs (*Stethoskop*) als charakteristische *Herztöne* wahrnehmbar sind.

Man muß sich nolens volens damit abfinden, daß man diese Schallerscheinungen als „Töne" bezeichnet, obwohl es sich nicht um rein periodische Schwingungen handelt. Der eher zutreffende Ausdruck „Herzgeräusche" ist jedoch seit langem für bestimmte Normabweichungen des Herzschalls reserviert (s.u.).

Beim Abhorchen (*Auskultation*) kann man in der Regel ohne Schwierigkeit einen **I. Herzton** zu Beginn der Systole und einen **II. Herzton** zu Beginn der Diastole unterscheiden. Der dumpfe längere I. Herzton ist komplexer Natur. Er kommt hauptsächlich dadurch zustande, daß sich das Ventrikelmyokard beim Schluß der AV-Klappen ruckartig um den inkompressiblen Inhalt anspannt und dabei samt den geschlossenen AV-Klappen in Schwingungen gerät, die sich auf die Brustwand übertragen (*Anspannungston*). Der kürzere helle II. Herzton entsteht beim Zuschlagen der Taschenklappen von Aorta und A. pulmonalis (*Klappenton*), wobei auch die Blutsäulen in den großen Gefäßen in Schwingung geraten. Die günstigsten **Auskultationsstellen** für den II. Herzton liegen dementsprechend nicht direkt über dem Herzen, sondern in der Richtung des Blutstroms verschoben, d.h. für die Aortenklappen im 2. Intercostalraum rechts vom Sternum, für die Pulmonalklappen links. Für den I. Herzton liegen die besten Auskultationsstellen dagegen unmittelbar über den Ventrikeln, d.h. etwa im 5. Intercostalraum links medioclaviculär (linkes Herz) bzw. rechts am Rand des Sternums (rechtes Herz).

Phonokardiographie. Mittels geeigneter Mikrophone und Registriereinrichtungen können die Wellen des Herzschalls direkt aufgezeichnet werden (Abb. 19-26). Das sog. *Phonokardio-*

gramm bietet neben dem Vorteil der Dokumentation von Befunden auch die Möglichkeit, die zeitlichen Relationen des Herzschalls zu anderen Vorgängen zu analysieren. Durch Einschaltung von Frequenzfiltern gelingt es darüber hinaus, verschiedene Schallkomponenten gegeneinander abzugrenzen und pathologische Geräusche zu klassifizieren.

I. Herzton. Man unterscheidet ein sog. *Vorsegment* von kleiner Amplitude und niedriger Frequenz (V in Abb. 19-26), ein *Hauptsegment* (H) und ein *Nachsegment* (N). Das Vorsegment entsteht durch die Umformung des linken Ventrikels im Beginn der Anspannungsphase. Das Hauptsegment markiert den steilen ventriculären Druckanstieg. Das Nachsegment reicht in den Beginn der Austreibungsphase hinein.

II. Herzton. Der Beginn des II. Herztons fällt gewöhnlich mit dem Ende der T-Welle des EKG zusammen und signalisiert das *Ende der Austreibungsphase*. Gelegentlich ist eine Spaltung des zweiten Tons in eine erste Komponente beim Schluß der Aortenklappen und eine zweite beim Schluß der Pulmonalklappen zu erkennen.

III. Herzton und IV. Herzton. Durch den Ruck der Kammerwand beim Einströmen des Blutes in der frühen Füllungsphase wird ein sog. III. Herzton ausgelöst, der jedoch i. allg. nur bei Kindern wegen der günstigeren Schalleitungsbedingungen hörbar ist. Am Ende der P-Welle und vor Beginn der Q-Zacke des EKG kann gelegentlich eine Schwingung registriert werden, die durch die Kontraktion der Vorhöfe entsteht. Dieser sog. IV. Herzton ist bei der gewöhnlichen Auskultation nicht wahrnehmbar.

Herzgeräusche. Die als Herzgeräusche bezeichneten Veränderungen des normalen Herzschalls beruhen hauptsächlich auf Turbulenzen des Blutstroms. Sie unterscheiden sich von den Herztönen durch eine höhere Frequenz (800 Hz), eine längere Dauer und ein allmähliches An- bzw. Abklingen. Häufige Ursache von Herzgeräuschen sind angeborene oder erworbene Stenose oder Insuffizienz der Herzklappen, aber z.B. auch Defekte des Vorhof- bzw. Kammerseptums u.a. Für die Diagnostik sind neben dem Geräuschcharakter der Zeitpunkt (systolisch, diastolisch) und die Auskultationsstelle, an der das Geräusch am deutlichsten gehört wird (*Punctum maximum*), von Bedeutung. Bei einer *Aortenstenose* wird z.B. das Blut in der Austreibungsphase durch das verengte Aortenostium gepreßt. Die entstehende Turbulenz erzeugt im Anschluß an den I. Herzton ein lautes an- und abschwellendes *systolisches* Geräusch mit Punctum maximum im 2. ICR rechts vom Sternum. Hätte das Geräusch dagegen sein Punctum maximum über der Herzspitze, so würde man eine *Mitralinsuffizienz* vermuten. Bei diesem Klappenfehler entsteht das Geräusch infolge des systolischen Rückstroms von Blut aus dem linken Ventrikel durch die defekte Mitralklappe in den linken Vorhof. Systolische Geräusche sind jedoch keineswegs immer Zeichen von anatomischen Veränderungen des Herzens. Sie können z.B. auch auf einer veränderten Blutzusammensetzung beruhen. *Diastolische* Geräusche treten auf, wenn z.B. Arterienklappen insuffizient oder AV-Klappen stenosiert sind. Hinweise auf die jeweilige Lokalisation der Störung ergeben sich aus dem Punctum maximum bei der Auskultation.

Carotispuls. Auf die pulsatorischen Schwankungen der Gefäße soll hier nur insoweit eingegangen werden, als sich daraus Anhaltspunkte für den jeweiligen Funktionszustand des Herzens ergeben. Mit dem Auswurf des Schlagvolumens aus dem linken Ventrikel breitet sich eine Druckwelle über das Arteriensystem aus, die in Herznähe (A. carotis communis) einen typischen Verlauf zeigt (Abb. 19-26): Ausgelöst durch die Austreibung erfolgt zunächst ein Steilanstieg mit einem deutlichen Druckgipfel. Im abfallenden Schenkel entsteht durch das Zuschlagen der Aortenklappen eine scharf begrenzte Incisur. Die Zeit vom Fuß des Steilanstiegs der Kurve bis zur Incisur entspricht der **Dauer der Austreibungsphase** des linken Ventrikels. Bei der Festlegung des Beginns der Austreibungsphase ist allerdings zu berücksichtigen, daß der Carotispuls gegenüber den praktisch trägheitslos ansprechenden elektrischen und akustischen Phänomenen mit einer gewissen Verzögerung auftritt, die durch die Laufzeit der Pulswelle von der Aorta bis zur A. carotis bedingt ist. Diese sog. **zentrale Pulswellenlaufzeit** kann man aus dem Abstand zwischen dem Beginn des II. Herztons und der Incisur ermitteln (rot getönter Bereich in Abb. 19-26).

Venenpuls. In den herznahen Venen entstehen im Laufe eines Herzcyclus Änderungen der Blutfüllung, die z.B. an der V. jugularis externa im Liegen als *Volumen*-Schwankungen registrierbar sind. Dieser sog. Venenpuls gibt Hinweise auf Vorgänge im rechten Herzen, speziell im rechten Vorhof (vgl. Kap. 20).

Röntgenuntersuchung und Echokardiographie. Anhaltspunkte über Größe und Form des Herzens ergeben sich schon beim Beklopfen der Brustwand **(Perkussion)** aus der Verteilung von Dämpfungszonen. Für genauere Messungen und zum Zwecke der Dokumentation dient die **Röntgenaufnahme.** Durch Fernaufnahme im Abstand von 2 m lassen sich Projektionsfehler vermeiden, die bei der Nahaufnahme durch die Strahlendivergenz entstehen. In neuerer Zeit gewinnt das Prinzip des Echolots als Untersuchungsmethode des Herzens in Form der **Echokardiographie** immer mehr an Bedeutung. Dabei wird die Reflexion von Ultraschallwellen an Grenzflächen des Herzens (äußere und innere Wandung, Klappen etc.) ausgewertet (Abb. 19-28). Die Methode liefert wertvolle Aussagen über die Abstände der Grenzflächen im Strah-

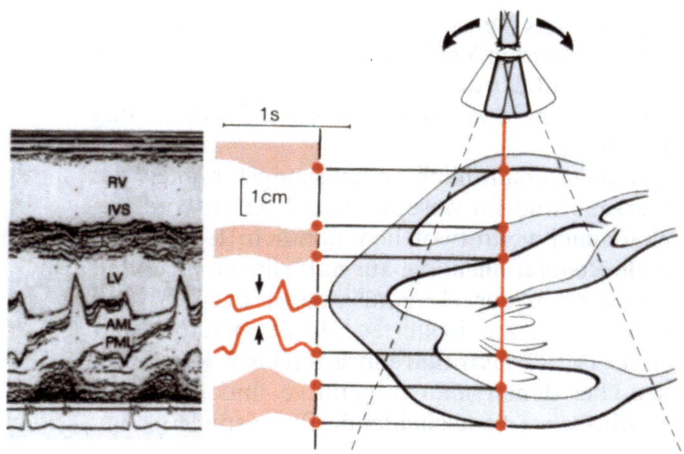

Abb. 19-28. Prinzip der Echokardiographie. Der Schallkopf dient in raschem Wechsel als Sender und als Empfänger. Die Abstände und Bewegungen der echographisch wirksamen Grenzflächen werden in ihrem zeitlichen Verhalten aufgezeichnet. Man erkennt z.B. deutlich das Schließen der Mitralklappe zu Beginn der Systole *(Pfeile)*. In der Originalwiedergabe eines Echokardiogramms (*links*) bedeuten: *RV* rechter Ventrikel, *IVS* interventriculäres Septum, *LV* linker Ventrikel, *AML, PML* anteriore bzw. posteriore Mitralklappe

lengang und über deren Veränderungen, also z.B. auch über Größenänderungen des Herzens, über Klappenbewegungen und dgl. Da Ultraschallwellen im Unterschied zu den Röntgenstrahlen nach bisheriger Erfahrung für den Menschen unschädlich sind, können die Untersuchungen beliebig oft wiederholt werden.

Intrakardiale invasive Meßmethoden

Die beschriebenen extrakardialen Registrierungen wie EKG, Herzschall und dgl. haben ohne Zweifel große praktische Bedeutung. Sie liefern jedoch nur indirekte Hinweise auf die Funktion des Herzens und reichen für spezielle Fragestellungen u.U. nicht aus. In den letzten Jahren wurde in der klinischen Herzdiagnostik die Technik intravasaler und intrakardialer Messungen mit Hilfe von sog. Herzkathetern wesentlich ausgebaut. *Herzkatheter,* die es in verschiedenen Ausführungen, Längen und Durchmessern gibt, werden von einem peripheren Gefäß aus meist unter Röntgenkontrolle in das Herz vorgeschoben. Über einen transvenös eingeführten Katheter können so der rechte Vorhof, die rechte Kammer und die A. pulmonalis meist ohne Schwierigkeiten erreicht werden. Die Katheterisierung des linken Herzens erfolgt retrograd von einer peripheren Arterie oder vom rechten Vorhof aus nach schonender Punktion des Vorhofseptums.

Anwendung des Herzkatheters. Die Herzkatheterisierung dient in erster Linie der **Druckmessung** in den verschiedenen Herzhöhlen und den angeschlossenen Gefäßen. Durch Registrierung des Druckverlaufs können Druckkurven gewonnen werden, wie sie z.B. in Abb. 19-26 dargestellt sind. In der tabellarischen Übersicht am Schluß dieses Kapitels sind die praktisch wichtigen Druckwerte zusammengefaßt. Durch einen Herzkatheter lassen sich aus dem jeweils interessierenden Abschnitt auch *Blutproben* gewinnen und beispielsweise auf ihren Sauerstoffgehalt analysieren. Durch Injektion einer Testsubstanz können sog. **Indikatorverdünnungskurven** aufgenommen werden, die eine Berechnung des Herzzeitvolumens erlauben (vgl. S. 462). Wird durch den Katheter ein Kontrastmittel injiziert, so kann durch Röntgenaufnahme mit rascher Bildfolge eine anatomische Darstellung der Herzhöhlen und Gefäße in verschiedenen Aktionsphasen erhalten werden **(Angiokardiographie).** Schließlich sind für spezielle Fragestellungen Herzkatheter zur intrakardialen elektrischen Ableitung **(intrakardiales EKG, HIS-Bündel-Ableitung)** und Registrierung des Herzschalls **(intrakardiale Phonographie)** entwickelt worden. Der Einsatz und die detaillierte Kenntnis dieser Untersuchungsmethoden muß jedoch wegen des apparativen Aufwands dem klinischen Spezialisten vorbehalten bleiben.

19.5 Dynamik der Anpassung an wechselnde Belastungen

Wir wollen uns zunächst klar machen, welchen Anforderungen von seiten des Kreislaufs das Herz normalerweise genügen muß. Anschließend werden wir uns näher mit den Grundmechanismen der Anpassung beschäftigen.
Ein gesundes Herz ist in der Lage, seine Förderleistung in weiten Grenzen zu verändern. Das sog. **Herzzeitvolumen,** d.h. die Blutmenge, welche die rechte bzw. die linke Kammer in 1 min auswirft, kann bei Bedarf auf mehr als das 5fache des Ruhewerts ansteigen. Da beide Herzkammern in Serie geschaltet sind (Abb. 19-1), müssen ihre Minutenvolumina stets weitgehend übereinstimmen. Würde z.B. die rechte Kammer nur 2% mehr Blut fördern als die linke, so käme es innerhalb von wenigen Minuten zu einer bedrohlichen Blutstauung in der Lunge mit der Gefahr eines Lungenödems. Daß eine solche Komplikation normalerweise nicht eintritt, weist auf einen präzisen Anpassungsmechanismus hin. Auch im Falle einer Erhöhung des Strömungswiderstandes im Körperkreislauf, z.B. infolge einer ausgedehnten Vasoconstriction, entsteht normalerweise kein bedrohlicher Rückstau des Blutes, da sich die linke Kammer rasch den veränderten Bedingungen anpaßt, d.h. mehr Kraft entwickelt, um unter erhöhtem

Druck das gleiche Volumen auszuwerfen. Ebenso werden Veränderungen des venösen Zustroms und der diastolischen Füllung durch eine entsprechende Angleichung der Förderleistung bewältigt.
Für diese erstaunliche Anpassungsfähigkeit des Herzens sind im wesentlichen 2 Arten von Mechanismen verantwortlich, nämlich: 1. **Intrakardiale Regulationen,** die auf natürlichen Grundeigenschaften der Herzmuskulatur beruhen und daher auch am isolierten Herzen nachweisbar sind [24]. 2. **Extrakardial ausgelöste Regulationen,** bei denen neurovegetative und humorale Einflüsse eine entscheidende Rolle spielen.

Druck-Volumen-Beziehungen am isolierten Herzen

Die in Kap. 4 beschriebenen mechanischen Eigenschaften des Skeletmuskels (S. 76ff.) lassen sich in prinzipiell ähnlicher Form auch an länglichen Präparaten der Herzmuskulatur, z.B. an isolierten Papillarmuskeln, nachweisen: Ein Papillarmuskel ist elastisch dehnbar. Er vermag sich unter konstanter Belastung aktiv zu verkürzen **(isotonische Kontraktion)** oder bei konstant gehaltener Länge aktiv Spannung zu entwickeln **(isometrische Kontraktion).** Zur Veranschaulichung der Verhältnisse kann ein Modell dienen, das den Muskel als Serienschaltung eines kontraktilen und eines elastischen Elements beschreibt (Abb. 19-29B). Die isometrische Kontraktion erscheint hierbei als Verkürzung des kontraktilen Elements, die eine entsprechende Dehnung des elastischen Elements bewirkt.

Elementare Kontraktionsformen. Es ist sicher vernünftig anzunehmen, daß sich das Myokard im intakten Herzen nicht wesentlich anders als der isolierte Papillarmuskel verhält. Bei der Übertragung der Ergebnisse von linearen Muskeln auf musculäre Hohlkörper ist allerdings zu beachten, daß sich das — der Länge analoge — Volumen mit der 3. Potenz der Faserlänge ändert. Ferner ist bei gegebener Wandspannung der im Innern des Hohlkörpers entstehende Druck aufgrund der oben erwähnten Laplace-Beziehung (S. 488) dem Kugelradius umgekehrt proportional. In Abb. 19-29A sind für lineare Muskeln und für musculäre Hohlkörper die mechanischen Bedingungen von 3 Kontraktionsformen dargestellt, die uns im folgenden hauptsächlich begegnen werden. Die Abb. 19-29B zeigt das entsprechende Verhalten der elastischen und kontraktilen Elemente des Zwei-

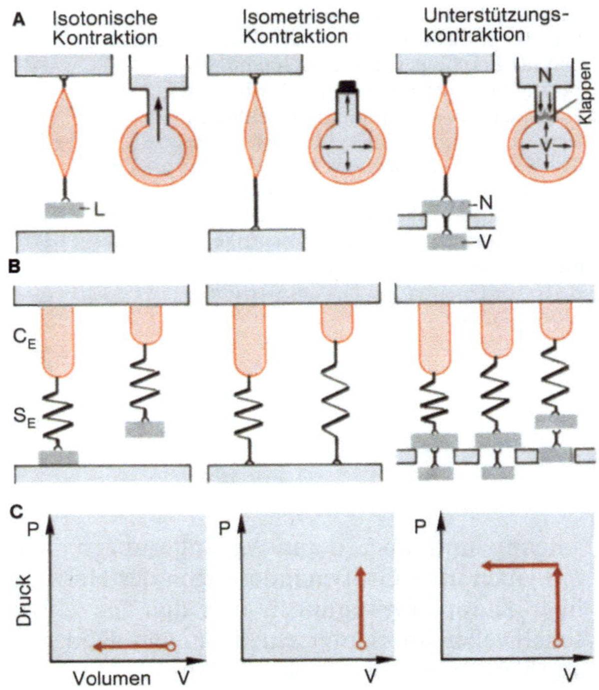

Abb. 19-29 A–C. Elementare Kontraktionsformen des Myokards **(A).** Mechanische Kontraktionsbedingungen beim länglichen Myokardpräparat (Papillarmuskel) und beim myokardialen Hohlkörper (kanülierter Ventrikel). **B** Verhalten des Zweikomponentenmodells bei den verschiedenen Kontraktionsformen. *CE* kontraktiles Element. *SE* in Serie geschaltetes elastisches Element. *L* Last, *V* Vorbelastung (engl. preload), *N* Nachbelastung (engl. afterload). **C** Darstellung der elementaren Kontraktionsformen im Druck-Volumen-Diagramm

komponentenmodells. In Abb. 19-29C sind die — den Längen-Spannungs-Diagrammen beim Skeletmuskel analogen — **Druck-Volumen-Diagramme** des musculären Hohlorgans wiedergegeben: Bei der **Unterstützungskontraktion,** die am meisten der natürlichen Tätigkeit des Herzens entspricht, beginnt die Kontraktion mit einer isovolumetrischen Phase. Dabei steigt zunächst der Innendruck bei konstantem Volumen an. In dem Augenblick, da der Innendruck den hydrostatischen Druck der Flüssigkeitssäule erreicht, die auf den Klappen lastet, öffnen sich diese und es erfolgt eine isotonische Volumenverkleinerung.

Gleichgewichtskurven. Die in Abb. 19-29C dargestellten Druck-Volumen-Diagramme beziehen sich jeweils nur auf *eine* bestimmte Ausgangsbedingung, d.h. auf ein bestimmtes Volumen bei einem gegebenen Füllungsdruck. Durch Variation des Füllungsdrucks lassen sich Veränderungen des Volumens herbeiführen, die sich wiederum auf die Amplitude der isovolume-

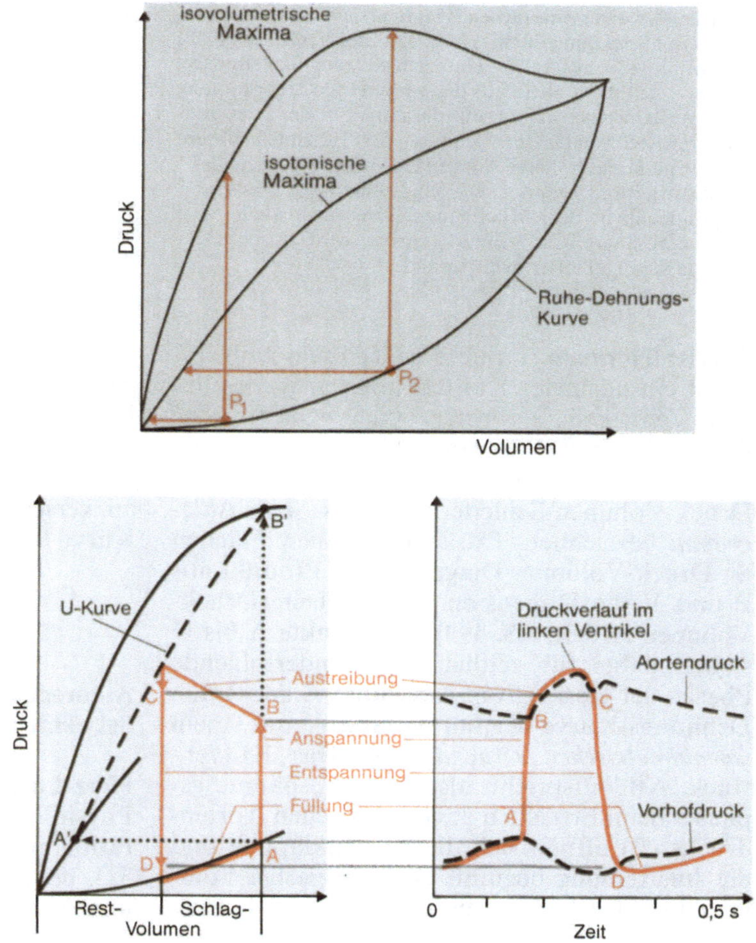

Abb. 19-30. Gleichgewichtskurven und Arbeitsdiagramm des isolierten Herzens. *Oben:* In ein Koordinatensystem mit dem intraventriculären Druck als Ordinatenachse und dem Ventrikelvolumen als Abscissenachse sind 3 Gleichgewichtskurven eingetragen: die Ruhe-Dehnungs-Kurve, die isovolumetrischen und die isotonischen Maxima. Anhand der Punkte P_1 und P_2 wird gezeigt, daß jedem Punkt der Ruhe-Dehnungs-Kurve ein bestimmtes isovolumetrisches und isotonisches Maximum zuzuordnen ist *(Pfeile)*. *Unten:* Darstellung eines Herzcyclus (Arbeitsdiagramm) im obigen Koordinatensystem. Der Kurvenzug *A B C D A* verbindet verschiedene Phasen der Herzaktion (vgl. *Einsatzfigur:* Druckverlauf im linken Ventrikel). Auf der *gestrichelten* U-Kurve müssen alle Unterstützungskontraktionen enden, die vom Punkt *A* ausgehen. *B'* isovolumetrisches Maximum zu Punkt *A*, *A'* isotonisches Maximum zu Punkt *A*

trischen bzw. isotonischen Kontraktionen auswirken. Die hierbei geltenden Gesetzmäßigkeiten werden in sog. *Gleichgewichtskurven* zusammengefaßt (Abb. 19-30 oben). Gleichgewichtskurven stellen Grenzbedingungen dar, innerhalb derer *bei einem bestimmten kontraktilen Zustand* des betreffenden Hohlmuskels alle Druck- bzw. Volumenänderungen ablaufen.

Wir wollen uns klarmachen, wie man an einem isolierten Herzen die Gleichgewichtskurven bestimmt. Eine entsprechende Versuchsordnung ist in Abb. 19-31 dargestellt. Zunächst wird durch Füllung des Ventrikels unter verschiedenen Drücken und Messung des jeweiligen Volumens die **Ruhe-Dehnungs-Kurve** bestimmt. Ihre zunehmende Steigung zeigt, daß die passive Dehnbarkeit des Herzens mit wachsendem Volumen abnimmt; d.h. es werden immer größere Druckerhöhungen benötigt, um den gleichen Volumenzuwachs auszulösen. Von jedem Punkt der Ruhe-Dehnungs-Kurve ausgehend können nun — wie in Abb. 19-30 dargestellt — sowohl isovolumetrische als auch isotonische Kontraktionen ausgelöst werden. Verbindet man die jeweils erreichten Druck- bzw. Volumenwerte durch Kurvenzüge, so erhält man die sog. **isovolumetrischen** bzw. **isotonischen Kontraktionsmaxima.** In Abb. 19-30 sind als Beispiel 2 Punkte der Ruhe-Dehnungs-Kurve (P_1 und P_2) mit ihren zugehörigen Maxima eingezeichnet. Es ist ohne Schwierigkeiten zu erkennen, daß sowohl die Druck- als auch die Auswurfmaxima je nach Ausgangsfüllung des Ventrikels verschieden groß sind. Sie nehmen mit steigender Anfangsfüllung zu, um von einer gewissen Füllungsgröße an wieder abzunehmen. Diese Feststellung ist wichtig. Sie besagt nämlich, daß das Herz ohne sonstige Einflüsse nur in Abhängigkeit von der Füllung unterschiedliche Drücke entwickeln bzw. Volumina auswerfen kann.

Ursache der unterschiedlichen Maxima. Die Längenabhängigkeit der Spannungsentwicklung bzw. der Verkürzung läßt sich beim Herzmuskel im Unterschied zum Skeletmuskel (vgl. S. 77ff.) nicht allein aus der veränderten Überlappung der Myofilamente erklären. Für die Zunahme der kontraktilen Kraft bei verstärkter Dehnung der Herzmuskelfasern sind vielmehr ein höherer Anstieg des cytoplastischen Ca^{2+} im Kontraktionsbeginn sowie eine Zunahme der Ca^{2+}-Empfindlichkeit der Myofilamente verantwortlich. Der transmembranäre Ca^{2+}-Einwärtsstrom wird durch Dehnung dagegen offenbar nicht verändert.

Arbeitsdiagramm. Im unteren Teil von Abb. 19-30 ist ein normaler Kontraktionscyclus des linken Ventrikels als roter Kurvenzug in das Druck-Volumen-Diagramm mit den Gleichgewichtskurven eingetragen. Die geschlossene Druck-Volumen-Schleife wird als *Arbeitsdiagramm* bezeichnet. Tatsächlich haben Flächen im Druck-Volumen-Diagramm als Produkt aus P und V die Dimension einer Arbeit (Druck-Volumen-Arbeit, s.S. 499). Die Punkte A bis D stehen dabei für zeitlich aufeinanderfolgende Phasen der Herzaktion. Am Punkt A der Ruhe-Dehnungs-Kurve beginnt die Systole mit einem *isovolumetrischen Druckanstieg*. Das Kurvenstück AB entspricht also der Anspannungsphase. Beim Erreichen des diastolischen Aortendrucks (B) öffnen sich die Aortenklappen und die Austreibung beginnt. Da sich hierbei Volumen und Druck gleichzeitig ändern, spricht man von einer **auxotonischen Kontraktion.** Am Punkt C ist der Auswurf des Schlagvolumens beendet. Es beginnt die *isovolumetrische Entspannung* (CD), an die sich nach dem Öffnen der Mitralklappe die Füllung (DA) für den nächsten Schlag anschließt.
Die normale Ventrikelsystole stellt nach der oben gegebenen Definition eine **Unterstützungskontraktion** dar. Die **Vorbelastung (Preload** in Abb. 19-29A) ist durch die enddiastolische Wandspannung gegeben, die von der Füllung abhängt. Als Maß für die **Nachbelastung (Afterload)** gilt die Wandspannung, die aufgebracht werden muß, um den enddiastolischen Aorten- bzw. Pulmonalisdruck zu überwinden. Eine Verminderung der Nachbelastung kann demnach durch eine Senkung der enddiastolischen Drücke, aber (nach der Laplace-Beziehung) auch durch Verkleinerung des Ventrikeldurchmessers erreicht werden. Bei einem hohen diastolischen Aortendruck würde die Unterstützungskontraktion des linken Ventrikels schließlich in eine rein isovolumetrische Kontraktion übergehen, d.h. der Druckanstieg würde in Abb. 19-30 den Punkt B′ erreichen, ohne daß sich die Klappen öffnen und ein Auswurf erfolgt. Bei fehlender Nachbelastung käme es zu dem anderen Extrem, d.h. zu einer rein isotonischen Kontraktion, bei der die Volumenverkleinerung den Punkt A′ erreicht. Unter normalen Bedingungen tritt weder das eine noch das andere ein. Die Maxima aller — von Punkt A ausgehenden — Unterstützungskontraktionen liegen dementsprechend auf einer Linie, welche die Extremwerte A′ und B′ verbindet, auf der Kurve der sog. **Unterstützungsmaxima** oder kurz — der **U-Kurve** zu Punkt A (Abb. 19-30). Zu jedem Druck-Volumen-Diagramm des Herzens gehören also jeweils eine Ruhe-Dehnungs-Kurve und je eine Kurve der isovolumetrischen bzw. isotonischen Maxima — aber eine große Schar von U-Kurven, da der Ausgangspunkt A an verschiedenen Stellen der Ruhe-Dehnungs-Kurve liegen kann.

Autoregulatorische Mechanismen bei akuter Volumen- bzw. Druckbelastung

Herz-Lungen-Präparat. Von dem englischen Physiologen E.H. Starling wurde eine Präparation des Säugtierherzens entwickelt (Abb. 19-31), bei der Aortendruck und venöser Zustrom unabhängig voneinander in weiten Grenzen verändert und mit der enddiastolischen Ventrikelgröße korreliert werden können. Das Herz behält dabei seine natürlichen Verbindungen zur künstlich belüfteten Lunge. Der große Kreislauf ist durch ein blutgefülltes Meßsystem mit einstellbarem Widerstand ersetzt. Der venöse Zustrom kann von einem Reservoir aus beliebig variiert werden. Da die Bluttemperatur konstant gehalten wird und die Herznerven durchtrennt sind, schlägt das Herz mit konstanter Frequenz. Wir wollen nun betrachten, auf welche Weise ein derart „reduziertes" Herz noch auf Belastungen zu reagieren vermag.

Anpassung an akute Volumenbelastung. Eine Vergrößerung des venösen Zustroms wird bei dem Starling-Präparat durch Anheben des Vorratsgefäßes erreicht. In Abb. 19-32A ist dargestellt, wie der linke Ventrikel auf eine solche Volumenbelastung reagiert. Vor dem Eingriff wird bei einer *enddiastolischen Füllung* von 130 ml das schattierte Arbeitsdiagramm umlaufen und ein Schlagvolumen von 70 ml ausgeworfen. Das *endsystolische Restvolumen* liegt bei ca. 60 ml. Unter dem vergrößerten venösen Zufluß erfolgt eine stärkere diastolische Füllung

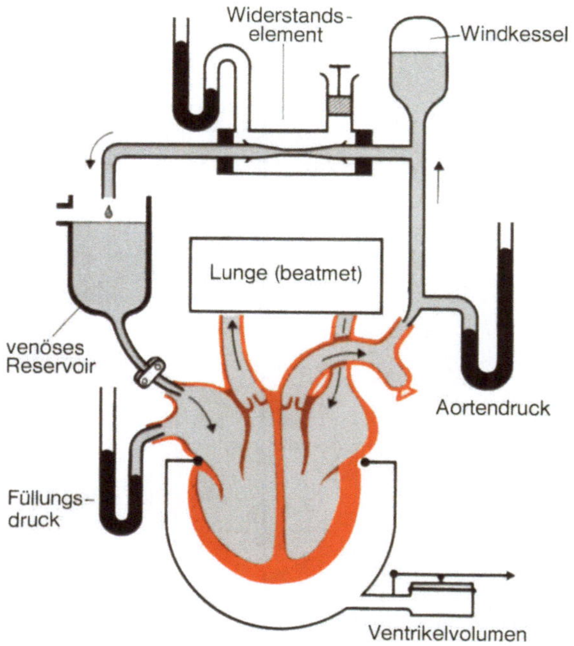

Abb. 19-31. Herz-Lungen-Präparat nach Starling. Der Lungenkreislauf ist voll erhalten, der Körperkreislauf durch ein blutgefülltes Meßsystem ersetzt. Das Blut wird in der künstlich beatmeten Lunge oxygeniert. Ein venöses Reservoir fängt das — vom linken Ventrikel ausgetriebene — Blut auf. Durch Heben und Senken des Reservoirs kann der Füllungsdruck im rechten Ventrikel und — wegen des geringen Strömungswiderstandes der Lunge – auch im linken Ventrikel willkürlich verändert werden. Eine Verstellung des Strömungswiderstandes geschieht in einem Widerstandselement. Hier wird ein dünnwandiger Gummischlauch in einem Glasrohr durch Druck von außen komprimiert

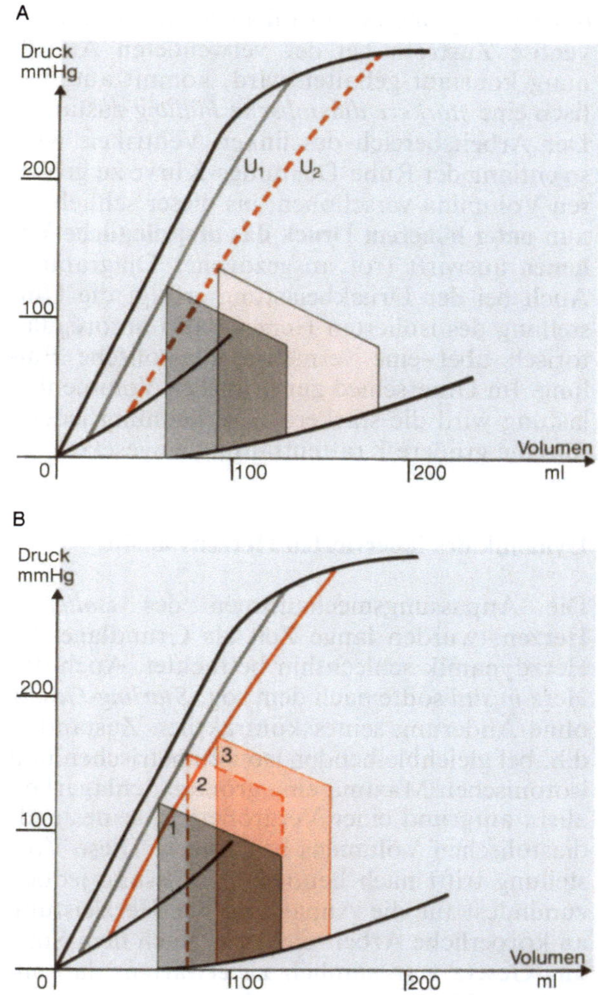

Abb. 19-32 A u. B. Druck-Volumen-Diagramme des linken Ventrikels zur Veranschaulichung der Anpassung an akute Volumen- bzw. Druckbelastung nach dem Frank-Starling-Mechanismus. **A** Anpassung an eine akute Volumenbelastung infolge stärkerer diastolischer Füllung. **B** Stufenweise Anpassung an akute Druckbelastung infolge Erhöhung des peripheren Strömungswiderstandes. Nähere Erläuterungen im Text

auf 180 ml. Für den neuen Ausgangszustand gilt nun das rote Arbeitsdiagramm. Man erkennt, daß ohne Änderung der isovolumetrischen und der isotonischen Maxima nun ein Schlagvolumen von rund 90 ml gefördert wird. Der diastolische Aortendruck bleibt dabei gleich; der systolische Druck steigt infolge der stärkeren Dehnung des Windkessels durch das größere Schlagvolumen etwas an. Das endsystolische Restvolumen hat zugenommen. Entsprechend dem veränderten Ausgangszustand gilt eine andere U-Kurve (U_2). Als wesentliches Ergebnis ist also festzuhalten, daß das isolierte, mit konstanter Frequenz schlagende Herz aus sich heraus — *autoregulatorisch* — eine vermehrte diastolische Füllung durch den Auswurf eines größeren Schlagvolumens bewältigen kann. Dieser Anpassungsmechanismus wird nach seinen Entdeckern als **Frank-Starling-Mechanismus** bezeichnet [31, 45]. Er liegt im Prinzip auch der Anpassung an erhöhte Druckbelastung zugrunde.

Anpassung an akute Druckbelastung. Wird im Herz-Lungen-Präparat plötzlich der Strömungswiderstand im künstlichen Kreislauf erhöht, so erfolgt die Umstellung der Herztätigkeit *stufenweise*. Im Arbeitsdiagramm des Herzens stellt sich diese Anpassung wie folgt dar (Abb. 19-32 B): Wegen des erhöhten Abflußwiderstandes fällt der Aortendruck in der Diastole nicht auf den ursprünglichen Wert ab, so daß der linke Ventrikel bei der folgenden Systole einen höheren Druck aufbringen muß (hier 126 statt 90 mmHg), ehe die Austreibung einsetzt (rot gestricheltes Diagramm). Dies führt jedoch zwangsläufig zu einer *Verkleinerung des Schlagvolumens*. Am Ende der Systole bleibt infolgedessen ein **größeres Restvolumen** zurück. Da der venöse Zustrom bei der verwendeten Anordnung konstant gehalten wird, kommt automatisch eine *stärkere diastolische Füllung* zustande. Der Arbeitsbereich des linken Ventrikels wird so entlang der Ruhe-Dehnungs-Kurve zu größeren Volumina verschoben, bis dieser schließlich nun **unter höherem Druck das ursprüngliche Volumen** auswirft (rot ausgezogenes Diagramm). Auch bei der Druckbelastung erfolgt die Umstellung des isolierten Herzens also autoregulatorisch über eine vermehrte diastolische Füllung. Im Unterschied zur primären Volumenbelastung wird die stärkere Faserdehnung jedoch für eine größere Kraftentfaltung eingesetzt.

Dynamik des innervierten Herzens in situ

Die Anpassungsmechanismen des *isolierten* Herzens wurden lange Zeit als Grundlage der Herzdynamik schlechthin betrachtet. Auch das Herz *in situ* sollte nach dem sog. *Starling-Gesetz* ohne Änderung seines kontraktilen Zustandes, d.h. bei gleichbleibenden isovolumetrischen und isotonischen Maxima eine größere Schlagarbeit allein aufgrund einer Vergrößerung seines enddiastolischen Volumens bewältigen. Diese Vorstellung trifft nach heutiger Auffassung jedoch zumindest für die Anpassung der Herzleistung an körperliche Arbeit nicht zu. Nach dem Starling-Gesetz war nämlich zu erwarten, daß ein leistungsfähiges Herz in Ruhe klein ist und sich bei Belastung in Anpassung an den vermehrten venösen Zustrom vergrößert. Genau das Umgekehrte ist jedoch der Fall! Läßt man z.B. gesunde Versuchspersonen auf einem Fahrradergometer körperliche Arbeit verrichten, so kann man gleichzeitig auf dem Röntgenschirm eine deutliche enddiastolische und endsystolische *Verkleinerung* des Herzschattens beobachten. Diese Anpassung erfolgt unter dem Einfluß des *Sympathicus* und beruht auf einer von der Vordehnung unabhängigen Steigerung der kontraktilen Kraft des Myokards. Wir haben diesen Effekt des Sympathicus bereits als *positiv inotrope Wirkung* kennengelernt (vgl. S. 471).

Kontraktilitätssteigerung (positiv inotrope Wirkung) im Arbeitsdiagramm. Die geschilderte Anpassung des Herzens an körperliche Arbeit erscheint im Arbeitsdiagramm des linken Ventrikels (Abb. 19-33) als Verlagerung der Kurve der isovolumetrischen Maxima nach oben mit einer entsprechenden Versteilung der Kurve der Unterstützungsmaxima. Aus Abb. 19-33 geht hervor, daß diese Umstellung den Ventrikel befähigt, **ohne Vergrößerung des enddiastolischen Volumens** *entweder einen* **höheren Druck** *zu überwinden oder ein* **größeres Schlagvolumen** *auszuwerfen.* Die letztere Wirkung geschieht dabei *auf Kosten des Restvolumens;* sie muß also, wenn kein vergrößerter venöser Zustrom erfolgt, zu einer Abnahme der enddiastolischen Füllung führen, was die beobachtete Verkleinerung des Herzens ohne weiteres erklärt. Aber selbst bei gleichzeitigem Anstieg des venösen Rückstroms kann durch die sympathicusbedingte Frequenzsteigerung (positiv *chronotrope* Wirkung) die Förderleistung erhöht und dadurch eine übermäßige Füllung vermieden werden.

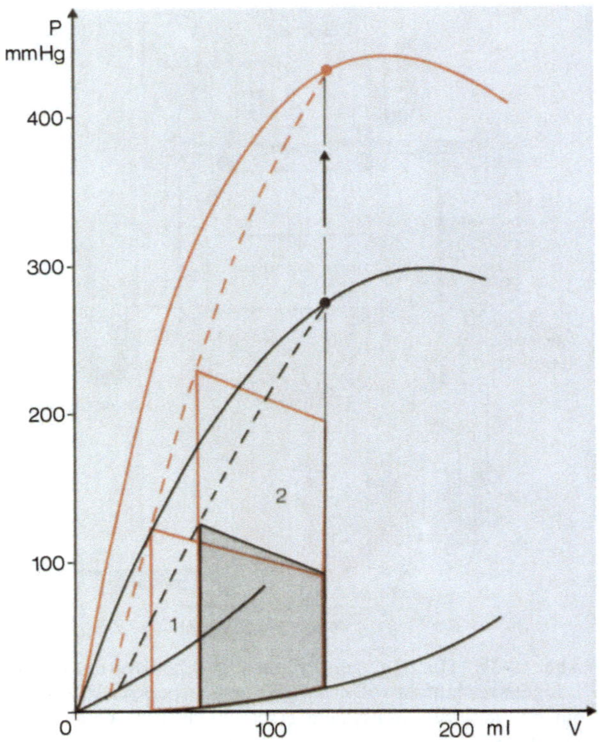

Abb. 19-33. Einfluß einer Kontraktilitätserhöhung (positiv inotrope Wirkung) auf die Arbeit des linken Ventrikels. Unter Sympathicuseinfluß wird die Kurve der isovolumetrischen Maxima zu höheren Drücken verschoben *(Pfeil)*. Die zugehörige U-Kurve verläuft dadurch steiler. Der Ventrikel ist nun in der Lage, bei gleichbleibendem enddiastolischem Volumen entweder ein größeres Schlagvolumen auszuwerfen (*1*), oder das gleiche Schlagvolumen gegen einen höheren Druck zu befördern (*2*). Bei Vergrößerung des Schlagvolumens nimmt das endsystolische Volumen ab, d.h. das Herz wird während der Systole kleiner

Leistungsreserve. Unter dem Antrieb des Sympathicus wird das Herz also dazu befähigt, seine Förderleistung zu steigern, noch ehe ein vergrößerter venöser Zustrom einsetzt. Auf die außerdem noch vorhandene Möglichkeit der Leistungsanpassung durch Vergrößerung des enddiastolischen

Volumens wird dabei nicht zurückgegriffen. Aus dieser Sicht erscheint nunmehr auch die sog. *Leistungsreserve* des Herzens in einem neuen Licht: Nach der früheren Vorstellung sollte sie davon abhängen, inwieweit das Herz in der Lage ist, sein enddiastolisches Volumen bei Belastung gegenüber der Ruhe zu vergrößern. Unter dem positiv inotropen Einfluß des Sympathicus wird die Leistungsreserve dagegen durch die Größe des *enddiastolischen Herzvolumens bei Körperruhe* limitiert. Die Herzen von trainierten Sportlern sind z.B. in Ruhe auffallend groß und fassen u.U. 3 bis 4 normale Schlagvolumina — gegenüber etwa 2 Schlagvolumina beim Untrainierten. Das **Sportherz** (Abb. 19-34) besitzt demnach eine große Leistungsreserve. Nach der alten Auffassung hätte es als leistungsschwach gelten müssen vgl. [6].

Einfluß der Schlagfrequenz auf die Herzdynamik. Das Herz in situ unterscheidet sich vom isolierten Herzen im besonderen auch durch die Variabilität seiner Schlagfrequenz. Die sympathicusbedingte *Zunahme der Herzfrequenz* stellt sogar den wichtigsten Mechanismus zur *Steigerung des Herzzeitvolumens* bei Belastung dar. Ein Frequenzanstieg erhöht nun nicht nur die Zahl der Herzaktionen in der Zeiteinheit, sondern verändert auch die zeitlichen Beziehungen von Systole und Diastole in charakteristischer Weise. Dafür einige Zahlenbeispiele:

Frequenz (Schläge pro min)	Dauer der Systole (s)	Dauer der Diastole (s)	Nettoarbeitszeit (s/min)
70	0,28	0,58	19,6
150	0,25	0,15	37,5

Die **Verkürzung der einzelnen Herzperiode** erfolgt demnach vorwiegend **auf Kosten der Diastole.** Dies bedeutet, daß die **Nettoarbeitszeit** der Ventrikel (errechnet als Summe aller Systolendauern in 1 min) bei steigender Frequenz beträchtlich zunimmt und die Erholungspausen entsprechend abnehmen. Eine ausreichende *Füllung der Ventrikel* ist auch bei starker Verkürzung der Diastolendauer noch dadurch gewährleistet, daß der Großteil der Ventrikelfüllung zu Beginn der Diastole erfolgt und außerdem der Sympathicus eine deutliche Beschleunigung der Erschlaffung bewirkt (vgl. S. 471 und Abb. 19-10C). Auch eine Verstärkung der Vorhofsystole durch den Sympathicus wirkt sich günstig auf die Ventrikelfüllung aus. Bei Frequenzsteigerung durch den Sympathicus tritt daher bis zu einer Frequenz von ca. 150/min gewöhnlich noch keine kritische Verminderung der Ventrikelfüllung auf.

Rolle des Frank-Starling-Mechanismus im intakten Herzen. Der dominierende Einfluß des Sympathicus im Rahmen der Leistungsanpassung des Herzens schließt nicht aus, daß das Herz unter anderen Bedingungen anderen Gesetzmäßigkeiten folgt. Von der Möglichkeit einer Regulation der Herztätigkeit durch das enddiastolische Volumen im Sinne des *Frank-Starling-Mechanismus* wird z.B. dann Gebrauch gemacht, wenn *Füllungsänderungen* eintreten, *ohne* daß eine *generelle Aktivitätssteigerung* vorliegt. Dies gilt insbesondere für die gegenseitige *Abstimmung der Förderleistung beider Ventrikel.* Da beide Ventrikel mit gleicher Frequenz schlagen, kann diese Abstimmung nur über das Schlagvolumen erfolgen. Andere Beispiele sind: Änderungen der Körperstellung, die den venösen Rückstrom beeinflussen (Vergrößerung des Schlagvolumens im Liegen gegenüber aufrechter Haltung), akute Vergrößerung des zirkulierenden Blutvolumens (Transfusion) oder Erhöhung des Abflußwiderstandes. Auch bei pharmakologischer Ausschaltung der Sympathicuswirkung durch β-Sympatholytica bleiben die autoregulatorischen Mechanismen erhalten und fallen dann stärker ins Gewicht.

Kontraktilitätsmaße (maximale Druckanstiegsgeschwindigkeit, Auswurffraktion). Die positiv inotrope Wirkung des Sympathicus befähigt das Herz, ohne Vergrößerung der diastolischen Füllung ein größeres Schlagvolumen zu fördern oder das Schlagvolumen gegen einen höheren Druck auszuwerfen. Einen ähnlichen Einfluß auf die Herzdynamik findet man auch bei Erhöhung der extracellulären *Ca^{2+}-Konzentration,* nach Gabe von *Herzglykosiden* oder als unmittelbare Folge einer *Frequenzsteigerung*. Allen diesen Einflüssen ist gemeinsam, daß sie die Herzleistung unabhängig vom Dehnungsgrad des Myokards erhöhen, oder — mit anderen Worten — seine **Kontraktilität** vergrößern. Eine Kontraktilitätssteigerung (*positive Inotropie*) liegt dagegen nicht vor, wenn das Schlagvolumen oder der systolische Druckgipfel allein aufgrund einer stärkeren diastolischen Füllung zunehmen, wie dies beim sog. Frank-Starling-Mechanismus der Fall ist.

Veränderungen der Kontraktilität des Herzens lassen sich nach den obigen Überlegungen aus dem Verlauf der Maximakurven des Druck-Volumen-Diagramms ablesen (Abb. 19-33). Der Verlauf dieser Kurven kann jedoch nur unter eingreifenden experimentellen Bedingungen ermittelt werden. Um am Herzen in situ und speziell beim Menschen Anhaltspunkte für die Beurteilung der Kontraktilität zu erhalten, werden daher andere Kriterien herangezogen, z.B. die **maximale Druckanstiegsgeschwindigkeit** in der *isovolumetrischen Anspannungsphase* **(dP/dt max),** die mittels Herzkatheter bestimmt werden kann [Normwerte beim Menschen 1500–2500 mm Hg/s (200–333 kPa/s)].

Die **theoretische Begründung** für die Verwendung dieses Parameters als Kontraktilitätsmaß geht letztlich zurück auf die muskelphysiologische Tatsache, daß kontraktilitätssteigernde Einflüsse bei einer gegebenen Vordehnung des Myokards nicht nur die maximale isometrische Kraft, sondern auch die unter isotonischen Bedingungen **maximal mögliche Verkürzungsgeschwindigkeit** (v_{max}) des kontraktilen Elements erhöhen. Die Bezeichnung v_{max} gilt hierbei definitionsgemäß für den Grenzfall einer Unterstützungskontraktion, bei der die Belastung dem Wert 0 zustrebt (vgl. S. 492). Eine erhöhte Verkürzungsgeschwindigkeit des kontraktilen Elements wird naturgemäß die serienelastischen Anteile rascher dehnen und damit auch die Steilheit des isovolumetrischen Druckanstiegs vergrößern, so daß die Verwendung dieses Parameters als Maß der Kontraktilität einleuchtet [23].
Als Maß der Kontraktilität des Herzens in der *Austreibungsphase* dient das Verhältnis von Schlagvolumen (SV) zu enddiastolischem Volumen (EDV). Dieses Verhältnis wird als **Auswurffraktion (ejection fraction)** bezeichnet (S. 487). Es gibt an, welcher Anteil des EDV in der Systole als SV ausgeworfen wird. Die Normwerte liegen beim Menschen in Ruhe zwischen 0,5 und 0,7 (≙ 50 bzw. 70%). Die Bestimmung der Auswurffraktion erfolgt mit Hilfe der Echokardiographie (vgl. S. 491).

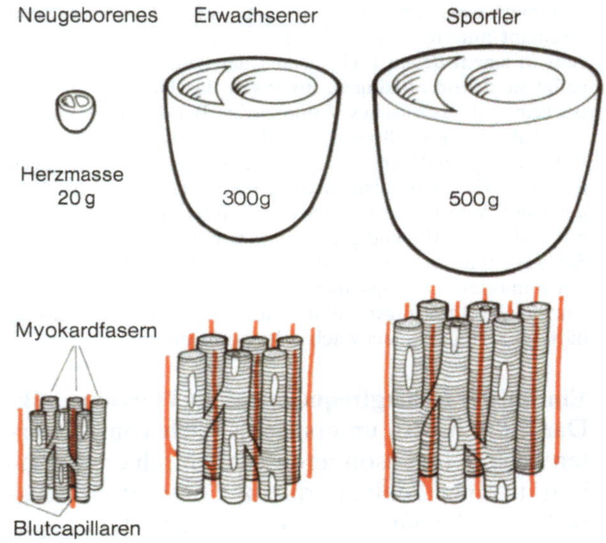

Abb. 19-34. Schema zur Veranschaulichung des natürlichen Herzwachstums und der Ausbildung des Sportherzens. Das Herz wird größer, weil die einzelnen Herzmuskelzellen an Dicke und Länge zunehmen. Beim Erwachsenen ist etwa jeder Muskelzelle eine Capillare zugeordnet; beim Neugeborenen ist die relative Capillardichte geringer. Nach LINZBACH

Anpassung des Herzens an langdauernde Belastungen

Hypertrophie. Wir haben bisher nur Anpassungsvorgänge kennengelernt, die es dem Herzen ermöglichen, seine Leistung rasch auf akut veränderte Kreislaufbedingungen einzustellen. Wird das Herz jedoch wiederholt oder ständig einer erhöhten Arbeitsbelastung ausgesetzt, so treten strukturelle Veränderungen hinzu. Es kommt zu einer Vergrößerung des Herzens durch *Hypertrophie* [22]. Als Beispiel kann das oben erwähnte große Herz des trainierten Sportlers dienen (S. 497). Typischerweise findet man die stärksten Herzvergrößerungen mit Herzmassen bis 500 g (normales Herz 300 g) bei solchen Athleten, die ausgesprochene Dauerleistungen vollbringen (Langstreckenläufer, Radrennfahrer u. dgl., Abb. 19-34).
Bei der Hypertrophie des chronisch belasteten Herzens bleibt die Zahl der Herzmuskelzellen zunächst konstant. Lediglich ihre Dicke und ihre Länge nehmen gleichmäßig zu (vgl. Abb. 19-34 unten). Damit müssen sich aber zwangsläufig auch die Hohlräume des Herzens vergrößern. Nach der oben (S. 487) erwähnten Laplace-Beziehung heißt dies, daß nun zur Erzeugung eines bestimmten Drucks eine größere Wandspannung benötigt wird. Da jedoch bei der Hypertrophie auch die Muskelmasse wächst, bleibt die Kraft pro Muskelquerschnitt praktisch gleich. Das Sportherz verfügt also über ein großes Volumen und braucht diesen Vorteil nicht wie das akut gedehnte Herz mit einem ungünstigen Übersetzungsverhältnis von Muskelspannung in Druck zu bezahlen. Nach Beendigung des sportlichen Trainings bildet sich die Hypertrophie innerhalb von einigen Wochen wieder zurück. Erreicht die Herzmasse bei der Hypertrophie den kritischen Betrag von ca. 500 g, so nimmt außer der Größe der Fasern auch ihre Zahl zu. Man spricht dann von einer **Hyperplasie.**

Pathologische Belastungen. Werden nur Teile des Herzens einer chronischen Belastung ausgesetzt, so beschränkt sich die Hypertrophie auf die betroffene Region. Dies ist i. allg. nur bei pathologischen Veränderungen des Herzens der Fall. Dabei kann man 2 Formen der Anpassung unterscheiden: Bei reiner **Druckbelastung** kommt es zunächst zur Hypertrophie ohne nennenswerte Vergrößerung der Herzhöhle (Beispiel: Hypertrophie des linken Ventrikels bei Aortenstenose); beruht die erzwungene Mehrarbeit dagegen auf einer vergrößerten **Volumenleistung,** so geht die Hypertrophie mit einer deutlichen Vergrößerung des Hohlraums (Dilatation) einher (Beispiel: Hypertrophie und Dilatation des linken Ventrikels bei Aortenklappeninsuffizienz). Die Möglichkeit der Kompensation solcher Störungen durch Strukturänderung des Myokards ist jedoch begrenzt; denn mit der Zunahme des Faserradius werden gleichzeitig die Diffusionswege zwischen den Capillaren und dem Innern der Herzmuskelfasern größer (Abb. 19-34), so daß die Gefahr einer ungenügenden O_2-Versorgung entsteht. Bei Fortdauer einer starken pathologischen Belastung kann es daher schließlich zum Herzversagen (Myokardinsuffizienz) kommen.

19.6 Energetik der Herzaktion

In den vorausgehenden Kapiteln war schon in verschiedenen Zusammenhängen von der *Arbeit* des Herzens die Rede. Wir wollen dazu nun einige quantitative Überlegungen anstellen und diejenigen Vorgänge näher betrachten, die der Energiebereitstellung für das Herz dienen. Wenden wir uns jedoch zunächst der Ausgabenseite der Energiebilanz zu.

Herzarbeit und Herzleistung

Physikalische Arbeitsformen bei der Herzaktion. Die Arbeit ist definiert als Produkt aus Kraft und Weg mit der Einheit Nm (Newton-Meter = Joule). Diese Formel läßt sich auch dazu verwenden, die Arbeit eines Skeletmuskels zu berechnen, der sich verkürzt und dabei ein Gewicht hebt (Arbeit = Gewicht × Hubhöhe). Auch der Herzmuskel vollbringt seine Arbeitsleistung letzten Endes durch Faserverkürzung und Kraftentwicklung. Dabei wird jedoch kein Gewicht angehoben, sondern ein bestimmtes Blutvolumen (V) unter Entwicklung von Druck (P) gegen einen Strömungswiderstand verschoben. Die hierbei geleistete **Druck-Volumen-Arbeit** berechnet sich aus dem Produkt $P \cdot V$. Zur Druck-Volumen-Arbeit addiert sich noch die sog. **Beschleunigungsarbeit,** die aufgewendet wird, um die träge Masse (m) des Blutes auf eine verhältnismäßig hohe Geschwindigkeit (v) zu beschleunigen. Sie errechnet sich nach der Formel für die kinetische Energie ($1/2\,mv^2$).

Berechnung der Herzarbeit. Da sich die einzelnen — die Herzarbeit bestimmenden — Faktoren während der Arbeitsphase ständig ändern, müßte man die zeitabhängigen Produktwerte $P \cdot V$ bzw. $1/2\ mv^2$ über die Dauer der Austreibungszeit integrieren. Wir begnügen uns hier mit einer Vereinfachung, die jedoch eine befriedigende Schätzung erlaubt, und setzen:
für **P** den *systolischen Mitteldruck* am Ventrikelausgang [dabei entspricht 1 mm Hg = 133 N/m^2 (= Pa)],
für **V** das *Schlagvolumen* (Dimension m^3),
für **m** die *Masse des beschleunigten Blutes* (Schlagvolumen in kg),
für **v** die *mittlere Auswurfgeschwindigkeit* (in m/s). Bezogen auf eine einzelne Systole ergeben sich die folgenden Werte:

Druck-Volumen-Arbeit: $P \cdot V$

linker Ventrikel		
P = 110 mm Hg	≙ $110 \cdot 133\ N/m^2$	$P \cdot V = 1{,}024$ Nm
V = 70 ml	≙ $70 \cdot 10^{-6}\ m^3$	
rechter Ventrikel		
P = 22 mm Hg	≙ $22 \cdot 133\ N/m^2$	$P \cdot V = 0{,}205$ Nm
V = 70 ml	≙ $70 \cdot 10^{-6}\ m^3$	

Beschleunigungsarbeit: $1/2\ mv^2$

linker Ventrikel	m = 70 g ≙ $70 \cdot 10^{-3}$ kg	$1/2\ mv^2 = 0{,}009$ Nm
rechter Ventrikel	v = 0,5 m/s	$1/2\ mv^2 = 0{,}009$ Nm

Gesamtarbeit A = 1,089 Nm

Die Dimension Nm ergibt sich bei der Beschleunigungsarbeit aus $kg \cdot m^2 \cdot s^{-2}$, da $N = kg \cdot m \cdot s^{-2}$ (vgl. Anhang). In der älteren Literatur wird die Herzarbeit statt in Nm meist in kpm ausgedrückt. Dabei entspricht 1 Nm = 0,102 kpm. Verglichen mit der Druck-Volumen-Arbeit des linken Ventrikels beträgt dessen Beschleunigungsarbeit nur etwa 1%. Die vom ganzen Herzen pro Systole zu leistende Arbeit wird überwiegend von der Größe des Schlagvolumens und von der Höhe des Aortendrucks bestimmt. Sie liegt in der *Größenordnung von 1 Nm (= 0,1 kpm).*

Der **Anteil der Beschleunigungsarbeit** an der gesamten Herzarbeit kann erheblich zunehmen, wenn die Auswurfleistung des Herzens größer wird und damit die Strömungsgeschwindigkeit des Blutes wächst. Auch eine Abnahme der elastischen Dehnbarkeit der Aorta im Alter wirkt sich im Sinne einer Vergrößerung der Beschleunigungsarbeit des Herzens aus; denn durch die Erstarrung des „Windkessels" (vgl. S. 520) sinkt die Geschwindigkeit der Blutströmung in der Aorta während der Diastole auf niedrige Werte ab. Der linke Ventrikel muß dann nicht nur das Schlagvolumen, sondern eine erheblich größere Blutmenge während der Systole beschleunigen. Die Beschleunigungsarbeit kann unter derartigen Bedingungen nahezu den Betrag der Druck-Volumen-Arbeit erreichen.

Herzleistung und Leistungsgewicht. Leistung ist bekanntlich Arbeit pro Zeit. Wenn wir rund eine Systole/s veranschlagen, so liegt die *Herzleistung* in der Größenordnung von 1 W (= Nm/s) oder 0,1 kpm/s. Beim Vergleich mit technischen Kraftmaschinen interessiert das sog. **Leistungsgewicht**

(Gewicht pro Leistung). Bei einem Gewicht des Herzens von ca. 3 N beträgt sein Leistungsgewicht 3 N/W (= 3000 N/kW). Dies ist eine weit ungünstigere Relation, als man sie bei den meisten Kraftmaschinen findet (z.B. Automotor 40–70 N/kW). Bei körperlicher Arbeit kann die Herzleistung allerdings erheblich ansteigen, wobei sich das Leistungsgewicht dem von technischen Pumpen annähert. Jedenfalls zeigt diese Rechnung, daß der Bau von künstlichen Pumpen möglich sein müßte, die u.U. als „Ersatzherz" eingesetzt werden können und weniger Masse beanspruchen als das natürliche Herz [7].

Sauerstoff- und Nährstoffverbrauch

Das Herz bezieht die Energie für seine mechanische Arbeit überwiegend aus dem oxidativen Abbau von Nährstoffen. Darin liegt ein wesentlicher Unterschied zum Skeletmuskel, der seinen akuten Energiebedarf weitgehend durch anaerobe Prozesse zu decken vermag und dabei eine „Sauerstoffschuld" eingehen kann, die nachträglich wieder ausgeglichen wird. Die Ausrichtung des Herzens auf die oxidative Energiegewinnung kommt auch sehr deutlich in dem großen Mitochondrienreichtum der Herzmuskelzellen zum Ausdruck — also jener Organellen, die Sitz der Oxidationsfermente der Zelle sind.

O_2-Verbrauch und Wirkungsgrad. Um am Herzen in situ den O_2-Verbrauch zu ermitteln, bestimmt man i. allg. die Differenz des O_2-Gehaltes des arteriellen und coronarvenösen Blutes (AVD_{O_2}) und multipliziert den gefundenen Wert mit der Coronardurchblutung. Bei Körperruhe liegt der so ermittelte O_2-Verbrauch des Herzens in der Größenordnung von 0,08–0,10 $ml \cdot g^{-1} \cdot min^{-1}$. Ein Herz von 300 g Masse verbraucht demnach 24–30 ml O_2/min; das sind rund 10% des gesamten Ruhe-O_2-Verbrauchs eines Erwachsenen — und dies bei einem Gewichtsanteil des Herzens am gesamten Körpergewicht von knapp 0,5%. Bei starker körperlicher Arbeit kann der O_2-Verbrauch des Herzens auf das 4fache des Ruhewerts ansteigen. Man würde nun erwarten, daß im wesentlichen der vom Herzen pro Systole geleistete Betrag an äußerer Arbeit seinen O_2-Verbrauch bestimmt. Dies ist jedoch nicht der Fall; denn bei gleicher Arbeitsleistung ist der O_2-Verbrauch erheblich höher, wenn das Herz gegen einen hohen Druck arbeitet, als wenn es ein großes Volumen gegen einen entsprechend niedrigeren Druck auswirft. Der **Wirkungsgrad** der Herztätigkeit, d.h. der in mechanische Arbeit umgesetzte Bruchteil der gesamten aufgewendeten Energie, ist demnach bei

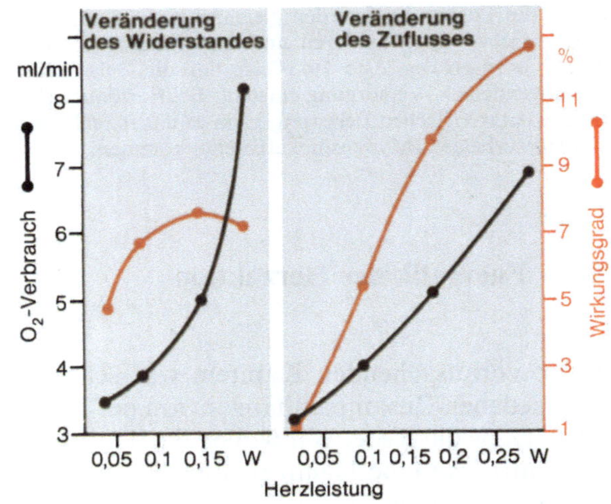

Abb. 19-35. Abhängigkeit von Sauerstoffverbrauch und Wirkungsgrad des Hundeherzens von der Herzleistung bei Variation von Widerstand und Zufluß. Nach Ergebnissen von GOLLWITZER-MEIER und KROETZ am Herz-Lungen-Präparat [Klin. Wschr. *18*, 869 (1939)]

überwiegender **Druckbelastung** geringer als bei überwiegender **Volumenbelastung** (Abb. 19-35). In Abhängigkeit von den vorherrschenden Bedingungen liegt er beim voll suffizienten Herzen in der Größenordnung zwischen 15% und 40%.

Im Falle einer *Coronarinsuffizienz*, d.h. bei einem Mißverhältnis zwischen dem O_2-Verbrauch des Herzens und dem O_2-Angebot des Blutes, versucht man, durch Herabsetzung des Strömungswiderstandes im großen Kreislauf den arteriellen Druck zu senken und damit eine Reduktion des O_2-Verbrauchs zu erreichen. Auf dieser Wirkung beruht z.B. der günstige Effekt von Nitroglycerin im Angina-pectoris-Anfall.

Verbrauchsbestimmende Faktoren. Neuere Untersuchungen sprechen dafür, daß beim Herzen die Höhe des O_2-Verbrauchs pro Systole in erster Linie von der entwickelten *Faserspannung* abhängt und mit der Dauer der Anspannung wächst. Als Bezugsgröße dient der **Tension-Time-Index,** d.h. das Produkt aus mittlerer Myokardfaserspannung und Systolendauer. Bei gleichbleibender Ventrikelgröße (Laplace S. 487) darf statt der Faserspannung der mittlere systolische Aortendruck in Rechnung gesetzt werden. Änderungen der **Herzfrequenz** wirken sich etwa in dem Maße auf den O_2-Verbrauch aus, in dem sie die **Nettoarbeitszeit** pro min (Produkt aus Systolendauer und Frequenz) verändern; d.h., der O_2-Verbrauch steigt und fällt etwa proportional zur Quadratwurzel der Frequenz. Im O_2-Verbrauch des tätigen Herzens ist außerdem stets ein kleiner Anteil (ca. 0,015 $ml \cdot g^{-1} \cdot min^{-1}$) enthalten, der auch am stillstehen-

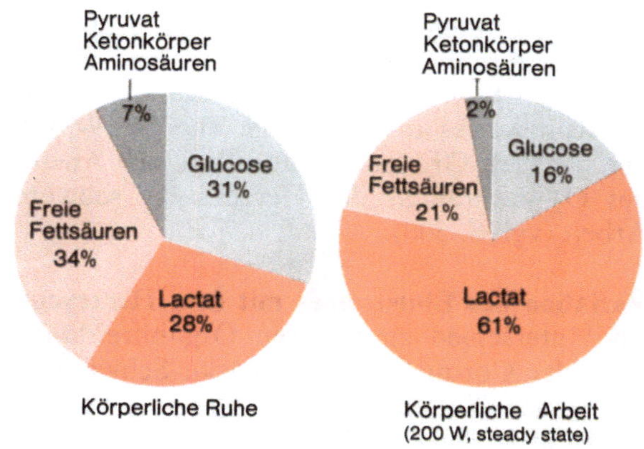

Abb. 19-36. Anteil verschiedener Substrate am oxidativen Stoffwechsel des menschlichen Herzens bei Körperruhe und während schwerer körperlicher Arbeit. Die Substrataufnahme ist als prozentualer Anteil des betreffenden Substrats am Sauerstoffverbrauch des Herzens (O_2-Extraktionsquotient) ausgedrückt. Nach KEUL et al. Pflügers Arch. ges. Physiol. *282*, 1 (1965)

den Herzen nicht unterschritten werden kann, ohne daß irreversible Veränderungen der lebenden Struktur eintreten **(Basalverbrauch)** [14].

Nährstoffverbrauch. Um festzustellen, welche Substrate das Herz in welchem Umfang zur Energiegewinnung verbraucht, kann man das gleiche Prinzip wie bei der Bestimmung des O_2-Verbrauchs anwenden, d.h. man ermittelt die Konzentrationsdifferenz zwischen dem arteriellen und dem coronar-venösen Blut und multipliziert mit dem Betrag der Coronardurchblutung. Dabei zeigt sich, daß das Herz — verglichen etwa mit dem Skeletmuskel — eine Art „Allesfresser" ist (Abb. 19-36).
Besonders bemerkenswert erscheint der hohe Anteil von **freien Fettsäuren** am Substratverbrauch sowie die Tatsache, daß der Herzmuskel im Unterschied zum Skeletmuskel auch **Milchsäure** (Lactat) zu verbrennen vermag. Da bei schwerer körperlicher Arbeit aus der anaeroben Glykolyse der Muskulatur Milchsäure ins Blut gelangt, wird dem Herzen dadurch gewissermaßen zusätzlicher Brennstoff für die geforderte Mehrarbeit angeboten. Indem das Herz die Milchsäure abbaut, gewinnt es nicht nur Energie, sondern trägt gleichzeitig noch zur Konstanthaltung des pH-Wertes des Blutes bei [28].
Der Anteil der verschiedenen Substrate am Gesamtverbrauch richtet sich in erster Linie nach dem Angebot, d.h. nach der **arteriellen Konzentration.** Diese bemerkenswerte Anpassungsfähigkeit des Herzens an das jeweilige Nährstoffangebot hat zur Folge, daß bei unzureichender Coronardurchblutung die Hauptgefahr für das Herz nicht aus einer Substratverknappung, sondern aus dem O_2-Mangel resultiert.

Energiereiche Phosphate. Der Abbau der verschiedenen Substrate führt zur Bildung von **ATP,** dem unmittelbaren Energieträger für den Kontraktionsprozeß. Der ATP-Gehalt des Herzmuskels liegt bei 4–6 µmol/g. Er ist — gemessen am Bedarf für die Kontraktionsarbeit — niedrig und wird *vom tätigen Herzmuskel innerhalb von Sekunden mehrfach umgesetzt,* d.h. zu ADP und anorganischem Phosphat gespalten und wieder zu ATP resynthetisiert. In gleicher Größenordnung wie ATP kommt **Phosphokreatin** im Myokard vor (7–8 µmol/g). Es stellt einen besonders empfindlichen Indikator für eine ausreichende Sauerstoff- bzw. Substratversorgung des Herzens dar, da gespaltenes ATP im Stoffwechsel zunächst auf Kosten von Phosphokreatin resynthetisiert wird [15].

Blutversorgung des Myokards

Der Coronarkreislauf des Herzens ist ein Teil des großen Kreislaufs (vgl. Abb. 19-1), der jedoch spezielle Eigenarten aufweist, die eng mit der Funktionsweise des Herzens verknüpft sind. Es erscheint daher zweckmäßig, schon hier näher auf diesen Abschnitt des Kreislaufs einzugehen: Im menschlichen Herzen finden sich in der Regel 2 Coronararterien, die beide aus der Aortenwurzel entspringen. Die rechte Coronararterie versorgt den größten Teil des rechten Ventrikels und unterschiedliche Abschnitte des Septums und der Hinterwand des linken Ventrikels. Die linke Coronararterie versorgt das übrige Herz. Die venöse Drainage erfolgt beim menschlichen Herzen zum größten Teil über den Sinus coronarius und nur zu wenigen Prozent über Vv. parvae cordis bzw. Vv. cordis minimae [13, 20].

Größe der Myokarddurchblutung. Im Tierversuch kann die Durchblutung des Herzens mittels elektromagnetischer Strömungsmesser direkt bestimmt werden. Beim Menschen ist man auf indirekte Meßmethoden angewiesen, bei denen u.a. die Aufnahme oder Auswaschung von Fremdgasen (NO_2, Argon, Xenon) im Herzen bestimmt wird, deren Löslichkeit im Gewebe bekannt ist. Derartige Messungen ergeben beim menschlichen Herzen in Ruhe eine Durchblutung von ca. 0,8–0,9 $ml \cdot g^{-1} \cdot min^{-1}$. Bezogen

Tabelle 19-2

(A) Physiologische Drücke (mm Hg) im Herzen und in den großen Arterien des erwachsenen Menschen bei Körperruhe

	Höchster systolischer Druck	End-diastolischer Druck	Mittlerer Druck
Rechter Vorhof	—	—	5
Rechter Ventrikel	25	5	
A. pulmonalis	25	10	
Linker Vorhof	—	—	10
Linker Ventrikel	120	10	
Aorta	120	70	

(B) Coronardurchblutung und arteriocoronarvenöse O_2-Differenz (AVD_{O_2}) des menschlichen Herzens in Ruhe und bei Belastung

	Ruhe	Arbeit
Coronardurchblutung ($ml \cdot g^{-1} \cdot min^{-1}$)	0,8	3,2
AVD_{O_2} (ml/dl Blut)	14	16
Coronarvenöser O_2-Gehalt (ml/dl Blut)	6	4

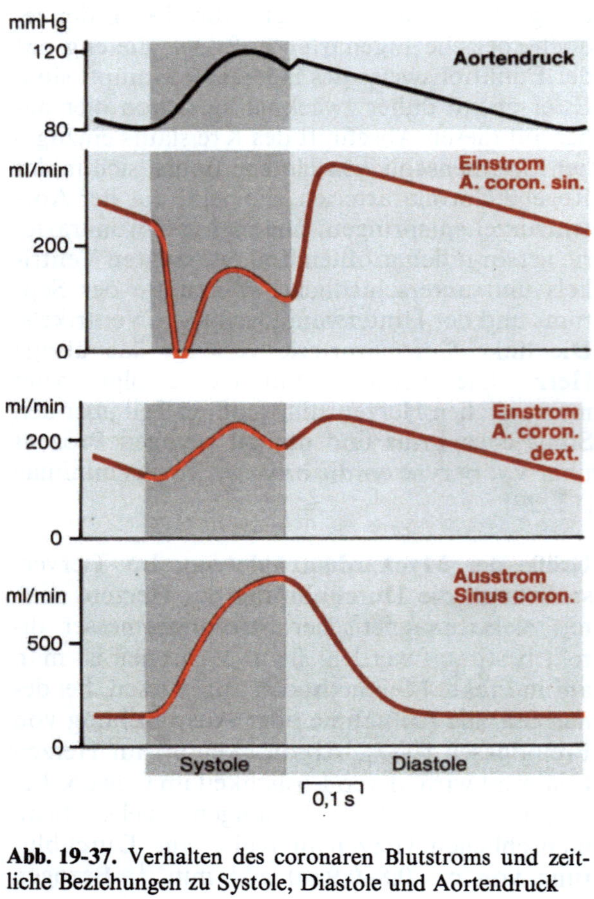

Abb. 19-37. Verhalten des coronaren Blutstroms und zeitliche Beziehungen zu Systole, Diastole und Aortendruck

auf das Minutenvolumen beträgt der Anteil der Coronardurchblutung etwa 5%. Bei körperlicher Arbeit kann der Betrag auf das 4fache des Ruhewertes ansteigen (vgl. Tabelle 19-2). In der gleichen Größenordnung liegt der Anstieg des O_2-Verbrauchs des Herzens bei schwerer Arbeit (vgl. S. 500).

Variation des Blutstromes mit dem Herzcyclus. Im Unterschied zu anderen Organkreisläufen zeigt der Coronarkreislauf starke Schwankungen seines Blutstromes im Rhythmus von Systole und Diastole. Für diese phasischen Schwankungen sind einerseits die rhythmischen Pulsationen des *Aortendrucks,* andererseits aber v.a. Veränderungen des *interstitiellen Myokarddrucks* verantwortlich. Dieser wirkt von außen auf die — in den mittleren und inneren Wandschichten des Herzens verlaufenden — Gefäße ein. Wie Abb. 19-37 zeigt, wird dadurch der Einstrom in die *linke* Coronararterie im Beginn der Systole völlig unterdrückt. Erst in der Diastole, wenn der intramurale Druck absinkt, steigt der Einstrom auf hohe Werte an. Im Ausbreitungsgebiet der *rechten* Coronararterie ist der intramurale Druck geringer, so daß der Einstrom im wesentlichen den Schwankungen des Aortendrucks folgt. In der Systole entleert sich infolge der Kompression der musculären Herzwand ein Schwall von Blut aus dem Coronarsinus; während der Diastole sistiert der Ausstrom dagegen weitgehend (Abb. 19-37).

Regulation der Coronardurchblutung. Schon bei normaler Ruhetätigkeit ist im Herzen die O_2-Entnahme aus dem Blut weit größer als in anderen Organen. Von 20 ml O_2/dl des arteriellen Blutes extrahiert das Herz rund 14 ml/dl (vgl. Tabelle 19-2). Bei erhöhtem O_2-Verbrauch infolge Mehrbelastung ist daher kaum eine weitere Ausschöpfung möglich. Das Herz muß daher **Vergrößerungen seines O_2-Bedarfs** v.a. durch eine **erhöhte Durchblutung** decken. Dies geschieht durch Weiterstellung der Gefäße und damit Reduktion des Strömungswiderstandes. Einer der stärksten Dilatationsreize für die Coronargefäße ist nach übereinstimmender Auffassung der **O_2-Mangel.** Schon eine Abnahme der O_2-Sättigung des Blutes um 5% (ca. 1 ml/dl O_2-Gehalt) führt zu einer coronaren Vasodilatation. Als coronarerweiternde Einflüsse kommen ferner in Betracht **Adenosin,** das als Abbauprodukt energiereicher Phosphate eine wichtige Rolle spielt, ferner ein Anstieg der extracellulären **K^+-Konzentration** [18, 26]. Inwieweit die **vegetativen Herznerven** darüber hinaus eine direkte Wirkung auf die Coronargefäße besitzen, ist wegen ihrer gleichzeitigen sonstigen Einflüsse auf die Herztätigkeit schwer zu entscheiden. Neuere Untersuchungen sprechen für eine direkte gefäßverengende Wirkung des Sympathicus und eine Gefäßerweiterung durch den Parasympathicus [23]. Neben den genannten Einflüssen haben auch **endothelial gebildete Faktoren** einen dilatierenden Einfluß auf die Coronargefäße. Der wichtigste Faktor ist Stickstoffmonoxid (NO), das aus l-Arginin gebildet wird. Die Freisetzung aus dem Endothel wird stimuliert durch Erhöhung des Blutflusses (Scherkräfte), durch Acetylcholin, Histamin, Serotonin, Noradrenalin u.a., so daß deren direkte Effekte modifiziert werden [17]. Insgesamt besteht eine starke Absicherung des gesamten Regulationssystems, das kaum eingeengt wird, wenn nur einzelne Teilkomponenten ausfallen [13].

Güte der Coronardurchblutung, Coronarreserve. Eine ausreichende O_2-Versorgung des Herzens ist gewährleistet, wenn das O_2-Angebot dem O_2-Verbrauch entspricht. Der Quotient aus beiden Größen wird als Kriterium für die **„Güte der Coronardurchblutung"** verwendet. Ein Absinken des Wertes unter 1,2 bedeutet eine kritische Einschränkung der O_2-Versorgung des Herzens *(Coronarinsuffizienz)*. Neben der aktuellen Situation interessiert im Hinblick auf die O_2-Versorgung des Herzens auch die Anpassungsbreite, die sog. **Coronarreserve.** Man versteht darunter die Differenz zwischen der maximal verfügbaren O_2-Menge und dem tatsächlichen O_2-Verbrauch im Verhältnis zum O_2-Verbrauch. Unter Ruhebedingungen ist für ein voll anpassungsfähiges Coronarsystem die verfügbare O_2-Reserve 4- bis 5mal höher als der Ruhebedarf des Herzens.

Anoxie und Wiederbelebung. Die überwiegende Ausrichtung des Herzstoffwechsels auf Energiegewinn aus oxidativen Abbauvorgängen macht es verständlich, daß eine plötzliche Unterbrechung der Durchblutung *(Ischämie)* innerhalb weniger Minuten zu einem weitgehenden Funktionsverlust führt. Wird im Experiment die Coronarperfusion aufrechterhalten und nur die O_2-Zufuhr unterbunden *(Anoxie)*, so treten praktisch identische Veränderungen auf: Unter fortschreitender Verminderung der Kontraktionskraft entwickelt sich eine starke Dilatation; nach etwa 6–10 min steht das Herz still. Als Ausdruck einer schweren Behinderung der Energiebereitstellung sind unter diesen Bedingungen die Bestände des Herzmuskels an *energiereichen Phosphaten* (Phosphokreatin, ATP) drastisch vermindert. Da der Milchsäureabbau im Herzmuskel bei O_2-Mangel sistiert und gleichzeitig aus der anaeroben Glykolyse Milchsäure anfällt, steigt ihre coronarvenöse Konzentration über die arterielle hinaus an. Dauert die Anoxie länger als 30 min an, so treten zu der Beeinträchtigung der Funktion des Myokards irreversible strukturelle Veränderungen hinzu, die eine Wiederbelebung unmöglich machen. Bei normaler Körpertemperatur markiert die Anoxiedauer von 30 min daher eine kritische Grenze, die man als **Wiederbelebungszeit** bezeichnet. Die Wiederbelebungszeit des Herzens läßt sich jedoch erheblich verlängern, wenn die Stoffwechselintensität durch Kühlung gesenkt wird. Von dieser Möglichkeit macht die Herzchirurgie Gebrauch. Betrifft die Anoxie den ganzen Organismus — z.B. im Falle einer Erstickung —, so wird die Möglichkeit einer erfolgreichen Wiederbelebung durch das Gehirn limitiert, das empfindlicher als das Herz reagiert und schon nach einer Anoxie von 8–10 min Dauer irreversible Veränderungen erleidet.

Herzinsuffizienz

Eine Herzinsuffizienz liegt vor, wenn das Herz trotz genügenden venösen Blutangebots und Einsatz von Kompensationsmechanismen unfähig ist, den gesamten Organismus seinen Bedürfnissen entsprechend mit Blut zu versorgen. Dies kann schon bei Körperruhe der Fall sein **(Ruheinsuffizienz)** oder sich erst bei körperlicher Belastung bemerkbar machen **(Belastungsinsuffizienz).** Symptome der Herzinsuffizienz sind bei ungenügender Funktion des **linken** Ventrikels — Lungenstauung mit Atemnot und Cyanose, bei ungenügender **Rechtsherz**funktion — Venenstauung im großen Kreislauf, Oedeme, Ascites. Für eine ungenügende Förderleistung des Herzens können Einflüsse verantwortlich sein, die primär nichts mit seiner kontraktilen Funktion zu tun haben (Klappenfehler, Perikardschwielen, extreme Bradykardie etc.). Unter Herzinsuffizienz im engeren Sinne versteht man eine *Herabsetzung der Kontraktilität* **(myocardiale Insuffizienz).** Sie kann als Folge einer chronischen Arbeitsüberlastung des Herzens durch vermehrte Druck- bzw. Volumenarbeit auftreten (vgl. S. 488). Auch Sauerstoffmangel (Coronarsklerose, Myokardinfarkt), Entzündungen (Myokarditis) und bestimmte Gifte bzw. Überdosierung bestimmter Pharmaka können zur myokardialen Insuffizienz führen. Die Angriffspunkte solcher Einflüsse an den cellulären Grundprozessen von Erregung, elektromechanischer Koppelung und Kontraktion sind sehr vielfältig. Von besonderer praktischer Bedeutung ist die Unterscheidung von 2 Typen der myokardialen Insuffizienz, die sich durch das Verhalten der energiereichen Phosphate — speziell des Phosphokreatins — unterscheiden [15]: Bei der sog. **Mangelinsuffizienz** ist die Resynthese von Phosphokreatin infolge mangelnder Energiezufuhr gestört (Sauerstoffmangel, Stoffwechselgifte etc.). Die Verminderung der Kontraktilität ist die Folge *einer ungenügenden Energiezufuhr* zu den kontraktilen Proteinen und geht mit einer *Reduktion des Gehalts an Phosphokreatin* einher. Bei der **Utilisationsinsuffizienz** kann der Vorrat der energiereichen Phosphate infolge *ungenügender Aktivierung* der elektromechanischen Koppelung nicht ausgenützt werden (Überdosierung von Ca^{2+}-Antagonisten, Vegiftung mit Lokalanaesthetica, Barbituraten etc.). Dementsprechend findet sich bei dieser Insuffizienzform ein *hoher Gewebespiegel an Phosphokreatin.* Einflüsse, welche die elektromechanische Koppelung stimulieren (Catecholamine, Herzglykoside), können bei der Utilisationsinsuffizienz die Kontraktilität weitgehend normalisieren. Störungen vom Typ der Mangelinsuffizienz werden dagegen durch solche Eingriffe eher verschlimmert. Hierbei muß die Behandlung auf eine Energieeinsparung durch Entlastung des Herzens abzielen.

19.7 Literatur

Weiterführende Lehr- und Handbücher

1. BERNE, R.M., SPERELAKIS, N., GEIGER, S.R. (Hrsg.): Handbook of Physiology. Section 2: The Cardiovascular System. Vol. I The Heart. Bethesda: Amer. Physiol. Soc. (1979)
2. CRANEFIELD, P.F.: The Conduction of the Cardiac Impulse. Mount Kisco-New York: Futura Publishing Company (1975)
3. FLECKENSTEIN, A.: Calcium Antagonism in Heart and Smooth Muscle — Experimental Facts and Therapeutic Prospects. New York-Chichester-Brisbane-Toronto-Singapore: Wiley-Interscience Publ. (1983)
4. HEINECKER, R.: EKG-Fiebel. Stuttgart: Thieme (1973)
5. KRAYENBÜHL, H.P., KÜBLER, W. (Hrsg.): Kardiologie in Klinik und Praxis. Stuttgart-New York: Thieme (1981)
6. ROSKAMM, H., REINDELL, H. (Hrsg.): Herzkrankheiten, Pathophysiologie, Diagnostik und Therapie. Berlin-Heidelberg-New York: Springer (1982)
7. TRAUTWEIN, W., GAUER, O.H., KOEPCHEN, H.P.: Herz und Kreislauf. In: GAUER, KRAMER, JUNG (Hrsg.): Physiologie des Menschen, Bd. 3, München-Berlin-Wien: Urban & Schwarzenberg (1972)
8. WEIDMAN, S.: Elektrophysiologie der Herzmuskelfaser. Bern: Huber (1956)

Einzel- und Übersichtsarbeiten

9. ANTONI, H.: Elektrophysiologie peripherer vegetativer Regulationen am Beispiel des Herzmuskels. In: BÜCHNER-LETTERER-ROULET (Hrsg.): Handb. Allgem. Pathologie, Bd. VIII/2, Berlin-Heidelberg-New York: Springer (1966)
10. ANTONI, H.: Physiologie und Pathophysiologie der elementaren Myokardfunktionen. In: (6) pp. 42 (1982)
11. ANTONI, H.: Auslösung und Beseitigung von Herzkammerflimmern durch elektrischen Strom. Funkt. Biol. Med. *1*, 39 (1982)
12. ANTONI, H., JACOB, R., KAUFMANN, R.: Mechanische Reaktionen des Frosch- und Säugtiermyokards bei Veränderung der Aktionspotentialdauer durch konstante Gleichstromimpulse. Pflügers Arch. *306*, 33 (1969)
13. BASSENGE, E.: Physiologie der Koronardurchblutung. In: ROSKAMM, H. (Hrsg.): Handbuch d. inneren Medizin Bd. IX/3. Berlin-Heidelberg-New York-Tokyo: Springer (1984)
14. BRETSCHNEIDER, J.J., HELLIGE, G.: Pathophysiologie der Ventrikelkontraktion — Kontraktilität, Inotropie, Suffizienzgrad und Arbeitsökonomie des Herzens. Verh. Dtsch. Ges. Kreislaufforsch. *42*, 14 (1976)
15. FLECKENSTEIN, A., DÖRING, H.J., JANKE, J., BYON, Y.K.: Basic actions of ions and drugs on myocardial high-energy phosphate metabolism and contractility. In: SCHMIER, J., EICHLER, O. (Hrsg.): Handb. d. Exp. Pharmakologie, Vol. XVI/3. Berlin-Heidelberg-New York: Springer (1975)
16. FLECKENSTEIN-GRÜN, G.: Suppression of experimental coronary spasms by major calcium antagonists. In: RUBIN, R.P., WEISS, G.B., PUTNEY, J.W. (Hrsg.): Calcium in Biological Systems. Plenum Publ. Corp. (1985)
17. GERLACH, E., NEES, S., BECKER, B.F.: Einige neuere biochemische und physiologische Aspekte des Gefäßendothels. Z. Kardiol. *74*, Suppl. 83 (1985)
18. GERLACH, E., ZIMMER, H.G.: Protein- und Nucleotidsynthese im hypertrophierenden Herzmuskel. Verh. Dtsch. Ges. Kreislaufforsch. *38*, 35 (1972)
19. GLITSCH, H.G.: Electrogenic Na pumping in the heart. Ann. Rev. Physiol. *44*, 389 (1982)
20. HELLIGE, G.: Koronardurchblutung. In: (5) pp. 8.1 (1981)
21. ISENBERG, G., KLÖCKNER, U.: Calcium currents of isolated bovine ventricular myocytes are fast and of large amplitude. Pflügers Arch. *395*, 30 (1982)
22. JACOB, R.: Chronische Reaktionen des Herzmuskels: Probleme der Interpretation am Beispiel der Myofibrillenfunktion. In: MALL, G., OTTO, H.F. (Hrsg.): Herzhypertrophie. Berlin-Heidelberg-New York-Tokyo: Springer (1985)
23. JACOB, R., GÜLCH, R., KISSLING, R., RAFF, U.: Muskelphysiologische Grundlagen für die Beurteilung der Leistungsfähigkeit des Herzens. Z. inn. Med. *28*, 1 (1973)
24. KAUFMANN, R., BAYER, R., FÜRNISS, T., KRAUSE, H., TRITTHART, H.: Calcium movement controling cardiac contractility. J. Molec. Cell. Cardiol. *6*, 543 (1974)
25. NOBLE, D.: The surprising heart: A review of recent progress in cardiac electrophysiology. J. Physiol. (Lond.) *353*, 1 (1984)
26. SCHRADER, J.: Sites of action and production of adenosine in the heart. In: BURNSTOCK, G. (Hrsg.): Purinergic Receptors. London: Chapman & Hall, pp. 120 (1981)
27. SELLER, H.: Nervöse Regulation der Herztätigkeit. In: (5) pp. 10.1 (1981)
28. SPIEKERMANN, P.G.: Myokardstoffwechsel. In: (5) pp. 9.1 (1981)
29. TRAUTWEIN, W.: Membrane currents in cardiac muscle fibres. Physiol. Rev. *53*, 793 (1973)
30. TRAUTWEIN, W., ISENBERG, G.: Elektrophysiologie des Herzens. In: (5) pp. 6.1. (1981)
31. TRITTHART, H.A.: Wirkungsspektren von Antiarrhythmica und Betareceptorenblockern. In: LÜDERITZ, B. (Hrsg.): Herzrhythmusstörungen. Berlin-Heidelberg-New York: Springer (1983)
32. WEIDMANN, S.: The diffusion of radiopotassium across intercalated discs of mammalian cardiac muscle. J. Physiol *187*, 323 (1966)
33. WEIDMANN, S.: The microelectrode and the heart — 1950 — 1970. In: KAO, F.F., KOIZUMI, K.K., VASSALLE, M. (Hrsg.): Research in Physiology. Bologna: Gaggi Publ. (1971)
34. WEIDMANN, S.: Erregungsausbreitung. Bull. schweiz. Akad. Med. wiss. *31*, 9 (1975)

20 Funktionen des Gefäßsystems

E. Witzleb

Allgemeiner Aufbau und Aufgaben des Gefäßsystems. Die **Blutgefäße,** d.h. *Arterien, Capillaren* und *Venen,* bilden in Verbindung mit dem **Herzen** das **kardiovasculäre System.** Es handelt sich dabei um ein *Transportsystem,* in dem von einer Pumpe (Herz) das Transportmittel (Blut) in einem in sich geschlossenen System von elastischen Röhren (Gefäßen) in einem Kreislauf bewegt wird.

Die wichtigste Aufgabe dieses Systems ist es, *alle* lebenden Zellen des Organismus sowohl mit den für ihre normale Funktion *erforderlichen Stoffen* (u.a. O_2 und Nährstoffe) zu versorgen als auch die *Stoffwechselprodukte* der Zellen (u.a. CO_2 und andere Metabolite) abzutransportieren. Die Ver- und Entsorgung der Zellen durch den Blutstrom erfolgt dabei *nicht direkt,* sondern *indirekt* über die *interstitielle* (extracelluläre) Flüssigkeit. Darüber hinaus ist der Blutkreislauf an zahlreichen weiteren Funktionen beteiligt, die auf S. 422 ausführlich beschrieben sind.

Der **Blutkreislauf** des Menschen besteht aus 2 hintereinander (in Serie) geschalteten Hauptabschnitten:

1. dem *großen* oder *Körper-(Organ-)kreislauf* mit dem linken Ventrikel als Pumpe und
2. dem *kleinen* oder *Lungenkreislauf* mit dem rechten Ventrikel als Pumpe.

Aufgrund dieser Serienschaltung muß (von kurzfristigen Abweichungen abgesehen) die *Auswurfleistung* der beiden Ventrikel exakt aufeinander *abgestimmt* sein (Abb. 20-1).

Im **Körperkreislauf** wird das Blut vom linken Ventrikel während der Systole in die *Aorta* gedrückt, aus der zahlreiche *Arterien* abgehen. Auf diese Weise entstehen viele untereinander *parallel geschaltete regionale Gefäßgebiete,* die sich als **Organ- bzw. Teilkreisläufe** (Herz, Gehirn, Leber, Niere, Muskulatur, Haut usw.) im Körper verteilen. Im weiteren Verlauf weisen die einzelnen Arterien vielfache dichotome Verzweigungen auf, so daß ihre *Gesamtzahl* ständig *zunimmt,* zugleich aber der *Durchmesser* der aufzweigenden Gefäße immer *kleiner* wird. Aus den kleinsten arteriellen Gefäßen (Arteriolen) gehen unter weiterer Verzweigung die *Capillaren* ab, die ein sehr dichtes Netz von dünnen Gefäßen mit äußerst geringer Wandstärke und sehr großer Oberfläche (ca. 1 000 m^2 im Gesamtorganismus) bilden. Die *Capillaren* sind der Teil des

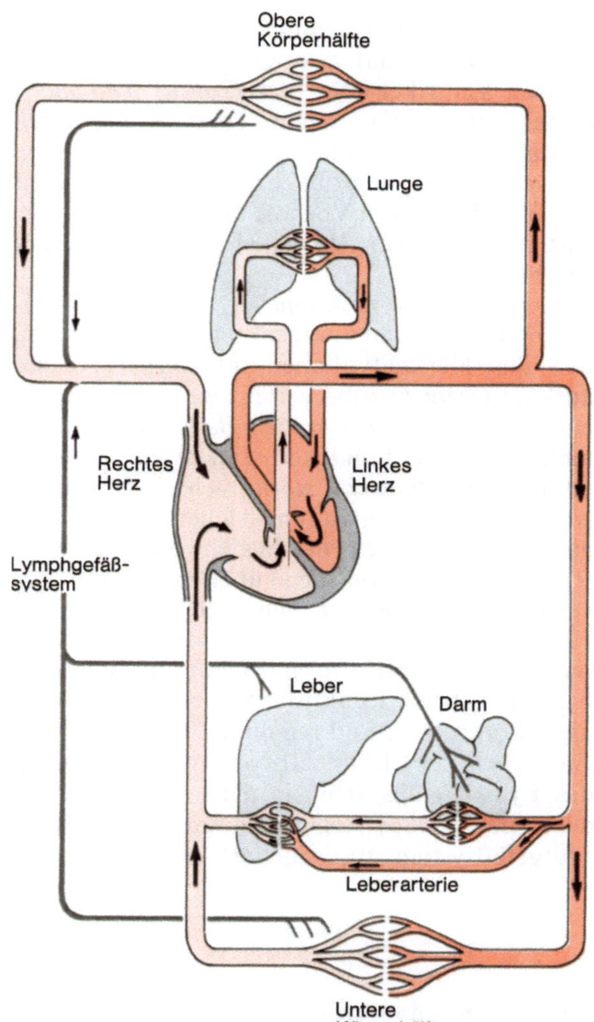

Abb. 20-1. Schematische Darstellung des Herz- und Gefäßsystems. Die Gefäßabschnitte mit O_2-gesättigtem „arteriellen" Blut sind *stark rot,* die mit partiell O_2-entsättigtem „venösem" Blut dagegen *schwach rot* dargestellt. Körper- und Lungenkreislauf bilden einen in sich geschlossenen Kreislauf. Das Lymphgefäßsystem (*dunkelgrau*) stellt ein zusätzliches Transportsystem im Organismus dar

Gefäßsystems, in dem die *spezifischen Funktionen* des Blutkreislaufs, d.h. alle Austauschvorgänge zwischen Blut und interstitiellem Raum bzw. den Zellen des umgebenden Gewebes in beiden Richtungen stattfinden. Die *Capillaren* vereinigen sich zu Venolen und diese zu kleinen Venen. Durch weitere Zusammenschlüsse nimmt die Zahl der Venen ständig ab, der jeweilige Durchmesser jedoch zu. Die Venen münden schließlich als V. cava superior und inferior in den rechten Vorhof. Die Mesenterial- und Milzgefäße nehmen insofern eine Sonderstellung ein, als diese Teilkreisläufe nach einem Capillarnetz im Darm bzw. in der Milz noch ein zweites Capillarnetz in der Leber bilden (Abb. 20-1). Die **Arterien** üben somit weitgehend **Verteiler-**, die **Venen** dagegen **Sammelfunktionen** aus.

Im **Lungenkreislauf** gelangt das Blut aus dem rechten Ventrikel über den *Truncus pulmonalis* in das Lungengefäßsystem, das einen *prinzipiell gleichartigen Aufbau wie das Körpergefäßsystem* aufweist. Über 4 große Lungenvenen erreicht das Blut den linken Vorhof, und mit dem Übertritt in den linken Ventrikel ist der Kreislauf geschlossen.

Ein wesentlicher **funktioneller Unterschied** zwischen Körper- und Lungenkreislauf liegt darin, daß das Herzzeitvolumen im **Körperkreislauf** auf *alle Organsysteme* verteilt werden muß, die einen *unterschiedlich großen Bedarf* haben und außerdem in Abhängigkeit vom jeweiligen Aktivitätszustand teilweise *stark wechselnde Ansprüche* an die Blutversorgung stellen. Diese Vorgänge werden durch verschiedene Kontroll- und Regulationsmechanismen überwacht und gesteuert. Der **Lungenkreislauf,** den das gesamte Herzzeitvolumen passiert, dient dagegen im wesentlichen nur dem *Gasaustausch* und der *Wärmeabgabe*. Seine Funktionen werden relativ weniger kontrolliert und reguliert.

Zusätzlich zum Blutgefäßsystem existiert noch das **Lymphgefäßsystem,** in dem *Flüssigkeit* aus dem *interstitiellen Raum* gesammelt und in das Blutgefäßsystem transportiert wird (Abb. 20-1).

20.1 Hämodynamische Grundlagen

Die **Blutströmung** entsteht durch *Druckdifferenzen* zwischen den einzelnen Gefäßabschnitten, wobei das Blut aus Gebieten höherer Drücke in Gebiete niederer Drücke fließt. Das *Druckgefälle* liefert dabei die Kraft, die zur Überwindung des *Strömungswiderstandes* erforderlich ist. Die Größe des jeweiligen Strömungswiderstandes hängt von der unterschiedlichen *Gefäßarchitektur*, d.h. von Zahl, Länge, Durchmesser und möglichen Verzweigungen in den verschiedenen Gefäßabschnitten sowie der *Viscosität des Blutes* ab [2, 4, 5, 15, 19, 20, 33].

Gesetzmäßigkeiten der Strömung

Stromstärke, Druck und Widerstand. In grober Vereinfachung lassen sich die Beziehungen zwischen treibender Druckdifferenz und Stromstärke analog dem Ohm-Gesetz darstellen:

$$\dot{V} = \frac{\Delta P}{R}. \quad (1)$$

Die Stromstärke $\dot{V}$ ergibt sich danach aus dem Quotienten von ΔP, d.h. der mittleren Druckdifferenz zwischen arteriellem und venösem Teil (oder anderer Teilstrecken), und dem Strömungswiderstand R in den entsprechenden Gefäßgebieten.

Die **Stromstärke** $\dot{V}$ (Stromzeitvolumen) als die für die Blutversorgung eines Organs entscheidende Größe entspricht dem durch einen Gefäßquerschnitt strömenden Volumen pro Zeiteinheit ($ml \cdot s^{-1}$), das sich aus der über den Querschnitt gemittelten linearen Strömungsgeschwindigkeit ($\bar{v}$) und der Fläche des Querschnitts ($Q = \pi \cdot r^2$) ergibt:

$$\dot{V} = \bar{v} \cdot Q. \quad (2)$$

Nach dem **Kontinuitätsgesetz** ist in einem aus verschieden weiten Röhren zusammengesetzten System — somit auch im Gefäßsystem — die Stromstärke unabhängig vom Querschnitt der

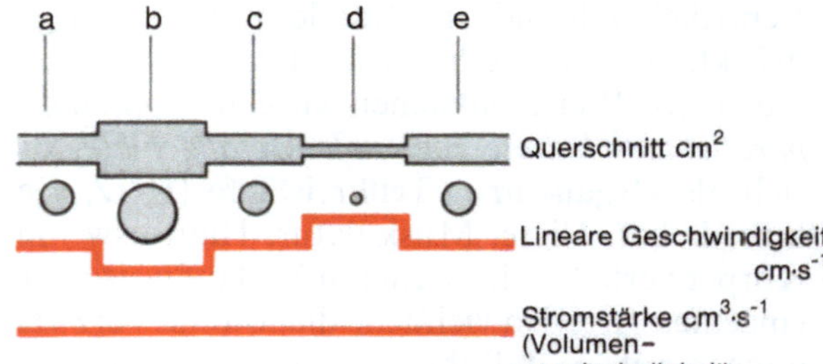

Abb. 20-2. Änderungen von linearer Geschwindigkeit und Volumengeschwindigkeit bei unterschiedlichen Querschnitten in hintereinandergeschalteten Gefäßen

einzelnen Röhren in jedem beliebigen *vollständigen* Querschnitt immer konstant (s. Abb. 20-2), d.h.

$$\dot{V} = \bar{v}_a \cdot Q_a = \bar{v}_b \cdot Q_b \ldots \quad (3)$$

Das bedeutet zugleich, daß sich bei gleichbleibender Stromstärke in hintereinandergeschalteten Gefäßabschnitten die *lineare* Strömungsgeschwindigkeit *umgekehrt proportional* zum Querschnitt der einzelnen Teilabschnitte ändern muß.

Die **Drücke** im Gefäßsystem stellen z.B. als *arterieller* und *venöser* **Blutdruck** die Kräfte (pro Flächeneinheit) dar, die das Blut auf die Gefäßwände ausübt. Aufgrund der in der Medizin seit langem gebräuchlichen Messung mit Quecksilbermanometern werden die Werte meist in mm Hg, gelegentlich auch in cm H_2O angegeben (1 mm Hg ≈ 13,6 mm H_2O ≈ 133 Pa; 10 mm H_2O ≈ 98 Pa. Weitere Hinweise s.S. 844ff.).

Der **Widerstand** kann als zusammengesetzte Größe nicht direkt gemessen werden, er läßt sich jedoch aus der *Druckdifferenz* zwischen 2 Punkten im Gefäßsystem und der *Stromstärke* nach Umformulierung von Gl. (1) berechnen.

Der Strömungswiderstand beruht auf einer inneren Reibung zwischen den aneinander gleitenden Molekülen einer Flüssigkeit. Seine Größe wird von den Abmessungen der Gefäße, der Viscosität der Flüssigkeit und der Strömungsform bestimmt.

Strömungswiderstände in Röhrensystemen. Bei *hintereinandergeschalteten* Röhren innerhalb eines einzelnen Systems ergibt sich der Gesamtwiderstand nach dem 1. Kirchoff-Gesetz aus der Summe aller Einzelwiderstände, d.h.

$$R_{gesamt} = R_1 + R_2 \ldots \quad (4)$$

Bei *parallel geschalteten* Röhren, wie sie z.B. innerhalb von einzelnen Organen, ebenso aber auch bei der Aufteilung in die verschiedenen Organkreisläufe vorliegen, addieren sich dagegen nach dem 2. Kirchhoff-Gesetz die *Leitfähigkeiten*, d.h.

$$L_{gesamt} = L_1 + L_2 \ldots \quad (5)$$

oder, weil L der reziproke Wert des Widerstandes ist,

$$L_{gesamt} = \frac{1}{R_1} + \frac{1}{R_2} \ldots \quad (6)$$

Nach Gl. (1) ist somit

$$\dot{V} = \Delta P \cdot L \quad \text{bzw.} \quad L = \frac{\dot{V}}{\Delta P} \quad (7)$$

d.h. die Stromstärke nimmt bei gleichbleibender Druckdifferenz proportional zur Leitfähigkeit zu.

Der Widerstand ergibt sich aus dem reziproken Wert der Leitfähigkeit, so daß bei 2 parallel geschalteten Röhren

$$R_{gesamt} = \frac{1}{\frac{1}{R_1} + \frac{1}{R_2}} \quad (8)$$

ist.

Der *Gesamtwiderstand* von *mehreren parallel geschalteten gleich weiten Röhren* entspricht somit dem Widerstand des einzelnen Rohres, dividiert durch die Zahl *aller* Röhren und ist daher immer kleiner als der eines einzelnen Rohres.

Viscosität des Blutes. Die *Viscosität* (η) kennzeichnet die Eigenschaft von Flüssigkeiten, der tangentialen Verschiebung von Flüssigkeitsschichten im Rahmen einer laminaren Strömung einen Widerstand („innere Reibung") entgegenzusetzen. Sie stellt eine *temperaturabhängige Materialkonstante* dar und ergibt sich nach Newton aus dem Quotienten von Schubspannung (Scherkraft bzw. shear stress) τ, d.h. der einwirkenden Kraft pro Fläche (Pa) und Scherung (shear rate) γ, d.h. dem Geschwindigkeitsgradienten zwischen den einzelnen Schichten:

$$\eta = \frac{\tau}{\gamma} \; (\text{Pa} \cdot \text{s}). \quad (9)$$

Die Schubspannung in Rohren errechnet sich aus der Druckdifferenz ΔP zwischen Anfang und Ende, dem Radius r und der Länge l des Rohres nach $\tau = \Delta P \cdot r/2l$. Das bedeutet, daß nicht nur der *treibende Druck*, sondern auch der *Radius* und die *Länge eines Gefäßes* die Kräfte beeinflussen, die zur Verschiebung der Moleküle und damit zur Ausbildung bzw. Unterhaltung einer Strömung erforderlich sind.

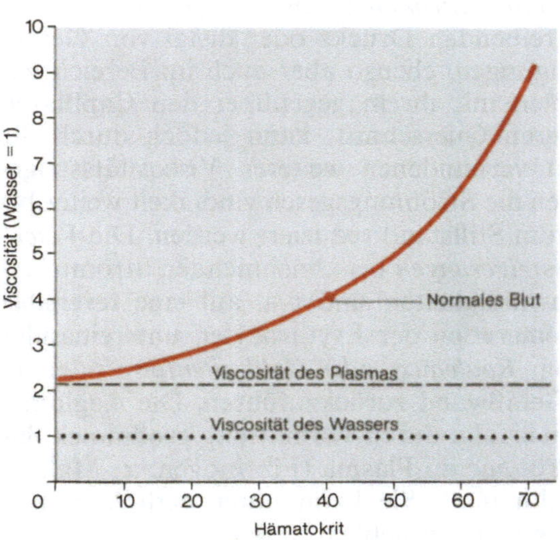

Abb. 20-3. Relative Viscosität des Blutes in Abhängigkeit vom Hämatokrit

In der Praxis wird die Viscosität häufig in *relativen Einheiten* auf der Basis des mit 1,0 angenommenen Wertes von Wasser bei 20° C = 10^{-3} Pa·s angegeben. *Homogene (Newton-)Flüssigkeiten* (z.B. Wasser, Elektrolytlösungen wie auch Blutplasma) zeigen eine *konstante Viscosität.* Blut ist dagegen wegen seiner Zusammensetzung aus Plasma und corpusculären Teilen eine heterogene (nicht-Newtonsche) Flüssigkeit und weist eine variable Viscosität auf. Sie hängt stark von der jeweiligen Menge der suspendierten Zellen und weniger stark vom Proteingehalt des Plasmas ab. Darüber hinaus bestehen bei heterogenen Flüssigkeiten noch enge Beziehungen zwischen Viscosität und Größe der einwirkenden Schubspannungen.

Beim Menschen liegen die Werte für **Blut** bei **3–5 rel. Einheiten,** für **Plasma** bei **1,9–2,3 rel. Einheiten** (Abb. 20-3).

Viscosität im Gefäßsystem. Die oben genannten Werte für die relative Viscosität gelten nur bei relativ schneller Strömung (mit entsprechend großer Schubspannung) und normaler Zusammensetzung, d.h. einem Hämatokrit um 40 und einer Plasmaeiweißkonzentration von 6,5–8,0 g/dl. Im Bereich *niedriger* Strömungsgeschwindigkeiten (und entsprechend niedriger Schubspannungen) nimmt die *Viscosität* um so mehr *zu,* je *langsamer* die Strömung wird, und erreicht bei sehr niedrigen Strömungsgeschwindigkeiten Werte von mehr als 1000 rel. Einheiten. Diese Effekte dürften unter *physiologischen Bedingungen* allerdings nur in den kleinsten Gefäßen eine Rolle spielen, in denen die effektive Viscosität aufgrund der kleinen Schubspannungen etwa um das 10fache erhöht ist. Bei *pathologisch verlangsamter Strömung,* z.B. infolge eines Abfalls des treibenden Drucks oder distal von Gefäßverengungen, ebenso aber auch im Bereich der Venolen mit ihrem gegenüber den Capillaren größeren Querschnitt, kann jedoch durch die damit verbundenen weiteren Viscositätssteigerungen die Strömungsgeschwindigkeit weiter bis hin zum Stillstand reduziert werden. Die *Viscositätssteigerungen* bei abnehmenden Strömungsgeschwindigkeiten sind u.a. auf eine **reversible Agglomeration** der Erythrocyten untereinander in sog. *Rouleaux- oder Geldrollenform* oder an der Gefäßwand zurückzuführen. Die Agglomeration erfolgt durch Vermittlung großmolekularer Proteine im Plasma (Fibrinogen, α_2 Makroglobulin u.a.). Sie kann unter pathologischen Bedingungen erheblich verstärkt sein, so daß zur Aufrechterhaltung der Strömung noch größere Schubspannungen als unter normalen Bedingungen erforderlich sind. Die höhere Viscosität bei niedrigen Schubspannungen beruht teilweise aber auch darauf, daß die bei höheren Schubspannungen durch eine Orientierung in der Strömung und Formänderungen bedingte Anpassung der Erythrocyten an die Strömungsbedingungen entfällt [53].

Andererseits nimmt die effektive Viscosität des Blutes in Gefäßen ab, deren Durchmesser unter 500 µm liegt **(Sigma-** bzw. **Fahraeus-Lindqvist-Effekt).** Aufgrund dieses mit abnehmendem Durchmesser stärker werdenden Effektes sinkt die effektive Viscosität in den Capillaren auf ca. 50% der in großen Gefäßen vorhandenen Werte ab, d.h. annähernd auf die des Plasmas. Dieser Effekt entsteht u.a. dadurch, daß sich die Erythrocyten in der Gefäßachse aneinanderlagern und als von einem Plasmamantel umgebene „Schlange" das Gefäß passieren. Die niedrigviscöse und zellfreie Randzone wirkt dabei wie eine Gleitschicht, durch die die Strömungsbedingungen verbessert und die Druckverluste reduziert werden. Durch den Fahraeus-Lindqvist-Effekt werden somit zumindest teilweise die o.a. Zunahmen der Viscosität bei niedrigen Strömungsgeschwindigkeiten in den kleinen und kleinsten Gefäßen wieder aufgehoben.

Strömungsformen

Laminare Strömung. Unter physiologischen Bedingungen liegt in nahezu allen Gefäßabschnitten ständig eine *laminare* oder *Schichtenströmung* vor. Die Flüssigkeit strömt dabei in *coaxialen zylindrischen* Schichten, in denen sich alle Teilchen ausschließlich *parallel* zur Gefäßachse bewegen. Die einzelnen molekularen Flüssigkeitsschichten verschieben sich teleskopartig gegeneinander, wobei die unmittelbar der Gefäßwand anliegende Schicht aufgrund der Adhäsion ruht, während sich die zweite gegenüber der ersten, die dritte gegenüber der zweiten Schicht usw. verschiebt, so daß ein **parabolisches Geschwindigkeitsprofil** mit einem Maximum im Axialstrom entsteht (Abb. 20-4).

In Gefäßen mit kleinem Durchmesser können wegen der wandnahen Lage nur relativ langsam gleitende Flüssigkeitsschichten entstehen; die mittlere Strömungsgeschwindigkeit ist dementsprechend niedrig. In größeren Gefäßen bilden sich dagegen durch die zunehmende Zahl von molekularen Flüssigkeitsschichten zur Gefäßmitte hin mehr und immer schneller gleitende Flüssigkeitszylinder mit dem Ergebnis aus, daß die mittlere Strömungsgeschwindigkeit stark ansteigt.

Als Besonderheit ist zu erwähnen, daß die im Blut befindlichen corpusculären Elemente bei

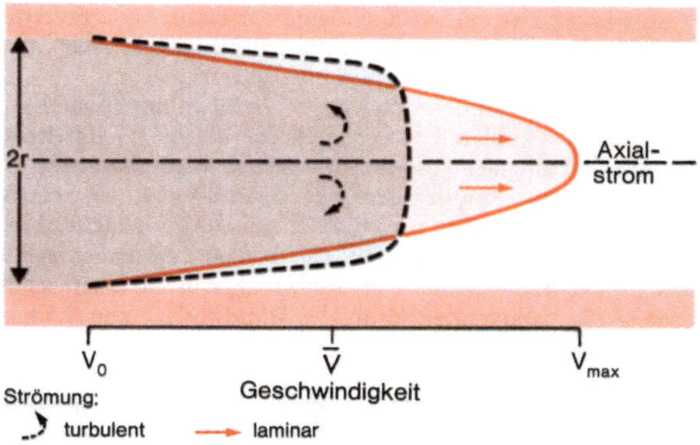

Abb. 20-4. Geschwindigkeitsprofil bei laminarer (coaxialer zylindrischer) Strömung (*durchgezogene Linie*). Bei turbulenter Strömung (*gestrichelte Linie*) sind axiale sowie mittlere Strömungsgeschwindigkeit niedriger als bei laminarer Strömung

laminarer Strömung um so stärker in die Mitte gedrängt werden, je größer sie sind. Im **Axialstrom** finden sich daher fast nur Erythrocyten, die sich nahezu wie ein *kompakter Zylinder* in einem weitgehend zellfreien Plasmamantel bewegen. Die mittlere Strömungsgeschwindigkeit der Erythrocyten ist daher zwangsläufig größer als die des Plasmas.

Turbulente Strömung. Unter bestimmten Bedingungen kann die laminare in *turbulente Strömung* übergehen, bei der *Wirbel* auftreten, in denen sich die Flüssigkeitsteilchen nicht nur parallel, sondern auch *quer* zur Gefäßachse bewegen. Bei dieser Strömungsform wird das Strömungsprofil abgeflacht (Abb. 20-4) und die bei laminarer Strömung bestehende lineare Beziehung zwischen Stromstärke und Druckdifferenz aufgehoben, weil durch die Wirbelbildung zusätzliche Druckverluste entstehen. Die Größe dieser Druckverluste hängt vom Quadrat der Stromstärke ab und nimmt daher mit steigender Stromstärke überproportional zu.
Der Strömungszustand wird durch die dimensionslose **Reynold-Zahl** charakterisiert, die sich aus dem Verhältnis des Produktes aus Durchmesser des Gefäßes 2r (in m), mittlerer Strömungsgeschwindigkeit $\bar{v}$ (in $m \cdot s^{-1}$) und Massendichte ϱ (Blut 1060 $kg \cdot m^{-3}$) zur Viscosität η (in $Pa \cdot s$) der Flüssigkeit ergibt:

$$Re = \frac{2r \cdot \bar{v} \cdot \varrho}{\eta}. \qquad (10)$$

Bei Werten über 400 treten an Arterienabgängen oder -verengungen bzw. in starken Gefäßkrümmungen lokale Wirbel in den Randschichten der Strömung auf, während bei Werten zwischen 2000 und 2400 die laminare vollständig in turbulente Strömung übergeht. Dieser sog. **kritische Wert** wird in den proximalen Abschnitten der Aorta und A. pulmonalis während der Austreibungszeit weit überschritten, so daß in diesen Teilen kurzzeitig turbulente Strömung entsteht. Bei erhöhten Strömungsgeschwindigkeiten (z.B. bei starker Muskelarbeit) oder bei reduzierter Blutviscosität (z.B. bei schweren Anämien) kann sogar in allen großen Arterien turbulente Strömung vorliegen. In solchen Fällen treten Strömungsgeräusche auf, die u.U. sogar ohne Stethoskop hörbar sind.

Beziehungen zwischen Stromstärke und Strömungswiderstand

Bei laminaren Strömungen in Rohren mit kreisförmigen Querschnitten lassen sich aus der Vorstellung, daß die einzelnen Schichten wie Hohlzylinder teleskopartig ineinandergleiten, mit Hilfe des Newton-Gesetzes über die innere Reibung von Flüssigkeiten Beziehungen zwischen der Abhängigkeit der Strömungsgeschwindigkeit bzw. Stromstärke und der Viscosität der Flüssigkeit, der Druckdifferenz sowie den Abmessungen der Rohre (Länge, innerer Radius) herleiten. Bei einer stationären laminaren Strömung stehen die Kräfte, die infolge der Druckdifferenz auf die Grund- und Deckflächen der ineinandergleitenden Hohlzylinder wirken, im Gleichgewicht mit den an den Mantelflächen angreifenden Reibungskräften. Daraus entsteht das für laminare Strömung charakteristische parabolische Strömungsprofil, wobei die mittlere Strömungsgeschwindigkeit vom Quadrat des Rohrradius abhängt (Abb. 20-4). Für die **Stromstärke** ergibt sich aus solcher Herleitung das **Hagen-Poiseuille-Gesetz (HPG)**

$$\dot{V} = \frac{\pi \cdot r^4}{8 \cdot \eta \cdot l} \cdot \Delta P, \qquad (11)$$

in dem ΔP die *Druckdifferenz,* r der *Radius,* η die *Viscosität* der Flüssigkeit, l die *Länge* des Gefäßes und 8 der sich aus der *Integration des Geschwindigkeitsprofils* ergebende Faktor ist.
Unter Berücksichtigung des *Ohm-Gesetzes* folgt hieraus für den **Strömungswiderstand**

$$R = \frac{8 \cdot l \cdot \eta}{\pi \cdot r^4}. \qquad (12)$$

Nach $\dot{V}=\bar{v}\cdot\pi\cdot r^2$ (2) ergibt sich außerdem die **mittlere Strömungsgeschwindigkeit** als

$$\bar{v}=\frac{r^2}{8\cdot\eta\cdot l}\cdot\Delta P. \qquad (13)$$

Stromstärke und *Strömungswiderstand* ändern sich demnach direkt bzw. reziprok proportional zur *4. Potenz* des Radius. Die Stromstärke steigt daher in einem Gefäß mit einer angenommenen Stromstärke von 1 $ml\cdot s^{-1}$ bei Zunahmen des Durchmessers um das 2- bzw. 4fache auf 16 bzw. 256 $ml\cdot s^{-1}$ an, während der Strömungswiderstand auf 1/16 bzw. 1/256 des Ausgangswertes absinkt. Aus diesen Beziehungen erklärt sich, daß *Änderungen des Gefäßradius* eine dominierende Rolle bei der *Regulation der Durchblutung und des Drucks* im Rahmen von lokalen oder übergeordneten Kreislaufumstellungen spielen.
Das HPG gilt allerdings u.a. nur für 1) starre unverzweigte Röhren mit kreisförmigem Querschnitt, 2) für stationäre und streng laminare Strömungen sowie 3) für homogene Flüssigkeiten. Im Idealfall, d.h. bei Erfüllung aller Voraussetzungen, weist der Strömungswiderstand ein Minimum auf. Abweichende Bedingungen, die im Gefäßsystem z.B. in Form der elastischen Eigenschaften der Gefäße, der komplizierten Gefäßarchitektur (Verzweigungen!), der teilweise diskontinuierlichen bzw. partiell turbulenten Strömungen und der inhomogenen Flüssigkeit Blut vorliegen, bewirken grundsätzlich immer mehr oder weniger deutliche Erhöhungen des Strömungswiderstandes. Die aus dem HPG abzuleitenden Folgerungen können daher nur bedingt auf die Strömung in einzelnen Organkreisläufen oder im Gesamtkreislauf übertragen werden. Ebenso gilt auch das Ohm-Gesetz nur für stationäre Strömungen (Gleichstrom). Eine genauere Analyse der Hämodynamik des Kreislaufs ist somit nur unter Berücksichtigung weiterer, teilweise schwer zu erfassender Faktoren durch kompliziertere Verfahren möglich [5, 15, 33].

20.2 Eigenschaften der Gefäßwände und Variabilität der Gefäßweite

Aufbau der Gefäßwände

Alle Gefäße verfügen über eine innere, dem Lumen zugewandte **Endothelschicht,** die aus einschichtigen Pflasterzellen (im Bereich der präcapillären Sphinctere und arteriovenösen Anastomosen aus mehrschichtigem Pflasterepithel) besteht. Sie geben der Gefäßwand eine glatte innere Oberfläche, deren Intaktheit die *Blutgerinnung verhindert.*
Darüber hinaus finden sich in allen Gefäßen mit Ausnahme der echten Capillaren in wechselnder Menge 1. **elastische Fasern,** 2. **kollagene Fasern** und 3. **glatte Muskelfasern.**
Die *elastischen Fasern* bilden v.a. in der *Intima* ein relativ dichtes Netz und lassen sich leicht um das Vielfache ihrer ursprünglichen Länge dehnen. Sie üben eine **elastische Spannung** aus und setzen ohne Aufwand von biochemischer Energie der dehnenden Kraft des Blutdrucks einen Widerstand entgegen.
In der *Media* und *Adventitia* bilden die *kollagenen Fasern* ein Netzwerk, das einer Dehnung sehr viel mehr *Widerstand* entgegensetzt als die elastischen Fasern. Sie sind der Gefäßwand relativ locker aufgelagert, gelegentlich auch gefältelt und üben daher erst einen Gegendruck aus, wenn die Gefäßwand bereits einen stärkeren Dehnungsgrad erreicht hat.
Die spindelförmigen, ca. 4,7 µm dicken und 20 µm langen *glatten Muskelzellen* sind untereinander, ebenso aber auch mit den elastischen und kollagenen Fasernetzen verbunden. Ihre Funktion besteht v.a. darin, der Gefäßwand eine *aktive Spannung,* den **myogenen Gefäßtonus,** zu geben und im Rahmen der physiologischen Anpassungsvorgänge die Weite des Lumens zu regulieren. Die glatte Gefäßmuskulatur wird von vegetativen Nervenfasern innerviert.

Transmuraler Druck, Gefäßweite und Wandspannung

Transmuraler Druck und Gefäßweite. Der transmurale Druck stellt die *Druckdifferenz* zwischen *Innenseite* und *Außenseite* der Gefäßwand ($P_t = P_i - P_a$) dar. Aufgrund der elastischen Eigenschaften der Gefäße verursachen *Erhöhungen* des transmuralen Drucks *Zunahmen des Durchmessers* (sowie der Dehnung) und umgekehrt.

In den meisten Gebieten sind die externen Drücke, d.h. die vom umgebenden Gewebe ausgeübten Drücke, nicht sehr hoch, so daß die transmuralen Drücke weitgehend den intravasalen Drücken entsprechen. Unter besonderen Bedingungen können jedoch Veränderungen der extravasalen Drücke bei unveränderten intravasalen Drücken den transmuralen Druck erheblich modifizieren. Damit können v.a. im Bereich der leicht deformierbaren Venen Querschnittsänderungen mit entsprechenden Rückwirkungen auf die Strömung und die Kapazität verbunden sein.

Transmuraler Druck und Wandspannung. Der dehnende (transmurale) Druck erzeugt in den Gefäßwänden eine dem Druck entgegenwirkende Tangentialspannung (T), die nicht nur von der Größe des transmuralen Drucks, sondern auch vom inneren Radius (r_i), und der Wanddicke (h) des Gefäßes abhängt. Die über die Gefäßwanddicke integrierte Wandspannung (T_h) läßt sich aus einer modifizierten Form des **Laplace-Gesetzes** berechnen:

$$T_h = P_t \cdot \frac{r_i}{h}\,(N\cdot m^{-2}). \qquad (14)$$

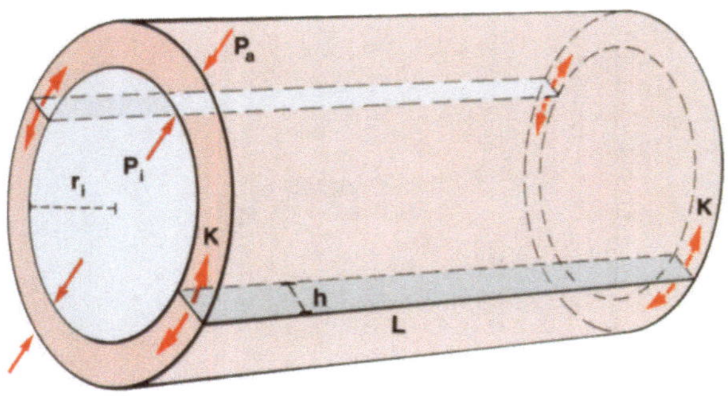

Abb. 20-5. Schematische Darstellung der Wirkungen des transmuralen Drucks und der Tangentialspannungen in einem zylindrischen Blutgefäß. P_i = intravasculärer Druck, P_a = extravasculärer Druck, r_i = Innenradius, h = Wandstärke, T = tangentiale Spannung der Gefäßwand. Bei longitudinaler Trennung L der Gefäßwand würden die Schnittränder mit der Kraft K auseinanderstreben

Die Abb. 20-5 zeigt schematisch die daran beteiligten Vorgänge. Der transmurale Druck treibt bei einem in Längsrichtung aufgeschnittenen Gefäß die Halbschalen mit der Kraft $K = 2 \cdot r_i \cdot L \cdot P_t$ auseinander und steht unter normalen Bedingungen mit der von den Gefäßwänden aufgebrachten Rückstellkraft $K = 2h \cdot L \cdot T_h$ im Gleichgewicht. Die tangentiale Wandspannung hat wie der transmurale Druck die Dimension Kraft pro Fläche. Sie ist damit ein Maß für die Zugbelastung, der die Wandmaterialien der Gefäße ausgesetzt sind. Diese **Zugbelastung** ist bei gleichem Druck um so **stärker,** je **größer** der Radius und je **dünner** die Wand des Gefäßes ist und umgekehrt.

In Tabelle 20-1 sind *tangentiale Wandspannungen* für verschiedene Gefäßgebiete berechnet. Die Werte stellen allerdings insofern eine Vereinfachung der wirklichen Bedingungen dar, als unter Vernachlässigung der Druckgradienten nur der mittlere Druck für Gefäße mit unterschiedlichen Radien in den einzelnen Abschnitten berücksichtigt werden kann und die Angaben über den Quotienten aus Innenradius und Wanddicke teilweise stärker voneinander abweichen. Ein Vergleich der Werte untereinander zeigt, daß die Wandspannungen bereits in den Arteriolen ebenso wie in den nachfolgenden Gefäßgebieten sehr viel niedriger als in der Aorta und den großen Arterien sind. Die *geringe Wandspannung* von Gefäßen mit *kleinen Radien* ist der Grund dafür, daß die nur aus einer Zellschicht bestehenden *Capillaren* ohne weiteres der dehnenden Kraft des Capillardrucks widerstehen und nicht zerreißen. In anderen kleinen Gefäßen werden darüber hinaus die an sich bereits *niedrigen Wandspannungen* bei Abnahmen des Gefäßradius durch Kontraktionen der glatten Gefäßmuskulatur nicht nur durch Abnahmen des Radius, sondern auch durch die gleichzeitig auftretenden Zunahmen der Wandstärken *weiter reduziert*. Daraus wird verständlich, daß z.B. der Arteriolendurchmesser bei allen im Kreislauf vorkommenden Drücken ohne Schwierigkeiten durch Änderungen des Kontraktionszustandes der glatten Gefäßmuskulatur verändert werden kann.

Tabelle 20-1. Transmurale Drücke (P) und tangentiale Wandspannungen (T_h) in verschiedenen Gefäßen. (Nach Daten von BURTON [4], FOLKOW u. NEIL [6] u.a.)

Gefäße	r_i [m]	$\frac{r}{h}$	P [κ Pa]	T_h [κ Pa]
Aorta	12×10^{-3}	8	13,3	106
Arterien	$0{,}5\text{–}3 \times 10^{-3}$	3–7	11,0	33–77
Arteriolen	$10\text{–}100 \times 10^{-6}$	1–5	7,0	7–35
Capillaren	3×10^{-6}	5–8	3,3	17–26
Venolen	$10\text{–}250 \times 10^{-6}$	7–10	1,6	11–16
Venen	$0{,}75\text{–}7{,}5 \times 10^{-3}$	7–10	1,3	9–13
V. cava	17×10^{-3}	10–15	1,0	10–15

Druck-Volumen-Beziehungen

Elastische Eigenschaften. Die **Dehnbarkeit** der Gefäße hängt sowohl von der Zahl als auch von der Relation zwischen elastischen und kollagenen Fasern ab. So sind z.B. in vergleichbaren Abschnitten des Körpergefäßsystems die *Arterien 6- bis 10mal weniger dehnbar* als die Venen. Im Lungengefäßsystem sind die Arterien dagegen nur etwa 2mal weniger dehnbar als die Venen, deren Dehnbarkeit weitgehend ähnlich wie die der Venen im Körpergefäßsystem ist.

Volumenelastzitätskoeffizient E′. Das *elastische Verhalten* eines Hohlkörpers (bzw. isolierten Gefäßabschnittes) wird durch den *Volumenelastizitätskoeffizienten E′*, d.h. das Verhältnis einer Druckänderung (ΔP) zu einer Volumenänderung (ΔV), ausgedrückt

$$E' = \frac{\Delta P}{\Delta V} (\mathrm{Pa} \cdot \mathrm{ml}^{-1}). \quad (15)$$

Bei *großer* elastischer Dehnbarkeit ist E′ *klein* und umgekehrt.

Die *Weitbarkeit* eines einzelnen Gefäßes wird auch als

$$\textbf{Compliance} = \frac{\Delta V}{\Delta P} \quad (16)$$

angegeben. Die Weitbarkeit des **gesamten** Gefäßsystems ergibt sich aus der Summe der unterschiedlichen Einzelwerte, die die miteinander verbundenen Gefäßabschnitte aufweisen.
Die Beziehungen zwischen Druck und Volumen werden sowohl für einzelne Gefäße und Gefäßabschnitte als auch für das Gesamtsystem in Form von *Druck-Volumen-Diagrammen* dargestellt (s. Abb. 20-12).

Volumenelastizitätsmodul κ. Das elastische Verhalten einer *Volumeneinheit*, d.h. das Verhältnis einer Druckänderung zu einer relativen Volumenänderung, wird durch den **Volumenelastizitätsmodul κ** beschrieben:

$$\kappa = \frac{\Delta P}{\Delta V} \cdot V = E' \cdot V \, (\mathrm{Pa}). \qquad (17)$$

Der Volumenelastizitätsmodul κ steht mit der Massendichte der Flüssigkeit (ϱ) in einfacher Beziehung zur *Fortpflanzungsgeschwindigkeit* der Pulswelle (c in $\mathrm{cm \cdot s^{-1}}$):

$$\kappa = \varrho \cdot c^2 \quad \text{bzw.} \quad c = \sqrt{\frac{\kappa}{\varrho}}. \qquad (18)$$

Aufgrund dieser Zusammenhänge können durch Messung der Pulswellengeschwindigkeit (s.S. 521) relativ leicht Einblicke in das elastische Verhalten des Arteriensystems gewonnen werden.

Gefäßtonus. In zahlreichen Gefäßen treten in einer begrenzten Zahl von glatten Muskelzellen *fortlaufend spontane Depolarisationen* auf, die als „Schrittmacher" wirken und benachbarte Muskelzellen erregen (s.S. 84). Diese Spontanaktivität ist *unabhängig von der Gefäßinnervation,* d.h. sie bleibt auch nach Denervierung eines Gefäßgebietes erhalten. Auf diese Weise entsteht eine in den einzelnen Gefäßgebieten unterschiedlich ausgeprägte Grundspannung, der sog. **Basistonus** oder **basale Tonus** (Abb. 20-25 und 20-26).
Dieser Basistonus wird unter Ruhebedingungen in den meisten Gefäßen durch *zusätzliche Kontraktionen* der glatten Gefäßmuskulatur aufgrund von *vasoconstrictorischen Impulsen* verstärkt, die den Gefäßwänden eine größere aktive Spannung, den sog. **Ruhetonus,** verleihen (Abb. 20-25).

Streßrelaxation. Bei plötzlichen *Volumenerhöhungen* in isolierten Gefäßabschnitten steigt der intravasale Druck zunächst steil an, *fällt* aber im weiteren Verlauf bei gleichbleibendem Volumen *kontinuierlich* wieder ab und erreicht nach einigen Minuten Werte, die im Extremfall fast im Bereich der Vorwerte liegen können

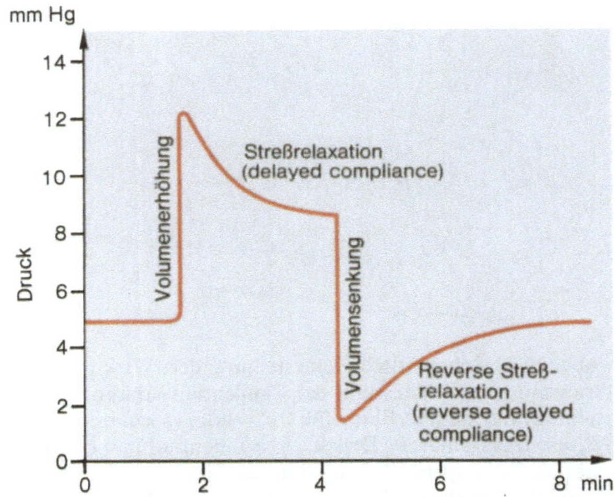

Abb. 20-6. Schematische Darstellung der Druckänderungen bei sprunghaften Volumenänderungen in einem isolierten Venensegment. (Nach GUYTON [8])

(Abb. 20-6). Der langsame Druckabfall entsteht dadurch, daß sich nach einer *initialen elastischen Dehnung* die Spannung der glatten Gefäßmuskelfasern der stärkeren Dehnung in Form einer *„Streßrelaxation"* bzw. *„delayed compliance"* anpaßt. Dieses **viscoelastische** Verhalten der Gefäßwand beruht wahrscheinlich darauf, daß sich die Bindungen der Actinmyosinfilamente in der gedehnten Muskelfaser umordnen und einen langsamen Gleitvorgang zulassen, durch den die Spannung reduziert wird.
Bei plötzlichen *Volumensenkungen* treten *entgegengesetzte Effekte* auf (Abb. 20-6), d.h. die initial stark reduzierte Spannung der glatten Muskelfasern nimmt im Verlauf von einigen Minuten aufgrund einer *„reverse stress relaxation"* wieder zu. Als Folge davon steigt auch der intravasale Druck wieder an.
Diese Phänomene sind an Venen wesentlich stärker als an Arterien ausgeprägt. In Verbindung mit ihrer großen Kapazität können daher Venen ohne anhaltende Änderungen des intravasalen Drucks größere Volumina aufnehmen oder abgeben. Die Streßrelaxation bzw. reverse stress relaxation ist somit ein wichtiger Mechanismus zur Aufrechterhaltung eines den jeweiligen Bedürfnissen *angepaßten Füllungsdrucks* (s.S. 516) unter verschiedenen Bedingungen (s.S. 556ff.).

Druck-Stromstärke-Beziehungen bei verschiedenen Gefäßtypen

Passive Dehnung. Aufgrund der Dehnbarkeit der Gefäße beeinflussen Druckänderungen die

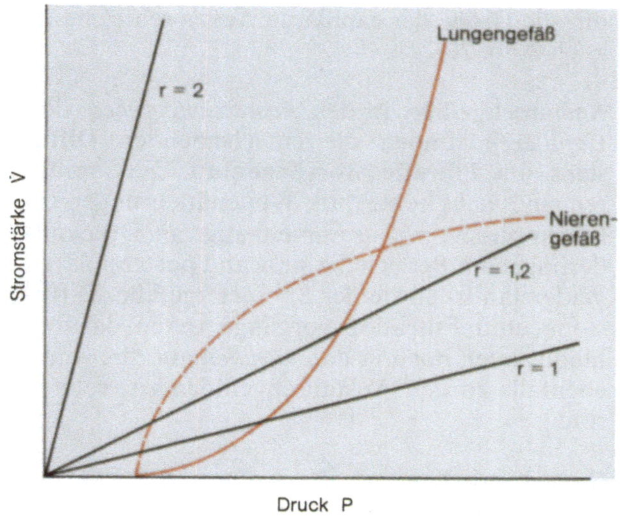

Abb. 20-7. Druck-Stromstärke-Beziehungen in verschiedenen Gefäßtypen. Bei steigenden Drücken treten entweder passive Dehnungen (L = Lungengefäße) oder autoregulative (reaktive) Kontraktionen (N = Nierengefäße) auf. Die Stromstärke nimmt daher bei Drucksteigerungen in Gefäßen vom Typ L stärker, in Gefäßen vom Typ N schwächer als in starren Röhren zu. In Blutgefäßen sistiert die Strömung unterhalb bestimmter Druckwerte = kritischer Verschlußdruck. Die Stromstärke in starren Röhren *(schwarze Linien)* steigt dagegen linear an und nimmt bei Zunahmen des Radius von 1 auf 1,2 bzw. 2 um das 2- bzw. 16fache zu

Stromstärke sowohl *direkt,* als auch *indirekt* infolge von Änderungen des Gefäßdurchmessers.

Die Stromstärke nimmt daher in bestimmten Gefäßen bei Drucksteigerungen sehr viel *stärker* zu, als es nach dem Ohm-Gesetz in starren Röhren zu erwarten wäre. Die Druck-Stromstärke-Kurven verlaufen dadurch zunehmend steiler. Als *Prototyp* der auf Druckänderungen *passiv* mit Weitenänderungen reagierenden Gefäße sind die **Lungengefäße** anzusehen (Kurve L in Abb. 20-7).

Autoregulative Kontraktion. In anderen Gefäßen treten dagegen bei Drucksteigerungen *geringere Zunahmen der Stromstärke* auf, d.h. die Druck-Stromstärke-Kurven verlaufen zunehmend flacher (Kurve N in Abb. 20-7). Diese Effekte beruhen auf *autoregulativen* (mechanogenen) *Reaktionen* der glatten Muskulatur **(Bayliss-Effekt)** in Form einer Kontraktion auf Dehnung. Die Intensität der mechanogenen Reaktionen wird mit zunehmenden dehnenden Drücken stärker. Dieses Verhalten bewirkt, daß die Stromstärke bei steigenden Drücken nur noch geringfügige oder gar keine Steigerungen mehr aufweist und auf diese Weise *automatisch* stabilisiert wird. In einzelnen Fällen bleibt dadurch die Stromstärke in einem Druckbereich von 120 bis 200 mm Hg praktisch konstant. Prototyp dieses Verhaltens sind die **Nierengefäße.** Die autoregulativen Reaktionen der Gefäßmuskulatur sind von der autonomen Innervation *unabhängig* und bleiben daher auch nach Ausschaltung der vasomotorischen Nerven erhalten [9, 32].

Die Beziehung zwischen Druck und Stromstärke können *angenähert* durch eine dem Ohm-Gesetz analoge Potenzfunktion beschrieben werden, in dem für ΔP ein Exponent eingeführt wird. Dieser liegt bei Gefäßen vom Typ L über 1 und bei Gefäßen vom Typ N unter 1. Form und Lage der Kurven werden vom Kontraktionszustand der Gefäßmuskulatur in Abhängigkeit von nervalen oder metabolischen Faktoren, chemischer Zusammensetzung des Blutes usw. beeinflußt (s. S. 534ff.).

Kritischer Verschlußdruck. Die Druck-Stromstärke-Kurven verlaufen häufig nicht durch den Nullpunkt, sondern entspringen von einem positiven Druckwert, dem sog. *kritischen Verschlußdruck* (s. Abb. 20-7). Er beträgt bei Perfusion mit Blut *durchschnittlich 20 mm Hg,* kann aber bei stark erhöhtem Tonus der Gefäßmuskulatur bis auf 60 mm Hg ansteigen und bei aufgehobenem Tonus auf 1 mm Hg absinken.

Als Ursache des kritischen Verschlußdrucks wird ein Verschluß der Gefäße im Bereich der Arteriolen angesehen. Er soll dadurch ausgelöst werden, daß bei Drucksenkungen durch die damit verbundenen Abnahmen des Gefäßradius die dehnenden Kräfte überproportional zum Druck abnehmen (s.S. 511). Darüber hinaus dürften an der Unterbrechung der Strömung auch *Zunahmen der Viscosität* bei niedrigen Strömungsgeschwindigkeiten beteiligt sein (s.S. 508). In Gefäßgebieten, in denen der Umgebungsdruck gegenüber dem intravasalen Druck nicht zu vernachlässigen ist, kann es entweder durch einen Kollaps (Lungen, Venen) oder durch eine Kompression (Coronargefäße während der Systole) trotz bestehender arteriovenöser Druckdifferenz zu einem Strömungsstillstand kommen. Ebenso kann aber auch bei hohen kritischen Verschlußdrücken die Blutströmung u.U. schon aufgehoben werden, wenn der Blutdruck von überhöhten Werten in den Normbereich zurückgeführt wird. Der kritische Verschlußdruck muß daher bei einer Abschätzung der *effektiven* arteriovenösen Druckdifferenz im Gefäßsystem berücksichtigt werden.

20.3 Funktionelle Organisation des Gefäßsystems

Funktionen der Gefäßabschnitte

Im Hinblick auf ihre *Funktion* können die Gefäße eingeteilt werden in 1. *elastische (Windkessel-)Gefäße,* 2. *Widerstandsgefäße,* 3. *Sphinctergefäße,* 4. *Austauschgefäße,* 5. *Kapazitätsgefäße* sowie 6. *Nebenschluß-(shunt-)Gefäße* [10].

Elastische Gefäße. Zu den Arterien vom *elastischen* Typ gehören wegen ihres relativ großen Anteils an elastischen Fasern die Aorta und Aa. pulmonales sowie die nachfolgenden Abschnitte der großen Arterien. Die große Elastizität ist v.a. in der **Aorta** für die sog. *Windkesselwirkung,* d.h. für die Umwandlung des phasischen systolischen Einstromes in eine mehr kontinuierliche Strömung in den peripheren Abschnitten verantwortlich (Einzelheiten s.S. 520).
Die *distalen Arterien* weisen demgegenüber zunehmende Anteile an glatten Muskelfasern auf und stellen *Arterien vom musculären Typ* dar. Der Übergang zwischen beiden Typen ist fließend. In den großen Arterien beeinflussen Änderungen des Kontraktionszustandes der glatten Muskulatur v.a. die elastischen Eigenschaften der Gefäßwand, während ihre Durchmesser und damit auch die Strömungswiderstände praktisch unverändert bleiben.

Widerstandsgefäße. *Terminalarterien* und *Arteriolen,* zu einem geringeren Teil auch *Capillaren* und *Venolen,* stellen *Widerstandsgefäße* dar. Der *größte Strömungswiderstand* liegt dabei im *präcapillären Bereich,* d.h. in den relativ kleinlumigen und zugleich relativ dickwandigen *Terminalarterien* und *Arteriolen,* die eine starke musculäre Komponente aufweisen. In diesen Gefäßen können Änderungen des Kontraktionszustandes der glatten Muskulatur deutliche Änderungen des *Gefäßdurchmessers* auslösen und v.a. im Bereich der zahlreichen Arteriolen erhebliche Änderungen des Gesamtquerschnitts verursachen. Im Hinblick auf die Bedeutung des Querschnitts für den Strömungswiderstand (s.S. 507) wird verständlich, daß die Aktivität der glatten Gefäßmuskulatur in diesen Abschnitten für die *Regulation der Durchblutung (Stromstärke)* sowohl in einzelnen Gefäßgebieten eines Organs, als auch für die *Verteilung des Herzzeitvolumens* (Stromstärke des Gesamtkreislaufs) *auf die einzelnen Organkreisläufe* von entscheidender Bedeutung ist [2, 6, 10, 13, 39, 46].
Der *postcapilläre Widerstand* in den Venolen (und Venen) beeinflußt dagegen das Verhältnis zwischen präcapillärem und postcapillärem Widerstand, von dem die Größe des *hydrostatischen Drucks* und damit die *Filtrations- und Absorptionsvorgänge* in den Capillaren mitbestimmt werden (s.S. 530ff.).

Sphinctergefäße. Die *Sphinctergefäße,* d.h. die terminalen Segmente der präcapillären Arteriolen, beeinflussen durch Constriction oder Dilatation die *Zahl* der offenen Capillaren und damit die **Größe** der **capillären Austauschfläche** (s. auch Abb. 20-21).

Austauschgefäße. In den *Austauschgefäßen,* den *Capillaren,* finden die entscheidenden **Diffusions-** und **Filtrationsvorgänge** statt. Die Capillaren sind *nicht* kontraktil, Weitenänderungen erfolgen passiv im Zusammenhang mit Druckänderungen im Bereich der prä- und postcapillären Widerstands- sowie der Sphinctergefäße. Diffusions- und Filtrationsvorgänge treten darüber hinaus auch noch in den *Venolen* auf, die somit ebenfalls zu den Austauschgefäßen zu rechnen sind.

Kapazitätsgefäße. Als *Kapazitätsgefäße* sind im wesentlichen die *Venen* anzusehen, die wegen ihrer großen Dehnbarkeit größere Volumina ohne stärkere Rückwirkungen auf die übrigen Kreislaufparameter aufnehmen oder abgeben können und auf diese Weise die Funktionen von **Blutdepots** wahrnehmen.
Die Venen weisen außerdem *häufig abgeflachte (ovale) Querschnittflächen* auf, so daß bis zur Annäherung an einen kreisrunden Zustand ein bestimmtes Volumen ohne Inanspruchnahme der Dehnbarkeit aufgenommen werden kann.
Verschiedene venöse Gebiete besitzen aufgrund ihrer anatomischen Eigenschaften besonders große Speicherfähigkeiten. Es handelt sich dabei vor allem 1. um die *venösen Gefäße der Leber,* 2. die *großen Venen im Splanchnicusgebiet* und 3. die *Venen des subpapillären Plexus der Haut,* die insgesamt mehr als 1000 ml Blut abgeben oder aufnehmen können. Darüber hinaus können auch die *Lungengefäße,* die mit denen des Körperkreislaufs in Serie geschaltet sind, bei Änderungen des venösen Rückstroms zum rechten Herzen oder Änderungen der Auswurfleistung des linken Herzens kurzfristig größere Blutmengen aufnehmen oder abgeben (s.S. 552ff.).

Im Gegensatz zu anderen Species hat das Gefäßsystem des Menschen *keine* echten Blutspeicher, wie sie z.B. in der Milz beim Hund vorliegen, in denen Blut in speziellen Strukturen deponiert und bei Bedarf wieder in den Kreislauf abgegeben werden kann.

In dem geschlossenen Gefäßsystem sind *regionale Kapazitätsänderungen* zwangsläufig mit einer **Umverteilung des Blutvolumens** verbunden, so daß Änderungen der von der glatten Gefäßmuskulatur kontrollierten Venenkapazität generalisierte Wirkungen auf die *Blutverteilung* auslösen und damit direkt oder indirekt die *gesamte Herz-Kreislauffunktion* beeinflussen.
Nebenschlußgefäße finden sich in einigen Gefäß-

gebieten in Form von **arteriovenösen Anastomosen.** Durch Öffnung dieser Gefäße kann die Durchblutung der Capillaren reduziert oder sogar ganz unterbrochen werden (s. auch Abb. 20-21).

Widerstände im Gefäßsystem

Widerstände in einzelnen Gefäßabschnitten. Auf die *Aorta,* die *großen Arterien* und *Arterienäste* mit ihren relativ großen Längen entfallen *rund* 19% des Widerstandes (s. Abb. 20-8). Der Anteil der *terminalen Arterien* und *Arteriolen* liegt dagegen bei *fast 50%,* d.h. fast die Hälfte des Strömungswiderstandes findet sich in einem Abschnitt, der nur *wenige Millimeter* lang ist. Diese enorme Widerstandszunahme beruht auf den Abnahmen des Durchmessers der einzelnen terminalen Arterien und Arteriolen mit entsprechenden Abnahmen des Querschnitts, die von der zunehmenden Zahl der parallel geschalteten Gefäße nicht voll kompensiert werden. Auch die *Capillaren* weisen mit *25%* einen hohen Strömungswiderstand auf. Im venösen Bereich zeigen die *Venolen* mit *4%* den relativ höchsten Strömungswiderstand, während auf alle *übrigen Venenabschnitte* nur *3%* entfallen.

Totaler peripherer Widerstand. Als *totaler peripherer Widerstand* (TPR) wird der Gesamtwiderstand im Körperkreislauf bezeichnet, der sich aus dem Widerstand *aller parallel geschalteten* Einzelkreisläufe zusammensetzt. Er beträgt bei einer Druckdifferenz ΔP von ca. 100 mm Hg und einer Stromstärke $\dot{V}$ von ca. 96 $ml \cdot s^{-1}$ rund 140 $Pa \cdot ml^{-1} \cdot s$ (Tabelle 20-2). Die Größe des *totalen peripheren Widerstandes* bestimmt in Verbindung mit der *Gesamtstromstärke,* d.h. dem Herzzeitvolumen (HZV), die jeweilige Höhe des *Blutdrucks.*

Im Lungengefäßsystem beträgt der Gesamtwiderstand bei einem ΔP von ca. 8 mm Hg und einem $\dot{V}$ von 95 $ml \cdot s^{-1}$ rund 11 $Pa \cdot ml^{-1} \cdot s$.

Die sehr unterschiedlichen Widerstände der einzelnen Organkreisläufe (Tabelle 20-2) sind die Ursache für die unterschiedliche Verteilung des Herzzeitvolumens (HZV). *Änderungen* des *Strömungswiderstandes* in einzelnen *parallel* geschalteten Gefäßgebieten bzw. den Organkreisläufen durch die auf S. 533 ff. beschriebenen Vorgänge sind in Verbindung mit Änderungen des *HZV* die entscheidenden Faktoren für eine umfassende Anpassung der regionalen Stromstärke an den wechselnden Bedarf der Zellen.

Tabelle 20-2. Strömungswiderstände *R* in den einzelnen Organkreisläufen des Menschen

	HZV (%)	$\dot{V}$ ($ml \cdot min^{-1}$)	$\bar{v}$ ($ml \cdot s^{-1}$)	R ($Pa \cdot ml^{-1} \cdot s$)
Gehirn	13	750	13	1025
Coronargefäße	4	250	14	3330
Muskeln	21	1200	20	670
Splanchnicus-gebiet	24	1400	23	580
Nieren	19	1100	18	740
Haut	9	500	8	1670
Übrige Organe	10	600	10	1330
Körpergefäßsystem insgesamt	100	~5800	~96	~140
Lungengefäßsystem	100	~5800	~96	~11

Blutvolumen im Gefäßsystem

Gesamtvolumen. Die Größe des *intravasalen Blutvolumens* ist ein wichtiger determinierender Faktor für den *Füllungsdruck* des Herzens während der Diastole und somit auch für die mögliche Auswurfleistung des Herzens.

Das *Blutvolumen* beträgt bei Männern 77 ml/kg KG ± 10% und bei Frauen 65 ml/kg KG ± 10%, wobei die Differenzen überwiegend auf den größeren Fettbestand des weiblichen Körpers zurückzuführen sind. Das **Gesamtvolumen** beträgt somit bei Männern im Mittel ca. 5,4 l und bei Frauen 4,5 l Blut.

In Abhängigkeit vom *Traniningszustand,* von *klimatischen* oder *hormonalen Faktoren* können *längerfristig* stärkere Abweichungen auftreten. Das Blutvolumen kann z.B. bei Leistungssportlern auf über 7000 ml ansteigen oder bei längerer Bettruhe unter die Norm absinken. Auch bei ausgeprägter Varicosis (Krampfadern) kann das Blutvolumen vergrößert sein. *Kurzfristige Änderungen* treten bei Orthostase oder bei Muskelarbeit auf.

Verteilung des Blutvolumens. In den Gefäßen eines erwachsenen Menschen (Tabelle 20-3) finden sich rund 84% des Blutvolumens im *Körpergefäßsystem,* während von den verbleibenden 16% knapp 9% auf das *Lungengefäßsystem* und ca. 7% auf das *Herz* entfallen.

Die *Arterien* des Körpergefäßsystems enthalten ca. 18%, von denen etwa 3% auf die Arteriolen entfallen (Abb. 20-8). Daraus wird verständlich, daß selbst maximale constrictorische oder dilatatorische Reaktionen der Widerstandsgefäße praktisch keinen Einfluß auf die Größe des Blutvolumens in anderen Gefäßabschnitten ausüben.

Die *Capillaren* enthalten trotz des enormen Gesamtquerschnitts wegen ihrer geringen durch-

Tabelle 20-3. Verteilung der Blutvolumina auf die verschiedenen Kreislaufabschnitte eines (hypothetischen) Menschen[a]

Region	Volumen ml		%		%
Herz (Diastole)	360		7,2		7,2
Pulmonalkreislauf					
Arterien	130	440	2,6		8,8
Capillaren	110		2,2		
Venen	200		4,0		
Körperkreislauf					
Aorta und große Arterien	300	4200	6,0	14	84,0
Kleine Arterien	400		8,0		
Capillaren	300		6,0		
Kleine Venen	2300		46,0	64	
Große Venen	900		18,0		
	5000				100,0

[a] 40 Jahre, Gewicht 75 kg, Körperoberfläche 1,85 m^2 (Nach MILNOR [18])

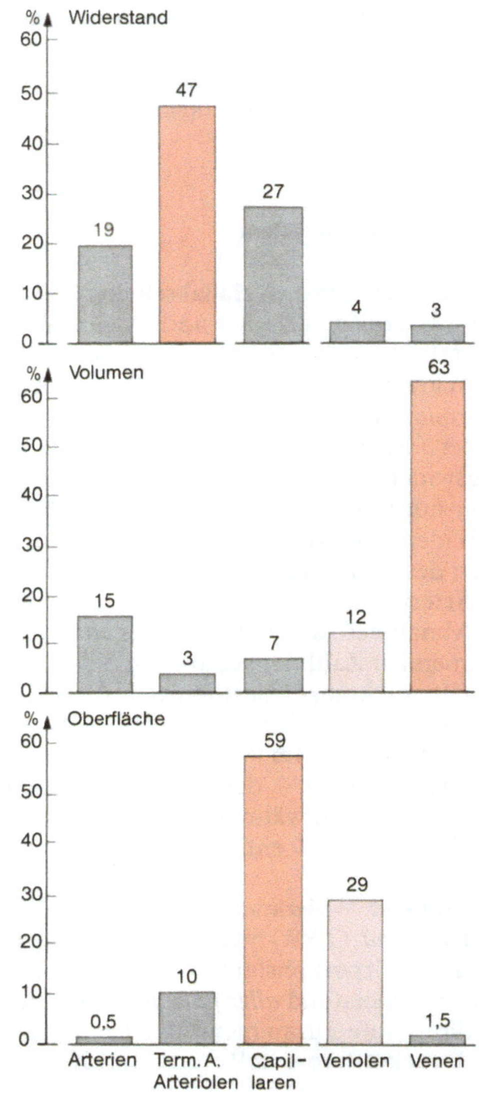

Abb. 20-8. Verteilung von Strömungswiderstand, Volumen und Oberfläche im Körpergefäßsystem. Auf die arteriellen „Widerstandsgefäße" entfallen ca. 50% des gesamten Widerstandes, auf die venösen „Kapazitätsgefäße" ca. 75% der gesamten Kapazität und auf die „Austauschgefäße" (unter Einbeziehung der Venolen) beinahe 90% der gesamten Oberfläche. Weitere Einzelheiten s. Text. (Nach Daten von MALL, SCHLEIER bzw. GREEN)

schnittlichen Länge mit ca. 6% ebenfalls nur einen relativ kleinen Teil des Gesamtvolumens.

Die *Depotfunktionen* des *venösen Systems* werden durch ihren Anteil von 75% am *regionalen* Volumen bzw. von 64% am *Gesamtvolumen* unterstrichen.

Für die *Widerstandsgefäße* sind somit nicht nur *hohe Strömungswiderstände,* sondern auch *kleine Kapazitäten* und für die *Kapazitätsgefäße* nicht nur *große Kapazitäten,* sondern auch *niedrige Strömungswiderstände* als charakteristisch anzusehen. Eine Sonderstellung nehmen lediglich die arteriellen und venösen Gefäße mit 0,5–2,0 mm Durchmesser ein, in denen Weitenänderungen sowohl die Kapazität als auch den Widerstand stärker beeinflussen können.

Blutvolumen und mittlerer Füllungsdruck. Der *mittlere Füllungsdruck* bzw. *statische Blutdruck* ist ein Maß für den *Füllungszustand* des Gefäßsystems. Er entspricht dem Druck, der sich nach Ausschaltung der Herztätigkeit und Ausgleich der unterschiedlichen Drücke im *gesamten* kardiovasculären System einstellt. Der mittlere Füllungsdruck beträgt ca. *6 mm Hg* und kann sowohl durch Veränderungen des *Blutvolumens* als auch durch Veränderungen der *Gefäßkapazität* infolge von Änderungen des Kontraktionszustandes der glatten Muskulatur beeinflußt werden. Der mittlere Füllungsdruck bestimmt in Verbindung mit dem bestehenden Druckgradienten im venösen System die Größe des Einstroms in den rechten Vorhof und damit indirekt auch die Auswurfleistung des linken Herzens.

Unter „normalen" Bedingungen werden im kardiovasculären System durch die Herztätigkeit Teile des Blutvolumens *von der venösen auf die arterielle Seite transferiert,* wobei aufgrund der unterschiedlichen Kapazität und Weitbarkeit der Gefäße die Drücke in den Venen *minimal gesenkt* und in den Arterien *relativ stark erhöht* werden (s. Abb. 20-10). Auf diese Weise entsteht ein **dynamisches Gleichgewicht,** bei dem die Größe des regionalen Blutvolumens vom Verhältnis der intravasculären Drücke zur Weitbarkeit der jeweiligen Gefäßabschnitte abhängt.

20.4 Arterielles System des Körperkreislaufs

Aufgrund der dargestellten Eigenschaften des Blutes und der Gefäße sowie der Geometrie des Gefäßsystems ist die **Hämodynamik** in den einzelnen Abschnitten nicht einheitlich, sondern durch folgende charakteristische Besonderheiten gekennzeichnet [4, 5, 15, 19, 20, 24, 33].

Strömung im Arteriensystem

Strompuls. Der Übertritt von Blut in die Aorta ascendens erfolgt aufgrund der rhythmischen Herztätigkeit nur während der *Austreibungszeit* des linken Ventrikels. Die Strömung steigt bei diesem sog. *Strompuls* nach Öffnung der Aortenklappen steil an, erreicht etwa nach dem ersten Drittel der Austreibungszeit ein Maximum und fällt bis zum Ende der Austreibungszeit wieder auf Null ab (Abb. 20-9). Mit Beginn der *Entspannung* tritt bis zum Schluß der Aortenklappen ein kurzdauernder Rückfluß in den linken Ventrikel auf. Im weiteren Verlauf der Diastole steht das Blut in der Aorta ascendens praktisch still bis zum Beginn der nächsten Austreibungszeit.

In der Aorta des Menschen liegen bei einer Austreibungszeit von 0,25 s für ein Schlagvolumen von 70–90 ml unter Ruhebedingungen *Spitzengeschwindigkeiten* von weit über 100 $cm \cdot s^{-1}$ und eine *durchschnittliche Geschwindigkeit von ca. 70* $cm \cdot s^{-1}$ vor. In längeren Abschnitten der Austreibungszeit wird daher der kritische Wert der Reynold-Zahl überschritten, d.h. es liegt während dieser Zeit *turbulente* Strömung vor (Meßmethoden s.S. 569).

Mit zunehmender Entfernung vom Herzen nimmt die *Amplitude* des Strompulses in Aorta und großen Arterien (im Gegensatz zu der des Druckpulses) *kontinuierlich* ab. In der Aorta thoracalis und in den distalen Arterien bildet sich zugleich während der Diastole eine in den distalen Arterien größer werdende *orthograde* Strömungskomponente aus (Abb. 20-9). Die

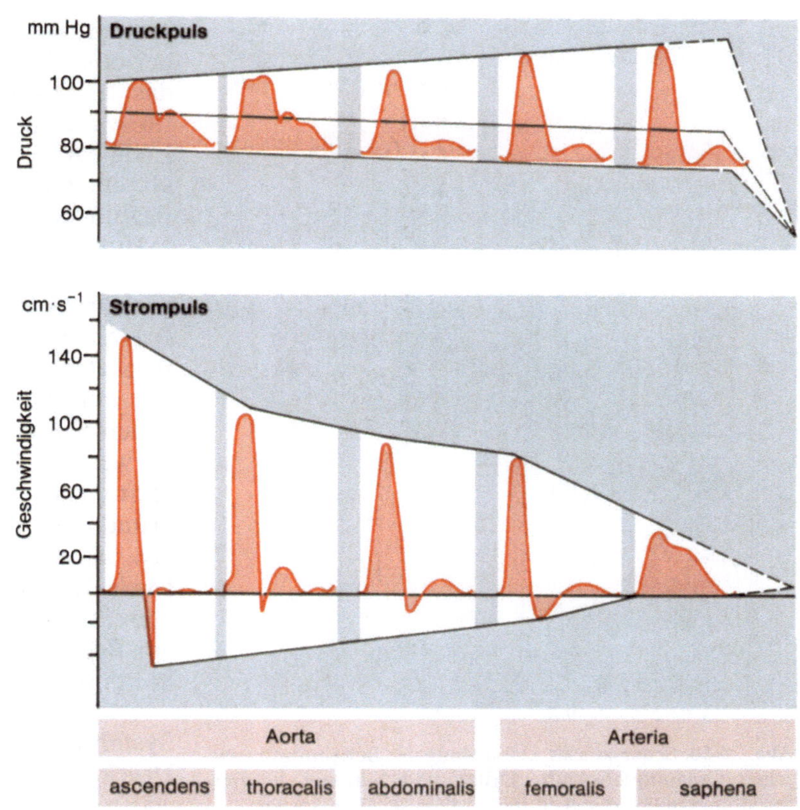

Abb. 20-9. Veränderungen von Druck- und Strompuls in Aorta und Beinarterien. Beachte die Ausbildung einer orthograden Strömungskomponente während der Diastole sowie die Zunahme des systolischen Drucks mit zunehmender Entfernung vom Herzen. (Nach McDonald [15])

kurze retrograde Strömung zu Beginn der Entspannungszeit ist unter Ruhebedingungen noch in der A. femoralis (bzw. A. brachialis) nachweisbar. Bei stärkeren Zunahmen des Herzzeitvolumens steigt allerdings das Geschwindigkeitsniveau so weit an, daß schließlich die Nulllinie nicht mehr unterschritten wird.
Im Bereich der *terminalen Arterienäste* und *Arteriolen* geht die pulsierende Strömung zunehmend in eine mehr *kontinuierliche* Strömung über. Bei starker Vasodilatation können allerdings auch noch in den Capillaren und den nachfolgenden Venen kleine pulsatorische Strömungsschwankungen vorhanden sein.

Strömungsgeschwindigkeit und Querschnitt. Aufgrund der diskontinuierlichen Strömung liegt besonders in der Aorta und den großen Arterien die *mittlere Strömungsgeschwindigkeit* deutlich unter den während der Systole gemessenen Werten. Sie läßt sich nach $\bar{v} = \dot{V}/(\pi \cdot r^2)$ berechnen. Bei einem Aortenradius von 12–13 mm ergibt sich unter Ruhebedingungen bei einem Herzzeitvolumen von 96 ml·s^{-1} in der Aorta eine

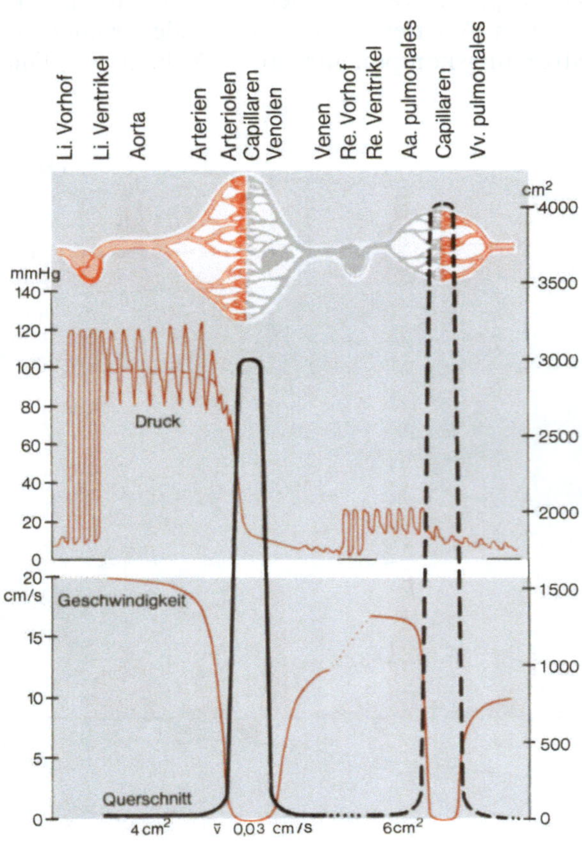

Abb. 20-10. Schematische Darstellung der Beziehungen zwischen Gesamtquerschnitt, Druck und mittlerer linearer Strömungsgeschwindigkeit im kardiovasculären System

mittlere Strömungsgeschwindigkeit von 21,2 bzw. 18,1 cm·s^{-1}, d.h. von **rund 20 cm·s^{-1}** (Abb. 20-10 und Tabelle 20-4). Bei sehr großen Zunahmen des Herzzeitvolumens kann jedoch auch die mittlere Strömungsgeschwindigkeit auf über 100 cm·s^{-1} ansteigen.
Aufgrund der reziprok proportionalen Abhängigkeit vom *Gesamtquerschnitt* nimmt die *mittlere Strömungsgeschwindigkeit* des Blutes in den *distalen Arterien*, v.a. aber im Bereich der *terminalen Arterien* und *Arteriolen* **stark ab** und weist in den *Capillaren* mit ca. 0,03 cm·s^{-1} die *niedrigsten* Werte auf (s. auch Abb. 20-10 und Tabelle 20-4). Bei einer mittleren Länge der Capillaren von 750 μm beträgt die *Passagezeit* des Blutes somit *ca. 2,5 s.*

Drücke im Arteriensystem

Druckpuls. Die Massenträgheit des Blutes verhindert, daß die gesamte in den Gefäßen befindliche Flüssigkeitssäule durch das während der Austreibungszeit in die Aorta beförderte Schlagvolumen beschleunigt wird. Die Beschleunigung erstreckt sich vielmehr nur auf die Teile im Anfangssegment der Aorta *ascendens* und löst dort eine *Drucksteigerung*, den sog. *Druckpuls*, aus (Abb. 20-9). Der Druck steigt daher gleichzeitig mit der Strömung zunächst steil, im weiteren Verlauf jedoch flacher an, wobei das Maximum des Druckpulses *später* als das des Strompulses eintritt.
Im weiteren Verlauf sinkt der Druck bis zum Ende der Systole auf den *endsystolischen* Druck ab, der meist deutlich größer als der Druck zu Beginn der Austreibungszeit ist. Am Ende der Systole tritt die sog. **Incisur,** d.h. ein kurzer stärkerer Abfall mit nachfolgendem Wiederanstieg des Druckes, auf. Sie entsteht durch den mit Beginn der Entspannungsphase einsetzenden Rückstrom von Blut in den Ventrikel und dessen abrupte Unterbrechung durch den plötzlichen Schluß der Aortenklappen (Abb. 20-11). Im weiteren Verlauf der Diastole fällt der Druck relativ gleichförmig ab. Er sinkt jedoch aufgrund der *Gleichrichterwirkung der Aortenklappen, der elastischen Eigenschaften der Arterien* sowie des *peripheren Widerstandes* im Gegensatz zum Strompuls *nicht auf Null* ab, sondern weist vor Beginn der nächsten Systole noch ein relativ hohes Niveau auf (Abb. 20-9 und 20-11).

Systolischer, diastolischer und mittlerer (Blut-)-Druck. Das *Maximum* der Druckpulskurve während der Systole wird als *systolischer*

Abb. 20-11. Bestimmung des mittleren arteriellen Drucks in der Aorta *(links)* und einer peripheren Arterie *(rechts)*. P_S = systolischer Druck, P_M = mittlerer Druck, P_D = diastolischer Druck. Die *schraffierten* Flächen oberhalb des Mitteldrucks sind gleich den Flächen unterhalb des Mitteldrucks. Weitere Einzelheiten s. Text

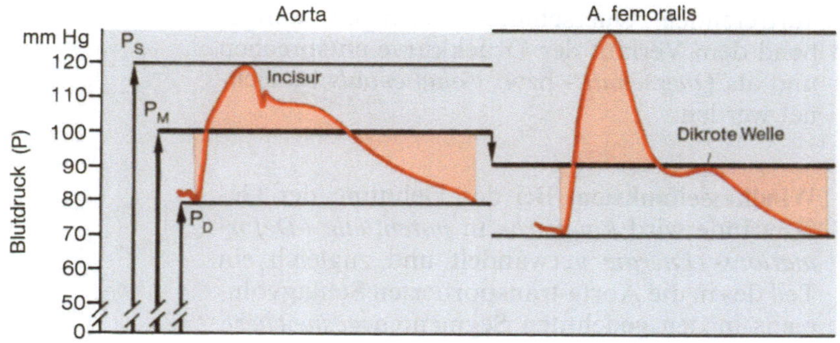

(Blut-)Druck (P_S) und das *Minimum* während der Diastole als *diastolischer (Blut-)Druck* (P_D) bezeichnet (Abb. 20-11). Die Differenz zwischen beiden Werten ist die *Blutdruckamplitude*. Der *„mittlere Blutdruck"* (P_M) bzw. der *arterielle Mitteldruck* entspricht der treibenden Kraft für die Blutströmung und ist definiert als der *zeitliche Mittelwert* der Druckwerte in einem Gefäßabschnitt. Er wird durch Integration der Druckpulskurven über die Zeit, in praxi durch Planimetrieren bestimmt. In *zentralen* Arterien kann der *mittlere Druck* ausreichend genau aus dem arithmetischen Mittel von P_S und P_D bzw. dem diastolischen Druck plus der Hälfte der Blutdruckamplitude ($P_M = P_D + 1/2(P_S - P_D)$), in *peripheren* Arterien aus dem diastolischen Druck plus 1/3 der Blutdruckamplitude ($P_M = P_D + 1/3(P_S - P_D)$) ermittelt werden (Meßmethoden s.S. 567ff.).

In der *Aorta ascendens* besteht beim liegenden jugendlichen Erwachsenen ein **systolischer Druck** von **ca. 120 mm Hg** und ein **diastolischer Druck** von **ca. 80 mm Hg** und somit ein **mittlerer, arterieller Druck von ca. 100 mm Hg**. Der mittlere arterielle Druck nimmt in den nachfolgenden Abschnitten sowie in den großen Arterien nur *geringfügig ab*, so daß Arterien mit einem *Durchmesser* von *3 mm* noch Werte um *95 mm Hg* aufweisen (Tabelle 20-4), während sich *Pulsform* und *-amplitude* auffällig verändern. Mit wachsender Entfernung vom Herzen nimmt der *systolische Druck* in den Arterien *fortlaufend zu* und liegt in der A. femoralis 20 mm Hg und in der A. dorsalis pedis bis zu 40 mm Hg über dem systolischen Druck in der Aorta ascendens (Abb. 20-9 und 20-11). Der *diastolische Druck* nimmt dagegen *kontinuierlich ab*, so daß es zu einer deutlichen *Vergrößerung der Druckamplitude* kommt. Beim Vergleich von Druckmessungen in verschiedenen Abschnitten des Arteriensystems müssen diese Effekte zur Vermeidung von Fehlinterpretationen beachtet werden.

Tabelle 20-4. Mittlere Strömungsgeschwindigkeiten und mittlere Drücke im Körpergefäßsystem des Menschen

	Durchmesser (mm)	Mittlere Geschwindigkeit ($cm \cdot s^{-1}$)	Mittlerer Druck (mm Hg)
Aorta	20–25	20	100
Mittlere Arterien		10–5	95
Sehr kleine Arterien		2	80–70
Arteriolen	0,06–0,02	0,2–0,3	70–35
Capillaren			
arterielles Ende			35–30
Mitte	0,006	0,03	25–20
venöses Ende			20–15
Sehr kleine Venen		0,5–1,0	15–10
Kleinere bis mittlere Venen		1– 5	10 und
Große Venen	5–15	5–10	weni-
Vv. cavae	30–35	10–16	ger

In den *terminalen Arterienästen* sowie in den *Arteriolen* fällt der Druck wegen des *hohen Strömungswiderstandes* auf einer Strecke von wenigen Millimetern steil ab und erreicht am *Ende der Arteriolen* Werte von *30–35 mm Hg* (Abb. 20-10 sowie Tabelle 20-4). Gleichzeitig werden die pulsierenden Druckschwankungen stark gedämpft bzw. aufgehoben.

Die Änderungen der Druck- und Strompulskurven hängen eng mit den unterschiedlichen elastischen Eigenschaften der einzelnen Arterienabschnitte zusammen, die nachfolgend genauer dargestellt werden.

Auswirkungen der Gefäßelastizität

Volumenpuls. Im Zusammenhang mit dem systolischen Druckanstieg kommt es zu einer Dehnung der elastischen Gefäßwände, wobei die auftretenden Querschnittsänderungen weitgehend dem Verlauf der Druckkurve entsprechen und als *Querschnitt-* bzw. *Volumenpuls* bezeichnet werden.

Windkesselfunktion. Bei der Dehnung der Gefäßwände wird *kinetische* in *potentielle (Deformations-)Energie* verwandelt und zugleich ein Teil des in die Aorta transportierten Schlagvolumens in den gedehnten Segmenten *gespeichert.* In der Phase des Druckabfalls zieht sich die gedehnte Wand elastisch zusammen und bewirkt eine *Entspeicherung,* wobei die potentielle in kinetische Energie zurückverwandelt und Blut in Richtung des geringsten Strömungswiderstandes gedrückt wird, d.h. in Richtung zu den Capillaren als den „Abflußkanälen" des arteriellen Systems (Abb. 20-13). Diese überwiegend auf die elastischen Gefäße, d.h. auf die Aorta und Arterien vom elastischen Typ, begrenzten Effekte bewirken, daß die diskontinuierliche systolische Strömung in der Aorta ascendens in eine *kontinuierliche,* wenn auch nicht gleichmäßige Strömung in den *peripheren Arterien* umgewandelt wird. Aufgrund der ähnlichen Wirkungen, die ein in das Röhrensystem von Kolbenpumpen eingeschalteter luftgefüllter sog. *Windkessel* auf Strömung und Druck ausübt, werden die elastischen Gefäßabschnitte ebenfalls als Windkessel und ihr Einfluß auf den Blutkreislauf als *Windkesselfunktion* bezeichnet.

In einem *starren Gefäßsystem* würden die Drücke einerseits während der Systole sehr viel stärker ansteigen, andererseits aber während der Diastole wegen der Massenträgheit des zuvor beschleunigten Blutes negative Drücke mit einem Strömungsstillstand auftreten. Das Herz müßte ferner mit jeder Systole nicht nur das jeweilige Schlagvolumen, sondern die gesamte Blutmenge aus dem Stillstand beschleunigen. Gleich große Stromstärken könnten außerdem nur durch höhere Strömungsgeschwindigkeiten während der Systole erreicht werden, die weitere Steigerungen des systolischen Drucks erforderten. Sowohl die Vergrößerung der zu beschleunigenden Massen als auch die notwendige Erhöhung der Strömungsgeschwindigkeit würden aber für das Herz erhebliche Mehrbelastungen darstellen.

Druck-Volumen-Diagramm. Das elastische Verhalten des Windkessels von Menschen verschiedener Altersgruppen läßt sich aus den Druck-Volumen-Diagrammen in Abb. 20-12 entnehmen. Als Ausdruck einer geringeren *Dehnbarkeit* bei *höheren Drücken* zeigen alle Kurven einen zunehmend *steileren* Verlauf. Unabhängig davon nimmt die Dehnbarkeit bis zum *Abschluß des Wachstums* infolge der Volumenvergrößerung (durch Zunahmen der Länge und des

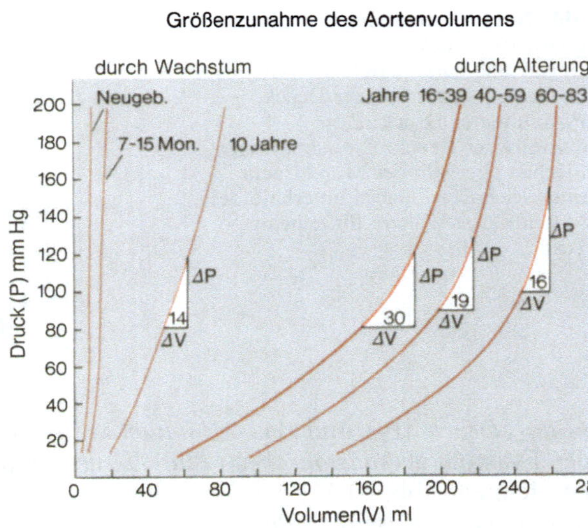

Abb. 20-12. Druck-Volumen-Diagramme von menschlichen Aorten. Durch das Wachstum nimmt das Aortenvolumen zu. Die Weitbarkeit (compliance) erreicht ein Maximum beim jugendlichen Erwachsenen (16–39 Jahre). Durch Alterungsprozesse tritt im weiteren Leben eine Ausweitung der Aorta bei abnehmender Dehnbarkeit auf. In einigen Diagrammen sind Volumenänderungen (ΔV) im Bereich der altersentsprechenden Druckamplituden (ΔP) eingezeichnet. Weitere Einzelheiten s. Text. (Nach SIMON und MEYER aus GAUER [7])

Durchmessers) bzw. der damit verbundenen Vergrößerung der dehnbaren Oberfläche und der (nach dem Laplace-Gesetz) verstärkten Umsetzung von Druck in dehnende Kraft zu, d.h. der Windkessel wird *weicher.* Mit *zunehmendem Alter* steigt zwar das in der Aorta befindliche Volumen weiter an; die Dehnbarkeit und damit das Speichervolumen nehmen jedoch ab, d.h. der *Windkessel* wird wieder *härter.* Dieser Effekt wird durch eine Verschiebung der PV-Diagramme in den steileren Bereich aufgrund von altersbedingten Blutdrucksteigerungen weiter verstärkt.

Die *altersabhängigen Änderungen* der Druck-Volumen-Diagramme beruhen wahrscheinlich auf einer *passiven* Ausweitung, die durch den dauernd einwirkenden Blutdruck in Verbindung mit einer Abnahme der Dehnbarkeit der alternden Gefäße ausgelöst wird; sie sind bei pathologisch erhöhten Blutdruckwerten stärker ausgeprägt.

In Abb. 20-12 sind die *Volumenänderungen* im Bereich der *Blutdruckamplitude* für verschiedene Altersgruppen eingezeichnet. Im „Normalfall", d.h. beim jugendlichen Erwachsenen, betragen sie 30 ml, so daß sich ein E' von 177 $Pa \cdot ml^{-1}$ ergibt. Mit der extrem vereinfachten Annahme, daß der Druck am Ende der Systole in allen

Arterienabschnitten gleichmäßig 40 mm Hg über dem diastolischen Wert läge, wäre in diesem Falle am Ende der Systole ein Volumen von 30 ml in der Aorta gespeichert. Die Dehnbarkeit aller übrigen Arterien ist nach Schätzungen etwa 3mal kleiner als die der Aorta, so daß bei einer Übertragung der o.a. Annahme weitere 10 ml und damit im *gesamten arteriellen System 40 ml* gespeichert wären. Bei einem Schlagvolumen von 80 ml würden somit *50%* des Volumens *während der Systole,* die restlichen *50%* dagegen *während der Diastole* durch die Retraktion der gedehnten Gefäßwände bei gleichzeitiger Abnahme des Blutdrucks auf den enddiastolischen Wert in die peripheren Widerstandsgefäße fließen.

Für das arterielle System ergibt sich daraus, daß

$$E' = \frac{40 \text{ mm Hg}}{(30+10)\text{ml}} = 133 \text{ Pa} \cdot \text{ml}^{-1}$$

ist, d.h. daß durch eine **Volumenzunahme von 1 ml** *im gesamten arteriellen System* **der Druck um 1 mm Hg** erhöht wird und umgekehrt.

Ausbreitung der Pulswelle. Strompuls, Druckpuls und Volumenpuls breiten sich als **Pulswelle**

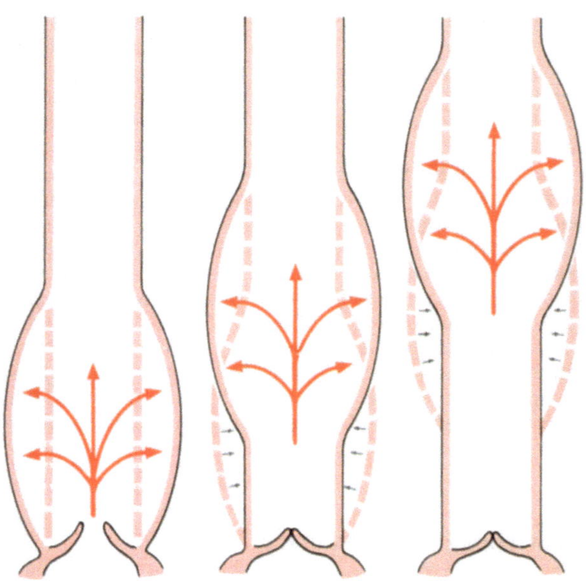

Abb. 20-13. Schematische Darstellung der Windkesselfunktion und Ausbreitungsmechanismus der Pulswelle. Nach der initialen systolischen Dehnung der Aortenwurzel und der damit verbundenen Speicherung von Blut *(links)* findet bei geschlossener Aortenklappe eine Entdehnung und Entspeicherung bei gleichzeitiger Dehnung und Speicherung des nächsten Abschnitts *(Mitte)* statt. Diese Vorgänge setzen sich kontinuierlich im Gebiet aller elastischen Arterien fort *(rechts)*

(analog zu einer Schlauchwelle) mit einer bestimmten Geschwindigkeit über das arterielle Gefäßsystem aus. Tatsächlich laufen die Phänomene nicht — wie in Abb. 20-13 vereinfacht dargestellt — in aufeinanderfolgenden Schritten, sondern *kontinuierlich* ab, d.h. Speicherung und Entspeicherung und damit die Weiterbewegung des Blutes finden kontinuierlich und direkt nebeneinander statt.

Pulswellengeschwindigkeit. Die *Ausbreitungsgeschwindigkeit* der *Pulswelle* ist wegen der Impulsübertragung von Teilchen zu Teilchen wesentlich größer als die *Strömungsgeschwindigkeit* des Blutes. So erreicht die Pulswelle bereits nach 0,2 s die Arteriolen des Fußes, während die Flüssigkeitspartikel des Schlagvolumens, von denen diese Pulswelle ausgelöst wurde, bei einer systolischen Strömungsgeschwindigkeit von ca. 70 $\text{cm} \cdot \text{s}^{-1}$ nach dieser Zeit gerade erst in der Aorta descendens angekommen sind.

Die *Pulswellengeschwindigkeit* (PWG) hängt stark von der Dehnbarkeit sowie vom Verhältnis zwischen Wanddicke und Radius der Gefäße ab; sie ist um so größer, je starrer oder dicker die Gefäßwand und je kleiner der Radius ist. In der *Aorta* beträgt die PWG 4–6 $\text{m} \cdot \text{s}^{-1}$, in den weniger dehnbaren *Arterien vom musculären Typ,* wie z.B. der A. radialis, dagegen 8–12 $\text{m} \cdot \text{s}^{-1}$. In höherem Alter steigt sie infolge des Elastizitätsverlustes der Gefäße an. Die PWG nimmt bei erhöhtem Blutdruck aufgrund der eingeschränkten Dehnbarkeit infolge der stärkeren passiven Dehnung ebenfalls zu. In den stärker dehnbaren *Venen* ist die PWG sehr viel *niedriger;* sie liegt in der *V. cava* bei ca. 1 $\text{m} \cdot \text{s}^{-1}$ und in den großen Armvenen bei ca. 2 $\text{m} \cdot \text{s}^{-1}$. Messungen der Pulswellengeschwindigkeit liefern somit Informationen über die elastischen Eigenschaften der Gefäße, die nicht nur langsam im Verlauf des Lebens durch morphologische Änderungen (s.o.), sondern auch akut durch funktionelle (vasomotorische) Umstellungen bzw. durch Pharmaka beeinflußt werden können.

Wellenwiderstand und Reflexionen der Pulswelle. Die Formänderungen des Druckpulses einschließlich der Überhöhung der systolischen Gipfel in den peripheren Arterien beruhen auf verschiedenen, in ihrer Bedeutung teilweise noch nicht vollständig aufgeklärten Mechanismen. Als wichtigste Faktoren sind **1. Wellenreflexionen, 2. Dämpfungsvorgänge** und **3. unterschiedliche Ausbreitungsgeschwindigkeiten** der verschiedenen Frequenzen anzusehen.

In einem elastischen System werden die über die Gefäßwand laufenden Wellen an allen Stellen reflektiert, an denen der **Wellenwiderstand** (Z) zunimmt, der sich aus dem Verhältnis von *Wellendruck* ΔP zur *Wellenstromstärke* $\dot{V}$ einer Welle als

$$Z = \frac{\Delta P}{\dot{V}} (Pa \cdot s \cdot ml^{-1}) \qquad (19)$$

ergibt. Der Wellenwiderstand ist eine *Impedanz*, die sich in diesem Fall unter Vernachlässigung jeglicher Reibung aus dem Zusammenwirken der *Massenträgheit* der Flüssigkeit und der *Wandelastizität* ergibt und nicht mit einem Reibungswiderstand verwechselt werden darf.

Im arteriellen System treten durch Erhöhungen des Wellenwiderstandes an Gefäßabgängen sowie durch Abnahmen der Elastizität in den distalen Gefäßabschnitten bereits in der Aorta bzw. den großen Arterien **positive Reflexionen** auf. Die *stärksten Reflexionen* bilden sich jedoch in den *präcapillaren Widerstandsgefäßen* aus, die sich gegenüber der Pulswelle wie ein *geschlossenes Schlauchende* verhalten. Sie werden durch vasoconstrictorische Reaktionen verstärkt, durch vasodilatatorische Reaktionen dagegen abgeschwächt. Durch *Superposition* der reflektierten auf die rechtläufigen Wellen wird die *systolische Druckwelle* daher v.a. in den *peripheren* Gefäßen *überhöht*.

Die *reflektierten Wellen*, deren Amplitude allerdings bei Rückkehr zur Aortenklappe aufgrund von Energieverlusten durch Reibung auf 30–40% der primären Wellengröße abgesunken ist, werden von dort *erneut zurückgeworfen*, zugleich aber weiter gedämpft. In peripheren Gefäßen bildet sich dadurch eine deutliche *dikrote Erhebung* **(dikrote Welle)** im absteigenden Teil der Pulskurve aus (Abb. 20-11 und 20-14). Wegen der erheblichen Dämpfung ist es jedoch unwahrscheinlich, daß sich aus den reflektierten und re-reflektierten Wellen echte stehende Wellen im Arteriensystem ausbilden.

Die **Dämpfung** hängt u.a. vom Wandaufbau und der Geometrie des Gefäßsystems ab. Sie ist um so *größer*, je *dehnbarer* die Gefäßwände sind. Ebenso tritt eine *verstärkte Dämpfung* an Teilungsstellen und bei Abnahmen des Gefäßdurchmessers (besonders im Bereich der Widerstandsgefäße) auf. Höhere Frequenzen werden *stärker* als niedrigere gedämpft. Die bereits im unteren Ende der Aorta abdominalis erfolgte Aufhebung der Incisur (Abb. 20-9 und 20-14) stellt ein Beispiel dafür dar.

Die *Überhöhung* der *systolischen Gipfel* in peripheren Arterien wird außerdem noch dadurch gefördert, daß durch die geringere Gefäßdehnbarkeit bei höheren Drücken die systolische Komponente weiter verstärkt wird (s.o.). Durch die größere Pulswellengeschwindigkeit bei höheren Drücken nimmt außerdem die Steilheit des Druckanstiegs in peripheren Arterien zu (s. Abb. 20-9 und 20-14).

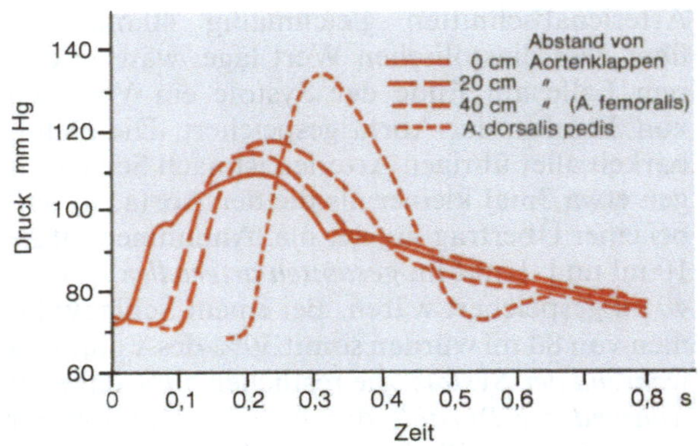

Abb. 20-14. Pulskurven in verschiedenen Abschnitten des Arteriensystems. Die Erhöhung des systolischen Drucks sowie die dikrote Welle sind besonders deutlich in der A. dorsalis pedis ausgeprägt, zugleich ist die bei der Ausbreitung der Pulskurven im Arteriensystem auftretende zeitliche Verzögerung zu erkennen. (Nach REMINGTON und WOOD, modifiziert von GUYTON [8])

Eine exakte Darstellung von nicht geometrischen Wellen wie den Strom- und Druckpulskurven ist durch eine *harmonische (Fourier-)Analyse* möglich, bei der die Kurven als Summe von zahlreichen Sinusschwingungen betrachtet werden, deren Frequenzen in einem ganzzahligen Verhältnis zur Grundschwingung stehen. In Abhängigkeit von der Zahl der berechneten Fourier-Reihen nimmt die Übereinstimmung zwischen registrierten und berechneten Kurven zu und wird mit 6–10 Fourier-Koeffizienten weitgehend erreicht. Auf diese Weise kann aus dem Verhältnis zwischen pulsierenden Druck- und Strömungsänderungen die **Impedanz des Gefäßsystems** (entsprechend der Bezeichnung bei Wechselströmen) für den gesamten Bereich der in Druck- und Stromkurven auftretenden Frequenzen ermittelt werden. Der übliche Begriff des *Strömungswiderstandes* (der nach dem Ohm-Gesetz für Gleichströme als Quotient aus *mittlerer Druckdifferenz* und *mittlerer Strömung* definiert ist) erfaßt demgegenüber lediglich *Teilfaktoren* der äußerst komplexen Impedanz und vermittelt nur ein grobes Bild über die tatsächlich vorliegenden Bedingungen im Gefäßsystem.

Beurteilung der Pulskurven

Pulsqualitäten. Durch einfache *Palpation der Pulswelle* in oberflächlich liegenden Arterien, z.B. der A. radialis etwas oberhalb des Handgelenkes, können bereits erste wichtige Informationen über den Funktionszustand des kardiovasculären Systems aus den sog. **Pulsqualitäten** gewonnen werden, die nach folgenden Kennzeichen unterteilt werden:

1. Frequenz (Pulsus frequens, Pulsus rarus). Bei der Beurteilung der Frequenz ist zu beachten, daß die Ruhewerte bei *Kindern höher* als bei Erwachsenen liegen. *Trainierte Menschen* weisen *niedrigere* Frequenzen als untrainierte Menschen auf. *Psychische Alterationen* und *körperliche Arbeit erhöhen* die Frequenz, die beim jugendlichen Erwachsenen während maximaler Belastung auf 200/min und darüber ansteigen kann.

2. Rhythmus (Pulsus regularis, Pulsus irregularis). Der Rhythmus kann *atemabhängige Schwankungen* aufweisen, wobei die Frequenz während der Inspiration zu- und während der Exspiration abnimmt. Diese *„respiratorische Arrhythmie"* ist physiologisch und wird bei vertiefter Atmung deutlicher; sie findet sich häufiger bei jüngeren oder „vegetativ labilen" Menschen. Die *exakte* Analyse anderer Arrhythmieformen (Extrasystolen, absolute Arrhythmie usw.) ist allerdings nur mit dem EKG möglich.

3. Größe (Pulsus magnus, Pulsus parvus). Die Größe des Pulses, d.h. die *Amplitude,* hängt im wesentlichen von der Größe des Schlagvolumens und der während der Diastole abfließenden Blutmenge ab. Sie wird ferner von der Elastizität des Windkessels beeinflußt; bei gleichem Schlagvolumen ist die Amplitude bei großer Dehnbarkeit klein und umgekehrt.

4. Steilheit (Pulsus celer, Pulsus tardus). Die Steilheit ergibt sich aus der Geschwindigkeit der Druckänderungen. Bei gleicher Herzfrequenz ist ein großer Puls zwangsläufig mit steileren (schnellenden) Druckänderungen, ein kleiner Puls dagegen mit flacheren (trägen) Druckänderungen verbunden.

5. Spannung (Pulsus durus, Pulsus mollis). Die Spannung (oder Härte) des Pulses wird im wesentlichen von der Höhe des mittleren arteriellen Drucks bestimmt. Je nach Höhe des Blutdrucks ist ein verschieden starker Druck auf das Gefäß erforderlich, um die Pulswelle in den distalen Gefäßabschnitten zu unterdrücken. Auf diese Weise kann der systolische Druck grob abgeschätzt werden.

Eine genauere Analyse der Pulskurven ist mit relativ einfach anzuwendenden Verfahren möglich. In der Praxis werden heute überwiegend auf die Haut aufzusetzende elektromechanische Wandler benutzt, von denen entweder die *Druckänderungen* als **Sphygmogramm** oder die *Volumenänderungen* als **Plethysmogramm** erfaßt werden.

Pathophysiologie. Aus der Form der Pulskurven lassen sich diagnostisch verwertbare Schlüsse auf die von der *Größe des Schlagvolumens*, der *Elastizität der Gefäße* und der *Größe des peripheren Widerstandes* abhängige *Hämodynamik* im arteriellen System ziehen. Einige Beispiele von Pulskurven der A. subclavia und der A. radialis sind in Abb. 20-15 zusammengefaßt. Unter *normalen Bedingungen* steigen die Pulskurven fast während der gesamten Systole an. Ähnliche Kurvenformen finden sich auch bei *erhöhtem peripheren Widerstand.* Bei *niedrigem peripheren Widerstand* tritt dagegen eine initiale Spitze mit einem anschließenden niedrigeren systolischen Gipfel auf, dem nach steilem Abfall ein flach verlaufender diastolischer Teil folgt. Bei *kleinem Schlagvolumen* (z.B. nach Blutverlusten) ist der systolische Anstieg klein, der Gipfel abgerundet und der diastolische Abfall flach. *Reduzierte Dehnbarkeit* der Aorta (z.B. bei Arteriosklerose) führt zu einem schnellen Anstieg mit hochliegender Incisur und kontinuierlichem diastolischen Abfall. Analog zu den hämodynamischen Veränderungen findet sich bei *Aortenstenosen* ein träger und flacher systolischer Anstieg, bei *Aorteninsuffizienz* ein steiler und hoher Anstieg und bei schweren Formen zusätzlich ein Verlust der Incisur. Bei synchron registrierten Pulskurven läßt sich aus dem zeitlichen Abstand zwischen den beiden Fußpunkten (in Abb. 20-15 durch gestrichelte Linien verbunden) die *Pulswellengeschwindigkeit* berechnen.

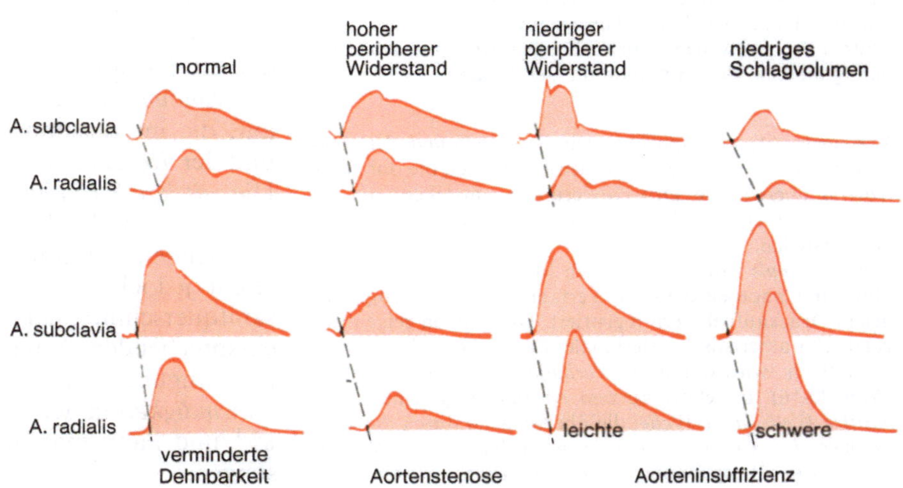

Abb. 20-15. Beispiele für Veränderungen der Pulswellenform und -amplitude in der A. subclavia und A. radialis bei kardiovasculären Störungen. Einzelheiten s. Text (Nach WIGGERS [26])

20.5 Venöses System des Körperkreislaufs

Drücke und Strömung im Venensystem

Drücke im Venensystem. In den *Venolen* tritt ein relativ starker Druckabfall von 15–20 mm Hg in Capillarnähe auf 10–15 mm Hg in den *kleinen Venen* auf. *In den großen extrathorakalen Venen* liegen Drücke von 5–6 mm Hg vor, die bis zur Einmündung der Venen in den rechten Vorhof noch weiter absinken (s. Abb. 20-10 und Tabelle 20-4).
In der *V. cava inferior* bestehen allerdings insofern *besondere* Bedingungen, als der Strömungswiderstand im Bereich des Durchtritts durch das Zwerchfell erhöht ist. Der Druck beträgt daher caudal vom Zwerchfell noch ca. 10 mm Hg und fällt beim Durchtritt der V. cava inferior durch das Zwerchfell *stufenförmig* auf etwa 4–5 mm Hg ab.
Der Druck im rechten Vorhof ist identisch mit dem **zentralen Venendruck.** Er beträgt ca. **2–4 mm Hg** und zeigt unter normalen Bedingungen größere *atem- und pulssynchrone* Schwankungen (s.S. 527ff.). Aufgrund des subatmosphärischen Drucks im Thorax von -4 bis -7 cm H_2O bleibt jedoch der *transmurale (effektive venöse) Füllungsdruck* auch dann noch *positiv,* wenn der intravasale Druck leicht negativ wird [3, 4, 19, 36].

In einzelnen Venenabschnitten besteht als Ausdruck eines *höheren* Strömungswiderstandes ein etwas *größeres Druckgefälle* als in vergleichbaren Arterienabschnitten, für das verschiedene Faktoren verantwortlich zu machen sind. So weist ein Teil der Venen unter normalen Bedingungen keinen kreisrunden Durchmesser, sondern wegen „unzureichender" Füllung einen mehr oder weniger *elliptischen Querschnitt* mit einem entsprechenden größeren Strömungswiderstand auf. Ebenso können die Venen durch von *außen* wirkende Drücke an einzelnen Punkten oder auch über verschieden lange Abschnitte *komprimiert* werden (z.B. beim Eintritt der Armvenen in den Thorax oder durch Abdominalorgane bzw. den intraabdominalen Druck).

Venenpuls. Als Venenpuls werden die *Druck- und Volumenschwankungen* in herznahen Venen bezeichnet, die durch *retrograd* übertragene Druckänderungen entstehen und im wesentlichen ein Abbild des Druckverlaufs im rechten Vorhof darstellen.
Der *Venenpuls* wird am liegenden Menschen und meist unblutig mit photoelektrischen Verfahren oder mit empfindlichen Druckaufnehmern registriert. Die Kurven zeigen folgende charakteristische Merkmale: Eine *erste positive Welle, die a-Welle,* wird durch die *Vorhofkontraktionen* ausgelöst (Abb. 20-16). In relativ kurzem Abstand folgt eine *zweite positive Welle, die c-Welle,* die überwiegend durch die *Vorwölbung der Atrioventricularklappe* in den rechten Vorhof während der Anspannungszeit des Ventrikels entsteht. Die

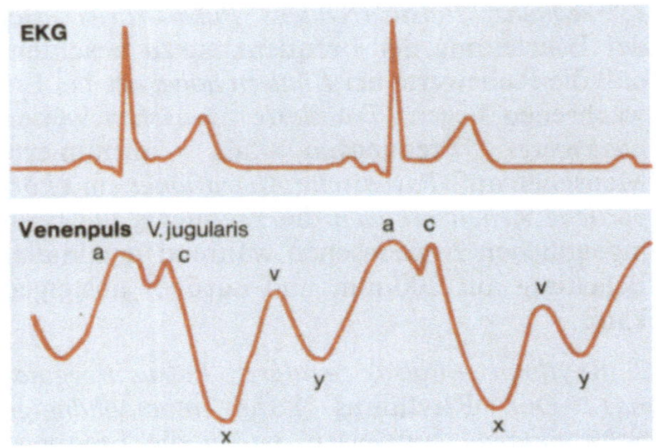

Abb. 20-16. Simultane Registrierung von EKG und Venenpuls in der V. jugularis. Einzelheiten s. Text

anschließende *starke Senkung* (x) wird durch die *Verschiebung der Ventilebene* des Herzens in Richtung zur Spitze während der Austreibungszeit ausgelöst (s.S. 528). Während der Entspannung des Ventrikels steigt wegen der anfangs noch geschlossenen Atrioventricularklappe der Druck zunächst relativ steil an, fällt aber nach Öffnung dieser Klappe infolge des damit verbundenen Bluteinstroms in den Ventrikel vorübergehend wieder ab, so daß eine *weitere positive Welle,* die *v-Welle,* mit nachfolgender *Senkung* (y) entsteht. Im weiteren Verlauf der Ventrikelfüllung steigt der Druck bis zur nächsten a-Welle an.
Veränderungen der *Venenpulskurven* können bei bestimmten Herzerkrankungen, z.B. bei Tricuspidalisinsuffizienz, wertvolle diagnostische Hinweise geben.

Strömungsgeschwindigkeit im Venensystem. In den *Venolen* und *terminalen Venen* liegt unter normalen Bedingungen eine *kontinuierliche* Strömung vor, da sich die arteriellen Pulsationen nur bei starker Dilatation der Widerstandsgefäße bis auf die venöse Seite fortpflanzen. In mittleren Venen treten jedoch wieder kleine Strömungs- und Druckschwankungen auf, die durch eine Übertragung der Pulsationen von parallel verlaufenden Arterien verursacht werden. In den *großen Venen* treten mit abnehmender Entfernung zum re. Vorhof zunehmende *Schwankungen* der Strömungsgeschwindigkeit auf, die im Zusammenhang mit der *Atmungs-* und der *Herztätigkeit* stehen (s.S. 527ff.).
Die *mittlere Strömungsgeschwindigkeit* nimmt in den Venolen und Venenästen aufgrund des abnehmenden Gesamtquerschnitts wieder zu, erreicht jedoch wegen des relativ größeren Gesamtquerschnitts der Venen nicht die Werte der entsprechenden Arterienabschnitte. Unter Ruhebedingungen liegt die *mittlere Strömungsgeschwindigkeit* in der *V. cava* zwischen 10–16 $cm \cdot s^{-1}$ und kann maximal bis auf 50 $cm \cdot s^{-1}$ ansteigen.

Zentraler Venendruck und venöser Rückstrom

Der *zentrale Venendruck* bestimmt zusammen mit dem *mittleren Füllungsdruck* (s.S. 516) und dem *Strömungswiderstand* in den Venen die *Größe des venösen Rückstroms* zum Herzen, der unter normalen Bedingungen ein entscheidender Faktor für die *Größe des Herzschlagvolumens* ist [3, 36].
Die Druckdifferenz zwischen *mittlerem Füllungsdruck* und *zentralem Venendruck* ist dabei als **Druckgradient für den venösen Rückstrom** besonders wichtig. Er beträgt unter normalen Bedingungen 2–4 mm Hg. Steigerungen des mittleren Füllungsdrucks durch Zunahmen des Blutvolumens bedeuten daher bei normaler Herzfunktion ein *größeres venöses Angebot* und umgekehrt. Der venöse Rückstrom wird zugleich durch größere Strömungswiderstände in den Venen erschwert, durch kleinere dagegen erleichtert.
Bei Differenzen zwischen venösem Rückstrom und rechtsventriculärem Herzzeitvolumen setzt *automatisch* ein gegenseitiger Ausgleich beider Größen ein. So wird bei plötzlichen Senkungen des zentralen Venendrucks einerseits der Druckgradient erhöht und dementsprechend der venöse Rückstrom größer, während andererseits das Herzschlagvolumen aufgrund der geringeren enddiastolischen Füllung des Herzens absinkt. Als Folge des verstärkten venösen Rückstroms bei reduziertem arteriellem Auswurf steigen anschließend Druck und Volumen im rechten Vorhof mit dem Ergebnis an, daß der venöse Rückstrom wieder kleiner wird, während das Schlagvolumen ansteigt. Plötzliche Steigerungen des zentralen Venendrucks lösen umgekehrte Effekte aus. Auf diese Weise wird ein gestörtes Gleichgewicht zwischen venösem Rückstrom und Herzzeitvolumen im Verlauf von 4–6 Herzschlägen wiederhergestellt.

Unter *pathologischen Bedingungen*, z.B. bei einem *Herzversagen* unter Beteiligung des rechten Herzens, kann der zentrale Venendruck bis auf 30 mm Hg ansteigen und damit Werte erreichen, die unter normalen Bedingungen in den Capillaren vorliegen. Das für die Blutströmung erforderliche Druckgefälle wird in diesen Fällen dadurch erhalten, daß der Druck in den peripheren Venen und Capillaren entsprechend ansteigt. Die *Größe des zentralen Venendrucks* wird somit nicht nur vom *venösen Angebot*, sondern auch wesentlich von der *Funktion des rechten Herzens* mitbestimmt.

Einfluß der Schwerkraft auf die Drücke im Gefäßsystem

Das *dreidimensional* angeordnete Gefäßsystem unterliegt im *Gravitationsfeld* der Erde **hydrostatischen Einflüssen,** durch die die vom Herzen erzeugten Drücke proportional zum Abstand in den *unter* Herzniveau liegenden Gefäßen *erhöht* und in den *über* Herzniveau liegenden Gefäßen *gesenkt* werden.
Beim *liegenden Menschen* sind die hydrostatischen Effekte wegen der geringen vertikalen Differenzen im Gefäßsystem relativ *klein* und können praktisch vernachlässigt werden.

Drücke bei Orthostase. Beim *stehenden Menschen*, d.h. bei *Orthostase*, betragen die *hydrostatischen* Drücke in den Gefäßen des Fußes rund 90 mm Hg (125 cm unter Herzniveau), so daß bei einem mittleren *arteriellen* Druck von 100 mm Hg in den Fußarterien ein Druck von rund 190 mm Hg besteht (Abb. 20-17). In den Arterien des Schädels (ca. 40 cm über Herzniveau) wird der arterielle Druck dagegen um rund 30 mm Hg auf 70 mm Hg reduziert.
In den Venen treten *entsprechende hydrostatisch* bedingte Druckänderungen auf. Dadurch bleibt einerseits der *Druckgradient* zwischen Arterien und Venen als *treibende Kraft* für die Blutströmung *unverändert*, andererseits sind jedoch erhebliche Steigerungen des *transmuralen Drucks* vorhanden, die sich v.a. auf den *Dehnungszustand* und damit auf die *Kapazität* der relativ

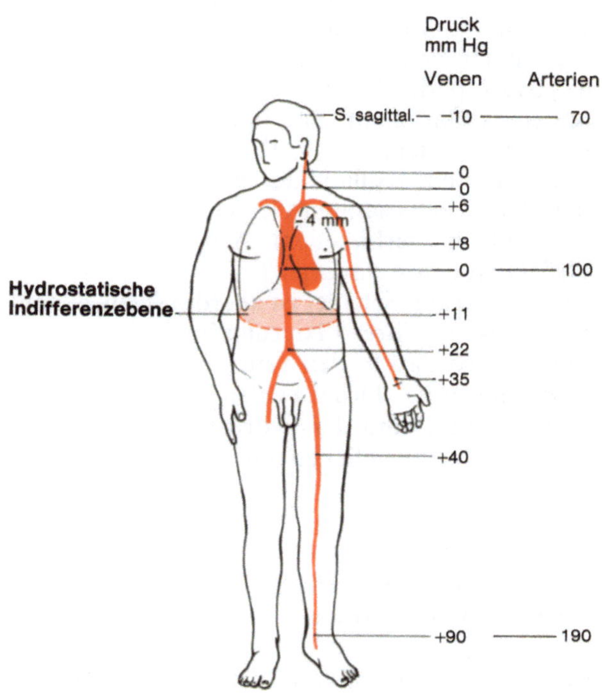

Abb. 20-17. Einfluß des hydrostatischen Drucks auf die venösen und arteriellen Drücke beim ruhig stehenden Menschen. (Modifiziert nach GUYTON [8])

dünnwandigen Venen auswirken. Aus diesem Grunde „versacken" beim Übergang vom Liegen zum Stehen 400–600 ml Blut in den Beinvenen, die aus anderen Gefäßgebieten entnommen werden, d.h. es treten relativ große *Verlagerungen des Blutvolumens* mit erheblichen Rückwirkungen auf die allgemeine Kreislauffunktion auf (s.S. 556ff.).

Hydrostatische Indifferenzebene. Die unterschiedliche Größe der hydrostatischen Drücke in den verschiedenen Abschnitten des Gefäßsystems, ebenso aber auch die unterschiedlichen elastischen Eigenschaften der Gefäße schränken die Annahme ein, das Herz in allen Fällen als Bezugspunkt für die Druckgradienten im Gefäßsystem anzusehen und ausschließlich von linearen Beziehungen zwischen hydrostatischen und arteriellen bzw. venösen Drücken auszugehen.

Druckmessungen im Hauptvenenstamm des Menschen zeigen vielmehr, daß die **hydrostatische Indifferenzebene,** d.h. die *Ebene im Gefäßsystem, in der sich der Druck bei Lagewechsel nicht ändert,* etwa 5–10 cm unterhalb des Zwerchfells liegt. Im Thoraxraum sowie in allen übrigen oberhalb dieser Ebene liegenden Gefäßen ist der Druck daher im Stehen niedriger als im Liegen. In Höhe des rechten Vorhofs ist der Venendruck im Stehen etwa Null, d.h. gleich dem Atmosphärendruck. Der subatmosphärische intrathorakale Druck wirkt dabei dem theoretisch zu erwartenden Venenkollaps entgegen, so daß die V. cava superior bis etwas unterhalb des Schlüsselbeins offen bleibt. Erst in den darüberliegenden Abschnitten, v.a. im Hals- und Gesichtsbereich, tritt ein Kollaps der Venen ein, bei dem der Druck im gesamten Gebiet Null wird. Gleiches gilt bei erhobenem Arm auch für die Drücke in den Armvenen.

Im knöchernen Schädel ist allerdings ein Venenkollaps wegen ihrer Fixierung im Gewebe nicht möglich, so daß in den venösen Sinus des Gehirns „negative" Drücke entstehen, die im Sinus sagittalis aufgrund der hydrostatischen Druckdifferenz zwischen Scheitel und Schädelbasis ca. 10 mm Hg betragen.

Mechanismen zur Förderung des venösen Rückstroms

Eine Unterstützung bzw. Verbesserung des venösen Rückstroms, der nicht nur von hydrostatischen Effekten auf die Gefäße unterhalb der hydrostatischen Indifferenzebene bei Orthostase, sondern auch von zahlreichen anderen Faktoren (wie z.B. Muskelarbeit, thermische Belastungen) in unterschiedlicher Form beeinflußt wird, erfolgt im wesentlichen durch: 1. die sog. *Muskelvenenpumpe,* 2. die *Saug-Druck-Pumpeneffekte der Atmung* und 3. den *Ventilebenenmechanismus* des Herzens.

Muskelvenenpumpe. Die Funktion der Muskelvenenpumpe beruht darauf, daß die *Venen* in Zusammenhang mit Kontraktionen der umgebenden Skeletmuskulatur *komprimiert* werden, so daß das darin befindliche Blutvolumen *orthograd* in Richtung zum Herzen verdrängt wird, da die intakten Venenklappen aufgrund ihrer Ventilwirkung eine retrograde Blutbewegung verhindern. Jede Muskelkontraktion *unterstützt* daher die normale *Strömung* und *reduziert die Blutfüllung* der Venen in der Muskulatur.

Diese Effekte sind in den verstärkt gefüllten Beinvenen bei aufrechter Körperhaltung besonders wichtig. Zu Beginn jeder Muskelkontraktion treten dabei deutliche *Beschleunigungen* der infolge der Querschnittsvergrößerung verlangsamten Strömungsgeschwindigkeit auf. Der *Druck* in den Fußvenen, der beim ruhigen Stehen praktisch dem hydrostatischen Druck von ca. 90 mm Hg entspricht, sinkt in den durch die Muskelkontraktionen entleerten Venen auf 20–30 mm Hg ab (Abb. 20-18). Parallel zur Abnahme des Venendrucks nimmt die beim ruhigen Stehen auf ein höheres Niveau verschobene,

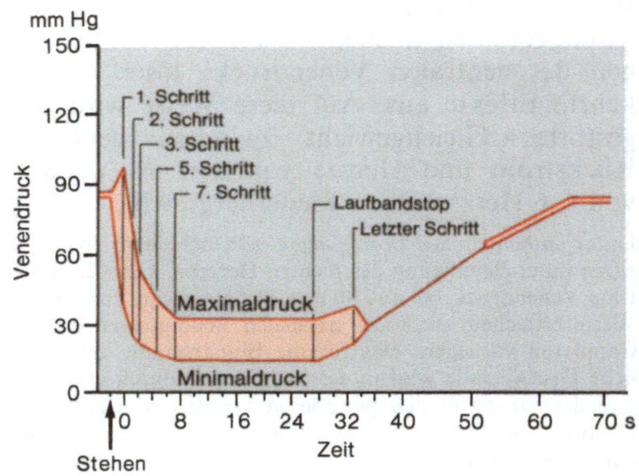

Abb. 20-18. Veränderungen des Drucks in einer Fußrückenvene beim Gehen (auf einem Laufband). Der beim ruhig stehenden Menschen durch hydrostatische Effekte erhöhte Venendruck wird durch Aktivierung der Muskelvenenpumpe beim Gehen reduziert. Nach einigen Schritten stellt sich der Venendruck auf ein deutlich niedrigeres Niveau ein, das für die Dauer des Gehens erhalten bleibt. Beim anschließenden Stehen steigt der Venendruck wieder auf das Ausgangsniveau an. (Nach POLLACK und WOOD [48])

sonst aber unveränderte *arteriovenöse Druckdifferenz* erheblich zu, so daß die Durchblutung der betroffenen Gefäßgebiete erhöht wird. Darüberhinaus wird durch die Abnahme des Venendrucks der *capilläre Filtrationsdruck* reduziert (Einzelheiten s.S. 531) und somit die Gefahr einer Ödembildung vermindert [56]. Der nachfolgende Wiederanstieg des Drucks beruht bei intakten Venenklappen auf einer orthograden über die Capillaren erfolgenden Füllung der Venen und nicht auf einem venösen Reflux.

Bei einer Insuffizienz der Venenklappen, die z.B. durch Entzündungen oder durch Venenerweiterungen in Form einer Varicosis (Krampfadern) entstehen kann, ist die Funktion der Muskelvenenpumpe je nach Art und Stärke der Erkrankung mehr oder weniger gestört. Durch die Abschwächung bzw. den Ausfall der drucksenkenden Wirkungen im Stehen kommt es zu fortschreitenden Venenerweiterungen, zunehmenden Flüssigkeitsansammlungen (Oedemen) in den Beinen und zu Versorgungsstörungen, die in schweren Fällen sogar Gewebedefekte (Ulcus cruris bzw. das sog. offene Bein) verursachen können. In Verbindung mit der verlangsamten Strömung treten außerdem häufig in einzelnen Venenabschnitten intravasale Blutgerinnungen in Form von Thrombosen auf. Bei Tätigkeiten im Stehen mit relativ seltener Aktivierung der Muskelvenenpumpe (z.B. Verkaufspersonal) sind die o.g. Beinvenenerkrankungen wesentlich häufiger als bei solchen, die eine ständige Aktivierung erfordern (z.B. Postzusteller).

Saug-Druck-Pumpeneffekte der Atmung. Im Verlauf der Inspiration steigt durch den zunehmenden negativen intrathorakalen Druck auch der transmurale Druck in den intrathorakalen Gefäßen an. Die damit verbundene Gefäßdehnung führt sowohl zu *Abnahmen des Strömungswiderstandes* als auch durch den gleichzeitigen Abfall des intravasalen Drucks zu *Saugwirkungen* auf das Blut in den angrenzenden Gefäßen. Diese *inspiratorische Förderung* des venösen Rückflusses ist v.a. im Bereich der *V. cava superior* wirksam (Abb. 20-19). Andererseits nimmt infolge der Senkung des Zwerchfells während der Inspiration der *intraabdominelle Druck* mit dem Ergebnis zu, daß die transmuralen Drücke und damit die Querschnitte der Abdominalgefäße abnehmen, d.h. ihre *Kapazität* wird kleiner. Das steilere Druckgefälle zwischen intraabdominellen und intrathorakalen Venen erleichtert dabei den *venösen Einstrom* von Blut aus dem Bereich des Abdomens in den Thorax, während ein retrograder Fluß in die unteren Extremitäten durch die Venenklappen verhindert wird. Im Gegensatz dazu wird während der *Exspiration* das Druckgefälle flacher und die venöse Strömung aus dem Abdomen in den Thorax erschwert. Die Saug-Druck-Pumpeneffekte auf die venöse Strömung sind v.a. bei gesteigerter Atmung, wie z.B. bei Muskelarbeit, beachtlich.

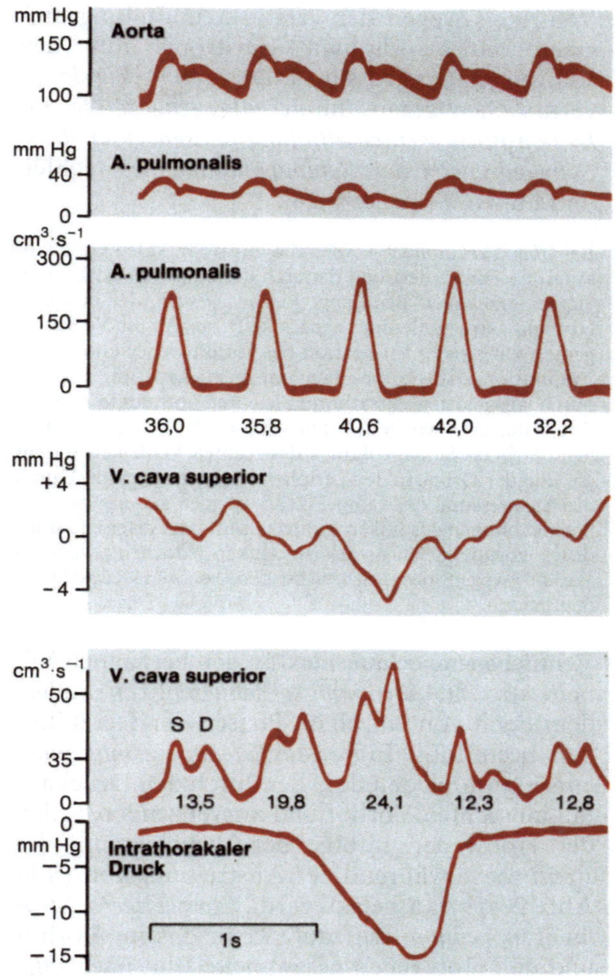

Abb. 20-19. Gleichzeitige Registrierung des Drucks in der Aorta, A. pulmonalis, V. cava superior und des intrathorakalen Drucks sowie der Stromstärke in der A. pulmonalis und der V. cava superior am Hund mit geschlossenem Thorax. Bei einer spontanen tiefen Inspiration nimmt der Druck in der V. cava superior ab und die Stromstärke in der V. cava superior sowie in der A. pulmonalis vorübergehend zu. Außerdem sind in der V. cava superior Strömungsgipfel infolge der systolischen Verschiebung der Ventilebene des Herzens (*S*) und während der frühen diastolischen Ventrikelfüllung (*D*) zu erkennen. (Nach Brecher [3])

Als Folge der stärkeren Füllung des rechten Herzens während der Inspiration steigt das Schlagvolumen des *rechten Ventrikels* nach dem Frank-Starling-Mechanismus (s.S. 495f.) an. Gleichzeitig nimmt aber aufgrund der Dehnung der Lungen die Kapazität der Lungengefäße zu, so daß der *venöse Rückfluß* zum *linken Herzen* und damit das Schlagvolumen des *linken Ventrikels* absinken. Während der Exspiration nimmt umgekehrt infolge der geringeren Füllung des *rechten Herzens* das Schlagvolumen des rechten Ventrikels ab, das Schlagvolumen des linken

Ventrikels wegen der verstärkten Füllung aufgrund eines erhöhten Einstroms aus den Lungengefäßen jedoch zu. Die *Atemexkursionen* verursachen somit durch *entgegengesetzte Effekte* auf die *Ventrikelfüllung phasenverschobene Schwankungen der Schlagvolumina* des rechten und linken Ventrikels [28].

Bei *Überdruckatmung* werden die intrathorakalen Gefäßabschnitte komprimiert und dadurch der *venöse Rückfluß* zum Herzen *erschwert*. Beim sog. *Valsavaversuch*, der in dieser Hinsicht extreme Bedingungen schafft, spannt die Versuchsperson nach tiefer Inspiration bei geschlossener Glottis die Exspirations- sowie die Bauchmuskeln stark an. Die dadurch ausgelösten intrathorakalen und intraabdominellen Drucksteigerungen heben den venösen Rückstrom weitgehend auf, das Schlagvolumen des rechten Ventrikels nimmt ab, und der Druck in den peripheren Venen steigt an. Durch die Auspressung der Lungengefäße steigen andererseits das Schlagvolumen des linken Ventrikels und der arterielle Blutdruck vorübergehend stark an, sinken jedoch im weiteren Verlauf wegen des unzureichenden venösen Rückflusses deutlich ab.

Ventilebenenmechanismus. In den herznahen Venen wird die *Strömungsgeschwindigkeit* außerdem noch von einzelnen Phasen der Herztätigkeit beeinflußt. Ein *erstes Strömungsmaximum* entsteht durch den Sog, der durch den Druckabfall im rechten Vorhof und angrenzenden Teilen der Hohlvenen infolge der Verschiebung der *Ventilebene* während der Austreibungszeit (S in Abb. 20-19) ausgelöst wird. Ein *weiteres Strömungsmaximum* tritt auf, wenn das im Vorhof und den Hohlvenen gesammelte Blut nach *Öffnung der Atrioventricularklappe* in den entspannten Ventrikel strömt (D in Abb. 20-19). Die beiden Strömungsgipfel S und D entsprechen den x- bzw. y-Senkungen im Venenpuls (s. dazu auch Abb. 20-16).

20.6 Mikrozirkulation

Die terminale Strombahn

In den *Capillaren* erfolgen die *Austauschvorgänge* zwischen *Blut* und *interstitieller Flüssigkeit*. Sie sind der funktionell *wichtigste* Teil des Kreislaufs. Neben den Capillaren sind auch die *Venolen* an Austauschvorgängen beteiligt. Die Regulation der capillären Perfusion erfolgt sowohl durch die vorgeschalteten *Arteriolen* und *Metarteriolen* als auch durch die *Venolen*, so daß das Gefäßnetz zwischen Arteriolen und Venolen, die sog. *terminale Strombahn (Mikrozirkulation)*, als funktionelle Einheit angesehen werden muß. Wichtige Voraussetzungen für die verschiedenen *Austauschvorgänge* werden dadurch erfüllt, daß das Blut in den Capillaren relativ *lange Kontaktzeiten* mit einer *sehr großen Oberfläche* hat [6, 11, 17, 25, 38].

Größe der capillären Austauschfläche. Grobe Anhaltspunkte für die Größe des Querschnitts und der Oberfläche geben folgende Überschlagsrechnungen. Für die Capillaren kann ein *mittlerer* durchschnittlicher Radius von 3 µm und eine mittlere durchschnittliche Länge von 750 µm angenommen werden. Der *Querschnitt* ($\pi \cdot r^2$) einer Capillare beträgt somit rund *30 µm²* und die *Oberfläche* ($\pi \cdot 2r \cdot l$) *rund 14000 µm²*. Unter Einbeziehung der an Austauschvorgängen beteiligten Venolenoberfläche liegt schätzungsweise eine **effektive Austauschfläche** von ca. **22000 µm²** vor.

Bei einer mittleren Strömungsgeschwindigkeit von ca. 210 $mm \cdot s^{-1}$ in der Aorta und von ca. 0,3 $mm \cdot s^{-1}$ in den Capillaren (s.S. 518), d.h. bei einem Verhältnis der Strömungsgeschwindigkeit von 210/0,3, muß bei einem Aortenquerschnitt von 4 cm^2 nach dem Kontinuitätsgesetz (3) der *Querschnitt aller durchströmten Capillaren* 2800 oder *rund 3000 cm²* betragen. Da unter Ruhebedingungen jedoch nur etwa 25–35% der vorhandenen Capillaren durchblutet werden, dürfte der **Querschnitt aller Capillaren** im Körpergefäßsystem bei rund **11000 cm²** liegen [6, 11].

Zahl der Capillaren. Aus den o.a. Daten ergibt sich, daß beim Menschen die **Gesamtzahl der Capillaren** etwa *40 Milliarden* und die gesamte **effektive Austauschfläche** einschließlich der Venolen rund **1000 m²** betragen dürfte. Bei gleichmäßiger Verteilung der Capillaren innerhalb des Körpers würden somit 600 Capillaren auf 1 mm^3 Gewebe bzw. 1,5 m^2 Capillaroberfläche auf 100 g Gewebe entfallen.

Die Zahl der Capillaren in den einzelnen Organkreisläufen ist allerdings recht *unterschiedlich;* sie beträgt z.B. in Myokard, Gehirn, Leber, Nieren 2500–3000 mm^{-3}, in „phasischen" Einheiten des Skeletmuskels 300–400 mm^{-3} und in „tonischen" Einheiten nur 100 mm^{-3}. Knochen, Fett und Bindegewebe haben ebenfalls nur eine relativ geringe Capillardichte. Unabhängig davon weist das Verhältnis zwischen *durchbluteten und nichtdurchbluteten Capillaren* unter Ruhebedingungen *erhebliche* Differenzen auf. Im Zusammenhang mit der jeweiligen Capillardichte nimmt daher bei maximaler Vasodilatation die Größe der Austauschflächen in den verschiedenen Organkreisläufen sehr unterschied-

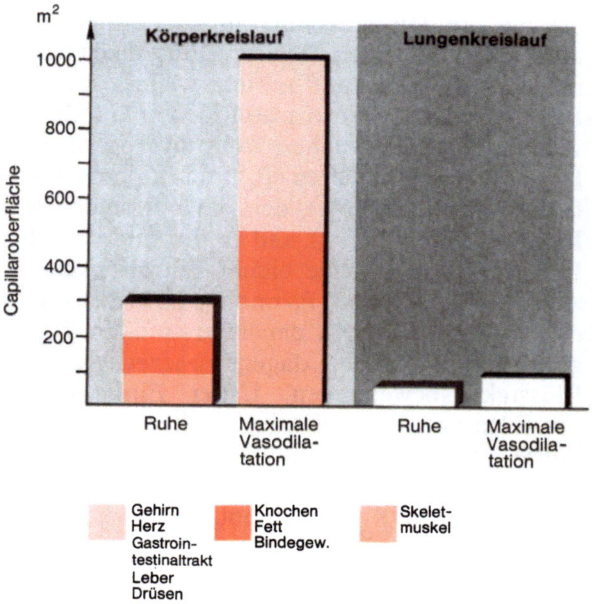

Abb. 20-20. Größe der Capillaroberfläche in den einzelnen Organkreisläufen sowie im Lungenkreislauf unter Ruhebedingungen sowie bei maximaler Vasodilatation. (Nach FOLKOW und NEIL [6])

lich zu. Die Zunahme der „aktiven", d.h. der durchströmten Capillaren ist insofern wichtig, als dadurch die *Diffusionsstrecke zu den Zellen verkürzt* und damit die Versorgung der Gewebe verbessert wird. In Abb. 20-20 sind diese Relationen zusammengefaßt, wobei allerdings zu berücksichtigen ist, daß die Werte — wie auch die o.a. anderen Zahlen — nur eine relativ grobe Übersicht vermitteln können.

Aufbau der terminalen Strombahn. In den meisten Fällen stellen die „echten" Capillaren *keine direkten* Verbindungen zwischen Arteriolen und Venolen her (Abb. 20-21). Sie entspringen vielmehr oft rechtwinklig aus den **Metarteriolen,** die als sog. *Hauptstrombahn* (preferential channels) von proximal nach distal abnehmend glatte Muskelfasern aufweisen und in die nicht kontraktilen Venolen übergehen. Am *Abgang der Capillaren* aus den Metarteriolen befinden sich glatte Muskelfasern in Form der sog. **präcapillären Sphinctere;** darüber hinaus besitzen die Capillaren *keine kontraktilen Elemente*. Der Kontraktionszustand der *präcapillären Sphinctere* bestimmt den Anteil des *Blutstromes* durch die *echten Capillaren,* während die *Gesamtstromstärke* in Metarteriolen und Capillaren durch den Kontraktionszustand der glatten Muskelfasern der *Arteriolen* eingestellt wird.

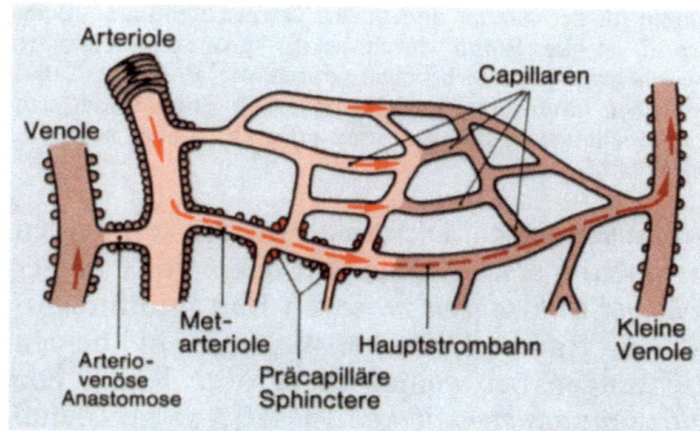

Abb. 20-21. Schematische Darstellung der terminalen Strombahn. Als Hauptstrombahn werden die Metarteriolen bezeichnet, die von den Arteriolen abzweigen und einen etwas größeren Durchmesser als die Capillaren haben. Glatte Muskelfasern (*Halbkreise* an der Gefäßwand) finden sich noch im Anfangsteil der Metarteriolen sowie als präcapilläre Sphinctere am Abgang der Capillaren aus den Metarteriolen. Auch die arteriovenösen Anastomosen (avA) weisen glatte Muskelfasern auf

Das Verhältnis zwischen *Metarteriolen und echten Capillaren* variiert in den verschiedenen Organkreisläufen. Es beträgt im Skeletmuskel mit seinem stark wechselnden Stoffwechsel 1:8 bis 1:10 und im Mesenterialtrakt mit relativ weniger wechselnden Stoffwechselvorgängen etwa 1:2 bis 1:3. Im Nagelbett des Menschen sind die Capillaren dagegen direkte Ausläufer der Metarteriolen, so daß sich ein Verhältnis 1:1 ergibt.

Als Besonderheit der terminalen Strombahn sind die **arteriovenösen Anastomosen (avA)** anzusehen (s. Abb. 20-21), die *direkte* Verbindungen zwischen kleinen Arterien und kleinen Venen bzw. Arteriolen und Venolen herstellen. Ihre Wände weisen zahlreiche Muskelfasern auf. Arteriovenöse Anastomosen finden sich in vielen Geweben; sie sind besonders häufig im Bereich der acralen Hautareale (Finger, Zehen, Ohrläppchen) und erfüllen dort thermoregulatorische Funktionen (s.S. 670).

Austausch von Stoffen und Flüssigkeit

Ultrastruktur der Capillarwände. Nach der Ultrastruktur lassen sich 3 Capillartypen unterscheiden: 1. Capillaren mit *durchgehender Membran,* 2. Capillaren mit *fenestrierter* und 3. Capillaren mit *diskontinuierlicher Membran.*

Beim Typ 1 besteht die Membran aus einer kontinuierlichen Schicht von Endothelzellen, die von zahlreichen 4–5 nm weiten Poren durchbrochen ist. Diese Form ist weit verbreitet und findet sich in der quergestreiften und glatten Muskulatur, im Fett- und Bindegewebe sowie im Lungenkreislauf. Beim *Typ 2* weisen die Capillaren bis zu 0,1 μm weite intracelluläre Fenestrationen auf, die häufig durch eine sehr dünne Membran verschlossen sind. Sie finden sich in den

Glomeruli der Nieren und in der Darmschleimhaut. Beim *Typ 3* ist die Wand durch relativ große intercelluläre Zwischenräume unterbrochen, durch die Flüssigkeit und Blutzellen hindurchtreten können. Diese Form findet sich im Knochenmark, in den Sinusoiden der Leber sowie in der Milz.

Austausch durch Diffusion. In der terminalen Strombahn spielen beim *Austausch* von *Flüssigkeit und Substanzen* zwischen Blut und interstitiellem Raum **Diffusionsvorgänge** in beiden Richtungen bei weitem die größte Rolle. Die *Diffusionsgeschwindigkeit* ist dabei so groß, daß während einer Capillarpassage das Wasser im Plasma 40mal mit dem Wasser im Interstitium ausgetauscht wird, so daß eine kontinuierliche Mischung zwischen Plasmawasser und interstitieller Flüssigkeit erfolgt. Die Zahl der auswärts und einwärts diffundierenden Moleküle ist weitgehend gleich, so daß das Plasmavolumen in der Capillare praktisch konstant bleibt. Für die gesamte Capillaroberfläche des Körpers liegt die *Diffusionsquote* bei etwa *60 l/min* bzw. *rund 85000 l/24 h.*

Wasserlösliche Substanzen, wie Na^+, Cl^-, Glucose u.a., diffundieren ausschließlich durch die *wassergefüllten Poren.* Die Permeabilität für diese Stoffe hängt vom Verhältnis zwischen Poren- und Molekülgröße ab, d.h. kleine Moleküle wie H_2O oder NaCl diffundieren leichter als große Moleküle wie Glucose oder Albumine. Die relative Permeabilität im Verhältnis zum Wasser = 1,0 beträgt für Glucose 0,6 und für Albuminmoleküle < 0,0001. Die weitgehende Impermeabilität der Capillarmembran für Albumin bewirkt, daß ein deutlicher und funktionell wichtiger Unterschied im Proteingehalt von Plasma und interstitieller Flüssigkeit entsteht (s.u.).

Große Moleküle, die durch den „Siebeffekt" der Poren zurückgehalten werden, können die Capillarwand durch *Pinocytose* passieren, d.h. durch Invagination der Zellmembran mit Vacuolenbildung und „umgekehrter Pinocytose" (Emeiocytose) auf der anderen Seite der Zellmembran.

Lipidlösliche Substanzen, wie Alkohol, aber auch O_2 und CO_2, können dagegen frei *diffundieren.* Da die Diffusion im Bereich der gesamten Capillarmembran stattfindet, sind die *Transportraten* für lipidlösliche Substanzen *sehr viel größer* als für wasserlösliche Substanzen [11, 17, 30].

Austausch durch Filtration. Ein weiterer Austauschmechanismus zwischen intravasculärem und interstitiellem Raum besteht in **Filtrations- und Reabsorptionsvorgängen.** Unter normalen Bedingungen liegt nach der klassischen *Theorie von Starling* weitgehend ein **Fließgleichgewicht** zwischen den Flüssigkeitsmengen vor, die in den *arteriellen Abschnitten* der Capillaren *filtriert* und in den *venösen Abschnitten reabsorbiert* sowie über die *Lymphgefäße abtransportiert* werden [11, 17, 25, 38, 40].

Bei *Störungen* dieses Gleichgewichtes treten (relativ schnelle) *Volumenverschiebungen* zwischen *intravasculärem* und *interstitiellem Raum* auf, die u.a. im Hinblick auf die Bedeutung eines ausreichenden intravasalen Flüssigkeitsvolumens für die Kreislauffunktion wichtig sind.

Filtration und Reabsorption in den Capillaren werden im wesentlichen vom **hydrostatischen Druck** in den **Capillaren** (P_c) und in der **interstitiellen Flüssigkeit** (P_{IF}), dem **kolloidosmotischen Druck** im **Plasma** (π_C) und in der **interstitiellen Flüssigkeit** (π_{IF}) sowie einem **Filtrationskoeffizienten** (K) bestimmt. P_C und π_{IF} bewirken dabei *aus den Capillaren* in den interstitiellen Raum *gerichtete,* π_C und P_{IF} dagegen *entgegengesetzte* Flüssigkeitsbewegungen. Unter Einbeziehung des Filtrationskoeffizienten K, der die Permeabilität der Capillarwand für isotone Lösungen in ml Flüssigkeit pro mm Hg Druck in 100 g Gewebe bei 37° C/min angibt, läßt sich das filtrierte Volumen ($\dot{V}$)/min aus

$$\dot{V} = (P_C + \pi_{IF} - P_{IF} - \pi_C) \cdot K \qquad (20)$$

berechnen. $\dot{V}$ ist bei *Filtration positiv,* bei *Reabsorption* dagegen *negativ.*

Bei Punktion einzelner Capillaren werden hydrostatische Drücke von *30–35 mm Hg am Anfang und von 13–17 mm Hg am Ende* gemessen, so daß sich ein **mittlerer Druck** von etwa **23–24 mm Hg** ergibt. In größeren Capillargebieten ist der *funktionelle* mittlere Capillardruck wegen rhythmischer Änderungen des Strömungswiderstandes in den präcapillären Gefäßen aufgrund der *Vasomotion* (s.S. 536) wahrscheinlich etwas *niedriger.*

Direkte Messungen des *interstitiellen Flüssigkeitsdrucks* sind unmöglich, da die interstitiellen Spalten maximal nur 1 µm weit sind. Die methodisch unbefriedigenden indirekten Bestimmungen des interstitiellen Drucks ergeben Werte zwischen +10 mm Hg und −9 mm Hg, wobei Werte um Null bzw. leicht positive Drücke von ca. **3 mm Hg** meist als normal angesehen werden.

Dabei ist bemerkenswert, daß sich unabhängig von der umstrittenen Frage der Absolutwerte das interstitielle Flüssigkeitsvolumen bei Druckänderungen im Bereich *normaler Drücke* nur wenig ändert, oder anders ausgedrückt, *die Weitbarkeit des interstitiellen Raumes* ($\Delta V/\Delta P$) *gering* ist. Mit zunehmenden interstitiellen Drücken wird jedoch relativ abrupt ein Wert überschritten, von dem ab die Weitbarkeit deutlich größer wird, so daß das interstitielle Flüssigkeitsvolumen stark zunimmt und eine *Ödembildung,* d.h. eine abnorme Vermehrung der interstitiellen Flüssigkeit einsetzt. Ödeme sind gewöhnlich erst zu bemerken, wenn das interstitielle Volumen den Normalwert um etwa 30% überschritten hat.

Der *kolloidosmotische Druck des Plasmas* beträgt etwa **25 mm Hg** und wird durch einen Plasmaproteingehalt von ca. 73 g/l hervorgerufen. Die Capillarwände sind im Gegensatz zu älteren Vorstellungen nicht völlig undurchlässig für Eiweiß. Je nach Ultrastruktur der Capillaren (s.o.) treten vielmehr in den einzelnen Organkreisläufen wechselnde Eiweißmengen in die interstitielle Flüssigkeit über, die über die Lymphgefäße abtransportiert werden. Die durchschnittliche *Eiweißkonzentration* stellt dabei einen *Indikator* für die unterschiedliche *Capillarpermeabilität* dar; sie beträgt in der Lymphflüssigkeit der Leber 60 g/l, des Intestinaltraktes 30–40 g/l, der Haut 10 g/l und der Muskulatur 20 g/l.

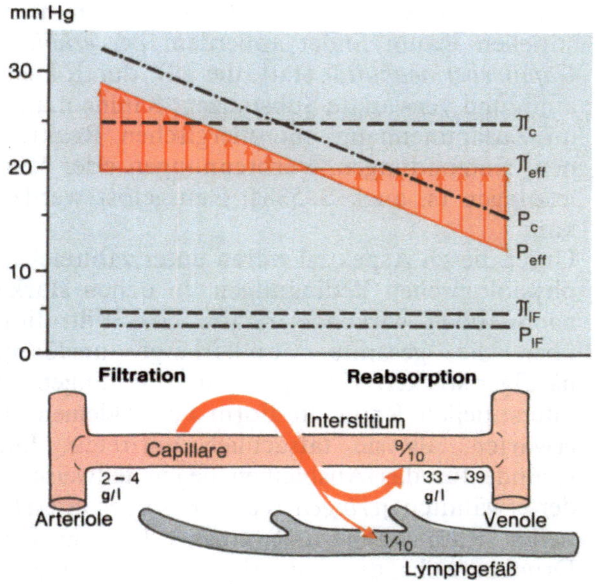

Abb. 20-22. Schematische Darstellung der Flüssigkeitsbewegungen zwischen Blutcapillare und interstitiellem Raum in der Muskulatur P_c = capillärer Druck, P_{IF} = Druck im interstitiellen Raum, π_c = capillärer kolloidosmotischer Druck, π_{IF} = kolloidosmotischer Druck im interstitiellen Raum, P_{eff} = effektiver transmuraler Filtrationsdruck, π_{eff} = effektiver kolloidosmotischer Druck. π_c und π_{IF} sind vereinfachend über die gesamte Capillarlänge als konstant angenommen. Der *untere* Teil zeigt die vom arteriellen zum venösen Ende zunehmende durchschnittliche Eiweißkonzentration sowie den Anteil an capillärer Reabsorption und Transport von interstitieller Flüssigkeit durch die Lymphgefäße unter normalen Bedingungen

In der einzelnen Capillare steigt die *Eiweißpermeabilität* vom *arteriellen* zum *venösen* Ende an, da sowohl die Oberfläche als auch die Zahl der großen Poren in den venösen Abschnitten zunehmen. So beträgt z.B. die indirekt bestimmte Eiweißkonzentration der interstitiellen Flüssigkeit des Skeletmuskels im *arteriellen* Abschnitt etwa 3 g/l und im *venösen* Abschnitt knapp 40 g/l. Als *mittlere Eiweißkonzentration* der *interstitiellen Flüssigkeit* im gesamten Organismus können 18–20 g/l mit einem *kolloidosmotischen Druck* von etwa **5 mm Hg** angesehen werden (Abb. 20-22).

Flüssigkeitsgleichgewicht zwischen intra- und extravasalem Raum. Für die *Flüssigkeitsbewegungen* zwischen *Capillaren* und *interstitiellem Raum* ergibt sich aus den oben genannten Werten grob vereinfacht folgende *Bilanz*.

Am *arteriellen Capillarende* liegt ein nach *außen* gerichteter Druck von ca. *37,5 mm Hg* (P_C = 32,5 mm Hg + π_{IF} = 5 mm Hg) vor, dem ein nach *innen* gerichteter Druck von ca. *28 mm Hg* (π_C = 25 mm Hg + P_{IF} = 3 mm Hg) gegenübersteht. Der **effektive Filtrationsdruck** beträgt somit **9,5 mm Hg** (Abb. 20-22).

Am *venösen Capillarende* besteht dagegen nur ein nach *außen* gerichteter Druck von *20 mm Hg* (P_C = 15 mm Hg + π_{IF} = 5 mm Hg) und ein unveränderter nach *innen* gerichteter Druck von *28 mm Hg*, so daß sich ein **effektiver Reabsorptionsdruck** von **8 mm Hg** ergibt.

Unter der weiter vereinfachenden Annahme eines *linearen* Druckabfalls sowie einer Konstanz der übrigen Faktoren liegt daher unter normalen Bedingungen über die Gesamtlänge einer Capillare ein nach *außen* gerichteter *mittlerer Filtrationsdruck* von 28,5 mm Hg (P_C = 23,5 mm Hg + π_{IF} = 5 mm Hg) und ein nach *innen* gerichteter *mittlerer Reabsorptionsdruck* von 28 mm Hg (π_C = 25 mm Hg + P_{IF} = 3 mm Hg) vor, d.h. es besteht eine etwas *stärkere Filtration* als *Reabsorption*.

Der *effektive Filtrationsdruck* bewirkt, daß in den *arteriellen Abschnitten* im Durchschnitt ca. *0,5%* des durch die Capillaren fließenden Plasmavolumens in den interstitiellen Raum übertreten, von denen jedoch wegen des etwas niedrigeren *effektiven Reabsorptionsdrucks* in den *venösen Abschnitten* nur ca. *90% reabsorbiert* und die restlichen *10%* über die Lymphgefäße aus dem interstitiellen Raum abtransportiert werden (Abb. 20-22).

Die durchschnittliche **Filtrationsrate aller Capillaren** des Körpers beträgt somit etwa **14 ml · min^{-1}** bzw. **20 l/24 h,** die **Reabsorptionsrate** ca. **12,5 ml · min^{-1}** bzw. **18 l/24 h,** während 2 l/24 h über die Lymphgefäße abgeleitet werden.

Dieses relative capilläre Filtrations-Reabsorptionsgleichgewicht wird zwangsläufig durch Änderungen eines der beteiligten Faktoren gestört. Eine *Sonderstellung* nimmt dabei der *hydrostatische Capillardruck* (P_C) ein. *Zunahmen* von P_C verschieben das Filtrations-Reabsorptionsverhältnis in Richtung auf eine *verstärkte Filtration, Abnahmen* dagegen in Richtung auf eine *vermehrte Reabsorption.* Die Höhe des hydrostatischen Drucks in den Capillaren hängt u.a. stark von der Größe des *präcapillären Widerstandes* ab, von dem über den Druck in der einzelnen Capillare hinaus auch die **Zahl** der **durchströmten Capillaren** und damit die **Größe der Austauschfläche** in einem Gefäßgebiet beeinflußt wird. Aber auch Veränderungen des *postcapillären* Widerstandes, der unter Ruhebedingungen etwa 4mal kleiner als der präcapilläre Widerstand ist, gehen Rückwirkungen auf den hydrostatischen Druck und damit auf die capillären Filtrations-Reabsorptionsbedingungen aus. Die Voraussetzungen für eine *vasomotorische Steuerung dieser Vorgänge zur Regulation des intravasalen Plasmavolumens* (s.S. 542) werden dadurch erfüllt, daß die prä- und im geringeren Ausmaß auch die postcapillären Gefäße

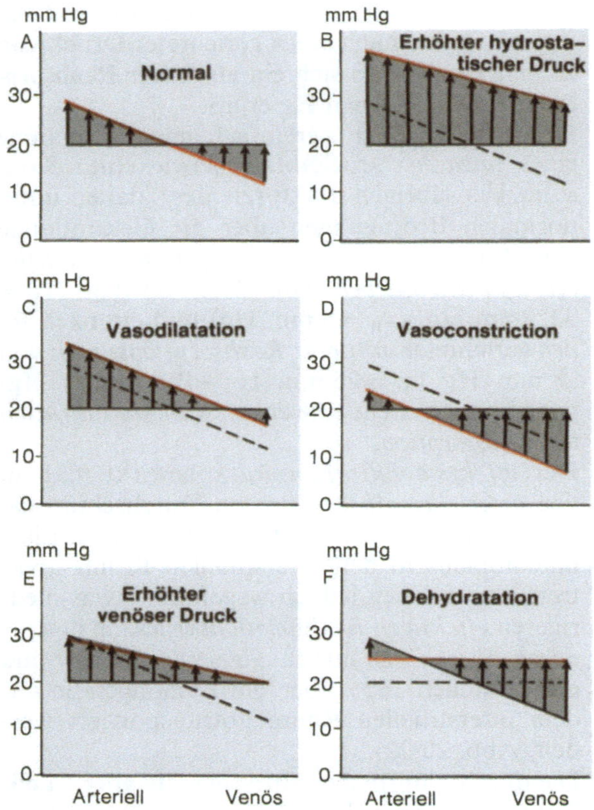

Abb. 20-23 A–F. Schematische Darstellung der capillären Filtrations-Reabsorptionsbedingungen unter verschiedenen physiologischen und pathophysiologischen Bedingungen. In Relation zur jeweiligen Größe von P_{eff} oder π_{eff} treten Verschiebungen des relativen capillären Filtrations-Reabsorptionsgleichgewichtes in Richtung auf eine verstärkte Filtration (**B, C, E**) bzw. eine verstärkte Reabsorption (**D, F**) auf

übergeordneten *neuralen* Einflüssen unterliegen.

Damit erklärt sich, daß so unterschiedliche Vorgänge wie *allgemeine Blutdrucksteigerungen, Dilatation der Widerstandsgefäße* bei *Muskelarbeit, Orthostase, Erhöhungen des Blutvolumens durch Transfusion oder isolierte Drucksteigerungen auf der venösen Seite* (z.B. bei Herzinsuffizienz) eine *verstärkte Filtration* und andererseits *allgemeine Blutdrucksenkungen, Constriction der Widerstandsgefäße, Blutverluste* u.a. eine *verstärkte Reabsorption* bewirken (s. auch Abb. 20-23).

Abnahmen des *kolloidosmotischen Drucks* im Plasma (z.B. bei Eiweißmangel) oder eine *Ansammlung* von *osmotisch aktiven* Substanzen in der interstitiellen Flüssigkeit lösen ebenfalls eine *verstärkte Filtration, Zunahmen* des kolloidosmotischen Drucks im Plasma dagegen eine *verstärkte Reabsorption* aus.

Ein *verstärkter Flüssigkeitsübertritt* in den interstitiellen Raum findet außerdem bei *erhöhter Capillarpermeabilität* statt, die z.B. durch Histamin und verwandte Substanzen, Kinine u.a.m. im Zusammenhang mit allergischen Reaktionen, Entzündungen, Verbrennungen oder Verletzungen (s. auch S. 538ff.) ausgelöst werden kann.

Unter diesen Aspekten wären unter zahlreichen physiologischen Bedingungen, in denen starke nach außen wirkende Kräfte eine Filtration über die gesamte Capillarlänge auslösen, häufiger stärkere Flüssigkeitsansammlungen im interstitiellen Raum in Form von **Ödemen** zu erwarten, als sie tatsächlich auftreten. Die Gründe für das Ausbleiben liegen teilweise in der erwähnten *geringen Weitbarkeit* des interstitiellen Raums innerhalb eines relativ großen Druckbereichs, die einer stärkeren Flüssigkeitsansammlung entgegenwirkt. Außerdem setzt bei Zunahmen der interstitiellen Flüssigkeit infolge einer ungenügenden capillären Reabsorption sofort ein *verstärkter Abtransport durch die Lymphgefäße* (s.u.) ein. Die damit verbundene vermehrte Eiweißausschwemmung bewirkt *Abnahmen des kolloidosmotischen Drucks,* die ihrerseits einer Flüssigkeitsansammlung im interstitiellen Raum entgegenwirken und auf diese Weise mit zur Aufrechterhaltung eines Gleichgewichtes zwischen intravasalem und interstitiellem Flüssigkeitsvolumen beitragen.

20.7 Lymphsystem

Die *Lymphgefäße* stellen ein zusätzliches *Abflußsystem* dar, durch das interstitielle Flüssigkeit wieder in das Blutgefäßsystem zurückgeleitet wird.

Aufbau des Lymphsystems. In Form eines sehr engmaschigen Netzes finden sich in allen Geweben mit Ausnahme der oberflächlichen Hautschichten, des ZNS und der Knochen außerordentlich zahlreiche *Lymphcapillaren,* die jedoch im Gegensatz zu den Blutcapillaren an einem Ende verschlossen sind. Die Lymphcapillaren vereinigen sich zu größer werdenden *Lymphgefäßen,* die hauptsächlich über den *Ductus thoracicus* und den *Ductus lymphaticus dexter,* zum Teil aber auch auf anderen Wegen in das *Venensystem* einmünden. Die Wände der Lymphcapillaren bestehen aus einschichtigem Endothel, sie sind für Elektrolytlösungen, Zukker, Fette und Eiweiße leicht zu passieren. Die Wände der *größeren Lymphgefäße* weisen *glatte Muskelfasern* und *Klappen* auf und zeigen damit Ähnlichkeiten mit Venen. In größeren Lymphgefäßen sind außerdem *Lymphknoten* zwischengeschaltet, die Filterfunktionen wahrnehmen und gröbere Bestandteile zurückhalten.

Lymphmenge und -zusammensetzung. Die *Lymphmenge* macht unter normalen Bedingungen **ca. 2 l/24 h** aus und entspricht dem nicht reabsorbierten Anteil von 1/10 des capillären Filtrats. Die Lymphe besteht aus *interstitieller Flüssigkeit*. Der durchschnittliche *Eiweißgehalt* beträgt ca. 20 g/l, zeigt aber in Abhängigkeit von der unterschiedlichen Permeabilität der Blutcapillaren erhebliche regionale Unterschiede (Leber 60 g/l, Intestinaltrakt 30–40 g/l, s.S. 530). Im Bereich des Magen-Darm-Kanals übernehmen die Lymphgefäße auch den Abtransport von *absorbierten Stoffen*, insbesondere von Fetten [60].

Der *Druck* in den terminalen Lymphgefäßen beträgt ca. 1–2 mm Hg. Er zeigt in den größeren Lymphgefäßen aufgrund von spontanrhythmischen Aktivitäten der glatten Muskelfasern stärkere Schwankungen auf einem teilweise deutlich höheren Niveau.

Die *mittlere Strömungsgeschwindigkeit* in den Lymphgefäßen ist relativ *langsam*. In den Lymphgefäßen mit glatten Muskelfasern erfolgt der Transport durch die rhythmischen Kontraktionen der glatten Gefäßmuskulatur. Ein Rückstrom wird durch die Klappen verhindert. Die Fortbewegung der Lymphe wird außerdem in den Lymphcapillaren und Lymphgefäßen der Skeletmuskulatur durch die sog. *Lymphpumpe* unterstützt, bei der die Lymphgefäße durch vorübergehende Drucksteigerungen in der Umgebung komprimiert und ausgepreßt werden (analog zur Wirkung der Muskelvenenpumpe). Die Stromstärke kann dadurch bei Muskelarbeit auf das *15fache* der Ruhewerte *gesteigert* werden.

Das Lymphgefäßsystem dient somit in erster Linie dem *Abtransport* von *Eiweißen* und *anderen Stoffen* aus dem interstitiellen Raum, die nicht durch Absorption in die Blutcapillaren aufgenommen werden können. Zugleich erfüllen die Lymphcapillaren sehr wichtige **Drainagefunktionen,** die bei vermehrter capillärer Filtration einer Flüssigkeitsansammlung im interstitiellen Raum entgegenwirken (s.S. 532). Bei Unterbrechung der Lymphgefäße (durch Operationen) oder Verschluß (durch entzündliche Veränderungen u.a. Ursachen) können dementsprechend in den distalen Abschnitten erhebliche *regionale Ödeme* (sog. *Lymphödeme*) entstehen.

20.8 Regulation der regionalen (lokalen) Durchblutung

Grundzüge der regionalen Regulation

Organdurchblutung unter Ruhebedingungen. Einen Überblick über die Verteilung des Herzzeitvolumens auf die Organkreisläufe des Menschen unter Ruhebedingungen gibt Tabelle 20-5. Wegen der methodisch schwierigen Durchblutungsmessung beim Menschen stellen die Angaben nur Näherungswerte dar. Ein Vergleich zwischen Durchblutung und O_2-Aufnahme zeigt, daß *Organe* mit *höherem Stoffwechsel* auch eine höhere Durchblutung aufweisen, daß aber — wie sich aus den prozentualen Anteilen beider Größen entnehmen läßt — *keine festen Relationen* zwischen Durchblutung und O_2-Verbrauch bestehen.

Anpassung des regionalen Angebotes. Die *Anpassung* der *regionalen Stromstärke* an die funktionellen Anforderungen erfolgt im wesentlichen durch *Änderungen des Strömungswiderstandes,* die auf Änderungen des Gefäßquerschnitts beruhen und aufgrund der starken Abhängigkeit des Widerstandes vom Radius wesentlich effektiver als Druckänderungen sind (s.S. 510).

Tabelle 20-5. Durchblutung und O_2-Aufnahme verschiedener Organe des Menschen[a] unter Ruhebedingungen

Gefäßgebiet	Durchblutung		O_2-Aufnahme		Gewicht	
	ml/min	% ges.	ml/min	% ges.	g	% ges.
Splanchnicus	1400	24	58	25	2800	4,0
Nieren	1100	19	16	7	300	0,4
Gehirn	750	13	46	20	1500	2,0
Herz	250	4	27	11	300	0,4
Skeletmuskel	1200	21	70	30	30000	43,0
Haut	500	9	5	2	5000	7,0
Andere Organe	600	10	12	5	30100	43,2
	5800	100	234	100	70000	100,0

[a] Gewicht 70 kg, Körperoberfläche 1,7 m^2. (Nach WADE und BISHOP [23])

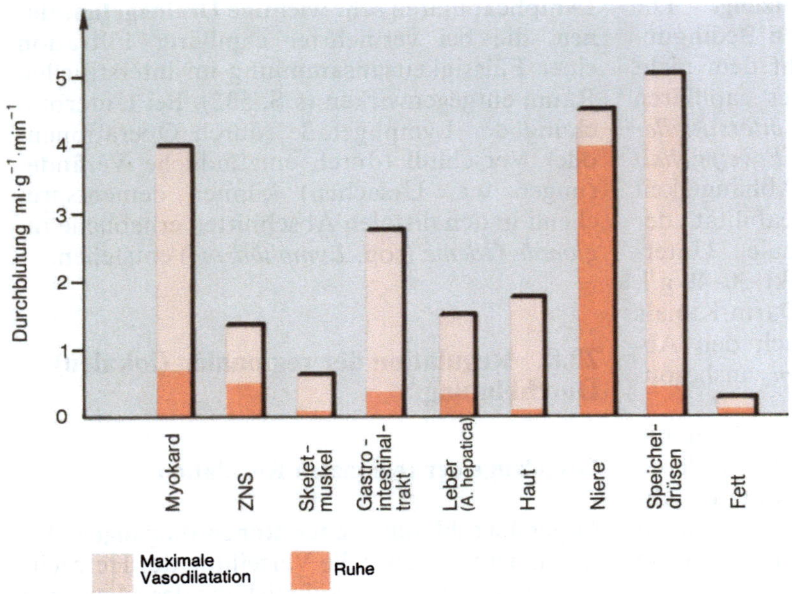

Abb. 20-24. Stromstärke in den Organkreisläufen unter Ruhebedingungen *(rot)* und bei maximaler Vasodilatation *(hellrot)*. Die Werte wurden für einen normalen erwachsenen Menschen mit einem Körpergewicht von 70 kg berechnet. Die Angaben der Stromstärke pro g Gewebe geben gleichzeitig Hinweise auf den relativen Strömungswiderstand in den einzelnen Organkreisläufen. (Nach MELLANDER und JOHANSSON)

In den einzelnen *Organkreisläufen* sind die theoretisch möglichen *Durchblutungssteigerungen verschieden stark* ausgeprägt (Abb. 20-24). Bemerkenswert ist, daß in den Gefäßgebieten mit *stark wechselnden funktionellen Anforderungen* (Skeletmuskulatur, Gastrointestinaltrakt, Leber und Haut) die *relativ größten Durchblutungsänderungen* auftreten können. Demgegenüber wird die Durchblutung von lebenswichtigen Organen wie *Gehirn* und *Nieren* mit *ständig hohen,* aber relativ *weniger stark wechselnden Anforderungen* durch spezielle Regulationsmechanismen weitgehend konstant gehalten und innerhalb bestimmter Grenzen sogar von stärkeren Änderungen des arteriellen Drucks und des Herzzeitvolumens nur wenig beeinflußt [22, 23, 35, 37, 42, 43, 54, 57, 59] (Einzelheiten über die Durchblutung der Organkreisläufe s. S. 563ff.).
Die Gefäßreaktionen bei der **Leistungsanpassung** beruhen teilweise auf *lokalen Mechanismen* [14, 55] und teilweise auf *humoralen* sowie *nervalen Faktoren* [46, 50]. Die Wirkungen der einzelnen Komponenten auf die glatte Gefäßmuskulatur sind in den einzelnen Organkreisläufen verschieden stark ausgebildet. Häufig sind *mehrere Faktoren* gleichzeitig beteiligt und wirken *synergistisch,* gelegentlich aber auch *antagonistisch* auf den *Gefäßtonus* ein.
In Abb. 20-25 sind die Effekte der wichtigsten und in den folgenden Abschnitten genauer beschriebenen Mechanismen auf Skeletmuskel-, Haut- und Splanchnicusgefäße schematisch zusammengefaßt.

Lokale Durchblutungsregulation

Eine Reihe von Stoffen, die — wie O_2 — für den Stoffwechsel der Zellen erforderlich sind oder als Stoffwechselprodukte (Metabolite) entstehen, beeinflussen *direkt* den Kontraktionszustand der Gefäßmuskulatur. Die verschiedenen und teilweise noch nicht vollständig aufgeklärten Vorgänge werden als sog. **metabolische Autoregulation der peripheren Durchblutung** zusammengefaßt. Die äußerst große funktionelle Bedeutung dieser *autoregulativen Reaktionen* liegt in der *lokalen Anpassung der Stromstärke* in einzelnen Gefäßgebieten an die jeweiligen *nutritiven Ansprüche* des Gewebes, wobei die *metabolisch* bedingten dilatatorischen Reaktionen dominieren und ggf. *neural ausgelöste constrictorische Effekte vollständig überlagern* [6, 8, 10, 14, 55].

O_2-Mangel. *Abnahmen* des *O_2-Partialdrucks* im Blut lösen *vasodilatatorische Reaktionen* aus. Ebenso sollen auch die im Zusammenhang mit *Veränderungen des lokalen (regionalen) Stoffwechsels* auftretenden Durchblutungsänderungen in den dazugehörigen Gefäßgebieten darauf beruhen, daß der *arterioläre O_2-Partialdruck* bei *Stoffwechselsteigerungen abnimmt und umgekehrt.* Diese Annahme setzt voraus, daß — wie auch experimentell nachgewiesen wurde — O_2 bereits in den Arteriolen abdiffundiert, so daß die Reaktionen durch *Änderungen des O_2-Gra-*

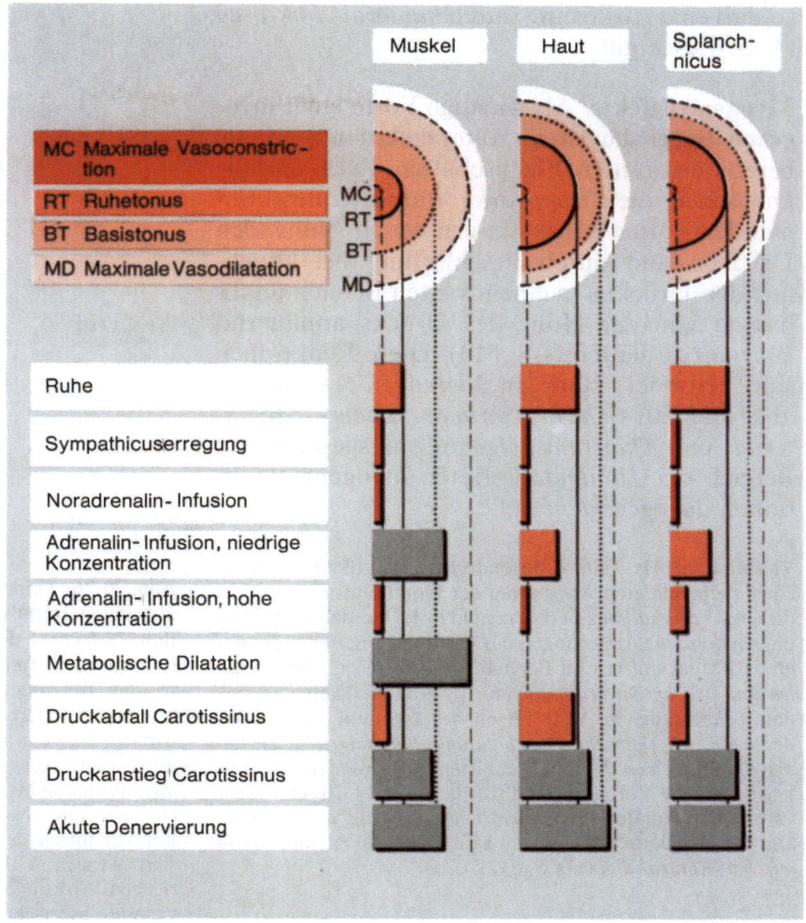

Abb. 20-25. Schematische Darstellung der Änderung des Gefäßtonus in Muskel-, Haut- und Splanchnicusgefäßen unter verschiedenen physiologischen und pathophysiologischen Bedingungen. Die einzelnen Komponenten des Gefäßtonus sind in den Organkreisläufen verschieden stark ausgeprägt, so daß gleiche Reize quantitativ unterschiedliche Reaktionen auslösen

dienten entlang der Arteriolen ausgelöst werden könnten.

Metabolite. *Lokale Erhöhungen* des CO_2-*Partialdrucks* und/oder der H^+-*Konzentration* lösen ebenfalls *dilatatorische Reaktionen* aus. Von anderen *Metaboliten,* die v.a. bei *Muskelarbeit* vermehrt abgegeben werden, hat *Milchsäure* selbst keine Gefäßwirkungen, wirkt aber über die *pH-Verschiebung* dilatatorisch. *Pyruvat* zeigt leichte, *AMP* und *ADP* ebenfalls leichte, *ATP* stärkere und *Adenosin* starke *vasodilatatorische Effekte.* Die Gefäßwirkungen dieser Stoffe reichen jedoch *nicht* aus, die *extrem starken* dilatatorischen Reaktionen bei *Muskelarbeit* zu erklären (s. Abb. 20-25). Wahrscheinlich sind daran noch *andere Stoffwechselprodukte* beteiligt. Außerdem werden als mögliche auslösende Faktoren u.a. auch Konzentrationszunahmen von osmotisch wirksamen Substanzen im extracellulären Raum, speziell Erhöhungen von K^+ aufgrund der vermehrten Freisetzung aus der arbeitenden Muskulatur diskutiert [52] (s. auch S. 565).

Bei den *stoffwechselabhängigen Vorgängen* können die Änderungen der Gefäßweite *direkt durch Diffusion* der Substanzen ausgelöst werden, da die Arteriolen innerhalb der tätigen Gewebe und damit in unmittelbarer Nachbarschaft zu den Capillaren liegen. Die Annahme „aufsteigender" Axonreflexe (s.S. 537f.) von den Capillaren, dem Ort des Übertritts der Substanzen, bis zu den Arteriolen ist zur Erklärung der metabolischen Reaktionen nicht erforderlich.

Reaktive Hyperämie. Bei experimenteller Unterbrechung oder Drosselung der Muskeldurchblutung zeigt die Durchblutung nach Aufhebung der Drosselung überschießende Reaktionen *(reaktive Hyperämie),* deren *Ausmaß* von der *Größe des Stoffwechsels* und der *Dauer der Drosselung* abhängt. Die reaktive Hyperämie wird wahrscheinlich durch die gleichen Mechanismen wie die metabolische Dilatation ausgelöst. Bei experimenteller Übertragung von venösem Blut aus der arbeitenden oder ischämischen Muskulatur in Gefäße, die die ruhende Muskulatur versorgen, treten dilatatorische Reaktionen auf, so daß eine Auslösung durch *humorale Faktoren* als bewiesen gilt.

Myogene Effekte. Als wichtige Form einer **myogenen (mechanogenen) Autoregulation** sind die bereits erwähnten Eigenschaften vieler Gefäße anzusehen, die *Stromstärke* durch Kontraktionen der glatten Muskelfasern bei zunehmenden Drücken und durch Erschlaffung bei abnehmenden Drücken in einem weiten Bereich unabhängig von der Höhe des Drucks annähernd *konstant* zu halten (s. S. 513). Diese Reaktionen sind besonders stark an *Nierengefäßen,* ebenso aber auch an *Gehirn-, Coronar-, Leber-, Mesenterial-* und *Skeletmuskelgefäßen* ausgeprägt. Im Bereich der *Hautgefäße* treten myogene Reaktionen dagegen *nicht* auf.

Vasomotion. Als weitere Besonderheit, die allerdings nicht einer zielgerichteten Anpassung der Durchblutung dient, ist die sog. *Vasomotion* zu erwähnen [39]. Es handelt sich dabei um *rhythmische* Änderungen des Kontraktionszustandes der glatten Muskelfasern im Bereich der *Arteriolen, Metarteriolen und präcapillären Sphinctere.* In Abhängigkeit von den damit verbundenen Änderungen des Strömungswiderstandes treten *rhythmische Durchblutungsänderungen* in einzelnen Capillar- bzw. Gefäßabschnitten auf. Frequenz und Intensität dieser Vorgänge sind wechselnd. Die Effekte treten *unabhängig* von der *autonomen Innervation* auf und beruhen auf der Tendenz der glatten Muskelfasern zu *autorhythmischen Kontraktionen* (s. S. 512f.).

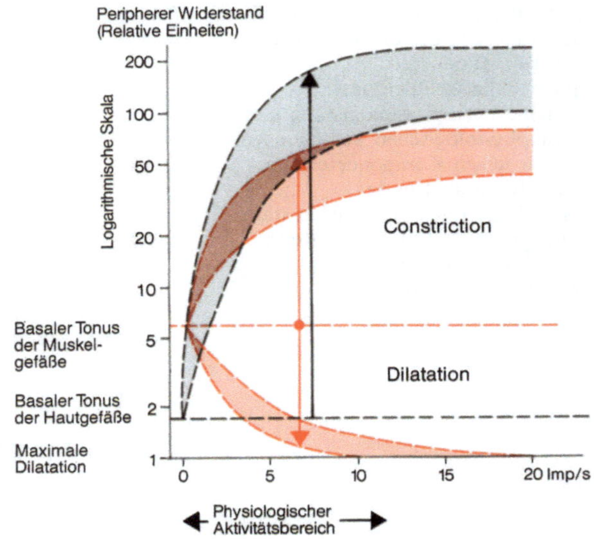

Abb. 20-26. Darstellung der vasomotorischen Effekte von afferenten Impulsen auf Muskelgefäße *(rot)* und Hautgefäße *(schwarz)* der Katze. Nach Durchschneidung des abdominalen sympathischen Grenzstranges treten bei elektrischer Reizung des distalen Endes in den Muskelgefäßen mit einem höheren basalen Tonus schwächere vasoconstrictorische Reaktionen als in den Hautgefäßen auf. Die vasomotorische Steuerung der Muskelgefäße wird darüber hinaus durch cholinerge sympathische dilatatorische Fasern beeinflußt. Die vasomotorischen Effekte der beiden Systeme können durch gezielte pharmakologische Blockade analysiert werden. Dihydroergotamin hebt die vasoconstrictorischen Wirkungen der adrenergen Fasern und Atropin die vasodilatatorischen Wirkungen der cholinergen Fasern auf. (Modifiziert nach Celander und Folkow)

Nervale Durchblutungsregulation

Die nervale Beeinflussung der Blutgefäße, d.h. die *vasomotorische Steuerung,* erfolgt durch das *autonome Nervensystem,* überwiegend durch *sympathische* und nur teilweise auch durch *parasympathische Fasern. Mit Ausnahme der Capillaren werden alle Blutgefäße innerviert;* Dichte und Funktion der Innervation variieren jedoch erheblich in den verschiedenen Organen sowie einzelnen Gefäßabschnitten.
In den meisten *sympathischen Nerven* wird von den *postganglionären* Fasern Noradrenalin als neuromusculäre Überträgersubstanz freigesetzt *(adrenerge Fasern).* Sympathische cholinerge Fasern (s. S. 537).

Sympathische adrenerge vasoconstrictorische Fasern. Efferente Nerven, in denen Zunahmen der Impulsfrequenz die aktive Spannung der Gefäßmuskulatur erhöhen, werden als **vasoconstrictorische Nerven** bezeichnet. Sie gehören zum sympathischen Teil des autonomen Nervensystems. Einzelheiten über Ursprung und Verlauf dieser Fasern sind in Kap. 16 beschrieben.

Die kleinen *Arterien* und *Arteriolen* der *Haut,* der *Nieren* und des *Splanchnicusgebietes* weisen gegenüber den übrigen Organkreisläufen eine zahlenmäßig *besonders starke,* die der *Skeletmuskulatur* und des *Gehirns* dagegen eine *schwächere vasoconstrictorische Innervation* auf. Die *Venen* zeigen meist eine *entsprechende,* insgesamt jedoch *geringere Innervationsdichte.* Die Erregungsübertragung erfolgt durch *Noradrenalin,* das an der glatten Gefäßmuskulatur ausschließlich *constrictorische Reaktionen* auslöst.
Die Intensität der Vasoconstriction hängt direkt von der Frequenz der efferenten Impulse ab. Der **Ruhetonus** der Gefäße (s. S. 512) entsteht durch eine ständige **(tonische) Aktivität** von 1–3 Imp/s. *Maximale vasoconstrictorische Effekte* treten bereits bei ca. *10 Imp/s* auf (Abb. 20-26). *Zunahmen* der Impulsfrequenz bewirken daher *vasoconstrictorische* und *Abnahmen* der Impulsfrequenz *dilatatorische Reaktionen,* die bei völliger Abwesenheit von vasocon-

strictorischen Impulsen oder nach Denervierung durch den *Basistonus* begrenzt werden (s.u.). Auf diese Weise können durch *Variation des „Vasomotorentonus"*, d.h. des neural gesteuerten Kontraktionszustandes der Gefäßmuskulatur, *sowohl constrictorische als auch* — ohne Beteiligung spezieller Fasern — *dilatatorische* Gefäßreaktionen mit entsprechenden Rückwirkungen auf den Strömungswiderstand ausgelöst werden.

Bei Abwesenheit von vasoconstrictorischen Impulsen bestimmt der in den einzelnen Gefäßgebieten verschieden stark ausgeprägte **Basistonus** den Strömungswiderstand. Hautgefäße besitzen einen niedrigeren Basistonus als Muskelgefäße (Abb. 20-25 und 20-26). Bei Reizung der constrictorischen Nervenfasern reagieren beide Gefäßgebiete zwar grundsätzlich ähnlich; bei gleicher *Reizfrequenz* treten jedoch in den *Hautgefäßen stärkere constrictorische Reaktionen* als in den *Muskelgefäßen* auf (Abb. 20-26). Der *Strömungswiderstand* und damit auch die *Stromstärke* kann daher in den Hautgefäßen in einem viel größeren Umfang als in den Muskelgefäßen durch Aktivitätsänderungen der vasoconstrictorischen Fasern variiert werden. Diese Unterschiede werden allerdings durch die Fähigkeit der Muskelgefäße zu *vasodilatatorischen Reaktionen* weitgehend ausgeglichen (Abb. 20-26). Als mögliche Ursache der vasodilatatorischen Reaktionen wird sowohl eine Erregung von *sympathischen cholinergen* dilatatorischen Fasern (s.u.) als auch eine Erregung von *β-Receptoren* in den Muskelgefäßen durch Catecholamine diskutiert (s. S. 538).

Die Bedeutung der *tonischen* Aktivität der vasoconstrictorischen Nerven (Ruhetonus) für die Kreislauffunktion ergibt sich u.a. daraus, daß nach ihrer Ausschaltung durch *Spinalanaesthesie* oder nach Applikation von *ganglienblockierenden Pharmaka* aufgrund der Vasodilatation ein Abfall des mittleren Blutdrucks auf 40–60 mm Hg eintritt, bei dem eine ausreichende Durchblutung der Organe nicht mehr gewährleistet ist *(paralytischer Blutdruck)* (s. auch spinaler Schock, S. 562).

Auch nach operativer Durchtrennung von sympathischen Nerven *(Sympathektomie)* tritt in den denervierten Gebieten eine Vasodilatation auf, wobei die neue Gefäßweite nur noch vom *Basistonus* bestimmt wird (Abb. 20-25). Einige Tage nach der Sympathektomie beginnt jedoch der Tonus wieder anzusteigen und kann nach einigen Wochen praktisch wieder die ursprünglichen Werte erreichen, obwohl eine Regeneration der Fasern noch nicht erfolgt ist. Dieser Effekt beruht auf einer Zunahme des basalen Tonus und entsteht wahrscheinlich durch eine nach der Denervierung entstehende *Hypersensibilität* der Gefäßmuskulatur gegenüber Catecholaminen und anderen vasoaktiven Stoffen mit entsprechenden Steigerungen der *muskulären Spontanaktivität*.

Sympathische cholinerge vasodilatatorische Fasern. Bei verschiedenen Species (u.a. Hund und Katze) existiert ein spezielles vom Cortex ausgehendes System, das ausschließlich zu den Gefäßen der *Skeletmuskulatur* verläuft und lediglich die *präcapillären* Gefäße innerviert. Unter *Ruhebedingungen* zeigen diese Fasern *keine* Aktivität. Im Gegensatz zur metabolischen Dilatation (s. S. 535) sind an der Mehrdurchblutung bei Erregung dieser Fasern wahrscheinlich *nicht* die echten Capillaren, sondern die *arteriovenösen Anastomosen* und *Metarteriolen* beteiligt. Dieses System wird bei emotionalen Alarm-, Abwehr-, Angst- oder Wutreaktionen (s. S. 550) aktiviert. Im Fall von nachfolgenden muskulären Aktivitäten wird die initiale Vasodilatation in der arbeitenden Muskulatur von *metabolisch* bedingten dilatatorischen Effekten ergänzt bzw. abgelöst. Beim Menschen konnten allerdings sympathische cholinerge dilatatorische Fasern bisher nicht nachgewiesen werden, obwohl eine Dilatation der Muskelgefäße in „Erwartungssituationen" auch beim Menschen auftritt (s. dazu auch S. 551).

Parasympathische cholinerge vasodilatatorische Fasern. Parasympathische cholinerge vasodilatatorische Fasern innervieren die Gefäße der *äußeren Genitalorgane*. Eine Erregung bewirkt starke vasodilatatorische Reaktionen mit entsprechender Mehrdurchblutung der Genitalorgane bei sexueller Erregung. Cholinerge dilatatorische Fasern innervieren ferner die *kleinen Piaarterien des Gehirns*. Ihre funktionelle Bedeutung ist noch nicht geklärt.

Die Existenz von parasympathischen cholinergen vasodilatatorischen Fasern in anderen Gefäßgebieten ist umstritten. *Vasodilatatorische Reaktionen* der Drüsengefäße im *Verdauungstrakt*, die bei Reizung der sekretorischen Nerven zu den Drüsen auftreten, werden überwiegend auf die Wirkungen von *Kininen* zurückgeführt, die im Zusammenhang mit der Drüsentätigkeit gebildet werden (s.u.). Eine Beteiligung von spezifischen parasympathischen cholinergen dilatatorischen Fasern kann jedoch nicht endgültig ausgeschlossen werden.

Axonreflexe. Bei mechanischer oder chemischer Reizung der Haut können lokale vasodilatatorische Reaktionen auftreten, die auf sog. *Axonreflexe* zurückgeführt werden. Diese Effekte sollen dadurch entstehen, daß sich bei Reizung von dünnen unmyelinisierten cutanen nociceptiven Fasern die Erregung nicht nur afferent (orthodrom) zum Rückenmark, sondern auch efferent (antidrom) in collateralen Fasern zu den Arteriolen des innervierten Hautgebietes ausbreitet. Sie treten *unabhängig* von der sympathischen Innervation der Hautgefäße auf und sind nur nach Degeneration der nociceptiven Fasern als Folge einer Unterbrechnung ihrer Verbindung mit dem Spinalganglion nicht mehr auszulösen. Die vasodilatatorischen Reaktionen könnten allerdings unabhängig von diesem neurophysiologisch nicht eindeutig geklärten und atypischen „Axonreflex" auch direkt durch eine Freisetzung von vasodilatatorisch wirkenden Stoffen (z.B. ATP oder Substanz P) aus den receptiven Membranen ausgelöst werden und damit die Annahme von efferenten Collateralen bei afferenten Fasern überflüssig machen.

Bei *längerer starker Kälteeinwirkung* wird die anfängliche Vasoconstriction an den Acren von *periodischen Dilatationen* unterbrochen. Diese sog. **Lewis-Reaktion** soll ebenfalls auf *(nociceptiven) Axonreflexen* beruhen. Die mit der Vasodilatation verbundene Erwärmung kann Gewebsschädigungen in den aus thermoregulatorischen Gründen eng gestellten Gefäßgebieten verhindern. Auch bei den durch andere Reize ausgelösten Axonreflexen dürfte die funktionelle Bedeutung in der *Abwehr örtlicher Schädigungen* liegen. Axonreflexe sollen auch an der sog. **triple response** beteiligt sein, die sich z.B. beim Bestreichen der Haut mit einem spitzen Gegenstand als 1. *Dermographismus* = lokale Rötung im Bereich der mechanischen Reizung (Capillarreaktion). 2. *flare* = eine nach ca. 30 s einsetzende stärkere Rötung in der Umgebung (Axonreflex) und 3. *umschriebenes Ödem* (Capillarwandschädigung) zeigt.

Hormonal-humorale Wirkungen

Adrenalin und Noradrenalin. Die Catecholamine *Adrenalin* und *Noradrenalin* werden ständig in geringen Mengen aus dem Nebennierenmark freigesetzt und entfalten als **Hormone** ubiquitäre Wirkungen auf die Gefäßmuskulatur. Im Gegensatz zur dominierenden Rolle von Noradrenalin als Transmittersubstanz der vasomotorischen Fasern stehen bei den hormonalen Effekten die Adrenalinwirkungen im Vordergrund, da das Nebennierenmark etwa 80% Adrenalin und nur 20% Noradrenalin sezerniert. Die Wirkungen der an das Blut abgegebenen Catecholamine sind jedoch nicht einheitlich, da speziell Adrenalin 1. teils constrictorische und teils dilatatorische und 2. unterschiedlich starke Reaktionen der Gefäßmuskulatur auslöst.

Receptoren der Catecholamine. Die unterschiedlichen Reaktionen der Gefäßmuskulatur lassen sich mit der Annahme von verschiedenen „adrenergen Receptoren“, den *α- und β-Receptoren,* erklären, bei denen es sich um chemische Strukturen an der Membran der Gefäßmuskulatur handelt. Durch Erregung der *α-Receptoren* wird eine *Kontraktion,* durch Erregung der *β-Receptoren* eine *Entspannung* der glatten Muskelfasern ausgelöst. *Noradrenalin* wirkt dabei überwiegend auf *α-Receptoren, Adrenalin* sowohl auf α- als auch auf *β-Receptoren.* In den meisten (wenn nicht sogar allen) Blutgefäßen sind beide Receptorentypen vorhanden. Ihre absolute Zahl sowie das Verhältnis untereinander weichen allerdings in den einzelnen Gefäßgebieten voneinander ab. Adrenalin löst daher bei *Überwiegen der α-Receptoren vasoconstrictorische,* bei *Überwiegen der β-Receptoren* dagegen *vasodilatatorische Reaktionen* aus.

Andererseits liegt die *Erregungsschwelle* der *β-Receptoren niedriger* als die der *α-Receptoren,* während bei gleichzeitiger Erregung der α- und β-Receptoren die Wirkungen der *α-Receptoren dominieren.* Damit erklärt sich, daß *Adrenalin* in *niedrigen* (physiologischen) Konzentrationen *vasodilatatorische* und in *höheren* Konzentrationen *vasoconstrictorische Reaktionen* auslöst. Eine weitgehend *selektive Erregung* von *β-Receptoren* ist durch das synthetische Noradrenalinderivat *Isopropyl-Noradrenalin* möglich, eine analoge körpereigene Substanz ist jedoch bisher nicht bekannt.

Eine größere Zahl von pharmakologischen Substanzen, sog. *Sympathicolytica,* blockieren mehr oder weniger selektiv die α- oder β-Receptoren. Durch *Blockade der α-Receptoren* werden die *vasoconstrictorischen Effekte aufgehoben,* so daß bei intravenöser Injektion von Adrenalin die ursprüngliche, auf der Dominanz der α-Receptoren beruhende Blutdrucksteigerung durch die unbeeinflußt bleibenden β-Receptoreneffekte in eine *Blutdrucksenkung* umgewandelt wird (sog. *Adrenalinumkehr*). Eine *Blockade der β-Receptoren* ist im Hinblick auf die Gefäßwirkungen weniger eindrucksvoll, sie wird therapeutisch überwiegend zur Beeinflussung von β-Receptoreneffekten auf die Herzfrequenz und die Kontraktilität des Myokards eingesetzt.

Angiotensin II (s. S. 546)

Antidiuretisches Hormon (s. S. 548).

Histamin wird v.a. bei Schädigungen der Haut und Schleimhäute sowie bei Antigen-Antikörper-Reaktionen freigesetzt, wobei der größte Teil offenbar aus basophilen Granulocyten und Mastzellen im geschädigten Gebiet stammt. Es löst eine Gefäßdilatation aus und erhöht die Capillarpermeabilität (s. auch S. 532).

Kallikrein-Kinin-System. *Kallikrein* ist ein Enzym, das im Gewebe und Plasma in inaktiver Form vorliegt und nach seiner Aktivierung aus einem im Plasma zirkulierenden α_2-Globulin (*Kininogen*) das Dekapeptid *Kallidin* freisetzt, aus dem durch Abspaltung von Lysin das Nonapeptid *Bradykinin* entsteht. Die Wirkungsdauer von Bradykinin beträgt nur wenige Minuten. Es wird durch *Kinase I* und *II* abgebaut, wobei Kinase II identisch mit dem „converting enzyme“ ist, das die Umwandlung von Angiotensin I in Angiotensin II bewirkt.

Kallidin und **Bradykinin** wirken auf Arteriolen stark *dilatatorisch* und steigern die Capillarpermeabilität.

Die starke Dilatation der Drüsengefäße im *Gastrointestinaltrakt* bei erhöhter Drüsentätigkeit beruht überwiegend auf Kininwirkungen. Diese und ähnliche Mechanismen sind auch an der

Mehrdurchblutung der *Haut* bei Aktivierung der Schweißdrüsen beteiligt [29, 51].

Kinine scheinen außerdem an Gefäßreaktionen im Zusammenhang mit entzündlichen und allergischen Prozessen eine Rolle zu spielen (s. auch S. 562). Die Freisetzung von Kininen bei Gewebeverletzungen wird auch als möglicher Faktor im Rahmen der Schmerzentstehung diskutiert.

In nahezu allen Organen und Geweben werden aus den in der Phospholipidfraktion der Membranen enthaltenen hochungesättigten C_{20}-Fettsäuren (wie z.B. Arachidonsäure) über verschiedene cyclische Endoperocide) *Prostaglandine, Prostacyclin* und *Thromboxan* gebildet.

Prostaglandine (*PG*) besitzen hormonartigen Charakter und werden in mehrere Gruppen mit Untergruppen unterteilt, die vielfältige Wirkungen im Organismus ausüben. So lösen PGA_1 und PGA_2 u.a. an Arterien *dilatatorische* Reaktionen aus, die besonders deutlich im Splanchnicusgebiet ausgeprägt sind. Aus dem Nierenmark isoliertes PGA_2, das sog. *Medullin,* senkt den arteriellen Druck und steigert die Nierendurchblutung sowie die renale Wasser-, Na^+ und K^+-Ausscheidung.
PG aus der *E*-Gruppe wirken bei intraarterieller Injektion ebenfalls *dilatatorisch* und hemmen die Noradrenalinfreisetzung an sympathischen Nervenendigungen. *PG* aus der *F*-Gruppe lösen dagegen *vasoconstrictorische* Reaktionen aus und steigern den arteriellen Druck.

Prostacyclin bewirkt eine Hemmung der Thrombocytenaggregation. **Thromboxan** fördert dagegen die Thrombocytenaggregation und übt zusätzlich vasoconstrictorische Wirkungen aus.

Renin (s. S. 545)

Serotonin (5-Hydroxytryptamin) liegt in den Eingeweiden und in den Thrombocyten in hohen Konzentrationen vor. Es wirkt *vasoconstrictorisch* und *erhöht* die Capillarpermeabilität. Im Gastrointestinaltrakt steigert die Freisetzung von Serotonin die Darmmotilität und fördert durch Constriction der Venolen sowie Steigerungen der Capillarpermeabilität die Sekretion der Verdauungssäfte. An den Piaarterien des Gehirns wirkt Serotonin stark constrictorisch und könnte daher mit an der Ausbildung von Gefäßspasmen (Migräne) beteiligt sein. Der constrictorische Einfluß bei der Freisetzung durch Thrombocytenaggregation trägt zum Verschluß des betroffenen Gefäßes und bei Gefäßverletzungen zur Blutstillung bei.

20.9 Regulation des Gesamtkreislaufs

Grundzüge der allgemeinen Kreislaufregulation

Die Anpassung der Kreislauffunktion an wechselnde Anforderungen erfolgt durch eine Kombination von regionalen und übergeordneten (überregionalen) Regulationsvorgängen, deren Effekte eng miteinander verbunden sind.
Der Funktionszustand des Kreislaufs wird dazu von **Receptoren** an verschiedenen Stellen des kardiovasculären Systems ständig kontrolliert. Die Impulse dieser Receptoren verlaufen *afferent* zu Strukturen in der **Medulla oblongata.** Von diesen sog. **Kreislaufzentren** (s. S. 549 ff.) verlaufen Impulse teilweise in *efferenten* Fasern zurück zu den **Effectoren** im *Herz- und Gefäßsystem* und teilweise zu *anderen Strukturen* im ZNS, die u.a. auch an der Steuerung von *neurohormonalen-humoralen Mechanismen* im Dienst der Kreislaufregulation beteiligt sind [6, 10, 12, 22, 35, 42, 44, 54, 57].
Im Mittelpunkt der allgemeinen Kreislaufregulation stehen Anpassungsvorgänge zwischen **totalem peripherem Widerstand** und **Herzzeitvolumen,** von denen die Größe des *(Blut-)Druckgefälles* als Voraussetzung für die Strömung im Gefäßsystem abhängt. So können z.B. Abnahmen des *totalen peripheren Widerstandes* infolge von dilatatorischen Reaktionen im Bereich der Widerstandsgefäße durch *Steigerungen des Herzzeitvolumens* in weiten Grenzen ausgeglichen werden und umgekehrt. Änderungen des totalen peripheren Widerstandes, die von vasodilatatorischen Reaktionen aufgrund eines Mehrbedarfs in einzelnen Organkreisläufen ausgelöst werden, können aber auch durch vasoconstrictorische Reaktionen in anderen Organkreisläufen mehr oder weniger vollständig kompensiert werden.
Weitere wichtige Anpassungsvorgänge betreffen das Verhältnis zwischen **Gefäßkapazität** und **Blutvolumen,** von dem die Größe des *statischen (Blut-)Drucks* abhängt. Stärkere Änderungen der *Gefäßkapazität* werden durch *vasomotorische Reaktionen* im Bereich der *Kapazitätsgefäße* ausgelöst [21, 41, 46, 58], während die Größe des *Blutvolumens* sowohl durch die *capilläre Filtrations-Reabsorptionsrate* als auch durch die *renale Flüssigkeitsausscheidung* in Relation zur Flüssigkeitsaufnahme bestimmt wird.
Die verschiedenen Anpassungsvorgänge lassen sich nach ihrem *Wirkungseintritt* folgenden Gruppen zuordnen: 1. *kurzfristige Regulationsmechanismen,* 2. *mittelfristige Regulationsme-*

chanismen und 3. *langfristige Regulationsmechanismen.*

Kurzfristige Regulationsmechanismen

Bei den kurzfristigen Regulationsmechanismen handelt es sich überwiegend um **nerval** gesteuerte **vasomotorische Umstellungen,** zu denen a) die **Presso- bzw. Dehnungsreceptorenreflexe,** b) die **Chemoreceptorenreflexe** und c) die **Ischämiereaktionen des ZNS** gehören. Als gemeinsames Merkmal zeigen diese Mechanismen einen **schnellen,** innerhalb von wenigen Sekunden erfolgenden *Wirkungseintritt.* Die Intensität der Reaktionen ist stark, sie schwächt sich jedoch im Verlauf von wenigen Tagen entweder vollständig (Pressoreceptoren) oder teilweise (Chemoreceptoren, Ischämiereaktionen des ZNS) ab. Die nerval vermittelten vasomotorischen Effekte werden durch **hormonale** Einflüsse ergänzt, an denen **Adrenalin** und **Noradrenalin** sowie das verzögert wirkende **Adiuretin (ADH)** beteiligt sind.

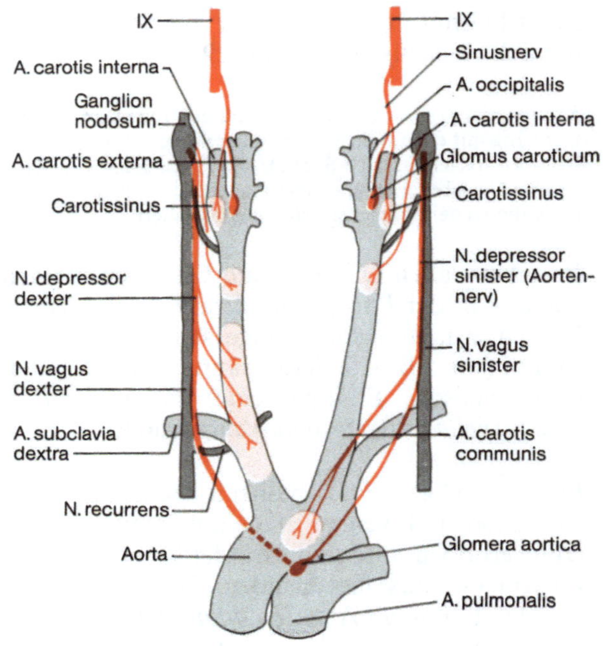

Abb. 20-27. Übersicht über die Lokalisation der Presso- und Chemoreceptoren im Bereich der Aorta und A. carotis (nach Untersuchungen an Hunden und Katzen). Die Pressoreceptorenfelder sind *hellrot*, die afferenten Fasern *rot* gezeichnet. (Modifiziert nach Milnor [18])

Pressoreceptorenreflexe

Lokalisation der arteriellen Pressoreceptoren. In den Wänden der großen thorakalen und Halsarterien finden sich zahlreiche sog. **Presso- oder Baroreceptoren,** die durch **Dehnung** der Gefäßwände in Abhängigkeit von der Größe des transmuralen Drucks erregt werden. Die funktionell wichtigsten Pressoreceptorenareale liegen im Aortenbogen und Carotissinus (Abb. 20-27).

Die sensible Innervation der Pressoreceptoren im Carotissinus erfolgt durch den Carotissinusnerv, einem Ast des *N. glossopharyngeus.* Die Pressoreceptoren im Aortenbogen werden durch den *linken Aortennerv* (n. depressor sinister), die Pressoreceptoren am Abgang des *Truncus brachiocephalicus* durch den *rechten Aortennerv* (n. depressor dexter) innerviert. In beiden Carotissinus- und Aortennerven verlaufen außerdem Fasern von *Chemoreceptoren* aus dem Glomus caroticum in der Teilungsstelle der A. carotis communis bzw. aus den Paraganglien des Aortenbogens.

Druck-Impuls-Charakteristik der arteriellen Pressoreceptoren. Bei *stationären* Dehnungsdrücken reagieren die Pressoreceptoren mit *kontinuierlichen* Impulsaussendungen, deren Frequenz einen druckabhängigen S-förmigen Verlauf mit annähernd linearen Steigerungen zwischen 80 und 180 mm Hg aufweist. Aufgrund ihres *Proportional-Differential-(PD-)Verhaltens* reagieren die Pressoreceptoren auf Druckschwankungen in den Arterien mit *rhythmischen Impulsmustern,* bei denen sich die Frequenz um so stärker ändert, je größer die Amplitude und/oder der Quotient $\Delta P/\Delta t$ sind. Die Impulsfrequenz liegt daher im ansteigenden Teil der Druckkurve deutlich über der im abfallenden Teil (Abb. 20-28), zugleich ist die durchschnittliche Frequenz wegen der „asymmetrischen" Reaktionen, d.h. wegen der stärkeren Erregung in der Druckanstiegsphase, höher als bei vergleichbaren stationären Drücken. Die Pressoreceptoren liefern somit nicht nur Informationen über den *mittleren arteriellen Druck,* sondern zugleich auch über die *Größe der Druckamplitude,* die *Steilheit des Druckanstiegs* und die Herzfrequenz.

Einflüsse der arteriellen Pressoreceptoren auf den Blutdruck und die Herzfunktion. Die *afferenten Impulse* der Pressoreceptoren bewirken im Bereich der sog. *medullären* bzw. *rhombencephalen Kreislaufzentren* (s. S. 549) in der Medulla oblongata eine **Hemmung von sympathischen** und eine **verstärkte Erregung von parasympathischen Strukturen.** Daraus ergibt sich, daß die **tonische Aktivität** der sympathischen vasoconstrictorischen Fasern *reduziert,* d.h. der sog. *Vasomotorentonus* abgeschwächt und zugleich

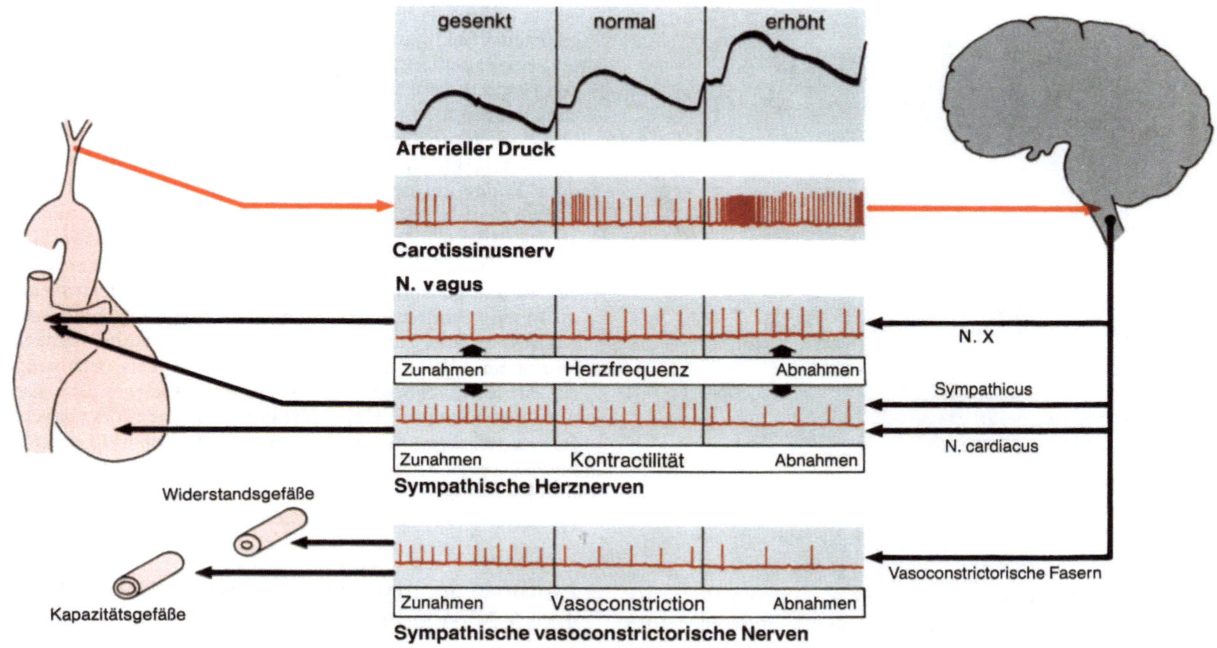

Abb. 20-28. Reflektorische Reaktionen bei veränderter Erregung der Pressoreceptoren im Carotissinus. Bei Senkung des arteriellen Drucks nimmt die Erregung der Pressoreceptoren ab. Die reflektorisch gesteigerte Aktivität der sympathischen vasoconstrictorischen und kardialen Fasern löst Zunahmen des peripheren Widerstandes und der Herzfrequenz aus, so daß der Blutdruck wieder ansteigt. Bei erhöhtem arteriellem Druck treten entgegengesetzte Reaktionen auf. Weitere Einzelheiten s. Text. (Modifiziert nach RUSHMER)

auch *Herzfrequenz* sowie *Kontraktionskraft des Myokards* reduziert werden (s. auch Abb. 20-28).

Aufgrund der Aktivität der Pressoreceptoren innerhalb eines weiten Druckbereichs sind diese *hemmenden* Einflüsse bereits bei *„normalen" Blutdruckwerten* wirksam. Die *arteriellen Pressoreceptoren* üben damit Funktionen als *Blutdruckzügler* aus. Bei *verstärkter Erregung* der Pressoreceptoren aufgrund von arteriellen Drucksteigerungen werden durch die *zunehmende Hemmung* des „Vasomotorenzentrums" die in den einzelnen Organkreisläufen allerdings verschieden stark ausgeprägten *dilatatorischen Reaktionen* weiter intensiviert. Im Bereich der *Widerstandsgefäße* treten dadurch **Abnahmen des totalen peripheren Widerstandes,** im Bereich der *Kapazitätsgefäße* **Zunahmen der Kapazität** auf. Beide Vorgänge führen entweder direkt oder indirekt (über Abnahmen des zentralen Venendrucks mit entsprechenden Rückwirkungen auf das Schlagvolumen) zu **Senkungen des arteriellen Drucks** (Abb. 20-28). Dieser Effekt wird durch die begleitenden Abnahmen des Herzzeitvolumens als Folge der absinkenden Kontraktilität des Myokards weiter verstärkt. Bei *verminderter Erregung* der Pressoreceptoren aufgrund von arteriellen Drucksenkungen laufen entgegengesetzte Reaktionen mit dem Ergebnis ab, daß der *arterielle Druck wieder ansteigt.*

Dieser **homöostatische Selbststeuerungsmechanismus** des Kreislaufs bildet einen in sich geschlossenen *Funktions-(Regel-)kreis* (Abb. 20-

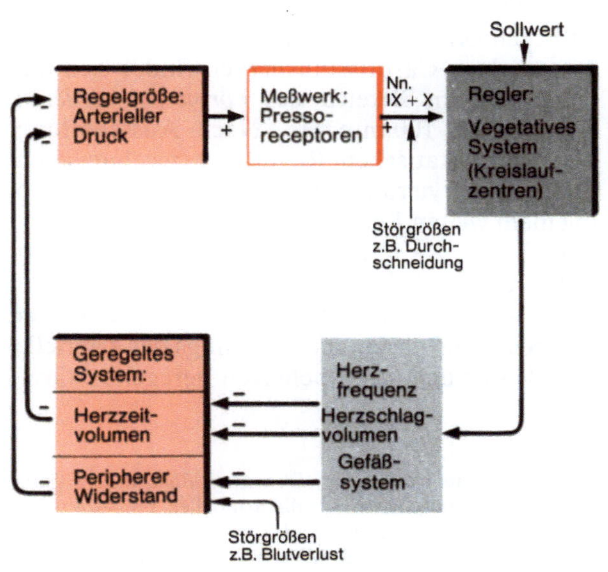

Abb. 20-29. Blockschema der Blutdruckregelung durch die arteriellen Pressoreceptoren. Fördernde Wirkungen sind mit + und hemmende Wirkungen mit − angedeutet

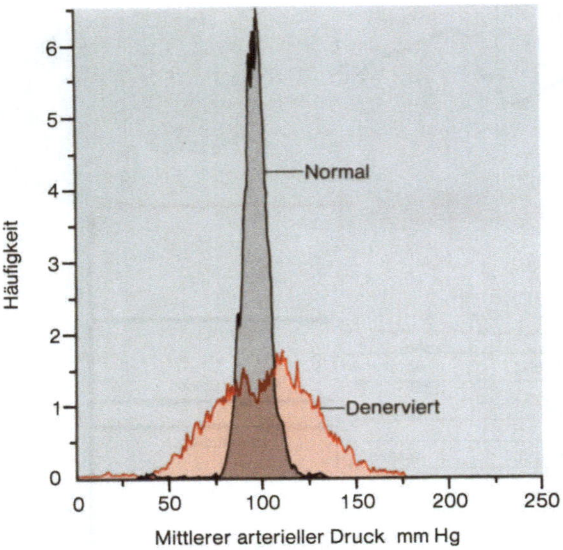

Abb. 20-30. Häufigkeitsverteilung des mittleren Blutdrucks über 24 h an einem Hund mit intakten Pressoreceptoren (normal) und mehrere Wochen nach Denervierung der Pressoreceptoren (denerviert.) (Nach GUYTON [8])

29), in dem die von den arteriellen Pressoreceptoren reflektorisch ausgelösten Änderungen des Strömungswiderstandes und des Herzzeitvolumens bei *akuten* Abweichungen des arteriellen Drucks eine schnelle *Wiederannäherung an die Ausgangswerte* bewirken.
Der „stabilisierende" Einfluß der von den arteriellen Pressoreceptoren ausgehenden reflektorischen Anpassungsvorgänge zeigt sich sehr deutlich in der Häufigkeitsverteilung der über 24 h gemessenen Blutdruckwerte (Abb. 20-30). Bei *intakten* Carotissinusnerven findet sich ein *Maximum* im Bereich des *normalen mittleren Drucks* von 100 mm Hg. Nach Ausschaltung der homöostatischen Regulationsmechanismen durch Denervierung streuen die Werte dagegen in einem weiten Bereich nach oben und unten.
Die früher als *„reflektorische Selbststeuerung des Kreislaufs"* bezeichneten Vorgänge stellen einen wichtigen Teil der **Kreislaufregulation im engeren Sinne** dar, wobei allerdings der arterielle Druck nur eine von mehreren geregelten Größen ist.

Bei experimentell erzeugter *chronischer Blutdruckerhöhung (Hypertonie)* **adaptieren** sich die arteriellen Pressoreceptoren unter Beibehaltung ihrer *vollen Funktion* im Verlauf einiger Tage an das *erhöhte Druckniveau.* Aufgrund dieses sog. Resetting werden Drucksenkungen durch die blutdruckstabilisierenden Effekte vermindert und der Selbststeuerungsmechanismus trägt durch die Fixierung der erhöhten Druckwerte zur Ausbildung weiterer pathologischer Veränderungen bei. In neuerer Zeit wird versucht, die reflektorisch ausgelösten Effekte auf den Blutdruck *therapeutisch* zu nutzen und bei Patienten mit medikamentös nicht zu beeinflussenden Hypertonieformen durch pulssynchrone bzw. Dauerreizung der Sinusnerven über implantierte Elektroden *(baropacing)* den Blutdruck zu senken.
Eine verstärkte Erregung der Pressoreceptoren durch *Druck* oder *Schlag* auf den Carotissinus von außen löst ebenfalls Abnahmen des Blutdrucks und der Herzfrequenz aus. Bei älteren Menschen mit arteriosklerotischen Gefäßveränderungen kann dabei der Blutdruck sehr stark absinken und ein vorübergehender Herzstillstand mit Bewußtseinsverlust auftreten *(Carotissinussyndrom).* In den meisten Fällen setzt nach 4–6 s die Herztätigkeit wieder ein, wobei zunächst häufig ein AV-Rhythmus (s. S. 463) vorliegt, bis sich wieder ein normaler Sinusrhythmus einstellt. Gelegentlich kann durch anhaltenden Herzstillstand auch der Tod eintreten. Bei anfallsweise auftretenden Herzfrequenzsteigerungen *(paroxysmale Tachykardie)* ist es andererseits u.U. möglich, durch ein- oder doppelseitigen Druck auf den Carotissinus die Herzfrequenz zu normalisieren.

Einflüsse der arteriellen Pressoreceptoren auf andere ZNS-Funktionen. Als Folge einer verstärkten Erregung der Pressoreceptoren werden über die medullären Kreislaufzentren hinaus zahlreiche *andere Funktionen des ZNS gehemmt.* So treten u.a. Hemmungen der Atmung, Abnahmen des Muskeltonus und der efferenten γ-Innervation der Muskelspindeln sowie Abschwächungen der Eigenreflexe auf. Im EEG finden sich Tendenzen zur Synchronisierung. Wache Tiere reagieren auf starke Dehnung der Carotissinusregion mit motorischer Inaktivität oder sogar mit Schlaf.

Einflüsse der arteriellen Pressoreceptoren auf das Blutvolumen. Als Folge der reflektorisch ausgelösten vasomotorischen Reaktionen im Bereich der prä- und postcapillären Gefäßabschnitte treten zwangsläufig auch Änderungen des *effektiven hydrostatischen Capillardrucks* mit entsprechenden Rückwirkungen auf das *capilläre Filtrations-Reabsorptionsgleichgewicht* auf. Bei *verstärkter* Pressoreceptorenerregung infolge von arteriellen Drucksteigerungen wird durch die damit verbundenen vasodilatatorischen Reaktionen der effektive Capillardruck und somit die *capilläre Filtration* aus dem intravasalen in den interstitiellen Raum *erhöht.* Bei *verminderter* Pressoreceptorenerregung treten dagegen entgegengesetzte Reaktionen auf. Diese Vorgänge dürften bereits vor Umstellungen des totalen peripheren Widerstandes und der Gefäßkapazität einsetzen.

Aufgrund dieser Effekte können v.a. in der Skeletmuskulatur mit ihrer großen Capillaroberfläche und einem stark variablen interstitiellen Volumen relativ schnell erhebliche Flüssigkeitsmengen zwischen intravasalem und interstitiellem Raum ausgetauscht werden. Bei schwerer Muskelarbeit kann daher das Plasmavolumen durch die präcapilläre Dilatation in 15–20 min um 10–15% abnehmen. Entgegengesetzte Effekte, d.h. Zunahmen des intravasalen Volumens durch Reabsorption von interstitieller Flüssigkeit, treten z.B. bei Blutdrucksenkungen auf und werden ebenfalls schnell wirksam, wobei jedoch im weiteren Verlauf eine Trennung von anderen mittelfristigen Regulationsmechanismen nicht mehr möglich ist (s.S. 545).

Reflexe von kardialen Dehnungsreceptoren

Vorhofreceptoren. In beiden Vorhöfen finden sich 2 funktionell wichtige Typen von **Dehnungsreceptoren.** Die **A-Receptoren** werden während der *Vorhofkontraktion,* die **B-Receptoren** dagegen während der *späten Ventrikelsystole* bzw. beim Anstieg des Vorhofdrucks zur v-Welle erregt (Abb. 20-31). Die A-Receptoren werden durch Kontraktion der Vorhofmuskulatur aktiviert, die B-Receptoren reagieren dagegen auf passive Dehnung (erhöhter Vorhofdruck). Die afferenten Impulse der Vorhofreceptoren verlaufen in sensiblen Fasern des *N. vagus* zu den *medullären Kreislaufzentren* und anderen Strukturen des ZNS.

Einflüsse der Vorhofreceptoren auf den Blutdruck und die Herzfunktion. Bei isolierter Erregung der **B-Receptoren** treten *weitgehend ähnliche* reflektorische Effekte wie bei Erregung der arteriellen Pressoreceptoren auf, d.h. sie verursachen eine *Hemmung* von *sympathischen* und eine *Erregung* von *parasympathischen Strukturen* in den medullären Kreislaufzentren mit entsprechenden kardiovasculären Effekten (s.S. 540ff.). Ein Unterschied besteht darin, daß die **B-Receptoren** besonders starke vasomotorische Wirkungen an den *Nierengefäßen,* die *arteriellen Pressoreceptoren* dagegen an den *Muskelgefäßen* (s.o.) ausüben. Eine veränderte Erregung der B-Receptoren dürfte daher überwiegend die von der Nierendurchblutung mitbestimmte *renale Flüssigkeitsausscheidung* beeinflussen.

Die Receptoren in den Vorhöfen nehmen zusammen mit funktionell offenbar identischen Receptoren an der Einmündung der Hohlvenen in den rechten Vorhof bei der Regulation des *intravasalen Volumens* insofern eine Sonderstellung ein, als sie durch ihre Lokalisation den Füllungszustand des Gefäßsystems und die Dynamik der Ventrikelfüllung optimal erfassen können und zugleich sehr empfindlich reagieren. Dementsprechend beeinflussen bereits geringe Änderungen des Füllungszustandes des Gefäßsystems den Erregungszustand dieser Receptoren, deren afferente Impulse auch die *osmoregulatorischen Strukturen im Hypothalamus* erreichen, von denen die **ADH-Sekretion** gesteuert wird (s.S. 548).

Durch Erregung der **A-Receptoren** wird dagegen die *Aktivität des sympathischen Systems* offenbar *erhöht.* Die Tachykardie, die experimentell häufig (jedoch nicht regelmäßig) durch extreme Steigerungen des Vorhofdrucks im Zusammenhang mit schnellen Infusionen großer Flüssigkeitsmengen auftritt, soll auf einer Erregung von A-Receptoren beruhen **(Bainbridge-Reflex).** Die Inkonstanz der Reaktion könnte dabei mit einer unterschiedlichen Aktivierung von A- und B-Receptoren in Abhängigkeit von den Versuchsbedingungen erklärt werden. Die physiologische Bedeutung des Bainbridge-Reflexes ist allerdings zweifelhaft.

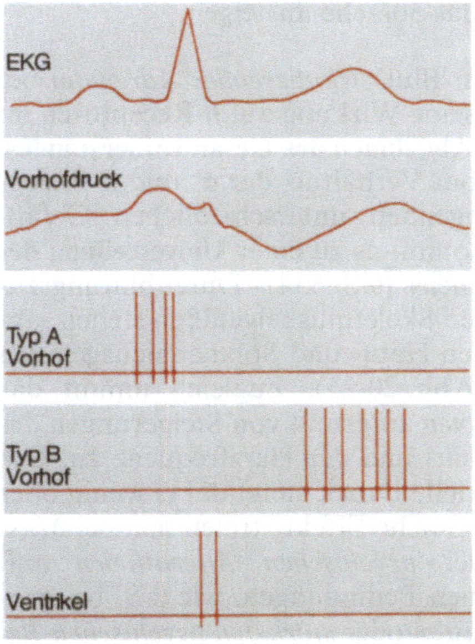

Abb. 20-31. Aktivität von Vorhofreceptoren vom Typ A und B sowie eines Ventrikelreceptors in Beziehung zum EKG und Druck im linken Vorhof. (Nach Daten von PAINTAL)

Ventrikelreceptoren. In den Ventrikeln sind in geringer Zahl ebenfalls **Dehnungsreceptoren** vorhanden, deren afferente Fasern wie die der Vorhofreceptoren in *Vagusästen* verlaufen. Sie werden nur während der isovolumetrischen Kontraktion (unmittelbar nach der R-Zacke im EKG) erregt (Abb. 20-31).

Diese Receptoren sollen unter normalen Bedingungen die *negativ chronotropen* vagalen Einflüsse auf die Herzfrequenz aufrechterhalten, bei extremer Dehnung der Ventrikel jedoch eine reflektorische Bradykardie und Vasodilatation auslösen. Die physiologische Bedeutung dieser

Effekte ist jedoch noch nicht ausreichend gesichert.
Intravenöse Injektionen von verschiedenen *pharmakologischen Substanzen,* z.B. Veratrin, Nicotin, Serotonin u.a., können durch eine Erregung von Dehnungs- (und anderen) Receptoren *reflektorische Abnahmen der Herzfrequenz* und *vasodilatatorische Reaktionen* auslösen, so daß der Blutdruck abfällt und außerdem eine Apnoe auftritt **(Bezold-Jarisch-Reflex).** Die Herz- und Gefäßeffekte treten auch nach Injektion in die linke Coronararterie oder nach Applikation der Substanzen auf die Oberfläche des linken Ventrikels auf **(coronarer Chemoreflex).** Die Apnoe entsteht dagegen durch eine Erregung von pulmonalen Receptoren.

Reflexe von arteriellen Chemoreceptoren

Die Kreislaufwirkungen der Chemoreceptoren im Glomus caroticum bzw. aorticum (s. Abb. 20-27) sind im Gegensatz zu denen der Pressoreceptoren *keine echten* proprioceptiven Regulationsvorgänge, da *adäquate Reize* für ihre Erregung *Abnahmen des O_2-Partialdrucks* (und *Zunahmen des CO_2-Partialdrucks* bzw. der *H^+-Konzentration*) sind. Die afferenten Impulse der Chemoreceptoren stimulieren sowohl die „Atemzentren" (s.S. 605ff.) als auch die „Kreislaufzentren" in der Medulla oblongata, wobei es teilweise zur Überlagerung antagonistischer Reaktionen kommt [12, 44].
In Experimenten, in denen die atembedingten Rückwirkungen auf die Kreislauffunktion durch künstliche Beatmung konstant gehalten werden, löst eine *Erregung der Chemoreceptoren* durch direkte Wirkungen auf die medullären Kreislaufzentren **vasoconstrictorische Reaktionen** und **Abnahmen der Herzfrequenz** aus. Dabei sind die Zunahmen des peripheren Widerstandes relativ stärker als die Abnahmen des Herzzeitvolumens, so daß der *Blutdruck ansteigt.* Gleiche Effekte treten auch bei isolierter Minderdurchblutung der Glomera infolge von *arteriellen Drucksenkungen* auf und wirken somit — ebenso wie die dabei vorhandene verminderte Erregung der Pressoreceptoren — einem weiteren Druckabfall entgegen. Unter „normalen" Bedingungen werden diese Effekte jedoch nicht nur durch atmungsbedingte Einflüsse, sondern auch durch mögliche Wirkungen auf die Gefäße modifiziert. So werden bei O_2-Mangel in der Atemluft die *reflektorisch* ausgelösten *vasoconstrictorischen* von den hypoxisch bedingten *lokalen vasodilatatorischen* Reaktionen (s.S. 534ff.) überlagert, wobei Herzfrequenz sowie Herzzeitvolumen zunehmen.

Ischämiereaktion des ZNS

Die Ischämiereaktion des ZNS entspricht einer *Erregung* der *medullären Kreislaufzentren,* bei der *vasoconstrictorische* Reaktionen und dadurch verursachte *Blutdrucksteigerungen* dominieren. Sie entsteht durch eine unzureichende Versorgung des Gehirns infolge von Abnahmen des arteriellen Drucks durch arterielle Hypoxie oder durch Störungen der Hirndurchblutung aufgrund von Gefäßerkrankungen, Hirntumoren u.a. Die Erregung der medullären Strukturen erfolgt offenbar durch *Zunahmen* der *H^+*-bzw. *CO_2-Konzentration* (und anderer Metabolite(?)). Dabei könnte es sich entweder um *direkte* Wirkungen auf *reticuläre Ganglien* oder um Einwirkungen der extracellulären [H^+] auf *chemosensible Areale* der Stammhirnoberfläche (wie bei der Atmungsregulation, s.S. 606) handeln. Bei arterieller Hypoxie dürften die Reaktionen zusätzlich durch reflektorisch über eine Erregung der arteriellen Chemoreceptoren ausgelöste Effekte verstärkt werden. Die Intensität der Reaktionen hängt vom Ausmaß der Versorgungsstörung ab. Unter extremen Bedingungen wird durch die Vasoconstriction z.B. die Nierendurchblutung so stark eingeschränkt, daß die Urinproduktion sistiert. Der *arterielle Druck* kann dabei auf Werte von *250 mm Hg* und mehr ansteigen.

Kreislaufwirkungen von Adrenalin und Noradrenalin im zirkulierenden Blut

Die *Erregung der sympathischen medullären Kreislaufzentren* führt aufgrund der analogen Innervation des Nebennierenmarks zu einem sympathischen Ganglion — wie jede andere Stimulation des sympathischen Nervensystems — zu einer unterschiedlich starken Freisetzung von *Adrenalin* und *Noradrenalin.* Die unter Ruhebedingungen geringe Abgabe kann in extremen Situationen unter Erhöhung des Noradrenalinanteils bis auf das 50fache ansteigen.

Adrenalin. Im Blut *zirkulierendes Adrenalin* bewirkt durch seine Wirkung auf β-Receptoren im allgemeinen **Abnahmen des Gesamtwiderstandes.** Durch die vom Verhältnis der α- und β-Receptoren abhängenden unterschiedlichen Gefäßreaktionen kommt es zu einer **Umverteilung des Herzzeitvolumens** (s.S. 534). Durchblutungszunahmen in den Skeletmuskelgefäßen stehen -abnahmen in den Haut- und Splanchnicusgefäßen gegenüber (Abb. 20-25). Zugleich nimmt das Herz*zeitvolumen* aufgrund von Steigerungen des Schlagvolumens und der Herzfrequenz zu. Der mittlere arterielle Druck steigt dabei wenig oder gar nicht an. Solche Effekte treten u.a. bei *Muskelarbeit* oder *psychischen Alterationen* auf. Unter extremen Bedingungen, wie z.B. bei großen *Blutverlusten* oder *stärksten psychischen Belastungen* (Angst, Schreck, Wut), können allerdings die Adrenalinkonzentrationen so stark ansteigen, daß durch Erregung der α-Receptoren constrictorische Reaktionen in den Vordergrund treten (Abb. 20-25).

Noradrenalin. Im Blut *zirkulierendes Noradrenalin* verursacht in überschwelligen Konzentrationen durch Erregung der α-Receptoren ausschließlich **Erhöhungen des Strömungswiderstandes** (Abb. 20-25). Der arterielle Druck steigt dementsprechend an. Als Folge der damit verbundenen verstärkten Erregung der arteriellen Pressoreceptoren (s. S. 540) wird die Herzfrequenz *reflektorisch* gesenkt. Das Herzzeitvolumen nimmt dementsprechend ab, zumal auch das Herzschlagvolumen kleiner wird. Die relativ niedrige Noradrenalinkonzentration im Blut dürfte allerdings selbst bei maximaler Aktivierung des Nebennierenmarks nicht ausreichen, um die gleichgerichteten nervös ausgelösten Gefäßwirkungen zu verstärken.

Mittelfristige Regulationsmechanismen

Als mittelfristige Regulationsmechanismen sind a) die *transcapillären Volumenverschiebungen,* b) die *Streßrelaxation der Gefäße* und c) der *Renin-Angiotensin-Mechanismus* anzusehen. Die Wirkungen setzen langsam im Verlauf von Minuten ein und sind erst nach Stunden voll ausgebildet.

Transcapilläre Volumenverschiebungen. Die capillären Filtrations-Reabsorptionsbedingungen werden — über die v.a. in den Muskelgefäßen reflektorisch ausgelösten vasomotorischen Reaktionen (s. S. 542) hinaus — im gesamten Organismus durch die Drücke im Gefäßsystem beeinflußt (Einzelheiten s. S. 530ff.). So sind *Steigerungen* des arteriellen und bzw. oder des venösen Drucks in der Regel auch mit *Zunahmen* des effektiven Capillardrucks verbunden, die eine *vermehrte Filtration* in den interstitiellen Raum bewirken, so daß das *intravasale Volumen abnimmt.* Aufgrund der Zusammenhänge zwischen *mittlerem Füllungsdruck, venösem Rückstrom und Schlagvolumen* wird durch diese Vorgänge der *arterielle Druck* gesenkt (s. auch S. 525). Bei primären Drucksenkungen werden durch eine *vermehrte capilläre Reabsorption* entgegengesetzte Änderungen der o.a. Parameter ausgelöst und der *arterielle Druck erhöht.*

Streßrelaxation der Gefäße. Steigerungen des arteriellen Drucks, die aufgrund der beschriebenen Wirkungen des mittleren Füllungsdrucks auch durch Zunahmen des intravasculären Volumens ausgelöst werden können, werden durch die Eigenschaft der Gefäße abgeschwächt, auf Drucksteigerungen im Anschluß an die initiale Dehnung mit langsamen Zunahmen der Dehnbarkeit (*delayed compliance,* s. S. 512) zu reagieren. Bei Abnahmen des intravasculären Volumens treten entgegengesetzte Reaktionen auf und bewirken eine Anhebung des arteriellen Drucks. Diese als *„Streßrelaxation"* bzw. *„reverse stress-relaxation"* bezeichneten Eigenschaften sind bei den Kapazitätsgefäßen besonders deutlich ausgeprägt und führen dazu, daß die Drücke selbst bei größeren Volumenänderungen im Verlauf von 10–60 min wieder in den Bereich der Ausgangswerte zurückkehren.

Renin-Angiotensin-System (RAS). Renin ist ein Enzym, das in den granulierten Zellen des juxtaglomerulären Apparates der Nieren gebildet und gespeichert wird. Renin wandelt nach Freisetzung das in der Leber gebildete *Angiotensinogen* (α_2-Globulin) in *Angiotensin I* (Decapeptid) um. Durch das im Plasma befindliche *„converting enzyme"* wird Angiotensin I vorwiegend im Lungenkreislauf in *Angiotensin II* (Octapeptid) überführt. Der Abbau von Angiotensin II in inaktive Peptide erfolgt durch *Angiotensinasen* (Abb. 20-32).
Jede Form einer **renalen Minderdurchblutung** — gleichgültig, ob sie auf einer *allgemeinen Blut-*

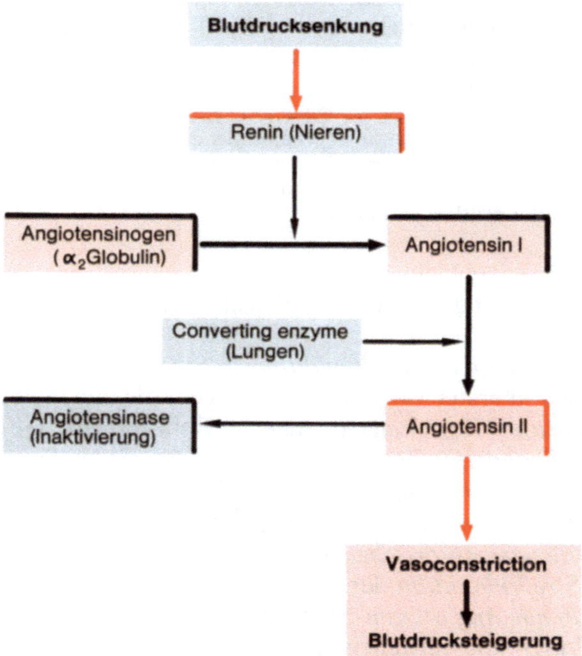

Abb. 20-32. Reihenfolge der Reaktionen beim Renin-Angiotensin-System zur Regulation des Blutdrucks

drucksenkung oder *lokalen vasoconstrictorischen Reaktion* bzw. *pathologischen Veränderungen der Nierengefäße* beruht — löst eine **vermehrte Reninfreisetzung** (Abb. 20-32) aus. Gleiche Effekte gehen von einer *verminderten Erregung der Vorhof- und arteriellen Pressoreceptoren* bei Abnahmen des intravasalen Volumens aus. Die Reninfreisetzung wird außerdem durch Änderungen der *Elektrolytkonzentration,* speziell durch eine *Hyponatriämie* stimuliert [27, 38].

Angiotensin II löst *sehr starke, direkte vasoconstrictorische* Reaktionen an Arterien und in abgeschwächter Form auch an Venen sowie eine *Aktivierung* von *zentralen und peripheren Strukturen des sympathischen Systems* mit dem Ergebnis aus, daß der totale *periphere Widerstand* zunimmt und dadurch der *Blutdruck ansteigt.* Unabhängig davon ist Angiotensin II der wichtigste Stimulator für die Sekretion von *Aldosteron* aus der Nebennierenrinde (s.S. 548).
Der Renin-Angiotensin-Mechanismus erreicht seine volle Wirksamkeit nach etwa 20 min und behält sie in der Folgezeit leicht abgeschwächt bei. Er trägt bei *pathologisch erniedrigtem Blutdruck* und bzw. oder bei *reduziertem Blutvolumen* wesentlich zur Normalisierung der Kreislauffunktionen bei. Die Renin-Angiotensin-Konzentration im Blut scheint auch an der Steuerung des *Durstmechanismus* beteiligt zu sein, wobei Zunahmen der Renin-Angiotensin-Konzentration den Durst steigern und umgekehrt. Das starke Durstgefühl nach größeren Blut- oder Flüssigkeitsverlusten könnte darauf zurückgeführt werden.

Der Renin-Angiotensin-Mechanismus dürfte außerdem bei einer bestimmten Form der *renalen Hypertonie* eine Rolle spielen, bei der die Renin- und Angiotensinkonzentration im Blut deutlich erhöht ist.

Langfristige Regulationsmechanismen

Die *langfristigen Regulationsmechanismen* beruhen in erster Linie auf Vorgängen, die das *intravasale Flüssigkeitsvolumen* in Relation zur *Gefäßkapazität* beeinflussen. Auf der einen Seite erfolgt eine *Anpassung der Kapazität* an das intravasale Volumen durch die bereits dargestellten *vasomotorischen Reaktionen* (s.S. 540f.), der *Streßrelaxation* der Gefäße (s.S. 512) sowie das *Renin-Angiotensin-System* (s.o.) im Rahmen der kurz- und mittelfristigen Regulationsmechanismen. Auf der anderen Seite findet eine *Anpassung des intravasalen Volumens* an die Kapazität zwar durch den *transcapillären Flüssigkeitsaustausch* (s.S. 531) statt, der aber nur Flüssigkeitsverschiebungen zwischen intravasalem und interstitiellem Volumen (als wichtigsten Teilen des extracellulären Flüssigkeitsvolumens) zuläßt und damit nur begrenzt wirksam ist. *Quantitative Änderungen* des *extracellulären Flüssigkeitsvolumens* sind dagegen unter normalen Bedingungen nur durch Verschiebungen des Gleichgewichtes zwischen **Nettoflüssigkeitsaufnahme,** d.h. der oral aufgenommenen Flüssigkeit abzüglich aller auf anderen Wegen mit Ausnahme der Nieren abgegebenen Mengen, und **renaler Flüssigkeitsausscheidung** zu erzielen. Die *Regulation* des *extracellulären Volumens* ist daher nicht nur für einen ausgeglichenen *Wasser- und Elektrolythaushalt,* sondern auch für die normale *Kreislauffunktion* äußerst wichtig. Folgende Systeme sind daran beteiligt: 1. das *renale Volumenregulationssystem,* 2. das *Adiuretinsystem* und 3. das *Aldosteronsystem.*

Renales Volumenregulationssystem. Die Regulation des Blutdrucks erfolgt bei diesem System durch folgende in Abb. 20-33 schematisch dargestellten Vorgänge:
Steigerungen des Blutdrucks lösen eine *vermehrte renale* Flüssigkeitsausscheidung aus (1). Als deren Folge nehmen das *extracelluläre Flüssigkeitsvolumen* (2) und dadurch auch das *Blutvolumen* (3) ab. Das kleinere Blutvolumen bewirkt *Abnahmen* des *mittleren Füllungsdrucks* (4), durch die der *venöse Rückstrom* (5) eingeschränkt wird und konsekutiv das *Herzzeitvolumen* (6) reduziert wird. Das kleinere Herzzeitvolumen führt zu *Senkungen* des Blutdrucks im Sinne einer Rückkehr auf die Ausgangswerte.
Senkungen des Blutdrucks lösen *entgegengesetzte Reaktionen* aus, d.h. die renale Flüssigkeitsausscheidung nimmt ab, das Blutvolumen wird vergrößert, der venöse Rückstrom sowie das Herzzeitvolumen nehmen zu und der Blutdruck steigt wieder an.
Die Koppelung zwischen der Größe des *arteriellen Drucks* einerseits und Änderungen des *Herzzeitvolumens* bzw. des *totalen peripheren Widerstandes* andererseits nach $P = \dot{V} \cdot R$ soll bei diesen Vorgängen durch **autoregulative Reaktionen** (s.S. 513) erfolgen. Es gibt experimentelle Hinweise, daß in Widerstandsgefäßen mit autoregulativen Eigenschaften die *auslösenden stromstärkeabhängigen Druckänderungen* den lokalen Strömungswiderstand um das 5- bis 10fache verstärken. Relativ kleine *chronische* Zunahmen des extracellulären Volumens von 2–3% könnten demnach *Blutdrucksteigerungen bis zu 50%* verursachen [8, 34, 37].

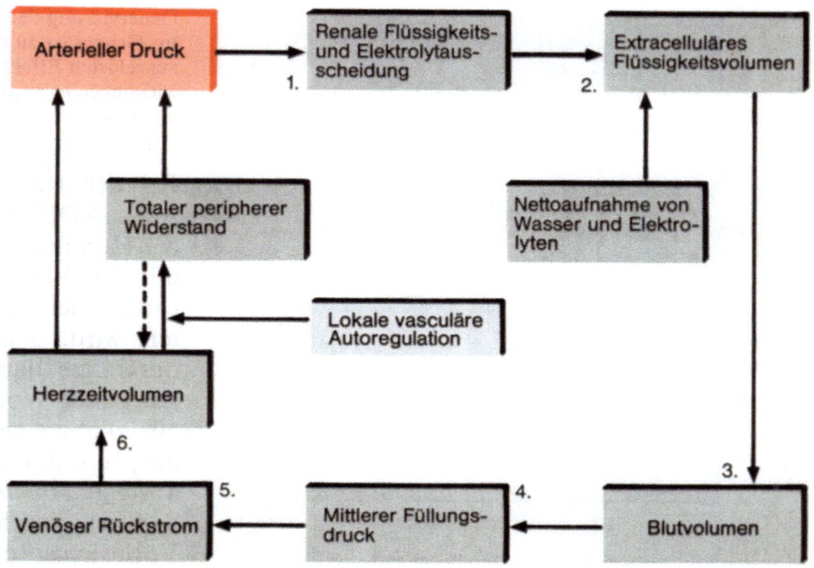

Abb. 20-33. Blockschema des renalen Volumenregulationssystems zur langfristigen Regulation des Blutdrucks. (Modifiziert nach GUYTON [8])

Die o.a. Aussagen widersprechen nicht der Beobachtung, daß der Blutdruck bei *akuten* Änderungen des Blutvolumens durch schnelle Infusion größerer Flüssigkeitsmengen *nicht wesentlich ansteigt*, weil in diesen Fällen die theoretisch zu fordernden Blutdrucksteigerungen durch die kurzfristig wirkenden *reflektorischen* Regulationsmechanismen ausgeglichen und das erhöhte Flüssigkeitsvolumen durch die Nieren ausgeschieden wird, bevor eine Adaptation der neuralen Regulationsmechanismen eingetreten ist. Bei Tieren mit experimentell ausgeschalteten reflektorischen Kontrollsystemen lösen größere Infusionen deutliche Steigerungen des Herzzeitvolumens und des arteriellen Drucks aus, die anschließend in enger Relation zur Normalisierung des Flüssigkeitsvolumens durch eine vorübergehend verstärkte renale Ausscheidung wieder abklingen. Andererseits ist es beim Menschen in vielen Fällen möglich, erhöhte Blutdruckwerte durch eine *Reduzierung des extracellulären Flüssigkeitsvolumens* mit Hilfe von diuretisch wirkenden Substanzen zu *senken.*

Beziehungen zwischen Blutdruck und renaler Flüssigkeitsausscheidung. Die Wirksamkeit der Blutdruckregulation in diesem System ist abhängig vom Verhältnis zwischen Änderungen des Blutdrucks zu den damit verbundenen Änderungen der renalen Flüssigkeitsausscheidung. Die Abb. 20-34 gibt diese Beziehung bei ausgeglichener Flüssigkeitsbilanz (Punkt A) sowie bei experimentell veränderter Wasser- und Elektrolytzufuhr wieder. Der steile Verlauf der sog. **Urinausscheidungskurve** beim intakten Tier oberhalb des „normalen" Mitteldrucks von 100 mm Hg (Punkt A) bedeutet, daß bereits *sehr kleine Steigerungen des arteriellen Drucks* mit *erheblichen Zunahmen der renalen Flüssigkeitsausscheidung* verbunden sind. Sie betragen anfangs pro mm Hg fast 100%, so daß Drucksteigerungen von ca. *10 mm Hg* rund 6fache Steigerungen der Urinproduktion auslösen. Bei abnehmenden Drücken unterhalb des „Normalwertes" sinkt dagegen die Flüssigkeitsausscheidung immer mehr ab und sistiert schließlich völlig. Als Folge dieser starken Änderungen der renalen Flüssigkeitsausscheidung treten entsprechende Änderungen des extracellulären Flüssigkeitsvolumens auf, die über die o.a. Vorgänge den arteriellen Druck auf die Ausgangswerte zurückführen.

Einfluß erhöhter Flüssigkeitsaufnahme. Auf der anderen Seite läßt sich aus Abb. 20-34 entnehmen, daß selbst größere Änderungen der *Nettoflüssigkeitsaufnahme* den mittleren arteriellen Druck nur unwesentlich beeinflussen. Bei einmaliger Zufuhr größerer Mengen kehren erhöhter arterieller Druck und vermehrte Flüssigkeitsausscheidung relativ schnell auf den Wert bei normaler Flüssigkeitsaufnahme zurück. Bei ständig erhöhter Zufuhr bildet sich dagegen ein neues Gleichgewicht zwischen Nettoaufnahme und Ausscheidung mit nur geringfügig erhöhtem mittlerem Druck aus.

Empfindlichkeit des Regulationssystems. Lage und Verlauf der Urinausscheidungskurve weisen *erhebliche individuelle Unterschiede* auf. *Seitliche* Parallelverschiebungen entstehen durch eine Verlagerung des Gleichgewichtes zwischen Flüssigkeitsaufnahme und -ausscheidung (Punkt A) in den Bereich *höherer* oder *niedrigerer arterieller Drücke,* von denen aus die Regulation des arteriellen Drucks mit *gleicher Empfindlichkeit* durch Änderungen der renalen Flüssigkeitsausscheidung erfolgt. Solche Verschie-

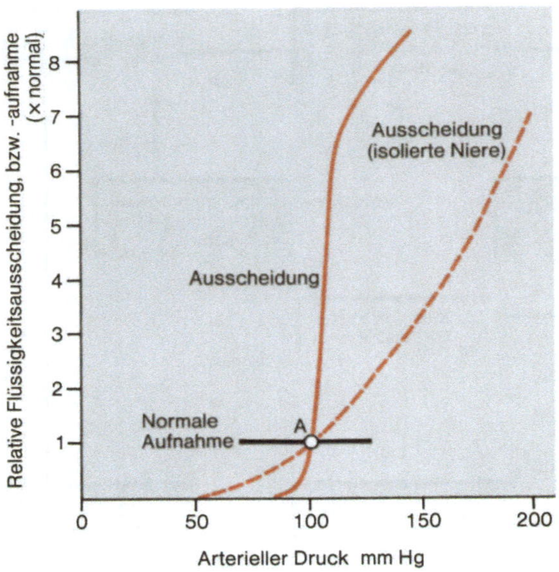

Abb. 20-34. Änderungen der renalen Flüssigkeitsausscheidung (Urinausscheidungskurve) in Relation zum arteriellen Mitteldruck im Rahmen der langfristigen Kreislaufregulation durch das renale Volumenkontrollsystem. (Nach GUYTON [8])

bungen können funktionell durch **vasomotorische Reaktionen** ausgelöst werden. Lage und Verlauf der Urinausscheidungskurve werden darüber hinaus auch durch **Hormone** (*Adiuretin* und *Aldosteron*) und *andere Faktoren* (Prostaglandine, Kinine, Angiotensin u.a.) modifiziert, wobei allerdings Einzelheiten über die äußerst komplexen Zusammenhänge noch nicht genau bekannt sind. Die wesentlich *geringeren Änderungen* der Flüssigkeitsausscheidung bei Druckänderungen an *isolierten* Nieren (gestrichelte Kurven in Abb. 20-34) sind als Ausdruck solcher Einflüsse zu werten.

Adiuretinsystem (ADH-System). Das *antidiuretische Hormon (ADH) = Adiuretin* bzw. *Vasopressin* (s. S. 396f.) löst in mittleren und hohen Dosen *vasoconstrictorische Reaktionen* aus, die besonders deutlich an den *Arteriolen* ausgeprägt sind. Seine *Hauptwirkung* besteht allerdings in der Kontrolle der Wasserresorption im distalen Tubulus (Einzelheiten s. S. 802f.).

Bei den *Gefäßwirkungen* wurde bisher angenommen, daß ADH in *physiologischen Konzentrationen* unwirksam sei. Neuere tierexperimentelle Untersuchungen zeigen jedoch, daß zumindest bei stärkeren **Abnahmen des Blutdrucks** größere Mengen ADH aus dem Hypophysenhinterlappen freigesetzt werden, die durch ihre *direkten* constrictorischen Wirkungen auf die glatte Gefäßmuskulatur den *totalen peripheren Widerstand* erhöhen und damit zur Stabilisierung bzw. Anhebung des Blutdrucks beitragen. Diese Effekte werden unter normalen Bedingungen durch die reflektorischen Regulationsmechanismen überlagert und erst nach Denervierung der arteriellen Pressoreceptoren nachweisbar. Im Gegensatz zu den zunächst dominierenden reflektorisch ausgelösten Effekten schwächen sich die *hormonalen* Gefäßwirkungen *nicht* ab. Die vasculären ADH-Wirkungen könnten daher bei *chronischen Störungen* für die Kreislaufregulation bedeutungsvoll sein [34].

Bei der Regulation des Flüssigkeitsvolumens spielt ADH insofern eine besondere Rolle, als die Homöostase des *intravasalen Volumens* u.a. mit durch die *reflektorisch* ausgelösten Änderungen der ADH-Konzentration aufrechterhalten wird. *Zunahmen des Blutvolumens* lösen durch die damit verbundene verstärkte Erregung der Vorhofreceptoren im Verlauf von 10–20 min eine Hemmung der *ADH-Freisetzung* aus, so daß die renale Flüssigkeitsausscheidung ansteigt. *Abnahmen* des Blutvolumens bewirken dagegen durch die verminderte Erregung der Vorhofreceptoren eine *verstärkte ADH-Freisetzung* und damit eine *Einschränkung* der renalen Flüssigkeitsausscheidung. Dieser bei *akuten* Änderungen des intravasalen Volumens auftretende **volumenregulatorische Reflex** wird auch als **Gauer-Henry-Reflex** bezeichnet [7].

Aldosteronsystem. *Aldosteron* steigert die *tubuläre Resorption von* Na^+ und *Wasser* (durch Osmose) sowie die K^+*-* und H^+*-Sekretion* und *erhöht* auf diese Weise den *Natrium- und extracellulären Flüssigkeitsbestand* des Körpers. (Weitere Einzelheiten s. S. 410f. u. 791f.) Zugleich verstärkt Aldosteron die *Erregbarkeit der glatten Gefäßmuskulatur* gegenüber *constrictorischen Reizen* und unterstützt somit auch die blutdrucksteigernden Wirkungen von Angiotensin II.

Angiotensin II ist seinerseits der *stärkste Stimulator der Aldosteronsekretion.* In allen Fällen, in denen der Renin-Angiotensin-Mechanismus (s. S. 545) aktiviert wird, nimmt daher auch die Aldosteronkonzentration im Blut zu. Wegen dieser engen Verknüpfung werden die Wirkungen der 3 Substanzen häufig auch als *Renin-Angiotensin-Aldosteron-System* zusammengefaßt.

Die *Aldosteronwirkungen* auf den Kreislauf setzen nach Stunden ein und sind erst *nach einigen Tagen voll ausgeprägt.* Eine *vermehrte* Aldosteronproduktion (sog. *Hyperaldosteronismus* bei bestimmten Erkrankungen der Nebennierenrinde) führt zu einer vermehrten Wasser- und Salzretention sowie zu Blutdrucksteigerungen *(Hypertonie)*, eine *verminderte* Aldosteronsekretion dagegen zu Blutdrucksenkungen *(Hypotonie)*.

Aldosteron beeinflußt in ähnlich komplexer Form wie Adiuretin das *renale Volumenregula-*

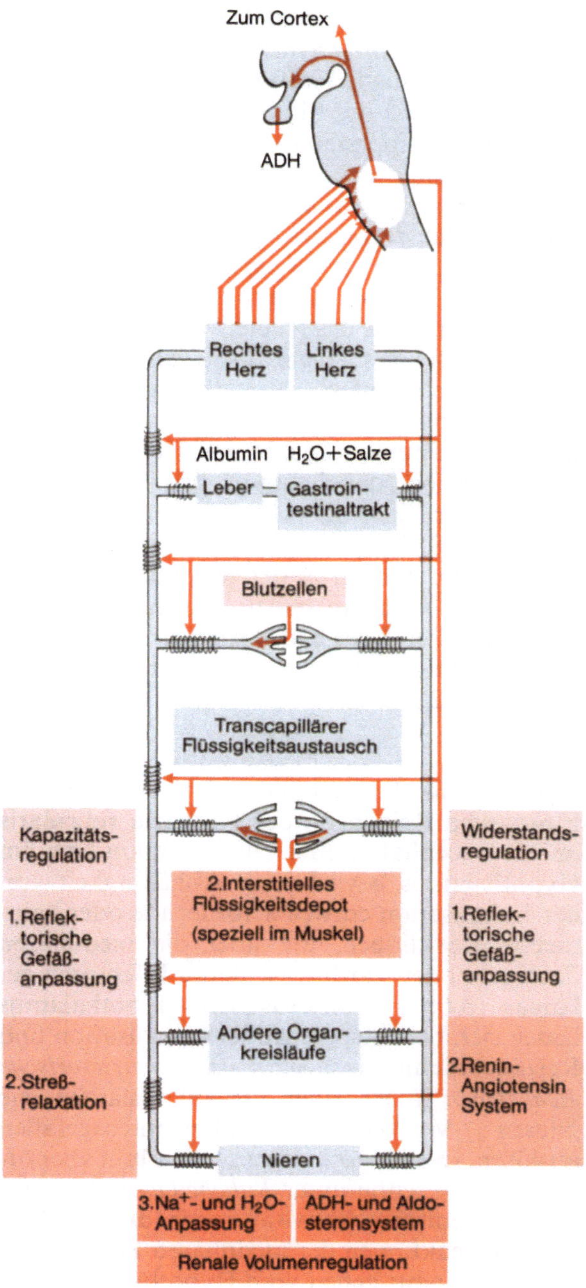

Abb. 20-35. Mechanismen der Widerstands-, Kapazitäts- und Volumenregulation. Für die Abstimmung des Verhältnisses zwischen intravasculärem Volumen und Gefäßkapazität existieren in zeitlicher Reihenfolge 3 „Verteidigungslinien": 1. Überwiegend nerval gesteuerte Anpassung der Gefäßkapazität an das vorhandene Blutvolumen, 2. Verschiebung der Relation zwischen interstitiellem und intravasculärem Volumen und 3. überwiegend hormonal gesteuerte Anpassung der renalen Wasser- und Elektrolytausscheidung. (Modifiziert nach FOLKOW und NEIL [6])

tionssystem, wobei sich die verschiedenartigen Wirkungen gegenseitig ergänzen und insgesamt die Wirksamkeit des renalen Volumenregulationssystems erhöhen.

Von allen an der Kreislaufregulation beteiligten Vorgängen wirkt praktisch *kein einziger ausschließlich* auf einen *einzelnen Parameter.* Es beeinflussen vielmehr nahezu alle Mechanismen mit unterschiedlicher Intensität entweder direkt oder indirekt das *Herzzeitvolumen,* den *totalen peripheren Widerstand,* die *Gefäßkapazität* und das *intravasale Volumen.* Es ergeben sich dabei nicht nur für die **Regulation des Blutdrucks,** sondern auch für die des **Blutvolumens** im Hinblick auf Wirkungseintritt und -dauer 3 *„Verteidigungslinien"* (Abb. 20-35). Bei *akuten Störungen* erfolgt ein Ausgleich überwiegend durch *Reaktionen des Gefäßsystems,* während bei *chronischen Störungen Änderungen des Blutvolumens dominieren.* Diese erstrecken sich zunächst auf den Wasser- und Elektrolytgehalt, denen ggf. mit verschieden starker Verzögerung Änderungen der Plasmaeiweiße und der cellulären Bestandteile des Blutes folgen.

Zentrale Kontrolle des Kreislaufs

An der Kontrolle und Regulation des Kreislaufs sind Strukturen auf *allen Ebenen des ZNS* beteiligt. Stark vereinfacht lassen sich die Funktionen der einzelnen Abschnitte in 4 Gruppen zusammenfassen [6, 12, 37, 42, 44, 45].

Medulläre Zentren. In der **Formatio reticularis** der *Medulla oblongata* und den *bulbären Abschnitten der Pons* liegen anatomisch nicht genau abgrenzbare Strukturen, die zusammengefaßt als **medulläre bzw. rhombencephale Kreislaufzentren** bezeichnet werden. Unter *Ruhebedingungen* kann die *Homöostase des Kreislaufs allein von diesen Zentren* aufrechterhalten werden, wie Versuche an decerebrierten Tieren beweisen. Diese Fähigkeit beruht darauf, daß in bestimmten Gebieten, die als **Vasomotorenzentren** bezeichnet werden, die *tonische Aktivität der sympathischen vasoconstrictorischen Fasern* entsteht, die für den sog. **Ruhetonus** der Gefäße (s. S. 512) verantwortlich ist. Diese tonischen Einflüsse werden allerdings ständig durch *afferente Impulse der kardiovasculären Receptoren* in der Weise beeinflußt, daß *vermehrte afferente Impulse* Abnahmen der Aktivität und damit *vasodilatatorische* Reaktionen, *verminderte afferente Impulse* dagegen Zunahmen der Aktivität und damit *vasoconstrictorische Reaktionen* auslösen. Darüber hinaus wird der Funktionszustand der Vasomotorenzentren dauernd durch

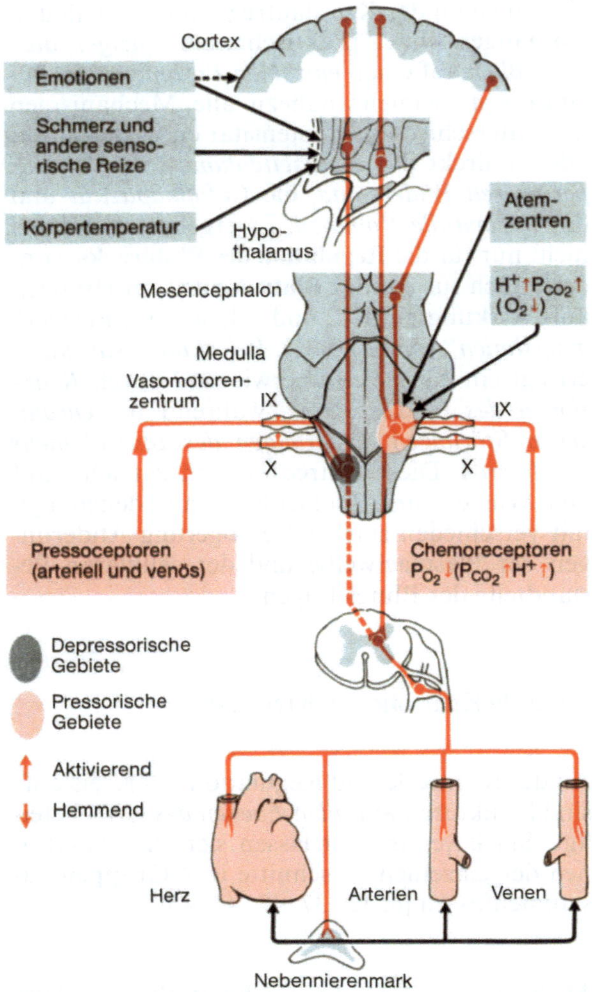

Abb. 20-36. Schematische Darstellung der wichtigsten afferenten und efferenten Verbindungen des medullären Kreislaufzentrums. Die fördernden efferenten Fasern verlaufen aus „pressorischen Gebieten" meist ipsilateral, die hemmenden Fasern aus „depressorischen Gebieten" kreuzen dagegen in der Medulla und gelangen auf der contralateralen Seite zu ventrolateralen Abschnitten des Rückenmarks

„unspezifische" afferente Impulse sowie durch Impulse aus den relativ eng benachbarten Strukturen des *„Atemzentrums"* und aus *höheren Abschnitten des ZNS* beeinflußt [12, 35, 44, 47, 54, 57]. Neben den vasculären Wirkungen gehen aus diesem Gebiet auch *fördernde sympathische* und *hemmende parasympathische* (vagale) Wirkungen auf das *Herz* aus (Abb. 20-36).

Bei elektrischer Reizung der lateralen Abschnitte treten überwiegend pressorische (blutdrucksteigernde), bei Reizung der mediocaudalen Abschnitte des Hirnstamms dagegen überwiegend depressorische (blutdrucksenkende) Reaktionen auf (Abb. 20-36). Eine Erregung der *pressorischen Areale steigert die Aktivität aller sympathischen adrenergen Effectoren,* d.h. Herzfrequenz sowie Kraft und Geschwindigkeit der Kontraktion des Myokards nehmen zu, der Tonus von Widerstands- und Kapazitätsgefäßen wird gesteigert und die Freisetzung von Nebennierenmarkhormonen erhöht, während eine Erregung der *depressorischen Areale die Aktivität des adrenergen sympathischen Systems hemmt.* Bei Durchschneidung des Hirnstammes etwa auf der Höhe des Nucleus cuneatus werden die pressorischen Gebiete abgetrennt, so daß die tonischen efferenten sympathischen Impulse entfallen und ein *starker Blutdruckabfall* auftritt. Die efferenten Fasern der depressorischen Gebiete bleiben dabei zum großen Teil erhalten und unterdrücken die Aktivität der „spinalen" Zentren (s.S. 551), die sich erst nach Unterbrechung dieser Fasern in der Medulla oblongata caudal vom Obex ausbildet. Auf die Beziehung der medullären Kreislaufzentren zu *anderen nervösen Funktionssystemen* wurde bereits verwiesen (s.S. 542).

Hypothalamische Zentren (s. auch S. 377f.). Elektrische Reizungen der **Formatio reticularis** im Mesencephalon oder Diencephalon bzw. im Hypothalamus bewirken in Abhängigkeit von der Lokalisation entweder fördernde oder hemmende Reaktionen, die über die medullären Zentren zu den kardiovasculären Effectoren gelangen (Abb. 20-36). Aus dem Hypothalamus lassen sich bei entsprechender Lokalisation und Reizanpassung isolierte *vasoconstrictorische Reaktionen* in einzelnen Organkreisläufen wie Nieren-, Muskel- oder Splanchnicusgefäßen auslösen. Der Hypothalamus beeinflußt aber offenbar auch schon unter *Ruhebedingungen* ständig die tonische Aktivität sowie die reflektorischen Reaktionen der medullären Zentren.

Darüber hinaus gehen vom Hypothalamus sehr komplexe vegetative **Allgemeinreaktionen** aus, die in Form von fixen Programmen der Selbsterhaltung des Individuums und der Art dienen (s.S. 379f.). So sind Reizungen der *hinteren* Hypothalamusabschnitte mit einer Aktivierung des sympathischen *dilatatorischen* Einflusses auf die Skeletmuskulatur und des sympathischen *adrenergen* Systems auf die übrigen Effectoren verbunden. Blutdruck, Herzfrequenz sowie Herzzeitvolumen steigen dabei an. Durch eine Einbeziehung weiterer Abschnitte des ZNS einschließlich der Hirnrinde werden zusätzliche *vegetative Reaktionen* sowie Zeichen einer *allgemeinen Erregung und gesteigerter Aufmerksamkeit* bis hin zu Anzeichen von Aggression, Wut oder Angst ausgelöst. Dieses Erregungsmuster entspricht einem allgemeinen **„Alarmzustand"**, bei dem die Organfunktionen zweckmäßig auf evtl. erforderliche Leistungen im Zusammenhang mit Angriffs-, Flucht- oder Verteidigungsreaktionen umgestellt werden. Im Gegensatz dazu gehen von *vorderen* Hypothalamusabschnitten *dämpfende* Wirkungen auf die Herz-Kreislauf-Funktionen und andere Funktionen aus, die der Schonung des Organismus dienen und im Zusammenhang mit der Nahrungsaufnahme und der Verdauung stehen.

Bei *Erwärmung* des vorderen Hypothalamus treten *dilatatorische* und bei *Kühlung constrictorische Reaktionen* in den *Hautgefäßen* auf, durch die die Wärmeabgabe des Organismus im Dienste der **Thermoregulation** entsprechend angepaßt wird. Erwärmung des vorderen Hypothalamus löst außerdem constrictorische Reaktionen in den visceralen Gefäßen, Kühlung dagegen Erhöhungen des Muskeltonus bzw. Muskelzittern aus.

Corticale Einflüsse. In der Hirnrinde finden sich zahlreiche Gebiete, von denen bei Reizung Herz- und Gefäßreaktionen ausgelöst werden. Eine Häufung solcher Stellen findet sich a) in *neocorticalen Arealen* der äußeren Konvexität der Hemisphäre, v.a. im Bereich der motorischen und prämotorischen Felder, und b) in *paläocorticalen Arealen,* besonders an den medialen Flächen der Hemisphäre sowie der basalen Oberfläche des Frontal- und Parietallappens.

In den *neocorticalen Arealen* treten bei Reizung überwiegend *pressorische Reaktionen* auf, die meist mit *Zunahmen* der Herzfrequenz kombiniert sind, während die selteneren *depressorischen Reaktionen* meist mit *Abnahmen* der Herzfrequenz einhergehen. Durch eine Dominanz dieser corticalen Effekte können die bei homöostatischen Reflexen auftretenden gegensinnigen Veränderungen von Blutdruck und Herzfrequenz *überlagert* werden.

Reizungen der *motorischen Rindenfelder* können ebenfalls Reaktionen auslösen, die mit Ausnahme der affektiven Komponente einer Alarmreaktion entsprechen. Dabei ist bemerkenswert, daß *lokale Durchblutungssteigerungen* in der Skeletmuskulatur von Arealen ausgehen können, deren Reizung *Kontraktionen der entsprechenden Muskeln* verursacht. Diese Befunde weisen darauf hin, daß vegetative Begleitreaktionen zusammen mit motorischen Bewegungsmustern im Cortex in Form einer **zentralen Mitinnervation** entstehen.

Diese Umstellungen werden in ihrer Gesamtheit als **Erwartungs-** oder **Startreaktionen** bezeichnet und treten beim Menschen vor einer beabsichtigten Leistung auf. Sie sind Ausdruck einer *Abstimmung zwischen vegetativ gesteuerter Kreislaufleistung und somatomotorischer Muskelleistung,* die unabhängig von der nachfolgenden tatsächlichen Leistung und den damit verbundenen Anpassungsvorgängen eintritt. Die *„centrogenen"* vegetativen Impulse werden dabei zum Teil im *Hypothalamus* umgeschaltet, da die Blutdruck- und Herzfrequenzreaktionen nach selektiver Ausschaltung des Hypothalamus ausbleiben. Teilweise dürfte eine Umschaltung auch im *Mesencephalon* erfolgen. Aus diesen Gebieten laufen die Impulse weiter in Fasern zu den medullären Kreislaufzentren und anderen Strukturen der Formatio reticularis, die an der Aktivierung des sympathischen Systems beteiligt sind. Andere vasoconstrictorische Fasern verlaufen in der Pyramidenbahn *direkt* in das Rückenmark. Die bei verschiedenen Species im Cortex entspringenden *sympathischen cholinergen dilatatorischen Fasern* werden im *Hypothalamus* und *Mesencephalon* umgeschaltet und erreichen unter Umgehung der medullären Kreislaufzentren *ohne* weitere Unterbrechung die Seitenhörner des Rückenmarks.

In den *paläocorticalen Abschnitten* lösen Reizungen des vorderen Gyrus cinguli überwiegend *depressorische Kreislaufreaktionen* aus. Bei Reizungen von eng benachbarten Punkten auf der orbito-insulotemporalen Rinde treten teils pressorische, teils depressorische Kreislaufreaktionen auf. Zugleich gehen von den kreislaufwirksamen paläocorticalen Zonen auch Wirkungen auf *andere autonom gesteuerte Funktionen* aus, wie z.B. auf die Atmung, die Magen-Darm-Motorik oder die Drüsentätigkeit.

Spinale Einflüsse. Nach *Durchschneidung* des Rückenmarks zwischen C_6 und Th_1 und damit unter Schonung der Funktion des N. phrenicus sowie der präganglionären sympathischen Fasern tritt bei Tieren zunächst ein tiefer *Abfall des arteriellen Drucks* auf. Die Tiere überleben jedoch und der Blutdruck erreicht nach ca. 1 Woche wieder normale Werte. Dabei können sogar mäßige Blutverluste (bis zu 25% des Blutvolumens) ebenso gut wie von normalen Tieren ausgeglichen werden. Die Reaktionen gehen von den *Ursprungszellen der sympathischen Fasern* in den grauen Seitenhörnern aus, die nach Durchschneidung des Rückenmarks eine gewisse *Selbständigkeit* als *„spinale Zentren"* erlangen. Dabei handelt es sich wohl weniger um echte Regulationsvorgänge, als um eine hypoxische Erregung der Ganglienzellen. Diese Mechanismen sind für die normale Kreislaufregulation wahrscheinlich bedeutungslos, könnten aber bei Anoxie wirksam werden.

20.10 Lungenkreislauf

Hämodynamik des Lungenkreislaufs

Im **Lungengefäßsystem** sind die *arteriellen* und *venösen Gefäßabschnitte* wesentlich kürzer und die Durchmesser i. allg. größer als in den entsprechenden Abschnitten des Körpergefäßsystems. Die großen Arterien sind relativ dünnwandig, während die kleinen Arterien stärkere Wände mit zahlreichen glatten Muskelfasern aufweisen. Typische Arteriolen, d.h. typische Widerstandsgefäße, sind nicht vorhanden [1].

Die *Capillaren* haben einen Durchmesser von ca. 8 µm und bilden aufgrund von zahlreichen Anastomosen ein *dichtes Netz* um die Lungenalveolen. Ihre Länge kann nur als sog. *„funktionelle Länge"* aus der Topographie der Capillaren zu den Lungenalveolen bestimmt werden, sie liegt bei *ca. 350 µm* und die *Passagezeit* des Blutes bei etwa 1 s. Die Größe der *Capillaroberfläche* beträgt unter Ruhebedingungen ca. 60 m^2 und kann durch Einbeziehung von nicht durchbluteten Gefäßgebieten bei *schwerer Arbeit* auf ca. 90 m^2 vergrößert werden (Abb. 20-20).

Drücke in den Lungengefäßen. Die *Drücke* im Lungenkreislauf des gesunden Menschen sind *relativ niedrig*. In der A. pulmonalis beträgt der **systolische Druck** ca. **20 mm Hg,** der **diastolische Druck** ca. **9 mm Hg** und der **mittlere Druck** ca. **13 mm Hg** (Abb. 20-10). Im Bereich der *Lungencapillaren* liegen *mittlere Drücke* von ca. *7 mm Hg* und im *linken Vorhof* von annähernd *6 mm Hg* vor. Unter normalen Bedingungen sind in den Lungencapillaren noch Druckschwankungen von 3–5 mm Hg vorhanden, die sich mit abnehmender Amplitude bis in die Lungenvenen fortsetzen. Die *Druckdifferenzen* zwischen Arterien und Capillaren sind mit 6 mm Hg und die zwischen Capillaren und linkem Vorhof mit 1 mm Hg wesentlich kleiner als in den entsprechenden Abschnitten des Körpergefäßsystems.

Der *Widerstand* im Lungengefäßsystem ist dementsprechend *niedrig* und beträgt nur knapp $^1/_{10}$ des Gesamtwiderstandes des Körpergefäßsystems (s.S. 515).

Druckpuls- und *Volumenpulskurven* sind weitgehend deckungsgleich. Die *Pulswellengeschwindigkeit* (s.S. 521) in den großen Lungenarterien beträgt wegen ihrer relativ großen elastischen Dehnbarkeit nur 1–2 $m \cdot s^{-1}$.

Strömung in den Lungengefäßen. In den Lungenarterien liegen grundsätzlich gleiche hämodynamische Bedingungen wie in den Arterien des Körperkreislaufs vor. Durch den Lungenkreislauf fließt das *gesamte* vom rechten Ventrikel ausgeworfene Blutvolumen, zu dem in den Lungenvenen noch ein Teil des venösen Blutes aus dem Bronchialkreislauf (maximal 2% des Herzzeitvolumens des linken Ventrikels) hinzutritt.

Der *Strompuls* in der A. pulmonalis zeigt im Vergleich zu dem in der Aorta einen flacheren Anstieg und Abfall. Das intermittierend aus dem rechten Ventrikel ausgeworfene Schlagvolumen wird durch die elastischen Eigenschaften der Lungenarterien in eine auch während der Diastole anhaltende Strömung umgewandelt. Im Gegensatz zu den Veränderungen im Körpergefäßsystem bleibt in den *Capillaren* und *Venen* des Lungengefäßsystems eine *pulsierende* Strömung mit abnehmender Amplitude bis zum linken Vorhof bestehen.

Die **mittlere Strömungsgeschwindigkeit** in der A. pulmonalis liegt unter Ruhebedingungen bei ca. 18 $cm \cdot s^{-1}$. In den Capillaren des Lungengefäßgebietes sinkt sie auf Werte ab, die annähernd denen im Körpergefäßgebiet entsprechen, und steigt mit abnehmendem Gesamtquerschnitt in den Lungenvenen wieder an (Abb. 20-10).

Funktionelle Besonderheiten des Lungenkreislaufs

Lungenperfusion und transmurale Drücke. Aufgrund der relativ niedrigen intravasalen Drücke ist die Durchblutung der Lungen von hydrostatischen Einflüssen wesentlich *stärker* abhängig als die Durchblutung der Stromgebiete des Körperkreislaufs. In den apicalen Gebieten, die beim erwachsenen Menschen im Stehen ca. 15 cm über dem Ursprung der A. pulmonalis liegen, werden die Capillaren wegen der annähernd gleich großen hydrostatischen und arteriellen Drücke gerade noch (oder nicht mehr) durchblutet, während die Gefäße an der Lungenbasis durch Addition der Drücke stärker gedehnt werden [49]. Die Lungendurchblutung zeigt daher *stark lageabhängige Inhomogenitäten,* die sich u.U. auch in einer *regional unterschiedlichen O_2-Sättigung* des Blutes bemerkbar machen können. Trotz dieser Differenzen und der Beimengung des Blutes aus den Bronchialvenen beträgt die O_2-Sättigung im Mischblut der Lungenvenen 96–98% (s.S. 617).

Die Drücke in den Pulmonalgefäßen werden darüber hinaus vom *intrapleuralen Druck* und den *atemabhängigen* Schwankungen des *intraal-*

veolären (intrapulmonalen) Drucks (maximal +3 bis −3 mm Hg) beeinflußt. Stark positive Drücke, wie sie u.U. bei künstlicher Beatmung auftreten, können infolge der damit verbundenen Senkungen des transmuralen Drucks erhebliche Steigerungen des Strömungswiderstandes und Abnahmen des Blutvolumens in den Lungen auslösen (s. auch S. 527).

Intrathorakale Gefäße als Depotgefäße. Aufgrund der großen Dehnbarkeit der Lungengefäße können durch relativ geringe Änderungen des transmuralen Drucks bzw. der Dehnbarkeit kurzfristig bis zu 50% des mittleren Gesamtvolumens von 440 ml (Tabelle 20-3) vom Lungenkreislauf aufgenommen oder abgegeben werden. In Verbindung mit dem diastolischen Volumen des linken Herzens bildet das Volumen des Lungenkreislaufs das sog. **zentrale Blutvolumen** (600–650 ml). Aus diesem *schnell mobilisierbaren* **„Sofortdepot"** können z.B. bei akuten Steigerungen der Auswurfleistung des linken Ventrikels rund 300 ml zur Deckung des Mehrbedarfs abgegeben werden. Diese Effekte tragen dazu bei, ein mögliches Mißverhältnis zwischen der Förderleistung der Ventrikel auszugleichen, bis sich aufgrund von Steigerungen des venösen Rückstroms auch das Schlagvolumen des rechten Ventrikels an die höhere Leistung anpassen kann.

Niederdrucksystem. Aufgrund der unterschiedlichen Druck- und Volumenverteilung in den einzelnen Abschnitten wird das kardiovasculäre System teilweise nicht nach anatomischen, sondern nach *funktionellen Gesichtspunkten* in ein **Niederdruck-** und ein **arterielles (Hochdruck-)-System** unterteilt. Zum *Niederdrucksystem* gehören danach die venösen Abschnitte des Körpergefäßsystems, das rechte Herz, das gesamte Lungengefäßsystem und der linke Vorhof, zum *arteriellen System* die Arterien des Körpergefäßsystems. Der *linke Ventrikel* verbindet das Niederdruck- mit dem Hochdrucksystem. Er gehört *während der Diastole* zum *Niederdrucksystem,* wobei seine Füllung vom Druck in den Lungenvenen abhängt. Während der *Systole* gehört der linke Ventrikel funktionell dagegen zum *Hochdrucksystem,* in dem er die Voraussetzungen für die Blutströmung schafft.
Diese Unterteilung bezieht sich nicht nur auf die Druck- und Volumenverteilung (s. Tabelle 20-3 und Abb. 20-10), sondern v.a. auf die weitgehend *gleichen Druckvolumenbeziehungen* in den peripheren Venen und dem Pulmonarkreislauf, für die der rechte Ventrikel *keine* Schranke darstellt. Der mittlere Druck in den *Lungenarterien* soll wegen der geringeren Tonusänderungen in den peripheren Lungengefäßen überwiegend vom *Zeitvolumen des rechten Ventrikels* abhängen, dessen Größe in Abhängigkeit vom zentralen Venendruck durch den *Frank-Starling-Mechanismus* bestimmt wird [7].
Veränderungen des Blutvolumens lösen daher trotz unterschiedlicher Absolutwerte Druckänderungen von annähernd *gleicher* Größe im rechten Vorhof, in der A. pulmonalis und im linken Vorhof aus, so daß diese Abschnitte als *funktionelle Einheit* angesehen werden können. Die Kapazität des Gefäßsystems und der Kontraktionszustand der Gefäßmuskulatur sowie das Blutvolumen werden dabei als (relativ) *statische Größen* angesehen. Ein Ausgleich von Störungen im Verhältnis zwischen Gefäßkapazität und Blutvolumen soll in erster Linie durch *volumenregulatorische Vorgänge* über reflektorisch ausgelöste Änderungen der ADH-Sekretion erfolgen, die allerdings erst relativ spät wirksam werden (s.S. 548). Kapazitätsänderungen sollen nach dieser Theorie nur eine untergeordnete Rolle spielen, obwohl an ihrer großen Bedeutung für den kurzfristigen Ausgleich von Störungen des venösen Rückstroms (z.B. beim Übergang vom Liegen zum Stehen) nicht zu zweifeln ist [58].

Regulationen im Lungenkreislauf

Neurale Kontrolle der Lungendurchblutung. Die Lungengefäße werden von *sympathischen vasoconstrictorischen Fasern* innerviert. Zahlreiche tierexperimentelle Ergebnisse sprechen dafür, daß die Lungengefäße wie die des Körpergefäßsystems ständig tonischen Einflüssen durch das *autonome System* unterliegen.

Afferente Innervation und zentrale Kontrolle des Lungenkreislaufs. In den *Pulmonalarterien* finden sich v.a. im Bereich der Teilung des Truncus pulmonalis und im Anfangsteil der beiden Lungenarterien *(Dehnungs-)Pressoreceptoren.* Ihre Funktion und Reflexeffekte entsprechen im wesentlichen denen der Pressoreceptoren in den Arterien des Körpergefäßsystems, d.h. Drucksteigerungen in den Lungenarterien führen zu reflektorischen Drucksenkungen im Körpergefäßsystem und umgekehrt.
Andererseits löst eine verstärkte Erregung der Pressoreceptoren im Carotissinus vasodilatatorische Reaktionen im Lungenkreislauf bzw. eine verstärkte hypoxische Erregung der Chemore-

ceptoren im Glomus caroticum vasoconstrictorische Reaktionen aus. Darüber hinaus sind *sympathische vasodilatatorische* und *parasympathische cholinerge* Fasern nachgewiesen, deren funktionelle Bedeutung aber noch unklar ist.
Unter Ruhebedingungen sind die vasomotorischen Einflüsse auf die Lungengefäße relativ gering, die Gefäße dementsprechend stark dilatiert. Aufgrund der großen Kapazität lösen jedoch schon geringe constrictorische Reaktionen relativ große Volumenänderungen mit entsprechenden Einflüssen auf die Füllung des linken Vorhofs bei nur geringen Zunahmen des Strömungswiderstandes aus [6, 47].

Lokale Durchblutungsregulation im Lungenkreislauf. Bei niedrigen O_2- bzw. *hohen CO_2-Partialdrücken* treten *lokale vasoconstrictorische* Reaktionen in den Lungengefäßen auf, an denen offenbar sowohl die kleinen prä- als auch die postcapillären Gefäße beteiligt sind. Die lokale Durchblutung wird dadurch insofern der *regionalen Ventilation* angepaßt, als die Durchblutung in schlechter ventilierten Gebieten zugunsten von besser ventilierten Regionen gedrosselt wird. Beim Menschen setzen diese Effekte ein, wenn die arterielle O_2-Sättigung unter 80% absinkt.
Eine Reihe von Substanzen wie Adrenalin, Noradrenalin, Histamin u.a. wirken ebenfalls constrictorisch. Diese Effekte werden jedoch häufig durch *indirekt* ausgelöste Änderungen des transmuralen Drucks überlagert, die durch andere Wirkungen der Substanzen auf das kardiovasculäre System entstehen.

20.11 Kreislaufgrößen unter physiologischen und pathophysiologischen Bedingungen

Der Blutdruck des Menschen

Die Höhe des *individuellen* Blutdrucks hängt u.a. vom *Alter, Geschlecht, genetischen Faktoren, zahlreichen Umwelteinflüssen* und weiteren, teilweise noch unbekannten Faktoren ab. Bei der Bestimmung des diagnostisch wichtigen **Ruheblutdrucks,** d.h. **basalen Blutdrucks,** müssen diese Faktoren berücksichtigt bzw. soweit wie möglich eliminiert werden.

Normalwerte, Altersabhängigkeit. Die Blutdruckwerte von repräsentativen Bevölkerungsgruppen weisen unter angenäherten Ruhebedingungen deutliche Unterschiede mit einer Häufung um mittlere Werte und Abweichungen nach oben und unten in Form einer *Gauss-Verteilungskurve* auf. Bei gesunden jugendlichen Erwachsenen liegt der Häufigkeitsgipfel für den *systolischen Druck bei 120 mm Hg,* für den *diastolischen Druck bei 80 mm Hg.* Die weitaus überwiegende Zahl aller Werte liegt zwischen 150 und 100 mm Hg für den systolischen und zwischen 90 und 60 mm Hg für den diastolischen Druck. Mit zunehmendem Alter treten relativ stärkere Steigerungen des systolischen als des diastolischen Drucks auf (Abb. 20-37). Diese Effekte beruhen im wesentlichen auf *Elastizitätsverlusten* der Gefäße (s. S. 520). Frauen zeigen im Alter bis zu 50 Jahren durchschnittlich niedrigere, im Alter über 50 dagegen etwas höhere Blutdruckwerte als Männer der gleichen Altersstufen.

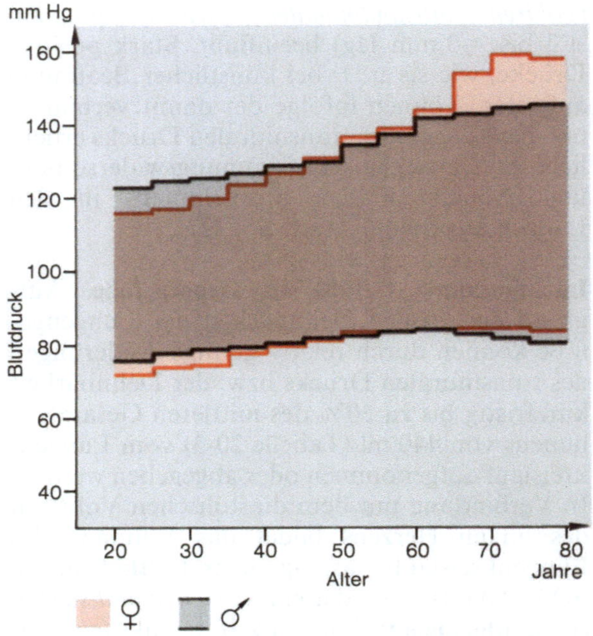

Abb. 20-37. Arterieller Druck (systolische Werte *obere,* diastolische Werte *untere Linie*) von Männern und Frauen in verschiedenen Lebensaltern. (Nach Werten von MASTER et al. [16])

Rhythmische Blutdruckschwankungen

Bei fortlaufender Messung des Blutdrucks sind außer den *Druckpulsen,* die als **Blutdruckschwankungen bzw. -wellen I. Ordnung** bezeichnet werden, langsamere rhythmische Schwankungen nachweisbar. Die Blutdruckschwankungen **II. Ordnung** stehen im Zusammenhang mit der *Atmung.* Bei normaler Atemfrequenz

(12–16/min) fällt die Inspiration mit der abfallenden Phase bzw. dem „Wellental", die Exspiration mit der ansteigenden Phase bzw. dem „Wellenberg" zusammen. Diese Wellen werden teilweise durch eine zentrale Koppelung von Atmung und Kreislauf über das autonome Nervensystem, teilweise jedoch auch mechanisch durch die atmungsbedingten Druck- und Kapazitätsschwankungen in den Lungengefäßen mit ihren Einflüssen auf das Schlagvolumen des linken Ventrikels (s. S. 527) ausgelöst. Die Blutdruckschwankungen **III. Ordnung,** die sog. *Mayer-Wellen,* haben dagegen eine Periodendauer von 6–20 s und länger mit einer häufigsten mittleren Dauer von 10 s; sie werden wahrscheinlich durch Schwankungen des *peripheren Gefäßtonus* ausgelöst.

Der Blutdruck weist außerdem — ähnlich wie die Herzfrequenz und zahlreiche andere Größen — eine **endogene circadiane Periodik** (S. 147 ff.) auf, die durch äußere Zeitgeber auf einen 24-h-Rhythmus mit Maximalwerten gegen 15 und Minimalwerten gegen 3 Uhr Ortszeit synchronisiert wird.

Akute Änderungen. Im normalen täglichen Leben wird der individuelle arterielle Druck zusätzlich durch Umwelteinflüsse, physische oder psychische Faktoren entweder direkt, z.B. durch physikalische Effekte, oder indirekt durch Funktionsänderungen des autonomen Systems mehr oder weniger stark beeinflußt. Die allgemeine Regel, daß *erhöhte Aktivität* des sympathischen Systems mit *Steigerungen, verminderte Aktivität* dagegen mit *Senkungen des Blutdrucks* verbunden ist, kann dabei durch Gravitations- oder thermische Wirkungen auf das Gefäßsystem durchbrochen werden, so daß der Eindruck von „paradoxen" Blutdruckreaktionen entsteht.

Als klassisches Beispiel für *akute* Blutdrucksteigerungen im Rahmen einer psychogenen Alarmreaktion (s. S. 551) ist die sog. **Erwartungshypertonie** zu werten, die nicht nur vor Prüfungen oder Wettkämpfen, sondern auch bei der ersten ärztlichen Untersuchung usw. auftritt. Der Blutdruck kann dabei Werte erreichen, die denen bei mittelschwerer Arbeit entsprechen. Ebenso können bei *intensiven Träumen* erhebliche Blutdrucksteigerungen, bei *ruhigem Schlaf* dagegen Drucksenkungen bis zu 20 mm Hg auftreten.

Die Änderungen des Blutdrucks bei *Orthostase* werden im Zusammenhang mit den übrigen Kreislaufumstellungen auf S. 556, die bei *Muskelarbeit* auf S. 558 und die bei *thermischen Belastungen* auf S. 559 beschrieben.

Nach *Nahrungsaufnahme* steigt der systolische Druck mäßig an, während der diastolische Druck häufig leicht abfällt.

Schmerz führt ebenfalls meist zu Blutdrucksteigerungen, bei langdauernden Schmerzen können jedoch auch Blutdruckabnahmen auftreten. Die Blutdruckreaktionen auf *viscerale Reize* sind unterschiedlich, teilweise werden reflektorische Abnahmen (z.B. bei mechanischer Reizung der Pleura), teilweise aber auch Zunahmen beobachtet.

Pathophysiologie des Blutdrucks. Blutdruckwerte *oberhalb* des Normbereichs werden als **Hypertonie** bezeichnet. Nach Empfehlungen der *Weltgesundheitsorganisation (WHO)* sind Werte von systolisch über 160 mm Hg und diastolisch über 95 mm Hg als Hypertonie anzusehen, die jedoch wegen der altersabhängigen Veränderungen nicht als starre Grenze zwischen Normotonie und Hypertonie angesehen werden dürfen. Aufgrund von umfangreichen Untersuchungen an größeren Bevölkerungsgruppen erscheint es vielmehr besser, als obere Grenzwerte bei Jugendlichen 140/90 mm Hg, bei Erwachsenen bis zu 50 Jahren 150/100 mm Hg und bei Erwachsenen über 50 Jahre 160/100 mm Hg anzunehmen.

Eine Hypertonie kann durch *Erhöhungen* sowohl des *Herzzeitvolumens* (sog. *Minutenvolumenhochdruck*) als auch des *peripheren Widerstandes* (sog. *Widerstandshochdruck*) bzw. beider Parameter ausgelöst werden. In der Klinik werden die Hypertonien überwiegend nach ätiologischen Gesichtspunkten in 1. **primär essentielle Hypertonien** und 2. **sekundär symptomatische Hypertonien** unterteilt.

Die **primär essentiellen Hypertonien** (ca. 90% aller Hypertonien) haben *keine* klare Ursache. Sie könnten daher als Variante eines nach der Häufigkeit in einer Verteilungskurve eingeordneten Merkmals angesehen werden. Es finden sich Hinweise, daß die essentielle Hypertonie *genetisch bedingt* und dementsprechend vererbbar ist. Andererseits werden als mögliche ätiologische Faktoren u.a. Störungen der *Natriumverteilung* im Organismus (mit einer Anreicherung in den Widerstandsgefäßen) diskutiert. Für diese Annahme spricht, daß mit Abnahmen des Natriumgehalts des Organismus durch *diätetische* bzw. *diuretische Maßnahmen* der Blutdruck *gesenkt* werden kann. Weiterhin wird eine *Hyperreaktivität der hypothalamischen Kreislaufzentren* erörtert, wobei die Manifestation der Hypertonie sowohl von der Persönlichkeitsstruktur als auch von Umweltfaktoren beeinflußt werden soll. Diese Vorstellung deckt sich mit Beobachtungen, nach denen die meisten blutdrucksenkenden Pharmaka ihre Wirkungen im Bereich des sympathischen Nervensystems entfalten und neben genetischen zweifellos auch konstitutionelle, soziale und weitere umweltbedingte Faktoren an der Ausbildung einer Hypertonie beteiligt sein können. Andererseits zeigt der fehlende direkte Nachweis einer erhöhten Aktivität des sympathischen Systems oder einer verstärkten Reagibilität des Gefäßsystems auf constrictorische Reize deutlich, daß diese (ebenso wie weitere hier nicht zitierte) Versuche einer ätiologischen Deutung der essentiellen Hypertonie vorläufig nur Hypothesen darstellen. In diesem Zusammenhang ist schließlich noch zu erwähnen, daß auch *häufige akute Blutdrucksteigerungen* — unabhängig von den auslösenden Ursachen — eine Hypertrophie der glatten Muskulatur der Widerstandsgefäße mit einer Widerstandszunahme verursachen, durch die eine chronische Blutdrucksteigerung begünstigt wird.

Bei den übrigen 10% der Fälle handelt es sich um sog. **sekundäre symptomatische Hypertonien.** Davon beruhen rund 25% auf **Erkrankungen des Nierenparenchyms** oder der **-gefäße** *(renale Hypertonien)* im Zusammenhang mit akuten glomerulären bzw. renovasculären Erkrankungen, chronischen Nierenerkrankungen mit Parenchymschrumpfung und anderen Nierenerkrankungen. Bei etwa 3% liegen **endokrine Störungen** vor (Phäochromocytom, Cushing-Syndrom, Hyperthyreose u.a.), und der Rest beruht bis auf wenige Ausnahmen auf **kardiovasculären Erkrankungen** (Arteriosklerose der großen Gefäße, Aortenklappeninsuffizienz, Aortenisthmusstenose u.a.).

Als Folge einer Hypertonie treten *sekundäre degenerative (arteriosklerotische) Gefäßveränderungen* auf, die den Strömungswiderstand zusätzlich erhöhen. Die damit verbundene Einschränkung der Blutversorgung kann Funktionsstörungen v.a. im Bereich des *Gehirns*, des *Herzens* und der *Nieren* oder in Verbindung mit dem erhöhten Druck *Gefäßrupturen* (z.B. Schlaganfall) auslösen. Abnehmende Leistungsfähigkeit des Herzens einerseits und erhöhte Anforderungen andererseits beschleunigen bei allen Hypertonieformen die Entwicklung eines Herzversagens *(Herzinsuffizienz)*.

Hypotonie. Blutdruckwerte unter 100 mm Hg werden als **Hypotonie** bezeichnet. Sie kann auf *Abnahmen des Herzzeitvolumens* oder des *totalen peripheren Widerstandes* bzw. beider Parameter beruhen. In den meisten Fällen überwiegen allerdings Abnahmen des Herzzeitvolumens.

Die Unterteilung der Hypotonie erfolgt — wie bei der Hypertonie — nach ätiologischen Gesichtspunkten in 1. **primär essentielle Hypotonien** und 2. **sekundär symptomatische Hypotonien.** Primär essentielle Hypotonien finden sich häufiger bei jugendlichen Menschen mit leptosomem Habitus und Zeichen einer konstitutionellen Asthenie sowie einer gesteigerten Aktivität des sympathischen Systems (Tachykardie, kühle und feuchte Akren). Sekundäre symptomatische Hypotonien treten im Zusammenhang mit **endokrinen Störungen** (Nebenniereninsuffizienz, adrenogenitales Syndrom, Hypothyreose, Hyperparathyreodismus u.a.), **kardiovasculären Erkrankungen** (Aortenstenose, Mitralstenose, Aortenbogensyndrom, kardiovasculäre Synkopen u.a.), **infektiös-toxischen Faktoren** (Infektionskrankheiten, Intoxikationen) und **hypovolaemischen Zuständen** (Blut-, Plasma-Flüssigkeitsverlusten, endokrinen Störungen u.a.) auf.

Im Gegensatz zur Hypertonie ist der *Krankheitswert* der Hypotonie relativ *gering*. Die Hypotonie gewinnt erst dann klinische Bedeutung, wenn im Zusammenhang mit einer unzureichenden Durchblutung Störungen von Organfunktionen, wie z.B. bei Orthostase (s.u.) oder beim Schock (s.S. 560ff.), auftreten.

Orthostase

Passive Wirkungen. Im Vordergrund der Kreislaufumstellungen beim Übergang vom Liegen zum Stehen stehen die hydrostatisch bedingten Druckänderungen und die damit verbundene *Umverteilung des Blutvolumens* (s.S. 525). Aufgrund dieser Effekte „versacken" *kurzfristig* allein in den Kapazitätsgefäßen der Beine 400–600 ml Blut, die überwiegend aus intrathorakalen Gefäßabschnitten stammen. Im Zusammenhang damit nehmen *venöser Rückstrom, zentraler Venendruck, Herzschlagvolumen* und *systolischer Blutdruck* vorübergehend ab.

Aktive Anpassungsvorgänge. Ein weitgehender Ausgleich der passiv ausgelösten Änderungen erfolgt durch *aktive Anpassungsvorgänge*, die über die Pressoreceptoren im arteriellen System und über die Dehnungsreceptoren in den intrathorakalen Gefäßabschnitten ausgelöst werden. Für die Kreislaufregulation bei Lagewechsel ist die Lokalisation der Pressoreceptoren im Aortenbogen und Carotissinus insofern bedeutungsvoll, als ihre Erregung im Stehen infolge der hydrostatisch bedingten Druckabnahme zusätzlich reduziert wird, so daß allein dadurch bereits *reflektorische* Gegenregulationen eingeleitet werden. Aufgrund der reduzierten Erregung der Receptoren werden a) *vasoconstrictorische Reaktionen* der *Widerstands-* und *Kapazitätsgefäße*, b) *Steigerungen* der *Herzfrequenz* sowie c) eine *vermehrte Catecholaminausschüttung* aus dem Nebennierenmark, d) eine *Aktivierung* des *Renin-Angiotensin-Mechanismus* und e) eine *vermehrte ADH-* und *Aldosteronausschüttung* ausgelöst.

Vasomotorische und kardiale Reaktionen. An den vasoconstrictorischen Reaktionen bei Orthostase sind die *Widerstandsgefäße* der *Skeletmuskulatur*, der *Haut*, der *Nieren* sowie des *Splanchnicusgebietes* beteiligt, so daß die Durchblutung in diesen Stromgebieten abnimmt und der totale periphere Widerstand ansteigt (Abb. 20-38).

Die aus physikalischen Gründen zu erwartende Abnahme der *Gehirndurchblutung* wird durch *myogen* und *metabolisch* ausgelöste autoregulative vasodilatatorische Reaktionen weitgehend *kompensiert*. Die Gehirndurchblutung sinkt daher nur wenig ab und erreicht erst bei mittleren arteriellen Drücken von *weniger als 60 mm Hg* (in den Gehirngefäßen) kritische Werte mit Zeichen einer *cerebralen Ischämie*. Im Bereich der *Kapazitätsgefäße* treten v.a. in den Abschnitten mit *Depotfunktionen*, d.h. in den Venen der *Haut* und des *Splanchnicusgebietes, constrictorische Reaktionen* auf.

Als Ergebnis der Zunahmen des *totalen peripheren Widerstandes* kehrt der *mittlere arterielle Druck* wieder in den Bereich der Ausgangswerte *zurück*. Die kompensatorischen *Abnahmen der Gefäßkapazität* tragen dazu bei, daß der *zentrale Venendruck* nur wenig *gesenkt* bleibt. Die *erhöhte Herzfrequenz* bewirkt, daß die Abnahmen des *Herzzeitvolumens* relativ *geringer* sind als die des *Herzschlagvolumens* (Abb. 20-38).

Die hydrostatischen Effekte auf die Gefäße im Bereich der unteren Extremitäten können durch die Funktion der *Muskelpumpe* abgeschwächt werden. Trotzdem überwiegt die

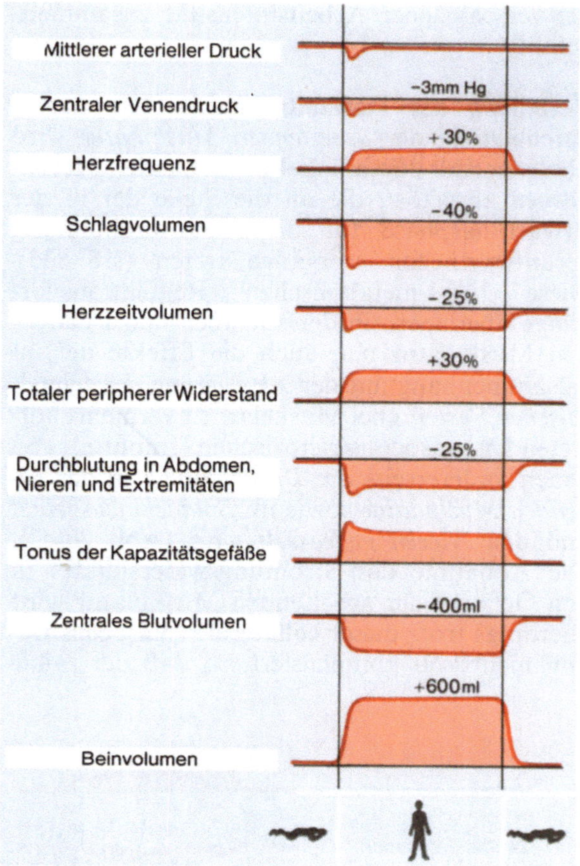

Abb. 20-38. Veränderungen verschiedener kardiovasculärer Parameter beim Übergang vom Liegen zum Stehen. Die Zahlenangaben stellen Durchschnittswerte dar, die erhebliche individuelle Abweichungen aufweisen können

Auswärtsfiltration, so daß bei *längerer* Orthostase das *Plasmavolumen ab- und das interstitielle Flüssigkeitsvolumen in den Beinen zunimmt.*

Hormonale Einflüsse. Aufgrund der reduzierten Nierendurchblutung werden die *Reninfreisetzung* und als Folge davon die Bildung von *Angiotensin* sowie die *Aldosteronsekretion* erhöht (s.S. 548). Durch eine vermehrte Ausschüttung von *ADH* wird darüber hinaus die *renale Flüssigkeitsausscheidung reduziert,* so daß das *Plasmavolumen zunimmt.* Diese Effekte werden allerdings im Gegensatz zu den vasomotorischen Reaktionen erst nach längerer Latenz wirksam.

Orthostatische Synkope. Bei manchen Menschen, die häufig, aber nicht immer auch hypotone Blutdruckwerte aufweisen (s.S. 556), reichen die o.e. Anpassungsvorgänge nicht zur Aufrechterhaltung einer ausreichenden Kreislauffunktion aus, so daß der *Blutdruck stärker absinkt* und als Folge einer *cerebralen Minderdurchblutung* subjektive Beschwerden wie Schwindel, Sehstörungen u.a. oder sogar ein Bewußtseinsverlust auftreten können **(orthostatische Regulationsstörungen** bzw. **orthostatische Synkope** oder **Kollaps).** Diese Erscheinungen können auch bei organisch völlig gesunden Menschen in *warmer Umgebung* auftreten, in der die Orthostasetoleranz durch die Dominanz der thermoregulatorisch erforderlichen vasodilatatorischen Reaktionen gegenüber den kreislaufregulatorisch zweckmäßigen vasoconstrictorischen Reaktionen eingeschränkt wird.

Nach Ausschaltung der sympathischen vasoconstrictorischen Fasern durch *sympathicolytische Pharmaka* oder durch Operation (*Sympathektomie)* bzw. bei seltenen Erkrankungen des sympathischen Systems kann die Orthostasetoleranz sogar vollständig aufgehoben sein. Andererseits bleiben die kardiovasculären Reaktionen bei Lagewechsel aus, wenn Volumenverschiebungen vermieden werden, wie es mit Hilfe von sog. Anti-G-Anzügen möglich ist. Dabei handelt es sich um doppelwandige Druckanzüge, in denen Abdomen und Beine proportional zu den einwirkenden Gravitationskräften komprimiert werden. Auf diese Weise werden z.B. auch die während Beschleunigung oder Verzögerung von Raumfahrzeugen auftretenden verstärkten Schwerkraftwirkungen auf den Kreislauf kompensiert.

Orthostatische Belastungsprüfung. Die Kreislaufregulation bei Lagewechsel wird routinemäßig durch Verfahren überprüft, bei denen Herzfrequenz und Blutdruck in bestimmten Zeitabständen im Liegen und im Stehen gemessen werden. Für die Beurteilung der Kreislaufreaktion bei Orthostase ist in Klinik und Praxis eine Einteilung weit verbreitet, bei

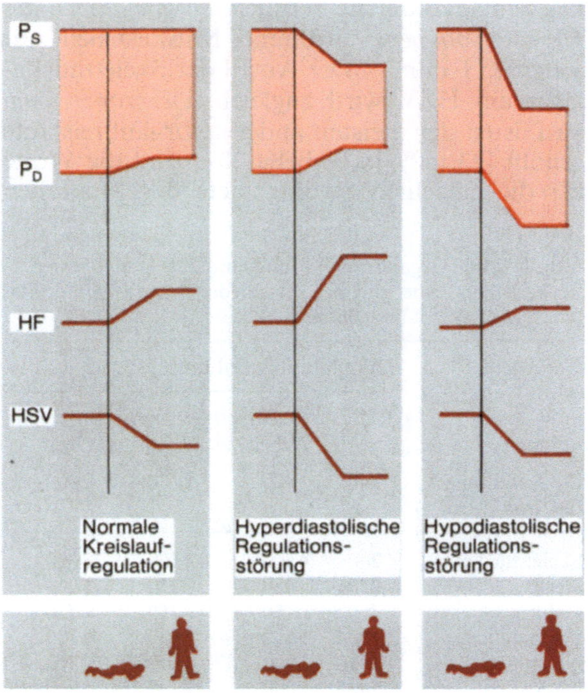

Abb. 20-39. Schematische Darstellung der Änderungen von systolischem und diastolischem Druck (P_S und P_D), Herzfrequenz (*HF*) und Herzschlagvolumen (*HSV*) bei Orthostase

der das *Verhalten des diastolischen Drucks* als entscheidendes Kriterium verwendet wird.

Bei **normaler Kreislauffunktion** steigt nach 10minütiger Orthostase der *diastolische Druck* um nicht mehr als *5 mm Hg* an, der *systolische Druck* zeigt Abweichungen von weniger als ±5%. Die *Herzfrequenz* zeigt durchschnittliche *Steigerungen* bis zu 30% und das Herzschlagvolumen nimmt bis zu 40% ab (Abb. 20-39).

Bei den sog. **hyperdiastolischen Regulationsstörungen** (80–85% der Fälle) *steigt* der *diastolische* Druck dagegen um *mehr als 5 mm Hg* an, während zugleich der *systolische* Druck *stärker abfällt*, so daß die *Druckamplitude* deutlich *kleiner* wird. Die *Herzfrequenz* zeigt relativ größere *Steigerungen* und das Schlagvolumen relativ größere Abnahmen. Die stärkere diastolische Drucksteigerung (infolge einer verstärkten Constriction der Widerstandsgefäße) sowie die Tachykardie sind auf eine erhöhte Aktivität des sympathischen Nervensystems zurückzuführen, so daß diese Reaktionen auch als *hypersympathicotone Form* bezeichnet werden.

Die sog. **hypodiastolischen Regulationsstörungen** zeichnen sich dagegen durch *Abnahmen* des *systolischen* und *diastolischen* Drucks mit geringen Veränderungen der Druckamplitude und *geringen* oder *sogar ausbleibenden Steigerungen der Herzfrequenz* (bei leicht verstärkten Abnahmen des Schlagvolumens) aus. Dieses Verhalten weist auf eine relativ geringe Aktivierung des sympathischen Systems hin und wird daher auch als *hyposympathicotone bzw. asympathicotone Form* bezeichnet.

Muskelarbeit

Bei gesunden jugendlichen Menschen überschreiten — von Ausnahmen bei Hochleistungssportlern abgesehen — die auf individuell unterschiedlichen Steigerungen der Herzfrequenz und des Schlagvolumens beruhenden *Zunahmen des Herzzeitvolumens* während Muskelarbeit nur selten 25 $l \cdot min^{-1}$. Der Anteil der Skeletmuskulatur am HZV wird zugleich *überproportional* zu Lasten der meisten anderen Organkreisläufe erhöht [23, 50]. In Tabelle 20-6 sind die Werte für die einzelnen Stromgebiete des Menschen bei verschiedener Arbeitsintensität zusammengefaßt.

Tabelle 20-6. Organdurchblutung und Herzzeitvolumen in körperlicher Ruhe und bei verschiedenen Arbeitsintensitäten. (Nach Wade und Bishop [23])

Gefäßgebiet	Durchblutung (ml/min)			
	Ruhe	Leichte Arbeit	Schwere Arbeit	Maximale Arbeit
O_2-Aufnahme ($ml \cdot min^{-1} \cdot m^{-2}$)	140	400	1200	2000
Skeletmuskel	1200	4500	12500	22000
Herz	250	350	750	1000
Gehirn	750	750	750	750
Splanchnicus	1400	1100	600	300
Nieren	1100	900	600	250
Haut	500	1500	1900	600
Andere Organe	600	400	400	100
Herzzeitvolumen	5800	9500	17500	25000

Verteilung des Herzzeitvolumens. Die **Mehrdurchblutung** der *arbeitenden Muskulatur* wird überwiegend durch **lokal-metabolische Mechanismen** ausgelöst, die an die Stelle der in der Erwartungsphase für die Mehrdurchblutung verantwortlichen Vorgänge treten (s. S. 535). Diese lokal-metabolischen Regulationsvorgänge überlagern in den Gefäßen der arbeitenden Muskulatur u.a. auch die Effekte der im Zusammenhang mit der *Aktivierung des sympathischen Systems* bei Muskelarbeit vermehrt auftretenden vasoconstrictorischen Impulse, von denen andererseits die *Durchblutung* in der *ruhenden Muskulatur* sowie im *Splanchnicusgebiet* und den *Nieren gedrosselt* wird (Abb. 20-40). Die Abnahme des Strömungswiderstandes in den Gefäßen der arbeitenden Muskulatur wird allerdings trotz dieser **collateralen Vasoconstriction** nicht voll kompensiert, so daß der *totale*

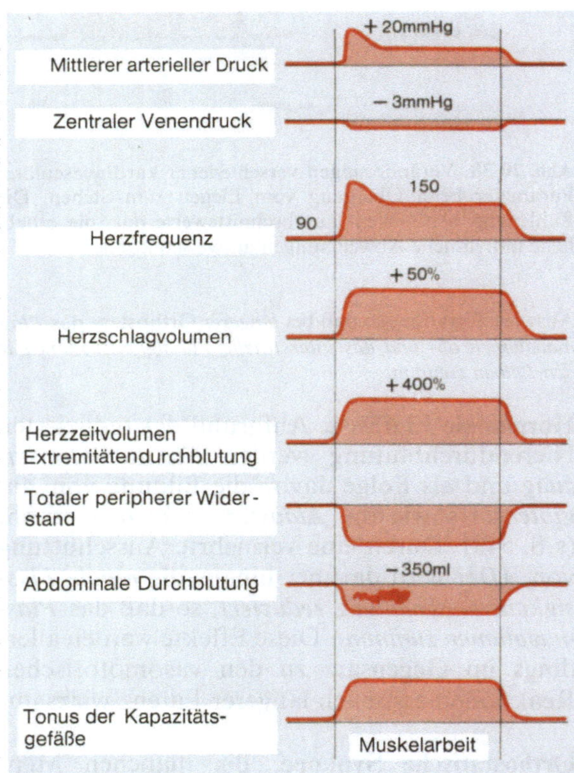

Abb. 20-40. Veränderungen verschiedener kardiovasculärer Parameter beim arbeitenden Menschen in stehender Position. Die Zahlenangaben stellen Durchschnittswerte dar, die erhebliche individuelle Abweichungen aufweisen können. Für die Durchblutung der Abdominalgefäße wurden im Liegen gemessene Werte herangezogen. (Modifiziert nach Dettweiler in Best und Taylor)

periphere Widerstand absinkt. Das *Blutvolumen* in den Gefäßen der arbeitenden Muskulatur wird trotz der enorm vergrößerten Zahl von durchströmten Capillaren *nicht erhöht,* sondern wegen der Kompression der Gefäße durch die Muskelkontraktionen eher reduziert.
Bei leichter bis submaximaler Arbeit nimmt die *Hautdurchblutung* nach starken *initialen Abnahmen* im weiteren Verlauf aus thermoregulatorischen Gründen wieder zu. Bei maximaler Arbeit bleiben diese Effekte jedoch aus (s. Tabelle 20-6). Die *Coronardurchblutung* steigt in Abhängigkeit von der zu leistenden Herzarbeit an, während die *Gehirndurchblutung* bei allen Belastungsstufen konstant bleibt.
Constrictorische Reaktionen in den *Kapazitätsgefäßen* der Haut führen in Verbindung mit einer Mobilisation von Blut aus den Splanchnicus- und Lebergefäßen zu einem *größeren Blutangebot* an das Herz. Bemerkenswert ist, daß bei länger dauernder Arbeit der Tonus der Kapazitätsgefäße der Haut trotz des Wiederanstiegs der Hautdurchblutung *erhöht* bleibt. Dieses Verhalten deutet darauf hin, daß die Widerstandsgefäße der Haut in dieser Phase thermoregulatorische Funktionen übernehmen, während die Kapazitätsgefäße weiterhin kreislaufregulatorische Aufgaben erfüllen. Der venöse Rückstrom aus der arbeitenden Muskulatur wird durch die Muskelvenenpumpe (s. S. 526), der gesamte venöse Rückstrom durch die verstärkten Saug-Druck-Pumpeneffekte der Atmung (s. S. 527), zusätzlich gefördert [31, 48].
Der *mittlere arterielle Druck* nimmt trotz der Abnahmen des totalen peripheren Widerstandes aufgrund der relativ stärkeren Steigerungen des Herzzeitvolumens *um so mehr zu, je stärker die Belastung ist.* Die *Blutdruckamplitude* nimmt dabei ebenfalls zu, da der systolische Druck stärker als der diastolische Druck ansteigt.
Nach *Beendigung der Arbeit* sinkt der Blutdruck relativ schnell ab, da einerseits die allmählich abnehmende Vasodilatation bis zum vollständigen Abtransport der Metabolite bzw. bis zur *Beseitigung der O_2-Schuld* (s. S. 535 u. 687) bestehen bleibt, andererseits aber die rückflußfördernden Wirkungen der Muskelpumpe (und der Atmung) entfallen. Herzminutenvolumen, Herzfrequenz, O_2-Aufnahme und arteriovenöse O_2-Differenz kehren um so langsamer auf die Ausgangswerte zurück, je größer die geleistete Arbeit war (weitere Einzelheiten s. S. 686ff.).

Trainingseinfluß. Bei trainierten Menschen ist die *Herzfrequenz* in Ruhe niedriger (bis 40/min), das *Herzschlagvolumen* dagegen größer als bei nichttrainierten Menschen. Trainierte erreichen daher ein bestimmtes Herzminutenvolumen mit einer geringeren Frequenz als Nichttrainierte. Das *Blutvolumen* ist leicht vergrößert. Maximal mögliches Herzminutenvolumen, O_2-Aufnahmefähigkeit und O_2-Ausschöpfung sind ebenfalls erhöht (weitere Einzelheiten s. S. 700).

Thermische Belastungen

Unter den Kreislaufreaktionen bei thermisch *differenten* Umgebungstemperaturen spielen Veränderungen der *Hautdurchblutung* eine dominierende Rolle (s. auch S. 565).

Wärmebelastung. In *warmer* Umgebung steigt die *Hautdurchblutung* an. Bei extremer Wärmebelastung ist die Gesamtdurchblutung mit 3000–4000 ml/min ca. 10mal größer als unter thermoindifferenten Bedingungen. Der Tonus der *Kapazitätsgefäße* der Haut wird reduziert. *Herzfrequenz* und *Herzminutenvolumen* steigen an. Der *systolische Druck* zeigt geringe uneinheitliche Veränderungen, der *diastolische Druck* nimmt ab. Die Intensität aller Reaktionen zeigt große individuelle Unterschiede. So können bei Umgebungstemperaturen um 44° C und hoher Luftfeuchte (über 85%) Steigerungen des Herzzeitvolumens bis 20 l/min und Abnahmen des diastolischen Drucks von mehr als 40 mm Hg auftreten, die regelmäßig zu orthostatischen Regulationsstörungen führen (s. S. 557) [50].

Kältebelastung. In *kalter* Umgebung treten *entgegengesetzte Reaktionen* auf, d.h. Constrictionen der Widerstands- und Kapazitätsgefäße der Haut, Abnahmen von Herzfrequenz und Herzzeitvolumen. Der Blutdruck weist Tendenzen zu Steigerungen auf, wobei starke Kaltreize überschießende Blutdruckreaktionen auslösen.

Dieses Verhalten wird diagnostisch als „cold pressure test" (Eintauchen einer Hand in Eiswasser und Messung des Blutdrucks) zur Prüfung der Reagibilität der sympathischen Gefäßinnervation verwendet. „Kreislauflabile" Menschen und Patienten mit einem Phäochromocytom reagieren darauf oft mit überschießenden Blutdrucksteigerungen.

Bei häufig wiederkehrenden thermischen Reizen tritt eine Abschwächung der Kreislaufreaktionen in Form einer **Adaptation,** bei ständigem Aufenthalt in entsprechenden Klimaten eine **Akklimatisation** auf. Beide Vorgänge beruhen auf äußerst komplexen und teilweise noch nicht vollständig aufgeklärten Funktionsänderungen verschiedener Organsysteme bzw. des Gesamtorganismus.

Blutverlust

Abnahmen des Blutvolumens durch Blutverluste reduzieren den **Füllungsdruck** des Gefäßsystems. Die Folgen sind *Abnahmen des venösen Rückstroms* und des *Herzschlagvolumens*. Der *mittlere arterielle Druck* ändert sich bei Blutverlusten bis etwa *15 ml/kg* KG *kaum*, fällt aber bei *größeren* Blutverlusten *stärker* ab.

Vasomotorische und kardiale Reaktionen. Ein Ausgleich dieser Änderungen wird u.a. durch die verminderte Erregung der *Pressoreceptoren* in den intrathorakalen Gefäßen und Vorhöfen sowie im arteriellen Stromgebiet eingeleitet, deren hemmender Einfluß auf die medullären Kreislaufzentren abnimmt, so daß reflektorisch *vasoconstrictorische Reaktionen* und *Zunahmen der Herzfrequenz* ausgelöst werden. An der Vasoconstriction sind v.a. die *Widerstandsgefäße* im Bereich der *Haut*, der *Eingeweide* und der *Nieren* beteiligt. *Ausnahmen* bilden die *Coronar-* und *Gehirngefäße*. Außerdem wird durch *vasoconstrictorische Reaktionen* der *Kapazitätsgefäße* im Bereich der Haut und Eingeweide die Kapazität dieser Abschnitte *reduziert* und dadurch der *Füllungsdruck* des Gefäßsystems angehoben. Die Nebennierenmarkhormonsekretion nimmt zu und kann zur Verstärkung der vasoconstrictorischen Reaktionen beitragen (s.S. 538). Unabhängig von diesen Reaktionen wird die Kapazität des Gefäßsystems auch durch die *reverse stress relaxation* der Gefäße reduziert und dadurch zusätzlich an das verminderte Blutvolumen angepaßt.

Volumenregulatorische Reaktionen. Aufgrund der Constriction der Widerstandsgefäße und Abnahmen des venösen Drucks *sinkt* der *Capillardruck ab*, so daß vermehrt Flüssigkeit aus dem interstitiellen Raum in die Capillaren übertritt (s.S. 531 ff.). Auf diese Weise wird das *intravasale Volumen* wieder *erhöht*, während *interstitielles* (und intracelluläres) *Flüssigkeitsvolumen abnehmen*. Bei *Blutverlusten von 500 ml* sind beim Menschen bereits nach *15–30 min 80–100% der Plasmaverluste* durch interstitielle Flüssigkeit ersetzt. Bei *größeren Blutverlusten* dauert die Normalisierung des Plasmavolumens *12–72 h*, in denen die durch den initialen Einstrom von Albumin aus extracellulären Gebieten entstandenen und nicht gedeckten Proteinverluste durch vermehrte Synthese wieder ausgeglichen werden. Der Ersatz der korpuskulären Bestandteile dauert dagegen längere Zeit (4–6 Wochen, s. auch S. 431 f.).
Aufgrund der eingeschränkten Nierendurchblutung sinkt die *Urinproduktion* ab, es werden vermehrt Wasser, Na^+ und stickstoffhaltige Metabolite im Blut zurückgehalten. Zugleich wird durch eine Aktivierung des *Renin-Anigotensin-Mechanismus* der Blutdruck stabilisiert. Auf die Zusammenhänge zwischen Durstgefühl nach Blutverlusten und Renin-Angiotensin-Mechanismus wurde bereits verwiesen (s.S. 546).
Als Folge der verminderten Erregung der Vorhofreceptoren wird reflektorisch die *ADH-Sekretion* sowie durch die erhöhte Angiotensinkonzentration die *Aldosteronsekretion* gesteigert. Die damit verbundene verstärkte Salz- und Wasserretention beschleunigt die *Wiederherstellung des Volumengleichgewichts*.
Bei starken Abnahmen des Herzzeitvolumens und des Blutdrucks können *zusätzliche* Funktionsstörungen im Bereich des Herz- und Gefäßsystems (und anderer Organe) auftreten, so daß ein sog. Schock entsteht. (s.u.).

Kreislaufschock

Unter der Bezeichnung *Kreislaufschock* werden Zustände zusammengefaßt, in denen aufgrund einer **inadaequaten Gewebeperfusion** und dem damit zusammenhängenden *unzureichenden* O_2*-Angebot* oder (seltener) einer *gestörten* O_2*-Abgabe* bzw. *-Verwertung* die Funktionen von *lebenswichtigen Organen* nachhaltig *beeinträchtigt* werden.
Die inadaequate Gewebeperfusion entsteht in den meisten Fällen durch ein (relativ) zu *kleines Herzzeitvolumen*, das entweder 1. auf ein *ungenügendes venöses Angebot* aufgrund a) eines verminderten Blutvolumens, b) eines reduzierten Gefäßtonus oder c) eines stark erhöhten Strömungswiderstandes oder bzw. und 2. auf eine *eingeschränkte Leistungsfähigkeit des Herzens* zurückzuführen ist. Sie wird (seltener) auch durch *primäre Störungen der Mikrozirkulation* ausgelöst. Die verschiedenen Formen können nach pathogenetischen Gesichtspunkten grob vereinfacht folgenden Gruppen zugeordnet werden: 1. *Hypovolämischer Schock*, 2. *kardiogener Schock*, 3. *neurogener Schock*, 4. *septischer Schock*, 5. *anaphylaktischer Schock*.
Entstehung und Ablauf eines Schocks hängen entscheidend davon ab, ob und wie lange die *negativen (homöostatischen) Rückkoppelungsmechanismen* des Kreislaufs *ausreichen*, die Störungen zu *kompensieren*, oder in welchem Ausmaß sich durch die inadaequate Gewebeperfusion *positive Rückkoppelungsmechanismen* entwickeln, die einen *circulus vitiosus* bilden und auf diese Weise die Anpassungsfähigkeit zunehmend reduzieren. Abb. 20-41 gibt eine Übersicht über die wichtigsten an der Ausbildung eines Schocks beteiligten Vorgänge.

Abb. 20-41. Positive Rückkoppelungsmechanismen, die an der Entwicklung eines Schocks beteiligt sind. (Nach GUYTON [8])

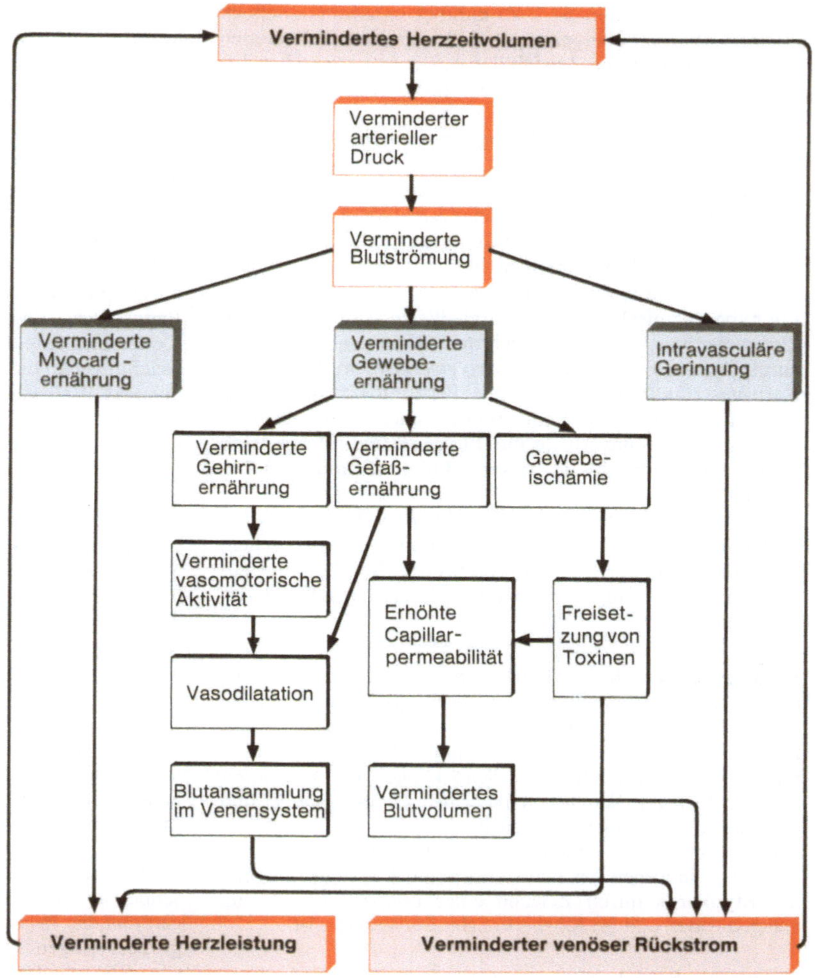

Hypovolämischer Schock. Eine *Hypovolämie,* d.h. ein vermindertes Blutvolumen, entsteht entweder durch *Blut-* oder durch *Plasma-Wasser- und Elektrolytverluste.* Die häufigste Ursache eines hypovolämischen Schocks sind *Blutungen* nach außen oder in Körperhöhlen bzw. in das Gewebe (z.B. durch Gefäßverletzungen, gastrointestinale Blutungen, Leber- oder Milzruptur, Gewebeverletzungen und -quetschungen, Frakturen, intra- oder postoperative Blutungen). Dabei wird zwischen einem *hämorrhagischen Schock* (bei reinen Blutverlusten) und einem *traumatischen Schock* (bei zusätzlichen Gewebeverletzungen mit sekundären Wirkungen auf die Mikrozirkulation und Blutgerinnung) unterschieden.
Charakteristische Merkmale des hypovolämischen Schocks sind *hypotone Blutdruckwerte* (zumindest in Relation zu den individuellen Ausgangswerten). *Tachykardie, niedriges Herzzeitvolumen, kalte und blasse Haut, starker Durst und Oligurie* (sog. *„kalter Schock“*). Im Bereich der Mikrozirkulation geht bei der Entwicklung eines Schocks die reflektorische *Constriction der präcapillären Sphinctere* in eine metabolisch bedingte *Dilatation bei weiterbestehender Constriction der Venolen* über, so daß eine **Sequestration** von Blut in den Capillaren entsteht. Durch die damit verbundene Steigerung des hydrostatischen Drucks tritt vermehrt Flüssigkeit aus den Capillaren mit dem Ergebnis aus, daß das *intravasale Volumen* zusätzlich reduziert wird. Im weiteren Verlauf werden die Capillarwände so stark geschädigt, daß nicht nur immer größere Flüssigkeitsmengen, sondern auch Blut in das Gewebe übertreten. Die Ausbildung dieser Divergenz zwischen dem Verhalten des Tonus der präcapillären Sphinctere und der Venolen scheint ein entscheidener Faktor für die Entstehung eines sog. **refraktären (irreversiblen) Schocks** zu sein (s.u.).
Die stark verlangsamte Strömung im Bereich der Mikrozirkulation und die dadurch erhöhte Konzentration von CO_2 bzw. anaeroben Stoffwechselprodukten (Milchsäure) im Blut fördern die **Agglomeration** von Erythrocyten (sog. **sludging**). Der damit verbundene *Anstieg der Viscosität* führt zu einer weiteren Beeinträchtigung der Strömung in den betroffenen Gefäßen. Zugleich wird die Reaktionsfähigkeit der Gefäße auf zirkulierende Catecholamine durch die Acidose abgeschwächt.
Im Bereich der *Kapazitätsgefäße* führen Tonusabnahmen zu einem **venösen Pooling** mit ungünstigen Einflüssen auf den venösen Rückstrom. Bei Tonusabnahmen der *Widerstandsgefäße* sinkt dagegen der periphere Widerstand und somit auch der arterielle Druck weiter ab.
Die Leistungsfähigkeit des *Myokards* wird im Schock durch die *coronare Minderdurchblutung infolge des Blutdruckabfalls* und der *Tachykardie,* zugleich aber auch durch die *Acidose* beeinträchtigt. Darüber hinaus dürfte das Myokard zusätzlich durch *toxische Substanzen* geschädigt werden, die von ischämischen oder abgestorbenen Zellen freigesetzt werden. Bei einer überproportional starken Einschränkung der Nierendurchblutung bildet sich eine *Niereninsuffizienz (Schockniere)* aus.
Die starke Stimulation des *sympathischen Systems* aufgrund

einer *Ischämiereaktion des ZNS* kann beim *schweren* Schock in eine Lähmung übergehen, so daß sich durch Abnahmen der Herzfrequenz und Ausfall der vasoconstrictorischen Effekte die *Versorgungssituation* drastisch weiter *verschlechtert*.

Diese unvollständige Aufzählung von positiven Rückkoppelungsmechanismen macht deutlich, daß die einen Schock auslösenden Störungen diesen verstärken und einen *progressiven Schock* auslösen können. Beim *refraktären Schock* sind die Schädigungen so stark, daß sie auch durch intensive therapeutische Maßnahmen nicht mehr beeinflußbar sind und der *Tod durch Herzversagen* eintritt.

Ein hypovolämischer Schock durch *Plasmaverluste* kann im Zusammenhang mit ausgedehnten *Verbrennungen* oder durch *Plasma-Wasser- und Elektrolytverluste* im Bereich des *Gastrointestinaltraktes* (z.B. bei Peritonitis, Pankreatitis bzw. Ileus) auftreten. Beim Schock nach *Verbrennungen* wird durch Plasmaverluste die *Viscosität* des Blutes stark *erhöht* und dadurch die Mikrozirkulation *zusätzlich* beeinträchtigt.

Ebenso können auch *isotonische* oder *hypertonische Dehydratation* (s.S. 816f.), z.B. bei chronischem Erbrechen, Durchfall, extremer Schweißproduktion, Wassermangelzuständen, ADH-Mangel, einen hypovolämischen Schock verursachen.

Kardiogener Schock. Der kardiogene Schock entwickelt sich aus einer unzureichenden Leistungsfähigkeit des Herzens. Er tritt bei rund 15% aller *Herzinfarkte* (Nekrose des Myokards) mit einer Mortalität von über 80% auf. Darüber hinaus kann ein kardiogener Schock auch bei *musculärer Herzinsuffizienz, Kammertachykardie, Lungenembolie* und anderen Erkrankungen entstehen.

Die Symptomatik entspricht der des hypovolämischen Schocks, die wegen der eingeschränkten Leistungsfähigkeit des Myokards durch Zeichen einer *venösen Stauung* im Lungen- oder/und im Körperkreislauf erweitert wird.

Neurogener Schock. Ein neurogener Schock bildet sich bei einem *Tonusverlust der Widerstands- und Kapazitätsgefäße* dadurch aus, daß die Gefäßkapazität in Relation zum vorhandenen Blutvolumen zu groß wird. Die damit verbundene *Senkung des mittleren Füllungsdrucks* führt zu Abnahmen des venösen Rückstroms und des Herzzeitvolumens. Zugleich ist der *totale periphere Widerstand reduziert (Widerstandsverlustschock)*.

Diese Schockform tritt am häufigsten als Folge einer hohen Spinalanaesthesie auf, bei der die efferenten sympathischen Fasern blockiert werden *(spinaler Schock)*. Sie kann jedoch auch bei *tiefer Allgemeinnarkose* durch Ausschaltung der „Vasomotorenzentren“ oder bei länger bestehender *cerebraler Ischämie* durch schwere Hirnverletzungen enstehen.

Zur Gruppe des neurogenen Schocks sind auch die *Ohnmachtsanfälle* zu rechnen, die im Stehen bei verschiedenen neurologischen Erkrankungen mit Beteiligung des sympathischen Nervensystems oder nach operativer Ausschaltung bzw. pharmakologischer Blockade der Funktionen des sympathischen Nervensystems (z.B. durch Ganglienblocker) auftreten.

Im Gegensatz dazu beruht der **orthostatische Kollaps (Synkope)** bei organisch gesunden Menschen (s. auch S. 557) — ebenso wie die *Ohnmacht* bei *starken Emotionen* durch Traumen, Schreck, Schmerz usw. — offenbar *nicht* auf einem Ausfall der vasomotorischen Steuerung, sondern auf einer verstärkten *Erregung von parasympathischen Strukturen*, die zu Abnahmen der Herzfrequenz und vasodilatatorischen Reaktionen in der Skeletmuskulatur führt. Infolge der damit verbundenen Abnahmen des arteriellen Drucks und des Herzzeitvolumens tritt eine cerebrale Minderdurchblutung mit dem Ergebnis eines Bewußtseinsverlustes auf *(vagovasale Synkope)*.

Beim *Überwärmungsschock (Hitzschlag)* bildet sich wie beim *neurogenen Schock* ein Mißverhältnis zwischen Gefäßkapazität und Blutvolumen aus, das in den meisten Fällen noch durch eine *Hypovolämie* als Folge der erhöhten Schweißproduktion verstärkt wird.

Septischer Schock. Der septische Schock entsteht als Komplikation bei Infektion durch *gramnegative Keime* (seltener durch grampositive Keime) und entspricht dem klassischen Begriff der *„Blutvergiftung“*. Die Vielfalt der pathogenen Keime und Infektionsursachen erklärt die zahlreichen Abweichungen in der Entstehung und im Verlauf des septischen Schocks. Er wird wahrscheinlich durch *Endotoxine* ausgelöst, die aus den Bakterien freigesetzt werden und Zellschädigungen verursachen.

In den Frühstadien des septischen Schocks bestehen *hypotone Blutdruckwerte; Herzzeitvolumen und Herzfrequenz* sind jedoch meist erhöht. Auffällig ist eine generalisierte Vasodilatation (sog. *„warmer“* oder *„roter“ Schock*) mit einer *verminderten arteriovenösen O_2-Differenz*. Als mögliche Ursachen dieser Veränderungen wird ein gestörter O_2-Transport von den Capillaren zu den Zellen durch eine erhöhte O_2-Affinität des Hämoglobins oder eine primäre Störung der oxidativen Stoffwechselvorgänge in den Zellen diskutiert.

In weiter *fortgeschrittenen Stadien*, d.h. beim Auftreten von sekundären O_2-Mangelschäden, *sinkt* das Herzzeitvolumen, und es bildet sich ein *circulus vitiosus* wie bei den übrigen Schockformen aus, in dem die primären Zellschädigungen durch die inadaequate Gewebeperfusion weiter verstärkt werden.

Beim *anaphylaktischen Schock* handelt es sich um eine schnell ablaufende allergische Reaktion auf ein Antigen, gegen das der Organismus Antikörper entwickelt hat, bei der große Mengen *Histamin, Serotonin, Bradykinin* und eine sog. *SRS-A* (slow reacting substance of anphylaxis) freigesetzt werden. In den Anfangsstadien dominieren *vasodilatatorische Reaktionen* im Bereich der *Arteriolen, Venolen* und *Venen*, zugleich wird die *Capillarpermeabilität* stark erhöht. Die haemodynamischen Veränderungen entsprechen weitgehend denen beim septischen Schock.

Andere Schockformen. Im Zusammenhang mit *Intoxikationen* durch Medikamente (Barbiturate, Tranquilizer u.a.) können ebenso wie bei *endokrinen Störungen* (Hypophyse, Parathyreoidea, Pankreas, Nebennierenrinde) Schockzustände entstehen, bei denen häufig eine *Hypovolämie* und *Acidose* neben *anderen Faktoren* wesentlich an der Entstehung beteiligt sind.

Therapie des Schocks. Die *Ausschaltung der auslösenden Ursachen* [Ausschaltung der Blutungs- oder Infektionsquelle durch Operation, Medikamente (Antibiotica, Antihistaminica usw.)] und *Allgemeinmaßnahmen* wie Freihaltung der Luftwege und O_2-Zufuhr stehen im Vordergrund. Beim *hypovolämischen Schock* stellt die *Volumensubstitution* durch Blut-, Plasma- oder Blutersatzflüssigkeiten eine *kausale Therapie* dar. Auch bei den *anderen Schockformen* (mit Ausnahme des kardiogenen Schocks mit venöser Stauung) ist eine *Volumenzufuhr* therapeutisch wirksam. In Abhängigkeit von der Art des Schocks sind außerdem Maßnahmen zur *Anhebung des Blutdrucks, Verbesserung der Herzkraft* sowie der *Fließeigenschaften des Blutes, Beseitigung der Acidose* und anderes mehr erforderlich. Weitere Einzelheiten können jedoch in diesem Rahmen nicht dargestellt werden.

20.12 Spezielle Kreislaufabschnitte und Regulation der Organdurchblutung

Coronarkreislauf

Coronardurchblutung. Unter *Ruhebedingungen* beträgt die Coronardurchblutung ca. 0,8–0,9 $ml \cdot g^{-1} \cdot min^{-1}$ und damit bei einem Herzgewicht von etwa 300 g insgesamt rund 250 $ml \cdot min^{-1}$ oder 4% des Herzzeitvolumens (Tabelle 20-5). Bei *maximaler Belastung* kann die Coronardurchblutung auf das 4- bis 5fache, d.h. bis auf maximal ca. 1250 $ml \cdot min^{-1}$ ansteigen (Tabelle 20-6). Die Größe der Coronardurchblutung wird durch Änderungen des *Aortendrucks,* der *Herzfrequenz,* durch *nervöse* und v.a. durch **metabolische Faktoren** beeinflußt.
Die Coronargefäße weisen eine *starke Autoregulation* auf. Einzelheiten über weitere Besonderheiten der Coronardurchblutung s.S. 501 ff.

Gehirnkreislauf

Gehirndurchblutung. Die Gehirndurchblutung beträgt *durchschnittlich* 0,5 $ml \cdot g^{-1} \cdot min^{-1}$; bei einem Gehirngewicht des erwachsenen Menschen von rund 1500 g ergibt sich eine Gesamtdurchblutung von ca. 750 ml/min oder 13% des Herzzeitvolumens. Die Durchblutung der zellreichen grauen Substanz ist mit 0,8–1,1 $ml \cdot g^{-1} \cdot min^{-1}$ wesentlich größer als die der weißen Substanz mit 0,15–0,25 $ml \cdot g^{-1} \cdot min^{-1}$.
Bei generalisierten Krämpfen mit extremer neuronaler Aktivität können Steigerungen der Gesamtdurchblutung bis zu 50% auftreten. Ähnliche Zunahmen wurden auch regional bei intensiver Aktivität einzelner Hirngebiete beobachtet, die Größe der Gesamtdurchblutung wird dadurch jedoch nicht wesentlich beeinflußt.

Regulation der Gehirndurchblutung. Die Gefäßweite wird im wesentlichen durch **metabolische Faktoren,** speziell durch den *CO_2-Partialdruck* in den Capillaren und im Gewebe sowie durch die *H^+-Ionenkonzentration* im Perivascularraum und den *O_2-Partialdruck* gesteuert. Zunahmen des CO_2-Partialdrucks lösen starke *vasodilatatorische Reaktionen* aus, wobei eine Verdoppelung des P_{CO_2} annähernd eine Verdoppelung der Durchblutung bewirkt. Die CO_2-Effekte beruhen auf der Bildung von H^+ durch die Dissoziation von Kohlensäure. Andere Substanzen, die bei einer gesteigerten neuronalen Aktivität anfallen (z.B. K^+), erhöhen ebenfalls die Gehirndurchblutung. Die cerebralen Symptome bei der *Hyperventilationstetanie* (Schwindel, Bewußtseinstrübung, Muskelspasmen u.a.m.) stehen andererseits im Zusammenhang mit einer hypokapnisch bedingten Einschränkung der Gehirndurchblutung. Abnahmen des O_2-Partialdrucks lösen leichte vasodilatatorische, Zunahmen des O_2-Partialdrucks leichte vasoconstrictorische Reaktionen aus.
Die stark ausgeprägte **myogene Autoregulation** trägt dazu bei, daß die Gehirndurchblutung unabhängig von Änderungen des hydrostatischen Drucks bei Lagewechsel konstant bleibt. In Verbindung mit der metabolischen Komponente wird die Gehirndurchblutung daher *weitgehend* von **lokalen Mechanismen** gesteuert. Die autonome Innervation der Gehirngefäße spielt nur eine untergeordnete und noch nicht vollständig aufgeklärte Rolle.

Leber- und Pfortaderkreislauf

Durchblutung. Mesenterial-, Pankreas-, Milz- und Lebergefäße werden aufgrund ihrer Innervation durch die sympathischen Nn. splanchnici im Hinblick auf die Durchblutung häufig als *„Splanchnicusgebiet"* zusammengefaßt. Der Blutzufluß zur Leber erfolgt durch die A. hepatica und die V. portae, wobei das Blut der V. portae vorher bereits das Capillargebiet der A. mesenterica superior bzw. der A. lienalis in Darm, Pankreas und Milz passiert hat. Die Aufzweigungen der A. hepatica und V. portae treten als Aa. bzw. Vv. interlobulares durch den Portalkanal in die peripheren Abschnitte der Leberläppchen ein, in dem sie sich verzweigen und ein gemeinsames System weitlumiger, miteinander anastomosierender Capillaren, die Lebersinusoide, bilden, die sich in der Mitte des Läppchens zur V. centralis vereinigen. Die axialen Zentralvenen fließen zu Sammelvenen zusammen und vereinigen sich weiter zu größeren Ästen der Vv. hepaticae.

Der mittlere Druck von 100 mm Hg in der A. hepatica fällt in den Lebergefäßen bis zur V. centralis auf etwa 5 mm Hg ab. Nach der Capillarpassage des Blutes aus der A. mesenterica superior und der A. lienalis im Intestinal- und Milzbereich beträgt der Druck in der V. portae noch 10–12 mm Hg. Aufgrund des geringen Strömungswiderstandes in den Sinusoiden reicht die kleine Druckdifferenz von 5–7 mm Hg bis zur V. centralis zur Aufrechterhaltung der Blutströmung aus. In dem großen und sehr elastischen Gefäßgebiet verursachen schon relativ kleine Druckänderungen erhebliche Volumenänderungen. Solche Druckänderungen sind sowohl bei Behinderung des Abflusses aus den

Lebervenen als auch bei vermindertem Zufluß aus dem Darm möglich. In den Splanchnicusgefäßen befinden sich ca. 20% des gesamten Blutvolumens.

Die Leberdurchblutung beträgt *unter Ruhebedingungen* ca. 1,0 $ml \cdot g^{-1} \cdot min^{-1}$, insgesamt somit etwa 1400 ± 300 $ml \cdot min^{-1}$ oder rund 25% des Herzzeitvolumens. Die A. hepatica hat daran einen Anteil von ca. 25%, der bei hohem O_2-Verbrauch der Leber bis auf 50% ansteigen kann.
Der O_2-Verbrauch der Leber wird zu etwa 40% durch das voll oxygenierte Blut der A. hepatica, der Rest durch den quantitativ überwiegenden, aufgrund der Capillarpassage in Darm, Pankreas oder Milz aber bereits teilweise desoxygenierten Teil aus der V. portae gedeckt.

Regulation der Durchblutung. Die Gefäße des *Splanchnicusgebietes* werden von **sympathischen vasoconstrictorischen Nerven** innerviert. Durch constrictorische Reaktionen können große Teile des Blutvolumens in das übrige Gefäßsystem *abgegeben* werden, während andererseits durch dilatatorische Reaktionen der totale periphere Widerstand stark reduziert und größere Blutmengen *gespeichert* werden können.
Die Durchblutung in der *Mucosa* und *Submucosa* des Darmes, in der sich die Drüsen befinden, steigt bei Zunahme der Drüsentätigkeit an. Als Ursache der Durchblutungssteigerung wird die Freisetzung von *Bradykinin* (s.S. 538) angesehen, wobei allerdings nicht auszuschließen ist, daß auch noch andere Faktoren an diesen Reaktionen beteiligt sind. Im Bereich der *musculären Schichten* treten Durchblutungssteigerungen bei erhöhter motorischer Aktivität auf, die von lokalen *metabolisch* bedingten Gefäßreaktionen ausgelöst werden.
Die Widerstandsgefäße in *Darm* und *Leber* zeigen starke **autoregulatorische Reaktionen,** von denen die vasoconstrictorischen Effekte im Verlauf einer Dauerreizung nach einiger Zeit aufgehoben werden. Dieses Phänomen wird als *„autoregulatory escape"* bezeichnet und entsteht dadurch, daß die Ischämie infolge der Vasoconstriction die lokalen metabolischen Regulationen verstärkt und diese die neuralen vasoconstrictorischen Einflüsse überlagern. Drucksteigerungen in Pfortader und Lebervenen lösen retrograd über die Capillaren *autoregulatorische constrictorische* Reaktionen der Leberarteriolen aus, durch die der Einstrom gehemmt wird. Aufgrund der komplizierten Gefäßstrukturen sind viele hämodynamische Fragen noch nicht endgültig zu beantworten. Die *größte funktionelle Bedeutung* dürften jedoch *vasomotorisch* ausgelöste *Kapazitätsänderungen* haben, durch die vom normalen Blutvolumen der Leber (ca. 700 ml) *kurzfristig* bis zu 50% an den übrigen Kreislauf abgegeben werden können.

Nierenkreislauf

Nierendurchblutung. Unter *Ruhebedingungen* liegt die Durchblutung im Mittel bei ca. 4,0 $ml \cdot g^{-1} \cdot min^{-1}$, so daß die Nieren mit einem Gewicht von etwa 300 g ca. 1200 $ml \cdot min^{-1}$ oder rund 20% des Herzzeitvolumens beanspruchen.
Die Nierengefäße weisen als weitere Besonderheit 2 hintereinander geschaltete Capillargebiete auf. Aus der *afferenten* Arteriole bildet sich zunächst das *glomeruläre Capillarbett,* das durch eine *efferente* Arteriole mit hohem Strömungswiderstand vom peritubulären Capillarbett getrennt ist. In den *glomerulären Capillaren* liegen mit ca. *60 mm Hg* relativ hohe Drücke, in den *peritubulären Capillaren* mit *ca. 13 mm Hg* dagegen relativ niedrige Drücke vor.

Regulation der Nierendurchblutung. Die Gefäße der Nierenrinde weisen eine stark ausgeprägte **myogene Autoregulation** auf, durch die die Durchblutung und der Capillardruck im Nephron bei arteriellen Drücken zwischen 80 und 180 mm Hg weitgehend *konstant* gehalten werden. Auf die Rindengefäße entfallen ca. 90% der Nierendurchblutung mit einer Stromstärke von 4–5 $ml \cdot g^{-1} \cdot min^{-1}$. In den Gefäßen des äußeren und inneren Marks beträgt die Durchblutung dagegen nur 1,2 bzw. 0,2 $ml \cdot g^{-1} \cdot min^{-1}$.
Die Nierengefäße werden von sympathischen *constrictorischen Nerven* innerviert. In Ruhe zeigen die sympathischen Fasern keine oder nur geringe tonische Aktivität. Bei *Orthostase* oder *Blutverlusten* sind die Nierengefäße an den vasoconstrictorischen Reaktionen zur Sicherung einer adäquaten Durchblutung des Myokards und des Gehirns beteiligt. Auch bei *Muskelarbeit* und *Hitzeeinwirkungen* treten Abnahmen der Nierendurchblutung auf, die zum Ausgleich der dilatatorischen Reaktionen im Bereich der Muskel- bzw. Hautgefäße mit ihren Rückwirkungen auf den arteriellen Druck beitragen.

Skeletmuskelgefäße

Durchblutung der Skeletmuskulatur. Die *Ruhedurchblutung* liegt durchschnittlich bei $3 \cdot 10^{-2}$–

$4 \cdot 10^{-2}$ ml·g^{-1}·min^{-1}. Für die Versorgung der gesamten Muskulatur von ca. 30 kg sind somit rund 900–1 200 ml·min^{-1} oder 15–20% des Herzzeitvolumens erforderlich. Bei *maximaler* Tätigkeit kann die Durchblutung in der arbeitenden Muskulatur auf 0,5–1,3 ml·g^{-1}·min^{-1} ansteigen (s. auch S. 685) [10].

Regulation der Durchblutung. Die Muskelgefäße werden von sympathischen *vasoconstrictorischen* Fasern innerviert. Bei maximaler Stimulation dieser Fasern wird die Durchblutung auf 25% der Ruhewerte *reduziert*. Andererseits wird bei der erhöhten Aktivität des sympathischen Systems im Rahmen von Erwartungssituationen die Muskeldurchblutung um das 4fache gesteigert (zur Problematik dieser Reaktionen s. S. 551).

Bei *Muskelarbeit* dominieren lokale *metabolisch* bedingte dilatatorische Reaktionen. Während der einzelnen Kontraktionen werden die Gefäße im arbeitenden Muskel jedoch *mechanisch komprimiert*. Bei Dauerkontraktionen von weniger als 50% der maximal möglichen Stärke nimmt allerdings die Durchblutung nach initialer Drosselung wieder zu und stellt sich auf ein über den Ausgangswerten liegendes Niveau ein. In der Erschlaffungsphase tritt eine vorübergehende weitere Steigerung ein *(reaktive Hyperämie)* (s. S. 535). Bei stärkeren Kontraktionen sinkt die Durchblutung in Relation zur Intensität unter die Ausgangswerte und kann bei starken

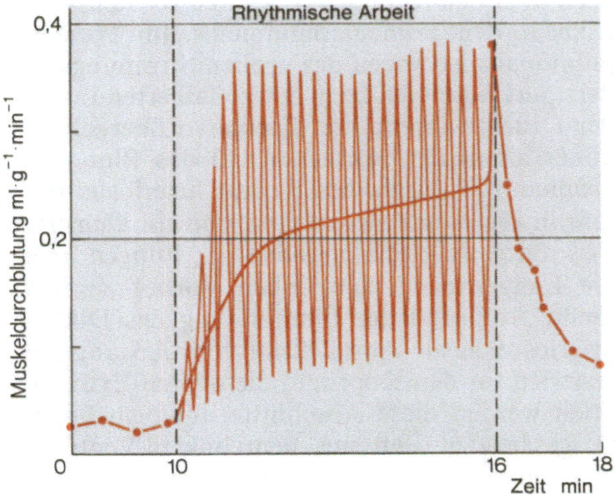

Abb. 20-42. Rhythmische Schwankungen der Durchblutung der Wadenmuskulatur des Menschen bei intermittierenden Kontraktionen. Die Durchblutung ist zwischen den Kontraktionen erheblich größer als während der Kontraktionen. Insgesamt nimmt die mittlere Durchblutung deutlich zu. (Nach Barcroft)

Kontraktionen sogar sistieren. In diesen Fällen ist die reaktive Hyperämie in der Erschlaffungsphase entsprechend stärker ausgeprägt.

Bei *rhythmischer* Muskelarbeit treten analog dazu Abnahmen der Durchblutung während der Kontraktion und Zunahmen während der Erschlaffung auf, wobei die mittlere Durchblutung allerdings immer über den Ausgangswerten liegt (Abb. 20-42). Diese Unterschiede machen es verständlich, daß dynamische Muskelarbeit mit einem ständigen Wechsel von Kontraktion und Erschlaffung nicht so schnell wie statische Muskelarbeit zu einer Ermüdung des Muskels führt.

Hautgefäße

Hautdurchblutung. Die Durchblutung weist unter *thermoindifferenten* Ruhebedingungen *stärkere regionale Unterschiede* auf. Die Werte dürften zwischen $3 \cdot 10^{-2}$ und 0,1 ml·g^{-1}·min^{-1} liegen, so daß bei einem Hautgewicht von 5000 g eine Gesamtdurchblutung von 200 bis 500 ml·min^{-1} angenommen werden kann.

Regulation der Hautdurchblutung. Die Regulation der Hautdurchblutung erfolgt durch 2 unterschiedliche Mechanismen, die regional verschieden stark ausgeprägt sind. In den distalen akralen Hautgebieten (Hand, Fuß, Ohr) finden sich zahlreiche sympathische *adrenerge vasoconstrictorische Fasern*, die unter thermoindifferenten Bedingungen eine relativ große tonische Aktivität entfalten. Dilatatorische Reaktionen beruhen daher auf einer zentralen Hemmung dieser Aktivität. Im Gegensatz dazu werden in den proximalen Abschnitten der Extremitäten sowie der Haut des Rumpfes dilatatorische Reaktionen überwiegend indirekt durch Freisetzung von *Bradykinin* im Zusammenhang mit einer Erregung von *cholinergen sudomotorischen* Fasern ausgelöst (s. S. 538). Constrictorische Reaktionen beruhen demgegenüber in allen Regionen auf einer Zunahme der Aktivität von sympathischen adrenergen Fasern.

Aufgrund der großen *Kapazität des subpapillären Venenplexus* (ca. 1 500 ml) können durch venomotorische Reaktionen größere Mengen Blut von der Haut aufgenommen oder abgegeben werden, so daß die Hautgefäße auch wichtige Funktionen als **Blutdepot** wahrnehmen.

Thermoregulatorische Umstellungen. Die Hautdurchblutung steht überwiegend im Dienst der *Thermoregulation*. Bei *Hitzebelastung* steigt die Gesamtdurchblutung auf 3 l/min, unter extremen Bedingungen auf noch höhere Werte an. Das Ausmaß der Durchblutungsänderungen zeigt ebenfalls erhebliche regionale Differenzen. Die größten Änderungen treten im Bereich der *akralen Extremitätenabschnitte* auf. So kann die Durchblutung der Finger in kalter Umgebung auf $1 \cdot 10^{-2}$ ml·g^{-1} absinken und in warmer Umgebung bis auf 1,5 ml·g^{-1}·min^{-1} ansteigen, während die Durchblutungsänderungen im Bereich der proximalen Extremitätenabschnitte und des Rumpfes wesentlich schwächer ausgeprägt sind.

Die Durchblutungssteigerungen in warmer Umgebung werden an den Extremitäten zum Teil durch eine Eröffnung der zahlreichen *arteriovenösen Anastomosen* ausgelöst (s. auch Abb. 20-21), durch die der größere Anteil des Blutes unter Umgehung der Capillaren in die Venen zurückgeleitet wird. Diese Form der Durchblutung erlaubt nicht nur aufgrund der großen Wärmeleitung des Gewebes eine wirkungsvolle Wärmeabgabe an die Haut, sondern verhindert auch ungünstige Einflüsse einer nicht nutritiven Mehrdurchblutung auf das celluläre Milieu (Abnahmen des P_{CO_2}). Der kleinere Strömungswiderstand der AV-Anastomosen bedeutet außerdem noch einen geringeren Energieverlust.

Hautdurchblutung bei Arbeit. Im Rahmen der Kreislaufregulation bei der Leistungsanpassung tragen Steigerungen des Strömungswiderstandes infolge von vasoconstrictorischen Reaktionen der Hautgefäße zur Aufrechterhaltung eines ausreichenden arteriellen Drucks bei. Bei zusätzlichen thermischen Belastungen dominieren jedoch die thermoregulatorischen (dilatatorischen) Anpassungsvorgänge, so daß die arbeitende Muskulatur einen entsprechend kleineren Anteil des Herzzeitvolumens erhält. Die verstärkte Kollapsneigung bei gleichzeitiger Arbeits- und Wärmebelastung ist auf diese Doppelbelastung zurückzuführen.

Uterus- und Fetalkreislauf

Uterusdurchblutung. Im nicht schwangeren Uterus weist die Durchblutung gleichgerichtete Änderungen zu der im Menstruationscyclus wechselnden Stoffwechselaktivität von Myo- und Endometrium auf.
Während einer *Schwangerschaft* nimmt die Durchblutung erheblich zu. Bei Tieren wurden 20- bis 40fache Steigerungen beobachtet, die durch lokale Hormonwirkungen (Östrogene) ausgelöst werden sollen. Aufgrund des hohen O_2-Verbrauchs und der etwa 100fachen Massenzunahme des Uterus beträgt die *O_2-Sättigung* des Blutes im intervillösen Raum trotzdem *nur etwa 80%*. Kurz vor der Geburt sinkt die Uterusdurchblutung offenbar aufgrund einer Kompression der Arterien durch den zunehmenden Tonus bzw. die Kontraktionen der Uterusmuskulatur während der Wehen ab.

Placentakreislauf. Für den **Fetus** übernimmt die *Placenta* die Funktionen von *Lungen, Darm* und *Nieren*. Das mütterliche Blut fließt frei durch die intervillösen Räume, das fetale Blut durch die Capillaren der Chorionzotten, die in die sinusartigen intervillösen Räume eintauchen. Das fetale Blut nimmt dabei O_2 auf und gibt CO_2 ab. Durch die höhere O_2-Kapazität des fetalen Hämoglobins wird der O_2-Transport erleichtert; der O_2- und CO_2-Austausch erfolgt jedoch durch die dickere Zellschicht der Chorionzotten weniger leicht als in den Lungenalveolen. Wasser, Elektrolyte und Eiweißkörper mit niedrigem Molekulargewicht können die Placentaschranke in beiden Richtungen passieren.

Fetaler Kreislauf. Aus der *Placenta* fließt das (unvollständig mit O_2 gesättigte) fetale Blut durch die V. umbilicalis in der Nabelschnur zum *größten Teil* über den Ductus venosus Arantii in die V. cava inferior und vermischt sich mit dem entsättigten Blut aus der unteren Körperhälfte (Abb. 20-43). Ein *geringerer* Teil gelangt über den linken Ast der Pfortader in die Leber und über die Vv. hepaticae in die V. cava inferior. Das Mischblut der V. cava inferior strömt mit einem O_2-Gehalt von 60–65% zum rechten Vorhof und wird durch die Valvula V. cavae inferioris fast vollständig zum Foramen ovale und durch diese Öffnung in den linken Vorhof geleitet. Durch den linken Ventrikel erfolgt der Weitertransport in die Aorta und die Verteilung auf den Körperkreislauf.
Das Blut der V. cava superior gelangt vorwiegend über den rechten Vorhof und rechten Ventrikel in den Truncus pulmonalis. Im Truncus pulmonalis ist wegen des großen Strömungswiderstandes der Gefäße in der kollabierten Lunge der Druck während der Systole vorübergehend höher als in der Aorta, so daß das Blut zum größten Teil durch den Ductus arteriosus Botalli in die Aorta strömt und nur ein kleinerer Teil durch das Capillargebiet der Lungen über die Lungenvenen zum linken Vorhof zurückfließt. Aufgrund der Einmündung des Ductus arteriosus in die Aorta distal vom Abgang der Arterien für den Kopf und die oberen Extremitäten werden diese Abschnitte mit dem höher O_2-gesättigten Blut aus dem linken Ventrikel versorgt. Aus den beiden Aa. umbilicales, die aus den Aa. iliacae abgehen, strömt ein Teil des Blutes über die Nabelschnur in die Placenta zurück, der andere Teil in die unteren Körperregionen.
Aufgrund der Verbindung zwischen beiden *Vorhöfen* durch das *Foramen ovale* sowie zwischen

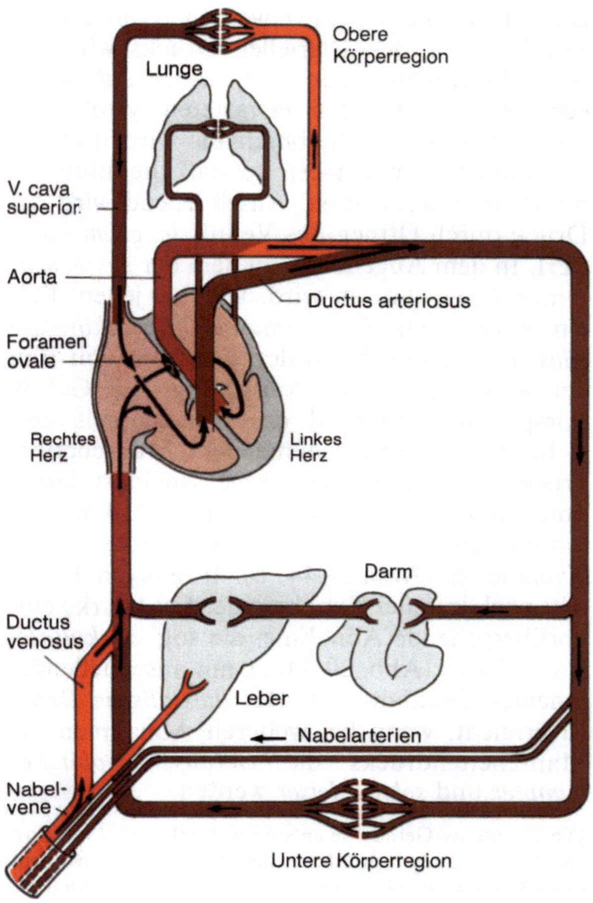

Abb. 20-43. Blutströmung im fetalen Kreislauf (nach GUYTON). Einzelheiten s. Text

A. pulmonalis und *Aorta* durch den *Ductus arteriosus* sind die beiden Ventrikel *weitgehend parallel* geschaltet. Die Förderleistung des Doppelventrikels beträgt ca. **200–300 ml·kg^{-1}·min^{-1}**, von denen etwa 60% durch die Placenta und 40% durch den Körper fließen. Der fetale arterielle Blutdruck liegt am Ende der Gravidität bei 60–70 mm Hg, die Herzfrequenz bei 140 min^{-1} (120–160 min^{-1}).

Umstellungen des fetalen Kreislaufs nach der Geburt. Bei der Geburt wird der periphere Widerstand durch den Verschluß der Nabelarterien erhöht, so daß der Druck in der Aorta ansteigt. Der CO_2-Partialdruck im fetalen Blut nimmt durch den Ausfall der Placentafunktion zu und führt zu einer Erregung des Atemzentrums. Aufgrund der ersten „Schnappatemzüge" werden die Lungen entfaltet und infolge des dadurch abnehmenden Strömungswiderstandes die Stromstärke im Lungenkreislauf erhöht. Durch den starken intrathorakalen Unterdruck werden außerdem mehr als 100 ml Blut aus der Placenta in den kindlichen Kreislauf gesaugt *(Placentatransfusion)*. Drucksenkungen in der A. pulmonalis und -steigerungen in der Aorta bewirken eine Strömungsumkehr im Ductus arteriosus. Der Druck im rechten Vorhof nimmt durch den Fortfall des Rückflusses aus der Placenta ab, der Druck im linken Vorhof dagegen durch den erhöhten Einstrom aus den Lungenvenen zu. Dadurch kehrt sich das Druckgefälle zwischen rechtem und linkem Vorhof um, so daß die Valvula foraminis ovalis an die Vorhofwand gedrückt und das Foramen ovale zunächst funktionell geschlossen wird. Der Ductus arteriosus obliteriert durch Kontraktion der sphincterartigen Muskeln langsam innerhalb der ersten Lebenstage, wobei die zunächst noch vorhandene Strömung aus der Aorta durch den Ductus arteriosus in die A. pulmonalis für eine ausreichende Lungendurchblutung wichtig ist. Etwa 1 Woche nach der Geburt entspricht die Blutströmung den Verhältnissen beim Erwachsenen.

Unter den *angeborenen* Herzfehlern haben persistierende fetale Verbindungen in Form eines offenen **Ductus arteriosus Botalli** oder eines offenen **Foramen ovale** einen Anteil von je 15–20%. Die damit verbundene Beeinträchtigung der Kreislauffunktion (beim offenen Ductus arteriosus gelangen u.U. mehr als 50% des erhöhten Schlagvolumens des linken Ventrikels in den Lungenkreislauf, während beim offenen Foramen ovale meist erhöhte Volumenleistungen des rechten Ventrikels vorliegen) macht operative Korrekturen der Defekte erforderlich.

20.13 Messung von Druck, Strömung und Volumen im Gefäßsystem

Druckmessung

Direkte Methoden. Direkte (intravasale) Messungen des Drucks erfordern die Einbringung von Kanülen oder Kathetern in die Gefäße. Sie wurden in der Vergangenheit überwiegend mit einfachen **Flüssigkeitsmanometern** vorgenommen, in denen z.B. Quecksilber (zur Messung des Arteriendrucks) oder Wasser (zur Messung des Venendrucks) als manometrische Flüssigkeiten verwendet wurden. Die Massenträgheit dieser Manometer bewirkt jedoch erhebliche Dämpfungen der Amplitude, so daß sie nur zur Messung *mittlerer Drücke* geeignet sind.

Membranmanometer sind dagegen auch zur Messung von schnelleren Druckänderungen geeignet. Sie bestehen im Prinzip aus einer starren Meßkammer, in der eine Wand als dünne elastische Membran ausgebildet ist. Der Druck aus dem Gefäß wird durch eine nicht dehnbare Verbindung zwischen Kammer und Kanüle übertragen und die druckproportionale Auslenkung der Membran entweder *mechanisch* (durch Hebel), *optisch* (durch Spiegel) oder *elektrisch* (durch Druckwandler) gemessen. Moderne Membranmanometer können wegen der geringen Masse und der minimalen Auslenkung ihrer sehr harten Membranen Druckänderungen bis zu 1000 Hz und mehr exakt erfassen. Die **Druckwandler** *(transducer)* bestehen dabei aus Drähten oder Halbleiterkristallen, die ihren Widerstand in einer *Wheatstone-Brücke* bei Dehnung (durch Deformation der Membran) verändern (sog. *Straingauge-Manometer*). Bei anderen Verfahren ist die Membran als Platte eines *Kondensators* ausgebildet, dessen Kapazität durch die druckabhängigen Änderungen des Plattenabstandes beeinflußt wird. Eine weitere Möglichkeit besteht darin, daß induzierte Spannungen in einem Spulensystem durch Verschiebungen eines auf der Membran befestigen Eisenkerns verändert werden.

Für eine *amplituden-* und *phasengetreue Wiedergabe* von schnellen Druckänderungen sollte die *Eigenfrequenz* der

Manometer *10mal größer* als die zu registrierende Frequenz sein. Unter der Voraussetzung, daß Meßkammer sowie Verbindungssystem vollständig mit geeigneten Flüssigkeiten gefüllt sind und keine (kompressiblen) Gasblasen enthalten, werden in diesen Fällen die Messungen nicht durch die Trägheit der sog. wirksamen Masse und Flüssigkeitsreibung im System beeinflußt. Nach elektronischer Verstärkung der primär kleinen elektrischen Signale können die Druckkurven mit geeigneten Registriergeräten kontinuierlich aufgezeichnet werden.

Indirekte Methoden. In Praxis und Klinik wird der *arterielle Druck* überwiegend *sphygmomanometrisch* mit der **indirekten Methode** nach **Riva-Rocci** bestimmt. Die Messung erfolgt i. allg. am Oberarm des liegenden oder sitzenden Patienten. Das Meßgerät besteht aus einer aufblasbaren Gummimanschette mit einer undehnbaren Stoffauflage an ihrer Außenseite. Mit Hilfe eines Gummiballons als Pumpe und eines Nadelventils kann der Druck in der Manschette verändert und kontinuierlich an einem seitenständig angeschlossenen Quecksilber- oder Membranmanometer abgelesen werden.

Bei der **auskultatorischen Methode** (nach Korotkow) werden systolischer und diastolischer Druck durch charakteristische Geräuschphänomene bestimmt, die distal von der Manschette mit einem Stethoskop über der A. brachialis in der Ellenbeuge abgehört werden (Abb. 20-44). Zur Messung des arteriellen Drucks wird der Manschettendruck zunächst schnell auf Werte gebracht, die über dem erwarteten systolischen Druck liegen. Die A. brachialis wird dadurch vollständig komprimiert, so daß die Blutströmung unterbrochen ist. Anschließend wird der Druck durch Öffnen des Ventils *langsam* reduziert. In dem Augenblick, in dem der *systolische Druck* unterschritten wird, tritt bei jedem Puls ein kurzes scharfes *Geräusch (Korotkow-Geräusch)* auf, das durch den Einstrom von Blut bei vorübergehender Aufhebung der Gefäßkompression während des Druckgipfels entsteht. Bei weiter abnehmendem Manschettendruck werden die Geräusche zunächst lauter und bleiben dann entweder auf einem konstanten Niveau (Abb. 20-44, a) oder werden wieder etwas leiser (Abb. 20-44, b). In einigen Fällen tritt nach initialer Zunahme der Lautstärke eine vorübergehende Abnahme, die sog. *auskultatorische Lücke* (Abb. 20-44, c), mit anschließender erneuter Zunahme auf. Der *diastolische Druck* ist erreicht, wenn bei weiteren Abnahmen des Manschettendrucks die *Geräusche plötzlich dumpfer* und *schnell leiser* werden.

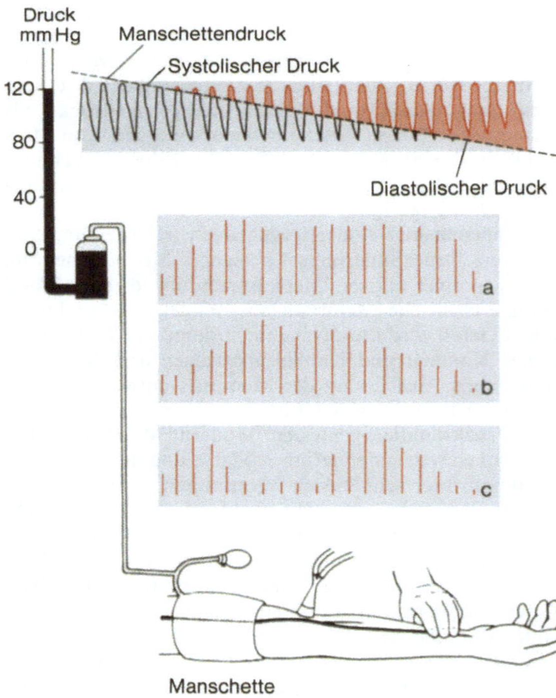

Abb. 20-44. Messung des Blutdrucks am Menschen nach dem Prinzip von Riva-Rocci. Schematische Darstellung der häufigsten akustischen Phänomene (Korotkow-Geräusche) bei der auskultatorischen Methode. Einzelheiten s. Text

Die Korotkow-Geräusche entstehen durch *turbulente Strömung*, die sich als Folge der erhöhten Strömungsgeschwindigkeit im Bereich der Einengung der A. brachialis im Manschettenbereich entwickelt. Bei Manschettendrücken etwas unterhalb des systolischen Wertes tritt nur eine kurze turbulente Strömung auf, die sich mit abnehmenden Manschettendrücken über die Dauer der Systole verlängert. Etwas unterhalb des diastolischen Wertes kann dagegen durch die noch vorhandene geringe Einengung der Arterie eine kontinuierliche turbulente Strömung bestehen bleiben, die erst bei weiteren Abnahmen des Manschettendrucks wieder in laminare Strömung übergeht.

Bei *erhöhter Aktivität des Kreislaufs*, z.B. bei schwerer Muskelarbeit, Überfunktion der Schilddrüse oder Aortenklappeninsuffizienz, bleiben häufig nach Übergang zu dumpfleisen Geräuschen fortlaufend leiser werdende Geräusche (u.U. bis zum Manschettendruck Null) bestehen. In diesen Fällen wird zusätzlich zu den Werten für den systolischen und diastolischen Druck noch der Wert angegeben, an dem kein Geräusch mehr hörbar ist.

Mit der **palpatorischen Methode** kann dagegen nur der systolische Druck bestimmt werden. Dazu wird mit dem gleichen Gerät durch Palpation der A. radialis der Druck festgestellt, bei dem der *Puls* bei zunehmendem Manschettendruck *gerade schwindet* und bei abnehmendem Manschettendruck *wieder auftritt*.

Einwandfreie Ergebnisse der Blutdruckmessung nach Riva-Rocci und Korotkow setzen voraus, daß die Manschette in Herzhöhe liegt, um eine Beeinflussung der gemessenen Werte durch hydrostatische Effekte auszuschließen. Die Breite der Manschette soll etwa die Hälfte des Armumfangs ausmachen, die Standardbreite für den Erwachsenen beträgt 12 cm. Bei großem Armumfang oder bei Messungen am Oberschenkel sind breitere, bei Kindern schmalere Manschetten erforderlich. Relativ zu schmale Manschetten erfordern zur Kompression der Arterie höhere Drücke und erge-

ben daher zu hohe, relativ zu breite Manschetten dagegen zu niedrige Meßwerte.
Bei Verwendung von *elastischen Manometern* kann der Blutdruck auch aus den von der Arterie auf die Manschette übertragenen pulsierenden Druckschwankungen ermittelt werden (*oscillometrische Methode*). Bei suprasystolischen Manschettendrücken bestehen nur kleine Druckschwankungen, die durch das Anschlagen des Pulses an den komprimierten Arterienabschnitt verursacht werden. In dem Augenblick, in dem der systolische Druck unterschritten wird und eine kurze systolische Eröffnung der Arterie eintritt, nehmen die Oscillationen zu und erreichen ein Maximum im Bereich des diastolischen Drucks, wenn das Gefäß während der gesamten Systole eröffnet, während der Diastole aber noch geschlossen ist. Bei weiter abnehmenden Manschettendrücken und somit auch während der Diastole offenen Gefäßen sinken die Pulsationen schnell auf schließlich konstant bleibende kleine Werte ab.
Sphygmomanometrische Methoden erlauben *keine* fortlaufende Messung des Blutdrucks. Bei *Automatisierung* der Meßvorgänge und Aufnahme der akustischen Phänomene durch Mikrophone bzw. der Strömung durch Ultraschalldetektoren ist es jedoch möglich, die punktförmigen Messungen in beliebigen Abständen (minimal etwa alle 30 s) zu wiederholen, so daß auch mit diesen einfachen Verfahren über längere Zeiträume Einblicke in das Blutdruckverhalten gewonnen werden können.

Messung des venösen Drucks. In der Klinik wird der periphere Venendruck meist am liegenden Menschen in einer *Armvene* gemessen, wobei die Vene genau in Höhe des rechten Vorhofs liegen soll. Als Anhaltspunkt für die Schätzung der Lage des Vorhofs im Thorax können 10 cm bzw. die Hälfte des sagittalen Thoraxdurchmessers über Rückenniveau angenommen werden. Unter Beachtung dieser Voraussetzungen werden für den *peripheren Venendruck* Werte zwischen 3 und 15 cm H_2O gemessen. Bei Lagerung in Seitenlage mit herabhängendem Arm ist eine funktionelle Trennung der Meßstelle vom übrigen Venensystem durch die hydrostatisch bedingte Venenerweiterung ausgeschlossen, so daß nach Korrektur der niveauabhängigen Druckdifferenzen auch Aussagen über den *zentralen Venendruck* möglich sind. Die gemessenen Werte liegen dabei (wegen des Strömungswiderstandes bis zum Herzen) ca. 4 cm H_2O *über* dem Druck im rechten Vorhof. Exakte Messungen des zentralen Venendrucks setzen die Einführung eines Katheters in den rechten Vorhof mit intravasalen Miniaturmanometern oder extern angebrachten Elektromanometern voraus.
Eine grobe Schätzung des Venendrucks kann durch Beobachtung des Füllungszustandes der Halsvenen vorgenommen werden. In sitzender Position sind die Halsvenen bei *normalem Venendruck nicht* gefüllt. Bei Drücken über 15 cm H_2O treten die Venen im unteren Halsbereich deutlich hervor, bei Drücken über 20 cm H_2O sind sie im gesamten Halsbereich prall gefüllt. Der Venendruck kann außerdem in der Weise geschätzt werden, daß der Wechsel vom Kollaps- zum Füllungsstand der Venen an der Hand oder am Arm bei Heben oder Senken des Armes in Relation zur Herzebene beobachtet wird.

Strömungsmessung

Zahlreiche, auf sehr unterschiedlichen physikalischen Prinzipien beruhende Verfahren können zur Messung der Stromstärke (Durchblutung) verwendet werden. Bei den wichtigsten heute gebräuchlichen Methoden werden die Messungen am uneröffneten Gefäß vorgenommen.

Elektromagnetische Flußmesser. Bei dieser Methode liegt das Gefäß mit seiner Längsachse zwischen den Polen eines elektromagnetischen Feldes, wobei die Passage der Elektrolytlösung Blut eine senkrecht zu den Kraftlinien und senkrecht zur Strömungsrichtung des Blutes liegende Spannung induziert, die durch entsprechend angeordnete Elektroden an der Außenseite des Gefäßes abgegriffen wird. Die Spannung ist dabei in jedem Augenblick proportional der *Stromstärke*, so daß pulsierende Strömungen exakt erfaßt werden können. Mit implantierten Meßköpfen sind Durchblutungsmessungen von Gefäßen mit 1 mm Querschnitt bis hin zur Aorta über lange Zeiträume möglich.

Ultraschallflußmesser. Dieses Verfahren beruht auf der Messung der Laufzeit von Ultraschallwellen. Das Gefäß wird dazu in 2 Halbrohre eingelegt, in denen sich an gegenüberliegenden Stellen schräg zur Längsachse des Gefäßes Kristalle befinden, die abwechselnd als Sender und Empfänger wirken. Aus den elektronisch gemessenen Differenzen der stromabwärts kürzeren und stromaufwärts längeren Laufzeit des Ultraschalls ergibt sich die *Stromstärke* im Gefäß.
Mit einem anderen Ultraschallverfahren kann die *Strömungsgeschwindigkeit* in oberflächlichen Gefäßen auch transcutan, d.h. durch die intakte Haut gemessen werden. Die Ultraschallwellen werden dabei von einem Kristall schräg zur Längsachse in das Gefäß gesendet und die reflektierten Wellen von einem zweiten Kristall empfangen. Als Ergebnis des *Doppler-Effektes* ist die Frequenz der reflektierten Wellen höher als die Sendefrequenz, wenn sich Blutkörperchen zum Meßkopf hin bewegen und umgekehrt, wobei die Differenz zwischen Sendefrequenz und reflektierter Frequenz proportional der Strömungsgeschwindigkeit der Blutkörperchen ist.
Mit modifizierten Geräten, die eine Bestimmung des Gefäßdurchmessers zulassen, kann darüber hinaus auch die *Stromstärke* bestimmt werden.

Thermoelektrische Methoden. Fortlaufende relative Messungen der **lokalen Durchblutung** sind mit Verfahren möglich, die auf Änderungen der durchblutungsabhängigen *Wärmeleitfähigkeit des Gewebes* beruhen. Das Meßsystem besteht aus 2 Thermoelementen, die in Differenzschaltung angeordnet sind und von denen eines bei konstanter elektrischer Heizung eine geringe Übertemperatur aufweist. Aus den Temperaturdifferenzen zwischen geheiztem und nicht geheiztem Element (= Gewebetemperatur), die bei zunehmender Durchblutung durch den vermehrten Abtransport von Wärme im Bereich des geheizten Elements abnehmen und umgekehrt, lassen sich die auftretenden Durchblutungsänderungen berechnen. Mit diesen Verfahren sind Messungen der Haut- sowie der Muskeldurchblutung (mit der sog. „*Thermosonde*") beim Menschen möglich. Im Tierversuch werden sie auch zur Messung der Myokard, Leber- und Gehirndurchblutung angewendet.

Venenverschlußplethysmograpie. Bei diesem Verfahren werden die bei Unterbrechnung des venösen Abflusses auftretenden **Volumenzunahmen** einer Extremität bzw. einzelner Abschnitte zur Ermittlung der arteriellen Stromstärke benutzt. Die Extremitätenteile werden dazu in einen starrwandigen, am Eingang abgedichteten Behälter gebracht. Mit Hilfe einer proximal davon angebrachten aufblasbaren Manschette wird vorübergehend der venöse Abstrom ohne Beeinträchtigung des arteriellen Einstromes durch subdiastolische Drücke unterbrochen und die auftretende Volumenzunahme durch geeignete Volumenschreiber registriert. Aus der Geschwindigkeit der Volumensteigerung in der Anfangsphase läßt sich der *arterielle Einstrom* berechnen. Mit zunehmender Venenfüllung steigt der Venendruck an und erreicht schließlich Werte, bei denen der Manschettendruck überwunden wird und ein venöser Abstrom wieder einsetzt. Auf diese Weise entsteht ein neues *Volumengleichgewicht*, aus dem sich bei gleichzeitiger Messung des Venendrucks Aussagen über die **Weitbarkeit** (Compliance) $\Delta V/\Delta P$ des Gefäßbettes machen lassen. Mit Hilfe von *Dehnungsmeßstreifen*, die zirkulär um die Extremitäten gelegt werden, ist es ebenfalls möglich, die Umfangsänderungen (= Volumenänderungen) und damit auch die Durchblutung relativ einfach elektrisch zu messen.

Messung des Herzzeitvolumens beim Menschen. Beim Menschen kann das Herzzeitvolumen mit *indirekten Methoden* bestimmt werden, die keine größeren operativen Eingriffe erfordern. Es handelt sich dabei um Verfahren, die entweder direkt auf dem *Fickschen Prinzip* oder den damit verwandten *Indikatorverdünnungsmethoden* beruhen.

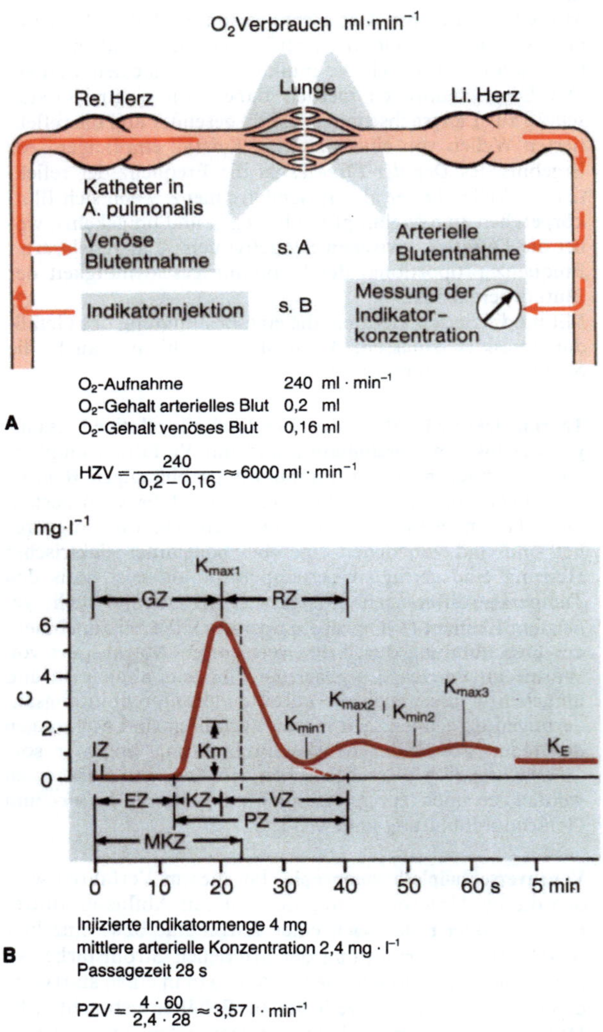

Abb. 20-45 A u. B. Schematische Darstellung der Herzzeitvolumenbestimmung nach dem Fickschen Prinzip (**A**) und mit der Farbstoffverdünnungsmethode (**B**). In **B** ergibt sich aus dem berechneten Plasmazeitvolumen (PZV) bei einem Hämatokrit von ca. 45% ein HZV von ca. 6500 ml

Nach dem **Fickschen Prinzip** ist die O_2-Aufnahme in der Lunge ($\dot{V}_{O_2}$) mit der arteriovenösen O_2-Differenz (avD_{O_2}) und der Stromstärke im Lungenkreislauf ($\dot{Q}_L$) folgendermaßen verbunden:

$$\dot{V}_{O_2} = \dot{Q}_L \cdot avD_{O_2} \quad \text{bzw.} \quad \dot{Q}_L = \frac{\dot{V}_{O_2}}{avD_{O_2}}. \tag{21}$$

In Abb. 20-45 A ist als Beispiel eine Berechnung mit Werten durchgeführt, wie sie etwa bei körperlicher Ruhe vorliegen.

Unter normalen Bedingungen sind die Stromstärken im Lungen- und Körperkreislauf praktisch gleich groß, so daß die auf diese Weise gewonnenen Werte auch dem *Zeitvolumen* des *linken Ventrikels* entsprechen. Wegen des unterschiedlichen O_2-Gehaltes im Venenblut der verschiedenen Organkreisläufe muß das venöse Blut allerdings mit Hilfe von Kathetern aus der A. pulmonalis entnommen werden, in der eine weitgehende Mischung erfolgt ist. In ähnlicher Form können Herzzeitvolumenbestimmungen auch mit CO_2 oder *Fremdgasen* wie Acetylen oder Stickoxydul als Indikator vorgenommen werden.

Bei den sog. **Indikatorverdünnungsverfahren** werden dem Kreislauf möglichst schlagartig Indikatoren in Form von *Farbstoffen, Kälte, radioaktiven Substanzen* u.a. zugeführt. Aus der Indikatorenkonzentration in „stromabwärts" gelegenen Abschnitten läßt sich das Blutvolumen bestimmen, das den Indikator aufgenommen und zu dieser Stelle transportiert hat. Die Konzentration des Indikators an der Meßstelle wird dabei entweder in Durchflußküvetten oder durch schnell aufeinanderfolgende „punktförmige" Blutabnahmen analysiert bzw. „unblutig" fortlaufend photoelektrisch registriert. Die dabei entstehenden Verdünnungskurven zeigen folgende charakteristische Merkmale (Abb. 20-45 B). Nach der Injektion *(Injektionszeit = IZ)* setzt bestimmte Zeit später mit der *Erscheinungszeit (EZ)* ein Konzentrationsanstieg des Indikators *(Konzentrationszeit = KZ)* an der Meßstelle bis zur 1. *Maximalkonzentration* = (K_{max_1}) mit der *Gipfelzeit* $GZ = EZ + KZ$ ein. Der anschließende *Konzentrationsabfall* folgt zunächst einer Exponentialfunktion, bis die *Rezirkulation* des Indikators aus den einzelnen Organkreisläufen einsetzt und weitere Konzentrationsmaxima entstehen. Die Zeit zwischen 1. und 2. Konzentrationsmaximum wird als *Rezirkulationszeit (RZ)* bezeichnet. Zur Berechnung des Herzzeitvolumens müssen die Rezirkulationseffekte durch Extrapolation im abfallenden Kurventeil eliminiert werden. In der Praxis erfolgt das durch logarithmische Darstellung des Konzentrationsabfalls. Durch Verlängerung der dabei entstehenden Geraden ergibt sich die sog. **Primärkurve,** d.h. die Kurve, die ohne Rezirkulationseffekte entstehen würde. Der Abstand zwischen der 1. Maximalkonzentration und dem Schnittpunkt der Geraden mit der Nullinie entspricht der *Verdünnungszeit (VZ)*. Die Summe aus *KZ plus VZ* stellt die *Passagezeit (PZ)* dar.

Die *mittlere Zirkulationszeit (MZZ)*, d.h. die durchschnittliche Zeit für den Transport *aller* Farbstoffpartikel von der Injektions- bis zur Meßstelle, wird durch Mittelwertbildung über die integrierte Fläche unter der Primärkurve in bezug auf die Zeit, die *mittlere Konzentration* (K_m) dagegen durch Mittelwertbildung über die integrierte Fläche in bezug auf die Konzentration ermittelt.

Die Berechnung des unbekannten Volumens (V_c), von dem die bekannte Indikatormenge (I) vom Injektionsort zur Meßstelle transportiert wurde, erfolgt nach

$$V_c = \frac{I}{\int_0^\infty \cdot K \cdot dt}, \tag{22}$$

wobei der Nenner des Quotienten das Integral der *Konzentrationskurve* ist, die der Fläche unter der **Primärkurve** entspricht. Diese Fläche wird durch Planimetrieren oder durch Summation von zahlreichen kleinen Rechtecken mit gleicher Grundlinie Δt ermittelt.
In diesem Fall gilt

$$V_c = \frac{I}{\sum K \cdot \Delta t}. \quad (23)$$

Das **Plasmazeitvolumen** (PZV) in $ml \cdot min^{-1}$ läßt sich dann bei intravenöser Injektion des Indikators und Messung seiner mittleren Konzentration im arteriellen Blut nach

$$\dot{V}(ml \cdot min^{-1}) = \frac{I \cdot 60}{K_m \cdot PZ} \quad (24)$$

berechnen (s. auch Abb. 20-45 B), aus dem unter Einbeziehung des *Hämatokrits* das Herzzeitvolumen ermittelt wird. Als Indikator wird neben *Evansblau* häufig *Cardiogreen* verwendet, das bereits bei der ersten Leberpassage ausgeschieden wird, so daß wiederholte Messungen in kürzeren Zeitabständen möglich sind. Durch elektronische Rechner kann das Herzzeitvolumen auch direkt aus den Indikatorverdünnungskurven bestimmt werden.
Eine Modifikation der Farbstoffverdünnungsmethoden stellt die *Thermodilutionsmethode* dar, bei der als Indikator eine kleine Menge Plasma oder Kochsalzlösung mit Zimmertemperatur injiziert und die Temperaturänderung an der Meßstelle als „Konzentrationsänderung" registriert wird. Die Bestimmungen können schnell wiederholt werden, da eine Rezirkulation nicht stattfindet.

Messung der Kreislaufzeit. Die Erscheinungs-(EZ) und mittlere Zirkulationszeit (MZZ) der Indikatorverdünnungskurven gestatten eine relativ genaue Bestimmung der *Strömungsgeschwindigkeit* zwischen 2 Punkten des Gefäßsystems. Mit Hilfe von intravasalen Kathetern ist es möglich, nahezu in allen Gefäßabschnitten **partielle Kreislaufzeiten** zu messen. Beim gesunden Erwachsenen gelten als *Normwerte* für die EZ Arm-Ohr 8–12 s, Lungen-Ohr 3–5 s, Arm-Lungen-EZ 5–7 s und für die MZZ Arm-Ohr 14–26 s. Als *totale Kreislaufzeit* wird die Zeit bis zur Rückkehr des Indikators zum Injektionsort bezeichnet.
In zentralen Kreislaufabschnitten lassen sich aus der Kreislaufzeit Hinweise auf die Größe des Herzzeitvolumens entnehmen, d.h. hohe Strömungsgeschwindigkeiten deuten auf große Zeitvolumina hin und umgekehrt. In peripheren Kreislaufabschnitten sind diese Beziehungen wegen der möglichen stärkeren Änderungen des Gefäßquerschnitts weniger eindeutig.
In der Klinik werden häufig *partielle Kreislaufzeiten* durch i.v.-Applikation von Substanzen ermittelt, die *Geruchs-* oder *Geschmackssensationen* auslösen. So kann z.B. die Kreislaufzeit Armvenen-Lungencapillaren bei i.v.-Injektion von Ether durch die geruchliche Wahrnehmung in der Exspirationsluft und die Kreislaufzeit Armvenen-Zunge bei i.v.-Injektion von Decholin oder Saccharin durch den bitteren bzw. süßen Geschmack (etwa 10–15 s) grob erfaßt werden. Diese Art der Bestimmung der Kreislaufzeiten ist allerdings insofern problematisch, als die Feststellung der Ankunft des Ethers in den Lungen vom Atemcyclus beeinflußt wird und bei beiden Verfahren von der ungenauen schwellenabhängigen subjektiven Wahrnehmung der Indikatoren abhängt.

Bestimmung des Blutvolumens

Mit Hilfe von Indikatoren kann auch die Größe des Blutvolumens bestimmt werden. Dazu wird die gelöste oder suspendierte Indikatormenge I mit einem Volumen V_I in das Gefäßsystem eingebracht und nach gleichmäßiger Verteilung im Blut seine *Endkonzentration* K_E gemessen (s. Abb. 20-45 B). Unter Vernachlässigung des (meist) geringen V_I ergibt sich das *Plasmavolumen* aus

$$V = \frac{I}{K_E} \quad \left(\text{sonst } V + V_I = \frac{I}{K_E}\right). \quad (25)$$

Die Bestimmungen setzen eine ausreichend lange Verweildauer der Indikatoren im Gefäßsystem und die Berücksichtigung seiner Elimination voraus. Genaue Bestimmungen des *totalen Blutvolumens,* d.h. des Zell- und Plasmavolumens, erfordern die gleichzeitige Verwendung eines Erythrocyten- und Plasmaindikators. Die Berechnung des totalen Blutvolumens mit Hilfe von Plasmavolumenbestimmungen unter Berücksichtigung des jeweiligen Hämatokrits ist dagegen weniger genau.
Für die Bestimmung des Plasmavolumens werden u.a. Evansblau (= T 1824) bzw. radioaktive Serumalbumine, für die des Erythrocytenvolumens ^{59}Fe-, ^{32}P- oder ^{51}Cr-markierte rote Blutkörperchen verwendet. Normalwerte des Blutvolumens s.S. 515.

20.14 Literatur

Weiterführende Lehr- und Handbücher

1. Aviado, D.M.: The Lung Circulation. Vols. 1 and 2. New York: Pergamon Press, Inc., 1965
2. Bauereisen, E. (Hrsg.): Physiologie des Kreislaufs, Bd. 1 Arteriensystem, Capillarbett und Organkreisläufe, Fetal- und Placentakreislauf. Berlin-Heidelberg-New York: Springer 1971
3. Brecher, G.A.: Venous return. London: Grune and Stratton 1965
4. Burton, A.C.: Physiologie und Biophysik des Kreislaufs. Stuttgart-New York: Schattauer 1969
5. Caro, C.G., Pedley, T.J., Schroter, R.C., Seed, W.A.: The mechanics of the circulation. New York-Toronto: Oxford University Press 1978
6. Folkow, B., Neil, E.: Circulation. London-Toronto: Oxford University Press 1971
7. Gauer, O.H.: Kreislauf des Blutes. In: Gauer/Kramer/Jung: Physiologie des Menschen. Bd. 3: Herz und Kreislauf. München-Berlin-Wien: Urban & Schwarzenberg 1972
8. Guyton, A.C.: Textbook of Medical Physiology. 5. Ed. Philadelphia-London: Saunders 1976
9. Handbook of Physiology, Section 2: The Cardiovascular System. Vol. II Vascular Smooth Muscle. D.F. Bohr, A.P. Somlyo, H.V. Sparks, Jr. (eds). Bethesda, Maryland: American Physiological Society 1980
10. Handbook of Physiology, Section 2: The Cardiovascular System. Vol. III Peripheral Circulation and Organ Blood Flow. J.T. Shepherd, F.M. Abboud (eds). Bethesda, Maryland: American Physiological Society 1983
11. Handbook of Physiology, Section 2: The Cardiovascular System. Vol. IV Microcirculation. E.M. Renkin, C.C. Michel (eds). Bethesda, Maryland: American Physiological Society 1984
12. Heymans, E., Neil, E.: Reflexogenic Areas of the Cardiovascular System. London: Churchill 1958
13. Johnson, P.C.: Peripheral Circulation. New-York-Chichester-Brisbane-Toronto: Wiley & Sons 1978
14. Keatinge, W.R., Harman, M.C.: Mechanisms Controlling Blood Vessels. London: Academic Press 1980

15. McDonald, D.A.: Blood flow in arteries. 2. Ed. London: Arnold 1974
16. Master, A.M., Garfield, C.I., Walters, M.B.: Normal blood pressure and hypertension. Philadelphia: Lea & Febiger 1952
17. Meesen, H.: Mikrozirkulation. In: Handbuch der allgemeinen Pathologie III/7. Berlin: Springer 1977
18. Milnor, W.R., in: Mountcastle, V.B.: Medical Physiology, 13. Ed. Saint Louis: Mosby 1974
19. Ruch, T.C., Patton, H.D.: Physiology and Biophysics, Vol. II: Circulation, Respiration and Fluid Balance. Philadelphia: Saunders 1970
20. Rushmer, R.F.: Cardiovascular Dynamics. Philadelphia: Saunders 1970
21. Shepherd, J.T., Vanhoutte, P.M.: Veins and their Control. London: Saunders 1975
22. Shepherd, J.T., Vanhoutte, P.M.: The Human Cardiovascular System — Facts and Concepts. New York: Raven 1979
23. Wade, O.L., Bishop, J.M.: Cardiac output and regional blood flow. Oxford: Blackwell 1962
24. Wetterer, E., Kenner, Th.: Grundlagen der Dynamik des Arterienpulses. Berlin: Springer 1968
25. Wiedemann, M.P., Tuma, R.F., Mayrovitz, H.N.: An introduction to microcirculation. Biophysics and Bioengineering Series Vol. 2. London: Academic Press NY 1981
26. Wiggers, C.J.: Physiology in Health and Disease. Philadelphia: Lea and Febiger 1949

Einzel- und Übersichtsarbeiten

27. Blaine, E.H., Davis, J.O.: Evidence of a renal vascular mechanism in renin release; observations with graded stimulation by aortic constriction. Circulat. Res. *28*, suppl. 2, 118 (1971)
28. Brecher, G.A., Hubay, C.A.: Pulmonary blood flow and venous return during spontaneous respiration. Circulat. Res. *3*, 210 (1955)
29. Colman, R.W.: Formation of human plasmakinin. New Engl. J. Med *291*, 509 (1974)
30. Crone, C., Christensen, O.: Transcapillary Transport of Small Solutes and Water. In: Guyton, A.C., Young, D.B. (eds): Cardiovascular Physiology III Vol. 28, p. 149. Baltimore: University Park Press 1979
31. Drappatz, B., Witzleb, E.: Unterschiedliche Reaktionen von Widerstands- und Kapazitätsgefäßen der Haut an den Armen bei Beinmuskelarbeit bis zur Erschöpfung. Int. Z. angew. Physiol. *28*, 321 (1970)
32. Folkow, B.: Description of the myogenic hypothesis. Circulat. Res. *XIV*, *XV*, Suppl. I, 279 (1964)
33. Green, J.F.: Determinants of Systemic Blood Flow. In: Guyton, A.C., Young, D.B. (eds.): Cardiovascular Physiology III, Vol.18, p. 33. Baltimore: University Park Press 1979
34. Guyton, A.C. Coleman, T.G., Cowley, A.W., Jr., Manning, R.D., Jr., Norman, R.A., Jr., Ferguson, J.D.: A System Analysis Approach to Understanding Long-Range Arterial Blood Pressure Control and Hypertension. Circulat. Res. *35*, 159 (1974)
35. Guyton, A.C., Cowley, A.W., Jr., Young, D.B., Coleman, T.G., Hall, J.E., DeClue, J.W.: Integration and Control of Circulatory Function. In: Guyton, A.C., Cowley, A.W., Jr. (eds): Cardiovascular Physiology II, Vol. 9, p. 341. Baltimore: University Park Press 1976
36. Guyton, A.C., Jones, C.E.: Central venous pressure: physiological significance and clinical implications. Amer. Heart J. *86*, 432 (1973)
37. Guyton, A.C., Coleman, T.G., Granger, H.J.: Circulation: overall regulation. Ann. Rev. Physiol. *34*, 13 (1972)
38. Guyton, A.C., Taylor, A.E., Granger, H.J.: Circulatory Physiology II: Dynamics and Control of Body Fluids. Philadelphia: Saunders 1975
39. Haddy, F.J.: Vasomotion in systemic arteries, small vessels, and veins determined by direct resistance measurements. Minn. Med. *41*, 162 (1958)
40. Haddy, F.J., Scott, J.B., Grega, G.J.: Peripheral Circulation: Fluid Transfer Across the Microvascular Membrane. In: Guyton, A.C., Cowley, A.W., Jr. (eds): Cardiovascular Physiology II, Vol. 9, p 63. Baltimore: University Park Press 1976
41. Hainsworth, R., Linden, R.J.: Reflex Control of Vascular Capacitance. In: Guyton, A.C., Young, D.B. (eds): Cardiovascular Physiology III, Vol. 18, p. 67. Baltimore: University Park Press 1979
42. Hilton, S.M., Spyer, K.M.: Central Nervous Regulation of Vascular Resistance. Ann. Rev. Physiol. *42*, 399 (1980)
43. Hunyor, S., Ludbrook, J., Shaw, J., McGrath, M.: The Peripheral Circulation. Amsterdam: Excepta Medica 1984
44. Korner, P.I.: Integrative neural cardiovascular control. Physiol. Rev. *51*, 312 (1971)
45. Longhurst, J.C., Mitchell, J.H.: Reflex Control of the Circulation by Afferents From Skeletal Muscle. In: Guyton, A.C., Young, D.B. (eds): Cardiovascular Physiology III, Vol. 18, p. 125. Baltimore: University Park Press 1979
46. Lundgren, O., Jodal, M.: Regional blood flow. Ann. Rev. Physiol. *37*, 395 (1975)
47. Mancia, G., Lorenz, R.R., Shepherd, J.T.: Reflex Control of Circulation by Heart and Lungs. In: Guyton, A.C., Cowley, A.W., Jr. (eds): Cardiovascular Physiology II, Vol. 9, p. 111. Baltimore: University Park Press 1976
48. Pollack, A.A., Wood, E.H.: Venous pressure in the saphenous vein at the ankle in man during exercise and changes in posture. J. appl. Physiol. *1*, 649 (1949)
49. Reed, J.H., Jr., Wood, E.H.: Effect of body position on vertical distribution of pulmonary blood flow. J. appl. Physiol. *28*, 303 (1970)
50. Rowell, L.B.: Human cardiovascular adjustments to exercise and thermal stress. Physiol. Rev. *54*, 75 (1974)
51. Schachter, M.: Kallikreins and kinins. Physiol. Rev. *49*, 509 (1969)
52. Scott, J.B., Rudko, M., Radawski, D., Haddy, F.J.: Role of osmolarity, K^+, H^+, Mg^{++}, and O_2 in local blood flow regulation. Amer. J. Physiol. *218*, 338 (1970)
53. Schmid-Schönbein, H.: Microrheology of Erythocytes, Blood Viscosity, and the Distribution of Blood Flow in the Microcirculation. In: Guyton, A.C., Cowley, A.W., Jr. (eds): Cardiovascular Physiology II, Vol. 9, p. 1. Baltimore: University Park Press 1976
54. Smith, O.A.: Reflex and central mechanisms involved in the control of the heart and circulation. Ann. Rev. Physiol. *36*, 93 (1974)
55. Stainsby, W.N.: Local control of regional blood flow. Ann. Rev. Physiol. *35*, 151 (1973)
56. Stick, C., Grau, H., Witzleb, E.: On the Edema-preventing Effect of the Calf Muscle Pump. Eur. J. Appl. Physiol. *59*, 39 (1989)
57. Westfall, Th.C.: Neuroeffector Mechanisms. Ann. Rev. Physiol. *42*, 338 (1980)
58. Witzleb, E.: Venous Tone and Regulation of the Circulation. In: Les concepts de Claude Bernhard sur le milieu intérieur. Paris: Masson 1967
59. Zelis, R.: The Peripheral Circulations. New York: Grune and Stratton 1975
60. Zweifach, B.W., Silberberg, A.: The Interstitial-Lymphatic Flow System. In: Guyton, A.C., Young, D.B. (eds): Cardiovascular Physiology III, Vol. 18, p. 215. Baltimore: University Park Press 1979

VI. Atmung

21 Lungenatmung

G. Thews

Die Teilprozesse des Atemgastransportes. Die tierische Zelle gewinnt ihre Energie in der Regel durch den oxidativen Abbau der Nährstoffe. Sie ist also auf eine ständige Sauerstoffzufuhr angewiesen. Ebenso wichtig für ihre Funktionsfähigkeit ist der laufende Abtransport des Stoffwechselproduktes Kohlendioxid. Dieser Gaswechsel zwischen den Zellen und der Umgebung wird ganz allgemein als **Atmung** bezeichnet.
Der Atemgastransport innerhalb des Körpers erfolgt teils durch Konvektion, teils durch Diffusion. Mit Hilfe der **konvektiven Prozesse,** Ventilation (Lungenbelüftung) und Blutkreislauf, werden die Gasmoleküle über größere Distanzen transportiert. Die eingeschalteten **Diffusionsprozesse** im Bereich der Lungenalveolen und in den versorgten Geweben können nur kurze Strecken (<1 mm) überbrücken. Sie sind jedoch erforderlich, um die Atemgase O_2 und CO_2 in das geschlossene System des Blutkreislaufes einzuschleusen bzw. aus diesem auszuschleusen. Die Abb. 21-1 zeigt die 4 hintereinandergeschalteten Teilprozesse in schematischer Darstellung. Am O_2-Transport von der Umgebungsluft bis zu den Orten des Sauerstoffverbrauchs in den Zellen sind nacheinander beteiligt:

1. *der konvektive Transport zu den Lungenalveolen durch die Ventilation,*
2. *die Diffusion von den Alveolen in das Lungencapillarblut,*
3. *der konvektive Transport zu den Gewebecapillaren durch den Blutkreislauf,*
4. *die Diffusion von den Gewebecapillaren in die umgebenden Zellen.*

Der Abtransport des Kohlendioxids, das als gasförmiges Endprodukt des oxidativen Stoffwechsels in den Zellen gebildet wird, setzt sich in analoger Weise aus 4 Teilprozessen zusammen. In diesem Fall sind sie jedoch in umgekehrter Reihenfolge hintereinandergeschaltet.
Die Teilprozesse 1 und 2 werden unter der Bezeichnung **Lungenatmung** (*äußere Atmung*) zusammengefaßt. Teilprozeß 3 charakterisiert man als den **Atemgastransport des Blutes**

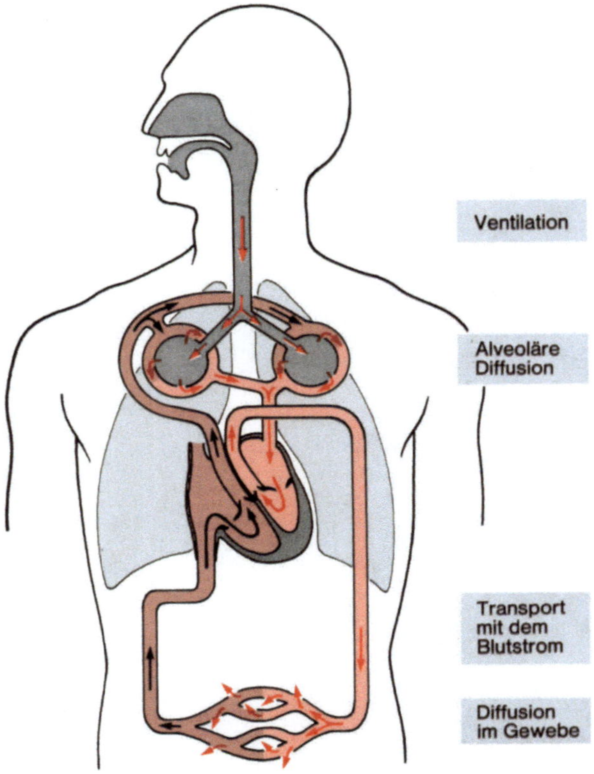

Abb. 21-1. Übersicht über den Transportweg des Sauerstoffes beim Menschen (*rote* Pfeile)

und Teilprozeß 4 als **Gewebeatmung** (*innere Atmung*).

21.1 Morphologische Grundlagen der Atmungsfunktion

Atmungsexkursionen des Thorax

Die Formänderungen des Thoraxraums werden durch die Rippen- und Zwerchfellbewegungen erzeugt.

Rippenbewegungen. Die Rippen sind jeweils mit dem Wirbelkörper und einem Processus transversalis gelenkig verbunden. Um die Verbindungsgerade zwischen den beiden Gelenken, die man als *Rippenhalsachse* bezeichnet, können die Rippen eine Drehbewegung ausführen. Bedingt durch die Lage der Drehachse, werden unter der Einwirkung der Inspirationsmuskeln die Rippenbögen angehoben, wodurch sich Tiefen- und Querdurchmesser des Thorax erweitern (Abb. 21-2 A). Entsprechend führt die Senkung der Rippenbögen zur Verkleinerung des Thoraxraums.

Die Rippenhalsachse weist im oberen und unteren Bereich des Thoraxskelets eine unterschiedliche Orientierung auf [18]. Bei den oberen Rippen ist sie mehr transversal, bei den unteren mehr sagittal ausgerichtet. Dies hat zur Folge, daß bei der Inspiration die Thoraxerweiterung im oberen Bereich überwiegend nach vorn („*Vorstoß*") und im unteren Bereich mehr in seitlicher Richtung („*Seitenstoß*") erfolgt. Außerdem hat eine Hebung der unteren Rippen einen größeren Effekt im Hinblick auf die Erweiterung des Brustraums.

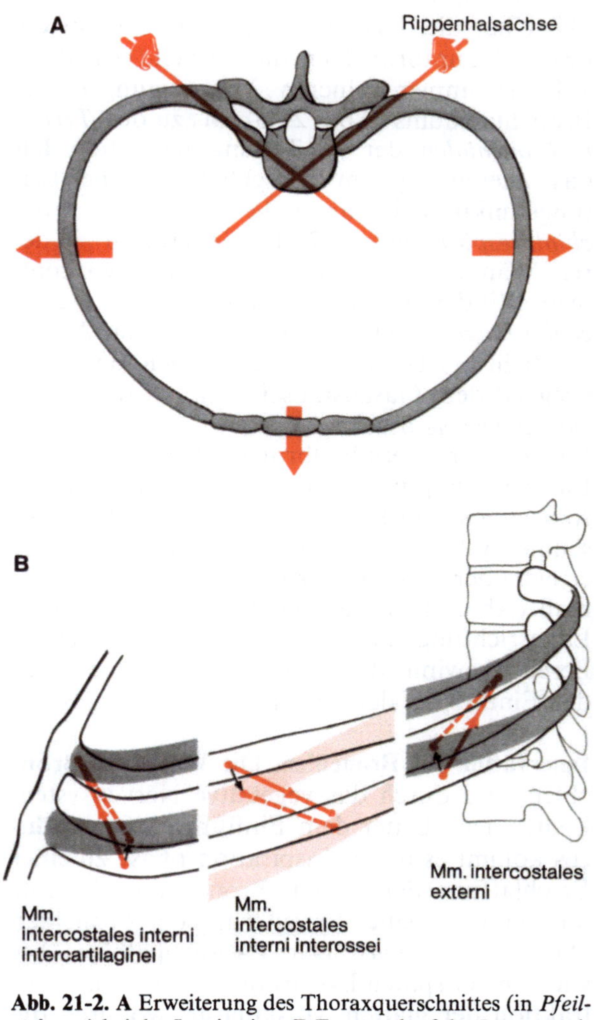

Abb. 21-2. A Erweiterung des Thoraxquerschnittes (in *Pfeilrichtung*) bei der Inspiration, **B** Faserverlauf der Intercostalmuskulatur (*rot*) in schematischer Darstellung zur Erläuterung der Zugwirkungen bei Inspiration und Exspiration

Zur **Prüfung der Erweiterungsfähigkeit** des Thorax bedient man sich eines einfachen Untersuchungsverfahrens: Es besteht in der *Messung des Brustumfangs in maximaler In- und Exspirationsstellung des Thorax*. Das Bandmaß soll dabei dicht unterhalb der Mamillen angelegt werden, während der Proband die Arme seitlich gestreckt hält. Die Differenz der beiden inspiratorisch und exspiratorisch gemessenen Umfangswerte sollte bei einem jüngeren arbeitsfähigen Mann mindestens 7–10 cm, bei der Frau etwa 5–8 cm betragen.

Die inspiratorische Rippenhebung wird hauptsächlich durch die **äußeren Zwischenrippenmuskeln** (*Mm. intercostales externi*) bewirkt (Abb. 21-2 B) [7, 11]. Ihre Faserzüge verlaufen so, daß der Ansatzpunkt jeweils an der unteren Rippe weiter vom Gelenkdrehpunkt entfernt ist als an der oberen Rippe. Bei der Kontraktion wird also auf die jeweils untere Rippe ein größeres Drehmoment ausgeübt, so daß eine Hebung gegen die nächsthöhere Rippe resultiert. Auf diese Weise tragen die äußeren Zwischenrippenmuskeln zusammen zur Thoraxhebung bei. Für die Ausatmung ist normalerweise der größte Teil der **inneren Zwischenrippenmuskeln** (*Mm. intercostales interni*) zuständig. Wenn sie sich kontrahieren, wird aufgrund ihres Faserverlaufs die jeweils obere Rippe der darunterliegenden genähert und damit der Thorax gesenkt. Wie Abb. 21-2 B zeigt, sind die zwischen den Rippenknorpeln ausgespannten Anteile (Partes intercartilagineae) der inneren Zwischenrippenmuskeln an der Hebung des Sternums beteiligt.

Bei erhöhten Anforderungen an die Atmungsarbeit, insbesondere bei Atemnot, werden die regulären Atmungsmuskeln durch **Hilfsmuskeln** unterstützt [7]. Als Hilfseinatmer wirken alle Muskeln, die am Schultergürtel, am Kopf oder an der Wirbelsäule ansetzen und in der Lage sind, die Rippen zu heben. Hierzu zählen in erster Linie die *Mm. pectorales major* und *minor*, die *Mm. scaleni* und der *M. sternocleidomastoideus* sowie Teile der *Mm. serrati* (Abb. 21-3). Voraussetzung für ihren Einsatz als Atmungsmuskeln ist die Fixierung ihres Ansatzpunktes. Typisch hierfür ist das Verhalten eines Menschen in Atemnot, der sich auf einen festen Gegenstand aufstützt und den Kopf nach hinten beugt. Als Hilfsausatmer dienen v.a. die *Bauchmuskeln*, welche die Rippen herabziehen und als Bauchpresse die Baucheingeweide mit dem Zwerchfell nach oben drängen.

Zwerchfellbewegung. Der wirkungsvollste Inspirationsmuskel ist das *Diaphragma*, das über den *N. phrenicus* (aus C_3–C_5) innerviert wird. Normalerweise wölbt sich das Zwerchfell kuppelförmig in den Thoraxraum hinein; in Ausatmungsstellung liegt es in einer Ausdehnung von 3 Rippenhöhen der inneren Thoraxwand an (Abb. 21-4). Bei der Einatmung kontrahieren sich die Muskelzüge des Zwerchfells. Es kommt zu einer Abflachung, wodurch sich die Muskelplatte von der inneren Thoraxwand entfernt.

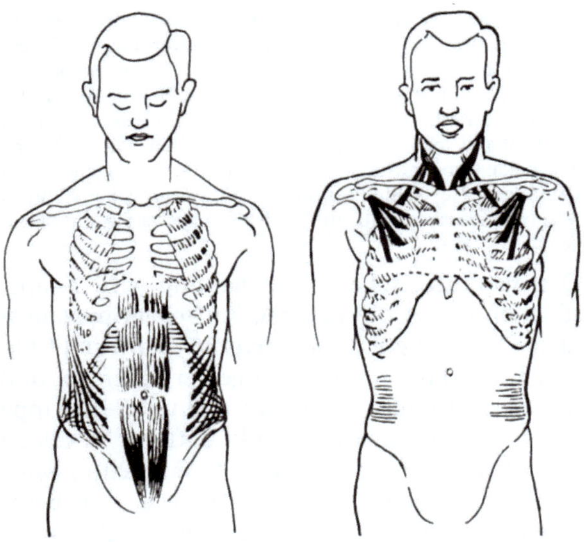

Abb. 21-3. Auxiliäre Atmungsmuskulatur. *Links:* Hilfsmuskeln für die Exspiration; *rechts:* wichtige Hilfsmuskeln für die Inspiration. Nach [7]

Die dabei eröffneten Räume, die als *Sinus phrenicocostales* bezeichnet werden, bieten für die hier lokalisierten Lungenpartien eine gute Entfaltungsmöglichkeit und damit eine entsprechend gute Belüftung.

Die Verschiebung der unteren Lungenbegrenzung läßt sich durch Beklopfen (**Perkussion**) der äußeren Brustwand nachweisen. An der Lungengrenze wandelt sich der dumpfe Klopfschall über den schalldämpfenden Eingeweiden in den tönenden (sonoren) Klopfschall über dem lufthaltigen Lungengewebe. Auf diese Weise prüft man die *Lage der Lungengrenzen bei maximaler Inspiration und maximaler Exspiration.* Für den jüngeren arbeitsfähigen Mann soll sich die dabei festgestellte Verschiebung mindestens über 3 Intercostalräume erstrecken.

Je nachdem, ob die Erweiterung des Brustraums bei normaler Atmung überwiegend durch Hebung der Rippen oder mehr durch Senkung des Zwerchfells zustande kommt, unterscheidet man einen **costalen Atmungstyp** (Brustatmung) von einem **abdominalen Atmungstyp** (Bauchatmung). Bei der Brustatmung wird die Atmungsarbeit hauptsächlich von der Intercostalmuskulatur geleistet, während das Zwerchfell mehr passiv den Druckänderungen im Thoraxraum folgt. Bei der Bauchatmung bewirkt die stärkere Kontraktion der Zwerchfellmuskulatur v.a. eine inspiratorische Erweiterung des unteren Thoraxraums, wobei wegen der Verlagerung der Baucheingeweide die Bauchwand vorgewölbt wird.

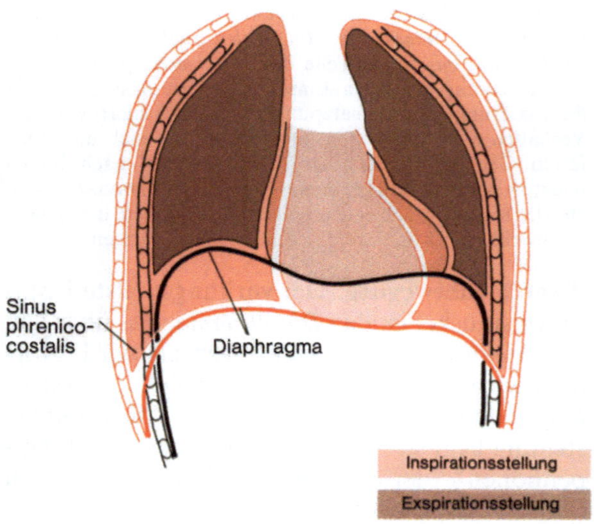

Abb. 21-4. Formänderungen des Thoraxraumes beim Übergang von der Exspirationsstellung (*dunkelrot*) zur Inspirationsstellung (*hellrot*)

Funktion der Atemwege

Gliederung des Atemwegsystems. Bei der inspiratorischen Erweiterung der Lunge wird die Frischluft über ein verzweigtes Röhrensystem zu den Gasaustauschgebieten geleitet [26, 30, 31]. Über die Trachea gelangt die Luft in die beiden Hauptbronchien und verteilt sich dann auf die immer feineren Verzweigungen des Bronchialbaums (Abb. 21-5). Bis zu den *Terminalbronchiolen* der 16. Teilungsgeneration hat das Atemwegsystem ausschließlich eine Leitungsfunktion. Daran schließen sich die *Bronchioli respiratorii* an (17.–19. Generation), in deren Wänden bereits einige Alveolen vorkommen. Mit der 20. Aufzweigung beginnen die *Alveolargänge* (Ductus alveolares), die mit Alveolen dicht besetzt sind. Dieser Bereich, der überwiegend dem Gasaustausch dient, wird als *Respirationszone* bezeichnet.

Bis zu den Terminalbronchiolen erfolgt die Luftbewegung im Atemwegsystem allein durch *Konvektion.* In den nachfolgenden Atemwegabschnitten der Übergangs- und Respirationszone erreicht der Gesamtquerschnitt ein solches Ausmaß (Abb. 21-5), daß die Massenbewegung in Längsrichtung nur noch gering ist. In diesem Bereich gewinnt die *Diffusion* einen zunehmenden Einfluß auf den Transport der Atemgase.

Innervation der Bronchien. Die Weite der Bronchien wird durch das vegetative Nervensystem kontrolliert. Unter dem Einfluß des **Sympathicus** kommt es in der Inspirationsphase zu einer Erschlaffung der glatten Bronchialmuskulatur und damit zu einer Erweiterung der Bronchien (*Bronchodilatation*). Der **Parasympathicus** bewirkt in der späten Exspirationsphase eine Kontraktion der glatten Muskulatur, wodurch die Bronchien verengt werden (*Bronchoconstriction*). Auf diese Weise unterstützt die vegetative

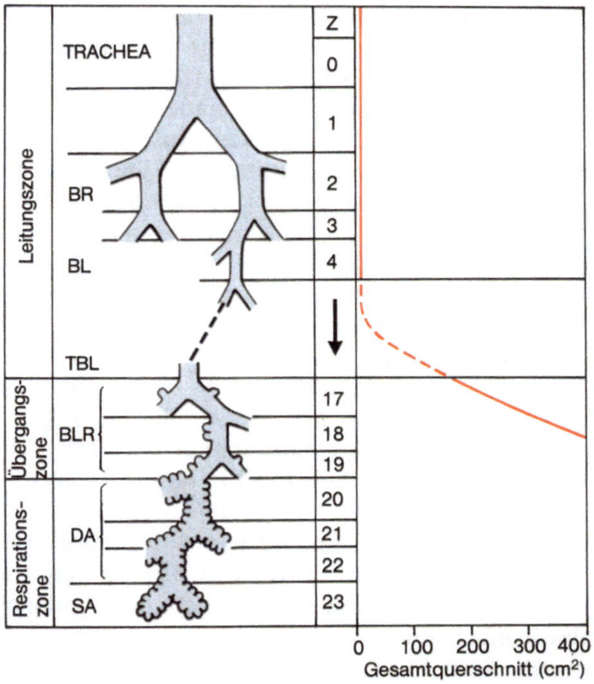

Abb. 21-5. Aufzweigungen des Atemwegsystems (*links*) mit der Kurve der Gesamtquerschnitte (*rechts*), die den einzelnen Teilungsgenerationen (*Z*) zugeordnet sind, modifiziert nach [31]. Man erkennt die starke Zunahme des Atemwegsquerschnitts in der Übergangszone, die sich in der Respirationszone weiter fortsetzt. *BR* Bronchien, *BL* Bronchiolen, *TBL* Terminalbronchiolen, *BLR* Bronchioli respiratorii, *DA* Ductuli alveolares, *SA* Sacculi alveolares

Steuerung der Bronchialweite bis zu einem gewissen Grade die Lungenbelüftung. Eine Fehlregulation im vegetativen Nervensystem, wie sie beispielsweise bei *Asthma bronchiale* anfallsweise auftritt, kann zu einem Bronchospasmus und damit zu einer erheblichen Zunahme des Strömungswiderstandes in den Atemwegen führen.

Aufgaben des Atemwegsystems. Die Atemwege dienen nicht nur der Zuleitung von Frischluft während der Inspiration und der Ableitung von „Alveolarluft“ während der Exspiration, sondern erfüllen auch eine Reihe von Hilfsfunktionen für die Atmung. Hierzu gehören die Reinigung, Erwärmung und Befeuchtung der eingeatmeten Luft [26].

Die **Reinigung der Inspirationsluft** erfolgt teilweise bereits in der Nase, wo kleinere Partikel, Staub und Bakterien von den Schleimhäuten abgefangen werden. Deshalb besteht bei chronischer Mundatmung eine erhöhte Anfälligkeit für Erkrankungen des Atmungsapparates. Weitere eingeatmete Partikel lagern sich auf der

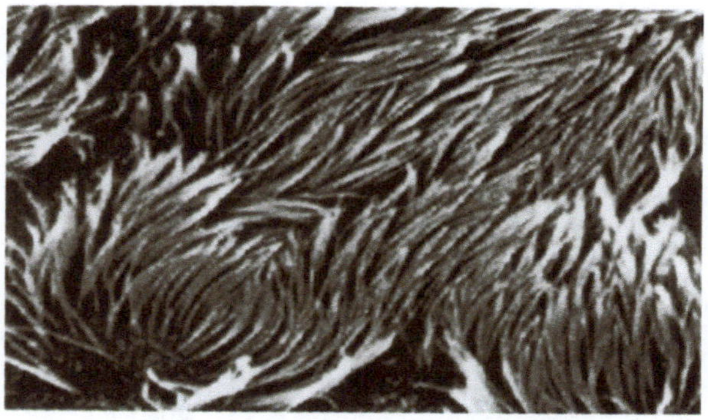

Abb. 21-6. Cilien des Respirationsepithels in der Trachea des Meerschweinchens in rasterelektronenoptischer Darstellung. Die koordinierte Cilienbewegung befördert den Schleim zur Epiglottis

Schleimschicht ab, welche die Wände der zuleitenden Atemwege überzieht. Der von Becherzellen und subepithelialen Drüsenzellen sezernierte Schleim wird ständig durch rhythmische Bewegung der *Cilien* des Respirationsepithels (Abb. 21-6) zur Epiglottis befördert und anschließend verschluckt. Der Schleimtransport sorgt also dafür, daß Fremdpartikel und Bakterien aus dem Atmungstrakt entfernt werden. Sind die Cilien geschädigt, wie dies etwa bei *chronischer Bronchitis* der Fall ist, so kommt es zu Schleimansammlungen in den Atemwegen und damit zu einem erhöhten Atmungswiderstand.

Größere in die Atemwege gelangte Fremdkörper und Schleimablagerungen lösen durch Reizung der Schleimhäute in der Trachea und den Bronchien den *Hustenakt* aus. Dabei handelt es sich um einen reflektorischen Vorgang, der zunächst in forcierten reflektorischen Anstrengungen gegen die geschlossene Glottis besteht. Bei plötzlicher Öffnung der Glottis wird dann der Fremdkörper mit dem extrem beschleunigten Ausatmungsstrom herausbefördert.

Die **Erwärmung** und **Befeuchtung** der Inspirationsluft findet zum überwiegenden Teil bereits im Nasen-Rachen-Raum statt. Insbesondere bieten hierfür die großen Oberflächen der Nasenmuscheln und die gut durchblutete Nasenschleimhaut mit ihren leistungsfähigen Schleimdrüsen günstige Voraussetzungen. In den tieferen Atemwegen wird die Luft weiter erwärmt und befeuchtet, so daß sie bei Eintritt in die Alveolen die Körpertemperatur (37° C) angenommen hat und vollständig mit Wasserdampf gesättigt ist.

Funktion der Alveolen

Bedingungen für den alveolären Gasaustausch. Der Austausch der Atemgase zwischen der Gasphase und dem Blut in den Lungencapillaren

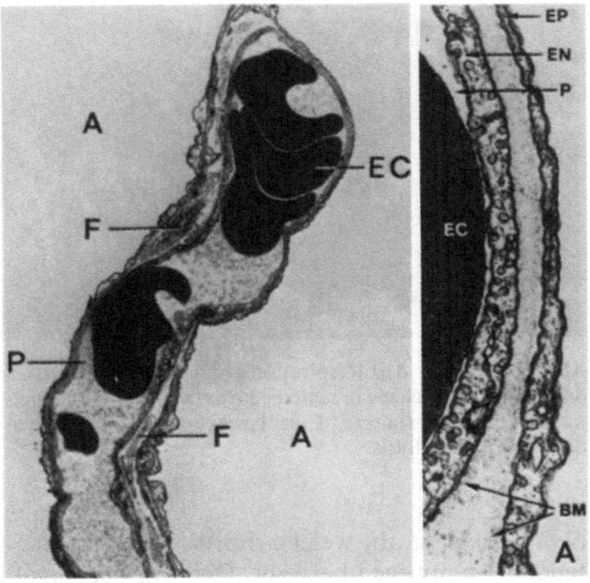

Abb. 21-7. *Links:* Alveolarseptum der Hundelunge mit einer Capillare, nach [49]. Die intracapillären Erythrocyten (*EC*) sind vom umgebenden Alveolarraum (*A*) nur durch die „alveolocapilläre Membran" getrennt. *Rechts:* Vergrößerter Ausschnitt. *EP* Alveolarepithel, *EN* Capillarendothel, *BM* Basalmembran, *F* Bindegewebefasern, *P* Plasma

erfolgt in den Alveolen. Ihre Zahl wird auf etwa 300 Millionen, ihre *Gesamtoberfläche* auf etwa *80* m^2 geschätzt [31]. Die Alveolen, deren Durchmesser jeweils 0,2–0,3 mm beträgt, sind von einem dichten *Capillarnetz* umgeben. Das die Capillaren durchströmende Blut wird daher mit großer Oberfläche mit den Alveolen in Kontakt gebracht.

Der alveoläre Gasaustausch zwischen der Gasphase und dem Capillarblut vollzieht sich durch *Diffusion.* Hierfür ist es wichtig, daß nicht nur eine große Oberfläche vorliegt, sondern auch möglichst kurze Diffusionswege zu überwinden sind (S. 596). Im Hinblick auf die letztgenannte Forderung bestehen in der Lunge ebenfalls günstige Voraussetzungen. Wie Abb. 21-7 zeigt, ist das Capillarblut vom Gasraum nur durch eine dünne Gewebeschicht getrennt. Diese sog. **alveolocapilläre Membran,** die aus dem Alveolarepithel, einem schmalen Interstitium und dem Capillarendothel besteht, hat insgesamt eine Dicke von weniger als 1 μm.

Oberflächenspannung der Alveolen. Die innere Oberfläche der Alveolen ist von einem Flüssigkeitsfilm bedeckt. Wie an jeder Grenzfläche zwischen Gas- und Flüssigkeitsphase sind daher auch in den Alveolen Anziehungskräfte wirksam, welche die Tendenz haben, die Oberfläche zu verkleinern. Auf diese *Oberflächenspannung* in jeder der vielen Alveolen ist es u.a. zurückzuführen, daß die Lunge das Bestreben hat, sich zusammenzuziehen. Die genauere Untersuchung zeigt, daß die Alveolen außerordentlich instabil wären, wenn die starken Oberflächenkräfte eines nur aus Wasser bestehenden Films auf sie einwirkten. Tatsächlich ist jedoch die Oberflächenspannung der Alveolen etwa 10mal kleiner, als dies für eine wäßrige Grenzschicht theoretisch zu erwarten wäre. Der Flüssigkeitsfilm enthält also Substanzen, welche die Oberflächenspannung herabsetzen. Wegen dieser Eigenschaft bezeichnet man sie als **oberflächenaktive Substanzen** oder **Surfactants** [12, 25]. Ihr spannungsmindernder Effekt beruht darauf, daß die Anziehungskraft ihrer Moleküle untereinander stark, auf andere Moleküle der Flüssigkeit jedoch schwach ist, wodurch sie sich an der Oberfläche anreichern. Durch Auswaschen des Lungengewebes ist es gelungen, die oberflächenaktiven Substanzen zu gewinnen und chemisch zu identifizieren: Der alveoläre Flüssigkeitsfilm enthält ein Gemisch aus *Proteinen* und *Lipiden,* wobei v.a. **Lecithinderivate** die spezifische Oberflächenaktivität bestimmen. Gebildet werden sie von den Alveolarepithelien.

Die oberflächenaktiven Substanzen verhindern außerdem, daß die kleinen Alveolen in sich zusammenfallen und ihren Inhalt in die großen Alveolen entleeren. Bei gleicher Wandspannung müßte nach der *Beziehung von Laplace* (S. 488) der Innendruck mit abnehmendem Alveolenradius ansteigen und damit eine Umverteilung der Gasvolumina zugunsten der großen Alveolen eintreten. Gegen einen solchen destabilisierenden Effekt ist die Lunge jedoch geschützt, weil mit der Abnahme des Alveolenradius auch eine Reduktion der Oberflächenspannung einhergeht. Während die Oberflächenspannung in stark gedehnten Alveolen etwa 0,05 N/m beträgt, reduziert sie sich in kleinen, entdehnten Alveolen auf 1/10 dieses Wertes. Dies erklärt sich daraus, daß bei einer Verkleinerung der Alveolen die oberflächenaktiven Substanzen dichter zusammenrücken und damit einen stärker spannungsmindernden Effekt ausüben.

21.2 Ventilation

Lungen- und Atemvolumina

Die Lungenbelüftung **(Ventilation)** ist von der Tiefe des einzelnen Atemzuges **(Atemzugvolumen)** und von der Zahl der Atemzüge in der Zeiteinheit **(Atmungsfrequenz)** abhängig. Beide Größen können nach Maßgabe der jeweiligen Erfordernisse in weiten Grenzen variieren.

Abb. 21-8. Lungenvolumina und -kapazitäten. Die angegebenen Werte für die Vitalkapazität und das Residualvolumen (*rechts*) sollen die Abhängigkeit der Größen von Alter und Geschlecht verdeutlichen

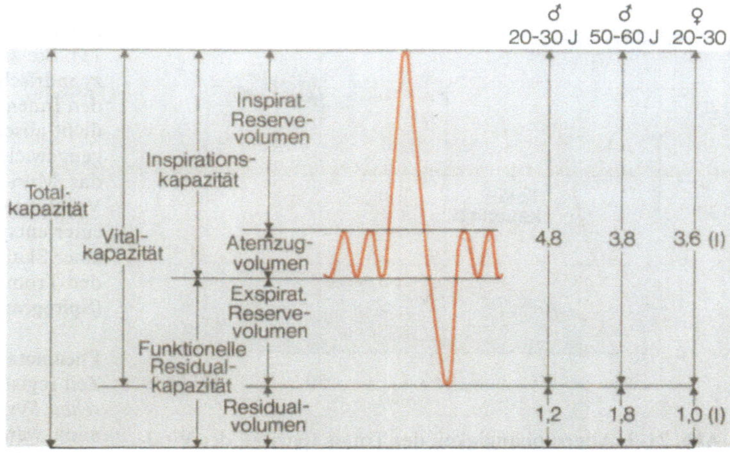

Volumeneinteilung. Das Volumen des einzelnen Atemzuges ist bei der Ruheatmung verhältnismäßig klein, verglichen mit dem in der gesamten Lunge enthaltenen Gasvolumen. Über das normale Atemzugvolumen hinaus können also sowohl bei der Inspiration als auch bei der Exspiration erhebliche Zusatzvolumina aufgenommen bzw. abgegeben werden. Aber auch bei tiefster Ausatmung ist es nicht möglich, alle Luft aus der Lunge zu entfernen; ein bestimmtes Restvolumen bleibt immer in den Alveolen und den zuleitenden Atemwegen zurück. Für die quantitative Erfassung dieser Verhältnisse hat man die folgende Volumeneinteilung vorgenommen [12, 13], wobei zusammengesetzte Volumina als *Kapazitäten* gekennzeichnet werden (Abb. 21-8):

1. *Atemzugvolumen:* normales In- bzw. Exspirationsvolumen.
2. *Inspiratorisches Reservevolumen:* Volumen, das nach normaler Inspiration noch zusätzlich eingeatmet werden kann.
3. *Exspiratorisches Reservevolumen:* Volumen, das nach normaler Exspiration noch zusätzlich ausgeatmet werden kann.
4. *Residualvolumen:* Volumen, das nach maximaler Exspiration noch in der Lunge zurückbleibt.
5. *Vitalkapazität:* Volumen, das nach maximaler Inspiration maximal ausgeatmet werden kann = Summe aus 1, 2 und 3.
6. *Inspirationskapazität:* Volumen, das nach normaler Exspiration maximal eingeatmet werden kann = Summe aus 1 und 2.
7. *Funktionelle Residualkapazität:* Volumen, das nach normaler Exspiration noch in der Lunge enthalten ist = Summe aus 3 und 4.
8. *Totalkapazität:* Volumen, das nach maximaler Inspiration in der Lunge enthalten ist = Summe aus 4 und 5.

Von diesen Größen kommt neben dem *Atemzugvolumen* nur der *Vitalkapazität* und der *funktionellen Residualkapazität* eine größere Bedeutung zu.

Vitalkapazität. Die *Vitalkapazität (VK) stellt ein Maß für die Ausdehnungsfähigkeit von Lunge und Thorax dar.* Es handelt sich keineswegs, wie man etwa der Bezeichnung entnehmen könnte, um eine „vitale" Größe, denn selbst bei extremen Anforderungen an die Atmung wird die mögliche Atemtiefe niemals voll ausgenutzt.
Die Angabe *eines* „Normalwertes" für die Vitalkapazität ist kaum möglich, da sie von verschiedenen Parametern, von *Alter, Geschlecht, Körpergröße, Körperposition* und *Trainingszustand* abhängig ist.

Wie Abb. 21-9 zeigt, nimmt die Vitalkapazität mit dem Alter, insbesondere nach dem 40. Lebensjahr, ab [15]. Dies ist auf den Elastizitätsverlust der Lunge und die zunehmende Einschränkung der Thoraxbeweglichkeit zurückzuführen. Die Abhängigkeit vom Geschlecht kommt darin zum Ausdruck, daß die VK-Werte für Frauen um etwa 25% kleiner sind als für Männer. Der Einfluß der Körpergröße ist evident, wenn man die unterschiedlichen Thoraxgrößen berücksichtigt. Als empirische Regel gilt für den jüngeren Mann [33]:

$$\mathrm{VK\,(l)} = 2{,}5 \times \text{Körpergröße (m)}. \qquad (1)$$

Für einen 180 cm großen Mann ergibt sich somit eine Vitalkapazität von 4,5 l. Die Körperposition hat insofern eine Bedeutung, als die Vitalkapazität bei stehenden Personen etwas größer ist als bei liegenden, weil in der aufrechten Position die Blutfülle der Lunge geringer ist. Schließlich hängt die Vitalkapazität vom Trainingszustand ab. Ausdauertrainierte Sportler haben eine erheblich größere Vitalkapazität als untrainierte Personen. Besonders große VK-

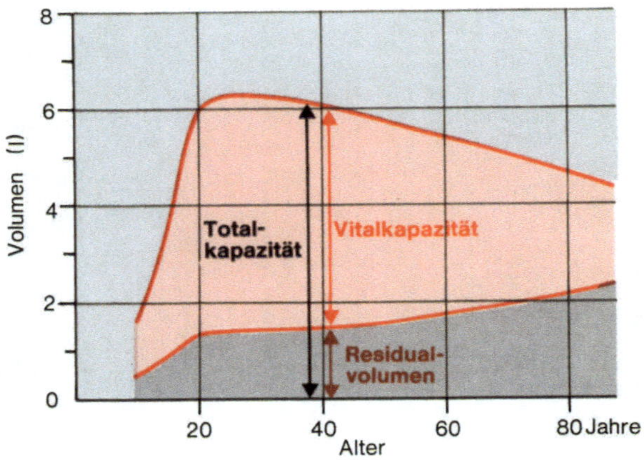

Abb. 21-9. Altersabhängigkeit der Totalkapazität, der Vitalkapazität und des Residualvolumens bei Probanden durchschnittlicher Größe. Nach [15]

Werte (bis zu 8 l) findet man bei Schwimmern und Ruderern, bei denen die auxiliären Atmungsmuskeln (Mm. pectorales major und minor) besonders stark ausgebildet sind. Die Bedeutung der Vitalkapazität liegt vor allem auf diagnostischem Gebiet (S. 591).

Funktionelle Residualkapazität. *Die physiologische Bedeutung der funktionellen Residualkapazität (FRC) besteht in einem Ausgleich der inspiratorischen und der exspiratorischen O_2- und CO_2-Fraktionen im Alveolarraum.* Würde die Frischluft ohne die Mischung mit der in der Lunge enthaltenen Luft direkt in die Alveolen gelangen, so müßten dort die Atemgasfraktionen je nach der Atemphase abwechselnd zu- oder abnehmen. Mit der funktionellen Residualkapazität, deren Volumen mehrfach größer ist als das der eingeatmeten Frischluft, treten jedoch infolge des Mischeffektes nur noch geringe zeitliche Schwankungen in der Zusammensetzung der Alveolarluft auf.

Die funktionelle Residualkapazität (FRC), die Summe aus Residualvolumen und exspiratorischem Reservevolumen, ist in ihrer Größe von verschiedenen Parametern abhängig. Im Mittel findet man bei jüngeren Männern einen FRC-Wert von 2,4 l, bei älteren Männern von 3,4 l [13]. Bei Frauen ist die funktionelle Residualkapazität um etwa 25% kleiner anzusetzen als bei Männern.

Messung der Lungen- und Atemvolumina

Die ein- oder ausgeatmeten Volumina können mit Hilfe eines **Spirometers** oder eines **Pneumotachographen** direkt registriert werden. Dagegen lassen sich das Residualvolumen und die funktionelle Residualkapazität nur durch indirekte Messung erfassen.

Spirometrie. Spirometer sind Geräte, die variierende Gasvolumina bei konstantem Druck aufnehmen können (Abb. 21-11). Sie sind meist als *Glockengasometer* ausgebildet. Eine zylindrische Glocke taucht in einen Wasserbehälter ein, der den Innenraum des Spirometers gegen den Außenraum luftdicht abschließt. Das Gewicht der Glocke ist durch ein Gegengewicht austariert. Ein weitlumiger Schlauch verbindet das Mundstück des Probanden mit dem Spirometer. Die Volumenänderungen bei der Ein- oder Ausatmung, die zu einer entsprechenden Glockenbewegung führen, können an einer Skala abgelesen oder mit Hilfe eines Schreibhebels auf der Trommel eines Kymographions aufgezeichnet werden **(Spirogramm).**

Pneumotachographie. Wenn die Atmung über eine längere Zeit registriert werden soll, bietet ein sog. *offenes spirometrisches System* erhebliche Vorteile. Anstelle der Atemvolumina werden dabei zunächst die *Atemstromstärken* (*Volumengeschwindigkeiten*) gemessen (Abb. 21-10). Dies geschieht mit Hilfe eines *Pneumotachographen,* dessen Meßkopf im wesentlichen aus einem weitlumigen Rohr mit einem eingebauten kleinen Strömungswiderstand besteht. Wenn die Atemluft durch das Rohr strömt, entsteht zwischen dem Anfang und dem Ende eine kleine Druckdifferenz, die mit Hilfe von 2 Druckaufnehmern gemessen wird. Die *Druckdifferenz ist der Atemstromstärke direkt proportional,* d.h. dem Volumen, das pro Zeiteinheit den Querschnitt passiert.
Die Aufzeichnung der Atemstromstärke nennt man **Pneumotachogramm.** Aus einer solchen Kurve der Volumengeschwindigkeit $\frac{dV}{dt}$ kann man die geförderten Volumina V durch Integration ermitteln, weil zwischen den beiden Größen die Beziehung $V = \int \frac{dV}{dt}\, dt$ besteht. In den meisten Pneumotachographen wird diese Integration bereits elektronisch durchgeführt, so daß neben dem Pneumotachogramm auch die Kurve der Atemvolumina (Spirogramm) direkt aufgezeichnet werden kann.

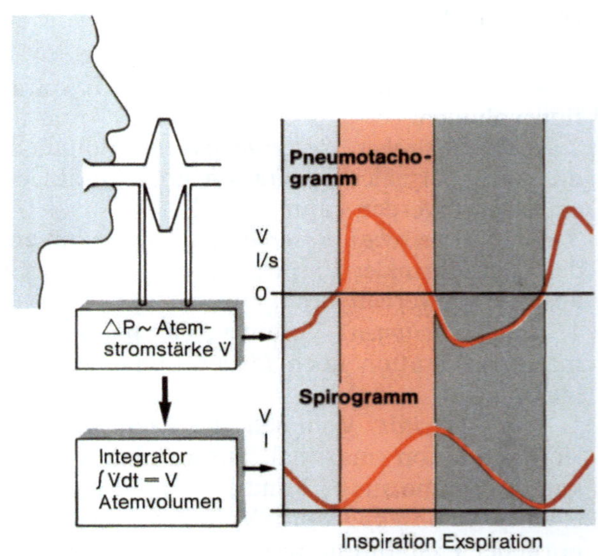

Abb. 21-10. Meßprinzip des Pneumotachographen. Die Druckdifferenz an einer Widerstandsstrecke des Atemmundstückes ist der Atemstromstärke $\dot{V}$ proportional (Pneumotachogramm). Die zeitliche Integration von $\dot{V}$ liefert die ventilierten Volumina (Spirogramm)

Messung der funktionellen Residualkapazität (FRC). Da die FRC dasjenige Volumen darstellt, das jeweils am Ende der Exspiration in der Lunge zurückbleibt, kann diese Größe nur auf indirekte Weise ermittelt werden. Im Prinzip geht man dabei so vor, daß man ein Fremdgas (Helium) in den Lungenraum einmischt (*Einwaschmethode*) oder den in der Lunge enthaltenen Stickstoff durch Sauerstoffatmung austreibt (*Auswaschmethode*). Das gesuchte Volumen ergibt sich dann aus einer Massenbilanz [13].

Die **Heliumeinwaschmethode** erläutert Abb. 21-11. Ein geschlossenes Spirometersystem sei mit 3 l eines Gasgemisches gefüllt, das 2,7 l O_2 und 0,3 l He enthält. Die anfängliche He-Fraktion beträgt also $F_{He} = 0{,}1$ ml He/ml Gemisch. (Den Volumenanteil eines Gases am Gesamtvolumen des Gemisches bezeichnet man als Gasfraktion.) Am Ende einer normalen Exspiration wird der Proband an das System angeschlossen, so daß sich die He-Moleküle während der Rückatmung gleichmäßig auf den Lungenraum V_{FRC} und den Spirometerraum V_{Sp} verteilen. (He als schlecht lösliches Gas kann praktisch nicht durch die Alveolarwände in das Blut übertreten.) Nach dem vollständigen Ausgleich, der in wenigen Minuten eingetreten ist, bestimmt man mit einem hierfür geeigneten Meßgerät die He-Endkonzentration, die für unser Beispiel $F_{He} = 0{,}05$ ml He/ml Gemisch betragen möge. Die Berechnungsgrundlage für die gesuchte funktionelle Residualkapazität ergibt sich aus der Überlegung, daß die He-Mengen am Anfang und nach der Einmischung einander gleich sein müssen (*Massenbilanz*). Die Mengen ergeben sich jeweils als Produkt aus dem Volumen V und der Fraktion F.

$$V_{Sp}\, F_{He_a} = (V_{Sp} + V_{FRC})\, F_{He_e}. \qquad (2)$$

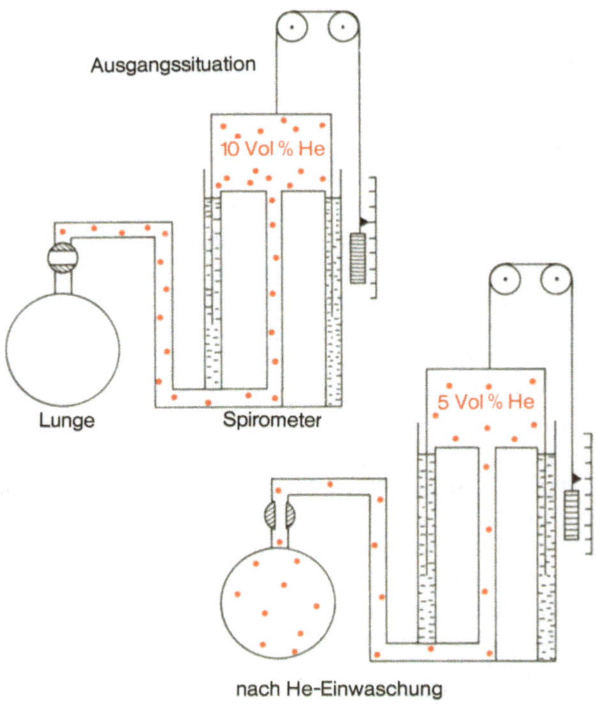

Abb. 21-11. Prinzip der Bestimmung der funktionellen Residualkapazität mit der He-Einwaschmethode. Ausgangssituation *oben:* Helium (*rote* Punkte) befindet sich in einer Fraktion von 10 Vol.-% nur im Spirometersystem. Endsituation nach der He-Einwaschung *unten:* Helium hat sich gleichmäßig auf den Lungenraum (Residualkapazität) und auf den Spirometerraum verteilt, wodurch die He-Fraktion auf 5 Vol.-% abgesunken ist

Löst man die Gleichung nach V_{FRC} auf, so findet man mit den angegebenen Daten:

$$V_{FRC} = \frac{V_{Sp}(F_{He_a} - F_{He_e})}{F_{He_e}} = \frac{3(0{,}1 - 0{,}05)}{0{,}05} = 3\,\text{l} \qquad (3)$$

Bei der **Stickstoffauswaschmethode** atmet der Proband nach einer normalen Exspiration einige Minuten lang reinen Sauerstoff ein. Die Exspirationsluft wird in einem Spirometer gesammelt. Alle Stickstoffmoleküle, die sich zuvor in der Lunge befanden, gelangen dabei in den Spirometerraum. Aus dem Exspirationsvolumen, der anfänglichen N_2-Fraktion in der Lunge und der N_2-Fraktion im Spirometer am Ende der Untersuchung läßt sich wieder V_{FRC} über eine Massenbilanz ermitteln.

Beide Methoden erfordern bei der praktischen Anwendung die Berücksichtigung von Korrekturfaktoren [13]. Außerdem haben sie den Nachteil, daß bei Patienten mit ungleichmäßig belüfteten Lungenregionen die Ein- bzw. Auswaschung eine sehr lange Zeit benötigt. Aus diesem Grunde wird heute vielfach die funktionelle Residualkapazität mit Hilfe des **Körperplethysmographen** (S. 588) bestimmt.

Toträume

Anatomischer Totraum. Das Volumen der leitenden Atemwege wird als *anatomischer Totraum* bezeichnet, weil in diesem Bereich kein Gasaustausch stattfindet. Hierzu gehören also die Räume von Nase bzw. Mund, Pharynx, Larynx, Trachea, Bronchien und Bronchiolen. Das Volumen des Totraums hängt von der Körpergröße und der Körperposition ab. Für den sitzenden Probanden gilt die Faustregel, daß die *Größe des Totraums (in ml)* dem *doppelten Körpergewicht (in kg)* entspricht. Das Totraumvolumen des Erwachsenen beträgt somit etwa *150 ml.* Bei einem tiefen Atemzug vergrößert sich dieser Wert, weil mit der zusätzlichen Erweiterung des Thoraxraums auch die Bronchien und Bronchiolen stärker gedehnt werden.

Messung des Totraumvolumens. Das *exspiratorische Atemzugvolumen* (V_E) setzt sich aus 2 Volumenanteilen zusammen: Der eine Teil des ausgeatmeten Volumens entstammt dem *Totraum* (V_D), der andere dem *Alveolarraum* (V_{EA}):

$$V_E = V_D + V_{EA}. \qquad (4)$$

Um diese beiden Teilvolumina bei Lungenfunktionsprüfungen getrennt zu erfassen, wendet man ein indirektes Meßverfahren an. Man geht dabei von der Überlegung aus, daß sich auch die jeweils ausgeatmeten O_2- und CO_2-Mengen aus 2 Anteilen zusammensetzen. Der erste Anteil kommt aus dem Totraum, in dem von der vorhergehenden Inspiration her die Gasfraktionen der Frischluft (F_I) herrschen. Der zweite

Teil wird aus dem Alveolarraum mit den dort herrschenden Gasfraktionen (F_A) exspiriert. Berücksichtigt man ferner, daß eine Gasmenge als Produkt aus Volumen V und Fraktion F dargestellt werden kann, dann gilt für jedes Atemgas:

Exspirationsmenge = Totraummenge + Alveolarmenge

$$V_E \cdot F_E \quad = \quad V_D \cdot F_I \quad + \quad V_{EA} \cdot F_A. \tag{5}$$

Nach Einsetzen von Gl. (4) und Umformung gewinnt man hieraus:

$$\frac{V_D}{V_E} = \frac{F_E - F_A}{F_I - F_A}. \tag{6}$$

Diese sog. **Bohr-Formel** gilt für alle Atemgase. Sie läßt sich jedoch für CO_2 noch weiter vereinfachen, da in diesem Fall die inspiratorische Fraktion $F_{I_{CO_2}} = 0$ gesetzt werden kann:

$$\frac{V_D}{V_E} = \frac{F_{A_{CO_2}} - F_{E_{CO_2}}}{F_{A_{CO_2}}} \tag{7}$$

Nach Gl. (6) bzw. nach Gl. (7) läßt sich der Totraumanteil des Exspirationsvolumens (V_D/V_E) ermitteln, weil alle Fraktionen der rechten Seite durch Gasanalyse bestimmt werden können. (Hinsichtlich der Schwierigkeiten, die sich bei der Messung der alveolären Fraktion ergeben, vgl. S. 594) Anwendungsbeispiel: Die Messung habe ergeben für $F_{A_{CO_2}} = 0{,}056$ und für $F_{E_{CO_2}} = 0{,}04$ ml CO_2/ml Gemisch. Daraus folgt: $V_D/V_E = 0{,}3$, d.h. der Totraumanteil des Exspirationsvolumens beträgt 30%.

Funktioneller Totraum. Unter dem *funktionellen* oder *physiologischen Totraum* versteht man alle diejenigen Anteile des Atmungstraktes, in denen kein Gasaustausch stattfindet. Vom anatomischen unterscheidet sich der funktionelle Totraum dadurch, daß ihm außer dem zuleitenden Atemwegen auch noch diejenigen Alveolarräume zugerechnet werden, die zwar belüftet, aber nicht durchblutet sind. Solche Alveolen, in denen trotz Belüftung ein Gasaustausch nicht möglich ist, existieren beim Lungengesunden nur in geringer Zahl. Für den Gesunden stimmen daher die Volumina des anatomischen und des funktionellen Totraums praktisch überein. Anders liegen die Verhältnisse bei bestimmten *Lungenfunktionsstörungen,* bei denen neben der Ventilation auch die Durchblutung sehr ungleichmäßig über die Lunge verteilt ist (S. 598). In diesen Fällen kann der funktionelle Totraum erheblich größer sein als der anatomische Totraum.

Ventilationsgrößen

Atemzeitvolumen. Das *Atemzeitvolumen,* d.h. das in der Zeiteinheit eingeatmete oder ausgeatmete Gasvolumen, ergibt sich definitionsgemäß als Produkt aus **Atemzugvolumen** und **Atmungsfrequenz.** In der Regel ist das Ausatmungsvolumen etwas kleiner als das Einatmungsvolumen, weil weniger CO_2 abgegeben als O_2 aufgenommen wird (*Respiratorischer Quotient* <1, vgl. S. 655). Daher ist genaugenommen zwischen dem inspiratorischen und dem exspiratorischen Atemzeitvolumen zu unterscheiden. Man hat vereinbart, die Ventilationsgrößen in der Regel auf die Ausatmungsphase zu beziehen und dies durch den Index E zu kennzeichnen. Für das (exspiratorische) Atemzeitvolumen $\dot{V}_E$ gilt also die Beziehung:

$$\dot{V}_E = V_E \cdot f. \tag{8}$$

(Der Punkt über V_E bedeutet in diesem Fall „Volumen pro Zeiteinheit", kennzeichnet also nicht eine differentielle Größe; V_E ist das exspiratorische Atemzugvolumen, f die Atmungsfrequenz.)

Die Atmungsfrequenz des Erwachsenen liegt unter Ruhebedingungen im Mittel bei 14 Atemzügen/min, wobei allerdings größere individuelle Variationen (10–18/min) zu beobachten sind. Höhere Atmungsfrequenzen findet man bei Kindern (20–30/min), Kleinkindern (30–40/min) und Neugeborenen (40–50/min) [6, 12].
Für den Erwachsenen in Ruhe ergibt sich also nach Formel (8) ein *Atemzeitvolumen von 7 l/min,* wenn man ein Atemzugvolumen von 0,5 l und eine Atmungsfrequenz von 14/min zugrundelegt. Unter den Bedingungen der körperlichen Arbeit steigt das Atemzeitvolumen mit dem erhöhten O_2-Bedarf an, um bei extremer Belastung Werte von 120 l/min zu erreichen. Obwohl dem Atemzeitvolumen als Maß für die Ventilation eine gewisse Bedeutung zukommt, ist es keineswegs eine für den Atmungseffekt maßgebende Größe. Entscheidend ist vielmehr der Anteil des Atemzeitvolumens, der in die Alveolen gelangt und dort am Gasaustausch teilnehmen kann.

Alveoläre Ventilation und Totraumventilation. Derjenige Teil des Atemzeitvolumens $\dot{V}_E$, der der Belüftung der Alveolen zugute kommt, wird als *alveoläre Ventilation* $\dot{V}_A$ bezeichnet. Der restliche Anteil heißt *Totraumventilation* ($\dot{V}_D$):

$$\dot{V}_E = \dot{V}_A + \dot{V}_D. \tag{9}$$

Die 3 Ventilationsgrößen ergeben sich jeweils als Produkt aus dem entsprechenden Volumen und der Atmungsfrequenz ($\dot{V} = V \cdot f$). Bei der Ruheatmung des gesunden Erwachsenen ist der Ventilationsraum folgendermaßen aufgeteilt: Das Atemzugvolumen V_E setzt sich aus einem alveolären Anteil V_{EA} von 70% und einem Totraumanteil V_D von 30% zusammen. Bei V_E = 500 ml ergibt sich somit V_{EA} = 350 ml und V_D = 150 ml. Setzt man für die Atmungsfrequenz f = 14/min, an, so entfallen von der *Gesamtventilation* 7 l/min, auf die *alveoläre Ventilation 5 l/min* und auf die *Totraumventilation 2 l/min.*

Die alveoläre Ventilation stellt die für den Ventilationseffekt maßgebende Größe dar. Sie entscheidet vorrangig darüber, welche Atemgasfraktionen im Alveolarraum aufrechterhalten werden können. Dagegen sagt das Atemzeitvolumen sehr wenig über die Effektivität der Ventilation aus. Nehmen wir beispielsweise an, daß ein normales $\dot{V}_E$ von 7 l/min durch eine flache und rasche Atmung (V_E = 0,2 l und f = 35/min) zustande käme, so würde fast ausschließlich der vorgeschaltete Totraum belüftet, während der nachgeschaltete Alveolarraum von der Frischluft kaum erreicht würde. Eine solche Atmungsform, wie sie manchmal beim *Kreislaufschock* beobachtet wird, stellt also einen akuten Gefahrenzustand dar. Da das Totraumvolumen in seiner absoluten Größe festliegt, führt jede Vertiefung der Atmung zu einer Steigerung der alveolären Ventilation.

Künstliche Beatmung

Atmungsstillstand. Jede Unterbrechung der Atmungsfunktion stellt eine lebensbedrohliche Situation dar. Den Zeitpunkt, zu dem Atmungs- und Kreislaufstillstand festgestellt werden, bezeichnet man als den Eintritt des **klinischen Todes.** Von diesem Augenblick an dauert es in der Regel 5–10 min, bis infolge von O_2-Mangel und CO_2-Anhäufung die Zellen im Stammhirn irreparabel geschädigt sind, bis also der **biologische Tod** eintritt. In dieser kurzen Zeitspanne besteht die Möglichkeit, durch Anwendung lebensrettender Sofortmaßnahmen eine Wiederbelebung zu erreichen [1, 43].

Eine Störung der Atmungsfunktion kann aus mannigfachen Ursachen eintreten, u.a. bei Verlegungen der Atemwege, Thoraxverletzungen, schweren Störungen des Gasaustausches sowie bei Schädigungen der respiratorischen Neurone infolge von Vergiftungen und Hirnverletzungen. Nach einem plötzlichen Atmungsstillstand bleibt die Kreislauffunktion noch eine gewisse Zeit erhalten. Der Puls ist an der A. carotis noch 3–5 min nachweisbar. Tritt jedoch primär ein Herzstillstand ein, so sistiert die Atmung bereits nach 30–60 s [1].

Freihaltung der Atemwege. Da bei einem Bewußtlosen die Schutzreflexe fehlen, die normalerweise der Freihaltung der Atemwege dienen, muß die erste Maßnahme in einer schnellen *Säuberung des Mund- und Rachenraumes* bestehen, sofern es zu Blutungen oder Erbrechen gekommen ist. Aber auch ohne diese Komplikationen kann bei einem bewußtlosen Patienten in Rücklage die zurückfallende Zunge die Atemwege verschließen. Man beseitigt dieses Atemhindernis durch *Überstrecken des Kopfes* nach dorsal und gleichzeitiges *Anheben des Unterkiefers.*

Atemspende. Für die künstliche Beatmung ohne Hilfsmittel stellt die Atemspende die Methode der Wahl dar. Sie kann als Mund-zu-Nase-Beatmung oder als Mund-zu-Mund-Beatmung durchgeführt werden.

Bei der **Mund-zu-Nase-Beatmung** wird der Kopf des Patienten mit einer Hand, die an der Stirn-Haar-Grenze liegt, nach hinten überstreckt. Mit der anderen Hand wird der Unterkiefer angehoben und gleichzeitig der Mundverschluß durch den über die Lippen gelegten Daumen abgesichert. Der Beatmende setzt nach einer tiefen Inspiration seinen geöffneten Mund über die Nase des Patienten fest auf. Während der nachfolgenden *Insufflation* (Lufteinblasung) muß die Hebung des Thorax beobachtet werden. Danach entfernt der Beatmende seinen Mund vom Gesicht des Patienten, worauf die Luft infolge des Thoraxgewichtes und der Lungenelastizität pas-

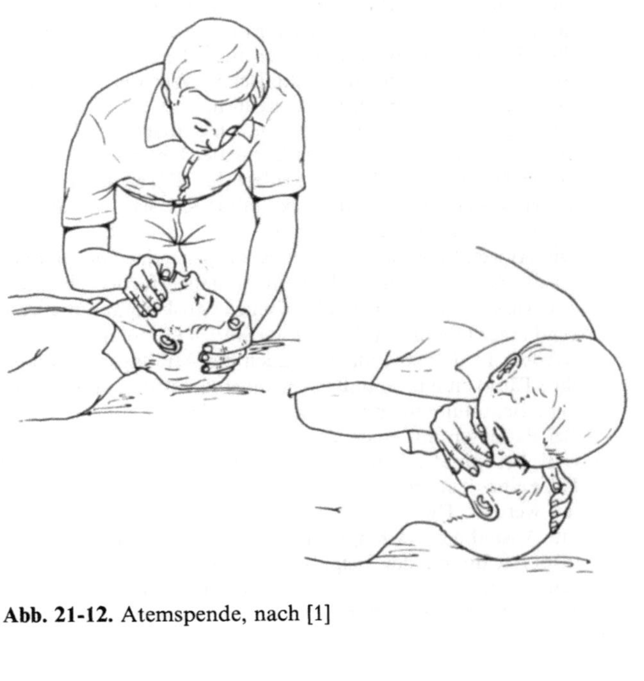

Abb. 21-12. Atemspende, nach [1]

siv entweicht. Die Senkung des Thorax ist ebenfalls zu kontrollieren.

Bei der **Mund-zu-Mund-Beatmung** liegen in gleicher Ausgangsstellung die Finger an der Stirn-Haar-Grenze bzw. unter dem Kinn des Patienten. Der Beatmende setzt seinen Mund über dem Mund des Patienten fest auf und verschließt mit seiner Wange die Nasenöffnung. Er kann auch die Nasenflügel mit Daumen und Zeigefinger der über der Stirn liegenden Hand zusammendrücken. Bei der Insufflation und dem nachfolgenden Entweichen der Luft sind wiederum die Thoraxbewegungen zu kontrollieren.

Die Beatmung beginnt bei beiden Verfahren mit *5–10 schnell hintereinander durchgeführten Insufflationen,* um das entstandene O_2-Defizit und die CO_2-Ansammlung im Gewebe möglichst schnell zu beseitigen. Anschließend wird die Atemspende *im zeitlichen Abstand von etwa 5 s* weitergeführt. Bei diesem Vorgehen liegt der O_2-Sättigungswert (vgl. S. 616) im arteriellen Blut des Patienten praktisch immer über 90% [43].

Künstliche Beatmung mit Hilfsmitteln. Zur Wiederbelebung der Atmung können auch, sofern schnell verfügbar, einfache Beatmungsgeräte verwendet werden. Sie bestehen aus einer **Atemmaske,** die auf das Gesicht des Patienten luftdicht aufgesetzt wird, einem *Atemventil* und einem angeschlossenen *Beutel,* der von Hand rhythmisch zusammengepreßt und entlastet wird. Wenn eine O_2-Flasche vorhanden ist, kann diese an das Gerät angeschlossen und damit der O_2-Anteil in der Beatmungsluft erhöht werden.

Bei den heute üblichen Gasnarkoseverfahren wird eine **Beatmungsmaschine** über einen *Trachealtubus* angeschlossen. Die Beatmungsmaschine kann so gesteuert sein, daß sich durch eine Druckerhöhung die Lunge inspiratorisch entfaltet und die anschließende Exspiration passiv erfolgt (*Überdruckbeatmung*). Es besteht aber auch die Möglichkeit, die Beatmung durch einen rhythmischen Wechsel von Überdruck und Unterdruck so zu steuern, daß der mittlere Beatmungsdruck dem Atmosphärendruck entspricht (*Wechseldruckbeatmung*). Da ein intrathorakaler Unterdruck den venösen Zustrom zum Herzen fördert (S. 527), stellt die Wechseldruckbeatmung im Hinblick auf die Kreislaufverhältnisse das günstigere Verfahren dar [8].

Die Anwendung der Beatmungspumpen oder von manuell ausdrückbaren Atmungsbeuteln ist stets erforderlich, wenn zur Ausschaltung der reflektorischen Muskelspannung während einer Operation *Muskelrelaxantien* (S. 50f.) verabfolgt werden. In diesem Fall stellt auch die Atmungsmuskulatur ihre Tätigkeit ein, so daß eine Lungenbelüftung ohne künstliche Beatmung nicht mehr möglich wäre.

Bei Patienten mit einer längerdauernden Atmungslähmung (z.B. bei spinaler Kinderlähmung) kann die Ventilation mit Hilfe eines **Tankrespirators** (*„Eiserne Lunge"*) aufrechterhalten werden. Der Körper des liegenden Patienten ist dabei mit Ausnahme des Kopfes in eine Kammer eingeschlossen, in der während der Inspirationsphase ein Unterdruck erzeugt wird. Inspiratorisch ist also der intrathorakale Druck größer als der Umgebungsdruck in der Kammer.

21.3 Atmungsmechanik

Der Begriff *„Atmungsmechanik"* wird gewöhnlich in einem sehr speziellen Sinne verwendet. Man versteht darunter die Analyse und die Darstellung der **Druck-Volumen-Beziehungen** und der **Druck-Stromstärke-Beziehungen,** die sich während des Atmungscyclus ergeben. Diese Beziehungen werden maßgeblich von den **Atmungswiderständen** und ihren Veränderungen unter pathologischen Bedingungen bestimmt. Aus diesem Grund sind atmungsmechanische Aspekte auch für die *Lungenfunktionsdiagnostik* von Bedeutung.

Elastische Atmungswiderstände

Elastische Retraktion der Lunge. Die Lungenoberfläche steht infolge der *Dehnung ihrer elastischen Parenchymelemente* und der *Oberflächenspannung der Alveolen* (S. 578) unter einer gewissen **Zugspannung** (Abb. 21-13). Die gedehnte Lunge hat also das Bestreben, ihr Volumen zu verkleinern. Dies hat zur Folge, daß im flüssigkeitsgefüllten Spalt zwischen den beiden Pleurablättern ein *subatmosphärischer Druck* herrscht. Verbindet man eine Kanüle, deren Spitze sich im Interpleuralspalt befindet, mit einem Manometer, so läßt sich dieser Druck messen. Bei Ruheatmung liegt er am Ende der Exspiration etwa 5 cm H_2O (0,5 kPa) und am

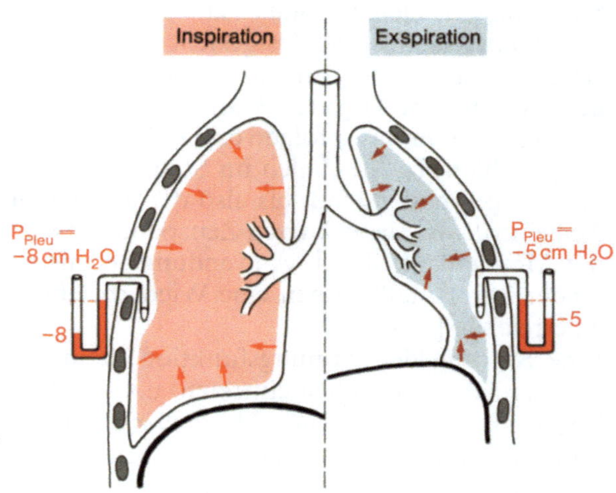

Abb. 21-13. Erläuterung zum intrapleuralen Druck. Der elastische Zug der Lunge (Zugrichtung: *rote Pfeile*) bewirkt im Interpleuralspalt einen „negativen" Druck gegenüber dem Außenraum, der durch ein angeschlossenes Manometer nachgewiesen werden kann

Ende der Inspiration etwa 8 cm H_2O (0,8 kPa) unter dem Atmosphärendruck. *Die Druckdifferenz zwischen dem Interpleuralspalt und dem Außenraum wird verkürzt als* **intrapleuraler Druck** *(intrathorakaler Druck) bezeichnet.* Nur die Tatsache, daß eigentlich eine Druckdifferenz gemeint ist, macht es verständlich, daß man den intrapleuralen Druck als *„negativ"* kennzeichnet.

Messung intrapleuraler Druckänderungen. Da bei der direkten Messung des intrapleuralen Druckes (Abb. 21-13) die Gefahr besteht, die Lunge zu verletzen, wendet man beim Menschen in der Regel ein weniger riskantes, indirektes Meßverfahren an. Man bestimmt an Stelle der Druckänderungen im Interpleuralspalt die Veränderungen des **Oesophagusdruckes.** Beide Werte stimmen annähernd überein, weil 1. der Oesophagus außerhalb der Lunge, aber innerhalb des Thorax liegt, und 2. durch die schlaffe Oesophaguswand eine unbehinderte Druckübertragung möglich ist. Praktisch geht man so vor, daß man dem Probanden einen dünnen Katheter, an dessen Ende ein Ballon von 10 cm Länge befestigt ist, in die Speiseröhre einführt. Wenn der Ballon im thorakalen Bereich des Oesophagus liegt, lassen sich über ein angeschlossenes Manometer die atmungsbedingten intrapleuralen Druckänderungen mit ausreichender Genauigkeit registrieren.

Pneumothorax. Der enge Kontakt zwischen Lungenoberfläche und innerer Thoraxwand ist nur so lange gewährleistet, als der Interpleuralspalt geschlossen bleibt. Wenn jedoch infolge einer Verletzung der Brustwand oder der Lungenoberfläche Luft in den Spalt eindringen kann, *kollabiert* die Lunge, d.h. sie zieht sich, ihrer inneren Zugspannung folgend, auf den Hilus hin zusammen. *Eine solche Luftfüllung des Raumes zwischen den Pleuralblättern bezeichnet man als Pneumothorax.* Die kollabierte Lunge, die den Kontakt zur Thoraxwand verloren hat, kann den Atmungsbewegungen nur noch unvollständig oder gar nicht mehr folgen, so daß ein effektiver Gasaustausch unmöglich wird. Ist der Pneumothorax auf eine Seite beschränkt, dann bleibt eine ausreichende Arterialisierung des Blutes durch die Funktion des anderen Lungenflügels gesichert, sofern keine größeren körperlichen Belastungen gefordert werden. Ein solcher einseitiger Pneumothorax wird manchmal aus therapeutischen Gründen angelegt, um durch die Ruhigstellung eines Lungenflügels bessere Bedingungen für die Ausheilung einer Tuberkulose zu schaffen.

Intrapleurale Drücke beim Neugeborenen. Der Dehnungszustand der Neugeborenenlunge unterscheidet sich von dem der Erwachsenenlunge. Einige Minuten nach dem ersten Atemzug wird am Ende der Inspiration ein intrapleuraler Druck von -10 cm H_2O (-1 kPa) gemessen [6]. Am Ende der Exspiration ist jedoch die Druckdifferenz zwischen dem Interpleuralspalt und dem Außenraum gleich Null, so daß bei Eröffnung des Thorax die Lunge nicht kollabiert. Erst allmählich bildet sich ein stärkerer Dehnungszustand der Lunge in der endexspiratorischen Phase aus.

Messung der statischen Druck-Volumen-Beziehungen. Die Kontraktionskraft der Atmungsmuskulatur hat bei der Ventilation *elastische* und *viscöse Widerstände* zu überwinden. Bei sehr langsamer Atmung ist der Einfluß der viscösen Widerstände (S. 587) gering, so daß in diesem Fall die Beziehung zwischen dem Lungenvolumen und dem jeweils wirksamen Druck fast ausschließlich durch die elastischen Eigenschaften von Lunge und Thorax bestimmt wird. Um eine solche *„statische" Druck-Volumen-Beziehung* aufzunehmen, ist es notwendig, die Atmungsmuskulatur auszuschalten, damit sich allein die elastischen Kräfte auswirken können. Hierzu ist es erforderlich, daß der entsprechend trainierte Proband kurzfristig seine Atmungsmuskulatur entspannt, oder es muß durch Anwendung von Muskelrelaxanzien (S. 50f.) unter Respiratorbeatmung eine Erschlaffung herbeigeführt werden. Eine Kurve, die unter statischen Bedingungen die Lungenvolumina in Abhängigkeit von den zugehörigen Drücken wiedergibt, wird als *Ruhedehnungskurve* oder auch als *Relaxationskurve* bezeichnet.

Ruhedehnungskurven. Die *Ruhedehnungskurve des gesamten ventilatorischen Systems,* d.h. von Lunge und Thorax zusammen, läßt sich auf folgendem Wege bestimmen. Der Proband inspiriert bei verschlossener Nase ein bestimmtes Luftvolumen aus einem Spirometer. Danach wird die Verbindung zum Spirometer geschlossen, und der Proband entspannt seine Atmungsmuskulatur möglichst vollständig. Der für die Dehnung von Lunge und Thorax maßgebende Überdruck in den Alveolen kann nun bei geöffneter Glottis am Mund des Probanden gemessen werden. Diese *Druckdifferenz zwischen dem alveolären und dem atmosphärischen Druck* wird verkürzt als **intrapulmonaler Druck** P_{Pul} bezeichnet. Auf diese Weise werden für verschiedene ein- und ausgeatmete Volumina die zugehörigen intrapulmonalen Drücke bestimmt. Das Ergebnis einer solchen Untersuchung zeigt Abb. 21-14 (rote Kurve). Die Ruhedehnungskurve von Lunge und Thorax hat einen S-förmigen Verlauf, wobei jedoch im Bereich der normalen Atmungsexkursionen weitgehende Linearität besteht. In diesem Bereich setzt also das ventilatorische System der Inspirationsbewegung einen näherungsweise *konstanten Widerstand* entgegen.

Für die *elastische Dehnung des Thorax* ist die Druckdifferenz zwischen dem Interpleuralspalt und dem Außenraum, d.h. der **intrapleurale Druck** P_{Pleu}, maßgebend. Wenn man bei dem oben beschriebenen Verfahren gleichzeitig die intrapleuralen Drücke (oder die Oesophagus-

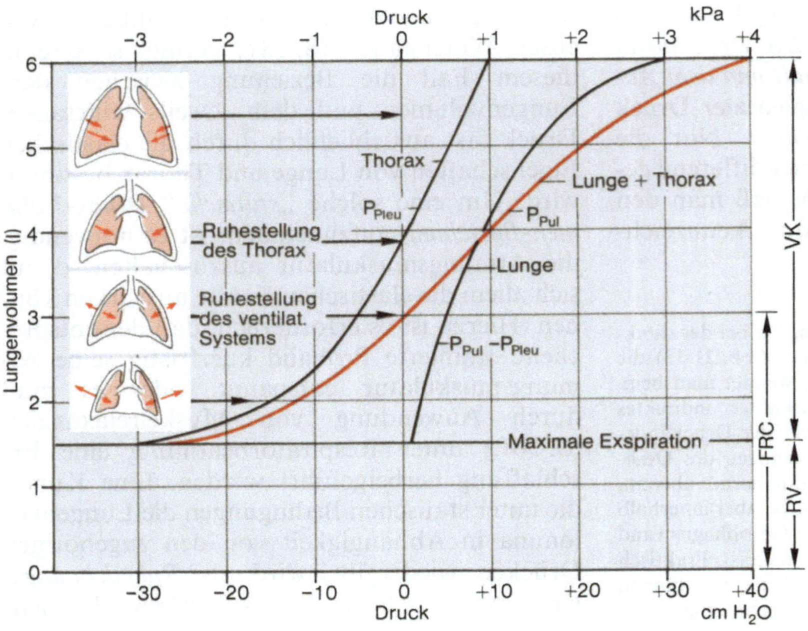

Abb. 21-14. Ruhedehnungskurven des gesamten Atmungsapparates *(rot)*, der Lunge und des Thorax, modifiziert nach [25]. P_{Pleu} intrapleuraler (intrathorakaler) Druck, P_{Pul} intrapulmonaler Druck, VK Vitalkapazität, RV Residualvolumen, FRC funktionelle Residualkapazität. Die Druck-Volumen-Beziehungen gelten für passive Veränderung des Lungenvolumens bei entspannter Atmungsmuskulatur. In den eingezeichneten Schemata sind bei verschiedenen Lungenvolumina die am Thorax und an der Lungenoberfläche angreifenden elastischen Kräfte veranschaulicht

drücke, S. 585) registriert, kann man durch Zuordnung zu den jeweiligen Volumina die *Ruhedehnungskurve für den Thorax allein* bestimmen. Wie Abb. 21-14 zeigt, nimmt die Steilheit dieser Kurve mit dem Lungenvolumen zu.

Der *elastische Dehnungszustand der Lunge* schließlich ist von der *Differenz zwischen dem intrapulmonalen und dem intrapleuralen Druck* $P_{Pul} - P_{Pleu}$ abhängig. Die Beziehung zwischen den Lungenvolumina und Werten für $P_{Pul} - P_{Pleu}$ liefert daher die *Ruhedehnungskurve der Lunge allein* und charakterisiert deren elastisches Verhalten. Diese Kurve weist eine mit dem Lungenvolumen abnehmende Steilheit auf.

Die 3 Kurven in Abb. 21-14 zeigen, wie sich die *elastischen Kräfte* bei verschiedenen Füllungszuständen der Lunge auswirken. Das *gesamte ventilatorische System* befindet sich in einer elastischen *Ruhelage* ($P_{Pul} = 0$), wenn am Ende der normalen Ausatmung die *funktionelle Residualkapazität* FRC in der Lunge enthalten ist. In diesem Fall stehen die Erweiterungstendenz des Thorax und das Verkleinerungsbestreben der Lunge im Gleichgewicht. Bei einer inspiratorischen Volumenzunahme verstärkt sich der nach innen gerichtete elastische Zug der Lunge, während gleichzeitig die nach außen gerichtete Zugwirkung des Thorax abnimmt. Bei etwa 55% der Vitalkapazität hat der *Thorax* seine *Ruhestellung* erreicht ($P_{Pleu} = 0$), so daß eine darüber hinausgehende Volumenzunahme zu einer Umkehrung der Zugrichtung führt.

Compliance. Ein Maß für die elastischen Eigenschaften des Atmungsapparates bzw. seiner beiden Teile stellt die *Steilheit der jeweiligen Ruhedehnungskurve* dar, die als *Volumendehnbarkeit* oder als *Compliance* bezeichnet wird. Die *Compliance von Lunge und Thorax* ergibt sich also aus

$$C_{Th+L} = \frac{\Delta V}{\Delta P_{Pul}}. \tag{10}$$

Entsprechend sind die *Compliance des Thorax*

$$C_{Th} = \frac{\Delta V}{\Delta P_{Pleu}} \tag{11}$$

und die *Compliance der Lunge*

$$C_L = \frac{\Delta V}{\Delta (P_{Pul} - P_{Pleu})} \tag{12}$$

definiert. Zwischen diesen 3 Gleichungen besteht die Beziehung

$$\frac{1}{C_{Th+L}} = \frac{1}{C_{Th}} + \frac{1}{C_L}. \tag{13}$$

Da die Compliance jeweils den *reziproken Wert des elastischen Widerstandes* darstellt, folgt aus Gl. (13), daß sich der elastische Widerstand des gesamten Atmungsapparates aus den Wider-

ständen von Thorax und Lunge additiv zusammensetzt.
Wie Abb. 21-14 zeigt, besitzt die Ruhedehnungskurve des ventilatorischen Systems (Lunge + Thorax) im Bereich der normalen Atmungsexkursionen die größte Steilheit und somit die größte Compliance. In diesem Bereich ergeben sich für den gesunden Erwachsenen folgende Compliancewerte:

$C_{Th+L} = 0{,}1$ l/cm $H_2O = 1$ l/kPa,
$C_{Th} = 0{,}2$ l/cm $H_2O = 2$ l/kPa,
$C_L = 0{,}2$ l/cm $H_2O = 2$ l/kPa.

Eine Veränderung, insbesondere eine *Abnahme dieser Werte unter pathologischen Bedingungen,* ist von diagnostischem Interesse. Die Messung der Compliancewerte bereitet jedoch wegen der notwendigen Ausschaltung der Atmungsmuskulatur Schwierigkeiten. Daher begnügt man sich oft mit der C_L-Bestimmung, die nach einem einfacheren Verfahren durchgeführt werden kann: Wenn nach Einatmung eines bestimmten Volumens die Thoraxstellung durch die angespannte Atmungsmuskulatur fixiert wird und die Glottis geöffnet ist, entspricht der Druck in den Alveolen dem atmosphärischen Druck. In diesem Fall ist $P_{Pul} = 0$, und Gl. (12) enthält die Form

$$C_L = -\frac{\Delta V}{\Delta P_{Pleu}}. \quad (14)$$

Es genügt also, die der Volumenänderung entsprechende *Änderung des intrapleuralen Druckes* (oder einfacher des Oesophagusdruckes) zu messen und die beiden Differenzen in Gl. (14) einzusetzen. Die so ermittelte *statische Compliance der Lunge* hängt nicht nur von deren elastischen Eigenschaften, sondern auch vom jeweiligen *Lungenvolumen* ab.

Je kleiner das Ausgangsvolumen, um so geringer ist die erzielte Volumenänderung unter sonst gleichen Bedingungen. 9- bis 12jährige Kinder haben eine 2- bis 3mal kleinere Compliance als Erwachsene. Für die diagnostische Beurteilung ist es daher notwendig, die Compliance auf das Ausgangsvolumen, in der Regel also auf die *funktionelle Residualkapazität* (FRC) zu beziehen. Die so definierte Größe

$$C_{Lspez} = -\frac{1}{FRC}\frac{\Delta V}{\Delta P_{Pleu}} \quad (15)$$

wird als *spezifische Compliance der Lunge* bezeichnet.

Viscöse Atmungswiderstände

Die *nichtelastischen (viscösen) Widerstände,* die sowohl bei der Inspiration als auch bei der Exspiration zu überwinden sind, setzen sich aus folgenden Anteilen zusammen: 1. *den Strömungswiderständen in den leitenden Atemwegen,* 2. *den nichtelastischen Gewebewiderständen,* 3. *den Trägheitswiderständen,* die so klein sind, daß sie vernachlässigt werden dürfen.

Strömungswiderstand. Die Strömung der Inspirations- und Exspirationsgase durch die leitenden Atemwege wird durch die jeweilige Druckdifferenz zwischen den Alveolen und dem Außenraum bewirkt. Die *Differenz zwischen dem intraalveolären Druck und dem Außendruck* stellt also die „treibende Kraft" für die Bewegung der Atemgase dar. Die Strömung in den Atemwegen ist teilweise *laminar.* Vor allem an den Verzweigungsstellen der Bronchien und an pathologisch verengten Stellen treten jedoch Wirbelbildungen (*Turbulenzen*) auf. Für die laminare Luftströmung gilt, ebenso wie für die laminare Flüssigkeitsströmung, das **Hagen-Poiseuille-Gesetz.** Danach ist die Stromstärke $\dot{V}$ der treibenden Druckdifferenz ΔP proportional. Für die Strömung in den Atemwegen gilt also:

$$\dot{V} = \frac{\Delta P}{R} = \frac{P_{Pul}}{R}. \quad (16)$$

R bezeichnet den *Strömungswiderstand,* der von Querschnitt und der Länge des Rohres sowie von der Viscosität abhängig ist. Obwohl für die turbulenten Anteile der Gesamtströmung andere Gesetzmäßigkeiten gelten, benutzt man Gl. (16), um den Gesamtströmungswiderstand bei der Atmung zu bestimmen:

$$R = \frac{\Delta P}{\dot{V}} = \frac{P_{Pul}}{\dot{V}}. \quad (17)$$

R wird gewöhnlich als **Atemwegswiderstand** oder als **Resistance** bezeichnet. Um seine Größe zu ermitteln, müssen also die Druckdifferenz zwischen Mund und Alveolen (in cm H_2O bzw. kPa) und gleichzeitig die Atemstromstärke (in l/s) gemessen werden (S. 580). Bei ruhiger Mundatmung findet man normalerweise Resistancewerte, die bei $R = 2$ cm $H_2O \cdot s \cdot l^{-1}$ ($0{,}2$ kPa $\cdot s \cdot l^{-1}$) liegen [12, 16, 25]. Normalerweise wird der Atemwegswiderstand hauptsächlich von den Strömungsverhältnissen in der Trachea und den großen Bronchien bestimmt, während die Widerstände in den kleinen Bronchien und Bronchiolen nur einen geringen Beitrag liefern, weil in diesem Bereich der Gesamtquerschnitt stark zunimmt (Abb. 21-5).

Gewebewiderstand. Neben dem Atemwegswiderstand ist bei der Inspiration und der Exspiration noch ein zweiter viscöser Widerstand zu überwinden, der durch die Gewebereibung und die nichtelastische Deformation der Gewebe im Brust- und Bauchraum entsteht:

Viscöser Atmungswiderstand
= Atemwegswiderstand + Gewebewiderstand.

Der letztgenannte Widerstand ist jedoch verhältnismäßig klein. 90% des viscösen Widerstandes werden normalerweise durch die Strömung in den Atemwegen und nur 10% durch die Gewebereibung hervorgerufen.

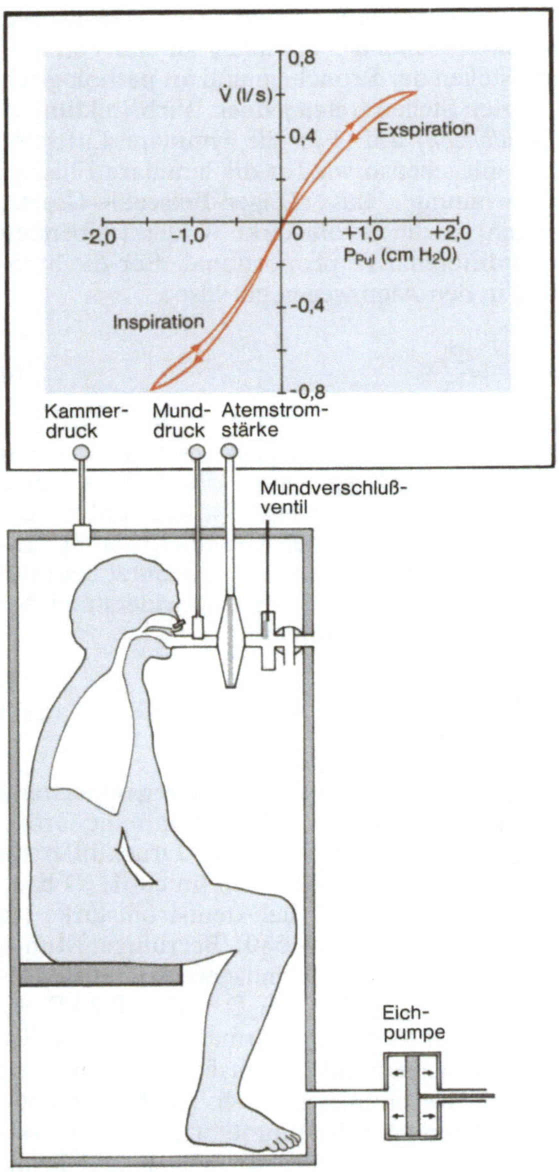

Abb. 21-15. Körperplethysmograph (vereinfacht dargestellt) und Registrierung der Resistancekurve *(rot)*, $\dot{V}$ Atemstromstärke; P_{Pul} intrapulmonaler Druck

Messung der Resistance. *Die Bestimmung der Resistance erfordert die fortlaufende Messung des intrapulmonalen (alveolären) Druckes.* Hierbei wendet man ein indirektes Meßverfahren mit Hilfe des Körperplethysmographen an. Der **Körperplethysmograph** (Abb. 21-15) besteht im wesentlichen aus einer luftdicht abgeschlossenen Kammer, ähnlich einer Telephonzelle, die für einen sitzenden Probanden bequem Platz bietet. Wenn es infolge der Atmungsbewegungen des Probanden zu einer Druckänderung in der Lunge kommt, so muß sich der Druck in der abgeschlossenen Kammer proportional dazu in entgegengesetzter Richtung ändern. Nach einer Eichung mit Hilfe einer Eichpumpe ist man also in der Lage, die Änderung des intrapulmonalen Druckes auf dem Umweg über die Änderung des Kammerdruckes zu messen. Gleichzeitig kann man die Atemstromstärke $\dot{V}$ mit Hilfe eines Pneumotachographen (S. 580) registrieren. Der Quotient aus beiden Größen, der zweckmäßigerweise mit einem Zweikoordinatenschreiber fortlaufend aufgezeichnet wird, liefert dann nach Gl. (17) den gesuchten *Resistancewert* [13, 16, 25].
Der Körperplethysmograph kann außerdem zur Bestimmung der *funktionellen Residualkapazität* V_{FRC} (S. 580) verwendet werden. In diesem Fall verschließt man kurzzeitig das Atemmundstück, so daß der Pulmonalraum vom Außenraum getrennt ist. Bei einer inspiratorischen Anstrengung des Probanden wird dann gleichzeitig die Änderung des Munddruckes und des Kammerdruckes gemessen, woraus sich V_{FRC} unter Anwendung des *Boyle-Mariotte-Gesetzes* berechnen läßt [25].

Druck-Volumen-Beziehungen im Atmungscyclus

Intrapleurale und intrapulmonale Druckänderungen. Während eines Atmungscyclus verändern sich die intrapleuralen und intrapulmonalen Drücke in gesetzmäßiger Weise. Welche Beziehungen dabei zwischen den beiden Drücken bestehen, zeigen die folgenden Überlegungen: Befindet sich der Thorax kurzzeitig in *Ruhe,* etwa bei Übergang von der Inspiration zur Exspiration, dann wirkt auf den Pleuralspalt nur die elastische Retraktion der Lunge und erzeugt hier einen „negativen" Druck.
Dieser während der Atemruhe bestehende negative intrapleurale Druck sei $P_{Pleu(stat)}$. Der intrapulmonale Druck $P_{Pul(stat)}$ ist jedoch bei ruhendem Thorax gleich Null, weil zwischen Mund und Alveolen eine Verbindung besteht, über die ein Druckausgleich möglich ist. Angenähert gelten diese Aussagen auch für sehr langsame Thoraxbewegungen.
Die komplexeren Verhältnisse bei *regulären Atmungsbewegungen* erläutert Abb. 21-16. In der schematischen Darstellung ist der Alveolarraum durch eine große Blase ersetzt. Die schwarzen Pfeile geben die Bewegungsrichtungen, die roten Pfeile die Richtung der auftretenden Zugspan-

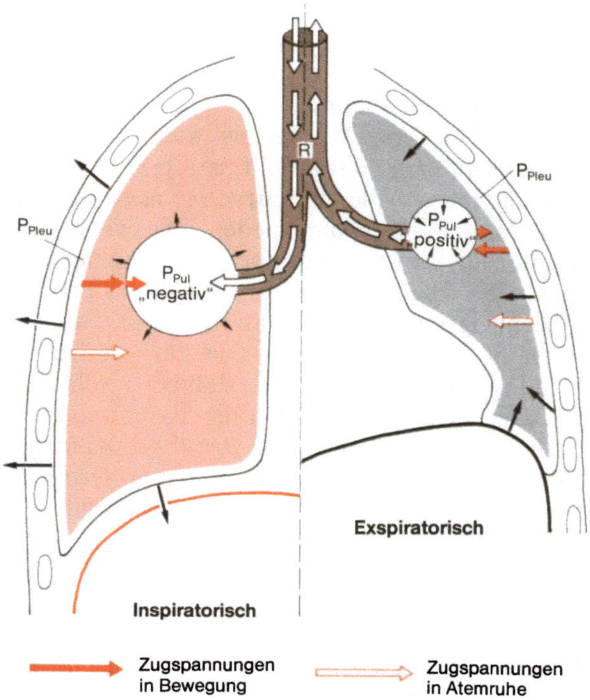

Abb. 21-16. Schema zur Erläuterung der intrapleuralen (P_{Pleu}) und der intrapulmonalen (P_{Pul}) Druckverhältnisse bei Inspiration (*links*) und Exspiration (rechts). R Atemwegswiderstand

nungen an. Bei der Inspiration (links) bewirkt der Strömungswiderstand R, daß die Luft nicht schnell genug in den vergrößerten Alveolarraum einströmen kann. Daher muß der Druck in den Alveolen abnehmen, d.h. negativ werden gegenüber dem Außendruck. Diese Abnahme des intrapulmonalen Druckes wirkt sich auch auf den Pleuralspalt aus und führt hier zu einer zusätzlichen „Negativierung" des intrapleuralen Druckes. Der bewegungsabhängige intrapleurale Druck $P_{Pleu(dyn)}$ setzt sich also aus dem statischen intrapleuralen Druck $P_{Pleu(stat)}$ und dem jeweiligen intrapulmonalen Druck P_{Pul} additiv zusammen:

$$P_{Pleu(dyn)} = P_{Pleu(stat)} + P_{Pul}. \qquad (18)$$

Bei Exspiration (Abb. 21-16, rechts) kehren sich die Verhältnisse um. P_{Pul} wird positiv und vermindert die Negativität von $P_{Pleu(stat)}$.
Die resultierenden **Druckveränderungen während eines Atemcyclus** sind in Abb. 21-17 dargestellt, wobei zur Vereinfachung für die Inspiration und die Exspiration jeweils die gleiche Zeitdauer angesetzt ist. Wären bei der Atmung nur die elastischen Widerstände der Lunge zu überwinden, dann bliebe der intrapulmonale Druck P_{Pul} über die gesamte Zeit gleich 0, und der intrapleurale Druck würde der gestrichelten Geraden $P_{Pleu(stat)}$ folgen. Infolge der zusätzlichen wirksamen viscösen Widerstände wird jedoch P_{Pul} in der Inspirationsphase negativ und in der Exspirationsphase positiv. Addiert man diese Werte zu den jeweiligen $P_{Pleu(stat)}$, so erhält man die resultierenden dynamischen intrapleuralen Drücke $P_{Pleu(dyn)}$. Es zeigt sich also, daß zur Überwindung der viscösen Widerstände $P_{Pleu(dyn)}$ inspiratorisch immer etwas kleiner und exspiratorisch immer etwas größer sein muß als $P_{Pleu(stat)}$.

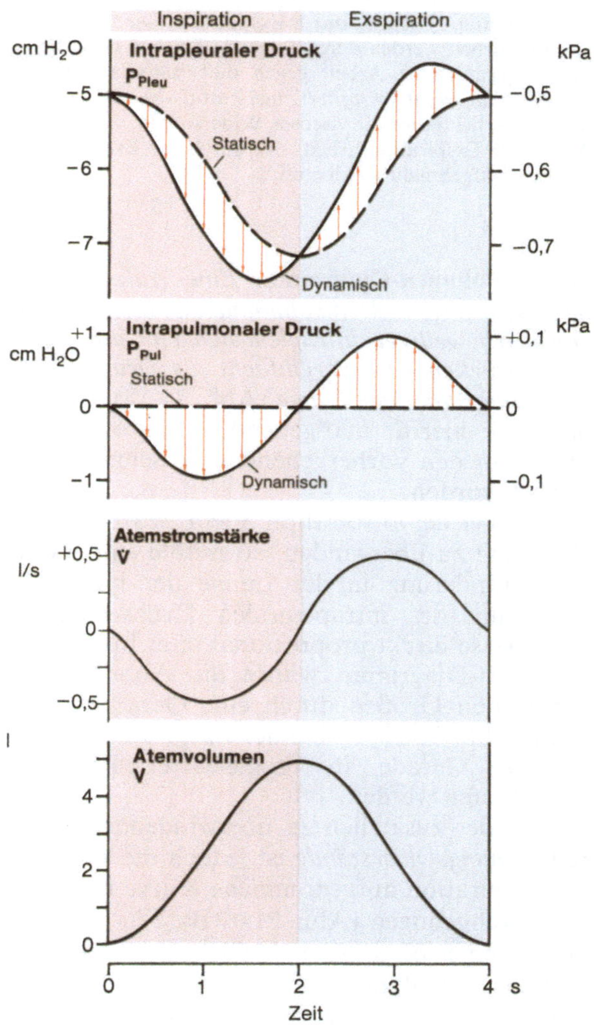

Abb. 21-17. Zeitliche Änderung des intrapleuralen Druckes P_{Pleu}, des intrapulmonalen Druckes P_{Pul}, der Atemstromstärke $\dot{V}$ und des Atemvolumens V während eines Atmungscyclus. Die *gestrichelten* Druckverläufe würden gelten, wenn nur elastische Atmungswiderstände zu überwinden wären. Infolge der zusätzlich vorhandenen viscösen Widerstände kommt es inspiratorisch zu einer Negativierung und exspiratorisch zu einer Positivierung von P_{Pleu} und P_{Pul} (dargestellt durch *rote Pfeile*)

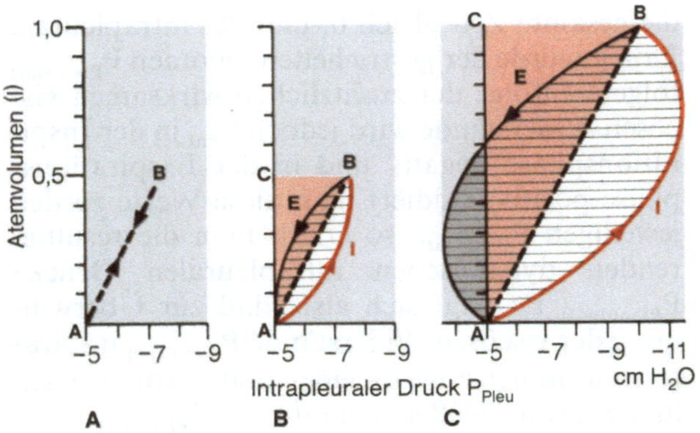

Abb. 21-18 A–C. Atmungscyclus im Druck-Volumen-Diagramm. **A** Fiktive Atmung gegen rein elastische Widerstände. **B** Normale Ruheatmung. **C** Vertiefte und beschleunigte Atmung. *I* Inspiration; *E* Exspiration. Die Anteile der Atmungsarbeit werden durch folgende Flächen dargestellt: *rot:* inspiratorische Arbeit gegen die elastischen Widerstände; *waagerecht schraffiert:* inspiratorische und exspiratorische Arbeit gegen die viscösen Widerstände; *dunkelgrau:* Anteil der Exspirationsarbeit, der durch die Exspirationsmuskeln aufgebracht werden muß

Druck-Volumen-Diagramm. *Eine Aufzeichnung der geförderten Atemvolumina in Abhängigkeit von den jeweiligen intrapleuralen (intrathorakalen) Drücken wird vereinfacht als Druck-Volumen-Diagramm der Lunge* (Abb. 21-18) *bezeichnet.* Alle hierfür maßgebenden Faktoren sind bereits in den vorhergehenden Abschnitten erläutert worden:

Wären bei der Inspiration allein *elastische Widerstände* zu überwinden, so müßte jede Volumenveränderung in der Lunge der jeweiligen Änderung des intrapleuralen Druckes näherungsweise direkt proportional sein. Im Druck-Volumen-Diagramm würde die Abhängigkeit der beiden Größen durch eine Gerade dargestellt (Abb. 21-18 A). Bei der Exspiration müßte dieselbe Gerade in umgekehrter Richtung durchlaufen werden.

Wegen der zusätzlich zu überwindenden *viscösen Atmungswiderstände* ist jedoch die während der Inspiration aufgenommene Kurve nach unten durchgebogen (Abb. 21-18 B). Für die Förderung eines bestimmten Volumens ist also eine stärkere Abnahme des intrapleuralen Druckes notwendig, als dies nach Maßgabe der Proportionalitätsgeraden der Fall wäre. Erst am Ende der Einatmung (im Punkt B) erreicht die Inspirationskurve die Gerade, weil jetzt keine Bewegung mehr stattfindet und nur noch die elastischen Zugspannungen wirksam sind. Die Exspirationskurve ist infolge der viscösen Widerstände in umgekehrter Richtung durchgebogen und erreicht am Ende dieser Atmungsphase wieder den Ausgangspunkt A. Der geschilderte Kurvenveraluf des dynamischen Druck-Volumen-Diagramms wird manchmal auch als **Atemschleife** bezeichnet.

Während in Abb. 21-18 B die Atemschleife für die *Ruheatmung* dargestellt ist, gibt Abb. 21-18 C die entsprechende Kurve *bei vertiefter und beschleunigter Atmung* wieder. Die Vertiefung kommt in einem verdoppelten Atemzugvolumen, die Beschleunigung in einer stärkeren Durchbiegung der Inspirations- und Exspirationskurve zum Ausdruck. Die stärkere Durchbiegung erklärt sich daraus, daß bei raschen alveolären Druckänderungen die Strömung nicht schnell genug folgen kann. *Bei hoher Atmungsfrequenz wirken sich also die viscösen Atemwegwiderstände stärker aus als bei Ruheatmung.*

Atmungsarbeit. Die physikalische Arbeit, die bei der Überwindung der elastischen und viscösen Widerstände geleistet wird, ergibt sich aus dem **Produkt Druck × Volumen,** das die gleiche Dimension wie das Produkt Kraft × Weg hat. Ändert sich der Druck während der Arbeit, so tritt an die Stelle des Produktes das **Integral $\int P\,dV$.** Der Vorteil des Druck-Volumen-Diagramms besteht v.a. darin, daß in ihm die Integralwerte für die Arbeit als Flächen veranschaulicht werden können.

Die Flächen, welche die *inspiratorische Arbeit gegen die elastischen Widerstände* repräsentieren, sind in Abb. 21-18 rot wiedergegeben. Unter dynamischen Bedingungen kommt sowohl bei der Inspiration als auch bei der Exspiration noch ein *Arbeitsanteil* hinzu, der *zur Überwindung der viscösen (Strömungs-) Widerstände* benötigt wird. Die entsprechenden Flächen sind in Abb. 21-18 waagerecht schraffiert dargestellt. Der viscöse Exspirationsanteil ABEA ist bei ruhiger Atmung (Abb. 21-18 B) kleiner als die zuvor elastisch gespeicherte Energie ABCA. Daher kann die Ausatmung rein *passiv,* d.h. ohne Mitwirkung der Exspirationsmuskeln erfolgen. Dies gilt jedoch nicht mehr für die beschleunigte Atmung (Abb. 21-18 C). In diesem Fall muß der Arbeitsanteil, der der dunkelgrauen Fläche entspricht, von der *Exspirationsmuskulatur* aufgebracht werden.

Insgesamt werden bei ruhiger Atmung etwa 2% des aufgenommenen Sauerstoffs für die Kontraktionsarbeit der Atmungsmuskeln benötigt. Bei körperlicher Arbeit steigt allerdings der Energiebedarf der Atmungsmuskulatur überproportional an, verglichen mit der erzielten Zunahme des Atemzeitvolumens und der O_2-Aufnahme in der Lunge. So ist es zu verstehen, daß bei schwerer körperlicher Belastung bis zu 20% des aufgenommenen Sauerstoffs für die Atmungsarbeit zur Verfügung gestellt werden muß [24].

Funktionsprüfungen der Atmungsmechanik

Störungen der Atmungsmechanik. Krankhafte Veränderungen im Bereich des Atmungsapparates führen in vielen Fällen zu Störungen der Lungenbelüftung. Aus diagnostischen Gründen ist es zweckmäßig, diese Störungen in 2 Gruppen zu unterteilen: in die *restriktiven* und die *obstruktiven* Funktionsstörungen [3, 4, 5, 10, 13, 16, 25, 28].
Als **restriktive Funktionsstörungen** werden alle die Zustände bezeichnet, bei denen die *Ausdehnungsfähigkeit der Lunge eingeschränkt* ist. Dies ist beispielsweise bei pathologischen Veränderungen des Lungenparenchyms (z.B. bei *Lungenfibrose*) oder bei Verwachsungen der Pleurablätter der Fall. **Obstruktive Funktionsstörungen** sind dadurch charakterisiert, daß die *zuleitenden Atemwege eingeengt* und damit die *Strömungswiderstände erhöht* sind. Solche Obstruktionen liegen etwa vor bei Schleimansammlungen, Schleimhautschwellungen oder Spasmen der Bronchialmuskulatur (*Asthma bronchiale, spastische Bronchitis*). Da die Ausatmung ständig gegen einen erhöhten Widerstand erfolgen muß, tritt vielfach im fortgeschrittenen Stadium eine Überblähung der Lunge mit einer vergrößerten Residualkapazität auf. Ein pathologischer Zustand, bei dem neben einer Überblähung auch noch strukturelle Veränderungen der Lunge vorliegen (Verlust der elastischen Fasern, Schwund der Alveolarsepten, Reduktion des Capillarbettes), wird als *Lungenemphysem* bezeichnet.

Differenzierung der Funktionsstörungen. Die Verfahren, die zum Nachweis der restriktiven bzw. obstruktiven Funktionsstörungen geeignet sind, ergeben sich unmittelbar aus den Charakteristika dieser Störungen. Eine Einschränkung der Ausdehnungsfähigkeit der Lunge bei einer *restriktiven Störung* läßt sich durch die **Abnahme der Compliance** nachweisen (S. 586f.). Die Zunahme der Atemwegswiderstände bei einer *obstruktiven Störung* erkennt man an einer **Zunahme der Resistance** (S. 587f.). Die Verfahren zur Bestimmung der Compliance- und Resistance-Werte erfordern einen größeren apparativen Aufwand. Es gelingt jedoch, eine grobe Differenzierung der Funktionsstörungen auch auf einfache Weise vorzunehmen.

Vitalkapazität. *Eine Abnahme der Vitalkapazität kann als Zeichen für das Vorliegen einer restriktiven Störung gewertet werden.* Während jedoch mit der Compliance C_L allein die Ausdehnungsfähigkeit der Lunge erfaßt wird, ist die Vitalkapazität noch zusätzlich von der maximalen Erweiterungsfähigkeit des Thorax abhängig. Eine Einschränkung der Vitalkapazität kann also durch eine *pulmonale* oder durch eine *extrapulmonale Restriktion* bedingt sein.

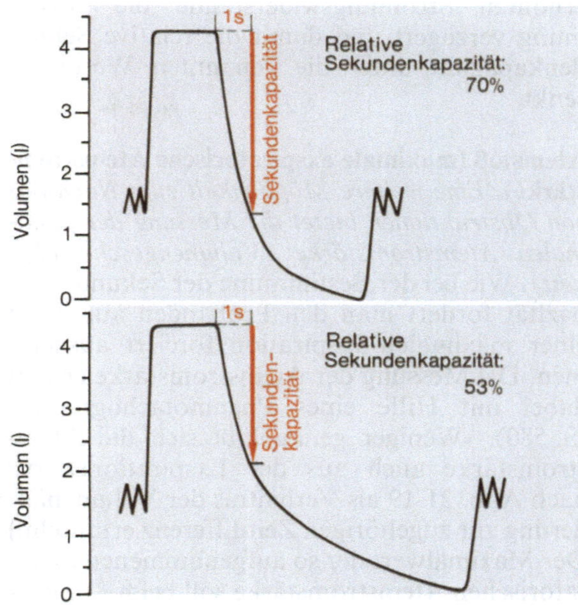

Abb. 21-19. Bestimmung der relativen Sekundenkapazität. Nach tiefer Inspiration und kurzzeitigem Atemanhalten atmet der Proband so schnell wie möglich aus. Das in 1 s exspirierte Volumen wird als prozentualer Anteil der Vitalkapazität VK angegeben. *Oben:* Messung bei einem Lungengesunden, *unten:* bei einem Patienten mit einer obstruktiven Funktionsstörung

Sekundenkapazität. *Eine obstruktive Funktionsstörung läßt sich auf einfache Weise durch die Sekundenkapazität (1-s-Ausatmungskapazität ESK, Tiffeneau-Test) erfassen.* Darunter versteht man dasjenige Volumen, das innerhalb 1 s forciert ausgeatmet werden kann (Abb. 21-19). Der Proband, der an ein geschlossenes oder offenes spirometrisches System (S. 580f.) angeschlossen ist, atmet nach maximaler Inspiration und kurzem Luftanhalten so schnell und so tief wie möglich aus. Aus der registrierten Exspirationskurve läßt sich dann das innerhalb 1 s ausgeatmete Volumen bestimmen. Die Sekundenkapazität wird meist relativ, d.h. bezogen auf die Vitalkapazität, angegeben (Beispiel: absolute Sekundenkapazität = 3 l, Vitalkapazität = 4 l, daraus folgt: relative Sekundenkapazität = 75%). Für den Lungengesunden beträgt die relative Sekundenkapazität bis zu einem Alter von 50 Jahren 70–80%, im höheren Alter 65–70%. Bei einer obstruktiven Störung ist infolge der erhöhten Strömungswiderstände die Ausatmung verzögert und damit die relative Sekundenkapazität unter die genannten Werte gesenkt.

Atemstoß (maximale exspiratorische Atemstromstärke). *Eine weitere Möglichkeit zum Nachweis von Obstruktionen bietet die Messung der maximalen Atemstromstärke (Volumengeschwindigkeit).* Wie bei der Bestimmung der Sekundenkapazität fordert man den Probanden auf, nach einer maximalen Inspiration forciert auszuatmen. Die Messung der Atemstromstärke erfolgt dabei mit Hilfe eines Pneumotachographen (S. 580). (Weniger genau läßt sich die Atemstromstärke auch aus der Exspirationskurve nach Abb. 21-19 als Verhältnis der Volumenänderung zur zugehörigen Zeitdifferenz ermitteln.) Der Maximalwert der so aufgenommenen exspiratorischen Atemstromstärke soll beim Lungengesunden etwa 10 l/s betragen. Beim Vorliegen erhöhter Atemwegwiderstände wird dieser Wert wesentlich unterschritten.

Die exspiratorische Atemstromstärke kann über einen Grenzwert hinaus nicht gesteigert werden, auch wenn die exspiratorische Anstrengung noch weiter verstärkt wird. Der Grund hierfür ist in der *Wandstruktur der Bronchiolen* zu suchen, die keine knorpeligen Stützelemente besitzen. Solche weichwandigen Rohre werden komprimiert, wenn der von außen einwirkende (intrapulmonale) Druck größer ist als der Druck in ihrem Lumen [12]. *Bei sehr starkem Exspirationsdruck wird also der Strömungswiderstand in den Bronchiolen erhöht.* Dieser Effekt tritt besonders stark hervor, wenn der Zug der elastischen Fasern, der normalerweise die Lumina der Bronchiolen weit hält, vermindert ist. In einem solchen Fall, der z.B. beim *Lungenemphysem* (S. 591) vorliegt, können die Bronchiolen bei starker exspiratorischer Anstrengung kollabieren.

Atemgrenzwert. *Das Atemzeitvolumen bei maximal forcierter, willkürlicher Hyperventilation wird als Atemgrenzwert bezeichnet.* Diese Größe ist deshalb von diagnostischem Interesse, weil die Inanspruchnahme der Atmungsreserven gut geeignet ist, Funktionsstörungen aufzudecken. Die spirometrische Messung erfolgt, während der Proband mit einer Atmungsfrequenz von 40–60/min forciert hyperventiliert. Der Test soll nur für die Dauer von etwa 10 s durchgeführt werden, um die nachteiligen Folgen der Hyperventilation (Alkalose, s.S. 628) zu vermeiden. Das Ergebnis der Untersuchung wird jedoch auf die Zeit von 1 min bezogen. Der Sollwert für den Atemgrenzwert (AGW) hängt vom Alter, vom Geschlecht sowie von den Körpermaßen ab und liegt für den jungen Mann etwa zwischen *120* und *170 l/min.* Eine Abnahme des Atemgrenzwertes findet man sowohl bei *restriktiven* als auch bei *obstruktiven Funktionsstörungen.* Eine über den Atemgrenzwert festgestellte Störung erfordert also zur weiteren Differenzierung die zusätzliche Bestimmung der Vitalkapazität und der Sekundenkapazität.

Tabelle 21-1. Kriterien für die Differenzierung von Ventilationsstörungen

	Ventilationsstörung	
	Restriktive	Obstruktive
Compliance	Abnahme	
Resistance		Zunahme
Vitalkapazität	Abnahme	
Sekundenkapazität		Abnahme
Atemgrenzwert	Abnahme	Abnahme

21.4 Pulmonaler Gasaustausch

Alveoläre Atemgasfraktionen

Berechnung der alveolären Atemgasfraktionen. Der Inhalt der Alveolen wurde früher als Alveolarluft bezeichnet. Neuerdings hat man sich jedoch darauf geeinigt, daß die Bezeichnung „Luft" allein dem Gasgemisch mit atmosphärischer Zusammensetzung ($F_{O_2}=0{,}209$, $F_{CO_2}\approx 0$, $F_{N_2}=0{,}791$) vorbehalten bleiben soll. Da in den Alveolen der O_2-Anteil kleiner und der CO_2-Anteil größer ist als in der Atmosphäre, müssen wir konsequenterweise vom alveolären Gasgemisch sprechen.

Um die O_2- und CO_2-Fraktionen im alveolären Gasgemisch zu berechnen, gehen wir von einer Bilanzbetrachtung aus: Die *O_2-Aufnahme* des Blutes ($\dot{V}_{O_2}$) ergibt sich aus der den Alveolen inspiratorisch zugeführten O_2-Menge ($F_{I_{O_2}}\cdot\dot{V}_A$), abzüglich der von hier exspiratorisch abgeführten O_2-Menge ($F_{A_{O_2}}\cdot\dot{V}_A$). Die *$CO_2$-Abgabe* aus dem Blut ($\dot{V}_{CO_2}$) entspricht der CO_2-Menge, die exspiratorisch aus den Alveolen entfernt wird ($F_{A_{CO_2}}\cdot\dot{V}_A$), da mit dem Inspirationsstrom praktisch kein CO_2 in die Alveolen gelangt. Daher gelten die Beziehungen:

$$\dot{V}_{O_2}=F_{I_{O_2}}\cdot\dot{V}_A-F_{A_{O_2}}\cdot\dot{V}_A,\qquad \dot{V}_{CO_2}=F_{A_{CO_2}}\cdot\dot{V}_A, \tag{19}$$

und nach Umformung:

$$F_{A_{O_2}}=F_{I_{O_2}}-\frac{\dot{V}_{O_2}}{\dot{V}_A},\qquad F_{A_{CO_2}}=\frac{\dot{V}_{CO_2}}{\dot{V}_A}. \tag{20}$$

Es zeigt sich also, daß die alveolären Atemgasfraktionen sowohl von den stoffwechselabhängigen Werten für die O_2-Aufnahme bzw. CO_2-Abgabe als auch vom Ausmaß der alveolären Ventilation ($\dot{V}_A$) bestimmt werden. Bei Anwendung der Gl. (20) ist darauf zu achten, daß für die Größen im Zähler und im Nenner die gleichen Meßbedingungen gelten. Gewöhnlich werden jedoch O_2-Aufnahme und CO_2-Abgabe auf die physikalischen Standardbedingungen bezogen, während man Atemvolumina und Ventilationsgrößen für die im Körper vorliegenden Bedingungen angibt.

Umrechnungsbeziehungen für verschiedene Volumenmeßbedingungen. Das Volumen V einer Gasmenge hängt von der jeweiligen Temperatur T und dem einwirkenden Druck P ab, wobei außerdem noch der Wasserdampfpartialdruck P_{H_2O} zu berücksichtigen ist. Deshalb müssen bei Volumenangaben zusätzlich die jeweils gültigen Meßbedingungen spezifiziert werden. In der Atmungsphysiologie unterscheidet man die folgenden Bedingungen:

1. **STPD-Bedingungen** (engl. Abkürzung für **S**tandard **T**emperature **P**ressure, **D**ry): Es sind dies die physikalischen Standardbedingungen, bei denen die Volumenangaben auf T = 273 K, P = 760 mm Hg und P_{H_2O} = 0 mm Hg (Trockenheit) bezogen werden.
2. **BTPS-Bedingungen** (engl. Abkürzung für **B**ody **T**emperature, **P**ressure, **S**aturated): Hierbei handelt es sich um die in der Lunge herrschenden Bedingungen, also T = 273 + 37 = 310 K, P variierend nach Maßgabe des aktuellen Barometerdrucks P_B und P_{H_2O} = 47 mm Hg (Wasserdampfsättigung bei 37° C).
3. **ATPS-Bedingungen** (engl. Abkürzung für **A**mbient **T**emperature, **P**ressure, **S**aturated): Hierunter versteht man die aktuellen Meßbedingungen außerhalb des Körpers (Spirometerbedingungen); d.h. die Volumenbestimmung erfolgt bei Zimmertemperatur T_a, aktuellem Barometerdruck P_B und Wasserdampfsättigung.

In der folgenden Aufstellung dieser 3 Volumenmeßbedingungen (Tabelle 21-2) ist berücksichtigt, daß man vom Gesamtdruck jeweils den Wasserdampfpartialdruck abzuziehen hat, um den volumenbestimmenden Druck des „trockenen" Gases zu erhalten.

Tabelle 21-2. Charakteristika der Volumenmeßbedingungen

Bedingung	T (K)	P (mm Hg)
STPD	273	760
BTPS	310	$P_B - 47$
ATPS	T_a	$P_B - P_{H_2O}$

Für die Umrechnung eines Gasvolumens von den Zustandsbedingungen 1 auf die Zustandsbedingungen 2 gilt nach der **allgemeinen Gasgleichung** die Beziehung:

$$\frac{V_1}{V_2} = \frac{T_1}{T_2} \cdot \frac{P_2}{P_1}. \qquad (21)$$

Mit Hilfe der Angaben in Tabelle 21-2 läßt sich diese allgemeine Formel auf den konkreten Fall anwenden. Möchte man beispielsweise ein für Körperbedingungen angegebenes Volumen (V_{BTPS}) auf Standardbedingungen (V_{STPD}) umrechnen, so gilt:

$$\frac{V_{STPD}}{V_{BTPS}} = \frac{273}{310} \cdot \frac{P_B - 47}{760} = \frac{P_B - 47}{863}. \qquad (22)$$

Daß eine Änderung der Bezugsbedingungen die Volumenwerte nicht unwesentlich beeinflußt, zeigt folgende Rechnung: Bei Ruheatmung beträgt die alveoläre Ventilation unter BTPS-Bedingungen etwa 5 l/min. Nach Gl. (22) reduziert sich dieser Wert unter STPD-Bedingungen auf 4,1 l/min, wenn man den mittleren Barometerdruck auf Meereshöhe (P_B = 760 mm Hg) zugrunde legt.

Alveoläre Atemgasfraktionen unter Ruhebedingungen. Bei der Berechnung der alveolären Atemgasfraktionen gehen wir von den Gl. (20) aus, wobei alle einzusetzenden Zahlenwerte auf Standardbedingungen bezogen werden sollen. Für den Erwachsenen in körperlicher Ruhe beträgt die *O_2-Aufnahme* $\dot{V}_{O_2(STPD)}$ = 0,28 l/min (Variationsbereich: 0,25–0,30 l/min) und die *CO_2-Abgabe* $\dot{V}_{CO_2(STPD)}$ = 0,23 l/min (Variationsbereich: = 0,20–0,25 l/min). Das Verhältnis CO_2-Abgabe/O_2-Aufnahme, das als *Respiratorischer Quotient* bezeichnet wird, hat also im Mittel einen Wert von 0,23/0,28 = 0,82 (S. 655). Für die *alveoläre Ventilation* ist $\dot{V}_{A(STPD)}$ = 4,1 l/min einzusetzen (s.o.); die *inspiratorische O_2-Fraktion* beträgt $F_{I_{O_2}}$ = 0,209 (20,9 Vol.%) (Tabelle 21-3). Damit ergibt sich folgende *Zusammensetzung des alveolären Gasgemisches:*

$F_{A_{O_2}}$ **= 0,14 (14 Vol.%),**
$F_{A_{CO_2}}$ **= 0,056 (5,6 Vol.%).**

Der Rest besteht aus Stickstoff und einem sehr kleinen Anteil an Edelgasen.

Tabelle 21-3. Inspiratorische, alveoläre und exspiratorische Fraktionen bzw. Partialdrücke der Atemgase bei Ruheatmung in Meereshöhe

	Fraktionen		Partialdrücke	
	O_2	CO_2	O_2	CO_2
Inspirationsluft	0,209	0,0003	150 mm Hg (20 kPa)	0,2 mm Hg (0,03 kPa)
Alveoläres Gasgemisch	0,14	0,056	100 mm Hg (13,3 kPa)	40 mm Hg (5,3 kPa)
Exspirationsgemisch	0,16	0,04	114 mm Hg (15,2 kPa)	29 mm Hg (3,9 kPa)

Analyse des alveolären Gasgemisches. Die Messung der alveolären Gasfraktionen stößt schon deswegen auf Schwierigkeiten, weil es nicht einfach ist, Proben des alveolären Gasgemisches zu gewinnen. Bei der Exspiration wird zuerst das Gasvolumen aus den Toträumen abgegeben, dann erst folgt das Volumen aus den Alveolarräumen. Aber auch in dieser späten Phase der Exspiration ändert sich die Zusammensetzung des Gasgemisches laufend ein wenig, weil der alveoläre Gasaustausch weitergeht. Man hat daher Apparaturen entwickelt, die mit Hilfe einer mechanischen oder elektronischen Steuerung den jeweils letzten Teil des Exspirationsvolumens sammeln [5].

Die Messung der Fraktionen in dem so gewonnenen alveolären Gasgemisch kann dann mit einem geeigneten Analysegerät erfolgen. Nach dem **Verfahren von Scholander** werden die Atemgase O_2 und CO_2 nacheinander chemisch absorbiert und die jeweiligen Volumenabnahmen direkt gemessen. Die verschwundenen Volumina entsprechen den Anteilen der jeweils absorbierten Gase [5].

Mit schnell anzeigenden Meßgeräten können darüber hinaus die Atemgasfraktionen in der Exspirationsluft fortlaufend verfolgt werden. Meßgeräte für CO_2 nutzen die spezielle *Infrarotabsorption* dieses Gases, Meßgeräte für O_2 dessen besondere *paramagnetischen Eigenschaften* aus. Auch *Massenspektrometer* werden für O_2- und CO_2-Analysen eingesetzt. Der Vorteil aller dieser Verfahren besteht darin, daß bei einer fortlaufenden Registrierung der Atemgasfraktionen die alveolären Fraktionsbereiche im Kurvenverlauf zu erkennen sind. Eine Sammlung von Gasproben ist also nicht notwendig. Die Abb. 21-20 zeigt als Beispiel die von einem Infrarotschreiber aufgezeichnete CO_2-Fraktion während zweier Atmungscyclen. Der als „Alveolarplateau" gekennzeichnete Kurventeil rührt vom alveolären Anteil des Exspirationsvolumens her.

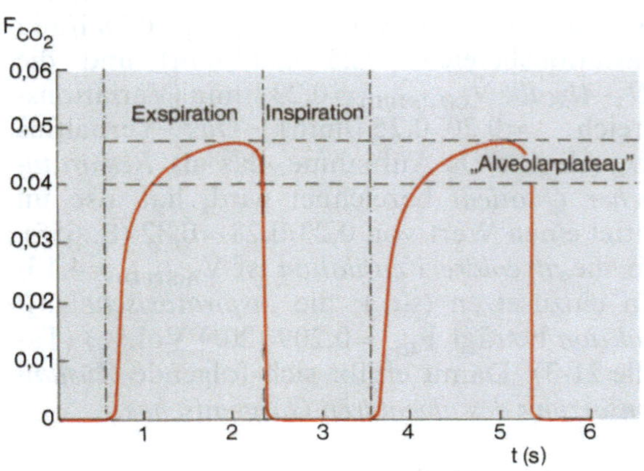

Abb. 21-20. CO_2-Fraktion, während der Exspiration und der Inspiration am Mund des Probanden mittels eines Infrarotabsorptionsschreibers registriert. Alveolarplateau: Bereich, in dem der alveoläre Anteil des Exspirationsvolumens den Meßort passiert

Partialdrücke der Atemgase

Partialdrücke in der atmosphärischen Luft. *Nach dem Dalton-Gesetz übt jedes Gas in einem Gemisch einen Partialdruck (Teildruck) P_{Gas} aus, der seinem Anteil am Gesamtvolumen, d.h. seiner Fraktion F_{Gas} entspricht.* Bei der Anwendung dieses Gesetzes auf die Atemgase ist zu berücksichtigen, daß sowohl die atmosphärische Luft als auch das alveoläre Gasgemisch neben O_2, CO_2, N_2 und Edelgasen auch noch Wasserdampf enthalten, der einen bestimmten Partialdruck P_{H_2O} ausübt. Da die Gasfraktionen für das „trockene" Gasgemisch angegeben werden, ist bei der Formulierung des Dalton-Gesetzes der Gesamtdruck (Barometerdruck P_B) um den **Wasserdampfdruck** P_{H_2O} zu reduzieren:

$$P_{Gas} = F_{Gas} \cdot (P_B - P_{H_2O}). \quad (23)$$

Unter Berücksichtigung der Werte für die atmosphärischen O_2- und CO_2-Fraktionen (Tabelle 21-3) betragen hiernach die zugehörigen Partialdrücke im Flachland etwa $P_{IO_2} = 150$ mm Hg (20 kPa) und $P_{ICO_2} = 0{,}2$ mm Hg (0,03 kPa). Mit zunehmender Höhe vermindern sich die O_2- und CO_2-Partialdrücke in der Inspirationsluft nach Maßgabe der Abnahme von P_B (S. 705).

Partialdrücke im alveolären Gasgemisch. Für die Untersuchung des Gasaustausches in der Lunge ist es zweckmäßig, die O_2- und CO_2-Anteile im alveolären Gasgemisch in Partialdruckeinheiten anzugeben. Führt man in die Gl. (20) die Partialdrücke nach Gl. (23) mit $P_{H_2O} = 47$ mm Hg ein, so ergeben sich unter Berücksichtigung von Gl. (22) die Beziehungen:

$$P_{AO_2} = P_{IO_2} - \frac{\dot{V}_{O_2(STPD)}}{\dot{V}_{A(BTPS)}} \cdot 863\,[\text{mm Hg}],$$

$$P_{ACO_2} = \frac{\dot{V}_{CO_2(STPD)}}{\dot{V}_{A(BTPS)}} \cdot 863\,[\text{mm Hg}]. \quad (24)$$

Diese sog. **Alveolarformeln** erlauben die Berechnung der alveolären Partialdruckwerte. Legt man die Daten für die Ruheatmung im Flachland zugrunde ($P_{I_{O_2}} = 150$ mm Hg, $\dot{V}_{O_2(STPD)} = 0{,}28$ l/min, $\dot{V}_{CO_2(STPD)} = 0{,}23$ l/min, $\dot{V}_{A(BTPS)} = 5$ l/min), so erhält man:

$$P_{A_{O_2}} = 100 \text{ mm Hg } (13{,}3 \text{ kPa}),$$
$$P_{A_{CO_2}} = 40 \text{ mm Hg } (5{,}3 \text{ kPa}).$$

Diese Daten gelten als Normwerte für den gesunden Erwachsenen. Dabei ist jedoch die Einschränkung zu machen, daß es sich allenfalls um zeitliche und örtliche Mittelwerte handelt. Geringe zeitliche Schwankungen der alveolären Partialdrücke treten auf, weil die Frischluft diskontinuierlich in den Alveolarraum einströmt. Kleine örtliche Variationen entstehen durch die nicht ganz gleichmäßige Belüftung und Durchblutung der verschiedenen Lungenabschnitte (S. 599).

Bei vorgegebenen Austauschraten für O_2 und CO_2 ($\dot{V}_{O_2}$ und $\dot{V}_{CO_2}$) sind nach den Gl. (24) die alveolären Partialdrücke v.a. von der *alveolären Ventilation* $\dot{V}_A$ abhängig. Eine Zunahme der alveolären Ventilation *(Hyperventilation)* hat einen $P_{A_{O_2}}$-Anstieg und einen $P_{A_{CO_2}}$-Abfall zur Folge, eine Abnahme *(Hypoventilation)* ergibt den umgekehrten Effekt. Diese Abhängigkeit der alveolären Partialdrücke von der alveolären Ventilation ist in Abb. 21-21 quantitativ dargestellt.

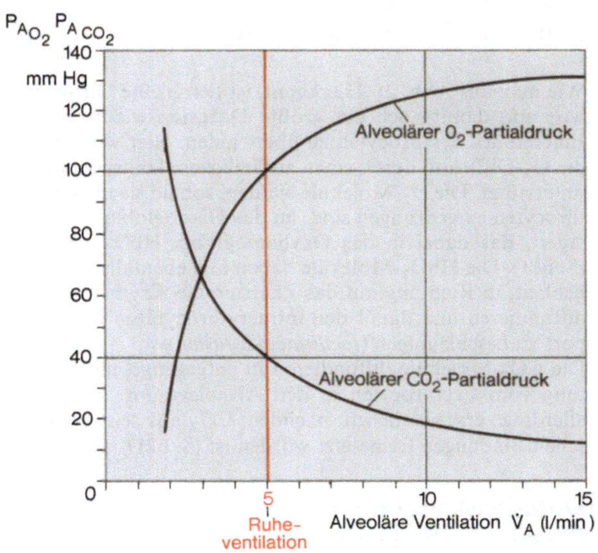

Abb. 21-21. Abhängigkeit der alveolären Atemgasdrücke ($P_{A_{O_2}}$ und $P_{A_{CO_2}}$) von der alveolären Ventilation ($\dot{V}_A$) in Meereshöhe bei körperlicher Ruhe (O_2-Aufnahme: 280 ml/min, CO_2-Abgabe: 230 ml/min). Die *rote Gerade* gibt die Werte für $P_{A_{O_2}}$ und $P_{A_{CO_2}}$ unter normalen Ventilationsbedingungen an

Einfluß des Ventilations-Perfusions-Verhältnisses. Da die im Alveolarbereich ausgetauschten Atemgase mit dem Blutstrom an- bzw. abtransportiert werden, sind die Austauschraten mit der Lungendurchblutung (*Lungenperfusion*) gekoppelt. Nach dem *Fickschen Prinzip* (S. 570) besteht eine direkte Proportionalität zwischen der Lungenperfusion $\dot{Q}$ und der O_2-Aufnahme $\dot{V}_{O_2}$ bzw. der CO_2-Abgabe $\dot{V}_{CO_2}$, sofern die arteriovenösen Differenzen avD als konstant angesehen werden können. Daher lassen sich die Gl. (24) auch folgendermaßen interpretieren: *Die alveolären O_2- und CO_2-Partialdrücke sind vom Verhältnis der alveolären Ventilation $\dot{V}_A$ zur Lungenperfusion $\dot{Q}$ abhängig*. Für den Lungengesunden in körperlicher Ruhe hat dieses Verhältnis $\dot{V}_A/\dot{Q}$ einen Wert von 0,8–1,0.

Kennzeichnung veränderter Ventilationszustände. Eine Veränderung der Ventilationsgröße kann sehr verschiedenartige Ursachen haben. Eine verstärkte Atmung läßt sich willkürlich hervorrufen; sie wird aber auch bei Arbeit als Anpassung an die Stoffwechselbedürfnisse des Organismus sowie unter pathologischen Bedingungen beobachtet. Eine verminderte Atmung kann willkürlich erzeugt werden oder regulatorisch sowie pathologisch bedingt sein. Für solche Veränderungen wurde in der Vergangenheit eine Reihe von Fachausdrücken geprägt, ohne daß diese jedoch eindeutig gegeneinander abgegrenzt wurden. Neuerdings versucht man die Begriffe etwas genauer zu fassen, wobei die alveolären Gaspartialdrücke als Maßstab herangezogen werden. Diese Definitionen sind im folgenden zusammengestellt:

1. *Normoventilation:* Normale Ventilation, bei der in den Alveolen ein CO_2-Partialdruck von etwa 40 mm Hg (5,3 kPa) aufrechterhalten wird.
2. *Hyperventilation:* Steigerung der alveolären Ventilation, die über die jeweiligen Stoffwechselbedürfnisse hinausgeht ($P_{A_{CO_2}} < 40$ mm Hg).
3. *Hypoventilation:* Minderung der alveolären Ventilation unter den Wert, der den Stoffwechselbedürfnissen entspricht ($P_{A_{CO_2}} > 40$ mm Hg).
4. *Mehrventilation:* Atmungssteigerung über den Ruhewert hinaus (etwa bei körperlicher Arbeit), unabhängig von der Höhe der alveolären Partialdrücke.
5. *Eupnoe:* Normale Ruheatmung.
6. *Hyperpnoe:* Vertiefte Atmung mit oder ohne Zunahme der Atmungsfrequenz.
7. *Tachypnoe:* Zunahme der Atmungsfrequenz.
8. *Bradypnoe:* Abnahme der Atmungsfrequenz.
9. *Apnoe:* Atmungsstillstand, hauptsächlich bedingt durch das Fehlen des physiologischen At-

mungsreizes (Abnahme des arteriellen CO_2-Partialdruckes, s.S. 604).
10. *Dyspnoe:* Erschwerte Atmung, verbunden mit dem subjektiven Gefühl der Atemnot.
11. *Orthopnoe:* Starke Dyspnoe bei Stauung des Blutes in den Lungencapillaren (vielfach infolge einer Linksherzinsuffizienz), die insbesondere im Liegen auftritt und daher den Patienten zum Aufsetzen zwingt.
12. *Asphyxie:* Atmungsstillstand oder Minderatmung bei Lähmung der Atmungszentren mit starker Einschränkung des Gasaustausches (Hypoxie und Hyperkapnie, s.S. 644).

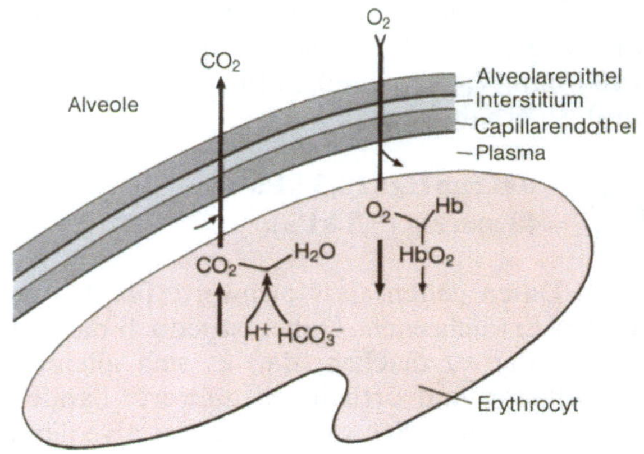

Abb. 21-22. O_2- und CO_2-Transportwege beim pulmonalen Gasaustausch

Diffusion der Atemgase

Gesetzmäßigkeiten des pulmonalen Gasaustausches. In den Lungenalveolen wird ein hoher O_2-Partialdruck (100 mm Hg) aufrechterhalten, während das venöse Blut mit einem niedrigeren O_2-Partialdruck (40 mm Hg) in die Lungencapillaren eintritt. Für CO_2 besteht eine Partialdruckdifferenz in entgegengesetzter Richtung (46 mm Hg am Anfang der Lungencapillaren, 40 mm Hg in den Alveolen). Diese Partialdruckdifferenzen stellen die „treibenden Kräfte" für die O_2- und CO_2-Diffusion und damit für den pulmonalen Gasaustausch dar.
Nach dem **1. Fickschen Diffusionsgesetz** ist der *Diffusionsstrom* $\dot{M}$, d.h. die Substanzmenge, die durch eine Schicht der Fläche F und der Dicke d hindurchtritt, der wirksamen *Konzentrationsdifferenz* ΔC *direkt proportional* (S. 4):

$$\dot{M} = D\frac{F}{d}\Delta C. \qquad (25)$$

Der Proportionalitätsfaktor D, der sog. **Diffusionskoeffizient,** hat einen vom Diffusionsmedium, von der Art der diffundierenden Teilchen und von der Temperatur abhängigen Wert. Wenn ein gelöstes Gas durch eine Flüssigkeitsschicht diffundiert, so kann in Gl. (25) die Konzentration durch den Partialdruck P ersetzt werden, weil beide Größen einander proportional sind (S. 594):

$$\dot{M} = K\frac{F}{d}\Delta P. \qquad (26)$$

Der Proportionalitätsfaktor K, der in diesem Fall eine andere Dimension und einen anderen Zahlenwert als D besitzt, wird zur besseren Unterscheidung als **Krogh-Diffusionskoeffizient** oder als **Diffusionsleitfähigkeit** bezeichnet [47]. Für die Diffusionsmedien in der Lunge ist K_{CO_2} etwa 23mal größer als K_{O_2}; d.h. unter sonst gleichen Bedingungen diffundiert etwa 23mal mehr CO_2 als O_2 durch eine vorgegebene Schicht. Dies ist der Grund dafür, daß in der Lunge trotz kleiner CO_2-Partialdruckdifferenzen stets eine ausreichende CO_2-Abgabe durch Diffusion sichergestellt ist.
Nach Gl. (26) erfordert ein effektiver Diffusionsprozeß eine große Austauschfläche F und einen kleinen Diffusionsweg d. Beide Voraussetzungen sind in der Lunge mit einer Alveolenoberfläche von etwa 80 m^2 und eine Diffusionsstrecke von größenordnungsmäßig einigen µm (Abb. 21-22) in idealer Weise erfüllt.

Wie man aus Abb. 21-22 erkennt, ist der größte Diffusionsweg und damit auch der größte Diffusionswiderstand im Inneren des Erythrocyten zu überwinden. Hier wird jedoch die O_2-Diffusion durch einen zusätzlichen Transportprozeß unterstützt. Die O_2-Moleküle werden, sobald sie in den Erythrocyten eingedrungen sind, an das Hämoglobin Hb angelagert, das dabei in das Oxyhämoglobin HbO_2 übergeht (S. 611). Die HbO_2-Moleküle haben nun ebenfalls die Möglichkeit, in Richtung auf das Zentrum des Erythrocyten zu diffundieren und damit den intraerythrocytären O_2-Transport zu beschleunigen (*facilitated diffusion*).
Die CO_2-Moleküle diffundieren in entgegengesetzter Richtung vom Erythrocyten in den Alveolarraum. Dies kann allerdings erst geschehen, nachdem CO_2 aus seinen chemischen Bindungen freigesetzt worden ist (S. 621).

Diffusionskapazität der Lunge. Während seiner Passage durch die Lungencapillare steht der einzelne Erythrocyt nur für eine verhältnismäßig kurze Zeit von etwa 0,3 s mit dem Alveolarraum in Diffusionskontakt [47]. Diese **Kontaktzeit** reicht jedoch aus, um die Gaspartialdrücke im Blut denen des Alveolarraums praktisch vollständig anzugleichen. (Zur Definition der Gas-

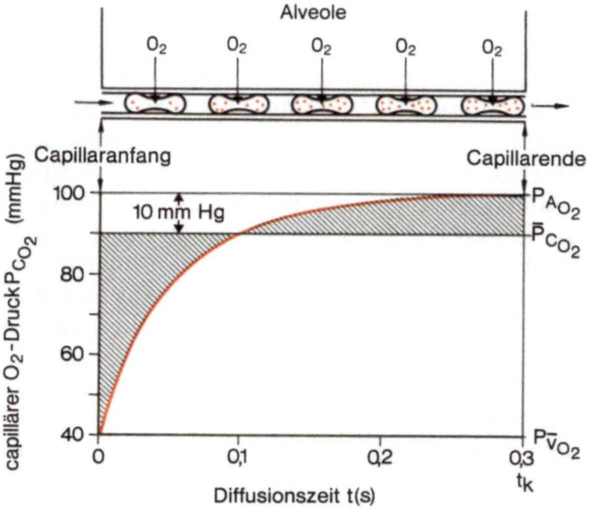

Abb. 21-23. Zunahme des O_2-Partialdruckes im Erythrocyten während der Passage durch die Lungencapillare. *Oben:* O_2-Aufnahme der Erythrocyten (angedeutet durch *rote Punktierung*). *Unten:* Zugehörige Kurve des capillären O_2-Partialdruckes $P_{C_{O_2}}$ in Abhängigkeit von der Diffusionszeit. $P_{A_{O_2}}$ alveolärer O_2-Partialdruck; $P_{\bar{V}_{O_2}}$ venöser O_2-Partialdruck; $\bar{P}_{C_{O_2}}$ O_2-Partialdruck, gemittelt über die gesamte Zeit des Diffusionskontaktes; t_k Kontaktzeit

partialdrücke im Blut vgl. S. 615). Die Abb. 21-23 zeigt, wie sich der O_2-Partialdruck im Capillarblut dem alveolären O_2-Partialdruck zunächst schnell, dann immer langsamer nähert. Dieser Modus des O_2-Partialdruckanstieges ist eine Folge des Fickschen Diffusionsgesetzes: Die anfangs große alveolocapilläre O_2-Partialdruckdifferenz wird im Laufe der Passagezeit immer kleiner, so daß die Diffusionsrate ständig abnehmen muß. Das Blut, das mit einem O_2-Partialdruck von 40 mm Hg in die Capillare eintritt, verläßt diese mit einem O_2-Partialdruck von 100 mm Hg. Ebenso erfolgt innerhalb der Kontaktzeit ein Angleich des CO_2-Partialdrukkes an den alveolären Wert. Der CO_2-Partialdruck, der am venösen Capillarende 46 mm Hg beträgt, fällt mit der Abdiffusion des CO_2 auf 40 mm Hg ab. Wir können also feststellen: *In der Lunge des Gesunden gleichen sich die Partialdrücke im Blut den alveolären Werten praktisch vollständig an.*

Ein Maß für die „Diffusionsfähigkeit" der gesamten menschlichen Lunge kann man aus dem Fickschen Diffusionsgesetz (Gl. 26) gewinnen. Hierzu geht man von der Überlegung aus, daß die in der gesamten Lunge diffundierende O_2-Menge mit der O_2-Aufnahme $\dot{V}_{O_2}$ identisch ist. Ferner faßt man die im Einzelfall nicht bestimmbaren Faktoren K, F und d zu einer neuen Konstanten $D_L = K \cdot F/d$ zusammen. Dann ergibt sich:

$$\dot{V}_{O_2} = D_L \overline{\Delta P}_{O_2}; \qquad D_L = \frac{\dot{V}_{O_2}}{\overline{\Delta P}_{O_2}}. \tag{27}$$

Die Größe D_L wird als **O_2-Diffusionskapazität** der Lunge bezeichnet. $\overline{\Delta P}_{O_2}$ stellt in diesem Fall die mittlere O_2-Partialdruckdifferenz zwischen dem Alveolarraum und dem Lungencapillarblut dar. Da die O_2-Partialdrücke vom venösen zum arteriellen Capillarende ansteigen, muß sich die Mittelbildung über die ganze Capillarlänge erstrecken (Abb. 21-23).

Wenn man die O_2-Diffusionskapazität bestimmen will, muß man also nach Gl. (27) die Sauerstoffaufnahme $\dot{V}_{O_2}$ und die mittlere diffusionswirksame O_2-Partialdruckdifferenz $\overline{\Delta P}_{O_2}$ messen. Während die Messung von $\dot{V}_{O_2}$ mit dem offenen oder dem geschlossenen spirometrischen System keine Schwierigkeiten bereitet, erfordert die Bestimmung von $\overline{\Delta P}_{O_2}$ einen erheblichen meßtechnischen Aufwand [5, 17, 47, 48].

Für einen gesunden Erwachsenen in körperlicher Ruhe findet man eine Sauerstoffaufnahme von etwa $\dot{V}_{O_2} = 300$ ml/min und eine mittlere O_2-Partialdruckdifferenz von etwa $\overline{\Delta P}_{O_2} = 10$ mm Hg (1,33 kPa). Nach Gl. (27) beträgt also der Wert für die *normale O_2-Diffusionskapazität $D_L = 30$ ml·min^{-1}·mm Hg^{-1} (230 ml·min^{-1}·kPa^{-1})*. Unter pathologischen Bedingungen ergeben sich manchmal erheblich kleinere D_L-Werte. Dies ist ein Zeichen für einen erhöhten Diffusionswiderstand in der Lunge, der durch eine Reduktion der Austauschfläche F oder eine Zunahme des Diffusionsweges d bedingt sein kann. Für sich allein stellt D_L allerdings noch kein Maß für die erreichte O_2-Partialdruckangleichung an den alveolären Wert dar. Ähnlich wie die alveoläre Ventilation muß die Diffusionskapazität auf die Lungendurchblutung $\dot{Q}$ bezogen werden. *Das Verhältnis $D_L/\dot{Q}$ ist also die entscheidende Größe für die Effektivität des alveolären Gasaustausches* [48]. Eine Abnahme von $D_L/\dot{Q}$ wird als **Diffusionsstörung** gekennzeichnet.

21.5 Lungenperfusion und Arterialisierung des Blutes

Lungenperfusion

Pulmonaler Strömungswiderstand. Die Lungenperfusion von 5–6 l/min in Ruhe wird durch eine mittlere Druckdifferenz zwischen Pulmonalarterie und linkem Vorhof von nur 8 mm Hg

(1 kPa) aufrechterhalten. Verglichen mit dem Körperkreislauf hat das Lungengefäßsystem also einen *sehr kleinen Strömungswiderstand* (S. 552). Wenn bei schwerer körperlicher Arbeit die Lungendurchblutung auf das 4fache des Ruhewertes ansteigt, nimmt der Pulmonalarteriendruck lediglich um den Faktor 2 zu. Dies bedeutet, daß der Strömungswiderstand mit zunehmender Durchblutung reduziert wird. Die Widerstandsminderung erfolgt dabei druckpassiv durch *Dilatation der Lungengefäße* und durch *Eröffnung von Reservecapillaren*. Während in Ruhe nur etwa 50% der vorhandenen Capillaren durchblutet werden, erhöht sich dieser Anteil mit steigender Belastung. Damit nimmt gleichzeitig die Oberfläche für den pulmonalen Gasaustausch, also auch die Diffusionskapazität (S. 597) zu, so daß die O_2-Aufnahme und die CO_2-Abgabe den Stoffwechselbedürfnissen entsprechend gesteigert werden können.

Der pulmonale Strömungswiderstand wird bis zu einem gewissen Grade durch die Atmungsexkursionen beeinflußt. Bei der Einatmung erweitern sich die Arterien und Venen, weil der Zug der außen angreifenden elastischen Fasern zunimmt. Gleichzeitig kommt es jedoch zu einem Anstieg des Strömungswiderstandes in den Capillaren, weil diese in Längsrichtung gestreckt und dabei eingeengt werden. Da der capilläre Einfluß überwiegt, nimmt der Strömungswiderstand im pulmonalen Gefäßsystem mit ansteigendem Lungenvolumen zu [30].

Regionale Perfusionsverteilung. Die Lungendurchblutung weist besonders starke *regionale Inhomogenitäten* auf, deren Ausmaß hauptsächlich von der Körperlage abhängt. In aufrechter Position sind die basalen Lungenpartien wesentlich stärker durchblutet als die Lungenspitzen. Ursache hierfür ist die hydrostatische Druckdifferenz zwischen den Gefäßregionen im Basis- und Spitzenbereich, die bei einer Höhendifferenz von 30 cm immerhin 23 mm Hg (3 kPa) beträgt. Daher liegt der arterielle Druck in den oberen Lungenpartien unterhalb des alveolären Druckes, so daß die Capillaren weitgehend kollabiert sind. In den unteren Lungenpartien dagegen haben die Capillaren ein weites Lumen, weil der Gefäßinnendruck den alveolären Druck übersteigt. Als Folge dieser regionalen Verteilung der Strömungswiderstände findet man eine *fast lineare Abnahme der Durchblutung von der Basis bis zur Spitze der Lunge* [29, 30]. Bei körperlicher Arbeit, aber auch im Liegen vermindern sich die regionalen Inhomogenitäten der Lungenperfusion.

Hypoxische Vasoconstriction. Die regionale Lungenperfusion wird durch die jeweiligen Atemgasfraktionen in den benachbarten Alveolarräumen mit beeinflußt. Insbesondere hat eine *Abnahme des alveolären O_2-Partialdruckes* eine *Constriction der Arteriolen* und damit eine Minderdurchblutung zur Folge (**Euler-Liljestrand-Mechanismus**). Durch diese hypoxiebedingte Widerstandserhöhung besteht die Möglichkeit, die Durchblutung schlecht ventilierter Lungenbezirke einzuschränken und den Blutstrom in gut ventilierte Gebiete umzuleiten. Bis zu einem gewissen Grade wird also die regionale Lungenperfusion $\dot{Q}$ der jeweiligen alveolären Ventilation $\dot{V}_A$ angepaßt. Allerdings kann dieser Mechanismus nicht verhindern, daß insbesondere unter pathologischen Bedingungen auch Inhomogenitäten des Ventilations-Perfusions-Verhältnisses $\dot{V}_A/\dot{Q}$ auftreten (S. 599).

Venös-arterielle Shunts. Während der überwiegende Anteil des Herzzeitvolumens mit den Alveolen in Diffusionskontakt tritt, nimmt ein kleiner Teil des zirkulierenden Blutvolumens nicht am Gasaustausch teil. Dieses Blut, das in venöser Form direkt dem arterialisierten Blut zugemischt wird, bezeichnet man als Kurzschluß- oder Shuntblut. Normalerweise bestehen anatomische Kurzschlüsse über die *Vv. bronchiales* und die in den linken Ventrikel mündenden kleinen Herzvenen (*Vv. cordis minimae* = *Vv. Thebesii*). Hierzu kommen noch *funktionelle Kurzschlüsse* über die durchbluteten, aber nicht belüfteten Alveolen. In allen diesen Fällen gelangt das venöse Blut unter Umgehung der Gasaustauschgebiete direkt in das arterielle System. Obwohl beim Gesunden der Kurzschlußblutanteil nur etwa 2% des gesamten Herzzeitvolumens ausmacht, wird dadurch doch der arterielle O_2-Partialdruck um 5–8 mm Hg gegenüber dem O_2-Partialdruck am Ende der Lungencapillaren gesenkt. Bei angeborenen Herzfehlern (z.B. *Ventrikelseptumdefekt*) oder bei Gefäßmißbildungen (z.B. *offener Ductus Botalli*) können wesentlich größere Anteile des venösen Blutes in die arterielle Strombahn gelangen und dort zu einer *Hypoxie* (Senkung des O_2-Partialdruckes) sowie zu einer *Hyperkapnie* (Erhöhung des CO_2-Partialdruckes) führen.

Arterialisierung des Blutes

Arterialisierungsfaktoren. Unter der Arterialisierung des Blutes versteht man die durch den pulmonalen Gasaustausch herbeigeführte Änderung der O_2- und CO_2-Partialdrücke. Faktoren, die den Grad der Arterialisierung beeinflussen, sind in erster Linie die *alveoläre Ventilation* $\dot{V}_A$, die *Lungenperfusion* $\dot{Q}$ und die *Diffusionskapazität* D_L (Abb. 21-24). Wie bereits ausgeführt, bestimmen diese Größen jedoch nicht unabhängig voneinander den Atmungseffekt. Maßgebend sind vielmehr ihre wechselseitigen Verhältnisse, speziell die Quotienten $\dot{V}_A/\dot{Q}$ und $D_L/\dot{Q}$ (S. 595, 597) [27, 48]. Zusätzlich wird die Arterialisierung noch durch *regionale Inhomogenitäten* von Ventilation, Perfusion und Diffusion beeinflußt

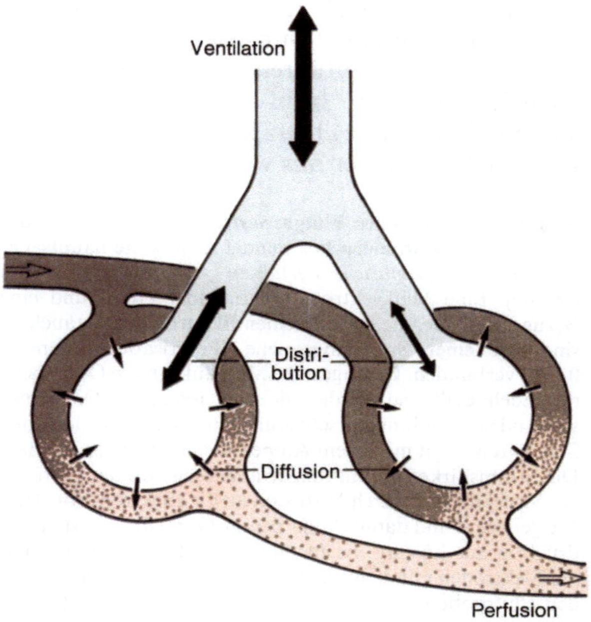

Abb. 21-24. Schematische Darstellung der für den Arterialisierungseffekt in der Lunge maßgebenden Faktoren. Nach [13]

[29, 48]. Diese ungleichmäßige Verteilung oder *Distribution* mindert den Arterialisierungseffekt; d.h. sie führt zu einer Herabsetzung des arteriellen O_2-Partialdruckes und zu einer geringgradigen Erhöhung des arteriellen CO_2-Partialdruckes.

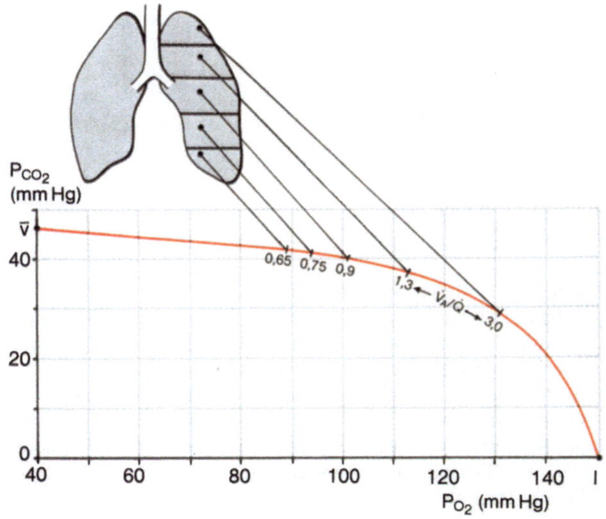

Abb. 21-25. Regionale Inhomogenitäten des Ventilations-Perfusions-Verhältnisses $\dot{V}_A/\dot{Q}$, modifiziert nach [27, 29]. Durch die *rote Kurve* sind jedem Verhältnis $\dot{V}_A/\dot{Q}$ die entsprechenden Werte für den O_2-Partialdruck (*Abscisse*) und den CO_2-Partialdruck (*Ordinate*) in den Alveolen des jeweils markierten Lungenbezirks zugeordnet. *I* inspiratorischer Partialdruck; $\bar{v}$ gemischt-venöser Partialdruck

Inhomogenitäten des Ventilations-Perfusions-Verhältnisses. Der inhomogenen $\dot{V}_A/\dot{Q}$-Verteilung kommt in der normalen und pathologischen Physiologie eine besondere Bedeutung zu. Um diese Distribution quantitativ zu erfassen, hat man in neuerer Zeit verschiedene Meßverfahren entwickelt: Die regionale *Verteilung der alveolären Ventilation* läßt sich bestimmen, wenn der Proband ein radioaktives Gas (z.B. ^{133}Xe) einatmet und die Aktivitätsrate an verschiedenen Orten über dem Thorax gemessen wird. Auf ähnliche Weise ermittelt man die *Perfusionsverteilung*. Nach venöser Injektion des flüssigkeitsgelösten radioaktiven Gases diffundiert dieses bei der Lungenpassage in die Alveolen, so daß durch Aktivitätsmessung über verschiedenen Thoraxpartien die jeweilige Perfusionsgröße erfaßt werden kann. Die Kombination der beiden Meßverfahren liefert dann eine quantitative Aussage über die regionale $\dot{V}_A/\dot{Q}$-Verteilung [29, 30].

In Abb. 21-25 ist das Ergebnis einer solchen Verteilungsanalyse für den gesunden Probanden in aufrechter Körperposition dargestellt. Das obere Schema kennzeichnet die Meßorte. Durch die darunter angeordnete Kurve sind jedem Verhältnis $\dot{V}_A/\dot{Q}$ ganz bestimmte Werte für den O_2-Partialdruck (auf der Abscisse) und den CO_2-Partialdruck (auf der Ordinate) zugeordnet, die sich in den entsprechenden Alveolarräumen aufgrund der dort gegebenen Austauschbedingungen einstellen. Man erkennt, daß in der Lungenspitze $\dot{V}_A/\dot{Q} = 3{,}0$ ist und damit die alveolären Partialdrücke $P_{A_{O_2}} = 131$ mm Hg und $P_{A_{CO_2}} = 29$ mm Hg betragen. In der Lungenbasis sind dem Verhältnis $\dot{V}_A/\dot{Q} = 0{,}65$ die alveolären Werte $P_{A_{O_2}} = 89$ mm Hg und $P_{A_{CO_2}} = 42$ mm Hg zugeordnet. Entsprechende Unterschiede bestehen auch in der Arterialisierung des Blutes der anderen Lungenpartien. Die regionalen Differenzen des Ventilations-Perfusions-Verhältnisses gehen hauptsächlich auf die inhomogene Verteilung der Lungendurchblutung zurück. Zwar ist auch die alveoläre Ventilation in den oberen Lungenpartien geringer als im Bereich der Lungenbasis, in sehr viel stärkerem Maße gilt dies jedoch für die Perfusion (S. 598).

Abbildung 21-26 erläutert die Auswirkungen der regionalen Inhomogenitäten in der Lunge. Zur besseren Übersicht ist der Alveolarraum lediglich in ein oberes und ein unteres Teilgebiet gegliedert. Die Angaben zur alveolären Ventilation und zur Perfusion beziehen sich auf beide Lungenflügel. Auf der Grundlage der angegebenen Daten stellt sich im oberen Teilgebiet ein alveolärer P_{O_2} von 114 mm Hg und im unteren Teilgebiet von 92 mm Hg ein. Der mittlere alveoläre P_{O_2} beträgt dann unter Berücksichtigung der Ventilationsverteilung 102 mm Hg. Das in den beiden Teilgebieten unterschiedlich arterialisierte Blut erhält nach der Mischung einen P_{O_2} von 97 mm Hg, wobei die Basisperfusion einen dominierenden Einfluß ausübt.

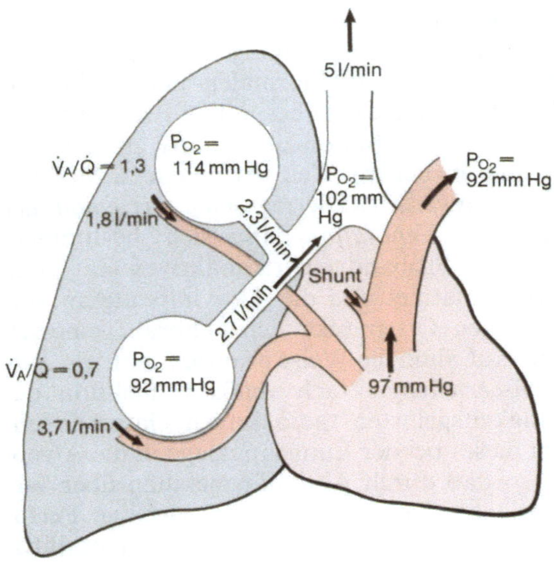

Abb. 21-26. Auswirkungen der regionalen Inhomogenitäten in der Lunge auf die Arterialisierung des Blutes. Die Lunge ist vereinfachend in 2 verschieden belüftete und durchblutete Bezirke unterteilt; die Angaben zur alveolären Ventilation und zur Perfusion beziehen sich auf beide Lungenflügel. Infolge der funktionellen Inhomogenitäten und der venös-arteriellen Shunts entsteht eine alveoloarterielle O_2-Partialdruckdifferenz von 10 mmHg

Durch Beimischung von Shuntblut (S. 598) sinkt der P_{O_2} um weitere 5 mm Hg ab, so daß der arterielle P_{O_2} nur noch 92 mm Hg beträgt. Obwohl also in allen Lungengebieten ein vollständiger Angleich des capillären P_{O_2} an den alveolären Wert stattfindet, *liegt infolge der funktionellen Inhomogenitäten und der venös-arteriellen Kurzschlüsse der arterielle P_{O_2} um 10 mm Hg unter dem mittleren alveolären P_{O_2}*. Aus den gleichen Gründen kommt es zu einem P_{CO_2}-Anstieg im arteriellen Blut, der jedoch so gering ist, daß er in der Regel vernachlässigt werden kann.

Arterielle Blutgaswerte. *Der Gesamteffekt der Atmung kommt in der jeweiligen Höhe der arteriellen O_2- und CO_2-Partialdrücke zum Ausdruck.* Die beiden Werte liefern also einen globalen Maßstab für die Beurteilung der Lungenfunktion. Daher ist es notwendig, ihre „Normalwerte" zu kennen. Wie sehr viele biologische Größen weisen auch die arteriellen Blutgaswerte nicht unbeträchtliche Variationen auf. Daneben findet sich eine *systematische Abhängigkeit vom Lebensalter*. Während der arterielle O_2-Partialdruck bei gesunden Jugendlichen im Mittel etwa 95 mm Hg (12,6 kPa) beträgt, findet man bei 40jährigen Werte um 80 mm Hg (10,6 kPa) und bei 70jährigen um 70 mm Hg (9,3 kPa) [40]. Diese Abnahme des arteriellen O_2-Partialdruckes ist wahrscheinlich auf die mit dem Alter zunehmenden Verteilungsungleichmäßigkeiten in der Lunge zurückzuführen. Der arterielle CO_2-Partialdruck, der beim Jugendlichen etwa 40 mm Hg (5,3 kPa) beträgt, verändert sich dagegen mit dem Alter nur wenig.

Messung der arteriellen Blutgaswerte. Zur Bestimmung des arteriellen **O_2-Partialdruckes** wendet man heute hauptsächlich das *polarographische Verfahren* (Abb. 21-27, links) an [36, 46]. Eine Meßelektrode (Platin oder Gold) und eine Bezugselektrode, die beide in einen Elektrolyten eintauchen, sind mit einer Spannungsquelle (Polarisationsspannung 0,6 V) verbunden. Gelangen O_2-Moleküle an die Oberfläche des Edelmetalls, so werden sie dort reduziert. Die damit verbundene Ladungsverschiebung in dem geschlossenen Stromkreis kann mit einem Amperemeter gemessen werden. Die Stromstärke ist unmittelbar abhängig von der Zahl der O_2-Moleküle, die durch Diffusion an die Elektrodenoberfläche gelangen und damit direkt proportional dem O_2-Partialdruck in der Lösung. In der üblichen Meßanordnung sind die Elektroden mit dem Elektrolyten von der zu analysierenden Blutprobe durch eine gasdurchlässige Kunststoffmembran getrennt. Die gesamte Elektrodenanordnung läßt sich so klein ausbilden, daß für die O_2-Partialdruckmessung nur einige Tropfen arteriellen Blutes benötigt werden. Diese gewinnt man in der Regel aus dem gut durchbluteten Ohrläpp-

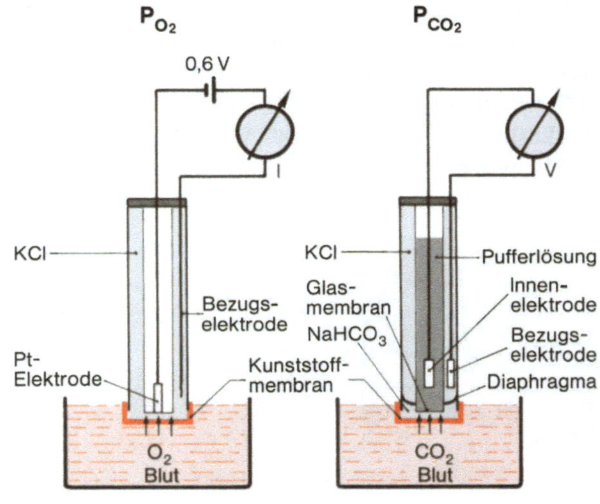

Abb. 21-27. Meßanordnungen für P_{O_2} und P_{CO_2} im Blut (vereinfachte Darstellung). **P_{O_2}** *(links)*: In einem geschlossenen Stromkreis liegt zwischen einer Platinelektrode (Pt) und einer Bezugselektrode eine Spannung von 0,6 V. Die gesamte Anordnung ist vom Blut durch eine gasdurchlässige Kunststoffmembran *(rot)* getrennt. O_2-Moleküle, die durch die Membran diffundieren, werden an der Pt-Oberfläche reduziert. Der damit verbundene Strom I ist dem herrschenden O_2-Partialdruck proportional. **P_{CO_2}** *(rechts)*: An einer für H^+ durchlässigen Glasmembran bildet sich eine pH-abhängige Spannung aus, die über eine Innen- und eine Bezugselektrode dem Meßinstrument V zugeleitet wird. Diese Anordnung ist durch eine gasdurchlässige Kunststoffmembran *(rot)* vom Blut getrennt. CO_2-Moleküle, die durch die Kunststoffmembran diffundieren, verändern den pH-Wert unter der Glaselektrode. Der registrierte Meßwert ist also vom jeweiligen P_{CO_2} im Blut abhängig

chen, wobei darauf zu achten ist, daß das Blut unter Luftabschluß in die Meßkammer überführt wird [46].
Die Messung des arteriellen **CO_2-Partialdruckes** kann ebenfalls in sehr kleinen Blutproben erfolgen (s. Abb. 21-27, rechts). Hierzu benutzt man eine Elektrodenanordnung, wie sie auch für die *pH-Messung* Verwendung findet (S. 623), die allerdings zusätzlich von der Blutprobe durch eine gasdurchlässige Kunststoffmembran getrennt ist. Da die Membran für Ionen undurchlässig ist, kann der pH-Wert eines Elektrolyten ($NaHCO_3$) nur durch Änderungen des CO_2-Partialdruckes im Blut beeinflußt werden. Die elektrometrische Anzeige gibt daher nach entsprechender Eichung direkt den CO_2-Partialdruck des Blutes an. Eine weitere Möglichkeit zur Bestimmung des CO_2-Partialdruckes in kleinen Blutproben ist durch das *Astrup-Verfahren* gegeben (S. 630).
Benötigt man nicht die Partialdrücke, sondern die **Konzentrationen der Atemgase** im Blut, so wendet man Analyseverfahren an, bei denen die Gase zunächst aus dem Blut ausgetrieben und ihre Anteile dann manometrisch oder volumetrisch bestimmt werden. Am häufigsten wird die Blutgasanalyse mit Hilfe des *manometrischen Verfahrens nach Van Slyke* durchgeführt [5, 32]. In der ursprünglich angegebenen Form werden hierfür größere Blutproben von 0,5–2 ml benötigt, deren Gewinnung nur durch eine Arterienpunktion möglich ist. Modifikationen dieses Verfahrens erlauben jedoch auch die Bestimmung der O_2- und CO_2-Konzentrationen in kleineren Blutproben.

21.6 Zentrale Rhythmogenese und Atmungsregulation

Die Atmungsbewegungen von Thorax und Zwerchfell werden durch die rhythmische Tätigkeit spezieller Neurone im ZNS gesteuert. Obwohl die rhythmische Bildung der Nervenimpulse (**Rhythmogenese**) autonom abläuft, muß sie doch ständig an die wechselnden Bedürfnisse des Organismus angepaßt werden. Die Grundlage hierfür bilden Informationen von peripheren Receptoren und zentralen Strukturen, welche die Aktivität der atmungsspezifischen Neurone modifizieren und damit Tiefe und Frequenz der Atmung beeinflussen.
Die *Atmungsregulation* dient in erster Linie der *Anpassung der Atmung an die Stoffwechselbedürfnisse des Organismus.* Beispielsweise muß der erhöhte Sauerstoffbedarf bei körperlicher Arbeit durch entsprechende Mehrventilation gedeckt werden. Darüber hinaus ist eine Modifikation der Atmung bei reflektorischen Vorgängen, wie Schlucken, Husten und Niesen sowie bei bestimmten Ausdruckshandlungen, wie Sprechen, Lachen und Singen, erforderlich. Diese vielfachen Anforderungen machen es verständlich, daß für die optimale Anpassung der Atmung ein komplexer und mehrfach kontrollierter Regelmechanismus notwendig ist.

Zentrale Rhythmogenese

Lokalisation der respiratorischen Neurone. Von altersher galt die *Medulla oblongata* als der Sitz des „Atmungszentrums". Die ursprüngliche Annahme, daß die Impulse für die Atmungsbewegungen von einem eng umschriebenen Kerngebiet („noeud vital") ausgehen sollten, ließ sich jedoch nicht bestätigen. Es zeigte sich vielmehr, daß die rhythmische Folge von Inspiration und Exspiration durch das Zusammenspiel verschiedener Neuronengruppen im Stammhirn zustande kommt. Wichtige Aufschlüsse hierüber gaben *Durchschneidungs- und Ableitexperimente,* die v.a. an narkotisierten Katzen, Kaninchen und Hunden durchgeführt wurden [12, 22, 35, 44].

Die klassischen **Durchschneidungsexperimente,** bei denen der Hirnstamm und das Halsmark in verschiedenen Höhen durchtrennt wurden, lieferten bereits erste, wenn auch nur grobe Hinweise auf die Lokalisation der atmungsspezifischen Strukturen. Bei einer *Schnittführung oberhalb der Brücke* bleibt die spontane Atmung bestehen, während eine *Durchschneidung des Halsmarks* zu einem Atemstillstand führt. Bei Schnittläsionen im Bereich der Brücke und der Medulla oblongata beobachtet man u.U. veränderte Atmungsformen. Beispielsweise kann dabei eine *Apneusis* auftreten, eine Dauerinspiration, die durch vereinzelte, kurze Exspirationsbewegungen unterbrochen wird. Läsionen können aber auch zu einer *Schnappatmung* führen, einer Dauerexspiration, in die von Zeit zu Zeit kurze Inspirationsbewegungen eingeschaltet sind.
Zur Klärung der Frage nach der zentralen Rhythmogenese haben in neuerer Zeit v.a. **Ableitexperimente** beigetragen. Mit Hilfe intra- oder extracellulärer Mikroelektroden werden die Entladungen einzelner Neurone im Stammhirn registriert und zu den Phasen der gleichzeitig verfolgten Atmung in Beziehung gesetzt. Auf diese Weise gelingt es, bei systematischer Durchmusterung der fraglichen Gebiete diejenigen Zellgruppen zu lokalisieren, die im Rhythmus der Atmung tätig sind.

Aufgrund von Ableitexperimenten lassen sich die *respiratorischen Neurone* in 2 Gruppen unterteilen [44]: in solche Zellen, die vorwiegend in der Inspirationsphase tätig sind (**inspiratorische Neurone**), und solche, die in der Exspirationsphase entladen (**exspiratorische Neurone**) (Abb. 21-28). Die *inspiratorischen Neurone* (I) liegen als *dorsale Gruppe am Kerngebiet des Tractus solitarius* (TS) und als *ventrale Gruppe in der Nähe des Nucleus ambiguus* (NA) sowie in den *Cervicalsegmenten C1–2: Exspiratorische Neurone* (E) finden sich neben dem *Nucleus ambiguus* zwischen den beiden Inspirationszonen und weiter rostral am *Nucleus retrofacialis.*

Phasen des primären Atmungsrhythmus. Für das Verständnis der neuronalen Prozesse bei der Atmungssteuerung ist es von Bedeutung, daß der

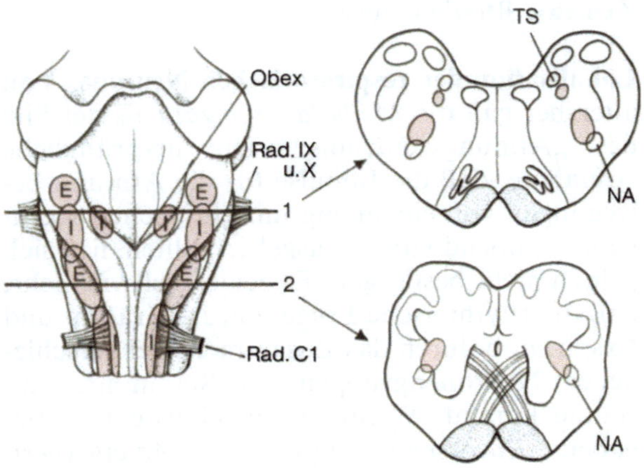

Abb. 21-28. Lokalisation der inspiratorischen Neurone (*I*) und der exspiratorischen Neurone (*E*) in der Medulla oblongata der Katze, nach [44]. *Links:* Dorsalaufsicht; *rechts:* 2 Querschnitte, in denen die Lage des Tractus solitarius (*TS*) und des Nucleus ambiguus (*NA*) sowie der respiratorischen Neurone (*rot*) markiert ist. *Rad. IX* und *X:* Wurzeln des N. glossopharyngeus und des N. vagus; *Rad. C1:* Wurzeln des ersten cervicalen Spinalnervs

zentral gesteuerte Atmungscyclus nicht aus 2, sondern bei genauerer Betrachtung aus *3 Phasen* besteht [44]. Die erste Phase ist die **Inspiration.** An ihrem Ende besteht eine so große Retraktionskraft der Lunge, daß der exspiratorische Luftstrom in der ersten Ausatmungsphase abgebremst werden muß. Dies geschieht dadurch, daß die Inspirationsmuskulatur zunächst noch weiterhin angespannt bleibt und erst allmählich erschlafft. Diese Phase, in der das eingeatmete Luftvolumen gehalten und dann rein passiv ausgeatmet wird, bezeichnet man als **Postinspiration.** Die dritte Phase ist dann die **aktive Exspiration** unter Mitwirkung der Ausatmungsmuskulatur.

Neuronenklassen. Bei Ableitexperimenten hat man *6 verschiedene Klassen respiratorischer Neurone* gefunden, die ein unterschiedliches Entladungsmuster aufweisen. Einige entladen in der Inspirationsphase mit zunehmender oder abnehmender Frequenz; andere werden in der Postinspirationsphase, wieder andere in der zweiten Phase der Exspiration aktiviert. In Abb. 21-29 sind für die 6 Neuronenklassen die Muster der *erregenden* postsynaptischen Potentiale als rote Flächen, die der *hemmenden* postsynaptischen Potentiale als graue Flächen dargestellt und der Phrenicusaktivität zugeordnet. Die Höhe der rot gekennzeichneten Potentiale ist jeweils ein Maß für die Entladungsfrequenz.

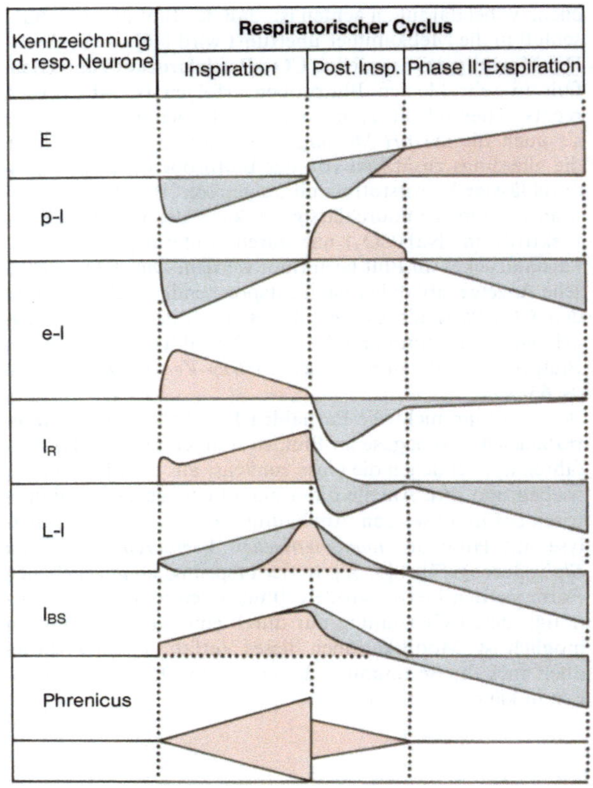

Abb. 21-29. Postsynaptische Aktivität der verschiedenen respiratorischen Neurone, nach [44]. Die Muster der erregenden postsynaptischen Potentiale sind als *rote Flächen,* die der hemmenden postsynaptischen Potentiale als *graue Flächen* dargestellt und der Phrenicusaktivität zeitlich zugeordnet. *Post-Insp.:* Langsame Erschlaffung der Inspirationsmuskulatur in der ersten Phase der Exspiration; *Phase II:* Aktivierung der Exspirationsmuskulatur

Die Neuronenklassen werden folgendermaßen charakterisiert [44]:

E: *spätexspiratorische Neurone* (ansteigende Entladungsfrequenz in der zweiten Exspirationsphase),

p-I: *postinspiratorische Neurone* (schnell ansteigende und langsam abfallende Entladungsfrequenz in der ersten Exspirationsphase),

e-I: *frühinspiratorische Neurone* (e von engl. early; schnell ansteigende und langsam abfallende Entladungsfrequenz während der Inspiration),

I_R: *ramp-inspiratorische Neurone* (rampenförmig ansteigende Entladungsfrequenz während der Inspiration),

L-I: *spätinspiratorische Neurone* (L von engl. late; kurze Entladungssalve am Ende der Inspiration),

I_{BS}: *bulbospinale inspiratorische Neurone* (ansteigende Entladungsfrequenz während der Inspiration und abfallende Frequenz in der Postinspirationsphase).

Verschaltung der respiratorischen Neurone. Die rhythmische Aktivierung der Atmungsmuskulatur beruht auf einer komplexen Verschaltung der respiratorischen Neurone. Ihre Entladungsmuster geben Hinweise auf die wechselseitigen Beziehungen, die zwischen den einzelnen Neuronenklassen bestehen, so daß hypothetische Vorstellungen über die Rhythmogenese entwickelt werden konnten. Eine dieser Hypothesen [44] ist im Schaltschema der Abb. 21-30 schematisch veranschaulicht, wobei die roten Pfeile erregende Verbindungen und die grauen Pfeile hemmende Verbindungen kennzeichnen.
Danach führen afferente Zuströme aus der Körperperipherie und aus höheren zentralnervösen Strukturen zu einer tonischen Aktivierung der

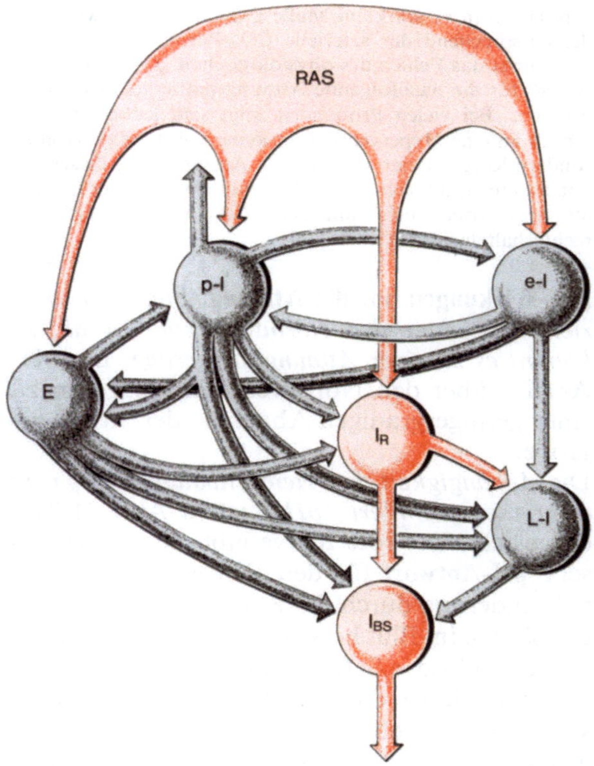

Abb. 21-30. Hypothetisches Schema der Verschaltung respiratorischer Neurone in der Medulla oblongata, nach [44]. Die Neuronenklassen (Bezeichnungen s. Text) sind mit ihren Axonprojektionen (*Pfeile*) dargestellt. *Rote Pfeile* bedeuten erregende, *graue Pfeile* hemmende Verbindungen. Die Formatio reticularis (*RAS*) wirkt aktivierend auf das Neuronennetzwerk ein; die bulbospinalen Neurone (I_{BS}) aktivieren die spinalen Motoneurone der Inspirationsmuskulatur

Formatio reticularis (RAS). Von hier aus werden über die *ramp-inspiratorischen Neurone* (I_R) die *bulbospinalen inspiratorischen Neurone* (I_{BS}) und schließlich die Motoneurone der Inspirationsmuskulatur aktiviert. Bis gegen Ende der Inspiration sind die *spätinspiratorischen Neurone* (L-I) über die *frühinspiratorischen Neurone* (e-I) gehemmt. Mit der Aufhebung dieser Blockade wird die nächste Atmungsphase eingeleitet. Es kommt zu einer Aktivierung der *postinspiratorischen Neurone* (p-I), die alle übrigen Zellen des Netzwerkes hemmend beeinflussen, so daß ein vorübergehender Stillstand im Atmungsrhythmus eintritt. Schließlich entladen die *spätexspiratorischen Neurone* (E) und aktivieren die Motoneurone der Exspirationsmuskulatur. Mit Abnahme der von E ausgehenden Hemmungen kann dann der nächste Atmungscyclus beginnen.

Mechanisch-reflektorische Kontrolle der Atmung

Hering-Breuer-Reflex. Der zentral gesteuerte Atmungsrhythmus kann durch periphere Einflüsse modifiziert werden. Dies zeigen die folgenden Beobachtungen. Bei einer *Aufblähung der Lungen* wird die *Inspiration reflektorisch gehemmt* und damit die Exspiration eingeleitet. Umgekehrt kommt es bei einer *größeren Volumenabnahme der Lunge* zur Einleitung einer *verstärkten Inspiration.* Offenbar wird der jeweilige Dehnungszustand der Lunge an die respiratorischen Neurone gemeldet und von diesen eine entsprechende Gegenbewegung ausgelöst. Dieser reflektorische Ablauf wird nach seinen Entdeckern als *Hering-Breuer-Reflex* bezeichnet.
Die Reflexbahn nimmt von **Dehnungsreceptoren des Lungenparenchyms** ihren Ausgang. Solche Receptoren finden sich an der *Trachea,* den *Bronchien* und den *Bronchiolen.* Ein Teil von ihnen beantwortet eine Dehnung der Lunge durch eine Folge von Aktionspotentialen mit nur geringer Adaptation. Andere werden bei Dehnungszunahme oder -abnahme erregt. Auf diese Weise können sowohl der Dehnungszustand der Lunge als auch seine Änderungen fortlaufend erfaßt werden. *Die afferenten Bahnen des Lungendehnungsreflexes verlaufen im N. vagus.* Eine beiderseitige Durchschneidung des Vagus hat daher die Aufhebung des Hering-Breuer-Reflexes zu Folge. Nach einer solchen *Vagotomie* beobachtet man eine verlangsamte und inspiratorisch vertiefte Atmung. Bei intaktem Vagus werden die Informationen von den Dehnungsreceptoren zur Medulla oblongata ge-

leitet und im System der respiratorischen Neurone verarbeitet. Auf diese Weise kommt es zu einer der Lungendehnung entsprechenden Modifikation der Impulsmuster, die über die *efferenten motorischen Bahnen* zu den Atmungsmuskeln gelangen.
Die *physiologische Bedeutung des Hering-Breuer-Reflexes* besteht darin, die Amplitude der Atmungskursionen zu begrenzen. Damit trägt er dazu bei, die Atemtiefe den jeweiligen Bedingungen so anzupassen, daß die Atmungsarbeit ökonomisch gestaltet wird. Außerdem verhindert der Hering-Breuer-Reflex im Extremfall eine Überdehnung der Lunge.

Reflexe der Atmungsmuskulatur. An der Selbststeuerung der Atmungsbewegungen sind außerdem die spinalen Eigenreflexe der Atmungsmuskeln beteiligt. Wie die anderen quergestreiften Muskeln enthält auch die Atmungsmuskulatur *Muskelspindeln*, die als *Dehnungsreceptoren* fungieren. Bei einer exspiratorischen oder inspiratorischen Atmungsbehinderung werden die entsprechenden Muskelspindeln der Exspirations- oder Inspirationsmuskeln gereizt, wodurch über den *Eigenreflexbogen* eine verstärkte Muskelkontraktion ausgelöst wird. Dieser Eigenreflex dient also der Anpassung der Atmungsmechanik an die vorgegebenen Widerstandsverhältnisse in der Lunge. Außerdem ist es sehr wahrscheinlich, daß die afferenten Impulse von den Muskelspindeln auch zu den respiratorischen Neuronen geleitet werden. Über diesen längeren Reflexweg kann dann ebenfalls die Aktivität der Atmungsmuskulatur modifiziert werden.

Chemische Kontrolle der Atmung

Die arteriellen Werte des *CO_2-Partialdruckes*, des *O_2-Partialdruckes* und der *H^+-Konzentration* werden durch die Atmungsfunktion maßgeblich bestimmt. Alle 3 Größen können jedoch auch ihrerseits die Lungenventilation beeinflussen. Es handelt sich dabei um einen **Regelkreis**, der die Aufgabe hat, die 3 Regelgrößen CO_2-Partialdruck, O_2-Partialdruck und pH-Wert auf vorgegebenen Werten weitgehend konstant zu halten. *Die chemische Atmungsregulation steht damit im Dienste der Homöostase und sichert die Anpassung der Atmung an die Stoffwechselbedürfnisse des Organismus.*

CO_2-Wirkung auf die Atmung. *Eine Erhöhung des arteriellen CO_2-Partialdruckes (Hyperkapnie) führt zu einer Steigerung des Atemzeitvolumens.* Dabei wird in der Regel sowohl das Atemzugvolumen als auch die Atmungsfrequenz vergrößert.
Die quantitative Beziehung zwischen dem arteriellen CO_2-Partialdruck P_{aCO_2} und dem zugehörigen Atemzeitvolumen $\dot{V}_E$ wird als **CO_2-Antwortkurve** bezeichnet. Aus dieser in Abb. 21-31 A dargestellten Kurve erkennt man, in welch starkem Maße die Ventilationsgröße vom CO_2-Partialdruck abhängig ist. Bei einer P_{aCO_2}-Zunahme von 40 auf 60 mm Hg steigt $\dot{V}_E$ von 7 auf etwa 65 l/min an. Eine solche P_{aCO_2}-Zunahme tritt beispielsweise bei der Atmung eines stark CO_2-haltigen Gasgemisches auf und ist mit dem Gefühl der Atemnot *(Dyspnoe)* verbunden. Wie Abb. 21-31 A weiterhin zeigt, ist die Möglichkeit zur Ventilationssteigerung begrenzt. Infolge einer CO_2-Anreicherung im arteriellen Blut kann das Atemzeitvolumen höchstens auf 75 l/min ansteigen, aber niemals Werte erreichen, wie sie etwa bei schwerster körperlicher Arbeit (120 l/min) oder maximaler willkürlicher Hyperventilation (Atemgrenzwert: 150 l/min) vorkommen können. Wächst der arterielle CO_2-Partialdruck über 70 mm Hg an, so fällt die Ventilationsgröße wieder ab, weil CO_2 in so hoher Konzentration lähmend auf das Zentrum wirkt.

Nach einer längeren, intensiven Atmungssteigerung (*Hyperventilation*) beobachtet man bei einigen Probanden einen kurzzeitigen Atmungsstillstand (*Apnoe*). Da bei der Hyperventilation in verstärktem Maße CO_2 abgegeben wird und dementsprechend der arterielle CO_2-Partialdruck absinkt, wird meist das Fehlen des physiologischen „CO_2-Atmungsreizes" für die nachfolgende Atmungspause verantwortlich gemacht. Bei vielen Probanden zeigt sich jedoch im Anschluß an eine Hyperventilation keine vollständige Apnoe, sondern lediglich eine verminderte Atmung. Aus dieser Beobachtung ergibt sich der Schluß, daß ein zentraler Grundatmungsantrieb auch ohne den „CO_2-Atmungsreiz" aufrechterhalten werden kann [22].

H^+-Wirkungen auf die Atmung. *Sinkt der arterielle pH unter den Normwert von 7,4 ab, so kommt es zu einer Atmungssteigerung.* Ein pH-Anstieg über den Normwert führt dagegen zu einer geringergradigen Abnahme der Atmungsgröße.
Die *Abhängigkeit des Atemzeitvolumens $\dot{V}_E$ vom arteriellen pH-Wert (pH_a)* ist in Abb. 21-31 B dargestellt. Die rote Kurve gibt die ventilatorische **pH-Antwort** für den Fall wieder, daß die pH-Änderung durch die Zunahme nichtflüchtiger Säuren im Blut hervorgerufen wird (metabolische Acidose, s.S. 628). Ein pH-Abfall um 0,1 Einheiten führt danach zu einer Ventilationssteigerung um etwa 2 l/min. Dieser nicht sehr große Effekt erklärt sich aus der *Wechselwirkung der beiden „Atmungsantriebe" pH-Wert und CO_2-Partialdruck.* Eine alleinige pH-Änderung hätte einen weit größeren Ventilationseffekt zur Folge, wie die schwarze Kurve zeigt, bei deren Aufnahme der CO_2-Partialdruck experimentell konstant gehalten wurde (P_{ACO_2} = 40 mm Hg). Normalerweise führt jedoch die

Abb. 21-31. Atemzeitvolumen ($\dot{V}_E$) als Funktion des CO_2-Partialdruckes ($P_{a_{CO_2}}$), des pH-Wertes (pH_a) und des O_2-Partialdruckes ($P_{a_{O_2}}$) im arteriellen Blut. *Rote Kurven:* reguläre Ventilationsantwort; *schwarze Kurven:* Ventilationsantwort bei konstantem alveolären CO_2-Partialdruck ($P_{A_{CO_2}}$ = 40 mm Hg). Nach Daten aus [22]

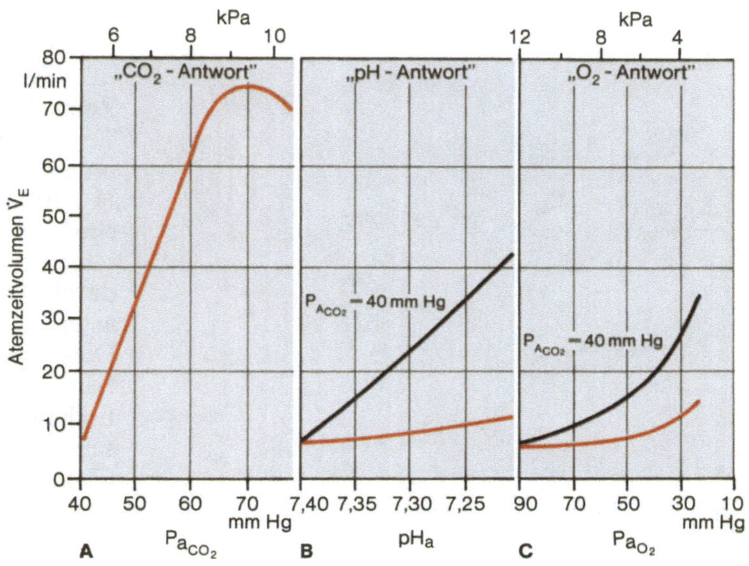

pH-bedingte Ventilationssteigerung zu einer verstärkten CO_2-Abgabe durch die Lunge und damit zu einer P_{CO_2}-Abnahme im arteriellen Blut. Aus diesem Grunde vermindert sich beim Absinken des pH-Wertes der CO_2-Atmungsantrieb. Die pH-Antwortkurve ist also eine Resultante aus dem (von links nach rechts) zunehmenden pH-Antrieb und dem gleichzeitig abnehmenden CO_2-Antrieb.

Wirkung des O_2-Mangels auf die Atmung. *Bei der Abnahme des O_2-Partialdruckes (Hypoxie) im arteriellen Blut beobachtet man eine Steigerung der Ventilation.* Die arterielle Hypoxie kann auftreten bei einem Aufenthalt in großen Höhen, wo infolge des erniedrigten Luftdruckes auch der inspiratorische O_2-Partialdruck herabgesetzt ist. Sie kann aber auch die Folge einer Lungenfunktionsstörung sein.

Abb. 21-31 C gibt die *Abhängigkeit des Atemzeitvolumens $\dot{V}_E$ vom jeweiligen arteriellen O_2-Partialdruck $P_{a_{O_2}}$* wieder. Die schwarze Kurve gilt für den Fall, daß der CO_2-Partialdruck konstant gehalten wird ($P_{A_{CO_2}}$ = 40 mm Hg) und stellt somit die Antwort auf den isolierten O_2-Atmungsantrieb dar. Tatsächlich kommt es jedoch zu einer *Wechselwirkung mit dem CO_2-Antrieb.* Eine O_2-bedingte Hyperventilation führt zum Abfall des arteriellen CO_2-Partialdruckes, so daß dessen Antriebsfunktion gemindert ist. Daher zeigt sich bei der resultierenden **O_2-Antwort** (rote Kurve) nur eine geringe Ventilationssteigerung mit der Abnahme des O_2-Partialdruckes. Praktisch wird dieser Effekt nur wirksam, wenn der arterielle O_2-Partialdruck den Wert von 50–60 mm Hg unterschreitet, wenn also bereits eine erhebliche Hypoxie besteht.

Der normalerweise geringe Einfluß des arteriellen O_2-Partialdruckes auf die Atmung kann unter **pathologischen Bedingungen** eine erhebliche Bedeutung erlangen. Dies gilt insbesondere dann, wenn die CO_2-Empfindlichkeit der Regulation durch *Pharmaka* herabgesetzt bzw. wie im Falle einer *Barbituratvergiftung* vollständig aufgehoben ist. Ebenso kommt es bei einer *chronischen Hyperkapnie* zu einer Abnahme der Empfindlichkeit gegenüber dem P_{CO_2}- bzw. $[H^+]$-Atmungsreiz.

Periphere Chemoreceptoren. Die Blutgas- und pH-Wirkungen auf die Atmung werden z.T. über periphere *Chemoreceptoren* vermittelt. Derartige Receptoren finden sich beiderseits im **Glomus caroticum** [34], einem Paraganglion, das an der Teilungsstelle der A. carotis communis in die Aa. carotis externa und interna liegt (Abb. 21-32). Das Glomus caroticum wird vom Sinusnerven, einem Ast des N. *glossopharyngeus* innerviert. Weitere Chemoreceptoren sind in den **Paraganglien des Aortenbogens** *(Glomera aortica)* lokalisiert. Die hier gebildeten Nervenimpulse gelangen über afferente Fasern des *N. vagus* zum Zentrum. Alle Paraganglien erhalten ihre Blutzufuhr über kleine Seitenarterien.

Die Chemoreceptoren in den genannten Paraganglien antworten mit einer *Aktivitätszunahme,* d.h. mit einer Zunahme der Impulsfrequenz, wenn der O_2-Partialdruck abnimmt, der CO_2-Partialdruck zunimmt oder die H^+-Konzentration ansteigt. Dies läßt sich nachweisen, wenn man im Tierexperiment die Aktionspotentiale der afferenten Bahnen unter verschiedenen blut-

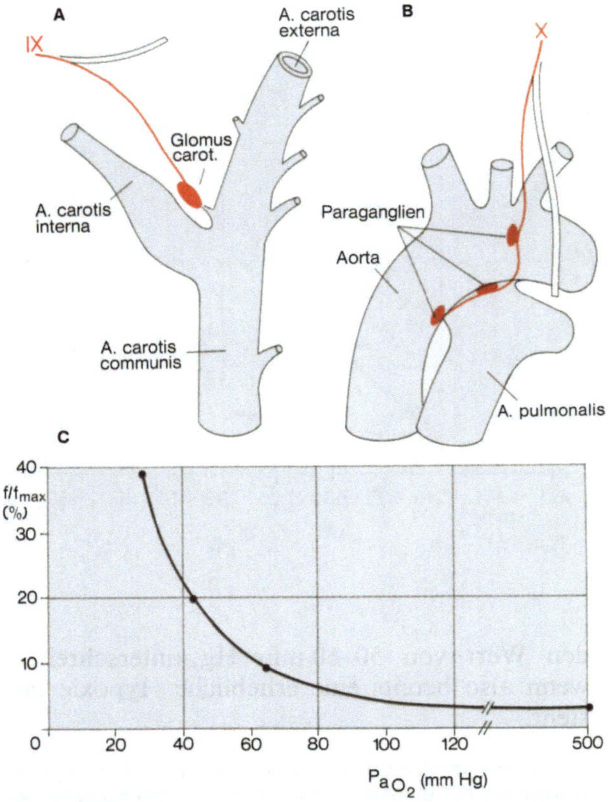

Abb. 21-32 A–C. Glomus caroticum **(A)** und Paraganglien des Aortenbogens **(B)** mit den zugehörigen afferenten Bahnen. **(C)**: Abhängigkeit der Frequenz chemoreceptorischer Impulse vom arteriellen O_2-Partialdruck. Bei isolierter Durchströmung des Carotissinus der Katze mit Blut verschiedener O_2-Partialdrücke P_{aO_2} und konstanten P_{aCO_2}- und pH-Werten ($P_{aCO_2} = 35$ mm Hg, pH = 7,33) werden jeweils die Afferenzen am Sinusnerven abgeleitet. (Ordinate: Summenaktivität in % der maximalen Aktivität: f/f_{max}.) Nach Ergebnissen aus [38]

chemischen Bedingungen ableitet (Abb. 21-32C). Dabei ist es zweckmäßig, die arteriellen Versorgungsgefäße der Paraganglien isoliert mit Blut, in dem definierte P_{O_2}-, P_{CO_2}- und pH-Werte eingestellt sind, zu durchströmen. Außerdem können die Chemoreceptoren denerviert oder durch Kälteblockade ausgeschaltet werden, um festzustellen, wie groß ihr Anteil an der gesamten chemischen Kontrolle der Atmung ist.

Diese Experimente zeigen, daß die *O_2-Wirkungen ausschließlich über die peripheren Chemoreceptoren* vermittelt werden. Die bei normalen arteriellen O_2-Partialdrücken bereits bestehende Aktivität der Chemoreceptoren wird bei einem P_{O_2}-Abfall gesteigert und bei einem P_{O_2}-Anstieg vermindert. Bei P_{CO_2}- und pH-Änderungen im Blut beobachtet man zwar ebenfalls Aktivitätsänderungen der Chemoreceptoren; ihr Einfluß auf die zentrale Atmungssteuerung ist jedoch von untergeordneter Bedeutung.

Zentrale Chemosensibilität. Der überwiegende Teil des CO_2- und pH-Einflusses auf die Atmung wird dadurch ausgeübt, daß CO_2 bzw. H^+ auf *chemosensible Strukturen im Hirnstamm* einwirken. Dabei besteht ein gradueller Unterschied zwischen den Ventilationseffekten, die durch Änderungen des arteriellen P_{CO_2} und des arteriellen pH erzielt werden (Abb. 21-31). Diese Feststellung besagt jedoch nicht, daß im Hirnstamm 2 verschiedene Arten von spezifischen Receptoren für CO_2 und H^+ vorhanden sein müßten. Es könnte auch eine einheitliche Chemosensibilität allein für H^+-Ionen bestehen, wenn CO_2 über die Bildung von H^+-Ionen seine Wirkung ausübt. Der graduell differierende Einfluß der arteriellen P_{CO_2}- und pH-Werte wäre dann als Folge der *unterschiedlichen Transportwiderstände für CO_2 und H^+* zu deuten. Tatsächlich diffundiert CO_2 sehr schnell aus dem Blut in das Gehirngewebe, während für H^+-Ionen die biologischen Membranen ein erhebliches Hindernis darstellen. Viele Experimente sprechen für die Theorie einer einheitlichen H^+-Sensibilität der zentralen Hirnstrukturen [39, 45].

Man nimmt heute an, daß die **H^+-Konzentration der Extracellularflüssigkeit im Hirnstamm** den bestimmenden Faktor für den zentral ausgelösten Atmungsantrieb darstellt. Diese Flüssigkeit dürfte ähnlich zusammengesetzt sein wie der *Liquor cerebrospinalis*. Es müßte daher die Atmung auch über den Liquor beeinflußt werden. Bei der Perfusion der Hirnventrikel mit Liquor unterschiedlicher Zusammensetzung konnte tatsächlich nachgewiesen werden, daß sich die Atmung in Abhängigkeit vom Liquor-pH verändert. Darüber hinaus ließen sich H^+-empfindliche Felder auf der Oberfläche des Hirnstamms genauer lokalisieren [39, 45]. Wie Abb. 21-33 zeigt, handelt es sich um *3 Felder an der ventralen Oberfläche der Medulla oblongata* (in der Nähe der Wurzeln des N. vagus und des N. hypoglossus), von denen aus bei Säureapplikation eine Atmungssteigerung ausgelöst werden kann.

Regelkreis der chemischen Atmungsregulation. Der gesamte Regelkreis, der für die Konstanz der arteriellen Blutgaswerte und des arteriellen pH-Wertes sorgt, ist in Abb. 21-34 dargestellt. Die **Regelgrößen P_{O_2}, P_{CO_2} und pH** werden von peripheren Chemoreceptoren und zentralen chemosensiblen Strukturen überwacht. Abwei-

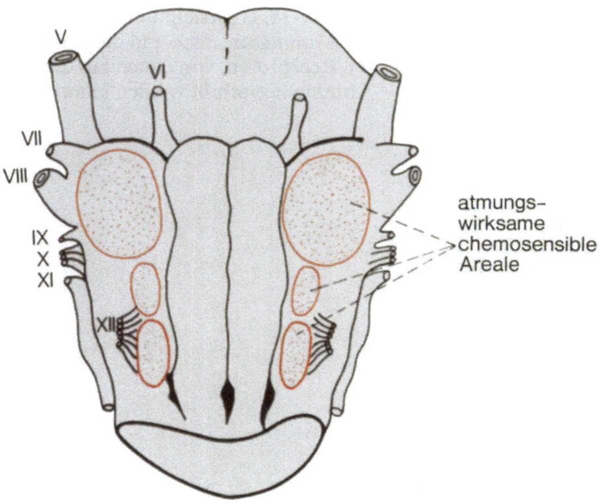

Abb. 21-33. Ventralansicht der Medulla oblongata (Katze) mit eingezeichneten atmungswirksamen chemosensiblen Arealen. Nach [39, 45]

chungen der Istwerte von den endogen vorgegebenen Sollwerten veranlassen die respiratorischen Neurone in der Medulla oblongata zu einer Aktivitätsänderung, die eine modifizierte Tätigkeit der Atmungsmuskulatur bewirkt. Damit ändert sich die Ventilation, wodurch die Istwerte der Regelgrößen korrigiert werden.

Die 3 Regelgrößen beeinflussen das Atemzeitvolumen in differenzierter Weise. Normalerweise ist der **arterielle CO_2-Partialdruck** die **führende Regelgröße.** Kommt es jedoch bei Lungenfunktionsstörungen mit *chronischer Hyperkapnie* oder bei *Barbituratvergiftungen* zu einem Verlust der zentralen Chemosensibilität, so wird die Spontanatmung hauptsächlich durch die **arterielle Hypoxie** gefördert, die unter Vermittlung der peripheren Chemoreceptoren das Zentrum

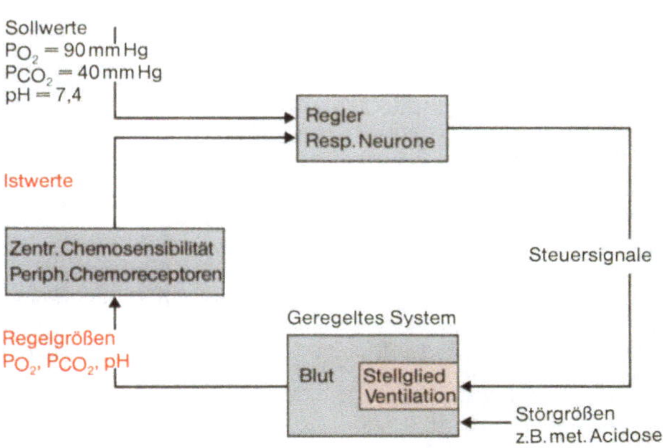

Abb. 21-34. Regelkreis für die chemische Atmungsregulation

stimuliert. In derartigen Fällen kann das Angebot reinen Sauerstoffes zu einer lebensgefährlichen *Apnoe* führen, weil der unter diesen Umständen wirksamste Atmungsantrieb ausgeschaltet ist. Solchen Patienten darf reiner Sauerstoff nur während künstlicher Beatmung oder in Beatmungsbereitschaft zugeführt werden. Bei *Störungen des Säure-Basen-Status* (S. 628) bewirkt der geschilderte Regelprozeß hauptsächlich eine Korrektur des **arteriellen pH-Wertes.** So wird beispielsweise eine metabolische Acidose (pH-Abnahme) durch eine Hyperventilation beantwortet, die infolge verstärkter CO_2-Abgabe der pH-Wert wieder in den Normbereich zurückführt.

Weitere Atmungsantriebe

Atmungsantriebe bei Muskelarbeit. Bei körperlicher Arbeit besteht ein erhöhter Sauerstoffbedarf der Muskulatur, der durch verstärkte Transportleistungen von Atmung und Kreislauf gedeckt werden muß. Die O_2-Aufnahme kann dabei von rund 300 ml/min in Ruhe nach Maßgabe der Arbeitsintensität bis auf 3–4 l/min anwachsen. Hierzu ist eine erhebliche Ventilationssteigerung erforderlich. In diesem Zusammenhang stellt sich die Frage, welche Mechanismen für die genaue Anpassung des Atemzeitvolumens an den erhöhten Sauerstoffbedarf sorgen. Zwar kommt es bei leichter Arbeit zu einem P_{CO_2}-Anstieg und bei schwerer Arbeit zu einem pH-Abfall im arteriellen Blut; diese Veränderungen haben jedoch ein zu geringes Ausmaß, als daß hierdurch allein die eingetretene Ventilationssteigerung erklärt werden könnte.

Vieles spricht dafür, daß insbesondere in der *Startphase* eine **zentrale Mitinnervation** stattfindet. Impulse von den motorischen Zentren werden danach nicht nur der Arbeitsmuskulatur, sondern auch der Medulla oblongata zugeleitet und aktivieren hier die respiratorischen Neurone. Im nachfolgenden *stationären Zustand,* in dem Atmung und Kreislauf der Arbeitsintensität angepaßt sind, dürften mehrere Faktoren die Ventilationsgröße bestimmen. Neben der zentralen Mitinnervation und den blutchemischen Atmungsantrieben kann zusätzlich noch eine **nervale Rückmeldung** von Mechanoreceptoren und hypothetischen Chemoreceptoren in der arbeitenden Muskulatur atmungswirksam sein. In der *Erholungsphase* schließlich sind v.a. die **blutchemischen Faktoren** maßgebend für den zeitlichen Verlauf der Ventilationsabnahme [22].

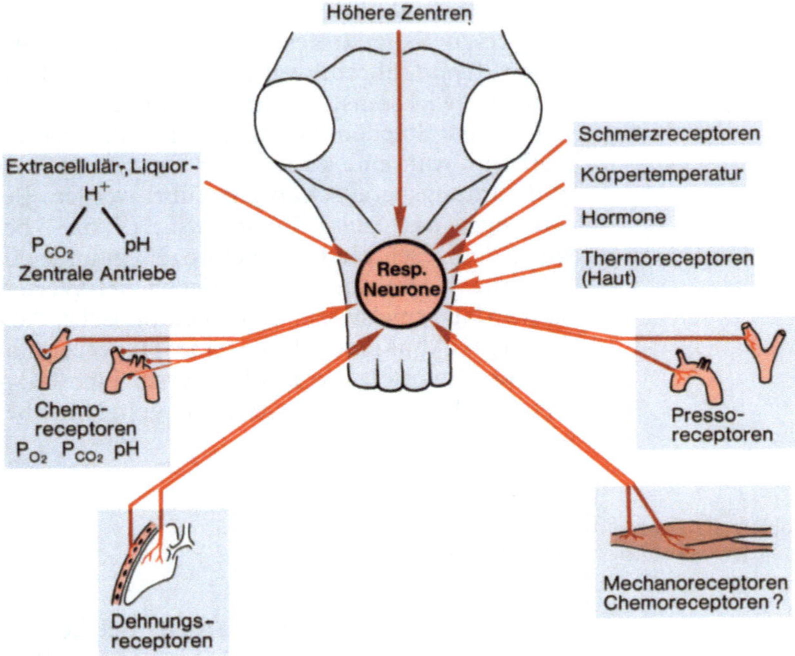

Abb. 21-35. Übersicht über die zentralen Atmungsantriebe und die peripheren Receptoren, von denen aus die Atmung beeinflußt werden kann

Unspezifische Atmungsantriebe. Diejenigen Einflüsse, die nicht primär der Kontrolle der Atmung dienen, die aber doch Ventilationsänderungen auslösen können, werden gewöhnlich als *unspezifische Atmungsantriebe* bezeichnet. Hierzu gehören die Antriebe, die durch Temperaturänderungen bedingt sind. Intensive **Warm- und Kaltreize** an der Haut können fördernd auf die Atmung einwirken (Wechselbäder zur Aktivierung der Atmung von Neugeborenen). Darüber hinaus zeigt sich, daß Änderungen der **Körpertemperatur** die Atmung beeinflussen. Sowohl bei einem Anstieg der Körpertemperatur (*Fieber*) als auch bei deren Absinken *(geringgradige Hypothermie)* tritt eine Ventilationssteigerung ein. In *tiefer Hypothermie* (extreme Unterkühlung) wird allerdings die Atmung zentral gehemmt. Einen weiteren unspezifischen Atmungsantrieb stellt der **Schmerz** dar (Schmerzreize zur Anregung der Atmung von Neugeborenen). Ferner beeinflussen die Afferenzen von den **Pressoreceptoren** des Kreislaufes (S. 540f.) die zentrale Atmungssteuerung. Eine Druckerhöhung im arteriellen System führt auf diese Weise zu einer Hemmung der inspiratorischen und exspiratorischen Neurone, so daß die Atemtiefe und die Atmungsfrequenz vermindert werden. Verschiedene **Hormone** können als Atmungsantrieb wirksam sein. So beobachtet man Ventilationssteigerungen u.a. bei der Ausschüttung von *Adrenalin* (Arbeit, psychische Erregung) und bei Erhöhung des *Progesteronspiegels* (Schwangerschaft).

Die verschiedenen spezifischen und unspezifischen Atmungsantriebe sind in Abb. 21-35 schematisch zusammengefaßt.

Pathologische Atmungsformen. Bereits beim Gesunden beobachtet man während des Schlafes im Hochgebirge eine *periodische Atmungsform,* die man als **Cheyne-Stokes-Atmung** bezeichnet (Abb. 21-36). Nach wenigen tiefen Atemzügen tritt eine Atmungspause (*Apnoe*) ein, die wieder von *tiefen Atemzügen* gefolgt ist. Die Ursache hierfür ist in der höhenbedingten Abnahme der inspiratorischen O_2-Fraktion in Verbindung mit einer Dämpfung der zentralen Atmungsantriebe im Schlaf zu suchen. Bei inspiratorischem O_2-Mangel hat die CO_2-Antwortkurve einen anderen Verlauf, als in Abb. 21-31 A dargestellt. Bei sehr kleinen CO_2-Partialdrücken verläuft sie ganz flach, um bei etwas höheren CO_2-Partialdrücken plötzlich in einen sehr steilen Verlauf überzugehen. Mit den tiefen Atemzügen der Cheyne-Stokes-Atmung wird so viel CO_2 eliminiert, daß der P_{CO_2} bis in den flachen Teil der CO_2-Antwortkurve absinkt und der CO_2-Antrieb praktisch wegfällt. Eine Apnoe ist die Folge. In dieser Zeit des Atmungsstillstands sammelt sich wieder CO_2 im Blut an, bis der P_{CO_2} den steilen Teil der CO_2-Antwortkurve erreicht, wodurch wieder eine Hyperventilation ausgelöst wird. Unter pathologischen Bedingungen kann die Cheyne-Stokes-Atmung bei *Vergiftungen* auftreten, z.B. bei Vergiftung mit harnpflichtigen Substanzen infolge Nierenversagens *(Urämie)*.

Eine ähnliche periodische Atmungsform stellt die **Biot-Atmung** dar (Abb. 21-36). Sie ist u.a. bei *Hirnverletzungen und bei erhöhtem Liquordruck* zu beobachten. Wahrscheinlich

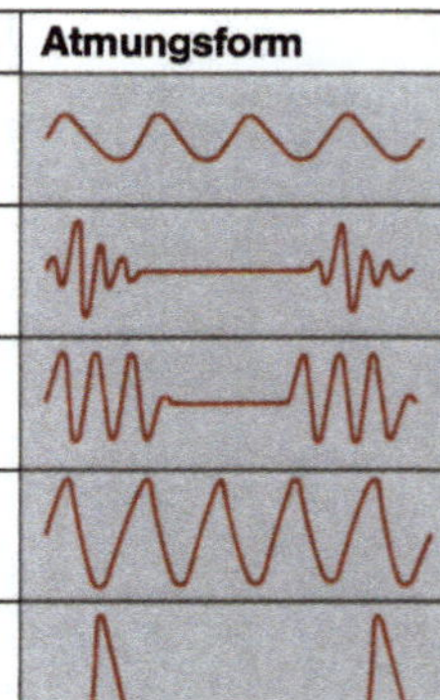

Bezeichnung	Atmungsform	Vorkommen bei
normale Ruheatmung		
Cheyne-Stokes-Atmung		Hypoxie im Schlaf, Vergiftungen
Biot-Atmung		Hirnverletzungen, erhöhtem Liquordruck
Kussmaul-Atmung		nichtrespiratorischer (metabol.) Acidose
Schnapp-Atmung		Frühgeborenen, Hirnschädigungen

Abb. 21-36. Pathologische Atmungsformen

Tabelle 21-4. Zusammenstellung wichtiger Funktionsdaten für den gesunden jungen Mann (Körperoberfläche 1,7 m^2) in körperlicher Ruhe. Auf Variationsmöglichkeiten und Einflußgrößen wird im Text hingewiesen

Lungen- und Atemvolumina	
Totalkapazität	6 l
Vitalkapazität	4,5 l
Funkt. Residualkapazität	2,4 l
Atemzugvolumen	0,5 l
Totraumvolumen	0,15 l
Ventilation	
Atmungsfrequenz	14 min^{-1}
Atemzeitvolumen	7 l/min
Alveoläre Ventilation	5 l/min
Totraumventilation	2 l/min
Gasaustausch	
O_2-Aufnahme	280 ml/min
CO_2-Abgabe	230 ml/min
Respiratorischer Quotient	0,82
O_2-Diffusionskapazität	30 $ml \cdot min^{-1} \cdot mmHg^{-1}$ (230 $ml \cdot min^{-1} \cdot kPa^{-1}$)
Kontaktzeit	0,3 s

Atmungsmechanik	
Intrapleurale Drücke am	
Ende der Exspiration	-5 cm H_2O ($-0{,}5$ kPa)
Ende der Inspiration	-8 cm H_2O ($-0{,}8$ kPa)
Compliance der Lunge	0,2 l/cm H_2O (2 l/kPa)
Compliance des Thorax	0,2 l/cm H_2O (2 l/kPa)
Compliance von Lunge und Thorax	0,1 l/cm H_2O (1 l/kPa)
Resistance	2 cm $H_2O \cdot s \cdot l^{-1}$ (0,2 $kPa \cdot s \cdot l^{-1}$)
Funktionsprüfungen	
Relative Sekundenkapazität	75%
Max. exspiratorische Atemstromstärke	10 l/s
Atemgrenzwert	150 l/min
Perfusionsbeziehungen	
Alveol. Ventilation/Perfusion	0,9
Shuntperfusion/Gesamtperfusion	0,02

handelt es sich hierbei um eine Schädigung der zentralen respiratorischen Strukturen. Unter diesen Bedingungen kann auch eine **Schnappatmung** (S. 601) auftreten, die man ebenfalls bei *Frühgeborenen* beobachtet. Wenn durch nichtflüchtige Säuren der pH-Wert des Blutes gesenkt ist *(metabolische Acidose)*, wie etwa bei *Diabetes mellitus*, dann kommt es zu einer Atmungsform, die durch besonders tiefe Atemzüge charakterisiert ist. Durch diese sog. **große Kussmaul-Atmung**, eine Sonderform der Hyperventilation, kann die metabolische Acidose zumindest teilweise respiratorisch kompensiert werden (vgl. S. 629).

21.7 Literatur

Weiterführende Lehr- und Handbücher

1. AHNEFELD, F.W.: Reanimation. In: BENZER, H., FREY, R., HÜGIN, W., MAYRHOFER, O.: Anaesthesiologie, Intensivmedizin und Reanimatologie. Berlin-Heidelberg-New York: Springer 1982
2. ALTMAN, P.L., DITTMER, D.S.: Biological Handbooks: Respiration and circulation. Bethesda: Fed. Amer. Soc. experim. Biol. 1971
3. ANTHONY, A.J., VENRATH, H.: Funktionsprüfungen der Atmung Leipzig: J.A. Barth 1962
4. BACHOFEN, H.: Die mechanischen Eigenschaften der Lunge. Bern: Huber 1969
5. BARTELS, H., BÜCHERL, E., HERTZ, C.W., RODEWALD, G., SCHWAB, M.: Lungenfunktionsprüfungen. Berlin-Göttingen-Heidelberg: Springer 1959
6. BARTELS, H., RIEGEL, K., WENNER, J., WULF, H.: Perinatale Atmung. Berlin-Heidelberg-New York: Springer 1972
7. BENNINGHOFF, A., GOERTTLER, K.: Lehrbuch der Anatomie des Menschen. München-Berlin-Wien: Urban u. Schwarzenberg 1968
8. BENZER, H., FREY, R., HÜGIN, W., MAYRHOFER, O.: Anaesthesiologie, Intensivmedizin und Reanimatologie. Berlin-Heidelberg-New York: Springer 1982
9. BOUHUYS, A.: The physiology of breathing. New York-San Francisco-London: Grune and Stratton 1977
10. BÜHLMANN, A., ROSSIER, P.H.: Klinische Pathophysiologie der Atmung. Berlin-Heidelberg-New York: Springer 1970
11. CAMPBELL, E.J.M.: The respiratory muscles and the mechanics of breathing. Chicago: Year Book Publishers 1959
12. COMROE, J.H.: Physiologie der Atmung. Stuttgart-New York: Schattauer 1968
13. COMROE, J.H., FORSTER, R.E., DUBOIS, A.B., BRISCOE, W.A., CARLSEN, E.: Die Lunge. Klinische Physiologie und Lungenfunktionsprüfungen. Stuttgart: Schattauer 1964
14. COTES, J.E.: Lung function. Oxford: Blackwell 1965
15. DEJOURS, P.: Respiration. New York: Oxford Univ. Press 1966
16. DUBOIS, A.B.: Obstructions of the airway and restrictions of the lung expansion. In: FENN, W.O., RAHN, H. (eds.): Handbook of Physiology, Sect. 3: Respiration, Vol. II Washington: Amer. Physiol. Soc. 1965
17. FORSTER, R.E.: Diffusion of gases across the alveolar membrane. In: FARHI, L.E., TENNEY, S.M. (Eds.): Handbook of Physiology, Sect. 3: The Respiratory System, Vol. IV. Bethesda: Am. Physiol. Soc. 1987
18. HAYEK, H.v.: Die menschliche Lunge. Berlin-Heidelberg-New York: Springer 1970
19. HILLS, B.A.: Gas transfer in the lung. Cambridge: University Press 1974
20. JACQUEZ, J.A.: Respiratory physiology. Maidenhead: MacGraw Hill 1979
21. KAO, F.F.: An introduction to respiratory physiology. Amsterdam: Excerpta Medica 1972
22. KOEPCHEN, H.P.: Atmungsregulation. In: GAUER, O.H., KRAMER, K., JUNG, R. (Hrsg.): Physiologie des Menschen, Bd. 6: Atmung. München-Berlin-Wien: Urban u. Schwarzenberg 1975
23. NUNN, J.F.: Applied respiratory physiology, with special reference to anaesthesia. London: Butterworth 1969
24. OTIS, A.B.: The work of breathing. In: FENN, W.O., RAHN, H. (Hrsg.): Handbook of Physiology, Sect. 3: Respiration, Vol. 1. Washington: Amer. Physiol. Soc. 1964
25. PIIPER, J.: Physiologie der Atmung. In: GAUER, O.H., KRAMER, K., JUNG, R. (Hrsg.): Physiologie des Menschen, Bd. 6: Atmung. München-Berlin-Wien: Urban u. Schwarzenberg 1975
26. PROCTOR, D.F.: Form and function of the upper airways and larynx. In: MACKLEM, P.T., MEAD, J. (Hrsg.): Handbook of Physiology, Sect. 3: The Respiratory System, Vol. III. Bethesda: Am. Physiol. Soc. 1986
27. RAHN, H., FAHRI, L.E.: Ventilation, perfusion, and gas exchange – the $\dot{V}_A/\dot{Q}$ concept. In: FENN, W.O., RAHN, H. (Eds.): Handbook of Physiology, Sect. 3: Respiration, Vol. I. Washington: Amer. Physiol. Soc. 1964
28. ULMER, W.T., REICHEL, G., NOLTE, D., ISLAM, M.S.: Die Lungenfunktion. Physiologie und Pathophysiologie, Methodik. Stuttgart: Thieme 1986

29. WEST, J.B.: Regional differences in the lung. New York-San Francisco-London: Academic Press 1977
30. WEST, J.B.: Respiratory physiology – the essentials. Baltimore: Williams and Wilkens 1979
31. WEIBEL, E.R.: Morphometry of the human lung. Berlin-Göttingen-Heidelberg: Springer 1963

Einzel- und Übersichtsarbeiten

32. ALBERS, C.: Analyse von Gasen in Flüssigkeiten. In: KÖNIG, W. (Hrsg.): Klinisch-physiologische Untersuchungsmethoden. Stuttgart: Thieme 1972
33. DE BALDWIN, E.F., COURNAND, A., RICHARDS, D.W., jr.: Pulmonary insufficiency. I. Physiological classification, clinical methods of analysis standard values in normal subjects. Medicine (Baltimore) *27*, 243 (1948)
34. BISCOE, T.J.: Carotid body: Structure and function. Physiol. Rev. *51*, 427 (1971)
35. CUNNINGHAM, D.I.C., LLOYD, B.B. (Hrsg.): The regulation of human respiration. Philadelphia: Davis 1963
36. GLEICHMANN, U., LÜBBERS, D.W.: Die Messung des Sauerstoffdruckes in Gasen und Flüssigkeiten mit der Pt-Elektrode unter besonderer Berücksichtigung der Messung im Blut. Pflügers Arch. ges. Physiol. *271*, 431 (1960)
37. GUZ, A.: Regulation of respiration. Ann. Rev. Physiol. *37*, 303 (1975)
38. HORNBEIN, T.F.: The relation between stimulus of chemoreceptors and their response. In: TORRANCE, R.W. (Hrsg.): Arterial Chemoreceptors. Oxford: Oxford University Press 1968
39. LOESCHCKE, H.H.: Respiratory chemosensitivity in the medulla oblongata. Acta neurobiol. exp. *33*, 97–112 (1973)
40. LOEW, P.G., THEWS, G.: Die Altersabhängigkeit des arteriellen Sauerstoffdruckes bei der berufstätigen Bevölkerung. Klin. Wschr. *40*, 1093 (1962)
41. MEAD, J.: Respiration: Pulmonary mechanics. Ann. Rev. Physiol. *35*, 169 (1973)
42. MITCHELL, R.A., BERGER, A.J.: Neural regulation of respiration. Amer. Rev. Respir. Dis. *111*, 206 (1975)
43. NOLTE, H.: Die Wiederbelebung der Atmung. Anaesthesiologie und Wiederbelebung. Bd. 28. Berlin-Heidelberg-New York: Springer 1968
44. RICHTER, D.: Zur Rhythmogenese der Atmung. Physiologie Aktuell Bd. 1, Stuttgart: Fischer 1986
45. SCHLAEFKE, M.E.: Central chemosensitivity: a respiratory drive. Rev. Physiol. Biochem. Pharmacol. *90*, 171 (1981)
46. THEWS, G.: Ein Mikroanalyse-Verfahren zur Bestimmung der Sauerstoffdrucke in kleinen Blutproben. Pflügers Arch. ges. Physiol. *276*, 89 (1962)
47. THEWS, G.: Die theoretischen Grundlagen der Sauerstoffaufnahme in der Lunge. Ergebn. Physiol. *53*, 42 (1963)
48. THEWS, G.: Der Einfluß von Ventilation, Perfusion, Diffusion und Distribution auf den pulmonalen Gasaustausch. Analyse der Lungenfunktion unter physiologischen und pathologischen Bedingungen. Mainz: Akademie d. Wiss. u.d. Literatur; Wiesbaden: Steiner 1979
49. WEIBEL, E.R.: Morphological basis of alveolar-capillary gas exchange. Physiol. Rev. *53*, 419 (1973)

22 Atemgastransport und Säure-Basen-Status des Blutes

G. Thews

22.1 Aufbau und Eigenschaften des Hämoglobins

Aufbau des Hämoglobinmoleküls

Eine der wichtigsten Aufgaben des Blutes besteht darin, den in der Lunge aufgenommenen Sauerstoff zu den Organen und Geweben zu transportieren sowie das hier gebildete Kohlendioxid der Lunge zuzuführen. Diese Funktion des Blutes wird im wesentlichen von den Erythrocyten erfüllt. Der in ihnen enthaltene rote Blutfarbstoff *Hämoglobin* besitzt die Fähigkeit, den Sauerstoff in den Lungencapillaren anzulagern und in den Gewebecapillaren wieder abzugeben. Daneben ist das Hämoglobin in der Lage, einen Teil des im Zellstoffwechsel entstandenen Kohlendioxids zu binden und in der Lunge wieder freizusetzen. Aus diesen Gründen nimmt das Hämoglobin eine zentrale Stellung in der Transportkette für die Atemgase ein.

Hämoglobin ist ein Chromoprotein. Das Molekül besteht aus 4 *Polypeptidketten* mit je einer Farbstoffkomponente, die als *Häm* bezeichnet wird. Das **Molekulargewicht** beträgt etwa 64500, so daß jeder der 4 Grundeinheiten ein Molekulargewicht von 16100 zukommt [27].

Farbstoffkomponente. Die 4 gleichartigen Farbstoffkomponenten eines Hämoglobinmoleküls können als *Protoporphyrine mit zentralen zweiwertigen Eisenatomen* gekennzeichnet werden. Jedes Protoporphyringerüst besteht aus 4 *Pyrrolringen,* die über *Methinbrücken* miteinander verbunden sind und charakteristische Seitenketten tragen (Abb. 22-1). Entscheidend für die Funktion ist das zentral angeordnete Eisenatom, durch dessen Einbau mit je 2 Haupt- und Nebenvalenzen das Protoporphyrin zum **Häm** wird. Die gesamte Hämstruktur hat man sich in einer Ebene liegend vorzustellen. Beim Sauerstofftransport wird O_2 ohne Wertigkeitsänderung des Eisenatoms locker koordinativ an das Häm angelagert: Das **Hämoglobin** (Hb) geht in

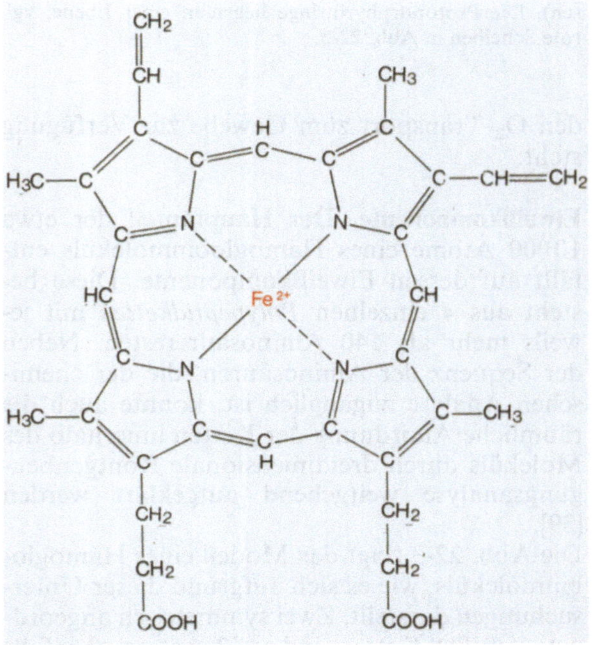

Abb. 22-1. Chemische Struktur des Häm

Oxyhämoglobin (HbO_2) über. Um anzudeuten, daß die O_2-Anlagerung ohne Wertigkeitsänderung stattfindet, bezeichnet man diese Reaktion als *Oxygenation.* Entsprechend ist die O_2-Abspaltung eine *Desoxygenation.* Will man besonders betonen, daß nach der O_2-Abgabe eine sauerstofffreie Verbindung vorliegt, dann spricht man von *desoxygeniertem Hämoglobin.*

Außer der Oxygenation an der Hämgruppe kann hier auch eine echte Oxidation stattfinden, wobei das zweiwertige in dreiwertiges Eisen übergeht (Abb. 22-2). Dann bezeichnet man die Farbstoffkomponente als Oxyhämin und das gesamte Molekül als **Hämiglobin** oder im klinischen Sprachgebrauch als **Methämoglobin.** Normalerweise enthält das menschliche Blut nur einen sehr kleinen Anteil Hämiglobin, der jedoch bei der Einwirkung gewisser Gifte und bei bestimmten Erkrankungen anwachsen kann. Ein solcher Zustand ist deshalb gefährlich, weil das Hämoglobin in diesem Fall nicht mehr für

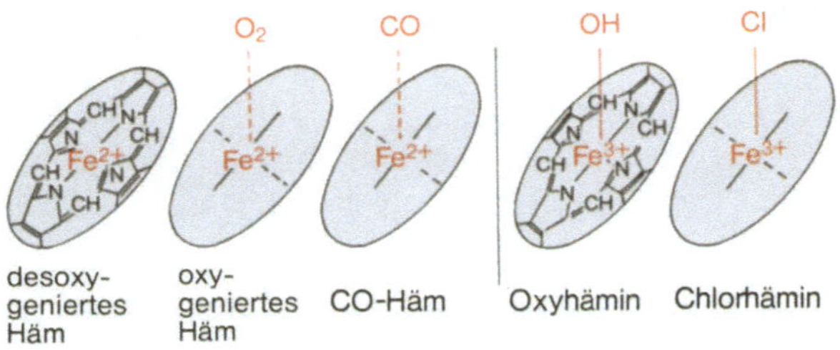

Abb. 22-2. Charakteristische Verbindungen des Häm (mit zweiwertigem Eisen) und des Hämin (mit dreiwertigem Eisen). Die Protoporphyrinringe liegen in einer Ebene, vgl. rote Scheiben in Abb. 22-3

den O_2-Transport zum Gewebe zur Verfügung steht.

Eiweißkomponente. Der Hauptanteil der etwa 10000 Atome eines Hämoglobinmoleküls entfällt auf dessen Eiweißkomponente. Diese besteht aus *4* einzelnen *Polypeptidketten* mit jeweils mehr als 140 Aminosäureresten. Neben der Sequenz der Aminosäuren, die der chemischen Analyse zugänglich ist, konnte auch die räumliche Anordnung der Ketten innerhalb des Moleküls durch dreidimensionale Röntgenbeugungsanalyse weitgehend aufgeklärt werden [39].
Die Abb. 22-3 zeigt das Modell eines Hämoglobinmoleküls, wie es sich aufgrund dieser Untersuchungen darstellt. Zwei symmetrisch angeordnete „weiße" Ketten sind auf 2 weitere, ebenfalls symmetrische „schwarze" Ketten aufgesetzt. Zwei der 4 Hämgruppen erkennt man als rote Scheiben, die in oberflächlichen Nischen des insgesamt kugelförmigen Moleküls angeordnet

Abb. 22-3. Modell für den Molekülaufbau des Hämoglobins. Nach Perutz [39]

sind. Beim Hämoglobin des Erwachsenen **(Hb A)** werden die weißen Untereinheiten als *α-Ketten* (mit je 141 Aminosäuren) und die schwarzen als *β-Ketten* (mit je 146 Aminosäuren) bezeichnet. Das Hämoglobin des menschlichen Feten **(Hb F)** unterscheidet sich hiervon dadurch, daß an Stelle der *β*-Ketten Polypeptide mit einer anderen Aminosäureanordnung, sog. *γ*-Ketten, eingebaut sind. Bald nach der Geburt wird das Hb F (F von fetal) durch das Hb A (A von adult) ersetzt [2, 9].

Lichtabsorption des Hämoglobins

Lichtabsorption und Farbe. Die Farbe eines gelösten Stoffs, der selbst keine Lichtstrahlen aussendet, hängt von seiner Fähigkeit zur spezifischen Absorption des durchfallenden Lichts ab. Diese Lichtabsorption findet in der Regel in ganz bestimmten, für den Stoff charakteristischen Wellenlängenbereichen statt, während Licht anderer Wellenlängen fast ungehindert hindurchgelassen wird. Die anteilmäßige Mischung des austretenden Lichtes aus den verschiedenen Wellenlängenbereichen bestimmt dann die Farbe des gelösten Stoffes.
Die rote Farbe einer Hämoglobinlösung und damit auch die rote Farbe des Blutes ist darauf zurückzuführen, daß in diesem Fall kurzwelliges Licht, d.h. der Blauanteil des Spektrums, relativ stark absorbiert wird. Für das langwellige rote Licht besteht dagegen eine sehr hohe Durchlässigkeit (Transmission).
Untersucht man das von einer *oxygenierten* Hämoglobinlösung hindurchgelassene Licht mit Hilfe eines Spektroskops, so findet man neben einer Schwächung des Blauanteils *(Soret-Bande)* 2 charakteristische dunkle Streifen *(Absorptionsbanden)* im gelben bzw. gelbgrünen Bereich des Spektrums. Die Maxima dieser Banden liegen bei den Wellenlängen $\lambda = 577$ nm und $\lambda = 541$ nm (1 nm $= 10^{-9}$ m) [20].
Das *desoxygenierte* Hämoglobin absorbiert das Licht im langwelligen Spektralgebiet etwas stärker und im kurzwelligen Gebiet etwas schwächer als das Oxyhämoglobin. Daher erscheint das venöse Blut dunkler und bläulich-rot gefärbt. Bei der Untersuchung mit dem Spektroskop beobachtet man außerdem eine einzige breitere Absorptionsbande im gelbgrünen Gebiet, deren Maximum bei der Wellenlänge $\lambda =$ 555 nm liegt.

Spektralphotometrie. Für die quantitative Aufnahme des Absorptionsverhaltens von Farblösungen verwendet man Spektralphotometer. Aus einem Prismen- oder Gitter-

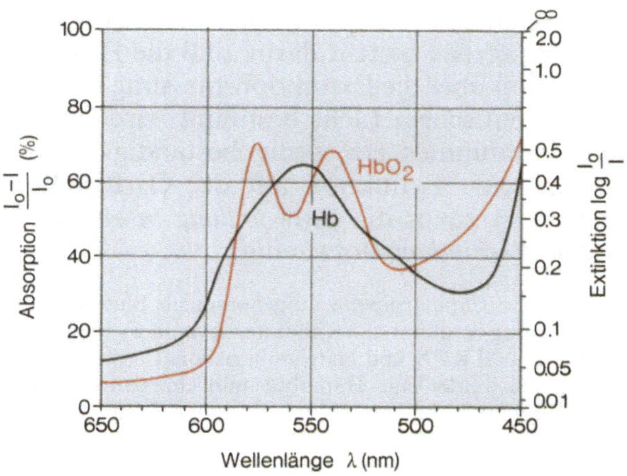

Abb. 22-4. Absorptionsspektren des Oxyhämoglobins (HbO_2) und des desoxygenierten Hämoglobins (Hb). *Linke* Ordinate: Absorption; *rechte* Ordinate: Extinktion

spektrum wird Licht eines sehr engen Wellenbereiches ausgeblendet. Dieses sog. *monochromatische Licht* erfährt beim Durchgang durch die zu untersuchende Lösung eine mehr oder weniger starke Intensitätsabschwächung. Mit Hilfe einer Photozelle kann das Verhältnis der Intensität des eintretenden Lichts I_0 zu der des austretenden Lichtes I gemessen werden. Der Quotient I/I_0 wird als **Transmission,** der Quotient $(I_0 - I)/I_0$ als **Absorption** bezeichnet. Führt man diese Messung nacheinander mit monochromatischem Licht der verschiedenen Wellenlängen durch, so erhält man ein vollständiges *Absorptionsspektrum* der Lösung.

Absorptionsspektren. Die Abb. 22-4 zeigt die Absorptionsspektren des Oxyhämoglobins und des desoxygenierten Hämoglobins. Wellenlängenbereiche, in denen man bei der Beobachtung mit dem Spektroskop dunkle Absorptionsbanden findet, stellen sich im Absorptionsspektrum als Hügel dar. Man erkennt, daß das Spektrum des Oxyhämoglobins durch 2 Absorptionsmaxima und das des Hämoglobins durch ein dazwischenliegendes Maximum charakterisiert sind. Die Wellenlängen, die zu den Absorptionsmaxima gehören, sind oben angegeben.

Die Schnittpunkte der Absorptionskurven, die sog. *isosbestischen Punkte,* sind dadurch ausgezeichnet, daß bei den zugehörigen Wellenlängen gleichkonzentrierte Lösungen die gleiche Lichtabsorption aufweisen. Die Absorption des Hämoglobins ist bei diesen Wellenlängen unabhängig von seiner O_2-Beladung. Wenn man die *Konzentration* des Hämoglobins bestimmen will, ohne dieses zuvor chemisch zu verändern (S. 614), kann dies nur mit monochromatischem Licht geschehen, dessen Wellenlänge einem isosbestischen Punkt entspricht. Will man dagegen photometrisch die O_2-Sättigung des Hämoglobins ermitteln, dann wird man hierzu einen Wellenlängenbereich auswählen, bei dem sich die Absorptionen von oxygeniertem und desoxygeniertem Hämoglobin besonders stark unterscheiden. Nach Abb. 22-4 kämen hierfür etwa die Wellenlängen 600, 577 oder 470 nm in Frage.

Lambert-Beer-Gesetz. Als Maß für die Absorption verwendet man vielfach auch die Größe

$$E = \log \frac{I_0}{I}, \tag{1}$$

die als **Extinktion** bezeichnet wird (s. Abb. 22-4, rechte Ordinate). Hierin ist I_0 wieder die Intensität des in die Farblösung eintretenden und I die des austretenden Lichtes. Die Einführung dieser Größe ist deswegen vorteilhaft, weil die Extinktion E der Konzentration c eines gelösten Farbstoffes direkt proportional ist:

$$E = \log \frac{I_0}{I} = \varepsilon c d. \tag{2}$$

d bezeichnet hier die Dicke der durchstrahlten Schicht; ε ist eine Stoffkonstante und wird als *Extinktionskoeffizient* bezeichnet. Diese lineare Abhängigkeit der Extinktion von der Konzentration und der Schichtdicke ist der Inhalt des *Lambert-Beer-Gesetzes.* Es gilt nur, wenn für die Durchstrahlung monochromatisches Licht verwendet wird [10].

Hämoglobinkonzentration im Blut und Färbekoeffizient

Normwerte. *Die mittlere Hämoglobinkonzentration im menschlichen Blut beträgt beim Mann 158 g/l (15,8 g/dl), bei der Frau 140 g/l (14 g/dl).* Wie fast alle biologischen Größen sind diese Werte nicht genau fixiert, sondern können auch beim Gesunden begrenzten Schwankungen unterliegen. Eine Festlegung des Normbereiches ist daher erst möglich, wenn die **Häufigkeitsverteilung** der an einer größeren Personenzahl gemessenen Werte bekannt ist (Abb. 22-5).

Die Hämoglobinkonzentration verändert sich mit dem Lebensalter in gesetzmäßiger Weise. Im Blut des *Neugeborenen* findet man im Mittel einen Wert von 200 g/l, wobei im Einzelfall erhebliche Abweichungen hiervon vorkommen können (Abb. 22-5). Im Laufe des *1. Lebensjahres* fällt dann die Hämoglobinkonzentration auf etwa 115 g/l ab, um von da an stetig bis zum Wert des Erwachsenen anzusteigen.

Ebenso wie beim *Feten* findet man eine relativ hohe Hämoglobinkonzentration im Blut von Personen, die sich längere Zeit *in großen Höhen* aufhalten (S. 708). In beiden Fällen handelt es sich um eine Anpassung, durch die trotz eines erniedrigten O_2-Partialdruckes eine ausrei-

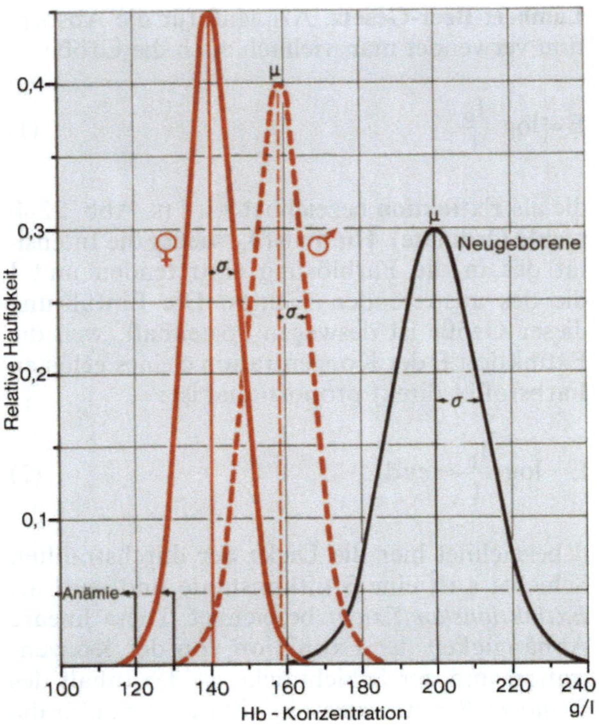

Abb. 22-5. Häufigkeitsverteilungen der Hämoglobinkonzentrationen für verschiedene Populationen: Männliche Erwachsene (♂), weibliche Erwachsene (♀) und Neugeborene. *Ordinate:* Relative Häufigkeit; *Abscisse:* Hämoglobinkonzentration, μ Mittelwerte; σ Standardabweichung (σ ist durch den Abstand des Mittelwertes vom Wendepunkt der Verteilungskurve festgelegt und stellt ein Maß für die Variationsbreite dar)

chende Sauerstoffversorgung der Organe sichergestellt wird.

Ein Absinken der Hämoglobinkonzentration im Blut unter den Normbereich wird als **Anämie** bezeichnet. In der Regel spricht man von einer Anämie, wenn die Hämoglobinkonzentration beim Mann unter 130 und bei der Frau unter 120 g/l liegt.

Bestimmung der Hämoglobinkonzentration. Die Hämoglobinkonzentration kann prinzipiell auf verschiedenen Wegen ermittelt werden: 1. über die *Analyse der gebundenen O_2-Menge* (1 g Hb bindet maximal 1,36 ml O_2), 2. über die *Bestimmung des Eisengehaltes* (Hb enthält 0,34% Eisen), 3. durch *Farbvergleich (Colorimetrie)*, 4. durch *Extinktionsmessung (Spektralphotometrie)*. Die beiden erstgenannten Verfahren erfordern einen erheblichen analytischen Aufwand, die Colorimetrie besitzt nur eine begrenzte Genauigkeit, so daß für die routinemäßige Hb-Bestimmung hauptsächlich das spektralphotometrische Verfahren in Frage kommt.

Spektralphotometrisches Verfahren. Das Prinzip des Verfahrens besteht darin, daß die Hb-Konzentration über die Extinktionsmessung mit monochromatischem Licht bestimmt wird. Da jedoch verdünntes Hb wenig beständig ist und zudem seine Extinktion mit der O_2-Beladung ändert, ist zuvor die *Umwandlung in eine farbstabile Verbindung* notwendig.

Das in eine Capillarpipette aufgenommene Blut wird mit einer Lösung verdünnt, die Kaliumferricyanid $K_3[Fe(CN)_6]$, Kaliumcyanid KCN und Natriumbicarbonat $NaHCO_3$ enthält. Dabei findet eine Hämolyse und eine Umwandlung des Hämoglobins in das wochenlang stabile **Cyanhämiglobin** HbCN (mit dreiwertigem Eisen) statt. In einem Photometer wird die Lösung mit monochromatischem Licht der Wellenlänge 546 nm durchstrahlt und die *Extinktion E* gemessen. Aus *E* könnte dann nach dem *Lambert-Beer-Gesetz* (Gl. 2) die Konzentration *c* direkt ermittelt werden, wenn der Extinktionskoeffizient ε und die Schichtdicke d bekannt sind. Zweckmäßiger ist jedoch die Eichung der Extinktionsskala mit einer Standardlösung. Die Cyanhämiglobinmethode gilt als das exakteste Verfahren zur routinemäßigen Hb-Bestimmung [34].

Färbekoeffizient. Für die Beurteilung der Blutbildung und die Differenzierung der Anämieformen stellt die **Hämoglobinbeladung des einzelnen Erythrocyten** eine wichtige diagnostische Größe dar [4, 6]. *Der mittlere absolute Hämoglobingehalt des einzelnen Erythrocyten wird als Färbekoeffizient bezeichnet.* Man ermittelt ihn, indem man die Hämoglobinkonzentration durch die Erythrocytenzahl im gleichen Blutvolumen dividiert.

Legt man beispielsweise die Normwerte des gesunden Mannes zugrunde, so hat man, bezogen auf 1 l Blut, 158 g Hb durch 5,1 Millionen × 10^6 Erythrocyten zu teilen (1 l = 10^6 μl). Daraus ergibt sich der Färbekoeffizient MCH (mean corpuscular hemoglobin) zu:

$$MCH = \frac{158\ g}{5{,}1 \cdot 10^{12}} = 31 \cdot 10^{-12}\ g = 31\ pg.$$

Den gleichen Wert findet man, wenn die Normwerte für die Frau eingesetzt werden:

$$MCH = \frac{140\ g}{4{,}6 \cdot 10^{12}} = 31 \cdot 10^{-12}\ g = 31\ pg.$$

Erythrocyten, bei denen die Hämoglobinbeladung im Normbereich (26–36 pg) liegt, werden als **normochrom** bezeichnet. Bei einer Erniedrigung des Färbekoeffizienten spricht man von **hypochromen,** bei der Erhöhung von **hyperchromen** Erythrocyten. Diese Kennzeichnung hat eine besondere Bedeutung bei der Differenzierung der verschiedenen Anämieformen [4, 6]. Beispielsweise kann infolge *Eisenmangels* die Hämoglobinbildung reduziert sein, so daß der Hämoglobingehalt des einzelnen Erythrocyten herabgesetzt ist und somit eine *hypochrome Anämie* vorliegt. Bei anderen Anämieformen handelt es sich um eine Störung der Erythrocytenbildung im Knochenmark. In einem solchen Fall, etwa bei der *perniziösen Anämie,* sind die in ihrer Form veränderten Erythrocyten stark mit Hämoglobin beladen; man findet also eine *hyperchrome Anämie*. Bei größeren *Blutverlusten* ist der Färbekoeffizient anfänglich noch unverändert (normochrome Anämie), erst in den folgenden Tagen kommt es zu einer beschleunigten Bildung von Erythrocyten mit geringem Hämoglobingehalt (hypochrome Anämie).

Beziehungen zwischen den Erythrocytenparametern. Für die diagnostische Beurteilung des roten Blutbildes ist es in der Regel notwendig, 3 Größen zu messen: die *Erythrocytenzahl* Z_E (μl^{-1}), die *Hämoglobinkonzentration des Blutes* [Hb] (g/l) und den *Hämatokrit* Hkt. Daraus lassen sich 3 weitere charakteristische Parameter bestimmen: der *Färbekoeffizient* MCH, die *mittlere Hämoglobinkonzentration im Erythrocyten* MCHC und das mittlere *Erythrocytenvolumen* MCV (mean corpuscular volume). Die Berechnungsbeziehungen, die sich unmittelbar aus den Definitionen der 3 Parameter ergeben, sind in dem folgenden Schema zufammengefaßt:

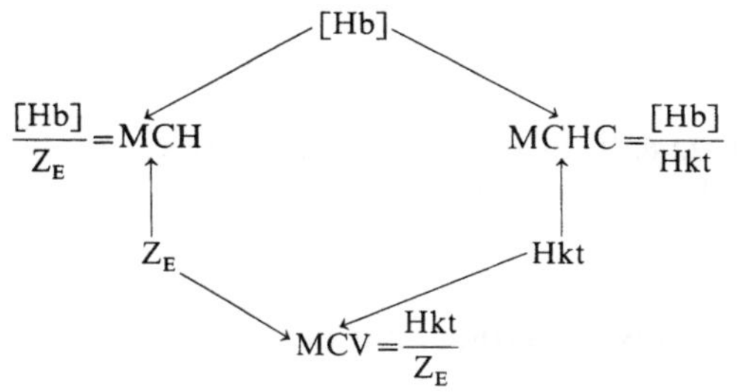

Für das Beispiel $Z_E = 5 \cdot 10^6\ \mu l^{-1}$, [Hb] = 150 g/l und Hkt = 0,45 berechnen sich hieraus die Werte des Färbekoeffizienten MCH = 30 pg, der intraerythrocytären Hämoglobinkonzentration MCHC = 333 g/l und des mittleren Erythrocytenvolumens MCV = $0{,}09 \cdot 10^{-6}\ \mu l$ = 90 fl (bzgl. der Maßeinheiten s. S. 844ff.).

22.2 O_2-Transportfunktion des Blutes

Physikalische Löslichkeit der Gase

Gaspartialdrücke in Flüssigkeiten. Gase können in fast allen Flüssigkeiten bis zu einem gewissen Grade aufgenommen oder, wie man auch sagt, *physikalisch gelöst* werden. Die gelöste Gasmenge ist dabei vom jeweiligen Partialdruck des Gases abhängig. Äquilibriert man die Flüssigkeit mit einem Gas, d.h. bringt man die beiden Medien mit möglichst großer Oberfläche solange in Kontakt, bis ein thermodynamisches Gleichgewicht eingetreten ist, so kann man dem Gas in der Flüssigkeit den gleichen Partialdruck zuordnen, wie er in der Gasphase vorliegt. In diesem Sinne spricht man vereinfachend vom Gaspartialdruck in einer Flüssigkeit.

Konzentration gelöster Gase. Der Gaspartialdruck P_{Gas} ist einer der Faktoren, von dem die Konzentration eines gelösten Gases in der Flüssigkeit abhängt. Zweitens wird die Gasaufnahme von den jeweiligen speziellen Löslichkeitseigenschaften bestimmt, die durch den sog. *Bunsen-Löslichkeitskoeffizienten* α charakterisiert werden. Dieser Koeffizient gibt an, wieviel ml eines Gases pro ml Flüssigkeit bei einem Partialdruck von 1 atm (1 atm = 760 mm Hg = 101 kPa) physikalisch gelöst sind. Die beiden genannten löslichkeitsbestimmenden Faktoren faßt das **Henry-Dalton-Gesetz** zusammen, wonach die Konzentration des gelösten Gases durch

$$[\mathrm{Gas}] = \frac{\alpha}{760}\, P_{Gas} \quad (3)$$

gegeben ist. Der Faktor 760 ist in den Nenner eingesetzt, weil α auf den Druck von 1 atm bezogen, der Partialdruck P_{Gas} aber gewöhnlich in mm Hg angegeben wird.

Die Größe des *Bunsen-Löslichkeitskoeffizienten* α hängt zunächst von der Art des gelösten Gases, dann aber auch von der Beschaffenheit des Lösungsmittels und schließlich von der Temperatur ab. In Tabelle 22-1 sind einige charakteristische α-Werte für die Löslichkeit der atmosphärischen Gase in Wasser und Blut zusammengestellt. Mit Hilfe dieser Werte lassen sich die Konzentrationen der physikalisch gelösten Gase nach dem *Henry-Dalton-Gesetz* (Gl. 3) für vorgegebene Partialdrücke berechnen. Beispielsweise findet man für das arterielle Blut (P_{O_2} = 95 mm Hg, P_{CO_2} = 40 mm Hg) eine O_2-Konzentration von 0,003 ml O_2/ml Blut und eine CO_2-Konzentration von 0,026 ml CO_2/ml Blut. Infolge des 20mal größeren Löslichkeitskoeffizienten ist also trotz des geringeren CO_2-Partialdruckes im arteriellen Blut 9mal mehr CO_2 als O_2 physikalisch gelöst enthalten.

Tabelle 22-1. Bunsen-Löslichkeitskoeffizienten α (ml Gas $\cdot$ (ml Lösungsmittel)$^{-1} \cdot$ atm^{-1}) für O_2, CO_2 und N_2 in Wasser und Blut

	α_{O_2}	α_{CO_2}	α_{N_2}
Wasser 20° C	0,031	0,88	0,016
Wasser 37° C	0,024	0,57	0,012
Blut 37° C	0,024	0,49	0,012

Obwohl insgesamt nur verhältnismäßig kleine O_2- und CO_2-Volumina im Blut in Lösung gehen, kommt dieser Zustandsform doch eine große biologische Bedeutung zu. Bevor nämlich die Atemgasmoleküle chemische Bindungen eingehen können, müssen sie in gelöster Form zu ihren Reaktionspartnern wandern. Das heißt: *Jedes O_2- bzw. CO_2-Molekül, das in der Lunge oder den Geweben ausgetauscht wird, durchläuft den Zustand der physikalischen Lösung.*

Hämoglobin-Sauerstoff-Bindung

O_2-Bindungskapazität des Blutes. Der überwiegende Teil des mit dem Blut transportierten Sauerstoffes ist *chemisch an das Hämoglobin gebunden*. Wenn wir nach dem **maximalen O_2-Bindungsvermögen** des Hb fragen, so müssen wir nach Kenntnis des tetrameren Molekülaufbaus (s. Abb. 22-3) von der Reaktionsgleichung

$$Hb + 4O_2 \rightleftharpoons Hb\,(O_2)_4 \qquad (4)$$

ausgehen. 1 mol Hämoglobin ist also in der Lage, maximal 4 mol O_2 zu binden. Unter Berücksichtigung des Molvolumens für ideale Gase (22,4 l) würde dies bedeuten: 64500 g Hb binden $4 \times 22{,}4$ l O_2, oder 1 g Hb bindet 1,39 ml O_2. Bei der Blutgasanalyse [1] findet man einen etwas kleineren Wert (1,34–1,36 ml O_2/g Hb) und führt diese Abweichung darauf zurück, daß ein geringer Teil des Hämoglobins in „bindungsinaktiver Form" vorliegt [38]. Für praktische Zwecke wird in der Regel angenommen, daß *1 g Hb in vivo 1,34 ml O_2 bindet* **(Hüfner-Zahl).**

Neuerdings wird die Molangabe für Hämoglobin auf das Hb-Monomere bezogen (S. 845). In diesem Fall ist der Menge von 1 mol Hb (=16100 g Hb) eine maximale O_2-Bindungskapazität von 1 mol O_2 (=22,4 l O_2) zuzuordnen. Im Endeffekt gelangt man also wieder zu dem angegebenen Wert der Hüfner-Zahl.

Mit Hilfe der Hüfner-Zahl und der Hb-Konzentration läßt sich die *maximale O_2-Bindungskapazität* des Blutes berechnen: $[O_2]_{max} = 1{,}34$ (ml O_2/g Hb)·150 (g Hb/l Blut) = 0,20 (l O_2/l Blut). Dieser O_2-Gehalt ergibt sich allerdings nur, wenn das Blut mit einem sauerstoffreichen Gasgemisch ($P_{O_2} > 300$ mm Hg) äquilibriert wird, wenn also das Reaktionsgleichgewicht der Gl. (4) ganz auf die rechte Seite verlagert ist. Bei den kleineren O_2-Partialdrücken, die in vivo maßgebend sind, wird das Hämoglobin nur zum Teil in Oxyhämoglobin überführt.

O_2-Bindungskurve. Die Reaktion des Sauerstoffes mit dem Hämoglobin (Gl. 4) folgt dem Massenwirkungsgesetz. Das heißt: Die Konzentration des physikalisch gelösten O_2, die nach dem Henry-Dalton-Gesetz dem O_2-Partialdruck proportional ist, bestimmt, welcher Anteil des Hämoglobins in Oxyhämoglobin übergeführt wird. Wir bezeichnen den Konzentrationsanteil des Oxyhämoglobins an der insgesamt vorliegenden Hämoglobinkonzentration als **O_2-Sättigung** (S_{O_2}) des roten Blutfarbstoffes. Verwendet man für Oxyhämoglobin wieder die vereinfachte

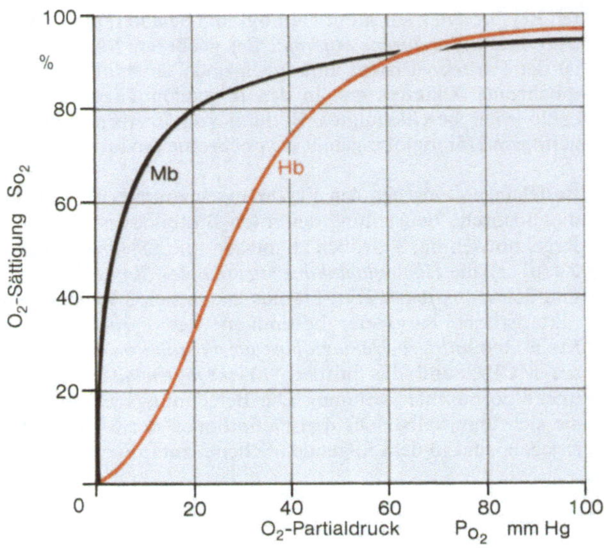

Abb. 22-6. O_2-Bindungskurven des Hämoglobins Hb (pH = 7,4; T = 37° C) und des Myoglobins Mb

Schreibweise HbO_2, gilt nach dieser Definition

$$S_{O_2} = \frac{[HbO_2]}{[Hb]_{gesamt}}. \qquad (5)$$

S_{O_2} wird gewöhnlich in % angegeben. Liegt nur desoxygeniertes Hämoglobin vor, beträgt die O_2-Sättigung 0%; ist das gesamte Hämoglobin in Oxyhämoglobin übergegangen, so besteht eine 100%ige O_2-Sättigung.

Nach dem Massenwirkungsgesetz hängt die O_2-Sättigung des Hämoglobins von dem jeweils gegebenen O_2-Partialdruck ab. Graphisch wird dieser Zusammenhang durch die *O_2-Bindungskurve* dargestellt. Wie Abb. 22-6 zeigt, besitzt die O_2-Bindungskurve des Hämoglobins einen charakteristischen *S-förmigen Verlauf*. Ihre Steilheit, die von verschiedenen Parametern abhängt (s. S. 618f.), kann am einfachsten durch den sog. **O_2-Halbsättigungsdruck** gekennzeichnet werden. Das ist derjenige O_2-Partialdruck, bei dem die O_2-Sättigung 50% beträgt, bei dem also 50% des gesamten Hämoglobins als Oxyhämoglobin vorliegen. Für die Bedingungen des arteriellen Blutes (pH = 7,4; Temperatur = 37° C) beträgt der Halbsättigungsdruck etwa 26 mm Hg (3,46 kPa) [18, 41].

Deutung des O_2-Bindungskurvenverlaufs. Die Frage nach der Ursache des S-förmigen Bindungskurvenverlaufs kann heute noch nicht abschließend beantwortet werden. Würde nur *ein* O_2-Molekül mit einem Farbstoffmolekül reagieren, dann wäre aus Gründen der Reaktionskinetik eine *hyperbelförmige O_2-Bindungskurve* zu erwarten [20]. Diese Voraussetzung ist z.B. bei der vergleichbaren Reaktion des Sauerstoffes mit dem *roten Muskelfarbstoff* **Myoglobin** (Mb) gegeben [16]. Myoglobin ist ähnlich wie eine der 4 Grundeinheiten des Hämoglobins aufgebaut. Sein Molekulargewicht steht also zu dem des Hämoglobins im Verhältnis 1:4. Myoglobin besitzt nur eine Farbstoffkomponente und kann dementsprechend nur ein O_2-Molekül anlagern:

$$Mb + O_2 \rightleftharpoons MbO_2. \quad (6)$$

In Abb. 22-6 ist die hieraus resultierende hyperbelförmige O_2-Bindungskurve dargestellt.

Der naheliegende Gedanke, daß der S-förmige O_2-Bindungskurvenverlauf des Hämoglobins auf die *4fache* O_2-Anlagerung zurückgeht, führte zur Formulierung der *Zwischenbindungshypothese* (ADAIR). Danach soll die Anlagerung der 4 O_2-Moleküle stufenweise erfolgen und jede Teilreaktion das Reaktionsgleichgewicht der nächstfolgenden Stufe beeinflussen [16, 40]. Nach dieser Theorie wird also die Sauerstoff-Hämoglobin-Reaktion durch **4 Gleichgewichtskonstanten** bestimmt, wodurch sich der S-förmige Verlauf der O_2-Bindungskurve erklären läßt.

Eine andere Deutungsmöglichkeit geht davon aus, daß Hämoglobin in 2 Zustandsformen vorliegen kann. Bei der Oxygenierung bzw. Desoxygenierung sollen sie durch **Konformationsänderung** ineinander übergehen. Sofern die beiden postulierten Zustandsformen unterschiedliche Reaktionsgleichgewichte für die O_2-Bindung aufweisen, ließe sich auch mit diesem Modell der charakteristische Kurvenverlauf deuten [20, 24].

Biologische Bedeutung des O_2-Bindungskurvenverlaufs. Der spezielle Verlauf der O_2-Bindungskurve des Hämoglobins stellt eine wesentliche Voraussetzung für die O_2-Transportfunktion des Blutes dar. Bei der **Sauerstoffaufnahme** in der Lunge gleicht sich der O_2-Partialdruck des Blutes P_{O_2} weitgehend dem alveolären O_2-Partialdruck an (S. 598f.). Im arteriellen Blut des Jugendlichen beträgt der P_{O_2} im Mittel 95 mm Hg (12,6 kPa). Wie aus Abb. 22-6 hervorgeht, ist nach der Arterialisierung das Hämoglobin zu etwa 97% mit Sauerstoff gesättigt. Im Alter und insbesondere bei Lungenfunktionsstörungen kann der arterielle O_2-Partialdruck erheblich absinken. Der flache Verlauf der O_2-Bindungskurve im Endteil verhindert jedoch in diesen Fällen einen stärkeren Abfall der O_2-Sättigung. Beträgt beispielsweise der P_{O_2} nur 60 mm Hg (8,0 kPa), dann wird immer noch eine arterielle O_2-Sättigung von 90% erreicht. *Der flache Verlauf der O_2-Bindungskurve im höheren Partialdruckbereich stellt also eine wirkungsvolle Sicherung gegen eine Untersättigung des arteriellen Blutes dar.*

Für die **Sauerstoffabgabe** im Gewebe erweist sich dagegen der steile Verlauf im Mittelteil der Bindungskurve als außerordentlich günstig. In den Geweben kommt es darauf an, ohne größere Schwankungen des O_2-Partialdruckes die Sauerstoffabgabe dem Bedarf anzupassen. In körperlicher Ruhe liegt am venösen Capillarende im Mittel ein P_{O_2} von 40 mm Hg (5,3 kPa) und damit eine O_2-Sättigung von etwa 73% vor. Sinkt der venöse O_2-Partialdruck infolge eines erhöhten Verbrauchs nur um 5 mm Hg (0,7 kPa) ab, dann wird, wie aus dem Bindungskurvenverlauf hervorgeht, die O_2-Sättigung bereits um 7% herabgesetzt und die entsprechende Sauerstoffmenge zusätzlich zur Verfügung gestellt.

O_2-Gehalt im arteriellen und venösen Blut. Der Gehalt des Blutes an chemisch gebundenem Sauerstoff hängt von der jeweils vorliegenden O_2-Sättigung S_{O_2} ab. Unter Berücksichtigung der Hüfner-Zahl errechnet sich der O_2-Gehalt (l O_2/l Blut) aus

$$[O_2] = 1{,}34 \cdot [Hb] \cdot S_{O_2} \cdot 10^{-5}, \quad (7)$$

sofern S_{O_2} in % und [Hb] in g/l angegeben werden. Mit den oben festgelegten Werten für die arterielle O_2-Sättigung ($S_{O_2} = 97\%$) und die venöse O_2-Sättigung ($S_{O_2} = 73\%$) findet man danach einen Gehalt an chemisch gebundenem Sauerstoff im arteriellen und venösen Blut von etwa 0,20 bzw. 0,15. Die **arteriovenöse Differenz der O_2-Gehalte** avD_{O_2} beträgt also 0,05 (s. Tabelle 22-2). Hieraus geht hervor, daß normalerweise nur 25% der gesamten O_2-Bindungskapazität des Blutes bei der Passage durch die Gewebecapillaren ausgeschöpft werden. Allerdings findet in den einzelnen Organen eine sehr unterschiedliche Entsättigung des Blutes statt (s.

Tabelle 22-2. Blutgasdaten und pH-Werte im arteriellen und venösen Blut des gesunden Jugendlichen in körperlicher Ruhe

	P_{O_2} (mmHg)	(kPa)	S_{O_2} (%)	$[O_2]$ (l O_2/l Blut)	P_{CO_2} (mmHg)	(kPa)	$[CO_2]$ (l CO_2/l Blut)	pH
Arterielles Blut	95	12,6	97	0,20	40	5,3	0,48	7,40
Venöses Blut	40	5,3	73	0,15	46	6,1	0,52	7,37
Arteriovenöse Differenz				0,05			0,04	

Abb. 23-2, S. 638), so daß die venösen Werte der Tabelle 22-2 nur als Mittelwerte aufzufassen sind. Bei schwerer körperlicher Arbeit beträgt die arteriovenöse O_2-Differenz mehr als 0,1.

Faktoren, welche die O_2-Bindung beeinflussen

Der Verlauf der O_2-Bindungskurve hängt zwar vorwiegend von der Reaktionsweise des Hämoglobins ab, spezielle Faktoren können jedoch das O_2-Bindungsverhalten des Blutes modifizierend beeinflussen [24]. Dabei handelt es sich in der Regel um Verlagerungen der O_2-Bindungskurve unter Zunahme oder Abnahme der Steilheit, ohne daß der charakteristische S-förmige Verlauf davon betroffen würde. Folgende Faktoren üben in diesem Sinne einen Einfluß aus: die Temperatur, der pH-Wert bzw. der CO_2-Partialdruck sowie einige unter pathophysiologischen Bedingungen relevante Parameter.

Temperatureinfluß. Wie bei den meisten chemischen Prozessen beeinflußt die Temperatur auch das Gleichgewicht der Sauerstoff-Hämoglobin-Reaktion. Dies wirkt sich auf die O_2-Bindungskurve so aus, daß bei niedrigen Temperaturen die Kurve einen steilen, bei hohen Temperaturen einen flachen Verlauf annimmt (Abb. 22-7A). Die Temperaturabhängigkeit der O_2-Bindungskurve hat für den Warmblüter nur eine geringe biologische Bedeutung; sie ist jedoch in bestimmten Fällen (Fieber, Hypothermie, s.S. 679f.) zu berücksichtigen.

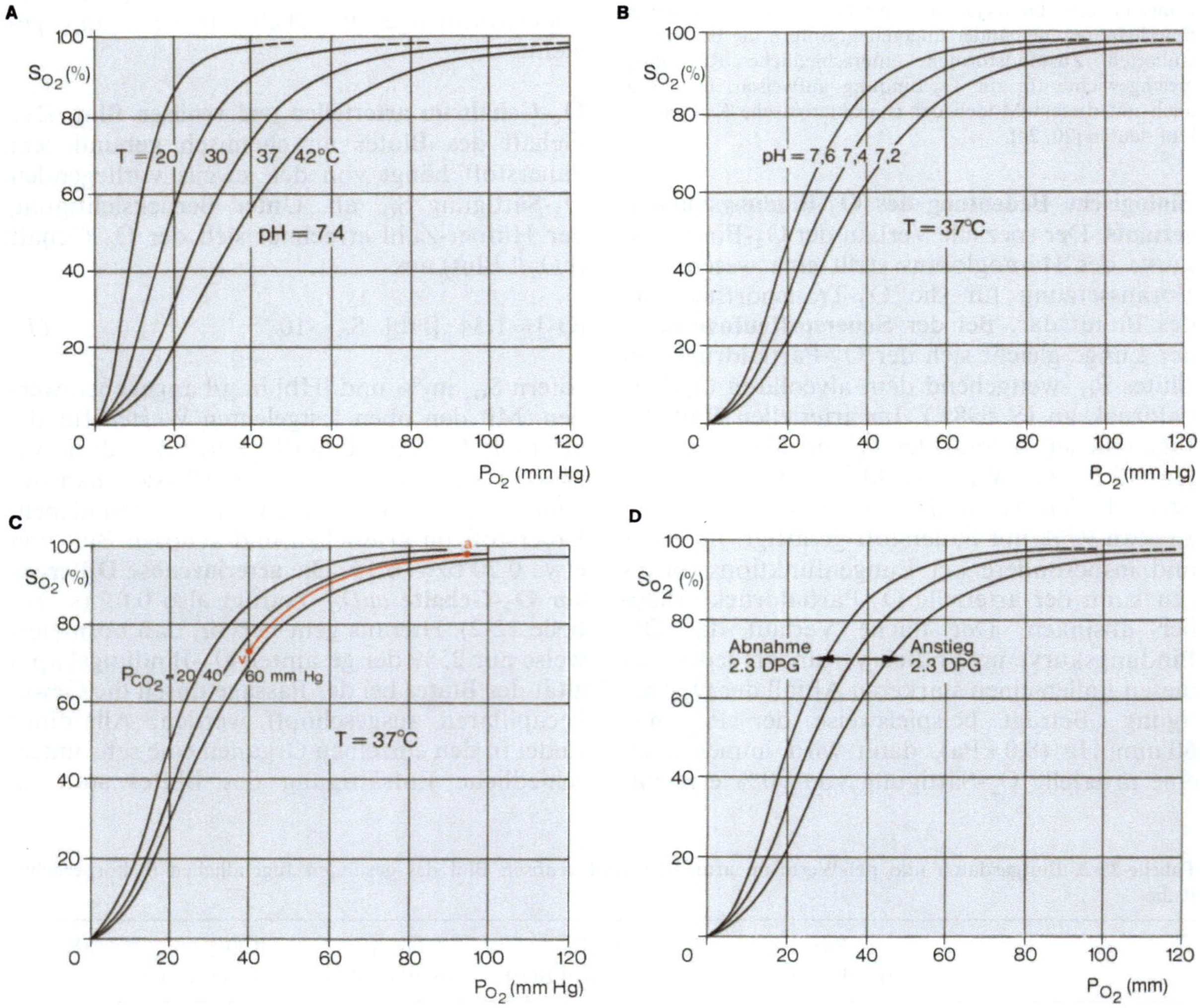

Abb. 22-7 A–D. Abhängigkeit der O_2-Bindungskurve des Blutes von verschiedenen Parametern [18, 31]. **A** Temperaturabhängigkeit, **B** pH-Abhängigkeit (Bohr-Effekt), **C** Abhängigkeit vom CO_2-Partialdruck, **D** Abhängigkeit von der intraerythrocytären Konzentration des 2,3-Diphosphoglycerat (2,3-DPG). Die *rote* „effektive O_2-Bindungskurve" zwischen den Punkten *a* (arterielles Blut) und *v* (venöses Blut) ist für den Gasaustausch unter Ruhebedingungen maßgebend

pH- und P_{CO_2}-Einfluß. Einen erheblichen Einfluß auf den Verlauf der O_2-Bindungskurve hat die H^+-Ionenkonzentration im Blut. Diese Abhängigkeit gibt Abb. 22-7B wieder, wobei als Maß für die H^+-Ionenkonzentration der pH-Wert angegeben ist. *Mit abnehmendem pH-Wert, d.h. mit zunehmender Acidität des Blutes, sinkt die Affinität des Sauerstoffes zum Hämoglobin;* die O_2-Bindungskurve nimmt einen flacheren Verlauf an. Die pH-Angaben in Abb. 22-7B beziehen sich alle auf das Blutplasma. Zweifellos wäre es im Hinblick auf den ursächlichen Zusammenhang richtiger, die Abhängigkeit der O_2-Bindungskurve vom intraerythrocytären pH anzugeben. Da dieser jedoch schwer zu bestimmen ist, wählt man i. allg. den Plasma-pH als Parameter. Die in Abb. 22-7B wiedergegebene pH-Abhängigkeit des O_2-Bindungskurvenverlaufs wird als **Bohr-Effekt** bezeichnet.
Der pH-Wert steht in enger Beziehung zum jeweils vorliegenden CO_2-Partialdruck (P_{CO_2}). Eine Zunahme des CO_2-Partialdruckes geht mit einer Abnahme des pH-Wertes einher. Daher kann man an Stelle des pH auch P_{CO_2} als Parameter wählen und erhält dann die in Abb. 22-7C wiedergegebene Bindungskurvenschar. *Mit einer Zunahme des CO_2-Partialdruckes sinkt die Affinität des Sauerstoffes zu Hämoglobin;* die O_2-Bindungskurve nimmt einen flacheren Verlauf an. Diese Abhängigkeit der O_2-Bindungskurve vom CO_2-Partialdruck wird ebenfalls als *Bohr-Effekt* bezeichnet. Die genaue quantitative Untersuchung zeigt, daß der CO_2-Einfluß auf die O_2-Bindungskurve nicht allein auf die entsprechende pH-Änderung zurückgeführt werden kann, sondern daß daneben noch eine „spezifische CO_2-Wirkung" angenommen werden muß [24].

Bedeutung des Bohr-Effektes. Der Bohr-Effekt hat sowohl bei der *O_2-Aufnahme in der Lunge* als auch bei der *O_2-Abgabe in den Geweben* eine gewisse physiologische Wirkung, die jedoch in ihrem Ausmaß nicht überschätzt werden darf. Betrachten wir zunächst die Verhältnisse in der Lunge. Hier ist die O_2-Aufnahme mit der CO_2-Abgabe gekoppelt, so daß gleichzeitig mit der Zunahme der O_2-Sättigung des Hämoglobins eine Verlagerung der O_2-Bindungskurve nach links stattfindet. Diese gleichzeitigen Veränderungen werden durch die rote Kurve in Abb. 22-7C wiedergegeben, die manchmal auch als die *„effektive O_2-Bindungskurve"* bezeichnet wird. Vom Punkt des venösen Blutes v (P_{O_2} = 40 mm Hg, P_{CO_2} = 46 mm Hg) führt die Aufsättigung zum Punkt des arterialisierten Blutes a (P_{O_2} = 95 mm Hg, P_{CO_2} = 40 mm Hg), wobei die O_2-Affinität des Hämoglobins ständig zunimmt. Der O_2-Transport erfolgt zwar durch Diffusion (S. 596); die Affinitätszunahme bewirkt jedoch, daß die Diffusionsrate geringfügig erhöht wird. Der Bohr-Effekt erleichtert also die Sauerstoffaufnahme in der Lunge.

Für die O_2-Abgabe aus dem Capillarblut in das Gewebe hat der Bohr-Effekt eine etwas größere Bedeutung. Durch die gleichzeitig stattfindende CO_2-Aufnahme des Blutes erfolgt hier eine Verlagerung der O_2-Bindungskurve nach rechts. Diese rote „effektive O_2-Bindungskurve" in Abb. 22-7C wird jetzt von a nach v durchlaufen. Mit der Abnahme der O_2-Affinität kommt es zu einer zusätzlichen Desoxygenierung des Hämoglobins und damit zu einer O_2-Abdiffusion in das Gewebe bei einem erhöhten capillären O_2-Partialdruck. *Wieder unterstützt der Bohr-Effekt den Austausch des Sauerstoffes.*

Pathophysiologische Faktoren. Unter gewissen pathologischen Umständen können die O_2-Transportbedingungen im Blut verändert sein. So beobachtet man bei einer Reihe von Erkrankungen, insbesondere bei bestimmten Anämieformen, nach rechts und seltener nach links verlagerte O_2-Bindungskurven. Die Ursachen hierfür sind noch nicht vollständig geklärt. Man weiß jedoch, daß gewisse organische Phosphatverbindungen, deren intraerythrocytäre Konzentrationen unter pathologischen Bedingungen verändert sein können, den O_2-Bindungskurvenverlauf erheblich beeinflussen. Zu ihnen gehört in erster Linie das **2,3-Diphosphoglycerat (2,3-DPG)** (s. Abb. 22-7D) [26, 33]. Außerdem kann die Konzentration der Kationen im Erythrocyten das O_2-Bindungsverhalten des Hämoglobins beeinflussen. Ferner muß die Auswirkung pathologischer pH-Werte beachtet werden. Große pH-Werte *(Alkalose)* führen über den Bohr-Effekt zu leichterer O_2-Aufnahme in der Lunge und zu ungünstigeren O_2-Abgabebedingungen im Gewebe, während kleine pH-Werte *(Acidose)* den umgekehrten Effekt haben. Besonders starke Linksverlagerungen der O_2-Bindungskurve findet man schließlich als Folge von *CO-Vergiftungen* (S. 620).

Fetale O_2-Bindungskurve. In der Placenta erfolgt der Gasaustausch, wie überall im Organismus, durch Diffusion. Hierbei ist das unterschiedliche O_2-Bindungsverhalten des mütterlichen und fetalen Blutes besonders zu beachten. Die *O_2-Bindungskurve des fetalen Blutes* verläuft zwar etwas *steiler* als die des mütterlichen Blutes, wenn man die beiden Kurven *unter gleichen Bedingungen* untersucht. Diese Linksverlagerung wird jedoch in vivo dadurch nahezu rückgängig gemacht, daß das Blut des Feten einen *kleineren pH-Wert* aufweist (Bohr-Effekt). Aus den O_2-Affinitäten des fetalen und mütterlichen Blutes ergibt sich daher kaum eine unterstützende Wirkung auf den placentaren Gasaustausch. Die günstigen Voraussetzungen werden erst deutlich, wenn man die unterschiedlichen *Hämoglobinkonzentrationen* des mütterlichen

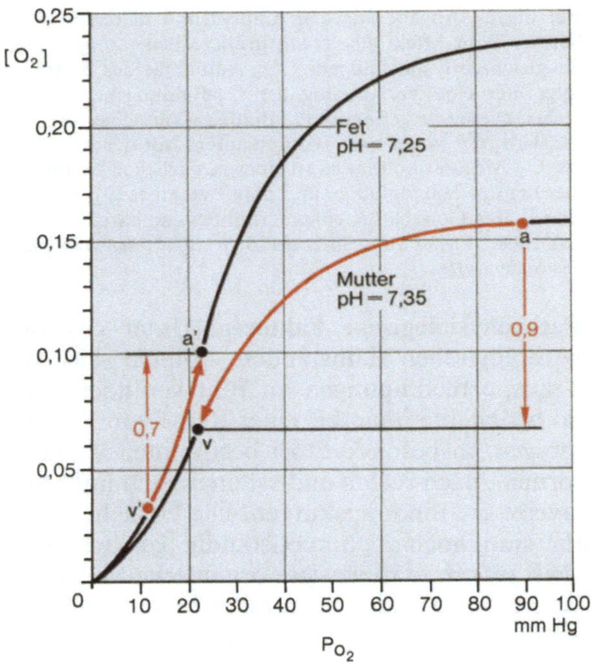

Abb. 22-8. O_2-Gehalt $[O_2]$ in Abhängigkeit vom O_2-Partialdruck P_{O_2} für das mütterliche und fetale Blut zum Zeitpunkt der Geburt. Beim Gasaustausch in der Placenta sinkt der O_2-Gehalt im mütterlichen Blut von *a* (arterielles Blut) bis *v* (venöses Blut) ab, während er im fetalen Blut von *v'* (venosiertes Blut in der A. umbilicalis) bis *a'* (arterialisiertes Blut in der V. umbilicalis) ansteigt

und fetalen Blutes mit berücksichtigt [2, 29, 36].

In Abb. 22-8 sind die O_2-Bindungskurven des mütterlichen und fetalen Blutes zum Zeitpunkt der Geburt bei den mittleren pH-Werten in der Placenta angegeben. Um die verschiedenen Hämoglobinkonzentrationen von Mutter und Fetus (120 g/l bzw. 180 g/l) berücksichtigen zu können, ist auf der Ordinate nicht die O_2-Sättigung, sondern der O_2-Gehalt aufgetragen. Die Bindungskurven werden bei der Entsättigung des mütterlichen Blutes und bei der Aufsättigung des fetalen Blutes jeweils zwischen den Punkten a und v bzw. v' und a' in Pfeilrichtung durchlaufen. Man erkennt, daß bei gleichem O_2-Partialdruck das fetale Blut wesentlich mehr Sauerstoff binden kann als das der Mutter. Beispielsweise beträgt bei $P_{O_2} = 25$ mm Hg (3,3 kPa) der O_2-Gehalt 0,08 für das mütterliche Blut und 0,11 für das fetale Blut.

Eine besondere Bedeutung kommt beim placentaren Gasaustausch dem Bohr-Effekt zu. Während des Diffusionskontaktes nimmt infolge des CO_2-Austausches die O_2-Affinität des mütterlichen Blutes ab, während gleichzeitig das O_2-Bindungsbestreben des fetalen Blutes anwächst. Dieser *doppelte* Einfluß des *Bohr-Effektes*, der in Abb. 22-8 nicht dargestellt ist, bewirkt einen Anstieg der O_2-Austauschrate.

Hämoglobin-Kohlenmonoxid-Bindung

Bedeutend größer als die Affinität des Sauerstoffes zum Hämoglobin ist das Bestreben des Kohlenmonoxids CO, sich dem roten Blutfarbstoff anzulagern. Das CO-Gas ist bereits bei kleinsten Partialdrücken in der Lage, das vorliegende Hämoglobin in CO-Hämoglobin umzuwandeln:

$$Hb + CO \rightleftharpoons HbCO. \quad (8)$$

Das Reaktionsgleichgewicht ist stark auf die rechte Seite der Gleichung verlagert, was in einem sehr steilen Verlauf der *CO-Bindungskurve* des Hämoglobins zum Ausdruck kommt. Die hohe Affinität von CO zu Hämoglobin ist darauf zurückzuführen, daß CO sehr viel langsamer als O_2 aus der Hb-Bindung freigegeben wird [16].

Die maximale Arbeitsplatzkonzentration für CO (MAK-Wert, S. 713) beträgt 30 ppm (parts per million), entsprechend $F_{CO} = 3 \cdot 10^{-5}$ (0,003 Vol.%). Bei einem längeren Aufenthalt in einer solchen Umgebung weist das arterielle Blut bereits einen Anteil von etwa 5% HbCO am gesamten Hämoglobin auf. Vergleicht man die CO- und O_2-Partialdrücke, die erforderlich sind, um 5% HbCO bzw. 5% HbO_2 einzustellen, so verhalten sich diese wie 1:350, d.h. die relative Affinität von CO zu Hb ist in diesem Bereich etwa *350mal größer* als die entsprechende O_2-Affinität.

Die große Affinität des Kohlenmonoxids zum Hämoglobin ist die Ursache für die *Giftigkeit* dieses farblosen und geruchslosen Gases, das bei unvollständiger Verbrennung organischer Substanzen entsteht, gelegentlich noch im Stadtgas enthalten ist und auch in den Abgasen von Verbrennungsmaschinen vorkommt. Kohlenmonoxid ist bei geringen inspiratorischen Fraktionen in der Lage, Sauerstoff aus der Hämoglobinverbindung zu verdrängen und auf diese Weise den Blutfarbstoff für den O_2-Transport zu blockieren. Normalerweise liegt 1% des Hämoglobins im Blut als HbCO vor; bei Rauchern findet man abends bis zu 20% HbCO. Wie stark die CO-Belastung im Straßenverkehr sein kann, ist daran zu erkennen, daß an manchen verkehrsintensiven Kreuzungen eine CO-Fraktion von $3 \cdot 10^{-4}$ in der Einatmungsluft festgestellt wurde. Das ist diejenige Fraktion, bei welcher der Bergmann unter Tage sein Atemgerät anlegen soll.

Für die Giftigkeit des CO-Gases ist neben der Blockierung des Hämoglobins noch ein weiterer Faktor maßgebend: Wenn ein Teil des Hb in HbCO umgewandelt ist, dann weist das noch unblockierte Hämoglobin eine *nach links verlagerte O_2-Bindungskurve* auf [15], die schließlich sogar Hyperbelform annehmen kann. Dadurch sinken die O_2-Partialdrücke in den Gewebecapillaren noch weiter ab.

Bei einer starken CO-Vergiftung, die man an der kirschroten Farbe des Blutes erkennt, kann eine sofort durchgeführte künstliche Beatmung, wenn möglich mit reinem Sauerstoff, lebensrettend sein. Auf diese Weise erhöht man den O_2-Partialdruck im Blut, wodurch CO aus der Hb-Verbindung verdrängt wird. Unterstützend wirkt eine große Bluttransfusion, mit der unblockiertes und damit für den O_2-Transport freies Hämoglobin dem Patienten zugeführt wird.

22.3 CO_2-Transportfunktion des Blutes

Formen des CO_2-Transportes

Kohlendioxid (CO_2), das als Endprodukt des oxidativen Stoffwechsels in den Körperzellen gebildet wird, gelangt auf dem Blutweg in die Lunge, um dort an die Umgebung abgegeben zu werden. Ähnlich wie der Sauerstoff kann Kohlendioxid in *physikalisch gelöster* und *chemisch gebundener Form* im Blut transportiert werden. Allerdings ist der Vorgang der chemischen Bindung für CO_2 etwas komplexer angelegt als für O_2. Neben dem *CO_2-Transport* muß nämlich durch denselben Prozeß auch das *Säure-Basen-Gleichgewicht* im Blut und damit im Gesamtorganismus aufrechterhalten werden.

CO_2-Bindung. Das arterielle Blut tritt mit einem CO_2-Partialdruck von 40 mm Hg (5,3 kPa) in die Gewebecapillaren ein. In den Zellen der Capillarumgebung liegt infolge der ständigen CO_2-Produktion ein höherer Partialdruck vor, so daß die physikalisch gelösten CO_2-Moleküle, dem Druckgradienten folgend, in die Capillare diffundieren. Im Capillarblut bleibt ein geringer Teil physikalisch gelöst; der überwiegende Anteil jedoch unterliegt einer weiteren chemischen Umsetzung (Abb. 22-9). Zunächst wird CO_2 zu Kohlensäure (H_2CO_3) hydratisiert, die sofort in Bicarbonat (Hydrogencarbonat) und Protonen dissoziiert:

$$CO_2 + H_2O \rightleftharpoons H_2CO_3 \rightleftharpoons HCO_3^- + H^+ \qquad (9)$$

Diese Reaktion läuft im Plasma nur langsam, im Erythrocyten dagegen mit einer etwa 10000mal größeren Geschwindigkeit ab. Die Ursache hierfür ist die Anwesenheit des reaktionsbeschleunigenden Enzyms **Carboanhydrase** im Erythrocyten [16]. Aus diesem Grunde müssen praktisch alle an der chemischen Umsetzung beteiligten CO_2-Moleküle den Weg über den Erythrocyten nehmen.

Die fortschreitende Erhöhung der HCO_3^--Konzentration im Inneren des Erythrocyten schafft ein Diffusionsgefälle in Richtung auf den umgebenden Plasmaraum. Die HCO_3^--Ionen können aber diesem Gefälle nur folgen, wenn dadurch das elektrische Ladungsgleichgewicht nicht wesentlich gestört wird. Es müßte also jeweils ein Kation zusammen mit einem HCO_3^--Ion den Erythrocyten verlassen oder aber ein Anion im Austausch gegen HCO_3^- eintreten. Die erstgenannte Möglichkeit kann nicht realisiert werden, weil die Erythrocytenmembran für Kationen praktisch undurchlässig ist. Dagegen kann die Membran von kleinen Anionen relativ gut passiert werden. HCO_3^--Ionen verlassen daher im Austausch gegen Cl^--Ionen den Erythrocyten. Dieser Austausch wird als **Hamburger-Shift** bzw. als **Chloridverschiebung** bezeichnet.

Neben den HCO_3^--Ionen entstehen bei der CO_2-Aufnahme des Erythrocyten laufend H^+-Ionen. Eine starke pH-Änderung wird jedoch v.a. durch das Hämoglobin weitgehend verhindert. Einmal besitzt der rote Blutfarbstoff wegen seines Ampholytcharakters eine große *Pufferkapazität*, zum anderen bewirkt die gleichzeitig stattfindende O_2-Abgabe eine *Abnahme der Acidität* des Hämoglobins, so daß zusätzlich H^+-Ionen aufgenommen werden können (S. 626).

Eine weitere Möglichkeit der CO_2-Bindung besteht in der direkten Anlagerung an die Eiweißkomponente des Hämoglobins. Die Reaktion findet an den Aminogruppen statt, die mit dem CO_2 eine *Carbaminoverbindung* (Carbamat) bilden:

$$\text{Hb-NH}_2 + CO_2 \rightleftharpoons \text{Hb-NHCOO}^- + H^+. \qquad (10)$$

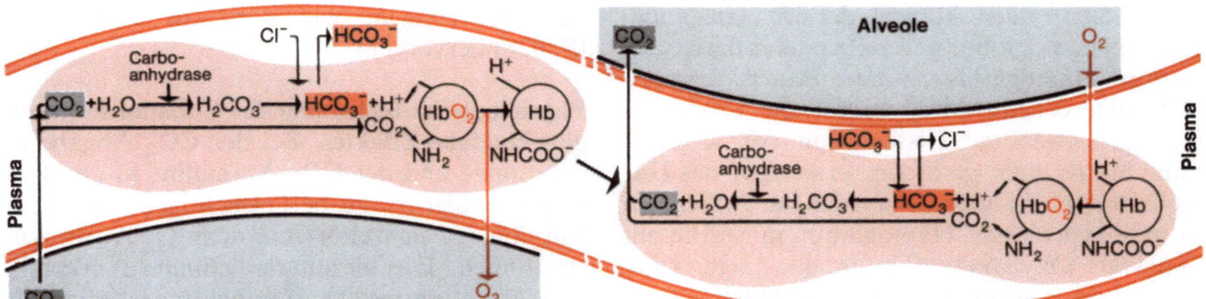

Abb. 22-9. Chemische Reaktionen im Erythrocyten beim Gasaustausch im Gewebe (*links*) und in der Lunge (*rechts*)

Das Reaktionsprodukt wird als **Carbaminohämoglobin** oder auch abgekürzt als *Carbhämoglobin* bezeichnet.
Die beschriebenen chemischen Reaktionen sind, in ihrer wechselseitigen Abhängigkeit zusammengefaßt, in Abb. 22-9 dargestellt. Die linke Seite zeigt die Reaktionen bei der CO_2-Aufnahme in den Gewebecapillaren, die rechte Seite die Vorgänge bei der CO_2-Abgabe in der Lunge, die in allen Teilprozessen in der umgekehrten Richtung ablaufen.

Anteile der Bindungsformen beim CO_2-Austausch. Das Blut gelangt mit einem CO_2-Partialdruck von 40 mm Hg in die Gewebecapillaren und verläßt diese nach der CO_2-Aufnahme mit einem durchschnittlichen CO_2-Partialdruck von 46 mm Hg. Dabei nimmt 1 l Blut etwa 1,8 mmol CO_2 auf. Von der aus den Geweben in das Blut diffundierenden CO_2-Menge werden etwa 12% als physikalisch gelöstes CO_2 bzw. als undissoziierte Kohlensäure (H_2CO_3) aufgenommen. 11% bilden mit Hb die Carbaminoverbindung; 27% bleiben als Bicarbonat in den Erythrocyten, während der überwiegende Anteil von etwa 50% als Bicarbonat in das Plasma gelangt. Bei der CO_2-Abgabe in der Lunge werden die gleichen Anteile wieder aus den 4 Transportformen freigesetzt.

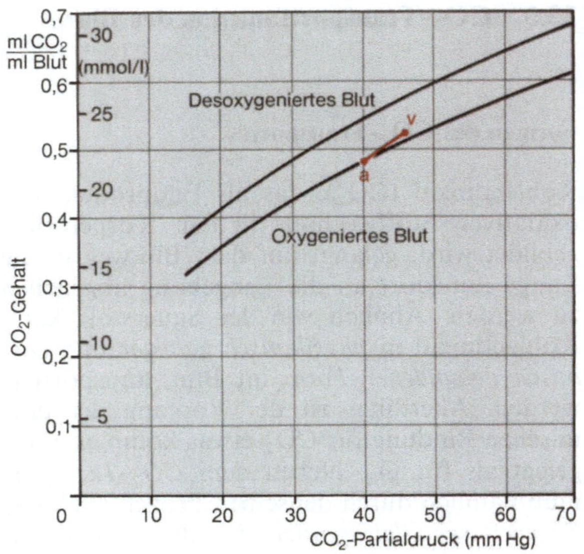

Abb. 22-10. CO_2-Bindungskurven für das oxygenierte und desoxygenierte Blut. Beim Gasaustausch ist die *rote* „effektive CO_2-Bindungskurve" zwischen den Punkten *a* (arterielles Blut) und *v* (venöses Blut) maßgebend

CO_2-Bindungskurven des Blutes

P_{CO_2}-Abhängigkeit des CO_2-Gehaltes. Der gesamte Kohlendioxidgehalt des Blutes setzt sich aus dem physikalisch gelösten CO_2 sowie aus dem chemisch in Form von Carbamat und Bicarbonat gebundenen CO_2 zusammen, wobei der ganz überwiegende CO_2-Anteil auf das intra- und extraerythrocytäre *Bicarbonat* entfällt. Die Konzentrationen aller dieser Transportformen nehmen mit ansteigendem CO_2-Partialdruck P_{CO_2} zu.
Die P_{CO_2}-Abhängigkeit des Gesamtgehaltes des Blutes an CO_2 läßt sich analog der O_2-Bindungskurve graphisch darstellen. Abbildung 22-10 zeigt den Verlauf der so definierten **CO_2-Bindungskurve,** und zwar gesondert für oxygeniertes und für desoxygeniertes Blut. Die unterschiedliche Bindung des Kohlendioxids in diesen beiden Fällen kommt dadurch zustande, daß Oxyhämoglobin gegenüber dem desoxygenierten Hämoglobin stärker sauer reagiert. Dementsprechend wird die für die CO_2-Aufnahme notwendige Dissoziation der Kohlensäure um so mehr gefördert, je weniger das Hämoglobin mit Sauerstoff beladen ist. Außerdem ist desoxygeniertes Hämoglobin in stärkerem Maße als Oxyhämoglobin in der Lage, CO_2 als Carbamat zu binden [16]. Die Abhängigkeit der CO_2-Bindung vom Oxygenierungsgrad des Hämoglobins wird als **Christiansen-Douglas-Haldane-Effekt** oder manchmal auch kurz als *Haldane-Effekt* bezeichnet.
Der Verlauf der CO_2-Bindungskurve weicht in einem entscheidenden Punkt von dem der O_2-Bindungskurve ab. Während sich die O_2-Bindungskurve asymptotisch einem Maximalwert nähert, zeigt die CO_2-Bindung *keine Sättigungscharakteristik*. Mit steigendem CO_2-Partialdruck nimmt die Menge des gebundenen CO_2 immer weiter zu, weil die Bildung von Bicarbonat praktisch unbeschränkt fortschreiten kann. Aus diesem Grund darf auch die Ordinate der CO_2-Bindungskurve nicht in Sättigungseinheiten, sondern nur in Konzentrationseinheiten (ml CO_2/ml Blut oder mmol/l) angegeben werden.
Die in Abb. 22-10 dargestellten CO_2-Bindungskurven gelten nur bei normalem Säure-Basen-Status des Blutes. Bei metabolischen Acidosen oder Alkalosen kommt es zu erheblichen Kurvenverlagerungen, wie dies aus Abb. 22-16 (S. 628) hervorgeht.

Physiologische Bedeutung des Christiansen-Douglas-Haldane-Effektes. Bei der CO_2-Abgabe in der Lunge und der CO_2-Aufnahme in den Geweben haben wir zu berücksichtigen, daß diese Vorgänge gleichzeitig mit dem O_2-Austausch stattfinden. Die hierdurch bedingte Änderung der O_2-Sättigung des Hämoglobins beeinflußt die CO_2-Bindung des Blutes und hat damit Rückwirkungen auf den CO_2-Austausch.

Das arterielle Blut tritt praktisch vollständig oxygeniert in die Gewebecapillaren ein (Punkt a in Abb. 22-10). Wird nun bei der Capillarpassage O_2 an das Gewebe abgegeben, so nimmt die CO_2-Bindungsfähigkeit des Blutes zu. Die CO_2-Aufnahme in die Gewebecapillaren wird also durch den Christiansen-Douglas-Haldane-Effekt gefördert.
In der Lunge spielt sich der umgekehrte Austauschprozeß ab. Wegen der hier stattfindenden O_2-Aufnahme wird die CO_2-Bindungsfähigkeit des Blutes herabgesetzt und damit die diffusionsbedingte CO_2-Abgabe gefördert. Beim Austausch in den Lungencapillaren wird die rote Kurve in Abb. 22-10 in der Richtung von v nach a durchlaufen. Diese Kurve, die für den CO_2-Austausch sowohl in der Lunge als auch in den Geweben maßgebend ist, kann als *effektive CO_2-Bindungskurve* gekennzeichnet werden. Für beide Vorgänge, CO_2-Aufnahme in den Geweben und CO_2-Abgabe in der Lunge, gilt also gleichermaßen die Feststellung: *Der durch Diffusion erfolgende CO_2-Austausch wird durch den Christiansen-Douglas-Haldane-Effekt unterstützt.*

22.4 Säure-Basen-Status des Blutes

pH-Wert des Blutes

Säuren und Basen. Nach der Definition von Brønstedt sind *Säuren* solche Substanzen, die in Lösung Wasserstoffionen abgeben **(Protonendonatoren),** und *Basen* Substanzen, die Wasserstoffionen binden **(Protonenacceptoren).** Diese Definition ist speziell für den biologischen Bereich besonders zweckmäßig. Danach ist in der *Dissoziationsreaktion*

$$HA \rightleftharpoons H^+ + A^- \quad (11)$$

HA eine *Säure* (Reaktionsablauf von links nach rechts). Unter geeigneten Bedingungen kann aber auch das Anion A^- Wasserstoffionen binden, d.h. die Reaktion in entgegengesetzter Richtung ablaufen. In diesem Fall wäre A^- definitionsgemäß eine *Base*. Sie wird als *korrespondierende Base* bezeichnet. Zwischen Dissoziation und Assoziation besteht ein Gleichgewicht, das dem *Massenwirkungsgesetz* folgt. Bei einer starken Säure, beispielsweise HCl, ist dieses Gleichgewicht sehr stark auf die rechte Seite der Gl. (11) verlagert. Handelt es sich dagegen bei HA um eine schwache Säure, so kann nach Maßgabe der Gleichgewichtskonstanten eine unvollständige Dissoziation vorliegen (Abb. 22-11).

pH-Wert. Die saure oder alkalische Reaktion einer Flüssigkeit hängt von den Konzentrationen der jeweils vorliegenden freien Wasserstoffionen ab, die durch den pH-Wert charakterisiert wird. *Der pH-Wert ist definiert als der negative dekadische Logarithmus der molaren H^+-Ionenkonzentration:*

$$pH = -\log[H^+]. \quad (12)$$

Einem pH-Wert von 7, der eine neutrale Reaktion kennzeichnet, entspricht somit eine H^+-Ionenkonzentration von $[H^+] = 10^{-7}$ mol/l. Mit abnehmendem pH wächst die Acidität, d.h. der Säuregrad der Lösung.
Die zunächst nur formale und aus meßtechnischen Gründen eingeführte Definition des pH-Wertes hat im biologischen Bereich noch eine besondere Bedeutung: Das *elektrochemische Potential* von Ionen ist nämlich nicht ihrer Konzentration, sondern dem Logarithmus der Konzentration proportional. Aus diesem Grunde ist anzunehmen, daß die Meßfühler oder Receptoren im menschlichen und tierischen Organismus, die im Dienst der Regelung des Säure-Basen-Gleichgewichtes stehen, nicht konzentrations-, sondern pH-abhängig reagieren [35].

pH-Messung. Der pH-Wert einer Lösung kann mit Hilfe von *Indikatoren* oder *elektrometrisch* bestimmt werden. Bei den pH-Indikatoren handelt es sich meist um sehr schwache Säuren oder Basen, die bei einem charakteristischen pH-Wert dissoziieren und bei diesem Vorgang ihre Farbe ändern. Für die stufenlose und genaue pH-Messung verwendet man v.a. das elektrometrische Verfahren mit Hilfe der *Glaselektrode*. Das meist kugelförmig aufgeblasene Ende einer solchen Elektrode besteht aus einem Spezialglas, durch dessen Oberfläche H^+-Ionen hindurchtreten können. Ist der Innenraum der Kugelmembran mit einer Pufferlösung gefüllt, dann bildet sich beim Eintauchen in die Meßlösung nach der Nernst-Gleichung (S. 6) eine Potentialdifferenz zwischen den beiden Lösungen aus, die vom äußeren pH-Wert abhängig ist. Die Ableitung der Potentialdifferenz erfolgt durch unpolarisierbare Elektroden. Heute verwendet man vielfach die leicht zu handhabende *Einstabmeßkette,* bei der Meßelektrode und Bezugselektrode in einem Mantelgefäß untergebracht sind. Nach der Spannungsverstärkung wird der Meßwert durch ein Zeigerinstrument oder auf einem Schreiber zur Anzeige gebracht. Vor der Messung ist eine Eichung mit Hilfe von *Standardpufferlösungen* erforderlich.

Konstanz des arteriellen pH-Wertes. *Der pH-Wert des arteriellen menschliches Blutes (37° C) liegt im Bereich zwischen 7,37 und 7,43 mit einem Mittelwert bei 7,40.* Diese Angaben beziehen sich genaugenommen auf das *Blutplasma.* Bei einer pH-Messung im Blut besteht lediglich ein Kontakt zwischen der Glaselektrode und dem Plasma, während der intraerythrocytäre pH-Wert nicht miterfaßt wird. Der schwer meßbare pH-Wert des Erythrocyten weicht von dem des Plasmas ab und beträgt 7,2–7,3. In der Regel

ist mit dem Terminus Blut-pH stets der pH-Wert des Plasmas gemeint.
Das menschliche Blut weist also eine schwach alkalische Reaktion auf. Trotz der ständig schwankenden Abgabe saurer Stoffwechselprodukte an das Blut wird dessen absolute Reaktion *sehr genau konstant gehalten.* Diese Konstanz ist eine wichtige Voraussetzung für die Aufrechterhaltung eines geregelten Stoffwechselablaufes in den Körperzellen, weil die Aktivitäten vieler am Stoffwechsel beteiligten Enzyme vom pH-Wert abhängen. Durch pH-Veränderungen unter pathologischen Bedingungen werden die einzelnen Enzyme in wechselndem Maße betroffen, so daß Störungen im Ablauf der Stoffwechselvorgänge die Folge sein können. An der Regelung des Säure-Basen-Status, d.h. an der Konstanthaltung des Blut-pH, sind mehrere Faktoren beteiligt. Es sind dies die *Puffereigenschaften des Blutes, der Gasaustausch in der Lunge und die Ausscheidungsmechanismen der Niere.*

Puffereigenschaften des Blutes

Charakteristika von Puffersystemen [17]. Wir gehen davon aus, daß die Dissoziation einer schwachen Säure HA in Wasserstoffion H^+ und korrespondierende Base A^- dem **Massenwirkungsgesetz** folgt. Bezeichnet man die molaren Konzentrationen der Reaktionspartner mit ekkigen Klammersymbolen, so gilt:

$$\frac{[H^+][A^-]}{[HA]} = K'. \qquad (13)$$

K′ ist die Gleichgewichtskonstante (Dissoziationskonstante), wobei der Strich bedeutet, daß in ihr die speziellen Bedingungen der Lösung, wie z.B. die Ionenstärke, berücksichtigt sind. Erhöht man in einem solchen System die Konzentration der H^+-Ionen, dann muß gleichzeitig die Konzentration der undissoziierten Säure ansteigen, damit die Gleichgewichtsbedingung des Massenwirkungsgesetzes erfüllt bleibt. Mit anderen Worten: Die Dissoziation wird zurückgedrängt, die zugesetzten freien H^+-Ionen werden teilweise wieder eliminiert. Die pH-Änderung ist also geringer, als dem H^+-Ionenzusatz entspricht. Umgekehrt führt eine Senkung der H^+-Ionenkonzentration nur zu einer kleinen pH-Änderung. *Eine solche Abschwächung des Effektes eines H^+- oder OH^--Ionenzusatzes wird als Pufferung bezeichnet.*

Für die quantitative Beurteilung des Puffereffektes ist es zweckmäßig, Gl. (13) nach Umformung zu logarithmieren:

$$-\log[H^+] = -\log K' - \log\frac{[HA]}{[A^-]} \qquad (14)$$

$$pH = pK' + \log\frac{[A^-]}{[HA]}. \qquad (15)$$

Diese Form des Massenwirkungsgesetzes für ein Puffersystem wird als **Henderson-Hasselbalch-Gleichung** bezeichnet, wobei $pK' = -\log K'$ ebenso wie K′ eine für das System charakteristische Konstante darstellt. Für Gl. (15) kann man auch schreiben

$$pH = pK' + \log\frac{\alpha}{1-\alpha} \qquad (16)$$

$$\text{mit } \alpha = \frac{[A^-]}{[HA]+[A^-]}.$$

Der hier eingeführte *Dissoziationsgrad* α gibt den Anteil der Basenkonzentration $[A^-]$ an der Gesamtkonzentration von Säure und Base $[HA]+[A^-]$ an. Diese Beziehung zwischen dem Dissoziationsgrad α und dem pH-Wert der Pufferlösung ist in Abb. 22-11 graphisch dargestellt. Man erkennt, daß eine Änderung der Dissoziation nur in einem beschränkten pH-Bereich möglich ist, der sich von *pK′ − 2* bis *pK′ + 2* er-

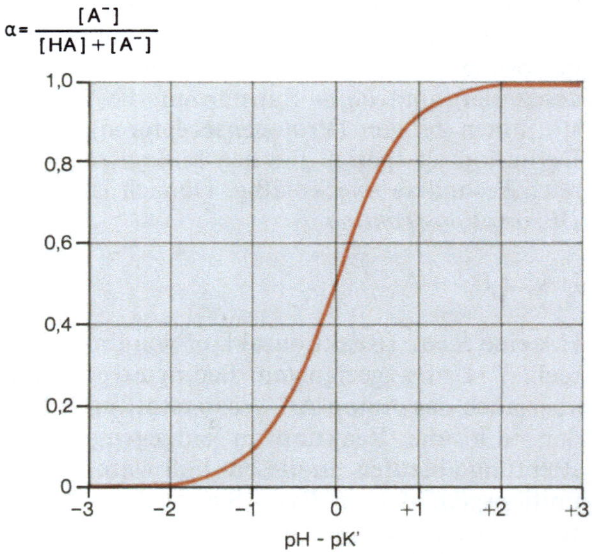

Abb. 22-11. Abhängigkeit des Dissoziationsgrades α einer schwachen Säure vom pH-Wert. *pK′* = negativer Logarithmus der Gleichgewichtskonstanten K′. Eine derartige Pufferkurve erhält man bei mehrfachem H^+- oder OH^--Zusatz zu der Lösung mit jeweils anschließender pH-Messung

streckt. Nur in diesem Bereich besitzt das System eine Pufferfunktion.
Unter der **Pufferkapazität** eines Systems, bestehend aus einer schwachen Säure und ihrer korrespondierenden Base, versteht man das Verhältnis der zugeführten Mengen an H^+- oder OH^--Ionen zu der resultierenden pH-Änderung. Bei einer H^+- bzw. OH^--Zufuhr tritt im steilsten Bereich der Pufferkurve (Abb. 22-11) die kleinste Änderung des pH-Wertes ein. Daher besitzt das System bei pH = pK′ die größte Pufferkapazität. *Entscheidend für die Pufferkapazität ist also neben der Konzentration des Puffersystems die Nähe des jeweiligen pH-Wertes zum pK′-Wert des Systems.*

Bicarbonatpuffersystem. Unter den Puffersystemen des Blutes ist an erster Stelle das *Bicarbonatsystem* zu nennen. Kohlensäure, die durch die Hydratation von CO_2 gebildet wird, ist eine verhältnismäßig schwache Säure und Bicarbonat ihre korrespondierende Base

$$CO_2 + H_2O \leftrightharpoons H_2CO_3 \leftrightharpoons H^+ + HCO_3^- . \tag{17}$$

Die *Henderson-Hasselbalch-Gleichung* lautet für die Gesamtreaktion:

$$pH = pK' + \log \frac{[HCO_3^-]}{[CO_2]} . \tag{18}$$

Hierin kann an Stelle von $[CO_2]$ auch der CO_2-Partialdruck P_{CO_2} eingeführt werden:

$$pH = pK' + \log \frac{[HCO_3^-]}{0{,}03 \cdot P_{CO_2}} , \tag{19}$$

wobei dem Faktor 0,03 die Einheit $mmol \cdot l^{-1} \cdot mmHg^{-1}$ zugeordnet ist, so daß dieser Wert nur gilt, wenn $[HCO_3^-]$ in mmol/l und P_{CO_2} in mm Hg angegeben werden.
Der pK′-Wert beträgt (bei der Ionenstärke des Plasmas) 6,1. Es hat also zunächst den Anschein, als ob die Pufferwirkung des Systems nicht sehr groß sein könnte, da pK′ verhältnismäßig stark vom pH-Wert des Blutes (7,4) abweicht. Trotzdem kommt dem Bicarbonatsystem eine große Bedeutung zu, da die Wechselwirkung mit der Atmung seine Effektivität erheblich erhöht. Allein dadurch, daß im arteriellen Blut ein CO_2-Partialdruck von 40 mm Hg aufrechterhalten wird, liegt im Plasma eine hohe HCO_3^--Konzentration von 24 mmol/l vor. Der durch die Atmung geregelte CO_2-Partialdruck sorgt also für *hohe Konzentrationen der puffernden Reaktionspartner*. Dazu kommt noch der günstige Umstand, daß in diesem „offenen" System durch Veränderung der Ventilation der CO_2-Partialdruck variiert und damit der pH-Wert des Blutes reguliert werden kann.

Phosphatpuffersystem. Ein weiteres Puffersystem des Blutes bilden die anorganischen Phosphate, wobei das *primäre Phosphat* ($H_2PO_4^-$) *als Säure und das sekundäre Phosphat* (HPO_4^{2-}) *als korrespondierende Base* wirksam sind. Der pK′-Wert dieses Systems liegt mit pK′ = 6,8 verhältnismäßig günstig. Die Konzentrationen sind jedoch im Blut so gering, daß der Puffereffekt klein bleibt.

Proteinatpuffersystem. Die Puffereigenschaften der Proteine im Blut werden durch die ionisierbaren Gruppen ihrer Bausteine, der Aminosäuren, bestimmt. Den wenigen Carboxyl- und Aminogruppen am Ende der Peptidketten kommt dabei kaum eine Bedeutung zu, zumal die pK′-Werte dieser Gruppen vom physiologischen pH-Wert weit entfernt sind. *Wesentlich wichtiger für die Pufferung des Blutes sind die ionisierbaren Seitengruppen, unter denen der Imidazolring des Histidins besonders wirksam ist.*
Zu der Proteinpufferwirkung tragen sowohl die **Plasmaproteine,** insbesondere das *Albumin,* als auch das intraerythrocytäre **Hämoglobin** bei. Der Hauptanteil der Pufferkapazität entfällt da-

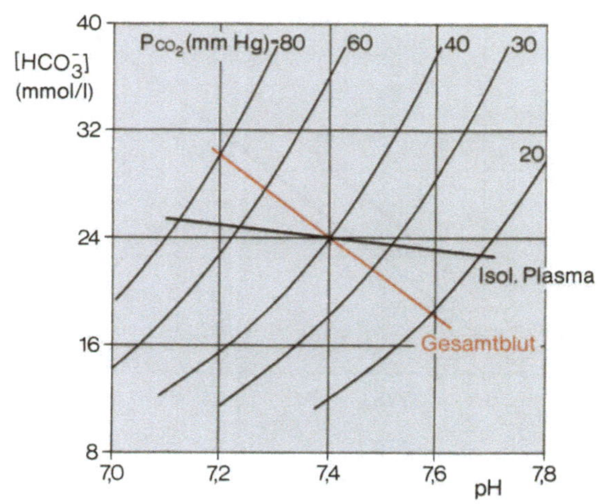

Abb. 22-12. CO_2-Äquilibrierungskurven für isoliertes Plasma und Gesamtblut. *Ordinate:* Bicarbonatkonzentration des Plasmas; *Abscisse:* pH-Wert; *Parameter der Kurvenschar:* CO_2-Partialdruck. Infolge des Ionenaustausches mit den Erythrocyten kann im Gesamtblut die Pufferfunktion des Hämoglobins zusätzlich wirksam werden, was in einem steileren Verlauf der CO_2-Äquilibrierungskurve zum Ausdruck kommt

bei auf das Hämoglobin, weil es in hoher Konzentration vorliegt und sein Histidinanteil relativ groß ist.

Dies wird besonders deutlich, wenn man die pH-Änderung bei einer bestimmten P_{CO_2}-Änderung für das Plasma und das gesamte Blut miteinander vergleicht. Zweckmäßigerweise stellt man das Ergebnis eines solchen Vergleiches in einem *HCO_3^--pH-Diagramm* dar, in dem die Kurven konstanten CO_2-Partialdruckes nach Maßgabe der Henderson-Hasselbalch-Gleichung (Gl. (19)) eingetragen sind. Prüft man die gegenseitige Abhängigkeit der 3 charakteristischen Größen HCO_3^-, pH, und P_{CO_2} bei Variation des CO_2-Partialdruckes im **isolierten Plasma** und im **Gesamtblut,** in dem das Plasma im Ionenaustausch mit den Erythrocyten steht, so erhält man die beiden in Abb. 22-12 entsprechend gekennzeichneten *CO_2-Äquilibrierungsgeraden.* Man erkennt an dem steileren Verlauf der Geraden für das Gesamtblut den großen Einfluß des Hämoglobins auf die Pufferfähigkeit des Blutes. Je steiler nämlich der Verlauf der CO_2-Äquilibrierungskurve, um so kleiner ist die pH-Änderung bei einer bestimmten Zu- oder Abnahme des CO_2-Partialdruckes.

Eine besondere Bedeutung kommt dem Hämoglobin bei Pufferung im Blut auch deshalb zu, weil es seine Acidität bei der Oxygenation und Desoxygenation ändert. Dies zeigt Abb. 22-13, in der die Pufferkurven (Titrationskurven) für

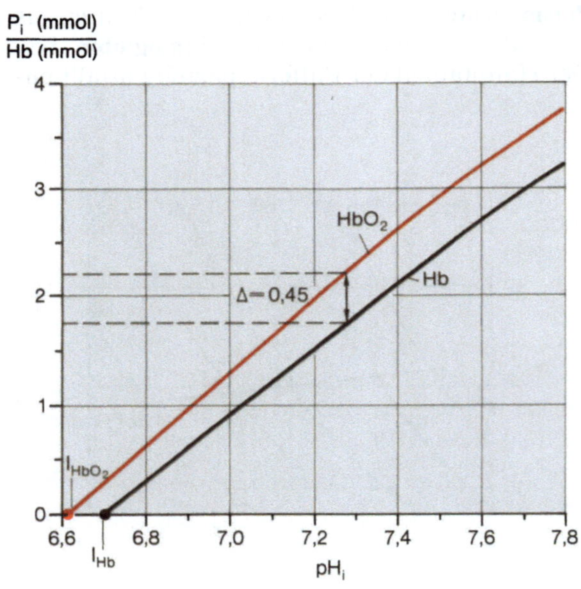

Abb. 22-13. Pufferkurven der nichtdiffusiblen Systeme im Erythrocyten (überwiegend Hb, mit geringem Beitrag ATP und 2,3-DPG) für oxygeniertes (HbO_2) und desoxygeniertes Hämoglobin (Hb), modifiziert nach [28]. *Ordinate:* mmol nichtduffisibler Pufferanionen P_i^- pro mmol Hämoglobin; *Abscisse:* intraerythrocytärer pH-Wert pH_i; I_{HbO_2} und I_{Hb}: Isoelektrische Punkte. Bei vollständiger Desoxygenation können aufgrund der Pufferkurvenverlagerung 0,45 mmol H^+ pro mmol Hb ohne Veränderung des pH_i-Wertes abgepuffert werden

die nichtdiffusiblen Puffersysteme des Erythrocyten im oxygenierten und desoxygenierten Zustand des Hämoglobins angegeben sind. *Im physiologischen pH-Bereich weist Oxyhämoglobin danach eine stärkere Acidität als desoxygeniertes Hämoglobin auf.* Dies beruht im wesentlichen darauf, daß die O_2-Bindung am Eisen die H^+-Bindung an den benachbart gelegenen Imidazolgruppen des Histidins beeinflußt. Bei der O_2-Abgabe in den Geweben können aufgrund dieses Effektes H^+-Ionen, die bei der gleichzeitig stattfindenden CO_2-Aufnahme entstehen, zusätzlich abgepuffert werden. Ein gleicher zusätzlicher Puffereffekt findet bei der O_2-Aufnahme in der Lunge statt. Wir können also feststellen, daß *der O_2-Austausch die Pufferwirkungen des Hämoglobins verstärkt.*

Gesamtpufferbasen. Die Puffereigenschaften des Blutes werden durch die Gesamtheit der anionischen Gruppen, d.h. im wesentlichen durch Bicarbonat und Proteinat bestimmt. Diese Summe aller pufferwirksamen Anionen bezeichnet man als *Gesamtpufferbasen* oder auch kurz als *Pufferbasen* [19].

In Abb. 22-14 sind die arteriellen Ionenkonzentrationen für das Blutplasma, die Erythrocyten und das Gesamtblut des Menschen zusammengestellt. Die Höhen der einzelnen Säulen entsprechen der jeweiligen Konzentration. Die Anionen sind dabei so angeordnet, daß oben *(dunkelrot)* die pufferwirksamen Basen stehen. Darunter finden sich die Anionen der starken Säuren, die keine Puffereigenschaft besitzen, wobei unter X^- alle restlichen, in geringer Konzentration vorkommenden Anionen, wie SO_4^{2-} und organische Anionen, zusammengefaßt sind. Die Zusammenstellung zeigt, daß innerhalb der Pufferbasen im Plasma die HCO_3^--Ionen, im Erythrocyten dagegen die Proteinationen überwiegen. Im Gesamtblut stehen mehr als $^1/_3$ aller Anionen für die Pufferung zur Verfügung.

Die **Konzentration der Pufferbasen** im arteriellen Blut beträgt etwa *48 mmol/l.* Es ist nun von besonderer Bedeutung, daß sich die Gesamtkonzentration der Pufferbasen bei einer Variation des CO_2-Partialdruckes nicht verändert. Dies zeigt die folgende Überlegung: Wenn beispielsweise der CO_2-Partialdruck ansteigt, bilden sich äquivalente Mengen von H^+ und HCO_3^-. Die entstandenen Protonen werden jedoch fast vollständig von Proteinat abgefangen, das dabei in die undissoziierte Form übergeht. In dem gleichen Maße, in dem die Bicarbonatkonzentration ansteigt, wird also die Proteinatkonzentration reduziert (Abb. 22-15).

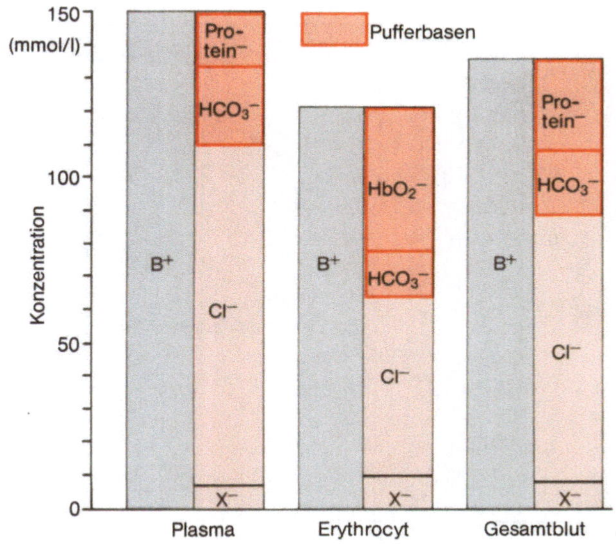

Abb. 22-14. Ionenkonzentrationen im Plasma, im Erythrocyten und im Gesamtblut. Pufferbasen = Anionen der Puffersysteme (*dunkelrot*), (Phosphat wegen der geringen Konzentration nicht eingezeichnet), X^- = Anionen aller nichtpuffernden starken Säuren außer Cl^-, B^+ = Kationen

Die Konzentrationsverschiebung innerhalb der Puffersysteme ist insofern unvollständig, als einige Protonen in freier Form gelöst bleiben und zu einer pH-Veränderung führen. Wenn beispielsweise der P_{CO_2} von 40 auf 60 mm Hg ansteigt, kommt es im Erythrocyten zu einer pH-Abnahme um 0,06 und im Plasma um 0,1 Einheiten. Dies bedeutet, daß die H^+-Konzentration um größenordnungsmäßig 10^{-5} mmol/l zunimmt. Dieser Anteil ist so klein, daß er auf das in Abb. 22-15 dargestellte Ergebnis keinen Einfluß hat.

Die *P_{CO_2}-Unabhängigkeit der Konzentration der Gesamtpufferbasen* macht diese Größe zu einem geeigneten Maß für diejenigen Veränderungen des Säure-Basen-Status, die durch Zu- oder Abnahme von *nichtflüchtigen Säuren* im Blut hervorgerufen werden. Abweichungen vom Wert der Normalpufferbasen (48 mmol/l) bezeichnet man als **Basenüberschuß BE** (Base Excess). Nach dieser Definition ist also dem arteriellen Blut des Gesunden ein BE-Wert von Null zuzuordnen. Ein pathologischer Anstieg der Pufferbasenkonzentration wird durch einen positiven BE-Wert, ihre Abnahme durch einen negativen BE-Wert charakterisiert. Im letztgenannten Fall ist an Stelle der widersprüchlichen Aussage *„negativer Basenüberschuß"* die Bezeichnung **Basendefizit** vorzuziehen.

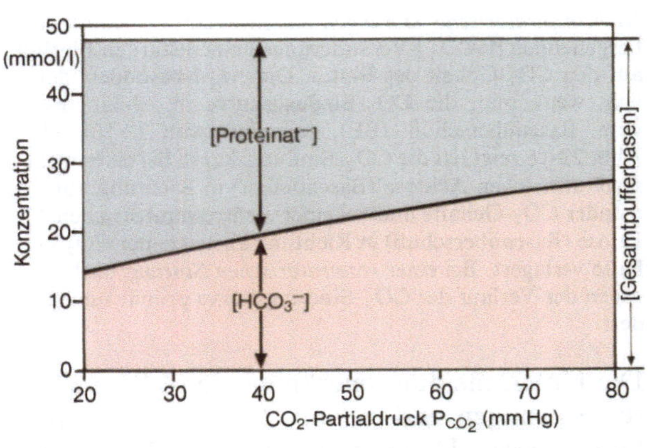

Abb. 22-15. Abhängigkeit der Proteinat- und Bicarbonatkonzentration vom CO_2-Partialdruck. Die Summe der beiden Pufferbasenkonzentrationen ist konstant und beträgt im Normalfall 48 mmol/l

pH-regulierende Mechanismen

Mitwirkung der Atmung. Die Atmung hat u.a. die Aufgabe, das in großen Mengen als Endprodukt des Stoffwechsels anfallende CO_2 auszuscheiden. In körperlicher Ruhe werden 230 ml CO_2/min, das sind etwa 15000 mmol CO_2/Tag, eliminiert. Durch die Abgabe des „flüchtigen" Kohlensäureanhydrids kommt es gleichzeitig zu einer Entlastung des Blutes von einer fast gleichäquivalenten H^+-Menge. Die Atmung ist also an der Aufrechterhaltung eines stationären Säure-Basen-Gleichgewichtes maßgebend beteiligt.

Von besonderer Bedeutung ist dabei die *Regelfunktion der Atmung,* durch die auftretende Störungen des Säure-Basen-Status kompensiert werden können. Wenn beispielsweise bei einer Stoffwechselstörung die Acidität des Blutes ansteigt, wirkt die Zunahme der H^+-Konzentration als zusätzlicher Atmungsantrieb, der zu einer verstärkten Ventilation *(Hyperventilation)* führt. CO_2-Moleküle, die aus der Reaktion $HCO_3^- + H^+ \rightarrow H_2CO_3 \rightarrow H_2O + CO_2$ stammen, werden in erhöhtem Maße eliminiert, und der pH-Wert kehrt wieder zur Norm zurück. Bei einer Basenzunahme wird die Ventilation eingeschränkt *(Hypoventilation)*; der CO_2-Partialdruck und damit auch die Konzentration der H^+-Ionen steigen an, so daß der ursprüngliche pH-Anstieg zumindest teilweise wieder rückgängig gemacht ist.

Mitwirkung der Niere. Neben der Atmung ist auch die Niere an der Regulation des Säure-Basen-Gleichgewichtes beteiligt. Ihre Aufgabe besteht darin, die *nichtflüchtigen Säuren,* in erster Linie Schwefelsäure, auszuscheiden. Die fixen Säuren liefern normalerweise *40–60 mmol H^+/Tag,* die über die Niere eliminiert werden müssen. Bei einem verstärkten Anfall von Säuren ist die gesunde Niere in der Lage, die H^+-Ausscheidungsrate erheblich zu steigern und damit den zunächst abgefallenen pH-Wert des Blutes wieder zu normalisieren. Entsprechend wird bei einem pH-Anstieg die renale H^+-Ausscheidung und damit die Störung des Säure-Basen-Gleichgewichtes kompensiert.

Die H^+-Ionenausscheidung findet im Tubulusapparat der Niere statt, wobei Tubulusfiltrat, Tubuluszelle und Capillarblut miteinander in Wechselwirkung stehen. Die Bindung der H^+-Ionen erfolgt dabei letzten Endes im Tubulusharn an HPO_4^{2-} und NH_3. Nur ein geringer Teil der H^+-Ionen wird in freier Form mit dem Harn ausgeschieden. Auf der anderen Seite werden infolge der chemischen Umsetzungen und Austauschprozesse HCO_3^--Ionen dem Blut wieder zugeführt (S. 795f.).

Acidosen und Alkalosen. Wenn es unter pathologischen Bedingungen zu einer starken Anhäufung von Säuren oder Basen im Blut kommt, sind die geschilderten Regelsysteme, nämlich Pufferung im Blut, Atmung und Nierenfunktion, nicht mehr in der Lage, den pH-Wert des Blutes konstant zu halten. Je nach Richtung der pH-Verlagerung unterscheidet man in diesem Fall 2 Störungen des Säure-Basen-Gleichgewichts: Bei einer Senkung des Blut-pH (pH < 7,37), d.h. einer Zunahme der sauren Valenzen, spricht man von einer **Acidose.** Eine Erhöhung des pH-Wertes (pH > 7,43) wird als **Alkalose** bezeichnet. Bei jeder dieser Störung hat man außerdem nach der Genese der pH-Änderung 2 Formen zu unterscheiden: Eine Lungenfunktionsstörung kann zu einem Anstieg des CO_2-Partialdruckes im Blut, eine Hyperventilation zu einer Senkung des CO_2-Partialdruckes führen. In diesen Fällen ist also die gestörte Atmung die Ursache für die pH-Änderung im Blut. Man spricht daher von einer **respiratorischen Acidose** bzw. **Alkalose.** Andererseits können sich die nichtflüchtigen Säuren bei Stoffwechselstörungen (z.B. Diabetes mellitus) im Blut anhäufen bzw. bei Basenzufuhr oder HCl-Verlust (Erbrechen) verringern. Diese Zustände kennzeichnet man als *metabolische Acidose* bzw. *Alkalose.* Da auch Nierenfunktionsstörungen zu pH-Veränderungen führen können, faßt man die renal und metabolisch bedingten Störungen unter der Bezeichnung **nichtrespiratorische Acidose** bzw. **Alkalose** zusammen.

Kennzeichen primärer Säure-Basen-Störungen. *Eine Differenzierung zwischen respiratorischen und nichtrespiratorischen Störungen des Säure-Basen-Gleichgewichtes ist über den CO_2-Partialdruck (P_{CO_2}) und den Basenüberschuß (BE) möglich.* Kennzeichen einer respiratorischen Störung ist ein erhöhter oder erniedrigter P_{CO_2} bei einer primär unveränderten Pufferbasenkonzentration (BE = 0). Die nichtrespiratorische Störung ist dadurch ausgezeichnet, daß zunächst ein normaler P_{CO_2} vorliegt, während der BE-Wert von der Norm abweicht. Bei einer Zunahme der nichtflüchtigen Säuren im Blut (metabolische Acidose) werden nämlich in verstärktem Maße die Pufferbasen beansprucht (BE = negativ). Umgekehrt führt eine Verminderung der nichtflüchtigen Säuren (metabolische Alkalose) zu einem Anstieg der Pufferbasenkonzentration (BE = positiv).

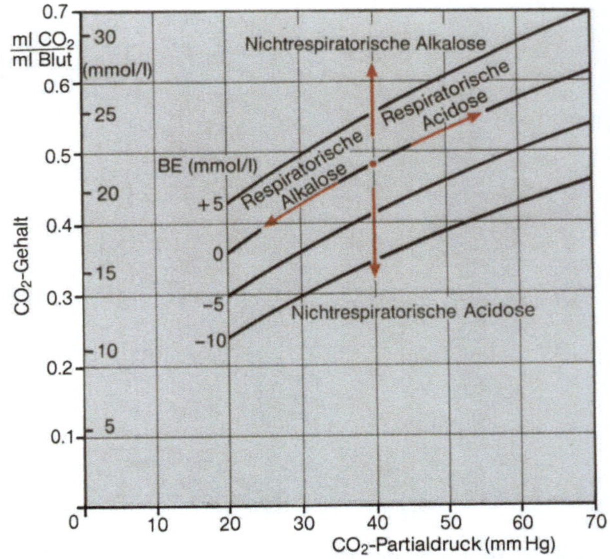

Abb. 22-16. CO_2-Bindungskurven bei verschiedenen Werten für den Basenüberschuß (*BE*). Nichtrespiratorische (metabolische) Störungen des Säure-Basen-Gleichgewichtes führen zu Verlagerungen der CO_2-Bindungskurve und damit zu erheblichen Veränderungen des CO_2-Gesamtgehaltes im Blut. Bei respiratorischen Störungen verändert sich der CO_2-Gehalt mit dem CO_2-Partialdruck nach Maßgabe der Kurve bei BE = 0

Nichtrespiratorische Störungen haben wegen der damit einhergehenden $[HCO_3^-]$-Veränderungen einen starken Einfluß auf den CO_2-Gehalt des Blutes. Dies wird besonders deutlich, wenn man die **CO_2-Bindungskurve** in Abhängigkeit vom Basenüberschuß (BE) darstellt (Abb. 22-16). Wie Abb. 22-16 zeigt, ist die CO_2-Bindungskurve bei einer nichtrespiratorischen Acidose (Basendefizit) in Richtung abnehmender CO_2-Gehalte und bei einer nichtrespiratorischen Alkalose (Basenüberschuß) in Richtung ansteigender CO_2-Gehalte verlagert. Bei einer *respiratorischen Störung* bleibt dagegen der Verlauf der CO_2-Bindungskurve primär unverändert.

Die Unterscheidungsmerkmale der 4 Säure-Basen-Störungen sind in Abb. 22-17 zusammengefaßt. Dieses Diagramm mit den Basenüberschußwerten auf der Ordinate und den pH-Werten auf der Abscisse enthält als Parameter die Kurven konstanten CO_2-Partialdruckes. Ferner

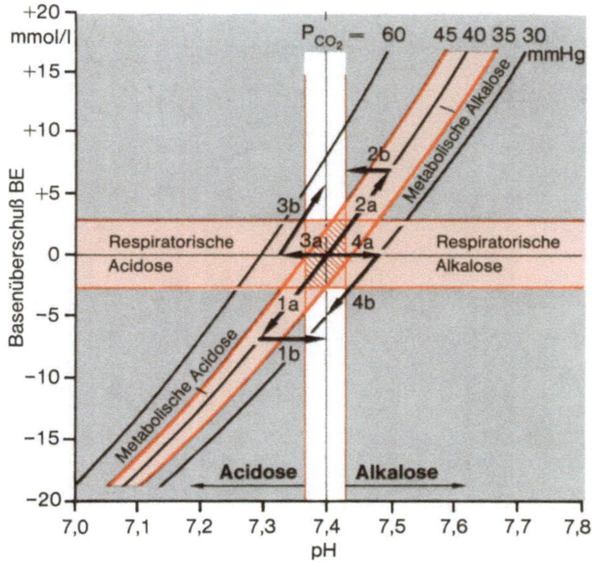

Abb. 22-17. Definitionen der primären Säure-Basen-Störungen und Möglichkeiten ihrer Kompensation. Die Normbereiche für den Basenüberschuß BE, den pH-Wert und den CO_2-Partialdruck P_{CO_2} sind durch *rote Linien* abgegrenzt. *Rot schraffiertes Feld* = Bereich des physiologischen Säure-Basen-Status, Pfeilbezeichnungen *a* = primäre Säure-Basen-Störungen, Pfeilbezeichnungen *b* = sekundäre Kompensationen

sind die Normbereiche für den pH-Wert, den Basenüberschuß BE und den CO_2-Partialdruck P_{CO_2} durch rote Linien eingegrenzt. In dieser Darstellung würden also alle Punkte, die links von dem senkrechten weißen Band liegen, eine *Acidose* kennzeichnen, und die Punkte rechts davon eine *Alkalose* charakterisieren. Innerhalb der roten BE- und P_{CO_2}-Bänder sind die Bezeichnungen für die oben definierten Säure-Basen-Störungen angegeben. Meßwertepaare, die zu einem Punkt in diesen 4 Bereichen gehören, führen also zu einer Diagnose, aus der die Richtung und die Entstehung der Störung hervorgeht. Hat man beispielsweise im arteriellen Blut BE = 0 mmol/l und P_{CO_2} = 60 mm Hg gemessen, so handelt es sich um eine respiratorische Acidose, während BE = −15 mmol/l und P_{CO_2} = 40 mm Hg auf eine metabolische oder allgemeiner nichtrespiratorische Acidose schließen läßt.

Kompensation primärer Säure-Basen-Störungen. Die bisher betrachteten Störungen des Säure-Basen-Gleichgewichtes stellen in der Regel lediglich primäre Veränderungen dar, die entweder sofort oder mit einer gewissen Verzögerung kompensiert werden können. Das heißt: Der primär zur sauren oder alkalischen Seite verlagerte pH-Wert wird durch das Eingreifen von Kompensationsmechanismen wieder in den Normbereich zurückgeführt oder zumindest diesem angenähert. Die in diesem Sinne wirkenden Mechanismen wurden bereits beschrieben (S. 627f.):

1. Eine **primär nichtrespiratorische Störung** des Säure-Basen-Gleichgewichts kann durch eine entsprechende Veränderung der Lungenventilation kompensiert werden. Handelt es sich dabei um den Spezialfall einer metabolischen Störung, so kommt es außerdem zu einer Gegenregulation durch die Niere.
2. Liegt eine **primär respiratorische Störung** vor, dann kann die Niere durch Veränderung der HCO_3^--Retention bzw. H^+-Ausscheidung kompensierend eingreifen.

Diese Kompensationsmöglichkeiten lassen sich am besten wieder in dem Diagramm der Abb. 22-17 deutlich machen. Bei einer **primär nichtrespiratorischen Acidose** (Pfeil 1a) ist durch die Anhäufung nichtflüchtiger Säuren im Blut die Pufferbasenkonzentration herabgesetzt und der pH-Wert zunächst gesenkt. Die pH-Senkung wirkt ihrerseits als Atmungsantrieb, so daß infolge der Hyperventilation der CO_2-Partialdruck abnimmt (Pfeil 1b). Sofern diese Verlagerung bis in den pH-Normbereich hineinführt, kann man von einer vollständig kompensierten, primär nichtrespiratorischen Acidose sprechen. Reicht der P_{CO_2}-Abfall nicht aus, um den normalen pH-Wert einzustellen, dann wird der Säure-Basen-Status als teilweise oder unvollständig kompensierte, nichtrespiratorische Acidose gekennzeichnet. Bei einer **primär nichtrespiratorischen Alkalose** (Pfeil 2a) wird die Pufferbasenzunahme durch einen P_{CO_2}-Anstieg infolge Hypoventilation kompensiert (Pfeil 2b). Da jedoch die Atmungsgröße wegen der notwendigen Sauerstoffaufnahme nur begrenzt herabgesetzt werden kann, ist diese Kompensation meist unvollständig. Bei einer **primär respiratorischen Acidose** (Pfeil 3a), beispielsweise als Folge einer Lungenfunktionsstörung, ist der CO_2-Partialdruck erhöht. Hier greift nun mit einer gewissen Latenz die Niere kompensierend ein. Die Pufferbasenkonzentration des Blutes steigt an, und der pH-Wert wird in den Normbereich zurückgeführt (Pfeil 3b). Ganz entsprechend nimmt bei einer **primär respiratorischen Alkalose** (Pfeil 4a), die durch einen niedrigen CO_2-Partialdruck gekennzeichnet ist, die Pufferbasenkonzentration ab (Pfeil 4b). Der pH-Wert wird dabei wieder in Richtung auf den Normalbereich verlagert.

Tabelle 22-3. Veränderungen der diagnostischen Parameter bei Säure-Basen-Störungen. *Dicke Pfeile*: Richtung der primären Veränderungen; *dünne Pfeile*: Richtung der sekundären Kompensationen (↑ Zunahme, ↓ Abnahme)

	pH	BE	P_{CO_2}
Nichtrespiratorische Acidose	**↓**	**↓**	↓
Nichtrespiratorische Alkalose	**↑**	**↑**	↑
Respiratorische Acidose	**↓**	↑	**↑**
Respiratorische Alkalose	**↑**	↓	**↓**

Diagnostik des Säure-Basen-Status

Diagnostische Kriterien. Der Analyse und Beurteilung des im Blut vorliegenden Säure-Basen-Status kommt eine erhebliche klinische Bedeutung zu. Notwendig hierfür ist die Bestimmung derjenigen Größen, die die Entscheidungen **Acidose — Alkalose** sowie **respiratorisch — nichtrespiratorisch** und damit die quantitative Lenkung der Therapie solcher Störungen ermöglichen [8, 12, 19, 21]. Folgende *im arteriellen Blut* bestimmten Daten sind hierzu erforderlich:

1. pH: Der pH-Wert zeigt an, ob die H^+-Konzentration des Blutes im Normbereich (pH = 7,37–7,43) liegt oder nach der sauren bzw. alkalischen Seite verlagert ist. Ein normaler pH-Wert besagt jedoch nicht unbedingt, daß überhaupt keine Störung im Säure-Basen-Haushalt vorläge. Es könnte sich auch um den Zustand nach vollständiger Kompensation einer primären Acidose oder Alkalose handeln.

2. P_{CO_2}: Ein erhöhter oder erniedrigter CO_2-Partialdruck ermöglicht die Entscheidung, ob eine Störung primär respiratorisch bedingt ist (Normbereich: $P_{CO_2} = 35–45$ mm Hg).

3. Basenüberschuß: Der Wert für den Basenüberschuß (BE) läßt erkennen, ob eine primär nichtrespiratorische Störung des Säure-Basen-Gleichgewichtes vorliegt. Die Anhäufung oder die Abnahme nichtflüchtiger Säuren im Blut wirken sich unmittelbar auf den BE-Wert aus (Normbereich: BE = −2,5 bis +2,5 mmol/l).

4. Standardbicarbonat: Als weitere Größe für die Kennzeichnung einer nichtrespiratorischen Störung wird manchmal auch der Standardbicarbonatwert verwendet. Unter Standardbicarbonat versteht man die Bicarbonatkonzentration des Blutplasmas, wenn zuvor im Blut durch Äquilibrieren bei 37° C ein CO_2-Partialdruck von 40 mm Hg eingestellt und das Hämoglobin vollständig mit Sauerstoff gesättigt worden ist. Da in dieser Größe (Normwert 24 mmol/l) die Proteinatpufferfunktion nicht erfaßt wird, hat sie nur eine begrenzte Aussagekraft.

In Tabelle 22-3 sind die primären und sekundären Veränderungen der 3 charakteristischen Parameter zusammengestellt, deren Kombination die eindeutige Bestimmung einer Säure-Basen-Störung ermöglicht.

Analyse des Säure-Basen-Status. Für die Analyse des Säure-Basen-Status hat sich das **Verfahren nach Astrup** bewährt, bei dem CO_2-Partialdruck und Säure-Basen-Status in einem Arbeitsgang bestimmt werden [19]. Hierbei *äquilibriert* man zunächst das zu untersuchende Blut *mit 2 Gasgemischen* bekannter Zusammensetzung, die unterschiedliche CO_2-Partialdrücke aufweisen, und bestimmt jedesmal den zugehörigen pH-Wert. Man erhält also 2 pH-P_{CO_2}-Wertepaare, die in ein Diagramm — wie in Abb. 22-18 dargestellt — eingetragen werden. Die Verbindungsgrade zwischen den beiden Punkten (A und B) gibt den Säure-Basen-Status der Blutprobe wieder. Mißt man nun den im arteriellen Blut vorliegenden aktuellen pH-Wert, dann ist durch die Gerade diesem pH ein ganz bestimmter *aktueller CO_2-Partialdruck* zugeordnet (Punkt C). An den Schnittpunkten der Geraden mit den entsprechend bezeichneten Skalen kann man außerdem die Konzentrationswerte für die *Pufferbasen* und den *Basenüberschuß* ablesen. Beispielsweise kennzeichnen die Werte der roten Gerade in Abb. 22-18 einen normalen Säure-Basen-Status, während die schwarze Gerade auf eine nichtrespiratorische Acidose schließen läßt (BE = −11 mmol/l), die durch Senkung des CO_2-Partialdruckes ($P_{CO_2} = 32$ mm Hg, schwarzer Punkt C) teilweise kompensiert ist.

Da es neuerdings möglich ist, den CO_2-Partialdruck in kleinen Blutproben mit *P_{CO_2}-Elektroden* direkt zu messen (S. 600f.), läßt sich der

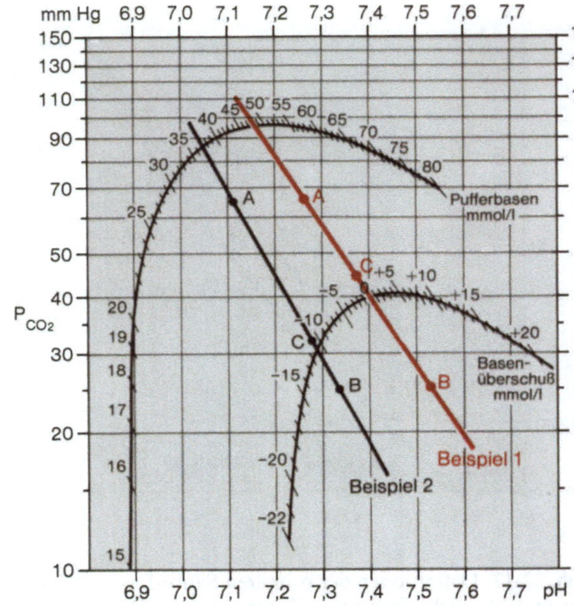

Abb. 22-18. Diagramm zur Ermittlung des CO_2-Partialdruckes und des Säure-Basen-Status im Blut nach dem Astrup-Verfahren, nach [19]. *A* und *B* Punkte, die durch Äquilibrierung mit Gasgemischen von bekanntem P_{CO_2} und anschließender pH-Messung gewonnen werden; *C* Ablesung des unbekannten aktuellen P_{CO_2} auf der Verbindungsgeraden nach pH-Messung. Beispiel 1: *rote Gerade*: $P_{CO_2} = 44$ mm Hg, pH = 7,37, Basenüberschuß = 0 mmol/l, Diagnose: normaler Säuren-Basen-Status. Beispiel 2: *schwarze Gerade*: $P_{CO_2} = 32$ mm Hg, pH = 7,28, Basenüberschuß = −11 mmol/l, Diagnose: teilweise kompensierte nichtrespiratorische Acidose

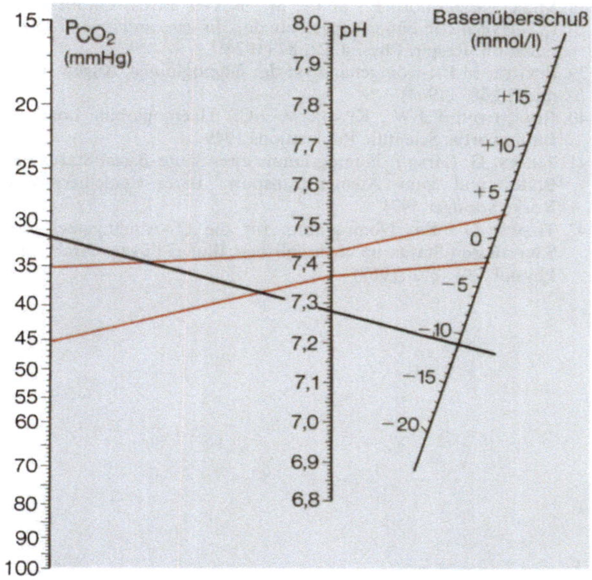

Abb. 22-19. Leiternomogramm zur Bestimmung des Basenüberschusses BE aus den Meßwerten für den CO_2-Partialdruck P_{CO_2} und den pH-Wert. Die Verbindungsgerade der Meßwerte für P_{CO_2} und pH schneidet die rechte Leiter im gesuchten BE-Wert. *Rote Linien:* Begrenzung des Normbereiches für den Säure-Basen-Status. *Schwarze Gerade:* Aus den Meßwerten $P_{CO_2} = 32$ mm Hg, pH = 7,28 folgt BE = −11 mmol/l; Diagnose: teilweise kompensierte, nichtrespiratorische Acidose. Nach [41, 42]

Säure-Basen-Status auch ohne Äquilibriermaßnahmen ermitteln [42]. Durch die aktuell gemessenen Werte für P_{CO_2} und *pH* ist nämlich der Basenüberschuß *BE*, die dritte für die Diagnose benötigte Größe, ebenfalls festgelegt. Zweckmäßigerweise bestimmt man den BE-Wert mit Hilfe eines **Leiternomogramms** (Abb. 22-19). Verbindet man die in die P_{CO_2}- und pH-Leitern eingetragenen Meßwerte durch eine Gerade, so schneidet diese die BE-Leiter in dem gesuchten Wert für den Basenüberschuß. Für das Beispiel der Abb. 22-19 folgt aus den Meßwerten $P_{CO_2} =$ 32 mm Hg und pH = 7,28 unmittelbar BE = −11 mmol/l. Die Diagnose würde also (wie im Beispiel 2 der Abb. 22-18) lauten: teilweise kompensierte, nichtrespiratorische Acidose.

22.5 Literatur

Weiterführende Lehr- und Handbücher

1. ALBERS, C.: Analyse von Gasen in Flüssigkeiten. In: KOENIG, W. (Hrsg.): Klinisch-physiologische Untersuchungsmethoden. Stuttgart: Thieme 1972
2. BARTELS, H., RIEGEL, K., WENNER, J., WULF, H.: Perinatale Atmung, Berlin-Heidelberg-New York: Springer 1972
3. BUCHER, U., BECK, E.A.: Die einfachen hämatologischen Laboruntersuchungen. Grundlagen, Methodik, Interpretation. Bern-Stuttgart-Wien: Huber 1978
4. BÜHLMANN, A.A., FROESCH, E.R.: Pathophysiologie. Berlin-Heidelberg-New York: Springer 1981
5. DAVENPORT, H.W.: The ABC of the acid-base chemistry. Chicago: University of Chicago Press 1958
6. FRICK, P.: Blut. In: SIEGENTHALER, W. (Hrsg.): Klinische Pathophysiologie. Stuttgart: Thieme 1982
7. HARPER, H.A.: Medizinische Biochemie. Berlin-Heidelberg-New York: Springer 1984
8. HILLS, A.G.: Acid-base balance: chemistry, physiology, pathophysiology. Baltimore: Williams and Wilkins 1973
9. KABOTH, W., BEGEMANN, H.: Blut. In: GAUER, O.H., KRAMER, K., JUNG, R. (Hrsg.): Physiologie des Menschen, Bd. 5. München: Urban und Schwarzenberg 1971
10. KOBLET, H., RIVA, G.: Physikalische Begriffe der klinischen Biochemie. Stuttgart: Thieme 1964
11. MASORO, E.J., SIEGEL, P.D.: Acid-base regulation. Its physiology and pathophysiology. Philadelphia-London-Toronto: Saunders 1971
12. MÜLLER-PLATHE, O.: Säure-Basen-Haushalt und Blutgase. Pathobiochemie, Klinik, Methodik. Stuttgart: Thieme 1982
13. NETTER, H.: Theoretische Biochemie. Berlin-Göttingen-Heidelberg: Springer 1953
14. PIIPER, J.: Physiologie der Atmung. In: GAUER, O.H., KRAMER, K., JUNG, R. (Hrsg.): Physiologie des Menschen, Bd. 6: Atmung. München-Berlin-Wien: Urban und Schwarzenberg 1975
15. ROOT, W.S.: Carbon monoxide. In: Handbook of Physiology: Respiration II, S. 1087. Washington: Amer. Physiol. Soc. 1965
16. ROUGHTON, F.J.W.: Transport of oxygen and carbon dioxide. In: Handbook of Physiology, Respiration I, S. 767. Washington: Amer. Physiol. Soc. 1965
17. SELLER, H.: Einführung in die Physiologie der Säure-Basen-Regulation. Heidelberg: Hüthig 1978
18. SEVERINGHAUS, J.W.: Blood gas concentrations. In: Handbook of Physiology, Respiration II. S. 1475. Washington: Amer. Physiol. Soc. 1965
19. SIGGAARD-ANDERSEN, O.: The acid-base status of the blood. Kopenhagen: Munksgaard 1974
20. WEISSBLUTH, M.: Hemoglobin. Cooperativity and electronic properties. Berlin-Heidelberg-New York: Springer 1974
21. ZUMKLEY, H. (Hrsg.): Klinik des Wasser-, Elektrolyt- und Säure-Basen-Haushalts. Stuttgart: Thieme 1977

Einzel- und Übersichtsarbeiten

22. ADAMSON, J.W., FINCH, C.A.: Hemoglobin function, oxygen affinity, and erythropoietin. Ann. Rev. Physiol. *37*, 351 (1975)
23. BALDWIN, J.M.: Structure and function of haemoglobin. Prog. Biophys. Molec. Biol. *29*, 225 (1975)
24. BAUER, C.: On the respiratory function of haemoglobin. Rev. Physiol. Biochem. Pharmacol. *70*, 1 (1974)
25. BAUER, C., GROS, G., BARTELS, H. (Eds.): Biophysics and physiology of carbon dioxide. Berlin-Heidelberg-New York: Springer 1980
26. BENESCH, R.E., BENESCH, R., YU, C.I.: The oxygenation of hemoglobin in the presence of 2,3-diphosphoglycerate: Effect of temperature, pH, ionic strength and hemoglobin concentration. Biochemistry, *8*, 2567 (1969)
27. BRAUNITZER, G.: The molecular weight of human haemoglobin. Bibl. haemat. (Basel) *18*, 59 (1964)
28. BRODDA, K.: Zur Theorie des Säure-Basen-Haushaltes von menschlichem Blut. Mainz: Akadem. Wiss. Lit. 1975
29. FISCHER, W.M., VOGEL, H.R., THEWS, G.: O_2 and CO_2 exchange in the human placenta. In: LÜBBERS, D.-W., LUFT, U.C., THEWS, G., WITZLEB, E.: Oxygen transport in blood and tissue. Stuttgart: Thieme 1968
30. FORSTER, R.E.: CO_2: Chemical, biochemical, and physiological aspects. Physiologist *13*, 398 (1970)
31. GROTE, J.: Atemgas-pH-Nomogramme für das normale und menschliche Blut bei verschiedenen Temperaturen. In: THEWS, G., (Hrsg.): Nomogramme zum Säure-Basen-Status und zum Atemgastransport. Berlin-Heidelberg-New York: Springer 1971

32. HESS, B., STAUDINGER, H.J.: Biochemie des Sauerstoffes. Berlin-Heidelberg-New York: Springer 1968
33. KILMARTIN, J.V., ROSSI-BERNARDI, L.: Interactions of hemoglobin with hydrogen ions, carbon dioxide, and organic phosphates. Physiol. Rev. *53*, 836 (1973)
34. KING, E.J., GILCHRIST, M.: Determination of haemoglobin by a cyanhaematin method. Lancet II, 201 (1947)
35. LANGENDORF, H.: Theoretische Grundlagen des Säure-Basen-Haushaltes. In: LANG, K., FREY, R., HALMÁGYI, M. (Hrsg.): Berlin-Heidelberg-New York: Springer 1966
36. LONGO, L.D., BARTELS, H. (Eds.): Respiratory gas exchange and blood flow in the placenta. Bethesda: DHEW Publication No (NIH) 73–361, 1972
37. MARTI, H.R.: Normale und anormale menschliche Hämoglobine. Berlin-Göttingen-Heidelberg: Springer 1963
38. MERLET-BÉNICHOU, E., SINET, M., BLAYO, M.C., GAUDEBOUT, C.: Oxygen-combining capacity in dog. In vitro and in vivo determination. Respir. Physiol. *21*, 87 (1974)
39. PERUTZ, M.F.: Röntgenanalyse des Hämoglobins. Angew. Chemie *75*, 589 (1963)
40. ROUGHTON, F.J.W., KENDREW, J.C.: Haemoglobin. London: Butterworths Scientific Publications 1949
41. THEWS, G. (Hrsg.): Nomogramme zum Säure-Basen-Status des Blutes und zum Atemgastransport. Berlin-Heidelberg-New York: Springer 1971
42. THEWS, G.: Ein Nomogramm für die O_2-Abhängigkeit des Säure-Basen-Status im menschlichen Blut. Pflügers Arch. ges. Physiol. *296*, 212 (1967)

23 Gewebeatmung

J. Grote

23.1 Gewebestoffwechsel und Sauerstoffbedarf

Stoffwechsel und Energieumsatz der Zellen

Unter der Gewebeatmung versteht man den Atemgaswechsel innerhalb eines Zellverbandes bei der biologischen Oxidation der Nährstoffe. Der **Sauerstoff** wird von den Zellen aus dem Capillarblut aufgenommen und im oxidativen Stoffwechsel verbraucht, während gleichzeitig das als Stoffwechselendprodukt freigesetzte **Kohlendioxid** an das Capillarblut abgegeben wird [8]. Der Begriff Gewebeatmung wird hier weiter gefaßt als in vielen Lehrbüchern der Biochemie, in denen die Gewebeatmung als oxidativer Abbau der Nährstoffe unter Beteiligung von molekularem Sauerstoff definiert ist. Da ein O_2-Mangel in den Geweben in stärkerem Maße als ein unzureichender CO_2-Abtransport den oxidativen Zellstoffwechsel begrenzt, sollen die Fragen der O_2-Versorgung der Gewebe bei der Darstellung der Gewebeatmung in den Vordergrund gestellt werden.

Aerobe und anaerobe Energiegewinnung. Die einzelne lebende Körperzelle benötigt für die Aufrechterhaltung ihrer Struktur, für die Funktionsbereitschaft und für die Durchführung ihrer Funktionen eine bestimmte Energiemenge, die sie unter Normalbedingungen vorrangig durch den **oxidativen Abbau der Nährstoffe** gewinnt. Voraussetzung für die Energiegewinnung durch den aeroben Stoffwechsel ist die Anwesenheit von *Substrat* — Kohlenhydraten, Eiweißen und Fetten — und *molekularem Sauerstoff* in ausreichenden Konzentrationen innerhalb der Zelle.

Unter anaeroben Bedingungen kann die in den Geweben benötigte Energie lediglich durch die **Glykolyse** gewonnen werden. Dieser Stoffwechselweg ist jedoch gegenüber dem oxidativen Glucoseabbau weniger ökonomisch, da das Endprodukt Lactat noch einen hohen Energiegehalt besitzt. Zur Gewinnung gleicher Energiemengen muß die einzelne Zelle bei anaerobem Stoffwechsel ca. 15mal mehr Glucose umsetzen als unter aeroben Bedingungen.

Nach Burton und Krebs [15] führt der *oxidative Abbau* von 1 mol Glucose unter Bedingungen, die denen innerhalb der Zellen nahe kommen (T = 25° C; pH = 7,0; P_{O_2} = ca. 150 mm Hg = ca. 20 kPa, P_{CO_2} = ca. 40 mm Hg = ca. 5,3 kPa), zu einem Gewinn an freier Energie von ca. 689 kcal = 2883 kJ. Der entsprechende Wert für den *Glucoseabbau* durch Glykolyse beträgt lediglich 50 kcal = 208 kJ. Trotz der vergleichsweise geringen Energieausbeute spielt dieser Abbauweg der Glucose unter anaeroben wie aeroben Bedingungen in zahlreichen Geweben, wie z.B. im Nierenmark, im Knorpelgewebe, in den Zellen der Retina, in den Erythrocyten und im arbeitenden Muskelgewebe, eine wichtige Rolle. Bei Untersuchungen des Stoffwechsels in der arbeitenden Skeletmuskulatur und im Nierenmark konnten abweichend von den bisherigen Vorstellungen auch unter aeroben Bedingungen hohe Glykolyseraten nachgewiesen werden [17, 18].

Biologische Oxidation in den Mitochondrien

Die *biologische Oxidation* der Nährstoffe findet in den *Mitochondrien* statt. Neben den Enzymen des Citratcyclus, der Atmungskette und der oxidativen Phosphorylierung können in ihnen die Enzyme für den Abbau der Fettsäuren und den Abbau verschiedener Aminosäuren nachgewiesen werden [5]. (Schematische Darstellung der verschiedenen Stoffwechselwege bei der biologischen Oxidation in den Mitochondrien s. Abb. 23-1).

Durch das Membransystem der Mitochondrien findet ein Transport von *Pyruvat, Fettsäuren* und *Aminosäuren* aus dem Cytoplasma in den **Matrixraum** der Mitochondrien statt, in dem sie über spezifische Stoffwechselwege zu Verbindungen abgebaut werden, die anschließend in den *Citratcyclus* gelangen. Aus dem Pyruvat, das vorrangig als Endprodukt der aeroben Glucosestoffwechsel im Cytoplasma auftritt, wird im Matrixraum nach oxidativer Decarboxylierung Acetyl-CoA gebildet, das unter normalen Be-

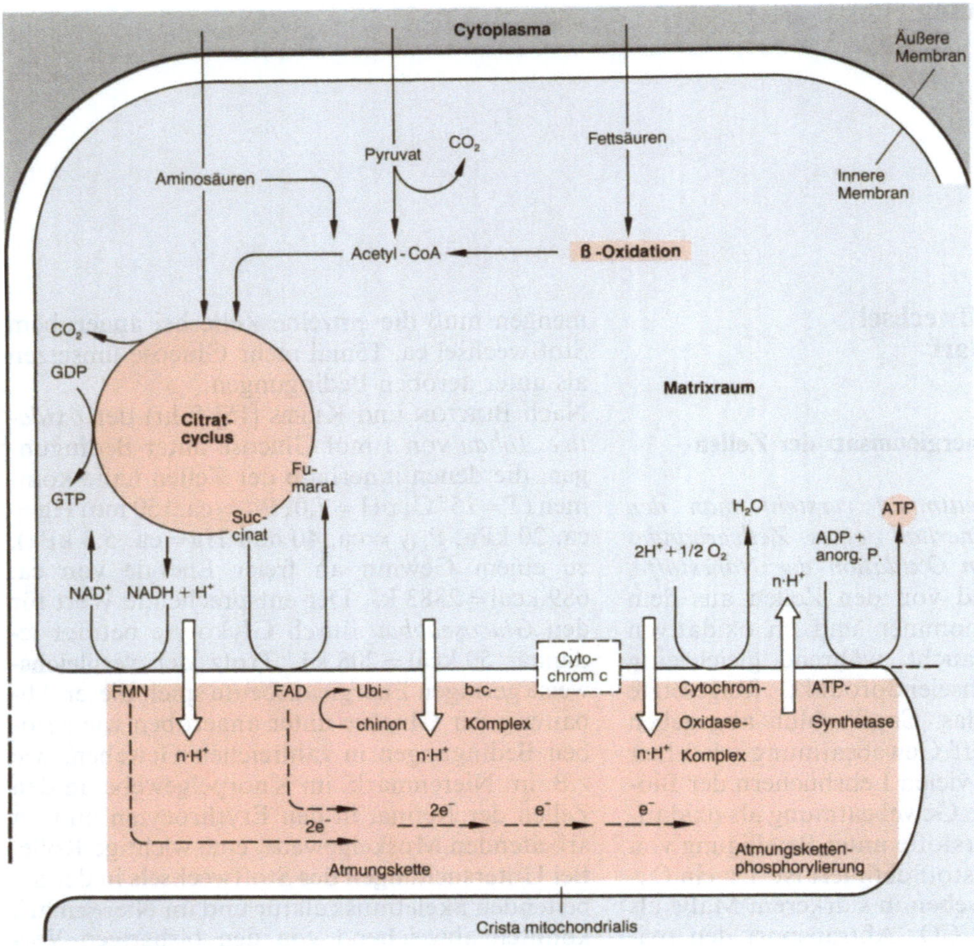

Abb. 23-1. Schematische Darstellung der wichtigsten Stoffwechselreaktionen bei der biologischen Oxidation in den Mitochondrien

dingungen zum größten Teil im Citratcyclus abgebaut wird. Während die ersten Schritte des Glucoseabbaus (Glykolyse) im Cytoplasma ablaufen, findet der oxidative Fettsäureabbau vollständig im Matrixraum statt. Die Fettsäuremoleküle werden durch die β-Oxidation schrittweise zu Acetyl-CoA abgebaut, das in den Citratcyclus gelangt oder für die Synthese von Fettsäuren herangezogen wird. Die beim Stoffwechsel der Aminosäuren im Matrixraum entstehenden Kohlenwasserstoffverbindungen können an verschiedener Stelle (Acetyl-CoA, α-Ketoglutarat, Succinyl-CoA, Fumurat, Oxalacetat) in den Citratcyclus eingeschleust werden.

Die im Citratcyclus durch 3 Dehydrierungsreaktionen gebildeten NADH-Moleküle und das im Citratcyclus entstehende *Succinat* gelangen durch Diffusion an die innere Membran der Mitochondrien, in der die **Enzyme der Atmungskette** und der **oxidativen Phosphorylierung** zu lokalisieren sind. NADH wird dort von einem Enzymkomplex der Atmungskette oxidiert, an dem Flavin-Mono-Nucleotid (FMN) beteiligt ist, während die Oxidation des Succinats von einem Enzymkomplex übernommen wird, zu dem Flavin-Adenin-Dinucleotid (FAD) gehört.

Die bei den Oxidationsprozessen freigesetzten Elektronen gelangen über eine Elektronentransportkette (Ubichinon, b-c_1-Komplex, Cytochrom c) zum Cytochrom-Oxidase-Komplex, von dem sie auf molekularen Sauerstoff übertragen werden. Mit Hilfe der Energie, die durch den Elektronentransport verfügbar wird, können Protonen durch die innere Mitochondrienmembran aus dem Matrixraum gepumpt werden. Der gebildete elektrochemische Protonengradient schafft die Voraussetzungen für den Ablauf verschiedener energieverbrauchender Prozesse, unter denen die ATP-Synthese im Vordergrund steht. Beim Rückfluß der Protonen in den Matrixraum katalysiert die ATP-Synthetase die Bildung von ATP (Atmungskettenphosphorylierung). Pro dehydriertem NADH-Molekül können ca. 3 Moleküle ATP entstehen, pro dehydriertem $FADH_2$-Molekül, das bei der Oxidation von Succinat zu Fumarat entsteht, können ca. 2 Moleküle ATP gebildet werden. Im ersten Fall beträgt das Verhältnis der ATP-

Produktion zum Sauerstoffverbrauch (P/O-Quotient) etwa 3, d.h. für die Bildung von 3 Molen ATP wird ca. 1 Grammatom Sauerstoff verbraucht, im zweiten Fall etwa 2.

Folgen mangelhafter O_2-Versorgung. Unter pathophysiologischen Bedingungen, die zu einer Einschränkung der O_2-Versorgung führen, kann der Energiebedarf der Gewebe nur zum Teil und nur für kurze Zeit durch die in Form von ATP und Kreatinphosphat in begrenzter Menge gespeicherten Energiereserven sowie durch die anaerobe Glykolyse gedeckt werden. Die zwei wesentlichen Gründe dafür sind 1., daß der unter diesen Voraussetzungen erhöhte *Glucosebedarf* der Zellen lediglich in seltenen Fällen über eine längere Zeitspanne voll gedeckt werden kann und 2., daß das in größeren Mengen gebildete *Lactat* nur verzögert aus den Zellen abtransportiert und z.B. in der Leber, in der Niere und im Myokard abgebaut oder zur Bildung von Glykogen verwertet werden kann. Als Folge der steigenden Lactatkonzentrationen im Gewebe und im Blut entsteht bei ausgeprägtem O_2-Mangel eine **nichtrespiratorische Acidose,** die starke Veränderungen des Zellstoffwechsels auslöst, sobald der intracelluläre pH-Wert den optimalen Bereich für die Funktion der Enzymsysteme unterschreitet.

Sauerstoffbedarf der Gewebe

O_2-Verbrauch unter Ruhebedingungen. *Die Größe des O_2-Bedarfs eines Gewebes wird vom Funktionszustand der einzelnen Zellen bestimmt.* Bei körperlicher Ruhe und normaler Körpertemperatur werden für den O_2-Verbrauch der verschiedenen Organe oder für Teilbereiche einzelner Organe die in Tabelle 23-1 zusammengestellten Werte gemessen. Die Größe des O_2-Verbrauchs ($\dot{V}_{O_2}$) eines Organs, die normalerweise in ml pro 1 g oder 100 g Feuchtgewicht und pro Minute angegeben wird, ergibt sich nach dem **Fickschen Prinzip** aus der **Durchblutungsgröße ($\dot{Q}$)** und der **Differenz der O_2-Konzentrationen** *im* zufließenden *arteriellen und* abfließenden *venösen Blut* (avD_{O_2}), entsprechend der Gleichung:

$$\dot{V}_{O_2} = avD_{O_2} \cdot \dot{Q}. \qquad (1)$$

Unter den Bedingungen körperlicher Ruhe besteht ein großer O_2-Verbrauch im Herzmuskelgewebe, in der grauen Substanz des Gehirns (z.B. Großhirnrinde), *in der Leber und in der Nierenrinde,* während niedrige O_2-Verbrauchswerte im Skeletmuskelgewebe, in der Milz und in der weißen Substanz des Gehirns nachgewiesen werden können (Tabelle 23-1).

Tabelle 23–1. Mittelwerte für die Durchblutung ($\dot{Q}$), die arteriovenöse Differenz der O_2-Konzentration im Blut (avD_{O_2}) und den O_2-Verbrauch ($\dot{V}_{O_2}$) verschiedener Organe des Menschen bei 37° C

Organ	Durchblutung $\dot{Q}$ $ml \cdot g^{-1} \cdot min^{-1}$	arteriovenöse Differenz avD_{O_2}	O_2-Verbrauch $\dot{V}_{O_2}$ $ml \cdot g^{-1} \cdot min^{-1}$	Literatur
Blut	–	–	$0{,}6 \cdot 10^{-4}$–$1 \cdot 10^{-4}$	[23]
Skeletmuskel				
in Ruhe	$2 \cdot 10^{-2}$–$4 \cdot 10^{-2}$	$10 \cdot 10^{-2}$–$15 \cdot 10^{-2}$	$2{,}5 \cdot 10^{-3}$–$5 \cdot 10^{-3}$	[3, 32]
bei starker Arbeit	0,5–1,3		0,1–0,2	
Milz	1,0	$1 \cdot 10^{-2}$	$1 \cdot 10^{-2}$	[8, 43]
Gehirn	0,4–0,6	$6 \cdot 10^{-2}$–$7 \cdot 10^{-2}$	$3 \cdot 10^{-2}$–$4 \cdot 10^{-2}$	[2, 4, 19, 21, 27, 36]
Rinde	0,6–1,0	$10 \cdot 10^{-2}$	$5 \cdot 10^{-2}$–$10 \cdot 10^{-2}$	
Mark	0,2–0,3	$5 \cdot 10^{-2}$–$7 \cdot 10^{-2}$	$1 \cdot 10^{-2}$–$2 \cdot 10^{-2}$	
Leber	1,0 (25% A. hepatica)	$4 \cdot 10^{-2}$–$5 \cdot 10^{-2}$ (V. portae–V. hepatica) $8 \cdot 10^{-2}$–$10 \cdot 10^{-2}$ (A. hepatica–V. hepatica)	$5 \cdot 10^{-2}$–$6 \cdot 10^{-2}$	[8, 24, 35]
Niere	4,0	$1{,}5 \cdot 10^{-2}$–$2 \cdot 10^{-2}$	$5{,}5 \cdot 10^{-2}$–$6{,}5 \cdot 10^{-2}$	[12, 29]
Rinde	4,0–5,0	$2 \cdot 10^{-2}$–$2{,}5 \cdot 10^{-2}$	$9 \cdot 10^{-2}$–$10 \cdot 10^{-2}$	
äußeres Mark	1,2	$5 \cdot 10^{-2}$	$6 \cdot 10^{-2}$–$6{,}5 \cdot 10^{-2}$	
inneres Mark	0,25	$1 \cdot 10^{-2}$–$2 \cdot 10^{-2}$	$0{,}3 \cdot 10^{-2}$–$0{,}5 \cdot 10^{-2}$	
Herz				
bei körperlicher Ruhe	0,8–0,9	$10 \cdot 10^{-2}$–$15 \cdot 10^{-2}$	$7 \cdot 10^{-2}$–$10 \cdot 10^{-2}$	[1, 7, 14, 20, 26, 40]
bei starker körperlicher Belastung	bis ca. 4,0	bei ca. $17 \cdot 10^{-2}$	bis ca. $40 \cdot 10^{-2}$	

Regionale Unterschiede des O_2-Verbrauchs in Organen. Da die *Durchblutungsgröße umschriebener Gewebeareale* in zahlreichen Organen mit Hilfe von *Clearanceuntersuchungen inerter Gase,* wie z.B. ^{85}Kr, ^{133}Xe oder H_2, gemessen werden kann, ist es möglich, den O_2-Verbrauch der untersuchten Organbezirke zu bestimmen, wenn es gelingt, Blutproben aus einer Vene zu gewinnen, welche die entsprechende Region drainiert. Seit wenigen Jahren ist es darüber hinaus möglich, die Durchblutung und den O_2-Verbrauch einzelner Organbezirke mit Hilfe der Positronenemissionstomographie (PET) direkt zu bestimmen. Das Verfahren wird sehr erfolgreich bei der Untersuchung des Gehirns von Menschen angewendet [21, 36]. Wie aus der Tabelle 23-1 zu entnehmen, war es bisher nur für wenige Organe möglich, *regionale O_2-Verbrauchswerte* zu ermitteln.

Bei Untersuchungen der O_2-Versorgungsbedingungen im Gehirngewebe verschiedener Säugetiere wurden für die *Großhirnrinde* O_2-Verbrauchswerte zwischen ca. $8 \cdot 10^{-2}$ und $10 \cdot 10^{-2}$ $ml \cdot g^{-1} \cdot min^{-1}$ gemessen. Aus den direkt bestimmten Daten für den O_2-Verbrauch des gesamten Gehirns und der Großhirnrinde konnte für die *weiße Substanz des Gehirns* ein mittlerer O_2-Verbrauch von ca. $1 \cdot 10^{-2}$ $ml \cdot g^{-1} \cdot min^{-1}$ ermittelt werden. Die direkte Bestimmung des cerebralen O_2-Verbrauchs durch die Positronenemissionstomographie führte bei gesunden Versuchspersonen zu Werten zwischen ca. $4 \cdot 10^{-2}$ und $6 \cdot 10^{-2}$ $ml \cdot g^{-1} \cdot min^{-1}$ für die *graue Substanz* verschiedener Hirnareale und zu Werten um $2 \cdot 10^{-2}$ $ml \cdot g^{-1} \cdot min$ für die *weiße Substanz* [21, 36]. Neben den Unterschieden im O_2-Verbrauch einzelner Organbezirke sind außerdem Differenzen zwischen dem O_2-Bedarf der verschiedenen Zellen in einem Gewebeareal zu erwarten. Bei Untersuchungen des *lokalen O_2-Verbrauchs* in den oberflächennahen Zellschichten der Großhirnrinde mit Hilfe von Platinmikroelektroden wurden z.B. in eng umschriebenen Bezirken bei leichter Narkose O_2-Verbrauchswerte zwischen ca. $4 \cdot 10^{-2}$ und $12 \cdot 10^{-2}$ $ml \cdot g^{-1} \cdot min^{-1}$ ermittelt. Autoradiographische Untersuchungen der lokalen Durchblutung mit Jod-^{14}C-Antipyrin und des lokalen Glucoseverbrauches mit ^{14}C-2-Deoxyglucose in der Großhirnrinde führten zu dem Ergebnis, daß auch diese Größen in benachbarten Regionen erhebliche Unterschiede aufweisen [37, 38]. Beim Menschen nehmen die regionale Durchblutung und die regionale O_2-Aufnahme in der grauen Substanz des Gehirns nach dem 30. Lebensjahr ab [19, 21, 36].

Vergleichbare Unterschiede des O_2-Bedarfs einzelner Organbezirke finden sich in der Niere. Der mittlere O_2-Verbrauch der *Nierenrinde* liegt um ein Mehrfaches über dem Wert für die *Innenzone* und die *Papille des Nierenmarks.* Da der O_2-Bedarf des Nierengewebes vorrangig von der Größe des aktiven Na^+-Rücktransportes aus dem Tubuluslumen in das Gewebe bestimmt wird, sind die großen Unterschiede der regionalen O_2-Verbrauchswerte besonders auf die unterschiedliche Resorptionsleistung der Nierenrinde und des Nierenmarks zurückzuführen [12].

O_2-Verbrauch bei gesteigerter Organfunktion. Jede Leistungssteigerung eines Organs führt zu einer Zunahme des Energieumsatzes und zu einer Erhöhung des O_2-Bedarfs seiner Zellen. Unter den Bedingungen körperlicher Belastungen nimmt der O_2-Verbrauch des *Herzmuskelgewebes* gegenüber dem Vergleichswert unter Ruhebedingungen bis um das 3- bis 4fache zu, während der O_2-Verbrauch arbeitender *Skeletmuskelgruppen* auf mehr als das 20- bis 50fache des Ruhewertes anwachsen kann. Der O_2-Bedarf des *Nierengewebes* steigt bei erhöhter Na^+-Rückresorption.

In der überwiegenden Zahl der Organe ist bei ausreichender O_2-Versorgung die *O_2-Aufnahmerate des Gewebes unabhängig von der Durchblutungsgröße.* Eine Ausnahme bildet die Niere. Oberhalb des kritischen Durchblutungswertes, bei dessen Überschreiten die Bildung des Ultrafiltrates einsetzt, nimmt der O_2-Verbrauch des Nierengewebes mit steigender Durchblutung zu. Die Sonderstellung des Nierengewebes ist darauf zurückzuführen, daß als Folge der Durchblutungsänderung eine gleichsinnige Veränderung der glomerulären Filtration und damit der Na^+-Rückresorption einsetzt.

Temperatureinfluß auf den O_2-Verbrauch. Der O_2-Verbrauch der Gewebe ist in starkem Maße temperaturabhängig. Die Erniedrigung der Körpertemperatur führt zu einer Abnahme des O_2-Bedarfs der Organe als Folge des eingeschränkten Energieumsatzes. Ausgenommen sind bei erhaltener Temperaturregulation alle Organe, deren Tätigkeitsumsatz im Rahmen der Regulationsmaßnahmen des Organismus gesteigert ist. Zu ihnen zählt z.B. die Skeletmuskulatur (Steigerung des Muskeltonus, Kältezittern, s. S. 661 f.). Die Erhöhung der Körpertemperatur ruft einen allgemeinen O_2-Mehrbedarf in den Geweben hervor.

Im Bereich zwischen 20 und 40° C hat jede Änderung der Körpertemperatur um 10° C, entsprechend der RGT-Regel, eine gleichgerichtete Veränderung des O_2-Verbrauchs der Gewebe um den Faktor $Q_{10} = 2\text{–}3$ zur Folge. Operationen, bei denen der Blutkreislauf und damit die O_2- und Nährstoffnachlieferung zu den Organen für eine bestimmte Zeit unterbrochen werden muß, führt man aus diesem Grund sehr häufig unter den Bedingungen herabgesetzter Körpertemperatur **(Hypothermie)** durch. Um in allen Organen eine Verminderung des O_2-Bedarfs zu erreichen, muß gleichzeitig durch eine tiefe Narkose die Temperaturregulation des Organismus eingeschränkt oder ausgeschaltet werden.

23.2 Sauerstoffversorgung der Gewebe

Sauerstoffvorräte der Gewebe

Die den Zellen für die Gewebeatmung zur Verfügung stehende O_2-Menge wird von der Größe des *konvektiven O_2-Transportes* im Blut und dem Ausmaß der *O_2-Diffusion* zwischen dem Capillarblut und den zu versorgenden Geweben bestimmt. Da die Mehrzahl der Gewebe neben dem physikalisch gelösten Sauerstoff keine weiteren O_2-Vorräte besitzt, führt jede Einschränkung der O_2-Nachlieferung zum O_2-Mangel und zu einer Verminderung des oxidativen Zellstoffwechsels, sobald das O_2-Angebot den O_2-Bedarf nicht voll decken kann.

O_2-Speicherfunktion des Myoglobins. Eine Ausnahme bilden die *Muskelgewebe,* deren Farbstoff *Myoglobin (Mb)* Sauerstoff reversibel bindet und damit als O_2-Speicher dienen kann. Da die Myoglobinkonzentrationen der Muskelgewebe des Menschen jedoch gering sind, ist die gespeicherte O_2-Menge nicht groß genug, um ausgeprägte O_2-Mangelzustände für längere Zeit zu überbrücken.

Diese Tatsache läßt sich besonders eindrucksvoll für die O_2-Versorgungsbedingungen des Herzmuskelgewebes darstellen. Der mittlere Myoglobingehalt des Myokards beträgt 4 mg pro g Gewebe. Da 1 g Myoglobin maximal ca. 1,34 ml Sauerstoff bindet, sind unter physiologischen Bedingungen in 1 g Herzmuskelgewebe etwa $0{,}5 \cdot 10^{-3}$ ml Sauerstoff gespeichert. Nach vollständiger Unterbrechung der O_2-Nachlieferung zum Myokard kann mit Hilfe dieser O_2-Menge der normale oxidative Zellstoffwechsel nur für ca. 3–4 s aufrechterhalten werden.

Bedeutung des Myoglobins für die O_2-Versorgung der Muskelgewebe. Die Funktion des Myoglobins ist die eines **Kurzzeit-O_2-Speichers** und **intracellulären O_2-Transporteurs.** Aufgrund seiner reversiblen O_2-Bindung wirkt das Myoglobin wie ein *O_2-Puffer*. Es ermöglicht, daß die O_2-Partialdrücke in den Muskelgeweben im Vergleich zu myoglobinfreien Geweben nur geringe örtliche Unterschiede aufweisen und daß die O_2-Partialdrücke bei einsetzender Belastung trotz des steigenden O_2-Verbrauchs weitgehend konstant gehalten werden können. Da die O_2-Affinität des Myoglobins gegenüber der des Hämoglobins sehr groß ist (s. S. 616), kann der Muskelfarbstoff die Pufferfunktion nur bei O_2-Partialdrücken, die unter ca. 10 bis 15 mmHg (1,3–2,0 kPa) liegen, übernehmen. Unter den Bedingungen in den Muskelgeweben beträgt der O_2-Halbsättigungsdruck des Myoglobins ca. 5 bis 6 mm Hg (0,7–0,8 kPa). Als Folge der hohen O_2-Affinität des Myoglobins müssen sich entsprechend niedrige O_2-Partialdrücke in den Muskelzellen einstellen. Gleichzeitig entsteht ein großes O_2-Partialdruckgefälle gegenüber dem Capillarblut, das die O_2-Abgabe an das Muskelgewebe fördert [22, 25]. Zum Transportmittel für Sauerstoff wird das Myoglobin, wenn innerhalb einer Muskelzelle Unterschiede seiner O_2-Sättigung auftreten und oxygenierte Myoglobinmoleküle vom Ort höherer zum Ort niederer Konzentration diffundieren (erleichterte O_2-Diffusion, s. S. 638). Unter diesen Voraussetzungen können in den Muskelzellen trotz geringer O_2-Partialdruckunterschiede große O_2-Mengen transportiert werden [22, 30].

Im **Myokard** stellt der an den Muskelfarbstoff gebundene Sauerstoff außerdem die O_2-Versorgung von Herzmuskelbezirken sicher, deren Durchblutung während der Systole für kurze Zeit eingeschränkt oder möglicherweise vollständig unterbrochen ist [26].

In der **Skeletmuskulatur** kann die O_2-Abgabe des Myoglobins am Beginn schwerer Muskelarbeit einen Teil des gesteigerten O_2-Bedarfs decken, bevor durch die Anpassung der Durchblutungsgröße erneut ein ausreichendes O_2-Angebot zur Verfügung steht. Der aus dem Myoglobin freigesetzte Sauerstoff bildet einen Teil der **O_2-Schuld,** den jede Skeletmuskelfaser eingehen kann.

O_2-Angebot und O_2-Utilisation

O_2-Angebot in den Organen. Die Größe der O_2-Menge, die pro Zeiteinheit mit dem Blutstrom zu den einzelnen Organen gelangt, ergibt sich aus dem Produkt von **arterieller O_2-Konzentration** und **Durchblutungsgröße:**

$$O_2\text{-Angebot} = Ca_{O_2} \cdot \dot{Q}. \qquad (2)$$

Wie aus dieser Beziehung zu ersehen, sind Unterschiede des O_2-Angebotes in den verschiedenen Organen ausschließlich auf die unterschiedliche Größe der Durchblutung zurückzuführen. Jede Veränderung der Durchblutungsgröße als Folge von Änderungen des peripheren Gefäßwiderstandes oder des arteriellen Mittel-

drucks führt unmittelbar zu einer Veränderung des O_2-Angebotes in einem Gewebe.
Das mittlere O_2-Angebot der einzelnen Organe kann für physiologische Bedingungen direkt aus der O_2-Konzentration des arteriellen Blutes (s.S. 617) und den in der Tabelle 23-1 zusammengestellten Durchblutungswerten ermittelt werden. Besonders große Werte ergeben sich dabei für die Nierenrinde, die Milz und die graue Substanz des Gehirns, kleine Werte für die ruhende Skeletmuskulatur, das Nierenmark und die weiße Substanz des Gehirns.

O_2-Utilisation in verschiedenen Organen. Unter der O_2-Utilisation eines Organes versteht man das **Verhältnis seines O_2-Verbrauches zum O_2-Angebot.** Wie aus den Gl. (1) und (2) abzuleiten, ergibt sich damit:

$$O_2\text{-Utilisation} = (avD_{O_2} \cdot \dot{Q}/(Ca_{O_2} \cdot \dot{Q}) = avD_{O_2}/Ca_{O_2}. \qquad (3)$$

In Abhängigkeit vom O_2-Bedarf des Gewebes wird das O_2-Angebot in den einzelnen Organen unterschiedlich genutzt. Unter Normalbedingungen beträgt der O_2-Verbrauch der Großhirnrinde, des Myokards und der ruhenden Skeletmuskulatur ca. 40–60% der in der gleichen Zeit angebotenen O_2-Menge. Die O_2-Utilisation kann bei gesteigerter Organfunktion erheblich zunehmen. Höchstwerte, die im Extremfall ca. 90% erreichen, beobachtet man unter den Bedingungen schwerer körperlicher Belastungen in der arbeitenden Skeletmuskulatur und im Myokard. Unter pathophysiologischen Bedingungen können die Erniedrigung der O_2-Konzentration im arteriellen Blut (arterielle Hypoxämie) oder die Einschränkung der Durchblutungsgröße (Ischämie) zu einer erheblichen Steigerung der O_2-Utilisation in einem Organ führen. Besonders gering ist die Ausnutzung des O_2-Angebotes in der Niere und in der Milz. Aufgrund der organspezifisch hohen Durchblutung, die eine wesentliche Voraussetzung für die normale Funktion beider Organe ist, steht in der Niere wie in der Milz ein sehr großes O_2-Angebot einem mittleren bzw. kleinen O_2-Bedarf gegenüber.

Austausch der Atemgase im Gewebe

Freie und erleichterte Diffusion. Der Austausch der Atemgase zwischen dem Capillarblut und den Zellen eines Gewebes erfolgt in gleicher Weise wie der Atemgaswechsel in der Lunge durch **Diffusion** (s.S. 596f.). Die mit dem Blutstrom herantransportierten **O_2-Moleküle** wandern dem O_2-Partialdruckgefälle folgend aus den Erythrocyten und dem Plasma in das umgebende Gewebe. Gleichzeitig diffundiert das beim oxidativen Stoffwechsel gebildete Kohlendioxid aus den Zellen in das Blut. Die für die Diffusion der Atemgase zur Verfügung stehende Energie ist die kinetische Energie der einzelnen Moleküle. Von besonderer Bedeutung für den Atemgaswechsel ist damit die Höhe des **O_2-** und des **CO_2-Partialdruckes im Blut.** Unter den Be-

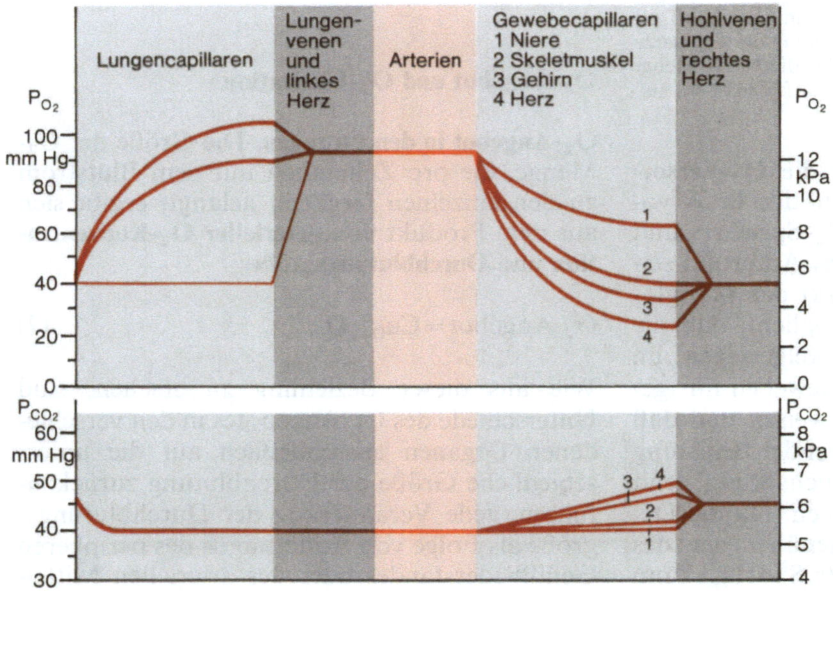

Abb. 23-2. O_2-Partialdrücke (P_{O_2}) und CO_2-Partialdrücke (P_{CO_2}) des Blutes in den verschiedenen Abschnitten des Kreislaufsystems unter Ruhebedingungen. Modifiziert nach [41]

dingungen körperlicher Ruhe stellen sich in den verschiedenen Kreislaufabschnitten des Menschen die in Abb. 23-2 schematisch dargestellten mittleren Atemgaspartialdrücke ein.

Die O_2-Abgabe vom Blut an das Gewebe kann beeinflußt werden durch die *Diffusion des oxygenierten Hämoglobins* innerhalb der Erythrocyten, die den Transport der O_2-Moleküle zur Erythrocytenoberfläche beschleunigt [30]. Man spricht in diesem Fall von **erleichterter O_2-Diffusion** *(facilitated diffusion)*. In Muskelgeweben übt die *Diffusion des oxygenierten Myoglobins* einen vergleichbaren Einfluß auf den O_2-Transport aus. Unter den Bedingungen sehr niedriger O_2-Partialdrücke und gleichzeitig geringer O_2-Partialdruckdifferenzen innerhalb der Muskelzellen trägt die erleichterte O_2-Diffusion wesentlich zu ihrer O_2-Versorgung bei [22].

Möglicherweise wird die Geschwindigkeit des Atemgastransports zusätzlich erhöht durch eine *Konvektion* in den Erythrocyten sowie die *Konvektion* des Blutplasmas, der Extracellulärflüssigkeit und des Cytoplasmas.

Bestimmend für die O_2-Abgabe vom Blut an das Gewebe wie für den entgegengerichteten Transport des Kohlendioxids ist neben dem *Partialdruckgefälle* zwischen dem Capillarblut und den einzelnen Zellen die Größe der *Austauschfläche,* die Länge der *Diffusionsstrecke* und die Größe des *Diffusionswiderstandes* der einzelnen zu durchwandernden Strukturen. Für die Bedingungen bei konstantem Partialdruck- oder Konzentrationsgefälle wird die Abhängigkeit der pro Zeiteinheit ausgetauschten Gasmenge von den verschiedenen Einflußgrößen durch das **1. Ficksche Diffusionsgesetz** beschrieben (s. S. 4 und S. 596).

Modelle für den Atemgasaustausch im Gewebe. Mit Hilfe der Diffusionsgesetze ist es möglich, den Atemgaswechsel in einem Gewebe zu untersuchen und die O_2- und CO_2-Partialdrücke der Zellen zu berechnen. Voraussetzung für eine derartige theoretische Analyse der O_2- und CO_2-Diffusion in einem Gewebe ist die Zusammenfassung der verschiedenen diffusionsbestimmenden Parameter zu einer Modellvorstellung vom Atemgasaustausch im Versorgungsbereich einer einzelnen Capillare oder eines Capillarnetzes. Ein derartiges Modell muß die funktionellen und morphologischen Bedingungen für den Atemgaswechsel in vereinfachter Weise darstellen, damit eine mathematische Beschreibung der Zusammenhänge möglich wird.

Unter den verschiedenen Strukturmodellen, mit deren Hilfe versucht wurde, die Bedingungen für den Atemgasaustausch in den Geweben zu beschreiben, ist das bekannteste und am häufigsten angewandte der **Gewebezylinder** nach **Krogh.** Bereits 1918 beschrieb Krogh [31] den Versorgungsbereich der einzelnen Capillare als einen Zylinder, dessen Achse das versorgende Gefäß bildet. Er legte diese Vorstellung Untersuchungen der O_2-Diffusion im Skeletmuskelgewebe zugrunde.

Obgleich die Modellvorstellung von Krogh lediglich die Bedingungen für den Atemgaswechsel in einem Gewebeareal genau zu beschreiben vermag, in dem benachbarte Capillaren parallel verlaufen, in gleichen Ebenen beginnen und enden und in gleicher Richtung durchströmt werden, erwies sich der Gewebezylinder als ein sehr gutes Denkmodell für das Studium des Atemgaswechsels und des Stoffaustausches in den Geweben. In der Zwischenzeit wurden zahlreiche weitere Modellvorstellungen entwickelt. Dem Gewebezylinder gegenübergestellt wurde das sog. *Kegelmodell,* bei dem man von der Annahme ausgeht, daß der Blutstrom in benachbarten Capillaren gegensinnig verläuft. Weitere Modelle zur Analyse des Atemgaswechsels berücksichtigen die Bedingungen in einer *kubischen Gewebesäule,* die von 4 parallel verlaufenden Capillaren mit unterschiedlich gerichteter Durchströmung begrenzt wird, oder sie beschreiben die Austauschbedingungen in einem Gewebeareal mit einem *Netzwerk* definierter Capillarmaschen.

Bedeutung der Capillarisierung und der Mikrozirkulation. Neben der Höhe des Partialdruckgefälles zwischen dem Capillarblut und den Zellen wird der Atemgaswechsel in einem Gewebebezirk vom Ausmaß der *Capillarisierung und der Mikrozirkulation in der terminalen Strombahn* bestimmt. Sowohl die **Austauschfläche** für die Diffusion der Atemgase zwischen dem Blut und dem Gewebe als auch die **Diffusionsstrecken** innerhalb des Gewebes sind unmittelbar abhängig von der Zahl der durchströmten Capillaren, ihrer Länge und ihrem Abstand.

Die Capillarisierung der Gewebe ist von Organ zu Organ und in vielen Fällen auch innerhalb eines einzelnen Organes unterschiedlich. Ein besonders enges Capillarnetz und damit günstige Bedingungen für den Atemgaswechsel findet man in den Geweben mit hohem Energieumsatz.

Im *Myokard* z.B. entfällt auf jede Muskelfaser eine Capillare, der mittlere Abstand benachbarter Capillaren beträgt ca. 25 μm. Für den mittleren Capillarabstand in der *Hirnrinde* wurden ca. 40 μm, in der *Skeletmuskulatur* ca. 80 μm bestimmt. Durch die Erhöhung oder Herabsetzung des Tonus der glatten Gefäßmuskulatur in den vorgeschalteten Strombahnabschnitten kann darüber hinaus die Zahl der gleichzeitig in einem Gewebe perfundierten Capillaren variiert und dadurch nicht nur das O_2-Angebot, sondern auch die Bedingungen für den O_2-Austausch durch die Vergrößerung oder Verkleinerung der Diffusionsfläche und der Diffusionsstrecken verändert werden.

O_2-Partialdrücke im Gewebe

Kritischer O_2-Partialdruck der Mitochondrien. Die O_2-Partialdrücke in den Zellen eines Gewebes stellen sich zwischen dem Wert des arteriellen Blutes und einem Minimalwert, der bereits unter physiologischen Bedingungen in einzelnen Organen oder Organbezirken nur etwa 1 mm Hg (133,3 Pa) betragen kann, ein. Voraussetzung für den normalen oxidativen Stoffwechsel einer Zelle ist ein *Mindest-O_2-Partialdruck von ca. 0,1–1 mm Hg* (13,3–133,3 Pa) *im Bereich der Mitochondrien*, der **kritische O_2-Partialdruck der Mitochondrien** [16, 22, 39]. Sinkt der O_2-Partialdruck in unmittelbarer Nähe der Mitochondrien unter diesen Wert, so kann die reduzierte *Cytochromoxidase* nicht mehr vollständig oxidiert werden, der Wasserstoff- und Elektronentransport in der *Atmungskette* nimmt ab, und die Einschränkung des Energiestoffwechsels ist die Folge. *Wichtigstes Kriterium für die Beurteilung der O_2-Versorgung eines Organes ist damit der celluläre O_2-Partialdruck.*

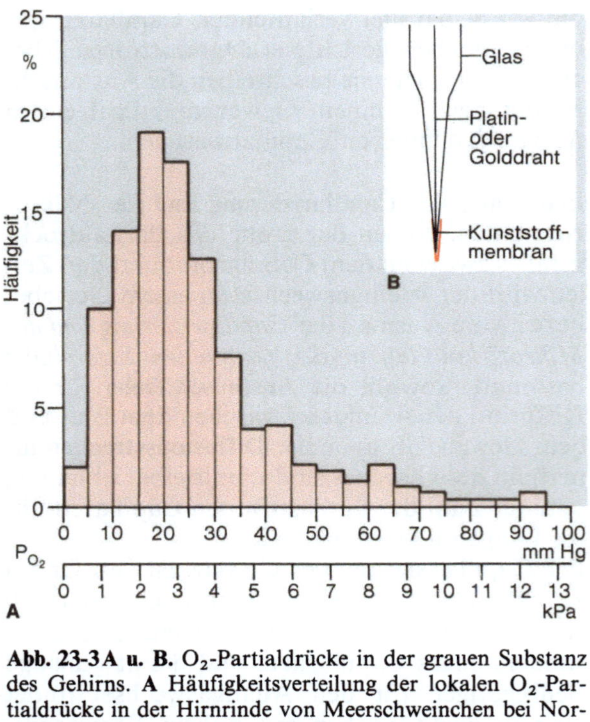

Abb. 23-3 A u. B. O_2-Partialdrücke in der grauen Substanz des Gehirns. **A** Häufigkeitsverteilung der lokalen O_2-Partialdrücke in der Hirnrinde von Meerschweinchen bei Normoventilation. Die Maximalwerte (P_{O_2} = 90–95 mm Hg = 12,0–12,7 kPa) entsprechen dem O_2-Partialdruck des arteriellen Blutes. Die Minimalwerte in den am ungünstigsten mit Sauerstoff versorgten Zellen betragen 0,5–1 mm Hg (67–133 Pa), sie liegen um ca. 25 mm Hg (3,3 kPa) unter dem mittleren O_2-Partialdruck des venösen Blutes der Hirnrinde (nach [34]). **B** Aufbau einer Mikroelektrode zur polarographischen Messung des O_2-Partialdruckes in Geweben

Nach dem *polarographischen Verfahren* (s.S. 600) sind heute direkte Messungen des O_2-Partialdruckes in den einzelnen Zellen eines Gewebes mit Mikroelektroden möglich. Für die Bestimmung des O_2-Partialdruckes in oberflächennahen Zellen werden sehr kleine Platinelektroden benutzt, die man unmittelbar auf das Gewebe aufsetzen kann, ohne gleichzeitig die Mikrozirkulation im Untersuchungsareal zu stören. Messungen des cellulären O_2-Partialdruckes in tieferen Geweberegionen können mit Nadelelektroden, deren Spitzendurchmesser ca. 0,5–5 μm beträgt, durchgeführt werden (Abb. 23-3 B).
Beide Untersuchungsverfahren werden bislang vorrangig im Tierexperiment eingesetzt. Bei Untersuchungen an Patienten ermöglichen sie wichtige Aussagen über die O_2-Versorgung, vorrangig von leicht zugänglichen Organen. Beispielsweise wurde bei verschiedenen Muskelerkrankungen oder Störungen der Skeletmuskeldurchblutung die O_2-Partialdruckverteilung in den betroffenen Skeletmuskelgruppen bei körperlicher Ruhe und unter Belastungsbedingungen mit Nadelelektroden analysiert. Der Einsatz von Mikrooberflächenelektroden ermöglichte während neurochirurgischer Operationen wichtige Hinweise auf die momentane Sauerstoffversorgung der untersuchten Hirnrindenareale. Die Ergebnisse einer derartigen Untersuchung sind in Abb. 23-4 dargestellt. Sie gibt die Häufigkeitsverteilungen des lokalen O_2-Partialdruckes in den oberflächennahen Zellen der Großhirnrinde bei arterieller Normoxie und arterieller Hypoxie wieder [28].

Um beim Menschen einen Einblick in die O_2-Versorgungsbedingungen eines Organes gewinnen zu können, ist man in der Mehrzahl der Fälle darauf angewiesen, die wichtigsten Einflußgrößen wie die Durchblutung, die Atemgaspartialdrücke oder Atemgaskonzentrationen und den pH-Wert des arteriellen Blutes direkt zu bestimmen und anschließend unter Berücksichtigung der Meßergebnisse eine theoretische Analyse des Atemgaswechsels innerhalb der untersuchten Gewebe durchzuführen.

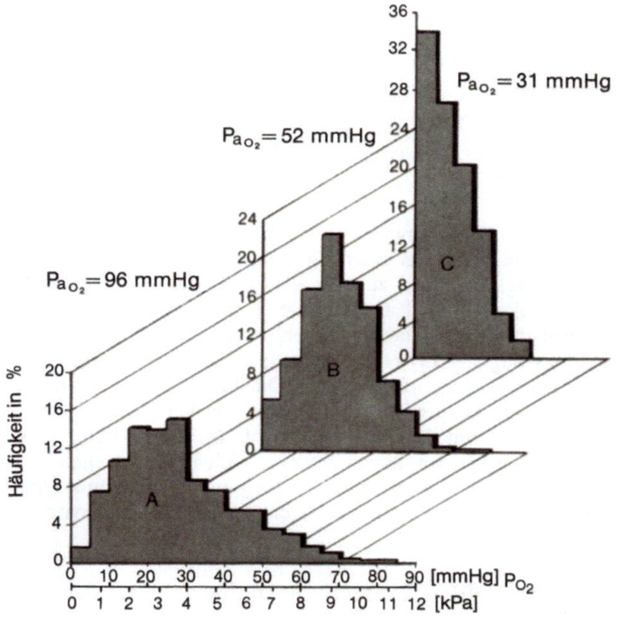

Abb. 23-4 A–C. Häufigkeitsverteilung des lokalen O_2-Partialdruckes in den oberflächennahen Zellen der Großhirnrinde von Katzen bei arterieller Normoxie (**A** $P_{a_{O_2}}$ = 96 mm Hg = 12,8 kPa), mäßiger arterieller Hypoxie (**B** $P_{a_{O_2}}$ = 52 mm Hg = 7,0 kPa) und schwerer arterieller Hypoxie (**C** $P_{a_{O_2}}$ = 31 mm Hg = 4,2 kPa). Die fortschreitende Herabsetzung des arteriellen O_2-Partialdruckes führt zu einer zunehmenden Verlagerung der Histogramme zu niedrigen O_2-Partialdrücken und einer starken Erhöhung der Zahl von Meßwerten im Bereich zwischen 0 und 5 mm Hg (0 und 6,7 kPa). Bei schwerer arterieller Hypoxie besteht eine ausgeprägte Gewebehypoxie mit Anoxie in zahlreichen Zellen der Großhirnrinde (nach [28])

O_2-Partialdruckverteilung im Gehirngewebe. Von besonderem Interesse ist die Kenntnis der O_2-Partialdruckverteilung im Gehirn- und Herzmuskelgewebe, da eine mangelhafte O_2-Versorgung beider Organe unmittelbar zum Tode führen kann. Innerhalb des zylinderförmigen Versorgungsbereiches einer Capillare der *Großhirnrinde* ergibt sich bei einem O_2-Verbrauch des Gewebes von $9 \cdot 10^{-2}$ $mlO_2 \cdot g^{-1} \cdot min^{-1}$ und einer Durchblutung von 0,8 ml Blut $\cdot g^{-1} \cdot min^{-1}$ die in Abb. 23-5 dargestellte mittlere O_2-Partialdruckverteilung. *Während der Capillarpassage sinkt der O_2-Partialdruck* im Blut von *90 mm Hg* (12,0 kPa) *auf ca. 28 mm Hg* (3,7 kPa) *ab.* Die O_2-Partialdruckveränderungen innerhalb des Capillarblutes folgen dem Verlauf der *effektiven O_2-Bindungskurve* (s.S. 619). Gleichzeitig stellt sich zwischen dem Blut und den Randbezirken des Versorgungszylinders eine O_2-Partialdruckdifferenz von ca. 26 mm Hg (3,5 kPa) ein. In den am schlechtesten mit Sauerstoff versorgten Zellen im Versorgungsbereich des venösen Capillarendes sind O_2-Partialdrücke zwischen 1 und 2 mm Hg (133 und 266 Pa) zu erwarten.

Die berechneten O_2-Partialdrücke, die sehr gut mit Werten übereinstimmen, die bei vergleichbaren Bedingungen im Tierexperiment [27] direkt gemessen wurden (Abb. 23-3 A, 23-4), zeigen, daß das Gehirngewebe durchaus nicht so gut mit Sauerstoff versorgt wird, wie man früher annahm. Sie erklären, warum eine Verschlechterung der cerebralen O_2-Versorgungsbedingungen sehr leicht in den ungünstig versorgten Gewebeabschnitten zu einem *O_2-Mangel* der Zellen führen kann. Die unmittelbare Folge ist eine Funktionseinschränkung der Neurone, die in vielen Fällen eine Bewußtseinstrübung oder eine Bewußtlosigkeit nach sich zieht.

O_2-Partialdruckverteilung im Myokard. Das Herzmuskelgewebe zeichnet sich gegenüber der

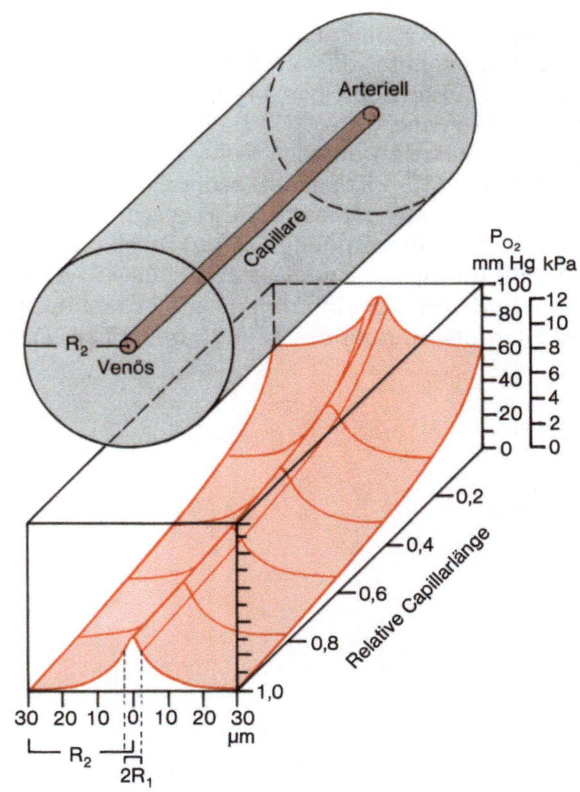

Abb. 23-5. Schematische Darstellung der O_2-Partialdruckverteilung im Versorgungszylinder einer Capillare nach Krogh in der Großhirnrinde des Menschen (O_2-Verbrauch $= 9 \cdot 10^{-2}$ $ml \cdot g^{-1} \cdot min^{-1}$, Durchblutung = 0,8 $ml \cdot g^{-1} \cdot min^{-1}$). Der mittlere O_2-Partialdruck des Blutes fällt in den Capillaren der Großhirnrinde unter Normbedingungen von 90 mm Hg (12,0 kPa) auf ca. 28 mm Hg (3,7 kPa) ab. Innerhalb des Querschnittes des Versorgungszylinders beträgt der mittlere O_2-Partialdruckabfall von der Capillare zum Zylindermantel ca. 26 mm Hg (3,5 kPa)

Mehrzahl der Organe durch **nichtstationäre O_2-Versorgungsbedingungen** aus. Sowohl die *Durchblutung* als auch der *Energiebedarf* des Myokards verändern sich im Verlauf des einzelnen Herzcyclus. Während der Systole nimmt im Versorgungsbereich der A. coronaria sinistra als Folge der Drucksteigerung im Gewebe die Durchblutung ab; in den Herzmuskelinnenschichten des linken Ventrikels kann sie kurzzeitig vollständig unterbrochen sein (s.S. 502). Den resultierenden Schwankungen des *O_2-Angebotes im Myokard,* das ein *Minimum in der Systole* und ein *Maximum in der Diastole* erreicht, stehen entgegengerichtete Änderungen des Energiebedarfs der einzelnen Herzmuskelzellen gegenüber. Der *größte Energiebedarf* besteht während der *Kontraktionsphase,* der *geringste* in der *Ruhephase.*

Trotz der Einschränkung des O_2-Angebotes während der Systole kann der gleichzeitig erhöhte Energiebedarf des Myokards unter Normalbedingungen voll gedeckt werden, da 1. die Energiereserven der Herzmuskelzellen (ATP, Kreatinphosphat) zur Verfügung stehen und 2. durch die Funktion des Myoglobins als Kurzzeit-O_2-Speicher (s.S. 637) in Zellen, deren O_2-Partialdruck während der Kontraktion unter ca. 10 mm Hg (1,3 kPa) absinkt, die Voraussetzungen für eine ausreichende Gewebeatmung gegeben sind. Während der Diastole führt die hohe Durchblutung zu einem gesteigerten O_2-Angebot und ermöglicht damit die vollständige Wiederaufsättigung des Myoglobins mit Sauerstoff und die Wiederauffüllung der cellulären Energiespeicher [26].

Es ist zu erwarten, daß die Veränderungen des O_2-Angebotes im Verlauf von Systole und Diastole zu *periodischen Veränderungen des O_2-Partialdruckes in den Myokardzellen* führen.

Unter den Bedingungen körperlicher Belastungen ist die O_2-Versorgung des Herzmuskelgewebes erschwert. Die Funktionssteigerung führt zu einer Erhöhung des O_2-Verbrauchs im Myokard. Da gleichzeitig die Herzfrequenz ansteigt und damit die Diastolendauer erheblich verkürzt wird, ist eine Anpassung der O_2-Nachlieferung an den gesteigerten O_2-Bedarf nur begrenzt möglich. Die Grenzbedingungen für sehr starke körperliche Belastungen werden etwa bei Herzfrequenzen um 200 min^{-1} erreicht. Im EKG kann man unter diesen Bedingungen in vielen Fällen die typischen Zeichen einer mangelhaften O_2-Versorgung des Herzmuskelgewebes (Senkung von ST, Abflachung oder Umkehr von T) beobachten (s.S. 483).

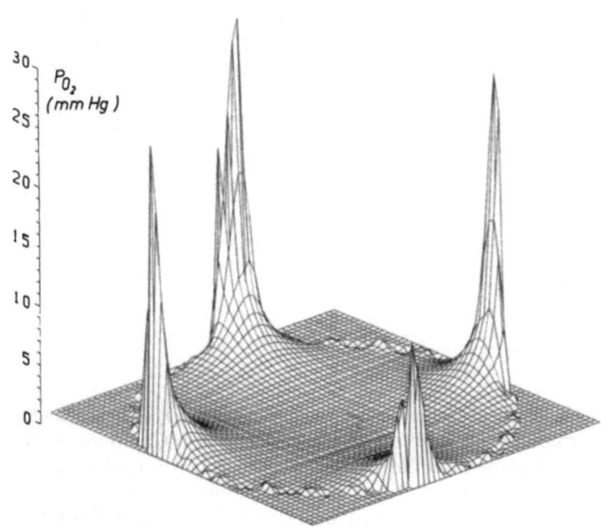

Abb. 23-6. O_2-Partialdruckverteilung in einem Querschnitt durch eine myoglobinreiche Muskelfaser und die sie versorgenden Capillaren unter Belastungsbedingungen bei Annahme eines O_2-Verbrauchs von 0,14 $ml \cdot g^{-1} \cdot min^{-1}$ und eines Faserradius von 25 µm (nach [25])

O_2-Partialdruckverteilung in der arbeitenden Skeletmuskulatur

Die Verteilung der O_2-Partialdrücke in der Skeletmuskulatur wird besonders unter Belastungsbedingungen durch die *Funktion des Myoglobins als O_2-Puffer* und als *Transportmittel für Sauerstoff* beeinflußt. Wie die theoretischen Analysen der O_2-Diffusion in myoglobinreichem Muskelgewebe zeigen (Abb. 23-6), sind besonders unter Belastungsbedingungen große O_2-Partialdruckgradienten zwischen dem Capillarblut und den zu versorgenden Muskelzellen zu erwarten [25]. Da innerhalb der Muskelfasern bei niedrigen O_2-Partialdrücken nur geringe O_2-Partialdruckunterschiede auftreten, muß der intracelluläre O_2-Transport im Muskelgewebe vorrangig durch die erleichterte O_2-Diffusion (s.S. 638) erfolgen. Die Ergebnisse der theoretischen Untersuchungen stimmen sehr gut überein mit den Befunden direkter Messungen der O_2-Sättigung des Myoglobins in einzelnen Muskelfasern und den anhand der Meßwerte ermittelten intracellulären O_2-Partialdrücken [22].

23.3 Regulation des O_2-Angebotes und O_2-Mangelwirkungen

Anpassung des O_2-Angebotes an den O_2-Bedarf

Die mit jeder Funktionssteigerung eines Organs einhergehende Erhöhung des *O_2-Bedarfs* muß durch die Vergrößerung des *O_2-Angebotes* und seine vermehrte Ausschöpfung ausgeglichen werden. Wie aus Gl. (2) hervorgeht, kann das

O_2-Angebot in einem Gewebe durch die Zunahme der Durchblutungsgröße und die Erhöhung der O_2-Konzentration des arteriellen Blutes gesteigert werden. Da jedoch unter physiologischen Bedingungen die O_2-Sättigung des Hämoglobins im arteriellen Blut bereits ca. 97% beträgt, ist eine weitere Zunahme der arteriellen O_2-Konzentration kurzfristig durch Hyperventilation kaum möglich. Die Anpassung des O_2-Angebotes in einem Gewebe an eine momentane Steigerung des O_2-Bedarfs muß somit vorrangig durch die *Zunahme der Durchblutungsgröße* erfolgen.

Regulation der Organdurchblutung. Die Durchblutungsgröße in einem Organ wird in erster Linie von der Größe des *Herzzeitvolumens* und der Höhe des *Gefäßmuskeltonus in den der terminalen Strombahn vorgeschalteten Gefäßabschnitten* bestimmt. Die nervösen und humoralen Einflüsse sowie die lokal chemischen Mechanismen, die die Organdurchblutung einstellen, sind ausführlich in Kap. 20 dargestellt. Es wird aus diesem Grunde hier nur auf einige Besonderheiten der Regulation des O_2-Angebotes im Gehirngewebe, im Myokard und in der Skeletmuskulatur hingewiesen.
Im **Gehirngewebe** wird die Steigerung des O_2-Angebotes bei erhöhtem O_2-Bedarf vorrangig durch die Herabsetzung des Tonus der Gefäßmuskulatur nach *Erniedrigung des O_2-Partialdruckes (Hypoxie)* und die *Erhöhung des CO_2-Partialdruckes (Hyperkapnie)* im Intra- und Extracellulärraum sowie den *Anstieg der extracellulären H^+-Konzentrationen* hervorgerufen. Zu einer vergleichbaren Tonusänderung in der glatten Muskulatur der Gehirngefäße führt weiterhin die mäßige Erhöhung der K^+-Konzentration sowie die Erhöhung der Adenosinkonzentration im Perivasculärraum. Da die Ca^{2+}-Ionen eine zentrale Rolle bei der Einstellung des Gefäßmuskeltonus spielen, sind die geschilderten Reaktionen jedoch abgeschwächt oder bleiben vollständig aus, wenn die Ca^{2+}-Konzentrationen im Perivasculärraum gegenüber Normalbedingungen vermindert ist. Jede Steigerung der extracellulären Ca^{2+}-Konzentration löst unmittelbar eine Vasoconstriction aus, jede Herabsetzung eine Vasodilatation [2, 4, 13, 33]. Es ist bislang nicht geklärt, welche Rolle die Einflüsse des vegetativen Nervensystems auf die Einstellung der Gefäßweite bei der Regulation der Gehirndurchblutung spielen [2, 33].
Für die Mehrdurchblutung des **Myokards** unter Belastungsbedingungen werden vorrangig *lokalchemische Prozesse,* unter denen die *Erniedrigung des O_2-Partialdruckes (Hypoxie)* des Gewebes eine besondere Bedeutung besitzt verantwortlich gemacht. Eine Schlüsselfunktion nimmt dabei möglicherweise das gefäßerweiternd wirkende *Adenosin* ein, dessen Konzentration im Herzmuskelgewebe bei unausgeglichenem Verhältnis von O_2-Angebot und O_2-Bedarf ansteigt. Unter den lokalen Anpassungsmechanismen der Myokarddurchblutung spielen außerdem die vorrangig im Endothel gebildeten *Eikosanoide* eine wichtige Rolle. Von besonderer Bedeutung sind das *Prostacyclin* und die *vasodilatierend wirkenden Prostaglandine* [11]. Die Durchblutungsverteilung kann zusätzlich beeinflußt werden durch Endothelfaktoren mit dilatierender Wirkung (EDRF, z.B. NO) oder konstringierender Wirkung (EDCF, z.B. Endothelin) [42]. Die bei Belastung auftretende *Steigerung des Sympathicotonus* führt initial nach Aktivierung von α-Receptoren zu einer Durchblutungsabnahme. Die gleichzeitig durch die Aktivierung der *β*-Receptoren ausgelöste Stoffwechselsteigerung verursacht im weiteren Verlauf eine Vasodilatation, die bei ausreichendem Perfusionsdruck eine Mehrdurchblutung des Myokards ermöglicht [1, 7, 20].
Die Gründe für die Durchblutungssteigerung in der **Skeletmuskulatur** bei Belastungen sind noch weitgehend unbekannt. Neben adrenergen sympathischen Nervenfasern, deren Aktivierungsgrad wie in zahlreichen anderen Organen besonders die Höhe des Tonus der glatten Gefäßmuskulatur bestimmt, lassen sich im Skeletmuskelgewebe cholinerge sympathische Fasern mit vasodilatatorischer Wirkung nachweisen. Der *Aktivierung dieser cholinergen Sympathicusfasern* schreibt man die initiale Durchblutungssteigerung am Beginn einer Muskeltätigkeit zu. Sie betrifft nur in geringem Umfang die Abschnitte der Endstrombahn, in denen der Atemgas- und Stoffaustausch stattfindet. Im weiteren Verlauf der Muskelarbeit wird die Mehrdurchblutung der wahren — nutritiven — Capillaren vermutlich durch eine Reihe lokal-chemischer Mechanismen aufrechterhalten, die den Basistonus der Gefäßmuskulatur, der nicht durch direkte nervöse Einflüsse bestimmt wird, herabsetzen. Eine wesentliche Bedeutung mißt man dem *Anstieg der K^+-Konzentration* und der *Erhöhung der Osmolarität* im Extracellulärraum bei. Hinzu kommt die Wirkung der *Hypoxie* im Muskelgewebe. Die Veränderungen des CO_2-Partialdrukkes und der H^+-Konzentration spielen für die Durchblutungssteigerung in der Skeletmuskulatur unter Belastungsbedingungen nur eine untergeordnete Rolle [3].

Folgen langdauernden oder wiederholt auftretenden O_2-Mehrbedarfs. Wiederholte starke Belastungen des Herzens bei der Kreislaufanpassung an einen O_2-Mehrbedarf der Organe führen zu *strukturellen Veränderungen im Myokard* und zu einer *Vergrößerung des Herzgewichtes.* Bei physiologischer Anpassung, wie man sie z.B. bei Hochleistungssportlern findet, kann das Herzgewicht von seinem Normalwert von ca. 200–300 g bis zu einem *Grenzgewicht von ca. 500 g* zunehmen. Im Vordergrund steht das Wachstum der einzelnen Myokardfaser **(Hypertrophie).** Als auslösender Reiz wird kurzzeitiger *O_2-Mangel im Herzmuskelgewebe* angesehen. Die kritische Grenze für die Myokardhypertrophie wird in erster Linie durch die Beeinträchtigung der O_2-Versorgungsbedingungen bestimmt. Da im Verlauf der Anpassungsvorgänge der Versorgungsbereich der einzelnen Capillare und die Zahl der Capillaren im Herzmuskelgewebe anwachsen, die vorgeschalteten Strombahnabschnitte aber weitgehend unverändert bleiben, kann eine ausreichende O_2-Versorgung der einzelnen Myokardfasern nur bis zum Grenzwert von etwa 500 g sichergestellt werden [6]. Der mittlere Radius einer Herzmuskelfaser beträgt unter Normalbedingungen ca. 8 µm und beim kritischen Herzgewicht ca. 13,5 µm.
Unter **pathophysiologischen Bedingungen** tritt nach Überschreiten des kritischen Herzgewichtes in zahlreichen Herzmuskelbezirken eine mangelhafte O_2-Versorgung auf, die zum Untergang einzelner Herzmuskelfasern und zur Zerstörung des normalen Strukturgefüges im Myokard führt *(exzentrische Hypertrophie* und *Gefügedilatation).*
Neben den Anpassungserscheinungen im Herzen kann unter den geschilderten Bedingungen eine **Erhöhung der O_2-Kapazität des Blutes** auftreten. Bei häufig wiederholter Steigerung des O_2-Bedarfs der Organe beobachtet man wie unter den Bedingungen des O_2-Mangels beim Aufenthalt in großen Höhen (s.S. 708) und bei Störungen des Atemgaswechsels in der Lunge eine *verstärkte Erythrocytenbildung und Hämoglobinsynthese.* Ausgelöst durch eine gesteigerte *Erythropoetinbildung* vorrangig in der Niere kommt es zur vermehrten Bildung oder Ausreifung von *Proerythroblasten.* Als Folge der Erhöhung der Erythrocytenzahl **(Erythrocytose)** und des Hämoglobingehaltes im Blut tritt eine Zunahme der O_2-Kapazität und damit bei unverändertem O_2-Partialdruck im arteriellen Blut ein Anstieg der arteriellen O_2-Konzentration auf. Da gleichzeitig jedoch mit dem Hämatokrit die *Viscosität* des Blutes zunimmt und damit die Belastung des Herzens erhöht wird, sind der Anpassung durch die Erythrocytenvermehrung enge Grenzen gesetzt.

Ursachen mangelhafter O_2-Versorgung

Störungen des Atemgaswechsels in der Lunge oder Störungen des Atemgastransportes im Blut führen zu einer mangelhaften O_2-Versorgung der Organe und zur **Gewebehypoxie** (P_{O_2} < normal) oder **Gewebeanoxie** (P_{O_2} = 0 mm Hg), sobald der O_2-Bedarf nicht mehr durch ein entsprechendes O_2-Angebot gedeckt werden kann. Unter den möglichen Ursachen einer O_2-Mangelversorgung stehen drei im Vordergrund: 1. die Erniedrigung des O_2-Partialdruckes im arteriellen Blut *(arterielle Hypoxie),* 2. die Herabsetzung der O_2-Kapazität des Blutes *(Anämie)* und 3. die Einschränkung der Organdurchblutung *(Ischämie).*

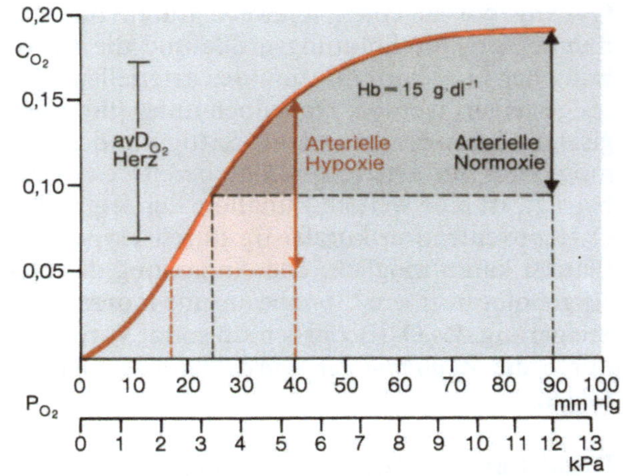

Abb. 23-7. Einfluß einer arteriellen Hypoxie (P_{O_2} = 40 mm Hg = 5,3 kPa) auf den Abfall des O_2-Partialdruckes im Blut während der Capillarpassage, dargestellt für die Bedingungen im Myokard bei körperlicher Ruhe. Die O_2-Partialdruckänderungen im Capillarblut werden bei stark erniedrigtem arteriellem O_2-Partialdruck vorrangig vom steilen Mittelabschnitt der O_2-Bindungskurve bestimmt. Die Folge ist ein gegenüber der Normoxie verringerter O_2-Partialdruckabfall, der z.T. die ungünstigen Ausgangsbedingungen für die O_2-Versorgung der Gewebe auszugleichen vermag (*Ordinate:* O_2-Konzentration C_{O_2} in ml O_2 pro ml Blut; *Abscisse:* O_2-Partialdruck P_{O_2})

Arterielle Hypoxie. Die *Abnahme des Ventilations-Perfusions-Verhältnisses* in der Lunge *(alveoläre Hypoventilation,* s.S. 595) führt zu einer *Senkung des O_2-Partialdruckes* **(Hypoxie)** und der *O_2-Konzentration* **(Hypoxämie)** im *arteriellen Blut* **(hypoxische Hypoxämie).** Infolge der gleichzeitigen Erhöhung des *arteriellen CO_2-Partialdruckes* **(Hyperkapnie)** tritt zusätzlich eine *respiratorische Acidose* auf. Vergleichbare Erniedrigungen des arteriellen O_2-Partialdruckes und der arteriellen O_2-Konzentration, die jedoch mit einer *Herabsetzung des CO_2-Partialdruckes im arteriellen Blut* **(Hypokapnie)** und einer *respiratorischen Alkalose* einhergehen, beobachtet man beim Aufenthalt in großen Höhen (s.S. 707f.).
Bei ausgeprägter arterieller Hypoxie ist die O_2-Versorgung der Gewebe eingeschränkt, körperliche Belastungen sind nur begrenzt möglich. Insbesondere in Organen mit hohem O_2-Bedarf kann unter diesen Voraussetzungen der O_2-Partialdruck des Capillarblutes auf sehr niedrige Werte absinken (Abb. 23-7 und 23-8), so daß eine **venöse Hypoxie** auftritt. Wie aus Abb. 23-7 zu entnehmen ist, werden die unter den Bedingungen einer ausgeprägten arteriellen Hypoxie beim Atemgaswechsel im Capillarblut der Organe auftretenden O_2-Partialdruckveränderungen vorrangig durch den Mittelabschnitt der ef-

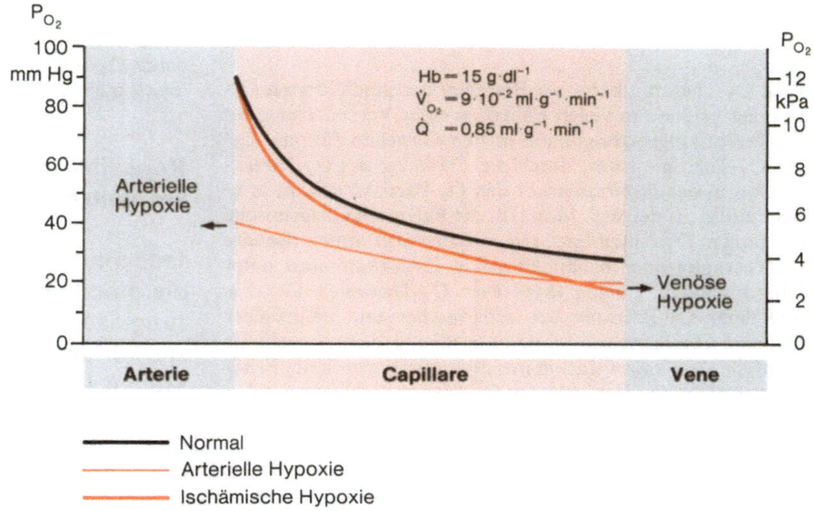

Abb. 23-8. Mittlerer O_2-Partialdruckabfall in den Capillaren der Großhirnrinde des Menschen unter Normalbedingungen, bei ischämischer Hypoxie (Reduktion der Durchblutungsgröße um $^1/_3$) und bei starker arterieller Hypoxie

fektiven O_2-Bindungskurve bestimmt, der die größte Steilheit aufweist. Da in diesem Kurvenbereich im Vergleich zum Ende der O_2-Bindungskurve gleichen O_2-Konzentrationsänderungen geringere O_2-Partialdruckänderungen zuzuordnen sind, stellt sich innerhalb der Capillaren bei gegenüber Normalbedingungen unveränderter arteriovenöser O_2-Konzentrationsdifferenz ein sehr flaches O_2-Partialdruckprofil ein, durch welches die ungünstigen Ausgangsbedingungen für die O_2-Versorgung der Gewebe z.T. ausgeglichen werden können. Für die Großhirnrinde ergeben sich bei einem arteriellen O_2-Partialdruck von 40 mm Hg (5,3 kPa), die in Abb. 23-8 wiedergegebenen mittleren O_2-Partialdruckänderungen des Capillarblutes. Sobald das O_2-Partialdruckgefälle zwischen dem Blut und dem Gewebe nicht mehr ausreicht, um eine genügende O_2-Abgabe zu ermöglichen, fällt der O_2-Partialdruck in den vom venösen Capillarende versorgten Zellen unter den kritischen Wert für die Mitochondrien, und eine Einschränkung des Energieumsatzes ist die Folge.

Anämische Hypoxie. Jede Herabsetzung der O_2-Kapazität des Blutes als Folge eines *Blutverlustes* oder einer *mangelhaften Hämoglobinsynthese* **(Anämie)** sowie einer *Methämoglobinbildung* oder einer *CO-Vergiftung* **(funktionelle Anämie)** führt zu einer Abnahme der O_2-Konzentration im arteriellen Blut. Wie in Abb. 23-9 am Beispiel des Herzmuskelgewebes wiedergegeben, stellen sich unter diesen Bedingungen bei unveränderter O_2-Entnahme durch die Gewebe sehr niedrige O_2-Konzentrationen im Blut während der Capillarpassage ein. Der zugehörige O_2-Partialdruck kann insbesondere am venösen Capillarende Werte erreichen *(venöse Hypoxie)*, die eine ausreichende O_2-Diffusion zu den Orten des O_2-Verbrauches unmöglich machen.

Ischämische Hypoxie. Die *Einschränkung der Organdurchblutung* führt im Vergleich zu den Normalbedingungen zu einer stärkeren O_2-Ausschöpfung des Blutes während des Capillardurchflusses und zu einer *Vergrößerung der arteriovenösen Differenz der O_2-Konzentration.* Die direkte Folge ist ein besonders ausgeprägter O_2-Partialdruckabfall im Capillarblut (venöse Hypoxie), der durch die gleichzeitige Erniedrigung des O_2-Partialdruckgefälles zum Gewebe Ursache für eine mangelhafte O_2-Versorgung der Zellen werden kann (Abb. 23-8).

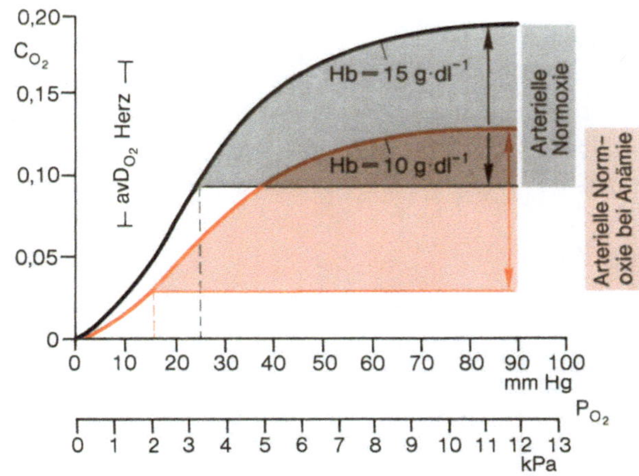

Abb. 23-9. Einfluß einer Anämie (Hb = 10 g·dl^{-1}) auf die O_2-Partialdruckänderungen im Capillarblut, dargestellt für die Bedingungen im Myokard bei körperlicher Ruhe (*Ordinate:* O_2-Konzentration C_{O_2} in ml O_2 pro ml Blut; *Abscisse:* O_2-Partialdruck P_{O_2})

O_2-Therapie — O_2-Vergiftung

Eine O_2-Therapie kann bei Bestehen der geschilderten O_2-Mangelzustände in vielen Fällen zu einer Verbesserung der O_2-Versorgungsbedingungen in den Geweben führen. Ziel der O_2-Therapie ist es, durch die *Erhöhung des O_2-Partialdruckes* in der *Inspirationsluft* den O_2-Partialdruck im arteriellen Blut zu steigern. Man läßt die Patienten Gasgemische mit hohem O_2-Anteil bzw. reinen Sauerstoff atmen **(isobare O_2-Therapie)** oder behandelt sie in Druckkammern unter Überdruckbedingungen **(hyperbare O_2-Therapie).** Der Erfolg einer O_2-Therapie bei ischämischer und anämischer Hypoxie ist eingeschränkt, da unter diesen Bedingungen die arterielle O_2-Konzentration nur geringfügig durch die Erhöhung der physikalisch gelösten O_2-Menge gesteigert werden kann.

Eine *O_2-Therapie* kann nur zeitlich befristet durchgeführt werden, da sie anderenfalls eine **O_2-Vergiftung** zur Folge hat. Die Behandlung mit reinem Sauerstoff muß auch unter normalen Druckbedingungen auf die kürzest mögliche Zeit begrenzt werden. Die starke *Erhöhung des O_2-Partialdruckes* in den Zellen *(Hyperoxie)* beeinflußt die Aktivität zahlreicher Enzyme des Gewebestoffwechsels. Beispielsweise wird die Oxidation von Glucose, Fructose und Brenztraubensäure bei Hyperoxie gehemmt. Als typische Zeichen einer O_2-Vergiftung treten *Schwindel* und *Krämpfe* auf. Das *Herzzeitvolumen* ist infolge eines erhöhten Vagustonus *erniedrigt, die Gehirn- und Nierendurchblutung* sind *eingeschränkt.* In der Lunge lassen sich Veränderungen der Alveolarmembran nachweisen, die Ursache für *Diffusionsstörungen* und die Flüssigkeitsansammlung in den Alveolen *(Lungenödem)* werden können. Bei Neugeborenen, die über Stunden und Tage mit reinem Sauerstoff behandelt worden waren, trat nach *Veränderungen der Retina* eine Einschränkung des Sehvermögens oder eine vollständige *Erblindung* auf.

Um eine O_2-Vergiftung auszuschließen, wendet man bei länger dauernder isobarer O_2-Therapie Atemgasgemische mit einer O_2-Konzentration $<0{,}6$ und einem O_2-Partialdruck <450 mm Hg (<60 kPa) an. Bei der Behandlung von Frühgeborenen wird empfohlen, Atemgasgemische zu benutzen, deren O_2-Anteil nicht größer als 0,4 und deren O_2-Partialdruck nicht größer als 300 mm Hg (40 kPa) ist [10].

Reversible und irreversible Störung bei akuter Gewebeanoxie

Jede akute Gewebeanoxie, hervorgerufen durch die plötzliche Unterbrechung der O_2-Nachlieferung nach einem *Gefäßverschluß* oder durch eine starke arterielle *Hypoxie,* führt nach einem kurzen **freien Intervall,** in dem die *Zellfunktion noch voll erhalten* ist, zu einer Einschränkung des Zellstoffwechsels und damit der Zellfunktion. Sobald mit abnehmendem Energievorrat auch ein verminderter Tätigkeitsumsatz der Zelle nicht mehr möglich ist, tritt die vollständige *Lähmung der Zellfunktion* ein. Wie aus Abb. 23-10 zu entnehmen, kann die Zellstruktur mit Hilfe der noch vorhandenen Energiereserven je nach Höhe des Energiebedarfs für Minuten bis Stunden aufrechterhalten werden, so daß die *Störungen zunächst reversibel* bleiben und eine erfolgreiche Wiederbelebung möglich ist. *Irreversible Zellschäden* und schließlich der *Zelltod* setzen ein, wenn der Strukturerhaltungsumsatz nicht mehr gewährleistet ist. Bei hochdifferenzierten Zellen wie z.B. Neuronen treten irreparable Schäden bei Normothermie nach etwa 10 min dauernder Anoxie auf. In der Skeletmuskulatur können unter vergleichbaren Be-

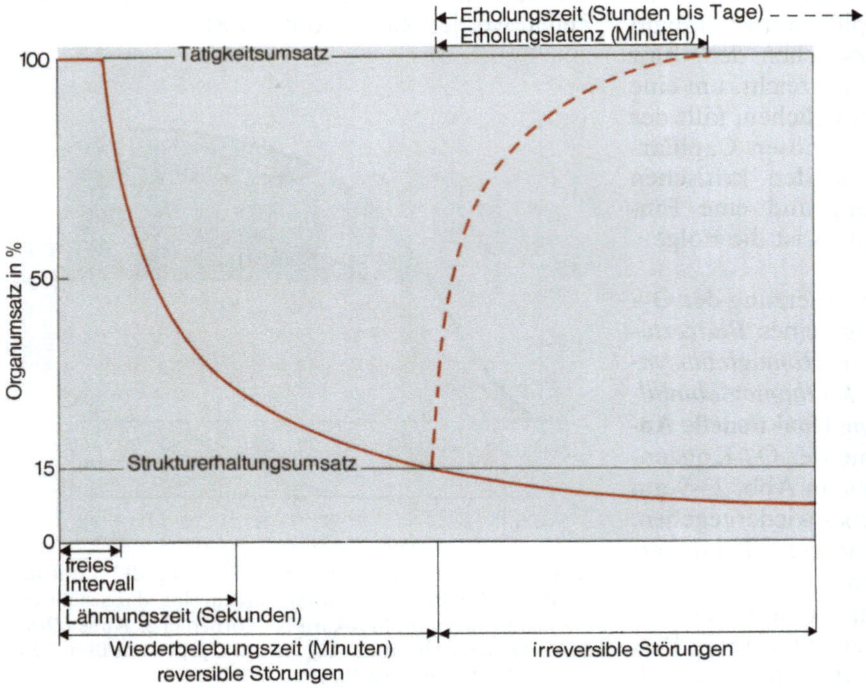

Abb. 23-10. Verhalten des Zellumsatzes nach akuter ischämischer Anoxie in schematischer Darstellung. *Unten:* Charakteristische Zeitintervalle, in denen nach Einsetzen der Gewebeanoxie reversible und irreversible Störungen auftreten. *Gestrichelte Kurve:* Veränderungen des Zellumsatzes nach rechtzeitiger Wiederherstellung einer Normoxie. *Oben:* Charakteristische Zeitintervalle der Erholung

dingungen und bei normalem Energievorrat in der einzelnen Zelle die irreversiblen Zellstörungen erst nach einer Anoxiedauer von mehreren Stunden festgestellt werden.

Lähmungszeit — Wiederbelebungszeit. Unter der **Lähmungszeit** versteht man die Zeitspanne vom *Einsetzen der Gewebeanoxie bis zum vollständigen Erlöschen der Organfunktion.* Die **Wiederbelebungszeit** *(Strukturerhaltungszeit)* ist der Zeitraum, in dem *nach Gewebeanoxie eine vollständige Wiederbelebung des gesamten Organes möglich* ist.
Das **Gehirn** zeichnet sich durch eine besonders kurze Lähmungs- und Wiederbelebungszeit aus. Die vollständige Unterbrechung der Gehirndurchblutung führt nach kurzem freiem Intervall von ca. 4 s zu einer deutlichen Funktionseinschränkung und nach 8–12 s zur vollständigen Lähmung der Organfunktion und zum Bewußtseinsverlust *(Lähmungszeit, Überlebenszeit der Organfunktion).* Gleichzeitig treten erste Veränderungen im EEG nach ca. 4–6 s auf, nach 20–30 s erlischt die elektrische Spontanaktivität des Gehirngewebes (Nullinien-EEG, s. S. 145).
Eine erfolgreiche Wiederbelebung des Gehirns ist nach plötzlicher Gewebeanoxie bei 37° C etwa bis zur 8.–10. Minute möglich *(Wiederbelebungszeit des Gehirns).* Bei kurzer Dauer der Anoxiephase kehrt die Organfunktion nach 1 min dauernder Latenz **(Erholungslatenz)** zurück. Bei einer ca. 4 min andauernden vollständiger Hirnischämie beobachtet man eine Erholungslatenz von ca. 10 min. Die völlige Erholung der Organfunktion ist jedoch häufig erst nach Stunden oder Tagen möglich **(Erholungszeit).** Nach einer Hirnischämie von 1 min Dauer beträgt die Erholungszeit bereits 15 min. Für die **Niere** und die **Leber** wurden Wiederbelebungszeiten von 3–4 h und Erholungszeiten von mehreren Tagen ermittelt. Die Wiederbelebungszeit des ruhenden **Herzens** beträgt Stunden. Das tätige Herz jedoch ist bereits nach 3–4 min langer Unterbrechung der Coronardurchblutung nicht mehr in der Lage, die normale Kreislauffunktion wieder aufzunehmen. Eine akute Kreislaufunterbrechung nach einem Herzstillstand kann daher häufig trotz erfolgreicher Wiederbelebung des Herzens nach wenigen Minuten zu irreversiblen Störungen des Gehirns und zum Tode des Patienten führen, da das geschädigte Herz in den nachfolgenden 4–5 min nicht den für eine normale Gehirndurchblutung nötigen arteriellen Mitteldruck entwickeln kann. Für die **Wiederbelebungszeit des gesamten Organismus** ergibt sich damit eine Zeitspanne von nur ca. 4 min. Sie ist erheblich kürzer als die Wiederbelebungszeiten aller lebenswichtigen Organe.

23.4 Literatur

Weiterführende Lehr- und Handbücher

1. Bassenge, E.: Physiologie der Koronardurchblutung. In: Handbuch der inneren Medizin. Bd. 9/3, S. 1. Berlin, Heidelberg, New York, Tokyo: Springer 1984
2. Betz, E.: Physiologie und Pathophysiologie der Gehirndurchblutung. In: Handbuch der Medizinischen Radiologie, Bd. 14, S. 194. Berlin, Heidelberg: Springer 1981
3. Golenhofen, K.: Skeletmuskel. In: Lehrbuch der Physiologie in Einzeldarstellungen. Physiologie des Kreislaufs. Bd. 1, S. 385. Berlin-Heidelberg-New York: Springer 1971
4. Hirsch, H.: Gehirn. In: Lehrbuch der Physiologie in Einzeldarstellungen. Physiologie des Kreislaufs, Bd. 1, S. 145. Berlin-Heidelberg-New York: Springer 1971
5. Lehniger, A.I.: Bioenergetik. Molekulare Grundlagen der biologischen Energieumwandlungen. 2. Auflage. Stuttgart: Thieme 1974
6. Linzbach, A.J.: Pathologische Anatomie der Herzinsuffizienz. In: Handbuch der inneren Medizin, 4. Aufl., Bd. 9, S. 706. Berlin-Göttingen-Heidelberg: Springer 1960
7. Lochner, W.: Herz. In: Lehrbuch der Physiologie in Einzeldarstellungen. Physiologie des Kreislaufs. Bd. 1, S. 185. Berlin-Heidelberg-New York: Springer 1971
8. Lutz, J., Bauereisen, E.: Abdominalorgane. In: Lehrbuch der Physiologie in Einzeldarstellungen. Physiologie des Kreislaufs, Bd. 1, S. 229. Berlin-Heidelberg-New York: Springer 1971
9. Piper, J. Koepchen, H.P.: Atmung. In: Physiologie des Menschen. Bd. 6. 2. Aufl. (Hrsg. Gauer, O.H., Kramer, K., Jung, R.). München: Urban u. Schwarzenberg 1975
10. Poulsen, H., Jacobsen, E.: Die hyperbare Sauerstofftherapie. In: Anaesthesiologie. Intensivmedizin und Reanimation. 5. Aufl. S. 805. Berlin-Heidelberg-New York: Springer 1982
11. Schrör, K.: Prostaglandine und verwandte Verbindungen. Bildung, Funktion und pharmakologische Beeinflussung. Stuttgart: Thieme 1984
12. Thurau, K.: Niere. In: Lehrbuch der Physiologie in Einzeldarstellungen. Physiologie des Kreislaufs. Bd. 1, S. 293. Berlin-Heidelberg-New York: Springer 1971

Einzel- und Übersichtsdarstellungen

13. Betz, E.: Cerebral blood flow: its measurement and regulation. Physiol. Rev. *52*, 595 (1972)
14. Bretschneider, H.J.: Sauerstoffbedarf und -versorgung des Herzmuskels. Verh. dtsch. Ges. Kreisl.-Forsch. *27*, 32 (1961)
15. Burton, R., Krebs, H.A.: The free-energy changes associated with the individual steps of the tricarboxylic acid cycle, glycolysis and alcohol fermentation and with hydrolysis of the pyrophosphate groups of adenosintriphosphate. Biochem. J. *54*, 94 (1953)
16. Chance, B., Oshino, N., Sugano, T., Mayevsky: Basic principles of tissue oxygen determination from mitochondrial signals. Adv. Exp. Med. Biol. *37A*, 277 (1973)
17. Cohen, J.J.: Is the function of the renal papilla coupled exclusively to an anaerobic pattern of metabolism. Am. J. Physiol. *236*, F423 (1979)
18. Connett, R.J., Gayeski, T.E.J., Honig, C.R.: Energy sources in fully aerobic rest-work transitions: a new role for glycolysis. Am. J. Physiol. *248*, H922 (1985)
19. Devous, M.D., Sr., Stokely, E.M., Chehabi, H.H., Bonte, F.J.: Normal distribution of regional cerebral blood flow measurement by dynamic single-photon emission tomography. J. Cereb. Blood Flow Metabol. *6*, 95 (1986)

20. FEIGL, E.O.: Coronary Physiology, Physiol. Rev. *63*, 1 (1983) Physiol *2*, 274 (1967)
21. FRACKOWIAK, S.J., LENZI, G.L., JONES, T., HEATHER, J.D.: Quantitative measurement of regional cerebral blood flow and oxygen metabolism in man using ^{15}O and positron emission tomography: theory, procedure and normal values. J. Comput. Tomogr. *4*, 727 (1980)
22. GAYESKI, T.E.J., CONNET, R.J., HONIG, C.R.: Oxygen transport in rest-work transition illustrates new functions for myoglobin. Am. J. Physiol. *248*, H914 (1985)
23. GREENBAUM, R., NUNN, J.F., PRYS-ROBERTS, C., KELMAN, G.R.: Metabolic changes in whole human blood (in vitro) at 37° C. Respir. Physiol. *2*, 274 (1967)
24. GREENWAY, C.V., STARK, R.D.: Hepatic vascular bed. Physiol. Rev. *51*, 23 (1971)
25. GROEBE, K., THEWS, G.: Theoretical analysis of oxygen supply to contracted skeletal muscle. Adv. Exp. Med. Biol. (in Druck)
26. GROTE, J., THEWS, G.: Die Bedingungen für die Sauerstoffversorgung des Herzmuskelgewebes. Pflügers Arch. *276*, 142 (1962)
27. GROTE, J., ZIMMER, K., SCHUBERT, R.: Effects of severe arterial hypocapnia on regional blood flow regulation, tissue PO_2 and metabolism in the brain cortex of cats. Pflügers Arch. *391*, 195 (1981)
28. GROTE, J., SCHUBERT, R.: Regulation of cerebral perfusion and PO_2 in normal and edematous brain tissue. In: Oxygen Transport to Human Tissue (Hrsg. LOEPPKY, J.A., RIEDESEL, M.L.), S. 169. New York, Amsterdam, Oxford: Elsevier North Holland (1982)
29. KRAMER, K., THURAU, K., DEETJEN, P.: Hämodynamie des Nierenmarks, 1. Mitteilung: Capilläre Passagezeit, Blutvolumen, Durchblutung, Gewebshämatokrit und O_2-Verbrauch des Nierenmarks in situ. Pflügers Arch. *270*, 251 (1960)
30. KREUZER, F.: Facilitated diffusion of oxygen and its possible significance: a review. Respir. Physiol. *9*, 1 (1970)
31. KROGH, A.: The number and distribution of capillaries in muscles with calculations of the oxygen pressure head necessary for supplying the tissue. J. Physiol. (Lond.) *52*, 409 (1918/19)
32. KUNZE, K.: Das Sauerstoffdruckfeld im normalen und pathologisch veränderten Muskel. In: Schriftenreihe Neurologie. Bd. 3. Berlin-Heidelberg-New York: Springer 1969
33. KUSCHINSKY, W., WAHL, M.: Local chemical and neurogenic regulation of cerebral vascular resistance. Physiol. Rev. *58*, 656 (1978)
34. LÜBBERS, D.W.: Local tissue PO_2: its measurement and meaning. In: Oxygen Supply. Theoretical and Practical Aspects of Oxygen Supply and Microcirculation of Tissue (Hrsg. KESSLER, M., BRULEY, D.F., CLARK, L.C., LÜBBERS, D.W., SILVER, I.A., SIRMUSS, J.). S. 151. München-Berlin-Wien: Urban u. Schwarzenberg 1973
35. LUTZ, J., HENRICH, H., BAUEREISEN, E.: Oxygen supply and uptake in the liver and the intestine. Pflügers Arch. *360*, 7 (1975)
36. PHELPS, M.E., MAZZIOTTA, J.C., HUANG, S.-C.: Study of cerebral function with positron computed tomography. J. Cereb. Blood Flow Metabol. *2*, 113 (1982)
37. SAKURADA, O., KENNEDY, C., JEHLE, J., BROWN, J.D., CARBIN, G., SOKOLOFF, L.: Measurement of local cerebral blood flow with iodo [^{14}C] antipyrine. Am. J. Physiol. *234*, H59 (1978)
38. SOKOLOFF, L., REIVICH, M., KENNEDY, C., DES ROSIERS, M.H., PATLAK, C.S., PETTRIGREW, K.D., SAKURADA, O., SHINOHARA, M.: The [^{14}C] deoxyglucose method for the measurement of local cerebral glucose utilization: theory, procedure, and normal values in the conscious and anesthetized albino rat. J Neurochem. *28*, 897 (1977)
39. STARLINGER, H., LÜBBERS, D.W.: Polarographic measurements of the oxygen pressure performed simultaneously with optical measurements of the redox state of the respiratory chain in suspensions of mitochondria under steady-state conditions at low oxygen tension. Pflügers Arch. *341*, 15 (1973)
40. STRAUER, B.E.: Dynamik, Koronardurchblutung und Sauerstoffverbrauch des normalen und kranken Herzens. Experimentell-pharmakologische Untersuchungen und Katheteruntersuchungen am Patienten: Basel, München, Paris, London, New York, Sydney: S. Karger 1975
41. THEWS, G.: Der Transport der Atemgase. Klin. Wschr. *41*, 120 (1963)
42. VANHOUTTE, P.M.: Endothelium and the control of vascular tissue. NIPS *2*, 18 (1987)
43. VAUPEL, P., WENDLING, P., THOME, H., FISCHER, J.: Atemgaswechsel und Glucoseaufnahme der menschlichen Milz in situ. Klin. Wschr. *55*, 239 (1977)

VII

Energiewechsel, Arbeit und Umwelt

24 Energiehaushalt

H.-V. Ulmer

24.1 Energieumsatz

Der **Energieumsatz** ist Kennzeichen einer jeden lebenden Zelle; energiereiche Nährstoffe werden aufgenommen, umgesetzt und schließlich energieärmere Stoffwechselendprodukte ausgeschieden (S. 633). Die dabei freiwerdende Energie steht den Zellen für verschiedene Aufgaben zur Verfügung, u.a. für die *Aufrechterhaltung von Struktur und Arbeitsbereitschaft* sowie für *spezifische Zelleistungen* (z.B. Kontraktion von Muskelzellen).
Unter **Anabolismus** versteht man dabei den Aufbau spezifischer, körpereigener Substanzen aus den aufgenommenen Nährstoffen, unter **Katabolismus** den Abbau körpereigener Substanzen oder aufgenommener Nährstoffe im Rahmen des Intermediärstoffwechsels. Fette und Kohlenhydrate werden überwiegend für den **Betriebsstoffwechsel** (S. 718), Eiweiße überwiegend für den **Baustoffwechsel** (S. 719) benötigt.

Gesamtumsatz. Der Gesamtumsatz ergibt sich als Summe aus abgegebener Energie (äußere Arbeit, Wärme) und gespeicherter Energie (Nährstoffdepots, Baustoffwechsel). Somit gilt: *Der Gesamtumsatz ist die Summe aus äußerer Arbeit, abgegebener Wärme und gespeicherter Energie.*

Maßeinheiten. Der Energieumsatz wurde früher in Kilocalorien (kcal) pro Zeiteinheit angegeben. Nach den internationalen SI-Richtlinien ist als einheitliches Energiemaß die Grundeinheit Joule (J) festgelegt worden. Dabei gilt (S. 846): 1 Joule = 1 Wattsekunde = $2{,}39 \cdot 10^{-4}$ Kilocalorien, 1 kcal = 4187 J = 4,187 kJ ≈ 0,0042 MJ. Daraus folgt: 1 kJ/h ≈ 0,28 W (≈ 0,239 kcal/h), 1 kJ/d ≈ 0,012 W (≈ 0,239 kcal/d).

Wirkungsgrad. Wird von einer Zelle äußere Arbeit verrichtet, entsteht entsprechend dem 2. Hauptsatz der Thermodynamik bei der Energieumsetzung zwangsläufig *Wärme*. Ähnlich wie bei Kraftmaschinen kann somit ein *Wirkungsgrad* (η) *oder Nutzeffekt* berechnet werden, der

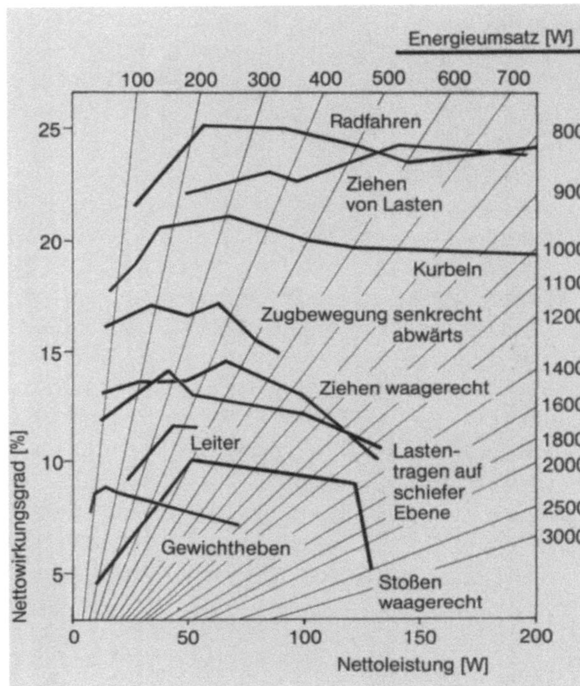

Abb. 24-1. Nettowirkungsgrad für verschiedene Arbeitsformen (nach Werten von Müller s. [7])

immer kleiner als 100% sein muß. Dabei gilt:

$$\eta\,(\%) = \frac{\text{äußere Arbeit}}{\text{umgesetzte Energie}} \cdot 100. \qquad (1)$$

Man unterscheidet dabei zwischen *Bruttowirkungsgrad*, bezogen auf den Gesamtumsatz, und *Nettowirkungsgrad*, bezogen auf den über den Grundumsatz (S. 651) hinausgehenden Teil des Arbeitsumsatzes. Bei isolierter Muskeltätigkeit beträgt der Nettowirkungsgrad günstigstenfalls 35%; beim Gesamtorganismus erreicht er während Muskelarbeit selten Werte über 25% (Übersicht s. Abb. 24-1).

24.2 Umsatzgrößen

Umsatzgrößen der Zelle

Für die lebende Zelle werden schematisch 3 wichtige Umsatzgrößen unterschieden:

Der **Tätigkeitsumsatz** entspricht dem Energieumsatz einer *aktiven Zelle;* sein Ausmaß richtet sich nach dem jeweiligen Aktivitätsgrad.

Der **Bereitschaftsumsatz** entspricht dem Energieumsatz, den eine Zelle zur Aufrechterhaltung ihrer *sofortigen, uneingeschränkten Funktionsbereitschaft* benötigt. Hierzu gehört beispielsweise die Aufrechterhaltung bestimmter Konzentrationsdifferenzen für Na^+- und K^+-Ionen.

Der **Erhaltungsumsatz** entspricht dem für die *Erhaltung der Zellstruktur* unbedingt notwendigen, minimalen Energieumsatz. Wird er unterschritten, treten irreversible Zellschäden auf; die Zelle stirbt ab.

Die Unterteilung in die 3 genannten Umsatzgrößen ist wichtig, wenn man die *Auswirkungen eines gestörten Energieumsatzes* auf die einzelne Zelle oder ein einzelnes Organ beurteilen will. Störungen entstehen beispielsweise durch Drosselung der Sauerstoffzufuhr bzw. der Durchblutung und durch Vergiftungen.

Für den **Gesamtorganismus** gelten andere Bedingungen als für ein isoliertes Organ. Wird beispielsweise der Energieumsatz von Atmungs- oder Herzmuskulatur auf den Bereitschaftsumsatz reduziert, erlischt deren Aktivität. Damit sterben alle Zellen ab, weil ein Überleben des Gesamtorganismus ohne Atmungs- und Herztätigkeit nicht möglich ist.

Bei **Störungen der Energiezufuhr** wird die Zelltätigkeit nicht sofort beeinträchtigt, da die Zelle über Energiereserven verfügt (S. 685). Die Zeitspanne bis zum Eintreten von Funktionsausfällen hängt allerdings sehr von der Art des Organs ab. Ist das *Gehirn* betroffen, stellen sich *infolge kompletter Ischämie* (S. 145 u. 646f.) *nach ca. 10 s Bewußtlosigkeit* und *nach 3–8 min irreversible Schäden* ein; ist der *ruhende Skeletmuskel* betroffen, wird bei Ischämie der Erhaltungsumsatz erst nach 1–2 h unterschritten.

Umsatzgrößen des Gesamtorganismus

Ruheumsatz. Der Energieumsatz während Ruhe kann nicht identisch mit der Summe der Bereitschaftsumsätze aller Zellen sein, da sich einige Organe *stets in Tätigkeit* befinden, wie *Gehirn, Herz, Atmungsmuskulatur, Leber* und *Nieren.*

Der Energieumsatz während geistiger und körperlicher Ruhe stellt keine genau definierte Größe dar, weil er von weiteren Einflußgrößen abhängt. Um vergleichen zu können, hat man daher die Bedingungen für einen Standardumsatz festgelegt und die dabei gemessene Größe Grundumsatz genannt.

Grundumsatz. Als Grundumsatz bezeichnet man denjenigen Energieumsatz, der unter folgenden Bedingungen gemessen wird: 1. morgens, 2. in Ruhe (liegend), 3. nüchtern, 4. bei Indifferenztemperatur und normaler Körpertemperatur. Dieser *morgendliche Ruhenüchternumsatz bei Indifferenztemperatur* hat früher in der klinischen Diagnostik von Schilddrüsenerkrankungen eine große Rolle gespielt. Heute gibt es andere Methoden zur Prüfung der Schilddrüsenfunktion, z.B. Untersuchungen mit radioaktiv markiertem Jod oder Bestimmungen der Schilddrüsenhormone im Blut, so daß der Grundumsatz nicht mehr zur Diagnostik herangezogen wird. Beim Betrachten der 4 Grundumsatzbedingungen werden jedoch die möglichen *Einflußgrößen auf den Energieumsatz* eines Menschen deutlich:

1. Der Energieumsatz unterliegt **tagescyclischen Schwankungen** mit einem Anstieg am Vormittag und einem Abfall während der Nacht.
2. Bei *körperlicher* und *geistiger* **Arbeit** steigt der Energieumsatz an, da die Anzahl derjenigen Zellen zunimmt, deren Umsatz über dem Bereitschaftsumsatz liegt. In beiden Fällen handelt es sich im wesentlichen um einen erhöhten Energieumsatz der Muskulatur (s. Arbeitsumsatz, S. 652, und Abb. 24-2).
3. Nach **Nahrungsaufnahme** steigt der Energieumsatz an, insbesondere nach Eiweißaufnahme (*„postprandiale Energieumsatzzunahme“,* S. 718). Diese Zunahme hängt nicht nur von der „Verdauungstätigkeit“ ab, son-

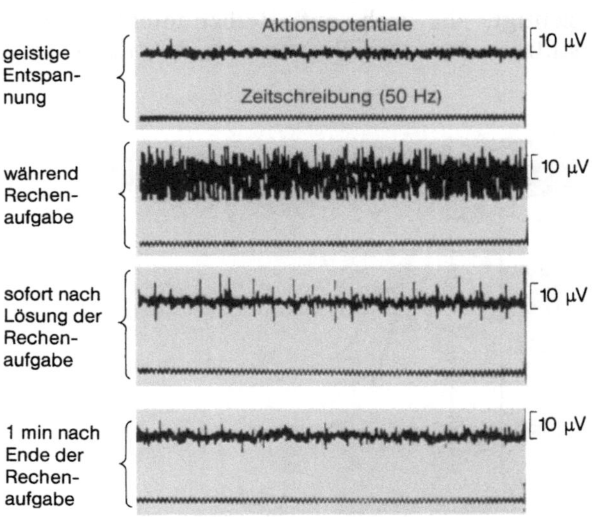

Abb. 24-2. Reflektorische Erhöhung des Muskeltonus bei geistiger Arbeit. Anhand der vom Unterarm abgeleiteten Muskelaktionspotentiale (EMG) erkennt man deutlich die erhöhte Muskelaktivität während geistiger Arbeit. In Anlehnung an [12]

Tabelle 24-1. Anteil verschiedener Organsysteme am Grundumsatz des Menschen. Aus [4]

Organ	Leber	Muskel	Gehirn	Herz	Nieren	Rest
Anteil	26%	26%	18%	9%	7%	14%

dern auch von den sich anschließenden Stoffwechselprozessen. Der Umsatzanstieg nach Nahrungsaufnahme kann bis zu 12 h anhalten, nach Aufnahme größerer Eiweißmengen bis zu 18 h.

4. Weicht die **Umgebungstemperatur** vom *Indifferenzbereich* (thermische Neutralzone, s. S. 663f.) ab, ändert sich der Energieumsatz; Abweichungen der Temperatur nach oben, besonders aber nach unten, führen zu Umsatzsteigerungen. Änderungen der Körpertemperatur wirken sich gemäß der RGT-Regel aus.

Leber und ruhende Skeletmuskulatur sind zur Hälfte am Grundumsatz beteiligt (Tabelle 24-1). Deshalb kann der Energieumsatz des Menschen im Schlaf oder in Narkose unter den Grundumsatz sinken (durch Abnahme des Muskeltonus); ähnliches gilt für die Abnahme des Leberumsatzes beim Hungern.

Grundumsatzsollwerte. Bei strengem Einhalten der Grundumsatzbedingungen weisen Gesunde Unterschiede des Grundumsatzes auf, die von 4 Faktoren abhängen: *Alter, Geschlecht, Körperhöhe* und *-gewicht* (Abb. 24-3). Diese Einflußgrößen werden bei **Sollwerttabellen** berücksichtigt, die sich auf Reihenuntersuchungen stützen, u.a. von Boothby und Mitarb. [10], Boothby und DuBois, s. [9], Fleisch, s. [9], Harris und Benedict [13] sowie Kestner und Knipping [2].

Durchschnitts- und „Normalwerte“ (S. 701) hängen stets vom jeweils zugrunde gelegten Probandenkollektiv ab. Da sich die vorgenannten Sollwerttabellen auf Nordamerikaner, Schweizer oder Deutsche beziehen, ergeben sich schon dadurch geringfügige Unterschiede. — In der Regel kann der Grundumsatz des Erwachsenen grob mit 4,2 kJ $\cdot$ kg^{-1} $\cdot$ h^{-1} (1,2 W) angesetzt werden; das sind bei einem 70 kg schweren Menschen etwa 7100 kJ/d (84 W).

Arbeitsumsatz. Bei *körperlicher* Arbeit steigt der Energieumsatz an, wobei man in Abhängigkeit von der Umsatzhöhe eine graduelle *Einteilung der Arbeitsschwere* vornimmt. Als Ausgangswert dient dabei der **„Freizeitumsatz“** (Energieumsatz eines nicht körperlich arbeitenden Menschen). Er beträgt für Frauen rund *8400 kJ/d (97 W)* bzw. für Männer *9600 kJ/d (110 W)* und entspricht dem täglichen *Gesamtumsatz weiter Bevölkerungsschichten,* die als „Schreibtischarbeiter“ keine wesentlichen körperlichen Aktivitäten entfalten.

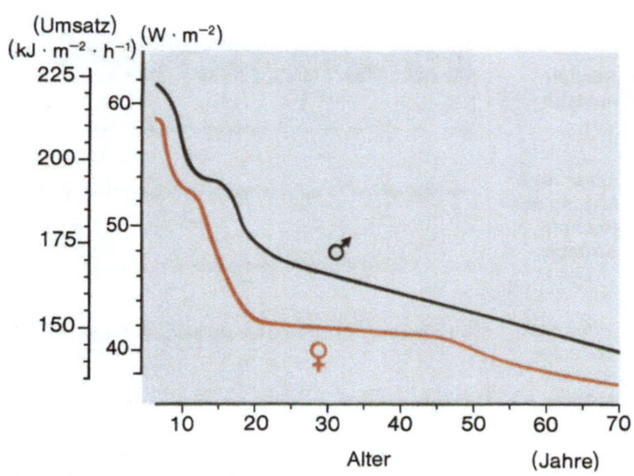

Abb. 24-3. Abhängigkeit des relativen Grundumsatzes von Lebensalter und Geschlecht. Die Körperoberfläche (m^2) ergibt sich an Körperhöhe und -gewicht (S. 731). Nach [10]

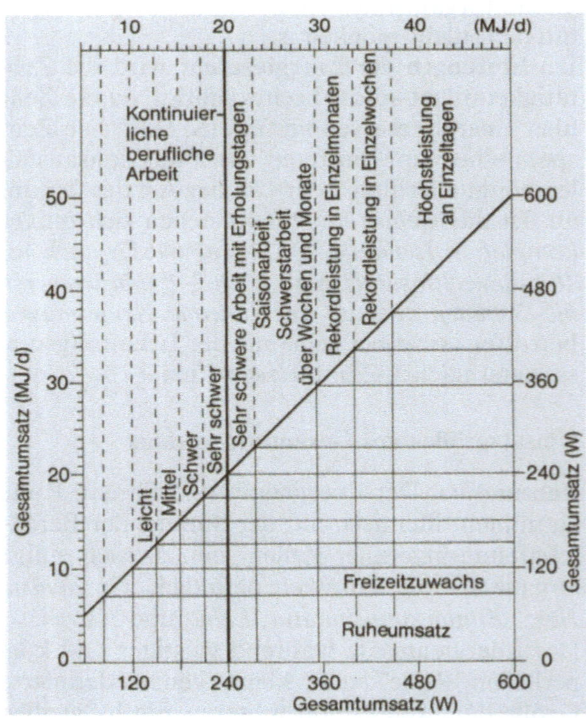

Abb. 24-4. Energieumsatz von Männern (bezogen auf einen 24-h-Tag) bei verschieden schweren Aktivitäten sowie Einteilung des Schweregrads körperlicher Arbeit. In Anlehnung an [4]

Der darüber hinausgehende Energieumsatz wird im deutschen Schrifttum häufig als Arbeitsumsatz bezeichnet. In der internationalen Literatur gilt als Arbeitsumsatz jedoch der Energieumsatz während Arbeit, entsprechend dem auf „während Ruhe" bezogenen Ruheumsatz. Daher wird im folgenden unter **Arbeitsumsatz** der gesamte Energieumsatz während Arbeit (also Grundumsatz zuzüglich *Leistungszuwachs*) verstanden; je intensiver die Arbeit, desto größer ist der Arbeitsumsatz. Als zulässige *Höchstgrenzen* des Energieumsatzes bei jahrelanger Arbeit wurden für Frauen 15500 kJ/d (~186 W) und für Männer 20100 kJ/d (~240 W) festgelegt; bei Arbeit mit eingeschalteten Erholungstagen oder während zeitlich begrenzter Arbeitsphasen werden höhere Werte erreicht (Abb. 24-4).
Bei geistiger Arbeit nimmt der Energieumsatz ebenfalls zu, woran aber das Gehirn kaum beteiligt ist. Im Gehirn findet lediglich eine Verlagerung der Aktivität zwischen verschiedenen Abschnitten statt. Selbst im Schlaf lassen sich für das Gehirn als Gesamtorgan keine wesentlichen Änderungen des Energieumsatzes nachweisen. Ursache der Energieumsatzerhöhung bei geistiger Arbeit ist eine reflektorisch bedingte Zunahme des Muskeltonus (Abb. 24-2).

24.3 Richtwerte für den Energieumsatz

Einen Überblick über Energieumsatzwerte geben Tabelle 24-2 und Abb. 24-4. Werte für einzelne Berufs- und Freizeittätigkeiten können anhand von Abb. 24-5 geschätzt oder dem umfangreichen Tabellenwerk von SPITZER u. Mitarb. [6] entnommen werden; die Schwere einer körperlichen Arbeit läßt sich gemäß Abb. 24-4 abschätzen.

Tabelle 24-2. Zusammenstellung verschiedener Energieumsätze unter typischen Bedingungen (gerundete Werte) sowie der entsprechenden Werte für die Sauerstoffaufnahme (s. indirekte Energieumsatzbestimmung)

Bedingung	Energieumatz		$\dot{V}_{O_2}$
	MJ/d	W	ml/min
Grundumsatz (GU), 70 kg Körpergewicht	♀ 6,3 ♂ 7,1	76 85	215 245
GU zuzüglich Freizeitzuwachs	♀ 8,4 ♂ 9,6	100 115	275 330
Gesamtumsatz bei jahrelanger Schwerstarbeit	♀ 15,5 ♂ 20,1	186 240	535 690
Gesamtumsatz bei Ausdauerleistungen (Leistungssportler)	kJ/h 4300	W 1200	ml/min 3600

Bei sportlichen Aktivitäten werden erheblich höhere Energieumsätze in weitaus kürzeren Zeiträumen als bei beruflichen Tätigkeiten erreicht. Das läßt sich besonders gut anhand des Energieumsatzes bei verschiedenen Laufgeschwindigkeiten beschreiben, wobei ein annähernd linearer Zusammenhang zwischen Laufgeschwindigkeit und Energieumsatz besteht [18]. Für den Energieumsatz beim 100-m-Lauf sind die Angaben in der Literatur sehr uneinheitlich; oft beruhen sie nur auf Schätzungen oder Hochrechnungen. Ausgehend von einem Ruheenergieumsatz von 117 W ergibt sich entsprechend Abb. 24-6 für den Marathonläufer ein Energieumsatz von 1,2 kW, für den 100-m-Läufer von 2,1 kW. Beim 100-m-Lauf werden also in 10 s 21 kJ umge-

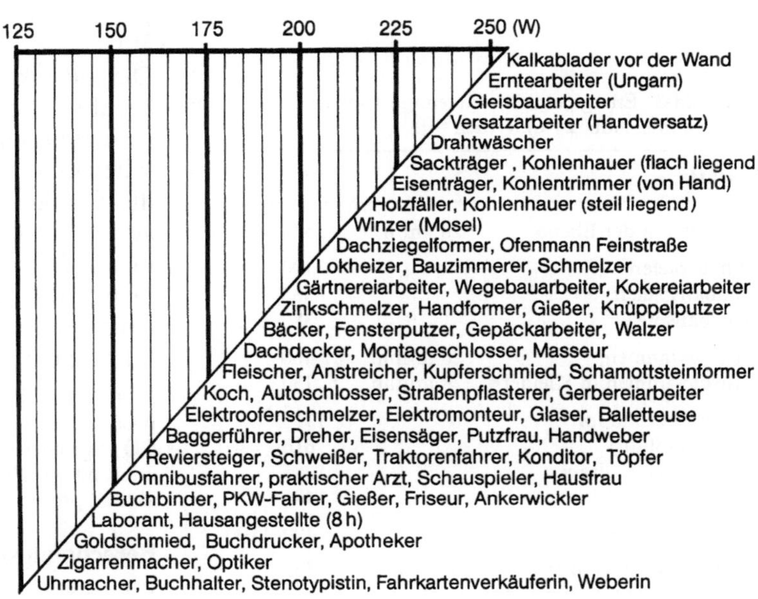

Abb. 24-5. Energieumsätze (bezogen auf einen 24-h-Tag) bei verschiedenen Berufs- und Freizeittätigkeiten (nach [4], modifiziert). Aufgrund geänderter Arbeitsabläufe sind Abweichungen aktueller Werte möglich

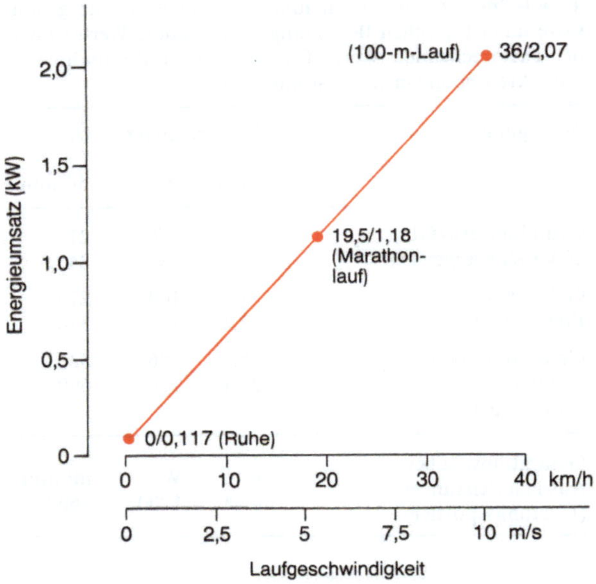

Abb. 24-6. Energieumsatz bei Laufwettkämpfen über verschiedene Strecken. (Werte aus [6])

setzt (zur Umrechnung s.S. 650), entsprechend dem Brennwert von 1,3 g Glucose, beim Marathonlauf in 130 min (= 7800 s) ca. 9369 kJ, entsprechend ca. 600 g Glucose bzw. 240 g Fett. Ein noch höherer Energieumsatz ließ sich bei einem Radsportler nachweisen, der 10 s lang eine Ergometerleistung von 1,24 kW erbrachte, entsprechend einer abgegebenen Leistung von fast 1,7 „Pferdestärken" (0,75 kW ~ 1 PS); bei einem Wirkungsgrad von 20% entspräche dies einem Gesamtenergieumsatz von 6 kW. Solche Energieumsätze von Sportlern liegen weit über denjenigen bei beruflichen Höchstleistungen an Einzeltagen (vgl. Abb. 24-4); orientierende Werte für den Energieumsatz bei verschiedenen Sportarten s. Tabelle 24-3.

Tabelle 24-3. Energieumsatz für einige sportliche Aktivitäten (Laufen s. Abb. 24-6). (Nach [6])

Sportart		Watt
Radfahren in der Ebene	20 km/h	545
Fußballspielen		790–1040
Handballspielen		885
Volleyballspielen		380–640
Brustschwimmen,	28 m/min	460
Brustschwimmen in Kleidern	28 m/min	730
Rudern, Wettkampf		1715
Schi, Schußfahrt		610
Langlauf, Frauen		1285
Männer		1435
Tennis, Einzelwettkampf		490–1100
Tanzen, Wiener Walzer		355

24.4 Meßmethoden

Die Methoden zur Bestimmung des Energieumsatzes lassen sich unterteilen in Verfahren, mit denen man die Wärmeabgabe direkt mißt, und solche, mit denen über die Sauerstoffaufnahme indirekt auf die Wärmeproduktion geschlossen wird. Die indirekten Verfahren basieren auf offenen und geschlossenen Systemen (S. 656f.), die transportabel sind oder nur ortsfest eingesetzt werden können. Die Messung erfolgt je nach Verfahren kontinuierlich oder diskontinuierlich.

Direkte Energieumsatzbestimmung

Diese Methode beruht auf der direkten Messung der vom Organismus *abgegebenen* **Wärmemenge** („direkte Calorimetrie"). Schon Lavoisier beschäftigte sich um 1780 mit der Messung der Wärmeabgabe lebender Organismen. Sein „Calorimeter" erfaßte direkt und fortlaufend die abgegebene Wärmemenge, allerdings nicht unter Grundumsatzbedingungen. — Geräte für eine direkte Messung der Wärmeabgabe des Menschen sind ausgesprochen aufwendig und werden nur für spezielle Fragestellungen benötigt. So konnte beim Vergleich von Nährstoffbilanzen mit Ergebnissen der direkten Energieumsatzbestimmung gezeigt werden, daß das *Gesetz von der Erhaltung der Energie auch für Lebewesen gilt;* ferner ließ sich die Gültigkeit der indirekten Verfahren mit derartigen „Calorimetern" beweisen.

Indirekte Energieumsatzbestimmung

Die indirekte Bestimmung des Energieumsatzes beruht auf der Messung der im Organismus eingesetzten **Sauerstoffmenge.** Da bei jeder biologischen Oxidation Sauerstoff verbraucht wird und die O_2-Speicherkapazität des Organismus nur gering ist, läßt sich anhand der über die Lunge in den Organismus aufgenommenen Sauerstoffmenge die von den Geweben utilisierte Sauerstoffmenge ermitteln und daraus der Energieumsatz berechnen.

Man hat auch versucht, die CO_2-Abgabe als Maß für die produzierte Wärmemenge einzusetzen. Wegen der großen CO_2-Speicherfähigkeit des Organismus ist jedoch nicht ausreichend gewährleistet, daß die abgegebene CO_2-Menge der aktuell produzierten CO_2-Menge entspricht.

Berechnungsgrundlagen. Bei Ermittlung des Energieumsatzes aus Werten für die Sauerstoffaufnahme wird von folgenden Voraussetzungen ausgegangen: Für die **Glucoseverbrennung** gilt:

$$C_6H_{12}O_6 + 6O_2 \rightarrow 6CO_2 + 6H_2O + 2826 \text{ kJ}. \tag{2}$$

Der Betrag von 2826 kJ pro Mol Glucose entspricht der insgesamt freiwerdenden Energie *(Enthalpie)*, von der nur ein Teil für die Zellfunktionen nutzbar gemacht werden kann *(freie Enthalpie* [5]*)*.

Brennwert. Da 1 Mol Glucose einer Menge von 180 g und 6 Mol Sauerstoff einem Volumen von $6 \cdot 22{,}4$ l = 134,4 l entsprechen, gilt: Bei Verbrennung von 1 g Glucose werden 2826:180 = 15,7 kJ frei (**Brennwert** der **Glucose: 15,7 kJ/g,** S. 718).

Energieäquivalent. Bezieht man die freiwerdende Energie auf den verbrauchten **Sauerstoff,** entstehen 2826 kJ:134,4 l = **21,0 kJ/l O_2.** Dieses **Energieäquivalent** *(„calorisches Äquivalent")* entspricht der pro Liter Sauerstoff freiwerdenden Energie. Da das üblicherweise in der Nahrung vorkommende Kohlenhydratgemisch einen etwas höheren Brennwert als die Glucose aufweist, beträgt das Energieäquivalent bei Kohlenhydratverbrennung 21,1 kJ/l O_2 (Tabelle 24-4).

Respiratorischer Quotient. Bei der Glucoseverbrennung wird genauso viel Kohlendioxid frei, wie an Sauerstoff verbraucht wird; der **respiratorische Quotient,** definiert als

$$RQ = \frac{\dot{V}_{CO_2}}{\dot{V}_{O_2}} = \frac{CO_2\text{-Abgabe}}{O_2\text{-Aufnahme}}, \tag{3}$$

ist dann gleich 1. Der *RQ von 1,0* stellt somit ein *wichtiges Kennzeichen der Kohlenhydratverbrennung* dar.

Berechnungsbeispiel. Unter Ruhebedingungen wurden eine Sauerstoffaufnahme von 280 ml/min (Normvolumen, STPD, S. 657) und, was selten der Fall ist, ein RQ von 1,00 ermittelt. Der Energieumsatz beträgt dann $0{,}280 \cdot 21{,}1 \approx 5{,}91$ kJ/min $\approx$ 8508 kJ/d ($\approx$98 W).

Für die **Fettverbrennung** gelten ähnliche Beziehungen. Da die Fettsäuren pro Atom Kohlenstoff weniger Sauerstoff enthalten als die Kohlenhydrate, ergibt sich ein deutlich niedrigerer RQ (0,7). Bei alleiniger Verbrennung von **Eiweißen** findet man einen RQ von 0,81 (Tabelle 24-4).

Endprodukte des Katabolismus. Dazu gehören u.a. Wasser (ca. 350 ml/d), Kohlendioxid (ca. 230 ml/min), Kohlenmonoxid (ca. 0,007 ml/min), ferner Harnstoff (ca. 30 g/d), weitere N-haltige Substanzen (ca. 6 g/d) sowie andere harnpflichtige Stoffe.

Harnstoff ist ein typisches Endprodukt des *Eiweißabbaus,* so daß bei gemischter Kost anhand der ausgeschiedenen Mengen an Harnstoff und anderen N-haltigen Substanzen der Eiweißumsatz ermittelt werden kann. Da Eiweiße einen durchschnittlichen Stickstoffgehalt von 16% aufweisen, multipliziert man die im Urin gefundene Stickstoffmenge mit 6,25, um diejenige Eiweißmenge zu ermitteln, die abgebaut wurde. Der *Eiweißumsatz,* der im wesentlichen dem *Baustoffwechsel* dient, bleibt jedoch weitgehend *konstant,* da eine ausgewogene, mitteleuropäische Kost rund 15% der Gesamtenergie in Form von Eiweißen enthält. Erhebliche Steigerungen erfährt der Eiweißbaustoffwechsel nach Unfällen oder Operationen; man spricht vom Postaggressionsstoffwechsel (vgl. Tabelle 24-6, S. 659). Die Fett- und Kohlenhydratanteile der Nahrung schwanken hingegen erheblich, so daß Unterschiede des RQ im wesentlichen hierdurch bedingt sind. Daher kann man anhand des *RQ* das *Verhältnis von Fett- zu Kohlenhydratabbau* schätzen und angeben, wieviel Energie pro Liter aufgenommenen Sauerstoffs umgesetzt wird. Bei Änderungen des RQ um 0,1 Einheit ändert sich gemäß Tabelle 24-5 das Energieäquivalent um 0,5 kJ/l O_2. Auf der Basis von Tabelle 24-5 ist mit dem indirekten Verfahren eine recht genaue Ermittlung des Energieumsatzes möglich.

Berechnungsbeispiel. Wie beim vorherigen Beispiel wurde eine Sauerstoffaufnahme von 280 ml/min ermittelt, jedoch ein RQ von 0,82 (Durchschnittswert; Energieäquivalent:

Tabelle 24-4. Gegenüberstellung von respiratorischem Quotienten (RQ) und Energieäquivalent bei Verbrennung verschiedener Nährstoffe

	Kohlenhydrate	Fette	Eiweiße
RQ	1,00	0,70	0,81
kJ/l O_2	21,1	19,6	18,8

Tabelle 24-5. Zusammenhang zwischen Energieäquivalent und RQ ohne Berücksichtigung des Eiweißanteils von 15% am Gesamtumsatz. Durchschnittlicher respiratorischer Quotient: 0,82

RQ	1,0	0,9	**0,82**	0,8	0,7
kJ/l O_2	21,1	20,6	**20,2**	20,1	19,6

20,2 kJ/l O_2). Der Energieumsatz beträgt dann: $0{,}28 \cdot 20{,}2 \approx 5{,}66$ kJ/min ≈ 8150 kJ/d (≈ 94 W). Der Unterschied zum vorherigen Rechenbeispiel beträgt nur 358 kJ/d oder 4%.

Abhängigkeit des RQ. Der Quotient aus Kohlendioxidabgabe und Sauerstoffaufnahme hängt von 3 Einflußgrößen ab.

1. Nährstoffabbau. Gemäß Tabelle 24-4 beträgt der RQ bei Kohlenhydratverbrennung 1,0, bei Fettverbrennung 0,7 und bei Eiweißverbrennung 0,81.

2. Hyperventilation (S. 595). Beim Hyperventilieren wird vermehrt CO_2 abgeatmet, das aus den großen CO_2-Speichern in Gewebe und Blut stammt, nicht jedoch aus einem gesteigerten Stoffwechsel. Die Sauerstoffaufnahme bleibt dabei unverändert, da Blut und Gewebe keinen zusätzlichen Sauerstoff speichern können. In der *Übergangsphase* bis zum Erreichen eines neuen, erniedrigten CO_2-Partialdrucks in Blut und Gewebe findet man daher einen deutlich *erhöhten RQ,* z.T. bis 1,4. *Ursachen* einer Hyperventilation sind u.a. Willkürinnervation (z.B. Aufblasen einer Luftmatratze), nichtrespiratorische Acidose (S. 628f., z.B. während und nach erschöpfender Arbeit, S. 689, RQ bis 1,4), psychische Belastungen (z.B. Aufregungshyperventilation) sowie künstliche Beatmung mit Vorgabe eines zu großen Atemzeitvolumens.

3. Nährstoffumbau. Bei überwiegender Kohlenhydratzufuhr werden Kohlenhydrate zu Fetten umgebaut. Da Fette weniger Sauerstoff als Kohlenhydrate enthalten, wird im Stoffwechsel Sauerstoff frei; entsprechend sinkt bei der *Kohlenhydratmast* die über die Lunge aufgenommene Sauerstoffmenge, und der *RQ wird größer.* In Extremfällen wurden bei der Gänsemast ein RQ von 1,38 und bei der Schweinemast ein RQ von 1,58 gemessen. Bei *Hungernden* und *Diabetikern* beobachtet man bis auf 0,6 *erniedrigte* RQ-Werte. Dies beruht auf vermehrtem Fett- und Eiweißumbau bei vermindertem Glucosestoffwechsel (infolge Aufbrauch der Glykogenreserven bzw. Verwertungsstörung).
Solange man bei der indirekten Energieumsatzbestimmung nicht sicher ist, ob ein gemessener **„respiratorischer RQ"** den katabolen Stoffwechselbedingungen entspricht **(„metabolischer RQ"),** sollte man ein durchschnittliches Energieäquivalent von 20,2 kJ/l O_2 annehmen, entsprechend einem metabolischen RQ von 0,82. Wie Tabelle 24-5 zeigt, sind Änderungen des Energieäquivalents in Abhängigkeit vom RQ nicht besonders groß, so daß der durch Einsatz des mittleren Energieäquivalents auftretende Fehler höchstens ±4% beträgt.

Bestimmung des Energieumsatzes einzelner Organe

Die Sauerstoffaufnahme und damit der Energieumsatz einzelner Organe lassen sich nach dem Fickschen Prinzip (S. 570) aus der Organdurchblutung $\dot{Q}$ und den arteriovenösen Fraktionsdifferenzen für O_2 und CO_2 berechnen:

$$\dot{V}_{O_2}(\text{ml/min}) = \dot{Q}(\text{ml/min}) \cdot (F_{aO_2} - F_{vO_2}), \quad (4),$$

$$\dot{V}_{CO_2}(\text{ml/min}) = \dot{Q}(\text{ml/min}) \cdot (F_{vCO_2} - F_{aCO_2}), \quad (5).$$

Da das Gehirn vorwiegend Kohlenhydrate utilisiert, findet man dort RQ-Werte im Bereich von 1,0, während beispielsweise der RQ der Skeletmuskulatur und des Herzmuskels je nach Stoffwechsellage erheblich schwankt.

24.5 Verfahren zur Bestimmung der Sauerstoffaufnahme des Gesamtorganismus

Bei der indirekten Energieumsatzbestimmung ist es notwendig, die Sauerstoffaufnahme als die im Körper pro Zeiteinheit umgesetzte Sauerstoffmenge zu bestimmen. Zu diesem Zweck werden „geschlossene" und „offene" Respirationssysteme eingesetzt.

Geschlossene Systeme

Aus einem mit *Sauerstoff gefüllten* **Spirometer** (S. 580f.) entnimmt der Proband Einatemluft (Abb. 24-7). Die Ausatemluft wird nach *Absorption des Kohlendioxids* in einem geschlossenen Kreislauf zum Spirometer zurückgeleitet. Das registrierte *Spirogramm* zeigt einen steigenden Verlauf (Abb. 24-7). Je steiler der Anstieg pro Zeit, desto mehr Sauerstoff wurde in der Zeiteinheit dem System entnommen.
Geschlossene Systeme *müssen mit Sauerstoff gefüllt* werden. Bei Füllung mit Luft würde die inspiratorische Sauerstoffkonzentration wegen des Verbrauchs von Sauerstoff schnell unter 8,5 ml/dl (kritische Schwelle, S. 706) sinken, die CO_2-Konzentration jedoch nicht ansteigen. Ein

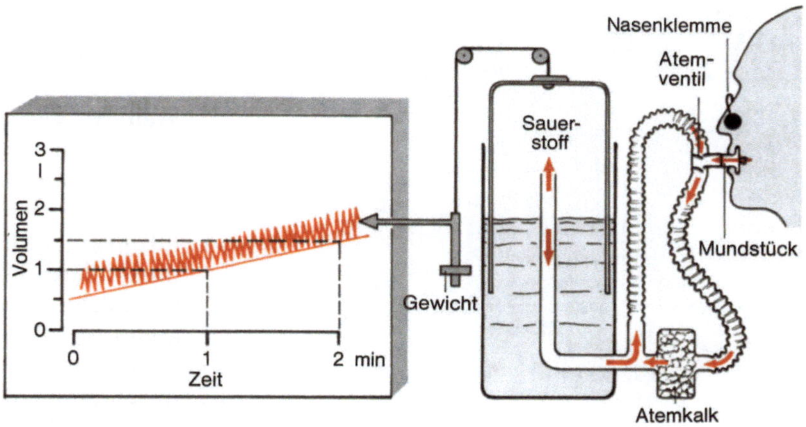

Abb. 24-7. Messung der O_2-Aufnahme im geschlossenen spirometrischen System. Der Proband inspiriert reinen Sauerstoff aus einem *Tauchglockenspirometer*; das Ausatemluftgemisch wird durch einen Behälter mit CO_2-absorbierendem Atemkalk geleitet. Der Anstieg des registrierten *Spirogramms (links)*, der durch eine Verbindungsgerade der Umkehrpunkte festgelegt wird, entspricht der O_2-Aufnahme des Probanden (im Beispiel der Abbildung 0,5 l/min)

derartiger, isolierter Sauerstoffmangel führt oft zu einer plötzlichen, kaum vorhersehbaren Bewußtlosigkeit, da die Atmung nur gering stimuliert wird (S. 605) und weitere Warnsymptome zumeist verkannt werden (S. 706). Vorteil geschlossener Systeme ist, daß keine O_2-Konzentrationsmessungen nötig sind; nachteilig ist, daß der RQ nicht bestimmt werden kann.

Normvolumen. Die unter aktuellen Bedingungen gemessene Sauerstoffaufnahme muß auf *Standardbedingungen* umgerechnet werden, damit die Meßergebnisse, unabhängig von Temperatur und Luftdruck, vergleichbar werden. Als **Normalbedingungen** gelten die sog. **STPD-Bedingungen** (Standard for Temperature, Pressure, Dry; d.h. 760 mm Hg, 0° C und Trockenheit, S. 593f.). Den Umrechnungsfaktor entnimmt man zumeist Tabellen, denen folgende Gleichung zugrunde liegt:

$$V_0 = V \cdot \frac{P_B - P_{H_2O}}{760} \cdot \frac{273}{273 + t}. \quad (6)$$

V_0 = auf Standardbedingungen (STPD) reduziertes Volumen; V = gemessenes Volumen; P_B = Barometerdruck; P_{H_2O} = Wasserdampfdruck im Spirometer: t = Temperatur des gemessenen Gasvolumens in °C.

Offene Systeme

Bei **offenen Respirationssystemen** sind die Wege von Ein- und Ausatemluft getrennt. Inspiratorisch wird zumeist Frischluft zugeführt. Auf der Exspirationsseite werden das *Volumen der Ausatemluft* sowie deren O_2- und CO_2-*Teilkonzentrationen* bestimmt und dann aus diesen Meßgrößen unter Berücksichtigung der Frischluftkonzentrationen Sauerstoffaufnahme und Kohlendioxidabgabe berechnet.

Berechnungsgrundlagen. O_2-Aufnahme und CO_2-Abgabe lassen sich mit den üblichen Meßverfahren und unter normalen Bedingungen recht gut wie folgt abschätzen (s. [8]):

$$\dot{V}_{O_2} = \dot{V}_E \cdot (F_{I_{O_2}} - F_{E_{O_2}}) \quad \text{bzw.} \quad (7)$$

$$\dot{V}_{CO_2} = \dot{V}_E \cdot F_{E_{CO_2}}. \quad (8)$$

Bei besonderen Ansprüchen an die Meßgenauigkeit sollte man allerdings berücksichtigen, daß sich O_2-Aufnahme und CO_2-Abgabe im Sinne einer Massenbilanz als Differenz zwischen inspirierten und exspirierten Teilmengen ergeben. Die inspirierte CO_2-Menge kann im Falle der normalerweise minimalen CO_2-Fraktion in der Frischluft vernachlässigt werden. Für die O_2-Aufnahme als Differenz zwischen ein- und ausgeatmeten O_2-Mengen ist jedoch von folgender Formel auszugehen:

$$\Delta\dot{V}_{O_2} = \dot{V}_I \cdot F_{I_{O_2}} - \dot{V}_E \cdot F_{E_{O_2}}. \quad (9)$$

Die ausgeatmete O_2-Menge läßt sich entsprechend der ausgeatmeten CO_2-Menge berechnen. Die O_2-Fraktion der inspirierten Luft ist bei Frischluftatmung bekannt ($F_{I_{O_2}} = 0{,}2095 =$ 20,95 ml/dl), nicht jedoch $\dot{V}_I$.

Nur bei einem RQ von 1,0 kann man davon ausgehen, daß (auf Standardbedingungen reduziert) eingeatmete und ausgeatmete Atemzeitvolumina gleich sind. Bei einem RQ unter 1,0 ist die ausgeatmete Luftmenge kleiner als die eingeatmete: andererseits können bei bekanntem RQ beide Atemzeitvolumina wechselseitig berechnet werden. Die Gleichung zur Berechnung der Sauerstoffaufnahme beim Douglassackverfahren (S. 658) führt schließlich zu der hier nicht hergeleiteten Beziehung:

$$\Delta\dot{V}_{O_2} = \dot{V}_E (1{,}265 \cdot \Delta F_{O_2} - 0{,}265 \cdot F_{E_{CO_2}}). \quad (10)$$

$\dot{V}_E$ läßt sich aus der pro Zeiteinheit im Douglassack gesammelten Ausatemluft bestimmen, $F_{E_{CO_2}}$ entspricht der CO_2-Fraktion der im Douglassack gesammelten, gemischten Ausatemluft und ΔF_{O_2} der Differenz der O_2-Fraktionen von Einatemluft und gemischter Ausatemluft. Dabei muß eine Umrechnung auf *STPD-Bedingungen* vorgenommen werden.

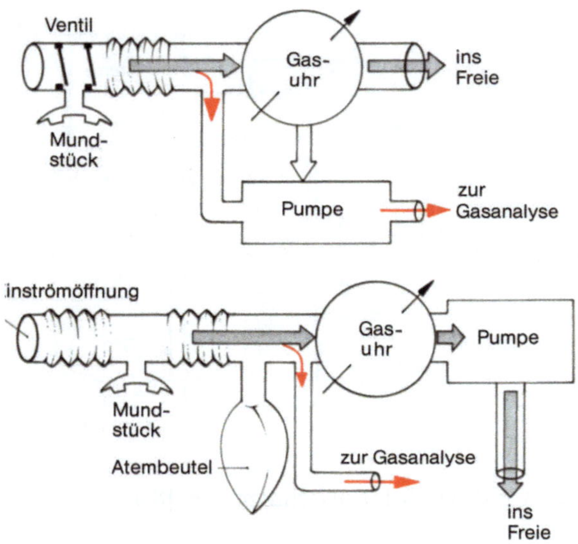

Abb. 24-8. Meßprinzipien zur fortlaufenden Bestimung von Sauerstoffaufnahme und Kohlendioxidabgabe mit *offenen* Respirationssystemen. *Oben:* Prinzip des *aliquoten Anteils:* Der Proband atmet über ein Zweiwegeventil mit Mundstück Frischluft ein; die Nase ist verschlossen (Nasenklemme). Die ausgeatmete Luftmenge wird mit einer Gasuhr (oder einem Pneumotachographen) gemessen. Von der Gasuhr wird eine Absaugpumpe derart gesteuert, daß der Atemströmung proportionale, kleine Gasproben für die Gasanalyse abgesaugt und gesammelt werden. Durch diese spezielle Steuerung wird eine repräsentative Gasprobe gewonnen, die alle Anteile der Ausatemluft im richtigen Verhältnis zueinander enthält („aliquoter Anteil"). *Unten:* Prinzip der *konstanten Absaugung.* Der Proband atmet über ein ventilloses Mundstück (bzw. Atemmaske oder Atemhaube) ein und aus, wobei durch eine Pumpe eine konstante, *überschüssige* Frischluftmenge am Mundstück vorbeigesaugt wird. Vor dem Abzweig zur Gasanalyse herrscht unabhängig vom Atemzeitvolumen eine gleichmäßige Mischluftströmung, deren Ausmaß lediglich von der Absaugleistung der Pumpe abhängt. Kurzzeitige Spitzenmengen der Ausatemluft können im Atembeutel gespeichert werden. Die O_2-Aufnahme bzw. CO_2-Abgabe resultiert dann entsprechend den Gln. 7 und 8 (S. 657) aus dem Produkt von konstanter Absaugmenge/Zeit × Differenz der O_2- bzw. CO_2-Fraktionen. Somit sind die fortlaufend zu registrierenden Fraktionsdifferenzen am Abzweig zur Gasanalyse proportional zu den Stoffwechselgrößen O_2-Aufnahme und CO_2-Abgabe (zur Berechnung s. [8]).

Douglassack. Das Douglassackverfahren [11] gehört zu den klassischen Methoden für die Messung der Sauerstoffaufnahme. Dieses *diskontinuierliche* Meßverfahren kann nicht nur ortsfest, sondern auch *tragbar* am sich frei bewegenden Probanden eingesetzt werden. — Bei arbeitsphysiologischen Untersuchungen wird der Sack wie ein Rucksack getragen. Der Proband atmet über ein *Ventil* mit *Mundstück* Frischluft ein; die Nase ist durch eine *Nasenklemme* verschlossen. Die gesamte Ausatemluft wird über das Atemventil, Atemschläuche und einen Dreiwegehahn in den *luftdichten Sack* geleitet und während eines genau zu ermittelnden Zeitraums gesammelt. Nach Abschluß der Meßperiode wird der Sack durchgewalkt, um die verschiedenen Anteile der Ausatemluft zu durchmischen, und eine Probe für die Sauerstoff- und Kohlendioxidanalyse entnommen. Die ausgeatmete Luftmenge wird bestimmt, indem man den Sack über eine Gasuhr leert.

Weitere Verfahren. Statt eines Douglassacks kann man auch eine Gasuhr auf dem Rücken tragen und durch eine Spezialvorrichtung gleichzeitig einen Teil der gemischten Ausatemluft in einer kleinen Fußballblase sammeln. Man muß allerdings dafür sorgen, daß diese kleine Gasprobe *repräsentativ* für alle Anteile der Ausatemluft, also für Totraum- und Alveolarluft, ist (*aliquoter Anteil*, Abb. 24-8). Dies ist nur durch ein zum Atemstrom proportionales Sammeln der Gasprobe möglich, wobei von den verschiedenen Anteilen der Ausatemluft ein fester Prozentsatz abgezweigt wird, z.B. je 1% beim tragbaren Meßsystem von MÜLLER und FRANZ [15].
Will man die Sauerstoffaufnahme *fortlaufend* bestimmen, sind aufwendigere Verfahren erforderlich und lange war dies nur mit ortsfesten Anlagen möglich; neuere Apparaturen mit drahtloser Übertragung der Meßdaten (Telemetrie) gestatten dagegen auch einen mobilen Einsatz.

Meßanlagen zur *fortlaufenden Bestimmung* der Sauerstoffaufnahme beruhen meistens auf einem der beiden in Abb. 24-8 beschriebenen Prinzipien: Bei Anlagen nach dem Prinzip des aliquoten Anteils (Abb. 24-8, oben) wird zur Erfassung des diskontinuierlichen Ausatemstroms zumeist ein *Pneumotachograph* (S. 580) eingesetzt. Die Gasfraktionen werden hingegen nicht mit diskontinuierlichen, chemischen Absorptionsverfahren (S. 594), sondern mit kontinuierlich messenden *Gasanalysatoren* ermittelt, deren Meßprinzipien bestimmte physikalische Eigenschaften des Sauerstoffs und des Kohlendioxids zugrunde liegen (S. 594). Die Berechnung der Stoffwechselgrößen erfolgt dann entsprechend derjenigen beim Douglassackverfahren.
Anlagen nach dem Prinzip der *konstanten Absaugung* (Abb. 24-8, unten) weisen als große Vorteile auf, daß erstens gleichmäßige Luftströme mit sog. Gasuhren auf einfache Weise sehr genau gemessen werden können; zweitens weisen die gemessenen Änderungen der Fraktionsdifferenzen für O_2 und CO_2 direkt auf die jeweiligen Änderungen der Stoffwechselgrößen hin, zu denen sie sich proportional verhalten. Die registrierten Fraktionsdifferenzen zeigen damit ohne komplizierte und fehleranfällige Berechnungen das Verhalten der Stoffwechselgrößen unter den verschiedensten Bedingungen an.
Bei den fortlaufend messenden Verfahren kommt es darauf an, daß die zu multiplizierenden Fraktionsdifferenzen und Volumina genau zeitgleich erfaßt und verrechnet werden. Insofern sollten solche Anlagen häufig überprüft werden; als brauchbare Referenzmethode erweist sich dafür nach wie vor das Douglassackverfahren. Für besondere Anforderungen wurden spezielle Geräte entwickelt, die den Sauerstoffverbrauch durch eine regulierbare Flamme [16] oder mittels Stickstoffzugabe [17] simulieren. — Bei der Bestimmung des Energieumsatzes eines künstlich beatmeten Patienten sind möglicherweise variierende O_2-Fraktionen in der Einatemluft oder ggf. die Beimischung von Narkosegasen zu berücksichtigen [17].

24.6 Diagnostische Bedeutung des Energieumsatzes

Arbeitsphysiologie — Arbeitsmedizin. Das Ausmaß körperlicher Beanspruchungen eines Menschen durch Beruf oder Sport läßt sich in vielen Fällen anhand des Energieumsatzes beschreiben. Für verschiedene Berufsgruppen wurden Mittelwerte bestimmt (Übersicht in [4] und [6]), wodurch üblicherweise eine *Zuordnung* entsprechend den in Abb. 24-4 genannten *Schweregraden* vorgenommen wird.

Klinische Diagnostik. Im **Schock** (kritischer Blutdruckabfall, z.B. nach größeren Blutverlusten) fällt der Energieumsatz auf Werte unterhalb des Grundumsatzes ab, da periphere Gebiete mangelhaft durchblutet werden (s.S. 560f.). Daher wird eine *Sauerstoffschuld* eingegangen (S. 687); der Energieumsatz vieler Zellen sinkt unter den Bereitschaftsumsatz. Steigt mit dem Abklingen des Schockzustandes die periphere Durchblutung wieder an, nimmt auch der Energieumsatz wieder zu, so daß dessen *Verlaufskontrolle* eine Beurteilung des Schockzustands ermöglicht.

Energieumsatz bei Kranken. Nach Verletzungen und Verbrennungen sowie bei hochfieberhaften Erkrankungen findet man erhebliche Zunahmen des Stoffwechsels (Tabelle 24-6): Der Energieumsatz steigt aufgrund des *Postaggressionsstoffwechsels* merklich an, und als Folge des erhöhten Eiweißstoffwechsels nimmt die Stickstoffausscheidung im Urin bis auf über das 4fache zu. Diese Änderungen sind bei der künstlichen Ernährung solcher Patienten zu berücksichtigen.

Tabelle 24-6. Zunahme des Energieumsatzes (bezogen auf den Ruheumsatz) und der Stickstoffausscheidung im Urin (100% = 0,085 $g \cdot kg^{-1} \cdot d^{-1}$) bei Patienten verschiedener Kategorien. (Nach [14])

Kategorie	% Zunahme von Energieumsatz	% Zunahme von N_2-Ausscheidung
1) Mittelschwere chirurgische Eingriffe	24	150
2) Schwere Verkehrsunfälle mit multiplen Verletzungen	32	275
3) Schußverletzungen	37	280
4) Wie 2, jedoch mit Steroidtherapie	61	300
5) Sepsis	79	330
6) Großflächige Verbrennungen	132	335

Schilddrüsenerkrankungen mit Überfunktion *(Hyperthyreose)* führen zu einer Zunahme, mit Unterfunktion *(Hypothyreose)* zu einer Abnahme des Grundumsatzes (klinisches Bild S. 406). Dabei weicht der Grundumsatz in extremen Fällen um mehr als +100% bzw. −40% vom Sollwert ab. Zur Diagnostik von Schilddrüsenerkrankungen wird die Grundumsatzbestimmung jedoch nicht mehr herangezogen.

24.7 Literatur

Weiterführende Lehr- und Handbücher

1. Consolazio, C.F., Johnson, R.E., Pecora, L.J.: Physiological measurements of metabolic functions in man. New York-Toronto-London: McGraw-Hill 1963
2. Kestner, O., Knipping, H.W.: Die Ernährung des Menschen. Berlin: Springer 1924
3. Lavoisier, A.L., de LaPlace, P.S.: Abhandlung über die Wärme (Erstveröffentlichung 1780). In: Rosenthal, J. (Ed.): Zwei Abhandlungen über Wärme. Leipzig: Wilhelm Engelmann 1892
4. Lehmann, G.: Energetik des arbeitenden Menschen. In: Lehmann, G. (Ed.): Handbuch der gesamten Arbeitsmedizin, Bd. 1: Arbeitsphysiologie. Berlin-München-Wien: Urban & Schwarzenberg 1961
5. Opitz, E., Lübbers, D.: Allgemeine Physiologie der Zell- und Gewebsatmung. In: Büchner, F., Letterer, E., Roulet, F. (Eds.): Handbuch der allgemeinen Pathologie, Bd. 4, Teil II: Der Stoffwechsel. Berlin-Göttingen-Heidelberg: Springer 1957
6. Spitzer, H., Hettinger, Th., Kaminsky, G.: Tafeln für den Energieumsatz. (6. Aufl.) Berlin-Köln: Beuth 1982
7. Stegemann, J.: Leistungsphysiologie — Physiologische Grundlagen der Arbeit und des Sports. Stuttgart: Thieme 1984
8. Ulmer, H.-V.: Zur Methodik, Standardisierung und Auswertung von Tests für die Prüfung der körperlichen Leistungsfähigkeit. Köln: Deutscher Ärzteverlag 1975
9. Wissenschaftliche Tabellen — Documenta Geigy. (Ed. J.R. Geigy A.G., Pharma, Basel), 7. Aufl. Basel: 1969

Einzel- und Übersichtsarbeiten

10. Boothby, W.M., Berkson, J., Dunn, H.L.: Studies of the energy of metabolism of normal individuals: A standard of basal metabolism, with a nomogram for clinical application. Amer. J. Physiol *116*, 468 (1936)
11. Douglas, C.G.: A method for determining the total respiratory exchange in man. J. Physiol. (London) *42*, 17 (1911)
12. Göpfert, H., Bernsmeier, A., Stufler, R.: Über die Steigerung des Energiestoffwechsels und der Muskelinnervation bei geistiger Arbeit. Pflügers Arch. *256*, 304 (1953)
13. Harris, J.A., Benedict, F.G.: A biometric study of basal metabolism in man. Publ. Nr. 279. Carneg. Inst., Washington 1919, zit. nach Stegemann [7]
14. Long, C.L., Schaffel, N., Geiger, J.W., Schiller, W.R., Blakemore, W.S.: Metabolic response to injury and illness: Estimation of energy and protein needs from indirect calorimetry and nitrogen balance. J. Parent. Ent. Nutr. *3*, 452 (1979)
15. Müller, E.A., Franz, H.: Energieverbrauchsmessungen bei beruflicher Arbeit mit einer verbesserten Respirationsgasuhr. Arbeitsphysiologie *14*, 499 (1952)
16. Stegemann, J., Essfeld, D.: Advantages of the computerized breath-by-breath method for the interpretation of spiroergometric data. In: Löllgen, H., Mellerowicz, H. (Eds.): Progress in ergometry: Quality control and test criteria. p. 30, Berlin-Heidelberg-New York-Tokyo: Springer 1984
17. Semsroth, M.: Indirekte Kalorimetrie bei beatmeten Kindern. 2. Teil: Ein Meßverfahren und seine Überprüfung an einem neuentwickelten Stoffwechsel-Lungenmodell. Infusionstherapie *12*, 294 (1985)
18. Taylor, C.R., Heglund, N.C.: Energetics and mechanics of terrestrial locomotion. Ann. Rev. Physiol. *44*, 97 (1982)

25 Wärmehaushalt und Temperaturregelung

K. Brück

25.1 Wärmebildung, Körpertemperatur und Körpergröße

Homoiothermie. Poikilothermie. Der in Kap. 24 beschriebene **Energieumsatz** geht nach den Gesetzen der Thermodynamik mit **Wärmebildung** einher. Während bei der Behandlung des Energieumsatzes diese Wärme als Nebenprodukt angesehen wird, rückt sie in den Mittelpunkt der Betrachtung, wenn man das unterschiedliche Verhalten der Körpertemperatur im Tierreich untersucht. Bei einer Gruppe von Lebewesen, zu der neben den Vögeln und Säugetieren auch der Mensch gehört, wird die Körpertemperatur infolge **hoher Wärmebildung (Tachymetabolismus)** und zusätzlicher **Regelungsmechanismen** auf einem Wert, der erheblich über der Umgebungstemperatur liegt, konstant gehalten **(homoiotherme Lebewesen).** Bei einer zweiten Gruppe, zu der z.B. Fische und Reptilien gehören, ist die Wärmebildung weit geringer **(bradymetabolische Organismen)**: die Körpertemperatur liegt demgemäß nur wenig über der Umgebungstemperatur und folgt deren Schwankungen (*poikilotherme* Lebewesen).

Da die homoiothermen Lebewesen unabhängig von der Außentemperatur eine gleichförmige Körpertemperatur und damit eine gleichförmige Aktivität aufrechterhalten können, sind sie poikilothermen Lebewesen vielfach überlegen. Das poikilotherme Verhalten kann andererseits da Vorteile bringen, wo die Verfügbarkeit von Nahrung jahreszeitlich schwankt. So vertragen z.B. kühl gehaltene Frösche monatelang Nahrungskarenz ohne Schaden.

Durch besondere Verhaltensweisen (z.B. Aufsuchen wärmerer Gewässer bei Fischen; „Sonnenbaden“ bei Eidechsen) können auch Arten, die nicht den Klassen Säuger und Vögel angehören, bis zu einem gewissen Grad Einfluß auf ihre Körpertemperatur nehmen. Diese Art der Temperaturregelung wird als **„Verhaltensregelung“** der **autonomen Temperaturregelung** gegenübergestellt. Die Besonderheit der echt homoiothermen Lebewesen ist jedoch, daß sie bei stärkerer Abkühlung durch Aktivierung metabolischer Prozesse zusätzlich Wärme bilden können, während die anderen Wärme von außen aufnehmen müssen. Man unterscheidet danach **endotherme** von **ektothermen** Organismen [17].

Wärmebildung und Körpertemperatur. Alle chemischen Reaktionen und damit auch die Stoffwechselvorgänge im Organismus sind temperaturabhängig. Bei poikilothermen Lebewesen steigt – ganz wie bei chemischen Prozessen in der unbelebten Natur – der Energieumsatz pro Zeiteinheit gemäß der **RGT-Regel** (Reaktions-Geschwindigkeits-Temperatur-Regel = van't Hoff-Regel) mit zunehmender Temperatur an. Bei den homoiothermen Lebewesen gilt die RGT-Regel in gleicher Weise, doch läßt sich diese Gesetzmäßigkeit nicht ohne weiteres erkennen. Bei intakten Organismen steigt viel-

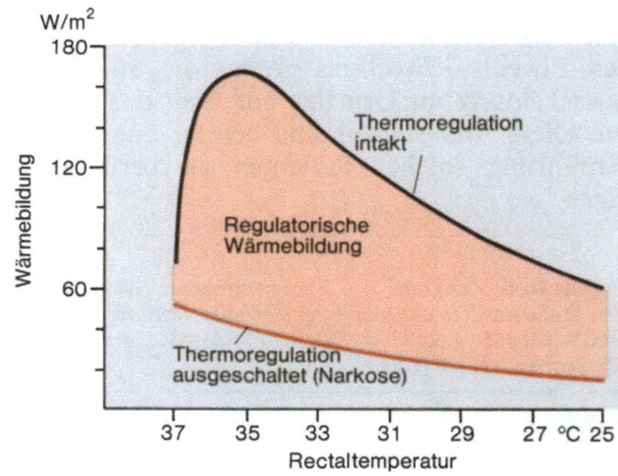

Abb. 25-1. Beziehung zwischen Körpertemperatur und Stoffwechselrate homoiothermer Organismen (Versuche am Hund). *Obere Kurve:* Thermoregulation funktionsfähig: Stoffwechselrate steigt bei Temperatursenkung zunächst bis zu einem Maximum an und fällt bei weiter sinkender Körpertemperatur gemäß der RGT-Regel ab. *Untere Kurve:* Nach Ausschaltung der Thermoregulation durch tiefe Narkose: Stoffwechselrate folgt von Beginn der Abkühlung an der RGT-Regel. Der Differenzbetrag der beiden Kurven entspricht der regulatorischen Wärmebildung. Weitere Erklärung s. Text. Nach [21]

mehr bei Abkühlung (ausgehend von einer behaglichen Umgebungstemperatur = **Neutraltemperatur**: s.S. 663) der Energieumsatz an, wodurch ein Abfall der Körperinnentemperatur verhindert wird. Durch pharmakologische Eingriffe (z.B. Narkose) oder gezielte experimentelle Läsionen im ZNS läßt sich jedoch der Verlauf der Temperatur-Stoffwechsel-Beziehung derjenigen der poikilothermen Lebewesen angleichen (Abb. 25-1). Der blockierbare Anteil der Wärmebildung wird als **regulatorische Wärmebildung** bezeichnet.

Quantitativ besteht allerdings auch nach Blockade des regulatorischen Anteils ein erheblicher Unterschied zwischen dem Stoffwechselverhalten bei homoiothermen und poikilothermen Lebewesen: Bei gleicher Körpertemperatur ist die Energieumsatzrate – bezogen auf die Körpermasseneinheit – bei Homoiothermen mindestens 3mal so groß wie bei Poikilothermen.
Der Quotient aus den bei 10° C Temperaturunterschied gemessenen Reaktionsgeschwindigkeiten wird mit $\mathbf{Q_{10}}$ bezeichnet. Eine quantitative Betrachtung der abfallenden Kurvenabschnitte der Abb. 25-1 zeigt, *daß der Q_{10} der Stoffwechselrate zwischen 2 und 3 liegt*. Durch Narkose und gleichzeitige Senkung der Körpertemperatur kann somit eine nicht unerhebliche **Verminderung der O_2-Bedarfes** und damit eine entsprechende **Erhöhung der Strukturerhaltungszeit** (s.S. 647) erreicht werden. In der Herz- und Kreislaufchirurgie sowie bei Transplantationen wird von dieser Möglichkeit Gebrauch gemacht, wenn vorübergehend die Blutzirkulation unterbrochen werden muß (**„künstliche Hypothermie“**: populär: künstlicher Winterschlaf). Auch bei der Organkonservierung ist die RGT-Regel zu beachten.

Wärmebildung und Körpergröße. Die Körperkerntemperatur der meisten homoiothermen Säuger liegt in einem Bereich zwischen 36° C und 39° C ganz unabhängig von den erheblichen Unterschieden der Körpergröße, wie sie zwischen der Maus als eine der kleinsten und Elefant und Wal als den größten homoiothermen Species bestehen. Der **Energieumsatz** (MR = Metabolic Rate) hingegen ist eine Potenzfunktion der Körpermasse, m:

$$MR = k \cdot m^n; \qquad (1)$$

in doppelt-logarithmischer Darstellung erhält man eine lineare Funktion

$$\log MR = k' + n \cdot \log m. \qquad (2)$$

Nach empirischen Untersuchungen hat n einen Wert von etwa 0,75 (vgl. Abb. 25-2); d.h. bezogen auf $m^{0,75}$ ist der Energieumsatz der Maus gleich dem des Elefanten; pro kg Körpermasse ist der Energieumsatz der Maus erheblich größer als der des Elefanten. Man spricht daher von einem **Gesetz der Stoffwechselreduktion** [8]. Hierdurch ist die Wärmebildung bis zu einem gewissen Grad auf die Wärmeabgabe an die Umgebung abgestimmt. Bei gegebener Temperaturdifferenz zwischen Körperinnerem und Umgebung ist die Wärmeabgabe/Masseneinheit um so größer, je größer das **Oberflächen-Volumen-Verhältnis** ist; dieses nimmt mit zunehmender Körpergröße ab; außerdem ist die Dicke der wärmeisolierenden Körperschale (s.S. 663) bei kleinen Organismen vermindert.

Thermoregulatorische Wärmebildung. Zusätzliche Wärme zur Konstanthaltung der Körpertemperatur kann auf folgende Weise gebildet werden:

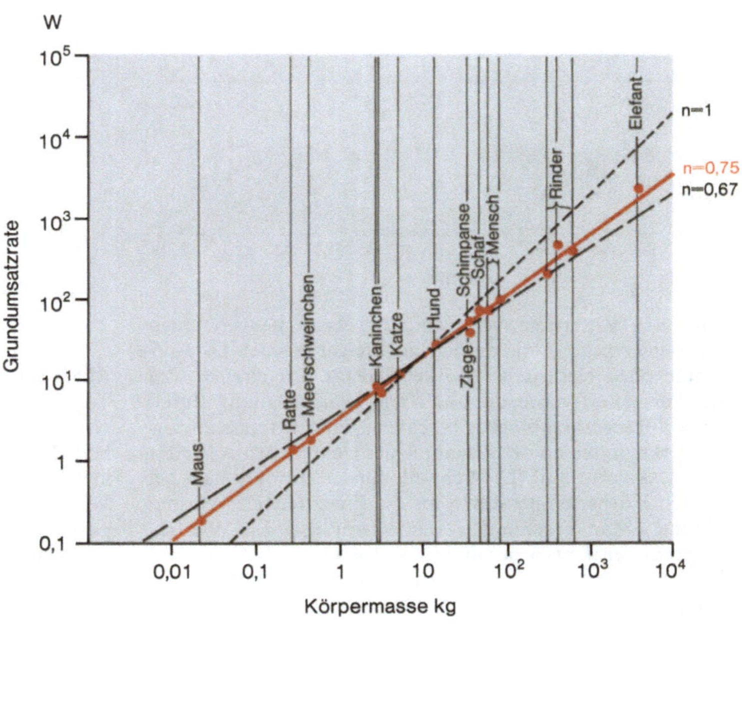

Abb. 25-2. Beziehung zwischen Energieumsatz und Körpermasse in doppelt-logarithmischem Maßstab. Die Gerade mit der Steigung von 0,75 wird den experimentell gefundenen Werten am besten gerecht. Bei Proportionalität zwischen Energieumsatz und Körpermasse würde die Gerade mit der Steigung 1 gelten, bei Proportionalität zwischen Energieumsatz und Oberfläche die mit der Steigung 0,67. Nach [8]

a) Durch aktive Betätigung des Bewegungsapparates.
b) Durch unwillkürliche tonische oder rhythmische Muskelaktivität; letztere entspricht dem bekannten **Kältezittern.** [Die tonische Muskelaktivität läßt sich durch Elektromyographie (s.S. 75f.) erfassen.]
c) Durch Steigerung von Stoffwechselvorgängen, die nicht an Muskelkontraktionen gebunden sind; diese Wärmebildung wird als **zitterfreie Wärmebildung** bezeichnet.

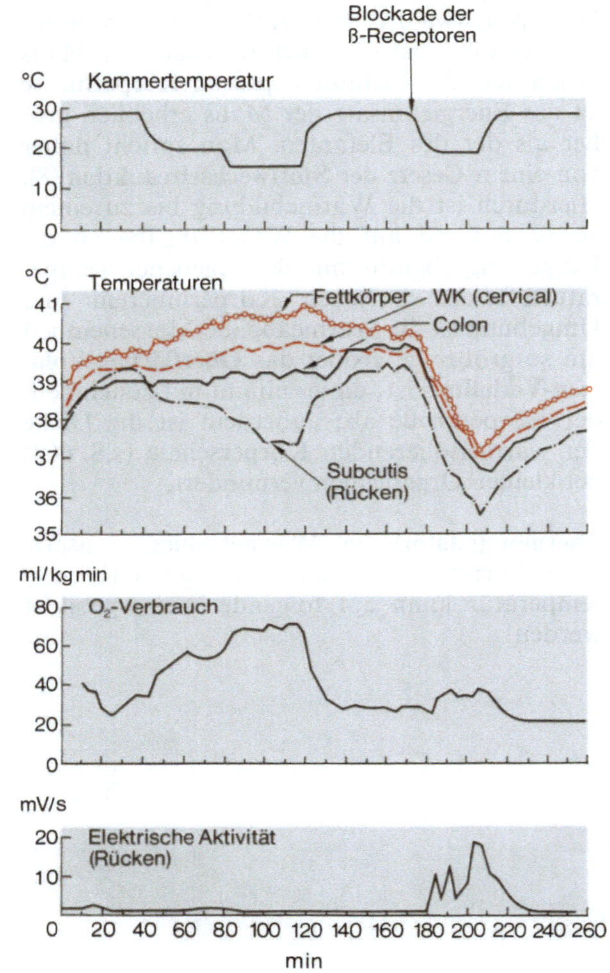

Abb. 25-3. Zitterfreie Wärmebildung beim neugeborenen Meerschweinchen, erkenntlich an Steigerung der O_2-Aufnahme ohne elektrische Muskelaktivität. Im *zweiten Teil* des Versuches wurde die zitterfreie Wärmebildung durch einen *β*-Receptorenblocker blockiert: danach trat Kältezittern, erkenntlich an der Zunahme der elektrischen Aktivität der Muskulatur auf. (Die Schwelle für Kältezittern liegt bei tieferen Körpertemperaturen als die für zitterfreie Wärmebildung.) Man beachte den Temperaturanstieg in dem interscapularen Fettkörper und im Wirbelkanal (*WK*) *vor* und den parallelen Abfall aller Temperaturen *nach* Blockade. Nach [29]

Beim erwachsenen Menschen ist *Kältezittern* der bedeutendste unwillkürliche Mechanismus der Wärmebildung. *Zitterfreie Wärmebildung* kommt bei Neugeborenen, so auch bei menschlichen Neugeborenen, sowie bei kleinen kälteadaptieren Tieren und Winterschläfern vor. Das sog. **braune Fettgewebe,** das durch Mitochondrienreichtum und multiloculäre Fettverteilung gekennzeichnet ist, stellt eine wesentliche Quelle der zitterfreien Wärmebildung dar. Dieses Gewebe kommt im Bereich zwischen den Scapulae, in der Axilla und an einigen anderen Stellen vor [12, 26].

Die **thermoregulatorische Funktion des interscapularen braunen Fettgewebes** läßt sich leicht durch lokale Temperaturmessung demonstrieren (Abb. 25-3): Während die Subcutantemperatur am Rücken bei einer Kältebelastung abfällt, steigt die Temperatur des Fettgewebes an, woraus auf eine erhöhte metabolische Aktivität und **Wärmebildung** im braunen Fettgewebe zu schließen ist [29].

Körpertemperatur und Wärmebilanz. Konstanz der Körpertemperatur erfordert, daß die Wärmebilanz im stationären Zustand ausgeglichen ist, d.h. Wärmeproduktion und Wärmeabgabe gleich sind. Die Abb. 25-4 zeigt in schematischer Form die Möglichkeiten, die Körpertemperatur

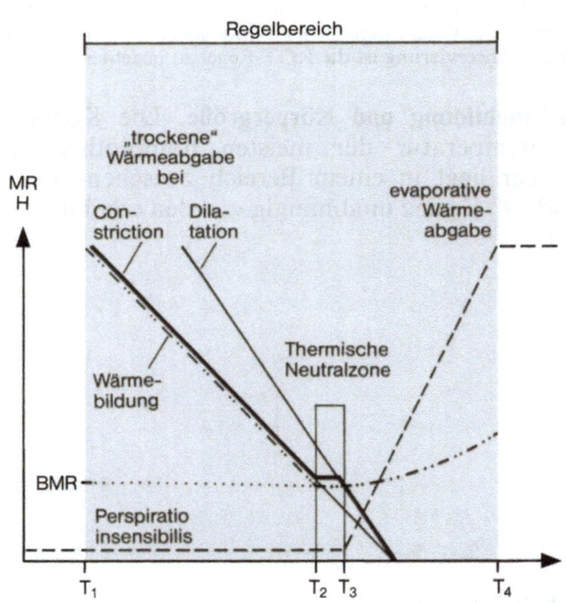

Abb. 25-4. Schematische Darstellung der Wärmebilanz. Im Temperaturbereich $T_1 - T_4$ („Regelbereich" = Bereich der Normothermie) ist die Wärmebilanz ausgeglichen. Unterhalb T_1 übersteigt die Wärmeabgabe, H, die mögliche Wärmebildung, MR: Hypothermie. Oberhalb T_4 übersteigen Wärmebildung plus Wärmeeinstrom die Kapazität der evaporativen Wärmeabgabe: Hyperthermie. Im Bereich $T_2 - T_3$ (Neutralzone) kann die Wärmeabgabe durch vasomotorische Reaktionen an die Ruhewärmebildung (BMR) angeglichen werden. Weitere Erörterung s. Text

bei sich ändernder Umgebungstemperatur konstant zu halten. Man geht dabei von dem Newtonschen Abkühlungsgesetz aus, das besagt, daß die Wärmeabgabe eines Körpers (genauer die „trockene" Wärmeabgabe, d.i. Gesamtwärmeabgabe minus Wärmeabgabe durch Verdunstung) proportional der Temperaturdifferenz zwischen dem Kern des Körpers und der Umgebung ist. Für den Menschen würde demnach bei 37° C Umgebungstemperatur die Wärmeabgabe gleich Null sein und mit abnehmender Umgebungstemperatur ansteigen. Die Wärmeabgabe hängt nun aber noch von der Wärmeleitung und Wärmekonvektion innerhalb des Körpers und damit von der peripheren Durchblutung ab. Es ergeben sich demgemäß *2 Wärmeabgabekurven,* eine für *periphere Vasodilatation,* eine für *Vasoconstriction.* Die dem Ruheenergieumsatz entsprechende Wärmebildung steht in dem Bereich zwischen T_2 und T_3 mit der Wärmeabgabe im Gleichgewicht, sofern der Organismus mit von T_3 nach T_2 abnehmender Temperatur die periphere Durchblutung zunehmend drosselt. Unterhalb T_2 kann die Körpertemperatur nur konstant gehalten werden, wenn die Wärmebildung entsprechend der Wärmeabgabe regulatorisch zunimmt. Die maximal mögliche regulative Steigerung der Wärmebildung, die beim Menschen bis zum 3- bis 5fachen des Grundumsatzes gehen kann, bestimmt die **untere Grenze des Regelbereichs T_1** (Absolutwerte s. Abb. 25-15). Bei Unterschreitung dieser Grenze kommt es zur **Hypothermie** und schließlich zum *Kältetod.*

Bei Temperaturen oberhalb T_3 wäre ein Ausgleich der Wärmebilanz durch Senkung des Grundumsatzes denkbar. In Wirklichkeit wird aber der Ausgleich der Wärmebilanz durch einen *zusätzlichen Wärmeabgabemechanismus* erreicht, nämlich die *evaporative Wärmeabgabe* durch Schweißverdunstung. T_4 gibt die **obere Grenze des Regelbereiches** an, die durch die maximale Schweißsekretionsrate bestimmt ist. Oberhalb T_4 tritt **Hyperthermie** ein; es kommt schließlich zum *Hitzetod* (Absolutwerte s. Abb. 25-8). Der Temperaturbereich zwischen T_2 und T_3, in dem die Körpertemperatur *ohne Einsatz eines zusätzlichen Wärmebildungsmechanismus und ohne Schweißdrüsenaktivität konstant gehalten werden kann,* heißt **thermische Neutralzone** (s. auch Abb. 25-15). In diesem Bereich haben Energieumsatz und Wärmebildung definitionsgemäß ein Minimum. Oberhalb T_3 ist wegen des Q_{10}-Effektes (s.S. 661) bei leicht zunehmender Körpertemperatur (Regelabweichung eines Proportionalreglers) und wegen der verstärkten Kreislauf- und Atmungsarbeit mit einer gewissen Zunahme des Energieumsatzes zu rechnen. Quantitative Angaben lassen sich nicht machen, da die entsprechenden Meßergebnisse inkonsistent sind.

25.2 Körpertemperatur des Menschen

Örtliche Temperaturunterschiede (Temperaturfeld)

Die im Organismus produzierte Wärme wird normalerweise (d.h. bei ausgeglichener Wärmebilanz) über die Körperoberfläche an die Umgebung abgegeben. Nach den physikalischen Gesetzen der Wärmeleitung und -konvektion müssen somit die oberflächennahen Teile des Körpers eine niedrigere Temperatur haben als die zentralen; in den Extremitäten bildet sich ein **Temperaturgefälle in der Längsrichtung (axial)** aus: daneben besteht ein **radiales Temperaturgefälle** (senkrecht zur Oberfläche). Infolge der unregelmäßigen geometrischen Gestaltung des Körpers ergibt sich ein kompliziertes *Temperaturfeld.* So mißt man bei leicht bekleideten Erwachsenen in einer Umgebungstemperatur von 20° C in der Tiefe der Oberschenkelmuskulatur 35° C, in tieferen Schichten der Wade 33° C und im Zentrum des Fußes gar nur 27 bis 28° C, während die Rectaltemperatur unter den gleichen Bedingungen in der Nähe von 37° C liegt [5]. Die durch äußere Temperaturänderungen hervorgerufenen Schwankungen der Körpertemperatur sind demgemäß besonders groß nahe der Körperoberfläche und an den Enden (Akren) der Extremitäten. In einer etwas vereinfachenden Betrachtungsweise kann man eine **„poikilotherme Körperschale"** von einem **„homoiothermen Körperkern"** unterscheiden. Die Abb. 25-5 zeigt das Temperaturfeld des Körpers bei kalter und warmer Umgebung. Die 37°-C-Isotherme ist bei kühler Umgebung in die Tiefe des Körpers zurückverlagert [19].

Körperkerntemperaturen. Bei genauerer Betrachtung zeigt sich, daß auch die Temperatur des Körperkerns weder zeitlich noch räumlich konstant ist. So findet man schon bei Neutraltemperaturbedingungen Temperaturunterschiede im Körperkern in der Größenordnung von 0,2–1,2° C; selbst das Gehirn weist ein radiales Temperaturgefälle zur Hirnrinde auf, das mehr als 1° C beträgt. Die höchsten Temperatu-

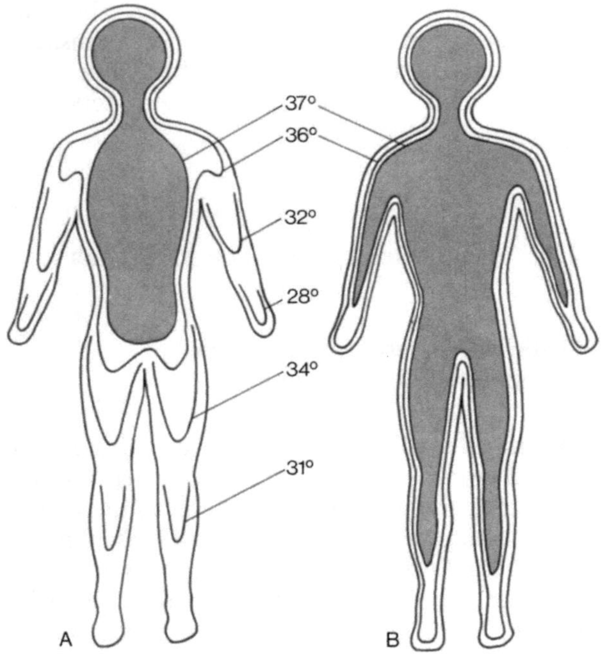

Abb. 25-5 A u. B. Temperaturfeld des menschlichen Körpers in kalter (**A**) und warmer (**B**) Umgebung. Nach [19]

ren werden in der Regel im Rectum gefunden, nicht in der Leber, wie lange Zeit vielfach behauptet wurde [5]. Es ist angesichts dieser Befunde nicht möglich, die Körpertemperatur durch eine einzige Zahl auszudrücken. Für praktische Zwecke reicht es allerdings aus, eine *an einem bestimmten Ort gemessene Temperatur als repräsentativ für die Körperkerntemperatur* zu erklären, da es hierbei im wesentlichen um die Erfassung zeitlicher Temperaturänderungen geht. Bei der klinischen Temperaturmessung kommt es v.a. darauf an, einen Ort zu wählen, der leicht zugänglich ist und an dem innerhalb eines gewissen Bereiches eine räumlich konstante Temperatur besteht, so daß geringe Lageänderungen des Meßinstrumentes die Festlegung eines Standardmeßwertes nicht erschweren.

Für klinische Zwecke wurde bislang vorzugsweise die **Rectaltemperatur** gemessen, wenngleich sie obigen Forderungen nicht in vollem Maße entspricht; man findet vielmehr räumliche Temperaturgradienten in der Größenordnung bis zu 1° C, wenn man mit einem Meßinstrument vom Anus aus bis in eine Tiefe von 10–15 cm vordringt. Der recht unregelmäßige Temperaturverlauf im Rectum beruht zum Teil darauf, daß Venenplexus des Rectums mit venösen Hautplexus der Analgegend kommunizieren [5]. Bei Vergleichsmessungen ist es also wichtig, eine Standardmeßtiefe einzuhalten.

Die neuerdings im Klinikbetrieb bevorzugte Mundhöhlentemperatur, genauer **Sublingualtemperatur,** liegt meist 0,2–0,5° C tiefer als die Rectaltemperatur. Auch im Bereich der Mundhöhle bestehen Temperaturgradienten; die Oraltemperatur wird durch die eingeatmete Luft sowie durch die Temperatur von Speisen und Getränken beeinflußt.

Bei sportmedizinischen Untersuchungen wird vielfach die **Oesophagustemperatur** (oberhalb der Cardia) mit flexiblen Meßfühlern gemessen; sie zeigt Kerntemperaturänderungen mit geringerer Verzögerung als die Rectaltemperatur an.

Auch die **Axillartemperatur** ist als Kerntemperatur anzusehen, da durch festes Anlegen des Oberarmes an den Thorax das Temperaturfeld (Abb. 25-5) derart verändert wird, daß sich der Körperkern gewissermaßen bis zur Axilla vorschiebt. Es muß allerdings berücksichtigt werden, daß die zur Messung aufeinander gelegten Teile der Körperschale eine beträchtliche Wärmemenge bis zur Erreichung des Endtemperaturwertes aufnehmen müssen. Mit Einstellzeiten in der Größenordnung von 0,5 h ist zu rechnen, wenn infolge niedriger Umgebungstemperatur und Vasoconstriction die Körperschale zuvor stärker ausgekühlt war, was gerade beim Fieberanstieg der Fall sein kann.

Aus speziellen klinischen und theoretischen Gründen kommt schließlich der äußere Gehörgang als Ort einer Kerntemperaturmessung in Betracht. Zur Messung der **Gehörgangstemperatur** wird ein flexibles Meßelement verwendet, das bis nahe an das Trommelfell herangeführt und durch Watte gegen äußere Temperatureinflüsse isoliert wird.

Hauttemperatur. Zur Kennzeichnung des Temperaturzustandes der Körperschale mißt man meist die leicht zugängliche Hauttemperatur. Noch viel weniger als bei der Kerntemperatur reicht hier ein Einzelwert zur Charakterisierung des Temperaturzustandes aus; man muß vielmehr die Temperaturen mehrerer Hautstellen messen und einen Mittelwert bilden. Zur Bildung der **mittleren Hauttemperatur** werden die Temperaturen von Stirn, Brust, Bauch, Oberarm, Unterarm, Handrücken, Oberschenkel, Unterschenkel, Fußrücken gemessen und bei der Mittelwertbildung eine Gewichtung vorgenommen gemäß der Größe des Körperoberflächenanteils, der durch die einzelnen Hauttemperaturen repräsentiert wird. Bei behaglicher Umgebungstemperatur beträgt die so bestimmte *mittlere Hauttemperatur* beim unbekleideten

Menschen ca. 33–34° C. Aus mittlerer Hauttemperatur und Kerntemperatur wird die **„mittlere Körpertemperatur“** bestimmt.

Periodische Schwankungen der Körperkerntemperatur

Beim Menschen wird gegen Morgen ein Temperaturminimum gemessen, im Verlaufe des Tages ein (häufig doppelgipfliges) Maximum (Abb. 25-6). Die Amplitude der tagesrhythmischen Schwankungen beträgt im Mittel ca. 1° C. Bei nachtaktiven Tieren findet sich das Temperaturmaximum während der Nacht. Die naheliegende Folgerung, daß das Temperaturmaximum einfach die Folge der erhöhten körperlichen Aktivität darstelle, hat sich als nicht zutreffend erwiesen [18].

Es handelt sich bei den tagesrhythmischen Schwankungen der Körpertemperatur um einen von vielen **tagesperiodischen Vorgängen.** Auch bei Wegfall aller äußeren Zeitgeber (Licht, Temperatur, Fütterungszeit) bleibt die tagesperiodische Schwankung der Körpertemperatur bestehen; die Periodendauer beträgt dann allerdings nicht mehr genau 24 h, sondern liegt bei Werten zwischen 24 und 25 h (**„circadiane“ Periodik** s.S. 147). Die Tagesperiodik der Körpertemperatur beruht also auf einem endogenen Rhythmus („biologische Uhr“), der mit äußeren Zeitgebern, insbesondere mit der Erdumdrehungszeit synchronisiert wird [18]. Bei transmeridianen Reisen tritt eine Anpassung des Temperaturrhythmus an die neue Lebensweise bzw. an die neue Ortszeit erst im Verlauf von 1–2 Wochen ein [5].

Neben dem Tagesgang der Körpertemperatur finden sich Temperaturschwankungen längerer Periodendauer. Am bekanntesten und auffallendsten ist die mit dem **Menstruationscyclus** ablaufende Temperaturschwankung (s. Abb. 25-6 und S. 826).

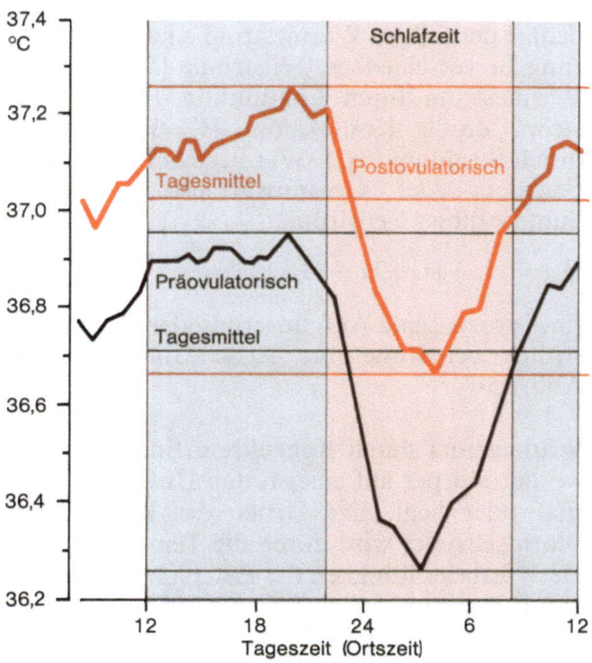

Abb. 25-6. Tagesgang der Körpertemperatur (Rectaltemperatur). Die *untere Kurve* ist in der ersten Hälfte (präovulatorisch), die *obere Kurve* in der zweiten Hälfte (postovulatorisch) des Menstruationscyclus aufgenommen worden (Mittelwerte von 8 Probandinnen). *Rote* Fläche: Schlafzeit [49]

Körpertemperatur bei körperlicher Arbeit

Die Körperkerntemperatur steigt bei körperlicher Arbeit an, während die mittlere Hauttemperatur infolge der bei Arbeit einsetzenden

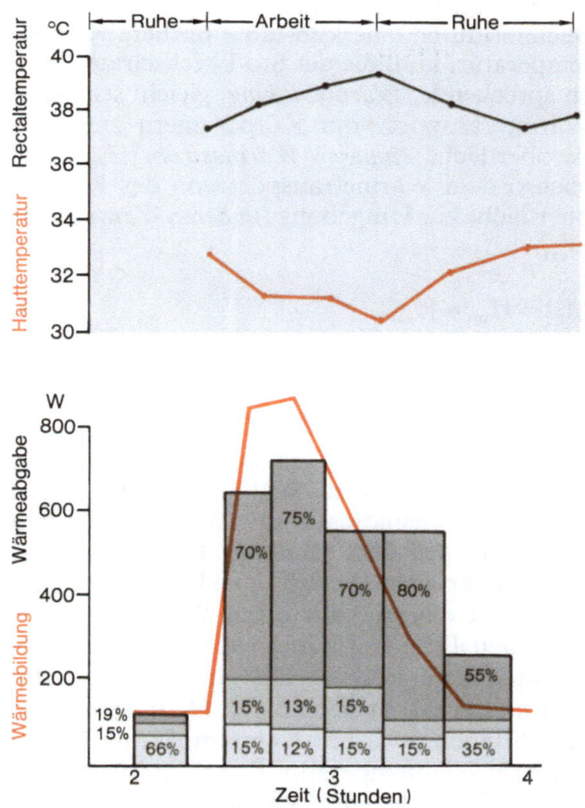

Abb. 25-7. Körpertemperatur, Wärmebildung (*Kurvenzug*) und Wärmeabgabe (*Säulen*) in Ruhe und bei Arbeit. *Unterer Teil* der Säulen: Wärmeabgabe durch Strahlung; *mittlerer:* Wärmeabgabe durch Konvektion; *oberer:* evaporative Wärmeabgabe. Konduktion (s.S. 666) vernachlässigt. Nach [33]

Schweißsekretion und Schweißverdunstung abfällt (Abb. 25-7). Der Körperkerntemperaturanstieg ist bei submaximaler Arbeit innerhalb eines weiten Bereiches (15–35° C) nahezu unabhängig von der Umgebungstemperatur, sofern die mit dem Schweiß verlorengehende Flüssigkeit laufend ersetzt wird [48]. *Dehydratation* des Organismus wirkt *temperatursteigernd und daher leistungsbegrenzend.* Die Höhe des bei submaximaler Arbeit erreichten Kerntemperaturplateaus ist proportional der *relativen Leistung* (Leistung in % der individuellen Maximalleistung, die durch die $\dot{V}_{O_2max}$ gegeben ist, s.S. 702). Bei Marathonläufern werden Rectaltemperaturen von 39–40° C, in Einzelfällen bis zu nahe 42° C gemessen [41]. (Über die regeltheoretische Deutung des Temperaturverhaltens bei Arbeit s.S. 675.)

25.3 Wärmeabgabe

Unter stationären Ruhebedingungen, gekennzeichnet durch eine konstante mittlere Körpertemperatur, muß die der Stoffwechselrate (MR) entsprechende *Wärmebildung* gleich sein dem Wärmetransport vom Körperinnern zur Körperoberfläche (*innerer Wärmestrom* H_{int}) und ebenso dem Wärmetransport von der Körperoberfläche zur Umgebung (*äußerer Wärmestrom* H_{ext}):

$$MR = H_{int} = H_{ext}. \quad (3)$$

Der innere Wärmestrom

Die im Körperinnern gebildete Wärme gelangt zum kleineren Teil durch Wärmeleitung in den Geweben, **Konduktion,** zum größeren Teil durch Transport auf dem Blutweg, **Konvektion,** zur Körperoberfläche. Durch seine hohe Wärmekapazität ist das Blut für einen Wärmetransport und einen Temperaturausgleich im Körperinneren besonders geeignet. Die Größe des inneren Wärmestromes ist gemäß Gl. (4) proportional der Differenz zwischen Kerntemperatur T_c und mittlerer Hauttemperatur $\bar{T}_s$; er wird ferner bestimmt durch die sog. **Wärmedurchgangszahl C** (Conductance), deren Größe von der Hautdurchblutung und der Durchblutung der Extremitäten abhängt:

$$H_{int} = C \cdot (T_c - \bar{T}_s) \cdot A \text{ [W]}, \quad (4)$$

wobei A die Körperoberfläche bedeutet; W = Watt. Beim erwachsenen Menschen kann die Wärmetransportzahl C in Abhängigkeit von der peripheren Durchblutung je nach Dicke der Körperschale und des subcutanen Fettpolsters im Verhältnis 1:4 bis 1:7 schwanken [4, 5]. Der Kehrwert von C, $1/C = I_t$ wird als **Wärmedurchgangswiderstand** oder **Wärmeisolation der Körperschale** bezeichnet.
Ein besonders bedeutender Faktor in der Variabilität der Wärmetransportzahl ist durch das sog. **Gegenstromprinzip** der Extremitätendurchblutung gegeben. Infolge der parallelen Anordnung der großen Extremitätengefäße geht auf langer Strecke Wärme von den Arterien auf die Vv. comitantes über. Die akralen Gefäßgebiete erhalten dadurch vorgekühltes Blut, und das *axiale Temperaturgefälle in den Extremitäten wird steiler.* In warmer Umgebung eröffnen sich oberflächliche Venen, durch die ein größerer Teil des rückströmenden Blutes fließt. Hierdurch wird der Kurzschlußeffekt vermindert, die Steilheit des axialen Temperaturgefälles nimmt ab und die Wärmeabgabe wird begünstigt.

Der äußere Wärmestrom

Zu seiner quantitativen Erfassung und zur Beurteilung der Wirkung von Raumklimafaktoren bedarf der äußere Wärmestrom einer Aufgliederung in verschiedene Teilströme [5, 14]: H_k = Wärmestrom durch Konduktion, H_c = Wärmestrom durch Konvektion, H_r = Wärmestrom durch Strahlung, H_e = Wärmestrom durch Evaporation. Der Gesamtwärmestrom ist die Summe dieser Teilströme:

$$H_{ext} = H_k + H_c + H_r + H_e. \quad (5)$$

Eine prozentuale Aufgliederung der Teilwärmeströme bei Ruhe und Arbeit findet sich in Abb. 25-7.

Wärmestrom durch Konduktion findet sich da, wo der Körper auf einer festen Unterlage steht, sitzt oder liegt. Die Größe des konduktiven Wärmestromes wird durch die Temperatur und die Wärmeleitfähigkeit des unterstützenden Materials bestimmt.
Von der mit Luft bedeckten Körperoberfläche erfolgt Wärmeabtransport durch Strahlung, Konvektion und Evaporation.

Konvektiver Wärmestrom. Wenn die Haut wärmer als die umgebende Luft ist, erwärmt sich die der Haut anliegende Luftschicht, gleitet aufwärts und wird durch kühlere und dichtere Luft ersetzt. Dieser Vorgang, durch den eine laminare Luftströmung an der Hautoberfläche erzeugt und Wärme abtransportiert wird, heißt **natürliche oder freie Konvektion;** die treibende Kraft ist die Temperaturdifferenz zwischen Körper und Umgebung. Mit zunehmender äußerer Luftbewegung wird die maximal 4–8 mm dicke Grenzschicht, in der laminare Strömung herrscht, verschmälert, und es kommt schon nahe der Haut zu turbulenter Luftströmung; durch diese **erzwungene Konvektion** wird die Wärmeabgabe erheblich gesteigert.

Die konvektive Wärmeabgabe wird gemäß Gl. (6) durch die Differenz zwischen *mittlerer Hauttemperatur* $\bar{T}_s$ und *umgebender Lufttemperatur* T_a, durch die Größe der effektiven Körperoberfläche A (die wegen aufeinander liegender Körperteile kleiner als die geometrische Oberfläche ist) und der **konvektiven Wärmeübergangszahl** $\mathbf{h_c}$, deren Größe mit der Wurzel aus der Windgeschwindigkeit zunimmt (in Watt), bestimmt:

$$H_c = h_c \cdot (\bar{T}_s - T_a) \cdot A \text{ [W]}. \qquad (6)$$

Die Größe $I_c = 1/h_c$ wird als Wärmewiderstand oder **Isolation der Grenzschicht** bezeichnet.

Wärmeaustausch durch Strahlung. Die Wärmeabgabe durch die von der Haut ausgehende langwellige Infrarotstrahlung, die nicht an ein leitendes Medium gebunden ist, wird exakt durch die **Stefan-Boltzmann-Gleichung** (s. Lehrbücher der Physik) beschrieben. Die Strahlungsgröße ist danach eine Funktion der 4. Potenz der absoluten Temperatur. Für den in der Biologie interessierenden kleinen Temperaturbereich läßt sich die **Wärmeabgabe durch Strahlung,** H_r, mit genügender Genauigkeit durch die linearisierte Gl. (7) beschreiben:

$$H_r = h_r \cdot (\bar{T}_s - \bar{T}_r) \cdot A \text{ [W]}, \qquad (7)$$

wobei $\bar{T}_s$ wieder die mittlere Hauttemperatur, $\bar{T}_r$ die mittlere **Strahlungstemperatur,** d.h. die Temperatur der umschließenden Flächen (z.B. Zimmerwände), A die effektive Körperoberfläche und h_r die **Wärmeübergangszahl für Strahlung** darstellt. Die Bedeutung der Temperatur der umgebenden Flächen kann man sich verdeutlichen, indem man die Handfläche in kleinem Abstand gegen das Gesicht hält: Man verspürt sofort eine Wärmeempfindung, die auf der verminderten Wärmeabstrahlung beruht. In h_r ist der **Emissionskoeffizient** ε_s enthalten, der bei der langwelligen Infrarotstrahlung, die von der menschlichen Haut ausgeht, unabhängig von der Pigmentierung nahezu 1 beträgt, d.h. dem eines absolut schwarzen Körpers entspricht. Der **Emissionskoeffizient** ε_r **der umgebenden Wände** ist nur zu berücksichtigen, wenn diese dem Körper sehr nahe liegen. **Wärmeaufnahme durch Strahlung** erfolgt, wenn in Räumen mit Strahlungsheizkörpern oder bei Einwirkung der Sonnenstrahlung die mittlere Strahlungstemperatur $\bar{T}_r$ (Gl. 7) über $\bar{T}_s$ ansteigt. Für die *kurzwellige* Infrarotstrahlung heißer Strahlungskörper (z.B. elektrische Radiatoren, Sonne) ist der Emissions- bzw. Absorptionskoeffizient ε_s der Haut wesentlich kleiner als 1 und abhängig von der Pigmentierung der Haut (0,5 bis 0,8).

Die Wärmeströmungen durch Konvektion und Strahlung werden vielfach als **„trockene“ Wärmeabgabe** zusammengefaßt, indem man als Umgebungstemperatur die *Operativtemperatur,* d.i. ein gewichteter Mittelwert aus Luft- und Strahlungstemperatur, einsetzt und die Wärmeübergangszahlen für Konvektion und Strahlung zu einer gemeinsamen Wärmeübergangszahl h_{cr} zusammenfaßt, deren Kehrwert als Umgebungsisolation, I_a (a von englisch ambient) bezeichnet wird.

Evaporative Wärmeabgabe. Beim Menschen wird unter Neutraltemperaturbedingungen (s. Abb. 25-7) ungefähr 20% der Wärme durch Verdunstung von Wasser abgegeben, das durch Diffusion an die Hautoberfläche bzw. an die Schleimhautoberfläche des Respirationstraktes gelangt.

Der evaporative Wärmestrom der Haut wird durch folgende Gleichung beschrieben:

$$H_e = h_e \cdot (\bar{p}_s - p_a) \cdot A \text{ [W]}, \qquad (8)$$

wobei $\bar{p}_s$ und p_a die Dampfdrücke auf der Haut (Mittelwert) und in der umgebenden Luft darstellen und h_e die **Wärmeübergangszahl für Evaporation.** Die Größe von h_e ist abhängig von der Krümmung der Hautoberfläche, vom Luftdruck und der Windgeschwindigkeit.

Die wichtigste Folgerung aus der obigen Gleichung ist, daß eine evaporative Wärmeabgabe auch noch in einer Umgebung mit einer relativen Feuchte von 100% stattfindet: entscheidend ist allein, daß $\bar{p}_s$ größer als p_a ist, was zutrifft, solange die Hauttemperatur höher als die Umgebungstemperatur ist und die Haut durch ausreichende Schweißsekretion vollständig befeuchtet ist.

Die Wasserabgabe, die auf einer Wasserdiffusion durch die Haut und die Schleimhaut beruht, wird als **Perspiratio insensibilis** oder **extraglanduläre Wasserabgabe** bezeichnet. Ihr wird die *Wasserabgabe durch die Schweißdrüsen* **(glanduläre Wasserabgabe)** gegenübergestellt. Steuerbar ist nur die *glanduläre Wasserabgabe*, durch die der gesamte Wärmestrom in erheblichem Ausmaß beeinflußt wird. Bei Umgebungstemperaturen oberhalb der Körpertemperatur kann Wärme nur noch auf evaporativem Wege abgegeben werden. Die Effektivität des Stellgliedes Schweißsekretion ergibt sich aus der hohen Verdunstungswärme des Wassers, die 2400 kJ/l beträgt; durch die Verdunstung von 1 l Wasser kann also beim Menschen $^1/_3$ der Ruhewärmeproduktion eines ganzen Tages abgegeben werden (vgl. Wasserbilanz, s.S. 808).

Effekt der Bekleidung. Aus der Sicht der Bekleidungsphysiologie stellt die Bekleidung einen Wärmewiderstand oder **Isolator** $\mathbf{I_{cl}}$ dar (Index „cl" von *clothing* abgeleitet [2]), dessen Größe zu den Wärmewiderständen des Gewebes I_t und der Grenzschicht I_a hinzuaddiert wird. Die Wirkung der Kleidung beruht v.a. darauf, daß in den Textilien oder Pelzen kleinste Lufträume eingeschlossen sind, in denen keine nennenswerte Konvektion auftreten kann; die Wärme kann daher nur **konduktiv** über die *schlecht wärmeleitende Luft* abgegeben werden.

Raumklima und thermische Behaglichkeit

Zur Beurteilung der Wirkung des Raumklimas auf den Menschen müssen nach dem Vorausgegangenen zumindest **4 physikalische Umweltfaktoren** berücksichtigt werden: **Lufttemperatur,** Wasserdampfdruck der Luft **(Luftfeuchte), Strahlungstemperatur** und **Windgeschwindigkeit.** Es hängt von diesen 4 Größen ab, ob sich der Mensch *„thermisch behaglich"* fühlt, ob er friert oder ob ihm zu warm ist. **Behaglichkeitsbedingung** ist dann erreicht, wenn keine **thermoregulatorische Beanspruchung** vorliegt, d.h. Kältezittern und Schweißsekretion *nicht* aktiviert sind und die periphere Durchblutung etwa eine mittlere Größe hat. Diese klimatische Bedingung entspricht der bereits erwähnten **Neutraltemperatur** oder **Indifferenztemperatur** (Abb. 25-4).

Die 4 Klimafaktoren sind hinsichtlich der thermoregulatorischen Beanspruchung und damit der Behaglichkeitsempfindung bis zu einem gewissen Grad äquivalent, d.h. eine durch niedere Lufttemperatur hervorgerufene Kälteempfindung kann durch entsprechende Erhöhung der Strahlungstemperatur aufgehoben werden. Schwüleempfindung bei hoher Lufttemperatur kann sowohl durch Senkung der Luftfeuchte als auch der Lufttemperatur reduziert werden. Bei niederer Strahlungstemperatur (*„wandkalter" Raum*) wird zur Erreichung der Behaglichkeit eine erhöhte Lufttemperatur gefordert. Aufgrund dieser Tatsache ist es möglich, verschiedenste Kombinationen der Klimafaktoren durch eine einzige Zahl, ein sog. **Klimasummenmaß,** zum Ausdruck zu bringen. Als Beispiel sei hier die *Effektivtemperatur* [34] genannt.

Nach neueren umfangreichen Untersuchungen [3] beträgt die **Behaglichkeitstemperatur** für den sitzenden, leicht bekleideten (Hemd, kurze Unterhose, lange Baumwollhose) Menschen etwa 25 bis 26° C, wenn die rel. Luftfeuchte auf 50% eingestellt ist und Wand- und Lufttemperatur gleich sind. Für den unbekleideten Menschen wird 28° C, 50% rel. Feuchte als Behaglichkeitstemperatur angesehen. Die mittlere Hauttemperatur beträgt bei thermischer Behaglichkeit ca. 34° C. Mit zunehmender körperlicher Arbeit sinkt die Behaglichkeitstemperatur ab. So wird bei leichter Büroarbeit eine Raumtemperatur von etwa 22° C bevorzugt. Bemerkenswert ist allerdings, daß bei schwerer Arbeit eine Raumtemperatur, bei der Schwitzen gerade noch unterdrückt bleibt, als zu kühl empfunden wird. Die Abb. 25-8 stellt die Abhängigkeit des

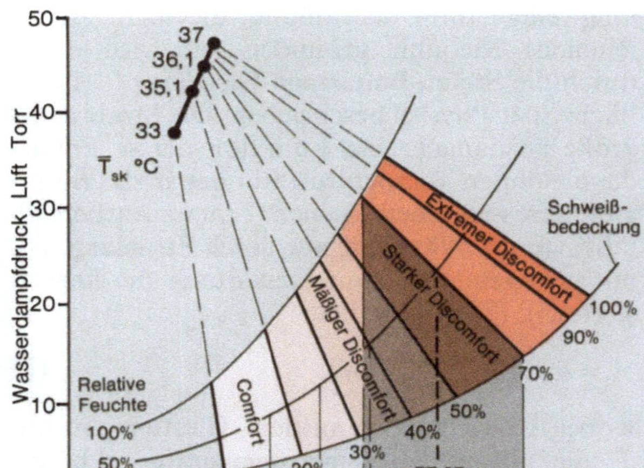

Abb. 25-8. Das psychometrische Diagramm stellt die Beziehung zwischen Umgebungstemperatur (Operativtemperatur = gewichteter Mittelwert aus Strahlungs- und Lufttemperatur) sowie Luftfeuchte und thermischem Discomfort dar. Die Beziehung gilt für leichte Arbeit („3 met" = Arbeit bei 3facher Steigerung des Ruheumsatzes), leichte Sportbekleidung und leichte relative Luftbewegung (0,5 ms^{-1}). *ET* = Effektivtemperatur, $\bar{T}_{sk}$ = mittlere Hauttemperatur. Nach [34]

„thermischen Comforts" von den Klimafaktoren Wassergehalt der Luft und Umgebungstemperatur bei leichter Arbeit (3 met; 1 met = Ruheumsatz) dar. Jeder Discomfortgrad kann *einer* Temperatur, der **Effektivtemperatur (ET)** zugeordnet werden; ihr numerischer Wert ergibt sich, wenn man den Schnittpunkt einer Discomfortlinie mit der Kurve für *50% rel. Feuchte* auf die X-Achse projiziert ([34]; in einer älteren ET-Skala war 100% rel. Feuchte die Bezugsgröße). Beispielsweise, alle durch das graue Feld (Abb. 25-8) gegebenen Temperatur-Feuchte-Kombinationen, z.B. 30° C, 100% rel. Feuchte; 45° C, 20% rel. Feuchte, entsprechen der ET 37° C, und diese einem bestimmten Grad von Discomfort. In den niedrigeren Temperaturbereichen ist der Einfluß der Luftfeuchte geringer (Discomfortlinien verlaufen steiler), da hier der Anteil der evaporativen Wärmeabgabe an der Gesamtwärmeabgabe nur gering ist. Der *Discomfort* steigt, wie das Diagramm weiter zeigt, mit der *mittleren Hauttemperatur* und der *Schweißbedeckung* („skin wettedness" [34]) an. Bei Überschreitung der maximalen Schweißbedeckung (100% in Abb. 25-8) ist ein Ausgleich der Wärmebilanz nicht mehr möglich; Klimabedingungen jenseits dieser Linie werden demnach nur ganz kurzfristig ertragen; Schweiß tropft ab, da mehr sezerniert wird, als verdunsten kann. Die in Abb. 25-8 gezeigten Discomfortlinien verschieben sich natürlich in Abhängigkeit von der Wärmeisolation der Bekleidung, der Windgeschwindigkeit und der Arbeitslast. Bei Steigerung der Arbeitsbelastung von 3 met auf beispielsweise 6 met verschiebt sich die Dauerbelastungsgrenze von ET 40° C auf ET 33° C.

Behaglichkeitstemperatur im Wasser. Im Wasser tritt an die Stelle der Luftgrenzschicht Wasser als ein Medium mit sehr viel größerer Wärmeleitfähigkeit und Wärmekapazität. Bei gleicher Temperatur wird daher im Wasser schon dem ruhenden Körper durch konvektiven Wärmetransport weit mehr Wärme als in Luft entzogen. Bei durch Bewegung verursachter turbulenter Wasserströmung an der Körperoberfläche wird der Wärmeentzug so groß, daß sich bei Wassertemperaturen um 10° C selbst bei kräftig erhöhtem Arbeitsenergieumsatz kein Wärmegleichgewicht einstellen kann; es kommt zur **Hypothermie.** Um bei völliger Ruhe **thermische Behaglichkeit** zu erreichen, muß die **Wassertemperatur 35–36° C** betragen. Diese untere Grenze der thermischen Neutralzone ist abhängig von der Dicke des Fettpolsters. In einer Untersuchungsserie, an der verschieden dicke Personen beteiligt waren, wurde diese Grenze bei Wassertemperaturen zwischen 31 und 36° C gefunden [52].

25.4 Regelung der Körpertemperatur

Wenn die Temperatur eines Systems automatisch auf einem festgelegten Wert gehalten werden soll – dies würde in der Terminologie der Kybernetik einer *Regelung* entsprechen –, so sind **Meßelemente** erforderlich, die fortlaufend den Temperaturzustand des geregelten Systems messen und dieses Meßergebnis einem **zentralen Regler** zuführen, in dem eine Verarbeitung der thermischen Informationen (Eingangsgröße) stattfindet und Ausgangssignale erzeugt werden, die einen oder mehrere Stellvorgänge oder **Stellglieder** steuern. Die **Stellgrößen** müssen so gerichtet sein, daß einer durch äußere oder innere Störgrößen verursachten Temperaturabweichung entgegengewirkt wird; es liegt dann ein kreisförmig geschlossenes System mit **negativer Rückkopplung** vor (Abb. 25-9). Im folgenden sollen die Teilglieder dieses Regelungssystems betrachtet werden.

Stellgrößen der Thermoregulation

Die Steuerung der verschiedenen *Stellgrößen,* **Wärmeproduktion, Gewebeisolation** und **Schweißsekretion,** erfolgt im wesentlichen auf *nervalem*

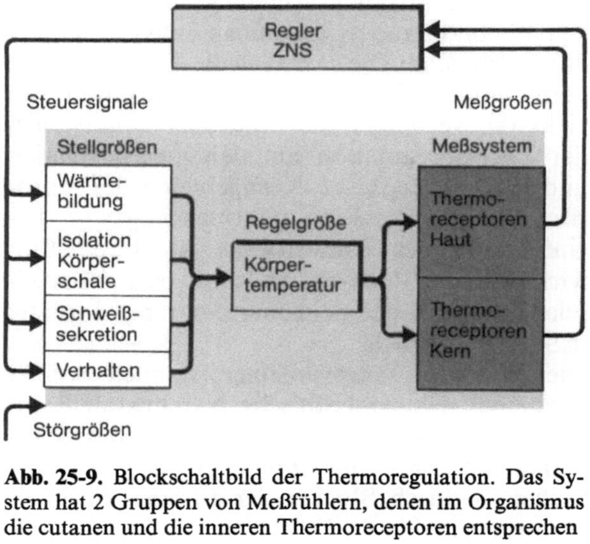

Abb. 25-9. Blockschaltbild der Thermoregulation. Das System hat 2 Gruppen von Meßfühlern, denen im Organismus die cutanen und die inneren Thermoreceptoren entsprechen

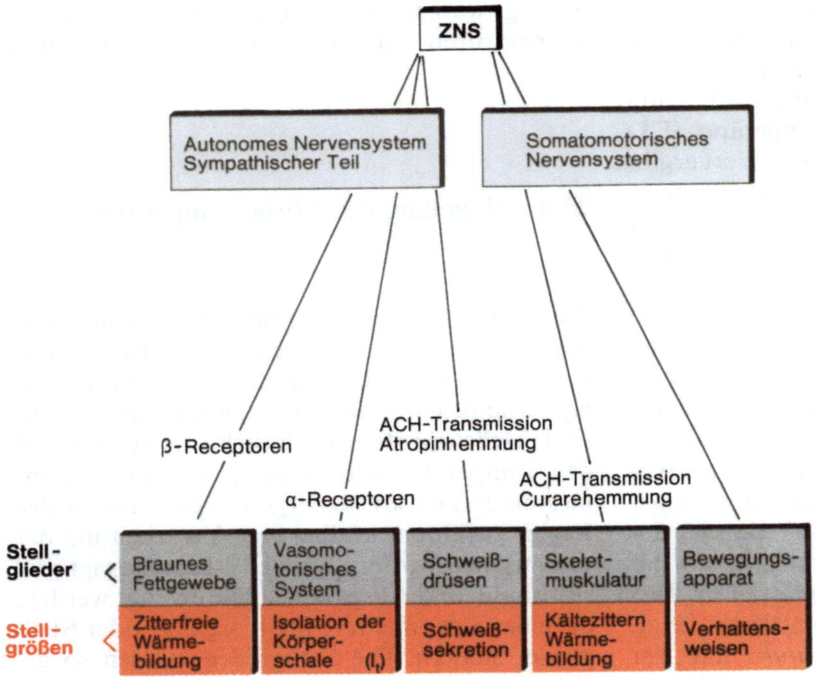

Abb. 25-10. Schematische Darstellung der nervalen Steuerung der thermoregulatorischen Stellvorgänge

Wege. Hormonale Vorgänge spielen nur bei langfristigen Anpassungsvorgängen eine Rolle. Zwei Nervensysteme sind für die Steuerungsvorgänge zuständig: 1. *das somatomotorische Nervensystem, 2. das sympathische Nervensystem* (Abb. 25-10). In die Gruppe der Stellglieder können formal auch die **thermoregulatorischen Verhaltensweisen** einbezogen werden, wie Fächeln, An- oder Ablegen von Kleidung usw. (vgl. „Verhaltensregelung", S. 678).

Steuerung der Wärmebildung. Das **Kältezittern** (vgl. S. 662) wird ausgelöst und unterhalten über das motorische Nervensystem, dessen spinale und supraspinale Anteile (Tractus cerebrospinalis und Tractus reticulospinalis) in Kap. 5 dargestellt sind. Die sog. **zentrale Zitterbahn,** die vom hinteren Hypothalamus aus caudalwärts zieht [5], verbindet die zentralen Schaltstellen der Thermoregulation mit den mesencephalen und rhombencephalen Kerngebieten des motorischen Systems. Eine pharmakologische Beeinflussung des Kältezitterns ist durch Einwirkung von Curare und anderen Muskelrelaxantien an der neuromusculären Endplatte (s.S. 50f.) möglich.

Die **zitterfreie Wärmebildung** (s. auch S. 662) wird über das sympathische Nervensystem gesteuert. Pharmakologische Blockade des Sympathicus durch Ganglienblocker oder – spezifischer – durch Blocker der adrenergen β-Receptoren (s. Abb. 25-3) führt zur Aufhebung der zitterfreien Wärmebildung. Das an den Nervenendigungen freigesetzte Noradrenalin stimuliert die Freisetzung von freien Fettsäuren aus den von Mitochondrien umgebenen Fetttröpfchen und die Fettsäureoxydation. Zur Frage des biochemischen Mechanismus dieser Wärmebildung siehe [44].

Steuerung der Wärmeabgabe. Die **thermoregulatorische Beeinflussung** der **Durchblutung** weist regionale Unterschiede auf. Man kann zumindest 3 funktionell verschiedenartige Regionen unterscheiden: a) Akren (Finger, Hände, Ohren, Lippen, Nase), b) Rumpf und proximale Extremitäten, c) Kopf und Stirn [5].

Die **Steuerung der Akrendurchblutung** erfolgt über *noradrenerge sympathische Nerven,* wobei eine Zunahme des sympathischen Tonus mit einer Vasoconstriction einhergeht, während eine Abnahme des Tonus zur Vasodilatation führt. Auch die Weite der in den distalen Extremitäten vorkommenden **arteriovenösen Anastomosen** wird durch den Sympathicus in gleicher Richtung wie die der Arteriolen beeinflußt. Durch die Eröffnung der arteriovenösen Anastomosen wird die Durchblutung der Extremitäten und damit der **konvektive Wärmetransport** ganz erheblich gesteigert. Ausschaltung des Sympathicus führt an den Akren zu einer nahezu maximalen Dilatation. Am Rumpf und an den proximalen Extremitäten ist die bei Hitzebelastung auftretende maximale Durchblutungssteigerung weit größer als nach Nervenausschaltung. Es wurde daraus auf die Existenz von aktiv vasodilatatorisch wirkenden Nervenfasern geschlossen, d.h. auf Nervenfasern, an deren Endigungen ein Transmitter (vermutlich Acetylcholin) freigesetzt wird, der die Gefäßmuskelaktivität hemmt [47]. Andererseits wurde die Vasodilatation einem mit dem Schweiß sezernierten Enzym, das die Bildung eines vasoaktiv wirkenden Mediators (Bradykinin) bewirkt, zugeschrieben. Damit in Einklang steht die Beobachtung, daß bei äußerer Erwärmung 2 Phasen der Vasodilatation zu unterscheiden sind, von denen die zweite zeitlich eng mit dem Beginn der Schweißsekretion zusammenfällt; die erste Phase tritt gleichzeitig mit der an den Akren zu beobachtenden Vasodilatation auf und ist danach dem Nachlassen des Sympathicotonus zuzuschreiben. Die Kopplung der zweiten Phase der Vasodilatation an die Schweißsekretion wurde durch den Ausfall aktiver Vasodilatation bei congenitalem Fehlen der Schweißdrüsen bestätigt; es ist jedoch noch nicht entschieden, ob Bradykinin oder ein anderer Stoff als Mediator wirkt [24].

Die **Sekretion der Schweißdrüsen** wird beim Menschen ausschließlich durch *cholinerge* sympathische Nervenfasern gesteuert: die Schweißsekretion ist demgemäß durch Atropin hemmbar. Durch Acetylcholin, Pilocarpin und andere Parasympathomimetica wird Schweißsekretion ausgelöst. Unter bestimmten Umständen – z.B. bei starker psychischer Anspannung – kann eine cutane Vasoconstriction im Bereich der Hände und Füße mit Schweißsekretion an den Palmar- und Plantarflächen von Händen und Füßen verbunden sein. In Hinsicht auf die Thermoregulation ist dies eine paradoxe Reaktion. Man spricht in diesem Fall von **emotionalem** im Gegensatz zum **thermischen Schwitzen.**

Direkte Temperaturwirkungen auf Stellvorgänge. Blutgefäße reagieren unmittelbar, d.h. unabhängig von der nervalen Kontrolle, auf Temperaturänderung, wie Untersuchungen an isolierten Segmenten von Gefäßen gezeigt haben. Eine eigentümliche Reaktion, die sog. **Kältevasodilatation (Lewis-Reaktion)** scheint weitgehend auf dieser lokalen Temperaturempfindlichkeit der Gefäßmuskulatur zu beruhen.

Bei der Kältedilatation handelt es sich um folgendes Phänomen, das schon jeder an sich beobachtet hat: Bei starker Kälteeinwirkung kommt es zunächst zu einer maximalen Vasoconstriction, kenntlich an Blässe, Kälte der Akren, oft verbunden mit Schmerzen; nach einiger Zeit schießt plötzlich Blut in die Akren, erkennbar an einer Rötung und Erwärmung. Bei fortbestehender Kälteeinwirkung wiederholt sich dieser Vorgang periodisch.

Man hat die **Kältedilatation** als eine *Schutzfunktion* angesehen, die die schädlichen Folgen einer anhaltenden mangelhaften Gewebedurchblutung, **Frostbeulen** und **Gewebenekrosen** verhindert. Doch lehrt die Praxis, daß trotz Kältevasodilatation bei entsprechender Kältebelastung schwere lokale Frostschäden auftreten; die Schutzfunktion der Kältevasodilatation kommt erst bei kälteadaptierten Menschen zum Tragen (s.S. 679). Die Kältevasodilatation kann andererseits zu einer verhängnisvollen Beschleunigung der allgemeinen Auskühlung führen, wenn sie nämlich bei Schiffbrüchigen, die längere Zeit im kalten Wasser schwimmen, auftritt [5].

Thermoreception

Die **cutanen Kalt- und Warmreceptoren,** die zugleich die *Temperaturempfindung* vermitteln (vgl. Hautsinne, s.S. 214f.), stellen *eine* Gruppe von Receptoren dar, die die Funktion von Meßelementen im Temperaturregelkreis haben (Abb. 25-9). Neben diesen cutanen Thermoreceptoren hat man seit langem **innere Thermoreceptoren** postuliert und zahlreiche experimentelle Indizien für ihre Existenz gewonnen. So konnte man durch lokale Erwärmung oder Kühlung eines eng umschriebenen Bezirks im Bereich des **vorderen Hypothalamus** sowohl Wärmeabgabevorgänge als auch Steigerung der Wärmebildung auslösen [1, 5, 43]. Elektrophysiologisch konnten mittels der Methode der Einzelfaserableitung temperaturempfindliche Strukturen identifiziert werden, vor allem solche, deren Impulsfrequenz bei lokaler Erwärmung zunimmt. Wie die Abb. 25-11 zeigt, geht die Aktivitätssteigerung solcher **„Wärmeneuronen"** mit der Aktivierung eines Entwärmungsmechanismus (Steigerung der Atemfrequenz) einher.

Weiteren Aufschluß haben In-vitro-Untersuchungen an **Hypothalamusschnitten** [40] und an Zellkulturen [20] gebracht. Es ging hierbei v.a. um die Frage, ob die Thermosensitivität des Hypothalamus an einzelne *thermosensitive Ganglienzellen* gebunden ist oder auf der Temperaturabhängigkeit der *synaptischen Transmission* zwischen afferenten und efferenten Neuronen beruht. Nach Blockade der synaptischen Transmission durch Elektrolytlösungen mit stark erniedrigtem Ca^{2+}-Gehalt und erhöhtem Mg^{2+}-Gehalt blieb die Thermosensitivität der untersuchten Strukturen erhalten, was für die Existenz von **thermosensitiven Zellen** spricht. Sowohl in den In-vivo-, wie in den In-vitro-Untersuchungen fanden sich in dem Bereich Regio praeoptica/vorderer Hypothalamus neben warmsensitiven ($Q_{10} > 2$; vgl. S. 661) thermo*in*sensitive Zellen ($Q_{10} = 1$) und eine im Vergleich zu den warmsensitiven Zellen kleinere Anzahl von *kaltsensitiven Zellen* ($Q_{10} < 0,5$). In Kulturen aus mediobasalem Hypothalamusgewebe wurden keine typischen thermosensiti-

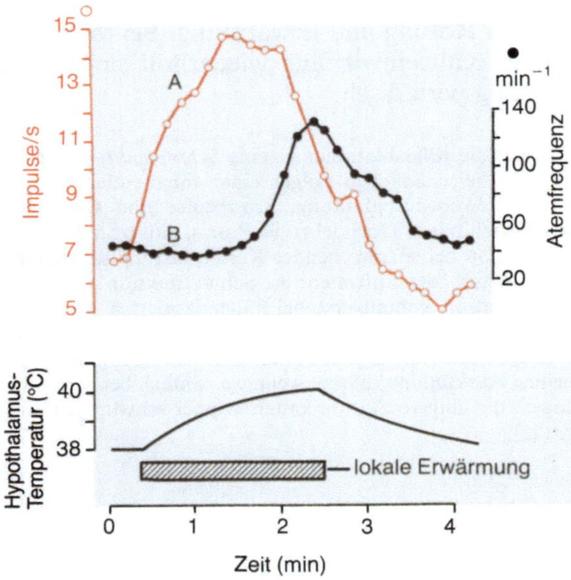

Abb. 25-11. Synchrone Registrierung der Impulsfrequenz eines „Wärmeneurons" der Regio praeoptica des Hypothalamus (*A*) und der Atemfrequenz (*B*) in Abhängigkeit von der Hypothalamustemperatur, die durch eine implantierte Wärmesonde variiert worden ist. Nach [43]

ven Neuronen gefunden. Dies entspricht der sehr geringen Häufigkeit thermosensitiver Strukturen im hinteren Hypothalamus bei In-vivo-Studien.

Auch im **unteren Hirnstamm** (Mittelhirn und Medulla oblongata) wurden thermosensitive Strukturen nachgewiesen, und es ließen sich thermoregulatorische Reaktionen durch umschriebene Erwärmung dieser Areale auslösen; ihre Thermosensitivität ist allerdings deutlich geringer als die der Regio praeoptica/vorderer Hypothalamus [39]. Eine sehr hohe **Thermosensitivität** besitzt jedoch das **Rückenmark.** Durch Temperaturerhöhungen in seiner ganzen Länge um wenige Zehntelgrade konnten beim Hund und anderen Tieren Hecheln, Vasodilatation und Hemmung der Wärmebildung ausgelöst werden [51, 54]; Kühlung ruft Kältezittern hervor, jedoch erst bei höhergradiger Temperaturänderung [39, 51].

Beim Meerschweinchen genügt eine lokale Temperaturänderung im Bereich des Cervicalmarks zur Auslösung thermoregulatorischer Reaktionen [29]. Zu einem strengen Vergleich der Thermosensitivität des Rückenmarks mit der des vorderen Hypothalamus müßten gleichgroße thermosensitive Areale verglichen werden. Entsprechende Untersuchungen sind am Rückenmark bisher nicht vorgenommen worden. Demgemäß besteht auch keine Kenntnis über Lokalisation und Morphologie der die spinale Thermosensitivität vermittelnden Strukturen.

Aufgrund von quantitativen Bestimmungen ist die Existenz von **thermoreceptiven Strukturen außerhalb des ZNS** und der Haut zu fordern [39]. Experimentelle Untersuchungen weisen auf Thermoreceptoren im Bereich der *Dorsalwand der Bauchhöhle* [39, 51] und in der *Muskulatur* hin [39]. Thermoreceptoren an noch anderen Stellen sind nicht auszuschließen. Neuerdings ergaben sich Hinweise für subcutan gelegene Thermoreceptoren [38].

Die Ausbreitung von thermoreceptiven Strukturen über das ganze Körpergebiet kann als Pendant zu dem komplizierten Temperaturfeld (s. 663) des Körpers angesehen werden. Es wären damit die neurophysiologischen Voraussetzungen gegeben für ein sehr aufwendiges Regelsystem, das den thermischen Gesamtzustand des Organismus berücksichtigt **(Multiple Input System).** Primitive Regelsysteme, wie sie etwa in einfachen Hausklimaanlagen Verwendung finden, haben meist nur *einen* Temperaturfühler, der an einer Stelle des Systems angebracht wird. In solchen Anlagen treten erhebliche zeitliche und räumliche Temperaturgradienten auf.

Integrative Prozesse und zentralnervöse Strukturen der Thermoregulation

Die biokybernetischen Grundvorstellungen, auf denen unsere Beschreibung der Thermoregulation aufgebaut ist, fordern weiter die Aufzeigung von Strukturen, die die „Verrechnung" der aus den Receptoren einlaufenden Temperaturinformationen und die Transformation dieser **„Eingangsgrößen"** (Meßgrößen) in **„Stellgrößen"** bewerkstelligen (s. Abb. 25-9, 25-10).

Informationsverarbeitung im Hypothalamus. Aufgrund zahlreicher experimenteller Indizien wird der Hypothalamus, insbesondere die **Area hypothalamica posterior,** die selbst keine nennenswerte *Thermosensitivität* (s.o.) besitzt, als **Integrationszentrum für die Thermoregulation** angesehen. Diese Auffassung wurde durch elektrophysiologische Untersuchungen gestützt. So konnten im Bereich des hinteren Hypothalamus Neuronen nachgewiesen werden, deren Aktivität (Impulsfrequenz) durch lokale thermische Reizung sowohl der Regio praeoptica als auch des cervicothorakalen Anteils des Rückenmarks beeinflußt wird [57]. An der Grenze von vorderem zu hinterem Hypothalamus wurden Neuronen nachgewiesen, die auf Hauttemperaturänderungen an den Extremitäten und am Rumpf reagieren [28]. Der hintere Hypothalamus ist somit durch das Vorhandensein von **thermoresponsiven Zellen** (d.h. Zellen, die auf Temperaturänderungen entfernt liegender Strukturen, nicht aber auf ihre eigene Temperaturänderung reagieren) gekennzeichnet. Es besteht jedoch keine absolute räumliche Trennung zwischen *receptiven* und *integrativen Funktionen.* So konnten in der Regio praeoptica/vorderer Hypothalamus thermo*sensitive* Zellen nachgewiesen werden, die auf Temperaturänderungen der Haut reagieren, also zugleich thermo*responsiv* sind [5, 6].

Thermoafferente Bahnen. Als afferente Bahnen für die Zuleitung von thermischen Signalen aus den Thermoreceptoren der Rumpfhaut kommen reticuläre Abzweigungen des **Tractus spinothalamicus** in Betracht (vgl. unspezifisches System, S. 221). Die thermischen Signale aus der Gesichtshaut könnten über entsprechende Projektionsbahnen des *caudalen Trigeminuskerns* zum Hypothalamus gelangen, ein Nachweis solcher Bahnen steht aber noch aus. Die thermosensitiven Strukturen des Rückenmarks sind über ascendierende Bahnen, die im Bereich der Vorderseitenstränge liegen, mit dem Hypothalamus verbunden [56]. Nach neueren Untersuchungen gelangt ein Teil der cutanen thermischen Afferenzen in einer multisynaptischen Bahn auf dem Weg über 2 Kerngebiete des unteren Hirnstamms (Regio subcoerulea und Raphé-Kerne, Abb. 25-12) zum Hypothalamus [28].

Efferente Bahnverbindungen. Als efferente Bahnverbindung ist die *zentrale Zitterbahn* [5, 6] zu nennen, die vom hinteren Hypothalamus ausgeht und Anschluß an die reticulären motorischen Kerngebiete findet. Bahnverbindungen für die Steuerung der Vasomotorik verlaufen nach Untersuchungen bei der Ratte im *medialen Vorderhirnbündel* (Fasciculus telencephalicus medialis) [35]. Es sind somit die morphologischen Voraussetzungen für die dem hinteren Hypothalamus zugeschriebenen thermointegrativen Funktionen gegeben.

Die sinnfälligste Demonstration der Bedeutung des Hypothalamusgebietes für die Thermoregulation ergibt sich aus **klassischen Ausschaltungsversuchen:** Die Durchtrennung des Hirnstammes unmittelbar rostral des Hypothalamus läßt bei Katzen die Thermoregulation vollkommen intakt. Nach Durchtrennung des Hirnstammes rostral des Mesencephalon dagegen verhalten sich die Tiere wie Poikilotherme. Bei geschickter Operationstechnik und geeigneter Umgebungstemperatur können solche poikilotherm gemachten Tiere Wochen und Monate weiterleben [5, 54].

Bei der Ratte konnte eine gewisse Fähigkeit zur Temperaturregelung und zur Entwicklung von Fieber auch nach *Abtrennung des Zwischenhirns* nachgewiesen werden. Die neuronale Basis für diese Restfunktion ist mit dem Nachweis von

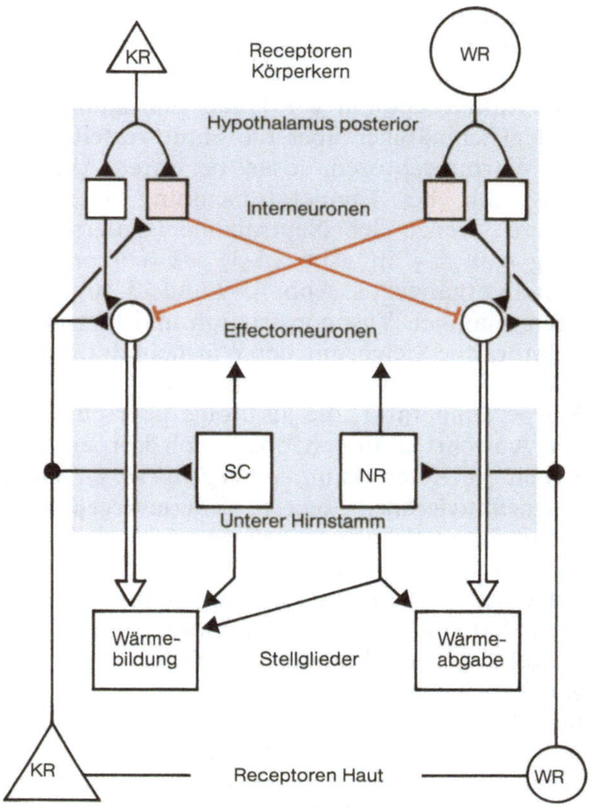

Abb. 25-12. Stark vereinfachtes Modell der neuronalen Verschaltung von thermischen Afferenzen mit den efferenten neuronalen Netzwerken, die die Stellglieder der Thermoregulation steuern. Die *schattierten Flächen* stellen die thermointegrativen Bereiche des Hypothalamus (im wesentlichen hinterer Hypothalamus: hypothal. post.) und den unteren Hirnstamm dar, der für die Verarbeitung von Thermoafferenzen aus der Haut wichtige Strukturen enthält (Nuclei-Raphé: *NR;* Regio subcoerulea: *SC*). *Rot* gezeichnet sind inhibitorische Neuronen, die eine reziproke Hemmung der Entwärmungs- bzw. Wärmebildungsprozesse vermitteln. *KR:* Kaltreceptoren; *WR:* Warmreceptoren (Größe der Symbole soll grob die unterschiedliche Anzahl andeuten). —◂ aktivierende, —┤ inhibitorische synaptische Verbindungen. Die Symbole für Neuronen repräsentieren nicht Einzelneuronen, sondern Neuronenpools. Die zum Teil bekannten Verschaltungen zwischen SC, NR und Hypothalamus [28] sind der Übersichtlichkeit halber nicht im einzelnen eingezeichnet worden. Die vom unteren Hirnstamm abwärts zeigenden Pfeile repräsentieren Bahnverbindungen zu Motoneuronen und Hinterhornneuronen des Rückenmarks; über letztere kann eine Eingangshemmung der Warmafferenzen erfolgen (vgl. „Zentrifugale Kontrolle afferenter Informationen“ S. 231)

thermoreceptiven Strukturen im Mittelhirn (s.o.) und den *Verschaltungen thermoafferenter Bahnen im unteren Hirnstamm* (Abb. 25-12) gegeben, wenn auch nicht im einzelnen aufgeklärt.

Reziproke Verschaltung von Kalt- und Warmafferenzen. Eine Besonderheit der biologischen Temperaturregelung im Vergleich mit bekannten einfachen technischen Systemen ist darin zu sehen, daß *2 Arten von Receptoren,* **Kalt- und Warmreceptoren,** die an verschiedenen Orten lokalisiert sind, antagonistisch zusammenwirken: Die **Kältereceptoren der Haut,** die zahlreicher und gleichmäßiger über die Haut verteilt sind als Warmreceptoren, lösen bei ihrer Aktivierung, d.h. bei Temperatursenkung unter die untere Grenze der Neutralzone (Unterschreitung von T_2 in Abb. 25-4) *Abwehrvorgänge* („Stellvorgänge", s. Abb. 25-9 und 25-10) *gegen Kälte,* nämlich Vasoconstriction und thermoregulatorische Steigerung der Wärmebildung, aus. Dieser Reaktion wird bei einer Steigerung der Körpertemperatur, die als Folge überschießender Abwehrreaktionen oder nach körperlicher Arbeit auftreten kann, *entgegengewirkt durch* **wärmeaktivierbare innere Thermoreceptoren.** Dank dieses Schaltungsprinzips ist es möglich, daß bei äußerer Abkühlung sehr rasch – noch lange bevor eine Kerntemperatursenkung eingesetzt hat und innere Thermoreceptoren beeinflußt werden konnten – Kälteabwehrvorgänge ausgelöst werden.

Bei **Wärmebelastung,** wie sie bei körperlicher Arbeit durch Steigerung der Wärmebildung gegeben ist, werden die **inneren Wärmereceptoren** erregt und lösen **Entwärmungsvorgänge** (Vasodilatation, Schwitzen) aus. Dem wird durch Kälteaktivierung der cutanen Kaltreceptoren entgegengewirkt. Ein wesentlicher Antrieb der Entwärmungsvorgänge von Warmreceptoren der Haut kann bei körperlicher Arbeit nicht erwartet werden, da infolge der einsetzenden Schweißsekretion und -verdunstung die Hauttemperatur unter den Wert bei Neutraltemperatur absinkt (vgl. Abb. 25-7). Bei äußerer Erwärmung dagegen erfolgt der Antrieb der Schweißsekretion durch Zusammenwirken cutaner und innerer Warmreceptoren (Abb. 25-12).

Neuronales Modell der Reglerfunktion. Auf der Basis der Vorstellungen über die funktionelle Organisation des Hypothalamus (s.S. 374ff.) ergibt sich das folgende Bild über das **neuronale Korrelat der integrativen thermoregulatorischen Funktionen** (Abb. 25-12). Es werden 3 Arten von neuronalen Elementen unterschieden: 1. im Hypothalamus gelegene *efferente Neuronen* (Effektorneuronen), deren Axonen direkt oder wahrscheinlicher über eine Kette von Zwischenneuronen die peripheren Stellglieder (Abb. 25-10) aktivieren, 2. im Hirnstamm gelegene *Interneuronen* und 3. die teils aus den Thermoreceptoren der Haut, teils aus inneren Receptoren (z.B. denen der Regio praeoptica) entspringenden *thermischen Afferenzen.* Kältereceptoren wirken direkt aktivierend auf die Effectorzellen für Wärmebildung und – über Interneuronen – hemmend auf die Efferenzen für die Wärmeabgabestellglieder. Aktivierung der Warmreceptoren erregt die Efferenzen für die Wärmeabgabestellglieder, während gleichzeitig – wieder über Interneuronen – die Efferenzen für die Wärmebildungsstellglieder gehemmt werden [1, 5].

Verrechnung der thermischen Informationen. Unter üblichen thermischen Belastungsbedingungen können *Hauttemperatur* und *Kerntemperatur* erheblich voneinander abweichen (vgl. Abb. 25-7). Bei der beschriebenen Verteilung der thermosensitiven Strukturen über den ganzen Körper ist daher nicht zu erwarten, daß man die Stellgrößen der Thermoregulation (Abb. 25-10) als Funktion einer örtlichen Körpertemperatur, etwa der Rectaltemperatur, beschreiben kann. Ziel der Thermophysiologie ist es daher, die *Stellgrößen als Funktion möglichst aller für die verschiedenen thermosensitiven Körperareale repräsentativen Temperaturen* darzustellen. Hierzu sind Gleichungssysteme mit mehreren Variablen erforderlich. Zur Gewinnung der erforderlichen Daten müssen im Tierversuch durch Thermoden und Wärmeaustauscher räumlich begrenzte Temperaturauslenkungen vorgenommen werden [39]. Bei Menschen sind die experimentellen Möglichkeiten zur lokalen Temperaturmanipulation bei Konstanthaltung der Temperatur der übrigen Körperpartien begrenzt. Es läßt sich somit die Übertragbarkeit von Tierversuchen auf den Menschen nicht streng prüfen. Man muß sich darauf beschränken, die Stellgrößen näherungsweise als **Funktion** von 2 Temperaturen, der **Körperinnentemperatur** (gemessen an einem repräsentativen Ort) und der **mittleren Hauttemperatur** zu beschreiben [23, 25, 27, 42]. Kältezittern läßt sich demgemäß in einem Koordinatensystem mit mittlerer Hauttemperatur und Kerntemperatur als Koordinaten in Kurvenscharen darstellen, die einen gekrümmten Verlauf zeigen (Abb. 25-13). Die Kurven gleichgroßer Schweißsekretion nähern sich eher Geraden an. Die periphere Hautdurchblutung folgt einer Gleichung, die der für das Schwitzen ähnlich ist [55].

Das Diagramm (Abb. 25-13) erlaubt die quantitative Voraussage zahlreicher thermoregulatorischer Reaktionen. Es seien hier die wichtigsten erörtert.

Kältezittern wird auftreten, wenn allein die Hauttemperatur, ausgehend von der normalen Körpertemperatur (Kreis) gesenkt wird (Pfeil 1) (Störgrößenaufschaltung, s.S. 347);

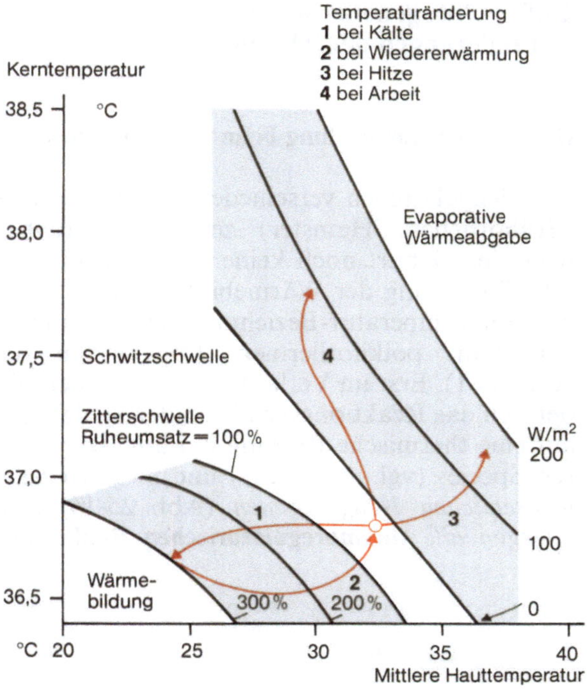

Abb. 25-13. Graphische Darstellung der Abhängigkeit des Kältezitterns und der Schweißsekretion von der mittleren Hauttemperatur und der Kerntemperatur. Der *Kreis* entspricht der Temperatureinstellung bei Neutraltemperatur. Das Diagramm gilt streng quantitativ nur für eine bestimmte Tageszeit und einen bestimmten Akklimationszustand. Die im Text beschriebenen Sollwertverstellungen müßten durch Verschiebungen der Konturlinien im Koordinatensystem zum Ausdruck gebracht werden. Nach Daten von [22, 42]

es kann dabei sogar ein leichter Anstieg der Innentemperatur durch **überschießende Kälteabwehrreaktionen** auftreten; stärkere Steigerung der Innentemperatur (etwa durch Arbeit) würde das durch Kälte ausgelöste Zittern jedoch wieder unterdrücken. Bei lange anhaltender Kältebelastung, z.B. beim *Baden in kalten Gewässern,* sinkt nach einiger Zeit die Körperkerntemperatur. Bei einer nachfolgenden raschen Aufwärmung, etwa durch ein *Sonnenbad in den Dünen,* wird zunächst die Hauttemperatur ansteigen (Pfeil 2) und die Zitterschwelle überschreiten; Zittern hört bei noch erniedrigter Kerntemperatur auf. Bei *äußerer Erwärmung* steigt zunächst nur die Hauttemperatur (Pfeil 3); Schwitzen tritt bei fast normaler Kerntemperatur auf. *Bei Arbeit* (Pfeil 4) wird die Schwitzschwelle überschritten, indem zunächst *die Innentemperatur steil ansteigt.* Im weiteren Verlauf sinkt die Hauttemperatur infolge der Verdunstungskälte (s. auch Abb. 25-7).

Zur Auslösung der maximalen Schweißsekretionsrate muß **bei Arbeit** die Innentemperatur um so stärker ansteigen, je niedriger die Umgebungstemperatur und damit die Hauttemperatur ist. Wenn man nur die Innentemperatur betrachtet, so kommt man zu der Folgerung, daß das Thermoregulationssystem wenig präzis arbeitet, d.h. eine erhebliche *Abweichung des Istwertes vom Sollwert* (*load error*) zuläßt. In früherer Zeit, als man die Innentemperatur als die geregelte Größe bezeichnete, erschien dies kaum verständlich und man glaubte, daß bei Arbeit ähnlich wie im Fieber (s.S. 679) eine *Sollwertverstellung der Körpertemperatur* vorliegen müsse. Wenn man jedoch von einem System mit multiplen Eingängen ausgeht, in dem eine gewichtete mittlere Körpertemperatur als geregelte Größe anzusehen ist [1, 5, 29], dann erscheint diese Annahme nicht notwendig. Es hat sich allerdings in neueren Untersuchungen gezeigt, daß bei Arbeit die Schwellen für das Einsetzen einer **Vasodilatation bei körperlicher Arbeit** in aufrechter Haltung zu höheren Körpertemperaturen verschoben sind (s. Abb. 26-12, S. 690) als bei Ruhelage. Diese verzögerte Vasodilatation, die als Ausdruck der Vermaschung von Blutdruck- und Temperaturregelung anzusehen ist, vergrößert den Temperaturgradienten zwischen Kern und Schale und fördert den Kerntemperaturanstieg.
Infolge der **dynamischen Empfindlichkeit** der cutanen Thermoreceptoren (s.S. 215) treten bei raschen Temperaturänderungen (z.B. Sprung ins kalte Wasser) starke thermoregulatorische Reaktionen auf [25], die nach kurzer Zeit wieder abklingen. Die dynamischen Reaktionen können zur **Verminderung der Regelabweichung** (load error) beitragen.
In dem Bereich **zwischen Schwitzschwelle und Zitterschwelle** (weißer Bereich in Abb. 25-13) wird nur mit Hilfe der **Vasomotorik** und von **Verhaltensweisen** geregelt. Der Mensch versucht nach Möglichkeit, durch geeignete Verhaltensweisen im engen Bereich der vasomotorischen Kontrolle zu verbleiben, da Schwitzen und Zittern als unbehaglich empfunden werden.

Sollwert und Sollwertverstellung

Die tagesrhythmischen sowie die mit dem Menstruationscyclus einhergehenden Temperaturschwankungen (s.S. 665) und die im Fieber auftretenden Abweichungen von der Solltemperatur werden als Sollwertverstellungen betrachtet. Der Begriff *„Sollwert"* ist allerdings problematisch, da hier die Grenze des Vergleichs zwischen biologischen und technischen Systemen offenbar wird. Vom Techniker her gesehen ist „Sollwert" ein eindeutiger Begriff: Er drückt präzise aus, welchen Wert die Regelgröße nach den Vorstellungen des Konstrukteurs möglichst ohne Schwankung einhalten *soll,* und zwar so lange, bis er den Sollwert auf einen anderen Betrag einstellt, also eine *„Sollwertverstellung"* vornimmt. Da bei biologischen Systemen ein „Konstrukteur“ nicht befragt werden kann, bedarf hier der „Sollwert“ (wenn man diesen Begriff nicht als systeminadäquat ablehnt) einer indirekten Bestimmung. So läßt sich feststellen, bei welcher Temperaturkonstellation die einzelnen Stellvorgänge (regulative Steigerung der Wärmebildung, Schweißsekretion usw.) einsetzen. Man erhält dann die *Schwellenkurven für Kältezittern und Schweißsekretion* (Abb. 25-13). *Der „Sollwert“ des Systems kann dann als die im stationären Zustand eingestellte integrierte* **Körpertemperatur** *aufgefaßt werden,* **bei der weder Entwärmungs- noch Kälteabwehrvorgänge in Tätigkeit sind.** Mit anderen Worten: *Der „Sollwert“ ist eine Funktion der Schwellentemperaturen für die verschiedenen Stellvorgänge.*

Man kann nunmehr nach dem **neurophysiologischen Korrelat** für die Einstellung einer Schwellenkurve auf ein bestimmtes Niveau fragen. Eine Möglichkeit wäre es anzunehmen, daß die bestimmte Form der Schwellenkurven einfach Ausdruck der Funktionscharakteristik der beteiligten Kalt- und Warmreceptoren ist. Bei „normaler“ Temperatur würden beide Receptorarten gleichmäßig feuern: ihre Aktivitäten würden sich gegenseitig aufheben. Bei einer Regelabweichung nach oben oder unten würden durch das Überwiegen von Warm- bzw. Kaltsignalen die entsprechenden Stellvorgänge eingeleitet. Eine „Sollwertverstellung“ wäre dann auf eine Änderung der Funktionscharakteristik der Thermoreceptoren zurückzuführen. Veränderungen der Funktionscharakteristik von (inneren) Thermoreceptoren sind beim experimentellen Fieber und unter Einwirkung von Progesteron (s. Temperaturgang während des Menstruationscyclus, Abb. 25-6) nachgewiesen worden. Unter anderen Bedingungen auftretende Schwellenverschiebungen lassen sich jedoch nicht oder nicht vollständig auf eine Veränderung der Thermoreceptorfunktion zurückführen. Es wurde deshalb postuliert, daß bestimmte Zellen als sog. Referenzneuronen ein von der Temperatur unabhängiges Signal bilden, das an einem Folgeneuron von den einlaufenden Signalen aus Thermoreceptoren subtrahiert wird, indem das Referenzneuron eine postsynaptische Inhibition bewirkt. Nichtthermisch bedingte Aktivitätsveränderungen des Referenzneurons könnten somit die Schwellenlage festlegen. Entsprechende Referenzneurone konnten jedoch nicht nachgewiesen werden. Es zeigte sich hingegen, daß Verschiebungen der Schwelle für Kältezittern im Verlauf der Kälteadaptation (s.S. 678) mit typischen Änderungen der **Funktionscharakteristik von thermoresponsiven** (S. 672) **Interneuronen** im unteren Hirnstamm (s. NR und SC, Abb. 25-12) einhergehen. Die SC-Region ist Teil eines ascendierenden Bahnsystems, dessen Aktivierung durch elektrische Reizung zur Anhebung der Zitterschwelle führte [28, 30]. Man geht danach gegenwärtig von der Vorstellung aus, daß die Schwellenlage und damit der **Sollwert des thermoregulatorischen Systems** von modifizierbaren Eigenschaften thermosensitiver Strukturen, sowie nicht-thermosensitiver Interneuronen innerhalb des thermoregulatorischen Systems bestimmt wird [1, 5, 16, 28, 30].
Die Schwellenlage kann auch durch Veränderung des Verhältnisses der **intracerebralen Ca^{2+}/Na^{+}-Konzentrationen** beeinflußt werden [6]. Es ist jedoch noch unsicher, ob unter normalen Lebensbedingungen entsprechend große Schwankungen des Ca^{2+}/Na^{+}-Verhältnisses vorkommen können.

25.5 Ontogenetische und adaptative Veränderungen der Thermoregulation

Die Temperaturregelung beim Neugeborenen

Die Neugeborenen verschiedener Säugerspecies (Erdhörnchen, Hamster) zeigen unmittelbar nach der Geburt noch keine thermoregulatorische Steigerung der Wärmebildung; ihre Stoffwechsel-Temperatur-Beziehung verläuft analog der von poikilothermen Organismen (s. Abb. 25-1). Erst im Verlauf einiger Wochen bildet sich das Reaktionsvermögen der Stellglieder auf eine thermische Reizung hin aus. Bei anderen Species (vgl. Abb. 25-3) und so auch *beim menschlichen Neugeborenen* (Abb. 25-14) *sind dagegen alle* **thermoregulatorischen Reaktionen**

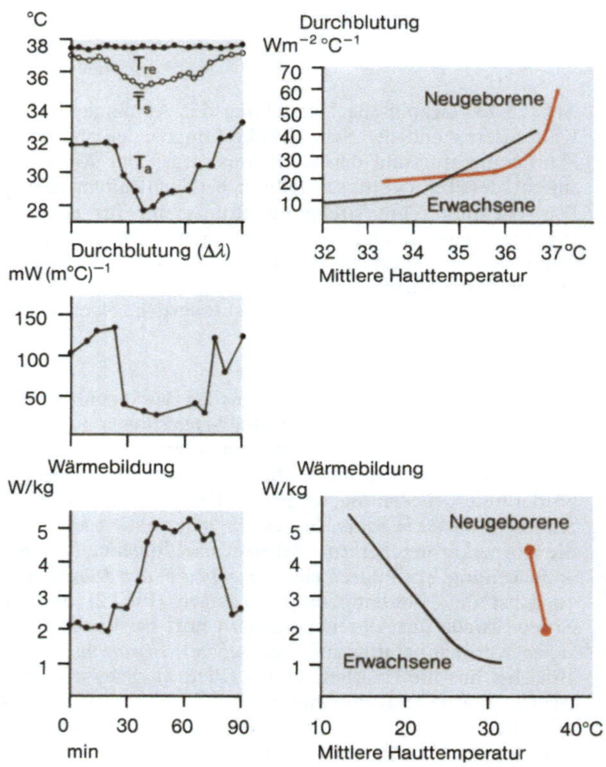

Abb. 25-14. *Links:* Thermoregulatorische Reaktion der Hautdurchblutung (Ferse; gemessen als Wärmeleitzahlincrement $\Delta\lambda$) und des Stoffwechsels bei Kältebelastung (Umgebungstemperatur T_a fällt auf 28° C) eines menschlichen Neugeborenen. Man sieht, daß die thermoregulatorischen Reaktionen auftreten, sobald die mittlere Hauttemperatur $\bar{T}_s$ absinkt. Die Körperkerntemperatur T_{re} bleibt konstant. *Rechts:* Periphere Gesamtdurchblutung (gemessen als *„conductance“* s.S. 666) und Wärmebildung in Beziehung zur mittleren Hauttemperatur dargestellt; man beachte, daß beim Neugeborenen thermoregulatorische Steigerung der Wärmebildung und Vasoconstriction bei höherer Hauttemperatur auftreten als beim Erwachsenen. Nach [26]

(Stoffwechselsteigerung, vasomotorische Reaktionen, Schweißsekretion, Verhaltensweisen) **unmittelbar nach der Geburt auslösbar,** selbst bei Frühgeborenen mit Geburtsgewichten um 1 000 g [26]. Die vielfach vertretene Auffassung, das Neugeborene oder Frühgeborene sei poikilotherm, und bestimmte, für die Thermoregulation verantwortliche Hirnstrukturen seien noch nicht völlig entwickelt, konnte aufkommen, da das Neugeborene zur Regulation in der Regel kein Kältezittern, sondern zitterfreie Wärmebildung (s.S. 662) einsetzt, die ohne besondere Meßvorrichtungen nicht erkennbar ist. Die Wärmebildung kann auf zitterfreiem Wege um das 1- bis 2fache des Grundumsatzes gesteigert werden (Abb. 25-3). Erst bei sehr extremer Kältebelastung tritt auch Kältezittern hinzu.

Von Nachteil bei der Thermoregulation des Neugeborenen ist seine kleine Gestalt. Der **Oberflächen-Volumen-Quotient** bei einem **reifen Neugeborenen** ist etwa 3mal so groß wie beim Erwachsenen. Dazu kommt noch die geringe Dicke der Körperschale und das dünne Fettpolster. Selbst bei maximaler Vasoconstriction ist deshalb eine Einschränkung des Wärmetransportes nicht in dem Maße gegeben wie beim Erwachsenen (s. höhere *Conductance,* Abb. 25-14). Die gestaltliche Besonderheit müßte kompensiert werden durch eine – bezogen auf die Gewichtseinheit – 4- bis 5mal so große Wärmebildung beim reifen Neugeborenen und eine bis zu 10mal so große bei 1 000–1 500 g schweren Frühgeborenen. Tatsächlich liegt der minimale Energieumsatz unmittelbar nach der Geburt mit 1,7 W/kg unterhalb der in der Abb. 25-2 dargestellten Exponentialkurve mit n = 0,75 und steigt im Verlauf der ersten Lebenstage und -wochen auf einen Wert von ca. 2,7 W/kg an, der nunmehr deutlich oberhalb der Exponentialkurve mit n = 0,75 liegt.

Ein **Ausgleich der Wärmebilanz auf dem Niveau des Minimalumsatzes** erfordert **beim Neugeborenen** somit eine **höhere Umgebungstemperatur, nämlich 32–34° C** (Abb. 25-15). Unterhalb dieser Umgebungstemperatur ist zum Ausgleich der Wärmebilanz eine thermoregulatorische Steigerung der Wärmebildung erforderlich und tritt tatsächlich auch ein, d.h. die **untere Grenze der Neutralzone** (T_2 in Abb. 25-15) ist zu einer **höheren Umgebungstemperatur verschoben.** Zu höheren Temperaturen verschoben ist auch die *untere Grenze des Regelbereichs* (T_1 in Abb. 25-15); sie liegt beim reifen Neugeborenen bei ca. 23° C, beim unbekleideten Erwachsenen um 0° C. Innerhalb seines **eingeengten Regelbereiches** vermag das Neugeborene jedoch seine Körpertemperatur dank der an die Körpergröße angepaßten Schwellentemperaturen für Vasoconstriction und Wärmebildung ebenso präzise zu regeln wie der Erwachsene (Abb. 25-14). Bei Frühgeborenen rücken mit abnehmender Körpergröße T_1 und T_2 (Abb. 25-15) zu höheren Temperaturen und beide Werte nähern sich. Bei sehr kleinen Frühgeborenen wird die Thermoregulation somit sehr ineffektiv; zur sicheren Aufzucht sind daher thermostatisierte Behälter (Inkubatoren) erforderlich.

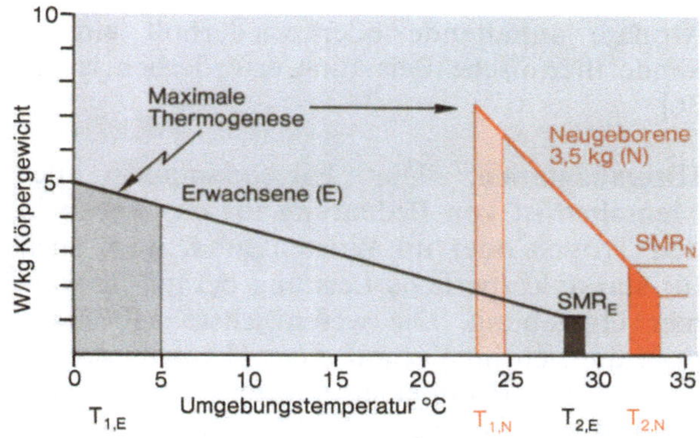

Abb. 25-15. Wärmebildung in Abhängigkeit von der Umgebungstemperatur bei Neugeborenen und Erwachsenen. Die Knickpunkte der Kurve markieren die untere Grenze der Neutralzone (T_2), die beim Neugeborenen wegen des relativ niedrigen Minimalumsatzes (SMR: Standard Metabolic Rate) zu einer höheren Temperatur hin verschoben ist. Durch den Anstieg des Minimalstoffwechsels in der ersten Lebenswoche wird $T_{2,N}$ nach links verschoben. Die maximale Thermogenese bestimmt die untere Grenze des Regelbereiches (T_1), die beim Neugeborenen bei ca. 23° C, beim Erwachsenen bei 0–5° C liegt. Die Darstellung beruht auf Daten aus [26], die evaporative Wärmeabgabe ist zur Vereinfachung unberücksichtigt geblieben. SMR_E = GU = Grundumsatz des Erwachsenen

Langfristige Anpassungsvorgänge an die Umgebungsbedingungen

Von den *regulatorischen Mechanismen,* Steigerung der Wärmebildung, vasomotorische Reaktionen, Schweißsekretion, die stets einsatzbereit sind und bei Einwirkung einer thermischen Belastung innerhalb von Sekunden oder Minuten ausgelöst werden, sind *langfristige Anpassungsvorgänge* an sich ändernde klimatische Lebensbedingungen zu unterscheiden.

Diesen Anpassungsvorgängen, die auch als **physiologische Adaptation** oder als **Akklimatisation** bezeichnet werden, liegen Modifikationen von Organen und Funktionssystemen zugrunde, zu deren Ausbildung eine über Tage, Wochen oder

Monate anhaltende oder wiederholt einwirkende thermische Belastung erforderlich ist [5, 36].

Hitzeadaptation. Die Hitzeadaptation des Menschen ist von Bedeutung für das Leben in den Tropen oder im Wüstenklima, aber auch für starke körperliche Leistung bei mäßig warmer Umgebung. Die wesentlichste Modifikation, die sich im Verlauf einer Hitzeadaptation einstellt, ist die um einen Faktor 2 zunehmende Schweißsekretionsrate, die bei Hochtrainierten 1–2 l/h erreichen kann. Die Schweißsekretion beginnt überdies bei einer niedrigeren mittleren Haut- und Kerntemperatur, d.h. die Schwelle für die Auslösung des Regelmechanismus wird zu tieferen Werten verschoben, wodurch die **Regelabweichung vermindert** wird (s.S. 675). Infolge dieser Modifikationen stellt sich die mittlere Körpertemperatur bei der gegebenen Hitze- oder Arbeitsbelastung auf niedrigere Werte ein, wodurch der Organismus vor *kritischen Anstiegen der Herzfrequenz und der peripheren Durchblutung* bewahrt wird, die in den **Hitzekollaps** münden würden. Ferner nimmt im Verlauf der Adaptation der **Elektrolytgehalt des Schweißes** erheblich ab. Dadurch wird die Gefahr eines durch *Elektrolytverlust bedingten Kollapses* verringert [7, 11].

Bei akuter Hitzebelastung kommt es zu Senkung des **Plasmavolumens** und **Hämokonzentration** und in der Folge zu vermindertem venösem Rückstrom und erniedrigtem Schlagvolumen. Im Verlauf der Hitzeadaptation wird dieser für den Kreislauf ungünstigen Reaktion durch **Zunahme des Plasmavolumens** und des **Plasmaproteingehaltes** begegnet [50].

Bei anhaltender Hitzebelastung, v.a. in feuchtheißem Klima, nimmt nach einiger Zeit profusen Schwitzens die Schweißsekretionsrate wieder ab **(Hidromeiosis).** Dieses Verhalten, das auf noch nicht voll geklärten peripheren Mechanismen beruht, kann als günstig angesehen werden, da ein unökonomisches Abtropfen von Schweiß vermindert wird (nur verdunstender Schweiß kühlt den Körper).

Eine wesentliche Modifikation besteht – ganz entgegen der Volksmeinung – darin, daß der Hitzeadaptierte im Verlauf der Hitzeadaptation bei gleich großem Schweißverlust durstiger wird, was zum Teil über den verminderten Elektrolytgehalt des Schweißes zu erklären ist (s. Osmoregulation, S. 810f.), und damit erst fähig wird, seine Wasserbilanz voll auszugleichen. Wird ausreichende Wasserzufuhr verhindert, so kommt es zu bedrohlicher Hyperthermie.

Im Gegensatz zu der beschriebenen, durch kurzfristige, aber intensive Hitzebelastung hervorgerufenen Modifikationen findet man bei **Bewohnern der Tropen,** die Tag und Nacht hohen Umgebungstemperaturen ausgesetzt sind, aber stärkere, zur Schweißsekretion führende körperliche Belastungen möglichst vermeiden, eine Verschiebung der Schwitzschwelle zu *höheren Körpertemperaturen.* Der Adaptierte schwitzt somit bei der alltäglichen Hitzebelastung weniger stark [46], ein Verhalten, das als **Toleranzadaptation** bezeichnet wird (vgl. Toleranzadaptation gegen Kälte).

Kälteadaptation. Sehr eindrucksvolle kälteadaptative Modifikationen findet man bei zahlreichen Tierspecies in Form einer Zunahme der **Wärmeisolation durch Pelzwachstum.** Eine weitere wesentliche kälteadaptative Modifikation kleiner Tiere stellt die *Entwicklung von* **zitterfreier Thermogenese** und braunem Fettgewebe dar (s.S. 662). Die zitterfreie Thermogenese kann als ein ökonomischerer Mechanismus der Wärmebildung angesehen werden, da beim Kältezittern durch die rhythmischen Bewegungen die Wärmeabgabe durch erhöhte Konvektion gesteigert wird (Verminderung der Luftgrenzschicht; s.S. 667). Dem erwachsenen Menschen wächst weder ein Pelz, noch bildet er in nennenswertem Maß zitterfreie Wärmebildung aus, wenn er langfristig stärkerer Kältebelastung ausgesetzt wird. Es ist deshalb vielfach die Meinung vertreten worden, daß der erwachsene Mensch überhaupt keine physiologische Kälteadaptation erwerben könne, daß er vielmehr ganz auf **„Verhaltensanpassung“** (Kleidung, Behausung, Heizung) angewiesen sei. Man sagt, der Mensch sei ein „tropisches Wesen“ und vermöge nur dank seiner Intelligenz im gemäßigten oder arktischen Klima zu überleben. In den letzten Jahren haben sich jedoch einige neue Aspekte ergeben: Bei anhaltender Kälteexposition entwickelt der Mensch eine **Toleranzadaptation:** Die Zitterschwelle und die Kurven gleich starker metabolischer Kälteabwehrreaktion werden zu tieferen Werten im Temperaturkoordinatensystem verschoben (Abb. 25-13). Die Regelabweichung bei Kälte wird damit vergrößert, es kann eine mäßige **Hypothermie** auftreten.

Eine solche **Toleranzadaptation** ist zunächst bei australischen Eingeborenen gefunden worden, die nachts fast unbekleidet bei Lufttemperaturen nahe dem Gefrierpunkt übernachteten, ohne zu zittern [36]. Ausgeprägt findet sich dieses Verhalten auch bei den Amas, den koreanischen und japanischen Perltaucherinnen, die noch bei Wassertemperaturen von ca. 10° C mehrere Stunden am Tage nach Perlen tauchen.

Eine **Verschiebung der Zitterschwelle** zu tieferen Temperaturen läßt sich nach neueren Untersuchungen aber auch schon durch **mehrmalige 30- bis 60minütige Kältebelastungen** innerhalb weniger Tage hervorrufen [27, 30]. Die Schwelle für die Entwärmungsvorgänge – beim Menschen Schwitzen – bleibt dabei unverändert, d.h. das weiße Band in Abb. 25-13 verbreitert sich. Durch diese *Spreizung der Zwischenschwellenzone* wird eine Ökonomisierung der Thermoregulation, allerdings auf Kosten der Präzision erreicht [27, 30].

Bei Dauerkältebelastung erscheint diese Form der Adaptation ungeeignet. In der Tat fand man bei den Alacaluf-Indianern (westpatagonische Inseln), die ständig kalter Luft, Regen und Schnee ausgesetzt sind, ein anderes Verhalten; ihr Grundumsatz wurde wie auch bei den Eskimos um 25–50% erhöht gefunden (**„metabolische Adaptation"**) [36].

Lokale Adaptation. Nach wiederholter Kälteexposition der Hände bei im übrigen durch Kleidung gut warm gehaltenem Körper vermindert sich der lokale Kälteschmerz. Dies beruht zu einem Teil auf einer erhöhten Durchblutung, die ihrerseits dadurch bedingt ist, daß Kältevasodilatation (s.S. 671) bei höherer Hauttemperatur auftritt. Zusätzlich treten aber auch bisher nicht geklärte Veränderungen auf, die eine Abschwächung des Kälteschmerzes bedingen [10].

25.6 Pathophysiologie der Thermoregulation

Fieber

Das Fieber wird als eine **„Sollwertverstellung"** der Körpertemperatur aufgefaßt. Dem **Fieberanstieg** liegt eine Steigerung der Wärmebildung durch Kältezittern **(Schüttelfrost)** und eine maximale Vasoconstriction der peripheren Gefäße zugrunde. Der Organismus verhält sich also so, als wenn beim Gesunden durch Auftreten einer äußeren Kältebelastung eine Abweichung der Isttemperatur von der normalen Solltemperatur entsteht. Umgekehrt tritt beim **Fieberabfall** Schweißsekretion und Vasodilatation auf, genauso, wie wenn beim Gesunden eine Überhöhung der Körpertemperatur aufgetreten ist. Während des anhaltenden Fiebers werden äußere thermische Störungen durch entsprechende Stellvorgänge kompensiert; die Stellvorgänge der Thermoregulation sind also intakt. Die Temperatur wird lediglich auf ein erhöhtes Niveau eingeregelt.

Pathogenese des Fiebers [9, 37]. Von außen zugeführte fiebererzeugende Stoffe **(exogene Pyrogene),** z.B. die *hitzestabilen* Lipopolysaccharide von Bakterienmembranen (Endotoxine), stimulieren Makrophagen (Abb. 18-5) zur Produktion von hitzelabilen Peptiden, die als endogene Pyrogene (EP) bezeichnet werden und wahrscheinlich mit einigen Mediatoren des Immunsystems aus den Gruppen der Interleukine (insbesondere Interleukin 1 = IL 1), Interferone und Tumornekrosefaktoren identisch sind. Mikroinjektion von EP in umschriebene Bezirke des Hypothalamus löst typische Fieberreaktionen aus, nicht aber bei Injektion in andere Hirngebiete. EP stößt eine Kaskade von Prozessen an: Aus Phospholipiden von Zellmembranen wird mit Hilfe der Phospholipase A_2 Arachidonsäure gebildet, aus der (vermittelt durch Cyclooxygenase) **Prostaglandine** entstehen.

Eines der Prostaglandine, *Prostaglandin E* (PGE_2), wirkt bei intrahypothalamischer Injektion in kleinsten Dosen fiebererzeugend, indem es an thermosensitiven und/oder integrativen Strukturen (s. Interneuronen, Abb. 25-12) des Hypothalamus angreift und damit die oben beschriebene Sollwertverstellung auslöst. Bemerkenswert ist, daß die gebräuchlichen fiebersenkenden Pharmaka (*Antipyretica,* Prototyp: Acetylsalicylsäure) die Cyclooxygenaseaktivität und damit die Prostaglandinbildung hemmen. Da das IL 1 als großes Molekül die Blut-Hirn-Schranke nicht passieren kann, ist es naheliegend anzunehmen, daß die PGE-Kaskade außerhalb des ZNS abläuft und das (kleinere) PGE in das Gehirn eindringt. Es gibt jedoch auch Hinweise dafür, daß IL 1, vermittelt durch das Organum vasculosum laminae terminalis (Teil der circumventriculären Organe), intrahypothalamische Gliazellen stimuliert, die ihrerseits die PGE-Kaskade auslösen.

Seit langem ist bekannt, daß **Neugeborene** bei Infektionskrankheiten *keine Fieberreaktion* zeigen [26, 37]; experimentelles Fieber läßt sich nur durch extrem hohe Dosen von Endotoxin oder EP hervorrufen [53]. Erst seit kurzem ist bekannt, daß sich trächtige Muttertiere (Schaf, Meerschweinchen) innerhalb weniger Tage vor dem Werfen ähnlich verhalten und ferner, daß in dieser Zeit die Plasmakonzentration von *Arginin-Vasopressin* (AVP; vgl. Adiuretin S. 397) erhöht ist. Davon ausgehend konnte gezeigt werden, daß AVP-Durchflutung der Septalregion (rostral des Hypothalamus gelegene Struktur) zur Fieberunterdrückung führt. Bei neugeborenen und hochträchtigen Meerschweinchen konnte außerdem eine erhöhte *AVP-Aktivität* in

Neuronen des *Nucleus paraventricularis,* deren Axone zur Septalregion ziehen [58], nachgewiesen werden. Über die physiologische Bedeutung der AVP-Fieberunterdrückung kann noch nichts Endgültiges gesagt werden. Die Befunde sind jedoch von großem Interesse im Zusammenhang mit der unbeantworteten Frage, ob die Temperaturerhöhung eine schädliche Begleiterscheinung von Immunreaktionen ist oder einen günstigen Effekt bei der Infektionsbekämpfung hat [9].

Überschreitung der Toleranzgrenzen des Regelsystems

Hyperthermie [7, 11]. Extreme Hitzebelastung, die die Kapazität der Wärmeabgabemechanismen übersteigt, führt durch Wärmestauung zur **Hyperthermie.** Subjektiv wird eine Steigerung der Körpertemperatur um einen bestimmten Betrag bei Wärmestauung weit unangenehmer empfunden als bei Fieber. In der Hyperthermie sind alle Stellvorgänge aufs äußerste angespannt, im Fieber nicht. *Kurzfristig* können im Fieber wie bei Hitzebelastung Temperaturen um 42° C ertragen werden (vgl. Marathonläufer, S. 666), in Einzelfällen sind bei äußerer Hitzebelastung sogar Rectaltemperaturen von 43° C und darüber ohne Schaden überlebt worden [7]. Bei **anhaltender Hyperthermie** mit Rectaltemperaturen über *39,5 bis 40° C* treten schwerste, meist rasch zum Tode führende Schädigungen des Gehirns mit Gehirnödem und Zerstörung von Neuronen auf, die von Desorientiertheit, Delirium, Krämpfen, begleitet sind. Das Erscheinungsbild wird als **Hitzschlag** bezeichnet. Die Gehirnschädigung bewirkt eine Störung der zentralen Mechanismen der Thermoregulation, insbesondere versiegt die Schweißsekretion, wodurch der fatale Verlauf noch beschleunigt wird. Paradoxerweise kann es sogar zu rhythmischer Steigerung der Muskelaktivität wie beim Kältezittern kommen [7].
Von diesen schweren Störungen ist der **Hitzekollaps** zu unterscheiden, der schon bei relativ geringfügiger Hitzebelastung auftreten kann. Er wird häufig durch längeres Stehen bzw. Stehenbleiben nach Ausdauerbelastungen ausgelöst. Der Hitzekollaps, der vorwiegend bei Menschen mit orthostatischer Dysregulation und mangelhafter Hitzeadaptation vorkommt, ist durch eine extreme **Vasodilatation** mit Blutdrucksturz gekennzeichnet; die *Körpertemperatur* ist unter Ruhebedingungen nur wenig über normal erhöht, nach körperlicher Belastung werden Werte zwischen 38 und 39° C gemessen [11].

Maligne Hyperthermie. Im Verlauf von Allgemeinnarkosen können schwerste, unbehandelt rasch zum Tode führende Hyperthermien („Narkosehyperthermiesyndrom") auftreten. Das Syndrom beruht auf excessiver Stoffwechselsteigerung und Wärmebildung in der Skeletmuskulatur, die stark erhöhten Tonus aufweist. Dem Fieberanfall geht plötzliche Erhöhung der Ca^{2+}-Konzentration im Cytoplasma der Muskulatur voraus. Die Neigung zu dem Syndrom ist erblich bedingt [13].

Hypothermie. Bei Überbeanspruchung der Kälteabwehrvorgänge, d.h. bei länger anhaltender Exposition an Temperaturen unterhalb T_1 (Abb. 25-4) kommt es zur Hypothermie. Die Kälteabwehrvorgänge sind zunächst voll angespannt, nehmen dann aber mit sinkender Körpertemperatur ab. Bei Körpertemperaturen um 26–28° C kann der Tod durch **Herzflimmern** eintreten. Als weitere schwerwiegende Störungen sind zu nennen die respiratorische und metabolische Acidose [45]. Zur Einleitung einer **„induzierten Hypothermie"** zu therapeutischen Zwekken (vgl. S. 661) müssen die Gegenregulationen durch Narkose (vgl. Abb. 25-1) oder durch spezifische Hemmung der thermoregulatorischen Reaktionen unterbunden werden.
Von dieser Form der **Hypothermie** ist eine Reaktionsform zu unterscheiden, die **bei älteren Menschen** gefunden wird. Sie stellen Körperkerntemperaturen um 35° C oder sogar darunter ein, ohne daß Kältezittern auftritt. Die Regelungsvorgänge laufen jedoch auf diesem erniedrigten Niveau normal ab. Es handelt sich hier gewissermaßen um ein Gegenstück zum Fieber [31].

Querschnittslähmung

Querschnittsläsionen im Bereich des Rückenmarks können sich auf die Thermoregulation auswirken, indem einmal descendierende, das periphere vegetative Nervensystem und das motorische Nervensystem steuernde Bahnen ausfallen, zum anderen, indem ascendierende Bahnen, die die thermischen Afferenzen zu den integrativen Stammhirnstrukturen leiten, unterbrochen werden. Die Unterbrechung der descendierenden Bahnen führt zum Ausfall von Schweißsekretion, Vasoconstriction und Kältezittern unterhalb der Läsion. Reflektorische, auf spinaler Ebene vermittelte Vasoconstriction und Schweißsekretion wird nur bei sehr starker Belastung beobachtet; reflektorisches Kältezittern in

Gebieten unterhalb der Läsion ist beim Menschen nicht beobachtet worden. Als Folge dieser Störungen kommt es bei thermischer Belastung zu größeren Regelabweichungen der Körperkerntemperatur [1, 5].

25.7 Literatur

Weiterführende Lehr- und Handbücher

1. Bligh, J.: Temperature Regulation in Mammals and Other Vertebrates. Amsterdam-London: North Holland Publ. New York: Elsevier Publ. 1973
2. Clark, R.P., Edholm, O.G.: Man and His Thermal Environment. London: Edward Arnold Ltd. 1985
3. Fanger, P.O.: Thermal Comfort. Analysis and Applications in Environmental Engineering. New York: McGraw Hill Book Co. 1972
4. Hardy, J.D., Gagge, P.A., Stolwijk, J.A.J. (Eds.): Physiological and Behavioral Temperature Regulation. Springfield, Ill.: Ch. C. Thomas 1970
5. Hensel, H., Brück, K., Raths, P.: Homeothermic organisms. pp. 503–761. In: Temperature and Life (H. Precht, J. Christophersen, H. Hensel, W. Larcher, Eds.) Berlin-Heidelberg-New York: Springer 1973
6. Hensel, H.: Thermoreception and Temperature Regulation. London: Academic Press 1981
7. Khogali, M., Hales, J.R.S.: Heat Stroke and Temperature Regulation. Sidney-New York-London: Academic Press 1983
8. Kleiber, M.: The Fire of Life. New York-London: John Wiley & Sons 1961
9. Kluger, M.J.: Fever, Its Biology, Evolution and Function. New Jersey: Princeton University Press 1979
10. LeBlanc, J.: Man in the Cold. Springfield, Ill.: Ch. C. Thomas 1975
11. Leithead, C.S., Lind, A.R.: Heat Stress and Heat Disorders. London: Cassell & Company Ltd. 1964
12. Lindberg, O. (Ed.): Brown Adipose Tissue. New York: Amer. Elsevier Publ. 1970
13. Milton, A.S.: Pyretics and Antipyretics. Berlin-Heidelberg-New York: Springer 1982
14. Monteith, J.L., Mount, L.E. (Eds.): Heat Loss from Animals and Man. London: Butterworths 1974
15. Sinclair, J.S. (Ed.): Temperature Regulation and Energy Metabolism in the Newborn. New York-San Francisco-London: Grune & Stratton 1978
16. Werner, J.: Regelung der menschlichen Körpertemperatur. Berlin-New York: Walter de Gruyter 1984
17. Whittow, G.C.: Comparative Physiology of Thermoregulation, Vol. I–III. New York-London: Academic Press 1971

Einzel- und Übersichtsarbeiten

18. Aschoff, H.: Circadian rhythm of activity and of body temperature. pp. 905–919. In: see Ref. 4
19. Aschoff, J., Wever, R.: Kern und Schale im Wärmehaushalt des Menschen. Naturwissenschaften 45, 477 (1958)
20. Baldino, F., Geller, H.M.: Electrophysiological analysis of neuronal thermosensitivity in rat preoptic and hypothalamic tissue cultures. J. Physiol. (London) 327, 173 (1982)
21. Behmann, F.W., Bontke, E.: Die Regelung der Wärmebildung bei künstlicher Hypothermie. I. Experimentelle Untersuchungen über den Einfluß der Narkosetiefe. Pflügers Arch. ges. Physiol. 266, 408 (1957/58)
22. Benzinger, T.H.: Heat regulation: Homeostasis of central temperature in man. Physiol. Rev. 49, 671 (1969)
23. Bleichert, A., Behling, K., Kitzing, J., Scarperi, M., Scarperi, S.: Antriebe und effektorische Maßnahmen der Thermoregulation bei Ruhe und während körperlicher Arbeit. IV. Ein analoges Modell der Thermoregulation bei Ruhe und Arbeit. Int. Z. angew. Physiol. 30, 193 (1972)
24. Brengelmann, G.L., Freund, P.R., Rowell, L.B., Olerud, J.E., Kraning, K.K.: Absence of active cutaneous vasodilation associated with congenital absence of sweat glands in humans. Am. J. Physiol. 240, H 571 (1981)
25. Brown, A.C., Brengelmann, G.L.: The temperature regulation control system. pp. 684–702. In: see Ref. 4
26. Brück, K.: Heat production and temperature regulation. pp. 455–498. In: Perinatal Physiology (U. Stave, Ed.). New York: Plenum Publ. Corp. 1978
27. Brück, K.: Basic mechanisms in long-time thermal adaptation. In: Advances in Physiological Sciences Vol 34, Contributions to Thermal Physiology, pp. 263–273, Z. Szelényi, M. Székely, eds., Oxford-New York: Pergamon Press, 1981
28. Brück, K., Hinckel, P.: Thermoafferent systems and their adaptive modifications. Pharmac. Ther. 17, 357–381 (1982)
29. Brück, K., Wünnenberg, W.: Meshed control of two effector systems: Non-shivering and shivering thermogenesis. pp. 562–580. In: see Ref. 4
30. Brück, K., Zeisberger, E.: Adaptive changes in thermoregulation and their neurobiological basis. Pharmac. Ther. 35, 163-215 (1987)
31. Cooper, K.E.: Studies of the human central warm receptor. pp. 224–230. In: see Ref. 4
32. Cooper, K.E., Kasting, N.W., Lederis, K., Veale, W.L.: Evidence supporting a role for endogenous vasopressin in natural suppression of fever in the sheep. J. Physiol. (London) 295, 33 (1979)
33. Dubois, E.F.: The Mechanism of Heat Loss and Temperature Regulation. Stanford, Calif.: Stanford Univ. Press 1937
34. Gagge, A.P., Nishi, Y.: Physical indices of the thermal environment. Ashrae, J., January 1976, pp. 47–51
35. Gilbert, T.M., Blatteis, C.M.: Hypothalamic thermoregulatory pathways in the rat. J. appl. Physiol. 43, 770 (1977)
36. Hammel, H.T.: Terrestrial animals in cold: recent studies of primitive man. In: Handbook of Physiology, Sect. 4: Adaptation to the Environment, pp. 413–434. Washington: Amer. Physiol. Soc. 1964
37. Hellon, R., Townsend, Y.: Mechanisms of fever. Pharmac. Ther. 19, 211–244 (1983)
38. Ivanov, K., Konstantinov, V., Danilova, N.: Thermoreceptor localization in the deep and surface skin layers. J. therm. Biol. 7, 75 (1982)
39. Jessen, C.: Thermal afferents in the control of body temperature. Pharmac. Ther. 28, 107–134 (1985)
40. Kelso, S.R., Boulant, J.A.: Effect of synaptic blockade on thermosensitive neurons in hypothalamic tissue slices. Am. J. Physiol. 243, R480 (1982)
41. Maron, M.B., Wagner, J.A., Horvath, S.M.: Thermoregulatory responses during competitive marathon running. J. appl. Physiol. 42, 909 (1977)
42. Nadel, E.R., Bullard, R.W., Stolwijk, J.A.J.: Importance of skin temperature in the regulation of sweating. J. appl. Physiol. 31, 80 (1971)
43. Nakayama, T., Hammel, H.T., Hardy, J.D., Eisenman, J.S.: Thermal stimulation of electrical activity of single units of the preoptic region. Am. J. Physiol. 204, 1122 (1963)
44. Nicholls, D.G., Locke, R.M.: Thermogenic mechanisms in brown fat. Physiol. Rev. 64, 1–64 (1984)
45. Paton, B.C.: Accidental Hypothermia. Pharmac. Ther. 22, 331–377 (1985)
46. Raynaud, J., Martineaud, J.P., Durand, J.: Heat adaptation in the tropics. In: Hildebrandt, G., Hensel, H. (Eds.), Biological Adaptation. pp. 148–165. Stuttgart-New York: Georg Thieme 1982
47. Roddie, I.C.: Circulation to skin and adipose tissue. pp. 285–318. In: Handbook of Physiol., Sect. 2: The Cardiovascular System, Vol. 3: Peripheral Circulation, part 1, J.T. Shepherd, F.M. Abboud, eds., Am. Physiol. Soc. Bethesda, MD. (1983)
48. Scarperi, M., Scarperi, S., Behling, K., Bleichert, A., Kitzing, J.: Antriebe und effektorische Maßnahmen der Thermoregulation bei Ruhe und während körperlicher Arbeit. Int. Z. angew. Physiol. 30, 186 (1972)

49. SCHMIDT, T.H.: Thermoregulatorische Größe in Abhängigkeit von Tageszeit und Menstruationscyclus. Inaugural-Dissertation (MPI für Verhaltensforschung Erling-Andechs). München 1972
50. SENAY, L.C., MITCHELL, D., WYNDHAM, C.H.: Acclimatization in a hot humid environment: body fluid adjustments. J. appl. Physiol. 40, 786 (1976)
51. SIMON, E.: Temperature regulation: the spinal cord as a site of extrahypothalamic thermoregulatory functions. Rev. Physiol. Biochem. Pharmacol. 71, 1–76 (1974)
52. SMITH, R.M., HANNA, J.M.: Skinfolds and resting heat loss in cold air and water: Temperature equivalence. J. appl. Physiol. 39, 93 (1975)
53. SZÉKELY, M., SZELÉNYI, Z.: The pathophysiology of fever in the neonate. pp. 479–528. In: see Ref. 13
54. THAUER, R., SIMON, E.: Spinal cord and temperature regulation., pp. 22–49. In: Advances in Climatic Physiology (S. ITOH, K. OGATA, H. YOSHIMURA, Eds.) Igaku Shoin Ltd. Tokyo. Berlin-Heidelberg-New York: Springer 1972
55. WENGER, C.B., ROBERTS, M.F., NADEL, E.R., STOLWIJK, J.A.J.: Thermoregulatory control of finger blood flow. J. appl. Physiol. 38, 78 (1975)
56. WÜNNENBERG, W., BRÜCK, K.: Studies on the ascending pathways from the thermosensitive region of the spinal cord. Pflügers Arch. ges. Physiol. 321, 233 (1970)
57. WÜNNENBERG, W., HARDY, J.D.: Response of single units of the posterior hypothalamus to thermal stimulation. J. appl. Physiol. 33, 547 (1972)
58. ZEISBERGER, E., MERKER, G., BLÄHSER, S.: Fever response in the guinea pig before and after parturition. Brain Res. 212, 379 (1981)

26 Arbeitsphysiologie

H.-V. Ulmer

26.1 Grundlagen der Arbeitsphysiologie

Die Arbeitsphysiologie und ihr Teilgebiet Sportphysiologie sind Bereiche der angewandten Physiologie, wobei enge Beziehungen zur Umweltphysiologie bestehen. Der Arbeitsphysiologe kann sich nicht allein auf die Analyse *körperlicher Belastungen* bei beruflicher oder sportlicher Tätigkeit und deren Auswirkungen auf den Menschen beschränken. In der heutigen Arbeitswelt nehmen Anforderungen, wie *Mustererkennung, rasche Informationsaufnahme* und *-verarbeitung* sowie *Planungs- und Entscheidungsaufgaben* (z.B. am Fließband, auf Prüf- und Überwachungsständen) immer mehr zu. Daher muß der Arbeitsphysiologe in zunehmendem Umfang psychologische Gesichtspunkte berücksichtigen. Dies gilt auch für den Bereich des Sports, obwohl hier körperliche Schwer- und Schwerstarbeit meist im Vordergrund stehen.

Übergroße Belastungen eines Menschen führen unabhängig von der Art der Belastung zur Überbeanspruchung und damit zur Beeinträchtigung der Gesundheit, für die es verschiedene Definitionen gibt, u.a. die folgende von der Weltgesundheitsorganisation (WHO): „*Gesundheit ist ein Zustand des vollständigen körperlichen, geistig-seelischen und sozialen Wohlbefindens, der nicht lediglich durch Abwesenheit von Krankheit und Schwäche zu erreichen ist.*“

Die Gestaltung einer humanen Arbeitswelt ist ohne arbeitsphysiologisches Grundlagenwissen nicht möglich. Der Arbeitsphysiologe bemüht sich deshalb, die *Wechselwirkungen zwischen Mensch und Arbeitsplatz* (einschließlich Sportplatz) zu ermitteln, wobei fast alle Bereiche der Physiologie zu berücksichtigen sind. Daraus ergeben sich Richtlinien für die *Anpassung des Arbeitsplatzes* bzw. der Maschine an den Menschen und umgekehrt für die *Anpassung des Menschen* an den Arbeitsplatz. Insofern ist die Arbeitsphysiologie eine Optimierungswissenschaft, wobei die Optimierung wesentlich auf das Wohlbefinden des Menschen ausgerichtet ist. Allerdings liegen in den Ländern der dritten Welt andere Voraussetzungen und Maßstäbe vor als in den Industrieländern.

Im folgenden Kapitel wird das Schwergewicht bewußt auf die physiologischen *Phänomene* bei Arbeit gelegt. Da bei Arbeit zahlreiche Funktionssysteme betroffen sind, sei hier hinsichtlich der physiologischen *Zusammenhänge* ausdrücklich auf die jeweiligen Spezialkapitel verwiesen.

Belastung, Leistung und Beanspruchung

Definitionen. Unter **Belastung** versteht man eine vorgegebene Anforderung, die von äußeren Bedingungen, nicht aber vom betroffenen Individuum abhängt. Reagiert der Mensch auf die Belastung, erbringt er eine **Leistung** (Abb. 26-1), wobei individuelle Reaktionen die gleichzeitige **Beanspruchung** des Organismus anzeigen. Alle drei Größen können meßbar sein.

Belastungsarten. Man unterscheidet zwischen *physischen* und *psychischen* Belastungen. Während das Ausmaß physischer Belastungen meist eindeutig mit physikalischen Maßeinheiten erfaßt werden kann, lassen sich psychische Belastungen oft nur verbal beschreiben. Zu den Reaktionen auf psychische Belastungen s.S. 692.

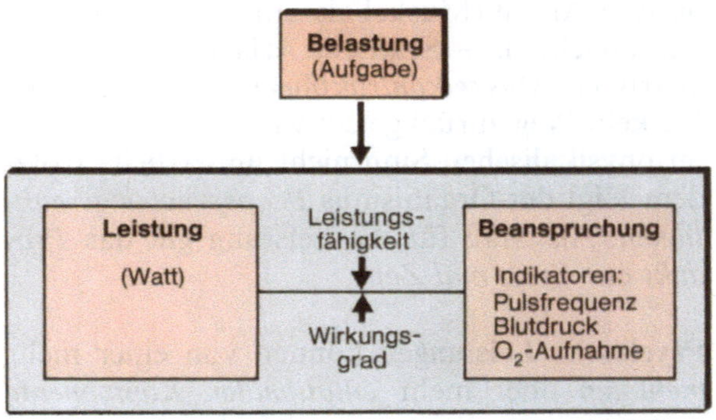

Abb. 26-1. Schema zum Belastungs-Beanspruchungskonzept am Beispiel dynamischer Arbeit. Belastung = vorgegebene Aufgabe (Anforderung); folgt ihr der Mensch, erbringt er eine Leistung, wobei er gleichzeitig in Abhängigkeit von Leistungsfähigkeit und Wirkungsgrad mehr oder weniger beansprucht wird

Maßgebliche Faktoren für die Beanspruchung. Das Ausmaß der Beanspruchung hängt wesentlich von Leistungsfähigkeit und Wirkungsgrad ab. Unter *Leistungsfähigkeit* wird die Fähigkeit verstanden, auf eine Belastung zu reagieren und damit eine Leistung zu vollbringen. Sie hängt u.a. ab von *Gesundheitszustand, Trainingszustand* und *Begabung* (S. 702f.). Die realisierbare Leistungsfähigkeit wird außerdem von Umwelteinflüssen (z.B. Klima, Tageszeit, Lärm) und dem psychischen Gesamtzustand des Menschen bestimmt. Bei gleicher Leistung wird ein Mensch um so mehr beansprucht, je geringer Leistungsfähigkeit und Wirkungsgrad (bzw. Effektivität) sind und umgekehrt.

Leistungsarten

Entsprechend den Belastungsarten unterscheidet man zwischen *physischen* und *psychischen* Leistungen, deren scharfe Trennung auch anhand der Beanspruchungsreaktionen oft schwierig ist. Das Ausmaß physischer Leistungen kann ebenso wie das physischer Belastungen in physikalischen Maßeinheiten ausgedrückt werden. Psychische Leistungen sind dagegen oft nicht meßbar, z.B. im künstlerischen, wissenschaftlichen oder musischen Bereich.

Physische (körperliche) Leistungen. Dynamische Arbeit liegt dann vor, wenn im physikalischen Sinn Widerstände entlang eines Weges überwunden werden. Die Leistung läßt sich dabei in physikalischen Einheiten (Watt) angeben (z.B. beim Radfahren, Treppensteigen oder Bergaufgehen), wobei gilt: $1\ W = 1\ J/s \sim 0{,}1\ mkp/s$. Man unterscheidet zwischen *positiv dynamischer* Arbeit (Muskel als „Motor") und *negativ dynamischer* Arbeit (Muskel als „Bremse", z.B. beim Bergabgehen). — **Statische Arbeit** ist durch *isometrische Muskelkontraktionen* charakterisiert. Da kein Weg zurückgelegt wird, handelt es sich im physikalischen Sinn nicht um Arbeit; trotzdem zeigt der Organismus *Beanspruchungsreaktionen.* Als Maß für die Leistung gilt das *Produkt aus Kraft mal Zeit.*

Psychische Leistungen können von einer mehr *mentalen* oder mehr *emotionalen Komponente* bestimmt sein. Bei psychischen Leistungen mit überwiegend *mentaler* Komponente steht der Einsatz intellektueller Fähigkeiten im Vordergrund, u.a. bei Denk- und Konzentrationsaufgaben oder bei Überwachungstätigkeiten (z.B. Signalwahrnehmung und -verarbeitung, beim Führen von Fahrzeugen oder auf Prüfständen). Psychische Leistungen mit überwiegend *emotionaler Komponente* gehen mit deutlichen Reaktionen des vegetativen Nervensystems einher und wirken sich bevorzugt im Bereich der Stimmungslage aus (z.B. Verarbeiten von Freude, Ärger, Trauer).

Sonstige Leistungen. *Sensomotorische Leistungen* (z.B. chirurgische Eingriffe, Montagearbeiten) erfordern keine schwere Muskelarbeit, aber eine besondere Geschicklichkeit. *Kombinierte Anforderungen* und entsprechende Leistungen finden sich insbesondere im beruflichen Alltag, wobei die hier vorgestellte Einteilung eine differenzierte Betrachtung ermöglicht. Zu den Anforderungen durch *Umwelteinflüsse* s.S. 705ff.

Ergometrie

Die Ergometrie ist ein Verfahren zur Bestimmung *einer* körperlichen Leistungsfähigkeit, speziell der *ergometrischen Leistungsfähigkeit.* Es werden definierte Belastungen vorgegeben und die erbrachte Leistung, ggf. auch die Beanspruchungsreaktionen, ermittelt. Im einfachsten Fall läßt sich die körperliche Leistungsfähigkeit für dynamische Arbeit mittels Kniebeugen oder Stufensteigen bestimmen, wobei die erbrachte Leistung von der Hubhöhe, Hubfrequenz und Körpergewicht abhängt. Da hierbei der Wirkungsgrad je nach Bewegungsablauf stark variiert, ist die Vergleichbarkeit des Beanspruchungsniveaus sehr erschwert. Mit **Ergometern** kann dagegen eine Belastung bei weitgehend

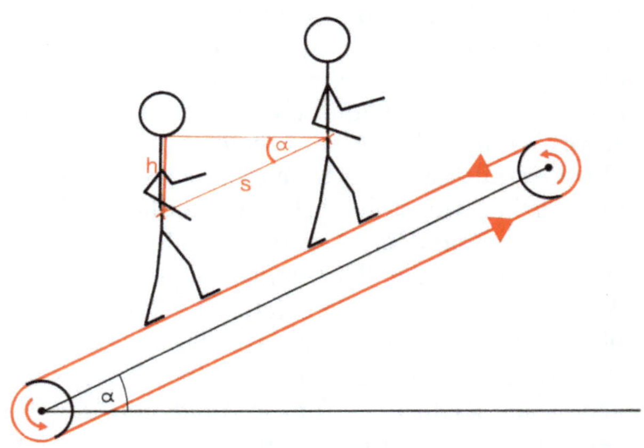

Abb. 26-2. Laufbandergometer. Durch das laufende Band wird der Körperschwerpunkt entlang des Weges s in der Zeit t um den Betrag h ($= s \cdot \sin \alpha$) gesenkt. Will ein Läufer die gleiche Höhe h halten, muß er sich so schnell „auf der Stelle" fortbewegen, daß sein Gewicht F um den Betrag h gehoben wird. Für die Leistung gilt dann: $P = F \cdot s \cdot \sin \alpha \cdot t^{-1}$

konstantem Wirkungsgrad vorgegeben werden. Man unterscheidet neben Spezialausführungen [16, 18]:

Fahrradergometer. An einem Standfahrrad wird eine Schwungmasse so gebremst, daß sich die Bremsleistung messen läßt. Die Bremsung erfolgt mit einem Schleifriemen, einer Wirbelstrombremse oder einem Dynamo. Je höher die Tretfrequenz (v) und je größer die Bremskraft (F) sind, desto größer ist die abgegebene Bremsleistung. Für die Leistung (P) gilt danach: $P \sim v \cdot F$. Der Wirkungsgrad beträgt 20–25%. — Bei vielen Ergometern wird die Leistung automatisch angezeigt. Die Richtigkeit dieser Anzeige sollte alle 2 Jahre überprüft werden (Kalibrierkontrolle).

Laufbandergometer (Abb. 26-2). Beim Gehen auf einem geneigten Laufband muß der Körperschwerpunkt mit jedem Schritt um den Weg angehoben werden, um den er durch Geschwindigkeit und Neigung des Laufbands gesenkt wird. Der Läufer erbringt entsprechend Tretbahnneigung und Bandgeschwindigkeit die gleiche Hubleistung wie beim Bergaufgehen. Der Wirkungsgrad beträgt ebenfalls 20–25%.

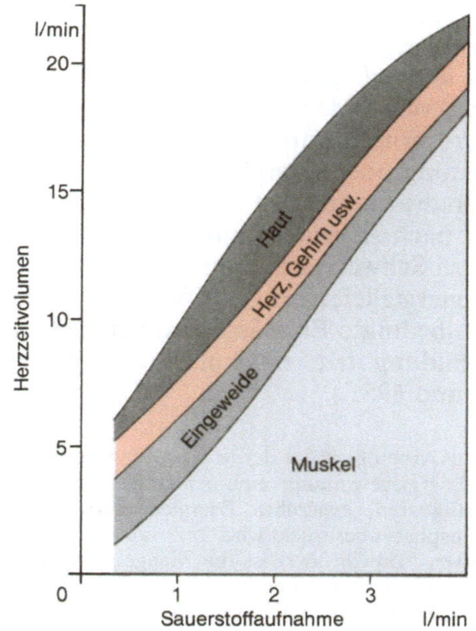

Abb. 26-3. Änderungen der Durchblutung in verschiedenen Organsystemen bei dynamischer Arbeit mit großen Muskelgruppen unter normalen Klimabedingungen. Nach [44]

26.2 Umstellung bei körperlicher Arbeit

Körperliche Arbeit löst in verschiedenen Organsystemen sofort einsetzende Reaktionen aus, so in der Muskulatur, im Herz-Kreislauf- und im Atmungssystem. Diese schnell eintretende *Umstellung* ist von mittel- bis langfristigen Anpassungen zu unterscheiden (s. Training, S. 699f.). Das Ausmaß von *Umstellungsreaktionen* gilt in der Regel als direktes Maß für die Beanspruchung.

Intraindividuelle und interindividuelle Unterschiede: Gleiche Leistungen können bei einem Menschen zu unterschiedlichen Beanspruchungen führen, z.B. in Abhängigkeit von Tageszeit oder Umgebungstemperatur; man spricht dann von *intra*individuellen Unterschieden. *Inter*individuelle Unterschiede ergeben sich beim Vergleich von Ergebnissen verschiedener Individuen.

Muskeldurchblutung und Muskelstoffwechsel bei dynamischer Arbeit

Muskeldurchblutung. Die Muskeldurchblutung beträgt in Ruhe 20–40 $ml \cdot kg^{-1} \cdot min^{-1}$. Bei körperlicher Schwerstarbeit steigt sie deutlich an (Abb. 26-3) und kann bei Untrainierten Maximalwerte von 1,3 $l \cdot kg^{-1} \cdot min^{-1}$, bei Ausdauertrainierten sogar von 1,8 $l \cdot kg^{-1} \cdot min^{-1}$ erreichen. Die Mehrdurchblutung stellt sich nicht sofort mit Beginn der Arbeit ein. Es bedarf vielmehr einer Anlaufzeit von mindestens 20–30 s. Nach dieser Zeitspanne ist bei leichter Arbeit die Durchblutung dem Bedarf angepaßt. Bei schwerer dynamischer Arbeit wird der Bedarf jedoch nicht gedeckt, aufgrund der ungenügenden Sauerstoffversorgung verbleibt ein maßgeblicher Anteil an anaerober Energiegewinnung.

Muskelstoffwechsel. Bei *leichter* Arbeit findet nach einer kurzen Anlaufzeit mit größtenteils anaerober Energiegewinnung eine ausschließlich *aerobe* Energiegewinnung statt (Abb. 26-4), wobei der Muskel sowohl Glucose als auch

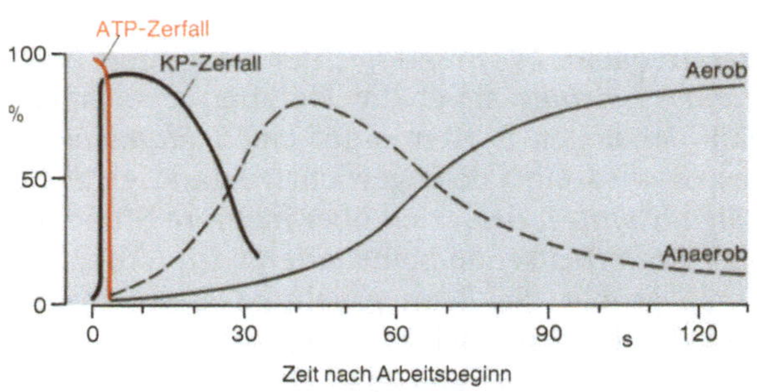

Abb. 26-4. Zeitgang der energieliefernden Prozesse zu Beginn einer leichten Arbeit. *Ordinate:* % Anteil an der Energiegewinnung. Energielieferant in den ersten Sekunden ist fast ausschließlich Adenosintriphosphat (ATP), anschließend Kreatinphosphat (KP). Während die anaerobe Glykolyse ihr Maximum nach rund 45 s erreicht, kann oxidativ der Hauptteil der benötigten Energie erst nach rund 2 min zur Verfügung gestellt werden. Nach [11]

Fettsäuren und Glycerin utilisiert [11, 12]. Hingegen wird bei *schwerer* Arbeit ständig ein Teil der Energie *anaerob* gewonnen. Die mit Milchsäurebildung verbundene anaerobe Energiegewinnung wird primär durch ungenügende Muskeldurchblutung oder arterielle Hypoxie verursacht. Neben diesen und den zeitbedingten Engpässen kurz nach Arbeitsbeginn (Abb. 26-4) ergeben sich bei Schwerstarbeit auf verschiedenen Stufen des energieliefernden Stoffwechsels auch enzymatisch bedingte Engpässe. Bei verstärkter Milchsäurebildung tritt muskuläre Ermüdung ein (S. 82f. und 695f.).

Bei Beginn einer Arbeit benötigt der Muskel zur Steigerung der aeroben Energiegewinnung eine Anlaufzeit, die mit kurzzeitig verfügbaren, **anaeroben Energiereserven** (ATP und Kreatinphosphat) überbrückt wird. Im Vergleich zu den Glykogenreserven (Tabelle 26-1) ist die Menge an gespeicherten energiereichen Phosphaten gering; dennoch sind sie für den Überbrückungseffekt und kurzzeitige Höchstleistungen unentbehrlich [12].

Tabelle 26-1. Energiereserven eines 75 kg schweren Menschen in kJ. Nach [1]

ATP	4	Glykogen	4600
KP	15	Fette	300000

Herz-Kreislauf-Größen bei dynamischer Arbeit

Während dynamischer Arbeit kommt es zu erheblichen Umstellungen im Herz-Kreislauf-System (S. 558f.). Herzzeitvolumen und Durchblutung des *arbeitenden* Muskels steigen an, wodurch dem erhöhten Bedarf des arbeitenden Muskels Rechnung getragen und die in ihm entstehende Wärme zum Ort der Abgabe transportiert wird.

Herzfrequenz. Während leichter Arbeit mit *konstanter Leistung* steigt die Herzfrequenz innerhalb der ersten 5–10 min auf einen *Plateauwert* an; es wird ein Gleichgewichtszustand erreicht *(Steady state)*, der, auch über mehrere Stunden, bis zum Arbeitsende beibehalten wird (Abb. 26-5). Je größer die Beanspruchung, desto höher liegt das Plateau. Bei schwerer Arbeit mit konstanter Leistung zeigt die Herzfrequenz kein Steady-state-Verhalten, sondern einen *Ermüdungsanstieg;* sie nimmt bis zu einem individuellen Höchstwert zu. Als Richtwert für die maximale Herzfrequenz gilt: „220 minus Lebensalter". Dieses bei leichter und schwerer Arbeit unterschiedliche Verhalten der Herzfrequenz wurde in Versuchen mit einer Dauer bis zu 8 h

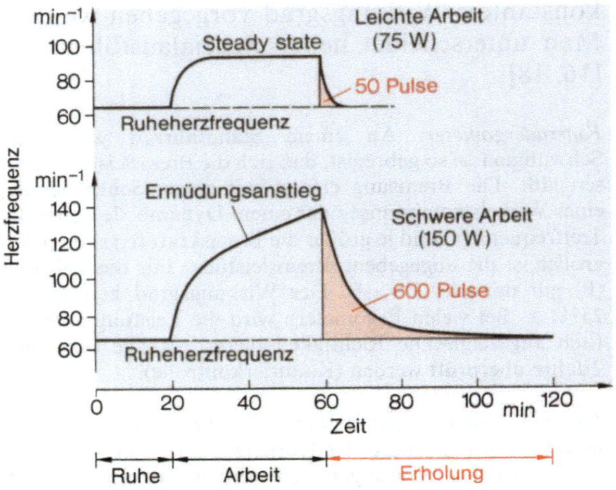

Abb. 26-5. Verhalten der Herzfrequenz bei Probanden durchschnittlicher Leistungsfähigkeit während leichter und schwerer dynamischer Arbeit mit konstanter Leistung. *Rot:* Erholungspulssumme. In Anlehnung an [19]

nachgewiesen [19]. Somit lassen sich in Abhängigkeit von der Herzfrequenz *zwei* Formen der Arbeit unterscheiden:

1. leichte, nicht ermüdende Arbeit — Steady state;
2. schwere, ermüdende Arbeit — Ermüdungsanstieg.

Nach Arbeit zeigt die Herzfrequenz ein je nach Beanspruchungsgrad ebenfalls typisches Verhalten (Abb. 26-5): Nach leichter Arbeit kehrt sie innerhalb von 3–5 min auf den Ausgangswert zurück; nach schwerer Arbeit ist die **Erholungszeit** (Zeit bis zum Erreichen des Ausgangswertes) erheblich verlängert, nach erschöpfender Arbeit bis zu mehreren Stunden. Die Anzahl derjenigen Pulse, die in der Erholungsphase über dem Ausgangswert liegen, wird als **Erholungspulssumme** bezeichnet; sie ist ein Maß für die *muskuläre* Ermüdung und somit gleichzeitig für die vorangegangene *körperliche* Beanspruchung.

Herzfrequenz-Pulsfrequenz. Je nach Meßverfahren sollte man von *Herzfrequenz* sprechen, wenn die Herztätigkeit direkt (z.B. Herzströme oder -drücke), von *Pulsfrequenz*, wenn der periphere Puls registriert wird. Allerdings ergeben sich nur bei gestörter Herztätigkeit Unterschiede zwischen den beiden Meßgrößen.

Schlagvolumen. Das Schlagvolumen des Herzens steigt zu Beginn einer Arbeit lediglich um 20–30% an und bleibt dann weitgehend *konstant*. Nur bei maximaler Beanspruchung sinkt es gelegentlich ab, nämlich dann, wenn so hohe Herzfrequenzen auftreten, daß wegen der da-

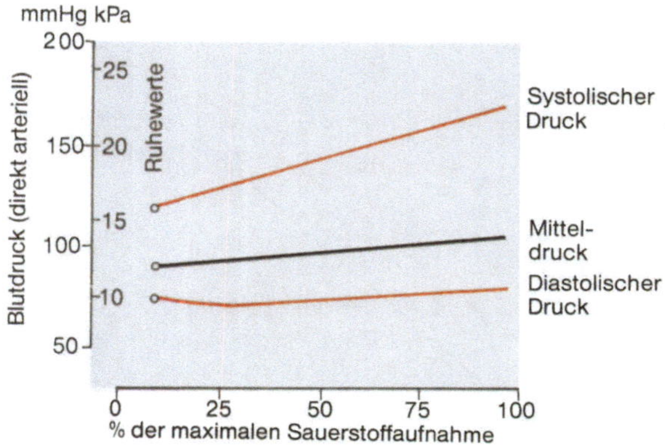

Abb. 26-6. Verhalten des arteriellen Blutdrucks (direkt in der Arterie gemessen, Kathetermethode) bei zunehmender Arbeitsintensität (Beinarbeit); mit der RR-Methode ergeben sich etwas höhere systolische Drücke. Nach [1]

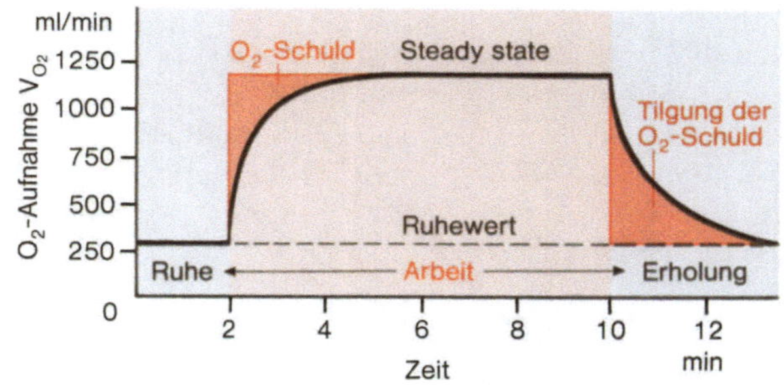

Abb. 26-7. Verhalten der Sauerstoffaufnahme bei leichter dynamischer Arbeit mit konstanter Leistung

durch verkürzten Füllzeit das Füllvolumen sinkt. Beim gesunden Nichtsportler *und* beim Sportler mit Sportlerherz (S. 700) verhalten sich bei Arbeit Herzzeitvolumen und Herzfrequenz wegen der weitgehenden Konstanz des Schlagvolumens fast proportional zueinander.

Blutdruck. Bei dynamischer Arbeit ändert sich der *arterielle Blutdruck* in Abhängigkeit von der Leistung (Abb. 26-6). Der *systolische* Blutdruck nimmt fast proportional zur Leistung zu; bei 200 W wird im Durchschnitt ein Wert von etwa 220 mm Hg (29 kPa) erreicht. Der *diastolische* Blutdruck ändert sich nur geringfügig; oft fällt er ab. Der *arterielle Mitteldruck* (S. 519) steigt mäßig an. Als obere Grenze für einen normalen Anstieg des Blutdrucks gelten bei der Fahrradergometrie (100 W) im Sitzen 200/100 mm Hg, im Liegen 210/105 mm Hg (RR-Methode, S. 568, [3]). — Im *Niederdrucksystem* (z.B. im rechten Vorhof) erhöht sich bei Arbeit der Blutdruck nur wenig; nimmt er deutlich zu, ist dies pathologisch (z.B. bei der Herzinsuffizienz).

Sauerstoffaufnahme und Atmung bei dynamischer Arbeit

Die Sauerstoffaufnahme des Organismus steigt in Abhängigkeit von der Beanspruchung an, also je nach Leistungsintensität und Wirkungsgrad. Bei *leichter Arbeit* wird ein Gleichgewichtszustand *(Steady state)* zwischen Sauerstoffbedarf und Sauerstoffaufnahme erreicht (Abb. 26-7), allerdings erst nach 3–5 min, da Durchblutung und Muskelstoffwechsel nicht sofort dem erhöhten Bedarf angepaßt sind. Bis zum Erreichen des Gleichgewichts steht dem Muskel eine *geringe Sauerstoffreserve* u.a. durch verstärkte Ausnutzung der O_2-Kapazität des Blutes zur Verfügung. Während *schwerer Muskelarbeit* stellt sich auch bei konstanter Leistung *kein Gleichgewicht* ein; die Sauerstoffaufnahme steigt ähnlich der Herzfrequenz (Abb. 26-5) fortlaufend bis zu einem Höchstwert an [24, 28].

Sauerstoffschuld. Zu Beginn einer Arbeit steigt der Energiebedarf sofort an, während Durchblutung und aerober Stoffwechsel 0,5–1 min für die Umstellung auf höhere Werte benötigen. Dadurch wird eine Sauerstoffschuld eingegangen (Abb. 26-7). Während *leichter Arbeit* bleibt die Sauerstoffschuld nach Erreichen des Gleichgewichts konstant, während *schwerer Arbeit* nimmt sie über die gesamte Arbeitszeit zu. Nach Arbeitsende läßt sich, vor allem in den ersten Minuten, eine über dem Ruhewert liegende Sauerstoffaufnahme nachweisen: man spricht vom *Abtragen oder Tilgen* der Sauerstoffschuld. Die Interpretation der gemessenen Werte ist allerdings problematisch, denn die *vermehrte Sauerstoffaufnahme nach Arbeit* hängt nicht nur von Restitutionsvorgängen im Muskel ab, sondern auch von Faktoren wie erhöhte Körpertemperatur, vermehrte Atmungsarbeit, Tonusänderungen der Muskulatur und Auffüllen der Sauerstoffspeicher im Körper [11]. Insofern ist die zu tilgende Sauerstoffschuld größer als die zuvor eingegangene. — Nach *leichter* Arbeit beträgt das O_2-Volumen für die Tilgung der Sauerstoffschuld bis zu 4 l, nach *schwerer* Arbeit bis zu 20 l.

Beziehung zwischen Sauerstoffaufnahme und Herzfrequenz. Während dynamischer Arbeit mit konstantem Wirkungsgrad verhält sich die Herzfrequenz zu Sauerstoffaufnahme und Leistung *proportional.* Bei wechselndem Wirkungsgrad bleibt dieser enge Zusammenhang zwischen Herzfrequenz und Sauerstoffaufnahme zwar bestehen, nicht jedoch der zwischen Herzfrequenz und Leistung. — Der proportionale Zusammenhang zwischen Herzfrequenz und Sauerstoffaufnahme läßt sich als Gerade darstellen (Abb. 26-8), deren Steilheit deutliche interindividuelle Unterschiede aufweist, insbeson-

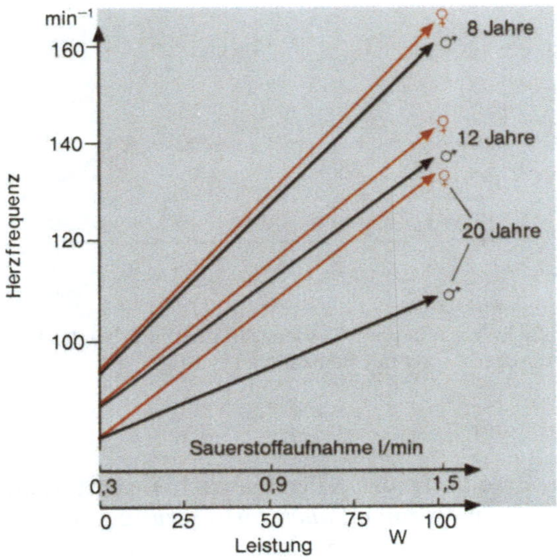

Abb. 26-8. Einfluß von Alter und Geschlecht auf die Abhängigkeit der Herzfrequenz von der Sauerstoffaufnahme bzw. der Leistung bei dynamischer Arbeit. Die Leistungsskala gilt nur für Ergometerarbeit bei einer konstanten Tretfrequenz von 60/min. Nach Durchschnittswerten aus [25]

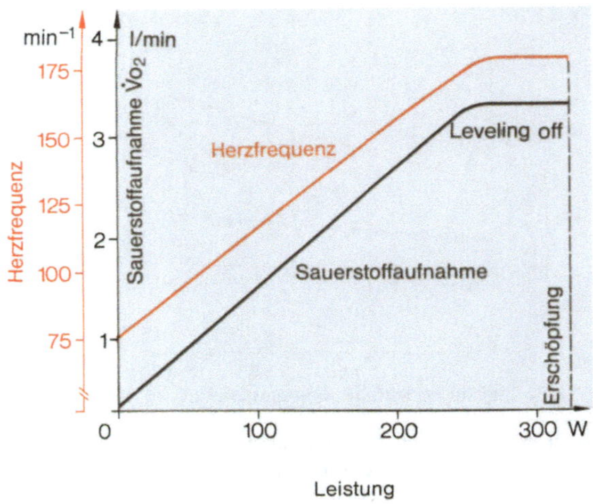

Abb. 26-9. Verhalten von Sauerstoffaufnahme und Herzfrequenz bei kontinuierlich ansteigender Leistung

dere in Abhängigkeit von Lebensalter und Geschlecht. So ist bei gleichmäßig zunehmender Sauerstoffaufnahme der Herzfrequenzanstieg *bei Kindern steiler als bei Erwachsenen und bei Frauen steiler als bei Männern* [19, 31].

Die Steilheit der Geraden in Abb. 26-8 wird als *Leistungspulsindex* (LPI) bezeichnet; sie wurde früher als ein Maß der dynamischen Ausdauerleistungsfähigkeit angesehen [19]. Es zeigte sich jedoch, daß damit gerade der Leistungszuwachs durch Ausdauertraining nicht erfaßt werden kann.
Die physiologischen Mechanismen für den *engen Zusammenhang zwischen Herzfrequenz und Sauerstoffaufnahme* lassen sich mit Hilfe folgender Hypothese erklären [28]: *Muskelreceptoren*, die nicht mit den Muskelspindeln identisch sind, informieren das Kreislaufzentrum über die jeweilige *Stoffwechselaktivität* in der arbeitenden Muskulatur. Dadurch kann in einem weiten Bereich nicht nur die lokale Muskeldurchblutung, sondern auch das Herzzeitvolumen an den jeweiligen *Bedarf angepaßt* werden, wobei sich Herzzeitvolumen und Herzfrequenz weitgehend proportional zueinander verhalten. Die postulierten Muskelreceptoren konnten zwar bis heute morphologisch nicht nachgewiesen werden, jedoch gibt es zahlreiche funktionelle Hinweise auf ihr Vorhandensein.

Sauerstoffaufnahme und Herzfrequenz bei ansteigender Leistung. Bei dynamischer Arbeit nehmen mit ansteigender Leistung Sauerstoffaufnahme und Herzfrequenz zu (Abb. 26-9); je stärker die Beanspruchung, desto größer ist ihre Zunahme gegenüber den Ausgangswerten. Herzfrequenz und Sauerstoffaufnahme sind also ein *Maß für die Beanspruchung*. Große Beanspruchungen resultieren sowohl aus großen Leistungen bei günstigem Wirkungsgrad (ca. 25%) als auch aus geringen Leistungen bei ungünstigem Wirkungsgrad (s.S. 684).
Bleibt die **Bewegungsfrequenz** gleich, bleibt auch der *Wirkungsgrad* weitgehend konstant, und zwar unabhängig von der Leistung. Daher steigt bei kontinuierlich zunehmender Leistung und konstanter Bewegungsfrequenz die *Sauerstoffaufnahme* linear bis zu einem Höchstwert an und verläuft dann in Form eines Plateaus (*„leveling off“*, Abb. 26-9). In diesem Bereich nimmt die Differenz zwischen Sauerstoffbedarf und Sauerstoffaufnahme so schnell zu, daß *akute Erschöpfung* eintritt. — Ein entsprechendes Verhalten zeigt die Herzfrequenz. Wird bei schwerer Arbeit die maximale Herzfrequenz innerhalb von 10–30 min erreicht, läßt sich der zusätzliche Ermüdungsanstieg (S. 686) nicht erkennen (Abb. 26-9).

Ventilation. Während *leichter* dynamischer Arbeit steigt das Atemzeitvolumen ähnlich wie das Herzzeitvolumen proportional zur Sauerstoffaufnahme an. Die Zunahme beruht auf einem Anstieg von Atemzugvolumen und/oder Atemfrequenz (s. Mehrventilation, S. 595).

Das bei leichter Arbeit *proportionale Verhalten* von Sauerstoffaufnahme und Atemzeitvolumen wird auf eine Steuerung durch stoffwechselabhängige *Muskelreceptoren* zurückgeführt, ähnlich wie beim Einstellen der Herzfrequenz. Bei *schwerer* Arbeit steigt das Atemzeitvolumen deutlich *überproportional* zur Sauerstoffaufnahme an, da die im Muskel gebildete Milchsäure über eine *metabolische Acidose* des Blutes als zusätzlicher Atmungsantrieb wirkt.

Blutparameter bei dynamischer Arbeit

Während und nach dynamischer Arbeit lassen sich im Blut zahlreiche Veränderungen nachweisen, die aber nur selten eine Beurteilung der Beanspruchung zulassen; sie sind jedoch als Fehlerquellen bei der Labordiagnostik besonders zu berücksichtigen.

Blutgaswerte. Während *leichter* körperlicher Arbeit ändern sich beim Gesunden die *arteriellen* CO_2- und O_2-Partialdrücke nur wenig. Während schwerer Arbeit treten etwas deutlichere Änderungen auf. Nach Abb. 26-10 beträgt die größte Abweichung des arteriellen P_{O_2} –8%, die des P_{CO_2} –10% vom Ruhewert.

Im *venösen Mischblut* nimmt die O_2-Sättigung mit steigender Beanspruchung deutlich ab; die arteriovenöse Differenz (avD_{O_2}, S. 617) steigt entsprechend von ca. 0,05 (Ruhewert) auf bis zu 0,14 bei Untrainierten, auf bis zu 0,17 bei Ausdauertrainierten an (Abb. 26-10 [1, 29]). Dies beruht auf einer vermehrten Sauerstoffausschöpfung des Blutes durch den arbeitenden Muskel.

Blutzellen. Während körperlicher Arbeit steigt der *Hämatokritwert* an. Ursachen hierfür sind eine Abnahme des Plasmavolumens infolge vermehrter Capillarfiltration und eine vermehrte Freisetzung von Erythrocyten aus den Blutbildungsstätten (häufigeres Auftreten jugendlicher Formen). Auch ein Anstieg der Leukocyten wurde beobachtet (Arbeitsleukocytose).

Bei Langläufern steigt mit zunehmender Laufzeit die *Leukocytenzahl* im Blut an, je nach Leistungsfähigkeit um 5–15000/µl, wobei leistungsfähigere Läufer einen geringeren Anstieg aufweisen [39]. Im wesentlichen nehmen die neutrophilen Granulocyten zu. wodurch sich das *Differentialblutbild* ändert. Weiterhin steigt in Abhängigkeit von der Arbeitsintensität die *Thrombocytenzahl* an.

Säure-Basen-Status des Blutes. *Leichte* körperliche Arbeit beeinflußt den Säure-Basen-Haushalt des Blutes nicht. Die zusätzlich anfallende Kohlensäure wird vollständig über die Lunge abgegeben. Während *schwerer* körperlicher Arbeit tritt entsprechend der Lactatproduktion eine metabolische Acidose auf, die teilweise respiratorisch kompensiert wird (Abfall des arteriellen P_{CO_2} unter den Normwert, S. 629).

Nährstoffe im Blut. Der arterielle **Glucose**spiegel ändert sich beim Gesunden während Arbeit kaum. Nur bei langdauernder Schwerstarbeit nimmt die arterielle Glucosekonzentration ab,

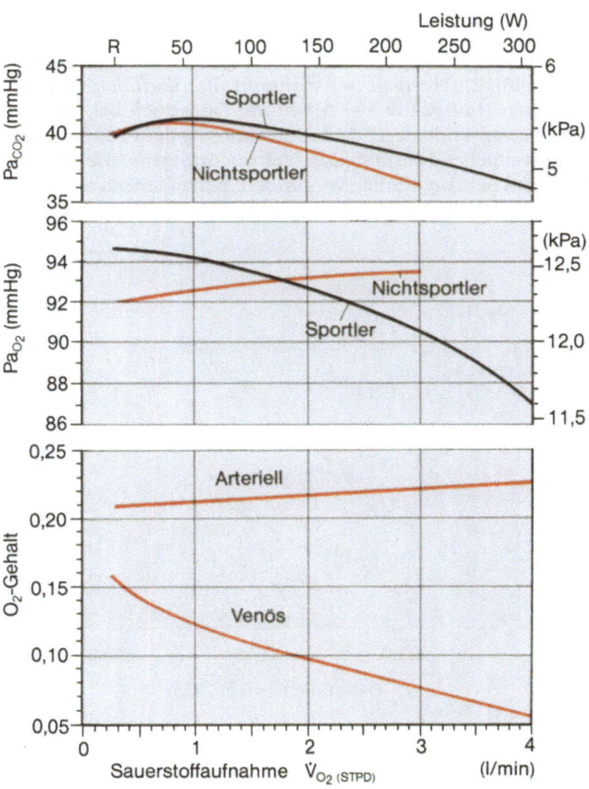

Abb. 26-10. O_2-Partialdruck, CO_2-Partialdruck und O_2-Gehalt im Blut bei körperlicher Arbeit verschiedener Intensität. Bei den Sportlern handelt es sich um Ausdauersportler. R = Ruhewert. Nach [29]

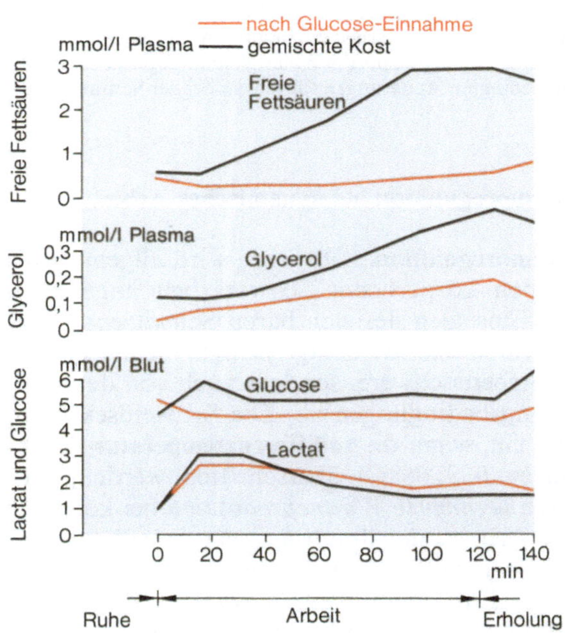

Abb. 26-11. Konzentrationsänderungen von Lactat, Glucose, Glycerol und freien Fettsäuren im arteriellen Blut während 2stündiger Ergometerarbeit nach Einnahme von gemischter Kost bzw. von 200 g Glucose unmittelbar vor Arbeitsbeginn (durchschnittliche Herzfrequenz: 150 min^{-1}). Man erkennt deutlich die Hemmung der Lipolyse nach Kohlenhydrataufnahme. In Anlehnung an [13]

ein Zeichen nahender *Erschöpfung*. Hingegen ist die **Lactat**konzentration im Blut je nach Beanspruchung *und* Arbeitsdauer sehr unterschiedlich [9, 10]; sie hängt vom Ausmaß der Produktion im anaerob arbeitenden Muskel und von der Eliminationsrate ab. Lactat wird im nicht arbeitenden Skeletmuskel, in Fettgewebe, Leber, Niere und Herzmuskel ab- oder umgebaut. Unter Ruhebedingungen beträgt die *arterielle Lactatkonzentration* ca. 1 mmol/l; bei schwerer, rund halbstündiger Arbeit oder erschöpfender Intervallarbeit mit Pausen von 1 min werden Höchstwerte von über 15 mmol/l erreicht. Bei langdauernder Schwerarbeit fällt die Lactatkonzentration nach einem anfänglichen Anstieg wieder ab (Abb. 26-11).

Bei kohlenhydratreicher Ernährung werden die arteriellen Konzentrationen von *freien Fettsäuren* und *Glycerol* durch Arbeit nur gering beeinflußt, da die Insulinausschüttung nach Kohlenhydrataufnahme die Lipolyse hemmt [13, 34]. Wird hingegen Durchschnittskost eingenommen, steigen bei länger andauernder körperlicher Schwerarbeit die Konzentrationen von freien Fettsäuren und Glycerol im Blut um mehr als das 4fache an (Abb. 26–11).

Weitere Substanzen im Blut. Während körperlicher Arbeit steigen im Blut die Konzentrationen einiger *Elektrolyte* (z.B. Kalium) und *organischer Substanzen* (z.B. Transaminasen) an. Diese Änderungen werden mit einem „Undichtwerden" der Muskelzellmembran erklärt, wodurch intracelluläre Bestandteile ins Blut gelangen. Die Rückkehr zu den Ausgangswerten zieht sich teilweise über mehrere Tage hin. Insgesamt können die arbeitsbedingten Änderungen im Blut durchaus zu Abgrenzungsschwierigkeiten gegenüber krankheitsbedingten Änderungen führen, so bei der Serumdiagnostik.

Thermoregulation bei dynamischer Arbeit

Thermoregulation. Schwitzen wird allgemein als Zeichen körperlicher Schwerarbeit angesehen. Das Einsetzen des sichtbaren Schwitzens *(Perspiratio sensibilis)* hängt jedoch nicht nur von der Arbeitsschwere, sondern auch von den Umgebungsbedingungen ab. Die Schweißsekretion setzt ein, wenn die **Indifferenztemperatur-Bedingungen** (s.S. 668f.) überschritten werden, z.B. durch *vermehrte Wärmeproduktion* bei körperlicher Arbeit oder durch *ungenügende Wärmeabgabe* bei zu hoher Umgebungstemperatur, zu hoher Luftfeuchtigkeit, unzweckmäßiger Bekleidung, fehlendem Luftzug (Konvektion) oder zu starker Wärmeeinstrahlung (z.B. Gießereiarbeit).

Mit steigender Leistung nehmen unter sonst gleichen Bedingungen Schweißabgabe und *Rectaltemperatur* annähernd proportional zu. Wegen des kühlenden Effekts der Verdunstung ist die *Hauttemperatur* bei glandulärer Wasserabgabe niedriger als bei der geringeren extraglandulären (S. 668 und 675). Nach längerer, schwerer Hitzebelastung nimmt die produzierte Schweißmenge ab, wahrscheinlich durch Zuquellen der sog. Poren (Öffnungen der Drüsenausführungsgänge). Die bei schwerer körperlicher Arbeit oder sportlicher Tätigkeit durchschnittlich produzierte Schweißmenge beträgt unter normalen Klimabedingungen rund *1 l/h*. Bei schwerer Arbeit wird neben den Elektrolyten mit dem Schweiß auch *Milchsäure* (bis zu *2 g/l*) ausgeschieden; die Milchsäure stammt aus den Schweißdrüsen selbst und ist in bezug auf den Säure-Basen-Haushalt belanglos.

Hautdurchblutung. In **Ruhe** setzt bei Hitzebelastung eine Mehrdurchblutung der Haut ein [20], das Herzzeitvolumen kann das Doppelte des Ausgangswerts erreichen. Während sich im *Liegen* eine Tonusabnahme der kapazitiven Hautgefäße kaum auswirkt, wird im *Stehen* die dadurch bedingte, gesteigerte orthostatische Intoleranz (S. 556) offenkundig: Auf Kosten des intrathorakalen Blutvolumens verbleiben größere Blutmengen als sonst in den unteren Hautabschnitten; das Schlagvolumen sinkt und damit trotz steigender Herzfrequenz auch HZV und Blutdruck, ggf. tritt ein *Hitzekollaps* ein. Bei körperlicher **Arbeit** erfolgt u.a. eine generelle Vasoconstriction der Hautarteriolen. Bei Hitze ist daher mit zunehmender Arbeitsschwere die *Hautdurchblutung* trotz der steigenden Wärmeproduktion niedriger als im Normalklima (Abb. 26-12). Normalerweise nimmt die *Blutfüllung* der kapazitiven Hautgefäße bei Arbeit ab. Da jedoch bei Hitzearbeit die zugrunde liegende Tonuserhöhung der Gefäßmuskulatur weitgehend entfällt [20], bleiben intrathorakale Blutfüllung und Schlagvolumen vermindert, entsprechend auch maximales Herzzeitvolumen und Ausdauerleistungsfähigkeit.

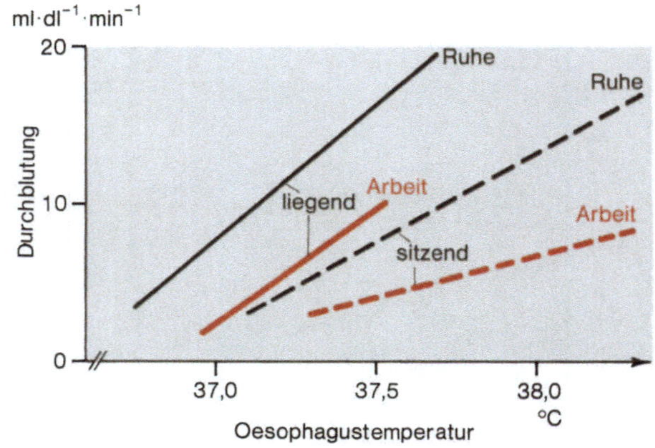

Abb. 26-12. Vorderarmdurchblutung ($\dot{Q}$) als Maß der Hautdurchblutung bei verschiedenen Kerntemperaturen (Oesophagus). Während Arbeit (Herzfrequenz 120–130 min^{-1}) ist die Hautdurchblutung trotz vermehrter Wärmeproduktion niedriger als unter entsprechenden Ruhebedingungen, weiterhin ist sie jeweils im Sitzen niedriger als im Liegen. Nach [38]

Hormonale Regulationen bei dynamischer Arbeit

Während und nach körperlicher Arbeit weisen viele Hormone veränderte Blutkonzentrationen auf. In den meisten Fällen handelt es sich jedoch nur um unspezifische oder noch nicht näher bekannte Effekte. — Auf 3 Hormonsysteme soll hier näher eingegangen werden [4, 46]:

1. Sympathicoadrenerges System (S. 355ff.): Bei körperlicher Arbeit wird vermehrt *Adrenalin* ins Blut *ausgeschüttet*, vor allem aus dem Nebennieren*mark: Noradrenalin* wird nur in geringem Umfang freigesetzt. Das Adrenalin mobilisiert u.a. die Glykogen- und Fettreserven, regt die vermehrte Bildung von cyclischem AMP an und stimuliert Herztätigkeit sowie Bewußtseinshelligkeit. Häufig setzt die Adrenalinsekretion schon vor Beginn **(Vorstartzustand)**, spätestens aber mit Beginn der Arbeit ein. Die vermehrte Adrenalinausschüttung läßt sich anhand einer erhöhten Ausscheidung von *Vanillinmandelsäure* (*VMS*, Abbauprodukt des Adrenalins und Noradrenalins) im Urin nachweisen.

2. Hypophysen-Nebennierenrinden-System: Nach Arbeitsbeginn wird mit einer Latenz von rund 2 min vermehrt *ACTH* aus dem Hypophysenvorderlappen ausgeschüttet und damit die Abgabe der Corticosteroide aus der Nebennieren*rinde* angeregt (S. 407ff.). Die Bedeutung der *Corticosteroide* im Zusammenhang mit körperlicher Arbeit ist weitgehend unklar; bekannt ist ihr fördernder Einfluß auf die Glykogenmobilisierung.

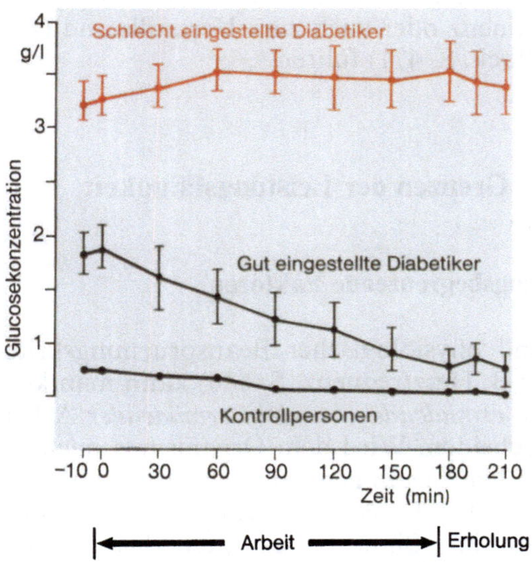

Abb. 26-13. Einfluß körperlicher Arbeit auf die Glucosekonzentration im Blut bei Diabetikern (Mittelwerte mit Standardabweichung) und Kontrollpersonen; Fahrradergometerarbeit mit Herzfrequenzen von etwa 110 min^{-1}. Nach [34]

3. Insulin-Glucagon-System. Die Konzentrationsänderungen von Insulin und Glucagon sind sehr uneinheitlich. Während die Insulinkonzentration bei Arbeit leicht abfällt, werden für Glucagon Zu- wie Abnahmen beobachtet. Dies hängt einmal mit dem Einfluß zahlreicher Hormone auf den Kohlenhydrat- und Fettstoffwechsel zusammen, zum anderen mit dem Einfluß von Ernährungs- und Ausdauertrainingszustand. Die Wechselwirkungen zwischen Insulin, Glucosekonzentration im Blut und körperlicher Arbeit veranschaulicht Abb. 26-13. Man erkennt deutlich den blutzuckersenkenden Effekt körperlicher Arbeit beim gut eingestellten Diabetiker (vgl. S. 415f.).

Umstellung bei statischer Arbeit

Statische Arbeit ist gekennzeichnet durch isometrische Muskelkontraktionen, wobei zwischen *Haltungsarbeit* (für die Körperhaltung) und *Haltearbeit* (Halten von Gegenständen) unterschieden wird. Die Umstellungen im Organismus sind, ebenso wie bei dynamischer Arbeit, durch den Zeitgang von Energiebereitstellung (Abb. 26-4, S. 685) und Änderungen der Muskeldurchblutung charakterisiert.

Muskeldurchblutung und -stoffwechsel. Bei statischer Arbeit mit Intensitäten bis zu etwa 30% der Maximalkraft steigt die Durchblutung an; oberhalb von 30% der Maximalkraft wirkt sich dann der erhöhte intramuskuläre Druck hemmend auf die Durchblutung aus. Bei statischer Arbeit mit 70% der Maximalkraft und mehr ist die Durchblutung ganz unterbrochen. Experimente haben gezeigt, daß sich bei von außen unterbrochener Durchblutung die maximalen Haltezeiten für Haltearbeit mit weniger als 50% der Maximalkraft verkürzen, nicht aber diejenigen für Haltearbeit mit mehr als 50% der Maximalkraft. Dies liegt daran, daß dabei für Haltearbeit mit maximalen Haltezeiten von unter 1 min Dauer (vgl. Abb. 26-17, S. 694) die aerobe Energiegewinnung wegen ihres zu langsamen Anlaufens (Abb. 26-4) unmaßgeblich ist; insofern kommt dann der Durchblutung sowieso keine Bedeutung zu.

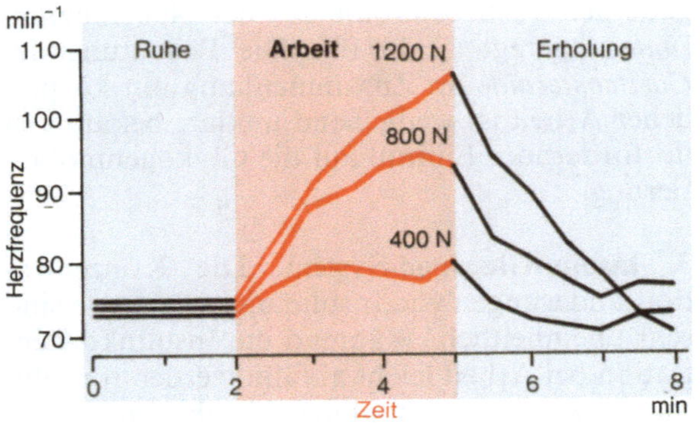

Abb. 26-14. Verhalten der Herzfrequenz bei *statischer Arbeit* verschiedener Intensität (beidarmiges Tragen einer Last). Nach [42]

Atmung und Kreislauf. Die metabolische Lactatacidose führt zu einem zusätzlichen, starken *Atmungsantrieb*, der noch zunimmt, wenn bei Haltearbeit die *Bauchpresse* reflektorisch aktiviert und dadurch die Atmung behindert wird. Bei Haltearbeit mit angespannter Bauchmuskulatur wird Blut aus dem thorakalen und abdominalen *Niederdrucksystem* verdrängt und der venöse Rückfluß in das Rumpfgebiet verhindert, u.a. zu erkennen am Hervortreten der Halsvenen. Insofern wird durch die Bauchpresse auch der venöse Zustrom zum Herzen gedrosselt, weshalb Kranke und Rekonvaleszente Arbeiten mit großem statischen Anteil vermeiden sollten (z.B. Heben und Tragen schwerer Lasten).

Herzfrequenz. Bei statischer Arbeit steigt die Herzfrequenz auch dann an, wenn die *Bauchpresse nicht betätigt* wird (Abb. 26-14). Dieser Effekt wird ebenso wie bei dynamischer Arbeit auf Muskelreceptoren zurückgeführt (S. 688), die bei anaerober Energiegewinnung einen stark stimulierenden Einfluß auf das Kreislaufzentrum ausüben.

26.3 Reaktionen des Organismus auf nichtphysische Belastungen

Reaktionen auf psychische Belastungen

Auch bei **psychischen Leistungen** steigt der Energieumsatz des Organismus an, Ursache ist ein erhöhter Muskeltonus und *nicht* ein erhöhter Energieumsatz des Gehirns (S. 651). Häufig zeigen sich ähnliche *vegetative Reaktionen* wie bei physischen Leistungen: Anstieg von Herzfrequenz und Atemzeitvolumen, Zunahme der Durchblutung und Abnahme des elektrischen Widerstands der Haut, vermehrtes Schwitzen sowie eine vermehrte Adrenalinausschüttung mit entsprechend höherer Ausscheidung von Vanillinmandelsäure *(VMS)* im Urin [40].

Bei den heute oft zu erbringenden *psychisch-physischen* Leistungen wird gelegentlich versucht, den Beanspruchungsgrad anhand physiologischer Größen zu beurteilen. Bei psychischen wie psychisch-physischen Leistungen lassen jedoch physiologische Meßgrößen *keineswegs* ebenso zuverlässige Rückschlüsse auf den Beanspruchungsgrad zu wie bei physischen Leistungen.

Bestimmte Belastungen betreffen überwiegend den emotionalen Bereich *(emotionale Belastungen)*. Reagiert der Mensch auf solche Belastungen, kommt es zu ähnlichen Symptomen wie bei mentalen Leistungen, z.B. zu Tachykardie, Hyperventilation und Schweißausbruch (u.a. bei Angst oder Aufregung). Die Stimulierung des sympathicoadrenergen Systems ist besonders ausgeprägt [40], wobei das Verhältnis zwischen ausgeschüttetem Adrenalin und Noradrenalin variieren kann. Extreme Angst- oder Schreckzustände lösen nicht nur innerhalb weniger Sekunden eine starke *ergotrope Reaktion* aus *(Sofortreaktion)*, die nach CANNON als *Notfallreaktion* [35] bezeichnet wird, sondern oft auch eine Stimulierung des parasympathischen Nervensystems. Dies kann zusätzlich in extremen Angst- oder Schreckzuständen zu Stuhl- und Harninkontinenz oder auch zum Herzstillstand (z.B. AV-Block, S. 471) führen.

26.4 Grenzen der Leistungsfähigkeit

Leistungsbegrenzende Faktoren

Anhand physiologischer Beanspruchungskriterien (z.B. Herzfrequenz, S. 686) kann man körperlich *ermüdende* von *nicht ermüdender* Arbeit unterscheiden. Wird dem Organismus nach ermüdenden Leistungen genügend Erholung verwehrt, treten Funktionsstörungen und Erkrankungen im Sinne eines „Überlastungssyndroms" auf (S. 696f.). — Im wesentlichen wird die Leistungsfähigkeit durch Energiebereitstellung und Sauerstoffversorgung des Muskels sowie durch die Thermoregulation (S. 669ff.) begrenzt.

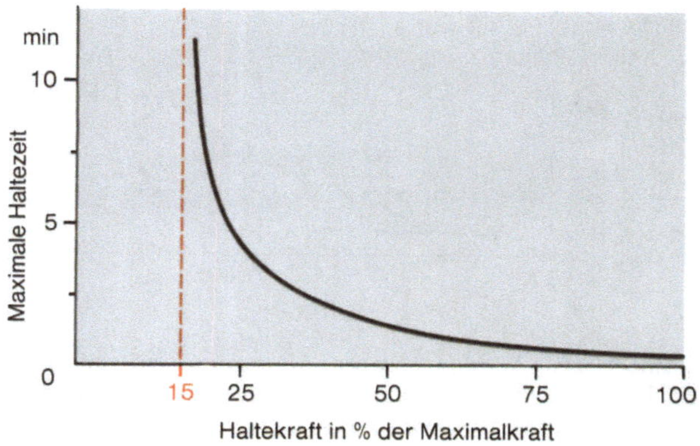

Abb. 26-15. Abhängigkeit der maximalen Haltezeit von der Haltekraft bei statischer Arbeit. *Rote Linie:* Dauerleistungsgrenze. Durchschnittswerte nach [23]

Energiebereitstellung im Muskel. Bei *ermüdender* Arbeit wird je nach Intensität und Dauer der Leistung die körperliche Leistungsfähigkeit und damit die erbrachte Leistung durch die verschiedenen Möglichkeiten der Energiebereitstellung limitiert (S. 685). Dabei gilt als Grundregel: *Je kürzer die Arbeitszeit, desto größere Leistungen sind möglich* (Abb. 26-15) und desto größer ist der Anteil anaerober Energiegewinnung (Abb. 26-4, S. 685). Dieses Prinzip gilt sowohl für dynamische (vgl. Abb. 24-6, S. 654) als auch für statische Arbeit.

Unter diesem Aspekt lassen sich 3 Leistungsbereiche mit fließenden Übergängen unterscheiden:
Kurzzeitleistungen (bis ca. 20 s Dauer). Dafür sind im wesentlichen die intracellulären Vorräte an *ATP* und *Kreatinphosphat* (KP) entscheidend. Diese energiereichen Phosphate genügen bei maximaler Anstrengung für die Energieversorgung in den ersten 15–20 s einer Arbeit.

Mittelzeitleistungen. Bei *kürzeren* Mittelzeitleistungen (bis ca. 1 min Dauer) wird nach dem Verbrauch der ATP- und KP-Vorräte und dem Anlaufen der Glykolyse die Kontraktionsenergie hauptsächlich *anaerob glykolytisch* gewonnen. Somit limitieren glykolytische Stoffwechselkapazität des Muskels und lactatbedingte Acidose die Leistungsfähigkeit. Bei *längeren* Mittelzeitleistungen (bis ca. 6 min Dauer) steigt die *aerobe Energiegewinnung* zunehmend an, so daß die Leistungsfähigkeit immer weniger von der anaeroben, sondern mehr von der aeroben Stoffwechselrate begrenzt wird.

Langzeitleistungen (Ausdauerleistungen; ab ca. 6 min Dauer). Bei Ausdauerleistungen steht die *aerobe Energiegewinnung* im Vordergrund. Die Leistungsfähigkeit ist im wesentlichen durch die damit zusammenhängenden Gegebenheiten begrenzt (Stoffwechselkapazität und Glykogendepots der Muskelzellen sowie deren Sauerstoff- und Substratversorgung über das Herz-Kreislauf-System). Insofern sind für Ausdauerleistungen die *Pumpleistung des Herzens* und die *aerobe Stoffwechselkapazität* entscheidend. Nur bei stundenlanger Arbeit mittlerer Intensität wird die Leistung durch Aufbrauch der Glykogenvorräte begrenzt.

Sauerstoffversorgung des Muskels. Die Versorgung des Muskels mit Sauerstoff hängt wesentlich von seiner Durchblutung ab. Bei **dynamischer Arbeit** mit Einsatz großer Muskelgruppen (*mehr als* $^1/_7$ der gesamten Muskulatur) wird die Leistungsfähigkeit jedoch weniger von der örtlichen Durchblutung als vom maximal möglichen Herzzeitvolumen begrenzt [19]. Bei **statischer Arbeit** wird die lokale Muskeldurchblutung oberhalb von 30% der Maximalkraft mit zunehmender Kontraktionsintensität immer mehr beeinträchtigt; ab 70% der Maximalkraft ist sie blockiert. Bei hohen statischen Kontraktionsintensitäten ist die Sauerstoffversorgung allerdings wegen der nur kurzen, maximal möglichen Haltezeiten ohne Belang (Abb. 26-15). Weiterhin beeinträchtigen inspiratorischer Sauerstoffmangel (Höhe, S. 705f.), krankhafte Störungen des Gasaustauschs und verminderte Hämoglobinkonzentration im Blut die Sauerstoffversorgung der Muskulatur. Hingegen wird die Sauerstoffversorgung des Muskels beim Gesunden unter Normalbedingungen (inspiratorische O_2-Fraktion = 0,2095) *nicht durch die Atmung begrenzt*; entscheidend ist das maximal mögliche Herzzeitvolumen. Selbst bei erschöpfender Arbeit erreicht das Atemzeitvolumen nur rund 80% des Atemgrenzwerts [9]. Insofern hängt die Leistungsfähigkeit des Gesunden weder von der als Meßgröße beliebten „Vitalkapazität", noch von anderen Atmungsgrößen ab.

Leistungsfähigkeit bei Hitze. Ursache für die Minderung der Leistungsfähigkeit bei Hitze ist die verminderte intrathorakale Blutfüllung, nicht aber eine — nur in Ruhe ausgeprägte — vermehrte Hautdurchblutung (S. 690). Bei Hitzearbeit wirken sich ein Anstieg der *Kerntemperatur* und Störungen des Salz-Wasser-Haushalts begrenzend aus. Je nach Umgebungstemperatur, Ausmaß der Salz- und Wasserverluste sowie der Arbeitsintensität treten mit steigender Kerntemperatur zunehmend Störungen auf, ohne daß ein Grenzwert für die noch tolerable Kerntemperatur angegeben werden kann. Die Rectaltemperatur sollte jedoch bei anhaltender Hitzearbeit *38° C* nicht überschreiten (Gefahr des *Hitzekollaps*). Beim Ausdauersport, z.B. *Marathonlauf*, werden Kerntemperaturen bis zu 41° C noch vertragen [9]; bei höheren Temperaturen droht *Hitzschlag* (zentralnervöser Zusammenbruch, S. 680).

Dauerleistungsgrenze

Dauerleistungsfähigkeit und Höchstleistungsfähigkeit. Bisher wurde mehrfach zwischen *leichter*, nicht ermüdender und *schwerer*, ermüdender Arbeit unterschieden. Diese Betrachtung geht von einem Konzept aus, wonach man 2 *Bereiche* der Leistungsfähigkeit unterscheidet, die durch die **Dauerleistungsgrenze** getrennt sind [9, 19]. Arbeit unterhalb der Dauerleistungsgrenze liegt vor, wenn sie *ohne muskuläre Ermüdung mindestens 8 h* lang durchgeführt werden kann (leichte, nicht ermüdende Arbeit im Bereich der **Dauerleistungsfähigkeit**); Muskelstoffwechsel und -durchblutung sind im Gleichgewicht. Eine solche Arbeit verrichten z.B. Herz- und Atmungsmuskulatur.

Oberhalb der Dauerleistungsgrenze liegt der Bereich der **Höchstleistungsfähigkeit:** Leistungen sind *zeitlich limitiert*, da sich Muskelstoffwechsel und -durchblutung nicht im Gleichgewicht befinden; *je länger die Arbeitszeit, desto niedriger liegt die Höchstleistungsgrenze* und umgekehrt (Abb. 26-15). Dem liegt zugrunde, daß anaerob kurzzeitig mehr Energie für die Muskelarbeit zur Verfügung gestellt werden kann als aerob (Abb. 24-6, S. 654), je größer der Energieverbrauch, desto früher tritt Erschöpfung ein.

Die Dauerleistungsgrenze ist eine interindividuell unterschiedliche Größe. Daher ist für die Frage, ob eine leichte oder schwere Arbeit vorliegt, nicht allein der Absolutwert einer zu erbringenden Leistung, sondern auch die aktuelle Leistungsfähigkeit eines Menschen entscheidend. Bei Arbeit oberhalb der Dauerleistungsgrenze hängt das Ausmaß der Ermüdung von der momentanen individuellen Höchstleistungsfähigkeit ab. — Dauerleistungs- und Höchstleistungsfähigkeit sind durch Training beeinflußbar (S. 699).

Dauerleistungsgrenze bei dynamischer Arbeit. Arbeit unterhalb der Dauerleistungsgrenze ist wie folgt *charakterisiert* [19]: **Pulsfrequenz:** Konstante Arbeitspulsfrequenz ohne Ermüdungsanstieg (unterhalb von 130 min^{-1} bei untrainierten 20- bis 30jährigen), Erholungspulssumme unter 100 Pulsen sowie Erholungszeit unter 5 min. Weitere Kennzeichen sind: Konstante Sauerstoffaufnahme (Steady state), Sauerstoffschuld unter rund 4 l, kein wesentlicher Anstieg des Blutlactatspiegels (Grenzwert: 2,2 mmol/l). Bei untrainierten 20- bis 30jährigen Männern liegt die Dauerleistungsgrenze für Fahrradergometerarbeit bei etwa 100 W, entsprechend einer Sauerstoffaufnahme von 1,5 l/min. Oberhalb der Dauerleistungsgrenze ist der Arbeitsabbruch durch die bereits beschriebenen leistungsbegrenzenden Faktoren bedingt (S. 692f.).

Ausdauergrenze. Die Lactatkonzentration im Blut läßt bedingt Rückschlüsse auf die Stoffwechselsituation arbeitender Muskeln zu. In der Sportmedizin hat es sich als nützlich erwiesen, beim Anstieg der Lactatkonzentration auf 2 mmol/l von *aerob/anaerobem Übergang*, auf 4 mmol/l von *anaerober Schwelle* zu sprechen (Abb. 26-16). Die anaerobe Schwelle wird auch *Ausdauergrenze* genannt, weil sie bei Ausdauersportlern eine brauchbare Auskunft über die muskuläre Leistungsfähigkeit gibt. Diese Grenze ist jedoch nicht identisch mit der Dauerleistungsgrenze, die eher dem aerob/anaeroben Übergang entspricht.

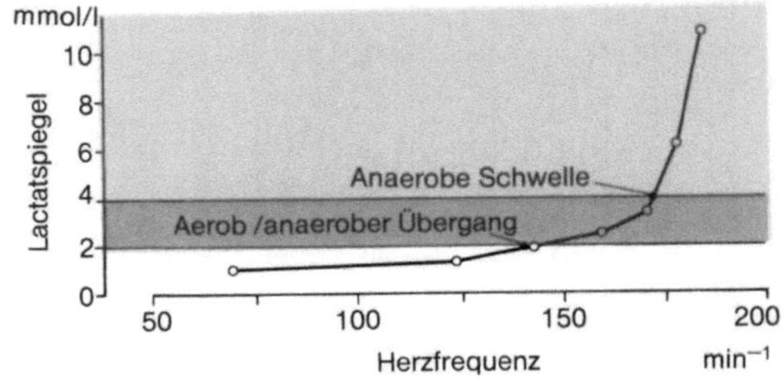

Abb. 26-16. Aerob/anaerober Übergang und anaerobe Schwelle anhand arterieller Blutlactatkonzentrationen; Herzfrequenzwerte eines Ausdauersportlers. Modifiziert nach [21]

Dauerleistungsgrenze für statische Haltearbeit. Lange galt als Grenzwert für statische Haltearbeit, bei dessen Überschreiten kein Stoffwechselgleichgewicht mehr vorliegt — also für die Dauerleistungsgrenze —, eine Kontraktionsintensität von 15% der Maximalkraft (Abb. 26-15). Neuere Untersuchungen machen es jedoch sehr wahrscheinlich, daß die Dauerleistungsgrenze für statische Haltearbeit bei noch niedrigeren Prozentsätzen der Maximalkraft liegt und mit Werten zwischen 5 und 10% deutliche interindividuelle Unterschiede aufweist. Dies dürfte maßgeblich von der Faserzusammensetzung der jeweiligen Muskulatur abhängen, wie Abb. 26-17 für die Höchstleistungsgrenze bei Haltearbeit mit 50% der Maximalkraft zeigt.

Leistungsbereiche

Ergänzend zu Dauer- und Höchstleistungsfähigkeit werden je nach dem für das Erbringen einer

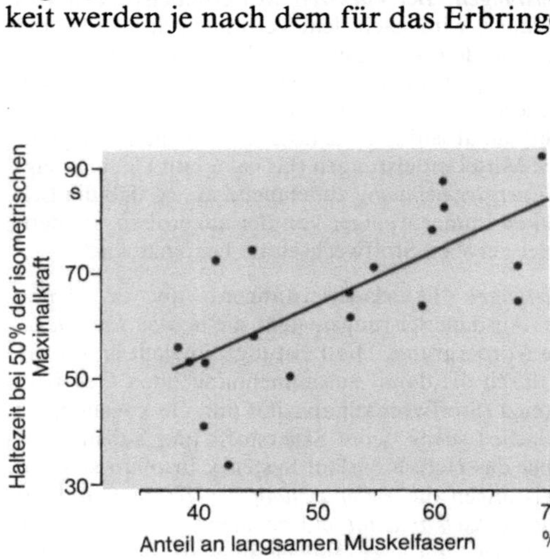

Abb. 26-17. Statische Ausdauer des Muskels bei Haltearbeit mit 50% der isometrischen Maximalkraft in Abhängigkeit vom prozentualen Anteil an langsamen Muskelfasern. Nach [37]

Leistung notwendigen Willenseinsatz 4 Leistungsbereiche unterschieden, denen bestimmte Leistungen zugeordnet sind [5]: Der untere Bereich umfaßt die **automatisierten Leistungen**, also eingeübte Arbeitsabläufe, die lediglich bei Start und Stop den Einsatz des Willens erfordern. Darüber liegt der Bereich der sog. **physiologischen Leistungsbereitschaft**; Arbeit in diesem Bereich erfordert ständigen Willenseinsatz, ohne daß es sich dabei um anstrengende bzw. ermüdende Arbeit handelt. Die darüber liegenden **gewöhnlichen Einsatzreserven** sind nur mit stärkerem Willen zugänglich; Arbeit in diesem Bereich führt zur Ermüdung. Der vierte Bereich umfaßt die **autonom geschützten Reserven,** die normalerweise auch mit starkem Willenseinsatz nicht zugänglich sind; sie stehen dem Organismus nur im *Notfall* zur Verfügung (S. 697).

Leistungsfähigkeit von Erkrankten. Bestimmte Erkrankungen gehen mit Minderungen der Leistungsfähigkeit oder mit dem Risiko einher, durch körperliche Aktivität der Gesundheit weiteren Schaden zuzufügen (z.B. Herzinfarkt des Joggers). Nicht jeder Mensch ist seiner Leistungsfähigkeit entsprechend belastbar, auch nicht derjenige mit überdurchschnittlicher körperlicher Leistungsfähigkeit, und zwar dann nicht, wenn bei bestehender Erkrankung (z.B. bestimmte Herzleiden) körperliche Aktivitäten mit einem erheblichen gesundheitlichen Risiko einhergehen.
Insofern sollte man zwischen Leistungsfähigkeit und Belastbarkeit unterscheiden. – Die **Belastbarkeitsgrenze** entspricht derjenigen Leistung, bis zu der ein Mensch *ohne gesundheitliches Risiko* belastet werden kann. Es gibt allerdings keinen Grund, chronisch Kranken pauschal von körperlicher oder sportlicher Aktivität abzuraten. Die Effekte gezielter sportlicher Aktivitäten bei bestimmten Erkrankungen, z.B. Diabetes mellitus, Hypertonie, coronare Herzkrankheit, sind jedoch nicht immer so eindeutig wie in Abb. 26-13 (S. 691); häufig liegt die Wirkung mehr im psychisch-sozialen Bereich. Wegen des gesundheitlichen Risikos sollten körperliche Aktivitäten Erkrankter selbst bei überdurchschnittlicher Leistungsfähigkeit ärztlich überwacht werden. — Auch bei arbeitsmedizinischen Vorsorgeuntersuchungen kann nicht davon ausgegangen werden, daß eine überdurchschnittliche körperliche Leistungsfähigkeit ein Zeichen besonders guter Gesundheit sei und umgekehrt. *Leistungsfähigkeit und Gesundheitszustand korrelieren nur bedingt miteinander.*

26.5 Ermüdung und Erschöpfung

Ermüdung und Erholung — Definitionen

Ermüdung ist ein Vorgang, der durch *schwere* Arbeit (S. 686) ausgelöst wird und mit einer *Abnahme der Leistungsfähigkeit* einhergeht. Man unterscheidet zwischen **physischer** (muskulärer) und **psychischer** (zentraler) **Ermüdung** [6, 19, 31]. Während Schwerarbeit kommen beide Formen kombiniert vor, wobei eine scharfe Trennung kaum möglich ist. Schwere *körperliche* Arbeit führt überwiegend zu *muskulärer* Ermüdung, anstrengende *geistige* oder *monotone* Arbeit überwiegend zu *zentraler* Ermüdung. Von der Ermüdung ist das Bedürfnis nach Schlaf *(Müdigkeit)* scharf zu trennen [2]. — **Erholung** ist ein Vorgang, der einsetzt, wenn eine Leistung abgebrochen, reduziert oder durch eine andere ersetzt wird: Der Ermüdungsgrad nimmt dann ab, die Leistungsfähigkeit wieder zu. Mit Erreichen der Ausgangssituation ist der Erholungsvorgang abgeschlossen.

Pausengestaltung und Erholung. Bei Tätigkeiten oberhalb der individuellen Dauerleistungsgrenze (S. 694) müssen Erholungspausen eingelegt werden. Da die Restitution zu Beginn der Erholung besonders rasch verläuft, wie z.B. das Verhalten der Herzfrequenz zeigt (Abb. 26-5, S. 686), gilt für die Gestaltung organisierter Pausen: *Viele, kurze Pausen sind besser als wenige, lange Pausen* [19]. Erholung von körperlicher Schwerarbeit ist aber nicht nur in Pausen, sondern auch *während* Arbeit unterhalb der Dauerleistungsgrenze möglich.

Physische Ermüdung

Die physische Ermüdung beruht auf *Veränderungen im Skeletmuskel* — bei Langzeitleistungen auf der Abnahme der Energievorräte und der Anhäufung von Milchsäure („Ermüdungsstoff") —, die zu Minderungen der Leistungsfähigkeit führen. In der Erholungsphase werden die Energiespeicher wieder aufgefüllt, und die Milchsäure wird eliminiert.

Ermüdung bei dynamischer Arbeit. *Unterhalb der Dauerleistungsgrenze* reicht die vom Bewegungsablauf vorgegebene Erschlaffungszeit aus, um die während der Kontraktion verbrauchten energiereichen Phosphate wieder zu regenerieren und die Stoffwechselendprodukte abzutransportieren; die Erschlaffungszeit entspricht der notwendigen Erholungszeit [28]. Da ein Rückstand an Ermüdung nicht bestehen bleibt, spricht man von *„nicht ermüdender Arbeit"*. Bei dynamischer Arbeit *oberhalb* der Dauerleistungsgrenze wird ein Ausgleich der Ermüdung durch Erholung nicht erreicht; die Erschlaffungszeit genügt nicht dem Bedarf an Erholungszeit. Auffüllen der Energiespeicher und Elimination der Milchsäure bleiben unvollständig; es entsteht ein *Ermüdungsrückstand* [19]. Der Muskel verarmt an energiereichen Substraten und häuft Stoffwechselendprodukte an; die Ermüdung nimmt zu. Das Ausmaß muskulärer Ermüdung bei dynamischer Arbeit oberhalb der Dauerleistungsgrenze kann mit physiologischen Parametern erfaßt werden (u.a. Erholungszeit, Erholungspulssumme; S. 686).

Muskelkater. Muskelkater wird — entgegen einer früheren Meinung — *nicht* durch das Anhäufen von Milchsäure im

Muskel verursacht. Er tritt als druck- und bewegungsbedingter Muskelschmerz vielmehr erst dann auf, wenn die angehäufte Milchsäure bereits wieder eliminiert ist. Gegen einen Lactatmechanismus spricht weiterhin, daß Muskelkater bevorzugt in denjenigen Muskeln auftritt, die große Kraftleistungen erbringen mußten; dies gilt insbesondere bei schlechter intramuskulärer Koordination und für Bremsarbeit (negative Arbeit, S. 684). Große Kraftleistungen bedingen Risse in den Z-Scheiben (S. 67), bei deren Heilung Substanzen frei werden, die mit entsprechender Zeitverzögerung Schmerzen im Muskel auslösen.

Ermüdung bei statischer Arbeit. Die im Alltag typische Haltearbeit liegt meistens oberhalb der Dauerleistungsgrenze; die dabei auftretende Ermüdung beruht auf der Ausschöpfung der Energievorräte in einer zeitlichen Reihenfolge gemäß Abb. 26-4, S. 685. Nur bei Haltearbeit mit Intensitäten unterhalb von 50% der Maximalkraft, entsprechend Haltezeiten von über 1 min, wirkt sich die Durchblutung leistungsbegrenzend aus (vgl. S. 691).

Psychische Ermüdung

Die *psychische* (zentrale) Ermüdung bewirkt Minderungen der Leistungsfähigkeit infolge *gestörter zentralnervöser Steuerungen* [6]. Zu den typischen Symptomen zählen verlangsamte Informationsübermittlung, behindertes Denken und Entscheiden sowie Beeinträchtigung von Sinneswahrnehmungen und sensomotorischen Funktionen. Neben ermüdungsbedingten Unlustgefühlen und Leistungsschwäche treten gelegentlich Neigung zu Depressionen, unmotivierte Angst, Antriebsschwäche, Reizbarkeit oder emotive Labilität auf.

Ursachen psychischer Ermüdung sind [6]: *1.* langdauernde Arbeit mit hohen Anforderungen an die Konzentration, die geistige Regsamkeit oder die Geschicklichkeit, *2.* schwere körperliche Arbeit, *3.* gleichförmige Arbeiten unter monotonen Bedingungen, *4.* Lärm, schlechte Beleuchtung und thermische Belastungen (Klima), *5.* Konflikte, Sorgen oder Interesselosigkeit, *6.* Krankheiten, Schmerzen und Fehlernährung.

Die *zentrale Ermüdung* kann im Gegensatz zur muskulären Ermüdung *schlagartig aufgehoben* werden [6], beispielsweise dann, wenn *1.* die ermüdende Tätigkeit durch eine andere ersetzt, *2.* die Umgebung geändert, *3.* der Organismus bei drohender Gefahr oder Angst in einen Alarmzustand versetzt, *4.* das Interesse durch eine neue Information wieder geweckt oder *5.* eine affektive Umstimmung ausgelöst wird. Die Möglichkeit eines *schlagartigen Verschwindens* der psychischen Ermüdung zeigt, daß dabei eine Anhäufung von Ermüdungsstoffen und ein Verbrauch von Energiereserven unmaßgeblich sind. Die psychische Ermüdung ist vielmehr im Zusammenhang mit der Formatio reticularis zu sehen (s. ARAS, S. 154f.), deren Aktivität nicht nur durch intensive geistige Tätigkeit, sondern auch durch Monotonie beeinflußt wird. Eine monotoniebedingte Ermüdung kann durch Änderungen des Informationszuflusses vermindert, jedoch nicht auf Dauer verhindert werden; z.B. wirken bei langen Autobahnfahrten Radiosendungen der psychischen Ermüdung entgegen.

Psychische Ermüdung durch körperliche Arbeit könnte mit Afferenzen aus den arbeitenden Muskeln zusammenhängen, die einerseits im Großhirn zum Bewußtwerden der Muskelermüdung (bis zum Schmerz), andererseits zur Dämpfung corticaler Funktionen und damit zur psychischen Ermüdung führen [45]. Denkbar wäre, daß die zugehörigen Receptoren mit den postulierten *Muskelreceptoren* (S. 688) identisch sind.

Überlastung und Erschöpfung

Überlastung. Diese äußert sich in einem Zustand, dem *Überlastungssyndrom*, der eintritt, wenn der *Ausgleich von Ermüdung durch Erholung* über längere Zeit nur unvollständig gewährt wird **(chronische Schäden)** oder wenn die Grenzen der Höchstleistungsfähigkeit überschritten werden **(akute Schäden)**, z.B. bei Leistungen unter der Einwirkung von Stimulanzien (Doping, S. 698 f.). Besonders deutlich wird das Überlastungssyndrom im Bereich des Muskel- und Skeletsystems (z.B. Knochenbrüche, Muskel- und Sehnenrisse, Bandscheiben- und Meniscusschäden). Überfordern bestimmte Tätigkeiten die Belastbarkeit dieses Systems über längere Zeit, treten Störungen oder bleibende Schäden auf, wie z.B. *Wirbelsäulenveränderungen* bei LKW- oder Traktorfahrern. Eine Vielzahl von Schäden an Gelenken, Bändern und Sehnen kann die Folge zu intensiven sportlichen Trainings oder Wettkampfs sein.

Erschöpfung. Diese tritt ein, wenn bei physischen oder psychischen Leistungen oberhalb der Dauerleistungsgrenze *nicht rechtzeitig* oder nach wiederholten Höchstleistungen *nicht ausreichend* Erholung gewährt wird. Erschöpfung führt zwangsläufig dann zum *Arbeitsabbruch*, wenn die Funktion von Regulationssystemen beeinträchtigt wird.

Von **akuter Erschöpfung** spricht man, wenn bei Schwer- oder Schwerstarbeit die Leistungsfähigkeit schnell abnimmt. Solche Erschöpfungszustände gehen mit einer massiven *metabolischen Acidose* (S. 628f.) einher; im Blut fand man Abnahmen des pH-Werts bis auf 6,8, im Muskel bis auf 6,4. Diese Werte werden im *sportlichen Wettkampf* und *Training* fast immer erreicht, ohne daß die Betroffenen Dauerschäden davontragen. In *Notsituationen* können ausgeprägtere Erschöpfungszustände auftreten; bleibende Schäden sind dann nicht auszuschließen. Die Dauer der nach erschöpfenden Leistungen benötigten Erholungszeit hängt vom Grad der Erschöpfung ab. – Schwerarbeit über lange Zeit oder häufige, extreme Beanspruchungen ohne ausreichende Erholungspausen können das Zustandsbild der **chronischen Erschöpfung** herbeiführen, das durch *langanhaltende Störungen* oder lebensbedrohliche Zusammenbrüche von Regulationssystemen gekennzeichnet ist (z.B. Versagen der Nebennierenrindenfunktion).

Entgegen früherer Auffassung weiß man heute, daß physische Höchstleistungen beim Gesunden keine wesentlichen Störungen im Herz-Kreislauf-System auslösen. Bei körperlicher Schwerarbeit ermüdet der Skeletmuskel eher als der Herzmuskel; das „Sportlerherz" (S. 700) ist ein angepaßtes und kein krankes Herz. Liegen jedoch Herzerkrankungen vor, z.B. Sklerose der Coronargefäße, besteht bei körperlicher Schwerstarbeit die Gefahr einer Schädigung des Herzens; entsprechendes gilt beim Doping (S. 698f.). Nur sehr selten kommt es im Erschöpfungszustand auch bei völlig Gesunden zum plötzlichen tödlichen Zusammenbruch, vermutlich durch Kammerflimmern.

Notfallreaktion und Adaptationssyndrom stehen in engem Zusammenhang mit vegetativem Nervensystem und endokrinem System. Beide Systeme reagieren auf verschiedenste Belastungen in stereotyper Weise: Zuerst werden *Adrenalin* und *Noradrenalin* ausgeschüttet, dann wird über eine vermehrte *ACTH*-Ausschüttung die Glucocorticoidsekretion stimuliert. Ist diese Reaktion besonders stark ausgeprägt, spricht man von *Notfallreaktion* (CANNON [35]): Der Organismus befindet sich im **Streß**(-zustand) [27]. Die auslösenden Reize bezeichnet man als **Stressoren** (S. 409). Dazu zählt alles, was *starke physische oder psychische Beanspruchungen* auslöst, u.a. körperliche Schwerstarbeit, Kälte und Hitze, inspiratorischer Sauerstoffmangel, Hypoglykämie, Krankheiten, Operationen, Verletzungen, Lärm, Schreck, Angst, Schmerz und Wut. Langdauerndes oder häufiges Einwirken von Stressoren führt zu einem **Adaptationssyndrom** (nach SELYE, [27]) mit Hypertrophie der Nebennierenrinde. — Im Streßzustand können aufgrund der Adrenalinausschüttung (S. 355f.) *autonom geschützte Leistungsreserven* [5] mobilisiert werden (S. 695). Es kommt zu einer *scheinbaren* Steigerung der Leistungsfähigkeit, die mit einem gesundheitlichen Risiko einhergeht (s. auch Doping, S. 698f.). — Besonders die auf den psychischen Bereich einwirkenden Stressoren sollen bei ungenügender Erholung zu den Störungen führen, die man unter dem Begriff der „vegetativen Dystonie" zusammenfaßt; typische Symptome sind Schlafstörungen, Störungen der Kreislaufregulation, plötzliche Schweißausbrüche, chronische Müdigkeit und Minderungen der allgemeinen Leistungsfähigkeit.

Leistungsrückmeldung

Besonders im Sport wird deutlich, daß der Mensch seinen Leistungseinsatz je nach geforderter Leistung und Leistungsreserven *zielgerecht einteilen* kann: Erschöpfung tritt meist erst mit Erreichen des Ziels ein. Ähnliches gilt für Saisonarbeit (z.B. Erntearbeit) und andere termingebundene Arbeiten. — Bei vielen beruflichen Tätigkeiten findet ein Wechsel zwischen schwerer und leichter Arbeit statt, wobei der Leistungseinsatz meist so eingeteilt wird, daß Erschöpfungszustände nur selten auftreten. Normalerweise gelingt es also dem Menschen, *vorzeitige Ermüdung oder Erschöpfung zu vermeiden* und somit die Leistungsreserven bestmöglich zu nutzen; offensichtlich kann er das Ausmaß seiner Muskelaktivität optimal auf ein räumliches oder zeitliches Ziel abstimmen. Betrachtungen dieser Art führten zu der Hypothese, daß der Mensch über einen *Regelmechanismus zur Einteilung des Leistungseinsatzes* verfügt [46]. Erschöpfung und Überlastungssyndrom wären demnach Zeichen einer Dekompensation dieses Regelmechanismus. Sie erzwingen Erholung und verhindern so als „Notbremse" einen völligen Zusammenbruch. Zur Dekompensation kommt es, wenn das *Wechselspiel zwischen Ermüdung und Erholung* durch äußere Vorgaben beeinträchtigt wird, z.B. durch bestimmte Formen der Fließbandarbeit, besondere Motivation (Prämien) oder Störungen der Leistungsrückmeldung (Doping, S. 698f.).

26.6 Variabilität der Leistungsfähigkeit

Tagesrhythmus

Bei zahlreichen für die körperliche und geistige Leistungsfähigkeit maßgeblichen Meßgrößen wurden tagesrhythmische Schwankungen nachgewiesen. Im Alltag sind diese Schwankungen häufig von äußeren Einwirkungen überdeckt, „*maskiert*"; daher wurden die meisten Versuche zum Nachweis solcher Rhythmen in völliger Isolation von der Umwelt durchgeführt. Dabei ließ sich zeigen, daß derartige Rhythmen durch äußere *Zeitgeber* unterschiedlichster Art auf den Cyclus „24-h-Tag" synchronisiert werden. Systematische Untersuchungen über den Tagesgang beruflicher Leistungen und denjenigen von Testleistungen im Labor lassen erkennen, daß sein Verlauf nicht nur von Mensch zu Mensch, sondern auch in Abhängigkeit von der Anforderung sehr variiert. — Bei der häufig wiedergegebenen Kurve für die Abhängigkeit der sogenannten „physiologischen Leistungsbereitschaft" von der Tageszeit (Abb. 26-18) handelt es sich um eine Mittelwertkurve einer kleinen

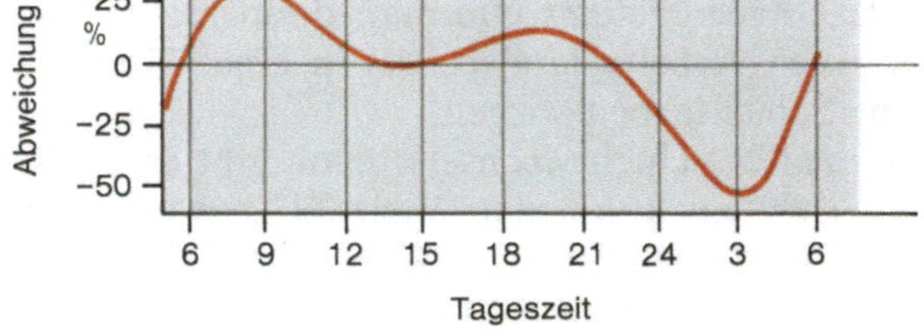

Abb. 26-18. Abhängigkeit der mittleren sog. „physiologischen Leistungsbereitschaft" von der Tageszeit. *Ordinate:* Prozent der Abweichung vom Tagesdurchschnitt. Nach [5]

Gruppe für die *Tagesperiodik der Vigilanz* (Aufmerksamkeit) verschiedener Männer über einen Zeitraum von 19 Jahren, die auf der Fehlerrate beim Ablesen und Protokollieren von Gaszählerständen beruht. Somit gilt diese Kurve weder für alle Menschen, noch darf sie auf alle beruflichen Anforderungen übertragen werden.

Schichtarbeit

Die geläufigste Form der Schichtarbeit ist das Dreischichten-(Wechselschicht-)system. Drei *8stündige* Arbeitsschichten folgen aufeinander, die meist um 6, 14 und 22 Uhr beginnen [14, 31]. Beim Dreischichten-System tritt eine *Desynchronisation der äußeren Zeitgeber* (S. 147f.) auf: Die *terrestrischen* Zeitgeber (in Abhängigkeit von der Erdumdrehung) bleiben konstant, während ein Teil der *sozialen* Zeitgeber je nach Arbeitsschicht variiert. Daraus können sich Anpassungsschwierigkeiten, besonders in den ersten Tagen nach einem Schichtwechsel, ergeben. Es ließ sich nachweisen, daß im Hinblick auf biologische Rhythmen normalerweise eine vollständige Gewöhnung an Schichtarbeit nicht stattfindet. Die wesentlichen Probleme für Schichtarbeiter ergeben sich allerdings aus dem qualitativ wie quantitativ unzureichenden Schlaf, unbefriedigenden Ernährungsbedingungen bzw. -gewohnheiten und der sozialen Entfremdung in bezug auf das Familien- und Freizeitleben.

Die Gewöhnung an dauernde Nacht- und Schichtarbeit ist interindividuell verschieden. Während manche Menschen dauernde Schichtarbeit ohne größere Beschwerden vertragen (z.B. im Gaststätten- und Zeitungsgewerbe, als Dauernachtwachen im Krankenhaus), gelingt dies anderen nicht. Insofern muß man davon ausgehen, daß es je nach Disposition und aktueller Situation — sei es die Art des Schichtdienstes oder der private Bereich — für Schichtdienst mehr oder weniger geeignete Menschen gibt, was sich oft erst während der ersten Monate einer Schichtarbeit herausstellt, z.B. durch das Auftreten *funktioneller Erkrankungen.* Im Falle Ungeeigneter sollte man dann rechtzeitig für einen Arbeitsplatzwechsel in eine Tätigkeit ohne Schichtarbeit sorgen.

Ein ideales Schichtwechselschema gibt es nicht, was sich auch an der Vielzahl gewachsener Schichtsysteme zeigt. Dies liegt an der Verschiedenheit zahlreicher Randbedingungen, sowohl im Hinblick auf die Arbeitenden als auch auf die Anforderungen. Berücksichtigen Verbesserungsvorschläge die Komplexität eines gewachsenen Schichtsystems und seine Randbedingungen nicht auf angemessene Weise, sind sie nur selten erfolgreich.

Schichtarbeit ist häufig unvermeidbar, so in der industriellen Produktion oder im Dienstleistungsbereich (z.B. in Krankenhäusern). In diesen Bereichen sollte man bei Arbeitsgestaltung und Lebensführung die *erhöhte Erholungsbedürftigkeit* des Schicht- bzw. Nachtarbeiters berücksichtigen.

Menstruationscyclus

Entgegen landläufiger Meinung besteht keine systematische Abhängigkeit der Leistungsfähigkeit vom Menstruationscyclus [7]. Im Sport hat sich gezeigt, daß zwar im Einzelfall eine Abhängigkeit der Leistungsfähigkeit vom Menstruationscyclus bestehen kann, jedoch lassen sich beim *inter*individuellen Vergleich gefundene Änderungen der Leistungsfähigkeit keinen bestimmten Cyclusphasen zuordnen. Sportliche Höchstleistungen hat es zu jeder Cyclusphase gegeben. Eine *Cyclusverschiebung* wegen bevorstehender, schwerer körperlicher Anforderungen ist daher nur in wenigen Fällen sinnvoll.

Erhalt und Steigerung der Leistungsfähigkeit

Erhalt der Leistungsfähigkeit. Hierzu tragen mehrere Faktoren bei, u.a. eine richtige Einteilung des *Leistungseinsatzes* und der Pausen, eine optimale *Ernährung* sowie ein qualitativ und quantitativ ausreichender *Schlaf* [41], (S. 147ff.). In den hochindustrialisierten Ländern beeinträchtigen Fehlernährung und Schlafstörungen Wohlbefinden und Leistungsfähigkeit. Physikalische Einwirkungen (Lärm, Vibration, Hitze) können der Gesundheit schaden und so die Leistungsfähigkeit herabsetzen. Wichtig ist angesichts weiterer Arbeitszeitverkürzungen auch das Verhalten in Urlaub und Freizeit, die immer häufiger mit anstrengenden oder riskanten Tätigkeiten ausgefüllt werden, deren Ziele weder Erholung noch Entspannung sind. Den damit einhergehenden nachteiligen Auswirkungen auf Gesundheit und Umwelt dürfte in Zukunft größere Bedeutung zukommen. Überwachung der Arbeitsplätze und des Gesundheitszustands am Arbeitsplatz sowie die Beratung durch Werk- und Sportärzte tragen über Präventionsmaßnahmen zum Erhalt von Gesundheit und Leistungsfähigkeit bei.

Steigerung der Leistungsfähigkeit. Eine *echte* Steigerung der Leistungsfähigkeit ist *nur durch Training* möglich; andere Einflüsse führen nur zu einer *scheinbaren* Zunahme, da lediglich die autonom geschützten Reserven (S. 695) mobilisiert werden, z.B. durch spezielle Motivation, im Notfall oder durch Pharmaka.

Doping. Darunter versteht man den Versuch, die Leistungsfähigkeit durch Pharmaka zu steigern. Mit bestimmten Substanzen sollen die *autonom geschützten Leistungsreserven mobilisiert* werden, z.B. mit Präparaten, die den Adrenalineffekt nachahmen (künstliche Notfallreaktion), oder mit

Stoffen, die einen *hemmenden Einfluß auf die Leistungsrückmeldung* und damit auf die Rückmeldung der Erschöpfungssymptome bzw. deren Verrechnung ausüben (Psychopharmaka). Daher ist Doping mit großen **gesundheitlichen Risiken** verbunden [9]. Nach Einnahme entsprechender Stimulanzien beobachtete man schwere funktionelle Störungen und bleibende Gesundheitsschäden sowie Zusammenbrüche mit tödlichem Ausgang. Ob derartige Stimulanzien *im Spitzensport* überhaupt den gewünschten Effekt haben, ist durchaus umstritten.
Einen Sonderfall stellen die **Anabolica** dar, mit denen der anabole Effekt männlicher Sexualhormone simuliert wird. Anabolika bewirken einen vermehrten und beschleunigten Eiweißansatz in der Muskulatur. Das gesundheitliche Risiko beruht auf Nebenwirkungen bezüglich des Hormonhaushalts sowie auf dem Eintreten von Überlastungsschäden an Sehnen, Bändern und Gelenken.

26.7 Training und Übung

Anpassungsvorgänge beim Training

Definitionen. Unter *Training* wird das Wiederholen gleichartiger physischer oder psychischer Tätigkeiten verstanden, entweder unter systematischem Aspekt oder spontan im Rahmen alltäglicher Anforderungen. Dabei werden *Anpassungsvorgänge* im Organismus ausgelöst, die eine Zunahme oder den Erhalt der Leistungsfähigkeit bewirken [1, 10, 17, 28]. Oft wird nach recht willkürlichen Kriterien zwischen *Training* und *Übung* unterschieden (z.B. [10, 28]). Im folgenden wird einheitich von *Training* gesprochen.

Analog zu Abb. 26-1 ist unter *Trainingsaufgabe* (bzw. -pensum oder -aufwand) eine Belastung, unter *Training* wiederholtes Leisten und unter *Trainingszustand* die durch Training *mittel- bis langfristig erworbene Anpassung des Organismus* zu verstehen. — *Trainingszustand ist nicht gleichbedeutend mit Leistungsfähigkeit.* Es gibt Menschen, die trotz intensiven Trainings, also in gutem Trainingszustand, nur gerade Durchschnittliches leisten, während andere mit geringem Trainingsaufwand und damit in entsprechend schlechterem Trainingszustand deutlich überdurchschnittliche Leistungen vollbringen. Ursache ist ein weiterer leistungsbestimmender Faktor, die **Begabung (Talent)**. Dieser Begriff schließt leistungsbestimmende Merkmale ein, die *nicht durch Training zu beeinflussen* sind, das Ausmaß der Leistungsfähigkeit jedoch wesentlich bestimmen. Diese Merkmale sind angeboren oder werden im Verlauf der frühkindlichen Entwicklung erworben und fixiert. Die aktuelle Leistungsfähigkeit hängt somit von Trainingszustand *und* Begabung ab.

Die durch Training erzielbare **Leistungssteigerung** hängt vom *Trainingspensum* ab, also von *Trainingsintensität* und *Trainingsdauer*. Wie Abb. 26-19 schematisch zeigt, nimmt die Leistung bei konstantem Trainingspensum in der

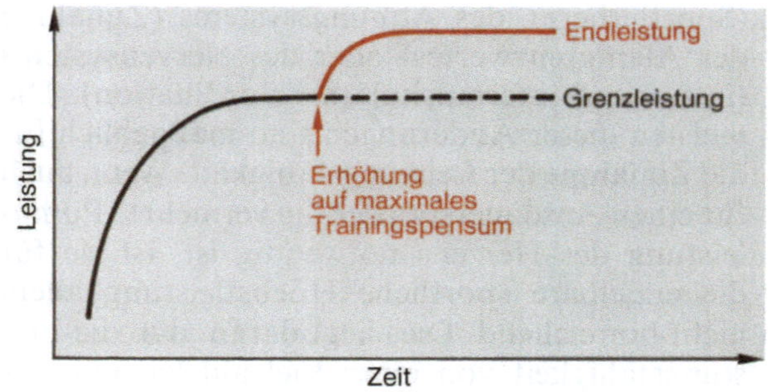

Abb. 26-19. Zur Definition von Grenzleistung und Endleistung

Anfangsphase einer Trainingsperiode erheblich zu. Je länger die Trainingsperiode dauert, desto geringer wird der Leistungszuwachs, bis schließlich ein *Leistungsplateau* erreicht wird **(Grenzleistung)**. Eine weitere Steigerung der Leistungsfähigkeit ist dann nur noch durch Ausweitung des Trainingspensums möglich. Das mit dem größtmöglichen Pensum erreichbare Leistungsplateau entspricht der **Endleistung**; fortgesetztes Training erbringt keine weitere Steigerung der Leistungsfähigkeit. Dieser zeitliche Ablauf gilt im Prinzip für alle Formen des Trainings. Nach Beendigung eines Trainings sind die innerhalb der Funktionssysteme erzielten Anpassungen reversibel; dabei gilt für die Anpassungen im Herz-Kreislauf- und Muskelsystem: ein *schnell erworbener Trainingszustand geht auch schnell wieder verloren*. Dies trifft jedoch nicht für den Bereich der zentralnervösen Koordination zu: Einmal *erlernte Bewegungsmuster* (z.B. Schreiben, Klavierspielen) *gehen nur sehr langsam verloren*, auch dann, wenn sie jahrelang nicht trainiert werden.

Anforderungsspezifisches Training. Primär gilt: Man soll denjenigen Bewegungsablauf trainieren, für den eine Zunahme der Leistungsfähigkeit erreicht werden soll. Nur ein anforderungsspezifisches Training führt zur *optimalen Anpassung aller* für eine spezielle Leistung maßgeblichen *Komponenten*. Wer seine Geschicklichkeit beim Operieren verbessern will, muß operieren; wer seine Leistungen im Rudern verbessern will, muß rudern. Andere Trainingsformen können das anforderungsspezifische Training lediglich unterstützen.

Spezielle Trainingsformen. Spezielle Trainingsformen, wie z.B. *Ausdauer-, Intervall-* und *Krafttraining*, ergeben einen Leistungsgewinn nur für den jeweils trainierten Bereich der Leistungsfähigkeit. Sie führen je nach Art und Gestaltung des Trainings zu sehr verschiedenen Anpassungsvorgängen, zu Anpassungen des Muskels (Stoffwechsel bzw. Querschnitt), des Herzens

(Sportlerherz), des Atmungssystems (Zunahme des Atemgrenzwertes) oder des Nervensystems (intra- und intermuskuläre Koordination). Die meisten dieser Änderungen sind maßgeblich für die Zunahme der Leistungsfähigkeit. Wenn auch für einen Ausdauersportler die vermehrte Pumpleistung des Herzens notwendig ist, ist sie für die erzielbare sportliche Höchstleistung allein nicht hinreichend. Dies liegt daran, daß die Leistungsfähigkeit von einer Vielzahl leistungsbestimmender Komponenten abhängt.

Ausmaß der Anpassung. Um das Ausmaß einer durch planmäßiges Training erworbenen Anpassung zu beurteilen, muß zunächst die *Ausgangslage* betrachtet werden. Jeder gesunde Mensch unterliegt im Rahmen seiner *Alltagsbeschäftigung* einer *Vielzahl von Trainingsreizen*, die zwar nur gering sind, deren Bedeutung jedoch nicht unterschätzt werden darf. Das wird besonders an den Folgen einer *Immobilisierung*, z.B. durch Bettlägerigkeit oder Gipsverbände, deutlich: Es kommt zu einer *Inaktivitätsatrophie* der Muskulatur. Man kann davon ausgehen, daß jede Verminderung der Aktivität zu einem Verlust an Trainingszustand und damit an Leistungsfähigkeit führt und umgekehrt. Daher findet sich in Abhängigkeit von Art und Umfang der Alltagsaktivitäten nicht nur ein *inter*individuell unterschiedlicher, sondern auch *intra*individuell wechselnder Anpassungs- bzw. Trainingszustand.

Ausdauertraining führt zu deutlichen Änderungen zahlreicher physiologischer Größen (Tabelle 26-2). Besonders auffallend ist die Zunahme von Herzvolumen (Dilatation des Herzens) und Herzgewicht (Hypertrophie der Wandmuskulatur). Hierbei handelt es sich um eine trainingsbedingte physiologische Anpassung des Herzens (*Sportlerherz*) ohne Krankheitswert, die früher fälschlicherweise als Herzinsuffizienz gedeutet wurde. Auch die Zunahme der Vitalkapazität ist bei Ausdauersportlern deutlich, jedoch kaum relevant für die Leistungsfähigkeit. Begrenzend für die Ausdauerleistungsfähigkeit ist im wesentlichen die Sauerstoffversorgung der Muskulatur und insofern das maximale Herzzeitvolumen, nicht aber die Atmung.

Tabelle 26-2. Verschiedene physiologische Parameter von 2 25jährigen, 70 kg schweren Männern (Nichtsportler und Ausdauersportler)

Meßgröße	Nichtsportler	Ausdauersportler
Herzfrequenz in Ruhe, liegend (min^{-1})	80	40
Herzfrequenz, maximal (min^{-1})	180	180
Schlagvolumen in Ruhe (ml)	70	140
Schlagvolumen, maximal (ml)	100	190
Herzzeitvolumen in Ruhe (l/min)	5,6	5,6
Herzzeitvolumen, maximal (l/min)	18	35
Herzvolumen (ml)	700	1400
Herzgewicht (g)	300	500
Atemzeitvolumen, maximal (l/min)	100	200
Sauerstoffaufnahme, maximal (l/min)	2,8	5,2
Blutvolumen (l)	5,6	5,9

Trainierbarkeit und Lebensalter. Beim Erwachsenen nimmt mit zunehmendem Lebensalter die Trainierbarkeit ab, z.B. diejenige der Muskelkraft. Da die Trainierbarkeit jedoch nicht nur vom Lebensalter, sondern auch von individuellen Gegebenheiten abhängt, finden sich in jeder Altersklasse Menschen, die auf Trainingsreize mehr oder weniger gut ansprechen. — Durch regelmäßiges Training kann die mit zunehmendem Lebensalter auftretende Minderung der Leistungsfähigkeit deutlich verringert bzw. verzögert werden; auch ein erst im Alter einsetzendes Training kann die Leistungsfähigkeit noch steigern.

Bewegungsmangel und Bewegungstherapie

Bewegungsmangel führt zu einem Verlust an körperlicher Leistungsfähigkeit, z.B. Inaktivitätsatrophie der Muskulatur oder Abnahme des Ausdauertrainingszustands. Eine verminderte Leistungsfähigkeit darf jedoch *nicht mit „krank"*, eine hohe Leistungsfähigkeit nicht mit *„besonders gesund"* gleichgesetzt werden. Körperliche Aktivität steigert oder erhält zwar die Leistungsfähigkeit, kann aber gleichzeitig auch der Gesundheit schaden (Berufskrankheiten, Sportverletzungen). Solchen Schäden sollte im Sinne von Unfallverhütung und sonstigen Präventionsmaßnahmen vorgebeugt werden (besonders durch Werk- und Sportärzte).
Bewegungsmangel wird häufig als bedeutender epidemiologischer *Risikofaktor* dargestellt. Im Gegensatz zu den als wesentlich erkannten Risikofaktoren Rauchen, Bluthochdruck, Diabetes mellitus und Fettstoffwechselstörungen, die auch schon bei *alleinigem* Vorkommen die statistische Lebenserwartung deutlich senken, ist der *Bewegungsmangel als Risikofaktor umstritten* [26, 43]. Möglicherweise hat körperliche Aktivität beim Vorliegen eines Risikofaktors einen gewissen prophylaktischen Wert, z.B. hinsichtlich der typischen Komplikationen bei Patienten mit Bluthochdruck und Stoffwechselstörungen.

Bewegungstherapie. Neben dem *prophylaktischen* kann körperliche Arbeit auch einen *the-*

rapeutischen Wert haben, so Ausdauertraining bei Herz-Kreislauf-Patienten oder Gymnastik bei Erkrankungen im Bereich des Muskel- und Skeletsystems. Bewegung als Therapie sollte zum Wohl des kranken Menschen nicht ohne ärztliche Verordnung und nur unter fachkundiger Aufsicht eingesetzt werden. Der angestrebte therapeutische und prophylaktische Nutzen muß gegen die gesundheitlichen Risiken der Bewegungstherapie (Sportunfälle) abgewogen werden, wobei durchaus zu berücksichtigen ist, daß bei vielen, wenn auch nicht allen, Menschen körperliche Aktivität zum allgemeinen Wohlbefinden beiträgt.

26.8 Leistungs- und Eignungstests

Tests sind Meß- oder Prüfinstrumente, mit denen bestimmte Persönlichkeits- oder Verhaltensmerkmale erfaßt werden [15]. Sie haben ihre Bedeutung in der Arbeits- und Sportphysiologie ebenso wie in der klinischen Diagnostik oder bei Examina. Es gibt *„gute"* und *„schlechte"* Tests; die Brauchbarkeit eines Tests hängt von den sog. **Gütekriterien** ab. Man unterscheidet zwischen *Hauptgütekriterien* (Objektivität, Reliabilität, Validität) und *Nebengütekriterien* (Normiertheit, Vergleichbarkeit, Ökonomie, Nützlichkeit) [15].

Hauptgütekriterien

Objektivität. Kennzeichen objektiver Tests ist es, daß sie *unabhängig vom jeweiligen Untersucher* sind. Da viele Tests bereits bei der Durchführung einen erfahrenen Prüfer erfordern, ist schon dadurch eine vollständige Objektivität nur selten gegeben.

Reliabilität *(Meßgenauigkeit, Zuverlässigkeit).* Unter Reliabilität versteht man den Grad der Genauigkeit, mit dem ein Persönlichkeits- oder Verhaltensmerkmal erfaßt wird. Die Reliabilität hat mehrere Aspekte, die u.a. von der Art des Tests und vom Prüfer abhängen.

Validität *(Gültigkeit, Aussagefähigkeit).* Die Validität gibt den Grad der Genauigkeit an, mit dem ein Test dasjenige Persönlichkeits- oder Verhaltensmerkmal, das er messen soll oder zu messen vorgibt, tatsächlich mißt. Auch die Validität hat mehrere Aspekte.
So muß z.B. bei Leistungstests oder klinisch-diagnostischen Tests geprüft werden, ob tatsächlich eine spezifische Leistungsfähigkeit bzw. ein Krankheitsmerkmal erfaßt wird. Daher ist ein kritischer Vergleich des erhaltenen Ergebnisses mit einem bei einem anderen Verfahren gewonnenen Ergebnis *(Außenkriterium)* vorzunehmen, d.h. mit einem Ergebnis, das unabhängig von dem zu prüfenden Test gewonnen wurde und dessen Aussagefähigkeit gesichert ist. — Bei der Entwicklung neuer Testverfahren ist deren *Validität meist das schwierigste Problem.* Ein Bezug auf die *Plausibilität* genügt nicht; dies führt immer wieder zu Fehlinterpretationen und bleibt daher unbefriedigend.
Betrachten wir als *Beispiel* die Bestimmung der *Vitalkapazität,* die sich mit Spirometern objektiv messen läßt und bei Wiederholungsmessungen gut übereinstimmende (reliable) Ergebnisse zeigt; Bedingung ist, daß die Testperson kooperiert. Da viele ausdauertrainierte Sportler eine erhöhte Vitalkapazität aufweisen, mag in bezug auf die Validität dieses Tests folgende Aussage plausibel klingen: „Die Bestimmung der Vitalkapazität gibt Auskunft darüber, wie ausdauerleistungsfähig ein Mensch ist." — Auch Opernsänger und Blasmusiker besitzen eine erhöhte Vitalkapazität, ohne daß im sportphysiologischen Sinn eine erhöhte Ausdauerleistungsfähigkeit vorliegt. Die Vitalkapazität läßt sich nämlich allein durch gezielte Atmungsgymnastik erhöhen, wobei aber nicht erwartet werden darf, daß deswegen die Ausdauerleistungsfähigkeit steigt (S. 693). Eine Überprüfung der Testgröße „Vitalkapazität" am Außenkriterium der 5000-m-Laufzeit (typische Ausdauerleistung) würde zeigen, daß weder ein Opernsänger noch ein Blasmusiker gute Leistungen bringt. Die Aussage muß demnach wie folgt formuliert werden: „Die Testgröße ‚Vitalkapazität' gibt an, welches Volumen aufgrund der atmungsmechanischen Gegebenheiten bei einem Atemzug maximal ventiliert werden kann." Der Test erfaßt also einen Aspekt der Atmungsmechanik und nicht die Ausdauerleistungsfähigkeit (S. 700).
Sind Reliabilität und Validität eines Tests gut, können Probanden mit unterschiedlicher Ausprägung eines Merkmals auch gut voneinander getrennt werden, was zu richtig-positiven und richtig-negativen Entscheidungen führt. *Eine 100%ige Richtigkeit der Entscheidungen gibt es nicht, was sich daran zeigt, daß in der Praxis immer wieder falsch positive und falsch negative Entscheidungen vorkommen.* Als Kriterien für den Grad richtiger Entscheidungen gelten Spezifität und Sensivität eines Tests. Unter **Spezifität** versteht man das Ausmaß, mit dem ein Test zu richtig-negativen Entscheidungen führt (berechnet als Relation von richtig-negativen Entscheidungen zur Gesamtzahl der ein Merkmal nicht aufweisenden Probanden). Unter **Sensitivität** versteht man das Ausmaß, mit dem ein Test zu richtig-positiven Entscheidungen führt (berechnet als Relation von richtig-positiven Entscheidungen zur Gesamtzahl der das Merkmal aufweisenden Probanden).

Normwertproblem

Eine diagnostische Aussage ist oft nur möglich, wenn ein *repräsentativer Bezugswert* (Referenzwert) vorhanden ist. Das Ermitteln und Festlegen von Normwerten gestaltet sich in der Praxis viel schwieriger, als es primär den Anschein hat (s. [16] u. *Durchschnittsgewicht*, S. 730). Es genügt *nicht*, irgendwelche *„gesunden" Versuchspersonen* herauszugreifen und als Norm den *Mittelwert* der gewonnenen Meßergebnisse zu setzen, und zwar aus folgenden Gründen: 1. Der Begriff *„gesund"* ist nicht exakt genug definiert (S. 683). 2. Die *interindividuelle Variabilität* ist auch bei „Gesunden" erheblich, z.B. in Abhängigkeit von individuellen Eigenarten, Alter und Geschlecht. 3. Auch die *intraindividuelle Variabilität* ist zu berücksichtigen, so werden nach körperlicher Aktivität z.T. erhebliche Abweichungen physiologischer Größen von der Norm gefunden, ohne daß ein krankhafter Zustand vorliegt. 4. Abweichungen von einem Normbereich brauchen nicht mit einem krankhaften Zustand identisch zu sein, weil zwischen normal-gesund und anomal-krank oft ein weiter Bereich von anomal-gesund mit fließenden Übergängen in beiden Richtungen liegt.

Leistungstests

Physiologische Leistungstests (Übersicht [18, 30, 32]) sind diagnostische Verfahren zur Bestimmung der sog. körperlichen Leistungsfähigkeit, die wie jedes diagnostische Verfahren ein *Risiko* einschließen. Bei ergometrischen „Vita-maxima-Tests" bis zur physischen Erschöpfung ist das Risiko für Gesunde nur gering. Dies gilt nicht für Patienten: Ärztliche Indikationsstellung und Aufsicht sollten in diesen Fällen gewährleistet sein. Prinzipiell gilt: Mit derartigen Tests erfaßt man lediglich die Leistungsfähigkeit für die jeweils geprüfte Aufgabe. Wenn man auf der Basis eines Leistungstests auf die Fähigkeit für andere, auch ähnliche Aufgaben schließt, stellen sich zwangsläufig Übertragungsverluste ein. Daher gibt es im engeren Sinne weder die körperliche Leistungsfähigkeit noch die Ausdauerleistungsfähigkeit an sich, sondern nur mit dem Zusatz *„für"* eine bestimmte Aufgabe, z.B. für Laufen, Radfahren oder Rudern. Aus Vergleichsgründen wird das Meßergebnis üblicherweise auf das Körpergewicht (KG) bezogen. — Häufig benutzte Tests mit bekannten Gütekriterien sind:

Maximale Sauerstoffaufnahme ($\dot{V}_{O_2\,max.}$). Die maximale Sauerstoffaufnahme ist ein pauschales Maß für die *aerobe Leistungskapazität* des Organismus. Man mißt sie bei *kontinuierlich oder stufenweise ansteigender Ergometerleistung:* Die Sauerstoffaufnahme steigt zunächst gleichmäßig an und geht dann mit dem Erreichen des Erschöpfungsbereichs auf einen Plateauwert (maximale Sauerstoffaufnahme, S. 688) über. Der Durchschnittswert für einen 70 kg schweren, erwachsenen Mann liegt bei rund *3,0 l/min bzw. 43 ml·min⁻¹·kg⁻¹*. Bei hochtrainierten Ausdauersportlern findet man bis zu doppelt so hohe Werte.

Arbeitskapazität — „working capacity" — W_{170} oder PWC_{170}. Man bestimmt ebenfalls bei kontinuierlich oder stufenweise ansteigender Ergometerleistung diejenige Leistung in Watt, bei der die Herzfrequenz den Wert von 170 min^{-1} erreicht. Da ältere Menschen eine niedrigere maximale Herzfrequenz haben, wird entweder auf den Wert von 170 min^{-1} extrapoliert oder eine andere Bezugsfrequenz, z.B. 130 min^{-1}, festgelegt und dann von W_{130} gesprochen. Die Validität ähnelt derjenigen des Tests „maximale Sauerstoffaufnahme". Allerdings ist der W_{170}-Test weniger genau als die Bestimmung der maximalen Sauerstoffaufnahme; er ist wegen seiner guten Ökonomie in bezug auf Zeit und Kosten jedoch für Reihenuntersuchungen besonders geeignet. — Für 20- bis 30jährige Nichtsportler gelten folgende Richtwerte: Frauen *2,3 W/kg*, Männer *2,8 W/kg*. Auch hier findet man bei hochtrainierten Ausdauersportlern bis zu doppelt so hohe Werte.

Aerob/anaerober Übergang und anaerobe Schwelle. Bei ansteigender Ergometerleistung wird diejenige Leistung bestimmt, bei der die *Lactatkonzentration* im Blut Werte von 2 bzw. 4 mmol/l überschreitet (vgl. S. 694). Das Testergebnis läßt bessere Rückschlüsse auf die *Langzeitausdauer* im Stundenbereich zu als die maximale Sauerstoffaufnahme. 20- bis 30jährige Männer erreichen den aerob/anaeroben Übergang bei einer Leistung von etwa *1,25 W/kg*, die anaerobe Schwelle bei etwa *2,5 W/kg*.
Die Lage der *anaeroben Schwelle*, bezogen auf die maximale Sauerstoffaufnahme (=100%), erlaubt dagegen Rückschlüsse auf trainingsbedingte *Anpassungsvorgänge in der Muskulatur* (Trainingszustand): Bei Untrainierten liegt die anaerobe Schwelle bei etwa 50–60%, bei hochtrainierten Ausdauersportlern bei etwa 80% der maximalen Sauerstoffaufnahme.

Herzvolumen. Das Herzvolumen kann *echokardiographisch* (mit Ultraschall) oder *röntgenologisch* bestimmt werden. Es ist *kein* direktes Maß für die Leistungsfähigkeit, sondern ein Maß für die trainingsbedingte Anpassung des Herzens an körperliche Ausdaueraktivitäten *(Ausdauertrainingszustand)*. Bei gesunden Nichtsportlern beträgt das Herzvolumen etwa *10 ml/kg*. Bei hochtrainierten Ausdauersportlern findet man bis zu doppelt so hohe Werte (vgl. Sportlerherz, S. 700).

Bedeutung des Körpergewichts. Ergebnisse von Leistungstests werden häufig auf das Körpergewicht bezogen (Relativwerte, S. 731). Ein pauschales Vorgehen ist jedoch im Hinblick auf den Einzelfall nicht angebracht, vielmehr sind die jeweiligen Anforderungen zu berücksichtigen, und zwar aus folgenden Gründen:
1. Soll nur das eigene Körpergewicht bewegt werden, sind leistungsphysiologische Meßgrößen verschiedener Individuen am besten vergleichbar, wenn man sie auf das Körpergewicht bezieht.
2. Sollen schwere Lasten transportiert werden, ist es sinnvoll, die absolute Leistungsfähigkeit zugrunde zu legen oder die Meßergebnisse auf das Gesamtgewicht (Körpergewicht + Lastgewicht) zu beziehen.
3. Soll die Leistungsfähigkeit der Muskulatur beurteilt werden, ist ein Bezug auf die Muskelmasse (mit der die fettfreie Körpermasse = „Lean Body Mass", S. 731, korreliert) zu bevorzugen.

Interpretation von Leistungstests. Haben sich Reliabilität und Validität eines Tests als gut erwiesen, können präzise und aussagekräftige Testergebnisse erwartet werden, allerdings mit 2 Einschränkungen:
1. Das Testergebnis gilt genau genommen nur für die jeweils geprüfte Testleistung.
2. Das Testergebnis gilt nur für die Leistungsfähigkeit zum Zeitpunkt der Untersuchung.

In vielen Fällen interessiert neben der aktuellen die *zukünftige Leistungsfähigkeit*, z.B. bei der Suche nach Talenten für bestimmte berufliche Aufgaben oder Sportdisziplinen. Insofern hat die Suche nach für bestimmte Aufgaben Geeigneten 2 Aspekte:
1. Man sucht Personen, die *sofort* ohne Training oder Schulung für bestimmte Aufgaben geeignet sind *(aktuelle Eignung = Tauglichkeit)*; aktuelles Leistungs- und Anforderungsprofil sollen weitgehend übereinstimmen.
2. Man sucht Personen, die *nach* Training oder Schulung eine Eignung für bestimmte Aufgaben, also eine *zukünftige* Übereinstimmung von Leistungs- und Anforderungsprofil, erwarten lassen *(zukünftig Geeignete, Begabte)*.

Eignungsprüfungen. Die aktuelle Eignung *(Tauglichkeit)* kann entweder in einem längeren Expositionsversuch im fraglichen Aufgabengebiet *(„Probegalopp")* oder mit einer mehrteiligen Testanordnung *(Testbatterie)*, die Teilfähigkeiten für die zugedachte Aufgabe erfaßt, geprüft werden. Verläßliche Prognosen über die zukünftige Leistungsfähigkeit sind dabei kaum möglich. — Eine durch Training oder Schulung erreichbare, also *zukünftig zu erwartende Leistungsfähigkeit* kann nur mit *trainingsunabhängigen* Begabungstests erfaßt werden; solche Tests sind jedoch ausgesprochen selten. Die meisten „Begabungstests" können durch spezielles Testtraining unterlaufen werden (auch Intelligenztests). — Von den Eignungsprüfungen zu unterscheiden ist die *arbeitsmedizinische Vorsorgeuntersuchung* nach berufsgenossenschaftlichen Grundsätzen *(„Eignungsuntersuchung")*; sie umfaßt unter dem Aspekt der gesundheitlichen Eignung Einstellungsuntersuchungen und Untersuchungen zur Überwachung des Gesundheitszustands.

Leistungsprognose. Wenn es schon schwierig ist, die aktuelle Eignung durch Tests zu erfassen, so gilt dies erst recht für die zukünftige Eignung. Die Vorhersagbarkeit einer zukünftigen Leistungsfähigkeit mag unter gewissen Bedingungen für Gruppen möglich sein, im Einzelfall sind ihr jedoch prinzipielle Grenzen gesetzt. Insofern haben prognostische Verfahren für den Einzelfall nur eine sehr begrenzte Aussagekraft; dies gilt für alle Verfahren zur Talentsuche im beruflichen und sportlichen Bereich. Aussagen über die aktuelle oder zukünftige Leistungsfähigkeit eines Menschen dürfen nicht *formalistisch* gesehen werden. Ob eine Eignungsprüfung wirklich alle leistungsbestimmenden Faktoren erfaßt, bleibt meistens offen, da *Leistung immer multifaktoriell* bedingt ist. Zudem macht die Natur Sprünge: So mancher ist schon über sich selbst hinausgewachsen. Man sollte daher von einer Prognose über zukünftig zu erwartende Leistungen nicht zu viel erwarten, ähnlich wie bei der Wetterprognose, die sich immerhin auf jahrzehntelange Erfahrungen stützen kann. — Angesichts der heute in Industrie und Sport mit aufwendigem Einsatz von Testbatterien und Computern durchgeführten „Eignungsprüfungen" soll abschließend darauf hingewiesen werden, daß das Problem prognostischer Aussagen bei der *Validität der Tests* und bei der *Interpretation* der Ergebnisse, *nicht jedoch beim Testaufwand* liegt.

Bewährung. Letztlich kommt bei der Auswahl von für bestimmte Aufgaben Geeigneten der Bewährung die entscheidende Rolle zu. Sie ist das wesentliche Kriterium der Eignung für den geforderten Aufgabenbereich. Eine Vorauswahl, z.B. auf der Basis von Tests, kann lediglich Hilfestellung leisten und den Kreis der in Frage kommenden Personen eingrenzen, ohne daß dadurch Irrtümer in der einen oder anderen Richtung ausgeschlossen sind.

26.9 Literatur

Weiterführende Lehr- und Handbücher

1. Åstrand, P.-O., Rodahl, K.: Textbook of work physiology. New York: McGraw-Hill 1977
2. Baust, W. (Ed.): Ermüdung, Schlaf und Traum. Frankfurt/M: Fischer 1971
3. Franz, I.-W.: Ergometrie bei Hochdruck- und Koronarkranken in der täglichen Praxis. Berlin — Heidelberg — New York — Tokyo: Springer 1984
4. Galbo, H.: Hormonal and metabolic adaptation in exercise. Stuttgart — New York: Thieme 1983
5. Graf, O.: Arbeitsablauf und Arbeitsrhythmus. In: [14]
6. Grandjean, E.: Physiologische Arbeitsgestaltung. Thun — München: Ott 1979
7. Hildebrandt, G. (Ed.): Biologische Rhythmen und Arbeit. Wien — New York: Springer 1976
8. Hollmann, W.: Höchst- und Dauerleistungsfähigkeit des Sportlers. München: Barth 1963
9. Hollmann, W. (Ed.): Zentrale Themen der Sportmedizin. Berlin — Heidelberg — New York — Tokyo: Springer 1986
10. Hollmann, W., Hettinger, T.: Sportmedizin — Arbeits- und Trainingsgrundlagen. Stuttgart — New York: Schattauer 1984
11. Keul, J., Doll, E., Keppler, D.: Muskelstoffwechsel. München: Barth 1969
12. Keul, J., Berg, A.: Energiestoffwechsel und körperliche Leistung. In: [9]
13. Keul, J., Haralambie, G.: Energiestoffwechsel und körperliche Leistung. In: Hollmann, W. (Ed.): Zentrale Themen der Sportmedizin. Berlin — Heidelberg — New York: Springer 1977
14. Lehmann, G. (Ed.): Handbuch der gesamten Arbeitsmedizin, Bd. 1: Arbeitsphysiologie. Berlin — München — Wien: Urban & Schwarzenberg 1961
15. Lienert, G.A.: Testaufbau und Testanalyse. Weinheim — Berlin — Basel: Beltz 1969
16. Löllgen, H.: Kardiopulmonale Funktionsdiagnostik. Wehr/Baden: Ciba Geigy 1983
17. Marées, H. de: Sportphysiologie. Köln-Mühlheim: Tropon 1979
18. Mellerowicz, H. (Ed.): Ergometrie, München — Berlin — Wien: Urban & Schwarzenberg 1979
19. Müller, E.A.: Die physische Ermüdung. In: [14]
20. Nadel, E.R.: Problems with temperature regulation during exercise. New York: Academic Press 1977
21. Nöcker, J.: Physiologie der Leibesübungen für Sportlehrer, Trainer, Sportstudenten, Sportärzte. (4. neubearb. Aufl.), Stuttgart: Enke 1980
22. Reichel, G., Bolt, H.M., Hettinger, T., Selenka, F., Ulmer, H.-V., Ulmer, W.T. (Eds.): Grundlagen der Arbeitsmedizin. Stuttgart — Berlin — Köln — Mainz: Kohlhammer 1985
23. Rohmert, W.: Untersuchung über Muskelermüdung und Arbeitsgestaltung. Berlin — Köln — Frankfurt/M.: Beuth 1962
24. Rohmert, W., Rutenfranz, J. (Eds.): Praktische Arbeitsphysiologie. Stuttgart — New York: Thieme 1983

25. RUTENFRANZ, J.: Entwicklung und Beurteilung der körperlichen Leistungsfähigkeit bei Kindern und Jugendlichen. Basel — New York: Karger 1964
26. SCHWARZ, F.W. (Red.): Herz-Kreislauf-Vorsorgeprogramme in der Bundesrepublik Deutschland. Köln-Lövenich: Deutscher Ärzteverlag 1977
27. SELYE, H.: Streß beherrscht unser Leben. Düsseldorf: Econ 1957
28. STEGEMANN, J.: Leistungsphysiologie. Stuttgart — New York: Thieme 1984
29. THEWS, G.: Der Atemgastransport bei körperlicher Arbeit. Wiesbaden: Steiner 1984
30. ULMER, H.-V.: Zur Methodik, Standardisierung und Auswertung von Tests für die Prüfung der körperlichen Leistungsfähigkeit. Köln-Lövenich: Deutscher Ärzteverlag 1975
31. VALENTIN, H., LEHNERT, G., PETRY, H., RUTENFRANZ, J., STALDER, K., WEBER, G., WITTGENS, H., WOITOWITZ, H.: Arbeitsmedizin, Bd. 1 und Bd. 2, Stuttgart — New York: Thieme 1985
32. VALENTIN, H., HOLZHAUSER, K.P.: Funktionsprüfungen von Herz und Kreislauf. Köln-Lövenich: Deutscher Ärzteverlag 1976
33. WENZEL, H.G., PIEKARSKI, C.: Klima und Arbeit. (2. Aufl.), München: Bayerisches Staatsministerium für Arbeit und Sozialordnung 1982

Einzel- und Übersichtsarbeiten

34. BERGER, M., BERCHTOLD, P., CHAPPERS, H.-J., DROST, H., KLEY, H.K., MÜLLER, W.A., WIEGELMANN, W., ZIMMERMANN-TELSCHOW, H., GRIES, F.A., KRÜSKEMPER, L., ZIMMERMANN, H.: Metabolic and hormonal effects of muscular exercise in juvenile type diabetics. Diabetologia *13*, 355 (1977)
35. CANNON, W.B.: Die Notfallsreaktionen des sympathico-adrenalen Systems. Erg. Physiol. *27*, 380 (1928)
36. DONALD, K.W., LIND, A.R., MCNICOL, G.W., HUMPHREYS, P.W., TAYLOR, S.H., STAUNTON, H.P.: Cardiovascular responses to sustained (static) contractions. Circulation Res. *20*, Suppl. 1, I-15 (1967)
37. HULTÉN, B., THORSTENSSON, A., SJÖDIN, B., KARLSSON, J.: Relationship between isometric endurance and fibre types in human leg muscles. Acta physiol. scand. *93*, 135 (1975)
38. JOHNSON, J.M., ROWELL, L.B., BRENGELMANN, G.L.: Modification of the skin blood flow-body temperature relationship by upright exercise. J. Appl. Physiol. *37*, 880 (1974)
39. KLEIN, G., HILMER, W., MOSER, B.: Weißes Blutbild bei Ergometrie und Langstreckenlauf. Dt. Z. Sportmed. *29*, 8 (1978)
40. KLIMMER, F., AULMANN, H.M., RUTENFRANZ, J.: Katecholaminausscheidung im Urin bei emotional und mental belastenden Tätigkeiten im Flugverkehrskontrolldienst. Int. Arch. Arbeitsmed. *30*, 65 (1972)
41. KNAUTH, P., RUTENFRANZ, J.: Untersuchungen zum Problem des Schlafverhaltens bei experimenteller Schichtarbeit. Int. Arch. Arbeitsmed. *30*, 1 (1972)
42. LIND, A.R., MCNICOL, G.W.: Cardiovascular responses to holding and carrying weights by hand and by shoulder harness. J. Appl. Physiol. *25*, 261 (1968)
43. ROST, R., HOLLMANN, W.: Herz, Gefäßsystem und Sport. Der inf. Arzt *6*, H. 1, 46 (1978)
44. ROWELL, L.B.: Human cardiovascular adjustments to exercise and thermal stress. Physiol. Rev. *54*, 75 (1974)
45. SEYFARTH, H.: The behaviour of motor units in healthy and paretic muscles in man. Acta psych. neurol. (Kbh.) *16*, 261 (1941)
46. ULMER, H.-V.: Physiologische Grundlagen menschlicher Arbeit. In: [22]

27 Umweltphysiologie

H.-V. Ulmer

Der Mensch ist vielfältigen Einwirkungen seiner Umwelt ausgesetzt. Diese Einflüsse setzen im Organismus Regulationsmechanismen in Gang, die innerhalb von Minuten bis Stunden zu kurzfristiger *Umstellung*, innerhalb von Tagen bis Wochen zu langfristiger *Anpassung* des Organismus führen. Dadurch ist es dem Menschen möglich, sich Lebens- und Arbeitsräume in der Höhe und unter Wasser sowie vom Polarkreis bis zum Äquator zu erschließen. – Einwirkungen der Umwelt, z.B. physikalischer oder chemischer Art, bezeichnet man gemäß dem Belastungs-Beanspruchungskonzept (S. 683) als *Umweltbelastungen*. Mit den entsprechend der Vielzahl an Belastungen sehr unterschiedlichen Reaktionen des Organismus befassen sich u.a. Toxikologie, Traumatologie, Allergologie und Physiologie. Reaktionen auf physikalische Einwirkungen betreffen zunächst physiologische Regulationsmechanismen; sie können aber auch gesundheitliche Störungen und Schäden auslösen. Auf wesentliche physikalische Umweltbelastungen, ihre Bedeutung für den Menschen in Beruf und Freizeit sowie ihre physiologischen und ggf. schädigenden Auswirkungen soll im folgenden exemplarisch eingegangen werden.

27.1 Höhe – Unterdruck

Beim Aufenthalt in der Höhe wirken sich im wesentlichen 3 physikalische Einwirkungen belastend auf den Organismus aus: *1.* verminderter O_2-Partialdruck, *2.* vermehrte Strahlenbelastung und *3.* thermische Belastungen. Die wichtigste belastende Einflußgröße ist der mit zunehmender Höhe abnehmende O_2-Partialdruck.

Sauerstoffmangel

Akute und chronische Hypoxie. Mit zunehmender Höhe bleibt zwar die O_2-Fraktion konstant, der O_2-Partialdruck sinkt jedoch proportional zum abnehmenden Luftdruck, z.B. in 5.500 m Höhe auf die Hälfte, ab (Tabelle 27-1). – Die **Reaktionen** des Organismus auf **Sauerstoffmangel** hängen nicht nur vom Ausmaß des Mangels, sondern auch von der Zeitspanne ab, in welcher dieser eintritt [10]. Man unterscheidet zwischen **akuter Hypoxie** (u.a. bei plötzlichem Druckabfall im Flugzeug oder Ausfall eines Atemgeräts), **schnell einsetzender Hypoxie** (u.a. beim Aufstieg mit einer Bergbahn) und **chronischer Hypoxie** (u.a. bei längerem Höhenaufenthalt). Die Höhenverträglichkeit hängt u.a. von der **Art des Aufstiegs** ab: Schnelle Höhenaufstiege werden schlechter als langsame, und aktive Aufstiege (Bergwandern) besser als passive (Bergbahn, Flugzeug) vertragen.

Tabelle 27-1. Luftdruck, inspiratorischer O_2-Partialdruck *(angefeuchtete Einatemluft)* und alveolärer O_2-Partialdruck in Abhängigkeit von der Höhe ü.M. In der letzten Spalte sind die O_2-Fraktionen angegeben, mit denen sich in Meereshöhe die entsprechenden O_2-Partialdrücke simulieren lassen (100 mm Hg ≈ 13,3 kPa)

Höhe ü.M. (m)	Luftdruck (mm Hg)	Inspiratorischer O_2-Partialdruck (mm Hg)	Alveolärer O_2-Partialdruck (mm Hg)	Der Höhe ü.M. entsprechende Fraktion in Meereshöhe
0	760	149	105	0,2095
2000	596	115	76	0,164
3000	526	100	61	0,145
4000	462	87	50	0,127
5000	405	75	42	0,112
6000	354	64	38	0,098
7000	308	55	35	0,085
8000	267	46	32	0,074
10000	199	32		0,055
14000	106	12		0,029
19000	49	0,4		0,014

Höhenkrankheit. Hierunter sind zahlreiche durch *Sauerstoffmangel* ausgelöste Störungen zu verstehen. Allgemein beobachtet man Minderungen der körperlichen und geistigen Leistungsfähigkeit sowie schnell eintretende Ermüdung und Unbehagen. *Spezielle Kennzeichen* der

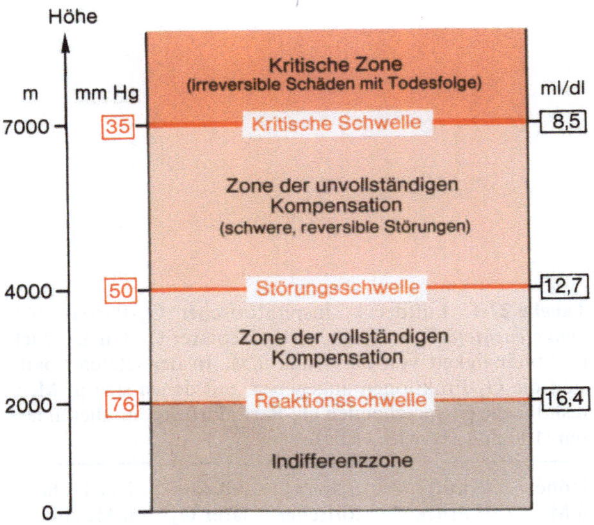

Abb. 27-1. Wirkungsschwellen des höhenbedingten Sauerstoffmangels. Die *rot* umrandeten Zahlen geben den der angegebenen Höhe entsprechenden alveolären O_2-Partialdruck an, die *schwarz* umrandeten Ziffern den Sauerstoffgehalt von in Meereshöhe entsprechend wirkenden Mangelgemischen (s. Tabelle 27-1). Die Angaben gelten nur als Richtwerte für nicht Akklimatisierte (100 mm Hg≈13,3 kPa). Nach [10]

Höhenkrankheit sind Willensschwäche, Schlafbedürfnis, Appetitlosigkeit, Atemnot, Tachykardie, Schwindel, Erbrechen, Kopfschmerzen und Apathie, aber auch Euphorie.. Diese Symptome treten je nach *Disposition* und *Situation* isoliert oder kombiniert auf; ihre Bedeutung als *Warnsymptome* wird oft verkannt. *Gefährlich ist ein sich langsam einschleichender Sauerstoffmangel,* besonders in körperlicher Ruhe, da er ohne vorangehende Warnsymptome zur Bewußtlosigkeit führen kann.

Wirkungsschwellen. Anhand der Auswirkungen des Sauerstoffmangels wird zwischen **4 Zonen** unterschieden, die durch *Wirkungsschwellen* [10] getrennt sind (Abb.27-1). Das Schema darf allerdings nicht zu starr ausgelegt werden, da die Übergänge fließend sind und die Schwellenwerte je nach *Akklimatisation* (S. 707f.) und *Disposition* recht verschieden ausfallen.

Indifferenzzone: Bis zu einer Höhe von 2000 m werden die Funktionen des Organismus und damit u.a. die Höchstleistungsfähigkeit für dynamische Arbeit nur wenig beeinträchtigt.

Zone der vollständigen Kompensation. In Höhen zwischen 2000 und 4000 m reagiert der Organismus bereits in Ruhe auf das verminderte Sauerstoffangebot mit einem geringen Anstieg von Herzfrequenz, Herzzeitvolumen und Atemzeitvolumen. Bei vergleichbarer Arbeit nehmen diese Größen deutlicher als in Meereshöhe zu; physische und psychische Leistungsfähigkeit sind somit spürbar vermindert.

Zone der unvollständigen Kompensation (Gefahrenzone). In Höhen zwischen 4000 und 7000 m treten bei fehlender Höhenakklimatisation verschiedene Störungen auf. Überschreiten der *Störungsschwelle* **(Sicherheitsgrenze)** bei 4000 m führt zu erheblicher Beeinträchtigung von physischer Leistungsfähigkeit, Reaktionsvermögen und Entscheidungsfähigkeit. Es treten Muskelzuckungen, Blutdruckabfall, Lungenödem und schließlich noch reversible Bewußtseinstrübung auf.

Tabelle 27-2. Zeitreserve (Zeitspanne hinreichender Aktionsfähigkeit) in Abhängigkeit von Höhen über 7000 m. Nach [10]

Höhe (km)	7	8	9	10	11	12	15
Zeit (min)	5	3	1,5	1	2/3	1/2	1/6

Kritische Zone: Ab *7000 m* Höhe unterschreitet der O_2-Partialdruck in der Alveolarluft die **kritische Schwelle** von *30–35 mm Hg* (4,0–4,7 kPa); es treten lebensbedrohliche zentralnervöse Störungen mit Bewußtlosigkeit und Krämpfen auf, die nach rascher Erhöhung des inspiratorischen P_{O_2} noch reversibel sind, allerdings nur innerhalb einer kurzen Zeitspanne. Die *Dauer des Sauerstoffmangels spielt in der kritischen Zone die entscheidende Rolle.* Bei zu lange dauernder Hypoxie tritt der **Höhentod** infolge irreversiblen Zusammenbruchs zentralnervöser Regulationen ein.

Höhenrausch. Dieser tritt je nach Disposition und unabhängig von den bisher beschriebenen Reaktionen in Höhen *ab 3000 m* auf [7, 10]. Typische Kennzeichen sind Euphorie, eklatante Fehlentscheidungen und Verkennen von Gefahren, ähnlich wie im Alkoholrausch.

Zeitreserve. Darunter versteht man die kurze Zeitspanne hinreichender Aktionsfähigkeit bei *plötzlichem* Sauerstoffmangel in Höhen über 7000 m (Tabelle 27-2), z.B. bei plötzlichem Druckabfall im Flugzeug. Nach Ablauf der Zeitreserve kommt es zu Bewußtseinstrübungen und anschließend zu irreversiblen Schäden mit Todesfolge.

Atmung reinen Sauerstoffs in der Höhe. Dadurch werden die Wirkungsschwellen verschoben, jedoch nicht aufgehoben. In 14 km Höhe beträgt der inspiratorische P_{O_2} bei Atmung reinen Sauerstoffs 106 mm Hg (14,1 kPa). Im Totraum entfallen bei 37° C auf den P_{H_2O} 47 mm Hg (6,3 kPa; S. 593); es verbleiben rund 60 mm Hg (8,0 kPa) für den inspiratorischen P_{O_2}. Im Alveolarraum befindet sich noch Kohlendioxid mit einem Partialdruck von ca. 30 mm Hg (4,0 kPa, je nach Ausmaß der Hyperventilation variabel, S. 595); daher vermindert sich der P_{O_2} nochmals. Es bleibt ein Rest von 30 mm Hg (4,0 kPa), die **kritische Hypoxieschwelle** ist unterschritten. Sie wird bei Atmung reinen Sauerstoffs zwischen 13 und 14 km Höhe erreicht. Größere Höhen können demnach nur unter Verwendung von *Druckanzügen* oder *Druckkabinen* vertragen werden.

Höhenumstellung

Höhenbelastungen (oder Hypoxien anderer Genese, so bei Herzfehlern) lösen kurz-, mittel-

oder langfristig Veränderungen im Organismus aus. Innerhalb weniger Stunden ablaufende Veränderungen bezeichnet man als *Höhenumstellung*. Höhenaufenthalte von mehreren Tagen bis Monaten führen zur *Höhenakklimatisation* (s.u.).

Kreislauf bei Höhenumstellung. Infolge des O_2-Mangels steigt ab 2000 m Höhe die **Herzfrequenz** in Ruhe an, in 6000 m Höhe erreicht sie Werte von etwa 120 min^{-1}. Bei gleicher körperlicher Arbeit nimmt sie gegenüber Werten in Meereshöhe erheblich zu. Das **Schlagvolumen** ändert sich nur geringfügig, sowohl Zunahme als auch Abnahme wurden beobachtet. Das **Herzzeitvolumen** ist somit in Ruhe gering, bei Arbeit deutlich erhöht. Der **arterielle Blutdruck** zeigt bei Arbeit in verschiedenen Höhen keine wesentlichen Änderungen. Hingegen kann es in der **A. pulmonalis,** besonders während Ruhe, zum Druckanstieg mit anschließendem Lungenödem kommen (Vasoconstriction bei Hypoxie in der Lungenstrombahn; S. 554 und S. 598).

Atmung bei Höhenumstellung. Die arterielle Hypoxie löst in Ruhe nur einen geringen Atmungsantrieb aus (S. 605). Das Atemzeitvolumen liegt in 5000 m Höhe um 10%, in 6500 m Höhe um 100% über Vergleichswerten in Meereshöhe; während körperlicher Arbeit nimmt es jedoch viel stärker zu. Die **Hyperventilation** führt zu einem vorübergehenden Anstieg des respiratorischen Quotienten bis auf Werte über 1,0 (S. 656). Trotz der Hyperventilation wird die *eingeatmete* Sauerstoffmenge $\dot{V}_{IO_2(STPD)}$ geringer, da die Zunahme des Atemzeitvolumens unterproportional zur Abnahme des P_{O_2} erfolgt.

Sauerstofftransport bei Höhenumstellung. Aufgrund des mit zunehmender Höhe geringer werdenden alveolären P_{O_2} (Tabelle 27-1) nimmt der arterielle P_{O_2} ab. In 2000 m Höhe ist unter Ruhebedingungen der alveoläre P_{O_2} auf 76 mm Hg (10,1 kPa), der arterielle P_{O_2} auf 73 mm Hg (9,7 kPa) gesunken; die arterielle **Sauerstoffsättigung** des Hämoglobins beträgt trotzdem noch **93%**. — Zusätzlich wird der *Sauerstofftransport* durch 2 Faktoren erschwert: 1. führt die Hyperventilation zu einer *respiratorischen Alkalose* und somit zur Linksverschiebung der Sauerstoffbindungskurve (S. 618f.). Dies begünstigt zwar die Sauerstoffbindung in der Lunge, erschwert jedoch die Sauerstoffabgabe im Gewebe. 2. nimmt bei der Arbeit die alveolärarterielle O_2-Partialdruckdifferenz AaD_{O_2} (S. 597f.) zu; je mehr Sauerstoff nämlich durch die Alveolarmembran hindurchtritt, desto größer wird die AaD_{O_2} (bzw. ΔP_{O_2} in Gl. 27, S. 597). Geht man in 2000 m Höhe von einem alveolären P_{O_2} von 76 mm Hg (10,1 kPa) aus, bedeutet jede Zunahme der AaD_{O_2}, daß ensprechend dem steileren Abschnitt der Sauerstoffbindungskurve (S. 616) die arterielle Sauerstoffsättigung spürbar abnimmt. Sie sinkt bei erschöpfender körperlicher Arbeit in 2000 m Höhe auf unter 90%, entsprechend einem arteriellen P_{O_2} von unter 65 mm Hg (8,6 kPa), wodurch sich die Höchstleistungsfähigkeit in 2000 m Höhe um fast 10% vermindert (in 3500 m Höhe um ca. 20%).

Säure-Basen-Haushalt bei Höhenumstellung. Wegen der höhenbedingten Hyperventilation nimmt der arterielle CO_2-Partialdruck ab (*respiratorische* **Alkalose** im Blut; S. 628). In 4000 m Höhe beträgt der arterielle P_{CO_2} rund 30 mm Hg (4,0 kPa), in 6500 m Höhe nur noch 20 mm Hg (2,7 kPa), wobei der arterielle pH-Wert in 6500 m Höhe auf über 7,5 ansteigt. Der *Basenüberschuß* (BE) ändert sich bei kurzzeitiger Höhenbelastung nicht.

Höhenakklimatisation

Mittel- und langfristige Höhenaufenthalte führen, im wesentlichen als *Antwort auf arterielle Hypoxie und respiratorische Alkalose*, zu Anpassungen im Organismus (Kreislauf, Atmung, Blut, Muskulatur). Zeitgang und Ausmaß der Anpassungen zeigen erhebliche interindividuelle Unterschiede, wobei in der Anfangsphase auch überschießende Reaktionen auftreten können (so bei der Erythropoese). Die Zeitspanne bis zu einer vollständigen Höhenanpassung umfaßt Monate bis Jahre. Expeditionen machten jedoch deutlich, daß schon in wenigen Wochen ein beträchtliches Ausmaß an Höhenakklimatisation und damit an Höhenverträglichkeit erreicht werden kann. Insgesamt ist es dem Menschen dank der Akklimatisation möglich, ohne Hilfsmittel befristet in Höhen zu leben, die sonst todbringend wären. Akklimatisierte Bergsteiger können sich ohne Sauerstoffgerät über einen begrenzten Zeitraum in Höhen um 8000 m, im Einzelfall bis zu fast 8900 m aufhalten; die Höhengrenzen für einen Daueraufenthalt liegen allerdings erheblich darunter.

Die *höchstgelegenen Siedlungen* des Menschen findet man in den Anden; sie liegen etwa 5300 m hoch. Diese Höhe stellt für den Menschen wahrscheinlich die Grenze der Höhenverträglichkeit auf Dauer dar. Die am höchsten gelegenen, regelmäßig besuchten Arbeitsplätze liegen in Höhen bis zu 6200 m (Bergwerke). Offensichtlich ist regelmäßiges

Tabelle 27-3. Verschiedene Blut-, Atmungs- und Kreislaufparameter von Höhenbewohnern (Morococha) und Vergleichswerte von Tieflandbewohnern (Lima); 100 mm Hg≈13,3 kPa, jeweils Ruhewerte [5]

	4540 m ü.M.	Meereshöhe
Blut:		
Erythrocyten (Mio/μl)	6,44	5,11
Reticulocyten (Tausend/μl)	46	18
Thrombocyten (Tausend/μl)	419	401
Leukocyten (Tausend/μl)	7,0	6,7
Hämatokrit (%)	60	47
Hämoglobingehalt (g/l)	201	156
Blutvolumen (ml/kg)	101	80
Plasmavolumen (ml/kg)	39	42
pH-Wert, arterielles Blut	7,39	7,41
Pufferbasen (mmol/l)	45,6	49,2
Atemzeitvolumen in Ruhe, BTPS ($l \cdot min^{-1} \cdot kg^{-1}$)	0,19	0,13
P_{O_2}, alveolär (mm Hg)	51	104
P_{CO_2}, alveolär (mm Hg)	29,1	38,6
Arterielle O_2-Sättigung in Ruhe (%)	81	98
Herzfrequenz in Ruhe (min^{-1})	72	72
Blutdruck in Ruhe (mm Hg)	93/63	116/79

Arbeiten in großen Höhen eher möglich als ständiges Wohnen. Dies hängt vermutlich damit zusammen, daß die Atmungsregulation bei Arbeit (Muskelreceptoren, S. 688), im Gegensatz zur Regulation in Ruhe, in großen Höhen noch erträgliche Bedingungen schafft [11]. – Die Einwohner hoch gelegener Siedlungen haben eine jahrhundertelange *Auslese* durchlaufen; die bei ihnen nachweisbare Akklimatisation darf als Höchstmaß der Anpassung angesehen werden. Um Aufschluß über die Veränderungen physiologischer Größen bei Höhenakklimatisation zu erhalten, wurden die Einwohner der in den Anden 4540 m hoch gelegenen Stadt Morococha untersucht [5]; den Ergebnissen dieser Untersuchung sind in Tabelle 27-3 Ruhewerte von Tieflandbewohnern (Lima) gegenübergestellt.

Kreislauf bei Höhenakklimatisation. Die Ruheherzfrequenz steigt während der Akklimatisation zuerst an, sinkt dann wieder ab und kann in Höhen bis zu 5000 m den Ausgangswert sogar unterschreiten. Das Schlagvolumen ändert sich nicht wesentlich; das Herzzeitvolumen ist in Ruhe erhöht, das maximale Herzzeitvolumen vermindert.

Atmung bei Höhenakklimatisation. Im Verlauf der Akklimatisation beobachtet man über Wochen eine zunehmende *Empfindlichkeit* der Atmungsregulation gegenüber arteriellem Sauerstoffmangel und P_{CO_2}-Anstieg. Dies zeigt sich in einer verkürzten Atemanhaltezeit sowie einer Veränderung der CO_2-Atemantwortkurve (Linksverschiebung und Steilerwerden; S. 605). Bei Dauerbewohnern großer Höhen ist die Reaktion der Atmung auf den inspiratorischen Sauerstoffmangel allerdings geringer als bei Personen mit mittelfristiger Adaptation.

Sauerstofftransport bei Höhenakklimatisation. Während sich zu Beginn eines Höhenaufenthalts infolge vermehrter Blutmauserung gelegentlich eine Abnahme der Erythrocytenzahl im Blut zeigt, finden sich nach wenigen Tagen alle Zeichen einer *gesteigerten Erythropoese* (S. 431): vermehrtes Auftreten von *Reticulocyten* sowie Zunahme von Erythrocytenzahl und Hämoglobinkonzentration im Blut mit geringem Absinken des Färbekoeffizienten (Hb_E) unter den Normwert von *31 pg/Erythrocyt* (S. 614). Je größer der höhenbedingte Sauerstoffmangel, desto stärker wird die Erythropoese stimuliert; eine vermehrte Bildung anderer Blutzellen wird nicht angeregt. Bereits nach 2 Tagen Aufenthalt in 4500 m Höhe ließ sich ein Anstieg von *Erythrocytenzahl* und *Hämoglobinkonzentration* um mehr als 10% nachweisen. Nach rund 10 Tagen ist die *schnelle* Anstiegsphase von Erythrocytenzahl und Hämoglobinkonzentration abgeschlossen. Einem weiteren, langsamen Anstieg über Monate (*Höchstwerte:* Hämoglobin – 270 g/l Blut; Hämatokrit – 70%) folgt ein leichter Rückgang auf ein erhöht bleibendes Niveau (s. Tabelle 27-3). – Außerdem steigt innerhalb von 2 Tagen der *2,3-DPG-Gehalt* der Erythrocyten von ca. 85 μg/ml Blut auf 140 μg/ml Blut an, wodurch die O_2-Bindungskurve nach *rechts* verschoben wird.

Der vermehrte Hämoglobingehalt des Blutes bewirkt, daß trotz geringerer O_2-Sättigung die *O_2-Transportkapazität* des Blutes bis in Höhen von 5000 m etwa gleich bleibt: 100 ml Blut mit einem Hämoglobingehalt von 15,5 g binden bei einer 97%igen O_2-Sättigung 20 ml Sauerstoff; die gleiche Menge Sauerstoff enthalten 100 ml Blut mit dem größeren Hämoglobingehalt von 20 g bei einer O_2-Sättigung von nur 75% (etwa in 5000 m Höhe). – Infolge der erheblich gesteigerten Viscosität des Blutes (erhöhter Hämatokrit) wird jedoch die Mikrozirkulation in den Capillaren beeinträchtigt (S. 507f.), wodurch sich bei mittelfristiger Anpassung u.a. das maximale Herzzeitvolumen verringert. Daher wird die bei erschöpfender Arbeit maximal transportierbare Sauerstoffmenge nicht größer, auch dann nicht, wenn man sich nach Höhenanpassung auf Meereshöhe begibt. Höhenakklimatisation bringt somit keinen wesentlichen Vorteil für Ausdauerhöchstleistungen in Meereshöhe. – Die als Folge der respiratorischen Alkalose auftretende *Links*verschiebung der O_2-Bindungskurve wird zunächst durch die Erhöhung des 2,3-Diphosphorglycerats kompensiert; nach längerer Anpassung führt Überkompensation zu einer *Rechts*verschiebung der O_2-Bindungskurve, wodurch die Sauerstoffabgabe im Gewebe begünstigt wird.

Säure-Basen-Haushalt bei Höhenakklimatisation. Im Verlauf der Akklimatisation wird durch die Nieren vermehrt Bicarbonat ausgeschieden. Diese *renale Kompensation* der respiratorischen Alkalose bewirkt, daß sich der *pH-Wert* des Blutes wieder normalisiert (S. 629f.). Außerdem nimmt mit dem Hämoglobinanstieg die Pufferkapazität des Blutes zu; die Pufferkapazität des Gewebes nimmt jedoch wegen des kompensatorischen Bicarbonatverlusts ab, *Elektrolytverschiebungen* zwischen *Intra-* und *Extracellulärraum* schließen sich an.

Muskulatur bei Höhenakklimatisation. Im Verlauf der Akklimatisation nimmt die *Capillardichte* im Muskel zu; die Diffusion zwischen Capillaren und Muskelinnerem wird begünstigt. Innerhalb der Muskelzelle passen sich verschiedene *Enzymsysteme,* besonders die der Mitochondrien, dem Sauerstoffmangel an, wodurch der aerobe Stoffwechsel bei erniedrigtem P_{O_2} begünstigt wird.

Luft- und Raumfahrt

Für das Fliegen in großen Höhen gelten die Gesichtspunkte des akuten Sauerstoffmangels (S. 705f). Im Kabinenflugzeug *(Druckkabine),* dessen Innendruck entsprechend einer Höhe von etwa 2300 m eingestellt wird, treten bei Start und Landung kurzzeitige Druckschwankungen auf, die sich besonders auf die luftgefüllten Schädelhöhlen auswirken *(s. Barotrauma, S. 710).* — Mit zunehmender Höhe werden Vorkehrungen gegen erhöhte Strahlenbelastungen und niedrige Außentemperaturen erforderlich. — Zu den Belastungen durch *Beschleunigungskräfte* s.S. 715.

Zeitzonensprung. Flüge über Zeitzonen führen zu Diskrepanzen zwischen endogenen Rhythmen und äußeren *Zeitgebern* (S. 147f., 697f.) sowie zwischen der Leistungsfähigkeit Ortsansässiger und Anreisender. Zum Beispiel kann bei einem Zeitzonensprung von 6 h nach Osten eine Landung um 9 Uhr Ortszeit mit dem statistischen *Leistungstief* des Anreisenden („innere Uhr": 3 Uhr) zusammenfallen: hingegen kann sich ein Anreisender nach einem entsprechenden Flug in Richtung Westen um 9 Uhr Ortszeit auf dem Nachmittagsgipfel seiner Leistungsfähigkeit („innere Uhr": 15 Uhr) befinden. Flüge in *östlicher* Richtung führen daher meist zu größeren Anpassungsschwierigkeiten als in der Gegenrichtung. — Die biologischen Rhythmen stellen sich verschieden schnell um (S. 147f.). Zu den sich rasch umstellenden Rhythmen gehören der Rhythmus von Wachsein und Schlafen sowie derjenige der Vigilanz; je 2 h Zeitverschiebung erfordern etwa 1 Tag für die Anpassung.

Raumfahrt ist nur in Druckkabinen oder Druckanzügen möglich, ohne die ab 19 km Höhe das Blut bei 37° C kochen würde *(Ebulismus).* Druckkabinen gewährleisten außerdem einen ausreichenden inspiratorischen Sauerstoffpartialdruck (S. 706); sie schützen vor Kälte und, wenn auch unvollkommen, vor der Strahlung im Weltraum. — Zu den Folgen der *Schwerelosigkeit* s.S. 715. Insgesamt hat sich gezeigt, daß Anpassungsfähigkeit und Technik es dem Menschen gestatten, über Wochen und Monate unter Weltraumbedingungen zu leben, erkauft mit erneuten Anpassungsschwierigkeiten nach *Rückkehr* zur Erde.

27.2 Tauchen — Überdruck

Beim Tauchen bewegt sich der Mensch in einem ihm fremden Milieu: Er muß, außer beim zeitlich sehr begrenzten apnoischen Tauchen, für seine *Atmung* vorsorgen und sich einem erhöhten Umgebungsdruck anpassen [3, 11]. Zudem beeinträchtigt der Aufenthalt im Wasser den *Wärmehaushalt*; die Wärmeabgabe wird erheblich begünstigt, und Indifferenztemperaturbedingungen (S. 668f.) sind daher zumeist nicht gewährleistet. Schließlich ist auch die visuelle und auditive *Orientierung* gestört.

Tauchen ohne Gerät

Streckentauchen in geringer Tiefe und ohne Hilfsmittel stellt die einfachste Art des Tauchens dar. Vorangehende **Hyperventilation** birgt doppelte Gefahr: 1. Schwindelanfälle bis zur Tetanie vor dem Tauchen infolge einer respiratorischen Alkalose (S. 628f.); 2. *Fehleinschätzen der Sauerstoffreserve* gegen Ende des Tauchgangs: Aufgrund des erniedrigten CO_2-Partialdrucks und der respiratorischen Alkalose ist die Summe der Atmungsantriebe vermindert (S. 604f.); der während des Tauchens eintretende Sauerstoffmangel allein ist nur ein schwacher Atmungsreiz. Daher kann die Atmung, im Vergleich zum Tauchen ohne vorherige Hyperventilation, länger unterdrückt werden, allerdings mit dem Risiko, daß der zunehmende O_2-Mangel zu *plötzlicher Ohnmacht („black out")* führt. Während die arterielle O_2-Sättigung durch Hyperventilation nicht ansteigt, läßt sich die O_2-Fraktion in der Lunge durch wenige, tiefe Atemzüge sinnvoll um etwa 0,05 erhöhen.

Schnorcheltauchen gestattet in Verbindung mit einer Tauchbrille ununterbrochenes Beobachten der Unterwasserregion; Sonnenbrand auf Schultern und Nacken sowie Unterkühlungen sind dann keine Seltenheit. Der übliche, 30–35 cm lange Schnorchel *darf auf keinen Fall verlängert* werden. Die Vergrößerung des Totraums würde sich zwar auf die Atmung kaum auswirken, jedoch wären bei tieferem Tauchen die Folgen für den *Kreislauf* erheblich: Da beim

Schnorchel-Tauchen der intrapulmonale Druck weiterhin dem normalen Luftdruck entspricht, führt der zusätzlich auf den Körper einwirkende Wasserdruck zu einem *Druckgefälle zwischen intra- und extrathorakalem Teil des Niederdrucksystems* (S. 524ff.). Eine mit größer werdender Tauchtiefe zunehmende Blutfüllung des Thorax würde dann letztlich zu schweren, lebensgefährlichen *Überdehnungsschäden an Lungengefäßen und Herz* führen [18]. – Gelangt ein Taucher in *kalte Wasserströmungen*, besteht speziell in der vagotonen Phase nach dem Essen die Gefahr, daß cutiviscerale Reflexe (S. 363f.) eine sog. *vago-vasale Synkope* mit kritischem Blutdruckabfall auslösen.

Apnoisches Tieftauchen erfordert das Beachten physikalischer Gasgesetze; 1. *Boyle-Mariotte*-Gesetz: Druck mal Volumen = konstant; 2. *Dalton*-Gesetz: Die Summe der Teildrücke ergibt den Gesamtdruck; 3. *Henry-Dalton*-Gesetz (S. 615): Die gelöste Gasmenge verhält sich proportional zu Teildruck und Löslichkeitskoeffizient. Diese Gesetze gelten zwar nur für *ideale Gase*, sie sind jedoch erfahrungsgemäß auf die Probleme beim Tieftauchen voll anwendbar.

Barotrauma (= *Druckverletzung*): Das Boyle-Mariotte-Gesetz gilt für alle *luftgefüllten Körperhöhlen* (z.B. Lunge, Schädelhöhlen, hohle Zähne oder Magen), in denen beim Abtauchen der steigende Umgebungsdruck Störungen auslösen kann, die letztlich zu Druckverletzungen führen: Mit Beginn eines Tauchvorgangs nimmt das Thoraxvolumen und damit das Lungenvolumen ab, es erreicht in 30–40 m Tauchtiefe sein Minimum (Abb. 27-2). Da die Lunge bei noch größer werdender Tauchtiefe nicht weiter komprimiert

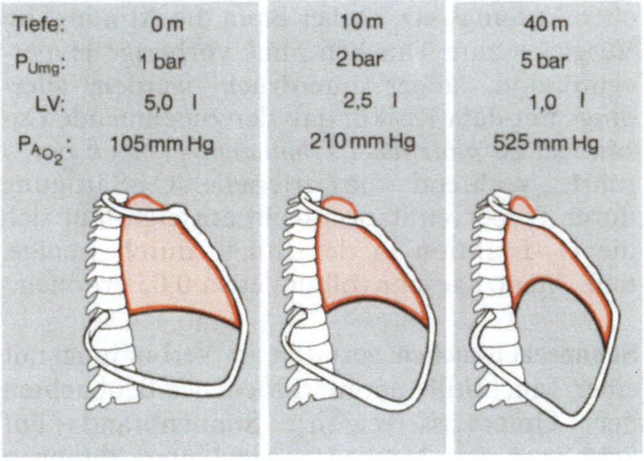

Abb. 27-2. Lungenvolumen (LV) und Sauerstoffpartialdruck beim apnoischen Tieftauchen. Thorax bei 0 m in maximaler Inspirationsstellung, bei 40 m Tiefe in maximaler Exspirationsstellung mit Zwerchfellhochstand, Angaben zum alveolären P_{O_2} unter Vernachlässigung des O_2-Verbrauchs; P_{Umg} = Umgebungsdruck, gleichzusetzen dem intrathorakalen Druck; 1 bar ≈ 100 kPa

werden kann, bleibt trotz ansteigenden extrathorakalen Umgebungsdrucks der intrathorakale Druck gleich. Die entstehende *Druckdifferenz* führt zu einem beträchtlichen *Bluteinstrom in die Thoraxorgane* (s. Schnorcheltauchen); das intrathorakale Luftvolumen wird zu Lasten einer Überdehnung von Lungengefäßen und Herz weiter verkleinert. – Der Druck in den luftgefüllten Schädelhöhlen muß über den Nasen-Rachen-Raum dem intrathorakalen Druck spontan oder mit Hilfen (z.B. Valsalva-Versuch mit zugehaltener Nase, S. 528) angeglichen werden. Dieser *Druckausgleich* ist erschwert oder unmöglich, wenn z.B. *erkältungsbedingte Schleimhautveränderungen* die Verbindungen von Pauken-, Stirn- und Kieferhöhlen zum Rachen verlegen. In solchen Fällen wird nur durch Trommelfellauslenkung (bis zum Riß) und/oder durch vermehrte Blutfüllung der Schleimhäute mit schmerzhaftem Anschwellen und Reißen ein *Druckausgleich* erzielt.

Sauerstoffnot beim Auftauchen. Wartet ein apnoischer Taucher in der Tiefe so lange, wie er es trotz zunehmenden Atmungsreizes glaubt aushalten zu können, wird er zwangsläufig beim Aufsteigen bewußtlos. Wegen des beim Abstieg zunehmenden Umgebungsdrucks nimmt der alveoläre P_{O_2} zu (Abb. 27-2), was sich nur scheinbar als Vorteil erweist: Beim Auftauchen kommt es wegen des abnehmenden Umgebungsdrucks zu einem raschen P_{O_2}-Abfall in der Lunge, wodurch die *kritische Hypoxieschwelle* von 30–35 mm Hg (4,0–4,7 kPa; S. 706) schnell erreicht und unterschritten wird. Dies gilt besonders beim Auftauchen an die Oberfläche (= austauchen), da auf den letzten 10 m der Umgebungsdruck und damit auch der O_2-Partialdruck um die Hälfte abnimmt (s. Abb. 27-2).

Tauchen mit Gerät

Man unterscheidet zwischen Preßluft-, Sauerstoff- und Mischgasverfahren.

Preßluftverfahren – Tauchen mit tragbarem Atemgerät, Schlauchgerät oder im Senkkasten (Caisson). Stets wird dem jeweiligen Umgebungsdruck angepaßte Preßluft eingeatmet und die Ausatemluft in das Wasser abgegeben *(offenes System)*. Das aktuelle Atemzeitvolumen in der Tiefe (BTPS, S. 593) entspricht in etwa Vergleichswerten an Land. Auf STPD-Bedingungen umgerechnet, nimmt es mit zunehmender Tauchtiefe (Umgebungsdruck) beträchtlich zu, woraus sich ein vermehrter Preßluftbedarf ergibt. Die *Atmungsarbeit* (S. 590) nimmt aufgrund der höheren Viscosität komprimierter Luft zu.

Tiefenrausch. Mit zunehmender Tauchtiefe und Tauchzeit wird wegen des erhöhten Umgebungsdrucks vermehrt Stickstoff im Gewebe gelöst. Unter normalen Luftdruckbedingungen verhält sich der in den Körpergeweben gelöste Stickstoff *inert*, ab 40 m Tiefe lösen jedoch die im Gewebe vorhandenen Konzentrationen je nach Situation und Disposition Rauschzustände (*Euphorie*, aber auch *Angst*) mit krassen Fehlhandlungen oder Bewußtlosigkeit aus. *Mit Preßluftgeräten sollte man daher nicht tiefer als 50 m tauchen.*

Dekompression (Druckabfall): Beim Auftauchen ist für einen Druckausgleich in den mit komprimierter Luft gefüllten

Körperhöhlen zu sorgen, da sonst **Barotraumen** auftreten. Steigt z.B. ein Gerätetaucher aus 50 m Tiefe mit geschlossener Stimmritze bis an die Oberfläche auf, wird die Lunge bis zum Reißen überdehnt, und Luft dringt in das Gefäßsystem ein *(Luftembolie)*. – Im Gewebe gespeicherte *Inertgase* (z.B. N_2) müssen durch langsames Auftauchen wieder entspeichert und abgeatmet werden; zu schnelle Dekompression führt zu *Gasblasenbildung* in Blut und Gewebe, ähnlich der Gasblasenbildung beim Öffnen einer Sprudelflasche. Das Auf- und Austauchen darf daher nur systematisch in Stufen und langsam erfolgen (s. Dekompressions- oder Austauchtabellen [3]). Sofort aufgetaucht darf nur während der sog. **Nullzeit** werden, d.h. während des Zeitraums, in dem noch keine kritischen Gaskonzentrationen im Blutplasma und Gewebe vorliegen; dies gilt praktisch für jede Art des apnoischen Tieftauchens sowie für Tauchgänge bis in 10 m Tiefe. Die Nullzeit ist somit abhängig von Tauchzeit und -tiefe. — Dekompressionsschäden können auch eintreten, wenn einem längeren Tauchgang ein rascher Höhenaufstieg folgt (z.B. im Flugzeug).

Sauerstoffverfahren. Mit reinem Sauerstoff werden tragbare Atemgeräte nach dem Prinzip der Kreislaufgeräte ausgerüstet, bei denen in einem *geschlossenen System* das ausgeatmete Kohlendioxid absorbiert (Atemkalk, S. 657) und die sauerstoffreiche Ausatemluft wieder eingeatmet wird. Solche Geräte erlauben *lange Tauchzeiten*, sind jedoch für Sporttaucher ungeeignet: Reiner Sauerstoff wirkt ab etwa 7 m Tauchtiefe (P_{O_2} = 172 kPa bzw. 1292 mm Hg) toxisch auf das Zentralnervensystem. Symptome der *akuten Sauerstoffvergiftung* (S. 646) sind neben Schädigungen der Alveolarmembran Übelkeit, Krämpfe und Bewußtlosigkeit. Sauerstoffkreislaufgeräte werden daher nur für spezielle Aufgaben, z.B. von „Froschmännern", verwandt. – Bei Preßluftatmung treten *Hyperoxieschäden* ab etwa 74 m Tauchtiefe auf.

Mischgasverfahren ermöglichen mit Kreislaufgeräten das Erreichen größerer Tauchtiefen; im Tauchgerät wird reiner Sauerstoff entweder mit Preßluft oder mit Helium gemischt. Die Zugabe von Preßluft eröffnet Tauchtiefen von mehr als 7 m, der Zusatz von Helium schützt vor dem Tiefenrausch. Ab 70 m Tiefe müssen jedoch O_2-Mangelgemische eingesetzt werden, um Hyperoxieschäden zu vermeiden.

Orientierung unter Wasser

Sehen. Die *Lichtintensität* wird mit zunehmender Wassertiefe rasch geringer, ab 100 m Tiefe herrschen auch unter günstigsten Umständen Nachtbedingungen. – Ohne Tauchbrille ist die Cornea-Luft-Grenzfläche durch eine Cornea-Wasser-Grenzfläche ersetzt, die wie eine Zerstreuungslinse wirkt. Gegenstände werden nur noch scharf gesehen, wenn sie sich nahe vor dem Auge befinden. Eine *Tauchbrille* hebt zwar diesen Effekt auf, engt aber das *Blickfeld* ein und führt infolge der Brechung schräg einfallender Strahlen zu einem scheinbaren In-die-Ferne-Rücken und Kleinerwerden der Objekte. Gleichzeitig kommt es dadurch zu einer Verzerrung seitlich der Sehachse befindlicher Objekte, an die sich Taucher jedoch schnell gewöhnen.

Hören. Der Schall breitet sich im Wasser schneller aus als in der Luft (ca. 1450 m/s statt 330 m/s). Dies führt dazu, daß Unterwasserschallquellen näher erscheinen, als sie es tatsächlich sind, und daß *räumliches Hören* infolge der verkürzten Laufzeitdifferenzen (S. 310) praktisch unmöglich wird.

Bogengangsystem. Bei defektem *Trommelfell* dringt beim Tauchen Wasser in die Paukenhöhle ein; dies bewirkt über eine calorische Reizung des Innenohrs Irritationen der Raumorientierung (S. 297). Eine dadurch ausgelöste Panik kann sich verhängnisvoll auswirken.

Tauchregeln.

Unter Wasser können viele, auch banale Vorkommnisse Gefahrenquellen darstellen. Zwei der 10 wichtigsten Tauchregeln [17] sollte jeder, auch der ohne Hilfsmittel nur gelegentlich Tauchende, beherzigen:

1. Tauche nie allein!
2. Tauche nie, wenn du erkältet bist (Gefahr: Barotrauma)!

27.3 Klima und Belüftung

Klima

Der Terminus Klima begegnet dem Mediziner u.a. in den beiden Begriffen Klimatherapie und Klimaanlagen. Die *Klimatherapie* befaßt sich u.a. mit den Einflüssen von Sonnenstrahlen, staubarmer Luft und erniedrigtem Luftdruck auf den Menschen. *Klimaanlagen* sind lüftungstechnische Anlagen, mit denen ein Raumklima im Hinblick auf Lufttemperatur und Luftfeuchte reguliert wird. Aus physiologischer Sicht geht es bei der Raumklimatisierung um die Anwendung von Erkenntnissen über den menschlichen Wärmehaushalt auf die Gestaltung eines Raumklimas, wobei in geschlossenen Räumen auch der Frischluftbedarf zu berücksichtigen ist.

Behaglichkeitsbedingungen. Die für den Wärmehaushalt des Menschen maßgeblichen Größen beim Aufenthalt in Luft sind *Umgebungstemperatur, Luftfeuchtigkeit, Windgeschwindigkeit* und *Strahlung*, auf die der Mensch in Abhängigkeit von Kleidung, körperlicher Aktivität und individueller Disposition subjektiv mit dem Gefühl „behaglich" oder – mit allen Zwischenstu-

Tabelle 27-4. Richtwerte der Indifferenz- bzw. Behaglichkeitstemperatur für den erwachsenen Menschen (In Anlehnung an [13], vgl. auch S. 668)

Aufenthalt in	Sonstige Bedingungen	Kleidung	Temperaturbereich
Luft	Windstille, 40–50% Luftfeuchtigkeit, körperliche Ruhe, indifferente Strahlungsbedingungen	Normale Straßenkleidung	20–22° C
		Nackt, Badekleidung	28–30° C
Wasser	Ruhe (Badewanne)	Nackt, Badekleidung	35,5–36° C
	Schwimmen, 0,4 m/s	Nackt, Badekleidung	28° C

fen – „unbehaglich" reagiert (vgl. S. 668). Im Bereich der physiologisch definierten *Indifferenz-* bzw. *Neutraltemperatur* (vgl. S. 668) liegt auch die Zone der Behaglichkeit, einer psychologisch definierten Größe. Die Behaglichkeitsbedingungen beim Aufenthalt in Luft unterscheiden sich deutlich von denjenigen beim Aufenthalt in Wasser; weiter besteht ein wesentlicher Einfluß der Kleidung (Tabelle 27-4). Zu den Vorgängen bei Hitze- und Kälteadaptation s.S. 678.

Kältebelastungen. Bei Kältebelastungen können zwei Arten von Schäden getrennt, aber auch gemeinsam auftreten:

Örtlicher Kälteschaden. Bei Temperaturen unter +4° C ist infolge der massiven Vasoconstriction der Blutgefäße die Nutrition peripherer Körperabschnitte, wie Nase, Ohrmuscheln, Finger und Zehen, nicht mehr gewährleistet. Das Absterben von Gewebe (*Nekrose*) verläuft schmerzfrei, da die Nervenleitung bei solchen niedrigen Temperaturen nicht mehr intakt ist (Kälteanästhesie). Therapeutisch wird rasches Aufwärmen empfohlen; gewebezerstörende Massagen oder Einreibungen sind zu unterlassen.

Allgemeine Unterkühlung. Infolge der bei Kälte eintretenden peripheren Vasoconstriction konzentriert sich die Durchblutung immer mehr auf Herz und ZNS, während diejenige von Extremitäten und peripheren Organen weitgehend zum Erliegen kommt. Trotz dieser zunehmenden *Zentralisation des Kreislaufs* kühlen schließlich auch Gehirn und Herz aus; unterhalb einer Kerntemperatur von etwa 30° C tritt Bewußtlosigkeit, unterhalb von etwa 28° C Kammerflimmern ein. Findet man Unterkühlte auf, sollte alles vermieden werden, was den peripheren Kreislauf mit seinem kalten und infolge der Mangeldurchblutung extrem veränderten Blut (u.a. Lactatacidose) durch Vasodilatation oder Muskelvenenpumpeneffekte (S. 526) zu rasch in Gang setzt: Der rasche Einstrom dieses veränderten Schalenblutes in den zentralen Kreislauf würde zu Funktionsstörungen von Herz und Gehirn führen. Massagen und Einreibungen sind daher ebenso kontraindiziert wie ein Warmlaufenlassen des Verunglückten; selbst Gehen kann dann lebensgefährliche Folgen haben. Als einfachste und gefahrlose Hilfsmaßnahme gilt das Einwickeln in reflektierende Wärmeschutzfolien und Decken, also das langsame Aufwärmen durch die körpereigene Wärmeproduktion.

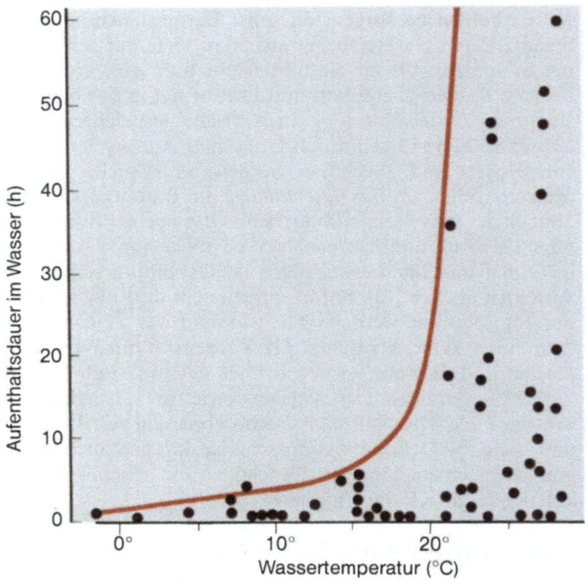

Abb. 27-3. Überlebenszeit Verunglückter beim Aufenthalt im Wasser. Die *Punkte* kennzeichnen einzelne Verunglückte, die bei entsprechenden Wassertemperaturen und Aufenthaltszeiten noch lebend geborgen wurden; die *Kurve* gilt als Grenzlinie für die Überlebenszeit in Abhängigkeit von der Wassertemperatur. (Nach [15])

Als Beispiel für die Folgen einer allgemeinen Unterkühlung sei die Überlebenszeit Verunglückter im Wasser angeführt (Abb. 27-3). Ein Aufenthalt in Wasser von unter +20° C führt sehr schnell zur Auskühlung, weil die Wärmeleitzahl des Wassers etwa 24mal größer ist als die der Luft. Ähnliche Überlebenszeiten wie in Abb. 27-3 gelten für bei Regen und Sturm Durchnäßte, da der Wind der nassen Kleidung und damit dem Körper erhebliche Wärmemengen durch Verdunstung entzieht.

Hitzebelastungen. Bei Hitzebelastung können Hitzekollaps (Kreislaufversagen) und Hitzschlag bzw. Sonnenstich (s.S. 680) auftreten.

Der *Hitzekollaps* kann – v.a. während körperlicher Ruhe – infolge einer Vasodilatation der Hautgefäße schon bei Anstiegen der Rectaltemperatur auf 38,0–38,3° C eintreten. Körperliche Arbeit wirkt trotz vermehrter Wärmeproduktion einer Kollapsneigung entgegen, und zwar aufgrund einer Vasoconstriction der Hautgefäße (vgl. Abb. 26-12, S. 690) und einer Erhöhung des Blutdrucks (Abb. 26-6, S. 687). Insofern droht während körperlicher Hitzearbeit eher die Gefahr des *Hitzschlags*, charakterisiert durch Zusammenbrechen zentralnervöser Regulationen bei Gehirntemperaturen über 40° C. Als Gegenmaßnahmen bieten sich beim Hitzekollaps die *Hochlagerung der Beine*, beim Hitzschlag die *Kühlung* des Körpers von außen und das Verhindern seines weiteren Aufwärmens an. Eine sehr starke Kühlung der Haut nützt allerdings wenig, da die Hautdurchblutung dann so stark abnimmt, daß ein ausreichender Kühleffekt für den Körperkern nicht zustande kommt.

Lokale Wärmeanwendung kann zu thermischen Schädigungen der Haut führen. Besondere Vorsicht ist bei Narkotisierten und bei Patienten mit peripheren Nervenschäden (z.B. Querschnittsgelähmten) geboten, denen bereits Temperaturen von 37° C schaden können.

Klimatologie. Die *medizinische Klimatologie* ist Teil der Kurmedizin. Sie befaßt sich mit der Heilwirkung verschiedenster Klimaelemente, wie Luft (Reinheit, Temperatur und Feuchte), Niederschläge, Bewölkung, Wind sowie die Sonnenstrahlung, speziell deren ultravioletter Anteil. Typisch für das *Höhenklima* sind intensive Sonnenstrahlung, Trockenheit der Luft und Sauerstoffmangel; beim *Seeklima* ist u.a. auch der Aerosolgehalt der Luft bedeutsam. – Die klimatischen Auswirkungen auf die Haut werden in *thermische* und *aktinische* Reize unterteilt; unter aktinischen Reizen versteht man die auf die Sonnenstrahlung, speziell auf den UV-Anteil, bezogenen Reize.

Die *Wirkung* dieser Klimaelemente läßt sich zum einen damit erklären, daß sie als Klimareize spezifische vegetative und endokrine oder unspezifische Umstimmungen auslösen, zum anderen damit, daß infolge der Luftreinheit eine allergenarme Umgebung besteht. Schließlich sind psychische Wirkungen zu berücksichtigen, die z.B. bei Kuraufenthalten von Bedeutung sein können.

Atemluft und Belüftung

Atemgasfraktionen in geschlossenen Räumen. Häufig begegnet man der Vorstellung, daß bei Menschenansammlungen in geschlossenen Räumen Sauerstoffmangel entstehe, der zu Aufmerksamkeitsstörungen und Müdigkeit führe. Diese Vorstellung ist schon wegen des spontanen Luftwechsels durch Tür- und Fensterritzen falsch, erst recht im Falle einer maschinellen Belüftung. Lediglich in hermetisch abgeschlossenen Räumen können O_2-Mangelzustände auftreten, allerdings erst nach mehreren Stunden.

Tabelle 27-5. Zunahme der Ventilation $\dot{V}_E$ bei ansteigender inspiratorischer CO_2-Fraktion F_{ICO_2} und resultierende alveoläre CO_2-Partialdrücke P_{ACO_2}. (Mittelwerte nach [14])

F_{ICO_2} $(\cdot 10^{-2})$	0,03	2	4	6
$\dot{V}_E$ (l/min)	6,6	9,2	15,5	30,5
P_{ACO_2} (mm Hg)	38	41	44	50

Beispiel: In einem 400 m³ großen, mit 100 Personen besetzten, luftdicht abgeschlossenen Raum beträgt der Sauerstoffvorrat anfangs rund 85 m³, der Verbrauch aller Personen ca. 1800 l/h. Die O_2-Fraktion sinkt somit um $0{,}45 \cdot 10^{-2}$/h, und nach 9 h wäre immerhin noch eine O_2-Fraktion von rund 0,17 vorhanden. Die Abnahme der O_2-Fraktion um 0,04 ist atmungsregulatorisch und leistungsphysiologisch unmaßgeblich; vergleichbare O_2-Partialdrücke liegen in 1700 m Höhe ü.M. vor. – Bemerkbar würde sich aber der Anstieg der CO_2-Fraktion in der Raumluft machen: Bei einem RQ von 0,83 würde die CO_2-Fraktion nach 9 h $3{,}3 \cdot 10^{-2}$ betragen und sich damit die Ventilation gegenüber den Ausgangswerten verdoppeln (s. Tabelle 27-5). Eine Erhöhung der inspiratorischen CO_2-Fraktion führt aber nicht nur zur vermehrten Ventilation, sondern darüber hinaus zur Beeinträchtigung der psychischen Leistungsfähigkeit. Treten bei Werten um $3 \cdot 10^{-2}$ CO_2 nur geringe Leistungsminderungen – und auch nur bei einigen psychischen Anforderungen – auf, muß bei einer Erhöhung auf über $5 \cdot 10^{-2}$ CO_2 in der Einatemluft mit deutlichen psychischen Störungen gerechnet werden, besonders in bezug auf kognitiv-intellektuelle Leistungen [16].

Luftverunreinigungen. Beimengungen zur Atemluft, wie z.B. Gase, Dämpfe und Stäube, können beim Menschen neben Befindlichkeitsstörungen pathophysiologische oder toxikologische Reaktionen auslösen und zu Erkrankungen führen. Im Bereich der Arbeitsmedizin hat man daher für verschiedenste Substanzen *m*aximal zulässige *A*rbeitsplatz*k*onzentrationen (sog. **MAK**-Werte) festgelegt.

Unter dem MAK-Wert versteht man die höchstzulässige Konzentration eines Arbeitsstoffes in der Luft am Arbeitsplatz, die nach dem gegenwärtigen Stand der Kenntnis auch bei wiederholter und langfristiger, in der Regel täglich 8stündiger Exposition, jedoch bei Einhaltung einer durchschnittlichen Wochenarbeitszeit von 40 h im allgemeinen die Gesundheit der Beschäftigten nicht beeinträchtigt und diese nicht unangemessen belästigt [1].
So beträgt z.B. der MAK-Wert für *CO_2* $0{,}5 \cdot 10^{-2}$ m³ CO_2/m³ Luft bzw. 5000 ppm (parts per million bzw. ml/m³), für

CO 30 ppm, für die Lösemittel *Tetrachlorethylen* 50 ppm und *Nitrobenzol* 1 ppm, für *Quecksilber* 0,01 ppm [1]. Für staubförmige Luftbeimengungen, die zu Erkrankungen führen können, sei als Beispiel *Quarzstaub* genannt, der zwar nur bei einer Teilchengröße von unter 5 µm die Alveolen erreicht, aber dennoch bei längerer Exposition eine schwere Lungenerkrankung auslöst (Staublunge).

Belüftung und Klimatisierung [8]. Zahlreiche Arbeitsräume und Räume für Freizeittätigkeiten sind heute zwangsbelüftet und klimatisiert. Im Hinblick auf die *Belüftung* geht es auch darum, subjektive Mißempfindungen aufgrund „schlechter Luft" zu vermeiden.

„Schlechte Luft" ist nicht gleichzusetzen mit sauerstoffarmer Luft. Sie ist vielmehr bedingt durch Luftbeimengungen wie Ausdünstungen des Menschen und seiner Kleidung sowie Zigarettenrauch, Maschinenabgase usw. Umgekehrt ist *„gute Luft"* nicht durch eine erhöhte Sauerstofffraktion charakterisiert, sondern durch das weitgehende Fehlen der genannten Luftbeimengungen. Selbst die Waldluft zeichnet sich nicht durch einen höheren O_2-Gehalt aus; die für die Photosynthese zur Verfügung stehenden CO_2-Mengen in der Luft und die Umsatzrate der Photosynthese sind viel zu gering, um zu einem merklichen Anstieg der O_2-Fraktion zu führen.
Nur selten werden zur Regenerierung der Luft Absorptionsfilter eingesetzt. Meist erfolgt die Regenerierung durch Frischluftzufuhr, mit der sich die Konzentration der Raumluftbeimengungen niedrig halten läßt. Als Indikator für die notwendige *Frischluftzufuhr* hat sich die CO_2-Fraktion in der Raumluft bewährt: Werte bis $0{,}15 \cdot 10^{-2}$ (*Pettenkofer-Zahl*) wirken sich unter den üblichen Belüftungsbedingungen weder belästigend noch schädigend auf den Menschen aus. Durch Anpassung der Belüftung an diesen Richtwert läßt sich bei gleichzeitiger Klimatisierung viel Energie einsparen (Ökonomisierung der Frischluftzufuhr).

Klimatechnische Anlagen. Mit kleinen *Klimageräten* wird die Luft lediglich gekühlt und getrocknet (Kondenswasserbildung im Kühler), beides führt zu einem Kühleffekt und damit bei hohen Außentemperaturen zu erträglichen Klimabedingungen. *Klimaanlagen* dagegen passen Lufttemperatur und -feuchte an vorgegebene Richtwerte an. In Operationssälen und bestimmten Werkräumen wird darüber hinaus für keim- und staubarme Luft gesorgt, wobei zu beachten ist, daß Luftfilter und Befeuchteranlagen Brutstätten für Krankheitserreger sein können. Der *thermische Komfort* belüfteter bzw. klimatisierter Räume hängt wesentlich davon ab, daß *Zugluft*, d.h. eine Windgeschwindigkeit von über 0,1 m/s, vermieden wird.

27.4 Lärm, Vibration und Beschleunigung

Lärm

Lärm ist unerwünschter, störender oder gehörschädigender Schall. Seine Auswirkungen lassen sich in *aurale* (ohrbezogene) und *extraaurale* Reaktionen trennen. Die auralen Wirkungen führen zu reversibler *Vertaubung* (sog. temporäre Hörschwellensenkung im Audiogramm, vgl. S. 311) oder zu bleibenden *Lärmschäden* (Lärmschwerhörigkeit). Zu den extraauralen Wirkungen zählen Behinderung der akustischen Kommunikation, Beeinträchtigung der psychischen Leistungsfähigkeit und anderer psychischer Faktoren sowie des Schlafs mit Auswirkungen auf zahlreiche physiologische Funktionen. Lärm ist eine typische Art der Belastung an vielen Arbeitsplätzen; seine Intensität kann mit *Schallpegelmeßgeräten* erfaßt werden (meist in dB (A), s.S. 302), wobei im Hinblick auf seine Auswirkungen die Einwirkungszeit zu berücksichtigen ist. Der *Dauerschallpegel* (Mittelungspegel) wird auf eine Arbeitsschicht von 8 h, bei Umweltgeräuschen auf 16 Tagstunden oder 8 Nachtstunden bezogen. Beispiele für die Auswirkungen von Lärm auf den Menschen sind in Tabelle 27-6 angegeben.

Tabelle 27-6. Einteilung von Lärmbelastungen und deren Auswirkungen auf den Menschen. (In Anlehnung an [6])

Lärmstufe	Schallpegel dB (A)	Auswirkungen
I	30– 65	Psychische Reaktionen, gelegentlich psychische Störungen
II	65– 90	Wie Stufe I, dazu physische Reaktionen, speziell vegetativer Regulationssysteme (Anstieg von Herzfrequenz und Blutdruck, periphere Vasoconstriction, reflektorische Zunahme des Muskeltonus, Schlafstörungen)
III	90–120	Wie Stufen I und II, dazu reversible Vertaubung, nach Jahren Lärmschwerhörigkeit
IV	>120	Wie Stufen I–III, dazu Nervenzellschädigungen

Die *Auswirkungen von Lärm* betreffen zunächst den psychischen Bereich. Je nach Situation und Art des Lärms können schon niedrige Intensitäten als lästig oder störend empfunden werden. Dies gilt besonders in bezug auf die Nachtruhe, z.B. für Störungen durch Autos, Eisenbahnen oder Flugzeuge. Als wünschenswerte Obergrenze für Nachtlärm werden 35 dB (A) angesehen (Tabelle 27-7).

Tabelle 27-7. Richtwerte für Nachbarschaftslärm gemäß VDI-Norm 2058, Blatt 1

	Tag	Nacht
Kurgebiete, bis	45 dB (A)	35 dB (A)
Reine Wohngebiete, bis	50 dB (A)	35 dB (A)
Mischgebiete, z.B. Innenstädte, bis	60 dB (A)	45 dB (A)

Neben den psychischen Reaktionen löst Lärm auch vielfältige Reaktionen im *physiologischen Bereich* aus, die in Extremfällen zu manifesten Erkrankungen des Hörorgans und zu psychosomatischen Störungen führen. Neben der individuellen Disposition wirken sich Intensität und Qualität des Lärms sowie die Expositionsdauer entscheidend aus. Bei Lärmintensitäten von 90 dB (A) ohne Lärmspitzen (also ohne Knall) über täglich 8 h ist bei etwa 5% der Betroffenen nach 10 Jahren eine beginnende Lärmschwerhörigkeit zu erwarten. Ab 85 dB (A) sollten exponierte Personen *Gehörschutzmittel* tragen; ab 90 dB (A) sind arbeitsmedizinische Vorsorgeuntersuchungen vorgeschrieben.

Vibration

Schwingungen werden, u.a. beim Handhaben von Maschinen, als Totaleinwirkung über Beine oder Gesäß bzw. über Hände und Arme auf den Körper übertragen. Dadurch geraten der ganze Körper und in Abhängigkeit von der *Eigenfrequenz* (f_0) die einzelnen Organe ins Schwingen. Für den gesamten Körper gilt im Sitzen $f_0 = 4–7$ Hz; bezüglich der Eigenfrequenzen verschiedener Organe und Körperteile s. Tabelle 27-8.

Von *Vibrationsbelastungen* sind v.a. *Fahrzeugführer* aller Art betroffen. Solche Belastungen können *akute* Leistungsminderungen und Schmerzen, Beeinträchtigungen von Wohlbefinden und Feinmotorik sowie – bei Schwingungen der Augäpfel – Sehschärfenschwund verursachen; *chronische* Schäden betreffen hauptsächlich die Gelenke, besonders die des Ellenbogens und der Wirbelsäule. Bei Personen, die Motorsägen oder Geräte mit vergleichbaren Frequenzen handhaben, treten als typische Erkrankung Durchblutungsstörungen an Fingern und Händen auf.

Beschleunigung

Moderne Verkehrsmittel erzeugen sowohl positive als auch negative Beschleunigungskräfte, die sich auf alle 3 Körperachsen des Menschen auswirken können. Bei Ausrichtung der Beschleunigung zum Erdmittelpunkt spricht man von *g-Belastungen*. Die in den modernen Verkehrsmitteln auftretenden Beschleunigungen können Bewegungskrankheiten (*Kinetosen*, S. 297) auslösen, z.B. Reise-, See-, Luft- oder Raumkrankheit.

Tabelle 27-8. Eigen- bzw. Resonanzfrequenzen (f_0) verschiedener Körperteile und Organe des Menschen, Schwingungsrichtung in Körperlängsachse. (Nach [2])

Körperteil (liegend)	f_0 (Hz)	Körperteil (sitzend)	f_0 (Hz)
Kopf	1 –4	Wirbelsäule	3– 5
Bauch	1,5–6	Magen	4– 5
Fuß	1 –3	Auge	20–25

Autofahren kann, v.a. bei häufig wechselnden Geschwindigkeiten, *die Reisekrankheit* auslösen. – Da bei *Krankentransporten* die Bremsbeschleunigung in der Regel größer als die Anfahrtsbeschleunigung ist, sollte der Kopf des liegend transportierten Patienten stets nach vorn ausgerichtet sein; bei umgekehrter Lagerung würde beim Bremsen zuviel Blut in den unteren Teil des extrathorakalen Niederdrucksystems mit ähnlichen Folgen wie beim orthostatischen Kollaps (S. 557) verschoben werden.

Beim **Fliegen** treten besonders große Beschleunigungskräfte auf: Sie wirken auf den sitzenden Menschen beim Geradeausflug infolge der wechselnden Geschwindigkeiten in frontooccipitaler Richtung ein, in verschiedenen Richtungen beim Durchfliegen von Turbulenzen und in Richtung der Körperlängsachse beim Kurvenflug; bis zu 10g-Belastung (10fache Erdbeschleunigung) wurde z.B. bei Düsenjägern gemessen. Die meist plötzlichen, also kurzzeitigen Änderungen der Beschleunigung haben mehrfache Auswirkungen: 1. *Luftkrankheit*, 2. *Sinnestäuschungen* hinsichtlich der Raumorientierung mit Augen und Vestibularsystem und 3. *kritischer arterieller Blutdruckabfall*, wenn durch Beschleunigung in Richtung der Körperlängsachse Blut auf Kosten des intrathorakalen Teils des Niederdrucksystems verschoben wird (Orthostase, S. 556f.).
Bei der **Raumfahrt** führt das weitgehende Fehlen der Erdanziehung *(Mikrogravität)* zu mannigfachen Reaktionen des Organismus: 1. *Raumkrankheit* mit Übelkeit bis zum Erbrechen und dem Gefühl schweren Krankseins, v.a. in den ersten 3 Tagen; 2. *Abnahme des Blutvolumens* infolge einer durch anfängliche Überfüllung der intrathorakalen Abschnitte des Niederdrucksystems ausgelösten Gegenregulation (umgekehrte Orthostase); 3. *Muskelatrophie*, besonders der Haltungsmuskeln; 4. *Calciumverlust* der Knochen und Störungen im Elektrolythaushalt. – Fortbewegungs- und Arbeits*motorik* erfordern stark geänderte, neu zu lernende Bewegungsmuster.

27.5 Literatur

Weiterführende Lehr- und Handbücher

1. Deutsche Forschungsgemeinschaft (DFG), ed.: Maximale Arbeitsplatzkonzentrationen und biologische Arbeitsstofftoleranzwerte 1985. Weinheim: VCH-Verlagsgesellschaft 1985
2. Dupuis, H., Zerlett, G.: Beanspruchung des Menschen durch mechanische Schwingungen – Forschungsbericht Ganz-Körper-Schwingungen. Schriftenreihe des Hauptverbandes der gewerblichen Berufsgenossenschaften e.V. (ed.), Bonn: im Eigenverlag 1984
3. Ehm, O.F.: Tauchen – noch sicherer! Rüschlikon-Zürich-Stuttgart-Wien: A. Müller 1984
4. Grossmann, K.: Flugmedizin – Leitfaden für die Praxis. Köln: Deutscher Ärzte-Verlag 1985

5. HURTADO, A.: Animals in high altitudes: resident man. In: DILL, D.B., ed.: Handbook of Physiology. Sect. 4: Adaptation on the environment. Washington: Amer. Physiol. Soc. 1964
6. LEHMANN, G.: Praktische Arbeitsphysiologie. Stuttgart: Thieme 1962
7. LOEWY, A.: Physiologie des Höhenklimas. Berlin: Springer 1932
8. RECKNAGEL, H., SPRENGER, E., HÖNMANN, W.: Taschenbuch für Heizung und Klimatechnik. München-Wien: Oldenbourg 1985
9. REICHEL, G., BOLT, H.M., HETTINGER, TH., SELENKA, F., ULMER, H.-V., ULMER, W.T., eds.: Grundlagen der Arbeitsmedizin. Stuttgart-Berlin-Köln-Mainz: Kohlhammer 1985
10. RUFF, S., STRUGHOLD, H.: Grundriß der Luftfahrtmedizin. München: Barth 1957
11. STEGEMANN, J.: Leistungsphysiologie. Stuttgart-New York: Thieme 1984
12. VALENTIN, H., KLOSTERKÖTTER, W., LEHNERT, G., PETRY, H., RUTENFRANZ, J., WEBER, G., WENZEL, H.G., WITTGENS, H.: Arbeitsmedizin. Bd. 1 und 2, Stuttgart: Thieme 1979
13. WENZEL, H.G., PIEKARSKI, C.: Klima und Arbeit. Bayerisches Staatsministerium für Arbeit und Sozialordnung (ed.), München: im Eigenverlag 1982

Einzel- und Übersichtsarbeiten

14. LAMBERTSEN, C.J.: Carbon dioxide and respiration in acid-base homeostasis. Anesthesiology *21*, 642 (1960)
15. MOLNAR, G.W.: Survival of hypothermia by men immersed in the ocean. J. Amer. Med. Ass. *131*, 1046 (1946)
16. SCHAAD, G., KLEINHANSS, G., PIEKARSKI, C., SEEBASS, M., GORGES, W.: Ergonomische Aspekte zur Optimierung der Versorgung von Schutzräumen mit Atemluft in Notsituationen. Wehrmed. Mschr. *30*, 13 (1986)
17. SEEMANN, K.: Sporttauchen – Hinweise und Ratschläge eines Taucherarztes. Dt. Ärztebl. *75*, 1701 (1978)
18. STIGLER, R.: Die Kraft unserer Inspirationsmuskulatur. Pflügers Arch. *139*, 234 (1911)

VIII
Stoffaufnahme und -ausscheidung

28 Ernährung

H.-V. Ulmer

Die Ernährung ist Voraussetzung für Bau und Funktion des Organismus; weiterhin ist sie aus präventivmedizinischer Sicht bedeutsam. Während man sich früher hauptsächlich mit ernährungsbedingten Mangelerscheinungen befaßte, geht es heute eher um die Folgen der Überernährung. Bei Fettsüchtigen treten die sog. *Zivilisationskrankheiten* gehäuft auf; die statistische Lebenserwartung ist verkürzt. Daher zählt die Fettsucht *(Adipositas)* in den hochindustrialisierten Ländern zu den vermeidbaren *epidemiologischen Risikofaktoren.*
Eßgewohnheiten werden nur selten rational entschieden. Erwerb und Verzehr von Nahrung sind von alters her mit Kult und Ritus verbunden. Dieser soziokulturelle Aspekt zeigt sich im religiösen Abendmahl oder in Fastenregeln, ferner in Festessen zu besonderen Anlässen oder in der Tatsache, daß der „Wohlstandsspeck" lange Zeit als Statussymbol galt. Insofern ist es nicht verwunderlich, daß sich einer Diätetik auf ernährungsphysiologischer Basis „Lehren" von Sektierern, Fanatikern und Geschäftemachern in den Weg stellen. Die Tatsache, daß heute vollsynthetische Nahrungsmittel auch langfristig Gesundheit und Leistungsfähigkeit sicherstellen können, spricht jedoch für die Richtigkeit des derzeitigen ernährungsphysiologischen Wissens.

28.1 Nahrungsmittel — Bestandteile und Funktionen

Nahrungsmittel bestehen aus Nährstoffen, Vitaminen, Salzen, Spurenelementen, Geschmacks- und Ballaststoffen sowie Wasser. Die Regulation der Nahrungsaufnahme erfolgt hauptsächlich durch die Allgemeingefühle *Hunger* und *Durst* (s. S. 329ff.).

Nährstoffe

Zu den Nährstoffen zählen die in der Nahrung vorkommenden energiereichen Stoffgruppen der **Eiweiße, Fette** und **Kohlenhydrate;** ungenügende Zufuhr führt zu Unterernährung, übermäßige Zufuhr zu Überernährung. Die Nährstoffe werden im Organismus zu energieärmeren Substanzen abgebaut und dienen somit als *Energiespender.* Die pro Gramm Nährstoff freiwerdende Energie nennt man **biologischen Brennwert** (S. 655); er ist bei Fetten mehr als doppelt so groß wie bei Eiweißen und Kohlenhydraten (Tabelle 28-1, 1 kJ ~ 0,24 kcal, vgl. S. 650).

Tabelle 28-1. Biologischer Brennwert (kJ/g) der Nährstoffe. Die Werte von Fetten, Eiweißen und Kohlenhydraten gelten für eine gemischte mitteleuropäische Kost; 1 kJ ~ 0,24 kcal

Nährstoff	Fette	Eiweiße	Kohlenhydrate	Glucose	Äthylalkohol
kJ/g	38,9	17,2	17,2	15,7	29,7

Isodynamie. Darunter versteht man die *gegenseitige Austauschbarkeit* der Nährstoffe entsprechend ihrem Brennwert. Diese Austauschbarkeit wird jedoch dadurch eingeschränkt, daß Nährstoffe nicht nur für den *Betriebsstoffwechsel,* sondern auch für den *Baustoffwechsel* (Aufbau körpereigener Substanzen) benötigt werden und damit Mindestmengen aller 3 Nährstoffe zugeführt werden müssen.

Postprandiale Energieumsatzzunahme. *Nach Nahrungsaufnahme tritt eine Steigerung des Energieumsatzes ein.* Dies wird auf eine besondere Wirkung der Nährstoffe zurückgeführt und als postprandiale Energieumsatzzunahme oder auch als *kostinduzierte Thermogenese* bezeichnet. Die Steigerung des Energieumsatzes beträgt nach Aufnahme gemischter Kost *rund 6%.* Sie ist nach *Eiweißzufuhr* viel ausgeprägter als nach Aufnahme von Kohlenhydraten oder Fetten. Eine der Ursachen dafür könnte sein, daß zur Resynthese von 1 mol ATP beim Abbau der Nährstoffe mehr Eiweiß- als Fett- oder Kohlenhydratenergie benötigt wird [10].

Tabelle 28-2. Energiegehalt und Zusammensetzung einiger Nahrungsmittel. Im Einzelfall können je nach Art und Zubereitung erhebliche Abweichungen vorkommen, besonders durch verborgene Fette (1 kJ ~ 0,24 kcal; Stand: 1980; *KH* = Kohlenhydrate). (Nach POLENSKY, aus [4])

Nahrungsmittel	Energie kJ/100 g	Eiweiße (%)	Fette (%)	KH (%)	Wasser (%)	Ballaststoffe (%)
Obst	190	0,7	0,3	10,5	86	2,3
Gemüse	85	1,6	0,2	3,0	93	2,0
Kartoffeln	330	2,1	0,1	16,8	79	2,0
Nüsse	2680	16,9	57	8,2	7	10,1
Fleisch	860	19	13	0	68	0
Brot	1020	7,3	1,4	47	40	4,3
Butter	3220	0,6	82,6	0,6	16	0
Käse	1340	23,7	22,3	2,8	51	0
Wurst	1500	12,9	30,4	1,1	55	0
Konsummilch	256	3,3	3,1	4,7	89	0
Fruchtsäfte	186	0,3	0,1	10,9	89	0
Bier	200	0,5	0	4,8	95	0

Bei Ratten und Mäusen beobachtet man eine *kostinduzierte Thermogenese* auch durch Aktivierung des braunen Fettgewebes (S. 662); dieser Mechanismus ist beim erwachsenen Menschen bedeutungslos.

Nährstoffgehalt: Zum *Energie-* und *Nährstoffgehalt* der Nahrungsmittel gibt es zahlreiche Tabellen. Da sich ändernde Mast- und Anbaumethoden einen wesentlichen Einfluß auf die Zusammensetzung der Nahrungsmittel ausüben, sollte man sich möglichst neuer Tabellen bedienen, z.B. [4], vgl. Tabelle 28-2. Auf den *Wassergehalt* der Nahrungsmittel sei ausdrücklich hingewiesen, da er bei überschlägigen Energieberechnungen immer wieder übersehen wird.

Eiweiße bestehen aus *Aminosäuren,* sie werden hauptsächlich zum *Aufbau körpereigener Substanzen* benötigt. Die **essentiellen Aminosäuren** sind lebensnotwendig, da sie der Organismus *nicht oder nicht in ausreichender Menge synthetisieren kann.* Das aufgenommene Eiweiß dient größtenteils dem *Baustoffwechsel,* so dem Aufbau und Umbau von Muskulatur, Enzymen und Plasmaeiweißen; es ist somit nicht durch Fette oder Kohlenhydrate zu ersetzen. Je nach Herkunft unterscheidet man **tierisches** und **pflanzliches Eiweiß.** Tierisches Eiweiß findet sich hauptsächlich in *Fleisch, Fisch, Milch* und *Milchprodukten* sowie *Eiern.* Pflanzliches Eiweiß wird in nennenswerten Mengen mit *Brot, Hülsenfrüchten* und *Kartoffeln* aufgenommen, in geringen Mengen mit fast allen Obst- und Gemüsesorten (s. Tabelle 28-2).

Fette bestehen hauptsächlich aus einem Gemisch verschiedener *Triglyceride,* also Triestern aus Glycerin und Fettsäuren. Man unterscheidet zwischen *gesättigten* und einfach bzw. mehrfach *ungesättigten Fettsäuren.* Bestimmte lebensnotwendige ungesättigte Fettsäuren können vom Organismus nicht synthetisiert werden *(essentielle Fettsäuren).*

Die aufgenommenen Fette werden entweder verbrannt *(Betriebsstoffwechsel)* oder in Form von Depotfett im Gewebe gespeichert *(als Energiespeicher).* Im Gegensatz zum Fett kann der Organismus Eiweiße und Kohlenhydrate nur in geringem Umfang speichern; überschüssige Mengen werden abgebaut, ausgeschieden oder zu Fett umgebaut und gespeichert. — Die essentiellen Fettsäuren werden u.a. zur Synthese von *Phospholipiden* — also von Bestandteilen der Zellmembran und der Mitochondrien — und von Prostaglandinen benötigt. Die für den Menschen wichtigste essentielle Fettsäure ist die mehrfach ungesättigte **Linolsäure.**

Fette kommen als unvermeidliche *Begleitsubstanzen in fast allen Nahrungsmitteln tierischer Herkunft* vor, so in den wichtigen Eiweißquellen Fleisch, Fisch, Milch und Milchprodukten sowie Eiern. Sie finden sich ferner in Pflanzensamen, z.B. in Nüssen. Im Gegensatz zu den meisten tierischen sind pflanzliche Fette reich an ungesättigten Fettsäuren, die jedoch in hydrierten, d.h. künstlich gehärteten, Fetten fehlen.

Etwa die Hälfte des mit der Nahrung aufgenommenen Fetts wird als **sichtbares Fett** (Reinfette wie Öle, Streich- und Speisefette, Speck), der Rest als **verborgenes Fett** verzehrt. Unter verborgenem Fett versteht man das feintropfig verteilte, mit bloßem Auge nicht sichtbare Fett, besonders in Fleisch, Wurst und Käse. Insofern enthält die sehr eiweißreiche mitteleuropäische Durchschnittskost einen zu großen Fettanteil, daher wird eine energetisch ausgewogene und qualitativ richtige Ernährung für den Konsumenten häufig zum Problem.

Cholesterin und Lipoproteine. Ein erhöhter Cholesterinspiegel im Blut (*Hypercholesterinämie*) zählt zu den ernährungsbedingten *Risikofaktoren.* Als Richtwerte gelten: Warnbereich 200–250 mg/dl, behandlungsbedürftiges Risiko ab 250 mg/dl Serum. Statistisch läßt sich bei Hypercholesterinämie und bestimmten Formen der Hyperlipoproteinämie ein gehäuftes Auftreten von Arteriosklerose, Herzinfarkt und Schlaganfall nachweisen, wodurch die Lebenserwartung verkürzt wird. — Cholesterin kommt nur im Tierreich vor. Die durchschnittlich pro Tag mit der Nahrung (Eier, Milchfett, fettes Fleisch) aufgenommene Cholesterinmenge beträgt etwa 750 mg. Da beim Menschen die Resorptionskapazität im Darm begrenzt ist und die Cholesterinproduktion der Leber (ca. 1 g/Tag) in Abhängigkeit von der aufgenommenen Cholesterinmenge schwankt, ergeben sich komplizierte Zusammenhänge zwischen Cholesterinzufuhr und -blutkonzentration. Die *Cholesterinkonzentration* im

Blut hängt jedoch nicht nur von der Cholesterinzufuhr ab, sondern auch vom Fettverzehr: Gesättigte Fettsäuren erhöhen, ungesättigte Fettsäuren senken den Cholesterinspiegel. Angeborene oder erworbene Fettstoffwechselstörungen lassen sich anhand typischer Proteinmuster im Blut nachweisen (Very-low-density-, Low-density- und High-density-Lipoproteine, vgl. S. 427 u. 772).

Bei den **Kohlenhydraten** unterscheidet man zwischen *Monosacchariden* (Einfachzuckern), *Di-, Oligo-* und *Polysacchariden,* je nach Anzahl der Monosaccharidbausteine. Die Kohlenhydrate werden vom Menschen zum größten Teil in Form *pflanzlicher Stärke* (Polysaccharid) aufgenommen; überschüssig aufgenommene Kohlenhydrate werden im Organismus, besonders in Muskulatur und Leber, als *Glykogen* (tierische Stärke) gespeichert, der Rest in Fett umgebaut. Das Monosaccharid *Glucose* (Traubenzucker) ist Baustein der Stärke und ein Bestandteil des im Haushalt üblichen „Zuckers" *(Saccharose),* der als Disaccharid aus je einem Molekül Glucose und Fructose besteht. *Lactose,* das typische Disaccharid der Muttermilch, besteht aus je einem Molekül Glucose und Galactose. Kohlenhydrate sind die wichtigsten *Energielieferanten* für die Zellen. Das Gehirn deckt seinen Energiebedarf fast ausschließlich über Glucose, während die Skeletmuskulatur bei Kohlenhydratmangel auf Fettsäureverbrennung ausweicht. Glucose dient aber nicht nur als Brennstoff, sondern auch als Baustein für viele wichtige Verbindungen.
Die für den Menschen wichtigen Kohlenhydrate sind fast ausschließlich *pflanzlicher Herkunft.* Obst, Gemüse, Kartoffeln, Getreide und Hülsenfrüchte enthalten jedoch neben verdaulichen auch für den Menschen unverdauliche Kohlenhydrate wie *Cellulosefaserstoffe.*

Vitamine

Als **Vitamine** bezeichnet man in der Nahrung vorkommende, *lebenswichtige organische Substanzen, die der Organismus nicht oder nicht in genügender Menge synthetisieren kann und deren Energiegehalt ohne Bedeutung ist.* — **Antivitamine** sind Stoffe, die antagonistisch gegenüber bestimmten Vitaminen wirken, indem sie deren Resorption oder Metabolismus beeinträchtigen.
Die chemische Struktur der Vitamine ist sehr uneinheitlich (s. Lehrbücher der Biochemie). Man unterscheidet **fettlösliche und wasserlösliche Vitamine.** Eine weitere Unterscheidung erfolgt historisch bedingt nach Buchstaben und bei den später entdeckten Vitaminen nach der chemischen Bezeichnung. — Vitamine erfüllen sehr *spezifische Funktionen im Zellstoffwechsel.* Sie sind häufig Bestandteile von Fermentsystemen oder entfalten komplexe Systemwirkungen, z.B. das Vitamin C auf das Bindegewebe (weiteres s. Tabellen 28-3 und 28-4).
Vitamine kommen sowohl in Nahrungsmitteln *pflanzlicher als auch tierischer Herkunft* vor. Der *Vitamingehalt* von Nahrungsmitteln ist je nach Produktionsbedingungen, Lagerung und Zubereitung sehr variabel, da bestimmte Vitamine gegenüber Licht, Hitze oder pH-Änderungen empfindlich sind, wie z.B. die Vitamine A und C. Einige Nahrungsmittel sind besonders reich an bestimmten Vitaminen (Tabellen 28-3 und 28-4 sowie [4]), jedoch muß nicht jedes Vitamin mit der Nahrung zugeführt werden. Vitamin K wird z.B. von der normalen Darmflora hergestellt; andere Vitamine werden im Körper aus bestimmten Aminosäuren oder aus Vorstufen, den **Provitaminen,** synthetisiert, jedoch nicht immer in genügender Menge. Besonders wichtig

Tabelle 28-3. *Fettlösliche* Vitamine. Systematik, wichtige Quellen und biologische Funktionen ([2, 4, 6], Bedarf und Mangelerscheinungen, s. Tabelle 28-7, S. 724)

Bezeichnung und Synonyma	Wichtige Quellen	Typische biologische Funktionen
Vitamin A = Retinol = Axerophthol	Leber und Lebertran, Milchfett	Wesentlich für alle Epithelzellen und das Skeletwachstum
Provitamine: β-Carotin, Carotinoide	β-Carotin in Karotten und vielen Pflanzen	Vitamin A-Aldehyd (Retinin) ist Bestandteil des Rhodopsins (Sehpurpur)
Vitamin-D-Gruppe (antirachitische Vitamine) Vitamin D_2 = Calciferol Vitamin D_3 = Cholecalciferol Vitamin D_4 = Dihydrocalciferol	Leber, Lebertran, Fische, Milchfett, Eigelb	Ca^{++}-Resorption und Ca^{++}-Stoffwechsel, Wechselwirkungen mit dem Parathormon, Knochenverkalkung
Vitamin E Tocopherol	In fast allen Lebensmitteln, besonders in Pflanzenölen	Antioxidans, speziell beim Stoffwechsel der ungesättigten Fettsäuren
Vitamin K (antihämorrhagisches Vitamin) Vitamin K_1 = Phyllochinon Vitamin K_2 = Menachinon β-Phyllochinon	Grüngemüse, Leber (wird auch von der Darmflora gebildet)	Beteiligt an der Synthese von Blutgerinnungsfaktoren, insbesondere bei der Prothrombinsynthese

Tabelle 28-4. *Wasserlösliche* Vitamine. Systematik, wichtige Quellen und biologische Funktionen ([2, 4, 6], Bedarf und Mangelerscheinungen s. Tabelle 28-9, S. 725)

Bezeichnung und Synonyma	Wichtige Quellen	Typische biologische Funktionen
Vitamin B_1 = Thiamin, = Aneurin	Schweinefleisch, Vollkornprodukte	Bestandteil der Pyruvat-Cocarboxylase
Vitamin B_2 = Riboflavin, = Lactoflavin	Milch, Fleisch, Eier, Fisch, Vollkornprodukte	Bestandteil der Flavinenzyme (gelbe Atmungsfermente)
Vitamin-B_6-Gruppe = Pyridoxingruppe (Pyridoxol, Pyridoxal, Pyridoxamin)	Fleisch, Fisch, Milch, Hülsenfrüchte, Vollkornprodukte	Coenzym verschiedener Enzymsysteme (z.B. Aminosäuren-Decarboxylase, Transaminasen, Dehydratasen, Desulfhydrasen)
Vitamin B_{12} = Cyanocobalamin	Leber, andere *tierische* Nahrungsmittel	Bestandteil von Enzymen (Methylierung, Nucleinsäurestoffwechsel)
Weitere Vitamine der B-Gruppe		
Biotin (Vitamin H)	Leber, Niere, Eigelb, Soja (wird auch von der Darmflora gebildet)	Bestandteil von Enzymen (Carboxylasen, Carboxyltransferasen, Desaminierung)
Folsäuregruppe Folsäure = Pteroyl-Glutaminsäure, Tetrahydrofolsäure	Gemüse, Vollkornerzeugnisse, Fleisch, Milch, Soja	Umsetzung der Einkohlenstoff-Fragmente, Purin- und Methioninsynthese
Niacin = Nicotinsäure und Nicotinsäureamid	Fleisch, Fisch, Milch	Coenzym vieler Dehydrogenasen, z.B. NADH
Pantothensäure	In fast allen Nahrungsmitteln	Bestandteil des Coenzym A
Vitamin C Ascorbinsäure	Frisches Obst und Gemüse, besonders Kartoffeln, Citrusfrüchte, Tomaten, Paprika	Wichtig bei der Bildung von Intercellularsubstanzen, Mitwirkung bei Hydroxylierungen, Bestandteil von Ferritin
Sogenannte Vitaminoide		
Cholin	In fast allen Nahrungsmitteln	Fettsäuretransport
Myo-Inosit *Meso-Inosit*	In fast allen tierischen und pflanzlichen Nahrungsmitteln	Bausteine der Inosit-Phosphatide, Stoffwechsel der Mitochondrien, Kationentransport

sind die Provitamine der D-Gruppe, so Ergosterin (für D_2), 7-Dehydrocholesterin (für D_3) und 22-Dihydroergosterin (für D_4).

Fettlösliche Vitamine (Übersicht Tabelle 28-3). Die *Vitamine A, D, E und K* sind fettlöslich. Vitamin A kann im Körper aus mit der Nahrung aufgenommenen *Carotinoiden* (Provitamine) gebildet werden. Die wirksamen Vitamine D_2 und D_3 entstehen unter dem Einfluß von UV-Licht in der Haut durch eine photochemische Reaktion aus den Provitaminen Ergosterin (pflanzlich) bzw. 7-Dehydrocholesterin.

Wasserlösliche Vitamine (Übersicht Tabelle 28-4). Die *Vitamine der B-Gruppe (B_1, B_2, B_6, B_{12})*, und der *Folsäuregruppe, Biotin,* ferner *Nicotinsäure, Nicotinsäureamid, Pantothensäure* und *Vitamin C* sind wasserlöslich. — Zahlreiche B-Vitamine kommen in Hefe, Kleie und Leber vor. Vitamin B_{12} ist in pflanzlichen Lebensmitteln nur enthalten, wenn diese vergoren sind.

Antivitamine finden sich in verschiedenen Nahrungsmitteln, z.B. das Biotin bindende Avidin im Eiklar oder eine Thiamin spaltende Thiaminase in vielen rohen Fischen. — *Künstliche Antivitamine* werden therapeutisch zur Beeinflussung biologischer Prozesse eingesetzt. Mit Cumarinderivaten (Antivitamin K) kann die Gerinnungsfähigkeit des Blutes herabgesetzt werden. Isonicotinsäurehydrazid (INH) hemmt als Antagonist des Pyridoxalphosphats (wirksames Derivat des Vitamin B_6) das Wachstum des Tuberkuloseerregers. Sulfonamide wirken antagonistisch zur p-Aminobenzoesäure, einem essentiellen Bakterienwuchsstoff, und können somit das Wachstum von Bakterien hemmen.

Wasser, Salze, Spurenelemente

Wasser. Die meisten Lebensmittel enthalten mehr als 50% Wasser (Tabelle 28-2). Weniger als 50% findet man u.a. in Brot, Butter und Käse. Bei genau geführten Flüssigkeitsbilanzen muß jedoch nicht nur das mit der Nahrung zugeführte, sondern auch das während der biologischen Verbrennung entstehende Wasser berücksichtigt werden; unter Ruhebedingungen sind das ca. 350 ml Wasser pro Tag.

Salze. Die Salze dienen dem Organismus, ebenso wie das Wasser, zur Aufrechterhaltung des inneren Milieus (S. 422). Die Konstanthaltung der ionalen Zusammensetzung (Isoionie) und des pH-Wertes der Körperflüssigkeiten gehört zu den wesentlichen Voraussetzungen einer ungestörten Zelltätigkeit. Von besonderer Bedeutung sind die Kationen Natrium, Kalium,

Calcium und Magnesium sowie die Anionen Chlorid und Phosphat (S. 424).

Spurenelemente. Man versteht darunter Elemente, die nur in äußerst geringen Mengen in der Nahrung und im Organismus vorkommen. Es werden 3 Gruppen unterschieden:

1. Elemente, deren physiologische Funktion bekannt ist oder vermutet wird und für die ein Bedarf besteht. Hierzu gehören u.a. **Eisen** (Baustein des Häm), *Jod* (Baustein der Schilddrüsenhormone) und *Fluor,* ferner *Kupfer, Mangan, Molybdän* und *Zink* als Bausteine intracellulärer und exkretorischer Enzyme.
2. Elemente, deren toxische Wirkung bewiesen ist. Dazu gehören Antimon, Arsen, Blei, Cadmium, Quecksilber und Thallium. Die meisten dieser Elemente haben ihre besondere Bedeutung in der Gewebetoxikologie.
3. Elemente ohne physiologische Bedeutung, wie z.B. Aluminium, Bor, Silber und Tellur.

Gewürz- und Ballaststoffe

Zu den *Gewürzstoffen* gehören verschiedene Duft- und Aromasubstanzen, die Geruch und Geschmack der Nahrungsmittel bestimmen. Diese Stoffe sind nicht lebensnotwendig; jedoch sollte ihre Bedeutung für das allgemeine *Wohlbefinden* sowie für die *Sekretion der Verdauungssäfte* (s. S. 746) nicht unterschätzt werden.

Als *Ballaststoffe* bezeichnet man die unverdaulichen Bestandteile der Nahrung. Dazu zählen v.a. Polysaccharide wie Cellulose, die hauptsächlich in den Zellwänden der Pflanzen vorkommt und durch die Verdauungsenzyme des Menschen nicht abgebaut werden kann (S. 775). Zur Bedeutung der Ballaststoffe s. S. 730.

Rückstände

Unter Rückständen versteht man Stoffe, die im Verlauf von Produktion und Lagerung absichtlich oder unabsichtlich in die Nahrungsmittel gelangen, für die jedoch beim Menschen kein direkter Bedarf vorliegt und die bei vermehrtem Vorkommen eine toxische Wirkung entfalten können.

Arzneimittel. Die Produktion tierischer Nahrungsmittel geht heute oft mit einer medikamentösen Behandlung der Tiere einher, einmal aus hygienischen Gründen, zum anderen zur Beschleunigung der Mast. Da Medikamente in Leber, Fettgewebe und Muskulatur gespeichert werden können, sind Auswirkungen auf den Menschen möglich, so im Hinblick auf Allergien, Antibioticaresistenz oder hormonelle Störungen.

Metalle. Dazu gehören neben den toxischen Spurenelementen Radionuclide, wie z.B. Caesium^{137} und Strontium^{90}.

Nahrungsmitteladditive. Hierbei handelt es sich um *Zusatzstoffe,* wie *Geschmacks-* und *Farbstoffe,* sowie *Konservierungsmittel,* die während der Produktion den Nahrungsmitteln zugefügt werden. Auch diese Stoffe sollte man nicht vorbehaltlos anwenden. So wurde die krebserzeugende Wirkung von „Buttergelb" erst nach jahrzehntelangem Einsatz zum Anfärben von Lebensmitteln nachgewiesen. — Die Zahl der Geschmacks- und Farbstoffadditive ist sehr groß, sie geht in die Tausende. Einen pharmakologischen Effekt dürften die meisten dieser Substanzen nicht haben; jedoch können sie bei Disposition Allergien auslösen.

Pesticide. Sie gehören zu den Pflanzen- und Vorratsschutzmitteln. Man unterscheidet 4 Gruppen: *Insecticide* (gegen Insekten), *Herbicide* (gegen Unkräuter), *Akaricide* (gegen Milben) und *Fungicide* (gegen Pilze). Die für den Menschen zum Teil nachgewiesene Schädlichkeit der Pesticide hat dazu geführt, daß für Lebensmittel zulässige Höchstmengen festgelegt wurden. Einige Pesticide, besonders die fettlöslichen, können im Fett des tierischen Organismus gespeichert werden; sie verlassen den Organismus nur langsam und entfalten damit eine Langzeitwirkung. Hauptquellen für die Pesticidbelastung des Menschen sind bei pflanzlichen Produkten Obst, Gemüse und Mehlerzeugnisse, bei tierischen Produkten vor allem das Milchfett.

28.2 Bedarf an Nahrungsmitteln; Mangel- und Überdosierungserscheinungen

Die Angaben über den Bedarf an einzelnen Nahrungsbestandteilen schwanken erheblich, z.T. deshalb, weil nicht immer zwischen *Bedarf* und *empfohlener Zufuhr* unterschieden wird. Bedarfsangaben im engeren Sinne beziehen sich auf das jeweilige Stoffwechselgleichgewicht, während Empfehlungen über die wünschenswerte Zufuhr einen *Sicherheitszuschlag* enthalten. Die folgenden Richtwerte, zumeist auf das Körpergewicht (KG) bezogen, beruhen auf Empfehlungen der Deutschen Gesellschaft für Ernährung [6].

Der Bedarf an verschiedenen Nahrungsbestandteilen muß als variable Größe gesehen werden. Die notwendige Zufuhr hängt von Faktoren ab wie Alter, Geschlecht, Körperbau, körperliche Aktivität, Streß oder Schwangerschaft. Bedarfsangaben sind daher immer nur *Richtwerte.*

Mangelzustände sind entweder Folge *unzureichender Zufuhr* oder *erhöhten Bedarfs* und meist eine Kombination von Nährstoff- (Eiweiße,

Fette, Kohlenhydrate) und Wirkstoffmangel (Vitamine, Salze, Spurenelemente), z.B. beim *Hungern* oder bei *Resorptionsstörungen.* Typische *Mangelkrankheiten* (Tabellen 28-7 und 28-9) treten beim überwiegenden Fehlen nur einer Substanz auf. — Während sich die Ernährungslehre früher hauptsächlich mit den Erscheinungsbildern von Mangelzuständen beschäftigte, muß sie heute auch Überdosierungsprobleme in Betracht ziehen. Die Folgen von Überdosierung zeigen sich im wesentlichen als *Fettsucht, Hypervitaminosen* sowie *Wasser-* und *Elektrolytintoxikationen.*

Nährstoffe

Der Nährstoffbedarf richtet sich zum einen nach dem Energiebedarf des Organismus. Zum anderen werden *Mindestmengen* an Eiweißen, Fetten und Kohlenhydraten benötigt (Tabelle 28-5), wodurch die Austauschbarkeit der Nährstoffe (Isodynamie; S. 718) eingeschränkt ist. Schwere Störungen treten besonders bei Eiweißmangel auf.

Mindestmengen. Im Rahmen des *Baustoffwechsels* werden fast alle Gewebe durch Abbau und Umbau ständig erneuert. Die dabei freiwerdenden Baustoffe reichen jedoch für den vollständigen Ersatz nicht aus, unter anderem wegen eines Verlusts nach außen, z.B. durch abschilfernde Epithelzellen (Darm, Haut). Hiervon ist besonders die Eiweißbilanz betroffen.

Eiweißbilanz. Bei eiweißfreier, aber energetisch ausreichender Ernährung verliert der Mensch pro Tag 13–17 g Eiweiß. Führt man diese Eiweißmenge (**absolutes Eiweißminimum**) zu, tritt aus zwei Gründen trotzdem kein Gleichgewicht zwischen Eiweißzufuhr und -verlust ein: 1. Nach Eiweißzufuhr steigt die Stickstoffausscheidung (ein Maß für den Eiweißverlust) an. 2. Je nach Aminosäurenzusammensetzung des Nahrungseiweißes kann nur ein mehr oder weniger großer Teil des aufgenommenen Eiweißes in Körpereiweiß umgebaut werden, da die Eiweiße je nach Gehalt an essentiellen Aminosäuren eine unterschiedliche Wertigkeit für den Menschen haben. Als **biologische Wertigkeit** bezeichnet man diejenige Menge an menschlichem Körpereiweiß, die durch 100 g Nahrungseiweiß ersetzt werden kann. Bei tierischen Eiweißen beträgt die Wertigkeit 80–100 g, d.h. aus 100 g aufgenommenen tierischen Eiweißen können 80–100 g Körpereiweiße gebildet werden. Bei pflanzlichen Eiweißen beträgt die Wertigkeit durchschnittlich nur 60–70 g, da die für den Menschen essentiellen Aminosäuren nicht im richtigen Mengenverhältnis zugeführt werden. — Um eine ausgeglichene Eiweißbilanz zu erreichen, muß eine gemischte Kost täglich 30–40 g Eiweiß enthalten (**Bilanzminimum**). Die ausgeglichene Eiweißbilanz zeigt sich in einem Gleichgewicht zwischen aufgenommener und ausgeschiedener Stickstoffmenge (N_2-Gehalt des Eiweißes: ca. 16% des Eiweißgewichts). Es hat sich gezeigt, daß mit dem Bilanzminimum zwar ein Überleben, jedoch keine normale körperliche Leistungsfähigkeit gewährleistet wird. Für eine *optimale Versor-*

Tabelle 28-5. Nährstoffe. Empfohlene Zufuhr für Erwachsene sowie Mangel- und Überdosierungserscheinungen

	Empfohlene Zufuhr/Tag [6]	Erhöhter Bedarf	Depots	Mangelerscheinungen	Überdosierungserscheinungen
Eiweiße	0,8 g/kg KG (bei genügendem Gehalt an essentiellen Aminosäuren, d.h. möglichst die Hälfte als tierisches Eiweiß)	Bei Alten und Kindern 1,2–1,5 g/kg KG; bei Schwerarbeit, Muskelaufbautraining, Schwangeren und Schwerkranken bis zu 2 g/kg KG	Kurzfristig verfügbarer Pool: 45 g (Muskel 40 g, Blut und Leber 5 g)	Hungerödeme, Infektanfälligkeit, Apathie, Muskelatrophie, bei Kindern Entwicklungsstörungen	Überwiegen der Fäulnis im Darm, bei Disposition: Gicht durch Verzehr von Fleisch und Innereien
Kohlenhydrate	Mindestens 100 g (für das Gehirn) alternativ: 200 g Eiweiß (Gluconeogenese)	Bei körperlicher Arbeit	300–400 g Glykogen	Untergewicht, verminderte Leistungsfähigkeit, Stoffwechselstörungen, Hypoglykämie, Ketose	Überwiegen der Gärung im Darm, Kohlenhydratmast, Fettsucht
Fette a) gesättigte und einfach ungesättigte Fettsäuren	Für a) und b): 25–30% des Energiebedarfs	Bei körperlicher Arbeit	Sehr variabel	Untergewicht, verminderte Leistungsfähigkeit, Mangelerscheinungen durch Fehlen fettlöslicher Vitamine	Hypertriglyceridämie und Hypercholesterinämie mit nachfolgender Sklerose, Fettsucht
b) essentielle Fettsäuren	Etwa $^1/_3$ des aufgenommenen Fetts	Bei körperlicher Arbeit	Sehr variabel	Hämaturie, Veränderungen an Haut und Mitochondrien, Stoffwechselstörungen	Erhöhter Tocopherolbedarf (Vitamin E)

gung des Organismus wird eine tägliche Zufuhr von *0,8 g Eiweiß pro kg KG* empfohlen **(funktionelles Eiweißminimum)**, wovon etwa die Hälfte tierischen Ursprungs sein sollte. Eine ausschließlich auf pflanzliche Eiweiße aufgebaute Ernährung bedarf einer besonders sorgfältigen Zusammenstellung. Bei körperlicher Arbeit, in der Schwangerschaft und bei schweren Erkrankungen besteht ein erhöhter *täglicher* Eiweißbedarf bis zu 2 g/kg, bei Kindern und Alten von 1,2–1,5 g/kg KG.

Mindestbedarf an Fetten und Kohlenhydraten. Der Mindestbedarf an Fetten beruht auf dem Bedarf an den darin enthaltenen fettlöslichen Vitaminen und essentiellen Fettsäuren. Bei sonstiger Zufuhr können fettlösliche Vitamine auch bei alleiniger Anwesenheit von Gallensäuren resorbiert werden. Der Mindestbedarf an Kohlenhydraten ist im wesentlichen durch den Gehirnstoffwechsel bedingt, der fast ausschließlich auf Glucose (ca. 100 g/Tag) angewiesen ist.

Nährstoffbedarf (Tabelle 28-5). Der Nährstoffbedarf richtet sich nach dem jeweiligen Energieumsatz (S. 652ff.). Ein erhöhter Bedarf besteht bei vermehrter körperlicher Arbeit, in der Schwangerschaft und bei verschiedenen Krankheiten, ferner bei einer allgemeinen Erhöhung des Muskeltonus (z.B. Kältezittern) oder bei Krämpfen. Bei Schwerkranken nimmt der Energieumsatz z.T. erheblich zu (vgl. Tabelle 24-6, S. 659), bei Schädel-Hirn-Verletzten bis zu Werten von Schwerarbeitern. Dies sollte bei der künstlichen Ernährung solcher Patienten berücksichtigt werden. Bezogen auf das Körpergewicht liegt auch bei Kindern bis zum Abschluß des Wachstums ein erhöhter Bedarf vor.

Speicherung. Kohlenhydrate und Eiweiße werden nur in geringem Umfang reversibel gespeichert. Die kurzfristig verfügbaren Eiweißreserven betragen rund 45 g, die Glykogenreserven 300–400 g. Lediglich in Form der Fettdepots liegen größere Energiespeicher (Tabelle 28-5) vor.

Mangelerscheinungen. Zu typischen Mangelerscheinungen gehören verminderte körperliche und geistige Leistungsfähigkeit, Anfälligkeit gegenüber verschiedenen Krankheiten und Untergewicht. Eiweißmangel führt u.a. zu Ödemen und bei Kindern zu Entwicklungsstörungen (Tabelle 28-5).

Überdosierungserscheinungen. Die Folgen einer über dem Bedarf liegenden Nährstoffaufnahme sind Fettsucht, verminderte körperliche Leistungsfähigkeit und eine geringere Lebenserwartung (Tabelle 28-5).

Bei **Energiebilanzen** muß man die unvollständige Resorption der Nährstoffe berücksichtigen, bei gemischter mitteleuropäischer Kost entspricht dies einem Energieverlust von rund 6%. Weiterhin darf beim Aufstellen von Energiebilanzen die postprandiale Energieumsatzzunahme (S. 718) nicht außer acht gelassen werden (Tabelle 28-6).

Tabelle 28-6. Energiebilanz am Beispiel eines mittelschwer arbeitenden Mannes (Werkzeugmacher; Alter: 56 Jahre, Körpergewicht: 77 kg, Körpergröße: 172 cm). Nach [3]

Grundumsatz	6740 kJ/Tag	
Zuschläge für	a) Bewegungen in der Freizeit	1670 kJ/Tag
	b) Arbeitsbedarf	3770 kJ/Tag
	c) unvollständige Resorption (6% der gesamten Energie)	830 kJ/Tag
	d) postprandiale Energieumsatzzunahme (6% der gesamten Energie)	830 kJ/Tag
	Insgesamt	13820 kJ/Tag

Vitamine

Der tägliche Vitaminbedarf (Richtwerte für die empfohlene Zufuhr s. Tabellen 28-7 und 28-9) ist während und nach körperlicher *Arbeit* sowie bei vielen *Erkrankungen* erhöht.
Da körperliche Arbeit einen im Verhältnis zum Vitaminbedarf noch größeren Energiebedarf bedingt, wird mit einer entsprechend vermehrten

Tabelle 28-7. *Fettlösliche* Vitamine. Mangelerscheinungen, Depots und empfohlene Zufuhr bei Erwachsenen

Vitamin	Mangelerscheinungen	Depots	Empfohlene Zufuhr/Tag
A	*Nachtblindheit*, atypische Epithelverhornung, Wachstumsstörungen	Große Mengen in der Leber	0,8–1,1 mg Vitamin A ~1,6–2,2 mg β-Carotin. Höchstdosis: 15 mg Vitamin A
D	*Rachitis*, Störungen von Knochenwachstum, spez. Ossifikation	Geringe Mengen in Leber, Nieren, Darm, Knochen, Nebennieren	5,0 μg; Kinder und Schwangere 10 μg, Höchstdosis: 25 μg
E	Störungen von Muskelstoffwechsel und Gefäßpermeabilität	Mehrere Gramm in Leber, Fettgewebe, Uterus, Hypophyse, Nebennieren	12 mg Tocopherol
K	Verzögerte Blutgerinnung, Spontanblutungen	Sehr geringe Mengen in Leber und Milz	Bei intakter Darmflora ∅, sonst ca. 1 mg; zur Prophylaxe bei Frühgeborenen einmalig ca. 1 mg

Nahrungsaufnahme meistens auch eine genügende Vitaminzufuhr erreicht. Gehen Krankheiten mit Appetitlosigkeit und gleichzeitig gesteigertem Vitaminbedarf einher, können Vitaminmangelerscheinungen auftreten; in solchen Fällen sind *prophylaktische* Vitamingaben ratsam. Bei einer energetisch ausreichenden Ernährung treten **Vitaminmangelzustände** auf, wenn die Kost *einseitig* zusammengestellt wird, so bei strengen Vegetariern. Weiterhin kann die Art der Zubereitung zu Vitaminmangelzuständen führen. Einige Vitamine verlieren durch Lagern, Konservieren oder Kochen ihre Wirksamkeit; lagerungs- und jahreszeitbedingte Abnahmen des Vitamingehalts sollen zur *Frühjahrsmüdigkeit* führen. Die Resorption fettlöslicher Vitamine ist nur zusammen mit Fetten oder Gallensäuren möglich, dies gilt speziell für das in fettlosen Pflanzen vorkommende β-Carotin.

Auf folgende Besonderheiten einiger Vitamine sei hingewiesen: Zwischen *Nicotinsäure* und der essentiellen Aminosäure *Tryptophan* bestehen Wechselwirkungen; ein mangelndes Angebot an Nicotinsäure führt dann nicht zu Mangelerscheinungen, wenn die Nahrung genügend Tryptophan enthält. — Der *Tocopherolbedarf* (Vitamin E) steigt mit vermehrter Zufuhr von essentiellen Fettsäuren. — *Vitamin-K*- und *Biotinmangelzustände* können bei gestörter Darmflora auftreten, z.B. nach Antibioticatherapie. — Der *Thiaminbedarf* (Vitamin B_1) wird größtenteils über Getreideprodukte gedeckt. Da deren Konsum abgenommen hat und die üblichen ausgemahlenen Mehle nur wenig Thiamin enthalten, ist man teilweise zur Anreicherung des Mehls mit Vitamin B_1 und anderen B-Vitaminen übergegangen. Bei großem Alkoholkonsum ist der Bedarf an Niacin, Folsäure sowie Vitamin B_2 und B_{12} deutlich erhöht.

Speicherung. Fettlösliche Vitamine werden in Mengen gespeichert, die zum Teil den Bedarf von Jahren decken (z.B. Vitamin A; Tabelle 28-8). Gleiches gilt für das wasserlösliche Vitamin B_{12}. Viele Vitamine werden jedoch nur in begrenzten Mengen gespeichert; regelmäßige Substitution ist daher notwendig.

Mangelerscheinungen. Die klassischen **Hypovitaminosen** treten in Europa nur noch selten in ausgeprägter Form auf. Mangelzustände (Übersicht Tabellen 28-7 und 28-9) sind einmal die Folge von *Alkoholismus, Fehlernährung, einseitigen Kostformen* oder *energiearmen Diäten* (z.B. bei strengem Fasten), zum anderen die Folge von *Resorptionsstörungen.* Die Rachitis als Vitamin-D-Mangelkrankheit findet man auch heute noch infolge unzureichend durchgeführter Vitamin-D-*Prophylaxe* bei *Säuglingen und Kleinkindern.*

Da die meisten wasserlöslichen Vitamine nur in geringem Umfang gespeichert werden, treten *Hypovitaminosen* infolge Fehlernährung oder Fehlresorption oft *kombiniert* als Mangel an mehreren Vitaminen auf. Hypovitaminosen füh-

Tabelle 28-8. Reservekapazität des Erwachsenen für verschiedene Vitamine. (nach [16])

Vitamin B_{12}	3–5 Jahre	Riboflavin	2–6 Wochen
Vitamin A	1–2 Jahre	Niacin	2–6 Wochen
Folsäure	3–4 Monate	Vitamin B_6	2–6 Wochen
Vitamin C	2–6 Wochen	Thiamin	4–10 Tage

Tabelle 28-9. *Wasserlösliche* Vitamine. Mangelerscheinungen, Depotmengen, Depots und empfohlene Zufuhr bei Erwachsenen

Vitamin	Mangelerscheinungen	Depotmengen und Depots	Empfohlene Zufuhr/Tag
B_1	*Beriberipolyneuritis,* ZNS-Störungen, Lähmung, Muskelatrophie, Herzinsuffizienz	ca. 10 mg; Leber, Herzmuskel, Gehirn	1,1–1,5 mg oder 0,12 mg/MJ, bei Alkoholikern erhöht
B_2	Wachstumsstillstand, Hauterkrankungen	ca. 10 mg; Leber, Skeletmuskel	1,5–1,8 mg oder 0,14 mg/MJ
B_6	Dermatitis, Polyneuritis, Krämpfe	ca. 100 mg; Muskel, Leber, Gehirn	2,0–2,6 mg oder 0,02 mg/g Nahrungseiweiß
B_{12}	*Perniziöse Anämie, funiculäre Myelose*	1,5–3 mg; besonders in der Leber	5 µg!
Biotin	Dermatitis	ca. 0,4 mg; Leber, Nieren	Bei intakter Darmflora ∅, sonst ca. 0,3 mg
Folsäure	*Perniziöse Anämie*	12–15 mg; Leber	0,4 mg, Schwangere 0,8 mg
Nicotinsäure	*Pellagra,* Photodermatitis, Paraesthesien	ca. 150 mg; Leber	15–20 mg, ersatzweise das 60fache an Tryptophan
Pantothensäure	ZNS-Störungen	ca. 50 mg; Nebennieren, Nieren, Leber, Gehirn, Herz	8 mg
C	*Scorbut,* Bindegewebsstörungen, Zahnfleischblutungen, Infektanfälligkeit, Psychosen	1,5 g; Gehirn, Nieren, Nebennieren, Pankreas, Leber, Herz	75 mg, Raucher: +40%
Vitaminoide			
Cholin	Nicht bekannt	In jeder Zelle	1,5–4,0 g
Myo-Inosit	Nicht bekannt	In jeder Zelle	ca. 1 g

ren fast immer zu *Minderungen* von körperlicher und geistiger *Leistungsfähigkeit*, wobei durch Vitamingaben wieder eine Zunahme der Leistungsfähigkeit zu erreichen ist. Jedoch gibt es *keine Hinweise darauf, daß zusätzliche Vitamingaben beim richtig ernährten Menschen die Leistungsfähigkeit* steigern.

Überdosierungserscheinungen. Unter der Annahme, daß Vitamine nicht schaden könnten, werden sie oft kritiklos in größeren Mengen eingenommen. Dabei wird übersehen, daß es auch **Hypervitaminosen** gibt; allerdings liegen die bisher für einige Vitamine bekannten toxischen Dosen recht hoch. Weiterhin wurden nach intravenöser Injektion einiger Vitamine Zwischenfälle beschrieben (z.B. Kreislaufkollaps; s. Tabelle 28-10). — Für *Vitamin D* besteht bei den meisten Erwachsenen im Gegensatz zu Heranwachsenden und Schwangeren kein eigentlicher *Bedarf*, da genügend Provitamine in der Nahrung enthalten sind. Trotzdem werden viele Nahrungsmittel, wie Nährpräparate, Margarine und Milch, mit Vitamin D angereichert; daher erhält der Erwachsene oft Mengen, die selbst über den Bedarf des Heranwachsenden hinausgehen. Nicotinsäure wird gelegentlich in Dosen von 2 g/Tag mit der Absicht verabreicht, einen erhöhten Blutfettspiegel zu senken.

Tabelle 28-10. Vitamine mit bekannten Überdosierungserscheinungen; empfohlene Zufuhr, toxische Dosis und Symptome der Überdosierung beim Menschen. Zufuhr gemäß Tabellen 28-7 u. 28-9

Vitamin	Empfohlene Zufuhr/Tag	Toxische Dosis/Tag	Symptome bei Überdosierung
A	0,8–1,1 mg	35 mg (Einzeldosis: 600 mg)	Haut-, Schleimhaut- und Knochenveränderungen, Kopfschmerz, Euphorie, Anämie
D	2,5 µg	500 µg	Ca^{++}-Mobilisierung im Knochen, Kalkeinlagerungen, Störungen in ZNS und Nieren
K	0–1 mg	?	Anämien bei Frühgeborenen, ggf. Kollaps bei i.v.-Injektion
B_1	1,1–1,5 mg	?	Gegebenenfalls Kollaps bei i.v.-Injektion
Nicotinsäure	15–20 mg	(3–4 g?)	Magen-Darm-Störungen, Hautveränderungen, Sehstörungen
C	75 mg	5 g	Durchfälle, bei Disposition: Harnsteine

Wasser, Salze, Spurenelemente

Wasser. Der Wasserbedarf des Menschen ist sehr variabel. Vermehrtes Schwitzen (z.B. bei Hitze, Schwerarbeit) oder übermäßige Salzaufnahme beeinflussen ihn wesentlich. Beim Erwachsenen beträgt der Tagesbedarf je nach Schweißabgabe 20–45 ml/kg KG. Für die **Wasserbilanz** werden folgende *Durchschnittswerte* angegeben [14]: Ein 70 kg schwerer Mensch benötigt mindestens 1750 ml Wasser pro Tag, die sich auf eine *Trinkmenge* von ca. 650 ml, einen *Wasseranteil in der festen Nahrung* von ca. 750 ml und auf ca. 350 ml *Oxidationswasser* verteilen. Darüber hinausgehende Mengen werden beim Gesunden über die Nieren ausgeschieden; bei Herz- und Nierenerkrankungen kommt es dagegen zur Retention (Ödeme; S. 532f., 817).

Mangelerscheinungen. Wasserverluste von 5% des Körpergewichts führen zu einer deutlichen *Minderung der Leistungsfähigkeit*, eine Abnahme von 10% bedeutet bereits eine *schwere Dehydratation*, und bei Abnahmen von 15–20% tritt der *Tod* ein. Da der mittlere Wassergehalt des Organismus rund 60% beträgt, tritt der Tod dann ein, wenn rund $^1/_3$–$^1/_4$ des Wasserbestandes verlorengegangen ist (s.a. Dehydratation, S. 816).

Überdosierungserscheinungen. Bei stoßweiser Zufuhr hypotoner Lösungen oder größeren Salzverlusten kann es zu vorübergehendem Einstrom von Wasser in den *intracellulären Raum* kommen (S. 817). Dadurch entsteht das Bild der *Wasserintoxikation*; sie geht mit Kopfschmerzen, Übelkeit oder Krämpfen (Symptome des *Hirnödems*) sowie mit Minderungen der Leistungsfähigkeit einher.

Salze. Die empfohlene Zufuhr von einigen wichtigen Elektrolyten ist in Tabelle 28-11 zusammengestellt. Zu Ursachen und Symptomen von Störungen des Salz-Wasserhaushalts s. S. 810ff. und S. 816ff.
Der *Calciumbedarf* ist bei gesteigertem *Knochenwachstum* erhöht, so bei Schwangeren und Säuglingen. — *Calciummangelzustände* können besonders dann auftreten, wenn Nahrungsmittel

Tabelle 28-11. Wichtige Elektrolyte und empfohlene Zufuhr für Erwachsene in g/Tag. Nach [6]

Na^+	K^+	Ca^{++}	Mg^{++}	Cl^-	P
2–3	3–4	0,8	0,30–0,35	3–5	0,8

mit hohem *Oxalsäuregehalt* (z.B. Spinat, Rhabarber) zugeführt werden, da dann ein erheblicher Teil des Nahrungscalciums als *unlösliches*, nicht resorbierbares *Calciumoxalat* gebunden wird. Zu den wegen ihres Calciumgehalts besonders wertvollen Nahrungsmitteln zählen Milch und Milchprodukte.
Der Mindestbedarf an *Kochsalz* liegt unter 1 g/Tag; der Mitteleuropäer nimmt im Durchschnitt mehr als die 10fache Menge auf. Von einer Zufuhr über 10 g/Tag ist abzuraten, da dies auf Dauer zur Blutdruckerhöhung führen kann (S. 555 u. 814 f.).

Spurenelemente. Von den Spurenelementen mit bekannter physiologischer Funktion sollen nur *Eisen, Fluor, Jod und Kupfer* genannt werden. Tabelle 28-12 gibt eine Übersicht über empfohlene Zufuhr, Depotmenge und Mangelerscheinungen. Der Bedarf für Eisen und Jod ist während der Schwangerschaft und bei Kindern erhöht. Überdosierungen führen bei fast allen Spurenelementen zu Störungen im Organismus. Bei Fluor ist die Spanne zwischen empfohlener Zufuhr und toxischer Dosis sehr gering (Tabelle 28-12), zum Vorkommen siehe [6]. *Jodmangel* führt regional zu einem gehäuften Auftreten von Schilddrüsenvergrößerungen (endemische Struma), gelegentlich mit gleichzeitiger Unterfunktion. Diese **Kropferkrankung** ließ sich durch systematische Jodzufuhr zurückdrängen (Kochsalzjodierung), aber noch nicht beheben.

Chronischer Eisenmangel ist Ursache für die *einzige in Mitteleuropa häufiger vorkommende Mangelkrankheit,* da die übliche Kost oft nur gerade den normalen Bedarf deckt. Dies liegt u.a. auch daran, daß pflanzliches Eisen nur zu etwa 3–8% und tierisches Eisen (Häm) nur zu etwa 23% resorbiert werden. Mangelsymptome sind v.a. Müdigkeit, Kopfschmerzen, verminderte Leistungsfähigkeit sowie Wachstumsstörungen der Haut und Hautanhangsgebilde (Nägel, Haare). Bei stärkerem Mangel tritt die typische *Eisenmangelanämie* auf. Bei chronischen *Blutverlusten* (z.B. Menstruation, Magen-Darmblutungen, häufiges Blutspenden) reicht das Eisenangebot in der mitteleuropäischen Durchschnittskost oft nicht aus, um den Verlust zu ersetzen. Daher besitzen viele menstruierende Frauen keine mobilisierbaren Eisenreserven. Schon geringe zusätzliche Blutverluste, z.B. bei einer Operation, oder erhöhter Bedarf während einer Schwangerschaft führen dann zu einer Eisenmangelanämie. In Mitteleuropa wurde bei 30–40% aller menstruierenden Frauen ein Eisenmangel festgestellt, allerdings mit abnehmender Tendenz in denjenigen Ländern, in denen reichlicher Fleischverzehr üblich ist.

Tabelle 28-12. Spurenelemente mit bekannter physiologischer Funktion. — Mangelerscheinungen, Depotmenge und empfohlene Zufuhr für Erwachsene

Spurenelement	Mangelerscheinungen	Depotmenge	Empfohlene Zufuhr/Tag
Eisen	Eisenmangelanämie	4–5 g, davon 800 mg mobilisierbar	Menstruierende Frauen 18 mg, sonst 12 mg Fe^{++}
Fluor		?	Zur Kariesprophylaxe: 1 mg, ab 5 mg toxisch! (Osteosklerose)
Jod	Struma Hypothyreose	10 mg	180–200 µg
Kupfer	Eisenresorptionsstörungen, Anämie, Pigmentstörungen	100–150 mg	2–4 mg

28.3 Ausnutzung der Nahrungsmittel und Kostformen

Ausnutzung

Unter Ausnutzung versteht man denjenigen Prozentsatz an Nähr- und Wirkstoffen, der aus der aufgenommenen Nahrung *resorbiert* wird. Der größte Teil unserer Nahrung muß erst durch die Verdauung aufgeschlossen werden, um die Resorption der darin enthaltenen Nährstoffe zu ermöglichen. Jedoch werden selbst bei regelrechter Verdauung nicht alle Stoffe bzw. deren Abbauprodukte resorbiert. *Von einer mitteleuropäischen gemischten Kost werden im Durchschnitt nur 90–95% des Brennwerts genutzt,* da *Cellulose,* ein typisch pflanzliches Kohlenhydrat, im Verdauungstrakt des Menschen nicht abgebaut werden kann. Wenn die Cellulosewand nicht durch die *Aufbereitung* der Speisen, z.B. durch Kochen und Kauen, zerstört wird, kann auch der Zellinhalt nicht resorbiert werden. Auch bei Darmerkrankungen wie Ruhr und Cholera oder nach Darmresektionen verringert sich die Ausnutzung, während begrenzte Transportkapazitäten des resorbierenden Epithels nur selten zu verminderter Ausnutzung führen.

Wertigkeit. Der resorbierte Anteil der Nährstoffe weist je nach Herkunft eine unterschiedliche biologische Wertigkeit für den Organismus auf (S. 723). Dies gilt wegen des unterschiedlichen Gehalts an essentiellen Aminosäuren besonders für die Eiweiße: *Pflanzliche Eiweiße besitzen eine geringere biologische Wertigkeit als tierische* (S. 723).

Ausgewogene Kost

Die ausgewogene Kost ist ein ebenso aktuelles wie umstrittenes Ernährungsproblem; damit zusammenhängende Fragen werden heftig diskutiert. Hierbei sollte man von folgenden 4 *physiologischen* Gesichtspunkten ausgehen:

1. Der **Brennwert** muß dem Energiebedarf entsprechen.
2. Die **Mindestmengen** an Eiweißen, Fetten und Kohlenhydraten müssen enthalten sein (Tabelle 28-5, S. 723).
3. Die **Mindestmengen** an Vitaminen, Salzen und Spurenelementen müssen enthalten sein (Tabellen 28-7, 28-9, 28-11 und 28-12).
4. Die **toxischen Grenzwerte** verschiedener Vitamine, Salze und Spurenelemente dürfen nicht überschritten werden.

Mit dem sog. **Kostmaß** beschreibt man Ernährungsformen hinsichtlich des *Energiegehalts und der Nährstoffrelationen.* Im Jahr 1875 ermittelte v. VOIT als Mittelwert „aus einer größeren Anzahl von Beobachtungen für einen mittleren Arbeiter" folgendes Kostmaß: 118 g Eiweiße, 56 g Fette, 500 g Kohlenhydrate (in Gewichtsprozenten 18:8:74); dieses **Voit-Kostmaß** [13] enthielt 12750 kJ/Tag. — Zu Beginn dieses Jahrhunderts ergab sich aus einer groß angelegten Untersuchung folgendes Kostmaß: 84 g Eiweiße, 65 g Fette, 453 g Kohlenhydrate (in Gewichtsprozenten 14:11:75), entsprechend 11730 kJ/Tag. Hieraus wurde als Richtmaß das Verhältnis von 1:1:4 Gewichtsanteilen (bzw. 15:30:55% Energieanteilen) für die Eiweiß/Fett/Kohlenhydrat-Relation hergeleitet.

Neuere Empfehlungen berücksichtigen einen aus praktischer Sicht notwendigen Spielraum (Tabelle 28-13). Für gesunde Erwachsene wird als tägliche Zufuhr empfohlen [6]: *Eiweiße:* 0,8 g/kg KG (davon möglichst die Hälfte tierischer Herkunft); *Fette:* 25–30% des gesamten Energiebedarfs ($^1/_3$ als essentielle Fettsäuren), Schwerstarbeiter bis 40% des Energiebedarfs; *Kohlenhydrate:* Rest des Energiebedarfs (ca. 55–65%), mindestens jedoch 10% des Energiebedarfs. Erfahrungen aus Zeiten der Mangel- und Fehlernährung während und nach den Weltkriegen sowie neuere Untersuchungen haben diese Nährstoffrelationen als für europäische Verhältnisse sinnvoll bestätigt; sie können als optimal gelten. Der durchschnittliche *Energiebedarf* der deutschen Bevölkerung muß jedoch aufgrund körperlich leichterer Arbeitsbedingungen niedriger als früher angesetzt werden. Betrachtet man das *tatsächliche Kostmaß* der deutschen Bevölkerung im Jahre 1983, zeigt sich das für eine hochindustrialisierte Gesellschaft typische Bild: Die durchschnittliche Kost ist zu *energiereich,* wobei *zu viel Fette und zu wenig Kohlenhydrate* aufgenommen werden (Tabelle 28-13). Hinzu kommt ein Alkoholkonsum von durchschnittlich 26–43 g/Tag (770 bzw. 1280 kJ/Tag, Tabelle 28-13).

Tabelle 28-13. Verbrauchte Mengen an Nahrungsenergie 36- bis 50jähriger im Jahre 1983, Durchschnittswerte einer Erhebung für die Bundesrepublik Deutschland. [7]

	Frauen		Männer	
	Soll	Ist	Soll	Ist
Gesamtenergie (kJ/Tag)	8800	13260	10500	15930
Eiweiß (g/Tag)	45	85	55	103
Fett (g/Tag)	58–81	148	68–95	168
Kohlenhydrate (g/Tag)	298–352	300	354–417	359
Tägl. Alkoholaufnahme	26 g ~ 770 kJ		43 g ~ 1280 kJ	
Entsprechender Anteil an der Gesamtenergiezufuhr	6%		8%	

Die eklatante Soll-Ist-Differenz in Tabelle 28-13 darf nicht so interpretiert werden, als ob die jeweiligen Bundesbürger im Durchschnitt 4460 kJ (Frauen) bzw. 5430 kJ (Männer) Nahrungsenergie pro Tag speichern; das entspräche immerhin einer Zunahme von 115 bzw. 140 g Fett pro Tag! Zunächst sind die „verbrauchten Mengen" nicht mit dem tatsächlichen Verzehr identisch, sie sind vielmehr das Ergebnis von Verkaufsstatistiken. Weiterhin sind die Auswirkungen überschüssig aufgenommener Nährstoffe auf die Fettdepots sehr komplex und nicht als einfache Überschußbilanzen zu beschreiben.

Geringe **Abweichungen vom empfohlenen Kostmaß** führen zu keinen wesentlichen Störungen. Fette und Kohlenhydrate sind in bezug auf den Energiegehalt weitgehend austauschbar (Isodynamie; S. 718). Weiterhin kann bei **Kohlenhydratmangel** Glucose aus *glucoplastischen Aminosäuren* gebildet werden *(Gluconeogenese)*, sofern diese im Überschuß vorhanden sind. — Ein Absinken des Blutzuckerspiegels *(Hypoglykämie)* führt zunächst zu dem Gefühl des Heißhungers sowie zu Minderungen der physischen und psychischen Leistungsfähigkeit. Wird schließlich der Mindestbedarf des Gehirns an Glucose nicht mehr gedeckt, treten als schwere Störungen Bewußtlosigkeit und Krämpfe auf *(hypoglykämischer Schock)*. — Eine vermehrte Kohlenhydrataufnahme führt dagegen zu einer **Kohlenhydratmast,** da überschüssige Kohlenhydrate in Fette umgewandelt und gespeichert werden. Außerdem kann bei Kohlenhydratüberschuß durch Überwiegen von Gärungsvorgängen im Dickdarm eine Verdauungsstörung auftreten (S. 738).

Bei starker **Verminderung des Fettanteils** in der Nahrung wird die *Zufuhr fettlöslicher Vitamine* gestört; entsprechende Symptome sind die Folge. Mangelerscheinungen anderer Art treten auf, wenn die Mindestmengen an essentiellen Fettsäuren (S. 719) fehlen. — Die **Zunahme des Fettanteils** in der Nahrung führt zu einer fettbedingten Mast, die vermehrte Aufnahme gesättigter Fettsäuren zu einer Hypercholesterinämie (S. 719); die Hypercholesterinämie zählt zu den epidemiologischen Risikofaktoren (S. 730). Hingegen bewirkt eine vermehrte Aufnahme ungesättigter Fettsäuren ein Absinken des Cholesterinspiegels im Blut (S. 720).
Bei **Abnahme des Eiweißanteils** in der Nahrung treten Minderungen der körperlichen und geistigen Leistungsfähigkeit auf; schließlich kommt es zu Hungerödemen und zum Muskelschwund. Die Anfälligkeit gegenüber Infektionen nimmt infolge verminderter Abwehrbereitschaft zu. — Bei **Zunahme des Eiweißanteils** tritt eine Stoffwechselsteigerung ein (postprandiale Energieumsatzzunahme; S. 718), die wegen der dabei vermehrten Wärmeproduktion in kalten Klimazonen durchaus erwünscht sein kann. Andererseits werden bei eiweißreicher Kost infolge Überwiegens von Fäulnisvorgängen im Dickdarm Verdauungsstörungen beobachtet. Bei Disposition treten nach vermehrtem Verzehr von Fleisch und Innereien Gichtanfälle auf, da diese Nahrungsmittel reich an Purinkörpern sind.

Die **Herkunft der Nahrungsmittel** ist für eine ausgewogene Kost von besonderer Bedeutung. Während der Bedarf an essentiellen Aminosäuren hauptsächlich über *tierische Produkte* gedeckt wird, erweist sich *Pflanzenkost* für den Bedarf an wasserlöslichen Vitaminen, Salzen und Spurenelementen als unerläßlich. — Eine streng vegetarische Diät führt fast immer zu Eiweißmangelerscheinungen, bedingt durch einen Mangel an essentiellen Aminosäuren. — Weiterhin beeinflussen tierische und pflanzliche Nahrungsmittel den Säure-Basen-Haushalt (S. 623ff.) auf unterschiedliche Weise: Tierische Produkte wirken als schwache Säuren (H^+-Donatoren), pflanzliche als schwache Basen (H^+-Acceptoren). Die dadurch bedingten Einflüsse auf den Säure-Basen-Haushalt werden in der Regel durch die Nieren kompensiert. Schließlich ist für eine ausgewogene Kost die Art der **Zubereitung** maßgeblich. Einmal kann durch die Zubereitung der Wirkstoffgehalt abnehmen (z.B. Hitzeempfindlichkeit von Vitaminen, S. 725), zum anderen kann die Art des Anrichtens und Würzens durchaus physiologische Effekte erzielen, indem sie über die *cephalische Phase der Magensaftsekretion* (S. 754f.) die Verdauung der aufgenommenen Nahrung beeinflußt. Gewürze und Getränke (Alkohol) führen als *„Saftlocker“* bei entsprechender Disposition sogar zu einer Übersäuerung des Mageninhalts.

Die durchschnittliche Energiezufuhr erwachsener Bundesbürger schließt 8% (Frauen) bzw. 13% (Männer) der Energiezufuhr in Form von Alkohol ein; das entspricht 34–69 g Alkohol täglich. Der Alkoholkonsum muß aber nicht nur in bezug auf eine energetisch ausgewogene Kost beachtet werden: Chronischer Alkoholismus führ zu Mangelernährung im Hinblick auf Nähr- und Wirkstoffe mit der Notwendigkeit, besonders Vitamine und Mineralien zu substituieren [22]. Ferner treten bei einer regelmäßigen Alkoholaufnahme von mehr als 80 g ($\sim$2400 kJ) pro Tag Leberschäden auf; toxische Wirkungen werden ab etwa 160 g/Tag beobachtet.

Spezielle Kostformen

Bei der Diätgestaltung müssen neben dem *therapeutischen Zweck* auch *berufliche Tätigkeit* und *Lebensalter* berücksichtigt werden. Mit zunehmendem Alter nimmt beispielsweise der Energiebedarf ab, der relative Bedarf an essentiellen Aminosäuren jedoch zu.

Energiearme Diäten. Da die **Fettsucht** heute in Europa fast epidemische Ausmaße angenommen hat, sollen hier einige Aspekte energiearmer Diäten besprochen werden, wobei die Vielzahl angepriesener Schlankheitskuren zeigt, daß es keine Ideallösung gibt. Beim strengen Fasten, das nur unter ärztlicher Aufsicht durchgeführt werden sollte, muß wie bei anderen energiearmen Diäten dafür gesorgt werden, daß letztlich der Mindestbedarf an allen Nahrungsbestandteilen gedeckt wird. Innerhalb dieses Rahmens kann eine energiearme Diät relativ eiweißreich, fettreich oder kohlenhydratreich sein, wobei verschiedene Vor- und Nachteile gegeneinander abzuwägen sind.
Eine **eiweißreiche, energiearme Kost** weist als Vorteil auf, daß der Appetit ausreichend gedämpft wird und die Eiweißaufnahme zu einer postprandialen Energieumsatzzunahme (s. S. 718) führt. Von Nachteil ist, daß eiweißreiche Nahrungsmittel zu den teuersten zählen und meist viel Fett (verborgene Fette, S. 719) enthalten. — Eine **fettreiche, energiearme Kost** stillt zwar anhaltend den Hunger, kann aber durch den meist hohen Gehalt an gesättigten Fettsäuren zu einer Hypercholesterinämie führen. Außerdem ist die Verträglichkeit einer fettreichen Kost unterschiedlich. — Eine **kohlenhydratreiche, energiearme Kost** hat den Vorteil einer reichlichen Magenfüllung; jedoch hält die Sättigung nicht lange an. Ferner treten kurz nach Aufnahme niedermolekularer Kohlenhydrate öfters hypoglykämische Nachschwankungen mit erneutem Hungergefühl auf.

Bei gezielt hergestellten, sog. **energiearmen Lebensmitteln** sollte der Brennwert bei unverändertem Volumen um 40–50% vermindert sein. Solche Minderungen des Brennwerts erreicht man durch Entfernen des Fetts, durch Austausch des Zuckers gegen energiearme Süßstoffe sowie durch Anreichern mit Wasser und cellulosehaltigen Produkten.

Ernährung des alten Menschen. Von folgenden Richtlinien sollte ausgegangen werden:

1. Der **Energiebedarf** ist vermindert.
2. Der tägliche **Eiweißbedarf** ist auf 1,2–1,5 g/kg KG erhöht.
3. Höchstens 30% des Energiebedarfs sollten durch **Fette** gedeckt werden (rund 70 g/Tag); Fette mit *ungesättigten Fettsäuren* sind zu bevorzugen.
4. Die tägliche **Kohlenhydratzufuhr** sollte etwa 300 g betragen, wobei Mono- und Disaccharide zu vermeiden sind.
5. **Ca^{++}-Mangel** sollte angesichts der altersbedingten Neigung zur Osteoporose (Knochenerweichung) vermieden werden. Zu den an Calcium reichen Nahrungsmitteln gehören besonders Milch und Milchprodukte.
6. Der absolute **Vitaminbedarf** ist im Alter unverändert. Da jedoch der Energiebedarf vermindert ist und somit weniger Nährstoffe aufgenommen werden sollten, kann im Alter ein Vitaminmangel auftreten. Auch die bei alten Menschen oft einseitige Zufuhr hauptsächlich leicht verdaulicher Nahrung, wie Kartoffelbrei und Weißbrot, kann zu Vitaminmangel führen.

Formula-Diäten sind standardisierte, definierte Nährstoffkonzentrate in Pulverform, die alle notwendigen Bestandteile im Sinne einer *bilanzierten Ernährung* enthalten. Sie werden bei Kranken als alleinige Sonderkost oder als Zusatzkost eingesetzt.

Ballaststoffe. Als Vorteile ballaststoffreicher Diäten werden die Anregung der Peristaltik und damit eine raschere Darmpassage (S. 763f.) sowie die weiche Konsistenz des Kots angeführt, also Faktoren, die einer Obstipation (S. 774) und ihren Folgen entgegenwirken können. Andererseits ist mit einer vollsynthetischen, ballaststofffreien Diät („bilanzierte, synthetische Diät“, *BSD;* sog. *Elementardiät*) auf lange Zeit ein gesundes Leben möglich. Offensichtlich bringt weder eine an Ballaststoffen reiche noch eine von Ballaststoffen freie Kost Nachteile für die Magen-Darmpassage. Hingegen dürften sich ballaststoffarme Diäten bei Obstipation ungünstig auswirken. Der Richtwert für die wünschenswerte Ballaststoffzufuhr beträgt mindestens 30 g/Tag.

28.4 Beurteilung von Körpergewicht und Körperoberfläche

Risikofaktor Fettsucht

Als epidemiologische **Risikofaktoren** bezeichnet man Faktoren, die mit einer verkürzten *Lebenserwartung* einhergehen. Auch wenn man den ursächlichen Zusammenhang nicht wie bei *Kausalfaktoren* kennt, stehen Risikofaktoren in engem *statistischem* Zusammenhang mit den sog. *Zivilisationskrankheiten* (z.B. Herzinfarkt, Schlaganfall [1, 8, 12, 18]). Zu den vermeidbaren Risikofaktoren zählt die Fettsucht *(Adipositas)* als Wegbereiter von Bluthochdruck und Stoffwechselstörungen. Auf die komplexen Zusammenhänge zwischen Adipositas und verkürzter Lebenserwartung kann hier nicht näher eingegangen werden.

Referenzgewichte. Für das wünschenswerte Körpergewicht werden vielfältige Empfehlungen gegeben, die u.a. auf Durchschnittswerten (sog. *Normalgewicht*) oder kriterienbezogenen Werten (sog. *Idealgewicht*) beruhen. — Durchschnittsgewichte sind, da sie vom Ernährungszustand der untersuchten Bevölkerung abhängen, sehr variabel, besonders im Hinblick auf Zeiten des Hungerns oder der Überernährung. Am Durchschnittsgewicht kann daher das mit einem erhöhten Körpergewicht einhergehende Gesundheitsrisiko nicht abgeschätzt werden.

Untersuchungen einer Lebensversicherungsgesellschaft an über 5 Mill. Nordamerikanern über den Zusammenhang zwischen Körpergewicht und Lebenserwartung führten zu den sog. MLIC-Idealgewichtsnormen (*Idealgewicht* = Körpergewicht mit der statistisch höchsten Lebenserwartung). Als weitere Referenzwerte (Übersicht bei [19]) gelten der BROCA-*Index* (Körperhöhe in cm − 100 = BROCA-Index in kg) und der QUETELET-*Index.* Der QUETELET-Index, auch Körpermasse- bzw. *Body Mass Index* (BMI) genannt, wird wie folgt berechnet: Körpergewicht in kg dividiert durch Körperhöhe in m^2; als Richtwert für das erstrebenswerte Körpergewicht gilt ein Indexwert von 22 (Frauen) bzw. 24 (Männer). Von der Deutschen Gesellschaft für Ernährung (DGE) wird als Referenzgewicht, nicht zuletzt aus Gründen der Praktikabilität, der BROCA-*Index (ohne Korrektur!)* empfohlen [6].

Die Problematik aller dieser Referenzgewichte soll am Beispiel des MLIC-Idealgewichts erläutert werden: Das Idealgewicht wird in Abhängigkeit vom Lebensalter für 3 Körperbaukategorien angegeben [14], für *leichten, mittelschweren* und *schweren* Körperbau, allgemeingültige Kriterien für die Zuordnung eines Menschen zu einer dieser Kategorien sind jedoch nicht vorhanden. Eine weitere Problematik ergibt sich daraus, daß Übergewicht nicht nur durch die Zunahme des Körperfettanteils (infolge Überernährung), sondern auch durch Zunahme der Muskelmasse (z.B. infolge Krafttraining) oder Zunahme des Wassergehalts des Körpers (meist krankhaft) verursacht wird. Präventivmedizinisch relevant ist jedoch allein die *Fettsucht.* Sie ist Ausdruck einer energetischen Überladung des Stoffwechsels, die *statistisch gehäuft* mit Arteriosklerose, Diabetes mellitus und Gicht einhergeht. Die Fettsucht sollte man aus den oben genannten Gründen aber nicht mit der Waage, sondern besser über die Bestimmung des Körperfettgehalts diagnostizieren, der sich mit einfachen Methoden quantifizieren läßt (Abb. 28-1). — Die Gewichts-Größen-Relation von Kindern wird anhand sog. *Somatogramme* bestimmt, die sich auf altersabhängige Durchschnittswerte beziehen [14, 21].

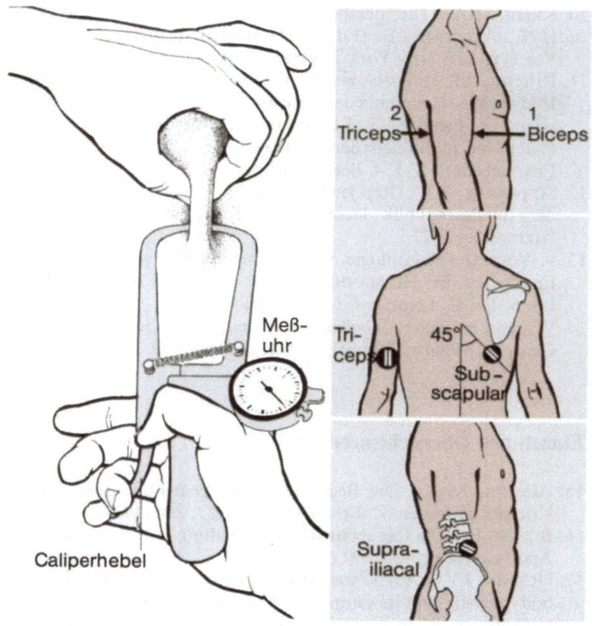

Abb. 28-1. Zur Messung der Hautfaltendicken mit einem Caliper: Mit zwei Fingern wird an den angegebenen Stellen eine Hautfalte ca. 1 cm oberhalb des Meßpunkts abgehoben. Die Ablesung der Hautfaltendicke soll 2 s nach Loslassen des Caliperhebels erfolgen. (Nach [17] aus [23])

Zusammensetzung des Organismus

Das Gewicht eines Menschen wird im wesentlichen von 3 Anteilen bestimmt, der *Wassermenge,* dem *Fettgehalt* und der *Muskelmasse.* Auf das Körpergewicht bezogen, beträgt der mittlere extracelluläre Wassergehalt rund 15%, der mittlere Fettgehalt 20% und die mittlere Muskelmasse 40%. Änderungen des Körpergewichts gehen mit Änderungen dieser 3 Anteile entweder isoliert oder kombiniert einher. Insbesondere der Fettanteil kann erheblich von den Durchschnittswerten abweichen.

Nimmt der **Wassergehalt** im Organismus zu, spricht man von einem Ödem (im Gewebe) oder Hydrops (in Hohlräumen oder Hohlorganen). Methoden zur Bestimmung von Änderungen im Wassergehalt des Organismus s. S. 812f. — Der **Fettgehalt** des menschlichen Organismus kann zwischen 8 und 50% schwanken, wobei Frauen einen höheren durchschnittlichen Fettanteil aufweisen als Männer (Tabelle 28-14). Weiterhin nimmt mit steigendem Lebensalter der mittlere Fettanteil zu. Zur Schätzung des Fettanteils hat sich die Hautfaltendickemessung mit einem *Kaliper* („Speckzange") bewährt. An 4 repräsentativen Hautbezirken (Biceps-, Triceps-, Subscapular- und Suprailiacalregion) wird die Hautfaltendicke erfaßt (Abb. 28-1). Die Summe dieser 4 Werte ergibt eine Maßzahl, die in engem Verhältnis zum Körperfettanteil steht ([17], s. Tabelle 28-14). Das Gesamtkörperfett kann auch über das spezifische Gewicht des Körpers berechnet werden, da dieses wesentlich vom Fettanteil abhängt. — Die **Muskelmasse** des Organismus nimmt im Hungerzustand ab; bei ausgeprägtem Muskeltraining (isometrisches Training oder „Bodybuilding") steigt sie an. Die Bestimmung der Muskelmasse ist über die Kreatininausscheidung oder radiologisch mit Hilfe von injiziertem radioaktivem Kalium möglich, das sich bevorzugt in die Muskelzellen verteilt; die Bestimmung des radioaktiven Kaliums erfolgt mit einem Ganzkörperzähler *(Body Counter).* Als Maß für die *Muskelmasse* wird häufig die *Lean Body Mass* verwandt, definiert als Gesamtkörpermasse minus Fettanteil.

Tabelle 28-14. Referenzwerte für die Summe der 4 Hautfaltendicken (vgl. Abb. 28-1) und den daraus berechneten Körperfettgehalt in Abhängigkeit von Lebensalter und Geschlecht auf der Basis einer Stichprobe mit BROCA-Sollgewicht. (Nach [20])

Alter (Jahre)	Frauen		Männer	
	$\sum$ (mm)	Fett (%)	$\sum$ (mm)	Fett (%)
15–19	71,0	30,2	48,6	17,4
20–24	73,0	31,5	49,7	18,9
25–29	75,0	32,7	50,8	20,4
30–34	77,0	34,0	51,9	21,9
35–39	79,1	35,2	53,0	23,4
40–44	81,1	36,5	54,0	24,9
45–49	83,2	37,7	55,0	26,4
50–54	85,3	39,0	56,0	27,9
55–59	87,4	40,2	57,0	29,4

Körperoberfläche

Eine direkte Messung der Körperoberfläche ist sehr schwierig. Mit Hilfe der Näherungsformel von DUBOIS und DUBOIS kann sie jedoch abgeschätzt werden: $O = 71{,}84 \cdot G^{0{,}425} \cdot H^{0{,}725}$ (nach [14]; O = Körperoberfläche in cm^2, G = Körpergewicht in kg, H = Körperhöhe in cm). — Vereinfacht wird die Bestimmung der Körperoberfläche durch Nomogramme; jedoch lassen sich auch ihnen nur Näherungswerte entnehmen.

Neunerregel nach WALLACE. Dieses Verfahren wird nur eingesetzt, um bei Verbrennungen die betroffene Körperoberfläche grob abzuschätzen. Danach sind beim Erwachsenen für jeden Arm 9%, für jedes Bein 18%, für den Rumpf 36% sowie für Kopf und Hals 9% der Körperoberfläche zu veranschlagen.

Körperoberfläche als Bezugsgröße. Viele biologische Meßgrößen hängen von der Körpergestalt ab, wie z.B. Grundumsatz, Herzzeitvolumen in Ruhe, Gesamtblutvolumen oder Herzvolumen. Man bezieht daher diese Größen häufig auf die Körperoberfläche oder auf das Körpergewicht und spricht von *Relativwerten* (z.B. relatives Herzvolumen). Aufgrund theoretischer Überlegungen ist ein Bezug auf die Körperoberfläche richtiger als ein Bezug auf das Körpergewicht. In der Praxis wird jedoch meistens auf das Körpergewicht bezogen, da es mit einfachen Verfahren direkt und weitaus genauer als die Körperoberfläche bestimmt werden kann und bei der Berechung der Körperoberfläche sowieso als wesentliche Meßgröße mit eingeht.

28.5 Literatur

Weiterführende Lehr- und Handbücher

1. ABHOLZ, H.-H., BORGERS, D., KARMAUS, W., KORPORAL, J. (Eds.): Risikofaktorenmedizin. Konzept und Kontroverse. Berlin-New York: de Gruyter 1982
2. BÄSSLER, K.-H., FEKL, W., LANG, K.: Grundbegriffe der Ernährungslehre. Heidelberger Taschenbuch, Nr. 119, Basistext Medizin. Berlin-Heidelberg-New York: Springer 1973
3. Deutsche Gesellschaft für Ernährung e.V. (Ed.): Die wünschenswerte Höhe der Nahrungszufuhr. 12. Ausgabe. Schriftenreihe der „Ernährungsumschau“. Frankfurt a.M.: Umschau-Verlag 1966
4. Deutsche Gesellschaft für Ernährung e.V. (Ed.): Material zum Ernährungsbericht 1980. Frankfurt a.M.: Deutsche Gesellschaft für Ernährung e.V. 1980
5. Deutsche Gesellschaft für Ernährung e.V. (Ed.): Ernährungsbericht 1984. Frankfurt a.M.: Deutsche Gesellschaft für Ernährung e.V. 1984
6. Deutsche Gesellschaft für Ernährung e.V. (Ed.): Empfehlungen für die Nährstoffzufuhr. (4. erw. Überab.) Frankfurt a.M.: Umschau Verlag 1985
7. Deutsche Gesellschaft für Ernährung e.V. (Ed.): Ergänzungsband zum Ernährungsbericht 1988. Frankfurt a.M.: Deutsche Gesellschaft für Ernährung e.V. 1989
8. HEYDEN, S.: Infarkt-Prävention heute. Intervention 1970–1984. Ergebnisse — Probleme — Konsequenzen. Mannheim: Boehringer Mannheim GmbH — Galenus Mannheim GmbH 1984
9. HOLTMEIER, H.J. (Ed.): Taschenbuch der Pathophysiologie. Bd. 1 und Bd. 2. Stuttgart-New York: Fischer 1977
10. KREBS, H.A.: The metabolic rate of amino acids. In: MUNRO, H.N., ALLISON, J.B. (Eds.): Mammalian protein metabolism. Vol. I, p. 125. New York-London: Academic Press 1964
11. RUBNER, M.: Physiologische Verbrennungswerte, Ausnutzung, Isodynamie, Calorienbedarf, Kostmaße. In: BETHE, A., v. BERGMANN, G., EMBDEN, G., ELLINGER, A. (Eds.): Handbuch der normalen und pathologischen Physiologie, Bd. 5. Stoffwechsel und Energiebedarf. S. 134. Berlin: Springer 1928
12. SCHWARTZ, F.W. (Red.): Herz-Kreislauf-Vorsorgeprogramme in der Bundesrepublik Deutschland. Köln-Lövenich: Deutscher Ärzteverlag 1977
13. v. VOIT, C.: Physiologie des allgemeinen Stoffwechsels und der Ernährung. In: HERMANN, L. (Ed.): Handbuch der Physiologie, Bd. 6, Teil II. Leipzig: F.C.W. Vogel 1881
14. Wissenschaftliche Tabellen — Documenta Geigy (Ed.: J.R. Geigy AG Pharma, Basel), 7. Aufl., Basel, 1969

Einzel- und Übersichtsarbeiten

15. BÄSSLER, K.-H.: Die Bedeutung der Brennstoffzufuhr für die Körperfunktionen. Z. Ernährungswiss. *11*, 200 (1972)
16. BITSCH, R.: Die therapeutische Anwendung von Vitaminen. Dt. Apothekerzeitg. *125*, 392 (1985)
17. DURNIN, J.V.G.A., WOMERSLEY, J.: Body fat assessed from total body density and its estimation from skinfold thickness: measurements on 481 men and women aged from 16 to 72 years. Br. J. Nutr. *32*, 77 (1974)
18. GRUNDY, S.M., BILHEIMER, D., BLACKBURN, H., BROWN, W.V., KWITEROVICH, P.O., MATISON, F., SCHONFELD, G., WEIDMAN, W.H.: AHA Committee Report-Rationale of the Diet-Heart Statement of the American Heart Association. Circulation *65* (4), 839A (1982)
19. KNUSSMANN, R., TOELLER, M., HOLLER, H.D.: Zur Beurteilung des Körpergewichts. Med. Welt (Stuttg.) *23*, 529 (1972)
20. KRÄMER, H.-J., ULMER, H.-V.: Reference values for body fat content as a measure for desirable body fat content. Ernährungswiss. *23*, 1 (1984)
21. KUNZE, D.: Somatogramm. Fortschr. Med. *95*, 548 (1977)
22. SEITZ, H.K., KOMMERELL, B.: Alkoholismus als häufigste Ursache für Mangelernährung. Dt. Ärztebl. *87*, C-440 (1990)
23. ULMER, H.-V.: Comparability of absolute and body-related performance capacity in ergometry. In: LÖLLGEN, H., MELLEROWICZ, H. (Eds.): Progress in ergometry: Quality control and test criteria. 5th International Seminar on Ergometry. 188, Berlin-Heidelberg-New York-Tokio: Springer 1984

29 Funktionen des Magen-Darm-Kanals

K. Ewe und U. Karbach

Hauptaufgabe des Gastrointestinaltrakts ist es, die aufgenommene Nahrung in resorbierbare Bestandteile umzuwandeln und diese in den Körper aufzunehmen. Diese Vorgänge werden durch *mechanische Prozesse* (Zerkleinerung, Durchmischung, Transport) und die *Sekretion von Verdauungssäften* mit ihren Enzymen eingeleitet. Durch diese Enzyme werden Eiweiße, Fette und Kohlenhydrate hydrolytisch gespalten und in resorbierbare Bruchstücke zerlegt **(Verdauung)**. Die Endprodukte der Verdauung sowie Wasser, Mineralstoffe und Vitamine werden aus dem Darmlumen durch die Darmschleimhaut hindurch in das Blut und die Lymphe aufgenommen **(Resorption)**.

Der Magen-Darm-Trakt besteht aus einem durchlaufenden Rohr vom Mund bis zum Anus, bestehend aus *Oropharynx, Oesophagus, Magen, Dünn- und Dickdarm,* in welche die Organe mit sekretorischer Funktion einmünden: *Mundspeicheldrüsen, Pankreas* und *Leber* (Abb. 29-1).

Für den Wandaufbau des gesamten Magen-Darm-Trakts gelten, modifiziert in ihren Hauptfunktionen, die gleichen Prinzipien (Abb. 29-2).

Einige Teile des Magen-Darm-Trakts dienen hauptsächlich dem *Weitertransport* (Mundhöhle, Speiseröhre), andere haben vorwiegend *Speicherfunktion,* wie Magen und Dickdarm, und der Dünndarm ist der Hauptort für die *Verdauung* und *Resorption.* Gesteuert werden diese Funktionen durch eine große Anzahl von *Hormonen* und *biologisch aktiver Peptide,* durch die *intrinsische Aktivität der glatten Muskulatur* und das *autonome Nervensystem.* Störungen der normalen Funktionsabläufe können zu einer Vielzahl von Erkrankungen und klinischen Symptomen führen: Störung der Verdauung (*Maldigestion*) und der Resorption (*Malabsorption*), der Motorik (Durchfall, Verstopfung, Erbrechen, Stuhlinkontinenz) und Symptomen wie Sodbrennen, Druck- und Völlegefühl, Koliken und Übelkeit.

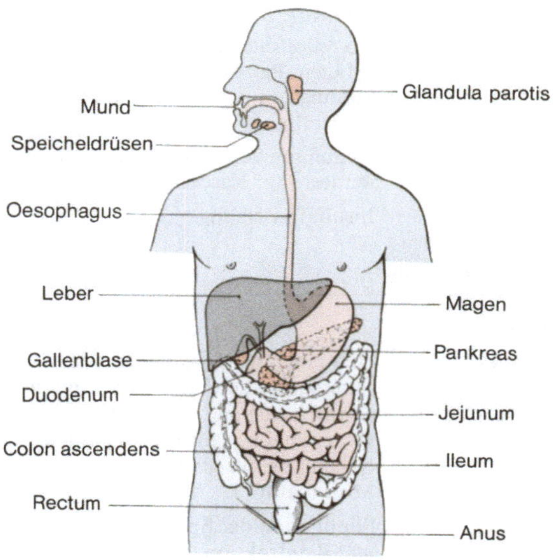

Abb. 29-1. Übersicht über die an Verdauung und Resorption beteiligten Organe

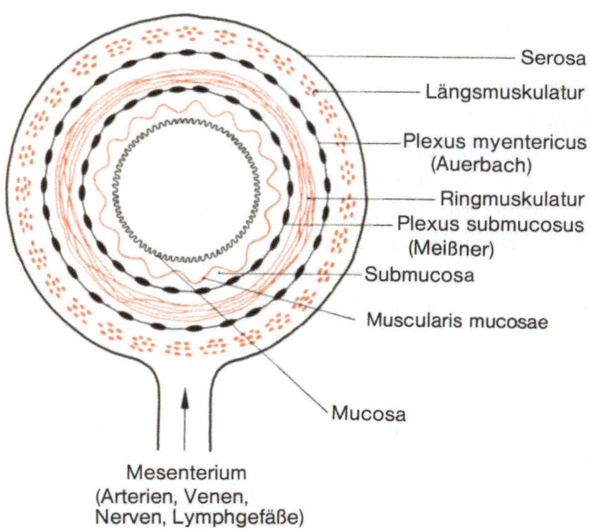

Abb. 29-2. Wandschichten des Magen-Darm-Kanals in schematischer Darstellung

29.1 Allgemeine Grundlagen der gastrointestinalen Funktionen

Steuerung der Funktionen

Intrinsisches und extrinsisches Nervensystem (s.a. S. 359ff.). Der Gastrointestinaltrakt verfügt über ein eigenes *enterisches* oder *intrinsisches Nervensystem*, auch als „enterisches Hirn" bezeichnet, das unabhängig vom extrinsischen autonomen Nervensystem die motorische und sekretorische Aktivität von Magen und Darm steuern kann. Es liegt zwischen Längs- und Ringmuskulatur: **Plexus myentericus (Auerbach)** und zwischen Ring- und submucöser Muskulatur: **Plexus submucosus (Meißner)** (Abb. 29-2), und es besteht aus einem neuronalen Netzwerk. Die efferenten Fasern des Plexus myentericus enden an den glatten Muskelzellen der Längs- und Ringmuskulatur und beeinflussen den Muskeltonus und den Rhythmus der Kontraktionen. Der Plexus submucosus steuert vorwiegend die sekretorische Funktion der Epithelzellen. Afferente Fasern beider Plexus leiten sensorische Impulse von Mechano- und Nocireceptoren zum ZNS.

Das *extrinsische autonome Nervensystem* hat wesentlichen Einfluß auf die motorischen und sekretorischen Funktionen des Magen-Darm-Trakts, der reich mit parasympathischen und sympathischen Fasern versorgt ist. Präganglionäre Fasern des **N. vagus** aus der Medulla oblongata versorgen Ösophagus, Magen, Dünndarm, den proximalen Dickdarm sowie Leber, Gallenblase und Pankreas, diejenigen aus dem Sacralmark das Sigmoid, Rectum und die Analregion (S. 350). Sie enden an den Ganglien des intramuralen Plexus des Magen-Darm-Kanals bzw. den intraparenchymalen Ganglien der Speicheldrüsen und Leber. Neurotransmitter dieser präganglionären Fasern ist *Acetylcholin*, das mit nicotinempfindlichen Receptoren der Ganglienzellen reagiert. Acetylcholin ist auch die Überträgersubstanz für die postganglionären Nervenendigungen, welche mit den muscarinempfindlichen Receptoren der Effectorzelle reagieren. Darüber hinaus fungieren als postganglionäre Neurotransmitter eine große Anzahl biologisch aktiver Peptide, wie *vasoaktives intestinales Polypeptid (VIP)*, die *Enkephaline*, *Substanz P* und *Serotonin*.

Die präganglionären Fasern des **Sympathicus** für den Gastrointestinaltrakt stammen aus dem 5. bis 12. Thorakal- und 1. bis 3. Lumbalsegment und werden im *Ganglion coeliacum* (Oesophagus, Magen, Duodenum, Leber und Pankreas), dem *Ganglion mesentericum superius* (Dünndarm und oberer Dickdarm) und *Ganglion mesentericum inferius* (unteres Colon und Anus) umgeschaltet. Transmittersubstanz für die präganglionären Fasern ist Acetylcholin, für die postganglionären Noradrenalin.

Afferente autonome Fasern laufen sowohl über den N. vagus als auch den Sympathicus und leiten Impulse zum ZNS, die zur bewußten Wahrnehmung oder zur Auslösung autonomer Reflexe führen.

Gastrointestinale Hormone und Peptide. Der Magen-Darm-Trakt zählt zu den hormonreichsten und -aktivsten Organen des Organismus. Es wurden bisher 18 Zellarten in der Magen-Darm-

Tabelle 29-1. Hormone und biologisch aktive Peptide des Magen-Darm-Trakts

Hormone	*Hauptfunktionen*
Gastrin	Magensekretion, trophische Effekte
Secretin	Pankreassekretion (Bicarbonat)
Cholecystokinin	Pankreassekretion (Enzyme), Gallenblasenkontraktion
Biologisch aktive Peptide (Hormonkandidaten)	
Somatostatin	Sekretionshemmung (Magen, Pankreas)
Pankreatisches Polypeptid	Sekretionshemmung (Pankreas, Galle)
Urogastrone	Sekretionshemmung (Magen)
Enteroglucagon	Sekretionshemmung (Magen, Pankreas) Stimulation des hepatischen Gallenflusses
Neurotensin	Hemmung von Magensekretion und -entleerung: Vasoconstriction
GIP (glucose-dependent insulinotropic peptide)	Insulinfreisetzung
Neuropeptide	
VIP (vasoaktives intestinales Polypeptid)	Hemmung der Magensekretion, Stimulation der Pankreassekretion (Bicarbonat) und des gallensäurenunabhängigen Gallenflusses. Relaxation der glatten Muskulatur
Substanz P	Stimulation der Speicheldrüsen und Kontraktion der glatten Muskulatur
Enkephaline, Endorphine	Hemmung der Kontraktion der glatten Muskulatur

Schleimhaut und im Pankreas differenziert, in denen gastrointestinal wirksame Hormone oder Peptide nachgewiesen wurden. Die klassischen gastrointestinalen Hormone sind **Gastrin, Secretin** und **Cholecystokinin**, die auf entsprechende Reize ins Blut abgegeben werden und am Effektorgan ihre Wirkung haben. Daneben wurde in den letzten Jahren eine große Anzahl **biologisch aktiver Peptide** nachgewiesen, die nicht alle Kriterien eines Hormons erfüllen, aber trotzdem eine hormonähnliche Wirkung auf den Magen-Darm-Trakt haben (Tabelle 29-1). Einige von ihnen diffundieren von ihrer Bildungszelle direkt in die benachbarte Effectorzelle, ohne einen Anstieg im Serum zu bewirken (*Parakrinie*), andere werden in Nervenendigungen freigesetzt und wirken auf ähnlich direktem Wege (*Neurokrinie*, S. 393). Für manche Neuropeptide, die bislang nur im Gehirn bekannt waren, wie *Enkephaline* und *Endorphine*, wurden jetzt auch Opioatreceptoren im Darm identifiziert [36].

Der **Stimulus für die Freisetzung** der Hormone oder Peptide geht zum einen über vagale Reize, zum andern verfügen die gastrointestinalen endokrinen Zellen über *Receptoren*, die auf spezifische Reize bestimmter Substanzen im Darmlumen reagieren und die Ausstoßung der Hormongranula aus den basalen Abschnitten der Zellen in die Capillaren bewirken. Aus diesem Grund erfolgt die Regulation der Hormonproduktion hier — anders als bei anderen endokrinen Systemen — weniger über die Blutspiegel der Hormone (oder Peptide), als vielmehr durch den direkten Kontakt der Nahrungsbestandteile mit endokrin aktiven Zellen im jeweiligen Darmabschnitt.

Die gastrointestinalen Hormone und eine Reihe der Peptide können entsprechend der Anordnung ihrer Aminosäuresequenzen in 2 Gruppen eingeteilt werden: Die *erste Gruppe* wird gebildet aus *Gastrin* und *Cholecystokinin*, die die gleichen 5 endständigen Aminosäuren besitzen. Sie wirken am gleichen Zellreceptor und haben ähnliche Wirkung, die allerdings entsprechend der Spezifität des Receptors unterschiedlich stark sein kann. So wirkt Gastrin stärker auf die Belegzelle des Magens als Cholecystokinin, und umgekehrt bewirkt Cholecystokinin eine stärkere Gallenblasenkontraktion als Gastrin. Die *zweite Gruppe* wirkungsverwandter Hormone und Peptide wird repräsentiert durch *Secretin*. Ihm sind das *VIP* (vasoaktives intestinales Polypeptid), das *Glucagon* und das *GIP* (glucose-dependent insulinotropic peptide) verwandt, wobei die Gemeinsamkeit in einer identischen Aminosäuresequenz innerhalb der Peptidkette besteht. In manchen Fällen wirken die Hormone der beiden Gruppen antagonistisch gegeneinander. Es gibt jedoch auch synergistische Effekte am selben Zielorgan. Die Erklärung hierfür ist in Abb. 29-3 wiedergegeben. Am Beispiel einer Pankreasdrüsenzelle wird gezeigt, daß sowohl die Hormone der Gruppe 1 (Gastrin und Cholecystokinin) sowie Acetylcholin als auch (geringer) die der Gruppe 2 (Secretin und VIP) zu einer Stimulation der Enzymsekretion führen. Dabei induzieren sie als *„first messenger"* nach Bindung an ihre Receptoren einmal eine Erhöhung der intracellulären Ca^{2+}-Konzentration (Gastrin und Cholecystokinin) und zum anderen eine Aktivierung des cAMP-Systems (Secretin und VIP). Beide Mediatorsubstanzen steigern als *„second messengers"* die Enzymsekretion der Zelle.

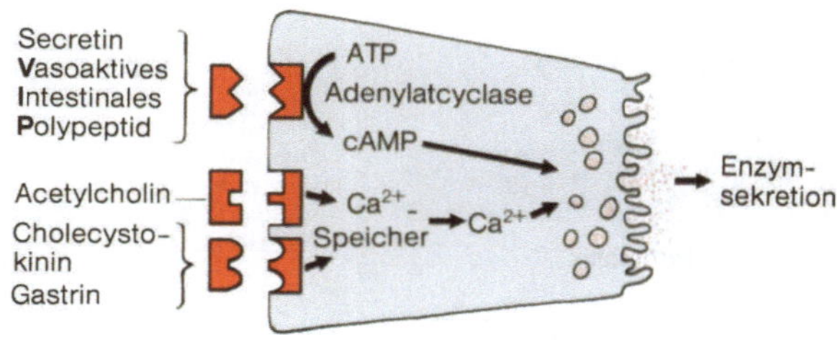

Abb. 29-3. Stimulation der Enzymsekretion durch verschiedene Hormone und Überträgersubstanzen sowie intracelluläre Vermittlung ihrer Wirkungen (Stimulus-Sekretions-Kopplung)

Gastrointestinale Motilität

Motilitätsmuster. Die digestive und resorptive Funktion des Magen-Darm-Trakts hängt wesentlich von der Motorik der Wandmuskulatur ab. Die wichtigsten Motilitätsmuster sind in Abb. 29-4 wiedergegeben. Ein *oral-aboraler Transport* erfolgt bei **propulsiver Peristaltik.** Die Kontraktion der Ringmuskulatur schreitet wellenförmig über das Darmrohr fort, ihr voraus läuft meist eine Erschlaffungswelle. Die *Durchmischung* des Speisebreis mit Verdauungssäften geschieht durch **nichtpropulsive Peristaltik,** die sich nur über kurze Strecken fortpflanzt, sowie durch *Segmentationsbewegungen*. Die **Segmentation** besteht in der gleichzeitigen Kontraktion der *Ringmuskulatur* engbenachbarter Bereiche. Da die Frequenz der Kontraktionen von oben nach unten abnimmt, wird der Darminhalt auch durch die nichtpropulsive Peristaltik langsam analwärts verschoben. Durch **tonische Dauer-**

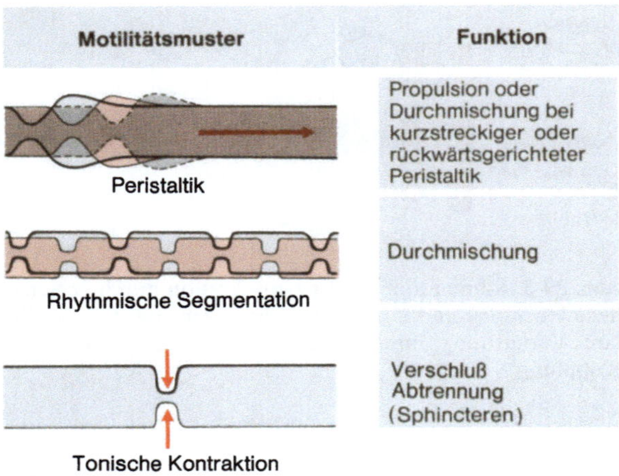

Abb. 29-4. Motilitätsmuster im Gastrointestinaltrakt und ihre Funktion in schematischer Darstellung

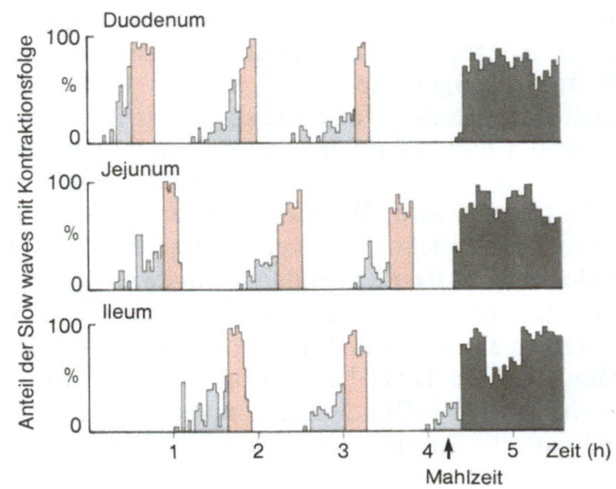

Abb. 29-5. Interdigestiver myoelektrischer Motorkomplex. Anteil von Slow waves in der Verdauungspause, die von einer Muskelkontraktion gefolgt sind. In Phase *1* herrscht motorische Ruhe; in Phase *2* (*hellgrau*) erreicht der Kontraktionsanteil bis zu 50% und in Phase *3* (*rot*) fast 100% der Maximalaktivität. Die Aktivitätsfront wandert innerhalb von 1–1,5 h vom Duodenum (**oben**) zum Ileum (**unten**) und beginnt dann wieder von neuem. Mit dem Essen (*Pfeil*) wird der Komplex unterbrochen (*dunkelgrau*) [1]

kontraktion bestimmter spezialisierter Bereiche (*Sphincteren*) werden funktionell verschiedene Räume voneinander abgetrennt, z.B. Ösophagus vom Magen durch den *unteren Ösophagussphincter* und Ileum vom Caecum durch die *Bauhin-Klappe*. Gleichzeitig ist dadurch ein gerichteter Transport ohne Rückfluß gewährleistet.

Steuerung der Peristaltik. Die glatten Muskelzellen des Magen-Darm-Trakts besitzen ein elektrisches, transmembranales Ruhepotential, das *rhythmischen Spontandepolarisationen* unterliegt. Diese werden als **langsame Wellen (slow waves)** bezeichnet (S. 84f.). Sie führen noch zu keiner mechanischen Muskelkontraktion. Erst wenn sich den Slow waves in der Depolarisationsphase kurze Aktionspotentiale aufpropfen, wird, verursacht durch den Einstrom von Ca^{2+} in die Zelle, eine Muskelkontraktion ausgelöst. Dabei ist die Stärke der Kontraktion abhängig von der Anzahl der Aktionspotentiale. Eine Muskelkontraktion kann somit nur im Zusammenhang mit einer Slow wave erfolgen. Der basale Rhythmus dieser Slow waves variiert im Gastrointestinaltrakt. Er beträgt 3/min im Magen, 12/min im Duodenum und fällt auf 8/min im Ileum ab.

Interdigestiver myoelektrischer Motorkomplex. Ein besonderes elektromechanisches Phänomen im Gastrointestinaltrakt stellt die *phasische Motoraktivität in den Verdauungspausen* dar. In der interdigestiven Pause, d.h. wenn Magen und Dünndarm keine nennenswerten Nahrungsreste mehr enthalten, setzt nach längeren Phasen der motorischen Ruhe (*Phase I;* Dauer ca. 1 h) und der ungerichteten Motorik (*Phase II;* Dauer ca. 30 min) ein definiertes Muster elektrischer und motorischer Aktivität ein (*Phase III;* Dauer ca. 15 min) (Abb. 29-5). Komplexe mit zahlreichen Aktionspotentialen (*„Aktivitätssturm“*) und durchschnürender Peristaltik (*„interdigestive Front“*) beginnen im Antrum des Magens mit einer Frequenz von 10–12/min oder im Duodenum und wandern den gesamten Dünndarm hinunter bis zum Ileum, von wo aus der Komplex wieder nach oben springt und von neuem beginnt. Bei einer Wandergeschwindigkeit von 6–8 cm/min im oberen und ca. 2 cm/min im unteren Dünndarm beginnt ein neuer Cyclus alle 1,5 h. Vor der Aktivitätsfront werden Nahrungsreste, Bakterienansammlungen und auch Fremdkörper nach distal getrieben; dieser wandernde Motorkomplex ist deshalb bildlich als „house keeper“ des Magens und Darms bezeichnet worden. So wurde beispielsweise beobachtet, daß bei Patienten mit pathologischer Bakterienbesiedlung des Dünndarms dieser Motorkomplex gestört war.
Der myoelektrische Motorkomplex entsteht in den *Muskelzellen* und dem *intramuralen Nervengeflecht* des Darms selbst. Er kann durch das vegetative Nervensystem oder humoral modifi-

ziert werden. Hierbei kommt dem Peptid *Motilin,* das hauptsächlich in der Schleimhaut des oberen Dünndarms gebildet wird, eine besondere Rolle zu. Es steigt während der Phase III des Komplexes im Blutplasma an und kann ihn, intravenös gegeben, vorzeitig auslösen.

Grundlagen der Sekretion

Die Bildung der Verdauungssäfte erfolgt durch aktive Syntheseleistung der sekretorischen Zellen in den Speicheldrüsen des Mundes, den Magen- und Darmdrüsen, dem exkretorischen Anteil des Pankreas und den Leberzellen. Enzyme und andere Substanzen werden gemeinsam mit einer elektrolythaltigen Lösung als *Primärsekret* sezerniert. Das Primärsekret kann auf dem Wege durch die nachgeschalteten Drüsengänge besonders hinsichtlich seiner *Elektrolytzusammensetzung* noch wesentlich verändert werden.

Funktionelle Anatomie. Die *Verdauungsenzyme* bestehen aus Proteinen und werden in speziellen Drüsenzellen gebildet. Ihre Synthese beginnt im *rauhen endoplasmatischen Reticulum* im basalen Anteil der Zelle. In dem zisternenartig oder tubulär angeordneten endoplasmatischen Reticulum gelangt das neugebildete Protein in die apikalen Regionen der Zelle und in die Vacuolen des *Golgi-Apparates,* wo es zu *Zymogengranula* von 3 µm Durchmesser konzentriert wird. Auf einen sekretorischen Reiz hin werden die Granula durch *Exocytose* ausgestoßen, wobei sich die Hülle der Enzymgranula und die apicale Zellmembran vereinigen, die Membran sich auflöst und den Inhalt nach außen entläßt.

Steuerung der Sekretion. Die Aktivierung der Verdauungsdrüsen erfolgt zum einen *vagal;* die Sekretion wird entsprechend durch Atropin gehemmt. Zum anderen haben spezifische *Hormone* einen fördernden oder hemmenden Einfluß auf die Sekretion. Als Überbringersubstanz (second messengers) fungieren Ca^{2+} und cAMP (s. Abb. 29-3).

Darmassoziiertes Immunsystem

Neben den resorbierbaren Nahrungsbestandteilen oder inerten Ballaststoffen ist der Magen-Darm-Trakt zahlreichen Antigenen ausgesetzt, wie *Bakterien, Viren* und *Nahrungsmittelallergenen.* Dies erklärt seine reiche Ausstattung mit **immunkompetentem Lymphgewebe.** Es macht ca. 25% der Darmschleimhaut aus und entspricht in seiner Menge etwa dem der Milz. Es wird als *darmassoziiertes Lymphgewebe* oder *„gastrointestinal-associated lymphoid tissue"* **(GALT)** bezeichnet. Anatomisch und funktionell lassen sich 3 Bestandteile unterscheiden:

1. die *Peyer-Plaques:* Ansammlungen von Lymphfollikeln, in denen sich intestinale Antigene bevorzugt sammeln und die die Antikörperantwort auf die Darmantigene bewirken.
2. *Lymphocyten* und *Plasmazellen* der Lamina propria: Sie bilden Immunglobuline, vorwiegend IgA. Dieses unterscheidet sich vom IgA des Serums durch 2 zusätzliche Polypeptidketten, die von den Enterocyten gebildet werden. Es wird deshalb *sekretorisches IgA* (*sIgA*) genannt.
3. *Intraepitheliale Lymphocyten:* Sie gehören bevorzugt in die T-Zellinie. Im weiteren Abstromgebiet von Lymphe und Pfortaderblut sind noch die *mesenterialen Lymphknoten* und das *reticuloendotheliale System (RES) der Leber* dem intestinalen Immunsystem zuzurechnen.

Die 3 Systeme des GALT kommen in engen Kontakt mit den Darmantigenen. Die intraepithelialen **Lymphocyten** sind nur durch die Tight junctions zwischen den Epithelzellen vom Darmlumen getrennt. Die Peyer-Plaques werden zum Lumen hin durch spezielle Zellen, sog. *M-Zellen,* begrenzt, die den Weitertransport von Antigenen in den Lymphfollikel begünstigen. Die Lymphzellen in der Lamina propria schließlich liegen in der Nachbarschaft von Capillaren und Lymphgefäßen (s. Abb. 29–32, S. 765). Diese immunologische Abwehrbarriere ist im Normalfall ausreichend wirksam, kann aber im Stadium der Schleimhautentzündung, z.B. unter der Einwirkung besonders pathogener Substanzen, Bakterien oder anderer Noxen, durchbrochen werden.

Gas im Magen-Darm-Trakt

Über Gas im Magen-Darm-Trakt ist trotz der klinischen Bedeutung des Geblähtseins (*Meteorismus*) wenig bekannt.

Volumen und Zusammensetzung. Das *Gasvolumen* im Körper kann plethysmographisch oder durch eine Auswaschmethode mit dem Edelgas Argon und die täglich aus dem Darm ausgestoßene Gasmenge über ein Darmrohr gemessen werden. Die Gasmenge im Magen-Darm-Trakt beträgt normalerweise weniger als 200 ml. Das

Volumen, das durch das Rectum ausgeschieden wird, beläuft sich im Mittel auf etwa 600 ml/Tag zu etwa 15 Portionen von 40 ml mit erheblichen individuellen Schwankungen zwischen 200 und 2000 ml/Tag. Die Gasmenge kann durch cellulosehaltige Diät, welche im Colon bakteriell abgebaut wird, erheblich zunehmen. Eine bohnenhaltige Diät steigert den stündlichen Gasausstoß auf das 10fache.

Das Gefühl des Geblähtseins korreliert jedoch nicht immer mit einem erhöhten intestinalen Gasvolumen. Insuffliert man ein inertes Gas Patienten mit Reizdarmsyndrom („*irritable bowel*") oder bläst man eingebrachte Ballons auf, spüren sie viel früher einen Druck als Kontrollpersonen. Die Reizschwelle gegenüber intraluminalen Drücken ist bei diesen Patienten herabgesetzt.

In der *Zusammensetzung des intestinalen Gasgemisches* herrschen zu 99% folgende 5 Gase vor: N_2, O_2, CO_2, H_2 und CH_4. Ihre Zusammensetzung schwankt individuell und je nach Ursprung der Gase in weiten Grenzen. Diese Gase sind geruchlos. Der unangenehme Geruch der Flatus stammt von Spuren flüchtiger bakterieller Eiweißabbauprodukte wie Indol, Skatol, Mercaptan und Schwefelwasserstoff.

Ursprung der Gase. Das intestinale Gas kann im wesentlichen 3 Quellen zugeordnet werden: verschluckte Luft, intraluminale Bildung und Diffusion aus dem Blut.
Die gasgefüllte „Magenblase" ist die Folge **verschluckter Luft.** Mit jedem Bissen oder Schlukken werden individuell unterschiedliche Mengen Luft verschluckt, durchschnittlich 2–3 ml. Ein großer Teil der Luft wird durch Aufstoßen aus dem Magen wieder entleert.
CO_2, H_2 und CH_4 werden im **Darmlumen gebildet.** $\mathbf{CO_2}$ entsteht aus der Reaktion von HCO_3^-, welches aus Sekreten des Pankreas, des Darms und der Leber stammt, mit H^+ aus dem Magensaft und den Fettsäuren. Dabei entstehen große Mengen von CO_2 mit P_{CO_2}-Werten von 200–500 mm Hg im Duodenum, die jedoch zum großen Teil im Dünndarm wieder resorbiert werden. Das CO_2 in den Flatus stammt aus bakteriellem Abbau von Kohlenhydraten im Colon.
$\mathbf{H_2}$ wird ebenfalls durch bakterielle Fermentation aus nichtresorbierbaren Kohlenhydraten im Colon freigesetzt. Keimfrei aufgezogene Tiere und neugeborene Kinder scheiden kein H_2 aus. Ebenso wird im keimarmen Dünndarm (s. Abb. 29-40, S. 775) praktisch kein H_2 gebildet.

Ein Teil des im Colon gebildeten H_2 wird resorbiert, über die Lungen ausgeschieden und ausgeatmet. Darauf beruht die heutige Standardbestimmung der *Dünndarmpassagezeit*, der **H_2-Atemtest.** Hierbei wird die Zeit zwischen Ingestion eines schwer resorbierbaren Kohlenhydrats bis zum Anstieg der H_2-Konzentration in der Atemluft durch Gaschromatographie gemessen. Der Test dient ferner der Bestimmung einer Malabsorption (Resorptionsstörung) von Kohlenhydraten.

Die Bildung von $\mathbf{CH_4}$ erfolgt ähnlich wie bei H_2 durch bakteriellen Abbau von Kohlenhydraten im Colon. Sie ist offenbar genetisch bestimmt und hängt von der individuellen Darmflora ab. Etwa $^1/_3$ der Erwachsenen produziert größere Mengen von CH_4, was das spezifische Gewicht des Stuhls unter 1 senkt, so daß ihr Stuhl auf dem Toilettenwasser schwimmt.
Eine weitere Quelle von Gasen im Darmlumen ist die **Diffusion aus dem Plasma.** Die Richtung der Diffusion ist bestimmt durch den jeweiligen Partialdruck das Gases im Plasma und im Darmlumen. Er ist für N_2 ($P_{N_2} = 600$ mm Hg) und O_2 ($P_{O_2} = 50$ mm Hg) und im Nüchternzustand bei niedriger HCO_3^-- und H^+-Produktion auch für CO_2 im Plasma höher als im Darmlumen, so daß diese Gase in das Darmlumen diffundieren. Das durch Diffusion in den Darm gelangte Volumen von N_2 beträgt ca. 1–2 ml/min, es ist für O_2 und CO_2 wegen ihrer niedrigen Partialdrücke im Plasma jedoch nur sehr gering.

H_2 und CH_4 bilden mit O_2 ein *explosibles Gemisch.* Es sind intraluminale Explosionen mit z.T. tödlichem Ausgang beschrieben worden, die während einer coloscopischen Polypenabtragung mittels Hochfrequenzdiathermie bei Patienten eintraten, deren Darmreinigung unvollständig oder durch Mannitol vorgenommen worden war, das bakteriell gespalten wurde.

Grundlagen des intestinalen Transports

Die Hauptfunktion des Darmtrakts besteht in der *Resorption von Wasser, Elektrolyten und Nährstoffen.* Hierbei erfüllen Dünn- und Dickdarm verschiedene Aufgaben. Die wesentliche Funktion des *Dünndarms* ist der Transport von Energieträgern, Wasser, Elektrolyten, Gallensäuren und Vitaminen. Neben der Reservoirfunktion für den Stuhl (Faeces) spielt das *Colon* eine wichtige Rolle in der abschließenden Regulation der intestinalen Flüssigkeits- und Wasserresorption. Trotz funktioneller und morphologischer Unterschiede beruhen die Transportmechanismen des Dünn- und Dickdarmepithels auf ähnlichen Prinzipien.

Terminologie. Der Transport des Darminhalts (*Chymus*) erfolgt in 2 Richtungen: 1. von *oral*

nach aboral, wobei die Darmwandmotilität die treibende Kraft darstellt (S. 735), und 2. von *mucosal nach serosal,* d.h. vom Darmlumen über das Epithel in die subepithelialen Capillaren und in die Lymphgefäße. An dieser Stelle sollen die letztgenannten Transportprozesse behandelt werden, deren jeweilige Transportrate man als *Flux* bezeichnet.
Der Transport eines Stoffs über das Darmepithel kann prinzipiell vom Darmlumen zur Seroseite und auch entgegengesetzt gerichtet sein. Überwiegt der unidirektionale Flux von mucosal nach serosal, so liegt eine **Resorption** vor; ist der Flux überwiegend von serosal nach mucosal, d.h. zum Darmlumen gerichtet, so handelt es sich um eine **Sekretion** (Abb. 29-6). Der *Nettoflux* stellt also stets die Resultante aus den beiden entgegengesetzt gerichteten unidirektionalen Fluxen dar.

Methoden zur Untersuchung des intestinalen Transports. Zur Aufklärung intestinaler Transportprozesse werden *In-vivo-* und *In-vitro-Methoden* angewandt. Die intestinale Resorption kann beim Menschen mittels Bilanztechnik, intestinaler Perfusion, sog. Toleranztests und elektrochemischen Methoden untersucht werden. Bei **Bilanzuntersuchungen** wird die orale Zufuhr einer Substanz und ihre Ausscheidung im Stuhl gemessen. Aus der Differenz zwischen beiden kann geschlossen werden, ob und in welchen Mengen die Substanz im Darm aufgenommen wird.

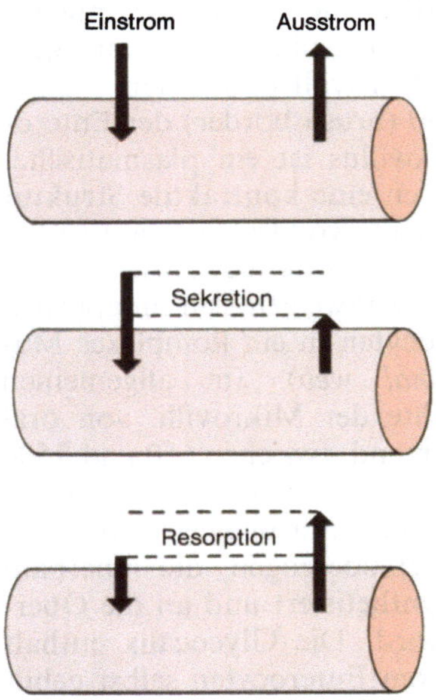

Abb. 29-6. Intestinale Wasser- und Elektrolytbewegung. Der Nettoflux ist die Resultante aus 2 unidirektionalen Fluxen. Überwiegt der Einstrom in das Darmlumen, erfolgt Nettosekretion. Ist der Ausstrom aus dem Darmlumen größer als der Einstrom, liegt Nettoresorption vor. Sind beide Komponenten gleich groß, ist die Nettobewegung gleich Null

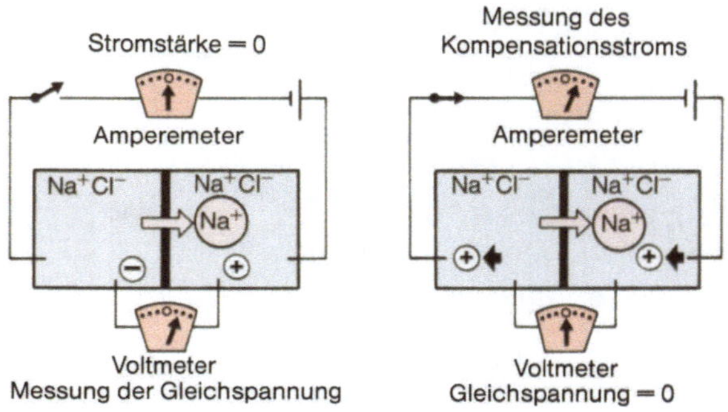

Abb. 29-7. In-vitro-Messung unidirektionaler Fluxe mit Hilfe der „Ussing-Kammer". Das Epithel wird zwischen 2, mit begaster Elektrolytlösung gefüllte Kammern gespannt, die spontane transmucosale Potentialdifferenz mit 2 Elektroden, die dicht an der mucosalen und serosalen Seite plaziert sind, abgegriffen. Durch einen von außen angelegten elektrischen Strom wird die Potentialdifferenz kompensiert, d.h. das Epithel wird elektrisch kurzgeschlossen [13]

Die **intestinale Perfusion** erfolgt mittels mehrlumiger Sonden, die per os in das zu untersuchende Darmsegment geführt werden. Die am proximalen Ende der Sonde einströmende Perfusionslösung wird am distalen Ende wieder aspiriert. Aus der Differenz der Substanzmengen beider Lösungen ist eine Berechnung des Transportes möglich.
Bei den klinisch angewandten sog. **Toleranztests** wird die Ausscheidung einer oral aufgenommenen Substanz oder deren Abbauprodukte im Urin oder in der Ausatemluft nachgewiesen (*d-Xylose-Test,* H_2*-Atemtest*). Anhand dieser Methoden ist keine Aussage über den Transportmechanismus möglich. Hierzu ist die Bestimmung der unidirektionalen Fluxe Voraussetzung.
Zur eindeutigen Charakterisierung des Transportmechanismus von geladenen Substanzen ist es außerdem notwendig, daß elektrochemische Gradienten ausgeschlossen werden. Diese Möglichkeit ist bei In-vitro-Versuchen durch Verwendung der sog. **„Ussing-Kammer"** gegeben (Abb. 29-7). Bei Anwendung dieser Methode kann man unidirektionale Fluxe mit Hilfe radioaktiver Isotope in beiden Richtungen nach Ausschluß elektrochemischer Gradienten bestimmen, wobei das Epithel durch einen von außen angelegten elektrischen Strom kurzgeschlossen wird.
Wenn herausgefunden werden soll, welcher Teilschritt am epithelialen Transport beteiligt ist, muß das Epithel, welches bisher als Black box gesehen wurde, quasi geöffnet werden. Hierzu bieten sich 2 Möglichkeiten an: Durch Plazierung von *Ableitelektroden* im intakten Gewebe können *intracelluläre elektrische Messungen* vorgenommen werden. Durch Isolierung von *Vesikeln* der luminalen wie der serosalen Zellseite können Transportprozesse an isolierten Membranen der Zelle gemessen werden.

Funktionelle Anatomie des Enterocyten. Der *Enterocyt* (intestinale Epithelzelle) und der zwischen 2 benachbarten Enterocyten gelegene *Intercellularraum* bilden eine funktionelle Einheit (Abb. 29-8). Auf der *kontraluminalen Seite* werden die Enterocyten und der Intercellularraum von der Basalmembran begrenzt. Diese hat für gerichtete Transportprozesse keine wesentliche

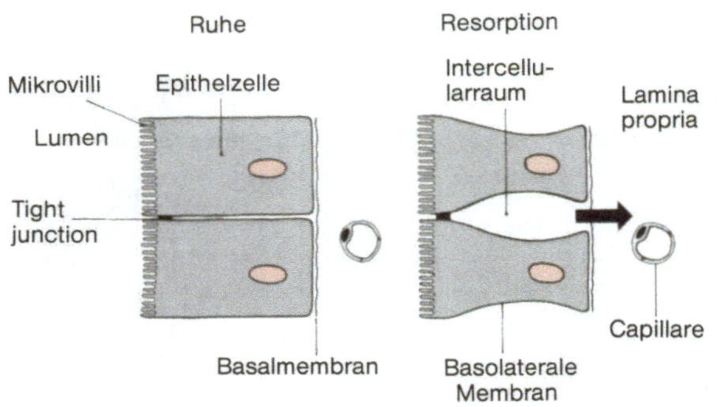

Abb. 29-8. Epithelzellen in Ruhe und im Resorptionszustand. Benachbarte Epithelzellen bilden über die Tight junctions und den Intercellularraum eine funktionelle Einheit. Die Form der Epithelzellen und des Intercellularraums ist abhängig vom Funktionszustand

Bedeutung, da sie aus frei diffusiblen Strukturen besteht und selbst für größere Substanzen durchlässig ist. Auf der *luminalen Seite* ragen die Enterocyten mit den Mikrovilli in das Darmlumen. Benachbarte Enterocyten sind an der luminalen Seite durch sog. Schluß- oder Kittleisten (*tight junctions*) miteinander verbunden. Die Termini Kitt- oder Schlußleisten stammen aus der morphologischen Histologie und weisen darauf hin, daß diese Strukturen optisch dicht sind. Entgegen früheren Vorstellungen sind diese intercellulären Verbindungen *für Wasser und kleinere gelöste Teilchen zumindest teilweise durchlässig* und v.a. für die Transportprozesse im oberen Gastrointestinaltrakt von großer Bedeutung [24].

Die Geometrie des Enterocyten und des Intercellularraums unterliegt erheblichen funktionellen Veränderungen (Abb. 29-8). Im Stadium des *Fastens* liegen die Enterocyten dicht aneinander, der Intercellularraum ist eng und kaum sichtbar. Während der *resorptiven Phase* nimmt das Volumen des Enterocyten ab, und der Intercellularraum weitet sich erheblich aus. Dies ist Folge des hydrostatischen Drucks, der durch die Resorption von Flüssigkeit im Intercellularraum aufgebaut wird. Dieser *intercelluläre hydrostatische Druck* ist die treibende Kraft für den Abtransport von Wasser und gelöster Teilchen aus dem Intercellularraum in die subepithelialen Capillaren und Lymphgefäße (S. 744).

Die Mucosazelle enthält ein differenziertes System von Organellen (Abb. 29-9). Das *endoplasmatische Reticulum* spielt eine wichtige Rolle in der Synthese von Proteinen. Es synthetisiert die Proteinkomponenten der *Chylomikronen,* die während der Fettresorption entstehen. Es dürfte auch Syntheseort zahlreicher Carrier sein, die den Transport von Substanzen in und durch die Zelle erleichtern. Im *Golgi-Apparat* wird resorbiertes und von der Zelle synthetisiertes Material gespeichert und chemisch modifiziert. *Lysosomähnliche Strukturen* dienen zur Hydrolyse von resorbierten Substanzen. Der Reichtum an *Mitochondrien* weist auf eine hohe Rate des oxidativen Metabolismus hin, der für die Transportfunktion des Enterocyten notwendig ist.

Das wesentliche Merkmal resorbierender Enterocyten sind die **Mikrovilli,** die fingerförmig aus der luminalen Oberfläche herausragen (Abb. 29-9). Die Mikrovilli bilden den 1–2 μm dicken *Bürstensaum* (brush border) der Enterocyten. Jeder Mikrovillus ist ein plasmatischer Stab, der im Inneren eine kontraktile Struktur (*Actinfilament*) enthält, wodurch eine aktive Beweglichkeit der Mikrozotte gewährleistet ist. Die Actinfilamente verzweigen sich im apicalen Bereich des Enterocyten in ein komplexes Maschenwerk (*terminal web*). Im allgemeinen schwankt die Dichte der Mikrovilli, von oral nach aboral abnehmend, zwischen 650 und 3 500 pro Zelle. Im Dünndarm sind die Mikrovilli zusätzlich von einer filamentartigen Schicht (*Glycocalyx, fuzzy coat*) überzogen, die innerhalb des Enterocyten synthetisiert und an die Oberfläche sezerniert wird. Die Glycocalix enthält adsorbierte oder vom Enterocyten selbst gebildete, an ihrer Basis membranständige *Enzyme,* die der digestiven Hydrolyse dienen (S. 768). Der Glycocalyx aufgelagert ist noch eine dünne Wasserschicht, die auch durch kräftige Peristaltik des Darms nicht vollständig entfernt werden kann und deswegen als *„unstirred water-layer"*

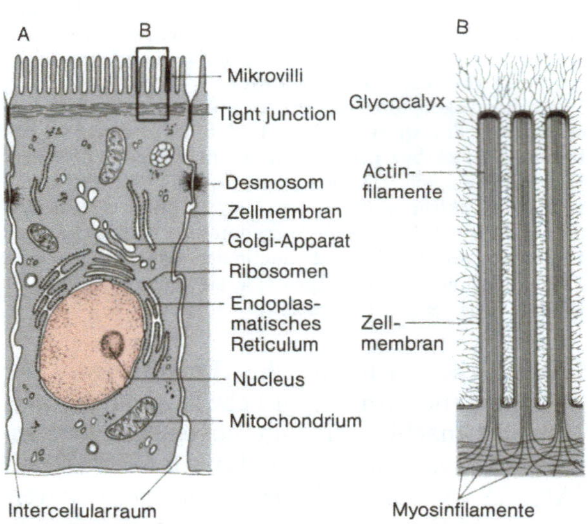

Abb. 29-9 A u. B. Aufbau des Enterocyten (**A**) und Feinstruktur des Bürstensaums (**B**) in schematischer Darstellung

bezeichnet wird. Die Passage lipophiler Substanzen wird durch diese Wasserschicht erschwert, die Bewegung hydrophiler gelöster Teilchen hingegen erleichtert.

Trans- und paracelluläre Transportwege. Der gesamte Enterocyt, die luminale wie auch basolaterale Seite, wird von der dreischichtigen **Elementarmembran** (*unit membrane*) überzogen. Bedingt durch ihre chemische Zusammensetzung ist der *Transport fettlöslicher Substanzen* durch die *luminale Membran* ein einfacher *Diffusionsprozeß*. Der Transport lipoider Substanzen durch das wäßrige Medium der Zelle bzw. der Transport dieser Substanzen aus der basolateralen Membran hingegen ist *energieabhängig* und an spezielle Carrier gebunden.

Im Gegensatz dazu ist der *Transport polarer und elektrisch geladener Substanzen* durch die Lipidmembran ein äußerst langsamer Prozeß. Um experimentelle Daten plausibler erklären zu können, muß die Existenz von *Poren* oder Kanälen, die bisher allerdings optisch nicht dargestellt werden konnten, in der Membran gefordert werden. Die *negative Ladung* der Oberfläche des Enterocyten ist für den passiven Transport geladener Teilchen von Bedeutung (S. 742).

Neben dem transcellulären Weg können Substanzen auch *paracellulär*, d.h. durch die Schlußleisten über den Intercellularraum transportiert werden. Da die Durchlässigkeit des Epithels bevorzugt von den *Tight junctions* bestimmt wird, werden die physikalischen und elektrischen Eigenschaften des Epithels größtenteils durch diese intercellulären Strukturen determiniert.

Bei elektronenmikroskopischer Betrachtung mit Hilfe der Gefrierbruchstechnik stellen sich die Tight junctions in Streifen (*strands*) dar, welche die Zellen dicht miteinander verbinden. Die Anzahl der Strands nimmt beim intestinalen Epithel von proximal nach distal zu. Die Dichtigkeit der Tight junctions scheint jedoch nicht nur, wie früher angenommen, von der Anzahl der Strands, sondern auch von deren unterschiedlicher Qualität bestimmt zu werden (17).

Eigenschaften des Epithels. In Abhängigkeit von der Lokalisation des intestinalen Epithels verlaufen bis zu 90% des Stofftransports nicht durch den Enterocyten hindurch, sondern über den *paracellulären Weg*. Die Fähigkeit von Substanzen, das Epithel über den paracellulären Weg infolge osmotischer, hydrostatischer, chemischer oder elektrischer Gradienten zu passieren, wird als **passive Permeabilität** bezeichnet. Die *Tight junctions* sind frei durchgängig für Substanzen bis zu einem Durchmesser von 0,8 nm, jedoch weniger durchlässig oder undurchlässig für großmolekulare Stoffe. Das Epithel besitzt demnach für großmolekulare Substanzen die Eigenschaft einer *semipermeablen Membran*. Es verhält sich wie ein Sieb, das zwischen Substanzen verschiedener Größe diskriminiert.

Wird eine impermeable Substanz in hypertoner Konzentration auf die eine Seite des Epithels gebracht, kommt es infolge des **osmotischen Gradienten** (π) zum Einstrom von Wasser von der anderen Seite des Epithels. Die Höhe des osmotischen Drucks ist dabei proportional der beiderseitigen Konzentrationsdifferenz einer impermeablen Referenzsubstanz (Marker):

$$\pi = \Delta[S] \cdot R \cdot T \tag{1}$$

$\Delta[S]$ = Konzentrationsdifferenz, R = Gaskonstante, T = absolute Temperatur.

Anhand des osmotischen Gradienten, der von einer Substanz am Epithel aufgebaut wird, kann auf die Durchlässigkeit des Epithels geschlossen werden. Das Verhältnis zwischen dem Flux von Wasser, der durch den osmotischen Druck eines impermeablen Markers im Vergleich zu dem einer zu prüfenden Substanz berechnet wird, bezeichnet man als **Reflexionskoeffizient.** Der Reflexionskoeffizient ist ein Maß für die passive Durchlässigkeit des Epithels für ungeladene, wasserlösliche Teilchen (Abb. 29-10). Der Reflexionskoeffizient ist 0, wenn das Epithel frei durchlässig für die Substanz ist, sein Wert beträgt 1 für einen impermeablen Marker. Ist der Reflexionskoeffizient kleiner als 1, aber größer als 0, kann daraus geschlossen werden, daß die Substanz teilweise durch das Epithel diffundiert. In diesem Fall ist die Größe der Substanz vergleichbar dem Porendurchmesser der Tight junctions.

Der *Durchmesser der Poren* oder Kanäle der Tight junctions nimmt im Intestinaltrakt von proximal nach distal hin ab. Das Jejunum des Menschen ist permeabel für Moleküle mit einem Durchmesser von 0,75–0,8 nm, die Werte für das Ileum betragen 0,3–0,5 nm und für das Co-

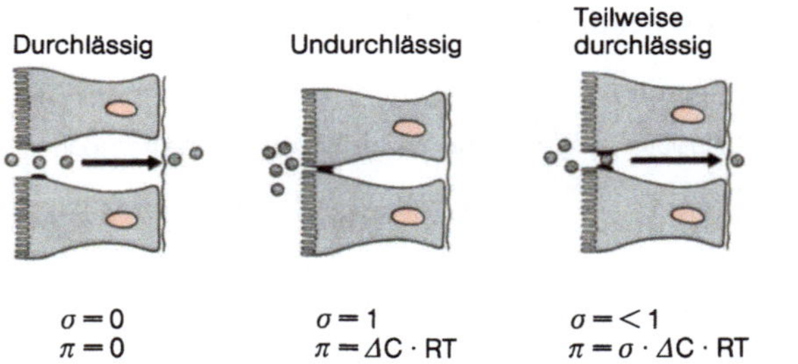

Abb. 29-10. Kennzeichnung der passiven Durchlässigkeit des Epithels. Das Verhältnis zwischen dem transepithelialen Wasserdurchstrom, der durch den osmotischen Druck (π) eines impermeablen Markers im Vergleich zu dem einer zu prüfenden Substanz berechnet wird, ergibt den Reflexionskoeffizienten (σ). Der Reflexionskoeffizient ist ein Maß für die passive Durchlässigkeit des Epithels [13]

lon 0,22–0,25 nm. Es ist demzufolge nicht verwunderlich, daß die Durchlässigkeit des Epithels auch für Wasser regional verschieden ist. Eine hypertone Lösung im Lumen des Duodenums induziert Sekretion von Wasser, die pro Zeiteinheit 3mal so groß ist wie die im Colon (s.a. Abb. 29–34). Die passive Permeabilität für **geladene Teilchen** hängt jedoch nicht nur vom Durchmesser der Kanäle des Epithels, sondern auch von deren elektrischer Ladung ab. Außerdem ist zu bemerken, daß der Durchmesser von Ionen nicht nur durch deren Atomgewicht, sondern auch durch deren Hydratationshüllen und ihre Konfiguration determiniert ist.

Oberflächenladung der Epithelzelle. Aus der chemischen Zusammensetzung der Einheitsmembran (S. 741) folgt, daß die Oberfläche der Epithelzelle mit *fixen negativen Ladungsträgern* besetzt ist und sich aus Gründen der Elektroneutralität Kationen anlagern (*mobile Kationen*). Unter anderem reichern sich auch H^+-Ionen an der luminalen Membran an, d.h. der pH-Wert an der Grenzfläche zwischen apicaler Membran und Darmlumen ist kleiner als im Darmlumen selbst (*virtuelle pH-Zone*). Ionisierte Basen (z.B. Medikamente) reichern sich demnach bevorzugt an der luminalen Grenzfläche an. Ihre Resorption wird dadurch erleichtert.

Ionenselektivität der Tight junctions. Experimentelle Daten weisen eindeutig darauf hin, daß Kationen bevorzugt und Anionen benachteiligt durch den Intercellularraum bewegt werden. Daraus ist zu folgern, daß auch die *Tight junctions mit fixen negativen Ladungsträgern besetzt* sein müssen [41] (Abb. 29-11). Das Epithel verhält sich demnach wie eine *kationenselektive Membran*. Die paracelluläre Durchlässigkeit für Substanzen wird demnach nicht nur durch die Größe der Substanz, sondern auch durch deren Ladung bestimmt. Wird z.B. Kochsalzlösung in

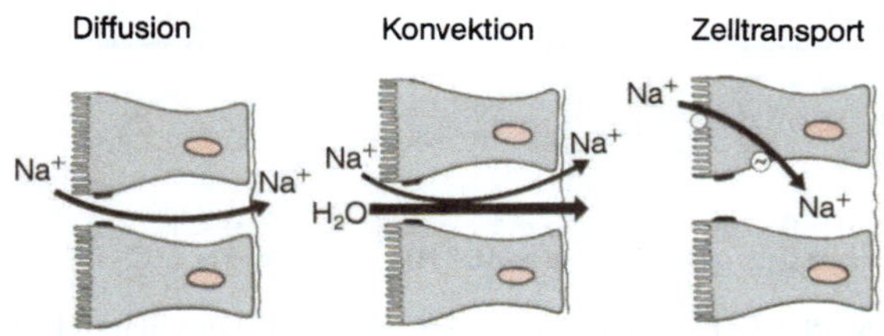

Abb. 29-11. Transportmechanismen, die am Resorptionsprozeß beteiligt sind [13]

unterschiedlicher Konzentration auf beide Seiten des Epithels gebracht, diffundiert bevorzugt Natrium zur Seite der niedrigeren Konzentration. Diese *selektive Permeabilität* der Tight junctions hat zur Folge, daß durch die Prävalenz der Natriumdiffusion eine transepitheliale Potentialdifferenz aufgebaut wird **(Diffusionspotential)** (Abb. 29-11). Die Potentialdifferenz, die durch Diffusion eines Ions zur Seite der niedrigeren Konzentration hin entsteht, wird durch die *Nernst-Gleichung* (S. 6f.) beschrieben. Da das in der Realität gemessene Potential jedoch niedriger ist als das theoretisch errechnete, muß gefolgert werden, daß die Tight junctions zumindest *teilweise auch durchlässig für Chlorid* sind. Die relativen Werte für die passive Permeabilität beider Ionen können anhand der *Goldman-Gleichung* (S. 7) bestimmt werden. Nach dieser Berechnung ist die *passive Permeabilität für Natrium im Ileum 7mal und am Epithel der Gallenblase ca. 3mal so groß wie die für Chlorid.*

Die selektive Durchlässigkeit der Tight junctions führt auch dazu, daß bei paracellulärer Wasserbewegung (*Konvektion*) bevorzugt Kationen mitgerissen werden. Dieses Mitreißen (drag) einer gelösten Substanz durch das wäßrige Lösungsmittel (solvent) wird als **„solvent drag"** bezeichnet. Das daraus resultierende transepitheliale Potential charakterisiert man als **Strömungspotential.** *Diffusions- und Strömungspotential sind Folge passiver Prozesse.* Größe und Vorzeichen dieser Potentiale sind abhängig vom osmotischen und hydrostatischen Gradienten bzw. von Gradienten der transepithelialen Elektrolytkonzentrationen. Ihr Vorzeichen ist demnach variabel und abhängig von der Richtung dieser Gradienten.

Transepitheliale Potentialdifferenz. Im Dünn- und Dickdarm ist eine transepitheliale Potentialdifferenz, die an beiden Seiten des Epithels abgegriffen werden kann, auch dann noch nachweisbar, wenn diffusive und osmotische Kräfte ausgeschaltet sind. Voraussetzung dafür ist eine *aktive, energieabhängige Transportleistung der Epithelzelle* **(Transportpotential)** (Abb. 29-11). Das Epithel hat also die Eigenschaft einer Batterie. Die Ladung dieser Batterie wird hauptsächlich durch den **aktiven Natriumtransport** von mucosal nach serosal aufrechterhalten. Entsprechend der Richtung des Natriumtransports ist die *serosale, bezogen auf die mucosale Seite des Epithels, positiv geladen.* Die transepitheliale Potentialdifferenz nimmt von oral (*Duodenum: 3 mV*) nach aboral hin zu (*Rectosigmoid 40 mV*).

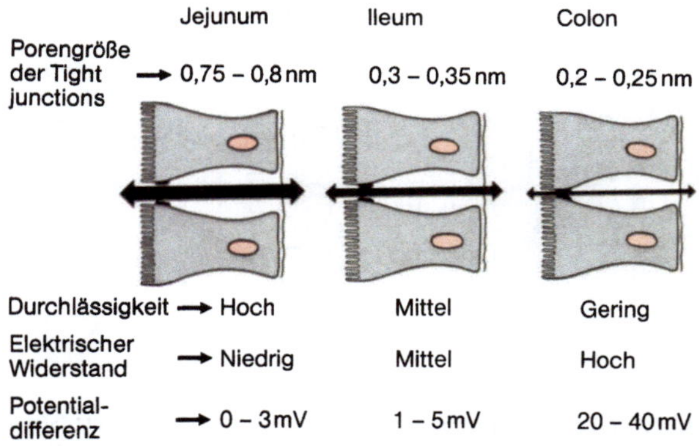

Abb. 29-12. Passive Durchlässigkeit des Epithels in Abhängigkeit von der Porengröße der Tight junctions. Die Porengröße nimmt im Darm von proximal nach distal ab. Die transepitheliale Potentialdifferenz und der elektrische Widerstand des Epithels nehmen von proximal nach distal zu [13]

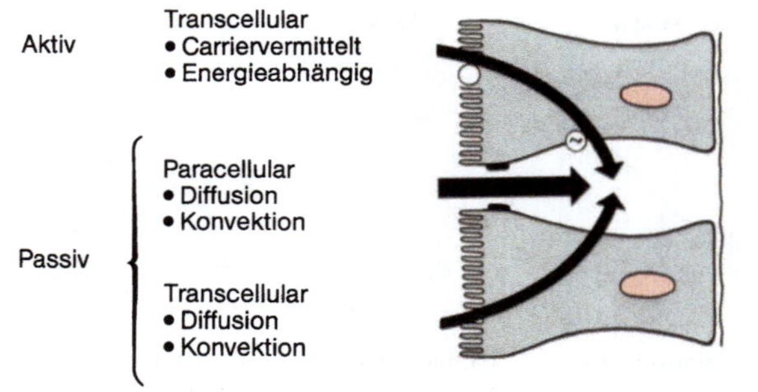

Abb. 29-13. Wege und Mechanismen des epithelialen Transports für Substanzen und Wasser. Der transcelluläre Transport erfolgt über aktive und/oder passive Mechanismen; der paracelluläre Transport ist stets passiv [13]

Der Natriumtransport, der notwendig ist, um die transepitheliale Potentialdifferenz aufzubauen, kann dadurch bestimmt werden, daß man das Epithel durch einen von außen angelegten elektrischen Strom kurzschließt (Abb. 29-7, S. 739). Mit Hilfe des Ohmschen Gesetzes läßt sich aus der spontanen transepithelialen Potentialdifferenz und dem Kurzschlußstrom der elektrische Widerstand des Epithels bestimmen. Der **elektrische Widerstand** nimmt im Darmtrakt von proximal nach distal zu. Er beträgt im Jejunum ca. 25 Ω cm^2 und im Colon 100–200 Ω cm^2. Die Epithelzelle selbst hat einen sehr hohen elektrischen Widerstand, und es ist inzwischen experimentell eindeutig belegt, daß der Epithelwiderstand ausschließlich durch den paracellulären Kurzschlußweg (*paracellular shunt*), d.h. letztendlich durch die *Dichtigkeit der Tight junctions* determiniert ist [41]. Folglich ist die Höhe des Epithelwiderstandes indirekt proportional zur Porengröße der Tight junctions (Abb. 29-12). Die passive Permeabilität des Dünndarmepithels ist vergleichsweise groß, ihr elektrischer Widerstand entsprechend niedrig, d.h. das *Dünndarmepithel ist relativ durchlässig* (leaky). Im Gegensatz dazu ist das *Colonepithel relativ undurchlässig* (tight) und sein elektrischer Widerstand entsprechend hoch. Die Dichtigkeit der Tight junctions hat wesentlichen Einfluß auf die Natriumresorption (s.o.).

Wege und Mechanismen des intestinalen Transports

Für den Transport von Wasser und gelösten Teilchen durch das Epithel stehen 2 Wege zur Verfügung: 1. der *Transport durch die Epithelzelle* und 2. der *Transport durch den Intercellularraum.* Am Transport von Substanzen durch das Epithel sind passive und aktive Mechanismen beteiligt.

Passiver paracellulärer Transport. *Der Transport von Substanzen durch den Intercellularraum ist immer passiv* (Abb. 29-13). Der passive Transport beruht auf Diffusion oder Konvektion. Unter *Diffusion* versteht man die Bewegung einer Substanz durch das Epithel nach Maßgabe des chemischen oder elektrochemischen Gradienten. Voraussetzung für die Bewegung einer Substanz mittels *Konvektion* ist die transepitheliale Wasserbewegung infolge osmotischer oder hydrostatischer Kräfte. Passiver Transport ist dadurch gekennzeichnet, daß er ohne Energieaufwand der Zelle erfolgt. Der passive Flux ist stets proportional zum osmotischen, hydrostatischen oder Konzentrationsgradienten (Abb. 29-14) und wird durch die Ficksche Gleichung beschrieben (S. 4f.). Besonders in proximalen Darmabschnitten, d.h. in „leaky" Epithelien ist die Resorption von Wasser und Elektrolyten über den paracellulären Weg von großer quantitativer Bedeutung (Abb. 29-12).

Aktiver transcellulärer Transport. Bei der Resorption durch die Epithelzelle muß die Substanz über die luminale Membran in die Zelle aufgenommen, durch das Cytosol transportiert und über die basolaterale Membran in den Intercellularraum ausgeschleust werden (Abb. 29-14). Es ist offensichtlich, daß durch diese in Serie geschalteten Barrieren der passive Transport durch den Enterocyten erheblich behindert ist. Insbesondere für hydrophile und negativ geladene Substanzen stellt die Lipidgrenzmembran ein wesentliches Hindernis dar.

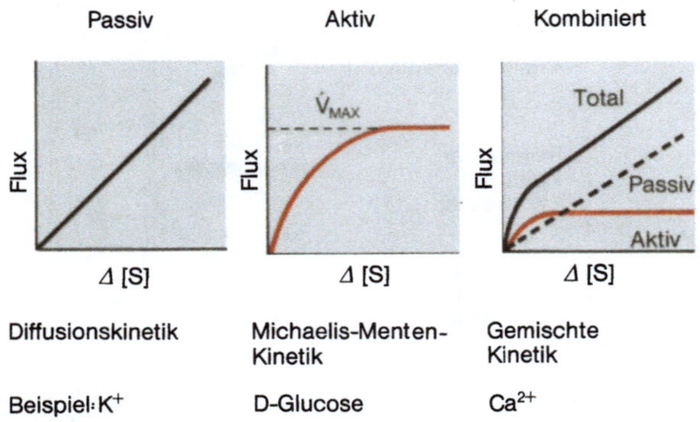

Abb. 29-14. Transportkinetik bei freier Diffusion und bei carriervermitteltem aktivem Transport

Die eigentliche Leistung der Epithelzelle liegt im *aktiven Transport* von Substanzen aus dem Darmlumen in die subepithelialen Capillaren und Lymphgefäße. Der aktive Transport ist dadurch gekennzeichnet, daß er Substanzen „bergauf“ *gegen die Konzentrationsdifferenz* auch noch bei niedrigen luminalen Substratkonzentrationen transportiert. Er beruht auf der Anwesenheit von Trägersubstanzen (*Carrier*) in der Zellmembran. Für ihre Transportleistung ist *metabolische Energie* notwendig. Ein solcher Transport ist über einen Sättigungswert hinaus nicht steigerungsfähig (*Sättigungskinetik*) (Abb. 29-14). Der aktive Transport zeigt hohe *Substratspezifität*, kann allerdings durch konkurrierende Substanzen gehemmt (*kompetitive Hemmung*) oder durch bestimmende Stoffe blockiert werden (*Inhibition*). Häufig arbeitet das aktive Transportsystem erst dann mit maximaler Effizienz, wenn der Carrier durch eine weitere Substanz angetrieben wird (gekoppelter Transport, *Cotransport*, S. 767).
Ein Carrier-vermittelter Prozeß muß allerdings nicht immer die Kriterien eines aktiven Transports erfüllen. Fructose z.B. wird über einen sättigbaren, carriervermittelten Mechanismus transportiert, ohne daß hierzu metabolische Energie notwendig ist. Der Antrieb erfolgt in diesem Fall durch die Konzentrationsdifferenz des Substrats. Ein Transport dieser Art wird als erleichterte Diffusion (*facilitated diffusion*) bezeichnet.
Zahlreiche Substanzen unterliegen einem *gemischten Transport,* d.h. sie werden über einen aktiven und passiven Prozeß gleichzeitig transportiert. Bei niedriger Substratkonzentration überwiegt dabei der aktive Transport. Bei höherer Substratkonzentration, wenn der aktive Mechanismus gesättigt ist, überwiegt quantitativ der passive Transport (Abb. 29-15).

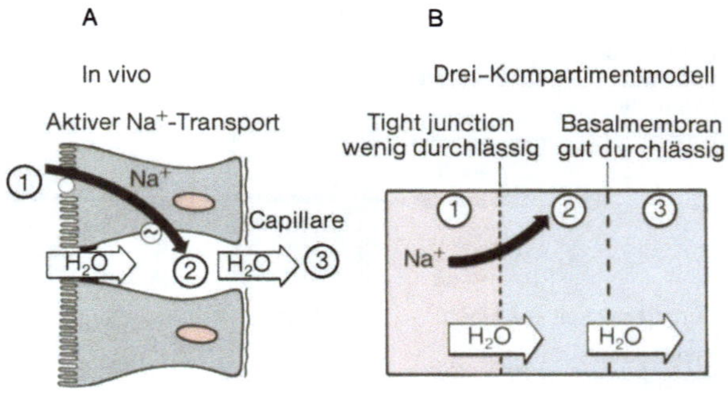

Abb. 29-15. Mechanismen der intestinalen Wasserresorption. Die Wasserresorption ist ein rein passiver Prozeß, resultierend aus der funktionellen Asymmetrie des Epithels. Diese Asymmetrie wird erzeugt durch den osmotischen Gradienten zwischen Darmlumen und Intercellularraum, den intercellulären hydrostatischen Druck und die unterschiedliche Permeabilität der Tight junctions und der Basalmembran

Als **Pinocytose** wird ein Resorptionsmechanismus bezeichnet, bei welchem die Zellmembran extracellulär gelegenes Material umschließt und eine kleine Blase bildet. Unmittelbar danach stülpt sich die Blase in das Cytoplasma ein, wandert durch die Zelle und schleust das eingeschlossene Material an der basolateralen Membran aus. Pinocytose spielt wahrscheinlich eine gewisse Rolle bei der Absorption von Proteinen und Makromolekülen.

Wasserresorption. Der Transport von Wasser erfolgt im gesamten Gastrointestinaltrakt in beiden Richtungen von mucosal nach serosal (*Resorption*) und von serosal nach mucosal (*Sekretion*) und ist ein rein *passiver Prozeß.* Es ist nicht eindeutig geklärt, ob der Wassertransport überwiegend trans- oder paracellulär stattfindet. In Abhängigkeit osmotischer Gradienten nimmt das Volumen der *transepithelialen Wasserbewegung* allerdings von oral nach aboral ab, dadurch bedingt, daß sich die Poren der Tight junctions von proximal nach distal hin verkleinern (S. 741, 767). Es ist demnach wahrscheinlich, daß der Wassertransport über den paracellulären Weg von größerer Bedeutung ist. Treibende Kraft für die transepitheliale Wasserresorption sind neben *hydrostatischen* v.a. **osmotische Gradienten**. Und zwar spielt hier der osmotische Gradient, der infolge des *aktiven Natriumtransports* zwischen Intercellularraum und Darmlumen aufgebaut wird, eine entscheidende Rolle (Abb. 29-15). Die aktive Ausschleusung von Natrium über die basolaterale Membran hat zur Folge, daß im Intercellularraum eine hypertone Lösung entsteht. Infolge des dadurch bedingten osmotischen Gradienten (*standing osmotic gradient*) kommt es zum Einstrom von Wasser aus dem Darmlumen über die Tight junctions bzw. durch die Epithelzellen in den Intercellularraum. Dieser Einstrom von Wasser induziert einen **hydrostatischen Druckgradienten** zwischen Intercellularraum und mucosaler bzw. serosaler Seite. Die Basalmembran, die die Epithelzellen nach serosal hin begrenzt, ist weitaus durchlässiger als die Tight junctions. Dadurch ist der Abstrom von Wasser aus dem Intercellularraum über die Basalmembran in die subepithelialen Capillaren bevorzugt. *Der intercelluläre hydrostatische Druck ist also treibende Kraft für den Abstrom von Wasser und gelösten Teilchen in die subepithelialen Capillaren.* Dieser Abstrom ist allerdings nur dann gewährleistet, wenn der hydrostatische Druck im Intercellularraum größer ist als der capilläre Filtrationsdruck.

In Abb. 29-15B sind die am Wassertransport beteiligten Mechanismen in einem *Dreikompartimentmodell* schematisch dargestellt. Die Kompartimente repräsentieren den wandnahen Anteil des Darmlumens (1), den Intercellulärraum (2) und den subepithelialen Raum (3). Aufgrund des aktiven Natriumtransports steigt zunächst die osmotische Konzentration im Kompartiment (2) an. Daraufhin kommt es zu einem osmotischen Wassereinstrom durch die Tight junctions. [Ein Einstrom von der serosalen Seite her findet nicht statt, weil der Konzentrationsgradient zwischen (2) und (1) größer ist als der zwischen (2) und (3).] Mit dem Wassereinstrom erhöht sich der hydrostatische Druck in (2), der den Wassertransport nach (3) unterhält. Der gesamte Vorgang beruht also auf dem *Zusammenwirken von aktiven und passiven Transportprozessen* in 3 Kompartimenten, die durch eine für Ionen wenig permeable Membran (tight junctions) und eine leicht passierbare Membran (Basalmembran) voneinander getrennt sind. Da im Dünndarm die Porendurchmesser der Tight junctions relativ groß sind, wird durch den effizienten Wassereinstrom aus dem Darmlumen die Hypertonizität der intercellulären Lösung ausgeglichen, d.h. *im Dünndarm werden Natriumionen in plasmaisotoner Lösung resorbiert* (s.a. Abb. 29–34). Die Porengröße der Tight junctions des Colonepithels ist dagegen erheblich kleiner. Demzufolge ist der Wassereinstrom vom Darmlumen in den Intercellularraum bedeutend geringer. Dies hat zur Folge, daß die Hypertonizität der intercellulären Flüssigkeit weitgehend gewahrt bleibt, d.h. *im Colon wird eine im Vergleich zum Plasma hypertone Lösung resorbiert.*

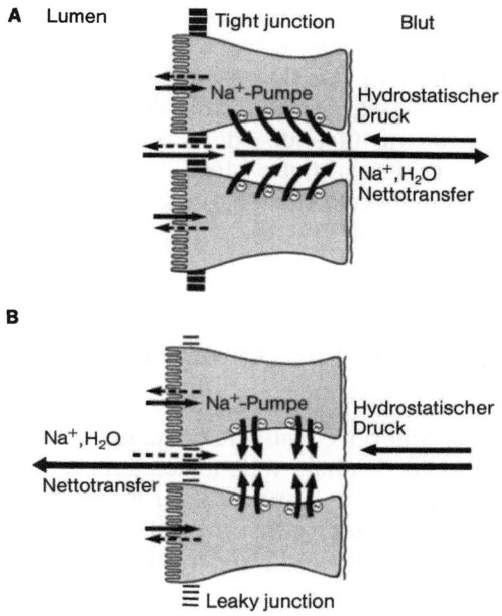

Abb. 29-16. Sekretion von Wasser und Elektrolyten über den paracellulären Weg. Dihydroxygallensäuren und hydragoge Pharmaka (Abführmittel) erhöhen die Durchlässigkeit der Tight junctions. Durch dieses Leck wird die funktionelle Asymmetrie des Epithels aufgehoben, und der Nettotransfer kehrt sich als Folge des hydrostatischen Drucks auf der subepithelialen Seite um [38]

Sekretion von Elektrolyten und Wasser. Eine intestinale Sekretion liegt vor, wenn der Flüssigkeitstransport von serosal nach mucosal höher ist als von mucosal nach serosal. Dies kann dadurch bedingt sein, daß der Flüssigkeitstransport von mucosal nach serosal erniedrigt (*Malabsorption*) oder der Flüssigkeitstransport von serosal nach mucosal erhöht ist (Abb. 29-6, S. 739). Da Wasser rein passiv transportiert wird, ist eine Umkehr der Wasserresorption in Sekretion an eine Richtungsänderung osmotischer oder hydrostatischer Gradienten gebunden. *Die Sekretion von Elektrolyten ist also immer Voraussetzung für die Sekretion von Wasser.* Als Ursache für die Flüssigkeitssekretion kommen folgende Mechanismen in Frage: 1. aktive Anionensekretion, 2. verminderte aktive Resorption, 3. hohe luminale Osmolarität, 4. Zunahme des serosalen hydrostatischen Drucks, 5. Zunahme der Ionenpermeabilität der Tight junctions (Abb. 29-16).

Eine zentrale Rolle in der aktiven Elektrolytsekretion spielt das **cyclische AMP**. Gewisse *Bakterientoxine* (Choleratoxin, Colitoxin) und *Hormone* (Prostaglandine, Secretin, VIP) erhöhen den Gehalt von cAMP im Enterocyten. Über eine Veränderung der intracellulären Calciumkonzentration steigert cAMP die Durchlässigkeit für Chlorid an der mucosalen Membran der Enterocyten in den Krypten (S. 765, 767). Chlorid gelangt in das Darmlumen, und Natrium bzw. Wasser folgen aus osmotischen Gründen bzw. aus Gründen der Elektroneutralität. Neben diesem aktiven Mechanismus kann die Flüssigkeitssekretion auch auf passiven Prozessen beruhen (Abb. 29-16).

29.2 Mundhöhle, Pharynx und Oesophagus

Mundhöhle, Pharynx und Oesophagus bilden eine funktionelle Einheit, welche den aufgenommenen Bissen durch Kauen und Einspeicheln in einen für die Passage günstigen Zustand überführt und dann vom Mund in den Magen transportiert.

Kauen

Beim Kauen wird die feste Nahrung zerschnitten, zerrissen und gemahlen. Obwohl diese Zerkleinerung keine absolute Voraussetzung für die Verdauung und Resorption ist, erleichtert sie diese Vorgänge jedoch erheblich. Die Strukturen, die am Kauvorgang beteiligt sind, umfassen Ober- und Unterkiefer mit den Zähnen, die quergestreifte Kaumuskulatur, Zunge und Wangen sowie den Mundboden und den Gaumen.

Die rhythmische Aktion des Kauvorgangs erfolgt weitgehend unbewußt (S. 107). Der Berührungsreiz der Speisepartikel an Gaumen und Zähnen steuert reflektorisch die *Kaubewegung*: seitwärts, vor- und rückwärts, auf und ab. Der Ablauf eines solchen Kaucyclus nimmt ca. 0,6–0,8 s in Anspruch. Die *Kräfte*, die dabei aufgewandt werden, betragen im Bereich der Schneidezähne 100–250 N, im Bereich der Molaren 300–900 N mit einem Maximum bis zu 1 500 N. Mit zunehmendem Abstand der Zähne voneinander nimmt die Kraft ab: Bei 1 cm Abstand wurden z.B. 400 N, bei 2 cm nur noch 120 N gemessen [16]. Die Effizienz der Zerkleinerung eines Bissens ist wesentlich vom Zustand des Gebisses abhängig. Das Fehlen von mehreren Zähnen kann nicht durch stärkeres oder längeres Kauen kompensiert werden.

Zunge und Wangen halten die Bissen zwischen und innerhalb der Kauflächen. Feste Nahrung wird bis zu wenigen mm^3 messenden Partikeln zerkleinert. Der durch den Kauvorgang stimulierte *Speichelfluß* bereitet die Konsistenz des Bissens zum Schlucken vor. Durch Kauen und Lösung oder Aufschwemmung fester Bestandteile durch den Speichel wird die *Geschmackswahrnehmung* gefördert. Dies führt reflektorisch zur weiteren Anregung des Speichelflusses und der Magensekretion (S. 754).

Speichelsekretion

Täglich wird ca. *1 l Mundspeichel* gebildet. Er hält den Mund feucht und erleichtert das Sprechen, macht die gekaute Nahrung gleitfähig und fördert die Geschmacksentwicklung. Er ist essentiell für die Gesundheit der Zähne, die ohne Speichel cariös werden und ausfallen. Der Speichel hat eine reinigende und durch seinen Gehalt an *Lysozymen* und *Rodanitionen* desinfizierende Wirkung. Er reguliert durch Mundtrockenheit über das Durstgefühl die Flüssigkeitsbilanz im Körper und leitet die Kohlenhydratverdauung ein.

Speicheldrüsen. Die zahlreichen kleinen, schleimbildenden Drüsen in der Wangenschleimhaut und an der Zunge reichen für die Befeuchtung des Mundes nicht aus. Dies bewirken 3 große, paarige Drüsen: die *Glandula parotis* (Ohrspeicheldrüse), *Glandula submandibularis* (Unterkieferdrüse) und *Glandula sublingualis* (Unterzungendrüse). Sie sind zusammengesetzt aus den Acini (Drüsenendstücken) und einem System intra-, inter- und extralobulärer Gänge. Entsprechend dem histologischen Aufbau und dem produzierten Speichel unterscheidet man *seröse Drüsen*, die neben Wasser und Elektrolyten eiweißhaltige Produkte sezernieren (Glandula parotis) und *gemischte Drüsen*, die zusätzlich Mucopolysaccharide (Schleim) produzieren (Glandula submandibularis und sublingualis).

Nervale Steuerung der Sekretion. Die Sekretion wird sowohl durch den Sympathicus als auch den Parasympathicus gesteuert. Die Reize gehen von sekretorischen Zentren in der *Medulla oblongata* aus, die afferenten Signale werden aus dem Mund und dem Gaumen (Geschmack, Berührung) und der Nase (Geruch) sowie von höheren Zentren (Vorstellung) erhalten (S. 754). Der *Parasympathicus* stimuliert die Bildung *reichlicher Mengen eines proteinarmen, serösen Speichels*. Eine Drüsenstimulation durch Injektion von Noradrenalin in die Arterie der Halsregion, entsprechend einem *Sympathicusreiz*, verursacht beim Menschen eine im Vergleich zur Parasympathicusreizung *geringe Sekretion eines* *viscösen Speichels* aus der Glandula submandibularis und der Glandula sublingualis, nicht aber der Glandula parotis, und führt darüber hinaus zur Vasoconstriction und Kontraktion der Speichelgänge.

Die Übertragung einer Nervenerregung auf die Acinuszelle und die Zellantwort, die sog. **Stimulus-Sekretions-Kopplung**, ist in Abb. 29-3, S. 735, wiedergegeben. Bei den Speicheldrüsen wird die Sekretion von *Elektrolyten* und *Wasser* besonders durch *adrenerge Substanzen* und *Acetylcholin* stimuliert, während die *Enzymsekretion* besonders unter *β-adrenerger Stimulation* ansteigt.
Unstimuliert sezernieren die Speicheldrüsen ca. 0,5 ml/min. Dehydratation, Angst und Streß senken das Sekretionsvolumen noch weiter; im Schlaf und in Narkose versiegt die Speichelsekretion fast völlig. Kauen steigert die Sekretion um den Faktor 2,3, Geruchsreize (z.B. Amylnitrit) um den Faktor 2. Eine weitere Steigerung erfährt die Sekretion bei Größenzunahme des Bissens und bei Geschmacksreizen. 0,5 mol Citronensäure erzeugt beispielsweise eine Speichelsekretion von 7,4 ml/min.

Daß *bedingte Reflexe* (S. 735) durch Anblick, akustische Signale oder Vorstellung die Speichelsekretion steigern können, ist eine wohlbekannte Erfahrung. *In Ruhe* haben die einzelnen Drüsen am Gesamtspeichelvolumen folgende Anteile: Glandula submandibularis 71%, Glandula parotis 25% und Glandula sublingualis 4%, *nach Stimulation* in derselben Reihenfolge: 63%, 34% und 3%.
Die **Durchblutung der Speicheldrüsen** liegt in Ruhe zwischen 0,1 und 0,6 $ml \cdot min^{-1} \cdot g^{-1}$. Bei Stimulation erhöht sich die Durchblutungsrate um den Faktor 5.

Zusammensetzung des Speichels. Der Speichel besteht zu 99% aus **Wasser**, sein spezifisches Gewicht ist 1. Die wichtigsten darin enthaltenen **Elektrolyte** sind Na^+, K^+, Cl^- und HCO_3^-. Der *Primärspeichel*, der in den Acini sezerniert wird, ist *blutisoton*. Durch *aktive Na^+-Resorption* mit *passiver Cl^--Resorption* in den Ausführungsgängen bei relativ geringer Wasserdurchlässigkeit wird der Speichel *hypoton*, seine Osmolarität beträgt jetzt nur noch etwa $^2/_3$ der des Plasmas. Die Elektrolytzusammensetzung des Speichels ändert sich jedoch mit der Sekretionsrate: mit zunehmendem Sekretionsvolumen steigen die Na^+- und Cl^--Konzentrationen an, während die K^+-Konzentration abfällt (Abb. 29-17), da die zur Verfügung stehende Zeit zur Resorption von Na^+ bzw. Sekretion von K^+ mit steigender Durchflußrate verkürzt ist. Sein Ruhe-pH liegt im Bereich von 5,45–6,06 und steigt nach Stimulation auf 7,8 an.
Die Speicheldrüsen sezernieren verschiedene *Makromoleküle*: Amylase, Glykoproteine, Mucopolysaccharide, Lysozyme, Immunglobuline

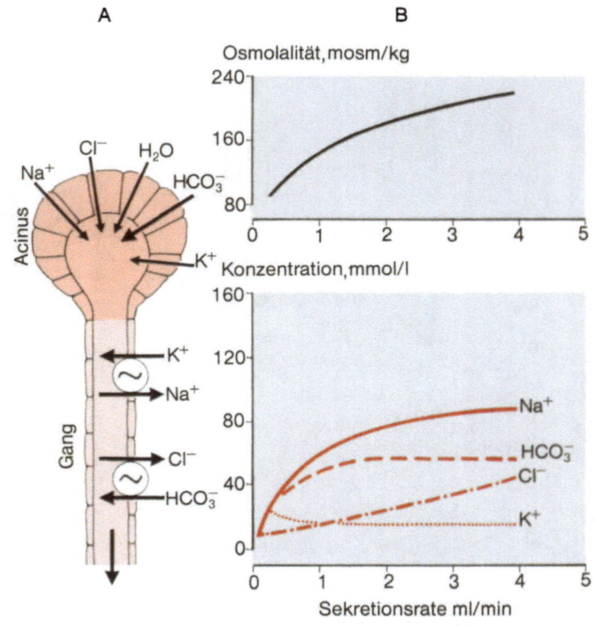

Abb. 29-17 A u. B. Elektrolyttransport in Speicheldrüsen (**A**) und Elektrolyte im Speichel in Abhängigkeit von der Sekretionsrate (**B**). Das isotone Primärsekret der Acini wird in den Drüsengängen durch Resorption oder Sekretion von Ionen und Wasser verändert. Wegen der relativen Impermeabilität für Wasser wird der Speichel hypoton. Die Zusammensetzung ändert sich am stärksten bei niedriger Sekretionsrate. Bei hoher Sekretionsrate bleibt für die Austauschprozesse weniger Zeit, und das Sekret nähert sich der Beschaffenheit des Primärsekrets [1]

und Blutgruppensubstanzen. Die funktionell bedeutendsten sind die **α-Amylase,** die vorwiegend von der Parotis ausgeschieden wird, und die **Schleimsubstanzen** (Submandibularis und Sublingualis). Die α-Amylase ist stabil bei pH 4–11 und hat ihr Wirkungsoptimum bei pH 6,9. Sie hydrolysiert die α-1,4-glykosidische Bindung und spaltet Stärke innerhalb des Moleküls zu Maltose und Maltotriose.
Erkrankungen der Speicheldrüse wie das *Sjögren-Syndrom* aus dem rheumatischen Formenkreis führen zur *„Xerostomie"*, zur Mundtrokkenheit, mit Neigung zur Geschwürbildung, Caries der Zähne und Schwierigkeiten beim Kauen und Schlucken.

Schluckakt

Beim Schluckvorgang durchwandert der Bissen (*Bolus*) 3 Räume: Mund, Pharynx, Oesophagus. Man unterscheidet danach eine *orale, pharyngeale* und *oesophageale Phase,* nur die erste Phase läuft willkürlich ab. Die Muskulatur des Oropharynx ist quergestreift. Sie kontrahiert

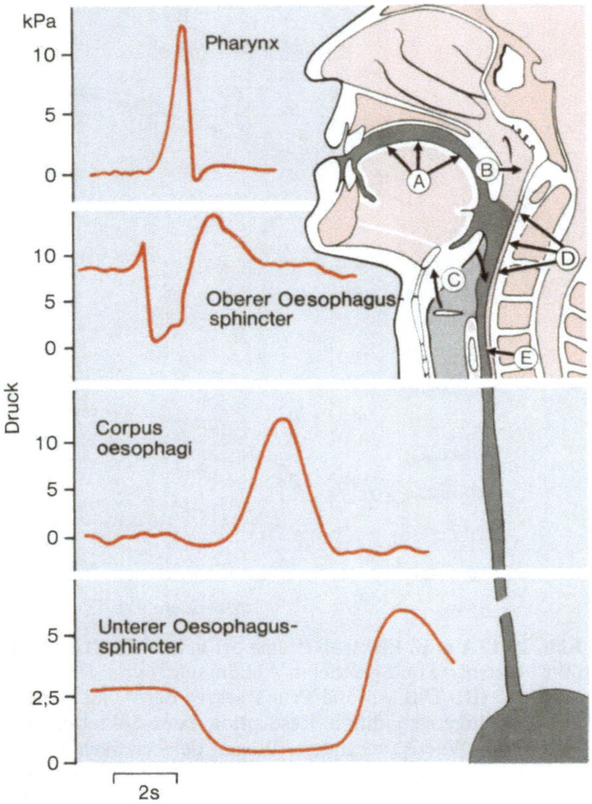

Abb. 29-18 A–E. Oropharyngeale und oesophageale Phasen des Schluckaktes. **A** Pressen der Zunge nach oben gegen den harten Gaumen, **B** Verschluß des Nasopharynx durch den weichen Gaumen, **C** Anheben des Larynx und Umbiegen der Epiglottis über den Eingang der Luftröhre, **D** Peristaltik der Pharynxmuskulatur. **E** Reflektorisches Öffnen des oberen Oesophagussphincters. Die Druckänderungen beim Schlucken sind für den Pharynx, den oberen Oesophagussphincter, das Corpus oesophagi und den unteren Oesophagussphincter als *Kurven* dargestellt

sich daher nur unter dem Einfluß von neuronalen Impulsen aus dem ZNS; Relaxation ist hier die Folge fehlender nervaler Aktivierung. Die distalen $^{2}/_{3}$ des Oesophagus bestehen aus glatter Muskulatur und unterliegen damit einer autonomen Kontrolle.

Orale und pharyngeale Phase. In der 1. Phase des Schluckaktes hebt sich die Zungenspitze, trennt eine Portion des gekauten Bissens im Munde ab und schiebt ihn in die Mitte des Zungengrundes und des harten Gaumens (Abb. 29-18 A). Lippen und Kiefer schließen sich, der weiche Gaumen hebt sich, während der vordere Teil der Zunge den Bolus nach hinten in den oberen Teil des Rachens (Pharynx) preßt (Abb. 29-18 B). Der Gaumen (Palatum) und die kontrahierten palatopharyngealen Muskeln bilden eine Trennwand zwischen der Mundhöhle und dem Nasen-Rachen-Raum und verschließen ihn. Bei selektiver Störung dieses Verschlusses, wie er bei der Kinderlähmung (*Poliomyelitis*) vorkommen kann, wird der Bissen in den Epipharynx gepreßt, und geschluckte Flüssigkeit läuft aus der Nase wieder heraus.

Während die Zunge den Bissen weiter nach hinten drückt, wird *die Atmung für kurze Zeit reflektorisch unterbrochen*. Der Kehlkopf hebt sich und verlegt den Atemweg (Abb. 29-18 C). Der ankommende Bissen biegt dabei den Kehldeckel (Epiglottis) über den Eingang der Luftröhre (Trachea) und verhindert so die Aspiration von Nahrungspartikeln in die Trachea. Versagt dieser Mechanismus, resultiert ein „Verschlucken". Durch die Pharynxmuskulatur und die Zunge mit einem Druck von 4–10 mm Hg geschoben (Abb. 29-18 D), gleitet der Bissen nun über die Epiglottis in die Speiseröhre (Abb. 29-18 C), nachdem sich der obere Schließmuskel (*Oesophagussphincter*) geöffnet hat, an dem der M. cricopharyngeus wesentlich beteiligt ist (Abb. 29-18 E).

Während die orale Phase willkürlich gesteuert werden kann, setzt ein *unwillkürlicher Reflexablauf* ein, wenn der Bissen den Pharynx erreicht, ausgelöst durch Receptoren in Mund und Rachen. Die afferenten Impulse laufen über den *N. glossopharyngeus* und den oberen laryngealen Ast des *N. vagus*. Die motorischen Neurone, die den Pharynx versorgen, sind in 5 Hauptgruppen angeordnet. Sie liegen in den motorischen Kernen der Nn. trigeminus, facialis, hypoglossus, im Nucleus ambiguus des N. vagus sowie in den spinalen Segmenten C1–C3.

Ist das „Schluckzentrum" in der Medulla oblongata erst einmal stimuliert, läuft der komplexe Schluckvorgang eigengesetzlich und unwillkürlich weiter ab. Der normale Erwachsene schluckt etwa 600mal in 24 h, 350mal im wachen Zustand, 50mal im Schlaf und 200mal beim Essen. Die hohe Dichte der nervalen Versorgung für die Feineinstellung des komplizierten Schluckvorgangs spiegelt sich wider in der Kleinheit der motorischen Einheiten. Das Verhältnis von Nerven- zu Muskelfasern liegt bei den Pharynxmuskeln zwischen 1:2 und 1:6 und zum Vergleich beim M. gastrocnemius um 1:2000.

Oesophageale Phase. Mit dem Durchtritt durch den *oberen Oesophagussphincter* hat der Bissen die Speiseröhre erreicht, einen musculären Schlauch von 25–35 cm Länge mit einer äußeren längsverlaufenden und einer inneren zirkulären Muskelschicht, gegliedert in 3 spezialisierte Zonen: 1. den *oberen Oesophagussphincter* (oÖS), eine 2–4 cm lange tonische Hochdruckzone, mit neuronaler Kontrolle, die beim Schlucken erschlafft; 2. den *Speiseröhrenkörper* (Corpus), der neben extrinsischer neuronaler Steuerung noch andere endogene, davon unabhängige Steuermechanismen besitzt, 3. den *unteren Oesophagussphincter* (uÖS), eine weitere Hochdruckzone, die den Verschluß zum Magen gewährleistet.

Der größte Teil des Ösophagus verläuft im Brustraum, die Binnendrücke liegen daher um 4–6 mm Hg unter dem Atmosphärendruck. Der Abschluß nach oben durch den oÖS mit einem Verschluckdruck von 50–100 mm Hg verhindert ein ständiges Eindringen von Luft in den Ösophagus, während der uÖS mit einer Druckdifferenz von 15–25 mm Hg gegenüber dem Magenfundus den Reflux von Mageninhalt in den Ösophagus verhindert.

Die Muskulatur im oberen Drittel des Oesophagus ist quergestreift, die unteren $^{2}/_{3}$ bestehen aus glatter Muskulatur. Der Oesophagus ist von einem Plattenepithel ausgekleidet, das einige Schleimdrüsen enthält. Es setzt sich in einer scharfen, gezahnten Linie (linea dentata) vom Zylinderepithel des Magens ab.

Die neurale Versorgung des Oesophagus erfolgt im wesentlichen über den *N. vagus*. Die obere quergestreifte Muskulatur wird von somatischen Fasern kontrolliert, während die autonome Innervation der unteren glatten Muskulatur dem für den Magen-Darm-Trakt typischen Schema (Abb. 29-2, S. 733) entspricht.

Longitudinal und zirkulär verlaufende Muskeln unterscheiden sich in ihrem *Aktivierungsverhalten*. Die *longitudinalen Muskeln* werden durch cholinerge Fasern kontrolliert und kontrahieren sich, solange der Reiz wirkt („*on-response*“). Die *zirkuläre Muskulatur* dagegen reagiert nach einem kurzen, geringen initialen Druckanstieg mit der eigentlichen Kontraktion erst *nach* Aufhören des Stimulus („*off-response*“). Dabei besteht ein Latenzgradient zwischen oberem und unterem Ösophagus: distale Areale reagieren später als proximale. Die Kontraktion ist nicht durch Anticholinergica, aber durch das Nervengift Tetrodotoxin zu unterdrükken. Als Überträgerstoff wird daher ein gastrointestinales Peptid, möglicherweise das *vasoaktive intestinale Polypeptid* (VIP) angenommen.

Als **primäre Peristaltik** wird der Bewegungsablauf bezeichnet, wenn er die Fortsetzung des oben begonnenen Schluckaktes darstellt (Abb. 29-18). Eine **sekundäre Peristaltik** entsteht durch afferente Impulse vom Ösophagus selbst z.B. durch Druckreiz, wie er durch Reste eines Bissens verursacht wird, der durch die primäre Peristaltik nicht entleert wurde.

Die *peristaltische Welle* im Ösophagus umfaßt ein Kontraktionsareal von jeweils 2–4 cm Länge, das mit einer Geschwindigkeit von 2–4 cm/s nach unten fortschreitet und den uÖS nach ca. 9 s erreicht (Abb. 29-18). Die *Passagegeschwindigkeit* hängt allerdings wesentlich von der Konsistenz des Bissens und der Körperlage ab. Wasser erreicht den Magen in aufrechter Körperposition nach 1 s, breiiger Inhalt nach 5 s und feste Partikel nach 9–10 s. Der Druck der peristaltischen Welle steigt nach distal an und erreicht im unteren Oesophagus 30–120 mm Hg. Die *Druckamplitude* nimmt mit der Größe des Bissens zu; sie ist kleiner, wenn man trocken schluckt. Der uÖS öffnet sich, bevor der Bissen in den Magen eintritt und schließt sich wieder, d.h. nimmt nach einer kurzen Phase erhöhten Drucks wieder den Ruhetonus an, wenn der Bissen in den Magen übergetreten ist. Diese *Relaxation* erfolgt reflektorisch unter dem Einfluß des N. vagus; als Neurotransmitter wird das vasoaktive intestinale Polypeptid (VIP) angenommen.

Der hohe Druck des uÖS wird durch verschiedene Faktoren beeinflußt. Er steigt mit zunehmendem intraabdominellem Druck, z.B. bei Aktivierung der Bauchpresse, alkalischem Magen-pH und proteinreicher Mahlzeit an. Andere Nahrungsbestandteile oder Genußmittel setzen ihn herab: Fett, Schokolade, Pfefferminz, Alkohol und Nicotin. An der Steuerung des uÖS-Drucks sind *neurogene* (cholinerge), *myogene* und *hormonale Faktoren* beteiligt. Von den letzteren steigern Gastrin, Motilin, Substanz P, pankreatisches Polypeptid, Adiuretin und Angiotensin II den Sphincterdruck, während ihn Secretin, Cholecystokinin, Glucagon, glucoseabhängiges insulinotropes Polypeptid (GIP) und vasoaktives intestinales Polypeptid (VIP) sowie Progesteron herabsetzen. Der letztgenannte Einfluß erklärt das häufig beobachtete *Sodbrennen* während einer Schwangerschaft infolge des *hohen Progesteronspiegels*.

Pathophysiologische Aspekte. Störungen der normalen Oesophagus- und Sphincterfunktion können relevante klinische Auswirkungen haben. Bei der **Achalasie** ist die Peristaltik unkoordiniert, und der Öffnungsreflex des uÖS beim Schlucken bleibt aus. Die Nahrung staut sich im Oesophagus und erweitert ihn (*Megaösophagus*). Diesem Krankheitsbild liegt eine Störung im Bereich des Auerbach-Plexus zugrunde, die in Südamerika als *Chagas-Krankheit* infektiös durch Trypanosomen ausgelöst wird, während die Ursache der Schädigung in unseren Breiten nicht geklärt ist. Fließt umgekehrt bei Inkompetenz des Verschlußmechanismus des Sphincters Mageninhalt in den Oesophagus zurück, kann die Schleimhaut so geschädigt werden, daß eine Entzündung **(Refluxoesophagitis)** entsteht. Ungeordnete, heftige Kontraktionen des Oesophagus, sog. tertiäre Kontraktionen, können starke Schmerzen hinter dem Brustbein hervorrufen und zu dem Krankheitsbild des **diffusen Oesophagusspasmus** führen, das vom Schmerzcharakter her mitunter schwierig von einer Angina pectoris abzugrenzen ist. Die wesentlichen

Methoden, die Störung der Oesophagusmotilität beim Menschen zu erfassen, sind die röntgenologischen Filmaufnahme (*Radiokinematographie*), die Druckmessung (*Manometrie*) mit Kathetern und mehreren seitlichen Öffnungen, die *Funktionsszintigraphie* nach Schlucken eines radioaktivmarkierten Bolus und die *Langzeit-pH-metrie* mit einer pH-empfindlichen Sonde zur Erfassung von Reflux im unteren Ösophagusdrittel.

29.3 Magen

Der Magen hat mehrere Funktionen: Er speichert die geschluckte Speise und sezerniert den Magensaft, der sich mit dem Mageninhalt vermischt, ihn chemisch verändert, physikalisch zerkleinert, ihn so in Chymus (Speisebrei) umwandelt und zur weiteren Verdauung und Resorption portionsweise in das Duodenum entläßt.

Magenmotilität

Speicher- und Transportfunktion. Die Magenmotorik dient 3 Hauptfunktionen: 1. der *Speicherung* der aufgenommenen Nahrung, 2. dem *Durchmischen* und *Zermahlen* und 3. der zeitgerechten *Entleerung*. Auslösung und Koordination der Magenbewegung sind im wesentlichen an die *Reaktivität der glatten Muskulatur* gekoppelt. Die glatten Muskeln besitzen Receptoren für eine Vielzahl von Neurotransmittern und Hormonen. Diese Regulatorsubstanzen modifizieren die myogene Erregbarkeit und modulieren die basalen Kontraktionsvorgänge der glatten Muskelzellen, die in der aktiven Phase der Magenverdauung und in der interdigestiven Phase ablaufen.

Die Muskulatur des Magens besteht aus 3 Schichten: 1. der *äußeren longitudinalen Schicht*, 2. der gut entwickelten *mittleren zirkulären Schicht*, die sich im Bereich des Pylorus schließmuskelförmig verdickt, und 3. der besonders in der vorderen und hinteren Wand *schräg verlaufenden inneren Muskelschicht*, die sich distal mit der zirkulär verlaufenden vereinigt. Die *intrinsischen Nervenplexus* (Auerbach und Meissner) liegen zwischen bzw. unter den Muskelschichten (Abb. 29-2, S. 733). Die extrinsischen Nervenfasern sind synaptisch mit den Plexus verbunden, wobei cholinerge und adrenerge sowie weitere hemmende Transmitter die Erregungsübertragung vermitteln. Proximaler und distaler Abschnitt des Magens unterscheiden sich wesentlich in ihrer Steuerung und ihren Funktionen.

Speicherfunktion des Magens. Der *proximale Magen* hat keinen phasischen Erregungsrhythmus und keine Peristaltik. Er entwickelt einen aktiven Tonus, der sich dem Magenbinnendruck anpassen kann. Damit liegt die Hauptaufgabe des proximalen Magens in seiner Speicherfunktion. Der Magenbinnendruck sinkt bereits, bevor der Bissen aus dem Ösophagus in den Magen übertritt (*receptive Relaxation*) und stellt sich danach, gesteuert von Dehnungsreceptoren in der Magenwand, ohne Druckerhöhung auf ein größeres Volumen ein (*adaptive Relaxation*). Die Steuerung erfolgt über *inhibitorische vagale Fasern* und zusätzlich auch hormonal, wobei *Cholecystokinin* die Dehnbarkeit des Magens steigert. Feste Nahrungsbestandteile lagern sich schichtweise übereinander, während aufgenommene Flüssigkeit und Magensaft an der Außenseite in den distalen Magen abfließen. Mit langsamen, tonischen Kontraktionen wird ein ständiger Druck auf den Inhalt ausgeübt, der dadurch langsam pyloruswärts bewegt wird.

Transport des festen Mageninhalts. Im Unterschied zum Fundus besitzt das Corpus *myogene Schrittmacher* (S. 84f.), welche, beginnend hoch

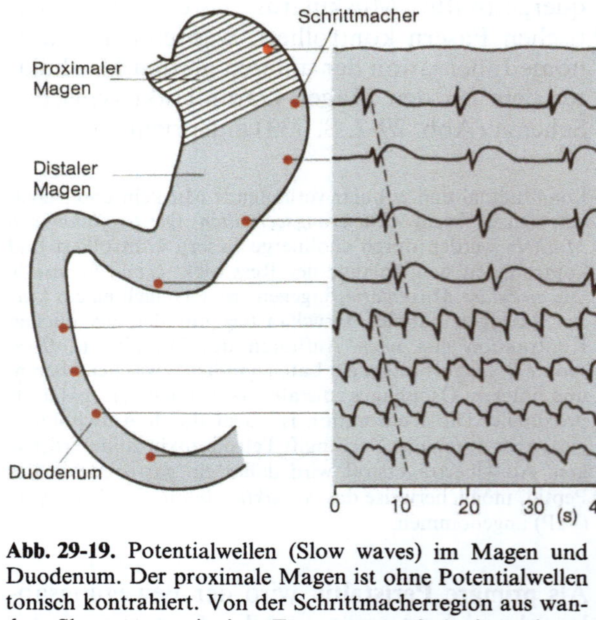

Abb. 29-19. Potentialwellen (Slow waves) im Magen und Duodenum. Der proximale Magen ist ohne Potentialwellen tonisch kontrahiert. Von der Schrittmacherregion aus wandern Slow waves mit einer Frequenz von 3–4 min nach unten und sind daher nach distal phasenverschoben. Im Duodenum haben die Slow waves eine Frequenz von ca. 12/min, auch sie zeigen eine Phasenverschiebung nach distal. Muskelkontraktionen erfolgen, wenn durch die Potentialwellen Aktionspotentiale ausgelöst werden [40]

an der großen Kurvatur und dem Antrum, cyclische triphasische Potentiale, die **Slow waves**, erzeugen (Abb. 29-19). Sie wandern mit einer Frequenz von 3/min bis zum Pylorus herab und sind für die Transportfunktion des Magens verantwortlich. Nicht jede Slow wave ist von einer Muskelkontraktion gefolgt, das Potential wird lediglich in die Nähe der Aktivierungsschwelle gebracht. Die Kontraktionen erfolgen jedoch immer nur im Zusammenhang mit Slow waves, wobei neuronale und humorale Einflüsse bestimmen, ob, wie stark und wie lange die Kontraktion erfolgt.

Die kräftigen, zirkulären **peristaltischen Wellen** des distalen Magens beginnen in der Mitte des Corpus und treiben den Inhalt in Richtung Pylorus und Duodenum, in das sich Flüssigkeiten auch schnell entleeren. Das Flüssigkeitsvolumen im Magen nimmt dabei exponentiell ab. Feste Bestandteile passieren den *Pylorus* jedoch erst, wenn sie bis auf eine Größe von mindestens 2–3 mm zerkleinert sind, zu 90% verlassen sie aber in einer Größe von 0,25 mm den Magen. Wenn sich die Kontraktionswelle dem distalen Antrum nähert, schließt sich der Pylorus, die engste Stelle (nicht Sphincter im engeren Sinne) im gastroduodenalen Übergang, bereits bevor das Lumen des Antrums vollständig verstrichen ist. Dadurch wird der eingezwängte Inhalt mit großer Kraft wieder zurück in den Magen geworfen. Hierbei reiben sich feste Nahrungsbestandteile aneinander und werden zerdrückt und zermahlen.

Die **Magenentleerung** wird gesteuert durch extrinsische autonome Nerven, durch lokale Reflexe über die intramuralen Plexus und durch Hormone. Eine Unterbrechung des *Vagus*, wie z.B. bei einer operativen Vagotomie, hemmt die Peristaltik erheblich und führt zu Entleerungsstörungen des Magens mit Retention des Inhalts. *Hormone* wie Cholecystokinin, Motilin und besonders Gastrin verstärken die Kontraktionen; Secretin, Glucagon, GIP, VIP und Somatostatin schwächen sie ab. Die Rate der Magenentleerung E (d.h. Abnahme des Volumens V in der Zeiteinheit dV/dt) ist eine Funktion der Druckdifferenz zwischen Magen (P_m) und Duodenum (P_d) und dem Widerstand im Pylorus (R_p).

$$E=\frac{P_m-P_d}{R_p}. \qquad (2)$$

Daraus folgt, daß die Flüssigkeitsentleerung wegen des niedrigen R_p im wesentlichen vom Druckgradienten abhängt, wobei der Druck im proximalen Magen wesentlicher Regulator ist. Dagegen hängt die Entleerung von soliden Bestandteilen hauptsächlich vom Widerstand und damit von ihrer Größe ab.

Die *Rate der Magenentleerung* wird, abgesehen vom Füllungszustand des Magens, von der Partikelgröße und der Viscosität der Nahrung, zusätzlich von Receptoren im Dünndarm gesteuert. *Sauerer Inhalt wird langsamer entleert als neutraler, hyperosmolarer langsamer als hypoosmolarer, Fette (besonders mit langkettigen Fettsäuren mit mehr als 14 C-Atomen) langsamer als Eiweißabbauprodukte* mit Ausnahme von Tryptophan. Die Steuerung erfolgt nerval und humoral, wobei für den Hemmeffekt *Secretin* wahrscheinlich von besonderer Bedeutung ist.

Große, feste Bestandteile können den Magen während dieser Entleerungsphase nicht verlassen. Derartige unverdauliche feste Partikel mit einem Durchmesser größer als 3 mm können durch den speziellen Mechanismus des interdigestiven myoelektrischen Komplexes (S. 736) entleert werden. In dessen Phase III kommt es zu sehr kräftigen Antrumkontraktionen, so daß im Gegensatz zur digestiven Phase jetzt auch die großen Partikel durch den Pylorus in das Duodenum getrieben werden.

Magensaftsekretion

Der Magen sezerniert *täglich 2–3 l* eines Saftes in das Lumen, der Ionen und Makromoleküle enthält. Das Hormon *Gastrin* wird in das Blut abgegeben. Die Magensaftsekretion kann in eine *basale (interdigestive)* und in eine *stimulierte (digestive) Phase* unterteilt werden. Die *Säure des Magensaftes* denaturiert Eiweiß und aktiviert Pepsinogen zu Pepsin, welches Eiweiß hydrolysiert, und wirkt bactericid. *Schleim* macht den Chymus gleitfähig und hat protektive Eigenschaften für die Mucosa. Der ebenfalls im Magensaft enthaltene *Intrinsic factor* ist essentiell für die Vitamin-B_{12}-Resorption. Die resorptive Fähigkeit der Magenschleimhaut ist gering und betrifft nur einige Ionen wie Na^+ und lipidlösliche Substanzen wie Alkohol, der schnell und in größeren Mengen bereits im Magen resorbiert werden kann.

Funktionelle Anatomie der Magenmucosa. Der gesamte Magen ist von einer Schleimhaut aus Zylinderepithel bedeckt, welches Schleim und Pepsinogen II sowie Bicarbonat und Natrium sezerniert. Sie enthält enterochromaffine (argentophile), hormonsezernierende Zellen, von denen inzwischen 9 Arten unterschieden werden können und die endokrin (ins Blut), parakrin (von Zelle zu Zelle) und neurokrin (an Nervenfaserendigungen) sezernieren. Die *Magendrüsen*, die in die Foveolae gastricae münden, weisen topographische Unterschiede auf. Es lassen sich 3 Regionen abgrenzen:

- die **Cardiaregion**, ein schmaler Saum von 1–4 cm Ausdehnung unterhalb der Ösophaguseinmündung mit tubulären, stark verzweigten geschlängelten Drüsen;
- die **Fundus-Corpus-Region**, die $^3/_4$ des gesamten Magens ausmacht. Ihre geraden oder leicht geschlängelten Drüsen sind mit den schleimbildenden *Nebenzellen*, mit enterochromaffinen Zellen, mit den säurebildenden *Belegzellen* und den Pepsinogen-I- und -II-produzierenden *Hauptzellen* ausgekleidet;
- die **Pylorusregion**, die 15–20% des Magens einnimmt und einfach verzweigte tubuläre Drüsen enthält, die im wesentlichen Schleim absondern. Die Besonderheit dieser Region besteht in den *G-Zellen*, welche Gastrin produzieren.

Die schleim- und pepsinogenproduzierenden Zellen entsprechen in ihrem Aufbau anderen Zellen dieser Art im Gastrointestinaltrakt (S. 740). Die **Belegzellen** sind hingegen einzigartig in ihrer Eigenschaft, HCl in hoher Konzentration zu produzieren, wobei eine H^+-Konzentrierung um den Faktor 1 Million und mehr gegenüber dem Blut erzielt wird. Sie sind charakterisiert durch intracelluläre *Canaliculi*, die viele Microvilli enthalten und an der apicalen, dem Drüsenlumen zugewandten Seite der Zelle münden (Abb. 29-20). Sie besitzen zahlreiche große Mitochondrien. Nach ihrer Stimulation treten innerhalb von 10 min profunde morphologische Veränderungen in der Zelle ein: Die tubulovesiculären Gebilde im Cytoplasma, die in Ruhe vorherrschen, nehmen um ca. 90% ab. Gleichzeitig vergrößern sich die Microvilli in den Canaliculi und ihrer Mündung um den Faktor 4–6. Diese Microvilli sind auch der Ort, an dem die protonentransportierende (H^+-K^+-)ATPase lokalisiert ist.

Bildung von HCl (Abb. 29-21). *ATP* ist die Energiequelle für den *aktiven Transport von Protonen* aus der Belegzelle in den Magensaft. Das Enzym, das diesen Vorgang katalysiert, ist die *(H^+-K^+-)ATPase* in der Membran der sekretorischen Microvilli. Hierbei wird im gleichen Verhältnis H^+ gegen K^+ ausgetauscht. H^+ entstammt der Dissoziationsreaktion der Kohlensäure, wobei äquivalente HCO_3^--Mengen entstehen. Die Dissoziation von Wasser spielt demgegenüber nur eine geringe Rolle. HCO_3^- tritt entlang einem Konzentrationsgradienten im Austausch gegen Cl^- ins Blut über. Auf dem Höhepunkt dieses Vorgangs kommt es zur „Alkaliflut" im Serum.

Gleichzeitig mit den H^+-Ionen werden auch *Cl^--Ionen* in den Magen sezerniert. Dieser Vorgang erfolgt gegen einen Konzentrationsgradienten und gegen einen elektrischen Gradienten. Es handelt sich somit um einen *aktiven Transportprozeß*. Die Cl^--Sekretion ist während der sekretorischen Phase größer als die H^+-Se-

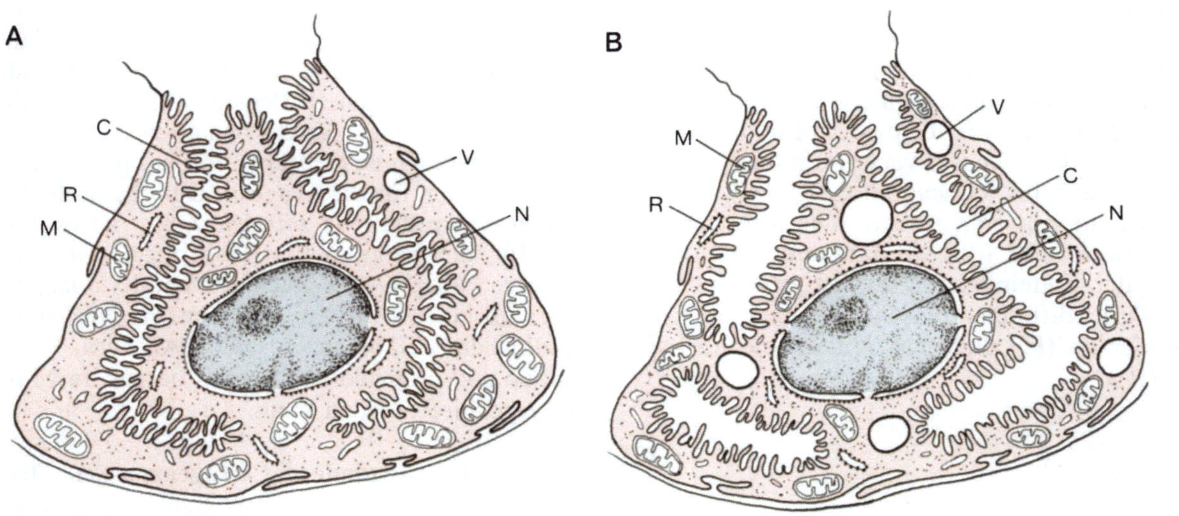

Abb. 29-20 A u. B. Belegzelle im Ruhezustand (**A**) und bei Stimulation (**B**). *N* Kern, *R* agranuläres endoplasmatisches Reticulum, *M* Mitochondrien, *C* intracelluläre Canaliculi, die in das Drüsenlumen münden, *V* Vacuole. Im Stimulationszustand sind die Canaliculi und Vacuolen erweitert

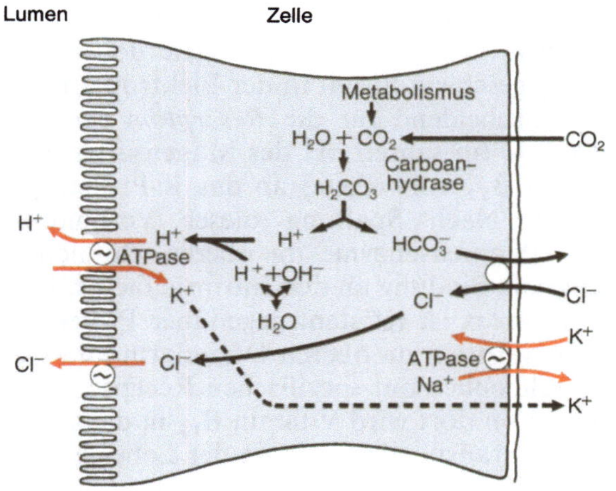

Abb. 29-21. HCl-Sekretion der Belegzelle. H^+-Ionen werden durch die (H^+-K^+-)Austauschpumpe in der Bürstensaummembran, angetrieben durch (H^+-K^+-)ATPase, in das Lumen transportiert. Cl^- wird ebenfalls aktiv in das Lumen befördert. Es tritt im Austausch gegen HCO_3^- in die Zelle ein. H_2CO_3 und in geringem Maße auch H_2O sind H^+-Lieferanten [1]

kretion. In der Ruhephase ist sie zusammen mit einer aktiven Na^+-Resorption im wesentlichen für die *elektrische Potentialdifferenz* (PD) verantwortlich, die zwischen Mageninnerem (negativ) und Serosaseite (positiv) besteht und bei 40–60 mV liegt. Diese PD ist Ausdruck einer Intaktheit der Membran. Eine Schädigung dieser Grenzschicht (*broken barrier*), z.B. durch Gallensäuren, Lysolecithin oder exogen durch Salicylate oder Alkohol, führt zu einer Rückdiffusion von H^+ und einem Austritt von Na^+ und Eiweiß in das Magenlumen sowie einem Abfall der PD.

Bildung von Bicarbonat in den Schleimzellen. Neben der Säure bildet die Magenschleimhaut in den Schleimzellen der Magenoberfläche und den Nebenzellen in den Magendrüsen ein alkalisches Sekret. Es beruht auf der *aktiven Sekretion von Bicarbonat*. Der Transport ist elektroneutral und verläuft wahrscheinlich im Austausch gegen Cl^-. In der sekretorischen Phase übersteigt die Bildung von H^+ in den Belegzellen die von Bicarbonat in den Schleimzellen um ein Vielfaches. Letztere tritt jedoch nach außen hin nicht in Erscheinung, da HCO_3^- äquimolar von H^+ unter Bildung von CO_2 und H_2O neutralisiert wird. Der Nachweis der HCO_3^--Sekretion gelingt erst, wenn die H^+-Sekretion spezifisch geblockt wird, z.B. durch Histaminreceptorenantagonisten (*H_2-Blocker*). Durch *substituierte Benzimidazole* wird die (H^+-K^+-)ATPase und damit die Säureproduktion vollständig gehemmt [21]. Omeprazol hemmt in vivo beim Menschen nach einmaliger Gabe die Säurebildung über 40 h und in vitro auch die cAMP- und K^+-stimulierte Säuresekretion auch noch dann, wenn H_2-Receptorenblocker und Atropin keinen Effekt haben. Dies weist darauf hin, daß die Aktivierung der (H^+-K^+-)ATPase ein später, vielleicht sogar der letzte Schritt in der Kette der Säureproduktion ist.

Bicarbonat hat zusammen mit dem Magenschleim eine wichtige *Schutzfunktion* gegenüber dem aggressiven Magensaft. Die in den Drüsenschläuchen gebildete und in die Magenlichtung fortgeleitete HCl bewirkt im Lumen der Foveolae gastricae und des Magens einen sehr viel niedrigeren pH als an der Oberfläche der Neben- und Zylinderzellen, welche die Foveolae und das Mageninnere auskleiden. Das von diesen Zellen gebildete HCO_3^- wird durch die wandanliegende Flüssigkeits- bzw. Schleimschicht (unstirred layer) dort gehalten und somit eine pH-Differenz von pH 2 im Lumen und pH 7 an der Zelloberfläche aufrechterhalten. Darüber hinaus gelangt Bicarbonat, das in der Belegzelle während der Sekretionsphase im Austausch gegen H^+ vermehrt gebildet wird (Abb. 29-21), durch senkrecht zur Oberfläche verlaufende Capillarschlingen in erhöhter Konzentration in die Oberfläche der Nebenzellen. Die Durchblutung dieser Capillaren, in denen auch rückdiffundierte HCl wieder abtransportiert wird, wird im wesentlichen durch *Prostaglandin E_2* gesteuert, dem somit im Zusammenspiel mit Bicarbonat und der Unstirred layer eine wichtige protektive Funktion für die Magenschleimhaut zukommt.

Zusammensetzung des Magensaftes. Die Zusammensetzung der **Elektrolyte** im Magensaft ist abhängig von der Sekretionsaktivität. Die *Belegzellen* sezernieren nach Stimulation H^+, K^+ und Cl^- und die *Schleimzellen* dauernd Na^+, K^+, Cl^- und HCO_3^-. Mit zunehmender Sekretionsrate nimmt der Anteil des Sekrets der Parietalzellen zu und in gleichem Verhältnis die Konzentration von Na^+ ab; HCO_3^- verschwindet ganz (Abb. 29-22).

Eine wichtige Komponente des Magensekrets ist der **Schleim**, der den gesamten Magen in einer ca. 0,6 mm dicken Schicht als ein viscöses Gel überzieht. Er macht die Schleimhaut gleitfähig und schützt sie vor mechanischen und chemischen Schäden. Die Schleimschicht wird konstant gehalten und neuer Schleim produziert, wenn er mechanisch oder durch peptische Verdauung beseitigt wurde. Der wesentliche Bestandteil des Schleims ist ein *Glykoprotein* mit

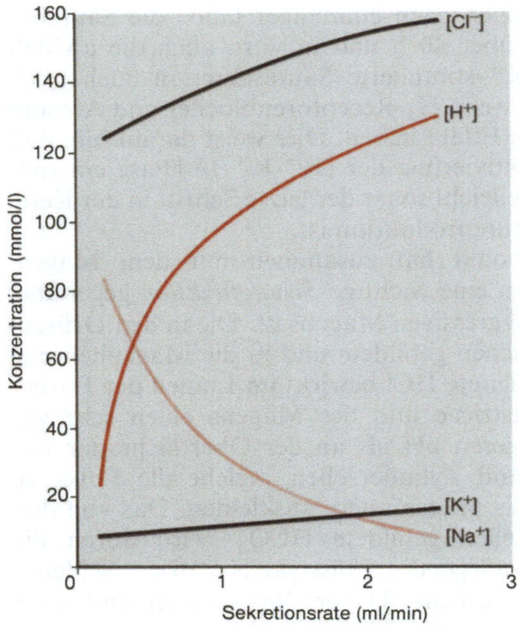

Abb. 29-22. Elektrolytzusammensetzung des Magensaftes in Abhängigkeit vom Sekretionszustand. Im Ruhezustand überwiegt die Sekretion der Nebenzellen und der Schleimzellen. Mit steigender Sekretionsrate nimmt die H^+-Konzentration zu und die Na^+-Konzentration ab [11]

einem Molekulargewicht von 2 Mill., einem Polymer, das aus einem Proteinkern mit vielen Kohlenhydratseitenketten zusammengesetzt ist. Es bestehen individuelle genetische Unterschiede in der terminalen Zuckersequenz, die immunologisch dem Blutgruppen-AB0-System entsprechen.

Pepsinogen, ein Gemisch aus Proteasenvorstufen, ist eine weitere wichtige organische Komponente des Magensaftes. Es wird durch Säure zu dem wirksamen eiweißspaltenden Enzym **Pepsin** aktiviert, ein Vorgang, der sich dann autokatalytisch weiter fortsetzt. Es lassen sich mindestens 8 verschiedene proteolytische Enzyme elektrophoretisch nachweisen. Die ersten 5 schnellwandernden Pepsinogene werden als *Gruppe I* zusammengefaßt und kommen nur in der Haupt- und Belegzellregion vor. Die restliche *Gruppe II* der Pepsinogene sind ubiquitär im Magen und ferner auch in den Brunner-Drüsen des Dünndarms nachweisbar. Pepsin aus beiden Gruppen wirkt nur im sauren pH mit einem Optimum zwischen 1,8 und 3,5 und wird im alkalischen Milieu irreversibel geschädigt. Die Stimulation der Pepsinogensekretion erfolgt auf dieselbe Weise wie die der HCl.

Das dritte Makromolekül des Magensaftes ist der **Intrinsic factor**, ein Glykoprotein mit einem Molekulargewicht von 42000. Es wird von den Belegzellen sezerniert. Intrinsic factor und ein anderes Vitamin-B_{12}-bindendes Protein, das sog. *R-Protein* (R = rapid, wegen der hohen Wandergeschwindigkeit in der Elektrophorese), sind entscheidend für die *Resorption von Vitamin B_{12}*. Im sauren pH des Magensaftes wird Vitamin B_{12} vorwiegend an das R-Protein gebunden. Nach Spaltung dieser Verbindung durch Pankreasenzyme im oberen Dünndarm erfolgt die Bindung an den Intrinsic factor. Dieser Komplex ist resistent gegenüber Proteolyse und Resorption im oberen Dünndarm und reagiert schließlich mit spezifischen Receptoren im Ileum. Von dort wird Vitamin B_{12} in das Pfortaderblut transportiert, z.T. in der Leber gespeichert, z.T. gebunden an das Transportprotein *Transcobalamin II* mit dem Blutstrom weitergeleitet.

Steuerung der Magensaftsekretion

In der Nüchternphase sezerniert der Magen nur ca. 10% des Volumens, das nach maximaler Stimulation gebildet wird. Nach Vagotomie und nach Entfernung des Antrums (Sitz der G-Zellen) sistiert die Basalsekretion, weshalb ein Grundtonus des Vagus für eine basale gastrinabhängige Magensaftsekretion verantwortlich gemacht wird. Die *Nahrungsaufnahme* ist der adäquate Reiz für die *Stimulation der Magensaftsekretion*. Ihre Beeinflussung setzt bereits vor dem Essen ein und dauert nach der Beendigung der Mahlzeit noch an. Man unterscheidet eine cephale, gastrale und intestinale Phase, die sich zeitlich überschneiden.

Cephale Phase. Diese Phase wird ausgelöst durch die Erwartung auf das Essen, durch Vorstellung, Anblick, Geruch und schließlich durch den Geschmack. Die hierdurch initiierten Nervenimpulse werden, von verschiedenen Strukturen des ZNS ausgehend, ausschließlich über den **N. vagus** zum Magen geleitet. Eine Vagotomie unterbricht die cephale Phase. Es wird angenommen, daß die Sekretion durch eine *vagusinduzierte Gastrinfreisetzung* vermittelt wird, da eine Denervation des Antrums die Sekretion praktisch verhindert. Die cephale Phase bewirkt beim Menschen ca. 40–50% der maximalen Sekretion.

Diese Zusammenhänge wurden von PAWLOW bereits 1889 eingehend untersucht (Abb. 29-23). PAWLOW stellte an einem Hund sowohl eine Ösophagusfistel als auch im Corpus-Fundus-Bereich einen Magenblindsack her. Bei dem nach PAWLOW benannten *Nebenmagen* wird innerhalb des Hauptmagens eine von diesem abgeschlossene Schleimhauttasche gebildet, die einen Abfluß nach außen hat und deren Versor-

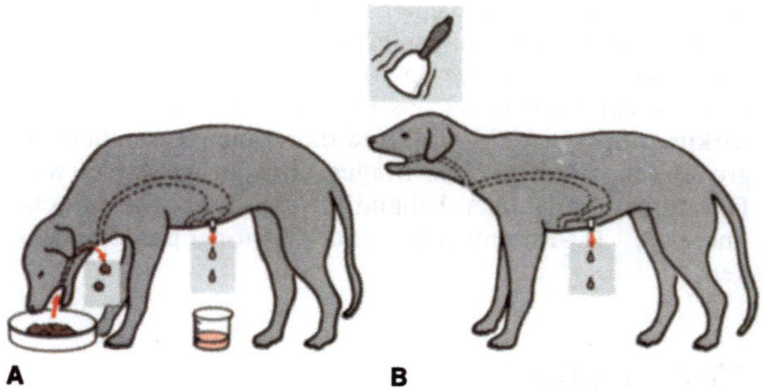

Abb. 29-23 A u. B. Versuchsanordnung von PAWLOW zum Nachweis zentraler Einflüsse auf die Magensaftsekretion bei einem Hund mit Oesophagus- und Magenfistel. **A** Auslösung der cephalischen Sekretionsphase (unbedingter Reflex). **B** Erlernte Sekretionsauslösung durch einen Glockenton (bedingter Reflex)

gung durch den N. vagus und die Blutgefäße erhalten bleibt. Vielfältige Versuche an solchen Tieren ergaben: 1. Eine Fütterung, bei der die Speisen aus der Ösophagusfistel herausfallen (Scheinfütterung), hat eine starke Saftsekretion aus dem Pawlow-Nebenmagen zur Folge (cephale Phase, *unbedingter Reflex*). 2. Wurde zur Fütterung der Tiere regelmäßig eine Glocke geschlagen, so führte nach einigen Tagen bereits das alleinige Erklingen der Glocke zu einer gesteigerten Sekretion von Speichel und Magensaft, die aus den jeweiligen Fisteln heraustropften (cephale Phase, *bedingter Reflex*). Von diesen Experimenten nahm die Untersuchung der bedingten (erlernten) Reflexe ihren Ausgang (Einzelheiten s. S. 164).

Gastrale Phase. Die gastrale Phase wird eingeleitet durch die Dehnung des Magens durch die aufgenommene Nahrung und durch chemische Einflüsse bestimmter Nahrungsbestandteile. Der *Dehnungsstimulus* wird vorwiegend durch neuronale Mechanismen vermittelt, wobei afferente wie efferente Signale im **N. vagus** geleitet werden, sowie durch kurze *intramurale Reflexe*.

Die *chemischen Reize* dagegen wirken vorwiegend durch die Freisetzung von **Gastrin** aus den G-Zellen des Antrums. Von den bekannten Gastrinen ist das G 17 I und II (mit 17 Aminosäuren) das physiologische und wirksamste, während das G 34 (mit 34 Aminosäuren) zwar eine längere Halbwertszeit hat, aber nur $^1/_6$ der biologischen Wirkung des G 17 besitzt. Chemische Stimulantia der gastralen Phase sind besonders *Eiweißabbauprodukte*, wie Peptide, Oligopeptide und Aminosäuren, hier wiederum besonders Phenylalanin und Tryptophan, ferner auch *Calcium*, in geringem Maße Magnesium sowie *Alkohol* und *Coffein*.

Intestinale Phase. Vom Dünndarm aus stimulieren sowohl Dehnung der Darmwand als auch die Anwesenheit von Eiweißabbauprodukten die Magensekretion im wesentlichen über humorale Mechanismen, wobei dem Hormon *Entero-Oxyntin* dieser Effekt zugesprochen wird.

Im Regelkreis der Magensekretion spielt neben der Stimulation die **Hemmung** eine wichtige Rolle. Ein *saures Milieu* mit pH unter 3 im Antrum hemmt die Gastrinfreisetzung der gastralen Phase. Wesentliche Hemmimpulse stammen auch aus dem Dünndarm. Dieser Hemmmechanismus wird durch *Säuren, Fette* und *hyperosmolare Lösungen* im Dünndarm ausgelöst. Sie setzen *Secretin* und *Bulbogastron* aus der Dünndarmschleimhaut frei, Hormone, die die Magensekretion bremsen. Fette hemmen die Sekretion erst nach ihrer Spaltung, inbesondere wenn Fettsäuren mit einer Kettenlänge von über 10 C-Atomen freigesetzt werden. Der Mechanismus läuft wahrscheinlich über neuronale Mechanismen mit *GIP* und *Neurotensin* als Übermittlersubstanzen ab.

Receptoren der sekretorischen Zellen. Mediatoren, die als First messenger die Sekretion auslösen, sind Acetylcholin, Histamin und Gastrin. Das Hormon bzw. die Effectorsubstanz reagiert mit spezifischen Receptoren in der Zellmembran und löst über die Second messenger, cAMP bzw. Ca^{2+} (Calmodulin), die spezifische Funktion der Zelle aus (S. 735). Im Falle der Belegzelle werden 3 Receptoren angenommen (Abb. 29-24). Für *Acetylcholin* sind es muscarinempfindliche Receptoren (nicht nicotinempfindliche wie in anderen Zellen), bei *Histamin* die H_2-Receptoren (nicht die H_1-Receptoren wie sonst im Körper) und bei *Gastrin* die Gastrinreceptoren. Es wird eine starke und obligate Interaktion zwischen H_2- und Gastrinreceptor angenom-

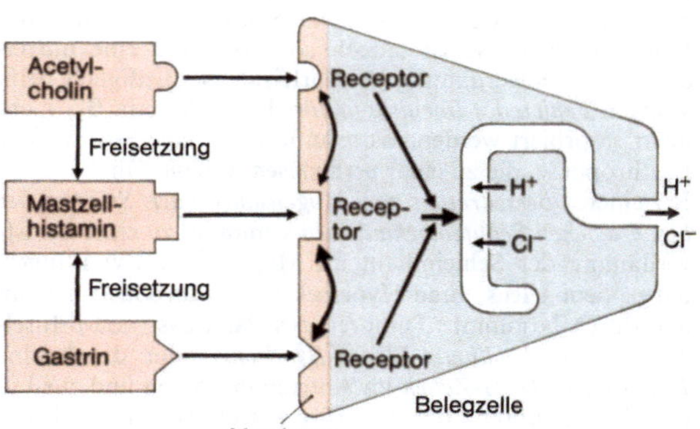

Abb. 29-24. Dreireceptorenmodell der Belegzelle. Es wird eine starke und obligate Interaktion zwischen Histamin- und Gastrinreceptor und eine schwächere fakultative Interaktion zwischen Histamin- und Acetylcholinreceptor angenommen. H_2-Antagonisten blockieren den Histaminreceptor [28]

men und eine schwächere, fakultative zwischen H_2- und Acetylcholinreceptor. Dies erklärt auch, warum eine *Blockade des H_2-Receptors* sowohl die gastrin- als auch die acetylcholinstimulierte Sekretion herabgesetzt. Kompetitive H_2-Receptorenblocker (die Pharmaka Cimetidin, Ranitidin, Famotidin) und spezifische Muscarinreceptorenblocker (Pirenzipin) spielen als Hemmer der Säurebildung in der Ulcustherapie eine große Rolle.

Sekretionskapazität des Magens. Durch eine in die abhängige Partie des Magens eingelegte Sonde kann der Magensaft quantitativ abgesaugt und die Säureproduktion als leicht meßbarer Parameter des Magensaftes bestimmt werden. Die *Basalsekretion* (*BAO* = basal acid output) während 1 h liegt bei 2–3 mmol H^+. Bei gastrinproduzierenden Tumoren kann dieser Wert auf das 10- bis 20fache gesteigert sein. Der Säureausstoß nach *maximaler Stimulation*, z.B. mit 6 µg/kg Pentagastrin, einem synthetischen Gastrinanalog, liegt zwischen 10–35 mmol H^+/h (*MAO* = maximal acid output). Die Werte sind bei Frauen etwas niedriger als bei Männern. Sie liegen bei Patienten mit Duodenalulcus statistisch im Mittel über denen von Gesunden. Es bestehen aber erhebliche individuelle Schwankungen, so daß diese früher als Test bei Ulcuspatienten häufig eingesetzte Untersuchung heute wegen der starken Überschneidung mit den Normwerten als obsolet gilt.

Pathophysiologische Aspekte. Störungen der Magenfunktion betreffen v.a. die Sekretion. Dabei ist die Verminderung oder das Fehlen von Magensäure von untergeordneter Bedeutung. Mit steigendem Lebensalter kommt es zu zunehmender *Schleimhautatrophie* und damit zur *Sekretionsminderung*, die jenseits des 60. Lebensjahres bei über 50% der Menschen nachweisbar ist. Die Sekretionskapazität der Bauchspeicheldrüse ist jedoch so groß, daß eine ausreichende Eiweißverdauung gewährleistet ist. Lediglich beim völligen *Fehlen des Intrinsic factors* kann Vitamin B_{12} nicht mehr resorbiert werden. Es resultiert u.a. eine Störung der Erythropoese, die zu einer **perniziösen Anämie** führt.
Bei einer *Übersekretion von Magensäure oder Störung der beschriebenen Schutzmechanismen* kommt es zu einer Selbstverdauung der Schleimhaut im Magen oder Zwölffingerdarm, dem **Ulcus**. Eine Hypersekretion von Gastrin kann u.a. durch bestimmte Tumoren des Pankreas (non-β-Inselzelltumoren: *Zollinger-Ellison-Syndrom*) oder durch eine *Hyperplasie der G-Zellen* im Antrum entstehen und zur Ulcusbildung führen. Bei der *Magenresektion* nach Billroth II wird das Antrum entfernt, der Zwölffingerdarm nach oben hin blind verschlossen und eine Verbindung von Magen zum Jejunum hergestellt. Wurde versehentlich beim Blindverschluß das Antrum im Zusammenhang mit dem Zwölffingerdarm belassen, bewirkt das alkalische Darm-pH eine Dauerstimulation der G-Zellen mit entsprechender Übersekretion des Restmagens.
Auch wenn die Ursache einer Ulcusentstehung nicht faßbar ist, wie in der Mehrzahl der Fälle, kann durch eine *Bindung oder Sekretionshemmung von Magensäure* die Ulcusheilung beschleunigt werden, da das pH-Optimum für die Pepsinwirkung nicht erreicht wird und damit eine wesentliche aggressive Komponente des Magensaftes ausgeschaltet wird. Darauf beruht die Ulcusbehandlung mit Antacida, Anticholinergica, H_2-Rezeptoren- und Protonenpumpen-Blokkern.

29.4 Pankreas

Nachdem die Nahrung den Magen verlassen hat, wird sie im Dünndarm zunächst einer intensiven Verdauung ausgesetzt, bevor sie zur Resorption gelangt. Hierbei spielen der Bauchspeichel, die Galle und das Dünndarmsekret eine wesentliche Rolle. Die wichtigsten Bestandteile des *Pankreassekrets* sind *Bicarbonat* und *Verdauungsenzyme*. Sie neutralisieren den sauren Mageninhalt und spalten die Hauptbestandteile der Nahrung. Gesteuert wird die Pankreassekretion im wesentlichen durch die Hormone *Secretin* und *Cholecystokinin* und den *N. vagus*.
Das Pankreas wiegt durchschnittlich ca. 110 g, es vermag aber mehr als das 10fache seines Gewichtes, d.h. *1–1,5 l/d* an Sekret zu produzieren. Aufbau und Funktion der Drüse sind auf S. 757 wiedergegeben. Der Hauptausführungsgang, der *Ductus Wirsungianus,* durchzieht das gesamte Organ und mündet neben oder bei 30–40% der Menschen gemeinsam mit dem Hauptausführungsgang der Leber (Ductus choledochus) über einen Sphincter (Papilla Vateri) in das Duodenum.

Pankreassekret

Elektrolyte des Pankreassaftes. Der Pankreassaft enthält eine Reihe von Elektrolyten und Proteinen. Die Hauptanionen sind Cl^- und HCO_3^-, die Hauptkationen Na^+ und K^+. Im Gegensatz zum Mundspeichel ist der Bauchspeichel isoton zum Blutplasma und bleibt es unabhängig vom Stimulationszustand. Während die Kationenkonzentrationen bei Stimulation konstant bleiben, ändern sich die Konzentrationen von HCO_3^- und Cl^- spiegelbildlich zueinander (Abb. 29-25). Auf dem Höhepunkt der Sekretion betragen die Bicarbonatkonzentration 130–140 mmol/l und der pH 8,2.
Zwei Theorien werden zur Erklärung des unterschiedlichen Verhaltens von Anionen in Abhängigkeit vom Sekretionszustand herangezogen: 1. Nach der *Hypothese des Anionenaustausches* wird Bicarbonat in hoher Konzentration in den Acini gebildet und gegen Cl^- während der

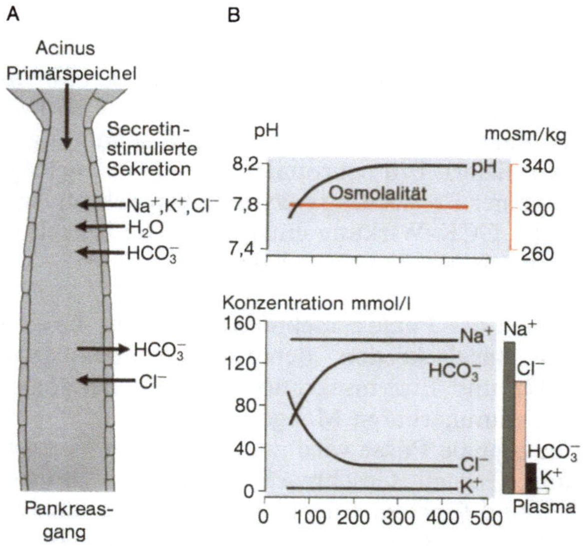

Abb. 29-25 A u. B. Veränderung des Primärsekrets im Pankreasgang (**A**) und Zusammensetzung des Pankreassekrets in Abhängigkeit von der Sekretionsrate (**B**). Nach Stimulation des Pankreas bleiben Na^+-Konzentration und Osmolarität konstant, HCO_3^-- und Cl^--Konzentration verändern sich gegensinnig. Dies resultiert aus einer gesteigerten HCO_3^--Sekretion im Gangsystem und aus einer verkürzten Austauschzeit für HCO_3^- gegen Cl^-

Passage durch das Gangsystem ausgetauscht. Bei hoher Sekretionsrate, d.h. schnellem Durchfluß, ist der Austausch von HCO_3^- gegen Cl^- verringert. 2. Nach der *Zweikomponentenhypothese* sezernieren die Acinuszellen plasmaisotone Cl^-- und HCO_3^--Konzentrationen, während die Gangzellen HCO_3^--reiches Sekret produzieren; letztere überwiegen im Stadium der Stimulation. Nach heutiger Vorstellung sind beide Mechanismen am Zustandekommen der Anionendifferenzen beteiligt. Neben den erwähnten Elektrolyten enthält der Pankreassaft noch Ca^{2+}, Mg^{2+}, Zn^{2+}, Sulfat und Phosphat in niedrigen Konzentrationen.

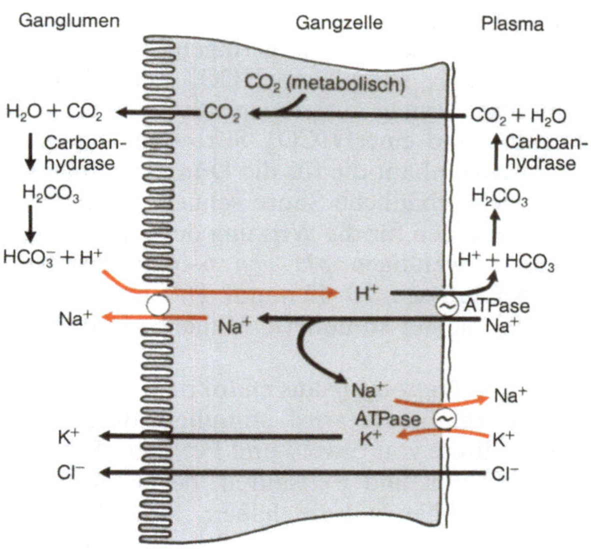

Abb. 29-26. Celluläre Mechanismen der Pankreassekretion von Elektrolyten. H^+ gelangt (im Austausch gegen Na^+) durch aktiven Transport aus dem Ganglumen in die Zelle und von dort ins Plasma, wo es mit HCO_3^- zu CO_2 und H_2O umgesetzt wird. CO_2 diffundiert in das Lumen und ist hier die Quelle der HCO_3^--Bildung [1]

Die hohe HCO_3^--Konzentration läßt einen *aktiven Sekretionsvorgang* annehmen. H^+ wird aus dem Lumen in die Zelle transportiert im Austausch gegen Na^+, das in das Lumen sezerniert wird (Abb. 29-26). H^+ wird dann an der basolateralen Zellwand wieder im Austausch gegen Na^+ aus der Zelle ins Plasma sezerniert, wo es mit HCO_3^- reagiert und CO_2 und Wasser gebildet werden. CO_2 diffundiert zurück in die Zelle und gelangt zusammen mit metabolisch gebildetem CO_2 in die Pankreasgänge, reagiert hier unter Einwirkung von Carboanhydrase mit Wasser, wobei HCO_3^- entsteht.

Enzyme des Pankreassaftes. 90% der Proteine im Pankreassaft sind Verdauungsenzyme, in der Mehrzahl *Hydrolasen*, die verschiedene Substrate spalten (Tabelle 29-2). Die proteoly-

Tabelle 29-2. Enzyme des Pankreassaftes

Enzymwirkung	*Hydrolytischer Angriffspunkt*
Proteolytisch	
Endopeptidasen	Innere Peptidbindungen zwischen benachbarten Aminosäuren
Trypsin	An basischen Resten
Chymotrypsin	An aromatischen Resten
Elastase	An hydrophoben Resten im Elastin
Exopeptidasen	Terminale Peptidbindungen
Carboxypeptidasen A und B	An der Carboxylgruppe (A: nicht-basische, B: basische Reste)
Aminopeptidase	Am Aminorest
Amylolytisch	
α-Amylase	1,4-α-Glycosidbindungen in Glucosepolymeren
Lipolytisch	Esterbindungen
Lipase	in Triglyceriden in Position 1 und 3
Phospholipase A	in Phosphoglyceriden in Position 2
Cholesterinase	in Cholesterinestern
Nucleolytisch	
Ribonuclease	Phosphodiesterbindungen von Nucleotiden der Ribonucleinsäuren

tischen Enzyme (*Peptidasen*) überwiegen. Diese und die *Phospholipase A* müssen erst aus Vorstufen aktiviert werden, während *Lipase, Amylase* und die *Ribonucleasen* bereits in aktiver Form sezerniert werden. Die Aktivierung erfolgt durch ein Enzym der Duodenalschleimhaut, die *Enterokinase*, eine Endopeptidase. Das hierdurch aus Trypsinogen aktivierte *Trypsin* setzt die einmal in Gang gekommene Aktivierung von Trypsinogen autokatalytisch und die Aktivierung anderer Proteasen weiter fort. Umgekehrt hemmt ein Trypsininhibitor die Wirkung von Trypsin, insbesondere während der Passage durch das Pankreas und wirkt so der Selbstverdauung des Organs entgegen.
Eine solche Selbstverdauung durch organeigene Enzyme tritt unter pathologischen Bedingungen klinisch als *akute Pankreatitis* in Erscheinung und kann im schwersten Falle mit der vollständigen Zerstörung des Pankreas tödlich enden.
Die Enzymgranula der Acinuszelle enthalten alle im Pankreassaft vorhandenen Enzyme in einem *konstanten Verhältnis*, so daß ihr Verhältnis im Pankreassaft ebenfalls konstant ist. Eine Adaptation an einen besonders herausragenden Nahrungsbestandteil, z.B. Fett, ist möglich; eine solche Adaptation mit einem relativen Anstieg der Lipasekonzentration nimmt aber mehrere Wochen in Anspruch.

Regulation der Pankreassekretion

Hormonale und neuronale Stimulation. Die Hormone **Secretin** und **Cholecystokinin** (CCK) sind die stärksten Stimulatoren des exkretorischen Pankreas. Secretin stimuliert die Zellen des Gangsystems, welche hauptsächlich Bicarbonat, andere Elektrolyte und Wasser sezernieren, und CCK die Drüsenacini, die ein enzymreiches Sekret produzieren. Beide haben aber auch zusätzlich einen schwachen Effekt auf das jeweils andere System: Secretin auf die Acini und CCK auf die Gangepithelien, so daß beide Hormone zusammen sich in ihrer Wirkung verstärken (Abb. 29-3, S. 735). *Vasoaktives Polypeptid* (VIP) hat strukturelle Ähnlichkeit mit Secretin, während *Gastrin* dem CCK verwandt ist. Beide wirken jedoch sehr viel schwächer als die jeweiligen Haupthormone, mit denen sie auch in Konkurrenz um die Bindungsstellen an der Zelle treten, sich also (Secretin vs. VIP; CCK vs. Gastrin) gegenseitig kompetitiv hemmen (S. 735). Andere Peptidhormone mit schwächerer *stimulatorischer Wirkung* sind Substanz P und Neurotensin und mit *sekretionshemmender Wirkung* pankreatisches Polypeptid, Somatostatin und Glucagon.
Die **neuronale Aktivierung** läuft über den **N. vagus**. Außer *Acetylcholin* (ACH) wurde auch *VIP* als Neurotransmitter in den Nervenendigungen identifiziert. Ein neuronaler Stimulus ist gefolgt von einer Freisetzung enzymreichen Sekrets, wie es der CCK-Wirkung entspricht. Die Sekretion ist durch Atropin unterdrückbar.

Phasen der Pankreassekretion. In Ruhe besteht eine **Basalsekretion**, deren Bicarbonatausstoß 2–3% und Enzymsekretion 10–15% der maximal stimulierbaren Menge ausmacht.
Die **cephale Phase** wird angeregt durch Vorstellung, Geruch, Geschmack, Kauen und Schlukken und führt zu einem Mengenanstieg um 10–15% beim Bicarbonat und 25% bei den Enzymen. Diese Phase wird durch den N. vagus vermittelt, sie ist daher durch Atropin und Vagotomie hemmbar. Durch Eintritt von Speisen in den Magen wird die **gastrale Phase** ausgelöst, die eine weitere Steigerung der Pankreassekretion durch dieselben Stimuli, *N. vagus* und *Gastrin*, bewirkt, die auch die Magensekretion fördern. Die wichtigste Phase zur Anregung der Pankreassekretion ist der Eintritt des Chymus in das Duodenum, die **intestinale Phase.** *Secretin* wird aus den S-Zellen und *CCK* aus den I-Zellen der Dünndarmschleimhaut freigesetzt. Der adäquate Reiz für die Secretinfreisetzung ist ein pH unter 4,5, der durch den Übertritt von saurem Mageninhalt in das proximale Duodenum erreicht wird.
Die durch Secretin, in geringem Maße auch durch CCK, stimulierte HCO_3^--Sekretion im Pankreas vermag zusammen mit einer H^+-Resorption und einer HCO_3^--Sekretion der Duodenalschleimhaut die für die Dünndarmmucosa potentiell schädliche Säure schnell zu *neutralisieren* und den für die Wirkung der Pankreasenzyme notwendigen *pH von 6–8* einzustellen. Hierbei müssen 20–40 mmol H^+ neutralisiert werden, die der stimulierte Magen stündlich sezerniert.
Die *CCK-Freisetzung* aus endokrinen Zellen der Dünndarmmucosa wird stimuliert durch Abbauprodukte von Eiweiß und Fett, d.h. Peptide, Aminosäuren und Fettsäuren, besonders langkettige. Kohlenhydrate haben diese Wirkung nicht. Zu dieser humoralen Stimulation treten noch vagovagale Reflexe.

Trotz dieser komplexen Sekretionsstimuli erreicht die Sekretion nur etwa 70% des durch exogene Hormongabe zu erzielenden maximalen Sekretausstoßes. Dies ist möglicherweise auf Freisetzung von inhibitorischen Hormonen zurückzu-

führen, wie Somatostatin, pankreatisches Polypeptid und Glucagon.
Die Funktionsreserve des Pankreas ist groß. Es werden etwa die 10fachen Enzymmengen produziert, die für eine ausreichende Hydrolyse der Nahrung erforderlich wären. Bei einer Resektion von 90% des Pankreas reicht die Restfunktion der belassenen 10% aus, eine Verdauungsinsuffizienz (Maldigestion) zu verhindern.

Pathophysiologische Aspekte. Erkrankungen des Pankreas führen erst relativ spät zu einer klinisch relevanten *Maldigestion*. Diese manifestiert sich durch Gewichtsabnahme und fettige Stühle. Beispielsweise können die *chronische Pankreatitis*, die in der Regel durch einen chronischen Alkoholismus verursacht wird, und das *Pankreascarcinom* in ihrer Spätphase zu einer solchen Maldigestion führen. Dieser Enzymmangel kann durch orale Verabreichung von Pankreasenzymen teilweise ausgeglichen werden.
Die exkretorische Pankreasfunktion kann durch den aufwendigen *Secretin-CCK-Test* geprüft werden. Hierbei wird mittels Sonde das Sekret nach maximaler hormonaler Stimulation aufgefangen und analysiert. Bei den *Suchtests* werden Substanzen oral verabreicht, die durch die Pankreasenzyme gespalten, resorbiert und im Urin ausgeschieden werden (z.B. *Fluorescin* beim *Pankreolauryltest*, *Paraaminobenzoesäure* beim *PABA-Test*). Ihre Konzentration kann dann jeweils gemessen werden.

29.5 Leber und Gallensystem

Die Leber ist das größte und wichtigste Stoffwechselorgan des Organismus. Sie hat vielfältige Funktionen im Stoffwechsel der Eiweiße, Kohlenhydrate und Fette, der Hormone und Vitamine und bei der Entgiftung einer Vielzahl von endogen gebildeten und exogen zugeführten Substanzen. Diese Zusammenhänge werden in Lehrbüchern der physiologischen Chemie abgehandelt. Im Hinblick auf die Funktion des Magen-Darm-Trakts soll hier im wesentlichen auf die *exkretorische Funktion*, die *Gallensekretion*, eingegangen werden. Die **Galle** ist ein Sekret der Leber. Sie enthält neben Wasser, Elektrolyten und Schleim die Lipide Cholesterin und Lecithin. Ihr spezifischer Anteil sind die Gallensäuren und der Gallenfarbstoff, das Bilirubin. Die Gallensäuren sind Detergentia und spielen über die Fettemulgierung bei der Fettverdauung eine wichtige Rolle. Das Bilirubin ist ein Abbauprodukt des Hämoglobins, das eliminiert wird.

Gallenbildung

Funktionelle Anatomie. Die Leberzellen (*Hepatocyten*) sind in einer einzelnen Schicht angeordnet, umgeben von den capillarähnlichen *Sinusoiden* mit dem zwischenliegenden *Dissé-Raum*. Die Sinusoide sind gefenstert und lassen auch Makromoleküle, wie Albumin und Lipoproteine, passieren. Aus einem Zusammenschluß der Plasmamembran zweier benachbarter Hepatocyten werden die kleinsten Einheiten der ableitenden Gallenwege gebildet, die *Canaliculi*. Erst die nächstgrößeren Einheiten, die *Hering-Kanälchen* und weiter die *Ductuli* und kleinen *Gallenkanälchen*, besitzen ein Gangepithel. Es besteht aus einem kubischen, sekretorischen Epithel. Die Gänge vergrößern sich in den Leberläppchen und -lappen und treten als Lebergang (*Ductus hepaticus*) aus der Leber aus. Im Nebenschluß zweigt der Gallenblasengang (*Ductus cysticus*) ab, der in der Gallenblase endet. Der Endabschnitt, der *Ductus choledochus*, mündet schließlich neben oder mit dem Ductus pancreaticus in die *Papilla Vateri* und damit in das Duodenum (Abb. 29-1).

Aufgaben der Galle. Die Galle erfüllt verschiedene wichtige Aufgaben: Sie *eliminiert Abbauprodukte* wie Bilirubin, Medikamente, Toxine. *Gallensäuren* sind essentiell für die Fettemulgierung und -resorption, und ihr *Cholesteringehalt* trägt zur Regulation des Cholesterinhaushalts bei. Neben diesen Substanzen enthält sie Wasser, Elektrolyte und Schleim. Die täglich sezernierte

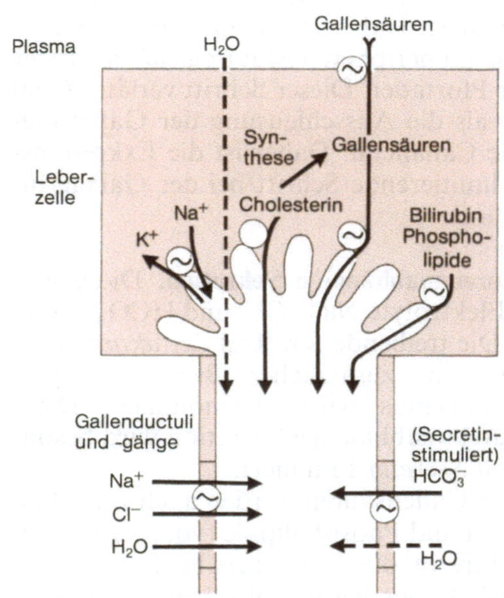

Abb. 29-27. Mechanismen der Gallensekretion. Gallensäurenabhängige Sekretion (*oben rechts*): Gallensäuren, die aus dem Pfortaderblut in die Leberzellen aufgenommen oder dort neu synthetisiert werden, gelangen durch einen aktiven Transportprozeß in die Canaliculi. Gallensäurenunabhängige Sekretion (*oben links*): Elektrolyte werden, angetrieben durch den aktiven Na^+-Transport, sezerniert. Modifikation der Primärgalle. *Unten*: Durch aktive Sekretionsprozesse gelangen Na^+, HCO_3^- und Cl^- in die Gallengänge, wobei Wasser aus osmotischen Gründen mittransportiert wird

Gallenmenge liegt bei *600 ml*, von denen annähernd $^2/_3$ aus den Canaliculi und $^1/_3$ aus den Gallengängen stammt.
Der *canaliculäre Anteil der Galle* wird mit Hilfe von 2 unterschiedlichen Mechanismen gebildet, die sich quantitativ in etwa entsprechen: die gallensäurenabhängige und gallensäurenunabhängige Fraktion (Abb. 29-27).

Gallensäurenabhängige Sekretion. Es wurde beobachtet, daß eine enge Korrelation zwischen *Gallenfluß* und *Gallensäurenausscheidung* besteht. In den Canaliculi haben die *Gallensäuren* eine 100mal höhere Konzentration als im Pfortaderblut, so daß ein *carriervermittelter aktiver Transport* angenommen werden muß. Durch den osmotischen Gradienten folgt Wasser in die Canaliculi nach, so daß die Galle *blutisoton* ist. Die Gallensäuren werden einmal in der Leberzelle selbst aus *Cholesterin* neu gebildet mit der 7-Hydroxylase als Schlüsselferment, über die durch einen Feedbackmechanismus die Syntheserate gesteuert wird. Zum anderen werden Gallensäuren aus dem *Pfortaderblut* ebenfalls aktiv in die Leberzelle aufgenommen und in die Canaliculi abgegeben (s.a. Abb. 29-29). Diese Extraktion aus dem Blut ist sehr effizient: Ca. 80% der Gallensäuren werden nach einem Durchtritt durch die Leber (*single pass*) aus dem Blut eliminiert. Daher ist die Gallensäurenkonzentration im peripheren Blut ungleich niedriger als in der Pfortader. Dieser Schritt verläuft 6mal schneller als die Ausschleusung der Gallensäuren in die Canaliculi. Daher ist die Exkretionsrate der limitierende Schritt bei der Gallensäurensekretion.

Gallensäurenunabhängige Sekretion. Diese umfaßt die Elektrolyte Na^+, Cl^- und HCO_3^- sowie Wasser. Die treibende Kraft ist der *aktive Na^+-Transport*, ein zusätzlicher Bicarbonatsekretionsmechanismus wird angenommen. Diese gallensäurenunabhängige Sekretion wird besonders durch *Secretin* stimuliert.
Außer den Gallensäuren werden auch Bilirubin, Cholesterin und Phospholipide (vorwiegend Lecithin) aktiv in die Gallencanaliculi sezerniert (Abb. 29-27). Das wasserunlösliche *„indirekte" Bilirubin*, das im wesentlichen aus dem Hämoglobinabbau degradierter Erythrocyten stammt, erreicht als kolloidale Bilirubinaggregate, gebunden an Albumin, die Leberzelle. Es fallen ca. 4 mg/kg KG, also 200–300 mg/Tag an. Das Bilirubin wird in den Hepatocyten zu 80% glucuroniert, ein geringer Teil sulfatiert und in dieser Form als *„direktes" Bilirubin* in die Galle ausgeschieden. Nach dem gleichen Prinzip werden auch die meisten Arzneimittel und Schadstoffe eliminiert.

Modifikation der Galle in den Gallengängen (Abb. 29-27). In den Gängen, in die sich die Canaliculi fortsetzen, wird die Primärgalle modifiziert, ähnlich wie das Glomerulusfiltrat in den Nierentubuli (S. 786ff.). Für die Berechnung ihrer *Clearance* werden hier statt Inulin andere inerte Substanzen wie *Erythritol* oder *Mannitol* verwendet. Sie werden in die Canaliculi sezerniert, aber nicht rückresorbiert. Daraus kann man berechnen, daß ca. *180 ml* Flüssigkeit, d.h. ca. $^1/_3$ der Gesamtgallenmenge, in die Ductuli ausgeschieden werden und daß hierbei HCO_3^- aktiv sezerniert wird. Die Stimulation erfolgt dabei durch *Secretin.*

Leber- und Blasengalle

Zusammensetzung der Lebergalle (Tabelle 29-3). Die *Lebergalle* ist durch Bilirubin goldgelb gefärbt und wird mit einer Rate von 0,4 ml/min gebildet. Ihre Elektrolytkonzentration entspricht der des Plasmas, lediglich das Bicarbonat der Galle ist doppelt so hoch. In ihren organischen Bestandteilen unterscheidet sich die Galle jedoch vom Plasma: Sie bestehen im wesentlichen aus den Gallensäuren sowie Cholesterin und Phospholipiden.
Die **Gallensäuren** werden in der Leber aus Cholesterin durch Zufügen einer Carboxylgruppe und von Hydroxylgruppen gebildet. Die Dihydroxygallensäure *Chenodesoxycholsäure* und die Trihydroxygallensäure *Cholsäure* werden in der Leber synthetisiert, es sind dies die *primären Gallensäuren.* Die Gallensäuren liegen nicht in freier Form vor. Sie werden in der Leber mit Glycin und Taurin konjugiert. Wegen der geringeren Verfügbarkeit von Taurin überwiegt die

Tabelle 29-3. Zusammensetzung der Leber- und Blasengalle

Bestandteile	Lebergalle (mmol/l)	Blasengalle (mmol/l)
Na^+	165	280
K^+	5	10
Ca^{2+}	2,5	12
Cl^-	90	15
HCO_3^-	45	8
Gallensäuren	35	310
Lecithin	1	8
Gallenpigmente	0,8	3,2
Cholesterin	3	25
pH	8,2	6,5

Konjugation mit Glycin um den Faktor 3. Konjugierte Gallensäuren sind wasserlöslicher als unkonjugierte, sie dissoziieren stärker und bilden mit entsprechenden Kationen, vorwiegend mit Na^+, Gallensalze. Bei pH-Werten unter 4 fallen die Gallensalze unlöslich aus, beim physiologischen pH des Dünndarms sind sie jedoch gut löslich.

Ein Teil der primären Gallensäuren wird durch anaerobe Bakterien im distalen Ileum und Colon dehydroxyliert und in die Mono- bzw. Dihydroxygallensäure *Lithocholsäure* und *Desoxycholsäure* umgewandelt, die man als *sekundäre Gallensäuren* bezeichnet. Das Mengenverhältnis Chenodesoxycholsäure: Cholsäure: Desoxycholsäure beträgt 2:2:1, die Lithocholsäure macht nur einen Bruchteil aus, da sie größtenteils ausgeschieden wird.

Eine besondere Eigenschaft der Gallensäuren mit wesentlicher Bedeutung für die Fettemulgierung ist die Fähigkeit zur Bildung von **Micellen**. Bei dreidimensionaler Betrachtung des Gallensäuremoleküls wird klar, daß die hydrophilen Carboxyl- und OH-Gruppen auf einer Seite lokalisiert sind und der hydrophobe Anteil (Steroidkern, Methylgruppen) auf der entgegengesetzten Seite, so daß die Gallensäurenmoleküle *hydrophile und lipophile Eigenschaften* haben.

Aufgrund dieser Struktur bilden Gallensäurenmoleküle, wie andere Detergentia, in einer Grenzschicht zwischen Öl- und Wasserphase einen nahezu monomolekularen Film mit Ausrichtung der hydrophilen Gruppen zum Wasser und der lipophilen Gruppen zum Fett. In einer wäßrigen Lösung bilden Gallensäuren *Micellen*, d.h. gerichtete Molekülaggregate. Voraussetzung dafür ist, daß ihre Konzentration einen bestimmten Wert überschreitet, die sog. *kritische micellare Konzentration* von 1–2 mmol/l. In den inneren, lipophilen Kern können *Lipide*, wie Cholesterin und Phospholipide, incorporiert werden. Es entstehen *„gemischte Micellen“* (Abb. 29-28). Das unlösliche Cholesterin wird auf diese Weise in Lösung gebracht. Es fällt erst kristallin aus, wenn seine Konzentration das Fassungsvermögen der Micelle übersteigt, ein wesentlicher Vorgang bei der Entstehung von Cholesteringallensteinen (S. 763).

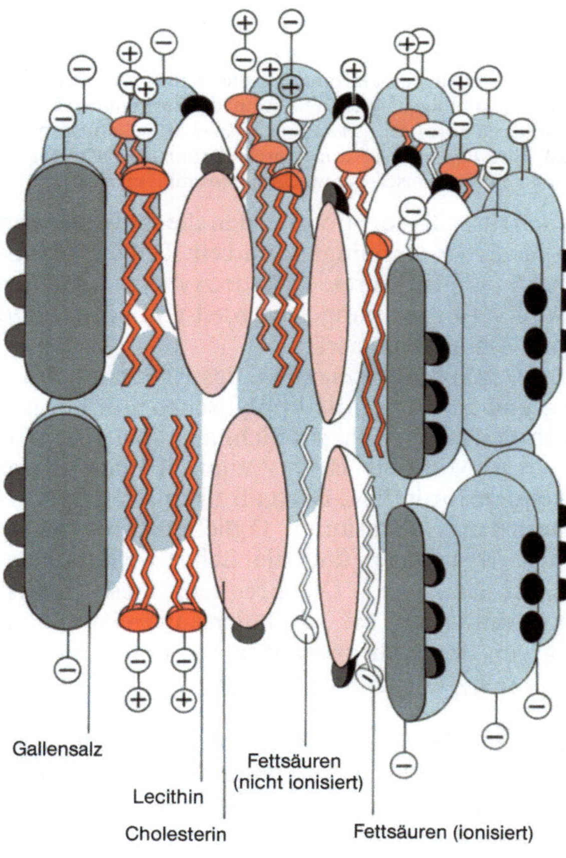

Abb. 29-28. Struktur einer gemischten Micelle. Cholesterin, Lecithin, Fettsäuren und Monoglyceride befinden sich im Zentrum der gemischten Micelle, umgeben von Gallensäuren, deren hydrophile Gruppen zur Oberfläche orientiert sind [27]

Zusammensetzung der Blasengalle (Tabelle 29-3). Das Fassungsvermögen der Gallenblase beträgt nur 50–60 ml. Es werden jedoch 600 ml Lebergalle täglich sezerniert, von denen allerdings etwa die Hälfte an der Gallenblase vorbei direkt in den Dünndarm abfließt. Diese Diskrepanz zwischen anfallendem Volumen und Fassungsvermögen wird kompensiert durch die *hohe Resorptionskapazität* der Gallenblase für Wasser. Sie kann innerhalb weniger Stunden 90% des Wassers aus der Galle resorbieren. Da die organischen Bestandteile in der Blasengalle verbleiben, steigt ihre Konzentration entsprechend an. Der *aktive* Na^+*-Transport* mittels einer durch (Na^+-K^+-)ATPase aktivierten „Pumpe“ an der basolateralen Membran ist die treibende Kraft für die Resorption, dem Cl^- und HCO_3^- entweder infolge eines elektrischen Gradienten oder carriervermittelt elektroneutral nachfolgen. Durch die Resorption von HCO_3^- fällt der pH-Wert von 8,2 in der Lebergalle auf 6,5 in der Blasengalle ab. Der im Intercellulärraum der Gallenepithelzellen errichtete hohe osmotische Na^+-Gradient zieht das Wasser nach, das dann in die Capillaren abströmt (S. 744 f.).

Gallenblasenmotilität. Die in der interdigestiven Phase in die Gallenblase geflossene und eingedickte Galle wird während der Mahlzeit durch

Kontraktion der Gallenblase wieder entleert. Der wesentliche Stimulus ist **Cholecystokinin**, das besonders beim Eintreten von fetthaltigem Inhalt in das Duodenum aus der Schleimhaut freigesetzt wird. Daneben stimulieren *N. vagus* und *Parasympathicomimetica* bis zu einem gewissen Maße den motorischen Ablauf. Die Kontraktion der Gallenblase setzt bereits 2 min nach Kontakt der Dünndarmmucosa mit den Fettprodukten ein, die vollständige Entleerung ist nach 15–90 min erreicht. Dabei lassen sich 2 motorische Phänomene unterscheiden: Es kommt einmal zu einer tonischen Kontraktion, die zu einer Verkleinerung des Durchmessers der Gallenblase führt, und zum anderen zu phasischen Kontraktionen von einer Frequenz von 2–6/min. Hierbei werden Drücke von 25–30 mm Hg erreicht.

Enterohepatische Kreisläufe

Kreislauf der Gallensäuren (Abb. 29-29). Die Gallensäuren gelangen als gemischte Micellen ins Duodenum. Trotz der Verdünnung durch den Mageninhalt auf ca. 10 mmol/l bleibt ihre Konzentration noch sicher über der kritischen micellaren Konzentration (S. 761). Außer Cholesterin und Lecithin werden die Produkte der Fettverdauung, *Fettsäuren* und *Monoglyceride*, in die Micellen incorporiert. Beim anfänglichen Kontakt mit der Darmwand diffundieren zwar die Lipide durch die Bürstensaummembran in die Darmzelle, die Gallensäuren bleiben jedoch

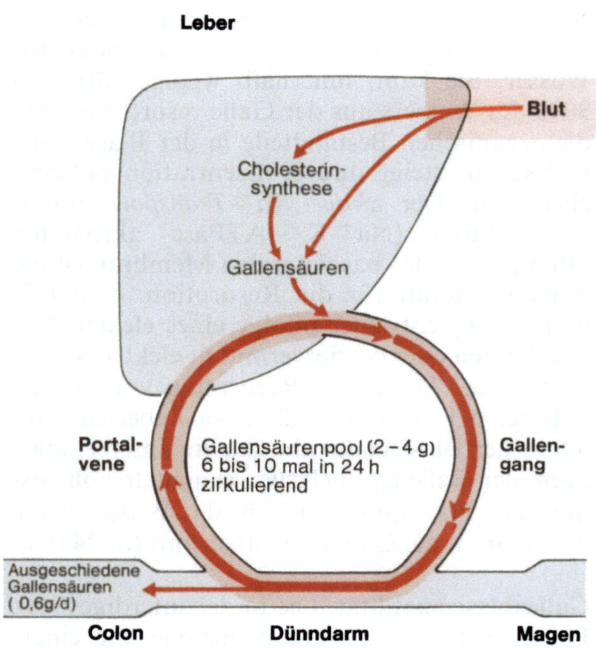

Abb. 29-29. Enterohepatischer Kreislauf der Gallensäuren

im Darmlumen zurück. Sie werden erst im Verlauf der Darmpassage aktiv und passiv resorbiert.

Etwa 50% der *Gallensäurenresorption* erfolgt *passiv* in Dünn- und Dickdarm. Dekonjugation und Dehydroxylierung der Gallensäuren durch Bakterien begünstigen ihre Lipidlöslichkeit und damit die passive Diffusion. Die *aktive Resorption* der Gallensäuren findet ausschließlich und spezifisch *im terminalen Ileum* statt, ein seltener und sonst nur noch für das Vitamin B_{12} beobachteter Vorgang. Dabei werden diejenigen Gallensäuren am besten aktiv resorbiert, die wegen ihrer hohen Polarität am schlechtesten passiv resorbiert werden können, wie z.B. Taurinkonjugate. Die Resorptionscharakteristika der Gallensäuren im terminalen Ileum haben die Merkmale des aktiven Transports: Sättigungskinetik und kompetitive Hemmung. Ein geringer Teil, 7–20%, des Gesamtgallensäurepools entgeht der aktiven und passiven Resorption und wird ausgeschieden.

Die Gegenwart von Gallensäuren im Colon scheint eine wichtige Rolle bei der Stuhlregulierung zu spielen. Eine Konzentration über 3 mmol/l der Dihydroxygallensäuren im Colon führt zu einer wesentlichen Elektrolyt- und Wassersekretion in das Darmlumen und damit zur Diarrhoe. Bei Erkrankungen oder Resektion des terminalen Ileums kann diese Form der *„chologenen Diarrhoe"* sehr ausgeprägt sein. Ihre Behandlung kann durch Bindung der Gallensäuren an ein Austauscherharz, Cholestyramin, erfolgen.

Nach ihrer Resorption werden die Gallensäuren *in der Leber* rekonjugiert und ein Teil der sekundären Gallensäuren rehydroxyliert. Der im Stuhl verlorengegangene Anteil von 0,2–0,6 g/d wird neu synthetisiert.

Der *Gesamtgallensäurepool* des Körpers beträgt 3 g und reicht für die lipolytischen Funktionen während einer Mahlzeit nicht aus. Bei einer fettreichen Mahlzeit ist bis zum 5fachen dieser Menge erforderlich. Deshalb zirkulieren die vorhandenen Gallensäuren täglich mehrere Male durch den Darm und die Leber (*entero-hepatischer Kreislauf*). Die Frequenz dieses Kreislaufs mit jeweils ca. 3 g Gallensäuren ist abhängig von der Nahrungsaufnahme und schwankt zwischen 4–12 Umläufen/Tag.

Kreislauf des Bilirubins. Außer den Gallensäuren und Lipiden gelangt auch der Gallenfarbstoff *Bilirubin* als Glucuronid in den Darm. Die Rückresorption dieser polaren Verbindung in Gallenblase und Dünndarm ist sehr gering. Im terminalen Ileum, besonders im Colon, wird Bilirubin durch bakterielle Hydrolasen dekonjugiert und in *Urobilinogen* umgewandelt, welches zusammen mit anderen Bilirubinabbauprodukten für die braune Stuhlfarbe verantwortlich ist. Es wird zu weniger als 20% resorbiert. Hiervon wird der größte Anteil von ca. 90% über die Leber wieder in die Galle ausgeschieden, der Rest von ca. 10% erscheint im Urin.

Pathophysiologische Aspekte. Eine Erhöhung des Urobilinogens im Urin kann auf eine *Erkrankung der Leber* mit Störung der Bilirubinexkretion hinweisen. Ein völliges Fehlen im Urin und ein entfärbter Stuhl bei einer gleichzeitig bestehenden Gelbsucht ist auf einen *vollständigen Verschluß der ableitenden Gallenwege* zurückzuführen, weil kein Bilirubin mehr in den Darm gelangt und daher auch nicht in Urobilinogen umgewandelt wird.
Die bekannteste und klinisch verbreitetste Störung der normalen Gallenphysiologie ist die Ausfällung von Cholesterin und die Bildung von **Cholesteringallensteinen.** Sie machen über 80% der Gallensteine aus. Cholesterin wird in den gemischten Micellen mit Lecithin in Lösung gehalten. *Steigt die Cholesterinkonzentration* oder *sinkt der Gallensäuren- oder Lecithinanteil* unter einen kritischen Wert ab, fällt Cholesterin aus. Verschiedene Faktoren prädisponieren zur Erhöhung des Cholesterinanteils: Östrogene, hoher Kohlenhydratanteil in der Nahrung, Übergewicht, ferner Prozesse, die zur Erniedrigung der Gallensäurenkonzentration führen, wie Entzündung des Ileums (*Morbus Crohn*) oder Resektion. Die lithogene Galle kann in geeigneten Fällen durch die orale Substitution von Gallensäuren wieder in alithogene Galle umgewandelt werden, in der sich Cholesteringallensteine wieder auflösen können. Hierfür eignet sich Chenodesoxycholsäure oder wegen ihrer fehlenden Durchfallwirkung die Ursodesoxycholsäure.
Klinischer Ausdruck einer Störung des Bilirubinstoffwechsels ist die **Gelbsucht** (Ikterus). Eine Gelbsucht, als Ausdruck erhöhter Bilirubinspiegel im Plasma, kann entstehen, wenn die Bilirubinbildung stark erhöht ist, wie beim gesteigerten Zerfall von Erythrocyten (*prähepatischer Ikterus*), bei einer Störung der Konjugation oder des Transports in der Leberzelle, z.B. beim *Schwangerschaftsikterus* und *Icterus juvenilis Meulengracht* **(intrahepatischer Ikterus)**, und bei Behinderung des Gallenabflusses, z.B. durch Gallensteine oder Tumoren im Bereich des Ductus choledochus (*posthepatischer oder Verschlußikterus*).

29.6 Dünndarm

Der Dünndarm erfüllt mehrere wichtige Funktionen: 1. *Vermischung* des Chymus mit den Sekreten der Bauchspeicheldrüse, Leber (Galle) und Darmschleimhaut, 2. *Verdauung* der Nahrungsbestandteile, 3. *Resorption* des äquilibrierten und verdauten Inhaltes, 4. *Weitertransport* des verbleibenden Inhaltes nach distal, 5. *Sekretion* verschiedener *Hormone* und 6. *immunologische Schutzfunktion.*
Der Dünndarm gliedert sich in 3 Abschnitte: das **Duodenum** (20–30 cm lang); das **Jejunum**, das am Treitz-Band beginnt und intraperitoneal verläuft (1,5–2,5 m lang); das **Ileum**, das sich ohne feste Grenzen anschließt (2–3 m lang). Die Gesamtlänge des Dünndarms beträgt im tonisierten Zustand (in vivo) etwa 4 m, während sie im entspannten Zustand (post mortem) 6–8 m ausmacht.

Dünndarmmotilität

Die motorischen Funktionen des Dünndarms setzen sich aus *nichtpropulsiven Mischbewegungen* und *propulsiver Peristaltik* zusammen. Sie werden durch die intrinsische Aktivität seiner glatten Muskulatur geregelt und moduliert durch das extrinsische (autonome) Nervensystem und zahlreiche vorwiegend gastrointestinale Hormone.

Basaler myogener Rhythmus. Die Kontraktionen der Dünndarmmuskulatur werden wie im Magen durch einen *basalen myogenen Rhythmus,* die langsamen Wellen (*slow waves*) gesteuert, denen sich Aktionspotentiale aufsetzen. Die Schrittmacher der Slow waves haben im oberen Dünndarm eine höhere intrinsische Frequenz von ca. 12 Cyclen/min als zum Ileum hin, wo sie stufenweise auf 8 Cyclen/min abnehmen. Durch diesen Gradienten von oben nach unten wird eine *langsame Verschiebung des Darminhalts* auch bei nichtpropulsiver Motilität nach distal gewährleistet. Ferner sind im oberen Dünndarm die erregbaren Muskelzellen enger miteinander gekoppelt als distal. Hierdurch entsteht zusätzlich noch eine Phasenverschiebung von oben nach unten mit demselben Gradienteneffekt (Abb. 29-19, S. 750).

Neuronale und hormonale Kontrolle. Bei der intrinsischen wie der extrinsischen neuronalen Steuerung der Dünndarmaktivität kommt dem *Plexus myentericus Auerbach* eine besondere Bedeutung zu. Die Überträgersubstanz ist **Acetylcholin**, das eine Hemmwirkung auf die *Ringmuskulatur* ausübt, der die weitaus größte Bedeutung für die Dünndarmmotorik zukommt. Fällt diese Hemmung fort, wie dies experimentell durch Blockierung der Nervenaktionspotentiale mit Tetrodotoxin zu erreichen ist, ohne daß die glatte Muskulatur beeinflußt wird, so kommt es zu heftigen Kontraktionen in der Frequenz der Slow waves. Die physiologische Aufhebung des Hemmeffekts und damit die Auslösung der Ringmuskelkontraktion scheint durch das gastrointestinale Hormon **VIP** zu erfolgen. Bei der *Längsmuskulatur* bewirkt Acetylcholin dagegen umgekehrt eine Stimulation der Kontraktionen. Der Einfluß der extrinsischen Nerven auf die Dünndarmmotorik ist relativ gering. *Aktivierung der Sympathicusfasern,* die das Rückenmark bei T9–10 verlassen und im Ganglion coe-

liacum sowie im Ganglion mesentericum umgeschaltet werden, bewirkt am Plexus myentericus eine Hemmung der Motorik, während die *Aktivierung des Parasympathicus* (N. vagus) einen fördernden Einfluß hat.
An der *humoralen Kontrolle* der Motilität sind zahlreiche Hormone beteiligt, die endokrin, parakrin und neurokrin wirken und die Motorik positiv oder negativ beeinflussen. Eine differenzierte Zuordnung der Wirkungen einzelner Hormone zu den verschiedenen motorischen Phänomenen ist jedoch noch nicht möglich. Reize zur Auslösung der neuronalen wie hormonalen Einflüsse sind Nahrungsaufnahme und Dehnung der Darmwand.

Bewegungsabläufe im Dünndarm. Bei der Dünndarmmotorik bestehen Unterschiede zwischen der *interdigestiven* und der *digestiven Phase*. In der interdigestiven Phase erfolgt die gerichtete, propulsive Bewegung nach dem Muster des myoelektrischen Motorkomplexes (S. 736).
Durch *Nahrungaufnahme* werden die wandernden Motorkomplexe unterbrochen, die propulsiven Bewegungen treten in den Hintergrund. In dieser digestiven Phase überwiegen **rhythmische Segmentationen** und **Pendelbewegungen**, wobei der Darminhalt hin- und hergeschoben wird. Die Funktionsänderung erfolgt unter dem Einfluß der gastrointestinalen Hormone *Gastrin* und *Cholecystokinin*. Die Dauer und das Ausmaß der digestiven Motorik hängen von der Zusammensetzung und dem Energiegehalt der Nahrung ab. Triglyceride haben einen erheblich längeren und stärkeren Effekt als Kohlenhydrate und Proteine gleichen Energiegehalts.
Durch seltene **propulsive Bewegungen** und durch die *Phasenverschiebung der langsamen Kontraktionswellen* (S. 750) wird der Darminhalt langsam nach distal verschoben. Bei einer durchschnittlichen Geschwindigkeit von 1–4 cm/min gelangt der Inhalt in ungefähr 2–4 h zum Caecum. Die *Passagezeit* wird durch die Nahrungszusammensetzung beeinflußt und in der Reihenfolge Kohlenhydrate → Protein → Fett verlangsamt.
Auch in kleineren Dimensionen auf *Zottenebene* erfolgen Bewegungen, die der besseren Durchmischung der Nahrung dienen und die ruhende, der Schleimhaut anliegende Schicht (*unstirred layer*) aufwirbeln. Durch die kontraktile Aktivität der *Muscularis mucosae* verkürzen sich die Zotten rhythmisch. Auch hier besteht ein deutlicher Frequenzgradient zwischen proximal und distal mit höchster Aktivität im Duodenum. Die Kontraktion fördert auch die Entleerung des

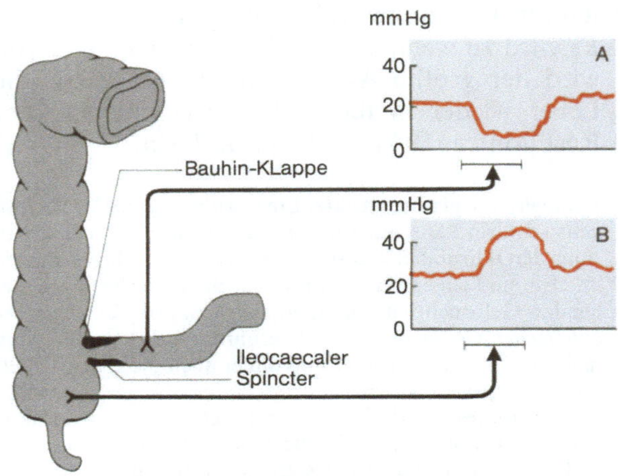

Abb. 29-30. Druckabhängige Funktion des ileocaecalen Sphincters (Bauhin-Klappe). Druckerhöhung im Ileum senkt den Tonus des ileocaecalen Sphincters, Druckerhöhung im Caecum verstärkt den Verschluß [1]

zentral in der Zotte verlaufenden Lymphgangs (*Chylusgefäß*). Sie wird aktiviert durch das in der Dünndarmmucosa lokalisierte Hormon *Villikinin*.

Ileocaecaler Übergang. Am Ende des Dünndarms kontrolliert ein ca. 4 cm langes Segment den Übertritt von Chymus in den Dickdarm. Dieser *Sphincter* ist tonisch kontrahiert und erzeugt eine Zone hohen Drucks von ca. 20 mm Hg. Bei Dehnung des terminalen Ileums erschlafft der Sphincter, bei Druckerhöhung im Caecum steigt sein Druck (Abb. 29-30). Darüber hinaus bildet der als *Bauhin-Klappe* in das Caecum hineinragende Endteil des Ileums ein Ventil, das Drücken im Caecum bis zu 40 mm Hg widersteht. Durch diese anatomische Barriere ist die *Bakterienbesiedlung* im Ileum um einem Faktor 10^5 niedriger als im Caecum (Abb. 29-34). Auf dieser Tatsache beruht auch die *Messung der Dünndarmpassagezeit*: Gelangt ein schwer resorbierbares Kohlenhydrat nach Durchwandern des Dünndarms in das Caecum, werden durch Bakterieneinwirkung größere Mengen von H_2 gebildet, welches mit dem H_2-Atemtest nachweisbar ist (S. 738).

Dünndarmresorption

Resorbierende Oberfläche und Durchblutung. Die für den Resorptionsprozeß erforderliche große Oberfläche ist im Dünndarm durch die Ausbildung von *Falten* und *Zotten* gewährleistet. Die Abb. 29-31 zeigt, wie sich die resorbierende Oberfläche vom zylindrischen Rohr über die zirkulären *Kerckring-Falten*, die *Zotten* bis zu den

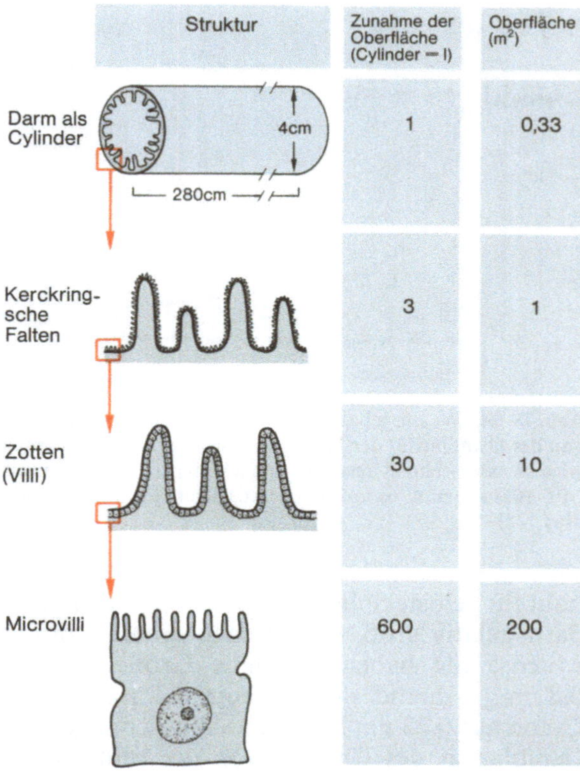

Abb. 29-31. Zunahme der Schleimhautoberfläche durch spezielle morphologische Strukturen

Abb. 29-32. Querschnitt durch 2 Dünndarmzotten und eine Krypte. Dargestellt sind die verschiedenen Zellformen der Mucosa und die Strukturen im Innern der Zotten

Mikrozotten um den Faktor 600 vergrößert, so daß die Oberfläche schließlich 200 m^2 beträgt.

Die funktionelle Einheit, bestehend aus *Zotte* und *Krypte* mit den begleitenden und angrenzenden Strukturen, ist in Abb. 29-32 wiedergegeben. Das Dünndarmepithel gehört zu den Geweben mit der höchsten Teilungs- und Umsatzrate im Körper. Die noch undifferenzierten Zylinderzellen wandern von dem Regenerationszentrum in den Krypten in 24–36 h zur Zottenspitze. Sie reifen auf diesem Wege und entwikkeln dabei die für die Resorption spezifischen Enzyme und Transportsysteme (Carrier) und werden so zum resorbierenden **Enterocyten** des Dünndarms. Die Resorption der Nahrungsbestandteile findet daher vorwiegend in der Zottenspitze statt, während die äquilibrierenden, sekretorischen Vorgängen in den Krypten lokalisiert sind. Außer den Enterocyten enthält die Dünndarmschleimhaut noch *Schleimzellen* und verschiedene endokrine Zellen, die nach ihrer Anfärbbarkeit mit Silber auch als *argentophile Zellen* bezeichnet werden. Immunologisch aktive Zellen, die man wegen ihrer Form als *M-Zellen* charakterisiert, gehören zum gastrointestinalen assoziierten Lymphgewebe. In 3–6 Tagen werden die Zellen an der Zottenspitze abgestoßen und durch neue ersetzt. In diesem Zeitraum erneuert sich somit die gesamte Darmoberfläche.

Die *Durchblutung der Dünndarmschleimhaut* erfolgt im wesentlichen von der *A. mesenterica superior* aus; das Duodenum wird von der *A. coeliaca* und das terminale Ileum von der *A. mesenterica inferior* versorgt. Sie enden in den Zotten in einem zentralen Gefäß (Abb. 29-32), das sich subepithelial weiter in die *Capillaren* aufzweigt. 10–15% des Herzzeitvolumens entfallen auf den Dünndarm. Hier verteilt sich das Blut zu ca. 75% auf die Schleimhaut, zu ca. 5% auf die Submucosa und 20% auf die Muscularis propria. Nach dem Essen steigt der Blutzustrom

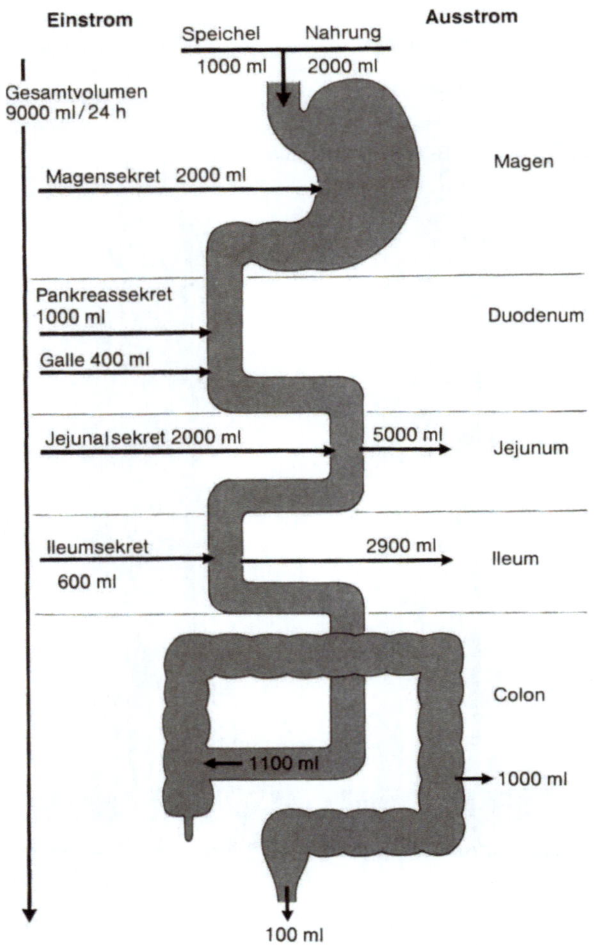

Abb. 29-33. Gastrointestinale Flüssigkeitsbilanz. Von der Gesamtflüssigkeitsmenge von ca. 2 l aus der Nahrung und 7 l aus den endogenen Sekreten verlassen nur ca. 100 ml den Körper mit dem Stuhl

in Abhängigkeit von Art und Volumen der Mahlzeit um 30–130% an. Hierbei wird jeweils das Segment vermehrt mit Blut versorgt, das gerade den Hauptanteil des Chymus enthält.

Wasserresorption. Durchschnittlich *9 l Flüssigkeit* passieren täglich den Dünndarm. Davon stammen etwa 2 l aus der Nahrung und ca. 7 l aus den endogenen Sekreten der Drüsen und des Darmes (Abb. 29–33). Über 80% davon werden im Dünndarm resorbiert, etwa 60% im Duodenum und Jejunum und 20% im Ileum. Der Rest wird vom Dickdarm aufgenommen, und nur ca. 1%, d.h. ca. 100 ml, verläßt den Darm im Stuhl.
Die *Wasserbewegung durch die Schleimhaut* erfolgt nur im Zusammenhang mit dem Transport löslicher Substanzen, Elektrolyten wie Nichtelektrolyten. Die Durchlässigkeit der Schleim-

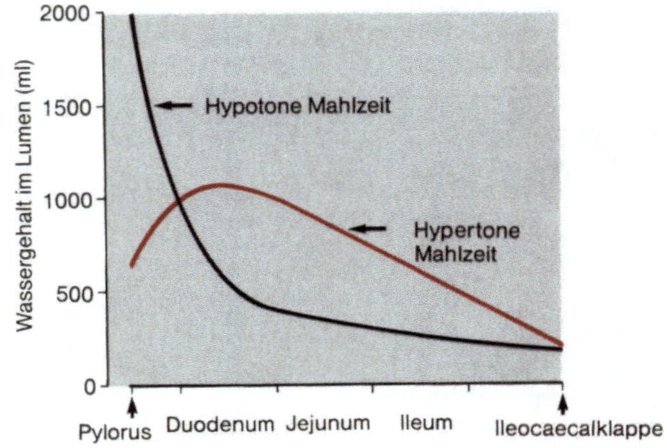

Abb. 29-34. Wassergehalt im Dünndarm in Abhängigkeit von der Osmolarität der Nahrung. Aus hypotonem Chymus wird Wasser schnell resorbiert, nach hypertoner Mahlzeit tritt Wasser zum osmotischen Ausgleich ins Darmlumen über [22]

haut für gelöste Substanzen ist im oberen Dünndarm relativ groß, die Porenäquivalente in der Mucosazelle haben hier eine Größe von ca. 0,8 nm, während sie im Ileum 0,4 nm und im Colon nur 0,23 nm betragen. Abweichungen der Osmolarität des Chymus von der Blutisotonie werden daher im Duodenum in wenigen Minuten ausgeglichen (Abb. 29-34). Dabei strömt Wasser bei *hyperosmolarem Inhalt* in das Darmlumen, bei *hypoosmolarem Chymus* wird es schnell resorbiert. Der weitere Chymustransport nach distal erfolgt unter plasmaisotonen Verhältnissen (s. auch S. 743).

Na^+-Resorption (Abb. 29-35). Der *Na^+-Transport* ist für die Funktion des Dünndarms von herausragender Bedeutung. Na^+ ist hauptsächlich verantwortlich für die Errichtung von Potentialgradienten und osmotischen Gradienten und ist am gekoppelten Transport anderer Substanzen beteiligt. Die Na^+-Resorption ist sehr effizient. Von den täglich mit der Nahrung aufgenommenen 250–300 mmol und den mit den Sekreten sezernierten weiteren 200 mmol verlassen nur 3–7 mmol den Körper im Stuhl, der größte Teil wird im Dünndarm resorbiert.
Im Dünndarm sind *aktive und passive Mechanismen* der Na^+-Resorption wirksam. Sie umfassen die elektrogene Na^+-Resorption, ferner die an Nichtelektrolyte (z.B. Glucose, Aminosäuren) gekoppelte Na^+-Resorption, die neutrale NaCl-Resorption, den Na^+-H^+-Austausch und die passive, konvektive Na^+-Resorption („solvent drag").
Beim **elektrogenen Na^+-Transport** wird Na^+ durch die *basolaterale Zellmembran* in den Intercellulärraum mittels einer *Na^+-Pumpe* beför-

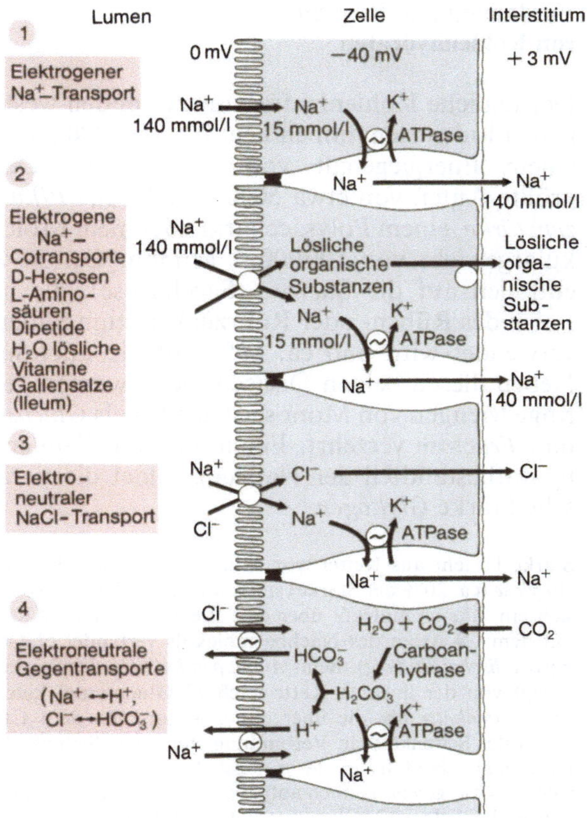

Abb. 29-35. Elektrolytresorption im Dünndarm. *1.* Elektrogene Na^+-Resorption gegen einen elektrochemischen Gradienten. *2.* Gekoppelter elektrogener Na^+-Transport (Kopplung an einen gemeinsamen Carrier mit organischen Substanzen). *3.* Neutraler Na^+-Cl^--Cotransport. *4.* Neutrale Na^+-Cl^--Resorption im doppelten Ionenaustausch gegen H^+ und HCO_3^- (besonders im Ileum). Alle 4 Resorptionsmechanismen werden durch die (Na^+-K^+-)ATPase in der basolateralen Membran angetrieben

dert, die ihre Energie für diesen Bergauftransport aus der ATP-Hydrolyse durch das Enzym (Na^+-K^+-)ATPase bezieht (Abb. 29-35/1). Dieser Vorgang besitzt eine zentrale Stellung für die Resorptionsprozesse im Darm. Die Gradienten, die dabei überwunden werden müssen, sind einmal eine *Na^+-Konzentrationsdifferenz* zwischen 15 mmol im Zellinneren und 140 mmol im Plasma und zum anderen eine *Potentialdifferenz* von −40 mV bzw. 3 mV zwischen den beiden Medien. Die negative Ladung im Zellinnern kommt dadurch zustande, daß für 3 herausbeförderte Na^+-Ionen nur 2 K^+-Ionen in die Zelle eingeschleust werden. Die beiden Gradienten fördern gleichzeitig den Eintritt von Na^+ aus dem Lumen in die Zelle. Die (Na^+-K^+-) ATPase und damit der aktive Na^+-Transport ist durch das Herzglykosid *Quabain* hemmbar. Wegen der *relativen Durchlässigkeit der Tight junctions im oberen Dünndarm* strömt Na^+ nach seiner Resorption teilweise durch das Epithel wieder zurück ins Lumen, so daß bei einer luminalen Na^+-Konzentration von weniger als 133 mmol/l keine Netto-Na^+-Resorption mehr erfolgt. Im Gegensatz dazu wird in der *„dichteren" Ileummucosa* Na^+ noch bei einer luminalen Konzentration von 75 mmol resorbiert.

Ähnlich liegen die Verhältnisse für den **gekoppelten Na^+-Transport** (Cotransport) (Abb. 29-35/2). Die Nichtelektrolyte (D-Hexosen, L-Aminosäuren, wasserlösliche Vitamine, Gallensäuren im Ileum) werden zusammen mit Na^+ durch einen *gemeinsamen Carrier* bergauf in die Zelle eingeschleust. Der aktive Na^+-Transport durch die basolaterale Membran liefert also indirekt die Energie für die Resorption der Nichtelektrolyte.

Bei der **neutralen NaCl-Resorption** werden Na^+ und Cl^- im *Cotransport* in die Zelle geschleust, so daß der Vorgang elektroneutral abläuft (Abb. 29-35/3). Der Anstieg der intracellulären Ca^{2+}- und cAMP-Konzentration hemmt diese neutrale NaCl-Resorption und führt bei gleichzeitig stattfindender aktiver Chloridsekretion zur Nettosekretion von Wasser und zum Durchfall (S. 745). Ein anderes Modell für die neutrale NaCl-Resorption nimmt einen **doppelten Gegentransport** von Na^+ gegen H^+ und Cl^- gegen HCO_3^- an (Abb. 29-35/4). H^+ und HCO_3^- werden in Anwesenheit von Carboanhydrase aus H_2O und CO_2 gebildet und gegen Na^+ und Cl^- ausgetauscht. Die treibende Kraft bildet auch hier wieder der aktive Na^+-Transport durch die basolaterale Membran.

Der **passive konvektive Na^+-Transport** spielt im oberen Dünndarm eine entscheidende Rolle für die Na^+-Resorption. Bei der relativen Durchlässigkeit des Epithels erfolgt bis zu 85% Na^+-Resorption durch *Solvent drag* (S. 742), wobei bei großem Glucoseangebot die Glucoseresorption einen gleichgerichteten Wasserstrom erzeugt, von dem Na^+ paracellulär mitgerissen wird.

Resorption weiterer Elektrolyte. Im Gegensatz zur Na^+-Resorption verläuft der **K^+-Transport** im wesentlichen passiv und folgt der Konzentrationsdifferenz. Diese beträgt im Jejunum 10 mmol/l (ca. 14 mmol/l im Lumen und 4 mmol/l im Plasma).

Die **Cl^--Resorption** erfolgt z.T. zusammen mit Na^+ (s.o.), begünstigt durch eine Potentialdifferenz mit Positivität der Serosa gegenüber dem Lumen. Ein interessantes Modell, das die Entstehung bestimmter Durchfallsformen erklärt, ist die *elektrogene aktive Cl^--Sekretion* (S. 745).

Bicarbonat wird im oberen Dünndarm in das Lumen sezerniert, und zwar im *Duodenum* durch die Brunner-Drüsen und im *Ileum* durch den in Abb. 29-35/4 beschriebenen Gegentransport. Im *Jejunum* findet dagegen eine HCO_3^--Resorption statt. Das aus der Nahrung stammende und das in das obere Dünndarmlumen sezernierte Bicarbonat kann unter Einwirkung der Carboanhydrase z.T. in CO_2 umgesetzt werden. Dadurch steigt der P_{CO_2} im Lumen auf bis zu 300 mm Hg an, so daß CO_2 in die Zelle diffundiert. Auf diese Weise kehrt sich im oberen Dünndarm der in Abb. 29-35/4 dargestellte Gegentransport um: CO_2 gelangt aus dem Lumen in die Zelle und HCO_3^- tritt ins Plasma über, d.h. es wird resorbiert.

Etwa 1 g **Calcium** wird täglich in Form von Milch und Milchprodukten aufgenommen. Calciumsalze dissoziieren bei saurem Magen-pH in die wasserlösliche Form und werden zu ca. 40% vorwiegend im oberen Dünndarm resorbiert. Dem *aktiven Transport* bei niedrigen Konzentrationen überlagert sich eine passive Komponente bei hohen Konzentrationen. Sowohl der Eintritt durch die Bürstensaummembran in den Enterocyten als auch der Austritt durch die basolaterale Membran erfolgt durch einen aktiven Prozeß, ersterer unter Mitwirkung eines Ca^{2+}-bindenden Proteins, letzterer mit Hilfe einer Ca^{2+}-ATPase aktivierbaren Pumpe. An der Regelung der Ca^{2+}-Resorption sind das *Parathormon* und das *Vitamin-D-Hormon* (1,25-Dihydroxycholecalcipherol) beteiligt (S. 417).

Die Bilanz von **Eisen** wird wegen des Fehlens einer regulierenden Ausscheidung ausschließlich über die intestinale Resorption kontrolliert. Von den 10–20 mg in der täglichen Nahrung werden ca. 10% resorbiert. Bei Eisenarmut steigt die *Eisenresorption* auf das Doppelte und mehr an. Eisen aus Hämoglobin wird besser resorbiert als das aus pflanzlichen Quellen, da letzteres oft unlöslich gebunden ist. Eisen wird sowohl in *zweiwertiger* als auch — etwas langsamer — in *dreiwertiger Form* vorwiegend im oberen Dünndarm resorbiert. Sowohl Aufnahme wie Austritt von Eisen aus dem Enterocyten sind *aktive Prozesse* ähnlich wie beim Calcium, wobei der Austritt langsamer abläuft und die limitierende Größe für die Resorption darstellt. Im Serum wird Eisen durch das Transportprotein *Transferrin* aufgenommen und an die Orte seiner Wirkung gebracht. Überschüssiges Eisen wird im Enterocyten an *Ferritin* gebunden und bei der Zellmauserung abgestoßen und ausgeschieden.

Verdauung und Resorption von Kohlenhydraten

Der tägliche Kohlenhydratkonsum in den westlichen Industrienationen liegt bei 250–800 g mit einem Energiegehalt von 4,3–13,7 MJ. Der größte Anteil von etwa 60% besteht aus *Pflanzenstärke*, einem Polysaccharid mit einem Molekulargewicht von 100000–1 Million. Ca. 30% entfallen auf die *Sucrose* (Saccharose), die in Form des Rüben- oder Rohrzuckers zum Süßen verwendet wird und ca. 10% auf die *Lactose*. Neben diesen beiden Disacchariden werden geringe Mengen von Monosacchariden als *Glucose* und *Fructose* verzehrt. Einen weiteren Kohlenhydratbestandteil der Nahrung bildet die tierische Stärke *Glykogen*.

Stärke besteht aus Ketten von Glucosemolekülen. Bei der *Amylose* (ca. 20% der Stärke) sind dies *lineare Ketten*, wobei sich ein Glucosemolekül über eine 0-Brücke am C1-Atom mit dem C4-Atom des Nachbarmoleküls verbindet (*1,4-α-glykosidische Bindung*). Beim *Amylopectin* (80% der Stärke) zweigt von der linearen Kette nach 25 Glucosemolekülen eine *Seitenkette* ab, die über das C6-Atom mit dem C1-Atom der Seitenkette in Verbindung steht. Die Seitenkette läuft dann ebenfalls in der 1,4-α-glykosidischen Bindung weiter. *Glykogen* ist ähnlich aufgebaut, nur daß die Abzweigungen bei jedem 12. Glucosemolekül erfolgen.

Enzymatische Spaltung. Die **α-Amylase** des Speichel- und Pankreassekrets spaltet im Innern des Stärkemoleküls die 1,4-α-Bindung, jedoch nicht die 1,4-β-glykosidische Bindung, wie sie in der Cellulose vorliegt. Die Endprodukte der α-Amylasespaltung sind also *Maltose*, *Maltotriose* und bei den verzweigten Amylopectinen die sog. *Grenzdextrine*. Der optimale pH-Wert für die α-Amylasen liegt bei 7,1. Die *Speichelamylase* kann bis zu 50% der Stärke spalten, wenn ausreichend lange gekaut wird und die Schichtung im Fundus des Magens ihre Inaktivierung durch die Magensäure verhindert. Im Duodenum läuft die Stärkeverdauung außerordentlich schnell ab, da *Pankreasamylase* im Überschuß gebildet wird. Ein geringer Teil dieser α-Amylase bindet sich an die Schleimhautoberfläche und wird von hier aus wirksam. Die physiologische Bedeutung dieser sog. Membranverdauung ist jedoch gering, gemessen an der im 10fachen Überschuß vorhandenen Amylase im Darmlumen.

Da die Kohlenhydrate nur in Form von Monosacchariden resorbiert werden können, müssen die Produkte der Amylaseverdauung noch weiter zerlegt werden. Dies erfolgt durch die **Oligosaccharidasen** in der *Bürstensaummembran*, deren aktive hydrolytische Gruppen der Darmlichtung zugewandt sind. Ihre Konzentration ist am höchsten im Jejunum, geringer im Duodenum und Ileum. Am Amylopectin und am Glykogen erfolgt die Spaltung der 1,6-α-Bindung durch die **1,6-α-Glucosidase,** die ebenfalls im Bürstensaum lokalisiert ist. Bei hohem Konsum eines Oligosaccharids kann innerhalb von 2–5 Tagen eine Adaptation durch Zunahme der Enzymkonzentrationen eintreten. Die Aktivität der membrangebundenen Enzyme ist ebenfalls so groß, daß nicht die Spaltung der Kohlenhydrate deren Aufnahme begrenzt, sondern die Resorption der Monosaccharide. Eine Ausnahme bildet lediglich die *Lactose*. Die Hydrolyse der Lactose ist langsamer, als die Resorption des Spaltproduktes erfolgt. Für die Lactase besteht ferner relativ häufig eine angeborene Bildungsstörung. Sie manifestiert sich als *Diarrhoe* wegen der osmotischen Wirkung der nichtsresorbierten Lactose (s. auch S. 776).

Resorption der Monosaccharide. Die Endprodukte der hydrolytischen Spaltung sind *Glucose, Galaktose* und *Fructose* (Abb. 29-36). Die Aldohexosen *Glucose* und *Galaktose* werden *aktiv im gekoppelten Transport mit* Na^+ resorbiert (S. 767), während die Resorption der *Fructose passiv* in Form der *erleichterten Diffusion* erfolgt. Ist die Konzentration der Glucose und Galaktose im Darmlumen sehr hoch, wie es nach kohlenhydratreicher Nahrung die Regel ist, erfolgt auch hier die Resorption passiv. Obwohl langsamer als die Verdauung, erfolgt die Resorption der Hexosen relativ schnell und ist im oberen Dünndarm weitgehend abgeschlossen. Dies verhindert auch die Bildung einer hypertonen Lösung, denn im Gegensatz zur Stärke sind deren Abbauprodukte osmotisch wirksam. Die Vorgänge bei der Kohlenhydratverdauung und Resorption sind in Abb. 29-36 zusammengefaßt.

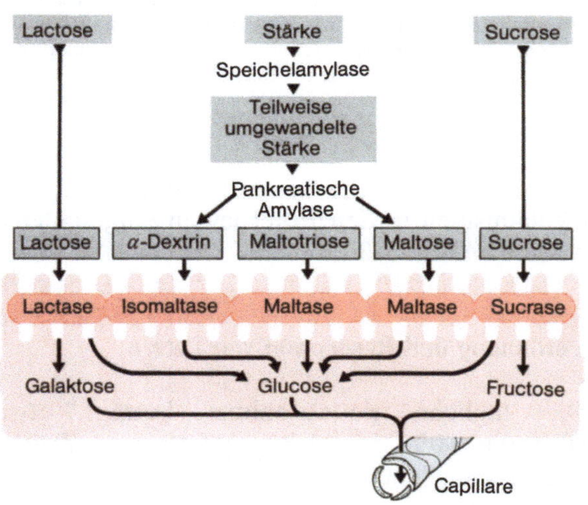

Abb. 29-36. Hydrolyse von Di- und Oligosacchariden durch Bürstensaumenzyme. Die Endprodukte der pankreatischen Kohlenhydratverdauung und die Nahrungsdisaccharide werden an der Bürstensaummembran in ihre monosaccharidischen Bestandteile gespalten, welche bei den mittleren der dargestellten 3 Zucker ausschließlich aus Glucose bestehen [12]

Verdauung und Resorption von Proteinen

Erwachsene nehmen täglich *70–90 g Eiweiß* auf, Kinder benötigen in Relation zum Körpergewicht eine 5- bis 10mal höhere Eiweißzufuhr. Praktisch die gleiche Eiweißmenge wie mit der Nahrung gelangt durch Verdauungssekrete, abgeschilferte Zellen und Austritt von Serumeiweiß in das Darmlumen. Bei dem Krankheitsbild der *eiweißverlierenden* oder *exsudativen Enteropathie* kann so viel Plasmaeiweiß in den Darm ausgeschieden werden, daß die Neusynthese der Leber den Verlust nicht mehr kompensieren kann und eine Eiweißverarmung (*Hypoproteinämie*) resultiert.

Enzymatische Spaltung. Die Eiweißverdauung beginnt im Magen. Sie ist hier jedoch von untergeordneter Bedeutung, weil nur bis zu 10–15% des Nahrungseiweißes durch **Pepsin** hydrolysiert werden. Patienten mit Achlorhydrie ohne Pepsinproduktion haben eine normale Proteinverdauung, da die Dünndarmverdauung außerordentlich effizient ist. Die Produktion der **Pankreaspeptidasen** setzt 10–20 min nach dem Essen ein und bleibt bestehen, solange sich Protein im Darm befindet. Ein Teil der Enzyme wird mit dem Stuhl ausgeschieden. Auf der Bestimmung der *Chymotrypsinkonzentration* im Stuhl beruht ein Suchtest zur Beurteilung der Pankreasfunktion.

Im Pankreas werden verschiedene eiweißverdauende Enzyme mit unterschiedlichen Angriffspunkten gebildet (Tabelle 29-2, S. 757). Sie gelangen in inaktiver Form ins Duodenum. Dort wird *Trypsinogen* durch eine Dünndarmenterokinase in das aktive *Trypsin* umgewandelt, das seinerseits die anderen Enzyme aktiviert. Diese Enzyme lassen sich in **Endopeptidasen** (*Trypsin, Chymotrypsin, Elastase*) und die **Exopeptidasen** (*Carbopeptidase A und B*) unterteilen. Die Endopeptidasen spalten aus den Proteinen von zentral her Oligopeptide ab, von denen die Exopeptidasen die endständigen Aminosäuren abtrennen. Die Endprodukte sind zu

30% *neutrale* und *basische Aminosäuren*, zu 70% *Oligopeptide* mit 2–6 Aminosäuren. Weitere Peptidasen befinden sich sowohl in der *Bürstensaummembran* wie im *Zellinnern*. 90% der Di- und Tripeptide werden im Cytosol der Zelle hydrolysiert, nachdem sie durch spezielle Transportsysteme in die Zelle gelangt sind. Ungefähr 10%, insbesondere die Oligopeptide mit 4–8 Aminosäuren, werden durch die Oberflächenhydrolasen im Bürstensaum gespalten, so daß letztlich in jedem Fall *Aminosäuren* als Endprodukte hydrolytischer Vorgänge im Pfortaderblut erscheinen.

Eiweiß-, Peptid- und Aminosäurenresorption. Im *Duodenum* werden 50–60% des Nahrungseiweißes resorbiert. Bis zum *Ileum* sind 80–90% des exogen zugeführten und endogenen Proteins resorbiert worden. Ins *Colon* gelangen lediglich ca. 10%, die dort bakteriell abgebaut werden. Eine geringe Eiweißmenge wird im Stuhl ausgeschieden. Sie besteht aber aus abgeschilferten Zellen und nicht aus unverdauten Nahrungsresten.

Intakte Eiweißmoleküle werden in geringem Maße durch *Pinocytose* resorbiert (S. 744). Diese Art der Resorption hat keine nutritive, wohl aber immunologische Bedeutung und kann zu Sensibilisierung und Allergie führen. *Peptide* werden als Di- und Tripeptide über Carrier aktiv oder passiv resorbiert. Bei der Resorption von *Aminosäuren* lassen sich die Transportsysteme nach 4 Hauptgruppen von Aminosäuren unterteilen: *Systeme für neutrale, dibasische, dicarboxylische Aminosäuren* und *Iminosäuren*, sowie als Extragruppe das *Glycinsystem*. Der Transportmechanismus entspricht für die 3 ersten Gruppen dem beschriebenen gekoppelten Na^+-Transport (S. 767), während die sauren dicarboxylischen Aminosäuren zwar carriervermittelt, aber passiv resorbiert werden. Ihre intracelluläre Transaminierung zu Alanin hält ihre celluläre Konzentration niedrig. Die einzelnen Aminosäuren derselben Gruppe hemmen sich beim Besetzen desselben Carriers (*kompetitive Hemmung*).

Verdauung und Resorption von Kernproteinen. Die Kernproteine werden wie andere Proteine gespalten und resorbiert. Die Nucleinsäuren, **DNA** und **RNA**, werden durch spezifische Enzyme aus dem Pankreas, der *Desoxyribonuclease* und *Ribonuclease*, hydrolysiert. Durch Phosphodiesterasen in der Bürstensaummembran und Nucleotidasen erfolgt der weitere Abbau

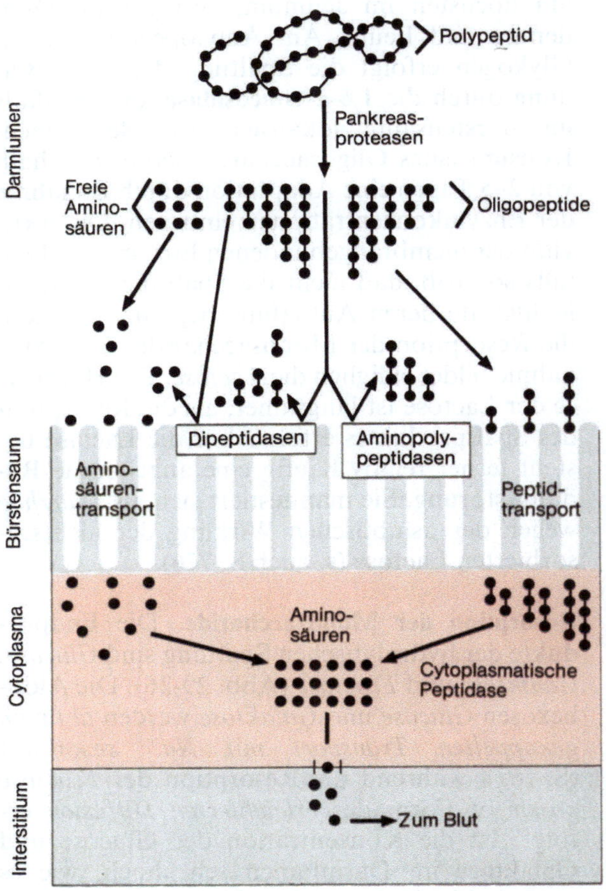

Abb. 29-37. Proteinverdauung und -resorption. *Darmlumen:* Spaltung der Polypeptide in Oligopeptide, Di- und Tripeptide sowie Aminosäuren. *Bürstensaummembran:* Weitere Spaltung durch spezifische Peptidasen und Aufnahme der Aminosäuren und Oligopeptide. *Cytoplasma:* Spaltung von Di- und Oligopeptiden durch Cytosolpeptidasen in Aminosäuren. *Contraluminale Membran:* Ausschleusung der Aminosäuren aus der Zelle ins Blut

in *Nucleotide*, welche durch spezielle Transportmechanismen in den Enterocyten eingeschleust werden (Abb. 29-37).

Verdauung und Resorption von Fetten

Die tägliche Fettaufnahme beträgt etwa 60–100 g. 90% der Nahrungsfette sind *Triglyceride*, von denen wiederum die überwiegende Mehrzahl aus Fetten mit *langkettigen Fettsäuren* mit 16 (Palmitinsäure) und 18 (Stearin-, Öl- und Linolsäure) C-Atomen besteht. Nur ein geringerer Anteil fällt auf die *kurzkettigen* (2–4 C-Atome) und *mittelkettigen* (6–10 C-Atome) *Triglyceride*. Die restlichen 10% des Nahrungsfettes setzen sich aus Phospholipiden (insbeson-

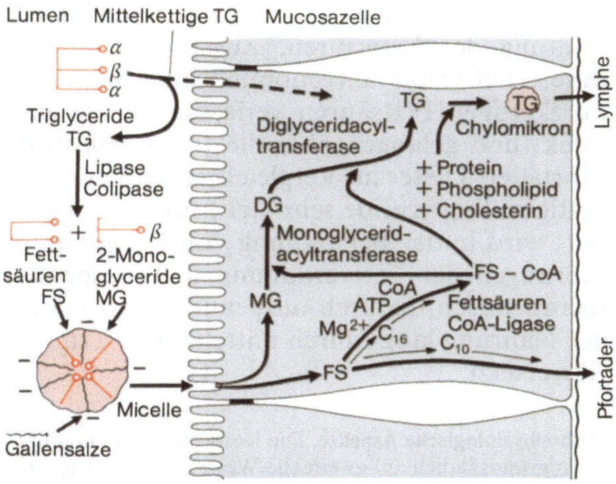

Abb. 29-38. Fettverdauung und -resorption. Triglyceride werden im Darmlumen durch Colipase und Lipase in Fettsäuren und 2-Monoglyceride gespalten, micellar gelöst und aus den Micellen in den Enterocyten aufgenommen. Die in der Zelle aus langkettigen Fettsäuren und 2-Monoglyceriden resynthetisierten Triglyceride gelangen, mit einer Eiweißhülle versehen, als Chylomikronen in die Lymphe. Kurz- und mittelkettige Fettsäuren werden nach Resorption direkt an das Blut abgegeben. *MG* Monoglyceride, *DG* Diglyceride, *TG* Triglyceride, *FS* Fettsäuren [27]

dere Lecithin), Cholesterinester und fettlöslichen Vitaminen zusammen (Abb. 29-38).

Fettverdauung. Die im Magen grob verteilten Fette mit einem Tröpfchendurchmesser von rund 100 nm werden im alkalischen pH des Dünndarms in Gegenwart von Proteinen, bereits vorhandenen Fettabbauprodukten, Lecithin und Gallensäuren zu einer **Emulsion** mit einer Tröpfchengröße von ca. 5 nm umgewandelt. Fett im Dünndarm ist der adäquate Reiz für die *Cholecystokininfreisetzung* aus der Schleimhaut mit nachfolgender Stimulation der Pankreasenzymsekretion und Gallenblasenkontraktion.

Die **Pankreaslipase** besteht aus 2 Bestandteilen: einer *Colipase*, die aus Pro-Colipase durch Trypsin aktiviert und an der Öl-Wasser-Grenze fixiert wird, und der *Lipase*, die sich mit Colipase zu einem Komplex verbindet. Bei der nun einsetzenden Hydrolyse werden die äußeren Fettsäuren der Triglyceride an den C-Atomen 1 und 3 abgespalten, so daß ein *2-Monoglycerid* übrig bleibt. Die vom Pankreas sezernierte Lipasemenge wird in großem Überschuß gebildet, so daß ca. 80% des Fettes bereits gespalten ist, wenn es die Mitte des Duodenums erreicht hat. Aus diesem Grund tritt eine Störung der Fettverdauung wegen Lipasemangels erst bei fast vollständigem Ausfallen oder weitgehender Zerstörung des Pankreas ein.

Außer der Lipase sind noch andere Pankreasenzyme wirksam, die ebenfalls durch Trypsin aktiviert werden. Die **Phospholipase A** spaltet in Anwesenheit von Calcium und Gallensäuren eine Fettsäure aus dem Phospholipid *Lecithin* ab, wodurch *Lysolecithin* entsteht. Das in der Nahrung meist als Ester vorhandene *Cholesterin* wird durch eine **Cholesterinesterase** gespalten.

Die Bestandteile der Lipolyse sind schlecht wasserlöslich. Ihre Lösung in der wäßrigen Phase des Darminhalts erfolgt daher durch die Inkorporation in *Micellen* (S. 761). Die reinen Gallensäurenmicellen werden durch die Aufnahme von Fettsäuren, Monoglyceriden, Phospholipiden und Cholesterin in ihr hydrophobes Innere zu **gemischten Micellen.** Die Wasserlöslichkeit ermöglicht die Steigerung der Konzentration der Fettabbauprodukte im Darmlumen um den Faktor 1000. *Kurz-* und *mittelkettige Fettsäuren* und ihre entsprechenden Fette sind ausreichend wasserlöslich, um auch ohne Vermittlung der Micellen in die Mucosazelle zu diffundieren.

Resorption der Abbauprodukte. Die Resorption von Lipiden ist so effizient, daß über 95% der Triglyceride (allerdings nur 20–50% des Cholesterins) im Duodenum und im Anfangsteil des Jejunums aufgenommen werden. Die Fettausscheidung im Stuhl beträgt bei durchschnittlicher Fettzufuhr 5–7 g/d. Bei fettfreier Diät beläuft sie sich auf etwa 3 g/d. Dieses Fett stammt aus abschilferten Epithelien und Bakterien.

Die Bestandteile der gemischten Micellen müssen 3 Barrieren überwinden, bevor sie ins Zellinnere gelangen:

1. die *unbewegte Wasserschicht* (unstirred water layer), die der Zelloberfläche aufliegt. Sie stellt ein großes Hindernis für die langkettigen Fettsäuren und Monoglyceride dar, behindert aber auch die Funktion der Micellen;
2. die *Schleimschicht,* die der Bürstensaummembran aufliegt, eine Dicke von 2–4 µm hat und ebenfalls ein Transporthindernis darstellt,
3. die *Lipidmembran des Enterocyten.* In dieser lösen sich die Fettbestandteile der Micellen, welche selbst nicht in die Darmzellen eindringen, und gelangen durch einfache Diffusion schnell aufgrund des Konzentrationsgradienten in den Enterocyten. Die Micelle ist dann wieder frei und kann neue Fettbestandteile aufnehmen.

Intracelluläre Lipidsynthese. Die Fettabbauprodukte, *Monoglyceride* und *Fettsäuren,* werden nach Passage durch die Zellmembran von einem kleinen Protein (MG: 12000) zu den Mikroso-

men des endoplasmatischen Reticulums transportiert. Hier erfolgt die *Resynthese zu Triglyceriden und Lipiden*. Zunächst wird eine Fettsäure aktiviert und mit dem Monoglycerid mittels der Monoglyceridtransferase verestert. Nach Bindung einer weiteren Fettsäure mittels der Diglyceridtransferase entsteht wieder ein komplettes Triglycerid. Ein anderer weniger wichtiger Resyntheseweg läuft über den Glucosestoffwechsel.
Ähnlich wie bei den Triglyceriden findet auch die *Veresterung zu Phospholipiden* statt (z.B. Bildung von Lecithin aus Lysolecithin). Die Reesterifizierung zu Cholesterin erfolgt durch eine Cholesterinesterase. Das Ileum ist darüber hinaus in der Lage, Cholesterin neu zu synthetisieren, so daß der Dünndarm eine besondere Rolle im Cholesterinmetabolismus spielt.

Chylomikronenbildung. Die neugebildeten Triglyceride und Lipide können die Zelle nicht verlassen, bevor sie mit einer besonderen Hülle umgeben sind, die neben Cholesterin und Phospholipiden spezielle im Golgi-Apparat gebildete Glykoproteine enthält. Diese sog. *Chylomikronen* setzen sich zu etwa 90% aus Triglyceriden, 7% aus Phospholipiden, 2% aus Cholesterin und 1% aus Protein zusammen. Ihre Größe schwankt zwischen 60 und 75 nm in Abhängigkeit von der Fettresorption und Resyntheserate.
Die Chylomikronen gelangen dann in *sekretorische Vesikel*, die mit der lateralen Zellmembran fusionieren, und werden schließlich in den Intercellulärraum ausgestoßen. Von dort führt ihr weiterer Transportweg über den *zentralen Lymphgang* und den *Ductus thoracicus* ins Blut. Nach einer fettreichen Mahlzeit sind die Chylomikronen in solchen Mengen im Plasma enthalten, daß dieses milchig-trüb erscheint (*Verdauungshyperlipidämie*). Bei einer angeborenen Erkrankung, der A-β-Lipoproteinämie, ist der Abgabemodus gestört. Die Folge ist, daß Fett zwar resorbiert, aber nicht abtransportiert werden kann und in der Zelle liegenbleibt. Außer den Chylomikronen gelangen noch Lipoproteine mit sehr niedriger Dichte, sog. *Very Low Density Lipoproteins (VLDL)*, die ebenfalls in den Enterocyten gebildet werden, in die Lymphgefäße.

Mittel- und kurzkettige Triglyceride. Im Unterschied zu den langkettigen Triglyceriden gelangen bis zu 30% der mittel- und kurzkettigen Triglyceriden *ungespalten* in die Zelle. Erst hier erfolgt unter Mitwirkung von Esterasen die Abspaltung der Fettsäuren. Zusammen mit den durch Diffusion aufgenommenen mittel- und kurzkettigen Fettsäuren verlassen sie die Zelle direkt und gelangen über die *Capillaren* in die Pfortader. Dieser im Vergleich zu dem der langkettigen Triglyceride sehr viel einfachere Transport wird in der Behandlung von Patienten mit Störungen der Fettverdauung und -resorption therapeutisch dadurch ausgenutzt, daß man in der Nahrung lang- durch mittelkettige Triglyceride ersetzt.

Pathophysiologische Aspekte. Die Resorption im Dünndarm kann grundsätzlich auf zweifache Weise beeinträchtigt sein: Durch Störung der Verdauung (**Maldigestion**) und der Resorption (**Malabsorption**). Als Oberbegriff für beide Störungen wird die Bezeichnung **Malassimilation** gebraucht. Typisches Beispiel für eine Maldigestion ist die *Insuffizienz des Pankreas* und für die Malabsorption die *einheimische Sprue (Cöliakie)* mit Zerstörung der Zottenspitzen im Dünndarm als Folge einer *Glutenüberempfindlichkeit*. Die klinischen Effekte sind bei beiden Störungen dieselben: Gewichtsabnahme, Mangelerscheinungen, Durchfälle und Steatorrhoe (Fettstuhlausscheidung). Die Differenzierung erfolgt durch Tests der exkretorischen Pankreasfunktion und der intestinalen Resorption sowie durch bildgebende Verfahren (Röntgen, Endoskopie) und durch Biopsie.

29.7 Colon

Im Colon wird der Chymus durch nichtpropulsive Peristaltik durchmischt, eingedickt und durch Bakterieneinwirkung weiter aufgeschlossen, bis er durch eine propulsive Massenbewegung als Stuhl das Rectum erreicht.

Funktionelle Anatomie

Der menschliche Dickdarm ist ca. 120–150 cm lang, sein Durchmesser beträgt im Bereich des Caecums 6–9 cm und nimmt nach distal ab. Die einzelnen Colonabschnitte unterscheiden sich schwerpunktmäßig in ihrer Funktion: Im *Caecum* mit seinem flüssigen Inhalt steht die bakterielle Einwirkung auf den Chymus sowie die Elektrolyt- und Flüssigkeitsresorption im Vordergrund. Im *Colon ascendens, transversum* und *descendens* werden diese Prozesse fortgesetzt, wobei der Inhalt unter zunehmender Eindikkung nach distal geleitet wird. Das *Colon sigmoideum* und das *Rectum* haben vorwiegend Speicherfunktionen. Das Colon ist durch 2 Sphincteren begrenzt: nach proximal durch die

Ileocaecalklappe (Bauhin-Klappe) und nach distal durch die *Analsphincteren*, bestehend aus einer inneren glatten und einer äußeren quergestreiften Schließmuskulatur.
Die Längsmuskulatur des Colons ist proximal nur in Form von 3 Längsbändern von etwa 0,8 cm Breite, den *Taenien*, ausgebildet. Der Tonus der Taenien und lokale Kontraktionen der Ringmuskulatur lassen Einschnürungen entstehen, zwischen denen jeweils Ausbuchtungen, die *Haustren*, hervortreten. Erst im Sigma umgibt die Längsmuskulatur den Darm wieder vollständig und mündet in die Fascie der Perianalregion.
Die *Colonschleimhaut* enthält im Gegensatz zum Dünndarm keine Villi, wohl aber *Mikrovilli.* Sie besitzt Krypten von 0,7 mm Tiefe, welche Epithel-, zahlreiche Schleim- und einige endokrine Zellen enthalten. Die Zellwanderung aus dem Kryptengrund bis zur Abschilferung an der Mündung verläuft mit 5–7 Tagen etwas langsamer als im Dünndarm. Die Lamina propria ist reich an *Lymphgewebe* und *Plasmazellen,* insbesondere im Appendixbereich, wo sie auch als „Tonsille des Darms“ apostrophiert wird. Das reichentwickelte lymphatische Gewebe im Colon muß im Zusammenhang mit der massiven Bakterienbesiedlung gesehen werden. Die immunkompetenten Zellen sezernieren hauptsächlich das Immunglobulin IgA (s.a. S. 737).

Colonmotilität

Steuerung. Die Art und Geschwindigkeit der Colonmotilität hängt einmal von den *Potentialänderungen in der glatten Muskulatur,* den Slow waves mit ihren Aktionspotentialen ab. Zum anderen modulieren das *autonome Nervensystem* und *gastrointestinale Polypeptide* die Motorik. Der **Parasympathicus** stimuliert die Colonmotilität, weil Acetylcholin depolarisierend wirkt, so daß sich die Potentialwellen der Erregungsschwellen nähern. Der **Sympathicus** und Noradrenalin haben einen hyperpolarisierenden und damit motilitätshemmenden Effekt. Zentralnervöse Einflüsse können über das vegetative Nervensystem die Colonmotilität modifizieren.
Dies läßt sich durch ein sog. *Streßinterview* bei gleichzeitiger Messung des Colondrucks demonstrieren. Führt man bei einer Versuchsperson einen Druckmeßballon in das Sigmoid ein und bringt die Unterhaltung auf Themen, die Aggression, Feindseligkeit und Spannung erzeugen, so steigt der Druck an. Er ist herabgesetzt bei Depression, Furcht und Trauer.
Die **gastrointestinalen Polypeptide** wirken entweder steigernd auf die Colonmotilität, wie *Gastrin* und *Cholecystokinin*, oder hemmend, wie *Secretin* und *Glucagon.*
Die *Frequenz der Slow waves* im Colon ist variabler als im Dünndarm, es existiert auch kein Gradient von proximal nach distal. Vom Colon ascendens bis zum Colon descendens beträgt die Frequenz durchschnittlich 6/min, im Caecum und Sigmoid ist sie geringer und im Rectum dagegen höher (17/min). Die Neurone des Auerbach-Plexus myentericus hemmen die Schrittmacher der glatten Muskulatur. Ein eindrucksvolles Beispiel für das Fehlen dieses Hemmeffekts bietet der *Morbus Hirschsprung.* Bei dieser angeborenen Erkrankung fehlen die Ganglien in einem meist im distalen Rectum gelegenen umschriebenen Segment. Dadurch kommt es dort zur tonischen Dauerkontraktion (s. S. 736) mit Störung der Stuhlentleerung, Aufstau und Ausbildung eines *Megacolons* (Colonausweitung).
Neben den hemmenden Neuronen existieren im Plexus myentericus auch stimulierende (cholinerge und peptiderge) Nervenfasern mit VIP, Substanz P, Enkephalin und Somatostatin als Transmitter.

Kontraktionsabläufe. Die *Transitzeit des Chymus* von den Bauhin-Klappe bis zum Rectum beträgt bei der faserstoffarmen westlichen Diät 2–3 Tage. Dabei können Partikel, die im zentralen Strom befördert werden, in kürzerer Zeit im Stuhl erscheinen. Die Angabe von 2–3 Tagen gilt für das Auftreten von 80% kleinen Markern im Stuhl, die einer Mahlzeit beigegeben wurden. Durch Erhöhung des Fasergehalts in der Nahrung wird die Passagezeit parallel zum steigenden Stuhlgewicht verkürzt. Afrikanische Dorfbewohner mit faserreicher Kost haben eine durchschnittliche Passagezeit von 36 h bei einem Stuhlgewicht von 480 g, während die Stuhlgewichte der europäischen Stadtbevölkerung bei 110 g und die Transitzeit bei 72 h liegt.
Aus der langen Transitzeit geht bereits hervor, daß die Hauptkomponente der *Colonmotilität nichtpropulsiv* ist. Die Kontraktionen der Ringmuskulatur erfolgen ungeregelt und an verschiedenen Stellen gleichzeitig, sie durchmischen den Inhalt, eine Nettoweiterbewegung erfolgt dabei nicht. Kontrahieren sich die Ringmuskeln von 2 benachbarten Haustren nacheinander, so kommt es zu Verschiebungen des Inhalts über Strecken von ca. 10 cm. Dies kann sowohl nach proximal als auch nach distal erfolgen. Diese Art der Kontraktion kann gelegentlich auch

mehr als 2 Segmente erfassen. Die einfachen Haustrenkontraktionen machen über 90% der Motilitätsabläufe im Colon aus.
Selten tritt eine echte *peristaltische Welle* mit Kontraktionen und voranlaufender Relaxation des Darms auf, die den Inhalt über etwa 20 cm weiterbefördert. Auch diese Peristaltik kann entweder nach proximal oder nach distal gerichtet sein. Nur 1- bis 2mal täglich kommt es zu sog. *Massenbewegungen,* nach dem erstbeschreibenden Radiologen auch als *Holzknecht-Bewegung* bezeichnet. Diese befördert den Inhalt über lange Strecken vom Transversum bis zum Sigma.
Alle beschriebenen Motilitätsabläufe werden *durch Nahrungsaufnahme gesteigert.* Dabei beeinflussen Energiegehalt und Zusammensetzung, nicht aber Volumen und pH, die Motilität. Energiereiche Mahlzeiten und insbesondere Fett steigern die Motilität, Kohlenhydrate und Proteine haben keinen Einfluß. Da die steigernde Wirkung bereits 10 min nach dem Essen einsetzt, spricht man vom *gastro-colischen Reflex.* Es wird angenommen, daß dieser Reflex über *cholinerge Stimulation* erfolgt, da ihn Anticholinergica unterdrücken, und daß Acetylcholin wahrscheinlich über Freisetzung von Gastrin und Cholecystokinin wirkt.

Pathophysiologische Aspekte. Bei einer Störung der normalen motorischen Abläufe im Colon kann eine **Verstopfung** (Obstipation) oder ein **Durchfall** (Diarrhoe) resultieren. Aus dem oben Gesagten leitet sich der Irrtum einer vielfach vorherrschenden Meinung ab, daß nämlich nur aus einer Zunahme der Motilität ein Durchfall resultiert. Das Gegenteil kann der Fall sein: *Eine Steigerung der nichtpropulsiven Kontraktionen* führt zu *Obstipation.* Dies ist im Fall der sog. *spastischen Obstipation* bei der häufigen funktionellen Störung des *„irritablen Colons"* auch häufig nachweisbar. Umgekehrt kann aus einer *herabgesetzten Motilität* eine *Diarrhoe* entstehen, da der Widerstand der lokalen segmentalen Kontraktionen fehlt. Es sind auf der anderen Seite Colonerkrankungen bekannt, wie die *Colitis ulcerosa,* eine chronische Entzündung des Colons, die mit Durchfall einhergeht und bei der die propulsive Massenbewegung gehäuft vorkommt.

Verdauung und Resorption

Die motorischen Abläufe im Colon ermöglichen es, den flüssigen Chymus weiter abzubauen, einzudicken und so in festen Stuhl umzuwandeln.

Resorption von Elektrolyten und Wasser. Es strömen täglich 1–1,5 l flüssiger Chymus in das Caecum; über 90% dieses Volumens werden im Colon resorbiert, so daß nur ca. 100 ml den Körper mit dem Stuhl wieder verlassen (Abb. 29-33, S. 766). Die maximale Resorptionskapazität bei stetigem Anfluten von Flüssigkeit liegt sogar bei 5 l/d. Erst wenn diese Menge nicht mehr bewältigt werden kann, wie z.B. bei sekretorischen Vorgängen im Dünndarm (S. 745, 767), entsteht eine sog. *Überlaufdiarrhoe.*
Die Resorption von Elektrolyten und Wasser im Colon ist dadurch gekennzeichnet, daß sie sehr effizient abläuft und auch gegen hohe osmotische Gradienten erfolgt. Dies erklärt sich daraus, daß das *Colonepithel verhältnismäßig dicht* ist. Die Porendurchmesser in den Membranen des Colonepithels wurden zu 0,23 nm bestimmt (vgl. S. 741). Wegen des hohen Membranwiderstandes strömt Wasser langsamer in den Intercellulärraum. Die dichten Tight junctions behindern den Rückstrom von Na^+ und Wasser in das Darmlumen. Das Colon ist daher in der Lage, auch aus hypotonen Lösungen bis zu 30 mmol/l noch Na^+ zu resorbieren (vgl. S. 745). Der Dichtigkeit der Membran entspricht auch die Höhe der aus dem elektrogenen Na^+-Transport aufgebauten transepithelialen Potentialdifferenz, die beim Menschen im Colon 30–40 mV, im Jejunum nur 2–4 mV beträgt.

Innerhalb des Colons selbst besteht ein Gradient in der Dichtigkeit der Zellmembran: Das *Caecumepithel* ist weniger dicht und resorbiert mehr und schneller Wasser aus dem flüssigen Chymus, während das *Rectumepithel* die größte Dichtigkeit aufweist und auch noch Na^+ aus dem relativ festen Inhalt resorbiert, so daß das Stuhlwasser hypoton gegenüber Plasma ist.

Na^+ gelangt in die Zelle durch freie Diffusion bei einer hohen Konzentrationsdifferenz von etwa 130 mmol/l und infolge der bestehenden Potentialdifferenz von -30 mV (Abb. 29-39). Die in der basolateralen Zellmembran lokalisierte, durch (Na^+-K^+-)ATPase aktivierbare *Pumpe* sorgt für den Na^+-Transport in das Interstitium.
K^+ wird, angetrieben von dem *elektrischen Gradienten,* durch die für K^+ relativ permeablen Tight junctions in das Lumen des Colons *sezerniert.* Ein geringer Anteil diffundiert auch bei der hohen intracellulären Konzentration von 80 mmol/l durch die Zellmembran direkt in das Lumen.
Das unterschiedliche Transportverhalten von Na^+ und K^+ spiegelt sich auch in ihrer Stuhlausscheidung wider. Während 5–10 mmol K^+ täglich mit dem Chymus in das Colon eintreten, verlassen 10–15 mmol den Darm im Stuhl, wo-

bei die Konzentration auf 90 mmol/l ansteigen kann. Hingegen gelangen 150 mmol Na^+ in einer Konzentration von ca. 130 mmol/l in das Caecum, und nur 2–4 mmol in einer Konzentration von 40 mmol/l werden ausgeschieden.

Na^+-Resorption und K^+-Sekretion werden gesteigert durch *Mineralcorticoide* bereits bei physiologischem Anstieg der Plasmakonzentration, wie er als Folge von Natriumverlusten eintritt, sowie durch *Glucocorticoide* in pharmakologischen Dosen, wie sie in der Behandlung chronisch entzündlicher Erkrankungen eingesetzt werden. Diese Hormone stimulieren die (Na^+-K^+-)ATPase, und Aldosteron erhöht darüber hinaus die Zellpermeabilität der apicalen Zellmembran für Na^+.

Chlorid und **Bicarbonat** werden ebenfalls effizient im Colon resorbiert. Von ca. 60 mmol Cl^-, die täglich in einer Konzentration von ca. 60 mmol/l das Colon erreichen, werden nur etwa 2 mmol in einer Konzentration von 15 mmol/l ausgeschieden. Die niedrige Endkonzentration spricht für einen *aktiven Transport* gegen einen hohen chemischen Gradienten. Die Cl^--Resorption ist mit der HCO_3^--Sekretion über ein Gegentransportsystem gekoppelt (Abb. 29-39). Die HCO_3^--Anreicherung im Lumen führt dazu, daß der Stuhl leicht alkalisch ist.

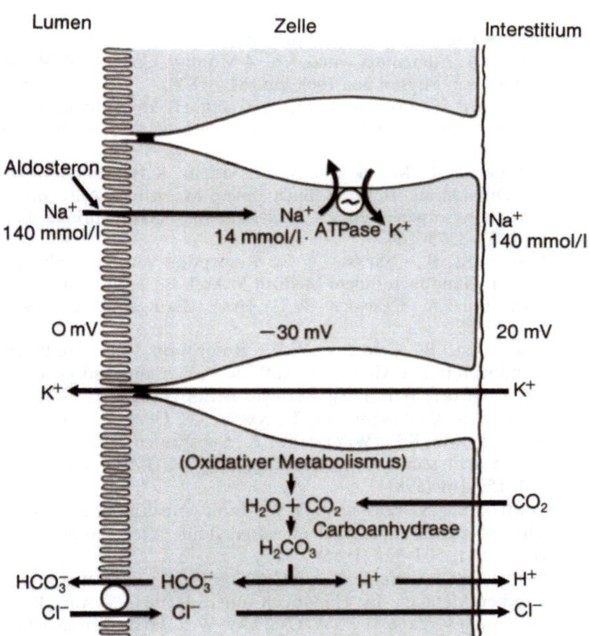

Abb. 29-39. Elektrolyttransport in der Colonmucosa. *Oben:* Aktive Na^+-Resorption (gefördert durch Aldosteron), passiver Rückstrom von K^+. *Unten:* HCO_3^-- und Cl^--Ionenaustausch [1]

Verdauung und Resorption von organischen Nahrungsbestandteilen

Außer Wasser und Elektrolyten erreichen das Colon organische Nahrungsbestandteile, die im Dünndarm nicht resorbiert wurden. Hierbei machen Substanzen, die potentiell resorbierbar waren und der Resorption entkamen, nur einen kleinen Prozentsatz aus. Im wesentlichen handelt es sich um Nahrungsbestandteile, die nicht verdaut und damit nicht resorbiert werden konnten. Sie bestehen in der Hauptsache aus pflanzlichen Faser- und Füllstoffen, wie *Cellulosen, Hemicellulosen, Pectinen* und *Ligninen,* also Kohlenhydraten, die durch menschliche Amylasen nicht gespalten werden können. Hierzu sind jedoch **Bakterien** in der Lage. Zwar erfolgt die bakterielle Spaltung beim Menschen nicht so effizient wie bei den Pflanzenfressern, die ihre Energie im wesentlichen aus dem bakteriellen Abbau der Kohlenhydrate erhalten, es werden aber immerhin noch ca. 40–50% dieser Faserstoffe durch bakteriellen Abbau in Form von kurzkettigen Fettsäuren im menschlichen Colon resorbiert.

Während der Magen und der obere Dünndarm weitgehend steril sind, nimmt die Zahl der Bakterien nach distal zu. Ein großer Sprung um einen Faktor 10000–100000 in der Bakterienzahl erfolgt kaudal der Bauhin-Klappe. Die Zahl der Bakterien/ml Chymus steigt von 10^6 im Ileum auf 10^{11}–10^{12} im Colon an (Abb. 29-40). Die Mehrzahl der Colonbakterien sind obligate *Anaerobier*: Bifidus und Bacteroides (grampositive bzw. -negative, nicht sporenbildende Stäbchen). Aerobe Stämme wie E. coli, Enterokokken und Lactobazillen machen weniger als 1% der Gesamtzahl der Colonbakterien aus. Es gibt über 400 Bakterienarten im Colon,

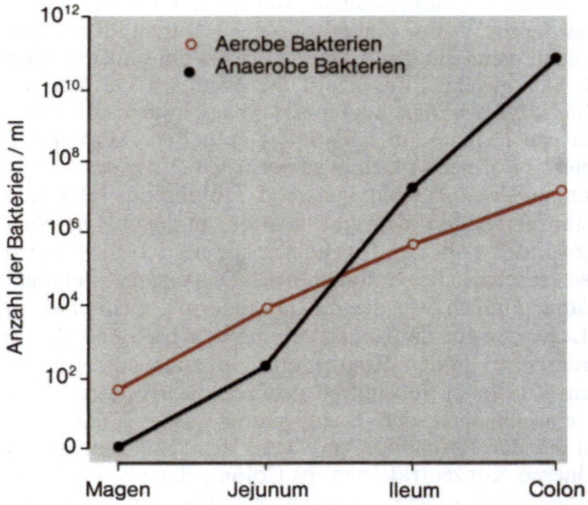

Abb. 29-40. Bakterienbesiedlung im Magen-Darm-Trakt. Im Magen und Jejunum herrscht die aerobe Mundflora vor. Am Übergang vom Ileum zum Caecum nimmt insbesondere die Besiedlung mit Anaerobiern sprungartig zu [12]

die Gesamtstuhltrockenmasse wird zu 30–50%, nach anderen Berechnungen sogar zu 75% aus Bakterien gebildet (42).
Die Anaerobier spalten die pflanzlichen Faserstoffe in 2- bis 4kettige *Fettsäuren*: Acetessigsäure, Buttersäure, Propionsäure. Diese machen ca. 50% der Anionen im Colon aus. Sie werden zum großen Teil durch sezerniertes Bicarbonat neutralisiert.
Während Proteine, Kohlenhydrate, langkettige Fettsäuren und Glyceride im Colon nicht resorbiert werden können, werden die kurzkettigen Fettsäuren durch passive nicht-ionische Diffusion aufgenommen. Die langkettigen Fettsäuren stammen aus nicht verdauten oder resorbierten Nahrungsfetten, die bei einer Störung der Resorption oder der Verdauung (*Malabsorption* oder *Maldigestion*) vermehrt in das Colon gelangen. Auch diese Fette können hier z.T. durch bakterielle Lipasen gespalten werden. Ungefähr 25% der so entstehenden langkettigen Fettsäuren werden bakteriell weiter hydroxyliert. Diese Hydroxyfettsäuren wirken wie Ricinolsäure — das wirksame Prinzip des Ricinusöls — durchfallerzeugend.

Defäkation und Diarrhoe

Tritt Stuhl in das Rectum ein, werden reflektorisch Vorgänge in Gang gesetzt, die die Stuhlentleerung bewirken (S. 369f.). Der Normbereich der Stuhlfrequenz in unseren Breiten liegt zwischen 3 Entleerungen/Tag und 3 Entleerungen/Woche. Die Vorgänge im Colon haben einen wesentlichen Einfluß auf die *Defäkationsfrequenz*. Neben der Motilität spielt hierbei der Flüssigkeitsgehalt des Stuhls eine große Rolle. Da bei einem Stuhlwassergehalt von 200–300 ml bereits eine **Diarrhoe** resultiert, können Störungen in der Flüssigkeitsresorption im Colon relativ schnell einen solchen Prozeß auslösen.

Pathophysiologische Aspekte. Gelangt bei einem *Lactasemangel* in der Dünndarmschleimhaut (Milchintoleranz) ungespaltene und nicht resorbierbare Lactose in größeren Mengen in das Colon, ist seine osmotische Wirkung so groß, daß es genug Wasser bindet, um einen Durchfall zu erzeugen, auch wenn ein Teil bakteriell gespalten und resorbiert wird. Der gleiche Effekt wird therapeutisch bei den *salinischen Abführmitteln* ausgenutzt, die schwerresorbierbare Ionen wie Magnesium und Sulfat enthalten. Man spricht bei diesen Formen von einer *osmotischen Diarrhoe*.
Durch andere Gruppen laxierend (abführend) wirkender Substanzen werden die Tight junctions in *„leaky" junctions* umgewandelt (Abb. 29-16). Damit ändert sich die Resorptionseigenschaft des Colonepithels. Die Colonschleimhaut ist dann, ähnlich wie die des Dünndarms, nicht mehr in der Lage, den für die Konservierung von Na^+ und Wasser erforderlichen hohen Resorptionsgradienten aufrechtzuerhalten. Zu diesen Substanzen gehören die *Hydroxyfettsäuren*, einschließlich der Ricinolsäure, sowie *Gallensäuren* wenn sie der Resorption im Dünndarm entkommen und in höheren Konzentrationen ins Colon gelangen (*chologene Diarrhoe*) und andere Laxantia, wie Bisacodyl. Teilweise wird durch diese laxierenden Stoffe zusätzlich noch die (Na^+-K^+-)ATPase gehemmt und dadurch der aktive Na^+-Transport gedrosselt bzw. auch aktive Cl^--Sekretion induziert.

29.8 Literatur

Weiterführende Lehr- und Handbücher

1. Clinical gastrointestinal physiology. Granger, D.N., Barrowman, J.A., Kvietys, P.R. eds. W.B. Saunders Philadelphia 1985
2. Colon, structure and function. L. Bustos-Fernandes ed. Plenum Medical Book Comp New York 1983
3. Digestion and the structure and function of the gut. Magee, D.F., Dalley, A.F. eds. Karger Basel 1986
4. Dünndarm A. Handbuch Innere Medizin, 5. Aufl. Bd. 3, Verdauungsorgane Teil 3 A. Caspary, W.F. Hrsg. Springer Berlin 1983
5. Gastrointestinal disease: pathophysiology, diagnosis, management. Sleisenger, M.H., Fordtran, J.S. eds. W.B. Saunders Co Philadelphia 1989
6. Gastrointestinal Pathophysiology. Brooks, F.P. ed. Oxford Univ. Press New York 1974
7. Gastrointestinale Physiologie. Konturek, S.J., Classen, M. Hrsg. G. Witzstrock Baden-baden 1976
8. Handbook of Physiology. Section 6: Alimentary Canal. Vol 1–5. Code C ed. Am Physiol Soc Washington 1968
9. Intestinal absorption and secretion. Scadhauge, E., Heintze, K. eds. MTP Press Lim. Lancester 1984
10. Medical physiology. Mountcastle, V.B. ed. C.V. Mosby Co St. Louis 1980
11. Physiology of the digestive tract. Davenport, H.W., 5th edition. Year Book Med Publ Chicago 1982
12. Physiology of the gastrointestinal tract. Johnson, L.R. ed. Raven Press New York 1981
13. Undergraduate teaching project in gastroenterology and liver disease. American Gastroenterological Association Timonium: Milner-Fenwick, I.N.C., 1976
14. Taschenatlas der Physiology. Silbernagl, S., Despopulos, A. Thieme Stuttgart 1979
15. The large intestine. Wrong, O.M., Edmonds, C.J., Chadwick, V.S. eds. MTP Press Lim. Lancester 1981

Einzel- und Übersichtsarbeiten:

16. Anderson, D.J.: Mastication. In: Handbook of Physiology. Sektion 6: Alimentary canal, Vol. 4 Motility. Code C. ed. Washington: Am Physiol Soc 1968, pp 1811–1820
17. Claude, P., Goodenough, D.A.: Fracture faces of zonula occludentes from "tight" and "leaky" epithelia. J Cell Biol 58, 390–400, 1973
18. Eckhardt, R., Meyer zum Büschenfelde, K.H.: Immunologie des Dünndarms. In: Handbuch Innere Medizin 5. Aufl. Bd. 3; Verdauungsorgane Teil 3 A. Caspary, W.F. Hrsg. Springer Berlin 1983, S. 73–104
19. Elsenhans, B., Caspary, W.F.: Resorption von Kohlenhydraten. In: Handbuch Innere Medizin 5. Aufl. Bd 3; Verdauungsorgane Teil 3 A. Caspary, W.F. Hrsg. Springer Berlin 1983, S. 139–156
20. Elsenhans, B., Caspary, W.F.: Resorption von Eiweiß. In: Handbuch Innere Medizin 5. Aufl. Bd 3; Verdauungsorgane Teil 3 A. Caspary, W.F. Hrsg. Springer Berlin 1983, S. 157–178
21. Fellenius, E., Berghlind, T., Sachs, G., Olbe, L., Elander, B. Sjöstrand, S.E., Wallmark, B.: Substituted benzimidazoles inhibit acid secretion by blocking (Na^+-K^+)-ATPase. Nature 290, 159–161 (1981)
22. Fordtran, J.S., Locklear, T.W.: Ionic constituents and osmolality of gastric and small intestinal fluids after eating. Am J Dig Dis 11, 503–521 (1966)
23. Forth, w.: Intestinale Resorption von Eisen und chemisch verwandten Metallen. In: Handbuch Innere Medizin 5. Aufl. Bd 3; Verdauungsorgane Teil 3 A. Caspary, W.F. Hrsg. Springer Berlin 1983, S. 267–297
24. Frömter, E., Diamond, J.: Route of passive ion-permeation in epithelia. Nature 235, 9–13 (1972)
25. Fromm, H., Bazzoli, F.: Enterohepatischer Kreislauf der Gallensäure. In: Handbuch Innere Medizin 5. Aufl. Bd 3; Verdauungsorgane Teil 3 A. Caspary, W.F. Hrsg. Springer Berlin 1983, S. 352–372

26. GANGL, A.: Resorption von Triglyceriden und fettlöslichen Vitaminen (außer Vitamin D). In: Handbuch Innere Medizin 5. Aufl. Bd 3; Verdauungsorgane Teil 3 A. CASPARY, W.F. Hrsg. Springer Berlin 1983, S. 179–215
27. GRAY, G.M.: Mechanisms of digestion and absorption of food. In: Gastrointestinal disease. 2nd ed. SLEISENGER, M.H., FORTRAN, S.J. (eds). Philadelphia: W.B. Saunders Co., 1983
28. HENTSCHEL, E.: Cimetidin. In: Ulcustherapie. BLUM, A.L., SIEVERT, J.R. Hrsg. Springer Berlin 1982 S. 225–253
29. HOFMANN, A.F.: The enterohepatic circulation of bile acids in health and disease. In: Gastrointestinal disease. SLEISENGER, M.H., FORDTRAN, J.S. eds. W.B. Saunders Philadelphia 1983, p 115–132
30. ITO, S.: Functional gastric morphology. In: Physiology of the gastrointestinal tract. JOHNSON, L.R. ed. Raven Press New York 1981, p 517–550
31. KREIJS, G.J.: Wasser- und Elektrolyttransport des Dünndarms. In: Handbuch Innere Medizin 5. Aufl. Bd 3; Verdauungsorgane Teil 3 A. CASPARY, W.F. Hrsg. Springer Berlin 1983, S. 434–463
32. LEMBCKE, B., CASPARY, W.F.: Intestinale Gasproduktion. In: Handbuch Innere Medizin 5. Aufl. Bd 3; Verdauungsorgane Teil 3 A. CASPARY, W.F. Hrsg. Springer Berlin 1983, S. 521–541
33. LEVITT, M.D., BOND, J.H., LEVITT, D.G.: Gastrointestinal Gas. In: Physiology of the gastrointestinal tract. JOHNSON, L.R. ed. Raven Press New York 1981, p 1301–1316
34. NELL, G.: Resorption von Gallensäuren. In: Handbuch Innere Medizin 5. Aufl. Bd 3; Verdauungsorgane Teil 3 A. CASPARY, W.F. Hrsg. Springer Berlin 1983, S. 337–349
35. PEERENBOOM, H.: Resorption von Kalzium, Magnesium und Phosphat und ihre Regulation. In: Handbuch Innere Medizin 5. Aufl. Bd 3; Verdauungsorgane Teil 3 A. CASPARY, W.F. Hrsg. Springer Berlin 1983, S. 233–266
36. POLAK, J.M., BLOOM, S.R., SULLIVAN, S.N., FHAZER, P., PEARSE, A.G.E.: Enkephaline-like immuno reactivity in the human gastrointestinal tract. Lancet 1, 972–974, 1977
37. RUMBERGER, E.: Physiologie des Colons. In: Handbuch Innere Medizin 5. Aufl. Bd 3; Verdauungsorgane Teil 4. MÜLLER-WIELAND, K. Hrsg. Springer Berlin 1982
38. RUMMEL, W.: Biologische Membranfunktion. Wirkungen von Gallensäuren und Laxantien auf den mukosalen Transfer. Cat. Med. Wiss. 32, 233–250, 1976
39. RUPPIN, H.: Motilität des Dünndarms. In: Handbuch Innere Medizin 5. Aufl. Bd 3; Verdauungsorgane Teil 3 A. CASPARY, W.F. Hrsg. Springer Berlin 1983, S. 464–487
40. SCHILLER, L.R.: Motor function of the stomach. In: Gastrointestinal disease. SLEISENGER, M.H., FORDTRAN, J.S. eds. W.B. Saunders Philadelphia 1983, p 521–541
41. SCHULTZ, S.G.: Some proporties and consequenties of low-resistance paracellular pathway across the small intestine: the advantage of being "leaky". In: Intestinal permeation. KRAMER, M., LAUTERBACH, F. (eds.). Amsterdam: Excerpta medica, 1977, pp 321–392
42. STEPHEN, A.M., CUMMINGS, J.H.: The microbial contribution to human faecal mass. J Med Microbiol 13, 45–66 (1980)
43. THAYSEN, J.H., THORN, N.A., SCHWARTZ, I.L.: Excretion of sodium, potassium, chloride and carbon dioxide in human parotid saliva. Am J Physiol 178, 155–159 (1954)
44. TRIER, J.S., MADARA, J.L.: Functional morphology of the mucosa of the small intestine. In: Physiology of the gastrointestinal tract. JOHNSON, L.R. ed. Raven Press New York 1981, p 925–962
45. WEISBRODT, N.W.: Pattern of intestinal motility. Annual Rev Physiol 43, 33–51 (1981)

30 Nierenfunktion

P. Deetjen

30.1 Grundzüge der Nierenfunktion

Aufgabe der Nieren. Die Nieren sind das Kontrollorgan der Körperflüssigkeiten. Sie sorgen für eine *konstante Zusammensetzung* und ein *gleichbleibendes Volumen* der die Zellen umspülenden **Extracellulärflüssigkeit** und garantieren damit möglichst gleichbleibende und *optimale Betriebsbedingungen für alle Zellen des Körpers.* Ist ein Überschuß an Wasser oder gelösten Substanzen vorhanden, wird dieser Überschuß durch die Nieren ausgeschieden. Herrscht ein Mangel an Wasser und Elektrolyten, werden Sparfunktionen in Gang gesetzt, die weitere Verluste weitgehend verhindern, ohne dabei die notwendige Ausscheidung von Stoffwechselendprodukten zu beeinträchtigen.

Funktionseinheiten der Niere. Jede Niere enthält ca. 1,2 Millionen **Nephrone.** Sie bestehen aus dem *Glomerulus mit Bowman-Kapsel, dem proximalen Convolut, der Henle-Schleife, dem distalen Convolut* und münden schließlich zu mehreren in eine gemeinsame *Sammelrohrstrecke* (Abb. 30-1).
Jedes Nephron ist eine funktionelle Einheit mit der Fähigkeit, spezifische Transportleistungen eigenständig durchzuführen. Besondere Aufgaben wie die Harnkonzentrierung können aber nur im Kollektiv bewältigt werden. Ein Ausfall eines größeren Teils der Nephrone führt zum Verlust der Konzentrierungsfähigkeit, selbst wenn die verbleibenden Nephrone völlig intakt sind.

Grundprinzipien der Nierenfunktion. Die Nierenfunktion basiert auf zwei Grundprinzipien: Der Separierung großer Mengen von Extracellulärflüssigkeit in den Glomeruli durch **Ultrafiltration** und dem **Transport** von Elektrolyten und anderen gelösten Substanzen samt dem Lösungswasser durch die Zellen des Tubulussystems. In beiden Funktionen hat die Niere im Verlauf der Evolution eine Spitzenstellung gegenüber allen anderen Strukturen des Körpers erreicht: Die Glomeruluscapillaren können pro Fläche rund 100fach mehr filtrieren als etwa Muskelcapillaren, und die Transportleistung der Tubulusepithelien, insbesondere der des proximalen Convoluts, ist ebenfalls ein Wunder an Ökonomie und Effizienz.

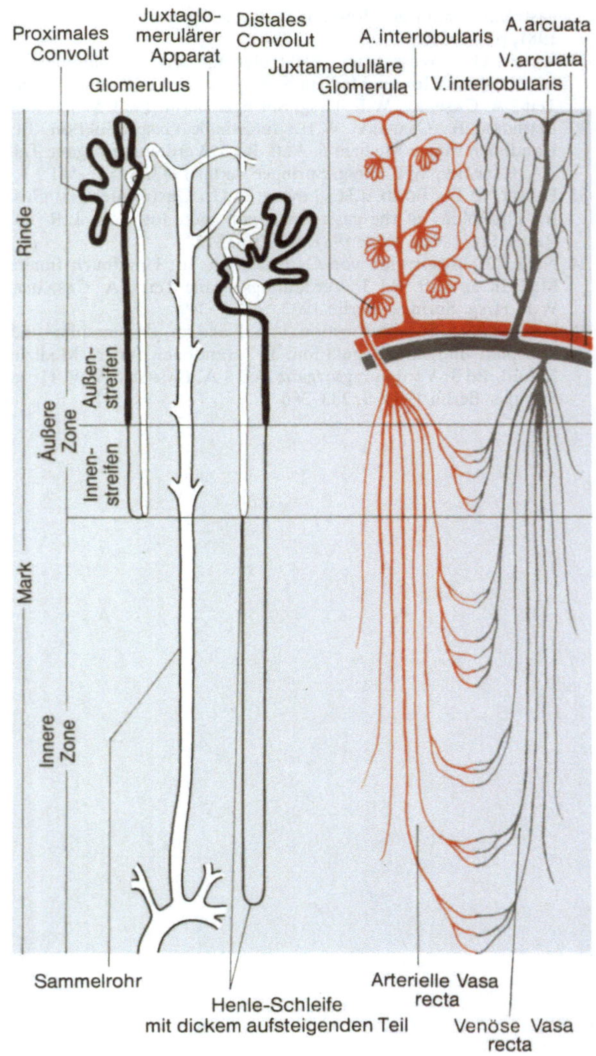

Abb. 30-1. Nephronanordnung und Gefäßversorgung in schematischer Darstellung. Es sind *links* ein corticales und ein juxtamedulläres Nephron dargestellt. (Modifiziert nach [19, 37])

Das gesamte extracelluläre Volumen, das bei einem ausgewachsenen Menschen immerhin 17 l beträgt (Abb. 31-1, S. 808), wird rund 50mal pro Tag mit dem Blutstrom durch die Nieren geschleust. $^1/_5$ davon wird fortlaufend durch *glomeruläre Filtration* abgesondert und der Kontrolle der Tubuluszellen ausgesetzt. Alles, was dem Organismus an Wasser, Elektrolyten, Vitaminen, Aminosäuren, Glucose und sonstigen wertvollen Substanzen erhalten bleiben muß, wird wieder *resorbiert*. Energetisch nicht mehr verwertbare Stoffwechselendprodukte aber, sowie mit der Nahrung im Überschuß aufgenommene Mengen an Wasser und Elektrolyten bleiben unresorbiert zurück und werden mit dem Endharn ausgeschieden. Für einige Substanzen, die das empfindliche Gleichgewicht im Körper besonders leicht stören könnten, wie Kalium oder Wasserstoffionen, besitzt die Niere neben der Filtration noch die Fähigkeit, sie über die Tubuluszellen in einem *Sekretionsprozeß* direkt aus dem Blut zu extrahieren und in die Tubulusflüssigkeit abzusondern, um sie so besonders schnell und wirkungsvoll eliminieren zu können.

30.2 Durchblutung der Niere

Durchblutungsraten. Die hohe Filtrationsleistung der Nieren bedingt eine entsprechend hohe Durchblutung. Mit zusammen 300 g machen die Nieren nur 0,4% des Körpergewichtes eines 70 kg schweren Menschen aus. Ihre Durchblutung aber beträgt rund 1,2 l/min, womit sie 25% des bei körperlicher Ruhe um 5 l/min liegenden Herzzeitvolumens erhalten.
Allerdings sind nicht alle Nierenzonen gleichmäßig hoch durchblutet. Wie Abb. 30-2 zeigt, geht der hohe Blutstrom vornehmlich durch die *Nierenrinde*. Nur dort finden sich die Glomeruli, und nur dort liegen die proximalen Convolute, in denen der Umsatz an extracellulärer Flüssigkeit hauptsächlich stattfindet. Das *Nierenmark* mit *äußerer und innerer Zone* (*Papille*) erhält nur einen Bruchteil der Durchblutung. Trotzdem ist der Blutgehalt des Gewebes in diesen Zonen genauso groß wie in der Nierenrinde. Dies muß bedeuten, daß durch eine besondere Verteilung der Gefäßwiderstände der Blutstrom mit Vorzug durch die Nierenrinde geleitet und zum Mark hin gedrosselt wird.

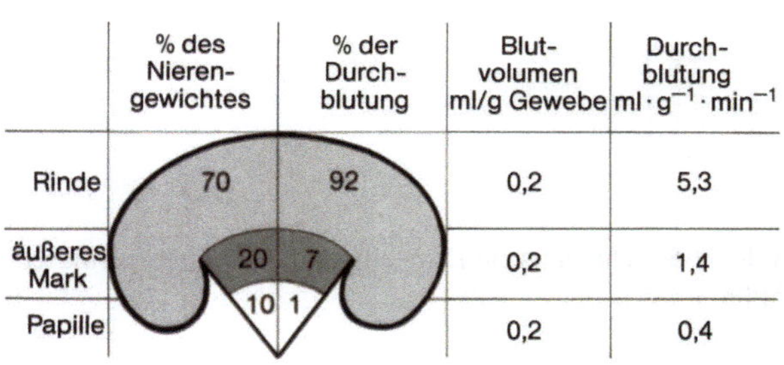

Abb. 30-2. Intrarenale Verteilung der Durchblutung

Gefäßarchitektur. Die Gefäßversorgung des Nierengewebes zeichnet sich durch die Besonderheit aus, daß hier *Widerstandsgefäße und Capillaren 2mal in Serie hintereinandergeschaltet* sind. Die Nierenarterie teilt sich nach ihrem Abgang aus der Aorta im Hilusbereich in 2 oder mehrere Äste, aus denen die Aa.interlobares entspringen. Von diesen gehen die Aa.arcuatae ab, die entlang der Mark-Rinden-Grenze verlaufen und in die Rinde hinein die Aa.interlobulares abgeben (Abb. 30-1). Von diesen gehen die sog. **Vasa afferentia** ab, die zur Widerstandsregulation befähigte Arteriolen sind, und aus denen dann die **Capillarschlingen der Glomeruli** entspringen. Deren Abfluß wird durch die nachgeschalteten zweiten Widerstandsgefäße, die **Vasa efferentia**, aufgenommen und in das nächste Capillarnetz geleitet, das in der Nierenrinde als sog. **peritubuläre Capillaren** netzförmig die Tubulusschläuche umspannt.

Strömungswiderstände. Bei normalem arteriellem Druck ist der Abfall des Mitteldruckes von der Nierenarterie über die Vasa afferentia bis hin zu den Glomeruluscapillaren relativ gering (Abb. 30-3). Das hat zur Folge, daß in diesen Capillaren ein höherer hydrostatischer Druck herrscht als in allen anderen Capillargebieten des Körpers, womit im Glomerulus auch die treibende Kraft für die besonders hohe Filtrationsleistung geliefert wird.

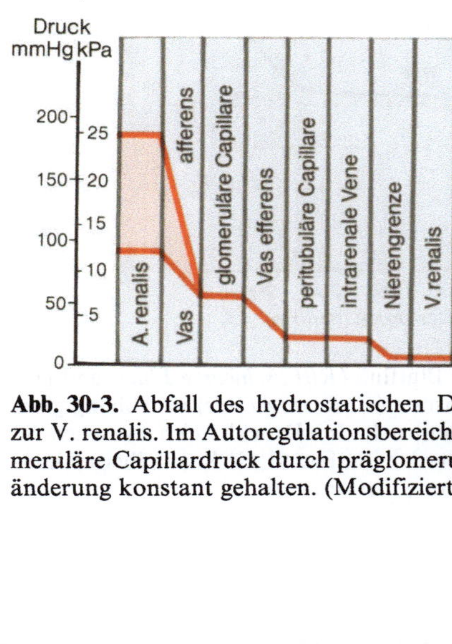

Abb. 30-3. Abfall des hydrostatischen Drucks von der A. zur V. renalis. Im Autoregulationsbereich (*rot*) wird der glomeruläre Capillardruck durch präglomeruläre Widerstandsänderung konstant gehalten. (Modifiziert nach [54])

Einen mindestens ebenso großen *Strömungswiderstand* bieten die Vasa efferentia. Hier wird der Druck so stark gedrosselt, daß in dem nachgeschalteten peritubulären Capillarnetz der hydrostatische Druck nicht mehr über demjenigen der proximalen Tubuli liegt, so daß Aufnahme und Abtransport der resorbierten Tubulusflüssigkeit problemlos erfolgen kann.

Während das *Vas afferens* bei normalem arteriellem Druck als Widerstandsgefäß nur begrenzt in Erscheinung tritt, wird seine Arteriolenfunktion bei erhöhtem Druck sehr wohl deutlich. Bis zu einem arteriellen Druck von etwa 200 mm Hg wird in den Vasa afferentia sowie den vorgeschalteten Aa. interlobulares der Widerstand proportional so gesteigert, daß der Druck in den nachgeschalteten Glomeruluscapillaren nahezu unverändert bleibt. Durch den so *konstant bleibenden Filtrationsdruck* wird unabhängig von arteriellen Druckschwankungen der Durchsatz an extracellulärer Flüssigkeit immer annähernd gleich gehalten, und die Nieren können in ihrer Kontrollfunktion nicht überfordert werden.

Autoregulation. Die druckabhängige Anpassung des Eingangswiderstandes vor den Glomeruli hat zwangsläufig zur Folge, daß auch die *Nierendurchblutung bei Druckschwankungen* konstant gehalten wird, was als Autoregulation bezeichnet wird (Abb. 30-4). Ebenso ausgeprägt wie an der Niere findet sich eine Autoregulation der Durchblutung auch im Gehirn. Auch das Gehirn muß im Postarteriolenbereich druckkonstant perfundiert werden, da sonst bei Druckerhöhungen die Gefahr des Hirnödems und der Hirndruckerhöhung gegeben wäre. Entsprechend sind daher beide Organe auch *von der allgemeinen Kreislaufregulation weitgehend entkoppelt* und stellen normalerweise den Tonus ihrer Widerstandsgefäße unabhängig von Sympathicustonus und Kreislaufreflexen ein. Nur bei sehr starker Erhöhung der Sympathicusaktivität kommt es auch in der Niere zur Vasoconstriction.

Der **Mechanismus der Autoregulation** von glomerulärer Filtration und Nierendurchblutung ist noch nicht befriedigend geklärt. Einmal liegt ein sog. *Bayliss-Effekt* (S. 513) vor, der besagt, daß glatte Gefäßmuskulatur bei einer Erhöhung des transmuralen Druckes (S. 510) mit einer Kontraktion antwortet. Da jedoch an der Niere das Ausmaß der Arteriolenconstriction durch Funktionsänderungen der Niere beeinflußt werden kann, wird zusätzlich ein *intrarenaler Rückkopplungsmechanismus* diskutiert [45]. Die anatomische Voraussetzung für eine Beeinflussung der Arteriolen vor und hinter dem Glomerulus vom Tubulus her ist dadurch gegeben, daß die aufsteigende Henle-Schleife an ihrem Ende direkten Kontakt zum eigenen glomerulären Gefäßpol nimmt (Abb. 30-5). An dieser Kontaktstelle, der *Macula densa*, ist das Epithel zu auffällig hohen Zellen umdifferenziert, während die Mediazellen der Arteriolen reichlich Granula mit dem *Enzym Renin* enthalten.

Renin ist eine Peptidase, die aus einem in der Leber gebildeten Plasmaprotein namens Angio-

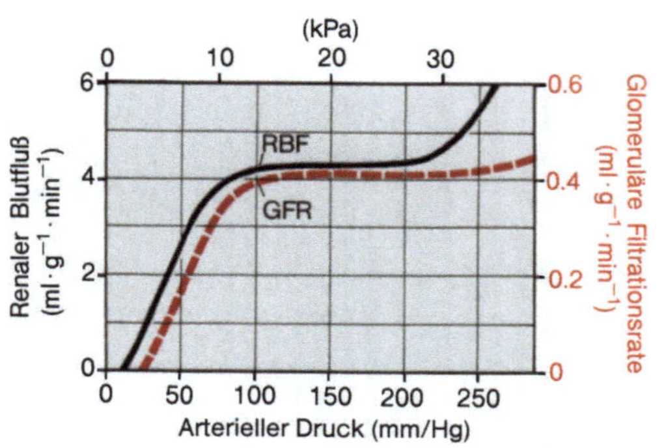

Abb. 30-4. Renaler Blutfluß (*RBF, schwarze Linie*) und glomeruläre Filtrationsrate (*GFR, rote Linie*) in Abhängigkeit vom arteriellen Blutdruck. Im Druckbereich zwischen 80 und 200 mm Hg werden RBF und GFR annähernd konstant gehalten (Autoregulation)

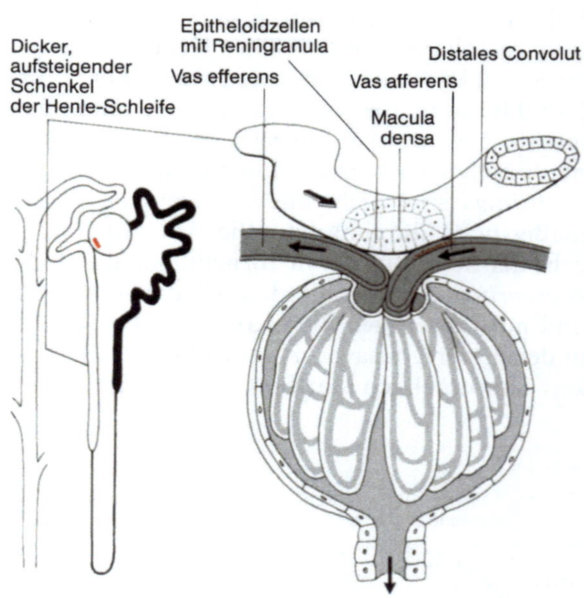

Abb. 30-5. Schematische Darstellung des juxtaglomerulären Apparates.

tensinogen das Dekapeptid Angiotensin I abspaltet. Durch eine weitere Peptidase, das *„Converting enzyme“* wird daraus das Oktapeptid **Angiotensin II** gebildet. Dieses ist zum einen die Signalsubstanz, durch die die Nebennierenrinde zur Produktion und Freisetzung von Aldosteron veranlaßt wird (S. 791), könnte aber andererseits auch an der Regulation des renalen Arteriolentonus beteiligt sein. Es ist nämlich unter den körpereigenen Substanzen diejenige mit der stärksten vasoconstringierenden Wirkung. Neben einer mechanisch-myogenen Widerstandsadjustierung könnte so auch eine chemische Filtratdrossel existieren.

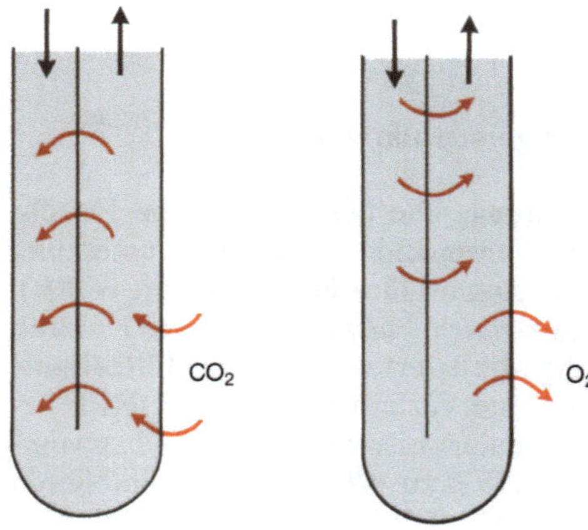

Abb. 30-6. Gegenstromaustausch in den Vasa recta des Nierenmarkes. Im Nierenmark erzeugte Substanzen wie CO_2 werden durch eine Gegenstromdiffusion im Bereich der Schleifenspitze kurzgeschlossen und dort in hoher Konzentration akkumuliert. Im Nierenmark verbrauchte Substanzen wie O_2 werden an der Schleifenbasis kurzgeschlossen und so am Vordringen in Richtung zur Schleifenspitze behindert

Nierenmarkdurchblutung. Das Nierenmark ist durch eine weitere Eigentümlichkeit der renalen Gefäßversorgung gekennzeichnet: Es gibt dort nur Capillargefäße. Von den in der untersten Rindenschicht unmittelbar an der Grenze zum Mark gelegenen Glomeruli, den sog. **juxtamedullären Glomeruli,** bilden die aus den Vasa efferentia abgehenden Capillaren kein peritubuläres Netz, sondern verlaufen parallel in charakteristischen *Bündeln* zur Papillenspitze hin (Abb. 30-1). Diese als **arterielle Vasa recta** bezeichneten Capillargefäße teilen sich in kleine Verästelungen auf, die dann wieder in aufsteigende **venöse Vasa recta** aufgenommen werden, über die im Verband des Gefäßbündels das Blut zur Rinde zurückgeleitet wird. Je mehr im Zentrum eines Bündels ein Vas rectum gelegen ist, um so weiter reicht es zur Papillenspitze hin.

Während in den übrigen Organen des Körpers die Länge der Capillaren bei 0,5 mm liegt, kommt es im Nierenmark durch die Vasa-recta-Konfiguration zu Capillarstrecken von mehreren Zentimetern. Capillaren sind Abschnitte im Kreislauf, in denen Austauschprozesse zwischen Blut und interstitiellem Raum stattfinden. Die ungewöhnliche Länge der Austauschstrecken im Nierenmark hat natürlich ihre funktionelle Bedeutung. Durch die unmittelbar benachbarte Anordnung von arteriellen und venösen Vasa recta mit entgegengesetzter Stromrichtung wird auf der ganzen Kontaktstrecke allein durch die Strömung ein horizontales Konzentrationsgefälle für sämtliche diffusiblen Substanzen geschaffen und führt zu entsprechenden Diffusionsflüssen. Substanzen, die vom Tubulus her dem **vasculären Gegenstromsystem** zugeführt werden, wie z.B. Harnstoff, werden durch diese Gegenstromdiffusion zur Spitze hin in hoher Konzentration akkumuliert (Abb. 30-6). Im Falle des Harnstoffs ist dies eine wichtige Voraussetzung, um im Markgewebe einen hohen osmotischen Druck zu halten und der Konzentrierungsarbeit der Niere nutzbar zu machen (S. 804). Bei einer Substanz, die im Nierenmark produziert wird, wie z.B. CO_2, führt die Anreicherung durch **Gegenstromdiffusion** zu einem höheren P_{CO_2} als irgendwo sonst im Organismus. Andererseits werden alle Substanzen, die im Nierenmark in noch so geringer Menge verbraucht werden (z.B. O_2 oder Glucose) und deren Konzentration im aufsteigenden Gefäß daher etwas niedriger ist als im absteigenden, durch Gegenstromdiffusion schon in den rindennahen Abschnitten kurzgeschlossen und am Einströmen in das innere Mark weitgehend behindert [29]. Entsprechend ist der P_{O_2} der Nierenpapille der niedrigste im Körper und zwingt diese, ihren — allerdings ohnehin geringen — Energiebedarf weitgehend durch anaerobe Stoffwechselprozesse zu decken.

Bei der Regulation der Nierenmarkdurchblutung könnten Prostaglandine eine Rolle spielen. In interstitiellen Zellen des Nierenmarks wird insbesondere PGE_2 gebildet, das im Zustand der Mangelversorgung freigesetzt wird und gefäßerweiternd wirkt [15, 36, 57].

30.3 Glomeruläre Filtration

Dynamik der glomerulären Filtration

Filtrationsleistung. Die besonders hohe Durchblutung der Nierenrinde ist die Voraussetzung für eine hohe **glomeruläre Filtrationsrate (GFR).** Etwa $^1/_5$ *des renalen Plasmaflusses (RPF)* kann dabei ständig abfiltriert werden. Das **Filtrationsfraktion** genannte Verhältnis von GFR/RPF beträgt also normalerweise rund 0,2. Pro Tag summiert sich die GFR zu **170 l**. Obwohl die Nieren selbst weniger als 0,5% des Extracellulärvolumens enthalten, wird so in der Bilanz das gesamte Extracellulärvolumen rund 10mal/Tag zur Kontrolle durch die Nieren geschleust.

Effektiver Filtrationsdruck. Wie an den Capillaren aller anderen Organe auch (s. Starling-Mechanismus, S. 530), ist die Filtration an den Glomeruluscapillaren ein *druckpassiver Vorgang*. Die treibende Kraft ergibt sich aus der Differenz hydrostatischer und onkotischer (kolloidosmotischer) Drücke und wird als *effektiver Filtrationsdruck* (P_{eff}) bezeichnet. Dem *hydrostatischen Druck in den Glomeruluscapillaren* (P_{cap}) wirken der *hydrostatische Druck im Raum der Bowman-Kapsel* (P_{bow}) sowie der *kolloidosmotische Druck im Capillarblut* (P_{onk}) entgegen:

$$P_{eff} = P_{cap} - P_{bow} - P_{onk}\,. \qquad (1)$$

Aufgrund von direkten Mikropunktionsmessungen (S. 785) an Ratten liegt der Capillardruck bei 50 mm Hg (s. Abb. 30-3), der Druck in der Bowman-Kapsel bei 12 mm Hg und der kolloidosmotische Druck am Capillaranfang bei 20 mm Hg: Es ergäbe sich demnach ein effektiver Filtrationsdruck von $P_{eff} = 50 - 12 - 20 =$ 18 mm Hg. Über die Länge der Capillaren nimmt der hydrostatische Druck nur wenig ab (auf ca. 48 mm Hg). Aber durch das Abpressen eines nahezu eiweißfreien Ultrafiltrates steigt die Eiweißkonzentration und damit der kolloidosmotische Druck in den glomerulären Capillaren. Wenn P_{onk} gleich groß wie die Differenz zwischen P_{cap} und P_{bow} (Gl. 1) wird, ist ein **Filtrationsgleichgewicht** erreicht und die Filtration kommt zum Stillstand. Bei den oben angegebenen Zahlenwerten wäre dies bei einem $P_{onk} =$ 36 mm Hg erreicht: $P_{eff} = 48 - 12 - 36 = 0$ mm Hg.

Man nimmt an, daß sich dieses Filtrationsgleichgewicht normalerweise schon vor dem Ende der Capillaren einstellt. Bei Erhöhung des Plasmaflusses könnten dann weitere Capillarstrecken in den Filtrationsprozeß einbezogen werden; es wäre so die Filtrationsfläche vergrößert und bei gleichbleibender Filtrationsfraktion und unverändertem effektivem Filtrationsdruck könnte eine höhere GFR erzeugt werden [16]. Es ist aber noch ungeklärt, ob die physiologischen GFR-Schwankungen (s.u.) auf einem solchen Mechanismus beruhen.

Die Höhe der glomerulären Filtrationsrate (GFR), die mit Hilfe des effektiven Druckgradienten filtriert werden kann, hängt von der *Filtrationsfläche* (F) sowie von der *hydraulischen Leitfähigkeit* (Lp) der Filtermembran ab:

$$GFR = F \cdot Lp \cdot P_{eff}\,. \qquad (2)$$

Der Faktor Lp sagt aus, welches Wasservolumen pro Zeit, pro Fläche und pro Druckdifferenz durch eine Membran filtriert werden kann. Er wird zuweilen mit der Fläche F zusammengefaßt (Lp·F) und dann als *Filtrationskoeffizient* K_F bezeichnet.

Physiologische Schwankungen der GFR. Aus den pro Tag filtrierten 170 l errechnet sich eine mittlere GFR von **120 ml/min**. Diese Zahl wird häufig als Normwert angegeben. Es ist jedoch zu beachten, daß über den Tag *erhebliche physiologische Schwankungen* auftreten. So existiert einmal ein ausgeprägter *circadianer Rhythmus*, bei dem das Maximum während der aktiven Tagesphase 30% über und das Minimum während der nächtlichen Ruhepause 30% unter dem Mittelwert liegen kann. In der gleichen Größenordnung bewegen sich *Filtratsteigerungen, die im Anschluß an Mahlzeiten* auftreten können.

Eine Filtratänderung kann durch jeden der 5 Faktoren, welche die Filtrationsdynamik bestimmen (Gl. 1 und 2) verursacht werden. Im Krankheitsfall kann so ein Nierenversagen mit ungenügender Filtration sowohl über Druckänderungen (z.B. Schock, Ureterverschluß) zustande kommen wie auch durch Veränderungen an der Filtrationsmembran (z.B. Glomerulonephritis, Amyloidniere).

Bestimmung der Filtrationsrate. Die Größe der GFR läßt sich unter Verwendung einer *Indikatorsubstanz* nach dem *Fickschen Prinzip* (s. S. 570) bestimmen. Die Indikatorsubstanz muß dazu folgende Voraussetzungen erfüllen: Sie muß 1. ein frei filtrierbarer Nichtelektrolyt sein. Sie darf also weder an Plasmaproteine gebunden sein, noch darf sie aus Gründen der elektrischen Ladung (s.u.) oder der Molekülgröße am freien Durchtritt durch die glomeruläre Filtrationsmembran behindert werden. 2. Sie darf natürlich nicht toxisch sein. 3. Sie darf im Tubulussystem weder resorbiert noch sezerniert werden. 4. Sie darf in der Niere nicht abgebaut oder synthetisiert werden. Die gesamte Menge einer solchen Substanz, die durch Filtration in den Primärharn gelangt, muß also quantitativ und unverändert im Endharn erscheinen. Die pro Zeit ausgeschiedene Menge ist dann der pro Zeit filtrierten Menge gleich.

Da

$$\text{Menge} = \text{Volumen} \cdot \text{Konzentration}, \tag{3}$$

ist, läßt sich die Bilanzgleichung aufstellen:

$$\dot{V}_u \cdot U = GFR \cdot P, \tag{4}$$

oder

$$GFR = \frac{U}{P} \cdot \dot{V}_u. \tag{5}$$

Dabei bedeuten: *U* Urinkonzentration der Indikatorsubstanz, *P* Plasmakonzentration der Substanz, $\dot{V}_u$ Harnzeitvolumen.

Eine Substanz, die alle genannten Forderungen erfüllt, ist **Inulin.** Es ist dies ein Polyfructosid aus rund 20 Fructosemolekülen, das in den Wurzeln einiger Obstbäume zu finden ist. Im menschlichen Stoffwechsel kommt Inulin natürlicherweise nicht vor und muß zur GFR-Bestimmung daher infundiert werden.

Bestimmung des Einzelnephronfiltrates. Nach dem gleichen Prinzip läßt sich auch im Experiment die Filtrationsrate eines einzelnen Glomerulus bestimmen. Man muß dazu an der freigelegten Niere mit einer Mikropunktionscapillare (S. 785) eine oberflächlich gelegene Tubulusschlinge anstechen und über eine gemessene Zeit quantitativ die Tubulusflüssigkeit absaugen. Aus der Stromstärke der Tubulusflüssigkeit ($\dot{V}_{TF}$) und der Inulinkonzentration in Tubulusflüssigkeit (TF_{In}) und Plasma (P_{In}) ergibt sich dann das Einzelnephronfiltrat (ENF):

$$ENF = \frac{TF_{In}}{P_{In}} \cdot \dot{V}_{TF}. \tag{6}$$

Es liegt im Mittel bei 50 $nl \cdot min^{-1}$.

Clearancebegriff. Mit dem geschilderten Indikatorverfahren wird mit der GFR dasjenige Plasmavolumen angegeben, das von der Testsubstanz befreit, „geklärt" wird.

Die Formel

$$C = \frac{U}{P} \cdot \dot{V}_u, \tag{7}$$

trägt daher auch dem Namen **Clearanceformel.** Bei einer nur durch glomeruläre Filtration eliminierten Substanz wie Inulin ist die Clearance mit der GFR identisch. Bei Substanzen, die zwar frei filtriert, aber anschließend wieder resorbiert werden (z.B. Na^+, Glucose), liegt die Clearance niedriger; Substanzen, die sowohl filtriert als auch zusätzlich über die Tätigkeit der Tubuluszellen aus dem Blut extrahiert werden, haben eine Clearance, die über derjenigen von Inulin liegt (z.B. Penicillin, PAH, s.S. 801).

Kreatininclearance. Unter den natürlichen Stoffwechselprodukten, die über die Niere ausgeschieden werden, hat sich *Kreatinin* als eine Substanz erwiesen, die in ihrer renalen Behandlung dem Inulin sehr nahe kommt. Sie wird allerdings in geringem Ausmaß sezerniert, wodurch die sog. *endogene Kreatininclearance* derjenigen des Inulins an Genauigkeit unterlegen ist. Trotzdem hat sie in der Klinik die größere Verbreitung gefunden, da die Notwendigkeit einer Infusion entfällt.

Kreatinin stammt aus dem Muskelstoffwechsel. Die täglich anfallende Kreatininmenge ist von der Muskelmasse abhängig, schwankt aber beim einzelnen Individuum nur wenig, so daß auch die Plasmakonzentrationen relativ konstant liegen: Im Mittel bei 9 mg/l (80 µmol/l), bei sehr muskelstarken Personen bis 15 mg/l (133 µmol/l), bei muskelschwachen nur bei 5 mg/l (44 µmol/l). Da Kreatinin ganz überwiegend über glomeruläre Filtration aus dem Blut eliminiert wird, kann der erfahrene Arzt bei Nierenerkrankungen aus der Höhe und Anstiegsgeschwindigkeit der *Kreatininkonzentration im Plasma* das Ausmaß und die Progredienz einer *Niereninsuffizienz* abschätzen (Abb. 30-31).

Ultrafiltrat und Glomerulusfilter

Zusammensetzung des Glomerulusfiltrates. Der in den Glomeruli abgepreßte Primärharn hat alle Kennzeichen eines **Ultrafiltrates**: Er ist frei von den corpusculären Elementen des Blutes und er ist nahezu eiweißfrei; die Konzentration aller gelösten kleinmolekularen Stoffe ist ungefähr gleich der Plasmakonzentration.

Geringe Konzentrationsunterschiede zwischen Plasmawasser und Filtrat kommen dadurch zustande, daß verschiedene Substanzen eine gewissen *Bindung an Plasmaproteine* aufweisen und so teilweise der Filtration entgehen (z.B. Calcium, organische Säuren und Basen). Weiterhin ist zu beachten, daß im Plasma die *Proteine ein bestimmtes Volumen einnehmen,* das für die gelösten Substanzen nicht als Lösungsraum zur

Verfügung steht. Im Gesamtplasma bestimmte Substanzkonzentrationen liegen daher um ungefähr 5% niedriger als die tatsächliche Konzentration gelöster Substanzen im Plasmawasser oder Ultrafiltrat.
Schließlich kommt auch noch die Einstellung eines *Gibbs-Donnan-Gleichgewichts* hinzu, welches übrigens auch bei der unterschiedlichen Elektrolytverteilung zwischen Zellinnerem und Extracellulärraum eine gewisse Rolle spielt (S. 813).

Gibbs-Donnan-Gleichgewicht. Wenn an einer Trennschicht wie der Filtrationsmembran oder auch der Zellmembran an einer Seite *nicht-diffusible Ionen* vorhanden sind, dann verteilen sich auch die diffusiblen und an sich gut membrangängigen Ionen in unterschiedlicher Konzentration beiderseits der Trennfläche. Diese Voraussetzung ist an der Glomerulusmembran dadurch gegeben, daß die nicht filtrierbaren Proteine im Plasma als Polyanionen vorliegen.
Für die *diffusiblen Ionen* gilt, daß im Gleichgewichtszustand das elektrochemische Potential (s. Nernst-Gleichung, S. 6f.) der Kationen und Antionen beiderseits der Trennfläche gleich sein muß:

$$\frac{R \cdot T}{z \cdot F} \ln \frac{[K^+]_i}{[K^+]_a} = \frac{R \cdot T}{z \cdot F} \ln \frac{[A^-]_a}{[A^-]_i}. \tag{8}$$

Daraus ergibt sich für einwertige Ionen

$$\frac{[K^+]_i}{[K^+]_a} = \frac{[A^-]_a}{[A^-]_i}, \tag{9}$$

oder

$$[K^+]_i \cdot [A^-]_i = [K^+]_a \cdot [A^-]_a. \tag{10}$$

Hierbei bedeuten $[K^+]$ bzw. $[A^-]$ die Konzentrationen der diffusiblen Kationen bzw. Anionen, die Indices *a* und *i* bezeichnen die beiden getrennten Seiten. *Im Gleichgewicht ist also das Produkt der Konzentrationen von diffusiblen Anionen und Kationen beiderseits der Membran gleich.* Auf der anderen Seite muß aber auch auf beiden Seiten *Elektroneutralität* herrschen

$$[K^+]_a = [A^-]_a, \tag{11}$$

bzw. auf der proteinhaltigen Seite

$$[K^+]_i = [A^-]_i + [Prot^-]. \tag{12}$$

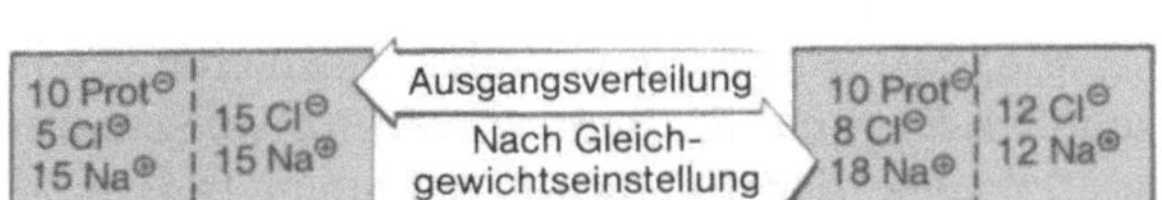

Abb. 30-7. Numerisches Beispiel für die Einstellung eines Donnan-Gleichgewichts an einer Membran, die für Proteinanionen nicht, für Na^+- und Cl^--Ionen jedoch frei diffusibel ist

Durch Einsetzen von Gl. (11) bzw. (12) in Gl. (10) ergibt sich

$$[A^-]_i([A^-]_i + [Prot^-]) = ([A^-]_a)^2, \tag{13}$$

$$[K^+]_i([K^+]_i - [Prot^-]) = ([K^+]_a)^2. \tag{14}$$

Daraus resultiert für die Verteilung der durchtrittsfähigen Ionen

$$[A^-]_i < [A^-]_a, \tag{15}$$

$$[K^+]_i > [K^+]_a. \tag{16}$$

Diese Beziehung ist in Abb. 30-7 an einem Zahlenbeispiel illustriert. Die initial angenommene gleiche Verteilung von Anionen und Kationen wird durch die Einstellung eines Gibbs-Donnan-Gleichgewichts so geändert, daß auf der Proteinseite die Konzentration diffusibler Kationen höher ist als auf der Gegenseite, während die diffusiblen Anionen ein umgekehrtes Konzentrationsverhältnis aufweisen. Dabei herrscht auf beiden Seiten Elektroneutralität, und auch die Bedingung der Gl. (9) ist erfüllt.
Im praktisch eiweißfreien Ultrafiltrat liegen aufgrund des Donnan-Faktors die Konzentrationen der univalenten Kationen wie Na^+ und K^+ um rund 5% niedriger als im Plasmawasser, die Konzentrationen der univalenten Anionen wie Cl^- und HCO_3^- um etwa 5% höher. Da Donnan-Faktor und Eiweißkorrekurfaktor etwa die gleiche Größenordnung haben, heben sie sich bei den univalenten Kationen ungefähr auf. Bei den univalenten Anionen aber addieren sie sich, so daß deren Ultrafiltratkonzentration im Vergleich zur Plasmakonzentration um etwa 10% größer ist (s. Tabelle 30-1).

Struktur des Glomerulusfilters. Die Trennschicht zwischen Capillarlumen und Bowman-Kapselraum setzt sich aus 3 Lagen zusammen. Wie Abb. 30-8 zeigt, ist das dünne **Capillarendothel** stark gefenstert. Diese Poren haben einen Durchmesser zwischen 50 und 100 nm. Sie halten die cellulären Elemente des Blutes zurück.

Tabelle 30-1. Konzentration wichtiger Ionen in Plasma, Plasmawasser und Ultrafiltrat

	Plasma mmol/l	Plasmawasser mmol/l	Ultrafiltrat mmol/l
Na^+	142	151	144
K^+	4	4,3	4
Ca^{2+}	2,5[a]	1,4	1,3
Cl^-	102	110	114
HCO_3^-	25	27	28

[a] Einschließlich des an Plasmaproteine gebundenen Calciums

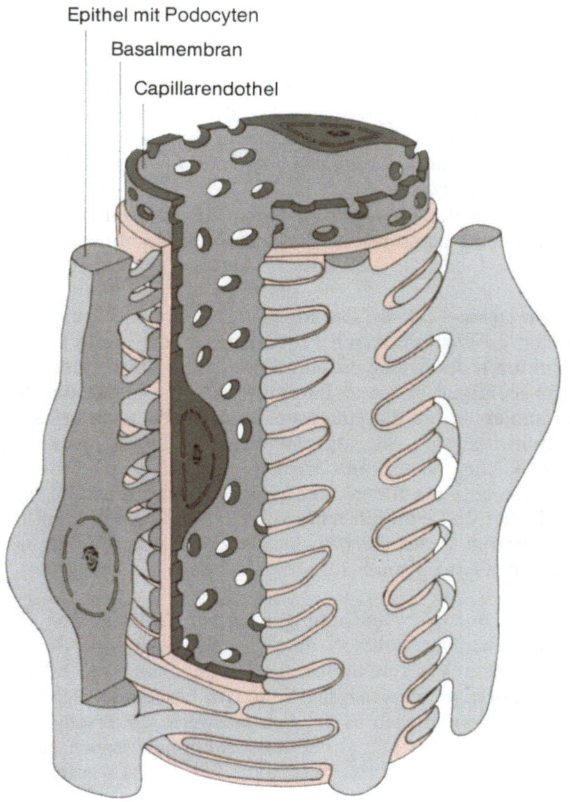

Abb. 30-8. Schema einer glomerulären Capillarschlinge. Glomerulusfilter: Epithel der Bowman-Kapsel mit Podocyten, die mit einer Glykocalyx von stark anionischen Sialoproteinen bedeckt sind, Basalmembran mit Netzwerk von Glykoproteinen mit stark polyanionischer Ladung (*rot*), Capillarendothel mit Fenstrierungen. (Modifiziert nach [39])

Die nächste Schicht wird durch eine kontinuierliche **Basalmembran** gebildet. Sie wird durchzogen von einem dreidimensional verflochtenen Netz von stark polyanionisch geladenen Glykoproteinen, die in eine elektronenoptisch homogen erscheinende Matrix eingebettet liegen. Die Basalmembran wirkt offensichtlich als Sieb für die größeren Proteinmoleküle des Plasmas.
Das dichteste Filter und damit die trennschärfste Filtrationsbarriere scheint erst in der dritten Schicht, dem **Epithel der Bowman-Kapsel** gelegen zu sein. Da, wo dieses den glomerulären Capillarschlingen aufliegt, ist es zu sog. *Podocyten* umgeformt. Die Fußfortsätze der aneinanderliegenden Zellen sind vielfach ineinander verzahnt und bilden dadurch die sog. *Filtrationsschlitze* mit einer Weite von 20–50 nm. Die Schlitze sind mit Sialoprotein, einem Polysaccharidmaterial, ausgefüllt und zur Basalmembran durch ein feines Häutchen verschlossen [26]. Dieses *Glykocalyx* genannte System behindert den Durchtritt von Makromolekülen ab einem effektiven Radius von 1,5 nm zunehmend, bis schließlich bei 4,5 nm praktisch keine Durchlässigkeit mehr gegeben ist.

Permselektivität. Im kritischen Bereich der Molekülgröße zwischen 1,5 und 4,5 nm werden *polyanionische Plasmaproteine* (Albumine) *sehr viel stärker am Durchtritt behindert* als gleich große neutrale oder kationisch geladene Makromoleküle. Ursache dafür ist die überwiegend anionische Ladung der Proteine in der Basalmembran und den Filtrationsschlitzen. Das glomeruläre Sieb wird also neben der sterischen Konfiguration der Strukturelemente durch ein elektrisches Filter ergänzt. Folge dieser sog. *Permselektivität* des Filters ist es, daß die Spuren von Eiweiß, die im Ultrafiltrat erscheinen, sich erheblich vom Proteinmuster des Plasmas unterscheiden [34].

30.4 Tubulärer Transport

Analyse von Transportvorgängen

Clearanceverfahren. Mit Hilfe von Clearancemethoden (S. 783) läßt sich ein guter Überblick über die Filtrations-, Sekretions- und Resorptionsleistung der Nieren gewinnen. Dazu sind nur Analysen in Blut und Harn notwendig. Die Nieren selbst bleiben unberührt. Man erhält jedoch auch nur summarisch eine Information über die Leistung aller tätigen Nephrone und kann weder Funktionsstörungen lokalisieren, noch die sehr unterschiedliche Tätigkeit der einzelnen Nephronabschnitte beurteilen. Dies gelingt nur im Experiment mit Hilfe von Mikrotechniken. Unsere Kenntnisse über die Tubulusfunktion basieren auf solchen experimentellen Untersuchungen. Von der Vielzahl der entwikkelten Methoden können hier nur einige Beispiele genannt werden.

Mikropunktionstechniken. Bei vielen Tierspecies kann man an der operativ freigelegten Niere durch die Nierenkapsel hindurch Tubulusschlingen der proximalen und distalen Convolute sowie peritubuläre Capillaren und zuweilen auch Glomeruli erkennen. Mit Hilfe eines Mikromanipulators läßt sich unter mikroskopischer Sicht in diese Strukturen gezielt eine scharf angeschliffene Glascapillare einstechen und *Flüssigkeit zur Analyse entnehmen* (Abb. 30-9 A). Umgekehrt lassen sich über Mikropunktionscapillaren auch radioaktiv markierte oder sonstwie gut meßbare Testsubstanzen in die Tubulusflüssigkeit injizieren und aus weiter stromabwärts entnommenen Proben die *Transportleistung des*

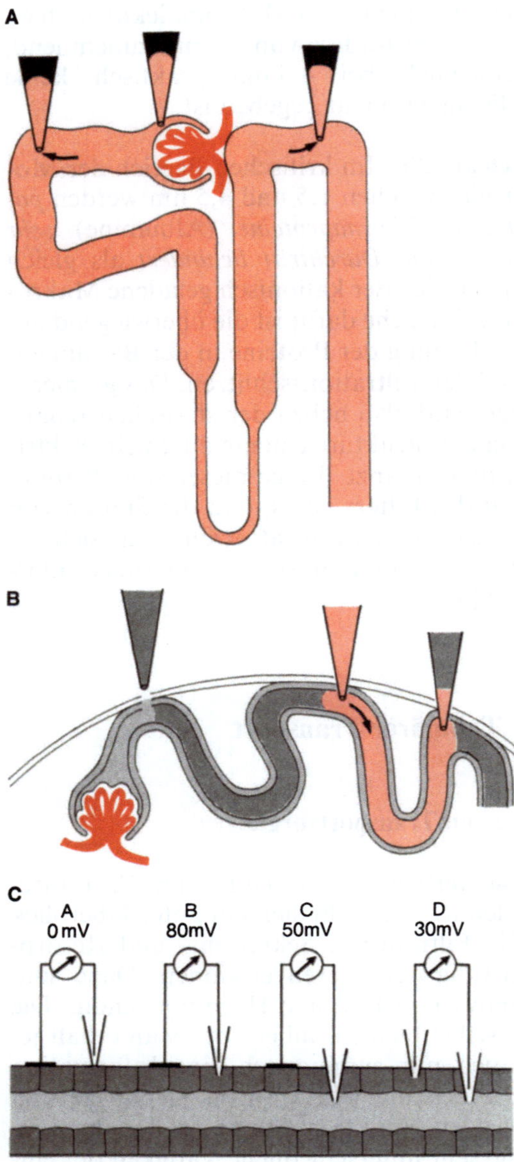

Abb. 30-9 A–C. Beispiele für Anwendung der Mikropunktionstechnik:
A Sammlung von Tubulusflüssigkeit in Bowman-Kapsel, proximalem und distalem Convolut; **B** Mikroperfusion eines Tubulussegments in vivo, das durch Ölblocks isoliert ist; **C** Messung transmembranaler elektrischer Potentialdifferenzen in einem distalen Convolut

dazwischenliegenden Nephronabschnitts bestimmen. Die Transportrate in einem bestimmten Nephronsegment läßt sich z.B. dadurch quantitativ messen, daß dieses durch Ölblocks abgedichtet und mit einer exakt steuerbaren Mikroperfusionspumpe durchströmt wird (Abb. 30-9 B). Solche *Tubulusperfusionen* lassen sich auch an aus der Niere herauspräparierten Nephronstücken in vitro durchführen. Dabei können dann durch Variationen sowohl der Perfusionslösung wie auch der äußeren Badlösung die Bedingungen für den Transport verschiedenster Substanzen beliebig vorgegeben werden [56].

Elektrophysiologische Techniken. Bei der Mehrzahl der renalen Transportvorgänge handelt es sich um den Transport elektrisch geladener Teilchen über elektrisch geladene Grenzflächen. Hier können mit Mikroelektroden die *elektrischen Potentialdifferenzen* über den Zellmembranen gemessen werden (Abb. 30-9 C). Ferner erlauben aus Spezialglas hergestellte Mikroelektroden die *elektrometrische Messung der Aktivitäten* von H^+-, Na^+-, K^+-, Cl^-- oder Ca^{2+}-Ionen. Auf diese Weise lassen sich für jede Ionensorte die Transportbedingungen an den einzelnen Membranen angeben.

Patch-clamp-Technik. Die Ionenströme in den Membranen laufen größtenteils durch Proteinfenster, die in die Lipoidstrukturen der Membran eingebettet sind. Durch ihre sterische Konfiguration und Ladungsverteilung bilden die Proteinmoleküle für die einzelnen Ionensorten recht selektive Durchtrittswege, die sog. *Ionenkanäle*. Durch Ansaugen eines kleinen Membranstückes in eine Mikroelektrode lassen sich einzelne Ionenkanäle isolieren, und mit sehr empfindlicher und computerunterstützter Meßtechnik kann der Ionenstrom gemessen bzw. das alternierende Öffnen und Schließen eines Kanals registriert werden.

Membranvesikel. Aus homogenisierten Zellen lassen sich Membranstücke isolieren, die sich nach bestimmter Vorbehandlung zu Vesikeln umformen. Sie behalten dabei oftmals Transporteigenschaften, die sie in situ besaßen, weitgehend bei und ermöglichen es so, beispielsweise Unterschiede in der Transportleistung von Bürstensaummembranen gegenüber Membranen der basolateralen Zellseite zu studieren.

Zellkulturen. In den letzten Jahren ist es gelungen, von verschiedenen Nephronabschnitten Zellen zu entnehmen und sie in Nährmedien nicht nur am Leben zu erhalten, sondern zu Wachstum und Zellteilung zu bringen. Solche sog. etablierten Zellinien behalten auch nach vielen Generationen noch Grundeigenschaften der Ursprungszelle bei. Unabhängig von Einflüssen des Gesamtorganismus oder des intakten Organs etwa durch Nerven, Hormone und andere Mediatoren lassen sich in den kultivierten Zellen unter genau definierten Bedingungen basale Lebensprozesse mit biochemischen und elektrophysiologischen Methoden studieren.

Flüssigkeitsresorption

Volumenreduktion entlang des Tubulus. Von den 170 l an Ultrafiltrat, die täglich von den Glomeruli produziert werden, erscheinen nur rund 1,5 l im Endharn. 99% des Filtrates werden also im Tubulssystem wieder resorbiert. An diesem *Resorptionsprozeß* sind die *einzelnen Nephronabschnitte ganz unterschiedlich beteiligt*. Wie Abb. 30-10 zeigt, liegt die Hauptlast beim Anfangsteil des Nephrons, wo bereits im *proximalen Convolut* 65% des Filtratvolumens wieder zurückgenommen werden. Die Resorption wird fortgesetzt im absteigenden Schenkel der *Henle-Schleife*, sistiert aber im aufsteigenden Schenkel, da dieser für Wasser weitgehend undurchlässig ist. Am Beginn des *distalen Convoluts* sind noch etwa 20% des ursprünglich filtrierten Volumens vorhanden, von denen bis zum Sammelrohrbe-

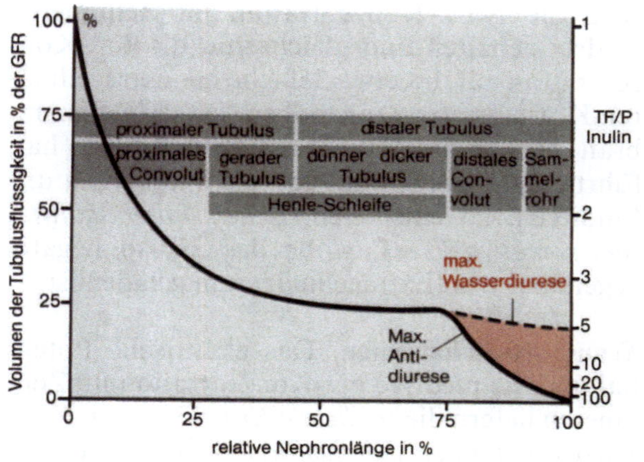

Abb. 30-10. Lokalisation und Ausmaß der Flüssigkeitsresorption entlang des Nephrons. Der jeweils im Tubulus verbleibende Prozentsatz des Filtratvolumens (*linke Ordinate*) kann aus dem Konzentrationsquotienten (*TF/P*) der Testsubstanz Inulin in der Tubulusflüssigkeit (*TF*), bezogen auf die Inulinkonzentration im Plasma bzw. Ultrafiltrat (*P*), gemessen werden (*rechte Ordinate*). Im distalen Convolut und Sammelrohr wird Wasser in unterschiedlichem Ausmaß resorbiert (*roter Bereich*): In Antidiurese unter maximaler ADH-Wirkung fast vollständige Resorption (*durchgezogene Linie*), in Wasserdiurese bei ADH-Blockierung kaum Resorption (*gestrichelte Linie*)

ginn die Hälfte resorbiert wird; ein etwa gleich großes Volumen wird im Verlauf der *Sammelrohrstrecke* zurückgenommen.

Antidiurese und Wasserdiurese. Im proximalen Teil des Nephrons ist das Ausmaß der Volumeneinengung unabhängig vom Funktionszustand der Niere, d.h. ob sich die Niere in ihrem „Normalzustand" der sog. *Antidiurese* befindet und einen osmotisch konzentrierten Harn herstellt oder aber eine *Wasserdiurese* vorliegt, wenn die Niere bei im Überschuß aufgenommenem Wasser einen Harn ausscheidet, der osmotisch niedriger konzentriert ist als das Blutplasma. Das Ausmaß der jeweiligen Wasserausscheidung wird durch unterschiedliche Resorption *im distalen Nephronabschnitt* unter Steuerung durch das Hormon ADH (S. 802) festgelegt.

Elektrolyttransport im proximalen Convolut

Lokalisation der Transportprozesse. Auch bei der Resorption gelöster Substanzen dominiert der *proximale Tubulus*. Hier wird die größte Menge an Elektrolyten und sonstigen Substanzen resorbiert. Auch bei der Sekretion von Wasserstoff- und Ammonium-Ionen ist er führend, und er allein ist in der Lage, schwache organische Säuren und Basen zu sezernieren. Die Resorptionsleistung der *distalen Nephronabschnitte* ist quantitativ viel geringer. Dort aber ist die *Feineinstellung der Resorption* bzw. *Ausscheidung* der wichtigsten Elektrolyte lokalisiert. Die Steuerung erfolgt dabei durch Mediatorsubstanzen, die in der Niere selbst gebildet werden, sowie durch extrarenal produzierte und kontrollierte Hormone, von denen die wichtigsten aus Hypothalamus, Hypophyse, Schilddrüse, Nebenschilddrüse, Herz und Nebennierenrinde stammen.
Eine grobe Übersicht über die Lokalisation der Transportprozesse im Nephron ist für die wichtigsten Substanzen in Abb. 30-11 zusammengestellt.

Resorption von Natriumsalzen. Bei $^4/_5$ der im Ultrafiltrat gelösten Substanzen handelt es sich um Natriumsalze. Die *Resorption von Natrium* ist daher die umfangreichste Aufgabe der Nieren. Sie kann aber auch gleichzeitig als der Motor für fast alle anderen tubulären Transportprozesse angesehen werden. $^2/_3$ des filtrierten Natriums, des sog. *Natriumloads*, werden im proximalen Tubulus resorbiert, zu 70% als NaCl und zu 30% als $NaHCO_3$. Da Wasser im gleichen Ausmaß folgt (Abb. 30-10), bleibt die Tubulusflüssigkeit entlang des proximalen Convoluts *isoton*, d.h. sie behält den gleichen

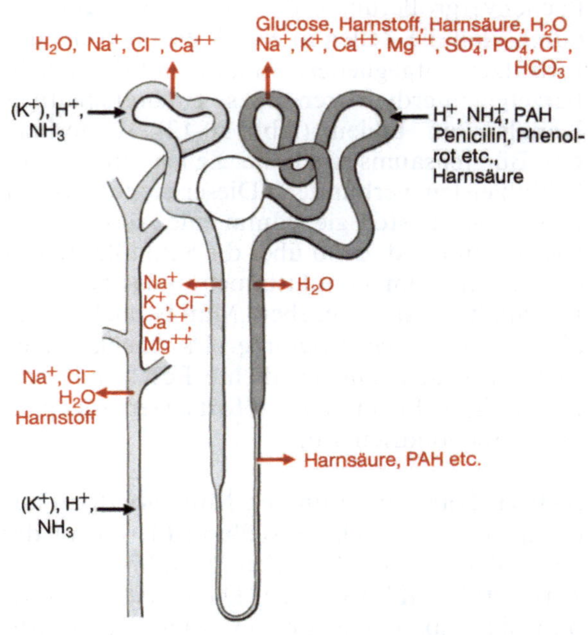

Abb. 30-11. Lokalisation der Transportvorgänge im Nephron; *rot*: resorbierte Substanzen, *schwarz*: sezernierte Substanzen

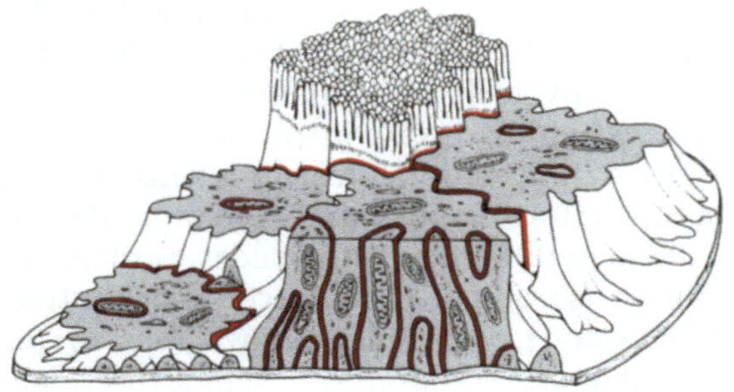

Abb. 30-12. Schematische Zeichnung proximaler Tubuluszellen; *links* intakt. *Mitte* und *rechts* angeschnitten. Die Zellen mit ihren basalen Fußfortsätzen interdigitieren. Die dadurch geschaffenen Spalten (*rot markiert*) sind in den verschiedenen Anschnitten erkennbar. (Nach [52])

osmotischen Druck wie das Blutplasma und die übrige extracelluläre Flüssigkeit des Körpers.

Struktur der Tubuluszellen. Wie alle Epithelzellen, die einen transcellulären Elektrolyt- und Wassertransport bewerkstelligen können, sind die *Tubuluszellen asymmetrisch strukturiert* [32]. Diese Asymmetrie ist bei den proximalen Zellen, welche die höchste Transportleistung aller Körperzellen zu erbringen haben, besonders extrem ausgebildet. Auf der Lumenseite sind sie mit einem dichten *Bürstensaum* ausgekleidet, der die Kontaktfläche mit der Tubulusflüssigkeit etwa um das 40fache vergrößert. Eine ähnliche Oberflächenvergrößerung erfährt die Gegenseite dadurch, daß die Zellen in eine Vielzahl von Fußfortsätzen aufgegliedert sind, die mit den Nachbarzellen interdigitieren und so ein breitspaltiges Kanalsystem bilden (Abb. 30-12). Unterhalb des Bürstensaums sind die Zellen durch sog. Schlußleisten verbunden. Dieser noch aus der klassischen Histologie stammende Ausdruck ist eher irreführend, denn über die Schlußleisten ist ein Zugang vom Tubuluslumen in das basolaterale Spaltensystem gegeben. Man bezeichnet ihn als *paracellulären Shuntweg*. Im basolateralen Teil der Zellen fällt der dichte Besatz mit großen, in ihrer Form den Fußfortsätzen angepaßten Mitochondrien auf.

Aktiver Transport. Von den Mitochondrien aus erfolgt die Energiebereitstellung für die in der benachbarten basolateralen Membran lokalisierten **(Na^+-K^+-)ATPase**. Dieses Adenosintriphosphat spaltende Enzym setzt die gespeicherte Stoffwechselenergie frei und betreibt damit unmittelbar eine *(Na^+-K^+-) Austauschpumpe* [25]. Durch diesen sog. *aktiven Transport* wird die Na^+-Konzentration im Zellinneren niedrig gehalten und gleichzeitig die K^+-Konzentration auf das etwa 35fache der extracellulären Konzentration angehoben. Da die Zellmembran eine gewisse Durchlässigkeit für K^+ hat, führt das Bestreben des K^+ nach außen zu diffundieren, zu einer *elektrischen Potentialdifferenz von etwa 70 mV*, wobei das Cytosol negativ gegenüber dem Extracellulärraum geladen ist.

Transportmechanismen. Das elektrische Potential und die niedrige Na-Konzentration im Zellinneren liefern die *treibende Kraft für einen Na^+-Einstrom aus der Tubulusflüssigkeit.* Dies ist auf 2 Wegen möglich. Der eine verläuft in Form eines **gekoppelten Transports** (auch *Cotransport* oder *Symport* genannt) mit Anionen, wobei insbesondere Phosphat, Sulfat, Chlorid und Aminosäuren die Partner sind. Eine größere Na^+Menge gelangt über einen **(Na^+-H^+-)Austausch** (auch *Gegentransport, Countertransport oder Antiport* genannt) in die Zelle (Abb. 30-13). Das so in die Zelle geströmte Na^+ wird durch die (Na^+-K^+-)ATPase auf der basolateralen Zellseite in das Interstitium weiterbefördert. Die in die Tubulusflüssigkeit sezernierten H^+-Ionen werden durch das dort vorhandene **Bicarbonat** gepuffert und die entstehende Kohlensäure wird mit Hilfe des im Bürstensaum reichlich vorhandenen *Enzyms Carboanhydrase* in H_2O und CO_2 umgewandelt. Letzteres diffundiert in die Zelle

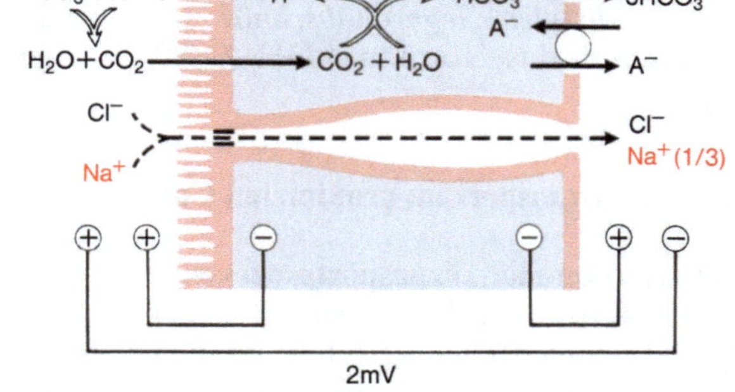

Abb. 30-13. Stofftransport in schematischer Darstellung im proximalen Tubulus. Ionenpumpen sind durch *Kreise* und *ausgezogene Pfeile*, paracelluläre Transporte durch *gestrichelte Pfeile* markiert. S* = Substrate

und kann mit der dort ebenfalls vorhandenen Carboanhydrase in H^+- und HCO_3^--Ionen zurückverwandelt werden. Während die H^+-Ionen über den Na^+-Antiport an der luminalen Membran rezirkulieren, wird Bicarbonat über ein Na^+-gekoppeltes Carriersystem wahrscheinlich im Verhältnis 3:1 an der basolateralen Membran aus der Zelle geschleust.

Durch den Mechanismus des bevorzugten Bicarbonattransportes durch die Zellen erfährt das „vernachlässigte" **Chlorid** in der Tubulusflüssigkeit eine leichte Konzentrationszunahme. Dadurch wird eine Diffusion durch die parazellulären Shuntwege ermöglicht [38]. Es bildet sich ein Diffusionspotential aus, in dessen elektrischem Feld Na^+-Ionen, aber auch **Ca^{2+}- und Mg^{2+}-Ionen** mitwandern können. Der Elektrolytfluß wiederum veranlaßt aus osmotischen Gründen einen Nachstrom von Wasser. Der Wasserstrom aber reißt nach dem Prinzip des „solvent drag" weitere gelöste Substanzen mit sich, in erster Linie natürlich das hauptsächlich vorhandene NaCl.

Unter **solvent drag** versteht man die durch einen Wasserfluß mitgerissene Menge an gelöster Substanz (Jis). Sie ist formal festgelegt durch

$$Jis = J_v \cdot c_i (1 - \sigma_i), \quad (17)$$

(J_v Volumenfluß, c_i mittlere Konzentration der Substanz i über die Tubuluswand, σ_i Reflexionskoeffizient der Substanz i an der Tubuluswand; er gibt an, welcher Anteil „reflektiert" und nicht durchgelassen wird).

Energetische Aspekte. In der Bilanz muß so *nur für etwa $^1/_3$ des resorbierten Natriums aktiv Stoffwechselenergie* aufgebracht werden. Durch die optimale Abstimmung von Struktur und Funktion läuft der größere Teil des resorbierten Natriums passiv mit. Da die (Na^+-K^+-)ATPase eine Stöchiometrie von 3 Na^+ pro Molekül ATP aufweist, erreicht sie im Endeffekt die außerordentliche Ökonomie von 9 Na^+/ATP. Weiterhin braucht infolge der *Koppelung der meisten tubulären Transporte an das Natrium* für diese keine zusätzliche Transportenergie aufgebracht werden. Solche Transportprozesse, die zwar bei Unterbrechung der Energiezufuhr sistieren, aber nicht primär durch eine eigene ATPase angetrieben werden, wie z.B. die Glucose- oder Aminosäurenresorption, aber auch den (Na^+-H^+-)Austausch bezeichnet man als **sekundär aktive Transporte.** Verschiedene Ionen wie Ca^{2+}, Mg^{2+}, HCO_3^- oder H^+-Ionen, die weitgehend durch sekundär aktive Transporte bewegt werden, scheinen darüber hinaus auch eigene primär aktive Transporte zu besitzen,

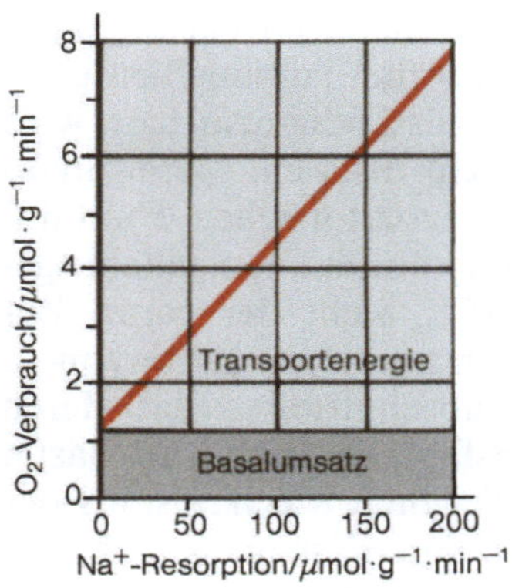

Abb. 30-14. Beziehung zwischen Na^+-Transport und O_2-Verbrauch der Niere. (Modifiziert nach [14])

d.h. eigene, spezifisch aktivierbare ATPasen. Gegenüber der (Na^+-K^+-)ATPase fallen diese aber quantitativ kaum ins Gewicht.

So ist auch der **Energieumsatz der Niere**, gemessen am O_2-Verbrauch, ganz klar mit der Na^+-Resorption korreliert. Solange kein Filtrat produziert wird und damit keine Resorptionsarbeit anfällt, haben die Nieren nur einen geringen Basalumsatz. *Mit steigendem Na-Load und damit steigender Na-Resorptionsrate nimmt der Energieverbrauch linear zu* (Abb. 30-14) und übersteigt bei voller Nierenleistung selbst denjenigen des Myokards [14].

Glomerulotubuläre Balance. Der *proximale Tubulus* als der Nephronteil, in dem die Hauptmenge des Glomerulusfiltrates wieder resorbiert wird, unterliegt nur im geringen Maße einer Steuerung der dort ablaufenden Transportprozesse. Eine solche findet viel ausgeprägter im distalen Convolut und Sammelrohr statt, wo unter der Kontrolle verschiedener Hormone die Feineinstellung der Resorption und damit die genaue Regulation des Salz- und Wasserhaushaltes erfolgt.

Die Resorptionsprozesse im proximalen Tubulus weisen das Charakteristikum auf, daß dort *jeweils ein bestimmter Anteil des Filtrates resorbiert* wird — so für NaCl und Wasser etwa 65%. Es wird also nicht eine konstante Menge pro Zeit resorbiert, sondern ein bestimmter Prozentsatz. Die tubuläre Resorption ist somit proportional der glomerulären Filtration angepaßt. Die sog. **fraktionelle Resorption** *bleibt also gleich*, unabhängig davon, ob die GFR hoch oder niedrig ist.

Diese als **glomerulotubuläre Balance** bezeichnete Eigenschaft des proximalen Tubulus ist in mancherlei Hinsicht bedeutungsvoll für die Nierenfunktion. Zum einen ist dadurch bei niedriger GFR sichergestellt, daß die Tubulusflüssigkeit nicht schon proximal vollständig resorbiert wird und damit die in den distalen Nephronabschnitte lokalisierten regulatorischen Funktionen der Niere ausfallen könnten. Umgekehrt gelangt bei erhöhter GFR nicht der ganze Zuwachs, sondern immer nur etwa $^1/_3$ davon in die distalen Nephronabschnitte, so daß deren begrenzte Regulationsfähigkeit nicht überlastet wird. Der zugrunde liegende Mechanismus der glomerulotubulären Balance ist noch nicht befriedigend geklärt. Neben luminalen Faktoren, wie z. B. der Bicarbonatkonzentration, könnte dabei eine Rolle spielen, daß die Resorption des Filtrates in die peritubulären Capillaren vom hydrostatischen und onkotischen Druck sowie der Plasmastromstärke abhängt und daß diese Parameter wiederum vom Ausmaß der Filtration abhängig sind [28].

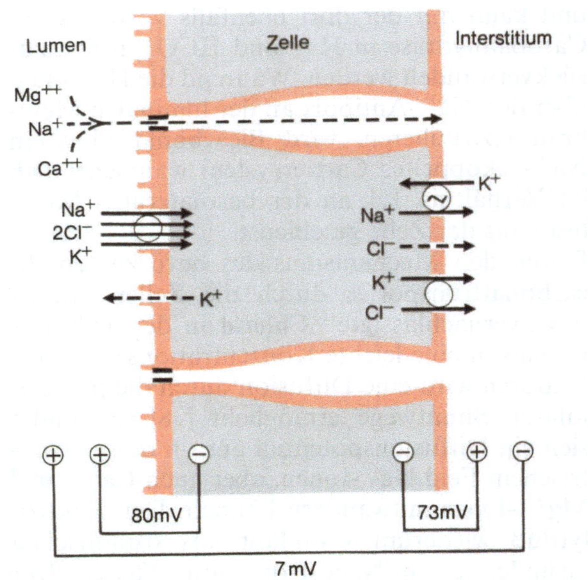

Abb. 30-15. Schema des Stofftransports im dicken aufsteigenden Schenkel der Henle-Schleife

Elektrolyttransport in der Henle-Schleife

Transporte im absteigenden Schenkel. Der Anfangsteil der Henle-Schleife wird durch den **geraden Teil (Pars recta) des proximalen Tubulus** gebildet. Er entspricht in seinen Transporteigenschaften dem proximalen Convolut, allerdings mit einer deutlich verminderten Kapazität. Morphologisch nehmen sowohl die Dichte und Höhe des Bürstensaums als auch der basolateralen Einfaltungen vom Glomerulus an über den proximalen Tubulus ab. Entsprechend sinkt auch die Fähigkeit zum Transport großer Mengen an Elektrolyten und Wasser. Umgekehrt steigt die Fähigkeit zur Sekretion schwacher organischer Säuren und Basen (S. 801), die in der Pars recta ihren Höhepunkt erreicht.

Transporte im dicken aufsteigenden Schenkel. Eine weitere Schlüsselstelle der Nierenfunktion stellt der *dicke aufsteigende Schenkel der Henle-Schleife* dar. Sein Epithel ist dadurch gekennzeichnet, daß es zwar *transcellulär sehr effektiv* Na^+ *transportieren* kann, an den Schlußleisten aber nahezu *undurchlässig für Wasser* ist. Na^+ wird über einen passiven *Cotransport* in die Zelle geschleust, bei dem gleichzeitig ein K^+-Ion und 2 Cl^--Ionen mitlaufen (Abb. 30-15). Für K^+ besteht eine recht gute Leitfähigkeit (s.u.) an der luminalen Membran, so daß es zum größten Teil wieder in das Tubuluslumen zurückdiffundiert und dabei diese Zellseite elektrisch stärker polarisiert als die basolaterale Membran. In der Bilanz ergibt sich durch diese Asymmetrie eine elektrische Potentialdifferenz über die Tubuluszelle, mit einem *gegenüber dem Interstitium positiv geladenen Lumen* [20, 21].
In dem dadurch aufgebauten elektrischen Feld kann wieder ein Teil des Na^+ passiv auf dem Weg durch den paracellulären Permeationsweg resorbiert werden, ebenso wie die anderen Kationen Ca^{2+} und Mg^{2+}. Ein kleiner Teil des über den Cotransport in die Zelle gelangten K^+ verläßt diese auf der basolateralen Seite in einem Symport mit Cl^-. Für Cl^- scheinen darüber hinaus an dieser Membran auch spezifische Kanäle zu existieren, wobei als treibende Kraft der elektrische Gradient an der basolateralen Membran wirkt. In der Bilanz stehen K^+ und Cl^- damit weitgehend im Dienste eines sehr effektiven Na-Transportes, der seine primäre Energie wiederum über die basolaterale (Na^+-K^+-)ATPase bezieht.
Durch die kräftige Elektrolytresorption bei fehlender Wasserresorption wird die *Tubulusflüssigkeit hypoton*, d. h. der osmotische Druck sinkt unter den des Plasmas und beträgt am Ende der Henle-Schleife nur mehr etwa $^1/_7$ der Plasmaosmolarität.
Auf der anderen Seite ist das in das Interstitium gelangende Resorbat hyperton. Diese *osmotische Dissoziierung im Nierenmark* ist die Voraussetzung für die Fähigkeit der Niere, je nach Bedarf sowohl einen osmotisch konzentrierten wie auch osmotisch verdünnten Endharn ausscheiden zu können (S. 802).

Ionenleitfähigkeit. Mit Leitfähigkeit (*L*) bezeichnet man in der Physik den Kehrwert des Widerstandes (*R*). Nach dem Ohmschen Gesetz ($U = R \cdot I$) ist sie daher definiert als Verhältnis von Stromstärke (*I*) zur Spannung (*U*)

$$L = \frac{I}{U}. \tag{18}$$

Die Ionenleitfähigkeit einer Membran beschreibt demnach den durch ein bestimmtes Ion durch die Membran getragenen elektrischen Strom bei einer bestimmten elektrischen Spannungsdifferenz.

Elektrolyttransport im distalen Tubulus

Distaler Transport univalenter Ionen. In den letzten Nephronabschnitten erfolgt die *Feineinstellung der renalen Ausscheidung* und damit die *genaue Bilanzierung von Volumen und chemischer Zusammensetzung des Extracellulärraums*. Zwar bestehen zwischen den einzelnen distalen Tubulussegmenten Unterschiede in den Transportleistungen, doch lassen sich ihre generellen Eigenschaften gemeinsam besprechen. Primärer Motor ist auch hier wieder die basolateral gelegene (Na^+-K^+-)ATPase. Dem durch sie geschaffenen Konzentrationsgefälle für Na^+ folgt dieses vom Lumen her einmal über einen *(Na^+-Cl^-)-Symport*. Na^+ kann aber auch wohl direkt in die Zelle diffundieren und zudem noch über einen *luminalen (Na^+-H^+-)Antiport* aufgenommen werden (Abb. 30-16). Insgesamt wird Na^+ jedenfalls gegenüber Cl^-, dem dominierenden Anion, so bevorzugt resorbiert, daß das *Lumen negativ gegenüber dem Interstitium* geladen wird.

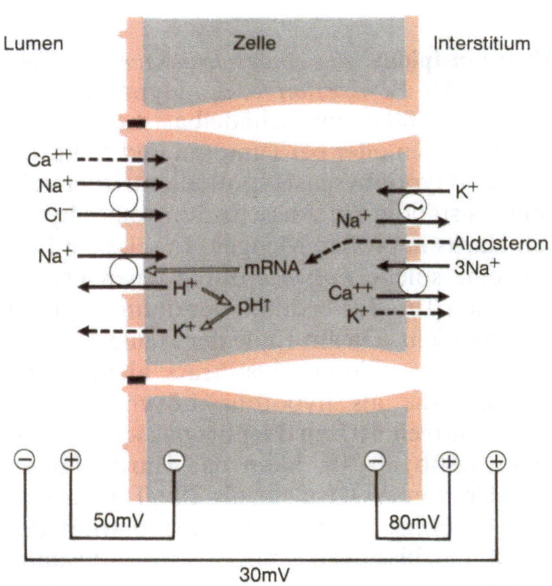

Abb. 30-16. Schema des Stofftransports im distalen Tubulus

Diese transcelluläre elektrische Potentialdifferenz nimmt entlang des distalen Convoluts kontinuierlich zu und kann bis zu 70 mV erreichen (Lumen negativ gegenüber Interstitium). Da durch das starke transcelluläre elektrische Feld eine passive Na-Resorption verhindert ist, muß Na^+ quantitativ den aktiven, durch Stoffwechselenergie getriebenen Weg durch die Zelle nehmen.

Extrarenale Kontrolle der distalen Transporte. Die distale Elektrolytresorption steht unter der Kontrolle extrarenaler Faktoren. Am besten untersucht ist bisher der Einfluß von **Aldosteron**. *Bei Volumenmangel im Extracellulärraum* und auch dann, wenn die Niere in Gefahr gerät, zu viel Kochsalz zu verlieren, wird über die Macula densa im *juxtaglomerulären Apparat Renin* freigesetzt und die Bildung von *Angiotensin II* in Gang gebracht (S. 781). Dieses *stimuliert die Ausschüttung von Aldosteron aus der Nebennierenrinde*. Aldosteron *steigert die Na^+-Resorption im distalen Nephron*, wahrscheinlich durch Stimulation einer Messenger-RNA, die ihrerseits an der luminalen Zellseite die Synthese von Membranproteinen induziert, die einen (Na^+-H^+-)Antiport betreiben (dicker aufsteigender Schenkel der Henle-Schleife) oder als spezifische Na^+-Kanäle funktionieren (distales Convolut und Sammelrohr). Das auf diesen Wegen vermehrt in die Zelle gelangende Na^+ wiederum scheint die basolaterale (Na^+-K^+-)ATPase zu stimulieren, so daß jetzt der aktive Na^+-Transport verstärkt erfolgen kann. Es wird etwa im Verhältnis 3:2 mehr Na^+ aus der Zelle herausals gleichzeitig K^+ hineintransportiert. Die *Pumpe arbeitet* damit *elektrogen*, d.h. daß durch ihre Tätigkeit die basolaterale Zellmembran elektrisch stärker polarisiert und insgesamt die transcelluläre elektrische Potentialdifferenz verstärkt wird.

Die Aldosteronwirkung hat aber noch weitere Effekte. Durch die Stimulierung der (Na^+-H^+)-Austauschpumpe kommen mehr H^+-Ionen in die Tubulusflüssigkeit und können mit Hilfe von Puffern vermehrt über den Endharn eliminiert werden (S. 796). Infolge der vermehrten H^+-Ionensekretion kommt es zu einer *intracellulären Alkalose*. Diese wiederum ist Veranlassung zu einer weiteren *Steigerung der K^+-Leitfähigkeit an der luminalen Zellmembran*, so daß K^+ jetzt über einen mehrfach ineinandergreifenden Verstärkungsmechanismus in hoher Konzentration in der Tubulusflüssigkeit akkumuliert und über den Endharn ausgeschieden werden kann [23, 24].

Homöostasemechanismen. Die kombinierte Wirkung des Aldosterons hat Bedeutung für die *Aufrechterhaltung der Homöostase der extracellulären Flüssigkeit.* Besteht z.B. die Nahrung vorwiegend aus Fleisch, dann bedeutet das eine Aufnahme von viel Zellkalium und wenig Natrium. Gleichzeitig entstehen aus dem Proteinkatabolismus im Überschuß saure Valenzen. Dadurch, daß Aldosteron die Sekretion von K^+ und H^+ verstärkt und gleichzeitig Na^+ retinierend wirkt, wird eine Störung des empfindlichen Elektrolytgleichgewichtes verhindert.
Ist die Nahrung reich an extracellulärer Flüssigkeit (z.B. Milch, Käse, Blut), dann entsteht ein gegensätzliches Regulationsproblem: Es muß vermehrt Na^+ eliminiert und die Ausscheidung von K^+ und H^+ eingeschränkt werden. Letzteres wird erreicht durch Drosselung der Aldosteronfreisetzung. Die Verstärkung der Na^+-Ausscheidung, die Natriurese, wird zusätzlich hormonal gesteuert. Zwar ist ein schon lange postuliertes „natriuretisches Hormon" aus dem Hypothalamus bislang nicht zweifelsfrei nachgewiesen worden. Gesichert jedoch ist ein *natriuretisch wirkendes Peptidhormon*, das in den *Herzvorhöfen* synthetisiert und **ANF (atrialer natriuretischer Faktor)** genannt wird. ANF *steigert die GFR und bremst die Na^+-Resorption am Ende des Nephrons.* ANF wird in Vesikeln im Vorhofsgewebe gespeichert, aus denen es sowohl nerval als auch direkt über eine Vorhofdehnung freigesetzt werden kann. Da das Extracellulärvolumen sehr wesentlich vom Na-Bestand des Organismus abhängt (S. 812), spielt ANF auch eine wichtige Rolle bei der Regulation des Extracellulärvolumens und damit auch des Blutvolumens.
Im Experiment hat noch eine Reihe weiterer Hormone wie ADH, Angiotensin II, Bradykinin, Prostaglandine u.a.m. Beeinflussungen des Na^+ Cl^+-Transportes gezeigt. Ihre praktische Bedeutung für die Homöostase ist aber noch nicht gesichert.

Distaler Calciumtransport. Eine enge Beziehung zur renalen Na^+-Behandlung weist auch das *Calcium* auf. Nur etwa die Hälfte des Calciums im Plasma liegt in nicht proteingebundener, freier Form vor und ist glomerulär filtrierbar. Im proximalen Tubulus und in der Henle-Schleife wird es etwa im gleichen Verhältnis wie Na resorbiert. Neben den schon besprochenen paracellulären Resorptionswegen kann es auch transcellulär resorbiert werden. Im distalen Nephronabschnitt scheint dies — wie beim Na^+ — der einzige Weg zu sein. Während der Transfer des Ca^{2+} über die luminale Zellmembran sicherlich passiv erfolgt, gibt es an der basolateralen Membran offenbar 2 Möglichkeiten des Durchtritts. Einmal primär aktiv mit Hilfe einer *Ca^{2+}-ATPase.* Quantitativ bedeutsamer scheint aber ein sekundär aktiver Transport über eine *(Na^+-Ca^{2+}-)Austauschpumpe* zu sein. Treibende Kraft ist hierbei der Na^+-Einstrom in die Zelle entlang seines elektrochemischen Gradienten. Da die intracelluläre Ca^{2+}-Aktivität um 4 Zehnerpotenzen kleiner ist als extracellulär, muß Ca^{2+} gegen einen sehr steilen elektrochemischen Gradienten heraustransportiert werden. Hierzu müssen Na^+-Ionen im Verhältnis 3:1 eingesetzt werden [13, 51, 59].
Wie beim Na^+ erfolgt die Feineinstellung der distalen Ca^{2+}-Resorption hormonal. Wichtigstes Hormon ist hier das Parathyrin (PTH = Parathormon). Über einen noch nicht näher bekannten Mechanismus *verstärkt es die distale Ca^{2+}-Resorption.* Direkte Wirkungen haben auch das Ca^{2+}-resorptionssteigernde Vitamin D_3 (1,25-Dihydroxy-Cholecalciferol) und das resorptionshemmende Calcitonin (S. 816) [49].

Hormonale Störungen

Da die meisten renal wirksamen Hormone ihren Hauptangriffspunkt am distalen Tubulus haben, kommt es bei hormonalen Störungen auch vorwiegend zu Symptomen, die durch Funktionsausfälle des distalen Nephrons bedingt sind. Dies soll nur beispielhaft an einigen typischen Krankheitsbildern demonstriert werden.

Diabetes insipidus. Bei *eingeschränkter oder fehlender ADH-Produktion* des Hypothalamus (z.B. nach Unfällen mit Schädelbasisbruch, aber auch angeboren oder bei Tumoren und Metastasen im Hypophysen-Hypothalamus-Bereich) kommt es ständig zur Ausscheidung eines hypotonen Harns in großen Mengen. In seltenen Fällen ist eine solche *Polyurie* durch einen Defekt des distalen Tubulus bedingt, der dann nicht auf ADH anspricht. Da am Ende der Henle-Schleife noch 25% des Glomerulusfiltrats nicht resorbiert sind, die als hypotone Lösung in den ADH-sensitiven letzten Nephronabschnitt einströmen (Abb. 30-10), kann das Harnvolumen bei Fehlen von ADH mehr als 20 l/Tag ausmachen. Die Folge ist eine Hyperosmolarität der Extracellulärflüssigkeit mit Hypernatriämie. Ständiger Durst führt zu dauerndem Trinken. Diese *Polydipsie* hat Zwangscharakter, so daß bei fehlendem Zugang zu Wasser jede nur greifbare Flüssigkeit getrunken wird, der Inhalt von Vasen ebenso wie der eigene Urin.

Hyperaldosteronismus. Produziert die Nebennierenrinde mehr Aldosteron als es der aktuelle Bedarf zur Einstellung einer ausgeglichenen Na^+-K^+-Bilanz erfordert, spricht man von Hyperaldosteronismus. Liegen die Ursachen der vermehrten Aldosteronüberproduktion in der Nebennierenrinde selbst, bezeichnet man dies als *primären Hyperaldosteronismus* (z.B. Conn-Syndrom mit aldosteronproduzierendem Adenom), bei außerhalb der Nebennierenrinde gelegenen Ursachen als *sekundären Hyperaldosteronismus* (z.B. Reninüberproduktion in der Niere, Hyponatriämie, Hyperkaliämie, ACTH-Überproduktion u.a.).
Unter Einwirkung der gesteigerten Aldosteronaktivität auf das distale Nephron kommt es zur vermehrten Retention von Natrium und zur erhöhten Ausscheidung von Kalium, Magnesium und Wasserstoffionen. Die Folgen sind Hypernatriämie, Hypokaliämie, Magnesiummangel und Alkalose. Die daraus resultierenden klinischen Symptome sind oft beim primären Hyperaldosteronismus stärker ausgeprägt: So führt die Hypernatriämie u.a. zu Hypertonie, Hypervolämie und Ödemen, die Hypokaliämie zu Muskelschwäche, Obstipation, EKG-Veränderungen und Verlust des Konzentrierungsvermögens der Niere, die Hypomagnesiämie und die Alkalose zur Tetanie.

Hypoaldosteronismus. Auch hier unterscheidet man primäre und sekundäre Formen. Ein durch Nebenniereninsuffizienz bedingter Aldosteronmangel findet sich beim Morbus Addison, beim Waterhouse-Friedrichsen-Syndrom oder auch bei angeborenen Enzymdefekten der Steroidbiosynthese. Ein sekundärer Hypoaldosteronismus kann bei Suppression des Renin-Angiotensinsystems auftreten, bei ACTH-Mangel, bei Mißbrauch von mineralocorticoidhaltigen Medikamenten oder auch bei Lakritz-abusus. Infolge des Aldosteronmangels kommt es zu einem fortlaufenden Na^+-Verlust und dadurch zu einer Verminderung des Extracellulärvolumens. Die daraus resultierenden Symptome sind Müdigkeit, Kopfschmerzen, Blutdruckabfall und Tachykardie. Durch die gleichzeitig vermehrte Retention von K^+- und H^+-Ionen entsteht eine Hyperkaliämie und eine Acidose, die sich als Herzrhythmusstörungen und Muskelkrämpfe einerseits und durch Ventilationssteigerung und Bewußtseinsstörungen andererseits bemerkbar machen.

30.5 Spezielle tubuläre Transporte

Transport von Schwellensubstanzen

Die dominierenden Elektrolyte der extracellulären Flüssigkeit wie Na^+, K^+, Ca^{2+} und Cl^- ebenso wie das Wasser werden jeweils zu etwa $^2/_3$ im proximalen Tubulus resorbiert. Dieses Verhältnis bleibt nicht nur bei Schwankungen der GFR (glomerulotubuläre Balance, S. 789), sondern auch bei Konzentrationsänderungen bestehen. Im Bereich physiologisch tolerierbarer Konzentrationserhöhungen ist ein Transportmaximum nicht erreichbar. Demgegenüber besitzen einige andere Substanzen eine Begrenzung ihres Transportes bei Erreichen einer bestimmten maximalen Konzentration, die man **Nierenschwelle** nennt. Zu diesen Substanzen gehören Glucose, Phosphat, Sulfat, Aminosäuren und Bicarbonat.

Glucose. Glucose wird glomerulär frei filtriert und erfährt ihre stärkste *Resorption bereits im ersten Drittel des proximalen Convoluts* (Abb. 30-17). Am Ende des proximalen Convoluts ist die Konzentration auf etwa $^1/_{10}$ des Plasmawertes abgesunken. Diese Konzentration wird bis zum Nephronende hin beibehalten.
Da aber bis „zum Convolutende" 65% und bis zum Nephronende 99% des Lösungsvolumens resorbiert werden, bedeutet dies, daß proximal bereits 96,5% und insgesamt 99,9% des tubulären Glucoseloads resorbiert werden. Der *Endharn* ist also *nahezu glucosefrei.*
Bei Erhöhung der Plasmakonzentration kann zunächst die Glucose weiterhin nahezu quanti-

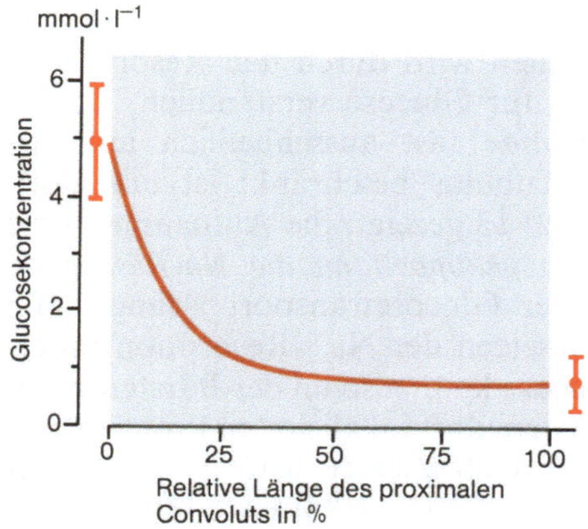

Abb. 30-17. Abnahme der Glucosekonzentration in der Tubulusflüssigkeit entlang des proximalen Convoluts. Die Glucosekonzentration in Plasma und Endharn sind als Mittelwert und Streubreite angegeben

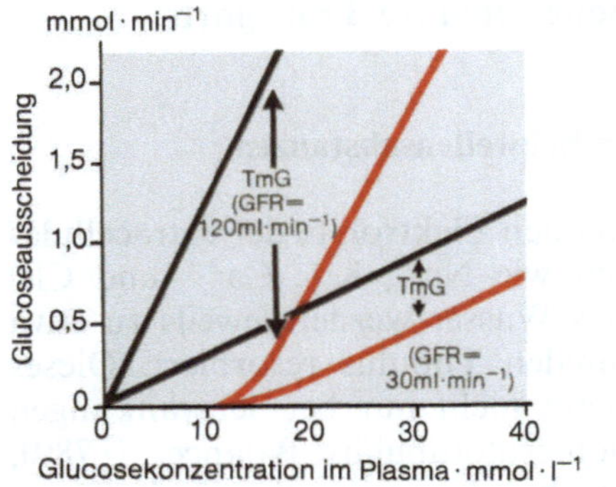

Abb. 30-18. Glucoseausscheidung bei Erhöhung der Plasmakonzentration über die Schwelle. Die Differenz zwischen filtrierter (*schwarze Linie*) und ausgeschiedener Glucosemenge (*rote Linie*) ergibt die resorbierte Rate. Oberhalb der Schwelle erreicht sie einen Maximalwert (*TmG*), dessen Größe der jeweiligen glomerulären Filtrationsrate (*GFR*) proportional ist

tativ resorbiert werden, bis bei einer Konzentration von etwa 11 mmol/l (2 g/l) die Nierenschwelle erreicht wird. Bei weiterer Steigerung der Konzentration nimmt dann die Glucoseausscheidung im Endharn proportional zu (Abb. 30-18), es kommt zur *Glucosurie*.

Für diese Begrenzung der Resorptionsleistung ist der Begriff **Transportmaximum** (TmG) eingeführt worden. Dieser Ausdruck hat allerdings viele Mißverständnisse ausgelöst. Die Niere besitzt keineswegs eine maximale Transportkapazität für Glucose, wie irrtümlich in vielen Lehrbuchdarstellungen angegeben wird. Ist nämlich die GFR erhöht oder vermindert, dann variiert damit proportional auch das TmG (Abb. 30-18). Die Nierenschwelle, d.h. die Konzentration, ab der eine Glucosurie auftritt, bleibt jeweils gleich, oberhalb der Schwelle aber besteht dann auch für Glucose eine glomerulotubuläre Balance [10].

Dieses Verhalten wird durch den Resorptionsmechanismus für Glucose verständlich. Da die *Glucoseresorption* fast ausschließlich auf den proximalen Tubulus beschränkt ist und dort, wie in Abb. 30-13 gezeigt, die Aufnahme in die Tubuluszellen *gekoppelt an die Na-Resorption* erfolgt, ist der Glucosetransport zwangsläufig auch den Gesetzen der Na^+-Resorption unterworfen. Glucose kann also an der Bürstensaummembran in dem dort lokalisierten Proteinmolekül, das den Cotransport bewerkstelligt, mit dem Na^+ einen Transportkomplex bilden. Sind bei einer bestimmten Glucosekonzentration alle Receptorstellen besetzt, dann ist die *Schwellenkonzentration* erreicht. Die Glucoseresorptionsrate kann dann durch eine weitere Erhöhung der Glucosekonzentration nicht mehr gesteigert werden. Wird andererseits durch Erhöhung des tubulären Na^+-Angebotes die Umsatzgeschwindigkeit des Cotransportes erhöht (s. glomerulärtubuläre Balance), dann kann auch *bei erreichter Glucoseschwelle die maximale Glucosetransportrate proportional mit dem Na^+-Transport weiter ansteigen*. Dieses Transportverhalten ist physiologisch sehr vorteilhaft. Dadurch, daß die Glucoseschwelle doppelt so hoch wie die normale Plasmaglucosekonzentration liegt, ist bei Glucoseaufnahme durch die Nahrung kein Glucoseverlust zu befürchten. Durch Kopplung an die Na-Resorption werden mögliche Glucoseverluste bei GFR-Steigerungen gleichfalls auf einem Minimum gehalten.

Andere Kohlenhydrate. Ähnlich wie das Polyfructosid Inulin (S. 783) können auch *Saccharose und Lactose* in der Niere nicht angegriffen werden. Auch sie werden frei filtriert und quantitativ ausgeschieden. Für die *Disaccharide Maltose und Trehalose* dagegen existieren spezifische Bürstensaumencyme (Maltase bzw. Trehalase). die sie in Glucose zerlegen und damit resorptionsfähig machen.

Phosphat. Phosphat wird fast ausschließlich im *proximalen Tubulus* durch Kopplung an Na^+-Ionen im Verhältnis von wahrscheinlich 1:2 in einem secundär aktiven Transport resorbiert. Dieses Transportsystem zeigt gleichfalls eine typische *Schwellencharakteristik*. Für die Glucose liegt die Schwelle weit über der normalen Plasmakonzentration. Die Niere spielt daher für die Einstellung der Plasmakonzentration normalerweise keine Rolle, und alle Hormone, welche den Glucosespiegel im Plasma zu beeinflussen vermögen (z.B. Insulin, Glucagon, Adrenalin), haben keinen direkten Einfluß auf den renalen Glucosetransport. Beim Phosphat ist dies anders. Hier liegt die Schwellenkonzentration im Bereich der normalen Plasmakonzentration, wodurch die Niere entscheidenden Einfluß auf die Regulation der Phosphatkonzentration im Plasma gewinnt. Sie steht dabei unter hormonaler Kontrolle, insbesondere durch das *Parathyrin* (Parathormon). Dieses mobilisiert nicht nur Phosphat aus der Knochensubstanz, sondern veranlaßt auch eine vermehrte renale Phosphatausscheidung, indem — unter Vermittlung durch cyclisches Adenosin-Mono-Phosphat (cAMP) — die *proximale Phosphatresorption gehemmt* und damit die Phosphatschwelle der Niere herabgesetzt wird [27, 33].

Sulfat. Auch Sulfat wird mit Hilfe des Cotransports *im proximalen Tubulus* resorbiert. Die Affinität zu dem Transportprotein allerdings ist gering, so daß die *Nierenschwelle niedrig* liegt (0,8–1,2 mmol/l) und so der Sulfatbestand in der extracellulären Flüssigkeit klein gehalten wird. Dies ist von Bedeutung für das Säure-Basen-Gleichgewicht. Sulfat entsteht als Abbauprodukt im Proteinstoffwechsel als Schwefelsäure, die an Ort und Stelle abgepuffert wird. Die Niere scheidet dann Sulfat in Form eines Neutralsalzes aus und eliminiert gleichzeitig die überschüssigen H^+-Ionen unter Rückgewinnung des zuvor für die Pufferung verbrauchten Bicarbonats (S. 796).

Aminosäuren. Aminosäuren werden in der Niere sehr ähnlich wie Glucose behandelt. Auch ihre Resorption erfolgt nahezu ausschließlich im *proximalen Tubulus* als *secundär aktiver Transport durch Kopplung an den* Na^+*-Transport.* Die Transportproteine im luminalen Bürstensaum weisen dabei eine *Stereospezifität an den Receptorstellen* für verschiedene Aminosäuren auf. Aminosäuren mit einer gleichen oder sehr ähnlichen sterischen Molekülkonfiguration haben eine Affinität zu den gleichen Receptorstellen und können somit durch den gleichen „Carrier" transportiert werden. Es haben sich bisher 7 verschiedene Transportsysteme abgrenzen lassen:

„Saure" Aminosäuren: Glutaminsäure, Asparaginsäure

„Basische" Aminosäuren: Arginin, Lysin, Ornithin

„Neutrale" Aminosäuren
- Cystin, Cystein
- Prolin, Oxy-Prolin, Glycin
- Glycin
- Phenylalanin, Leucin, Iso-Leucin, Tryptophan, Methionin
- Taurin, γ-Aminobuttersäure, β-Alanin.

Ein angeborener oder erworbener Defekt eines dieser spezifischen Transportsysteme führt zu einer vermehrten Ausscheidung der betreffenden Gruppe von Aminosäuren im Urin (*Hyperaminoacidurie*). Bei vermehrtem Anfall einer Aminosäure mit erhöhter Plasmakonzentration führt die Sättigung des spezifischen Transportsystems nicht nur zur vermehrten Ausscheidung dieser einen Aminosäure, sondern aller zur gleichen Gruppe gehörigen [46].

Bicarbonat- und Protonentransport

Bicarbonat. Wie in Abb. 30-13 erläutert, erfolgt die Bicarbonatresorption ganz überwiegend im *proximalen Tubulus* mit Hilfe des **Carboanhydrasemechanismus** [35]. Motor dieses Prozesses ist die Sekretion von H-Ionen in das Tubuluslumen über den (Na^+-H^+-)Antiport, dessen treibende Kraft die elektrochemische Potentialdifferenz für Na^+ (S. 788) ist. Die Bicarbonatresorption ist dadurch also auch *an die aktiven Prozesse der* Na^+*-Resorption gekoppelt.* Der aktive Transport kann normalerweise die Bicarbonatkonzentration in der Tubulusflüssigkeit bis zum Ende des proximalen Convoluts auf etwa 5 mmol/l herabsetzen. Dieser Wert ist das Ergebnis eines sich einstellenden *Fließgleichgewichts.* Die Tubuluswand besitzt eine gewisse Durchlässigkeit für Bicarbonationen, die immerhin etwa halb so groß wie diejenige für Chlorid ist. Der aktiven Pumprate (J_{act}) hält so ein „Leck" in Form einer passiven Rückdiffusion das Gleichgewicht

$$J_{act} = P(C_{Pl} - C_{Tf}). \qquad (19)$$

(*P* Permeabilität, C_{Pl} Plasmakonzentration, C_{Tf} Gleichgewichtskonzentration in der Tubulusflüssigkeit)

Durch den *Pump- und Leckmechanismus* [55] wird also ein Bicarbonatkonzentrationsgradient von ca. 20 mmol/l aufrecht erhalten. Da bis zum Ende des proximalen Convoluts 60% des Filtratvolumens resorbiert worden sind und in diesem die Bicarbonatkonzentration auf $^1/_5$ erniedrigt ist, erreichen nur noch ca. 8% der filtrierten Bicarbonatmenge die *Henle-Schleife.* Dieser Rest wird vorwiegend im absteigenden dicken Schleifenstück resorbiert. Die Kapazität dieses Nephronabschnitts zur Bicarbonatresorption ist jedoch begrenzt. Dies gilt noch ausgeprägter für distales Convolut und Sammelrohr. Es kommt daher zur Bicarbonatausscheidung immer dann, wenn die Tubulusflüssigkeit am Ende des proximalen Convoluts eine erhöhte Bicarbonatkonzentration besitzt. In der *Kombination einer gradientenlimitierten Resorption im proximalen Convolut und einer kapazitätslimitierten Resorption in den anschließenden Nephronsegmenten* liegt eine wesentliche Ursache für die Fähigkeit der Niere, bei Störungen des Säure-Basen-Haushaltes regulierend einzugreifen (s. S. 797).

Wasserstoffionen. Im Stoffwechsel eines gesunden Menschen fallen *60–100 mmol/Tag an sauren Valenzen* an, die über die Niere eliminiert

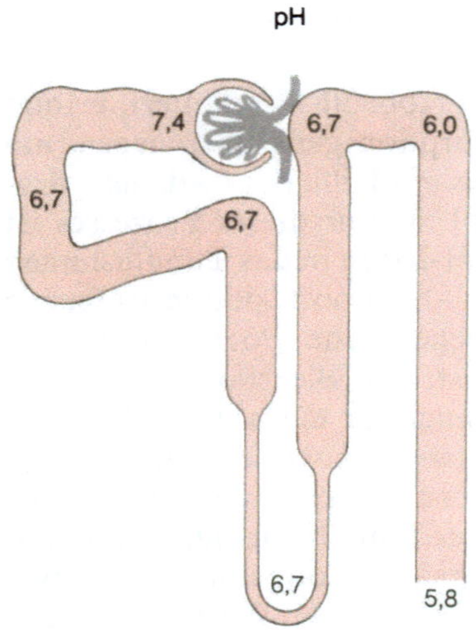

Abb. 30-19. pH-Wert der Tubulusflüssigkeit entlang des Nephrons

werden müssen. In Form von freien H^+-Ionen ist dies nur in Spuren möglich. Das mit dem pH-Wert des Blutplasmas von 7,4 in den Tubulus gelangende Glomerulusfiltrat wird bereits im Anfangsteil des proximalen Convoluts auf einen pH von 6,7 gebracht und behält diesen Wert über weite Teile des Nephrons bei (Abb. 30-19). Erst ganz zum Ende des Nephrons sinkt der Harn-pH bis auf einen Wert von 5,8 und kann bei ganz extremer Acidose auch einmal einen Wert von 4,5 erreichen. Aber selbst das entspricht nur einer H^+-Konzentration von 0,03 mmol/l, so daß in freier Form nur 0,05% der anfallenden H^+-Ionen ausgeschieden werden können. Wenn also mengenmäßig die *Ausscheidung von freien H^+-Ionen* kaum ins Gewicht fällt, so ist doch die dadurch erfolgende *Acidifizierung der Tubulusflüssigkeit* die Voraussetzung nicht nur für die Resorption des in der Tubulusflüssigkeit vorhandenen Bicarbonats, sondern auch für die Regeneration des Bicarbonatpuffers im Organismus überhaupt. Weiterhin steuert die Acidität der Tubulusflüssigkeit die Säureausscheidung in neutraler Form über den Ammoniakmechanismus sowie über die sog. titrierbare Säure (s. u.).

Obwohl nur 0,1 mol/Tag an Protonen über die Niere eliminiert werden, ist die Kapazität zur Sekretion von H^+-Ionen besonders im proximalen Tubulus sehr beträchtlich. Da die Bicarbonatresorption ganz überwiegend in gepufferter Form erfolgt, ist für jedes transportierte Bicarbonatmolekül ein H^+-Ion erforderlich. Bei dem hohen Bicarbonatdurchsatz von 4–4,5 mol/Tag ergibt dies eine Protonensekretion von etwa 3facher Größe der Magensäureproduktion [31, 47, 50].

Titrierbare Säure. Darunter versteht man die *Ausscheidung von Säuren mit Hilfe von Puffern in pH-neutraler Form,* wobei sich dann die eliminierte Säuremenge erst durch *Titration des Harns mit einer Base* feststellen läßt. Wichtigste Puffersubstanz ist das **Phosphat.** Es fällt aus dem Stoffwechsel der Proteine und Phospholipide im Überschuß an. Infolge der niedrig liegenden Phosphatschwelle (S. 794) verbleibt dieser Überschuß unresorbiert in der Tubulusflüssigkeit. Bei einem pH-Wert von 7,4 liegt das Phosphat zu 75% als HPO_4^{2-} *(sekundäres Phosphat)* vor. Bei fallendem pH geht es zunehmend in das *primäre Phosphat* $H_2PO_4^-$ über und liegt in dieser Form bei pH 5,8, zu 90% vor (Abb. 30-20).

Die durch das Phosphat abgepufferten H^+-Ionen stammen aus der Dissoziation von Kohlensäure. Da die H^+-Ionen hierbei nicht wie bei der Bicarbonatresorption nur rezirkulieren, sondern mit dem Endharn eliminiert werden, wird in der Bilanz pro ausgeschiedenem H^+-Molekül ein Molekül *Bicarbonat neu gebildet,* der Bicarbonatbestand des Körpers also regeneriert (Abb. 30-21).

Ammoniakmechanismus. Mit Hilfe mitochondrialer Glutaminase in den Tubuluszellen wird

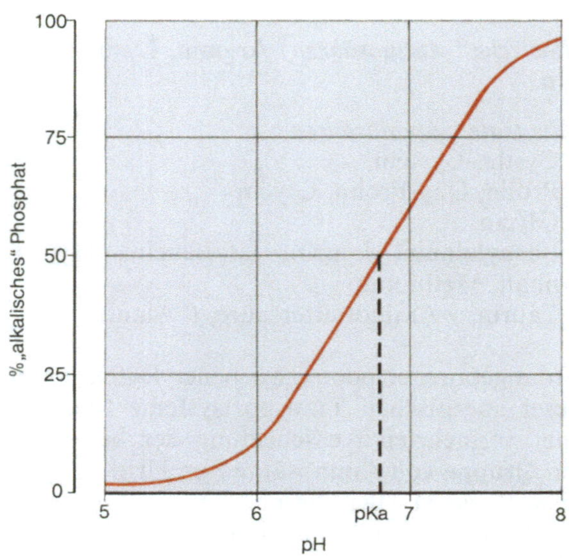

Abb. 30-20. pH-Abhängigkeit der Dissoziation von Phosphat. Bei saurem pH dominiert $H_2PO_4^{2-}$, bei alkalischen pH HPO_4^-. Bei einem pH-Wert von 6,8 (pKa) liegen beide Dissoziationsstufen in gleicher Konzentration vor

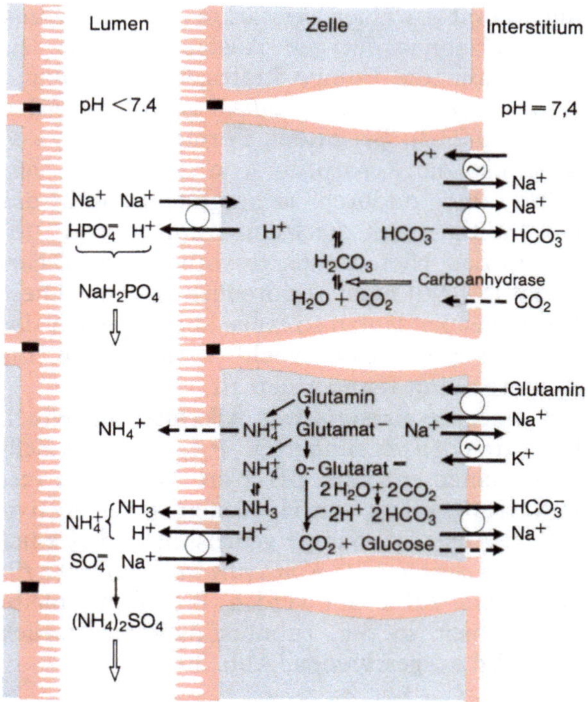

Abb. 30-21. Säureelimination durch die Niere.
Im *oberen* Bereich ist die Ausscheidung vermittels titrierbarer Säure dargestellt, im *unteren* Teil der Ammoniakmechanismus

die basische Aminosäure Glutamin zunächst zu Glutamat⁻ und dann zu Oxogluterat^{2-} desaminiert [46a]. Bei jedem dieser Schritte wird ein Molekül **Ammonium (NH_4^+)** freigesetzt. Ein Teil des Ammoniums wird unter Abspaltung von H^+-Ionen zu **Ammoniak (NH_3)** umgesetzt. In dieser elektrisch neutralen Form kann es leicht über die luminale Zellmembran in die Tubulusflüssigkeit diffundieren, wo es mit H^+-Ionen, die auf anderem Wege [s. (Na^+-H^+)-Antiport] in das Lumen sezerniert werden, wieder zu NH_4^+ zurückverwandelt wird. Ammonium kann aber offenbar auch ohne vorherige Umwandlung die Tubuluswand passieren. NH_4^+ ist zwar schlechter membrangängig als NH_3, hat dafür aber in den Tubuluszellen eine um mehr als zwei Zehnerpotenzen höhere Konzentration als NH_3. In der Tubulusflüssigkeit können Ammoniumionen an die Stelle von Na-Ionen treten und dazu benutzt werden, überschüssige Anionen wie z.B. Sulfat^{2-} in neutraler Form auszuscheiden.

Das bei der Ammoniumbildung entstandene Gluterat^{2-} wird unter Aufnahme von 2 H^+-Ionen zu CO_2 und Glucose weiterverarbeitet. Die H^+-Ionen stammen aus der durch Carboanhydrase catalysierten Umsetzung von CO_2 und H_2O, wobei HCO_3^- entsteht. In der Bilanz wird so *pro Molekül ausgeschiedenen Ammoniums ein Molekül Bicarbonat gewonnen.* Der Übertritt von Ammoniak aus der Zelle in die Tubulusflüssigkeit und die Rückbildung von NH_4^+ ist um so größer, je mehr H^+-Ionen sezerniert werden. Da durch die H^+-Ionen aber auch die anderen Puffer in der Tubulusflüssigkeit verbraucht werden, wird diese zunehmend saurer. Es ist daher verständlich, daß zwischen dem pH des Endharns und der Menge an ausgeschiedenem Ammonium ein recht gutes lineares Verhältnis besteht (Abb. 30-22). Mit Hilfe des Ammoniakmechanismus werden normalerweise pro Tag 30–50 mmol an H^+-Ionen pH-neutral eliminiert [18, 44].

Renale Kompensation von Säure-Basenstörungen. Im Bedarfsfall, z.B. bei diabetischer Acidose, kann die *Exkretionsrate von Ammonium auf das 10fache gesteigert* werden (Abb. 30-22). Diese Anpassung erfolgt dadurch, daß der Glutaminstoffwechsel pH-abhängig ist und bei einer Acidose die Glutaminasen stimuliert werden. Proportional zum Anfall von H^+-Ionen wird also vermehrt Ammonium zur *H^+-Ionenelimination* produziert, wobei vorteilhafterweise auch immer gleichzeitig der durch die Acidose reduzierte Bicarbonatbestand des Organismus wieder regeneriert wird.

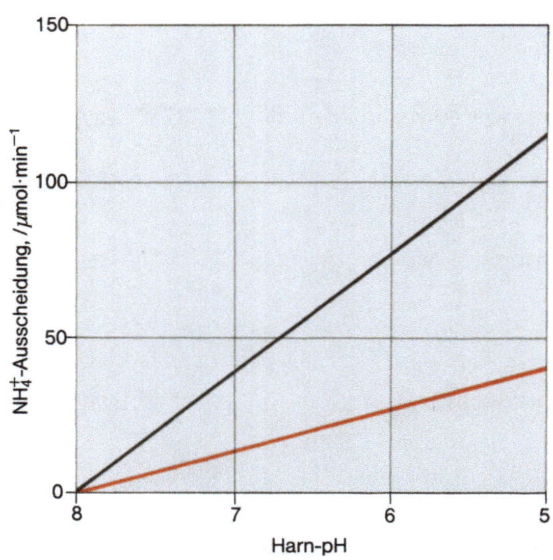

Abb. 30-22. Beziehung zwischen Harn-pH und Ammoniakausscheidung durch die Niere bei ausgeglichenem Säure-Basen-Haushalt (*rote Linie*) und bei chronischer metabolischer Acidose (*schwarze Linie*). (Modifiziert nach [5])

Ebenso wichtig aber ist auch die *Anpassung der Bicarbonatresorption* an Störungen im Säure-Basen-Gleichgewicht. Das jeweilige Verhalten läßt sich aus den Grundeigenschaften der Transportbegrenzungen (S. 795) ableiten.

Ist z. B. im Fall einer **metabolischen Alkalose** die Bicarbonatkonzentration im Plasma erhöht, dann kann der proximale Tubulus auch dann bestenfalls die gewöhnliche Konzentrationsdifferenz zwischen Tubulusflüssigkeit und Interstitium herstellen. In die distalen Nephronabschnitte strömt daher Tubulusflüssigkeit mit einer erhöhten Bicarbonatkonzentration ein. Die dort begrenzte Resorptionskapazität wird dadurch überfahren und *Bicarbonat wird mit dem Endharn ausgeschieden* (Abb. 30-23b). Ist umgekehrt bei einer **metabolischen Acidose** die Bicarbonatkonzentration erniedrigt, dann wird bei Einstellung des Normalgradienten das Bicarbonat aus der Tubulusflüssigkeit verstärkt ausgeschöpft (Abb. 30-23c). Bei einer **respiratorischen Acidose** kommt es durch den erhöhten P_{CO_2} auch in den Zellen zu einer Acidose und damit zu einer verstärkten Bereitstellung von H^+-Ionen für die Austauschpumpe. Es kann dann die Pumpe kräftiger arbeiten und ein *höherer Bicarbonatgradient* gehalten werden (Abb. 30-23d). Bei beiden Formen der Acidose wird also die Resorption von Bicarbonat verstärkt und dadurch sichergestellt, daß das gleichzeitig durch die Elimination von H^+-Ionen in den Nierenzellen resynthetisierte Bicarbonat (S. 796) nicht verlorengehen kann. Diese Mechanismen laufen so lange ab, bis wieder das normale Fließgleichgewicht vorliegt und die Acidose damit kompensiert ist.

Bei einer **respiratorischen Alkalose** schließlich hat durch den verminderten P_{CO_2} auch das Zellinnere einen erhöhten pH-Wert. Durch die verminderte Bildung von H^+-Ionen ist die Aktivität der Austauschpumpe gedrosselt und es kann nur eine *verminderte Konzentrationsdifferenz für Bicarbonat* aufgebaut werden. Bicarbonat bleibt unresorbiert in der Tubulusflüssigkeit zurück und wird ausgeschieden.(Abb. 30-23e)

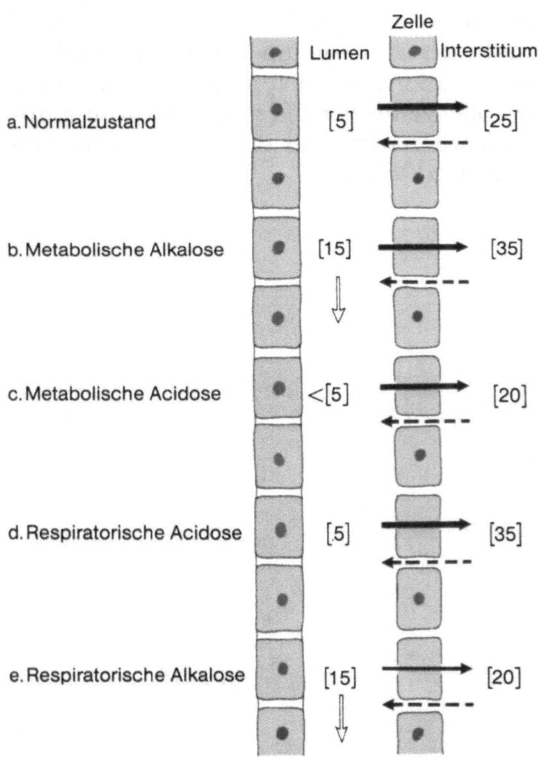

Abb. 30-23. Mechanismen zur Kompensation von Störungen des Säure-Basen-Haushaltes durch die Niere. Der durch aktiven Transport aufrechterhaltene Konzentrationsgradient für Bicarbonat ist durch *Pfeile*, der passive Rückfluß durch *gestrichelte Pfeile* markiert. Die jeweilige Bicarbonatkonzentration in mmol/l ist in *Klammern* angeführt

Transport von Stickstoffsubstanzen

Der Proteinstoffwechesl des Organismus stellt die Niere nicht nur vor die Aufgaben der Eliminierung von Phosphat, Sulfat und H^+-Ionen, sondern auch von stickstoffhaltigen Endprodukten. Neben den schon erwähnten Substanzen *Kreatinin* (S. 783) und *Ammoniak* (S. 796) gehört hierzu eine Vielzahl klein- und mittelmolekularer Substanzen, unter denen insbesondere *Harnstoff und Harnsäure* praktische Bedeutung haben. Auch Spuren von *Proteinen* erscheinen im Endharn.

Protein und Peptide. Wie schon erwähnt (S. 783), werden **Proteine** durch das glomeruläre Filter weitgehend zurückgehalten. Die Proteinkonzentration in der Tubulusflüssigkeit beträgt nur etwa 1% der Plasmakonzentration. Bei der großen Filtratmenge sind das jedoch mehrere Gramm pro Tag, von denen aber auch wieder nur etwa 1% im Endharn erscheint. Die Resorption erfolgt zum größten Teil bereits im proximalen Tubulus. Großmolekulare Proteine werden durch *Endocytose* in die Zellen aufgenommen. Die endocytotische Vacuolen fusionieren dann mit Lysosomen, durch deren Enzyme schließlich der Abbau erfolgt.

Peptide (z. B. Gluthation, Carnosin) und v. a. auch Peptidhormone (z. B. Insulin, Angiotensin, Parathyrin), die alle eine so geringe Molekülgröße haben, daß sie nahezu unbehindert filtriert werden können, werden von diversen *Peptidasen des Bürstensaums* so rasch gespalten, daß die freiwerdenden Aminosäuren noch innerhalb des proximalen Tubulus nahezu vollständig resorbiert werden können [46].

Harnstoff. Beim Menschen und den meisten Wirbeltieren wird der Stickstoff des Proteinstoffwechsels vornehmlich als Harnstoff ausgeschieden. Harnstoff ist frei filtrierbar. Als elektrisch neutrale Substanz von kleiner Molekülgröße ist Harnstoff gut diffusibel, so daß im Verlauf des *proximalen Tubulus etwa* $^1/_3$ *wieder in das Blut zurückdiffundiert*. Im *distalen Nephron* ist bis auf den letzten Sammelrohrabschnitt die Diffusionspermeabilität für Harnstoff gering, dafür kann er dort mit Hilfe eines sog. *solvent drag* (S. 789) resorbiert werden. Ist daher die distale Wasserresorption groß — wie dies in Antidiurese bei Produktion eines osmotisch hoch konzentrierten Harns der Fall ist (S. 803) —, dann kann mit dem *resorbierten Wasser ein weiteres Drittel des Harnstoffs resorbiert* werden. Ist im Fall einer Wasserdiurese die distale Wasserresorption unterbunden, dann wird auch entsprechend mehr Harnstoff ausgeschieden. Die *Harnstoffausscheidung variiert* daher *mit der Diurese*. In Abb. 30-24 ist dies an Hand der **Harnstoffclearance** erläutert: Harnstoff wird im gleichen Ausmaß wie die Vergleichssubstanz Inulin (S. 783) frei filtriert. Seine Clearance liegt aber immer um mindestens $^1/_3$ niedriger, weil dieser Anteil bereits im proximalen Tubulus (unabhängig von der Diurese) resorbiert wird. Ein weiteres Drittel kann im distalen Nephron resorbiert werden, wenn bei ausgeprägter Antidiurese die distale Wasserresorption und damit die Mitnahme von Harnstoff vermittels Solvent drag einen Maximalwert erreicht. Vermindert sich bei zunehmender Diurese die distale Wasserresorption, dann steigt damit auch die Harnstoffausscheidung.

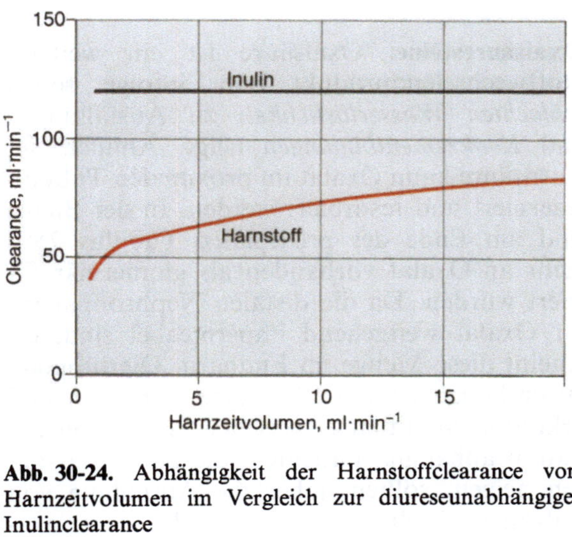

Abb. 30-24. Abhängigkeit der Harnstoffclearance vom Harnzeitvolumen im Vergleich zur diureseunabhängigen Inulinclearance

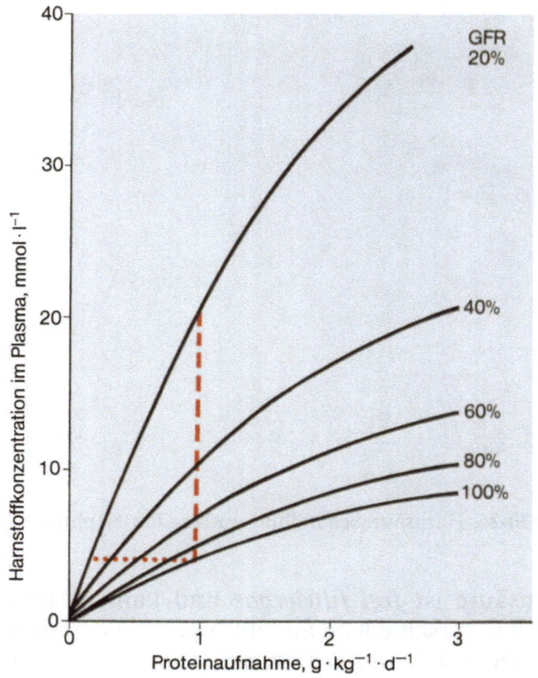

Abb. 30-25. Harnstoffkonzentration im Plasma in Abhängigkeit von der Proteinaufnahme und der GFR. Durch die *rot gestrichelte Linie* ist gezeigt, wie bei gleichbleibender Proteinaufnahme die Harnstoffkonzentration ansteigt, wenn die GFR von ihrem Normwert (100%) absinkt. Die *rot gepunktete Linie* demonstriert, daß auch bei absinkender GFR eine „normale" Harnstoffkonzentration im Plasma beibehalten werden kann, wenn die Proteinaufnahme entsprechend herabgesetzt wird

Harnstoff ist eine ungiftige und inerte Substanz. Seine Konzentration in der extracellulären Flüssigkeit ist daher von geringer Bedeutung und *unterliegt keiner besonderen Regulation*. Seine *Plasmakonzentration* hängt vom Proteinkatabolismus und von der Größe der GFR ab (Abb. 30-25).

Harnsäure. Der Anteil der Harnsäure an der Stickstoffeliminierung beim Menschen beträgt nur 5%. Harnsäure ist jedoch medizinisch bedeutsam, da sie *Ursache von Gicht und Harnsteinen* ist, Erkrankungen, für die in den letzten Jahrzehnten eine sprunghafte Zunahme zu verzeichnen ist. Harnsäure ist ein Endprodukt des Purinstoffwechsels und fällt immer dann vermehrt an, wenn zellkernreiche Nahrung (tierisches Protein, insbesondere Innereien) verstoffwechselt wird.

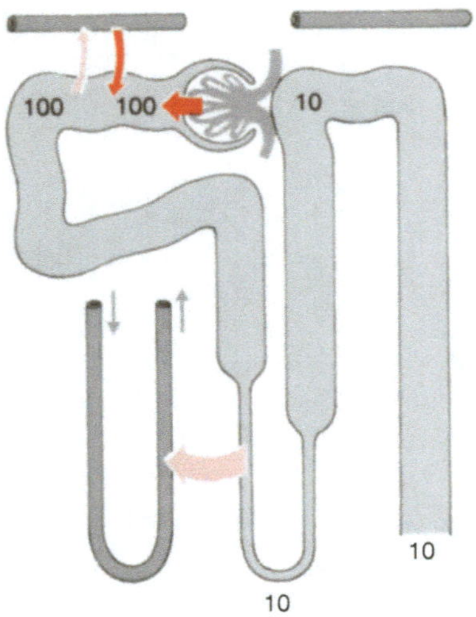

Abb. 30-26. Harnsäurebehandlung entlang des Nephrons

Harnsäure ist *frei filtrierbar* und kann zusätzlich, wie verschiedene andere organische Säuren auch (S. 801), vom *proximalen Tubulus* aus dem peritubulären Blut extrahiert und in die Tubulusflüssigkeit *sezerniert* werden. Gleichzeitig findet im proximalen Tubulus aber auch eine *Resorption* von Harnsäure statt, so daß am Ende des proximalen Convoluts etwa immer noch so viel Harnsäure vorhanden ist, wie ursprünglich filtriert wurde. Im *absteigenden Teil der Henle-Schleife* gewinnt dann die Resorption das Übergewicht. Nur etwa 10% der Harnsäure erreichen noch die Spitze der Henle-Schleife und werden, da die distalen Nephronabschnitte für Harnsäure nahezu undurchlässig sind, schließlich mit dem Endharn ausgeschieden (Abb. 30-26). Die Tatsache, daß Harnsäure verzögert in verringerter Menge die Nephronstrukturen in der Nierenpapille passiert, ist aus 2 Gründen bedeutungsvoll: Harnsäure hat nur eine *begrenzte Wasserlöslichkeit* und diese ist außerdem noch *pH-abhängig*. Harnsäure hat einen pKa-Wert von 5,8 und liegt beim normalen pH-Wert von 7,4 fast vollständig dissoziiert als Uratanion vor. Würde Urat in zu hoher Konzentration zur Spitze der Henle-Schleife gelangen, in der physiologischerweise die höchsten Na^+-Konzentrationen des Organismus zu finden sind (S. 804), dann bestände infolge des *begrenzten Löslichkeitsproduktes* (*L*)

$$L = [Na^+] \cdot [Urat^-], \qquad (20)$$

dort ständig die Gefahr der Ausfällung.
In *dissoziierter Form als Urat* ist Harnsäure aber noch *20mal besser löslich als die undissoziierte Harnsäure* selbst. Da nun im distalen Nephron die Tubulusflüssigkeit im Volumen weiter eingeengt und gleichzeitig zunehmend acidifiziert wird (Abb. 30-19), steigt die Konzentration der Harnsäure, und ihre Dissoziation wird zunehmend unterdrückt. Bei einem pH im Sammelrohr von 5,8 liegt Harnsäure zu 50%, bei pH 4,5 sogar zu 95% in undissoziierter Form vor. Die diesen beiden Gefahrenstellen vorgeschaltete Resorption von Harnsäure im absteigenden Schenkel der Henle-Schleife wirkt also wie eine Art Sicherheitsventil.

Harnsteine

Uratsteine. Bei normaler Nierenfunktion wird der Harn stelten stärker als bis zu einem pH-Wert von 5,8 acidifiziert (Abb. 30-19). Patienten, die zu Uratsteinen neigen, haben dagegen oft deutlich niedrigere pH-Werte im Harn und damit dort größere Mengen der besonders schlecht löslichen undissoziierten Harnsäure (s.o.). Für die Akkumulation und Ausfällung von Harnsäure im Nierenmark und den ableitenden Harnwegen scheint weiterhin eine Rolle zu spielen, daß der Abtransport des aus den absteigenden Schenkeln der Henle-Schleife resorbierten Urates im Nierenmark gestört ist. Die in die Vasa recta aufgenommene Harnsäure würde sich dort nach dem Prinzip der Gegenstromdiffusion konzentrieren (S. 781) und in der Papillenspitze anhäufen, wenn sie nicht ständig mit dem Blutstrom abtransportiert würde. Dies geschieht teilweise durch Bindung der Harnsäure an die Erythrocytenmembranen. Bei Patienten, die zu Gichtniere (Ablagerungen von Harnsäure in Nierengeweben) und Uratsteinen neigen, ist die Bindungsfähigkeit der Erythrocyten vermindert.

Oxalsäuresteine. Oxalsäure ist ein weiteres Stoffwechselendprodukt, das infolge seiner *schlechten Wasserlöslichkeit* zu Ausfällungen und *Konkrementbildungen* neigt. Ähnlich der Harnsäure kann Oxalat im proximalen Tubulus sezerniert und resorbiert werden. In der Bilanz sind am Ende des proximalen Tubulus 25% mehr an Oxalat vorhanden als glomerulär filtriert wurden. Da die distalen Nephronpartien für Oxalat weitgehend impermeabel sind, erscheint diese Menge im Endharn. Die tubuläre Oxalatkonzentration ist infolge Filtration und Sekretion unmittelbar von der Plasmakonzentration abhängig. Patienten, die zu Oxalatsteinen neigen, sollten daher die Aufnahme von Nahrungsmitteln einschränken, die stark oxalathaltig sind (z. B. Rhabarber, Spinat, Schokolade) oder im Stoffwechsel zu vermehrter Oxalatbildung führen (z. B. Vitamin C, Theophyllin).

Cystinsteine. Cystin ist diejenige Aminosäure mit der weitaus schlechtesten Löslichkeit. Cystinsteine entstehen aber ganz selten durch einen Defekt des Cystin-Cystein-Systems selbst, sondern häufiger durch einen Ausfall des Transportsystems für „basische" Aminosäuren (S. 795). Arginin, Lysin und Ornithin haben dann eine erhöhte Konzentration in Blut und Tubulusflüssigkeit, was infolge ihrer relativ guten Löslichkeit jedoch nicht zu Ausfällungen führt. Sie überfluten aber das Cysteinsystem, zu dem sie auch eine Affinität besitzen, und verdrängen Cystin von seinem Resorptionsort. Dessen Konzentration steigt dadurch und es kommt zur Ausfällung.

Phosphatsteine. Insbesondere bei Entzündungsprozessen im Gewebe des Nierenmarks kann es zu Ausfällungen von Phosphat kommen. Phosphat ist um so besser löslich, je saurer das Milieu ist. Wenn nun durch direkte Schädigung von distalem Tubulus und Sammelrohr dort kein pH-Gradient mehr gehalten und dadurch die Tubulusflüssigkeit nicht mehr acidifiziert werden kann, und/oder wenn durch bakterielle Zersetzung das basisch wirkende Ammoniak vermehrt in der Tubulusflüssigkeit freigesetzt wird, kann Phosphat nicht mehr in Lösung gehalten werden und fällt aus.
Wichtig ist hierbei auch die jeweilige *Ca^{2+}-Konzentration*, da Calciumsalze i. allg. schlechter löslich sind als z. B. Natriumsalze. Sowohl Phosphate, aber auch Oxalat fallen daher vorwiegend in Form ihrer Calciumsalze aus.

Sekretion organischer Fremdstoffe

Harnsäure und Oxalsäure sind organische Säuren, die die besondere Eigenschaft haben, *im proximalen Tubulus sezierniert* zu werden. Wegen offenbar ähnlicher Strukturmerkmale kann eine ganze Reihe anderer **schwacher organischer Säuren**, die natürlicherweise nicht im Organismus vorkommen, den Sekretionsmechanismus mitbenutzen. Hierzu gehören p-Aminohippursäure (PAH) und Röntgenkontrastmittel wie Diodrast, aber auch eine Reihe von Medikamenten wie Penicillin und verschiedene andere Antibiotica, Sulfonamide, Diuretica, Barbiturate u. a. [58].

Sekretionsmechanismen. Grundlage für den Sekretionsmechanismus sind offenbar ein oder mehrere an der *Basolateralseite der proximalen Tubuluszellen gelegene Anionenaustauscher* (Abb. 30-13). Mit diesen werden Anionen wie Bicarbonat oder vielleicht auch Chlorid aus der Zelle geschleust, wobei sich die Zelle gleichzeitig mit den notwendigen Substraten ihres Stoffwechsels versorgt. Die in diesem Nephronabschnitt bevorzugten Substrate sind schwache organische Säuren, wie α-Ketoglutarat, Fumarat oder freie Fettsäuren. Substanzen wie Harnsäure, Oxalsäure oder die genannten Fremdstoffe können offenbar diese Anionen-Antiporter mitbenutzen. Da sie aber für den Zellstoffwechsel nicht nutzbar gemacht werden können, akkumulieren sie im Cytosol und setzen sich, einem elektrochemischen Gradienten folgend, mit der Tubulusflüssigkeit ins Gleichgewicht.
Bei Harnsäure und Oxalsäure kommt es infolge eines Rücktransports zu keiner sehr hohen Anhäufung der Substanzen in der Tubulusflüssigkeit. Bei einer Substanz wie *PAH* aber, für welche die Tubuluswand keine Permeabilität für eine Rückdiffusion besitzt, kann die Konzentration der Tubulusflüssigkeit auf das 5fache der Plasmakonzentration erhöht werden. Dies geht bei niedrigen Plasmakonzentrationen so lange, bis eine *Maximalkonzentration im Tubulus* (ca.

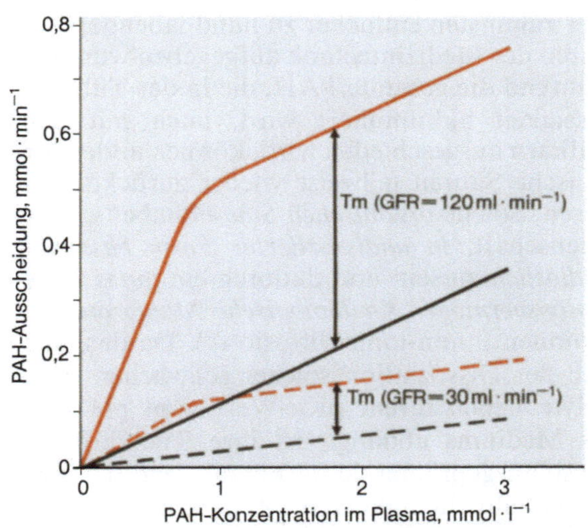

Abb. 30-27. Ausscheidung von p-Aminohippursäure in Abhängigkeit von der Plasmakonzentration und der glomerulären Filtrationsrate (GFR). Die Differenz zwischen filtrierter (*schwarze Linien*) und ausgeschiedener PAH-Menge (*rote Linien*) ergibt den tubulär sezernierten Anteil. Ab einer bestimmten Plasmakonzentration erreicht die PAH-Konzentration in der Tubulusflüssigkeit ein Maximum. Darüber hinaus ist der PAH-Transport nicht weiter steigerbar (*Tm*). Bei veränderter GFR und damit verändertem Aufnahmevolumen variiert das Tm proportional

3,5 mmol/l) erreicht ist. Bei weiterer Erhöhung der Plasmakonzentration kann dann die maximale Konzentration in der Tubulusflüssigkeit nicht mehr weiter gesteigert werden. Man hat dieses Phänomen wie bei der Glucoseresorption als *„Transportmaximum (Tm)"* bezeichnet. Es ist dies auch hier ein etwas unglücklicher Begriff, da er oft als ein Maximum der transportierten Substanzmenge mißverstanden wird. Da aber nicht die pro Zeit sezernierte Substanzmenge, sonder die *im Tubulus maximal erreichbare Konzentration* die begrenzende Größe des Sekretionstransports ist, besteht auch hier eine *proportionale Abhängigkeit des Tm von der GFR*: Je größer das Aufnahmevolumen für die sezernierten Substanzen ist, um so größer ist die Menge, die bei maximaler Konzentration akkumuliert wird (Abb. 30-27).

PAH-Clearance. Unterhalb der Maximalkonzentration werden durch Filtration und v. a. durch die Sekretion bis zu 90% der PAH aus dem Nierenblut extrahiert. Da die Clearance (S. 783) einer Substanz angibt, welches Plasmavolumen von dieser Substanz befreit wird, *entspricht die PAH-Clearance daher ungefähr dem renalen Plasmastrom.* Unter Berücksichtigung des Hämatokritwertes läßt sich damit in Annäherung die *Nierendurchblutung* bestimmen. In früheren Zeiten war dies ein Standardverfahren der Nierenfunktionsdiagnostik, das inzwischen aber zugunsten einfacher zu handhabender Verfahren der Medizintechnik aufgegeben wurde.
Während die gesamte PAH, die in der Tubulusflüssigkeit akkumuliert wird, auch mit dem Endharn ausgeschieden wird, können andere organische Säuren teilweise wieder zurückdiffundieren. Solche *organischen Säuren* haben oft die Eigenschaft, *in undissoziierter Form besser lipoidlöslich* zu sein und dadurch ein *gutes Penetrationsvermögen für biologische Membranen* zu gewinnen („non-ionic-diffusion"). Da das Ausmaß der Dissoziation solcher schwachen Elektrolyte neben ihrem pKa-Wert vom pH-Wert des Mediums abhängt, ist ihre Rückdiffusion um so ausgeprägter, je stärker die Acidifizierung der Tubulusflüssigkeit ist. Man kann sich dieses Verhalten auch *in der Therapie nutzbar* machen, indem man z. B. bei einer Schlafmittelvergiftung dafür sorgt, daß die Tubulusflüssigkeit möglichst alkalisch gehalten wird (Infusion von Bicarbonat bei gleichzeitiger Hemmung der Carboanhydrase). Umgekehrt muß man bei der Behandlung einer Entzündung des Nierengewebes mit einem geeigneten Antibioticum für eine möglichst saure Tubulusflüssigkeit sorgen, damit die Dissoziation der schwachen Säure weitgehend unterdrückt wird und möglichst viel der Substanz in der besser membrangängigen undissoziierten Form herausdiffundieren und einen hohen Gewebespiegel aufbauen kann.

30.6 Harnkonzentrierung und -verdünnung

Wasserausscheidung

Begriff der Osmolarität. Der osmotische Druck hängt ab von der Anzahl gelöster Teilchen im Lösungsmittel. $6{,}06 \cdot 10^{23}$ gelöste Teilchen (=1 mol einer nicht dissoziierenden Substanz) entsprechen der *Maßeinheit 1 osmol.* Man spricht von **Osmolarität**, wenn die osmotische Konzentration auf das Volumen des Lösungsmittels bezogen wird (osmol/l), von **Osmolalität**, wenn die Bezugsgröße das Gewicht des Lösungsmittels ist (osmol/kg H_2O).

Osmolarität im Tubulus. Wenn zuviel Flüssigkeit getrunken wird, muß der Überschuß an Wasser wieder ausgeschieden werden. Wie schon auf S. 790 beschrieben, ist der *dicke aufsteigende Schenkel der Henle-Schleife* in der Lage, NaCl aus der Tubulusflüssigkeit zu resorbieren, ohne daß Wasser folgen kann. Dadurch wird die *Tubulusflüssigkeit hypoton.* Gegenüber dem isotonen Blutplasma ist dann die osmotische Konzentration von rund 290 mosmol/l auf etwa $^1/_7$ gesenkt (≈40 mosmol/l). Am Ende der Henle-Schleife sind noch 20–25% des ursprünglich filtrierten Volumens vorhanden (Abb. 30-9). Im Extremfall einer maximalen *Wasserdiurese* kann dies bis zum Ende des Nephrons nahezu unverändert bleiben und mit einem Harnzeitvolumen bis zu 30 ml/min mit einem Minimum an osmotischen Substanzen ausgeschieden werden. Normalerweise steht die Niere jedoch immer vor der Aufgabe, osmotisch wirksame Substanzen eliminieren zu müssen, so daß Wasserdiuresen sehr viel schwächer ablaufen.

Wirkung von Adiuretin. Gesteuert wird das Ausmaß der Wasserresorption im distalen Nephron und damit die Stärke der Diurese durch das Hormon **Adiuretin** (ADH = **a**nti**d**iuretisches **H**ormon). ADH wird im Nucleus supraopticus und im Nucleus paraventricularis des *Hypothalamus* gebildet, durch neuroaxonalen Transport in die Hypophyse gebracht und dort im Hinterlappen gespeichert (S. 787 und 810). Über Kontrolle von *Volumenreceptoren in den Herzvorhöfen* sowie *peripheren und zentralen Osmoreceptoren in Leber und Hypothalamus* (Abb. 31-3) wird graduell immer gerade so viel ADH freigesetzt, daß die Wasserresorption im distalen Convolut und Sammelrohr ausreicht, um den normalen Wasserbestand des Körpers zu sichern. Nur der die Homöostase störende Überschuß an Wasser wird so ausgeschieden [22].

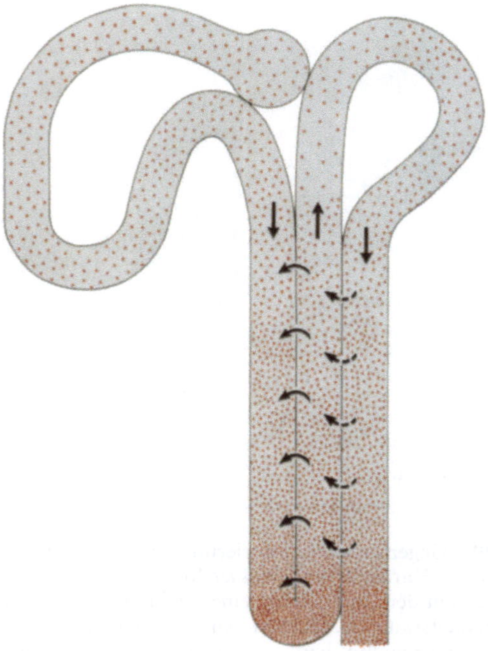

Abb. 30-28. Nephronschema mit Gegenstrommechanismus in der Henle-Schleife. Der Transport von NaCl vom absteigenden in den aufsteigenden Schleifenschenkel ist durch *ausgezogene Pfeile*, der Wasserfluß aus dem Sammelrohr durch *gestrichelte Pfeile* angedeutet

Mechanismus der Harnkonzentrierung

Harnpflichtige Substanzen. Bei Ernährung mit gemischter Kost müssen pro Tag durch die Nieren eines Menschen rund *1200 mosmol an harnpflichtigen Substanzen* ausgeschieden werden. Müßte dies in der isotonen Konzentration des Plasmas geschehen, wären dazu über 4 l Wasser notwendig. Die Ökonomie unseres Wasserhaushaltes — wie auch unser soziales Leben — ist erheblich dadurch erleichtert, daß wir pro Tag nicht mehr als ca. 1,5 l Harn ausscheiden müssen, in dem die osmotisch wirksamen Teilchen um etwa das 3fache gegenüber dem Plasma konzentriert vorliegen.
Für die Harnkonzentrierung setzt die Niere die gleichen Mechanismen ein wie zur Harnverdünnung: die *Kochsalzpumpe des dicken aufsteigenden Schenkels der Henle-Schleife und ADH als Steuerhormon.*

Gegenstromprinzip. Durch die Anordnung der Henle-Schleife in Form einer Haarnadel mit gegenläufigem Flüssigkeitsstrom im ab- und aufsteigenden Schenkel ist die strukturelle Voraussetzung für die Harnkonzentrierung nach dem Gegenstrommultiplikationsprinzip gegeben. Im stark vereinfachten Modell (Abb. 30-28) erfolgt die Konzentrierung dadurch, daß aus dem aufsteigenden Schleifenschenkel NaCl in den absteigenden Schleifenschenkel gepumpt wird. Ist dabei die Trennwand zwischen beiden Schleifenschenkeln für Wasser undurchlässig, dann verdünnt sich die Lösung im aufsteigenden und konzentriert sich im absteigenden Schenkel. Die isotone, in den absteigenden Schenkel einströmende Salzlösung wird dadurch zur Schleifenspitze hin immer hypertoner. Von dort fließt sie im aufsteigenden Schenkel im Gegenstrom zur Basis der Schleife zurück, wodurch *horizontal auf jedem Niveau zwischen beiden Schenkeln nur geringe Konzentrationsdifferenzen* bestehen. Die NaCl-Pumpe im aufsteigenden Schenkel kann daher mit relativ geringem Energieaufwand in *kleinen Einzelschritten* arbeiten, die sich aber *durch den Effekt der Gegenströmung multiplizieren* und so vertikal zwischen Basis und Spitze der Schleife eine sehr große Konzentrationsdifferenz aufbauen. Diese wird nun dadurch für die Endharnkonzentrierung nutzbar gemacht, daß die hypoton aus dem aufsteigenden Schenkel abfließende Lösung im distalen Convolut durch osmotischen Wasserentzug wieder auf Isotonie gebracht und im Volumen halbiert wird, um sich dann während der Passage durch das Sammelrohr durch weiteren Wasserentzug dem zur Papillenspitze hin osmotisch immer hypertoner werdenden Milieu anzugleichen: Hierbei wird ebenso wie im distalen Convolut das *Ausmaß der Wasserpermeabilität* des Sammelrohrs *durch ADH gesteuert.* Je nach Menge an verfügbarem ADH wird daher an der Papillenspitze ein in seinem Volumen stark eingeengter und osmotisch hoch konzentrierter Endharn die Niere verlassen [42, 60].

Modell des Konzentrierungsprozesses. Mit einem derartig vereinfachten Modell läßt sich allerdings nur das Grundprinzip der Harnkonzentrierung beschreiben, die tatsächlichen Verhältnisse im Nierenmark liegen wesentlich kompli-

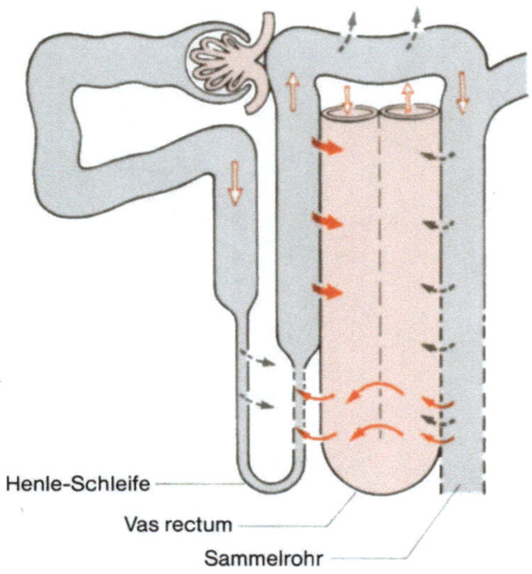

Abb. 30-29. Gegenstromkonzentrierung im Nierenmark. Die für NaCl, Harnstoff und Wasser frei permeablen Vasa recta bilden mit dem Interstitium einen frei kommunizierenden Flüssigkeitsraum, in dem aus dem dicken aufsteigenden Schenkel NaCl gepumpt wird und in dem sich zur Papillenspitze hin Harnstoff akkumuliert. Die für Harnstoff permeablen Strukturen sind *gestrichelt* gezeichnet. ➡ aktiver NaCl-Transport, ⟶ Harnstoffflüsse, - - → Wasserflüsse

zierter. So spielt einmal die *Nierenmarkdurchblutung* (S. 781) eine wesentliche Rolle im Konzentrierungsprozeß. Sodann muß berücksichtigt werden, daß zwar die osmotische Konzentrierung an der Papillenspitze ihr Maximum erreicht, die Konzentrierungsenergie aber nicht über die ganze Länge des aufsteigenden Schenkels, sondern nur im oberen dicken Teil bereitgestellt wird. Schließlich wird mit dem Endharn keine konzentrierte NaCl-Lösung, sondern vorwiegend *Harnstoff* ausgeschieden.

Ein immer noch sehr vereinfachtes *Modell*, das diese Gesichtspunkte mit einbezieht, ist in Abb. 30-29 dargestellt [48]. Hierbei wird vorausgesetzt, daß die Vasa recta für NaCl, Harnstoff und auch Wasser gut durchgängig sind und mit dem Interstitium einen einheitlichen Flüssigkeitsraum bilden. Das *aus dem dicken aufsteigenden Schenkel der Henle-Schleife in das Interstitium gepumpte NaCl* zieht Wasser aus dem absteigenden Schenkel, aber unter Einwirkung von ADH auch aus den benachbarten Sammelrohren. Diese sind für Harnstoff relativ schlecht permeabel, so daß eine an Harnstoff angereicherte Lösung die innere Markzone erreicht, wo die Sammelrohrabschnitte gut für Harnstoff durchlässig sind. Harnstoff diffundiert in das Interstitium und kann auf osmotischem Wege Wasser aus dem absteigenden Schleifenschenkel ziehen. Da dieser für NaCl schlecht durchlässig ist, wird NaCl zur Papillenspitze hin in der Tubulusflüssigkeit immer stärker konzentriert. Beim Umbiegen in den dünnen aufsteigenden Schleifenschenkel kommt die Flüssigkeit in eine Zone mit entgegengesetzten Permeabilitätseigenschaften: Sie ist schlecht für Wasser, aber gut für NaCl und Harnstoff durchlässig. Ihren Konzentrationsgradienten folgend diffundieren daher NaCl heraus und Harnstoff hinein. Der dicke aufsteigende Teil ist für Harnstoff schlecht permeabel. Da dies ebenso für das distale Convolut und den oberen Sammelrohrabschnitt gilt, wo unter ADH Wasser entzogen wird, erfährt der Harnstoff eine immer stärkere Konzentrierung. Er ersetzt mehr und mehr das NaCl, das ja im Endteil des Nephrons, insbesondere unter Einwirkung von Aldosteron (S. 791), weitgehend resorbiert werden kann. *Harnstoff* rezirkuliert also teilweise im distalen Nephron und *überträgt* so *die Konzentrierungsenergie aus dem dicken Schleifenschenkel in die innere Markzone.* Unterstützt wird die Harnstoffakkumulation im Nierenmark dabei durch die *Vasa recta*, wo es nach dem *Prinzip der Gegenstromdiffusion* (S. 781) zu einer Anhäufung von Harnstoff zur Schleifenspitze hin kommt. Dadurch wiederum wird der Konzentrationsgradient von der Sammelrohrflüssigkeit her klein gehalten, so daß schließlich ein Harn die Niere verläßt, der *durch NaCl-Transport osmotisch konzentriert* wurde, bei dem aber das *Kochsalz durch Harnstoff* ausgetauscht wurde, wodurch dann dieses Stoffwechselendprodukt mit einem Minimum an Lösungswasser ausgeschieden werden kann.

Niereninsuffizienz

Für die Gesamtfunktion der Niere ist die Produktion von Glomerulusfiltrat die wichtigste Voraussetzung. Wenn nicht mehr ausreichend filtriert wird, ist es bedeutungslos, ob die tubulären Mechanismen zur Resorption von Elektrolyten, Glucose oder Aminosäuren noch intakt sind oder ob die Mechanismen zur Sekretion von K^+- und H^+-Ionen oder Ammoniak noch arbeitsfähig sind. Ohne ein ausreichendes Filtrat und ohne genügende Durchströmung der einzelnen Tubulusabschnitte können alle dort lokalisierten Partialfunktionen nicht wirksam werden. Die *kritische Reduktion des Glomerulusfiltrats* kann plötzlich erfolgen (akutes Nierenversagen) oder sich im Verlauf einer langdauernden Nierenerkrankung (chronische Niereninsuffizienz) entwickeln.

Akutes Nierenversagen. Auslösende Ursachen dieser Funktionsstörung liegen extrarenal. Bei einem Kreislaufversagen nach Blut- oder Flüssigkeitsverlusten oder akuter Herzinsuffizienz, oft aber nur nach einer kurzfristigen Kreislaufschwäche, welche passager die Nierendurchblutung vermindert, kann es zu einem drastischen Abfall des Glomerulusfiltrats kommen. Der Harnfluß ist dann stark reduziert (*Oligurie*) oder kommt ganz zum Erliegen (*Anurie*). Ist der Kreislauf wieder stabilisiert, erholt sich die Nierendurchblutung zumeist auch bald wieder, die Filtratdrosselung und die Oligurie bzw. Anurie bleiben jedoch bestehen. Die Folge ist eine Retention aller harnpflichtigen Substanzen bis zur Entwicklung einer Urämie (s. u.). Ist eine Restfiltration erhalten geblieben, entwickelt sich oft ein Zustand der *Polyurie*, d.h. es wird ein erhöhtes Harnvolumen ausgeschieden. Die Niere scheidet dabei den größten Teil des Filtrats aus und hat die Fähigkeit zur Elektrolytresorption und -sekretion weitgehend verloren. Sie kann dann auch den Endharn weder konzentrieren noch verdünnen und ist damit nicht mehr in der Lage, den Salz-Wasser-Haushalt zu regulieren. Alle Störungen können sich nach mehreren Tagen oder Wochen wieder zurückbilden und oft sind anschließend keine oder nur minimale morphologische Schädigungen am Nephron nachweisbar [12].
Da nicht nur eine kreislaufbedingte Ischämie der Nieren, sondern auch eine Anzahl von Giftstoffen, sog. *Nephrotoxine* (z. B. Aminoglycoside oder Schwermetalle), zum akuten Nierenversagen führen können, werden als ursächliche Ereignisse Störungen im Zellstoffwechsel angenommen (53). Im aeroben Stoffwechsel der Nierenzellen fallen *reaktive Sauerstoffintermediate* an, wie Superoxidanionen und Peroxide, die rasch inaktiviert werden müssen. Dies geschieht mit den Enzymen Superoxiddismutase, Katalase und Glutathion-SH-Peroxidase (GSH). Die O_2-Intermediate werden dabei zu Alkoholen reduziert. Ist GSH blockiert, kommt es zur Peroxidation von Lipiden und damit zur Störung und zum Verlust von Membranen (Abb. 30-30). Dies gilt sowohl für die ATP-synthetisierenden Mitochondrieninnenmembranen, wie auch für die Zellmembranen mit der (Na^+-K^+)ATPase und der übrigen Molekülstruktur für Ionentransporte [53]. Angesichts der *cellulären Schwäche zur Produktion und Umsetzung von Stoffwechselenergie* für die Durchführung der Transportaufgaben ist die Drosselung des glomerulären Filtrats im Sinne der Lebenserhaltung das zunächst kleinere Übel. Sie wird möglicherweise über einen Rückkopplungsmechanismus vom Tubulus her (s. Macula densa, S. 780) aufrechterhalten [11].

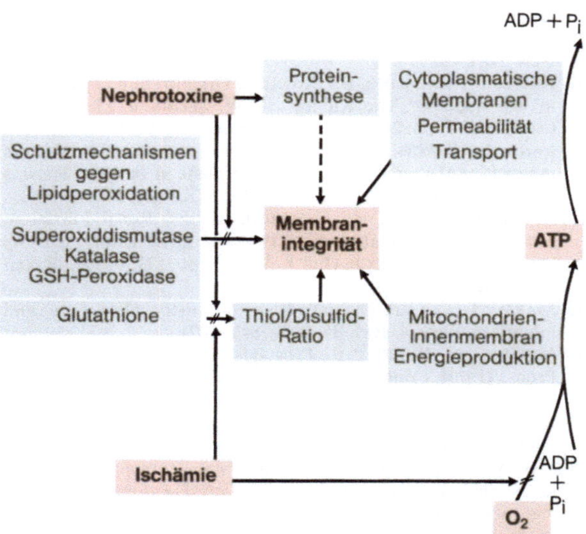

Abb. 30-30. Beeinflussung von Energieumsatz und Membranfunktion bei Sauerstoffmangel oder Nephrotoxinen durch Ausfall der Schutzmechanismen gegen Lipidperoxidation. (Modifiziert nach [40])

Chronische Niereninsuffizienz. Bei progressiver Verminderung des Glomerulusfiltrats (z.B. chronische Glomerulonephritis oder Abflußbehinderungen) entwickelt sich eine chronische Niereninsuffizienz mit dem klinischen Bild der **Urämie**.
Wenn auch das Wort „Urämie" besagt, daß zuviel Harnstoff (Urea) im Blut vorhanden ist, so ist der Harnstoff doch kein besonders wichtiges Problem der Urämie. Harnstoff ist ein Stoffwechselendprodukt, das auch in hohen Konzentrationen nahezu ungiftig ist (s. 799). Der Anstieg der Harnstoffkonzentration in der Urämie kann daher nur als Indikator gewertet werden für die gleichzeitig gestörte renale Elimination anderer Substanzen, deren erhöhte Konzentration in den Körperflüssigkeiten toxisch wirkt (z. B. Guanidine, Phenole, diverse Polypeptide u. a.) und zu einer Vielzahl von Symptomen und Funktionsstörungen im ZNS, an Herz, Magen und Darm, Skelet, Blutbildung und Stoffwechsel führt.
Die *Anpassungsfähigkeit der Niere* bei Einschränkungen der glomerulären Filtration ist glücklicherweise groß. Auch bei nierengesunden Personen fällt ab etwa dem 40. Lebensjahr die GFR stetig und beträgt zwischen 80 und 90 Jahren nur noch etwa die Hälfte des ursprünglichen Wertes. Dies führt aber noch genausowenig zur Urämie wie die Entfernung einer Niere. Die verbliebene Niere bzw. die verbliebenen *intakten Nephrone hypertrophieren.* Die einzelnen Nephrone produzieren ein größeres Filtrat und die Tubuli sind zu erhöhten Resorptions- und Sekretionsleistungen befähigt. Erst wenn die GFR unter 40% ihres Normalwertes absinkt, kommt es fortschreitend zur Niereninsuffizienz. Mit weiterer Verminderung der Filtration nimmt dann die extracelluläre Konzentration rein glomerulär eliminierter Substanzen wie die des Kreatinins exponentiell zu (Abb. 30-31). Zunehmend verlieren dann die Nieren die Fähigkeit zur Ausscheidung harnpflichtiger Substanzen, zur Osmoregulation und zur Bilanzierung von Wasser und Elektrolyten.

Dialyse. Bei akutem oder chronischem Ausfall der Nierenfunktion können die sich in der Extracellulärflüssigkeit an-

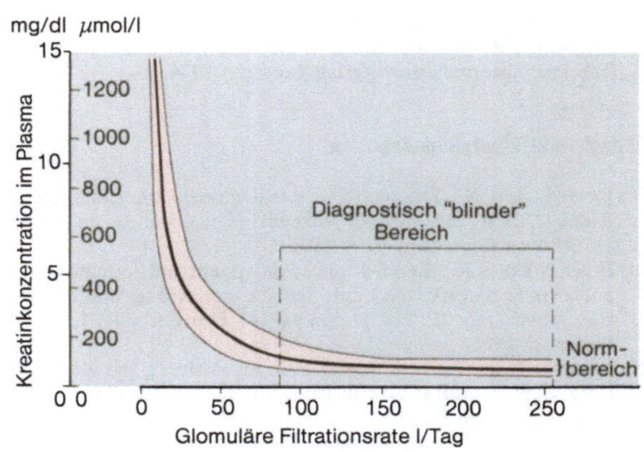

Abb. 30-31. Abhängigkeit der Konzentration des Kreatinins im Plasma von der glomerulären Filtrationsrate

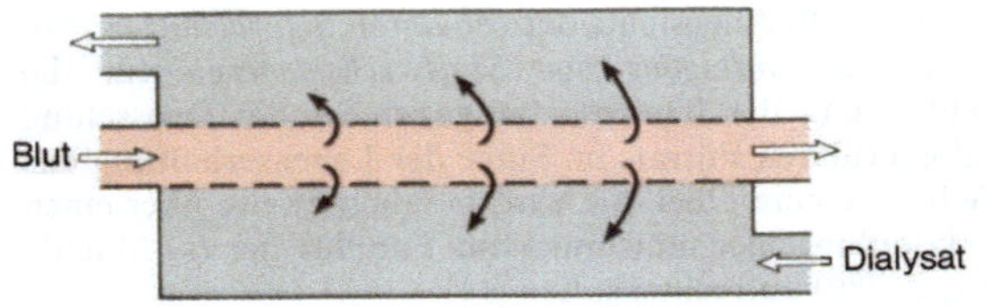

Abb. 30-32. Prinzip der extracorporalen Hämodialyse

häufenden harnpflichtigen Substanzen wie auch Toxine und Überschüsse an Wasser und Elektrolyten heutzutage apparativ entfernt werden. Bei der ältesten und gebräuchlichsten Methode, der *extracorporalen Hämodialyse*, wird das Patientenblut von einer Arterie durch ein System semipermeabler Kunststoffmembranen zurück in eine Vene geleitet (Abb. 30-32). An der Außenseite der Kunststoffmembranen strömt gegenläufig eine Elektrolytlösung vorbei, in der die wichtigsten Serumelektrolyte in der Konzentration vorgegeben werden, auf die das Patientenblut korrigiert werden soll. Durch den Konzentrationsunterschied zwischen Patientenblut und Dialyselösung diffundieren die zu eliminierenden Substanzen so lange in das Dialysat, bis der Konzentrationsgradient abgebaut ist.

30.7 Literatur

Weiterführende Lehr- und Handbücher

1. Brenner, B.M., Rector, F.C. (Eds.): The Kidney. Vol. I.II. W.B. Saunders Co. Philadelphia 1976
2. Deetjen, P., Boylan, J.W., Kramer, K.: Niere und Wasserhaushalt. 3. Aufl., Urban u. Schwarzenberg München 1976
3. Greger, R., Lang, F., Silbernagl, S. (Eds.): Renal transport of organic substances. Springer Verlag, Berlin Heidelberg New York 1981
4. Orloff, J., Berliner, R.W.: Renal Physiology, Section 8 in Handbook of Physiology. Am. Physiol. Soc., Washington D.C. 1973
5. Pitts, R.F.: Physiologie der Nieren und der Körperflüssigkeiten. Schattauer Verlag, Stuttgart-New York 1972
6. Sarre, H.J., Gessler, H. (Hrsg): Nierenkrankheiten 5. Aufl. Georg Thieme Verlag. Stuttgart 1986
7. Seldin, D.W., Giebisch, G. (Eds.): The Kidney, Physiology and Pathophysiology Vol. I, II. Raven Press. New York 1985
8. Siegenthaler, W. (Hrsg.): Klinische Pathophysiologie 5. Auf. Georg Thieme Verlag, Stuttgart 1982
9. Truniger, B.: Wasser- und Elektrolythaushalt. Diagnostik und Therapie. Georg Thieme Verlag, Stuttgart 1974

Einzel- und Übersichtsarbeiten

10. Baeyer, von H., Deetjen, P.: Renal glucose transport. „The Kidney", D.W. Seldin u. G. Giebisch (Edt.), Vol. II, pp. 1663–1675 Raven Press, New York 1985
11. Blair-West, J.R.: Renin-angiotensin system and sodium metabolism in K. Thurau (ed.), Int. Rev. Physiol. Kidney and urinary tract physiology II, Vol. 11, pp 95–143 University Park Press. Baltimore 1976
12. Blantz, R.C.: Intrinsic Renal Failure: Acute. „The Kidney", Hrsg. D.W. Seldin u. G. Giebisch, Vol. II. p. 1863–1884. Raven Press, New York 1985
13. Carafoli, E.: The regulation of the cellular functions of Ca^{2+} in Bronner. Coburn (ed.), Disorders of mineral metabolism, calcium physiology, Vol. II, pp. 1–42. Academic Press, New York 1982
14. Deetjen, P., Kramer, K.: Die Abhängigkeit des O_2-Verbrauches der Niere von der Na-Rückresorption. Pflügers Arch., Europ. J. Physiol. *273*, 636–650 (1961)
15. Dunn, M.J., Hood, V.L.: Prostaglandins and the kidney, Am. J. Physiol., *233*, F 169–184 (1977)
16. Dworkin, L.D., Brenner, B.M.: Biophysical Basis of Glomerular Filtration. „The Kidney", Hrsg. D.W. Seldin and G. Giebisch, pp. 397–426, Raven Press. New York 1985
17. Giebisch, G.: Renal tubular control of potassium transport. Klin. Wschr. *57*, 1001–1008 (1979)
18. Goldstein, L.: Ammonia production and excretion in the mammalian kidney in Thurau (ed.), Int. Rev. Physiol. Vol. 11, pp. 283–316, University Park Press, Baltimore 1976
19. Gottschalk, C.W.: Osmotic concentration and dilution of the urine. Amer. J. Med. *36*, 670 (1964)
20. Greger, R.: Ion transport mechanism in thick ascending limb of Henle's loop of mammalian nephron. Physiol. Rev. *65*, 760 (1985)
21. Greger, R., Schlatter, E., Lang, F.: Evidence for electroneutral sodium chloride cotransport in the cortical thick ascending limb of Henle's loop of rabbit kidney. Pflügers Arch. *396*, 308–314 (1983)
22. Handler, J.S., Orloff, J.: Antidiuretic hormone, Ann. Rev. Physiol. *43*, 611–624 (1981)
23. Hierholzer, K.: Sodium Reabsorption in the Distal Tubular System. „The Kidney", D.W. Seldin u. G. Giebisch (Edt.), Vol. II, pp. 1063–1069, Raven Press, New York 1985
24. Jamison, R.L., Hall, D.A.: Collecting duct function and sodium balance, Ann. Rev. med. *33*, 241–254 (1982)
25. Katz, A.I.: Renal Na-K-ATPase: its role in tubular sodium and potassium transport. Am. J. Physiol. *242*, F 207–F 219 (1982)
26. Kerjaschki, D.: Molekularpathologie des glomerulären Sialoglykoproteins Podocalyxin, dem Hauptbestandteil des „glomerulären Polyanions", in der experimentellen und humanen glomerulären Minimalveränderung. Klin. Wschr. *63*, 850–861 (1985)
27. Knox, F.G., Haramati, A.: Renal Regulation of Phosphate Excretion „The Kidney". D.W. Seldin u. G. Giebisch (Edt.), Vol. II, pp. 1381–1396, Raven Press, New York 1985
28. Knox, F.G., Haas, J.A.: Factors influencing renal sodium reabsorption in volume expansion. Rev. Physiol. Biochem. Pharmacol. *92*, 76–113 (1982)
29. Kramer, K., Deetjen, P., Brechtelsbauer, H.: Gegenstromdiffusion des Sauerstoffs im Nierenmark, Pflügers Arch. ges. Physiol., *274*, 63 (1961)
30. Kramer, H.J., Krück, F.: Molecular basis of tubular transport and of the action of diuretics. Klin. Wschr. *60*, 1165–1263 (1982)
31. Koeppen, B., Giebisch, G., Malnic, G.: Mechanism and Regulation of Renal Tubular Acidification. „The Kidney", D.W. Seldin u. G. Giebisch (Edt.), Vol. II, pp. 1491–1526, Raven Press, New York 1985
32. Kritz, W., Kaissling, B.: Structural Organization of the Mammalian Kidney. „The Kidney", D.W. Seldin u. G. Giebisch (Edt.), Vol. I, pp. 265–306, Raven Press, New York 1985
33. Lang, F., Greger, R., Knox, F., Oberleithner, H.: Factors modulating the renal handling of phosphate in Berlyne. Thomas (ed.), Renal Physiology, Vol. 4, pp. 1–16 (Karger, Basel, 1981)
34. Maak, T., Park, C.H., Camargo, M.J.F.: Renal Filtration, Transport, and Metabolism of Proteins. „The Kidney", D.W. Seldin u. G. Giebisch (Edt.), Vol. II, pp. 1773–1804, Raven Press, New York 1985
35. Maren, T.H.: Carbonic anhydrase: chemistry, physiology, and inhibition. Physiol. Rev. *47*, 597–781 (1967)
36. McGiff, J.C., Wong, P.Y.: Prostaglandins and Renal Function. Proc. VII Inst. Congr. Nephrol., Montreal 1978, p. 83.91, S. Karger Verlag, Basel
37. Moffat, D.B., Fourman J.: The vascular pattern of the rat kidney. J. Anat. Lond. *97*, 543 (1963)
38. Murer, H., Burckhardt, G.: Membrane transport of anions across epithelia of mammalian small intestine and kidney proximal tubule. Rev. Physiol. Biochem. Pharmacol. *96*, 2–51 (1983)
39. Pease, D.C.: Fine structures of the kidney seen by electron microscopy. J. Histochem. *3*, 295 (1955)
40. Pfaller, W., Gstraunthaler, G., Deetjen, P.: Biochemical Aspects of Cell injury in Acute Renal Failure. „Acute Renal Failure", Hrsg. H.E. Eliahou, p. 25– , John Libley, London 1982

41. QUAMME, G.A., DIRKS, J.H.: Magnesium: Cellular and Renal Exchanges. „The Kidney“, D.W. SELDIN u. G. GIEBISCH (Edt.). Vol. II, pp. 1269–1280, Raven Press, New York 1985
42. ROY, D.R., JAMISON, R.L.: Countercurrent System and Its Regulation. „The Kidney“, D.W. SELDIN u. G. GIEBISCH (Edt.), Vol. II, pp. 903–932 Raven Press, New York 1985
43. ROOS, A., BORON, W.F.: Intracellular pH. Physiol. Rev. *61*, 296–443 (1981)
44. ROSS, B., LOWRY, M.: Recent developments in renal handling of glutamine and ammonia. In GREGER, LANG, SILBERNAGL (ed.), Renal transport of organic substances, pp. 78–92, Springer, Berlin Heidelberg New York 1981
45. SCHNERMANN, J., BRIGGS, J.: Function of the Juxtaglomerular Apparatus: Local Control of Glomerular Hemodynamics. „The Kidney“, D.W. SELDIN u. G. GIEBISCH (Edt.), Vol. I, pp. 669–697. Raven Press, New York 1985
46. SILBERNAGL, S.: Amino Acids and Oligopeptides. „The Kidney“, D.W. SELDIN u. G. GIEBISCH (Edt.), Vol. II, pp. 1677–1702. Raven Press, New York 1985
47. STEINMETZ, P.R.: Epithelial Hydrogen Ion Transport. „The Kidney“, D.W. SELDIN u. G. GIEBISCH (Edt.), Vol. II, pp. 1441–1458, Raven Press, New York 1985
48. STEPHENSON, J.L.: Central Core model of the Renal Counterflow system. Kidney Int., *2*, 85–94 (1972)
49. SUTTON, R.A.L., QUAMME, G.A., DIRKS, J.H.: Transport of calcium, magnesium and inorganic phosphate in the kidney. In GIEBISCH (ed.): Membrane transport in biology, pp. 357–412, Springer, Berlin Heidelberg New York 1979
50. TANNEN, R.L.: Control of acid excretion by the kidney. Ann. Rev. Med. *31*, 35–49 (1980)
51. TAYLOR, A., WINDHAGER, E.E.: Cytosolic Calcium and Its Role in the Regulation of Transepithelial Ion and Water Transport. „The Kidney“, D.W. SELDIN u. G. GIEBISCH (Edt.), Vol. II, pp. 1297–1322, Raven Press, New York 1985
52. THOENES, W., LANGER, K.H.: Relationship between cell structure of renal tubules and transport mechanisms. Renal Transport and Diuretics. Ed. K. THURAU u. H. JAHRMÄRKER. Berlin Heidelberg New York, Springer 1969
53. THURAU, K., MASON, J., GSTRAUNTHALER, G.: Experimental Acute Renal Failure. „The Kidney“, D.W. SELDIN u. G. GIEBISCH (Edt.), Vol. II, pp. 1885–1899, Raven Press, New York 1985
54. THURAU, K., WOBER, E.: Zur Lokalisation der autoregulativen Widerstandsänderung in der Niere. Pflügers Arch. ges. Physiol., *274*, 553–566 (1963)
55. ULLRICH, K.J., FRÖMTER, E., MURER, H.: Prinzipien des epithelialen Transportes in Niere und Darm. Klin. Wschr. *57*, 977–992 (1979)
56. ULLRICH, K.J., GREGER, R.: Approaches to the Study of Tubule Transport Functions. „The Kidney“, D.W. SELDIN u. G. GIEBISCH (Edt.), Vol. I, pp. 427–496. Raven Press, New York 1985
57. WEBER, P.C., SCHERER, B., SIESS, W., HELD, E., SCHNERMANN, J.: Formation and action of prostaglandins in the kidney. Klin. Wschr. *57*, 1021–1030 (1979)
58. WEINER, I.M.: Organic Acids and Bases and Uric Acid. „The Kidney“, D.W. SELDIN u. G. GIEBISCH (Edt.), Vol. II, pp. 1703–1724, Raven Press, New York 1985
59. WINDHAGER, E.E., TAYLOR, A.: Regulatory role of intracellular calcium ions in epithelial Na transport. Ann. Rev. Physiol. *45*, 519–532 (1983)
60. WIRZ, H., HARGITAY, B., KUHN, W.: Lokalisation des Konzentrierungsprozesses in der Niere durch direkte Kryoskopie. Helv. physiol. pharmacol. Acta *9*, 196 (1951)

31 Wasser- und Elektrolythaushalt

P. Deetjen

31.1 Wasserhaushalt

Wasseraufnahme und -ausscheidung

Volumen und Verteilung des Körperwassers. Der Mensch besteht zum überwiegenden Teil aus Wasser. Beim Säugling macht das Wasser 75% des Körpergewichts aus. Der Anteil sinkt dann bis zum Ende der Wachstumsperiode auf rund 65% und beträgt im Greisenalter nur mehr 55%.
Das Wasser ist auf verschiedene Flüssigkeitsräume (Kompartimente) aufgeteilt (Abb. 31-1). 60% befinden sich in den Zellen (**Intracellulärraum**), das restliche Wasser ist **extracellulär** auf Interstitium und Blutplasma, sowie auf sog. **transcelluläres** Wasser in Liquor cerebrospinalis, Augenkammer, Magen-Darm, exkretorischen Drüsen, Nierentubuli und ableitenden Harnwegen verteilt.

Wasserbilanz. Bei normaler Ernährung müssen pro Tag durch die Nieren eines Menschen rund

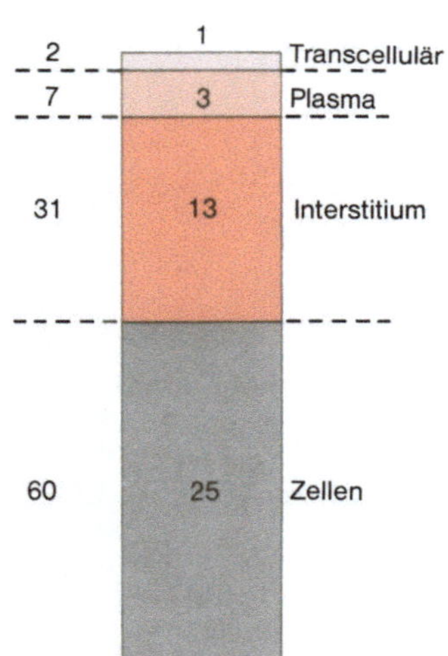

Abb. 31-1. Verteilung des Gesamtkörperwassers des Erwachsenen auf die einzelnen Flüssigkeitsräume

1200 mosmol an sog. harnpflichtigen Substanzen ausgeschieden werden. Es handelt sich dabei um Stoffwechselendprodukte wie Harnstoff, Kreatinin oder Harnsäure, aber auch um verschiedene Ionen wie Ammonium, Sulfat oder Phosphate, die ebenfalls vorwiegend aus dem Proteinstoffwechsel stammen. Dazu kommen Salze, die im Überschuß mit der Nahrung aufgenommen werden. Durch die Fähigkeit der Nieren, einen Harn ausscheiden zu können, der gegenüber dem Plasma osmotisch bis auf das 4fache konzentriert werden kann, ist für die *Elimination der harnpflichtigen Substanzen* nur ein Lösungsvolumen von 1 l erforderlich. Neben diesem *obligaten Wasserverlust durch die Nieren* gehen weitere 100 ml mit dem *Kot* verloren. Schließlich tritt ein nicht unerheblicher Wasserverlust durch Verdunstung über die sog. *Perspiratio insensibilis* auf (S. 668). Es ist dies Wasser, das unmerklich über die Haut durch Diffusion und Evaporation verlorengeht, sowie solches, das mit der wasserdampfgesättigten Ausatmungsluft verschwindet. Die Perspiratio insensibilis liegt bei etwas über 0,5 $ml \cdot h^{-1} \cdot kg^{-1}$ KG und summiert sich so bei einem 70 kg schweren Menschen zu rund 900 $ml \cdot d^{-1}$. Insgesamt kommt es also pro Tag zu einem Wasserverlust von 2 l (Abb. 31-2), der durch Zufuhr wieder ausgeglichen werden muß.
Nur knapp die Hälfte davon muß durch *Trinken* aufgenommen werden. Fast gleich viel wird mit der festen Nahrung als sog. *präformiertes Wasser* zugeführt. Genauso wie der Mensch bestehen auch die als Nahrung dienenden Tiere und Pflanzen zu einem großen Anteil aus Wasser. Im Einzelfall sind die Unterschiede natürlich groß, z.B. zwischen fettem Speck (10%) und einem reifen Pfirsich (95%), im Mittel aber kann man für eine übliche gemischte Kost einen Wassergehalt von 60% ansetzen. Schließlich schlägt auch das beim Abbau der Nahrungsstoffe entstehende *Oxidationswasser* in der Wasserbilanz zu Buche. Jedes Gramm Kohlenhydrat, das im Körper verbrannt wird, ergibt 0,6 g Wasser. Fett liefert infolge seines relativ hohen Gehaltes an Wasserstoff sogar 1,0 ml Wasser/g, Eiweiß

dagegen nur 0,4 ml. Insgesamt liegt der Gewinn von Wasser aus Oxidationsprozessen bei gemischter Kost etwa um die 300 ml. Die in Abb. 31-2 zusammengestellte Bilanz zeigt nur den *minimalen Wasserumsatz* unter durchschnittlichen Lebensbedingungen an. Je nach Umständen kann er erheblich variieren. Durch eine salz- und eiweißarme Diät kann der Anfall von harnpflichtigen Substanzen bis auf etwa 200 mosmol/Tag gesenkt werden, so daß die zu deren Ausscheidung erforderliche Wassermenge ebenfalls auf $^{1}/_{6}$ und die minimal erforderliche Wassermenge um rund 40% reduziert werden kann.

Auf der anderen Seite kann eine Wärmebelastung des Organismus zu erheblichen *Wasserverlusten durch die Schweißproduktion* führen. Bei schwerer körperlicher Anstrengung unter extrem heißer Umgebungstemperatur (z.B. Hochofenarbeiter) kann die Schweißsekretion bis 1,6 l/h erreichen und pro Tag ein zusätzlicher Wasserbedarf bis zu 20 l auftreten.

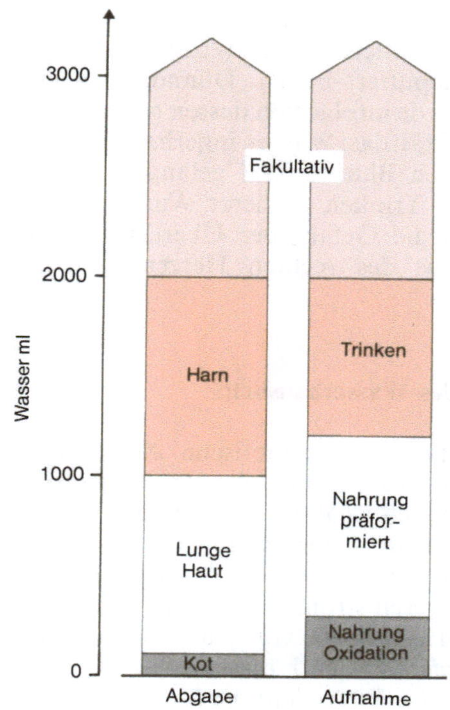

Abb. 31-2. Bilanz des täglichen Wasserumsatzes. Über den durchschnittlichen obligaten Wasserwechsel hinaus kann der Umsatz durch vermehrtes Trinken erheblich gesteigert werden. Wenn dieser Mehrumsatz nicht durch extrarenale Wasserverluste bedingt war (Schweiß, Atmung, Erbrechen, Diarrhoe etc.), wird er durch Steigerung der Diurese ausgeglichen

Wasserresorption aus dem Darm

Von Magen und Dünndarm sowie den Anhangsdrüsen werden in den Verdauungskanal pro Tag *7–8 l Sekret* abgegeben (S. 766). Schon bei einem Wasserumsatz in der Größe des obligaten Minimums müssen daher rund 10 l enteral resorbiert werden. Zu $^{2}/_{3}$ erfolgt dies im Dünndarm, der Rest im Dickdarm, nur 1% wird mit dem Kot ausgeschieden.

Auch bei *Trinken von reinem Wasser* wird nur ein kleiner Teil unmittelbar aufgrund des osmotischen Gradienten aufgenommen. Vielmehr erfolgt sehr schnell eine „Konditionierung", d.h. eine Angleichung an die Körperbedingungen durch *Einstrom osmotisch wirksamer Substanzen bis zur Isotonie*. Dies beginnt schon im Magen durch die HCl-Sekretion (Abb. 31-3a), während im Duodenum insbesondere Na^+ und HCO_3^- einströmen (Abb. 31-3b). Die Aufnahme der Hauptmenge des Wassers erfolgt dann *im Jejunum als isotone Resorption* mit einem ähnlichen Mechanismus wie im proximalen Convolut (S. 788). Treibende Kraft ist also auch hier der elektrochemische Gradient für Na^+, der durch aktiven Transport vermittels der (Na^+-K^+-)ATPase hergestellt wird. Die Kopplung der enteralen Wasserresorption an einen energiebenötigenden Elektrolyttransport mag auf den ersten Blick als ein überflüssiger Luxus der Natur erscheinen. Es ist jedoch auf diese Weise sichergestellt, daß die *Wasseraufnahme in den*

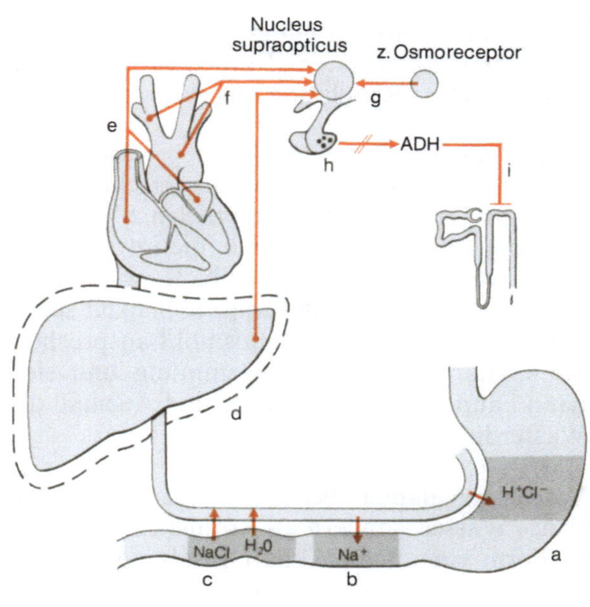

Abb. 31-3. Enterale Wasserresorption und Osmoregulation (*a–i*: s. Text)

Organismus langsam und über einen längeren Zeitraum protrahiert erfolgt. Würde Wasser osmotisch ungepuffert in den Dünndarm gelangen, dann würde infolge von dessen großer Wasserpermeabilität das Wasser innerhalb von Sekunden in den Blutkreislauf gelangen können und — beim Trinken größerer Wassermengen — durchaus die Gefahr der Überlastung und des Versagens des rechten Herzens gegeben sein.

Regulation des Wasserhaushalts

Osmoregulation. Die osmotische Angleichung getrunkenen Wassers an die Plasmaisotonie stellt einen ersten Reaktionsschritt des Organismus dar. Er liefert aber auch gleich das Signal für die nächste Phase. Durch den initialen (geringen) Wassereinstrom sowie durch den anschließenden Ausstrom von Na^+ und Cl^- aus dem *Pfortaderblut* wird dieses *etwas hypoton* (Abb. 31-3a, b). Es erreicht die (isotone) Leber, die nun wie ein Osmometer wirkt und Wasser in ihre Zellen aufnimmt (Abb. 31-3d). Der Wassergehalt der Leber kann bis zu 30% zunehmen. Diese *physiologische Leberschwellung* erregt in der Leber lokalisierte **Osmoreceptoren**, deren Afferenzen zum Hypothalamus laufen und dort die *Synthese und Freisetzung von* **ADH** *bremsen* (Abb. 31-3d).

Durch die verminderte ADH-Aktivität kommt es in der Niere zum *Einsetzen einer Wasserdiurese* (Abb. 31-3i), und dies schon zu einem Zeitpunkt, an dem die enterale Wasserresorption erst gerade richtig in Gang kommt. Die Leber stellt damit einen ersten „Vorposten" in der homöostatischen Regulation des Wasserhaushalts dar.

Erst wenn die Kapazität der Leber zur Pufferung des Wassergleichgewichts erschöpft ist, sinkt die Osmolarität im arteriellen Blut. Hierauf reagieren *Osmoreceptoren*, die im *Hypothalamus* selbst gelegen sind (Abb. 31-3g) und die mit besonders hoher Meßempfindlichkeit schon auf Änderungen von 2–3 mosmol/l ansprechen. Sie verstärken die ADH-Hemmung und sind dann hauptsächlich für Dauer und Ausmaß der Wasserdiurese verantwortlich.

Volumenregulation. Wird Flüssigkeit nicht als reines Wasser, sondern als isotone Lösung, z.B. in Form einer schmackhaft gesalzenen Suppe, aufgenommen, dann kann eine ausgeglichene Bilanz des Wasserhaushalts weder über die peripheren noch über die zentralen Osmoreceptoren gesteuert werden. Auf Zunahme an isotoner Flüssigkeit im Extracellulärraum sprechen **Volumenreceptoren im Niederdruckbereich des Kreislaufs** an (Abb. 31-3e). Sie liegen in großer Dichte in der Wand der intrathorakalen großen Hohlvenen, besonders aber in den Herzvorhöfen (S. 543). Ihr adäquater Reiz ist die Wanddehnung infolge der stärkeren Volumenfüllung. Ihre Afferenzen verlaufen ebenfalls in den Nucleus supraopticus des Hypothalamus und *hemmen* dort gleichermaßen die *ADH-Produktion*. Die Volumenreceptoren sprechen jedoch sehr viel weniger empfindlich an als die Osmoreceptoren (Abb. 31-4). Die Hemmung der ADH-Produktion ist daher geringer, und die Ausscheidung des isotonen Volumenüberschusses dauert entsprechend länger.

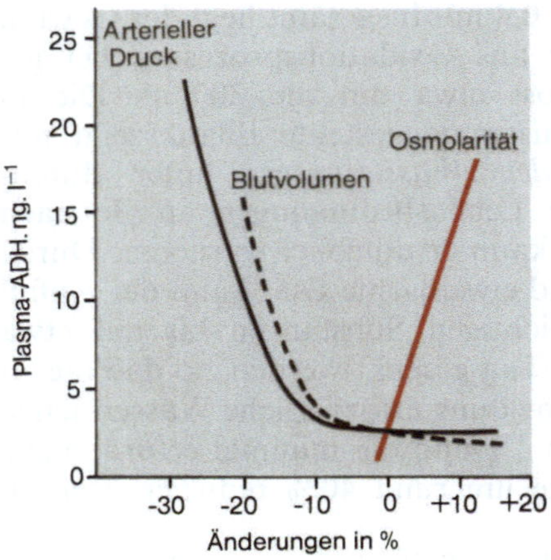

Abb. 31-4. Unterschiedliches Ansprechen der ADH-Sekretion auf Änderungen von extracellulärer Osmolarität, Blutvolumen und arteriellem Druck. (Nach [15])

Etwas anders liegen die Verhältnisse bei einem **Volumenverlust**. Hat eine Eindickung der Extracellulärflüssigkeit durch vorwiegenden Wasserverlust stattgefunden (z.B. Schwitzen eines Hitzeadaptierten), dann sorgt die hohe Empfindlichkeit der *zentralen Osmoreceptoren* für eine *hohe ADH-Aktivität*, um in der Niere Wasser möglichst effektiv einzusparen, während der gleichzeitig ausgelöste *Durst* eine genügende Wasseraufnahme veranlaßt, um wieder normale osmotische und Volumenverhältnisse herzustellen.

Auf kleinere Volumenabnahmen reagieren die Volumenreceptoren sehr unempfindlich (Abb. 31-4). Erreicht der Volumenverlust jedoch eine kritische Schwelle (Abnahme des Blutvolumens um mehr als 350 ml), dann findet sich eine *exponentielle Steigerung der Ansprechempfindlichkeit der Volumenreceptoren* mit entsprechend hoher ADH-Produktion. Sinkt dabei der Blutdruck deutlich ab, dann kommt verstärkend eine ADH-stimulierende Wirkung durch die **Baroreceptoren** *im Aortenbogen und Sinus caroticus* (S. 540) hinzu (Abb. 31-3f), die auf dem Wege synaptischer Umschaltungen über den Nucleus tractus solitarius bzw. die Area postrema ebenfalls die *ADH-Produktion im Nucleus supraopticus* anregen. Im Fall einer solchen *akuten Gefährdung der Kreislaufstabilität dominiert* dann auch in der Hierarchie der Regulation des Wasserbestandes *die Volumenregulation, und die Osmoregulation wird überspielt*. Verliert z.B. der Mensch erhebliche Mengen an Wasser und Salz (z.B. Blutverlust, stärkeres Schwitzen eines nicht Adaptierten), so ersetzt er zunächst durch Trinken von Wasser das verlorene Volumen, wodurch die extracelluläre Natriumkonzentration und der osmotische Druck erheblich sinken können. Die durch die Osmoreceptoren dann eigentlich unterbundene ADH-Ausschüttung kann gegenüber dem viel stärkeren Stimulus zur ADH-Produktion über Volumen- und Baroreceptoren nicht zur Geltung kommen. Die *Abwehr des durch den Volumenmangel drohenden Kreislaufkollapses ist wichtiger als der Ausgleich der durch die Blutverdünnung entstehenden Hyponatriämie*.

Auf die Dauer ist die Aufrechterhaltung eines optimalen Volumens der Extracellulärflüssigkeit jedoch an einen ausreichenden Kochsalzbestand gebunden. Die Regulation des NaCl-Haushalts (S. 792) ist daher auch ein wichtiger Bestandteil der Volumenregulation.

Durst. Bei einem Wasserverlust von etwa 0,5% des Körpergewichtes tritt das Gefühl des Durstes auf. Es ist dies eine Empfindung, die einen Trieb zur Wasseraufnahme auslöst und keine Tendenz zur Adaptation hat. Durst kann sowohl durch eine Erhöhung der osmotischen Konzentration in der Extracellulärflüssigkeit (*hyperosmotischer Durst*) als auch durch isotonen Volumenmangel ausgelöst werden (*hypovolämischer Durst*).

Im Falle des **hyperosmotischen Durstes** kann das auslösende Moment ein absoluter Wassermangel sein (z.B. durch Schwitzen) oder aber ein relativer Wassermangel, wenn etwa mit der Nahrung zu viel NaCl zugeführt wurde (z.B. Salzhering). Der Reiz zur Auslösung des hyperosmotischen Durstes wird in einer osmotischen Schrumpfung von Zellen im Bereich der *zentralen Osmoreceptoren* nahe dem Nucleus supraopticus des Hypothalamus gesehen [1] (Abb. 31-5). Einen anderen Auslösungsmechanismus

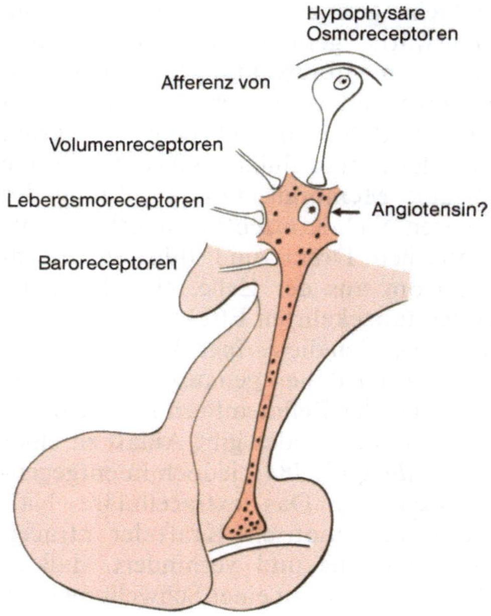

Abb. 31-5. Modell der osmotischen und nichtosmotischen Kontrolle der ADH-Produktion in den Neuronen der Nuclei supraopticus und paraventricularis im Hypothalamus

muß **hypovolämischer Durst** haben, da bei isotonem Volumenverlust (z.B. Blutspende) kein Anlaß für eine Zellschrumpfung gegeben ist. Vieles deutet auf *Angiotensin als Signalsubstanz* hin [14]: Eine intravenöse Injektion von Angiotensin löst Durst aus; erheblich wirkungsvoller ist eine Injektion direkt in den Hypothalamus. Dazu paßt, daß bei Zuständen des Volumenmangels das *Renin-Angiotensin-System* aktiviert (S. 780f.) und die Plasmakonzentration des Angiotensins erhöht ist. Darüber hinaus kommt das Angiotensin erzeugende Enzym Renin nicht nur in der Niere vor, sondern auch im Gehirn und könnte dort lokal an der physiologischen Steuerung des Durstes beteiligt sein.

Flüssigkeitsräume

Intracellulärvolumen. Wie beschrieben (S. 808), ist das Körperwasser auf verschiedene Kompartimente verteilt. Ihr Volumen wird in engen Grenzen konstant gehalten. *Eigene Kontroll- und Regulationssysteme* hat, wie im vorgegangenen Kapitel geschildert, *der Extracellulärraum*. Von ihm aus wird auch weitgehend das *Volumen des Intracellulärraums mitgesteuert*. Grundlage dafür ist die Tatsache, daß die Zellwände für Wasser permeabel sind, der Eintritt bzw. die Akkumulation von *Natrium* im Zellinnern je-

doch durch eine geringe Na^+-Permeabilität und den zellauswärts gerichteten aktiven Na^+-Transport der membranständigen (Na^+-K^+-)ATPase weitgehend verhindert wird. Die Zellmembran wirkt daher für Na^+, dem wichtigsten Inhaltsstoff der Extracellulärflüssigkeit, wie eine semipermeable Membran. Eine Erhöhung der extracellulären Na^+-Konzentration erhöht dort den osmotischen Druck und führt zu einem Wasserausstrom aus der Zelle, eine Erniedrigung hat den umgekehrten Effekt.
Im Prinzip wirkt sich die *geringe Na^+-Permeabilität der Zellwand* daher genauso aus wie die Impermeabilität der Zellmembran für die intracellulären Proteine: Beides gibt Anlaß zu einer *Donnan-Verteilung* (S. 784), jedoch in entgegengesetzter Richtung. Das extracelluläre Na^+ gleicht damit die osmotische Kraft der intracellulären Proteine aus und verhindert, daß es durch Wassereinstrom zu einer Schwellung bzw. Erhöhung des hydrostatischen Drucks in den Zellen kommt. Da die Zellmembran aber einen passiven Na^+-Einstrom nicht völlig verhindern kann, bleibt dessen extracelluläre osmotische Gegenkraft nur so lange erhalten, als das langsam in die Zelle eindringende Na^+ fortlaufend durch die (Na^+-K^+-)Pumpe wieder hinausbefördert wird. Bei *Blockierung des aktiven Na^+-Transports* durch Gifte wie *Ouabain* sowie bei Unterbrechung der energieliefernden Stoffwechselprozesse durch O_2-Mangel, Substratverarmung, Cyanidvergiftung oder Kälte läuft Na^+ so lange in die Zellen, bis ein Konzentrationsausgleich mit der extracellulären Flüssigkeit erreicht ist. Da gleichzeitig auch das Kalium nicht mehr in der normalen hohen Konzentration in der Zelle gehalten werden kann, führt der sich abschwächende K^+-Konzentrationsgradient zwischen dem Zellinneren und -äußeren zu einer Verminderung der elektrischen Membranladung. Diese verliert damit ihre Sperrfunktion für den Cl^--Einstrom. Dem so in die Zelle eindringenden NaCl folgt Wasser, und die *Zelle schwillt* (Abb. 31-6).

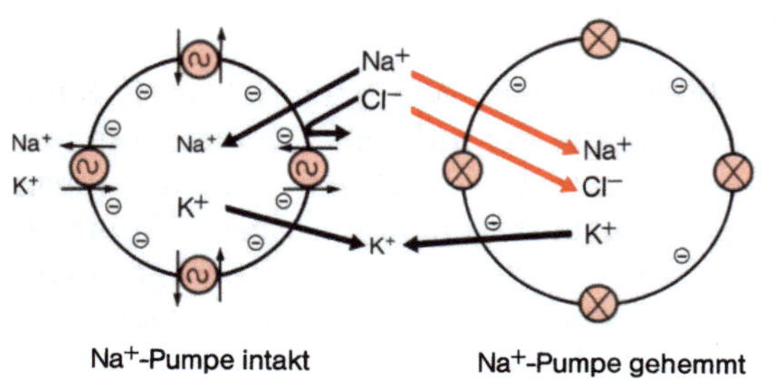

Abb. 31-6. Volumenregulation der Zelle mit Hilfe der aktiven Na^+/K^+-Pumpe. Eine Hemmung der Pumpe durch Stoffwechselgifte, O_2-Mangel oder Kälte führt zur Zellschwellung

Bestimmung der Flüssigkeitsräume. Der gesamte Wassergehalt des Körpers wie auch das Wasser der einzelnen Kompartimente läßt sich *als Verteilungsraum geeigneter Testsubstanzen bestimmen*. Gibt man eine Substanz in bekannter Menge in ein Kompartiment mit unbekanntem Volumen und wartet deren gleichmäßige Verteilung darin ab, dann kann man durch Messung der Substanzkonzentration das Volumen errechnen. Da eine Konzentration (*C*) definiert ist als Menge (*M*) der betreffenden Substanz in dem vorhandenen Volumen (*V*) $C = M/V$, ist demnach:

$$V = \frac{M}{C}. \tag{1}$$

Als Testsubstanz für das **Gesamtkörperwasser** eignet sich *schweres Wasser* (D_2O) bzw. *tritiummarkiertes Wasser* (THO) oder auch eine gut zellmembrangängige Substanz wie *Antipyrin*. Die Größe des **Extracellulärraums** läßt sich mit Substanzen messen, die leicht die Capillarendothelien passieren, aber nicht die Zellmembranen durchdringen können wie *Inulin* (S. 783) oder *Thiosulfat*. Das **Plasmavolumen** kann mit Substanzen bestimmt werden, die sich fest an die Albumine des Plasmas binden (z.B. *radioaktives Jod*, ^{131}J, oder ein Farbstoff wie *Evans blue*)

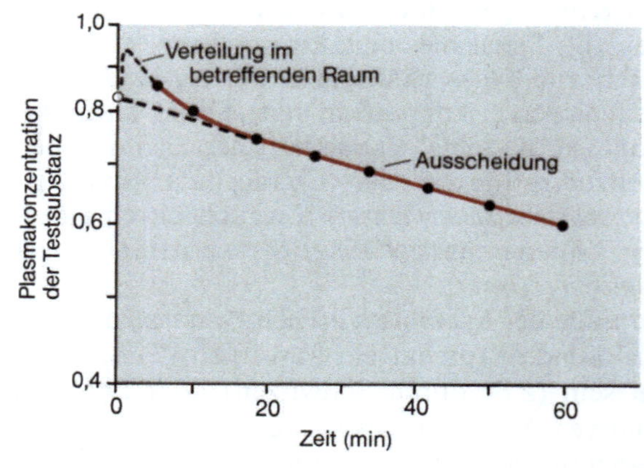

Abb. 31-7. Bestimmung von Flüssigkeitsräumen mit Hilfe einer Testsubstanz, die zum Zeitpunkt 0 injiziert wurde. Jeder *Punkt* entspricht einer entnommenen und analysierten Blutprobe. Die Konzentration der Testsubstanz, die sich bei fehlender Ausscheidung im Gleichgewicht eingestellt hätte, ergibt sich durch Extrapolation der Ausscheidungskurve auf die *Ordinate*

und dadurch im Gefäßraum zurückgehalten werden. Das **intracelluläre Volumen** errechnet sich dann als Differenz zwischen Gesamtkörperwasser und Extacellulärvolumen, das **interstitielle Volumen** als Differenz zwischen Extracellulärvolumen und Plasmavolumen. Da alle genannten Substanzen bei ihrer Verteilung den Plasmaraum mit einbeziehen, kann für alle Kompartimente die Messung der Teststoffkonzentration *sehr einfach über Plasmabestimmungen* erfolgen. Allerdings werden die Substanzen während der Verteilungszeit auch teilweise schon wieder ausgeschieden. In der Praxis werden daher nach Injektion der Testsubstanz fortlaufend Blutproben entnommen und analysiert, und daraus diejenige Konzentration extrapoliert, die sich bei fehlender Ausscheidung im Gleichgewicht eingestellt hätte (Abb. 31-7).

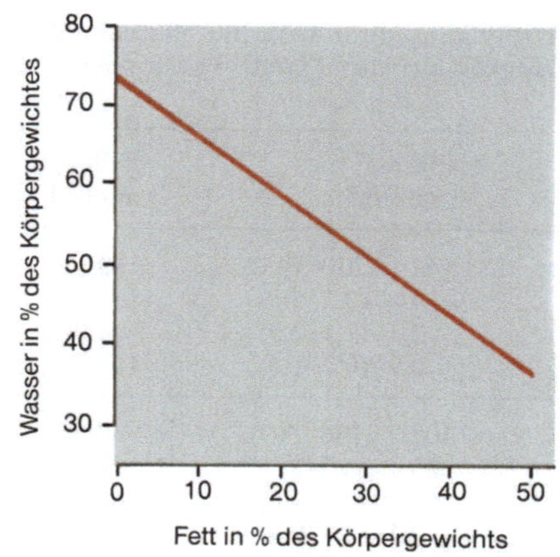

Abb. 31-8. Beziehung zwischen Fett- und Wassergehalt des Körpers. (Nach [13])

Wassergehalt einzelner Organe. Bei der Bestimmung der Flüssigkeitsräume mit Indikatorverdünnungsmethoden werden Durchschnittswerte für den gesamten Körper ermittelt. Der Wassergehalt der einzelnen Organe weist jedoch große Unterschiede auf (Tabelle 31-1). Den weitaus *geringsten Wassergehalt hat* **Fettgewebe** mit nur 10%. Der Durchschnittswert aller übrigen Körpergewebe nach Abzug des Fettes liegt bei 73%, ein Wert, der nicht nur für den Menschen, sondern auch gleichermaßen für ausgewachsene Säugetiere gilt. Diese Feststellung erlaubt die Bestimmung des Anteils von Körperfett über die Messung des Gesamtkörperwassers:

$$\%\ \text{Körperfett} = 100 - \frac{\%\ \text{Körperwasser}}{0{,}73}. \qquad (2)$$

Die Beziehung ist in Abb. 31-8 dargestellt. Sie läßt ablesen, daß normalerweise bei einem jungen Erwachsenen mit einem Gesamtwassergehalt von 65% des Körpergewichtes rund 10% an Depotfett zu finden sind. Bei Adipösen können durchaus 50% des Körpergewichtes auf Fettgewebe entfallen, was dann durch einen Wassergehalt des Körpers von nur 37% angezeigt wird.

Tabelle 31-1. Wassergehalt einzelner Organe. (Nach [16])

Organ	Wasser %	Körpergewicht %	Wassermenge bei einem Menschen von 70 kg KG
Blut	83,0	8,0	4,65
Nieren	82,7	0,4	0,25
Herz	79,2	0,5	0,28
Lungen	79,0	0,7	0,39
Milz	75,8	0,2	0,10
Muskel	75,6	41,7	22,10
Gehirn	74,8	2,0	1,05
Magen-Darm	74,5	1,8	0,94
Haut	72	18,0	9,07
Skelet	22	15,9	2,45
Fettgewebe	10	10–50	0,70

31.2 Elektrolythaushalt

Wie zuvor erläutert, erfolgt die Regulation der Flüssigkeitsräume über Elektrolyttransporte. Wasser- und Elektrolythaushalt sind daher funktionell nicht zu trennen.

Elektrolytkonzentrationen

Extra- und intracelluläre Konzentrationen. Die osmotischen Drucke in der extracellulären und intracellulären Flüssigkeit sind im Gleichgewichtszustand identisch. Die Konzentrationen der einzelnen Elektrolyte aber unterscheiden sich ganz beträchtlich (Tabelle 31-2). Ein gewisser Unterschied wird schon durch die unterschiedliche Proteinkonzentration zwischen den einzelnen Flüssigkeitsräumen aufgrund des Gibbs-Donnan-Gleichgewichts hervorgerufen (S. 784). Weit stärker aber wirkt sich die ständige Tätigkeit der in den Zellmembranen sitzenden (Na^+-K^+-)ATPase aus, durch welche die Konzentration der extracellulär dominierenden

Tabelle 31-2. Elektrolytkonzentration in Blutplasma und intracellulärer Flüssigkeit. (Plasma mit Variationen der Normwerte)

	Plasma mmol/l		Zelle mmol/l
Na^+	142	(130–155)	10
K^+	4	(3,2–5,5)	155
Ca^{2+}	2,5	(2,1–2,9)	<0,001[a]
Mg^{2+}	0,9	(0,7–1,5)	15
Cl^-	102	(96–110)	8
HCO_3^-	25	(23–28)	10
HPO_4^{2-}	1	(0,7–1,6)	65[b]
SO_4^{2-}	0,5	(0,3–0,9)	10
Organische Säuren	4		2
Proteine	2		6

[a] Freies Ca^{2+} im Cytosol.
[b] Einschließlich organischer Phosphate.

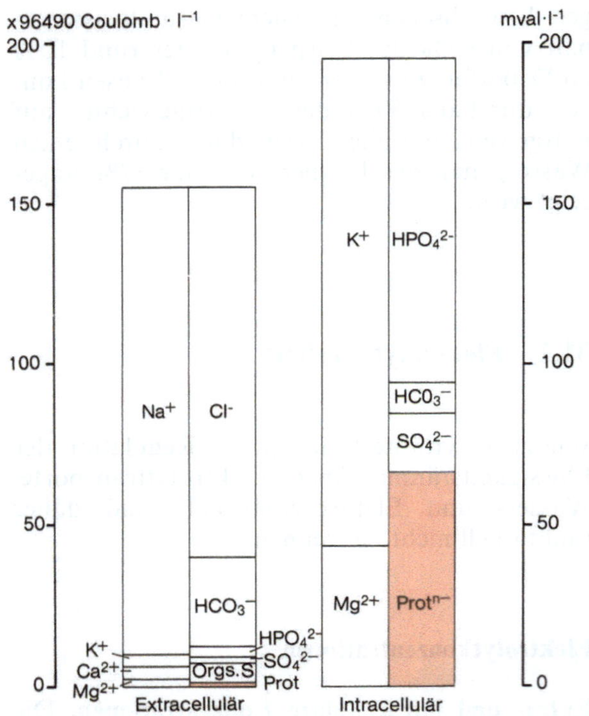

Abb. 31-9. Ionale Komposition von extra- und intracellulärer Flüssigkeit

Na^+-Ionen im Zellinnern niedrig gehalten wird und dort dafür Kalium in hoher Konzentration akkumuliert wird. Als weiteres Kation kommt intracellulär *Magnesium* in zwar deutlich geringerer, aber dennoch beachtenswerter Konzentration vor. Unter den Anionen dominieren extracellulär *Cl^- und HCO_3^--Ionen*, intracellulär *Phosphationen*. Zwischen Kationen und Anionen besteht sowohl im Plasma wie auch in der Zelle ein Gleichgewicht, d.h. die *Summe der positiven und negativen elektrischen Ladungen ist jeweils gleich*. Dies wird aus dem Vergleich der molaren Konzentrationen nicht erkennbar (Tabelle 31-2). Das liegt darin begründet, daß v.a. in der Zelle die mehrwertigen Ladungsträger eine Rolle spielen. Zur Verdeutlichung dieses Tatbestandes sind in Abb. 31-9 die molaren Konzentrationen in Äquivalentangaben (s.u.) umgerechnet:
Die zweiwertigen Ionen und insbesondere die polyvalenten Proteine tragen sehr erheblich zum Ladungsgleichgewicht bei. Die Proteine liegen bei den pH-Werten der Körperflüssigkeiten als Polyanionen vor, mit im Durchschnitt rund 10 negativen Ladungen pro Molekül. Wie Abb. 31-9 zeigt, ist durch die unterschiedliche Verteilung ein- und mehrwertiger Elektrolyte die elektrische Ladungsdichte in der Zelle um etwa 20% höher als in der extracellulären Flüssigkeit, trotz gleicher osmotischer Konzentrationen in extra- und intracellulärer Flüssigkeit.

Elektrochemisches Äquivalent. Ein einwertiges Kation oder Anion transportiert eine Elementarladung von $1{,}6 \cdot 10^{-19}$ Coulomb (C).1 mol eines einwertigen Elektrolyten entsprechen demnach $1{,}6 \cdot 10^{-19} \cdot 6{,}06 \cdot 10^{23} = 96490$ C. Diese Zahl wird als elektrochemisches Äquivalent oder 1 Faraday (F) bezeichnet. Die Äquivalentkonzentration errechnet sich dann aus

$$\text{Konzentration} \cdot \text{Wertigkeit} = \text{mol} \cdot l^{-1} \cdot F \cdot \text{mol}^{-1} = F \cdot l^{-1}. \quad (3)$$

Früher war es üblich, alle Elektrolytkonzentrationen als Äquivalentkonzentration in der Einheit mval/l oder international als mEq/l anzugeben. Seit Einführung der SI-Einheiten sollte dies zugunsten molarer Konzentrationsangaben unterbleiben, zumal die Äquivalentangabe oft ungenau ist, z.B. durch unterschiedlichen Dissoziationsgrad in Abhängigkeit vom pH-Wert oder auch der Konzentration selbst.

Natrium- und Kaliumhaushalt

Natrium. Der Gesamtbestand eines 70 kg schweren Menschen liegt bei 4200 mmol. Nur ca. 2,5% davon befinden sich in den Zellen. Etwa $^1/_3$ des Natriums ist fest in die kristallinen Strukturen des Knochens eingebaut und nicht austauschbar. Die restlichen *$^2/_3$ stehen im Diffusionsgleichgewicht mit dem Plasma-Natrium* und erlauben es, kurzfristig Verluste auszugleichen, wenn z.B. durch starkes Schwitzen eines nicht Hitzeadaptierten oder durch Diarrhoen Natrium verlorengeht. Die tägliche Natriumaufnahme bewegt sich bei mitteleuropäischen Ernährungs- und Lebensverhältnissen im Mittel bei 160 mmol/Tag, was 5% des austauschbaren Natriums entspricht. Dies ist ein offenbar unphysiologisch hoher Umsatz und wahrscheinlich eine der Ursachen für die in den Industrieländern so häufige Entwicklung von erhöhtem Bluthochdruck. Bei Naturvölkern, bei denen diese Erkrankung sehr selten auftritt, liegt der Natriumumsatz um mehr als die Hälfte niedriger.

Kalium. Im Gegensatz zum Natrium ist nahezu der gesamte K^+-Bestand von rund 3300 mmol im Körper frei austauschbar. Nur etwa 2,5% davon befinden sich im Extracellulärraum. Da *extracelluläre Verluste* (z.B. Durchfall, Abusus von Laxantia und Diuretica oder bei Acidose) immer *schnell aus dem Intracellulärraum wieder ausgeglichen* werden, bleibt die Kaliumkonzentration im Extracellulärraum oft lange Zeit wenig verändert. Ein empfindlicher K^+-Mangel mit drohenden cardiovasculären und neuromusculären Störungen kann daher bei routinemäßigen Untersuchungen allein der K^+-Plasmakonzentration leicht übersehen werden.

Calcium- und Phosphathaushalt

Calcium. Als wichtigster Baustein von Knochen und Zähnen ist Calcium infolge der großen Masse des Skelets mit 28 mol/70 kg KG *mengenmäßig das dominierende Kation im Körper*. Nur $^1/_{100}$ des Körpercalciums befindet sich in der Extracellulärflüssigkeit, wovon ein Teil ionisiert vorliegt, im Plasma etwa 50%. 5–10% sind komplex an organische Säuren, der Rest an Proteine gebunden. Die Calciumkonzentration in der Zelle liegt bei 10^{-7} mol/l und damit um etwa 4 Zehnerpotenzen unter der extracellulären Konzentration.

Für viele Zellen ist die Änderung der *intracellulären Ca^{2+}-Konzentration das Signal für wichtige Funktionsänderungen* [17]. So steuert Ca^{2+} die elektromechanische Kopplung bei der Muskelkontraktion (S. 70ff.), es beeinflußt die Na^+-Leitfähigkeit erregbarer Zellen (S. 28f.), aber auch vieler nichterregbarer Zellen, es steigert die K^+-Leitfähigkeit von Zellmembranen, beeinflußt Ionenpumpen, ermöglicht die Transmitterausschüttung an Synapsen (S.57f.), stimuliert die Sekretionstätigkeit exokriner Drüsen, löst die Ausschüttung von Hormonen aus, spielt für mehrere Phasen der Blutgerinnung eine Rolle (S. 440ff.), reguliert die Aktivität von Enzymen u.a.

Die sehr niedrige intracelluläre Ca^{2+}-Konzentration wird durch membranständige Ionenpumpen (S. 9, 792) aufrechterhalten. Der dadurch geschaffene hohe Konzentrationsgradient führt schon bei geringen Permeabilitätsänderungen der Zellmembran zu deutlichen Änderungen im intracellulären Calcium. Solche Permeabilitätsänderungen werden zumeist von extracellulär her z.B. durch Hormone ausgelöst. Das Ausmaß des Calciumeinstroms in die Zelle wird dabei außer von der jeweiligen Hormon- oder Transmittermenge von der extracellulären Calciumkonzentration bestimmt. Die Präzision molekularer Funktionsabläufe in der Zelle hängt damit ganz entscheidend von der *Konstanz der extracellulären Calciumionenkonzentration* ab. Es ist daher nicht verwunderlich, daß sie sehr aufwendig und mehrfach abgesichert reguliert wird, wie vergleichsweise sonst nur noch die Wasserstoffionenkonzentration.

Phosphat. Viele für den Stoffwechsel bedeutsame Moleküle sind Phosphate (z.B. ATP, cAMP, Kreatinphosphat, DNA, Phospholipide). Deren Bestand im Zellinnern aber und die mit ihnen ablaufenden Reaktionen werden von Änderungen der Phosphatkonzentration im Extracellulärraum innerhalb weiter Grenzen kaum beeinflußt. Im Gegensatz zum Calcium ist daher die extracelluläre Phosphatkonzentration auch weniger genau reguliert, und Phosphat kann z.B. auch im Bedarfsfall für die Elimination von H^+-Ionen eingesetzt werden (S. 796). Die Hauptmenge des Phosphats liegt im Knochen als amorphes Calciumphosphat und hauptsächlich in Form von Hydroxy-Apatit-Kristallen vor.

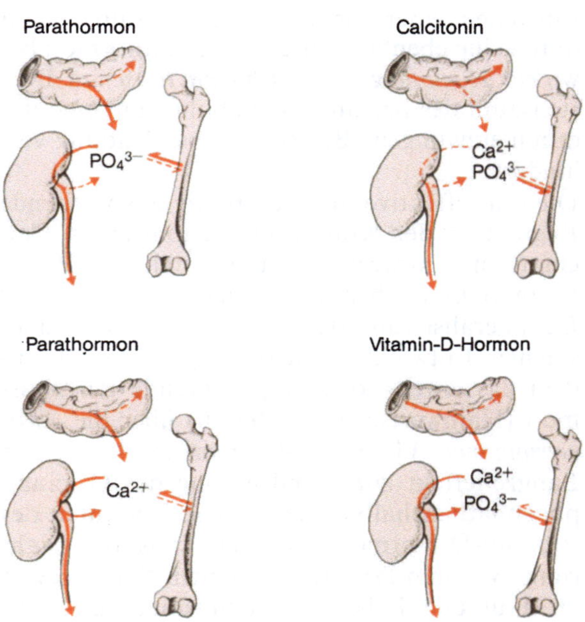

Abb. 31-10. Wirkung der Calciumphosphat-regulierenden Hormone auf Niere, Darm und Knochen. (Nach [5])

Regulation der Calciumphosphatbilanz. Der *Knochen* stellt das wichtigste Reservoir dar, aus dem, bei Absinken der extracellulären Calciumkonzentration, jederzeit *Calciumphosphat mobilisiert* werden kann. Der schnellste und wirkungsvollste Eingriff erfolgt über das **Parathormon** (s.a. S. 416f.), dem Hormon der Nebenschilddrüse (Abb. 31-10). Es wird bei *Hypocalcämie* ausgeschüttet und stimuliert im Knochen die *Osteoclasten*. Diese sezernieren organische Säuren (Citronen-, Milch- oder Bernsteinsäure), lösen damit das alkalische Apatit und setzen Calcium- und Phosphationen frei. Der Effekt wird dadurch optimiert, daß das Parathormon gleichzeitig die *Ca^{2+}-Resorption im distalen Tubulus steigert* (S. 792), und somit Verluste über die Niere verhindert. Weiterhin wird im proximalen Tubulus der Niere die *Schwelle für Phosphat* (S. 794) *gesenkt und damit dessen Ausscheidung erhöht*. Der *gegenläufige Einfluß* des Parathormons auf Calcium und Phosphat ist wichtig. Das Löslichkeitsprodukt von Calciumphosphat ist recht niedrig, und bei Erhöhung beider Partner wäre schnell die Gefahr der ektopischen Ausfällung gegeben, d.h. Calciumphosphat könnte außerhalb des Knochens ausfallen und Konkremente bilden (S. 801). Die renale Eliminierung von Phosphat begegnet dieser Gefahr und schafft überhaupt erst die Voraussetzung dafür, daß die extracelluläre Konzentration an ionisiertem Calcium erhöht bleiben kann. Die Mobilisierung von stark alkalischem Calciumphosphat aus dem Knochen würde aber auch das *Säure-Basen-Gleichgewicht* bedrohen. Das Entstehen einer metabolischen Alkalose wird durch eine ebenfalls durch das Parathormon bewirkte *Hemmung der Carboanhydrase* im Bürstensaum des proximalen Tubulus und eine dadurch erzwungene Bicarbonatausscheidung verhindert.

Die sehr effektive und kurzfristig ansprechende Regulation der Konzentration ionisierten Calciums im Extracellulärraum durch das Parathormon muß aber auf längere Sicht zu einer Demineralisierung des Knochens führen. Einer solchen Entwicklung wird gegengesteuert, indem das jeweils kurzzeitig wirkende Parathormon (Halbwertszeit ca. 10 min) über die *Aktivierung von* **Vitamin-D-Hormon** (S. 417) einen Langzeiteffekt zur Stabilisierung des Calciumphosphathaushalts einleitet. Die Vorstufen des Vitamin-D-Hormons stammen aus der Nahrung (Vitamin D) oder aus einem Syntheseweg in Haut und Leber. Die Umwandlung in das aktive Vitamin-D-Hormon (1,25-Dihydroxycholecalciferol) erfolgt in der *Leber und der Niere*. In der Niere entfaltet es auch schon etwas von seiner Wirkung, indem es die *Resorption von Calcium und Phosphat verstärkt*. Die Hauptwirkung aber besteht einmal darin, daß im *Darm* bestimmte Effectorproteine induziert werden, mit deren Hilfe *langfristig Calciumphosphat resorbiert* werden kann, sobald dieses mit der Nahrung angeboten wird. Weiterhin sorgt Vitamin-D-Hormon dann auch dafür, daß dieses Calciumphosphat wieder in die *Knochen eingebaut* wird.

Als drittes Hormon greift **Calcitonin** spezifisch in die Regulation ein (Abb. 31-10). Es wird aus der Schilddrüse bei *Hypercalcämie* ausgeschüttet (S. 417). Seine Wirkungen zielen auf eine *Senkung der Plasmakonzentrationen von Calcium und Phosphat* ab. Es erreicht dies durch Förderung der Mineralisation des Knochens bei gleichzeitiger Hemmung der renalen und enteralen Resorption beider Stoffe.

31.3 Generalisierte Störungen des Wasser- und Elektrolythaushalts

Angesichts der vielerlei Ursachen, durch die das Gleichgewicht des Wasser- und Elektrolythaushalts gestört sein kann, hat sich eine formale Systematik der Bilanzen als didaktisch hilfreich erwiesen. Geht mehr Wasser verloren, als aufgenommen wird, kommt es zu einer **negativen Wasserbilanz** mit einer *Dehydratation*. Umgekehrt führt ein Überschuß an im Körper verbleibendem Wasser, eine **positive Wasserbilanz**, zu einer Volumenzunahme mit *Hyperhydratation*.

Da Aufnahme und Verluste von Wasser und Elektrolyten jeweils über den Extracellulärraum verlaufen, erfolgt die weitere Einteilung der Störungen in erster Linie nach den im Extracellulärraum auftretenden Veränderungen. Bezugspunkt ist die osmotische Normalkonzentration des Extracellulärraums von rund 290 mosmol/l (S. 802), die als *isotone* Konzentration oder *Isotonie* bezeichnet wird. Bei verminderter osmotischer Konzentration liegt eine *hypotone* Störung, bei erhöhter Osmolarität eine *hypertone* Störung vor. Nach diesen Einteilungsmerkmalen ergeben sich 6 Möglichkeiten für die Abweichung von einer ausgeglichenen Bilanz.

Dehydratation

Isotone Dehydratation. Sie tritt immer dann auf, wenn isotone Flüssigkeit verlorengeht. Dies kann geschehen durch *Verlust von extracellulärer Flüssigkeit* (Blutverlust, Austritt von interstitieller Flüssigkeit und Plasma bei großflächigen Verbrennungen) oder bei übermäßigem *Verlust von transcellulärer Flüssigkeit* (Durchfall, länger dauerndes Erbrechen, Schwitzen eines nicht an Hitze Adaptierten, stark wirkende Saluretica). Da hierbei die osmotischen Verhältnisse zwischen Extra- und Intracellulärraum nicht verändert werden, bleibt der letztere unbeeinflußt. Das klinische Bild wird daher geprägt durch den Mangel an Plasmavolumen (*Hypovolämie*) mit Störungen der Kreislauffunktion (Tachykardie, Blutdruckabfall, Kollapsneigung bis hin zum Volumenmangelschock).

Hypotone Dehydratation. Wird nach isotonen Volumenverlusten (s.o.) der auftretende Durst durch alleinige Zufuhr von Wasser gelöscht, dann kann dieses nur teilweise im Extracellulärraum gehalten werden, und die Kreislaufsymptome bleiben bestehen. Da die Osmolarität des Extracellulärraums aber vermindert wurde, führt der entstandene osmotische Gradient zur *Wasseraufnahme in die Zellen*. Symptome der Zellschwellung werden insbesondere vom Gehirn her bemerkbar, wo der gesteigerte Gewebedruck zu Kopfschmerzen, Erbrechen, Apathie und Bewußtseinstrübungen bis hin zu Krämpfen und Coma führen kann.

Hypertone Dehydratation. Ein solcher Zustand tritt z.B. bei Höhenbergsteigern auf, wo einerseits — wohl infolge cerebralen O_2-Mangels — der Durstmechanismus nicht mehr richtig funktioniert und andererseits durch Hyperventilation in der kalten trockenen Luft über die Atmung größere Wassermengen verlorengehen. Auch starkes Schwitzen eines Hitzeadaptierten führt zu dieser Form der Dehydratation. Durch vermehrte *Aldosteronwirkung* (S. 791) auf die Ausführungsgänge der Schweißdrüsen kommt es zur Produktion eines Na^+-armen, hypotonen Schweißes, so daß das Wasserdefizit sehr viel größer ist als das Natriumdefizit. Gleiche Auswirkungen hat ein *Diabetes insipidus* (S. 792), bei dem es infolge der fehlenden ADH-Kontrolle zu einer ständigen und übermäßigen Ausscheidung eines hypotonen Harns kommt. Aber auch ein *Diabetes mellitus*, bei dem es durch die erhöhte Glucoseausscheidung zur osmotischen Diurese kommt, führt zum gleichen Bild. Der Harn ist dabei zwar etwa isoton, enthält an osmotisch wirksamen Bestandteilen aber vorwiegend Glucose und nur wenig Natrium. *Bei der hypertonen Dehydratation sind sowohl Extra- wie Intracellulärraum vermindert.* Zu den Symptomen der Hypovolämie (s.o.) kommen als Zeichen der cellulären Entwässerung verminderter Speichelfluß, verminderter Hautturgor, trockene Schleimhäute, Temperaturanstieg.

Hyperhydratation

Isotone Hyperhydratation. Eine vermehrte Retention von Wasser und Salz in isotonem Verhältnis ändert die osmotischen Verhältnisse nicht und führt daher nur zu einer *Ausweitung des Extracellulärraums*, ohne dabei das Intracellulärvolumen zu verändern. Neben einem vergrößertem Plasmavolumen mit entsprechend vergrößertem Blutvolumen (*Hypervolämie*) kommt es zur vermehrten Ansammlung interstitieller Flüssigkeit mit generalisierten *Ödemen*. Ursache können mechanische Faktoren, wie *erhöhter hydrostatischer Druck* bei Herzinsuffizienz oder portaler Hypertension als auch *Abnahme des onkotischen Drucks* bei Lebercirrhose oder nephrotischem Syndrom sein. Aber auch eine *ungenügende Natriumausscheidung* kann Ödeme zur Folge haben, da durch das Natrium dann Wasser in isotonem Verhältnis zurückgehalten wird. Dies geschieht z.B. bei Niereninsuffizienz, Hyperaldosteronismus oder vermehrter Wirkung anderer Hormone und Substanzen mit Na^+-retinierender Wirkung (Contraceptiva, Antirheumatica u.a.).

Hypotone Hyperhydratation. Diese Störung entsteht, wenn die renale Wasserausscheidung gestört ist (z.B. bei schwerer Herzinsuffizienz, akutem Nierenversagen) und gleichzeitig Wasser im Übermaß durch Trinken oder z.B. durch eine Glucoseinfusion zugeführt wird. Es entwickelt sich der Zustand einer sog. *Wasserintoxikation.* Da ein osmotischer Gradient zwischen Extra- und Intracellulärraum besteht, kommt es zur *Zellschwellung*, und im Vordergrund des klinischen Bildes stehen auch hier Hirndrucksymptome (s.o.).

Hypertone Hyperhydratation. Zu dieser seltenen Störung kann es z.B. kommen, wenn *hypertone Kochsalz*- oder *Natriumbicarbonatlösung* infundiert wird. Auch wenn Schiffbrüchige Meerwasser trinken, kann vorübergehend ein solcher Zustand entstehen. Da jedoch der Salzgehalt der Ozeane höher ist als die NaCl-Konzentration, die maximal im Harn ausgeschieden werden kann, muß der Salzüberschuß unter Heranziehung des eigenen Körperwassers ausgeschieden werden. Die hypertone Hyperhydratation geht daher sehr bald in eine hypertone Dehydratation über.

31.4 Literatur

Weiterführende Lehr- und Handbücher

1. Anderson, B.: Regulation of water intake. Physiol. Rev., *58*, 528 (1978)
2. Brenner, B.M., Rector, F.C. (Eds.): The Kidney, Vol. I und II. W.B. Sanders Co., Philadelphia 1976
3. Deetjen, P., Boylan, J.W., Kramer, K.: Niere und Wasserhaushalt. 3. Aufl., Urban und Schwarzenberg, München 1976
4. Gamble, J.L.: Chemical anatomy, physiology and pathology of extracellular fluids. Harvard University Press, Cambridge Mass., 1954
5. Lang, F.: Pathophysiologie und Pathobiochemie. 2. Aufl., Ferdinand Enke Verlag, Stuttgart 1979
6. Lang, F., Deetjen, P., Reissigl, H.: Wasser- und Elektrolythaushalt. Hdb. d. Infusionstherapie Bd.I. S. Karger, Basel 1984
7. Pitts, R.F.: Physiologie der Nieren und der Körperflüssigkeiten. Schattauer Verlag, Stuttgart-New York 1972
8. Sarre, H.J., Gessler, H. (Hrsg.): Nierenkrankheiten. 5. Aufl., Georg Thieme Verlag, Stuttgart 1986
9. Seldin, D.W., Giebisch, G. (Eds.): The Kidney, Physiology and Pathophysiology, Vol. I and II. Raven Press, New York 1985
10. Siegenthaler, W. (Hrsg.): Klinische Pathophysiologie. 5. Aufl., Georg Thieme Verlag, Stuttgart 1982
11. Truniger, B.: Wasser- und Elektrolythaushalt. Diagnostik und Therapie. Georg Thieme Verlag, Stuttgart 1974

Einzel- und Übersichtsarbeiten

12. Andersson, B., Rundgren, M.: Thirst and its disorders. Ann. Rev. Med. *33*, 231–239 (1982)
13. Behnke, A.R.: Physiologic studies pertaining to deep sea diving and aviation, especially in relation to fat content and composition of the body. Harvey Lectures *37*, 198 (1941/42)
14. Fitzsimons, J.T.: Physiology and Pathology of Thirst and Sodium Appetite "The Kidney", Seldin D.W. and Giebisch G. (Ed.), Vol. II, pp. 885–902, Raven Press, New York 1985
15. Robertson, G.L.: Diseases of the posterior pituitary. In Endocrinology and Metabolism, P. Filing et al. (Ed.), pp. 251–277, Mc Graw-Hill, New York 1981
16. Skeleton, H.: The storage of water by various tissues of the body. Arch. Int. Med. *40*, 140 (1972)
17. Taylor, A., Windhager, E.E.: Cytosolic Calcium and Its Role in the Regulation of Transepithial Ion and Water Transport. "The Kidney", Seldin D.W. and Giebisch G. (Ed.), Vol. II, pp. 1297–1322, Raven Press, New York 1985

IX
Fortpflanzung, Schwangerschaft und Altern

32 Sexualfunktionen

W. Wuttke

32.1 Sexualdifferenzierung

Entwicklung der Gonaden. Für das Verständnis der Physiologie und Pathophysiologie der Sexualfunktionen ist die Kenntnis der Entwicklung der Keimdrüsen im Fetus wichtig. Die Gonaden entwickeln sich aus 2 unterschiedlichen Geweben: Das somatische *mesenchymale Gewebe* formt die *Matrix* für die *Gonaden*, während das *primordiale Keimgewebe* das Muttergewebe für die sich später entwickelnden *Gameten* darstellt. Das primordiale Keimgewebe wandert etwa in der 3. Schwangerschaftswoche in die Matrix des mesenchymalen Gewebes ein. In dieser Zeit ist es noch nicht möglich, zwischen männlichen und weiblichen Gonaden zu unterscheiden; man bezeichnet sie daher als indifferent.

Etwa in der 6. Gestationswoche ist die Einwanderung komplett, und jetzt beginnt in Y-chromosomalen, also männlich angelegten Embryonen, eine lebhafte Proliferation des Keimgewebes. Aus dem primären Keimgewebe entwickeln sich später die *Spermatozoen*, während sich aus dem mesenchymalen Gewebe später die *Sertoli-Zellen* und die *interstitiellen Leydig-Zellen* bilden. In dieser frühen Zeit sind die Hoden histologisch schon deutlich erkennbar. Die weiblichen Gonaden sind zu dieser Zeit noch relativ undifferenziert, die primordialen Keimzellen proliferieren noch mitotisch. Aus dem *Mesenchymgewebe* entwickeln sich die *Granulosazellen*. Die *primordialen Keimzellen* reifen schließlich zu *Oocyten*, die von Granulosazellen umgeben werden und so die *primordialen Follikel* bilden.

Die Differenzierung der Gonaden in männliche Richtung setzt die Anwesenheit des Y-Chromosoms voraus. In Abwesenheit eines Y-Chromosoms entwickeln sich weibliche Gonaden. Zur normalen Entwicklung der weiblichen Gonaden gehören 2 X-Chromosome. Beim *Turner-Syndrom* haben die Individuen nur ein X-Chromosom. Es entwickeln sich zwar Ovarien, jedoch proliferieren die primordialen Keimzellen nicht zu Ende, es entsteht also eine *ovarielle Dysgenesie*. Es sind also beide X-Chromosomen für die normale ovarielle Entwicklung notwendig, während ein Y-Chromosom die testiculäre Entwicklung stimuliert.

Sexualdifferenzierung der internen Genitalien. Für die weitere Entwicklung der weiblichen Genitalien sind *keine endokrinen Aktivitäten* notwendig. Die männliche Differenzierung erfolgt aufgrund der Produktion von 2 Hormonen in den embryonalen Testes. Die Leydig-Zellen sezernieren die *Androgene*, die Sertoli-Zellen produzieren ein Proteinhormon, das sog. *Müllersche inhibierende Hormon*. Für die Entwicklung der internen Genitalien gibt es 2 unterschiedliche Primordialstrukturen. Diese sind der *Wolff-Gang (Ductus mesonephricus)* und der *Müller-Gang (Ductus paramesonephricus)*. Die *Androgene stimulieren den Wolff-Gang*, so daß sich daraus die Epididymes, die Vasa deferentia und die Samenblasen entwickeln. Das *Müllersche inhibierende Hormon* bewirkt die *Regression des Müller-Gang*. In weiblichen Feten geht der Wolff-Gang zu Grunde, und der Müller-Gang entwickelt sich zu den Eileitern, dem Uterus, der Cervix und Anteilen der oberen Vagina.

Tierexperimentell konnte gezeigt werden, daß frühe Kastration männlicher Feten zur weiblichen Differenzierung der internen Genitalien führt. Ohne Androgene würde also die Ausbildung des Wolff-Ganges nicht stimuliert, und die Abwesenheit des Müllerschen inhibierenden Faktors führt dazu, daß sich der Müller-Gang zum weiblichen internen Genitale entwickelt. Hieraus wird auch klar, daß für die normale Entwicklung des weiblichen Genitales die Ovarien keine aktive Rolle spielen.

Sexualdifferenzierung der externen Genitalien. Im weiblichen Fetus schließt sich die Urethralfalte nicht und bildet die *Labia minora:* Die beiden Genitalschwellungen schließen sich ebenfalls nicht und bilden die *Labia majora*. Der Genitalhügel formt die *Clitoris*. Diese Entwicklung erfolgt ebenfalls unabhänig von den Ovarien. Die Entwicklung der männlichen externen Genitalien dagegen ist androgenabhängig. Die Urethralfalte wird geschlossen und umschließt die Urethra. Die genitale Schwellung schließt sich ebenfalls und bildet das *Scrotum*. Der geni-

tale Hügel wächst unter dem Einfluß der Androgene und bildet den *Penis*.
Im Verlauf der Embryogenese wandern die paranephral angelegten Gonaden caudalwärts. Die Ovarien bleiben im kleinen Becken, während die Testes in einer Bauchfellduplikatur in das Scrotum descendieren. Die Lokalisation der Testes im Scrotum ist aus physiologischen Gründen außerordentlich wichtig. Nur dort können die Testes normal funktionieren, da sie nur bei der dort herrschenden *niedrigen Temperatur* zur *normalen Testosteron-* und *Spermatogenese* fähig sind. Wenn im Verlauf der Embryogenese die Testes nicht in das Scrotum descendieren, bleiben sie in der Bauchhöhle liegen. Bei Kindern mit derartigem *Maldescensus der Testes* entwickelt sich das Krankheitsbild des *Kryptorchismus*. Eine normale Hodenfunktion kommt nicht in Gang, da die Temperatur in der Bauchhöhle dafür zu hoch ist.

Pathophysiologische Aspekte: Es gibt ein Krankheitsbild, die *testiculäre Femininisierung*, bei der die Individuen genotypisch XY, also männlich, angelegt sind. Die fetalen externen Genitalien sind aufgrund eines Receptordefekts jedoch resistent für die Wirkung von Androgenen. Derartige Feten entwickeln normale männliche interne Genitalia, also Testes mit der Fähigkeit Androgene und Müllersches inhibierendes Hormon zu produzieren. Aufgrund des androgenen Receptordefekts jedoch entwickeln sich die externen Genitalia in weibliche Richtung.
Eine genau umgekehrte Entwicklung erfahren genotypisch weibliche Feten, bei denen die Nebenniere *kein Cortisol* produzieren kann. Es fehlt die rückkoppelnde Wirkung von Cortisol auf die ACTH-Sekretion. Dadurch wird im Fetus viel ACTH gebildet, und dieses stimuliert die Steroidgenese in den Nebennieren. Die Nebenniere metabolisiert nun diese Steroide zu Androgenen (S. 410). Die Androgene bewirken eine Maskulinisierung der externen Genitalia. Da diese Feten kein Y-Chromosom besitzen, entwickeln sich normale Ovarien, und aufgrund des Fehlens von Müllerschem inhibierenden Hormon entwickelt sich der Müller-Gang zu weiblichen internen Genitalien. Die Androgene bewirken jedoch eine männliche Ausprägung der externen Genitalien. Das ist das Krankheitsbild des *adrenogenitalen Syndroms* (s. auch S. 410).

Sexualdifferenzierung des ZNS. Unter dem Einfluß der männlichen Sexualhormone wird auch das fetale Gehirn maskulinisiert. Es lassen sich morphologische Unterschiede zwischen männlichen und weiblichen Gehirnen darstellen. Bei Patienten mit *adrenogenitalem Syndrom*, deren weiblicher Genotyp postpartal festgestellt wurde, die also als Mädchen aufwuchsen, konnte gezeigt werden, daß im späteren Leben physiologische und verhaltensmäßige Maskulinisierungserscheinungen auftreten. Ein embryonal nicht durch Androgene beeinflußtes Gehirn bleibt dagegen feminin.

32.2 Hormonale Regulation der Gonadenfunktionen

Die Funktionen der Fortpflanzungsorgane des Mannes und der Frau sind von hormonalen Regulationsprozessen abhängig. Ebenso wird das Sexualverhalten bis zu einem gewissen Grade von Hormonen beeinflußt. Die Sexualhormone dienen also der Arterhaltung, sind jedoch für das einzelne Individuum nicht lebensnotwendig. Von beiden Geschlechtern werden sowohl männliche als auch weibliche Sexualhormone, allerdings in unterschiedlichen Mengen, gebildet.

Freisetzung und Wirkung der Gonadotropine. Die für die Fortpflanzung wichtigen Hormone der Hypophyse sind das **Follikel-stimulierende Hormon (FSH)** und das **luteinisierende Hormon (LH)** (S. 400). Beide Hormone sind Glykoproteide und bestehen aus 2 Untereinheiten. Sie kommen in identischer Struktur bei Männern und Frauen vor. Früher glaubte man, daß es für den Mann ein hypophysäres Hormon mit einer vom LH verschiedenen Struktur gibt, welches die Leydig-Zwischenzellen stimuliert. Dieses Hormon wurde *interstitial cell stimulating hormone (ICSH)* genannt. Heute weiß man, daß LH und ICSH das gleiche Hormon darstellen und benutzt nur noch die Bezeichnung LH. Nach heutigem Wissensstand geschieht die Ausschüttung beider Hormone durch ein hypothalamisches *Releasinghormon*. Dieses **LHRH**, auch *Gonadotropin-Releasing-Hormone (GnRH)* genannt, ist ein Dekapeptid und steht für diagnostische und therapeutische Zwecke in synthetischer Form zur Verfügung [10, 19]. Es wird in Neuronen des Hypothalamus gebildet, deren Axone an den portalen Gefäßen in der Eminentia mediana enden. Diese hypothalamischen LHRH-Neurone haben bestimmte neurophysiologische Eigenschaften. Bei geschlechtsreifen Individuen entladen sich diese Nervenzellen phasisch und miteinander synchronisiert. Sie schütten ihr Dekapeptid also alle zur gleichen Zeit in das portale Gefäßsystem aus [2, 3]. Diese *phasisch synchronisierte Aktivierung der LHRH-Neurone* ist von essentieller Bedeutung für die normale hypophysäre FSH- und LH-Sekretion [13, 17]. Die beiden gonadotropen Hormone FSH und LH stimulieren die Gonaden. Sie bewirken bei beiden Geschlechtern die gonadale *Bildung und Ausschüttung der Sexualhormone*. Diese Sexualhormone gehören in die Gruppe der Steroide. In den männlichen

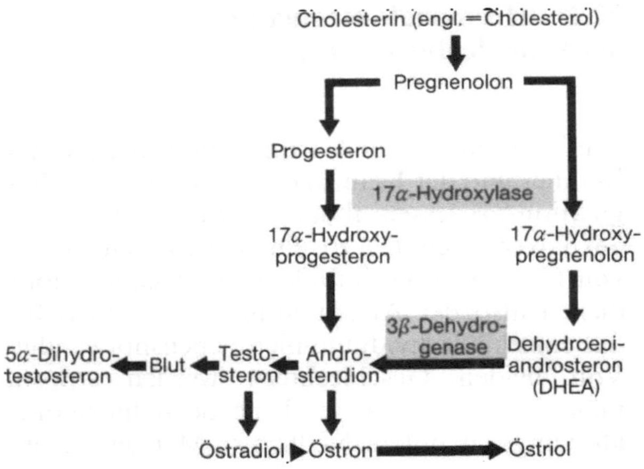

Abb. 32-1. Syntheseweg der gonadalen Steroidhormone. Im Blut zirkulierendes Testosteron wird in einigen Zielorganen (Samenblase, Prostata, Talgdrüsen und Haarfollikel der Haut) zu 5-α-Dihydrotestosteron (5-α-DHT) reduziert

Keimdrüsen werden unter der Wirkung des LH überwiegend die *Androgene* gebildet. Bei der Frau stimuliert das FSH das *Follikelwachstum* und die *Östrogenproduktion*. Das LH stimuliert im Ovar die *Gestagenausschüttung*.

Sexualsteroide. Wie für alle Steroidhormone ist die Ausgangssubstanz für die Sexualsteroide das *Cholesterin*. Durch das „Side-chain cleaving-Enzym-System" werden in den Gonaden zunächst Pregnenolon und Progesteron gebildet. Das **Progesteron** ist das wichtigste Hormon des *Corpus luteum* und wird von diesem in der zweiten Hälfte des Menstruationscyclus in größeren Mengen synthetisiert und ausgeschüttet. Noch wesentlich höhere Progesteronmengen werden während der Schwangerschaft von der *Placenta* gebildet.
In anderen steroidproduzierenden Zellen der Gonaden tritt das Progesteron nur als Intermediärprodukt für die Synthese von Androgenen oder Östrogenen auf. Der Syntheseweg ist schematisch in Abb. 32-1 dargestellt. Das wichtigste testiculäre Androgen ist das **Testosteron**, welches von den *Leydig-Zwischenzellen* synthetisiert und ins Blut sezerniert wird. Zum Teil wirkt das Testosteron direkt an den Zellen der Erfolgsorgane (z.B. im ZNS), z.T. erfolgt die Bildung des eigentlich wirksamen Hormons aber erst in den Zellen der Zielorgane durch Reduzierung in Position 5. So wird die androgene Wirkung auf den männlichen Behaarungstyp und auf die Talgdrüsen über 5-α-Dihydrotestosteron (5-α-DHT) ausgeübt. Auch an den akzessorischen Geschlechtsdrüsen (Prostata, Samenblase) ist das 5-α-DHT das wirksame Androgen.
In den Ovarien werden vor dem Eisprung in den Zellen der Follikel *Östrogene* produziert und ausgeschüttet. Das wichtigste und physiologisch am stärksten wirksame Östrogen ist das **Östradiol-17-β**. Durch Aromatisierung von Androgenen am A-Ring und durch Abspalten eines Methylrestes können aus Androgenen Östrogene entstehen.
Alle Sexualsteroidhormone werden zu einem großen Teil nicht-kovalent an Bluteiweiße gebunden. Für Östrogene und Androgene gibt es ein relativ hochaffines *sexhormonbindendes Globulin (SHBG*, s.S. 824). Es sind nur die nicht an Transportproteine gebundenen freien Steroidhormone wirksam.

32.3 Hormonale Regulation der männlichen Sexualfunktionen

Regulation der Gonadenfunktion beim Mann

Die LHRH-Neurone im männlichen Hypothalamus schütten in etwa 2- bis 4stündigen Intervallen [6] gleichzeitig ihr Sekretionsprodukt aus. Bei vielen Männern treten *LHRH-Pulse* und damit *LH-* und *FSH-Pulse* nachts und in den frühen Morgenstunden gehäuft auf. Daraus folgt eine deutlich diurnale Schwankung der Testosteronspiegel. Diese stehen in direkter Abhängigkeit von den im Blut zirkulierenden LH-Spiegeln. Durch Schlafumkehrexperimente und Untersuchungen bei Schichtarbeitern konnte festgestellt werden, daß die LH- bzw. Testosteronsekretion den Schlafgewohnheiten, nicht jedoch der Tageszeit folgt.
Das *LH stimuliert* die Leydig-Zwischenzellen zu vermehrter *Androgenproduktion*. Intratesticulär sind diese Androgene für eine normale Spermatogenese notwendig [2, 5]. Das wichtigste testiculäre Androgen ist das *Testosteron*. Das Testosteron gelangt auch in die allgemeine Blutbahn und auf diesem Wege zur Hypophyse und zum ZNS. Dort hat es eine *negativ rückkoppelnde Wirkung* auf die LH- bzw. die LHRH-produzierenden Zellen. Kastration, also Entfernen der Testes, reduziert die Menge des zirkulierenden Testosterons stark. Über androgenrezeptive Neurone registrieren die hypothalamischen LHRH-produzierenden Neurone die niedrigen Testosteronspiegel und schütten mehr LHRH aus. Gleichzeitig erhöht sich die Sensibilität der

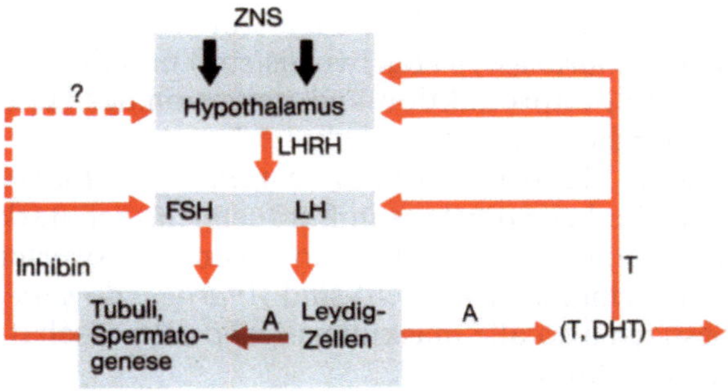

Abb. 32-2. Hypothalamo-hypophysio-testiculärer Regelkreis. Im Hypothalamus sitzende LHRH-Neurone schütten ihr Dekapeptid in das portale Gefäßsystem aus. Es stimuliert die Sekretion von LH und FSH. Das LH regt die Leydig-Zwischenzellen zu vermehrter Androgenproduktion an. Diese koppeln zur Hypophyse und zum Hypothalamus zurück, so daß der Regelkreis geschlossen wird. In den Tubuli contorti wird durch FSH die Spermatogenese angeregt. Gleichzeitig bilden die dort befindlichen Sertoli-Zellen das Peptid Inhibin, welches auf dem Blutweg zur Hypophyse gelangt. Hier inhibiert es selektiv die FSH-Sekretion. Ob es auch zum Hypothalamus zurückkoppelt, ist noch unklar. Die in den Leydig-Zwischenzellen unter der Wirkung von LH stimulierten Androgene sind auch essentiell für die normale Spermatogenese in den Tubuli contorti. Das Hauptandrogen des Hodens ist Testosteron (*T*). Testosteron wird in Zellen peripherer Erfolgsorgane (Hautanhangsorgane, Prostata, Samenblase etc.) erst nach Reduktion zu 5-α-Dihydrotestosteron (*DHT*) wirksam. DHT hat keine rückkoppelnde Wirkung zur Hypophyse oder zum Hypothalamus. Testosteronrezeptive Neurone gibt es auch in limbischen Strukturen, in denen Sexualverhalten und aggressives Verhalten durch Testosteron stimuliert wird

hypophysären Gonadotropin-produzierenden Zellen für das phasisch ausgeschüttete LHRH. Das führt zur Erhöhung der *LH-Produktion* mit besonders ausgeprägtem pulsatilem Sekretionsmuster. Auch die hypophysäre *FSH-Sekretion* ist erhöht. Substitution von Testosteron in physiologischer Dosierung bewirkt jedoch nur das Absinken des LH. Aufgrund dieser Tatsache und anderer pathophysiologischer sowie biochemischer Beobachtungen wird postuliert, daß die Hoden ein peptiderges Hormon produzieren, welches selektiv die FSH-Sekretion (vermutlich über einen hypophysären Angriffspunkt) inhibiert. Es ist noch nicht klar, ob es sich dabei um ein oder mehrere Hormone handelt. Sie werden *Inhibine* genannt [5]. Ob es Inhibin-rezeptive neuronale Strukturen gibt, ist noch ungeklärt. Der hypothalamo-hypophysio-testiculäre Regelkreis ist in Abb. 32-2 dargestellt.

Spermatogenese

Bildung und Reifung der Samenzellen. Unter dem Einfluß von FSH und intratesticulär gebildeten Androgenen erfolgt die **Spermatogenese** in den Samenkanälchen (*Tubuli seminiferi contorti*) [2, 5]. Die Spermatogenese in den Tubuli contorti ist in 3 Stufen unterteilbar:

1. die mitotische Teilung der Spermatogonien,
2. einen Prozeß der Meiosis und
3. die Reifung der Spermatiden zu Spermatozoen.

Dieser letztere Prozeß heißt *Spermiogenese*. Der gesamte Prozeß der Spermatogenese dauert etwa 70 Tage. Das Epithel der Tubuli contorti besteht aus *Stützzellen (Sertoli-Zellen)* und *Samenzellen* in unterschiedlichen Reifungsstadien. Die Urform von Samenzellen sind die *Spermatogonien*. Die Sertoli-Zellen spielen für die Entwicklung der *Spermatocyten* eine wichtige Rolle. Sie liefern nämlich sowohl das nutritive wie auch das endokrine Milieu für die Reifung der Spermatocyten. Dazu produzieren die Sertoli-Zellen ein *Androgen-bindendes Protein (ABP)* (androgen-binding protein), welches Testosteron von den Leydig- zu den Sertoli-Zellen transportiert. Hier wird es zu *Östrogenen* aromatisiert. Östrogene und Androgene sind für die Reifung der Spermatocyten notwendig. Ferner produzieren die Sertoli-Zellen vermutlich das *Inhibin*.

Nach Bildung der Spermatocyten gelangen diese in die langen Gänge der Nebenhoden (*Epididymis*). Diese Passage ist für die Fähigkeit der Spermien zur Motilität und Befruchtung eines Oocyten wesentlich. Direkt aus den Tubuli contorti entnommene Spermien sind unbeweglich und können nicht die Zona pellucida des Oocyten penetrieren. Die Passage durch die Kanäle der Nebenhoden ist also für die *Endreifung der Spermatocyten* wichtig, sie dauert etwa 5–12 Tage [5, 7]. Die genauen Vorgänge, die die Spermienreifung in den Nebenhoden bewirken, sind noch nicht bekannt. Ein geringer Anteil der Spermatocyten wird in den Nebenhoden, der größere Anteil jedoch in den Vasa deferentia und den Ampullen gespeichert. Sie bleiben so über Monate befruchtungsfähig.

Samenflüssigkeit und Spermienbeweglichkeit. Normale Spermien sind in der Lage, sich durch ihre langen geißelartigen Fortsätze zu bewegen. Diese Bewegung wird durch schwach alkalische Umwelt begünstigt. Im sauren Milieu fallen die Spermien in die sog. Säurestarre. Da der pH der Scheidensekrete leicht sauer ist, werden der *Samenflüssigkeit alkalische Zusätze* beigefügt. Der größte Anteil der Samenflüssigkeit ist nicht testiculären Ursprungs, sondern wird in den *Samenblasen* und in der *Vorsteherdrüse (Prostata)* gebildet. Aus der Samenblase gelangt eine *Fructose-, Prostaglandin- und Fibrinogen-reiche Flüssigkeit* in das Ejaculat. Diese Bestandteile ernähren die Spermien und lassen die Samenflüssigkeit gerinnen. Die Prostaglandine erhöhen möglicherweise die Motilität des weiblichen Genitaltraktes, das Fibrinogen führt zur Fibrinbildung und damit zur Gerinnung der Spermienflüssigkeit nach der Ejaculation. Ein milchartiges alkalisches Sekret aus der Prostata wird dem Ejaculat beigemengt; auch in diesem sind für die Gerinnung und spätere Fibrinolyse der Samenflüssigkeit wichtige Enzyme enthalten. Der ejaculierte Samen besteht also aus der Spermatocyten-enthaltenden Flüssigkeit aus den Vasa deferentia, den Flüssigkeiten der Samenblase, der Prostata und von mucösen Drüsen, besonders den bulbourethralen Drüsen entlang der samenausführenden Gänge. Die Samenflüssigkeit ist in der Lage, das saure Milieu der Scheide leicht *alkalisch* zu machen, so daß die Spermien *optimale Ascensionsbedingungen* erhalten.

Die Funktion der Nebenhoden sowie der Anhangsdrüsen zu den samenausführenden Gängen sind alle androgenabhängig. Aus den Leydig-Zellen stammendes Testosteron wird durch die Zellen der entsprechenden Organe zu *5-α-Dihydrotestosteron (5-α-DHT)*, der wirksamen Form an den akzessorischen Geschlechtsorganen, reduziert.

Wirkungen der Androgene

Anabole Wirkung. Testosteron ist das hauptsächliche testiculäre Sekretionsprodukt. Der Hauptanteil ist an ein Protein gekoppelt [5], das sog. *sexhormonbindende Globulin (SHBG)*. Häufig wird dieses Protein auch testosteronbindendes Globulin (TBG) genannt. Nur der nichtgebundene, also der im Plasma gelöste Anteil von Testosteron kann biologisch wirksam werden. Die peripheren Wirkungen der Androgene sind vielfältig. Ganz global wirken alle Androgene *eiweißanabol*, d.h. sie stimulieren die Eiweißsynthese. Deshalb ist der männliche Habitus in der Regel größer und muskulöser ausgeprägt als der weibliche. Androgene bewirken durch Stimulation der Eiweißmatrix eine verstärkte *Knochenbildung*. Auch die *Muskelmasse* ist durch Androgene stimulierbar. Diese beiden Effekte werden durch Muskeltraining ganz besonders deutlich. Im Blut zirkulierendes Testosteron wird in vielen Anhangsorganen der Haut zu 5-α-Dihydrotestosteron (5-α-DHT) reduziert. Das 5-α-DHT ist hier für den *maskulinen Behaarungstyp* (Bartwuchs etc.) und die vermehrte Fettproduktion und -sekretion der Haut (Seborrhoe) verantwortlich.

Alle in Medizin und Sport eingesetzten *Anabolica* (die bei Sportlern mißbräuchlich, bei stark ausgezehrten Patienten in wünschenswerter Form eingesetzt werden) sind *Androgenderivate*, besitzen also alle maskulinisierende Eigenschaften der Androgene.

Sexualverhalten und aggressives Verhalten. Sexualsteroide koppeln in hypothalamische und limbische Strukturen im ZNS zurück [8, 15]. Im Hypothalamus wird die Sekretion der LHRH-produzierenden Neurone beeinflußt. Hypothalamische wie limbische Strukturen sind für Aggression und Sexualverhalten mitverantwortlich. Bei vielen männlichen Säugetieren sind die im Blut zirkulierenden *Androgene*, hier wiederum besonders das *Testosteron*, von besonderer Bedeutung für die Ausprägung des *Sexualverhaltens*, aber auch des *aggressiven Verhaltens*. Ganz offensichtlich reicht eine bestimmte Menge von zirkulierendem Testosteron, beim Manne liegt diese Menge zwischen 1–2 ng/ml, aus, um Sexualverhalten und normales männliches Verhalten zu erhalten. Über diesem *Schwellenwert* liegende Testosteronspiegel bewirken keine Verstärkung des Verhaltens. Es handelt sich also um ein Alles-oder-Nichts-Phänomen.

Durch *Kastration* werden bei allen Species die Spiegel unter die Grenzwerte gesenkt. Das vermindert in den meisten Fällen das aggressive Verhalten und auch die Libido. Interessanterweise ist der Sexualtrieb beim Menschen jedoch häufig noch lange Zeit nach Kastration vorhanden. Der Zusammenhang zwischen im Blut zirkulierenden Testosteronspiegeln und aggressivem Verhalten ist von forensischem (gerichtsmedizinischem) Interesse. Entfernung der Gonaden (Kastration) oder Therapie mit Substanzen, die die Androgenwirkung aufheben (Antiandrogene), bewirken häufig eine Besserung des übersteigert triebhaften (daher häufig strafhaften) Verhaltens. Ein Androgen-verschreibender Arzt riskiert bei derartigen kastrierten Triebtätern natürlich eine Erhöhung des Aggressionsdrucks und der Libido.

Die männlichen Testes bleiben für das gesamte Individualleben funktionsfähig. Obwohl die Testosteronsekretion im Senium absinkt, bleibt die Spermatogenese häufig bis ins hohe Lebensalter intakt.

32.4 Hormonale Regulation der weiblichen Sexualfunktionen

Follikelreifung

Im Ovar eines neugeborenen Mädchens sind viele Millionen *Follikel* angelegt [5, 9]. Von diesen vielen Follikeln degenerieren im Verlauf der kindlichen und der pubertären Entwicklung die meisten, so daß beim pubertierenden Mädchen noch einige Hunderttausend *Primärfollikel* vorhanden sind. Die Dauer der Geschlechtsreife des weiblichen Organismus beträgt maximal 40–45 Jahre. Pro Menstruationscyclus kommt ein Follikel zur Ovulation, im Durchschnitt hat die Frau im Jahr 13 Ovulationscyclen, so daß nicht mehr als *600 Follikel im Verlauf des Lebens einer Frau ovulieren.* Dennoch sind am Ende der Geschlechtsfähigkeit nur noch wenige oder gar keine Primärfollikel im Ovar zu finden. Es werden also pro Cyclus viele Tausend Follikel zur Anreifung gebracht. Man spricht von einer *Kohorte von anreifenden Follikeln.* Aus ungeklärten Gründen wird aus dieser Kohorte nur einer dominant und gelangt zur Sprungreife. Somit steht *pro Menstruationscyclus* in der Regel *ein Ei* zur Befruchtung zur Verfügung. Nur in jedem 200. Cyclus werden 2 Follikel dominant, so daß 2 Eier befruchtet werden können. In jeder 200. Schwangerschaft wachsen also zweieiige Zwillige heran. Die Häufigkeit der vollkommenen Teilung eines befruchteten Eies und der daraus resultierenden eineiigen Schwangerschaft ist ebenfalls 1:200, so daß etwa *jede 100. Schwangerschaft* eine *Zwillingsschwangerschaft* ist.

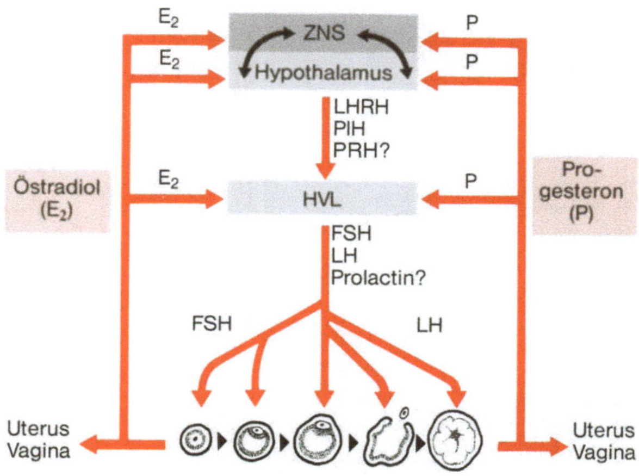

Abb. 32-3. Hypothalamo-hypophysio-ovarieller Regelkreis. Das in hypothalamischen Neuronen gebildete Dekapeptid LHRH stimuliert die Sekretion beider Gonadotropine, also des follikelstimulierenden Hormons (*FSH*) und des luteinisierenden Hormons (*LH*). FSH stimuliert die Anreifung eines Satzes von Follikeln, von denen beim Menschen einer (ganz selten zwei) zur Endreifung gelangt. Der heranreifende Follikel produziert ansteigende Mengen von Östradiol (E_2), welches das Endomentrium zur Proliferation bringt. E_2 koppelt zur Hypophyse und zum Hypothalamus zurück und bewirkt hier bei entsprechenden Blutspiegeln mittcyclisch vermehrte LHRH-Ausschüttung und eine Erhöhung der Sensibilität der hypophysären FSH- und LH-produzierenden Zellen für die Wirkung von LHRH. Dadurch wird der mittcyclische FSH- und LH-Anstieg ermöglicht. LH bewirkt die Ovulation und die Luteinisierung der folliculären Granulosazellen. Diese nehmen unter dem Einfluß des LH die Progesteron-(P-)Produktion und -Sekretion auf. Beide Steroidhormone, E_2 und P, koppeln zum Hypothalamus und zur Hypophyse zurück, so daß die mittcyclische FSH- und LH-Sekretion wieder reduziert wird. Auch in höheren zentralnervösen Strukturen wirken die beiden Hormone. Dadurch wird die Libido (Sexualtrieb) cycluskonform gesteuert (*PIH* = Prolactin-Inhibitin-Hormon, *PRH* = Prolactin-Releasing-Hormon)

Regulation der Gonadenfunktion bei der Frau

Hormonaler Regelkreis. Das hypothalamo-hypophysio-ovarielle Regelkreissystem ist in Abb. 32-3 dargestellt. Seine Regulation erfolgt in prinzipiell gleicher Weise wie die Regulation der Gonadentätigkeit beim Mann. Im Hypothalamus finden sich Neurone, die **LHRH** produzieren und mit ihren Axonterminalien am portalen Gefäßsystem endigen. Das LHRH wird in das portale Gefäßsystem ausgeschüttet. Es gelangt auf diesem Weg zur Hypophyse, deren LH- und FSH-produzierende Zellen mit LHRH-Receptoren versehen sind. Die vermehrte **FSH**-Sekretion bewirkt die Anreifung einer Kohorte von Follikeln im Ovar, die sich aus *Primär- zu Sekundärfollikeln* entwickeln. Aus völlig ungeklärten Gründen entwickelt sich bei der Frau in der Regel nur ein Follikel zum *dominanten,* tertiären und schließlich zum *Graaf-Follikel* [11].

Die Hormonveränderungen im Verlauf des Menstruationscyclus sind in Abb. 32-4 dargestellt. Hier werden ebenfalls schematisch die Veränderungen im Ovar und im Endometrium gezeigt. Die *heranreifenden Follikel produzieren Östrogene,* deren wichtigster Vertreter das **Östradiol** ist. Besonders der tertiäre und der Graaf-Follikel produzieren Östradiol in steigender Menge. Das Hormon gelangt über das Blut zur Hypophyse, an den Hypothalamus und an höhere ZNS-Strukturen. Bei *niedrigen Östradiolkonzentrationen* werden die LH- und FSH-produzierenden Zellen auf einem *niedrigen Sensibilitätsniveau* für die Wirkung von LHRH gehalten. Wahrscheinlich wird dann auch wenig LHRH ausgeschüttet. Deshalb bleiben LH- und

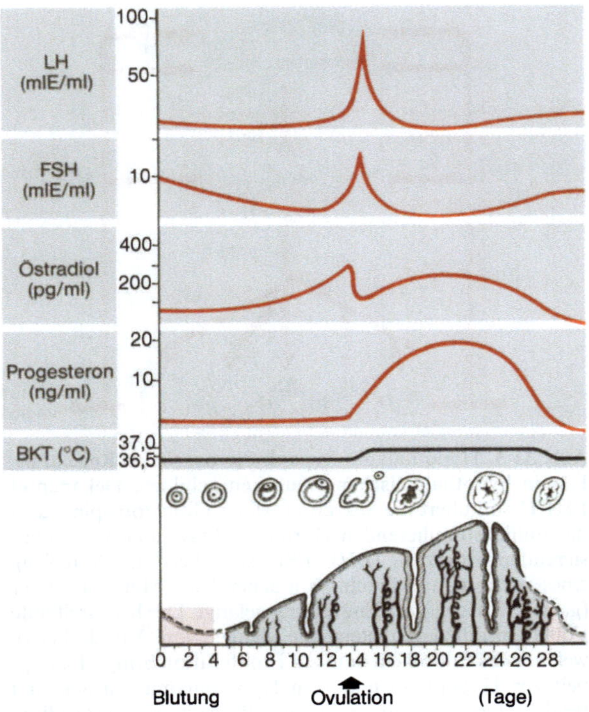

Abb. 32-4. Bluthormonspiegel im Verlauf eines Menstruationscyclus. In der Follikelphase reift ein Follikel zum Tertiärfollikel heran, welcher zunehmend Östradiol produziert. Dadurch wird das Endometrium zur Proliferation gebracht. Schließlich schüttet die Hypophyse mittcyclisch vermehrt LH und FSH aus und löst damit die Ovulation aus. Der rupturierte Follikel wird zum Corpus luteum, welches viel Progesteron bildet. Dadurch wird das proliferierende Endometrium in ein sekretorisches umgewandelt. Erhöhte Progesteronspiegel bewirken auch die leichte Anhebung der basalen Körpertemperatur (*BKT*). Die Menstruationsblutung (durch *dicke Abscissenlinie* markiert) ist eine Progesteronentzugsblutung

FSH-Spiegel im Blut niedrig. Man spricht von der *negativ rückkoppelnden Wirkung von Östradiol.* Mit zunehmender Reifung eines Follikels steigen die Östradiolspiegel im Blut an. Unmittelbar vor dem Eisprung werden die Östradiolspiegel so hoch (Abb. 32-4), daß die LH- und FSH-produzierenden Zellen der Hypophyse recht plötzlich von ihrer niedrigen auf eine hohe Antwortbereitschaft auf LHRH umschalten. Gleichzeitig wird vermutlich vom Hypothalamus mehr LHRH ausgeschüttet. Dadurch verstärkt sich die hypophysäre FSH- und LH-Sekretion. Das ist die *positiv rückkoppelnde Wirkung von Östradiol.* Das **LH** bewirkt den Prozeß des *Eisprungs (Ovulation)*; der Follikel rupturiert als Folge von Prozessen, die durch den erhöhten LH-Spiegel eingeleitet werden. Die follikulären Granulosazellen, die bisher Östradiol produziert haben, nehmen die vermehrte Synthese und Ausschüttung von **Progesteron** (dem wichtigsten Gestagen bei der Frau) auf. Dieser ebenfalls LH-abhängige Prozeß wird als *Luteinisierung der Granulosazellen* bezeichnet. *Der Follikel wird zum Gelbkörper (Corpus luteum).* Das immer noch vermehrt sezernierte Östradiol koppelt zusammen mit dem Progesteron nunmehr negativ zur Hypophyse und zum Hypothalamus zurück, so daß die hohe LH- und FSH-Sekretion wieder auf basale Werte absinkt.

Das *Progesteron* hat in temperaturregulierenden Zentren im Hypothalamus eine *temperatursteigernde (thermogenetische) Wirkung*, dadurch steigt unter hohen Progesteronspiegeln die **basale Körpertemperatur** um ca. *0,5 °C* an. Aus nicht ganz geklärten Gründen hat das Corpus luteum eine Lebensdauer von etwa 14 Tagen. Gegen Ende dieser Zeit sinkt die Progesteronsekretion wieder ab; der Prozeß der *Luteolyse* setzt ein. Auch die basale Körpertemperatur sinkt wieder ab. Dadurch wird der *Temperaturverlauf im Cyclus biphasisch.* Dieser biphasische Verlauf stellt ein wichtiges diagnostisches Kriterium dar, da eine Erhöhung der Körpertemperatur Auskunft geben kann, ob eine präovulatorische LH-Ausschüttung und deshalb wahrscheinlich eine Ovulation stattgefunden hat. Auch die zeitliche Dauer der Phase erhöhter Körpertemperatur kann Auskunft geben, ob die Lebensdauer des Corpus luteum normal ist. Im Normalfall dauert ein *Menstruationscyclus 28 Tage*, gerechnet vom ersten Tag einer Menstruationsblutung bis zum ersten Tag der nächsten.

Der Cyclus der Frau ist also durch 2 besondere Ereignisse charakterisiert. Das eine ist der Prozeß der Ovulation, das andere die äußerlich erkennbare Menstruationsblutung. Wie hängen nun Ovulation und Menstruationsblutung zusammen? Der bisher besprochene neuroendokrine Regelkreis zur Steuerung der ovariellen Tätigkeit dient dazu, eine Schwangerschaft zu ermöglichen. Diese Schwangerschaft soll im Uterus stattfinden. Das Innere des Uterus ist mit einer Schleimhaut *(Endometrium)* ausgestattet, die ihr Erscheinungsbild mit dem steroidalen Milieu ändert [12]. Zu Beginn eines Cyclus sind nur die basalen Schichten der Schleimhaut vorhanden. Unter dem *ansteigenden Östrogenspiegel* in der ersten Hälfte des Cyclus *proliferiert das Endometrium* und wird in der Mitte des Cyclus, also zur Zeit der präovulatorischen LH- und FSH-Sekretion, wesentlich dicker. Mit der Ovulation und der damit verbundenen vermehrten Progesteronsekretion bilden sich in dem proliferierten Endometrium kryptenförmige Drüsen aus. Das Endometrium ist aus dem *Proliferationsstadium* in das *Sekretionsstadium* getreten. Es ist nun optimal für eine evtl. bevorstehende Schwangerschaft vorbereitet.

Bei der **Ovulation** wird mit der Follikelflüssigkeit ein befruchtungsfähiges Ei aus dem Graaf-Follikel herausgespült und gelangt in die Tube. Die Tuben verbinden die beiden Ovarien mit dem Cavum uteri. Das Ei ist nunmehr zur Befruchtung bereit. Erfolgt keine Befruchtung, so ist ein schwangerschaftsbereites Endometrium überflüssig. Das Corpus luteum überlebt in Anwesenheit basaler LH-Spiegel für ca. 14 Tage. Da das Endometrium nur unter hohen Progesteronspiegeln existieren kann, hat ein *Absinken des Progesteronspiegels*, bedingt durch Sistieren der Lutealfunktion, zur Folge, daß sich das Endometrium regressiv verändert. Die Spiralarterien des Endometriums kontrahieren sich an ihrer Basis, so daß das endometriale Gewebe schließlich zugrunde geht und abgestoßen wird. Dieser *Abstoßungsprozeß des Endometriums* mit der damit verbundenen Blutung ist die Ursache der äußerlich erkennbaren **Menstruationsblutung.** Das Endometrium ist nun bis auf seine basale Schicht abgestoßen.

Die beiden Cyclushälften sind nach den charakteristischen Veränderungen der Hormone, des Ovars und des Endometriums mit unterschiedlichen Namen versehen. Da in der ersten Cyclushälfte, also vor der Ovulation, unter dem Einfluß des FSH Follikel heranreifen, bezeichnet man sie als **Follikelreifungsphase**. Die wachsenden Follikel produzieren vermehrt Östrogene. Deswegen heißt die Follikelreifungsphase auch die *östrogene Phase*. Unter dem Einfluß der Östrogene proliferiert das uterine Endometrium. Folgerichtig heißt diese Cyclushälfte auch die *Proliferationsphase*. In der zweiten Cyclushälfte, also nach der Ovulation, hat sich ein *Corpus luteum* gebildet; der Zeitraum wird konsequenterweise als **luteale Phase** bezeichnet. Das Corpus luteum bildet Progesteron. Weil das Progesteron ein Gestagen ist, heißt dieser Abschnitt, endokrinologisch betrachtet, die *gestagene Phase*. Das Progesteron bewirkt, daß sich das proliferierende Endometrium in ein sekretorisches verwandelt. Darum heißt die zweite Cyclushälfte auch die *sekretorische Phase*. Für den Fall des Nichteintretens einer Schwangerschaft wiederholt sich der Prozeß der Corpus-luteum-Bildung, der Regression des Corpus luteum und der damit verbundenen Menstruationsblutung, die also letztlich eine Progesteronentzugsblutung ist.

Pulsatile LHRH-Sekretion. Ähnlich wie beim Mann konnte bei der Frau gezeigt werden, daß die Ausschüttung von LHRH aus den hypothalamischen Neuronen nicht in gleichmäßiger, sondern in pulsatiler Form erfolgt [2, 3, 11]. Das bedeutet, daß auch bei der Frau die *LHRH-Neurone synchronisiert* und *phasisch aktiv* werden. In der ersten Hälfte des Cyclus, vor der Ovulation, treten die Pulse etwa alle 90 min auf. In der Zeit nach der Ovulation, also unter dem Einfluß erhöhter Progesteronspiegel, gleicht sich die LHRH-Pulsfrequenz der Frau der des Mannes an, die Pulse werden also in 3- bis 4stündlichen Abständen beobachtet. Die pulsatile Ausschüttung von LHRH aus dem Hypothalamus ist von grundsätzlicher Bedeutung für die Regulation der LH- und FSH-Sekretion.

In einer Serie von eindrucksvollen Experimenten an Affen zeigten Knobil und Mitarbeiter [13, 17], daß die pulsatile LHRH-Ausschüttung der hypothalamischen Neurone Signalcharakter für die Hypophyse besitzt. Zum Studium der physiologischen Relevanz pulsatiler LHRH-Sekretion aus dem Hypothalamus wurde den Rhesusäffinnen der Hypothalamus, also auch die LHRH-Zellen lädiert. Die hypophysären LH- und FSH-Zellen wurden nun nicht durch LHRH aus dem Hypothalamus stimuliert, und die LH- und FSH-Sekretion sistierte. Die Äffinnen wurden dann über Venenkatheter mit einer Pumpe versehen, die in 60minütigen Abständen *bolusartig LHRH in den Kreislauf injizierte*; es wurde also eine Teilfunktion des Hypothalamus künstlich ersetzt. Prompt stieg die hypophysäre LH- und FSH-Sekretion wieder auf Normwerte an. Modulation der Pulsfrequenz auf 2 oder mehr Pulse pro Stunde oder auf weniger als einen Puls pro Stunde hatte eine veränderte, in der Regel reduzierte LH- und FSH-Sekretion zur Folge. *Dauerinfusion von LHRH* in Dosierungen, die bei pulsatiler Applikation zu normaler hypophysärer LH- und FSH-Sekretion führten, hatten zur Folge, daß die hypophysäre LH- und FSH-Sekretion sistierte. Auch Erhöhung der Menge an LHRH stimulierte die LH- und FSH-Sekretion nicht.

Ganz offensichtlich müssen die hypophysären LH- und FSH-Zellen also in regelmäßigen gut zeitlich koordinierten Abständen LHRH exponiert werden. Dann schüttet die Hypophyse LH und FSH in Quantitäten aus, die normale basale LH- und FSH-Spiegel im Blut zur Folge haben. Die im Ovar anreifenden Follikel produzieren unter dem Einfluß des basalen FSH in zunehmendem Maße *Östradiol*. Nach der Reifung zum Graaf-Follikel wird dann ganz besonders viel Östradiol ausgeschüttet. Diese hohen zirkulierenden Östrogenmengen *sensibilisieren die hypophysären LH- und FSH-produzierenden Zellen* derart, daß im Tierexperiment (Affen) eine gleichbleibende pulsatile Applikation von LHRH zu so starker LH-Ausschüttung führen kann, daß der Prozeß der Ovulation ausgelöst wird. Unter diesen Bedingungen wird mittcyclisch auch *vermehrt FSH* ausgeschüttet, so daß für den nächsten Cyclus eine neue Kohorte von Follikeln heranreift.

Diese an hypothalamuslädierten Affen erhobenen Befunde lassen sich auch auf den Menschen übertragen: Es gibt ein Krankheitsbild, bei dem der Hypothalamus gar nicht mehr oder mit suboptimaler Frequenz pulsatil LHRH ausschüttet. Die Folge sind gestörte Follikelreifung und ausbleibende Ovulation. Dann kommt die Menstruationstätigkeit zum Erliegen. Es liegt das Zustandsbild der ***hypothalamischen Amenorrhoe*** vor. Die Kinderlosigkeit ist oft ein Grund, den Arzt aufzusuchen. Dieser kann bei Kenntnis der physiologischen Zusammenhänge der Patientin leicht durch eine tragbare Pumpe helfen, die pulsatil LHRH in der richtigen Frequenz appliziert. Die Erkenntnis, daß nur optimale Pulsfrequenz zu optimaler LH- und FSH-Sekretion führt, läßt sich auch zur Suppression der hypophysären LH- und FSH-Sekretion ausnutzen (***unblutige und reversible Kastration***). Kontinuierliche Verabreichung von LHRH hat, wie erwähnt, das Sistieren der LH- und FSH-Sekretion zur Folge. Demzufolge ist die Verabreichung von ***LHRH-Analoga*** mit sehr langer Wirkungsdauer von einer initial vermehrten LH- und FSH-Sekretion begleitet, dann jedoch hört die Sekretion der beiden gonadotropen Hormone auf. Somit wird die Tätigkeit der Ovarien unterdrückt. Gleiches gilt natürlich auch für den Mann, dessen hypophysäre LH- und FSH-produzierenden Zellen ja prinzipiell ähnlich reguliert werden. Die Unterdrückung der gonadalen Tätigkeit entspricht also einer unblutigen und v.a. reversiblen Kastration. Diese Situation wünscht man sich nicht selten aus diagnostischen und therapeutischen Gründen.

Die modulierende Wirkung von Östrogenen und Gestagenen auf die Pulsamplitude und auf die Pulsfrequenz der pulsatilen LH-Sekretion ist in Abb. 32-5 gezeigt. Aufgrund der fehlenden negativen Rückkopplung von Östradiol reflektiert sich die pulsatile LHRH-Sekretion der hypothalamischen Neurone ganz besonders deutlich bei *ovariektomierten* Frauen in ausgeprägter pulsatiler LH-Sekretion. Sind basale Östrogenspiegel vorhanden, so wird vom Hypothalamus weiterhin LHRH pulsatil ausgeschüttet. Das *Östradiol* hat jedoch die hypophysäre *Antwortbereitschaft der LH-produzierenden Zellen vermindert*, so daß die LH-Pulsamplitude deutlich reduziert ist. Wahrscheinlich ist unter diesen Bedingungen basaler Östradiolspiegel auch die LHRH-Menge pro Puls vermindert. Dieser Effekt von Östrogenen wird *negative Feedbackwirkung* genannt. Sind die Östrogenspiegel über längere Zeit hoch, kommt es zur Expression der *positiven Feedbackwirkung*. Jede der immer noch pulsatil erfolgenden LHRH-Sekretionsepisoden wird mit lebhafter LH-Sekretion beantwortet, so daß der *ovulationsauslösende LH-Gipfel* entsteht [2]. Wahrscheinlich wird in dieser Situation auch vermehrt LHRH pulsatil ausgeschüttet. In der *Lutealphase*, in der Östradiol noch mäßig, Progesteron jedoch deutlich erhöht ist, verlangsamt sich die Pulsfrequenz der hypothalamischen LHRH-Neurone, so daß LH-Episoden nur alle 3–4 h beobachtet werden (Abb. 32-5).

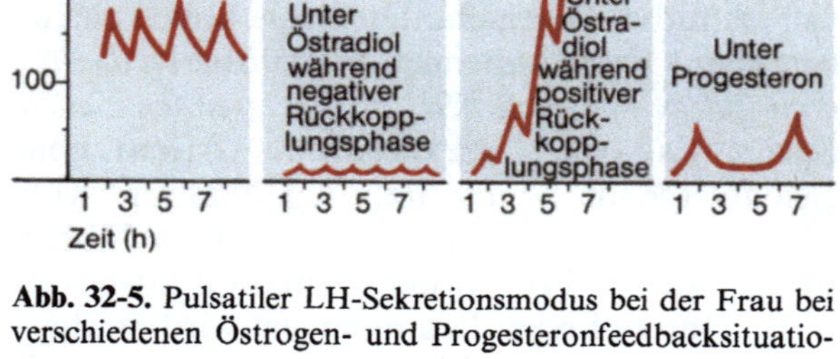

Abb. 32-5. Pulsatiler LH-Sekretionsmodus bei der Frau bei verschiedenen Östrogen- und Progesteronfeedbacksituationen

Peptidproduktion im Ovar. Auf die testiculäre Produktion eines Proteins mit selektiv FSH-inhibierender Wirkung wurde schon hingewiesen. Dieses *Inhibin* genannte Hormon wird auch vom Ovar gebildet und zeigt im weiblichen Organismus die gleiche Wirkung wie im männlichen. Die Corpus-luteum-Zellen des Ovars bilden ein Peptid, das schon als Hypophysenhinterlappenhormon besprochen wurde, nämlich das Oktapeptid *Oxytocin*. Es ist vermutlich in den Prozeß der *Luteolyse* involviert. Auch das *ADH*, das zweite Hormon der Neurohypophyse, konnte im Ovar nachgewiesen werden. Ferner produzieren Lutealzellen ein höhermolekulares Peptid, das *Relaxin*. Über die Funktion des lutealen Relaxins ist noch wenig bekannt. Das gleiche Hormon wird während der Schwangerschaft von Placenta und Uterus gebildet. Es bewirkt eine Auflockerung der Cervix uteri (des Muttermundes) und der Symphyse (Schambeinfuge). Damit erleichtert es *den Geburtsvorgang*. Außer den genannten Peptiden produziert das Ovar noch weitere, die bisher nur hier gefunden wurden. Sie sind offensichtlich an der Regulation des komplexen Cyclusgeschehens beteiligt. In jüngster Zeit mehren sich die Hinweise darauf, daß die Gonaden auch Peptide aus der Gruppe der *endogenen Opiate* sezernieren. Über die Funktion dieser Hormone im Ovar ist noch wenig bekannt.

Weibliche Fertilität. Der Oocyt bleibt für etwa 24 h *befruchtbar* [5]. Deshalb müssen die Spermien unmittelbar zum Zeitpunkt der Ovulation und kurze Zeit danach zur Verfügung stehen, wenn es zur Konzeption kommen soll. Die Befruchtung des Eies erfolgt in aller Regel in den *Tuben*. Da die Spermien für den Weg aus der Vagina zu den Tuben unterschiedlich lange brauchen, kann eine Cohabitation bis zu 48 h vor der Ovulation noch dazu führen, daß es zur Konzeption kommt, jedoch kann ein Oocyt kaum später als 24 h nach der Ovulation fertilisiert werden.

Die Bestimmung des optimalen **Konzeptionstermins** ist häufig nicht leicht. Mit erfolgter Ovulation produziert das Corpus luteum vermehrt Progesteron und die Körpertemperatur steigt an. Dieser Zeitpunkt wäre der optimale Konzeptionstermin. Die Tatsache jedoch, daß der Oocyt nur für etwa 24 h fertilisierbar bleibt, bedeutet aber, daß die Cohabitation eigentlich schon vor dem Eisprung stattgefunden haben sollte. Einem Paar mit Kinderwunsch sollte also sexuelle Vereinigung schon vor den Tagen der demnächst stattfindenden Ovulation empfohlen werden.

Kontrazeption

Der biphasische Körpertemperaturverlauf kann auch als ein sehr *unzuverlässiges Mittel* Verwendung finden, um *Kontrazeption* zu betreiben. Geschlechtsverkehr sollte nicht stattfinden 2–3 Tage vor der erwarteten Ovulation und 24 h nach Erhöhung der basalen Körpertemperatur, wenn eine Konzeption nicht erwünscht wird (*Knaus-Ogino-Methode*).

Hormonale Suppression der Fertilität: Die Pille. Es ist lange bekannt, daß die Verabfolgung von Östrogen und/oder Progesteron die Ovulation inhibieren kann. Eine Kombination dieser beiden hormonellen Prinzipien hat den gleichen Effekt und hat zur Entwicklung sog. *oraler Contraceptiva* geführt. Lange Zeit war das Wirkungsprinzip derartiger Contraceptiva nicht recht klar. Heute wissen wir, daß sie sowohl die *Pulsfrequenz der pulsatilen LHRH-Sekretion verlangsamen*, als auch vermutlich die *Menge des pro Puls sezernierten LHRH reduzieren*. Ebenso wichtig ist eine *direkte Wirkung der Östrogene und Gestagene an der Hypophyse*. Durch die unphysiologische Erhöhung der Östrogen- und Gestagenspiegel im Blut werden die LH- und FSH-produzierenden Zellen für die Wirkung des LHRH desensibilisiert. Diese 3 Wirkungen eines oralen Contraceptivums führen dazu, daß der *präovulatorische LH- und FSH-Anstieg komplett blockiert wird*. Durch die östrogene Komponente in den Contraceptiva wird das Endometrium jedoch zur Proliferation gebracht. Die Gestagene bewirken eine Veränderung des proliferierten Endometriums in ein sekretorisches Endometrium. Nach Beendigung eines Pillencyclus, d.h. nach 21 Tagen, kommt es zur *Hormonentzugsblutung*, wie im normalen nichtpillengesteuerten Menstruationscyclus.

LHRH-„Superagonisten“. Es ist schon erwähnt worden, daß die Hypophyse nur mit optimaler FSH- und LH-Sekretion reagiert, wenn LHRH in pulsatiler Form in regelmäßigen Abständen zur Hypophyse gelangt. Dieses Dekapeptid kann in seiner molekularen Struktur so modifiziert werden, daß stärker wirksame Derivate entstehen. Diese *LHRH-Analoga* wirken stärker und wesentlich länger als das native Dekapeptid. Damit ist die Hypophyse nicht mehr der optimalen endogenen Rhythmik ausgesetzt, und die LHRH-Receptoren an den gonadotropen Zellen werden insensibel für die Wirkung des Peptids. Man spricht von *Down-Regulation der Receptoren*. Wiederholte Applikation derartiger LHRH-„Superagonisten“ haben dann zur Folge, daß die Hypophyse nur initial mit vermehrter LH- und FSH-Ausschüttung antwortet, dann jedoch überhaupt nicht mehr. Die FSH- und LH-Spiegel im Blut sinken auf praktisch nicht mehr meßbare Werte ab. Dadurch finden keine Follikelreifung und Ovulationen mehr statt. Aufgrund der fehlenden Follikelreifung werden auch keine Östrogene mehr produziert, so daß sich ein quasi Ovariektomiezustand einstellt. Diese Methode stellt natürlich keine optimale Methode zur Kontrazeption dar, sie eröffnet jedoch einen alternativen Weg in Fällen, bei denen aus medizinischen Gründen die Ovartätigkeit supprimiert werden soll (z.B. bei hormonabhängigen Carcinomen).

32.5 Pubertät und Menopause

Pubertät

Hormonale Faktoren. Unter Pubertät wird die *Reifung zur Fortpflanzungsfähigkeit* verstanden. Über das Signal für den Beginn der Pubertät ist noch sehr wenig bekannt. Bei Neugeborenen scheint der Hypothalamus schon in pulsatiler Form LHRH auszuschütten, denn LH und FSH sind im Blut schon deutlich meßbar [18]. Folgerichtig zeigen die Gonaden auch Anzeichen von Aktivierung durch die beiden gonadotropen Hormone. Die pulsatile LHRH-Sekretion hört jedoch beim Säugling postpartal bald auf, und LH- und FSH-Spiegel sinken nach den ersten 3 bis 6 Lebensmonaten auf fast nicht mehr meßbare Werte ab. Erst mit *Beginn der Pubertät* (bei Mädchen zwischen 9 und 11 Jahren, bei Jungen zwischen 11 und 13 Jahren) fangen die hypothalamischen *LHRH-Neurone* wieder an, *synchronisiert* und *phasisch aktiv* zu werden. Diese Aktivierung erfolgt zunächst schlafabhängig innerhalb der *Tiefschlafphasen*. Damit ist die Gonadotropinsekretion nächtlich erhöht und regt die gonadale Tätigkeit an. Mit fortschreitender Pubertät wird die pulsatile LHRH-Sekretion *unabhängig von den Schlafphasen*, LHRH-Pulse werden in zunehmendem Maße auch tagsüber beobachtet. Das entspricht dem Erwachsenenzustand.
An frühinfantilen Rhesusäffinnen mit hypothalamischen Läsionen konnte gezeigt werden, daß allein die pulsatile LHRH-Applikation zur Aktivierung der ovariellen Tätigkeit ausreicht (S. 827). Offensichtlich ist das Ovar in der Lage, zu einem sehr frühen Zeitpunkt bei entsprechendem hormonellem Milieu mit Ovulation zu antworten. Der Prozeß der Pubertät ist also ein rein zentralnervöser Mechanismus [3, 5].
Unter physiologischen Bedingungen geht der Reifung zur Geschlechtsfähigkeit die sog.

Adrenarche um ca. 2 Jahre voraus. Aus noch ungeklärten Gründen entwickelt sich die kindliche Zona reticularis der Nebennierenrinde in dieser frühen Zeit, und es werden vermehrt Androgene produziert. Früher glaubte man, daß die Adrenarche eine Vorbedingung für die *Gonadarche* darstellt. Heute weiß man, daß normale Pubertät auch ohne vorhergehende Adrenarche erfolgen kann.
Die somatische Entwicklung zum adolescenten Jüngling oder Mädchen während der Pubertät ist eine direkte Folge vermehrt ausgeschütteter Sexualhormone.

Männliche Pubertät. Der Beginn der pulsatilen Sekretion von LHRH im Hypothalamus des männlichen Kindes bewirkt eine langsame Erhöhung der LH- und FSH-Sekretion. Durch *FSH* wird die *Spermatogenese*, durch *LH* die *Produktion der Androgene* stimuliert. Die Androgene maskulinisieren das Individuum psychisch und somatisch. Die vermehrt ausgeschütteten Androgene bewirken in der Pubertät die körperliche Entwicklung des Jungen zum Mann. Die **Wirkung der Androgene** kann dabei allgemein als *eiweißanabol* subsummiert werden (S. 824). Dadurch baut sich mehr Muskulatur und mehr Eiweiß im Knochen auf. Die intrapubertär vermehrt gebildeten Androgene bewirken auch einen *Schub des Längenwachstums*. Die vermehrte Androgenproduktion bewirkt aber nach diesem Wachstumsschub, daß die für das Längenwachstum wichtigen *Wachstumszonen (Epiphysen)* der Röhrenknochen *verknöchern*. Damit ist ein weiteres Längenwachstum unmöglich gemacht.

Die Kenntnis dieser wachstumsfördernden und anschließend wachstumshemmenden Wirkung der Androgene ist klinisch wichtig: Bei Eunuchen bzw. eunuchoiden Kindern bleibt die Verknöcherung der Wachstumszonen aus, und es kommt zum *eunuchoiden Hochwuchs*. Andererseits ist die echte *Pubertas precox*, bedingt durch zu frühe Androgenproduktion, von einem vorzeitigen androgenbedingten Wachstumsschub gekennzeichnet. Das führt initial zu einem Wachstumsvorsprung der betroffenen Kinder. Durch den vorzeitigen Epiphysenschluß jedoch bleiben diese Kinder später zu klein.

Ein weiteres Charakteristikum der männlichen Pubertät ist das *Tieferwerden der Stimme*, ein ebenfalls androgenbedingter Prozeß. Hier stimulieren die Androgene das Wachstum des Kehlkopfes („Adamsapfel als männliches Attribut"), das dadurch bedingte Längerwerden der Stimmbänder bewirkt ein Absinken der Stimmlage. Gleichfalls androgenbedingt ist der *männliche Behaarungstyp* (Barthaare, Brustbehaarung, Schambehaarung). Die haarbildenden Follikel reduzieren das Testosteron zu Dihydrotestosteron (S. 824). Nur dieses reduzierte Androgen erzeugt das männliche Haarwuchsbild.
Die schon erwähnte eiweißanabole Wirkung der Androgene bewirkt die verstärkte Muskelbildung des pubertierenden Jungen und die stärker ausgeprägte Muskulatur des geschlechtsreifen Mannes. Die Kenntnis der eiweißanabolen Wirkung von Androgenen ist pharmacologisch wichtig, da bei entkräfteten Patienten die Gabe von sog. **Anabolica** zu rascherer Erholung führen kann. Diese Anabolica sind ausnahmslos Androgenderivate. In der Sportmedizin sind sie als Anabolica mit androgenen Nebenwirkungen bekannt und heute als *Dopingmittel* verboten. Die kritiklose Anwendung derartiger Anabolica bei Hochleistungssport-treibenden Frauen führt nicht nur zu der sportlich geforderten vermehrten Muskelbildung, sondern hat möglicherweise auch tiefgreifende Einflüsse auf das hypothalamo-hypophysio-gonadale Regelkreissystem der Frau.

Weibliche Pubertät. Auch beim Mädchen ist die Aufnahme der phasisch synchronisierten Aktivierung der LHRH-Neurone von essentieller Wichtigkeit für die Pubertät. Unter dem Einfluß der ansteigenden FSH-Spiegel im Blut gelangt eine Anzahl von Follikeln zur Anreifung. Diese beginnen vermehrt *Östradiol-17-β* zu bilden. In der frühen Pubertät erlangt jedoch keiner der Follikel Ovulationsreife, sondern es werden alle wieder atretisch. Wenn die zunächst nächtlich auftretenden Aktivierungsschübe der LHRH-Neurone auch auf den Tag übergreifen, beginnt die für die geschlechtsreife Frau typische *FSH-* und *LH-Sekretion*. Unter diesen Bedingungen wird dann auch ein Follikel dominant und kann so viel **Östradiol** produzieren, daß es zur positiv rückkoppelnden Wirkung kommt (S. 826). Der dadurch ausgelöste LH-Anstieg führt zur *Ovulation* des dominanten Follikels. Häufig haben pubertierende Mädchen jedoch noch *anovulatorische Cyclen*, d.h. es kommt zwar zur Follikelreifung mit entsprechender Östrogenproduktion, jedoch unterbleibt aus nicht ganz geklärten Gründen die Ovulation noch. Es kommt dann am Ende eines Cyclus zu einer reinen Östrogenentzugsblutung. Erst in der spätpubertären Phase beginnen regelmäßige Menstruationscyclen. Beim Mädchen ist die *gering ausgebildete eiweißanabole Wirkung der Östrogene* wichtig für den milden *pubertären Wachstumsschub* und der *anschließenden Verknöcherung der Epiphysen*, so daß gegen Ende der Pubertät das Längenwachstum des Mädchens abgeschlossen ist.

Die Östrogene sind ebenfalls wichtig für die somatische Veränderung des Mädchens zur jungen Frau, d.h. die *Ausbildung der sekundären Geschlechtsmerkmale* erfolgt unter dem Einfluß dieses Sexualhormons.

Menopause

Die reproduktionsfähige Zeit der Frau dauert nicht bis an ihr Lebensende. Der Zeitpunkt des *Aufhörens der Menstruationscyclusaktivität* wird Menopause genannt. Vor der Menopause wird die Cyclusaktivität häufig unregelmäßig. Die Frau befindet sich im *prämenopausalen Zustand*. Nach Sistieren der Menstruationscyclusaktivität ist die Frau *postmenopausal*. Die Menopause tritt ein, wenn die meisten oder alle Follikel im Ovar aufgebraucht sind. Es können dann keine Follikel mehr heranreifen, die Östradiolproduktion des Ovars hört fast auf, und es kommt zu einem quasi Kastrationseffekt.
Durch Verschiebung des Androgen-/Östrogenquotienten kommt die Wirkung der in den Nebennieren produzierten Androgene vermehrt zum Tragen, so daß eine leichte Virilisierung der menopausalen Frau durchaus physiologisch ist.
Als Folge der sehr *niedrigen Östrogenspiegel* fehlt die negativ rückkoppelnde Wirkung dieses Hormons zum Hypothalamus und zur Hypophyse. Östrogenrezeptive Neurone teilen diesen Östrogenmangel den LHRH-produzierenden Zellen mit und diese schütten vermehrt LHRH aus, wodurch eine *vermehrte Ausschüttung von FSH* aus der Hypophyse bewirkt wird. Das FSH kann aber Follikelreifung nicht mehr stimulieren, da diese nicht mehr in genügender Anzahl vorhanden sind. Das vermehrt sezernierte LHRH stimuliert auch die *LH-Sekretion*; es steigen also beide Hormone (FSH und LH) im Blut an. Dabei wird der pulsatile Sekretionsmodus der LHRH-Neurone nie aufgegeben, und es kommt zu dem typischen *pulsatilen LH- und FSH*-Sekretionsmuster der *menopausalen Frau*. Dieses Sekretionsmuster ist natürlich auch bei Entfernen der Gonaden der geschlechtsfähigen Frau oder des Mannes zu beobachten. (Es handelt sich also um einen Kastrationseffekt, s. Abb. 32-5.)
Bei der menopausalen und postmenopausalen Frau ist häufig der Beginn einer jeden LH-Episode mit typischen Beschwerden korreliert. Es kommt zu *aufsteigenden Hitzewallungen (hot flushes)*. Diese Hitzewallungen sind ein Zeichen vermehrter hypothalamischer Aktivierung als Folge zu niedriger Östrogenspiegel. Sie können also durch Gabe geringer Mengen von Östrogenen gelindert werden. Die Östrogene wirken leicht eiweißanabol. Dieser Effekt ist nicht so stark ausgeprägt wie der der Androgene. Dennoch ist die Kenntnis der milden eiweißanabolen Wirkung von Östrogenen klinisch relevant. Mit dem Sistieren der ovariellen Östrogenproduktion kann durch Abbau der Eiweißknochenmatrix eine *Osteoporose* entstehen. Rechtzeitige Gabe von Östrogenen mit beginnender Menopause verhindert diese Knochenbrüchigkeit.

32.6 Literatur

Weiterführende Lehr- und Handbücher

1. Franchimont, P.: Clinics in Endocrinology and Metabolism. Vol. 15, No. 1. Paracrine Contr. W.B. Saunders Company Philadelphia 1986
2. Johnson, M., Everitt, B.: Essential Reproduction. Blackwell Scientific Publications, Oxford 1980
3. Leyendecker, G., Stock, H., Wildt, L.: Brain and Pituitary Peptides II. Pulsatile Administration of Gn-RH in Hypothalamic Failure: Basic and Clinical Aspects. S. Karger Basel 1983
4. Martini, L., James, V.H.T.: The Endocrinology of Pregnancy and Parturition. Exp. Endocrinology Vol. 3, Academic Press 1983
5. Shearman, R.P.: Clinical Reproductive Endocrinology. Churchill Livingstone Edinburgh London Melbourne and New York 1985
6. Wagner, T.O.F.: Pulsatile LHRH Therapy of the Male. TM-Verlag Hameln 1985
7. Wilson, J.D. Foster, D.W.: William's Textbook of Endocrinology. W.B. Saunders Co. 7th Edition Philadelphia 1985
8. Wuttke, W., Horowski, R.: Gonadal Steroids and Brain Function. Springer-Verlag Berlin Heidelberg New York 1981
9. Yen, S.S.C., Jaffe, R.B.: Reproductive Endocrinology. Saunders, Philadelphia 1986

Einzel- und Übersichtsarbeiten

10. Guillemin, R.: Peptides in the Brain: the New Endocrinology of the Neuron (Nobel Lecture). Science *202*, 390–402 (1978)
11. Jaffe, R.B.; Monroe, S.E.: Hormone Interaction and Regulation During the Menstrual Cycle. Frontiers in Neuroendocrinology, Vol. 6. pp. 219–247. Raven Press New York 1980
12. Jensen, E.V.; Greene, G.L.; Closs, L.E.; DeSombre, E.R.; Nadji, M.: Receptors Reconsidered: A 20-Year Perspective. Recent Progress in Hormone Research, Vol. *38*, 1–40 (1982)
13. Knobil, E.: Neuroendocrine control of the menstrual cycle. Recent Progr. Horm. Res. *36*, 53–88 (1980)
14. Leong, D.A.; Frawley, L.S.; Neill, J.D.: Neuroendocrine Control of Prolactin Secretion. Ann. Rev. Physiol. *45*, 109–127 (1983)
15. McEwen, B.S.; Biegon, A.; Davis, P.G.; Krey, L.C.; Luine, V.N.; McGinnis, M.Y.; Paden, C.M.; Parsons, B.; Rainbow, T.C.: Steroid Hormones: Humoral Signals Which Alter Brain Cell Properties and Functions. Rec. Progr. Horm. Res. *38*, 41–92 (1982)
16. Neill, J.D.: Neuroendocrine Regulation of Prolactin Secretion. Frontiers in Neuroendocrinology. *6*, 129–155 (1980)
17. Pohl, C.R.; Knobil, E.: The Role of the Central Nervous System in the Control of Ovarian Function in Higher Primates. Ann. Rev. Physiol. *44*, 583–593 (1982)
18. Reiter, E.O.; Grumbach, M.M.: Neuroendocrine Control Mechanisms and the Onset of Puberty. Ann. Rev. Physiol. *44*, 595–613 (1982)
19. Schally, A.V.: Aspects of hypothalamic regulation of the pituitary gland (Nobel Lecture) Science *202*, 18–28 (1978)

33 Fortpflanzung und Schwangerschaft

W. Wuttke

33.1 Cohabitation

Der Wunsch nach körperlicher Vereinigung wird Geschlechtstrieb oder *Libido* genannt. Zum Akt der geschlechtlichen Vereinigung (*Cohabitation, Coitus*) wird der erigierte Penis in die Vagina eingeführt. Nur so kann es unter physiologischen Bedingungen zur *Konzeption* (Befruchtung) kommen. Für den Sexualakt sind bei Frau und Mann bestimmte Reaktionsabläufe charakteristisch.

Sexueller Reaktionsablauf beim Mann

Erektion und Emission. Die Vorstellung von einem möglicherweise stattfindenden Geschlechtsakt in Anwesenheit oder auch Abwesenheit einer Geschlechtspartnerin sowie mechanische Reizung *erogener Zonen*, ganz besonders der Glans penis, führt zur Versteifung des Gliedes (*Erektion*). Für die Erektion verantwortlich sind parasympathische Impulse aus dem Sacralmark, welche durch den *N. pelvicus* die Arteriolen in den Corpora cavernosa und im Corpus spongiosum des Penis erreichen (S. 370). Diese parasympathischen Impulse dilatieren die Arterien des Penis, gleichzeitig wird der venöse Ausfluß zum Teil blockiert. Dadurch werden die beiden *Corpora cavernosa* unter arteriellen Druck gesetzt und prall mit Blut gefüllt; der Penis wird hart und verlängert. Weiterhin stimulieren die parasympathischen Impulse *urethrale* und *bulbourethrale Drüsen* zu vermehrter Produktion mucösen Schleims. Wenn der sexuelle Reiz besonders intensiv wird, z.B. durch Penismassage beim coitalen Akt, wird ein Reflexzentrum im unteren Thorakal- und oberen Lumbalbereich aktiviert, welches zur Kontraktion der Vasa deferentia und der Ampulle führt. Dadurch werden die Spermien in die Urethra interna transportiert; dieser Teil der Orgasmusphase wird *Emission* genannt.

Ejaculation. Die Füllung der Urethra interna führt über nervale Afferenzen durch den *N. pudendus* zur Aktivierung eines Reflexzentrums im Sacralmarkt und als Folge zu rhythmischer Kontraktion der *Mm. ischiocavernosi* und *bulbocavernosi*. Das führt zu rhythmischer Kontraktion der basalen Penisanteile und damit zu rhythmischem Herausschleudern des Samens aus der Urethra. Dieser Vorgang wird *Ejaculation* genannt. Mit der Ejaculation verbunden sind rhythmische Kontraktionen bestimmter Stammuskeln, so daß während der Ejaculation das Glied besonders tief in die Scheide eindringt. Emission und Ejaculation kennzeichnen zusammen den männlichen **Orgasmus**. Nach dieser Orgasmusphase ist die sexuelle Ansprechbarkeit des Mannes stark reduziert; zunächst bildet sich das erigierte Glied zurück, und erneute Erektionen sind erst im Ablauf von mehreren Minuten bis Stunden möglich. Diese Phase wird die *Rückbildungsphase* genannt.

Das gesamte Geschehen vor und während der Cohabitation ist in starkem Maße vom *Testosteronspiegel* im Blut abhängig. Entfernen der Testes (*Orchidectomie*) führt bei vielen Männern zum Erlöschen des Geschlechtstriebes. Nicht selten ist jedoch die Fähigkeit zur Erektion noch längere Zeit nach Kastration erhalten.

Sexueller Reaktionsablauf bei der Frau

Libido und Orgasmus. Wie beim Manne hängt ein erfolgreicher Sexualakt bei der Frau von psychischen und lokalen mechanischen Stimulationen ab. Wie beim Mann können auch allein erotische Gedanken bei der Frau sexuelle Erregung entstehen lassen. Die *Libido* ist in Stärke und Intensität vom Verlauf des Menstruationscyclus abhängig. Sexuelle Wünsche sind besonders häufig und stark ausgeprägt während der Zeit der Ovulation. Wie beim Mann führt auch die mechanische Reizung bestimmter *erogener Zonen* zur sexuellen Stimulation. Embryologisch entspricht die Clitoris dem Penis des Mannes (S. 821). Sie ist daher auch besonders sensitiv für sexuelle Reizung. Die Innervation und nervale Verschaltung erfolgt ebenfalls über sacrale Segmente des Rückenmarks durch den *N. pudendus*. In Analogie zum Mann füllen sich während sexueller Reizung die *Clitoris* und die äußeren Geschlechtsorgane vermehrt mit Blut. Das führt zu einer Verengung des Introitus, so daß der Penis eng umschlossen und damit bei den Beischlafbewegungen intensiv mechanisch gereizt wird. Diese vermehrte Durchblutung ist ebenso Folge parasympathischer Signale wie die vermehrte Sekretion von mucösem Schleim. Damit wird die Gleitfähigkeit des Penis in der Vagina optimiert. Der weibliche *Orgasmus* ist analog zur Emission und Ejaculation beim Manne. Während des Orgasmus kontrahiert sich die perineale Muskulatur rhythmisch, gleichzeitig wird die Cervix uteri weitergestellt, und es kommt zu rhythmischen Kontraktionen des Uterus und der Tuben, so daß die Spermienascension optimiert wird. Ob für die erhöhte Motilität des Uterus und der Tuben das aus dem Hypophysenhinterlappen ausgeschüttete *Oxytocin* (S. 398) für den Menschen eine ursächliche Bedeutung hat, ist noch unklar. Durch Erhöhung des Muskeltonus in der Beckenbodenmuskulatur wird der Uterus aufgerichtet, so daß das *Ejaculat* in unmittelbare Nähe der Cervix geschleudert wird. Hört die sexuelle Reizung bei der Frau auf, so kommt es auch hier zur Verminderung der Blutfülle im kleinen Becken und somit zur Rückbildungsphase. Anders als beim Mann kann die Frau durch weitere sexuelle Reizung mehrere Orgasmen erfahren.

Extragenitale Reaktionen. Während der orgastischen Phasen treten bei Frau und Mann charakteristische extragenitale Reaktionen auf. Während die genitalen orgastischen Reaktionen überwiegend *parasympathisch* gesteuert sind, sind die extragenitalen Phänomene Zeichen des erhöhten *Sympathicotonus*. Herzfrequenz, systolischer und diastolischer Blutdruck steigen an, die Pupillen sind stark erweitert, die weibliche Brustdrüse wird verstärkt durchblutet, und die Mamillen sind erigiert.

33.2 Schwangerschaft, Geburt und Lactation

Schwangerschaft

Befruchtung. Der neuroendokrine Regelkreis zur Steuerung der Funktion des Ovars dient der Bereitstellung eines befruchtungsfähigen Eies und der optimalen Vorbereitung für eine evtl. eintretende Schwangerschaft [1, 3]. Auf S. 827 wurde erläutert, daß mit jeder Ovulation ein Ei aus dem Follikel herausgespült wird und in die Tube gelangt. *In der Tube erfolgt* dann auch *die Befruchtung* des Eies durch die sich aus der Vagina durch den Uterus emporgeißelnden Spermien. Nach der Befruchtung fängt das Ei an, sich lebhaft zu teilen und erreicht schon in den Tuben das Stadium des Vielzellers.
Durch mikroperistaltische Bewegung der Tuben wird der **Embryo** in den Uterus transportiert. Es wurde auch schon erwähnt, daß die cyclischen Veränderungen des Endometriums dazu dienen, dem heranreifenden *Trophoblasten* optimale Bedingungen für das Weiterbestehen einer Schwangerschaft zu bieten. Da das Endometrium bei Aufhören der Corpus-luteum-Funktion abgestoßen würde, könnte keine Schwangerschaft zustandekommen, wenn nicht die Lutealfunktion irgendwie erhalten bliebe. Dafür muß der Trophoblast sorgen. In der Tat produziert der Trophoblast schon in sehr frühem Zustand ein Hormon, das wie das luteinisierende Hormon der Hypohyse wirkt. *Es stimuliert* die Funktion des Corpus luteum zu vermehrter *Progesteronsynthese*. Dieses Hormon ist das **humane Choriongonadotropin (HCG).** Durch die LH-ähnliche Wirkung des HCG wird das Corpus luteum zu vermehrter Progesteronsynthese und -sekretion angeregt. Die mit dem 10. bis 12. Cyclustag normalerweise auftretenden regressiven Veränderungen des Endometriums bleiben aus, da genügend Progesteron für optimale Überlebensbedingungen des Endometriums sorgt. Das Endometrium wird also nicht nekrotisch, die Kontraktion der Spiralarterien als Folge eines Progesteronmangels bleibt aus, und die erwartete Menstruationsblutung erfolgt nicht. Das ist häufig das erste erkennbare Zeichen einer beginnenden Schwangerschaft.

Nidation und Placentation. Etwa 6–8 Tage nach der Ovulation, also einige Tage vor der ausbleibenden Menstruationsblutung erreicht der Trophoblast den Uterus und findet hier ein optimal für die Schwangerschaft vorbereitetes Endometrium vor. Der Trophoblast beginnt nun auch mit der Sekretion von *proteolytischen*, also gewebeandauenden *Enzymen*, die es ihm ermöglichen, sich in das Endometrium „einzufressen“. Dieser Prozeß wird *Nidation* (*Einnistung*) genannt.

Das Wissen um die Bildung dieser proteolytischen Enzyme ist Grundlage für das Verständnis der Pathophysiologie von **extrauterinen Schwangerschaften**. Durch Entzündungen der Adnexe entstehen häufig narbige Veränderungen der Tuben.

Diese Narben können schrumpfen und führen so zur Verengung des Tubenlumens. Die kleinen und mobilen Spermien können dann zwar noch ascendieren und das Ei befruchten, jedoch kann ein größeres vielzelliges Gebilde diese narbige Verengung nicht mehr in Richtung Uterus passieren. Die nunmehr in den Tuben gebildeten proteolytischen Enzyme bewirken, daß der Trophoblast sich dort nidiert. Hier findet er jedoch keine optimalen Bedingungen. Bei diesen extrauterinen Schwangerschaften bleibt der Trophoblast hypotroph, was an subnormalen HCG-Spiegeln im Blut und Urin der Mutter erkennbar ist. In klinisch recht dramatisch verlaufenden Fällen kann die Tubenwand sogar durchdaut werden, und der Trophoblast gelangt in die freie Bauchhöhle, wo er eine erhebliche Irritation des Peritoneums verursachen kann. Es entsteht das Zustandsbild des „akuten Bauches". Weiterhin kann eines der vielen periuterinen Gefäße arrodiert werden, und es kann zu lebensbedrohlichen Blutungen kommen.

Der nidierte Trophoblast findet im Endometrium optimale nutritive Bedingungen. Unter physiologischen Bedingungen entwickelt sich aus dem *Trophoblasten* der *Syncytiotrophoblast*, aus dem schließlich die *fetoplacentare Einheit* wird. Das Chorion dieser Einheit produziert während der ersten 8 bis 10 Schwangerschaftswochen sehr große Mengen von *HCG*, so daß die luteale Funktion zunehmend stimuliert wird. Dadurch steigen während der Frühschwangerschaft die Progesteronspiegel auch an.

Placentafunktion. Die Placenta dient v.a. dem *Stoffaustausch zwischen dem mütterlichen und fetalen Blut* und damit der Ernährung des Fetus und der Ausscheidung seiner Stoffwechselendprodukte. Die dünne Gewebeschicht, die den intervillösen Raum vom Lumen der Zottencapillaren trennt und kurz als **Placentaschranke** bezeichnet wird, begünstigt diesen Austausch. O_2 und *Nährstoffe* werden vom fetalen Capillarblut aufgenommen, CO_2 und andere *Stoffwechselendprodukte* an das mütterliche Blut abgegeben. Daneben ist die Placentaschranke durchgängig für *Elektrolyte*, *Antikörper* (z.B. IgG), *Viren* (z.B. Röteln- und Masernviren) und – wie man heute weiß – auch für verschiedene *Medikamente* (z.,B. Sedativa, Barbiturate) und *Alkohol*, die die Frucht schädigen können. Mit Erreichen der 8.–10. Schwangerschaftswoche übernimmt die nunmehr gut ausgebildete Placenta die *Produktion des Progesterons*. Die Schwangerschaft wird damit von der Funktion des Corpus luteum unabhängig. Ovariektomie der Frau hätte jetzt keine fatalen Effekte mehr auf die Schwangerschaft.

Hormonproduktion des Fetus. Mit Erreichen des 3. Schwangerschaftsmonats ist die fetale Nebenniere schon sehr gut ausgebildet und produziert große Mengen von dem schwach androgenwirksamen Steroid *Dehydroepiandrosteronsulfat* (*DHEAS*). Die Gründe, warum die fetale Nebenniere so sehr früh besonders gut ausgebildet und groß ist, sind nicht ganz klar [1, 2], Das DHEAS wird durch die Placenta zu *Östriol* umgewandelt. Das Östriol gelangt in den mütterlichen Kreislauf und wird mit dem Urin ausgeschieden. Zahlreiche Messungen von normal verlaufenden Schwangerschaften haben ergeben, daß von der 10. bis zur 40. Schwangerschaftswoche die Östriolspiegel im Blut der Mutter kontinuierlich ansteigen, und es sind *Normgrenzen* festgelegt worden. Sie bilden für den Geburtshelfer ein wichtiges diagnostisches Hilfsmittel, mit dem er das *Wohlergehen der fetoplacentaren Einheit* beurteilen kann. Geht es dem Fetus nicht gut, so ist auch die Funktion seiner Nebenniere gestört, und die Placenta produziert weniger Östriol aus den adrenalen Präkursoren (also aus DHEAS, s. auch S. 410). Geht es der Placenta nicht gut, so kann sie nicht in ausreichendem Maße das fetale DHEAS zu Östriol umwandeln. In beiden Fällen resultiert ein Absinken von Östriol im mütterlichen Blut. Da das Östriol mit dem Urin der Schwangeren ausgeschieden wird, stellt die Messung von Östriol im über 24 h gesammelten Urin auch eine Möglichkeit dar, die Schwangerschaft endokrinologisch zu überwachen.
Ein weiteres von der Placenta gebildetes Hormon ist das **humane placentare lactogene Hormon (HPL)**. Da dieses Hormon auch somatotropinähnliche Wirkungen hat, wird es von einigen Autoren auch als **h**umanes **C**horion**s**omatomammotropin (HCS) genannt. Seine Wirkung im Fetus und/oder bei der Mutter sind noch weitestgehend unverstanden. Wahrscheinlich stimuliert es das fetale Wachstum. Es gibt Hinweise dafür, daß das HPL auch über die Stimulation von Insulin like growth factors = Somatomedinen wirkt (s.S. 401).

Vorbereitung der Lactation. Unter dem Einfluß der ansteigenden Östrogenspiegel im mütterlichen Blut wird auch die *Prolactinsekretion* aus der mütterlichen Hypophyse stimuliert. Auch im Fruchtwasser (Amnionflüssigkeit) sind die Prolactinspiegel sehr hoch. Beide Hormone, das *HPL* und das *Prolactin*, bereiten die mütterlichen Brustdrüsen auf die demnächst anstehende Lactation vor. Der Grund, warum die hohen Prolactin- und HPL-Spiegel nicht schon während der Schwangerschaft zur Lactation führen, ist auch nicht vollends verstanden. Wahrscheinlich haben die sehr hohen Östrogenspiegel im Blut eine direkt hemmende und damit prolactinantagonistische Wirkung direkt in den Mammae.

Schwangerschaftsdauer. Die Grundlage für die Berechnung der Schwangerschaftsdauer ist die Länge eines normalen Menstruationscyclus (also 28 Tage). Die Schwangerschaft beträgt *im Durchschnitt* 10 Menstruationscyclen (Mens I–X), also *280 Tage bzw. 40 Wochen.*

Geburt

Auslösung der Wehentätigkeit. Wesentliche hormonale Aspekte des Geburtsvorgangs sind schon bei der Besprechung des HHL-Hormons Oxytocin behandelt worden (S. 398). Wichtig ist in diesem Zusammenhang die Kenntnis, daß mit zunehmender Schwangerschaftsdauer Östrogen- und Progesteronspiegel im mütterlichen Blut ansteigen. **Östrogene** *sensibilisieren den Uterus für die Wirkung von* **Oxytocin**, dem wehenauslösenden Hormon. Hohe Spiegel von Progesteron antagonisieren diese Wirkung. Nach ziemlich genau 40 Schwangerschaftswochen (280 Tage = Mens X) ist die Gebärmutter hoch sensibel für die Wirkung von Oxytocin. Der Uterus ist maximal gewachsen, der Muttermund gerade noch geschlossen. Aus wiederum nicht ganz geklärten Gründen beginnt etwa mit dem 280. Schwangerschaftstag die *Wehentätigkeit.* Möglicherweise fallen die hohen Progesteronspiegel im Blut kurzfristig ab, oder es werden Substanzen gebildet, welche die Progesteronwirkung hemmen. *Prostaglandine* und andere, chemisch noch nicht identifizierte Substanzen bewirken eine Erweichung des Muttermundes, der sich dadurch zunehmend öffnet.

Austreibung der Frucht. Schließlich schüttet der Hypophysenhinterlappen vermehrt Oxytocin aus, das zur *Kontraktion des Myometriums* führt. Dadurch wird konzentrisch Druck auf die Fruchtblase ausgeübt. Der einzige Weg, um diesem Druck zu entgehen, ist der durch die Cervix uteri, welche durch die Fruchtblase und den tief im kleinen Becken stehenden Kopf des Kindes gedehnt wird. Die Cervix uteri und die Vagina sind sehr reich mit Mechanoreceptoren versehen. Diese werden nunmehr stark gereizt, und die Reizung wird auf neuronalem Wege ins ZNS gemeldet (s. Ferguson-Reflex, S. 398). Die Information gelangt an die Oxytocin-produzierenden Zellen, die synchronisiert und phasisch aktiviert werden und dadurch bolusartig Oxytocin in die Blutbahn ausschütten (S. 398). Der Oxytocinbolus gelangt an das Myometrium und bewirkt hier eine erneute Kontraktion. Auf diese Art wird die *Wehentätigkeit* aufrechterhalten, bis die Frucht und anschließend die Placenta ausgetrieben sind. Für die normale Beendigung einer Schwangerschaft spielen wahrscheinlich noch Gewebehormone und das Peptidhormon *Relaxin* eine Rolle.

Lactation

Auslösung von Lactation und Milchejektion. Mit dem Ausstoßen der Placenta sinken die Progesteron- und Östrogenspiegel im mütterlichen Blut rasch ab, da die Produktionsstätte ja nicht mehr vorhanden ist. Die immer noch erhöhten *Prolactinspiegel* können nunmehr an den Brustdrüsen die Milchsynthese in Gang setzen, weil die prolactinantagonistische Wirkung hoher Östrogenspiegel wegfällt. Somit kommt die *Lactation* in Gang. Das Anlegen des Säuglings führt zur mechanischen Reizung der Mamillen. Diese sind reichhaltig mit Mechanoreceptoren versehen, die auf neuronalem Wege den Saugreiz zu prolactin- und oxytocinregulierenden hypothalamischen Neuronen melden. Damit wird der *Milchejektionsreflex* (S. 397) ausgelöst.

Aufrechterhaltung der Lactation. Auch die prolactinregulierenden Zellen erhalten die Information über die mechanische Reizung der Mamillen. Das führt wahrscheinlich zu *verminderter Sekretion von Dopamin* in das portale Gefäßsystem. Da die *lactotropen* (prolactinproduzierenden) *Zellen der Hypophyse* sehr leicht *durch Dopamin inhibierbar* sind, bewirkt eine verminderte hypothalamische Dopaminausschüttung eine *Desinhibition* der lactotropen Zellen und damit eine *vermehrte Prolactinsekretion* [4, 5]. Wahrscheinlich werden durch den Saugreiz auch noch ein oder mehrere *Prolactin-Releasing-Hormone* ausgeschüttet, über deren chemische Natur noch wenig bekannt ist. Als Folge des Saugreizes sind die Spiegel von Prolactin im mütterlichen Blut hoch. Dadurch wird die Lactation in Gang gehalten. Hohe Prolactinspiegel können von prolactinrezeptiven Neuronen im Hypothalamus registriert werden und führen zu einer Erhöhung der hypothalamischen Dopaminausschüttung. Das ist das im Prolactinkapitel besprochene *autoregulative Prinzip* (S. 403).

Postpartale Amenorrhoe. Wie die Abb. 17-11 verdeutlicht, hat eine Erhöhung der intrahypothalamischen Dopaminausschüttung nicht nur die anschließende Hemmung der hypophysären Prolactinsekretion zur Folge, sondern auch eine *direkt oder indirekt inhibierende Wirkung auf die hypothalamischen LHRH-Zellen.* Bei hohen Prolactinspiegeln wird also die Aktivität der hypothalamischen LHRH-Zellen inhibiert. Demzufolge gelangt weniger LHRH und v.a. nicht mehr in pulsatiler Form zur Hypophyse. Die Folge ist das Ausbleiben der Reifung eines Follikels und das *Erlöschen der Menstruationscyclusaktivität.* Dieser Mechanismus ist Grund für die sog. *postpartale Amenorrhoe*, bei Tieren auch Lactationsanöstrie genannt (s.S. 403).

33.3 Literatur

Weiterführende Lehr- und Handbücher

1. Martini, L., James, V.H.T.: The Endocrinology of Pregnancy and Parturition. Exp. Endocrinology Vol. 3, Academic Press, New York 193
2. Wilson, J.D., Foster, D.W.: William's Textbook of Endocrinology, W.B. Saunders Co. Philadelphia 1985
3. Yen, S.S.C., Jaffe, R.B.: Reproductive Endocrinology. Saunders, Philadelphia 1986

Einzel- und Übersichtsarbeiten

4. Leong, D.A., Frawley, L.S., Neill, D.J.: Neuroendocrine Control of Prolactin Secretion. Ann. Rev. Physiol. *45*, 109–127 (1983)
5. Neill, J.D.: Neuroendocrine Regulation of Prolactin Secretion. Frontiers in Neuroendocrinology. Vol. *6*, 129–155, Raven Press, New York 1980

34 Alter und Altern

R.K. Zahn

34.1 Grundzüge des biologischen Alterungsprozesses

Alter und Lebenserwartung

Definition des biologischen Alters. *Alter* bezeichnet einen *Zustand eingeschränkter Angepaßtheit* an die physischen und psychischen Beanspruchungen des Lebens, der für den letzten Lebensabschnitt charakteristisch ist. Der Begriff „Alter" läßt sich streng genommen nur auf Menschen, auf ihnen nahestehende Primaten und auf soziale Organismen anwenden, bei denen es einen hinreichend langen Lebensabschnitt nach Einstellung der Zeugungsaktivitäten gibt. Das Alter beginnt also mit dem Erlöschen der Zeugungsfähigkeit und wird durch den Tod des Organismus abgeschlossen.

Lebenserwartung. Zu allen Zeiten menschlicher Existenz gab es Alte, sogar solche, die das Alter der heute lebenden Ältesten erreichten. Mit der Erhöhung der mittleren Lebenserwartung hat jedoch der prozentuale Anteil an Alten ständig zugenommen. Im Jahre 1980 betrug die *mittlere Lebenserwartung* bei den Frauen 913 Monate (76,1 Jahre) und bei den Männern 832 Monate (69,5 Jahre) [17]. Den Altersaufbau der deutschen Wohnbevölkerung zu dieser Zeit gibt die sog. *Alterspyramide* wieder (Abb. 34-1). Modifikationen des charakteristischen Altersaufbaus [8] dieser Population sind auf die (in Abb. 34-1 gekennzeichneten) Auswirkungen von Kriegen und Krisen, aber neuerdings auch auf den Zuzug von Gastarbeitern mit einer bestimmten Altersstruktur zurückzuführen.

Skeletuntersuchungen an Funden aus der Steinzeit lassen darauf schließen, daß damals der Mensch eine mittlere Lebenserwartung von 20 Jahren hatte. Bis zum Mittelalter erhöhte sich dieser Wert auf 30 Jahre und stieg dann bis 1880 auf 36 Jahre an. Um 1900 lag die mittlere Lebenserwartung noch bei 46 Jahren, um danach — mit Ausnahme der Kriegs- und Nachkriegszeiten — stetig zuzunehmen.

Die unterschiedliche Lebenserwartung von Frauen und Männern wurde früher v.a. auf die stärkere berufliche Belastung des Mannes zurückgeführt. Heute werden vor allem die unterschiedlichen Rauchgewohnheiten der beiden Geschlechter dafür verantwortlich gemacht. Der stärkere Tabakkonsum erhöht die Gefahr, frühzeitig an Tumor-, Kreislauf- und Atemwegskrankheiten zu sterben sehr stark. Gestützt wird diese Hypothese durch den Befund, daß Frauen und Männer in nichtrauchenden religiösen Sekten die gleiche Lebenserwartung haben (12) und daß mit dem in den Nachkriegsjahren angestiegenen Tabakskonsum der Frauen inzwischen

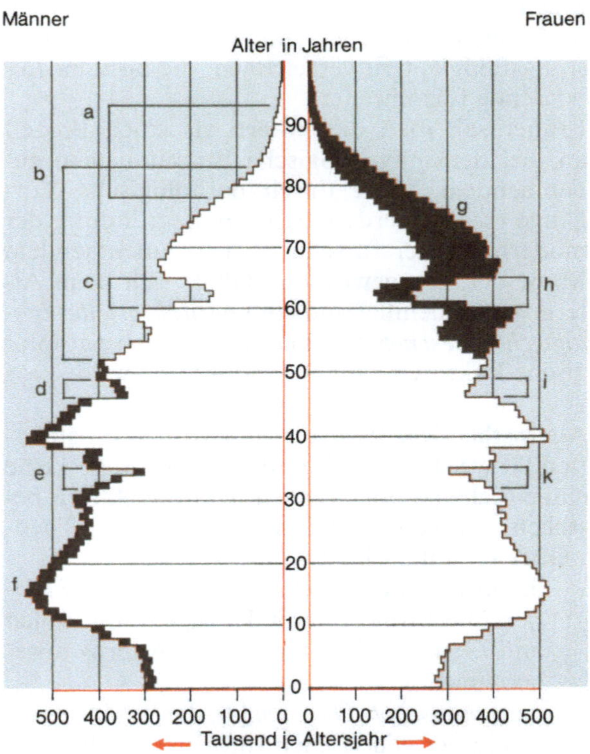

Abb. 34-1. Altersaufbau der deutschen Wohnbevölkerung am 31.12.1979. a) Gefallene des Ersten Weltkrieges; b) Gefallene des Zweiten Weltkrieges; c) Geburtenausfall im Ersten Weltkrieg; d) Geburtenausfall während der Wirtschaftskrise um 1932; e) Geburtenausfall Ende des Zweiten Weltkrieges; f) Männerüberschuß; g) Frauenüberschuß; h) Geburtenausfall im Ersten Weltkrieg; i) Geburtenausfall während der Wirtschaftskrise um 1932; k) Geburtenausfall Ende des Zweiten Weltkrieges. (Nach [17])

auch deren entsprechende Tumorerkrankungshäufigkeit deutlich im Ansteigen ist.
Die *maximale Lebenserwartung* des Menschen, die bei etwa *115 Jahren* liegt, kann nur in Ausnahmefällen ausgeschöpft werden. In der Regel sterben die Individuen vorzeitig durch endogene und exogene Einwirkungen, zu denen *Erbfaktoren, Unfälle* und *Krankheiten* gehören. Ein Alter, das der maximalen Lebenserwartung nahekommt, erreichen erfahrungsgemäß insbesondere solche Menschen, deren Eltern selbst schon sehr alt geworden sind.

Der Alterungsprozeß

Während das Alter einen Zustand beschreibt, bezeichnet das *Altern* einen *biologischen Prozeß,* der von der Geburt an *irreversibel* fortschreitet. Zunächst ist mit zunehmendem Alter eine Steigerung der physischen und geistigen Leistungsfähigkeit verbunden. Nach einer gewissen Leistungshöhe können neue Leistungen nur erbracht werden, wenn auf andere verzichtet wird. Schließlich ist eine Abnahme der gesamten Leistungsfähigkeit zu verzeichnen, die bis zum Lebensende fortschreitet.
Früher sah man das Altern als einen Prozeß an, bei dem physiologische Funktionen in zunehmendem Maße durch pathologische Vorgänge ersetzt werden. Seit der Begründung der modernen Altersforschung ist in zunehmendem Maße deutlich geworden, daß es sich beim Altern wahrscheinlich um ein *multifaktorielles biologisches Geschehen* handelt, das durch pathologische Faktoren lediglich modifiziert wird.

Alternstheorien. Eine Vielzahl von Alternstheorien [2] weist darauf hin, daß bisher noch keine einheitlichen Vorstellungen über das Altern bestehen. Im wesentlichen lassen sich zwei Theorieklassen unterscheiden:

— die *nicht-genetischen (epigenetischen) Theorien,* die Strukturveränderungen von Zellen und Gewebe als Ursache des Alterns ansehen, und
— die *genetischen Theorien* [4], die Veränderungen in der genetischen Informationsübertragung für das Altern verantwortlich machen.

Beide Gruppen gelangen oft zu sehr ähnlichen Ausagen; lediglich die logische Sequenz, d.h. die Verknüpfung von Ursache und Wirkung, ist verschieden.
Die älteren nicht-genetischen Theorien haben *Verschleißerscheinungen* [5, 11, 16] oder *Vergiftungen* [1] als Alternsursache herausgestellt. Nach anderen Theorien geht der Alterungsprozeß auf die *Veränderung des Hydrations- und Solvatationsgrades der Makromoleküle* [21] zurück, wodurch die mechanische Belastbarkeit der Gewebe reduziert und verschiedene Zellfunktionen gestört werden sollen. Neuerdings wird die *genetische Komponente* in die Ursachenbetrachtung mit einbezogen, weil durchgehend eine Beteiligung des informationsübertragenden und -realisierenden Apparates und damit der *Desoxyribonucleinsäure* (DNA) am Alterungsprozeß gefunden wurde. Strittig ist nur, ob die DNA-Veränderungen die eigentliche Alternsursache darstellen oder ob sie lediglich Begleiterscheinungen sind.

Nucleotid- und Proteinveränderungen als Ursache des Alterns. Nach einer von SZILARD [19] aufgestellten Theorie sollen *Strahlenschäden an den Chromosomen* das Altern und schließlich, wenn die Schäden ein größeres Ausmaß erreicht haben, den Tod herbeiführen. Gegen diese mehrfach modifizierte Theorie sind begründete Einwände erhoben worden [18]. Strahlung ist in der Tat nur ein Schädigungsfaktor für die genetischen Informationsträger. In neuerer Zeit gibt es zunehmend Hinweise für die Assoziation zwischen DNA-Schädigung und Altern (23). So verursachen z.B. endogene Oxidantien beim Menschen etwa 10000 DNA-Veränderungen pro Zelle pro Tag, von denen zwar die meisten schnell repariert werden. Insgesamt dürften aber im Mittel Schäden in Millionenhöhe die meiste Zeit existent sein. Es muß ferner angenommen werden, daß im Verlaufe des Alterns sich die Zahl solcher Gleichgewichts-Schäden verdoppeln dürfte. Daneben entstehen auch an anderen Verbindungen, z.B. an Proteinen, zahlreiche schädliche Veränderungen (22).
Mit einer **Fehlerkatastrophentheorie** hat Orgel [13, 14] schon sehr früh versucht, solchen Befunden Rechnung zu tragen. Dabei hat er zugleich einen Zusammenhang zwischen genetischen und nicht-genetischen Altersursachen hergestellt. Danach führen schädigende Einflüsse verschiedener Art zu einer Veränderung von Ribonucleinsäuremolekülen (RNA), wodurch nach der Transkription eine *Synthese falscher Proteine* ausgelöst wird. Handelt es sich dabei um Proteine, die ihrerseits zur programmierten Biosynthesekette gehören, wie dies bei der DNA-abhängigen RNA-Polymerase der Fall ist, so setzt sich dieser Fehler fort. Die veränderten Teilkopien führen zur Synthese weiterer fehlerhafter Ribonucleinsäuren, so daß theoretisch bei Überschreiten einer kritischen Fehlergröße der

Prozeß lawinenartig anschwellen müßte. Damit wäre eine Fehlerkatastrophe eingetreten. Diese Theorie mußte jedoch korrigiert werden, als sich im Experiment zeigte, daß das Auftreten von Fehlerlawinen durch einen Selbsthemmprozeß verhindert wird. Im Endeffekt stellt sich ein stationärer Fehlersynthesespiegel ein.
In der Folge wurden die alternsbegleitenden Proteinveränderungen genauer untersucht. Dabei zeigte sich, daß die *spezifische Aktivität einiger Enzymproteine mit dem Alter stark abnimmt* [7]. Die Veränderung der Proteine hat also eine Reduktion ihrer enzymatischen Aktivität zur Folge. Für die notwendige enzymatische Leistung müssen also im Alter mehr Enzymproteine synthetisiert werden. Die Bedeutung dieses Befundes für den Alterungsprozeß wird allerdings dadurch eingeschränkt, daß einige Enzymgruppen keine altersabhängige Abnahme, andere sogar eine Zunahme ihrer spezifischen Aktivitäten aufweisen. Es gelang auch nicht, die veränderten Proteine zu isolieren oder rein darzustellen. Eine Zusammenführung der Fehlertheorien mit denen, die eine genetische Fixierung der Lebenspanne postulieren, stellt die Alterns-Theorie vom „disposable soma" (Wegwerf-Soma) dar (9). Sie besagt, daß natürliche Selektion, sich auf die optimale Ausbeutung der Resourcen mit geringstem Aufwand – auch unter Vermeidung evtl. mit zunehmendem Alter immer aufwendiger werdender Reparaturen – ausrichtet und so die Evolution zwangsläufig zu einem jeweils der Spezies gemäßen, charakteristisch eingestellten Altern treibt.
Zusammenfassend ist festzustellen, daß es sich beim Alterungsprozeß wahrscheinlich um ein multifaktorielles Geschehen auf zellulärer Ebene handelt, wobei Veränderungen des genetischen Apparates eine wichtige Rolle spielen.

34.2 Alterskorrelierte Funktionsveränderungen

Die Organe unterliegen mit fortschreitendem Alter bestimmten Veränderungen, von denen jedoch keine zum Tod führt. Allerdings nimmt in höherem Alter die Wahrscheinlichkeit des Auftretens von pathologischen Prozessen zu. Wie Tabelle 34-1 zeigt, dominieren dabei im letzten Lebensabschnitt die Herzerkrankungen, Schlaganfälle und Tumorkrankheiten. Auf einen Nenner gebracht, ist in keinem Fall der Alterungsprozeß die Todesursache, sondern es sind die *Krankheiten im Alter,* die dem Leben ein Ende setzen [3, 6, 15].

Blut. Die alterskorrelierten Veränderungen des Organes Blut betreffen in erster Linie das zellbildende System. Das aktive Knochenmark, dessen Gesamtvolumen beim jugendlichen Erwachsenen etwa 1500 ml beträgt, wird im Präsenium (40–60 Jahre) merklich und im höheren Alter fortschreitend durch Fett und Bindegewebe ersetzt. Im Sternum findet man bei 70jährigen nur noch die Hälfte der Zelldichte, verglichen mit dem Knochenmark des Jugendlichen. Von dieser Reduktion ist die *Erythropoese* (S. 431 f.) stärker betroffen als die *Leukopoese* (S. 435). Entsprechend nehmen mit fortschreitendem Alter die Erythrocytenzahl, das Gesamthämoglobin und der Hämatokritwert leicht ab. Die Lebensdauer der Erythrocyten ist dabei jedoch kaum verändert. Auf Stoffwechselveränderungen weist die Abnahme des ATP- und 2,3-Diphosphoglycerat-Gehaltes der Erythrocyten hin. Unter den Leukocyten zeigen die *Lymphocyten* nach dem 40. Lebensjahr eine deutliche Abnahme um 25%, wovon insbesondere die T-Lymphocyten (S. 449) betroffen sind. Die *Reduktion der immunologischen Kompetenz* ist möglicherweise zusätzlich auf die Altersinvolution des Thymus zurückzuführen [10].

Herz. Beim gesunden alternden Menschen bleibt das Herzgewicht in Relation zum Körpergewicht konstant. Die Muskelfasermasse nimmt jedoch ab und wird teilweise durch Bindegewebe ersetzt. Charakteristisch sind degenerative Veränderungen der Muskelfasern und Einlagerungen von *Lipofuscin* in der Nachbarschaft der Zellkerne. Ferner nimmt die Dicke des Endokards mit dem Alter zu. Im Vordergrund der klinisch bedeutsamen morphologischen Veränderungen am Herzen steht insbesondere bei den über 70jährigen die *Arteriosklerose der Coronarien,* die zu einer Mangeldurchblutung des Myokards führen kann.
Funktionelle Störungen der Herzaktion im Alter gehen oft auf Veränderungen des Erregungsleitungssystems zurück, das teilweise durch Kollagen ersetzt wird. Die Folge sind *Überleitungsstörungen* geringeren oder stärkeren Ausmaßes. Veränderungen der Membranpermeabilität für die beteiligten Ionen können das Auftreten von *ektopen Foci* mit entsprechenden Rhythmusstörungen verursachen (S. 467, 482 ff.). Von derartigen funktionellen Störungen, die sich im EKG nachweisen lassen, sind 50% der älteren Bevölkerung betroffen.

Gefäßsystem. Während die altersabhänigen Veränderungen des arteriellen Systems gut bekannt

Tabelle 34-1. Rangfolge von Todesursachenhäufigkeiten in verschiedenen Altersgruppen in 10 hochindustrialisierten Ländern. (WHO 1974)

Altersgruppe Rang	0–4 Jahre	5–14 Jahre	15–44 Jahre	45–64 Jahre	65 Jahre und darüber
1	Unfälle	Unfälle	Unfälle	Tumorkrankheiten	Herzerkrankungen
2	Geburtsfehler	Tumorkrankheiten	Tumorkrankheiten	Herzerkrankungen	Schlaganfälle
3	Tumorkrankheiten	Geburtsfehler	Herzerkrankungen	Schlaganfälle	Tumorkrankheiten
4	Pneumonien	Pneumonien	Selbstmorde	Unfälle	Pneumonien
5	Darminfektionen	Herzerkrankungen	Schlaganfälle	Infekte der Atemwege	Chronische Infektionen der Atemwege

sind, liegen in dieser Hinsicht relativ wenig Befunde über das venöse System und das Lymphgefäßsystem vor. Bei den Arterien ist das dominierende Charakteristikum eine fortschreitende *Abnahme ihrer elastischen Eigenschaften.* Elastische Fasern und glatte Muskulatur verschwinden und werden in zunehmendem Maße durch Kollagen ersetzt. Arteriosklerotische Gefäßwandveränderungen, die bereits als pathologisch zu werten sind, werden auf genetische und diätetische Faktoren sowie bestimmte Lebensgewohnheiten zurückgeführt. Sie bilden die Grundlage für viele Alterserkrankungen, wie Thrombosen, Embolien und Schlaganfälle.

Der Elastizitätsverlust der arteriellen Gefäße wird häufig für den statistischen *Blutdruckanstieg* mit zunehmendem Alter (S. 554) verantwortlich gemacht. Bei etwa 30% der Bevölkerung läßt sich jedoch ein solcher Anstieg nicht nachweisen. Einige Epidemiologen vertreten daher die Auffassung, daß die Zunahme des Blutdrucks nicht dem normalen Alterungsprozeß entspricht, sondern durch die Miterfassung der beschwerdefreien Hypertoniker bei statistischen Erhebungen vorgetäuscht wird.

Respirationstrakt. Der Atmungsapparat weist auch bei gesunden alternden Nichtrauchern typische Veränderungen auf. Die Alveolen vergrößern sich um das Mehrfache, wobei die Alveolarsepten z.T. verschwinden. Die Zahl der Lungencapillaren geht zurück, und die elastischen Fasern nehmen ab.

Aus diesen morphologischen Veränderungen ergeben sich bestimmte Einschränkungen der Lungenfunktion im Alter: Der Elastizitätsverlust des Lungenparenchyms und die zunehmende Starrheit des Thoraxskelets führen zu einer *Abnahme der Vitalkapazität und der Compliance* (S. 586f.). Da für die Weitstellung der kleinsten Bronchiolen der Zug der elastischen Fasern erforderlich ist, geht mit dem Verlust dieser Fasern gleichzeitig eine *Zunahme der Resistance* einher (S. 587). Im selben Maße nimmt die relative Sekundenkapazität ab (S. 591). Der erhöhte Atemwegswiderstand führt dann im Laufe der Zeit zu einer *Zunahme der funktionellen Residualkapazität* (S. 579f.). Schließlich ist infolge der reduzierten respiratorischen Oberfläche die *Diffusionskapazität* (S. 597) vermindert.

Gastrointestinaltrakt. Im Alter finden sich gehäuft *Störungen der Oesophagusperistaltik,* die durch das Auftreten nicht-propulsiver Kontraktionen anstelle von koordinierten peristaltischen Wellen gekennzeichnet sind. In der Altersgruppe der über 60jährigen kommt es in zunehmendem Maße zu einer *Atrophie der Magenschleimhaut,* die in eine atrophische Gastritis übergehen kann. Die Masse des Dünndarms nimmt ab, und die Regeneration der Dünndarmschleimhaut ist verzögert. Insgesamt resultiert daraus eine *verminderte Resorptionsleistung* für einige Substrate. Für die Altersveränderungen am Dickdarm sind eine Hypertrophie der Muscularis mucosae und eine Atrophie der Muscularis propria charakteristisch. Alte Menschen leiden häufig unter einer *Obstipation,* die jedoch durch ballaststoffreiche Ernährung und körperliche Aktivität verhindert werden kann. In den höchsten Altersstufen kommt es zunehmend auch zu einer Insuffizienz der Schließmuskulatur.

Leber. Die Leber als die wichtigste Drüse des menschlichen Organismus zeigt deutliche altersabhängige Veränderungen. Beginnend im 5. Lebensjahrzehnt nehmen das Lebergewicht und die Leberdurchblutung ab. Die *Enzymaktivitäten* gehen zum Teil deutlich zurück, ebenso die Prozesse, die zur *Enzyminduktion* führen. Dies hat zur Folge, daß *viele Pharmaka im Alter langsamer abgebaut werden.* Die so veränderte

Pharmakokinetik muß bei der Arnzeimitteltherapie von Krankheiten des alten Menschen sorgfältig beachtet werden.

Niere. Die Niere zeigt im Alter zunehmend strukturelle und funktionelle Veränderungen, die sich im wesentlichen auf den *Verlust von Nephronen* zurückführen lassen. Im 8. Lebensjahrzehnt ist die Zahl der Nephrone um etwa 30% reduziert. Obwohl der Verlust teilweise durch die Vergrößerung der restlichen Nephrone wettgemacht wird, nimmt das Gesamtgewicht der Niere ab. Entsprechend vermindert ist die *glomeruläre Filtrationsrate* (S. 782).

Haut. Die Haut läßt die altersbedingten Veränderungen am deutlichsten erkennen. Hier zeigen sich insbesondere die umweltbedingten Alterationen des genetischen Informationsträgers in Form von mutierten Zellklonen, die als flekkige Pigmentierung an lichtexponierten Stellen *(Dermatoheliosen)* hervortreten. Neben dieser unterschiedlichen Pigmentierung finden sich proliferative Veränderungen, wie Runzelbildung, Schlaffheit und Trockenheit der Haut. Die *Haare* als Anhangsgebilde der Haut verlieren ihre Pigmente und lassen eine Ausdünnung erkennen, wobei auf dem Kopf vielfach die Terminalbehaarung durch einen feinen Haarflaum ersetzt wird (Glatzenbildung).

Fortpflanzungsorgane. Bezüglich der *Sexualfunktion* im Alter bestehen weit divergierende Ansichten, zum Teil deswegen, weil Informationen auf breiter Basis schwer erhältlich sind. Es gibt jedoch Hinweise darauf, daß es weder bei Männern noch bei Frauen einen biologischen Endpunkt für sexuelles Interesse und sexuelle Kompetenz gibt. Lediglich die Häufigkeit der sexuellen Aktivität nimmt im höheren Alter ab. Entscheidend hierfür scheinen die individuelle Lebenssituation und hormonale Faktoren zu sein.

Bei **Männern** tritt aus noch weitgehend ungeklärter Ursache jenseits des 55.–60. Lebensjahres häufig eine *Vergrößerung der Prostata (Prostataadenom)* auf. Dabei handelt es sich um eine gutartige Wucherung der paraurethralen Drüsen, wodurch das eigentliche Prostatagewebe nach außen gedrängt wird. Durch den raumfordernden Prozeß kommt es zu einer Kompression des Harnweges, was mehr oder weniger starke Miktionsbeschwerden zur Folge hat.

Bei **Frauen** stellt das im Alter von etwa 50 Jahren eintretende *Klimakterium,* das durch Erlöschen der Keimdrüsenfunktion gekennzeichnet ist, einen einschneidenden Prozeß dar. Zunächst werden die Menstruationsblutungen unregelmäßig und schwächer; dann bleiben Ovulation und Gelbkörperbildung aus. Mit dem Abfall der Oestrogen- und Progesteronspiegel im Blut steigt für einige Jahre die FSH-Produktion stark und die LH-Produktion in geringerem Maße an (S. 821). Als *Menopause* wird der Zeitpunkt der letzten Blutung bezeichnet. Klimakterische Beschwerden äußern sich u.a. in Hitzewallungen, Schweißausbrüchen, Benommenheit und depressiven Verstimmungen. Charakteristische pathologische Erscheinungen bei Frauen im Alter sind Uterusgeschwülste (Myomata) sowie Atrophien der Vulva, Vagina und Urethra.

Zentralnervensystem. Unter den Alterungsprozessen kommt den Veränderungen der Gehirnfunktion subjektiv und objektiv wohl die größte Bedeutung zu. Beim gesunden alten Menschen ist die *cerebrale Durchblutung* nur wenig reduziert; die CO_2-Reaktivität (S. 643) bleibt jedoch voll erhalten. Eine stärkere Abnahme der Hirndurchblutung, wie sie in statistischen Untersuchungen bei über 50jährigen gehäuft gefunden wird, geht in der Regel auf arteriosklerotische Prozesse zurück und ist als pathologisch zu werten. In diesen Fällen liegt eine zusätzliche Gefährdung darin, daß ein *Schlaganfall* (Apoplexie) eintreten kann, dem entweder eine cerebrale Blutung oder ein cerebraler Infarkt zugrunde liegt.

Entgegen der landläufigen Meinung besteht im Alter keine allgemeine Einschränkung der *intellektuellen Funktionen.* Allerdings finden sich in dieser Hinsicht erhebliche individuelle Variationen, wobei u.a. die cerebrale Durchblutungsrate von Bedeutung ist. Schlafstörungen, Abnahme der motorischen Aktivität, Einschränkungen der Aufmerksamkeit, Verminderung sensorischer Leistungen, emotionale Verflachung und Modifizierung der endokrinen Funktionen werden auf altersabhängige *Veränderungen der Neurotransmitterspiegel* zurückgeführt. Im *EEG* (S. 143ff.) beobachtet man bei alten Menschen eine Zunahme der relativen Häufigkeit von niederfrequenten Wellen.

Der *DNA-Gehalt* des alternden Gehirns bleibt in der Regel unverändert; es häufen sich jedoch die *Schäden an der DNA,* was möglicherweise auf einer Abnahme der Reparaturaktivität beruht. Gelegentlich beobachtet man Hyperploidie. Die Methylierungsraten von DNA und Histonen sind vermindert; die metabolische Aktivität der chromatingebundenen Histone geht mit zunehmendem Alter zurück. Ebenso nimmt die Phosphorylierungsrate und damit die genetische Aktivität ab. Am deutlichsten mit dem Alter korreliert ist die Zunahme der Lipofuscinproduktion.

Sinnesorgane. Die Leistungen des **Gehörs** nehmen mit fortschreitendem Alter ab. Die Fähigkeit, hohe Frequenzen wahrzunehmen, geht laufend zurück *(Presbyakusis,* S. 303), aber auch das Sprachverständnis ist betroffen, weil sich wahrscheinlich die Tuningkurven der Hörnervenfasern verändern (S. 306f.). Grundlagen der sensorischen Einbußen sind Versteifung der Basilarmembran, Atrophie des Corti-Organs und metabolische Defizite infolge einer Atrophie der Stria vascularis. Ein zunehmender *Neuronenverlust* reduziert die Leistungsfähigkeit der auditiven Informationsverarbeitung.
Der **Gesichtssinn** ist im Alter ebenfalls in mannigfacher Weise beeinträchtigt. Wegen der abnehmenden Linsenelastizität vermindert sich die Akkommodationsbreite so stark, daß sie bei den über 55jährigen weniger als 2 dpt beträgt *(Presbyopie,* S. 258). Auch die Transparenz der Linse geht zurück, woraus sich unter pathologischen Bedingungen eine Linsentrübung *(Katarakt)* entwickeln kann. Im Bereich der Cornea kann sich infolge von Lipidveränderungen ein sog. *Arcus senilis* ausbilden. Gelegentliche Störungen der Kammerwasserzirkulation sind durch Alterationen im Bereich des Schlemm-Kanals bedingt. Die *Retina* erfährt mit großer Regelmäßigkeit alterskorrelierte Veränderungen, die sich als phototoxische Effekte deuten lassen. Bei den über 75jährigen kommt es fortschreitend zu einer Degeneration des Pigmentepithels, zu einer Hyalinisierung der Bruch-Membran und schließlich im Greisenalter zu Gefäßneubildungen. Mit diesen strukturellen Veränderungen geht eine *Abnahme des Fernvisus* einher, der bei 80jährigen etwa 0,6 und bei 85jährigen nur noch 0,3 beträgt.
Die **somatoviscerale Sensibilität** ist im hohen Alter durch einen progressiven Verlust von *Pacini-* und *Meißner-Körperchen* (S. 210f.), der bei 90jährigen bis zu 30% beträgt, beeinträchtigt.

Ernährung im Alter. Für die Ernährung des alternden Menschen jenseits des 50. Lebensjahres ist zu beachten [20], daß

— der *Energiebedarf vermindert* ist,
— ein *erhöhter Eiweißbedarf* besteht, der eine tägliche Zufuhr von 1,2–1,5 g/kg KG an hochwertigen, die essentiellen Aminosäuren enthaltenden Proteinen notwendig macht,
— Fette mit *mehrfach ungesättigten Fettsäuren* zu bevorzugen sind,
— der Gewichtsanteil der *Kohlenhydrate auf 40% gesenkt* werden sollte, wobei Mono- und Disaccharide zu vermeiden sind,
— der absolute *Vitaminbedarf* zwar kaum verändert ist, bei geringer Nahrungsaufnahme aber leicht Vitaminmangel entstehen kann, dem durch entsprechende Kostwahl oder zusätzliche Vitaminaufnahme entgegengewirkt werden muß,
— eine *ausreichende* Ca^{2+}*-Zufuhr,* z.B. durch reichliche Zufuhr von Milch und Milchprodukten, sicherzustellen ist, um die Entstehung einer Osteoporose zu verhindern.

34.3 Literatur

1. BARBOUR, H.G. UND HAMMELT, F.S.: Heavy water and longevity. Science *96*, 538–540 (1939)
2. BÜRGER, M.: Altern und Krankheit, Leipzig: Thieme 1960
3. CAPE, R.D.T., COE, R.M., ROSSMAN, I.: Fundamentals of Geriatric Medicine. New York: Raven Press 1985
4. CURTIS, H.J.: Das Altern. Die biologischen Vorgänge. Jura: Fischer 1968
5. DARWIN, C.: zitiert nach BÜRGER, M.: Altern und Krankheit, Leipzig: Thieme 1960
6. FINCH, C.E., HAYFLICK, L.: Handbook of the Biology of Ageing. New York: Van Nostrand Reinhold Comp. 1985
7. GERSHON, H. UND GERSHON, D.: Detection of inactive enzyme molecules in aging of organisms. Nature *227*, 1214–1217 (1970)
8. GOMPERTZ, B.: On the nature of the function expressive of the law of human mortality and on a new mode of determining life contingencies. Phil. Trans. Roy. Soc., London *1825*, 513–585
9. MAKINODAN, T.: Immunity and Aging, in: The Biology of Aging, Herausg.: FINCH, C.E. und HAYFLICK, L. New York: Van Nostrand Reinhold Cy., 1977
10. MEDAWAR, P.B.: The uniqueness of the individual. London: Methuen 1957
11. MILLER, G.H., GERSTEIN, D.R.: The Life Expectancy of Nonsmoking Men and Women. Public Health Reports *98*, 343–349 (1983)
12. ORGEL, L.E.: The maintenance of the accuracy of protein synthesis and its relevance to aging. Proc. Nat. Acad. Sc. USA *49*, 517–521 (1963)
13. ORGEL, L.E.: The maintenance of the accuracy of protein synthesis and its relevance to aging: A correction. Proc. Nat. Acad. Sc. USA *67*, 1476 (1970)
14. PLATT, D.: Geriatrics. Berlin-Heidelberg-New York: Springer Vol. *1*, 1982, Vol. *2*, 1983, Vol. *3*, 1984
15. SELYE, H.: The Future for Aging Research, in: Perspectives in Experimental Gerontology, Herausg.: SHOCK, N.W. Springfield (Ill.): Thomas Publ. 1966
16. Statistisches Bundesamt: Statistisches Jahrbuch 1981 für die Bundesrepublik Deutschland. Stuttgart, Mainz: Kohlhammer 1981
17. STREHLER, B.L.: Time, Cells and Aging. New York: Academic Press 1977.
18. SZILARD, L.: On the nature of the aging process. Proc. Nat. Acad. Sc. USA *45*, 30–42 (1959)
19. THEWS, G., MUTSCHLER, E., VAUPEL, P.: Anatomie, Physiologie, Pathophysiologie des Menschen. Stuttgart: Wissenschaftl. Verl. Ges., 1982, S. 326
20. VERZAR, F.: Experimentelle Gerontologie. Stuttgart: Enke Verlag 1965

X. Anhang

Maßeinheiten der Physiologie

G. Thews

Internationales System der Einheiten. Für die physikalischen und chemischen Größen, die im Rahmen der Physiologie verwendet werden, ist von der International Organisation for Standardization die Einführung eines neuen Maßsystems empfohlen worden. Viele Staaten, u.a. auch die Bundesrepublik Deutschland, sind der Empfehlung gefolgt und haben dieses System für den geschäftlichen und amtlichen Verkehr gesetzlich vorgeschrieben [3, 4]. Die Basis des neuen *Internationalen Systems der Einheiten (SI = Système International d'Unités)* bilden 7 Größen, die in Tabelle 1 angegeben sind.

Tabelle 1. Namen und Symbole der SI-Basiseinheiten

Größe	Name der Einheit	Symbol
Länge	Meter	m
Masse	Kilogramm	kg
Zeit	Sekunde	s
Elektrische Stromstärke	Ampere	A
Thermodynamische Temperatur	Kelvin	K
Substanzmenge	Mol	mol
Lichtstärke	Candela	cd

Diese Basiseinheiten sind folgendermaßen definiert:

Meter
Das Meter ist die Länge der Strecke, die Licht im Vakuum während der Dauer von (1/299792458) Sekunden durchläuft.

Kilogramm
Das Kilogramm ist die Einheit der Masse; es ist gleich der Masse des Internationalen Kilogrammprototyps.

Sekunde
Die Sekunde ist das 9192631770fache der Periodendauer der dem Übergang zwischen den beiden Hyperfeinstrukturniveaus des Grundzustandes von Atomen des Nuklids ^{133}Cs entsprechenden Strahlung.

Ampere
Das Ampere ist die Stärke eines konstanten elektrischen Stromes, der, durch zwei parallele, geradlinige, unendlich lange und im Vakuum im Abstand von einem Meter voneinander angeordnete Leiter von vernachlässigbar kleinem, kreisförmigem Querschnitt fließend, zwischen diesen Leitern je einem Meter Leiterlänge die Kraft $2 \cdot 10^{-7}$ Newton hervorrufen würde.

Kelvin
Das Kelvin, die Einheit der thermodynamischen Temperatur, ist der 273,16te Teil der thermodynamischen Temperatur des Tripelpunktes des Wassers.

Mol
Das Mol ist die Stoffmenge eines Systems, das aus ebensoviel Einzelteilchen besteht, wie Atome in 0,012 Kilogramm des Kohlenstoffnuklids ^{12}C enthalten sind. Bei Benutzung des Mol müssen die Einzelteilchen spezifiziert sein und kön-

Tabelle 2. Namen und Symbole einiger abgeleiteter SI-Einheiten

Größe	Name der Einheit	Symbol	Definition
Frequenz	Hertz	Hz	s^{-1}
Kraft	Newton	N	$m \cdot kg \cdot s^{-2}$
Druck	Pascal	Pa	$m^{-1} \cdot kg \cdot s^{-2}$ $(N \cdot m^{-2})$
Energie	Joule	J	$m^2 \cdot kg \cdot s^{-2}$ $(N \cdot m)$
Leistung	Watt	W	$m^2 \cdot kg \cdot s^{-3}$ $(J \cdot s^{-1})$
Elektrische Ladung	Coulomb	C	$s \cdot A$
Elektrische Potentialdifferenz (Spannung)	Volt	V	$m^2 \cdot kg \cdot s^{-3} \cdot A^{-1}$ $(W \cdot A^{-1})$
Elektrischer Widerstand	Ohm	Ω	$m^2 \cdot kg \cdot s^{-3} \cdot A^{-2}$ $(V \cdot A^{-1})$
Elektrischer Leitwert	Siemens	S	$m^{-2} \cdot kg^{-1} \cdot s^3 \cdot A^2$ (Ω^{-1})
Elektrische Kapazität	Farad	F	$m^{-2} \cdot kg^{-1} \cdot s^4 \cdot A^2$ $(C \cdot V^{-1})$
Magnetischer Fluß	Weber	Wb	$m^2 \cdot kg \cdot s^{-2} \cdot A^{-1}$ $(V \cdot s)$
Magnetische Flußdichte	Tesla	T	$kg \cdot s^{-2} \cdot A^{-1}$ $(Wb \cdot m^{-2})$
Induktivität (magnetischer Leitwert)	Henry	H	$m^2 \cdot kg \cdot s^{-2} \cdot A^{-2}$ $(V \cdot s \cdot A^{-1})$
Lichtstrom	Lumen	lm	$cd \cdot sr$[a]
Beleuchtungsstärke	Lux	lx	$cd \cdot sr \cdot m^{-2}$ $(lm \cdot m^{-2})$
Aktivität einer radioaktiven Substanz	Becquerel	Bq	s^{-1}

[a] sr (Steradiant) = SI-Einheit des räumlichen Winkels.

nen Atome, Moleküle, Ionen, Elektronen sowie andere Teilchen oder Gruppen solcher Teilchen genau angegebener Zusammensetzung sein.

Candela
Die Candela ist die Lichtstärke in einer bestimmten Richtung einer Strahlungsquelle, die monochromatische Strahlung der Frequenz $540 \cdot 10^{12}$ Hertz aussendet und deren Strahlstärke in dieser Richtung (1/683) Watt durch Steradiant[a] beträgt.

Von den Einheiten dieses Basissystems lassen sich die Einheiten sämtlicher Meßgrößen ableiten. Eine Auswahl hiervon ist in Tabelle 2 zusammengestellt.
Die numerischen Werte der in den Tabellen 1 und 2 genannten Größen enthalten vielfach Zehnerpotenzen als Faktoren. Zur Vereinfachung der Angaben hat man häufig gebrauchten Zehnerpotenzen bestimmte Vorsilben zugeordnet (Tabelle 3), die mit dem Namen der betreffenden Einheiten verbunden werden.

Tabelle 3. Präfixa und Symbole häufig gebrauchter Zehnerpotenzfaktoren

Faktor	Präfixum	Symbol	Faktor	Präfixum	Symbol
10^{-1}	Dezi	d	10	Deka	da
10^{-2}	Centi	c	10^2	Hekto	h
10^{-3}	Milli	m	10^3	Kilo	k
10^{-6}	Mikro	μ	10^6	Mega	M
10^{-9}	Nano	n	10^9	Giga	G
10^{-12}	Pico	p	10^{12}	Tera	T
10^{-15}	Femto	f	10^{15}	Peta	P

Neben den SI-Einheiten dürfen die in Tabelle 4 aufgeführten konventionellen Einheiten auch weiterhin benutzt werden.

Tabelle 4. Einheiten, die nicht zum SI-System gehören, jedoch weiterhin benutzt werden dürfen

Name der Einheiten	Symbol	Wert in SI-Einheiten
Gramm	g	$1\ g = 10^{-3}\ kg$
Liter	l	$1\ l = 1\ dm^3$
Minute	min	1 min = 60 s
Stunde	h	1 h = 3,6 ks
Tag	d	1 d = 86,4 ks
Grad Celsius	°C	t °C = T − 273,15 K

Umrechnungsbeziehungen. Konzentrationen können im Rahmen des SI-Systems als Stoffmenge pro Volumen (mol/l, mmol/l, μmol/l) oder als Masse pro Volumen (g/l, mg/l) angegeben werden. Es wird empfohlen, die *Stoffmengenkonzentration* immer dann anzuwenden, wenn bei chemisch einheitlichen Substanzen die Molekulargewichte (relative Molekülmassen) bekannt sind [5]. Dagegen stellt die *Massenkonzentration* eine zweckmäßige Form der Konzentrationsangabe für Gemische gelöster Substanzen, wie z.B. für die Gesamtplasmaproteine, dar. Angaben in konventionellen Konzentrationseinheiten g-% = g/dl, mg-% = mg/dl und mval/l = mäq/l (s. [2]) können mit Hilfe der in Tabelle 5 zusammengestellten Beziehungen auf solche in SI-Einheiten umgerechnet werden.

Tabelle 5. Umrechnungsbeziehungen von konventionellen Konzentrationseinheiten (g-%, mg-%, mval/l) auf SI-Einheiten der Massenkonzentration (g/l) und der Stoffmengenkonzentration (mmol/l bzw. μmol/l)

	1 g-% =	1 g-% =
Plasmaeiweiß	10 g/l	
Hämoglobin	10 g/l	0,621 mmol/l[a]
	1 mg-% =	**1 mval/l =**
Natrium	0,4350 mmol/l	1,0 mmol/l
Kalium	0,2558 mmol/l	1,0 mmol/l
Calcium	0,2495 mmol/l	0,5 mmol/l
Magnesium	0,4114 mmol/l	0,5 mmol/l
Chlorid	0,2821 mmol/l	1,0 mmol/l
Glucose	0,0555 mmol/l	
Cholesterin	0,0259 mmol/l	
Bilirubin	17,10 μmol/l	
Kreatinin	88,40 μmol/l	
Harnsäure	59,48 μmol/l	

[a] Bei der Angabe der molaren Hämoglobinkonzentration wird die relative Molekülmasse des Hämoglobinmonomeren (s.S. 616) zugrunde gelegt.

Die konsequente Einführung des neuen Systems wird wahrscheinlich im Bereich der Medizin eine längere Übergangszeit erfordern. Diese Feststellung bezieht sich nicht nur auf die gerätetechnische Umstellung, sondern auch auf die Notwendigkeit, daß die von den Einheiten abhängigen Normwerte in das neue System übertragen werden müssen. Erst wenn die wichtigsten Normwerte in neuen Einheiten zum Allgemeingut ärztlichen Wissens geworden sind, darf die Praktikabilität des vorgeschlagenen neuen Systems als gesichert gelten. Einwendungen sind insbesondere gegen die Umstellung der eingeführten Druckeinheit mm Hg auf die weniger anschauliche Einheit Pascal erhoben worden.
Dagegen findet im Zusammenhang mit dem Energieumsatz die Einheit Joule anstelle der konventionellen Einheit Calorie in zunehmenden Maße Verwendung. Um die Umstellung zu

Tabelle 6. Umrechnungsbeziehungen zwischen SI-Einheiten und konventionellen Einheiten

Größe	Umrechnungsbeziehungen	
Kraft	1 dyn = 10^{-5} N 1 kp = 9,81 N	1 N = 10^5 dyn 1 N = 0,102 kp
Druck	1 cm H_2O = 98,1 Pa 1 mm Hg = 133 Pa 1 atm = 101 kPa 1 bar = 100 kPa	1 Pa = 0,0102 cm H_2O 1 Pa = 0,0075 mm Hg 1 kPa = 0,0099 atm 1 kPa = 0,01 bar
Energie (Arbeit) (Wärmemenge)	1 erg = 10^{-7} J 1 mkp = 9,81 J 1 cal = 4,19 J	1 J = 10^7 erg 1 J = 0,102 mkp 1 J = 0,239 cal
Leistung	1 mkp/s = 9,81 W 1 PS = 736 W	1 W = 0,102 mkp/s 1 W = 0,001 36 PS
(Wärmestrom)	1 kcal/h = 1,16 W	1 W = 0,860 kcal/h
(Energieumsatz)	1 kJ/d = 0,0116 W 1 kcal/d = 0,0485 W	1 W = 86,4 kJ/d 1 W = 20,6 kcal/d
Viscosität	1 Poise = 0,1 Pa · s	1 Pa · s = 10 Poise

erleichtern, werden in diesem Buch die konventionellen und die neuen Einheiten in weitem Umfang nebeneinander benutzt.
Einige oft benötigte Umrechnungsbeziehungen zwischen SI-Einheiten und früher eingeführten Einheiten sind in Tabelle 6 zusammengestellt.

Literatur

1. Van Assendelft, O.W., Mook, G.A., Zijlstra, W.G.: International system of units (SI) in Physiology. Pflügers Arch. ges. Physiol *339*, 265 (1973)
2. Koblet, H.: Physikalische Begriffe in der klinischen Biochemie. Stuttgart: Thieme 1964
3. Gesetz über Einheiten im Meßwesen vom 2.7.1969. Bundesgesetzblatt 1969, Teil I, Nr. 55, S. 709
4. Ausführungsverordnung zum Gesetz über Einheiten im Meßwesen vom 26.6.1970. Bundesgesetzblatt 1970, Teil I. Nr. 62, S. 981
5. Stamm, D.: Meßgrößen und SI-Einheiten in der Klinischen Chemie. Deutsche Ges. f. Klin. Chem. Mitteilungen 1–1975

Sachverzeichnis

MIX
Papier aus verantwortungsvollen Quellen
Paper from responsible sources
FSC® C105338

If you have any concerns about our products,
you can contact us on
ProductSafety@springernature.com

In case Publisher is established outside the EU,
the EU authorized representative is:
Springer Nature Customer Service Center GmbH
Europaplatz 3, 69115 Heidelberg, Germany

Printed by Libri Plureos GmbH
in Hamburg, Germany